罗国杰文集

第一卷

马克思主义伦理学的探索

中国人民大学出版社
·北京·

陶行知先生有“每日四问”。第一问：我的身体有没有进步？第二问：我的学问有没有进步？第三问：我的工作有没有进步？第四问：我的道德有没有进步？它督促我不断进步，是我最喜欢的格言之一。

——罗国杰

目　录

第一编　马克思主义伦理学概说

第二编　马克思主义伦理学的一些基本问题、体系结构与学科定位

第三编　道德的功能与作用

第四编　马克思主义伦理学的道德原则和价值观

第五编　道德需要、道德义务与权利

第六编　道德评价

第七编　道德修养与道德境界

第八编　应用伦理学的有关问题

第九编　对道德问题和普遍伦理的思考

第十编　比较研究

第十一编　关于伦理学的学科发展

第十二编　学术自述与访谈

附　录

第一编

马克思主义伦理学概说

马克思主义伦理学是道德科学*

伦理学是研究什么的？或者说，伦理学是一门什么样的科学？这是我们学习伦理学首先遇到的一个重要问题。

一、为什么说伦理学是道德科学？道德现象可以划分为哪几个部分？

伦理学是一门关于道德的理论，或者说是研究人类道德现象的一门科学。如果说自然科学是人们用来改造自然的，社会科学是人们用来改造社会的（实际上，这样的划分并不确切），那么作为社会科学的伦理学则是人们用来改造自身的一门科学。当然，改造人类自身的科学是很多的，不过伦理学更着眼于人们所说的思想、意识、精神、心灵的改造，即人们的道德品质的改造和培养。随着人类社会的发展，提高人们的道德水平，加强人类自身的改造，越来越显示出具有更加重要的意义。

从词源定义上来看，“伦理”和“道德”两词，自古以来，在用法上既有相通的方面，又有不同的地方。道德侧重于指人们实际的道德行

* 本文原载《自修大学》1985 年第 8 期。

为和人与人之间的道德关系，伦理则侧重于这种行为和关系的道理和理论。

在中国伦理思想史上，早就有道、德二字。但在早期，道和德还是分开使用的。“道”，一般表示事物运动变化的规律；“德”是依据“道”去行动而有所“得”的意思。这种按照人和人之间的关系的规律去行动而有所“得”，主要表现在两个方面：既要使别人有所得（“外得于人”），又能使自己有所得（“内得于己”）。因此，这里的“德”指的是人们的德行和品德。在距今四千年前后的殷代甲骨文中，“德”字就多次出现，西周初期的大盂鼎铭文的“德”字含义明确地是指按礼法行事有所得。那时候，“德”就包含德行和品德的意思，和今天的“德”字的意义相差不多。

生活在距今两千七百年左右的管子，最早把“道德”二字连用。在《管子·君臣下》中有：“道德定于上，则百姓化于下矣。”这里的意思是，只要上层的统治者能够有高尚的道德，那么老百姓就会受到教化。以后，庄周和荀况在他们的著作中又多次把道德二字连用，使道德一词具有了和现在大体相同的含义。

伦理二字的历史发展又是怎样的呢？在我国古代，“伦”字有“类”的意思，在人和人之间有辈分的意思，加以引申，就是指人们之间的不同辈分的关系。《论语》曾两次提到“伦”，一次孔丘说“言中伦”，是说语言要合乎法度和道德原则；一次子路在批评荷蓧丈人时说，“欲洁其身，而乱大伦”，这里的伦则是指人和人之间的道德规范。大伦是指君臣这一伦，是最重大的关系，所以说大伦。孟轲特别强调“人伦”的重要，提出了人和人之间的最重要的五种关系，就是所谓的“五伦”。《孟子·滕文公上》说，圣人“使契为司徒，教以人伦：父子有亲，君臣有义，夫妇有别，长幼有序，朋友有信”。荀卿在《荀子·解蔽》中也说：“圣也者，尽伦者也。”很显然，这里的“伦”就是指人和人之间的关系的根本准则。“理”，最早的字典《说文解字》的解释为“治玉”，加以引申，就有区分条理和秩序的意义。

但是，伦理二字连用，为时也较晚，最早见于秦汉之际所写成的《礼记·乐记》篇，其中说：“乐者，通伦理者也。”这里，“伦理”一词已经有了较确定的含义，即指人与人之间的道德关系。汉代以后，伦理一词又具有道德理论的意义。

尽管长期以来，在我国意识形态领域里占统治地位的儒家学派一直把伦理道德作为注意的重心，但是，由于在中国古代，世界观、认识论和道德思想一直融合在一起，所以直到19世纪以前，在我国并没有形成以伦理学命名的这样一门专门研究道德的科学。

在西方，情况和中国略有不同。道德一词起源于拉丁语 moralis（莫利斯），是从希腊语 mos 转来的，意思是风尚、习俗、性格、行为等，它的意义和我国的道德一词大体相同。不同的是，在开初，它较多的是强调风俗和习惯方面的意义，以后才转化为行为的规范。伦理学一词来源于希腊文的 ethŏs（伊索思）。在荷马史诗的《伊利亚特》中，ethŏs 表示驻地、住所的意思，后来具有了风俗、性格的意义。到了公元前4世纪，希腊有名的哲学家亚里士多德依据 ethŏs 这一名词构造了一个形容词 ethicos，从而使它具有了性格的、品质的、德行的等意义。之后，他又创造了 ehika 一词，就是伦理学。亚里士多德是古希腊著名的思想家，马克思称他是“古代最伟大的思想家”①。恩格斯说他是当时“最博学的人物”，是“古代世界的黑格尔”②。亚里士多德在世时，非常重视伦理学的教学。他死后，出现了三本伦理学的著作：一本叫《尼各马可伦理学》，据说是由他的儿子尼各马可根据他的讲话整理而成的；一本叫《欧德米亚伦理学》，据说是由他的学生欧德米亚整理的；另外还有一本《大伦理学》，据说是以上两本书的提要。从此以后，在西方，伦理学便成为一门独立的科学，在相继约两千年的时间中，一直受到思想家们的重视。日本明治维新以后，在大量翻译西方学术思想时，对 ethics 一词，借用了汉字，将其译为伦理学。据此，我国早期的启蒙思想家亦将西方的 ethics 译为伦理学。此后，在我国，关于道德的这门科学也就被称为伦理学了（在新中国成立前，也有一些人把这门科学称为道德学；现在，也有一些学者主张把这门科学称为道德科学）。

在社会生活中，道德作为一种社会现象，它的含义是多方面的。一般来说，道德现象主要可以分为三个方面的内容。第一，道德活动现象。它是指人类生活中，联系到一定的善恶观念所进行的个体的或整体的活动。人们的活动各种各样，只有同一定的善恶观念相联系的活动才算是道德活动，那些无所谓善和无所谓恶的活动，我们称之为非道德活

① 《马克思恩格斯全集》，中文1版，第23卷，447页，北京，人民出版社，1972。

② 《马克思恩格斯选集》，2版，第3卷，358页编者注，北京，人民出版社，1995。

动。另外，不但个人可以有道德活动，而且整体（一个工厂、一个企业等）也同样可以有道德活动。需要特别注意的是，这里所指的道德活动，既然是一个广义的概念，包括所有同一定善恶观念相联系的活动，因此，它又可分为道德的活动和不道德的活动两个方面。第二，道德意识现象。它是指个人和社会的道德心理、道德观念、道德思想和道德理论体系。所有这些心理、观念、思想和理论体系，都在人们的道德活动中形成并对道德活动发生着重要的影响。第三，道德规范现象。它是指在一定社会条件下所形成的人和人之间应当怎样和不应当怎样的道德关系，亦指以善恶为标准来评价和指导人们行为的道德准则。道德规范现象，从人们应当怎样和不应当怎样的道德关系来看，它是在人的实践中形成的一种客观的关系；从评价和指导人们行为的准则来看，又可以把它看做一种道德意识现象。上述这三类道德现象都是客观存在的，它们之间往往是相互联系和相互转化的，它们的划分是相对的，不是绝对的。

综上所述，伦理学是关于道德的理论，是一门研究人类道德现象的科学。由于伦理学主要是从规律性上来探讨道德的，所以也可以说，伦理学是一门研究道德现象的起源、本质、发展、变化及其社会作用的规律性的科学。

在明确了伦理学的对象之后，有必要进一步弄清什么是马克思主义伦理学。

二、马克思主义伦理学是研究什么的？它对道德这一特殊社会现象是怎样理解的？

马克思主义伦理学是整个马克思主义科学体系的有机构成部分，是无产阶级的道德科学。马克思主义伦理学是运用马克思主义的世界观和方法论考察和研究社会道德现象，揭示道德现象的起源、本质、发展、变化及其社会作用的规律性的科学。马克思主义伦理学以社会主义社会的道德现象和共产主义道德为其研究的重点，所以它又是关于共产主义道德的起源、本质、发展、变化及其社会作用的规律性的科学。

马克思主义伦理学是怎样理解道德的？或者说，马克思主义伦理学对道德这一特殊的社会现象究竟是怎样理解的？它同以往思想家们对“道德”的解释究竟有哪些不同？

概念是对客观事物的反映。道德这个概念反映着人类社会的一种特殊现象。人们生活在社会上，进行着各种活动，同时发生着复杂的社会关系。为了维护社会的正常发展，保持社会的安定，为了能够有正常的生产秩序和生活秩序，社会或其他成员就会对个人的行为提出一定的要求，希望对人们之间的相互关系进行一定的调节。这种要求，在原始社会里，在生产资料公有制的基础上，是以维护氏族整体利益的传统习俗实现的，这就是原始社会的人和人之间的道德规范。在阶级社会里，在生产资料私有制的基础上，在阶级统治的条件下，除了依靠统治阶级的政治、法律手段之外，还要依靠从一定阶级利益中引申出来的道德规范来调整人们的相互关系。统治阶级有统治阶级的道德规范，被统治阶级有被统治阶级的道德规范。当然，在任何特定的阶级社会中，统治阶级的道德规范总是占据着统治地位。一定社会中人和人之间的道德规范是从人们的社会实践中产生的，它一经产生，就作为一种标准，用以调整人们之间善恶对立的各种现象，确定哪些是善的或应当的，哪些是恶的或不应当的，从而成为一定社会和一定阶级对人们相互关系和个人行为的客观要求。这种善恶标准和客观要求通过世代相传的各种教育形式，通过传统的力量，影响人们的心理和意识，形成人们更加明确的善恶的观念、情感和意志。这种善恶标准和客观要求之所以得以维护和发挥作用，并不像法律规范那样要靠政治的强制手段，而主要是靠社会舆论和人们的内心信念。

综上所述，我们可以把关于道德这一特殊社会现象的理论概括如下：作为伦理学研究对象的道德，是人类生活中由经济关系决定的，并表现为善恶对立的一类社会现象。这类社会现象是以善恶作为评价标准，并依靠社会舆论、传统习惯和内心信念来维持的。依据历史唯物主义的基本原理，这类社会现象属于社会上层建筑和意识形态的范畴。

三、道德这一社会现象的特殊矛盾是什么？

道德作为一种社会现象，有其特殊的矛盾性。道德所反映和调节的矛盾，归根到底，就是由一定的经济关系所决定的个人利益和社会利益的矛盾。

人在社会中生活，无时无刻不发生自己与别人、个人与整体的各种关系，也可以说，在个人与个人、个人与整体之间，无时无刻不发生着各种各样的矛盾。这些矛盾，从根本上来说，都是同人们之间的利益有关系的。正如孤立的个人不能进行社会生产一样，孤立的个人也谈不上道德。如果一个人在孤岛上，他不同任何别人有利害关系，也就不会有什么道德和不道德了。人类自从脱离动物并形成社会以后，就形成了人们之间的利害关系，就要求有适当的准则来调整人们之间的利害关系。如果每个社会成员都无限制地发展自己，放任地满足自己的要求，那么社会就无法维持了。因此，在个人利益和他人利益之间，在少数人的利益和整体的利益之间，就需要对个人或整体提出某种要求，就需要个人或整体作出必要的节制，从而使人们的共同生活能够得以维持。人类从原始社会开始，就依据利益关系形成了一些人和人之间的评价行为的道德标准，即善和恶。如对符合整体和个人利益的行为，就表示赞许、同意、表扬、鼓励和支持等，这就是善；对一些不利于整体和个人利益的行为，则表示厌恶、憎恨、反对和禁止等，这就是恶。在个人利益和整体利益的关系上，一般来说，凡是有利于整体和社会的，就是道德的、善的；凡是危害整体和社会的，就是不道德的、恶的（在我国学术界，也有的同志认为，应当把善恶对立作为伦理学中的主要矛盾）。

人们的利益关系包括个人对他人、个人对整体的利益关系，除道德调节外，还有政治调节、法律调节、宗教调节等。道德对利益的调节同政治、法律相比，有哪些不同呢？大体说来，道德调节的特殊性可以分为三个方面。第一，这种调节是以善恶作标准来评价人们在利益关系上的思想和行为的；第二，它调节个人利益和整体利益所依靠的力量是社会舆论、内心信念和传统习惯；第三，在个人利益和整体利益、社会利益发生矛盾时，一般情况下，它要求个人利益应作出必要的节制和牺牲。正是在这个意义上，在谈到个人利益和整体利益、个人幸福和整体幸福时，普列汉诺夫曾说："实际上，道德的基础不是对个人幸福的追求……这种愿望和利己主义毫无共同之点。相反地，它总是要以或多或少的自我牺牲为前提。"当然，在特殊的情况下，整体和社会也往往暂时牺牲自己的利益以照顾个人的利益，但最终还是为了保持和发展整体的和社会的利益。

在阶级社会内，统治阶级总是要利用道德调节的这种特殊性来维护剥削阶级的利益。他们把剥削阶级的狭隘的利益说成是公共的利益，并给它冠之以整体的、国家的以至全人类的利益的美名，要求人们牺牲个人的利益，以维护这种对劳动人民来说实际上只是一种虚幻的公共利益。

四、学习马克思主义伦理学，还应注意学习哪些邻近学科？

马克思主义伦理学，作为一门社会科学，它和哲学、政治学、经济学、法学、社会学、教育学、美学和心理学有着较为密切的关系。为了学好伦理学，还应该同时注意上述学科的学习。

哲学是关于自然、社会和人类思维知识的概括和总结，因此，它对于从自身中分化出来的伦理学这样一个分支学科，有着重要的指导作用。人们的世界观和方法论对于人们的道德思考，在一般情况下，有着定向的作用。马克思主义哲学是学习马克思主义伦理学的理论基础。了解和掌握辩证唯物主义和历史唯物主义的基本内容，对于历史地考察人类有史以来的道德现象，辩证地分析纷纭复杂的社会道德问题，正确地认识善恶的评价标准，科学地阐明各种道德原理，都有着极为重要的意义。

伦理学与政治学的关系极为密切。在古代中国和古代希腊，在很长时间内，伦理问题和政治问题差不多都是作为一个问题来进行探讨的。政治学研究社会的政治制度，政治思想，阶级斗争，人和人之间的政治关系，阶级与国家的起源、发展和消亡以及政治理论等，对于阶级社会中人类道德现象的研究，有着不可忽视的作用。自奴隶社会以来，人们的各种思想观念和行为都受着阶级斗争、政治思想的强烈影响。因此，对阶级社会的道德现象的研究，必须同该社会的政治制度、政治思想、政治斗争、政治关系结合起来，否则，就不可能正确地理解该社会中的人们的道德意识、道德活动和道德规范现象。

伦理学同心理学也有较密切的关系。心理学研究人们的情感、意志、愿望等各种心理机制的形成和发展，研究人们的性格、能力等心理特征的规律，揭示人的行为意识、动机等心理现象的本质，从而为伦理学研究道德意识（包括道德情感、道德意志、道德信念）提供科学的依据，并使这方面的研究能够不断地向着更深入的方向发展。

伦理学同美学是从哲学分离出来的姊妹学科。伦理学是以善恶为评价标准的，美学是以美丑为评价标准的。而善和美、丑和恶往往有着内在的、有机的统一。所以，在人类社会中，善恶评价和美丑评价往往是结合在一起的。社会现象和人的行为常常具有两方面的意义，即既有美学的意义，同时又具有伦理学的意义。“心灵美”的提出反映了道德评价和审美意识的统一。在社会主义社会中，共产主义道德的原则、规范、道德评价的标准和道德理想的确立，对艺术美和现实美的研究具有重要的意义。同样，在文学艺术中，思想品德的潜移默化对道德教育也有着不可低估的作用。

此外，为了更好地研究和学习伦理学，还应当对社会学、教育学、法学、人类学和民俗学等有关学科有所了解。伦理学是以整个人类社会的全部道德现象作为自己的研究对象的，而上述这些学科，则是从不同的方面，在研究中涉及道德现象的某一个部分。注意对这些邻近学科的探讨，对于伦理学中许多专门问题的研究，对于伦理学整个学科的发展，都是有重要意义的。

五、马克思主义伦理学的任务

伦理学是人类进入阶级社会以后才形成的一门学科。它的主要任务就是适应“道德教化”的需要，根据一定社会和一定阶级的要求，来陶冶人的品性，变化人的气质，培养出其所需的人才，形成与其相适应的社会道德风尚。伦理学之所以被视为人类改造自身的一门科学，其主要原因就在于它特别致力于对社会成员的个人道德品质的培养，强调在人和人的关系中改造自身的重要性。

在人类历史上，许多思想家都一再强调，改造人类自身的道德品质，对整个人类社会的存在和发展是最为重要的。在中国，思想家们往往把“陶冶人的品性，变化人的气质”看成是学习知识的唯一目的。他们认为，追求知识的最终要求就是要“明人伦”、“求放心”、“为君子”、“成圣贤”。所谓“明人伦”，就是要了解人和人之间的道德准则，并力求使自己成为有道德的人。所谓“求放心”，就是要清除一切私心邪念，求取那已经丢失了的善良的本心。所谓“为君子”，就是要使自己成为一个道德高尚的人。所谓“成圣贤”，就是要成为一定社会或一定阶级的最高道德典范。在古代希腊，亚里士多德之后的伊壁鸠鲁和斯多葛学派，都从教育和培养人的道德品质出发，把伦理学看做哲学各分支学科中最重要的学科。他们把哲学比作一个果树园，把其他分支学科比作篱笆或者果树，只有伦理学才被他们看做是果树上所结的果子。他们又把哲学比作一个鸡蛋，把其他分支学科或者比作蛋壳，或者比作蛋清，只有伦理学才被他们认为是蛋黄。他们还把哲学比作一个动物，其他分支学科或者是骨骼，或者是肌肉，而伦理学则被他们看做是最重要的动物的灵魂。在他们看来，正如医药、卫生是手段，而人的身体健康才是目的一样，哲学的一切其他分支学科都是手段，只有教育、培养人的品质的伦理学才是最终的目的。17 世纪荷兰著名的唯物主义哲学家斯宾诺莎，把追求最高的道德理想即追求至善看做哲学的“最终目的”，把伦理要求始终贯串在他的哲学探索中，认为认识的目的就是要克服人们对财富、荣誉和肉体快乐的追求，医治和纯化“知性”。正是在这个意义上，他把阐发自己主要哲学思想的著作命名为《伦理学》。在中国，朱熹、陆象山、王阳明等宋明理学家们，使儒家的哲学更带上伦理倾向，强调了天理和人欲的对立，进一步使认识论从属于伦理学，把培养人们的道德品质提高到前所未有的高度。当然，一切剥削阶级思想家之所以强调伦理学的重要性，都是为维护剥削阶级的统治服务的，但是，这也说明，伦理学作为一门改造人类自身的科学，始终都受到思想家们的特别注意。

当前，我国人民正从事四个现代化的建设，加强对伦理学的研究，尤其有着特别重要的意义。在建设“四化”中，既要有高度的物质文明，又要有与之相适应的高度的精神文明。如果忽视在共产主义思想指导下，在全社会进行社会主义精神文明建设的伟大任务，人们对社会主义的理解就会陷入片面性，就会使人们的注意力仅仅限于物质文明的建设，甚至仅仅限于物质利益的追求。如果是这样的话，那么我们的现代化建设就不能保证社会主义的方向，我们的社会主义社会就会失去理想和目标，失去精神的动力和战斗意志，就不能抵制各种腐化因素的侵袭，甚至会走上畸形发展和变质的道路。凡是对我国目前社会生活的过程和各个方面加以考察和研究的人们，都会深切地感受到，社会每个成员的共产主义思想水平和道德觉悟，整个社会的道德风尚，对于我国“四化”建设的进展、速度和方向，都将产生不可忽视的作用。在四个现代化的建设过程中，精神文明和伦理道德方面出现了一些极为重要的问题。人和人之间，应该宣传、提倡和实行什么样的道德原则？应当遵守什么样的道德规范？什么样的道德品质才是高尚的？什么样的价值目标才是人们应当追求的？这些问题的分歧和最终解决方法必将对我国“四化”建设产生重要影响。加强伦理学的研究，就可以用马克思主义的立场、观点和方法，正确地解决上述问题，使我国在创造出日益丰富的物质财富的同时，也能培养出有共产主义觉悟的新人，使我们的“四化”建设沿着健康的道路向前发展。

马克思主义伦理学的基本任务，大体有以下四个方面：

第一，探讨道德现象的根源、社会本质及其发展的客观历史进程和规律性。

伦理学是以人类历史的全部道德现象作为自己的研究对象的。道德现象是怎么产生的？它的根源是什么？它的客观历史进程是怎样的？它的发展有没有客观规律性？这些问题是学习和研究伦理学的根本问题，对伦理学中的其他问题有着指导的作用，是历来思想家们都特别注意研究、同时又被弄得非常混乱的问题。一切唯心主义的思想家，往往只是从“意志”、“情感”、“心灵”或“上帝的启示”中寻找道德的根源，否认道德现象的物质根源性。而旧的唯物主义思想家，又往往只是从人的自然本性、感性需要和生理本能来解释道德的根源，否认道德的社会历史本原，否认道德同社会物质生活条件的关系。马克思主义伦理学从辩证唯物主义和历史唯物主义出发，把道德现象看做是建立在经济基础之上的上层建筑和意识形态，着重从道德同社会物质生活条件的关系中探讨道德的根源和社会本质，并从“人是社会关系的总和”这一前提出发考察道德发展的历史进程，揭示道德现象的各种规律。由于道德这种社会现象包含至今还有待于探索的极其复杂的精神因素和心理机制，因此，科学地阐明道德的根源、本质及其发展规律性的问题，是有着特殊的重要意义的。

第二，概括和阐释共产主义道德的规范体系。

从历史上来看，各个不同的社会都有各自的道德原则和许多规范，同时，还存在着较多的道德训诫以及各种职业的道德守则等。上述这一切构成不同社会的道德规范体系。这种规范体系是一定社会的思想家们根据一定的利益关系所概括的。它一经形成，就对社会产生着重要的作用。如中国封建社会的“三纲”、“五常”（“君为臣纲”、“父为子纲”、“夫为妻纲”和“仁”、“义”、“礼”、“智”、“信”）等，就是由孔丘、孟轲、韩非、董仲舒等剥削阶级的思想家们所概括而成的。共产主义道德的原则、规范和职业道德等要求，也需要在无产阶级的革命和建设的实践中形成、发展并不断完善。自从马克思、恩格斯以来，特别是从列宁以来，对于共产主义道德的原则规范和职业道德的要求已作了初步的概括。但是，共产主义作为一种运动，还正在实践当中，共产主义作为一种社会制度，还未最终实现，因此，对共产主义道德规范体系的概括，还远远没有最后完成。因此，必须在共产主义运动的实践的不断发展中，密切结合人和人之间各种关系的发展和变化的实际情况，进一步运用马克思主义的世界观和方法论，去归纳、提炼和概括共产主义道德的原则、规范、范畴以及其他特殊领域的行为要求，从而使共产主义道德规范体系不断完善。共产主义道德规范体系的科学概括，将有助于克服各种错误的思想（“左”的和右的）影响，有利于加强共产主义道德的教育和修养，有利于社会风气的转变。

第三，探究共产主义道德品质形成的规律。

在建设社会主义和共产主义社会中，在大力发展生产力、创造更多的物质财富的同时，一个重要的任务就是必须培养出具有优良的共产主义道德品质的一代新人。一种看法认为，只要发展生产力、发展科学技术，而不需要共产主义理想和共产主义道德觉悟，就可以完成社会主义四个现代化的建设，这是错误的。在“四化”建设不断前进的过程中，越来越尖锐地碰到一个问题：人们是以什么样的思想觉悟、动机、理想、价值目标、责任心来从事学习、劳动和工作的？同共产主义思想不相容的动机、理想和价值目标，最终将引导人们背离社会主义和共产主义的方向，使我们的“四化”建设走上邪路。今天，已经有越来越多的人认识到，培养具有优良道德品质和精神气质的新人对我国“四化”建设的重要意义。这是一个非常艰巨的任务。我们必须认识到这一问题的重要性和迫切性，认真研究具有共产主义觉悟的先进人物形成的经验，探索他们在形成个人的优良道德品质和精神气质时发生作用的各种因素及其相互关系，总结共产主义道德品质形成的规律。马克思主义伦理学的这一任务是社会主义精神文明建设的一个重要组成部分，也是整个社会主义建设的一个重要组成部分，是和最终实现共产主义的远大理想密切联系在一起的，因而是十分重要的。

第四，批判剥削阶级道德及其伦理思想的影响。

为了提倡、宣传和实行共产主义道德的原则和规范，为了建设社会主义的精神文明，为了发展马克思主义伦理学，必须对已往一切剥削阶级的道德及伦理思想进行认真的批判。在十月革命后，列宁一再指出，资产阶级社会的死尸“是不能装进棺材、埋到地下的。被打死的资本主义会在我们中间腐烂发臭，败坏空气，毒化我们的生活，从各个方面用陈腐的死亡的东西包围新鲜的、年轻的、生气勃勃的东西”①。当然，共产主义道德同历史上的各种道德类型，确实存在着这样那样的联系，马克思主义伦理思想也不是离开人类文明大道的一种偏狭学说，它必须对历史上有用的伦理思想加以批判地继承。为了建设社会主义的精神文明，必须对一切剥削阶级的道德思想、道德规范、价值观念和生活方式进行批判。特别是在对外开放、对内搞活经济的情况下，更应该注意批判一切外来的和自发的资本主义的金钱万能的利己主义思想和腐朽庸俗的生活方式。在当前，甚至在今后很长一段时期内，商品生产的存在是必然的，因此，在发展商品生产的同时，必须注意对“一切向钱看”这一资产阶级思想的抵制，为更好地培养具有无产阶级道德品质和精神气质的人创造条件。

大体说来，上述四个方面是马克思主义伦理学这一学科在当前的主要任务。应当指出，对于一般学习马克思主义伦理学的人来说，并不是说，每个学习的人都应该或都能够完成这四个方面的任务。对于大学生、研究生以及自学伦理学的在职青年和社会青年来说，他们学习伦理学的任务，除了要掌握伦理学这样一门学科知识外，最重要的就是要用所学到的理论来观察分析社会中的各种问题，联系自己的思想实际，增强分析和评价自己和他人行为善恶的能力，提高自己的道德修养的自觉

---

① 《列宁全集》，中文1版，第28卷，53页，北京，人民出版社，1956。

性，抵制各种剥削阶级道德思想的侵蚀，努力使自己成为一个有共产主义理想、有高尚道德品质、能适应社会主义建设的新人。

六、学习马克思主义伦理学的方法

首先，学习和研究马克思主义伦理学，必须遵循辩证唯物主义和历史唯物主义所提供的方法论原则。这就是说，对于历史上和现实生活中的一切道德现象的分析，既要从存在决定意识的唯物主义出发，又要注意社会存在和社会意识的辩证关系，注意道德的能动作用。否认社会存在对社会意识的决定作用，片面地强调道德的能动作用，是错误的；忽视道德对社会存在的反作用，同样也是错误的。道德作为一种意识形态，它同经济关系之间的作用是极其复杂的，其中包含着许多中间环节和复杂的机制，绝不能形而上学地、片面地、简单化地去理解。因此，在学习和研究伦理学的过程中，必须特别强调遵循唯物辩证法的重要性。

其次，研究道德现象，必须采用历史的方法、阶级分析的方法。这就是说，必须把道德同一定历史阶段的经济关系、法律制度、各种其他意识形态以及当时的风俗习惯联系起来，探究道德赖以产生、发展的经济基础和社会条件，从人们的社会关系中研究人类道德的发生、发展和演变。

最后，学习马克思主义伦理学必须采取正确的态度，做到理论与实际相联系，语言和行动相一致，身体力行，知行统一，力戒空谈和自欺欺人。

此外，归纳演绎的逻辑方法、深入实际的统计调查的方法等，在辩证唯物主义方法论的指导下，对于研究和学习伦理学都是有重要意义的。

伦理学的体系与类型*

伦理学是一门古老的科学，又是一门万古常新的、有着广阔前途的科学。

随着社会主义建设的不断发展，人们越来越清楚地认识到，道德在社会生活各个领域中的重大作用。没有以共产主义思想为核心的精神文明的建设，正如同没有高度的物质文明的建设一样，是不可能建成社会主义和共产主义社会的。精神文明和物质文明的建设有着内在的、有机的联系，它们相互依赖、相互制约，同时又相互促进。物质文明的建设是社会主义精神文明建设不可缺少的基础。社会主义精神文明对物质文明的建设不但起着巨大的推动作用，而且保证它的正确方向。忽视或否认精神文明建设的重要意义，不但会使我们失去正确的方向，甚至会使我们走上邪路。对于这一点，我们应该有明确的认识。在社会主义精神文明建设中，加强共产主义道德教育、培养集体主义精神、树立全心全意为人民服务的思想，对培养有理想、有道德、有文化、守纪律的一代新人，有着特别重要的作用。人的生活意义和目的是什么？应该把自己培养、锻炼成一个什么样的人？什么样的生活才是有意义和有价值的？对于这些问题，许多人都在进行认真的思考。同时，怎样才能使我们社会上人与人的关系更加和谐、健康地向上发展？怎样才能迅速地培养出

* 本文是《伦理学教程》（北京，中国人民大学出版社，1986）的前言，题目为本书所加。

更多的具有高尚道德品质的共产主义新人？怎样才能迅速地改变十年内乱所造成的后果，建立起一个蓬勃向上、朝气奋发、积极创新、关心集体的新的美好的社会风尚？总之，提高人们的道德品质，随着生产力的不断发展和人民福利的增长，必将愈来愈重要和迫切。正是由于这种原因，伦理学这门关于道德的科学，在今天更吸引着社会各个方面的特别注意。可以肯定，在建设社会主义社会的过程中，伦理学将成为社会科学中的一门十分重要的学科，并将随着社会主义建设的发展而日益发展。

学习和掌握一门学科，并不是一件容易的事，对于初学的人来说，更是如此。为了掌握伦理学的基本理论及其主要内容，有必要熟悉和了解伦理学的体系结构，正如为了深入到大厦里面，探明其中的奥秘，就必须先了解整个大厦的设计蓝图一样。从历史上来看，在不同时期和不同的思想家那里，他们的伦理思想体系和结构往往有很大的不同。一方面，这是由于不同的思想家总是要根据自己理论的内容来形成相应的体系结构；另一方面，随着人类社会实践的深入，人们对于社会的道德现象或道德关系的认识也在不断发展，从而形成了体系结构的不断演变的过程。为了使读者更好地掌握伦理学的体系结构，我们首先对历史上的伦理学的体系结构作一简略的考察，然后再进一步说明本书的体系结构的特点。

在中国，由于在很长的历史时期内，伦理学总是同世界观、认识论、政治观等紧密结合、融为一体，因此，未能形成独立的伦理学学科。当然，从一定意义上来说，中国先秦时期的儒家的著作《论语》、《孟子》等书和秦汉之际的《大学》、《中庸》，都可以说是具有中国特点的伦理学著述。宋明以后所说的“义理之学”，也可以说就是研究道德的伦理学科。从传统的中国伦理学著述来看，它们大都是把道德的基本原则、规范和有关道德的理论论证（如关于人性善恶、义利关系、物质生活条件和道德的相互制约、道德评价的标准和根据等）结合在一起，形成一个理论和规范相统一的伦理学体系。它们一方面强调理论的重要性，并使伦理学的理论不断完善和精密；另一方面，又极其重视教育和修养，强调践履和笃行，强调改造人的思想品质的重要性，从而使中国的伦理学著述带有中华民族的独具的特色。

在古希腊，从公元前四世纪的亚里士多德起，就开始对人类既有的知识进行科学分类。他对当时的许多道德现象进行整理、分析，研究了道德的本质、道德准则和道德行为，探讨了人的品质的形成规律，从而分出了伦理学这样一门学科。他死后出现了三本记载他的伦理思想的著作。一本叫《尼各马可伦理学》，据说是他的儿子尼各马可根据他的思想、讲话整理而成的。一本叫《欧德米亚伦理学》，据说是由他的学生欧德米亚整理的。另外，还有一本叫《大伦理学》，被认为是以上两本书的提要。从此以后，在西方，伦理学就成为了一门独立的学科，日益受到人们的重视。亚里士多德之后的斯多葛学派和伊壁鸠鲁学派，都把哲学分为三个部分，即物理学、逻辑学和伦理学（他们所说的物理学和我们今天所说的物理学不同，主要是关于宇宙的起源、发生和变化的理论，又被称为自然哲学）。伊壁鸠鲁学派认为，在哲学的三个部分中，伦理学是最终的目的，具有最重要的意义。他们说，逻辑学和物理学对于伦理学的关系，就如同医药、卫生对于健康的关系一样，前两者只是手段，最后一个才是目的。斯多葛学派则认为，整个哲学就好比一个果树园，逻辑学是这个果树园的围墙，物理学是园中的果树，只有伦理学才是这些果树上所结的果子。他们又认为，哲学好比一个蛋，逻辑学是蛋壳，物理学是蛋清，只有伦理学才是居于这个蛋中心的蛋黄。在古希腊，伦理学不但是哲学的一个分支，而且简直成了哲学的核心。

西方伦理学的体系结构，经过了长时期的发展，大体上形成了四种不同的类型。

第一，有规范的伦理学。自从亚里士多德开始，不少传统的思想家总是把伦理学当做一门规范科学。他们认为，伦理学既然是研究善恶的，其主要任务就是要通过对善恶的研究，向人们指出应当遵循什么样的行为规范，履行什么样的义务。

第二，有些伦理学家在强调规范的同时，更强调伦理原则和道德规范的实际应用。由于他们特别注意人们道德品质的培养，片面地反对理论的研究，从而把伦理学变成为一种所谓道德教育的应用学科。这种体系认为，抽象的、纯理论的哲学探讨将会把伦理学引入歧途。正是由于这种原因，一些伦理学家强调，伦理学或者可以被定义为一门行为科学，或者可以被定义为一门研究人的行为品质的科学。

第三，有所谓理论的伦理学，或者被称为纯粹理论的伦理学。一些伦理学家认为伦理学就是道德哲学，是对于道德问题的哲学思考。他们极力反对把伦理学看做一门规范科学或实用科学，强调伦理学只能从理论上探讨什么是善、什么是恶，强调要对善、恶进行纯哲学的思辨，认为一涉及具体行为规范和准则，就会失去伦理学作为道德哲学的意义和尊严。

第四，还有所谓分析的伦理学，这是20世纪以来在英美颇为流行的元伦理学。这种新的伦理学体系，既不强调以经验的或历史的方法研究伦理学，也不注意这种经验的或历史的、叙述的理论概括，只主张对道德现象的纯客观的描述。当然，它也不把伦理学看做一种规范科学，不把伦理学看做一门教人们应当怎样或不应当怎样的科学。这种体系的突出特点，在于它试图从逻辑学的方面，即从语义学的方面，对道德概念进行分析，从而使伦理学成为一种空洞的、无内容的对道德概念和判断进行分析的学科。

马克思主义伦理学的建立是人类伦理思想史上的一次从未有过的巨大变革。马克思主义伦理思想是马克思主义理论的一个组成部分，它代表着无产阶级的利益，吸收和改造了以往人类历史上的一切道德遗产，从而形成了自己的独特的体系结构。

马克思主义伦理学认为，伦理学是一门科学，是研究道德的起源、本质、发展、变化及其社会作用的科学。从这个意义上说，我们强调伦理学应该而且必须是一门理论科学，是一门探讨道德的规律性的科学。离开了对规律性的研究，离开了对道德现象的科学抽象，也就不可能形成和建立科学的伦理学体系。当然，应该指出，伦理学所研究的规律，是从人们的道德现象中总结和概括出来的，是与道德现象的实际密切相联系的。伦理学是一门理论科学，它的使命就是以科学的形态再现道德，以理论思维的形式概括道德现象的各个方面，并对这些现象进行规律性的研究，找出其中固有的、隐藏在现象内部的规律性。

同时，马克思主义伦理学强调，伦理学绝不能排斥或轻视对道德规范的研究。伦理学以道德作为自己研究的唯一客体，而道德本身，就其最一般的意义来说，总是被理解为调整人和人之间的行为规范的总和。对一个社会或一个阶级来说，它的根本的道德原则、基本的道德范畴、人们的公共生活准则以及人和人关系中某些特殊方面的要求，构成了一个社会或一个阶级的道德规范体系。离开了对规范体系的研究，就不可能有科学的伦理学。因此，马克思主义伦理学始终把共产主义道德规范体系看做整个伦理学的一个极为重要的组成部分。同时，伦理学作为一门特殊的科学，它必然要诉诸道德规范，对人们进行“道德说教”，使人们认识到哪些是应当做的，哪些是不应当做的。但是，马克思主义伦理学绝不把伦理学归结为一门规范科学，更不能把伦理学仅仅看成是一种道德戒律的汇编，当做一种教训人们应当怎样或不应当怎样的语录、箴言和教谕。同以往的伦理学相比，马克思主义伦理学对于规范体系的阐述，有两个最重要的特点。首先，它建立在辩证唯物主义和历史唯物主义的科学理论基础之上，它对于规范体系的阐述是从一定的经济基础之上的人和人的实际关系中概括出来的，因而，它既是辩证的，又是唯物的。其次，它不只是指明在人和人之间应当实行一些什么样的原则和规范，不只是教人们应当如何，而是给这种“应当”以理论上的说明，指出隐藏在这种应当背后的客观必然性，从而使这种原则规范不仅能成为人们的一种认识，而且一定能成为人们的一种坚定信念。由此可见，能否把规范和理论密切地结合起来，使二者有机地统一，从而达到浑然一体的程度，是伦理学这门学科的特殊要求。这个任务是困难的，但又是伦理学著作所必须解决的。

伦理学不但是一门理论科学，是一门以规范为其主要内容的科学，而且它又是关于人们的品质、行为和修养的科学，是一门有关人的道德行为的科学。伦理学是一门实践性很强的科学，用我国古代的话来说，它是一门知行统一的科学。不论伦理学家们是否意识到这一点，伦理学研究的出发点和最终目的必定是依据一定阶级或阶层的要求来陶冶人们的品性，改变人们的气质，培养一定阶级或阶层所需要的德行。作为道德科学的伦理学之所以特别强调实践的重要作用，主要有两个方面的意义。其一是说，整个伦理学的理论、原则、规范，都必须从人和人的道德关系中、从人们的社会实践中总结出来，并用来指导人和人之间的关系，培养人们的道德品质，改善社会的道德风尚；同时，一切伦理学的理论、原则和规范，又都必须受到社会实践的检验。其二是说，伦理学中所阐述的理论、原则和规范，必须被人们付诸实践，得到人们的身体力行。一个人是否掌握了伦理学这门科学，主要不是看他是否能熟记、背诵作为知识形态的理论内容，而是要看他是否能按照这些原则规范去行动。现在有些学者主张，在伦理学中不应涉及道德教育、道德修养、道德行为和职业道德等内容。他们认为，在伦理学之外，应当建立一门道德学来专门研究道德教育、道德修养以及职业道德等问题。这种意见是值得商榷的。当然，随着社会主义建设事业的发展，应该深入研究关于道德教育、道德修养和职业道德等问题，以便在有条件的时候，逐步建立并发展为不同方面的应用伦理学。应当承认，在今后的不断发展中，伦理学这门学科将会产生和形成更多的分支学科。但是，我们绝不能因此而否认这些问题是伦理学必须要进行研究的。我们认为，不论伦理学将产生多少分支学科，对道德修养、道德教育、道德行为等的研究，应当是伦理学研究中必不可少的部分。

马克思主义伦理学是一门新型的无产阶级的道德科学，除了在理论方面要对旧的伦理学进行根本改造以外，对于以往的伦理学的体系结构也必然要进行彻底的改造。它既要批判地继承传统伦理学的合理因素，又要在马克思主义理论的指导下，改造旧的传统伦理学，建立起新的伦理学的体系结构。总的来说，以道德作为自己研究对象的伦理学，根据道德现象的构成，必须包含三个方面的内容：一部分是关于道德的基本理论，一部分是关于道德的规范体系，一部分是道德品质的形成和培养。

首先，所谓道德的基本理论是指有关道德的本质，道德与经济、政治、文化各方面的关系，道德的历史类型、发展规律及其社会作用等。这些基本问题贯串在整个伦理学体系的各个部分，起着指导的作用。

其次，规范体系包括道德的基本原则、各种规范以及调节人和人之间关系的某些特殊方面的要求。这是伦理学的重要内容。原则对行为有着总的指导意义，规范则是在原则的指导下，根据原则的总要求而形成的行为准则。原则和规范有实质上的一致性。有时候人们把总的指导原则称为基本原则，而把一般规范称为在基本原则指导下的一般原则，用法虽然不同，但意义还是清楚的。

最后，关于道德品质的形成和培养，诸如人生目的、道德理想、行为品质、道德教育、道德修养和道德评价等，都是伦理学所应该特别关心的问题。

伦理学体系结构不但应包括上述三个部分，而且这三者还应该是一个有机的整体。作为一本教材，本书力求按照理论与实际相结合的原则，从分析伦理学的基本问题入手，循序渐进，由浅入深，把有关道德的基本原理、道德原则规范体系和道德品质培养三个部分，依次加以论述，同时，又使这三个部分彼此联系，形成目前这样的一个框架。

应该指出，用马克思主义理论改造旧的传统伦理学，建立新的伦理学的体系结构，还是一个长期的过程。上面所说的体系结构只能说是一种尝试。它是根据这门学科内部的本质联系，为了便于读者更好地掌握这门学科而形成的，因此，它也存在着许多有待进一步研究和解决的问题。伦理学作为大专院校的一门课程，究竟应当从何入手，如何使伦理学的原理、原则和道德规范体系能够更好地同现实的道德活动紧密联系起来，如何使问题在确定的意义上讨论又避免从抽象的定义入手，如何在加强理论深度的同时又能通俗易懂、引起读者的广泛兴趣等，这些问题还需要在教学实践中来解决。

伦理学的历史*

伦理学（ethics）是哲学的一个分支学科，即关于道德的科学。亦被称为道德学、道德哲学或道德科学。

一、词　源

在中国，“伦”、“理”二字，早在公元前8世纪前后的《尚书》、《诗经》、《易经》等著作中已分别出现。“伦”有类、辈分、顺序、秩序等含义，可以被引申为不同辈分之间应有的关系。“理”则具有治玉、分别、条理、道理、治理等含义。公元前4世纪的孟轲在《孟子》一书中说，远古之时，人们“逸居而无教”，近于禽兽，圣人舜很担心这种状况，于是“使契为司徒，教以人伦”，孟子所说的“人伦”，就是指“父子有亲，君臣有义，夫妇有别，长幼有序，朋友有信”。他认为，父子、君臣、夫妇、长幼和朋友之间的亲、义、别、序、信是最重要的五种人伦关系或道德关系。伦理二字合用，最早见于秦汉之际成书的《礼记》：“凡音者，生于人心者也；乐者，通伦理者也。”大约在西汉初年，

---

* 本文是为《中国大百科全书》（北京，中国大百科全书出版社，1987）写的“伦理学”词条，题目为本书所加。

人们开始广泛使用“伦理”一词，以概括人与人之间的道德原则和规范。由于中国古代哲学始终把自然观、认识论、人生观和伦理观融为一体，因而未能形成独立的伦理学学科。先秦时期的《论语》、《孟子》和秦汉之际的《大学》、《中庸》、《孝经》等，在一定意义上都可以被看做是具有中国特色的伦理学著述。宋明时期所谓的“义理之学”（见理学），也可以说是研究道德的伦理之学。但“伦理学”这个名称却是19世纪以后才开始在中国被广泛使用的。

在西方，“伦理学”一词出于希腊文 ετησδ ，含有风俗、习惯、气质和性格等意义。荷马史诗中的 ετησδş，原是一个表示驻地、住所的名词。古希腊哲学家亚里士多德从气质、性格的意义上，首先使它成为一个形容词 ετηκσδş，赋予其“伦理的”、“德行的”意义。后来，他又构造了 ετηκε 一词，即伦理学。西方最早以伦理学命名的书为《尼各马可伦理学》。据说这本书是亚里士多德的儿子尼各马可根据亚里士多德的讲稿和谈话整理而成的。

二、对象、任务和方法

在伦理思想史上，由于不同时代的经济、政治、文化的变化和人类对于道德现象认识的不断深化，道德作为伦理学的研究对象，在不同时期的不同思想家那里有着不同的理解和规定。

旧伦理学 在古希腊罗马时期，苏格拉底和柏拉图都把至善作为伦理学研究的主要内容，并强调四大品德（见四主德）之一的“智慧”。亚里士多德认为，伦理学是研究人们的行为及品性的科学，或者说是研究人的道德品性之科学。伊壁鸠鲁（见伊壁鸠鲁和伊壁鸠鲁学派）认为，伦理学所研究的主要问题是人生目的和生活方式，强调伦理学是研究幸福的科学。与伊壁鸠鲁学派对立的斯多葛学派从强调义务出发，认为伦理学是研究义务和道德规律的科学。公元前1世纪的罗马思想家M. T. 西塞罗把他的伦理学著作称为《义务论》，并将古希腊的伦理学称为道德哲学，赋予伦理学以新的意义。在近代，人们对伦理学的对象更有不同的理解。他们分别认为：伦理学是研究人生目的的学问；是研究善和恶的学科；是研究人的行为、道德判断和评价标准，研究道德价值的科学；是研究理性原则和规律的科学；是关于情感意志的科学；是研究道德语言的科学；等等。所有这些关于伦理学研究对象的看法都是围绕着道德问题提出的。除了把伦理学看做是纯理论抽象的道德哲学的观点外，大多数伦理学家都承认研究的目的是为寻找和建立一种调整人与人之间的关系、维护社会秩序和培养有道德的人的理论。他们或多或少地涉及伦理学的对象和任务问题，但都没有作出科学的界说。

马克思主义伦理学　马克思主义伦理学把道德作为社会的、历史的现象进行研究，但不是简单地描述这些现象，而是在马克思主义世界观、方法论的指导下，研究道德现象中带有普遍性和根本性的问题，揭示道德的社会实质和发展规律。马克思主义伦理学认为，人们在社会生活中必然形成复杂的社会关系，其中必然包括道德关系，它受着社会关系中最基本的关系即生产关系或经济关系的制约。道德是在一定的经济关系基础上形成的社会意识形态之一；在阶级社会里，它主要受一定的阶级关系的制约。人类社会的道德现象包括道德活动现象、道德意识现象以及与这两方面有着密切关系的道德规范现象。所谓道德活动现象，主要指人们的道德行为、道德评价、道德教育、道德修养等个人、社会、民族、集体的道德活动；道德意识现象指个人的道德情感、道德意志、道德信念以及各种道德理论和整个社会的道德意识；道德规范现象一般指人们在社会实践中形成的应当怎样或不应当怎样的行为原则和规范，是调整人和人之间关系的伦理要求或道德准则。这种原则和规范体现于由经济关系所决定的各种社会关系之中，并通过一定的传统习俗和生活方式表现出来。它一旦经过伦理思想家们的概括，就成为道德意识现象的一个部分。马克思主义伦理学强调全面研究道德现象，揭示道德现象的本质、作用和发展规律。它不像旧伦理学那样，只研究道德现象的某一部分或某一方面，也不是只陈述某些“道德事实”和“行为表现”，更不是单纯分析某些道德语言的逻辑结构。马克思主义伦理学的使命是从实际的道德现象出发，给这些现象以规律性和规范性的概括，从理论形态和行为准则上再现道德，使伦理学成为真正的科学。它既不是一种纯粹的理论科学，也不是一种单纯的应用科学。

马克思主义伦理学依据党性和科学性相统一、理论和实践相统一、社会道德和个体道德相统一等原则，把伦理学的主要任务具体归结为以下几个方面：

（1）揭示和论证道德的社会本质及其发展的客观历史过程，即从道德同社会物质生活条件、社会上层建筑和其他社会意识形态的辩证关系，揭示道德的根源、本质和社会职能，并通过全面考察各种道德类型及其相互关系，揭示各类道德，尤其是共产主义道德形成和发展的历史必然性和客观规律性，为解决各种具体道德问题奠定一般理论基础，为现实的道德生活提供根本性的指导依据。

(2) 概括并阐释共产主义道德的规范体系，即在考察历史和现实的基础上，着眼于现实的最高价值标准和更高社会形态对全体成员的道德要求，提炼共产主义道德的原则、规范以及其他道德行为准则，并按其内在联系，构成严谨的理论和规范关系。同时，通过广泛深入的传播、教育等途径，使这些社会性的法则或规则转化为个人自觉的道德意识和行为。

(3) 探讨共产主义道德的构成和培养共产主义新人的途径，在总结先进人物高尚品德和成长过程的基础上，探讨共产主义新人的人生观、道德理想和个人的道德教育、道德修养、道德评价等，正确阐释这些方面所涉及的理想和现实、个人和集体、必然和自由、行为和环境、理智和情感、目的和手段、动机和效果等理论问题，为培养大批具有共产主义品德的新人提供理论基础和正确途径。

(4) 批判剥削阶级道德及其伦理思想，引导人们发扬革命的高尚道德；批判地继承历史上一切优秀的道德传统和良好的习俗，帮助人们自觉抵制和清除剥削阶级的道德习俗的影响。

核心问题及解决途径　考察人类全部伦理思想的发展历史，特别是考察历史上各种伦理学说的演变和相互间的斗争，主要会涉及道德的本质、起源和发展，道德水平同物质生活水平之间的关系，道德的最高原则和道德评价的标准，道德规范体系，道德的教育和修养，人生意义，人的价值和生活态度等问题。对这些问题的回答和解决都必然涉及道德与利益的关系问题，这是伦理学的基本核心问题。

道德与利益的关系问题包含两个方面的内容：

(1) 道德是怎样产生的，是起源于现实社会人们的经济利益，还是起源于上帝或者某种理念？道德的作用是什么，它与人们的经济利益和物质生活关系如何？历史上的伦理思想家们，由于对这些问题的不同回答，形成了不同的伦理学派别。一般说来，持唯心主义哲学观点的伦理学派，总是从唯心主义认识论或宗教神学的世界观出发阐述道德问题，强调道德乃至人们的道德意识决定或制约着人们的经济利益和物质生活。持唯物主义哲学观点的伦理学派，则往往从唯物主义认识论和人们现实的物质利益出发解释道德现象，在不同程度上强调经济利益或物质生活对道德的制约作用，并以人们的实际经验或感官需要论证和检验自己的道德理论。历史上这两种伦理学派的思想家们，都因在社会历史观上没有摆脱历史唯心主义的束缚，而未能正确地解决这一问题。

（2）道德的最高原则，按其实质来说，究竟是以个人利益为基础，还是以社会整体利益为基础？道德的功能在于调整人们之间的相互关系，其中最主要的是个人和社会、个体和整体之间存在的各种利益关系。这是决定各种道德体系、道德规范和道德内容的最高原则，也是决定各种道德活动的依据以及道德理想的标准。

在马克思主义伦理学产生以前，对于道德如何调整个人利益和社会整体利益的矛盾问题，存在着几种对立的理解。一种理论强调个人的享乐，强调满足个人的物质欲望，认为幸福就是道德，把道德同人的感官快乐和个人利益等同起来，忽视或否认社会整体利益。另一种理论强调社会、国家或整体的利益，提倡为社会、为国家、为整体尽自己应尽的义务。还有一种折中的理解，即合理利己主义的观点，主张在满足个人利益的基础上才能满足大多数人的利益，或者主张从对他人的爱中来满足自己的欲望，这种主张归根结底仍是把个人利益置于社会整体利益之上，认为个人利益是唯一现实的基础。社会中人们的利益关系是历史地变化着的，在道德和利益的关系上，不能一概认为凡是强调利益决定道德的思想就是进步的，反之就是反动的。同样，也不能简单地认为凡是强调阶级的、整体的、社会的利益高于个人利益的思想都是进步的，反之就是反动的。只有在实现了无产阶级专政和生产资料公有制，社会整体利益已不再是虚幻的情况下，一切主张集体的和整个社会的利益高于个人利益的思想，才必然是进步的；一切主张个人利益高于社会整体利益，把个人利益置于社会整体利益之上的思想，才必然是落后的。

三、伦理学的历史

人类伦理思想的产生和发展有着自己相对独立的历史。从整个伦理思想史看，主要有三种不同的发展形式：（1）中国古代的儒家伦理思想传统，以“仁”为核心，以孝为主要内容，重视个人品德修养，把修身与齐家、治国、平天下联系起来；(2) 从古希腊罗马到现代西方的伦理思想，形成了以强调个人幸福，即人的至善为特点的伦理思想传统；(3) 发生在古代埃及和印度的伦理思想，它以探讨人生意义和人的精神生活为主要内容，并往往与宗教相结合之中贯彻着宗教戒律的要求，得到宗教势力的强力支持。

中国伦理思想传统 中国是世界上文明发达最早的国家之一，它以“文明古国”和“礼仪之邦”著称于世，有着极为丰富的伦理思想遗产。以儒家为代表的封建地主阶级的伦理思想体系，在2 000多年的封建社会里，一直居于统治地位，成为以维护宗法等级制度为最终目的的、具有民族特色的伦理思想传统。中国伦理思想的一个传统特色是它一开始就和政治、哲学思想紧密结合在一起，宋明以后，理学家们更是力图把哲学和伦理学融为一体，使哲学成为道德哲学。

发展线索 中国伦理思想的发展大体可分为3个阶段：

(1) 中国伦理思想的发端以及封建伦理思想取代奴隶主阶级伦理思想的阶段。它历经夏、商、西周至春秋战国，世称先秦时期（前21世纪—前221年）。殷商时期已经出现了一些道德概念。西周初年，周公姬旦提出了以“敬德保民”为核心的伦理思想，同时有了“孝”、“悌”、“敬”等维护等级制度的道德规范或范畴，从而为中国伦理思想的发展奠定了基础。到春秋战国时，在伦理思想上出现了百家争鸣的局面。由孔子所始创，经孟子、荀子等人发展和完善的儒家伦理思想，基本上反映了地主阶级的长远利益。以墨子为代表的墨家所提出的墨家伦理思想，反映了小生产者的道德要求。以老子和庄子为代表的道家伦理思想，强调“返璞归真”，主张无为、无欲，反映了社会大变动时代一小部分没落和失意阶级或阶层消极出世的心理。以商鞅、韩非等人为代表的法家，强调人各“自为”，认为人和人之间都是一种“计数”关系，否认道德的社会作用，代表着地主阶级激进派的利益。整个先秦伦理思想涉及道德的起源、人性的善恶、道德的最高原则、道德评价的标准以及道德同利益的关系等一系列伦理学的重要问题，它是中国古代伦理思想发展的一个高峰。后来出现的各种伦理学说，几乎都可以从这一时期的伦理思想中找到理论原型或思想渊源。

(2) 封建伦理思想的发展、演变、成熟以至没落阶段。从秦汉、魏晋、隋唐、宋元明清到1840年鸦片战争，长达2 000余年。这一阶段中的秦汉时期是中国封建地主阶级伦理思想进一步发展、巩固和系统化的时期。随着封建中央集权制的建立和封建经济的发展，儒家伦理思想占据了统治地位。董仲舒提出的天人感应说在道德中的运用，使这一时期占主要地位的伦理思想带上了神学目的论的色彩；“三纲五常”成了封建社会中永恒不变的道德原则和规范，“孝”、“忠”等封建道德得到进一步强化；三纲领八条目的确立，使“修身”成为齐家、治国、平天下的基础和基本原则，“自天子以至庶人，壹是皆以修身为本”。（见秦汉伦理思想）

魏晋时期，社会动荡，战争频繁，国家长期分裂，地主阶级道德要求与其实际行为日益严重背离，再加上佛教的传入和玄学（见魏晋玄学）的盛行，使以儒学为正统的封建道德发生了动摇，在思想界出现了试图越出儒家道德的关于名教与自然关系的讨论，提出了品德与才能到底哪个更为重要的有关才性的问题（见才性之学），享乐主义的思想也在这一时期泛滥起来，并在《列子·杨朱》篇中得到了反映。（见魏晋伦理思想）

隋唐时期，中国封建社会再次统一。在伦理思想上，表现为儒、道、佛三家互争短长、相互吸收和逐渐融合。封建地主阶级的思想家们，一方面极力排斥佛教思想，另一方面则或明或暗地“窃取”了佛教有关自我修养等方面的内容，进一步补充和丰富了儒家的伦理思想，巩固了它在封建社会中的正宗地位。（见隋唐伦理思想）

宋元明清时期，是封建地主阶级伦理思想从成熟到僵化并日益转向衰落的时期。以程颢、程颐、朱熹为代表的程朱学派，为了进一步维护封建统治，建立了一套以“理”为最高范畴的庞大而精致的伦理思想体系。以陆象山、王阳明为代表的陆王学派，建立起以“致良知”和“知行合一”为主要内容的“心学”，试图更有效地维护没落的封建地主阶级的统治。明代中叶以后，随着资本主义萌芽的出现，封建地主阶级的“三纲五常”、“忠孝节义”以及“存天理，灭人欲”的道德教条和伦理原则，受到一部分具有启蒙意识的思想家的揭露和批判。从此，封建地主阶级的伦理思想开始走向衰落。（见宋元明清伦理思想）

（3）中国资产阶级伦理思想的形成和发展阶段。鸦片战争以后，中国沦为半殖民地半封建社会的国家。中国的资产阶级思想家在西方资产阶级伦理思想的影响下，提出了既不成熟也不彻底的自由、平等、博爱和世界大同、天下为公等伦理思想，以取代封建道德学说和伦理纲常，在中国近代伦理思想史上产生了一定的影响。

从1919年五四运动开始，中国进入新民主主义革命和社会主义革命的历史时期。随着马克思主义在中国的传播和中国革命实践的发展，马克思主义伦理思想在中国逐步发展成为具有中国特色的毛泽东伦理思想，使中国伦理思想进入了一个崭新的发展阶段。

主要论题 中国的伦理思想家们长期以来侧重从以下几个方面的问题进行探讨和争论，从中体现了中国伦理思想的传统特色：(1) 关于道德的根源和本质，其中包括道德的起源、道德同物质生活的关系、人性的善恶、名教与自然以及道德评价的根据等问题。中国古代思想家针对这些问题提出了各种不同的观点和理论。坚持唯物主义哲学立场的思想家一般都从自然和经验出发解释道德现象，认为人们的道德水平受物质水平制约，或者认为道德现象是从自然的“天”产生的，人性的善恶不是先天神授而是后天形成的，道德评价的标准不在内心而在社会的利益，等等。相反，唯心主义的思想家往往把有意志的、神秘的“天”看做是道德的根源，把“天理”说成是指导人们行为的唯一的、绝对的、永恒的依据，认为人的善恶本性都是天赋的，否定人们的感觉经验，特别是物质利益对道德的作用。(2) 关于道德的最高原则问题。先秦时期所谓的“义利之争”以及发展到宋明时期的“理欲之辩”，都是关于道德最高原则的争辩。儒家强调“义”重于“利”，把仁义看做是最高的道德原则，并以此为核心，建立了一套完整的规范体系；墨家主张“兼爱”、“交利”，强调“义利并重”；法家强调赏罚，注重耕战，重利贱义；道家宣扬无为、尚朴，主张超脱一切义利。(3) 关于道德修养问题。这是中国伦理思想的一个重要特色。在中国伦理思想中，“修己”和“治人”、“修身”和“治国”是密切相连的。与此相关，人生究竟有什么意义，也成为伦理学家们所关心的问题。

西方伦理思想传统 西方伦理思想从古希腊罗马起到现代，几经演变，出现过众多庞杂的学说、理论，形成了完全不同于东方伦理思想的传统。综观西方伦理思想的发展，各种伦理学说从其体系结构上看，大致可分为3类：(1) 实践的或规范的伦理学。其认为伦理学是通过研究道德现象，向人们指出应当遵循什么样的行为规范，履行什么样的义务。这种伦理学重视实际的应用，往往分离出一些具体的应用伦理学，如各种职业伦理学。(2) 理论的或纯粹的伦理学。这类伦理学重视探讨道德理论，往往和哲学本体论交织在一起，认为伦理学就是道德哲学，就是对善恶所作的纯哲学的思辨，一旦涉及具体行为规范和准则，就会失去伦理学作为道德哲学的意义和尊严。(3) 分析的伦理学。这是20世纪以来在英美颇为流行的伦理学，即“元伦理学”。这类伦理学说既不以经验的、历史的方法研究伦理学，也不重视经验或历史叙述的理论概括，更不提出具体规范。它的突出特点在于，试图从逻辑和语言学方面对道德概念和判断进行分析。

发展线索 西方伦理思想的发展线索，按社会的变迁，可分为古希腊罗马、中世纪、近代和现代4个阶段：

(1) 古希腊罗马伦理思想。公元前6世纪以后，随着古代科学的兴起和希腊社会各阶级之间的斗争，尤其是奴隶主阶级内部民主派和贵族派之间斗争的深化，不少思想家的眼光逐渐从自然界转向人自身。智者普罗泰戈拉的名言“人是万物的尺度”，反映了当时人们对自身的地位和价值的认识。苏格拉底和他的学生柏拉图，从唯心主义的理念论出发，探讨了“至善”问题，建立了理念论的道德理论体系。亚里士多德综合了前人的伦理思想成果，正式使用了“伦理学”这一名称，并把它作为一门学科。他继承和发展了德谟克利特等人的伦理思想，建立了一个以城邦整体利益为原则的、比较完整的幸福论伦理思想体系。在希腊化时期，出现了具有自然主义倾向的伊壁鸠鲁学派和带有理性主义倾向的斯多葛学派的伦理思想，前者把快乐和幸福作为人生追求的目的，后者要求人们遵循自然法则而过一种合乎理性的禁欲主义的生活。二者的斗争十分尖锐。

(2) 中世纪神学伦理思想。由于封建专制主义和教会神权的统治，超自然主义的基督教伦理学在整个欧洲中世纪占绝对的统治地位。A.奥古斯丁首先为神学伦理思想奠定了理论基础。后来由意大利经院哲学家托马斯·阿奎那改造了古希腊亚里士多德的伦理思想，使中世纪神学伦理思想系统化、理论化。

(3) 西方近代伦理思想。随着欧洲资本主义的兴起，伦理思想逐渐从神学的禁锢下解放出来。资产阶级的思想家们从发展资本主义的要求出发，在伦理思想上强调满足个人的需要和利益，深入地探讨了人的价值、人的尊严和自由、善的本质、道德评价的根据等问题，并以不同的方式提出了调节个人和他人、个人和社会利益关系的道德原则。这一时期所出现的各种反映资产阶级利益和要求的伦理学说，如 18 世纪法国唯物主义者的利己主义道德理论、19 世纪英国的 J. 边沁和 J. S. 密尔的功利主义思想、康德从先验理性出发的自律伦理学、G. W. F. 黑格尔的整体利益原则、费尔巴哈的幸福论等，在西方伦理思想中都有着重要的理论价值和影响。

(4) 现代西方伦理思想。19 世纪中后期，特别是 20 世纪以来，出现了西方资本主义的高度发展和它所带来的种种复杂的社会问题，新的科学技术革命以及两次世界大战，使西方伦理思想在探讨的对象和理论方面都出现了许多变化。现代西方伦理学流派庞杂，观点多变，大体上可以归纳为三种主要思潮：一种是受实证科学影响较大的元伦理学或分析伦理学流派，包括直觉主义伦理学、情感主义伦理学、语言分析伦理学派等，主要流行于英、美国家。它撇开现实的道德问题，侧重研究道德语言的意义、功能及有关道德判断和规范理论的逻辑证明问题，带有形式主义的特征。另一种是主要流行于欧洲大陆国家的、受人文科学影响较大的、常被分析伦理学家斥为形而上学的流派，如存在主义等。它以人为主体，着重讨论人的境况、命运和出路，排斥人的理性，而诉诸感情或直觉，其主要特征表现为非理性主义，并常常堕入悲观主义。还有一种是沿袭基督教神学伦理思想传统的思潮，包括新托马斯主义、新正统派伦理学等。它们有的虽然也打着“尊重科学”和“关心人”的旗帜，但实际上仍然是把善的本质、道德的起源以及道德评价的最高标准最终归之于上帝，鼓吹人只有通过信仰上帝才能得到彻底的拯救。

主要论题 在西方伦理思想的发展过程中，伦理学家们主要围绕以下几个问题进行探讨，建立起不同的伦理思想体系，反映了人们对于自身道德关系的认识逐步深化的过程，体现了西方伦理思想的传统特色。

(1) 什么是善？如果说人们可以认识至善，那么这种善的本质又是什么？一些伦理学家注意到善或至善同社会物质生活条件的关系，重视并强调道德与利益、道德与幸福的关系。另一些伦理学家则往往从上帝的意志、先验理性和人的主观意识中寻找善的来源和本质，从而这样或那样地抹杀或否认道德与社会物质生活条件的关系，表现出彻底的唯心主义倾向。关于善或至善的研究，在西方也被称为善论或道德价值论。不同的伦理学派和伦理学家，对什么是至善的回答是各不相同的，有的伦理学家把知识或智慧作为至善，有的把幸福作为至善，有的把仁爱作为至善，还有的把荣誉、权力作为至善，等等。此外，还有一种以自我实现为至善的理论，这种理论常常表现为多元论的价值观。

（2）什么样的行为是正当的？什么样的品性才是符合道德的？在评价人们的行为和品性时，应以什么为标准？在生活中，应该履行什么样的义务？怎样通过训练和教育使人们的品行合乎道德？解决这方面问题的关键，在于如何看待和处理个人与社会、个人利益与整体利益的矛盾。一些伦理学家强调满足个人的欲望，否认或抹杀人的行为应该受社会整体利益的制约；另一些伦理学家强调义务的重要，强调对社会和他人应负的责任。由于主要涉及义务问题，所以在西方又被称为德论或义务论。

以上两方面的问题，在西方伦理思想史上往往交织在一起。因为当人们评判一个人的行为或品质时，总是要隐蔽地或公开地根据某些在他们心中已经树立的善的标准，即善的既定价值。从这个方面看，伦理学常常被称为价值科学。然而，人们探讨善恶价值时，也总是自觉或不自觉地试图影响人们的行为。在这种意义上，伦理学往往被人们称为规范科学。但是，由于人们研究价值或研究至善的目的在于使人们有一种理想的道德品质，同时也在于用至善这一目的去影响和规范人们的行为，所以西方伦理学家一般都把 19 世纪以前的传统伦理学称为规范伦理学。

20 世纪以来的西方伦理思想表现出一种与传统伦理学不同的非规范主义倾向。一部分伦理学家否认伦理学的规范特点，仅仅把道德概念的意义分析和对道德判断的逻辑探讨作为自己的任务，并把自己的伦理学称为“元伦理学”或分析伦理学。另一部分伦理学家既反对伦理学的规范要求，也漠视所谓至善的价值，只强调纯客观地描述道德现象，强调对人的境况和命运进行先验的、人本主义的描述，探讨人怎样获得真实的存在、怎样超越。

四、马克思主义伦理学的形成和发展

形成和发展过程 马克思主义伦理学是马克思主义理论体系的重要组成部分，它是随着马克思主义理论的形成而形成的。19 世纪初，随着资本主义经济的发展，无产阶级反对资产阶级的经济斗争和政治斗争日益尖锐。无产阶级为了清除剥削阶级旧道德和各种非无产阶级思想对工人阶级道德面貌的腐蚀，培养大批无产阶级新人，迫切需要新的道德理论。马克思和恩格斯适应这种需要，从辩证唯物主义和历史唯物主义的基本理论出发，创立了马克思主义伦理学。（见马克思主义伦理思想）

马克思主义伦理学是在批判各种非无产阶级的道德理论中形成和发展起来的。19 世纪中期，资产阶级思想家 B. 鲍威尔、M. 施蒂纳等人宣扬了许多错误的道德观点，对工人运动产生了极坏的影响。同时工人运动中的机会主义者如 H. 克利盖、E. 杜林等人，也拼命地鼓吹资产阶级人性论，宣扬抽象的平等，否认道德的阶级性。为此，马克思和恩格斯在《神圣家族》、《德意志意识形态》、《1844 年经济学哲学手稿》、《道德化的批判和批判化的道德》、《反对克利盖的通告》、《反杜林论》等著述中，对马克思主义伦理思想的一系列重大问题作了明确的阐述。之后，马克思主义伦理学随着无产阶级革命实践和马克思主义理论的发展而不断发展，列宁、毛泽东等人从不同的方面进一步丰富和完善了马克思主义伦理学的理论。（见列宁伦理思想、毛泽东伦理思想）

意义 马克思主义伦理学的产生，在伦理学领域中产生了前所未有的革命变革。这主要表现在：

（1）与以往的一切旧的伦理学不同，马克思主义伦理学不是建立在上帝、理性和抽象的人性的基础上的，而是建立在历史唯物主义的基础上的。马克思在《关于费尔巴哈的提纲》中，针对那种把人的本质看做是抽象的人的本性的理论，明确地指出："人的本质并不是单个人所固有的抽象物。在其现实性上，它是一切社会关系的总和。"从历史唯物主义的观点来看，道德不再是凌驾于整个社会之上的东西，而是由经济基础所决定的上层建筑和意识形态的一部分。历史上的各种道德的发展和更替，归根结底都是依据经济基础的变化而变化的，因而道德本身也是一种有规律的社会现象。从此，以道德为对象的伦理学最终从唯心主义历史观的羁绊中解放了出来，成为一门真正的科学。

（2）马克思主义伦理学克服了以往一切伦理思想的局限，强调在阶级社会中道德有阶级性。旧伦理学有一个共同特点，就是用各种不同方法或手段宣传道德的超阶级性和全人类性。因而，其道德理论最终都必然成为与现实相脱离的、不真实的理论。马克思主义伦理学强调，任何道德都不是抽象的、超时代的，而是历史的、具体的，一切阶级道德都是为一定的阶级利益服务的。在阶级社会中，当然也存在某些人类共同的道德因素，如社会公共生活的一般规则，但从总体上说，最终都不可避免地打上了阶级的烙印。只有到了共产主义社会，即在阶级完全被消灭以后，全人类共同的道德才有可能产生。

（3）马克思主义伦理学特别强调人类生活的道德实践在伦理学理论中的意义。马克思主义以前的伦理思想家们往往否认道德实践的重要性，或者把道德实践仅仅理解为个人的道德活动。他们并不理解，全部道德理论都不可能从人们的头脑中突然产生，它只能从人们的道德实践活动中、从人和人之间的现实关系中概括和总结出来，同时还需由实践检验，并随着人类社会实践的发展而发展。因此，马克思主义伦理学强调道德原则和规范转化对人的品质的重要意义，强调伦理学不仅传授道德知识，更重要的是使人们身体力行。

五、伦理学与相邻学科的关系

伦理学与哲学以及其他邻近的学科有着密切的联系。

伦理学与哲学　哲学是伦理学的理论基础。一定的世界观、历史观对一定的伦理原则和道德学说有着直接的制约和指导作用。不同的甚至对立的世界观和历史观，也常常导致不同的甚至对立的伦理学说。历史上伦理思想常常与哲学思想同步发展，道德认识不但要受哲学思想的制约，而且还往往同哲学结合在一起，在有些思想家那里，二者是密不可分的、融为一体的。但是，伦理学作为哲学的一个分支学科，又有其相对独立的意义。伦理学所研究的是一个特殊的社会现象领域，主要揭示社会道德关系的性质及其发展的规律性。它不仅有着自身的特点，而且也有作为一门学科存在的性质和价值。

伦理学与教育学、社会学、心理学、美学 伦理学与教育学、社会学、心理学、美学等也有着相互影响、相互渗透的关系。教育学、社会学、心理学、美学都把道德纳入自己的研究范围。伦理学研究人类社会历史中的全部道德现象，而教育学、社会学、心理学、美学等，只研究道德现象的一部分，而且它们着眼的角度也不同。教育学涉及的主要是品德教育和共产主义道德教育过程中的某些客观规律；社会学在这方面关注的是社会道德面貌、风尚习俗以及婚姻、家庭中的许多道德问题；心理学，特别是社会心理学，总是把人的道德情感、道德意志作为重要的研究内容；美学涉及的是人的行为和心灵的崇高。

伦理学与教育学的关系尤为密切。伦理学关于人们的行为规范和道德观念、情感、意志、活动等的研究成果，为教育学的德育理论提供可靠的根据。在这个意义上说，没有伦理学的研究，就不可能使德育成为真正的科学。教育学有关社会教育和教育的客观过程等方面的研究，有助于伦理学中的规范教育、理想教育的研究。

伦理学和心理学都研究人的行为动机，但伦理学主要从道德品质上考察人的心理现象，对心理学特别是社会心理学的研究有一定的帮助；心理学则揭示和提供人的行为动机和性格等心理现象的本质，为伦理学的研究提供必要条件。

伦理学与美学的关系和善与美的关系是相一致的。善和美、恶和丑往往有着内在的、有机的联系。一切社会现象，人的一切行为，从一定意义上说，既有美学的又有伦理学的意义。

六、趋势和展望

趋势 伦理学是一门古老的学科，又是一门万古常新的、有着广阔前途的学科。伦理学的发展与社会物质生活条件的变化、与科学技术乃至整个人类文明的发展、与其研究对象的演变，有着密不可分的联系。随着社会生产力的发展，科学文化的突飞猛进，新的技术革命在不断发生，人类的物质文明正在并将继续大幅度地提高，客观上要求人类的精神文明，包括人们的道德生活和伦理学说，有着相应的发展和进步。同时，随着社会本身的发展，道德在社会生活中的作用将日益增强。这预示着以道德为研究对象的伦理学在整个科学和社会实践中的地位和作用也将进一步加强。

未来发展的特点 伦理学未来的发展将会出现如下特点：

（1）伦理学的理论体系在分化和综合、对立和融通中更加成熟化和科学化。一方面，人类通过实践，使自己的道德认识日益深化和具体，从而促进伦理学知识形态的不断演化和更新。另一方面，科学文化的迅猛发展将提供大量信息材料，有助于伦理学知识形态的发展和完善。建立在科学世界观和方法论基础上的马克思主义伦理学，将集人类道德思考和伦理学说之大成，发展成更加系统、完整和严密的科学理论体系。

（2）伦理学的研究领域不断扩大，研究内容不断丰富。随着人类社会实践的发展，尤其是科学技术在广度和深度上的扩展和深入，新的研究领域不断开拓，新的问题不断提出，伦理学也将发生程度不同的反响。比如，随着科学技术向宏观方面的发展，出现了人和周围的自然环境、地球、宇宙关系中的道德问题，这就相应地产生了环境伦理学、生态伦理学、宇宙空间伦理学等。科学技术在微观方面的深入，如试管婴儿的出现，必然带来一系列新的道德问题，需要从理论上给予回答，由此也将形成相应的伦理学说。在职业伦理学方面，随着新的技术革命引起产业结构的改变，社会分工和劳动组织、行业在新的条件下发生的变化也将不断分化出新的职业伦理学科。这一切都推动着伦理学在形式和内容上向多方向、多层次方面发展。

（3）伦理学的社会价值不断提高，具有日益重要的实践意义和广泛的实用性。整个人类社会在不断发展和进步，伦理学在总的趋势上必然向着统一、综合的方向发展，逐渐成为代表社会普遍利益的特殊表现形式。社会的进步无疑会促进社会中个人的进步，人们在体力和智力方面发展的同时，也将产生在道德上发展自身的需要。科学的伦理学正是在引导和帮助人们培养高尚的道德品质、形成崇高的道德境界、造就道德上的完善人格等方面，起着重要的作用。

伦理学的对象、方法与任务*

科学的伦理学是整个马克思主义理论体系中的一个重要组成部分，是一门以道德为研究对象的独立的科学。从人类文明历史的发展来看，伦理学的研究总是同人类社会的精神文明建设密切相关的。

当前，我国人民正在为建设中国特色的社会主义，为建设社会主义的物质文明和精神文明而努力奋斗。社会主义的物质文明建设是社会主义精神文明建设的不可缺少的基础；而社会主义的精神文明对物质文明的建设，不但能够起到巨大的推动作用，而且还能保证它的正确方向。两个文明的建设，既互为条件又互为目的，忽视其中的任何一个方面，都将会影响、妨碍以至损害我们的社会主义建设事业。

社会主义精神文明是社会主义的重要特征，是社会主义优越性的表现。这就是说，当我们说到社会主义的特征、本质或基本特点时，除了强调剥削阶级制度的被推翻、生产资料公有制的建立、各尽所能按劳分配之外，还要看是否已经具有了相应的社会主义精神文明。如果忽视了社会主义的精神文明，人们对社会主义的理解就会陷入一种片面性，甚至使人们仅仅限于对物质利益的追求。这样，我们的社会主义就会失去理想和目标，失去精神的动力和战斗的意志，也就不能抵制各种腐化因素的侵袭，甚至有可能迷失方向，走上畸形发展的邪路。

---

* 本文原收入《伦理学》，北京，人民出版社，1989。

由此可见，在我国当前的历史条件下，在建设社会主义精神文明的总的要求下，加强马克思主义伦理学的研究，对于培养德、智、体全面发展的一代新人，对于促进我国的四个现代化的发展，建设中国特色的社会主义，都具有极其重要的意义。

我国的社会主义社会现在还处于初级阶段。改革和开放促使了物质文明建设的迅速发展，也使长时期以来沿袭的许多不适应现实的伦理道德观念受到了冲击。锐意革新、勇于开拓、奋发图强、献身祖国、富于理想、强调公平、注重自我等思想，正在形成新的潮流。马克思主义伦理学是一门需要在实践中不断发展的科学，因此，依据当前社会实践中所出现的新情况、新问题、新经验，创造性地研究、分析我国伦理道德建设中的各种问题，就具有更迫切的现实意义和深远的历史意义。

一、伦理学的对象

一般来说，伦理学是一门关于道德的科学，或者说，伦理学是以道德作为自己的研究对象的科学。在人类的知识宝库中，伦理学是一门古老的、有着悠久历史的科学。人类为了维持自己的生存和发展，为了在社会生活中不断地完善自身、完善他人和完善社会，在长期的历史发展中，在人和人之间逐渐形成的习俗、规范的基础上，产生了对人的这些关系的思考，从而形成了道德观念和道德认识，并发展为较系统的伦理思想，进而产生了伦理学。

（一）人类道德思考的发展与伦理学的产生

自从人猿揖别、形成人类社会以来，虽然人与人之间的道德关系早已形成（从萌芽状态的习俗到原始社会后期的规范），但抽象层次的伦理思考则是较晚才出现的事情。一般来说，人们对道德问题进行系统的理论思考是从奴隶社会开始的。剩余劳动的出现使人类从原始的无阶级的社会进入了阶级对抗的所谓文明社会。一方面，由于奴隶制经济的发展和奴隶主阶级的利益要求，在人与人之间逐步形成了许多“应当”和“不应当”的规则，指导着人与人之间的关系和人们的行为。与此同时，这些规则又被人们所思考，作为当时整个社会意识形态的一个相对独立的部分，成为一种特殊的意识形态。在中国，人们的道德思考可以上溯到三千多年前的殷商时期。从商朝出土的甲骨文中已经有了“德”字。当时，“德”的意义比较广泛，似乎还没有从当时的意识形态中分离出来。西周初期的大盂鼎铭文的“德”字，已明确地包含着按照当时的规范去行事而有所得的意思。在中国最早的典籍中，“道”表示事物运动和变化的规则，“德”表示对“道”的认识、践履而后有所得。中国的训诂学家依据中国文字的特点，指出音和义的内在联系，认为“训诂之旨，本于声音”，并指出汉字是“义以音生，字从音造”，因而认为从“德”的声音可以了解它的原始意义。东汉时的刘熙对“德”的解释是：“德者，得也，得事宜也。”意思是说，“得”就是把人和人之间的关系处理得合适，使自己和他人都有所得。许慎更明确地说：“德，外得于人，内得于己也。”这也就是说，“德”就是一个人在处理人和人的关系时，一方面能够“以善念存诸心中，使身心互得其益”，这就是“内得于己”；另一方面又能够“以善德施之他人，使众人各得其益”，这就是“外得于人”。这些解释说明，从词源的意义上可以看到，在中国古代，当人们自觉地意识到人和人之间道德关系的发生，必须是对人、对己双方都有所“得”的时候，人们就开始有了关于道德的思考，即对人我之间的道德关系的反思。从中国古代的有关典籍来看，道德二字连用，成为一个概念，始于春秋战国时的《管子》、《庄子》、《荀子》诸书。荀况说：“故学至乎礼而止矣，夫是之谓道德之极。”① 荀况不但将道和德连用，而且赋予了它较为确定的意义，即指人们在社会生活中所形成的道德品质、道德境界和调整人与人之间关系的道德原则和规范。

为了在人和人的相处中，能够使人我之间互有所“得”，以维护和调整人们之间的利益关系，在古代，对道德问题的思考是许多思想家所特别关心的。远在公元前 6 世纪的孔丘，在他的《论语》一书中，集中论述了在当时社会中人和人之间的道德范畴、道德原则和各种行为规范，《论语》可以说是世界上最早的一本规范伦理学著作。从中国的词源含义来看，“伦”本意是辈、类的意思，“理”是条理、道理的意思。伦理二字连用，最早见于战国至秦汉之际的《礼记·乐记》，其中说：“乐者，通伦理者也。”在这里，“伦理”已经具有道德的理论的意思。

---

① 《荀子·劝学》。

在希腊，从词源上来看，早在荷马史诗之《伊利亚特》中，已经出现了 ethŏs 一词。开始，这个词只是表示一群人所共居的地方。以后，意义扩大，还包括了这一群人的性格、气质及其所形成的风俗习惯，这说明，古希腊人也在很早以前就对伦理道德问题进行了思考。公元前 5 世纪的苏格拉底、柏拉图等，特别注意对善的考察，甚至专门以青年的道德教育作为他们的道德思考的主要内容。公元前 4 世纪的亚里士多德，把 ethŏs 的意义加以扩大和改造，先构建了一个形容词 ethicos（伦理的），以后又构建了一门新的科学 ethika 即伦理学。亚里士多德的《尼各马可伦理学》代表着古希腊思想家伦理思考的最卓越的成就。正像孔丘在中国一样，亚里士多德在古希腊创建了完整的规范伦理学。

自亚里士多德以后，在西方，伦理学开始成为一门独立的科学，受到思想家们的特别重视。亚里士多德之后的斯多葛学派和伊壁鸠鲁学派，都把哲学分为三个部分即物理学、逻辑学和伦理学。他们所说的物理学，主要是关于宇宙的起源、发展和变化的理论，又被称为自然哲学，和我们今天所说的物理学不同。伊壁鸠鲁学派认为，物理学、逻辑学对伦理学的关系，就如同医药、卫生对于人体的健康一样。这就是说，在这三者关系中，人体的健康是最根本的目的，医药和卫生都是人们为了达到这一目的所采取的手段。斯多葛学派则认为，整个哲学好比一个果树园，逻辑学是这个果园的围墙，物理学是园中的果树，只有伦理学才是这些果树上所结的果子。在古希腊，伦理学不但是哲学的一个分支，而且简直成了哲学的核心。

同样，在中国，人们尽管也谈到要学习各种知识，但是大多数的思想家都强调，“为学”主要是要学习有关伦理道德的知识。在长期的奴隶社会和封建社会中，学就是要学习《诗》、《书》、《礼》、《易》、《春秋》等儒家经典，而“为学”的目的主要是要改变人们的品性和气质，以适应当时社会的需要。

随着人类社会的进步，人们对道德的反思也逐步深入。在西方，随着生产力的发展，随着人们对社会道德的各种机制的不断深入了解，伦理学作为一门科学，也取得了很大的进展。但是，值得注意的是，在资本主义社会发展的后期，许多思想家对现代社会中出现的“贪欲”的破坏作用感到无能为力，对那些由于“魔性的欲望”所造成的道德危机束手无策，从而认为这对伦理学来说是一个不可能解决的问题。在社会主义社会中，随着物质文明和精神文明建设的发展，随着道德原则在社会中的作用的不断增长，随着人们对道德价值认识的日益提高，对伦理学的研究吸引着越来越多的人的注意，伦理学的发展正呈现出前所未有的勃勃生机。

（二）对伦理学研究对象的不同理解

从伦理学作为一门相对独立的科学起，对于伦理学的研究对象，就存在许多不同的理解。从总的方面看，绝大多数的伦理学家都认为伦理学是研究道德的，是以道德现象作为自己的研究对象的。但是，道德现象是一种极其复杂的社会现象，究竟从什么意义、多大范围上和何种价值取向上来研究道德，不同的伦理学家有不同的看法。

从伦理学研究的范围来看，有些伦理学家认为，伦理学主要应当以道德规范为对象，从而形成所谓规范的伦理学。有些伦理学家认为，伦理学主要应当以实际应用为目的，强调道德原则与规范的实际应用。有些伦理学家认为，伦理学是一门理论科学或者说是一门道德哲学，因此，伦理学只应当去构建一定的范畴体系。20 世纪以来，出现了在英、美颇为流行的元伦理学。它的突出特点是，只强调从逻辑语言即从语义学和逻辑学的方面研究道德，从而把伦理学变成只是一种脱离人的道德实践的、空洞的、抽象的概念分析。

从伦理学研究的内容上看，历史上的伦理学家对此也存在着不同的理解。有的人认为伦理学是研究“善”或“至善”的科学；有的人认为伦理学是研究“义务”、“责任”的科学；有的人认为伦理学是研究幸福的科学；有的人认为伦理学是研究人生价值的科学；有的人认为伦理学是研究道德行为或道德品质的科学；也有人认为伦理学是研究善恶判断的科学。在欧洲中世纪，神学家们曾把上帝和神学的德性作为伦理学研究的对象（直到今天，各种宗教伦理学仍以不同的形式坚持上述观点）。这些看法（除宗教伦理学外），都没有超出伦理学以道德为研究对象的范围，但总的来说，都不能全面地概括和说明伦理学的研究对象。

为什么在伦理学的研究对象上会有这么多不同的意见呢？原因之一是对“道德”这一概念的不同理解。马克思主义伦理学认为，一般说来，道德是调整人和人之间的关系的一种特殊的行为规范的总和。在人类社会中，为了调整人和人之间的关系，有多种不同的行为规范，如法律规范、政治规范以及其他对人的行为发生约束和导向作用的各种规范。道德规范的特殊性就在于，它不由政治的、行政的机构所制定，也不靠强力的、威胁的手段去维护，而是由人们约定俗成（在阶级社会中，统治阶级的思想家们往往也制定为统治阶级所需要的道德规范，但这和由政治的、行政的机构所制定的法规仍有原则上的不同）的，并且是靠人们的内心信念和社会舆论来维护的，一般情况下，不需要由政治的、行政的机构来强制执行。尽管道德这种特殊的规范在调整人和人之间的关系时，还要靠社会舆论的监督，对主体还是一种他律，但从其实质来说，只要道德规范对其约束范围内的所有成员是平等的、公正的，只要它恰当地反映了其约束范围内的所有成员的道德要求和愿望（在形式上往往是通过“理性存在的普遍意志”来实现的），道德规范就应当是一种他律和自律相统一，甚至完全是一种自律的规范。正是在这个意义上，我们才可以说，主体的意志对于道德规范来说，是自由的。道德作为一种社会范畴，属于社会上层建筑和意识形态，它又必然成为一种特定的社会现象。从历史唯物主义的基本原理出发，马克思主义伦理学认为，所谓道德现象，就是指人类现实生活中由经济关系所决定的，用善恶标准评价的，依靠社会舆论、内心信念和传统习惯来维持的一类社会现象。当然，由经济所决定的意识形态各有其特殊形式，就其实质来说，道德现象的特殊性在于它是以善与恶的矛盾和对立所构成的社会现象，它的巩固和发展不是靠行政或法律的强制手段，而是靠舆论和信念，或者说主要是靠人们的内心信念来维持的。为了便于分析和研究，我们可以对道德现象作必要的分析，以便我们对伦理学的研究对象能有更好的理解。

一般来说，人类社会的道德现象总是人们之间的某种道德关系的表现。人们在社会生活中，必然要形成各种复杂的社会关系，在所有这些社会关系中，最基本的就是与物质生产活动直接相联系的生产关系或经济关系，即不通过人们意识而形成的“物质的社会关系”。与此相适应，人们之间还形成一定的政治关系、法权关系、道德关系以及一定范围和一定时期的宗教关系等。这些关系则是通过人们的意识而形成的“思想的社会关系”，亦即被经济关系所决定并且表现为一定的意识形态和上层建筑的各种关系。所谓道德关系，就是这种“思想的社会关系”的一个组成部分。它是由经济关系决定的，并且按照一定的道德观念、道德原则和规范所形成的一种特殊的社会关系。

道德现象所包含的内容是很多的。为了研究的必要，一般来说，可以把道德现象分为三个方面，即道德活动现象、道德意识现象和道德规范现象。所谓道德活动现象，主要是指人类生活中环绕一定善恶而进行的、可以用善恶观念评价的群体活动和个体行为（包括道德评价、道德教育和道德修养）。所谓道德意识现象，则是指在道德活动中形成并影响道德活动的各种具有善恶价值的思想、观点和理论体系。所谓道德规范现象，则是指一定社会条件下评价和指导人们行为的准则。符合这些准则的思想和行为就是善的，而违背这些准则的思想和行为就是恶的。这些准则既包括人们在长期生活实践过程中所形成的“应当”与“不应当”的客观要求，也包括一定社会或阶级以戒律、格言等形式自觉概括和表达的善恶的标准和规范。作为人和人之间的客观的“应当”和“不应当”的要求，可以说它是不以人们的主观意志为转移的，更不是人们头脑中臆造出来的。作为一定社会或阶级所表达的有关善恶的看法，则是人们思想的产物。正是由于存在着这种复杂情况，有的伦理学家把道德规范看成是一种客观的关系，把它包含在道德活动之中；另一些伦理学家则把它看成是一种观念的产物，从而把它包含在道德意识现象之中。总之，对道德现象的这种划分是相对的，是依据对道德现象的理解不同而有所不同的。

道德现象的各个部分之间是紧密联系的。道德活动是形成一定道德意识的基础，并能使已经形成的道德意识得以巩固、深化和提高。道德意识一经形成，对人们的道德活动就具有指导和制约作用。道德意识作为心理活动过程来看，这种心理活动自身就是道德活动的一个方面。道德规范是人们在一定的道德活动和道德意识的基础上形成和概括的，同时，作为一种特殊的社会规范，又约束和制约着人们的道德意识和道德活动，集中地体现着道德意识和道德活动的统一。依据这种看法，我们认为，只有全面地分析、研究道德的各类现象，才能从总体上把握社会关系，才能使伦理学具有完整的科学体系。①

道德现象同其他社会现象一样，是历史地发生的，是与一定的社会

① 关于道德现象的划分还有一种看法，即认为道德现象包括道德意识现象、道德活动现象和道德关系现象。所谓道德关系现象，就是指在一定的道德意识的指导下，通过道德活动而形成的一种人与人之间的特殊社会关系。

物质生活条件和文化氛围相联系的。当人类生产和交往关系发展到一定阶段，在文化发展的一定水平上，人们自觉或不自觉地依据他们所处的实际关系和条件，形成自己的善恶观念和情感，并逐步从价值意识的统一体中分化出表达道德价值的道德原则和规范。它们作为一种社会意识形态或价值观，指导和规范着人们的行为活动，并通过人们的社会实践，在人与人之间形成一定的道德关系。道德关系就是在一定经济关系的基础上，按照一定的道德价值观，或者说按照一定的道德原则和规范形成的社会关系。这就是所谓通过一定的思想意识而形成的“思想的社会关系”。在这里，从产生道德观念、道德原则和规范到形成道德关系，是一个从社会存在到社会意识，再从社会意识到社会存在的过程；也是一个从实践到认识，再从认识到实践的过程。从道德的个体发生上说，就是外在内化和内在外化的过程，是客体主体化的过程。

在这里，道德原则和规范集中反映着社会关系和人们的利益要求，表达着一定社会、阶级和个人的价值观。道德原则和规范作为一种特殊的社会意识形态，又与政治、法律等社会意识形态不同，它不是通过行政机构、权威力量制定和颁行的规范，不是制度化的、强制性的、外在化的调节规范，而是通过社会舆论、传统习俗、内心信念来维系和发挥其功能作用的。所以，道德是一种特殊的规范调节方式，是通过社会舆论、传统习俗和内心信念维系并发挥作用的行为原则、规范的总和。正是在这个意义上，可以说道德是一种实践精神，是把握世界的特殊方式。

（三）伦理学的基本问题

道德关系是人类社会的一种特殊社会关系。它之所以特殊，就在于它包含着与经济、政治、法权等关系不同的特殊矛盾，具有特殊的规范调节方式。社会关系就是社会矛盾。人们生活在一定的社会关系中，无时无刻不直接或间接地发生个人与社会及个人与个人之间的矛盾。这种矛盾是复杂的、多方面的，但其中最根本的就是经济利益的矛盾。在没有阶级的社会中，它是在根本利益一致的基础上的矛盾；在以私有制为基础的社会中，它是通过阶级利益的矛盾来表现的。经济关系引起一定的阶级利益和个人利益，各种利益都规定在政策和法律规范中，并通过强制性的政策和法律规范来调节个人和社会及个人和个人之间的矛盾。

但是，法律和政策规范并不能使人们完全自觉地控制行为，因而还必须要有道德来调解相互之间的关系。道德调解的特点在于，它不是通过强制性的手段，而是通过社会舆论、风俗习惯、榜样感化和思想教育等手段，使人们形成内心的善恶观念、情感和信念，自觉地按照维护整体利益的原则和规范去行动，从而自动地调整人们之间的相互关系。在调整个人与社会以及个人与个人的利益关系中，道德调节的突出特点是要求个人做出必要的节制和牺牲，也就是说，它是以或多或少地自我牺牲为前提的。由此可见，道德关系中的矛盾的特殊性就在于，它是以体现整体利益的原则和规范为善恶标准，以必要的自我牺牲为前提来调节个人利益和社会整体利益之间的矛盾的；或者说，它是强调用节制或牺牲个人利益的原则和规范来调解个人利益和社会整体利益之间的矛盾的。伦理学研究道德现象和道德关系，主要就是揭示道德关系中的个人利益和社会整体利益的矛盾，并根据这种矛盾的性质和特点，总结出反映这种矛盾发展规律的道德理论，确定解决这种矛盾的道德原则和规范，提出进行道德评价的标准以及道德教育、道德修养的途径和方法，以便不断地提高整个社会的道德水平，推动人类社会不断进步。这也就是马克思主义伦理学所要解决的理论和实践的课题。

伦理学所要解决的问题是很多的，也是很复杂的。但是，其中最基本的问题是什么呢？从上述关于道德现象和道德关系的分析中可以看到，伦理学的基本问题就是道德和利益的关系问题。① 这个问题包括两个方面：一方面是经济利益和道德的关系问题，即是经济关系决定道德，还是道德决定经济关系，以及道德对经济关系有无反作用的问题。这个方面决定着如何解决道德的根源、道德的本质、道德的社会作用和发展规律的问题，也决定着马克思主义伦理学和一切唯心主义、旧唯物主义伦理学的根本区别。另一方面就是个人利益和社会整体利益的关系问题，即是个人利益服从社会整体利益，还是社会整体利益从属于个人利益的问题。如何回答这方面的问题，决定着各种道德体系的原则和规范，也决定着各种道德活动的标准、方向和方法。总之，伦理学的一切问题都是围绕着上述基本问题的这两个方面展开的，同时也是在解决上述基本问题的过程中发展的；各种伦理学说都必然这样或那样地回答这

① 关于伦理学的基本问题，伦理学界还有一些不同的观点，各种观点还可以在讨论中取长补短，逐渐求得认识的统一。

个基本问题，同时它们如何回答这个基本问题也决定着它们的分野。当然，对于马克思主义以前的伦理学说或伦理思想来说，并不能认为凡是强调整体利益的都是进步的，凡是强调个人利益的就都是落后的或反动的。对于马克思主义以前的伦理学说或伦理思想，一定要作历史的、具体的分析，不但要看它们如何解决伦理学基本问题的理论体系，还要看它们代表的阶级在社会发展中所处的地位以及它们在社会生活中实际所起的作用。

二、伦理学研究的方法

科学的发展总是同方法的改进和创新有着密切的关系。不论科学研究工作者自觉或者不自觉，明确或者模糊，他们总是在自己的研究中受某种方法论的思想的指导，运用着一定的方法。科学技术的进步，实践的发展，经验的积累，虽然已经提供了在理论上创新的较为充分的条件，但在许多情况下，因为没有方法上的改进或突破，就不能取得理想的结果。另外，新的方法的提出、深化和发展，又总是要以社会的生产实践、科学实验和处理社会关系的实践为基础。正是从这一意义来看，我们可以说，任何一门科学要想在研究中获得进展，就必须要有方法上的突破。如果没有方法的创新，也就很难有科学的创新。对于科学研究来说，方法也是有层次的。从最普遍、最一般或者说从最高的层次来看，对于整个自然界、社会和人的思维的规律的研究，应有一般的科学方法来解决；对于社会科学和自然科学来说，又各有不同的方法去指导；对于自然科学和社会科学的各门具体科学来说，又有其具体的、特殊的一些方法。对于伦理学的研究来说，我们必须认识到这三个层次的方法都是非常重要的。一般的科学方法、社会科学的方法和伦理学的特殊方法，构成了研究伦理学的方法论的总的体系，从而使伦理学能够在正确方法的指导下不断发展。

（一）一般的科学方法

对于一般科学来说，或者说，对于整个自然界、人类社会和人的思维现象的科学来说，在现时代，其最根本的方法就是唯物主义辩证法。

唯物主义辩证法是人类在生产实践、处理社会关系实践和科学实验的基础上产生的，它是人类智慧的最伟大的成果之一。唯物主义辩证法是从物质世界、人类社会和人类思维的发展中所概括出来的最完整、最深刻而无片面性弊病的关于发展的学说。在伦理学的研究中，我们必须自觉地掌握和运用唯物主义辩证法。

唯物主义辩证法强调，整个自然界、人类社会和人们的精神世界的发展，都是由于内部的自我运动的矛盾而发展变化的，是新事物不断代替旧事物的一个永无止境的过程。在这个过程中，其所以发展、变化的根本动力不在事物的外部，而在每一事物的内部的对立面之间的斗争。正是由于一切事物的内部都必不可少地包含着相互排斥、相互对立的因素，因此，科学探索和理论研究工作，就要自觉地掌握、运用和揭示对立面之间的这种关系，从而促进事物的发展。

唯物主义辩证法认为：一方面，任何事物，作为一个统一体，是由其内部的矛盾斗争而发展变化的；另一方面，它又必然受到外部各种因素的制约和影响。外因是变化的条件，内因是变化的根据。这种内、外因交互作用的发生使事物在其相互影响中不断发展。在某一特定的情况和条件下，某种因素只是外部的条件，但如果从更广泛的范围来说，这种外因又成为内因了。

唯物主义辩证法认为，一切事物的发展和变化都是一个从低级到高级的发展过程。这个过程同时又是一个螺旋式上升的、不断循环运动的过程。它的每一次这样的循环绝不是停留在前一循环上，而是一种对旧事物的扬弃，既同前一个循环相联系，同时又是向前发展了的、具有新质的不断变化的过程。

在当前，人们对自然界、社会及人类思维的认识不断深入，在许多具体科学的某些领域中，由于实践的发展，已经提出了许多有关科学方法的问题。在这些方法中，如控制论、系统论和信息论等，作为科学的方法，在一定的范围内有着重要的意义。从形式上看，这些方法同唯物主义辩证法确实存在着不少差异，因而在有些人看来它们是同唯物主义辩证法相对立的。有的人甚至认为，唯物主义辩证法已经是一种传统的、过时的方法，应该用系统论的方法来代替它。这种看法显然是错误的。

我们知道，信息论、控制论和系统论，作为新技术革命的重要成果，确实对许多新的科学的建立和发展提供了重要的方法。这些方法，对于许多具体科学，包括伦理学在内，都可以有重要的启示作用，有一定的指导意义。如系统方法，对人们注意从整体性和综合性上去掌握事物和现象有一定的作用；又如信息的相互作用，通过从信息的相互影响来把握事物，从而对今天科学的发展有重要意义；等等。信息论、控制论和系统论中的某些原理，如有序性原理、反馈原理、整体原理等，对于我们研究道德现象的内外机制，分析各种道德问题，如道德的结构和功能、道德教育、道德修养、道德选择、道德行为等，都可以有重要的指导作用。但是，我们必须强调的是，这些由新技术革命所产生的新方法，从总体上说，并不是同马克思主义的唯物主义辩证法相对立的，恰恰相反，应当说它们都是唯物主义辩证法中的某些具体方面的深化、丰富和补充。就以系统论来说，恩格斯早在一百多年前就曾经指出："我们所面对着的整个自然界形成一个体系，即各种事物相互联系的总体"①。又说："这些物体是互相联系的……并且正是这种相互作用构成了运动。"② 恩格斯还特别强调，辩证法"以近乎系统的形式描绘出一幅自然界联系的清晰图画"③。因此，我们认为，信息论、系统论、控制论的许多原理，作为对唯物主义辩证法的丰富和补充，是有其重要意义和特殊作用的，它们对我们的许多具体科学在方法论上的指导作用，是不可忽视的。总之，系统论、信息论和控制论的方法，实际上是在辩证法的原则启示下，在20世纪40—50年代，随着一系列崭新的科学技术而出现的新的方法，从其对唯物主义辩证法的某些问题的深化、补充和发展来说，也可以说是在方法论上的一定程度的突破。在唯物主义辩证法的指导下，自觉地运用这些方法来研究伦理学，无疑是有重要作用的。

（二）社会科学的方法

对于作为一门社会科学的伦理学，我们除了要掌握作为一般方法的唯物主义辩证法之外，还必须理解和掌握社会科学的方法。

一般来说，社会科学是同自然科学相比较而言的，它是以社会现象为对象的科学。各门社会科学，一般都属于上层建筑和意识形态的范

---

①② 《马克思恩格斯全集》，中文1版，第20卷，409页，北京，人民出版社，1973。

③ 《马克思恩格斯选集》，1版，第4卷，242页，北京，人民出版社，1972。

畴，如政治学、经济学、法学、教育学、哲学、伦理学等。在有阶级的社会里，社会科学具有阶级性。从这方面看，无产阶级同资产阶级在社会科学的方法论上，是有根本不同的。伦理学是社会科学的一个分支学科，从方法论上来看，社会科学的最根本方法对伦理学来说是适用的。

历史的方法是社会科学的重要方法。道德现象作为社会现象的一个重要方面，是在历史中不断发展变化的。因此，考察人类社会的道德现象，最重要的就是要把道德现象放在一定的历史条件中，特别是要放在当时的经济关系和政治制度、文化形态中来进行研究。社会的经济关系是人们道德关系的基础，一定的政治制度对人们的道德关系有重要的影响。因此，不但什么样的经济关系和政治制度决定什么样的道德关系，而且，随着经济关系和政治制度的改革、变化和发展，道德关系也必然要产生这样或那样的改变。随着世界各国之间经济和文化交流的加强，对于道德现象的研究还必须考虑世界的经济、政治的发展及其对各国的影响。

社会是发展的，人类社会的道德现象也是不断发展的。历史的方法要求人们在研究道德原则和道德规范时，还必须注意由于社会发展的不同阶段而产生的不同要求。正是在这个意义上，社会主义初级阶段的道德应同高级阶段的道德有所区别。总之，历史的方法要求我们，在研究道德现象时，绝对不能孤立、静止地进行，必须认真考察道德现象的各种内外机制，考察各种机制的相互联系和相互影响，并从道德现象的发展变化上来分析研究，只有这样，我们的伦理学研究才不会如坠烟海，才能够得出合乎实际的结论。

阶级分析的方法是各门社会科学的基本方法。在有阶级的社会中，不同的阶级有不同的利益，因而有不同的道德。这也就是说，在有阶级的社会里，各种不同的道德观念和伦理学说，归根到底，都反映着一定阶级的利益和要求，因而还不可能有全民或全人类的道德体系。在马克思主义看来，在有阶级的社会中，只有遵循阶级分析的方法，把握住社会存在着阶级划分这一客观事实，并把它作为基本的指导线索，才可能透过错综复杂的社会现象，找出道德发展的规律。否认阶级分析的方法，在今天不但不符合客观的实际情况，而且会使人们忽视封建阶级和资产阶级的腐朽道德对广大人民群众的影响，因而是非常有害的。

在社会主义初级阶段，在我国当前的社会中，剥削阶级作为完整的阶级，已经不再存在。但剥削阶级的残余还存在，危害社会主义的势力还存在。从国际上看，资产阶级的腐朽道德意识还将力图影响并腐蚀我国人民。正像列宁所指出的，旧社会灭亡的时候，它的死尸是不能装进棺材，埋入坟墓的，它将“在我们中间腐烂发臭，败坏空气，毒化我们的生活，从各个方面用陈腐的死亡的东西包围新鲜的、年轻的、生气勃勃的东西”。因此，在我国的现实生活中，仍然不可忽视剥削阶级道德的残余，在道德领域内的阶级斗争也将在一定范围内长期存在。在伦理学的研究中，阶级分析的方法仍然是必须要坚持的。

当然，坚持阶级分析的方法并不是把它作为一种标签或套语，更不是以此来代替理论分析。在有阶级的社会中，我们既要反对在社会科学领域中宣扬超阶级的、全民的道德，又要根据客观上已经变化了的各阶级之间的状况，从实际出发，恰如其分地分析实际生活中的道德问题。我们必须注意克服在运用阶级分析方法时简单化和庸俗化的倾向，建立起实事求是的、科学的具体分析的正确方法。

理论联系实际的方法是一切社会科学最基本的方法论原则。对于伦理学的研究来说，在当前，应该特别强调两个方面。首先，要注意从历史和现实的道德关系出发，从其中引出道德的特有规律。其次，由于实际本身是在不断发展变化的，我们在理论研究中，就应当特别注意正在发展变化中的实际。我们现在所进行的改革、开放和四个现代化建设，在道德领域里，正如在其他领域一样，也出现了许多前所未有的新情况、新问题、新关系、新要求、新规范等。因此，理论的研究必须要能够根据正在变化的实际，开拓新的视野，进入新的境界，使伦理学的研究能够跟着社会的不断前进而发展。

（三）作为具体科学的伦理学的特殊方法

伦理学，作为社会科学的一门具体科学，它不但要受一般的科学方法和社会科学的方法的指导，还要受本门具体科学的方法的指导。每一门科学都因其研究对象的不同而形成自身的特点，因而每一门科学又都必然要根据自己的不同特点，形成本身需要的特殊方法。在探索伦理学的特殊方法时，我们必须强调，一切伦理学的特殊方法都是在唯物主义辩证法的指导下，在一般的社会科学方法的指导下发生作用的。

从伦理学的发展历史来看，自伦理学形成一门科学时起，它自身就是在一些特殊的方法指导下建立的。在古代中国，从孔丘与孟轲，直到程朱陆王；在西方，从苏格拉底、柏拉图，直到亚里士多德，在他们的伦理学著作中，都运用着某些特殊的方法。西方进入14—15世纪以来，随着各门具体科学的发展，伦理学研究中的具体方法又有了进一步的发展。

首先，对伦理学的研究来说，价值分析方法是一个重要的方法。伦理学是以道德现象作为自己的研究对象的。道德现象之所以区别于其他社会现象，就在于它是以人们的利益为基础所形成的善恶关系。因此，从一定意义上来说，伦理学是一门有关善的价值的科学。因此，从人类历史的发展来看，在人和人的关系中，在对待自己、对待他人和对待社会方面，哪些是有价值的，哪些是无价值的，哪些是负价值的，这是伦理学所特别要研究的。因此，人们的主观态度，人作为主体对客体的关系，说明伦理认识总是同从一定利益出发的人们的主观评价相联系的。在阶级社会中，这种主观评价带有阶级的特点；一个阶级内部有着不同的阶层，因而对事物的评价也是不一致的。这就是说，伦理认识总是由一定利益关系所制约的人的评价与分析。应当指出，尽管不同利益的人对善有不同的认识，但是只有代表历史进步的先进力量的个人或群体的认识与评价才真正是善的。

其次，对道德现象进行价值分析，不能是直观的或依靠直觉，而必须运用科学的抽象。要使道德思考从现象到本质，从实然到应然，得出正确的价值目标和价值标准，不是简单地、直接地对事实的反映，而是一系列的抽象过程。这就是要把在事实基础上得到的感性的或表象的具体，在思维中提升为抽象的规定性，并在思维中加以综合，把各种抽象规定结合为“思维中的具体”，从而得到关于现象的本质的认识。例如，从道德现象中得出对道德的特殊本质的认识，就必须从大量道德现象的事实中，抛开一切直观的、直接的具体因素，抽象出“对人的活动和关系的规范调节”这个一般规定。然后再从历史起源和发生过程中，把道德的规范调节同其他社会规范调节区别开来，从而进一步找出道德规范调节的特殊规定性。而这种分析必须是选取道德现象的完成的、典型化的形态，从这种形态中把握逻辑与历史的统一。其他如对道德结构的分析、对道德原则和规范的分析以及对个体道德的分析，无不是运用抽象的方法进行剖析，把握道德现象中的结构、模式、本质和规律，甚至概括成必要的抽象公式。离开抽象方法，伦理学的研究是不可能的，或者不可能是科学的。

再次，在对道德现象的观察研究中，特别是在对个体道德的研究中，也往往结合使用推己及人和自我省察的方法。所谓推己及人，就是由自己的特殊需要、愿望和追求推想到别人的需要、愿望和追求，从而体察和理解他人，自觉地调解自己和他人的关系。这种推己及人的方法是从自己的所欲来推知他人的所欲，在人和人的关系中，要尽量理解别人、同情别人、帮助别人。从这方面来说，这也可以说是从“类”的观念出发，首先把他人当做自己的同类（同人类、同民族、同阶级、同家族等），因而应当有类的同情心，因此，要互相理解、互相信任和互相帮助。当然，在阶级社会和阶级斗争中，这种推己及人的同情要受到很大限制，不可能是普遍可行的，但从伦理学的研究来说，还是一个应当采取的方法。

由于伦理学主要以人们的道德活动、道德意识和道德规范为研究对象，因此，除按照唯物主义认识论的基本原理，贯彻实践——认识——再实践——再认识的原则外，对于道德意识现象特别是对于“良心”的研究，还必须肯定自我省察法的重要意义。唯心主义的心理学家们往往把所谓内省法视作心理学的基本方法。这种内省法认为，心理现象只有通过自我的内省或内视才能认识，而不需要社会实践对这些从内省、内视中得来的认识进行检验。这种断言当然是错误的。辩证唯物主义的认识论认为，道德意识现象受到人们的生理、心理等各方面的影响，因此，只要正确地运用自我省察所得来的认识，并把这种认识同人们的道德活动联系起来，并用道德活动来检验从自我省察中所得来的认识，那么这种方法就应当是研究道德意识现象，特别是研究良心这种道德意识现象的一种必要的辅助方法。

最后，对伦理学的研究来说，心理学的方法、教育学的方法、社会学的方法，其中有许多具体的方法是有借鉴作用的，例如观察实验的方法、个案研究的方法、调查统计的方法等。对于系统论、控制论和信息论中的某些原理，除作为一般的方法论外，也都可以在辩证法的指导下，使其成为研究伦理学的方法，如反馈原理，对于研究社会的道德教育、个人的道德修养，都能产生一定的作用。道德教育的目的是要在特定的时间内，对受教育者施加影响，达到提高其道德觉悟的目的。因此，从输入有关道德教育的信息，到对有关信息的控制、输出和反馈等，如果有明确的方法指导，研究将更容易取得成果。

三、伦理学的任务

任何一门科学都必然有其特定的任务。那么，伦理学这门科学的任务是什么？关于这个问题，在我国还有着不同的认识。究竟应当依据什么来确定这门科学的任务呢？我们认为，每门科学的任务都应根据其研究的对象和一定时代、一定社会的要求来考虑。伦理学以全部的社会道德现象作为研究对象，而我国现在正值社会主义建设的重要时期，有着建设社会主义精神文明的特殊要求，因此，科学的伦理学主要应从我国社会道德现象的最本质、最重要的规律性问题，特别是与我国“四化”建设有关的最本质、最重要的规律性问题出发，来确定自己的任务。

（一）科学地论证和阐述道德的起源、本质、发展及其规律

道德是怎样发生、发展和变化的？它和人们的经济关系是怎样相互作用的？马克思主义强调，道德不是脱离历史发展的一种抽象的观念，而是经济基础的反映。同时，道德关系作为经济基础之上的一种思想关系，又同其他思想关系（政治关系、法律关系等）交互发生作用。因此，如何在历史唯物主义的基础上，从发生学的观点，从经济和道德的辩证关系的观点，从各种意识形态相互影响的观点，科学地而不是臆测地论述道德的规律，是伦理学研究中所应当解决的一个重要问题。

从历史发展的长河来看，人类道德的发展经历了不同的阶段，有着不同的历史类型，经过了一个全民道德到阶级道德，最后又向全民道德过渡的历程。伦理学要全面地考察人类历史上各种道德类型的演变，从而揭示出道德的社会本质，探索出道德的必然发展规律。不仅如此，伦理学还特别强调，在研究人类道德发生、发展和演变规律的同时，要特别着重探讨共产主义道德发生、发展的历史必然性和客观规律性，着重研究社会主义初级阶段道德的基本特点，以指导人们的道德生活。

（二）概括和阐明社会主义、共产主义道德的规范体系

一般来说，我们所说的共产主义道德有广、狭两种不同意义。从广义上说，共产主义道德包括：萌发于资本主义条件下的无产阶级道德；在社会主义阶段的社会主义道德和未来共产主义社会的共产主义道德。从狭义上说，它只是指未来共产主义社会的道德，或者是指社会主义阶段中的一种对共产党员和先进分子所要求的道德（同时也向全体人民进行宣传教育）。从社会主义道德和共产主义道德的区别和联系来看，社会主义道德是共产主义道德的基础，共产主义道德是社会主义道德发展的必然趋势。社会主义道德本身是发展的，它包含着共产主义道德的因素，并最终为共产主义道德所代替。

一般说来，伦理学是一门理论科学，但它又十分强调规范在伦理学中的重要地位。因此，在一定意义上也可以把伦理学看做是一门规范科学。对一个社会或一个阶级来说，它的根本的道德原则、重要的道德规范、人们的公共生活准则以及人和人关系中的某些特殊方面的要求，构成了一个社会或一个阶级的道德规范体系。离开了对规范体系的论述，也就不可能建立科学的伦理学。在道德原则和道德规范中，个人利益同整体利益之间的关系，究竟是个人利益应当服从整体利益，还是整体利益应当服从个人利益，是个人利益至上，还是集体利益至上，乃是伦理学研究必须要回答的问题。某一社会的道德规范对这一社会的成员都有一定的约束力。这种约束力的客观基础是什么？除了道德规范的约束力外，它能不能唤起人们完善自身、完善他人和完善社会的能动精神？或者说，它除了禁止人们作恶之外，还有没有一种导善的作用？道德规范的这种既要约束人们又要启迪人们，既能去恶又能奖善的两个方面，是如何相互联系和相互作用的？依据社会生活中实际存在的人和人之间的道德关系，在概括和归纳社会的道德原则体系的同时，伦理学还必须阐明社会规范体系中的许多辩证关系和重要的理论问题。如果伦理学只是叙述一个社会的道德规范，那就只能是一种道德戒律，而不能算是一门科学。

（三）研究适应社会主义现代化建设的有理想、有道德的新人的成长规律

在社会主义的物质文明和精神文明建设中，只有不断地提高人们的

精神面貌和道德情操，才能同社会主义社会的不断发展相适应。因此，探究社会主义新人和共产主义新人的形成、发展的规律，就必须对人的道德行为、道德品质、道德评价、道德选择以及道德教育和道德修养，进行深入的研究。伦理学作为一门关于调整人和人之间的关系的一种特殊规范的科学，它的最终目的就是要把有关伦理道德的科学认识深入到人们的意识之中，转化为人们的道德实践。那种认为伦理学只是一种纯理论的科学，认为伦理学只是去抽象地研究善恶的纯思辨的理论，是不正确的。正如前面所提到的，20 世纪出现的所谓分析伦理学，只是强调从语义学的方面对道德概念和陈述进行分析，从而使伦理学成为一门空洞的、形式的理论，更是不正确的。因此，我们可以说，伦理学既是一门理论科学，又是一门有关人们的品质、行为和修养规范的科学。伦理学是一门实践性很强的科学，用我国古代思想家的话来说，它是一门“知行合一”的科学。不管伦理学家们是否意识到这一点，要想使伦理学的研究能够不断发展并受到社会重视，就必须要依据一定阶级或阶层的要求，用特定的原则和规范，采用必要的教育和修养方法，来陶冶人们的品性，改变人们的气质，以培养一定社会所需的人才。

我国现在正处于社会主义的初级阶段，必须以公有制为主体，大力发展有计划的商品经济。为了更快地发展生产力，就必须允许商品经济充分发展。在发展商品经济中，一方面要提倡有益于商品经济发展的新观念，另一方面又要在教育、培养一代新人中进行社会主义和共产主义的教育。这就是说，为了有效地发展商品经济，一方面，我们必须而且应当鼓励、赞许人们在法律允许的范围内，进行正当而有益的赢利和竞争；另一方面，我们还应当同时努力去抵制、谴责那种唯利是图、损人利己和一切向钱看的拜金主义的思想和行为。这种思想和行为，如果蔓延开来，不但会对我国“四化”建设有极大的危害，同时也会使很多人受到腐蚀，甚至造成人际关系的新的对立或对抗，从而损害社会主义的安定团结，影响到改革开放的成败。凡是对我国精神文明建设和社会道德风尚等问题进行过深入思考的人们，都可以看到，培养适应社会主义建设的有理想、有道德的新人，在当前有着十分突出的意义。新的改革开放的政策，必须由有新思想、新道德的人正确地加以贯彻。这种对社会主义新人的培养，只能结合改革开放的发展来进行，但对此必须有足够的重视。如果我们的“四化”建设不能在建设高度物质文明的同时提高人们的精神文明水平，不能在生产力发展的同时使人们也沿着道德阶梯向上攀登，不能在人们物质生活水平不断增长的情况下提高他们为国家、为集体的道德情操，不能在对外开放的同时使我国人民的民族自尊心和自信心加强，不能在接受外援的同时使自力更生的观念得到巩固，不能在学习外国先进技术的同时对我们的社会主义制度和必须走社会主义道路的信心更加坚定，那么我们的改革开放和社会主义建设就不可能取得预期的成果。

（四）批判旧道德，更新旧观念

社会主义道德和共产主义道德，作为人类历史上的一种崭新的道德类型，既与以往的一切旧道德有着质的不同，同时又与这些旧道德有着这样或那样的联系。在社会主义的经济基础上，新的道德正在日益成长和发展，而某些旧道德还往往被某些人继续沿用。旧道德作为一种意识形态，也还在社会上发生作用。因此，消除封建主义、资本主义腐朽道德思想和小生产习惯势力，反对和清除这些思想对人们的腐蚀和影响，在今天仍然是一个不可忽视的问题。从伦理思想来看，在建设社会主义精神文明中，马克思主义伦理学必须以历史唯物主义为指导，对历史上的一切旧的道德理论进行科学的分析、批判，鉴别其精华和糟粕，并根据社会实际生活的进程和需要，在批判其错误理论的同时，继承其科学的、合理的因素和成分。

随着我国改革开放的进展，社会主义商品经济的不断发展和生产力的提高，经济关系的变化，要求在伦理道德建设上能够尽快地形成有利于现代化建设和改革开放的新的伦理观念、道德品质和舆论力量，以保证“四化”建设的顺利进行。

在更新观念、改造风尚和建设新道德的过程中，要注意破除那些阻碍社会主义“四化”建设的、保守的、狭隘的、封闭的旧观点，提倡和树立那些有利于生产力发展、有利于社会主义商品经济、有利于改革开放的新观念，从而能培养出大胆开拓、发奋有为、自立自强、忠于人民的有理想、有道德、有文化的一代新人。同时，要注意保持新中国成立以来所形成的优良道德传统。艰苦奋斗、勤俭建国、自力更生、自尊自重、先人后己、先公后私等思想，在新形势下，应该根据新的情况提出新的要求，使其能更好地发扬光大。

在更新观念、改造风尚和建设新道德的过程中，还要注意同封建阶级、资产阶级等一切剥削阶级的思想划清界限，防止某些贴着新观念标签的旧道德沉渣泛起，将人们引入歧途；更不能把那些资产阶级早已提出，甚至在西方也遭唾弃而只是在我国还有一些人不知道的概念，看做新观念。总之，我们要坚持马克思主义和社会主义道路，要坚持共产主义道德和社会主义道德的基本原则，并且努力形成有利于社会主义现代化建设和改革开放的新的价值观念，达到振奋全国各族人民献身“四化”的巨大热情的目的。

第二编

马克思主义伦理学的一些基本问题、体系结构与学科定位

谈谈马克思主义伦理学的几个问题*

马克思主义伦理学是关于道德的发展规律、社会本质及其客观作用的科学，是关于共产主义道德形成的规律、原则和规范及其在社会主义和共产主义建设中的意义和作用的科学。为了总结人民群众道德面貌的发展规律，为了更快地消除剥削阶级的旧道德的残余，为了迅速形成新的道德品质，更迅速地促进社会主义的建设，调整人和人之间的关系，加强对于马克思主义伦理学的研究是有重大意义的。

一、研究伦理学的目的是什么

要开展伦理学的研究工作，首先必须弄清楚研究伦理学的目的。伦理学研究的主要目的是什么？冯友兰先生在今年《新建设》第四期所发表的《关于伦理学的基本问题》一文中提出："伦理学的研究，虽然必须分析道德的行为，但是，它的主要目的，并不在于历史地叙述某些道德的行为，而在于科学地说明什么是道德，也就是什么是善。"按照冯友兰先生的意思，研究伦理学的主要目的就是科学地说明什么是道德的问题。这个提法，值得商榷。

---

* 本文原载《光明日报》，1961 年 12 月 6 日，署名洛戈。

根据马克思主义的基本原理，研究伦理学的主要目的，不在于说明世界，而在于改造世界。因此，在规定伦理学研究的主要目的的时候，就不能把它说成是在于“科学地说明什么是道德，也就是什么是善”的问题，而首先必须从当前阶级斗争的现实出发，从社会主义革命和社会主义建设的实际需要出发，不但要说明什么是善，而且要研究共产主义道德的发展规律，总结共产主义道德教育的方法，研究如何克服旧的道德影响和培养新的道德，从而去实践真正的善——共产主义道德。

马克思主义以前旧的伦理学家，往往喜欢把伦理学说成只是抽象地去说明什么是善的问题。中外的一些伦理学家由于离开人的社会性和历史发展去抽象地争论所谓善恶问题，因而他们从来也不能正确地解释什么是善，什么是恶。所以，把伦理学研究的目的规定为说明什么是善，这必然会把这门科学引导到抽象的、烦琐的论证中去。我们认为，研究伦理学的主要目的就是为了总结道德形成、发展的规律，提高人民的道德水平，从而为完成共产主义事业而奋斗。具体说来，有如下几点：

第一，总结共产主义道德形成、发展的规律。马克思主义伦理学的根本目的之一，就是要研究无产阶级道德面貌变化发展的规律。这句话一般包含两方面的意思。其一是说，作为社会意识形态的道德，随着经济基础的变化而变化，它是有着自己的规律的；其二是说，一个人的道德面貌的变化，新的道德品质的形成，是有着特殊的规律的。前者主要是作为意识形态的道德的发展变化的规律，后者主要是偏重于道德修养的方法，而这两者又有着紧密相连的关系。伦理学研究的最终目的是为了改变人们的精神面貌，提高人们的道德水平，从而为一定的经济基础服务，因此，必须注意既要研究作为社会意识形态的道德的发生、发展、变化的规律，同时，又要研究人们道德品质发展的规律性。人的思想面貌，由于在社会上受着客观事物的各种各样的影响，几乎每天都处在变化之中，这种变化无不遵循着一定的客观规律。出身于无产阶级的劳动人民，由于他们从小受着劳动人民的优秀品质的熏陶，一般来说，他们的思想意识和道德是有着无产阶级的品质的；另外，出身于资产阶级或小资产阶级的人，一般来说，也都是受着自己的阶级的强烈影响的。有些思想水平和政治觉悟差不多的人，一起参加某种群众的革命斗争，经过大体一样的革命实践，而他们的道德品质的提高却可能有很大的差别。有的人进步得很快，有的人进步得很慢，有的甚至在斗争中动摇起来，走上了叛变革命的道路。固然，参加革命的这些人的家庭出身和革命品质各有不同，这是其中的重要原因，同时，参加革命的人在实践中的主观努力和修养的不同，也是有很大关系的。这就是说，能否自觉地掌握道德修养的规律性，对于提高道德水平是有重要关系的。我们一方面承认革命者的家庭出身对其影响的重要意义，另一方面也承认革命者在革命斗争中的主观努力与修养的重要意义。一个坚定的马克思主义者，一个道德高尚的人，总是和他刻苦的自我修养分不开。研究道德产生、发展的规律，研究个人的道德修养的规律，对于道德教育中客观因素和主观因素之间的复杂关系，都是有极其重要的意义的。

第二，批判地继承伦理学的遗产，对旧道德作彻底的批判，清除旧道德的影响。批判旧道德的影响，建立共产主义的新道德，是马克思主义伦理学研究的一个重要任务。为了实现共产主义，不但要改变所有制关系，而且要彻底清除资产阶级的各种思想影响，根本改变人们的精神面貌，提高人们的共产主义道德品质，而马克思主义伦理学研究正是为这一目的服务的。就我国的情况来说，资产阶级甚至封建阶级的思想还在一部分人的头脑中存在着，而且，我们知道，在社会主义社会里，资产阶级的思想是不会自动消灭的，即使克服了旧的资产阶级思想，但由于社会主义社会还存在着资产阶级法权的残余，国际上资产阶级还在不时地侵蚀我们，因此，旧的思想和道德观念必然会乘机复活。同时，许多封建阶级、资产阶级的伦理观念，不少封建阶级、资产阶级的伦理著作，还在群众中有着一定的影响，因此，认真地批判残余的封建阶级的和资产阶级的伦理道德观念，吸收其精华，抛弃其糟粕，彻底地清除它们的影响，不能不是我们马克思主义伦理学研究中的一个重要目的。

第三，论证共产主义道德的原则和规范，培养道德评价的能力。对于伦理学的研究，能使我们了解什么是共产主义道德的原则和规范，弄清善恶的对立，从而具备分析和评价人们行为的能力，为提高人们的道德水平创造条件。我们知道，作为社会意识的特殊形态的道德的特点之一，就是它没有法权那样的强制性，而主要是通过社会的舆论、传统的习惯和人们的内心信念来起作用，也就是说，它是通过道德评价明确善恶和是非的界限，从而形成一种内心的或社会舆论的力量，调整人与人之间的关系。因此，道德评价的问题就不能不在伦理学中占有重要的地位。对于伦理学的研究，可以使人们自觉地运用马克思列宁主义的道德观来评价一切人的行为，来评价自己的行为，并通过文艺、报纸、舆论为形成新的道德创造条件。我们普遍所谓的道德责任感和道德义务，人们所公认的道德舆论的力量，都是从道德评价中产生的。社会的人的道德评价的能力愈高，道德舆论的力量愈强，道德责任的感情愈大，则整个社会的道德水平也上升得愈快。

这里需要指出的是，我们主张伦理学的研究要服务于如何培养人们的共产主义道德这一根本目的，但是并不是把伦理学仅仅作为思想教育和教育方法来研究，我们也不排斥在伦理学的研究中说明什么是善和什么是恶。相反，为了达到更好地总结道德形成、发展的规律，提高人们的道德水平，从而为巩固地完成共产主义事业而奋斗，必须科学地对善恶作出解释。在这里，我们认为问题并不在于要不要说明善的问题，而在于不能把说明什么是善当做伦理学研究的主要目的。

二、无产阶级的道德是功利主义吗

马克思主义伦理学的本质是什么？冯友兰先生在《关于伦理学的基本问题》一文中，把无产阶级的道德和马克思主义伦理学都说成是功利主义的。为了区别于伦理学史上的功利主义，冯友兰先生说："辩证唯物主义在伦理学上的功利主义，并不是过去伦理学家所说的功利主义。它是革命的功利主义。"他指出无产阶级在道德上的功利主义"是革命的功利主义，有最广和最远的目标，这个目标就是解放全人类"。总之，冯友兰先生把功利主义作为对马克思主义伦理学的最本质的概括，这种概括也是值得商榷的。

冯友兰先生把马克思主义伦理学概括为功利主义的伦理学有没有根据呢？好像是有的，他所根据的就是毛泽东同志《在延安文艺座谈会上的讲话》。毛泽东同志说：

"我们的这种态度是不是功利主义的？唯物主义者并不一般地反对功利主义，但是反对封建阶级的、资产阶级的、小资产阶级的功利主义，反对那种口头上反对功利主义、实际上抱着最自私最短视的功利主义的伪善者。世界上没有什么超功利主义，在阶级社会里，不是这一阶级的功利主义，就是那一阶级的功利主义。我们是无产阶级的革命的功利主义者，我们是以占全人口百分之九十以上的最广大群众的目前利益和将来利益的统一为出发点的，所以我们是以最广和最远为目标的革命的功利主义者，而不是只看到局部和目前的狭隘的功利主义者。”①

这段话应该怎样理解呢？

为了批判当时的一些反对文艺为工农兵服务、反对文艺普及的错误论调，毛泽东同志在讲话中首先强调了马克思主义文艺的基本问题是为群众的问题和如何为群众的问题。紧接着为了批判那些为文艺而文艺，认为强调了文艺必须为群众服务就会使马克思主义的文艺成为功利主义的观点，毛泽东同志提出了功利主义的阶级性问题。毛泽东同志在这里的思想是极为清楚的。在阶级斗争的社会里，一切意识形态都是为阶级斗争服务的，都是要求对一定阶级有利的，超阶级的意识形态在阶级社会中是没有的。因此，那种以反对功利主义为借口，实际上是反对意识形态为一定阶级服务的思想，是极端错误的。所以，毛泽东同志说，我们并不一般地反对功利主义，我们只是反对资产阶级、小资产阶级、封建阶级的功利主义，主张无产阶级的功利主义。在这个意义上，不仅马克思主义的文艺是功利主义的，马克思主义的伦理学是功利主义的，马克思主义的法学是功利主义的，马克思主义的政治学是功利主义的，而且马克思主义的哲学也是功利主义的。也就是说，在阶级社会中，一切属于上层建筑的意识形态都是功利主义的，都是服务于一定阶级的阶级利益的。毛泽东同志在这里告诉我们的是，必须坚持马克思主义的阶级性这一最根本的原理，而并不是对文艺和伦理学这两门具体科学进行概括，因此，我觉得，我们不能也不应该把马克思主义的文艺或伦理学归结为功利主义的。对于马克思主义伦理学来说，功利主义不但不是一种最恰当的概括，而且还会使人们对马克思主义伦理学产生错误的认识。

从伦理学史上看来，功利主义原来是资产阶级的一种伦理学说。这种学说在道德中追求资产阶级的个人利益。它认为个人利益是人类行为的基础，凡是能满足个人利益的，就是道德的；反之，就是不道德的。正像马克思在谈到功利主义时所指出的：“这种看起来是形而上学的抽

① 《毛泽东选集》，1版，第3卷，866页，北京，人民出版社，1953。

象之所以产生，是因为在现代资产阶级社会中，一切关系实际上仅仅服从于一种抽象的金钱盘剥关系。在第一次和第二次英国革命时期，即在资产阶级取得政权的最初的两次斗争中，在霍布斯和洛克那里出现了这种理论。”又说：“在霍尔巴赫那里，个人在相互交往中的一切活动，例如谈话、爱情等等都被描写成功利关系和利用关系。”马克思极其深刻地指出：“在这种情况下，功利关系具有十分明确的意义，即我是通过我使别人受到损失的办法来为我自己取得利益”①。

因此，我们清楚地知道，资产阶级的功利主义是资产阶级社会中人和人的关系的一种最本质的概括，它在道德上公开地反对那种把个人幸福寄托在来世和天堂的封建禁欲主义。把资产阶级的道德关系概括为功利主义，宣布一切都是为了个人利益的这种道德理论，在当时可以说是进步的。这种功利主义的思想，在爱尔维修和霍尔巴赫的学说里，只不过是一种愿望，还不是一种现实。18 世纪的法国唯物主义者提出了应当把合理的利己主义作为人们的行为准则。他们主张把个人利益和公共利益合理地结合起来。这在当时具有进步意义的思想，后来被边沁庸俗化了。边沁把狭隘的个人利益、露骨的利己主义和个人打算，看做是人类道德行为的主要动机。他认为，凡有利于资产阶级的就是有利于全人类的。他认为一切人都是为了追求快乐和避免痛苦，一切人都是为了个人的利益。当然，为了掩盖自己的理论的反动内容，边沁也虚伪地打着什么道德的标准是最大多数人的最大幸福的谎言。边沁的这种功利主义的理论在穆勒那里有了进一步的伪装。穆勒提出了人的感情是道德行为的推动力的主张，从而把功利主义说成是一种利他的行为。正像马克思所指出的，爱尔维修和霍尔巴赫的理论是同正在进行斗争的、尚不发达的资产阶级相适应的，是有进步意义的；而边沁、穆勒的理论是同站在统治地位的、发达的资产阶级相适应的，是反动的。但是，归根结底，这种把伦理学归结为功利主义的理论都是资产阶级的人和人的关系的最本质的概括。我们知道，资产阶级把一切关系都归结为个人利益，把一切人和人的关系都归为利己主义的打算。所以，资产阶级学者把他们的伦理学概括为功利主义，是十分恰当的。

根据前面的分析，从马克思主义的阶级斗争的学说出发，从社会意

---

① 《马克思恩格斯全集》，中文 1 版，第 3 卷，479 页，北京，人民出版社，1960。

识形态必然服务于自己的经济基础出发，从评判道德的标准出发，我们固然可以说无产阶级的道德、无产阶级的伦理学是功利主义的；但是，作为对无产阶级道德的最本质的概括来说，作为马克思主义伦理学的本质来说，作为对于新的人和人之间的最主要的关系的归结来说，把马克思主义伦理学和无产阶级道德概括为功利主义，则是值得商榷的。

我觉得，如果一定要把无产阶级道德和马克思主义伦理学归结为什么主义的话，则可以把它称为集体主义。这是一个比功利主义更为恰当的概括，它反映了无产阶级道德和马克思主义伦理学的最本质的关系。我认为，无产阶级道德的核心就是个人利益必须服从集体利益，而一切其他关系，人和人之间的道德准则，评判行为的道德准则，都必须从这一关系出发，它准确、鲜明地反映了无产阶级道德和马克思主义伦理学的崭新的内容，严格地区分了两种道德和两种伦理学的根本对立，树立了无产阶级道德和马克思主义伦理学的批判的、战斗的旗帜。

三、关于道德评价中的标准和根据

道德评价是伦理学的重要问题之一。不同的阶级都按照自己的利益和由阶级利益所贯穿的道德规范来评价人们的善恶，这就是道德评价的标准。任何一个行为都有动机和效果两个方面，而动机和效果有时又有不一致的情形。因此，我们评价一个行为的善恶，究竟是根据它的动机呢？还是根据它的效果？这个问题叫做道德评价的根据。

剥削阶级的某些伦理学家，为了掩盖他们的伦理学维护剥削阶级利益的实质，往往把动机和效果这一道德评价的根据问题说成是道德评价的唯一标准。他们或者以抽象的利害和人性为标准，或者把根据夸大为标准，根本不承认有什么阶级利益的标准。我们则相反，在谈到道德评价时，必须强调阶级利益和由阶级利益所贯穿的道德规范是判断善恶的标准，而动机和效果这一判断善恶的根据是必须从属于阶级利益的标准的。

冯友兰先生在《新建设》第四期上发表的文章中，认为“在伦理学方面，也有一个根本问题，就是究竟什么是善”。而在提到什么是善时，他认为：“首先一个问题就是，我们说一个行为是善的，或说一个行为是恶的，究竟以什么为根据呢？是以一个行为者的主观意图为根据，或者是以这一行为的客观效果为根据？”以下接着就是对于动机论、效果论以及动机效果统一论的长篇论证。只是在作了上述的长篇论证之后，才说：“以上所说的是道德判断的根据。还有一个根本的问题就是，所谓好坏究竟以什么为根据。这就是归结到善恶的标准问题。”令我们疑惑不解的是，如果脱离了道德评价的阶级利益的标准，脱离了道德的实质，首先就提出动机和效果这一判断行为的根据，那么，所谓的善，所谓的恶，又以什么为标准呢？尽管冯友兰先生也谈到了判断善恶的标准，但是由于他把动机和效果这一判断善恶的根据作为首要的问题，从而使判断善恶的根据和阶级利益的标准相脱离，这种论证方法是值得考虑的。有人或者会说，这是不是因为由于冯友兰先生的一时疏忽，偶然地没有注意这两者之间的次序呢？我们觉得恐怕还不是这样。冯友兰先生不但是把动机和效果当做判断一个行为善恶的首要问题，而且他也没有提到只有在阶级利益的标准这一前提下，才能正确地解决动机和效果问题，其实质上是把善恶的问题从一定的阶级关系中抽取出来，然后对什么是善和什么是恶作抽象的论证，因而动机和效果的问题就成了脱离阶级标准的独立的东西了。冯友兰先生在论证动机和效果的问题时，引用了毛泽东同志在《在延安文艺座谈会上的讲话》一文中关于动机和效果的一段话。应该特别指出的是，冯友兰先生可能没有全面而正确地理解毛泽东同志的这段话。毛泽东同志在谈到动机和效果之前，先说：“文艺批评有两个标准，一个是政治标准，一个是艺术标准。按照政治标准来说，一切利于抗日和团结的，鼓励群众同心同德的，反对倒退、促成进步的东西，便都是好的；而一切不利于抗日和团结的，鼓动群众离心离德的，反对进步、拉着人们倒退的东西，便都是坏的。”① 只是在讲了以政治标准区分好坏之后，毛泽东同志才说：“这里所说的好坏，究竟是看动机（主观愿望），还是看效果（社会实践）呢？”② 以后，毛泽东同志在论述政治标准和艺术标准的关系时，又特别指出任何阶级社会中的任何阶级，总是将政治标准放在第一位，将艺术标准放在第二位。但是，在冯友兰先生的文章中，我们却没有找到对毛泽东同志这段话的正确理解。

---

① 《毛泽东选集》，1版，第3卷，869～870页。

② 同上书，870页。

四、伦理学和哲学的关系

伦理学和哲学的关系极为密切，这是我们研究伦理学必须要注意的。马克思主义伦理学，既是历史唯物主义的一个部分，又是一门独立的科学。从历史上看，可以说一切阶级的伦理学家都是该阶级的哲学家，而许多哲学家也都有他们的伦理学方面的著作。每个阶级的伦理学家都是受该阶级的世界观的指导的，这些伦理学家根据本阶级的哲学观点来研究道德现象。

同样，马克思主义伦理学是在马克思主义哲学的牢固的基础上产生的，是为阶级斗争服务的，也是在同各种腐朽的伦理学体系和思想斗争中发展起来的。阶级斗争是马克思主义伦理学发展的动力。因此，在研究和学习马克思主义伦理学时，必须依据马克思主义哲学的基本原则，以马克思主义哲学的方法论为指导。历史唯物主义的一系列根本原理，如社会存在决定社会意识、阶级和阶级斗争等，对伦理学的研究来说，既是指导原则，又是最根本的方法论。冯友兰先生在上述文章中说，伦理学的研究，虽然必须分析道德行为，但是它的主要目的并不在于历史地叙述某些道德的行为，而在于科学地说明什么是道德，从而把历史地叙述和科学地说明对立起来。一下子还不能领会清楚冯友兰先生的意见。到底是因为在伦理学研究中已经出现了冯先生所认为的不好倾向呢？还是冯先生特别作为研究伦理学的根本方法向大家提出来的呢？如果是作为一种根本方法，我觉得不如说：只有进行历史的、具体的分析，才能达到科学地说什么是善的目的。不强调社会发展的历史中各阶级对善恶的不同解释，不强调阶级和阶级斗争，怎么能够解释善恶的本质，又怎么能达到“科学地说明什么是道德，也就是什么是善”的目的呢？过去一切旧伦理学的思想家之所以不能科学地解决道德的起源、本质以及道德在社会生活中的作用等问题，他们之所以把道德说成是精神的产物，是超越于社会的经济和政治之上的永恒的东西，除了他们的阶级局限性以外，和他们的唯心史观是分不开的。马克思主义的唯物史观的创立，才使伦理学产生了根本的变革，才使伦理学成为真正的科学。因此，只有唯物史观，才使我们找到了解决道德的起源和本质、道德在社会生活中的作用等问题的钥匙。

我们也应该明确，作为一般原理的马克思主义哲学，不仅对于伦理学，而且对于美学、法学、政治学等其他科学也是适用的。虽然每一社会意识形态都反映了社会存在，但是它们都各有自己的特点，它们在社会生活和社会发展中，在阶级斗争中各完成自己的特殊作用。因此，既要遵循马克思主义的辩证唯物主义和历史唯物主义的一般原理，而且还要善于探讨作为道德这种特殊的意识形态的规律，否认马克思主义哲学原理的指导和把伦理学只停留在一般原理的叙述中，都是无法使伦理学向前推进的。从科学的发展上来说，不但哲学对伦理学起着重大作用，而且伦理学通过对道德的研究，也对哲学起着重大作用。

马克思主义伦理学的一些基本问题*

马克思主义伦理学是一门科学，是马克思主义科学体系中一个重要的组成部分。系统地学习和研究这门科学，不仅是我国人民掌握马克思主义伦理学的理论知识的需要，而且对培养全体人民的共产主义道德品质，发展马克思主义科学体系，促进社会主义和共产主义事业的发展，有着更加重要的意义。特别是在当前历史条件下，对于清除资产阶级道德思想的影响，建设社会主义精神文明，有紧迫的现实意义。

一、伦理学是研究什么的

伦理学是一门关于道德的科学，是研究道德的起源、本质、发展和变化及其社会作用的科学。如果说一切自然科学是人们用来改造自然的、社会科学是人们用来改造社会的，那么作为社会科学的伦理学则是人们用来改造自身的一门科学。当然，改造人类自身的科学很多，不过伦理学更着眼于人们所说的思想、精神、灵魂的改造，即道德品质的改造和培养。随着人类社会的发展，提高人们道德水平、加强自身的改造越来越重要。

---

* 本文是作者 1982 年 3 月在北京市伦理学会讲习班上的讲稿。

19世纪德国伦理学家包尔生曾指出，人类既需要医治生理上的疾病，更需要治疗精神上的创伤。他认为现代人类社会过分注意于医学而忽视伦理学的倾向是错误的。当前西方物质文明的高度发展却带来了精神危机，人们的道德品质出现了堕落。建设社会主义和共产主义不但要有生产力的高度发展，物质产品的极大丰富，而且需要人们有高度的共产主义道德觉悟。如果不培养人们的集体主义精神，不批判资产阶级的利己主义，要实现四个现代化，显然是不可能的。因此，在改造人类社会的整个工作中，从一定意义上看，改造人类自身将具有更为重要的意义。

伦理学既然是研究道德的科学，那么道德到底包括哪些含义？为什么又把研究道德的科学命名为伦理学呢？为了回答这些问题，有必要对道德及伦理学作历史的考察。

道德这一概念有自己产生和发展的过程。中国古籍中很早就有道德两个字，但它们是两个概念，各有不同的含义。“道”一般表示事物运动变化的规律和规则，也指事物的最高原则。“德”就是依据原则去行动而内有所得，有品德、德行的意思，到后来就有了所说“道德”的意义。孔丘在《论语·述而》中说：“志于道，据于德，依于仁，游于艺。”这就是说，“目标在‘道’，根据在‘德’，依靠在‘仁’，游习于礼、乐、射、御、书、数六艺之中”。又说：“德之不修，学之不讲，闻义不能徙，不善不能改，是吾忧也。”这里的德，就是指人们的行为、作风和品德的意思。

老聃有《道德经》一书，指的是《道经》和《德经》，道和德还是两个概念，从马王堆出土的文物古籍看，也可以叫“德道经”，因为是“德经”在前、“道经”在后。把道德二字合在一起，始于战国的荀卿。他在《荀子》三十二篇中曾多次使用这个概念，并赋予了它以确切的意义。他在《劝学篇》中说：“故学止乎礼而止矣，夫是之谓道德之极。”这就是说，如果一切都能按礼的规定去做，就算达到了最高境界。“礼”是荀卿所认为的行动的根本原则，只要一切照“礼”这样的原则即道去做而有所得，就是道德，这确实是荀卿的原意。因此，从一定意义上来看，道德这一概念是由荀卿提出的。自荀卿提出这一概念后，“道德”一词就在我国流传下来，直到今天，我们所说的道德的意义和古人所说的大体相同。

伦理两个字，在中国古代同样也是两个概念。“伦”字的本意为“辈”，加以引申，就有人和人之间的不同辈分的关系。《论语》曾两次提到“伦”，一次孔丘说“言中伦”，是说语言要合乎法度和道德原则；一次子路在批评荷蓧丈人时说：“欲洁其身，而乱大伦。”这里的“伦”，则是指人和人之间的道德规范。大伦是指君臣这一伦，是最重大的关系，所以说大伦。孟轲特别强调“人伦”的重要，提出了人和人之间最重要的五种关系，就是他所谓的“五伦”说。《孟子·滕文公上》说，圣人“使契为司徒，教以人伦：父子有亲，君臣有义，夫妇有别，长幼有序，朋友有信”。荀卿在《荀子·解蔽》中也说：“圣也者，尽伦者也。”很显然，“伦”就是人和人之间的关系的根本准则。“理”，《说文解字》释为“治玉”，加以引申，就有区分条理和秩序的意义。

但是，伦理二字连用为时也较晚，最早始见于秦汉之际所写成的《礼记·乐记》篇，其中说：“乐者，通伦理者也。”这里，伦理一词已经有了较确定的含义，即人与人之间的道德关系。刘师培解释说：“人伦既明，则每伦之中，咸有秩序，此即所谓伦理矣。”但伦理一词，在宋明以后，不但有人和人之间的准则、关系，而且有道德理论的含义。由于在中国古代，宇宙观、认识论和道德论一直是融合在一起的，所以直到19世纪以前，中国并没有形成伦理学这一门科学。尽管儒学的重要或核心内容是伦理道德，但它始终是一个包罗万象的、有机的整体。伦理道德一直同自然观、认识论、社会历史观紧密地联系在一起。中国的伦理学一词，严格说起来是日本人先用的，在一定意义上，可以说是一个外来语，尽管这个外来语最初是在中国产生的。

在西方，情况和中国略有不同。道德一词起源于拉丁语 moralis，是从希腊语 mos 来的，意思是风尚、习俗、性格、行为等，和我国道德一词的意义大体相同。但较多的是强调风俗习惯方面的意义，以后才转化为规范的意义。伦理学这个概念来源于希腊文的伊索思（ethŏs），在荷马史诗的《伊利亚特》中表示驻地、住所的意思，后来具有了风俗、性格的意义。到公元前4世纪，希腊著名哲学家亚里士多德依据 ethŏs 这一名词，构造了一个形容词 ethicos，使它具有性格的、品质的、德行的等意义。之后，他又创造了 ethika 一词，就是伦理学。亚里士多德留下了三本伦理学著作：由他儿子尼各马可整理的《尼各马可伦理学》、由他的弟子整理的《欧德米亚伦理学》和《大伦理学》。这样，从公元前 4 世纪开始，希腊就正式形成了有关道德的科学——伦理学。在古希腊，伦理学曾受到极大的重视。伊壁鸠鲁学派和斯多葛学派继亚里士多德之后，都认为哲学应当包括三个部分，即物理学、逻辑学和伦理学。他们所说的物理学不是我们今天所说的物理学，而是关于宇宙的起源、发生和变化的理论，即哲学的宇宙观和认识论。所谓逻辑学，是关于概念、判断、推理以及语言表达、语法规律等。伊壁鸠鲁学派认为逻辑学和物理学对于伦理学的关系，就如同医药、卫生对健康的关系一样，前两个是手段，最后一个才是目的。斯多葛学派认为三者的关系是：哲学是一个果树园，逻辑是围墙，物理学是园中的果树，伦理学就是树上的果子；或者说，哲学是一个蛋，逻辑是蛋壳，物理学是蛋白，伦理学则是蛋黄。

综上所述，不论在西方还是在中国，道德和伦理两个词，虽然大体意义近似，但在运用上却是不同的，道德多指人和人之间的规范准则、人的品质、行为等，而伦理学则指有关道德的理论。西方并没有所谓道德学，只有伦理学或道德哲学。正是由于这个原因，我国早期的启蒙学者如严复等人，就采纳了日本人的做法，把英文 moral 译为“道德”，把 ethics 译为“伦理学”。

二、历史唯物主义是怎样理解道德的

伦理学是一门研究道德的科学，在概述了“道德”一词的来源后，我们还有必要弄清马克思主义伦理学究竟是怎样理解道德的，也即历史唯物主义是怎样理解道德的。

概念是对客观事物的反映。道德这个概念反映着人类社会的一种特殊现象。人们生活在社会上，进行着各种活动，同时形成复杂的社会关系。为了社会的安定以保持正常的生产和生活秩序，就要求对人们之间的关系进行必要的调整，对人的行为加以适当的约束。这种要求，在原始社会里，是以维护氏族整体利益的传统习俗的形式实现的；在阶级社会里，除了依靠政治、法律等手段以外，则集中表现为根据一定的阶级利益引申出来的调整人们相互关系的行为原则和规范，这就是通常所说的道德。一定的道德原则和规范是从人们的社会实践中产生的。它一经产生，就作为一种善恶标准，一方面通过社会舆论和系统教育的方式，影响人们的心理和意识，形成人们的善恶观念、情感和意向，以至集中形成人们的内心观念；另一方面又通过社会舆论、习俗和规章制度的形式，在社会生活中确定起来，成为一定社会和一定阶级对人们相互关系和个人行为的客观要求。由此可见，道德既是一种行为准则，又是一种善恶评价，而且它是靠特殊的形式，即内心信念、传统习惯和社会舆论来维持的。因此，道德就是人类现实生活中由经济关系所决定的，以善恶评价为标准的，依靠内心信念、传统习惯和社会舆论来维系的一类社会现象。

三、怎样理解道德这一社会现象

我们之所以区分道德现象的多方面的意义，目的是在于科学地规定伦理学的研究对象。

道德是人类社会的一种社会现象，是人们之间的某种道德关系的表现。什么是道德关系？人们生活在社会中，必然形成各种复杂的社会关系，而所有这些社会关系中，最基本的就是与物质生活直接相联系的生产关系或经济关系，即不通过人们的意识而形成的“物质的社会关系”。与此相适应，人们之间还形成一定的政治关系、法权关系、道德关系以及一定范围和一定时期的宗教关系等，这些关系都是通过人们的意识而形成的“思想的社会关系”，亦即被经济关系所决定并且表现为一定的意识形态和上层建筑的各种关系。所谓道德关系，就是这种“思想的社会关系”的一个组成部分，它是由经济关系所决定并且按照一定的道德观念、道德原则和规范而形成的一种特殊的社会关系。

那么，反映道德关系的道德现象到底包括哪些内容呢？道德现象的内容是多方面的。一般来说，可将道德现象分为三类，即道德活动现象、道德意识现象和道德规范现象。

道德活动现象，是指人类生活中环绕一定的善恶观念而进行的个体行为和群体的活动。它包括两种情形，一是泛指一切可以进行善恶评价的个体行为和群体活动；二是指人们为培养一定道德品质和达到一定道德境界而进行的个体行为和群体活动（包括道德评价、道德教育和道德修养等）。

道德意识现象，则是指在道德活动中形成并影响和作用于道德活动的各种个人心理和社会心理以及各种道德思想、观点和理论体系。

道德规范现象，则是指一定社会条件下评价和指导人们行为的善恶准则。这种准则，既是人们在长期生活实践过程中逐步形成的人和人之间的应当或不应当的现实关系，也是一定社会或阶级以戒律、格言等形式概括和表达的善恶标准和行为规则。一般地说，在原始社会中，它表现为维护部落氏族利益的风俗习惯；在阶级社会中，它才表现为按一定阶级利益调整人们相互关系的行为准则。

上述道德现象的各个部分，在人类实际生活中，不仅是客观存在的，而且彼此之间又是紧密关联的。道德意识对于道德活动具有指导和抑制作用，并有着向道德活动转化的趋势；作为心理活动来看，还可以作为道德活动的一个方面。道德活动是形成一定道德意识的基础，并能使已经形成的道德意识得以巩固、深化和提高。道德规范是在人们一定的道德活动和道德意识的基础上形成和概括的，又往往作为一种社会准则，指导和制约着人们的道德意识和道德活动，集中体现着道德意识和道德活动的统一。

由此可见，伦理学是关于道德的科学，是研究道德的起源、本质、发展、变化及其社会作用的科学，因此，必须全面地研究道德的各类现象，并且要把它们联系起来加以研究，从总体上加以把握，以便从中找出其固有的而不是臆造的规律来。

四、道德的社会职能

道德有许多重要的功能：调整的功能、认识的功能、教育的功能及评价和交流的功能，主要的功能是前三种，最主要的功能还是调整的功能。

道德是人们用来改造自己和社会的，它的最主要的功能是调整的功能。因为人作为社会的动物，无时无刻不发生自己与别人、个人与整体的各类关系，也可以说必然要碰到各种各样的矛盾，这种矛盾归根到底是经济利益的矛盾。正如孤立的一人不能进行社会生产一样，孤立的个人也谈不上道德。如果一个人在孤岛上，他不同别人发生利害关系，也就不会有什么道德和不道德了。人类自从脱离动物界并形成社会以后，就要求有适当的准则来调整人和人之间的利益关系。如果每个社会成员都要无限地发展自己、绝对地满足自己，那么社会就无法存在了。因此，在个人利益和整体利益、个人幸福和整体幸福之间，就需要个人作必要的节制，以保证共同生活的维持。人类从原始社会开始就形成了一些必要的道德观念，如表示赞许、同意、表扬、鼓励、支持等，并最终形成了善和道德这样的概念，相反，对另一些事情则表示反对、憎恨、不赞成、不允许等，并最终形成了恶和不道德的概念。因此，从人类社会来说，凡有利于他人和社会的就是道德的、善的，凡是危害他人或整体利益的就是不道德的、恶的。在谈到个人利益和整体利益、个人幸福和整体幸福时，普列汉诺夫曾说："实际上，道德的基础不是对个人幸福的追求……这种愿望和利己主义毫无共同之点。相反地，它总是要以或多或少的自我牺牲为前提。"人们常常说道德是调整人们之间以及个人和社会之间关系的行为规范的总和，它所调整的关系就是人们之间的利害关系，这种关系的特点是以善恶为标准，靠内心信念、传统习惯和社会舆论来维持，在个人利益和整体利益发生矛盾时，要求节制或牺牲个人利益，维持并发展整体利益。在阶级社会里，思想家提出规范、理论、准则，就是为了完成自己这个调整的任务。阶级社会中许多事都是与道德有关系的，所以道德调整的范围很广，但主要调整的是非对抗性矛盾，但也调整对抗性矛盾中的非对抗性关系，如无产阶级与资产阶级并不总是处于对抗中。但一旦对抗性矛盾处于对抗斗争中，道德就失去了它调整的意义。

在阶级社会，统治阶级总是要利用道德来调整其关系，维护其统治，因为道德调整的范围比法律调整的范围要广得多，所以孔丘说："道之以政，齐之以刑，民免而无耻；道之以德，齐之以礼，有耻且格。"① 我们无产阶级也强调道德的调整的作用，主要是为了社会的安定团结，社会主义"四化"建设没有道德的调整是不行的。

道德的认识功能。道德的调整功能很多是借助于道德的认识功能，道德评价主要是对道德善恶的认识。用善恶标准反映现实，把社会现象区分为善与恶。道德通过内心信念和社会舆论来认识现实，内心信念就是良心。良心这东西能够认识到善和恶，良心就是正确的善恶感情，使道德

---

① 《论语·为政》。

调整起作用，最重要的就是要培养人的善恶感情和善恶界限。良心是认识善恶的能力。有人认为良心是唯心主义的，这不全面。良心不能被否定，良心确实还是存在的，就是用善恶标准来衡量自己的信念。

五、伦理学作为科学的特点

作为科学，伦理学有三方面的特点。

1. 伦理学是一门理论科学。

马克思主义伦理学要成为真正的道德理论，就必须在研究道德现象的基础上，引出道德的规律性，这也就是说，它在研究中所要揭示和阐发的应该是人类道德现象的最本质、最普遍的联系，是人类道德发展的最一般的过程和规律，是人类道德生活中一些重大的理论问题。

概括来说，伦理学是研究道德的起源、本质、发展、变化及其社会作用的科学。具体来说，它所考察的规律是多方面的。它应当历史地、辩证地考察各个历史时代和各个阶级的道德，以及人类长期积累下来的伦理思想资料，找出道德同社会生活条件、同社会上层建筑之中的其他因素相互关系和相互作用的规律，找出人类道德发展变化过程的规律。作为无产阶级的道德科学，它还要着重研究无产阶级的道德状况和社会主义社会的道德现象，研究人民群众自我教育的经验，研究先进人物成长的经验，研究同剥削阶级及其他非无产阶级道德斗争的经验，找出共产主义道德在各个方面的规律，包括共产主义道德同社会主义经济基础和上层建筑相互关系和相互作用的规律，共产主义道德产生、形成和发展的规律，共产主义道德规范体系建立、完善和实施的规律，共产主义新人成长的规律，共产主义道德同剥削阶级道德斗争的规律，等等。从这个意义上说，伦理学是一门理论科学，它的使命就是要以科学的形态再现道德，用理论思维的形式阐明道德产生、发展及其社会作用的规律。总而言之，马克思主义伦理学只有对道德各个方面达到了规律性的认识，才能真正成为科学，从而也才能在社会和个人的道德生活中起到指导作用，显示出强大的生命力。

在这里有必要指出，伦理学作为一门研究道德的科学，它必然要进行“道德说教”，但它绝不是一本道德语录或道德戒律规范的汇编。它并不只是教人“应当”如何，而是要从理论高度进行概括，给予“应当”以理论的分析，进行规律性的研究，从某种意义上看，这种“教育”作用将是更加重要的。

2. 伦理学是一门规范的科学。

对一个道德体系来说，规范是它的中心部分，是极其重要的。就中国的伦理思想史来看，以孔丘、孟轲为代表的儒家的道德思想，就更突出地表现出规范的重要性。因为道德既然要调整人与人之间的关系，它就必须依靠各种规范来节制一部分人的利益，从而达到维护个人和社会秩序的目的。在这一问题上，存在着两种片面观点。一种观点只是把伦理学作为规范科学，忽视了伦理学作为理论科学的重要性；一种观点认为伦理学不是道德训诫或道德语录的汇编，只应当研究抽象的理论，而不要涉及实际行为的应当与不应当。马克思主义伦理学既强调伦理学是一门理论科学，又极其重视共产主义道德规范体系的阐述，它力图阐明共产主义道德的原则、规范和范畴，探究共产主义道德规范产生、发展、变化的历史必然性，论证共产主义道德规范体系的结构和职能。马克思主义伦理学始终都把共产主义的道德规范看成是整个伦理学的中心、重心或者是一个很重要的部分。但是，马克思主义绝不把伦理学局限于或归结为一种规范科学，更不把伦理学仅仅视为一种道德戒律的汇编，不把伦理学当做一种应当和不应当的空洞说教。它对于规范体系的阐述，可以说有三个特点：(1) 它是建立在历史唯物主义的基本理论基础上来探讨道德规范这一现象的；(2) 它强调的道德规范既是人和人之间应当或不应当的道德关系的一种准则，又是对这些准则的科学理论的说明；(3) 它不把规范科学和理论科学对立起来，而是使它们二者之间能够有机地结合，达到辩证的统一。

3. 伦理学是一门理论知识和行动准则相统一的科学。

马克思主义伦理学是一门理论知识，是一门科学，但是必须强调，它又是关于人们行为和准则的科学，是一门实践性很强的科学。甚至可以说，它本身就是一门行为的科学。用我国古代的话来说，即是一门“知行合一”的科学。因而，一个人是否掌握了伦理学这门科学的知识，不能只看他是否能背诵、记熟作为知识形态的理论内容，同时还要考察他是否能按照这些准则去行动。从严格意义上讲，掌握伦理学的理论知识的确切含义，必须是能够把所学到的理论知识转化成为个人的感情、意志和信念，从而“身体力行”，不但具有伦理学的知识，而且成为一个有道德的人。

我国明代的著名思想家王阳明，可以说是一个伦理思想家，他从维护明王朝的统治出发，提出所谓“知行合一”的理论原则。王阳明深感儒家的那些以道学家自居的人，只是把“三纲五常”、“忠孝节义”讲给别人听而不去实行，认为如果不能“行”，也就算不得知。王阳明说：“就如称某人知孝、某人知弟，必是其人已曾行孝行弟，方可称他知孝知弟，不成只是晓得说些孝弟的话，便可称为知孝知弟。”① 又说：“如言学孝，则必服劳奉养，躬行孝道，然后谓之学。岂徒悬空口耳讲说，而遂可以谓之学孝乎？”② 当然，剥削阶级道德的一个不可克服的矛盾，就是道德理论和道德实践的脱离。那些满口仁义道德、实际满肚子男盗女娼的人们，更成了封建社会人们嘲笑、讥讽的对象。“道学家”成了一种最没有道德的代表。毛主席在《实践论》中曾经特别强调指出：“马克思主义的哲学辩证唯物论有两个最显著的特点：一个是它的阶级性，公然申明辩证唯物论是为无产阶级服务的；再一个是它的实践性，强调理论对于实践的依赖关系，理论的基础是实践，又转过来为实践服务。判定认识或理论之是否真理，不是依主观上觉得如何而定，而是依客观上社会实践的结果如何而定。真理的标准只能是社会的实践。实践的观点是辩证唯物论的认识论之第一的和基本的观点。”一切剥削阶级的伦理学家，尽管也强调道德理论要付诸实践，但是从本质上来说，他们是不可能克服其理论和实践相脱离的根本弱点的。如不论资产阶级怎样高谈对一切人的爱，但这最多也只能是富人对穷人的一点怜悯、同情而已，其实质仍然是利己主义的道德原则。

我们学习的是马克思主义伦理学，讲的是无产阶级的道德，我们必须充分注意到这门科学的特点。对于我们所讲的理论、知识，我们应该认真思考，仔细分析，弄清楚这些理论是不是正确的。如果是正确的，就应该力求使这些原则、规范、范畴成为我们的意志、信念，使它们在我们的日常生活、工作、学习中产生影响，使它们在我们的家庭、单位及各种集体中发生作用，使它们成为我们的行动指南。我们绝不能做一个封建阶级的道学家，而应该成为一个具有马克思主义伦理学知识的理论工作者。我们应当把共产主义道德的原则、规范、范畴作为我们的信念和行为的指导原则。

---

① 《传习录》上。

② 《传习录》中。

谈谈有关伦理学的几个问题*

一、伦理学和共产主义思想品德课的关系

伦理学是一门科学，是马克思主义整个科学体系中的一个组成部分。学习和研究马克思主义伦理学，不仅是掌握一门科学知识，它对培养人们的共产主义道德品质，陶冶高尚的思想情操，从而进一步促进社会主义和共产主义建设事业的发展，都有着十分重要的意义。在社会主义现代化建设的新的历史时期，在建设社会主义物质文明和精神文明的事业中，学习马克思主义伦理学的基本知识，开展马克思主义伦理学的研究、学习和宣传，对于加强青少年的思想品德教育，对于清除资产阶级的精神污染，对于进一步培养有理想、有道德、有文化、守纪律的一代新人，对于树立文明健康的社会风气，都有着极其紧迫的现实意义和深远的历史意义。

教育部决定，要在全国各高等学校开设共产主义思想品德课，大家都是正在教或准备教这一课程的。我对于共产主义思想品德课没有

---

* 本文原收入《高等学校共产主义思想品德课教学参考资料》（二），沈阳，辽宁省农业局，1983。

研究，到现在为止，对于这门课的科学体系也还没有一个基本的了解，甚至可以说还处在一知半解状态。马克思主义伦理学同我们所说的共产主义思想品德课是什么关系？这是一个新问题，应该由研究伦理学的同志和研究思想品德教育的同志共同来解决。伦理学是一门古老的学科，尽管不同阶级有不同的伦理学，敌对阶级的伦理学的理论原则和道德规范往往是对立的，但对这门科学的对象、内容、目的和要求等问题，从一定意义上讲，有着大体相同的认识。共产主义思想品德课是一门适应我国新的政治形势特点，为了更好地建设有中国特色的社会主义而新设的一门学科。这门学科的科学体系、内容还要在实践中检验、发展。世界上其他地方还没有这样一个学科。在我国的台湾省，大学中设有“德育原理”课，有龚宝善编的《德育原理》，自称以现代大学青年为对象，以中国儒家道德为主要内容，以“修己”为主要方法，以“人格教育”为要求，从而达到所谓“善群”的目的。在西方资本主义国家，则有所谓“应用伦理学”的课程。20世纪以来的西方伦理学，日益走向纯理论的研究，以至发展成为只注重语言逻辑结构的元伦理学（metaethics）。它引起了人们的不满，以至被斥为“冷冰冰的伦理学”，所以最近实用伦理学又有了发展，即把资本主义社会中的一些重大现实问题纳入伦理学之中，如什么是正义，怎样对待肾脏移植、安乐死亡、人工流产以及性解放等。近几年来，在苏联的学者中间，也正在讨论在大学中除了讲授伦理学以外，还要不要再讲授“道德学”的问题。这个问题，最早是由苏联伦理学家、哲学博士叶菲莫夫提出的。他认为，伦理学是道德哲学，不应该也不能过多地涉及有关道德教育、个人道德修养、职业道德等问题。因此，他主张，在高等学校中只讲授伦理学还不行，还应该同时讲授“道德学”。他给道德学作了一个规定，认为道德学是这样一门科学，它以伦理学知识为基础，根据辩证唯物主义哲学原理，研究社会和个人的道德起源、结构、职能和发展的规律性，研究不同社会集团和共同体之道德的特殊表现形式，同时还研究共产主义道德教育问题。以上说到的这些课程，大体上都有一个共同的出发点，就是希望加强对青年，特别是对大学生的思想品德教育，以便更好地调整人和人之间的关系。当然，统治阶级不同，对青少年的品德教育的要求、内容也就不同。我们的“共产主义思想品德课”是一门完全新兴的学科，它的建立需要我们自己独立地做出努力。

那么，我们的马克思主义伦理学同我们的共产主义思想品德课是一种什么关系呢？一般来说，有四种提法，可供我们参考。一种意见认为，这两者是联系比较密切的，性质、目的、要求都相近的邻近学科；一种意见认为，这两者是在对象上相互交叉的交叉学科，伦理学研究人类社会的道德现象的全部，共产主义思想品德课只研究人类社会的道德现象的一个部分；由于这种原因，第三种意见认为，共产主义思想品德课也可以被称作伦理学的一个分支学科；此外，还有第四种意见，认为共产主义思想品德课实际上是马克思主义伦理学在大学生中的具体应用，因此，应该被称为一种应用伦理学。这些不同意见至少说明了两个问题，一个是伦理学和共产主义思想品德课究竟是什么关系，这还不太明确，还需要进一步讨论和研究（因为共产主义思想品德课的内容及学科体系还在讨论之中）。一个是说明共产主义思想品德课和马克思主义伦理学之间的关系是十分密切的。从上述四种关系来看，不论伦理学和共产主义思想品德课的关系最终被确定为哪一种，学习伦理学、研究伦理学、了解伦理学对我们从事共产主义思想品德课来说，都有着极其重要的意义。（此外，共产主义思想品德课和教育学、心理学的关系也很密切，也有的同志认为，共产主义思想品德课属于教育学的分支学科等。这种主张也有一定的道理，我们这里只讲共产主义思想品德课和伦理学的关系，其他也就不再涉及了。）

二、伦理学是研究什么的

伦理学是一门关于道德的科学，是研究道德的起源、本质、发展、变化及其社会作用的科学。如果说，一切自然科学是人们用来改造自然的，社会科学是人们用来改造社会的，那么作为社会科学的伦理学则是人们用来改造自身的科学，当然，改造人类自身的科学很多，不过伦理学（还有我们现在所说的德育学）更着重于人们所说的思想、精神、灵魂、品质的改造。随着人类的发展，随着人类对自然界和整个社会的改造，人类自身的改造，特别是人的道德品质的提高和思想情操的陶冶，必将越来越显得重要。因此，在整个社会科学中，伦理学，包括德育学、共产主义思想品德课也必将成为最受人们重视的学科之一。

在人类文明的初期，不少思想家在对自然思考的同时，也注意对社会政治的思考，其中就包含着道德思考。也就是说，在改造自然的过程中，也随时思考着人类自身的改造。中国文化思想发展的历史也说明，道德思考在哲学思考中占据很重要的地位。仁、义、忠、孝的道德思想起源很早，人伦、五伦在公元前4世纪已经有了完整的解释，伦理学也就是从人伦、五伦演化来的。中国的经学、宋明的理学，重点都是研究伦理道德问题。有的同志之所以主张中国思想家有贤人作风（侯外庐认为，西方哲学家有哲人作风，中国哲学家有贤人作风），主要就是因为中国的思想家考虑最多的就是人们自身道德品质的改造，所谓“为学”，最重要的就是要改变人的气质，陶冶人的品性。在西方，在古希腊，人们非常注意道德思考，很早就建立了伦理学这样一门学科。斯多葛学派和伊壁鸠鲁学派对伦理学的重要性都有很深刻的认识。随着资本主义的发展，尽管在很长的时期内，人们比较注意一般哲理的思考，并把很大的精力投入到对自然的改造上去，使社会生产力的发展突飞猛进，但是道德思想仍然是很多思想家（如康德、费尔巴哈、爱尔维修等）所注意的问题。

资本主义的发展带来了一个新的问题，即所谓道德危机（或者说道德堕落）问题。19世纪德国伦理学家包尔生曾经指出，对人类自身的改造来说，需要有医生来治理疾病，更需要有道德家来训诫道德。他深感西方资本主义世界在发展物质文明的同时，不注意精神文明，在改造客观世界的同时，不注意主观自身的改造，在重视身体治疗的同时，不重视品德的锻炼。他说：“道德者，特指示普通法则而已，若本此法则而用以适应于特别之事，则各人之良心及知识所职也。然各人亦不免有待于指导。故必有训诫道德之人。犹之吾人之于卫生术，亦不免有需于医生也。不唯此也，精神之生活，比于身体之生活，其情事更为复杂，其问题更为纠葛，其相需尤殷，而其障碍亦愈多。好恶喜惧之情，参错混淆，又更甚焉。古之人，于摄卫身体之道，常任其良能与习惯，而独于精神生活，必秉承于专门研究多方经验之教士，诚重之也。而观之今日，则医生之数与年递增，而训诫道德之人，则日形其少，岂人人重身体而轻精神乎？抑欲于医术补精神之阙乎？将由思维感觉日益复杂而摄卫精神之职分，竟无由而胜任乎？”①

这里，问题提得很尖锐，为什么人们只注意医疗卫生，而不注意道德教育，是人们只知道重视身体健康而忽视思想品德？还是说，只顾自己身体健康，以为能够活下去就好，从而排除了道德品质的锻炼，或者是因为人们的思想品德已经变得不可再教育了呢？

包尔生的疑难是由资本主义社会的政治、经济制度造成的。这种情况，在西方仍然使许多思想家感到苦恼。当前，资本主义世界的物质文明高度发展，已经进入了一个新时代，但同时也出现了几乎是无法治愈的精神危机。伴随物质产品的极大丰富而来的却是人们道德品质的堕落。同电视机、洗衣机、电冰箱、小汽车一起产生的却是凶杀、盗窃、强奸等刑事犯罪的不断增加。在医学科学技术上不断地突破难关，而在道德教育上却更加束手无策。伦理学说日益成为空洞的说教，毫无解决实际问题的能力。无怪乎许多西方思想家哀叹，西方世界已陷入一种精神上的不治之症，它将导致西方世界的毁灭。这种看法也是有一定的原因的。

建设社会主义和共产主义，不但要有生产力的高度发展，物质产品的极大丰富，而且需要人们有高度的共产主义道德觉悟。如果没有集体主义思想，没有为社会多做贡献的共产主义劳动态度，如果资产阶级利己主义思想还腐蚀和影响着人们，很多人头脑里还是想着向钱看，按酬付劳，那么，不论生产力有多么高度的发展，不论物质产品有多么丰富，我们都是不可能建成社会主义的。有些人由于糊涂认识，有些人是受了资产阶级思想的影响，有些人是无产阶级意志不坚定，有些人是别有用心，他们大肆宣传一切向钱看，人的本质是自私的，个人主义是一种动力，主观为自己、客观为别人是对的等，不管主观意图如何，客观上都是把人们引入资本主义的泥潭！因此，在改造自然和改造人类社会的整个工作中，从一定意义上来看，改造人类自身，改造人们的道德品质，将具有更为重要的意义。由此可知，伦理学的研究，在当前社会主义四个现代化的过程中，它的意义是何等重要了。

---

① 包尔生：《伦理学原理》，蔡元培译，18～19页，北京，商务印书馆，1928。

三、马克思主义伦理学的一些基本特点

我们知道，马克思主义伦理学不但同其他学科不同，而且与以往一切旧的伦理学有着根本的区别。因此，有必要谈一谈这门学科的一些基本特点。

首先，它是以道德现象作为自己的研究对象的科学。马克思主义伦理学强调，伦理学是一门科学，是研究道德起源、本质、发展变化及其社会作用的科学。从这个意义上讲，我们强调伦理学是一门理论科学，是一门探讨道德的规律性的科学。道德现象是人类社会中的一种特殊现象。一般来说，凡是涉及善恶判断、善恶评价的社会现象，都应该被称为道德现象。“现象”一词，在我们日常用语中，有着两种不同的含义。一种是和本质相对而言，指的是事物的表面现象；另一种是指客观事物的各种表面形态。这里所说的道德现象，并不是指有关道德的表面现象，而是指所有一切有关善恶评价、善恶判断的思想、观念、规范、原则、品质、行为和评价的总和。一般来说，我们把道德现象区分为三大类，即所谓道德意识现象、道德规范现象和道德活动现象。一切道德观念、道德意识、道德理论，都属于道德意识现象；所有的道德原则、道德规范和道德范畴，都可以被叫做道德规范现象（因为从一定意义上来看，它们都有规范人的行为的作用，而且总是在人类生活中构成一个规范体系）；而人们的道德行为、道德评价、道德教育和道德修养，就是我们所说的道德活动现象。当然，这三种现象的划分也只是相对而言的，它们之间有时候又是互相联系的。例如，作为道德意识现象中的某些心理现象，有时候也可以说是一种道德活动现象。

伦理学作为一门科学，它不是对这些现象的一般考察和描述，而是考察道德现象的规律性。离开了对于规律性的研究，离开了抽象的理论思维，也就不可能建立或形成任何科学的伦理学体系。当然，伦理学研究的规律是从社会的道德现象中总结和概括出来的，是从实际中抽象出来的，但它毕竟不是事实的累积，而是从理论上再现道德。而且，特别值得指出的是，马克思主义以前的旧伦理学家们，他们也是要从道德现象中探讨有关道德的发展规律，但是，由于他们的阶级立场不同，认识方法不同，特别是由

于他们的理论都是建立在唯心史观的基础之上的，所以，尽管他们的学说也是人类对社会道德现象认识的成果，其中包含着某些民主性的精华和真理的颗粒，然而就总体来说，其毕竟不是科学形态的东西。马克思主义伦理学则不同，它运用辩证唯物主义和历史唯物主义来分析一切道德现象，在人类历史上第一次把伦理学置于科学的基础之上，并揭示了道德的起源、本质和发展规律，从而使伦理学成为一门真正的科学。

伦理学所考察的道德规律是多方面的。具体来说，它要辩证地考察人类社会各个历史时期各个不同阶级的道德和人们长期积累下来的伦理思想资料，找出道德同社会生活条件、同社会上层建筑之中的其他因素相互作用的规律。作为无产阶级的道德科学，它还要着重研究无产阶级的道德状况和社会主义社会所特有的各种道德现象，研究人民群众自我教育的经验，研究先进人物成长的经验，研究共产主义道德的产生、发展及其作用的规律，等等。在这个意义上，我们可以说伦理学是这样一门理论科学，它的使命，就是以科学的形态再现道德，以抽象的理论思维形式概括道德现象的各个方面，并对这种现象进行规律性的研究，找出其固有的规律性。总而言之，只有对道德现象的各方面达到了规律性的认识，才能使伦理学真正成为科学，伦理学才能在社会生活和个人的道德生活中起指导作用，显示出它的强大生命力。

其次，马克思主义伦理学强调，伦理学应该而且必然是一门有强烈实践性的科学。这就是说，伦理学不但是一门理论科学，而且是一门关于人们行为、品质和修养的科学。用我国古代的话说，它是一门知行统一的科学。从一定意义上看，我们可以说，伦理学研究的出发点和最终目的，就是要依据一定阶级的要求来陶冶人们的品德，改变人们的气质，培养一定阶级或一定社会所需要的德行。毛泽东同志在《实践论》中曾经特别强调指出："马克思主义的哲学辩证唯物论有两个最显著的特点：一个是它的阶级性，公然申明辩证唯物论是为无产阶级服务的；再一个是它的实践性，强调理论对于实践的依赖关系，理论的基础是实践，又转过来为实践服务。判定认识或理论之是否真理，不是依主观上觉得如何而定，而是依客观上社会实践的结果如何而定。真理的标准只能是社会的实践。实践的观点是辩证唯物论的认识论之第一的和基本的观点。"对于伦理学的研究来说，强调实践的观点，主要有两个方面的意义。其一是说，整个伦理学的理论，都必须是从人们的道德活动的客观实践中总结出来，而且又必须用来指导、改造人和人之间的关系，培养人们的道德品质，并在这些实践中受到检验，从而不断得到发展。其二是说，伦理学所阐述的理论、原则和规范，必须被付诸实践，并被人们身体力行。伦理学是一门科学知识，但一个人是否掌握了这门科学知识，绝不是看他会不会背诵、记熟作为知识形态的理论内容，而是要检查他是否能按照这些原则和准则去行动。从严格的意义上来说，掌握伦理学的理论知识的完整、准确的意义，必须是能够把所学到的理论知识转化为个人的情感、意志和信念，在实践中成为一个有道德的人。我国明代的著名伦理思想家王阳明，曾提倡所谓“知行合一”的理论。从认识论来说，他的这一理论是和他的唯心主义世界观紧密联系的，但从伦理学来说，其中却包含着合理的因素。王阳明认为，从伦理道德上看，如果一个人只是知而不行，那就只能说他不知，“就如称某人知孝、某人知弟，必是其人已曾行孝行弟，方可称他知孝知弟，不成只是晓得说些孝弟的话，便可称为知孝知弟”①。又说：“夫问思辨行，皆所以为学，未有学而不行者也。如言学孝，则必服劳奉养，躬行孝道，然后谓之学。岂徒悬空口耳讲说，而遂可以谓之学孝乎？”② 他认为，“圣人教人，必要是，方可谓之知；不然，只是不曾知”③。他极力反对在伦理道德上的理论和实际脱节，言语和行动分离。他说：“今人却就将知行分作两件去做，以为必先知了然后能行，我如今且去讲习讨论做知的功夫，待知得真了方去做行的功夫，故遂终身不行，亦遂终身不知。此不是小病痛，其来已非一日矣。某今说个知行合一，正是对病的药，又不是某凿空杜撰，知行本体，原是如此。”④ 另外，王阳明还认为，他提倡知行合一还有另一个方面的意义，那就是，即使思想上只是一种邪念，也已经有行的意思，应该认真地予以批判和清除，从而加强道德修养，使我们的思想保持纯正。他说：“今人学问，只因知行分作两件，故有一念发动，虽是不善，然却未曾行，便不去禁止。我今说个知行合一，正要人晓得一念发动处便即是行了，发动处有不善，就将这不善的念克倒了，须要彻根彻底，不使那一念不善潜伏在胸中，此是我立言宗旨。”⑤

---

① 《传习录》上。

② 《传习录》中。

③④ 《传习录》上。

⑤ 《传习录》下。

当然，王阳明是一个地主阶级的伦理思想家，他的这一主张是为地主阶级服务的，但是他确实看到了道德理论必须和道德活动相联系的重要性。对我们做思想教育工作的人来说，特别是对我们讲授共产主义思想品德课的同志来说，尤其应该严格要求自己。目前，我国的社会风气不太好，资产阶级的个人主义、利己主义、一切向钱看的思想，在社会上有着相当的影响。有那么一些人，不能抵制资本主义的歪风邪气，不讲共产主义道德，这种情况是迫切需要改变的。对于我们每一个人来说，都有一个接受考验的问题。如果我们决心做一个共产主义者，坚信共产主义必将实现，坚信我们的党风和社会风气必然好转，我们自己就应该在任何歪风邪气面前做中流砥柱，严格按照共产主义道德的原则去行动。现在有些同志看到有的人争名争利，不但不能抵制，反而也随波逐流，心想既然大家都争名争利，为何我不争？吃亏不是白吃亏吗？我们应该从自己做起，不要随风倒，不要怕人家议论，坚定地履行我们自己所宣传的共产主义道德。如果自己宣传的，自己都不实行，岂不成了两面派、伪君子，又怎么能教书育人呢？隋唐时期，中国有一个伦理思想家叫王通（584—617 年），他招收了很多学生，传授儒家的伦理道德，当时的社会风气可能很不好，他的一个学生王孝逸问他："天下皆争利弃义，吾独若之何？"王通回答说："舍其所争，取其所弃，不亦君子乎？"这就是说，当社会上很多人都只讲个人私利而不讲道德时，只有坚持原则，抛弃个人私利，才能算一个高尚的人。宋代的著名政治家、思想家范仲淹曾提出："先天下之忧而忧，后天下之乐而乐。"据说他一生严格要求自己，为官清正，自奉俭约，每晚就寝，深自检查，如有未尽职之事，终夕不能安眠，第二日，必求有所补偿。我们无产阶级，不是更应该严格要求我们自己吗？

此外，伦理学作为一门学科，还有许多其他特点。从马克思主义伦理学同以往一切旧伦理学的区别来说，阶级性是马克思主义伦理学的特点。从方法论来看，用历史唯物主义的立场、观点和方法来分析道德现象，更是马克思主义伦理学区别于以往旧伦理学的特点。就伦理学区别于其他科学来说，在一定意义上也可以说伦理学是一门规范科学。当然，马克思主义伦理学并不把伦理学归结为规范科学，因为它不仅向人们说明应如何去行动，而且力求阐明这种当然是一种必然。马克思主义伦理学也承认伦理学是一门价值科学，但是它并不把事实科学和价值科学对立起来，更不否认价值科学所具有的客观真理的属性。

四、关于共产主义道德教育中的物质利益原则

共产主义道德教育中的物质利益原则问题，是最近人们常常提到的。马克思主义经典作家一贯都强调物质利益原则，这是一个马克思主义的历史唯物主义的原则，是不能动摇的。问题是究竟应当怎样理解、怎样宣传马克思主义的物质利益原则？能不能把物质利益原则说成是个人物质利益原则，把个人物质利益原则说成是一切向钱看，说成是人们都是只关心个人利益的利己主义？能不能把物质利益原则理解为不顾国家的兴旺发达，不顾人民的富裕幸福，不要建设具有中国特色的社会主义？能不能把物质利益原则理解为只有个人的物质利益才是调动人们进行改革、推动四个现代化的唯一动力？

在改革中，固然要注意物质利益原则，但究竟怎样来理解物质利益原则呢？确实，经济承包、经济改革、责任制的推行，都贯彻着责、权、利的结合，都要使个人得到一定的物质利益。很多人喜欢引用马克思在《第六届莱茵省议会的辩论》（第一篇论文）中谈到的："人们奋斗所争取的一切，都同他们的利益相关。"一些人甚至用这句话来为纯粹的个人利益作论证，这种理解是不正确的。我们把这句话引得稍微完整一些：

"大家知道，有一种心理学专门用琐碎的理由来解释伟大的事情。人们奋斗所争取的一切，都同他们的利益有关。这种心理学由这一正确的推测得出了不正确的结论：只有'细小的'利益，只有不变的利己的利益。大家也知道，这种心理学和对人的了解在**城市**里更是屡见不鲜。在那里，人们把看透一切、把透过一连串飞掠而过的观念和事实而识破那些妒忌成性、钩心斗角、抓住几股线头就想操纵整个世界的卑鄙小人的眼力看做有远见的标志。但是同时大家也知道，透过玻璃看东西，太近了就会碰上**自己的脑袋**。在这种情况下，这些聪明人对人和世界的了解首先就是——以蒙混人的方式——对自己脑袋的打击。"

这里的意思很清楚，所谓"人们奋斗所争取的一切，都同他们的利益有关"，并不仅仅是指的"细小的利益"，更不可能是资产阶级的"不

变的利己的利益”，而是阶级和国家的大利，集体的利益，人民的需要和幸福，对于这一点，有些人是看不到的。

我们绝不能否认个人的物质利益，这是应当明确的。但是，对于无产阶级来说，首先是阶级的利益、集体的利益。大家可以想一想，马克思写这篇文章的时间是在 1842 年 4—5 月间，他又如何会指的是个人的细小利益呢？如果没有无产阶级的解放，没有劳动人民的解放，哪有什么个人利益呢？无产阶级奋斗所争取的一切，怎么会只和那些细小的个人利益有关呢？马克思在这里强调的不是个人的细小利益，而是人民的福利、人类的福利。因此，我们绝不要只强调对个人物质利益的关心而忽视或者否认集体、国家利益的重要，更不要认为，关心个人的物质利益，就能形成共产主义的劳动态度。

试论马克思主义伦理学体系结构的特征*

一

伦理学是一门古老的科学，它的发展因各民族、各个国家的不同历史情况而呈现出不同的特点。早期，伦理学是哲学的一个部分；以后，伦理学逐渐成为哲学的一个分支；最后，伦理学脱离哲学而相对独立。在希腊，至少从两千四百年以前的亚里士多德开始，伦理学已经作为一门相对独立的学问而受到思想家们的重视。在中国，由于在很长一段时期内，哲学中的宇宙观、认识论和道德思想一直是融合在一起的，所以直到19世纪以前，并没有形成伦理学这样一门学科。但是，被中国思想家们视为最重要的“经学”，其主要目的就是从伦理道德上去改变人的气质，涵养人的德性。到了宋明以后，理学更成了为统治阶级服务的一种道德哲学，整个哲学几乎都变成了伦理学。

在西方，伦理学这门科学最早是由亚里士多德提出的。从一定意义上说，“伦理学”就是由亚里士多德创造的。“伦理”一词，最早来源于希腊文的“伊索思”（ethŏs），在荷马史诗中，它作为一个名词，是表

---

* 本文原载《哲学研究》1983年第2期。

示“惯常的驻地、住所”等，后来，经过不断发展，虽然可以理解为“风俗、性格”，但还不具有“道德、伦理”的意义。亚里士多德首先使名词“ethŏs”成为一个形容词“ethicos”，从而使它具有“德行”的意义。以后，他又创造了一个名词“ethika”，这就是后来人们所说的“伦理学”。亚里士多德在世时很重视伦理学的教学。他死后出现了三本伦理学的著作：一本叫做《尼各马可伦理学》，据说是他的儿子尼各马可根据他的思想、讲话整理的；一本叫做《欧德米亚伦理学》，据说是由他的学生欧德米亚整理的；另外还有一本《大伦理学》，被认为是以上两本书的提要。从此以后，伦理学在西方就受到了极大的重视。继亚里士多德之后的伊壁鸠鲁学派和斯多葛学派都把哲学分为三个部分：物理学、逻辑学和伦理学（他们所说的物理学和我们今天所说的物理学不同，主要是指关于宇宙的起源、发生和变化的理论）。伊壁鸠鲁学派认为在哲学的这三个部分中，伦理学是最终的目的，具有最重要的意义。他们说，逻辑学和物理学对于伦理学的关系，就如同医药、卫生对于健康的关系一样，前两个是手段，最后一个才是目的。斯多葛学派的芝诺认为，整个哲学就好比一个果树园：逻辑学是这个果树园的围墙，物理学是园中的果树，只有伦理学才是这些果树上所结的果子。他又认为，哲学好比一个蛋：逻辑学是蛋壳，物理学是蛋清，只有伦理学才是居于这个蛋中心的蛋黄。由此可见，到古希腊罗马后期，伦理学不但是哲学的一个分支，而且简直成了哲学的核心。

中世纪，哲学成为了神学的“婢女”，但是宗教本身也包含许多伦理道德问题，如罪恶意识、行善积德、忏悔修行、各种戒律，等等。近代哲学家的精力主要放在认识论上，可是，有些哲学家仍然把伦理学放在高于认识论的地位上。例如：笛卡尔认为伦理学是最高级、最完善的科学，康德也认为在他的真、善、美的哲学体系中，善的地位最高，理性的终极目的就是道德。同时，近代还出现了一些专事伦理学的哲学家，如沙甫慈伯利、哈奇森等。到19世纪，各种伦理学原理的著作连连涌现。进入20世纪后，虽然伦理学的体系从内容到形式都发生了一些变化，但仍然是当代哲学家分析、思考和研究的一个主要问题。

在伦理学的长期发展演变中，从伦理学的体系结构来看，在西方大致出现过四种类型，即规范的、理论的、描述的、分析的。它们各自强调伦理学的某一方面。虽然它们都把伦理学看做研究善恶问题和道德判断的科学，但是又都以为只有自己才把握了伦理学的精髓，强调其中的某一方面，而拒斥其他的伦理学体系。为了讨论的方便，我们先对这四种类型作一个简单的介绍和分析。

第一，有规范的伦理学。从亚里士多德起，不少传统的思想家都把伦理学作为一门规范的科学，认为伦理学既然是研究善恶的，其主要任务就是要通过对善恶的研究，向人们指出，在人与人的关系和人与社会的关系中，究竟应当遵循什么样的行为规则，人应当如何行动才能达到善。亚里士多德说："我们的研究不是为了去认识什么是道德，而是为了要使自己变好，要不然，我们的研究就会毫无用处了。""我们必须按照正确的规则来行事，这乃是一个共同的并且必须先被承认的原则——以后会讨论到这一点，这就是，正确的规则是什么，以及它和其他的美德的关系如何。""因此我们应该来考察行为的性质，即我们应该有怎么样的行动。"① 因此，他认为人们的行为都应该合乎"中道"的原则，过度与不及都是恶的特性，只有按照"不偏不倚"、"无过无不及"的原则去行动的人，才是最有道德的人。亚里士多德的这种理论对后来的许多伦理思想家有很大影响。在这种理论看来，不论是对善恶问题的研究，还是对道德原则的探讨，最终都落实到要人们认识和实行某种道德规范。

第二，有所谓理论的伦理学。认为伦理学就是道德哲学，是对于道德问题的哲学思考。它反对把伦理学变为一门规范科学或实用科学，认为只能从理论上去探讨什么是善、什么是恶，探讨义务和良心，而不应涉及具体的行为规范和准则，否则，就要失去伦理学作为道德哲学的意义和尊严。西欧历史上的唯理派哲学家对待伦理学大都表现出这种倾向。新中国成立前的中国，张东荪也曾有过类似的主张，最近，国外也有人提出，要把涉及具体行为规范的劳动道德、职业道德等交给另立的一门道德学去处理，而使马克思主义伦理学成为纯粹的道德哲学。

第三，还有一种描述性质的伦理学。它认为，伦理学是一门经验科学，只应该从经验上描述道德现象，给这种现象以解释，不能直接提出什么具体的行为规范，也不应去探讨道德哲学的根本问题。例如，某些实用主义者就持这种主张。另外，当代存在主义伦理学在一定意义上也

---

① 北京大学哲学系外国哲学史教研室编译：《古希腊罗马哲学》，324页，北京，三联书店，1961。

可以被归入这一类，存在主义伦理学家大多都是现象论者，认为哲学、伦理学的任务就是运用现象学的描述方法，对人的存在、人的各种危机状态的神秘情绪体验和道德心理经验进行描述。例如，萨特就这样认为：存在主义的心理分析即道德描述，能够向我们揭示人的各种计划的伦理意义，揭示人的根本选择是什么。

第四，还有所谓分析的伦理学。这也是当代在英美颇为流行的一种伦理学。它既不以经验的或历史的方法研究伦理学，也不注意这种经验的或历史的叙述的理论概括。当然，它也不把伦理学看做是一门规范的科学。这种伦理学的突出特点，在于它试图从逻辑学的方面、从语言学的方面来对道德概念和判断进行分析。英国著名的伦理学家穆尔就是这种伦理学的一个突出代表。穆尔认为，伦理学的核心问题就是对于什么是善、什么是应当的逻辑和语言的分析，只有通过这种分析，才能使伦理学成为一门真正的科学。穆尔批判传统的伦理学，认为它们大都犯了“自然主义的谬误”。他的理论对 20 世纪的英美伦理学影响很大，以至被一些人推崇为现代西方伦理学的开创性理论。

以上只是就各种伦理学在体系结构上表现的主要特征而作的划分，实际情况还要复杂一些。有些伦理学体系实际上表现出折中的倾向。例如，在西方有人主张将传统的几种伦理学类型同分析哲学结合起来，建立一种综合性的伦理学理论。

二

那么，我们究竟应当怎样来理解马克思主义伦理学的特殊性呢？它在体系结构上有哪些主要的特征呢？

马克思主义伦理学与旧的传统伦理学有着本质的区别，与当今西方流行的各种伦理学派别也有根本的不同，这种根本的差别反映到马克思主义伦理学的体系结构上，就使它不能简单地被划到上述四种类型中去，而必然有它自身的特点。

首先，是它在理论上的科学性。马克思主义伦理学认为，伦理学是一门科学，是研究道德的起源、本质、发展、变化及其社会作用的科学。从这个意义上来说，我们强调伦理学是一门理论科学，是一门探讨道德的规律性的科学。离开了对于规律性的研究，离开了抽象的理论思维，离开了一定的理论基石，也就不可能形成和建立任何科学的伦理学体系。当然，伦理学所研究的规律是从人们的道德现象中总结和概括出来的，是和实际密切相关的。但是，在马克思主义以前，由于历史和阶级的局限，一切伦理学说都是建立在唯心史观的基础之上的。这些伦理学说，虽然是人类对社会道德现象的认识的成果，包含某些民主性的精华和真理性的颗粒，然而总体上来说，毕竟不是科学形态的东西，严格地说，还不能被称为科学。马克思主义伦理学则不同，它运用辩证唯物论和历史唯物论来分析社会道德现象，在人类历史上第一次把伦理学置于科学的基础之上，揭示了道德的起源、本质和发展规律，从而使伦理学变成一门真正的科学。具体来说，它所考察的规律是多方面的。它要辩证地考察各个历史时代和各个阶级的道德以及人们长期积累下来的伦理思想资料，找出道德同社会生活条件、同社会上层建筑之中的其他因素相互关系和相互作用的规律，找出人类道德发展变化的规律。作为无产阶级的道德科学，还要着重研究无产阶级的道德状况和社会主义社会的道德现象，研究人民群众的自我教育经验，研究同剥削阶级及其他非无产阶级道德斗争的经验，找出共产主义道德在各方面的规律，包括共产主义道德同社会经济基础和上层建筑相互关系和相互作用的规律，共产主义道德的产生、形成和发展的规律，共产主义道德规范体系的建立、完善和实施的规律，共产主义新人成长的规律，共产主义道德和剥削阶级道德斗争的规律，等等。在这个意义上，我们应该特别强调伦理学是一门理论科学，它的使命就是要以科学的形态再现道德，以理论思维的形式概括道德现象的各个方面，并对这些现象进行规律性的研究，找出其中固有的、隐藏在现象内部的规律性。总之，只有对道德现象的各个方面达到了规律性的认识，才能使伦理学真正成为科学，使它在社会和个人的道德生活中起指导作用，显示出强大的生命力。为此，就需要对道德问题进行哲学的思考，要对人的本质、自由与必然、真理与价值关系等问题作出科学的回答，就不应回避人生的意义、人生理想和价值观等常常被称为“人生哲学”的那些问题。

其次，是它的内容的规范性，即由阶级性引申的特殊的规范性。马克思主义伦理学公开申明它是为无产阶级解放事业，亦即全人类的解放事业服务的，它所主张的无产阶级道德即共产主义道德，“是为破坏剥削者的旧社会、把全体劳动者团结到创立共产主义者新社会的无产阶级周围服务的"①。因而，它摈弃一切"抽象道德"的神话和空谈，而十分重视对道德规范的研究，重视建立共产主义的道德规范体系。它把这个任务看成不仅是伦理学本身性质的需要，更是无产阶级和广大劳动人民利益的需要。这样，马克思主义伦理学的体系就不能不表现出特殊的规范性。

我们认为，对一个社会或一个阶级的道德体系来说，它的根本的道德原则、主要的道德规范、基本的道德范畴、人们的公共生活准则以及人和人的关系中某些特殊方面的要求，都属于道德规范的内容，从而构成了一个社会或一个阶级的规范体系。不论伦理学家承认与否，他们的理论总是脱离不了这一规范体系的。那些把伦理学看成一种抽象理论的思想家，认为伦理学只是纯理论的研究，认为伦理学不应涉及实际问题，这是完全错误的。因此，马克思主义伦理学始终把共产主义道德规范体系看做整个伦理学的中心或重心，看做整个伦理学体系的一个很重要的组成部分。马克思主义伦理学之所以成为科学，正是由于它对人和人之间的行为关系的道德规范进行了概括和总结，上升为科学的理论，离开了这个基础，它就不可能成为科学。

由此可见，伦理学作为一门特殊科学，必然要人们诉诸道德规范，让人们认识哪些是应当做的，哪些是不应当做的，从而有利于调整人和人之间的关系。在这个意义上可以把伦理学看做是一门规范科学。但是，马克思主义伦理学绝不把伦理学归结为一门规范科学，更不把伦理学仅仅看成是一种道德戒律的汇编，当做一种教训人们应当怎样或不应当怎样的语录。同以往的伦理学比较，马克思主义伦理学对于规范体系的阐述，有三个最重要的特点。首先，它是建立在一种科学的理论基础上的，即在辩证唯物主义和历史唯物主义的基础上来探讨道德规范这一现象。它对于规范体系中任何一个部分的叙述、阐发和概括，既是辩证的，又是历史的，它强调的规范绝不是空洞的说教，而是在一定的经济基础之上、依据人和人之间的实际关系而概括出来的行为原则。其次，它不只是指明在人与人之间应当实行一些什么原则，不只是教人们"应当"如何如何，而且给这种"应当"以理论上的说明，指出隐藏在这种

① 《列宁选集》，2版，第4卷，353页，北京，人民出版社，1972。

“应当”背后的客观必然性，从而使这种规范不再对人们是异己的、外加的，而是通过人们对它的认识，使它成为人们的内心信念。最后，它不是把理论和规范对立起来，而是强调对规范的研究要以理论为指导，同时理论研究又必然是以人和人之间的规范关系为客观内容的。这就是说，它使二者有机地结合起来，使它们达到辩证的统一，从而克服了传统伦理学把二者对立起来的错误倾向。

最后，是它的彻底的实践性。马克思主义伦理学认为，伦理学是一门实践性很强的科学，用我国古代的话来说，是一门知行统一的科学。因而，有关道德教育、道德品质、道德行为、道德评价、道德修养以及人生观的培养等问题，都应该是伦理学研究的重要内容。在一定意义上，我们可以说，伦理学研究的宗旨即出发点和最终目的，就是要根据一定阶级的要求来陶冶人们的品质，改变人们的气质，培养一定阶级或一定社会所需要的德行。当然，如果把伦理学只看成是一门德育大纲，忽视对道德基本理论的研究，要求伦理学只是像戏剧、小说或宣传鼓动的小册子那样去发挥作用，也是不恰当的。因为它忽视了理论研究的重要，将会给伦理学这门科学的发展带来有害的后果。但是，我们必须强调，作为道德科学的伦理学，是一门有关人的品质磨炼、德性培养的科学，是一门注重人们的道德行为、道德实践的科学。理论和实践的结合，对于马克思主义伦理学有着特殊的重要性。马克思主义伦理学强调实践的观点，主要有两个方面的意义。其一是说，整个伦理学的理论都必须从实践中来，必须受客观实践的检验。伦理学的理论是从人与人的道德关系中总结、概括出来的，并在指导人们调整和改造相互关系、培养道德品质的过程中受到检验。其二是说，伦理学中所阐述的理论、原则和规范，必须被付诸实践，被人们所身体力行。伦理学是一门科学，但一个人是否真正掌握了这门科学，绝不是看他会不会背诵、记熟作为知识形态的理论内容，而是要考察他是否能够按照这些原则、规范和准则去行动。在严格的意义上说，掌握伦理学的理论知识的确切含义，必须是能够把所学到的理论知识转化为个人的情感、意志和信念，在实践中成为一个有道德的人。正是由于这种原因，对人的行为的研究、对道德教育和道德修养的探讨、对人生观的培养等这些同道德实践密切相关的问题，不但不应该被排斥在伦理学研究的范围之外，而且还应该是伦理学研究的重要课题。

西方一些思想家排斥这些问题，认为这些问题只能由应用伦理学去研究。这种观点割裂了理论和实践的统一，是错误的。在他们看来，伦理学作为一门理论科学，不应该包括它的应用，如果涉及它的应用，好像就会降低这门科学的尊严，失掉了他们认为的“科学性”。同样，就目前国外的一些马克思主义伦理学的教科书来看，一般都不把道德实践活动的研究作为伦理学体系的一个重要问题，其原因应该说是和这种认识有关的。现在国外有的学者之所以提出伦理学只能是一门道德哲学，只能是关于道德的哲学思考，因而认为在伦理学中不应涉及道德教育、道德修养和职业道德问题，同样也是和这种认识有关的。他们提出，在伦理学之外，还应该建立一门道德学，专门研究道德行为和道德修养以及职业道德的问题，这是正确的。但认为由此就可以使伦理学成为一门纯粹哲学思考的科学，这却是值得考虑的。随着社会主义建设事业的发展，对道德教育、道德修养、职业道德等问题，应该进行深入的研究，在有条件的时候，使它从伦理学中分化出来，这是有合理因素的。而且，我们也认为，伦理学这门科学在今后的不断发展中，将会产生、形成更多的分支。但是，我们绝不能因此而否认这些问题是伦理学应该研究的问题。即使形成了许多分支学科，我们也认为对于道德实践活动的研究，仍然应当是伦理学研究中一个必不可少的部分。否则，伦理学的探讨将会变成一种无目的的研究，是不会有生命力的。

马克思主义伦理学，作为一门社会科学，它基本上是为了培养共产主义新人的实际目的而存在的。马克思说过：“理论在一个国家的实现程度，决定于理论满足这个国家的需要的程度。”① 这对于马克思主义伦理学来说，尤其是这样。为了建设社会主义的物质文明和精神文明，为了在全国人民中进行共产主义思想教育，特别是进行共产主义道德教育，就必须加强伦理学的研究。培养有理想、有道德、有文化、守纪律的一代新人，是社会主义事业的需要。马克思主义伦理学对社会主义社会来说，究竟有多大价值，就要看它能够在多大程度上满足这种需要。伦理学是一门理论科学，但它又必须是能够应用而且是可以应用的。怎样使伦理学这门科学能够有的放矢，深入浅出，从实践中来，又回到实践中去，为广大群众所掌握，产生更显著的效果，仍是我们伦理学工作

① 《马克思恩格斯全集》，中文1版，第1卷，462页，北京，人民出版社，1956。

者的一个重要任务。马克思又说："理论只要说服人，就能掌握群众；而理论只要彻底，就能说服人。所谓彻底，就是抓住事物的根本。但人的根本就是人本身。"① 可以相信，崇高的理想和共产主义道德的"闪光"，一旦射入广大人民群众的心灵，就必然会产生巨大的作用。

总之，伦理学是一门同现实关系极为密切的科学，我们必须充分认识伦理学这门科学的特点。只有这样，才能进一步促进伦理学的发展。

三

马克思主义伦理学作为一门新型的无产阶级道德科学，除了在理论方面要对旧的伦理学进行根本改造之外，对于旧的伦理学的体系结构，也必然要进行相应的改造。它既要批判地继承传统伦理学的合理因素，又要在马克思主义理论的指导下，建立起一个新的伦理学的体系结构。用马克思主义理论改造旧的传统伦理学，建立新的伦理学体系结构这一工作，只能说正在进行，我们至今也还是在不断地学习和研究过程之中，但是，从以上分析得出的初步情况来看，我们认为作为科学的伦理学，最好是包含三个方面的内容：一部分是有关伦理学的基本理论，一部分是道德的规范体系，一部分是道德品质的形成和培养。

首先，伦理学的基本理论是指有关道德的本质，道德与经济、政治、文化各方面的关系，道德的历史发展类型以及对道德的阶级分析，等等，这些基本理论贯串在整个伦理学体系中的各个部分，起着指导的作用，因此，应该最先得到阐发。其次，马克思主义伦理学应当重视共产主义道德规范体系的阐述，包括共产主义道德原则、规范、范畴以及调整人和人之间关系的某些特殊方面的准则。这些规范体系是在马克思主义伦理学的基本理论的指导下对人和人之间现实道德关系的总结，是伦理学体系中的不可忽视的重要内容。最后，关于道德品质的形成和培养，是整个伦理学的归宿，是为培养什么样的人而服务的。诸如人生目的、道德理想、行为品质、道德教育、道德修养和道德评价等，都应该予以研究。伦理学体系的这几个部分的安排，不仅是相互联系的，而且

① 《马克思恩格斯全集》，中文1版，第1卷，460页。

各个部分的内容结构也是有序的。

最后，有一个问题还要说明一下。本文所说的马克思主义伦理学体系结构的特征，主要是指针对马克思主义伦理学的教科书的体系结构而言的。而且，这些看法也还是很粗浅的。为了在我国更早地建立起严密系统的、具有科学体系的马克思主义伦理学，现在试着把这些粗浅的意见写出来，以便得到专家、学者们的指正。

伦理学与思想政治教育科学的关系*

这次参加青少年研究所召开的大学生思想政治教育科学研究规划会议，使我感到，伦理学作为一门科学，和我们所说的“思想政治教育科学”的关系是很密切的。正是由于这种原因，我想从自己对伦理学这门科学的学习和探索中，向大家汇报一些情况。

一、首先向大家介绍一下伦理学这门科学的内容

有些问题，我国伦理学界还没有取得一致意见，只能作为个人的不成熟的看法，给大家作参考。

伦理学作为一门科学，在西方，从古希腊的亚里士多德开始就已经形成了。因此，西方资产阶级的高等学校和科学研究机构，对伦理学是相当重视的。新中国成立前，我国不少旧文科大学都没有开伦理学的课程。苏联十月革命胜利以后，在批判资产阶级伦理学的反动倾向时，错误地把伦理学本身也作为一门伪科学而予以废除了。只是到了 20 世纪 50 年代末期，才重视对伦理学的研究。由于受到苏联的影响，在新中国成立后，我国同样摒除了高等学校中的伦理学的教学和研究工作。

---

* 本文原载《青年研究》1982 年第 3 期。

1960年以后，虽然恢复了伦理学的研究和教学，但力量是很有限的。以后，在十年浩劫中，伦理学的教学研究又完全停顿了下来。就我国高等学校伦理学的课程设置来说，情形就更差了。三十年来，除极少数文科大学的哲学系曾一度进行过伦理学的教学外，对这门学科的研究一直没有开展起来。直到1978年以后，伦理学的研究和教学工作才有了新的发展。因此，从一定的意义上来看，伦理学这门科学也还是处于探索之中，我们的认识还可能有很多错误的地方，有待于国内的专家们批评指正。

根据我们的认识，伦理学就是关于道德的科学，是关于道德的产生、发展、变化及其社会作用的规律的科学。就马克思主义伦理学来说，它又特别注重于共产主义道德的产生、发展、变化及其社会作用的规律的研究。马克思主义伦理学作为一门科学，总的来说，它应当从理论和实践的结合上，研究道德的本质、根源和社会作用，揭示共产主义道德形成和发展的规律，阐明共产主义道德的原则和规范，确定革命的人生观、道德理想和行为品质的要求，提出共产主义道德教育、道德修养的途径和方法。这就是我们所理解的马克思主义伦理学的基本内容。

从以上这些内容的简单介绍中，我们可以看到，伦理学作为一门科学，同我们现在所要探索、建立的思想政治教育科学或德育学的关系，是多么密切了。

如前所述，西方资本主义国家是很重视伦理学的。他们对青年学生的教育主要通过“伦理学”和教育学等讲授，并通过报纸杂志的舆论工具来形成人们的道德品质，灌输他们的那一套政治民主思想（伦理学是很多文科大学的必修课，但主要还是一门理论课）。

在青年思想政治教育方面，日本各大学也讲伦理学课，但是日本的伦理学教科书和西方的伦理学教科书有很大不同。西方的伦理学在逐渐向理论思维的方面发展，如分析哲学在现代西方伦理学中有很重要的地位，影响很大。在日本，一些伦理学著作比较注意人们的道德规范、道德行为的养成、道德品质的培养等，这是日本一部分伦理学著作的特点。从伦理学或道德教育这方面来看，日本比西方更注重青年的道德品质教育。日本明治维新的初期，有一位著名的思想家叫福泽谕吉，写了一本《文明论概略》，据说，这本书对明治维新及其以后的日本影响很大。用我们现在的话说，这本书就是讲物质文明和精神文明的关系的。

在日本向西方资本主义学习的初期，福泽谕吉就提出来，西方的文明是进步的，但还是有很多缺点的，日本人在学习西方文明的同时，要有自己的精神文明。他特别强调道德智慧的重要意义，认为一国文明程度的高低可以用人民的道德智慧的水准来衡量。这本书针对日本在精神文明方面出现的问题，提出了自己的关于“文明论”的意见，有一定的参考价值。当然，这本书是为发展日本的资产阶级经济服务的，我们应该用马克思主义的观点写出我们自己的“文明论”，正确地阐明物质文明和精神文明的关系。根据日本文部省的规定，所有理、工、医、农高等学校的学生必须在历史、文学、美学、伦理学等 12 门课程中选 4 门（日本高校是学分制），实际上是把伦理学作为一门必修课。

从上述的介绍来看，思想政治教育科学是同伦理学和道德品质教育课有密切关系的。在苏联的高等学校中，通常是把《伦理学》和《教育学》作为培养青年德育的课程。中国台湾则是把伦理和德育分开，伦理学偏重理论，德育偏重实践。中国台湾比较著名的伦理学家龚宝善，就写了两本有关道德教育的重要著作，一本是《现代伦理学》，着重讲伦理学的理论，一本叫《德育原理》，着重讲道德品质教育。我们的思想政治教育到底应该怎样建立，这是需要青少年研究所和广大从事德育工作的同志们来努力完成的。我这里只是介绍一些情况，供大家参考。

二、关于在大学生中开设伦理学或道德品质修养课的建议

从 20 世纪 60 年代开始，我们在二十多年伦理学的教学和科研中深深感到，尽管伦理学是一门专业理论课，但与大学生的共产主义道德品质的教育和培养有重大的关系。我们所说的“红”，就是马克思主义世界观和共产主义道德品质。能不能使所有的大学生都学一学伦理学？大家都对大学生的特点作了分析，几年来，根据我在教学中的体会，对大学生的特点再补充一点。我感到大学生进入大学后，在对事物的看法上，正在形成自己的见解和标准。他们一方面还受着高中学习方法的影响，另一方面又开始对许多社会现象进行独立的思考，开始学着独立地分析事物。他们热情地追求知识，随着知识的增加，他们的理论思维和

逻辑思维也都不断加强。许多理论、文艺、电影等知识，也在很大程度上影响着他们的道德品质的形成。过去是老师怎么说，书上怎么说；现在是，我认为怎么样，我自己的看法是怎样。他们以一种自豪的感情向人们表明，他们已经开始有自己的看法了，他们正在形成自己的世界观、人生观、道德观和评价社会上各种各样的人和事的标准。由于他们缺乏马克思主义的基本理论和方法，有时候往往只根据许多现象作结论。因此，在这个时期，对他们加强马克思主义世界观和共产主义道德品质的教育，就更有重要意义了。

由于以上原因，一年之前，我和一位同志曾写了一篇《关于高等学校马克思主义伦理学教学的几点意见》，建议在全国理、工、医、农等高等学校逐步开设马克思主义伦理学课（建议中也特别说明，对不同类型的学校，伦理学教学的内容、重点、要求等，都应有所不同，主要是着重于道德品质的教育）。有的同志提出，现在既无教材又无师资，认为这个建议在当时是很难实行的。后来，我曾想，有些学校已经编写出了内部发行的教材，可不可暂时试用？说到教员缺乏，可否在我们的政治工作干部特别是辅导员中，选出一部分人加以培训呢？去年我们办了一个伦理学进修班，学习前绝大多数同志都没有学过伦理学（其中还有许多青年教师），经过四个月的学习后，回去都教了伦理学，而且效果普遍较好。他们原来都有比较好的基础，这一点也是应该肯定的。对许多辅导员来说，要教好一门课，还要做很大的努力，并不是很简单的事。但是，我们的辅导员生活在学生当中，熟悉同学的思想情况，又都有一定的理论水平，更可以从理论和实际的结合上把这门课讲好。而且，据我了解，不少做政治工作的同志对伦理学也很感兴趣，也希望从理论上进行深造。现在有的同志说要稳定政工干部，这是不是可能成为一个很好地稳定政工干部的途径，是一个值得试一试的办法。前几天政教司的王泽农同志对我说，是不是可以用开训练班的办法给政工干部讲讲伦理学，这也是一个好的建议。辅导员讲伦理学，既能提高自己的理论水平，又能解决实际问题，既能满足师资的需要，又能稳定政工干部，这个意见不知道是否可行。

根据 8 月份教育部召开的全国高校思想政治工作会议精神，不少学校正在建立德育基础课或道德品质修养课，教育部政教司已组织部分大学编写了《德育基础》大纲。如果能普遍地开设这一课程，那么伦理学也可以只作为哲学系高年级的专业理论课。这次会议又在研究如何建立思想政治教育这一门科学，将来也可能要形成一门大学的德育课程。我原来的意思是在这些课程未能普遍开设前，可以使伦理学这门专业理论课尽可能地为当前培养我国又红又专的人才贡献一点力量。

三、理论和实际结合，寓德育教育于理论教育之中，是培养大学生道德品质的重要途径之一

在近几年的教学和科学研究的实践中，我深深感到，伦理学虽然是有关道德的理论科学，但是它必须要为培养人们的共产主义道德品质服务。而且，我也感到，当前青年中的有些问题，特别牵涉一些理论问题，如果能从历史上加以考察，从理论上予以分析，一些不容易解决的问题，有时倒可以得到正确的认识，有助于青年的共产主义道德品质的提高。这种情况也就是大家所指出的青年思想中的特点之一，即他们喜欢从理论上、从知识形态上得到满意的解答。以下，我举几个教学和科学研究中的事例，来说明从理论上讲清一些问题，对培养青年的世界观、人生观还是有一定作用的。

首先，谈一谈关于去年一段时期在青年中出现的所谓“主观为自己、客观为别人”的人生观的讨论，不少青年学生动摇了对集体主义、为人民服务、毫不利己专门利人的思想的信念，在《中国青年》上提出了一种所谓合理的利己主义的人生观。这种主张认为，人都是利己的，不过在利己中不要妨害别人就行。一个青年还给我写了一封长信，认为：说人是利己的不对，是为别人的也不行，似乎只有合理利己最好。这种主张，一时似乎很时髦，似乎还很难驳倒它。我们在教学中，试着从理论上对它进行分析。我们在分析这一理论时，着重指出，合理利己主义不是什么新发明，它是资产阶级伦理思想家们在一百多年前就已提出的旧理论。资产阶级革命家为了冲破封建等级和宗教禁欲主义，早期曾宣传人都是自私的，人对人像狼一样，并强调利己的动机是自己行动的杠杆。以后，随着资产阶级的经济、政治地位的变化，他们也认为，这样的理论不利于调整资产阶级的人和人之间的关系，提出要把个人利

益和公共利益结合起来。费尔巴哈最早提出了合理利己主义一词，并给他自己所创造的这个合理利己主义加上十几个形容词。他说他的利己主义不是那种只顾自己的、臭的利己主义，而是一种香的利己主义，是在对他人的爱中寻求满足自己的利己主义，是同情别人的利己主义，总之一句话，是合理的利己主义。可是这种合理的利己主义，费尔巴哈是怎样解释的呢？首先，他强调的是“利己”，他说利己主义正像一个人的头不能和他的身体分开一样，利己主义不能和人的思想分开；其次，他认为，人不但不可能有利他思想，也不应该宣传让人们牺牲自己的利益去关心别人，如果这种牺牲不是对自己有利的话。费尔巴哈说，下着大雨，你把自己的斗篷披到别人身上，并且认为这样就是有德行，那么，这不是说，在你把斗篷披到别人身上的同时，也把无德行披到了别人身上吗？所以，尽管下着大雨，谁有斗篷谁就应该披着。由此可见，费尔巴哈所说的合理“利己”的本质还是在“利己”，这是资产阶级道德原则的变种。有些同学本来认为这个合理利己主义是一种新理论，现在一看，原来是资产阶级社会里都已经老掉牙的旧货色，他们也就不再相信了。

再说“主观为自己、客观为别人”这个思想，也曾使很多人入迷，似乎人类社会就是这样发展起来的，个人都是为了自己，为了相互需要，客观上也就为了别人。这也被说成是一个新理论。我们在教学和科学研究工作中，除了说明主观为自己只不过是利己主义的花样翻新外，还特别指出，这也不过是为了资产阶级剥削工人而制造的一种歪理论。20 世纪初，美国一个著名的资产阶级思想家杜威（此人还到过中国）曾写过一本巨著，中国人翻译为《道德学》。他在 20 世纪 20 年代就提出，资产阶级的个人主义的名声已经不好了，不受人们欢迎了，应该用新个人主义来代替旧个人主义。什么是他的新个人主义呢？新个人主义的最主要内容就是人们主观上都是个人主义的，都是要为自己的，但是人们生活在一个社会上，大家要共同存在、共同生活，客观上又都是相互需要的。尽管在当前的社会上，人人都要互相竞争、谋取利润，但人和人之间最后还是要“和谐发展”的。这种新个人主义的理论所要说明的是：人虽然都是为自己，但大家都相互需要，所以彼此不要仇视。大家既要竞争，又要共同发展。这就是说，资本家在主观上是为自己的，但客观上也是为社会的，这就是杜威的这一理论的实质。因此，和杜威共同编写《伦理学》的塔夫脱就专门写了一本书，名叫《合作伦理学》，进一步阐发他的这一思想。这就说明，所谓主观为自己、客观为别人的思想和杜威的新个人主义的思想一样，只能是为了掩盖利己主义实质的一种外衣。很多人因为不愿意同杜威搞到一起，从而也就改变了自己的看法。

除了从历史知识上帮助他们认识问题外，有些问题还必须从理论分析上使他们提高认识。当然，这就要求我们使理论更好地结合实际。这里也举几个例子。在改革开放以后，青年思想中出现了许多新的问题。从伦理学上来说，在西方资产阶级社会，在哲学界，当前最关心的问题之一就是所谓价值问题，特别是人的价值问题。对于这类问题，我们是不能回避的，必须用马克思主义的观点来说明。我们必须区别什么是资产阶级的价值观念，什么是无产阶级的价值观念。现在有些青年追求西方资产阶级的所谓个人价值的理论，认为个性自由、个人充分发展是真正的价值。因此，总觉得我们的集体主义、共产主义道德妨碍人的个性发展。这就需要从理论上指出集体主义不但不限制个性的发展，而且只有在社会主义的集体中，人的个性才能得到发展。资产阶级所说的人的个性发展是有条件的，是建立在拥有金钱的基础上的。在资本主义社会，没有金钱，哪有自己的个性发展？哪里会有人的价值？资产阶级的著名思想家孟德斯鸠就曾经公开提出："对人的尊敬，不能只根据其表面的才能和品质，而应该根据他的实际品质，而这种品质包括两个方面：财富和个人品德。"实际情况正是这样，在资本主义社会，谁的金钱越多，谁就越能发展自己的个性，谁就越有价值。去年，在人生观的讨论中，有的同志提出"集体要关心个人的价值"、"个人要提高自己的价值"、"社会要重视人的价值"，等等，并提出人的价值就在于他所能得到的荣誉，认为演员在群众的鼓掌中看到自己的价值、服务员在顾客的赞赏中体会到自己的价值等。一般来说，如果把荣誉理解为对革命事业做出贡献的一种社会对个人的鼓励，也还是可以的。但如果不加区别，只从个人的荣誉去理解，就会是有害的。有些青年就曾认为，只要用尽各种办法获取自己的荣誉，就是人的价值。因此，我们就特别强调，我们所说的荣誉，必须是为社会主义、为人民事业的荣誉，而不能是为自己个人的荣誉。除了正面阐述马克思主义的价值观以外，针对这种思想，我们还从历史上进行了考察。20 世纪初英国的一个资产阶级伦理学家名叫亨利·斯图尔特（Henry Sturt），专门写了一本《人的价值》（*Human Value*）的书，在这本书中，他提出了一个所谓的价值理论，就是他所谓的“高级个人主义”。他说：“这种高级个人主义与那种低级个人主义有着极大的区别，低级的个人主义是所有有生命的生物都共同具有的那种口腹之欲的自私自利”，“但是在上述高级意义上的个人主义者，必须总是考虑到他人，并且还要考虑到他们对自己的态度”。他认为高级的个人主义把个人的荣誉看做个人利益，看做是人的最大的价值。他说：“在高级意义上利己或自私的人，在低级意义上却常常是不自私的，他们只要得到了自己所追求的荣誉，便会对物质利益处之淡然。”这种所谓高级个人主义的人的价值目标，说起来很高尚，实际上是资产阶级个人利益的一种表现形式。他们之所以能在一定的情况下为了“荣誉”而对物质利益淡然处之，是因为这种“荣誉”往往是获取更大的物质利益的一种手段。有的青年学生本来是很迷信资产阶级的所谓价值的，在了解到斯图尔特的这一理论之后，才恍然大悟，认为不区分无产阶级和资产阶级的价值观念，必然会把自己引到邪路上去。

至于说“人是自私的”这一理论，当然也是极端错误的，因为这只是把私有制社会所形成的人的思想说成是永恒不变的人的本性。但是，如果只是从理论上分析，有时还不能完全解决青年的问题，因此，我们就试图从历史和理论的结合上来考察这一问题。我们在道德的起源及其历史演变中，特别是在分析原始社会的道德时，指出原始人脱离动物界以前，是动物的求食、生殖和自我保存的本能支配着他们的行动，当他们脱离了动物界以后，他们在一起共同劳动、共同生活、共同分配，形成了互相帮助、互相合作的道德关系。这不但是历史的文物考古发现所记载的，而且为现代仍生活在原始社会的人的道德所证实。著名的进化论者达尔文在他的旅行记中说：生活在南美的火地岛人，直到 19 世纪还处于原始社会时期。在他们中间，一切都是平均分配的，即使在饥荒严重的时候，年轻的火地岛人跑到海岸边去寻找食物，假如他幸而发现一条搁浅的鲸鱼，这是他们最喜爱的食物，纵使他饿得快死了也不去触动它一下，而是跑回去报告本氏族的成员，叫他们立即赶到现场，然后由年长者将鲸鱼的尸体平均分配。南美洲的火地岛人甚至把人家送给他的一条毯子分割成十几份，送给他的伙伴每人一份。所以，拉法格在对原始共产主义道德风尚作了大量的历史考察之后说：“私有观念对于一切资产者是非常自然的，但当初跑进人们的头脑却不那么容易。当人们开始思想时，恰恰相反，他们首先想到的是一切应当归大家。”在讲完这些道理后，有的同学说，老师并没有批判人的本性是自私的理论，他只是作了历史的考察和理论的分析，可以说是“引而不发”，但是从思想上解决了我们认识上的问题。

以上这些例子，还可以举出一些，因时间关系，也就不再重复了。

四、对探索、建立思想政治教育科学的一些粗浅的意见

为了建立思想政治教育这门科学，我们需要不断地积累和总结经验，进行深入的探索。根据我们对伦理学这门科学的教学和研究工作的体会，我认为要解决好这个问题，似乎应该注意如下几点（这确实是一些很粗浅的意见，有不对的地方，请批评指正）：

第一，研究和探讨一门科学，绝不能从一般的原则、概念、范畴出发，而必须从客观实际出发，对我们这门科学来说，就是必须从大学生思想政治教育的现实出发。这个原则也可以被叫做客观性的原则，是我们研究和探讨一门科学时所必须要认真贯彻的最重要的原则。蒋南翔同志提出，为了建立这门科学，需要不断积累和总结经验，这是非常重要的。青少年研究所非常强调调查研究的重要，并进行了大量的调查研究，这是很好的。这一切都为这门科学的建立打下了很好的基础。

第二，要尽可能全面。作为一门科学，它总是要把应该论及的问题尽可能全面地包括进去；否则，对于一门科学体系来说，就是不全面的。当然，思想政治教育作为一门科学，不可能、不需要、也不应当把所有的具体问题都囊括进去；但是，对有关思想政治教育的最普遍的现象、最一般的过程、最重大的问题、最基本的规律，都必须一一加以探究。否则，就不可能为建立这门科学提供比较完备的理论基础和方法论原则。这个原则，也可以被叫做全面性的原则。从青少年研究所提出的研究课题来看，我认为是贯彻了这一原则的，这对这门科学的建立也是一个很重要的条件。

第三，要进行科学的概括和抽象。学生思想政治教育作为科学，必

须从学生的思想政治教育的实际出发，从总结经验出发，而不是从概念、定义出发，这是最重要的。但作为一门科学，在知识形态上，不能够是现象罗列和经验事例的堆积，必须形成对客观规律的认识。所谓规律，就是客观事物内部的、本质的、必然的联系。要做到这一点，是很不容易的。马克思说：“万事开头难，每门科学都是如此。”主要也是说的这个意思。蒋南翔同志指出，积累和总结学生思想政治教育的经验的最后目的，就是要“探索客观规律”。而且，作为一门科学，还必须表现为一系列概念、范畴、规律、原理和原则。我们要在全面考察大学生思想政治教育经验的基础上，进行科学的概括和抽象，提炼出一系列相关的概念、范畴、规律、原理和原则，并从内涵和外延上赋予它们确切的意义，然后又借助它们去把握丰富而生动的、有关学生思想政治教育的各种经验和材料，以便达到从本质的必然联系上来认识这些经验和材料的目的。这个原则，也可以被叫做科学性的原则。

第四，要有严密的内在逻辑。这就是说，在科学抽象的基础上，要进一步根据各个概念、范畴、规律、原理和原则等在本科学体系中的地位和作用以及它们内在的关系和联系，排列出它们相互之间的逻辑顺序。这就是说，作为一门科学体系来说，既是有联系的，又是有次序的。只有在科学抽象的基础上再经过这一番工夫，才能使我们所阐述的理论成为有机的不可分割的整体，其各个部分不但是必不可少的，而且是难移其位的。这个原则，也可以被叫做逻辑性的原则。

此外，还可以再加上一条，这就是，作为一门科学，在理论探讨上要彻底，这也可以被叫做彻底性的原则。马克思在说明理论的作用时指出：“理论只要说服人，就能掌握群众；而理论只要彻底，就能说服人。所谓彻底，就是抓住事物的根本。”这就是说，探讨大学生的思想政治教育这门科学，必须准确地把握住客观的实际情况，即大学生的实际思想，旗帜鲜明地触及和揭示问题的实质，力求做到理论和实际的密切结合，使我们的理论能为群众所掌握，并化为大学生道德品质中内在稳定的因素，从而变为现实生活中的一种物质力量，推动我国四个现代化建设的发展。

我这个发言，因为是临时准备的，内容和材料都是凭记忆说的，可能有很不准确和错误的地方，请同志们批评。

第三编

道德的功能与作用

生产和科学技术的发展与道德进步*

我国人民正在向着四个现代化的宏伟目标不断前进。迅速发展生产，提高科学技术，改善人民生活，是我们的重要任务。在大力发展社会主义的物质文明的同时，还必须不断提高社会主义的精神文明，培养为社会主义建设而不惜牺牲的自觉劳动者。一般来说，随着生产力和科学技术的变化，从事生产和科学技术研究的人们的思想也在不断变化着，因而，整个社会的道德面貌也要相应地发生变化。这种变化究竟是怎样进行的？生产和科学技术的发展以及随之而来的物质生活水平的提高，是促成了道德的进步，还是造成了道德的败坏？社会主义能不能使生产和科学技术的发展同道德的进步与日俱增、相辅相成，从而成为一个统一而不可分的不断向上发展的过程？这些问题，对于我们今天来说，是非常有现实意义的问题。

在中外思想史上，对生产和科学技术的发展究竟是带来了道德的进步还是道德的堕落，曾有过截然相反的意见，进行过长期的争论。在资本主义社会，这个问题直到现在也还没有得到解决。

一般来说，一些在政治上代表着保守和没落阶级利益的哲学家，总是以生产和科学技术的发展将使人类的道德败坏为理由，反对发展生产和科学技术，反对人们追求物质欲望的满足。中国先秦时代的老聃在他

---

* 本文原载《哲学研究》1980 年第 6 期。

所著的《道德经》中一再主张，为了保持人们的道德水平，必须摒弃一切欲望和对物质利益的追求。在他看来，只有无知无欲的婴儿才保持着最纯洁的道德品质。为了使人们的道德品质能始终保持婴儿状态，每个人只能闭目塞听，毫无物质欲望，而整个人类社会最好能返回到不要文化、不要知识、不要智慧的原始状态。

老聃学说的继承者庄周，写了一个《抱瓮入井》的寓言，对这一思想作了进一步的发展。寓言里说，孔丘的学生子贡外出，路过汉阴，看见一个老头儿抱着瓦罐下到大水窖中，取水浇菜，“用力甚多而见功寡”。于是，子贡对老人说，有一种机巧的方法，用一根吊竿支在木桩上，一头系水桶，一头系重物（即橘槔），不用太大力气，一天可浇菜一百畦，难道你不愿意采用吗？老头儿听后非常生气，说：“吾闻之吾师，有机械者必有机事，有机事者，必有机心。”并且说，一个人如果有了“机心”，就会投机取巧，也就不会有道德了。所以，他说：“吾非不知，羞而不为也。”这个寓言表明，在庄周等人看来，技术的发展一定会招致道德的败坏，因此，为了保持道德水平，就必须反对一切技术的改进。

值得注意的是，在欧洲思想史上，一位18世纪的著名资产阶级启蒙思想家卢梭，竟然也有同样的看法。他在《科学和艺术的复兴对改良风俗是否有贡献》这篇论文中宣称，“科学和艺术日益进步，可是人类却变得愈来愈坏了”，“我们可以看到，随着科学与艺术的光芒在我们天边升起，德行也就消失了，这种现象在各个时代和各个地方都可以看到”。不仅如此，他还认为，人类的一切科学知识的产生，都是从一种卑鄙的、不正确的动机出发的。他说：“天文学诞生于迷信，辩论术诞生于野心、仇恨、谄媚和谎言，几何学诞生于贪婪，物理学诞生于虚荣和好奇心；一切，甚至于道德本身，都诞生于人类的骄傲。因此，科学与艺术的诞生，乃是出于我们的罪恶。”他还认为，生产和科学技术的发展必然会带来物质生活的改善，而且，其结果必然是，人们将迷恋和醉心于因生产的发展而获得的物质享受，人们也就必然日益堕落了。“当生活日益舒适、工艺日臻完美、奢侈开始流行的时候，真正的勇敢就会削弱，尚武的德行就会消失。”从这种思想出发，卢梭也认为，为了保持人类的高尚的、纯朴的道德水平，人类最好是回到无文化、无科学、无法律的自然状态，也就是回到过原始生活的野蛮时代。另一位著名的法国启蒙思想家伏尔泰了解卢梭这一思想后，极为反对，他给卢梭写信说："我收到了你的反人类的新书，谢谢你。从没有人用过这么大的智慧，企图把我们变成牲畜。读了你的书，真的令人渴望用四只脚走路了。但是由于已经把那种习惯丢了六十年，我很不幸，感到不可能再把它捡回来了。"卢梭的这种思想是资本主义社会矛盾的一种反映。一方面，卢梭代表着新兴资产阶级的利益，极力反对封建的等级制度，为资本主义的发展大喊大叫；另一方面，他却又预感到，随着资本主义生产的发展，资产阶级为了获取利润，快快发财，彼此你争我夺、钩心斗角，必将造成整个社会道德的堕落。在生产迅速发展、大量的物质财富不断涌现的同时，道德败坏也日趋严重。卢梭为这种情况的出现而十分担忧，他希望能找到一种新的出路。可惜的是，他还不可能认识到，整个资本主义社会的道德堕落并不是生产和科学发展的结果，而是资本主义的剥削制度所造成的。

在中外伦理思想史上，也存在着另一种思想，即认为生产和科学技术的发展将会有助于提高人们的道德水平。我国春秋时期的《管子》一书中，就有所谓"仓廪实则知礼节，衣食足则知荣辱"的论述。战国末年的韩非，更提出"饥岁之春，幼弟不饟，穰岁之秋，疏客必食，非疏骨肉，爱过客也，多少之实异之"，强调物质生活的改善必然带来道德水平的提高。东汉初期，著名的唯物主义哲学家王充继承了管仲、韩非的思想，强调"让生于有余，争起于不足。谷足食美，礼义之心生；礼丰义重，平安之基立矣"。因而认为，只要衣食充足，人们的道德水平就一定会得到提高，社会就可以长治久安。这种把道德水平的高低同生产的多少，特别是同人们生活水平直接联系起来的机械唯物主义观点，虽然包含合理的因素，但是其也不能解释，为什么在同一社会内，尽管富人的粮食和财富比穷人的要多，但往往比穷人的道德水平更低。另外，由于王充接近社会的下层，而不得不承认，富人并不等于善人，贫贱之人并不都是没有道德的人。结果他的理论自相矛盾，陷入了困境。

欧洲资产阶级革命时期的大多数哲学家，都强调生产和科学技术的发展将会提高人们的道德水平。法国著名的启蒙思想家爱尔维修和霍尔巴赫，从功利主义出发，把追求人间幸福作为自己道德理论的出发点，强调物质生产和生活条件的改善是幸福的物质基础。在18世纪法国唯物主义者看来，利益和需要是人类行为的原则。因此，凡是能满足人类利益和需要的行为，就应该说是道德的。如果人们耕种田地和发展技术是由于自身的需要，那么这种技术的应用就必然会对人们的风俗习惯、道德感情产生一种巨大的甚至决定性的影响。正是从资产阶级对幸福、利益和物质享受的理解出发，他们得出结论说，科学技术越发达，社会财富创造得越多，就越能使个人利益和社会利益达到和谐，也就越有利于提高人们的道德水平。然而，历史并没有证明他们的这个理论。随着资本主义的发展，许多资产阶级伦理学家又陷入了新的矛盾：为什么有着物质文明的西方社会，在科学和生产突飞猛进地向前发展的同时，人们却普遍产生了所谓精神上的空虚和思想上的危机？为什么在科学昌明、技术先进的国家，人们之间的关系却日趋淡薄和冷酷，社会风尚愈来愈坏？

19 世纪著名的德国伦理学家包尔生看到了这种情况，力图找到一种合理的解释。他在自己的《伦理学体系》中，提出了一种折中的、调和的观点。包尔生认为，科学技术和文明的进步，一方面使人们的道德败坏，另一方面又使人类形成了前所未有的新美德。在文明发展的过程中，一方面有神圣的爱情、忘我的忠诚等高尚品德，另一方面也造成了堕落。他认为，如果把这两者加以比较，显然是善多于恶，因而从总的方面来看，应该说随着科学文明的发展，道德还是不断进步的。

在中国伦理思想史上，还有一种善恶并进说，清末民初的章太炎就是这种理论的著名代表。他在《俱分进化论》一文中认为，随着社会的进化，“善亦进化，恶亦进化”。他提出了一个较中国以前伦理思想家们更为进步的观点，这就是道德上善恶的变化往往随着人们从事的职业的不同而有所不同。他说：“今之道德，大率从于职业而变。”在工人、农民和商贩中，有着高尚的道德，而上层的达官贵人，则道德日趋败坏。由于对当时的社会所进行的较深的观察，他已经认识到统治阶级及其附庸都是道德败坏的，而受压迫、受剥削的下层人民倒是有道德的，这一点包含着合理的因素。

总之，生产和科学技术的发展，物质生活的改善，究竟是促进了道德的发展，还是导致了道德的堕落，这对马克思主义以前的一切思想家来说，是一个不可能得到正确解决的问题。那么，我们应该怎样看待这一问题呢？

首先，马克思主义历史唯物主义认为，生产和科学技术的发展，人们物质生活的改善，归根到底，必将有利于人类道德水平的提高。人类社会是一个由低级到高级的不断发展变化的过程。在这个发展过程中，具有一定的生产经验和劳动技能的劳动者，运用工具从事物质生产，从而构成了人们的生产力。正是这种生产力的发展引起了生产力和生产关系的矛盾，促使人类社会不断变化。道德作为调整人和人之间关系的上层建筑和社会意识形态，在人类社会的发展中，总的来说，也是不断进步的，不过这种进步包含着复杂的、曲折的过程，这是需要进一步加以说明的。

其次，历史唯物主义认为，生产和科学技术的发展，社会生产力的发展，人们的物质生活水平的改善，并不能直接地、机械地决定人类社会的道德面貌。在一定的限度和范围内，生产和科学技术的发展，物质生活水平的改善，可以有助于劳动人民道德面貌的改善，但它不可能影响或决定整个社会道德面貌的改变。历史唯物主义强调经济基础对上层建筑和意识形态的决定作用，但这里所说的经济基础，既不是指生产力，也不是指科学技术，更不是指生活水平。马克思主义以前的一些伦理思想家，不懂得历史唯物主义对经济基础这一概念的解释，自然不可能正确地解决这一问题。现在有些同志认为生产力的发展，科学技术的提高，物质生活的改善，可以直接决定人们的道德面貌；或者反过来认为，在生产力还没有足够发展，科学技术还不太发达，人们的物质生活水平还不高的情况下，人们的道德水平就无法提高，这种看法同错误地理解了经济基础这一概念有着重要的关系。

历史唯物主义所说的经济基础是指社会一定历史发展阶段上占统治地位的生产关系的总和，即由一定的生产资料所有制形式以及受这种所有制决定的交换关系、产品分配关系和消费关系构成的有机统一体。其中，最重要的是生产资料所有制形式。因此，在这个意义上，我们可以说，生产资料所有制的形式对道德的发展和变化有着重要的作用。不同的生产关系的总和代表着不同的经济制度和政治制度。因此，道德的发展变化不仅被不同的社会经济基础所决定，而且还要受其他上层建筑和意识形态的影响，特别是受政治制度、阶级斗争的制约。自从人类社会出现了私有制，出现了剥削阶级和被剥削阶级、统治阶级和被统治阶级以来，尽管随着生产水平、科学技术和人们的物质生活水平的不断提高，总的来说道德也在进步，但在剥削阶级和被剥削阶级之间，这种进步却存在着很大差别。因为，从根本上看，剥削即无偿地占有他人的劳动成果的行为本身就是最大的不道德。相对于私有制出现之前的古代氏族社会的纯朴道德来说，剥削阶级的道德只能是一种堕落；然而，就剥削阶级本身的发展来看，应该说随着生产和科学技术的进步，随着物质财富的增加，随着社会形态的变化，他们的道德也有着某些方面或某种程度上的进步，总的来说，也就是对人的价值有了更多的认识和尊重。特别是在某个剥削阶级的上升时期，由于它代表着先进的生产关系，所以在道德上，也总有不同程度的提高。但是，随着一种剥削制度的衰落和腐朽，其道德也必将随之堕落。在剥削阶级掌握政权的社会内，生产的发展，科学技术的提高，虽然也会带来社会财富的增加，但真正能够尽情享受这些财富的却往往只能是一小撮剥削阶级分子，“全部人类的智慧，全部人类的天才创造，只是让一部分人独享技术和文化的一切成果，而另一部分人连切身需要的东西——教育和发展也被剥夺了”①。当前资本主义世界许多生产和科学技术高度发展的国家，都出现了精神文明日趋颓废的现象，其根本原因就在这里。据美国报纸报道，在美国各大城市，抢劫事件层出不穷，汽车被盗是家常便饭，野鸡（妓女）、人妖（男妓）在纽约公然出现，旧金山竟有 30 万同性恋的人在马路上示威，要求不受歧视。美国警察局近年来平均每年要接到 125 000 宗“太太与人私奔”、“老婆失踪”的案子。纽约警察局平均每年接到 45 000 家“太太私奔”的投诉，警方只能记录在案，无力一一追查。许多丈夫只有雇用私家侦探来寻找自己的太太。纽约现有的 5 700 多名私家侦探仍无法应付这些案件，于是一万家寻人公司应运而生，生意十分兴隆。这种现象的产生完全是由资本主义的剥削制度所造成的。应该承认，随着物质生产、科学技术的发展和文化水平的提高，资本主义社会中的所谓文明行为确实有着一定程度的进步，但是这种进步又总是同剥削阶级的穷奢极欲、享乐腐化、自私自利、尔虞我诈相联系的。正像在资产阶级的人道主义的“爱一切人”的宣传背后，存在着阶级压迫、阶级剥削和种族歧视一样，在这些所谓文明行为的背后，存在着各种各样的道德败坏。

只有在社会主义社会，在生产资料实现公有制以后，生产的发展、

---

① 《列宁全集》，中文 1 版，第 26 卷，451 页，北京，人民出版社，1959。

科学技术的进步才能使整个社会的道德面貌也随之日益提高。无产阶级专政的目的，就是要消灭人剥削人、人压迫人的社会制度，生产的发展，科学技术的提高，将全部用来改善人民的生活，满足广大人民群众不断增长的物质文化需要。现实生活一再说明，科学技术的发展，物质生活水平的提高，是道德发展的基础。共产主义道德不仅体现了人和人之间的互相关心、互相帮助和毫不利己、专门利人的崇高精神，同时又体现了人类追求美好生活的道德理想，它最终一定要建立在高度发展的科学技术和物质文化生活的基础之上。但是，我们也应该看到，在生产资料已经实现了公有制的情况下，只要能够坚持社会主义道路，坚持共产党的领导，坚持无产阶级专政，坚持马列主义毛泽东思想，坚持共产主义的道德教育，即使物质生产和科学技术相对来说还不太发达，人们的共产主义道德觉悟也是能逐步地得到提高的。而且，随着人们的道德水平的增长，反过来又必然会大大促进生产的发展和科学技术的进步。马克思主义伦理学一方面强调经济基础对上层建筑和意识形态的决定作用，同时又特别强调道德的能动作用。列宁曾经指出："道德是为人类社会升到更高的水平，为人类社会摆脱劳动剥削制服务的。"无产阶级的革命政党和全体人民应该很好地领会列宁这一段话的深刻意义，在加速实现四个现代化的今天，努力提高自己的共产主义道德觉悟，进一步促进物质生产的发展和科学技术的提高，为"人类社会升到更高的水平"而努力奋斗。

共产主义道德在“四化”建设中的作用*

我国正在进行社会主义的四个现代化建设、经济体制的改革，不但使我国的生产力得到蓬勃的发展，而且也正在对我国人民的精神面貌、道德品质产生很重要的影响。邓小平同志指出，现在国内形势很好，有一点要提醒大家，就是我们在建设具有中国特色的社会主义时，一定要坚持发扬物质文明和精神文明一起抓，坚持开展“五讲四美三热爱”活动，坚持教育全国人民做到有理想，有道德，有文化，有纪律。我们到底能不能在建设高度物质文明的同时，建设精神文明；能不能使我国人民的道德面貌，随着经济改革的步伐，大体上同步向前发展；在物质生活不断丰富的情况下，能不能使我国人民的情操更加崇高；在人们的物质欲望得到不断满足的同时，能不能使人民更牢固地树立起共产主义的理想；在个人利益日益得到照顾的同时，能不能使人民群众的集体的、国家的观念也随着加强，并当个人利益同集体利益、国家利益发生矛盾的时候，牺牲个人利益，维护集体和国家的利益；等等。归结为一句话：我们能不能在“四化”建设中保证把我国建设成社会主义的现代强国？

没有高度的社会主义物质文明就没有高度的社会主义精神文明，但我们同时要看到，并不是说社会主义的物质文明建设起来之后就会自然

* 本文原载《江海学刊》1986年第2期。

而然地出现高度的社会主义精神文明。高度的物质文明和精神文明并不是在任何社会、任何情况下都能够自然而然地同步向前发展的。在资本主义社会，伴随着高度的物质文明的发展的却往往是精神文明的堕落。当然，这句话本身也需进行分析，也不是说在资本主义社会物质文明发展的同时，它所有的文明也堕落了。但从整体的、主要的方面来看，资本主义物质文明的发展，特别到了近代，从总的趋势来说，确实是伴随着道德的堕落。关于这一点，资产阶级进步思想家很早就看到了。如法国 18 世纪的资产阶级思想家卢梭在《论科学与艺术》一文中认为，在资本主义社会，科学的兴起，物质财富的增加，其结果是恶习流行、道德败坏。当时的社会是“对聪明、才智滥加报酬，而对德行则丝毫不加尊敬”。在社会主义社会，生产力的发展，物质财富的增加，和人民道德水平的发展应该大体上是同步的。我们有社会主义公有制的经济基础，有马列主义的理论指导，有共产主义思想道德的教育，有共同富裕的政策，当然不会使我们国家在物质文明增长的同时出现道德衰退的现象。但是，如果没有前面所讲的这些条件，道德的进步也是不可能的。因此，如何使两个文明同步向前发展，是我国“四化”建设的一个战略性的问题。伦理学研究的方向，伦理学研究的一切问题，都应该是和当前这一最重要的问题密切联系着的。

道德和改革的关系

一个社会要不断地向前发展，采用什么来作为社会进步的评判尺度？马克思主义认为，生产力的发展是社会发展最重要的因素，这仅仅是一个社会工业发达的标志，但不是社会进步的标志。历史唯物主义除了强调生产力的发展、科学技术的发展和物质财富的增加之外，同时还强调生产方式的重要性，强调一定社会的生产方式对社会进步的作用。生产方式不但包括生产力的发展，还包括人们在物质资料生产过程中结成的相互关系。生产资料所有制的形式是生产关系的基础。不同的生产资料所有制的形式决定人们在生产中的不同地位和相互关系。如果只强调生产力的发展、科学技术的发展和物质财富的增加，认为这样就可以达到社会进步，这种看法是不全面的。要使社会进步、向共产主义方向发展，我们必须坚持三个方面：使整个社会的生产力得到高度的发展，使公有制经济得到巩固和劳动人民共同富裕的道路得到保障，使人们成为具有创造思想、优良品质和精神情操的新人。我国现在正进行经济改革，实行对外开放的政策，大力发展生产力，提高科学技术，注意巩固我国的公有制经济，走共同富裕的道路。同时，我们要加强政治思想工作，加强道德教育，加强共产主义的理想教育。

当前，只要对我国的现实生活，特别是对人们的精神情操和社会风气进行过认真思考的人，不能不发现社会上确实存在着不正之风，并从各个方面对我们的“四化”建设进行多种多样的干扰。同时，资产阶级的利己主义、一切向钱看的思想和它们的腐朽生活方式，还在发生作用，影响着个人同集体的关系，影响着“四化”建设的发展。所以，总的来说，根据我们对道德与社会进步的关系的看法，除了生产力的发展和对公有制经济的巩固之外，今天应该进一步注意到精神文明的建设。没有社会主义的精神文明，没有广大人民群众的道德水平的提高，要想搞社会主义的现代化是不可能的。即使生产力发展了，公有制经济巩固了，共同富裕的道路实现了，但如果人们受着资本主义腐朽思想的影响，那么其必然会对已经形成的公有制经济进行腐蚀、瓦解、蚕食、损害。

当然，我们从现实生活中认识到精神文明的重要，但我们也不能滑到另一种片面性上去，走上道德决定论。我们今天强调生产力发展是我们的前提，生产资料公有制和共同富裕的道路是我们的基础，我们只能在这样两个前提下提出思想道德的重要性。只有大力发展我国的生产力，更好地进行经济改革，在公有制基础上来强调道德的能动作用才是正确的。因此，从社会主义现代化建设的目的来看，人们的思想面貌、道德情操有着十分重要的意义；从意识的能动性来看，最终能使我们的社会主义建设走上健康发展的轨道，这是我们伦理学研究中的一个很重要的课题。

道德和社会进步的关系

社会生产活动，一是物质生产，二是精神生产，都有个引导问题。

作为意识形态的道德，当然是由经济基础决定并为经济基础服务的。在公有制基础上形成的共产主义道德，它本身就有一个保证和巩固公有制经济发展的任务，有一个引导改革朝着正确方向发展的问题。马克思主义的辩证唯物主义和历史唯物主义同机械唯物主义最明显的区别，就在于它强调了意识的能动作用，而不像旧唯物主义那样把意识的能动作用让给唯心主义去发挥了，这是马克思在《关于费尔巴哈的提纲》中所着重强调的基本理论问题。

前段时间，我们很多同志都有这样一种亲身感受，我们讲共产主义道德不那么理直气壮了，不少人不愿意听我们的共产主义道德课，认为共产主义道德是空话，现实的许多事情与我们讲的共产主义道德不一致。共产主义道德讲集体主义、为人民服务，讲吃苦在前、享受在后，讲牺牲精神，但现实生活中，不少人是为个人、为金钱，不讲道德，不顾集体，不管社会利益而只讲私利和实惠。这确实是值得我们深思的一个问题。我们所提倡的在现实生活中往往行不通。这当然有很多原因，譬如，我们讲马列主义、讲共产主义道德，我们本身也存在一个理论与实际相联系的问题，存在一个能否以身作则、说到做到和言传身教的问题。我们要求一个人的具体的人生理想、价值目标能和共产主义理想联系起来，而不是把共产主义理想当做空洞的、同每个人实际的具体理想相脱离的说教；我们既不放弃很崇高的价值理想，又要把具体的价值目标和崇高的价值目标联系起来。

很多同志已经认识到共产主义的道德理想对我们社会主义现代化建设的重要性，但也有少数同志忽视了精神文明建设的重要性，甚至把物质文明和精神文明对立起来，好像强调了精神文明建设就损害了物质文明建设。因而，片面地强调物质利益，强调物质刺激，强调金钱对社会发展的作用。这种看法是很有害的。

在讲到改革与道德的关系时，有人提出这样一个命题：“道德是人类掌握世界的一种特殊方式。”马克思在《〈政治经济学批判〉导言》中指出：“整体，当它在头脑中作为思想整体而出现时，是思维着的头脑的产物。这个头脑用它所专有的方式掌握世界，而这种方式是不同于对世界的艺术的、宗教的、实践精神的掌握的。”① 马克思的这段话包含

① 《马克思恩格斯全集》，中文1版，第46卷上册，39页，北京，人民出版社，1979。

着极其丰富的辩证思想，他认为人类改造世界可以有四种方式：(1) 哲学的方式；(2) 艺术的方式；(3) 宗教的方式；(4) 实践精神的方式。哲学是从总体上认识世界，掌握世界，改造世界。艺术的方式即美学方式，用美和丑的概念来把握世界，认识世界，改造世界。宗教的方式就是神学的方式，即对神的信仰，根据上帝的意志来认识世界，掌握世界，改造世界。实践精神的方式就是一种道德的方式。古希腊的思想家往往把理性知识区分为两种，一种是人们对自然的认识，一种是关于人们的行为、规范的知识。前者被称为理性知识，后者被称为实践知识。从亚里士多德开始，有关人的行为、规范方面的知识就被称为实践知识。从此以后，西方人把道德的知识和一般的理性的知识加以区别，把道德知识称为实践知识。马克思在这里强调实践精神这样一种掌握世界的方式，既强调了道德起源于行为意志这样一种认识，又强调伦理道德的精神能动作用。所以，他把康德的实践理性改成实践精神。马克思本来还准备写本有关道德的书，可惜这个目的没有达到，马克思强调道德是人们认识世界与掌握世界的一种特殊的、能动的方式，这对我们今天研究伦理学有重要的指导意义。

个人利益和整体利益的关系

个人利益和整体利益的关系是我们共产主义道德中的一个重要问题。共产主义道德的基本原则是集体主义。在集体主义这一原则中，个人利益和整体利益的关系，究竟该怎么去理解，还有待于我们作进一步的研究考虑。

在“左”倾思想指导下，特别在“四人帮”横行的时代，往往过分地强调整体利益，甚至抹杀、否认普通劳动者的个体利益，不注重保护个人的正当利益，不尊重人们的尊严，更没有很好地发挥个人的才能。最近几年来，很多同志觉得有必要重新认识共产主义道德的集体主义原则，并要求对这一原则中的个人与集体的关系加以辩证地解释。但有少数同志又从另外一个角度去强调，认为“集体”这一概念很难反映出社会主义条件下集体利益和个人利益的辩证关系，因为集体主义的基点是要求我们趋向集体利益，没有体现个人利益是社会主义集体利益的目的和归宿。要修正“集体主义”的原则，并要求强调个人利益是集体利益的目的和归宿这样一个思想，主张用个人利益和集体利益相结合的原则来代替集体主义原则。对这个问题，应该全面地来加以考虑。我们强调共产主义道德的基本原则是集体主义原则，强调个人的、局部的、暂时的利益，应该服从整体的、全局的、长远的利益，当个人利益与整体利益发生矛盾的时候，应该有一种牺牲精神。只有这样，才能使一个集体形成一种向心力，并且成为凝聚力，从而达到为社会主义服务的目的。但我们也要看到，在当前的条件下，在经济改革中，正当的个人利益或人们对个人物质利益的关心，对社会主义建设确实有很重要的作用。道德不仅是要调解人与人之间的这种关系，而且要使个人的自由、个性、个人的尊严在集体的关心下得到更好的发展。所以，我们绝不能把强调集体主义原则、强调集体利益理解成为不要个性，不要个人尊严，不顾个人利益。集体主义绝不抹杀个人利益、个性和个人创造性。

在过去，资产阶级在世界范围内展开对马克思主义理论的攻击中，主要矛头集中在否定马克思主义的阶级斗争理论；最近一段时间，我们可以看到，对马克思主义攻击的重点，比较多地不是在马克思主义的阶级斗争理论上，而是集中在共产主义道德的集体主义原则上。他们认为，共产主义道德的集体主义原则就是抹杀人的个性，抹杀人的尊严，把个人关在一个军营里边，把人当做螺丝钉，束缚人的发展。他们妄图利用这种宣传，使人们对共产主义、对集体主义道德望而生畏。现在的许多青年学生反对盲从，期望个性能得到发展，因此，对集体主义产生这样或那样的怀疑，觉得集体主义存在着这样或那样的问题，这是一种误解。这种现象值得我们理论界注意。我们必须从理论上正确地解释集体主义原则，正确地说明个人利益、局部利益、眼前利益同整体利益、全局利益、长远利益的关系。我们不应该因为前段时期在宣传集体主义上面受“左”倾思潮——曾片面地把集体主义理解成没有个人的尊严，没有个性的发展——的影响，从而认为集体主义原则本身就是不正确的。如果由于过去对集体主义原则的解释上的片面性或不妥当之处，我们就干脆不讲集体利益，只讲个人利益，那是错误的。因此，我们在理论上对这个原则再作进一步的探讨是有必要的。

总之，对集体主义原则的解释，应防止两种片面性，一种是片面地、狭隘地去解释集体主义原则，把集体主义解释为不要个性，抹杀人的自由，不要人的尊严；另一种是认为集体主义原则是行不通的，只有个人主义原则才是可行的。防止这两种片面性，是今天共产主义道德教育中的一个很重要的问题。

法制教育和道德教育

当前，社会上出现了一些不正之风，如以权谋私、损公济私、弄虚作假等。其中一个很重要的工作就是要加强法制教育，以克服各种消极现象，维护社会主义秩序。没有法制，对当前的种种犯罪行为和不正之风，是不能有效地予以解决的。但是，在强调法律、法制教育的同时，更要强调道德教育，强调道德调节在“四化”建设中的作用。

在中国古代，著名思想家孔子曾说过：“导之以政，齐之以刑，民免而无耻；导之以德，齐之以礼，有耻且格。”意思是说，只是用政治去束缚人们的行动，用法律来惩治人们的不法行为，老百姓可以做到不犯罪，但是人们没有羞耻之心，不知道犯罪是可耻的，没有道德觉悟。因此，在法律和刑法约束不到的地方，人们仍然会犯罪。只有用道德教育来感化教育老百姓，用道德规范来约束人们的行为，使老百姓有了羞耻之心，有了道德觉悟，老百姓就能在内心中认识哪些是应该做的，哪些是不应该做的。孔子的这一思想是为维护奴隶主、封建主服务的。但从伦理思想上，不可否认这里有合理的因素，可以为我们所借鉴。法律是强制性的，它依靠一些强制的手段而发生作用，当这些强制手段不可能加到行为者身上的时候，有些人就可能去做一些坏事。道德则主要靠人们的内心信念与社会舆论来维持，靠良心、靠自己的善恶观来评价一切事物。社会舆论，严格地讲，也是其他人的意志、情感的一种表现。因此，离开了情感、意志、良心，道德就无法发挥它的作用。这种作用不是外在的，而是内在的。当然，我们所说的良心是社会的。在阶级社会里，不同的阶级有不同的良心，这是历史唯物主义的基本理论。

西方的一些伦理思想家往往把道德看做是内心的法，把法律看做是外在的法，把道德看做是内心给自己立的法，法律是外在加给人们的一种规定，道德是自己给自己规定的一种准则。强调道德，就是强调从他律到自律，从被迫服从到自愿服从，只有这样才能更好地促进社会的进步。内心的法，是主体自己给自己立的法，主体既是立法者，又是执法者，同时又可能是一个违法者。主体可根据自己的内心信念评价自己，制裁自己，使自己向道德的高峰攀登。所以，从这样的意义来讲，道德和法律有它们各自不同的作用，充分考虑到道德的特点，强调道德的作用，对我们“四化”建设有着特别重要的作用。

伦理学的任务

伦理学是一门关于道德的科学，是研究道德的发生、发展及其变化规律的科学。伦理学以整个社会的道德现象作为自己的研究对象，也可以说伦理学是人们对道德现象的哲学思考。我们可以从道德的重要性看出伦理学的发展前途。由于道德有调节人与人之间的关系这样一种作用，因此，历来的政治家、思想家都十分重视对道德的研究。

由于道德与社会进步、与人们的生活理想有着重要的关系，所以历来进步的思想家更加重视对道德的思考。他们希望通过对道德问题的研究来推动社会的进步，不但古希腊思想家是这样，中国的儒家思想家是这样，而且 18、19 世纪的空想社会主义者也是这样。他们曾把主要的注意力放在人们的道德思想与道德觉悟上，并以此来描绘未来社会的理想蓝图。所以，关心社会进步的思想家都关心伦理学。在伦理学发展的过程中，每一阶段都受到人们的注意，直到今天，在世界范围来讲，伦理学的研究吸引着许多思想家去探讨这一既古老又新鲜的学科。我认为伦理学将成为人们用来改造社会的最重要的学科之一。如果说自然科学是人们用来改造自然的（当然，自然科学中也有一部分是用来改造人类自身和改造社会的），社会科学是人们用来改造社会的，那么作为社会科学分支的伦理学就是一门人类改造自身的学科。当然，人类改造自身的学科很多，不过，伦理学更注重于人们思想、精神品质和灵魂的改造。

古希腊的思想家最早主要是思考自然，对道德的思考比较晚，即从对自然的思考到对人类自身道德的思考有一个过程。但从对自然思考到对道德的思考，确实是人类思维的一大飞跃。古希腊的思想家从苏格拉底、柏拉图、德谟克利特，一直到亚里士多德、伊壁鸠鲁、斯多葛学派思想家，我觉得他们的许多认识直到今天对我们仍有很大的启发。从亚里士多德开始，各门学科开始分类。亚里士多德的哲学包括三个部分的内容，一是形而上学（即物理学），二是逻辑学，三是伦理学。伊壁鸠鲁学派和斯多葛学派在理论上进行了很多的斗争，但是他们都把伦理学作为一个很重要的学科，两学派尽管有很多原则分歧，但在强调和重视伦理学的作用上则是一致的。伊壁鸠鲁学派认为：哲学三部分中，物理学、逻辑学都是手段，伦理学则是一种目的。斯多葛学派说整个哲学就是一个动物，逻辑学是动物的肌肉，物理学是动物的骨骼，伦理学是动物的灵魂。古希腊哲学家很早就认识到了伦理学在整个哲学中的重要性，人类的物质生活满足到一定程度的时候，总是要回到对人类自身的改造上面来的。这一点，资产阶级思想家也进行了有益的探讨。19 世纪德国著名的伦理学家包尔生写了一本《伦理学体系》，他在书中提出了一个很有见识的意见，认为人类发展到现在（指当时的资本主义），过多地注重物质财富的增长，忽视了人类自身的改造。在人类自身的改造中间，人们又注重人类的健康体质、医疗卫生，而忽视了灵魂与思想品德上的修养。他说，医学在发展，医生的人数在增加，但做人类灵魂工作的人却越来越少了；他认为人们只注意自己身体上的毛病，而不注意灵魂上的毛病，这到底是什么原因？是人类认识还没有达到这一点呢，还是已经认识了，但却无能为力，只有求助于对自己身上的治疗来寻求安慰、延长生命呢？包尔生的思想反映了资本主义社会随着生产力的发展，出现了道德堕落的现象。他认为，人类犯了这样一个错误，即没有及时注意自身道德水平的提高。当然，现在西方有些有识之士希望从东方文明中寻找解救的办法，但这也是不可能奏效的。资本主义私有制决定了人们不可能普遍地具有公有的观念。资本主义不能解决的问题，只有社会主义才能解决。我们也相信，在公有制经济基础上，在物质文明高度发展的同时，为了建设社会主义的四个现代化，人们必然会认识到或被迫认识到：如果没有社会主义高度的精神文明，要建设社会主义的“四化”是不可能的。

我们认为，研究社会主义精神文明的伦理学必将成为我国社会主义现代化建设中的最重要的学科之一。

第四编

马克思主义伦理学的道德原则和价值观

为什么说马克思主义伦理思想的产生是伦理史上的一次革命变革*

马克思主义伦理思想是整个马克思主义理论体系的一个重要的组成部分。从思想渊源来说，它绝不是离开人类文明发展大道的偏狭学说，而是人类社会精神文明发展的结果。既然如此，为什么又说马克思主义伦理思想的产生是伦理史上的一次革命变革呢？

首先，马克思主义伦理思想是在无产阶级反对资产阶级的斗争实践中形成的，它适应于无产阶级反对资产阶级的斗争的要求，是无产阶级关于人和人之间道德关系的理论概括，反映着无产阶级的利益。19世纪上半叶，由于生产力的发展和生产关系的矛盾，欧洲一些资本主义国家内的无产阶级同资产阶级的斗争日趋尖锐。从道德方面看，资产阶级道德已经日益腐朽，显示了它的虚伪和反动，而无产阶级则在斗争中形成了团结互助、关心同志、敢于斗争、英勇牺牲等新的革命精神和崇高品质。依据阶级斗争的需要，马克思和恩格斯在建立他们的科学世界观的同时，还特别注意揭露了剥削阶级道德的本质，分析了剥削阶级道德对无产阶级的腐蚀，概括了无产阶级在斗争实践中所产生的新的品质。总之，马克思主义伦理思想是马克思和恩格斯对人和人的道德关系所作的一系列的概括，是同过去一切伦理思想根本不同的新的科学理论。

其次，马克思主义伦理思想的产生，是马克思和恩格斯同当时形形

---

* 本文原载《自修大学》1985年第8期，署名钟伦士。

色色的资产阶级、小资产阶级的各种伦理观点进行长期斗争的产物。在19世纪中期，资产阶级的和小资产阶级的伦理思想十分盛行，如德国的布鲁诺·鲍威尔、施蒂纳、海因岑等人的伦理思想。此外，在工人运动内部，还有不少人用各种错误的观点来宣传许多有害的道德理论，如魏特林、克利盖和杜林等人。马克思和恩格斯从各方面给予这些错误理论以严厉的批判，并在战斗中提出了许多崭新的理论观点，从而使马克思主义伦理思想具有强烈的战斗性和科学性。

最后，马克思主义伦理思想，尽管是对人类一切有价值的伦理思想的继承，但它并不只是一种简单的吸收，更不是无批判的继承。马克思和恩格斯都十分重视历史上哲学家们的伦理思想的优秀成果，如古希腊的最著名的思想家亚里士多德的著作、伊壁鸠鲁的著作，法国唯物主义哲学家爱尔维修、霍尔巴赫的著作，德国古典哲学家康德、黑格尔和费尔巴哈的著作等。此外，特别是空想社会主义者圣西门、傅立叶、欧文等人的著作，对马克思和恩格斯的伦理思想有着更重要的影响。但是，马克思和恩格斯对于历史上一切伦理思想的优秀成果，都仔细地鉴别，科学地分析，并对之加以批判地改造。马克思主义伦理思想的产生，既是对以往一切优秀伦理思想的继承，又是在科学世界观的基础上对过去一切伦理思想的一次彻底的改造，因此，它同以往的一切伦理思想有着本质的区别。

总的来说，马克思主义伦理思想是在无产阶级反对资产阶级的斗争实践过程中产生的，是由马克思和恩格斯创立的。马克思、恩格斯为科学的伦理学奠定了辩证唯物主义和历史唯物主义的理论基础，提出和解决了道德的一系列根本理论问题。此后，随着社会的发展，马克思主义伦理思想也不断地丰富和完善。列宁在十月革命后，在新的历史条件下，进一步概括了无产阶级道德的许多重要理论问题，第一次把无产阶级的道德命名为共产主义道德，阐明了共产主义道德的基础、原则、规范、本质及共产主义道德教育的意义和方法，对马克思主义伦理思想做出了重要的贡献。以毛泽东同志为代表的中国马克思主义者，在中国革命和建设的实践中，用马克思主义的立场、观点和方法来观察中国人民的道德生活，具体地分析了有关伦理学的一系列重要问题，使马克思主义伦理思想得到了进一步的发展。

马克思主义伦理思想的产生，是人类伦理思想史上人们对道德现象的认识的一次飞跃。从内容上看，这一变革主要表现在以下三个方面。(1) 马克思主义伦理思想是以辩证唯物主义和历史唯物主义为指导的。唯物史观的建立，科学地解决了存在和意识、个人和社会、自由和必然、自律和他律的关系，从而使伦理思想从一切唯心主义或形而上学唯物主义的束缚下解放出来，使道德的根源、本质和社会作用等问题得到了唯一科学的解释。(2) 马克思主义的伦理思想公开申明自己是为无产阶级的利益服务的，是代表最大多数劳动人民的利益的。以往绝大多数的伦理思想都是从剥削阶级的利益出发，并最终以巩固和维持剥削阶级的统治为目的。马克思主义伦理思想彻底改变了伦理思想的服务方向，使自己成为无产阶级进行革命和建设的精神武器。(3) 马克思主义伦理思想第一次使人类的道德理论和道德实践统一起来，使人们道德关系中的实有与应有统一起来，使理想和现实统一起来。马克思主义伦理思想彻底克服了以往伦理思想的理论和实践相脱离的倾向，使人类的伦理思想成为真正科学的思想。

论无产阶级道德原则和资产阶级道德原则的根本对立*

道德的基本原则是道德规范体系中的最根本的指导原则，它统率着一切道德规范和范畴，体现在调整人们之间的关系的各个方面，贯串于一个道德体系的始终。自从人类出现阶级社会以来，敌对阶级之间的利益不同，它们的道德的基本原则也是不同的。什么是无产阶级道德的基本原则？什么是资产阶级道德的基本原则？它们之间的根本分歧在什么地方？认真地研究这些问题，弄清楚它们之间的区别，对于进一步加强社会主义精神文明建设，大力培养人们的共产主义道德品质，更好地清除资产阶级道德思想的残余，都是有重要意义的。

一、关于道德原则的出发点

一个阶级的道德原则都有其借以建立的出发点。在某种意义上，也可以说是道德原则所借以建立起来的前提。无产阶级道德原则和资产阶级道德原则的出发点，究竟有什么不同呢？

首先，我们来看一看资产阶级道德原则的出发点。

资产阶级把生产资料私有制的社会当做是最符合“正义”原则的社

* 本文原载《东岳论丛》1982年第1期。

会，因此，总是或明或暗地把“人是自私的”或“人的本性是自私的”当做他们的道德原则的出发点。著名的法国资产阶级思想家爱尔维修说：“自然从我们幼年起就铭刻在我们心里的唯一情感，是对我们自己的爱”，“不管人们的教育多么不同，这种情感在他们身上永远一样：在任何时代、任何国家，人们过去、现在和未来都是爱自己甚于爱别人的”①。又说：“这种情感一直保卫着人的存在，当人还躺在摇篮里的时候，它就保卫着人的童年，成为抵挡一切威胁着人的危害的支柱，直到人的风烛残年，它仍保持着对人的控制。”爱尔维修根本不相信有为别人而牺牲自己的人，更不相信有为别人的美德。他说：“人人都自称为了美德本身而爱美德。这一句话挂在每一个人的嘴上，但是并不存在于任何人的心里。”尽管人们都说有为别人的美德，但爱尔维修认为：“如果爱美德没有利益可得，那就绝没有美德。为了从这个方面认识人，应当不从他的言词而从他的行动去研究他。我说话的时候，我是戴着假面具的；我行动的时候，我不得不抛弃这个假面具。所以人们要对我下判断，就不是根据我所说的，而是根据我所做的。”② 既然“自私心”是人的本性，那些抱怨这种自私心的人则是非常可笑的。“应当从人们的本来面目中如实地观察他们。对人们的自私心所引起的后果发脾气，这意味着抱怨春天的狂风、夏天的炎热、秋天的阴雨和冬天的严寒。”③ 爱尔维修认为，自私心既是人类的普遍的、永恒的本性，思想家们和伦理学家们想消除人的自私心，便是枉费心机，这简直等于是要消灭人性，要消灭人本身。他又说：“河水不会倒流，人们也不会朝着自己的利益这股急流逆水前进……谁妄图这样做，谁就是疯子。”④ 总之，在爱尔维修看来，人之所以能够成为人，就是因为他知道爱自己，因为他能够爱自己甚于爱别人。“使我们整个儿成为我们的，是对我们自己的爱”。

爱尔维修从资产阶级社会的人的本性出发，把资产阶级自私自利的本性说成是人们永恒的共同本性。究其实质来看，他们所说的人的本性，只是资产阶级的买卖人的特性，是私有制的经济关系的产物。他们

① 北京大学哲学系外国哲学史教研室编译：《十八世纪法国哲学》，501页，北京，商务印书馆，1963。

② 同上书，512页。

③ 同上书，262页。

④ 赫·恩·蒙让：《爱尔维修的哲学》，涂纪亮译，260页，北京，商务印书馆，1962。

不懂得在社会发展的历史上，曾有一段极其漫长的时期，人们是生活在原始公有制的社会中；而且，在今后的亿万年里，人们将抛弃私有财产制度而进入共产主义社会。因此，他们把资本主义私有制当做人类永恒的一种制度，把自私当做人的永恒的本性，这一结论显然是完全错误的。

无产阶级的道德原则，不是从“人的本性是自私的”这一前提出发，它强调的是人的本质是“社会关系的总和”。马克思、恩格斯指出：“每个个人和每一代当作现成的东西承受下来的生产力、资金和社会交往形式的总和，是哲学家们想象为‘实体’和‘人的本质’的东西的现实基础……”① 这一理论说明，人的本性是在人类社会的不断发展中，是在生产力的不断发展和经济关系的变化中不断改变的。马克思说，人类的全部历史就是人性不断改变的历史。这就是说人的本性是随着经济关系和政治制度的不断演变而发生变化的，特别是随着生产资料所有制的更替而发生变化的。在人类历史发展初期的原始共产主义社会中，由于生产资料所有制是公有的，人的本性就不可能是自私的。在那种社会里，任何人所获得的一切可吃可用的东西都要交给氏族，这也是原始人和动物的根本区别之一。达尔文在他的《一个博物者的旅行记》里叙述了他亲自看到的一件很有意义的事：一个菲吉人得到一条别人给他的毛毯时，他就将它撕成许多同样宽窄的长条，为的是好让他的群中的每个人都能得到一份，因为野蛮人不能允许他的氏族的任何成员分东西比别人分得更好些。② 同样，在秋浦所著的《鄂温克人的原始社会生活》中，也有很多有价值的材料。鄂温克人打猎时所得的猎物都是在各户中平均分配的。我们知道，在氏族公社内，一切生产资料都是公有的，整个部落的土地、房产、用具、家禽也是公有的。人死了以后的用具也都是重新分配的，生产资料也是平均发给每个人的。人们不知道什么私有财产，也就不可能有自私的本性；而且，一切自私的思想和行为都被认为是和人的本性、人的道德不相容的。动物出于本能，它们求食、生殖以及为了自我保存而生存。人在劳动中把自己从动物转变成人以后，也在劳动中制造了物质财富，创造了公有财产，发展了生产力，也就形成了人的社会本性。在生产资料公有制的原始社会中，人们必然会形成一

① 《马克思恩格斯选集》，1版，第1卷，43页，北京，人民出版社，1972。

② 参见拉法格：《思想起源论》，73页。

种思想，即把维护氏族的共同利益当做自己道德的基本原则，把共同劳动和相互关心作为人们的道德的最重要的规范。正像拉法格对原始共产主义道德风尚作了大量的历史考察之后所说的："私有观念对于一切资产者是非常自然的，但当初跑进人们的头脑却不那么容易。当人们开始思想时，恰恰相反，他们首先想到的是一切应当归大家。"① 因此，马克思主义认为，尽管在私有制社会中，一部分人会产生利己主义的道德思想，但是随着无产阶级革命的胜利，随着生产资料公有制的出现，人们的所谓自私的本性也必将随着经济关系的不断变化而变化。无产阶级一方面承认一些人的"自私"只是一定经济关系下的产物，另一方面更要在公有制的经济关系中，为促进新的思想、新的道德而不断努力，绝不应该去做资产阶级思想家的应声虫。我们相信，利己主义的思想必将为新的思想所代替。当然，这种代替绝不会是自发的，而必须是经过长期斗争的。

值得指出的是，在前一时期关于人生观的讨论中，有的同志曾经援引黑格尔的一句话来论证所谓人的"自私心"的合理性和永恒性。他们说，他们观察了周围的"很多人"，发现他们的行动都是为了自己，他们都有自私的心理，因此，"自私"就是人的本性。他们还说：黑格尔曾经说过，"一切现实的都是合理的"，在当前的社会中，既然自私自利、私有观念或者说"私心"是一种现实，那么就应该承认它是合理的。这种意见因为打着著名哲学家黑格尔的旗帜，更有必要加以澄清。姑且不论这种所谓"很多人"究竟实际有多少，就以对黑格尔的这句话来说，也是需要加以讨论的。自从黑格尔提出他的"一切现实的都是合理的"以来，对这个命题的理解，一直存在着两种思想的斗争。一切反动、保守、没落的阶级，都妄想抓住这句话为腐朽的事物辩护，反对一切进步，反对对现实作任何改革。而一切进步的、革命的阶级，则从中得出必须变革现实、改造现实的结论。19 世纪中期的俄国的一些哲学家，就曾经高喊"一切现实的都是合理的"来反对当时的社会改革。他们教育当时的革命者，说他们没有"好好读过黑格尔的作品就胡乱来批评现实"，认为这些不承认"一切现实的都是合理的"人们，必定要被现实"压得粉碎"。当时，俄国的革命民主主义者们就曾经对这种理论

① 拉法格：《财产及其起源》，王子野译，54 页，北京，三联书店，1962。

作过有力的驳斥。他们早就指出，工人和雇主的关系是现实中存在的，难道是合理的吗？“如果凡是现实的都是合理的话，那么如何解释曼彻斯特和伯明翰的劳动者竟因饥饿而死？”黑格尔的这一主张是完全为保守势力辩护的，但是用辩证的方法理解这句话却正好可以得出革命的结论。恩格斯在《路德维希·费尔巴哈和德国古典哲学的终结》中就已经指出，任何一个现实的事物或思想，只有在它是必然的这个限度内，即在一定的时期内，是合理的。但是，随着时间的变化，如果说一个事物或者思想已经丧失了它的必然性，它虽然还是现实中存在的，但已经是不合理的了，是注定要被新的事物所代替的。在我国当前的社会内，由于私有制的长期存在，确实在一部分人中间保留着私有观念、习惯和心理。而且，尽管公有制已经占有绝对统治的地位，但私有制还是存在的，在经济上还必须实行按劳分配、多劳多得的政策，并鼓励个体劳动者从事正当的劳动，换取应得的收入等，这一切都可能使一些人萌发、产生以至发展自私自利的思想感情，这是一个现实。这种所谓的现实，就是一些人援引黑格尔这句话的主要根据。但是，我们必须认识到，私有制所造成的影响，特别是剥削阶级的影响是必须要批判和予以清除的。而实行按劳分配的经济政策，绝不是说要承认自私自利或“私心”是合理的。恰巧相反，社会主义社会的按劳分配政策必须符合社会主义的根本原则。因此，在实行按劳分配的经济政策时，一时一刻都不能忘记我们要建设的是社会主义的四个现代化，而不是资本主义的现代化。对于当前社会上还存在着的一些自私自利、个人主义或“私心”，尽管它是一种现实的存在，但却是应该予以批判并逐步予以清除的。相反，在当前，社会上所存在的为集体、为社会、为他人、为国家的先人后己、大公无私的思想，如在我国出现的雷锋精神这样一些现实的思想，才是有必然性的，才是我们应该提倡的。我们必须在现实中区分哪些是落后的、丧失了必然性的，哪些是先进的和革命的。如果笼统地宣扬什么现实的就是合理的，不论动机如何，其结果只能是为社会的保守力量服务。

这里，还必须进一步从伦理学的理论上，对这一问题予以澄清。一种道德意识、道德行为，在一定历史阶段上是实际存在的，或者说是“现实”的，这是一类问题。究竟哪一种道德意识、道德行为是应该提倡、应该赋予道德意义甚至是要积极加以宣传、鼓励的，这是另一类问题。实际存在的思想和行为，在某些情况下，往往是和一个阶级、一个社会所要提倡的思想和行为不一致的，这是必须注意的。从一定意义来说，伦理学就是研究“应该”怎样行动的，是要力图提高以至改变人们的“现实”思想的，因此，总是存在着所谓“现实”同“应该”的矛盾。无产阶级代表着人类的未来，代表着社会的发展，因此，它在道德上必然要坚持共产主义的道德理想，反对一切现存的受长期私有制影响的习惯、心理和行为。列宁曾经一再指出，资产阶级社会的死尸“是不能装进棺材、埋到地下的。被打死的资本主义会在我们中间腐烂发臭，败坏空气，毒化我们的生活，从各个方面用陈腐的死亡的东西包围新鲜的、年轻的、生气勃勃的东西”①。从意识形态特别是从道德思想上来说，这种包围和反包围的斗争仍然是很严重的。从伦理学上来说，就是“应当”和所谓“现实”的斗争。弄清这一理论问题，以积极的态度宣传我们“应当”去做什么，努力克服某些陈腐的“现实”，这对我们的社会主义现代化建设是有重要意义的。

二、关于道德原则的核心

道德原则的核心，是指道德原则的最中心的内容、最本质的规定。无产阶级和资产阶级的道德原则的核心也是根本对立的。

资产阶级道德原则的核心就是利己主义，早期资产阶级思想家们对这一点是直言不讳的。爱尔维修曾明确地指出，利己主义或者他们说的个人利益，是道德的唯一的最重要的原则。“个人利益是人们行为价值的唯一而且普遍的鉴定者”，“如果说自然是服从运动的规律的，那么精神界就是不折不扣地服从利益规律的”。爱尔维修及许多资产阶级的伦理学家都认为，人都是要追求自己的幸福和快乐的，都是以自己的利益为标准来判断事物、来决定自己行为的方向的。一切造成自己痛苦的，都是对自己不利的；一切能导致自己快乐的，就是对自己有利的。什么爱情、友谊、祖国、公共利益，都是以个人利益为取舍的。“利益在世界上是一个强有力的巫师，它在一切生灵的眼前改变了一切事物的形

① 《列宁全集》，中文1版，第28卷，53页。

式。”① 既然自私是人的本性，所以人的一切行为的动机及其目的都必然是从“自利”、“自爱”或“利己主义”出发的。爱尔维修认为，有些人的行为看起来好像不是为自己的利益，实际上仍然在追求自己的利益。一个勤奋努力孜孜不倦的学者，他的目的是要得到一个美丽的妻子。一个人将金钱施舍给穷人，他或者是为了满足自己的比别人阔气的欲望，或者是为了好名，或者是为了摆脱这种痛苦，即看到穷人的痛苦使自己不安。

法国唯物主义者的这种赤裸裸的利己主义，这种认为“人和人之间除了赤裸裸的利害关系，除了冷酷无情的‘现金交易’就再也没有任何别的联系”的思想，随着时代的发展，不利于调整资本主义社会中的人和人之间的关系，因而也受到了另一些资产阶级思想家的批判。另一个资产阶级的著名思想家费尔巴哈对这种利己主义的思想进行了修正，提出了所谓“合理的利己主义”，或者所谓要在对他人的爱中来达到利己的目的的、一种健康的利己主义。

费尔巴哈也认为，利己主义是人的本性，“这种利己主义和我的头一样是这样紧密地附着于我，以至如果不杀害我，是不可能使它脱离我的”，他认为，提倡忘记自己的利益去为别人谋利益是不可理解的，“如果由我身上脱下斗篷就是德行，那么我就同时把这个斗篷穿在别人身上和我的无德行上，可是我还以德行自夸，并用德行装饰自己”。他认为：一个人自己饿着，却把东西给别人吃，而且还认为只有这样才是有德行，那么这也就是告诉别人，“我什么也不吃，但只是为了要你也什么都不吃；我去死，但只是为了要你也去死”。

费尔巴哈把自己的伦理学或道德原则称为合理的利己主义，他强调他所说的利己主义不是那种恶的、残忍的、冷酷无情的、任性的、故意的、只在对他人的冷淡无情中或甚至在直接的恶意的行为中寻求满足的利己主义，而是一种宽厚的、自己克制的、只在对他人的爱中寻求满足的、健康的、与本性相协调的、必需的、与人生一致的、不可避免的利己主义。其实，最重要的一句话，就是要在对他人的爱中寻求满足的利己主义。既要利己，又要利他，在利己中利他，这就是他的合理的利己主义。

---

① 北京大学哲学系外国哲学史教研室编译：《十八世纪法国哲学》，460页。

19 世纪的另一些资产阶级伦理学家痛感“利己主义”或“合理的利己主义”都已经“名声不好”，不但无法有效地调整资本主义社会中的各种关系，而且也不再有什么欺骗作用了。在这种情况下，一些伦理学家又提出了所谓以“最大多数人的最大幸福”来作为资产阶级的道德原则。英国伦理学家边沁和密尔的功利主义就是适应这一需要而产生的。他们声嘶力竭地叫嚷他们的这一原则是要为“最大多数人的最大幸福”而行动，但实际上却偷梁换柱，把个人的幸福和快乐作为道德的唯一标准。正如马克思和恩格斯所指出的，这种理论只不过是法国唯物主义思想的庸俗化。在理论上，它使资产阶级的道德更加虚伪，在实践上，它把资产阶级的“金钱盘剥”关系，用所谓“功利”一词，更直接地贯彻到人们的行动之中。

资本主义发展到帝国主义时代，变不出更多的花招，就只好在所谓“新”字上用功夫，企图建立一种所谓“新”的个人主义来代替以往一切所谓旧的个人主义，即用所谓新的利己主义来代替一切旧的利己主义。

美国的伦理学家杜威，远在 1930 年，就提出要创造一种新的个人主义以代替旧的个人主义。他认为随着社会已进入一个联合的时代，“美国已经稳步地从早期开拓者的个人主义进入了占统治地位的联合化时期”，所以必须有新的道德、新的价值理论。他强调，“旧的个人主义破产了”，但并不能认为“似乎个人主义本身已经不中用和过时了”。尽管旧的个人主义“现在已经降低到成为衡量金钱的尺度”，但“个人主义总是永恒的”。他认为“个人主义”可以在不同的社会有不同的内容，在旧的个人主义已经不能适应今天的现实，即在这种个人主义已经受到尖锐责难的时候，“问题主要就是创造一种新的个人主义”，他说：“这种新个人主义对现代情况具有重大意义，正如旧个人主义对它的时代和地点曾经起着最好的作用一样。”那么，这种新的个人主义的最主要之点到底是什么呢？杜威认为，这就是任何“个人”不应该把自己同资本主义“联合化”对立起来，而应该把个人的利益即自己的个人主义同资本主义的“联合化”一致起来。尽管人们每日、每时都在谋取私利，但他们这样活动的结果却是助长了资本主义社会的“联合化和集体化”。尽管这种有利于社会的结果不是人们自己的主观目的，但它的客观效果却是有利于社会的。这种新个人主义可以被概括成两句话：人都是主观上为自己的，但客观上又都是有利于社会的。杜威所创造的这种新的、顺应时代潮流的个人主义，无论从内容上看，还是从形式上看，都是一种主观为自己、客观为别人的个人主义。赤裸裸地为自己的个人主义，“已经降低到成为衡量金钱的尺度”，也就是说，已经完全以“向钱看”为标准了，它在广大人民群众中已经名声扫地了，所以要加上一个“新”字。他认为，只要作这样一些修正，就可以使个人主义披上“新”装，畅行无阻。此外，美国另一个著名的伦理学家塔夫脱（他曾和杜威合写了一本资本主义世界非常流行的《伦理学》），还曾提出过所谓“合作伦理学”，他认为，在资本主义社会中，每个公司都为自己的利润而控制和竞争。由于每个人都为着自己获取金钱，彼此钩心斗角，从而使社会无法维持下去，所以他提倡要相互合作。这就是说我搞利己主义，也不要危害别人，即要在利己中利他。在塔夫脱看来，人类社会只有实行了他这种在利己中利他的相互合作的伦理学，人类的社会才能得到顺利的发展。不难看出，不论是杜威还是塔夫脱，他们的这种理论，只能是资产阶级道德原则的改头换面，无非是一种欺骗而已。

无产阶级认为，利己主义，不论加上多少个形容词，都只能是资产阶级道德原则的核心，而不可能是无产阶级道德原则的核心。无产阶级道德的原则只能是集体主义，即把集体利益看得高于个人利益。列宁说：“根据马克思主义的基本思想，社会发展的利益高于无产阶级的利益；整个工人运动的利益高于工人个别部分或运动个别阶段的利益”①。这种“整个工人运动的利益高于工人个别部分或运动个别阶段的利益”，就是我们所说的无产阶级的集体主义。马克思主义伦理学强调，贯彻集体主义的道德原则，必须反对任何形式的利己主义，必须在个人与整体的关系上，强调牺牲个人利益来维护整体利益。道德是调整个人利益与整体利益的关系的，在这种关系的调整中，总是以或多或少牺牲个人利益为前提的。没有牺牲，就没有道德，道德总是离不开这样那样的自我牺牲。至于什么主观为自己、客观为别人的行为，只能是一种利己主义的行为，不能被称作是道德的行为。与资产阶级的赤裸裸的利己主义相反，毛泽东同志总是反复教导我们要有毫不利己、专门利人的精神，要有全心全意为人民服务的精神。一个人只有有了这种毫不利己、专门利

① 《列宁全集》，中文1版，第4卷，206～207页，北京，人民出版社，1958。

人的精神，才是一个纯粹的人，一个脱离了低级趣味的人，一个有益于人民的人。现在，有些人主张什么主观为自己、客观为别人，也就是说主张在主观上利己、客观上利他，并把这说成是共产主义的道德原则，这显然是不正确的。无论如何，这种主张无法同资产阶级的道德原则划清界限。何况，这些提法，就其形式或内容来说，都只能是资产阶级伦理学家的陈腐思想的庸俗不堪的再现。还有的同志认为自私是不对的，但利己是对的，我们现在尊重正当的个人利益，不就是同意要人们利己吗？这是一种糊涂认识。经济政策上我们强调要照顾人们的正当的个人利益，这和道德原则上的个人主义或利己主义原则是两个不同领域里的不同范畴，这是绝不能也不应该混淆的。

三、关于道德原则的归宿

道德原则的归宿问题，也就是道德原则最后落脚点的问题，也可以说是道德原则的基础问题。

资产阶级的道德原则的出发点是人性的自私，核心是利己主义，归宿则是个人利益的满足，也就是说，在个人利益和整体利益的关系上，归根到底，还是要落脚到个人利益高于集体利益，或者换一句话说，就是所谓“个人利益是唯一现实的利益”。这一点，资产阶级的思想家边沁和密尔说得最明白。密尔说：“世界的利益就是个人的利益合成的。”他认为离开了个人利益，也就无所谓社会利益。边沁说：“个人利益必须服从社会利益。但是……这是什么意思呢？每个人不都是像其他一切人一样，构成了社会的一部分吗？你们所人格化了的社会利益只是一种抽象，它不过是个人利益的总和……如果承认了增加他人的幸福而牺牲一个人的幸福是一件好事，那么，为此而牺牲第二个人以至无数人的幸福那更是好事了……个人利益是唯一现实的利益。”爱尔维修虽然也承认在不得已的情况下，可以牺牲一个人的利益，如在一只长期漂泊于海中的船上，当大家都要饿死时，可以用抽签的办法，决定谁作为大家的食物，因为这是为了防止大多数人饿死。除了上述情况，他认为，根本说不上牺牲个人的利益。他只提倡个人利益和公共利益结合，但必须以个人利益为基础。归根到底，在个人利益和公共利益的关系上，资产阶级的道德原则认为，公共利益只是一个抽象，它应该从属于个人利益，只有个人利益才是唯一现实的利益。离开了一个人一个人的个人利益，就没有公共利益，因而公共利益只是一种虚幻的东西。

资产阶级的伦理思想家们尽管提出过很多道德原则，诸如利己主义、合理利己主义、最大多数人的最大幸福等，但只要谈到道德原则的归宿，又都强调个人利益是最终的目的。在资产阶级看来，不但资产阶级社会的一切公司、企业都往往是虚幻的，都只是一种看不见、摸不着即实际上根本不存在的一种抽象，甚至任何社会都不可能存在真正属于人民、为了人民的真正的集体。人和人之间、公司和公司之间、一个企业内部的人们之间，都是一种控制和竞争。所以，他们总是把个人利益当做整体利益和社会利益的基础，把公共利益当做一个人一个人的利益的简单相加，根本否认在每一个人之上还存在着一种更高的利益。

恩格斯在批判边沁时曾极其深刻地指出，把个人利益当做公共利益的基础的这种资产阶级的理论，是极端错误的。“这里边沁在经验中犯了黑格尔在理论上所犯过的同样错误；他在克服二者的对立时是不够认真的，他使主体从属于谓语，使整体从属于部分，因此把一切都弄颠倒了。最初他说公共利益和私人利益是不可分的，后来他只是片面地谈论赤裸裸的私人利益。”在这里，恩格斯极其深刻地指出，究竟个人利益是基础，还是公共利益是基础，这是一个道德原则上的根本问题。这个问题犹如哲学上的物质和意识究竟哪一个从属于哪一个一样，是不能颠倒的。对意识和物质关系的不同回答，决定了唯物主义和唯心主义两种世界观的根本对立；同样，在个人利益和公共利益的关系上，对于究竟哪一个是基础的回答，决定了无产阶级道德观和资产阶级道德观的根本对立。黑格尔在理论上犯的最大错误，就是颠倒了物质和意识、存在和精神的相互关系，从而犯了使主体从属于谓语的错误。而边沁在经验上所犯的错误（即在个人和整体的实际生活中所犯的错误），就是颠倒了个人和社会、部分和整体之间的关系，把社会从属于个人，把整体从属于部分。因此，在这个问题上，我们一定要坚持马克思主义的道德原则，反对各种资产阶级的思想。

无产阶级的道德原则强调个人利益应该从属于公共利益，从属于无产阶级的整体利益。无产阶级的各个成员和集体之间并不是像一堆麦子和各个颗粒之间的关系，而是像一个机体的各个细胞同有机体的关系一样，是密不可分的。而且，无产阶级还从斗争中知道，没有无产阶级的整体利益，就不可能有无产阶级的个人利益。在一个人一个人的个人利益之上，确实存在着整个阶级的整体利益。因此，不是整体利益应该服从个人利益，而是个人利益必须服从整体利益。因此，无产阶级强调集体利益是个人利益的基础，是无产阶级道德原则的归宿。

无产阶级的道德原则并不否认个人利益。在社会主义社会中，一般来说，个人利益和集体利益之间没有而且也不应当有不可调和的对立。而且，只有坚持了无产阶级的集体主义的道德原则，贯彻个人利益服从集体主义的要求，把集体利益看做个人利益的基础，才能保证每个人的正当利益的实现，才能给正当的个人利益以最充分的满足。这种只有强调集体利益才能保证个人正当利益的理论，是个人利益和公共利益相互关系的辩证理论。对一个人来说，他可能为集体做出牺牲后而未能得到应有的个人利益；但从整个社会来说，这却是唯一正确的一种理论。在人类社会的发展中，越来越多的人能够认识到集体利益必须高于个人利益这一原则，并能贯彻到自己的行动中。马克思、恩格斯在《德意志意识形态》中曾经指出，只有在集体中，个人才能获得全面发展其才能的手段，也包含有这方面的意思。没有集体利益，就不会有个人利益；没有集体发展，就不会有个人发展。

试论马克思主义伦理学的价值观*

正确地阐述马克思主义伦理学的价值观和人的价值问题，不仅对培养人们的革命人生观，加强青年一代的思想品德教育，有着重要的现实意义，而且对于马克思主义伦理学的理论建设，也是十分必要的。

一、怎样理解伦理学中的价值

“价值”本来是一个含义很广的范畴。一般来说，它是物质客体、人们的社会实践活动和社会意识现象所具有的一种属性，这种属性体现着这些物质客体、社会实践活动和社会意识现象对一定的社会、阶级和个人所具有的意义。在伦理学上，道德意识、道德规范、道德活动对人们具有重要的意义，具有重要的价值。某一事物，如果它对人们具有几种不同的意义，那么它就具有几方面的价值。这种价值既可以表现为使用的或交换的，也可以表现为精神的。例如，一支钢笔可以用来写字，对人们有使用价值；也可以在市场上出售，对生产钢笔的工厂来说，又有经济价值或交换价值；如果上面还雕刻着美丽的字画，成为一个艺术珍品，那么它就同时还具有很高的艺术价值或审美价值。同样，人们的

* 本文原载《哲学研究》1982 年第 1 期，《新华文摘》1982 年第 3 期转载。

社会实践活动也都对社会、对阶级、对他人和自己具有一定的意义，因此也都具有一定的价值。这种价值也往往是多方面的，经济的、政治的、道德的、艺术的等。价值的存在是人们都承认的。什么是有价值的，什么是没有价值的？什么价值高贵，什么价值卑微？怎样的人生目的和社会行为应该给予高尚的评价，是值得为之信仰和终生奋斗的，怎样的人生目的和社会行为是应该鄙视和否定的，是不应该追求的？人们在对各种人生目的和社会实践活动进行评价时所持的观点，就构成了人们的哲学的、社会的和伦理的价值观。

应该承认，社会意识现象同样也有着价值的意义。这就是说，思想体系、政治观点、道德理论等社会意识现象，同样对人、对社会具有意义，不同的意义也就体现出它们的各种不同的价值。人们对这种价值的理解，就构成了人们各种不同的价值观。这种价值观，如果从人们的社会实践整体来看，可以说是人们对社会实践的价值观的一个方面或一个组成部分。但是，这里需要特别指出的是，在阶级社会中，人们的社会实践活动和社会意识现象不同于一般的物质客体，它们是有阶级性的。人们的社会实践活动和社会意识现象，总是处在一定的历史条件下，在一定的生产关系和社会关系体系中存在和发展，在阶级社会里必然受着阶级关系和阶级斗争的影响，打上各种不同的阶级烙印。因此，任何一种社会实践活动和社会意识现象，在不同阶级的人看来，就会具有不同的意义，具有不同的价值。

现在人们已经注意到，西方虽然有较高的物质文明，却正经历着严重的精神危机。这一点连资产阶级思想家和政治家也不否认。那么，人们会问：西方社会的这种精神危机的要害是什么呢？这种精神危机，归根到底也可以说就是一个价值危机的问题。他们对什么是真理和谬误，什么是正义和邪恶，什么是美和丑等问题，长期以来得不出正确的、统一的认识。是非混淆，善恶颠倒，美丑不分，使人们对这些社会意识现象和由此而导致的社会行为的价值观念产生了极大的混乱。什么对人最有价值？人在社会中生活究竟有什么意义？资本主义的消费理论和资产阶级的利己主义道德，究竟会把人们带到什么样的道路上去？这些问题正是资产阶级伦理学家们所极为关心而又无法解决的问题。也正是由于这种原因，价值问题，特别是人的价值问题，就成了许多资本主义国家伦理学研究的中心，以至于有些学者或学派把伦理学就当做价值科学。

当然，从一定的意义来说，把伦理学看做价值科学，也是可以的。任何一个社会为了维持自身的生存，都需要建立起调整人和人之间关系的一整套行为规范体系，其中包括道德理论、原则、规范和评价方式。这一套理论、原则、规范和评价方式，对社会、阶级、集团和个人都具有重要的意义，都具有一定的价值。马克思主义伦理学并不否认伦理学的规范体系具有价值论的意义；相反，它有史以来第一次以科学的严肃态度，认真地提出并回答了伦理学的价值观和人的价值问题。特别是由于道德的这一套理论、原则、规范和评价方式，对人的行为有着特殊的约束和指导作用，涉及善与恶这一具有普遍意义的社会现象，因此，从价值方面来研究伦理学中的问题，探讨人的价值，在一定程度上也有助于问题的解决。但值得注意的是，资产阶级伦理学家们，在把伦理学说成价值科学的同时，力图把资产阶级关于人的价值的理论说成是唯一正确的理论。他们从抽象的人性论出发，极力强调人作为“类”的个体的自然属性，强调抽象的个性、个人自由，强调利己主义。他们否认或故意抹杀人的价值的历史发展和社会条件，认为存在着一种永恒不变的，对一切时代、一切民族、一切阶级都适用的所谓“人的价值”。因此，到底怎样理解人的价值，就成为了当前马克思主义伦理学研究中所必须要回答的一个重要问题。为了更好地说明这个问题，有必要作一点历史的考察。

二、对社会价值的历史考察

对人类原始社会的情况，我们知道得很少。但有一点可以肯定，人类在脱离动物界以后的一段漫长时期内，在共同劳动和交往中，逐渐形成了调节人与人之间关系的简单的而又必要的行为准则，使他们获得了共同合作、相互帮助、团结友爱的情感和传统习俗，这是人类史和人类道德史上最初的进步。那时的人们，在原始的生产资料公有制的基础上，很自然地能够把为氏族整体而积极劳动、平等友爱地对待氏族成员的行为看做是善，反之就看做是恶。善与恶的对立观念的产生，说明在原始人的道德意识中发生了飞跃。原始人还没有把个人同氏族分离开来，他们不但没有私有的观念，甚至在很长的时期内也没有明确的“个人”观念。理由很简单，因为他们还没有意识到自己的个性，还没有意识到与他们所赖以生存的氏族集体分开的个人。原始人作为氏族的成员，是把自己融合在氏族整体观念之中的。在原始社会的条件下，一个人单独生活根本是不可能的，因此，关于个人发展、个性自由的观念，对他们来说也是不可能形成的。用现在的话来说，他们还没有任何关于个人价值的观念。

私有制的出现、特权阶级的形成和财富积累的日益增加，造成了穷人和富人的阶级对立，经济的剥削制度终于导致了人对人的奴役，出现了奴隶制社会，同时也产生了奴隶主和奴隶两个对立阶级的两种道德。奴隶主阶级俨然以天然统治者的姿态出现，奴隶主确实意识到了自己的个性、理性和力量。他们提出了“人应该同情自己的同类”，应该成为“理性控制感情”的人，应该“按照本性生活”，同时，又直接地、大声疾呼地宣称，财富的占有是“最高的善”。他们利用自己手中的权力和舆论工具，力图使奴隶不但实际上是一个会说话的工具，而且真正变成一个会说话的工具。奴隶主和他们的思想家只注意到或只承认自己是人，而不承认奴隶也是人，不承认奴隶也有自己的人格。从这个意义来看，奴隶社会的思想家和伦理学家并没有真正认识到人的价值问题。在中国伦理思想史上，公元前 6 世纪的孔丘，大体上可以说，已经比较明确地提出了“人”的观念。按照现代的术语来说，也就是曾涉及人的价值问题。孔丘伦理思想的核心是“仁”，“仁者，爱人”，可以说，他特别注意人与人的关系。他强调每个人都应当把自己当成人，同时也要把别人当成人。当然，这个“别人”也不是没有阶级性的。他所说的“己所不欲，勿施于人”、“己欲立而立人，己欲达而达人”、“吾不欲人之加诸吾也，吾亦无欲加诸人”这三条，可以代表他的关于“仁”的主要思想。特别是他的“能近取譬，可谓仁之方也已”的思想，主要就是强调人与人之间应当平等相待、互相同情和关心。他所说的“克己复礼为仁”的思想，一方面，我们应该看到他所说的“礼”，是为巩固奴隶制，后来是为巩固封建制服务的；另一方面，我们也应当看到他强调“克己”，就是要求人们能够在个人对他人和对社会的关系上，努力节制和约束自己，甚至牺牲个人的某些利益来维护社会统治秩序。在中国伦理思想史上，甚至在世界伦理思想史上，可以说，孔丘是最早提出所谓

"人"的问题的思想家之一。他明确地提出"泛爱众"、"仁者爱人"的思想，表现出他对人的重视。后来的孟轲更加强调孔丘所说的"仁者爱人"的思想，并进一步提出"民为贵，社稷次之，君为轻"等政治伦理观念，在历史上是有积极意义的。但是，由于阶级的和历史的局限性，他们不可能真正认识人的价值。他们所说的"己所不欲，勿施于人"、"仁者爱人"、"民为贵"等，只是对奴隶主阶级内部而言的。因此，这种对人的重视，只能说是在当时的一定阶级范围内，为着特定的利益和狭隘的目的而提出的。

从奴隶社会到封建社会，关于人的价值观念又有了新的变化。由于封建制度是一种等级森严的制度，阶级的从属和人身依附是一个重要特征。原来的奴隶变成了依附于土地和土地所有者的农奴，从他们摆脱了完全充当工具的地位来看，他们具有了自己的人格。但是，他们仍不得不使自己紧紧地依附在地主的土地上，束缚在封建领主的控制下。

在由封建的道德关系所形成的道德体系中，全部道德的价值，特别是人的价值，都是以其在封建等级中所处的地位来衡量的。居于封建制度中的每一个等级的人，特别是居于上层等级的人，是具有"崇高"价值的，他们的一切生活方式、礼节仪式、起居饮食，甚至衣着佩饰、饮酒器皿，都是按照相应的等级严格规定的。有了这种等级规定，就有了高低不同的人的价值。因此，可以说，在封建制度下，人的价值是以其在宗法等级中的地位来确定的。

在中国历史上，我们可以看到，封建社会的所谓"礼"，从一定意义上来说，就是为了确立人们在封建等级中的地位，巩固人们之间的隶属关系。至于说到财产、土地、金钱等，它们总是与封建的等级地位相联系的。一个人有什么样的等级地位，就应该有什么样的财富，就应该享受什么样的待遇。正是由于这种原因，封建制度下的门阀贵族，往往鄙视手工业者和获取商业利润的人，他们甚至用各种办法限制商人谋取利润的活动。即使是通过经营商业或其他办法获取了大量金钱的人，也往往没有更高的人的价值。

在整个封建社会，除了封建势力的统治以外，在西欧还有教会的严密控制。西欧中世纪的教会统治居于政权之上，与政权统治相结合。宗教让人们放弃自己的个性，一切都要唯神的意志是从；让人们抛掉尘世的欲望和幸福，把一切希望都寄托在来世和天国。因此，可以说，整个封建社会的道德都是要求人们对上屈从。臣必须忠于君，小臣必须忠于大臣，全国的人都必须忠于皇帝一人。这就是亚里士多德所说的“明哲”是统治者所应具备的品德，而被统治者所应有的品德就是“信从”。在中国长期的封建社会中，伦理思想家们制造了许多压制广大人民个性发展的理论，什么“君要臣死，臣不得不死；父要子亡，子不得不亡”，“天下无不是的父母”，“饿死事小，失节事大”，“存天理，灭人欲”等，就是这种否认人的价值的封建教条。当然，在漫长的封建社会中，关于人的尊严、人的欲望、人的个性的发展问题，也还是存在对立的观点和倾向间的斗争的。一部分进步的思想家曾经激烈地抨击这些封建伦理教条，力图为人的欲望的满足和个性的发展争取一点权利。例如，我国清代的思想家戴震，就曾高声疾呼，反对“以理杀人”。从一方面来说，这种斗争也还只是为了维护地主阶级的根本利益，为了地主阶级统治的长治久安。但从另一方面来看，由于这种思想不符合封建等级制的需要，因而总是这样那样地受到所谓正统思想的压制和否定，被斥之为异端。

进入资本主义社会以后，人的价值问题才第一次公开地作为人们最关心的问题之一被提了出来，并纳入了道德理论的重要内容。由于资本主义生产关系代替了封建主义生产关系，资产阶级终于打破了封建关系的羁绊，用一种新的眼光来看待自己，看待所谓人的问题。资产阶级伦理思想家把个人的价值、理性、理想和人格作为研究和考察的主要对象。文艺复兴运动以来的资产阶级思想家们，极力反对宗教神权的控制，反对禁欲主义，反对不合理的封建宗法制度，强调平等和个人的自由、个人的尊严、个人的人格，明确地提出了个人的价值。如果从伦理学上对这种价值理论进行概括的话，那我们就会很清楚地看到，这种价值理论就是以个人主义（或利己主义）为核心，以个性的自由发展为目的的一种资产阶级价值论。它是在资产阶级的自由竞争的经济关系中产生的，又是为资产阶级的自由竞争服务的。当然，资产阶级作为一个新兴的阶级，更自觉地发现了个人，强调了个性发展，提出了个人主义和利己主义理论，对于封建宗法统治和宗教禁欲主义来说，应该看到它在历史上的进步意义。当然，也应该看到，过分强调这种进步意义，夸大它的作用，在今天来说，也是十分有害的。

当资产阶级重新发现了人的价值以后，它们曾经认为，在私有制的社会内，人的个性就可以得到充分的、自由的、和谐的、全面的发展。它们认为，为了获得人的个性解放、自由、平等，最重要的是要通过自由竞争，掌握必要的私有财产。有财产才能有这一切，没有财产就没有这一切。对一个一无所有的人来说，个性解放、个人自由、人的价值和尊严，只是一句空话。这样，资产阶级的幻想也像肥皂泡一样消失了。它们发现，冲破封建等级制度所带来的并不是人的个性发展和人的尊严，而是使“财产”和“金钱”成了全社会的最高价值，成了衡量或评价人的价值的砝码。在资产阶级看来，世界上没有一样东西不是为了金钱而存在的，连其本身也不例外，除了快快发财，不知道有别的幸福，除了金钱的损失，也不知道还有别的痛苦。由此可以看出，资产阶级所说的个人品德主要也是积累财富、攫取金钱所必备的那些品性或气质，并不是其在道德理论中所讲的那种“博爱”的美德。资产阶级当中不少人正是以“无偏颇的自私自利与良心上无所顾忌的品质”，获得了发财致富和出人头地的辉煌胜利。恩格斯曾经极其深刻地指出，在资产阶级社会里，“金钱确定人的价值：这个人值一万英镑，就是说，他拥有这样一笔钱。谁有钱，谁就‘值得尊敬’，就属于‘上等人’，就‘有势力’，而且在他那个圈子里在各方面都是领头的”①。

此外，我们在考察资产阶级的价值论时，要注意把资产阶级口头上所说的价值目标和实际奉行的价值目标加以区别。资产阶级以边沁、穆勒为代表的功利主义者，把人的最高价值目标规定为“最大多数人的最大幸福”，从而给资产阶级的价值目标披上了一个耀眼的美丽的外衣。其实，这个听起来似乎高尚的目标，不过是把所谓“最大多数人的最大幸福”归结为组成社会之单个成员的个人利益，归结为少数资产阶级剥削者的利益，从而使“最大多数人”和“最大幸福”成为互不相干的两回事，其道德的基础和价值目标仍然是很卑下的。

三、马克思主义伦理学的价值观

马克思主义伦理学不应该回避人的价值问题，也不应该否认人的

① 《马克思恩格斯全集》，中文1版，第2卷，566页，北京，人民出版社，1957。

价值。对于历史上提出的关于人的价值的思想，应该采取具体分析的态度。从一定意义上说，对资产阶级上升时期强调的关于人的价值、人的理性和人的自由、和谐、全面发展的思想，也是可以而且应当加以肯定的。但是，必须强调指出，随着资本主义的发展，资产阶级所说的人的个性发展、人的自由和人的价值，已经失去了它的历史进步作用，而变成了对广大劳动人民的欺骗。马克思主义关于人的价值的思想，同资产阶级和以往一切剥削阶级关于人的价值的观念，是有原则区别的。

依据马克思主义的历史唯物主义观点，人的本质是社会关系的总和。在阶级社会中，一定的经济关系和阶级关系决定着人的发展，决定着人的本质，同时也决定着人的价值。因此，对于人的价值，必须从一定的经济关系中，从社会关系的历史发展中加以考察。人们在生产关系中所处的不同地位，所采取的不同阶级立场，不同的阶级利益，使人们对人的价值往往有着不同甚至完全相反的理解。马克思主义伦理学认为，人的价值问题，实质上就是人生目的和人对社会的关系的问题，也可以说就是人怎样生活才算值得、怎样生活才有意义的问题。

大家知道，人的道德意识和道德活动必然都有一个目的、目标。这里所说的目的和目标，除了从事每一个活动的具体目的和目标之外，还有一个总的或最终的目的和目标。而这个最终的总的目的和目标，就联系着人的一切行为活动，贯串于他的社会生活实践之中，就是要解决人为什么活着和怎样活着的问题。有些伦理学者就把这个总目的称为价值目标。这就是说，实际上在人们的每一个具体的道德意志和行为活动的背后，在每一个具体的社会实践活动中，都包含着一个总的意向，一种特殊的意义，即一种道德价值或社会价值。每一个人尽管从事着不同的社会活动，但是他的全部情感、意向、激情和行为活动过程，总是要服从于一个经过选择了的生活目的，不过有时自觉，有时不那么自觉，有的正确，有的不那么正确或完全错误罢了。而且，从客观效果来说，总要得到一定的价值评定，不过是不同时代和不同阶级的评定价值的标准和方式不同罢了。在阶级社会里，尽管有很多种不同的价值目标，但是在同一个社会范围内，只有统治阶级的价值目标才能居于主导地位。在每个人的思想中，尽管往往存在着许多种价值目标的选择和斗争，但最终总是只有一种价值目标支配着人们的思想和行动。

马克思主义伦理学认为，正确理解的利益是道德的基础。因此，在伦理学中，对道德意识和道德行为的价值目标的理解，总是同对利益的理解相联系的。利益是什么呢？利益作为一个广泛的社会范畴，它不过表示人对周围现实的一种关系。人们在社会中生活，要改造周围现实的对象和条件，使其满足人们的需要和愿望，这种表现为主体改造客体以达到预期目的和愿望的关系，就是所谓的利益。这种关系既然是主体自觉地去掌握客体、改造客体，因此，它就不能不是抱有一定目的和积极态度的有意识的关系。在社会生活中，利益总是表现为个人的、阶级的、集团的和社会的需要。如果对这种有意识的关系只是从个人的主观的利己主义的方面去理解，那么就会把利益同个人的需要等同起来，并把这种理解作为道德的基础和价值的标准。古代的快乐论和近代资产阶级利己主义道德论，都是这样理解利益并在此基础上建立自己的价值观的。现在有些人也是这样理解利益和需要的，不过社会条件不同，不得不加上一些别的内容罢了。

道德意识和道德活动的价值目标，是以对利益的理解为前提的，是从人们的具体的道德意识和道德活动中体现出来的。它在利益的影响下，对周围现实的客体和条件具有一定的目的性，因此，它是一个人的基本的行为倾向的比较一贯的稳定的因素，对人们的道德意识和道德活动起着一种指导和推动作用。一个人的道德价值目标，并不仅仅是一种动机，一种主观的意向，它还作为对客观利益的主动积极争取的因素，渗透到人们的全部行为活动过程中，即从道德认识、道德情感、道德意志、道德信念直到道德行为，以至于一生的实践，从而使自己的行为活动在一切方面和各个时期，都自觉地贯彻和服从于这一价值目标。从这个意义上也可以说，人的价值就体现在他的一系列现实的行为活动中。用黑格尔的话来说，叫做“主体就等于它的一连串的行为”①。如果这些行为是一连串无价值的作品，那么行为的主体即这个人，就是无价值的；反之，这个人就是有一定价值的。

当然，这样谈论价值目标还是抽象的。实际上，人们对客观利益的正确理解，即把利益理解为包括个人需要在内的社会的、阶级的、集体

① 黑格尔：《法哲学原理》，范杨、张企泰译，126页，北京，商务印书馆，1961。

的需要，理解为改造世界的革命的实践活动，他们就能够建立起明确的、正确的价值目标。而这种价值目标一旦形成以后，当他们认识到这一价值目标的意义的时候，就会产生出为实现这种价值目标而热诚献身的力量。历史上的进步的、革命的阶级以及它们的先进的代表人物，能够清楚地认识到社会发展的要求和人民的利益，自觉地建立起符合人民利益和社会发展要求的价值目标，并积极地为实现这一价值目标而英勇奋斗，直至献出自己的生命；许多民族英雄的大义凛然、宁死不屈的精神和行为，就是对人的价值的理解和实践的范例。在历史上，许多具有崇高的人生价值目标的人，由于对人生意义的正确理解，就能够具有一种比常人更为持久和巨大的前进动力。如我国明代著名的伟大医药学家李时珍，用了整整三十年的时间，献出了毕生的精力和心血，写出了巨著《本草纲目》。这正是由于他有着为人民驱除病害的崇高价值目标的结果。他三十年如一日，不辞艰难劳苦，始终目标一致，不为种种权势名利所引诱，宁愿奔走四方，也不贪图宫院，享受富贵荣华，即使在生活贫困和身染重病的情况下，仍然坚守既定的正确价值目标，保持一种自强不息、坚韧不拔的奋斗精神。由此可见，价值目标不是任人主观好恶选择的，而是在一定的社会关系中，通过改造客观世界的实践形成的。一个人的价值，就是他的生活目标和他的社会实践的统一，是他对社会和人民的利益的理解和奋斗的体现。

无产阶级革命的胜利，建立了新的以生产资料公有制为基础的生产关系，全民所有制和集体所有制的不断发展，人和人之间的新型关系的形成，以及马克思主义的意识形态，为社会主义社会的新的价值观的建立创造了客观基础和主观条件。在社会主义社会，人的价值不在于地位的高低、金钱财富的多少，而在于对人民的利益和社会的进步事业所做的贡献，在于为社会主义、共产主义所进行的创造性的劳动，在于是否具有为共产主义奋斗的伟大目标和为人民服务的献身精神。共产主义道德是从无产阶级斗争的利益中引申出来的。在社会主义现代化建设时期，它的基本要求则是从现代化建设和人民的利益中引申出来的。因此，社会主义现代化建设时期的价值观和人的价值标准同人民要求实现社会主义现代化这一根本利益也是相联系的。离开了这个根本利益的要求，就不可能建立正确的价值观，就不可能找到人为什么生活和怎样生活的价值标准。我们可以说，无产阶级的价值目标就是为社会主义和共产主义事业奋斗，就是为人民服务。应该说，这个价值目标正是共产主义道德和革命人生观的最核心的部分。

当然，我们强调人的价值的主要标准在于为社会主义、共产主义事业奋斗，为人民服务，但这并不否认在我们的日常活动中，还要有具体的、暂时的奋斗目标。问题的关键是，一切日常行为中的各种纷繁复杂的具体目标，必须同这一总的根本的价值目标相联系，并使那些具体的价值目标成为这个总目标的一个不可分离的组成部分，从而不断促进这个总的价值目标的实现。

在社会主义革命和社会主义建设中，人们由于不同的岗位和职业，抱有不同的兴趣和爱好，在充分发挥人的个性和才能的社会实践中，人们的具体生活目标是各不相同的。因此，人们对人生的意义、对人生的价值的具体理解，可能受具体职业的影响而各不相同。但是，人们的总目标必须是相同的，就是从人民和社会主义祖国的整体利益，从社会主义、共产主义事业的长远利益来建立价值目标，承认这是我们社会的共同的价值标准。马克思主义伦理学的价值观不应该排斥和否认人们的个性、理想、爱好、兴趣的不同，而应该强调这一切都必须和社会主义的总的价值目标相联系，并使这一切的发展从属于总的价值目标。

现在，有人讲集体应重视个人的价值，个人要提高自我的价值，社会要重视人的价值等。如果能够对什么是人的社会价值有正确的理解，那么也是可以同意这些论点的。但是，如果不是把人的价值目标理解为为社会主义、共产主义奋斗和为人民服务，而是把人的价值说成是财富、金钱、地位、名誉，理解为充裕的物质享受，甚至是争奇斗艳的衣着打扮，那么这种价值目标只能是利己主义的、个人主义的。此外，还有一些人并不明确地说出自己的价值目标是资产阶级的、利己主义的，甚至他们也说自己的价值目标是无产阶级的、社会主义的。但是仔细分析起来，他们的理论却是很值得讨论的。例如，有的同志认为，个人应该提高自己的价值，而人的价值就在于他所能得到的金钱和荣誉。有的同志把“荣誉”看做人的价值尺度，认为谁能得到更多、更大的“荣誉”，谁就有最高的价值，而不注意区分这种荣誉是为了集体、祖国，还是为了个人。很显然，这些说法是不能和剥削阶级的价值观划清界限的。

资产阶级为了掩盖自己的价值目标的利己主义本质，总是用各种办法把自己关于人的价值目标说成是高尚的。如果只是从形式上、口头上看，似乎有一些东西是高尚的，但从实质上、实践上来看，他们的价值目标却是卑下的。如资产阶级伦理学家亨利·斯图尔特专门写了一本题为《人的价值》的书。在书中，他提出了一个“人的价值目标”，即所谓“高级个人主义”。他说：“这种高级个人主义与那种低级个人主义有着极大的区别，低级的个人主义是所有有生命的生物都共同具有的那种口腹之欲的自私自利。”但是高级的个人主义“却必须总是考虑到他人，并且还要考虑到他们对他自己的态度。他的个人利益只有在和他实际意识到的社会系统发生关系的时候才有可能。在高级意义上，利己或自私的人在低级意义上却常常不是自私的；他们只要得到了自己所追求的荣誉，便会对物质利益处之泰然。然而，低级的自私自利之人只要口腹之欲得到了满足，通常是乐于忍受屈辱的”。他认为，在资本主义社会中生活的人们，特别是社会各方面的领导者，应该具有这样的价值目标，他们最好是不要只顾自己的口腹之欲而忘了还需要荣誉，还需要人们的赞赏，需要群众的“乐于忍受屈辱”的支持。这种所谓高级个人主义的价值目标，实际上完全是为了达到自私的卑劣目标的“高级”手段。

马克思主义伦理学关于人的价值的思想还特别强调集体的利益。尽管个人的全面发展是人的价值目标的基本标志和重要内容，但是马克思主义伦理学认为，只有在集体中，人们才有获得个人全面发展的可能。一个人的个人兴趣和爱好，必须要不违反集体利益，并且要有助于集体利益，在集体利益的前提下去发展个人的兴趣和爱好。无产阶级所说的集体，是一个建立在公有制基础上的，有着共同的利益和革命理想的集体，而不是一个虚幻的或半虚幻的集体。在这样的集体中，人和人之间的关系是真正同志式的、平等互助的关系；人和人之间的道德关系，真正是依据共产主义道德原则和规范而形成的。因此，每个人都必须依据集体主义的原则，在集体的事业中，才能发展自己的个性，才能实现人的价值。

最后，马克思主义伦理学强调，培养个人选择价值目标的能力，是一个很重要的任务。人在社会中的每一个道德活动，都有一个或几个动机，都抱着某种目的，这就是说，在每一个道德活动的后面都包含一定的价值目标。在每一个具体的价值目标后面，又都有一个总的价值目标。这个总的价值目标，有时似乎隐而不见，有时又以种种假象来欺骗自己和别人。当然，在阶级社会中，由于不同阶级的影响，在一个人的思想深处，往往还会隐藏着相互对立的价值目标，在一定时期内又往往出现尖锐的冲突和斗争。因此，自觉地清除剥削阶级的价值目标，对于确立革命的人生目标和生活的实践道路，有着不可忽视的重要性。

对整体与个人关系的思索*

十年改革在伦理道德领域中引起的最深刻、最重大和人们最关心的问题，莫过于整体与个人关系的问题。在这个问题上表现出来的实践对立和理论分歧，对中国的伦理道德产生的冲击是如此巨大，以至于由此产生的后果恐怕将影响中国伦理道德在未来的发展趋势，影响中国伦理道德的直接价值目标，并有可能影响到中国改革在未来的发展方向，影响到中国现代化的总体价值目标。十年改革反馈给我们的一个深刻的结论便是，并不存在单纯经济形态的国家现代化，任何国家的经济现代化，既必须依赖一定的价值目标（包括道德价值目标）的导向，更必须包含着或伴随着对一定的价值目标的追求。甚至可以说，一定的经济现代化，往往只是一定的价值目标在经济实力上的体现；或者，这种经济的现代化不过是达到设定的价值目标的一种最重要的手段。整体与个人的关系问题，正是在这样的价值目标背景下，引起了人们的广泛注目、沉思以及论争。伴随着具体的经济实践的需要而对道德理论提出的需要，依然是激励人们对整体与个人的关系重新进行思索的实践源泉。

问题首先是由对集体主义道德原则的重新认识开始的。最主要的是围绕对集体主义所倡导的整体主义、整体利益至上以及个人牺牲等问题如何理解而展开的。目的似乎很清楚，这就是重新解释整体与个人关系

---

* 本文原载《道德与文明》1989年第1期。

的性质及其含义，摆正二者之间的关系，把个人从整体的约束中解脱出来，树立个人的个性、尊严、价值等，以适应经济的迅速发展对个人活力的迫切需求。由此发端的对整体与个人的关系问题的讨论，在十年改革的全过程中，在某种情况下已经演化为一场极其复杂的道德原则之间的争论，即集体主义原则与个人主义或利己主义原则之间的争论。这两种不同的道德理论，都力图使自己成为国家现代化建设的价值导向目标，使自己成为最基本的国民道德，而且都认为唯有自己才能成为国家道德发展的必由之路。

对我们来说，首先需要反思的是在我国以往历史中占据主导地位的整体主义原则和集体主义原则。无论我们对整体主义原则和集体主义原则持什么样的态度，都理应在改革的背景下对之作实事求是的反思。

整体主义原则是贯穿中国封建社会的最重要的道德原则。这条原则的基本精神是封建统治集团整体的利益绝对高于个人的利益，个人在国家社稷面前是微不足道的，个人的个性、尊严、价值等，都只是某种“偶然性”的东西，它们如同个人是整个国家的“偶然性”一样，只有当它们被纳入这个利益圈子之后才是可能的。这种整体主义原则的具体化就是中国封建社会政治、伦理的总纲领：三纲五常。君王作为国家利益的代表必须绝对凌驾于臣民之上；父亲、丈夫作为家族利益的代表必须绝对凌驾于儿子、妻子之上。这种整体主义原则作为约束、禁锢个人的道德戒律，实质上是扩大了的家长制道德戒条。建立在氏族社会基础之上的中国封建社会及所谓的“亚细亚生产方式”的经济、政治特征，是造成这种重整体轻个人、重压抑轻自由的封建整体主义道德原则的历史根据。与这种整体主义相适应的经济形式就是自给自足式的小农自然经济。

毋庸置疑，与中国社会从未有过成熟的商品经济形式相伴随，直到现代社会中，封建主义的整体主义原则在我们的伦理道德生活中仍然根深蒂固，个人依然没有获得充分的自我意识、自我尊严、自我价值、自我权利等，而这些东西对于新的商品经济形态来说却是至关重要的。正是在这个意义上，反封建整体主义道德原则，强调个人的主体性，强调个人的活力，恰恰适应了现时代的需求，适应了改革的需求，适应了发展商品经济的需求，因而具有无可争辩的进步意义。如果我们对整体和个人关系，仍然局限于传统整体主义式的理解，仍然只是从个人怎样盲目地遵从整体的戒令的角度去加以注释，显然就会阻碍人们在改革进程中解放思想、更新观念、发挥主动性和创造性，并进而阻碍商品经济的发展，最终阻碍改革的发展。

应该指出，新中国成立以后，我们党一直倡导的集体主义道德原则，本质上不同于封建主义的整体主义原则。把这两者混同起来，在理论上是不能成立的，在实践中更是极其有害的。我们不应当把由于“左”的思想影响等原因而强加给集体主义的某些解释看做是集体主义，也不应当把因“左”的思想影响等原因而否认的某些属于集体主义的内容看做是与集体主义不相容的。集体主义与封建整体主义的根本区别，除了产生的基础及各自所代表的“整体”的性质完全不同之外，还在于集体主义并不只重整体不重个人，并不只强调个人服从整体而不强调整体为个人的发展与完善提供必要的保障条件。恰恰相反，在集体主义中，整体与个人的关系并不是一种绝对对立的关系，而是一种辩证统一的关系；整体利益固然至上，但这种至上的整体利益既包含大多数个人的利益，又绝不与个人的正当利益为敌，而是强调个人利益的实现应不以损害他人利益为前提，并在必要的时候，把为他人或整体利益所做的牺牲看做个人自我实现的一种崇高方式。更为重要的是，集体主义认为在现代社会中，个人只有借助于集体方能最大限度地实现个人利益，集体不但不是个人利益实现的桎梏，而且是个人利益实现的必需条件。

但是，同样应该指出的是，尽管前些年我们所倡导的集体主义原则不同于封建主义的整体主义原则，我们却不能断然肯定这种集体主义原则在我国的实施情况就是毫无偏颇的。十年改革的实践实际上已经使我们看到了由于“左”的思想的影响，以往所理解和实施的集体主义原则在理论上和实践中确实存在着很多弊端。

其一，封建整体主义在我们所倡导的集体主义中仍然留有某些痕迹；其二，苏联斯大林时代所强调的集体主义，在很长一段时间内成为我们所倡导的集体主义的直接摹本；其三，长期“左”的思想的影响，使在理论上正确的集体主义原则在具体的道德实践中走了样。受这三重因素的影响，我们在理解和实施集体主义原则时，往往并没有准确地把握住真正马克思主义意义上的集体主义，而是使集体主义原则多少变了形。这种变了形的集体主义原则，其弊端概括起来，一是使集体主义在一定程度上成为极权主义、专制主义和“四人帮”施行法西斯主义的理论借口，从而在许多情况下，成为少数人压制民主、压制个人自由的封建整体主义理论；二是不正确地把整体利益同个人利益对立地来，片面地强调整体利益，片面地贬斥个人利益，使整体利益在实际上成为一种虚妄的实体，使个人正当利益成为无人敢问津的洪水猛兽；三是严重地压抑或挫伤了个人的主人翁精神、首创精神和积极开拓进取的精神，迫使人们养成不健全的驯服、恭顺、虔敬的谦谦人格。这种弊端在 1957 年反右和后来的“文革”当中表现得尤为突出。这里，我们并不是丑化或全盘否定集体主义原则，而只是说，如果不对集体主义原则作准确的马克思主义意义上的理解，那么我们实质上就是削弱了集体主义原则自身的威信，降低了集体主义原则自身的生命力，从而无法真正在实际的道德生活中贯彻和坚持集体主义原则。鉴于此，实事求是地反思我们所倡导的集体主义原则，找出并纠正曾经有过或现在仍然有的弊端，尤其是不利于当今改革的弊端，实质上成为我们在新形势下坚持集体主义原则的重要步骤之一。

首先应该反思的是，集体主义原则所指的“集体”究竟是什么样的集体。集体主义原则中最关键的问题，就是集体必须是马克思、恩格斯所说的那种“真实的集体”，而不是马克思、恩格斯所痛斥的那种“虚妄的集体”。判断集体是否真实的最可靠的方法，莫过于看这个集体是否真正像它所宣称的那样为最大多数人谋利益，而不是仅为少数人谋利益。就此而论，强调集体主义原则中集体的真实性问题，已经超出了一般的理论问题，而是直接与我们所指的集体的实际言行紧密相连，成为直接与集体主义原则的可信赖程度密切相关的现实问题。因而，怎样使我们的集体具有更多的真实成分、抛弃更多的虚妄成分，是使集体主义原则取信于民的关键。

其次应该反思的是，集体主义原则究竟应该怎样确立个人的地位——包括个人的个性、个人的尊严、个人的价值、个人的权利以及个人奋斗、自我实现、自我设计等。以往我们在解释集体主义原则时，无论我们怎样试图从理论上讲清个人与整体的辩证关系，但实践的结果却总是以个人受到过多的、不必要的压抑而告终。因此，今天当我们在反思集体主义原则时，或者在坚持集体主义原则时，应该在突出集体、整体的同时，也要强调个人活力的地位，从一个全新的高度来认识个人活力与集体活力的辩证关系，认识个人活力与改革成败与否的辩证关系，从而彻底纠正以往对个人的作用和地位所作的不正确的理解。改革十年的实践也证明，重视个人的正当利益，维护个人的尊严、价值、权利等，对于激发人们为改革、为四化献身的开拓创新精神，对于国家和民族的振兴，都起到了积极的作用。个人意识的觉醒确乎成为当今道德发展的一个显著标志，成为改革和四化建设不可或缺的、宝贵的精神财富。

我们正是顺着这么一条思路来反思集体主义原则并以之来调整个人与整体的关系的。然而，在人们作这种反思的过程中，也有一种思想认为个人主义甚至利己主义的倾向是应当被看做与当前改革开放形势相一致的。这种以不同方式在不同情况下所主张的个人主义和利己主义倾向，使我们在反思和坚持集体主义原则时面临着更多的困难。可以确定无疑地断言，集体主义与个人主义之间的争论，在中国改革这一特殊的环境中，将会有一个漫长的过程。

我们认为，一方面，我们应该冷静地思索集体主义原则在以往的偏差；另一方面，我们又不能以集体主义原则曾出现过偏差而抛弃集体主义原则，并用个人主义或利己主义取而代之。如果说十年改革的实践暴露出我们以往在理解和实施集体主义方面出现过偏差，那么十年改革的实践也同样证明个人主义或利己主义对我们所进行的社会主义性质的改革和四化建设，具有相当大的消极作用和破坏作用。

利己主义尤其是极端利己主义思想的破坏作用自不待说，这种思想在全世界都是受到鄙弃的。比较复杂也颇有魅力的是个人主义思想。从西方文献来看，个人主义大体可以概括为三个意思：（一）强调个性的发展；（二）强调个人权利和个人利益的至上性；（三）强调个人的尊严和价值，个人是一切的出发点，个人是目的而不是凌驾于他之上的他物的手段。无论从个人主义诞生的初年还是从个人主义盛行的阶段来看，个人主义以个人为最核心的价值标尺这一点都是始终如一的。因此，无论个人主义怎样试图把自己同利己主义区分开来。但在实质上，连许多西方思想家也认为它们具有不可忽略的亲缘关系，即它们在处理个人和他人的关系时，都主张以自我为中心，以个人利益为出发点，以个人幸福为最终目的，并以这一切作为衡量行为善恶的最高价值尺度。

个人主义思想对当代中国具有魅力的最根本原因，从积极方面说，第一，是人们看到了它对个人的地位和作用的尊崇，而且这种尊崇似乎并不是像利己主义那样卑下；第二，是人们看到了个人主义从出现到兴盛的过程正是资本主义从出现到兴盛的过程，它直接适应了资本主义商品经济的需要，并确乎由此以伦理道德的方式辅佐了资本主义商品经济的大发展。一个是个人活力，一个是商品经济的需要，正是这两点，似乎正好与我们目前改革的需要相吻合，因而对人们产生了极大的吸引力。从消极方面说，个人主义思想迎合了一些人的自私自利之心，以往和现在都得不到人们支持的自私自利观点，现在似乎也由此找到了冠冕堂皇的外装，这种行为似乎也由此成为公开化的正当行为。

然而，无论是从积极的方面来说还是从消极的方面来说，个人主义给人们造成的这种假象，实际上已经严重地干扰了人们的正常视线，使人们从另一个极端去曲解个人与整体的关系，并由此诱发了人们不正当的私欲，给我们的改革事业造成了不可低估的损害。甚至可以把话说得重一点，如果我们低估了这几年个人主义思想对改革事业的危害，那么改革的路子将会更加曲折艰难。

个人主义似乎是尊崇了个人的地位和作用，并似乎由此激发出个人的活力和首创精神。但是，一方面，我们忽略了个人主义与利己主义的亲缘关系，忽略了个人主义完全可能与利己主义直接相通，从而忽略了个人主义在肯定个人的地位和作用的同时，必然要自觉或不自觉地把个人利益放在整体利益之上。如同封建整体主义片面地强调整体的至上性和个人的偶然性一样，个人主义则必然会片面地强调个人的至上性和整体的偶然性。这几年的道德实践已经有说服力地证明，个人主义在证明个人至上的观点时，正是以集体或整体的所谓“虚妄性”为论据的。一旦个人主义否定了整体的地位和作用，否定了个人对待整体应持的基本态度，那么自称与利己主义并不相同的个人主义，自己就会抛弃自己的观点而走向利己主义。事实上，这种不顾整体、不顾社会利益的个人主义思想，已经严重地淡化了人们的社会责任意识，严重地淡化了人们的历史使命意识，并正在使人们分化开来、割裂开来、对立起来，从而正在使人们日趋赞同“人都是自私的”这一格言，从而使整个社会失去凝聚力而成为一盘散沙。这种对社会、对国家、对民族、对他人、对事业、对前途的深层的信仰危机，是多少年来不曾在我们国家中出现过的。这种信仰危机确乎已经演化成为改革事业的腐蚀剂。

另一方面，这些主张个人主义的同志似乎严重地忽略了个人主义所赖以滋生的文明土壤，忽略了不同文明的价值观念间激烈的交锋与碰撞可能产生的致命的负面作用。英国著名史学家汤因比曾极其严肃地指出过，在一种文明系统中不会致害甚至会致福的因子，一旦逃离这一文明框架的制约而参与到另一个文明系统中去，就有可能对这一文明系统产生致命的危害，因为这一文明中没有制约它的相应的机制。因而“一个人的佳肴”完全可能成为“另一个人的毒药”①。汤因比的这一文明观并不是绝对真理，然而却包含合理的成分，并有助于我们理解个人主义在不同文明系统中的适应机制问题。这就是说，在西方文明中滋生出来的个人主义思想完全可能与各个西方文明的因子融为相互制约的统一物，因而的确可能是西方社会在某一发展阶段上的重要的推动力。西方社会历史起源的特殊性、西方突出个性的传统、西方较为完备的法制系统以及西方社会的人的文化文明素养，特别是由于西方的以私有制为基础的资本主义的社会制度等，使个人主义的思想在西方确实有着它的特殊作用。

但是，我们今天所建设的是社会主义的现代化，我们要坚持的是社会主义。而且，中国这个长期置立于小农自然经济基础上的社会，小农经济的必然派生物——狭隘自私的小农意识，往往会从个人主义最致害的方面认同个人主义，把原本在西方就属于个人主义消极面的东西轻而易举地同化为维护自己狭隘的一己私利的堂皇理论。中国传统社会中固然缺乏个性的意识，但中国传统社会中却从来不乏小农自私的意识。中国传统社会中重整体轻个人的倾向本身也是两重的：既缺乏在法律允许的范围内、在不损害社会和他人利益的范围内充分展示个人个性的一面，也缺乏依靠守法、依靠不损害社会和他人利益来获取个人正当利益的一面。如果以为中国仅仅缺乏个人意识，而不缺乏真正意义上的整体意识——自觉地把自己同整个类群、整个社会认同起来的整体意识，是不符合实际情况的。中国人既缺乏个性意识，更缺乏马克思主义所理解的社会主义的集体主义意识。企图通过强化中国人的个人主义意识而端正中国人对待整体与个人的关系的态度，即便是出于非常善良的愿望，仍然有可能在中国改革这个极复杂的环境中诱发人们的私欲，阻碍人们团结一致共渡难关。

---

① 参见汤因比：《文明经受着考验》，沈辉、赵一飞、尹炜译，顾建光校，第5章，杭州，浙江人民出版社，1988。

有的同志似乎认为，个人主义是商品经济的必然的伦理道德基础，似乎离开了个人主义思想的指导，商品经济将不可能发展。然而，我们要看到，即便是发展资本主义的商品经济，由于当今世界经济日趋联为一体的总形势，使得资本主义早期那种个人自由竞争的环境日渐衰落，更多的倒是国际间经济的相互循环和相互制约，是国家干预和指导力量的加强。在这种情况下，对资本主义国家来说，发展就意味着必须依靠一种奋发图强精神、一种强有力的民族向心力和民族自信心。战后日本、联邦德国以及韩国等实际上走的就是这么一条道路。对于这些国家和地区来说，更重要的是国家和民族振兴的民族自强心和国家利益、民族利益至上的信念，而不是所谓的个人主义。由此可见，即便是资本主义的商品经济也并非一定要靠个人主义的指导才能成功。另外，由于我们改革开放搞的是社会主义的商品经济，以共同富裕为最终目标，因而，更必须反对那种只重个人不重整体的个人主义，更没有根据非把个人主义视为社会主义商品经济的伦理道德基础不可。社会主义的集体主义对个人与整体的关系的看法与个人主义的看法正好相反，即认为只有借助于集体的力量，社会的发展和个人的完善才可能是同步进行的，更进一步说，在我们正着手进行的这场极为艰难的改革事业中，唯有这种把整个国家团结起来的共同富裕、共同完善的集体主义精神，才能够使我们将困难降低到最低程度，从而获得改革事业的最终成功。集体主义仍然应当是我们国家全体人民所应当奉行的价值目标。

第五编

道德需要、道德义务与权利

论道德需要*

马克思在批判施蒂纳的庸俗的个人需要论时，曾经说："任何人如果不同时为了自己的某种需要和为了这种需要的器官而做事，他就什么也不能做，这对施蒂纳来说，就意味着这需要和它的器官就成为他的主人，正如以前他曾把满足需要的手段作为自己的主人一样。"①

人的活动和人的需要之间的关系，是极为密切的，不论是政治学、经济学、心理学、教育学、行为科学和伦理学，都要对人的需要进行研究，因为只有科学地分析了人的需要的社会制约性和层次性，才能更好地把握人的活动，从而有利于各门科学的发展和社会的进步。

在西方，一些思想家很早就注意到了需要的层次性。摩莱早在1938年，就在其《人格的探索》一书中指出，人类的需要有二十多种。以后，马斯洛提出了他的需要层次论，并认为这种层次是可以有先后高低之分的。马斯洛把人的需要分为五个层次，即生理需要、安全需要、社交需要、尊敬需要和自我实现的需要。所谓生理需要，是指满足个人衣、食、住、行所必需的物质材料，是人们为了维持自身生存所必需的最基本的需要；所谓安全需要，是人在社会生活中免于危险，并保证最基本的生存需要不被剥夺的需要；所谓社交需要，是在前两种需要得到

---

* 本文原载《湖北社会科学》1992年第9期。

① 《马克思恩格斯全集》，中文1版，第3卷，286页。

相当满足的前提下的一种需要，如在个人同他人的关系中，希望能处于一定的团体之中，并同周围的人关系融洽，希望自己能有爱情的满足，能同社会上的一些人保持友谊和融洽关系；所谓尊敬需要，包括对个人价值的尊重，对个人地位的需求，这是更高一级的需要；而自我实现的需要，则被认为是一种最高的需要，马斯洛把自我发展、自我设计、自我目标、自我价值体现、自我幸福追求等，都看做是这一需要的内容。

在马斯洛看来，只有低一级的层次得到了相当的满足，才能有较高层次的需要。他的需要层次论脱离了社会的制约性和阶级的制约性，离开了辩证法的相互联系和相互渗透，连资本主义社会的现实也不能科学地解释。

总的来说，马斯洛的需要层次论的最大缺陷之一，是脱离开社会的生产关系，把人的需要单纯地看做是一种对社会的索取，是在社会中求得自身的生存和发展，而忽视了人这种有着社会生活的动物，还有一种把为社会服务、为他人献身、为人类牺牲当做自己需要的一种更高级的需要。在伦理学上，我们把它叫做道德需要。

那么，什么是道德需要呢？道德需要是不同于物质需要和精神需要的一种特殊的、高级的社会需要。尽管从某种意义上来看，道德需要也可以说是一种精神需要，但是从伦理学所研究的高级的社会需要来说，道德需要不但不同于一般意义上所说的精神需要，而且同这种精神需要有着明显的不同。

物质需要，是指人们在社会生活中对物质方面的要求，包括对衣、食、住、行和其他生活享受的物质方面的需要。人们在社会生活中，首先必须要吃喝穿住，这是马克思曾经特别强调的。因此，正当的物质需要是社会生活中的人所必须要求满足的。无产阶级之所以要进行革命，要反对资产阶级的剥削和压迫，其原因之一就是要争得自身的生活权利，要求有满足自己的物质生活需要的权利。无产阶级知道，如果不推翻剥削阶级的压迫和统治，无产阶级的物质需要就不能得到很好的满足。在革命胜利后，不断改善和提高物质需要的水平，仍然是全体人民的一个重要任务。

精神需要，同物质需要一样，是人类社会所必需的。人类自从脱离了动物界之后，在追求自身物质需要满足的同时，也在精神上追求着某种满足。最原始的音乐、绘画等艺术，也就随着这种精神需要而出现了。自从人类进入阶级社会以后，剥削阶级掌握了社会的统治权力，占有了生产资料，在尽情地满足自己的物质需要的同时，更力求满足自己的精神需要。

从一定的意义上看，发展自己的个性，实现自己的人格和价值，也是一种精神需要。在私有制社会中，只有占有生产资料的剥削阶级，才能够借助自己的财富来实现自己的价值，而无产阶级是不可能在私有制社会内实现自己的价值或达到所谓"自我实现"的需要的。

道德需要作为一种特殊的、高级的社会需要，它同一般的物质需要和精神需要不同，它不是从社会去获得、索取、占有、使用、享受某种物质的或精神的产品来满足自己，而是通过对社会或他人的给予、奉献、牺牲来满足自己。道德需要是高度自觉的、完全自律的、依靠内心信念来满足的一种需要。道德需要作为一种心理机制，它表现出一个人能够把对社会、对他人的献身、贡献和给予当做是一种崇高的义务和责任，并能够在履行这种义务和责任时感到愉快，感到高兴，而且在内心中有一种满足了自己最崇高的需要的欣喜愉悦之情。道德需要是行为者的感性和理性认识的统一，是同行为者的高尚的道德境界密不可分的。

如果说，人们的物质需要和精神需要是从人们的感觉器官和精神需要出发而要求的一种满足，这种满足需要社会或他人为其提供某种必要的条件，那么道德需要就是从人的"良心"、"道德信念"或"良知"出发而要求的一种满足，这种满足不需要向社会或他人索取，相反，它通过对他人和社会的献身、奉献和给予而得到满足。从个人的心理来说，一个有道德需要的人，从欲望、动机直到感情，总是把对社会、对他人做出牺牲看做是最值得去做并且最能使自己感到幸福的事。实际情况也总是：一个有道德需要的人，在他为他人、为社会做出奉献时，他并不感到自己是吃亏、受损失，而是感到自己更充实、更丰满、更愉快。中国两千多年前的思想家老聃曾经说过一句很深刻的话："圣人不积，既以为人己愈有，既以与人己愈多。"① 也就是说，圣人不吝惜（蓄积）自己的精力，他尽量帮助别人，自己反而更充足，他尽量给予别人，自己反而更富有。这句极其深邃而又富有哲理的话，正是对具有道德需要的人之所作所为的一种概括。

---

① 《老子·第八十一章》。

中国传统道德中，有所谓“助人为乐”的说法，这也就是把助人看做是一种道德上的需要，是能使自己感到快乐的事情。实际上，历史和现实中的一切道德高尚的人，从一种自觉的道德需要出发，都是把献身、奉献、自我牺牲当做自愿而使自己感到幸福的事情。

雷锋是一个有高尚道德的人，他的许多行为都是从一种自觉的道德需要出发，在做出了对他人和社会的奉献之后，发自内心地感到幸福和快乐。在雷锋日记中，我们可以看到很多这样的例子。一次，雷锋上山砍柴搭菜窖，劳动到十二点，大家都很饿，战士王延堂没有带饭，于是雷锋“拿了自己的饭给他吃”，雷锋说：“我虽饿点，但让他吃饱，这是我最大的快乐”；一次，黑天下大雨，雷锋冒着风雨送一个带着小孩和两个行李包的妇女回家，尽管他非常劳累，而他却说：“我是人民的勤务员，自己辛苦点，多帮人民做点好事，这就是我最大的快乐和幸福”；另一次是大年初一，雷锋“心里觉得有件什么事没做似的”，他就到抚顺车站义务劳动，虽然很辛苦，雷锋却说：“我这样做，能使人民群众更加热爱党，热爱毛主席，热爱解放军，这就是我感到最幸福的。”总之，雷锋把为人民服务、为他人献身看做是自己的道德需要，这种需要的满足使他感到快乐和幸福。

从上述雷锋日记的三个事例中，我们可以清楚地看到，雷锋的这些行为是出自他的“道德需要”。他不仅是为了履行一定的道德规范，而且是感觉到有一种强烈的需求，促使他为他人献身。他的情感、动机、意志和信念，都引导着他去做对他人、对集体、对国家有利的事情。而且，如果他不能这样做，他的内心就会不安，情感就会不快，意志就觉得不能称心如意。正像雷锋在自己的日记中所说的：“我觉得要使自己活着，就是为了使别人过得更美好。”雷锋生前做过无数多的好事，为他人、为集体献出了一生，但是他却始终处在一种为他人牺牲和献身的快乐之中。他之所以快乐和幸福，是因为他从自己的道德需要满足中得到了幸福。

在一段时期内，曾经出现过这样一种错误的理论：“雷锋也是为了满足自己的需要，所以雷锋也是自私的。”这种理论之所以荒谬，就在于他们根本不了解两种根本不同的需要。雷锋的活动，不是为了满足自己的私欲，而是为了满足自己的道德需要，但这正好说明，雷锋不但不是自私的，而是有着高度的共产主义道德觉悟。“自私”与为公的对立，并不在于它们都要求满足自己的需要，而在于二者追求、满足的需要的根本不同。“自私”所要满足的是一己的私欲和私利，而为公所要满足的需要是为他人、为社会、为国家的一种需要，这种个人的道德需要的满足，其所要满足的不是自己本身的幸福和快乐，而是他人的幸福和快乐。

人们的“道德需要”是同人们的道德觉悟和所达到的道德境界的高度相联系的。在社会主义社会中，人们的道德境界可以分为自私自利、先公后私和大公无私三种。一个人如果深深地陷溺在自私自利的境界中，就好像戴上了有色的眼镜，认为不论什么人，其所作所为在动机上都必然是自私自利的。这种人既不能理解那些从道德需要出发的人之精神的崇高和伟大，更不能理解道德需要是一切需要之中的最高层次的需要。一般来说，处于先公后私道德境界中的人，他们在某些事情上能够从道德需要出发，为他人、为社会献身。尽管这种从道德需要出发的行为，还不能够达到“造次必于是，颠沛必于是”的程度，但人们还是可以体会到做出奉献时的内心的喜悦，感受到一种道德需要的满足，一种奉献后的快乐。

对于已经修养到了“大公无私”的最高道德境界的人来说，他已经把奉献、牺牲、献身化成自己的一种心理素质，并成为自己的人格和品德的一个不可分割的部分。对他来说，奉献、给予和牺牲，是一个人的自觉的道德意识充分发展的体现，是自重、自尊的强有力的证明。通过对他人、对社会的给予和奉献，证明了自己品格的高尚，证明了自己有完善他人和完善社会的信念和力量。奉献可以使自己感到生命的活力，体验到在给他人、给社会带来的快乐和幸福中自己精神的满足，从而给自己带来勃勃向上的生机，并感受到自身的道德价值。确实，从某种意义上看，贡献和给予是一种牺牲，但这种牺牲却又能使自己感到更加充实。

当前，我国社会主义现代化的建设正在蓬蓬勃勃地向前发展。改革开放十多年，我们的经济已经取得了举世瞩目的成就。在人民群众的物质需要和精神需要逐步得到提高的同时，提倡和培养人们的道德需要，不断地提高人们的道德境界，必将会进一步协调人与人之间的关系，更好地增强中华民族的凝聚力，从而更有力地推动有中国特色的社会主义建设事业的迅速发展。

论道德义务与道德权利*

关于道德义务与道德权利的问题，是伦理学研究中的一个既有理论意义、又有现实意义的重要问题。最近几年来，我国学术界已经发表了一些有关这方面的文章，现在，就个人的看法，谈谈对这一问题的认识。

一、政治、法律和经济上的权利和义务

义务和权利是互相联系、不可分割的。在一般的情况下，没有权利也就没有义务，没有义务也就没有权利，这是大家都知道的。从法律、政治上看，对于社会生活中的每一个个人和法人来说，其行为的整个过程和结果，权利和义务都是同时存在的。权利和义务是互为前提的。一个人，当他履行一定的义务时，从他的行为的动机和目的来说，都是同追求一定的权利相联系的；同样，不管他是否愿意，当他追求某种权利时，他就必须要承担相对的义务。当然，在实际生活中，也往往有先尽义务而后享受权利，或先享受权利而后尽义务的。

从法律、政治和经济方面来看，权利和义务的实现是受社会历史条

* 本文作于1997年，原收入《罗国杰文集》下卷，保定，河北大学出版社，2000。

件制约的。在奴隶社会和封建社会中，为了达到维护尊卑等级制度的目的，统治阶级及整个社会中的贵者和尊者，往往是只享受权利而不尽义务，或者是享受到很多的权利而只尽很少的义务。人类社会发展到资本主义社会，情况有了改变。经过长时期的斗争，才终于承认了一切人在法律上和政治上的平等。这也就是说，每一个人，在政治上和法律上都有平等的权利和义务。当然，在私有制的资本主义社会中，这种平等尽管是规定在宪法和法律中，但是，从实质上来看，对于那些处在生活困难之中的穷苦劳动人民来说，他们是不可能得到或者不能完全得到这种平等的。在社会主义国家中，劳动人民是国家的主人，每个人在政治上和法律上是完全平等的，他们的权利和义务也是完全平等的。

二、道德上的权利和义务

在探讨道德上的权利和义务的关系时，我们需要特别强调的是，一般来说，道德义务是不以道德权利为前提的。这也就是说，从道德行为的基本特征来看，一个人在对他人、对社会、对国家尽自己的道德义务时，是不能以任何道德权利为前提条件的。

道德义务也就是我们常说的道德责任，这种道德责任，一方面是从一个人在社会生活中所处的社会关系中产生的；另一方面，它又必须是从一个人的善良的道德动机出发的。缺少这两个方面之中的任何一个方面，都不可能有真正的道德责任的履行。严格说来，道德义务不但不以获得某种道德权利和他人的报偿为目的，而且还要以或多或少地牺牲个人利益为前提。道德行为的动机，绝不能是追求个人的私人利益。一个行为之所以被称为是一个道德行为，一个重要的原因就是它的动机是不以获得某种道德权利为前提的。德国著名哲学家、伦理学家康德说过一句很有名的话，对我们理解什么是道德行为很有启发意义。康德说："道德之所以有如此崇高的美名，就是因为它伴随着一种巨大的献身精神。"在现实生活中，我们也可以清楚地看到，对于绝大多数人来说，他们在履行自己的道德义务时，不但不希望、不要求得到什么道德上的权利，而且经常是以牺牲个人的利益，甚至是以牺牲个人的生命为代价的。

当然，我们还必须看到，从每一个道德行为的主体来说，在履行道德义务时，不能以获取某种道德权利为前提，但是，从整个社会来说，则应当而且必须强调，对那些为他人、为社会、为国家、为民族履行了道德义务的人，应当使他们获得应有的报偿，这也就是我们所说的道德权利。为了保证履行道德义务的人的权利，社会和国家往往还必须采取法律的手段来加以规定，以使他们的权利不受损害。

三、社会必须重视对个人道德权利的满足

为什么从社会来说，又必须要尽力使履行了道德义务的人能够获得必要的道德权利呢?

我们知道，从整个社会的情况看，一般来说，道德高尚的人经常只占人群中的少数。他们高尚的道德行为能不能在整个社会上得到传播和发扬，关系到全社会的人际关系的和谐，关系到整个社会的道德风尚的好坏以及政治能否稳定。广大的社会成员和掌握政权的统治阶级，都希望那些有道德的人的道德行为，也就是他们所履行的道德义务能够得到应有的报偿。从统治阶级来说，不但要在意识形态领域里给他们以精神的鼓励，使他们得到应当有的荣誉，在社会上有崇高的地位，而且还要尽量使他们得以必要的物质的报偿。同时，统治阶级还要在法律上加以规定，用立法的形式来保证那些履行了自己的道德义务的人能够得到相应的道德权利。中国古代，从西周开始，强调“以德配天”、“德主刑辅”和“敬德保民”的思想，就把“扬善抑恶”作为赏罚的一个主要内容。隋唐以后，法律不断完善，更把法律和道德二者紧密地结合了起来，弘扬道德行为和惩治不道德的行为成为法律的一个重要的功能。对广大人民群众来说，他们也都希望社会有很好的道德风尚，人和人之间有很好的人际关系，所以也都希望能够给那些尽了道德义务的人们以应有的道德权利，以便使他们保持继续履行道德义务的信念，并且鼓励更多的人在社会生活中发扬为他人、为社会、为国家而献身的精神。也正是因为这种原因，广大人民群众对于那些履行了道德义务的人们，总是对他们的人格表示钦佩和敬仰。

还应当指出的是，一个有道德的人，在他牺牲了个人的利益，履行

了对他人、对社会、对国家的道德义务以后，有时候还往往会陷入非常困难的情况，甚至会使自己的身体致残，终生成为残疾，有的甚至丧失自己的生命，给家庭和亲属造成难以弥补的损失。这种情况就尤其要强调社会、国家和广大人民群众做出更多的努力，尽到应尽的社会责任，使他们得到必要的报偿。事情很清楚，如果那些为他人、为社会、为国家尽了道德义务的人因此而遇到困难时，不能得到社会和国家的特别的关心，不能得到强有力的物质的、精神的照顾，不但他本人会陷入困境，而且还会在社会上造成混乱，人人都不愿意再做好事，社会风气也就不可能好转，社会也就不可能稳定了。

四、高尚的道德行为不附带个人利益的要求

人们在履行道德义务后所获得的这种道德权利，一般来说，在一定的范围内，他们是不会自己去要求得到这种道德权利的。相反，在很多的情况下，即如他人和社会把这种道德权利给予了他们，他们也是不愿意接受甚至加以拒绝的。他们以不接受他人和社会所给予自己的道德权利为光荣，更不会因为履行了道德义务而没有得到相应的道德权利而感到后悔或不满。只有当他们确实因为履行道德义务而遭受到重大的困难时，他们才不得不提出自己的应有的道德权利的要求，希望能够得到自己应得的报偿。

在我国当前的社会上，也确实有这样一些人，他们之所以去尽道德义务，就是为了享受他们所希望得到的道德权利。他们做好事，目的是想得到群众和领导的表扬。他们也能够在一定程度上牺牲个人的利益，但是其目的是获得更多、更大的个人利益。他们的道德行为的动机，从内心深处来看，归根到底还是为了自己的个人目的。他们在做了一件好事，即为他人、为社会、为国家履行了道德义务之后，最关心的事是自己是否能因此而得到好处，即是否能得到群众和领导的表扬，是否能得到一定的精神的、物质的报偿。只有这种报偿，才是他们最关心也最高兴的。他们并不因为自己为他人、为社会、为国家履行了道德义务而感到由衷的高兴，却往往因为没有享受到道德权利而懊丧和不满。这种为了获得道德权利而履行的道德义务，严格来说，并不能说是履行了一个

人应当履行的道德义务，甚至可以说他的行为不是一种道德行为。只是人们不太容易去辨别，因为这种行为的动机隐藏在行为者的内心深处，在他们所企盼的道德权利得到满足的情况下，往往是不容易被人们发现的，一旦在履行道德义务后而没有获得所企盼的道德权利时，行为者又往往在人们面前掩盖自己的真实动机。在社会主义社会中，我们既强调要保障人们的道德权利，又提倡人们要为他人、为社会着想，力求使自己的行为成为高尚的道德行为。

五、正确认识道德行为的三个重要环节

一个履行道德义务的行为，必须是一个有道德的行为。对于一个有道德的行为，一般来说，应当有三个必要的内容和环节。（一）它必须有善良的道德动机；（二）在行为的全过程中，它所采取的手段也必须是道德的；（三）在一般情况下，它的行为的效果也应当是好的，是同它的善良的动机一致的。当然，最重要的还是要把动机和效果这两个方面统一起来加以考虑。一个行为，不论它有多么好的效果，如果没有善良的道德动机，是不能被称为道德的行为的。当然，如果仅仅有好的道德动机而没有好的效果，只是一种不能付诸现实的主观愿望，也不能成为道德行为。但是，我们应当看到，在现实生活中，情况是非常复杂的，一个真心实意要履行自己道德义务的人，虽然尽了自己最大的努力，仍然没有取得预期的效果，应当说，他的行为仍然是一个道德行为。在日常生活中，我们可以看到，一个要救助落水人的见义勇为者，他可能已经尽了自己的最大力量，最后却并没有把落水的人救上来，但是，只要他有着高尚的道德动机，并且在实际活动中已经尽力去救助他人，那么他的行为仍然是一个崇高的道德行为。至于那些为了获得一定的个人荣誉或物质利益而去救人，甚至必须给予一定的金钱作报偿，否则就不肯救人的行为，即使把人救上来，也绝不是一种道德行为。

在道德的行为和效果的关系上，正像毛泽东同志所说的，我们既不是单纯的效果论者，也不是单纯的动机论者，我们是动机和效果的统一论者。没有实际的行动和好的效果的动机，只能是一个不结果的花；而没有善良的动机的效果，仍然不能算是一个道德行为。一个道德行为的

动机，只能是为了他人、为了社会、为了国家的利益，只能是为了去履行自己应尽的道德义务。从动机上来看，一个道德行为的出发点，是不应该掺杂有任何的个人的、物质的欲望和追求利益的目的的。一个人在履行道德义务的开始，就抱着追求和向往道德权利的动机，这种行为当然不能说是一种道德行为。

一个道德高尚的人，在履行自己的道德义务时，最关心的是他的行为的客体的状况，即关心他的行为是否给客体带来了他所希望的后果。如果他履行的道德义务使他人得到了幸福，使集体和国家得到了好处，他就会感到由衷的高兴和愉快。正是从这种情况出发，我们认为，一个崇高的道德行为是不以获得道德权利为前提和目的的。

权利与义务关系的再认识*

关于权利与义务的关系，近几年来已有很多的文章对这一问题进行了多方面的论述。大家都一致认为，这二者是相互依存、相互联系和相辅相成的。有权利就必然有义务，有义务也就必然有权利。在长期的奴隶社会和封建社会中，掌握政权的统治阶级享有极大的权利，而广大人民群众则只有义务而没有权利。因此，在资产阶级登上历史舞台以后，就大声疾呼权利的重要，使得权利的观念逐渐深入人心。改革开放以来，我们吸收了西方的权利思想，使我国人民在权利和义务的关系上有了一个正确而全面的认识，这一切对于推动我国的社会主义的四个现代化是有重要意义的。

但是，在近来的一些文章中，我总觉得有一种倾向，那就是以西方的权利观念为摹本，片面地强调权利的重要，在义务和权利的天平上，总是有意无意地使它向权利这一边倾斜。有的人甚至在道德活动中，也强调如果没有道德权利作为回报，就不履行道德义务。关于道德权利和道德义务的问题，我已经专门写了一篇《论道德义务与道德权利》，在这里不再重复。现在，仅就权利与义务的关系再谈一点新的认识。这一新的认识，是从一次中英伦理学学术讨论会中所受的启发。

今年的9月中旬，在英国伦敦的格雷色姆大学召开了一次中英企业

---

* 本文是作者1999年9月在伦敦参加中英伦理学学术讨论会后写成的一篇短文。

伦理的讨论会。在这次会议上，英国的伦理学家们对企业、个人的责任和义务问题特别感兴趣。他们的发言中多次提到“义务”的重要，而且他们所强调的重点和我们国家一些人的提法完全不同。我曾在一次伦理学的讨论会上，听到一位在英国读博士的学者谈他在英国所学到的关于“权利”的重要讲话。他的主要倾向是在中国权利是最重要的，而他的这些观点是从英国学来的等等。那么，我听到的英国学者的看法，又如何呢？

一、必须改变权利与义务不相称的情况

一少部分人只享受权利而不尽义务，大多数人只尽义务而不能享受权利的情况必须改变。在世界历史上，在剥削阶级占统治地位的社会中，由于剥削阶级掌握着统治国家的权利，他们就利用这一政治上的特权，强迫广大人民群众去服各种劳役，从他们手中攫取各种利益，但是自己却很少尽义务。

不论从理论上还是从实践上，我们都应当承认在权利和义务的关系上，义务是根本的、本源的，权利是从义务中派生的，是由于尽了一定的义务之后才产生的。义务产生权利，权利来自义务，这是一个颠扑不破的真理。剥削阶级不尽义务却要享受权利，这是从根本上违反了权利与义务的关系，是非常荒唐的。

二、一种值得注意的倾向

在这次讨论会上，几位西方学者都反复地提出一种值得注意的倾向，即只想享受权利而不愿意尽义务。随着市场经济的发展，在个人主义、拜金主义和享乐主义的影响下，一些人把个人的事当做自己的权利，他们不愿意为社会尽任何的义务，能投机的就投机，能取巧的就取巧，能蒙混的就蒙混，能逃避的就逃避。他们的理论是，让那些老实人和傻瓜去尽义务吧，自己所要的只是权利。他们在口头上也说权利和义务是相互联系的，但是他们的侧重点是要享受权利，或者说，是要让

别人去尽义务而自己享受权利。

许多学者都谈到，一个少数人享受权利而多数人尽义务的社会是一个不合理的社会，是一个应当改变的社会。然而，一个大多数人享受权利而只有少数人尽义务的社会，是一个更加应该改变的社会。因为如果这样，这个社会就必然崩溃和迅速走向灭亡。如果只知道享受权利而不想或不愿意履行义务，这个权利的实行就必然要无偿地占有他人的劳动，就必然要损害他人和社会的利益。几位西方学者引用了新加坡李光耀的话来表达自己的观点。李光耀说："西方道德的堕落，就在于它以自己的权利掩盖了一个人对他人和社会的义务，这种情况损害了西方社会。"一个发言者说："古代的中国，总是强调义务而忽视权利，而现代的西方则只知道享受权利而尽量逃避自己应尽的义务。"一个学者认为，这种只知道享受权利而不愿意尽义务的倾向可能导致西方社会的毁灭。值得注意的是，我们的一些学者自以为是在学习西方先进的东西，而实际学到的却是它们的糟粕。中国古代有所谓"邯郸学步"的故事，这对于那些盲目向西方学习的人来说，是不是应当很好地加以反省和检讨，并引以为戒呢？

三、权利、义务同一个人的"人格"

一个人的"人格"是由什么体现的？有的人认为，一个人的"人格"主要是由他的"权利"体现的。也正是这样的原因，一些人把自己权利的大小当做是人生价值大小的评价标准，把追求个人权利的最大实现作为人生唯一的目的。但是，我们知道，权利的大小和享受权利的多少是不能完全体现一个人的价值和"人格"的。权利的大小和享受权利的多少，对一个人来说是外在的东西，只能显示他在尽了义务后所应得到的报偿，或者说在一定的情况下，它能够显示一个人地位的高低，而这个地位的高低同样是要由应尽的义务来报偿的。

在现实生活中，确实有一些人错误地认为"人格"是由他的权利来体现的。当他享受权利时，他就认为自己有了"人格"，而当他享受不到权利时，他就认为失去了自己的"人格"。因此，他尽义务的目的就是为了享受权利，如果享受不到权利，他就决不会去尽义务。我们知道，这种人是永远不可能去为他人、为社会、为国家而献身的，更不用说是去无私奉献了。这种把享受权利作为“人格”唯一内容的人，他们又有什么“人格”呢？更有甚者，一些人不是把“权利”、而是把“权力”当做唯一的“人格”去追求，当他们有了权力时，便志满意得、神气十足，认为自己最有“价值”，而一旦失去了官职，就垂头丧气、精神恍惚，就觉得自己没有什么价值了。对于这些人来说，这真是一件极其可悲的事，应当使他们从这种错误的认识中清醒过来。

“权力”和“官职”是一个外在的东西，是由社会或他人给予的，又怎能决定一个人的自身价值呢？社会和他人在赋予一个人“权力”时当然也要根据他的能力和其他一些条件，但是一个人的价值只能在一个人的自身之内，而绝不会在他的“权利”之中。一个具有很大权力的人，可能是一个贪官，是一个不但没有价值而且是一个道德和人格都极其卑下的人。相反，一个平常的老百姓却往往是一个道德和“人格”都很高尚的人。

一个人的“人格”的高尚和卑下，从根本上来说是由他的责任也就是由他的义务来体现的，他的价值的大小也是通过他的“义务”来确定的。没有义务，没有责任，也就不可能有人的价值和人格。而且，从伦理道德来说，一个人所尽的义务越多，所取得的报酬越少，也就是说，他为他人、为社会、为国家所做的贡献越大，他的价值就越大，他的人格也就越高尚。

第六编

道德评价

有关道德评价的几个问题*

道德评价是伦理学中的重要问题之一，它是人们在社会生活中依据一定阶级的道德标准，对自己和他人的行为所作的一种善恶的判断。它是一种精神力量，能对人的社会行为起很大的影响。社会生活中的每个人，不论自觉也好，不自觉也好，每日每时总是要对许多行为进行道德评价。人们总是要根据自己的政治观点、道德观点、阶级利益去评判别人或自己的行为。当他们认为某种行为是道德的，他们就会加以支持和赞扬，形成一种鼓励这种行为的力量，逐渐地使人们养成习惯；相反，当他们认为某种行为是不道德的，他们就会加以反对和批评，形成一种抵制的舆论，从而制止发生这种行为的可能。同样，当人们有了一定的道德感情并对自己的行为进行道德评价时，他们就会在内心中判定哪些是道德的，哪些是不道德的。一般来说，作为社会意识形态的道德，是通过社会舆论、传统习惯和内心信念三个方面来起作用的。前两个是属于客观方面的作用，后一个是属于主观方面的作用。它们都是道德评价的形式，都必须通过对道德行为的判断才能对人的行为发生作用。

道德评价是一种精神力量。它虽然是无形的，但是却是一种使人处处都感觉得到的力量。如果每一个人都有高度的自觉的道德评价的能力，有正确的内心信念，它就可以产生巨大的不可轻视的物质力量，从而对

---

* 本文原载《光明日报》，分为上下两篇分别发表于 1961 年 12 月 14 日和 15 日。

社会产生重大的影响。道德评价的力量，虽然不像法权那样有强制作用，但是它对人的行为能起巨大的影响。这种潜移默化的作用有时又是法权所不能做到的。社会的生活证明，道德评价的力量对于清除旧道德、培养新道德来说，是极其重要的。因此，任何一个统治阶级，为了巩固自己的统治，为了使自己的成员能够更自觉地形成新的道德品质，更好地维护自己阶级的利益，总是非常强调道德和道德评价的作用。

道德评价牵涉的问题很多。如道德评价的意义和作用，人为什么应对自己的行为负道德上的责任？道德评价的标准是什么？根据是什么？舆论和内心信念在道德评价中的作用，等等。下面分别加以探讨。

一、善恶的责任（自由和必然的关系）

道德评价的目的之一，就是要人们养成强烈的道德责任感，对于善的行为能够有道德上的赞同，对于恶的行为能够有道德上的自我批评，从而形成一种深入人们内心的精神力量，作为评价和选择自己行为的指南。所以，马克思主义伦理学非常强调人们对自己的行为应负的道德上的责任。

资产阶级的唯心论的伦理学家通常向马克思主义提出一个问题：既然马克思主义的历史唯物主义认为人们的活动及其行为完全决定于历史条件，受着必然性的支配，那么对人的行为的道德评价又有什么意义呢？因而，他们歪曲马克思主义承认客观规律对人们行动的决定作用的思想，诬蔑马克思主义否认对人们的行为作道德的评价。资产阶级思想家并大吹大擂地说，他们是强调对自己的行为负道德责任的，因为他们认为人的意志是绝对自由的。因此，在谈到道德评价和道德责任时，我们必须正确地理解和解决自由和必然在伦理学上的相互关系问题。正是在这个意义上，恩格斯说，如果“不述及所谓自由意志、人的责任、必然和自由的关系的问题，要论述道德和法，是很困难的”①。

关于自由和必然的关系，马克思主义以前的任何思想家都没有科学地解决过。旧唯物主义者一方面承认人的行为是受外部情况制约的，一方面又错误地否认了人的意志的相对自由。正因为如此，18、19 世纪

① 恩格斯：《反杜林论》，吴黎平译，116 页，北京，人民出版社，1956。

的唯物主义者便走上了宿命论的道路。相反，一些唯心主义哲学家认为只有存在不受任何制约的绝对自由，人才能对自己的行为负道德责任。其实，不论上述两种意见中的哪一种，其结果都同样地否定了人对自己道德行为所应负的责任，从而否定了道德评价的意义。特别值得指出的是，资产阶级在伦理学中的这种绝对自由的理论，正好是资产阶级企图逃避他们对无产阶级的受剥削和贫困状况所应负的政治上和道德上的责任的一种借口。他们以这种绝对自由为根据，说在资本主义条件下，每个人的行为都是绝对自由的，每个人都是自己幸福的创造者，劳动人民贫穷受苦应该由他们自己负责。这当然是极端错误的。

我们马克思主义者是历史唯物主义的决定论者，我们承认自然和人类社会都有一定规律，人的行为是受着必然性支配的，但是却不否认个人行为的相对自由，更不轻视人对自己行为应负的道德责任。我们既不同意机械的宿命论认为人对自己行为无力支配的错误，更坚决地反对所谓自由意志的荒唐神话。马克思主义伦理学认为在客观规律起决定作用的范围内，对几个可能的星斗，人们有一定的选择的自由。这是一种自觉的、有目的的活动，所以人们对自己的行为就应负道德上的责任。所以，列宁说："决定论思想确定人类行为的必然性，推翻所谓意志自由的荒唐的神话，但丝毫不消灭人的理性、人的良心以及对人的行为的评价。恰巧相反，只有根据决定论的观点，才能做出严格正确的评价，而不致把一切都任意推到自由意志的身上。"①

马克思主义者承认人们在多种可能性中有相对选择的自由，承认人对自己行为应负道德上的责任，这和资产阶级唯心主义伦理学家所说的绝对的意志自由有根本的不同。尽管人的这种选择是有目的的、自觉的活动，但是这种选择在最终的意义上是要受客观必然性支配的。马克思主义者认为只有认识了必然性，人们对自己行为所作的选择才算是获得了真正的自由。所以，恩格斯说："看来好像是在许多不同的和相互矛盾的可能决定中，任意进行选择，可是这种犹豫不决，正是证明自己的不自由，证明他被自己所应当支配的对象所支配"②。承认这种受必然性制约的、不自由的状态，不正是要人们对自己的行为作慎重的选择，从而力求达到和必然性相一致吗？这不正好说明马克思主义伦理学十分

① 《列宁全集》，中文 1 版，第 1 卷，139 页，北京，人民出版社，1955。

② 恩格斯：《反杜林论》，吴黎平译，117 页。

重视人的行为的道德责任吗?

二、善恶的标准

对人的行为的善恶作道德评价，到底以什么为标准呢?这是伦理学史上有着长期争论的一个大问题。资产阶级伦理学家提出了以人的主观意志或是否对人有利作为道德评价的标准。如康德提出绝对命令，把先天的善良意志作为唯一的评定善恶的标准，另一些资产阶级伦理学家公开提出了个人利益和个人幸福是道德评价的标准，即一切符合于个人利益和能够得到个人幸福的，就是善的，反之，就是恶的。中国伦理学史上所谓的“义”“利”之争，也有类似的情形。主张“义”的伦理学家认为，一个行为的善恶主要看行为是否合于义；主张“利”的伦理学家认为，一个行为的善恶主要看行为是否有利或有害。总之，不论资产阶级或封建阶级的伦理学家提出什么样的评判善恶的标准，他们都有一个共同的特点，就是要掩盖敌对阶级对于同一行为的截然相反的两种评价。他们把社会上的人都看做是没有根本利益的对立，因此，他们所说的善恶标准必然是有意地欺骗劳动群众，并企图把他们的善恶标准当做全人类的善恶标准。

马克思主义伦理学的强烈的阶级性明确地反映在道德评价的标准上。马克思主义伦理学所说的人是现实的阶级社会中的人，社会上的人都是从自己的阶级利益出发来评价各种事物的。因此，马克思主义伦理学公然提出无产阶级的阶级利益是无产阶级判断善恶的标准。凡是有利于无产阶级利益的行为，就是善的，就是道德的；反之，就是恶的，就是不道德的。所以，恩格斯说:“所有已往的道德论，归根到底都是社会当时经济状况的产物。而因为直到现在社会是在阶级对立之中发展，所以道德总是阶级的道德；它或者是为支配阶级的统治和利益辩护，或者是当被压迫阶级足够强大之时，它表现对于这个统治的抗争，而代表被压迫者的将来的利益。”① 资产阶级伦理学主张超阶级的善恶，只不过说明他们企图掩盖自己的剥削别人的道德的本质，掩盖道德的阶级标准而已。

马克思主义伦理学十分重视道德评价的作用，但是它坚决摈弃一切把道德评价超乎阶级利益之上的道德说教。阶级利益是阶级社会中各阶

① 恩格斯:《反杜林论》，吴黎平译，96 页。

级判断善恶的标准，从这一标准出发，各个阶级又都各有自己的道德规范。统治阶级总是把自己阶级的道德规范加以系统化，用以教育被统治的人民，以便形成一种有利于自己的社会舆论、传统习惯和道德信念。中国封建社会的所谓“三纲五常”的人伦关系，资产阶级所说的自由、平等、博爱以及人道主义，都是资产阶级的阶级利益在道德领域中的体现。同样，无产阶级在自己的阶级利益原则的指导下，也有自己的道德准则，如集体主义精神、热爱劳动、忠诚老实、谦虚谨慎、爱国主义和国际主义以及家庭、婚姻和日常生活中的道德等。因此，为了正确地进行道德评价，一方面要随时随地坚持无产阶级的阶级利益，另一方面要全面了解无产阶级道德的各个具体规范。我们认为，更全面地说，阶级社会中道德评价的标准就是阶级利益和阶级利益所贯穿的一系列的道德规范。

资产阶级的伦理学家，在关于善恶标准的问题上，总是喜欢用动机和效果的争论来代替善恶的阶级利益的原则。按照他们的意见，在对行为作道德评价时，主要的不是按照一定阶级的利益，而是要根据某个行为的动机或效果。这种把动机和效果问题说成是判断善恶的根本问题从而抹杀道德评价的阶级利益原则的做法，当然是错误的。我们认为，只有把阶级利益的原则和由此原则所贯穿的一系列的道德规范（即道德本质、道德阶级性）弄清楚之后，在评价人的行为是否道德时，才能谈到动机和效果的问题。

三、善恶的根据

判断善恶的标准的解决，对于我们进行道德评价来说，是有着决定意义的。但是，仅仅解决了阶级利益的标准，还不能完全解决道德评价的问题。因为，这里牵涉到一个行为的动机和效果的问题，而且在运用标准时，还往往会碰到动机和效果不一致的情形。我们要想评价一个行为是善的或者是恶的，究竟是根据它的动机，还是根据它的效果呢？这是伦理学史上长期争论而不能解决的问题。

从伦理学史来看，对于善恶的根据问题，有动机论和效果论两大派。前者认为应该以行为者的主观动机为根据，后者认为应该以行为者的行为的客观效果为根据。主张动机论的伦理学家认为一个人只要他的动机是善良的，那么他的行为就是善的，就是道德的，否则就是恶的，就是不道德的。在西方伦理学史上，德国哲学家康德就是这一派的代表，他曾经举例说，如果抱着想获得报答及怜悯同情等动机而救活了一个快要被淹死的小孩。这仍然是不道德的。主张效果论的伦理学家认为行为的动机是与道德无关的，对行为的道德评价不必问及他的动机，主要应根据行为的后果。在西方伦理学史上，边沁和穆勒就是这一派的代表。穆勒认为一个人不论抱着什么目的，只要他能把将要被淹死的人救上来，这就是善的、道德的行为。总之，动机论和效果论都是把动机和效果二者割裂开来，在认识论上有着同样的错误根源，这两种关于动机和效果的关系的片面的观点，当然都是错误的。不仅如此，更重要的是，不论动机论者也好，效果论者也好，他们都掩盖了道德评价中的阶级利益原则，企图以动机或效果来决定善恶，从而达到他们欺骗劳动群众和维护剥削阶级统治的目的。这点在前面已经批判过，这里进一步谈谈在阶级利益这一标准的指导下，马克思主义伦理学对于动机和效果问题的看法。

马克思主义伦理学在道德评价中所持的观点是动机和效果的辩证统一。毛泽东同志在《在延安文艺座谈会上的讲话》中指出："唯心论者是强调动机否认效果的，机械唯物论者是强调效果否认动机的，我们和这两者相反，我们是辩证唯物主义的动机和效果的统一论者。为大众的动机和被大众欢迎的效果，是分不开的，必须使二者统一起来。为个人的和狭隘集团的动机是不好的，有为大众的动机但无被大众欢迎、对大众有益的效果，也是不好的。"① 这里需要进一步说明的是，动机和效果究竟如何统一呢？在发生矛盾的情况下，又应该如何评价呢？我们认为，最根本的问题还必须由实践来解决，因为动机和效果是在实践的基础上统一起来的。

马克思主义伦理学上所说的动机和效果是一个事物的对立的两个方面。这就是说，它们是有着相互斗争、相互依赖、相互转化的关系的。好的动机常常引导出好的效果，坏的动机常常引导出坏的效果，但是在某种情况下，动机和效果又往往出现不一致的情况。

动机和效果为什么有矛盾的、不一致的情况呢？怎样来理解这种不一致，如何才能使它们取得一致呢？我们认为，动机是一个人在行为前

① 《毛泽东选集》，1版，第3卷，870页。

的主观愿望，而效果是一个人的行为所产生的客观后果。动机和效果暂时不一致的情况是有的，但是归根到底，动机和效果是能够一致的。评定任何人的行为，都必须既注意行为的动机，又注意行为的效果。如果片面地强调动机，就必然会把主观的东西当做唯一的根据，从而失去了评价行为的客观标准。况且，离开了行为的效果，我们又怎能知道行为者的动机呢？反之，如果片面地强调效果，这不仅容易把一些动机是好而由于经验不足或认识片面而造成坏效果的行为都称为不道德的，甚至会把“歪打正着”的行为说成是道德的行为。所以，只有注意动机和效果的辩证统一，才能解决这个问题，只有实践的观点才能解决这一矛盾。

人的任何道德行为都是在对客观事物的认识基础上的实践活动。人的动机都是在实践中发生的，没有实践，不可能有人的动机。动机不但产生于实践当中，而且在实践中发展，并且在实践中受到检验。真正好的动机，尽管也可能发生动机和效果的暂时不一致，但是由于它产生于原来的实践的基础上，并且在行为的过程中得以不断发展和改造，从而能够最终达到动机和效果的一致。这就是说，实践的过程能够检验动机是否真正善良。所以，毛泽东同志说：“社会实践及其效果是检验主观愿望或动机的标准。”① 一个人，即使有真正好的动机，事前顾及事后的效果，但是不一定就能达到预定的效果，这在认识论上是有各种各样的原因的。一个医生给人看病，一个将领指挥作战，一个基层干部领导生产，并不会因为有好的愿望而每次都能达到好的效果。如果发生了医疗事故，打了败仗，使生产受到了损失等，对这种动机和效果的不一致，是不能简单地以不道德相斥责的。因为，正像毛泽东同志所指出的，对于主观动机的检验，不仅要注意效果，而且要注意其实践的过程。发生了医疗事故的效果是不好的，但是如果从医疗过程来检查，他在各个方面都已经非常负责，医疗措施上没有完全可以避免的错误，正像一个将领，虽然打了败仗，但是他在各方面都尽了自己的能力，那就不应该说他的行为是不道德的。一个基层干部指导生产，尽管一心为社员好，但有时也会因为未能掌握农作物种植的规律而使生产受到损失，那么是不是因此就认为他的行为是不道德的呢？如果从这个基层干部领导生产的整个实践活动来看，他一向对生产负责、办事公道、能贯彻党的政策，他领导生产的

① 《毛泽东选集》，1版，第3卷，870页。

动机确实被证明是好的，而且在生产上造成了损失之后他又能作深刻的自我批评，在工作中认真总结经验，加以改进，那么他的行为就不应该在道德上受到谴责。只有那些对人民事业不负责任、自以为是、目空一切、不信任群众的人，在产生了错误之后既不愿进行认真的自我批评，又不肯总结经验和改进工作，也就是说，实践过程证明了他并没有真正的好心，当然应该给予这种人道德上的谴责。因此，如果实践证明动机确属善良，在行为的过程中又能认真负责，产生了坏的效果后又能严肃对待，认真改正，那么他的行为就是道德的。否则，就是不道德的。有时，坏的动机也可能产生某些所谓好的效果，但是实践将会证明这种“歪打正着”的行为必定是偶然的、巧合的，是和动机不一致的。因此，绝不能认为这种行为是道德的。我们不能要求一个人的任何行为都必然达到好的效果，但是一定要求他事前要顾及事后的效果，并力求达到好的效果；在发生了坏的效果之后，应该认真地吸取教训，从而改正自己的行为，使其最终能够达到和动机相一致的目的。这就是说，我们固然主张从效果来检验人的动机，但是必须要把实践当做一个过程，看到其中的前后一贯的、多方面的联系，从全面的考察中来掌握和理解实践在道德评价中的作用，这就是我们辩证唯物主义和效果论者的根本区别。

四、社会舆论和内心信念在道德评价中的作用

社会舆论和内心信念是道德评价的两个重要方式，二者有着极为密切的相互影响、相互促进的关系。

社会舆论是一种精神力量，却又是社会上人与人之间的关系的一种客观存在的反映。这种舆论既反映客观现实的存在，又积极地调整着人和人之间的现实存在的各种关系。我们经常所说的“舆论的谴责”，“舆论的压力”，在大多数情况下都是和道德评价有密切联系的。

内心信念是道德评价的一个重要形式，是行为者对自己的行为进行善恶评判的唯一的力量。伦理学上所说的内心信念约相当于我们日常所说的良心，它绝不是与生俱来的一种先天的判断行为的能力，而是在阶级斗争和生产斗争中形成的一种对自己行为所负的责任感。马克思曾说：“共和党人的良心不同于保皇党人的良心，有产者的良心不同于无

产者的良心……”①

作为内心信念的这种力量是十分重要的。它的确能对人的行为发生一定的作用。人们常常喜欢说：受到“良心责备”，就是这种力量的表现。内心信念的这种力量形成一种对自己行为的内心的判断能力。当一个人有了正确的道德评价的标准，有了崇高的道德行为的责任感，他就可以对自己的每一个行为加以评判和鉴别。对于自己的合乎道德的行为，行为者会得到一种精神上的满足，从而形成一种力量，并勇于继续从事这种行为；同时，对于自己的不道德行为，行为者能够给予内心的谴责，产生羞愧，从而促使对自己的行为作出负责的自我批评，并制止今后类似这种行为的发生。

社会舆论和内心信念有着极为显著的相互促进的作用。社会舆论的形成，能够增强人们的内心信念，培养人们的善恶观念，培植人们的道德责任感，促使人们内心矛盾的斗争，提高人们对行为善恶的自我判断的能力。同样，内心信念的增强，道德责任感的加大，又会促使道德舆论的形成，使社会舆论能够发挥更大的力量。社会舆论和内心信念的高度一致，就能对人的行为产生重大的影响。当舆论强烈地赞扬某种行为而人们对这种行为又有强烈的内心信念时，人们就能产生“杀身成仁，舍生取义”的英雄行为；同样，当舆论严格谴责某种行为而人们内心又极度蔑视这种行为时，人们就能产生“富贵不能淫，贫贱不能移，威武不能屈”的坚贞品质。由于社会舆论和内心信念都是以一定的社会经济关系所形成的阶级利益为中心的，所以人们总是斥责对自己阶级不利的行为，鼓励对自己阶级有利的行为，因此，舆论和信念对于巩固一个阶级的统治有着重要的作用。封建社会曾长期地用“忠君爱国”、“三纲五常”等观点，在人民群众中形成一种有力的舆论；资产阶级曾经用个人主义和利己主义观念，制造了“人不为己，天诛地灭”的舆论，从而使这种舆论支配人们的内心信念，这在巩固资产阶级的统治方面也是起了一定的作用的。由于剥削阶级的利益是和广大人民的利益相敌对的，因此，尽管剥削阶级制造了各种各样的有利于剥削阶级的社会舆论，但是它对人民群众的欺骗、麻醉作用终究是有限度的。而且剥削阶级在制造这种舆论的同时，劳动人民中还有着与之相对抗的社会舆论。所以，尽

① 《马克思恩格斯全集》，中文1版，第6卷，152页，北京，人民出版社，1961。

管统治者可以利用各种物质和精神条件，使有利于他们的舆论成为社会的统治舆论，但是要完全达到他们的目的，则是不可能的。只有无产阶级的阶级利益才是和广大人民群众的利益相一致的。因此，无产阶级的道德原则和各种规范必然能够形成强大的社会舆论，能够真正地成为人们的坚强的内心信念，从而对人的精神面貌产生深刻的影响。

加强社会舆论和内心信念的目的，归根到底在于培养人们判断善恶的能力，提高人们的道德水平。因此，有必要在一切报纸、杂志及各种口头宣传中，在一切文学、戏剧、电影中，在教育工作的各个方面，注意对各种问题进行道德上的评价。要从无产阶级的阶级利益出发，要用“对敌恨、对己和”的爱憎分明的观点，对人们进行教育。要特别善于用形象的、生动的方式，鼓舞人们向往崇高的道德行为，增强人们对不道德行为的厌恶。既要展开对资产阶级的腐朽道德的批判，又要注意共产主义道德的建立。对具有共产主义道德品质的崇高行为的宣传，能明确树立新的道德品质的典型形象，对培养新人的道德品质具有重要意义。几年来，我国在共产主义道德教育和共产主义风格的宣传中，提出了“见困难就上，见荣誉就让，见先进就学，见后进就帮”，“把方便让给别人，把困难留给自己”，“多做工作，不计报酬”，“艰苦奋斗，勤俭建国”，“发奋图强，自力更生”等无产阶级所应有的崭新的精神面貌，形成了有力的社会舆论和内心信念，对人们新道德的培养有着重要的作用。在进行这种宣传中，只要能够注意实事求是的精神，只要能够把道德上的要求同党当前实施的各种政策区别开来，不用共产主义道德代替按劳分配的原则，那么我们的舆论力量就一定能够成为有利于社会主义建设的强大力量，就一定能够加速社会主义建设，巩固为共产主义事业所作的斗争，这是几年来事实已经证明了的。

加强社会舆论和内心信念的工作，还必须注意对共产主义道德的各种规范的宣传解释。要使人民群众具有丰富的道德知识，具有清楚而明确的区分善恶是非的能力。

道德评价的问题是马克思主义伦理学的一个重要问题，对于这一问题的探讨，又必然和伦理学中的道德理想、道德规范、道德教育和道德修养、道德养成中的主观因素和客观因素的辩证关系等问题有着密切的联系。本文仅就道德评价的上述四个方面，提出一些极其粗浅的看法，以便引起对这一问题的更深入的研究。

动机和效果*

一

动机和效果问题，是伦理学上长期争论的重要问题之一。伦理学要研究对人的行为进行道德评价的问题，因此，就必然牵涉到人们行为的动机和效果的关系。在阶级社会中，人们总是根据一定的阶级利益来评价人们的行为，在动机和效果相一致的情况，是比较容易判定善恶的。但人们行为的动机和效果常常发生矛盾。在出现了这种矛盾的情况下，对人们的行为进行道德评价，就会发生困难。我们要评价一个行为的善或恶、道德或不道德，究竟是根据动机还是根据效果？在伦理学史上，对这个问题的回答主要分成两大派：动机论和效果论。

动机论的著名代表是康德。他认为评价人的行为的主要根据是人们的善良意志，是人们的内心动机。他认为，一个人的行为的道德价值并不是从他行为的效果中得到的，而是从他行为所依据的内心的善良意志中得到的。因此，评定一个人的行为是善是恶，除了依据他的“好意志”或“善良动机”以外，别无其他。他说：“好意志所以好，并不是

---

* 本文原载《人民日报》，1963 年 5 月 11 日。

因为它的工作或成就，不是因为它易于达到某个预期的目的，乃是只因为立志作用，那就是说，好意志本身就是好的。”“纵然因为运命特别不利，或是因为晚娘似的自然界的供给过于吝啬，这个好意志完全缺乏达到它愿望的能力，纵然本人虽则极端努力，还是毫无成就，还只有这个好意志（当然不单是一个发愿，而是尽心力而为之的企图），这个好意志也还是像宝珠似的，会自己放光，还是个自身具有全部价值的东西。它的有用或是无结果，对于这个价值既不能增加分毫，也不能减少分毫。”① 康德形象地把“好意志”或“善良动机”说成是一种艺术的真正内容，而由这一意志所引起的结果只不过是“一种布景”而已；这种“布景”除了引起那些还不能真正鉴赏它的人对它的注意之外，别无功用，而对于能够真正鉴赏它的人来说，他的鉴赏本来是不需要借助什么布景的。这样，康德就把“好意志”或“动机”说成是评价人的行为的唯一标准，而效果只是一种可有可无的陪衬。什么是“好意志”呢？就是支配人们行为的“义务心”。这个义务的原则是：“我一定要这样行为，使得我能够立定意志要我行为的格准成为普遍规律。”② 这种义务心是从人的理性中间产生出来的。他说，我们应当晓得“由义务心而重承诺，和由恐怕坏结果而这样是完全不同的两件事。在第一件，只是这件行为的观念本身已经包含着我应该遵守的规律；在第二件，我一定要从别的方面看看这件行为会不会引起什么影响我个人的结果”③。这就是说，道德的行为和任何个人的利益、欲望、爱好、喜欢等都是相矛盾的，任何追求个人私利或某种效果的行为都是不道德的，只有出自纯粹的行为、义务心的行为，才是道德的。康德认为，这种义务心是从人的理性中必然引出的，是人生而就有的，是超乎经验的。康德的这种“善良意志”只是德国资产阶级向封建贵族妥协的软弱无力的表现。正像马克思、恩格斯所说的：“康德只谈‘善良意志’，哪怕这个善良意志毫无效果他也心安理得，他把这个善良意志的**实现**以及它与个人的需要和欲望之间的协调都推到**彼岸世界**。”④ 康德这种为适应资产阶级需要的“善良意志”，完全割裂了动机和效果的辩证关系，是不正确的。

① 康德：《道德形而上学探本》，唐钺译，9页，北京，商务印书馆，1957。

② 同上书，16页。

③ 同上书，17页。

④ 《马克思恩格斯全集》，中文1版，第3卷，211～212页。

康德的这种动机论的最明显的错误，就是离开了人的行为的社会效果，片面地强调动机。如果没有效果，那么怎么来检验一个人的动机的好坏呢？每一个人都可以宣称自己的动机是好的，是出于“义务心”而行动的。因而，从抽象的“善良意志”出发，是没有办法来评价人们行为的善恶的。“义务心”或者说要履行义务的责任感固然是有的，但这种履行义务的责任感只能是人们的经济关系的产物，是在一定的社会关系中形成的道德观念，它不可能是一种先天的、超经验的形式。而且，离开了行为的社会效果，也根本无法检验人们是否具有这种履行义务的责任感。由于康德把“义务心”完全和人们的需要、欲望、要求、利益等孤立开来，把道德和人们的现实利益对立起来，所以它就只能成为虚伪的道德说教。康德的伦理学不但沦为“纯粹思想上的概念规定和道德假设”①，而且直接和宗教相结合，认为人的灵魂在伦理道德的领域可以永恒存在，并对人的行为的道德和不道德进行评价和监督，这当然是极其荒唐的。

效果论的主要代表是英国的边沁和穆勒。他们从人的感觉和经验出发，认为功利是“道德基础的信条”，凡是能够得到功利即得到幸福与快乐的行为，就是善的，反之，就是恶的。因此，他们特别重视行为的效果，轻视行为的动机。边沁在《道德立法原则》一书中说：动机根本无所谓善恶，“假如动机有善恶可言，那只是因为它们的效果使然”。穆勒在谈到对一个人的行为作道德评价时说：“无论他的动机是义务，或是希望因此得到报酬，救人使免于淹死的人是做一件道德上正当的事；纵使他的目的在于报答对他比眼前信托他的朋友有更大恩惠的另一个朋友，欺卖那信托他的朋友的人总是犯了大罪。”② 这就是说，只要能救人免于死亡，无论他抱着什么不良的动机，他的行为都是道德的；只要欺骗了别人，无论他抱着什么善良的动机，他的行为都是不道德的。效果论的这种片面的说法，遭到了当时很多人的反对，正像穆勒所说：“往往有人说，功用主义把人弄成冷心、无同情，把他对个人的道德上的感情弄冷了，使他只顾到关于行为的结果的那种干枯的笨硬的理由，而不把这些行为所由发的品性加入道德的评价之内。”③ 穆勒认为，效

① 《马克思恩格斯全集》，中文1版，第3卷，213页。

② 穆勒：《功用主义》，唐钺译，19页，北京，商务印书馆，1936。

③ 同上书，20页。

果论并不完全否认动机，而只是主张动机只和人的品格或者说某人的道德品质有关，但它不能作为对于人的行为进行道德评价的标准。他说："功用主义的伦理家主张动机，虽则与行为者的品格关系很大，但与这个行为的道德性无关……"[①] 此外，功用主义者也承认好人可以办坏事，坏人可以办好事，也承认"好的行为并不一定表示有德的品格，可褒奖的品性也屡次发生可贬斥的行为"，但在这种矛盾的情况下，他们仍然坚持效果是判断善恶的唯一标准。穆勒说："功用主义者总以为毕竟好品性的顶好证明就是好行为，他们断不认为那主要倾向是做坏事的任何性格会是好的。"[②] 这样，他们在实际上又否认了动机对于品格的关系。

效果论由于否认动机在评价人的行为中的作用，所以其在实际的道德评价中往往陷入极大的困难。一个人的行为的道德与否能够和动机无关吗？没有善良动机的行为，也是道德的吗？为了从困境中解脱出来，效果论者区别动机和意图的不同，认为动机虽然和行为无关，但意图在评价行为的善恶中是重要的。他们认为意图是人们所希望去行动的计划，是具体的目的和对行为结果的预见，而动机则只是一种和个人的欲望没有直接联系的心理状态。譬如一个人出于友谊的原因而警告自己的朋友不应该作某种事情。这里，出于友谊的感情是动机，警告受信人就是意图。医生抱着仁慈的目的去救治病人，仁慈的目的是动机，要把病人救活是意图。基于这种解释，他们虽然否认动机，但却承认意图是有道德价值的，并且认为动机是意图的原因。这样，他们也就间接地承认了动机也是和人的行为的善恶有关的。效果论者被迫地给予意图以一定的地位，因而就陷入了另一个矛盾：当意图和效果不一致时，究竟应该以什么作为标准来判断行为的善恶呢？在这种情况下，效果论者坚持效果是唯一有道德价值的东西，所以实质上等于否认了意图在道德评价中的作用。他们区别动机和意图，原是想摆脱效果论的片面性，但他们却又陷入了另一种矛盾之中。

动机论和效果论在历史上长期地进行着无休止的争论，各执一偏，始终无法解决动机和效果的关系问题。一部分伦理学家企图采取调和派的立场，他们时而倒向动机论，时而倒向效果论，结果是犹豫动摇，自

---

① 穆勒：《功用主义》，唐钺译，19 页。

② 同上书，21 页。

相矛盾，反而造成更多的混乱。这种折中主义的著名代表是德国的包尔生。他一方面认为人的行为，须“视其影响于小以及社会之本质……如何而以为善恶之区别”①，主张效果论；另一方面又说“或有救人之心，而卒为贫病所困，高卧室中”②，仍然应该是有道德的。他甚至认为，既如“此行星之人，能见他种行星中居人之灾厄”③，虽“无所施其救助”④，但只要有一种同情心，在道德上就是善的。这样，他又完全陷入了动机论。因此，他提出，对一个行为的道德评价，可分作主观方面和客观方面。主观方面主要指人的动机和人的品格，客观方面主要指行为的效果。他认为对于动机好而效果坏的行为，在道德评价上可以“罪其事而不罪其人”；对于动机坏而效果好的行为，可以“罪其人而不罪其事”。这样，他不但没有解决动机和效果的矛盾，而且把一个人和他所做的事分割开来，从而陷入了新的矛盾。

综上所述，动机论、效果论和徘徊在它们之间的调和论，都无法解决动机和效果的关系问题。特别值得指出的是，它们都掩盖了道德评价中的阶级利益的标准，企图把抽象的动机或效果作为评价人的行为的唯一标准，不知道动机和效果只是不同阶级的阶级利益的体现。马克思主义伦理学认为，对于人们行为的善恶评价，在阶级社会中，都是以一定的阶级利益为标准的。只有在阶级利益这一评价善恶的根本标准的前提下，才能讨论动机和效果的问题。

二

马克思主义伦理学在道德评价中所持的观点是动机和效果的辩证统一论。毛泽东同志指出：“唯心论者是强调动机否认效果的，机械唯物论者是强调效果否认动机的，我们和这两者相反，我们是辩证唯物主义的动机和效果的统一论者。为大众的动机和被大众欢迎的效果，是分不开的，必须使二者统一起来。为个人的和狭隘集团的动机是不好的，有

---

① 包尔生：《伦理学原理》，蔡元培译，26 页。
② 同上书，29 页。
③ 同上书，30 页。
④ 同上书，30 页。

为大众的动机但无被大众欢迎、对大众有益的效果，也是不好的。检验一个作家的主观愿望即其动机是否正确，是否善良，不是看他的宣言，而是看他的行为（主要是作品）在社会大众中产生的效果。社会实践及其效果是检验主观愿望或动机的标准。”① 毛泽东同志的这段话，不但指出动机和效果是应该统一和能够统一的，而且指出了动机和效果在什么基础上统一，从而唯物辩证地解决了长期以来资产阶级伦理学家所没有解决也不可能解决的问题。正像毛泽东同志所指出的，人们的动机和效果尽管会产生不一致的情况，但它们是应该而且能够在实践的基础上统一起来的。人们的动机是否善良对于判断一个人的行为有着重要的作用，但这种动机必须由社会实践及其效果来检验；只有社会实践及其效果才能证明人们是否有真正善良的动机，才能判断人们的行为是否是道德的。有真正为大众的动机，就一定要使自己的行为达到被大众欢迎的效果；否则，这种动机就不是真正为大众的动机。因此，马克思主义伦理学绝不把二者孤立开来。这就是说，动机和效果暂时不一致的情况可能是有的，但归根到底，动机和效果是能够一致的。

马克思主义伦理学认为动机是一个人在行为前的主观愿望，效果是一个人的行为所引起的客观效果。动机和意图实际上都是反映人们的主观愿望和人们所具有的心理状态；把意图从动机中区分出来，是完全不必要的。动机和效果是人们从思想到行动的整个行为过程，它们之间存在着既对立又统一的关系。我们评价任何人的行为，都必须既注意到行为的动机，又注意到行为的效果。如果片面地强调动机，就必然会把主观的东西当做唯一的根据，从而失去了评价行为的客观准绳。而且，离开了人们的行为及其效果，对人们的动机也就不可能有真正的了解。相反，如果片面地强调效果，就会割裂人们的行为和思想动机的密切关系，不仅会把动机好但由于各种原因而暂时产生某些坏效果的行为看做是不道德的，甚至还会把“歪打正着”的行为说成是道德的行为。

动机和效果为什么会有不一致的情况呢？这是因为从动机到效果是一个改造客观世界的实践过程，它包含着对客观事物的规律性的认识。一个有着良好动机的人，却并不一定事事能够达到预想的效果。一个医生给人看病，一个将领指挥作战，一个基层干部领导生产，并不会因为

① 《毛泽东选集》，1版，第3卷，870页。

有好的愿望而每次都能达到好的效果。例如：发生了医疗事故，打了败仗，使生产受到了损失等，对这种动机和效果的暂时不一致，是不能简单地以不道德相斥责的。对于这种动机和效果不一致的情况，必须在社会实践及其效果中作进一步的分析。如果他们确实从人民的利益出发，认真地掌握事物的发展规律，及时地采取各种措施，积极负责，特别是在由于未掌握事物的规律而发生不良效果时，他们能够以人民的利益为重，对自己的缺点作深刻的自我批评，并总结经验和改进自己的工作，那么他们的行为就是道德的，这不但不应该受到谴责，而且还应该认为是道德高尚的行为。相反，如果他们只是口头上宣传自己有善良的动机，但在工作中却不负责任、不调查研究、不虚心学习，在产生不良效果后又设法掩盖自己的缺点，不愿进行诚恳的自我批评，不认真总结经验和改进工作，那么这种人的好心实际上只是一种骗人的遁词，他们在道德上当然是应当受到谴责的。

从上述的说明中可以清楚地看到，动机和效果尽管会产生暂时的矛盾，但是，只要我们能够掌握在实践的基础上动机和效果相统一的论点，进行道德评价就不会引起什么困难。我们认为，好动机是产生好效果的前提。人的行动既然都是以他们的思想意识为指导的，那么不论任何人，若没有好的动机，也就不可能有好的效果。但一个人是否有好的动机，绝不是根据他的言论，而是根据他的行动，由他的行动在社会上所引起的效果来检验的。一个动机好的人，必须使自己的动机和效果一致起来，在事前尽量顾及事后的结果。他的行为虽可能暂时引起坏的效果，但他能够认真地分析产生坏效果的原因，严格地自我批评，并逐步改正自己的认识，从而使自己的效果符合自己的动机。因此，人们的社会实践及其效果是检验人的动机的唯一标准，离开了这种检验，也就无法证明人们的善良的动机。因此，就最终的意义来说，只有能产生好效果的行为，才算有真正好的动机。

弄清动机和效果的辩证关系，对于我们日常生产、工作、生活中的道德评价有重要的意义。在对人们的行为进行道德评价时，我们既不能只凭他们所自称的善良动机，也不能简单地仅凭他们行为的效果。我们一方面应该对那些自称有好的动机但对人民事业不负责任、不顾及事后效果、不肯虚心纠正错误的人，给予道义上的斥责。同时，还应该认识到，正确地认识客观实际，使自己的好动机能引起好效果，并不是一件很容易的事。对于有些事情，为了掌握它们的规律性，我们要从多次的错误、失败（或所谓坏效果）中总结教训。如果不从人的行为的整个过程、不从他事先是否顾及到事后的效果、不从他能否认真改正自己的错误等各个方面来评价他的行为，那么我们就会犯效果论的错误，就不能分清好人和坏人。而当我们对自己的行为进行评价时，应该更加注意怎样使自己的良好动机能够产生良好的效果；当发生不良效果时，更不应强调自己的动机善良而不进行自我批评和总结教训。相反，正因为我们有着良好的动机，所以在产生动机和效果的暂时不一致的情况下，更应该深刻地检查自己，认真地纠正错误，力求在以后的工作中使自己的效果能够和自己的动机一致。正像毛泽东同志所指出的，“真正的好心，必须顾及效果，总结经验，研究方法……真正的好心，必须对于自己工作的缺点错误有完全诚意的自我批评，决心改正这些缺点错误”①。不论任何人，只要证明他有真正的好心，只要证明他能够努力地使自己的动机和效果统一起来，那么，在道德评价上是应该加以肯定的。这真正的好心怎样证实呢？正像毛泽东同志所说的，检验人们的主观愿望即其动机是否正确，是否善良，不是看他的宣言，而是看他的行为在社会大众中产生的效果。“社会实践及其效果是检验主观愿望或动机的标准”。

① 《毛泽东选集》，1版，第3卷，875页。

道德评价*

道德评价是人类道德活动现象的重要组成部分，对个人道德品质的形成，对社会道德风尚的改善，对人与人之间关系的协调发展，对维护道德规范的功能，以至于对道德从实有到应有的转化，都具有重要作用。道德评价根据一定社会或阶级的道德规范准则体系，对社会中的个体或群体的道德活动作出善或恶、正或邪、道德或不道德的价值判断，以达到“褒善贬恶”、“扬善抑恶”的目的。

在道德生活中，道德评价所凭借的手段是社会舆论和内心信念。对于社会群体来说，还要靠某一群体在道德上所形成的自我完善机制。在一定意义上，这种自我完善的机制可以使这一群体考虑社会舆论的力量而改变群体活动，从而也可以说是群体的一种内心信念。

道德评价之凭借社会舆论，主要是把对个体和群体活动的善恶价值判断反馈给行为者和其他社会成员，使人们通过舆论的谴责或赞许，自觉地对照检查自己的行为，并因自己符合准则的、道德的行为而体验到一种道德崇高感和尊严感，进而使这种行为发扬光大，为自己违反准则的、不道德的行为而知耻、愧疚，进而能够及时改正，去恶从善。在社会成员中，广泛形成这种知善知恶的能力和去恶从善的自觉态度，就不但可以使社会风气不断改善，而且也有助于个人和群体的道德水平的提高。

---

* 本文原收入《伦理学》，北京，人民出版社，1989。

一、道德评价的标准

在道德评价中，首先要解决的问题是，这种评价以什么为标准。一般来说，善与恶这两个概念是评价人的道德行为或事件的最一般的范畴。但究竟什么是善、什么是恶？这种善恶是由什么决定的？为什么不同的社会和不同的人会对善恶有彼此不同甚至截然相反的看法？在阶级社会中，善和恶有无阶级性？怎样看待善恶的历史标准和生产力标准？

（一）什么是善、什么是恶

人们在道德评价中，一谈到道德与否时，总是必然涉及善和恶这两个范畴。因此，深入考察善恶范畴在人类社会生活中的意义、地位和作用，是非常必要的。

善和恶作为一对历史范畴，其意义是比较广泛的。在中国，根据《说文解字》，善与“羲”、“美”同义。段玉裁在《说文解字注》中认为，善、羲、美三字，都从羊字。“羊”就是“祥”的意思，所以善、美、羲的意义相同，都表示“吉祥”。在中国，“善”还有“良”、“好”、“福”、“贵”、“熟练”等多重意思。尽管“善”的意义较广，但在大多数情况下，“善”主要是指“义”和“美”两个方面。“恶”的意思，据《说文解字》，“恶，过也，从心”。段玉裁在《说文解字注》中说：“人有过曰恶，人有过而人憎之，亦曰恶。”在中国古代，“恶”还有“丑”、“坏”、“粗”、“祸”、“污”、“凶”、“不正”、“不吉”等意思。

从中国伦理思想史来看，早在西周时期，善和恶就已经被看做是既相互对立又相互联系的一对伦理学范畴。在《国语》、《左传》、《论语》、《老子》中，“善”与“恶”、“善”和“不善”、“善人”和“恶人”、“善行”和“恶行”等就开始被相比较而使用。《易经・系辞》中已有“善不积不足以成名，恶不积不足以灭身”的话；《易经・象辞》中还认为一个有道德的“君子”，应当顺天之道，“遏恶扬善”。善和恶，在中国，早已成为道德评价的最一般的标准。

在日常生活中，我们往往用“好”来作为“善”的代用词，用“坏”来作为“恶”的代用词；同时，我们有时也往往用“正”来表示“善”，用“邪”来表示“恶”。例如，当我们说一个人是“好”人，这个人很正直或很“正”时，并不是指他有多么高的地位、占有多么大的财富、有多么美貌的身材，而是指他是一个有道德的人，他具有道德上的“善”。相反，当我们说这个人不好或这是一个坏人时，并不是指他的地位如何卑贱、家境如何贫困，更不是指他的生理上有什么缺陷，而是指他是一个没有道德或道德败坏的人。在这里，“坏”与“恶”是同一个意思。

在古希腊，从苏格拉底、柏拉图直到亚里士多德，他们都强调“善”和“至善”在社会生活中的重要性。苏格拉底的一个主要命题是“德性即知识”，并认为德性就是自身中的善；反过来他又说“知识即德性，无知即罪恶”①。在苏格拉底看来，善就是能真正了解那些与目的完全一致的知识。一个人的灵魂的目的就是有智慧、行正义和有节制。人们之所以不能行善，就是因为没有善的知识。苏格拉底还有另一句名言：“认识你自己。”按照柏拉图的理解，所谓认识你自己，就是要认识你自己的灵魂，也就是说，只有具有善的灵魂的人，才是真正幸福的人。相反，一个人之所以作恶，主要是因为他没有善的知识，不懂什么是善。所以，恶人是由于无知地把善和恶相混而产生的一种偶然性，因而知识是反对恶的一种手段。善和恶的问题，在亚里士多德的伦理学中也占有重要地位。亚里士多德认为，伦理学就是一门研究至善的科学。直到现代，还有不少伦理学家把伦理学规定为有关善恶的科学。美国实用主义者杜威认为，“伦理学是在正当或不正当、善或恶的范围内研究行为的科学”；英国剑桥大学的西季维克也强调，伦理学是一门研究人的行为的本质即善或真善以及达到它的方法的科学。上述这些界说伦理学研究对象的观点，表明善和恶是伦理学家们所一直探讨的一个极为重要的问题。

善和恶是一对历史范畴，其内涵随着社会的政治、经济和文化的变化而变化。由于民族、地域、文化的差异，各个民族对善恶也有着不同的理解。正如恩格斯所说的：“善恶观念从一个民族到另一个民族、从

① 柏拉图：《拉刻斯篇》194d。

一个时代到另一个时代变更得这样厉害，以致它们常常是互相直接矛盾的。"① 尽管善恶观念在不断地发生变化，但是善和恶的概念仍然是可以从普遍的意义上加以规定的。在伦理学上，一般来说，善就是在人和人的关系中表现出来的对他人、对社会的有价值的行为，恶就是对他人、对社会有害的、产生负价值的行为。在人们的社会生活中，善表示对行为的肯定和赞扬，恶表示对行为的否定和谴责。善虽然要以对真的认识为前提，但善不同于真，因为善必须以对他人、对社会有价值为最重要的条件。

"善"和"恶"是相比较而存在的，是在相互联系和相互斗争中不断发展的。在人类社会生活中，人们总要谴责那些不利于社会发展的不良行为，赞扬那些对社会、对人们有益的行为。从这个意义上看，正是有了善才有了恶，或者说，正因为有了恶才有了善。善和恶作为伦理学中最一般的价值概念，将在人类社会中永存下去。所不同的是，随着社会中人与人关系的不断变化，善和恶的内容也将发生变化。

从道德评价来看，善和恶是判断人的道德行为价值的最一般的标准。所谓善，就是指一个人或一个群体的行为、活动符合一定社会或阶级的道德原则、规范的要求；所谓恶，就是指一个人或一个群体的行为、活动违背一定社会或阶级的道德原则、规范的要求。善和恶既是一种评价，又是一种关于个性或群体的行为、活动有无道德价值的一种价值判断。

（二）善恶的阶级标准和历史标准

善恶作为一种道德评价、作为一个价值判断，总是同人们的利益相联系的。人们根据自己的利益和社会的利益，根据自己和社会的意向、愿望和要求，来观察和判断他人和群体的活动，并把那些有利于自己或有利于社会的行为，称为善，反之，则称为恶。

自从人类进入阶级社会以后，由于对生产资料的占有方式不同，人类的利益关系发生了根本的变化。不同的利益集团形成了不同的甚至完全相反的善恶观念。在阶级社会中，占有生产资料、对劳动人民进行压迫和剥削的剥削阶级，同没有生产资料、靠出卖劳动力为生的被剥削阶

① 《马克思恩格斯全集》，中文1版，第20卷，101页。

级之间，由于利害关系的对立而产生出对立的善恶观念。对劳动人民来说是善的行为，对剥削阶级来说往往是恶的行为，反之亦然。一般来说，在敌对阶级之间，不存在所谓超阶级的、全民的善和恶。

在马克思主义伦理学产生以前，旧的伦理思想家们在道德评价中都强调所谓全人类的、抽象的善和恶。一些唯心主义思想家或者从所谓“理念”、“理智”中引出“善”的思想，或者从所谓“天志”、“圣贤”中引出“善”的观念。在近代，更有从所谓“绝对精神”或“善良意志”中引出“善”的概念。一些宗教伦理思想家又往往从“上帝”的意志中引出“善”的观念，把“善”作为上帝的意志的表现，把“恶”作为魔鬼的意志的表现。此外，一些形而上学唯物主义的思想家，则往往从人的自然本性，从人的自然欲望、要求和追求中来解释人们行为的善恶，从而抹杀了人的社会性和阶级性的特点。这些思想家对善恶的解释，尽管彼此之间有着明显的差别，但在一点上却是相同的，即脱离人们活动的社会历史条件，脱离人的社会性和阶级性来考察善恶问题，从而以不同的形式宣扬了一种对一切时代、一切阶级和一切人都适用的永恒的善和恶。

在阶级社会中，对每一个人来说，判断行为善恶与否，主要是以其所属的阶级利益为标准的。就是说，凡是符合本阶级利益的行为就是善，凡是危害本阶级利益的行为就是恶。所以，恩格斯说：“社会直到现在还是在阶级对立中运动的，所以道德始终是阶级的道德；它或者为统治阶级的统治和利益辩护，或者当被压迫阶级变得足够强大时，代表被压迫者对这个统治的反抗和他们未来的利益”①。资产阶级思想家们所主张的那种超阶级的、永恒不变的、全人类的善恶观，在阶级社会里只是一种非科学的空想。

善恶标准在根本上表现为利益标准，但由于一定的利益标准在道德领域内又具体化为一定道德规范的标准，因而在具体的道德评价中，行为善恶与否，首先要看其是否符合一定的道德规范。利益标准在这里与道德规范标准结合起来。利益标准在总体上是一切道德评价尺度的最终源泉，因而离开了利益标准，道德评价的最终标准问题将是不可解的；而道德规范的标准则把利益标准具体化、道德化，使对人们行为的评价

① 《马克思恩格斯选集》，1版，第3卷，134页，北京，人民出版社，1972。

成为能够把握的道德评价。因此，如果不把利益标准落脚于道德规范标准之上，人们所进行的善恶评价就可能是政治的评价、经济的评价或法律的评价等，而不能确定为道德的评价。

利益与善恶的这种关系，使得善恶标准在生活中显示出种种形态。一般来说，有多少阶级就有多少阶级利益，也就有多少阶级的善恶标准。历史上和现实中善恶标准的不确定性，归根到底，缘于阶级利益的多样性。因此，在道德评价中，确认善恶标准的这种相对性，是首先需要确立的一条原则。

但是，这种相对性原则是否就必然意味着在道德评价领域不存在确定性标准，只存在“公说公有理，婆说婆有理”的相对主义标准呢？这就需要解决道德评价中的历史标准及其与阶级标准的相互关系问题。

所谓道德评价中的历史标准，就是在评价人们行为的善恶时，把行为放到整个社会历史发展的总链条中考察，看这些行为是否有利于社会的进步，是否有利于大多数人的幸福，是否有利于社会物质文明和精神文明的发展。凡是最终有利于社会进步、有利于大多数人的幸福及物质文明和精神文明发展的行为，就是善的，反之，则是恶的。

道德评价的历史标准的这种性质使得任何道德评价的阶级标准，都必须在历史标准面前受到检验，并因此证明自己在人类社会生活中和历史发展中具有客观合理性。从人类道德在阶级社会中的发展历史来看，每个社会占主导地位的道德总是在这一社会中居于统治地位的阶级的道德，在这里，道德上的善恶标准完全是以统治阶级的阶级利益为转移的。一般来说，每个占统治地位的剥削阶级，当它处于上升时期，当它谋求社会权利而进行社会革命的时期，它总是生气勃勃、积极进取的；它比已经腐朽的阶级具有更多的人民性，比已经腐朽的阶级代表着更多人的利益，因而它能够在特定的时期调动更多人的积极性，并把社会推向前进。处于这一时期的剥削阶级的利益标准，虽然仍然是一己阶级的私利标准，但由于其与社会发展的必然规律在总方向上是一致的，是代表社会进步方向的，因而这种阶级标准就获得了历史标准的证明，证明了其善恶标准的客观必然性。但是，随着社会的向前发展，夺得政权而变成统治阶级的剥削阶级，又会像它的前一个统治阶级那样，逐步走向腐朽和没落。这时它的阶级标准完全是以怎样维护自己的私利、维护自己的统治而不致覆灭为转移的，并完全与社会历史发展的必然性相违抗，成为历史前进的障碍物，因而最终失去了自己存在的客观合理性，再也不能客观地评价行为的善恶了。

总体来看，每一个新社会中的统治阶级，在历史阶梯上都比前一个社会的统治阶级站得高，因而其阶级利益总要比前一个阶级更代表着历史前进的必然方向。在这个意义上说，封建地主阶级的阶级利益比奴隶主阶级的阶级利益，其人民性要更多一些；资产阶级的阶级利益比地主阶级的阶级利益，其人民性也要多一些。我们说道德是由低向高曲折上升发展的，归根到底，就是说道德的这种进步性是由各个阶级在历史发展的总阶梯上所占的高低位置决定的。历史发展了，阶级利益标准变更了，道德体现了更多人的愿望和意志，道德也就进步了。道德评价的历史标准和阶级标准大抵就是这样具体地体现在道德发展的历史过程中。

但是，对道德评价的历史标准，我们也不能持简单化的态度。当我们承认历史标准对于行为善恶具有终审裁决的权威时，是从大趋向上、从最终目标上来立论的；如果涉及历史发展的具体环节、具体事件，则还需要我们对这些具体环节、具体事件作具体的分析。在历史发展的总过程中，每一个新兴的统治阶级，其行为在促进历史发展、促进道德进步的同时，必然也会表现出阻碍历史发展、阻碍道德进步的另一面。美好的东西和肮脏的东西同时集于一个新兴的剥削阶级身上，这是不以剥削阶级的意志为转移的。也正是因为这样，各个新兴的剥削阶级在开拓历史前进的新局面时，一方面会不自觉地受到卑劣动机的驱使，另一方面又可能明目张胆地采取恶的手段。这两方面又往往随着剥削阶级日益走向腐朽没落的步履而越发变本加厉。因此，每个正好处于历史发展环节上的新兴剥削阶级，虽然它肩负着推动历史发展和道德进步的使命，但从一开始，在它的行为中就孕育着恶的因子；一旦它走向没落，由这些因子发育起来的道德腐败势力终将成为历史发展的障碍物，成为道德进步的障碍物。

因此，当我们运用历史标准来评价行为的善恶时，既要首先考虑到行为在历史发展总链条中的地位，亦要考虑到每一个行为的具体道德性质，而不能简单地把凡是正好处于历史发展总链条上的所有行为都一律视作道德善。判断行为的善恶性质，其复杂性远甚于判断行为的其他性质，因而尤其需要对具体行为作具体分析，否则，在评价行为善恶时，将不可避免地陷入一个不可解的怪圈之中。

（三）善恶标准与生产力标准的关系

在社会主义初级阶段建设四个现代化的过程中，强调生产力作为判断一切生产关系及上层建筑是否合理及是否需要变革的标准，是有重要意义的。

社会生产力的发展是一切社会发展的根本动力。我们的一切活动，包括政治体制改革和经济体制改革，我们的一切意识形态，包括各种观念及当前社会的道德准则、善恶观念，都应该以生产力作为标准来进行检验。我们之所以说评价善恶的历史标准的一个重要根据是社会的发展和进步，就是因为任何一个社会的发展和进步都是由生产力同生产关系的矛盾和发展而实现的，归根到底，又可以说是由生产力的发展所决定的。因而在这个意义上说，推动生产力向前发展的行为是善的，换言之，某一行为要成为善的，就必须有利于生产力的发展。

但是，笼统地说生产力的发展是决定行为善恶的标准，仍然只是从宏观上、从总体上来把握生产力标准和善恶标准的关系。因此，如果不对生产力标准作进一步的分析，我们在评价行为的善恶时，也同样可能陷入不可自拔的怪圈中去。

实际上，生产力标准与善恶标准的关系问题，远不像从宏观上进行把握这样简单。最主要的，是不能把生产力标准简单地等同于某一短暂时期的经济效益标准、物质财富标准或金钱数量标准。如果这样来规定生产力标准，在道德上无疑会导致见小利而忘大义、褒眼前而贬未来的错误，最终阻碍生产力的发展。

从生产力的首要因素——人的因素来看，行为善恶与否，必须看其是否有利于调动人的积极性，是否有利于为人的全面发展创造条件。但单纯地追求某一短暂时期的经济效益、物质财富或金钱数量的行为，并不能必然地保证调动人的积极性，并不能必然地为人的全面发展创造条件。

从生产力的最活跃的因素——生产工具的因素来看，行为善恶与否，必须看其是否有利于尽快地改革生产工具。但单纯地追求某一短暂时期的经济效益、物质财富或金钱数量的行为，也并不能必然地保证生产工具的尽快变革，甚至不能必然地保证已经得到变革的生产工具被有效地投入到生产流程中去。

从生产力的最后一个因素——劳动对象的因素来看，行为善恶与否，必须看其是否有利于有效地使劳动对象向社会提供尽可能多的劳动产品，是否有利于合理地使用和保护劳动对象。但单纯追求某一短暂时期的经济效益、物质财富或金钱数量的行为，仍然不能必然地保证劳动对象充分发挥作用，更不能必然地保证劳动对象（尤其是自然资源）免受毁灭性滥用。

把生产力这一总概念解析开来，从它的各组成要素中来具体考察其与行为善恶的关系，就使我们的讨论对象明确起来，使我们的生产力标准细致化起来。通过这样的概念解析和实际对比，任何行为的善恶性质就会容易把握得多。

如果站在这一高度上来理解行为善恶的生产力标准，就不会把任何表面上、短时期内能够带来一定经济效益、获得一定物质财富或赚得一定金钱的行为，统统说成是“有利于”生产力发展的行为。因为靠人与人之间的尔虞我诈、投机取巧及种种恶性膨胀的私欲，靠一定时期抵制变革旧的生产工具、抵制使用新的生产工具，以及靠拼机器、拼地力、拼自然资源等，都可以不同程度地达到上述目的。但是从长远来看，第一，尔虞我诈、投机取巧、私欲恶性膨胀的必然恶果是人与人之间关系的冷酷无情、社会风气的极度败坏和个人品质的极端堕落，建立在这种人际关系之上的社会，就如同建筑在沙滩上的大厦，筑得越高，坍塌得越快。这种社会最终将使人的活力窒息，最终将使生产力的发展成为一句空话。第二，为了一时的利益而抵制新的生产工具的变革和使用的行为，马克思在《资本论》中就曾给予痛斥。资本家只要能榨取最大的剩余价值，在能够用人（哪怕是童工）的地方绝不使用机器，在能够用旧机器的地方绝不使用新机器。阻碍生产工具变革的这种行为，也将使生产力的发展成为一句空话。第三，拼机器、拼地力、拼自然资源，造成的只能是一种眼前的虚假繁荣，既不顾将来的发展，更不顾综合经济效益和社会效益，使机器报废、土地荒芜、自然资源枯竭、环境受到严重污染，最终也使生产力的发展成为一句空话。

因此，当我们在说道德评价的生产力标准时，是把这一标准视为一个有深刻内涵的综合标准的。绝不应为了某一片面的行为，从生产力标准上为其寻求道德善的论证。

在进行道德评价时强调生产力标准，并不意味着取消道德领域内的善恶标准（道德原则、道德规范等）。一方面，生产力的标准一般并不直接用于判断某一行为的善恶性质，而是通过受生产力标准筛选和制约的具体的善恶标准（道德原则、道德规范等）来达到这一目的。因此，生产力标准对具体行为的善恶而言，是标准的标准，即由道德原则、规范来检验行为的善恶性质，而由生产力标准来检验道德原则、道德规范的善恶性质。在这个意义上说，生产力标准与具体的善恶标准并不是排斥的，而是同一的，只是各自所处的位置不同、所起的作用不同罢了。生产力标准决定具体的善恶标准的性质，而具体的善恶标准则体现生产力标准的要求。因此，在另一方面，当我们说在道德领域要以生产力标准作为行为善恶的唯一准则时，并不是要一概排斥和否定全部道德原则、道德规范的善恶标准作用，而是要用生产力标准来对这些原则、规范进行检验、筛选，剔除那些阻碍生产力发展的、过时的和僵化的道德原则和规范，确立那些真正促进生产力发展的、新兴的和富有活力的道德原则和规范。

从我国社会主义初级阶段的实际情况出发，生产力标准在具体善恶标准上的表现就是：凡是符合社会主义集体主义原则和“五爱”（爱祖国、爱人民、爱劳动、爱科学、爱社会主义）的社会公德的行为，就是善的；而一切从利己主义、个人主义、自私自利、损公肥私的贪欲出发的行为，则是恶的。从根本上说，我们这种道德原则和道德规范的标准与我们所说的生产力标准是一致的，它们的根源都在于我们社会的公有制经济关系。

在我们目前的社会中，道德原则、道德规范以及一切道德观念，都应当适应社会主义社会的生产力的发展要求，这是贯彻在我们社会各个方面的一个总标准，作为人和人之间的道德原则和规范，它们既要调整人们之间的现有关系，又要在引导人们沿着道德阶梯向上攀登的过程中发挥自己独到的能动作用。在当前的社会生活中，对个体或群体的行为是否有利于生产力的发展，要进行正确的分析。对那些奉公守法、诚实劳动而又促进我国商品经济发展并最终促进生产力发展的个体或群体的行为，应当给予善的评价；而某些采用损公肥私、投机倒把、损人利己、自私自利等手段来获取暴利的行为，尽管在表面上似乎是促进了商品经济的发展，但由于其在根本上违背了社会主义的原则，妨害了全体人民的利益，因而只能被视为恶而不能被视为善。只要我们在现实生活中坚持社会主义道路，生产力标准和善恶标准在道德评价中就应该统一而且能够统一。

二、道德评价的根据

在道德评价中，除了要明确道德评价的标准外，从个体和群体的行为自身的实现来说，还有一个动机、意图、手段和效果的关系问题。社会上任何一个人或群体的活动，都是一个有意志的活动，即从行为的动机、意图直到最后获得效果的过程。在社会生活中，人们的活动总是受到客观环境或具体条件的制约。尽管行为的动机、意图在不少情况下可以达到预期或大体预期的效果，因而使动机和效果趋于一致，但在有些情况下，行为者的行为往往达不到预期的效果，甚至会出现同预期截然相反的效果。在这种情况下，我们对人们的行为评价究竟应根据动机，还是根据效果呢？

（一）对动机论和效果论的历史考察

从伦理思想史来看，对行为的评价，究竟是强调动机还是强调效果，存在着不同看法。到了近代，西方更形成了动机论和效果论两大派，彼此之间进行着长期的争论，直到现在，双方还不能取得一致。

从中外伦理思想史来看，大多数在本体论上持二元论或唯心主义的伦理思想家，由于强调“理念”、“意志”、“本心”、“良知”以及“善良意志”和“绝对精神”的作用，因而在道德评价中，往往以动机作为主要的或唯一的根据。在西方，苏格拉底强调，人的行为的善恶是由他的“德性”决定的；柏拉图则认为，人的行为的善恶是由善的“理念”中的某种灵魂的功能决定的。在中国，孟轲强调人的行为主要是从所谓“恻隐之心”、“羞恶之心”、“辞让之心”、“是非之心”出发的，因而把“心”当做判断人的行为善恶的根据。后来，董仲舒更强调“心”、“志”（动机）的作用，认为对于行为善恶的判断，不论从法律上还是从道德上，都要根据他的动机是什么来考虑，这就是他的著名的“原心”说。所谓“原心”，就是要根据动机来判断善恶。

一般来说，唯物主义思想家比较注意行为的效果（功）和行为的过程（迹）在评价善恶中的作用，强调要把动机和效果、“志”和“功”结合起来。在西方伦理思想史上，德谟克利特最早注意到在评价行为善恶时，要把动机和效果统一起来。他认为，“可恶的不是做不义的事情的人，而是那有意地做不义的事情的人”①。即行为或人的善恶与否，不仅在于效果，而且在于动机。他还认为，“行善望报的人是不配称为行善者的；这称号只配给那只为行善而行善的人”②。即仅仅是行为的效果还不是行善者的标准，只有同时有善的动机，才配称为行善者。虽然德谟克利特还未明确提出动机和效果的概念，但他的这些思想所包含的动机效果同一的思想却是清晰可见的。在中国伦理思想史上，墨子第一次把“志”和“功”两个概念相联系，提出了“志”和“功”的关系。《墨子·鲁问》中曾说：“鲁君谓子墨子曰：我有二子，一人者好学，一人者好分人财，孰以为太子而可？子墨子曰：未可知也，或所为赏誉为是也。钓者之恭，非为鱼赐也；饵鼠以虫，非爱之也。吾愿主君之合其志功而观焉。”这就是说，从行为的过程及其表现来看，鲁君这两个儿子的行为都可以被认为是善的，但这需要把他们的行为效果和动机统一起来进行观察，即“合其志功而观焉”。这种理论代表着中国古代伦理思想家们从人的行为的整体方面去考察所达到的比较全面的概括，是在关于道德评价的理论认识上所达到的较为深刻的认识。当然，这种认识还是很粗糙的，缺乏进一步的分析。动机和效果究竟怎样结合起来，墨子没有也不可能作出进一步的回答。

在西欧，自从文艺复兴以后，无论是从政治、法律的要求出发，还是从经济生活所提供的许多情况出发，或者是从对人们的行为的善恶评价出发，我们都需要对人的动机和效果在评价行为中的地位、作用以及二者的关系进行深入的研究。正是由于这种原因，在西方伦理思想史上出现了动机论和效果论的长期争论。仔细分析动机论和效果论的理论分歧及其各自的论据，评价二者的得失，对我们进一步理解马克思主义伦理学在这一问题上的观点是有重要意义的。

---

① 北京大学哲学系外国哲学史教研室编译：《古希腊罗马哲学》，110 页。

② 同上书，111 页。

（二）动机论和效果论的对立

在西方伦理思想史上，康德是动机论的最著名的代表。在动机和效果的问题上，他明确主张，对一个行为的评价根据只能是他的“善良意志”。康德特别强调，一个行为之所以被称为善的，能够有道德上的价值，唯一的根据就是因为它是从善良意志出发的。他说：“在世界之中，一般地，甚至在世界之外，除了善良意志，不可能设想一个无条件善的东西。”① 因此，只有从“善良意志”出发、以“善良意志”为指导的行为，才是道德的。一个行为，只要是从善良意志出发的，不论其是否能够达到目的，也不论其是否产生效果，都不能使它的道德价值因之而受到任何影响。从动机到效果是一个复杂的过程，而动机和效果又往往不能一致，在这种情况下，应该如何判断其善恶呢？康德说：“如果由于生不逢时，或者由于无情的自然苛待，这样的意志完全丧失了实现其意图的能力，如果他竭尽自己的最大的力量，仍然还是一无所得，所剩下的只是善良意志（当然不是个单纯的愿望，而是用尽了一切力所能及的办法），它仍然如一颗宝石一样，自身就发射着耀目的光芒，自身之内就具有价值。”② 康德所说的善良意志是出于尊重道德规律的一种必然性，是出于理解到我应当如何去做所具有的普遍意义之后的行为，正是这种行为，人们才只根据它们的善良意志来判断它们的价值。由此可见，康德的善良意志绝不是一般人所说的只是一种良好的愿望，而是包括了从善良意志出发、竭尽自己最大力量去实现这一意志的努力。如果只有一种好的愿望而没有竭尽全力去实现其意图的努力，由于它并不是出于意识到自己责任的动机，因而并不能称之为“善良意志”。康德的这一理论，如果摒除其先天的纯形式的唯心主义成分，在对善恶评价的根据上，是有其合理因素的。一个人看到另一个人失足落水，他出于对自己义务的认识，出于高度的自觉的责任感，尽力营救这个落水的人，但如果水深流急（“无情的自然苛待”）使他未能救出那个人，那么我们对他的善的评价就绝不应该因其没有达到预期的目的而有所减损。同样，在社会生活中，有些人有一个好的动机，并且曾为实现这个好的动机而“竭尽自己的最大的力量”，但结果却往往是“一无所得”，对于这

① 康德：《道德形而上学原理》，苗力田译，42页，上海，上海人民出版社，1986。
② 同上书，43页。

种行为，我们绝不能从所谓纯功利的观点来对之进行道德上的贬损。

康德强调要把出于责任的“善良意志”作为道德评价的根据，他确实看到了道德价值的特殊本质，认识到了道德评价与一般评价的区别，基本上弥补了历史上以往动机论的许多缺陷，把动机论提高到一个新的高度。康德动机论最深刻的地方就在于，他既强调“善良动机”是出于责任，又强调为实现这种动机的一连串行为。黑格尔正是引申发展了康德的这一思想，才提出了他的著名的对人的善恶评价的观点。在黑格尔看来，一个人的行为的价值，不但要看行为者的意志的主观性，还要看行为是否具有实体的性质。他说：“主体就等于它的一连串的行为。如果这些行为是一连串无价值的作品，那么他的意志的主观性也同样是无价值的；反之，如果他的一连串的行为是具有实体性质的，那么个人的内部意志也是具有实体性质的。”① 在这里，从道德评价的根据方面来说，黑格尔可以说已经进一步认识到动机和为实现动机而进行的行为这两个不可忽视的重要因素，也就是他所说的“主观性”和“实体性”的结合。

当然，康德的动机论没有回答一个很重要的问题，即如何来检验这种“善良意志”？动机这种只属于人的“主观性”方面的东西，或者像康德所说的，这种仅仅是从人的主观出发的“由于愿意而善”的“自在的善”，它“自为地就是无比高贵的”，那么又有什么办法来加以证明呢？道理很简单，在现实生活中，一个人不是从责任出发，而是从个人的私利出发，但他自己却也大喊是从“善良意志”出发的，那又怎样对此人的动机进行辨别呢？在这种情况下，对人们行为善恶的判断，实质上会导致康德所不愿看到的结果，这就是谁说自己的行为是出于“善良意志”的，谁的行为就是善的。这当然不是康德的意愿，但却是他的“善良意志”在道德评价问题上的致命弱点。当然，从康德的理论中，也可以作出这样的判断，“善良意志”也需要进行检验，而且是必须要经过检验的，这就是要看人们是否能为这种“善良意志”的实现而“竭尽全力”，看他是不是“用尽了一切力所能及的办法”去实现这一“善良意志”。可惜康德在论述他的这一极为深刻和重要的“竭尽全力”和必须“用尽了一切力所能及的办法”的主

① 黑格尔：《法哲学原理》，范杨、张企泰译，126页。

张时，并未把它当做一种检验“善良意志”的标准来看。因为在康德看来，一切行为只要是从“善良意志”出发的，也就是不需要检验的，它自身之内就会发出耀眼的光芒，它的价值就在于它自身。如果它还需要其他东西的检验，这对康德来说是不可思议的。康德在正需要前进一步的地方突然停止了，这是他的以先天学说为基础的德性论的必然结局。

康德的动机论在道德评价上还有另一方面的意义，这就是一切不是从“善良意志”出发的行为，不论其效果如何，都不能被认为是善的。康德特别憎恶并反对那些从利己主义出发的、把个人幸福作为判断善恶标准的伦理学说。他认为，从利己的动机出发，从个人的贪欲、私利和爱好出发，无助于培养人们的崇高的道德情操，不能形成一个人的道德行为，更不能培养一个人的高尚的道德品质。康德强调，如果承认人们在人和人的关系中的利己动机的合理性，就会把人引向邪恶，就会亵渎道德的尊严。康德认为，一个人之所以有道德，就在于他的行为是从出于责任的“善良动机”出发的，这就是人之所以崇高的所在。为了培养人们的道德品质，在强调“善良意志”的同时，康德还提出要克服那些与“善良意志”相违背的、从个人私利出发的爱好和私欲。他认为在道德上，实践理性可以过滤、净化人的动机，清除不符合“善良意志”的一切非理性的冲动，从而保持自己的“动机”的纯正性。正是在这个意义上，康德认为，一个有理性的人，只有在自己的行为中，用最大的努力充分发挥理性的作用，进行自我约束和克制，并使自己的行为能够完全从责任出发时，他才能真正达到一种身心愉悦的、崇高的道德境界。康德并不一般地反对幸福，但是他把幸福从属于“善良意志”，并认为，只有从“善良意志”出发和尽了自己应尽的责任之后，人们感到的那种欣慰才是真正的幸福。

边沁和密尔是西方 19 世纪功利主义思想家，也是效果论的最著名的代表。他们从功利目的出发，认为判定一切行为的道德价值，最主要的是要看它们能否使人们快乐和幸福，即产生对行为者有利的效果。道德之所以有价值，不在于它具有什么崇高的美名，而在于它有着满足人们的快乐的实际利益。因此，功利主义认为，对人的行为善恶进行评价的根据，只能看行为的效果，离开行为对人们所产生的效果，就不可能有道德上的善恶。依据密尔的思想，一个极力从水中把人救起的人，即使他的动机是想得到别人的报酬，但如果他确实能把人从水中救起，使人免于死亡，那么从道德评价来说，他的行为无疑是善的，是有道德的。相反，一个人欺骗把东西托付给他的人，即使他的目的是要报答另一个对他有更大恩惠的人，他的行为仍然是恶的，是不道德的。总之，无论他的动机如何善良，无论他主观上如何想做善事，无论他曾做过多少努力，无论他如何时运不济或遭遇坎坷，如果他的行为在客观上不能产生有利于人们的好的结果，他的行为都不可能是善的。按照效果论的这一思想，自然而然地就要得出这样一个结论：对于某一个援救溺水者的人来说，无论在他的心目中有如何卑鄙的动机（如耀誉乡党、贪图钱财），他的行为仍然是道德的。而且，在道德评价上，他应受人们赞许的程度一点也不因他的动机的卑鄙而降低。密尔（学界曾译为穆勒）从资产阶级的利己主义出发，认为“大多数的好行为不是要利益世界，不过是要利益个人（世界的利益就是个人的利益合成的）”①。尽管密尔在著作中曾不厌其烦地宣扬最大多数人的最大利益的标准，但就其实质而言，他所说的评价善恶的标准主要是看“个人”是否得到了“快乐”和“幸福”。

一般来说，功利主义者都否认动机在道德评价中的作用。因为在他们看来，这种主观性的东西既是非常复杂的，也是难以证明的。一个人的某一行为不可能是出于纯粹的义务或责任，而是往往包含着多种综合因素，如意志、荣誉心、金钱欲、权力欲等，在不同的情况下，人们也很难分辨哪一种动机是好的，哪一种动机是坏的。这样，功利主义就从根本上否认了动机在行为评价中的作用，否认了动机具有任何道德价值。

确实，完全否认动机在道德评价中的意义，这应该说是效果论的最大失误。这种失误使效果论在同动机论的争辩中愈陷愈深而不能自拔。评价行为的善恶，固然不能只根据“善良意志”，但也不能否认动机在评价中的重要作用。如果完全依据行为的效果来判断善恶，那么所有从贪图私利出发、从金钱出发、从情欲出发甚至从恶的动机出发的具有“好效果”的行为，就会都具有道德上的善。其结果必然是，在相当大的范围内否定了善恶的区别，甚至往往会把恶当做善，使道德最终丧失

① 穆勒：《功用主义》，唐钺译，19～20页。

其评价善恶的功能。

功利主义强调效果，完全否认动机有什么好坏之分，否认动机在道德评价中的作用，在进行实际的道德评价时，是很难令人服膺的。为了摆脱这种困难，边沁还提出了动机和意图之分。边沁认为，动机只是一种心理上的感情，即一种心理状态，并不具有明显的意向，没有要达到目的的意图，因而无所谓道德上的善恶。只有由动机产生的意图才有道德上的价值。他举例说，如一个小孩子，他想去看有趣的书。在这里，“想去看有趣的书”并不是小孩子的动机，而应当说这是小孩子的“意图”，而他的动机只能是一种“好奇心”。在边沁看来，动机只是形成“意图”的原因，是一种心理上的情绪，并没有明确的指向。正是这种原因，边沁认为，一个小孩子的“好奇”的动机可以产生出许多“意图”——想去看书，想去抽陀螺，想去放纵疯牛于人群之中——以满足他的好奇心。这样，边沁就为自己的理论找到了一个退却的隐蔽所。边沁说，他不承认动机在对道德行为的评价中有善恶的分别，但他认为由动机产生的意图则是有善恶分别的，而且在对行为的道德评价中也是有意义的。他认为，人们可以根据意图来确定动机的好坏。如果由动机产生的意图是好的，那么这个动机就是好的；相反，如果由动机产生的意图是坏的，那么这个动机就是坏的。边沁强调意图主要是想弥补其效果论在动机方面的漏洞，但是这种退却一点也没有克服效果论所固有的片面性。把动机和意图加以区分（即从动机中分出意图来），把动机规定为某一个体之所以要去实行某一行为的主观情感（如所谓“好奇心”），把意图规定为决心去做某种事的具体的行动计划，并进而分析动机和意图之间的关系，这些都是有意义的。但是，如果以此来论证只有意图才有善恶，而动机并无善恶，那么这是毫无说服力的。在一般情况下，人们所说的动机已经包含意图。在道德评价中，当我们把动机和效果作为一对范畴来考虑时，我们总是把动机、意图、目的、情感、信念、理想等包含在内。这里所说的动机，主要是指相对于行为效果的主观观念，也可以说是指一种“动机体系”。在康德的理论中，我们也可以清楚地看到，康德一再强调的“善良意志”，并不是一个没有内容的空洞愿望，而是包含了所谓的“意图”在内的。从对某一行为的道德评价的善恶根据来说，动机和意图的作用是紧密地联系在一起的，没有意图的动机和没有动机的意图都是不可思议的。

功利主义者为了克服效果论的片面性，又提出在评价人的行为时，可以把对行为的评价和对行为者的评价加以区分。这就是说，如果是对某一行为本身进行道德评价，那就只能看效果而不能考虑动机；但是，如果对一个行为的行为者进行评价，那就应当考虑他的动机。密尔说：功利主义者“也知道好的行为并不一定表示有德的品格，可褒奖的品性也屡次发生可贬斥的行为。假如在任何特种场合，显然有这种情形，那么这种情形就会影响我们对于行为者的评价（当然不影响我们对于行为的评价）。我承认，虽然如此，功用主义者总以为毕竟好品性的顶好证明就是好行为，他们断不认为那主要倾向是做坏事的任何性格会是好的”①。这就是说，如果一个人的品德、动机是好的，而他的行为产生了坏的效果，那就可以“罪其事而不罪其人”，否则，就可以“罪其人而不罪其事”。这里又是一种对动机论的退却，即承认品德、动机、善良意志在评价人的行为善恶时的作用。但是，说到最后，密尔还是坚持他的观点，即如果一个行为的效果是坏的，那么不论行为者的动机如何，归根到底，不能说这个行为者的品性是好的。

（三）动机和效果的辩证统一观

在道德评价上，马克思主义伦理学既反对单纯动机论，也反对单纯效果论，而是主张动机和效果的辩证统一论。毛泽东同志在《在延安文艺座谈会上的讲话》中指出：“唯心论者是强调动机否认效果的，机械唯物论者是强调效果否认动机的，我们和这两者相反，我们是辩证唯物主义的动机和效果的统一论者。为大众的动机和被大众欢迎的效果，是分不开的，必须使二者统一起来。对个人的和狭隘集团的动机是不好的，有为大众的动机但无被大众欢迎、对大众有益的效果，也是不好的。”② 一般来说，毛泽东同志这里所说的动机和效果的辩证统一论，对道德行为的善恶评价来说，也是适用的。在伦理学上需要进一步研究的是：动机和效果究竟是如何统一的？特别是在动机和效果不一致的情况下，又如何对行为的善恶进行评价？

动机和效果是不可分割的。动机和效果，包括从一定动机出发去达

① 穆勒：《功用主义》，唐钺译，21页。

② 《毛泽东选集》，1版，第3卷，870页。

到一定目的的努力，是人的道德行为不可缺少的组成部分。动机（包括意图）是个体在行为前的欲望、意图、情感、信念、理想的综合，是道德行为的思想动因。任何道德行为都必然有其特殊的动机。由于“动机”总是同个人的意愿、爱好、兴趣、情感、信念、理想相联系，并受个体的价值目标所导向，因而动机（包括意图）既是一种心理状态、一种思想情感，又是一种道德认识，是指导、推动人们去行动的一种精神力量。一般来说，当人们自觉地去从事某一道德活动时，总会有一定的目的，并预计到从这一目的出发可能得到的效果。动机总是同人的利益和需要相关联的。在这里，利益和需要并不仅仅是物质的，而且还包括精神的。一个道德行为常常是同个体的崇高精神需要相联系的。从一个道德行为来说，动机是行为的出发点，是行为的一个必不可少的因素，没有动机也就不可能有效果。由于社会生活的复杂性，个体的道德行为的动机也必然是多样的，因而忽视人的动机在道德行为中的作用的观点是片面的。

效果是指一个人的行为所产生的客观结果。一般来说，在伦理学上，当它与动机联系起来被考察时，它主要指一个道德行为在特定场合下所造成的后果，指由动机出发所达到的一种对他人或社会有益或有害的客观事实。动机是属于主观方面的范畴，效果是主观见之于客观的活动及其结果。从这个意义上说，任何一个道德行为都必然会有效果。如果只有一个不付诸实践的“动机”，这种动机当然不会产生效果。这样，这种动机不但不可能构成一个道德行为，而且也不可能被称为动机，因为这只是一个不同行为联系的“空想”。正是在这个意义上，我们同样可以说，没有效果，也就没有“动机”。当然，这种“效果”可能是行为者从动机出发所预期的效果，也可能是同行为者的动机不相符合甚至正相反的效果。

动机论和效果论都从不同方面割裂了动机和效果的统一，割裂了主观和客观的统一，从而陷入了片面性。从统一的行为过程来看，动机和效果是对立的统一，它们既互为条件，又互相渗透。一般来说，好的动机常常引出好的结果；坏的动机常常引出坏的结果。但是，由于客观事物在发展中要受到各方面条件的制约，由于人们对客观事物的规律性认识有一个过程，还由于在人们的行动过程中会有不少意想不到的情况发生等，因此，有些时候，好的动机往往引出坏的结果；同样，坏的动机也可能引出好的结果，即所谓“歪打正着”。这种动机和效果不一致的情况，无论是动机论者或效果论者虽然都承认它们确实存在，但是由于他们坚持自己的片面性，也就始终无法正确地评价人们的这类行为。很清楚，如果动机和效果一致，不论是从动机论出发还是从效果论出发，都可以正确地评价人的行为。在动机和效果问题上引起争论、需要特别加以研究的，就是在动机和效果不一致的情况下，究竟应该如何进行道德评价。

第一，要充分重视实践的检验作用。科学的伦理学所说的动机和效果的统一，绝不是把二者并列起来、同等看待。这种动机和效果的辩证统一论，特别强调行为者的实践在从动机到效果的过程中对行为的检验作用。行为者从一定的动机出发，为了达到一定的目的必须进行必要的活动，采取一定的手段、方法以及努力克服种种困难。人的任何道德行为都是在对客观事物认识的基础上的实践活动。人的一切活动都是在生产实践、处理社会关系的实践和科学实验中形成的。没有实践，就不可能知道行为者的动机是否善良。动机不但在实践中产生，在实践中发展，而且在实践中受到检验。从人的某一个具体的道德要求来说，它同样是一个从实践到效果的过程，是为了达到预定目的而进行的自觉、自愿、自择的活动的总和。一般来说，好的动机尽管也可能产生动机和效果不一致的情况，但如果一个人能够有真正善良的动机，那么他就必然能在实践中总结经验，不断改进，从而最终达到动机和效果的一致。但是，就某一具体的过程来看，有些人虽然抱着善良的愿望和好的动机，但却并不能得到意想的好的结果，有时甚至产生了与好动机相反的坏结果。但是，只要实践证明了，他确实曾为实现自己的动机而“竭尽自己的最大的力量”，并“用尽了一切力所能及的办法”，但由于“生不逢时”或“无情的自然苛待”而一无所得，那么他的行为的道德价值仍然是应当而且必须肯定的。一个医生给人看病，一个指挥员指挥作战，一个经理管理企业，都并不会因为有好的愿望而保证能够有好的结果。在这种情况下，我们既不能像动机论那样只强调动机（因为动机是无法证明的），也不能像效果论那样只看效果，而是要根据行为者为达到预期的目的所进行的一连串活动来检验其动机，来分析其效果。一个医生在为患者治病的过程中，如果他在动机上确实是要治病救人，而且也竭尽自己最大的力量，用尽了各种办法，但或者由于经验、知识的限制，或者由于药物、技术条件的限制，他最终还是没能治好患者的疾病，没能挽救患者的生命，那么在进行道德评价时，我们就并不能因此而否定他的行为的善的价值。他的行为过程足以证明他的行为有崇高的道德价值。从这一意义上说，善良的动机并不是由它是否取得预想的结果来证明的，而是由行为者的一连串的行动来证明的，由个人的实践来证明的。相反，不论一个医生自称其动机如何善良，只要他在对患者进行治疗的过程中，并不努力去实现这一动机，并没有“竭尽自己的最大的力量”，而是草率马虎，不负责任，以至造成医疗事故，甚至造成患者的死亡，那么他的行为就必然要受到舆论的谴责。人们之所以谴责这个医生，并加之以不道德的恶名，最根本的原因与其说是出于对这一事件的后果的考虑，不如说是对导致这一后果的行为过程的考虑。

第二，要特别强调，一切道德行为的最终目的都是要达到好的效果。如果一个医生确实是一个品德高尚的人，那么他在虽经自己竭尽全力仍未解脱患者的病痛之后，就必然会从过去的医疗过程中总结经验，并在今后的工作中提高自己的技术，改进自己的工作。同样，一个企业的经理或厂长领导生产，尽管抱着一心为国家、为工厂、为企业的善良愿望，但有时也会因为未掌握必要的信息或失去了重要的机遇而使工厂或企业受到重大损失；然而，如果他的整个活动过程证明他并不是自私自利、损人利己、投机倒把，而且在造成工厂或企业的损失之后，能够认真作自我批评，总结经验教训，那么在道德上对他的行为就应当予以肯定。那些对人民事业不负责任，并且其行为的过程证明他无论做什么事都是从自私自利的利己主义出发的人，无论他口头上怎样宣扬自己有善良的动机，在道德评价上他都应当受到谴责。正是在这样的意义上，毛泽东同志曾说：“一个人做事只凭动机，不问效果，等于一个医生只顾开药方，病人吃死了多少他是不管的。又如一个党，只顾发宣言，实行不实行是不管的。试问这种立场也是正确的吗？这样的心，也是好的吗？事前顾及事后的效果，当然可能发生错误，但是已经有了事实证明效果坏，还是照老样子做，这样的心也是好的吗？我们判断一个党、一个医生，要看实践，要看效果；判断一个作家，也是这样。真正的好心，必须顾及效果，总结经验，研究方法，在创作上就叫做表现的手法。真正的好心，必须对于自己工作的缺点错误有完全诚意的自我批评，决心改正这些缺点错误。”①

第三，一切从恶的动机出发的行为，包括所谓歪打正着的行为，都不能被认为是道德的行为。正像我们在前面指出的，善和恶，在不同社会和不同阶级中具有不同的含义。在我国当前的社会主义初级阶段，只有符合社会主义的经济、政治的需要，符合社会主义社会的道德规范要求的动机，才是善的，反之，就是恶的。如果动机是恶的，其行为就只能是恶的，而绝不可能是善的。当然，这种“恶”的动机也是要由行为的过程来检验和证明的。倘若有一个人不慎落入水中，在他生命危急关头，急需他人加以援助。如果另一个具有很好水性而又有条件援救他的人，从自私自利、金钱至上的动机出发，提出必须以高额金钱为代价才肯下水救人，那么不论其是否将落水人救出，他的行为都是不道德的，都是应当受到谴责的。在这个问题上，忽视或否认动机作用的理论是完全错误的。

关于动机和效果是否一致，一般可以区分为四种情况：好动机产生好效果，坏动机产生坏效果，好动机产生坏效果，坏动机产生好效果。在前两种情况下，道德评价并困难。对于最后一种情况，在道德评价上，应当正确认识，即虽然这种行为取得了某种所谓“好”的结果，但只要其行为过程证明他的动机是恶的，在道德评价上，人们也仍然能够作出明确的判断。对我们来说，最重要、最值得研究的还是第三种情况，即研究怎样正确评价那些自称有好动机而又没有取得好效果的行为，并注意研究如何使人们的好动机能够产生好效果。怎样才能使真正好的动机能够达到好的效果呢？首先，要树立正确的人生观，树立崇高的价值目标，并用以指导自己的思想和行为。其次，要掌握唯物辩证法，力求在实践中、在行为过程中，逐步提高对事物规律性的认识，竭尽全力使自己的好动机能够达到好效果。最后，为了使好动机产生好效果，还必须在自己的本职工作中，提高自己的业务技能，对技术精益求精，从而使自己有能力把善良的动机转变为预想的善良的结果。

---

① 《毛泽东选集》，1版，第3卷，875页。

三、道德的自我评价和社会评价

对个体或群体来说，道德评价都可以分为两种最基本的方式，即自我评价和社会评价。社会评价是道德之所以能调解人们之间关系的一种力量，是道德他律的一种凭借。自我评价是个体和群体对自身行为所作的善恶判断。在调解人和人的相互关系中，自我评价和社会评价相辅相成。

（一）道德的自我评价

所谓道德的自我评价，就是个体或群体对自己行为所作的一种善恶上的自我认识，是依据自身的价值取向对自身行为所作的道德判断。

道德的自我评价，由于是行为当事者对自己行为的评价，它的最主要特点就是行为当事人既是评价的客体，又是评价的主体。或者说，在道德的自我评价中，主体就是客体，客体又同时是主体。主体要评价的客体就是主体自身。特别是由于道德评价是一种价值评价，它总是同评价者的道德认识、道德情感、道德意志有着重要关系。道德上自我评价的目的，主要是要正确地认识自己和了解自己的道德品质和道德行为，从而能够不断地提高自己的道德品质。因此，如何正确地评价自己，在道德评价中就具有特别重要的作用。

由于人们对自己的道德行为的评价总要受自己的利益、情感等因素的影响，所以人们往往很难做到客观地、正确地认识自己。正是由于这种原因，“人苦于不自知”这句古老的道德格言成为了人们在评价自己的行为时所特别注意的戒律。中国古代著名思想家老聃，在强调“知人”和“自知”中，更强调“自知”和“自胜”的重要。他认为“知人者智，自知者明，胜人者有力，自胜者强”。从道德的自我认识、自我修养上来看，能够正确地认识和评价别人，这只不过是一种机智，只有能正确地认识自己和评价自己，才算得上高明；而且，知道自己的目的，就是要战胜自己品德上的不足，过一种真正崇高的精神生活，因而只有“自胜”的人，才算是最坚强的人。也可能正是出于同样的原因，苏格拉底才特别强调“认识你自己”的重要。因此，在道德的自我评价中，要使“我”这个评价主体能够站在他人、整体或社会的立场上，从他人、社会或整体的利益出发，来对自己的行为进行客观分析。在这种时候，“我”这个评价主体以主体形式代表着客体的要求来进行评价。这里的主体，也可以说是客体化了的主体，是主体中的客体。这也就是说，当主体对自己的行为进行自我评价时，他必须经常想到，与自己的道德行为发生关系的他人、整体和社会将会对这一行为作如何评价。只有这样，人们对自我的道德评价，才可能是客观的和全面的。

当然，人们在对自己的道德行为进行自我评价时，总要以一定社会或一定阶级所形成的道德原则和规范作为对照的标准。这种一定社会的原则规范体系，就其实质来说，也就是与主体行为有关系的他人、整体和社会的利益要求。这种要求用各种方式告诉人们，哪些是应当做的，哪些是不应当做的。道德上的自我评价，主要就是主体把自己的某些道德行为同这些原则规范相对照。这里之所以强调主体在评价自己的行为时要站在他人、整体和社会的立场上，是因为个体往往容易囿于“自我”的利益和“自我”的情感，从而失去了这种应有的客观性。此外，在道德的自我评价中，评价主体的道德信念、道德责任和判断善恶的能力，评价主体的正确的世界观和进步的人生观的确立，对一个人能否作出正确的自我评价，具有重要的意义。

在道德的自我评价中，“良心”扮演着特别重要的角色。“良心”是行为者对自己道德行为的自我认识、自我控制、自我调节和自我评价的统一体，在这个意义上说，“良心”就是人们所说的“内心信念”。在道德的自我评价中，“良心”总是同责任感、荣誉感和羞耻感结合在一起，从而使得行为者对于自己所做出的符合社会道德规范要求的“善”的行为，能感到光荣、崇高，并伴随有精神上的欣慰感；反之，对自己所做出的不道德行为，则感到羞愧，并对自己进行谴责。“良心”在对自己的行为进行评价的过程中，总伴随着一种对自己行为的价值导向。当行为者对某一行为感到道德满足时，“良心”就会对自己发出指令，并在今后遇到类似的处境时，就会指导行为者做这样的选择；当行为者对某一行为感到道德愧疚时，“良心”就会对自己提出告诫，并在今后遇到类似处境时，就会指导行为者避免犯同样的道德错误。“良心”的这种趋善避恶的呼唤，对有些人来说可能是非常微弱的，是隐藏于内心深处的；对另一些人来说，则可能是非常强烈而且执着的，这些人为了顺从自己良心的导向作用，甚至宁愿牺牲一切“荣誉”、地位和金钱，忍受一切难以忍受的物质和精神的痛苦，从而求得“良心”的自我满足。

在人们的道德品质的形成过程中，提高“良心”在自我评价中的作用，就可以在善恶选择、行为指向、境遇取舍、自我控制等方面为人们指明正确的方向。

（二）道德的社会评价

道德的社会评价是道德评价的一个重要方面。从道德的功能来看，所谓道德的评价功能主要是指社会评价的功能。社会评价的最重要的方式就是社会舆论。

社会舆论包括口头议论和大众传播工具两个方面。所谓口头议论，是指从善恶观点出发，对被评价的人或事进行评论、指责、赞扬、贬斥和肯定，并通过人们彼此相传的形式，对被评价的行为施加影响。所谓通过大众传播工具，即指通过报纸、广播、电视等方式，对某一个体或群体的行为进行善恶评价，并对被评价的个体或群体施加影响，从而在更大的范围内或在全社会中起到抑恶扬善的作用。个体或群体的行为，在自我评价的同时，必须受到社会评价的导向。道德规范之所以具有约束力，一个很重要的原因，就在于有社会舆论这样一种强大的力量。人的自我意识、人的良心并不是天生的，而是社会的产物；社会舆论在人的“良心”的形成中有着特殊的作用。在日常生活中，人们都会随时随地感到社会的共同舆论具有特殊的权威性；对于某些人来说，他们之所以不愿做或不敢做不道德的事，往往并不是由于惧怕上帝甚至不是由于惧怕某种法律处罚，而是由于惧怕社会舆论的谴责。社会舆论之所以具有权威性，就在于它代表着广大群众的一种意志、情感和价值取向，并能给人以荣誉感或耻辱感，迫使人们在行为选择时不得不考虑社会舆论对自己的评价。

加强道德的社会评价作用，特别是加强大众传播工具的道德评价作用，对改善社会风气、培养人们的优秀道德品质、抵制种种为非作恶的不道德行为，具有十分重要的作用。人们在日常生活中常说的“众目睽睽”、“众怒难犯”、“众矢之的”、“众口铄金”等，都说的是社会舆论在评价人们的行为中所具有的巨大作用。这种强有力的社会评价能够造成一种特殊的善恶分明的氛围，使不道德的行为者受到强大的精神压力，感到羞愧、内疚甚至无地自容；使那些“助人为乐”、“见义勇为”的行为者受到尊敬，感到光荣。社会道德评价的强弱往往成为一个社会道德水平的试金石。当一个社会的道德评价声音非常微弱以至几乎不能为人们听到的时候，这个社会的道德准则、道德要求也就会丧失其权威性，整个社会成员的道德水平也就必然会日趋下降，甚至会在一段时期内出现严重的道德堕落现象。相反，强有力的、正确的社会舆论则代表着一个社会大多数人道德上成熟的善恶判断，反映着人们共同的情感、意志、信念和愿望，体现着历史进步的要求。这种社会舆论通过大众传播工具的信息传递，形成了一种独特的社会力量，使“恶”的不道德行为犹如过街老鼠，人人喊打；使“善”的道德行为能够不胫而走，对社会成员产生强烈的感染作用。这样，一个社会的道德水平和风尚习俗就会不断进步，不断升华。

社会舆论作为社会成员表达他们自己意志和意见的一种特殊方式，总是与社会上长期形成的传统的价值观念联系在一起的；或者像黑格尔说的，“在公共舆论中真理和无穷错误直接混杂在一起”①。因此，我们在对待社会舆论时，必须区别正确的舆论和错误的舆论，并努力减少、消除错误舆论在社会道德评价中的影响。鲁迅曾专门撰文《论人言可畏》，说明电影明星阮玲玉的自杀是同当时错误的社会舆论有关的（“人言可畏”这句话发现于阮玲玉的遗书之中）。对于一个时代、一个社会来说，由于在一定经济基础上形成的社会舆论和道德评价反映着一定的利益关系和道德准则的要求，因此，基本来说，这一社会的社会舆论体现着它的总的价值取向，是维护社会安定的巨大力量。

（三）道德上自我评价与社会评价的统一

人们在道德上的自我评价要受社会评价的制约，而道德的社会评价只有为该社会的成员的自我评价所认同，才能发生有效的作用。因此，如何使道德的自我评价和社会评价统一起来，是道德评价必须解决的重要问题。

道德的自我评价，特别是“良心”的自我评价，是人的自我意识的一种表现，同个人的生理心理机制、个人的性格特征以及所受教育和所

---

① 黑格尔：《法哲学原理》，范杨、张企泰译，333 页。

生活的环境有着密切的关系。尽管自我评价必然受社会评价的制约，但它往往会同社会舆论产生矛盾，甚至会形成极其尖锐的对抗。不同阶级的人有不同的良心，或者更进一步说，每个不同的人都有各自不同的良心。一般来说，在阶级社会中，同一阶级的人，他们的良心大体上可以说是相同的。

道德的社会评价（或者社会舆论），基本上代表了一个社会的道德原则和规范的要求，体现着社会的利益，有利于社会的稳定，因而对于每一个人来说，它是一种客观存在的、具有约束性的力量。由于社会中总是存在着个人利益同整体利益的矛盾（在有阶级的社会中，还存在着阶级的矛盾），因此，道德的社会评价同个人评价之间也常常会发生这样那样的矛盾。社会中正确的、进步的社会舆论将不断地发挥其价值导向作用，逐步改变那些不适应社会评价的自我意识，并逐步形成符合社会道德原则、规范的自我意识。同时，随着社会的发展，随着道德观念的改变，道德的社会评价也必将在这一过程中发生变化。

在社会剧烈变革的时代，特别是在旧观念已不能适应社会的需要而急需变更的时期，社会的道德评价，社会舆论的导向，往往既会显示出正确的一面，又会显示出与时代精神相违背的一面。在这种情况下，自我的道德评价不但不应当受到旧的社会评价的约束，而且应该坚持正确的自我评价，根据自己的价值判断去改变环境以至改变社会。正是在这个意义上，黑格尔极其深刻地指出："公共舆论又值得重视，又不值一顾"①，"公共舆论中有一切种类的错误和真理，找出其中的真理乃是伟大人物的事。谁道出了他那个时代的意志，把它告诉他那个时代并使之实现，他就是那个时代的伟大人物。他所做的是时代的内心的东西和本质，他使时代现实化。谁在这里和那里听到了公共舆论而不懂得去藐视它，这种人决做不出伟大的事业来"②。这就是说，道德的自我评价和社会评价的统一的关键，在于自我评价或社会评价是否反映了"时代的意志"，是否反映了"时代的内心的东西和本质"。如果社会舆论反映着时代的"意志"和"本质"，个人的道德自我评价就应当受这种"意志"和"本质"的制约，并遵从这种"意志"和"本质"的召唤。相反，如果社会舆论所表现出来的只是"错误"，而道德上的自我评价体现着时

①② 黑格尔：《法哲学原理》，范杨、张企泰译，334页。

代的“意志”和“本质”，那么人们就应当不对那种偏见的舆论作任何让步，而应当像马克思当年所说，“走你的路，让人们去说罢!”① 总而言之，道德上的自我评价和社会评价必须以时代的“意志”和“本质”为转移，以社会发展的客观需要为准则。

从另一方面说，由于真正有德的道德主体所尊重的是那种表现了时代的“意志”和“本质”的社会舆论，藐视的是那种非时代的“意志”和“本质”的社会舆论，因而如果道德主体能够确信自己所认定的社会舆论真正是时代的“意志”和“本质”的心声，代表着社会道德发展的未来方向，那么，即使这种社会舆论在眼下还不为人们所重视、所服膺，甚至由于“人微言轻”而颇受贬斥，真正有德的道德主体都应该坚信，现在尚未左右社会风气以及人们行为的那种代表了时代“意志”和“本质”的社会舆论最终将冲破旧社会舆论的藩篱，成为社会中占主导地位的新道德舆论。社会舆论在人类道德生活中的生命力，终究还是由它所依附的社会生活来决定的。

① 《马克思恩格斯全集》，中文1版，第23卷，13页。

第七编

道德修养与道德境界

试论道德修养*

道德修养问题，同道德教育一样，是伦理学研究中一个十分重要的问题。马克思主义伦理学强调，理论要为实践服务，伦理学的研究要为培养具有共产主义道德的新人服务。因此，研究道德品质形成的规律，研究自我锻炼或道德修养的规律，就成为了有重要意义的问题。

1967 年，林彪、“四人帮”曾在全国范围内策划过一个声势浩大、规模广泛的所谓批判“黑修养”的运动。它的罪恶目的不仅是要篡夺党和国家的最高权力，卑鄙地进行政治陷害，而且还妄图以批判那本论修养的书为幌子，从根本上否认对共产党员和革命人民加强道德教育的必要，否定道德修养在主观世界改造中的重要作用，破坏几十年来特别是新中国成立以来在全国人民中形成的优良道德风尚。为了达到这个罪恶目的，林彪、“四人帮”制造了一个风靡一时、蛊惑人心的理论，即所谓“修养必黑论”，或曰“修养必修论”。按照“四人帮”的这个反动公式，所谓自我修养，就是宣扬资产阶级人性论，就是“闭门思过”，就是脱离革命实践，“就是忘记武装夺取政权的根本任务，就是背叛无产阶级专政，忘记社会主义社会的阶级斗争”，“就要修成不搞社会主义而搞资本主义复辟的布哈林式的人物”，就是要修成“赫鲁晓夫式的人物”，等等。从他们的逻辑来看，无论什么样的修养，都只能是“越养

* 本文作于 1980 年，原收入《罗国杰文集》上卷，保定，河北大学出版社，2000。

越修，越养越成为修正主义”①。

正是在林彪、“四人帮”这种谬论的毒害下，在我们的队伍中，直到今天还存在着关于修养特别是道德修养的许多模糊认识。不少原来已经说得十分清楚、并且在实践中已经证明是正确的理论，也被弄得是非颠倒，真假混淆。在有的人看来，修养似乎只能是和孔孟之道有关的东西，或多或少总是属于“封资修”的范畴；有些同志认为，修养就是脱离实际的检查反省、闭门思过，因而和马克思主义不相容。有些同志虽然也认为，对于共产党员来说，道德修养似乎是不能否认的，但马克思主义的修养和“封资修”的修养有哪些根本不同，一下子也弄不清楚。因此，恢复对修养的正确理解，用马克思主义观点阐明有关道德修养的一些问题，对于拨乱反正、明辨是非、加强党内党外的思想教育和道德修养、促进社会主义现代化的建设，是很有必要的。

一、怎样正确理解修养

修养是一个含义广泛的概念，主要是指人们在政治、道德、学术以及技艺等方面所进行的勤奋学习和涵育锻炼的功夫，以及经过长期努力所达到的一种能力和思想品质。“修养”一词，不论在历代典籍、现实生活中，还是在马列主义经典著作中，都是经常被使用的。把“修养”说成只是和“封资修”相联系的一个贬义词，是毫无根据的，宣布取缔这个词，更是荒唐的。无产阶级革命导师，不论是马克思、恩格斯，还是列宁、斯大林、毛泽东同志，都曾不止一次地使用过修养这个词，而且多次强调提高政治修养、科学修养、艺术修养和思想意识修养的重要性和必要性。马克思在评价狄慈根的哲学著作时，说他“能够在这样缺乏科学修养的情况下得出这样多正确的结论”，是“出色的，甚至是天才的”②。列宁在讲到政治教育工作者的任务时，强调“政治上有修养的人是不会贪污的”③，在谈到提高人民教育的水平时，强调要“提高

① 《红旗》杂志编辑部，《人民日报》编辑部：《〈修养〉的要害是背叛无产阶级专政》，载《红旗》，1967（6）。

② 《马克思恩格斯全集》，中文1版，第32卷，183、182页，北京，人民出版社，1974。

③ 《列宁全集》，中文1版，第33卷，57页，北京，人民出版社，1957。

他们的思想意识，使他们具有真正符合他们的崇高称号的各方面的修养”①。毛泽东同志在讲到学习理论时，曾号召全党来一个学习竞赛，提高“我们党的马克思列宁主义的修养”②。周恩来同志还特别强调文艺工作者应该“提高艺术修养”③，要有“文艺修养”④。由此可见，马克思主义、毛泽东思想所理解的修养，其意义是积极的而不是消极的，是在革命实践中的自我锻炼而不是闭门思过。只要站在无产阶级立场上，采取正确的观点和方法去理解和进行修养，就必然会提高从事各项革命工作的能力和思想品质。这种涵育培养的功夫，只能使人越养越红，绝不会越养越黑；只能是越修养越提高马克思主义水平，而不是越养越成为修正主义者。

无产阶级革命导师所讲的“各方面的修养”，当然包括道德修养。道德修养是思想修养的一个重要方面。所谓道德修养，主要是指思想品质方面的“自我锻炼”和“自我改造”，其中不但包括依照无产阶级道德原则和规范而进行的反省、检查、自我批评和自我解剖，而且也包括在革命和建设的实践中所形成的情操以及应达到的境界。

大家知道，中国历史上所讲的修养，大多是指道德修养。儒家的孔孟之道，尤其重视思想品德的修养。孔丘曾说，他最忧虑的事情就是“德之不修、学之不讲，闻义不能徙，不善不能改”⑤。他不仅强调“修己以敬”⑥，即强调只有修养好自己的品德，才能严肃认真地对待一切事情，而且强调“修己以安百姓”⑦，认为只有修养成高尚的品德，才能使百姓得到安定。孟轲更强调所谓“养气”，要通过“内求”的方法培养他们所说的“至大至刚”、充塞于天地之间的“浩然正气”⑧。很显然，他的所谓“养气”，说的就是内心的、道德方面的修养。在《大学》、《中庸》中，更将“正心”、“诚意”、“修身”提到“治国”、“平天下”的高度，从而为封建地主的反动统治服务。宋明以后的道学家深感封建社会的日趋没落，妄想用道德伦理来维持已经腐朽的封建制度，更

① 《列宁全集》，中文1版，第33卷，419页。
② 《毛泽东选集》，1版，第2卷，499页，北京，人民出版社，1966。
③ 文化部文学艺术研究院编：《周恩来论文艺》，54页，北京，人民文学出版社，1979。
④ 同上书，71页。
⑤ 《论语·述而》。
⑥⑦ 《论语·宪问》。
⑧ 《孟子·公孙丑上》。

加强调为学的目的就是要变化人的气质，陶冶人的德性。当然，他们所讲的修养标准，不外是忠恕之道和三纲五常，其目的是为巩固剥削阶级的统治培养人才。他们的方法，尽管也强调什么“反身实践”，“躬行践履”、“在事上磨炼”等，但归根到底，还是脱离了实践，是唯心主义的。对这些东西是必须要加以批判、坚决抛弃的。但是，他们从统治阶级的立场出发，认识到道德修养对于提高人们的道德品质具有相当重要的意义，这种认识是包含着某些合理的因素的。我们在批判儒家“修养经”的同时，绝不应该否认任何修养，而应该站在无产阶级的立场上，用马克思主义的观点和方法，建立起无产阶级的、人民群众所需要的道德修养理论。

实践是检验真理的唯一标准。从中国共产党成立到现在，无数革命先烈、无数革命老前辈，对于“修养”在造就革命者的共产主义的思想意识和道德品质上的重要作用，是有着深刻的体会的。正如陈毅同志所说的：“应知学问难，在乎点滴勤。尤其难上难，锻炼品德纯。”① 陈毅同志常常谦逊地说他自己是“中夜尝自省，悔愧难自文”②。他所说的“自省”，就是一种修养的功夫。他认为，要改正一个人的缺点和错误，锻炼一个人的情操和品德，必须“灵魂之深处，自掘才可能”③。这种自掘灵魂深处的功夫，也就是一种经过修养而具备的自我解剖的精神和能力。他还特别强调要重视晚节，珍惜晚节。这些都是革命老前辈对于自我锻炼的经验总结，也是道德修养的至理名言。无数事实证明，在革命斗争中，老一辈无产阶级革命家之所以能够从一个不成熟的革命者，成长为一个具有高尚道德品质的革命家，正是在革命实践中经过多次的反省、检讨、自我批评，并不断地克服自己的各种非无产阶级意识才逐步实现的。共产主义战士雷锋，把使别人幸福当做自己的幸福；党的好干部焦裕禄，一心一意为人民，鞠躬尽瘁，死而后已。他们之所以具有高尚的共产主义品德，是和他们时刻严格要求自己、经常注意思想品德上的修养分不开的。相反，有些人虽然参加革命的时间很长，但由于他们放松或者不愿意进行自我修养和自我改造，结果往往走上生活腐化、道德败坏的邪路，以至最终成为人民的罪人，这难道还不值得我们深思和引以为戒吗？

---

① 陈毅：《陈毅诗词选集》，272页，北京，人民文学出版社，1977。

②③ 同上书，330页。

二、无产阶级人性论是道德修养的前提[①]

人的道德品质是怎样形成的？人性究竟是善的还是恶的？不同品质的人是不是都能养成高尚的道德品质？这是道德修养中的重要问题。在中外伦理思想史上，关于道德教育和道德修养的问题，从来都是和所谓人性善恶的问题密切联系的。剥削阶级的思想家们，尽管在人性善恶问题上长期争论不休，但从伦理学上来看，他们的目的都是共同的，出发点和归宿都是一个，就是按照他们的阶级利益培养剥削阶级所需要的具有一定品德的人。因此，在一定意义上说，人性问题是道德教育和道德修养的前提。不弄清这个问题，也就无法正确理解道德教育和道德修养。

人性善恶的问题是中外伦理思想史上众说纷纭、莫衷一是、被搞得混乱不堪的一个问题。人的本性究竟是善的恶的，还是无善无恶的、有善有恶的？它是先天具有的，还是后天形成的？所有人的人性是共同的还是不同的？对这三个问题的不同回答形成了各种不同的理论派别。但是，在马克思主义产生以前，它们都不能科学地解决这些问题。

马克思主义产生之前的伦理思想家，由于站在剥削阶级的立场上，由于没有辩证唯物主义和历史唯物主义世界观的科学指导，在人性问题上，总是这样那样地陷入唯心主义泥坑，把人的本性说成先天的、共同的、超阶级的和超历史的、固定不变的属性。尽管他们之中有少数思想家也承认人性是后天形成的、可变化的，但是由于他们总是深陷在抽象的、超阶级的人性论中，因而无法找到正确解决这些问题的出路。资产阶级的伦理学家更是把“自私”、“自爱”说成是人的本性，为剥削和压迫无产阶级和劳动人民的资本主义制度辩护。一些自称为马克思主义者的思想家，在批判剥削阶级的人性论的同时，走上了另一个极端，根本否认存在无产阶级的人性论。他们认为，在阶级社会中，所谓人性就是阶级性，而阶级性也就等于人性。这种把人性和阶级性完全等同起来的理论，显然是不符合事实的，是错误的。

---

① 本节内容曾发表于《中州学刊》1981年第1期。

马克思主义并不否认人性。马克思在批判边沁从效用原则出发推出人的本性的荒唐理论时，曾说："效用原则并不是边沁的发明。他不过把爱尔维修和十八世纪其他法国人的才气横溢的言论枯燥无味地重复一下而已。假如我们想知道什么东西对狗有用，我们就必须探究狗的本性。这种本性本身是不能从'效用原则'中虚构出来的。如果我们想把这一原则运用到人身上来，想根据效用原则来评价人的一切行为、运动和关系等等，就首先要研究人的一般本性，然后要研究在每个时代历史地发生了变化的人的本性。"① 毛泽东同志更明确地指出："有没有人性这种东西？当然有的。但是只有具体的人性，没有抽象的人性，在阶级社会里就是只有带着阶级性的人性，而没有什么超阶级的人性。我们主张无产阶级的人性，人民大众的人性，而地主阶级资产阶级则主张地主阶级资产阶级的人性，不过他们口头上不这样说，却说成为唯一的人性。有些小资产阶级知识分子所鼓吹的人性，也是脱离人民大众或者反对人民大众的，他们的所谓人性实质上不过是资产阶级的个人主义，因此在他们眼中，无产阶级的人性就不合于人性。"② 这就是说，人性是有的，不过它不是抽象的，而是具体的，在阶级社会中必然打上阶级的烙印，带上一定的阶级性。有无产阶级的人性，有剥削阶级的人性，也有人民大众的人性；不过，剥削阶级总是把带着自己阶级性的人性说成是全人类的共同的人性，以掩盖它的阶级性。这也就是说，在阶级社会中，全人类的人性总是和不同阶级的阶级性结合在一起，在很长的历史时期内，剥削阶级为了维护自己的统治，宣扬阶级调和，总是极力抹杀人的阶级性，鼓吹"共同的人性"，因此，为了争取被压迫人民的解放，针对剥削阶级在这个问题上的谬论，马克思主义经典作家总是反复强调人的阶级性，反对那些"硬要一切阶级在'人性'这个炽热的思想面前消失"③ 的胡言乱语，以启发被剥削、被压迫阶级的阶级自觉。事情的发展常常是一种倾向掩盖另一种倾向。由于在一定条件下强调了人的阶级性，以至于使一些人产生了一种错误的倾向，以为世界上只有阶级性而没有人性，只有无产阶级的阶级性，而没有无产阶级的人性，把阶级性和人性完全割裂开来和对立起来。林彪、"四人帮"更把这种片面性

① 《马克思恩格斯全集》，中文 1 版，第 23 卷，669 页注释 63。

② 《毛泽东选集》，1 版，第 3 卷，871～872 页。

③ 《马克思恩格斯全集》，中文 1 版，第 4 卷，344 页，北京，人民出版社，1958。

推向了极端，把阶级性绝对化，谁提人性，就给谁扣上“阶级调和”、“修正主义”的帽子，从而给文艺、道德、教育等问题的研究和实践带来了许多困难，造成了很大破坏。周恩来同志曾经针对这种否认无产阶级人性的错误倾向，尖锐地指出：“我们无产阶级有无产阶级的人性，为什么有顾虑？是有一种压力。把‘人性论’、‘人类之爱’、‘人道主义’、‘功利主义’都弄乱了。这些问题，毛主席早在延安文艺座谈会时就回答了。我们不一般地反对功利主义，我们讲无产阶级的功利主义、人性、友爱和人道主义。”① 那些否认无产阶级人性论的理论，从表面上看，似乎是强调了无产阶级的利益，实际上，正如周恩来同志所指出的，他们“不是从无产阶级的立场和阶级分析来看问题，而是从唯心主义来看问题”②。

那么，从伦理学的道德修养方面来说，马克思主义关于人性的基本理论是什么呢？

首先，马克思主义认为，人的本性或人的道德品质上的善恶，不是先天的，而是后天的。人的本性是由社会关系决定的，在阶级社会则主要是由阶级关系决定的。马克思说，人的本质“在其现实性上，它是一切社会关系的总和”③。所谓人性，人的本质，主要是指人的社会本质，即人之所以为人的社会属性。刚生下来的人，尽管在生理上、心理上可以有不同的差别，在聪明才智上可能有某种程度的悬殊，但从他们的道德品质上来说，即从他们向善向恶的能力来说，则只能是一张白纸、一块白板，是无所谓先天的善恶的。因为，道德本身是人和人之间的关系的产物，人们的道德品质，“不管个人在主观上怎样超脱各种关系，他在社会意义上总是这些关系的产物”④。同样，善和恶的观念也都是由一定的社会关系形成的，离开人类社会，离开人的社会关系，也就无所谓道德的善恶。

其次，马克思主义认为，人性都是具体的、历史的，在人类社会中根本不可能有抽象的人性。人类历史是不断发展的，人性也随着时代的发展而不同。原始社会有那时的不带阶级性的人性，那时候，人们有共同的经济利益、风俗习惯和共同的道德，他们在社会关系中所形成的共

---

①② 文化部文学艺术研究院编：《周恩来论文艺》，94页。

③ 《马克思恩格斯选集》，1版，第1卷，18页。

④ 《马克思恩格斯全集》，中文1版，第23卷，12页。

同劳动、相互关心的社会性，就是共同的人性，也即所谓人类的共同本质。从一定意义上看，也可以说在这种社会关系中所形成的人性是善的。进入阶级社会以后，人性就被打上了阶级的烙印，带上了阶级性。只有到了不仅消灭了阶级对立而且在实际生活中已忘却了这种对立的社会发展阶段，也就是到了将来的共产主义社会，人性的这种阶级烙印才会消失。

自从私有制和阶级产生以后，社会便分裂为剥削阶级和被剥削阶级，剥削阶级占有生产资料，掌握国家权力，处于统治地位，而被剥削阶级则失去了生产资料，处于无权的、被统治的地位。由于社会地位、经济利益、政治立场和思想感情不同，不同的阶级便形成了带着各自不同的阶级性的人性。从这个意义上说，劳动人民在社会关系中所形成的社会性，所具有的道德品质，是善的；剥削阶级在社会关系中所形成的社会性，所具有的道德品质，一般说来是恶的。当然，人们既然共同在一个社会中生活，总还有相互交往、相互影响的情况，因而这种善恶的品质又不可避免地包含一些复杂的情况。由于共同的历史背景，在人和人之间或多或少总还保留着一些所谓的“纯粹人类感情”①，正如恩格斯所说，“人与人之间的、特别是两性之间的感情关系，是自从有人类以来就存在的”②。不过，“在我们不得不生活于其中的、以阶级对立和阶级统治为基础的社会里，同他人交往时表现纯粹人类感情的可能性，今天已经被破坏得差不多了”③。这就是说，在阶级社会中，人性被打上了阶级的烙印，而阶级社会的阶级性又破坏着共同的人性。

最后，马克思主义认为，人性是在一定的社会关系下，在教育和自我锻炼中，不断地发展变化、日新月异、逐步形成的。任何一个人，从道德品质上说，都没有先天的善恶。人的向善向恶的能力，既然是后天形成的，因而就必然是能够改变的。善的可以更善，或者可以变恶；恶的也可以改恶从善，或者变得更恶。在这个意义上，我们可以说，人的本质的一个特点就是它的社会性和可变性。所谓可变性也就是教育学上所说的可塑性。正是这种可变性或可塑性，才使道德教育和道德修养，

---

① 《马克思恩格斯选集》，1版，第4卷，231页。

② 同上书，229页。

③ 同上书，231页。

使人的道德品质的锻炼和提高，不仅成为可能的，而且成为必要的。

从上述无产阶级关于人性的理论出发，在道德教育和道德修养上，我们可以得出一个极为重要的结论：我们应该把自己看做是需要改造而且能够改造的，不要把自己看做是完美的、神圣的、不可改造的。这不是看不起自己，更不是侮辱自己，而是历史发展的要求，是对自己的尊重。

三、按照什么标准来修养

道德修养的一个根本问题，就是按照什么标准来修养？在伦理学上，这个标准又叫做道德理想。马克思主义伦理学认为，所谓道德理想，指的是一定社会中一定阶级的理想人格。一般来说，道德理想包含两个方面的意义。一方面，人们把道德理想看成是道德原则、规范的概括与结晶，把某一社会或某一阶级的道德原则、规范的结合看成是人们的道德理想；另一方面，由于这种结合或融合往往体现在一定社会或一定阶级的理想人物身上，因此，人们又往往把这种所谓道德上“完善的”典范当做人们的道德理想。依据历史唯物主义的理论，任何社会或阶级的道德理想，归根到底，都由一定的经济基础和政治制度所决定，并受到各种社会意识的影响。因此，道德理想总是具体的、历史的。

在中国历史上，曾有过各种各样的道德理想。孔丘、孟轲所鼓吹的“圣人”，庄子所说的“真人”，宋明道学家所说的“圣贤”等，就是他们的理想人格，就是他们所说的具有高尚道德的人。这些所谓的“圣人”、“真人”或“圣贤”，不论是“欲明明德于天下”的“仁”者，还是“寂然不动”、“物来顺应”的“至人”，都不过是代表着某一个剥削阶级在不同发展阶段的利益，反映着这些阶级的要求而已。宋明道学家曾提出一个所谓“人欲净尽，天理流行”的至高无上的人格。在新中国成立前，也有人提出过“廓然大公”、“物来顺应”的天地境界，把这种境界说成是道德修养的最高觉解。其实，这种所谓的“天地境界”，完全是为了适应当时的反动统治阶级的需要，要人们安守本分、尽伦尽职、忍受残酷的剥削和压迫而已。

马克思主义认为，在阶级社会中，道德理想有着鲜明的阶级性，任何一个阶级的理想人格总是代表着在一定经济发展阶段上该阶级的要求、愿望和理想。理想人格是一定阶级的道德原则、道德规范的最集中的体现。从历史上看，判断一种道德理想是否进步，总是以它们对社会生产力的发展能否起促进作用，是否符合社会发展规律和有利于最大多数人的利益为标准。无产阶级的道德理想反映着社会发展的客观需要，对培养人们的道德品质有着重要的作用。为共产主义而献身、全心全意为人民服务的高尚品德，把集体主义、爱国主义、革命人道主义以及热爱劳动、忠诚老实、不谋私利、积极肯干等品质融为了一体。在领导中国革命走向胜利的过程中，毛泽东同志极其重视道德理想的作用，在《给徐老的一封信》、《吴玉章同志六十寿辰祝词》、《中国共产党在民族战争中的地位》、《为人民服务》、《纪念白求恩》等许多论述中，从各个方面给无产阶级的理想人格以经典性的论述。他认为，无产阶级的理想人格应该是毫不利己、专门利人，应该是全心全意为人民服务，一点儿也不脱离群众。他强调，尽管一个人能力有大小，但只要有这点毫不利己、专门利人的精神，就可以成为“一个高尚的人，一人纯粹的人，一个有道德的人，一个脱离了低级趣味的人，一个有益于人民的人”。他又说：“一个人做点好事并不难，难的是一辈子做好事，不做坏事。”他还提出“十分廉洁、克己奉公、埋头苦干”、“实事求是”、“远见卓识”等作为道德上理想人格的品质特征。除了从道德规范的总结上提出人们的道德理想外，他还提出要以张思德、白求恩、雷锋为榜样，把他们看做人们的道德理想。毛泽东同志谈到鲁迅时也说，鲁迅在中国的功绩，据他看应当是中国的第一等圣人。孔夫子是中国封建社会的第一等圣人，鲁迅则是新中国的第一等圣人。毛泽东同志的这些概括，不但对共产主义的道德教育和道德修养有着重要的意义，而且为马克思主义伦理学的宝库增添了前所未有的新内容。

事实是最有力的说明。自从新中国成立以后，党和政府领导全国人民学习老一辈无产阶级革命家的优秀品质，学习黄继光、董存瑞等英雄人物的光荣事迹，以他们为榜样进行道德上的锻炼和修养，曾经收到了极为显著的效果。特别是在毛泽东同志、周恩来同志、朱德同志号召学习雷锋以后，广大群众把雷锋作为榜样要求自己，用雷锋的言行来对照自己。在一段时期内，助人为乐、关心集体、热爱劳动、团结互助的精神被大大发扬，整个社会洋溢着共产主义的道德风尚，人和人之间充满着相互关心、相互帮助的同志感情。无产阶级的道德理想转化为巨大的动力，不但在人和人之间出现了前所未有的新关系，而且直接促进了生产力的发展，有力地推进了我国的社会主义建设事业。

从几十年的革命实践中，中国人民都深感周恩来同志确确实实是无产阶级的道德楷模，堪称共产主义道德的光辉典范，是革命人民的第一等“圣人”，是广大人民群众的道德理想。他整个一生的言论和行动都贯彻着毫不利己、专门利人、全心全意为人民服务的精神。他言必信、行必果，关心群众、爱护人民；他真正做到了大公无私、积极努力、克己奉公、埋头苦干、实事求是、清正廉洁、不用私人；他坚持不懈，从生到死，一辈子为人民、为革命鞠躬尽瘁，死而后已。在社会主义建设的新时期，在实现社会主义现代化的整个过程以及更远的将来，我们都要把周恩来同志作为无产阶级的道德理想，实际地而不是口头上照着周恩来同志的品德去锻炼自己、改造自己。只要如此，我们就一定可以成为道德高尚的人，就一定能对社会主义现代化、对实现共产主义的伟大事业做出更大的贡献。

在道德理想和经济基础的关系上，马克思主义坚持唯物辩证的观点，既反对唯心论，也反对机械论。一方面强调道德理想是经济关系的产物，是受社会的经济和政治条件制约的；另一方面又肯定这种理想一旦成为人们的意志和信念，又能够产生巨大的能动作用。在伦理思想史上，有一些机械唯物主义者极力否认道德理想的作用，认为强调道德理想，就必然会陷入唯心主义。第二国际的机会主义者考茨基也说什么道德理想“在科学社会主义中，没有地位”①，还胡说什么“马克思……有时候在他的科学研究中，也观察了道德理想的作用，但他却总想……把它（道德）从那里驱逐出去”②。这种机械论的观点，正像恩格斯指出的，它极其荒唐地把追求理想、相信人类进步、强调对真理和正义的热忱等理想力量，都叫做唯心主义。在机械唯物主义者看来，唯物主义只能强调经济因素，不应该强调精神和理想，这种理论显然是极其错误和有害的。

---

①② 《伦理学与唯物史观》，转引自夏利亚：《共产主义道德论》，毅敏译，79页，上海，作家书屋，1952。

四、感情、意志、信念在道德修养中的作用

道德修养之所以重要，还和道德这种意识形态的特殊性有关。道德虽然是客观的社会关系在人们头脑中的反映，是一种意识形态，但人们的道德意识或道德品质却不是一种单纯的认识或知识。道德这种社会意识要对人的行为发生作用，必须在人的头脑中先产生一定的道德认识，进而激起道德感情，化为道德意志，并凝成道德信念，通过道德实践，最终养成道德习惯。这个由认识到感情、意志、信念和习惯的过程，是道德区别于其他意识形态的重大特点之一。从这方面来说，它同人们心理过程的形成有着极为密切的关系。当然，对于道德理论和道德知识的学习，都会有助于人们道德意识的形成，但是道德的理论知识和道德意识是两个完全不同的概念。

道德感情是人在社会关系中通过对客观事物的一种善恶体验而产生的。这种感情的产生使人们对道德的行为产生羡慕和钦敬，对不道德的行为产生厌恶和憎恨。列宁曾经指出："……没有'人的感情'，就从来没有也不可能有人对于真理的追求。"① 正是从这种感情出发，形成了道德上应当如何去行动的义务感。道德意志就是根据善恶荣辱观念所形成的道德义务，或者叫道德责任，它体现着人们道德行为的意图，包含着道德行为中的一种坚持精神，一种克服障碍的力量。道德信念已成为人们的道德品质，也就是人们所说的良心。

要把道德的理论与认识转化为道德感情、道德意志和道德信念，需要有一个过程。在这个过程中，道德教育和道德修养起着重要的作用。一个人懂得了什么是应该做的，什么是不应该做的，什么是正确的，什么是不正确的，什么是道德的，什么是不道德的，但并不一定就能够照着去做，即使做了，也不一定能够坚持。因此，还一定要在思想上培养感情，形成意志和信念，并在日常工作、生活、学习中身体力行，付诸实践。这个培养感情和意志的过程是道德品质形成的关键，是道德之所以能发挥巨大能动性的重要原因。

---

① 《列宁全集》，中文1版，第20卷，255页，北京，人民出版社，1958。

在这里，我们应该注意两个方面的问题。一方面是夸大道德感情、意志和信念的作用，把这种作用说成是独立自在的、不受经济和政治制约的、绝对的类似“善良意志”的那种东西，并把这种善良意志看成是人们能否具有某种道德的根据。很显然，这是一种唯心主义的、先验主义的道德理论。但是，另一方面，我们也不能因此而忽视以至否认感情、意志和信念的作用，更不能认为只要一谈到感情、意志和信念，就是唯心主义。在一定的意义上，我们甚至可以说，没有感情、意志和信念的能动作用，就不可能有道德。在过去很长的一段时间内，这种感情、意志和信念的能动作用，总是被唯心主义片面地加以强调，任意地加以歪曲。因此，根据辩证唯物主义和历史唯物主义的观点，给这些概念以正确的阐释是非常必要的。

在当前，一种很流行的看法就是：只强调道德规范从外部对人们的约束和强制的作用，认为一说到道德，就是要宣传道德规范，制定道德守则，并且要大力加强舆论的力量，使它成为一种强大的压力，从而使人都不能不遵守这些规范。有的人也提出，要把许多道德规范颁布为法律条文，以便利用法律的强制作用促使人们遵守道德规范。这些主张看到了道德的作用，重视舆论的力量，当然是必要的。但是，如果停留在这些看法上，那还是不够的，甚至可以说没有认识到道德的更本质的内容。

道德和法律不同，它绝不是依靠强力从外部强加给人们的一种规范，而是要求人们依靠内心信念、按照道德规范自觉地行为。这种依靠内心信念的自觉行为，既不是害怕法律的制裁，也不是顾虑舆论的谴责；既不是为了沽名钓誉，更不是因为什么利己的动机。社会舆论对于人们的行为有一定的影响，但严格说来，为了害怕舆论而不得不勉强做出的行为并不能算是道德的行为。对于道德行为来说，人们之所以要这样行动，就是因为他们认识到这样做是道德的。也就是说，是由于他们的感情、意志，特别是由于他们的信念，要求他们、促使他们这么做。这种感情、意志和信念的力量是如此之大，以至在他们处于某种情况时，使他们必然地、毫不犹豫地这样去做。一切革命英雄、时代伟人、道德楷模之所以能够大义凛然、宁死不屈、不得不行、不得不止，就是因为他们具有这种感情、意志和信念。道德主要是由一种内在的力量维持的，否认这一点，也就否认了道德，也就否认了道德修养的重要性和必要性。

五、道德修养就是两种道德观的斗争

马克思主义伦理学所说的“道德修养”，绝不是道德思想上的兼收并蓄、调和折中，更不是孔孟所说的“中庸之道”。从“对立统一”这个事物的普遍规律出发，马克思主义伦理学认为，所谓修养，就是两种道德观在人们头脑中的斗争。正如一切事物和现象都存在对立双方的斗争一样，在人的头脑中也必然存在善和恶、正和邪、是和非、美和丑的斗争，也就是存在两种道德观的斗争。

正如前面所指出的，道德修养是一种思想品德方面的自我锻炼和自我改造，它有一个不断发展的过程，包括许多方面的内容。首先，要有共产主义道德理论上的学习，要树立共产主义的理想人格作为自己修养的楷模；其次，要结合实践对自己的行为进行反省、检查、自我批评，对自己有一个正确的估价，这也就是周恩来同志所说的“自我改造要自我认识”；然后要用分析批判的方法，使正确思想战胜错误思想，培养并逐步形成新的道德感情和道德信念；最后，还要把这种经过斗争所得到的正确认识付诸实践，看是否能在工作和生活中形成新的共产主义的道德品质、道德习惯。这是一个从实践到认识、又从认识到实践的不断的往返过程。这个过程永远也不会有完结的一天。剥削阶级宣扬的所谓“圣人”就是十全十美的“完人”，认为只要达到了“圣人”的境界，就再也不需要道德上的提高了。这完全是骗人的谎话。正像周恩来同志所说的：“世界上没有完人，永远不会有完人，一万年到了共产主义社会也还会有缺点，‘完人’就没事干了，‘完人’也就完蛋了。事物如果停止发展，事物就消灭，世界也要消灭。”①

两种道德观的斗争，在道德修养中占着极其重要的地位。无产阶级同资产阶级生活在一个社会里，不能不受到资产阶级道德思想的影响。无产阶级要对自己进行自我改造和自我教育，就必须消除自身的一切非无产阶级的道德思想。中国长期的封建社会还形成了深入到社会各个方

① 文化部文学艺术研究院编：《周恩来论文艺》，142页。

面的封建道德，这种道德直到今天还严重地腐蚀着人们的意识。列宁曾经指出，在工人阶级和资产阶级之间，并没有一道万里长城，资产阶级的死尸“是不能装进棺材、埋到地下的。被打死的资本主义会在我们中间腐烂发臭，败坏空气，毒化我们的生活，从各个方面用陈腐的死亡的东西包围新鲜的、年轻的、生气勃勃的东西”①，其中，从道德方面对我们的毒化应该是更为严重的。无产阶级的革命战士要进行道德上的自我教育和自我改造，就必须不断地同剥削阶级的道德意识作不调和的斗争。

道德修养上的两种道德观的斗争有着自身的特点。它不是社会上的、外部的两种敌对势力的斗争，而是在人们头脑中产生的两种不同思想的斗争。尽管这两种不同思想的斗争反映着客观的、人和人之间的道德关系，但它却是在一个人的头脑中由一个主体来进行的。用形象一点的话来说，就是人们自己跟自己打官司，也就是人们自己同自己斗争。原告和被告，甚至法官都是同一个人。正是这种特点使得道德修养中的自觉性有着极为重要的意义。没有这种自觉性，也就不可能有正确的修养。所谓自觉性，就是要充分发挥人们思想上正确方面的主导作用，促使新道德观念战胜旧道德观念，随时随地用共产主义的道德原则和规范作标准，认真检查自己的一切言论和行动，改正一切不符合共产主义道德的东西，从而达到不断提高自己共产主义道德品质的目的。

在中国伦理思想史上，儒家一派是极其重视修养中的所谓“内讼”和“省察克治”功夫的。孔丘说：“吾未见能见其过而内自讼者也。”②说的就是依据封建道德标准自己同自己的斗争。王阳明在《传习录》中更特别强调所谓“省察克治”。他说：“省察克治之功则无时而可间，如去盗贼，须有个扫除廓清之意。无事时将好色好货好名等私逐一追究搜索出来，定要拔去病根，永不复起，方始为快。常如猫之捕鼠，一眼看着，一耳听着，才有一念萌动，即与克去，斩钉截铁，不可姑容，与他方便，不可窝藏，不可放他出路，方是真实用功，方能扫除廓清。”又说：“克己必须要扫除廓清，一毫不存方是，有一毫在，则

① 《列宁全集》，中文1版，第28卷，53页。
② 《论语·公冶长》。

众恶相引而来。”[①] 王阳明是一个地主阶级伦理学家，他从唯心主义的方面发扬了修养这种能动作用，其目的当然是为了使地主阶级的道德深入人心，从而达到维护朱明王朝反动统治的目的。

为了完成人类历史上最伟大的共产主义事业，无产阶级更应该努力改造自己，用共产主义道德观念武装自己，与资产阶级道德思想作不调和的斗争。在这种自己同自己的斗争中，一个人应该既是原告，又是严厉的法官，对自己在处人、处事、处己中的各种非无产阶级的道德思想要严格地、无情地予以审判，而不能做它们的辩护律师，替它们辩护。要把隐藏在思想深处的私心毫不留情地搜索出来，既不能姑容，更不可窝藏，务求把它们扫除净尽，加以克服。总之，在这种修养的斗争中，一定要严肃认真，既不能欺骗别人，也不能欺骗自己，这才是一个革命者所应具有的态度。

六、与实践相联系是无产阶级道德修养的根本方法

要在道德上提高自己，就是要在改造客观世界的实践中改造自己的主观世界。因此，脱离生产斗争和阶级斗争的实践，脱离对客观世界的改造，空谈所谓道德上的“自我锻炼”和“自我修养”，是绝对不会有什么成效的。我们知道，人的本质是社会关系的总和，那么人的改造也就只有在改造环境的革命实践中才能达到。马克思、恩格斯曾指出：“无论为了使这种共产主义意识普遍地产生还是为了达到目的本身，都必须使人们普遍地发生变化，这种变化只有在实际运动中，在革命中才有可能实现；因此革命之所以必需，不仅是因为没有任何其他的办法能推翻统治阶级，而且还因为推翻统治阶级的那个阶级，只有在革命中才能抛掉自己身上的一切陈旧的肮脏东西，才能建立社会的新基础。”[②] 这就是说，为了进行无产阶级革命，改造旧社会，必须改变人们的思想；为了改变人们的思想，抛掉人们身上的一切旧思想，必须到革命斗争中去经受锻炼，这就是马克思主义的改造环境和改造人自身的辩证统一，这也就是革命实践和道德修养的辩证统一。正是在这个意义上，列宁说：

① 《传习录》上。

② 《马克思恩格斯全集》，中文1版，第3卷，78页。

“为巩固和完成共产主义事业而斗争，这就是共产主义道德的基础。这也就是共产主义教育、训练和学习的基础。这也就是对应该怎样学习共产主义的回答。”①

马克思主义之所以强调要在革命实践中进行修养，唯一的原因就是，只有实践才能使共产主义的道德规范转化为人们的意识和品质，才能使道德教育不成为毫无用处的空谈。人们的道德品质是在个人和社会的关系中，通过道德行为表现出来的。人们只有在人和人的社会关系中，在生产斗争和阶级斗争中，在成功和失败、顺利和困难的环境中，在与个人、阶级、社会的利害有直接关系的日常工作和生活中，才能通过道德行为反映出自己的道德水平；同时，也只有在这些实际关系中，在各种不同的考验中才能锻炼、培养并形成自己的道德品质。脱离这些现实的关系，脱离社会实践，关起门来进行“省察克治”，永远也不能提高自己的道德品质。

马克思主义伦理学之所以强调必须在实践中进行道德修养，还因为只有在社会实践中，在人和人的实际关系中，人们才能正确地认识自己，才能了解自己和别人相比在道德上的差距，才能体会到自己的道德境界。古人说：“人苦不自知。”② 又说：“知人者智，自知者明。”③ 都是说“自知”的重要。在认识中，正确地反映客观世界是很不容易的；同样，要正确地反映自己，特别是反映自己的道德面貌，也是很不容易的。只有紧密地结合革命实践来解剖、分析自己，才能正确地认识自己。因此，我们只有在革命的实践中，认真总结经验，虚心听取同志和群众的批评，才能不断地克服自己的缺点，逐步树立共产主义的道德品质。

在道德修养问题上，我们必须彻底摈弃剥削阶级在修养问题上造成的最大祸害，认清马克思主义的修养同旧的剥削阶级的修养的本质区别。孔丘及其弟子曾经提出所谓“内省”、“自讼”、“书诸绅”、“吾日三省吾身”等修养方法，经过儒家的不断演化，终于形成了一种闭门思过、静坐读书、讲求文字、玩索义理的脱离实际的修养经，在历史上起了很坏的作用，产生了严重的影响，直到今天，还可以看到它的危害。

---

① 《列宁选集》，2版，第4卷，355页。

② 《资治通鉴》卷一九五。

③ 《老子·第三十三章》。

明朝的黄绾曾谈到他是如何运用这套修养经的过程。他说，为了提高自己的道德品质，他经常是“悔恨发愤、闭户书室，以至终夜不寐，终日不食，罚跪自击，无所不至”。此外，他还订了一个册子，在册子上刻着“天理”、“人欲”四个字，分成两行，“发一念由天理，以红笔点之，发一念由人欲，以黑笔点之”，他每“十日一数之，以视红黑多寡为工程”。这还不够，他又做了一个木牌，并且用绳子把这个木牌拴到手臂上，“书当戒之言，藏袖中，常检之以自警”①。这种方法几乎和宗教的忏悔、祷告、面壁、静坐没有丝毫的区别。正如黄绾所说的，他照着这种方法修养了几十年，结果还是达不到目的。他十分感叹地说：“今不觉白首，历数十年犹未足以纯德明道，其可惧何如哉!”② 这段自述，可以说是对儒家所宣扬的修养方法的一种无情的批判。宋明以来的陆王学派从主观唯心主义立场出发，反对程朱的“支离”、“琐碎”，强调要在事上“磨炼”。清代的颜元、戴震从唯物主义立场出发，认为“陶冶品性”，必须“躬行实践”，但是，从道德方面来说，他们所说的“实践”也只能是“知孝行孝”、“知悌行悌”，要求人们“能知能行”，和我们所说的必须在社会实践中、在生产斗争和阶级斗争中进行修养是根本不同的。以上这些，说的还是从主观上要求认真修养的例子，至于说到剥削阶级的另一些所谓道德上的伪君子，那更是极端荒唐。这种道德上具有双重人格的人，他们说的是仁义道德，做的是男盗女娼。因此，他们所说的修养更是自欺欺人的谎言。这种唯心的、形式的、脱离实际的以至伪善的修养方法，是旧社会在修养问题上留下来的最大祸害，它和无产阶级的修养方法根本不同，必须彻底加以摈弃。

七、加强修养，为提高共产主义道德而斗争

林彪、“四人帮”对我国的破坏是多方面的。他们使我国经济曾走到了崩溃的边缘，这是我们都已经深切感到并正在努力克服的。他们颠倒黑白，造成了一系列理论是非上的混乱，是我们已经看到和正在

① 黄绾：《明道编》，刘厚祜、张岂之标点，23页，北京，中华书局，1959。
② 同上书，23页。

努力纠正的。在道德面貌上，他们所造成的危害似乎还没有引起一些人的足够重视。这种思想面貌、道德品质的破坏，在某种意义上说，要比经济上的破坏和理论是非的颠倒更应引人注意，因为它的影响更为深远，它的恢复也必然更为困难。对于这一点，我们应该给予足够的重视。

依据历史唯物主义的原理，人们的道德面貌是由社会的经济基础所决定的，因此，大力发展生产力，迅速提高社会的经济水平，对于提高人们的道德面貌有着决定性的意义。同时，历史唯物主义认为，社会意识，包括人们的道德水平、思想面貌和社会的道德风尚，绝不仅仅是经济发展的消极结果。也就是说，道德也能对社会经济、政治的发展起着巨大的能动作用。因此，认真清除“四人帮”的流毒，提高人们的共产主义道德觉悟，对我国的社会主义建设，对四个现代化的实现，必将产生有力的推动作用。

无产阶级的道德教育和道德修养，是共产主义道德形成中的两个重要方面。应该指出，强调道德修养，绝不是说可以忽视或者否认道德教育的作用。相反，党的组织、团和工会的组织、政府、社会以及学校等对广大群众所进行的道德教育，对人们道德品质的形成，对社会风气的改变，都有重要作用。但是，在加强道德教育的同时，我们还必须强调道德上的这种“自我锻炼”和“自我修养”的觉悟，也就是“自我改造”的要求。

林彪、“四人帮”在道德教育和道德修养方面留下的最大祸害之一，就是否认自我改造的必要性。一方面，他们在所谓“灵魂深处爆发革命”、“彻底革命化”等漂亮口号下，用什么早请示、晚汇报、献忠心等一套形式主义的手段，取消自我改造；另一方面，他们又把对待敌人的批判、斗争方法，滥用到党内和人民内部，取消了批评和自我批评的正确方法，破坏自我改造。他们把自己封成天生的“左派”，是绝对的“一贯正确”，从而否认道德上的自我改造的必要。周恩来同志曾经指出：“无产阶级首先要对自己进行自我改造。天下无天生的完人。觉悟程度也是逐步提高的，从不自觉到自觉。认识是发展的，自己要不断进行自我教育改造。”① 周恩来同志之所以能够成为共产主义道德的光辉

① 文化部文学艺术研究院编：《周恩来论文艺》，129 页。

典范，就是因为他在各方面严格要求自己，能够在长期的革命斗争中严肃地、认真地进行“自我改造”和“自我锻炼”。周恩来同志说：“自我改造是促进进步，是光荣的任务。”① 我们应该牢记周恩来同志的这句话，在革命实践中加强无产阶级的道德修养，活到老，学到老，改造到老，坚持无产阶级道德观和资产阶级道德观的斗争，为争取社会主义现代化的早日实现而奋斗。

① 文化部文学艺术研究院编：《周恩来论文艺》，142页。

论道德境界*

在研究人生观和道德理想，进行共产主义道德教育、道德修养和道德评价时，往往牵涉到道德境界的问题。从我国历史上来看，两汉以来就开始使用境界这一概念。最早它只有“疆界”、“地域”的意义，以后引申为人们所处的境况。佛教传入中国后，释家认为每个人对于佛经的造诣、理解各有不同的程度，因此显现出不同的境界。《无量寿经》中的“斯义弘深，非我境界”说的就是这个意思。在释家看来，即使是同一世界，对佛教经典的不同造诣也会形成不同的境界。此后，中国的一些思想家不但把诗文中意境的高低深浅称为不同的境界，而且把文学、艺术、理论和道德上的锤炼涵养功夫也称为不同的境界。新中国成立前，有些旧的伦理学家曾经提出过境界的概念。他们站在剥削阶级的立场上，依据唯心主义的理论，按照封建道德的要求，虚构出一些为剥削阶级服务的“境界”，这在新中国成立之后受到了各方面的批评。那么，马克思主义伦理学应如何看待境界呢？

从道德教育和修养来看，人们在锻炼和修养的过程中，总是要不断地从一个阶段到另一个阶段，从一个高度到另一个高度，即从低级到高级不断发展，以至达到最后的理想。人们处在每一个阶段中，都以一定的道德观念作指导，并用以处理对人、对事的各种关系，这样就形成了

---

* 本文原载《哲学研究》1981 年第 3 期。

我们所说的不同的觉悟水平。这个高低不同的觉悟水平就构成了所谓的道德境界。

自从人们进入阶级社会以后，不同阶级的人，因为他们所处的阶级地位不同，世界观和人生观不同，他们的道德境界也就不同。一个阶级的道德原则及其规范必然会有不同的层次，不同的要求。这种层次和要求为道德的各种境界提供了客观基础。在道德修养中，人们既要有最高的道德理想，又不可能一蹴而就，只能一步一步地逐步攀登。这种攀登的过程必然会显出阶段性来。辩证唯物主义认为，不同的事物有不同性质的区别，而同一事物在其由量变到质变的发展过程中还有所谓部分的质变。在道德教育和道德修养中，人们在达到最高的理想以前，总是要经过一些阶段，这种不同的阶段就形成了不同的境界。

但是，我们说一个人处于某一种境界，并不是单纯地指明他在道德修养上处于哪一个阶段，以何种道德原则和观念作指导，具有何种觉悟程度，而且还包含他对自己的道德行为的意义的了解，包含他处于这种状态的思想感情和精神情操。

在讨论道德境界时，我们之所以要特别强调一个人对自己道德行为的意义的了解，是因为，只有有了这种了解，他才能产生一定的思想感情和精神情操，才能形成一定的境界。所谓道德行为，是指一个人在对他人、对社会的利益关系中能用善恶评价的行为，是一个人的有意识、有意志、有目的的活动。我们所说的行为都是由一定的意识支配的，具有自觉的意志并追求某种预期目的。社会生活中的任何一个人，对自己的道德行为，不论其程度如何，总是要或多或少地了解行为的意义的。在旧中国，主张“境界”说的人曾宣扬过所谓“自然境界”，并认为处在“自然境界”中的人，“其行为不必有自觉的目的，所以对于其所做的事的成败，亦不必有某种情感”。他们认为在社会生活中的这一种人，只是“无知无欲”、“不识不知”，对自己行为的意义毫无认识，处于“浑沌”之中，所以只是一种“自然境界”。这种说法和现实生活是完全脱离的。持这种主张的人找不出现实社会中处于这种“浑沌”状态中的人，他们只好说，“过原始生活的人”、“小孩子及愚人”，其行为多处于“自然境界”。这当然是一种遁词。这种所谓自然境界中的人，既然除了小孩子和愚人以外，在现实社会中是不存在的，那么这种境界也就只能是杜撰的和虚构的。

总之，我们认为，所谓道德境界，就是社会生活中的人，从一定的道德观念出发，在个人与他人、社会的利益关系中所形成的一定的觉悟水平以及思想感情和精神情操。简单说来，一定的道德觉悟水平以及思想感情和精神情操就构成了一定的道德境界。当然还应该看到，一个人的道德境界绝不是固定不变的，它既有稳定的一面，又有发展变化的趋向。承认人们在社会生活中处于不同的道德境界，分析研究这种境界的特点及其产生、发展、变化的条件，正是为了要改变人们的思想，使人们逐步达到一个理想的、最高的境界。只有从这一点出发，研究人的道德境界才是有意义的。

一般来说，在我国当前的社会条件下，人们的道德境界可以分成以下几个类型：自私自利的境界、先公后私的境界和大公无私的境界。这三种境界是对现实生活中不同的人的实际道德状况的概括，它们的存在、发展和变化，是由我国社会的经济、政治、教育、文化宣传等各方面的复杂情况所决定的。这三种类型只能是一个大概的划分，因为仔细分析起来，还可以看到与此不同的或介于它们之间的更多的境界。这三种类型中的每一种人，在日常生活、工作、学习和待人接物中，总是用他们已经形成的道德观念来观察处理一切问题，形成一定的觉悟水平，表现出处于相应状态的思想感情和精神情操。

自私自利的境界。这是私有制社会的产物。属于这种境界中的人，一切都以是否有利于自己的私利为中心。他们行为的出发点、目的和归宿，就是为了满足自己的私利。所谓“人不为己，天诛地灭”、“人都是自私的”、“自私就是人的本质”等，就是这种境界中的人的理论。过去常听说的“人生在世名利二字”，“争名于朝，争利于市”，“金钱万能”，念念不忘一个“权”字等，就是这种人的信条。这种人在口头上也可以高唱要为别人着想，但其实质仍然是为了满足个人的私利。总之，这种人不论从事什么职业，不论在什么时间、地点，推动他们活动的最根本的动机和目的就是他们的自私自利的需要。有一个稍微变换了一下的说法，即“主观为自己、客观为别人”。处于这种道德境界中的人，认为人和人之间都是互相争夺甚至是互相仇视的，所谓“人对人是狼”、“人和人之间存在着战争状态”的理论，正是从这里引申出来的。这是由于长期私有制的存在，特别是剥削阶级的腐朽没落的道德影响所造成的。这种境界中的人，在我们的社会中，虽然很少，但毕竟还是存在着的。

自私自利的境界也有各种不同程度的表现形式。人总是要在社会中生活的，极端的自私自利，公开的、露骨的损人利己，在社会上是免不了要受到舆论的谴责以至抵制和惩罚的。因此，一些人就要设法寻找一种既能满足自己的私利，又能照顾到别人的处世哲学，这就是在资本主义社会中长期受到普遍赞扬的“合理利己主义”，即以利己为主，又兼利别人。他们宣称，这种利己主义是一种在对他人的爱和同情中的利己主义，是积极谋取自己的利益而又不损人的利己主义。这种人，从表面上看，虽然也好像在利己的同时照顾了别人的利益，但就其实质来说，利己还是核心，是动力。一事当前，总是先为自己打算（有时也为自己的小团体、小帮派打算），而且总是要在关键时刻损害别人的利益。所谓“利己不损人”，只是一种遁词而已。需要指出的是，我们承认在当前社会中，有一部分人还处于这样一种境界，正是为了要清除剥削阶级思想的影响，使这些人从这种境界中解放出来。人的本质是社会关系的总和，有什么样的社会关系，处在这种社会关系中的人就有什么样的本质，把自私当做人的永恒不变的本质，是完全错误的。在生产资料公有的原始共产社会里，人哪里有过自私的本质？只是随着私有制的出现，才产生了私有观念，才形成了一些阶级、集团和人们的自私的本性。无产阶级革命的根本目的就是要消灭私有制，建立公有制，并在公有制的基础上使人们形成集体主义的思想。我们承认一部分人在今天还处在自私自利的境界，就是要从各方面对他们做工作，促进他们的思想转变。

先公后私的境界。从人类社会的发展来说，严格意义上的先公后私，只有在社会主义条件下才能产生，也就是说，只有在生产资料由私有制变为公有制以后，才能产生。从历史上来看，公私观念的区分是私有制以后的事。在原始社会，生产资料是公有的，人们过着群体生活，一切都以群体的公共利益为中心，应该说，人们已经具有了氏族、部落的观念，即公的观念。可是在当时的情况下，由于没有公私的对立，也可以说，人们既不知道什么叫私，也就不知道与私相对立的“公”。在长期私有制的社会内，剥削阶级总是讲公私的统一，要求他们的成员能够先公后私或者“大公无私”。但是，他们所说的“公”，指的只是剥削阶级一个阶级的“公利”，并不是真正的“公”。剥削阶级处于上升时期的一些与人民有密切联系的先进人物，为了人民和阶级的利益，也确实能够做到“先公后私”，甚至“大公无私”。但他们归根到底是为剥削阶级的利益服务的，这和我们所说的“先公后私”是根本不同的。我们所说的“先公后私”，是为着社会主义的集体利益的“公”，是代表着无产阶级和全体人民利益的“公”，是一种真正的“公”。

具有“先公后私”道德境界的人，也就是初步树立了无产阶级的集体主义思想的人。这种道德境界是在社会主义公有制的经济基础上产生的。从政治上来说，它是工人阶级在没有建立社会主义制度以前，在同资本家阶级的斗争中逐步形成的。无产阶级在斗争中深切地了解到，没有阶级的解放，也就不可能有个人的解放，没有无产阶级的集体利益，也就不可能有个人的利益。从思想上来看，“先公后私”是经过无产阶级政党教育培养的结果，它不可能也不会是自发产生的。

处在“先公后私”道德境界中的人，他们不论做什么事，都能注意自己的一言一行，正确地处理个人、集体和国家的关系。他们有自己的正当的个人利益，但他们总是要以集体利益为重，他们为社会而诚实地、积极地、忘我地劳动，他们也要从社会领取应得的报酬。一般来说，也并不拒绝社会或集体给予的荣誉。他们在处理个人和社会的关系时，总是愿意多做贡献，少取报酬，谦逊礼让，尊重别人，严以责己，宽以待人。他们免不了要考虑个人利益的多少，考虑各方的得失，但他们总是能先集体后个人，先别人后自己，总是要或多或少地做出一定的牺牲。只有这样，他们才觉得心安理得，才无愧于自己的良心，才觉得尽了自己应尽的义务，做了自己应该做的事。在新中国成立后，在社会主义公有制的基础上，在政治、经济、宣传、文化、教育等各方面都能符合马克思列宁主义思想原则的情况下，经过共产主义道德教育和个人的认真锻炼和修养，大多数的工农群众和知识分子可以说都达到了“先公后私”的道德境界。特别是在20世纪60年代学习雷锋的群众运动中，共产主义精神得到大力发扬，不少人还达到了公而忘私、大公无私的境界。这种情况是对那种所谓“人都是自私的”理论的一种最好的驳斥。

具有“先公后私”道德境界的人，从其行为的过程、效果来看，有时候似乎和“大公无私”境界的人相差不多。但是，从思想的发展来说，他们往往处于两种不同的思想斗争之中，因为他们还不能达到“从心所欲，不逾矩”的程度。在个人利益和集体利益发生矛盾的时候，特别是要较多地牺牲个人利益以照顾集体利益时，这种斗争总是不可避免地要反复出现。但是，由于他们达到了这样一种境界，所以他们总是会力求用共产主义道德的集体主义思想克服一切非无产阶级思想的影响。在他们看来，集体利益总是要高于个人利益。因此，在绝大多数情况下，他们是能够取得这种斗争的胜利的，并随着这种斗争的发展，对个人利益的牺牲也就愈加自觉，他们的思想感情和精神情操也就愈来愈高尚。因此，处于“先公后私”境界中的人，经过不断努力，就会使自己从这一境界走向更高的境界。

“大公无私”是无产阶级的，也是整个人类社会的最高的道德境界。如前所述，“先公后私”的境界不是凝固的、不变的，而是要不断发展、向前变化的。随着公有制经济的日益发展，物质财富的不断增长，文化生活的日益丰富，社会成员的道德要求、精神文明的需要也更加迫切，这种境界必将变为越来越多的人所能达到的境界。特别是无产阶级的先进成员、工农群众和知识分子中觉悟较高的一部分人，更能较早地达到这种境界，这是现实生活已经证实了的。事实证明，雷锋以及许多雷锋式的人物正是具有这种大公无私的最高道德境界的楷模。

达到这种“大公无私”道德境界的人，他们的一切言行都能以是否有利于集体为唯一准则。一事当前，总是先为集体着想。他们对同志极端热忱，对人民极端负责。概而言之，他们的整个言行都是革命第一，工作第一，他人第一，集体第一。他们始终牢记要全心全意为人民服务，他们的行动中总是闪耀着“毫不利己、专门利人”的精神。尤其重要的是，他们总是把使别人幸福当做自己的幸福，把维护集体利益当做自己最重要的天职。毛泽东同志说，一个人能力有大小，但只要有这点精神，就是一个高尚的人，一个纯粹的人，一个有道德的人，一个脱离了低级趣味的人，一个有益于人民的人。他认为那些自私自利、消极怠工、贪污腐化、风头主义的人，是最可鄙的。他提倡人们应该有“大公无私”、积极努力、克己奉公、埋头苦干的精神，认为只有这种精神才是可尊敬的。他还特别强调，“大公无私”应该是共产党员、党的干部、党的领袖所应该有的性格和作风。这样的觉悟水平、思想感情和精神情操就是我们所说的“大公无私”的道德境界。

有的同志认为，“大公无私”和“毫不利己、专门利人”的精神还只能是一种理想境界，由于在现实社会中很少人能够达到，因而不宜在现在提倡。这些同志还由此推出结论：现在提倡“大公无私”、“毫不利己、专门利人”，就是讲空话、大话。这种把理想同现实对立起来的看法，显然是不正确的。固然，“大公无私”、“毫不利己、专门利人”对多数人来说，并不是在任何时候和任何事情上都能做到的，但也绝不是任何时候和任何事情上都不能做到的。特别是对那些具有无产阶级觉悟的先进分子来说，这是一种可以达到而且已经达到了的境界。“大公无私”的道德境界，在今天，对不少人来说，它虽然还只是一种理想境界，但这种理想境界是从现实中产生出来的，因而它必然会不断地得到发展而成为现实。人是要有一点精神的，尤其需要有理想。人类社会的不断进步，在客观上是由于生产力的发展，而主观上则是由于人们有理想，并且能够为实现自己的理想而奋斗。否认理想的重要，是完全错误的。

确实，要想具有“大公无私”的人类最高的道德境界，并不是一件很容易的事，对每一个人来说，必须经过艰苦的锻炼和修养的。一个无产阶级的战士，在某一情况下，做到“大公无私”、“毫不利己、专门利人”是可能的，但要长期坚持，却不是一件容易的事。一个人做点好事并不难，难的是一辈子做好事，不做坏事。一贯地有益于广大群众，一贯地有益于社会，一贯地有益于革命，艰苦奋斗，几十年如一日，这确实是很难很难的。但是，我们坚信共产主义必将实现，坚信大多数人在公有制的经济基础上，经过马克思列宁主义、毛泽东思想的教育，是能够达到“大公无私”的道德境界的。

从历史上看，历代统治阶级及其思想家，为了维护和巩固自己的统治，调整个人同国家、社会的关系，保持安定团结的政治局面，总要按着自己的阶级利益的需要，提出道德上的理想境界。在很长的历史时期内，尧、舜、禹、汤被称为具有伟大品德的圣人，是最高的道德理想。但是，历代的思想家并不认为这种理想是不能达到的。孟轲强调“人皆可以为尧舜”，荀卿提出“涂之人可以为禹”。明代的王阳明更认为“人人胸中都有一个圣人”，主张“圣人”的境界虽高，却是人人都可以达到的。刘少奇同志在《论共产党员的修养》中也说：“《孟子》上有这样一句话，‘人皆可以为尧舜’，我看这句话说得不错。”他号召每个共产党员都应该脚踏实地，实事求是，努力锻炼，认真修养，尽可能地逐步地提高自己的思想品质。我们绝不能认为“大公无私”是一种最高的境界就自暴自弃，畏葸不前。如果这样，我们就会在道德教育和修养中失去理想，迷失方向，并最终堕落成为道德上的庸人。

有的同志认为“大公无私”、“毫不利己、专门利人”的提法不科学，认为这是“把‘利他’当做每个人都要信守不渝的人生准则”，“把自我利益和他人利益绝对对立起来”。他们提出，要用“自我利益和他人利益结合起来”的原则，要用“和谐地、自由地”把博爱和利己主义结合起来的原则，代替“毫不利己、专门利人”的原则。有些同志还由此得出结论：“大公无私”、“毫不利己、专门利人”的口号是极左思潮的表现之一，是“用他人利益来否定自我利益，是用他人利益来吞并自我利益”。我们认为，这种看法是完全错误的。因为“大公无私”、“毫不利己、专门利人”并不否认个人利益，更没有把无产阶级的正当的个人利益同他人利益绝对地对立起来。社会生活中的人，为了生存，必然要吃喝穿住，即必然要有生存的条件。如果没有这些条件，连正常的生存都不可能，又怎么能“大公无私”、“毫不利己、专门利人”呢？“大公无私”、“毫不利己、专门利人”指的是一种道德境界，信守的唯一原则就是为集体利益、为无产阶级的公共利益而贡献一切，不计较个人利益的多少，不考虑自己私人的得失，更没有损害集体或公共利益的私心杂念。至于说到“博爱和利己主义结合起来”的原则，那只能是资产阶级的道德原则，而不可能是无产阶级的道德原则。在无产阶级看来，个人利益不但要与公共利益结合，而且还必须以个人利益服从集体利益，否则，就只能是资产阶级的所谓“合理利己主义”的翻版。毛泽东同志曾经说过：“反对自私自利的资本主义的自发倾向，提倡以集体利益和个人利益相结合的原则为一切言论行动的标准的社会主义精神，是使分散的小农经济逐步地过渡到大规模合作化经济的思想的和政治的保证。”这里所说的提倡以集体利益和个人利益相结合的原则，是以反对资本主义的自发倾向为前提的。有的人援引毛泽东同志的话，却想为资产阶级的“结合原则”作论证。应该说，这是根本不同的两个原则，是不应该也不可能加以混淆的。

总之，“大公无私”说的是一种全心全意为人民服务的精神，并不否认个人的正当利益。我们知道，“私”是一个多义词，在不同的情况下，往往有不同的含义。“私”的一种用法是指与“公”相对的私；常常指个人或个人利益。我们所说的“先公后私”，说的就是要先集体后个人，先集体利益后个人利益。“私”的另一个意义是指自私自利的思想和行为。我们所说的“大公无私”，就是一心为公、毫无自私自利的思想。弄清“私”的这两种不同用法，对我们区别这两种道德境界有很重要的意义。“先公后私”，绝不是说，在强调集体主义的同时，还可以有自私自利的思想，而是说能以集体利益为重，个人利益服从集体利益。所谓“大公无私”，也不是说只要集体利益，不要个人利益，而是说已经形成了自觉地、一贯地、真诚地为人民服务的精神。正是这一点，显示出了“大公无私”和“先公后私”在程度上的差异。

从以上的分析中可以看出，尽管从个人来说，在现实社会中存在着这三种境界，但从道德体系来说，它们之间是有原则区别的。“自私自利”的境界是私有制经济的产物，属于剥削阶级道德体系。“先公后私”和“大公无私”都是与公有制经济基础相适应的，同属于无产阶级的共产主义道德体系。对目前少部分尚处于“自私自利”境界的人，必须使他们认识到，这种思想是剥削阶级的思想，是私有制的产物，它同社会主义社会中处理人和人关系的原则是格格不入的，对于社会主义现代化是极端有害的。对于已经达到“先公后私”的境界的人来说，还必须认清，这只是做到了共产主义道德的起码要求，绝不能满足于这种境界而停滞不前，应该积极努力，不断地使“先公后私”的境界向“大公无私”的境界转化。“先公后私”和“大公无私”这两种境界只是共产主义道德体系中的两个阶段，二者并没有本质的不同。“先公后私”就包含着“大公无私”的因素。绝对存在于相对之中，相对包含着绝对。把道德的理想境界神秘化、绝对化，是错误的。

我们所要建设的社会主义的国家，不但要有高度的物质文明，而且要有高度的精神文明，而精神文明中一个最重要的方面，就是我们所说的“大公无私”、“毫不利己、专门利人”的思想感情和精神情操，就是我们所说的“大公无私”的道德境界。事实证明，一个无产阶级的战士，如果缺少了这种精神，就不能为共产主义事业贡献自己的一切。因此，在道德教育、道德修养和道德评价中，我们应该通过各种方法，逐步培养人们的这种境界，从而使之对我国的社会主义事业和共产主义事业做出更大的贡献。

论道德人格*

在社会生活中，对于一个人来说，什么是最重要、最值得追求的呢？在这个问题上，不同的人往往有不同的回答。

一般来说，人们总认为，财富和权力能给人带来幸福和快乐，因而是最值得追求的东西。这些沉湎于追求权力和金钱的人，只知道物质生活的满足而不知道精神生活的意义，忽视了道德人格的重要。

中国古代的思想家孟子曾提出过“良贵”的思想。他认为，一个人在生活中，必然会有许多追求，有物质的，也有精神的，有“食”和“色”的基本需要的追求，有“爵位”和“金钱”的追求，也有高级的、理想境界的追求。孟子认为，在人们的一切追求中，最值得追求的并不是权力和爵位，而是自己的道德人格。他说：“欲贵者，人之同心也。人人有贵于己者，弗思耳矣。人之所贵者，非良贵也。”孟子认为，追求富贵是所有人的共同的愿意，这是大家都承认的。但是，每一个人都有一个自己认为最贵重、最值得追求的东西，但这却是许多人所不曾认真考虑的。孟子认为，这个最值得追求的东西，就是他所说的“良贵”。什么是“良贵”呢？“良”就是最高、最好的意思；“贵”在中国古代有宝贵、贵重和值得追求的意思，用今天的话来说，“贵”就是有价值。因此，所谓“良贵”，就是最值得追求、最有价值的意思。

---

* 本文作于1999年，原收入《罗国杰文集》下卷，保定，河北大学出版社，2000。

孟子对当时的一些人的价值观提出了批评，他说，当时的一些人认为最有价值的东西就是官爵和权力，而他认为，这些并不是人们所应当追求的最有价值的“良贵”。孟子说：“赵孟之所贵，赵孟能贱之。”赵孟是当时晋国的一个有很大权力的大夫，他可以随时给人以很高的爵位，使一个人成为高贵的人，但他同样可以随时免去一个人的职位，又使一个人成为卑贱的人。孟子在这里的意思是说，那种别人给了你才有、不给你就没有的东西，对一个人来说，又怎能成为一生最值得追求的东西呢？

在建设有中国特色的社会主义的今天，道德人格的问题仍然是一个值得我们认真注意的问题。在马克思主义和社会主义、共产主义的道德教育的影响下，大多数人能够认识到道德人格的重要性，但是，由于个人主义、享乐主义和拜金主义的影响，特别是西方的资产阶级的腐朽思想的腐蚀，确有一些人把“金钱”、“权势”看做是人生的最重要的东西去追求，而把自己的道德人格看做是可有可无的事情。更加值得注意的是，有的人为了追求“金钱”和“权势”，甚至不惜出卖自己的人格，以极其卑鄙的手段来获取他们所要追求的“金钱”和“权势”，反过来，又在别人面前炫耀这种通过极不正当手段所得到的“金钱”和“权势”，并以此来显示自己的人格价值。这些人，除了能证明自己的道德品质低下和毫无人格之外，又能证明什么呢？

在资本主义社会中，“金钱”的确有很大的价值。一个贪婪的资产者，总是把追求“金钱”当做人生的唯一目的，把金钱的多少看做是衡量自己和他人的价值大小和人格高低的唯一标准。正像恩格斯所说的：“资产者为了多赚钱不惜采取任何手段，认为生活的目的就是装满自己的钱袋。”又说：“在资产阶级看来，世界上没有一件事不是为了金钱而存在的，连他们自己也不例外，因为他们或者就是为了赚钱，除了快快发财，他们不知道还有别的幸福，除了金钱的损失，也不知道还有别的痛苦。”在拜金主义者看来，他们的人生的意义和唯一的追求就是不惜以任何手段攫取金钱，以满足自己贪婪的欲望，那又有什么道德人格可说呢？

但是，金钱怎么能成为衡量人的价值大小和人格高低的标准呢？在资本主义社会中，金钱的多少，不但不能成为衡量人的价值大小和人格高低的标准，而且在一些情况下，金钱越多的人，他的道德人格越加卑下，这就是人们常说的“为富不仁”。相反，许许多多经济收入较少甚至生活非常贫困的人，他们的道德人格却是十分崇高的。当然，我们也应当看到，也有不少依靠诚实劳动而致富的人，他们的道德人格仍然是很高尚的。

在社会主义的条件下，我们知道，一个人的价值的大小和人格的高低，是由他对社会所做的贡献的大小来决定的，不是也不可能是由他所获得的金钱的多少来决定的。谁都知道，获得金钱的手段是多种多样的，有正当的，有不正当的，有高尚的，有卑鄙的。那些依靠诚实的劳动而获得的金钱，应当说是符合道德的。特别是那些由于对社会做出了重大贡献而获得正当高额报酬的人，他们的道德人格同样是高尚的。但是，对于那些依靠坑蒙拐骗、损人利己、贪污盗窃、以权谋私而发财致富的人，尽管他们攫取了大量的金钱，又有什么价值可言呢？这种情况，不同样也是金钱越多，道德人格越加卑下吗？由此可见，不论在资本主义社会还是在社会主义社会，金钱的多少都不能说明一个人对社会贡献的大小和道德人格的高低。

同样，我们知道，权力和爵位也不应当成为最值得人们追求的东西，同样也不能成为我们衡量一个人道德人格的高低的标准。我们知道，权力和爵位在不同的社会中，有着不同的作用。在剥削阶级社会中，它是为少数人服务的，是统治阶级用来压迫劳动人民的一种手段；而在社会主义社会中，权力和职位则成为为人民服务的一个条件。这两者是有原则性区别的。但是，就是在社会主义社会中，具有了一定的权力和职位之后，还要看一个人能否把职位和权力用来为人民服务。如果不能用来为人民服务，而是把人民和国家所赋予的权力和职位拿来谋取个人的私利，那又有什么价值呢？又有什么道德人格呢？相反，其结果必然是权力愈大、职位愈高，价值愈小、道德人格愈低。

这里，我们还应当指出，金钱和权力都是人自身以外的东西，都不可能成为决定一个人的价值的主导因素，更不能成为衡量一个人的价值大小的标准。如果把权力的大小和职位的高低看做一个人的价值大小和人格高低的标准，那么，一个人有了高的职位，就自以为有了很大的价值，而没有了职位之后，是不是也就一点价值都没有了呢？今天是一个高级干部，就自认为有很大的价值和很高的道德人格，那么，等到离休或退休了，是不是自己就一点价值也没有了呢？自己的道德人格也就因为自己没有职位而随之丧失了呢？

道德人格是人的内在的道德品质的体现，是一个人长期锻炼和修养的结果。正是在这一意义上，我们说，一个人的道德人格是不以他自身以外的金钱和地位而转移的。孟子把人们在社会上所获得的官位叫“人爵”，而把人的道德人格叫“天爵”。他说：“有天爵者，有人爵者。仁义忠信，乐善不倦，此天爵也；公卿大夫，此人爵也。”孟子所说的“天爵”，就是由一个人的道德行为和道德品质在人民群众中所自然形成的一种道德爵位，这是一种最高尚的爵位，是一个人的人格价值的最高体现。他所说的“人爵”，就是一个人在社会上所获得的政治的爵位，也就是一个人的官衔。孟子认为，这种“人爵”是由别人给予而又随时可能被别人罢去的一种职位，所以它同一个人的人格价值并没有必然的联系。针对当时社会上一些人只知道追求金钱和权势而不要道德的情况，孟子又说：“古之人修其天爵，而人爵从之；今之人修其天爵，以要人爵；既得人爵而弃其天爵，则惑之甚者也，终亦必亡而已矣。”孟子认为，古时候的人，修养自己的道德爵位，政治上的爵位也就会跟着来了；而现今的人们却不同了，他们修养自己的道德目的就是要追求政治上的爵位，满足自己想要做官的欲望，而一旦获得了官场中的政治爵位，也就把道德抛弃了。孟子认为，这是一种非常糊涂和错误的想法，其结果必然是连政治上的爵位都会丢掉。孟子认为古代人的道德水平要比后来人的道德水平高，这一点当然是不正确的，但他所批评的那种社会的不良现象，在今天仍然值得我们注意。在我们的现实生活中，确有一些人，他们认为，一个人的生活目的就是追求权力和谋取一官半职，有了高官，就有了一切，也就有了人生的最大价值，他们的一切活动都是为了升官。正像孟子所说的，这些人在一定的时期内，也注意修养自己的道德，以造成某些好的影响，以便自己能够更快地得到提拔，一旦目的达到了，也就把自己的道德形象扔掉了。对于这种人来说，又有什么人格价值可言呢？这种人必然会像孟子所预料的，只有丢掉自己的乌纱帽才算完事。

在加强社会主义的精神文明建设和思想道德建设，特别是在加强人们的人生观和价值观的教育中，道德人格的问题应当引起我们特别的注意。从整个社会风气来说，我们必须改变那种只知道追求金钱和权力而不注意道德人格的庸俗习气，要努力消除拜金主义、享乐主义和个人主义的影响和腐蚀，在全社会树立起以道德高尚为光荣、以人格卑下为可耻的社会舆论，对于那些没有道德人格的人，要从各个方面给予批评和教育。

从根本上说，一个人要想很好地树立起道德人格，最重要的还是要持久不断地加强个人的道德修养和锻炼，使自己成为有道德的人。

第八编

应用伦理学的有关问题

人工生殖技术应用的道德思考*

《民主与法制》编辑部最近组织的关于人工授精和试管婴儿的人工生殖技术应用问题的讨论，很有必要，而且也很及时。这对引起各方重视，对推动有关方面工作的进展，将起到积极的作用。我读了几篇这方面的讨论文章，得以了解一些相关情况，长了不少见识，受到了有益的启发。又蒙编辑部同志一再约请，要求我谈点看法，我只能勉为其力，想从人工生殖技术应用的道德要求方面谈谈自己的想法。终因缺乏系统地、深入地了解和研究，谈的一些想法只能作为参加讨论的一个准备不充分的即席发言。

人工授精和试管婴儿是一项严肃而又复杂的高科技项目，它又是一个涉及面很广、关系甚为复杂的社会问题。人工授精和试管婴儿的研究工作，在我国起步不久，成果喜人。1988 年在北京医科大学第三医院，诞生了第一例人工授精试管婴儿；1989 年，在 B 超的监视下，该院又诞生了一例针取卵法试管婴儿。这两次成功标志着我国在人工授精和试管婴儿这一医学新科技的领域里，已经迈进了世界先进行列。

一项新的科技成果，一旦被投入社会，被付诸实际的应用与推广后，它便不可能是一个单纯的、孤立的科技问题，而成为社会整体运动中的有机组成部分。人工授精和试管婴儿这项医学新科技的应用和推广

---

* 本文原载《民主与法制》1991 年第 5 期。

也不例外。它虽隶属于自然科学，但它同时广泛涉及了社会科学方面的诸多领域，如社会学、法律学、伦理学、教育学、心理学、医疗管理学等学科。即使在自然科学方面，亦非单纯的医学问题，也要涉及生理学、生物学、生命学、优生学、遗传学等诸多方面。的确，在实际工作中，一项新技术的出台，常常是广泛而深远地影响着社会生活的各个方面。除了正效果，即新技术出台的原本目标得到了实现外，还会出现许多意想不到的其他效果，甚至出现违背初衷的负效应。人工授精和试管婴儿在医学上给不育夫妇和有残疾的人们展示了一幅乐观的前景，这是有目共睹的积极效应；但同时，在它的应用和推广过程中，在医疗管理和有关法规的制定以及与之相关的其他方面的思考和措施未能做到必要的同步的状况下，也确实出现了不少始所未料的复杂情况，造成了某种混乱，甚至带来了一些恶果。

人工授精和试管婴儿这种人工生殖技术的实施，对医院的设备、技术和管理的要求都是很高的，理应设在设备完善、拥有这方面的专业队伍的大医院；这样的大医院还要有一套严格的管理制度，还必须经过一定的鉴定和正式委任的合法程序，才能承担此项工程。否则，应定为非法，坚决取缔。在目前，确实出现了一些令人忧虑的现象，在某些城市的大街小巷，竟然随处可见“性功能专科”、“不育症的福音”；脏乱的民房成了人工授精的手术室；供精者不体检；没有精子库，便搞什么“自产自销”、“捐献的群众运动”，使一项严肃的医学高科技项目发生了不应有的倾斜。另外，由于供受双方夫妻和家属的思想准备不充分，认识不一致，思想不统一，行动不协调，其结果冲击了家庭，扰乱了婚恋，演出了不少闹剧，甚至悲剧。无怪乎人们发出惊呼，称之为“跨世纪的忧虑”、“跨世纪的隐患”；有的认为它剥离了爱情、婚姻和家庭的联系，毁灭了在爱情、婚姻基础上的天伦乐园。总之，在人工授精和试管婴儿这项人工生殖医学新科技的应用和推广过程中出现的种种问题，催人警觉，发人深省。由此，人们对法制发出了强烈的呼唤，希望这项医学新科技的推行能尽快被纳入法制的轨道，要求在伦理学上从速解决由于人工生殖技术的应用而提出的种种道德难题。认为这一系列的问题不解决，它势必将严重冲击当前我国计划生育和优生优育的国策，甚至影响中华民族的人口素质。

根据目前的状况，我们对这项新科技究竟应该采取何种社会对策？

据不完全统计，我国目前男子性功能障碍者至少有五千万人。这说明人工生殖技术的应用在我国有不小的市场。“不孝有三，无后为大”的传统道德观念，仍然自觉不自觉地深深地影响着人们，给不育夫妇带来了莫大的心理压力和精神痛苦，甚至影响到爱情和婚姻的巩固。因此，人工生殖技术确有其实用性且有其道德价值。问题是在它的应用过程中，一定要做好一系列的配套工作。我认为考虑这一问题，首先要明确它的立足点应该是从我国的国情出发，以国民经济的发展状况、国民的文化素养、人们的社会心态、风俗民情以及社会的道德水准等多种因素为实际根据，既肯定其实用价值，又必须谨慎从事，分层次、分步骤、分阶段、视条件地稳步渐行，宁少毋滥。必须把它置于法律的严格控制之下，必须遵守严格的道德要求，并从速制定一套比较完整的管理法规，将其纳入法制化轨道，理顺各方面的关系，保证它的健康发展。我想，科学的事业是理性的事业，多一点“清规戒律”，恰是科学发展自身的要求，是科学健康发展的保证，而不是束缚。因为任何科技的发展与应用，在我们的社会主义国家，都要以促进社会稳定、协调社会关系、增进社会的道德水平、满足人民的需要为终极目的。因此，在加强法制建设的同时，还应当发挥道德的作用，使人工生殖技术的应用能够沿着正确的道路向前发展。

人工生殖技术的应用和推广，究竟应该遵守哪些道德要求呢？人工生殖技术应用的今天，确实面临着种种伦理学的难题和道德的是非，引起了人们广泛而激烈的争议。在几千年来人类自然生殖的过程中，已经形成和习惯了一整套传统的伦理道德关系，人工生殖技术的应用对它是一个严重的挑战，造成了多种道德价值之间的冲突。如生命神圣不可侵犯的伦理观与生命质量和生命价值伦理观之间的矛盾冲突；生育是人类天经地义的权利观和优生的道德价值论之间的矛盾冲突；等等。人工授精的道德问题，主要出在供体人工授精和试管婴儿的技术使用方面。人工授精所涉及的人际关系仅限于原配夫妻之间，针对男方不育的具体症状，采用本人的精液，采取相应的医疗技术以挽救其生育的能力，一般都无甚异议，能得到不育夫妇及其家属的欢迎和接受。而供体人工授精和试管婴儿以及任用代理母亲等人工生殖技术的应用，情况就不同了。由此产生了许多问题，提出了种种看法，诸如人工授精是否切断了婚姻与生儿育女的纽带，破坏了婚姻与家庭的关系？有的甚至认为使用供体精液无异于与人通奸，是女方对婚姻的不忠。谁是真正的父母？会不会造成亲属关系的混乱？发展下去，会不会危及人类好不容易建立起来的血亲秩序？供精者应属何种法律地位？供精者对人工婴儿有何法律关系？供精者对所供精液有何法律责任？受精妇女应具何等法定条件？要不要保护人工婴儿成年后有寻找“生物学父亲”的权利？如何防止人工婴儿中的“兄弟姐妹”长大后可能发生的婚配？对供精者采取报酬制还是义献制？胚胎有权利吗？胚胎是人吗？舍弃多余的胚胎算不算浪费生命？凡此等等。从这些问题可以看出，人工生殖技术的应用给社会带来的这些困惑和难题，已经引起了广泛的注意和研究。医学伦理学在我国已作为一门独立的学科出现，并已初见研究成果，已经出版了一批较好的现代医学伦理学的专著，创办了有较高学术水平的专业刊物，有些医学院校也已设置了医学伦理学这门专业课程，在这个领域里做了不少释疑解惑的工作和有益的科学探索。在历史上，人们曾经普遍强调过一种观点，即科学技术在道德上是中性的。后来在两次世界大战中，人们亲眼目睹了许多先进的科学技术被侵略者当做惨绝人寰的杀人手段，如细菌战、人体实验、原子弹的爆炸等，严酷的事实粉碎了这种科学技术的道德中性论。现在，人们愈来愈重视用适宜的道德观去约束、限制和指导科技的发展，对一些新科技总要诉诸伦理学的判断，这显示了人类道德觉醒的新水平。

人工生殖首先涉及的一个伦理问题就是关于生命的意义与人生价值的关系问题。生命伦理学认为人的生命是自觉的和理性的存在，是生物属性和社会属性的统一体。或者说，人的生命是处于特定的社会关系中并扮演一定的社会角色，具有或可能具有自我意识，具有劳动能力或劳动潜能的生物实体。有一种观点认为：“人的生命是神圣不可侵犯的。”我们认为，科学地理解生命之可贵，应该既指个体的生命，又指人类的生命，把个体生命与人类生命的关系理解为辩证统一的关系。如果把个体生命绝对化，那就势必与社会形成对立。我们应把尊重生命的自身价值与尊重他人和社会的价值统一起来看待，看到生命的意义和人生价值是紧密相连的。生命之所以可贵，就在于生命是人类创造的源泉，是实现人生价值的物质基础。因此，在我们用人工生殖技术创造一个生命的时候，既然花了那么大的力气，下了那么大的决心，就一定不仅要在生物学上考虑生命的优质，还要在社会学上考虑，在他出生以后，能否获得一个优育的环境，能否被培养成对社会有用的优秀人才。这就是说，在实施人工生殖技术时，既要考虑优生，还要考虑优育。从优生优育二者的统一考虑，人工生殖对供受双方的要求都是很高的，应有严格的审批规定。优生的道德价值是显然的，因为生育不仅是权利，而且是义务，权利与义务是不可分的。个人生育的权利必须是有限定的，在质与量上都有一定的法定要求。如果个人的权利超越了国家和社会的法定要求，国家和社会是有权干涉的。人类的生育，不仅对自己负责，同时也要对他人、对国家、对社会负责，而且还要对子孙后代负责，这是一种义不容辞的对人类社会的责任。

关于优生与优育二者间的关系问题，存在两种片面的观点：其一是认为“一两遗传胜于十吨教育”的遗传绝对论；另一种是“决定人才的高下，99.9％是教育”的教育决定论。我们认为科学的观点是二者辩证的统一。从生命学角度看，人类生命质量的高下，一般地说，其上、中、下的比例呈常态曲线，即中间大，两头小，绝顶聪明的天才和白痴、呆傻儿都居少数。从教育学的角度看，我们既冀大望于天才，更抱重望于常态儿童。高标准的教育应使常态儿童经过良好的教育，得到超常的发展。这应该说是一个非常现实的教育的责任和希望所在。因此，优生与优育，二者是相辅相成、同等重要的。我们常常能看到这样的事实，对有的人来说，个人的天资确实起到了重要的作用；但对另外一些人来说，在事业的成就中，往往是非智力因素比智力因素发挥了更为重要的作用。

总之，我们一定要把人工生殖技术的应用同我国的优生优育的国策和提高社会道德水平、协调社会人际关系、维护社会整体利益的道德要求结合起来，只有这样，人工生殖技术的应用才能沿着正确的轨道向前发展。

加强对生态伦理学的研究*

在我国伦理学的学科建设中，加强对生态伦理学的研究，确实有重要的意义。西方对生态问题的研究是从19世纪末20世纪初开始的。20世纪中叶以后，为了保护整个人类社会的利益，如何以法律措施和道德谴责来避免因生态破坏而造成的对人类的危害，愈来愈成为人们所注意的问题。环境伦理学、大地伦理学和生态伦理学等，成为道德领域的新兴科学，并日益为人们所重视。当前，对于生态伦理学的对象、范围以及研究方法，存在许多不同意见和争论。从理论上看，除了有传统的人类中心论和与之相对的生物中心论、生态中心论之外，还有从不同程度上企图调和二者（实际上总是要偏重于其中之一）的所谓生态协调论、生态人类论等。这些不同的学派，在强调人类必须而且应当保护生态环境方面来说，都有不同程度的合理因素，但那种把所有生物都看成是有同等价值的道德主体、认为它们都有同等的权利和义务的观点，显然是站不住脚的。从历史唯物主义的观点来看，自然本身，除了人类以外的任何矿物、植物和动物，都不能被看做是道德的主体，因而，它们也不可能被视为具有同样的生存和发展的权利。人们之所以强调某些生态平衡的破坏、某些环境的污染是不道德的或者是应当受到谴责的，最根本的原因是这些行为损害了人类及其子孙后代的利益。我们在反对急功近

* 本文原载《光明日报》，1992年7月20日。

利地对自然进行贪婪掠夺的时候所依据的出发点和归宿只有一个，那就是人民大众根本的、长远的利益。

作为社会科学的伦理学，它主要研究的是人与人之间的道德关系。人同自然的关系之所以具有道德意义，是因为这种关系归根结底反映着人与人之间的关系。人们对生态的破坏和对环境的污染，直接损害到另一些人甚至绝大多数人的利益，因此，这种人同自然的关系也就不可避免地成为了人与人的关系的一部分，从而具有了道德意义。正是从人类生存发展的根本的长远的利益出发，我们才必须而且应当保护生态的平衡，保护人类的环境不会因对自然资源的开采而遭受污染。人类为了自身的存在和发展，为了子孙后代的长远利益，必须考虑人类同自然的正当关系。

应当明确地认识，人类对环境问题和生态破坏确实负有不可推卸的道德责任。人在社会中生活，就必然要改造自然界，从而达到有利于人类生存发展的目的。但是，我们同时又不能不承认，人们在改造自然界的同时，又可能对自然界产生某种破坏作用。这种破坏作用如果不加以控制和制止，往往会直接影响、危害人类的生存和发展。在当今人口不断地增长，生产规模不断地扩大，特别是在科学技术突飞猛进地发展的情况下，自然界遭受破坏的可能性会越来越大。如果不重视对大自然的保护，我们生活的地球甚至有被毁灭的危险。这一点，在今天已经不是耸人听闻的传闻，而是一种现实的存在了。

马克思在《资本论》第3卷中，曾谈到人类在改造自然中，随着生产力的发展和需要的扩大而出现的对自然的破坏及盲目性的问题。马克思认为，人类在改造自然的同时，应当注意合理地调节这种矛盾，尽量地克服这种盲目性，以获得人类在改造物质世界这一领域中的“自由”。马克思说：“这个领域内的自由只能是：社会化的人，联合起来的生产者，将合理地调节他们和自然之间的物质变换，把它置于他们的共同控制之下，而不让它作为盲目的力量来统治自己；靠消耗最小的力量，在最无愧于和最适合于他们的人类本性的条件下来进行这种物质变换。”① 在这里，一方面，马克思强调人类在改造社会并同自然进行物质交换的过程中，要从人类自身的利益来考虑问题，即要使自己在盲目的力量统

① 《马克思恩格斯全集》，中文1版，第25卷，926～927页，北京，人民出版社，1974。

治下获得自由；另一方面，马克思又强调这种“自由”的获得不仅是靠消耗最小的力量来调节人同自然之间的物质交换，而且是从“最无愧于和最适合于他们的人类本性”出发的。这一思想，既强调了人类之所以要保持生态平衡，主要是为了合理地控制自然，使自然更好地为人类服务，同时又强调了在这一原则下，人类应当尽可能地对生态加以保护。人类之所以要保护自然，主要是出于保护自己以及子孙后代的目的，是为了使自然能够更好地满足人类的需要。

我国的现代化建设，可以说是在一种极为严峻的生态环境形势下进行的。因此，保护生态环境，加强人与自然关系中的道德建设，更显得十分重要。最近几年来，在发展经济的过程中，一些单位和个人只追求眼前的、短期的利益，把一己的、小集团的私利置于民族和国家的长远利益之上，往往只重视怎样在最短的时期内获取最大的“经济效益”，任意破坏生态平衡，造成环境污染。这种通过破坏生态平衡和污染环境而取得的“经济效益”，远远比不上糟蹋环境和资源所付出的代价，更不用说它给人们所造成的长期的、难以用金钱统计的损失。资本主义发展所走过的老路，并不是我们必须重蹈的覆辙。我们的环境只有一个，我国的资源又极其有限，如果我们听任生态破坏的情况继续发展，对某些污染环境的做法不加限制，我们的社会主义建设的进程就会受到影响。因此，除了从法律、政策和规章制度上来保护环境、维持生态平衡外，我们还必须从伦理道德上，从道德评价上关心生态平衡和环境保护问题，探索和揭示具有中国特色的生态伦理规律，形成强大的道德舆论，从而有助于环境保护这一基本要求的贯彻执行，有助于我国社会主义的物质文明和精神文明建设。

伦理责任与生态环境*

人类即将进入21世纪，这绝不仅仅是一次一般的世纪转折点，它将是一个人类自身命运如何发展的重要时期。当前，随着科学技术日新月异地进步，人们对大自然的开发和利用也愈来愈向纵深的方向发展；随着人的欲望的增长，人们向自然界的索取也愈来愈无止境。环境的问题已经从资源的破坏、水和空气的污染，发展到整个人类生存环境的危机。

一些发达国家所走过的先污染后治理的老路，在一些发展中国家正在不断地重演。无限制地运用现代技术，追求生产力的快速发展和物质财富的急剧增加，造成了日益严重的环境污染和资源消耗。人类怎样继续生存在这个地球上，已成为人们不得不考虑的一个现实问题。

直到现在，在发展经济的过程中，一些企业和集团还是只追求眼前的、短期的利益，把一己的、小集团的私利置于人类的长远利益之上，只重视怎样在最短的时期内获取最大的“经济效益”，无限制地向自然索取，任意破坏生态平衡，使生态环境愈来愈恶化。这种以对生态平衡的破坏和对环境的污染所换取的“经济效益”，远远比不上糟蹋环境和资源所付出的代价，更不用说它给人类所造成的长期的、难以用金钱统

---

* 本文原载《道德与文明》2000年第1期。是中国伦理学会会长罗国杰同志于1999年11月3日在中韩第七届伦理学术讨论会上的开幕词（略有删节）。

计的损失。

资本主义国家发展走过的老路，并不是今天我们必须重蹈的覆辙。我们的环境只有一个，我们的资源又极其有限，如果我们听任生态破坏的情况继续发展，对某些污染环境的做法不加限制，我们的生存就会面临危机。因此，除了从法律、政策和规章制度上来保护环境、维持生态平衡外，还必须从伦理道德上关心生态平衡和环境保护问题，强调整个社会对保护环境所应担负的道德义务，形成强大的道德舆论，从而有助于环境保护这一基本要求的贯彻执行，有助于人类生存环境的改善。正是由于这样的原因，在最近几十年来，环境问题已成为全世界各方面的思想家、伦理学家、政治家所特别关注的一个问题。

尽管在生态环境的理论中还存在各种不同的看法，还有着这样那样的学派，但它们的基本倾向是一致的，即要求对生态环境进行保护，呼吁停止对大自然的破坏，强调教育的迫切和重要。中国《老子》中有句话说“祸兮，福之所倚；福兮，祸之所伏”。我们希望，当前的环境污染所造成的危害能够成为我们重视生态环境的一个契机和动力。

从宏观的发展来考察，人与自然的关系必须而且应当是相互联系、相互依存、相互促进的和谐发展的关系。人类在为了生存而对大自然进行开发和利用的同时，必须考虑到大自然也能够更好地发展。只有这样，才能有利于人类及其子孙后代的长期生存和发展，使人和自然能够共生、共荣。

中国是一个发展中国家，正在进行社会主义现代化建设，它同世界上所有发展中国家一样，正面临着生态环境遭到严重污染的问题。中国绝不能走先污染后治理的发展老路。在改革开放初期，由于对这一问题认识不够，我们在这方面出现了许多值得注意的问题。1998 年中国所遭遇的特大洪水，使我们更深刻地认识到保护生态环境的重要性。保护生态环境是中华人民共和国的一个基本国策，我们正大力进行全国范围的可持续发展的教育，正在积极有效地从法制建设、思想教育、生态伦理等各个方面来进行保护生态环境的宣传。我们希望这次中韩有关生态环境伦理的讨论，能够对我国生态保护的理论和实践起到一定的推动作用。

当然，我们大家都清楚，从世界范围来看，发达国家对生态环境的破坏负有更多更大的责任。一些发达国家，在过去很长的一段时期内，为了发展本国的经济，无限制地运用现代科学技术，不惜破坏生态环境来获得更多的物质财富，以满足自己不断膨胀的欲望和需求，在全世界范围内造成日益严重的环境污染和资源消耗。一些富裕国家甚至还要把自己的垃圾倾倒在发展中国家，把污染转嫁到别的地区。发达资本主义国家的总人口只占全球人口的20%，但却消耗了全球总资源的80%，向自然界排放了造成生态危机的绝大多数污染物。更为严重的是，一些国家，虽然已注意到自己国家内的环境保护，但却继续在其他地区肆无忌惮地污染环境，如在科索沃战争中，为了达到霸权主义的目的，它们施放了大量的有毒物质，造成了这一地区的严重污染。这种违反联合国宪章、违反国际准则的行为，是必须被坚决反对的。我们讨论和研究对生态环境的保护，就必须要同各种破坏生态环境的思想和行为作坚决的斗争。

> 关键是要认识到，人类同情和认同的能力并不是固定不变的；当我们沿着道德进化的螺旋线路向前攀登时，认识到高等脊椎动物（我们已经给予它们同情）的权利这一过程本身，就为我们扩展道德关怀的范围铺平了道路。推动这种思想觉悟的……并非只有人的解放运动。
>
> ——苏伦斯·崔伯，1974年

> 把道德范围扩大到非人类动物身上去的事业才刚刚起步。它需要被我们的语言和思想所接受；不用说还需要普遍地加以实践。不过，在英语国家的哲学界，动物的道德地位问题已成为一个颇具活力的争论话题。……我们正在经历我们道德思考中最激动人心的一个阶段。这个新的阶段是否也是伦理学扩展的最后阶段？抑或我们最终也将超越动物，去拥抱大地，甚至高山、岩石和溪流？
>
> ——特·辛格，1981年

> 必须要用那种把所有植物和动物都纳入法律、道德和伦理关怀中来的超人本主义的价值观来代替人本主义的价值观。而且，从长远的角度看，不管愿意与否，人们最终将使用暴力来反对那些继续破坏环境的人。
>
> ——《绿色和平年鉴》，1979年

应当重视生态伦理学研究*

多年来，我曾注意和阅读一些有关生态伦理学的专著和论文，从其中学习到不少关于生态伦理学方面的知识，其中最引人注意的就是人类中心主义和自然中心主义之间的争论。并由此而涉及生态伦理学究竟是一门什么性质的学科，是一门应用伦理学，还是一门伦理学之外的新学科？它的研究对象是什么？动物有没有像人一样的权利？动物能不能像人一样成为伦理学的道德主体？

按照我的理解，生态伦理学是一门应用伦理学，是伦理学的一门分支学科，它研究和讨论的是生态环境中的人类的伦理道德问题：人类如何保持地球上生态环境的可持续发展？人类如何在发展生产、发展经济和提高人类的物质文明和精神文明的同时，更加合理、更加科学地对待自然和保护生物，从而更好地协调人和人之间的关系？

从伦理学的历史、现在和未来发展来看，我认为，伦理学都是一门探讨和研究人和人之间的道德关系的学科，离开了人和人之间的道德关系，也就溢出了伦理学的研究范围。的确，人同自然界之间确实存在这样那样的关系，人类自从脱离了动物界之后，就没有一天能够不同自然界发生各种纷纭复杂的关系，如人们要改造自然、利用自然，又要保护自然等；但是，从伦理道德关系来说，人和自然的关系归根结底是人和

---

* 本文原收入《以德治国与公民道德建设》，郑州，河南人民出版社，2003。

人的关系的一种反映，它是生活在同一地区的不同的人，同时代的各种不同地区的人，现代人和子孙后代人的利益关系和道德关系的应然要求，是协调人际关系的规范概括，是人类社会得以不断发展的基础和必要前提。

在过去很长的一段时期中，伦理学只研究人和人的关系，不研究人和自然的关系，甚至认为人和自然的关系不包括在伦理学的研究范围之内，这当然是错误的，是应当改正的。今天，我们已经十分清楚地认识到，人和自然的关系反映着人和人的关系的一个重要侧面，它曲折地体现着人和人之间的利益关系和道德关系。在我们重视生态伦理学的研究的同时，我们同样应当避免把动物或一切生物都看做是有着与人类一样的权利的道德主体。

一切生物、一切动物都与人一样，有同等的权利吗？我想，对这一问题的回答，要采取辩证的态度，在分析的基础上，分清问题的不同方面。

首先，我们应当看到，社会发展到今天，人类为了眼前的利益而对环境的破坏已经发展到了如此严重的地步，以至环境保护和生态平衡成了我们必须要面对的一个重要问题。因此，一些热心于环境保护的人提出了生物也有权利、动物也有权利的思想，希望唤起人们保护生态的意识，这是可以理解的。但是，我们应当进一步明确，这种思想还必须附加上一个极其重要的条件，这就是这些植物或动物，从长远的发展上看，对人类社会的存在和发展是有益的。有些植物或动物，由于濒临绝种，而它们的绝种对人类的长期发展又是不利的，因此，人类要对它们进行保护。由此可以看出，那些对人类有害的动物，如苍蝇、蚊子、老鼠等，它们没有也不应该有与人类一样的权利。

其次，动物的权利不是它们自己生而具有的，而是人赋予它们的，是由人决定的，没有人的赋予，也就没有什么动物的权利。人类之所以赋予某些植物和动物以权利，并不是为了植物和动物本身，而是为了整个地球的生态平衡，为了使地球能够更加长远地可持续发展，也就是为了人类及其子孙后代的繁荣昌盛。

是不是说：我们提倡自然权利、承认所有植物和动物都有与人类平等的权利，就会使我们更好地进行生态保护，就会有利于可持续发展呢？我认为，并不是这样。谁来代表那些应该被保护的植物和动物？是人吗？人又怎么知道那些植物和动物有什么样的权利呢？人所赋予植物和动物的这样那样的权利，仍然是人所赋予它们的权利。这些人代表植物和动物的利益来同人类发生关系，他们能够真正地代表这些植物和动物的利益吗？动物和植物既然有自己的权利，它们还应当有什么相应的义务呢？如果从老虎自己的立场出发，它的权利可能是吃掉一切它认为应当吃的东西，包括人类。如果从苍蝇、蚊子的立场出发，它们自然应当有它们生存和发展的权利。这样提倡动物的权利，能够给我们带来什么积极的后果呢？

我们强调应当保护自然和保护生态平衡，最根本的原因就是生态环境是我们人类赖以生存的基本条件，我们只有从社会的可持续发展、从当前世界的共同幸福、从为人类的子孙后代着想、从人类的生态责任出发，我们才能够更加自觉地认识到保持生态平衡、保护环境对人类社会发展的重要意义，才能够认识到保护一些植物和动物，特别是保护那些濒临绝种的植物和动物的重要性，才能够更好地承担起我们应尽的义务。

在当前，我认为，最重要的不是要提倡一切植物和动物都有权利、提倡生态伦理学中的自然权利主义，而是要提倡人类的生态保护意识，反对盲目地、狭隘地、极端自私地对自然的残酷掠夺，反对对生态平衡的任何破坏。

过去生态伦理学中的人类中心主义，确实有着这样那样的局限性和缺点，它主要的局限性并不在于它主张以人类的道德关系作为它的对象，不在于它主张以人类为中心，而是在于它不能够从长远的、可持续发展的观点和视角来看待生态环境的问题。

人与自然的关系反映着人和人的关系，当前西方发达国家同发展中国家在环境保护方面的分歧和斗争，同一个国家中保护环境同破坏环境之间的斗争，急功近利思想同可持续发展思想之间的分歧和斗争，都反映着人和人之间的利益关系和道德关系，都是我们生态伦理学要研究和解决的问题。

第九编

对道德问题和普遍伦理的思考

当前有关道德问题的几点思考*

我们在“文革”十年惨重的桎梏中终于复苏过来之后，伴随着令人欢欣鼓舞的宏伟的社会主义改革运动，我们在历史的征程上又刻下了一个十年的年痕。十年对于历史来说只不过是短暂的瞬间，但对于我们来说却是极其珍贵的岁月。可以毫不犹豫地说，这十年中国人是在希望与奋发中度过的，同时也是在沉思与重负中迈步的。十年改革向人们展示出不可争议的历史潮向：改革是中国历史不可逆转的大趋势，改革是民族振兴的唯一的历史契机，改革是社会主义向崭新的、生机勃勃的光明彼岸前进的最佳通道。同时，十年改革同样昭示我们：改革并不是没有困难和没有风险的；改革是历史趋势，但改革的路子多种多样，改革的格局多种多样，对改革的理解也不尽相同。因此，严肃的、独立思考的理论家并不能以认识到改革不可逆转为满足。理论家对于改革最重要、最必需的支持与投入，除了造势助威之外，还需要拿出能在实际上有助于改革顺利进行的具体理论。改革终究不仅是一句口号、一股血气之勇，也不仅仅是一种拼搏精神。改革是由一整套严谨的经济的、政治的、法律的、文化的、道德的理论支撑起来的社会系统工程。改革需要

---

* 本文原收入《理论纵横（哲学篇）》，石家庄，河北人民出版社，1988，原文是纪念十一届三中全会召开十周年理论讨论会论文。本文第一部分曾发表于《高校社会科学》1989 年第 1 期和《道德与文明》1989 年第 1 期。本文第二、三部分曾发表于《思想教育研究》1989 年第 1 期，《新华文摘》1989 年第 4 期转载。

众多完整的正确理论的指导。从这一立足点上来看，对改革十年的回顾与反思，既需对人们看待改革的态度进行反思，亦需对指导改革的具体步子的理论进行反思；既需从深度和广度上继续强调改革不可逆转，亦需从总的价值目标上、从现实与未来的改革结局上，突出强调要把握改革的方向。这种反思必须是全面的，从道德方面进行反思，只是截取了其中的一个层面，是把道德放在改革的总背景中，或者是从改革与最重要的道德问题的相互关系中，来审视改革面临的道德问题以及道德理论应如何为改革设计正确的道德价值目标。

一

十年改革在伦理道德领域中引起的最深刻、最重大和人们最关心的问题，莫过于整体与个人的关系问题。在这个问题上表现出来的实践对立和理论分歧，对中国的伦理道德产生的冲击是如此巨大，以至于由此产生的后果恐怕将影响中国伦理道德在未来的发展趋势，影响中国伦理道德的直接价值目标，并有可能影响到中国改革在未来的发展方向，影响到中国现代化的总体价值目标。十年改革反馈给我们的一个深刻的结论便是，并不存在单纯经济形态的国家现代化，任何国家的经济现代化，既必须依赖一定的价值目标（包括道德价值目标）的导向，更必须包含着或伴随着一定的价值目标的追求。甚至可以说，一定的经济现代化往往只是一定的价值目标在经济实力上的体现；或者，这种经济的现代化不过是达到预定价值目标的一种重要手段。

整体与个人的关系问题，正是在这样的价值目标背景下，引起了人们广泛的注目、沉思以及论争。伴随着具体的经济实践的需要而对道德理论提出的需要，依然是激励人们对整体与个人的关系重新进行思索的实践源泉。

问题首先是由对集体主义道德原则的重新认识开始的。最主要的又是围绕对集体主义所倡导的整体主义、整体利益至上以及个人牺牲等问题如何理解而展开的。目的似乎很清楚，这就是要重新解释整体与个人关系的性质及含义，弄清楚二者之间的关系，把个人从整体的约束中解脱出来，树立个人的个性、尊严、价值等，以适应经济的迅速发展对个人活力的迫切需求。由此发端的对整体与个人的关系问题的讨论，在十年改革的全过程中，在某种情况下已经演化为一场极其复杂的道德原则之间的争论，即集体主义原则与个人主义或利己主义原则之间的争论。这两种不同的道德理论都力图使自己成为国家现代化建设的价值导向，使自己成为最基本的国民道德，而且都认为唯有自己才能成为国家道德发展的必由之路。

对我们来说，首先需要反思的是在我国以往历史中占据主导地位的整体主义原则和集体主义原则。无论我们对整体主义原则、集体主义原则持什么样的态度，都理应在改革的背景下对之进行实事求是的反思。

整体主义原则是贯串中国封建社会的最重要的道德原则。这条原则的基本精神是封建统治集团整体的利益绝对高于个人的利益，个人在国家社稷面前是微不足道的，个人的个性、尊严、价值等都只是某种“偶然性”的东西，它们如同个人是整个国家的“偶然性”一样，只有当它们被纳入这个利益圈子之后，才是可能的。这种整体主义原则的具体化就是中国封建社会政治、伦理的总纲领：三纲五常。君王作为国家利益的代表，必须绝对凌驾于臣民之上；父亲、丈夫作为家族利益的代表，必须绝对凌驾于儿子、妻子之上。这种整体主义原则，作为约束、禁锢个人的道德戒律，实质上是扩大了的家长制道德戒条。建立在氏族社会基础之上的中国封建社会及所谓的“亚细亚生产方式”的经济、政治特征，是造成这种重整体轻个人、重压抑轻自由的封建整体主义道德原则的历史根据。与这种整体主义相适应的经济形式就是自给自足式的小农自然经济。

毋庸置疑，与中国社会从未有过成熟的商品经济形式相伴随，直到现代社会中，封建主义的整体主义原则在我们的伦理道德生活中仍然根深蒂固，个人依然没有获得充分的自我意识、自我尊严、自我价值、自我权利等，而这些东西，对于新的商品经济形态来说，却是至关重要的。正是在这个意义上，反对封建整体主义道德原则，强调个人的主体性，强调个人的活力，恰恰适应了现时代的需求，适应了改革的需求，适应了发展商品经济的需求，因而具有无可争辩的进步意义。如果对整体和个人的关系，我们仍然局限于传统整体主义式的理解，仍然只是从个人怎样盲目地遵从整体的诫令的角度去加以注释，那么这显然就会阻碍我们在改革进程中解放思想、更新观念、发挥主动性和创造性，并进而阻碍商品经济的发展，最终阻碍改革的发展。

应该指出，新中国成立以后我们党一直倡导的集体主义道德原则，本质上不同于封建主义的整体主义原则。把这两者混同起来，在理论上是不能成立的，在实践中更是极其有害的。我们不应当把由于“左”的思想影响等原因而强加给集体主义的某些解释看做是集体主义，也不应当把因“左”的思想影响等原因而否认的某些属于集体主义的内容看做是与集体主义不相容的。集体主义与封建整体主义的根本区别，除了产生的基础以及各自所代表的“整体”的性质完全不同之外，还在于集体主义并不只重整体不重个人，并不只强调个人服从整体而不强调整体为个人的发展与完善提供必要的保障条件。恰恰相反，在集体主义中，整体与个人的关系并不是一种绝对对立的关系，而是一种辩证统一的关系；整体利益固然至上，但这种至上的整体利益既包含大多数个人的利益，又绝不与个人的正当利益为敌，而是强调个人利益的实现应不以损害他人利益为前提，并在必要的时候，把为他人或整体利益所做的牺牲看做个人自我实现的一种崇高方式。更为重要的是，集体主义认为，在现代社会中，个人只有借助于集体，方能最大限度地实现个人利益，集体不但不是个人利益实现的桎梏，相反是个人利益实现的必需条件。

但是，同样应该指出的是，尽管前些年我们所倡导的集体主义原则不同于封建主义的整体主义原则，我们却不能断然肯定这种集体主义原则在我国的实施就是毫无偏颇的。十年改革的实践，实际上已经使我们看到了由于“左”的思想的影响，以往所理解和实施的集体主义原则在理论上和实践中确实存在很多弊端。

其一，封建整体主义在我们所倡导的集体主义中仍然留有某些痕迹；其二，苏联斯大林时代所强调的集体主义，在很长一段时间内成为我们所倡导的集体主义的直接摹本；其三，长期“左”的思想的影响，使在理论上正确的集体主义原则在具体的道德实践中走了样。受这三重因素的影响，我们在理解和实施集体主义原则时，往往并没有准确地把握住真正马克思主义意义上的集体主义原则，而是使集体主义原则多少变了形。这种变了形的集体主义原则，其弊端概括起来：一是使集体主义在一定程度上成为极权主义、专制主义和“四人帮”施行法西斯主义的理论借口，从而在许多情况下，成为少数人压制民主、压制个人自由的封建整体主义理论；二是不正确地把整体利益同个人利益对立起来，片面地强调整体利益，片面地贬斥个人利益，使整体利益在实际上成为一种虚妄的实体，使个人正当利益成为无人敢问津的洪水猛兽；三是严重地压抑或挫伤了个人的主人翁精神、首创精神和积极开拓进取的精神，迫使人们养成不健全的驯服、恭顺、虔敬的谦谦人格。这种弊端在1957年反右和后来的"文革"当中表现得尤为突出。这里我们并不是丑化或全盘否定集体主义原则，而只是说，如果不对集体主义原则作准确的马克思主义意义上的理解，那么我们实质上就是削弱了集体主义原则自身的威信，降低了集体主义原则自身的生命力，从而无法在实际的道德生活中贯彻和坚持集体主义原则。鉴于此，实事求是地反思我们所倡导的集体主义原则，找出并纠正曾经有过或现在仍然有的弊端，尤其是不利于今天改革的弊端，实质上成为了我们在新形势下坚持集体主义原则的重要步骤之一。

首先应该反思的是，集体主义原则所指的"集体"究竟是什么样的集体。集体主义原则中最关键的问题就是集体必须是马克思、恩格斯所说的那种"真实的集体"，而不是马克思、恩格斯所痛斥的那种"虚妄的集体"。判断集体是否真实的最可靠的办法，莫过于看这个集体是否真正像它所宣称的那样为最大多数人谋利益，而不是仅为少数人谋利益。就此而论，强调集体主义原则中集体的真实性问题，已经超出了一般的理论问题，是直接与我们所指的集体的实际言行密切相关的现实问题，成为直接与集体主义原则的可信赖程度密切相关的现实问题。因此，怎样使我们的集体具有更多的真实成分，抛弃更多的虚妄成分，将是使集体主义原则取信于民的关键。

其次应该反思的是，集体主义原则究竟应该怎样确立个人的地位——包括个人的个性、个人的尊严、个人的价值、个人的权利以及个人的奋斗、自我实现、自我设计，等等。以往我们在解释集体主义原则时，无论我们怎样试图从理论上讲清个人与整体的辩证关系，但实践的结果却总是以个人受到过多的、不必要的压抑而告终。因此，今天当我们在反思集体主义原则时，或者在坚持集体主义原则时，应该在突出集体、整体的同时，也要强调个人活力的地位，从一个全新的高度来认识个人活力与集体活力的辩证关系，认识个人活力与改革成败与否的辩证关系，从而彻底纠正以往对个人的作用和地位所作的不正确的理解。改革十年的实践也证明，重视个人的正当利益，维护个人的尊严、价值、权利等，对于激发人们为改革、为“四化”献身的开拓创新精神，对于国家和民族的振兴，都起到了积极的作用。个人意识的觉醒，确乎成为了当今道德发展的一个显著标志，成为了改革和“四化”建设不可或缺的宝贵的精神财富。

我们正是顺着这么一条思路来反思集体主义原则，并以之来调整个人与整体的关系的。然而，在人们作这种反思的过程中，也有一种思想，其认为个人主义甚至利己主义的倾向，应当被看做是与当前改革开放的形势相一致的。这种以不同方式在不同情况下所主张的个人主义和利己主义倾向，使我们在反思和坚持集体主义原则时，面临着更多的困难。可以确定无疑地断言，集体主义与个人主义之间的争论，在中国改革这一特殊的环境中，将会有一个漫长的过程。

我们认为，一方面我们应该冷静地思索集体主义原则以往的偏差；另一方面，我们又不能以集体主义原则曾出现过偏差而抛弃集体主义，并用个人主义或利己主义取而代之。如果说十年改革的实践暴露出我们以往在理解和实施集体主义方面出现过偏差，那么十年改革的实践也同样证明，个人主义或利己主义对我们所进行的社会主义性质的改革和“四化”建设，具有相当大的消极作用和破坏作用。

利己主义尤其是极端利己主义思想的破坏作用自不待说，这种思想在全世界都是受鄙弃的。比较复杂也颇有魅力的是个人主义思想。从西方文献来看，个人主义大体可以概括为三个意思：(1) 强调个性的发展；(2) 强调个人权利和个人利益的至上性；(3) 强调个人的尊严和价值，个人是一切的出发点，个人是目的而不是凌驾于他之上的他物的手段。无论从个人主义诞生的初期还是从个人主义盛行的阶段来看，个人主义以个人为最核心的价值标尺这一点，都是始终如一的。因此，无论个人主义怎样试图把自己同利己主义区分开来，但在实质上，连许多西方思想家也认为它们具有不可忽略的亲缘关系，即它们在处理个人和他人的关系时，都主张以自我为中心，以个人利益为出发点，以个人幸福为最终目的，并以这一切作为衡量行为善恶的最高价值尺度。

个人主义思想对当代中国具有魅力的最根本原因，从积极方面说，第一，是人们看到了它对个人的地位和作用的尊崇，而且这种尊崇似乎并不是像利己主义那样卑下；第二，是人们看到了个人主义从出现到兴盛的过程，正是资本主义从出现到兴盛的过程，它直接适应了资本主义商品经济的需要，并确实由此以伦理道德的方式辅佐了资本主义商品经济的大发展。一个是个人活力，一个是商品经济的需要，正是这两点似乎正好与我们目前改革的需要相吻合，因而对人们产生了极大的吸引力。从消极方面说，个人主义思想迎合了一些人的自私自利之心，以往和现在都得不到人们支持的自私自利观点，现在似乎也由此找到了冠冕堂皇的外装，这种行为似乎也由此成为公开化的正当行为。

然而，无论是从积极的方面来说，还是从消极的方面来说，个人主义给人们造成的这种假象，实际上已经严重地干扰了人们的正常视线，使人们从另一个极端去曲解个人与整体的关系，并由此诱发了人们不正当的私欲，从而给我们的改革事业造成了不可低估的损害。甚至可以把话说得重一点儿，如果我们低估了这几年个人主义思想对改革事业的危害，那么改革的路子将会更加曲折艰难。

个人主义似乎是尊崇了个人的地位和作用，并似乎由此激发出个人的活力和首创精神。但是，一方面，我们忽略了个人主义与利己主义的亲缘关系，忽略了个人主义完全可能与利己主义直接相通，从而忽略了个人主义在强调个人的地位和作用的同时，必然要自觉或不自觉地把个人和个人利益放在整体和整体利益之上。如同封建整体主义片面强调整体的至上性和个人的偶然性一样，个人主义则必然会片面强调个人的至上性和整体的偶然性。这几年的道德实践已经有说服力地证明，个人主义在证明个人至上观点时，正是以集体或整体的所谓“虚妄性”为论据的。一旦个人主义否定了整体的地位和作用，否定了个人对待整体应持的基本态度，那么自称与利己主义并不相同的个人主义就会抛弃自己的观点而走向利己主义。事实上，这种不顾整体、不顾社会利益的个人主义思想，已经严重地淡化了人们的社会责任意识，严重地淡化了人们的历史使命意识，并正在使人们分化开来、割裂开来、对立起来，从而正在使人们日趋赞同“人都是自私的”格言，从而使整个社会失去凝聚力而成为一盘散沙。这种对社会、对国家、对民族、对他人、对事业、对前途的深层的信仰危机，是多少年来不曾在我们国家出现过的。这种信仰危机确实已经演化为改革事业的腐蚀剂。另一方面，这些主张个人主义的同志似乎严重地忽略了个人主义所赖以滋生的文明土壤，忽略了不同文明的价值观念间激烈的交锋与碰撞可能产生的致命的负面作用。英国著名史学家汤因比曾极其严肃地指出过，在一种文明系统中不会致害甚至会致福的因子，一旦逃离这一文明框架的制约而参与到另一个文明系统中去，就有可能对这一文明系统产生致命的危害，因为这一文明中没有制约它的相应的机制。因而“一个人的佳肴”，完全可能成为“另一个人的毒药”。汤因比的这一文明观并不是绝对真理，然而却包含合理的成分，并有助于我们理解个人主义在不同文明系统中的适应机制问题。这就是说，在西方文明中滋生出来的个人主义思想，完全可能与各个西方文明的因子融为相互制约的统一物，因而的确可能是西方社会在某一发展阶段上的重要推动力。西方社会历史起源的特殊性、西方突出个性的传统、西方较为完备的法制系统以及西方社会的人的文化文明素养，特别是西方以私有制为基础的资本主义的社会制度等，使个人主义的思想在西方确实有着它的特殊作用。但是，我们今天所建设的是社会主义的现代化，我们要坚持的是社会主义。而且，中国这个长期置立于小农自然经济基础上的社会，小农经济的必然派生物——狭隘自私的小农意识，往往会从个人主义最致害的方面去认同个人主义，把原本在西方就属个人主义消极面的东西轻而易举地同化为维护自己狭隘的一己私利的堂皇理论。中国传统社会固然缺乏个性的意识，但中国传统社会却从来不乏小农自私的意识。中国传统社会重整体轻个人的倾向本身也是两重的：既缺乏在法律允许的范围内、在不损害社会和他人利益的范围内充分展示个人个性的一面，也缺乏依靠守法、依靠不损害社会和他人利益来获取个人正当利益的一面。以为中国仅仅缺乏个人意识，而不缺乏真正意义上的整体意识——自觉地把自己同整个类群、整个社会认同起来的整体意识，同样是不符合实际情况的。中国人既缺乏个性意识，更缺乏马克思主义所理解的社会主义的集体主义意识。企图通过强化中国人的个人主义意识而端正中国人对待整体与个人的关系的态度，即便是出于非常善良的愿望，仍然有可能在中国改革这个极其复杂的环境中诱发人们的私欲，阻碍人们团结一致共渡难关。

有的同志似乎认为，个人主义是商品经济的必然的伦理道德基础，似乎离开了个人主义思想的指导，商品经济便不可能发展。然而，我们要看到，即便发展资本主义的商品经济，当今世界经济日趋连为一体的总形势也使得资本主义早期那种个人自由竞争的环境日渐衰落，更多的是国际间经济的相互循环和相互制约，是国家干预和指导力量的加强。

在这种情况下，对资本主义国家来说，发展就意味着必须依靠一种奋发图强精神，依靠一种强有力的民族向心力和自信心。战后日本、西德以及韩国等，实际上走的就是这么一条道路。对于这些国家和地区来说，更重要的是国家和民族振兴的自强心和国家利益、民族利益至上的信念，而不是所谓的个人主义。由此可见，资本主义的商品经济也并非一定要靠个人主义的指导才能成功。另外，由于我们改革开放搞的是社会主义的商品经济，以共同富裕为最终目标，因而，更必须要反对那种只重个人不重整体的个人主义，更没有根据非把个人主义视为社会主义商品经济的伦理道德基础不可。社会主义的集体主义对个人与整体的关系的看法与个人主义的看法正好相反，即认为只有借助于集体的力量，社会的发展和个人的完善才可能是同步进行的。更进一步说，在我们正着手进行的这场极为艰难的改革事业中，唯有这种把整个国家团结起来的共同富裕、共同完善的集体主义精神，才能够使我们将困难降低到最低限度，从而获得改革事业的最终成功。集体主义仍然应当是我们国家全体人民所应当奉行的价值目标。

二

改革十年，对整个伦理道德领域的影响是全面和深刻的。改革对中国社会的道德风尚无疑是一次巨大的推动，不承认中国的道德在改革的作用下获得了某种历史性的变化，这不是实事求是的态度。然而，面对这场艰巨复杂的改革运动，道德无论如何不会只呈现出上升的趋势。十年改革实践，在道德发展的方向问题上，在道德发展与经济发展、道德发展与社会发展的关系问题上，留给我们很多值得深思的问题。概括起来说，这些问题可归结为道德发展与社会进步的二律背反问题，即在社会进步的同时，道德也在一定程度上出现了退步乃至堕落。

有一些同志认为，改革开放在经济上的进步必然会引起道德上的堕落，这种道德堕落的代价是以经济的进步为补偿的。我们认为，很难用“代价论”来解释当前道德发展过程中出现的这种道德退步或堕落现象，因而我们不赞同目前比较流行的这种理论。代价论需要解释两个问题：

一是改革十年以来的社会进步是否确实付出了道德的代价，究竟是什么原因使得我们付出了道德代价；二是这种代价是否确实必需或者不可避免。

承不承认我们的道德已为社会进步付出了一定的代价，就像承不承认我们的改革已为道德的进步注入了活力一样，答案也是双重的。直到现在，仍然有人认为改革十年以来我们的道德始终是呈上升路线发展的，根本谈不上道德的退步或者堕落问题。从近几年的情况来看，一方面是个人意识的觉醒，这是道德进步的表征，另一方面是一部分人的自私欲望的发展，即汤因比说的，对少数人来说，可以说是一种“魔性的欲望”的恶性膨胀，这却是道德退步或堕落的表征；一方面是竞争、进取、开拓、权利意识等新道德的出现，这是道德进步的表征，另一方面却是“一切向钱看”和坑、蒙、拐、骗等腐朽道德的出场，甚至新中国成立后已近绝迹的肮脏的东西也在新条件下泛滥起来，这又是道德退步或堕落的表征。这一切二律背反其实都是在整个改革的大背景中展开的，都是社会进步（主要是经济发展）所引起的新的道德问题。特别是每当改革触及或深入到一些重大关头时，社会进步与道德进步的二律背反关系便会显得尤为触目惊心。在一定程度上和一定范围内，一旦某些相应的政策、法制措施出现了漏洞，社会进步就往往要付出更多更大的道德代价，例如，在一定时期一定的局部范围内，某些地方或某些企业的经济发展往往要靠贿赂作为润滑剂，似乎只有如此，才能推动经济机器的运转。这其中付出的就是毒害社会风气、腐蚀人们灵魂的道德代价。这几年人们之所以大声疾呼党风和社会风气问题，甚至有人大声疾呼要人们少一点自私自利之心、多一点对“人类社会理性公理的敬畏”之心，即多一点“我为人人，人人为我”的意识，正好说明我们付出的道德代价已经是非常大了。那种以为凡是打着改革旗号的东西都是所谓顺乎潮流的善的东西的观点，实在是应该在严峻的现实面前反省反省了。

评价善恶的标准，评价道德进步、社会进步的标准，历来是具体的而不是抽象的、相对的而不是绝对的、历史的而不是永恒的。历史上确实普遍存在过社会进步与道德进步二律背反的现象，历史上确实普遍存在过社会评价与道德评价相分离乃至相对立的现象。原始社会过渡到奴隶社会，一方面是生产力的大发展，是文化的大发展，是从前在战争中被俘而遭到杀戮甚至残食的人们因当了奴隶而保全了生命[1]；另一方面却是血与火的文字所记录下的人类有史以来最卑下的利益——庸俗的贪欲、粗暴的情欲、卑下的物欲、对公共财产的自私自利的掠夺。同样，资本主义的大发展既导致社会普遍高举起平等、博爱、自由等敬仰人权的旗帜，也导致人们从赚钱和唯利是图的动机和情欲出发去“损害人们的其他一切秉赋”[2]。在这里，社会进步与道德进步的二律背反关系是显而易见的。确认这种二律背反现象成为真实的标准或价值尺度，绝不仅仅是上一个时代的美德状况与这一个时代的社会状况的比较，更主要的是同一社会中的社会状况与道德状况的比较，即相应的社会状况理当匹配怎么样的道德状况。我们之所以说资本主义社会出现了社会进步与道德进步的二律背反，并不是拿封建社会的道德作为比较的主要参数，这么做一点实际价值都没有，一点说服力都没有；我们比较的正是资本主义的道德。比如，资本主义的社会进步标榜要充分地实现平等、自由、博爱，然而实际上真正充分实现的只是金钱道德，平等、自由、博爱只是相对于金钱而言的。这就是严重的二律背反，是自身走向自身的反面。

这就牵涉到怎样看待这种二律背反现象的问题。其实，历史上并不是所有的理论家都认为这样的二律背反现象有益无害，或者既不可避免，又是社会发展的动力。在私有制社会中，一方面，这种二律背反现象的确是这些社会在发展过程中自身不可克服的；另一方面，这些社会的理论家们十分清楚这种二律背反给社会进步带来的危害，因而都十分注重去消除这种二律背反现象。孔丘、孟轲之所以周游列国，疾呼礼崩乐坏，其原因也是看到了所谓乱世之中的道德堕落将会愈加使社会动荡不堪，愈加使国之不国，等等。康德当年用“义务论”反对法国唯物主义者的“幸福论”，宣扬的也不是禁欲主义，而是反对那种他认为的人欲横流、自私自利的道德堕落现象，号召人们用积极的、理性的精神去建筑资本主义平等、博爱、自由的大厦。就是到了现代，西方许多严肃的思想家、理论家，也无情地揭露和斥责当代资本主义社会中的严重弊端，希望通过正视现实而改造现实，从而尽量消除工业化所造成的严重的消极后果。在一定程度上，对资本主义所造成的社会进步与道德堕落

① 参见《马克思恩格斯选集》，1版，第3卷，211页。

② 《马克思恩格斯全集》，中文1版，第21卷，201页，北京，人民出版社，1965。

的二律背反现象，一些资产阶级理论家所作的批判要比我们所作的批判苛刻得多。

由此我们可以得到什么启示呢？我们是不是既应当明了改革十年过程中是否出现了道德退步或堕落现象，又应当明了这些道德代价是必需的，还是可以避免或者克服的呢？

大前提仍然是改革不可逆转，改革为社会进步和道德进步都带来了良好的契机；但同样成为大前提的是改革确实让道德付出了代价，其中一些代价是难以避免但可以被克服或者被降低到最低限度的，一些代价则是可以避免、完全是由于我们的失误造成的。我们只应在这样的大前提下展开讨论，离开这种大前提的过分悲观或过分乐观的态度，都无助于我们去探明我们为什么付出了代价，我们又凭什么去减少这些代价。

我们的回答是简洁明了的，这就是，改革不能以道德为代价。那种以为改革必须以道德为代价或以为道德将悲剧性地为改革做出牺牲的观点，既误解了改革的性质，也低估了道德的作用。

如果说资产阶级革命都力图减少道德的阵痛，那么我们以建设社会主义为目的的改革事业更有理由减轻道德的阵痛。社会主义革命的一个崭新特征，就是要消除旧社会造成的一切异化现象，消除旧社会遗留下来的一切丑恶的东西。在这个意义上说，社会主义所理解的社会进步本身就不只是经济的进步，而是包括物质文明和精神文明尽可能同步发展的进步。尽管在社会主义初级阶段社会进步会表现出多重性，各个环节之间会出现较大的不平衡现象，但是从总价值目标上来说，社会进步所包含的各个方面并不应该存在互相排斥和互为代价的因素。因而，在设计改革事业的具体步骤时，一项很重要的工程就是要避免片面性，避免价值总目标的相矛盾性。在不同时期不同阶段突出某一方面的工作，并不能成为牺牲别的方面的借口。只要我们坚持社会主义方向，就不能只注意物质文明而忽视或取消社会主义的精神文明。社会主义能够具有生命力的根本原因，就在于它既能创造出比资本主义更多的物质财富，又能创造出比资本主义更多的精神财富。如果我们仅能在改革中创造出资本主义那样的物质财富，而且还是以牺牲我们的道德为代价的，那么我们就不能说我们的改革是成功的，是社会主义性质的。

更为重要的是，如果以为牺牲了道德，物质财富就创造出来了，改革就成功了，那就完全背离了道德为改革服务的关系、性质。十年的改革实践证明，成功的经济政策及其成功的实施，必须靠相应配套的成功的道德政策的辅佐。没有一定正确的道德相辅佐，经济机器也绝不可能正常运转。当前强调整顿经济秩序和治理经济环境，在一定程度上可以将其看成并不仅仅是经济工作本身的事，而是政治领域、道德领域的事。经济政策本身的漏洞，加上政治政策和道德政策的漏洞，必然会影响经济政策的实施。所谓的“官倒”、铺张浪费、奢华排场甚至置国家和人民的利益于不顾，这一切腐败现象都不能不说与我们当前的道德状况有密切关系。损人利己、损公肥私、行贿受贿、贪赃枉法等，这种道德上的堕落已灾难性地波及整个改革事业，波及我们的现代化建设事业。

社会进步与道德进步的同步并行不是一件容易的事。唯其如此，才更有必要在这个问题上下大力气。首先需要重视的就是认识和态度问题。如果我们从观念上引起高度重视，致力于两种进步的同步并行，那么，即便困难再大一些，也能够把代价降到最低限度。但令人遗憾的是，这几年我们在指导思想上、认识上、态度上、实施上，甚至在舆论上，都过多地集中注意力于日常的经济工作，致力于拯救经济的困境，而没有用足够的力量来关心精神文明（包括道德）的建设。经济上改革的成败，对我们具有极为重要的意义，因此，它几乎占据了我们的一切时间和精力，引起了我们最大的兴趣。然而，从这几年来的实践来看，政治、道德这些非经济因素对经济因素的影响之重大，是我们所预料不及的。如果只重经济，不重精神道德，只重金钱，不重民族心灵深处的价值观念和志向，要想把经济工作搞好，也是困难的，其结果必然是加深了两种进步之间的对立。同时，又在社会中形成一种十分错误的假象，似乎我们发展社会主义的商品经济也只能造成这种不可避免的二律背反现象，似乎我们在道德上的牺牲不过是为社会进步付出的学费。

这种倾向之所以有害，就在于由此可能把我们的改革事业引到歧路上去。我们必须坚持社会主义道路，我们应当努力避免资本主义现代化的老路，避免所有资本主义在发展过程中所吃过的苦头、所滋生出来的一切卑鄙龌龊的东西。现在，连许多西方人士都提醒中国现代化要力免西方现代化所遭受过的惨痛，我们还有什么理由不去尽力避免这样的惨痛呢?

问题是很清楚的，这几年我们确实为改革付出了道德堕落的代价，而且其中有些是不值得付或不应该付的；答案也是很清楚的，这就是我们不但可以把这种代价降低到最小的限度，而且要通过正确的远见卓识来尽力避免付出这种代价。真正的问题恐怕还不在于我们已付出了代价，而在于我们没有在现实生活中加深对精神文明建设的重视。只要我们重视抓精神文明建设，我们的改革大业就能比较顺利地向前发展。

三

十年改革，人们在思想战线上的重大收获便是，在现实面前逐渐回到真理性认识一边来，逐渐在解放思想、实事求是的过程中摈弃“左”的东西，从天上回到人间。从实践标准到生产力标准的提出，道德理论领域由此而发生的巨大变化是以往人们所不敢奢望的。毫无疑问，人们敢于正视现实之日，也就是理论获得突破性进展之时。

把生产力标准作为衡量一切的最终标准，就道德领域而言，无非是把一切善恶的最终尺度归结为生产力的尺度，即凡是有利于生产力发展的，就是善的，反之，则是恶的。从历史唯物主义的总原则上来说，把道德善恶与否的标准最终归结为生产力的标准，这无疑是正确的。然而，即使在历史唯物主义的领域内，关于善恶尺度与生产力尺度的关系问题，也始终是一个十分棘手的问题，它就像社会进步与道德进步的关系一样，不是一句简单的结论或一个简单的公式就可以解决的问题，而是一个需要从多方面分析、论证，需要对具体问题进行具体评价的极其复杂的问题。因此，当我们在道德领域内重申生产力标准时，我们一定要考虑到这种复杂情况，具体问题具体分析。

目前最严重的问题，莫过于把生产力标准庸俗化、片面化，把它理解为一种急功近利、唯利是图的短期行为标准。这种倾向有可能使许多人自觉不自觉地以此为自己不负责任的行为辩护，而且可能成为或在一定程度上、一定范围内已经成为了不能对之进行批评的借口。这种情况对改革事业造成的危害，同样是不可忽视的。

因此，当我们在强调道德领域内的生产力标准时，必须强调全面理解生产力标准的含义，尤其要避免把生产力标准理解为一时的经济效益标准、金钱标准，等等。

从生产力的发展来说，物质财富的增加、经济效益的提高，固然是生产力标准的一个最重要的方面。但同时，我们还应当看到，当我们强调生产力标准时，绝对不能忽视生产力自身的发展和完善。如果我们能够及早注意到，增加物质财富、提高经济效益，能够使生产力自身愈来愈有活力，那么我们的“四化”建设将是后劲充足和潜力无穷的。那么，怎样来认识和理解生产力自身的发展和完善呢？

第一，从生产力中人的因素来看，生产力标准最重要的含义是强调人的劳动生产能力和积极性。正是在这个意义上，马克思说最伟大的生产力是劳动者本身。因而，所谓发展生产力，首先是发展人本身这种生产力，所谓生产力标准，首先是人本身的劳动能力和积极性的标准。生产力标准通过人的因素的这种具体化，使得道德的地位一下子突出起来，甚至使道德因素也被包含在生产力标准之中。这就是说，如果承认马克思所说的人是最伟大的生产力的观点，那么就必须把与人的生产能力和积极性相关的因素都看做是促进生产力发展的直接因素，诸如劳动者的文化文明素养、道德水平、为劳动献身的忘我精神，等等。那种仅仅把劳动者当做被动的劳动力的观点，必将严重挫伤劳动者的劳动热情及首创精神。实践表明，怎样在利益引导的同时也对劳动者实施劳动道德观的引导，将涉及产生完全不同的生产效率的重大问题。一些发达国家之所以愈来愈重视对劳动者“主人翁”意识的培养，其实正是看到了人是有血有肉有灵魂的生物，而不是只受低级欲望驱动的动物。从这个意义上来说，怎样在改革过程中优化人的素质，优化人际关系，减少人与人之间的消极摩擦，避免人们信奉“金钱万能”的资产阶级格言，避免人们对社会、对他人、对生活、对未来丧失信任和希望，将直接关系到改革的成败。在当前，值得注意的是，在被庸俗化了的“生产力标准”的影响下，人在生产力中的地位和作用似乎被淡忘了。这种淡忘的直接后果是，人的教育被淡忘了，既淡忘了对人的智力教育，更淡忘了对人的德性教育。这又怎么能达到生产力自身的发展和完善的目的呢？

第二，从生产力中生产工具的因素来看，生产力的发展往往直接取决于生产工具的变革，而且生产工具的性质，对该社会的性质而言，是不可忽视的因素。就此而言，一切善的言行必须是有利于生产工具变革的言行，一切恶的言行则是有害于生产工具变革的言行。但是，那种把生产力标准庸俗化和急功近利化的做法，由于重视的是眼前效益，重视的只是金钱，重视的是短期行为，因而从根本上说是抵触生产工具的变革的。马克思在《资本论》中剖析资本主义的致命病症时，就曾严肃地指出资本家为了一己私利，在可以使用人力的地方绝不使用机器，在可以使用旧机器的地方绝不使用新机器，等等。这种短期行为，没有劳动者的观念，没有国家资源的观念，没有爱护机器和更新设备的观念，更没有社会生产力进一步加速发展的观念。假如我们在强调生产力标准的同时又阻碍生产工具的变革，那么我们就正好走到自己的反面去了，名义上是发展生产力，实质上是在束缚生产力。

第三，从生产力中的劳动对象来看，生产力发展与否的标志，就在于是否合理地利用了劳动对象，并合理地从劳动对象中获得最大量的劳动产品以满足人们的需要。因此，评价一个行为的善恶，看这一行为是否有利于生产力的发展或是否符合生产力标准，就必须看其是否有利于有效地合理使用劳动对象，是否有利于有效地使劳动对象发挥作用。一些追求短期利益的做法不注意劳动对象的合理使用和有效保护，只重视怎样在最短的时期内获得最大的经济效益，哪怕破坏一切生态环境、耗尽一切不可再生的能源。这几年在某些人的这种短期行为的观念诱使下，我们的环境、我们的资源所遭受到的破坏是令每一个有责任心的人痛心疾首的。可以毫不夸张地说，有些村庄、工厂、矿山，等等，它们用拼环境、拼资源而创造的所谓的“经济效益”，其实远远比不上它们所糟蹋的环境和资源的价值。资本主义在发展初期，曾经付出过惨重的环境和资源代价，但这些国家一旦反省过来之后，就立即采取果断措施保护环境与资源，而且把这两项参数作为衡量经济效益的重要指标。资本主义发展走过的老路并不是我们必须重蹈的覆辙；环境只有一个，资源极其有限，一旦这些大自然赋予我们的宝贵财富毁在我们手上，那么，不但改革成功的价值将大大降低，而且我们将成为历史的罪人，成为子孙后代的罪人。在我们这个文盲和半文盲占人口总数三分之一的国度，在我们这个自然环境意识极其淡漠的国度，在我们这个自然环境已受到人为重创的国度，为长远计、为未来计、也为我们眼前的改革事业计，都必须花大力气保护劳动对象，保护自然环境和自然资源。这样的行为早已超出了道德要求的范围，而变为了关系到国家兴旺发达乃至生死存亡的大事。

在道德领域，对生产力标准作全面的、准确的理解，根本目的是为了防止把生产力标准同道德标准对立起来，防止用生产力标准代替或者反对道德标准，防止从庸俗的“生产力标准”走向非道德论或道德虚无主义。正确理解的生产力标准，不但不与道德标准相对立，而且本身包含着相应的道德内容，并通过这些道德内容来具体评价行为的善恶。

从这个意义上讲，在道德领域内，生产力标准也不能代替道德评价的善恶标准，生产力标准一般并不直接用于评价某一行为的善恶性质，直接评价行为之善恶的标准仍然是相应的道德标准（道德原则、道德规范等），生产力标准在这里起到的只是标准的标准的作用。由此可见，生产力标准在道德评价问题上，既是绝对的标准，又是相对的标准。就它作为行为善恶与否的最终依据讲，它是绝对的；就它作为行为善恶与否的具体标准讲，它又是相对的，即它必须通过若干的中介环节，若干具体的道德衡量指数，才能够准确地判定某一行为的善恶。脱离了这些具体的道德指数，生产力标准实际上无法判定具体行为的善恶性质。

四

十年改革实践，就道德领域而言，非常值得我们反思的是：我们为什么付出了道德退步的代价？为什么在某些方面给道德进步注入改革的强大活力的同时，由于指导思想和其他值得注意的许多原因而阻碍了道德的另一些方面的进步？如果这些问题解释不清楚，我们就有可能还要继续付出道德退步的代价，并将由此继续阻碍改革迅速发展的步伐。

从总的原则上说，可以把我们在道德方面出现的问题归之于西方资产阶级腐朽道德思想的影响，特别是拜金主义、极端个人主义或极端利己主义思想的影响，归之于封建没落道德思想的影响，特别是官僚主义、特权思想、小农意识等的影响；同时，由于我们没有搞社会主义商品经济的经验，因而在体制上、在思想建设上还有这样那样的不完善和不健全之处，这确实使一些人钻了空子；从道德教育和政治思想教育来说，还存在许多弊端；我们的道德理论不能适应我国改革开放以来的变化了的形势的要求，也是一个值得注意的原因；甚至我们在改革中还不得不付出必要的代价，还必须经受不可避免的痛苦，等等，都是造成我们现实道德生活状况的不可忽视的方面。在从客观方面分析和寻找现存道德弊端的根源的同时，我们还应当注意一个问题，即政治对道德的影响问题。

毋庸讳言，党风不正和某些党员干部身上表露出来的严重腐败现象，是造成当今社会风气腐败和社会道德堕落的重要因素之一。马克思、恩格斯早就指出过，社会占统治地位的意识形态归根到底是在政治、经济等方面支配那个社会的统治阶级的意识形态。因此，作为我们国家执政党的共产党所信奉和推行的社会意识形态，是在我们这个社会中居于统治地位的意识形态。如果我们的党风在这方面有稍许不纯和腐败现象，就可能给整个社会造成极大的不良影响。由于一个党的素质和基本品格是通过它的具体成员来表现的，因而，一旦我们党内产生了腐败分子，尤其是党的某些高层领导干部中出现了腐败分子，即使是数量很少的人，从他们身上散发出来的腐败毒素就会严重地损害党的形象和党的威望，就会腐蚀社会成员，毒化社会风气。一方面我们不能随意夸大我们党内这些腐败分子的数量，不能丑化党的光辉形象，一方面我们也绝不能无视这些少数分子对我们党的危害、对我们国家和民族的危害。如果不端正党风，不清除这些腐败分子、害群之马，不但社会的道德风尚会受到污染，中国的社会主义改革事业也是注定不能成功的。

政治腐败会导致道德腐败，这主要是由道德与政治的特殊关系决定的。政治作为经济的集中反映，它必然要求（用强大的政治力量）道德依附于它，制约道德的发展方向和起作用的性质，并使道德在总价值目标上为自己服务。因此，任何清廉的政治，总是要求相应清廉的道德，并确实能够靠自己所掌握的舆论工具及强制性的国家机器来制约道德的发展方向。相反，如果政治上发生了腐败现象，相应腐败的道德也必然随之发生。

道德对政治所起的这种作用，使得历史上许多想有所作为的政治人物都力图创造一个较为清廉的道德环境，以辅佐他们追求远大的政治抱负和经济抱负。在中国历史上，一些封建帝王，如汉武帝、唐太宗、宋太祖，直到康熙、乾隆皇帝，都曾在“政绩”和“德绩”方面做出了很大的努力。就封建社会来说，当时经济上比较发达、文化上比较进步、一定时期内“国泰民安”，同政治清明、道德廉洁的社会环境所提供的保障条件有重要的关系。

即便是西方，当政者的道德“污迹”也是不可宽恕的，像在美国这样的国家，竞选总统或别的国家高级职位的人，往往会因道德上曾经有过“污迹”而被舆论搞得声名狼藉而下台。资本主义国家也懂得道德堕落对国家将会造成什么样的危害，因而总是在政治清明和道德廉洁方面发动强大的舆论攻势，直至用详尽的法律条规来约束一切胆敢越轨者。

我们是社会主义国家，我们的党是代表无产阶级利益的共产党，道德廉洁问题，对我们的整个事业来说，并不是一件可以忽视的小事，它和全部经济活动一样，是改革事业中的重要组成部分，是我们全部社会主义事业中的重要组成部分。任何忽视这个问题的观点，任何在这个问题上的错误认识，都将给我们为之奋斗的宏伟事业带来无可弥补的损失。

在当前，从道德建设来说，重要的是要端正对道德作用的认识。现在，很多同志都强调完善制度的重要性，这当然是正确的。如果没有完善的制度去保证我们事业的连续性，特别是如果没有必要的制度来约束人们尤其是当政者的言行，要想使我们的经济活动、政治活动、法律活动乃至道德活动健康、正常地进行，将是不可能的。在我们这个制度历来不健全的国度中，确实有必要为“制度”的健全而大声疾呼。同时，我们也要看到，不能认为国家的兴衰仅仅决定于制度，似乎其他都是可有可无的。因为问题在于，制度本身也是由人来制定的，而制度所设定下来的具体事项也是由人来实施贯彻的，如果淡忘了人的素质（包括智力素质、德性素质等），那么制度公正合理地建立、制度公正合理地发挥效能、制度公正合理地保障我们的事业得以兴旺发达等，都将成为一句空话。不受制度制约的权力固然会走向腐败，而不受德性制约的权力也同样会走向腐败。

我们不能否认道德建设的重要，更不能等到在克服了某些腐败现象之后再进行道德建设。因此，努力使我们的道德理论同我国的现实生活更紧密地结合起来，使其能更好地适应改革的需要，尽力克服我们在思想政治工作和道德教育中的弊端，抵制腐朽的资产阶级思想和封建意识的影响，创造性地阐发当前许多道德理论问题，加强职业道德教育，仍然是我们在道德建设上应尽力去做的事情。

关于伦理道德的几个理论问题*

伴随着十年改革开放的历史进程，我国伦理学作为一门学科走过了一条从新生到蓬勃发展的道路。从总的状况看，这十年来人们在伦理道德的诸多理论问题上是卓有建树的，这些理论对我国社会的伦理道德建设起到了十分重要的、积极的推动作用。但是毋庸讳言，这些年来在伦理道德领域也出现了一些背离马克思主义基本原理的错误观点，而且其中一些观点对社会的道德状况产生了或大或小的消极影响，在某种程度上成为了造成近些年道德实践领域中道德滑坡现象的理论根源。

一、关于价值导向分歧

十年改革的经验或教训都已证明，价值导向不同就意味着一系列政策、路线乃至制度的根本不同。这些年来在意识形态领域内所发生的风风雨雨，说到底，都是围绕价值导向问题展开的。而在价值导向问题上，伦理道德的价值导向又居于一个特别重要的地位。如果我们到今天仍然意识不到伦理道德的价值导向与我们国家将要走什么路的问题的重大关系，那么我们就不可能从战略的高度来反思这几年道德滑坡的教

* 本文原载《人民日报》，1990 年 10 月 19 日。

训，也更不可能从战略的高度去加强这方面的工作。

这几年伦理道德领域内价值导向问题上的分歧和争论，归结起来，就是集体主义的价值导向与个人主义的价值导向的分歧与争论。这种分歧与争论，在一开始就是从个人和社会关系的两种根本对立的观点出发的。而且随着形势的发展，随着国际国内大小气候的变幻，这一分歧和争论更加明朗和尖锐起来。从今天反思的立场上看，在伦理道德的价值导向问题上，集体主义与个人主义之间的冲突是在所难免的，是不以人们的意志为转移的。在根本上，这是两种对立的意识形态的争论，即社会主义的意识形态与资本主义的意识形态的争论。只不过这种性质的争论，是通过价值导向的方式在伦理道德领域内表现出来的。

事实上，集体主义原则是在社会主义整个历史运动中逐渐发展和完善起来的。社会主义与集体主义的关系是一种血肉不可分离的关系。正因为如此，在许多资产阶级思想家那里，集体主义与社会主义是同等意义的概念。我们也认为，集体主义不仅是社会主义道德的基本原则，而且是社会主义的政治、经济及思想文化学说的基本理论之一。

同样，个人主义则是在资产阶级和资本主义的发展过程中发展、完善起来的。也是在这个意义上，资产阶级思想家往往将个人主义与资本主义视为同等意义的概念，甚至明确指出个人主义与集体主义、个人主义与社会主义是根本对立的。个人主义既是资产阶级的最基本的伦理道德原则，又是资产阶级的政治、经济及思想文化学说的最核心的思想。

从集体主义与个人主义各自的历史命运中可见，那种从善良的愿望出发，试图将个人主义与社会主义嫁接起来以推动我国社会主义现代化进程的观点，至少是一种不现实的糊涂观点，归根到底，个人主义只会对社会主义事业本身造成危害，而且会通过价值导向的方式，最终将社会主义引向资本主义的轨道。国际帝国主义在和平演变的战略中，为什么要使用以个人主义价值观为核心的意识形态这一武器，这是值得我们每一位同志深刻反省的。

当然，这并不是说，在伦理学界，凡是主张、提倡和赞扬个人主义的人，就一定是反对社会主义、拥护资本主义的。一些同志之所以主张、提倡和赞扬个人主义，还可能出于一些复杂的原因。但是，无论怎样，从整个社会背景和社会思潮的流向来看，集体主义与个人主义之争，本质上确实反映着社会主义与资本主义之争。这个大原则应当为我们每一位坚持社会主义立场的同志所理解。如果我们在这个问题上混淆界限、放弃原则，我们就会迷失方向。

有些同志之所以认为个人主义有一定的积极意义，大概是出于对个人正当利益的考虑，觉得个人主义以个人为中心，有利于实现个人正当利益，甚至可以“弥补”集体主义的“不足”。

我们也应当对这个问题进行深入的思考。集体利益与个人利益是辩证统一的。在集体利益高于个人利益的原则下，重视个人的正当利益，维护个人的尊严、价值和权利，促进个人的进步和发展，本来就是社会主义集体主义的应有之义。因此，个人正当利益必须引起我们的高度重视，这是问题的一个方面。问题的另一个方面是，我们绝不可能靠为个人主义“正名”来实现个人正当利益。我们之所以反对个人主义，除了上面提到的价值导向原因之外，还有个人主义同利己主义相互认同的问题。在我们国家，个人主义与利己主义的相互认同已不是理论上可不可能的问题，而是在实践上已造成了极大危害的问题。这几年的道德滑坡，这几年的严重的腐败堕落现象，这几年的人与人之间、人与社会之间所弥漫着的那股铜臭味，难道同个人主义和利己主义之间的相互认同没有关系吗？

因此，如果为个人主义“正名”，不但难于解决已趋于紧张的个人利益与社会集体利益的矛盾，而且可能进一步加剧这种矛盾。倘若我们这个社会陷入一种“人对人是狼”、“一切人反对一切人的战争”的泥潭中，倘若人们都是争名于朝、争利于市，只顾一己私利，那么中国还有什么希望可言？中国的社会主义及其现代化事业还有什么希望可言？

二、关于道德的本质

现在人们在道德本质的题目下争论得最多的，就是道德的规范性、约束性与主体性之间的关系问题。这里必须首先解决一个出发点问题。

这个出发点是什么？这就是历史唯物主义的基本观点：社会意识形态的本质是一种物质的社会关系，而不是人的主观的天生的理性、人性或人的本能、欲望的冲动。我们讲了这么多年的马克思主义伦理学，最根本的出发点就是要求从社会关系中去寻找道德的本质，即寻找道德起源的根据，寻找道德的发展及其规律性的根据，寻找道德的功能及其起作用的根据，等等。离开历史唯物主义的这个基本前提，就不是在讲马克思主义伦理学。

在道德的规范性、约束性与主体性的关系问题上，如果是从道德的本质上来立论的话，就必须首先回答：究竟是从什么前提上来理解道德的本质的？若是从历史唯物主义的角度，是从社会关系，是从经济关系、利益关系的角度出发，那么道德的本质当然会表现出一种规范性与约束性，而不在于什么抽象的个人的主体性，尤其不在于将这种个人的主体性定义为一种个人的需要、欲望和冲动。

这里讲的道德的规范性和约束性，绝不是什么对个人欲望的“消极防范”，更不是封建禁欲主义，而是一定的社会物质关系对生活在一定社会中的人们的一种客观必然性制约，是一定的社会整体利益即人们的共同利益对个人利益、个人欲望的一种客观要求和价值导向。因此，讲道德本质的规范性、约束性，绝不是把道德描绘成面目狰狞、扼杀人的个性的怪物，而是强调道德的最基本的社会功能：调节人与人之间、人与社会之间的相互利益关系，这种调节是通过自我约束、自我控制的方式来实现的。人们的这种自我约束与自我控制能力的获得，并不是靠本能遗传，而恰恰是个人对社会约束与社会控制的认同。道德价值的最终根据不是在个人的本能中，而是在社会的物质关系中。

那么，道德的主体性的概念是不是可以接受呢？我认为，可以接受的只能是经过分辨的、具体的道德的主体性概念，而不是笼统的、抽象的道德的主体性概念。

首先一个问题是，道德的主体并不只是个人，尤其不是那种脱离社会关系的、纯抽象的、孤独的个人。个人道德主体只是道德主体的一种表现形式。群体、集体、阶级、民族、国家以至全社会，都可以被称为道德的主体。因此，所谓弘扬道德的主体性，绝不仅仅意味着弘扬个人的道德主体性，更不只是为个人利益呐喊。在马克思主义者看来，弘扬道德的主体性，更重要的是弘扬集体、社会的道德主体性。这里涉及集体主义还是个人主义的问题，因而在这里产生的分歧与争论可能预示着最基本的伦理道德观的分野。

其次一个问题是，什么是道德的主体性？我所理解的道德的主体性，就是诸道德主体在道德实践活动中的主动性，从一定意义上也可以说，道德的主体性就是道德活动的主体所具有的完善自身、完善他人和完善社会的能动性。对于个人来说，道德的主体性的一个重要内容就是加强个人的道德修养，提高个人的道德觉悟境界。因此，归根到底，道德的主体性，就是道德主体在信仰服膺某一道德的前提下，高度自觉地按照这一道德要求去行动，高度自觉地接受这一道德的约束，从而成为一个具有真正德行的人，成为一个具有高尚道德的集体和社会。在这里，道德主体的能动性、主动性，不是去破坏这一道德，而恰恰是去服从这一道德、建设这一道德。

从这个意义上说，在同一个道德系统中，道德的主体性与道德的规范性、约束性，非但不是截然对立的，而且是相辅相成的。换言之，道德的规范性与约束性从道德主体之外表明了道德的性质，即表明了道德对人或人格化的主体的德性要求；而道德的主体性则从道德主体之内表明了人或人格化的主体对社会道德的内化和认同，将社会道德外在的德性要求、外在的规范与约束转化为内在的德性要求，转化为内在的规范与约束，归根到底，是将道德义务转化为道德良心，将道德他律转化为道德自律。

道德的主体性与道德的规范性、约束性有没有发生矛盾的情况呢？当然是有的，而且还可能很尖锐。但这主要不是发生在同一道德体系内部，而主要是发生在不同的甚至激烈对立的道德体系之间。例如，集体主义道德体系与个人主义道德体系，它们的规范性、约束性和主体性往往就是针锋相对的。

三、关于传统道德文化

反对封建主义，尤其是反对封建主义中那些道德糟粕，这当然是不成问题的。

但是，在道德领域真正地反封建主义，并不是简单地全盘否定过去的道德历史。有些人觉得过去的道德历史中似乎只有“三纲五常”，只有“存天理，灭人欲”，而没有什么值得称道的东西。这至少是一种缺乏起码的历史知识的表现。在中国悠久的文明史中，传统美德是举不胜举的。例如，我们民族历来强调的那种刚健有为、自强不息，为他人献身、为民族献身的“富贵不能淫，贫贱不能移，威武不能屈”的浩然正气，那种“先天下之忧而忧，后天下之乐而乐”的先人后己精神，那种“国家兴亡，匹夫有责”的以天下利益为重的整体主义精神，那种“杀身成仁，舍生取义”的为正义而不惜一切的高风亮节，那种“横眉冷对千夫指，俯首甘为孺子牛”的爱憎分明精神，那种勤劳俭朴、自力更生、诚实守信的求实精神，等等，都是极为宝贵的优秀道德遗产。

究竟要不要继承优秀的传统道德文化？究竟该不该对传统道德文化持虚无主义的态度、走全盘西化的道路？我们必须站在中国社会主义现代化事业前途的高度来审视这些问题。

中国作为一个第三世界国家，在自己的发展过程中，理当借鉴其他第三世界国家在发展过程中的文化方面的经验和教训。世界上许多第三世界国家，尤其是拉美和非洲的第三世界国家，在过去很长时间内，基本上是照搬西方的模式，以为靠彻底否定自己的传统，彻底照搬西方的模式，国家的现代化就指日可待了。然而，这些国家多年的经历表明，这种做法非但没有使这些国家的发展出现奇迹，而且使这些国家在同西方发达国家进一步拉大差距的过程中，饱受了不停的内乱、严重的腐败和贫困的折磨。迄今为止，尚没有一个第三世界国家，以这种民族虚无主义和全盘西化为代价而获得了所谓西方模式的现代化，甚至在这些国家中尚未出现这种现代化的希望曙光。正是由于这种极为惨痛的教训，现在越来越多的第三世界国家已渐渐悟出这样一条道理：现代化不等于西方化。

说到底，民族虚无主义和全盘西化论之所以对第三世界国家是一个巨大灾难，就在于其既彻底打掉了一个独立民族国家的自尊心和自强心，也破坏了这些民族国家内部的向心力和凝聚力，从而使这些民族国家丧失了其固有的优势。特别是对我们这个既是文明古国又是社会主义的国家来说，要建设一个消灭剥削压迫的、实现全体人民共同富裕的社会，就更必须坚决摈弃民族虚无主义和全盘西化的主张。

正是基于这样的认识，我们实现中国式的社会主义现代化，唯一的选择就是立足于我们的国情，包括我们的优秀传统道德文化。中国的诸多问题与麻烦，终究不能靠咒骂我们自己的祖先及其文化遗产来解决。如果我们自己在自己的国家中煽起失望乃至绝望的情绪，让这股情绪去毁灭我们的自尊心和自强心，甚至以此去乞灵于某种西方模式，那么中国的社会主义现代化事业就真正毫无希望了。其所谓“哀莫大于心死”，哀莫大于一个民族的自信心的泯灭。相反，只有弘扬民族的优秀道德传统，并赋予它以适应时代精神的社会主义内容，才能更好地形成强大的向心力和凝聚力，才能不断焕发广大群众建设“四化”的积极性。

社会主义道德问题*

社会主义道德问题，是社会主义理论中的一个重要问题。这里，我想根据《关于社会主义若干问题的学习纲要》（以下简称《纲要》），谈谈我个人的一些看法。

一、关于坚持社会主义精神文明观念过程中加强思想道德、价值建设教育的重要意义问题

《纲要》中有一段话，谈到了资产阶级自由化思潮泛滥，资产阶级思想、道德、价值观念充斥思想文化阵地，甚至已经绝迹多年的社会丑恶现象也沉渣泛起，社会主义精神文明受到严重冲击，不少群众特别是青少年受到影响和毒害。这是 1989 年发生政治风波的重要思想原因，教训十分深刻。

回顾 1989 年春夏之交的那场政治风波，有一个问题值得我们反思。一般来说，青年学生参加学潮、反对腐败，绝大多数是从爱祖国、拥护社会主义这个前提出发的。但是到后来，确实有不少学生卷进了政治风波，有些学生还陷得很深。究其原因，除了他们的马列主义基础不牢，政治思想修养不够，对社会主义没有坚定的信念，对于一些腐败现象的

---

* 本文原收入《学习社会主义理论，坚定社会主义信念》，西安，陕西人民出版社，1991。

根源认识不清之外，他们主要是受了资产阶级价值观念的影响。这种影响主要有两个方面：一个是资产阶级的政治观念、资产阶级的民主观念和自由观念，极端的民主化、极端的个人自由；另外一个就是资产阶级的伦理、价值观念，就是以个人为中心，从个人出发，为满足个人欲望，只图个人成名成家的那种思想。如果我们深入分析，就可以看到，最近十年来，许多青年受到这种思想的影响和侵蚀，比较多地表现在一切从个人出发去追求个人的自由、幸福，把个人利益放在集体的、国家的和民族的利益之上。看起来，这好像只是一个伦理道德观念上的问题，是实行个人主义还是集体主义的问题，但实质上，信奉个人主义和信奉集体主义并不仅仅是一个伦理道德问题，而且还是和要不要走社会主义道路密切相联系的。

伦理、道德的价值观念是一个深层次的问题，一个人有时并不一定意识到自己是受了资产阶级价值观念的影响，但是他的一切行动却都是环绕着自己的。一个人如果受了资产阶级个人主义的毒害，就必然会自觉不自觉地倾向资本主义，背离社会主义道路。1989 年，我接受了教委的一个任务，到国外去看望我们的留学生。先后到了法国、英国、西德、美国，我在和一些留学生的交谈中，深刻地体会到：一旦这种个人主义思想腐蚀了一个人之后，他就必然倾向资本主义。这个道理很简单，但我们往往体会不到。在美国堪萨斯州，我和我国 26 个学医的学生进行了座谈，讨论中国为什么要坚持社会主义。有一个学生对我讲：他来美国一年多，才知道什么是社会主义，什么是资本主义。我原以为这个学生可能在国外时间久了，真正对社会主义有感情了才会这样说，谁知他接着说：社会主义就是让大家吃个半饱。这当然是对社会主义的歪曲，但更重要的是他下面的几句话，他说：资本主义就是有人吃得饱、有人吃得好、有人饿死，那是凭个人本领去竞争，饿死的活该，吃得饱、吃得好那是自己的本事。后来我慢慢琢磨出一个道理，就是如果一个人相信了个人主义这个道理，就是人剥削人他也能够接受。只要我自己吃得饱、吃得好，有人饿死，那是他没有本事。这次我看到《纲要》中有一段话讲得很好，这段是这样的："思想道德的建设具有鲜明的阶级性，它规定了整个精神文明建设的性质和方向。"忽视精神文明建设，忽视精神文明建设的社会主义性质，社会主义精神文明的建设就没有正确的方向，甚至有使已经取得的社会主义建设的成就付之东流的危险。那种忽视政治思想道德建设的观点，以及认为改革开放和发展有计划的商品经济必须以放弃社会主义的意识形态和降低道德水平为代价的观点，只会为资产阶级自由化思潮的泛滥打开大门，在理论上和实践上都是十分错误和有害的。

思想道德建设可以规定整个精神文明建设的性质和方向，这是从十年改革开放的经验教训以及 1989 年的那场政治风波中得出的认识。当今世界，任何国家的现代化都不可能只是一种经济上的现代化；任何国家的现代化都要伴随对一定的伦理道德、价值目标的追求；从事一定的现代化建设的政府和人民，都必然会有一个伴随着经济现代化所需达到的最终的理想和目的，换言之，任何国家经济上的现代化都不过是实现一定的伦理、道德、思想、价值目标的一种手段。不可能有单纯经济上的现代化，不是社会主义的现代化就必然是资本主义的现代化。

二、关于这几年在伦理、道德、价值观念上个人主义与集体主义观念的争论问题

从 1980 年以来，资产阶级自由化思潮在思想道德、价值观念上对马克思主义和社会主义的主要冲击，就是用个人主义、个人第一、自我中心来否认、诬蔑和诋毁社会主义的集体主义原则。而个人主义和集体主义这两个根本对立的伦理道德原则的争论与分歧，实际上是一个要不要走社会主义道路的争论与分歧。

我们现在经常讲和平演变与反和平演变、渗透与反渗透这个斗争。从目前来看，帝国主义和国际反动势力要想用武力来征服中国，可能性当然是很小的。现在我们说的和平演变与反和平演变的斗争主要表现在何处？我看主要表现在价值观念上的斗争。这就是，到底是用资产阶级的“民主”、“自由”、个人主义来影响我们的青年，还是要继续坚持无产阶级的民主，坚持社会主义的集体主义？所以，我们说，和平演变与反和平演变斗争的焦点就是价值观念的斗争。1989 年政治风波之后，美国和其他国际反动势力要制裁中国，要把我国的留学生都滞留在美国。当时有个别留学生给美国总统布什和国会写信，要求美国把中国留学生留下来，其中提出两点“理由”：第一，美国如果把留学生留下

来，对美国的繁荣将是有利的；第二，中国留学生将来有一天回到中国，可以把美国的价值观念带回去，这也符合美国的长远利益。美国人确实相信了，把大量中国留学生滞留在美国，使他们接受西方的价值观念，这是符合美国利益的，同时也正符合了和平演变战略的主要目的。所以，我们看一看最近几年国际国内的情况，看一看国际反动势力花了这么大气力想在中国影响广大人民群众特别是青年，就是要他们接受西方的价值观念，特别是接受这种以个人为中心的个人主义的价值观念。国内的自由化分子，还有一些受到自由化思潮严重影响的人，主要也是靠散布个人中心这样的思想来影响我国人民和广大青年。因此，资产阶级的思想道德和价值观念对我们的影响是 1989 年发生政治风波的重要原因。

这里，我想突出讲两个问题：一个是怎样看待个人主义，一个是怎样看待集体主义。先讲怎样看待个人主义。

很多好心的同志也许认为，我们过去强调的集体主义对于个人的正当利益重视得不够，因而是否需要用个人主义代替集体主义？

还是让我们先来看看这几年我国的现实。我觉得十年来，我们在伦理、道德、思想、价值观上所受到的最大冲击，就是个人主义思想不断发展、泛滥。大家也许还记得，1980 年 5 月号《中国青年》杂志曾经开展过一次潘晓问题的讨论。这个讨论前后持续了约一年的时间。这次讨论，虽然有一些正确的意见，但应该说也有不少错误的思想，特别是宣扬人都是自私的，人都是利己者，这就为个人主义思想在中国的泛滥开了先河。在这次讨论中，有人提出：任何一个人都逃不脱作为人的本能的规律性，即人都是自私的，不可能有什么忘我高尚的人。在利害攸关的时刻，谁都是按照人的本能来抉择的，没有一个人真正虔诚地服从那平日挂在口头上的崇高的道德和信念。这个观点把自私、为己认为是人们思维意识存在的最原始的动机，认为自私是人的本质。同时，在这次讨论中，有些人还宣扬了很多 17、18 世纪法国、德国的所谓利己主义和合理利己主义的思想。四年以后，有一位同志写了一篇文章，这篇文章总结了 1980 年潘晓问题的讨论，认为这次讨论的最大“成果”就是人们用热血和勇气的利刃，把陈腐灰暗的传统观念和意识形态的帷幕刺破了一个大窟窿，也就是说用个人主义和人都是利己的这样一个“利器”，把传统的为人民服务、集体主义的思想捅了一个大窟窿。实际情况表明，1980 年的这次讨论开了资产阶级价值观念在中国泛滥的先河，对我国青年的影响应该说是很大的。

1980 年以后，围绕毛泽东和毛泽东思想的历史评价，一些人首先对社会主义和共产主义的集体主义原则发难，认为全心全意为人民服务，“一不怕苦、二不怕死”，大公无私，“毫不利己、专门利人”等，都应当被作为“左”的精神加以批判；他们讽刺雷锋精神是一种奴隶主义、工具主义、没有“主体性”，认为这些都是不切实际的和超前的，等等。我们可以看到，这些人的相互配合也相当巧妙。一方面，他们宣扬人的本性是自私的，人都是利己的；另一方面，他们又把我们长期以来坚持的大公无私、全心全意为人民服务说成是“左”的东西，都是假话、大话、空话。

1983 年以后，中国开始兴起了一股西方文化思潮热。什么萨特热、叔本华热、尼采热、弗洛伊德热、弗洛姆热，等等。这些所谓西方文化的接连不断的热潮，其核心就是以个人为中心、以自我为中心的个人主义，否认、诋毁集体主义和为人民服务的思想。如果说潘晓问题的讨论只是开始把我们的集体主义观念捅了一个“大窟窿”，那么紧跟而来的西方文化热就把这个窟窿捅得越来越大了。不管是萨特还是尼采，不管这些热点有什么形式上的变化，但万变不离其宗，所强调的归根到底就是一个自我。以萨特为例，我给萨特思想总结了四个自我。首先是自我设计，其次是自我选择，然后是自我奋斗，最后是自我实现。把自我的价值看成高于集体、高于国家、高于一切的东西。萨特的思想之所以叫存在主义，他自己有一段著名的话，他说：“人，不外是由自己造成的东西，这就是存在主义的第一原因。”萨特特别强调人在社会中，一切都必须以自我为中心，人应该自觉地实现自己的本质。萨特还有一句著名的话就是：英雄是他自己使他成为英雄的，懦夫是他自己使他成为懦夫的。至于尼采热、弗洛伊德热、弗洛姆热等一个接一个的热潮，实际内容都是强调自我、个人中心、个人意志。因此，我们说，这几年广大青年受到西方文化思潮影响的核心就是个人主义。这就恰恰适应了西方要实施和平演变战略，就必须进行价值观念方面的影响的要求。这实际上也可以说是国际反动势力进行和平演变和国内自由化思潮想要复辟资本主义的密切结合。他们就是通过这些热潮，用个人中心来冲击集体主义原则。

1983 年、1984 年以后，在我国社会中逐渐出现了一种“一切向钱看”的思想，生活的目的不是为人民服务、为祖国做贡献，而是追求金钱，我们的理论家甚至还为这种思想做论证，这对我们青年一代也产生了很不好的影响。

1986 年以后，我国出现了强调个人本位、反对社会本位的思潮。有些人竭力宣扬，中国伦理发展的“大趋势”是要从社会本位转变到个人本位，认为过去强调社会本位，把社会利益看得高于一切，是抹杀限制了人们的积极性。为了适应改革开放的新形势，就要用个人本位代替社会本位，要用自我代替集体，要用个人来代替社会。还有人以“第四代人”自诩，认为第一代人是革命的一代，是在特殊环境下形成的，他们主要的特点就是要革命；第二代人是服从的一代，他们只知道跟着第一代人的意志走；第三代人是怀疑和否定的一代，他们对集体主义、共产主义，对革命利益、大公无私，都提出了怀疑，但是他们还不能摆脱传统的束缚；只有第四代人才是最有希望的一代，这一代人的最大特点就是他们是自我意识极为强烈的一代。他们既没有第二代人那种盲目服从的特点，又不像第三代人那样只是怀疑，他们勇于大胆地接受西方思想，高举自我意识的旗帜。这里面所讲的第四代人，我们说就是受到西方思想影响之后所出现的所谓的第四代人。今天看来，如果我们听任西方价值观念的影响，把我们的第四代人真正转变成如前所述的那种人的话，那么西方国家的和平演变的目的也就能够达到了。

正是在这种所谓“人都是自私的”，“人都是以自我为中心的”思潮的冲击下，我们赫然看到，1986 年以后，国内有一部分人公开站出来要为个人主义“正名”。有人认为，大公无私不是共产主义的口号，而是奴隶主强迫奴隶无条件地服从和奉献的口号，因此，社会主义社会不能提倡无私和奉献。著名美籍华人李远哲教授，当时就对这种观点提出批评，并对国内竟然登出这样的文章感到遗憾，他不能理解为什么社会主义中国能够登出这样的把无私当做奴隶主的口号来反对的文章。李远哲认为，不管怎么说，我们还是应该提倡一种大公无私的精神，提倡一种对社会的责任感。因为每一个人尽管有私心，但这种私心终究是可以被克服的，绝不能公开地宣扬利己主义。后来又有人公开提出要为个人主义正名，认为：为个人主义正名是观念更新的要求，对个人主义怎样认识是属于一个观念更新的问题，社会是由无数个活生生的有血有肉的个人组成的，怎么能反对个人主义呢？如果都讲大公无私、完全忘我，那岂不成佛教徒了吗？因此，个人主义是观念更新中必然出现的正常现象，在改革时期，必然需要更新的观念与之配套。

总结我国改革开放十年的历史，我们的失误主要是在思想教育方面，即我们没能用正确的思想和价值观念去教育人民群众，特别是教育青年，再加上一些错误思想的泛滥，我国一部分青年的价值观念就变得更加混乱了。所以，我认为，个人主义与集体主义的争论，其实质是资本主义与社会主义的争论，这不单纯是一个学术理论问题，也不单纯是一个价值观念的分歧，而是同我国当前的政治密切关联的，是社会主义道路与资本主义道路根本分歧的一个重要组成部分。所以，《关于社会主义若干问题的学习纲要》反复强调了伦理道德、价值观念的重要意义，强调了思想道德建设具有鲜明的阶级性，认为它规定了精神文明建设的性质和方向，我觉得这一结论是非常好的。

下面我想谈一点知识性的东西，就是我们到底怎么样来正确认识和分析个人主义。一些好心的同志感到，前几年我们在强调集体主义时，往往没有能够重视个人的正当利益，而现在个人主义又被宣传为重视个人的价值、个人的尊严、个人才能的发挥。因此，我觉得有必要对个人主义进行剖析，使人们对个人主义有一个正确的认识。有一位同志曾对我说："你写的教科书里，反对利己主义是可以的，但不要反对个人主义。利己主义不好，个人主义跟利己主义不一样。利己主义是强调自私自利，个人主义是强调人的价值、人的尊严、人的自由，所以你不能反对个人主义。"这就需要看看，个人主义跟利己主义到底有什么不同，有什么相同？个人主义的本质到底是什么？

我想应当这样理解：个人主义最初是一个西方的概念，这种概念有广义的和狭义的两种理解。广义的个人主义主要指文艺复兴以来，伴随着资本主义生产关系的发展而出现的一种思想理论体系，或者说是一种价值观念。这种思想大约起源于 14 世纪的人文主义思想家，后经哲学家们反复补充、发展而形成。文艺复兴时期，随着资本主义生产关系的发展，迫切需要一种反对封建束缚、反对神学和教会统治的思想，就是要强调个人的自由、个人的解放、个人的价值。这是因为，一方面资本主义生产关系的发展需要从封建主义的束缚中摆脱出来，需要反对封建主义的统治和压迫，所以强调个人价值、个人尊严、个人自由和个人幸福，甚至包括个人感性的欲望和快乐的满足，以后又逐渐地增加强调个人的尊严和价值。但是，不管怎么说，个人主义是随着资本主义生产关系的不断发展而发展的。这里有一个问题值得注意，就是个人主义尽管从文艺复兴以后已经发展了很长时间，但是“个人主义”这个概念却出现得很晚，它是在 19 世纪 40 年代，或者说得确切一些，是到 1846 年才出现的。在这以前，西方只有个人自由、个人尊严、个人幸福、个人价值，没有“个人主义”这个词。一直到了 1846 年，一个叫托克维尔的法国思想家，在考察了美国民主以后，写了一本书叫《论美国的民主》，才第一次提到了“个人主义”这个概念。从此以后，西方才有了“个人主义”这个词。因此，我们说，个人主义从广义的思想上说是从 14 世纪开始，而 1846 年以后出现的以个人主义这一特定的概念为标志的价值观念，我们说是狭义的个人主义。

托克维尔给个人主义所下的定义主要强调了三个方面的内容：第一，个人主义作为一种政治思想，强调个人的民主和自由，反对国家对个人进行过分的干涉；第二，个人主义作为一种经济思想，主要是要维护私有财产制度，它以维护私有财产制度作为它的经济理想和要求，认为个人的财产是神圣不可侵犯的；第三，个人主义作为一种价值观念，认为人是目的，个人就是最高的东西，个人是最高的价值。从这里我们看到，个人主义确实和资本主义的私有制相联系，和资本主义的政治经济关系、和资本主义的伦理道德有密不可分的血肉联系。

托克维尔在谈到个人主义和利己主义的关系时强调，利己主义是祖先早就有的东西，从古希腊开始，我们就知道利己主义，而个人主义则是后来伴随着资本主义生产关系的产生和发展而出现的东西，因此，二者是不同的。但他同时又认为，个人主义是一种温和的利己主义，个人主义发展下去，归根到底，要走向利己主义，从这个意义上讲，二者又是相同的。

从他的这个解释里，我们也可以看出，个人主义思想同集体主义思想的矛盾并不只是伦理道德、价值观念上的矛盾，而是同社会主义道路和资本主义道路的分歧联系在一起的。

自从托克维尔提出个人主义以后，尽管个人主义强调的是个人尊严、个人价值和个人自由，但是托克维尔回避了一个最根本的问题，即个人主义是一切从个人出发，一切以个人为中心的。我们应该给个人主义下这样一个定义，就是：所谓个人主义，就是一切以个人为中心，一切从个人出发，为了满足个人的欲望、目的、需要的一种理论体系。我们说个人主义最本质的东西就是它的一切从个人出发，一切以个人为中心。个人主义是为了达到个人的目的所需要的理论体系，是在资本主义生产关系中产生的，是同资本主义的政治、经济和伦理价值观念密切相联系的，是同社会主义根本对立的。西方有许多人把个人主义和资本主义作为同一词来使用。例如，一个叫哈耶克的奥地利经济学家编了一本书，叫《个人主义与经济秩序》，这本书反复讲到个人主义与资本主义经济秩序是密切相联系的，个人主义就是资本主义思想的一种主要体现。

个人主义发展到 19 世纪以后，特别是 1846 年当托克维尔总结出个人主义思想、创造出“个人主义”这个词以后，个人主义就从鼎盛走向了衰落。托克维尔在总结个人主义时，就已经预见到个人主义虽然在资本主义发展过程中起了很大的作用，但如果继续发展下去，很可能给西方人与人之间的关系带来一种疏远化的结果。

20 世纪初，西方人对个人主义的指责越来越多。实用主义思想家杜威认为，旧的个人主义的名声不好，要用新的个人主义代替它，即把旧的个人主义加以新的解释，变成新的个人主义。他认为，在强调发展个人的同时要注意联合的作用，企业、公司、人都需要联合来增强凝聚力。

在杜威以后，又有一个叫亨利·斯图尔特的思想家专门写了一本书叫《人的价值》，其中提出了高级的个人主义和低级的个人主义的思想。他认为低级的个人主义就是见到什么利益都想要，这是一种庸俗的、低级的、近视的个人主义；而高级的个人主义则是人们为了自己的荣誉、声望，为了自己以后的发展能够牺牲眼前的利益，以便得到更大的好处。他在整本书中宣扬的就是用高级的个人主义来代替低级的个人主义。

最近几年，美国的几位思想家又合写了一本书，他们把个人主义看成是可能成为美国社会癌症的东西，希望能够有一种新的思想和价值观来取代个人主义。

可是，西方资本主义国家到现在也没有找到这种思想和价值观。相反，在东方的日本、新加坡却出现了企业集团主义倾向。以日本为例，日本始终没有完全接受个人主义，而是既强调个人的东西又强调企业集团精神。日本的企业集中一点就是想克服西方个人主义对它的影响，想用企业集团精神来代替在西方已经有几百年历史的个人主义思想。去年，我到日本参加一个有关人类未来发展的理论讨论会，与会的美国、英国等西方国家学者都认为日本的企业集团精神比西方的个人主义好，他们也看到当前个人主义在西方的进步性越来越少。现代西方人对个人主义主要持两种态度，一种是从积极意义上来理解个人主义，他们认为个人主义强调人的尊严、人的价值，认为高级的、新的个人主义是好的；另外一些人是从个人主义的消极方面来看问题，这主要指低级个人主义，他们对这种个人主义是持批评态度的。

我们应当看到，西方反动势力希望我们和平演变，在价值观方面，当然主要是依靠个人主义的思想武器。西方反动势力把个人主义的价值观念输入到中国，是要让中国接受这种价值观念，并以此来演变中国。

把西方的个人主义观点移植到中国来，到底起了一种什么作用，我们可以分析。同时，对西方的个人主义我们也应当作一个客观的历史的评价。西方的个人主义在14—17世纪，应该说对西方资本主义生产关系的发展起了一个很重要的思想支柱作用，在历史上它也曾经发挥过很重要的进步作用，这是应该肯定的。甚至在今天的西方世界，个人主义也不完全是消极的，所以它在西方仍有一定的市场。它强调个人奋斗，强调实现个人的价值，反对政府对个人的过分干涉，在一定情况下，在西方也还能发挥一定的进步作用。但是，个人主义与我国的社会主义制度则是格格不入的。最近几年来，国内一些人所提倡的个人主义，不但没有吸收西方个人主义的所谓个人价值、个人尊严，相反，却把个人主义的最消极、最腐朽、最低级、最庸俗的东西接收了过来。这种个人主义就是满足私人的欲望，满足个人的利益，这种个人主义逐渐成为自私自利、投机倒把、贪污盗窃行为的理论基石。这几年在我国所出现的“人都是自私的”、“主观为自己，客观为别人”的思想，完完全全是消极的个人主义。而我们国家舆论上对个人主义的认同，就是认同了个人主义的腐朽、消极的方面。一个著名的英国历史学家讲过一句很深刻的话，他说：不同国家的价值观念不能随便不分社会制度、不分国家地移植到另外一个国家去，正像吃东西一样，对这个人来讲可能是美味佳肴的东西，对另一个人则可能是毒药。

现在来谈谈什么是集体主义？怎样理解集体主义？如何坚持集体

主义？

这几年反对集体主义、反对社会本位的思想也很多。《纲要》中有相当长的一段话讲到个人主义和集体主义。我认为，集体主义思想是同社会主义紧密联系的，是社会主义运动本身的一个产物。集体主义并不是一种简单的整体主义观念，我们不能够也不应该把奴隶主义的整体主义、封建主义的整体主义称为集体主义。我们强调集体主义就是强调社会本位，讨论问题要从社会、国家出发。

我注意到，前几年在我国公开反对集体主义的观点较少，但公开反对社会本位、反对整体主义思想的观点较多。其中一个很重要的原因是，他们把奴隶社会、封建社会的整体主义和我们今天讲的集体主义混为一谈。在这里，我们需要划分一个明确的界限，以往一切阶级的整体主义都是与我们所说的集体主义截然相反的概念。前几年有一股反对中国传统文化的风气，其主要表现就是反对中国传统伦理道德。而否定中国传统伦理道德的核心，就是要否定中国传统伦理道德中的整体主义。进一步说，否定中国传统伦理道德中的整体主义，其目的不在于反对封建的整体主义，而在于反对他们所说的现在的整体主义，即我们社会主义中的集体主义。大家都知道，金观涛曾经写过一篇文章，说马克思主义的中国化就是马克思主义的封建化；毛泽东思想同儒家思想是同构对应关系，意即构造相同，观点相对应。所以，我们说，他们反对封建整体主义就是要反对我们现在的集体主义，打古人是为了打今人。

反对封建的整体主义，说封建整体主义是为专制制度服务的，是束缚压抑人的个性的，一般情况下，我觉得这样讲还是对的。封建阶级的整体主义是为封建专制制度服务的，它强调封建国家的利益。我们应当承认，对中国传统伦理道德的封建整体主义思想必须进行分析和批判，但我们还应看到，封建的整体主义思想在国家、民族遇到困难的时候，对增强中华民族的凝聚力，对维护民族团结也确实起了一定的重要作用。所以说，我们对封建的整体主义思想也要客观地分析，要抛弃其糟粕，继承和发扬其合理的内容。

如果我们对现在提倡的爱国主义、集体主义、社会主义和为人民服务的思想加以解释，那么爱国主义的核心是集体主义，只有有了集体主义的观念，只有有了中华民族、国家利益的观念，才能谈得上爱国；社会主义同集体主义本身是密切相联系的，集体主义是社会主义运动的产物；全心全意为人民服务的精神更是从集体主义这个理论基石出发的，所以集体主义思想是特别重要的思想。一些别有用心的人反对封建整体主义，宣扬民族虚无主义，否认中华民族的传统，主要是要反对集体主义。他们扬言，不仅要反对中国老的传统，而且要反对新的传统。他们所说的老的传统是指封建整体主义，而新的传统是指他们所说的从延安以来形成的军事集体主义，他们认为这种新的传统是新整体主义，仍然是为专制制度服务的，依然是对个人个性的束缚。他们还认为，新老传统都已经被反掉了，中国现在出现了一种“道德无序状态”，这样就需要进行道德“重建”，进行道德“转轨”，要把社会主义道德转到资本主义道德轨道上去，要把社会本位转到个人本位上去。这就是近几年来个人主义和集体主义两种价值观念斗争的实质。

应当怎样理解集体主义呢？集体主义是社会主义的产物，是与社会主义的理想社会相联系的。社会主义的集体主义是在社会主义运动中不断发展和完善的。我们应该给集体主义下这样的定义：集体主义不是一般的整体主义，而是一种新型的、在公有制基础上建立起来的、能代表集体成员真实利益的那种真正的集体所奉行的价值原则。它本身是社会主义运动的直接产物，与社会主义血肉相连。从经济制度和经济思想来说，集体主义是维护社会公有制的；从政治思想来说，集体主义是强调由人民大众来决定国家和集体的命运的，是要实行民主集中制的，它同资产阶级的所谓个人绝对自由是对立的；从价值观来说，集体主义正确地理解个人和集体的辩证关系，既强调集体利益要高于个人利益，又强调集体要尽量使个人发挥才能，保障个人的正当利益的实现。

应当承认，我们对集体主义的正确理解也是有一个过程的。一方面，要看到从井冈山到延安，一直到新中国成立以来，随着我国新民主主义革命和社会主义革命的发展，我们是一以贯之地宣传和坚持集体主义的，这在总体上毫无疑问是正确的，是符合社会主义的要求的；另一方面，我们也应当看到，在不同的历史时期，我们对集体主义的理解、宣传和执行中又带有不同的特点。比如，在长期革命战争时期，我们比较多地强调个人利益要绝对服从整体利益。而在国家受“左”的思想干扰时，我们对集体主义的解释和理解往往忽视了个人正当利益的实现。在某些时期，我们没有随着时代的发展来增加、补充和丰富我们对集体主义的理解。因此，现在我们有必要进一步对集体主义作科学、辩证的解释。

在今天的形势下，我们分析批判个人主义，使我国的一部分人从对个人主义的错误认识中转变过来，这个工作相对来讲还比较好做。但怎样才能进一步使广大群众，特别是青年真正相信并实行集体主义，把集体主义作为指导他们言论、思想和行动的价值观念，则确实是一个艰巨的任务。这一工作能否很好地完成，一方面决定于我们党和政府的领导人能否以身作则，大公无私，做出榜样，使群众真正相信集体主义确实是指导我国政治生活以及伦理道德的重要原则；另一方面，还有一个对集体主义本身的科学辩证的理解问题。

我觉得科学地、辩证地理解集体主义，主要应强调三个方面的内容。

第一，社会主义的集体主义由于从公有制的经济基础出发，因而必须强调集体利益高于个人利益。这一点在《纲要》中讲得很明确。《纲要》明确指出：集体利益与个人利益是辩证的统一。这个辩证的统一有两个要点：第一个要点是集体利益与个人利益相结合，这是《纲要》中非常重要的内容；第二个要点就是集体利益高于个人利益，这是我们强调集体主义的一个重要支柱，即强调个人对社会、对国家、对集体的义务感和责任心，要把社会、国家、集体的利益作为我们考虑一切问题的出发点。

第二，集体尽量地重视个人的正当利益，维护个人的尊严、价值和权利，这也是《纲要》中加以强调的。《纲要》指出：我们光有集体利益高于个人利益还不行，在这个原则下，我们还要注意到，集体要重视个人的正当利益，维护个人的尊严、价值和权利，这对于激发人们为现代化事业献身的开拓创新精神起到了积极的作用。一些搞资产阶级自由化的人说我们的集体主义是束缚个性、抹杀个性的，说我们生来就有一种“恐个人症”等。实际上，我们反复强调，集体主义绝不是限制、压制、束缚个人的东西，在集体利益高于个人利益的前提下，集体主义要尽最大的力量保障个人正当利益的实现，使个人的才能和个性得到最好的发挥，使个人的价值得到最好的实现。因此，个人价值、个人尊严、个人权利，绝不仅仅是资产阶级个人主义所专有的东西，它更不是同社会主义集体主义相矛盾的，相反，我们说个人价值、个人尊严、个人权利和个人的正当利益，正是社会主义集体主义的题中应有之义。《纲要》

中有一大段讲到了我们正确理解集体主义需要重视个人利益，维护个人尊严、价值和权利的内容，并且批判了站在资产阶级自由化立场上的人把社会主义的集体主义原则同已经纠正了的某些“左”的偏差混为一谈的思想。诚然，我们过去受“左”的思想干扰，在某些方面确实对个人的价值、个人的尊严重视不够。然而，在今天已经纠正了这些错误以后，一些人还拿这一条来攻击我们，对此，我们就是要旗帜鲜明地声明，集体主义并不否认个人的价值、尊严、个性和个人才能的发挥。

第三，在集体利益与个人利益辩证统一的总的思想下，还应强调要不断地完善集体主义的理论与实践，使我们的每一个集体都能够更好地体现所有集体成员的利益。

最近几年来，反对集体主义的一个很主要的思想就是说，集体不能代表集体成员的利益，集体领导有腐败的，有以权谋私的，怎么实行集体主义？近些年一些对集体主义的责难，理由之一就是这个。某些受自由化思想影响的人对集体主义做的这种责难，我们究竟应该怎样来回答呢？

我们还是先回顾一下马克思对集体主义的许多看法。马克思和恩格斯在《德意志意识形态》里边，曾经分析过资本主义社会的所谓集体，指出这种集体不能代表集体成员的利益，因为它是为少数剥削者服务的。所以，马克思讲，那种集体是一个虚假的集体，是一个不真实的集体。马克思设想，在未来社会中，革命成功以后所出现的集体就是一种真正的集体，没有剥削，没有压迫，是一个能代表全体成员利益的集体。因此，每一个人的自由也只有在这个集体中才能得到实现。从这个理论出发，在现在的社会主义中国，政府在根本上是代表了人民的利益的，是体现着这个集体中所有成员的利益的。事实证明，尽管新中国成立四十多年来，经历了这样那样的曲折，犯过这样那样的错误，但社会主义的中国从总体上讲确实体现了中国全体人民的利益。毫无疑问，在我们国家，实行社会主义的集体主义原则，是同我国的社会主义性质、社会主义的公有制经济、社会主义的政治制度以及社会主义价值目标完全吻合的。我们完全可以理直气壮地说，社会主义中国唯一的价值原则，就应该是社会主义的集体主义。但是，我们也应该看到，在我国的有些部门、有些单位的小集体确实存在着某些腐败和以权谋私的现象。尽管有这些现象，我们也不能以此为理由来否认在我国应当实行集体主义原则。我们只能提出一个问题，即要不断地改善那些还没有能够完全体现集体成员利益的集体。所以，我提出的一个重要原则就是，在集体利益与个人利益统一的思想下，要努力改善我们的集体，使我们的每一个集体都能成为体现每一个社会成员利益的集体。我认为，集体主义精神应强调个人要为集体利益而献身，而奋斗，这种献身和奋斗就应该包含着不断纯洁和完善我们的集体的内容。这是集体主义原则的一个很重要的组成部分。这样才能使我们的集体主义更好地为人民群众所接受。

1989 年政治风波后，从一定意义上来讲，我们能更好地宣传社会主义的集体主义。但我们今后更应该注意，如何使我们的集体主义为人们更好地接受，这还需要我们做许多工作。除了我国经济、政治方面的变化外，我们每一个人如何正确地宣传和解释集体主义，如何以身作则，按照集体主义原则办事，这也是关系到我国能不能兴旺发达，能不能抵制和反对帝国主义的和平演变战略，能不能使我国沿着社会主义道路顺利前进，能不能使我国广大人民和广大青年在思想深处接受社会主义原则，从而保障社会主义道路方向的重大问题。

从“仁”到“为人民服务”*

——关于普遍伦理的一点思考

在中华民族的传统美德中，从古到今贯串着一条“仁”的主线。发展到今天，它已经升华为我国道德建设的核心“为人民服务”。分析一下从“仁”到“为人民服务”的发展过程，对我们寻求全球普遍伦理可能会有一定的启发。

一

关于“仁”的学说，在孔子之前已经见诸端绪。《尚书·商书》里已经有两处谈到“仁”，这就是《仲虺之诰》和《太甲》；《周书》中曾三次提到“仁”，分别是在《泰誓》、《武成》和《今滕》三篇中。虽然根据研究者考证，这五篇多属伪古文尚书，不尽可靠，然而，“仁”的思想萌芽之存在当是无疑的。这主要表现在对“人”和对“民”的态度上。例如在《尚书·皋陶谟》里，记载有“天工，人其代之”的意思，初步肯定了人在自然和社会中的地位。也是在这一篇里，记载了皋陶与大禹的一段对话，其中，皋陶告诉大禹，治理国家的关键“在知人，在

* 本文与下文均原收入《罗国杰文集》下卷，保定，河北大学出版社，2000。两文在原书中的题注均为：本文是作者于1998年6月2日参加联合国教科文组织召开的“关于‘普遍伦理’国际专家会”的论文。

安民”；禹也肯定“知人则哲”，“安民则惠”。周公姬旦，虽然很看不起“小人”，说“小人难保”，但是也经常“相小人”，要求贵族们“知小人之依”①。尤其是他提出了“保民”的思想，主张关心民众疾苦。这些无疑开启了孔子“仁”的思想的先河。春秋时期，“仁”的思想得到极大发展。当时的政治家们认识到，“仁，所以保民也。……不仁则民不至”②，“爱人能仁”③，甚至把仁当成“恤民为德，正直为正，正曲为直”这三种品德的综合。孔子之“仁”的思想就是在这些思想基础之上产生的。

作为“仁”之学说集大成者的孔子，第一个贡献是对“仁”这个范畴作出了科学的解释。他指出，“仁”就是“爱人”，从积极方面来说，就是“己欲立而立人，己欲达而达人”④；从消极方面来说，就是“己所不欲，勿施于人”⑤。

第二个贡献是，孔子以“仁”为中心构建了一个道德规范体系。在他看来，仁包括孝悌，“孝弟（悌）也者，其为人之本与!”⑥ 仁包括忠恕，殷末的三个忠臣，“微子去之，箕子为之奴，比干谏而死”，他称之为“殷有三仁焉”⑦。他的学生曾参说：“夫子之道，忠恕而已矣。”⑧ 仁包括勇，“仁者必有勇”⑨，同时，仁包括恭、宽、信、敏、惠，“能行五者于天下，可为仁矣”⑩。此外，仁还包括智，包括说话谨慎，不怕劳苦，“刚、毅、木、讷近仁”⑪，如此等等，南宋朱熹说：“百行百善总于五常，五常又总于仁”⑫。

孔子对于“仁”所做的第三个贡献，是把“仁”贯串于道德理想人格、道德修养等道德理论和实践的许多方面。例如，孔子认为“仁人”

---

① 《尚书·无逸》。
② 《国语·周语中》。
③ 《国语·周语下》。
④ 《论语·雍也》。
⑤ 《论语·颜渊》。
⑥ 《论语·学而》。
⑦ 《论语·微子》。
⑧ 《论语·里仁》。
⑨ 《论语·宪问》。
⑩ 《论语·阳货》。
⑪ 《论语·子路》。
⑫ 《朱子语类》卷五。

是很高的人格境界，“苟志于仁矣，无恶也”①，“仁者不忧”②。孔子认为，仁人者都是能“真实力行，而又非常之表现者”的真正的仁人，敢于为理想和事业牺牲自己的一切，“志士仁人，无求生以害仁，有杀身以成仁”③。从仁者可以进一步“博施于民而能济众”，进入“圣”的境界。求仁的道路并不渺茫，在孔子看来，一是要靠自己的努力，“为仁由己”、“仁远乎哉？我欲仁，斯仁至矣”④，二是要“克己复礼”，三是要忠恕，也就是要“能近取譬”，忠是尽己之力以助人，恕是不以己所不欲加诸于人，如此等等。

孔子之后的墨子，对“仁”作出了他自己的解释。墨子认为，“仁”就是要对一切人，不论远近亲疏，都给以同等的爱。墨子主张，一个有道德的“仁人”的最重要的目的，就是要能够为天下所有的人谋取利益，为天下所有的人解除痛苦，他说：“仁人之事者，必务求天下之利，除天下之害。”⑤ 什么是“天下之利”？什么是“天下之害”？墨子认为，“天下之利”就是人和人之间的“兼相爱”，而“天下之害”就是人和人之间的“不相爱”。因此，墨子把“仁人之事”同对一切人的同等的爱联系在一起。他又说：“仁人之事者，必务求兴天下之利，除天下之害，将以为法乎天下。利人乎，即为；不利人乎，即止。且夫仁者之为天下度也，非为其目之所美、耳之所乐、口之所甘、身体之所安。以此亏夺民衣食之财，仁者弗为也。”⑥ 墨子对“爱人”的要求，更强调使所有的人都能够得到更多的物质利益。应当说，这是同他比较接近手工业劳动者有关的。

孔子的仁的思想在战国以后又有所发展，例如孟子将之推广到政治领域，提出仁政说。孟子的“仁政”思想出自他所提出的“仁心”，他认为，“有不忍人之心，斯有不忍人之政矣。以不忍人之心，行不忍人之政，治天下可运之掌上”⑦。仁政的内容有制民之产、轻徭薄赋、不违农时、轻刑罚、救济穷人等，它的目标是使老百姓“仰足以事父母，

---

① 《论语·里仁》。
② 《论语·子罕》。
③ 《论语·卫灵公》。
④ 《论语·述而》。
⑤ 《墨子·兼爱下》。
⑥ 《墨子·非乐上》。
⑦ 《孟子·公孙丑上》。

俯足以畜妻子，乐岁终身饱，凶年免于死亡”①。以后，成书于秦汉之际的《礼记·礼运篇》，对孔子的“仁”的思想又有了进一步的发展，提出了“人不独亲其亲，不独子其子，使老有所终，壮有所用，幼有所长，鳏、寡、孤、独、废疾者皆有所养”的思想，反映了儒家理想的“大同世界”中的人与人之间的关系。宋明时期的理学家又明确地把“仁”推广到生物甚至非生命领域。张载指出，“民吾同胞，物吾与也”②。程颢也说，“仁者，浑然与物同体”③。“若夫至仁，则天地为一身，而天地之间，品物万行为四肢百体。夫人岂有视四肢百体而不爱者哉!”④ 王阳明认为，人之仁应当与孺子为一体，与鸟兽为一体，与草木为一体，与瓦石为一体。总之，“以天地万物为一体者也”⑤。这里已经包括有生命伦理学和环境伦理学的萌芽。

反映和维护着人的“类存在”的“仁”，在许多“天”、“命”、“理”、“心”等神学和哲学的耀眼光环佩饰下，作为中国儒家的道德核心，成了维持当时等级社会的精神支柱。而且，从实质上看，它已被宗教神权和封建尊卑观念所渗透，浑身破损不全，伤迹斑斑，甚至成了少数统治者装饰自己和残害人民的工具。

二

从清代晚期开始，中国的资产阶级革命家和思想家，在批判封建道德的战斗中，一方面借鉴和拿来西方的“自由、平等、博爱”，一方面又向古代寻觅武器，这主要就是“仁”。他们把这两方面结合起来，相互为用，即以自由、平等、博爱精神去改造和充实“仁”，又用“仁”去理解和把握自由、平等、博爱。在这个重新发现和诠释“仁”的潮流中，谭嗣同和孙中山走在最前列。

以“冲决伦常之网罗”⑥ 而自命的谭嗣同，仍然承认“仁为天地万

① 《孟子·梁惠王上》。

② 《张载集·乾称篇》。

③④ 《二程集·河南程氏遗书》卷第二上。

⑤ 《王阳明全集·大学问》。

⑥ 谭嗣同：《谭嗣同全集》，4页，北京，三联书店，1954。

物之源”[①]。但是，在他看来，“仁不仁之辩，于其通于塞；通塞之本，惟其仁不仁。……苟仁，自无不通，亦惟通，而仁之量乃可完”[②]。总之，“仁以通为第一义”，而“通”就是沟通、统一、平等。他主张“中外通”、“上下通”、“男女内外通”、“人我通”[③]，这就是打破中国与外国的界限，实现国家间的平等交往；打破上下等级的界限，实现贵贱差别的平等；打破男女和家族的界限，实现男女和宗族内外的平等；打破自己和他人的界限，实现人与人之间的平等相爱。他说：“仁一而矣；凡对待之词，皆当破之。”[④] 当然，他所要反对的绝不只是“对待之词”，而是这“对待之词”所反映的一切不平等现象。谭嗣同勾画出的“仁”的理想王国是“无国则畛域化，战争息，猜忌绝，权谋弃，彼我亡，平等出；且虽有天下，若无天下矣。君主废，则贵贱平；公理明，则贫富均。千里万里，一家一人。视其家，逆旅也；视其人，同胞也。父无所用其慈，子无所用其孝，兄弟忘其友恭，夫妇忘其倡随，若西书中百年一觉者，殆仿佛《礼运》大同之象焉”[⑤]。

孙中山把恢复民族固有的道德与恢复民族地位结合起来，他说：“有了固有的道德，然后固有的民族地位，才可以图恢复。”在“民族固有的道德”中，仁爱占据着重要地位。但是这种“仁爱”并不只是古代儒家的那种“爱有差等”。他说：“我国古代，若尧舜之博施济众，孔丘尚仁，墨翟兼爱，有近似博爱也者。然皆狭义之博爱，其爱不能及于人人。”他提倡的是一种“广义之博爱”，即“普遍普及，地尽五洲，时历万世，蒸蒸芸芸，莫不被其泽惠”[⑥]。他说，在中国，只有“为四万万人谋幸福”，才是“博爱”。这种“仁爱”和“博爱”的理想层面，就是实现“天下为公”的“大同世界”。在这个社会里，“农以生之，工以成之，商以通之，士以治之，各尽其能，各执其业，幸福不平而自平，权力不等而自等”[⑦]。有时他也称这种理想为“社会主义”。在实践层面

① 谭嗣同：《谭嗣同全集》，7页。

② 同上书，11～12页。

③ 同上书，6页。

④ 同上书，7页。

⑤ 同上书，85页。

⑥ 孙中山：《社会主义之派别及方法》，见陈劭先：《中山文选》，119页，上海，文化供应社，1948。

⑦ 同上书，137页。

上，这种“仁爱”和“博爱”就是要“为公爱而非私爱”，“为主义而奋斗”，救国救民。例如，“军人之仁所由表现”就是“实行三民主义，以成救国救民之仁而已”①。在《孙文学说》中，孙中山指出，这种精神的集中表现就是“为众人服务”。“上而总统，下而巡差，皆人民之公仆也”。综观孙中山的思想，不难发现作为“互助之用”的“仁义道德”始终是他的伦理学说的核心。

应该说，以谭嗣同和孙中山为代表的资产阶级伦理学家，批判了以宗法等级制度为实质的“三纲五常”，在一定程度上恢复和发展了“仁”的思想，然而他们这些美好的理想毕竟难以实现。例如：自由、平等、博爱，看起来人人应当享有，但是一涉及财产和金钱就软弱无力，败下阵来，劳动人民是无法和资产阶级同样去享受自由、平等、博爱的，因为私有制和私有观念限制着人们的思想和行为，无法在大多数人中推行真正的“仁”。因此，在经历了几十年的时间之后，中国人民又认识到，“仁”的思想必须跟随历史的发展而发展。在今天，在人民当家做主的社会主义新时代，必须以“为人民服务”作为“仁”的新核心，并将之贯串在社会主义社会的道德建设之中。

三

“为人民服务”这一思想，是毛泽东同志最早提出的。它是随着时代变化而被提出的一种新的道德思想。1944 年 9 月，毛泽东同志为了纪念为革命而牺牲的张思德同志，专门写了一篇题为《为人民服务》的文章。他说：“我们的共产党和共产党所领导的八路军、新四军，是革命的队伍。我们这个队伍完全是为着解放人民的，是彻底地为人民的利益工作的。”又说：“因为我们是为人民服务的，所以，我们如果有缺点，就不怕别人批评指出。不管是什么人，谁向我们指出都行。只要你说得对，我们就改正。你说的办法对人民有好处，我们就照你的办。”他在这篇文章中，还进一步指出：“只要我们为人民的利益坚持好的，

① 孙中山：《军人精神教育》，见《桂林文史资料》第 1 辑，157 页，中国人民政治协商会议桂林市委员会文史资料研究委员会，1982。

为人民的利益改正错的，我们这个队伍就一定会兴旺起来。”① 在《论联合政府》一文中，他又再一次强调：“紧紧地和中国人民站在一起，全心全意为中国人民服务，就是这个军队的唯一宗旨。”从毛泽东同志当时所提出的要求来看，应当说，这是对革命军队新四军和八路军的要求，是对广大革命工作者的要求，是一个高标准的要求。

邓小平同志进一步发展了毛泽东同志的“为人民服务”的思想，在理论和实践上都极其重视“为人民服务”。改革开放以来，他更明确地指出，人民满意不满意、人民高兴不高兴、人民赞成不赞成，应当成为检验我们一切工作的标准，把“我是中国人民的儿子”作为他对人民的信仰和尊重。由此可见，社会主义道德建设提出以“为人民服务”为核心，是有其丰富的内容和深刻的含义的。

什么是道德？我们暂时抛开伦理学家们对道德所下的各种不同的定义，从通俗的意义上来对道德加以界说。用一句大家都比较容易了解的话说，道德就是能够为他人“服务”，就是能够为国家、为民族、为社会“服务”，就是在社会生活中，在个人同他人的相处中，能够发扬一种献身的精神，随时随地关心别人、照顾别人。因此，也可以说，道德就是一种为他人和为社会的献身精神，或者说是一种“服务”的精神。为什么人们都愿意被称为有道德的人，而不愿意被称为没有道德的人？因为一个有道德的人，在人和人的相处中，是要为帮助别人做出大量的工作的，是要做出无私的奉献和牺牲的。正是在这一意义上，德国著名的哲学家、伦理思想家康德曾经说过一句很著名的话：“道德之所以有如此崇高的美名，就是因为它伴随着一种巨大的献身精神。”

一个人怎样才能成为有道德的人？这是许多人都想要了解和实践的一个问题。同样，我们也可以用一句通俗的话来说，一个人，如果他想成为一个有道德的人，他就一定要有为他人服务、为社会献身的精神。人们在社会中生活，总要处于各种不同的社会关系之中，处于不同的社会组织或社会团体之中，总要同其他人发生各种不同的关系。一个有道德的人，就是要时时处处想到别人，想到国家和社会，从而能够设身处地推己及人、与人为善、服务他人，使他人能够因同自己相处而得到益处。这样的行为就是道德的行为，这样的人就是有道德的人。一个有道

① 《毛泽东选集》，2版，第3卷，1004页，北京，人民出版社，1991。

德的人在践履服务他人、献身社会的崇高行为的过程中，必然会使自己的道德觉悟不断提高，思想境界不断升华，并受到社会的尊重，从而身心获益。中国古代思想家们也正是在这一意义上来理解道德的。东汉的刘熙，根据“义以音生，字从音造”的传统，对“道德”的“德”字作了很有意义的解释。他认为，“德者，得也，得事宜也”。这就是说，“道德”中的“德”字的音，是从“得到”中的“得”而来的，因此，所谓“德”就是在人和人相处时，要把这种关系处理得合适，使他人和自己都能有所得。东汉时期的最著名的文字学家、《说文解字》的作者许慎，更明确地说：“德，外得于人，内得于己也。”一个有道德的人，在同别人的相处中，对外，要使别人有所获；对内，要使自己有所获。怎样理解许慎所说的“外得于人，内得于己”呢？近代著名的国学家刘师培对这句话作了很有意义的解释。他说，对于一个有道德的人来说，他在同别人的相处中，一方面能够“以善念存诸心中，使身心互得其益”，这就是“内得于己”；另一方面，又能够“以善德施之他人，使众人各得其益”，这就是“外得于人”。从社会的实际生活中，我们也可以深切地感受到，一个人越是自觉地、真诚地、经常地为他人服务，为社会献身，他的道德就越高尚，他的思想境界就越崇高。他越是能够为他人做贡献，使他人有所得，他自己的道德情操就越高尚，心灵就越纯洁。中国古代先秦时期的思想家老聃曾经说过这样的话：“圣人不积，既以为人己愈有，既以与人己愈多。”从原来的意义看，这句话似乎是从利益或者知识方面说的。这里的意思是，“圣人”不事积蓄，全部都帮助了别人，自己反而更加富有；全部给予了别人，自己反而越来越多。如果我们赋予其新的意义，从道德上加以理解，也是很有启发的。这也就是说，在道德上，一个人越是能够为别人做好事，越是能够把东西给别人，那么在自己的思想上和道德境界的提高上就能够收获越多。

“为人民服务”使“仁”这种道德原则真正落到了实处。“人民”是什么？它是个历史的范畴，在不同的历史时期有着不同的内容。当前正处在建设有中国特色的社会主义的历史时期，一切拥护社会主义的国家公民，都应属于人民的范畴。当然，工人阶级（包括知识分子）、农民阶级是我国“人民”的主体。因此，“为人民服务”首先应当强调为广大的劳动人民服务。关心人民，爱护人民，急人民之所急，想人民之所想，扶危济困，帮贫救难，以维护人民利益为最高要求。事实证明，这种以人民群众为服务对象和客体的“为人民服务”是人民群众所热烈拥护的。

近几年来，在我国涌现出许许多多道德上的模范人物，如徐虎、李素丽、李国安、孔繁森等，我们从他们的模范事迹和先进行为中可以更清楚地看到，社会主义道德的核心就是由他们的这种崇高的“为人民服务”的精神所体现的。同时，我们也可以看到，正是在这种不断地为人民服务的过程中，这些先进人物的道德情操和道德境界不断地得到升华，影响着更多的人向他们学习。在当前实行社会主义市场经济的条件下，在道德建设中，我们一定要加强广大人民群众之间的互相关心、互相爱护和互相帮助的教育，抵制拜金主义、个人主义和享乐主义思想对人们的腐蚀，使人们的思想道德素质不断地得到提高。社会主义使越来越多的人投身到为人民服务的队伍中来，具有共同的理想、共同的事业、共同的根本利益的人民群众，完全可以行动起来，自己为自己服务。

当前，我们正将“为人民服务”这一道德核心贯串在我们的集体主义原则之中，贯串在“爱祖国、爱人民、爱劳动、爱科学、爱社会主义”的五项基本要求之中，贯串在职业道德、社会公德和家庭美德的建设之中。一方面，这使“为人民服务”这个核心具体化，落实到具体的道德建设之中；另一方面，这也把我们的道德建设系统化，使之提高到一个新的水平上去。

“为人民服务”作为社会主义社会道德建设的核心，有着全新的意义，同中国历史上的“仁”的思想可以说有着原则的不同。但是，我们也可以看到，这两者之间有着批判地继承的关系。在中国传统社会，尽管许多的“圣人”、“贤人”喜欢提倡“爱人”的思想，但是谁都没有真正实行过，因为在阶级对立的社会中，这是不可能实现的。从“仁”的提出到“为人民服务”的出现和发展，我们可以看出一种趋势，一个希望，这就是“为人民服务”这种精神将会越来越深入人心。在人类社会未来的发展中，将来有一天，它会被更多的人所承认，成为一种具有真正的道德价值的普遍伦理。当然，这一天，距离我们现在，还会有一段相当长的时间。

关于普遍伦理的思考

在当前世界伦理问题的讨论中，所谓全球性伦理的问题成为了很多人关心的一个重要问题。联合国教科文组织还专门在北京召开了有关“普遍伦理”的地区专家讨论会，希望能够分析由全球化引起的社会、经济、环境方面的后果，希望在多元化的世界共同体中探索建立“普遍伦理”的可能性及其途径。从整个伦理学的发展来看，这种努力，对于在全世界范围内进一步调整人和人之间的关系，是有重要意义的，是值得欢迎的。

一、从伦理道德的规范性看普遍伦理

经济的“全球化”带来的诸多方面之全球化的趋势，正不断地在全世界迅速地发展，推动和加深了各国人民之间的联系。同样，在伦理道德上，也给人们提出了建立当代的、与“全球化”相适应的“普遍伦理”的要求。应当看到，经济的“全球化”和由此引发的国家和民族之间的密切联系，是当今世界发展的一个趋势，是不能回避或视而不见的。面对这种新的情况，我们的唯一正确的态度，就是积极地参与进去，尽可能地发挥我们的作用。当然，我们也要清醒地认识到，在当今世界上，发达国家和发展中国家在许多所谓“全球化”的问题上还有着许多矛盾。也不排除，发达国家的一些政治家和思想家要借此把他们的价值观念强加给不发达国家的人民。因此，从发展中国家的利益来说，我们要本着平等、独立、共同发展、和平共处的原则，不受制于人，力求使“普遍伦理”能够真正成为全人类的公共生活准则，以有利于当今世界“一体化”进程中人和人之间关系的协调发展。

“道德”作为一种特殊的社会现象，在一般情况下，人们把它看做是调整人和人之间的关系的行为规范的总和，现在我们所说的“普遍伦理”，也主要是就其规范意义上说的。因此，从世界方面看，普遍伦理也可以说是一个在全世界范围内建立普遍的、人人都应当遵守的共同的道德准则的问题。

第一种情况是，同各个国家的社会制度、文化传统、宗教信仰和民族心理密切相联系的一些道德核心和道德原则，它们是这些国家和民族道德规范的最基本的出发点，都是同这些国家和民族的根本利益相联系的。因此，在这些国家和民族之间的利益冲突未消失之前，或者说，在一个比较短的时期内，要想形成一种公共的、一切人都遵守的“普遍伦理”，应当说是比较困难的，甚至是不可能的。在探讨“普遍伦理”时，我们不能不看到，在人们面前，还有资产阶级和工人阶级的利益冲突，还有发达国家和发展中国家之间的利害矛盾，还有不同民族之间的特殊的道德要求等。这些矛盾、斗争和冲突，从一定的意义上来看，都是受各自不同的利益关系所支配的，是当前价值多元化的经济根源。只要这些不同利益的主体仍然存在，价值多元化的现象也就不会消失，在这方面的普遍伦理也就不可能完全形成。确实，在提倡和建立普遍伦理的过程中，我们要注意和防止一种思想，即以提倡和建立普遍伦理为名，而实际上是想把某一个民族、某一个国家的价值观念强加给另一些民族、地区和国家。

第二种情况是，每一个国家、民族和社会都存在着由道德核心和道德原则出发而形成的许许多多的道德规范，在这些道德规范中，既有自己国家和本民族所特有的准则，也有可能适用于其他国家和其他民族的一般规范。也正是由于这种原因，在经过各个国家和各个民族的文化、思想、道德等的充分的交流和融合之后，在经过广泛的讨论和协调之后，就有可能在彼此之间达成某种共识，使其中的一些规范成为人们所说的“普遍伦理”。我们知道，在古希腊的奴隶制度时期，有所谓四主德，其中“中道”就是一个重要的内容；在中国古代的传统道德中，“中庸”也占有很重要的地位；而且，在一些宗教的戒律当中，也都强调“中道”这一思想。同时，在各个民族的古老的道德传统中，“爱人如己”、“设身处地为别人着想”和“己所不欲，勿施于人”的思想，都大体相同地存在着，除了带有不同的民族、宗教的特色以外，都有着很大的普遍性。这种情况，我们还可以举出很多。这些存在于不同民族、不同宗教、不同地区、不同国家之间的大致相同的道德要求，是我们建立普遍伦理的重要思想来源。

第三种情况是，在人们的社会生活中，本来就一直存在着人类共同生活所必须遵守的公共生活准则，这些公共生活准则也就是我们今天所要建立的早期的、简单的、最初的或者说是一种原始的“普遍伦理”。在世界日益全球化的情况下，在由于人类对自然所造成的破坏很快就危及到地球的存在和人类的生命的情况下，我们今天所说的“普遍伦理”就是人们所提出的新时期的人类公共生活准则。从发展的眼光来看，这种普遍伦理必然会随着社会的发展而不断发展、不断扩大，它在人类的道德生活中也将会占有越来越重要的地位。

二、普遍伦理在今天的重要意义

随着人类社会的发展，人和人之间的关系日趋复杂，彼此之间的交往也越来越密切，人类公共生活准则也必然随之不断发展。这种发展主要表现在三个方面：一个是它的范围不断扩大，一个是它的内容日渐扩充，再一个是它的重要性更加显著，它在人类道德生活中的地位愈来愈突出。

首先，人类公共生活准则，作为社会道德的一种最基本的规范，同道德的其他规范一样，是自人类有历史以来就一直存在的。但是，在很长一段时间内，它往往着重于人和人之间的各种关系，而对于人和自然的关系则不够注意。这主要是因为，在过去很长的一段历史时期内，人类和他们所生活在其中的大自然之间的矛盾，还没有发展到像今天这样严重的程度。今天我们所说的“普遍伦理”是一种更加广泛、更加深化的普遍伦理，是新时代的人类的新的公共生活准则。但是，我们应当明确，人类公共生活准则从人类有历史以来就一直存在着的，这是不应该怀疑的客观事实。

今天，我们对普遍伦理的推动应当抱一种积极的态度。我们要加强对普遍伦理的宣传和教育，要提醒全世界的人们进一步认识普遍伦理在我们现实生活中的意义和作用。我们都生活在同一个地球村里，任何人、任何集团、任何国家对其他人的侵略和压迫，任何战争的挑衅，任何生态环境的破坏，都会妨害到他人，都会给他人造成意想不到的后果，甚至可能危及很多人的生命。我们一定要共同行动起来，制止侵略和压迫，保护我们的大自然，保护我们的环境。

当然，实行“普遍伦理”时，我们也不能否认和抹杀现实生活中的矛盾和斗争。不能不看到阶级利益和民族利益的冲突和不发达国家在经济上受压迫、受剥削的现实，更不能把普遍伦理夸大到至高无上的地位。普遍伦理只是人和人之间伦理道德的一个最基本的层次。在实行普遍伦理时，我们要更多地关心那些处于受压迫、受剥削地位的广大人民群众的利益，更多地关心那些在环境污染方面受害较多的不发达国家的利益，从而有利于最大多数人的安全和幸福。谁都知道，超级大国和强权政治威胁着世界和平，在环境污染方面，许多发达国家应该负有更多的责任。

我们还要看到，人同自然的关系，归根到底，可以说是一种人和人之间的关系的表现形式。因为，我们之所以提出人和自然的关系，最终还是为了人类的子孙后代，为了人类自身的长远利益。随着现代科学技术的进步，特别是信息产业和知识经济的日新月异的发展，人类对自然的野蛮利用破坏了人类和大自然之间原有的和谐，使人和自然之间出现了严重的矛盾，威胁到人类的生存。正如人们都十分清楚的，人们对环境的污染已经达到了非常严重的程度，废气、废水、废渣等，不仅污染了大气空间、森林和海洋，而且还严重地污染到了人们每日都不可须臾离开的水资源。今天，人类必须面对现实，面对自己所造成的后果，认真地对待人类同大自然的关系，调整人类同大自然之间的种种矛盾。此外，医学的进步、医疗技术的发展、人工授精的可能等，还产生了诸如器官移植、安乐死等问题，特别是克隆技术更是成为了人们十分关注的普遍伦理的重要问题之一。

其次，人类的公共生活准则是在人们的共同生活中形成的，它总是同人类社会生活中的新问题紧密联系在一起，这也就是说，它必须随着时代的前进而前进，随着社会生活的扩大而扩大。人类交往的不断扩大，国家和地区之间的交往的日趋频繁，尤其是现代先进的交通手段的出现，使人与人之间、地区与地区之间、国家与国家之间的关系也日趋密切。在这种相互交往中，也就必然要形成更多的彼此都愿意遵守的准则和惯例，这些准则和惯例也就是我们今天所要讨论的普遍伦理的重要内容。

因此，在探讨有关当今社会的普遍伦理的问题时，我们就不能回避普遍伦理在国际交往中的重要意义。在我们所看到的国际交往中，大国欺负小国、强国欺负弱国、发达的国家剥夺不发达的国家的情况依然存在，一些超级大国利用各种借口任意干涉别国内政的事情也屡屡出现。为了保持国际关系的和谐发展，为了维护各个民族之间的和平共处，在国际关系中建立起一些最基本的公共生活准则，在今天来说，有着特别重要的现实意义。著名的政治活动家周恩来总理生前曾积极倡导，在国与国之间应当遵守和奉行“和平共处五项原则”，这就是“一、互相尊重主权和领土完整；二、互不侵犯；三、互不干涉内政；四、平等互利；五、和平共处”。这个“和平共处五项原则”，对于正确调整国与国之间的关系，维护各民族的平等和友爱，加强各国人民之间的团结，都会产生积极的作用，它可以而且应当成为我们所提倡的普遍伦理的一个重要方面。

最后，我们还应当强调，随着全球一体化的进程和国际关系的发展，普遍伦理，也就是当代人类的公共生活准则，在当今社会的道德要求中占有着愈来愈重要的地位。我们知道，道德作为一种社会现象，它在阶级社会内总是同一定的阶级利益相联系的，是一定社会意识形态的一个很重要的方面。在很长的历史时期内，在阶级对立的社会中，不同的阶级有着不同的道德，再加上生产规模的狭小，人和人之间的交往总是被限制在一个较小的范围内，人类社会的公共生活准则只是人们道德生活中的一个很小的部分。但是，今天的情况有了很大的变化。从全世界范围来看，尽管在各个国家内部和各个国家之间，阶级矛盾和阶级斗争依然存在，但在当今世界之和平与发展的要求下，在人类面对的许多共同问题面前，普遍伦理已经不断被提升为社会道德生活中的重要问题而日益受到人们的重视。

三、对普遍伦理的几点看法

在世界范围内要不要提倡和推动有关普遍伦理的宣传和教育；普遍伦理的实现，在今天的情况下有没有现实的可能性；在今后的发展中，普遍伦理的命运究竟如何，都是需要我们认真研究的重要课题。

人们都知道，我们生活于其中的现实社会是一个充满着差异、矛盾和对立的社会。阶级的对立是人所共知的，工人阶级和资产阶级的矛盾在所有国家以不同的程度和方式存在着；不同的民族、不同的宗教、不同的信仰、不同的历史、不同的地区形成了不同的文化；更加值得注意的是，在目前情况下，还存在着发达国家同不发达国家之间的利益矛盾和价值观念的分歧等。正是由于以上种种因素，一些人产生了一个怀疑：普遍伦理有没有可能性？我们应当看到，尽管存在着这些矛盾，但它们并不影响实现普遍伦理的可能，因为存在不同利益的同时，它们之间确实还存在着共同利益。不同国家、不同民族、不同社会制度的价值观念和道德原则，反映着不同文化和不同利益主体的要求，相互间存在着矛盾和斗争，这是一个不以人的意志为转移的事实，我们应当承认这个事实。同时，我们还应当求同存异，在共同利益的基础上，发展和推动普遍伦理，以有利于维护人类更好的生存和发展。在相当长的历史时期内，由于种种原因，不同的民族、地区、宗教和国家，都比较重视自己的价值观念和道德原则，强调自己的特殊性，这是可以理解的。在今后，我们应当在各民族、地区、宗教、国家相互平等的基础上，在维护自己的价值观念和道德原则的同时，大力提倡和推动全世界范围内的普遍伦理，以更好地适应全球化所引起的社会、经济和环境方面的挑战，为维护世界和平与发展做出应有的贡献。

第十编

比较研究

西方现代伦理道德观念与社会主义道德*

关于西方伦理道德观念与我国社会主义道德建设的关系以及西方伦理道德观念对我国青年的影响，我想主要讲三个问题：第一是西方伦理观念和人生价值目标对我国青年学生的影响；第二是怎样看待个人、自我、个人主义等；第三是社会主义初级阶段的道德建设，即我们应培养和提倡什么样的伦理思想和价值观念。这些问题在当前学术界和我们伦理学的研究范围里面，还有很多不同的意见。今天讲的只是我个人的一种看法，同时，也想和持不同意见的同志商讨，因为我们究竟应该怎样看待西方文化对我国的影响，究竟应该怎样理解个人、自我以及个人主义，究竟应该提倡什么样的伦理思想和价值观念，对我国的现实生活和思想理论教育工作是有重要意义的。

一

我想先讲一讲最近几年来西方思潮对我国社会影响的情况。我国实行改革开放以来，西方文化特别是在伦理道德观念和人生价值取向方面（我提出两个概念：一个是伦理道德观念，一个是人生价值取向）的影

* 本文原收入《国外社会文化思想和我国当代青年学生》，北京，大地出版社，1988。

响是多方面的。这种影响实际上也就是东西方文化、东西方伦理思想交流、交融、汇合后所必然产生的一种情况。西方伦理道德和中国伦理道德是有很大不同的，一个是资本主义社会，一个是社会主义社会；一个是以私有制为基础的，一个是以公有制为主导的。这两种思想文化和伦理道德观念在经过最近几年来的广泛的交流、交融、汇合之后，究竟发生了什么样的变化，这些变化对我们的“四化”建设，对我国人民的人生价值取向，特别是对青年人的人生价值取向，对整个社会的道德风尚，将会产生什么影响，我们如何正确引导我国青年克服它的消极因素，发挥它的积极作用，并在这交流、交融、汇合中间逐步形成真正具有中国特色的伦理道德观念和人生价值取向，这对我们今天来说不仅仅有理论意义，还确实有很重要的实践意义。

从伦理道德观念和人生价值取向上来看，近几年来对我们影响最大的有叔本华和尼采的唯意志论、萨特的存在主义思想以及弗洛姆强调的个人与自我的观念等。为什么这些伦理道德思想能对我国社会产生影响呢？为此，我们有必要先分析一下我国的道德文化传统和改革开放以前的情况。我国是一个有着悠久历史的文化古国，它以“文明古国”、“礼仪之邦”著称于世界民族之林。这个古老的礼仪之邦的民族的主要传统道德，是在封建大一统的专制政体要求下，在小农经济的基础上建立的，以孝亲和忠君作为基本要求，以所谓“三纲五常”作为主要道德规范。这一道德体系重义轻利，重视整体，崇尚理想，弘扬精神之作用。在封建等级社会中，这一思想体系必然要强调牺牲臣子的利益以维护国君的权力。所以，从长期封建社会的影响来讲，我们这个国家，在大一统的专制的封建社会，在一个相当长的时期内，确实过分地、片面地强调了所谓国家社稷的这种整体利益。在封建的等级制度下，作为被压迫、被剥削阶级的个体来说，没有任何个人的尊严和个人的自由。中国传统封建道德基本上没有强调个体的道德。当然中国也讲个人的“修养”和“慎独”，这种“修养”和“慎独”，作为一种道德活动来看，当然应当属于个体道德的范畴。但究其实质，中国传统的个体道德的“修养”和“慎独”，其主要目的就是要以封建道德作为准则来压抑人的人性，禁锢人们的感性欲望。从我们国家的历史来看，在长期的封建专制主义下，它的伦理道德思想趋向于整体观念和绝对的整体主义。如果说中国传统道德重视个体道德的话，那么这种个体道德正是为了培养个体对整体、对国家的绝对服从，正是为了使个体不再成为一个真正的、充满活力的、有自己价值的个体，使个体成为一种服务于封建统治的工具。所以，鲁迅先生曾说，中国的封建道德就是一种吃人的道德，封建社会就是吃人的宴席。新中国成立以后，我们建立了一个无产阶级专政的民主政权，形成了新的统一国家，在公有制为主导的经济基础和人民民主专政的政治制度下，在人们新的道德价值取向方面，在个人和社会、个人和整体、个人利益和社会利益的关系方面，形成了一个特别强调集体利益的思想。但是，对社会主义集体主义这样一个原则，在较长的时间之内，主要是强调集体利益这一方面，强调个人必须为集体做出牺牲这样一个观念，强调个人利益必须服从集体利益这样一种思想。再加上十年动乱时期，出现了践踏个人尊严、抹杀个人权利、否认个人价值，甚至把一切关于个人利益的主张，即使是正当的个人利益的主张，都说成是个人主义的。这种情况造成了一种对个人、个人价值、个人尊严、个人利益等讳莫如深的社会思想状况。正是在这样一种情况下，随着改革开放的进程，西方有关个人价值的伦理观念便大量传输到我国。下面就来谈一谈西方伦理思想对我国青年的影响。

首先介绍几种对我国青年影响比较大的伦理思潮。

第一，我们先讲一讲叔本华和尼采的意志论的哲学。叔本华(1788—1860)是18、19世纪德国一个著名的伦理思想家。青年中间曾经有过一段“叔本华、尼采热”。我们一般把叔本华和尼采联系起来，但实际上他们的思想还有很大的不同。我今天着重讲一讲叔本华的思想，因为尼采的很多思想是从叔本华那里引申出来的。叔本华主要以强调意志著称，他最基本的理论就是强调“意志”。叔本华认为，意志不仅是人的本质，而且是整个世界的本质。他所说的意志，就是一种生命的无休止的追求，是一种不可遏制的冲动。他认为这种冲动的现象不但存在于人类社会，而且存在于自然界。他认为，如果进一步考察世界，我们就会看到，地球可以把石子吸向地心，太阳可以把地球引向自身，植物中有一种无休止生长的力，人类有一种追求自己目的的不屈不挠的东西，这都是意志所发生的作用。笛卡尔有一句名言：“我思故我在。”因为我有思想，所以我才存在。我可以怀疑一切，但我不能怀疑我自身。我有思想，我在思想着，证明我是存在的。人是有思想有理性的动物，这是把人区别于其他动物的最主要之点。所以，笛卡尔说“我思故我在”。叔本华不同意这个命题，改造了这个命题，即“我欲故我在”，因为我有欲望，我在追求我自己的欲望，我有追求我自己欲望的意志，所以我才存在。依据叔本华的意思，人首先是有欲望、有要求、有意志的一种生物，人在有思想以前，首先是充满欲求的生物，所以他不同意“我思故我在”。人是一个有意志的主体。正是由于这样一个原因，叔本华的哲学往往被人们称为唯意志论的哲学。叔本华说，过去的旧说认为“任何人之所以是他，是由于他的认识然后才成为他的”。“再进一步，照这种说法看来，人将首先把一个东西认为是好的，因为有了这认识才要这东西；而不是他先要这东西然后才说它是好的”。接着，他就说：“从我全部的基本观点来看，这一切说法都是把实际的关系弄颠倒了。意志是第一性的，最原始的；认识只是后来附加的，是作为意志现象的工具而隶属于意志现象的。因此，每一个人都是由于他的意志而是他，而他的性格也是最原始的，因为欲求是他的本质的基地。”① 叔本华继承了德国莱布尼茨的单子论的思想，强调主体意志的能动作用，主体有意志，有欲望，有追求，而且有能动作用，有为自己的意志、欲望去奋斗、去争取的能动力。在叔本华看来，整个世界都是意志的客体化。对每一个个体来说，就是在不同的时间、不同的地点，出现了一种特殊的意志和欲望的自我。一个人不论他是不是自觉到这一点，他总是受他个体的那种特别意志的驱使，去保存自己的生命，去追求自己的欲望，去实现自己的意志。叔本华认为，整个世界把意志转化为每个人的意志的结果，就是意志的个体化，其结果则导致了利己主义。为什么会这样呢？叔本华认为，每个人都要为自己的欲望、要求的实现去发挥自己的能动性，因而在人和人之间就产生了种种非正义和罪恶，从而使人类社会处于痛苦当中。在叔本华看来，人由意志而产生需求，以利己的动机去满足自己的欲求。所以，叔本华给人下了个定义，他认为，人就是由无数多的具体的欲求和需要组成的千百种需求的凝聚体。叔本华认为欲求就意味着缺乏，意味着不足。缺乏一种东西，就意味着痛苦。人的痛苦是永远也不会消除的。首先，一个人的原有的欲望满足了，他必然会产生新的欲望和需求。新的欲望和需求的产生就会给人带来新的缺乏感，即带来新的痛苦和新的烦恼。其次，如果说一切欲望都满足了，那

① 叔本华：《作为意志和表象的世界》，石冲白译，401页，北京，商务印书馆，1982。

么人又会产生无名的烦恼和空虚，因为没有更多的东西来满足他的需求了，这种烦恼和空虚是一种更大的痛苦。前几年报纸上讲到过，美国有一个很有钱的人，各种欲望都满足后，整个社会再不能满足他的欲望了，最后就自杀了。叔本华认为，人永恒地处在痛苦之中，生命就是痛苦。这样，叔本华就从唯意志论走上了悲观的虚无主义道路。当然对叔本华来讲，他确实对当时资本主义制度的腐朽衰败感到悲观，而他的意志也挽救不了整个资本主义世界，以至使他陷入这样一种不能自拔的痛苦的境地。但叔本华的这种认为人有意志、有需要、有欲求的思想，认为人是一个千百种需要的凝聚体的思想，认为人都是自私自利的和人为追求自己的欲望有一种能动性等思想，对我国青年也会有一定的影响。当这些青年希望通过自我奋斗成为人才时，叔本华的“意志”常常会发生这样那样的作用，而当这些青年遭受到挫折、痛苦不满时，叔本华这种悲观主义思想也会从另一个方面对他们产生影响。

第二，我想讲讲存在主义思想，主要是讲一讲萨特（1905—1980）的思想。萨特是 20 世纪德国一个很著名的存在主义思想家。叔本华比萨特早一百多年，弗洛伊德、萨特等人的一些思想都跟叔本华、尼采的思想有这样那样的联系，所以先讲叔本华的思想，然后再讲萨特的思想。我们知道，萨特的哲学著作和伦理学著作都是比较难懂的，如萨特“存在先于本质”的思想，从哲学上讲是一个比较带有思辨的命题，但是从人生哲学、人生价值取向和伦理道德观念来讲，这却是比较容易理解的。萨特的存在主义的思辨的东西，许多青年人并没有完全弄明白，但对他的伦理道德观念和人生哲学这方面的一些思想，却一下子就接受了，尽管有些人对这些思想的接受不但是没有完全消化的，而且是“各取所需”，甚至是理解错误的。应当说，前几年，萨特在中国的影响还是相当大的，是值得我们注意的。包括我们现在很多学习西方哲学的同志，对萨特存在主义的思辨的东西都并没有弄得很透彻，更不用说许多青年人了。有的人虽然买了萨特的《存在与虚无》，但是要透彻地弄懂这本书的思想，还是很不容易的。不少青年人接受的不是他的思辨的哲理，而是他的人生价值取向。萨特为什么提出“存在先于本质”这个命题呢？如果通俗地说，在伦理道德方面，也可以说是一个关于人的本质的问题。在西方，在很长的中世纪，人们曾经认为，人的本质是由上帝创造的，人生下来之后，本质也就是先于自己的存在。以后，上帝的观念被否定了，但在一段时期内，一种普遍的理论认为，人的本质是与生俱来的，人的权利是天赋的，因而认为人的本质就是他的自然本质。萨特针对这些思想，提出了自己的看法，他认为存在先于本质，就是说，人首先是存在着，即把人的存在作为基础和出发点。人生下来，首先是存在着，然后他到社会上来进行活动。人不是随意而成的，而是意识到自己、把自己想象成将来的存在并把自己推向将来的存在物。人出生后，他出场、露面，他在这个社会大舞台上表演，通过人的一系列自我选择、自我奋斗，最后才创造出自己的本质。萨特说："人，不仅就是他自己所设想的人，而且还只是他投入存在以后，自己所志愿变成的人。人，不外是由自己造成的东西，这就是存在主义的第一原理。"① 所以，人的本质不是与生俱来的，不是事先就存在，人首先是一个存在着的东西，然后经过自己的表演，通过自己的自我选择，才创造了自己的本质，才确定了自己的价值。人的本质、价值是被创造出来的。人生来并没有什么固定不变的本性，也没有什么决定论，也不可能去遵守某种共同的道德规范，人应该是自由的。任何一个人出生在社会中间，他出生的门第、生活的状况、经济条件、智力和财力都是各不相同的，都是独一无二的，有他个人的特殊性。人应该自觉自由地创造和实现自己的本质。萨特一句著名的话就是，英雄是自己成为英雄，懦夫是自己成为懦夫。萨特也认为人在这个现实社会上，就其实质来说，都是处在焦躁和烦恼之中的，人只能够靠自己，他既不应该相信什么救世主，也不应该期望别人对自己有什么帮助。甚至说一个人在社会中是孤立无援的，他的本质，他的价值，必须靠他自己来追求。人应当肯定自己，以自我为中心，要对社会上的一切不合理现象进行反抗、斗争，才能创造自己。从某种意义上来说，萨特的这些思想在20世纪的资本主义社会中，确实是针对资本主义社会中那些压抑人的自由、压抑人的个性的方面而言的，因而在西方的社会里有一定的进步意义。我们的许多青年，在看到萨特的思想之后，可能在某种程度和某些方面产生了情感的共鸣。由于长期不强调个人价值的社会影响，他们感到需要有自我奋斗。

第三，我们再讲一讲对我国青年影响较大的弗洛姆（1900—1980）。弗洛姆是著名的法兰克福学派的代表人之一，是著名的精神分析学家。

① 萨特：《存在主义是一种人道主义》，转引自徐崇温：《西方马克思主义》，427页，天津，天津人民出版社，1982。

弗洛姆的思想在我国也有影响，现在市面上流行的《爱的艺术》、《逃避自由》，就是他的比较著名的两本书。弗洛姆的思想作为西方马克思主义中的一种思潮，最近在我国青年当中也是很有影响的。弗洛姆的伦理道德和人生价值取向有一个很重要的特点，就是他要在弗洛伊德和马克思中间进行一种新的结合。他一方面接受了弗洛伊德的思想，一方面接受了马克思的思想，他希望把弗洛伊德和马克思的思想融合起来。他的思想在西方最近几十年来可以说是风行一时，以探索人生的意义而著称。他在伦理道德和人生价值取向方面也可以说是一个很有影响的思想家。现在我们不去评论这个思想家的整个思想以及哲学倾向，我们仅从他的伦理道德观念和人生价值取向对青年的影响这么一个视角，来研究我们所需要的有关内容。20 世纪以来，在西方，一方面是科学技术的不断发展，物质生活愈来愈丰富，另一方面是人们的思想出现了所谓的精神危机，给思想家们提出了人如何才能更好地为自己而存在这样一个问题。在这种情况下，弗洛姆像其他人一样，要建立一种人的科学。他的主要思想是要人能够认识自己、掌握自己，并使自己能够得到更好的发展。弗洛姆认为，人应当是一个具有高度的自主性、积极的能动性、开拓的创造性的、为自己的主体。人的目标就是为自己。他强调人本身就是一个目的，而绝不能是凌驾于他之上的某些权威、某些整体的手段，也就是说不应为凌驾于他之上的某些权威、某些整体而牺牲自己的利益。在西方，有些思想家在论述人的本质、自由和价值时，往往把目的和手段对立起来，认为目的是绝对的、至高无上的。在西方，有些人认为，把人当做什么手段就是把人当成了单纯的工具。弗洛姆特别强调人的个性和人格，认为人应该通过发挥个性而实现自我。弗洛姆强调三个东西：一个是自我，人应该有自我的意识；一个是自爱，人应该充分地爱自己；一个是自立。他特别推崇自爱，认为自爱并不等于自立。在他看来，自立是一个客观的概念，也就是说，自立是人在特定社会环境中根据人的本质来客观地加以制定的。一个人要正确地认识自我，充分地发扬人的自爱的本性，并且要使自立朝着善的方向发展。弗洛姆在接受弗洛伊德和西方的“自我”概念的同时，也接受了马克思的思想。他看到了资本主义社会和私有制使人们一味地追求金钱，认识到资本主义这种只顾追求金钱的倾向使人丧失了真正的自我，从而把自己变成了自私，变成了损人利己。弗洛姆认为，自立是人在特定情况下为了自己的利益的追求，不应该由自立导致自私。

这里需要注意的一点是，弗洛姆虽然也强调个人的思想，但他和萨特、叔本华不同，他不同意把自己引向极端的自私。这是弗洛姆一个重要特点。弗洛姆在强调自我的同时，特别强调自我意识。他认为，人在社会中生活，只有提高人的自我意识，发扬人的自爱的特点，并使自立不要转化为自私，这样才能使一个人正确地认识自己、掌握自己和发展自己。

通过上边所举的三个著名思想家的例子，我们可以看到，尽管这些思想家所处的时代、他们的理论内容和社会作用各不相同，甚至彼此间可能还有这样那样的矛盾，但是他们都有一些共同的地方。如果我们加以概括，可以看到，他们的理论，在伦理道德和人生价值取向上，从对我国青年的影响来看，大概有六个方面是值得我们注意的。第一，这些思想家都从各个不同的角度，从各个不同的方面，甚至各种不同的层次，强调了自我和自我意识，强调了个人的存在、个人的价值、个人的自由和个人的尊严，这是一个很主要的思想。第二，这些思想家都强调个人的利益、个人的成长和发展必须要通过个人的斗争或者自我奋斗来实现。萨特更是如此。第三，他们都强调人是目的，不是手段，个人也是目的。他们的所谓目的具有绝对的价值，它不可能为什么而牺牲自己；所谓手段就是可以为某种更高的东西去牺牲自己。所以，人是目的，不是手段，这就意味着，人不应该为什么权威、为什么整体、为什么更高的东西而牺牲自己的利益。第四，他们都强调自我的主动性，就是在创造自己、发展自己的过程中强调自我选择。通过自我选择，充分发挥每个人的潜力和创造力，来达到自我超越这样一个目的。第五，他们中的多数都认为，自我奋斗，自我选择，特别是自我奋斗，是整个社会发展的一种原动力。认为人类社会的发展，人类从野蛮状态到文明状态的过渡，它的决定因素是人的自我和自我意识的不断觉醒，也就是自我奋斗。他们既然把自我奋斗当做一种社会发展的原动力，因而也就把自我奋斗看成是社会进步的唯一标志。一个社会的进步程度主要是看自我意识的觉醒程度，一个社会的原动力也就在于个人的奋斗的力量。第六，在个人同社会的关系方面，他们中的多数认为，社会是一个一个的自我的结合，离开了自我，离开了个体，就无所谓社会，因而反对为社会而牺牲个人（弗洛姆在这方面有所不同）。其中，有的思想家甚至认为，社会整体不过是个抽象，人们的一切努力，归根到底，都是为了每个人的个人利益，都是为了自我，社会绝不应该成为压抑个人、限制个人的力量。他们认为整体的价值只有在个人中、自我中才能够得到体现，他们反对把整体作为目的，等等。对西方伦理思想、西方伦理道德观念和他们的人生价值取向，我在举了上述例子后又归纳了六条，是为了给大家研究西方伦理道德观念提供一个线索。这个归纳究竟准确不准确，也还需要在以后的学习和研究中进一步探索。

西方伦理思想对我们的影响，概括起来，可以从积极方面和消极方面来看。从积极方面来看，西方伦理思想、道德观念和人生价值取向对青年们的影响，主要是使青年们认识到个人的价值、个人利益和个人尊严的重要，从而使青年人向往并追求一种尊重个人才能、尊重个人价值、尊重个人正当利益的民主社会，并在这样的社会中发展自己的才能、获得自己的尊严和实现自己的价值。当然，对我们来讲，这个社会应当是不断地自我完善的社会主义社会，而不可能是资本主义社会。这些思想激发了一些青年自我奋斗、刻苦钻研的精神，增强了他们自立、自强、自尊的意识，当他们确实受到不公正的待遇时，能够为自己的正当利益而斗争。同时，他们要求社会必须建立在公平正义的基础上，因为在一个没有公平和正义的社会内，个人的利益、个人的尊严、个人的价值是不能够得到应有的合理的照顾的，因此，在现代青年中间，在伦理道德观念和人生价值取向方面，公平与正义的思想也是很主要的，这也是从我国现实的许多不合理、不公正的现象和西方许多思想家的思想中所认识到的。重视个性的解放，充分发挥人的个性，这对建设“四化”、对更好地培养人才，也是有利的。以上说的是积极的方面。从消极方面来说，由于我们是社会主义国家，由于我国的历史传统、经济发展水平和人们的文化道德素质与西方国家不同，再加上我国的法制还不够健全，在强调这种以自我为中心的自我、自我意识和自我奋斗的同时，自私自利，损人利己，目光短浅，只以眼前的个人利益为准则，甚至是极端的利己，唯我独尊等，也随之出现，出现了许多片面强调个人和个人私利的现象。从我国的现实情况来看，我们必须看到以下两点：一方面，我们在较长期内比较多地强调整体主义而未能注重个人、个性、个人尊严和个人价值，在一定程度上限制了个人的自由，束缚了个人的积极性和创造性，同时，对个人的价值也没有给予应有的尊重；另一方面，我国长期封建社会形成的小生产者的自私自利思想的存在，再加上西方的以个人为中心的思想的影响，使最近几年来自私自利、唯利是图、极端个人主义和利己主义的思想在一些人中得到发展（对于有些人来说，这种发展甚至可以说是恶性的和魔性的），这种发展所造成的危害也是不容我们忽视的。

对于西方伦理道德观念和人生价值取向的影响，我们究竟应该怎样分析？归纳起来，我认为，最主要的就是关于个人、个人意识、个人利益、个人尊严和个人价值的问题，我们必须看到它们的积极和消极两个方面，予以正确的对待。特别是个人主义和利己主义的问题，应该引起我们的注意。最近几年，有些青年甚至认为，不但应当接受西方的有关个人、个人价值、自我意识、自我奋斗的思想，就是西方的个人主义和利己主义的思想体系也是可以接受的。一些青年有这样的思想，是有着复杂的原因的。第一，长期以来，我们对个人的尊严和自由重视不够，因此，他们对西方这些思想在情感上有一定程度的共鸣。第二，我们社会中的某些消极和阴暗的东西对他们有影响。当前的党风、政风和社会风气中的某些严重腐败现象，使有些青年感觉到，在今天的社会中，似乎自我仍然受到压抑，自我尊严仍然没有得到尊重，似乎只有靠自我奋斗才能找到出路。第三，同他们的年龄、心理和知识结构、思维方式有关。他们的求知欲极其旺盛，迫切希望获得新的思想，但又缺乏马克思主义基本理论的指导。第四，要从我们改革的艰巨性和复杂性考虑。改革中确实不可避免地出现了一些消极的东西、阴暗面，这使某些青年产生了某种忧虑、痛苦或愤懑，因而不得不自我选择和自我奋斗。

二

讲完了我们接受西方伦理道德思想以前的时代背景，讲完了西方几个主要思想家的伦理思想，讲完了这些伦理思想的影响及其积极面和消极面以后，我想着重讲一个题目，就是我今天要讲的第二个题目：怎样看待个人、自我和个人主义。主要是讲一讲怎样看待个人主义这样一个思想，即是不是可以把个人主义作为伦理道德观念和人生价值取向来提倡。因为这个问题在当前理论界也有许多不同的看法，因而在这里，想从理论上加以说明。

个人主义与当代青年特别是当代大学生的伦理道德和人生价值是不是相容，这是近几年来不少青年经常思考的一个问题。有的青年提出来：英语中 Individualism 即个人主义这么一个词，到底应该怎样来解释？一个人追求自己的利益，追求自己欲望的满足，他要求尊重他个人的尊严和人格，这是不是个人主义？如果这是个人主义，那么我们为什么不可以把个人主义拿过来作为我们的一种人生价值取向呢？还有的青年提出来，因为过去社会上长期以来总是把那些敢于毛遂自荐、强调个人成长、主张个性解放的青年看成是个人主义的，因此，为了在大学生中间提倡开拓、创业的思想，为了激发他们的主动性和创造性，是不是可以把个人主义作为青年人的价值导向？正是由于很多青年产生了种种疑虑，提出了这么一些问题，在理论界才有不少同志提出为个人主义正名，要对个人主义重新加以解释，提出要看到个人主义的真正本意是什么，等等。从现在来看，对个人主义确实应当做出科学辨析和理论上的说明。我们的“四化”建设，我们的改革开放，不是要最大限度地发挥个人的积极性和主动性吗？这与个人主义到底又有什么区别？这是重要的理论问题，应加以研究。

在对个人主义这么一个范畴或这样一个思想体系进行科学辨析的时候，我想首先应当区分广义的个人主义和狭义的个人主义。所谓广义的个人主义，是指西方从文艺复兴时期以来，随着反封建、反神权斗争和资本主义的生产关系发展而出现的一种以个人为中心，要求个人从封建和神权的桎梏下获得解放的一种思想体系。作为西方资产阶级反对封建压迫提出的意识形态，这种广义的个人主义的内容大体上可以包括三个方面：第一，强调个性的发展。第二，强调个人权利和个人利益，也就是个人的政治权利和经济利益。所以，个人主义在西方又是一种政治学说和法权学说。我们今天撇开政治学说、法权学说，只从伦理道德观念和人生价值取向这样一个视角来看个人主义，只讲个人的权利和个人的利益。第三，强调个人的尊严和价值，认为个人是目的，个人不应成为凌驾于他之上的任何他物的手段。这三个方面都贯串了一个东西，就是以个人为中心。个人主义把个人作为观察思考问题的出发点和基础，以个人为中心，强调个性的发展，强调个人的权利和利益，强调个人的尊严和价值，认为个人具有至上性。在个人和社会的关系上，它强调从个人出发，反对他人或社会对个人的限制和约束。作为一种政治学说，一些个人主义者又往往从契约论出发，强调除了个人同意让渡的权利以外，个人的一切都应受到尊重。从西方的伦理思想发展史来看，这种广义的个人主义，最早可以追溯到文艺复兴初期的许多人文主义思想家。如果把主张个人幸福的思想也纳入个人主义的这个思想体系的话，那么这种广义的个人主义还可以追溯到古代的亚里士多德和更早一些强调幸福和快乐的思想家。尽管文艺复兴初期的一些思想家并没有系统地提出有关个人主义的理论，但他们强调了个人的自由、个人的尊严，也都包含了个人主义思想的萌芽。到了 17 世纪以后，这种广义的个人主义有了一种比较成形的思想体系。从 17 世纪到 19 世纪末，个人主义思想体系的发展大体经历了四个阶段：

第一个阶段，从 17 世纪英国的著名思想家霍布斯（1588—1679）开始。霍布斯作为广义的个人主义最早的一个代表，他从利己的心理学出发，认为人在心理上、生理上都是利己的，认为所有的人生来都是只关心自己的利益，都是为了满足和发展个人的欲望，都是为了追求个人幸福而生活的。霍布斯认为人的这种自私的欲望和对幸福的追求是一种神圣的、自然的、最高的权利，并且认为每个人的这种权利都是生而平等的；但是，因为人的能力有大小，体力有强弱，在欲求相同而欲求的东西有限的情况下，人和人之间就必然会发生纷争，从而人和人就必然要像狼和狼一样无休止地残酷斗争和相互厮杀。霍布斯有一句名言就是：人对人，就像狼一样。霍布斯说："财富、荣誉、统治权或其他权势的竞争，使人倾向于争斗、敌对和战争。"① "这种战争是每一个人对每个人的战争。"② 在霍布斯看来，人类为了保持彼此间的和平共处，在人和人的斗争中，每个人又不得不放弃自己的一部分个人权利，互相订立了一种契约，让渡一部分权利给别人，以保证每个人都能实现自己的权益。霍布斯从人的本性都必然是自私自利的出发，从每个人追求个人的利益的权利都是平等的这样一个前提出发，详细地论证了每个人怎样通过契约来实现自己的利益，保证社会的和谐。17 世纪以后的许多思想家都从霍布斯的契约论里得到了不同程度的启示，并由此而形成了

① 霍布斯：《利维坦》，黎思复、黎廷弼译，73 页，北京，商务印书馆，1985。
② 同上书，94 页。

以契约论为基础的不同的国家学说和伦理理论。

第二个阶段，17 世纪末，英国又一个著名的思想家——洛克（1632—1704）对有关个人主义的思想作了进一步的发展，特别是从伦理道德和个人价值取向方面，对个人主义作了进一步的阐发。洛克明确提出，每一个个人都是一个道德上的存在，他针对封建社会的等级制度，认为所有的人都是生而平等的。每个人的生活目的都是为了保全自己。每个人都有自己的尊严，都有满足自己和保全自己人身的权利。他有一句名言："在重压下呻吟的人，自然要努力挣脱脖子上套着的锁链。"① 洛克特别强调人格和人的自由。他认为，自由是人的能力，是作为主体的人的一种特别力量。他说，只有作为主体的人，才有施展自由的能力。所谓人是自由的，其主要意义是说一个人有能力按照自己的意志做或不做某种事情，或去继续某种事情或去停止某种事情。洛克特别强调人必须有个人的自由，人的目的在于能免除别人的制约，力求摆脱不应加在自己身上的锁链和束缚。自由的最终目的就是达到自己所选择的快乐和幸福。洛克认为，保全社会和保全公共福利是应当的，但同时必须要保全社会中的每一个人。洛克有关个人自由的这种精神，对 18 世纪以后的法国、德国以及整个西欧都有重要的影响。美国著名哲学家梯利在他所写的《西方哲学史》中写道："没有一个哲学家比洛克的思想更加深刻地影响了人类的精神和制度。"②

第三个阶段，18 世纪末、19 世纪初，有关个人主义的思想又发展到一个新的阶段，这主要是随着资本主义自由竞争的思想而产生的。在这种环境下，特别强调个人的价值、个人的选择、个人的奋斗。因为在资本主义社会的自由竞争的条件下，个人只有在奋斗和拼搏中才能出人头地。这个时候个人主义进一步发展，已经不是针对封建社会了，它主要是要在资本主义自由竞争的情况下来发展个人。所以，个人奋斗的思想，个人选择的思想，就更加突出了。18 世纪末到 19 世纪初，这一时期最著名的思想家是经济学家亚当·斯密（1723—1790）。他从自由竞争的理论出发，认为社会的个人只有在竞争中才能发挥本性。所以，个人选择和个人奋斗就有特别重要的意义。当然，从伦理思想来讲，由斯密开始的个人主义思想出现了另外一种倾向。他既认为人的本性是自私

① 洛克：《论宗教宽容》，吴云贵译，44 页，北京，商务印书馆，1982。
② 梯利：《西方哲学史》下册，葛力译，95 页，北京，商务印书馆，1979。

的，又认为人对别人有一种同情心。斯密的人性论是二元的人性论。人既是自私的，又是具有同情心的；既是利己的，又是利他的；既是一个经济人，同时又是一个道德人。在经济上一个人可以斤斤计较，从自己的利益出发，自私自利，但在道德上他又可以是一个具有同情心的人，他会照顾到他的同类，注意维持人类的和谐。斯密认为，人的本性中的这种双重特点，既受感情欲望和自私心的驱使，又有人的同情心加以控制，从而使人们在彼此的斗争中不会永无休止，两败俱伤。在斯密看来，人们追求自私的利益会刺激人们勤勉不懈地工作，从而能够增加社会的财富，给社会带来好处。人们尽管都是为着个人的私利，但是“一只看不见的手”总是牵着那些为自己利益而奋斗的人，使他们离不开社会的利益。为什么一个人，一个自我，既自私又能利他，既有自利心又有同情心，既有个人的生存要求又有种族繁衍的希望，既是一个经济人又是一个伦理人？斯密不能解释他在人性问题上的矛盾，不能解释他在人性上的不一致。斯密最后只有提出一个理由来，他说，这种两重性——利己心和同情心，是上帝的安排，是神的意志。上帝巧妙地把这两种东西放在人性之中。亚当·斯密这样一个很著名的经济学家，由于他在理论上的矛盾，最后竟不得不乞求于上帝的帮助。

第四个阶段，19 世纪，开始出现了英国的功利主义。广义的个人主义有了进一步的发展。以边沁（1748—1832）和密尔（1806—1873）为代表的功利主义学派，在强调个人自由的同时，特别强调对个人的快乐和幸福的追求。在他们看来，追求个人的快乐，满足个人的欲望，是个人的最终目的和人类最高的道德准则，在强调个人的最高欲求的同时，还必须强调个人追求自己的快乐的自由。密尔更突出地强调，个人在追求幸福和自由的时候，只要不直接涉及他人的利益，就应当有完全的自由。社会只能在法律的范围内对犯罪行为予以制裁，只要不违法，一切追求自己幸福的行为都应当被视为是正当的。政府和国家对个人的干预越少越好。这是个人主义在政治上的一种表现。他们认为，在世界上只有自己对自己的利益有最深刻、最透彻的了解，任何别人对自己的最大关切，同个人对自己的关切相比，都是鄙薄而肤浅的。在个人主义这一概念出现以前，许多强调个人价值、个人自由、个人尊严等的思想家，也往往被人们称为利己主义者。从广义的个人主义来讲，大体上有这么四个发展阶段。

现在来讲狭义的个人主义。所谓狭义的个人主义，主要是指个人主义这个概念产生以后所出现的个人主义。广义的个人主义出现得很早。正像我们前面所说的，甚至可以追溯到古希腊、罗马。但是，个人主义这个词的出现，在西方却相当晚。在19世纪40年代以前，有个人的价值、个人的尊严、个人的自由、个人的奋斗和个人的发展等思想，但没有“个人主义”这个词。它与利己主义不一样，因为在西方很早就有了利己主义这么一个概念。利己主义和个人主义有区别也有联系。利己主义者基本上是个人主义者，但有些个人主义者并不承认他们是利己主义者。这中间大概有三种情况：有的个人主义者承认他们是利己主义者；有的个人主义者只承认他们是一种温和的利己主义者；有的个人主义者不承认自己是利己主义者，甚至要求把他们和利己主义者区别开来。个人主义的概念在西方是什么时候出现的？根据《美国百科全书》、《简明不列颠百科全书》、《科利尔百科全书》以及英文《韦氏大字典》等辞书提供的材料，我们可以看到，直到19世纪的40年代才出现了个人主义这么一个概念。根据西方这些词典和百科全书的解释，把它归纳起来我们尽量讲它们相同的地方，因为个别地方各种工具书的说法还有这样那样的出入，如最早是谁说的，还有细微的分歧。这些有分歧的地方，我先不讲。主要讲大体上它们一致的地方。可以看到，它们都认为，个人主义这个词是法国大革命以后的产物。这个词最早是以法文开始的，现在英文中“个人主义”这个词Individualism是从法文转化来的。在英文中最早使用“个人主义”的是爱默生。大约在1835年，他在自己的一篇文章中使用了个人主义这个词。但是，他对个人主义并没有作什么解释。对个人主义作出解释的，大家公认的是法国的政治思想家托克维尔（1805—1859）。托克维尔第一个给个人主义下了定义，把个人主义看做一种思想体系。有的人认为，个人主义这个词就是他创造出来的。但是，有人认为，在他之前，爱默生的一篇文章中已经提到过个人主义这个词。因为爱默生没有对这个词作出解释，我们现在只能主要讲一讲法国的政治思想家托克维尔。他于1831—1832年在美国写了一本书，叫《论美国的民主》（第一卷）。回到法国后，1840年出版了这本书的第二卷。在第一卷中，他还没有提到个人主义，在第二卷中，他正式提出了个人主义，并对美国的个人主义作了分析和论述。因此，我们可以说在近代伦理思想史上，托克维尔是对个人主义作出解释的第一个人，他使个人主义正式成为了一个思想或思想体系。尽管关于个人的价值、个人的自由、个人的尊严、个人的权利等的思想早已经有了，但个人主义这一词从严格意义上说，是从托克维尔开始的。根据《简明不列颠百科全书》（中文版）的解释，创造这个词的托克维尔把个人主义定义为一种“温和的利己主义”。托克维尔认为，个人主义，即这种温和的利己主义，“它使人们仅仅关心自己家庭和朋友的小圈子”①。托克维尔认为，作为一种哲学，个人主义是一种包含着价值的思想体系；作为一种人性理论，个人主义是一种对政治、经济、社会、宗教行为的总的态度。怎样理解把个人主义看做一种价值体系？《简明不列颠百科全书》（中文版）认为，个人主义主张，“个人本身就是目的，具有最高价值，社会只是达到个人目的的手段”②；“个人主义的人性理论认为，对于一个正常的成年人来说，最符合他的利益的，就是让他有最大限度的自由和责任去选择他的目标和达到这个目标的手段，并付诸行动”③；“个人主义者往往把国家看做是一种不可避免的弊病，赞赏‘无为而治’的口号”④，反对政府对个人过多地干涉。另外，“个人主义也指一种财产制度，即每一个人（或家庭）都享有最大限度的机会去取得财产，并按自己的意愿去管理或转让财产”⑤。托克维尔在他写的《论美国的民主》一书里，对个人主义进行了很多分析，认为美国当时的个人主义，即19世纪40年代的个人主义的发展，最终可能使美国人彼此孤立，从而破坏美国的自由。现在有的同志讲，西方个人主义和利己主义是根本不同的，人们对个人主义的解释是错的，因为人们把个人主义同利己主义搞到一块儿了。这种看法有对的地方，也有不对的地方。确实在很长一段时期内，我们有些人往往把个人主义和利己主义看成是一种思想体系，没有注意到二者的区别和联系。但是，如果说西方的个人主义就是强调个人的价值和尊严，并没有以个人为中心和任何利己主义的因素，这个说法应该说是不全面的。因为我们看到，就是西方人解释个人主义，他们也看到了个人主义有着一种温和的利己主义的特性，尽管有的个人主义思想家比较多地强调个人主义中包含的积极因素，不同意把个

①②③④⑤ 中国大百科全书出版社《简明不列颠百科全书》编辑部：《简明不列颠百科全书》，中文版，第3卷，406页，北京，中国大百科全书出版社，1985。

人主义和利己主义等同起来，但他们也承认，个人主义是一种个人至上、把个人作为中心的主义，是反对国家、社会对个人过多干涉的主义，是主张个人有随意处理个人财产的权利和个人尽可能发财的权利……这种以个人为中心的主义，不仅仅与个人尊严、个人价值和个人自由有关，而且包含着如何正确处理和正确对待个人同社会、个人同国家的关系。总之，不论从广义的个人主义来看还是从狭义的个人主义来看，无论从消极的方面来看还是从积极的方面来看，个人主义都可以说是一种从个人出发，以个人为基础的个人中心主义。在历史上作为一种意识形态，在反对封建神权的斗争中，个人主义确实产生过积极的作用。在当代的资本主义社会里边，作为个人反对资本主义制度的压抑来看，在一定的情况下也有积极的意义（我们看到，弗洛姆的思想——强调个人自由，反对压抑——就是针对资本主义制度的，尽管它是强调以个人为中心的，但它还是在某种情况下有一定的积极意义）。列宁曾经说过，在资本主义形成的初期，个人解放和发展的思想“是一大进步”。在今天看来，强调个人利益、个人尊严、个人价值、自我选择、自我奋斗，如果加以正确的引导，也还可能有一定的积极作用。但是，由于个人主义这么一种思想体系，它是以个人为中心的，往往带着利己主义的特点（尽管说是一种温和的利己主义）。在个人与集体的关系中，它总是从个人出发，强调个人的至上性而否认个人利益必须服从整体利益。由于个人主义强调一个人的一切活动，都是为了个人家庭和自己小圈子的利益，因而往往导致个人利益同国家、整体和社会利益的对立。个人主义既然把个人的价值、尊严视为至上，把个人的活动、个人的自我选择和自我奋斗当做推动历史的动力，滑入了历史唯心主义，因而在个人和集体的关系方面，往往表现为个人自由主义和无政府主义。因而，个人主义不应当成为我国青年的价值导向，我们更不应该提倡这种个人主义精神。

三

第三个问题，在社会主义初级阶段，对我国青年来说，我们究竟应该提倡一个什么样的价值目标，树立什么样的人生理想，在个人和社会、个人和整体的关系上究竟应该遵循什么样的原则？这个问题不仅有重要的理论意义，而且有很重要的实践意义。正像上面所讲的，个人主义在当前社会主义条件下，不应当作为青年的人生价值目标，我们仍然应当把集体主义作为价值目标和道德原则，使青年能够在改革开放和“四化”建设方面树立起集体主义观念。我们今天所讲的集体主义，应当同我们过去对集体主义所作出的不完全科学的、不够全面的解释加以区别。我们应当为集体主义作出一种正确的、科学的、全面的说明，提倡一种新的集体主义精神。我们对青年进行思想政治教育，必须从我国的实际情况出发，对原来关于集体主义的种种不确切、不全面的解释加以改正，在新的形势下对集体主义的内容加以补充和发展，只有如此，才能使集体主义思想在青年中间具有真正的生命力。正是出于这样一个思想，我考虑对于集体主义，作为一种道德原则和价值目标，必须强调以下三个方面：

首先，必须正确理解和处理个人同社会的关系。个人主义者强调以个人为中心，强调一切从个人出发去追求个人的价值、个人尊严和个人利益，把社会只看做一种满足个人利益的手段。这无论在理论上还是在实践上，都是同马克思主义的思想、社会主义制度不相容的。把个人的价值、个人的尊严、个人的自由和个人的利益放在群众和社会之上，就连西方的许多资产阶级的思想家也是不赞同的。德国的著名思想家黑格尔曾经机智地把社会和个人的关系比作有机体中的生命和细胞的关系。他的这个比喻也可以说是针对个人主义思想中的强调个人、以个人为中心、把社会当做手段的思想的。有机体的生命有赖于所有细胞的健全和发展，甚至于可以说有赖于每个细胞的健全和发展。他说：“生命存在于每个细胞中。在一切细胞中只有一个生命，没有任何东西抵抗它。如果离开了生命，每一个细胞都变成死的了。”① 黑格尔这句话是有很深刻的意义的。他所说的生命就是社会组织，他所说的细胞就是每一个个人。他所说的生命存在于每一个细胞中，就是说，社会整体的活力寓于每一个社会成员之中；他所说的一切细胞只有一个生命，就是说，对社会整体中的每一个个人来说，只有整体才是他们共有的生命。对于每一个个人来说，如果离开了社会，离开了整体，个人的价值、个人的尊

① 黑格尔：《法哲学原理》，范杨、张企泰译，293页。

严、个人的自由和个人的利益也就不可能得到发展（当然，马克思又进一步指出，在资产阶级社会中，许多所谓代表每个个人共同利益的整体，只能是一种虚幻的整体，只有在社会主义和共产主义的社会中，才能形成或产生一种真实的集体）。在黑格尔看来，一个有机体的细胞越是有活力，越是健全兴旺，越有主动性，那么生命也就越能朝气蓬勃地发展。黑格尔不但不否认个体和细胞的作用，而且他在个体与社会的辩证关系中，充分地看到了两者的相互依赖、相互依存。整体、生命高于个人和细胞，同时他也强调个体的活跃和能动性对整体发展的重要性。否则，如果只是片面地强调整体，片面地强调生命，没有个体和细胞的活力，那么整个有机体就必然会死亡。黑格尔在个人和社会关系中强调个人、自我的积极意义，但他抛弃了强调个人和自我的那种以个人为中心、把个人抬高到至上的消极的不正确的东西，所以说他对这一问题的看法是非常深刻的。黑格尔还着重指出，对生活在同一个有机体中间的细胞来说，它们只有一个生命，任何一个细胞都不应该、也不可能离开这个生命。否则，任何一个细胞的存在也将是不可能的。是个体至上，还是整体至上，是细胞至上，还是有机体的生命至上，这既是一个实践问题，又是一个理论问题。当然，人类社会是个更复杂的有机组织，它同自然界的有机体有质的不同。如果把整个社会组织，把社会中的个人与整体的关系，完全看做是和自然界的有机体相同的，从而忽视、抹杀以至否认人类社会组织的特点，这当然是错误的。法国社会学家孔德最早提出了把社会当做一个有机整体的思想，认为像有机体的不同部分行使不同的职能一样，社会中的每一个阶级都各自行使一定的职能。之后，英国的斯宾塞提出了他的“社会有机体论”，企图用生物学规律来代替社会规律，从而为资本主义制度和资本主义的合理性辩护，这当然是错误的。我们在这里，主要是借用黑格尔的思想进一步说明，在社会主义社会中，我们所说的集体主义，既要强调整体和集体的利益，又要强调个人的尊严、价值和活力。正如生命和细胞的关系一样，在集体主义中个人和整体的关系也必然是相互促进、相互联系、辩证发展的。

其次，我们在承认整体高于个体、生命高于细胞的同时，要特别注意到整体应当力求使个体具有充分的活力。在漫长的封建社会中，压抑个人，否认个人的价值，抹杀个人的利益，使中国整个社会没有朝气蓬勃的力量。所以，从一个社会的整体来看，个性的发展，对个人价值的尊重，对个人利益的重视，特别是作为个体的能动性的发挥，是社会和整体得以健全发展的必要条件。正是从这点出发，我们应当着重强调并且说明，我们的集体主义精神不但不否认个人的利益，不抹杀个人的价值，相反，个人利益、个人价值、个人尊严的发扬，个人创造性的发挥，正是集体主义的不可分割的内容，是集体主义这个概念、这个思想体系本身所应当具有的内容。我们强调集体主义的重要——像生命一样，有机体高于细胞，整体高于个人，但我们还必须辩证地说明，我们的集体主义精神同尊重个人的利益、尊重个人的价值和自由，同发扬个人作为主体的能动性，是完全一致的。在过去一段时期内，对集体主义所作的非科学的、片面的理解，应该随着我们对集体主义认识的逐步深入而加以改正。集体主义强调集体利益的同时，必须充分尊重个人利益和个人价值。马克思早就预见到：个人才能的全面发展，个人的自由，对整体来说是非常重要的。一方面，他说“只有在集体中，个人才能获得全面发展其才能的手段，也就是说，只有在集体中才可能有个人自由”①。另一方面，马克思又特别强调，为了使个人能够在真实的集体中获得自由，就必须用革命的办法，打破旧的、虚构的集体，因为在这种集体中不可能有个人的自由的发挥。马克思说：“在过去的种种冒充的集体中，如在国家等等中，个人自由只是对那些在统治阶级范围内发展的个人来说是存在的，他们之所以有个人自由，只是因为他们是这一阶级的个人。从前各个个人所结成的那种虚构的集体，总是作为某种独立的东西而使自己与各个个人对立起来；由于这种集体是一个阶级反对另一个阶级的联合，因此对于被支配的阶级说来，它不仅是完全虚幻的集体，而且是新的桎梏。在真实的集体的条件下，各个个人在自己的联合中并通过这种联合获得自由。”② 从马克思这段话里可以看到，为了使个人的自由和才能得到发展，必须不断地完善我们的集体。也可以说，马克思看到了资本主义社会中那种旧的集体是一种虚幻的集体，它无法使个人的自由、个人的发展能够真正充分地实现，所以他寄希望于一个未来理想的完善的集体。他认为在这个集体中，个人的自由能够得到充分的重视。可惜我们在建立了社会主义的社会之后，没有很好地理

①② 《马克思恩格斯全集》，中文1版，第3卷，84页。

解马克思的这句话，没有能够在我们这个新的集体里，在社会主义的整体里，注意充分发挥个人的自由和个性的发展，这一点是我们需要提高认识的。当然，我们也必须承认，我国当前社会中的不同层次的集体，很难说都已经是马克思当时所理想的集体。由于社会中的某些腐败现象，我们的有些集体还不能使个人的能力得以充分发挥，使个人的尊严受到尊重。只有不断地改造、改善和完善我们的集体，才有可能使个人的尊严、个人的价值、个人的利益得到更好的实现。

这里还需要讲一讲关于集体主义的概念。在私有制的社会里，曾经提出过各种不同的集体主义。各种资产阶级的集体主义，正像马克思所说，是虚幻的不真实的，因为那种集体代表不了所有成员的共同利益。无产阶级的集体主义，最早是在拉法格的一篇文章里提出来的。他写了一篇叫《集体主义——共产主义》的文章，把集体主义当做一种政治信仰和一种社会理想来追求，他当时还没有把集体主义作为一种道德原则来理解。到了俄国十月革命，第一个社会主义国家建立后，在苏联进一步提出了集体主义，把集体主义看成是处理个人利益和整体利益的重要原则。由于当时的历史条件等各种原因，对集体主义的解释往往较多地强调了个人利益应当服从集体利益的方面。总的来说，苏联一些人对集体主义的理解，在相当长的时期内，虽然也注意到了个人的利益，但对个人的尊严、自由和价值，是注意得很少的。

最后，我们强调集体至上、个人利益应该服从集体利益，强调要充分发挥个人的能动性并尊重个人的价值和尊严，同时，我们主张在必要的时候，在个人利益和集体利益发生矛盾时，要牺牲个人利益来维护集体利益。最近几年来，在伦理学的研究和在青年思想工作中，关于牺牲个人利益的问题日益引起了人们的兴趣。集体主义原则中的个人牺牲绝不是任意地、任性地、随时随地地、没有严格限制地去牺牲个人利益，只是在个人利益和集体利益发生矛盾的情况下，在二者不能调和的情况下，或只有牺牲个人利益才能保护国家、民族的重大利益情况下，我们才提倡个人做必要的牺牲。利己主义和个人主义者是反对自我牺牲的。在西方，并不是所有的伦理思想家都反对自我牺牲。强调义务论的康德就认为，如果一个人要有道德，就应当对社会和对他人做出牺牲。康德有一句著名的话就是："德性之所以有那样大的价值，只是因为它招来那么大的牺牲，不是因为它带来任何利益”①。普列汉诺夫也一再强调利益是道德的基础，并认为道德总是或多或少以牺牲个人利益为前提。个人主义者和利己主义者都公开地、直言不讳地反对为别人而牺牲个人利益。费尔巴哈把自己的伦理学和道德原则称为合理的利己主义。他之所以把自己的利己主义加上“合理的”这一形容词，就是要同那些他认为是残忍的、冷酷无情的、任意的、故意的、只在对他人的冷淡无情中要求满足的利己主义加以区别。他自称他的利己主义是宽厚的、自己克制的、是在对他人的爱的中间寻求满足的一种健康的、与本性相协调的、必要的、与人生相一致的、不可避免的利己主义。费尔巴哈在宣扬他自己的利己主义的“合理性”的同时，也反对自我牺牲。他认为利己主义是人的一种本性，他的一句著名的话是：“这种利己主义和我的头一样是这样紧密地附着于我，以至如果不杀害我，是不可能使它脱离我的。”② 他认为，为别人牺牲是不可理解的。他的另一名言：“如果由我身上脱下斗篷就是德行，那么我就同时把这个斗篷穿在别人身上和我的无德行上，可是我还以德行自夸，并用德行装饰自己。”③ 他的意思是说，如果天下着大雨，你把自己的斗篷脱下来披到别人身上，你就认为是有道德的，是做了自我牺牲。其实你不知道，当你把自己的斗篷脱下披在人家身上时，你虽然有道德了，但这也就把不道德披到人家身上了，所以同时你自己也是不道德的了。这种从利己主义思想出发的论辩看起来好像非常机智，但其实质正好证明了利己主义的自私的本质。马克思主义所强调的集体主义的突出特点，就是它包含着自我牺牲精神。马克思主义的集体主义中的自我牺牲精神，并不是只顾整体利益而不顾个人利益，相反，它正是在个人利益和整体利益的辩证统一关系的基础上来考虑的。在现实生活中，我们可以看到无数的事例，个人利益的牺牲正好是为了维护包括个人利益在内的整体利益。同时，在很多情况下，个人的暂时的利益的牺牲，由于维护了包括个人利益在内的整体利益，有时还直接进一步促进了个人利益的实现。当然，确实存在着必须牺牲小我以保存大我的情况，其中最典型的就是在保卫民族、保卫国家的抵御外

---

① 康德：《实践理性批判》，关文运译，158页，北京，商务印书馆，1960。

② 《费尔巴哈哲学著作选》（上卷），荣震华、李金山等译，565页，北京，商务印书馆，1984。

③ 同上书，588页。

国侵略的正义战争中的牺牲精神。至于说在什么情况下要牺牲个人利益，那必须根据国家利益和集体利益的需要，根据不同的情况，作出道德抉择。例如，在维护国家民族利益、维护人民生命财产的紧急关头，不惜牺牲个人的利益，挺身而出，见义勇为，正是集体主义的一个很重要的要求。我们现在的社会风气确实很不好，前些时报纸上曾经报道过一些流氓在公共场合为非作恶，而有些人却袖手旁观，这种情况应当引起我们的高度重视。如果说对歹徒在公共场合为非作恶都不能与之斗争，那怎么能够为了整个国家、民族的利益而自我牺牲呢？如果一个国家、一个民族中的很多人都只顾个人而不顾集体，那么这个国家和民族是没有生命力的，更不可能兴旺发达。所以，在当前形势下，我们要看到西方伦理道德思想带来的消极影响，要根据我国的国情，培养青年把集体主义精神作为一种价值目标，使为社会主义、为振兴中华而奋斗的精神成为青年人的一种力量。只有这样，我们国家的“四化”建设才能取得更好的进展。

不同（东西方）文化对话中的伦理问题*

从整个世界的历史发展和从当前的现实来看，我们大体上可以把人类文化看做是由西欧文化、印度文化、伊斯兰文化和中国文化四大文化体系所组成的一个文化统一体。这四大文化体系也可以被称为四大文化圈，它们各以自己的特殊内容而显现出自己的文化特质，并在人类文化的漫长发展中，作出了自己的积极贡献。如果我们进一步考察，就会看到，在世界文化发展的这四个文化圈中，印度文化圈、以四敬为主的伊斯兰文化圈和以儒家思想为主的中国文化圈，都归属于东方文化圈这个总体系之中。因而，我们所探讨的世界不同文化对话，其实质又可以说是东西方文化之间的对话。

不同的文化是由不同的民族、不同的地区、不同的心理、情感等因素而形成的以生活习惯、文化伦理、价值观念、行为准则和道德情感等为主要内容的文化体系。这种文化体系经过了各民族的长期繁衍发展，经过思想家们不断地概括总结并在不同的历史时代不断地补充、丰富，又在与其他民族的交流、融汇中愈来愈形成自己的文化体系所具有的特点，从而对人类文化的发展，作出了与其他不同文化体系殊异的贡献。纵观人类文化的发展，我们可以看到，西方文化对世界的巨大贡献不同

---

* 本文是1989年10月8日—14日作者在德国参加“路德维希·费尔巴哈与哲学未来”讨论会的发言稿。

于东方文化对世界的巨大贡献。研究这种不同，分析它们独有的特点，对我们研究世界伦理文化是有重要意义的。

同时，我们也应当看到，人类共处于一个地球上，尽管不同文化在其发展初期的相当一段时间内是彼此独立发展的，是很少同其他文化体系交流的；但是，在以后的进程中，随着科学技术的发展，随着社会的进化，我们清楚地看到，在整个世界的文化圈交流过程中，在不同文化的相互吸收中，既存在着因宗教、地理、政治制度的不同而显示出的各自的独立性，同时也产生着彼此兼容并蓄、相互蕴含和不断吸收的趋同性。对于这两个方向，我们都应当进行科学的分析。在整个世界各种文化体系特别是东西方文化体系的交流融汇中，文化伦理和社会制度将起到重要的作用。

西方文化体系对世界人类文化的发展是有重要意义的。西方文化从一开始就强调理性的重要，强调实证的意义，从而在人类追求真理、发展科学技术、推动人类社会进步等方面起了极其重要的作用。如果就文化核心部分的伦理道德来说，西方文化中强调自我价值、重视个人尊严、个人自由等伦理精神，不但在西方社会发展中，而且在东方社会发展的一定时期中，也起到了某些积极的作用。整个人类社会可以被视作一个有生命的有机体，而社会中的个人可以被视作这个有机体中的细胞。只有每一个细胞有了充分的活力，整个有机体才能蓬勃发展。但是，细胞不能脱离整体而无限膨胀，因此，个人中心主义最终将导致人类社会的分崩离析。

东方文化体系可以说是一种伦理色彩比较浓厚的文化体系。东方文化，不论是以儒教为主要内容的中国文化，还是以佛教和伊斯兰教为主要内容的印度文化和伊斯兰文化，都可以归属于一种伦理型的文化。东方文化体系，特别是中国文化伦理思想，强调伦理道德在人类社会发展中的突出的、不可忽视的作用，主张个人属于整体，重视个人的道德品质在人和人的关系中的作用，推崇在政治生涯中“德治”和“修身、齐家、治国、平天下”的“身教”的重要意义。东方文化强调道德的重要和整体的至上。尽管在历史发展的某个时期，曾经产生了限制人的个性、压抑人的自我的缺陷，但在人类社会发展中，如果能够加以正确的引导，将有可能产生积极的影响。

东西方文化伦理的交流、融汇，特别是中西方文化伦理的交流、融汇，是多方面的。中国春秋战国时孔子之“己所不欲，勿施于人”的“仁”的思想对西方就发生过重要影响。费尔巴哈对孔子的“仁”的思想作了极高的评价，并进一步加以发展，使孔子的“己所不欲，勿施于人”的思想在西欧获得了新的意义。费尔巴哈在他的《幸福论》中说：“中国的圣人孔夫子说：一个人心地诚实，他保持对他人如同对自己一样的思想方式，他不离开人的理性本性所赋予人的那种义务的道德规律，所以他就不把自己不愿别人向他做的事施诸别人。”费尔巴哈由此进一步引申发挥他自己的人本主义思想，认为“在许多由人们思考出来的道德原理和训诫中，这个素朴的、通俗的原理是最好的、最真实的，同时也是最明显而且最有说服力的，因为这个原理诉诸人心，因为它使自己对于幸福的追求服从良心的指示。当你有了所希望的东西，当你幸福的时候，你不希望别人把你不愿意的事施诸你，即希望别人不要对你做坏事和恶事，那么你也不要把这些事施诸他们。当你不幸时，你希望别人做你所希望的事，即希望他们帮助你，当你无法自助的时候，希望别人对你做善事，那么当他们需要你时，当他们不幸时，你也同样对他们做”。在东西伦理交流中，我们可以看到伦理道德的出发点、人类的同情心、人类追求崇高的道德价值，是中西文化中相互吸收、相互融合的一个重要契机。这种融合是有利于整个人类社会发展的。中国近现代的思想家，如孙中山、鲁迅等，也都从西方的伦理思想中吸取了不少科学的、积极的因素。

可以预言，在不同文化的对话中，维持人类社会更好地向前发展的伦理道德的问题将越来越为思想家们所重视。在这种伦理价值追求的交流、融汇中，人们将会认识到这种对话，比起其他社会文化对话来，是具有更多的共同语言、共同心理和共同感情的。这种不同文化对话中的伦理价值的融汇一定会具有旺盛的生命力，并在这种对话中得到日益蓬勃的发展。

中国传统伦理道德和西方传统伦理道德的比较*

今天，我主要讲讲关于中国传统伦理道德方面的情况。也可以说，是想从中国传统伦理道德和西方传统伦理道德的比较中，来看看我们今天应该宣传和提倡一种什么样的价值导向，对社会、对青年在伦理道德方面，应该提倡些什么，反对些什么。中国的国情有很多方面，伦理道德是一个重要方面。伦理道德问题与中国传统文化和精神文明建设都有很密切的关系。

一、这次政治风波在意识形态方面对我们的启示

我国去年春夏之交发生的这场政治风波，可以说是一场极其严重的政治风波。这场政治风波对我们每个人思想上到底有哪些启示，应该很好地考虑一下，特别是做理论宣传工作的同志，更应该认真地进行思考。现在，全党和全国人民都在自觉或不自觉地对这场政治风波进行着反思，进而反思到最近十几年的改革开放，一直反思到新中国成立以来的 40 年。这场风波几乎有可能葬送掉我们革命先烈为之奋斗几十年而

---

* 本文原收入《了解历史，认清现实，展望未来——我国国情与社会主义道路》，北京，北京市社会科学学会联合会，1990。

建立起来的共和国，使她几乎在几十天之内毁于一旦，几乎有可能使中国重新回到人剥削人的社会中去，重新倒退到两极分化的旧社会去。对我们在理论战线工作的同志来说，最值得反思的是：为什么一些青年学生，在学潮发生之初，本来只是要反对腐败、反对官倒，是抱着完善社会主义制度和促进改革开放的目的的，但是到了后来，一部分人竟然受到一些别有用心的人的煽动，走上了与他们的善良目的相反的道路，不同程度地参与了这场政治风波？为什么一些青年学生在一些别有用心的人的煽动下，会对社会主义发生动摇，对党的领导产生怀疑？现在看来，这次政治风波对我们的最主要的教训之一就是：这么多年来，我们在思想教育中放弃了马克思主义理论教育，听任资产阶级自由化思潮泛滥，致使一些青年学生受到了资产阶级自由化思潮的影响，接受了资产阶级的价值观念，从而在这次政治风波中迷失了方向。最近几年来，自由化思潮不断发展，资产阶级的个人主义、自我价值甚嚣尘上；资产阶级的民主和自由的观念到处被宣扬；剥削阶级的享乐主义曾经一度成为时尚。在人和人的关系上，拜金主义起着严重的腐蚀作用。一切向钱看，金钱至上，有钱能使鬼推磨，似乎办什么事情都得要钱。有些人甚至公开提出，发展商品经济就是要搞金钱至上，等等。这些情况对党和国家中腐败现象的蔓延又起了推波助澜的作用。反思从学潮到发展成为严重政治风波的过程，我们应充分认识到，意识形态领域内资产阶级自由化思潮的泛滥确实是导致这场政治风波的最主要的原因。当然，也应看到党和政府内确实存在比较严重的腐败现象，并引起了广大人民群众的不满，这也是不可忽视的重要原因。国内外反动势力正是靠资产阶级价值观念对我们进行渗透来搞和平演变的。我们要彻底克服资产阶级自由化思潮，必须保持党和政府政治上的清廉，克服腐败现象。只有我们的党和政府能真正地清除腐败现象，能密切地联系群众，我们才能有效地克服资产阶级自由化思潮。否则，就不可能把反自由化的斗争进行得非常彻底。

二、自由化思潮对传统伦理道德的冲击

最近几年，自由化思潮对传统伦理道德的冲击是多方面的。不久

前，我在《光明日报》上写了一篇文章，把最近十年我国在伦理道德方面反自由化的斗争概括为四个浪潮，或者说四个时期。

第一个时期，是1980年前后，主要围绕对毛泽东同志和毛泽东思想的评价。一些搞自由化的人首先对社会主义道德、共产主义道德中的集体主义原则提出批评。他们把社会主义道德、共产主义道德要求的大公无私、全心全意为人民服务，都说成是假话、大话、空话，认为是搞“假、大、空”。他们认为，毫不利己、专门利人是根本做不到的，雷锋精神是一种奴隶主义，是叫你干什么就干什么。这是第一个回合的斗争，自由化思潮首先要把社会主义道德、共产主义道德否定掉。

第二个时期，是1984年、1985年这段时期，提倡商品经济，同时宣传“一切向钱看”，宣传金钱至上。如果说1980—1983年是搞自由化的人在做“破”的工作，破共产主义道德，那么1984年、1985年他们就开始做“立”的工作了，立他们的资产阶级自由化的伦理观点，立一切向钱看，立拜金主义思潮。开始时，很多人还听不进去，觉得社会主义国家怎么能宣传一切向钱看呢？但随着自由化思潮的发展，一些著名理论家也出面为“一切向钱看”作论证了。当时有种论调，“低头向钱看，抬头向前看，只有向钱看，才能向前看”。后来被一位理论家加以发挥，说第一句是向个人利益看，第二句是向社会主义、共产主义远大目标看，第三、四句是只有向个人利益看了，才能看到远大目标。我在《光明日报》写文章说，这种理论不解释我们还明白，一解释我们反而糊涂了。一个低头向钱眼儿钻的人，抬起头来怎么能看到共产主义的远大目标？中国古代讲“见利思义”、“见得思义”，意思是说见到了钱和自己可得到的东西，要先想想该不该要，是否符合原则，考虑考虑自己的行为是不是合适。

第三个时期，是集中批判中国的传统伦理道德的时期。这个回合与我们今天的关系比较大。搞自由化的人破除掉共产主义道德后，就把矛盾指向中国传统道德，说中国传统道德完全是封建道德，全是坏的，一点儿也不能继承。传统文化的核心是传统的伦理道德，否认中国传统文化的目的之一就是要否认传统道德。搞自由化的人就是要在对传统文化的批判中，否认传统道德中的优秀部分，否认其中对社会主义有利的部分。一个时期里，似乎中国的什么都不行了，不但中国的文化不行，道德不行，刘晓波之流甚至说连中国的人种都不行了。

第四个时期，搞自由化的人开始公开宣传个人主义、利己主义，鼓吹合理的利己主义和为个人主义“正名”，宣扬“个人主义在今天有它的积极性”等。

总之，改革开放以来，自由化思潮在伦理道德方面对社会主义道德的冲击出现了四次浪潮，首先是否定共产主义道德，其次是宣传“一切向钱看”，再次是否定传统道德，最后是公开宣传个人主义。自由化思潮在伦理道德方面对我们的影响很严重。过去一段时间里，人们还不明白，一些人为什么要否定中国的伦理道德，只是到后来才慢慢地看清了，否定中国传统文化道德，正是为他们搞全盘西化扫清道路，为在中国推行资产阶级伦理道德创造条件，是他们把中国从社会主义演变到资本主义的重要手段。

三、中国的传统伦理道德

讲到中国的传统伦理道德，首先必须要区分两种不同性质的传统道德。一种是中国封建社会所形成的封建传统道德，对这种传统道德，我们的态度是要批判地继承，就是要抛弃或批判其适应反动的封建专制制度的糟粕性的东西，发扬和继承其有益于社会发展的精华部分。另一种是社会主义的传统道德，如果把传统理解为今天以前的东西，社会主义传统道德是新中国成立以后或从井冈山到延安直到现在所逐步形成的。对于这种传统道德，只能是一个如何继承、发扬、补充和发展的问题。两种性质不同的传统伦理道德是不能混淆的。但是最近几年来，一些搞自由化的人故意混淆这两种传统道德，说这两种传统道德都不能适应今天改革开放的新形势，都要加以批判，甚至有的报纸上说，中国旧的传统道德已反掉了，新中国成立以来的新的传统也不行了。他们说的旧传统就是1949年以前的封建社会传统，他们说的新传统就是1949年以后或从井冈山、延安直到新中国成立后发展起来的革命传统。这些人打着反封建传统的旗号，实际上既反对封建传统，又反对新中国成立以来所形成的新传统，而且主要是反对新中国成立以来的新传统。他们说传统道德不能反映改革开放的新形势，不能反映发展商品经济的新形势，在很多情况下，这种说法指的不是旧传统，而是社会主义的伦理道德。他们鼓吹中国旧传统反掉了，新传统不行了，出现了道德无序状态，因此需要重建道德。

我今天讲的传统道德，主要指的是五四运动以前或新中国成立以前中国封建社会的传统道德，不是他们所说的新、旧传统道德。我们讲的传统伦理道德或者新中国成立前的伦理道德，概括地讲，是指在中国封建社会中以儒家思想为主体的传统伦理道德。对这种伦理道德，应用辩证的、一分为二的科学态度来进行分析。应根据时代的需要，批判其阻碍我国社会发展的封建性糟粕，继承其有利于社会主义四个现代化建设的精华。全盘否定或全盘肯定的态度都是错误的。在港台和国外一些地区，也确实有一部分人要求全盘肯定儒家思想，认为儒家文化及其伦理道德完全适用于今天。我们的态度完全不同，我们讲中国古代的传统道德，既包括儒家的也包括墨、法、道诸家的，不过是以儒家为主。中国传统文化道德可以批判地继承，但必须经过我们的消化吸收才能将之纳入社会主义伦理道德规范内，而不是把儒家的东西原封不动地拿来使用。我们不像现在的中国台湾、韩国、新加坡、马来西亚等地区和国家，每天宣传孔孟之道。对中国传统伦理道德中的优秀部分，我们主张批判地继承，既不同于全盘否定的那部分人，也不同于全盘肯定的那部分人。

四、中国传统伦理道德哪些应批判，哪些应继承？

中国传统伦理道德，从根本上讲，是中国封建社会的经济和政治关系的一种产物，是由中国封建的经济、政治关系所决定的，中国传统伦理道德与中国封建社会的经济、政治的关系可从两方面分析。一是从经济上看，中国两千年封建社会长期处于分散落后的小农经济关系中；二是从政治上讲，尽管有过动乱分裂，中国两千年中相当长的时期都是封建的统一专制国家。统一的国家，落后的小农经济，是中国最基本的伦理道德形成的前提。这两个前提决定了中国的传统道德既有消极的一面，又有积极的一面。

从消极方面讲，第一，旧中国从维护封建大一统的专制主义、整体主义出发，形成了比较森严的等级观念和等级规范。君臣、父子、夫妻，都有严格的等级制度，对人们的个性发展起过比较严重的束缚和压抑作用。正是从维护封建统一的需要出发，三纲五常思想成为了封建社会“天不变，道亦不变”的伦理教条，君为臣纲、父为子纲、夫为妻纲，一直发展到愚忠、愚孝，这种思想在中国社会长期都有很大影响。中国要实现现代化，要在改革开放中不断前进，确实要同这些封建伦理道德进行坚决的斗争。发展个性、实现人的价值、尊重人的尊严，是我们今天应该提倡的，并不是资产阶级所专有的东西。为了使国家走上现代化道路，必须反对中国封建社会的传统伦理道德中的等级观念、束缚个性等因素。这是消极方面中的第一点。当然，我们也应当看到，中国古代所说的五伦关系确实反映了当时社会中人和人之间关系的五个重要方面，今天如果能赋予其新的内容，对我们这个社会还是有积极意义的。

第二，儒家伦理道德中重义贱利思想，即重视道德，鄙视金钱和利益，重农轻商思想，以农为本，以商为末，认为生意人总是自私自利的传统观念，是与中国长期分散的、自给自足的小农经济相联系的消极东西。这种思想对中国社会的发展确实也发生过阻挠作用。重视道义是对的，但不要一般地提出贱利，把利否定掉。孔老夫子有句话，“君子喻于义，小人喻于利”，这句话，今天就必须分析批判地看待。尽管孔子本人指的“利”，究其主要意义而言，是说他反对只顾个人而不顾国家的自私自利，但他未说清“利”是否也包括个人的正当利益，所以儒家后来就片面地否定了利益概念，不讲利益，没有更好地看待“利”与“义”的关系。只讲“义”不讲“利”，只强调农耕，忽视经商，这对我们国家长期的发展，对我国今天的“四化”建设和改革开放是不利的。当然，有的同志讲，儒家对于“利”也讲了许多正确的话，像先义后利、见利思义等，对利、义关系的处理是正确的，但儒家特别是后期儒家是片面地否定了利益的。

第三，在儒家传统伦理思想中，由于小农经济的制约，以农为本，提倡道义原则，提倡道德的重要性，因而否认或鄙薄技术的重要，这种思想不利于我国科学技术和生产力的发展。在科学技术的发展上，中国古代确实出现过很多著名的、有成就的科学家，但是这些科学家在封建社会未受到应有的重视，他们的科学技术比较少地能够用来推动农业和手工业的发展，正是由于这种原因，中国封建社会未能形成许多独立的科学。如天文、水利、数学，中国都有很多科学家，但均未发展成为独立的科学。在“四化”建设中，要大力发展生产力，就必须进一步肃清传统道德中鄙薄技术的思想，更好地发展科学技术，尽快地实现科技现代化。

中国传统伦理道德，尽管从主体看是封建等级的道德，有很多糟粕，但它也确实包含中华各族人民在千百年来的生产、劳动和社会交往中积累起来的、能够维护民族发展的优良道德传统。中华民族所以能经历几千年历史而屹立于世界民族之林，成为世界大国，中华民族所以能绵延发展而历久不衰，其重要原因之一就在于中华民族有着优良的道德传统。我们应该看到，中国这样一个较大的民族国家有着悠久的文化历史，我们绝不能割断自己的历史，不能否定自己的优良传统，更不能采取民族虚无主义的态度。在我国社会主义现代化建设中，如果我们能够经过扬弃、过滤，用马克思主义对传统道德加以新的解释，必然会对我们的国家和人民发生积极的作用。我国优良传统的积极方面有：

第一，对国家和民族的强烈责任感。宋代的范仲淹提出：“先天下之忧而忧，后天下之乐而乐。”清代的顾炎武又提出：“天下兴亡，匹夫有责。”这两句话充分体现了个人对国家、民族的强烈责任感，体现了先国家后个人、先民族后家庭的可贵思想。正是这种伟大的精神，使中华民族得以长期延续和发展起来。在这种传统伦理道德的影响下，中国的许多知识分子和许多民众表现出了高尚的爱国主义精神，每当我们国家发生危难的时候，一些忧国忧民的爱国志士总是勇于自我牺牲，抛头颅，洒热血，为国捐躯。历史上像岳飞、文天祥、史可法这样的为国为民的英雄人物数不胜数。最近，我们正准备编一些中国历史上爱国主义的典型例子，用来教育我们的青年，发扬我们国家的优良传统道德。优良的传统道德非常有利于培养广大人民和青年对国家、对民族的责任感，培养广大青年的爱国主义精神。搞自由化的人否定我们的优良传统，很主要的就是要否定我们的爱国主义，为其搞全盘西化、在中国搞资本主义制造舆论。我们进行“四化”建设，要特别注意发扬爱国主义传统。那些背叛国家和民族的人，那些投靠敌人的人，注定要受到历史的唾弃，被钉到历史的耻辱柱上。

第二，自强不息、奋发有为的斗争精神。中国从先秦以来就提倡自强不息、奋发有为，它体现着中华民族自觉、顽强地改造社会和自然的崇高思想。中国许多思想家都很重视自强不息对中华民族发展的重要意义。一个民族要生存发展，一个国家要富强，一个人要使自己更好地生活，都必须具有自强不息的精神。把自强不息作为一个国家、一个民族或者一个人的价值目标来追求，作为人生的一种意义来追求，到今天看来仍有非常积极的作用。无论我们遇到了什么样的严重困难，我们都不能悲观失望；无论遭到多大的挫折，都要强调自强不息；无论外界的压力有多大，我们都要顶住并始终坚持自强不息。中华民族正是在这种自强不息、奋发有为的精神指导下，才得到了发展。我们国家的革命和建设离不开自强不息、奋发有为的民族优良传统。1989年春夏之交，我国平息那场政治风波后，帝国主义势力企图通过经济制裁、外交压力来使我们屈服，其不知道，中国人民的民族传统是自强不息、奋发有为，是坚持不屈不挠的斗争，是绝不会向外国势力低头的；你压得越厉害，我反而越要顶住。最近到国外去接触了一些华侨，他们对国内发生的政治事件是这样评价的：首先，学生是爱国的；其次，少数人利用学生的爱国热情要推翻中国政府；最后，外国人想利用中国事件改变中国的社会制度，给中国以压力。但他们认为，中国是不会屈服于这种压力的。去年的政治风波之后，我们国家又遇到了很多困难，在这种情况下，更应该坚持自强不息、奋发有为的民族传统。外国势力压我们，无非是要压我们改变社会主义制度，我们要发扬优良的民族传统，顶住这种压力，反对自由化，坚持走社会主义道路。

第三，“富贵不能淫，贫贱不能移，威武不能屈”，“独立而不倚”，“志士仁人，无求生以害仁，有杀身以成仁”，这种追求高尚人格和崇高道德理想，“杀身成仁，舍生取义”的大无畏精神，是中华民族优良传统的重要内容，对中华民族的发展起着非常重要的作用。直到现在，崇高的道德理想，对我国的许多知识分子、干部、工人和广大群众都有很重要的影响。中国人的这种骨气和精神，就是中华民族可以巍然屹立的脊梁骨。毛主席曾写文章专门讲我们中华民族的这种精神。新中国成立前有李公朴、闻一多、朱自清这样的一批知识分子。朱自清宁愿饿死，也不吃美国的救济面粉。中国历史上富贵不淫、贫贱不移、威武不屈的例子有很多。一个人要有自己的人格，一个国家要有自己的国格；为了民族和国家的利益，为了一种原则、道义，应当舍弃个人的东西，发扬无私奉献的精神，绝不能在名利、金钱、富贵的诱惑下，做出有损人格、国格的事情。我们现在有极少数的人受西方资产阶级思想的影响，羡慕、留恋国外的优越生活条件，做出许多损害人格、国格的事，这与我们的民族传统是完全不相容的。当前，尤其需要提倡我们民族的这种精神，克服最近几年自由化泛滥带来的金钱崇拜等不良现象。

第四，艰苦奋斗、勤俭节约、勤劳勇敢、诚实守信、谦虚谨慎等思想，也是中华民族的优良传统道德，这些传统道德在中国劳动人民和各阶层民众间有着较深刻的影响。近年来，自由化思潮否定民族传统，反对谦虚谨慎、艰苦奋斗等民族道德，一些报纸上的文章有意无意地在反对艰苦奋斗思想，如说什么“新三年，旧三年，缝缝补补又三年”这种思想不能适应时代发展，鼓吹高消费，不讲艰苦朴素等。在这种思想的影响下，不愿艰苦奋斗，追求享受，高消费情况严重。据北京市统计，青年结婚费用已上涨到一万多元。提倡高消费，讲享受，反对艰苦奋斗的结果是发生了许多令人吃惊的事情。如很多人把老实诚实看做是窝囊废，视为无能，提倡在商品经济中学会投机取巧。社会风气中形成一种老实人吃亏，谁争得厉害谁就得到的多的不良倾向。又如这些年出现了把谦虚看做是伪君子，最好是能够吹嘘自己、表现自己、推销自己，似乎一个人不吹嘘自己，就不能和社会各方面拉好关系，就不能把事业搞成功。谦虚谨慎这样很重要的优良传统，在一些人那里几乎没有了。这种风气使社会上许多人自以为是、骄傲自满、狂妄自大，甚至自封为是高于社会一切人的“精英”，发展到目空一切，为所欲为，甚至走上反社会主义的道路。当然不能说骄傲、狂妄一定就要反党反社会主义，但看看那些自封为“精英”而走上反社会主义道路的人，相当一部分是狂妄自大的，这不能不给我们以重要教训。

以上我讲了中国传统伦理道德的三个消极方面和四个积极方面。对于中国的传统伦理道德，应注意分析，既不能笼统否定，也不能笼统肯定。要认识到其消极东西直到今天对我们国家仍有严重影响，还要继续批判和消除它的影响。但对它的积极方面，更应注意发扬光大。

最后，我想再强调一下，对于新中国成立以来，或是从井冈山、延安时期即开始形成的革命传统不能“批判”继承，更不能以更新变革它的观念为幌子，否定这种传统。对于新中国成立以来的革命传统只能是根据当前的新条件加以补充和发展，使其能更适应改革开放的要求。新中国成立以来，我们在伦理道德方面提倡的主要是社会主义道德和共产主义道德，实行的是社会主义的集体主义原则，这种原则强调集体利益高于个人利益，在个人利益与集体利益发生矛盾而又必须牺牲个人利益时，主张牺牲个人利益，维护集体利益。新中国成立以来我们对集体主义的理解，曾经出现过过分强调集体利益，没有更好地注意到个人正当利益的满足的问题，这应该引起注意。但是，对集体主义原则来说，并不存在变革更新问题，主要还是发展和发扬的问题。

五、西方的传统伦理道德

一般来说，我们讲的西方个人主义道德传统，主要是指近四五百年发展起来的西方资产阶级传统伦理道德。西方以个人为中心或个人主义的传统道德，一般可以从广义和狭义两个角度来理解。广义地讲，它是从古希腊就开始出现的一种强调个人的伦理思想和伦理传统。古希腊虽然处于奴隶社会，但与中国不同，它有其自身所特有的一种民主制度。古希腊由雅典和斯巴达两个城邦组成，古斯巴达国王的权力要受长老会议的限制，长老会议有两个国王、28 个议员，是由 30 人组成的国家最高权力机关，国家最大的问题都由这个会议决定，不由国王个人决定。雅典比斯巴达更民主，公元前 6 世纪梭伦改革后建立了四百人议会，是国家的最高权力机关，国家的重大问题都要在这个议会里讨论通过。这种奴隶制民主强调奴隶主之间的民主，产生了有关个人的思想。“人是万物的尺度”这种思想与当时的民主政治相适应。在奴隶主民主制下，奴隶主个人具有相当独立的人格，能够独立表达自己的意见，因此，奴隶主之间，个人是享有一定的民主和自由的，不像东方封建社会那样等级森严。西方封建专制时期约有一千年，在这段时期内，西方的封建等级制也是非常森严的。随着西方资本主义社会的形成、发展，由于西方有民主的历史渊源，近代资本主义民主制度很快又返回到古希腊的民主思想，文艺复兴以后又有所发展。西方比较多地强调个人，以个人为中心的传统伦理道德是在古希腊时期萌芽，在文艺复兴时期发展起来的。

从狭义上讲，个人主义主要是指与资本主义发展相适并同资本主义同时产生，为资本主义发展服务的思想体系。这种个人主义是文艺复兴以来的思想产物，如果更严格地进行划分，系统的个人主义的思想体系产生的年代还要晚。直到19世纪40年代，西方才出现了“个人主义”这个词。文艺复兴之后只有“个人民主”、“个人自由”、“个人尊严”、“个人价值”，没有“个人主义”，从“个人”观念的提出，到以个人为中心的思想出现经历了好几百年的发展。早在文艺复兴初期，适应资本主义的发展，资产阶级个人主义思想也迅速发展。一方面，私有资本主义经济为从封建束缚下摆脱出来，迫切希望有一种反对封建压迫、强调个人发展的思想来指导私有制的发展。另一方面，一些以个人为中心的人，为追求个人的解放，也必然要依靠私有制的进一步发展。私有制的发展要求有一种思想体系来适应它，而一些要求宣传个人主义的人也需要私有制的发展，使其个人主义思想能够得以体观，这样，个人主义就伴随着私有制的发展成为了一种思想体系。现在讲的以个人为中心的思想，是以资本主义经济为基础而形成的理论思想体系，这种思想体系在19世纪发展到极端以后，逐渐开始走下坡路。

在西方国家，个人主义是强调以个人为中心，一切从个人出发，个人利益高于整体利益，并以达到个人需要与欲望为目的的一种思想体系。资产阶级个人主义，因为要强调以个人为中心，强调从个人出发，强调获得个人利益，强调要达到个人的需要与欲望，所以它在产生开始就比较注意个人的自由、个人的尊严、个人的利益和个人的价值。应该承认，这种思想在反封建神权的斗争中确实发生过积极作用，这是历史事实。在当前资本主义社会中，在某些情况下，这种个人主义思想还可能产生某些进步的影响，这也是可以理解的。个人主义有时也反对法西斯主义，反对侵略战争，反对资本主义国家对个人的过多干预等，但个人主义一个很重要的特征是以个人为中心，这种以个人为中心的思想总是要诱发个人的私欲膨胀，造成个人同国家、同整体的疏远和分离。所以，即使在资本主义社会中，在其产生积极作用的同时，也产生着一定的消极作用，随着资本主义从自由竞争向垄断的发展，个人主义的积极作用就越来越小了。现代不少资产阶级思想家也认识到，个人主义对当代资本主义社会具有很多消极作用。

自由化思潮泛滥时，有一种论调说个人主义与利己主义不同，要反对利己主义，不要反对个人主义。应该怎样认识这个问题呢？个人主义与利己主义从概念和历史渊源上讲确实有所不同。利己主义早在古希腊时就出现了，完全是一种自私自利、追求个人欲望的满足的思想。个人主义，我们在前面已讲到，是从文艺复兴时期开始的，而且从严格的意义上讲，只是到了19世纪40年代才出现了个人主义这个概念。从内容上看，个人主义也不完全等同于利己主义。但从本质上讲，个人主义归根到底可以说就是利己主义。因为二者都是以个人为中心，这在本质上没有区别。不过把个人主义说成就是利己主义也是不确切的，因其思想渊源与内容毕竟有所不同。

六、在今天的中国有无积极作用，是否可作为我们今天社会伦理道德的一个价值导向？

一些搞自由化的人或者一些头脑不清醒的人，总觉得由于中国经济发展落后，需要搞商品经济，就是要补资本主义的课，因此，也应该发展个人主义。现在看得很清楚，中国要想补资本主义的课，搞资本主义，绝不可能搞成当今美、英、法、德那样的资本主义社会，只能是一种原始的、人吃人的、大多数人被少数人残酷剥削的、买办式的资本主义。我国人口众多，社会生产力水平很低，人们的文化、文明素质需要很大的提高，民主法制观念不健全，加上垄断资本的国际环境，在这种情况下搞资本主义，是不可能建成现代西方美、英、法、德等资本主义社会的。现代资本主义是从残酷的资本原始积累、羊吃人、买卖奴隶发展起来的。19世纪恩格斯写的《英国工人阶级状况》，对资本主义剥削的描写与我们今天某些个体户的非法经营相当相像。如果我们今天搞资本主义，不搞社会主义，允许私人资本主义经济像西方社会无限制地去发展，在我国现有状况下，弄虚作假、坑蒙拐骗、残酷剥削就会发展得不可收拾。这不是耸人听闻，而是这几年确实出现了的现象，很多非法经营的个体户就是这样剥削的。资本主义国家经过长期的发展，已形成比较健全的法制，它们的资本主义发展还要坑害老百姓，我们的法制不健全，这几年违法、偷漏税、造假的现象不断出现，如果再搞资本主义的话，情况就会发展得更为严重。很多人想在中国以发展资本主义为由来宣传个人主义，这样做更不行。资本主义的发展也只是在经过了400年的发展之后，在大量对本国和世界各地人民进行掠夺的基础上，在长期实行资本主义文化教育，特别是在健全法制的基础上，才使它社会的各种矛盾能够互相制约，才使个人主义从原始的、野蛮的、赤裸裸的、人剥削人的那种情况下，转变到今天西方的这种所谓注重人的自我的个人主义。今天中国不可能有这样的个人主义。现在的西方个人主义是适应资本主义私营经济的发展而形成的。个人主义作为一种伦理道德原则来讲，它强调的是以个人为中心，作为一种财产制度来讲，个人主义是要维护私有财产，这一点我们可不能不注意到。个人主义需要维护私有财产制度，与我们以公有制为基础的社会主义制度是根本对立的。个人主义在资本主义社会中，曾经促进了资本主义生产力的发展，如果今天把它移植到中国来，就不但不能起进步的作用，反而要起到破坏社会主义的作用了，或者说在今天的中国，个人主义只能起到破坏社会主义建设的消极作用。我们要不要强调个人尊严、自由、价值？我们应该强调。社会主义的集体主义道德原则，绝不否认和排斥有关个人的价值和尊严，这些东西并非资产阶级个人主义所专有。前一阶段，我们对集体主义的宣传在某些方面是不够全面的，没有注意到集体主义这样一种道德原则本身就应该包含要发挥个人的创造性，要使个人的价值能够得到实现，要使个人的尊严得到尊重，要使个人的正当利益得到保障等内容。社会主义集体主义在强调集体利益高于个人利益的同时，完全应注意到个人的价值、尊严和个人的正当利益。

与社会主义公有制和社会主义政治制度相适应，社会主义只能把集体主义作为社会的价值导向和伦理道德准则，而不能把个人主义作为我们宣传的一个内容。我们今天不但不能实行个人主义，还要花大气力去清除以个人为中心的个人主义思想。我们必须清楚地认识到，个人主义最本质的规定是以个人为中心，它就必然在个人与社会、个人与国家的关系上，最终强调的是个人至上、个人本位，在个人与社会比较上，主张个人是更根本的东西。而我们要强调的是社会本位，不是个人本位，一个社会主义国家如果强调的是个人本位的话，就不可能建成社会主义。

我们坚持社会主义的集体主义，就要对集体主义有科学正确的理解。集体主义主要应有三层意思。第一层意思强调集体利益高于个人利益，在个人利益与集体利益发生矛盾又必须牺牲一方时，必须牺牲个人利益，维护国家、民族与社会的整体利益。这并不是说任何情况下都得牺牲个人利益。为了更好地维护集体利益，在特定情况下，也可以牺牲某些集体利益来照顾个人利益。但这种照顾从长远来讲，还是为了集体利益。在大原则上，我们强调集体利益高于个人利益，国家利益高于个人利益，民族利益高于个人利益。第二层意思，在集体利益高于个人利益的前提下，集体应尽最大可能使个人发挥积极性，使个人的价值、尊严都能得到适当的满足，尽量保证个人的正当利益。这层意思我们过去宣传不够，理解不够。有的思想家把个人与整体看做一个有机体，认为个人是有机体的细胞，整体是有机体的生命，生命要有活力，必须使每个细胞有活力。这个观点是正确的。集体要有活力，必须让每个人有活力，这个道理过去我们许多人不懂，好像集体主义就是强调一切东西都得服从集体，个人好坏就不管了。恰好相反，集体的活力来自于个人的活力，一个工厂的兴旺发达有赖于每个工人的积极性都得到发挥，每个工人的正当利益都得到满足，每个工人的个人尊严都得到尊重，每个工人的个人价值都得到实现。第三层意思，集体的每个成员都要为保持集体的完善与纯洁而斗争。集体主义要求其成员要不断地为集体的完善而斗争，保持集体的纯洁，使集体能真正体现全体成员的利益，体现国家、民族的利益。集体主义这四层意思是有机的统一，共同构成集体主义的完整内涵。这样的集体主义是科学的、全面的，能够在广大群众中间得到真正的推行，它是指导我们社会主义建设的重要的伦理道德原则。

东西方企业文化比较*

在建设社会主义市场经济的过程中，如何更好地促进企业的发展，保证企业的经济效益，提高企业的竞争能力，增强企业的凝聚力，需要探讨的一个重要问题是建设具有中国特色的社会主义企业文化。为此，首先学习和借鉴人类已有的成果，特别是东西方典型的企业文化，进行比较研究，对于鉴别、吸取是颇有裨益的。

一、西方的企业文化

企业文化，从其渊源的管理学来说发源于西方。最早可追溯到由美国泰罗（1856—1915）所提出的泰罗制的管理方法，即定额管理（制定出公平的、一天劳动量的标准）加上适当的制裁和鼓励，生产效率就能达到最高水平。这种管理方法在资本主义发展的一定时期也确实起到了促进生产的作用。这是人们所称的古典管理学派，以后被称为 X 理论，这种理论被认为是以对工人的管束和强制为主要手段的。之后，20 世纪四五十年代，在西方出现了行为科学，这个学派被称为“人际关系”学说，它强调“管理”不能单纯地注意外部强制和制度，一个管理者还

* 本文原载《领导理论与实践》1995 年第 1 期。

应当懂得怎样调动人的积极性，应当了解人的欲望和需要，了解人与人之间的关系，它强调管理人员必须懂得有关行为科学的知识，应当善于调动人们的积极性。以后又有所谓管理科学学派，更加强调决策管理的重要，突出经济效果的评价标准，强调战略制胜，强调决策方法，以求达到企业决策中的科学性（运用现代化的手段）。到 20 世纪 60 年代以后，企业文化的思想被提出了，即重视文化在企业管理中的作用。相对于 X 理论来说，凡是强调以思想教育的方法鼓励职工发挥主动性和积极性，强调关心职工和人际和谐的管理思想，则被称为 Y 理论，而把二者结合起来的思想，则被称为 E 理论。

从管理的发展来看，早期所形成的 X 理论是一种不考虑成员的心理、欲望、情感需要，而只强调外部的约束、强制、纪律的管理方法；而 Y 理论则从另一个侧面，强调所谓各个成员的心理需要、人格的尊严、自我表现的机会等，但是，如果不与有效的管理相结合，它在目前的条件下是不可能使企业得到发展的。

到了 60 年代以后，西方研究管理科学的人们已经认识到两者的片面，并努力创造出一种所谓新的 Z 理论。这种理论认为，应当把管理看做是种文化，有其自己的价值传统，追求一定的价值目标，它同民族的传统习惯、同政府制度和政治制度以及社会的道德要求有着密切的关系。

近几年来，西方有关企业文化的著作、文章很多。1981 年 7 月，美国哈佛大学教授泰伦斯、狄尔和麦肯齐咨询公司顾问爱伦·肯尼迪，经过对美国近八十家企业进行调查，写成了《企业文化》一书，赋予了西方企业文化以总结性的概括。他们认为，构成美国企业文化的要素大体上有四个：第一，有一种良好的培育企业文化的企业环境，这是塑造企业文化的最重要的因素；第二，使企业及全体成员有一种价值观，认为这是构成企业文化的核心，是企业能否取得最终成功的关键；第三，强调企业中的英雄、模范和先进人物的作用，因为他们为广大员工提供了效法的实际典型，是企业文化的重要内容；第四，纪念日、庆典及必要的仪式，是企业日常对其成员进行教育的动态文化，它能够使企业的价值和先进人物的影响在企业中更好地传播。

诚然，西方的企业文化理论，从本质上来看，是为私有制服务的，是与我们的社会制度不同的，但是我们也可以从中吸收某些合理的、有启发意义的内容，并赋予其新的意义，建立起我们自己的有中国特色的社会主义的新的企业文化。

对于西方的企业文化，我们要采取分析的态度。尽管西方在企业文化中也强调价值观的重要，但归根到底西方的企业文化是从个人中心出发的，是从行为科学出发的。例如，马斯洛把人的需要分为五个层次，即生理需要、安全需要、社交需要、尊敬需要、自我实现的需要。自我发展、自我设计、自我价值体现为一种最高的需要。因此，西方的所谓价值观是同我们的价值观不同甚至对立的。

二、东方的企业文化及其合理因素

东方的现代化同西方的现代化有什么区别和联系？西方国家的理论家、政治家们总是认为，任何国家特别是发展中国家想走现代化的道路，必须走西方化的道路。所谓西方化，就是要接受他们的以个人为中心的价值观，以及自由、平等及多党派的民主的价值观，实际上就是要向我们国家推行资本主义制度。但是，东方各国的现代化却走着和美国等西方国家不同的道路，即使是资本主义制度的亚洲各国，由于受东方传统文化的影响，在接受西方现代科学技术和管理方法时，也都作了批判性吸收，形成了具有东方特色或者说具有道德传统的企业经营和企业管理思想，并且在现代化的建设中取得了极其重大的成功。我们是社会主义国家，我们所要建设的是社会主义现代化和社会主义的新文化，因此，更应当创造出富有中国特色的社会主义企业文化。

在谈到企业伦理是企业文化的核心这一问题时，我们不能不提一下在日本明治维新时期的著名企业家涩泽荣一（1840—1931）。对日本资本主义的发展，涩泽荣一有三个为日本人所一致承认的贡献：一是他创立了日本的株式会社；二是他使企业家阶层的地位在日本得到了提高；三是最重要的一个，就是他所提倡的经济道德一致论，也就是他所说的“《论语》加算盘”的理论，即一手讲道德，一手做生意，并以此发展了他的企业，成为日本明治维新时期一个最重要的企业家和企业伦理理论的倡导者。作为民间企业家，他参与创办了五百多家企业，几乎遍及当时日本经济的所有方面，是近代日本工业化运动的组织者和指挥员。作为社会活动家，他参与支持了六百多项社会公益活动。他特别重视《论语》中的许多道德原则和规范，并把它们运用到经营中。原来，日本人在小时候都要“修汉学”和“读《论语》”。他说：“我明治六年辞官进入本来就向往的实业界之后，我和《论语》就有了特别的关系。这就是我刚成为商人时，心里有所不安，想到今后要在锱铢必较中度过一生，应该有怎样的操守呢？此时，我想到以前学过的《论语》，《论语》里说的是修己交人的日用之教……我可以按照《论语》的教谕经商谋利。”他把经商同做人、讲道德等紧密地联系起来，把道德伦理同资本主义的企业发展紧紧地结合在一起，把《论语》作为一生经营企业的指南。据说，平时他的口袋里总带着一本《论语》。涩泽荣一还把自己的经营之道与《论语》中的伦理道德原则结合起来的体会写成文章，集成《〈论语〉讲义》一书。一位日本学者宇野哲人曾经对日本已有的两百多种《论语》注本做过一个评断，认为涩泽荣一的《〈论语〉讲义》可以被称为最重要的六种注本之一。尽管当时西方还没有出现企业文化这一概念，应当说在涩泽荣一那里，已经提到了以伦理道德为核心的企业文化思想。

《论语》为什么可以同经营之道结合起来，从而能使企业得到发展呢？最主要的原因就是，《论语》是一本讲做人的道德的书，也可以说是一本道德文化的总汇。譬如“信”、“信实”、“诚信”是《论语》中非常强调的一种处世、处人之道。孔子说：“人而无信，不知其可也。大车无輗，小车无軏，其何以行之哉？”又说：“民无信不立”，“信则人任焉”。强调一个人不论做什么事，说什么话，都要“言而有信”。他还特别提到，在管理方面，管理者对他的下属更要强调“信”，他说：“君子信而后劳其民。”认为“民无信不立”，“上好信则民莫敢不用情”。他强调的“信”，绝不是一般人所说的哥们儿义气，更不是某些人的私人之间的交易，而是强调“信”和“义”，即信和原则、和适宜、和应当的联系，他说：“信近于义，言可复言”，把他所说的“信”同一般人对“信”可能产生的庸俗理解区别开来。《论语》的第一章《学而》的第四段就是谈的个人的三种道德要求，其中“信”被认为是同朋友、同他人、同社会交往的一个重要原则！其中引曾子的话说：“吾日三省吾身：为人谋而不忠乎？与朋友交而不信乎？传不习乎？”从这段话来看，“信”对个人修养也有重要的意义。

对于涩泽荣一的思想，有人归结为道德经济合一论，或者说是义利两全说，但毋宁说这是一种先义后利说。义者宜也，适宜、应当的意思，他强调要在“义”的指导下求利，也就是《论语》中所说的“见得思义”、“见利思义”、“义以为上”、“先义后利”、“富而可求也，虽执鞭之士，吾亦为之。如不可求，从吾所好”。涩泽荣一同样非常讲究经营之道，十分注意西方的管理方式，建立了吸收西方管理技术而形成的一套硬件组织管理体系，同时又特别强调思想道德，即根据《论语》中的道德思想而形成的软件系统。涩泽荣一被称为日本近代化之父，他的这套经营模式一直影响着日本，第二次世界大战后，尽管美国的管理方式对它影响很大，企业也发展变化很快，但它的基本模式仍然没有大的变化。

最近，韩国高丽大学校长撰文说，为了使韩国的企业能够在 21 世纪适应国际化的新时代，为了适应时代潮流，使韩国企业成为世界一流企业，最重要的是要把伦理道德放在企业发展的首要地位。他认为，在韩国当前所做的为发展企业的各种努力中，“为企业树立‘道德性’的努力还显得不够，要想成为世界一流企业，忽视道德是不行的”。他说：“道德性是优秀企业文化的绝对标准”，“立足于道德性树立企业文化，是成为世界一流企业的首要条件。因此说，树立企业道德是比开发尖端技术和改善企业体制更重要的事”。

那么，如何树立企业的道德性呢？在这方面，我们拥有丰富而有价值的民族遗产。我们民族自古以来就有高度的道德文化，但是在西欧现代化的浪潮中被忽视了。道德不单是人类必须遵守的道理，也是体现真正生活价值的基础。现在，我们正在体验着没有道德基础的物质丰富的严重虚假现象。要想迎接 21 世纪，我们必须反省这一点。

我们的传统文化可以成为创造 21 世纪新文化的基础。我们民族固有的“孝道”可以发展成为优秀的企业文化。现在，过分的个人主义、上下之间和左右之间的隔阂现象日益严重。

但是，孝道可以把现在的幸福同过去和未来的幸福联系起来，使上下左右融洽。只能在孝道的基础上实现人类真正的福利、繁荣乃至环境保护。所谓主导 21 世纪，就是主导新时代的文化和道德性。我希望我国的企业创造性地继承和发展民族固有的道德性，成为真正的世界第一流的企业。

企业经营的目的是什么？在一般人看来，当然是要获取利益，这个认识是不完全的，就是资本主义国家的明智的企业家，他们也不赞成这样的认识。松下公司是世界著名的企业，它所强调的是：企业经营的最终目的绝不仅仅停留在对利润的追求与获取上，而是要为社会做出贡献，在为社会做出贡献的前提下，企业也从社会取得了与所做贡献相应的报酬，这个报酬就是企业的利润。因此，它认为用户至上，不是以产品合格为标准，而是以用户的最终满意为标准。它认为，企业的素质根本在于人的素质，而且强调“企业的素质以最低人员的素质为代表，所以要用最大的努力，不断培养、提高企业每个员工的素质，尤其是最低人员的素质，从而使企业人员能够理解为社会做出贡献和取得相应报酬的关系”。

关于研究东方道德的三个问题*

江泽民同志在党的十五次代表大会的报告中强调："我国文化的发展，不能离开人类文明的共同成果。要坚持以我为主、为我所用的原则，开展多种形式的对外文化交流，博采各国文化之长，向世界展示中国文化建设的成就。坚决抵制各种腐朽思想文化的侵蚀。"在建设有中国特色的社会主义精神文明、培养"有理想、有道德、有文化、有纪律"的"四有"新人和提高全国广大人民群众的思想道德素质的过程中，了解、研究和学习中国古代的优良道德传统和全人类的优良道德传统，能够有利于加强我国的社会主义道德建设，这是摆在我国思想道德建设者面前的一项重要任务。

东方道德传统是世界道德传统的一个重要部分，它同中国传统道德有着密切的关系。加强对东方传统道德的研究，对我国的社会主义现代化和思想道德建设，尤其有着直接的现实意义。我想，我们是否可以从以下三个方面更多地做一些努力。

一、东方道德的基本特点

在当前，我们提出和研究的东方道德，应当说是相对于西方道德而

* 本文是 1997 年 12 月 5 日作者在北京市东方道德研究所"关于文化建设研讨会"上的发言。

言的。西方文化和西方道德，在近几百年来，曾受到人们的重视，并且不同的思想家对之进行过比较广泛和深入的研究，对它做出过不同的概括。尽管这些概括还有比较大的分歧，但是对我们进行分析和研究是很有帮助的。相对来看，我们对于东方道德却研究得很不够，这是迫切需要加强的。相对于西方道德来说，东方道德有什么不同于西方道德的基本特点呢？我觉得，这是一个值得我们认真研究的问题。一般来说，西方道德，从文艺复兴以来，是以个人主义为中心的，是以个人的价值、个人的利益、个人的自由为人的一切活动的出发点和最终目的的。用西方著名的思想家、个人主义一词的创始人、法国的政治思想家托克维尔的话来说，这种个人主义把个人的价值看做一种根本的目的，而社会和他人都只能是达到个人目的的一种手段。尽管在我们国内，对西方道德的核心是不是个人主义，对个人主义究竟应当怎样去认识，还有不同的看法，还有争论，但我认为，这个看法是合乎实际的，是西方大多数思想家所承认的。

东方道德的基本特点是什么？这一点还需要我们进行大量的研究。当然，研究中国传统道德和现实生活中的道德是一个重要方面，但是我们还必须研究日本、印度和阿拉伯国家的传统道德和现实生活中的道德，这样才能使这一问题得到正确的解答。就以日本来看，它的武士道精神、它的团队精神和现代企业中的企业集体主义精神，究竟应当怎样来概括？又如，在伊斯兰教和佛教的道德传统中，特别是在它们的人生哲学中，有哪些积极的东西和消极的东西？为什么有些西方的思想家对伊斯兰教的文化和佛教的文化存在着那么多的疑虑和恐惧？

二、关于东方道德的历史地位和未来的作用

道德是文化的一个方面，从一定的意义上来看，我们甚至可以说，一定社会的道德是一定社会的文化的核心。因此，讨论道德问题，也就离不开文化的问题。

在即将面向的 21 世纪这一重要时期，文化问题已经成为全世界人们所共同关注的一个重大问题。西方有的学者预言，在未来世界，各国

之间的最主要的竞争就是不同文化之间的竞争。一般来说，世界的文化可分成所谓基督教文化、佛教文化、伊斯兰教文化和以儒家文化为代表或受儒家文化影响的文化。我们知道，佛教文化、伊斯兰教文化和儒家文化都可以说是属于东方文化。在所谓的东方文化中，儒家文化在长达几千年的历史时期内，曾经对世界文化发生过十分深远的影响。我们相信，世界未来文化的发展绝不是一种文化吃掉另一种文化，更不可能像某些人所想象的那样：一种文化在世界上占据着统治地位，并以这种在文化上所占据的优势来达到压制别种文化的目的。以一种文化为手段，强制推行某种价值观念，干涉别国的内政，这在今天也已行不通了。在世界出现多极化的今天，以一种文化来统治其他各种文化的情况一去不复返了。世界文化也不可能以一种文化为中心。任何形式的文化中心主义，不但是错误的，而且是同时代精神背道而驰的。西方的某些思想家断言，未来人类的冲突将会是一种新形式的“文明冲突”，即各种文化之间的冲突，其结果当然就是一种文化占据统治地位，这种看法当然是错误的。我们相信，未来的世界文化的发展，只能是而且应当是各种文化的汇合与交融，只能是吸收每一种文化的长处，弘扬每一种文化中有利于人类共同发展的、平等的、积极的因素，抛弃各种文化中的消极的、落后的、不符合人类共同友好发展的因素，最终形成一种有利于全人类的新文化。在未来的各种文化的汇合与交融的过程中，当然也必然会发生各种文化之间的矛盾和冲突，但是其结果不可能是某一种文化对其他文化的征服，而必然是人类所有文化的共同发展。

东方伦理思想同东方文化一样，有着源远流长的历史，有着极其丰富的内容，在很长的一段历史时期内，在整个人类文化和伦理思想中，都发生过和正在发生着很大的影响。只是在最近几个世纪，在资产阶级的文艺复兴之后，比起西方的文化来说相对落后了。西方在现代化的急剧发展以后，随着生产力的大发展和物质财富的增加，它的以个人为中心的文化也得到了长足的发展。在最近三百年的时间里，西方文化对其他各国的文化发生着重要的影响，并力求成为在世界上占统治地位的文化思想和价值观念。这种情况，在即将到来的 21 世纪，是不可避免地要改变的。我们反对“西方文化中心主义”，我们也不赞成东方文化中心论。我们仍然应当吸收西方文化的长处，发扬西方文化中的向上的、积极的、有利于人类共同发展的合理因素。同时，更重要的是，对于西方的文化和伦理道德，在吸收其积极方面的同时，要特别注意清除它的消极影响。我们要以前所未有的思想境界和面向未来的广阔视野，审视东方文化的过去和现在，要以人类未来的整体利益和各个民族、各种文化的共同发展为最高的目的，对这一文化进行研究、概括和总结，力求使它在未来的21世纪为创造绚丽多彩的人类新文化做出自己的贡献。

伦理思想既是文化思想的核心，又是时代精神的一种重要体现，它不但在文化的发展中起着非常重要的作用，而且对于一个时代的时代精神产生着重要的影响。我们对于东方道德的研究要同创造人类未来的21世纪的新文化结合起来，使我们能够对人类文化的新发展做出贡献。

三、关于东方道德同现代化的关系

东方文化特别是其中的儒家文化，同东方各个国家的现代化是什么关系，这是一个有待于我们进一步研究的问题。

在日本取得资本主义的发展以后，当时的大多数思想家主要是看到了西方思想也就是西方文明的作用，认为日本的现代化主要是西方文化的产物。《文明论概略》的作者福泽谕吉就是这样主张的。但是，也有少数人认为，日本的企业是受中国儒家文化的影响而得到发展的。《〈论语〉加算盘》的作者、日本著名的企业家、日本株式会社的创始人涩泽荣一就持这样的观点。近几十年来，随着新加坡、中国香港等地的工业现代化的发展，儒家文化特别是儒家伦理道德在这些国家和地区现代化中所发挥的作用，又成了许多人所特别重视的一个问题。有的人认为，亚洲“四小龙”的出现，说明东方文化特别是儒家文化发挥了不可忽视的作用；而有些人则认为，这些国家的现代化主要是资本主义的发展和资本主义思想影响的结果，同儒家文化是没有任何关系的。究竟应该怎样来认识和分析这一问题呢？如果说这些国家的现代化的发展同东方文化和东方伦理道德是有关系的，那么它们之间又是什么样的关系呢？

我们知道，就中国的情况来看，在实现社会主义的四个现代化的伟大事业中，弘扬中华民族的优良道德传统，是有着重要的现实意义的，这也就从另一个侧面说明了东方伦理道德对现代化是有作用的，但究竟怎样来概括这种作用，怎样来分析这种作用，从而使我们更加自觉地用它来指导我们的实际生活，还是一个没有解决的问题。

中西价值观的比较和青少年的道德教育*

中西价值观的比较，是一个涉及面很广、关系到不同学科和牵涉到许多方面的问题，在一篇文章中是不可能对各方面的问题都讨论清楚的。这里仅就有关青少年教育，特别是就道德教育的价值观方面，作一个简要的考察，希望能够在世界各国的青少年教育的讨论中，提出一些个人的看法，供有关方面参考，也希望得到各方面的批评和指正。

一、西方价值观的基本特点

一般来说，所谓西方价值观，主要是指自古希腊开始，经过 14 世纪文艺复兴直到今天，西方的价值观的主导倾向，并不是也不可能是对西方价值观的全面论述。

西方的文明和价值观，可以说是从古希腊开始的。我们可以说，古希腊就是现在西方文化和价值观的发源地。早在公元前 6 世纪，古希腊就形成了自己特有的民主生活，当时的雅典和斯巴达实行着城邦的民主制度，既注重城邦的利益，又强调个人的权利。当然，那个时候的民主只能是奴隶主阶级和奴隶主个人的民主，奴隶是不可能有任何民主的。

---

* 本文作于 1999 年，是“东方伦理与青少年思想道德国际学术研讨会”的会议论文。

但是，作为一种传统，却在西方社会中延续了下来，对以后的政治、思想、文化、教育等产生了重要的影响。大约经过了一千多年的时间，到了6世纪，古希腊的民主制度为封建专制和神权统治所代替，这就是所谓西方的中世纪的黑暗时代。整个西方社会，在这段时间内，是一个封建专制主义占统治和以“神”为中心的时代，是人的权利受到压抑和摧残的时代。也正是因为这种原因，从14世纪开始，随着社会生产力的发展和资本主义的萌芽，西方人更加认识到个人权利和民主的重要，希望能够回到过去民主生活的时代。随着资本主义生产关系的萌芽，他们高举起古希腊的旗帜，以实现其发展资本主义生产关系的目的。我们可以说，从14世纪到现在这长达六百年的时期，是资产阶级的有关个人的权利和价值观不断发展的时期，也是资产阶级的伦理价值观发展成熟的时期。总的来说，我们确实可以把西方的价值观称作是“重个人”的价值观，这也是符合实际的。强调西方价值观的“重个人”的特点，既可以凸显西方价值观的优点，也能反映出西方价值观的局限。正是在这一意义上，我们也可以把近代西方价值观的发展过程，看成或理解成是有关个人的价值、权利、幸福、尊严、自由的认识和探索的过程。因此，我们可以把有关个人主义的思想和理论作为西方价值观的代表，并以此来对西方的价值观进行较深入的分析。

在西方，尤其是在最近两百年，关于个人主义的著作可以说是卷帙浩繁。西方的思想家们对个人主义的形成、发展和演变作了十分详尽的论述，如杜威的《旧个人主义与新个人主义》、布克哈特的《个人主义是什么?》、吉斯伯格的《个体与社会》、哈耶克的《个人主义与经济秩序》、里斯曼的《个人主义再探》、萨特的《存在主义与个人主义》和史蒂文·卢克斯的《个人主义：分析与批判》等，更不用说西方许许多多思想家在他们的著作中和很多百科全书中对个人主义所作的各种各样的论述和解释。

我们还应当看到，西方的思想家们在运用个人主义这一概念时，往往是从不同的方面来阐发个人主义的要求的，如政治上的个人主义、经济上的个人主义、伦理上的个人主义等。这里，我们只是在一般意义上给个人主义作总的界说。根据西方思想家们的意见，我们大体上可以把西方个人主义的基本内容概括为以下几个方面：

（一）人是唯一的目的

一切其他存在的东西都只能是达到人的目的的手段。人只能是自己的工具，而不能是任何人或事物的工具，因为一个人自己就是目的。正是在这一意义上，个人主义的思想和理论认为，在社会上，除了自己以外，一切别人，甚至社会，都可以而且应当是达到个人目的的手段。一般来说，个人主义的思想家都把“人”或者“个人”看做是先于社会而存在的抽象物，因而社会对它的生存和发展不应当有任何的限制。尽管社会契约论者也不得不承认，为了维护社会中人和人之间的和谐相处，个人还必须让渡一部分自己的权利，但个人主义思想家最终都主张，一切社会形式都只能被看做是发展个人、实现个人目的的一种手段。从这一点出发，个人主义者认为，维护私有制度的神圣不可侵犯是个人主义的一个重要原则。

（二）个人有最高的价值和尊严

个人主义的思想和理论认为，在社会生活中，个人具有最高的价值。正如个人主义的思想家所说的：“在个人主义理论中，存在着一条根本的伦理原则，即单个的人具有至高无上的内在的价值和尊严。”正是根据这一原则，个人主义的一些思想家，极力反对他们所说的“教条主义”的思想和原则，并认为，提倡或主张集体主义，就会因强调集体或国家而抹杀个人的价值。个人主义的思想家不区分奴隶社会、封建社会、资本主义社会和社会主义社会中的性质不同的整体主义和集体主义，他们反对一切有关整体主义和集体主义的思想和理论。他们断言，任何的“整体主义”和“集体主义”都是同个人的价值、自由和尊严相对立的。

（三）人的自由和自主性

人的自由和自主性是个人主义的又一个重要原则。一个人的思想和行为是他自己的，它们只应当受自己的理性支配，而不应当受到过多的社会的政治、法律和道德的制约，因此，社会对个人的限制应当被限制在最小的范围内。正是在这一“自由”的思想的支持下，一些个人主义者又常常走向无政府主义。一些个人主义的思想家甚至主张，伦理学作为研究道德的一门科学，它不能告诉人们应当做什么和不应当做什么，它只能提出一些道德规范来供人们进行自觉自愿的选择，至于一个人到底要选择什么，是选择道德或是选择不道德，那完全是个人的事情。

（四）个人的幸福是人生追求的根本目的

个人主义认为，对一个人来说，只有他自己才知道什么是自己最需要的，也就是说，只有他自己才知道对他来说什么是幸福的和什么是不幸福的。人的追求只能是按照他对自己的幸福的理解去行动。任何道德原则和要求都应当以实现个人的幸福为根本目的。人的本性是利己的，追求个人的幸福是人的本性。一个人生活的真正目的就是发展自己的个性，而个性最完满的实现就是获得个人幸福。正是从追求个人的幸福出发，个人主义者中的一部分人又往往成为只知道追求物质享受的享乐主义者。为了保持个人主义的名声，美国的伦理学家杜威主张，应当区分高级的个人主义和低级的个人主义，希望把那些只追求物质享受的享乐主义者排除在他的新个人主义之外。

（五）个人的隐私的权利

这是个人主义发展到后来所产生的一种新的意义，也可以说是个人主义发展到 19 世纪以来的产物，是现代意义上的个人主义的一个新内容。因为在古希腊还说不到要保护什么个人的“隐私”。在中世纪，一个人不但没有什么隐私的权利，而且还必须把自己灵魂的隐秘袒露给神父和上帝。我们知道，奥古斯丁的《忏悔录》就可以说是一部内心世界大暴露的书，尽管它不一定是完全真实的。近代以来的个人主义的思想家认为，一个人的行为，只要它不涉及他人和社会，就应该受到保护。这也就是说，每一个人都有一个不受公众干涉和监督的领域，这个领域应当得到社会的承认，应当受到法律的保护。但是，由于对“不涉及他人和社会”这一领域没有一个明确的界定，一些人也就因此而任意加以解说。西方的性自由、性解放和同性恋的发展以及在西方社会所引起的对社会风气的影响，有一些就是在这一思想和理论的支持下得以发展的。

总起来说，西方的价值观，特别是从青少年思想道德教育来看，大体上我们可以把它归纳为以上五个方面。我们可以看到，其中也确有一些积极的方面，在我们今天的青少年的思想教育中，应当加以批判地继承和吸收；同时，我们也应当清醒地看到，西方的价值观，从本质和主流来说，其中的以个人为中心、把个人看做唯一的目的，把社会和他人当做是满足个人目的的手段等思想，是有害的，是应当坚决加以摒弃的。关于这一点，我们到后面再详细地加以讨论。

二、中国传统价值观的基本特点

中国社会的发展走的是一条同西方不同的道路。从公元前 11 世纪到公元 19 世纪，在漫长的奴隶社会和封建社会中，国家利益和社会利益受到高度的重视，个人的权利和自由不但没有得到重视，反而被置于越来越不受重视的地位。当然，在公元前 6 世纪以后的一段时间内，主要是在由奴隶社会向封建社会转变的过程中，有关个人的利益和权利的思想曾经有所萌芽。在当时社会的大动荡中，不但在政治生活里个人有了一定的相对独立的人格，而且在学术思想上也有了明显的反应。如老子、孔子、墨子、庄子、孟子、荀子的思想都程度不同地反映了“个人”的“个性”。孔子说“仁者爱人”、“己所不欲，勿施于人”，墨子讲“兼爱”，庄子强调个人的自由等。但是，由于中国社会的特殊历史条件，在长达两千年的封建时期中，受到特别重视的是国家利益、社会利益和民族利益高于一切的思想，这种思想始终占据着主导地位，而个人的权利、价值、尊严和自由，相对来说，却受到轻视。我们现在所说的中国的价值观，主要是指 20 世纪以前的中国传统的价值观。关于中国现代社会的价值观，我们另外再作分析。

中国传统的价值观有其积极的一面，也有其消极的一面，大体上也可以分为五个方面来谈。

（一）重视整体利益

中国传统价值观的一个基本的、重要的内容就是重视国家利益、民族利益、社会利益和整体利益。“公家之利，知无不为”、“以公灭私”、“公而忘私，国而忘家”的思想，深入人心。因此，在奴隶社会和封建社会中，不断地强化着“忠于国家”、“忠于社会”和“忠于民族”的观念。“先天下之忧而忧，后天下之乐而乐”、“天下兴亡，匹夫有责”、“苟利国家生死以，岂因祸福避趋之”的思想，成为中华民族自立、自强的精神支柱。当然，个人的利益也应当得到一定的满足，因为中国古代的政治家和思想家普遍地认识到，只有老百姓的最低生活要求得到了满足，社会才能稳定，国家才能强盛。对于治理一个国家来说，“足食”是非常重要的。孟子还特别强调了“有恒产”才能“有恒心”的思想，注意到满足老百姓个人利益对于社会稳定的重要。但是，这一切都是在坚持国家利益高于个人利益的前提下才被允许。

（二）强调社会关系中的伦理义务和责任

中国古代把人和人的人伦关系概括为五个基本方面，把是否尽到了五伦关系的义务作为对个人道德评价的一个重要标准。孟子说：“人之有道也，饱食、暖衣、逸居而无教，则近于禽兽。圣人有忧之，使契为司徒，教以人伦：父子有亲、君臣有义、夫妇有别、长幼有叙、朋友有信。”把这五种关系的伦理义务看做是一个人的基本道德义务。“父子有亲”，就是父慈子孝；“君臣有义”，就是君义臣忠；“夫妇有别”，就是夫和妇柔；“长幼有序”，就是兄爱弟敬；“朋友有信”，就是朋友要诚信相待。中国传统道德认为，一个人的道德价值的实现，不是一味地发展个人，而是一个人在伦理关系中是否尽到了对他人应尽的责任。

（三）自强不息的精神

在中国传统价值观中，自强不息的精神占有着非常重要的地位。“天行健，君子以自强不息”，把“刚健”和“自强”看做是“君子人格”的一个重要方面。中国传统思想的价值观认为，一个人生活在世界上，最重要的是要有一种自强不息、奋发有为的精神。我们说中国传统的价值观不很重视个人的利益是对的，但不能笼统地说中国传统的价值观不重视“个人”；相反，我们也要看到，中国传统的价值观是非常重视“个人”的，即十分强调个人的“自强不息”的精神。正如张岱年先生所指出的：“这种‘刚健’、‘自强’的思想在二千多年的长时间中激励着正直的人士发奋向上，努力前进，不屈服于恶势力，坚持与外来的压迫斗争。在历史上，坚持反对不法权贵的中直之士，尽力抵抗外来侵略的民族英雄，孜孜不倦探求真理的思想家、科学家，致力于移风易俗的文学家、艺术家，都体现了‘自强不息’的刚健精神。”当然，中国古代传统价值所强调的“刚健”和“自强”，并不像西方价值观所主张的那样，而是要为社会、国家和整体奋斗。

（四）追求崇高的精神境界

中国传统价值观的一个极为突出的方面就是对理想境界的向往。中国传统思想认为，在物质生活得到基本满足的情况下，人生价值的最大的追求是对人类、对社会、对整体的幸福的探索和追求。追求这种最高的理想，是一个人的崇高人格的体现，是生命的真正意义所在。尽管人的生命是有限的，但这种执着的追求则是永远应当坚持的。“为天地立心，为生民立命，为万世开太平，为往圣继绝学”的理想，必须是“虽不能至，心向往之”的。也正是从这一点出发，中国传统思想认为，一个人的价值的大小不在于他的社会地位的高低和拥有财富的多少，而在于他的道德品质。一切社会地位和财富荣誉都是外在的，都将随着时间的推移而发生变化，是不可能也不应该成为衡量人之价值的标准的；只有一个人的道德品质才是属于一个人自身的、内在的东西，才是衡量一个人的道德水准的唯一标准。孟子说：“欲贵者，人之同心也。人人有贵于己者，弗思耳矣。人之所贵者，非良贵也。赵孟之所贵，赵孟能贱之。”又说：“有天爵者，有人爵者。仁义忠信，乐善不倦，此天爵也；公卿大夫，此人爵也。”这两段话说的就是这个意思。

（五）提倡个人的自身修养

中国传统价值观把人能否具有“慎独”的品格，看做是道德修养的一种最高境界。中国传统价值认为，“道德人格”的践履和实现主要靠坚持不懈的道德修养。孔子说：“君子欲讷于言而敏于行。”在道德修养上，他特别强调“内讼”、“自省”和“书诸绅”，认为“性相近而习相远”，强调人的德性是后天形成的。曾子曰：“吾日三省吾身。”孟子更加突出养“浩然之气”的重要等。《大学》和《中庸》又进一步提出修养的最高标准，即“慎独”的境界。“慎独”是一个人的内在价值的升华，是人格价值的最高体现。

总体来说，中国古代传统价值观的核心，是一种以整体精神和责任意识占主导地位的思想，为了实现和践履整体精神和责任意识，它要求一个人应当从完善自身、修身养性出发，以追求崇高的理想为最终目的，从而达到维护整体利益和厉行自己应尽责任的目的。中国古代传统价值观中的这些思想，对于一个社会的稳定和发展，对于鼓励人们追求崇高的精神境界，对于和谐人和人之间的关系，都有重要的意义。中国古代传统价值观的主要缺陷是只强调了个人的义务而忽视甚至漠视了个人的权利，这一点是应当加以扬弃和批判的。

三、在分析鉴别中批判和继承

在进行社会主义的精神文明建设，特别是加强青少年的思想道德和价值观的教育中，我们应当坚持用正确的立场、观点和方法，以科学的态度，对中外历史上的思想遗产进行分析和鉴别，吸收其精华，抛弃其糟粕。对于人类社会所创造的一切优良的思想道德遗产，包括在价值观方面所提出的一切有价值的东西，不论是中国古代的还是外国的，我们都要认真地加以鉴别。在这一问题上，我们既不能有任何虚无主义的思想，拒绝一切对我们有益的东西，更不能采取无批判地照抄照搬的简单化的做法，把一切腐朽的、有害于人民的思想拿来腐蚀我们的人民和青年。无论是西方个人主义的价值观还是中国古代的整体主义的价值观，从整体上来说，都是同我们当前的社会主义社会的要求不相适应的，正像我们吃东西一样，必须经过我们的口腔和肠胃，送进唾液和胃液，以排斥其糟粕，吸收其精华。

这里特别应当指出的是，我国是一个社会主义国家，我们要建设的社会主义社会是要通过解放生产力、发展生产力来消灭剥削，消除两极分化，最终达到共同富裕的社会。我们的社会主义国家是以公有制为主体，以广大人民群众的共同利益为奋斗目的的。我们社会主义道德的核心是“为人民服务”，原则是集体主义。而且，社会主义的集体主义既是我国意识形态的主旋律之一，也是我国价值导向的一个重要原则。在我们建设社会主义社会的长期过程中，坚持社会主义的集体主义，反对以个人为中心的个人主义，有着特别重要的意义。我们要正确地吸收个人主义的具体思想中的某些合理内容，树立正当的个人利益和个人权利的观念，同时，要坚决反对和抵制个人主义的核心思想（“以个人为中心”）对整个社会和青少年的影响和腐蚀。

第十一编

关于伦理学的学科发展

我国伦理学的现状和展望*

本文拟就我国伦理学的现状及其发展趋势谈四个问题：一、近年来伦理学的发展情况及其存在的问题；二、伦理学目前面临的形势，以及如何使伦理学在今后有一个较大的发展；三、今后开展伦理学教学和研究的主要任务；四、伦理学工作者必须相互学习、共同奋斗，以完成时代赋予我们的光荣任务。

一、近年来伦理学的发展情况及其存在的问题

新中国成立后，党和国家都极端重视社会风气的改善和对人民群众的共产主义道德教育。但是，由于各种原因，伦理学的研究没有得到应有的重视。党的十一届三中全会以后，我国伦理学的研究有一个较大的发展。1979 年，教育部将伦理学正式列为大学哲学系的必修课。1980 年，全国伦理学会的成立，使我国伦理学的教学与研究进入了新的发展阶段。伦理学的理论研究开始摆脱零碎、不完整、不连贯的状况，逐步向系统的完整学科过渡。社会科学研究机构和一批高等院校相继出版了一批马克思主义伦理学教科书和共产主义道德概论。伦理学的

---

* 本文原载《江淮论坛》1985 年第 6 期。

一些专家、学者也出版了他们多年的研究论著。此外，全国还出版了一些中西伦理思想史方面的教材和专著，并翻译出版了一些外国伦理学的专著、教科书和词典。还有一些专著、教科书和中外伦理思想史方面的著作目前还正在编写或即将出版。我们还创办了第一家全国性的伦理学杂志《道德与文明》，初步形成了一支二百多人的教学和科研的专业人员队伍。伦理学的教学和研究正呈现出前所未有的生机勃勃、兴旺发达的景象。同时，我们也应该清醒地看到，整个伦理学的现状同当前形势的要求还有相当大的差距，总的来说，有以下三个方面的问题。

首先，在伦理学与社会主义现代化的关系上，即伦理学如何反映并服务于时代，虽然已做出了很大的努力，取得了一些成效，但总的来说还是不相适应的。当前的“四化”建设，特别是我国实行对外开放、对内搞活经济以后，在建设物质文明的同时，如何进一步加强精神文明的建设，就成了极为重要的问题。伦理学的教学和科学研究必须面对这一现象，深入实际生活，用马克思主义的立场、观点和方法，观察、研究和分析改革中出现的各种复杂现象，既要对有利于“四化”建设的共产主义道德意识和行为给以科学的概括，又要对一切剥削阶级的腐朽道德意识和生活方式进行有力的批判，从而使伦理学的研究能更好地推动“四化”建设的发展。此外，在经济改革中，也出现了许多有重要意义的伦理学问题，迫切需要我们去研究。如：经济改革和道德进步的关系问题；如何使物质文明与精神文明大体上同步发展的问题；怎样看待社会主义商品生产等价交换和社会主义的同志互助关系的问题；对外实行开放、对内搞活经济同必须坚持共产主义理想教育的辩证关系的问题；等等。尤其值得强调的是，在前一阶段时期内，“一切向钱看”、“主观为自己、客观为别人”、“人都是自私的”等思想，曾经为某些人所信奉；人生就是为了享乐，艰苦奋斗的传统已经过时的思想，得到一些人的欣赏。这些在社会生活中广泛存在、在理论上有重要意义、在价值观上有很大影响的问题，迫切需要我们从事伦理学的教学和科研工作的同志们给予科学的回答。马克思说过，理论在一个国家的实现程度，决定于理论满足这个国家的需要的程度。我们的社会正处于全面的改革之中，可我们中的许多同志对于改革中涌现出的大量伦理道德问题，对于人们的道德关系、道德观念和生活方式的变化，还缺乏深入的调查研究，没有作出令人满意的分析和阐明，对于封建道德的遗毒和资产阶级道德的侵袭，也没有作出有说服力的批判，如不迅速扭转这种状况，伦理学就会丧失自身的活力，成为远离社会生活的理论教条。

其次，在伦理学基本理论的研究方面，也存在着有待继续深入、需要进一步吸收国内外伦理学研究成果的问题。我国近几年出版的几本马克思主义伦理学教科书，就其内容而言，总的来说，都能坚持用马克思主义的基本立场、观点和方法来分析我国社会的道德现象，初步形成了一定的体系结构，这是应该肯定的。但是，这些教科书都还存在着一些值得注意的问题，如对某些问题分析得不是很深刻，缺乏比较严格的科学性，缺乏一定的理论深度。对国内外出现的新情况、新问题没有及时从理论上作出应有的说明和概括；对于一般性的理论问题，原则性的议论多，严密的、有根有据的充分论证少；对于伦理学的一些重大问题如道德的本质和社会作用、道德评价的阶级标准和历史标准的关系、道德选择问题、社会主义的人道主义和伦理学的基本问题等，还没有来得及进行深入的讨论，有的虽然引起了争论，但成果不明显，有些问题还只是在表面上兜圈子。所有这些都表明伦理学研究的深度和广度都还不够，无法适应我国新形势的需要。这里，我还想就我国现有教科书的体系结构谈一点看法。现有体系结构大都包括这样三个部分，即基本理论和历史，道德原则、范畴和规范，道德教育、修养和评价，有的还明确地称之为理论篇、规范篇和实践篇。这种体系结构，同苏联过去的教材相比，虽然由于加进了道德实践的内容，结合了中国的现实，分析了我国社会主义社会中道德现象的某些新问题，但仍未能从苏联过去的模式下完全摆脱出来。同时，道德的理论、规范和实践本来就是紧密相连的，三者相互影响、相互作用、相互渗透。如何使它们有机地融为一体，如何更充分地体现这三者的内在联系，有选择地在吸取前人优秀成果的基础上，以科学的办法，建立具有中国特色的新颖独特的马克思主义伦理学体系，仍然是我们伦理学工作者研究的重大课题。

最后，伦理学史方面的研究也存在着许多问题和不足。最近几年来，虽有不少同志已开始着手中外伦理思想史的研究，但这种研究毕竟刚刚开始，许多断代史的研究还是空白，一些中外思想史上的重要伦理学派、伦理学家至今尚未有人研究，有些重要的问题，如中国伦理学史上的人性问题、义利（理欲）关系问题、天人关系问题等，也都还没有写出专题论著。大量的中国伦理思想史的资料亟待整理，大批有价值的西方、东方伦理学名著等待翻译。但是，我们在工作中往往还缺乏长远的眼光，看不到这些工作的紧迫性和重要性，甚至认为它们可有可无。我认为，如果我们不尽快改变伦理思想史研究方面的落后状况，我们的理论研究就不可能深入下去，我们要建立具有中国特色的社会主义伦理学的愿望也会受到很大的影响。

二、当前形势对我们提出的要求

当前的形势对伦理学的发展是十分有利的。但是，我们也要看到当前的形势中也有一些令人忧虑的问题，其中一个最重要的问题就是在建设社会主义精神文明方面出现的问题。在党内和社会上，出现了许多歪风邪气，资本主义和封建主义的流毒不但没有被减少到可能的最低限度，甚至新中国成立后绝迹已久的一些坏事也在复活。在党内，有一些党员，甚至一些老党员、老干部，忘掉了共产主义理想，丢掉了为人民服务的宗旨，利用特权谋私利，违法乱纪。在社会上，有些人唯利是图、见利忘义、金钱至上、个人第一。确实有那么一股拜金主义的“洪流”在冲击我们的社会，有那么一种黄金瘟疫在侵袭我们一些人的头脑，甚至毒害到我们的青少年一代。最近，江苏无锡有十个五年级的小学生，他们对这种一切为了金钱，为金钱而学习、而工作的现象感到迷惑不解，他们不甘沉沦，决心寻找理想，写信给老作家巴金同志以及其他一些他们尊敬和信赖的长辈求教。孩子们这种“寻求理想”的呼声也是对我们伦理学工作者的呼唤，值得我们深思：在这场理想与金钱之战中，怎样回答他们的呼唤，怎样点燃他们心中的理想之火，这是我们伦理学工作的一项非常重要而严肃的课题。我们每个从事伦理学教学和研究的同志都要有一种高度的社会责任感和紧迫感，科学地回答社会上大多数人所提出的最重要的伦理道德问题，不断提高、发挥共产主义理想和道德在“四化”建设和体制改革中的指导作用，促进改革，推动社会生产力的发展，培养社会主义的“四有”新人，使我们的祖国到处呈现出灿烂的文明之花。

我们面临的任务是很艰巨的。前面讲到的种种歪风邪气和不正常的现象，以及一些人对共产主义理想、道德所抱的怀疑、不信任态度，对我们都是压力，但它们同时又是动力，逼迫着我们去研究新情况、发现新问题，我们可以把它们看做是来自现实的挑战。对于这种挑战，我们必须做出创造性的回答。我们必须保持清醒的头脑，一方面，我们要有信心，因为这些现象毕竟是支流、是歪风，邪不压正，邪不胜正；另一方面，我们又不可掉以轻心，要警惕和防止这些歪风邪气的蔓延和传播。我们要理直气壮地宣传共产主义的理想和道德，宣传社会主义的精神文明，宣传正确的人生观、价值观。我们有责任反映广大人民群众的愿望，鼓励和表扬新人新事新道德，鞭挞不道德的现象，引导人们分清是非、美丑和善恶。我们还要不断探索使共产主义道德深入人心的途径，总结道德教育和道德修养的规律和方法，我们不能一讲加强社会主义精神文明建设，加强理想、道德、纪律教育，就回到过去“左”的一套办法，重犯“左”的错误。在伦理学的研究和共产主义道德的教育中，必须纠正过去曾经产生过的以套语、标签、帽子、结论来代替理论分析和科学概括的错误。为了使伦理学的研究能对我国的现实生活产生积极的影响，我们必须特别强调理论和现实生活的密切结合，有的放矢，以理服人。巴金说：“我常常想，为什么宣传了几十年的崇高理想和大好形势，却无法防止黄金瘟疫的传播？为什么用理想教育人们几十年，那么多的课本，那么多的学习资料，那么多的报刊，那么多的文章！到今天年轻的学生还彷徨无主，四处寻求呢?”这段话很值得我们深思。有理想的人讲理想，才有说服力；勇于献身的人讲献身精神，才能感动人。伦理学工作者本身担负着对广大群众进行共产主义道德教育的任务，更要时时处处言行一致，以身作则。同时，我们作为伦理学的理论工作者，还要努力深化我们的理论，发展我们的理论，发挥理论的力量。我们既要克服言不及义，只讲利不讲德的现象，又要克服语不服人，只有干巴巴的几条原理的弊病，深入地、扎实地、有效地进行伦理学的研究和道德教育工作，促使社会主义精神文明的建设和党风、社会风气的根本好转。只有这样，才能不负党和人民的愿望，才能适应“三个面向”的需要，才能加快伦理学自身的发展。

三、今后的主要任务

（一）在伦理学的基本理论研究方面，我们面临的主要工作就是如何加强理论的深度。这几年，我们相继出版了一批伦理学教科书。这些教科书在一定时期对社会发挥了积极的作用，也推动了伦理学的研究。这些教科书都各有自己的不同的特色，有的对伦理学的某些重要问题还作出了较为深刻的分析，使某些问题能够逐步有所突破。但是应该承认，这些教科书在体系结构上还没有做到通过对中西伦理思想资料的融会贯通，在深刻认识中国社会主义社会道德的特征和发展规律的基础上，来构建一个比较严谨科学的伦理学体系，而且有些不完善的理论、观点和提法，在某种程度上还束缚了人们的思想。如何解决这些问题？作为一门学科，伦理学应该有自己的体系结构，我认为，第一，不管是对已建立的还是对将要建立的体系，我们同时必须依据时代发展的需要而要随时准备打破它。因为任何体系结构都只能代表一个时期的研究成果，反映作者一个时期的认识水平，我们没有必要自己给自己背包袱，画框框，在理论上勇于创新才是我们应取的态度。第二是方法，怎样深化和发展我们的伦理学基本理论呢？在目前的情况下，我们理论建设的最迫切的任务就是：为了建立具有中国特色的、独特新颖的、有创造性的伦理学科学体系，必须多进行一些专题性研究，扎扎实实地对伦理学的许多重要问题进行深入、细致的探讨，通过专题的研究来开拓理论的深度和广度。现在对许多基本理论问题，还往往是停留在比较一般的层次上，如伦理学的基本问题究竟有没有？如果没有，到底应该怎样去把握？又比如道德意识，它的特殊本质是什么？它包括哪些基本的要素？它的内在机制、结构以及与其他道德因素的相互作用如何？等等。这一系列的问题如果没有专题的研究是无法弄清的。通过专题研究，还可以澄清许多似是而非的提法，校正一些片面甚至错误的观点。恩格斯曾经指出，即使只在一个单独的历史实例上发展唯物主义的观点，也是一项要求多年冷静钻研的科学工作。同样，我们也可以说，即使只在某一个专题上发展马克思主义伦理学的理论，开拓目前研究的深度和广度，也必然需要进行长期深入的研究。另外，还有些很有价值的基本理论问题没有被纳入到现行的教材中去，或者还没有得到应有的研究，比如道德价值、道德选择、道德关系、公正范畴等问题。只有搞清这些问题自身的含义，才能进而确定同其他理论内容的关系，进而寻找到它们在伦理学体系中应该占有的位置。显然，这也只有通过深入的专题研究才能做到。最后，我们说，科学严谨的伦理学体系是建立在专题研究的丰硕成果基础之上的，伦理学的体系只能是专题研究成果的浓缩，对各个部分的了解越深入，整体上的思考也就越游刃自如。如果从现在起，我们有越来越多的同志能投身于伦理学理论的专题研究，对一个个问题实行攻坚战，我们的学术团体多组织一些专题讨论会，我们的出版社也能多出一些专题论文集和专著，那不要多久，就可望出现伦理学领域到处开花的局面，我们的基本理论研究也就能水涨船高，达到新的水平。

（二）在伦理学紧密联系现实、发挥其能动指导作用方面，必须克服前一阶段在某种程度上存在的理论脱离实际的倾向，面向“四化”，面向改革，加强对现实中大量伦理道德问题的研究。对当前社会上涌现的共产主义的新人新事，应进行深入研究，作出科学的概括，探讨共产主义新人形成的规律，进一步开展对剥削阶级道德观的批判，使伦理学真正成为时代精神的体现。这方面除继续研究物质文明与精神文明的关系外，我们还要做以下工作：

（1）调查研究当前的社会道德风貌。道德总是随着社会的发展而发展的，道德现象是最丰富的，总是处在变化之中，不断呈现出新的特点。伦理学理论要有生命力，就必须随时把握这种新特点，把握住人们实际的道德观念和生活方式。只有调查研究工人、农民、知识分子、解放军、党政干部等各个阶层的道德观念，调查研究各行各业的特殊行为规范和道德品质要求，调查研究恋爱、婚姻、家庭等社会生活领域的变化及其对道德的影响，调查研究公德、私德的新特点，调查研究工人、农民、各行各业的职业道德，等等，我们对社会的道德问题才有发言权，也才有资格进行理论概括，并使这种概括真实地反映时代的特征。

（2）要正确认识和论证经济改革和道德的关系。改革与道德的关系已成为社会普遍关心的一个课题，并出现了一些较好的论述文章，提出了一些有价值的观点。但总的来说，这是一个极为复杂的问题，这方面的研究还很薄弱，有的文章所提出的观点还值得商榷。作为伦理学工作者，我们不仅要注意到经济改革对道德进步的推动作用，而且要看到经济的发展本身并不能自然而然地带来道德水平的提高，更要认识到共产主义道德对经济改革具有不容忽视的干预、指导作用。这些问题都需要有理有据、说服力强的文章来分析、论证。

（3）对于争取党风和社会风气的根本好转，伦理学工作者负有特殊的责任。我们要认真分析研究党风和社会风气不正的原因，揭露种种歪风邪气的社会危害性，从教育入手，解决在干部群众中流行的、影响社会风气的重要思想问题，探寻使共产主义道德教育深入人心的途径，促进党风和社会风气的根本好转。

（三）在中外伦理思想史的研究方面，我们也还有大量的工作要做。历史的研究，尤其是伦理思想史的研究，不仅仅是为了澄清过去，为了整理和积累资料，更重要的是为了现在和未来。所以，我们要加强中国伦理思想史方面的研究，研究我们民族的道德传统；研究传统与变革的关系；研究我国的伦理思想、人生哲学方面不同于西方的特点；研究道德进步在我国的特殊性以及发展趋势等。我们还要加强对西方伦理思想史的研究，许多重要的西方伦理学名著至今还没有被翻译过来，或者只有比较陈旧的文言文译本，我们还应组织力量进行翻译，并在适当的时候，编选按主题而非按年代和个人排列的中西伦理思想资料选辑。过去我们对西方伦理学史，尤其是现代西方伦理学的研究，过多地靠分类、断语等简单化的方法来处理，今后我们要力求改变这种倾向，代之以客观的研究、公正的评价、合理的批判，并发现其中能“为我所用”的成分。在中西伦理思想史研究的基础上，我们还要开展东西方伦理思想的比较研究。

（四）关于在编辑丛书、出版刊物等方面的一些初步想法。如前所述，我们需要加强伦理学基本理论的专题研究，在中外伦理史方面也同样需要比较深入的专题研究，这样才能把问题搞深搞透。这样，这些专题研究的成果（专著或者论文）就有一个出路问题，而且不能搞得太散，东一本、西一本，显示不出系统性。我们的希望是在三五年内搞两三套丛书，比如说一套紧密结合当前人们的思想实际，特别是青年思想实际的伦理学原理方面的研究丛书；一套“汉译伦理学名著丛书”；一套中国伦理学史研究或者东西方伦理思想的比较研究丛书。

《道德与文明》作为我国第一家全国性的伦理学刊物，在推动我国伦理学研究的开展、宣传共产主义道德方面做了不少有益的工作。但由于篇幅所限及其他一些原因，许多搞伦理学研究的同志都感到：有些篇幅较长、学术味较浓的文章还找不到固定的发表园地，所以，能否在三五年内，再筹办一份伦理学的理论刊物，登载比较有理论创新的、篇幅较长的、学术性较浓的理论文章。这样，将有助于推动我们理论研究的深入开展，也便于及时积累和保存资料，并显示伦理学研究的成果。如果我们能有力量同时把这两个刊物办好，一个偏重于宣传普及教育，另一个偏重于学术理论探讨，那么我们就能更好地扩大伦理学的影响，组织伦理学的队伍，加速伦理学的发展。

四、相互学习，团结奋斗，完成时代赋予我们的光荣任务

粉碎“四人帮”以来，我们的伦理学研究已经有了一个好的开端，伦理学研究队伍已经初具规模，并且很有潜力，很有希望。虽然中国是一个“泱泱大国”，但从当前的形势和任务来说，这支队伍还是嫌小，力量还是不够，还要继续扩大，但我们毕竟已经有了这么一支多层次、多领域、不同年龄结构和知识结构的队伍。所以，在今后的一些年内，伦理学研究出现一种更加繁荣兴旺的景象，是完全可以预期的。

应当说，我们这支队伍中的绝大多数同志，都是自觉地或者力图用马克思主义的观点来观察、分析、研究社会主义社会中的道德现象的，我们都是遵循着共同的理论，抱着共同的目的来研究伦理学的。但是，由于我们这支队伍存在年龄结构、知识结构、素质和修养、经验和思维方式上的一些差异，所以在伦理学研究中也存在着一个如何取长补短、相互联系、齐心协力、团结奋斗以取得更大成果的问题。

我们之中的一些老同志，他们具有比较深厚的马克思主义理论根底和较高的理论修养水平，能时时注意坚持马克思主义的立场、观点和方法，撰写出了不少文章、著作，阐释了社会主义社会共产主义道德的特点、作用和社会功能，为伦理学的发展做出了贡献。另一部分同志，主要是一些中青年同志，他们年纪较轻，成见较少，精力充沛，思维敏捷，求知欲强，不满足于对许多问题的已有解释，敢于面对新形势、新问题，独立思考，深入研究，给伦理学界注入了朝气，已经成为一支重

要的生力军。这是我们今后伦理学发展的希望。十年、二十年以后，今天的中青年将决定我国伦理学发展的命运，这是历史的必然，是社会发展的规律。我们希望伦理学工作者相互学习，取长补短，形成在学术问题上的广泛的、深入的探讨，在一些比较大的原则和理论问题上取得比较一致的意见。

最后，我还想谈一谈，坚持马克思主义的基本理论和发展马克思主义的关系问题。这一问题同我们在马克思主义基本原则指导下如何进一步发展马克思主义伦理学，有极为密切的关系。马克思主义必须随着时代的发展而发展，它从来不是也不可能是一个封闭的、凝固的体系。因此，坚持马克思主义绝不能墨守成规，把经典作家有关某一问题的论述搬来搬去，不敢越雷池一步，而是要在新形势、新情况面前，解放思想，勇于创新，善于总结发展着的社会主义社会的道德实践经验，善于批判地汲取中华民族的道德遗产中的精华，善于借鉴当代国外社会思潮和伦理思想中科学、进步的成分，从而建立具有中国特色的社会主义伦理学理论，实现马克思主义伦理学的三个面向：面向世界、面向未来、面向四个现代化。

要克服教条主义，发展马克思主义，要汲取新知识和研究新问题来丰富和推进我们的伦理学，这一切又必须在坚持马克思主义的基本原理、坚定马克思主义信念的前提下才能做到。不然，我们就有可能走到把纠“左”、纠正教条主义变成纠正马克思主义，走到怀疑马克思主义是唯一科学的世界观的地步，就有可能进退失据，彷徨无主，对过去的革命历史、当前的实践任务和未来的奋斗目标都失去科学的认识。总之，我们对这一问题的认识是：必须把坚持马克思主义与发展马克思主义结合起来，发展必须是在坚持马克思主义基本原则的前提之下发展；同样，坚持又必须通过结合当今中国和世界的新情况和创造性地发展马克思主义来实现和达到。这是我们今后的伦理学研究工作中的一个非常值得注意的原则问题，真正搞清了这个问题，就可以为我们伦理学队伍的团结奋斗奠定一个坚实的基础，就可以使我们的伦理学得到迅速而又健康的发展，以完成时代赋予我们的使命。

对编写伦理学教材的几点想法*

随着我国“四化”建设的不断发展，共产主义理想和共产主义道德原则在我国社会生活中的作用正在不断增长。在建设高度物质文明的同时，如何更好地培养出具有优良道德品质和高尚思想情操的一代新人，对我国的社会主义和共产主义建设来说，愈来愈成为具有重大战略意义的问题。正因为如此，伦理学这样一门古老而又重要的学科，近几年来日渐受到各方面的注意。许多高等学校的哲学系、政教系、教育系，相继开设了伦理学课程，并先后编写出了一批质量比较好的教材，这对我国马克思主义伦理学的学科建设是有重要意义的。

但是，从我国当前“四化”建设和经济体制改革来看，我国马克思主义伦理学的基本理论，特别是高校的教材建设，还远远不能适应形势发展的需要，亟待大力加强。

首先，从体系结构来看，现有伦理学教科书的体系结构和内容已不能完全适应我国新形势的需要，主要是对国内外最近几年出现的各种新情况、新问题，未能从理论上作出全面深刻的阐述。我国已出版的各种伦理学原理的教材，尽管在体例、内容上都各有自己的特点，但总的来说，大体上都包括三个部分，即基本理论和历史、理想和原则规范、道德教育和道德修养。有的教材还明确地把这三个部分称为理论篇、规范

* 本文原载《文科教材建设》1986年第1期。

篇和实践篇。这样的体系结构，同苏联现行的伦理学教材相比，由于强调了道德教育、道德修养和道德评价等道德实践活动的重要意义，有其独特的创造性，在苏联教材的基础上前进了一步（苏联的伦理学教材在批判改造西方的规范伦理学、叙述伦理学和分析伦理学的基础上，形成了以基本理论和原则规范为两大内容的教材体系）。但是，伦理学的理论、规范和实践这三个部分，其自身是紧密联系、相互渗透和融为一体的。理论是从实践活动中总结出来并用以指导实践活动的；规范（包括原则）是对人们道德关系的概括，是在“实有”的关系的基础上所提出的“应有”的要求，又是道德关系的实有与应有的统一，它同理论和实践都是有密切关系的；至于说道德实践活动，更需要有理论的指导，并受规范的制约。因此，在一本伦理学教材中应该统摄这三部分的内容，这是正确的、必要的，但是，如何使这三部分有机地结合起来，这还是一个值得探讨的问题。为了使我们的教材提高一步，必须从理论、准则和实践的统一中来把握伦理学的体系。这虽然是一个相当困难的任务，但是我们需要在这方面作更大的努力。至于说伦理学原理的教材，在叙述上应该从什么地方开始，它的逻辑的、理论的起点究竟是什么，在内容上怎样安排才更加合理，这也是有待于今后来解决的。

其次，随着经济体制改革的进行，伦理学原理的教材怎样才能适应“三个面向”的需要，如何做到同我国社会主义的物质文明和精神文明的实际发展相结合，从新的道德实践中概括出新的人和人之间不断变化、不断更新的道德关系，使我们的教材更有针对性、启发性，从而达到更好的教育效果，这也是当前教材编写中的一个主要问题。我国的“四化”建设正在突飞猛进地发展，在实施对内搞活经济、对外实行开放政策的情况下，新事物、新人物层出不穷，在生产力发展和物质财富不断丰富的基础上，个人同他人、个人同社会、个人同集体之间的关系，也相应地发生了某些变化，一大批具有开拓精神、锐意改革、热爱社会主义、要求走共同富裕道路的新人，正在成长。生活向我们提出了新的问题。我们伦理学的理论必须同我国正在变化着的、日新月异的现实生活相联系，与广大劳动人民的思想相联系，从而能更好地反映时代精神。同时，我们还要看到，资产阶级的利己主义的道德原则，“一切向钱看”、“唯利是图”的剥削阶级思想以及享乐主义的腐朽生活方式等，也在我们的社会上沉渣泛起，腐蚀人民群众。共产主义道德在调整人和人之间的关系、服务于改革并保证改革沿着正确的方向前进等方面的作用，日益被人们重视。如何在这种情况下加强道德教育，使人们在物质生产不断发展的同时，又能有高尚的道德情操和精神生活，能够成为有创造、有理想的一代新人？这个任务不但是迫切的，而且是艰难的。理论必须与实际结合，只有与实际结合起来，理论才具有生命力。我国现实的实际生活已经和正在向伦理学的理论研究发出了强有力的、紧急的、多方面的召唤，要求伦理学的研究来适应这一情况。马克思说："理论在一个国家的实现程度，决定于理论满足这个国家的需要的程度。"① 马克思主义伦理学的教材建设必须时时考虑到我国现实生活的需要。

第三，在伦理学教材的编写中，如何克服道德说教的倾向，把理论原则同思想教育的要求水乳交融地结合在一起，也是一个应该特别重视的问题。作为一门学科来说，伦理学是一门理论学科，甚至还可以说有着基础理论的性质。但伦理学又必须同现实的生活紧密联系，并指导人们的行动，因而，它同时又可以说是一门同实际生活联系的应用学科。由于伦理学是一门改造人类灵魂、提高人们的品德、培养人们的情操、陶冶人们的气质的一门特殊学科，因此，伦理学的理论必须能感化人们的"思想"，影响人们的"感情"，培养人们的"情操"，打动人们的"心灵"。一句话，改造灵魂的理论，必须要触及人们的灵魂。任何道德理论如果不能对人的心灵发生影响，不能在人们的行为选择中产生作用，这种理论简直可以说是无用的。因此，一本伦理学的教材是否写得成功，是否能在教学过程中产生好的效果，上述这一问题解决得如何，应当是一个重要的标准。为了培养人们的共产主义理想和集体主义精神，为了克服资产阶级和一切剥削阶级的影响，马克思主义伦理学，从一定意义上来说，也必然会带着"说教"的味道。但是，我们的这种"说教"，必须能启迪人们的"良心"，唤起人们的"义务"，涵养人们的"情操"。这也就是说，伦理学的教材必须要寓教育于理论之中，使其能够达到既晓之以理又动之以情的目的。

第四，加强伦理学基本理论问题的专题研究，与教材的改革有重要关系。通过最近几年的教材建设和教学实践，很多同志都深深感到，由

① 《马克思恩格斯全集》，中文1版，第1卷，462页。

于我国伦理学的研究起步晚、力量弱等原因，有不少很重要的理论问题，还没有进行深入的研究，往往停留在比较一般的层次上。如道德意识的特殊本质问题、道德评价的阶级标准和历史标准问题、道德选择中的自由和必然的问题、社会主义的人道主义问题，经济改革和道德进步的关系问题……为了促使伦理学的发展，必须要形成一种学术讨论的氛围。只有通过广泛的、深入的讨论，才有利于澄清许多似是而非的提法，改正一些片面的甚至错误的观点，从而加强理论的准确性、科学性和严谨性。同时，也只有通过广泛的、深入的讨论，才能进一步明确这些问题之间的有机的相互联系，以及它们在整个伦理学体系结构中的地位。伦理学的体系结构只能是专题研究基础上的“浓缩”，没有对各个部分的详细了解，也就不可能在整体上游刃自如。苏联 1976 年出版又于 1980 年修改后再版的由季塔连科教授主编的《马克思主义伦理学》教科书，确实比 1961 年出版的由施什金教授编著的《马克思主义伦理学原理》有较明显的改进。前者在质量上优于后者的主要原因就是，在长达十几年的时间内，苏联的伦理学界开展了内容广泛的专题研究，并对许多重大问题进行了深入的讨论，写出了大量的专题论文和许多专业论著，从而为新的教材的编写提供了比较坚实的理论基础。这样，教材质量的提高也就十分自然了。如果从现在起，我们有越来越多的同志能集中相当力量于伦理学的一些重要理论上，一个问题一个问题地进行深入的钻研，经过一段时间，我们的理论水平也会大大提高。在此基础上，就可望有较高水平的伦理学教材问世。

最后，在编写教材中，还有一个值得注意的问题，就是既要注意克服简单化的倾向，又要注意坚持马克思主义的基本理论。在过去一段时间，由于“左”的思想的影响，对不少理论问题，特别是涉及资产阶级的思想理论时，往往缺少充分的材料，没有科学的分析，喜欢用套语、断语、标签来解决问题。如“一切资产阶级的伦理学，都是非科学的”、“这都是为资产阶级的利益辩护的”、“他们都是资产阶级的奴仆”、“是反动派的御用学者”、“是穷凶极恶地反对马克思主义的”，等等。这并不是说这些结论不正确、不应该有，而是说，在这里，必须有说服力强的材料和科学的论证，必须有实事求是的分析。如果还不能作出恰如其分的结论，宁可对这些思想作详细的客观的介绍，用马克思主义伦理学的基本理论引导读者从中得出教训，而不要简单化地去作那些主观武断的结论。同时，我们也应该注意到，必须坚持马克思主义的基本理论，坚持共产主义道德的集体主义原则，反对资产阶级的个人主义，反对西方腐朽的生活方式，反对崇洋媚外的思想，反对离开马克思主义的基本理论的倾向。

教材编写工作，有许多问题需要探讨，提出以上这些浅见，目的是希望引起同志们的讨论，以便集思广益，在实践中改进伦理学教材的编写。

伦理学的回顾与发展*

伦理学是一门关于道德的科学，或者说，伦理学是一门以人类社会的道德现象作为研究对象的科学。人类为了维持自己的生存和发展，为了在社会生活中不断地完善自身、完善他人和完善社会，逐渐形成了要求彼此都应当遵守的规范和原则，用以调整人和人之间的关系。思想家们对这些关系进行深入的思考，并发展为系统的伦理思想，进而产生了伦理学这样一门科学。

在人类的知识宝库中，伦理学可以说是一门古老而常新的科学，它既有着悠久的历史，又总是随着时代的要求而发展。

从人类文明发展的历史来看，伦理学的研究总是同人类的精神文明建设有着密切的关系。总的来说，人类从奴隶社会到封建社会，再到资本主义社会，在道德上也是不断进步的；这种进步既同生产力的发展有关，也与不同时期的伦理思想和伦理教育的发展有关。在中国长期的奴隶社会和封建社会中，儒家的伦理准则和道德教育既有束缚压抑人的个性的方面，又有规范和诱导人们向善的作用。当然，随着封建社会从发展、兴盛再到腐朽和衰亡，它的伦理准则和道德教育的内容也越来越失去其积极的因素，最后成为完全压抑人们的封建教条。资产阶级的伦理思想和道德教育也包含着积极和消极的因素，这也是应当承认的。在阶

* 本文原载《百科知识》1990年第3期。

级社会内，统治阶级的道德，也就是占统治地位的道德，它总是要为维持当时的既定秩序和社会安定服务的。当一个阶级能推动历史进步时，它的道德原则和伦理思想对人类精神文明的建设是有积极意义的；反之，就是应当摒弃的。

正是由于这种原因，伦理学这门学科也随着人类社会的发展而日渐受到人们的重视。当整个资本主义世界面临着严重的道德危机之时，当一些丑恶现象日益威胁着人类社会时，伦理学及其各个分支科学吸引着许多思想家的关注，伦理学必将成为一门日益发达的科学。

一

中国是一个文明古国，号称礼仪之邦，一贯重视伦理道德的研究。有关伦理道德的著作也卷帙浩繁，十分丰富。但是，不像古希腊那样——早在两千多年前，就由亚里士多德建立了伦理学这门学科，而中国古代对于伦理道德的研究总是同“学”（一切学术思想的总称）融合在一起，并未把伦理学作为专门的学科。宋代以后的“义理”之学和“人道”（人伦道德）之学，虽可以说讨论的是伦理道德问题，但直到清末仍未能建立起伦理学这样一门独立的学科。

清末民初以后，随着民族资产阶级的变法革新和“中华民国”的建立，特别是在西方资产阶级各种伦理学派的影响下，中国才开始了现代意义上的伦理学研究。

由于中国资产阶级的软弱性，新中国成立以前，中国的伦理学研究，除少数马克思主义者外，基本上是儒家伦理思想同西方资产阶级伦理思想合流后所产生的不同学派，有的则只是在新的概念下对儒家的“仁”学的继承，而有的则明确是宗属西方的某一个学派。这些伦理思想，归根到底都是为那时的半封建半殖民地的经济和政治服务的。当时也出现了一些具有代表性的著作，但不论就其实践意义还是理论意义来说，它们对伦理思想的影响都是很有限的。

新中国成立以来，我国伦理学的发展也走了一条比较曲折的道路。新中国成立以后，尽管从全国形势来看，迫切需要大力开展伦理学的研究，但由于受到苏联的“左”的思想的影响，伦理学被视为一种宣扬资产阶级道德理论的伪科学而被取消了在新中国教学和科研中的地位。在相当长的一段时期内，我们虽然十分注意对共产主义道德的研究，却忌讳伦理学这门科学。直到 20 世纪 50 年代末和 60 年代初，才在社会科学研究部门和中国人民大学、北京大学建立了研究伦理学的机构，并开展教学和研究工作。从总体来看，当时我们国家的伦理学还处于起步阶段。“文革”时期，伦理学研究的命运便可想而知了。“文革”以后，经过近十年来的努力，我国的伦理学事业已经有了很大的发展。1980 年 6 月，成立了全国伦理学会，每一至两年召集一次大型理论讨论会。目前绝大多数省都成立了省级伦理学会，一些行业、部门性的伦理学会也开始问世或正在筹建。十年来，已为国家培养近二百名伦理学硕士和博士研究生。

从教材建设和科研成果来看，从 1982 年我国第一部《马克思主义伦理学》问世后，八年来结合各种教育对象而出版的伦理学教科书已不下数十种。与此同时，很多专著相继问世，为我国伦理学的研究打下了初步的基础，如李奇的《道德科学论集》，周原冰的《道德问题论集》、《共产主义道德概论》等。在中、西伦理思想史方面，沈善洪等编著的《中国伦理学说史》、陈瑛等编著的《中国伦理思想史》和朱贻庭等编著的《中国传统伦理思想史》，章海山编著的《西方伦理思想史》和罗国杰、宋希仁编著的《西方伦理思想史》，分别填补了新中国在中西伦理思想史研究上的空白。

还值得一提的是，介绍了若干外国伦理学名著。近年来在苏联影响较大的著作，如季塔连科的《马克思主义伦理学》、阿尔汉格尔斯基的《马克思主义伦理学》等，均已翻译出版，对西方伦理学名著如外国伦理学名著译丛中的罗尔斯的《正义论》、包尔生的《伦理学体系》、奥勒留的《沉思录》等书，已经出版。从希腊文直接翻译的亚里士多德的《尼各马可伦理学》也即将问世。

二

十年来，中国经历了一个历史性的变革。随着我国经济生活、政治生活和人们的价值观念的变化，伦理学的理论也在不同意见的争论中获得了新的发展。尽管我们的理论还落后于实践的要求，还需要在实践中不断地丰富、深化和完善，但是，可以肯定地说，经过广大的坚持马克思主义的理论工作者的努力，通过对近几年来在我国不断泛滥起来的资产阶级自由化思潮的批评和争辩，通过不同意见、不同观点和不同认识之间的讨论和比较，在一系列重大理论问题上已经取得了重大的进步。这些认识，对于进一步探索和建设有中国特色的马克思主义伦理学的理论体系，是有重要作用的。

在伦理学的理论问题的研究、争论中，最重要、最本质的问题就是，在社会主义社会中指导和调节人与人之间关系的基本原则，到底应当是集体主义还是个人主义，这是伦理学理论中的一个最核心的问题。在这个问题上表现的实践对立和理论分歧及其解决，对中国未来伦理道德的发展将会产生极其重要的影响。

在任何一个社会中，占统治地位的道德的基本原则总是受该社会的经济关系和政治关系制约的。与财产私有制和“个人的自由”、“个人的价值”和“个人的人权”相联系，个人主义成为资本主义社会中人与人之间的价值导向，调节着以私有制为基础的社会中的人与人之间的关系。个人主义作为一种道德原则，它的最主要的特点是以个人为中心，强调个人的至上性，把个人利益放在整体利益之上。这一道德原则，作为一种理论基础，在经济、政治领域里的表现就是要维护资本主义的经济制度和财产制度，保护资产阶级的私有制，宣扬资产阶级的“天赋人权”和“自由竞争”。在社会主义社会中，这种道德原则，归根到底是要把人们引导到资本主义道路上去。这并不是危言耸听，而是国内和国际所发生的许多事实已经充分证明了的。最近几年来，那种“为个人主义正名”、“个人主义在社会主义初级阶段有积极作用”、“个人主义能推动商品生产发展”等论点，已经对我国人民的思想产生了严重的腐蚀作用。

社会主义的集体主义原则是与社会主义的公有制和民主制度相适应的，是社会主义生产关系的产物。尽管在过去一段时期内，我们对集体主义的解释和宣传，曾出现过片面强调集体利益和忽视正当个人利益的简单化的情况，但从根本原则上来看，坚持集体主义的道德原则对我国社会主义的价值导向所发生的作用是积极的。最近几年来，有些人受资产阶级自由化思潮的影响，说什么集体利益只是一种抽象，提倡集体利益就是“压制个人”、“反对个人”、“敌视个人”和“抹杀人的个性”。这种把个人的自由、个人的利益和个人的个性的发展完全与集体主义对立起来的观点，对我们的“四化”建设是十分有害的。事实证明，这些人如果不是有意否定集体主义而宣扬个人主义，就必然是对集体主义缺乏最起码的认识。为此，有必要对集体主义作出科学全面的解释。

三

新中国成立以来，在我们的有关伦理道德的著作中，曾经对社会主义的集体主义作过多方面的解释和界说。但是，由于一段时期内的“左”的思想影响，由于社会发展和各方面的原因，对于有些问题，在今天看来，还有待于进一步补充和完善。在论述集体主义原则时，怎样理解集体的正当性、怎样看待集体的真实性、怎样看待个人的地位、怎样看待个人应当为集体做出牺牲等，都是必须而且应当加以说明的。

对集体主义，从科学的理论形态上看，应从以下三个方面加以界说。

首先，社会主义的集体主义从公有制的经济基础出发，强调集体利益高于个人利益，强调在个人利益同集体利益发生矛盾时，个人要服从集体，提倡为集体献身。社会主义的国家、整体和集体，绝不是什么抽象的东西，而是实实在在地体现着每一个社会成员的利益。只有在全国确立集体主义的价值导向，才能增强人们的爱国主义精神，增强民族的凝聚力和向心力，增强建设“四化”的强大力量。

其次，在集体利益高于个人利益的原则下，集体主义不但不是“敌视个人”和“压制个人”，相反，是要尽量发挥每个集体成员的活力，包括实现个人的价值，发展个人的“个性”和尊重“个人的尊严”。没有每一个“个人”活力的发挥，集体将不可能有活力。个人的价值、个人的尊严、个人的个性，不但不同集体主义相对立，而且它正是集体主义的应有之义。对于社会主义来说，没有个人的“价值”的实现，没有个人的“个性”的发展，没有个人的正当利益的保障，就不可能有集体的价值、繁荣和发展。集体主义不但不是束缚个性的桎梏，而且更不应当成为实现个人价值的障碍；相反，只有集体主义才是实现个人利益的必要条件。这种对集体主义的科学的、全面的、辩证的理解，是伦理学理论十年来的一个重要成果，从实践上或理论上，都是有重要意义的。

最后，社会主义的集体主义，在个人利益应当服从集体利益的原则下，强调要尽力使集体利益能真实、全面、公正地代表所有集体成员的利益。应该承认，社会主义国家作为一个整体（集体），从根本上来说，代表并体现着全国人民的利益。社会主义的集体主义要求高于个人利益的集体利益，只能是正当的而不能是不正当的。也应当承认，体现着国家的各种利益的集体，确实还往往因各种腐败现象而不能体现所有集体成员的利益。正是由于这种原因，社会主义的集体主义作为指导人们行为的原则，强调集体利益之正当性的重要意义，强调集体的每一个成员都有义务和责任为克服每一个具体的集体所产生的腐败现象而斗争。集体主义强调：集体中的个人在必要时应为集体利益而献身的要求，本身就包含着为健全和完善集体、为消除集体的腐败现象而无私无畏地斗争的精神。

对集体主义的全面的、科学的阐释（集体利益高于个人利益；要充分发挥个人的活力；要为完善和纯洁集体而努力），必将对调节我国社会的各种道德关系，对推动我国的“四化”建设，发挥更大的作用。

四

与集体主义和个人主义的争论相联系的，还有个人本位和社会本位、人的主体性和道德规范性以及伦理学研究的出发点是什么等问题。

在社会主义社会中，在个人和社会的关系上，究竟应当以社会为本位还是以个人为本位，在最近几年内，曾展开了广泛的讨论。随着改革开放和商品经济的发展，一些人认为，为了刺激和调动个人积极性，就应当改变新中国成立以来的以社会为本位的要求，提倡以个人为本位的价值导向，并以此来促进我国的改革开放事业。他们错误地认为，提倡按劳分配，承认物质利益，似乎就是提倡专门为自己的私利奋斗，就是把个人当做唯一的出发点。在他们看来，同社会相比，“个人是更为根本的存在和价值”、“个人是更为本原、更为神圣的目的”。有的人甚至把“个人本位”必将代替“社会本位”看做是中国伦理今后发展的大趋势。尽管有些提倡个人本位的人并不直接提倡个人主义，但归根到底，个人本位必然走向个人主义，并最终导向资本主义，这是很清楚的。

在个人利益和社会利益的关系上，究竟怎么认识和理解人的主体性的问题，也成为伦理学近年来争论的重要问题之一。人们都知道，从一定意义上说，人是许多学科的研究对象，当然也是伦理学的研究对象。伦理学作为一门研究道德现象（人和人之间的各种道德关系）的科学，它自然是要把人作为道德关系的主体来加以研究的。但是，作为道德关系的主体的人，并不仅仅指“个人”，因为群体、集体、整体也同样是我们社会中道德关系的主体。正是由于这种原因，伦理学不但应当研究个体道德，而且还要研究个人与他人、个人与社会的关系，还要研究群体道德的各种问题。更为重要的是，一切个体道德都必须受到群体道德的影响和制约，个体的道德品质总是同社会整体的道德品质密切相关的。马克思说：“人的本质并不是单个人所固有的抽象物。在其现实性上，它是一切社会关系的总和。”这一理论，对于伦理学中的人的主体性问题来说，也是同样适用的。但是，最近几年来，在伦理学研究中片面地夸大所谓道德的主体性的理论，把个人的一切欲望、目的，甚至把由个人的私利而产生的激情、冲动，都看做是人的主体性，认为社会主义的集体主义及其规范束缚了这种主体性的发展，从而把它们所谓的主体性同社会主义道德的规范性对立起来。更有甚者，有的还提出“人的主体性是一切道德活动的原动力”的所谓“主体伦理学”，其实质就是要以“个人的主体性”、个人本位和个人主义作为伦理学的理论基础。近几年来，很多同志都已重视对个体道德和群体道德的主体性的研究，并对这两种主体性的关系作了辩证的解释，批判并克服了那种片面地强调个人的主体性和所谓个人主义的主体论伦理学的错误，从而使马克思主义伦理学理论有了进一步发展。

伦理学研究的出发点是什么？是人性或由人的本性所形成的人的需要，还是由社会关系所决定的利益关系？一些人从人的本性出发，认为人的本性就是人的需要，这种需要产生一切，决定一切，从而把人的需要当做伦理学研究的出发点，“能否满足需要是判断任何一种道德有无价值、有无存在理由的唯一根据”。这种理论的实质，就是把个人的欲望、情感、要求看做是一种神圣不可侵犯的需要，反对社会主义的整体需要高于个人需要的原则，从而否定社会主义道德的社会基础。马克思主义伦理学是一门研究社会主义社会人们的道德现象（道德关系）的科学，由社会经济关系和政治关系所决定的人和人之间的利益与道德的关系，是伦理学的基本问题，也是伦理学研究的出发点，那种把人性和由人性而引发的个人需要作为伦理学研究的出发点的理论是不正确的。

十年来改革开放的伟大实践促进了伦理学理论的发展，而伦理学理论的发展又必将对改革开放和社会主义精神文明建设产生巨大的推动作用。

十年来伦理学的回顾与展望*

今天我们在这里隆重集会，庆贺全国伦理学会成立十周年，并举行第五届全国伦理学讨论会，其意义是颇不平常的。我们是在一个十分重大的历史关头，来共同庆贺我们伦理学会的十岁生日。一方面，我们现在所处的社会环境，是这几年来从未获得过的发展我们伦理学事业的最好的环境。因为十年改革的风风雨雨，已经使包括伦理学工作者在内的广大人民群众，从很深的层次上意识到一定程度上的社会的道德滑坡对我们的事业将会造成难以弥补的危害，因而发自内心地呼唤伦理道德，呼唤社会主义精神文明，呼唤社会主义的伦理学。我们理应把握住这么一个历史的契机，义不容辞地为提高中国人民的道德水平、改善我国的社会风气而努力奋斗。另一方面，我们现在面临的国际国内形势也是极为复杂的。从国际上看，帝国主义加紧推行和平演变战略，更值得我们注意的是，在当前，这种和平演变的主要内容、主要目的，就是要用资产阶级的价值观、道德观来影响、腐蚀和改变我国青年以及更多人的思想，从而达到在中国搞资本主义的目的。因此，中国的社会主义事业必将再次面临严峻的考验。从国内来看，资产阶级自由化思想借助国际大气候，是不会甘心于让中国继续走社会主义道路的。资产阶级自由化泛滥的主要目的之一，也仍然是要通过深层次的价值观、道德观的转变，

---

* 本文原载《道德与文明》1991年第1期、第2期。

即通过以个人为中心的个人主义的传播，通过资产阶级政治民主观念，来腐蚀我国的人民。资产阶级自由化与四项基本原则的斗争，将是一场“持久战”，谁胜谁负，现在并无最后结论。

因此，面对如此错综复杂的社会环境，我们的伦理学事业绝不可能成为单纯的书斋学问，而是必然会涉及社会生活的各个方面。我认为，既然我们在座的各位都要坚持社会主义和坚持马克思主义，那么就应该在今天的形势下，更好地团结起来，振奋起来，在伦理道德问题上，为保证我国的社会主义价值目标贡献自己的力量。

我国伦理学十年发展的历程表明，我们这支伦理学队伍从总体上看，在坚持四项基本原则、反对资产阶级自由化，在进行马克思主义伦理学的理论建设上都是好的。绝大多数同志，在几次重大的政治斗争和思想斗争中，已表现出较坚定的社会主义和马列主义的立场。尤其是在1989年的政治风波中，绝大多数同志表现得很好或比较好，这是难能可贵的。正是由于大家具有这样的政治和业务素质，我们才能够说，中国伦理学事业的社会主义方向是大有希望的，中国社会主义伦理学事业的繁荣兴旺也是大有希望的。

下面，我想就大家共同关心的一些问题，谈一点自己的看法，并希望同志们在这次会上展开争鸣。

一、伦理学十年发展的社会历史背景的分析

我们伦理学会是顺应了中国历史发展的大趋势才走到今天来的。回顾或者反思我们伦理学会这十年来的历史过程，绝不能脱离我们整个社会的大背景，否则，我们就不可能站在历史的高度来总体把握十年伦理学的历史走向，来全面透视十年伦理学所取得的成就和所面临的问题的根据。

十年伦理学的发展，总的来说，是在改革开放的总的历史背景下进行的。具体来说大体可以从改革开放、反“左”防“左”和商品经济三个方面来分析。

（一）关于改革开放

改革开放，是我们国家在结束“文革”动乱后确立的基本国策。党

的工作重心的转移，现代化建设的迫切性，使改革开放成为深入人心的富民强国的最佳选择。我们伦理学事业在“文革”之后的起步，首先正是追随着改革开放的大潮。应该肯定地说，十年伦理学的主旋律，就是改革开放的主旋律。没有改革开放，就没有这十年的伦理学，而十年伦理学是尽力在为改革开放创造道德条件的，即在改革开放中发挥道德的社会主义导向作用。在这十年当中，大多数的伦理学工作者都深深体会到思想道德建设具有鲜明的导向性，它规定了整个精神文明建设的性质和方向，因此，很多同志都尽力为保证我国社会主义建设的方向而不懈奋斗，发挥了自己的力量，起到了应起的作用。

但是，我们也毫不隐讳地认为，在对待改革开放的问题上，确实存在着两种根本对立的观点。一种观点将改革开放理解为社会主义自身的改良和完善，这是大多数人的观点，也是我们伦理学界大多数同仁的观点。另一种观点则从放弃社会主义制度、走资本主义道路的角度来理解改革开放，将改革开放理解为社会制度的“转轨”、社会主义的精神文明的“转轨”、马克思主义的意识形态的“转轨”、整个社会的价值观念的“转轨”，等等。这种观点在我们伦理学界多少也有所反映，如所谓要对社会主义道德和共产主义道德实行“道德转型”、“道德重建”，把中国伦理大趋势确定为由社会本位向个人本位的转变等。更有甚者，还有极少数人以更新观念配套为理由，要用个人主义的观念来更新集体主义。尽管持这种观点的人在我们伦理学界是极少数，但也绝不能忽略其产生的不良影响。

从一定意义上看，我们面对的这场改革开放运动，就是要对社会主义进行再认识。一方面，必须肯定科学社会主义学说诞生一百多年来，对整个世界变革所产生的巨大影响，尤其必须肯定社会主义在一些国家包括在中国所取得的巨大成就；另一方面，也必须看到社会主义在实践过程中面临的难题和遭受的挫折。正是为了解决这些难题和纠正这些失误，社会主义的改革才成为历史大趋势。对社会主义的信心是坚定还是动摇，都源于对社会主义改革的认识和态度。

这种对社会主义进行的再认识，对我们伦理学界来说，突出地表现为怎样看待社会主义和共产主义的伦理道德学说。大多数同志正是从社会主义本身的改革中，看到了重新认识社会主义和共产主义伦理道德学说的重大实践意义，并同时增强了对社会主义和共产主义道德的信心。

但也确实有少部分同志动摇甚至丧失了对社会主义和共产主义道德的信心，这一点是同这些同志对社会主义事业本身的动摇或失去信心直接联系在一起的。我们今天可以反思一下，这十年来围绕着要不要坚持社会主义和共产主义道德、要不要用历史唯物论来分析社会道德问题、要不要坚持集体主义的争论，其实并不仅仅是一场简单的学术观点的分歧，而是对中国的社会主义前途究竟向何处去的分歧，是对中国改革开放的方向究竟向何处去的分歧，是一种根本的价值信念上的分歧。

（二）关于反“左”防“左”

“文革”十年动乱，是我们党内极左思潮泛滥到顶峰的象征。正是十年“文革”，使全党和全国人民痛楚地意识到极左思潮和路线曾经给党的事业、社会主义的事业、国家的事业造成了多么严重的损害。也正是十年“文革”，使全党和全国人民下定决心反“左”防“左”，使极左的东西不再回来危害我们。因此，粉碎“四人帮”、结束“文化大革命”之后，在十年改革开放的过程中，反“左”防“左”也始终是我们大家所共同担负的重要历史使命。

全社会的反“左”防“左”气氛，也给我们伦理学领域的反“左”防“左”创造了较好的条件。应该说，“文革”以后伦理学事业的起步与发展，就是在一个极特殊的背景下进行的，既要在“文革”后加紧进行建设，夺回我们失去了的时间；又要在建设之初就注意到过去一段时期的“左”的影响，力求克服一段时间内的简单化、片面化和理论脱离实际等错误倾向。因此，我个人认为我们伦理学领域，在反“左”防“左”的问题上，始终是与时代精神相吻合的。

然而，这几年全社会在大张旗鼓地反“左”防“左”时，也在一段时期内，一定程度上发生了一种倾向掩盖另一种倾向的情况，这就是忽略了右的思潮的抬头，并造成了较为严重的资产阶级自由化思想的泛滥。尤其令人痛心的是，这几年出现了许多奇怪的现象：再好的理论、再好的人，一旦被人扣上正统、保守、僵化的帽子，就会在一夜之间成为最坏的理论和最不受欢迎的、“名声不好”的人；而再荒谬的理论、再坏的人，只要打出“改革”、“创新”、“开拓”的旗号，也会在转瞬之间名噪一时。

这里确实有一个怎样看待“左”和“僵化”的问题。在我们看来，必须反对的只是那些极左的东西，那些违背马克思主义基本精神和活的灵魂的东西，而不是反对马克思主义和社会主义。但是，在一些人看来，他们所要反对的所谓“左”的东西，就是马克思主义和社会主义。这十年来在反“左”防“左”问题上的分歧，对某些人来说仍然是一种基本价值信念的分歧，而不仅仅是要不要反“左”防“左”的分歧。

这种分歧在我们伦理学领域有没有反映呢？对此大家可以讨论，但我认为肯定是有的。伦理学领域不是世外桃源，这么一场全社会性的大争论、大分歧，怎么可能不反映到伦理学领域来呢？这十年来，我们伦理学界是不是也有极少数人对马克思主义伦理学持怀疑甚至否定的态度，将马克思主义的一些基本原理当成是僵化、保守、极左的东西加以批判呢？其实在伦理学界出现这些情况是毫不奇怪的，这是一种社会气候的反映，它不是某个人的事情，而是一种社会思潮。

（三）关于商品经济

社会主义的改革，若从经济角度来看，最重要的突破就是重新认识和估价商品经济在社会主义经济活动中的地位。十年改革所取得的成就中最引人注目的，就是充分发挥了商品经济的“魔力”，在短短的时间内，我们社会创造出了前所未有的巨大的物质财富，广大人民群众获得了真正的物质实惠。这也是广大人民群众对社会主义改革寄予莫大期望的根本原因之一。

我们社会从产品经济向商品经济的转变，就我们伦理学领域而言，最根本的是涉及商品经济与社会主义和共产主义道德的相互关系问题。从积极的意义讲，传统的社会主义和共产主义道德要适应新的经济体制的需要，就必须加强自身的完善与建设，即加强人们常说的经济体制改革的道德配套设施。毫无疑问，伦理学界大多数同志在为商品经济鸣锣开道，在为商品经济扫除一些陈旧道德的障碍方面，是诚心诚意和尽心尽力的。其间的工作及成绩，大家也可以进行总结与评估。

但是，必须强调指出的是，全社会在迎接商品经济的到来时，从一开始就存在着两个严重估计不足。一是对商品经济的某些必然结果严重估计不足，一是对商品经济对社会主义社会中人与人的关系所可能产生的负面作用严重估计不足。这两个严重估计不足，在我们伦理学界也是同样存在的。

关于对商品经济的某些必然结果严重估计不足的问题，最根本的是我们社会在商品经济到来之时，极其简单地以为只要将商品经济冠之“社会主义的”限定词，以往商品经济的性质就轻而易举地转变了。今天看来，人们在商品经济的性质问题上过于乐观和过于简单了。同时，确实有一股势力，试图将中国经济通过商品经济而完全转向资本主义市场经济，而且这种转向是以否定社会主义的经济基础为前提的。与此同时，与经济私有化相“配套”的政治多党制和意识形态多元化等都被提了出来。

关于对商品经济对社会主义社会中人与人关系可能产生的负面作用的严重估计不足的问题，最根本的就是忽略了商品经济“等价交换”的内在逻辑。如果这种内在逻辑是建立在唯利是图基础上的，尤其是建立在私人劳动与社会客观的矛盾的基础上的，那么商品经济就像马克思当年在《资本论》中所反复证明的，一定会产生商品拜物教，并由此一定会产生货币拜物教。而所谓货币拜物教，就是今天为国人所深恶痛绝的“一切向钱看”。正是随着商品经济的发展，在我国兴起了一股拜金主义的思潮，什么“低头向钱看，抬头向前看，只有向钱看，才能向前看”的口号曾红极一时，理论家们还为这四句话进行论证。与此同时，一些人公开强调货币拜物教在我们社会中应当存在和发展，认为货币拜物教可以唤起人们进取、创造、拼搏的精神，给社会带来普遍舒适、方便自由和高效率，可以大规模、快速度地促进整个生产力的发展等，从而严重毒化了我国社会中人与人的关系。在这种货币拜物教面前，正如马克思所一针见血地指出的，连圣徒的遗骨和人的良心都可以出卖，人间还有什么罪恶不可以因金钱而滋生呢！

正是由于人们对商品经济的这两种负面作用严重估计不足，所以我们才一方面受惠于商品经济带来的物质财富，一方面也受害于商品经济带来的道德滑坡和社会上许多丑恶现象的泛滥。

应当看到，资本主义思想在经济、政治、文化等方面对我国社会主义制度的严重侵蚀，已在一定程度上动摇了一些人的社会主义信念，甚至产生了社会主义不如资本主义的认识。这种结果，与这些年在商品经济条件下对意识形态问题持自流放任的态度不无关联。商品经济对道德的作用不是中性的，如果我们不进行社会主义的价值导向的教育，商品经济的负面效应是完全可能诱发出资本主义思想来的。更何况国际帝国主义进行“和平演变”战略的一个重要武器，就是利用完全市场化的商品经济以达到其在中国搞资本主义的目的。由此可见，对商品经济条件下价值导向的放任自流的教训，今天是到了认真吸取的时候了。

从一度的道德滑坡和社会风气不好来看，“一切向钱看”的拜金主义思想，确实是这几年我们社会主义道德一度滑坡的最主要的思想根源，在一些人那里是非颠倒、善恶颠倒、美丑颠倒的状况已经到了不能容忍的地步。社会上某些腐败的根源之一，就在于人们在一定程度上认同甚至纵容了拜金主义思想，而这是与商品经济的负面作用分不开的。从我们伦理学领域来看，我们某些人的某些理论，是否既是对这种社会腐朽思想的认同，反过来又对这种社会腐朽思想起了推波助澜的作用呢？社会道德的一度滑坡，难道与我们理论界的一些人没有关系吗？

二、几个重点理论问题的分析

这十年来，我们伦理学界在开拓与创新中提出了许多有价值的问题，而且取得了一些有分量的成果，但也有一些不容忽视的对立和争论。这里，我想着重谈谈这么几个问题，即坚持什么样的价值导向的问题、道德的本质问题、传统道德文化的问题、伦理学研究的方法问题。

（一）关于坚持什么样的价值导向

价值导向问题，实质上就是一定的价值目标及追求的问题。绝不能低估了价值导向的实践意义。因为改革十年的经验或教训都已证明，价值导向不同，价值目标不同，价值追求不同，就必然意味着一系列方针、政策、路线甚至制度的根本不同。这些年来在意识形态领域内发生的风风雨雨，说到底都是围绕着价值导向问题来展开的。而在价值导向问题上，伦理道德的价值导向又居于一个特别重要的地位。如果我们到今天仍然意识不到伦理道德的价值导向与我们国家将要走什么路的问题的重大关系，那么我们就不可能从战略的高度来反思我们这几年道德一度滑坡的教训，更不可能从战略的高度去加强这方面的工作。为此，我希望我们的伦理学工作者在这一问题上，要明辨是非，坚定立场，为确保我们国家的社会主义的伦理道德价值导向而奋斗。

这些年伦理道德领域内价值导向问题上的分歧和争论，归结起来就是集体主义的价值导向与个人主义的价值导向的分歧与争论。这种分歧与争论，在一开始就是从个人和社会关系的两种根本对立的观点出发的。而且，随着形势的发展，随着国际国内大小气候的变幻，这一分歧和争论更加明朗和尖锐起来。我认为，从今天的反思的立场上看，在伦理道德的价值导向问题上，集体主义与个人主义之间的冲突是在所难免的，是不以人们的意志为转移的，在根本上反映了两种对立的意识形态的争论，即社会主义的意识形态和资本主义的意识形态的争论。当然，我这里并不是说在我们伦理学界，凡是主张、提倡和赞扬个人主义的人，就一定是反对社会主义、拥护资本主义的。一些同志之所以主张、提倡和赞扬个人主义，还可能是出于一些复杂的原因。但是，无论怎样，从整个社会背景和社会思潮的流向来看，集体主义与个人主义之争，本质上确实是反映着社会主义与资本主义之争。这个大原则应当为我们每一位坚持社会主义立场的同志所理解。如果我们在这个问题上混淆界限，放弃原则，那么我们就会迷失方向。

事实上，集体主义原则是在社会主义整个历史运动中逐渐发展和完善起来的。社会主义与集体主义的关系是一种血肉不可分离的关系。正因为这样，在国外许多资产阶级思想家那里，是将集体主义与社会主义当成同等意义的词来看待的。集体主义在我们伦理学界看来是一项基本道德原则，但若从广义即从与社会主义不可分离的这个意义上来看，集体主义则应该是社会主义的政治、经济及思想文化学说的最核心的思想。

同样，个人主义则是在资产阶级和资本主义的发展过程中生长起来的。也是在这个意义上，西方资产阶级思想家往往将个人主义与资本主义视为同等意义的词，而且明确指出个人主义与集体主义、个人主义与社会主义是根本对立的。在伦理道德领域，个人主义是资产阶级或资本主义的最基本的道德原则，但从广义上看，个人主义则又是资产阶级政治、经济及思想文化学说的最核心的思想。这从约翰·洛克、亚当·斯密、托克维尔以及从约翰·杜威、约翰·罗尔斯等人的思想中完全可以得到证明。

从集体主义与个人主义各自的历史命运中可见，那种从善良的愿望出发，试图将个人主义与社会主义嫁接起来以推动我国社会主义现代化进程的观点，至少是一种糊涂观点。归根到底，个人主义只会对社会主义事业本身造成危害，而且会通过价值导向的方式最终将社会主义引向资本主义的轨道。资本主义在和平演变战略中所使用的意识形态的武器，为什么最核心的就是个人主义的价值观，这是值得我们每一位同志深刻反省的。

有些同志之所以认为个人主义有一定的积极意义，大概是出于对个人正当利益的考虑，觉得个人主义以个人为中心，有利于实现个人正当利益，甚至可以“弥补”集体主义的“不足”。

对这个问题也应当进行深入的思考。集体利益与个人利益是辩证统一的。在集体利益高于个人利益的原则下，重视个人的正当利益，维护个人的尊严、价值和权利，促进个人的进步和发展，本来就是社会主义的集体主义的应有之义。因此，个人的正当利益必须引起我们的高度重视，但是我们绝不能靠为个人主义正名来实现个人的正当利益。我们之所以反对个人主义，除了上面提到的价值导向的原因之外，还有一个个人主义同利己主义相互认同的问题。在我们国家，个人主义与利己主义的相互认同已不是什么理论上可不可能的问题，而是在实践上已造成了巨大危害的问题。这几年的道德一度滑坡，这几年的某些严重的腐败堕落现象，这几年的人与人之间、人与社会之间所弥漫着的那股铜臭味，难道同个人主义和利己主义之间的相互认同没有关系吗？因此，为个人主义正名，不是解决了已趋于紧张的个人利益与社会主义集体利益的矛盾，而是进一步加剧了这种矛盾。如果我们这个社会陷入一种“人对人是狼”、“一切人反对一切人的战争”的泥潭中，如果人们都是争名于朝、争利于市，只顾个人私利，那么中国还有什么希望可言！中国的社会主义及其现代化还有什么希望可言！

重视并解决个人的正当利益，在我们国家中，只能靠集体主义的理论与实践本身。集体主义理论的建设必须是坚持与发展相统一的过程。一方面是坚持，就是坚持集体主义的社会主义性质，就是坚持为实践所证明的正确的理论，包括集体利益与个人利益辩证统一的观点，集体利益高于个人利益、个人利益服从集体利益的观点，以及个人利益在必要时做出牺牲的观点等。这些观点绝不是什么极左的、保守的、僵化的观点，假若连这些观点都要否定了，那就等于把集体利益与个人利益等量齐观。集体主义之所以被称为“集体的”“主义”，就是因为它强调的是集体代表各个个人的共同利益，个人之服从集体，不是服从什么抽象的框框，而是服从这各个个人的共同利益。另一方面是发展，即在实践中不断增加和完善集体主义的具体理论。在当前，就是要在继续发展集体利益高于个人利益的理论的前提下，大力倡导个人的正当利益，明确论证集体主义不但是不压制个人正当利益的，而且是以最大程度的个人正当利益为根本目的的，也就是在一个更高的层面上来理解个人正当利益的意义，来发展集体主义关于集体利益与个人利益辩证统一的理论。同时，我们应当明确地强调，集体主义不但是不敌视个人、压制个人和反对个人的，而且是要尽量发挥每个人的活力，实现个人的价值，保障个人的正当利益。个人的价值，个人的利益，个人的个性，只要在个人利益服从集体利益的原则下，它本身就是集体主义的应有之义。此外，我们还特别要强调，社会主义的集体主义要最大限度地使集体利益能够全面、真实、公正地代表所有集体成员的利益。集体主义原则强调，集体中的个人必要时应为集体利益而献身的要求，本身就包含着为健全和完善集体、为清除集体的腐败现象而无私无畏地斗争。总之，应当从改革开放的角度，从反“左”防“左”的角度，从发展商品经济的角度，也就是从社会主义现代化事业的角度，来把握我们发展集体主义理论的原则限度。这与认同个人主义、以个人主义来取代集体主义等是性质根本相反的道德抉择。

值得注意的是，我们国内近十年来的个人主义泛滥，是随着一股全盘西化的思潮而不断发展起来的。回顾这几年来先后出现的萨特热、尼采热、弗洛伊德热、弗洛姆热，其核心思想可以说都是在以个人为中心这一问题上大做文章。由此，自我设计、自我中心、个人本位和个人主义等也就在一些青年人中间应运而生了。仅从这一点也可以更清楚地看到，以个人为中心的个人主义思想是同资本主义的制度、资产阶级的意识形态，同全盘西化的思想密切相联系的。

（二）关于道德的本质

这几年，在我们伦理学界引起广泛注意和论争的另一个问题是道德的本质问题，这是一个有相当理论难度的问题。但是有一些基本问题，有一些可被称为马克思主义伦理学之出发点的问题，则并不是太难，当然它们的解决取决于我们的基本态度。

现在，人们在道德本质的题目下争论得最多的就是道德的规范性、约束性与主体性之间的关系问题。

我认为，并不能单纯地就道德的这两种属性来定义道德的本质，甚至不能单纯地就这两种属性来谈论这两种属性本身，也不能认为，只要将二者简单地或机械地结合起来，道德的本质问题就解决了。其实问题没有这么简单，这里必须首先解决一个出发点的问题，解决一个前提问题。

这个前提是什么？这就是历史唯物主义的基本观点：社会意识形态的本质是什么？是人的主观的天生的理性、人性，是人的本能、冲动，还是物质的社会关系，是一定的生产关系、经济关系？我们讲了这么多年的马克思主义伦理学，最根本的出发点就是要从社会物质关系中去寻找道德的本质，即寻找道德起源的根据，寻找道德的发展及规律性的根据，寻找道德的功能及作用的根据等。离开历史唯物主义的这个前提，我们就不是在讲马克思主义伦理学，而是在讲别的什么伦理学，而别的伦理学的道德本质观是五花八门的，有神性道德本质观，有唯意志道德本质观，有理性道德本质观，有人性、人的本能冲动的道德本质观，等等。这几年在我们社会中，从抽象的人性、从抽象的人的需要的角度来理解道德的本质，是一种较流行的观点。这种观点同历史唯物主义的观点是截然不同的，他们由此得出的道德本质观与我们所理解的道德本质观，当然也就不可能相同了。

根据这种理解，我认为，在道德的规范性、约束性和主体性的关系问题上，如果是从道德的本质上来立论的，那么就必须首先回答：争论的各方究竟是在什么前提下来理解道德的本质的？如若是从历史唯物主义的角度，是从社会关系，从经济关系、利益关系的角度出发，那么道德的本质当然就在于它的规范性与约束性，而不在于什么抽象的个人的主体性，尤其不在于将这种个人的主体性定义为一种个人的欲望冲动。这里讲的道德的规范性与约束性，绝不是什么对个人欲望的“消极防范”，更不是封建禁欲主义，而是一定的社会物质关系对生活在一定社会中的人们的一种客观必然性制约，是社会整体利益即人们的共同利益对个人利益、个人欲望的一种客观要求。西方伦理学始终认为，理性与欲望的矛盾是伦理学的基本矛盾。康德认为这是一种“自然辩证法”，其中理性指的主要就是道德的力量，即社会共同利益的力量，而矛盾最终的德性解决便是理性战胜情欲，使人成为一个有道德的人。正是基于这种立场，康德大书特书“德性就是力量”，认为人应该凭德性而成为个人欲望的主人，而不能因缺德而成为个人情欲的奴隶。这种思想在黑格尔那里表述得更为全面，也更为深刻，黑格尔直接把道德理解为普遍理性，而不是个人任性，道德反对的就是个人任性。当然，在康德和黑格尔学说中的理性是唯心主义的理性，但其对道德的本质在于普遍性而非个人任性这一点上，确乎从抽象的角度作了深刻的阐述，有其合理的因素。在中国古代，孔子讲“克己”，老子讲“自胜”，其对道德本质的理解与康德、黑格尔的观点是异曲同工的。中国儒家的道德思想，尽管有其维护封建统治、束缚人的个性的方面，但就其道德教育和道德修养而论，特别是儒家所探讨的心性关系，其基本内容就是要以理性的自我超越（一种成圣成贤的能动性）来控制人的情欲，把道德的能动性同规范性统一起来，并把它作为一个知行合一、动静结合的不断前进的过程。

因此，讲道德本质的规范性、约束性，绝不是把道德描绘成面目狰狞的对人的一种束缚，而是强调道德的最基本的社会功能：调节人与人之间、人与社会之间的相互利益关系。而这种社会调节是通过自我约束、自我控制的方式表现的。人们的这种自我约束与自我控制能力的获得，并不是人的本能，而恰恰是个人对社会约束与社会控制的认同。道德价值的根据归根到底不是在个人的胸膛中，而是在社会的物质关系中。这是我们所理解的道德本质的规范性、约束性的前提。

那么，道德的主体性的概念是不是可以接受的呢？回答当然是肯定的。但是，对此应作一些具体的规定。

首先一个问题就是，道德的主体并不只是个人。个体道德主体只是道德主体的一种表现形式。群体、集体、阶级、民族、国家以至全社会，都可以被称为道德的主体。因此，所谓弘扬道德的主体性，绝不仅仅意味着弘扬个人的道德主体性，更不只是为个人利益呐喊。在马克思主义者看来，弘扬道德的主体性，更重要的是弘扬集体、整体以至全社会的道德主体性。这里涉及集体主义还是个人主义的问题，涉及社会本位还是个人本位的问题，因而在这里产生的分歧与争论，并不是单纯的某个观点的分歧与争论，而是可能预示着最基本的伦理道德观的分歧与争论。

其次一个问题是，什么是道德的主体性。我所理解的道德的主体性，就是诸道德主体在道德实践活动中的主动性。从一定意义上也可以说，道德主体性就是道德活动的主体所具有的完善自身、完善他人和完善社会的能动性。因此，说到底，所谓道德的主体性，就是道德主体所具有的在道德上完善自身的表现，即道德主体在信仰服膺某一道德的前提下，高度自觉地按照这一道德的要求去行动，高度自觉地接受这一道德的约束，从而成为一个具有真正德行的人，成为一个具有高尚道德的集体和社会。这里的主体的能动性、主动性，不是去破坏这一道德及其规范，而恰恰是去服从这一道德、建设这一道德。

从这个意义上说，道德的主体性与道德的规范性、约束性，在同一个道德系统中，非但不是截然对立的，而且是相辅相成的，是从不同的方面表达了相同的道德意义。这就是说，道德的规范性与约束性是从道德主体之外表明了道德的性质，即表明了道德对人或人格化的主体的德性要求。而道德的主体性则是从道德主体之内表明了人或人格化的主体对道德的内化和认同，将道德的外在的德性要求、外在的规范与约束转化为内在的德性要求，转化为内在规范与约束，归根到底是将道德义务转化为道德良心，将他律转化为自律。

道德的主体性与道德的规范性、约束性有没有发生矛盾的情况呢？当然是有的，而且还可能很尖锐。但这主要发生在不同的甚至尖锐对立的道德体系之间。例如，一个信奉资产阶级个人主义道德的人，社会主义的集体主义道德的规范对他来说就必然会是一种“消极防范”，是一种近乎“禁欲主义”的道德，他在这一道德体系中感到的确乎不是道德自由，而是道德束缚，他只能在个人主义的道德系统中才会感到道德自由，才能发挥出道德主体性，而这种道德主体性也必然地同集体主义道德的规范性、约束性相抵触。相反，对于一个信仰社会主义的集体主义道德的人来说，这一道德是他获得道德自由和发挥道德主体性的基地，他如果德性很高，他就必然不会感到社会主义道德的所谓“消极防范”，而只是感受到道德自由，他的这种自由来源于他对集体主义道德必然性的认同。

总而言之，在道德的本质问题上，只有坚持历史唯物主义的基本观点，从社会物质关系中而不是从抽象的人性或人的需要中去寻找道德的根据，我们才能够理解道德他律及其对人的客观外在约束，并进而理解道德自律及其对人的内在约束，从而才能理解为什么要从规范性、约束性的角度去理解道德的本质，去理解道德的主体性，去理解道德的必然与自由。

（三）关于传统道德文化

对传统道德文化的讨论，也是这几年的热门话题。从我们伦理学界的情况来看，持全盘西化和民族虚无主义观点的人只是极个别的，大多数同志都能站在批判继承的立场上，肯定中华民族的传统道德文化。但是，由于受国内全盘西化和民族虚无主义的影响，一些似是而非的观点在我们伦理学领域也确有一定表现和一定影响，这应当引起我们的警觉。

要不要反对封建主义，尤其是要不要反对封建主义中那些糟粕性的封建道德，这在我们这里应当是不成问题的。这些年有人指责我们，说我们坚持集体主义道德，就是垂青于封建整体主义，就是为封建整体主义辩护。有人说中国封建社会的道德传统是压制个人、反对个人的，说我们的集体主义是同封建传统一样压制个人和反对个人的；还有人指责我们的义利辩证统一观是宋明理学中“存天理，灭人欲”观点的现代翻版等。这些例子表明，有些人认为我们主张批判地继承中国传统道德，就是全盘复古的，是保守的、僵化的。

实际上，我们大家可以仔细反思或检讨一下，这么多年来，我们难道不是始终在旗帜鲜明地反对封建主义、批判封建地主阶级的道德糟粕吗？在中国这么一个有数千年封建社会历史的古老国度中，反封建的任务远远没有完成，封建主义的毒素还侵入在我们的社会肌体中，我们还面临着极其艰巨的与残存的封建主义作斗争的任务。然而，在中国，自从辛亥革命以来，到底是什么政治力量真正将封建主义打倒在地，又是什么政治力量真正在中国建立起了一种新型的现代文明制度？这恰恰是中国共产党及其领导的新民主主义革命和社会主义革命。在新中国建立以前，有那么多政治势力宣称要反封建，但最终的结果大多与封建主义势力相妥协了。这是历史事实，是不论什么人也否定不了的。值得我们注意和深思的是，一些人表面上打着反对封建传统的整体观念的幌子，实际上是要反对社会主义的整体主义，即社会主义的集体主义。他们站在资产阶级的立场上，用资产阶级的“个性解放”、“个人中心”和“个人神圣”的思想来反封建主义，其目的是要把中国的社会主义引向邪路，即要在中国搞资本主义。实践证明，在中国的条件下，用资产阶级思想是根本反不了封建主义的。只有中国共产党和社会主义才能最终实现反封建的任务，这是不容抹杀的历史事实。

真正地反封建主义，也不在于是否全盘否定过去的历史，而是在于是否否定过去糟粕性的东西，保存过去精华性的东西即民族的优秀文化遗产，包括民族的优秀道德文化遗产。有些人似乎觉得过去历史中只有“三纲五常”，只有“存天理，灭人欲”，而没有什么精华性的东西。这是一种缺乏起码的历史知识的表现。在中国悠久的文明史中，传统美德是举不胜举的。例如，我们民族历来强调的那种刚健有为、自强不息，为他人献身、为民族献身的“富贵不能淫，贫贱不能移，威武不能屈”的浩然正气，那种“先天下之忧而忧，后天下之乐而乐”的大公无私、先公后私的精神，那种“国家兴亡，匹夫有责”的以天下利益为重的整体主义精神，那种“杀身成仁，舍生取义”的为正义而不惜一切的高风亮节，那种“横眉冷对千夫指，俯首甘为孺子牛”的爱憎分明的精神，那种勤劳俭朴、自力更生、诚实守信的求实精神等，都是极其优秀的民族道德遗产。特别是联系我们当前的道德实际状况来理解这些道德遗产，我们会更觉其宝贵。甚至可以说，如果我们的国人都能自觉地去将这些民族道德遗产发扬光大，那么我们社会的道德风尚乃至整个社会风气都必将有大的改观。

要不要继承包括传统道德在内的优秀传统文化，或者说，能不能够对传统文化持虚无主义的态度、走全盘西化的道路，这或许应当从战略的高度来加以审视。也就是，应当从中国社会主义现代化事业的前途的高度来审视。中国作为一个第三世界国家，在自己的发展过程中，理当借鉴其他第三世界国家在发展过程中的文化方面的经验和教训。世界上大多数第三世界国家，尤其是拉美和非洲的第三世界国家，在过去很长时间内，基本上是照搬西方国家的发展模式，以为彻底否定自己的传统，彻底照搬西方的模式，国家的现代化似乎就指日可待了。然而，这些国家多年的经历表明，这种做法非但没有使国家的发展出现奇迹，而且在同西方发达国家进一步拉大差距的过程中，饱受了不停的内乱、严重的腐败、痛苦和贫困的折磨。迄今为止，尚没有一个这种搞民族虚无主义和全盘西化的国家获得了所谓西方模式的现代化，而且甚至在这些国家尚未出现这种现代化的希望曙光。正是由于这种极为惨痛的教训，现在越来越多的发展中国家逐渐悟出这样的一些道理，即现代化的四个不等式：现代化不等于工业化，现代化不等于城市化，现代化不等于市场化，现代化不等于西方化，更不等于在伦理文化方面全盘接受西方的东西，而是相反，为了发展自己国家的现代化，必须要用自己的民族独立的精神来抵制和反对西方的文化渗透。这一点已经成为大多数第三世界国家最深刻的教训。

我们国家今天搞现代化建设，必须从这些第三世界国家的教训中吸取营养，增强我们自身的免疫力。说到底，民族虚无主义和全盘西化之所以对第三世界国家是一种巨大的灾难，就在于其既彻底打掉了一个独立民族的自尊心和自强心，也破坏了这个民族国家内部的向心力和凝聚力，从而使这个民族国家丧失其固有的优势，只好在混乱中苦苦挣扎。更何况我们中华民族是一个有着优良道德传统的民族，我们的国家在今天已经是一个社会主义国家，我们要建立的是一个反对少数人剥削压迫多数人的、要求全体人民共同富裕的社会，因此，民族虚无主义和全盘西化更是我们所必须坚决反对的。

正是基于这样的认识，我们实现中国式的社会主义现代化，唯一的选择就是立足于我们的国情，包括我们的优秀传统文化、我们的优秀传统道德文化。中国的诸多问题与麻烦，终究不能靠咒骂我们自己的祖先及其文化遗产来解决。如果我们自己在自己的国家中煽起一股失望情绪，让这股失望情绪去毁灭我们民族的自尊心和自强心，甚至以此去乞灵于某种西方模式，那么中国的社会主义现代化事业才将是真正没有希望的。哀莫大于心死，这才是真正值得忧虑的。

（四）关于伦理学研究的方法

关于伦理学研究的方法问题，这也是我们近年来争论的一个主要问题。在伦理学的研究中，要不要以马克思主义的辩证唯物主义和历史唯物主义作指导？阶级分析的方法，理论联系实际的方法，究竟还适用不适用？是不是像有些人所说的“这些都不是伦理学的方法，而是历史观的简单套用”？同样，是不是像有的人所主张的，我们必须要把西方资产阶级的实证方法、分析哲学、功能主义、自然主义、目的论的方法，引入我们的伦理学，并作为我们伦理学研究的主要方法？这种在方法论方面的争论，绝不是平常的问题，而是要把伦理学的研究引向什么地方去的重要争论。方法论之争是从属于理论原则的分歧的，但同时这又是一个非常重要的原则争论。

任何一门科学的发展，总是同方法的改进和创新有着密切的关系，伦理学也不例外。总的来看，对伦理学来说有一般科学的方法，有社会科学的方法，有伦理学本身的一些特殊的方法。但是，作为一门社会科学，伦理学既不能不受一般科学方法论的指导，更不能离开社会科学的方法。在当前社会中还存在两大对立的意识形态的情况下，否认社会科学领域中的马克思主义的方法，其实质就是要用超阶级的、资产阶级的方法来改造我们的伦理学。为了进一步发展我国的伦理学事业，我们固然应当注意研究、探讨一些伦理学本身的具体方法，我们的一些伦理学工作者正在这方面作出努力，而且已经取得了一些成果。但是，无论如何，我们绝不能忽视我国社会科学所必须坚持的马克思主义辩证唯物主义和历史唯物主义，绝不能以探讨伦理学科本身的特殊方法为幌子，而否认一切社会科学所必须遵循的阶级分析和理论联系实际的方法。

三、几点展望

我们伦理学会从成立以来经历了十年不平凡的旅程。应该说，在各位同仁及全国伦理学界的共同努力下，这十年基本上为我国伦理学的进一步发展打下了一个良好的基础。全国伦理学队伍，无论是人员数量还是人员的政治、业务素质，都是中国伦理学历史上最多和最好的。我们应该充满信心地说，我们的前途是光明的。

然而，我们对前途也必须有一个清醒的认识。前途固然光明，但道路将是十分曲折甚至还可能是十分艰险的。为此，我认为在紧接下来的工作中，必须注意认识和把握好这么几个关系。

（一）形势大好与形势严峻的关系

从总的情况看，由于在 1989 年政治风波之后，党中央采取了一系列正确决策，资产阶级自由化思想受到遏止，党风和社会风气已开始好转，人民群众的不满情绪已开始减少，因此，我们获得了一个大好时机，我们伦理学领域也已开始出现新的转机，正气上升，正面的、积极的理论正在受到人们的欢迎和重视。

但是，也必须清醒地看到，从现在起到将来一个较长的时期内，我们要面对的是一个不容盲目乐观的严峻局面。一方面，“和平演变”与反“和平演变”的斗争、“自由化”思想与四项基本原则的斗争必定是长期的。我们伦理学界只能在这种斗争中来明确我们的奋斗目标，来调整我们的奋斗方向。另一方面，近几年来的道德一度滑坡，对人们特别是对年青一代造成的不良后果，其后遗症将逐渐显露出来，我们伦理学界负有振奋民族道德雄风的不可推卸的责任。但要担当起这一责任，又谈何容易。十年树木，百年树人，腐蚀一代人是容易的，而要造就一代人则是不容易的。因此，我们伦理学界的每一位同志，如果我们是有社会责任心的，就应当正确估量当前的社会道德状况的严重程度，正确估量我们今后的责任的重大性和艰难性。

(二) 伦理学理论与现实生活的关系

我们的伦理学理论要获得生命力，就必须切实地面对现实生活，从现实生活中吸取理论的养分，又将理论返回到现实生活中去解决具体的道德问题。我们这里指的现实生活，就是我们大力进行的社会主义现代化的建设事业。我们未来的伦理道德理论，一定不能只满足于课本上和书斋中，而必须以广大人民群众的道德实践为最高标准。确立一种正确的价值导向，固然很重要，但同时还要不断建立起各种职业道德规范，为在现实中提高人们的道德品质和改善社会风气而努力。“理论总是灰色的，而生活之树长青”，歌德的这句名言应当为我们所认真记取。

(三) 坚持与发展的关系

我们的伦理学理论要面对现实生活，就必须在现实生活中、在广大人民群众的道德实践中去求得不断发展。坚持与发展是我们伦理学领域不可偏废的两个环节。首先是坚持，即坚持被多少年的生活和斗争实践所证明了的、正确的伦理道德理论，其中最重要的就是社会主义的集体主义道德理论。坚持不等于“僵化”、“保守”、“落后”，坚持与发展是紧密相关的。伦理学理论必须在坚持的旗帜下大力发展。所谓发展，主要是要面对新情况、新问题，力求对这些新情况、新问题作出新的解释，从而指导我们的实践。其次就是在争论中发展，在争论中使理论更加丰富、全面。因此，在坚持四项基本原则而不是反对四项基本原则的前提下，我们必须坚持“百花齐放、百家争鸣”的方针，允许有不同意见，允许就所有问题进行讨论和争鸣。这十年我们伦理学的许多具体理论，就是在相互讨论和争鸣中不断成熟和完善起来的。我们理应继续倡导和创造一个良好的道德理论的争鸣氛围，尤其应当鼓励青年同志积极思维、大胆创新、破除陈见、有所作为。

二十年的回顾与展望*

这次伦理学理论讨论会的召开，正值我们全国伦理学会成立20周年，回顾我们伦理学会20年来所走过的道路，展望我们的未来，很有必要。我在这里，仅就一些主要的方面，提出一些看法。

一

中国伦理学会是适应我国改革开放和社会主义建设的需要，经过充分的酝酿和筹备后成立的。1979年，在山东省济南市召开了全国社会科学的规划会议，在这次会议上，由中国社会科学院李奇同志倡议，在周原冰、周辅成、罗国杰和刘启林等同志的共同商讨下，决定在1980年内成立中国伦理学会。中国社会科学院承担了这次会议的组织工作。1980年7月，在无锡召开了第一次全国伦理学的理论讨论会。这次会议正式成立了中国伦理学会，并进行了有关社会主义道德建设的一些重大理论问题的讨论，选举了中国伦理学会的理事和学会的主要负责人。李奇当选为会长，周原冰、周辅成、罗国杰当选为副会长，刘启林为秘

---

* 本文原载《道德教育》2001年第1期，后收入《以德治国与道德建设》，保定，河北大学出版社，2002。原文标题为“回顾与展望”。

书长。到1984年后，由罗国杰任会长，刘启林、魏英敏、许启贤、陈瑛等任副会长和秘书长等。中国伦理学会的成立，团结了高等学校和科研机构中的伦理学工作者，讨论了我国伦理学中的一些重要的理论问题和实践问题，增强了伦理学工作者之间的相互交流，对中国伦理学的研究和发展起了重要的推动作用。在回顾伦理学会成立以来所取得的成绩时，我们对为伦理学会成立作出了重要贡献的李奇同志、周原冰同志和周辅成先生，表示深深的敬意。

中国伦理学会成立后，差不多每两年召开一次全国性的伦理学讨论会。这些讨论会都能紧密结合我国改革开放和社会主义现代化实践所提出的重要问题展开讨论，既积极肯定市场经济发展过程中给伦理道德带来的积极因素，同时也注意到市场经济给伦理道德带来的消极的、负面的效应，认真分析和研究市场经济给伦理道德提出的新问题，并努力从理论上和实践上寻求解决的途径和方法。在多次的理论讨论中，我们既强调要坚持马克思主义的价值导向，坚持社会主义道德的集体主义原则和为人民服务的思想，又注意贯彻百花齐放、百家争鸣的方针，充分发扬学术民主，使我们对有关道德理论的认识不断深入、不断发展。20年来，每次讨论会的参加者都提供了大量的既有理论又能够紧密联系当前现实的学术论文。这些论文，经过选择，已经出版了6本学术论文集。

在中国伦理学会的积极努力下，我们同天津社会科学院共同主办了《道德与文明》这一学会的刊物，20年来，我们已经出版了100多期，发表了大量关于伦理道德的论文、书评和有关伦理道德的学术信息，为广大伦理学工作者提供了一个重要的园地，团结了一大批伦理学爱好者，推动了我国伦理学理论的发展。

在全国广大伦理学工作者的努力下，20年来，我们的伦理学的队伍日益壮大，我们的学术著作不但数量越来越多，而且质量也越来越高。对西方伦理的研究、对中国传统伦理的研究、对应用伦理的研究和对现实道德问题的研究，都取得了显著的成果。这些研究成果，不仅使我们的理论研究有了很大的进展，而且有的成果对我国的社会主义精神文明建设也提供了重要的理论支持。

20年来，在中国伦理学会的积极推动下，我们先后同日本、韩国的伦理学界的同仁进行了多次交流，讨论了双方共同关心的伦理问题，增强了相互之间的友谊，扩大了我们的视野。此外，我们还同中国台湾的中华伦理教育学会进行了相互的访问，并分别在中国台湾的花莲和广东的珠海召开了伦理学的理论讨论会。

20年来，在全国伦理学会的推动下，我国的许多省市都相继建立了自己的伦理学会，许多省的伦理学会还分别组织了地区和省、市的伦理学讨论会，就伦理学的某些专题进了讨论，增强了伦理学工作者的理论交流，加强了伦理学工作者之间的团结。

20年来，全国伦理学会在自己的理论研究和学术讨论中，始终注意团结广大伦理学工作者，并力求使我们的学术研究和理论讨论能够结合我国社会主义市场经济不断发展的进程，认真研究和解决社会主义市场经济对道德建设提出的新问题，从而有助于我国社会主义精神文明的建设和社会主义的道德建设。我国是一个社会主义的国家，我们正在建设和发展的市场经济是社会主义的市场经济，我们的目的是要建设成一个消灭剥削、消除两极分化的共同富裕的社会，这是我们伦理建设的前提、基础、目的和出发点。

保持伦理学会的团结，保持伦理学会的正确的价值导向，保持伦理学会的健康活跃的学术研究气氛，保持伦理学会的独立的品格，力求使学术的研究既能有利于教学，又能对社会主义的精神文明建设和道德建设做出自己的贡献；既要经世致用为社会主义的政治服务，又要坚持自己的学术独立的品格，大力贯彻百花齐放、百家争鸣的方针。这一切，仍然是我们今后应当坚持的原则。

我们伦理学工作者，既是从事社会主义和共产主义道德的研究者，又是一个教育工作者，我们尤其应当在道德修养上严格要求自己，我们所说的、所讲的和我们所做的，应当而且必须是一致的。那种言行背离，说的是为人民服务和集体主义但行的是个人主义和自私自利的人，是不配做一个伦理学工作者的。荀子在他的《劝学》中说："君子之学也，以美其身；小人之学也，以为禽犊。"我们应当尽自己最大的努力，使伦理学的学习能够提高我们的道德品质，以达到"以美其身"的目的。

一个马克思主义的伦理学工作者，应当而且必须身体力行，言行一致，嘴上说的必须是自己做的，书上写的必须是自己照着做的；要求别人做到的，自己应当首先做到，这是我们伦理学工作者的起码的、必备的品格。任何言行背离、理论与行动不一致的情况，都是我们反对的。中国伦理学会成立20年来，在老一辈学术带头人的影响下，我们队伍中的绝大多数的同志都始终保持了这一品格，今后我们要继续发扬这一品格。

二

我们正处在一个新的历史时期，我国正在建设与发展社会主义市场经济。为此，怎样建设与社会主义市场经济相适应的社会主义道德体系，已成为摆在我国人民面前特别是我们伦理学工作者面前的一个重要问题。江泽民同志在中共中央思想政治工作会议上提出："努力建设与发展社会主义市场经济相适应的社会主义道德体系，是一项十分重要的工作，必须放在突出的位置来抓。"又说："为了在发展社会主义市场经济的条件下更好地建设有中国特色社会主义，我们必须建立与之相适应的社会主义法律体系，同时必须在全社会形成与之相适应的社会主义思想道德体系。"因此，建设与发展社会主义市场经济相适应的社会主义道德体系，是我们在新形势下面临的一个重要而迫切的问题，这是我国社会主义发展的要求，是发展社会主义市场经济所必须面对和亟须解决的一个重大问题，也是我国伦理学工作者必须要探索、研究和解决的一个不可回避的问题。这里特别提到的是要在"建立与发展社会主义市场经济"的形势下，来考虑、分析、研究和建立我们的社会主义道德体系。党的十四届六中全会已经提出了一个初步的道德建设的基本框架，但是中央一再提出，我们还要进一步来建设整个社会主义道德的体系，这应当是一个同社会主义法律体系同等重要的体系。这个道德体系，既要有理论的层次和明确的导向，有核心、原则和规范的要求，有道德在各个领域的特殊体现，有评价的指标体系，还要有一系列可实施的操作方法，等等。这也是一个包括宏观、中观和微观的全面而深入的道德体系。

正如江泽民同志所提出的，建设社会主义道德体系是一个系统工程，我们必须从各个方面进行认真的考虑。市场经济的建立与发展给道德所提出的新问题，也就是市场经济给伦理道德所提出的挑战。为此，要对建立社会主义市场经济体制以来我国社会思想道德方面出现的新情况、新问题和新特点作出分析和概括，从中找出带有规律性的东西。要全面地把握市场的积极方面和消极方面，“要正确认识和处理各种利益关系，把个人利益与集体利益、局部利益与整体利益、当前利益与长远利益正确地统一和结合起来，努力形成把国家和人民利益放在首位而又充分尊重公民个人合法利益的社会主义义利观”。建设社会主义道德体系，要考虑到四个方面的问题：

第一，坚持正确处理公平与效率的关系。公平问题，是伦理道德上的一个十分重要的问题。在经济改革中，我们提出了要“效率优先、兼顾公平”的原则。在社会主义市场经济的条件下，“公平”问题已成为广大人民群众所关心的一个重要问题。如何在发展经济、讲求效率的同时，能够保持社会的“公平”，在道德建设上，在构建社会主义的道德体系上，我们究竟如何对待效率与公平的问题呢？江泽民同志提出，在效率与公平的问题上，我们还应当“重视效率、维护公平”。从“效率优先、兼顾公平”到“重视效率、维护公平”，这些提法体现了我们在建立和发展市场经济过程中不断深入的道德反思。

第二，坚持先进性要求与广泛性要求相结合。一方面，要坚持社会主义和共产主义的崇高的道德要求，向广大人民群众宣传社会主义市场经济条件下所涌现的崇高思想和英雄行为，鼓励和宣传劳动模范和道德楷模的先进事迹，号召广大群众向这些人物学习，并要求一切共产党员和先进分子身体力行；另一方面，又要从广大群众的思想实际出发，注意道德的层次性，既要有最高要求，也要有最低要求。要把道德要求看做是一个由低到高的若干阶梯。既不能只强调最高层次，也不能只强调最低层次。认为在市场经济条件下，只要不违反法律就可以了，这种思想是不符合道德关系的实然和应然的要求的。最近几年来，国际和国内的学者对底线伦理问题很感兴趣。我想，所谓“底线伦理”，只不过是要提出对广大群众的一个最低的道德要求，与此同时，我们绝不应当忘记、忽视甚至否定对广大群众进行道德的最高要求的宣传和教育，绝不能够忘记广泛性要求和先进性要求相结合的重要性。在社会主义社会中，道德的最低要求本身绝不是要人们永远停止在这个最低要求上，而是要不断地对人民群众进行社会主义的道德教育，使人们逐步地向道德的更高要求发展，要人们沿着道德发展的阶梯不断地向上攀登，“千里之行，始于足下"，"万仞之台，起于垒土"，说的就是这个意思。同样，在我们社会主义道德的最高要求中，也已包含了社会主义道德的所有较低层次的要求。一种理论认为，在市场经济的条件下，人们只要遵守"底线伦理"就可以了，与此同时，这种理论又把"底线伦理"同法律规范等同起来。应当说，这种理论是不正确的。照这些同志的意见，人们只要遵守法律规范就可以了，那还要道德做什么？从另一种意义上来看，在社会主义社会中，我们可以说，法律规范既是道德的"底线"，又不是道德的底线，因为有不少法律规范所包含的道德要求是很高的，不能把这些要求也看做是"底线伦理"。如我国宪法中规定的"国家提倡爱祖国、爱人民、爱劳动、爱科学、爱社会主义的公德，在人民中进行爱国主义、集体主义、共产主义的教育，进行辩证唯物主义和历史唯物主义的教育，反对资本主义的、封建主义的和其他腐朽思想"、"国家提倡公民从事义务劳动"、"中华人民共和国的公民必须遵守宪法和法律，保守国家机密，爱护公共财产，遵守劳动纪律，遵守公共秩序，尊重社会公德"等，笼统地、简单地把法律规范视为"底线伦理"，是错误的。

第三，要坚持"三个有利于标准"。"三个有利于"是指"是否有利于发展社会主义社会的生产力，是否有利于增强社会主义国家的综合国力，是否有利于提高人民的生活水平"。社会主义道德的核心就是"为人民服务"，离开了广大人民群众的利益，也就离开了社会主义道德的前提，因此，提高人民的生活水平应当而且必然是我们在道德建设上应当坚持的原则。能否有利于社会生产力的发展，是判断道德是否进步、是否有生命力的重要标准，只有有利于生产力发展的道德，才是反映时代精神的道德。在社会主义道德建设中，我国还必须强调国家的整体利益，重视国家的兴旺发达，因此，是否有利于增强社会主义国家的综合国力，也同样是我们在道德建设中应当坚持的。

第四，坚持继承和发扬民族优良传统并积极吸收外来优秀文化成果。总的原则是"古为今用"和"为我所用"。在继承中华民族古代的道德传统时，应当坚持"批判地继承"的原则，就是说，要继承其优良的精华，批判其封建性的糟粕，绝不能无批判地全盘继承，这也是我们马克思主义者在对待古代传统文化时区别于非马克思主义者的一个重要原则。对待人类的优秀文化和伦理道德，包括西方资产阶级的文化和伦理道德，我们应当采取“为我所用”的原则，对社会主义事业的发展有利的、对社会主义的道德建设有利的，我们就要积极地予以吸收，否则就要坚决地予以摒弃。总之，不论是中国古代的道德传统，还是西方的伦理道德，我们都要用马克思主义的立场、观点和方法，加以分析，吸取改造，使其能够有利于社会主义的道德建设。

江泽民同志提出：“法律和道德作为上层建筑的组成部分，都是维护社会秩序、规范人们思想和行为的重要手段，它们相互联系、相互补充。法治以其权威性和强制手段规范社会成员的行为。德治以其说服力和劝导力提高社会成员的思想认识和道德觉悟。道德规范和法律规范应该相互结合，统一发挥作用。”① 这段讲话有着重要的理论意义和现实意义，它既是针对我国目前市场经济条件下所出现的伦理道德新问题的解决方案，又是对马克思主义的政治、伦理方面的一个重要贡献。法律规范是一种由国家相应机构制定的规范，它是以权威性和强制手段来约束和规范人们的行为的，不论任何人，只要违反了法律，就应当受到法律的惩罚。法律规范的主要作用是在人们犯罪之后给以必要的惩罚，道德规范的主要作用是在人们违法犯罪之前给以道德教育，使人们有“羞耻之心”，有道德责任心和道德义务感，并使这种义务感和责任心能够转化为人们的实际行动，从而不去违法犯罪。因此，我们可以说，只有加强了道德教育，提高了人们的道德觉悟，才能从根本上改善社会风气，才能消除人们违法犯罪的思想根源。

新中国成立以来，我国领导人第一次提出了“德治”的问题，这同我们一贯强调的加强道德教育有密切的关系。市场经济是一种求利的经济，是一种以调动人们的利益来发展经济的一种经济，是利用人们追求利益的积极性来推动经济发展的一种经济。个人利益的无限发展和不断膨胀必然要引导到违法乱纪的地步，因此，人们都知道，市场经济必须是一种法制经济，即把人们对个人利益的追求用法律加以限制，用严密的法律规定来约束人们的行为。但是，正像我们所说的，法律的约束并不能从人的思想上消除犯罪的根源。因此，加强伦理道德建设就成为了今后的一项极其重要的工作。我国的伦理学工作者，有责任、有能力为建立我国的“德治”社会做出自己的贡献。

---

① 江泽民：《江泽民论有中国特色社会主义》，336页，北京，中央文献出版社，2002。

摆在我们面前的任务是艰巨的，又是光荣的。我们伦理学工作者一定能担负起这一极其光荣的历史使命，为新时期的道德建设，为建立与发展社会主义市场经济相适应的道德体系，为提高全国人民的道德素质，为伦理学建设做出我们自己的贡献。

第十二编

学术自述与访谈

我从事伦理学教学工作的回顾*

1960年2月，中国人民大学的伦理学教研室成立，根据学校的任命，由我担任伦理学教研室的副主任，负责筹建这个教研室的工作。

有的同志问我，你是怎样从事伦理学的教学与研究工作的？原因只有一个，那就是组织分配的。同时，它又是同我的自愿研究相结合的。为了说明我从事伦理学工作的过程，我想有必要先谈一谈我个人的一点经历。

1928年的1月，我出生在河南省南阳市的内乡县罗冈村。在读完了开封初中和开封高中以后，1946年，我到上海，考入了同济大学法学院的法律系，对法律产生了很浓厚的兴趣，希望毕业后能在法律方面做出自己的贡献。但是，随着形势的发展，我不得不放弃了自己的这一想法，积极地投身到当时“争民主、反迫害、反饥饿、反内战”的如火如荼的学生运动中去，并参加了党的地下组织。也正是由于这一原因，从上海解放后直到1956年的长达7年多的时间里，我一直在党的机关中做宣传教育和纪律检查工作。这段工作经历对我影响最大的有两个方面：一是在实际工作中，我明白了哲学的重要，产生了对哲学的浓厚兴趣；二是从不少党员犯错误的教训中，我认识到思想改造和道德品质的修养对一个人的重要意义。1956年，我离开了党政工作，到中国人民

---

* 本文作于1998年，原收入《罗国杰文集》下卷，保定，河北大学出版社，2000。

大学来学习哲学，是自愿选择的，而 1960 年从事伦理学的教学和研究工作，是服从组织分配的。我之所以愉快地接受了这种分配，一方面是由于我在革命队伍中所养成的组织性和纪律性，另一方面我也发自内心地认识到这一工作的重要性。

为什么中国人民大学要在 1960 年建立伦理学教研室呢？这还要从新中国成立后我国对伦理学的认识说起。

十月革命以后，苏联的社会主义教育家们认为，伦理学是一门伪科学，是宣传资产阶级道德的科学，因此，就在高等学校和国家的科学研究机构中取消了伦理学的教学和科学研究。正因为这个原因，在长达 40 多年的时间里，苏联的高等学校只讲授和研究共产主义道德，而不讲授和研究伦理学。直到 1959 年，苏联的思想家们认识到，伦理学是一门研究道德的科学，资产阶级有它的伦理学，无产阶级也可以有自己的伦理学，并且建议立即恢复对伦理学的研究。1959 年，莫斯科大学成立了苏联的第一个伦理学教研室，开始用马克思主义的观点来研究伦理学。在当时，中国人民大学是以莫斯科大学作为自己的榜样的。消息传到了中国，中国人民大学的胡锡奎校长就开始积极筹备。1960 年的 2 月，正式成立了中国人民大学的伦理学教研室。在很短的时间内，先后从法律系、国政系和哲学系调入了 8 名青年教师（许启贤、郑文林、姜法增、李光耀、周立升、倪君祐、邵廷召和我），除我以外，所有人的年龄都在 30 岁以下，组成了一个非常年轻的教研室。

从 1960 年到 1963 年，在大家共同的努力下，伦理学教研室主要做了以下四件事：

一是整理编辑了马克思主义经典作家对道德的有关论述。这是一个重新学习的过程，是有的放矢、结合实用的学习过程。北京大学哲学系知道中国人民大学建立了伦理学教研室，也派了张文儒等同志到我们的教研室一起来研究。我们花了整整半年多的时间，查阅了当时已出版的所有马恩列斯和毛泽东的有关著作，编辑了近百万字的语录。可惜，它没有来得及出版，就在“文化大革命”中遗失了。但是，这一工作使我们掌握了用马克思主义的立场、观点和方法来观察社会的伦理道德现象，对我们以后的教学和研究都有重要的指导意义。

二是讨论和制定了马克思主义伦理学的教学大纲。这是一个开创性的工作，因为我们没有任何可以借鉴的材料。西方的东西是资产阶级的，在当时看来，是不应有任何继承和吸收的。苏联还没有编写出任何有关马克思主义伦理学的大纲，我们只有自己从头做起。经过多次的讨论和反复修改，终于形成了我们的马克思主义伦理学教学大纲。1962年6月13日，在中国人民大学第九次科学讨论会的伦理学分组会上讨论了这个大纲。当时的许多知名学者如北京大学的冯友兰、贺麟，中国社会科学院的李奇，中国人民大学的王方铭等，都出席了会议。在肯定了这个提纲在我国伦理学的教学与研究中的重要作用的同时，也提出了许多进一步完善这个提纲的宝贵意见。这个马克思主义伦理学的教学大纲在同年的中国人民大学的刊物《教学与研究》上发表。由于《教学与研究》当时在全国的地位，这个大纲在我国的理论界和高校中间产生了重大的影响。

三是在编写大纲的基础上，编写了繁简不同的两本《马克思主义伦理学讲义》，作为教材，它们分别适用不同的教学要求。

《马克思主义伦理学讲义》共包括十二章（一、马克思主义伦理学的对象　二、道德是社会意识形态　三、道德同文艺的关系　四、西方伦理思想简介　五、中国伦理思想简介　六、关于道德的批判和继承　七、马克思主义伦理学的建立与发展　八、共产主义道德的形成发展及其原则　九、共产主义道德范畴　十、道德评价　十一、现代资产阶级伦理思想批判　十二、道德教育和道德修养），再加上有关中外伦理思想史的两篇附录，约30万字。为了满足教学的需要，1961年10月，这本教材油印出版，并发给听课的学生。鉴于授课的时数有限，1962年又编写了一个简编本，约7万字，共包括五章（一、马克思主义伦理学的对象　二、马克思主义伦理学的建立和发展　三、共产主义道德的形成发展及其基本原则　四、道德评价　五、道德教育和道德修养）。从1961年到现在，已经38个年头过去了，我的东西遗失了不少。但是，直到今天，我仍然珍惜地保留着这两本已经发黄的讲义。前一段时间，在讨论我们“文化大革命”后编写的《马克思主义伦理学》教科书的体系时，有些人说，我们的这一体系是来源于苏联60年代出版的施什金编写的《马克思主义伦理学原理》。他们不知道，施什金的《马克思主义伦理学原理》在苏联出版以前，我们的《马克思主义伦理学讲义》就已经出版了。细心的读者，只要对照一下两本书的章节目录，也就会明白它们之间的差异了。我们的体系是我们自己研究之后形成的，这是一个历史事实。实事求是是我们一切工作的出发点。

四是在当时的本科学生中开设了伦理学课程。这是第一次在新中国的高等学校中讲授马克思主义伦理学，由我和许启贤担任授课教师。两轮讲授之后，我个人在教学和研究的基础上又独立编写了一本《马克思主义伦理学》的讲稿，共30万字。令人痛心的是，“文化大革命”中的一个晚上，已经快10点钟了，哲学系的两位青年教师敲开了我的房门，强迫要走了我这本30万字的讲稿，说是要对我的修正主义思想进行批判。“革命造反派”拿走了这本书以后，这本书当然也就石沉大海了。这30年来，每每想起我的这本讲稿，总是感到非常遗憾。

1963年以后，在“左”的思想的影响下，教学已不能正常进行，学术批判的风越刮越盛。1964年，我因被指犯了“剥削阶级道德可以批判继承”的“错误”，而被取消了哲学系副主任的职务，到农村参加了两年的“四清”运动。同时，伦理学教研室也被取消了。然后就是“文化大革命”，直到1977年，我个人以及中国人民大学的伦理学教研室，也都停止了伦理学的教学和研究工作。

1977年9月，中国人民大学复校后，我又回到了学校的哲学系。我回到学校的唯一目的就是要求恢复伦理学教研室。原来教研室的成员，除我以外，只有一位姜法增同志。我首先从北京市委请回了原来在教研室工作的许启贤同志，然后同马博宣、宋希仁等同志商量，希望他们也能到伦理学教研室来一起工作，并得到了他们的同意。伦理学教研室就这样又恢复了，我们五个人重新开始了伦理学的教学和研究工作。

从1978年到1988年，据我了解，伦理学教研室的工作主要有以下四个方面：

第一，编写一本全国通用的《马克思主义伦理学》教科书。十一届三中全会以后，百废待兴，高等学校恢复了招生，教材的编写成了最急需的任务。1978年9月，当时的教育部在武汉召开了全国综合性大学教材工作座谈会，确定全国高校伦理学的教材由我担任主编，由中国人民大学伦理学教研室编写。尽管在“文化大革命”前有一定的基础，但经过十几年的停顿，几乎可以说是从头开始了。我们参照原来的大纲，经过反复研究和讨论，拟定了新的教科书的编写体例和章节要求。在编写过程中，我们仍然是从阅读经典著作和大量中外有关伦理学的参考文献开始，从国内伦理道德的实际问题出发，构建起一个具有我国特色的教材。为了完成这一光荣而又重要的任务，教研室的同志们（1979 年，王伟同志同教研室的五位同志一起，参加了教科书的编写工作）齐心协力，夜以继日地工作。用了一年多的时间，终于完成了编写工作。《马克思主义伦理学》一书于 1979 年底分上下册由中国人民大学出版社内部出版，经过试用之后，1982 年 4 月由人民出版社正式出版。这本教材成为十一届三中全会后我国高校通用的伦理学教科书，先后获得了中国人民大学、北京市和国家教委的奖励。

第二，举办伦理学的学习班，为社会培养伦理学的人才。高校恢复正常并开始讲授伦理学的课程以后，国家急需从事伦理学的教学与科学研究的人才。1980 年夏天，在无锡召开的第一次全国伦理学讨论会上，许多同志提出了要求中国人民大学办伦理学学习班的意见。经过紧张的筹备，从 1981 年开始，开办了中国人民大学第一届、第二届伦理学学习班。一些兄弟院校的教师也来学习班听课。在这几期的学习班上，大家都抱着重新学习的态度，相互切磋，相互启发，提高了我们对有关伦理学的许多问题的认识，增强了在我国开展伦理学教学和研究的信心。此后，教研室还举办了多期的伦理学研究生班（包括北京班和沈阳班），为培养我国伦理学的人才做出了一定的贡献。

第三，建设伦理学的硕士点和博士点，为培养高层次的伦理学人才而努力。经过教研室同志的共同努力，在教材建设和培养人才方面取得了一定成绩后，在学校的大力支持下，1981 年，我们的伦理学教研室获得了硕士学位的授予权，是当时我国最早具有硕士授予权的四个单位（中国社会科学院、北京大学、中国人民大学、北京师范大学）之一。随着我国教育事业的发展，随着精神文明建设和道德理论研究的需要，在高等学校中培养伦理学的博士研究生已成为一个迫在眉睫的任务。为了获得博士学位的授予权，教研室的同志们在教学与研究上积极创造条件。1984 年，教研室成为我国伦理学的第一个博士授予单位，并成为国家教委的重点学科。由于教研室具有了硕士和博士学位的授予权，我们在培养人才方面就能够做更多的工作。从 80 年代到现在，教研室已培养了约 200 个硕士研究生、近 30 个博士研究生，其中绝大多数都获得了硕士学位或博士学位，在我国各条战线上发挥着重要的作用。

第四，开展科学研究，先后建立了伦理学研究所和道德科学研究院，加强了国际间的学术交流。随着伦理学的硕士研究生和博士研究生学位点的建立，加强科学研究和教材建设就更加重要了。教研室除开设了硕士和博士研究生的专业课和专业基础课外，又先后开设了人生哲学、应用伦理学等选修课及许多专题课。1987 年，在教研室同志们的努力下，成立了伦理学研究所，同社会、同企业加强了联系。1996 年，以伦理学教研室为基础，成立了中国人民大学道德科学研究院，为进一步的国内外的学术交流创造了更好的条件。同年，伦理学研究所同日本建立了联系，使研究所的同志有机会到日本去访问。1997 年，道德科学研究院和国家教委社科中心同英国的威尔士大学联合召开了国际学术讨论会，扩大了道德科学研究院在国内外的影响。从 1989 年到现在，教研室的同志先后出国到苏联、德国、日本进行学术访问，还多次到中国台湾参加有关海峡两岸的学术讨论会。

以上，只是就我个人所了解到的一些情况作了一个简单的回顾。这些情况是很不完全的，甚至可能是挂一漏万的，漏掉的、不确切的或者错误的地方，只有请其他同志在以后补充和修正了。

关于我个人的情况，还想再作一点说明。1983 年，我被任命为哲学系的系主任，接着我就辞去了伦理学教研室主任的职务（我在这一岗位上，断断续续地工作了 23 年）。1985 年 8 月，我又被任命为中国人民大学的副校长，直到 1995 年的 7 月，我在这一岗位上整整工作了 10 年。至于在系主任和副校长任上的“政绩”，那就有待其他有关的同志来评说了。对我来说，承担上述行政工作，主要是服从组织的安排。我自己知道，我是不怎么适合做行政工作的，最希望的还是能多读点儿书，多充实一下自己。因此，对我所从事的学术工作来说，十几年的系主任和学校的副校长生涯，可以说是走入了一个“误区”。事实证明，要想兼顾行政和教学，在理论上是可以成立的，但在实际上实在是难以做到的，更是难以做好的。当我在行政工作的岗位上忙忙碌碌的时候，有时想到在教学和科研上的落后，就深深地感到不安；每当我拿出一些时间来准备教学和指导研究生时，又往往因此而影响了那些迫在眉睫、急需处理的行政工作。在十几年的行政工作中，我的心总是经常处在这样的矛盾之中。

另外，过多的社会工作也影响了我想要从事的教学和科学研究工作。1984 年以后，我担任了中国伦理学会的会长，还被邀兼任了社会上不少学术团体的职务，这些社会活动给我的学术研究也带来了许多矛盾。

正是由于上述的原因，在学术研究上，有一些早就应该完成的国家项目和教委的科学研究项目都未能及时完成；很多已经考虑成熟了的思想和学术观点也未能写成专著；甚至一些已经写成的文章都未能加以修改和投送报刊。当我 1995 年从行政工作岗位上退下来的时候，又深深感到，我已经是年近古稀、接近 70 岁的老人了。在当前，唯一的愿望就是，能够有一个较好的身体，尽量减少一些社会工作，使我有可能来完成我所希望完成的学术研究工作，以尽到我对伦理学事业所应尽的责任。

当前伦理学研究与社会道德建设的有关问题*

——罗国杰教授访谈

罗国杰教授是我国现当代著名伦理学工作者。作为新中国伦理学事业的开创者之一，他与老一辈伦理学理论工作者们一道，为开拓和建设中国特色的伦理学理论体系、推动中国伦理学事业的发展与繁荣、推动我国公民道德建设、弘扬中国传统文化，做出了卓著的贡献。在学术刊物《伦理学研究》“学人访谈”栏目开栏之际，我们专访了罗教授，并就当前伦理学研究与社会道德建设所涉及的一些理论和现实问题进行了探讨。

问：1982 年 4 月，您主编的《马克思主义伦理学》由人民出版社正式出版，这是新中国第一部公开出版的马克思主义伦理学教材，成为十一届三中全会之后国内高校通用的伦理学教科书。此后，您又参与主编了《伦理学教程》（中国人民大学出版社，1985 年 6 月）。1989 年 1 月，人民出版社出版了您主编的《伦理学》。这些书从发行至今，始终被国内一些高校作为伦理学教材而广泛采用。2009 年恰好是 1989 年版《伦理学》出版发行 20 周年，而这本书作为伦理学界的教科书范本，其所构建的伦理学体系、理论和方法，对整个中国的伦理学研究与教学产生了深远影响。这 20 年是新中国社会建设迅猛发展的 20 年，国内的伦理学研究与社会道德环境都发生了一定的变化。您考虑过针对这些现实

---

* 本文原载《伦理学研究》2010 年第 1 期。采访人为张溢木。

情况，对 1989 年版《伦理学》再次修订或重新编写吗？

答：我想，你的意见是对的。1989 年版的《伦理学》已经过去了 20 年，修订或重新编写一部新的《伦理学》，是我经常想到的，也是许多读者向我提出的要求，也可以说是我近年的心愿。20 多年前编写的几本《伦理学》，主要是为了满足当时高等学校的教学需要。它们既是伦理学专业学科的教材，又是对大学生进行道德教育的课本。今天看来，这些教材都具有明显的时代要求。它们的内容同我国当时的政治、经济和文化等各个方面有着密切联系。《马克思主义伦理学》等书主要是运用马克思主义的立场、观点和方法，立足于阅读经典著作和大量中外有关伦理学的参考文献，从国内伦理道德的实际问题出发所编写出的几本具有我国特色的教材。这些教材是 1978 年中国人民大学复校后从事伦理学教学和学习的同志们集体智慧的结晶。

马克思主义伦理学既是一门理论科学，又是一门规范科学，更是一门理论知识和行为规则相统一的实践科学。道德规范、道德意识和道德活动三类道德现象，是伦理学研究的具体对象。近 20 年来，我国的政治、经济和文化等各个方面都发生了巨大而深刻的变化，伦理学研究的广度和深度也有了很大的拓展和提高。因此，无论在理论体系还是在具体内容上，都必须依据时代发展脉络和道德具体实践的新变化，吸收并推动伦理学研究的理论成果和方法创新，对已有的理论做进一步地发展和完善，对变化了的现实提供具有说服力的理论升华和概括。

问：您一直非常重视对中国传统文化的研究。1995 年和 1999 年，由您担任主编，集全国众多伦理学学者心血的《中国传统道德》和《中国革命道德》丛书相继出版。目前，中国很多高校和科研单位都建立了国学研究机构，那么，您认为，在“国学热”的大背景下，伦理学研究工作者在弘扬中国传统文化方面应注重哪些方面的工作呢？

答：客观地讲，“国学热”是当前我国社会生发出来的一种对中国传统文化的需要。从一定意义上来看，中华民族的优良道德传统可以说是中华民族传统文化的核心。历史和现实都在呼唤伦理学研究工作者要着力弘扬中华民族的优良道德传统。但弘扬不是复古，更不是回头看，而是依据时代发展要求，以马克思主义为指导，对国学进行批判地继承。中国传统道德的核心及其一贯思想，就是强调为社会、为民族、为国家、为人民的整体主义思想。但毋庸讳言的是，中国传统道德具有鲜明的矛盾性和双重性，它既有民主性的精华，又有封建性的糟粕；既有积极、进步、革新的一面，又有消极、保守、落后的一面。而且在有些情况下，精华与糟粕又相互结合，良莠混杂，瑕瑜互见。这就要求在弘扬中国传统道德的时候，既不能全盘否定，也不能全盘继承。历史虚无主义和复古主义都要不得，这两种倾向都是错误的。正确的态度是以历史唯物主义为指导，坚持批判继承、弃糟取精、综合创新和古为今用的方针。“批判继承”是总的原则；“弃糟取精”是分清善恶的重要要求；“综合创新”是既要包容兼收，更要精炼提升；“古为今用”则是弘扬传统道德的根本目的。中国传统伦理道德只有同我国社会主义现代化事业相结合，才能有生命力，才能对我国当前精神文明和道德建设发挥积极作用。

问：自改革开放30多年以来，伦理学界发起或参与了多次对现实社会道德状况的理论探讨，并在论争中取得了重大影响。现在，有学者指出，在经济学、法学等热门强势学科的竞争下，伦理学研究工作的开展似乎遇到了前所未有的障碍和困难。您是否同意这样的观点？

答：伦理学学科并不是单纯意义上的理论性学科，与经济学、政治学、法学等学科都有着密切的关系。但更为重要的是，这一学科有其特殊性，伦理学不仅是一门理论性很强的学科，更是一门实践性很强的学科。

概括来说，所谓伦理学的“障碍”和“困难”，自这门学科诞生起就存在，其他学科也会多多少少存在类似问题。用实事求是的态度来看，当前伦理学研究中的难点在于：1. 在市场经济条件下，经济与利益在道德层面矛盾的研究还有待进一步加强：效率与公平、经济利益与社会公平正义等方面的问题还需要进一步研究；2. 在健全法制的同时，更要注重立法者、执法者、守法者自身道德素质的重要性；3. 道德教育还要进一步落实到真正切实提高人的思想道德水平上来。社会主义市场经济必须是一种法制的经济，这是近代社会发展史业已证明的事实。同时，也必须看到，在实施依法治国的同时，还要充分认识以德治国的重要意义。应当有机地把二者结合起来，切不可把二者对立起来。在“依法治国”的过程中，绝不能忽视道德教育、道德责任、道德养成、道德自律、道德引导和道德保证的重要性。不论是实行法治也好，贯彻科学发展观也好，构建社会主义和谐社会和社会主义核心价值体系也好，如果人的道德素质，特别是思想道德素质得不到有效的提高，这一切都不可能真正地、有效地落到实处。大量实践证明，任何国家、任何社会，仅有宪法等法律文本是远远不够的。法律只有掌握在富有正义感的法官手里，只有在全体公民的道德风尚都得到提高的情况下，真正的依法治国才能得以实现，法律面前一律平等的原则才能得以落实。中国特色社会主义现代化事业需要社会主义的法治，也需要伦理精神的强大支撑。随着我国社会又好又快地发展，伦理道德在社会发展中的巨大促进作用会日益彰显。

问：关注现实社会的道德建设，探索建立适应社会主义市场经济的道德体系，一直是您在理论研究和现实实践中的着重点之一。当下，有学者指出，伦理学的研究和发展不应该过分关注现实道德生活，不应该受社会政治影响，而是要走纯学术路线，请问您怎么看待这个问题?

答：在中国特色社会主义理论指导下，加强思想道德建设，加强对伦理学的研究，对社会主义市场经济的健康运行有着极端重要的引导和制约作用。伦理学作为一门理论学科，既要有理论的概括和提升，又必须同社会实践结合，不能脱离现实。伦理学研究的发展和出路，并不是也不可能是远离现实性和政治性的问题，而是能不能自觉地、更好地指导实践这一重大课题的问题。伦理学需要认真地研究当前社会道德现象所展现和提出的重大问题，分析这些问题的根源，探讨其规律性，关注其发展趋向，提出解决的方案。

伦理学的研究不能离开概念和范畴，也不能离开逻辑的推理，但也不能单纯地依靠概念来构建学科的体系。新的发展阶段和新的时代条件为伦理学的研究和发展提供了难得的发展机遇，对广大致力于伦理学研究的学者提出了新的时代要求。同时，应该看到的是，我国伦理学学科虽历经 60 年（其中更有改革开放后的 30 余年）的发展，但仍有很多深层次的理论问题和重大实践问题需要深入探讨。伦理学的研究既要反思现实生活，又要能指导现实生活。伦理学理论要获得生命力，就必须切实地面对现实生活，从现实生活中汲取养分，认真地进行理论的概括、提炼、分析和升华，再将理论返回到现实生活中去解决现实道德问题。只有既能反映现实生活，又能对现实生活产生重要指导作用的理论才是人民群众所需要的理论，才具有与时俱进的品格和昂扬向上的生命力。这是时代赋予我国当代伦理学研究的重大使命。

问：集体主义原则是马克思主义伦理学的基本理论之一。从 20 世纪 80 年代至今，您一直致力于研究和完善集体主义的道德理论，对作为社会主义道德基本原则的集体主义的本质、内涵和层次进行了深入的探讨。随着社会主义市场经济的深入发展，“私权”理论在理论界受到越来越多的关注。这使得一些理论工作者认为，社会主义市场经济的道德原则应该是高扬个人主义的大旗，认为集体主义原则已经不符合市场经济发展的要求。请问您怎么看待这个问题？

答：社会主义的集体主义，是同社会主义制度紧密联系在一起的。在当前市场经济深入发展的同时，社会主义的集体主义原则是应当而且必须坚持的。需要指出的是，集体主义的“集体”是一个现实的集体，这个集体指的是一个公正的、有道德的、一个需要不断加以完善的集体。这个集体既不是一个“虚假的”或“不真实”的集体，也远未达到马克思所说的“真实的集体”。

坚持集体主义的核心要求就是需要个人利益服从集体利益，这本身就是社会主义发展要求的本质。当然，我们提出的集体主义在不同的历史条件下，其内容和要求也是不断发展和变化的。把集体主义理解为一个一成不变的“教条”是错误的，它本身也是随着时代的变化而与时俱进的。集体主义作为一个道德原则，我们的认识是从集体利益入手，又以集体利益与个人利益的辩证统一为目的。在 20 世纪五六十年代，比较强调个人利益要服从集体利益，甚至是“无条件”地服从；那时的集体主义主要是在革命时期根据革命的需要所产生的道德要求。随着时代的发展，增加了集体利益和个人利益的关系，突出强调了发展集体利益的同时更要考虑和尊重个人利益的存在与实现。根据我们的理解，社会主义的集体主义至少包含三个方面的内容：第一，强调集体利益高于个人利益，提倡在集体利益与个人利益发生矛盾时，个人要顾全大局，以集体利益为重，在必要的情况下，个人应当为集体利益而放弃个人利益，甚至为集体利益而献身；第二，在强调集体利益高于个人利益的前提下，同时强调集体必须尽力保障个人的正当利益得到满足，促进个人价值的实现，并力求使个人的个性和才能得到最好的发展；第三，集体主义强调个人利益与集体利益的辩证统一。这三个方面是相互联系、相辅相成的。集体主义作为社会主义道德的基本原则，它本身既体现着集体的长远利益，也包含着对个人正当利益的高度重视，二者在根本上是统一的。

“私权”等理论受到越来越多的关注，是社会需求的表达，和集体主义原则不相违背。它们都是与我们的社会主义制度紧密联系的，都是为了推动社会主义市场经济向前发展，为了使我们的社会主义制度不断地得到完善。个人利益、集体利益和国家利益的辩证统一，赋予了社会主义的集体主义强大的生命力。集体主义绝不是什么抽象的、非理性的原则，更不是“束缚个性”甚至“抹杀个性”的“教条”，而是为了在社会主义的集体里面更好地发挥个人的个性、实现个人的价值，更好地协调人际关系，有利于形成强大的凝聚力和向心力的一个指导原则。

问：最近几年来，道德权利和道德义务的关系问题成了伦理学理论和社会实践方面经常遇到的一个问题。大量先进的舍己为人典范和许多道德楷模不断涌现。他们勇于献身和重视道德义务的崇高品质，不断地推动着社会道德风尚改善。与此同时，也出现了一些道德败坏、损人利己、唯利是图的丑恶现象。一些学者据此认为，在这种情况下我们不应该提倡高层次的道德要求，而应该倡导“底线伦理”等低层次的道德；还有的学者主张，在当前市场经济的条件下，我们应当强调“道德权利”的观念，认为“没有道德权利的享受，也就不可能要求人们尽道德义务”。你对这种观点，有什么看法?

答：一般来说，人的道德行为都是一种自觉的、利他的、献身社会和献身集体的行为，是一种“或多或少以自我牺牲为前提”的行为。在这个意义上说，道德行为应该是以不要报酬为前提的。道德楷模的行为之所以受到崇敬，正是与他们重视道德义务而不要道德权利相联系的。当然，为了表彰、鼓励和发扬这些高尚的道德行为，改善社会的道德风貌，集体、国家和社会应当从各个方面给这些高尚的道德行为以必要的报偿，这种报偿可以有名誉的、精神的、物质的等。在一定意义上，也可以说是社会对这些崇高道德行为的报偿，是他们所应当享受和应该得到的道德权利。

从集体、社会和国家的事业和成就来说，社会主义的功利主义是我们所主张和强调的。这种重视社会功利的行为，同个人道德行为上的只重义务、不重功利是两个完全不同性质的问题。对于社会主义的功利主义来说，既要有良好目的和功利要求，也要有正确的方法和手段。“义”和“利”一直是伦理学研究中的一个很重要的问题，也具有非常重要的社会意义，“义”字当头还是“利”字当头，是评判一个社会道德水准的重要依据。

至于当前一些学者提出的“底线伦理”和“普世价值”问题，我们既不应作简单的肯定，也不要作简单的摒弃，而要进行科学的分析。“人们自觉地或不自觉地，归根到底总是从他们阶级地位所依据的实际关系中——从他们进行生产和交换的经济关系中，汲取自己的道德观念”，因此，“道德归根到底都是社会经济状况的产物”。同时，我们也要看到，在人类长期的发展史中，也确实存在着一些最基本的、简单的“人类的公共生活规则”，这些“人类的公共生活规则”在今天的社会中也是存在的。“普世伦理”从根源上说，原是西方宗教伦理的产物，它所提倡的“爱人”等思想，也包含着“人类的公共生活规则”的“普世”理念。但是，当前西方所说的“普世伦理”已经成为西方推行其政治等价值观的手段和工具，有些人甚至把“自由”、“民主”说成是超阶级、超国家、超民族的“普世价值”，以此来诋毁和反对社会主义的政治制度，这是我们应当坚决反对的。

主张“底线伦理”的一些人认为，在一个人的社会生活中，应当守住一些最基本、最起码的道德要求。以这些最低要求为底线，在当代社会中有其现实的、合理的方面。但是，我们还必须强调，在社会主义社会中，道德要求和道德境界绝不能局限和停留在这些所谓的“底线”上，更不应该因此就忽略甚至丢掉高层次的道德要求，把守住“底线”变成守住法律的要求。

问：青少年思想道德建设一直是您的关注点所在。近段时期，网络上披露了一些发生在80后和90后青少年身上的种种不道德的现象。针对青少年思想道德现状，您认为，我们在研究中应该注意哪些问题呢？

答：从全面的、发展的、长远的视野来看，当代青少年的主流是好的，是“值得信赖，堪当重任，大有希望”的一代。发生在青少年身上的种种消极现象，我认为属于少数和个别现象。之所以出现这种现状，一方面是社会大环境和一些不好的社会氛围所致，另一方面是青少年还缺少自觉的道德要求，还没有认识到道德自觉和道德修养对今后成长的重大意义。

对金钱、名誉和地位的追求，往往会使很多人在这些漩涡中失去方向。一些人为了攫取尽可能多的利润，用尽心计，设立陷阱，诱惑青年；个别青少年为了彰显自己的“个性”，不惜以“出位”为代价，恣意放纵。“网络黄毒”和“手机黄祸”对青少年甚至对整个社会的危害都是非常巨大的，再加上监管不力，国家、社会，特别是青年，必然要受到不可估计的损害。资本主义市场经济在社会伦理道德上最根本的特点，就是因追求最大利润所诱发的极端利己主义。其动机、意图和目的，归结到一点，就是一切为了赚钱，最大限度地获取最多、最高的利润。在追求金钱的过程中，为了以最少的成本而获取最大的利润，欺骗、作假、尔虞我诈、良知丧失，也就屡见不鲜了。经济的损失可以在比较短的时期内得以恢复，但是道德心的破坏恐怕很难在短期内得到恢复。

在社会主义市场经济运行的全过程中，应当更加突出和强调伦理道德的重要作用。针对青少年思想道德现状，需要进一步加强对未成年人的思想道德状况的关注，并展开深入的研究。青少年思想道德建设是一个非常系统而庞杂的工程，不仅需要伦理学研究工作者从理论上做出解答，而且也需要家庭、学校和社会都担负起各自的责任，充分发挥各自的优势，形成思想道德教育的集合优势，共同推动未成年人的思想道德建设。

问：最近几年，价值“多元化”是很多理论工作者热衷的话题。我注意到，您在价值观领域一直坚持一元化导向和多元化要求的统一。那您怎么看待，在市场经济利益“多元化”的时代浪潮下，价值观领域的“多元化”趋势？

答：价值观的“多元化”趋势，是当今社会主义市场经济在意识形态方面的必然表现，应当加以辩证地分析，采取正确的态度，区别地对待。自实行社会主义市场经济以来，经济成分的多元化和利益主体的多样化，也就必然带来人们价值取向的多元化和多样化。在人生观和价值观方面，与集体主义的人生观并存，利己主义、合理利己主义、个人主义、拜金主义和享乐主义等思想也随着市场经济的逐步发展而纷纷出现。

面对这样的客观现实，我们究竟应当如何对待？有一种看法认为，既然是一个“多元化的社会”，那么各种不同的思想就应当不分优劣、“平起平坐”，任何一种思想都可以作为社会的价值导向，都可以不受任何限制地以自己的思想体系和要求来影响他人、影响社会。有人明确提出，要以西方个人主义作为我国社会主义的道德原则，以合理利己主义作为我们的行为规范等，这些思想是极端模糊和错误的，是要坚决批评并抵制的。中国特色的社会主义要求我们的价值导向必须具有保证社会主义道路向前发展的重要作用，忽视或背离这一价值导向，就有可能误入歧途。社会主义国家必须坚持与社会主义本质相一致的价值导向，即坚持为人民服务，坚持集体主义。同时，也应当看到，在强调社会价值导向一元化的同时，对于社会上各种非社会主义与非马克思主义的价值学说和思想观念，需要采取引导、教育、分析和提高的方法。用正确的、科学的、有说服力的理论，坚持“百花齐放、百家争鸣”的方针，充分贯彻以理服人的态度，以提高全体人民的鉴别力，使我国的哲学等社会科学在讨论中得到持续的繁荣发展。

问：几十年来，您一方面用科学的理论解释道德现象、解决道德问题，推动社会道德进步；另一方面又注意身体力行道德要求，率先垂范。可以说，道德的知与行在您身上得到了统一，更为伦理学研究工作者树立了典范。在当前社会上甚至在伦理学工作者中，出现了诸如“言行不一”、“言行背离”等不尽如人意的现象。您觉得有哪些方面是我们在今后的伦理学研究中应该加以注意的?

答：道德核心、道德原则和道德规范，之所以能在人们的思想中发生作用，最重要的就是要通过道德教育和道德修养，使道德认识转化为道德情感，融入人们的道德意志，从而付诸人们的行动，并最终养成自觉的道德习惯。这就是古人所说的“习与智长、化与心成”，也是中国古代道德学家重视“修养”、“教育”的根本原因。

对于一个希望为伦理学的发展和完善有所贡献的理论工作者来说，一个最基本的、最重要的条件，就是要努力做到实际行动和理论认识相一致。自己在理论上的论述，自己应当力求去实行，自己怎么写的和怎么说的，自己应当首先力求做到。那些在自己的行为上不能按照自己所提出的道德原则和道德规范去行动，甚至说的和做的相反的人，又怎么配称为一个坚持马克思主义的伦理学工作者呢？我在理论上所坚持的，就是我用以勉励和鞭策自己并在行动中去努力做到的。正如古人所说：“‘高山仰止，景行行止。’虽不能至，然心向往之。”道德境界的提升，是一个不断向上攀登的长期过程。只要在这个过程中，坚持不懈，持之以恒，“不以善小而不为，不以恶小而为之”，就有可能达到一种理想的境界。几十年来，尽管我总是努力按照这样的原则要求自己和我的学生，但所做的仍然很不够，这是需要在以后不断努力和提高的。“活到老、学到老、改造到老”，是我们应当永远记住的原则。

我的学术思想的形成和发展*

——对伦理学的教学、研究和探索历程的回顾

一、我是怎样走上伦理学专业的教学、研究和探索的

1928 年的 1 月，我出生于河南省南阳市内乡县的罗冈村。1946 年，我在河南开封高级中学毕业后，考入了当时上海的国立同济大学法学院的法律系（同济大学的法律系新中国成立后并入复旦大学），开始了我在上海的整整 11 年的学习和工作。在同济大学学习的 4 年中，经过党的教育和培养，我在新中国成立前参加了党的地下组织，成为了一名中共地下党员，后来担任了同济大学地下党的总支委员、总支书记兼法学院的支部书记。

新中国成立后，我服从党组织的决定，参加了上海市党的宣传教育工作和纪律检查工作，在党的机关工作了 7 年多。在这 7 年的时间里，我可以说几乎是利用了一切业余时间，如饥似渴地学习马克思主义的哲学著作，对马克思主义的理论特别是哲学产生了特殊的兴趣。我逐渐认识到，一切实际工作都离不开马克思主义的指导，只有熟悉了马克思主义的理论，才能把实际工作做好。在经过慎重考虑之后，1956 年的春

---

* 本文原载《毛泽东邓小平理论研究》2011 年第 11 期。

季，我向组织提出重新到大学学习的要求。经过考试，进入了中国人民大学，重读本科和研究生。这时，学的不再是法律而是哲学，经过四年的学习，我成为了中国人民大学哲学系的一名教师，根据当时学校教学的需要，我开始从事马克思主义伦理学教学和研究的开创性工作。

需要说明的是，新中国成立后，根据当时苏联对伦理学的认识，认为过去高等学校伦理学的课程以及所讲授的内容，都是宣扬资产阶级的道德和意识形态的，因此，仿效苏联的做法，我国取消了所有高等学校的伦理学课程。1959 年以后，苏联各个高等学校陆续开设马克思主义的伦理学的课程。著名的莫斯科大学，首先开设了马克思主义伦理学课程。当时的中国人民大学仿照莫斯科大学，在新中国的高等学校中，第一个开设伦理学课程。正是在这种新形势的要求下，按照学校的要求，1960 年开始，由我带领七名青年教师，开始对新中国高等学校伦理学的课程设置、教材建设和教学要求进行开创性的建设工作。从 1960 年到如今已经 50 多年了，而我一直在伦理学领域中学习、教学、研究和探索，没有离开过这一岗位。

在当时，新中国伦理学的研究、教学刚刚起步，可供借鉴的资料很少。在我国，以马克思主义为指导的伦理学教科书一本也没有，唯一可参考的书籍是当时苏联的有关材料和我国共产主义教育和道德教育的文章及小册子。一切都从头开始，要在新的基础上建立起一门新的学科，特别是要建立起与以往西方资产阶级伦理学不同的马克思主义伦理学，的确不是一件容易的事。我和教研室的同志一起潜心攻读了几百万字的马列原著，摘抄、编辑了 30 多万字的马克思主义经典作家关于道德的论述。功夫不负有心人，一年以后，我和教研室的同志就一起编写出了《马克思主义伦理学教学大纲》和《马克思主义伦理学讲义》，为新中国马克思主义伦理学的学科建设奠定了一定的基础。1982 年，我和教研室的同志一起编写的《马克思主义伦理学》（人民出版社，1982），作为新中国第一本伦理学教科书，为伦理学教材构建了一个新的框架和新的体系，这本教材获北京市哲学社会科学优秀成果奖、全国高校优秀教材奖。

我在中国人民大学的岗位以及所扮演的角色不停地变化着，从伦理学教研室副主任、主任，哲学系副主任、主任到副校长，但我始终没有离开伦理学的教学，没有离开伦理学领域的所有重大活动，从 1980 年到 2005 年，在长达 45 年的时间里，我担任中国伦理学会的副会长（4 年）、会长（25 年），作为伦理学工作者，我对伦理学有着真切深厚的情感，随着时间的推移，这种感情真可说是始终不变，而且愈久弥深。

二、对伦理学问题的关注

从 1956 年作为一名哲学爱好者，考入中国人民大学哲学系以来，直到 50 年后的今天，在这整整半个世纪的漫长岁月中，我所关注的问题始终没有离开过哲学和伦理学。从 1962 年从事伦理学教学开始，对有关伦理学的问题，更加特别关心。若从注意力的重点来看，大体可以分为以下五个方面：

（一）关于伦理学的基本理论

对伦理学的基本理论问题，应在坚持马克思主义基本观点的基础上，结合中国道德实践和理论的具体情况进行研究，这是我所坚持的方法论前提。在马克思主义伦理学理论体系的探索上，我以道德现象为划分起点，并从道德现象中细分出道德活动现象、道德意识现象和道德规范现象。以此为出发点，概括出作为科学的马克思主义伦理学的特点，即马克思主义伦理学是一门理论科学和规范的科学，同时又是一门理论知识和行动准则相统一的科学。从 20 个世纪 60 年代初编写的《马克思主义伦理学教学大纲》和《马克思主义伦理学讲义》，到 80 年代的《马克思主义伦理学》、《伦理学教程》和《伦理学》，大体上反映了我对马克思主义伦理学理论体系探索的思想轨迹。

（二）关于集体主义原则

集体主义的理论，是马克思主义伦理学最基本的理论之一，也是一个基本道德原则。鉴于这一道德原则在我国社会主义建设中的重要性，我把研究和写作的相当一部分精力花在集体主义以及与此相关的个人主义的问题上，围绕坚持集体主义原则和反对个人主义的问题发表了大量的论文。《道德教育与价值导向》（教育科学出版社，2000）一书，较为集中地收集了对这一问题的研究成果。近年来，一些人对社会主义的集体主义产生了种种困惑和疑虑，甚至有人主张用个人主义、合理利己主义或人道主义原则来代替集体主义原则。因此，如何正确对待集体主义和个人主义成了思想道德领域和道德原则上的一个热点问题。

对社会生活中出现的种种道德现象给以理论上的回应，对人们的思想困惑进行正确的价值引导，是伦理学工作者义不容辞的责任。我认为，社会主义的集体主义应当包含三个方面的内容：(1) 集体利益高于个人利益；(2) 在集体利益高于个人利益的原则下，切实保障个人的正当利益，促进个人价值的实现；(3) 集体主义强调个人利益与集体利益的辩证统一。同时，集体主义又包括无私奉献、先公后私和顾全大局、公私兼顾这样三个层次。当前，在新自由主义、利己主义、拜金主义、享乐主义等思潮泛滥的情况下，我们一方面要承认我国社会所出现的价值取向多样化的现象；另一方面又必须有分析和批判种种非马克思主义价值观的理论勇气，旗帜鲜明地坚持社会主义的价值导向。

(三) 关于正确对待传统道德

如何传承中华民族的传统美德，弘扬中华民族精神，是思想道德建设中一个既有理论价值又有实践意义的重大问题。因此，潜心研读卷帙浩繁的中国伦理学经典，并努力撰写中国伦理思想史方面的学术论文，始终是我几十年来不懈努力的目标。1980 年我所主持编写的《中国伦理思想史》和 20 世纪末由我主持编写的 7 卷本《中国传统道德》和 6 卷本《中国革命道德》，就是我在学习和研究中国传统道德学说的过程中撰写的。通过几十年的学习和研究，我初步认为中国传统道德的基本内容可以概括为十个方面，即道德原则同物质利益的关系问题、道德的最高理想问题、人性问题、道德修养问题、道德品质的形成问题、道德评价问题、人生的意义或人生的价值问题、道德的必然和自由的关系问题、道德规范问题、德治和法治问题。

对中国古代传统道德的特点，我认为大体上可以概括为六个方面，即重视人伦关系、强调精神境界、提倡人本主义、凸显整体精神、重视道德修养、力行推己及人的道德思维方式。20 世纪 80 年代，在中国台湾召开的两岸伦理学的理论讨论会上，我第一次提出了这个观点，得到了大多数学者的认同，也得到了国内伦理学专家和学者的认同。

在大力弘扬我国古代的优良道德传统的同时，还应该大力弘扬中国共产党人、人民军队、一切先进分子和人民群众在中国新民主主义革命和社会主义革命与建设中形成的优良革命道德传统。关于中国革命传统道德的主要内容，我认为可以这样概括："中国革命道德，以实现社会主义和共产主义的崇高理想为最终目的，以全心全意为人民服务为宗旨和核心，以集体主义为基本原则，高举爱国主义与国际主义相结合的旗帜，形成了无私奉献、顽强拼搏、艰苦奋斗、勤俭节约等革命精神。"我国特有的革命道德传统，在加强社会主义精神文明建设和构建社会主义和谐社会的伟大进程中，仍然可以发挥重要的精神支撑作用。

对待中国古代传统道德的正确态度，是既不应全盘否定，也不一律肯定，历史虚无主义和历史复古主义都是不正确的态度。对中国古代儒家的思想，要辩证地分析，一味地宣扬"尊孔读经"是错误的，正确的态度是以历史唯物主义为指导，坚持批判继承、弃糟取精、综合创新和古为今用的方针。"批判继承"是总原则，"弃糟取精"是一个重要要求，"综合创新"是总结出新的工作，"古为今用"是主要目的，是为了更好地适应建设中国特色社会主义的需要，是为解决现实中的有关伦理道德问题服务的。

（四）关于建立与社会主义市场经济相适应的思想道德体系

与社会主义市场经济相适应的法律体系已经形成，而与社会主义市场经济相适应、与社会主义法律规范相协调的道德体系的建设，是我们面临的一个亟待解决的重要问题。建立与发展社会主义市场经济相适应的道德体系的框架要有最高的理想，规范上要有层次性，实践上要有可操作性；要研究市场经济的建立与发展给道德提出的新问题、指导思想、价值导向、核心和原则等。我还对"以德治国"的理论问题和公民道德建设的问题进行了集中细致的思考，对于以德治国的重要意义、法治与德治的相互关系、公民道德建设的主要内容、公平与效率的关系问题等，都提出了一些自己的认识和看法。《以德治国与公民道德建设》（河南人民出版社，2003）一书所编选的文章更为全面地体现了我近几年来对这一问题的学习与研究。

（五）关于对待"西方伦理思想"的问题

在当今的时代，世界各国的文化交流日益发展，由于社会制度的不同和对立，各种价值观念的碰撞、交流、融合和冲突也表现得形式多样和手段各异。西方国家一贯认为它们的价值观是最优越的，总是尽量设法把它们的价值观强加给别的国家。价值观问题是伦理学研究领域中的主要问题，尽管伦理学的学说、体系、原则和理论众说纷纭，但从根本上来说，只有社会主义的价值观和资本主义的价值观两大类。西方的伦理学著作，除了少部分带有社会主义的倾向外，大量的伦理学著作都是在宣传西方价值观的优越，把这种价值观抬高到“至高无上”、“普遍适用”（普适性）的地位，一些政治家更是公开、明确地提出，要通过各种手段把价值观作为一种“软实力”和“文化力”推行，作为他们进行所谓的“颜色革命”的武器，这是我们应当特别警惕的。以上五个问题，就是我时时关心的重大问题，也是伦理学领域中的重大问题。

三、我的“新德性论”伦理思想的形成和发展

我的伦理思想的形成大约是从1962年编写《马克思主义伦理学讲义》、《马克思主义伦理学教学大纲》以及对学生讲课和撰写讲稿时开始的。之后，经过《马克思主义伦理学》、《伦理学》、《中国伦理思想史》、《中国传统道德》、《中国革命道德》、《中国伦理学百科全书》的编写，我终于形成了“新德性论”的伦理思想。在阅读马克思主义经典著作的过程中，我对马克思和恩格斯的意识形态的观念、恩格斯关于道德的理论、列宁阐述的共产主义和社会主义的伦理思想，都极为赞赏。“新德性论”理论渊源主要有三个方面：以马克思主义为理论指导，吸收中国古代丰富的传统伦理思想、西方古代和近代伦理思想的合理成分。我的伦理思想可以被概括为“新德性主义”的伦理思想，也就是“马克思主义的新德性论”的伦理思想。伦理学有两个方面的任务：一是培育和决定人生的目的是什么：二是实现和达到人生目的之方式和手段，即要探讨和追求“圣人”和“贤人”之所以能够达到所必经的途径。在一定的意义上看，“圣人”和“贤人”只是一个“尚未实现的崇高目标”，而“所以实现的途径”才是更加重要的关键。中国传统道德思想之所以重视“道德修养”，是同它的“德性论”紧紧联系在一起的。总之，我们可以说，伦理学就是一门关于人的德性形成的理论和实践的科学。从实

践上看，伦理学产生的目的，最根本的就是要在生活实践中实现“人之所以为人”的要求；从理论上说，就是要把这种现实的要求提高到理论层次，并进一步指导实践，我们对青年学生、国家公务人员和人民群众的所有思想教育的各种具体学科，都只能作为辅助的学科与伦理学学科相联系，而伦理学则是所有思想教育学科的基础归宿。一个人行为本身的价值的主要根据不是别的，只能是一个人的“有道德的动机及其所产生的有道德的效果”。为什么我们说，判断一个人的行为的善与恶的主要根据是他的“有道德的动机”及其所产生的“有道德的效果”呢？因为只有人们的社会实践行为的过程和结果才能告诉我们这一行为是善的或恶的。在判断人的行为的善恶时，那种认为“道德本身即有价值”、“只要有善良动机”而不问效果和“为道德而道德”的理论是片面的。我认为，一个道德行为之所以能被称为“道德行为”，必须是“以不要求享受某种道德权利”为前提的。一个人在从事某种行为的时候，就考虑着自己在实行这一道德行为后所能够得到的“道德权利”，这就不能说是一种真正的、纯粹的道德行为。一般来说，“道德权利”是指行为者在道德行为之后所应该得到的报偿。如果道德行为本身并没有造成个人生命财产的任何损失，这种行为后所应该得到的“道德权利”只应当是社会、集体和国家的精神上或物质上的褒奖和鼓励，而个人则不应当有特别的要求。如果在道德行为的过程中，行为者自身受到了轻重不同的伤害和损失，有的甚至因此造成身体的残废和生命的丧失，一方面本人有权力要求给予适当的补偿，另一方面集体、社会、国家和各种慈善机构应当主动地、及时地给予行为者本人及其亲属必要的救助。一个援救溺水的人，如果抱着要求某种经济的和精神的报偿，即使将溺水者救出，也不能被称为一个真正道德的行为。古人云：“善欲人见，并非真善”，我们可以说：“德欲人报，并非真德。”

四、我的“新德性论”的主要思想和基本内容

我个人的体会和认识是，“新德性论”的内容和主要特点共有以下六个方面：

（一）具有为人类理想社会——社会主义和共产主义而献身的精神。

任何社会和任何国家、任何集体和任何民族，在长期的历史发展中，都有其长远的目的。我主张的新德性论以社会主义和共产主义的“共同富裕”为目的，只有为这个最高理想而不懈奋斗的品德才符合新德性论的要求。马克思和恩格斯认为，共产主义道德在逐步消除旧道德的基础上将成为社会的主要协调力量和真正的全人类道德。社会主义和共产主义道德始终关注人的发展和完善，关注人际关系的协调与和谐，体现着真正的“人的世界和人的关系”。社会主义和共产主义道德重视公平和正义，崇尚社会和谐与平等。在没有压迫、没有剥削、没有强权、没有暴力的共产主义社会里，共产主义道德自然成了协调社会生活的重要手段，而社会主义和共产主义事业的前进和发展又给共产主义道德的更为完备、更加充实提供了广阔的天地。我们可以想象，在未来美好的共产主义社会中，法律将逐渐软化和弱化它在解决社会矛盾中的作用，而共产主义道德将在调解人和人的关系及提升人的素质上发挥前所未有的作用。

（二）强调和重视社会中的每个人都应抱有崇高的“道德理想”，都应当有达到这种崇高道德理想的追求。新德性论重视和提倡高尚的“道德人格”，并认为，只要有坚定的信念和毅力，这种道德人格的养成不仅是可能的，而且是必然的。在中国长期的奴隶社会和封建社会中，这种崇高的道德理想就是所谓“仁人”、“仁者”、“贤人”和“圣人”的品格，在今天，就是我们所说的“毫不利己、专门利人”的精神，就是“无私奉献”、“大公无私”的品格。一些人常常以这些要求太高、一般人难以做到为理由，否认崇高道德理想的重要，甚至把这种最高的理想看成是一种“理想主义”的空想和狂想。这种认识“近视”而“狭隘”，是一种片面的、有害的观点。正像古人所说的，对于高尚的道德理想，既要看到它的崇高和不能轻易达到的一面，又要看到它“经过努力”终究可以达到的一面。宋代著名的思想家张载说，一个人要有“为天地立心，为生民立命，为往世继绝学，为万世开太平”的伟大而崇高的人生目标。他认为，尽管这个目标是不可能“一蹴而就”和轻易达到的，但我们每一个人都应当有一种“虽不能至，心向往之”的意向和渴望，都要有一种“努力攀登，永不停止，不达目的，绝不放弃”的决心和信心。只有如此，我们的人生才有意义，我们的人格才能在自我修养中不断完善。

（三）具有先进的社会主义人道主义的要求。它继承和扬弃了中国古代“仁者爱人”的早期人道主义思想，吸收了西方人道主义的合理内核，贯彻了社会主义核心价值体系的导向，把人民群众的福祉、自由、幸福和权力提高到新的高度，把“以人为本”作为一切思想、认识、工作和追求的唯一出发点和根本目的。从伦理思想上来看，社会主义人道主义已经成为判断一切事物是否“善”和“恶”的一个重要依据。新德性主义所主张的“人道主义”和旧人道主义有着重要的区别。它认为，旧人道主义所主张的对“全人类的”、“普遍的”、“永恒的”爱，在现实生活中是不可能存在和实现的。“人们自觉地或不自觉地，归根到底总是从他们阶级地位所依据的实际关系中——从他们进行生产和交换的经济关系中，汲取自己的道德观念”，因此，“道德归根到底都是社会经济状况的产物”。同时，我们也要看到，在人类长期的发展史中，也确实存在着一些最基本的、简单的“人类的公共生活规则”，这些“人类的公共生活规则”在今天的社会中也是存在的。“普世伦理”从根源上说，原是西方宗教伦理的产物，它所提倡的“爱人”等思想也包含着“人类的公共生活规则”的普世理念。但是，当前西方所说的“普世伦理”，在多数情况下，已经沦为西方推行其价值观的手段和工具，有些人甚至把西方的“自由”、“民主”说成是超阶级、超国家、超民族的“普世价值”，以此来诋毁和反对社会主义的政治制度，这是我们应当坚决摒弃的。

（四）在道德行为的动机和效果的关系上，新德性论主张动机和效果辩证统一的思想，认为功利主义的思想或者说功利论的思想容易引导人的行为向着“追求功利”的目的、向着“追求最大利益”的方向倾斜，这是无益于人的道德素质和道德品格的塑造和形成的。道德是完善人生的一种手段，人的行为的效果应当作为评价善恶的重要根据。但是，判断一个行为的善恶，必须把一个人的动机放在首位。如果只看“客观效果”而不问动机，就不可避免地会把那些效果虽好而动机不好的“歪打正着”的行为也当做是“有道德的行为”，这是错误的。至于为了公共利益、为了集体利益、为了国家利益而未能达到好的效果的行为，我们不应该也不能把它看做是“不道德”的行为。在社会生活中，有好的动机而未能达到好的效果的情况是经常发生的，这种情况本身说明，人们对事物发展的进程的估计往往有难以预料的情况，应当从这些抱着好的动机而未能达到好的效果的行为中总结经验教训，尽量克服和弥补已经出现的“不好的效果”，使好的动机在今后达到“好的效果”。

我们是不是对“功利主义”采取完全否定的态度？不。在一定的意义上，我们承认功利主义的合理内容。不论做任何事情，都要求得到一定的“效益”，从这方面说，我们是革命的功利主义者，我们的一切行为都是为了达到革命和建设所要求的“功效”。我们所要求的目的绝不停留于人的动机的善良，而在于国家、社会、民族的公共利益。在一定的意义上，我们可以把对人的善恶的判断和对事的成败的判断区别开来，对人的判断主要关系到意向、意图和动机，它的标准是良心和义务；而对一项事业所取得的成效，则主要是看行为的效果，它的标准是行为的效果是否达到。一切歪打正着的行为，尽管它们也可能产生所谓“好的效果”，但它们只能是“歪”的行为，这种“歪”的行为，无论从什么视角和方面，都不能被说成是“有道德的”。马克思和恩格斯对边沁的功利主义有许多论述，认为它表明了“社会的一切现存关系和经济基础之间的联系”，但也对它作了深刻批判，指出边沁的理论建立在抽象人性基础上，忽视了人的多样性、历史性和社会性。针对边沁将个人利益作为社会利益的基础的观点，恩格斯尖锐地指出，边沁“把一切都颠倒了”。

（五）新德性论特别注意人的道德修养，提倡“修身”、“慎独”，把个人的自我完善看做是道德行为的重要方面。道德的他律对当前社会中的人来说是必要的，但是从根本上来说，一个人的道德品质的提高和道德人格的升华，是需要一个人的道德自律的觉悟和实践的。没有道德的自律，没有个人的“良心”的醒悟，没有发自内心的对道德的“崇高”和“神圣”的诚挚追求，要想提升个人的道德品质和道德人格，是不可能的。

（六）新德性论重视个人对他人、集体、国家、民族所应负的道德责任。在某种意义上，道德责任也就是道德义务。没有了责任，也就没有了道德。一个民族、一个集体、一个国家，它的道德风尚和人们的道德品质的高低，一个主要的指标就是看人们履行道德责任的自觉性程度。在道德权利和道德义务方面，我们既要重视道德权利，更要重视道德义务。

总之，新的马克思主义的德性论伦理学是一种全新的伦理思想，这种伦理思想既区别于旧的德性论的伦理思想，更不同于过去旧功利主义的伦理思想。在这里，我们也有必要对传统的功利主义作一些必要的分析。马克思和恩格斯揭示了功利主义的理论实质，指出功利意识乃至功利理论的产生源于资本主义社会的一个简单的社会经济事实：一切关系仅仅服从于一种抽象的金钱盘剥关系。

附　录

在改造客观世界中加强主观修养*

——为纪念冯定百年诞辰而作

冯定同志既是一个长期从事革命事业的革命家，又是一位知名的马克思主义的哲学家和伦理学家。他在我国新民主主义革命取得全面胜利的时候，毅然决然地选择了从事学术研究和理论建设的重担，到北京大学从事哲学社会科学的教学和研究工作，说明了他对理论工作、对社会科学的热爱和重视，这对我们年轻一代的理论工作者特别是社会科学工作者来说，是很有教育意义的。

从 20 世纪 40 年代末期起，我就开始阅读冯定同志的有关哲学理论、道德教育和道德修养的一系列著作，以后又多次阅读他的《平凡的真理》、《青年应当怎样修养》等书，从中受到了很多的教育。从一定意义上可以说，我们这一代人的马克思主义世界观和人生观的形成过程，就是同冯定等老一辈思想家的教育有着密切关系的。

大约是 1949 年底或 1950 年初，我在中共上海虹口区委工作，为了加强对当时青年的思想政治教育，曾经到当时的中共中央华东局宣传部请冯定同志作一次政治形势的报告，见到了当时已经是我党高级干部的冯定同志，他虽然因为工作太忙而推荐了其他同志，但他的平易近人却给了我很深的印象。之后，他所写的关于中国资产阶级的论文，因为得

* 本文原收入《平凡的真理　非凡的求索——纪念冯定百年诞辰研究文集》，北京，北京大学出版社，2002。

到了毛泽东同志的肯定，更使我对他的著述产生了兴趣。1960 年初，我专门从事伦理学的教学和研究之后，他的有关伦理道德和思想修养的论述对我更有着重要的影响。

1946 年到 1949 年，我在上海同济大学攻读法律专业，并参加了当时的地下党组织，因此，上海解放以后，就接受组织分配，到上海的虹口区委和上海市委工作，直到 1956 年。在这 7 年多期间，我主要从事党的宣传教育和纪律检查工作，为新中国的建设尽自己最大的努力。在工作之余，对马克思主义哲学产生了极大的兴趣，我利用当时的所有的业余时间，如饥似渴地阅读有关这方面的书籍，分析和研究当时现实生活中的一些重大理论问题，并希望用所学到的理论来指导我所遇到的实际工作。当时，艾思奇、胡绳、周原冰、冯定等同志所写的关于马克思主义哲学和共产主义道德教育的一些文章和书籍，对我都是有许多启发的。尽管我当时已经大学毕业 7 年，而且是一个行政 16 级的干部，工作积极而且有着较好的发展仕途，但我终于决定认真学习哲学社会科学，重新报考了中国人民大学的哲学系，做一名大学生继续学习，从法律转向哲学，并最终使我成为一个一生从事哲学社会科学的教学和研究的工作者。从这一点上说，我和冯定同志似乎有着多少大体相同的经历。

20 世纪 80 年代初，全国伦理学会成立，我作为伦理学会的副会长，同当时的伦理学会会长李奇同志一起到冯定同志的家中请他担任伦理学会的名誉会长，他不但欣然答应了我们的要求，而且十分关心伦理学会的工作，这也给我留下了深刻的记忆。现在，就冯定同志的哲学和伦理学的思想，谈一些个人的不成熟的意见，作为对老一辈理论家百年诞辰的纪念。

一、世界观和人生观的辩证统一

冯定同志在理论上的一个重要贡献，就是他特别强调世界观和人生观的辩证统一，强调世界观决定人生观，有什么样的世界观，就必然有什么样的人生观。正是在这一意义上，他认为："马克思主义认为人生观就是世界观，就是人们对于世界如何认识，而又根据这种认识所产生的对生活道路的选择，以及思想、情操、道德品质等一系列的精神气质。”①这句话，今天看来，人们可能觉得不够严谨，但应当说，这是从他长期的革命实践中，从人民军队的思想政治工作中，从自己的道德修养和自觉锻炼中所认识到的一个真理。这就是人生观和世界观是有着辩证而又统一的关系，人们既不能离开世界观来谈人生观，更不能离开人生观来谈世界观。我们现在常说，世界观是人们对世界的总体的或根本的看法，而人生观则是人们对人生的意义、态度、价值等看法的总和；世界观是人生观的基础，人生观是世界观在人生问题上的应用。但是，当我们进一步深入思考这一问题时，我们就会看到，世界观和人生观的形成过程往往是相互影响、相互联系、相互制约、相辅相成的。一般来说，世界观决定人生观，在许多特殊的情况下，又往往是先形成一定的人生观，然后再形成相应的世界观。人们认识社会各种问题的过程，有时候是从对客观世界的认识中先形成世界观，而有时候又必须先考虑自己所面临的迫切人生问题，如人为什么要活着、人活着有什么意义和价值等，从而先形成一定的人生观。当然，世界观中也包含着人生观，人生观中也包含着世界观，从这一意义上来理解冯定同志的这一思想，应当说还是可以理解的。

在老一辈的马克思主义的理论家中，一部分同志是比较注意世界观和方法论的，他们写了人所共知的大众通俗读物，如艾思奇同志的《大众哲学》等，也有另一部分同志是比较关心人生观和思想道德教育的，他们也写了许多通俗易懂的道德教育和道德修养的著作，如周原冰同志的《培养青年的共产主义道德》等。但是，冯定同志总是特别注意到这两方面的密切联系。冯定同志在他的《共产主义人生观》和《青年应当怎样修养》等有关著作中，极力强调世界观在人生观和道德修养中的重要意义，强调为了树立正确的人生观和提高自己的道德品质，必须要首先建立正确的世界观，掌握马克思主义的立场、观点和方法；在他的《平凡的真理》中，在坚持科学的世界观的重要和实践的特殊意义的同时，又把人生观和道德修养提高到突出的地位。

冯定同志强调，为了取得革命的胜利，我们必须正确地认识客观世界和改造客观世界，而为了认识客观世界和改造客观世界，我们就必须

① 冯定：《冯定文集》，第2卷，396～397页，北京，人民出版社，1990。

要自觉地认识自己的主观世界和改造自己的主观世界。也正是由于这样的原因，重视在改造客观世界的实践中改造自己的主观世界，加强自己的思想道德修养，就成为冯定哲学思想中的一个突出特点。

二、关于集体主义、个人主义和个人利益

在道德原则问题上，冯定同志旗帜鲜明地提倡集体主义，反对一切形式的个人主义，同时，他又十分清晰地区分个人主义和个人利益的不同，在反对个人主义的同时，提出应当重视个人的正当利益，强调要发扬个人的能动作用，以实现个人的“志趣”、“愿望”和“伟大的抱负”，按照今天的话说，就是提倡和重视个人的价值。

在社会主义社会中，在世界观、人生观和价值观的问题上，究竟怎样对待集体主义和个人主义，是一个重大的原则问题。冯定同志在他的著述中，从始到终都是旗帜鲜明地坚持社会主义的集体主义，坚决反对资产阶级的“个人主义”。他说：“个人主义和集体主义是两种立场，两种世界观，两种人生的方向，所以二者是有明确的界限的”，他针对当时一种企图调和集体主义和个人主义的思想，明确地指出：“个人主义和集体主义两种立场，是对立的；只能在斗争中一方战胜一方，而不能各据一方的。”① 批评了容忍和迁就“个人主义”的模糊认识。当时一些人提出，个人主义也是一种动力，能够促使人们积极地工作，还是有一定的积极作用的。冯定同志认为，在历史上，在社会发展的一定阶段上，个人主义曾经有过一定的积极作用，但是它在社会主义社会中是不可能再有什么积极作用了，他说：“假使我们说：个人主义曾经有过积极的一面，但是进入社会主义社会已不能再有了。”② 为什么在社会主义社会中，“个人主义”不可能再有什么积极作用呢？冯定同志认为，我们要建设的是无产阶级的、社会主义的国家，是集体利益高于个人利益的，“个人主义”的一切思想和动机都是从个人出发的，是要把个人利益置于集体利益之上的，所以其结果必然是要危害无产阶级和社会主义的集体利益的。他对个人主义和集体主义的这些分析，就是到今天看

① 冯定：《冯定文集》，第 2 卷，234 页。

② 同上书，235 页。

来，仍然是难能可贵的。

反对个人主义，是不是会否认个人利益，不要个人的价值呢？不。冯定同志认为："我们反对个人主义，但绝不是不要个人利益和抱负。"他说："集体是由个人构成的：没有一个一个具体的人，总的一般性的集体也就没有了。个人，不管在有阶级的社会里也好，在没有阶级的社会里也好，总是有个人的生活的，也就是有个人的利益需要照顾的"，"个人的生活和利益，只要人类存在一天，也就会存在一天"①。

"我们不但不认为适当安排个人生活和适当照顾个人利益，并不就是个人主义，而且还承认个人有个人的志趣和愿望，都该有伟大的抱负，甚至也可有幻想。"② 他强调，个人的志趣和愿望，个人的伟大的抱负和幻想，只要是同集体的利益一致的，是符合社会主义利益的，就必然有实现的可能，人们就应当为实现自己的这种志趣和愿望而努力，当然，我们还必须根据现实的发展，不断修正我们的志趣和愿望，以适应社会和集体的需要，他说："这样的志趣和愿望，或者抱负，是和个人主义毫不相关的。"③

改革开放后，在回顾新中国成立以来，我们在社会主义道德原则上坚持集体主义的问题上，一些人总是说，在50年代，我们讲集体主义时，只讲集体利益而不讲个人利益，只讲个人服从集体，而不讲个人的志趣和愿望，只讲集体的重要而不讲个人的价值，从而把社会主义道德的集体主义原则说成是"计划经济"条件下的产物，以至提出，现在是实行市场经济的新时期，集体主义已经过时了，甚至提出要用个人主义的原则来代替集体主义的道德原则等。冯定同志的这些论述有力地回答了这些人的错误认识。正像冯定同志所一再强调的，坚持集体主义同重视个人利益和个人价值是一致的，集体主义并不是计划经济的产物而是社会主义的经济、政治的必然要求，是同社会主义的经济、政治制度密切联系在一起的。而个人主义则在资本主义的政治、经济中得到了全面的发展，是为资本主义服务的。当然，限于当时的条件，冯定同志对集体利益论述得比较充分，而对个人利益的有关方面的论述和分析则显得相对不足，还没有提出个人价值等问题，这只能说时代的发展还没有提

① 冯定：《冯定文集》，第2卷，237页。

② 同上书，238页。

③ 同上书，240页。

出这样的要求，这也是我们不应当苛求于前人的。

三、活到老、学到老、修养到老

提倡自觉地进行修养，是冯定同志所特别强调的。

首先，他认为，人在社会中生存，就“必须认识世界并且改造世界，然而为了认识世界和改造世界，同时就得经常认识自己和改造自己。那么怎样认识自己和改造自己呢？这就需要修养了”①。也正是在这一意义上，他强调一个人应当“活到老、学到老”，更应当“修养到老”。一个人的修养，既是长期的，又是多方面的，要在自己的工作中、学习中、生活中、斗争中进行全面的修养。这里包含着一个十分重要的思想，就是人们必须不断地改造自己，以适应不断变化发展了的形势，也就是要不断克服社会上各种不良思想的影响，经受各种非无产阶级思想的考验，保持无产阶级的品质。冯定同志的这一思想，和周恩来同志提倡的“活到老、学到老、改造到老”的要求，是完全一致的，其目的就是要使每一个从事社会主义革命和社会主义建设的人，都能永保高尚的思想道德品质，保持晚节。

值得注意的是，在我们的生活中，一些人往往只愿意改造客观世界而不愿意改造自己的主观世界，甚至连“改造自己”这几个字都不愿意听到。他们对别人的要求往往很严格，而对自己却从不进行检讨、反省和自我批评，没有自我修养的自觉。特别是在市场经济的复杂情况下，在各种物欲、女色、权利、荣誉的诱惑下，或贪污盗窃、或腐化堕落、或争名夺利、或迷恋女色甚至最终陷入万丈深渊，身败名裂，其中一个重要原因就是这些人不知道“自觉修养”的重要，不知道改造自己正是保证自己能够随着时代进步的关键。正像毛泽东同志所说的，房子是应当经常打扫的，不打扫就会积满灰尘，人的思想也是应当经常检讨的，否则就会受到腐蚀。

其次，冯定同志认为，在修养中，“最迫切、最重要的，就是克服个人主义”，克服个人的一切不符合集体利益和国家利益的思想和行为。

---

① 冯定：《冯定文集》，第1卷，547页，北京，人民出版社，1987。

由于个人主义是和私有制密切联系的，因此，在存在着私有制的社会中，个人主义的思想是难免的，随时随地都在影响着每一个人。不但农民、手工业者、私营企业主会有个人主义的思想，就是无产阶级的成员也可能受到个人主义的影响和腐蚀。“拿无产阶级来说，如果没有集体主义当做防腐剂或者消毒剂去抵制个人主义，那么无产阶级的每个分子，原是都和资产阶级在同一社会里生活的，在经济上和资产阶级有密切的依存关系的，同样是会受资产阶级个人主义思想的影响的。”①

人是社会的动物，一个人在社会中生活，总是要同各种不同的人发生千丝万缕的交往，必然要受到社会各个方面的影响，其中有好的影响，也有坏的影响。特别是在市场经济的条件下，在改革开放的新形势下，在意识形态和思想道德领域内，个人主义的思想仍然是我们进行修养所要克服和斗争的主要方面。社会上由私有观念而诱发的自私自利、损公肥私、损人利己的思想，金钱、权利、女色等，都属于个人主义思想的范畴。个人主义是一种只强调个人利益而否认集体利益的思想体系，是一种资产阶级的世界观和人生观，它随时随地都可能使一个人受到腐蚀。一个人一旦形成了个人主义的人生观，他在考虑一切问题的时候就会只顾自己而忘记集体和国家。个人主义的发展使拜金主义和享乐主义更加肆无忌惮；而拜金主义和享乐主义的滋生和蔓延更助长了个人主义的膨胀。因此，提高反对个人主义的自觉性，加强拒腐防变的能力，是我们面临的一个重要问题。

在生活中，我们常常看到不少这样的例子。具有同样经历、年龄差不多相同的两个青年，在成长的过程中，一个进步很快，成为杰出的人才，另一个却日趋堕落甚至成为违法的罪犯。其所以会发生这样大的反差，当然有许多错综复杂的因素，但其中一个重要的因素就是能否自觉地加强自身的修养，能否认真地警惕个人主义的侵袭，能否提高自己拒腐防变的能力。

再次，冯定同志认为，为了提高自己的思想觉悟，就应当经常进行自我反省，以便能够清醒地认识自己和了解自己，并将反省的认识用来改正自己的思想和行为，从而达到提高自己的目的。为此，他结合整风学习，还专门写了《论反省》② 一文，论述了“反省”的重要。古人常

① 冯定：《冯定文集》，第1卷，548页。

② 同上书，150～160页。

说“人苦于不自知”，就是说，一个人，由于种种主观的限制，很难正确地了解自己，总是只容易看到自己的某些方面而看不到另一些方面。所以老子说“知人者智，自知者明”，意思是说，一个人如果仅仅能够知道别人，还只能算是一种小的聪明，而只有能够认识自己和知道自己的人，才算是一个真正聪明睿智的人。一个人的行为动机及其思想心理上的活动，往往只有自己最清楚。在日常生活中，在许多事情的过程中，也往往会有许多思想上的矛盾和斗争，这些矛盾和斗争也只有自己最了解。因此，每个人在各种情况下，如在成功或失败时、在得到奖励或受到批判时、在顺境或逆境以及在关切个人利害甚至生死存亡的关键时刻等，个人的思想深处的活动都是自己认识自己的重要依据。古人提倡“自省”、“省身”，曾子强调“三省吾身”，都是强调“自我反省”在修养中的意义。“反省”就是要通过经常对自己的检查、解剖、分析来自我认识，这是一个有道德的人所特别重视的，鲁迅就经常分析和解剖自己，这是他永远不断前进的一个关键。一个人，如果不知道经常“反省”自己，自满自足，认为自己一切都好，甚至有意地吹捧自己、包装自己，这样的人迟早是要跌跤的。

最后，修养必须要密切联系自己的生活、工作、学习，联系自己的职业、家庭，包括个人的私生活在内，都应当经常进行反省。“反省不是为了反省而反省，而是为了认识自己”，因此，必须要采用“理论联系实际的方法”，才能收到实际的效果。

“反省”本身是一种思想上的分清是非、区别善恶的斗争，是一次思想道德上的内心辩论。古人把“自省”、“反省”称作“自讼”和“内讼”，这是很有道理的。什么是“自讼”和“内讼”呢？就是在自己内心，自己同自己打官司，自己既作原告又作被告，先把自己的错误思想一一寻找出来，然后再加以分析和批评，并决心在实际中来改正。明儒王阳明有一段话说得很形象，他说，“省察克治之功则无时而可间，如去盗贼，须有个扫除廓清之意。无事时将好色好货好名等私逐一追究搜索出来，定要拔去病根，永不复起，方始为快。常如猫之捕鼠，一眼看着，一耳听着，才有一念萌动，即与克去，斩钉截铁，不可姑容，与他方便，不可窝藏，不可放他出路，方是真实用功，方能扫除廓清”，只要这种“省察克治”的结果能够真正地付诸实践，就一定能不断提高自己的思想道德素质。

在一段时间里，我们曾经不适当地批判过中国古代儒家的“修养论”，更错误地批判过刘少奇同志的《论共产党员的修养》。确实，在古代儒家的“修养论”中，虽然重视反省、检讨和省察，但对实践方面的重视的确是不够的。但是，在刘少奇同志的《论共产党员的修养》中，他专门批判了儒家的“闭门思过”的修养方法，同时又反复地说明自觉进行修养并把这些检讨付诸实践的重要。

以上就是对冯定同志在伦理学和思想道德方面的贡献所作的一点看法，可能有不确切的地方，希望能够得到专家学者的批评和指正。

研究毛泽东伦理思想的重要意义*

——纪念毛泽东同志诞辰100周年

在毛泽东同志诞辰100周年的前夕，全国伦理学会的同志们在济南开会，研究讨论毛泽东的伦理思想，有着十分重要的理论意义和重大的现实意义。

毛泽东同志是伟大的马克思主义者，是中国共产党、中国人民解放军和中华人民共和国的主要缔造者。毛泽东同志不但为中国革命和建设事业立下了不朽功勋，而且在对马克思主义的理论发展中做出了巨大的贡献，形成了指导中国革命和建设的伟大理论——毛泽东思想。毛泽东思想是半个多世纪以来马克思主义的普遍真理与中国革命和建设的具体实践相结合的结晶，是中国共产党老一辈革命家的集体智慧所创造的精神财富，它是一个包括哲学、政治、经济、伦理、道德、文化、军事等方面的理论原则和科学方法的体系的总和。我们纪念毛泽东同志诞辰100周年，最根本的目的，就是要认真学习毛泽东思想，坚持和发展毛泽东思想，以建设有中国特色的社会主义理论为指导，全面地贯彻执行党的基本路线，坚持“两手都要抓、两手都要硬”的方针，为推进我国社会主义的现代化建设事业，为实现社会主义现代化建设的宏伟目标而努力奋斗。

---

* 本文原载《道德与文明》1994年第1期，题目为本书所加。原文标题为“坚持和发展毛泽东伦理思想，为有中国特色的社会主义伦理道德建设而努力”。

毛泽东的伦理思想，是毛泽东思想的重要组成部分，是毛泽东同志在中国革命和建设实践中，以马克思列宁主义为指导，以中国优良传统道德和劳动人民的传统美德为依据，以无产阶级的利益和需要为目的而建立起来的，是以集体主义为原则，以“为人民服务”为核心，以热爱祖国、热爱人民、谦虚谨慎、艰苦奋斗、诚实守信、勤劳勇敢、自力更生、自强不息、严于律己、宽以待人、廉洁奉公、正直公平等为道德规范的伦理思想体系。毛泽东同志关于革命人道主义的思想、关于革命功利主义的思想、关于动机与效果的辩证关系的论述，给我们伦理道德的建设赋予了新的内容。毛泽东在伦理道德思想方面还特别强调树立正确的科学的人生观、价值观对每一个青年、每一个革命者的重要意义。毛泽东的伦理思想的形成，又是他在长期的革命和建设的实践中追求人生、创造人生和把握人生的理论概括，对广大人民群众特别是青年的幸福观、苦乐观、荣辱观、生死观等人生观的形成，有着极其重要的指导意义。

毛泽东的伦理思想体系是对马克思列宁主义的重大发展。马克思、恩格斯、列宁、斯大林等，在确立有关道德的历史唯物主义的基本理论的同时，由于时代、任务和各种原因，都未能像毛泽东这样对马克思主义伦理思想作出这样完整、丰富、深刻的理论概括，在毛泽东思想对马克思主义理论的发展中，伦理思想是一个重要的组成部分，这是我们研究伦理思想所应当特别强调的。

毛泽东关于思想政治工作、思想道德建设的重要作用的思想，关于精神刺激应重于物质刺激的思想，关于社会主义和共产主义的理想、信念对人们的行为的指导作用的思想，关于高尚人格在人的道德品质中的重要意义的思想，关于革命道德是马克思主义的重要组成部分的思想，关于反对个人主义、反对自私自利的思想等，至今仍闪耀着真理的光芒，对于我们加强社会主义的精神文明建设，提高广大人民的道德水平，有重要的、现实的指导意义。

毛泽东同志对中华民族的传统文化和传统道德，有着深刻的、独到的理解。毛泽东从青年时代起，对中国古代的文化和伦理道德传统，广泛涉猎，精心研究；在成为马克思主义者以后，他就以无产阶级的立场、观点，对中国传统道德加以咀嚼、消化和吸收，弃其糟粕，取其精华；在长达约五十年的革命生涯中，他既能“立功”、“立言”，又能

“立德”，这就是说，他既对中国历史有着不可磨灭的丰功伟绩，又有对马克思主义的创造性发展的宏伟理论巨著，而且有着极其崇高的道德品质和伟大人格，他不愧是中国古代所说的“立德”、“立功”、“立言”的“三不朽”的历史巨人。毛泽东之所以成为这样一个历史巨人，也是同他善于批判地继承中华民族的优良道德传统分不开的。在当前建设有中国特色的社会主义现代化过程中，研究毛泽东的伦理思想，发扬和光大中华民族的优良传统美德，对于培养人们的高尚品德，对于抵制西方的腐朽思想，对于形成为广大群众喜闻乐见的、有中国特色的社会主义道德体系，也必将会产生积极的作用。

毛泽东伦理思想，正如同整个毛泽东思想一样，一定要随着世界的变化和时代的发展而发展。我们纪念毛泽东同志诞辰100周年，一定要把学习、研究毛泽东伦理思想同当前的中国现实生活紧密联系起来，同学习邓小平同志的著作、同学习有中国特色的社会主义理论结合起来。

在学习有中国特色的社会主义理论时，我们应当对社会主义有一个正确的、全面的理解。全面地、完整地、准确地认识社会主义的本质，这是我们在当前国际国内不断变化的情况下，坚持社会主义，反对和平演变，保证社会主义不变颜色的重要问题。邓小平同志说：“社会主义的本质，是解放生产力，发展生产力，消灭剥削，消除两极分化，最终达到共同富裕。”① 又说：“社会主义原则，第一是发展生产力，第二是共同致富。”② 这两个提法，对社会主义本质作了两个方面的概括，这是邓小平同志对社会主义本质、原则的新的理解。同时，邓小平同志又十分强调公有制和共同富裕的意义。他说，社会主义有两个非常重要的方面，一是以公有制为主体，二是不搞两极分化，又说，“社会主义最大的优越性就是共同富裕，这是体现社会主义本质的一个东西”③。他在论述社会主义有关问题时，曾概括地说：“总之，一个公有制占主体，一个共同富裕，这是我们所必须坚持的社会主义的根本原则。”④ 由此可见，一个是发展生产力，一个是公有制和共同富裕，这二者是相辅相成的。只有大力发展生产力，我们才能坚持公有制和达到共同富裕的目

① 《邓小平文选》，1版，第3卷，373页，北京，人民出版社，1993。
② 同上书，172页。
③ 同上书，364页。
④ 同上书，111页。

的；为了能够最终坚持社会主义的公有制和消灭剥削，消除两极分化，以达到共同富裕，我们必须解放生产力和发展生产力。在这里，我们还应当看到精神文明建设，特别是思想道德建设和社会道德风尚以及政治廉洁在社会主义现代化建设中的极其重要的作用。在改革开放、发展商品生产和建立社会主义市场经济体制的过程中，随着利益主体的多种多样，必然会出现价值取向的多种多样，这是不以人们的意志为转移的。但同时，从社会主义的本质出发，我们又必须坚持社会主义社会价值导向的一元性。

值此毛泽东同志诞辰100周年之际，学习毛泽东的伦理思想，学习邓小平同志的著作，学习有中国特色的社会主义理论，使我们更清醒地认识到加强精神文明建设，特别是加强思想道德建设的重要性、必要性和紧迫性。邓小平同志早在1984年就曾告诫全党全国人民说："经济建设这一手我们搞得相当有成绩，形势喜人，这是我们国家的成功。但风气如果坏下去，经济搞成功又有什么意义？会在另一方面变质，反过来影响整个经济变质，发展下去会形成贪污、盗窃、贿赂横行的世界。"① 又说："抓精神文明建设，抓党风、社会风气好转，必须狠狠地抓，一天不放松地抓，从具体事件抓起"，"我看，真正抓紧大有希望，不抓紧就没有希望"②。在总结十年来改革开放的经验教训时，邓小平指出："十年最大的失误是教育，这里我主要是讲思想政治教育，不单纯是对学校、青年学生，是泛指对人民的教育"③。又说，造成这一失误的原因是"一手比较硬，一手比较软。一硬一软不相称，配合得不好"④。但是，值得注意的是，我们一些同志对毛泽东同志所一贯强调的思想政治工作、思想道德建设的重大意义，缺乏认识，对邓小平同志一次再一次地强调"两手都要抓"、"两手都要硬"的思想领会不深，从而在实际工作中仍然继续重犯一手硬一手软的错误，给我们的社会主义现代化建设事业已经造成和继续造成许多令人痛心的损失。确实，改革开放以来，广大人民群众的思想面貌也发生了许多新变化，如开拓创新意识，正当的个人利益观念，公平、正义的思想，时间、效益的观念等，对我们的经济发展和人际关系起到了新的有益的作用。但是，毋庸讳言，社

① 《邓小平文选》，1版，第3卷，154页。

② 同上书，152页。

③④ 同上书，306页。

会道德风尚不好，一些人的道德水平下降，拜金主义的泛滥，腐朽生活方式的滋生，自私自利、损人利已、损公肥私思想的蔓延，正在日益严重地腐蚀着我们的肌体。我们的伦理学工作者，纪念毛泽东同志诞辰100周年，最重要的就是以实际行动来为提高我国社会的道德水平、改善我国的社会风气、加强我们的精神文明建设、弘扬社会主义的主旋律，发挥积极的作用。

在当前，学习和研究建设有中国特色的社会主义理论，也就是坚持和发展毛泽东思想。邓小平同志明确指出："三中全会以后，我们就是恢复毛泽东同志的那些正确的东西嘛，就是准确地、完整地学习和运用毛泽东思想嘛。基本点还是那些。从许多方面来说，现在我们还是把毛泽东同志已经提出、但是没有做的事情做起来，把他反对错了的改正过来，把他没有做好的事情做好。今后相当长的时期，还是做这件事。当然，我们也有发展，而且还要继续发展。"① 我们要正确把握两者之间的继承和发展的关系，把学习邓小平同志的著作，学习有中国特色的社会主义理论，同坚持和发展毛泽东思想统一起来。我们学习邓小平同志的著作，学习有中国特色的社会主义理论，正是我们坚持和发展毛泽东思想这一重大历史任务的重要内容。

邓小平同志一再强调，毛泽东思想的精髓就是"实事求是"，就是理论联系实际，把理论和实际正确地结合起来。在建立社会主义市场经济体制的过程中，在发展商品经济的情况下，在思想教育和伦理道德建设方面，在意识形态领域，如何进一步弘扬爱国主义、集体主义和社会主义的主旋律，反对在社会上不断泛滥的极端个人主义、拜金主义和享乐主义，是我们当前广大伦理学工作者所面临的一个严重的任务。研究毛泽东伦理思想，我们要特别注意理论与实际相结合，从实际出发，根据实际生活不断发展所提出的新问题，实事求是，有的放矢地加强主旋律的宣传和教育，大力地弘扬毛泽东同志所倡导的"个人、集体和国家利益相结合"的集体主义和"为人民服务"的思想，加强爱国主义教育，使毛泽东伦理思想能够更好地为加强社会主义精神文明建设，特别是为社会主义的思想道德建设服务。

我国的社会主义现代化建设事业正在蓬勃发展。体现时代精神的先

① 《邓小平文选》，2版，第2卷，300页，北京，人民出版社，1994。

进的伦理道德思想，一旦被群众掌握，就必然会变成推动我国改革开放和社会主义现代化建设的强大精神力量。邓小平同志说："思想战线上的战士，都应当是人类灵魂工程师。在当前这个转变时期，在社会主义精神文明建设和整个社会主义建设事业中，他们在思想教育方面的责任尤其重大。十年内乱的消极后果和历史遗留的种种因素，新形势下出现的新的复杂问题，在人们的思想上引起各种反映，包括一部分模糊和错误的认识。作为灵魂工程师，应当高举马克思主义的、社会主义的旗帜，用自己的文章、作品、教学、讲演、表演，教育和引导人民正确地对待历史，认识现实，坚信社会主义和党的领导，鼓舞人民奋发努力，积极向上，真正做到有理想、有道德、有文化、守纪律，为伟大壮丽的社会主义现代化建设事业而英勇奋斗。"① 我们作为伦理学工作者，应当很好地学习和掌握邓小平同志这段话的精神，使我们的教学、文章和著作，能够真正为"鼓舞人民奋发努力，积极向上，真正做到有理想、有道德、有文化、守纪律，为伟大壮丽的社会主义现代化建设事业而英勇奋斗"而贡献自己的力量，发挥自己的作用。我们一定要坚持和发展毛泽东伦理思想，以建设有中国特色的社会主义理论为指导，把我国的伦理道德建设提高到一个新水平。

① 《邓小平文选》，1版，第3卷，40页。

罗国杰文集

第二卷

社会主义道德体系研究

中国人民大学出版社
·北京·

目 录

第一编 道德规范体系

第二编 道德原则

第三编　道德核心

第四编　人道主义与公正原则

第五编　社会公德

第六编　职业道德总论

第七编　党员干部道德

第八编 企业文化与企业伦理

第九编 教师道德

第十编 家庭美德

第一编

道德规范体系

论社会主义初级阶段的道德的四个层次*

社会主义初级阶段理论的提出，对我国当前的伦理道德建设，也有着重要的意义。这一思想的重要意义，就在于它强调了两个极为重要的方面，而这两个方面，我们在道德建设上，在过去很长的一段时期内，往往没有能够全面地、辩证地加以把握。我们现阶段的社会，既是属于社会主义性质的，又是处在一个初级的阶段上。这两个方面的思想，既把我们同资本主义区别开来，要反对和抵制资产阶级自由化思潮对我们的腐蚀，又使我们从实际出发，同长期以来不顾生产力发展的实际程度而产生的"左"的思想路线区分开来。我们在伦理道德建设上的指导方针是，我们首先必须坚持社会主义，反对资本主义、封建主义思想的腐蚀，同时，又要从我国的现状出发，从我国的现实生活出发而不要脱离实际。如果说，我们前一段时期，在改革开放过程中，我们对中国国情的认识尚处于"摸着石头过河"的时期，那么，在社会主义初级阶段理论已写进党的全国代表大会的政治报告并进行了充分的理论论证之后，就表明我们对中国国情的了解，可以说是已经看到或基本看清了河底的大致面貌、岩石分布和河底的各种情况。我们今后的道德建设，必须以社会主义初级阶段为基础，要面向实际，面向中国国情。这就是说，我们的道德理论建设，必须是从现实而不是从幻想出发，从科学而不是从

* 本文是1987年夏在武汉的一次学术报告，后载《道德与文明》，1988（2）。

空想出发，从具体生活而不是从抽象出发。

为了更好地从实际出发来进行道德建设，我们就必须准确地把握我们现实社会中实际存在的各种不同的道德层次，我认为，这是我们从现实出发、从中国国情出发进行道德建设的基本前提。现实社会中人们的道德层次，或者说道德觉悟水平，大体上可以分为四个层次。

第一个层次，即我们所说的共产主义道德觉悟的层次。这个层次上的人们，在道德实践中所表现出来的行为特征，主要是大公无私、毫不利己专门利人，时时处处都从集体利益和他人利益着想，并甘愿为集体、为他人牺牲一切。具有这种思想觉悟的人，应该说在社会主义初级阶段的现实社会中是比较少的，仅仅表现在一小部分的先进人物身上。这种共产主义觉悟和思想品质，不但对广大群众来说，在相当大的程度上还只是一种理想的东西，就是对于那些自愿献身于共产主义事业的共产党员来说，能跻身于这一层次的人，也是不多的。尽管很少，但我们绝不能因此就认为，在社会主义初级阶段，这一层次是不存在的。生活中的现实告诉我们，他们是确实存在的，并且不断地以他们的事迹和行动，在我们的社会中发出耀眼的光芒，照射着其他层次的人们。

第二个层次，即我们所说的具有社会主义道德觉悟的层次。这个层次的人们，在道德实践中所表现出来的行为特征，最主要地是在处理个人和他人、个人和社会的关系中，能够先公后私、先人后己，个人利益服从集体利益，在维护集体利益的前提下，追求并实现个人的正当利益。在我们现实社会中，具有这种道德觉悟的人应该说是比较普遍的。这虽然也带有一定的理想性，但比上一个层次具有较为广泛的社会基础。

第三个层次，是一个比较复杂的现象。在社会主义初级阶段，这个层次上的人们在道德实践中表现出来的行为特征，主要是在行为的目的上以追求个人的正当利益为出发点。在我国当前的情况下，他们的工作、劳动和职业，有利于社会主义初级阶段的经济发展，能起到促进生产、活跃市场和扩大就业的作用，归根到底，有利于社会生产力的发展。必须着重指出的是，在这一层次上的人们，他们的行为，虽然往往以个人正当利益为目的，但他们并不损人利己，更不损公肥私，而是依靠自己的诚实而勤劳的活动。他们信奉的原则是奉公守法、勤劳致富。从某种程度上说，这是一个不可忽视其存在的重要层次，是我国现实道德生活或国情的一个重要特征。

第四个层次，即我们所说的极端自私自利的层次。这一层次上的人们，他们的道德实践的行为特征，无论是从动机上还是从效果上，无论是从手段上还是从目的上，都是把个人的私利作为中心。因而，为了达到一己的私利，他们总是要损人利己、损公肥私，甚至唯利是图，为达到个人私利而不择手段。他们信奉的唯一原则，就是人不为己、天诛地灭，只要对自己有利，可以不管他人的死活。在我国现实社会中，尽管他们的人数不算太多，但我们既不能轻视这一层次的人们的行为对社会所产生的危害，也不能忽视他们的腐朽思想会在社会上腐烂发臭，产生极坏的影响。社会主义初级阶段的土壤，还没有达到使这种腐蚀人们灵魂的思想完全清除的洁净程度。

当然，这四个层次的划分，也是一种相对的、大体的划分。这四个层次中的有些层次，在某些情况下是相互联系、相互影响和相互渗透的。尤其要加以说明的是，现实社会中的第三个层次，还常常有分化的现象，即一部分上升为第二个层次，甚至第一个层次，而一部分也可能下降到第四个层次。我们应当认识到，划分这四个层次，对于我们是必要的，但更重要的是，我们的道德理论、道德评价以及社会舆论，应当怎样看待这些层次，从而有助于提高人们的道德水平，推动我国的“四化”建设。依据我国仍处在社会主义初级阶段的国情，并按照我国当前的经济的、政治的、文化的和思想的特点，我认为，对这四个层次，应采取如下的态度：

对第一个层次，在过去，我们一直是把它当作一种崇高、完善的理想来看待，这当然是正确的。但是，在道德建设的要求上，在一段时间内，由于受“左”的思想影响，我们曾希望在不长的时间内，我国的大多数人民都达到这个层次。后来，我们认识到现实生活中人们的道德水平和觉悟的层次性，认识到道德的先进性与群众性的联系，逐步地克服了“左”的认识，才逐步取得了较正确的认识。现在看来，要求全体人民在社会主义初级阶段都能达到共产主义的道德境界，这显然是不切实际的。这种要求，由于离开我们生活的土壤的实际情况太远，因此，我们的道德之树就结不出累累硕果。但是，这是否意味着我们在现实生活中，就不宣传和提倡共产主义道德呢？不。我认为，我们仍然应该在全社会宣传和提倡这种对大多数人来说带有理想性质的共产主义道德，并依靠那些在当前虽然是少数但已经具有共产主义觉悟的人的榜样力量，引导和提高其他层次的人们，沿着社会主义道德的阶梯，逐步地向这个最高层次攀登。我们一方面要注意从实际出发，尊重实践，强调道德同经济生活的关系，克服“左”的影响；另一方面，还得强调理想，强调崇高的价值目标对我们行为的导向作用。我们既然把共产主义道德境界作为一种美好的理想，是我国现实发展的必然，承认我们的初级阶段最终要向高级阶段过渡，那么，在这种理想还不能普遍实行的时候，为什么不应当宣传这种理想呢？应当说，否认全心全意为人民服务和大公无私在今天的现实性，认为今天不应去宣传和提倡共产主义思想是不对的。

对第二个层次，我们历来认为应当在全社会认真提倡，身体力行。社会主义的特征之一，就是必须有社会主义的精神文明。社会主义社会的意识形态、道德观念，既受其经济关系的制约，又反作用于自己的基础，维护社会主义公有制的巩固和发展。先公后私、先人后己、集体利益高于个人利益、在维护集体利益的前提下实现个人利益，这是我们的道德要求。我们的国家之所以能兴旺发达，我们的事业之所以能不断前进，同我们广大人民群众的这种先公后私、先人后己的道德觉悟是紧密联系的。个人的利益、个人的前途、个人的发展，必须同整个国家的利益、前途和发展相联系，这已经成为我们广大人民的一种价值目标，一种牢不可破的信念。

对第三个层次的评价，在当前是最富于实践意义和理论意义的。从实际情况来看，我们现在社会中仍有相当数量的人，还免不了要从个人的利害得失来考虑问题。“利己不损人”，有利就愿意干，无利就不愿意干，这确实是我们当前社会中相当数量的人所抱着的一种信念。这种思想，不能说是高尚的；具有这种思想的人，也不能算是有高层次道德境界的人，但这一个层次的人是客观存在的，是不由我们的主观意志而任意改变的。在这一个层次上的人们，只要他们不损公肥私，不损人利己，依靠个人辛勤诚实的体力劳动或脑力劳动实现自己的目的，那么，他们在社会各行业中的积极活动，就是促进生产力发展的一种重要力量。这种力量，正是社会主义初级阶段所必不可少的。从道德评价和社会舆论来说，我们是否不但不应该从某种道德义愤出发，去责难他们的思想和行为，而应当实事求是地把它评价为一种合乎社会主义初级阶段道德上的善呢？当然，我们在承认和正确地评价这个道德现实的同时，还要力求提高这个层次的道德水平，使之不断地向更高的层次发展。正是由于这第三个层次所具有的特点，我们在肯定这一层次的同时，又不主张人们长期停留在这一个层次上。也正是由于这种原因，我们不同意那种把“主观为自己、客观为别人”当作一种价值目标来追求，更不能同意因此而把“合理利己主义”当作一种人生理想来信奉。在社会主义初级阶段上，有社会主义公有制经济的主导作用，有社会主义的法律约束，有国家政策的引导，有社会主义和共产主义道德的教育，处于这一层次的人们，其中的绝大多数，都必然会从这一层次不断地向前发展。这种发展，将随着我国生产力的发展和物质财富的增加而愈益加快其步伐，这也可以说是一种必然的趋势。

对第四个层次，即极端利己主义层次，是我们社会主义初级阶段所必须坚决反对的。这种一切以个人私利为中心的价值目标和人生哲学，必将导致唯利是图、金钱至上、损人利己和损公肥私的思想和行为。我们现实社会中存在的腐败现象，如贪污盗窃、投机倒把、弄虚作假、坑蒙拐骗甚至抢劫杀人的种种行为，往往都可以从“利己主义”中找到根源。对于这一层次的人们的丑恶行为，除了要完善法制，给他们的违法行为以惩处外，还必须要加强道德上的谴责，形成舆论的力量，防止其对我们社会的侵蚀。因此，社会主义初级阶段的道德建设，必须同这一层次的人们的极端利己的思想和行为进行斗争。

在社会主义初级阶段，我们对这四个层次的态度究竟怎样呢？对第一个层次，应当积极宣传，认真提倡；对第二个层次，应当普遍教育，力求做到；对第三个层次，应当正确评价，引导提高；对第四个层次，应当坚决反对，严格抵制。在社会主义初级阶段的道德建设中，个人、集体和国家利益相结合的集体主义原则，个人利益服从集体利益的原则，仍然是必须坚持的。在社会主义社会中，个人和集体的关系是相互联系和辩证统一的。我们现阶段的社会主义的各种集体，还不是马克思所说的理想的集体，而是还不完善的和有待改进的、现实的集体。因此，就集体的方面来说，一定要坚持社会主义初级阶段的政策，力求最公正地对待集体中的每个成员，充分照顾他们的正当的个人利益，更好地发挥他们的积极性。在社会生活中，个人和集体并不是一种机械的集合，而是一个活生生的有机体。正像黑格尔在他的著名的伦理学著作中所说的，个人同集体的关系就如同细胞同生命的关系一样："生命存在于每个细胞中。在一切细胞中只有一个生命，没有任何东西抵抗它。如果离开了生命，每个细胞都变成死的了。"① 正是由于这一原因，我们必须认清楚这二者的辩证关系：只有机体的细胞有了活力，机体才能具有活力，因此，必须要关心个人的利益，发挥个人的积极性；任何细胞，如果离开了肌体，也就失去了生命力，所以我们必须强调维护集体的利益。

① 黑格尔：《法哲学原理》，293页，北京，商务印书馆，1979。

建立科学的社会主义道德建设的规范体系*

我愿意把最近几年来我思想上所考虑的一些问题，与大家作一些交流。

一、关于党的十四届六中全会和十五大对我国伦理道德建设所做的贡献

党的十四届六中全会通过了《中共中央关于加强社会主义精神文明建设若干重要问题的决议》。这个文件的制定，意义是十分重大的。1986 年中共中央曾经通过了《关于社会主义精神文明建设若干问题的决议》。但像 1996 年这样的文件，是从来没有过的。对于社会主义道德建设来讲，它确定了一个完整的科学体系。

怎样来理解社会主义道德建设的规范体系结构及其相互关系呢？社会主义道德建设的规范体系结构，概括来说，就是一个核心、一个原则、五个基本要求、三大社会道德领域的十五个道德规范和一个道德建设的总的目标。社会主义道德建设，有一个核心，就是为人民服务。一个原则，就是集体主义。五个基本要求，就是爱祖国、爱人民、爱劳

* 写于 1998 年，原载《罗国杰文集》下卷，1058～1070 页，保定，河北大学出版社，2000。

动、爱科学、爱社会主义。三大社会道德领域就是社会公德、职业道德和家庭美德，每一个道德领域都确定了五个具体的道德规范，从而构成了由十五个道德规范组成的一个道德规范体系，这就是：（一）社会公德，它的具体规范是文明礼貌、助人为乐、爱护公物、保护环境和遵纪守法；（二）职业道德，它的具体规范是爱岗敬业、诚实守信、办事公道、服务群众和奉献社会；（三）家庭美德，它的具体规范是尊老爱幼、男女平等、夫妻和睦、勤俭持家和邻里团结。最后，社会主义道德建设有一个总的要求，就是要在全社会形成一种团结互助、平等友爱、共同前进的人际关系。

从中国的历史上看，东汉时期，曾经有过一次所谓由中央主持召开的“白虎观会议”，对中国封建社会道德规范体系的形成，产生过很大的影响。

“白虎观会议”是一个讨论“五经同异”的、由皇帝亲自召开的会议，其主要内容，则讨论当时最受重视的伦理道德问题。刘邦统一中国以后，为了巩固和维护自己的统治，非常重视道德在社会生活中的作用。汉初的一些思想家，如陆贾、贾谊等，极力强调仁义道德的重要。以后，董仲舒又总结了汉朝建立以来在道德建设方面的经验，提出了所谓“三纲五常”（君为臣纲、父为子纲、夫为妇纲和仁、义、礼、智、信）。但是，这些道德原则和道德规范，并没有发挥其应有的作用，最主要的原因，就是没有通过一种权威的力量，使之成为全社会所公认的准则，使其具有一种强大的约束力，为社会上所有成员所遵守。“白虎观会议”当时是一个“御前会议”，它在把儒家经学各派统一起来的同时，更着重于把封建社会的道德原则和道德规范也统一了起来，形成一个规范体系，使其具有很高的权威性，得到了很好的传播，这在封建社会的道德发展史上，应当说是有非常重要的意义的。对这一段历史的回顾，只是想说明，道德原则和道德规范，形成于一定社会的人和人之间的关系，不一定都是通过统治阶级的命令公布才产生影响的，但是，一旦通过国家的权力来加以推广，就会具有更强大的力量，能够产生更大的作用。

“为人民服务”我们过去对它研究得不够，长时间里我们仅从人生观方面来研究它，没有把它提高到社会主义道德建设核心的高度。我们确实得花很大力气来分析研究为什么社会主义道德建设要有一个核心，这个核心就是“为人民服务”。可以考察“为人民服务”是怎么提出来的，它以什么为基础，“为人民服务”在社会主义社会中有什么意义和作用，为什么社会主义道德建设的核心不是别的内容，我想这些都是很重要的问题。

关于集体主义原则，现在还有很多分歧意见，特别是有一些人不太同意集体主义原则。也有一些同志，从市场经济的基础和条件出发，认为不要再提集体主义原则。这种论点我是不同意的。过去我们对集体主义有一些误解，不少同志讲，集体主义原则给人的印象好像是集体束缚个体，个人没有多大自由，最好能换一个原则，使广大群众都能够接受。我觉得这种思想虽然是可以理解的，但确实是不能接受的。因为中国在“左”的思潮下面，对集体主义有很多误解，好像集体主义就是束缚个性、限制自由的，就是让个人服从集体。其实，社会主义集体主义绝不像一些人所认为的那样，只重视集体的利益。社会主义的集体主义，当然强调集体利益高于个人利益，但是绝不是限制个性，压抑个性，摧残人性。相反，它是在集体主义原则下，更好地发挥个人的能动性，来实现个人价值，来使个人的才能得到充分发挥的重要保证。我们讲的集体，是一个代表和体现集体全体成员利益的集体。现在我们社会的集体与真正的集体还有一定的距离，我们正在不断地改善我们的集体，正向着这个真正的集体接近。如果一个集体离开了个人的价值的实现，离开了个人才能的发挥，离开了个人积极性的发挥，这个集体会成为一个抽象的空洞。因此，我们捍卫集体主义原则，要强调集体利益高于个人利益，但是也要认识到，只有在充分体现和发挥个人利益的前提下，我们才能更好地坚持集体利益高于个人利益的原则。这在理论上，仍然是个很重要的问题。

我们知道，过去的“五爱”即“爱祖国、爱人民、爱劳动、爱科学、爱社会主义”，长期把它当作社会公德来理解的，这次是作为社会主义道德的基本要求提出来的，这是一个新的提法。“五爱”为什么不作为社会公德，而作为社会主义道德的基本要求提出？“五爱”作为基本要求提出，那么社会公德又是什么？十四届六中全会的决议已经明确，社会公德以后不再是“五爱”，社会公德就是“提倡文明礼貌、助人为乐、爱护公物、保护环境、遵纪守法”，这五句话才是社会公共场所人们应该共同遵守的社会公德。以前说社会公德就是“五爱”，现在应该改过来。过去我们说，社会公德有广义和狭义两种理解，广义的就是“五爱”，狭义的是指社会公共场所的道德。现在不用区分广义和狭义了，因为文件有规定了，社会公德有其特殊的内容，“五爱”是道德基本要求，可以更明确起来了。

为建立社会主义道德建设的科学体系，党的十四届六中全会在召开前后大约一年的时间，在全国集思广益，征求意见。这个文件概括归纳得比较准确，是一个很好的文件，这次会议前我也参加了几次征求意见的会议，提出了一些自己的意见，也学习到很多知识，受到了很大的教育。我个人认为，这个文件中有关道德建设的提法可以作为一个很好的起点。我们在今后的理论建设和宣传教育中，要把十四届六中全会关于道德建设所提出的这一个科学体系，特别是其中所强调的一个核心、一个原则、五个基本要求和三大社会道德领域的十五个道德规范，在全社会更加广泛地进行宣传，做到家喻户晓。过去我们的道德要求概括得不够全面，今天我希望尽可能地按照中央十四届六中全会和十五大的精神，再次就社会主义道德建设的科学规范体系，作一个比较贴切的说明。

二、关于社会主义初级阶段问题

党的十五大提出了社会主义初级阶段的理论。社会主义初级阶段理论的提出，对我们国家政治、经济、文化各个方面，都有很重要的意义。当然对我国的伦理建设，也有非常重要的意义。社会主义初级阶段理论的提出，应该怎么看？为什么要强调、提出社会主义初级阶段？我想，社会主义初级阶段是针对改革开放以来我们国家政治、经济和思想文化方面的问题，有针对性地提出来的。强调解放思想、实事求是，要根据社会主义初级阶段的现实情况来考虑一切问题，除了考虑经济问题还要考虑道德问题。在道德领域，还需要从两个方面考虑。

一个方面是，强调从社会主义初级阶段的实际出发，来考虑道德建设问题。正如十五大文件所讲的，我们国家还属于不发达国家。经济是不发达的，生产力是比较落后的，提高我们国家的经济发展水平，要经过相当长的一段时间，才能为我们的社会主义打下比较坚实的基础，没有这个基础，我们的社会主义就不能发展，更不能巩固。

另一方面，社会主义初级阶段的提出，从严格的意义上说，有着两个方面的意义，我们应当进行全局的把握。

一是，我们革命成功了，已经成为社会主义社会，但是我们的经济发展离社会主义社会的要求，还有很长一段距离。只要在经济上这种落后的、不发达的状况不改变，在道德教育上就会存在问题。我们国家文化教育水平、思想道德水平也还和社会主义存在着相当大的差距。这一点可能大家也都会感觉到。我国除了经济比较落后、生产力不发达之外，在道德建设方面同样存在着国民文化、文明、教育素质的缺乏。在全国特别是广大的落后地区、不发达地区和贫困地区，因为教育条件的限制，文化水平一般较低，社会公德、文明程度都存在不少问题。因此在道德建设上，我们只能根据社会主义初级阶段的实际情况，提出了先进性和广泛性相结合的思想。尽管我们的社会有几千万共产党员，有先进分子，有很多道德高尚的人，但是大多数人，由于文化教育水平的限制，在思想道德上还不可能同先进分子处在同一水平上。这中间就有思想道德和文化教育方面的问题。农村存在的大办婚丧、迷信、赌博等一系列问题，确实和文化教育、思想水平有关系。一方面是在社会主义教育下，有一些先进模范和道德楷模，像李素丽、李国安、孔繁森等；但另一方面，也存在很多道德失范问题。今天我们的社会风气也像大家每天都看到的，有些事情，如见死不救等，很令我们痛心，都希望很快得到改善，也确实需要改善，要抓紧从实际出发，尽快解决，所以我们才提出道德建设的先进性和广泛性原则。道德建设有没有广泛性，关系到能否为广大群众所接受，从基本上看，先进性和广泛性的提法还是比较合理的。先进性与广泛性的问题，在 1986 年就提出来了，但怎样使二者更好地结合起来，还没有很好地解决。关于道德建设的层次性问题，大家都认可了，因为社会主义道德建设确实应该讲究层次，我们讲先进性和广泛性的结合，一个很重要的原因就是强调道德的层次性。“为人民服务”作为社会主义道德建设的核心，是有层次的，如大公无私、无私奉献是最高的层次；顾全大局、个人利益服从集体利益，是一个层次；诚实劳动、遵纪守法，也是一个层次；等等。先进性是比较高的层次，广泛性是比较低的层次。广泛性包含了层次性，这样就能使社会主义道德教育更好地落在实处。先进性和广泛性是与社会主义市场经济、与社会主义初级阶段相联系的。

社会主义初级阶段提出的另一个意义，就是强调目前我国已进入社会主义社会，我们一定要坚持社会主义的四项基本原则，坚持社会主义道路，坚持社会主义思想。简单回顾一下，社会主义初级阶段理论的提出，最重要的有三次。

第一次提出社会主义初级阶段，是1981年，在《关于建国以来党的若干历史问题的决议》里，第一次强调了我们目前处在社会主义初级阶段。这一文件指出："尽管我们的社会主义制度还是处于初级的阶段，但是毫无疑问，我国已经建立了社会主义制度，进入了社会主义社会，任何否认这个基本事实的观点都是错误的。"我看到一篇文章，批判我们的生产力落后，经济不发达，说按照马克思主义理论的模式是在发达的资本主义社会中才能发生社会主义革命，才能进行社会主义革命，那么我们这个社会主义初级阶段，应该退到资本主义社会去，往资本主义上靠。这个提法我觉得是十分错误的。我们现在需要坚持四项基本原则，在社会主义制度下来发展生产力，使我们的生产力发展能够很快地适应社会主义制度的要求，所以我们还要坚持社会主义制度而不能退到资本主义去，不能靠退到资本主义来发展我们的市场经济。

第二次强调社会主义初级阶段，是1987年党的十三大政治报告。其中说："我国正处在社会主义的初级阶段。这个论断，包括两层含义。第一，我国社会已经是社会主义社会。我们必须坚持而不能离开社会主义。第二，我国的社会主义社会还处在初级阶段。我们必须从这个实际出发，而不能超越这个阶段。在近代中国的具体历史条件下，不承认中国人民可以不经过资本主义充分发展阶段而走上社会主义道路，是革命发展问题上的机械论。"

党的十五大，再一次重申了社会主义初级阶段的理论，在强调要从社会主义初级阶段的实际出发的同时，再一次重申了既要强调初级阶段，又要坚持社会主义道路的重要性。正如十五大的报告所指出的："近二十年改革开放和现代化建设取得成功的根本原因之一，就是克服了那些超越阶段的错误观念和政策，又抵制了抛弃社会主义基本制度的错误主张。这样做，没有离开社会主义，而是在脚踏实地建设社会主义，使社会主义在中国真正活跃和兴旺起来，广大人民从切身感受中更加拥护社会主义。"社会主义的初级阶段，也就是不发达的阶段，由于生产力发展水平远远落后于发达国家，这就决定了必须在社会主义条件下，经历一个相当长的初级阶段，去实现工业化和经济的社会化、市场化、现代化。这是不可逾越的历史阶段。这样的历史阶段，至少需要一百年时间，至于巩固和发展社会主义制度，那还需要更长得多的时间，需要几代人、十几代人，甚至几十代人坚持不懈的努力。总之，既要看到长期性，又要坚定信心；既不能超越社会主义初级阶段的实际，又不要抛弃社会主义制度；既不能从主观愿望出发，又要抵制抛弃社会主义的错误主张。一些人觉得社会主义很遥远，丧失了对社会主义、共产主义的信心。有人认为社会主义市场经济就是资本主义市场经济，这也是错误的。社会主义道德的核心要求都是从社会主义的经济基础和政治制度出发的。

三、关于从物质文明和精神文明的关系来考虑道德建设的问题

物质贫困不是社会主义，精神空虚也不是社会主义。江泽民总书记提出，不能以牺牲精神文明作为代价换取经济的发展。在物质文明和精神文明的关系中，精神文明不可能超越物质文明的限制，精神文明也离不开物质文明。物质文明是基础。我认为精神文明可以落后于物质文明，也可以超前于物质文明，我们总是希望二者能够同步发展，但在现实生活中，精神文明与物质文明发展往往总是不同步的。精神文明不可能脱离物质文明发展，最终要与物质文明发展相一致。我们应该反对两种观点：一种观点认为，我们现在生产力落后，道德必然落后；另一观点认为，既然我国处于社会主义初级阶段，经济不发达，就不应宣传社会主义道德和共产主义道德。有些人提出要启蒙资本主义思想。我看应该启蒙共产主义思想，按照四项基本原则，还要坚持社会主义，要在全社会认真提倡共产主义道德。

四、关于个人利益、个人本位及个人主义问题

社会主义市场经济和资本主义市场经济有很大不同。社会主义市场

经济承认正当的个人利益，承认不损害他人利益，顾全大局，顾全国家利益，反对自私自利、利己主义。如果不区分个人利益的正当和不正当，我们就容易走向西方的个人主义、享乐主义、拜金主义。十五大提出，在社会主义市场经济条件下，存在正当的个人利益。遵纪守法，依靠诚实劳动所得是正当的个人利益，否则，就是不正当的个人利益。一般的个体劳动者、农民甚至包括某些私营中小企业家，他们能够诚实劳动、遵纪守法，就是符合社会主义道德规范要求的。对私营企业更应当要求遵纪守法、诚实劳动，这是法律要求，也是道德要求。这样有利于提高国家经济发展水平。过去我们不重视个人利益，不讲个人价值，对于个人利益不加区分，好像个人利益无论正当不正当都是错误的。我们要坚决反对自私自利，反对不正当的个人利益，反对危害国家利益、损害社会利益的行为，批评那些不是依靠诚实劳动从自私自利出发的现象。但应当明确地提出，一切正当的个人利益都是符合社会主义道德的。对个人利益要区别于个人主义。个人主义虽然重视个人的尊严，重视个人价值，发挥个人才能，但是，个人主义核心的东西是以个人为中心。我们讲的反对个人主义，也是从社会主义制度出发，在坚持社会主义原则的前提下反对个人主义，既要反对危害社会主义初级阶段、超越社会主义初级阶段的“左”的思想，也要反对利己主义、拜金主义、享乐主义。坚持社会主义制度，在社会主义社会里要重视个人尊严，社会主义集体主义本身就包含着重视个人尊严、个人价值的思想，只是过去没有很好地强调。马克思一向强调在集体中发挥个人的作用，但我们却没有很好地强调集体主义中重视正当个人利益的一面。

建设与社会主义市场经济相适应的道德体系*

社会主义的道德体系是一个开放的系统，它要求我们在实践中不断补充进去具有时代特点的内容。建设与社会主义市场经济相适应的道德体系的框架应考虑以下几个方面：

其一，要有最高的理想，即道德的核心和原则，它应当是我们全民族的精神支柱。要加强社会主义市场经济条件下广大干部群众的理想信念和世界观、人生观、价值观的研究。

其二，规范上要有层次性，要在对现实生活的实际情况进行分析和研究的基础上，探讨并提出一个与社会主义市场经济相适应的、具有不同层次内容和要求的思想道德体系。

其三，实践上要有可操作性，要提出一个切实可行的包括评价指标体系在内的实施方案，重在建设。

根据江泽民同志的讲话精神，我认为应该从以下五个方面来研究与社会主义市场经济相适应的社会主义道德体系。

一、研究市场经济的建立与发展给道德提出的新问题

根据历史唯物主义“社会存在决定社会意识”的原理，市场经济体

---

* 原载《光明日报》，2001-03-04。

制的建立，必然要引起人们道德观念的变化。因此，我们要对建立社会主义市场经济体制以来我国社会思想道德方面出现的新情况、新问题和新特点作出分析和概括，从中找出带有规律性的东西。

市场经济的建立和发展，使人们的道德观念发生了积极的变化，传统的义利观、公私观、效率观中与经济社会发展不相适应的内容受到挑战，与市场经济相适应的新的道德观念开始逐步确立。追求个人正当利益、重视个人价值、讲求效率、开拓创新、平等竞争、崇尚科学、尊重知识和人才的观念日益深入人心。

同时，我们也必须清醒地看到，在西方敌对势力对我国实施西化、分化的影响下，在西方资产阶级的政治主张、价值观念和生活方式的腐蚀下，随着市场经济的发展，商品交换的法则也容易侵蚀到社会政治生活和人们的精神领域，引发见利忘义、权钱交易，导致国家意识、集体意识和互助精神、奉献精神的减弱，一些人的个人主义、拜金主义和享乐主义思想得以滋生和膨胀。这些思想进一步腐蚀人们的灵魂，败坏人们的道德品质，污染社会风气，其结果必然是影响经济的发展和社会的稳定。

市场经济对人们道德面貌的积极影响和负面影响集中反映在人们对利益关系的看法上。因此，面对这样一种新情况和新变化，我们当前在认识和调整社会的道德关系时，最重要和最迫切的，是要正确区分正当的个人利益和不正当的个人利益，要正确认识和处理各种利益关系，把个人利益与集体利益、局部利益与整体利益、当前利益与长远利益正确地统一和结合起来，努力形成把国家和人民利益放在首位而又充分尊重公民个人合法利益的社会主义义利观。

二、研究社会主义市场经济条件下道德建设的指导思想和价值导向

江泽民同志一再提出：“社会主义道德建设要以马列主义、毛泽东思想、邓小平理论为指导。”这是我们在道德建设中应该始终坚持不懈的政治方向和指导思想。社会主义道德建设作为一个系统工程，必须做到“三个结合”：

第一，坚持先进性要求与广泛性要求相结合，既要在全社会认真宣传和坚持社会主义和共产主义的崇高道德，要求一切共产党员和先进分子身体力行；同时，又要区分道德的层次性，要有最低要求。道德规范体系包含着由低到高的若干阶梯。我们既不能只强调最高层次，也不能只强调最低层次，认为在市场经济条件下，只要不违法就可以了，这种思想是不符合道德实然与道德应然的关系的。

第二，坚持“三个有利于标准”与道德评价标准的结合。我们在评价一种道德现象的善恶时，不但要看它“是否有利于发展社会主义社会的生产力，是否有利于增强社会主义国家的综合国力，是否有利于提高人民的生活水平”，而且要看它所产生的道德影响。必须在道德评价中坚持历史合理性与道德合理性的统一。

第三，坚持继承和发扬民族优良传统与积极吸收外来优秀道德文化成果相结合，总的原则是“古为今用”、“洋为中用”和“为我所用”。

在思想道德领域，我们一方面要承认我国社会出现价值取向多元化的现象，另一方面又必须明确地强调价值导向的一元化。用多元化的思想来否定以马列主义、毛泽东思想、邓小平理论为指导，是道德建设中一个值得注意的倾向，它的主要表现，就是所谓在道德建设中，只能提出和分析各种不同价值观的确切意义，而不能向人们提出“应当”的问题。“价值中立”的思想，还以各种不同的方式，在社会上特别是学术界发生影响，这种在西方一度流行，而现在已经衰落的思想，在我国却还有一定的市场。对现实生活中的道德现象，对日常生活中的道德问题，对有关一些道德观念和道德理论的分析，要不要用马列主义、毛泽东思想、邓小平理论来认识，也是我们在道德建设中一个重要的问题。

三、研究社会主义市场经济条件下道德建设的核心和原则

江泽民同志强调指出，社会主义市场经济条件下的道德建设，要“以为人民服务为核心，以集体主义为原则”，这是一个重要的思想。这一思想使我们对社会主义市场经济条件下的道德建设的认识，更加深入了一步。

最近几年来，一些人曾经以种种理由，认为社会主义市场经济条件下的道德建设，不应当以“为人民服务”为核心，更不应当以集体主义为原则，他们先后提出了个人主义原则、合理利己主义原则、人道主义原则、利己不损人原则等等，其实质就是要把社会主义社会的价值导向从集体主义原则“转轨”到其他原则上去。

发展社会主义市场经济与“为人民服务”应该是并行不悖、相互依存的。“为人民服务”既是对共产党员特别是各级领导干部的政治素质和道德素质的基本要求，同时也是全社会范围内良好的道德风尚的表现。在社会主义市场经济发展过程中，“为人民服务”是从社会主义本质出发所必然提出来的道德要求，在整个道德建设中处于核心的位置。我们所说的解放生产力、发展生产力、消灭剥削、消除两极分化和达到共同富裕的目的，其落脚点都是要为人民服务，为人民谋利益，为人民造福祉。

作为一种伦理原则，社会主义集体主义强调个人利益应当服从社会整体利益，认为只有在集体中个人才能获得全面发展。同时，集体主义不但不束缚个人的发展，而且只有在集体中，个人的积极性和创造性才可以得到最充分的发挥。因此，社会主义的集体主义既强调社会利益的至上性，又强调发挥个人活力的重要性；既强调社会利益高于个人利益，又强调最大限度地保障个人的正当利益；既强调个人的所为要受集体利益的约束，又强调尽量发挥个人的能动作用，尊重个人的尊严，发展个人的个性，实现个人的价值。

我们既然承认社会主义市场经济也是道德经济，就必然要承认社会主义市场经济是以集体主义为原则的。要重视在社会主义市场经济建立和发展的过程中，集体主义原则面临着严峻的挑战。其中既有市场经济的负面影响给集体主义提出的新问题，也存在着我们在道德实践中没有真正将集体主义原则落到实处的弊端。

我们这里所说的“原则”，指的是基本原则，即在社会主义道德体系中贯串道德理论始终的一个根本原则。在这个根本原则之下，还有一些具体的原则，如社会主义人道主义原则、公平和效率原则等等。具体原则是受根本原则制约的。在社会主义道德体系建设中，有些同志常常提到公平和效率原则，甚至要用公平和效率原则来取代集体主义原则。应该说，这些同志看到了在市场经济发展过程中公平和效率问题日益凸显出来，但试图用其取代集体主义原则，这在理论上站不住脚，在实践上也是极其有害的。集体主义原则所倡导的个人与集体的辩证关系中蕴含着我们解决公平与效率问题的理论前提。从“效率优先，兼顾公平”到“重视效率，维护公平”，这些提法，体现了我们在建立和发展市场经济过程中不断深入的道德反思。

四、加强对社会主义市场经济条件下若干重要道德理论问题的研究

第一，中国传统思想道德体系及其现实价值。中国传统伦理思想博大精深，其中所涉及的问题，主要可以概括为十个方面：道德原则同物质利益的关系问题，道德的最高理想问题，人性问题，道德修养问题，道德品质的形成问题，道德评价问题，人生的意义或人生的价值问题，道德的必然和自由的关系问题，道德规范问题，德治和法治问题。先哲们对这些问题的回答，有着自己民族的传统方式，体现着古人对自身、对社会中的道德关系和道德现象认识的不断深化。弘扬中国古代优良道德传统的根本目的，在于使社会主义道德具有民族的特色和丰富多彩的内涵。对待传统伦理思想的正确的态度应是以马克思主义为指导，坚持“批判继承，弃糟取精，综合创新，古为今用”，从而形成和发展与社会主义市场经济相适应的伦理思想、价值观念和道德规范。

第二，中国革命思想道德体系及其现实价值。中国革命道德是马克思主义与中国革命和建设的伟大实践相结合的产物，是中华民族的优良道德传统在新的历史时期的继承和发展，是中国古代优良道德传统的新的升华和质的飞跃。它以实现社会主义和共产主义的崇高理想为最终目的，以为人民服务为宗旨和核心，以集体主义为原则，形成了无私奉献、顽强拼搏、艰苦奋斗、勤俭节约等革命精神。在建立社会主义市场经济的过程中，弘扬中国革命传统道德，对改善全社会的道德风尚，抵制一切腐朽思想的侵蚀，提高广大人民群众特别是领导干部的思想道德素质有着极其重要的意义。

第三，西方伦理思想道德体系及其现实价值。西方伦理思想的基本原则源远流长，其中包含着很多对宇宙、对社会、对人生的真理性认

识，成为全人类共同的精神财富。但是，我们必须区分作为人类精神遗产的西方优秀伦理思想和西方资产阶级的腐朽的价值观念，必须清醒地看到，西方资产阶级的价值观，从本质和主流来说，是个人主义的。其中的以个人为中心、把个人看作唯一的目的、把社会和他人看作满足个人目的和手段的思想，是十分有害的，应该坚决加以摈弃。

第四，公民道德规范、党政干部和国家公务员道德规范、经济活动中的道德规范等。这些规范的建立既要有外在的制度保证，也要有内心的道德保证，这就是说，不但要构筑制度的堤防，更要构筑道德的堤防。道德规范的内化问题，是我们在道德建设中特别要注意研究的。

五、研究社会主义市场经济条件下的“德治”和道德教育

从经济学的角度看，市场经济的最根本原则就是追求个人利益和价值的最大化，是一种求利的经济。市场经济本身是无所顾忌的，必须靠市场规则之外的其他规则来规范其运行。因此，市场经济既是法制经济，同时又是道德经济。

江泽民同志指出：“要坚持不懈地加强社会主义法制建设，依法治国，同时也要坚持不懈地加强社会主义道德建设，以德治国。对一个国家的治理来说，法治与德治，从来都是相辅相成，相互促进的。二者缺一不可，也不可偏废。……我们应始终注意把法制建设与道德建设紧密结合起来，把依法治国与以德治国紧密结合起来。”法律和道德作为上层建筑的组成部分，都是维护、规范人们思想和行为的重要手段，它们相互联系、相互补充。法治以其权威性和强制手段规范社会成员的行为，德治以其说服力和劝导力提高社会成员的思想认识和道德觉悟。道德规范和法律规范应该相互结合，统一发挥作用。

依靠权威性和强制力的法律，可以使人在法律监督的范围内，不做违法的事，但是不能使人有“羞耻之心”，不能有知善知恶的荣辱观念。因此，只要法律管辖不到，或者法律有空隙可钻，一些人就会为所欲为，无恶不作。孔子说“道之以政，齐之以刑，民免而无耻”，就是说的这个意思。在现实社会中，一些人虽然在法律的管辖和威慑下不敢犯

罪，但由于没有羞耻之心，钻法律的空子或者打法律“擦边球”的现象时有发生。没有道德感化，人民群众的道德素质就难以提高，一些人的投机取巧之心就会不断发展，社会风气就会日益败坏，结果往往导致社会的动荡，历史上的教训，是应当认真加以吸取的。在对社会成员的道德教育中，要强化道德说服力和道德劝导力的作用。

总之，我们应当全面认识法律和道德的作用。道德规范和法律规范应该相互结合，统一发挥作用。在道德教育中，我们应当强调，遵守法律是道德的最基本的要求，同时，我们要把重要的道德规范，尽量纳入我们的法律之中，融入我们的管理制度中，融入群众的各种守则、公约之中。

建设与社会主义市场经济相适应的道德体系的目的，一方面在于提高广大人民群众的道德素质，使人们自觉地扶正祛邪，扬善惩恶，从而有利于形成追求高尚、激励先进的良好社会风气，保证社会主义市场经济的健康发展，促进整个民族素质的提高；另一方面在于保证社会主义市场经济的发展方向，即通过对市场经济的运行带来的社会后果进行价值评判和价值导向，促进市场经济与社会主义的有机结合。从这个意义上说，社会主义道德对社会主义市场经济绝不仅仅是一种适应的关系，还发挥一种价值导向的作用。

关于社会主义道德体系的思考*

在建立与社会主义市场经济相适应的法律体系的同时，努力建立和发展与社会主义市场经济相适应的社会主义道德体系，是实施“以德治国”方略的一个重要方面，是发展先进文化的重要内容和中心环节。中共中央最近公布的《公民道德建设实施纲要》指出，必须在加强社会主义法制建设、依法治国的同时，切实加强社会主义道德建设，以德治国，把法制建设与道德建设、依法治国与以德治国紧密结合起来。我们应当通过公民道德建设的不断深化和拓展，逐步形成和发展与社会主义市场经济相适应的社会主义道德体系，这是我国当前发展先进文化和建设精神文明的一项极其重要而又十分紧迫的任务。

改革开放以来，在建立与社会主义市场经济相适应的法律体系方面，我们已经取得了可喜的成果，这是大家所公认的；相对来说，在建立与市场经济相适应的社会主义的道德体系方面，却有许多工作亟须我们去做。

建立社会主义的道德体系，既是时代的迫切要求，又是一项艰巨而长期的任务。我们要把这一任务，放在精神文明建设和道德建设的突出地位，发挥广大人民群众的集体智慧，集思广益，群策群力，从上到

---

* 本文的主体部分曾以《建立与发展社会主义市场经济相适应的道德体系》为题，发表于《人民日报》，2002-01-29。

下，从下到上，在广泛讨论的基础上，再经过梳理概括和提炼，逐步形成有中国特色社会主义的道德体系。

一、社会主义道德体系的指导思想和方针原则

在建立社会主义道德体系中，指导思想和方针原则，是贯串社会主义道德体系建设始终的一根主线。社会主义道德体系作为一个系统工程，在它的各个方面、不同层次以及各个环节，都要力求体现它的指导思想和方针原则。

社会主义道德体系的指导思想是：以马克思列宁主义、毛泽东思想、邓小平理论为指导，全面贯彻“三个代表”重要思想，坚持党的基本路线、基本纲领，重在建设，以人为本，要在全民族牢固树立建设有中国特色社会主义的共同理想和正确的世界观、人生观、价值观，在全社会努力提高公民道德素质，促进人的全面发展，培养一代又一代有理想、有道德、有文化、有纪律的社会主义公民。

社会主义道德作为意识形态的一个重要方面，作为文化建设的一个重要内容，它既是我国社会经济、政治的反映，又积极作用于我国社会的经济和政治，并以其自身的特有功能，影响、激励和促进社会经济、政治的发展。因此，社会主义道德体系的建立，必须坚持马克思主义的指导，坚持社会主义的道路，坚持集体利益和国家利益，坚持有利于社会主义社会中人际关系的协调。

“以德治国”作为我国治国方略的一个重要组成部分，是建立社会主义道德体系的依据。要从“治国安邦”的高度来认识建立道德体系的重要性，把“道德”和“法律”的相辅相成、“道德”能补充“法律”的不足，以及道德对社会发展的稳定作用作为建立社会主义道德体系的立脚点。“法治”和“德治”、“刑罚”和“德教”，对于国家的长治久安来说，如“车之两轮”和“鸟之两翼”，都是同等重要和缺一不可的。

在方针原则上，要正确处理个人利益和国家利益的关系，要继承优良传统与弘扬时代精神相结合，要注重效率与维护社会公平相结合，要注意广泛性和先进性相统一等等，使我们的社会主义道德体系的建设，能够适应于我国的不同群体、不同阶层、不同职业和不同觉悟程度的要

求，使人们在家庭、学校和社会的教育及自觉的努力下，都能够沿着道德的要求不断提升和进步。

二、社会主义道德体系要与社会主义市场经济相适应

社会主义道德体系的建立，必须要与社会主义市场经济相适应，这是社会主义政治、经济和文化发展的必然要求，是社会主义道德发展的内在客观规律，是社会主义道德体系能否达到提高人的素质、推动经济发展、体现时代精神的一个重要因素。

在强调这一问题的同时，我们一定要明确，我们所要适应的是“社会主义市场经济”，而不是一般的“市场经济”。

市场经济作为一种经济运行的模式，正如邓小平同志所说的：“计划经济不等于社会主义，资本主义也有计划；市场经济不等于资本主义，社会主义也有市场。计划和市场都是经济手段。”因此，“市场经济”是一个笼统的概念，它可以指社会主义的市场经济，也可以指资本主义的市场经济，而在历史上，人们往往把“市场经济”理解为就是资本主义的市场经济，在今天，也仍然有人把“市场经济”理解和视为资本主义的市场经济。

从市场经济本身来看，它在社会生活中是一把双刃剑，既有利于经济的进步、效率意识的加强、资源配置的合理、人的主体性的增强等等，同时，随着市场经济的发展，商品交换的法则也容易侵蚀到社会政治生活和人们的精神领域，引发见利忘义、权钱交易，导致国家意识、集体意识和互助精神、奉献精神的减弱。因此，笼统地说，我们的道德体系要与“市场经济相适应”，就会走上一条错误的道路，就会自觉或不自觉地容忍或支持那些与社会主义道德相违背的现象，从而有害于我们的社会主义道德建设。

同时，也必须清醒地看到，西方敌对势力对我国实施西化、分化的政治图谋不会改变。在对外开放过程中，西方资产阶级的政治主张、价值观念和生活方式也必然乘虚而入，我国社会经济成分、组织形式、物质利益和就业方式的多样化，也必然会给人们的思想观念、价值取向、文化生活带来多样性。这些都是我们道德建设的新课题。

社会主义市场经济，是受社会主义的政治、经济和文化制约的一种市场经济，它既有市场经济的一般的特性，遵守市场经济的一般的规律，同时，它又是在公有制为主体、多种所有制经济共同发展的基本经济制度下，是在以工人阶级领导的、以工农联盟为基础的人民民主专政和人民代表大会制度下，是在以马克思列宁主义、毛泽东思想和邓小平理论指导下的市场经济。因此，我们所建立和发展的社会主义道德体系，就必须要同我们的社会主义市场经济相适应，从而有利于社会主义的政治、经济和文化的健康发展。

为了使我们的社会主义道德体系的建设能够更好地适应社会主义市场经济的发展，我们必须正确处理：个人合法权利和承担社会责任的关系，注重效率与维护社会公平的关系，实现个人价值与国家荣誉的关系，道德的群众性同先进性的关系，价值导向的一元化同价值取向多样性的关系，继承优良传统与弘扬时代精神的关系，吸收人类优良道德成果与坚持革命道德精神的关系，竞争与协作的关系，个人自由与遵纪守法的关系，道德权利与道德义务的关系，道德教育与社会管理的关系等等。这也就是说，我们要根据市场经济条件下的新情况、新问题、新矛盾，来创造性地解决这些新问题，要使我们的社会主义道德体系的建立能够有利于化解这些矛盾，协调人和人之间的利益关系，推动我国社会主义建设沿着正确的道路顺利前进。

社会主义道德体系的建设，是一项提高全民族素质的基础性工程，它的实施，必将对弘扬中华民族精神和时代精神，形成良好的社会道德风尚，促进物质文明与精神文明协调发展，全面推进建设有中国特色社会主义伟大事业，产生极其重要的作用。

三、深化和拓展道德建设的核心、原则和基本要求

《中共中央关于加强社会主义精神文明建设若干重要问题的决议》中明确指出：“社会主义道德建设要以为人民服务为核心，以集体主义为原则，以爱祖国、爱人民、爱劳动、爱科学、爱社会主义为基本要求，开展社会公德、职业道德、家庭美德教育，在全社会形成团结互助、平等友爱、共同前进的人际关系。”在建设与完善社会主义道德体

系的过程中，我们将进一步深化对社会主义道德建设的核心、原则和基本要求的理解和认识，丰富、补充和完善社会主义道德的主要内容。

把“为人民服务”作为核心，把“集体主义”作为原则，贯串社会主义道德体系的始终，是社会主义道德区别和优越于其他社会形态道德的显著标志。在市场经济条件下，我们要使这一核心和原则，发挥强大的辐射作用，既能在适用范围上涵盖社会所有的不同群体、不同场合和各种不同的职业，又能在要求上分出高低不同的层次，循序渐进，从着眼多数和激励先进出发，通过学校、家庭和社会教育，引导所有公民自觉地遵守基本道德规范，并不断向道德的更高要求攀登。

“为人民服务”作为公民道德建设的核心，它不仅是对共产党员和领导干部的要求，对一切先进分子的要求，也是对广大群众的要求。每个公民不论社会分工如何、能力大小、职位高低，都能够在本职岗位上通过不同形式做到为人民服务。这也就是说，一心为公、无私奉献是为人民服务，顾全大局、先公后私也是为人民服务，同样，就是一个个体劳动者为谋取个人正当利益的劳动，只要能够遵纪守法，有利于社会，同样也体现着为人民服务的要求。

“集体主义”是社会主义社会的政治、经济、文化建设的必然要求，是调节国家利益、集体利益和个人利益关系的重要原则，但在实施中，也有着不同层次的内涵和要求。共产党员、革命军人、先进分子，必须坚持个人利益服从集体利益，顾全大局、以集体利益为重，是集体主义思想的行为；正确理解和认识集体利益的重要性，基本上能够按照这一原则来处理个人与集体的关系，也是集体主义思想的体现。对于广大人民群众来说，只要能够不损害他人利益和社会利益，服从国家利益、集体利益，遵守社会主义国家法律，把个人的理想与奋斗融入广大人民的共同理想和奋斗之中，这也就符合了集体主义的要求。总之，我们要把集体主义精神渗入社会生产和生活的各个层面，引导人们正确认识和处理国家、集体和个人的利益关系。

爱祖国、爱人民、爱劳动、爱科学和爱社会主义是社会主义道德的基本要求，是每个公民都应当承担的法律义务和道德责任，它们也都有着不同的要求和层次，应当在实施中予以体现。必须把这些基本要求的不同层次，贯串社会道德生活的三大领域，即社会公德、职业道德和家庭美德之中，并使这三大领域中的具体道德规范能够适用于所有的群体。

四、建立不同层次、不同职业、不同领域的道德规范体系

从一定意义上说，社会主义道德体系，是由一系列道德规范所构成的，当然，这些道德规范体系的建立，总是由一定的指导思想和理论构架所支撑的。

从不同的层次来看，有共产党员的道德规范、共青团员的道德规范、革命军人的道德规范、公民的道德规范等。共产党员、共青团员和革命军人等先进分子，在社会主义道德建设中，有着特殊的责任，应当以自己的模范行动和楷模作用来影响和带动群众。一个社会的道德风尚的转变和道德素质的提高，总是由先进分子倡导，从而影响到一般老百姓；总是由上到下，由领导到群众。因此，建立完善的先进分子的道德规范，并促其身体力行，是改善社会道德面貌的一个重要环节。同时，我们要在全体公民中，大力宣传和实施《公民道德建设实施纲要》，力求有效地提高全体公民的道德水平。

从职业道德来看，除了有全国统一的职业道德（爱岗敬业、诚实守信、办事公道、服务群众、奉献社会）外，还应当针对各种具体的职业，制定各种不同的道德规范，如工人的道德规范、农民的道德规范、教师的道德规范、科技工作者的道德规范、医务工作者的道德规范等等。随着社会分工的发展，职业的分类也愈来愈多，因此相应的职业道德也必然愈来愈多。加强职业道德的建设，培养所有职业工作者的敬业精神，是我们建设与社会主义市场经济相适应的社会主义道德体系的一个重要方面。

从不同领域来看，在我国社会中，有经济、政治、文化、教育以及工业、农业、财贸等等，因此，在经济生活和经济行为中，应当有必要的行为准则；在政治生活和政治活动中，应当有反腐倡廉的道德要求；在文化教育活动中，更应当有教书育人、以德治校的道德规范；等等。

其他，如在城市、农村、社会公共场所、家庭、企事业单位等等，都应当根据情况，制定相应的道德规范。在所有城市和农村，都应当

有适合自己特点的市民守则、社区规章和乡规民约。在所有公共场所，除了有全国统一的社会公德（文明礼貌、助人为乐、爱护公物、保护环境、遵纪守法）外，还可以根据不同的情况，制定具体的规章制度。

家庭是社会的细胞，也是道德教育的一个重要阵地，特别是对于未成年人来说，家庭的道德教育，对其一生的成长，都有不可忽视的意义。除了有全国统一的家庭美德（尊老爱幼、男女平等、夫妻和睦、勤俭持家、邻里团结）外，每个地区和基层组织，也可以根据自己的情况，提出家庭美德的要求，以达到教育子女和提高家庭成员素质的目的。

总之，大力加强各种道德规范的建立，并使其付诸实施，是我们建立社会主义道德体系的一个不可忽视的重要方面。

五、动员社会各方面力量，支持道德体系的建立与完善

深入开展群众性的道德实践活动，认真总结群众道德实践中的新鲜经验，并从中概括、提炼和归纳出反映时代精神和现实需要的道德要求，不断补充和完善我们的道德体系。

社会主义道德体系的建立，需要动员全社会的力量来进行。我们都知道，社会主义法律体系的建立和完善，在我国，是有专门的立法、检察等机构来进行的。但在我国，却并没有一个专门从事社会主义道德建设的专门机构，这一工作，在现在主要是依靠党的宣传部门、各级精神文明建设指导委员会、共青团、工会和各级教育、文化等有关方面来进行的。因此，我们可以看到，建立社会主义道德体系在现实生活中的艰巨性。如果这种情况不能真正地得到改善，要想建立我国的社会主义道德体系，很显然，是不可能的。

因此，充分认识建立社会主义道德体系的紧迫性、重要性、艰巨性和长期性，把建立社会主义道德体系提高到以德治国的“治国方略”和实现先进文化要求的高度，从上到下，从中央到基层，都要把建立社会主义道德体系的工作，看作一件重要工作，摆在突出的地位，使社会主义道德体系的建设落到实处。在社会主义道德体系建设和公民道德建设

的过程中，我们要大力加强对全国人民的道德教育，深入开展群众性的道德实践活动，积极营造道德建设的社会氛围，进一步加强道德建设的法律支持、政策导向和制度保障，使我们的社会主义道德体系建设，能够建立在更加坚实的基础之上。

建设社会主义道德体系的几个问题*

构建社会主义和谐社会，是我们党从中国特色社会主义事业总体布局和全面建设小康社会全局出发提出的重大战略任务，反映了建设富强、民主、文明、和谐的社会主义现代化国家的内在要求，体现了全党全国各族人民的共同愿望。和谐社会的基本特征是民主法制、公平正义、诚信友爱、充满活力、安定有序、人与自然和谐相处。实现社会和谐，不仅需要雄厚的物质基础、可靠的政治保障、完善的制度体制，而且需要高度的精神文明、先进的思想道德。正如胡锦涛同志指出："一个社会是否和谐，一个国家能否实现长治久安，很大程度上取决于全体社会成员的思想道德素质。没有共同的理想信念，没有良好的道德规范，是无法实现社会和谐的。"① 诚然，和谐社会是有着优良道德风尚的社会，道德是社会和谐的保障。因此，在加快社会主义市场经济发展的同时，我们要努力建立和发展与之相适应的社会主义道德体系，为构建社会主义和谐社会提供良好的道德环境和坚强的道德支撑。

---

* 原载《思想理论教育导刊》，2010（6），系国家社会科学基金重点项目"建设与社会主义市场经济相适应的思想道德体系"（项目批准号：00@ZH012）的阶段性成果。

① 胡锦涛：《在省部级主要领导干部提高构建社会主义和谐社会能力专题研讨班上的讲话》，北京，人民出版社，2005。

一、建设与社会主义市场经济相适应的社会主义道德体系的重要性和必要性

经济基础决定上层建筑，上层建筑对经济基础具有反作用。在社会主义初级阶段，以公有制为主体、多种所有制经济共同发展是我国社会的基本经济制度。我国的社会主义道德体系建设，应当建立在这一基本经济制度基础上，反映这一基本经济制度的要求，为坚持和完善这一基本经济制度服务。在这一基本经济制度基础上实行的社会主义市场经济体制，以市场为配置资源的基础性手段的经济运行机制，对社会主义道德体系建设提出了新的要求。

1. 社会主义道德体系承担着为社会主义市场经济体制的建立和完善提供价值导向的重要任务

一是保证社会主义市场经济的发展方向。社会主义市场经济是社会主义条件下的市场经济，是市场经济与社会主义的有机结合。一方面，作为市场经济，它同资本主义条件下的市场经济在运行规则上有相通或相似之处。现代市场经济的共同属性和一般规律，是我国社会主义市场经济必须遵循的；另一方面，社会主义市场经济是同社会主义基本制度结合在一起的，是同社会主义精神文明结合在一起的，它要体现社会主义基本制度的要求，充分发挥社会主义制度的优越性。就此而言，作为社会主义精神文明的核心内容，社会主义道德体系无疑是市场经济沿着社会主义方向发展的保证。

二是保障社会主义市场经济的健康发展。实践证明，发展社会主义市场经济有利于解放和发展社会主义社会的生产力，增强社会主义国家的综合国力，提高人民的生活水平；有利于增强人们的自立意识、竞争意识、效率意识、民主法制意识和开拓创新意识等，调动人们的积极性和创造性，推动社会的道德进步。但也要看到市场自身的弱点和消极方面，如趋利性、自发性等反映到道德生活中，反映到人与人的关系上，易于诱发拜金主义、享乐主义、极端个人主义等各种有悖于社会主义道德的行为和现象。建立和发展与社会主义市场经济相适应的社会主义道德体系，可以提高广大人民群众的道德素质，使人们自觉地扶正祛邪、

扬善抑恶，从而有利于形成追求高尚、激励先进的良好社会风气，保证社会主义市场经济的健康发展。

2. 社会主义道德体系需要不断发展才能适应社会主义市场经济的现实要求

社会主义道德体系，必须与社会主义市场经济相适应。建立和发展与社会主义市场经济相适应的道德体系，应当正确处理社会主义市场经济条件下各种复杂的矛盾关系：社会尊重个人合法权利和公民承担社会责任的关系，注重效率与维护社会公平的关系，个人价值与社会价值的关系，道德的先进性与广泛性的关系，价值导向一元化与价值取向多样性的关系，继承优良传统与弘扬时代精神的关系，吸收人类优良道德成果与承接中华民族传统美德的关系，竞争与协作的关系，个人自由与遵纪守法的关系，道德权利与道德义务的关系，道德教育与社会管理的关系，经济效益与社会效益的关系，义与利的关系等。这就是说，要根据社会主义市场经济条件下的新情况、新问题、新矛盾，创造性地解决这些问题，使社会主义道德体系的建立和发展有利于化解这些矛盾，协调各方面的利益关系。

建设与社会主义市场经济相适应的社会主义道德体系是一项提高全民族素质的长期而艰巨的基础性工程。它的实施，必将对弘扬中华民族精神和时代精神、形成良好的社会道德风尚、促进社会和谐、全面推进建设中国特色社会主义伟大事业产生极其重要的作用。

二、建设与社会主义市场经济相适应的社会主义道德体系的指导思想和方针原则

在建立和发展社会主义道德体系中，指导思想和方针原则是贯串始终的一根主线。社会主义道德体系建设的各个方面、层次和环节，都应当体现其指导思想和方针原则。

建立和发展社会主义道德体系的指导思想是：以马克思列宁主义、毛泽东思想、邓小平理论和“三个代表”重要思想为指导，以科学发展观为统领，坚持党的基本理论、基本路线、基本纲领、基本经验，以人为本，重在建设，要在全民族牢固树立建设中国特色社会主义的共同理

想和正确的世界观、人生观、价值观，在全社会努力提高公民道德素质，促进人的全面发展，培养一代又一代有理想、有道德、有文化、有纪律的社会主义公民。

1996年党的十四届六中全会审议通过的《中共中央关于加强社会主义精神文明建设若干重要问题的决议》明确提出了社会主义道德体系的基本内容，即："社会主义道德建设要以为人民服务为核心，以集体主义为原则，以爱祖国、爱人民、爱劳动、爱科学、爱社会主义为基本要求，开展社会公德、职业道德、家庭美德教育，在全社会形成团结互助、平等友爱、共同前进的人际关系。"2001年中共中央印发的《公民道德建设实施纲要》对此作了补充、丰富和发展；对社会主义市场经济条件下出现的新问题，作了有针对性的回答；对社会利益关系变化引发的新矛盾，进行了辩证思考；对公民道德规范，作了高度概括。这两部纲领性文献是我们当前建立和发展与社会主义市场经济相适应的社会主义道德体系的重要依据。

党的十六届六中全会审议通过的《中共中央关于构建社会主义和谐社会若干重大问题的决定》提出了建设社会主义核心价值体系的战略任务。社会主义核心价值体系包括四个方面：一是马克思主义指导思想，这是我们党立党立国的根本方针，是社会主义意识形态的灵魂；二是中国特色社会主义共同理想，这是实现中华民族伟大复兴的必由之路，是全国人民团结奋斗的强大动力；三是以爱国主义为核心的民族精神和以改革创新为核心的时代精神，这是中华民族生生不息、薪火相传的精神支撑，是当代中国人民不断创造崭新业绩的力量源泉；四是以"八荣八耻"为主要内容的社会主义荣辱观，这是中华民族传统美德、优秀革命道德与时代精神的完美结合，是市场经济条件下判断行为得失、确定价值取向、作出道德选择的基本原则。社会主义核心价值体系是社会主义制度的内在精神和生命之魂，是建设和谐文化的根本。社会主义核心价值体系中的社会主义荣辱观为我们划清了社会主义道德建设的是非界限，为社会主义道德建设确立了标杆。建设社会主义道德体系，我们要自觉地将社会主义核心价值体系的内容融入其中。

建立和发展社会主义道德体系的方针原则是：正确处理个人利益和集体利益的关系，坚持继承优良传统道德与弘扬时代精神相结合，坚持注重效率与维护公平相协调，坚持先进性与广泛性相统一，坚持公民承担社会责任与社会尊重个人合法权益相一致，使社会主义道德体系建设能够适应于我国的不同群体、不同阶层、不同职业和不同觉悟程度的人的要求。

三、社会主义道德体系建设的核心和原则

以为人民服务为核心，以集体主义为原则，是社会主义道德区别和优越于其他社会形态道德的显著标志。在社会主义市场经济条件下，我们要发挥核心和原则的强大辐射作用，并对其内容进行深化和拓展。

1. 以为人民服务为核心

一个道德体系的核心是其灵魂，决定该道德体系的根本性质和发展方向，是该道德体系区别于其他道德体系的主要标志。在改革开放和社会主义现代化建设的新时期，在发展和完善社会主义市场经济的条件下，在构建社会主义和谐社会的过程中，社会主义道德建设以为人民服务为核心，具有深刻的理论依据和坚实的实践基础。

首先，为人民服务反映了社会主义社会的经济基础和人际关系的客观要求。我国实行的是以公有制为主体、多种所有制经济共同发展的基本经济制度。在这种基本经济制度下，每个劳动者和建设者都在为社会、为他人同时也为自己而劳动和工作；在生产和生活过程中，全社会逐步形成了团结互助、平等友爱、共同进步的人际关系；权利和义务统一于人民自己身上，每个人都是服务对象，又都为他人服务，全体人民通过社会分工和相互服务来实现共同利益。

其次，为人民服务凸显了社会主义市场经济健康发展的要求。在市场经济条件下，市场主体必须通过为社会和他人服务来实现自己的利益。换句话说，市场经济不仅不排斥为社会和他人服务，而且需要通过服务甚至是优质服务，才能实现市场主体自己的利益。我们实行的市场经济是社会主义性质的市场经济，这不仅要求人们在一切经济活动中正确处理竞争与协作、效率与公平等关系，形成健康的经济秩序，而且更重要的是要在社会主义精神文明的引导下，每个市场主体树立为人民服务的思想，积极、主动地为人民、为社会服务。

当前，在全社会大力弘扬为人民服务的精神、倡导和积极实践为人

民服务的道德的同时，我们还应给为人民服务的要求注入新的时代内涵。

要强调为人民服务是社会主义道德建设的先进性要求和广泛性要求的统一。为人民服务不仅是对共产党员和领导干部的要求，对一切先进分子的要求，也是对广大群众的要求。每个公民不论社会分工如何、能力大小、职位高低，都能够在本职岗位上通过不同形式做到为人民服务。这也就是说，一心为公、无私奉献是为人民服务，顾全大局、先公后私也是为人民服务。同样，即便是个体劳动者为谋取正当利益的劳动，只要遵纪守法、有利于社会，也体现着为人民服务的要求。

2. 以集体主义为原则

坚持集体主义原则是社会主义社会的本质要求，也是发展和完善社会主义市场经济的客观要求。集体主义原则的根本思想，是正确处理集体利益和个人利益的关系。集体主义原则的基本内容，主要有以下三个方面。

其一，强调集体利益和个人利益的辩证统一。在社会主义社会中，国家利益、社会利益体现着个人根本的、长远的利益，是集体所有成员共同利益的统一。同时，每个人的正当利益，又都是集体利益不可分割的组成部分。集体兴衰与个人得失息息相关。集体利益的发展，本身就包含着集体中每个个人利益的增加；而集体中每个个人利益的增加，同样有利于集体利益的扩大。

其二，强调集体利益高于个人利益。在实际生活中，个人利益和集体利益难免会发生矛盾。集体主义强调，在个人利益和集体利益发生矛盾尤其是发生激烈冲突的时候，必须坚持集体利益高于个人利益的原则，即个人应当以大局为重，使个人利益服从集体利益，在必要时，为集体利益作出牺牲。要强调的是，只有在不牺牲个人利益就不能保全集体利益的情况下，集体主义才要求个人为集体利益作出牺牲。集体主义之所以要求个人利益服从集体利益，归根到底，既是为了维护集体的共同利益，也是为了维护个人的根本利益。

其三，强调重视和保障个人的正当利益。集体主义促进、保障和有利于个人正当利益的实现，能够使个人的才能、价值得到充分发挥。这不但与集体主义不矛盾，而且正是集体主义思想的主要内容之一。只有在集体中，个人才能获得全面发展；只有在集体中，才可能有个人自由。那种把集体主义看作对“个人的压制”和“个性的束缚”的思想，是与集体主义的本义相违背的。事实上，正是集体主义为培养人的健全人格、鲜明个性和创新精神提供了发展条件和道义保障。

当前，实施集体主义的价值导向，必须根据市场经济的特点和社会发展的要求对其注入新的现实的内容，使其保持无限的生机和活力。

首先，集体主义的关系对象应该有所扩展。个人利益应该扩展到个体利益、局部利益、眼前利益；相应地，集体利益也应该扩展到整体利益、全局利益、长远利益。当前社会，集体主义应该提倡个体利益服从整体利益、局部利益服从全局利益、眼前利益服从长远利益，坚决反对小团体主义、本位主义和极端个人主义。在利益多样化的今天，如果各利益主体只是从本身的利益偏好和价值取向或只是从某些小团体的角度或只是从局部、眼前利益出发来考虑问题，来对待和处理各种经济的、社会的关系和矛盾，就不可能实现人际和谐、天人和谐。以天人和谐为例，构建和谐社会需要着眼全局和长远，走科学发展之路。对此，胡锦涛同志特别强调，中国在新型工业化实践中，“要彻底改变以牺牲环境、破坏资源为代价的粗放型增长方式，不能以牺牲环境为代价去换取一时的经济增长，不能以眼前发展损害长远利益，不能用局部发展损害全局利益”①。

其次，要强调先进性与广泛性的统一。道德是崇高的，也是现实的。人们只有首先践履广泛性道德要求，才有可能进一步践履先进性道德要求；人们只有以先进性道德要求为理想和追求的目标，也才能更好地践履广泛性道德要求。集体主义原则一方面要求共产党员和先进分子率先垂范，发扬无私奉献、一心为公的精神；另一方面也要求人民群众做到先公后私、先人后己，或至少做到公私兼顾、不损公肥私，并且不断地追求更高的道德境界。

四、公平与效率的关系

作为人类社会孜孜以求的两大目标——公平和效率，既对立又统

① 胡锦涛：《在中央人口资源环境工作座谈会上的讲话》，北京，人民出版社，2004。

一。在社会发展的不同阶段，在经济、社会、道德等不同领域，采取相应的制度措施，正确处理二者之间的矛盾，有利于广大人民群众最大利益的实现，有利于经济的发展和社会的和谐，有利于国家政权的巩固。

我国改革开放前，是一个强调“平均”的国家，“大锅饭”的分配体制，使效率大受影响；改革开放以来，尤其是实行市场取向的改革后，逐步讲求效率，经济迅速发展。作为经验总结，“兼顾效率与公平”被写进了党的十四大报告。之后，为进一步解放和发展生产力，党的十四届三中全会有了“效率优先、兼顾公平”的提法，随着形势的发展，这一提法近几年来也在不断地被补充、发展和完善。

十多年来，在收入分配方面，我们强调“效率优先、兼顾公平”的原则，充分发挥了广大人民群众的主动性和创造性，有力消除了“平均主义”思想残余的影响，极大提高了生产效率。与此同时，一些不公平的问题也随之而来，并日益凸显，如偏离甚至破坏公平竞争环境、公平竞争秩序、公平法律法规政策而带来巨大的收入分配差距，少数垄断行业的超额利润和收入，虚假广告对消费者的欺骗，霸王条款，制假贩假，官商勾结，商业贿赂的日趋严重等。这些问题若得不到及时、有效的解决，将会阻碍经济发展、破坏社会和谐。

事实上，社会主义市场经济条件下，公平与效率的关系呈历史的、具体的、相对的变化。经济发展到一定程度，效率问题逐步得到解决，就应该更加注重公平问题。正因如此，党的十六大报告开始有了“初次分配注重效率”和“再分配注重公平”的区分；党的十六届五中全会有了“合理调节收入分配……注重社会公平，特别要关注就业机会和分配过程的公平”的新提法；党的十六届六中全会则有了“完善收入分配制度，规范收入分配秩序。坚持按劳分配为主体、多种分配方式并存的分配制度，加强收入分配宏观调节，在经济发展的基础上，更加注重社会公平，着力提高低收入者收入水平，逐步扩大中等收入者比重，有效调节过高收入，坚决取缔非法收入，促进共同富裕”的明确措施。

从经济、社会领域的分配制度上来探讨公平与效率的问题，与从道德领域的道德建设方面来探讨公平与效率的关系，是既有联系又有区别的。

“注重效率与维护社会公平相协调”是我们在道德领域处理公平和效率关系的基本原则。这一原则是为“解放生产力，发展生产力，消灭剥削，消除两极分化，最终达到共同富裕”的根本目的服务的。我们是社会主义国家，在建设社会主义现代化的过程中，既要大力发展生产力，注重效率，又要从最大多数人的根本利益出发，为了达到共同富裕的目的，要坚决而有效地维护社会公平。从整个社会的发展来看，我们既不能因强调“社会公平”而妨害经济效率，更不能因重视“经济效率”而损害社会公平。效率低下不是社会主义，两极分化更不是社会主义。从“经济效率”上说，允许一部分人通过诚实劳动、合法经营先富起来；从“社会公平”来看，又需要先富带动后富，先富帮助后富，使全体人民共享改革发展的成果，使全体人民朝着共同富裕的方向稳步前进。

自建立社会主义市场经济体制以来，效率和效益意识逐步深入人心，“平均主义”思想得到了克服。为了在全社会形成全面的“注重效率、维护公平”的价值观念，建设社会主义道德体系，应该更多地强调公平理念，更加注重公平，从道德制度建设的层面保障社会公平。

公平作为一种观念化的表现，主要指社会成员的权益或利益符合公认的、既定的标准。一般来说，它包括权利公平、机会公平、规则公平和分配公平四个方面。其中，机会公平也称起点公平，规则公平也称过程、程序公平，分配公平也称结果公平。权利公平是公平的内在要求，它体现的是社会应赋予全体成员在享有参与各项社会活动方面平等的资格。机会公平是公平的前提和基础，要求社会提供的生存、发展、享受机会对于每一个社会成员都始终均等。规则公平是实现公平的必要保障，要求公民参与经济、政治和社会等各项活动的过程应该公开透明，不允许某些人通过对过程的控制而谋取不当利益。分配公平，一方面指每个劳动者都能获得与其劳动和贡献相当的利益；另一方面指在分配的结果上要兼顾全体公民的利益，防止过于悬殊的贫富分化，以利于共同富裕的逐步实现。

公平是社会主义的本质要求。建设社会主义和谐社会，必须把公平作为价值准则置于首位。无论是社会制度的安排还是法律条文的制定，以及改革措施的选择，都必须以公平为价值准则，道德建设也不能例外。社会主义市场经济条件下道德体系的建设，必须从社会主义发展的大局和全局着眼，必须树立社会主义公平观的基础地位。要将公平作为社会主义市场经济的一个重要伦理原则，经济活动中要做到公平交易、等价交换、自愿交换。要让公平理念深入人心，通过广泛的宣传、教育，积极营造更加注重公平的社会氛围等。

五、社会主义道德的层次性

层次性是道德生活复杂性的重要表现，特定社会的道德发展、道德研究和道德教育应该区分不同层次的道德要求。社会主义市场经济条件下的道德体系建设，需要准确地把握其层次性。正如《公民道德建设实施纲要》所强调的："坚持把先进性要求与广泛性要求结合起来。要从实际出发，区分层次，着眼多数，鼓励先进，循序渐进。……引导人们在遵守基本道德规范的基础上，不断追求更高层次的道德目标。"

1. 社会主义道德层次的划分

根据当前我国的道德现状和人们的觉悟水平，社会主义道德可分为三个层次。

第一层次，无私奉献、一心为公，即全心全意为人民服务。一个道德高尚的人，在自己和他人、社会的一切关系中，能够始终以人民利益和国家利益为最高利益，能够自觉地为他人、为社会多作贡献，不图回报。这是社会主义道德要求的最高层次，是一切共产党员、先进分子所力求达到的，雷锋、孔繁森、任长霞、牛玉儒等就是其中的代表。

第二层次，先公后私、先人后己。它要求每个人都能自觉地把集体利益、国家利益放在个人利益之上。在社会公德、职业道德和家庭美德各个领域中履行自己应尽的义务，积极影响广大社会成员，从而有利于形成良好的社会风尚。

第三层次，顾全大局、热爱国家、遵纪守法、诚实劳动。这是对社会主义公民最基本的道德要求。每一个社会主义公民，只要能够诚实劳动、顾全大局，不损人利己、不损公肥私，力求使自己的一切活动有利于人民和国家，同样是社会主义道德所应当肯定和鼓励的。

要正确对待以上三个层次：对第一个层次，应当积极宣传、认真提倡；对第二个层次，应当普遍教育、力求做到；对第三个层次，应当正确评价、引导提高。

从当前我国社会的道德状况和人们实际的道德境界来看，除了社会主义道德的这三个层次之外，还有一种违反社会主义道德，自私自利、损人利己的不道德的层次。这一层次是我们要坚决反对和抵制的。

需要指出的是，之所以将人们的道德觉悟水平分成不同的层次，主要目的是从实际出发，防止超越人们的道德觉悟水平，使我们的道德教育能够收到更好的效果。绝不是让道德觉悟水平处于不同层次的人长期停留于这一层次，而是要大力加强社会主义道德教育，在实践中努力提高他们的道德素质，使每一个处于较低层次的人能够积极、自觉地向更高的道德目标迈进。

2. 顺应道德分层的规律，把握道德建设的重点

一要加强领导干部道德建设。

官德建设是民德建设之本。“官德隆，民德昌；官德毁，民德降”，即“官”为民之表率，“官风”决定着民风，有什么样的“官德”影响，就会有什么样的民风结果。可见，领导干部在社会主义道德建设中负有特殊的责任，应当以自己的模范行动和楷模作用来影响和带动群众。提高领导干部的道德觉悟，并使其身体力行，是改善社会道德风貌的一个至关重要的环节。

加强领导干部道德建设，提高领导干部道德觉悟水平，一靠教育，二靠制度。“身先足以率人，律己足以服人”，“上梁不正下梁歪，中梁不正倒下来”，要教育广大干部特别是党的高级领导干部树立强烈的自律意识，把廉洁自律看成一种修养、一种境界、一种责任，时刻自重、自省、自警、自励，以德服人，以廉树威；要坚持按德才兼备的标准选拔、使用、奖惩、考核人才，严防道德腐败分子混进领导干部队伍；要不断树立一批又一批具有一定代表性的优秀领导干部的道德形象，在全社会形成追求高尚的良好社会风气。

二要加强未成年人和大学生道德建设。

从幼儿、少年到青年，人的道德心理随着知识的丰富、交往范围的扩大、接触其他群体的增多而日渐丰富成熟。这一时期的道德教育直接影响到一个人一生的道德觉悟，也直接决定着一个国家未来的道德状况。因此，加强未成年人和大学生的道德建设就显得格外重要。

针对未成年人和大学生的道德建设，无论是教育内容，还是教育形式，都要注意循序渐进。要贴近他们的思想和生活实际，适应其身心成长的特点和接受能力。从道德教育的内容来说，培养道德礼仪、增强爱国情感、树立远大志向、树立正确理想、培育良好道德习惯等对未成年

人较为合适；加强理想信念教育、树立正确“三观”、加强爱国主义教育、培育民族精神、加强公民道德规范教育和社会主义荣辱观教育等对大学生较为合适。从道德教育的形式来说，对于未成年人要以讲故事等方式教之以事，对于大学生要以辩、析等方式教之以理。

六、社会主义道德体系要与社会主义法律规范相协调

社会主义市场经济既是道德经济，又是法治经济。因此，我们所建设的与社会主义市场经济相适应的社会主义道德体系，也要与社会主义法律规范相协调。

道德和法律都是社会主义上层建筑的重要组成部分，都是规范人们行为的重要手段，但二者又有各自不同的特点和作用。道德以其说服力和劝导力提高社会成员的思想认识和道德觉悟，强调自律；法律则以其权威性和强制力规范社会成员的行为，强调他律。道德和法律的功能具有互补性，在现实生活中只有各施所长、共同作用，才能保证社会的良性健康发展。此外，道德与法律在内容上相互吸收，一些法律规范常常是道德中最基本的要求，而一些道德要求又常常被吸收进法律。道德与法律之间的这种辩证关系是建设与社会主义法律规范相协调的道德体系的基本点和出发点。

建立与社会主义法律规范相协调的社会主义道德体系，需要在宏观、中观、微观三个不同层面作出具体安排。

宏观上，要保持道德与法律在精神、原则上的一致性和实施策略上的因应性。二者都应当以为人民服务为其基本精神，都要促进个人利益和集体利益的协调发展。在建构和运行上，二者要相互呼应、相互配合、相互协调。

中观上，要把握道德与法律相协调的结构对应性和层次衔接性。道德与法律都有“公”、“私”之分。应当以公共伦理、国家伦理、职业伦理等对应公法行为；同时，以家庭美德、个体道德等对应私法领域内的法制建设。社会主义法律规范的设计应以最大多数人都能达到的一般道德觉悟层次作为标准和界限。如果立法标准过高，就会造成法律苛严，违法者众多；如果立法标准过低，就会降低社会道德水准。

微观上，在建设实践中要贯彻落实道德与法律相协调的理念。社会主义道德规范，要包括遵纪守法的最低道德要求，即各行业从业人员奉公守法、依法办事，广大公民积极参与公共生活、维护公法良俗，家庭成员遵纪守法、互敬互爱等。

建设社会主义道德体系，我们必须把握社会主义法律的精神、体系和运行机制，把握道德和法律的相互影响和作用，从而使二者能够更好地相辅相成、相互促进。一般说来，法律的实施要经立法、执法、司法及法律评价和完善四个阶段。我们要根据这四个阶段的不同特点，具体而动态地把握。

首先，在立法阶段，社会主义道德体系建设要为法律的正当性提供支持。道德建设应当主动引领法制建设，为立法行为指明正确方向、提供道义支持，将公正等道德价值观融入法律规范。可以考虑在各级人民代表大会常设机构设立专门的道德委员会，负责协调道德与法律的关系，保证法律的道德性，提高立法的正当性和权威性。

其次，在执法和司法阶段，社会主义道德体系建设应当为法律实施创造条件、营造氛围。一般说来，社会和个体道德水平越高，违法行为和现象就越少，执法就越顺利。就此而言，与法律规范相协调的道德体系建设的直接目标是提高执法者和司法者的守法自觉性。为此，需要提高执法者的道德水平和职业修养，增强司法者的荣辱观念。具体来说，要明确执法人员的道德要求，不断提高执法人员的道德水准，将道德素质作为考核的重要内容，纳入《中华人民共和国公务员法》及执法人员日常工作考核中；要不断加强法官、检察官职业道德教育，可以考虑在法院和检察院系统设立道德监督办公室，确保司法公正。

最后，在法律评价和完善阶段，社会主义道德体系建设应当为评价法律成败提供重要标准。社会主义法律规范对各种利益关系的调整是否公正、有效，是否能够切实保障人民权利、监督公共权力，哪些内容规定需要改进等，这些问题的解决，都需要社会主义道德的引导和评价。为此，建设与社会主义法律规范相协调的社会主义道德体系时，应当建立立法后评价制度，使立法的法律评价与道德评价共同进行；还应当建立立法建议征集制度，使那些能够发扬传统美德、提高公民道德素养的制度，如孝养父母制度、公民良好行为奖励补偿制度、慈善制度等尽快进入立法研究和实施程序。

七、社会主义道德体系要与中华民族传统美德相承接

社会主义道德体系建设必须根植于本土，承接中华民族传统美德。只有这样，我们所建立的道德体系才具有民族性和渗透力，我们的传统道德文化才能免于在经济全球化中遭遇沉沦劫难。

我们所要承接的中华民族传统美德，不仅包括中国优良传统道德，而且包括中国新民主主义革命以及社会主义革命和建设中所形成的中国革命道德。

中国优良传统道德，概括起来主要有五个方面的内容。一是强调为民族、为国家、为社会的“公忠”道德，提倡“国而忘家、公而忘私”的整体主义精神。二是推崇宽容仁爱，倡导明礼诚信，强调和谐理念。如“厚德载物”、“仁者爱人”、“己所不欲，勿施于人”、“忠信，礼之本也”、“礼之用，和为贵”等。三是重视伦常关系，强调人伦责任。如“父义、母慈、兄友、弟悌、子孝”等。四是追求“止于至善”的理想人格和无私无畏的高尚境界。如“杀身成仁”、“舍生取义”、“先天下之忧而忧，后天下之乐而乐”、“富贵不能淫，贫贱不能移，威武不能屈”等。五是强调修身养性，提倡克己慎独，注重道德理论与道德实践、道德认识与道德行为的统一。如“人皆可以为尧舜”、“涂之人可以为禹”、“见贤思齐，见不贤而内自省”、“慎独”、“知耻”等。这些传统美德对于我们今天倡导爱国主义、集体主义、社会主义思想，构建社会主义和谐社会，建立市场经济的道德秩序，加强理想教育，树立社会主义荣辱观等都有巨大的鼓舞和借鉴作用，在社会主义道德体系建设中理应予以承接。

中国革命道德具有丰富的内涵，其基本方面主要有：坚持社会主义、共产主义理想信念，为人民服务，集体主义，爱国主义，热爱科学，热爱劳动，革命英雄主义，革命人道主义，建立新型职业道德、社会公德和家庭美德。在中国革命道德中，为人民服务是核心，集体主义是基本原则，无私奉献、顽强拼搏、艰苦奋斗、勤俭节约等是重要精神。中国革命道德是马克思主义世界观、人生观、价值观、幸福观在革命者身上的具体体现，在今天仍然发挥着重要作用，同样需要我们在当代道德体系建设中加以承接。

中国优良传统道德同中国革命道德既有区别，又有联系。如中国优

良传统道德中为民族、为社会、为国家而献身的整体主义思想和爱国主义精神，同中国革命道德中关心人民、爱护人民、献身人民、献身祖国的思想和爱国主义精神，就有着深厚的思想渊源关系；而中国革命道德中对社会主义和共产主义的坚定信念和对理想人格的执着追求，则是中国优良传统道德中“杀身成仁”、“舍生取义”等思想在新民主主义革命、社会主义革命和建设时期的升华，是这些思想的现实体现。只有将中国优良传统道德和中国革命道德相结合，才能更好地形成中国特色社会主义道德体系。

从传统道德资源中挖掘传统美德，建设社会主义道德体系，必须坚持正确的态度。对待中国古代传统道德，既不能全盘否定，也不能一律肯定。历史虚无主义和历史复古主义都是不正确的态度。正确的态度是以历史唯物主义为指导，坚持批判继承、弃糟取精、综合创新和古为今用的方针。我们要在马克思主义指导下，采取历史的、辩证的方法对传统道德进行扬弃；要注意继承过程中的咀嚼和消化吸收；要对儒、墨、道、法、兵等各家各派道德思想进行比较、加工、综合，注入新的时代内涵。当然，在此过程中，还应该将我们民族优良传统道德与其他民族优秀道德相比照，从中吸取有益的东西。

八、建设社会主义道德体系要积极吸收人类的优秀道德文化成果

我国当代社会主义道德建设，是在经济全球化过程中进行的，需要积极吸收人类的优秀道德文化成果。

1. 要站在人类社会发展的历史趋势和民族存亡的高度，充分认识处理好民族道德文化与世界道德文化关系的重要性

首先，我们要认识到本民族道德文化与世界上其他民族道德文化对话的必然性。随着世界交流的扩大，我们民族的道德文化必然要与其他民族的道德文化相互激荡，呈现选择性吸收和借鉴的态势。对此，我们不要刻意躲闪或封闭，而要主动把握、自觉吸纳、积极回应，并对经济全球化产生的强势道德文化的冲击以及对本民族道德文化认同的消解，给予高度的警惕。其次，我们要站在民族道德文化和民族生存、发展的高度，

认识到维护民族道德个性的重要性。文化是一个民族生活方式和价值观念的载体，统摄着人们的心灵和行动，是民族生存的根基。在经济全球化时代，首先需要的是我们对自己优秀道德文化的尊重，而不是抛弃。

2. 立足于人类道德文化发展的规律，树立正确的维护与吸纳的态度

面对本民族道德文化与世界其他民族道德文化的交流与碰撞，我们既要反对“民族道德文化虚无论”，又要反对“民族道德文化中心论”。我们应持文化自觉与文化调适、文化宽容与文化共享的原则，在注意维护民族道德文化独立性的同时，理解、尊重世界其他民族道德文化，自觉汲取世界各民族优秀道德文化遗产和成果，使我们民族道德文化能够通过汲取异质优秀道德文化而更具生命力。具体说来，应该强化本民族道德文化的主体意识。因为文化是一个民族的精神灵魂，而一个民族的道德文化又是该民族精神灵魂的核心，是一个民族的标示和符号，是一个民族的价值信仰和凝聚的精神力量。可以说，民族的文化尤其是道德文化，是维系一个国家和民族的价值链。

3. 重视民族道德文化的传播和弘扬，积极应对伴随经济全球化而来的文化交流与冲突日益频繁的趋势

要重视挖掘民族优秀道德文化，弘扬民族传统美德。一是注重民族道德文化的理论研究，整理、保存好道德文化古籍，对民族道德文化中的特有概念、范畴、规范、原理等做好原义与现义的诠释与阐发，把握好我国民族道德文化的特性，开展不同道德文化体系的系统比较研究，进一步明确我国民族道德文化的世界地位。二是形成民族道德文化的自觉。发扬民族优良道德文化，需要全体社会成员的参与，要重视那些孕育着民族优秀道德文化的各类礼俗、节日等载体的培育。三是注重长者的民族道德文化示范。道德文化的传递，需要家长和领导者等对民族道德文化的尊重与践行，使社会成员通过“模仿”等形式自觉践履和弘扬民族道德文化。四是要创造反映中华民族优良道德文化的文学、影视作品。要通过优秀的文化作品，一方面教育广大群众，使传统美德得以传承；另一方面通过文化的交流影响世界其他民族的人民，使我们民族的优良道德文化得以在世界范围内传播，并不断扩大影响。

4. 确立吸纳外来优秀道德文化成果的原则，注意内容的创造性转化

对外来优秀道德文化成果的吸纳，不能采取简单地移植或机械地照

搬方式，而应遵循以下原则。第一，要吸收反映人类文明发展趋势的道德价值，如提倡环境保护、资源节约、生态平衡的环境正义伦理观；强调企业对员工、投资者、自然环境的责任意识的经济伦理观等。第二，要坚持社会主义道德文化的方向和原则，使所吸收的异质道德文化与我国核心道德价值观相协调。对异质道德文化中一些基本的道德价值原则或范畴，要进行历史的考辨和价值属性的分析，切忌不加改造地一味照搬。第三，坚持尊重国情的原则。对外来优秀道德文化成果的吸收，要注意结合我国国情和民族的社会心理进行转化。

5. 从文化战略和文化政策、制度等方面建立健全文化防御、筛选系统，有效控制外来不良道德文化的消极影响

道德文化的批判吸收，不只是观念层面的事情，更是一个国家文化战略和文化政策层面的工作。我国必须制定针对外来影视作品等文化产品的筛选制度，而不能任由其肆意传播，更不能单纯以经济效益为轴心而决定取舍。政府要履行好制定政策、建立制度和实施监督的职责，要在国家文化政策和制度层面构建一个对外来文化的筛选系统，坚决抵御西方腐朽道德文化的侵入；要建立健全文化监督机制，对于非法传播的西方文化作品，给予有效监控，避免西方腐朽道德文化对青少年的毒害。

建设与社会主义市场经济相适应的社会主义道德体系，是一项重要、艰巨、复杂、长期而又紧迫的系统工程，需要我们坚持不懈，群策群力，勇于探索，综合创新。我们要把社会主义道德体系的建设提高到以德治国的“治国方略”和建设先进文化要求的高度，从上到下，从中央到基层，高度重视，认真落实。在社会主义道德体系建设过程中，要大力加强对全国人民的道德教育，深入开展群众性道德实践活动，积极营造道德建设的社会氛围，进一步加强道德建设的法律支持、政策导向，使社会主义道德体系建设在更加坚实的基础上进行。制度是道德建设的保障，我们建议在各级党的纪检部门、在各级人民代表大会的常务委员会中，设立专门的道德委员会，像抓法律和纪检建设那样抓道德建设，使道德建设在主要依靠道德教育、道德修养和社会舆论引导的同时，尽可能地纳入制度化轨道。构建和谐社会、建设和谐文化为社会主义道德体系的建设提供了新的契机，同时也提出了新的、更高的要求。我们必须抓住机遇，直面挑战，不辱使命，使社会主义道德体系建设不断取得新成就。

第二编

道德原则

我们需要什么样的道德原则*

十年改革开放，从全局来看，最大的失误就是严重忽视了思想政治工作和精神文明建设，淡化甚至在一定程度上丢弃了四项基本原则，从而在整个意识形态领域里造成了极大的混乱，是非不清，善恶不明，人们无所适从，社会主义事业蒙受巨大损失。我们的改革开放事业，已经走到要不要社会主义价值导向的严峻关头。

与资产阶级自由化思潮普遍泛滥直接相连的，是在全国范围内，逐渐形成一股“西方中心论”的思潮。一些人在所谓改革开放就是要全方位向西方学习的口号下，宣扬不但要引进西方先进的科学技术，而且要全盘照搬西方的政治制度、伦理道德、价值观念及思想意识等等，其目的就是借改革之名，否定社会主义，实现他们向往已久的资产阶级共和国的目的。

从伦理道德方面来看，有些人在“西方中心论”的指导下，全面否定我国在社会主义条件下逐步建立和完善起来的伦理道德规范，宣扬以个人为中心的个人主义的资产阶级道德，试图在人际关系中，绝对地突出“个人本位”，包括绝对突出“个人自由”、“个人价值”、“个人自我意识”、“个人利益”、“个人欲望”等等，并竭力倡导要重新评价“个人主义”，要为个人主义“正名”和“恢复名誉”。他们撇开西方个人主义

* 原载《光明日报》，1989-07-05。

思潮发生、发展的历史背景，甚至有意撇开早已为西方思想家所明确指出的个人主义的消极方面，片面夸大个人主义与利己主义的差异，并试图以此为在我国树立个人主义价值观的所谓合理的根据。他们故意抹杀资本主义制度与社会主义制度的根本区别，故意抹杀公有制与私有制的根本区别，形而上学地看待个人与整体的关系，把个人与社会、个人与集体割裂开来、对立起来，用“自我中心”和“个人至上”的虚伪观念，涣散、瓦解人们的社会主义集体主义的信念，为他们在中国推行资本主义制度大造道德舆论。

值得进一步指出的是，一些人在宣扬个人中心、个人至上的个人主义、利己主义思潮中，更直言不讳地宣扬个人的名利观念，宣扬“人都是自私的”，“自私是人的本性”，“人不为己，天诛地灭”。有的人甚至认为，只有诱发人们的这种自私自利之心，才可能推动我国的改革开放事业。如果说，西方人眼中的个人主义还有注重个人价值、推崇个人尊严、强调个人活力的积极意义的话，那么，被一些私迷心窍的人移植到中国来的所谓的个人主义，早已是被扭曲了的变态的个人主义，这一个人主义已经赤裸裸地只剩下“名”、“利”二字，完全是古人所痛斥的“争名于朝，争利于市”的腐朽思想在改革旗号下的粉墨登场。在这些人看来，只要能够成名、获利，只要能够成为所谓的社会“精英”，什么投机钻营、卑鄙无耻的手段，都可以毫不掩饰地加以使用。

我们还要看到，在以个人名利为中心的宣传中，对拜金主义的吹捧又占了最核心的地位。一切向钱看，唯利是图，唯钱是逐，成了一些人所崇奉的新的人生价值观。这正如一句顺口溜所说的：“干部拿钱引，群众为钱干，一切向钱看，离钱玩不转。”在这些人看来，人和人之间的一切关系都成了金钱关系，为了赚钱，什么寡廉鲜耻、出卖尊严、出卖灵魂、出卖肉体的事，都可以毫无顾忌地去干。这种思想，对我们社会和人民的腐蚀是空前的，其严重后果也是空前的。更有甚者，有的人为了宣扬“一切向钱看”的思想，竟然认为在我们的社会中，人和人之间不但应当斤斤计较，还应当两两计较，甚至说“一切不向钱看的思想也是不道德的”。仅此一点，也就可以看出，这些人离马克思主义已经有多么遥远了。应该明确指出的是，这几年我国政治、经济生活中腐败现象之所以泛滥成灾，而且屡禁不止、屡禁不绝，除了我们政治和经济体制本身的一些问题之外，一个重要的思想基础，就是这股日益蔓延开来的拜金主义恶潮。因此，如果不彻底清除这几年来逐渐形成的这种一切向钱看的思想气候，要想从根本上克服我国社会中的腐败现象，达到政治清明的目的，也是绝难奏效的。

在宣扬个人中心、个人至上的个人主义的同时，一些人提出种种理由，公开或变相地攻击和否定社会主义的集体主义道德原则。他们或者以集体利益也可能有不正当的情况为理由，或者以有时也可能会出现个人利益在价值量上大于集体利益的情况为理由，或者以封建主义的集体主义、禁欲主义为理由，或者以某一时期受到极左思潮干扰的“集体主义”为理由，总之，以种种极为片面的不成其为理由的“理由”，来恣意歪曲完整的社会主义的集体主义道德理论，引起人们对社会主义集体主义的逆反心理，企图从根本上否认社会主义的集体主义，用资本主义的个人主义取而代之。

确实，在十一届三中全会以前，尽管我们对集体主义原则的解释从总体上来说是正确的，但是，也应当看到，在一定时期内，有些同志对集体主义道德原则的理解，曾经有这样那样不确切、不全面的地方。在“左”的思想指导下，在传统的整体主义思想的影响下，一些同志也曾有过过分强调整体利益而忽视个人正当利益的情况。但是，这并不能成为否定集体主义原则的理由。道理很简单，比如，人们对唯物主义的理解曾经有过偏差，但并不能因此否定唯物主义；人们对社会主义、对马克思主义的理解也曾有过偏差，也不能因此否定社会主义、否定马克思主义。就是对改革开放的理解，我们不是也曾有过偏差吗？但是不是也应该否定改革开放呢？当然不是。

因此，重要的是用马克思主义的立场、观点和方法，对个人与集体的关系作正确、全面、深入的科学分析。社会主义的集体主义道德原则，正是在社会主义条件下，理解和处理个人与集体关系的最恰当的价值准则。首先，我们应当理直气壮地指出，集体主义是我们社会主义社会中唯一值得人们普遍遵循的道德原则，它强调社会整体的利益高于个人的利益，强调在保证集体利益的前提下来保障个人的利益。这种保障作用，是通过个人主义原则所根本不可能达到的。正是因为这样。无论是从整体利益出发，还是从正当的个人利益出发，我们都应该尽力维护集体利益，倡导一种为集体的献身精神，坚定不移地恪守社会主义的集体主义道德原则。其次，同样应当理直气壮地强调，集体利益不但不是实现个人利益的桎梏，而且应当是实现个人利益的必需的条件。一方面是为集体利益贡献力量乃至牺牲一切，一方面也在集体利益的保障下尽量多地实现个人的正当利益，包括个人的尊严、个人的价值和个人的个性的发展，充分调动起个人的道德热情和积极性，这对我们的改革开放事业，是尤为重要的。在这些意义上说，在必要时个人为他人、为集体做出牺牲，是个人价值实现的一种崇高方式，而在保障社会整体利益的前提下尽量多地实现个人利益，也是个人价值实现的必要形式。这两方面正是集体主义原则对个人与集体关系所作的辩证统一的理解。这种辩证观，驳斥了那种把集体主义看作敌视和防范个人需要及欲望的错误观点，驳斥了集体主义伦理学就是反对个人的神话。最后，还要理直气壮地表明，绝不是如某些人说的，集体主义作为一个指导行为的原则，不论集体的利益是否正当，它都只能充当这种利益的辩护士。恰恰相反，集体主义尤其强调对“集体”本身的改造与完善，尤其强调要通过提高人民的思想道德素质，通过政治、经济体制的改革，通过民主集中制的进一步实施，通过对腐败现象和官僚主义的克服，不断消除集体可能出现的种种失误，使之朝向马克思当年设想的“理想集体”迅速靠拢。就这个意义上说，集体主义所承担的道德责任又远非个人主义所能比拟。因为个人主义强调的至多只是个体的道德完善，而集体主义还同时强调社会整体（包括政府）的道德完善。这正是集体主义最具有真正的革命精神的秘密所在。

在社会主义精神文明建设中加强集体主义的价值导向*

改革开放十年来，在伦理道德的价值导向上所引起的最深刻、最重大的争论，就是个人本位和社会本位，也就是个人主义和集体主义之间的争论。这两种不同的价值导向的分歧，渗透、贯串我国哲学、伦理、文学、艺术等各个领域，并演化为一场有关中华民族的精神支柱的原则斗争。在长达十年的时间内，“个人本位”和“个人主义”的思潮不断发展，主张“个人本位”和“个人主义”的人们，打着“解放思想”和“改革开放”的旗帜，打着要增强商品意识和观念更新的幌子，肆意攻击、嘲弄、污辱“社会本位”和“集体主义”，给它们加上了“僵化”、“保守”、“封闭”、“专制”等种种莫须有的罪名，以至于发生了令人难以置信的怪现象，即在社会主义的新中国的价值导向上，宣扬“个人本位”和“个人主义”的一些人可以为所欲为。其结果是，“个人本位”和“个人主义”成了许多青年甚至成了社会上相当一部分人所信奉的价值观念，从而把“个人”和“自我”看成是高于社会和高于整体的唯一真实的存在，把个人价值、个人自由视为可以超越民族利益和国家尊严的至高无上的目的。如果我们冷静地对去年春夏之交发生的政治风波进行更深层次的反思，我们就会认识到，最近十年来泛滥起来的“个人本位”和“个人主义”的人生价值导向，确实起了重要的作用，是这次政

* 原载《国防大学学报》，1990 (4)。

治风波的最深刻的社会思想原因之一。因此，有必要对个人主义和集体主义这一根本对立的价值导向作一深刻的分析，以便认清个人主义的利己本质，从而更好地发扬集体主义的价值导向，促进我国的“四化”建设的发展。

一、关于个人主义的实质

个人主义作为一种思想体系和价值观念，主要是指在西方流行的一种以个人为中心、一切从个人出发、以满足个人私欲为目的的思想体系。个人主义作为一种价值目标，是为维护私有制度服务的。个人主义思想，从一开始产生，就是为资本主义制度摇旗呐喊的。20 世纪的奥地利经济学家哈耶克，一个诺贝尔奖获得者，他写了一本书叫作《个人主义与经济秩序》，在这本书中，他提出了“真正的个人主义”这一概念，用以区别其他人对个人主义的解释，他不但公开宣称个人主义是要为维护资本主义的私有财产服务的，而且进一步强调，在 20 世纪的现代社会中，个人主义必须是反对社会主义及其公有财产制度的。

在西方，个人主义往往有广义和狭义之分。广义的个人主义是泛指西方自文艺复兴以来，随着资本主义生产关系的发展，随着反封建压迫和神权统治的斗争而形成的以个人为中心的思想。在 19 世纪 40 年代以前的资本主义发展的近四百年的历史中，尽管个人的幸福、个人的个性、个人的尊严、个人的自由、个人的民主等等，都已经在政治、法律、伦理、文学等各个领域里广泛出现并为许多政治、法律、伦理思想家所注意，但个人主义这个词却始终没有出现。法国思想家托克维尔在考察了美国的政治、法律、伦理之后，于 1846 年，在他所著的《论美国的民主》中第一次提出了个人主义这一概念，并作了系统的解释。以后，西方不少的思想家，在理解个人主义的问题上，基本上都是依据托克维尔的解释而有所补充发挥，并都表示了对托克维尔的尊敬。

根据托克维尔的概括，人们可以从不同的方面去理解个人主义，或者说个人主义有着多方面的含义。作为一种价值目标，个人主义特别强调个人本身就是目的，它具有最高的价值，而社会只是达到个人目的的手段；作为一种政治民主思想，个人主义反对国家、社会对个人行为的干预，往往导致无政府主义；作为一种财产制度，个人主义主张维护个人的财产私有制。在西方，个人主义同利己主义是不同的。从二者的起源上来看，利己主义这个词早在古希腊就已经有了，而个人主义这个词只是到19世纪40年代中叶才出现，它比利己主义晚了两千多年。从内容上来看，利己主义主要是指把追求自己的快乐和幸福当作善的伦理思想，而个人主义则更多强调个人的价值、尊严、民主、自由和利益。但是，这正像托克维尔所指出的："利己主义是对自己的一种偏激的和过分的爱，它使人们只关心自己和爱自己甚于一切。""个人主义（Individualism）是一种新的观念创造出来的一个新词。我们的祖先只知道利己主义（Egoism）。"关于个人主义，托克维尔说："个人主义是一种只顾自己而又心安理得的情感，它使每个公民同其同胞大众隔离，同亲属和朋友疏远。"这就是说，从表面来看，个人主义只是强调要发展自己的个性，实现自己的价值，而并不公开提倡损人利己和自私自利。但是，这种只顾个人利益和一切从自己利益出发的思想，也必然要导致利己主义，所以托克维尔又认为，从伦理道德上来看，"利己主义可使一切美德的幼芽枯死，而个人主义首先会使公德的源泉干涸。但是，久而久之，个人主义也会打击和破坏其他一切美德，最后沦为利己主义"①，可见那种以个人主义与利己主义不同为理由，主张宣扬个人主义的人，不论在理论和实践上，都是站不住脚的。

在托克维尔提出个人主义这个新概念之后，西方对个人主义的理解，呈现出纷纭复杂的情况。一些自称为个人主义者的人，更多是从个人的尊严、个人的价值、个人的民主和个人的自由等方面去理解个人主义，强调个人主义的价值观念在今天的资本主义社会中仍然有积极的意义。而一些对个人主义持批评态度的人，则较多地看到个人主义对个人的欲望、财产、幸福和利益的追求，看到这种追求对社会的危害，希望能抑制和克服个人主义对资本主义社会的腐蚀作用。前几年美国的罗伯特·贝拉等人写了一本书，译为《心灵的习惯》，意即指人们已经形成的价值取向。这本书的副标题是"个人主义及其在美国人生活中的表现"。在这本书中，作者担忧，美国的个人主义，已经和正在变异为美国社会的"癌症"，这种"癌症"的发展，将威胁美国本身的存在。这

① 以上托克维尔的有关论述见《论美国的民主》下卷，625页，北京，商务印书馆，1988。

本书通过对美国一些信奉个人主义价值观的人的思想、言论的分析，得出了个人主义对美国社会所产生的愈来愈严重的消极作用。这本书的作者非常推崇托克维尔对美国的个人主义的分析，认为美国当前社会的个人主义将威胁着美国自身的存在，他们同托克维尔一样，希望能通过一种办法来克服个人主义的消极方面，即治愈和阻止个人主义这种“癌变”。但是，正像人们所理解的，美国的政治制度、经济制度和美国当前占统治地位的意识形态，都是同个人主义联系在一起的。如果不彻底改变美国的资本主义制度，要想彻底消除个人主义，这是不可能的。

由此可见，个人主义尽管在历史上，在西方一些国家中，曾发生过积极的作用。但是，应当明确的是，个人主义思想从其产生的时候起，它对资本主义社会的作用就是双重的。随着资本主义社会的发展，个人主义在资本主义社会中就对社会越来越造成更多的危害。但是，不论西方思想家怎么样用尽各种办法来粉饰、修改个人主义，由于以个人为核心的思想没有变化，所以在资本主义社会中，个人主义的危害性及其消极作用也是愈来愈大，甚至已发展成为“癌症”了。

二、关于社会主义的集体主义

首先应当明确，社会主义的集体主义，是同历史上的一切所谓的集体主义有着质的区别的。

社会主义的集体主义，是随着现代科学社会主义运动的发生、发展而形成的一种思想体系，它以集体利益高于个人利益为最高原则，并强调在个人利益同集体利益矛盾时，要牺牲个人利益，以保全社会主义的集体利益。

社会主义的集体主义，作为一种哲学思想，它体现着历史唯物主义的基本精神，强调整个人类历史是由人民群众所创造的，强调在改造社会和改造自然的斗争中，发挥群众集体力量的极端重要意义。社会主义的集体主义，作为一种世界观，反对那种英雄人物或社会“精英”创造历史的唯心主义观点，强调广大工农群众和革命知识分子在社会主义革命和建设中的重要作用。社会主义的集体主义，作为一种人性学说，它强调人的本质不在于他的自然属性，而在于他的社会属性。正是在这个意义上，马克思说：“人的本质并不是单个人所固有的抽象物。在其现实性上，它是一切社会关系的总和。”在个人与社会的关系上，社会主义的集体主义反对以往形形色色的唯心主义和各种各样的机械唯物主义的错误理论。它们或者把个人只看成彼此孤立的、互不联系的原子，或者把社会、集体理解为各自独立的众多原子的机械的结合。社会主义的集体主义强调，任何人都不能离开社会而生存。因此，必须强调在以社会为本位的基础上，正确地、辩证地处理个人和社会的关系。

社会主义的集体主义，作为一种有关财产制度的思想，它维护社会主义公有制的经济制度，并以巩固和发展这一公有制为主要目的。集体主义在经济上特别强调公共财产的神圣不可侵犯，强调保卫公共财产的重要性。集体主义反对那种为了满足个人私欲而侵占他人剩余劳动的剥削行为，反对自私自利、损人利己的思想和行为。从经济基础和意识形态的相互关系来说，社会主义的以公有制为基础的经济发展，必然要求与此相适应的集体主义思想；同时，社会主义的集体主义，也只有在公有制的经济基础上才能得以实现。社会主义的集体主义作为一种思想体系，一旦为人们所掌握，就能够维护、促进社会主义公有制经济的发展，成为发展社会主义公有制经济的一种强大精神力量，就能抵制妄图把社会主义引向资本主义的种种错误理论。

社会主义的集体主义，作为一种政治学说，它体现的主要是社会主义的民主集中的政治制度。社会主义所实行的这一民主集中制，一方面是广大人民群众真正当家做主，它通过广大群众的集思广益和议政参政来讨论国家、集体以及同自己切身利益有关的事情；另一方面，它又强调在这种广泛民主的基础上，通过人民代表大会的制度，把广大人民的意志集中起来。社会主义的民主，是一种真正的、大多数人的民主，是由人民代表来行使权利的民主，这同资产阶级的所谓多党制度是根本不同的。资产阶级的多党制度及其所谓的议会制度，由于建筑在资本主义的财产私有制度的基础上，往往而且必然成为各种不同的财团的喉舌，代表着各种不同财团的利益，这种看起来似乎是由多数成员决定的、相互监督的民主，实际上只是不同集团的资产阶级利益的体现。因此，只有社会主义的人民代表大会制度才是真正的人民的民主。

三、全面理解和自觉坚持社会主义的集体主义价值导向

社会主义的集体主义，作为一种价值导向或伦理道德原则，主要是指社会主义和共产主义的人生价值目标，即一切从集体利益出发、一切为了集体利益而奋斗的一种价值导向。概括起来，这种价值导向，主要有三个方面的内容。

1. 社会主义的集体主义的价值导向，强调集体利益高于个人利益，强调集体利益在本质上是同个人利益一致的

社会主义的集体是一种代表全部集体成员利益的集体，是一种同资本主义社会内那种只代表少数剥削者的虚假的集体根本不同的。因此，集体的利益本身，也就代表着所有成员的利益，从这个意义上说，集体是至上的，维护集体利益、发展集体利益是集体主义的核心。当然，集体利益和个人利益之间，是必然会发生这样那样的矛盾的，如个人的眼前的、暂时的利益同集体利益之间，就经常出现矛盾，更不用说那些不正当的个人利益同集体利益之间，就必然会有更多的矛盾。在这种情况下，社会主义的集体主义强调，个人利益应当服从集体利益，或者换句话说，个人应当牺牲自己的眼前的、暂时的利益，以维护集体的利益。在某种特殊的情况下，如集体的财产受到重大损失或集体安全受到严重威胁时，集体主义强调在必要的时候个人应当勇敢无畏地献出自己的生命，以捍卫集体的利益。正是从这点出发，社会主义的集体主义强调大公无私、毫不利己、见义勇为、勇于献身的崇高的思想和行为。当然，社会主义的集体主义，并不主张在任何情况下，都不加区别地要人们放弃自己的利益，更不主张不分具体情况，不适当地要求人们献出自己的生命。而且，社会主义的集体主义认为，在某种特定的情况下，为了社会主义集体的长远利益，也可以而且应当牺牲集体的暂时利益来照顾到集体某些成员的个人利益。个人利益必须服从集体利益，集体利益代表着每一个集体成员的利益。但是，集体利益，并不是也绝不可能是所有集体成员的个人利益的简单相加，而是每个集体成员利益的有机的结合，是在更高、更深的层次上体现着所有集体成员的个人利益。

在资产阶级自由化泛滥时期，一些人故意歪曲事实，说集体利益就是每个人的个人利益的简单相加，因此认为，只有个人利益才是唯一实在的利益。在他们看来，如果不把集体利益看作个人利益的简单相加，而是把集体利益看成是个人利益的有机的、更深层次的结合，这就会使集体利益成为看不见、摸不着的一种空洞的抽象，就是抹杀了个人利益等等。恩格斯早就指出过，对资产阶级的功利主义者来说，集体利益就是个人利益的简单相加，因为除此以外，他们再也不能理解还有什么高于所有集体成员利益之上的集体利益。社会主义的集体主义认为，集体利益是从所有个人利益中升华出来的更高的利益，是更真实的、更全面的、代表着每一个集体成员的利益。社会主义国家的整体利益、社会利益和集体利益，绝不是一种什么抽象的东西，而是实实在在地体现着每一个社会成员的利益。从新中国成立以来的实际情况，特别是从十年改革开放的历程来看，每一个国家成员都可以感觉到，国家的整体利益同每个人的个人利益有着休戚与共的关系。那种认为“较之社会，个人是更为根本的存在和价值”的观点是十分有害的，其最终目的，就是要把个人利益放在社会利益之上，把个人同社会、同国家对立起来，从而把个人引向只管自己欲望的满足而不管别人死活的资本主义社会。因此，我们认为，只有在全国人民中确立集体主义的价值导向，才能增强人们的爱国主义精神，增强民族的凝聚力和向心力，增强建设“四化”、振兴中华的强大力量。

2. 社会主义的集体主义，对个人与集体、个人与社会的关系的理解，是辩证的

一方面，我们强调集体利益高于个人利益，强调在个人利益与集体利益发生矛盾时，应当牺牲个人利益以维护集体利益；另一方面，我们也强调集体必须体现集体每一个成员的利益，保障每个成员的正当个人利益得以满足，使他们的个人才能得以发挥，使他们的个人价值能够得以实现。这后一个方面，不仅不同社会主义的集体主义相矛盾，而且是社会主义的集体主义的应有之义，离开了这后一方面的集体主义，就是片面的、不完全的集体主义。没有每一个具体的“个人”的活力，没有每一个“个人”的价值的实现，没有每一个“个人”的正当利益的保障，没有每一个“个人”的开拓奋发的精神，社会主义的集体，就不可能朝气蓬勃地向前发展。我们确实应当承认，在过去的一段时期，我们

有的同志虽然必要而正确地强调了集体利益高于个人利益这一方面，但对于个人的能动性、个人的价值、个人的尊严、个人才能的发挥，有时强调得并不够。个人的价值、个人的尊严、个人的利益等问题，都可以而且应当在一个恰当的范围内解释清楚。只要不违反集体利益，只要承认集体利益高于个人利益，集体就应当最大限度地发挥每一个个人的创造性、积极性，力求使个人的价值得到更好的实现，使个人的个性得到发展。集体主义绝不是也不应当成为限制个性发展、束缚个人才能的桎梏，更不应当是实现个人价值的障碍。相反，只有集体主义才是实现个人利益，包括个人的尊严、个人的个性和个人的价值的必要条件。有的思想家把个人与集体、个人与社会的关系比作有机体的生命与细胞的关系。社会作为一个整体，犹如一个生物有机体；社会中的无数个人，犹如有机体的细胞。一个有机体如果想使自身有活力，必须使自己的每一个细胞有活力，只有每一个细胞有了活力，整个有机体的生命才能是朝气蓬勃的；相反，如果每一个细胞都是死气沉沉的、病态的、没有朝气的，那么这个有机体的生命不但必然是没有活力的，而且要想维护自身的存在，也是不可能的。但是，每一个有机体只有一个生命，如果生命不能够存在，所有的细胞也就不可能存在了。一切细胞的活力的发挥，唯一的目的是为了使整个生命富有活力，而不应是脱离整个生命而发展自己。每一个细胞更不能以“自我”为中心，把自己当成目的。生命同每个细胞比较，是一个有机体的更根本的存在；如果细胞无限制地发展自己，那么它必然会导致有机体的癌变，威胁到生命的继续。正是这个原因，西方的思想家才极度忧伤地感叹个人主义这种“癌变”对资本主义社会已经造成的威胁。

当然，在把集体与个体的关系看作有机体的生命同细胞的关系时，我们还要注意同西方的所谓社会有机体的理论划清界限。

社会有机体的理论，最早是由法国的社会学家孔德（Comte，1798—1857）提出来的。他认为，整个社会从政治上看是一个有机体，这个有机体的各个部分之间，构成一个和谐的整体。孔德之后，英国的社会学家斯宾塞（Herbert Spencer，1820—1903）进一步发展了这一社会有机体论的思想，并把这一思想同英国的达尔文的进化论学说相联系，创立了所谓社会达尔文主义。斯宾塞认为，社会作为一个政治上的有机体，它类似而又不同于一般生物的有机体，它是由社会各部门、各机构组成的“高级有机体”。他在自己所著的《社会学原理》中，从各个方面论证了他的这一理论。他认为“动物的器官和社会的器官的内在结构，都是根据相同的原则构成”，其目的是要论证社会的各个结构都是适应环境的结果。这种政治、伦理的有机论，在国家观上主张社会的逐渐的变化，反对革命的突变，强调阶级合作，放弃阶级斗争，强调议会道路等。特别是英国工党领袖麦克唐纳的社会有机体论，更成为机会主义的一种重要理论，对国际共产主义运动曾经产生过严重的危害，直到今天，这种社会有机体论，仍然是民主社会主义的一种理论基石，这是我们应明确认识的。

3. 社会主义的集体主义，从根本上说，是代表了全体成员利益的集体，因此，要不断地为纯洁和完善我们的集体而努力

在前一段时期，一些人以我们的某些具体的集体存在着这样那样的弊端为借口，妄图否认集体主义的原则。他们认为，既然当前社会中某些具体的集体往往是不完善的、有缺陷的集体，某些具体的集体的领导机构中还存在着某些腐败现象，还存在着以权谋私的人，而且某些集体的决定往往是不能或不完全代表集体所有成员的利益，因此，他们反对集体主义原则。这种理论是非常错误的。从整个国家来讲，我们这个集体是代表了所有成员利益的集体，是一个真实的社会主义的集体，这是一个根本的大前提。即使在局部地区，或者某些具体的集体存在着某些弊端，不能或不完全代表其成员的利益，我们的任务也只能是努力改变和完善这些有缺陷的集体，而绝不可能也不应当因此而否认社会主义的集体主义原则。

社会主义的集体主义，作为一种价值导向目标和伦理道德原则，强调要为完善个人、完善他人和完善社会而努力。社会主义的集体主义所强调的高于个人利益的“集体利益”，不论从理论上和实践上说，都必须要求它是真正代表着全体成员的利益的。也就是说，这种“集体利益”只能是正当的，而不能是不正当的；只能是真实的，而不能是虚伪的。马克思和恩格斯在《德意志意识形态》一书中，曾分析过资本主义社会和社会主义社会的集体的本质不同。他们认为，资本主义社会的集体，由于从根本上来说是代表着少数人利益的集体，因此，是一种“虚假的集体”、“虚妄的集体”、“不真实的集体”等等。他们认为，在无产阶级革命成功之后建立起来的集体，是代表了集体成员利益的真实的集

体。正是在这个意义上，他们特别强调了个人的自由，并认为只有在这样的集体中，个人的自由才能够真正获得。应当承认，我们的社会主义国家，无论从其性质、内容及其实践来看，都是代表着全国人民利益的真正的集体。当然，从某一些具体的集体来说，确实还有着不能够完全体现集体成员利益的情况，这正是需要不断加以完善的。我们现实中的一些具体的集体，还没有达到马克思、恩格斯所说的理想的集体、真实的集体那种程度，因此，就要不断纯洁和完善我们的集体。正是从这样的意义上看，在我们强调集体主义的原则时，不但要强调个人利益服从集体利益，在集体利益高于个人利益的原则下满足个人的正当利益，发挥个人的才能，实现个人的价值；同时，我们还要强调，每一个集体成员，都要为克服集体所存在的弊端，纯洁和完善集体而贡献自己的力量。

弘扬集体主义精神*

集体主义是社会主义社会在思想道德领域中最基本的价值导向。在建设有中国特色社会主义的伟大实践中，集体主义是动员和团结全国各族人民投身社会主义现代化建设的强大思想武器。在实行改革开放和发展商品经济的新形势下，加强对全国人民的集体主义思想教育，既是精神文明建设所面临的重要课题，也是培养社会主义事业的建设者和接班人的现实需要。我国正在进行的现代化事业，是一项空前伟大而艰巨的事业。为了使这一事业能够健康顺利地朝着社会主义方向发展，必须要以集体主义的价值观作为精神支柱，从而形成强大的凝聚力，激励广大人民群众发挥前所未有的创造精神，以完成这一伟大的事业。

一

发展商品经济，既有积极的效应，也有消极的效应。只有全面地认识发展商品经济在我国所产生的积极效应和消极效应，我们才能够充分发挥其积极的效应，防止并缩小其消极的效应，从而使我国的社会主义现代化事业沿着健康的道路向前迈进。

---

* 原载《阵地》，1993（4）。

从社会主义精神文明建设特别是思想道德建设来看，实行改革开放和发展商品经济，给人们的积极影响是多方面的。观念的转变和人的素质的提高，对我国经济的发展，起着明显的促进作用。个人正当利益观念，成为我们经济发展的一种重要杠杆。效益观念、竞争观念和开拓创新思想，给我们的经济生活注入了新的活力。平等观念、公正要求和权利义务观念，日益受到人们的重视，改变和提高着人们的素质。同时，我们也要注意到，商品经济对人们的思想所产生的消极效应同样是不可忽视的。等价交换、市场竞争、金钱效益和物质鼓励等经济行为，往往容易诱发自私自利、损人利己、损公肥私等思想的蔓延，从而使个人主义、拜金主义和享乐主义成为一些人实际追求的价值取向。在唯利是图思想的腐蚀下，一些人把追求金钱当作唯一的目的，把个人的享乐作为人生最值得追求的东西。“前途，前途，有钱就图；理想，理想，有利才想”，就是这种拜金主义思想的写照。更加严重的是，商品交换的原则，可能和正在不断地侵入我们的政治生活，出现权力和金钱的交易，使腐败现象更加难以消除。随着金钱至上、唯利是图、损人利己、损公肥私思想的发展，社会的道德风尚亦将滑坡，种种丑恶现象也会相继发生。对于商品经济发展中所出现的种种消极效应，我们必须从各个方面加以限制和抵御，其中加强集体主义的教育，强调集体利益高于个人利益的原则，发扬关心集体、关心国家的集体主义精神，提倡共产主义的理想、信念和科学的人生观、价值观等，有着特别重要的意义。

二

弘扬集体主义精神，有利于发挥广大群众的积极创造精神，能够更好地激励广大人民群众发挥前所未有的创造能力，从而更有利于推进我国的改革开放和建设有中国特色社会主义事业，使之更加顺利地向前发展。

集体主义在强调集体利益高于个人利益的同时，又把最大限度地发挥个人的主体能动精神，实现个人的尊严和价值，作为实现集体利益的一个重要前提。集体主义在强调个人利益与集体利益的辩证统一的思想中，包含着对个人利益的高度重视。集体主义强调，为了使国家、集体的事业兴旺发达，就必须首先使集体的每一个成员充满活力，生气勃勃，并且自觉自愿地为集体的利益而努力。集体必须使自己成为真正代表所有集体成员利益的集体，并尽最大努力来保障个人的正当利益。正是由于我们的集体注意了满足个人正当利益这一杠杆，所以才调动起了千千万万人献身现代化建设事业的极大积极性。集体主义的价值导向认为，只要个人的要求、个人的利益能同社会的、国家的利益相一致，就应该创造条件，通过个人积极性的发挥，来实现集体的利益。商品经济的发展和社会主义市场经济体制的逐步建立和发展，更给了个人的主动创造精神以广阔的活动场所。那种认为强调集体主义，强调集体利益高于个人利益，就会束缚个人的个性、限制个人的“自由”和影响个人积极性发挥的观点，是完全错误的。恰恰相反，在一个真实的集体中，将会对每一个个人自由、全面、和谐的发展，创造出前所未有的新的广阔天地。马克思、恩格斯曾经深刻地指出，剥削阶级的所谓集体，由于不能代表集体成员的利益，是一种虚伪的或虚幻的集体，除了对少数剥削者外，广大人民不但不可能有什么“个人的自由”，而且必然会成为对他们的“新的桎梏”。无产阶级革命成功后所建立的集体，是代表广大人民群众利益的真实的集体，最有利于发挥广大人民群众的主动精神和自由创造。马克思、恩格斯说：“在真实的集体的条件下，各个个人在自己的联合中并通过这种联合获得自由。”① 任何个人力量的充分发挥，若没有集体，是不可能实现的。只有在集体中个人才能获得全面发展其才能的手段。改革开放十四年来，在集体主义思想的指导下，我们的国家、社会和各个集体，正是在不断的实践过程中，力求掌握使个人积极性得以发挥的契机和条件，使集体主义思想成为发挥个人能动作用、实现个人价值和保障个人正当利益的重要根据。现在，社会主义市场经济的提出，个人正当利益和公平竞争的观念，必将发挥更加重要的作用，使我们从一个崭新的视角来看待这一问题。从伦理道德上说，就是既要坚持社会主义的集体主义的价值导向，强调个人利益要服从集体利益，又要通过更加频繁主动的市场经营活动，加深理解以正当的个人利益为杠杆，达到在更为深刻和更为广泛的基础上，最大限度地发挥广大人民群众在建设有中国特色社会主义事业中的积极能动作用。

---

① 《马克思恩格斯全集》，中文1版，第3卷，84页，北京，人民出版社，1956。

三

我国是一个社会主义国家，我们的改革开放和现代化的伟大事业，最终目的就是要建立起一个广大人民群众共同富裕的社会主义社会。在我们的整个现代化的过程中，什么样的价值导向能够使我们避免两极分化，避免少数“大款”越来越富，而广大劳动人民却相对贫困呢？应该说，只有集体主义的价值导向，才能激发我们关心他人、关心社会、为人民服务的献身精神，才能引导我们热爱社会主义，并使我们的改革开放和商品经济沿着社会主义道路健康地向前发展。

近半个世纪以来，从发展中国家的现代化过程看，价值导向对这些国家的现代化的成功有着重要的关系。长期以来，西方资产阶级思想家总是把发展中国家的现代化同“西方化”混为一谈。在他们看来，中国要想“现代化”，就必须“西方化”，即不但要接受西方的先进技术和管理经验，而且要以西方的个人主义的价值观作为价值导向。其实质就是，要以他们的价值观为突破口，腐蚀我们的人民，最终达到其“和平演变”的目的。几十年来的现实说明，在现代化过程中，凡是全盘接受了个人主义价值观的国家，不是沦为西方国家的附庸，就是使自己的国家陷入政治混乱、社会动荡和经济停滞的泥潭之中。我们的目的是要建设一个富强、民主、文明的社会主义国家，为了消除两极分化，达到共同富裕，只有以国家利益和民族利益为重的集体主义价值导向，才能够正确处理个人与集体的种种矛盾，才能够兼顾个人利益和国家利益。最近，江泽民同志在全国宣传部长座谈会上的讲话中再一次强调集体主义价值观对我们国家现代化的重要性。他说：“我们重视个人的利益，同时必须通过宣传教育，让群众尤其是青年懂得个人利益必须服从集体利益、国家利益的道理。自古以来，就有‘淡泊明志’的警言。不能把个人利益、个人价值看得太重了，看得高于一切。共产党员和各级干部尤其要注意这一点，要经得起金钱、权力、美女的考验。如果一个民族、一个国家，人们只讲个人利益、个人奋斗，而不讲国家利益、社会贡献，那么这样的民族和国家就不能自立于世界民族之林。”弘扬集体主义精神，有利于引导广大人民消除两极分化，有利于全国人民走共同富裕的道路，有利于增强人民对腐朽的资产阶级思想的免疫力，这对于保证我国现代化的社会主义方向有着重要意义。

四

弘扬集体主义精神，还要同继承和发扬中华民族的优良伦理道德传统结合起来，从而形成中国特色的新的伦理精神。强调整体利益，强调为社会、为民族、为国家的“夙夜在公”、“以公灭私”和“国而忘家，公而忘私”的思想，是中国传统伦理思想中的精华，其中渗透着一种为国家、为社会和为民族的公利而应当牺牲个人私利的强烈责任感。在这一思想的影响下，在我国历史上出现了“先天下之忧而忧，后天下之乐而乐”的崇高思想和追求“廓然大公”的高尚境界。顾炎武提出“天下兴亡，匹夫有责”的思想，林则徐所写的“苟利国家生死以，岂因祸福避趋之”的诗句，更显示了强烈的为国家、为民族、为整体利益的献身精神。在个人物质利益与社会整体利益的关系上，中国传统道德强调“先义后利”、“义以为上”，认为在人和人的关系中，在获取个人利益上，一定要考虑是否符合公正、诚实等基本原则，这就是所谓“见得思义”、“见利思义”，反对“见利忘义”，主张“义然后取”。剔除在“义利”问题上的封建糟粕，其基本思想是强调，在义利相矛盾、相冲突的情况下，应当“以义节利”。中国传统道德所说的“义”，主要是指社会的整体利益，“利”则主要是指个人的私利。义利关系，就其实质来说，也就是个人的私利同国家、整体的利益的关系。当然，我们也应明确地认识到，传统道德在强调个人利益同整体利益的关系时，总是把封建国家作为整体利益的代表，总是把维护上层特权者的利益作为主要的内容。正因为如此，传统伦理道德中的个人利益应当服从整体利益的原则，又必然成为个人人格尊严和个性发展的束缚。社会主义的集体主义原则，既是社会主义以公有制为主体的经济关系的反映，又是社会主义政治思想的要求，同时，它又必然是对中华民族传统伦理道德的批判与扬弃，是对中华民族传统伦理道德的整体主义的改造与发展。它既是对传统伦理道德精华的继承，又是对这一传统的改造与重建。因此，弘扬集体主义精神，就要在坚持社会主义人际关系的基础上，发展传统伦理道德中的先义后利、以义制利、先公后私的具有合理性的内容，使我们的集体主义教育更有民族特色，更加让人喜闻乐见，从而收到更好的效果。

五

弘扬集体主义精神，能够在更加深入的层面上发扬爱国主义思想，形成强大的民族向心力。从一定意义上看，国家就是由许多不同的集体所构成的大集体。正如马克思所说的，在剥削阶级掌握着统治权力的地方，国家只能是一种冒充的集体，而由无产阶级所组成的、体现劳动人民真实利益的国家，就是我们的真正集体。因此，在社会主义国家中，弘扬集体主义，就能使爱国主义上升到一个新的高度，就能够赋予爱国主义更加强大的生命力。从人类历史的发展来看，在不同的时期和不同的国家，爱国主义有不同的层次，甚至对同一个国家来说，爱国主义也有不同的要求。集体主义有助于爱国主义思想的形成，而爱国主义还应当上升为集体主义。如果一个人没有起码的爱自己祖国的情感和责任，不能做到爱护自己的祖国，当然也就不可能有集体主义的精神。同时，我们还应当看到，爱社会主义祖国，才是爱国主义的最高形式，而集体主义思想，正是爱社会主义祖国的最根本的精神支柱。因此，在社会主义制度下，我们应当从各个方面加强教育，使集体主义与爱国主义统一起来。我们是无产阶级领导的、人民当家做主的社会主义国家，我们祖国的利益同每个人的利益从根本上来说是完全一致的，热爱集体、关心集体，就是热爱我们的社会主义祖国。祖国的利益和尊严，高于个人的利益和尊严。为了正确处理个人同国家的各种关系、各种矛盾，就必须以集体主义的各项原则和要求为依据。只有坚持集体主义，才能更好地坚持爱国主义。江泽民同志在今年一月召开的全国宣传部长座谈会上指出：“在我国，爱国主义、集体主义、社会主义教育是三位一体、相互促进的。”在全国范围内，认真地加强正确的理想、信念、人生观、价值观的教育，加强集体主义价值导向的教育，就必然会进一步培育广大人民热爱祖国和热爱社会主义的真挚情感，形成对祖国前途和民族命运的倾心关注及对社会主义的坚定信心，就能够形成为祖国的独立富强、为社会主义事业的兴旺发达的坚强毅力和献身精神。坚持爱国主义是坚持集体主义的基础，而坚持集体主义，就能够使爱国主义同社会主义联系起来，使爱国主义发挥更大的力量。

坚持集体主义还是提倡个人主义*

在社会主义市场经济条件下，在伦理道德问题上，究竟还应不应该坚持集体主义的道德原则？最近几年来，报刊上不断发表文章，提出了一些不同的意见，如有人明确地提出，要以个人主义原则来代替集体主义原则。这种看法认为，“人们无法仅仅在抽象的集体主义、国家主义的道德观念中寻找个体道德的安身立命之处”，并且强调，在建立社会主义市场经济的条件下，既然经济体制已经由计划经济转向了市场经济，在伦理道德原则上，我们也就应当由提倡集体主义转向提倡个人主义伦理，说“提倡个人主义伦理是与我国社会转型相适应的”。这一看法认为，在过去一段时间内，人们对“个人主义伦理原则”“存有误解”，因为个人主义并不像人们所说的那样“损人利己”，它“强调的是每个人通过挖掘自己的潜力积极参与市场竞争，根据自己的理性判断选择有利于自己发展的事业，谋取自身的利益，通过创造性的努力证明自己存在的价值”。在我国当前社会中，我们究竟应当坚持集体主义，还是应当提倡个人主义，这是我国意识形态领域中有关价值导向的一个重要问题，是我们必须弄清楚的一个原则问题。在这里，我们首先需要指出，主张提倡个人主义的人，既没有确切地了解什么是个人主义，也对集体主义存在着严重的误解，因此，我们首先从最基本的问题谈起。

---

* 原载《求是》，1996（14）。

一、什么是个人主义

为了正本清源，更好地认识个人主义，我们不得不作一些必要的引证，看一看西方的一些所谓在个人主义研究方面有权威的思想家是怎样论述个人主义的。法国的思想家托克维尔是个人主义一词的创造者，在西方是公认的这方面的专家。《简明不列颠百科全书》是西方公认的"学术性强、权威性高"的百科全书。我们来看看二者是怎样解释"个人主义"的：

> 个人主义（Individualism），一种政治和社会哲学，高度重视个人自由，广泛强调自我支配、自我控制、不受外来约束的个人或自我。创造这个词的法国政治评论家亚历克西·德·托克维尔把它形容为一种温和的利己主义，它使人们仅仅关心自己家庭和朋友的小圈子。作为一种哲学，个人主义包含一种价值体系，一种人性理论，一种对于某些政治、经济、社会和宗教行为的总的态度、倾向和信念。个人主义的价值体系可以表述为以下三种主张：一切价值均以人为中心，即一切价值都是由人体验的（但不一定是由人创造的）；个人本身就是目的，具有最高价值，社会只是达到个人目的的手段；在某种意义上，一切个人在道义上是平等的。下述主张最好地表达了这种平等：任何人都不应当仅仅被当作另一个人获得幸福的工具。个人主义的人性理论认为，对于一个正常的成年人来说，最符合他的利益的，就是让他有最大限度的自由和责任去选择他的目标和达到这个目标的手段，并且付诸行动。……个人主义者往往把国家看作一种不可避免的弊病，赞赏"无为而治"的口号。个人主义也指一种财产制度，即每个人（或家庭）都享有最大限度的机会去取得财产，并按照自己的意愿去管理或转让财产。①

我们之所以引了这么长一段话，是希望广大读者能从这段话中正确地理解什么是西方的个人主义。

由此我们可以清楚地看到，在西方，"个人主义"这一概念作为一

① 《简明不列颠百科全书》，第3卷，406页，北京，中国大百科全书出版社，1985。

种价值观念和道德原则，是有着不容混淆的确切含义的。每个人都有自己的个人利益，但是这并不等于个人主义；一个人可能有自私自利的动机和行为，但并不等于说一定具有个人主义的价值观念。根据托克维尔和一些西方思想家的理论概括，个人主义作为一种价值体系，主要包括以下三个方面的内容。

第一，个人主义作为一种价值目标的理论，在个人同社会的关系上，特别强调个人本身就是目的，社会、集体、国家和他人，只不过是达到个人目的的手段。个人具有很高的价值，把其他一切人当作手段，这是一种从主观出发的个人中心论，个人主义总是把自己放在同社会、他人对立的两极中去考虑问题的。

“个人主义”是不是像有些人所认为的那样，同利己主义根本不同呢？托克维尔在创立个人主义一词时，曾经特别注意到个人主义同利己主义的区别和联系。他说：“个人主义（Individualism）是一种新的观念所创造出来的一个新词。我们的祖先只知道利己主义（Egoism）。”这就是说，在托克维尔看来，利己主义是很古老的，而个人主义是一种“新观念”。确实，利己主义是早在古希腊就已经产生的一种伦理学说，它认为个人利益高于社会利益，并把个人的快乐特别是感性的快乐看作一种最高的善。在西方，利己主义思想到了资本主义社会得到进一步发展。托克维尔指出：“利己主义是对自己的一种过分偏激的和过分的爱，它使人们只关心自己和爱自己甚于一切。”由于个人主义是“一种只顾自己而又心安理得的情感”，所以“久而久之，个人主义也会打击和破坏其他一切美德，最后沦为利己主义”。

第二，个人主义作为一种政治思想，它强调个人的民主、自由和平等，并极力反对集体、社会和国家对个人的干预和限制。在反对封建制度和神权统治中，它帮助资产阶级一步一步地夺取了政权，使资本主义最终取得了胜利，推动着资本主义市场经济的发展。尽管这种个人民主、个人自由和个人平等在资产阶级建立政权后，因其有无政府主义倾向而给资本主义的统治秩序带来了一些不稳定的因素，但由于它在根本上是为着维护资本主义神圣不可侵犯的私有财产制度和资产阶级的民主政治制度的，因而仍然是资本主义社会的最重要的价值观念。西方资本主义的政治家、思想家，一方面，在国内，尽量利用意识形态的力量，用法律、宗教、道德手段维护国家的统一；另一方面，在发展中国家，又极力推行这种资产阶级的个人的民主、自由和平等，妄图以此来西化和分化发展中国家。

第三，在西方，个人主义既是一种政治观念和价值导向，又被人们认同为一种财产制度。正如《简明不列颠百科全书》所指出的，“个人主义也指一种财产制度，即每个人（或家庭）都享有最大限度的机会去取得财产，并按照自己的意愿去管理或转让财产”。这也就是说，个人主义所要维护的是允许剥削、承认两极分化的私有财产制度。奥地利著名经济学家、诺贝尔奖获得者哈耶克自称是一个真正的个人主义者。他是西方自由主义经济理论的著名代表人物之一，是资产阶级利益的忠实代言人，在其所著的《个人主义与经济秩序》一书中，他特别阐发了对“个人主义”的“真正的”、“本质特征”的理解。他认为，“个人主义”的本质特征有两个方面：一方面，它“是一种旨在理解那些决定人类社会生活的力量的社会理论”；另一方面，它“是一套源于这种社会生活的行为规范”。然后，他明确地指出，个人主义这一社会理论，就是“私人产权制度”的理论，也就是资本主义制度的理论。哈耶克从各个方面论证个人主义是与社会主义相敌对的理论，是同社会主义势不两立的。正是由于上述原因，我们不但不应当提倡个人主义，相反，应当旗帜鲜明地反对个人主义。

二、什么是集体主义

社会主义的集体主义思想，是同社会主义制度紧密联系的，它包含着丰富和广泛的内涵，它的根本思想，就是正确处理集体利益和个人利益的关系。马克思、恩格斯、列宁等经典作家，在不同历史时期，从不同方面强调了无产阶级集体利益高于个人利益这一集体主义原则对于革命和建设的重要意义。毛泽东同志在中国革命和建设的实践中，强调了个人服从集体、局部服从全局、地方服从中央、眼前利益服从长远利益的重要，进一步论证了集体利益和个人利益的辩证关系。邓小平同志从建设有中国特色社会主义的实践出发，强调：“在社会主义社会中，国家、集体和个人的利益在根本上是一致的，如果有矛盾，个人的利益要服从国家和集体的利益。”① 他还指出：“在社会主义制度之下，个人利

① 《邓小平文选》，2版，第2卷，337页，北京，人民出版社，1994。

益要服从集体利益，局部利益要服从整体利益，暂时利益要服从长远利益，或者叫做小局服从大局，小道理服从大道理。我们提倡和实行这些原则，决不是说可以不注意个人利益，不注意局部利益，不注意暂时利益，而是因为在社会主义制度之下，归根结底，个人利益和集体利益是统一的，局部利益和整体利益是统一的，暂时利益和长远利益是统一的。我们必须按照统筹兼顾的原则来调节各种利益的相互关系。如果相反，违反集体利益而追求个人利益，违反整体利益而追求局部利益，违反长远利益而追求暂时利益，那末，结果势必两头都受损失。”① 由此可见，社会主义集体主义原则，作为整个社会的价值导向和道德基本原则，是同社会主义制度和广大人民的整体利益相一致的，是同社会主义的本质相联系的。在一段时期内，由于对集体主义没有进行全面的、辩证的阐释，曾造成一些人对集体主义的误解。根据我们的认识，社会主义集体主义包含着相互联系、相辅相成的三个方面的内容：

一是，社会主义集体主义强调集体利益高于个人利益，提倡在集体利益与个人利益发生矛盾时，个人要顾全大局，以集体利益为重，在必要的情况下，个人应当为集体利益而放弃个人利益，甚至为集体利益而献身。

强调集体利益高于个人利益，并不是说在任何情况下，都要无条件地牺牲个人利益，更不是意味着对个性的束缚和对个人利益的抹杀。由于集体利益同个人利益本质上是一致的，因而集体利益的实现，本身就包含着个人的长远的、正当的利益的实现。至于说因受到资产阶级个人主义思想侵蚀而产生的自私自利的思想，由于它同广大人民群众的利益相背离，所以应当受到集体主义思想的制约，消除其对社会和集体可能产生的消极作用。一些人反对集体主义原则的重要理由之一，是认为集体主义的“弊端”就在于“集体利益高于个人利益”和“个人利益服从集体利益”这一思想。他们要“重建”、“重构”一种“集体”和“个人”完全平等的、谁也不服从谁的价值导向和道德原则，甚至公开提出要以个人主义或个人本位作为我国当前社会的道德基本原则。这是我们绝对不能同意的。“集体利益高于个人利益”，这是我国当前社会主义社会的价值导向和道德基本原则，离开了这一原则，必然会使我们离开社

① 《邓小平文选》，2版，第2卷，175～176页。

会主义道路，迷失前进的方向。

二是，社会主义集体主义在强调集体利益高于个人利益的前提下，同时强调集体必须尽力保障个人正当利益得到满足，促进个人价值的实现，并力求使个人的个性和才能得到最好的发展。重视个人的正当利益，维护个人的尊严和价值，并使每个人的个性能够充分发展，是集体主义的一个重要方面，本来就属于集体主义题中应有之义。马克思、恩格斯曾经指出："只有在集体中，个人才能获得全面发展其才能的手段，也就是说，只有在集体中才可能有个人自由。"这段话深刻地指出了"个人"和"集体"的辩证关系，一方面强调，只有在集体中而不是离开集体，个人才能获得全面发展的手段和自由；另一方面又强调，社会主义集体主义的特性，就是要为个人的全面发展和实现自由提供和创造充足的条件。那种认为强调集体主义就必然会约束个人、限制个人的观点，是毫无根据的，那种把集体主义看作"敌视个人"的观点，更是错误的和有害的。

三是，集体主义强调个人利益与集体利益的辩证统一。集体主义作为社会主义的基本原则，它本身既体现着集体的长远利益，也包含着对个人正当利益的高度重视，二者在根本上是统一的。社会主义的集体，代表着集体中每一个成员的利益，而集体的每一个成员的个人利益，又都把维护集体的利益作为首要的前提，没有集体利益的发展和集体价值的实现，也就不可能有个人利益和个人价值；同样，只有集体中每个成员的个人活力和能动性得到充分发挥，每个成员的价值得到充分实现，集体才能成为坚强有力、富有朝气和充满活力的集体。个人利益、集体利益和国家利益的辩证统一，赋予了社会主义集体主义以强大的生命力，集体主义绝不是什么抽象的、非理性的原则，更不是要去束缚个性甚至"摧毁生命"的教条，而是更好地发挥个人的个性，实现个人的价值，更好地协调人际关系，有利于形成强大的凝聚力和向心力的一种指导思想。

必须指出，那种以多种经济成分并存（既有公有制经济，又有个体经济、私营经济、中外合资等）为理由，认为原有的在计划经济条件下所奉行的集体主义的道德基本原则已经不符合今天时代的要求，因而要"重构"、"重建"所谓市场经济的道德原则，要求已有的社会主义道德实行"转型"、"转轨"的说法，我认为是错误的。我国由计划经济转向社会主义市场经济，这只是经济体制的转变，而不是社会制度的改变，相反，它正是为了使我们的社会主义制度不断地得到完善。我们的道德基本原则，是同社会主义制度紧密联系的，因而在道德的基本原则问题上，我们只能使我们的基本道德原则在实践中不断完善，而绝不能向个人主义转型或转轨。当然，随着时代的不断变化和社会主义市场经济的发展，在道德领域里，同样提出了许多新问题。我们的社会主义道德必须不断地补充、丰富和完善，以适应变化了的现实，但并不存在用“个人本位”和个人主义去“重构”、“重建”的问题。那么，在新的条件下，我们对集体主义的道德基本原则，究竟应当怎样根据新的情况加以补充和发展呢?

在社会主义市场经济条件下，根据我国经济生活和思想道德情况的现实，有必要对集体主义作出进一步的分层次的要求，这是一个需要认真研究的具有理论意义和现实意义的重要问题。

社会主义集体主义，在具体的道德要求上，可以考虑分为三个层次。一是无私奉献，即全心全意为人民服务的层次。在个人正当利益得到满足的同时，自觉地为他人、为社会多做贡献，不计报酬，无私奉献。这一层次，是集体主义的最高层次，是一切共产党员、先进分子所力求达到的。尽管真正攀登到这一层次的人数可能不太多，但作为一种努力方向，将永远鼓舞着为社会主义和共产主义奋斗的人们，使他们在道德上不断前进。二是先公后私的层次。这是对广大工人、农民、知识分子的要求。它强调集体利益高于个人利益，要求自觉地考虑集体、社会和国家利益的需要，努力为建设社会主义而尽自己应尽的义务。三是顾全大局，热爱祖国，遵纪守法，诚实劳动，遵守社会主义的公共生活规则、职业道德和家庭伦理道德，这是一个社会主义社会的公民所应有的基本道德要求。从历史上看，任何一个社会的道德基本原则，在实践中都必然有不同层次的要求，既有最高的要求，也有最低的要求。一个社会的道德原则，在操作上之所以有层次的划分，主要是从实际出发，使道德的原则成为可操作的行为规则，同时，又是为了有效地提高人们的道德素质，沿着道德的阶梯循序渐进地向上攀登。

随着社会主义市场经济的发展，我国的经济生活和道德生活正在发生深刻变化。在以公有制为主体、多种经济成分并存的情况下，必然要出现不同的价值观、人生观和道德观。价值取向的多元化，更需要坚持社会主义的价值导向的一元化。弘扬社会主义的集体主义，有利于抵制资产阶级腐朽思想和生活方式的侵蚀，有利于克服资产阶级个人主义的消极影响，更好地提高人们的觉悟，从而有利于培养社会主义的“四有”新人。

三、弘扬集体主义、反对个人主义的重要意义

当前，我国广大人民群众正在沿着建设有中国特色社会主义道路奋勇前进。我们的路线、方针已经确定，我们的方向、目标更加明确。尽管在前进的道路上还有许多困难有待于克服，但我们对胜利充满信心，这是任何人也改变不了的。

但是，我们应当看到，在意识形态和社会的价值导向上，还存在着一些值得注意的问题。从国际上看，西方敌对势力不愿意看到一个强大的社会主义中国在亚洲、在世界不断发展，它们朝思暮想的就是要把社会主义中国消灭掉，因此它们不断地加大力度，一方面采用分化的手段，妄图把我们的国土分裂出去；另一方面在意识形态上，用西方资产阶级的民主、自由和人权，用资产阶级的个人主义思想，来腐蚀我们的人民，腐蚀我们的党员和干部，以至于腐蚀我们整个的共产党。对于这种情况，我们必须有一个清醒的认识。西方的一些政治家已不止一次地公开宣称，他们之所以要同中国做生意，之所以要将西方的先进技术输入中国，无非是两个原因：一个是有利可图；另一个就是要用他们的价值观念来改变我们的价值观念，从而达到改变我们的社会主义制度的目的。在国内，随着多种经济成分的发展，代表不同利益主体的价值观念也在不同程度地发展和相互撞击。对于这种情况，我们有些同志是不大清醒或者很不清醒的。最近几年来，有些同志不是从社会主义制度和意识形态的要求出发，而是从所谓“市场经济”和自己的主观愿望出发，在国内外这一思潮的影响下，不断地提出要“为个人主义正名”，要宣扬“个人本位”，片面地强调“自我”的重要，宣扬在市场经济条件下，要把个人的名利作为发展经济的动力，乃至公开地否定集体主义，提出要用个人主义原则来代替集体主义原则等等。从我国最近几年现实生活发展中出现的许多值得注意的问题来看，这一思潮已经给我国的思想道

德领域带来了严重的混乱。个人主义思想的发展，只能使人们离开社会的利益去追求个人利益、个人享乐和向往资本主义私有制的社会制度。我们的最终目的是要建立一个没有剥削的、共同富裕的社会主义社会，我们是一个拥有十二亿人口的大国，如果个人主义思想成为我们的伦理道德原则，那又会引导我们走上什么道路上去呢？个人主义思想，对资本主义的形成、发展和巩固确实起过很重要的作用，这是我们已经看到的。同样，个人主义思想对社会主义已经产生和正在产生的腐蚀和瓦解作用，更是我们所不应忽视的。

集体主义既是我们的基本道德原则，也是我国社会应当特别弘扬的重要的价值导向。集体主义是提高我国广大人民的思想道德素质的重要武器，我们的四个现代化事业要想不断地取得胜利，一个重要的条件，就是要使我们的人民特别是青年，都能成为有理想、有道德、有文化、有纪律的“四有”新人，都具有以国家利益、民族利益为重的思想素质，从而更好地协调和解决在社会主义市场经济条件下所产生的许多新问题和新矛盾。集体主义思想是我们国家团结统一、人民和谐一致、社会长治久安、中华民族具有向心力和凝聚力的一种强大力量，在这种力量面前，任何敌对势力的分化和西化阴谋，都必将失败。由于社会主义集体主义强调共产主义理想和社会主义道路，强调在集体中的个人能动性的充分发挥，强调为集体利益而献身的崇高品质，因而它必将强有力地保证我国的四个现代化建设沿着社会主义的道路阔步前进。

以为人民服务为核心，以集体主义为原则*

《中共中央关于加强社会主义精神文明建设若干重要问题的决议(讨论稿)》写得很好。其中有关社会主义道德建设的部分，提出了“社会主义道德建设要以为人民服务为核心，以爱祖国、爱人民、爱劳动、爱科学、爱社会主义为基本要求，开展社会公德、职业道德、家庭美德教育，在全社会形成团结互助、平等友爱、共同前进的人际关系”的提法，也很有新意，特别是把为人民服务作为社会主义道德建设的核心，这必将对我国今后的道德建设产生重大的作用。我只想提一个补充的意见，就是希望能够在“以为人民服务为核心”的后面，加上“以集体主义为原则”这样一个意思，以便使这一文件能够更完整、更全面地体现我们在社会主义道德建设方面的思想和要求。我的理由，大体上可以概括为以下四个方面：

一、从道德本身来看，一个社会的道德，要包括人们在处理个人和社会的各个方面的关系，它既要有核心，也要有原则。西方在文艺复兴以后，资产阶级所建立的道德，就是以人道主义为核心、以个人主义为原则的。我们在贯彻为人民服务这一核心的过程中，必然会遇到这样或那样的问题，特别是有关个人利益和集体利益的种种矛盾，有些情况还非常复杂，在这种情况下，我们究竟根据什么原则来处理这些复杂的矛

* 系在 1996 年 9 月 15 日中央召开的有关会议上谈集体主义问题的发言稿。

盾呢？从社会主义道德的为人民服务的核心出发，从社会主义道德的本质要求来看，它的原则就是社会主义的集体主义的原则。正是从这一原因出发，我觉得，如果能够在“以为人民服务为核心”之后，再加上“以集体主义为原则”这样一个意思，就可以使这一文件更加全面和完整地体现社会主义道德建设的要求，也表明我们的社会主义的道德体系是非常完整的，即：一个核心（为人民服务）、一个原则（集体主义）、五个道德规范的基本要求（爱祖国、爱人民、爱劳动、爱科学、爱社会主义）和开展道德教育的三个领域（社会公德、职业道德、家庭美德）。

二、从弘扬社会主义的主旋律来看，在道德建设上，强调集体主义的原则，也有非常重要的意义。江泽民同志最近几年来不断地强调，要在全社会弘扬爱国主义、集体主义和社会主义三个主旋律，这一思想对我国的思想建设和道德建设，有着十分重要的意义。现在的这一讨论稿中，对弘扬“爱国主义”的重要意义，有一部分专门加以论述，这是非常好的。对于弘扬社会主义，也在许多地方给予了相当充分的阐发。而对于怎样更好地弘扬社会主义的集体主义的原则，我觉得少了一点。集体主义既是社会主义社会的一个普遍适用的价值导向，又是社会主义道德的基本的原则，如果能够在这里加上“以集体主义为原则”，就可以更好地体现江泽民同志多次强调的“弘扬三个主旋律”的精神和要求。

三、从我国实现社会主义四个现代化建设的实际需要出发，强调集体主义，尤其有着十分重要的意义。社会主义的集体主义原则，是我们的社会主义道路和方向所要求的。集体主义原则提倡在社会主义建设中，既要发挥个人的积极作用，又强调个人要以集体利益和国家利益为重，强调在个人利益与集体利益发生矛盾时，个人利益要服从集体利益和国家利益。毛泽东同志在中国革命和建设的实践中多次强调了个人服从集体、局部服从全局、地方服从中央、眼前利益服从长远利益的重要，并进一步论证了集体利益和个人利益的辩证关系。邓小平同志从建设有中国特色社会主义的实践出发，强调：“在社会主义社会中，国家、集体和个人的利益在根本上是一致的，如果有矛盾，个人的利益要服从国家和集体的利益。”他还指出：“在社会主义制度之下，个人利益要服从集体利益，局部利益要服从整体利益，暂时利益要服从长远利益，或者叫做小局服从大局，小道理服从大道理。我们提倡和实行这些原则，决不是说可以不注意个人利益，不注意局部利益，不注意暂时利益，而是因为社会主义制度之下，归根结底，个人利益和集体利益是统一的，局部利益和整体利益是统一的，暂时利益和长远利益是统一的。我们必须按照统筹兼顾的原则来调节各种利益的相互关系。如果相反，违反集体利益而追求个人利益，违反整体利益而追求局部利益，违反长远利益而追求暂时利益，那末，结果势必两头都要受损失。”由此可见，社会主义集体主义原则，作为整个社会的价值导向和道德基本原则，是同社会主义制度和广大人民的整体利益相一致的，是同社会主义的本质相联系的。社会主义集体主义原则，绝不会妨碍个人的积极性的发挥。我们是一个有着十二亿人口的大国，加强集体主义的教育不但对保证我国的社会主义的道路是必要的，而且对于更好地形成民族的凝聚力和向心力，更有效地加强我们的综合国力，都有很重要的意义。

四、新中国成立以来，在道德建设上，我们一直把集体主义的原则看作我们的社会主义的道德原则。在道德理论上，我们一贯坚持集体主义，并以这一理论来反对形形色色的个人主义，反对资产阶级的腐朽思想和生活方式对我们的侵蚀。西方在实行“西化”中，一个重要的方面，就是要用其个人主义的价值观来取代我们的集体主义的价值观。最近几年来，在我国社会上，也出现了一些要用个人主义来代替集体主义的观点，值得我们注意。为了在理论上保持一贯，为了防止在理论上产生某种混乱，我觉得在关于加强精神文明建设的文件中，明确地写上“以集体主义为原则”，不但有重要的现实意义，也有很重要的理论意义。

总的来说，这个文件，确实是一个很好的文件。在思想道德建设这一部分，如果能够加上“以集体主义为原则”这句话，我认为，就更加圆满了。

集体主义的历史发展*

集体主义是社会主义道德的基本原则，是社会主义的三个主旋律中的一个重要方面，在建设社会主义现代化的伟大事业中，集体主义的价值导向有着特别重要的作用。为了更好地认识集体主义，我们有必要对集体主义的历史发展作一些深入的考察。

什么是社会主义的集体主义？为什么在社会主义社会，只能提倡集体主义的价值导向？

一般来说，集体主义在西方又被称为整体主义，它所强调的是一种个人应当从属于社会，个人利益应当服从国家、民族和阶级利益的一种理论。从这个意义上说，不同的阶级，有不同的集体主义。18 世纪法国著名的思想家卢梭，在他所著的《社会契约论》中，强调了只有服从团体的意志，个人才能获得自己的存在和自由。黑格尔从他的国家是社会最高道德的体现出发，认为个人应当绝对服从民族国家的法律和意志，这种资产阶级思想家所谓的整体主义或集体主义，主要是为维护资本主义制度服务的，是为少数剥削者的利益服务的。由于这种集体不能代表全体成员的利益，所以马克思、恩格斯把这种集体称之为“虚幻的集体”、“不真实的集体”和“虚妄的集体”。在马克思、恩格斯看来，“在过去的种种冒充的共同体中，如在国家等等中，个人自由只是对那

* 原载《以德治国与公民道德建设》，207～213 页，郑州，河南人民出版社，2003。

些在统治阶级范围内发展的个人来说是存在的，他们之所以有个人自由，只是因为他们是这一阶级的个人。从前各个人联合而成的虚假的共同体，总是相对于各个人而独立的；由于这种共同体是一个阶级反对另一个阶级的联合，因此对于被统治的阶级来说，它不仅是完全虚幻的共同体，而且是新的桎梏”①。社会主义的集体主义，可以说是与马克思主义同时产生的。马克思、恩格斯在批判了资产阶级的虚构的集体的同时，指出在无产阶级革命胜利后形成的集体是一种完全新型的、能代表集体成员利益的真实的集体。马克思、恩格斯认为，只有在这种集体中，个人才能获得全面发展其才能的手段，也就是说，只有在集体中才可能有个人的自由。

社会主义的“集体主义”这一概念，最早是由保尔·拉法格在题为《集体主义——共产主义》的文章中提出的。在拉法格那里，集体主义是作为一种政治信仰和政治原则，或者说是作为一种价值导向而提出的。作为无产阶级的政治原则，社会主义的集体主义，是以实现社会主义并最终实现共产主义为目标的。当社会主义的社会制度成为现实，在社会主义社会中，社会主义集体主义是为了维护、巩固和发展以公有制为基础的社会主义制度服务的。作为一种伦理道德的价值导向，社会主义集体主义强调个人利益应当服从社会整体利益和“只有在集体中，个人才能获得全面发展其才能的手段”的原则。同时在个人利益服从集体利益的前提下，集体主义不但不束缚个人的发展，相反，在这样一个联合体内，“每个人的自由发展是一切人的自由发展的条件”。社会主义的集体主义，对个人和社会的关系的理解是，它既强调社会利益的至上性，又强调发挥个人活力的重要性；既强调社会利益高于个人利益，又强调个人的正当利益应当尽可能予以保障。社会主义的集体主义认为，在个人利益同集体利益发生矛盾时，个人应当牺牲自己的利益，以维护和保障集体利益，因为这一集体利益本身，也就包含着个人的利益在内。集体主义同时也认为，从集体的长远利益出发，有时候往往需要牺牲集体的部分利益，以保护某些个人利益，因为对这些“个人”利益的保护，归根到底还是有利于集体利益的。

因此，对集体主义所强调的“个人利益应当服从集体的利益”，不

① 《马克思恩格斯选集》，2版，第1卷，119页，北京，人民出版社，1995。

应当片面地、绝对化地去理解。社会主义的集体，不但不是“反个人”、“恐个人”和“敌视个人”的，而且只有社会主义的集体，才能给正当的个人利益以最充分的满足，才是维护个人利益的最可靠的保证。集体主义一方面强调集体利益至上，强调个人的所作所为要受集体利益的约束；另一方面，又强调要尽量发挥个人的能动作用，尊重个人的尊严，发展个人的个性，实现个人的价值。社会生活是复杂的，由于各种因素的作用和影响，即使在社会主义社会，在某些情况下，也有可能出现一些并不能代表其所有成员利益的集体，在这样的集体中有时甚至会出现某些违背其集体中个人的正当利益的事情。这种情况，并不能说明社会主义的集体主义原则有什么错误，而是说应当努力改善这种有着这样那样缺点的“集体”。在我国当前的社会主义初级阶段的社会中，作为社会主义国家这样一个“集体”，就其本质来说，是代表着全体成员的根本利益和长远利益的。当然，就某些局部的“集体”来说，也可能产生或多或少的失误，是需要不断予以完善的，但绝不能因此而对集体主义产生任何的动摇和怀疑。至于说在某种特殊的情况下，有些人打着集体主义的幌子，或者盗用集体主义的名字，做了一些损害集体成员利益以满足个人私欲的情况，这只能是对集体主义的明目张胆的背离，是对集体主义的亵渎。如果以此为由来贬斥或否定集体主义的原则，当然更是极端错误的。

社会主义的集体主义，作为一种价值导向，是同社会主义的公有制经济和社会主义及共产主义的政治目标完全一致的。只有在社会主义集体主义原则的价值导向下，全国人民才能产生关心集体、关心国家的向心力和凝聚力，人和人之间才能形成关心他人、相互帮助、和睦团结的新型人际关系。只有在社会主义集体主义原则的价值导向下，广大群众才会具有深厚的爱国感情，才能正确地对待祖国的文化和伦理道德，才能真正发扬中华民族的优良传统。只有在社会主义集体主义原则的价值导向下，才能够有力地抵制全盘西化的思想，抵制以个人为中心的个人主义价值观念，才能使我们的改革开放事业沿着正确的轨道向前发展。

社会主义的集体主义思想，是同社会主义制度紧密联系的。它包含着丰富和广泛的内涵。它的根本思想，就是正确处理集体利益和个人利益的关系。马克思、恩格斯、列宁等经典作家，在不同历史时期，从不同方面强调了无产阶级的集体利益高于个人利益这一集体主义原则，对于革命和建设的重要意义。毛泽东同志在中国革命和建设的实践中强调了个人服从集体、局部服从全局、地方服从中央、眼前利益服从长远利益，进一步论证了集体利益和个人利益的辩证关系的必要性。邓小平同志从建设有中国特色社会主义的实践出发，强调："在社会主义社会中，国家、集体和个人的利益在根本上是一致的，如果有矛盾，个人的利益要服从国家和集体的利益。"① 由此可见，社会主义集体主义原则，作为整个社会的价值导向和道德基本原则，是同社会主义制度和广大人民的整体利益相一致的，是同社会主义的本质相联系的。在一段时期内，由于对集体主义没有进行全面的辩证的阐释，曾造成一些人对集体主义的误解。根据我们的认识，社会主义集体主义包含着相互联系、相辅相成的三个方面的内容：

其一，社会主义集体主义强调集体利益高于个人利益，提倡在集体利益与个人利益发生矛盾时，个人要顾全大局，以集体利益为重，在必要的情况下，个人应当为集体利益而放弃个人利益，甚至为集体利益而献身。

强调集体利益高于个人利益，并不是说在任何情况下，都要无条件地牺牲个人利益，更不是对个性的束缚和对个人利益的抹杀。由于集体利益同个人利益本质上是一致的，因而集体利益的实现，本身就包含着个人的长远的、正当的利益。至于说由于受到资产阶级个人主义思想侵蚀而产生的自私自利的思想，由于它同广大人民群众的利益相背离，所以应当受到集体主义思想的制约，消除其对社会和集体可能产生的消极作用。一些人反对集体主义原则的重要理由之一，是认为集体主义的"弊端"就在于"集体利益高于个人利益"和"个人利益服从集体利益"这一思想，他们要"重建"、"重构"一种"集体"和"个人"完全平等的、谁也不服从谁的价值导向和道德原则，甚至公开提出要以"个人主义"或个人本位作为我国当前社会的道德基本原则。这是我们不能同意的。"集体利益高于个人利益"，这是我国当前社会主义社会的价值导向和道德基本原则，离开了这一原则，必然会使我们离开社会主义道德，迷失前进的方向。

其二，社会主义集体主义在强调集体利益高于个人利益的前提下，

① 《邓小平文选》，2 版，第 2 卷，337 页。

同时强调集体必须尽力保障个人正当利益得到满足，促进个人价值的实现，并力求使个人的个性和才能得到最好的发挥。重视个人的正当利益，维护个人的尊严和价值，并使每个人的个性能够充分发展，是集体主义的一个重要方面，本来就属于集体主义应有之义。马克思、恩格斯曾经指出："只有在集体中，个人才能获得全面发展其才能的手段，也就是说，只有在集体中才可能有个人自由。"① 这段话深刻地指出了"个人"和"集体"的辩证关系，一方面强调，只有在集体之中而不是离开集体，个人才能获得全面发展的手段和获得个人自由；另一方面又强调，社会主义的集体特性，就是要为个人全面发展和实现个人的自由创造充足的条件。那种认为强调集体主义就会约束个人、限制个人的观点，是毫无根据的，那种把集体主义看作"敌视个人"的观点，更是有害的和错误的。

其三，集体主义强调个人利益与集体利益的辩证统一。集体主义作为社会主义的基本原则，它本身就包含着对个人正当利益的高度重视。社会主义的集体，是代表着集体每一个成员的利益的集体，而集体每一个成员的个人利益，又都是把维护集体的利益作为首要的前提。没有集体利益的发展和集体的价值的实现，也就不可能有个人的利益和个人的价值；同样，只有集体每个成员的个人的活力和能动性的发挥、每个成员的价值的实现，集体才能成为坚强有力、富有朝气和充满活力的集体。个人利益、集体利益和国家利益的辩证统一，赋予了社会主义集体主义的生命力。集体主义绝不是什么抽象的、非理性的原则，它更不是要去束缚个性，凌驾于个性之上，甚至去"摧毁生命"，而是更好地发挥个人的个性、实现个人的价值，更好地协调人际关系，有利于形成强大的凝聚力和向心力的一种指导思想。

随着改革开放和社会主义市场经济的提出，有的学者以市场经济的多种经济并存为理由（既有公有制经济，又有个体经济、私有经济、中外合资等），认为原有的在计划经济条件下所奉行的集体主义的道德基本原则，已经不符合今天时代的要求，因而要"重构"、"重建"所谓市场经济的道德原则，要求已有的社会主义道德实行"转型"、"转轨"。这种理解，我认为是值得商榷的。时代不断地发展变化，商品发展和市

① 《马克思恩格斯全集》，中文1版，第3卷，84页。

场经济的发展，在道德领域里，确实提出了许多新问题，我们的社会主义道德必须要不断地补充、丰富、发展和完善，以适应变化了的形势。那么，在新的条件下，我们对集体主义的道德基本原则，究竟应当怎样根据新的情况，加以补充和发展呢？

在社会主义市场经济条件下，根据我国经济生活和思想道德情况的现实，有必要对集体主义作出进一步的分层次的要求，这是一个需要认真研究的具有理论意义和现实意义的重要问题。

社会主义集体主义，在具体的道德要求上，可以考虑分为三个层次。一是无私奉献，即全心全意为人民服务的层次。即在个人正当利益得到满足的同时，自觉地为他人、为社会多作贡献，不计报酬，无私奉献。这一层次，是集体主义的最高层次，是一切共产党员、先进分子所力求达到的。尽管真正攀登到这一层次的人数不可能很多，但作为一种努力方向，将永远鼓舞着为社会主义和共产主义奋斗的人们，使他们在道德上不断前进。二是先公后私的层次。这是对广大工人、农民、知识分子的要求。它强调集体利益高于个人利益，要求自觉地考虑集体、社会和国家利益的需要，努力为实现社会主义而尽自己应尽的义务。三是顾全大局，热爱祖国，遵纪守法，诚实劳动，遵守社会主义的公共生活规则、职业道德和家庭伦理道德，这是对一个社会主义社会的公民所应有的基本道德要求。从历史上看，任何一个社会的道德基本原则，在实践中都必然有着不同层次的要求，既有最高的要求，也有最低的要求。一个社会的道德原则，在操作上之所以有层次的划分，主要是从实际出发，使道德的原则变成了可操作的行为规则，同时，又是为了有效地提高人们的道德素质，沿着道德的阶梯，循序渐进地向上攀登。

随着社会主义市场经济在我国的实行和发展，我国的经济生活和道德生活正在发生着深刻的变化。在以公有制为主体的、多种经济成分和多种利益主体并存的情况下，必然要出现不同的价值观、人生观和道德观。价值取向的多元化，更需要坚持社会主义的价值导向一元化。弘扬社会主义的集体主义，有利于抵制资产阶级腐朽思想和生活方式的侵蚀，有利于克服资产阶级个人主义的消极影响，更好地提高人们的觉悟，从而有利于培养社会主义的“四有”新人，保证有中国特色社会主义道路健康地向前发展。

个人主义的过去和现在*

改革开放以来，个人主义是我国思想道德领域中一个人们特别关心的问题。为了更好地认识和了解个人主义的发生和发展，我们在本文中，主要考察一下个人主义是什么时候发生的，它在历史上经过了哪几个发展阶段，都有什么样的作用，从而有助于我们更好地弄清楚个人主义的本质。

西方的个人主义思潮，就其早期的源头来看，可以说是从古希腊开始的。从西方文明的发源来说，古希腊就是现在西方文明的发源地。早在公元前6世纪，古希腊就形成了自己的特有的民主生活，在当时的雅典和斯巴达，实行城邦的民主制度，既注重城邦的利益，又强调个人的权利。当然，那个时候的民主，只能是奴隶主阶级和奴隶主个人的民主，奴隶是不可能有任何民主的。但是，作为一种传统，却在西方社会中延续了下来，对以后的政治、思想、文化、教育等发生了重要的影响。以后，古希腊的民主制度为封建专制和神权统治所代替，这就是所谓的西方中世纪的黑暗时代。从14世纪开始，随着社会生产力的发展和资本主义的萌芽，西方人更加认识到个人权利和民主的重要，希望能够回到过去的民主生活的时代。随着资本主义生产关系的萌芽，他们高举起古希腊的旗帜，以实现其发展资本主义生产关系的目的。我们可以

---

* 原载《以德治国与公民道德建设》，214～223页。

说，从 14 世纪到现在这长达六百余年的时期，是资产阶级的有关个人的权利和价值观不断发展的时期，也可以说是资产阶级的个人主义的价值观发展成熟的时期。总的来说，我们确实可以把西方的价值观称作“重个人”的价值观，这也是符合实际的。强调西方价值观的“重个人”的特点，既可以凸显西方价值观的优点，也能反映出西方价值观的局限。正是在这一意义上，我们也可以把近代西方价值观的发展过程，看成或理解成是有关个人的价值、权利、幸福、尊严、自由的认识和探索的过程。因此，我们可以把有关个人主义的思想和理论，作为西方价值观的代表，并以此来对西方的价值观进行较深入的分析。

在西方，尤其是在最近二百年来，关于个人主义的著作，可以说是卷帙浩繁，众说纷纭。西方不同时期、不同国家的各种派别的思想家，对个人主义的形成、发展和演变，都按照自己的认识作了十分详尽的论述，如杜威的《旧个人主义与新个人主义》、布克哈特的《个人主义是什么?》、吉斯伯格的《个体与社会》、哈耶克的《个人主义与经济秩序》、里斯曼的《个人主义再探》、萨特的《存在主义与个人主义》和史蒂文·卢克斯的《个人主义：分析与批判》等，更不用说西方许许多多思想家的著作和百科全书中对个人主义所作的各种各样的论述和解释。

一、什么是个人主义

为了正本清源，更好地理解个人主义，我们不得不作一些必要的引证，看一看西方的一些所谓在个人主义研究方面有权威的思想家，是怎样论述个人主义的。法国的思想家托克维尔是个人主义一词的“创造”者，在西方是公认的这方面的专家。《简明不列颠百科全书》是西方公认的“学术性强、权威性高”的百科全书。我们来看看二者是怎样理解“个人主义”的：

> 个人主义（Individualism），一种政治和社会哲学，高度重视个人自由，广泛强调自我支配、自我控制、不受外来约束的个人或自我。创造这个词的法国政治评论家亚历克西·德·托克维尔把它形容为一种温和的利己主义，它使人们仅仅关心自己家庭和朋友的小圈子。作为一种哲学，个人主义包含一种价值体系，一种人性理

论，一种对于某些政治、经济、社会和宗教行为的总的态度、倾向和信念。个人主义的价值体系可以表述为以下三种主张：一切价值均以人为中心，即一切价值都是由人体验的（但不一定是由人创造的）；个人本身就是目的，具有最高价值，社会只是达到个人目的的手段；在某种意义上，一切个人在道义上是平等的。下述主张最好地表达了这种平等：任何人都不应当仅仅被当作另一个人获得幸福的工具。个人主义的人性理论认为，对于一个正常的成年人来说，最符合他的利益的，就是让他有最大限度的自由和责任去选择他的目标和达到这个目标的手段，并且付诸行动。……个人主义者往往把国家看作一种不可避免的弊病，赞赏“无为而治”的口号。个人主义也指一种财产制度，即每个人（或家庭）都享有最大限度的机会去取得财产，并按自己的意愿去管理或转让财产。

我们之所以引了这么长一段话，是希望广大读者能从这段话中正确地理解什么是西方的个人主义。

从上述解释我们可以清楚地看到，“个人主义”这一概念，在西方作为一种价值观念和道德原则，是有着不容混淆的确切意义的。个人主义同我们日常所说的“自私观念”、“自私自利思想”和行为，并不是一个相同的意思，更不是我们所说的个人利益。每个人都有自己的个人利益，但这并不是个人主义；一个人可能有自私自利的动机和行为，但并不等于说他就一定具有个人主义的价值观念。

二、个人主义的历史发展

怎样认识个人主义？它是怎样发展过来的？在我国当前的改革开放中，有没有积极作用？个人主义同利己主义有什么不同？为什么我们不能同意将个人主义、个人本位作为伦理道德的价值导向？

个人主义作为一种思想体系和价值观念，在西方有着源远流长的历史。一般来说，个人主义可以有广义和狭义之分。广义的个人主义，是泛指西方从文艺复兴以来，随着资本主义生产关系的发展，随着反对封建压迫和神权统治的斗争而形成的以个人为中心的思想；狭义的个人主义，主要是指“个人主义”这一概念出现以后的个人主义思想体系及其理论。

最早的广义的个人主义，可以追溯到文艺复兴初期的一些人文主义思想家，他们强调个人的个性、个人的尊严和个人的幸福，包含了个人主义思想的萌芽。17 世纪英国的著名思想家霍布斯（Hobbes，1588—1679），最早对个人的欲望、幸福等思想，作了较多的论述。他从心理上和生理上来分析，认为人都是利己的，所有的人按其本性来说都只关心个人的利益，都是为了满足和发展个人的欲望，都是为了追求个人的幸福。霍布斯还特别强调，这种对人的欲望的满足，是人生而具有的一种平等的、自然的权利。霍布斯之后的又一个英国思想家洛克（Loke，1632—1704），对有关个人的思想作了进一步的发展。他认为，每一个人都是一个道德上的存在，每一个人的生活目的都是为了保全自己。他还特别注意人的“自由”。针对封建社会对人的个性的压抑，他强调“重压下呻吟的人，自然要努力挣脱套在脖子上的锁链”。18 世纪初，随着资本主义自由竞争的发展，英国政治经济学家亚当·斯密（Adam Smith，1723—1790），又提出了个人的选择、个人的奋斗等，在资本主义社会自由竞争日益强烈的情况下，为有关“个人”的思想增添了新的内容。在资本主义社会近四百年的发展中，尽管个人的幸福、个人的个性、个人的欲望、个人的利益都已经到处被人们所议论，但“个人主义”这个词却始终没有出现。从这个意义上说，个人主义和利己主义，应当说是有着明显的不同的。利己主义早在古希腊就已经出现了，追求自己的利益、追求自己最大的幸福就是善的快乐论的伦理学，就是古希腊的一种利己主义。直到 19 世纪 40 年代，法国的思想家托克维尔，在他考察美国后所写的《论美国的民主》一书中，最先提出了“个人主义”这一概念，并对其作了系统的解释。以后，西方的思想家，基本上都是承袭了托克维尔的这一解释而有所损益的。根据托克维尔的概括，人们可以从不同的方面去理解个人主义。作为一种价值目标，个人主义特别强调，个人本身就是目的，具有最高的价值，而社会只是达到个人目的的手段；作为一种政治民主思想，个人主义因反对国家、社会对个人行为的干预，往往导致无政府主义；作为一种财产制度，个人主义主张维护财产的私有制。个人主义同利己主义究竟有什么区别和联系？

托克维尔说：“个人主义（Individualism）是一种新的观念创造出来的一个新词。我们的祖先只知道利己主义（Egoism）。”又说：“利己主义是对自己的一种偏激的和过分的爱，它使人们只关心自己和爱自己甚于一切。”与利己主义稍有差别：“个人主义是一种只顾自己而又心安理得的情感，它使每个公民同其同胞大众隔离，同亲属和朋友疏远。”其结果是：“利己主义可使一切美德的幼芽枯死，而个人主义首先会使公德的源泉干涸。但是，久而久之，个人主义也会打击和破坏其他一切美德，最后沦为利己主义。”① 托克维尔关于个人主义的思想，对以后一些西方伦理思想家有很大影响。著名的功利主义者密尔（John Stuart Mill，1806—1873），在他写的自传中，就特别强调了托克维尔对他的影响。

在托克维尔提出个人主义这个新概念之后，西方人对个人主义的理解，又可分为两个方面，即从积极意义上理解的个人主义和从消极意义上理解的个人主义。一些自称为个人主义者的人，较多地从个人的幸福、尊严、价值方面去理解个人主义；而一些对个人主义持批评态度的人，则较多地从个人的欲望、个人的私利等方面去理解个人主义。另外，也有一部分思想家，主张要反对低级的个人主义，提倡高级的个人主义；还有一些思想家认为旧的个人主义已经声名狼藉了，应当用“新个人主义”来代替旧的个人主义；等等。但是，不论从哪种意义上理解，谁都不能否认，个人主义是一种一切以个人为中心，一切从个人出发并为了达到个人的需要、愿望的一种思想体系。这种思想体系在反封建的斗争中，曾发挥过积极作用，这是历史的事实；在当前的资本主义社会中，在某些情况下，还能产生进步的影响，这也是可以理解的。但是，由于个人主义总是要诱发人们的私欲的不断膨胀，总是要造成个人同整体、同国家疏远和分离，总是要使个人从整体中孤立出来，并最终沦为利己主义，所以，即使在资本主义社会，它的消极作用也是非常明显的。我们是以公有制为主体的社会主义国家，我们的目标是要建设社会主义并最终建设共产主义，而以个人为中心、从个人出发并为了达到个人目的的个人主义，其目的是要引导我们到资本主义，因而是我们必须反对的。

根据托克维尔和其他西方思想家的理论概括，个人主义作为一种价值体系，它主要包括以下三个方面的内容。

---

① 以上托克维尔的有关论述见《论美国的民主》下卷，625 页。

第一，个人主义作为一种价值目标的理论，在个人与社会的关系上，它特别强调个人本身就是目的，社会、集体、国家和他人，只不过是达到个人目的的手段。“个人本身就是目的，具有最高价值，社会只是达到个人目的的手段。”这句话，是我们认识和理解个人主义的关键。个人主义是一种从主观出发的个人中心论。个人主义总是把自己放在同社会、他人对立的两极中去考虑和认识问题的。

个人主义是不是像有些人所认识的那样，同利己主义根本不同呢？托克维尔在创立个人主义一词时，曾经特别注意到个人主义同利己主义的区别和联系。正像他在前面说的：“个人主义（Individualism）是一种新的观念创造出来的一个新词。我们的祖先只知道利己主义（Egoism）。”

这就是说，在托克维尔看来，利己主义是很古老的，而个人主义是一种新观念。确实，在西方，利己主义是早在古希腊就已经产生的一种伦理学说，它认为个人的利益高于社会的利益，并把个人的快乐，特别是感官的快乐，看作一种最高的善。利己主义的思想，到了资本主义社会，得到了进一步的发展。正如托克维尔所指出的：“利己主义是对自己的一种偏激的和过分的爱，它使人们只关心自己和爱自己甚于一切。个人主义是一种只顾自己而又心安理得的情感，它使每个公民同其同胞大众隔离，同亲属和朋友疏远。因此，当每个公民各自建立了自己的小社会后，他们就不管大社会而任其自行发展了。”所以，“久而久之，个人主义也会打击和破坏其他一切美德，最后沦为利己主义”。

第二，个人主义作为一种思想，它强调个人的民主、自由和平等，并极力反对集体主义，反对社会和国家对个人的干预和限制。因此，个人主义者总是特别强调个人。正由于此，它在反对封建制度和神权统治中，使资产阶级一步一步地夺取了政权，使资本主义最终取得了胜利，推动着资本主义市场经济的发展。尽管这种个人民主、个人自由和个人平等，在资产阶级建立政权后，因其有无政府主义倾向而对资本主义的统治秩序带来了一些不稳定的因素，但由于它在根本上维护了资本主义的神圣不可侵犯的私有财产制度和资产阶级的民主政治制度，因而仍然是资本主义社会的最重要的价值观念。西方资本主义的政治家、思想家，一方面，在国内，尽量利用意识形态的力量，用法律、宗教、道德手段，维护国家的统一；另一方面，在发展中国家，又极力推行这种资产阶级的个人的民主、自由和平等，妄图以此来西化和分化发展中国家。

第三，在西方，个人主义既是一种政治观念和价值导向，又被人们认同为一种财产制度。正如《简明不列颠百科全书》所指出的：“个人主义也指一种财产制度，即每个人（或家庭）都享有最大限度的机会去取得财产，并按照自己的意愿去管理或转让财产。”这也就是说，个人主义所说的“最大限度的机会去取得财产”和管理财产，就是要允许剥削、承认两极分化的私有财产制度。西方的奥地利著名经济学家、诺贝尔奖获得者哈耶克，他自称是一个真正的个人主义者。他是西方自由主义经济理论的著名代表人物之一，是资产阶级利益的忠实代表，他在其所著的《个人主义与经济秩序》一书，特别阐发了对“个人主义”的“真正的”、“本质特征”的理解。他认为“个人主义”的本质特征有两个方面：一方面，它“是一种旨在理解那些决定人类社会生活的力量的社会理论”；另一方面，它“是一套源于这种社会生活的行为规范”。然后，他就明确地指出，个人主义这一社会理论，就是“私人产权制度”的理论，也就是资本主义制度的理论。哈耶克从各个方面论证个人主义是与社会主义相敌对的理论，他明确地宣称：个人主义是同社会主义势不两立的。正是由于上述原因，我们认为我们不但不应当提倡个人主义，相反，我们应当旗帜鲜明地反对个人主义。

我们还应当看到，西方的思想家在运用个人主义这一概念时，往往是从不同的方面来阐发个人主义的要求的，如政治上的个人主义、经济上的个人主义、伦理上的个人主义等，这里，我们只是就一般意义上来给个人主义作总的界说。根据西方思想家的意见，我们大体上可以把西方个人主义的基本内容，概括为以下几个方面：

第一，人是唯一的目的。

一切其他存在的东西，都只能是达到人的目的的手段。人只能是自己的工具，而不能是任何人或事物的工具，因为一个人自己就是目的。正是在这一意义上，个人主义的思想和理论认为，在社会上，除了自己以外，一切别人，甚至社会，都可以而且应当是达到个人目的的手段。一般来说，个人主义的思想家都把“人”或者“个人”看作先于社会而存在的抽象物，因而，社会对其生存和发展不应当有任何的限制。尽管社会契约论者也不得不承认，为了维护社会中人和人之间的和谐相处，个人还必须要让渡自己的一部分权利，但个人主义思想家最终都主张，一切社会形式，都只能看作发展个人、实现个人目的的一种手段。从这一点出发，个人主义认为，维护私有制度的神圣不可侵犯，是个人主义的一个重要原则。

第二，个人有最高的价值和尊严。

个人主义的思想和理论认为，在社会生活中，个人具有最高的价值。正如个人主义的思想家所说的："在个人主义理论中，存在着一条根本的伦理原则，即单个人的人，具有至高无上的内在的价值和尊严。"正是根据这一原则，个人主义的一些思想家，极力反对他们所说的"教条主义"的思想和原则，并认为，提倡或主张集体主义，就会因强调集体或国家而抹杀个人的价值。个人主义的思想家不区分奴隶社会、封建社会、资本主义社会还是社会主义社会中的性质不同的整体主义和集体主义，他们反对一切有关整体主义和集体主义的思想和理论。他们断言，任何的整体主义和集体主义，都是同个人的价值、自由和尊严相对立的。

第三，人的自由和自主性。

人的自由和自主性，是个人主义的又一个重要原则。一个人的思想和行为是他自己的，它只应当受自己的理性的支配，而不应当受到过多的社会的政治、法律和道德的制约，因此，社会对个人的限制，应当限制在最小的范围内。正是在这一"自由"的思想的支持下，一些个人主义者，又常常走向无政府主义。一些个人主义的思想家甚至主张，伦理学作为研究道德的一门科学，它不能告诉人们应当做什么和不应当做什么，它只能提出一些道德规范来供人们进行自觉自愿地选择，至于一个人到底要选择什么，是选择道德或是选择不道德，那完全是个人的权利。

第四，个人的幸福是人生追求的根本目的。

个人主义认为，对一个人来说，只有他自己才知道什么是自己最需要的，也就是说，只有他自己才知道对他来说，什么是幸福的和什么是不幸福的。人的追求，只能是按照他对自己的幸福的理解去行动。任何道德原则和要求，都应当以实现个人的幸福为根本目的。人的本性是利己的，追求个人的幸福，是人的本性。一个人的生活的真正目的，就是发展自己的个性，而个性的最完满的实现，就是个人的幸福的获得。正是从追求个人的幸福出发，个人主义者中的一部分，又往往成为只知道追求物质享受的享乐主义者。为了保持个人主义的名声，美国的伦理学家杜威主张，应当区分高级的个人主义和低级的个人主义，希望把那些只追求物质享受的享乐主义者排除在他的新个人主义之外。

第五，个人的隐私的权利。

这是个人主义发展到后来所产生的一种新的意义，也可以说是个人主义发展到19世纪以来的产物，是现代意义的个人主义的一个新内容。因为在古希腊，还说不上要保护什么个人的“隐私”。在中世纪，一个人不但没有什么隐私的权利，而且还必须要把自己的灵魂的隐秘袒露给神父和上帝。我们知道，奥古斯丁的《忏悔录》，就可以说是一部内心世界的大暴露，尽管它不一定是完全真实的。近代以来的个人主义的思想家认为，一个人的行为，只要它不涉及他人和社会，他就应该受到保护。这也就是说，每一个人都有一个不受公众干涉和监督的领域，这个领域应当得到社会的承认，应当受到法律的保护。但是，由于对“不涉及他人和社会”这一领域没有一个明确的界定，一些人也就因此而任意加以解说。西方的性自由、性解放和同性恋的发展，以及在西方社会所引起的对社会风气的影响，有一些就是在这一思想和理论的支持下得以发展的。

总的来说，西方的价值观，特别是从青少年的思想道德教育来看，大体上，我们可以把它归纳为以上五个方面。我们可以看到，其中也确有一些积极的方面，在我们今天的青少年的思想道德教育中，应当加以批判地继承和吸收；同时，我们也应当清醒地看到，西方的价值观，从本质和主流来说，其中的以个人为中心，把个人看作唯一的目的，把社会和他人当作满足个人目的的手段等思想，是有害的，是应当坚决加以摒弃的。

关于集体主义原则的几个问题*

对集体主义的理论如何深化和在实践中如何实施，在当前理论领域和社会实践中仍是一个有待深入讨论和研究的重要问题。在市场经济条件下，集体主义还能不能成为社会主义道德的基本原则，个人主义能否取代集体主义成为社会主义道德的基本原则？改革开放以来，对这些问题的争论和理论分歧，几乎都同对“集体主义”和“个人主义”的不同理解有关。因此，重新认识和明确界定集体主义，对伦理学和思想道德教育的理论与实践都有特殊的重要意义。

一、集体主义原则的主要内容

集体主义原则究竟怎么界定，在当前学术界众说纷纭。因此，在新形势下，如何正确全面地阐释集体主义有十分重要的意义。集体主义原则合理调控集体与个人、集体与集体、全局与局部的各种矛盾和所有与此相联系的关系，是社会主义道德体系中占主导地位的根本原则，涵盖社会的指导思想和价值取向，影响人们的思想观念和思维方式，引导社

---

* 原载《思想理论教育导刊》，2012（6），系 2010 年度教育部人文社会科学重点研究基地重大项目“社会主义和谐社会核心价值体系研究”（项目批准号：10JJD720007）的阶段性成果。

会思潮。它不仅作用于政治、经济、文化和社会生活的各个方面，而且对每个社会成员的世界观、人生观和价值观都有重大的影响。

我个人认为，大体上说，集体主义有三个方面的主要内容：

1. 集体主义的总原则：集体利益优先于个人利益

集体主义的总原则，就是“集体利益高于个人利益，或者说集体利益优先于个人利益”。失去了这一原则，也就不可能有社会主义的集体主义。“集体利益高于个人利益”是集体主义原则的内核。对于这一点，我们应当有正确的认识和理解。我们说“集体利益高于个人利益”，是指一切其他的道德原则和道德规范以及与此相关的各种道德准则，都应当而且必须以这一原则为导向，并使其在各个方面和各个环节都能符合这一原则，按照这一原则的要求行事。

社会主义社会是一个真正能够体现全体人民利益的社会，国家利益、人民利益、集体利益必然是重于、高于个人利益。与此相适应，整体利益大于个体利益，全局利益大于局部利益，个体利益服从整体利益，局部利益服从全局利益，当前利益服从长远利益，都是集体主义的应有之义。

在实际生活中，个人利益和集体利益难免会发生矛盾。集体主义强调，在个人利益和集体利益发生矛盾，尤其是发生激烈冲突的时候，必须坚持集体利益高于个人利益的原则，即个人应当以大局为重，使个人利益服从集体利益，在必要时，为集体利益作出牺牲。这里需要特别强调的是，只有在不牺牲个人利益就不能保全集体利益的情况下，集体主义才要求个人为集体利益献身。集体主义之所以要求个人利益服从集体利益，归根到底，既是为了维护集体的共同利益，也是为了维护个人的根本利益。

2. 集体主义强调集体利益和个人利益的辩证统一

在社会主义社会中，国家利益、社会利益体现着个人根本的、长远的利益，是集体所有成员共同利益的统一。同时，每个人的正当利益，又都是集体利益不可分割的组成部分。集体的兴衰与个人利益得失息息相关。在现实生活中，集体利益和个人利益是相辅相成的。集体利益的发展，本身就包含着集体中每个人利益的增加。而集体中每个人利益的增加，同样有利于集体利益的扩大。

为此，我们强调集体利益和个人利益的关系是辩证统一、相互依存和相互制约的。首先，个人要积极关心、维护国家和集体的利益。当个人利益与国家、集体利益发生矛盾时，要把国家、集体利益放在首位，必要时还要具有从大局和长远利益出发牺牲个人利益的精神。所谓的必要时牺牲个人利益，是以尊重公民个人的自觉自愿为基础的，而不是国家、集体对个人的强迫。其次，对于国家和集体而言，要高度重视个人利益的正当性和合理性，尽力保障个人的正当利益，使公民合法权益不受侵害。最后，集体和个人都要从各自的角度重视集体利益与个人利益的统一与协调，在协调中使双方的利益得到保护和发展。

在过去一段时间，由于对集体主义的解释出现了片面强调集体主义而忽视个人利益的现象，因而有些人错误地认为集体主义是对个人利益的限制和否定，这种误区应当改变过来。

3. 集体主义重视和保障个人的正当利益

集体主义的一个重要方面，就是要促进和保障个人正当利益的实现，使个人的才能、价值得到充分的发挥。这不但与集体主义不相矛盾，而且正是集体主义思想的应有之义。只有在集体中，个人才能获得全面发展，只有在集体中，才可能有个人自由。那种把集体主义看作对“个人的压制”和“个性的束缚”的思想，是与集体主义的本义相违背的。事实上，正是集体主义的贯彻，才真正为培养人的健全人格、鲜明个性和创新精神提供了道义保障。贯彻集体主义原则，不但不会抹杀个人利益和个人权利，相反，社会主义的集体主义，本身就包含着对个人利益的肯定。一些人出于误解，错误地把集体利益高于个人利益同“自由”、“公正”、“人权”、“人道”等对立起来，并且以倡导个人“自由、民主和权利”的旗帜来反对集体主义。随着市场经济的逐步发展，拜金主义、享乐主义、唯利是图、坑蒙拐骗、自私自利的腐朽资产阶级思想，也在一定的气候和土壤里不断发展。改革开放 30 多年来在伦理学方面的争论，不是要不要充分强调个人的民主、自由和权利，而是在社会主义市场经济条件下，如何防止和反对资产阶级腐朽思想的侵蚀，坚持社会主义集体主义这样一个有极端重要意义的原则。

个人主义强调个人权利对社会的优先性，主张个人利益是一切社会行为的归宿。集体主义道德原则反对个人主义，本质上是反对其过分张扬的个人权利对社会利益和“公共善”的消解。集体主义虽然强调集体利益的优先性，同时主张从具体的现实个人的生活条件和社会生活的物质前提来把握个人的道德选择。集体主义所强调的个人权利，指的是不能侵犯社会整体和其他人的正当权益。

二、发展社会主义市场经济为什么需要坚持集体主义

有些人认为，个人主义是市场经济必然的道德基础，因此，在社会主义市场经济条件下，如果提倡集体主义和奉献精神，就会妨碍和不利于人们为赚钱而从事的种种行为，市场经济将不可能发展。我们认为，随着社会主义市场经济的发展，我国的经济生活和道德生活正在发生着深刻的变化，在道德领域出现了许多新问题，我们必须不断补充、丰富和完善集体主义原则，以适应变化了的现实。但是，并不存在用个人主义代替集体主义的问题，这是由社会主义社会的本质决定的，也是发展社会主义市场经济的客观要求。

1. 集体主义是社会主义社会的本质要求

在社会主义市场经济条件下，集体主义仍然而且应当成为社会主义道德的基本原则，这是社会主义社会的本质要求。生产资料公有制占主体地位的社会主义基本经济制度，以工人阶级为领导阶级、以共产党为执政党的人民当家做主的国体和政体，以马克思主义、毛泽东思想和中国特色社会主义理论体系为指导的社会主义先进文化，分别为集体主义的实施创造了经济前提、政治前提和文化前提。坚持中国特色社会主义道路和共产主义理想，就必然要坚持集体主义。放弃了集体主义原则，也就不可能真正坚持社会主义事业和共产主义事业，错误的道德导向将会引导我们的社会走到邪路上去。我们强调坚持集体主义的重要性，根本原因就在于此。一些人认为，在“马克思的社会主义或共产主义中，个人主义和集体主义是统一的，利己主义和利他主义也是统一的”①，这种观点同马克思主义是根本背离的。

2. 集体主义是发展社会主义市场经济的客观要求

发展社会主义市场经济，是同社会主义基本制度有机结合的，从这个意义上讲，集体主义不但是社会主义社会的本质要求，而且也正是发

---

① 尚实：《用非道德的办法解决道德问题——如何看待现阶段的个人主义和利己主义》，载《社会科学报》，2003-08-14（1）。

展和完善社会主义市场经济的客观要求。与社会主义市场经济相适应的社会主义道德的主要任务就是在社会主义制度下弘扬主体精神的同时，否定市场经济中利己主义和金钱崇拜的自发倾向，并在新的基础上实现主体精神与集体利益的有机结合。

我们通过发展市场经济来塑造独立个人、焕发道德主体性的同时，也付出了比较沉重的道德代价。这就是市场经济条件下个人道德主体性的高扬，很大程度上是个人“利益最大化”的逐利冲动所引发出来的。这里，主体精神与人被物化为“经济人”以及相应的道德利己主义和个人主义的相伴而生，这种情况已经在一定程度上导致了对社会主义核心价值导向的偏离。发展市场经济之所以需要道德，是因为它在唤醒人的主体性的同时，有助于克服市场自身的弱点和消极方面，有助于形成追求高尚、激励先进的良好社会风气，从而保证市场经济的健康发展。等价交换、契约、效益等是经济原则，少了这些原则，市场经济无法运转。但是，道德原则和经济原则都不能泛化，不能相互替代。试图用经济事实、经济行为来否定道德崇高、否定奉献精神，用经济原则代替道德原则，用现实的存在代替应当来进行社会的道德设计，不仅是荒唐的，而且是可怕的。它将导致人情冷漠、唯利是图，加剧人的异化，违背道德的约束和导向本质。

3. 集体主义在具体的道德要求上有不同的层次

在社会主义市场经济条件下，根据我国经济生活和思想道德情况的实际，有必要对集体主义原则在具体的道德要求上划分为不同的层次。一方面，集体主义原则的最高要求是发扬无私奉献、一心为公的精神，它是先进分子所力求做到的；另一方面，集体主义原则也要求人民群众做到先公后私、先人后己，或至少做到公私兼顾、不损公肥私，并且不断地追求更高的道德境界。这样，提倡奉献精神就是集体主义题中应有之义。有人认为，“青年人赚钱的行为本身，就是为人民服务”，甚至提出“我不赞成不赚钱的为人民服务，免费的为人民服务未必是好事”，在他们看来，“在市场经济中赚钱，不是免费服务，也不是低价服务，而是按照经济规律的服务，赚钱本身也就是一种为人民服务”①。这种把奉献精神同市场经济对立起来，并以市场经济为借口而否认“无私奉

① 茅于轼：《青年不要空谈理想　赚钱本身就是为人民服务》，载《河南商报》，2009-11-16（A11）。

献”和“为人民服务”的观点，是极端有害的。

集体主义提倡奉献精神，同时，也注意到对道德高尚的人的行为的补偿。为了使这种行为能够在社会上长盛不衰，维护社会公正，集体对作出牺牲和奉献的个人的补偿则是必不可少的。从现实的角度看，在发展社会主义市场经济的条件下，集体和全局完全可以对个体、局部的自我牺牲进行适当的补偿。尽管那些无私奉献、甘于自我牺牲的人，他们自己可以不计个人利益，但对他们的自我牺牲进行补偿，可以对广大群众起到社会价值的导向作用。

集体主义的理论和实践，需要随着市场经济和政治、文化的不断发展进行更加深入的探讨与研究，使集体主义理论更加丰富，在实践中更好地适应社会经济、政治和文化的发展，使自己更有说服力。这一工作，还有待于广大理论工作者的努力。

三、集体主义中的“集体”定位问题

在贯彻集体主义原则时，一个重要的问题就是对“集体”应当如何理解。一些人常常以“集体”的概念无法明确而对集体主义产生疑虑，以“集体”无法定位而否定集体主义。他们提出，这里的“集体”，到底是指国家和民族，还是指某一个单位、组织或行业，还是全部都包括在内？一些人甚至认为，发展市场经济，出现了许许多多不同性质的局部的各种各样的集体，为什么在道德原则上还要坚持社会主义的集体主义？要消除这些疑虑，首先必须明确集体主义中的“集体”定位问题。

1. 集体主义中的“集体”有两个层次的内容

从唯物辩证法的视角来看，集体主义中的“集体”有两个层次的内容。它既可以表现为作为国家、民族、社会等普遍的“集体”，也可以表现为当前市场经济条件下各种不同的、局部的集体。我们也可以说，这里的集体，既有一般意义上的集体，又有个别意义上的集体。这种“一般”和“个别”、“普遍”和“特殊”的关系，正好是复杂的现实生活的反映。作为一般意义上的集体，它是所有个别的、局部的“整体”的共同特性。所有个别的、局部的“整体”，都有一般意义上的“整体”的某些属性。正是由于这种特点，我们有时在一般意义上使用“集体”

这一概念，有时在个别意义上使用这一概念。任何一般的、普遍的、共同的东西，都是同个别的、特殊的、具体的东西相联系而存在的。在当前的市场经济条件下，尽管各种具体的、特殊的、个别的集体，有着不同层次不同性质的差异，但在社会主义社会中，在马克思主义的指导下，在社会主义的政治、经济、文化和道德的诱导下，它们都必然要受到社会主义集体的制约和引导。所以，在道德原则上，同样适用社会主义的道德原则。那种以市场经济为原因而否定集体主义原则的理论是不能成立的。

2. 集体主义中的“集体”应当体现全体成员的利益和意志

如果一个集体不能代表整个社会的普遍利益，也不能代表这个集体之中的各个成员的利益，那它就是一个“虚幻的集体”。我们所说的“集体”，是能真正“代表全体成员利益的”集体。也就是说，集体利益和个人利益是辩证统一的。在社会生活中，集体主义的一个重要内容，就是为了维护集体真正的、长远的、可持续的利益，这就必须要把维护个人的正当利益作为集体主义一个必须加以认真重视的方面。我们在突出集体地位的同时，也要强调个人的地位，从一个全新的高度，来认识个人与集体的辩证关系。集体是由许多个人和局部组成的，离开了个体的充分发展，也就不可能有集体的发展，这个道理是显而易见的。集体犹如一个有生命、有活力的有机体，个人和局部犹如这个有机体中的细胞。生物学研究早已发现并证明，只有一个有机体的所有细胞都充满活力，这个有机体才能是生机勃勃和生长旺盛的。当然，我们也要十分清楚地看到，任何一个有机体的细胞，如果脱离了自己赖以存在的有机体，这个细胞也就失去了自身存在的条件。

3. 集体主义中的“集体”应当是“真实的集体”

“真实的集体”是相对于“虚幻的集体”而言的。判断集体是否真实的最可靠的方法，莫过于看这个集体是否真正像它所宣称的那样为最大多数人谋利益，而不是仅为少数人谋利益。就此而论，强调集体主义原则中集体的真实性问题已经超出了一般的理论领域，成为直接与集体主义原则的可信赖程度密切相关的现实问题。

在社会主义初级阶段，由于经济发展、政治改革和社会进步的程度不同，我们社会的集体，还不可能都是真实的集体。它既不是马克思和恩格斯所说的那种“虚假的”、“虚妄的”、“不真实的”集体，也还不可能达到马克思和恩格斯所说的“真正的”、“能完全代表成员利益的”集体。但是，从我国社会主义社会现实的总的情况来看，我国社会中的大多数的“集体”基本上都是能够体现它的成员利益的集体。当前社会中一些现实的“集体”，可能还存在这样那样的缺陷，但是，只要这个集体的成员基本上是为这个“集体”成员的利益而工作的，我们就应当承认这个集体是现实的，也是合理的。同时，这个集体中的所有成员，都应当不断地、逐步地为改善这个集体并使这个集体朝着更加完善的方向而努力。只有通过集体所有成员的不断努力和坚持不懈的奋斗，并通过“改善”、“提高”、“再改善”和“再提高”，才能使我们的集体逐渐趋于完善。

第三编

道德核心

论社会主义道德的核心和原则*

党的十四届六中全会通过的《中共中央关于加强社会主义精神文明建设若干重要问题的决议》（本文以下简称《决议》）指出："社会主义思想道德集中体现着精神文明建设的性质和方向，对社会政治经济的发展具有巨大的能动作用。"在当代中国建设社会主义精神文明，必须始终坚持以马克思列宁主义、毛泽东思想和邓小平建设有中国特色社会主义理论为指导，充分发挥精神文明对社会政治经济发展的极大的能动作用，保证我国的物质文明建设能够沿着社会主义道路，健康顺利地向前发展。现在，仅就六中全会《决议》中关于道德建设的有关问题，谈一谈学习的认识和体会。

一、关于社会主义道德建设的核心

六中全会《决议》指出，"社会主义道德建设要以为人民服务为核心，以集体主义为原则，以爱祖国、爱人民、爱劳动、爱科学、爱社会主义为基本要求"，这是当前道德建设的一个总的指导思想。这就是说，我们在道德建设中要紧紧抓住一个核心、一个原则和五个基本要求。在

---

* 原载《高校理论战线》，1996（11）。

社会公德、职业道德和家庭美德建设中，都要大力倡导为人民服务的精神，倡导集体主义的原则和集体主义精神。

新中国成立以来，在道德建设中，我们常常把“为人民服务”同树立正确的人生观联系在一起，同“爱人民”的社会公德结合在一起，同“革命的人道主义”联系在一起，而没有提高到社会主义道德建设的核心这一高度加以认识。我认为，《决议》提出“为人民服务”是社会主义道德建设的核心，是一种科学的概括，是对道德建设的一种新的认识，具有重要的理论意义和现实意义。

为什么说“为人民服务”是社会主义道德建设的核心呢？

首先，“为人民服务”这一思想，反映了社会主义经济基础和政治制度的客观要求。

我们知道，道德是社会意识形态之一，是由一定的经济基础所产生并能动地作用于一定的经济基础，为巩固和发展这一经济基础服务的。社会主义的经济是以公有制为主体的经济，最终目的是要消灭剥削、消除两极分化，以实现所有人民共同富裕。因此，“为人民服务”，为广大人民群众特别是为工人、农民和知识分子服务，是我们的根本目的。我们之所以强调社会主义的本质是解放生产力和发展生产力，主要就是因为，只有解放和发展了生产力，才能改善广大人民群众的生活水平，提高人民的福利待遇，才能消除两极分化，最终达到共同富裕的目的。社会主义道德建设作为社会主义经济的客观要求，不论任何时候，都不能忽视最广大人民群众的最大利益这一思想。我国实行社会主义市场经济以来，在国内，有的人以允许多种经济成分发展为由，妄图否定公有制的主体地位；在国外，西方敌对势力用种种手段，力图以资本主义私有制取代社会主义公有制，从而腐蚀、瓦解社会主义的经济基础，使中国沦为“完全西方附庸化的资产阶级共和国”。在这种情况下，我们强调“为人民服务”是社会主义道德建设的核心，就是要充分发挥社会主义道德的巨大的能动作用，关心人民，爱护人民，急人民之所急，想人民之所想，扶危济困，帮贫救难，以维护人民利益为最高要求，从而形成一种团结和睦的新型人际关系和热爱社会主义的氛围。从社会政治制度来看，我国是一个人民当家做主的人民民主专政的国家，只有人民，才是历史的创造者和推动者，我们的社会道德建设应该同我们的“国家富强、人民幸福”的奋斗目标紧密地联系起来。由此可见，“为人民服务”

既是我国社会主义道德建设的核心，也是我们道德建设的出发点和根本目的。

其次，“为人民服务”是社会主义道德所有要求的集中体现。

什么叫有道德？一个人怎样才能成为一个有道德的人？用一句通俗的话来说，就是要有为他人服务、为社会献身的精神。一个人在社会中生活，总要处于各种不同的社会关系之中，处于不同的社会组织或社会团体之中，总要同其他人发生各种不同的关系。“道德”就是使人们能够时时处处想到别人、想到国家和想到社会，从而能够设身处地、推己及人、与人为善、服务他人，使他人能够因同自己的相处而得到益处。这样的行为就是道德的行为，这样的人就是一个有道德的人。一个有道德的人在践履服务他人、献身社会的崇高行为的过程中，必然会使自己的道德觉悟不断提高，思想境界不断升华，并受到社会的尊重，从而使自己身心获益。中国古代思想家也正是从这一意义上来理解道德的。东汉时刘熙，根据“义以音生，字从音造”的传统，认为“德者，得也，得事宜也”，这就是说，“道德”就是在人和人相处时，要把这种关系处理得合适，使他人和自己都能有所得。许慎更明确地说：“德，外得于人，内得于己也。”即，一个有道德的人，在同他人相处中，一方面要能够“以善念存诸心中，使身心互得其益”，这就是“内得于己”；另一方面，又能够“以善德施之他人，使众人各得其益”，这就是“外得于人”。从社会实际生活中我们可以深切地感受到，一个人越是自觉地、真诚地、经常地为他人服务、为社会献身，他的道德就越高尚，他的思想境界也就越崇高。“为人民服务”、“为社会服务”，就是一种献身精神，这种献身精神的大小，是同道德的升华成正比例的。我们从徐虎、李素丽等先进楷模的事迹中，可以更清楚地看到，社会主义道德的核心，就是由他们所体现的这种崇高的“为人民服务”的精神。正如毛泽东同志早在1944年所指出的，“我们这个队伍完全是为着解放人民的，是彻底地为人民的利益工作的”，“我们的干部要关心每一个战士，一切革命队伍的人都要互相关心，互相爱护，互相帮助”。在当前实行社会主义市场经济的情况下，在道德建设中，我们一定要抵制拜金主义思想对人们的腐蚀，加强广大人民群众之间的互相关心、互相爱护和互相帮助，使人们的思想道德素质不断地得到提高。

再次，“为人民服务”是贯串社会公德、职业道德、家庭美德领域的一根主线，体现着社会主义道德建设各个方面的根本要求。

《决议》指出，在加强社会主义道德建设中，必须开展社会公德、职业道德和家庭美德教育，在全社会形成团结互助、平等友爱、共同前进的人际关系。而要形成这种人际关系，就更需要弘扬为人民服务的精神。

在职业道德建设中，《决议》提出了爱岗敬业、诚实守信、办事公道、服务群众和献身社会五个主要方面，其中每一个方面都是同"为人民服务"紧紧联系在一起的。没有"为人民服务"的思想，就不可能"爱岗敬业"、"办事公道"，更不可能做到"服务群众"、"献身社会"。对职业岗位的无限热爱和对群众的真诚关心，都必然出于一种发自内心的为人民服务的献身精神。李素丽说得好："不管有多少烦心事儿，只要一坐在票台前为乘客服务，我就特开心，什么烦恼都忘了。"也正是这种自觉地、真诚地为人民服务的精神，使李素丽十五年来如一日，热爱自己的售票工作，把三尺票台看作自己"爱岗敬业"、"服务群众"、"献身社会"的广阔天地。

在社会公德方面，大力倡导"助人为乐"的精神，在当前尤为重要。一个人在社会中生活，免不了要遇到一些困难，甚至遭到某些不幸，总希望能够得到别人和社会的帮助。在社会主义社会中，人和人之间本应当是一种团结互助的友爱关系。但是，实行改革开放和发展社会主义市场经济以来，由于市场自身的弱点和消极方面的影响，一些人见利忘义，唯利是图，只顾自己，不管别人，甚至在人民群众的生命财产遭到严重危害时，仍然是"见义不为"、"见死不救"、冷眼旁观、麻木不仁。这种情况，不但毒害了社会主义社会中人和人之间的同志友爱关系，而且客观上往往造成使恶人更加肆无忌惮的严重后果。针对我国当前社会中的情况，加强"助人为乐"的教育，形成关心人民疾苦和"见义勇为"的社会风气，我们必须强调发扬"为人民服务"的精神。

在家庭美德教育中，要做到尊老爱幼，邻里团结，在文明社区建设中，要改造旧习，移风易俗，形成文明健康的社会文化等等，都需要弘扬服务人民、献身社会的崇高精神。正是从这一意义上，可以看到，"为人民服务"是贯串整个社会的各个重要领域的自始至终的一个重要思想。

最后，"为人民服务"体现了社会主义道德建设的先进性要求和广泛性要求的统一，包含着社会主义道德的不同层次的要求，引导人们沿着社会主义道德的要求不断向上攀登。

正如《决议》所指出的："我们现在建设和发展有中国特色的社会主义，最终目的是实现共产主义，应当在全社会认真提倡社会主义、共产主义思想道德。"这是社会主义道德的先进性的要求。在一段时期内，一些人错误地认为，现在既然是社会主义初级阶段，又实行市场经济，就不应该再提倡共产主义道德，甚至把提倡共产主义道德看作脱离实际的"大话"。这种否认社会主义道德先进性要求的观点，是极为有害的，它必然会使我们在道德建设中失去信仰、迷失方向。实践证明，在我们社会中，一些共产党员和先进分子，为了广大人民群众的利益，为了共产主义理想，大公无私，勇于献身，全心全意为人民服务，他们崇高的共产主义道德品质，正有力地激励着广大人民，应当在我们的社会中认真提倡，使更多的人向他们学习。同时，社会主义道德建设，还必须从广大人民群众的思想道德素质的实际情况和人们的现实道德水平出发，不断教育和提高，逐步引导他们达到更高的水平。道德作为人们行为的规范，它本身必然包含着从低到高的多层次的要求。道德的最高要求，是不可能一蹴而就的，人们只有在道德阶梯的攀登上，刻苦锻炼，身体力行，才有可能达到道德的高峰。古人认为，道德的最高要求，是激励人们道德进步的一种动力，即使是短时期内不易达到，也要本着"虽不能至，心向往之"的精神，从实际出发，不断地向这一目标努力。因此，在提倡先进性的同时，要"鼓励支持一切有利于解放和发展社会主义社会生产力的思想道德，一切有利于国家统一、民族团结、社会进步的思想道德，一切有利于追求真善美、抵制假恶丑、弘扬正气的思想道德，一切有利于履行公民权利与义务、用诚实劳动争取美好生活的思想道德"，引导广大人民群众，不断地提高他们的思想道德水平。从一定的意义上来看，"为人民服务"这一思想，既包含着社会主义道德的基本要求，也与向社会主义道德的最高要求"全心全意为人民服务"发展有必然联系。"为人民服务"与"为社会服务"的思想和行为的不断发展，就必然会培养起人们"全心全意为人民服务"的理想和信念，从而才能使人们在日常的行为中发扬"为人民服务"的精神。

总之，我们要认真体会"为人民服务"作为社会主义道德建设的核心的重要意义，使我们的道德建设取得更大的成就。

二、关于社会主义道德建设的原则

社会主义道德建设，究竟应当以什么为原则？党的十四届六中全会《决议》指出，社会主义道德建设，应当以集体主义为原则，这就进一步明确了我国道德建设中一个重要的问题，在理论上和实践上，都有极其重要的意义。

集体主义作为我国社会主义道德的原则，是新中国成立以来我国理论界所取得的一个共识。我们实行改革开放和发展社会主义市场经济以来，一些人错误地认为，集体主义是计划经济的产物，因而在我国实行市场经济后，就不应当再以集体主义为原则，而应当代之以其他原则。更有甚者，有的人认为，既然实行了以强调个人利益为根本目的的市场经济，就应当以"个人主义"作为我们社会的道德原则。有些人在强调"个人主义"的同时，还极力从各个方面贬损、斥责集体主义，说集体主义不重视个人利益、束缚个性发展等，从而在社会上给许多人造成了困惑。因此，对于《决议》的这一规定，有必要进行深入的理解：为什么在社会主义市场经济条件下，我们的道德建设，仍然要以集体主义为原则？怎样才是对集体主义的全面的、科学的理解？集体主义原则在道德建设中有什么重要意义？

第一，为什么说在社会主义市场经济条件下，我们的社会主义道德，仍然应当以集体主义为原则？

应当明确，我们所实行的市场经济，不是一般的市场经济，而是社会主义市场经济。党的十四届六中全会《决议》指出，社会主义市场经济，作为一种经济体制，它"不仅同社会主义基本经济制度、政治制度结合在一起，而且同社会主义精神文明结合在一起"。我们实行社会主义市场经济的目的，并不仅仅是发展经济，而且是使我们国家沿着社会主义道路，发展成为屹立在世界东方的一个富强、民主、文明的社会主义国家。正是由于这一原因，我们认为，以我国实行市场经济为理由，认为我国的社会已经"转型"，因而要求我们的社会道德原则也应当从集体主义转向个人主义原则的看法，是完全错误的。正像江泽民同志在十四大的报告中所指出的，我们现在实行社会主义市场经济，只是由过去的计划经济体制转到市场经济体制，也就是说，这只是一种经济体制的转变，不是社会制度的转变，这种转变的目的正是为了不断完善和发展我们的社会主义制度。至于说到我们的政治制度，虽然我们要进行相应的政治体制改革，但坚持四项基本原则，坚持社会主义的民主政治制度，则是我们坚定的立场。我们知道，任何一个社会的通行的道德原则，都是同它的经济制度和政治制度相适应的，古今中外，概莫能外。如果一个社会的基本道德原则同自己的社会制度相背离，它就必然会成为一种反对这种社会制度的异己力量。这一点，在历史上也是屡见不鲜的。在一个社会的经济、政治制度没有根本变化的情况下，一般来说，它的道德基本原则，也只能随着这一社会的经济、政治制度的不断补充、发展和完善而相应地不断补充、发展和完善，而不能用另外什么同这一社会经济、政治制度不一致或相矛盾的某些原则去代替。集体主义的原则，并不是单纯地同计划经济相联系的，而是同社会主义的基本的政治制度和经济制度相联系的，那种认为实行市场经济就要改变社会主义的道德原则的思想，是一种似是而非的看法，应当加以澄清。由此可见，社会主义道德的集体主义原则，作为整个社会的价值导向和道德基本原则，是同社会主义本质相联系的，是贯串社会主义建设的整个历史时期的，任何对于社会主义集体主义道德原则的犹豫和动摇，都将对社会主义道德建设带来危害，有可能使我们的道德建设偏离社会主义的方向。这一点，是我们应当特别加以注意的。

第二，在强调集体主义作为社会主义道德的原则时，我们还必须对集体主义做出科学的、全面的解释，纠正在一段时期内对集体主义的种种误解。

在过去一段时间内，特别是在“文化大革命”中，在“左”的思想的影响下，曾经片面地强调了集体利益的“至上性”，忽视以至否认个人正当利益的合理性，存在过把集体利益同个人利益绝对对立起来的错误倾向。但是，一些人以此为理由，他们不是要纠正那种强加于集体主义之上的种种片面理解，而是要纠正集体主义本身，这就大错特错了。社会主义道德的集体主义原则，同“为人民服务”一样，是同社会主义的基本经济制度和政治制度相联系的，是同实现社会主义和共产主义的理想结合在一起的。马克思、恩格斯、列宁、斯大林等经典作家，在不同历史时期，从不同方面强调了无产阶级的集体利益高于个人利益这一原则对于革命和建设的重要意义。马克思的追随者、著名的共产主义思想家拉法格，最早把集体主义确定为同公有制相适应的一种思想原则。苏联十月革命时期的卢那察尔斯基在1925年发表的《马克思主义的道德观》一文中，明确提出共产主义的集体主义原则是同资产阶级的利己主义根本对立的。斯大林也多次肯定了集体主义原则。毛泽东同志在中国革命和建设的实践中，进一步强调了个人服从集体、局部服从全局的重要意义。邓小平同志从建设有中国特色社会主义的实践出发，强调："在社会主义社会中，国家、集体和个人的利益在根本上是一致的，如果有矛盾，个人的利益要服从国家和集体的利益。"① 还进一步指出："在社会主义制度之下，个人利益要服从集体利益，局部利益要服从整体利益，暂时利益要服从长远利益，或者叫做小局服从大局，小道理服从大道理。"② 并且进一步指出：我们提倡和实行这些原则，绝不是说可以不注意个人利益，不注意局部利益，不注意暂时利益，而是因为在社会主义制度之下，归根到底，个人利益和集体利益是统一的，局部利益和整体利益是统一的。在《在全国教育工作会议上的讲话》中，邓小平同志还十分明确地提出，要"把青少年培养成为忠于社会主义祖国、忠于无产阶级革命事业、忠于马克思列宁主义毛泽东思想的优秀人才，将来走上工作岗位，成为有很高的政治责任心和集体主义精神，有坚定的革命思想和实事求是、群众路线的工作作风，严守纪律，专心致志地为人民积极工作的劳动者"③。江泽民同志最近几年来，尤其强调集体主义精神在我国社会主义建设中的重要意义，他把集体主义提高到我国当前社会主旋律的高度，使我们加深了对集体主义重要性的认识。我国是一个拥有十二亿人口的社会主义大国，在处理个人同集体、个人同国家以及地方同中央的关系中，如果放弃或背离集体主义原则，其后果将是十分严重的。

社会主义的集体主义，有着多方面的内容。作为一种道德原则，根据我们的认识，它包含着相互联系、相辅相成的三个方面的内容。

其一，社会主义集体主义强调集体利益高于个人利益，提倡在集体

① 《邓小平文选》，2版，第2卷，337页。
② 同上书，175页。
③ 同上书，106页。

利益与个人利益发生矛盾时，个人要顾全大局，以集体利益为重，在必要的情况下，个人应当为集体利益而放弃个人利益，甚至为集体利益而献身。

强调集体利益高于个人利益，并不是说在任何情况下，都要无条件地牺牲个人利益，更不是对个性的束缚和对个人利益的抹杀。在社会主义国家中，我们必须把整个国家、整个民族的利益放在首位，只有在社会主义的集体之中，个人的个性才能够得到真正的发挥。至于说由于受到个人主义、享乐主义和拜金主义的腐蚀而产生的自私自利、损人利己的思想，由于它同集体的利益相背离，理应受到集体主义思想的制约，以消除其对社会、对集体所可能产生的消极作用。“集体利益高于个人利益”这一思想，是我国社会主义社会价值导向的一个重要原则，它对维护国家利益和民族利益，对团结全国人民，对发展社会主义的经济和政治，都有极其重要的意义。

其二，社会主义集体主义在强调集体利益高于个人利益的前提下，同时强调，集体必须尽力保障个人正当利益能够得到满足，促进个人价值的实现，并力求使个人的个性和才能得到充分的发展。

重视个人的正当利益，维护个人的尊严和价值，并使每个人的个性得到充分发展，是集体主义的一个重要内容，它本身就是集体主义的应有之义。马克思、恩格斯曾经指出：“只有在集体中，个人才能获得全面发展其才能的手段，也就是说，只有在集体中才可能有个人自由。”这段话深刻地指出了“个人”发展与集体发展的辩证关系，那种认为强调集体主义就会约束个人和限制个人的观点，是毫无根据的；那种把集体主义看作“敌视个人”的观点，更是极为有害的。社会主义市场经济，从一定意义上说，是一种重视利益的经济，我们在强调国家利益和社会利益的同时，也要重视个人正当利益。只有很好地重视个人的正当利益的满足和个人才能的发挥，重视个人价值的实现，才能更有利于社会利益和国家利益的发展。在我们现实的某些集体中，也确实存在着忽视个人正当利益、忽视个人能动性的重要作用的现象，这对进一步发挥个人的积极作用，对更好地形成集体的活力，都是极为有害的，也应当引起我们的高度重视。

其三，社会主义集体主义强调，从根本上说，个人利益与集体利益是统一的，是相辅相成、辩证发展的。

在社会主义社会中，国家利益、集体利益和个人利益，归根结底是统一的。集体利益体现着个人的长远的根本的利益，是集体中每个成员利益的有机统一，而每个人正当的个人利益，本身就是集体利益的一个不可分割的部分。集体利益同个人利益的关系，又是辩证的。社会主义社会中的集体，是一种新型的代表着每个成员利益的真实的集体，因此，集体利益的发展和集体价值的实现，其本身就蕴含着个人正当利益的发展和个人价值的实现，因此可以说，没有集体的发展，也就不可能有个人的发展。同样，社会主义社会中的“个人”，都是生活、工作在一定集体中的个人，是集体一切活力的最根本的动力和源泉，因此，只有集体每个成员的个人活力和能动性能够得到发挥，每个成员的个人的价值能够实现，集体才能成为坚强有力、富有朝气和充满活力的集体。国家利益、集体利益和个人利益的辩证统一，赋予了社会主义集体主义以强大的生命力，这是它与以往一切剥削阶级的“整体主义”、“集体主义”的一个最本质的区别。

第三，集体主义作为社会主义道德建设的原则，对我们在社会主义市场经济条件下，加强社会主义道德建设，保证道德建设的正确方向，以及在全社会认真提倡共产主义道德，都有极其重要的意义。

我们实行社会主义市场经济以来，国家的经济、政治和精神文明等都取得了巨大进步，这是主流，是应当肯定的。但是，正像六中全会《决议》所提出的，“一些领域道德失范，拜金主义、享乐主义、个人主义滋长”，“一部分人国家观念淡薄，对社会主义前途发生困惑和动摇”等等，其中一个重要问题，就是在一些人中间，出现了把个人利益放在首位，“以个人为中心”，置集体利益和国家利益于不顾的倾向。社会主义的集体主义道德原则，就是要强调，在个人和他人、个人和社会的一切关系中，都要从国家利益和社会利益出发，从个人服从集体、局部服从全局、暂时服从长远的要求出发，正确地解决所出现的问题和矛盾。有些人以我国实行市场经济为理由而否认社会主义道德的集体主义原则，一个最大的错误就在于，他们忽视了我们所实行的市场经济是社会主义性质的，这就忘记了事物的本质，离开了发展的正确道路。因此，为了保证社会主义道路的方向，我们在道德上就必须坚持集体主义原则。

集体主义的原则，如同为人民服务的核心一样，都应当贯彻于社会主义道德的各个不同的领域和方面，是指导我们正确处理一切人际关系的一个基本原则。在社会公德和职业道德建设中，更应当特别强调和重视集体利益和国家利益，强调“集体利益高于个人利益”。对于家庭伦理道德来说，也只有坚持集体主义原则，把人民利益、国家利益放在个人利益之上，才能正确地处理好家庭成员之间的各种矛盾和关系。在社会主义社会中，一个置集体利益和国家利益于不顾的人，是不可能具有家庭美德的。从表面现象上来看，在人和人的关系中，似乎有一些只是牵涉到个人和个人、个人和家庭成员之间的关系，但归根到底，这些关系又都是同个人和社会、个人和国家的关系密切相联系的。正是从这一点出发，我们认为社会主义集体主义作为社会主义道德的原则，能够正确地调整我国社会各种人际关系，正确地调整个人同个人、个人同集体、集体同集体以及个人、集体同国家的关系，因而对提高我国人民的道德品质，形成扶正祛邪、扬善惩恶的社会风气，保证我国沿着社会主义道路向前发展，都有十分重要的意义。

怎样理解社会主义道德建设的核心与原则

——罗国杰教授谈学习六中全会《决议》中关于社会主义道德建设论述的体会*

党的十四届六中全会通过的《中共中央关于加强社会主义精神文明建设若干重要问题的决议》，是以江泽民同志为核心的党中央，集中了全党全国人民智慧所制定的我国社会主义精神文明建设的跨世纪的宏伟纲领。《决议》强调了思想道德建设在精神文明建设中的重要作用。最近，本刊记者就社会主义道德建设的核心和原则的问题，采访了中国伦理学会会长罗国杰教授。

记者：《决议》第11条提出社会主义道德建设要以为人民服务为核心，以集体主义为原则，您是怎样理解的？

罗国杰：首先，我认为，《决议》提出"为人民服务"是社会主义道德建设的核心，是一种科学的概括，是对道德建设的一种新的认识。过去，在伦理学研究中，我们提为人民服务，往往是从三个方面来理解的：(1) 把它当作一种正确的人生观；(2) 把它看作"五爱"要求中的"爱人民"的具体内容；(3) 把它当作革命人道主义的一项内容。现在把"为人民服务"当作社会主义道德建设的核心提出来，具有重要的理论意义和现实意义。具体来说，可以从以下几个方面来概括。第一，以为人民服务为核心，体现了道德建设的根本要求。什么是道德？一个人怎样才能成为一个有道德的人？用一句通俗的话来说，就是要有为他人

* 原载《中国党政干部论坛》，1997 (2)，采访记者为梁丽萍、周炳成。

服务、为社会献身的精神。一个人在社会中生活，总要处于不同的社会关系之中，处于不同的社会组织或社会团体之中，总要同其他人发生各种不同的关系。“道德”就是使人们能够时时处处想到别人、想到国家和社会，能够设身处地地为他人着想，推己及人、与人为善、服务他人，使他人能够因同自己的相处而得到益处。这样的行为，就是道德的行为；这样的人，就是一个有道德的人。康德说，道德之所以有崇高的美名，就是因为它伴随着牺牲。没有为他人奉献和牺牲的精神，就无所谓道德。而为人民服务的重要精神，就是能够为他人奉献，所以它是符合道德的根本要求的。第二，为人民服务，其含义还不只是一般地为人民服务，而是为广大人民群众服务，它反映了社会主义经济基础和政治制度的客观要求。社会主义经济是以公有制为主体的经济，最终目的是要消灭剥削，消除两极分化，实现全体人民共同富裕。从社会主义政治制度来看，我国是一个人民当家做主的人民民主专政的国家。社会主义道德作为对社会主义经济和政治的反映，不论任何时候，都不能忽视最广大人民群众的最大利益。我们强调“为人民服务”是社会主义道德的核心，就是要充分发挥社会主义道德的巨大能动作用，关心人民，爱护人民，急人民之所急，想人民之所想，扶危济困，帮危救难，以维护人民利益为最高要求，从而形成一种团结和睦的新型人际关系和热爱社会主义的氛围。第三，为人民服务还体现了社会主义道德的先进性要求和广泛性要求的统一。“应当在全社会认真提倡社会主义、共产主义思想道德”，这就提出了社会主义道德的先进性要求。另一方面，《决议》又指出，必须“鼓励支持一切有利于解放和发展社会主义社会生产力的思想道德，一切有利于国家统一、民族团结、社会进步的思想道德，一切有利于追求真善美、抵制假恶丑、弘扬正气的思想道德，一切有利于履行公民权利与义务、用诚实劳动争取美好生活的思想道德”，引导广大人民群众，不断地提高他们的思想道德水平。从一定的意义上来看，“为人民服务”这一思想既包含着社会主义道德的基本要求，也与向社会主义道德的最高要求“全心全意为人民服务”发展有必然联系，“为人民服务”和“为社会服务”的思想和行为的不断发展，就必然会培养起人们“全心全意为人民服务”的思想和信念。

记者：我们想插问一个问题，现在不少人把“为人民服务”同“人人为我，我为人人”相提并论，有的同志还提出革命导师列宁也曾阐述过“人人为我，我为人人”的命题，对此您怎么看？

罗国杰：“人人为我，我为人人”最早出自基督教，后来为西方学者所应用。革命导师列宁确实也提出过“人人为我，我为人人”，但他是针对“人人为自己，上帝为大家”的论调而提出来的，主要是强调在当时的条件下，不要提“上帝为大家”，而要提“我为人人”。照我的理解，“为人民服务”可以包含“人人为我，我为人人”的内容，但二者绝不可以相等同，“人人为我，我为人人”可以为任何社会制度所接受，“为人民服务”却是社会主义社会所特有的。

记者：您这样解释，我们明白了。下面请您继续谈谈关于以集体主义为原则的问题。

罗国杰：社会主义道德建设在强调以为人民服务为核心的同时，为什么又提出以集体主义为原则呢？我个人体会，可能有以下几个方面的原因。第一，从道德建设本身来讲，道德是处理人际关系的行为规范。“为人民服务”是要在个人与国家、集体、他人的关系中来体现的。在处理个人与国家、集体、他人关系的过程中，必然遇到一个以什么为主的问题，特别是在个人与国家、集体、他人发生矛盾的时候，是个人服从国家、集体、他人，还是国家、集体、他人服从个人？这里就有一个遵循什么原则的问题。另外，在“为人民服务”的活动中，还有一个如何处理局部利益和整体利益的关系问题，如果两件事都是“为人民服务”的，究竟应该先办哪件？这里也有一个遵循什么原则的问题。所以，在社会主义道德建设中，必须有集体主义这个总原则，并贯彻于“为人民服务”的一系列活动中。第二，从社会主义道德的要求来看，它非常强调维护社会的整体利益，维护国家和人民的利益。这也就是从列宁到毛泽东、邓小平以及江泽民同志所反复强调的几个基本原则，即局部服从全局、个人服从集体、全党服从中央。这是社会主义制度所要求的，也是同西方资本主义制度根本对立的。资本主义道德以个人主义为原则，把个人利益的实现当作根本目的，把国家和集体当作实现个人利益的手段。社会主义道德也讲尊重个性，实现个人价值，但它是以不违背集体利益作为前提的。为了体现社会主义道德的特点，体现同资本主义道德的根本区别，必须强调以集体主义为原则。第三，在社会主义市场经济条件下，强调以集体主义为原则具有重要的现实意义。目前，在思想界，对集体主义存在种种非难和误解，造成社会上许多人的困惑。一些人不是要纠正过去在“左”的情况下强加在集体主义身上的种种片面理解，而是要纠正集体主义本身，这就大错特错了。这就如同我们纠正对于社会主义的片面理解并不等于纠正社会主义本身一样。所以，针对思想界的实际情况，强调以集体主义为原则具有重要的现实意义。第四，从伦理学的发展历史来看，任何时代、任何社会的道德建设都讲原则，只不过是不同社会制度下道德原则不同罢了。集体主义原则，并不是我们现在才提出来的。资本主义社会中也有人提倡过“集体主义”，但这种集体主义很快变为“工团主义”、“企业本位主义”，正如马克思、恩格斯所说，资产阶级所说的集体不过是“虚幻的集体”。最早从共产主义的意义提出集体主义原则的，是马克思的追随者拉法格，他把集体主义确定为同公有制相适应的一种思想原则。苏联十月革命后，无产阶级伦理学家明确提出，社会主义伦理道德应当以集体主义为原则。在中国革命和建设的实践中，毛泽东同志进一步强调了个人服从集体、局部服从全局的重要意义。邓小平同志从建设有中国特色社会主义实践出发，明确提出：“在社会主义制度之下，个人利益要服从集体利益，局部利益要服从整体利益，暂时利益要服从长远利益。”并且进一步指出，我们提倡和实行这些原则，绝不是说可以不注意个人利益，不注意局部利益，不注意暂时利益，而是因为在社会主义制度下，归根到底，个人利益和集体利益是统一的，局部利益和整体利益是统一的，暂时利益和长远利益是统一的。上述论述都表明，集体主义是马克思主义伦理学的一条基本原则。在西方资产阶级学者那里，集体主义同社会主义是一个意思。凡是谩骂社会主义的都必然攻击集体主义，而且把集体主义当作攻击的主要目标，所谓不讲人权、扼杀个性等都是冲着集体主义来的。这也从反面告诉我们，在社会主义道德建设中必须坚持以集体主义为原则，以同资产阶级道德中的个人主义原则相区别，如果不明确这个原则，就会造成理论上和思想上的混乱。从更深的意义上来说，只有在强调以为人民服务为核心的同时，明确在处理个人与社会关系中的集体主义原则，才能保证我们社会的道德沿着社会主义、共产主义的方向发展。

记者：现在社会上有种看法，认为市场经济重视个人正当利益和个性发挥，而集体主义是与此矛盾的。因此，在市场经济条件下不应当再提以集体主义为原则，而应当代之以其他原则，您如何看待这种意见？

罗国杰：近些年来，社会主义道德建设中遇到的一个重要问题，是市场经济条件下还要不要坚持集体主义？我认为，集体主义绝不像某些人所说的是计划经济的产物，它是同社会主义的经济、政治制度紧密联系在一起的，只要社会主义的经济、政治制度不变，集体主义就不能丢弃。当然，它要随着市场经济的发展而不断地丰富、发展和完善。现在有些同志之所以对集体主义有怀疑，很重要的原因，是因为在过去相当长的一段时期里对集体主义缺乏全面的、辩证的阐述，造成对集体主义的误解。根据我们的认识，社会主义集体主义包含着相互联系、相辅相成的三个方面的内容：(1) 集体主义强调个人利益同集体利益的辩证统一，强调集体利益同个人利益在根本上是一致的。社会主义的集体，代表着集体中每一个成员的利益，而集体中每一个成员的个人利益，又都把维护集体的利益作为首要的前提。(2) 集体主义强调集体利益高于个人利益，提倡在集体利益与个人利益发生矛盾时，个人要顾全大局，以集体利益为重。在必要的情况下，个人应当为集体利益而放弃个人利益，甚至为集体利益而献身。(3) 集体主义特别重视个人正当利益，并力求使个人的个性和才能得到最好的发展，使个人的价值得到实现。上述三方面的内容是统一的整体。但过去在“左”的思潮影响下，一些人片面强调了集体利益的“至上性”，忽视以至否定个人正当利益的合理性，只强调个人服从集体，忽略尊重个性、实现个人价值；另一方面，西方敌对势力和国内一些自由化思潮，也攻击集体主义，说什么集体主义就是限制人的个性自由，就是扼杀人的个性。其结果就造成了人们对集体主义的误解，认为集体主义就是服从，就是不要个人利益等等，对此，我们必须加以纠正，只要我们全面而准确地理解集体主义，就能看到它与市场经济是没有根本矛盾的。

记者：集体主义尊重个人利益，但它毕竟提倡把社会整体利益置于个人利益之上，这同市场经济的趋利性，同市场经济引导人们追求个人利益是不是存在不一致的地方？

罗国杰：在谈这个问题以前，首先要明白，我们搞的是社会主义市场经济，是把市场经济同社会主义的政治、经济制度相结合，同社会主义的精神文明相结合的。这就意味着，我们的市场经济要受到社会主义的经济、政治、文化制度的制约。所以，尽管同样讲市场经济是利益经济，同样承认利益是调动市场主体（包括企业和个人）积极性的杠杆，但社会主义所讲的个人利益带限定词，指的是正当的个人利益，而资本主义不强调这个。更为重要的是，社会主义所讲的利益不单是指个人利益，还包括人民的利益、国家的利益，而资本主义所讲的就是纯粹的个人利益。所以，我们不能一般地来谈市场经济的趋利性，而要看到社会主义市场经济和资本主义市场经济的原则区别。在社会主义市场经济条件下，作为调动人们积极性的手段，既有物质的，又有精神的；既有个人利益，又有国家利益、全民利益。即使讲趋利的话，也是趋国家、全民、个人统一之利。如果这样来理解的话，集体主义同社会主义市场经济就没有什么不一致之处。

记者：您刚才讲集体主义也要随着市场经济的发展而不断地丰富、充实和完善，请谈谈具体含义？

罗国杰：在建立社会主义市场经济的新的历史条件下，我们对于集体主义的原则，也有必要根据新的情况加以补充和发展。具体来说，就是依据我国经济生活和思想道德情况的实际，对集体主义作出进一步的分层次的要求。社会主义集体主义，在具体的道德要求上，可以考虑分为三个层次。一是无私奉献，即全心全意为人民服务的层次，在个人正当利益得到满足的同时，自觉地为他人、为社会多做贡献。这一层次，是集体主义的最高层次，是一切共产党员、先进分子所力求达到的。二是先公后私的层次。这是对广大工人、农民、知识分子的要求。它强调集体利益高于个人利益，要求自觉地考虑集体、社会、国家的需要，努力为建设社会主义而尽自己应尽的义务。三是顾全大局，热爱祖国，遵纪守法，诚实劳动，遵守社会公德、职业道德和家庭美德，这是对每一个公民的基本道德要求。对集体主义作出分层次的要求，适应了发展社会主义市场经济的需要，也便于人们的道德水平由低向高发展。

记者：把集体主义分为三个层次，体现了道德要求的先进性和广泛性的统一。但还是有人会认为，现在既然是社会主义初级阶段，又实行市场经济，提出无私奉献的先进性要求是脱离实际的“空话”，对此应如何分析？

罗国杰：这种看法是不对的。道德不是对实然状况的描述，而是对社会应然要求的表达。如果大家都做到了，就无所谓道德。特别是道德建设中的先进性要求，它是同社会的经济、政治制度密切联系着的，不可能每个人都达到，但必须认真去提倡。道德要求没有了先进性的一面，就会失去方向和动力。认真提倡，努力去做，与完全达到是不同的概念。道德好比一座山，中间有着无数的阶梯，每个人攀登到什么程度，是由各种条件决定的，但不能因为只有一部分人能攀登到最高峰，就不去提倡，更不能认为鼓励大家去攀登，就是脱离实际。古人说得好："虽不能至，心向往之。"认为道德的先进性要求脱离实际，实质上是否定社会主义道德理想的现实基础和重要意义。

记者：在建立社会主义市场经济过程中，出现了一种片面强调地方、部门利益，甚至搞地方保护主义的倾向，有人还堂而皇之地称这是维护集体利益，对此应如何看？

罗国杰：集体主义所讲的集体，首先指的是国家和全民。集体利益，主要是指人民的利益和国家的利益。因此，只有能体现人民利益和国家利益的组织，才能适用社会主义的集体主义原则。如果某一组织体现不了国家和全民的利益时，它就不是真正的集体。现在不少人打着"集体"的旗号，谋取个人或小集团的私利，这同集体主义是大相径庭的。这种小团体主义、地方保护主义，实际上是放大了的个人主义，是同人民利益和国家利益相对立的，发展下去，就会为了个人、小团体或地方利益而反对人民利益和国家利益，是极为有害的。值得指出的是，这种小团体主义和地方保护主义，往往又打着"集体"的幌子，对群众有一定的迷惑性。因此，我们应该准确地理解集体主义的内涵，把社会主义道德建设真正搞好。

社会主义道德建设的核心*

在社会主义道德建设中，首先要弄清楚的问题就是社会主义道德建设的核心到底是什么。只有明确了这个问题，我们的道德建设才能有正确的方向、目的和原则，才能对全社会提出实事求是的道德要求，才能有切实可行的方法，从而达到社会主义道德建设的目的。

一、什么是社会主义道德建设的核心

党的十四届六中全会所作的《中共中央关于加强社会主义精神文明建设若干重要问题的决议》中，极其明确地指出："社会主义道德建设要以为人民服务为核心。"江泽民同志在党的十五大所作的政治报告中，再一次肯定并强调，我们的道德建设和道德教育必须要以"为人民服务为核心"。这一提法，符合我国社会主义初级阶段道德建设的现实状况，是对我国社会主义道德建设的核心所作的科学概括。社会主义道德建设"要以为人民服务为核心"的概括，是根据马克思列宁主义、毛泽东思想和邓小平理论对道德建设问题所做的重大发展，在理论上和实践上，

* 原载《道德建设论》，35～66页，长沙，湖南人民出版社，1997。收入本书时内容有改动。

都有重要的意义。

从理论上看，在我国社会主义革命和社会主义建设的很长一段历史时期内，尽管我们经常谈到“为人民服务”，但经常是把“为人民服务”作为无产阶级的人生观来理解，而没有提高到道德核心的高度来认识。在道德建设的理论上，我们比较详细地探讨了有关道德建设的原则、规范和职业道德等问题，探讨了有关道德教育和道德修养的问题，而在一定程度上忽视了道德核心的研究。从这一点来看，不能不说是我们近年来道德建设上的一个不足，是我们今后应当加以大力研究来弥补的。另外，从道德实践来看，把“为人民服务”确立为社会主义道德建设的核心，必将极大地激励人们去为他人做奉献的精神，形成整个社会的相互关心、相互帮助的良好道德风尚。

什么是“核心”？一般来说，核心是指一个事物或现象的最主要的部分，它居于一个事物或现象的中心，体现着该事物或现象的本质，是该事物或现象的灵魂。毛泽东在谈到中国共产党在中国革命事业中的作用时，曾经极其深刻地指出：“中国共产党是全中国人民的领导核心。没有这样一个核心，社会主义事业就不能胜利。”邓小平同志也多次论述“核心”在一个事物中的重要地位，他不但反复强调“共产党是中国人民的领导核心”，并且从不同的方面，论述了“核心”在一个事物中的重要地位。在谈到“四项基本原则”的核心时，他说：“我们坚持四项基本原则，就是坚持社会主义，坚持无产阶级专政，坚持马列主义、毛泽东思想，坚持党的领导。这四个坚持的核心，是坚持党的领导。”在谈到资产阶级自由化的核心时，他又说：“资产阶级自由化的核心就是反对党的领导，而没有党的领导也就不会有社会主义。”在谈到一个集体的领导时，他强调：“任何一个领导集体都要有一个核心，没有核心的领导是靠不住的。”由此可见，“核心”在一个事物或现象中，有着多么重要的意义。

什么是道德建设的核心？道德建设的核心，也就是道德建设的灵魂，它决定着社会道德建设的根本性质和发展方向，是一种社会道德区别于另一种社会道德的主要标志。一般来说，在道德建设中，从始至终，都必然要有一个统率一切道德原则、道德规范和职业道德、社会公德、家庭美德的指导思想，这个统率一切的指导思想，也就是我们所说的道德核心。道德领域中所有的道德现象，包括道德意识现象和道德活动现象，都要受道德核心的制约和规定，并以这一核心作为其出发点和最终目的。在阶级社会中，一个阶级的道德核心，可以说是这一阶级的伦理精神的体现，是这一阶级的道德所以区别于其他阶级道德的本质特征。一个社会的统治阶级，当它代表着先进的生产关系，体现着历史的进步要求，反映着广大人民群众的利益时，这一阶级的道德建设的核心，就一定能成为这一时代的伦理精神的精华，发挥着推动时代进步的精神动力的重要作用。

从道德建设的一般规律来看，不论任何社会或一个社会中的任何一个阶级，其道德核心，总是同其道德的根本出发点和根本目的联系在一起的，总是同其“道德”是为什么人服务联系在一起的。因此，我们也可以说，道德核心的问题，也就是一个“为什么人”的问题。自古以来，一切剥削阶级的道德的核心，都是为少数人服务的，或者是为奴隶主阶级服务，或者是为封建地主阶级服务，或者是为资产阶级服务；只有无产阶级的道德核心，才是为广大人民群众服务，即为人民服务的。

从道德建设的实践要求来看，人们往往较多地注意社会的道德原则、道德规范、道德修养以及职业道德等各方面的问题，从而忽视了道德核心在道德建设中的重要地位。为什么会产生这种情况呢？这主要是因为，道德原则、道德规范、道德修养以及职业道德等各方面的问题，是同人们的行为直接相联系的，是一个社会从道德上规范人的行为所必须经常提倡的。例如在封建社会，在道德建设上所极力倡导的，就是大家都非常熟悉的所谓三纲五常，即“君为臣纲，父为子纲，夫为妻纲”和仁、义、礼、智、信等道德要求，此外，儒家还提倡恭、宽、信、敏、惠、智、勇等“达德”。

但是，我们知道，在封建社会的这些道德要求和道德规范之中，有一个贯串其中的核心，这个核心就是维护封建社会的等级要求，即以维护该社会的尊卑关系作为贯串其中的核心。为什么在长期的封建社会中，在它的意识形态和道德教育中，总是只宣传它的道德规范和道德要求，而很少甚至根本不愿意提到它的这一道德核心呢？原因很简单，因为它代表的是剥削阶级，是压迫人民和剥削人民的阶级，它不愿意也不敢向人民公开它所提倡的道德核心。

同样，我们也可以看到，在古希腊的奴隶社会，有所谓“四大主德”的提出，即当时的思想家所说的“智慧、勇敢、正义和节制”。在欧洲中世纪，又有基督教的所谓“三主德”，即“爱、信、望”。但是，不论是奴隶主阶级还是封建地主阶级的思想家，他们都不愿意直接说出他们的道德核心是为少数剥削者服务的。在长达几百年的资本主义社会中，资产阶级的思想家在道德要求和道德规范上，也曾提出了功利主义、利他主义、利己主义、个人主义、自由主义等道德原则，提出了诚实、守信、俭朴、宽容等道德规范，但是，除了在资产阶级上升时期，有一小部分思想家能直接说出他们的道德核心以外，其中大多数的思想家都不愿意直接地、公开地说出“以个人为中心、一切为了个人”是他们的道德核心。他们对个人主义的解释，也往往只强调它的注重个人价值、个人尊严、个人自由的方面，而常常掩盖着它的“以个人为中心、一切为了个人”的更为核心的内容。之所以如此，就是因为他们要维护的社会，是一个允许人剥削人的社会，是一个主张两极分化和贫富悬殊的社会，是一个过分重视“个人的私利”而不重视社会公共利益的社会。

社会主义社会是当今世界上真正为着广大人民群众利益而奋斗的社会。掌握政权的工人阶级，是人类历史上最进步的阶级，代表着现代社会的最先进的生产关系。正如邓小平同志所指出的：“社会主义的本质，是解放生产力，发展生产力，消灭剥削，消除两极分化，最终达到共同富裕。”因此，社会主义道德建设的核心，必然是同社会主义的这一本质相联系，特别是同它的最终要达到的“共同富裕”的目的相联系。

为什么说社会主义道德建设的“核心”应当是“为人民服务”呢？我们可以从三个方面来加以考察。

1. “为人民服务”这一思想，反映了社会主义社会的经济基础、政治制度和思想文化的客观要求

我们大家都知道，道德是社会的意识形态之一，是由一定的经济基础和政治制度所产生，并能动地作用于一定的经济基础和政治制度，从而为巩固和发展这一经济基础和政治制度而做出自己的贡献。社会主义的经济基础，是以公有制为主体的、多种经济成分共同发展的经济制度。在社会主义的初级阶段，我们既要强调非公有制经济同公有制经济在一个相当长的历史时期内的共同发展，更要坚持使公有制经济能够始

终处于主导的地位，使我们的经济建设最终能达到广大人民群众共同富裕的目的。因此，“为人民服务”，为广大人民群众服务，特别是为工人、农民和知识分子服务，是我们的根本目的。我们之所以强调社会主义的本质是解放生产力和发展生产力，主要就是因为，只有解放和发展了生产力，才能改善广大人民群众的生活水平，提高人民的福利待遇，才能消除两极分化，最终达到共同理想的社会主义和共产主义的目的。社会主义道德建设，作为社会主义经济的客观要求，不论任何时候，都不能忽视最广大人民群众的最大利益这一思想。我国实行社会主义市场经济以来，在国内，由于允许和鼓励多种经济成分有一个适度的发展，有一些人就因此淡化了工人阶级和广大人民群众的利益。更值得注意的是，极少数人，只知道追求个人的私利，根本忘记了广大人民群众的利益。在国外，西方敌对势力用种种手段，试图以资本主义私有制取代社会主义公有制，从而腐蚀、瓦解社会主义的经济基础，使中国沦为两极分化的、“完全西方附庸化的资产阶级共和国”。在这种情况下，我们强调“为人民服务”是社会主义道德建设的核心，就是要充分发挥社会主义道德的巨大的能动作用，关心人民，爱护人民，急人民之所急，想人民之所想，扶危济困，帮贫救难，以维护人民利益为最高要求，从而形成一种团结和睦的新型人际关系和热爱社会主义的氛围。从社会政治制度来看，我国是一个人民当家做主的人民民主专政的国家，只有人民，才是历史的创造者和推动者，我们的社会主义道德建设应当同我们的“国家富强、人民幸福”的奋斗目标紧密结合起来。由此可见，“为人民服务”既是我国社会主义社会经济制度的要求，也是同我国社会主义民主政治的发展相一致的。

“为人民服务”这一思想，是毛泽东同志最早提出的。早在1944年9月，毛泽东同志为了纪念为革命而牺牲的张思德同志时，专门写了一篇题为《为人民服务》的文章。他说：“我们的共产党和共产党所领导的八路军、新四军，是革命的队伍。我们这个队伍完全是为着解放人民的，是彻底地为人民的利益工作的。”又说：“因为我们是为人民服务的，所以，我们如果有缺点，就不怕别人批评指出。不管是什么人，谁向我们指出都行。只要你说得对，我们就改正。你说的办法对人民有好处，我们就照你的办。”他在这篇文章中，还进一步指出：“只要我们为人民的利益坚持好的，为人民的利益改正错的，我们这个队伍就一定会兴旺起来。”[①] 在《论联合政府》一文中，他又再一次强调：“紧紧地和中国人民站在一起，全心全意为中国人民服务，就是这个军队的唯一的宗旨。”从毛泽东当时所提出的要求来看，应当说，这是对革命军队新四军和八路军的要求，是对广大革命工作者的要求，是一个高标准的要求。

邓小平同志进一步发展了毛泽东同志的“为人民服务”的思想，在理论和实践上，都极其重视“为人民服务”的重要性。改革开放以来，他更明确地指出，人民满意不满意、人民高兴不高兴、人民赞成不赞成，应当成为检验我们一切工作的标准，把“我是人民的儿子”作为他对人民的信仰和尊重。由此可见，社会主义道德建设提出以“为人民服务”为核心，是有其丰富的内容和深刻的含义的。

“为人民服务”中的“人民”，究竟指的是什么？这也是我们在研究和贯彻社会主义道德建设的核心时所应当弄清楚的一个重要问题。“人民”是一个历史的范畴，在不同的历史时期，有着不同的内容。在1949年全国胜利前夕，毛泽东同志对它的解释是：“人民是什么？在中国，在现阶段，是工人阶级、农民阶级、城市小资产阶级和民族资产阶级。”[②] 当前，我国正处在建设有中国特色社会主义的新的历史时期，“人民”这一范畴，也应当有所变化。工人阶级、农民阶级、一切坚持和拥护四项基本原则的社会主义的公民，都属于新时期的“人民”的范畴。当然，我们什么时候都不能忘记，在我们的社会主义国家中，工人阶级和农民阶级是我国所有“人民”的主体，而且，工人阶级是我们的领导阶级。我们在提倡和贯彻“为人民服务”这一道德核心时，一定要特别强调为广大劳动人民服务这样一个极其重要的思想。

2. “为人民服务”是社会主义道德要求的集中体现

什么是道德？如果从理论上去下定义，我们就应当说，道德是社会生活中人与人之间的行为规范的总和。但是，这一定义又过于简单，容易引起各种不同的意见分歧。因此，伦理学家又从许多不同的方面，为道德下了各不相同的定义。我们暂时抛开伦理学家对道德所下的各种不同的定义，从通俗的意义上来对道德加以界说。或者说，用一句大家都比较容易了解的话说，道德就是能够为他人“服务”，就是能够为国家、

---

① 《毛泽东选集》，2版，第3卷，1004～1005页，北京，人民出版社，1991。

② 《毛泽东选集》，2版，第4卷，1475页。

为民族、为社会“服务”，就是能够在社会生活中，在个人同他人的相处中，发扬一种献身的精神，随时随地去关心别人、照顾别人。因此，也可以说，道德就是一种为他人和为社会的献身精神，或者说是一种“服务”的精神。为什么人们都愿意被人称为有道德的人，而不愿意被人们称为没有道德的人？因为一个有道德的人，在人和人的相处中，是要为帮助别人做出大量的工作的，是要做出无私的献身和牺牲的。正是在这一意义上，德国著名的哲学家、伦理思想家康德曾经说过一句很著名的话：“道德之所以有如此崇高和美好的名声，就是因为它总是伴随着巨大的牺牲。”

一个人怎样才能成为有道德的人？这是许多人都想要了解和实践的一个问题。同样，我们也可以用一句通俗的话来说，一个人，如果他想成为一个有道德的人，他就一定要有为他人服务、为社会献身的精神。人们在社会中生活，总要处于各种不同的社会关系之中，处于不同的社会组织或社会团体之中，总要同其他人发生各种不同的关系。一个有道德的人，就是要时时处处想到别人，想到国家和社会，从而能够设身处地、推己及人、与人为善、服务他人，使他人能够因同自己相处而得到益处。这样的行为就是道德的行为，这样的人，就是一个有道德的人。一个有道德的人在践履服务他人、献身社会的崇高行为的过程中，必然会使自己的道德觉悟不断提高，思想境界不断升华，并受到社会的尊重，从而使自己身心获益。

中国古代思想家也正是从这一意义上来理解道德的。东汉时刘熙，根据“义以音生，字从音造”的传统，对“道德”的“德”字，作了很有意义的解释。他认为，“德者，得也，得事宜也。”这就是说，“道德”中的“德”字的音，是从“得到”中的“得”而来的，因此，所谓“德”就是在人和人相处时，要把这种关系处理得合适，使他人和自己都能有所得。东汉时期最著名的文字学家、《说文解字》的作者许慎，更明确地说：“德，外得于人，内得于己也。”即，一个有道德的人在同别人的相处中，对外，要使别人有所获得；对内，还要使自己有所获得。怎样理解许慎所说的“外得于人，内得于己”呢？近代著名的国学家刘申叔对许慎所说的“外得于人，内得于己”这句话，作了很有意义的解释。他说，对于一个有道德的人来说，他在同别人的相处中，一方面，能够“以善德施之他人，使众人各得其益”，这就是“外得于人”；

另一方面，能够“以善念存诸心中，使身心互得其益”，这就是“内得于己”。从人们在社会的实际生活中，我们也可以深切地感受到，一个人越是自觉地、真诚地、经常地为他人服务，为社会献身，他的道德就越高尚，他的思想境界就越崇高；他越是能够为他人做贡献，使他人有所得，他自己的道德情操就越高尚，心灵就越纯洁。中国古代先秦时期的思想家老聃曾经说过这样的话：“圣人不积，既以为人，己愈有；既以与人，己愈多。”从原来的意义看，这句话似乎是从利益或者知识方面说的。这里的意思是：“圣人”不事积蓄，全部都帮助了别人，自己反而更加富有；全都给予了别人，自己反而越来越多。如果我们赋予其新的意义，从道德上加以理解，也是很有启发意义的。这也就是说，在道德上，一个人，越是能够为别人做事，越是能够把东西给别人，那么，在自己的思想上和道德境界的提高上，就能够收获得越多。我们可以说，“为人民服务”、“为社会服务”，就是一种对他人、对社会的献身精神，这种自觉的献身精神的大小，是同自己的道德升华成正比例的。近几年来，在我国，曾涌现出许许多多道德上的模范人物，如徐虎、李素丽、李国安、孔繁森等，我们从他们的模范事迹和先进行为中，可以更清楚地看到，社会主义道德的核心，就是由他们这种崇高的“为人民服务”的精神所体现的。同时，我们也可以看到，正是在这种不断地为人民的过程中，这些先进人物的道德情操和道德境界也不断地得到升华，影响着更多的人向他们学习。在当前实行社会主义市场经济的情况下，在道德建设中，我们一定要加强广大人民群众之间的互相关心、互相爱护和互相帮助的教育，抵制拜金主义、个人主义和享乐主义思想对人们的腐蚀，使人们的思想道德素质，不断地得到提高。

3.“为人民服务”体现了社会主义道德建设的先进性要求和广泛性要求的统一，包含着社会主义道德的不同层次的要求，引导人们沿着社会主义道德的阶梯，不断向上攀登

正如我们前面所指出的，我们现在建设和发展有中国特色社会主义，最终目的是实现共产主义，应当在全社会认真提倡社会主义和共产主义道德，这是社会主义道德的“先进性”的要求；同时，我们还必须强调，现在既然是社会主义初级阶段，又实行市场经济，就必须注意广泛性的要求。

“为人民服务”作为社会主义道德建设的核心，它包含着极其丰富

的内容，也有着各种不同层次的要求。“为人民服务”思想，有它的最高要求，也有它的最低要求。它的最高要求，就是全心全意为人民服务。它既是共产党的宗旨，也是对共产党员和一切先进分子的要求。在全心全意为人民服务这一最高要求中，一心为公、大公无私、毫不利己专门利人等，都是它的体现。

在中共中央第十五次全国代表大会上所通过的《中国共产党章程》中，也明确地规定，在党的建设中，要“坚持全心全意为人民服务”的宗旨，这也是从党员的标准出发所提出的，是从“为人民服务”的最高要求出发的。

同时，我们也要看到，作为社会主义道德建设的核心，为人民服务还有一种低层次的要求，这就是在人和人的相处中，要尽量做到替别人着想，力求有利于他人、有利于社会，使自己的行为能够给他人和社会带来有益的结果。

在社会主义市场经济的条件下，不同的利益主体，从不同的利益要求出发，在遵纪守法和不危害他人利益的前提下，尽管是从追求个人的利益出发的，只要他们的行为同时是为他人服务的，这种行为，在道德上，就应当给以肯定。这里必须强调的是，行为者所追求的个人利益，只能是正当的，这种对正当的个人利益的追求，不但不能是损人利己的，而且还应当同时是想到要为其他人谋利益的。一个从事个体生产的劳动者，在他追求个人的正当的利益时，只要他能够想到，要依靠自己的诚实劳动，使自己的劳动产品符合质量的要求，货真价实，以求既有利于自己，也能有利于他人，这种行为，就是道德的行为。

在社会主义市场经济的条件下，一切劳动者对自己的正当的个人利益的追求，本身就包含着一种为他人、为社会的思想，即包含着为他人、为社会服务的思想。因为，这里所说的正当的个人利益，就是要有利于发展社会主义生产力，有利于提高广大人民群众的生活水平，有利于社会主义的国力的增强。

从一定意义上我们也可以说，在社会主义条件下，如果我们给以新的解释，那么，“人人为我，我为人人”也可以说是“为人民服务”的低层次上的要求。

“人人为我，我为人人”是一个在历史上早已存在的思想。在西方文艺复兴以后，资产阶级的政治家和伦理学家曾多次地用不同的形式表述这一思想，来反映资本主义商品经济条件下人们的经济关系和伦理关系。法国的经济学家加尼尔说：“每人为大家劳动，大家为每人劳动。”德国的著名思想家黑格尔说：“一个人劳动时，他既是为自己劳动也是为一切人劳动，而且一切人也都是为他而劳动。”这也就是资产阶级思想家所说的“一人为大家幸福，大家为一人幸福”。这一思想，历史上，是针对中世纪的“人人为自己，上帝为大家”的基督教思想的，曾经产生过非常进步的作用。但是，我们应当看到，“人人为我，我为人人”的思想，主要是从商品经济条件下人们的行为结果来看的，并没有强调行为者所应具有的“为他人”的善良的道德动机。列宁在十月革命后，针对基督教所倡导的“人人为自己，上帝为大家”的思想，他说：“我们将努力消灭‘人人为自己，上帝为大家’这个可诅咒的准则，克服那种认为劳动只是一种差事，凡是劳动都理应按一定标准付给报酬的习惯看法。我们要努力把‘大家为一人，一人为大家’和‘各尽所能，按需分配’的准则渗透到群众的意识中去，渗透到他们的习惯中去，渗透到他们的生活常规中去，要逐步地却又坚持不懈地推行共产主义纪律和共产主义劳动。”在这里，列宁已经赋予了“人人为我，我为人人”以新的意义，把它作为新社会中人与人关系中的一种起码的要求，并希望能在此基础上，坚持不懈地推进共产主义纪律和共产主义劳动态度。

二、“为人民服务”是贯串道德原则、基本要求、社会公德、职业道德、家庭美德的一根主线

在社会主义社会中，一个人只有树立了“为人民服务”的思想，时时想着广大人民群众的利益，想到为人民服务，他才能够爱祖国、爱人民、爱劳动、爱科学和爱社会主义。因为，“为人民服务”是社会主义社会一切道德要求的最根本的出发点，离开了这个最根本的出发点，就不可能有道德的行为。

毛泽东同志曾经指出：“为什么人的问题，是一个根本的问题，原则的问题。”他还进一步指出，一个革命者，如果这个“为什么人”的问题不能得到解决，他也就不可能对革命事业做出应有的贡献。他强调：“我们说要学习马克思主义和学习社会，就是为着完全地彻底地解

决这个问题。”

1. “为人民服务”贯串集体主义之中

《决议》指出，社会主义道德有一个原则，这就是集体主义。我们知道，集体主义原则所要处理的关系，是个人同集体、个人同他人之间的矛盾，是强调集体利益高于个人利益的。但是，这里所说的“集体”，在我国当前的社会主义的初级阶段中，就是最广大的人民群众；我们所说的“集体利益”，就是人民群众的利益。因此，我们必须强调，在社会主义的道德建设中，“为人民服务”的道德核心，要从始至终地贯彻到集体主义的原则中去。

在社会主义初级阶段，所谓“集体利益”，从一般的意义上，人们可以理解为包含着不同层次的内容，如由不同的个体所组成的联合体的利益，也常常被人们称为集体利益。在大多数的情况下，人们把国家的行政机关和企事业的各个单位、各个部门的利益，称作集体利益。社会的公共利益，也属于人们日常所说的集体利益。在更多的情况下，我们把整个国家的利益、民族的利益，理解为社会主义的集体利益。我们认为，在提倡集体主义的道德原则时，我们对什么是“集体利益”应当有一个明确的界定。我们所说的“集体利益”，并不能等同于任何一个单位、一个部门的利益，如对一个机关、一个工厂、一个乡镇，甚至一个地区、一个省市的利益来说，只有它能够正确地体现国家的利益和人民的利益时，它的这一利益，才能够是我们所说的“集体利益”。如果一个单位、一个地区、一个企业，把自己的局部利益冒充为全国人民和全民族的“集体利益”，那么，这种所谓的“集体利益”，只能是一种狭隘的“本位主义”的体现。这种狭隘的“本位主义”，正像毛泽东同志所说的，不过是一种放大了的个人主义而已。由此可见，我们所说的“集体利益”，是以全国人民和全民族的利益为衡量标准的。

以上说的是，在社会主义道德建设的集体主义的原则中，我们必须从始至终地注意贯彻“为人民服务”这一道德核心的要求。

同时，我们还应当指出，社会主义道德的核心和原则，即“为人民服务”和“集体主义”，又是相辅相成的，它们之间有着内在的、密不可分的联系。在“为人民服务”的核心中，就包含着人民利益、集体利益高于个人利益的思想，也包含着为社会利益、集体利益在必要时牺牲个人利益的思想。在集体主义原则中，也同样体现着人民的利益是最高的利益，贯彻着个人利益要为人民利益而牺牲的思想。作为社会主义道德核心的“为人民服务”，强调的是我们一切工作的根本目的和出发点，都是为了广大人民群众的利益；而作为社会主义道德原则的“集体主义”，强调的是我们在为人民服务的活动中，在处理个人和他人、个人和集体的关系中，要能够从人民的利益出发，贯彻人民的利益高于一切的思想，更好地处理各种矛盾，从而使我们的道德行为，能够更好地维护人民利益和国家利益，更有利于有中国特色社会主义的现代化建设。

2．社会主义道德建设有五个基本的要求，这就是爱祖国、爱人民、爱劳动、爱科学、爱社会主义

在这五个基本要求中，同样有一条贯串其中的主线，这就是“为人民服务”。在社会主义道德基本要求中，爱祖国、爱人民、爱社会主义这三项基本要求，是同“为人民服务”直接联系的。在任何一个社会中，要想培育广大人民群众的爱国主义思想，形成热爱祖国的道德意识，就必须强调社会的福利、国家的富强和人民的幸福，而这一切，都是同能否具有“为人民服务”的思想和觉悟相联系的。一个人，只要能够随时随地想到要“为人民服务”，他就一定能够爱护自己的祖国，保护自己的祖国，以至在祖国遇到外来敌人的侵犯时，不惜牺牲自己的生命来保卫自己的祖国。在社会主义社会中，爱祖国和爱社会主义是一致的。我们所爱的祖国，不是一般的国家，而是社会主义的国家，所以，爱祖国就是爱社会主义的中华人民共和国。

同样，“爱人民”作为社会主义道德的一个基本要求，它不是一个一般的口号，而必须要有爱人民的实际行动，即必须要在实际生活中，能够为人民服务。

即如“爱劳动”和“爱科学”，也都同“为人民服务”有着密切的关系。一个人，只有具备了“为人民服务”的思想和感情，深深地关注着人民的福利和生活水平的提高，他才能热爱劳动、热爱科学，力求在自己的全部工作和活动中，为人民做出更大的贡献。

在加强社会主义道德建设中，必须开展社会公德、职业道德和家庭美德教育，在全社会形成团结互助、平等友爱、共同前进的人际关系。而要形成这种人际关系，就更需要弘扬为人民服务的精神。

3．为人民服务贯串三大社会道德领域

在职业道德建设中，《决议》提出了爱岗敬业、诚实守信、办事公

道、服务群众和献身社会五个主要方面。

这五个方面都是同“为人民服务”紧密联系在一起的，没有“为人民服务”的思想，就不可能“爱岗敬业”、“办事公道”，更不能做到“服务群众”和“献身社会”。对职业岗位的无限热爱和对群众的真诚关心，都必然出于一种发自内心的为人民服务的献身精神。李素丽说得好：“不管有多少烦心事儿，只要一坐在票台前为乘客服务，我就特开心，什么烦恼都忘了。”也正是这种自觉的、真诚的为人民服务精神，使李素丽十五年来如一日，热爱自己的售票工作，把三尺票台看作自己“爱岗敬业”、“服务群众”和“献身社会”的广阔天地。

在社会公德方面，大力提倡“助人为乐”的精神，在当前尤为重要。一个人在社会中生活，免不了要遇到一些困难，甚至遭到某些不幸，总希望能够得到别人和社会的帮助。在社会主义社会中，人和人之间本应当是一种团结互助的友爱关系。但是，实行改革开放和发展社会主义市场经济以来，由于市场自身的弱点和消极方面的影响，一些人见利忘义，唯利是图，只顾自己，不管别人，甚至在人民群众的生命财产遭到严重危害时，仍然是“见义不为”、“见死不救”、冷眼旁观、麻木不仁。这种情况，不但毒害了社会主义社会中人和人之间的同志友爱关系，而且客观上往往造成使恶人更加肆无忌惮的严重后果。针对我国当前社会中的情况，加强“助人为乐”的教育，形成关心人民疾苦和“见义勇为”的社会风气，我们就必须强调发扬“为人民服务”的精神。

在家庭美德教育中，要做到尊老爱幼、邻里团结，在文明社区建设中，要改造旧习、移风易俗、形成文明健康的社会文化等等，都需要弘扬服务人民、献身社会的崇高精神。正是从这一意义上，可以看到，“为人民服务”是贯串整个社会各个重要领域的从始至终的一个重要思想。

三、树立为人民服务思想，加强世界观、人生观和价值观教育

为了更好地树立“为人民服务”的思想，我们有必要特别强调加强

世界观、人生观和价值观教育的重要。“为人民服务”既是社会主义道德建设的核心，同时，又是社会主义社会中人们应当信奉的唯一科学的人生观，而要能够形成和树立这一人生观，就必须树立起科学的世界观和价值观。

1. 什么是正确的世界观

世界观，又称宇宙观，通俗地说，就是人们对世界的总体的看法，也包括人们对自身在世界整体中的地位及作用的看法。它包括社会历史观、伦理观、审美观、科学观等。哲学是世界观的理论表现形式。在阶级社会中，由于人们是分为不同阶级的，不同阶级各有自己的不同的利益，因而他们对世界的各种看法，由于受不同的利益支配而出现差异甚至对立。不论是从剥削阶级的利益出发，或者从宗教神学的观点出发，或者是从小生产者的利益出发，他们对世界的看法，是同无产阶级的看法不同的。我们所说的世界观是马克思主义的世界观。

从世界观的内容来看，它作为人们认识世界和改造世界的总体看法，大体上包括相互联系又相互区别的三个主要方面。(1) 从本体论上来看，世界的万事万物，究竟是统一于物质，还是统一于精神，是先有物质还是先有精神等根本问题。(2) 从认识论来看，是先有实践、后有认识和理论，还是先有观念、理论，然后人们才能根据观念、理论去实践呢？是实践是检验真理的标准，还是理论是检验真理的标准？(3) 从方法论来说，我们对世界各种事物的认识，是孤立地、静止地去看，还是从发展的、从辩证的、从对立面既斗争又统一的方面去看呢？从以上我们所列举的世界观的主要内容来看，我们也就可以看到，如果不能树立起正确的世界观，我们就不可能树立起“为人民服务”的思想。

我们所要树立的世界观是马克思主义的世界观，也就是辩证唯物主义和历史唯物主义的世界观。唯心主义的世界观认为，物质来源于精神，社会意识决定社会存在。形而上学唯物主义虽然在宇宙观上坚持物质第一性、意识第二性的原理，但它不能辩证地认识事物，最终在历史领域内走向了唯心主义。辩证唯物主义的世界观承认世界的物质性、客观性，承认物质世界是按照自身发展的辩证的规律运动和变化的，人的活动，既要遵守客观世界的规律，又能够通过实践认识和改造自然界和人类自身。辩证唯物主义的世界观认为，社会主义必然代替资本主义是社会历史发展的不可逆转的总趋势；尽管在社会主义发展的长期过程中，还必然存在和发生这样那样的曲折和反复，但是，由于资本主义制度存在着无法克服的固有矛盾，社会主义必然要代替资本主义，并将最终发展成为共产主义社会。树立辩证唯物主义世界观，就能够增强社会主义和共产主义的理想和信念，提高为社会主义献身的力量和勇气，就能够在困难面前知难而进，在各种曲折复杂的情况下，保持革命的乐观主义精神。从国际共产主义运动所面临的情况来看，在苏联解体和东欧剧变之后，一些人之所以失去了对社会主义和共产主义的信心，徘徊动摇，裹足不前，甚至悲观失望，堕落蜕化，原因之一，就是没有能够真正树立起辩证唯物主义的世界观，被资本主义的暂时“得逞”所迷惑，看不到资本主义必然灭亡的本质，看不到社会主义将最终取得胜利的光明前途。国际共产主义运动的这种暂时的低潮，也还可能持续一段时期，在这种情况下，我们更应当加强辩证唯物主义世界观的教育，使广大干部、工人和农民，都能够从社会发展普遍规律的高度认识社会主义的光明前途，从而在建设有中国特色社会主义的伟大实践中坚定必胜的信心。

2. 什么是正确的人生观

在新中国成立后直到这次党的第十五次代表大会这段相当长的历史时期内，我们一直是从人生观的要求来理解“为人民服务”的。确实，从道德建设的总体上来看，“为人民服务”是我们的社会主义道德建设的核心；同时，从一个人的人生观来看，“为人民服务”又是一种对人生的目的和意义的自觉的选择。

在当前的社会主义社会中，人们都说要树立正确的人生观，但是，究竟什么是正确的人生观呢？不同的人有不同的认识。追求个人的私利，是一种人生观；追求物欲的享受，是一种人生观；追求金钱的满足，也是一种人生观。这些人生观，都是腐朽没落的人生观。我们所说的正确的人生观，就是为人民服务的人生观。人生观是一定世界观在考察人生问题上的应用和表现。从根本上说，世界观制约、影响甚至决定着人们的人生观。但从一个人的人生观、世界观的形成来看，最初，往往是自觉或不自觉地形成一种对人生的看法，而这种对人生的看法，又反过来影响世界观，积极作用于世界观的形成。人生观是人对人生的意义、目的和价值的根本看法。总的来说，人生观包括三个方面的问题：（1）人生的意义。即人为什么活着、人怎样生活才算值得，这中间就包括对索取与贡献的看法。（2）人生的目的。人生最终追求的目的是什么，什么是人生的最高理想。（3）一个人为人处世的根本态度，有时也包含处世的方法，也可以说是一个如何做人的问题。其中，人为什么活着、人怎样生活才有意义和人生的价值问题，是人生观的核心。

在社会主义社会中的人们，由于经济利益和政治利益不同，处于不同的社会关系之中，从而形成不同的人生观。在阶级社会中，就是同属于一个阶级，但由于每个人所处的环境和接受的教育及自我修养的不同，也往往会形成不同的人生观。一般来说，人们的人生观必然要受到一定的经济、政治和环境的影响，但不同阶级和不同阶层的人，又可以主动地、自觉地选择自己的人生观。出身于非无产阶级的人，可以接受无产阶级的教育，刻苦锻炼，从而树立起马克思主义的世界观，成为坚定的共产主义者；相反，即使是出身于劳动人民家庭，接受的是社会主义的教育，在红旗下长大的人，如果不注意世界观、人生观、价值观的改造，仍然会受到各种非无产阶级思想的腐蚀，接受庸俗、腐朽的资产阶级的人生观。人生观的这种可选择的特点，说明加强人生观教育的必要性。深入持久地开展人生的意义、目的和价值的教育，强调为人民服务人生观的意义，就能够帮助广大群众真正懂得人生的真谛，从而自觉地选择为人民服务的人生观，为社会主义建设事业多做贡献。

在当前我国的社会中，从表现形式上看，有着纷繁复杂的、各种不同的人生观，但从根本上来说，主要有两种不同的人生观：一种是把人生看作为自己求得金钱、荣誉的以自己为中心的个人主义的人生观，也就是资产阶级的人生观；一种是以国家利益、人民利益为重并自愿为之奉献的人生观，也就是为人民服务的人生观。在建设有中国特色社会主义的伟大事业中，对每一个人来说，人生观的问题，也就是一个为什么人的问题，是人生一切问题中最根本的、首要的问题。这个问题不解决，不论是搞革命还是搞建设，是不可能兢兢业业的，也不可能做出什么成绩。如果一个人生活的目的仅仅是为自己、为家庭的私利而活着，即使在物质享受上能够得到满足，那又有什么价值？有什么意义？只有为他人的幸福、为社会的发展、为国家的兴旺做出贡献，使自己的工作能够造福人民、造福子孙后代，才是最有意义、最值得人们追求的人生，才是光荣的人生、闪光的人生。人生观的形成是一个发展过程，在这个发展过程中，充满着正确的人生观同错误的人生观之间的经常的复杂的甚至可以说是极其严重的斗争。中国古人曾说，学习如逆水行舟，不进则退，这对于确立正确的人生观来说，同样如此。一个经过革命生活锻炼并初步树立了无产阶级的为人民服务的人生观的人，在西方敌对势力的和平演变下，在资产阶级思想的腐蚀下，也有可能在这种斗争中败下阵来，放弃或者背叛早年自己所曾经真正信奉过的为人民服务的人生观，接受或信奉“人不为己，天诛地灭”、人都是自私的等资产阶级的人生观。值得我们注意的是，改革开放以来，在资产阶级的拜金主义、享乐主义和个人主义的腐蚀下，在社会主义革命和社会主义建设过程中，曾经树立起正确世界观的一些人经受不住考验，自觉不自觉地把金钱、享受、权力、地位当作人生的唯一目的去追求，陷入资产阶级的泥淖而不能自拔。因此，树立为人民服务的人生观，对我们来说，在今天有着尤为重要的意义。

一个人一旦形成了一种人生观，就能够产生一种力量，形成一种激情，从而鼓励人们去克服一切困难，以追求自己的人生目的。因而，一个树立了为人民服务的人生观的人，就会对人生的意义有真正的了解，就能够把人民群众的利益放在心上，力求为人民做好事，使人民能够从自己的工作中得到好处。一个人能力有大小，职业有不同，但只要有了为人民服务的人生观，就能够事事处处为人民着想，助人为乐，造福人民，成为为人民群众所欢迎的人。因而，全心全意为人民服务的精神，毫不利己专门利人的精神，应当成为我们时代的最崇高的精神，正像毛泽东同志所说的，只有具有了这种崇高的精神，才是“一个高尚的人，一个纯粹的人，一个有道德的人，一个脱离了低级趣味的人，一个有益于人民的人”。愈来愈多的人认识并树立起为人民服务的人生观，必将促使社会主义的事业更快地发展。

世界观和人生观有着密切的关系，正确的世界观是正确的人生观的基础，人们对人生意义的正确理解，是建筑在对世界发展变化及其规律正确认识的基础之上的。从这一意义上，我们可以说，人生观从属于世界观，没有正确的世界观，也就没有正确的人生观。因此，只有把握了社会主义必然要取代资本主义这一历史发展规律，才能具有对共产主义的坚定理想和信念，才能牢固地树立起相信人民、依靠人民、全心全意为人民服务的人生观。同时，人生观发生变化，又往往会反过来影响世界观的变化。人生观能够积极作用于人的世界观，对世界观的巩固、发展和变化起着重要的作用。现实生活说明，一个人在长期的革命生活斗争中曾经树立起革命的人生观和世界观，但如果经不起拜金主义、享乐主义和个人主义思想的腐蚀，一旦放弃了为人民服务的人生观，那么，他就必然会丧失对社会主义和共产主义的信念，从而背弃自己的崇高理想和世界观。

3. 什么是正确的价值观

一般来说，价值观是可以从多方面加以研究和界定的。从哲学上来看，价值观是关于物质的性质、构成、标准和评价的哲学学说，也叫价值论。它主要是从主体的需要和客体能否满足及如何满足需要的角度，考察和评价各种物质的、精神的现象及人们的行为对个人、阶级、社会的意义。一种事物或现象具有价值，也就是说该事物或现象对个人、阶级、社会具有积极的意义，能满足人们的某种需要，成为人们的兴趣、目的所追求的对象。价值是通过人们的实践实现的。由于人们的兴趣、需求和目的是不同的，因而所追求的目标也是不同的。在阶级社会中，由于从不同的利益关系去观察问题，从不同的情感去理解事物，价值观有明显的阶级性，不同的阶级有着不同的甚至截然相反的价值观。在当前，价值概念广泛应用于经济学、伦理学、美学、认识论及其他人文社会科学，在这些不同的知识领域中，有不尽相同的意义。在西方，资产阶级思想家曾经提出过各种各样的价值哲学。如主张自由意志的学者认为，价值就是人们的愿望的满足，凡是能够满足人的愿望的，就是有价值的。一些享乐主义的思想家则认为，价值就是快乐，能够使人得到快乐的就是有价值的。美国的哲学家培里认为，价值就是兴趣，能够引起人们兴趣的事物就是有价值的。杜威则认为价值就是事物作为手段，同实际地达到的目的的关系。马克思主义认为，从价值的一般本质来看，价值是现实的人同满足其需要的客体之间的一种关系。价值同人的需要有关，但它不是由人的需要所决定的。价值有其客观的基础，这一基础就是物质的、精神的现象所固有的属性，而这种属性，对于不同的人、阶级、社会有不同的积极的意义，并依照其意义的大小，决定其价值的大小。我们所说的价值观，是同世界观、人生观相联系的价值观，从一定的意义上来看，是从个人同集体、同他人、同社会、同国家的关系上来考虑的，是同人生的价值密切联系的。

根据上面的概括和分析可以看到，我们所要树立的正确的价值观，就是集体利益、人民利益高于个人利益的集体主义的价值观。集体主义既是社会主义的道德原则，又是人们所应当树立的价值观念。什么是价值？我们在价值观中所说的价值，并不完全等同于经济学中所说的使用价值和交换价值，而是指人们所认为的最重要、最值得人们去追求和珍视的东西，它既可以是物质的东西，也可以是精神的东西。

在中国古代思想史上，人们常用“贵”来表示“价值”这一概念。“贵义”就是把义看作最有价值的，“贵生”就是把生命看作最有价值的。价值观就是对什么最重要、最贵重、最值得人们去追求的一种观点和评价标准。处于不同的经济、政治利益关系中的人，必然会有不同的甚至截然相反的价值观。对于个人主义者来说，由于他处处强调以个人为中心，把个人看作唯一的目的，把社会看作达到个人目的的手段，因而他必然会认为，只有个人的一切才是最重要、最值得他去追求的，因而也就有最大的价值，相反，国家的利益将会被认为是没有价值的，也就不值得他去奋斗，更不值得他去献身。对于无产阶级和革命人民来说，国家的利益、人民的利益、中华民族的利益是至高无上的，是最重要、最宝贵、最值得去追求的，因而也就是最有价值的。正是从这一价值观出发，无产阶级认为，广大人民群众的利益，国家、社会的利益是我们评价一切事物价值大小和有无价值的最重要的标准。在建设有中国特色社会主义的过程中，我们面对着不断发展着的许多新事物、新情况和新矛盾，每日每时都向每一个人提出有关事物的有无价值和价值大小的许多现实问题，需要我们去判断和解决。对于社会主义和广大人民有利的事业，我们应当看作最有价值的，最值得我们去为之献身和追求的，我们应当尽力去做，反之，一切不利于社会主义事业和人民的利益的，我们就应当旗帜鲜明地加以反对。我们之所以强调要树立正确的价值导向来引导我们的人民，其意义就在这里。

中国古代的思想家，曾提出了一种“良贵”的价值观。孟子认为，对于一个人来说，最重要、最值得人们追求、最有价值的东西，是自己的人格，即自己的高尚的道德品质。他批评了当时的一些庸人，那些庸人只知道追求地位、荣誉，把爵位、官衔看作最值得追求的东西。孟子批评了这种错误思想。他指出，对于一个人来说，最值得追求的不应当是爵位和权势，而应该是一个人所应具有的高尚的道德品质，就是一种为国家、为民族、为社会的献身精神，也就是他所说的“杀身成仁，舍生取义”的精神。孟子说：“欲贵者，人之同心也。人人有贵于己者，弗思耳。人之所贵者，非良贵也，赵孟之所贵，赵孟能贱之。”这句话的意思是说希望得到尊贵和受人尊敬，这是人们共同的心理。但是，很多人只知道向外面去追求，而不知道自己本身就有可尊贵的东西，只是不去思考罢了。别人所给予的尊贵，并不是真正值得尊贵的。晋国的大夫赵孟，可以给一个人很高的官爵，但是，他也可以罢黜这个人的官爵，使他处于下贱的地位。他又说：“有天爵者，有人爵者。仁义忠信，乐善不倦，此天爵也；公卿大夫，此人爵也。古之人修其天爵，而人爵从之；今之人修其天爵，以要人爵，既得人爵而弃其天爵，则惑之甚者也，终亦必亡而已矣。”这里的意思是说，人们都认为，有一定的爵位是最值得尊贵的，但爵位可以分为两种，一种是道德爵位，一种是政治爵位。仁义忠信、喜好善行而不疲倦，这是道德爵位；公卿大夫，这是政治爵位。古时候的人修养自己的道德爵位，政治爵位也就随着来了；现今的人修养自己的道德爵位，是为了追求自己的政治爵位，而一旦获得了政治爵位，就会抛弃他的道德爵位，这就是非常糊涂的了，这种人，最终恐怕连政治爵位也会丧失的。孟子的这段话说明，一个人在社会生活中，最值得追求的就是自己的道德品质。因此，从这一意义上来看，对一个人的一生来说，只有自己的高尚的道德品质，才是最有价值的。

由此可见，对一个人来说，他自身到底有多大的价值，既不在于他有多少金钱和财富，也不在于他有多大的官职和多高的地位。如果一个人把他的财富和官职当作自己的价值所在，那么，当他没有财富和失去官职时，他也就一点价值都没有了。一个人的真正的价值，即所谓“良贵”，就是自身的道德品质。当然，一个人的能力，从一定的意义上，也往往同一个人的价值有重要的关系，但能力必须同道德品质相结合。毛泽东同志在《纪念白求恩》一文中曾经极其明确地指出，白求恩同志的“毫无自私自利之心的精神”，就是他的崇高的价值所在。他说：“我们大家要学习他毫无自私自利之心的精神。从这点出发，就可以变为大有利于人民的人。一个人能力有大小，但只要有这点精神，就是一个高尚的人，一个纯粹的人，一个有道德的人，一个脱离了低级趣味的人，一个有益于人民的人。”

人生观和价值观的关系既有相同的方面，又有不同的方面。价值观的范围较大，因为它泛指人们对一切事物的有无价值和价值大小的看法和标准，而人生观主要是对人生的意义和价值大小的一种根本看法。由于对人生的看法是人对其他事物看法的一个出发点，因而一个人对人生价值的看法，又必然会影响他对其他事物的看法，所以人生观在一个人的整个价值观中占有最重要的地位，人的正确价值观的确立和巩固，又能不断地促进正确的人生观的形成和发展。世界观是人生观的基础，人生观是价值观的出发点，它们相互作用、相辅相成。

4. 怎样才能树立起正确的世界观、人生观和价值观

首先，要认真学习有关世界观、人生观、价值观的基本理论，从思想上提高觉悟，认识树立正确的世界观、人生观、价值观的重要意义。在当前，学习和掌握马列主义、毛泽东思想和邓小平理论，学习江泽民同志关于世界观、人生观、价值观的讲话，有非常重要的意义。我们应当准确、科学地把握这些理论的精髓，深刻理解在当前形势下，树立正确的世界观、人生观、价值观的特殊的重要意义。特别应当指出的是，在目前形势下，树立正确的世界观、价值观和人生观，就能够立场坚定、方向明确，对我们坚持社会主义道路有着不可忽视的重要作用。

其次，要在实践中加强锻炼，不断地同各种非马克思主义以至反马克思主义的世界观、人生观、价值观划清界限，在意识形态和思想道德建设上，要提高政治敏锐性和识别力，对一切腐朽的东西，要进行坚决的抵制和斗争。正如江泽民同志所指出的："意识形态领域，社会主义思想不去占领，资本主义思想就必然去占领。""树欲静而风不止"，我们应当清醒地看到，西方敌对势力所大力进行的"西化"和资产阶级腐朽生活方式对我们侵蚀，最重要的领域，就是要从世界观、人生观、价值观上来腐蚀我们。一旦我们接受了西方的、资本主义的世界观、人生观、价值观，我们就必然会在建设社会主义的道路上迷失方向，误入歧途。西方敌对势力曾经以这种手段在某些国家得逞，现在正不遗余力地也要把它们的世界观、人生观、价值观强加给我们，这一点应当引起我们的高度的警惕。马克思主义强调理论对实践的指导作用，强调理论认识要在现实的斗争中得到发展。为了更好地树立正确的世界观、人生观、价值观，就必须旗帜鲜明地同一切反马克思主义的世界观、人生观、价值观划清界限，认清它们的危害，

肃清它们的影响。

最后，要自觉地进行自我改造，充分认识自我改造的长期性和艰苦性，活到老，学到老。当我们认识到什么是正确的世界观、人生观、价值观之后，一定要联系自己的思想和行为身体力行，不断地在实践中检查自己，进行必要的批评与自我批评。列宁曾经极其深刻地指出："资本主义旧社会留给我们的最大祸害之一，就是书本与生活实践完全脱节。"我们应当努力改正那种"书本与生活实践完全脱节"的情况，在实际生活中，认真培养和锻炼正确的世界观、人生观、价值观，更好地为社会主义贡献力量。一个人生活在社会中，不可避免要受到社会生活的影响。马克思主义科学的世界观、人生观、价值观是不可能自发产生的，而必须要经过教育、培养和在实践中的艰苦磨炼。即使在长期的革命斗争甚至战争年代中经受过严峻考验，已经树立或形成了无产阶级的世界观、人生观、价值观的人，如果不能继续锻炼、修养和自我改造，稍一放松，就有可能退后、滑坡甚至丧失掉已经树立或形成了的无产阶级的世界观、人生观、价值观，被资产阶级的世界观、人生观和价值观的糖衣炮弹所打中。实行改革开放和发展社会主义市场经济以来，在世界观、人生观、价值观方面所出现的问题，已经充分说明了这种情况的严重性。尤其值得我们注意的是，由于私有制经济的发展，特别是西方各种思潮的涌入，再加上享乐主义、拜金主义和形形色色的个人主义思想的泛滥，在我国当前的社会主义社会中，各种不同的世界观、人生观和价值观，相互斗争，相互激荡，对人们的世界观、人生观和价值观产生了种种不可忽视的影响。改革开放十几年来，不仅一些涉世未深的青年人受到错误思想的腐蚀，成为资产阶级腐朽生活方式的俘虏，就是一些经过锻炼的老党员、老干部，由于经受不住金钱、权力的考验，也有少数人蜕化变质、违法犯罪，成为人民的罪人。每一个有志于建设社会主义的先进分子，都要引以为鉴，见微知著，严格要求自己，增强在改造客观世界的过程中改造主观世界的能动性。

人类对客观世界的改造是永无止境的，在改造客观世界中，对人类自身的改造也是永无止境的。周恩来生前曾多次强调一个革命者改造自身的重要。他强调要"活到老，学到老，改造到老"。为了更好地建设有中国特色社会主义，我们一定要强调改造世界观、人生观、价值观的重要性。"改造思想"不但不是一件不光彩的事，而且还是一个坚定的、自觉的革命者的要求，是革命事业胜利的重要条件。只有这样，我们才能在前进的道路上经受住各种考验，才能抵制住一切腐朽思想的侵蚀，才能保持革命者的品质，推动我国的现代化建设沿着社会主义道路健康地向前发展。

“为人民服务”同“人人为我，我为人人”的区别与联系*

在当前的社会主义道德建设中，如何完整、准确、全面地理解作为社会主义道德核心的“为人民服务”的思想，以及“为人民服务”同“人人为我，我为人人”之间究竟是一种什么样的关系，辩证地分析和阐述二者的关系，是一个有关我们的道德建设能否沿着正确的道路健康发展的问题。

在市场经济的条件下，“人人为我，我为人人”能不能等同于“为人民服务”呢？最近，我看到了不少的文章，都持有这种大体相同的论点。如有的作者说：“《中共中央关于加强社会主义精神文明建设若干重要问题的决议》指出：‘社会主义道德建设要以为人民服务为核心，以集体主义为原则’，‘为人民服务是社会主义道德的集中体现。在发展社会主义市场经济条件下，更要在全体人民中提倡为人民服务和集体主义的精神’。显然，‘为人民服务’已从革命时期的阶级性概念转化成为今天全民性的社会伦理原则，其内在规定性是全体社会成员的‘自我服务’和‘相互服务’，即‘人人为我，我为人人’。”①

接着，作者对这一观点，又继续作了更加详细的论证，其结论就是在当今的社会中，我们的社会主义道德建设核心“为人民服务”，完全

---

* 原载《中外企业文化》，2000（7）。收入本书时内容有改动。

① 魏爱琴：《构建社会主义市场经济的价值体系》，载《中外企业文化》，1999（2）。

等同于“人人为我，我为人人”，“为人民服务”在今天已经成为一个超阶级的、全民性的社会伦理原则，如此等等。

确实，“为人民服务”同“人人为我，我为人人”有着一定的联系，在社会主义市场经济的条件下，作为社会主义道德建设核心的“为人民服务”的思想中，包含着“人人为我，我为人人”的要求，但是，“为人民服务”却包含着更加丰富、更加广泛的内容，无论如何，不能把二者等同起来。如果把它们等同起来，我们就不可能正确地理解《中共中央关于加强社会主义精神文明建设若干重要问题的决议》，更不可能正确地构建社会主义市场经济的价值导向。

“为人民服务”的思想作为社会主义道德建设的核心，同社会主义道德建设的集体主义原则密切相联系，贯串整个社会主义道德建设的各个方面，包含着由低到高、由浅到深的各种不同层次的要求，是社会主义道德的广泛性和先进性的统一，是社会主义道德的最低要求和最高要求的结合。“为人民服务”作为社会主义道德建设的核心，一方面包含着“人人为我，我为人人”的要求，体现着社会主义道德建设在市场经济条件下的物与物交换背后的相互服务的关系；另一方面，“为人民服务”还包含着社会主义道德建设的最高要求，如无私奉献、大公无私、英勇献身、舍己为人等等，体现着社会主义道德建设在新时期仍然应当坚持的理想、信念和崇高的原则。如果把“为人民服务”同“人人为我，我为人人”完全等同起来，那就等于只承认社会主义道德建设的广泛性和群众性，从而取消或否认了社会主义道德的先进性。社会主义道德建设的一个重要原则就是群众性和先进性的统一。在强调社会主义市场经济条件下的道德建设时，我们有的同志，往往只强调它的群众性和广泛性而忽视了它的先进性，这是应当注意克服的。

“为人民服务”这一社会主义道德建设的核心，在今天的市场经济条件下，是不是“已从革命时期的阶级性概念转化成为今天全民性的社会伦理原则，其内在规定性是全体社会成员的‘自我服务’和‘相互服务’，即‘我为人人，人人为我’”了呢？对于这一点，我们也要作全面的分析。

“为人民服务”这一思想，最早是由毛泽东同志提出来。1944 年 9 月，毛泽东同志为了纪念为革命而牺牲的张思德同志，专门写了一篇题为《为人民服务》的文章。他说：“我们的共产党和共产党所领导的八路军、新四军，是革命的队伍。我们这个队伍完全是为着解放人民的，是彻底地为人民的利益工作的。"① 又说："因为我们是为人民服务的，所以，我们如果有缺点，就不怕别人批评指出。不管是什么人，谁向我们指出都行。只要你说得对，我们就改正。你说的办法对人民有好处，我们就照你的办。"② 他在这篇文章中，还进一步指出："只要我们为人民的利益坚持好的，为人民的利益改正错的，我们这个队伍就一定会兴旺起来。"③"我们的干部要关心每一个战士，一切革命队伍的人都要互相关心，互相爱护，互相帮助。"④ 在《论联合政府》一文中，他又再一次强调："紧紧地和中国人民站在一起，全心全意地为中国人民服务，就是这个军队的唯一的宗旨。"从毛泽东当时所提出的要求来看，应当说，这是对革命军队新四军和八路军的要求，是对广大革命工作者的要求，是一个高标准的要求。应当说，"为人民服务"中所蕴含的这种崇高的、先进性的要求，至今仍然发挥着重要的作用，它鼓励和鞭策着社会主义建设中的先进分子和共产党员，成为他们的一个重要的精神支柱。

当然，我们也应当看到，在社会主义市场经济的条件下，"为人民服务"的思想随着时代的发展也有了很大的发展，在原有的意义上，又增添了新的内容，不认识这一点，我们也就无法正确认识和理解"为人民服务"在新形势下的重要作用。"为人民服务"的这种变化，是同我国改革开放以来政治、经济和文化上的变化，特别是经济上的变化有着密切的关系的。

从经济上的变化来看，改革开放以来，我国从过去的计划经济转变为市场经济，我国的所有制从公有制经济转变为以公有制为主体、多种所有制共同发展的基本经济制度；从经济成分来看，个体经济、私有经济、合营经济等都有了很大的发展，成为社会主义市场经济的重要的部分。与此相适应，凡是能遵纪守法、诚实劳动、热爱国家、拥护社会主义的公民，他们所从事的有利于发展社会主义生产力的活动和行为，在道德上都应该受到鼓励和肯定。尽管他们的活动和行为从主观的动机上来分析，主要是从个人的正当利益出发的，是为了在市场经济的生产和

---

①② 《毛泽东选集》，2版，第3卷，1004页。

③ 同上书，1004～1005页。

④ 同上书，1005页。

交换中获取正当的利益，但是，他们的活动和行为有利于社会主义社会生产力的发展，有利于人民生活水平的提高，有利于社会主义国家综合国力的增强，就这一意义上来说，从道德上对这种活动和行为加以肯定，是符合时代的要求的。

但是，我们还必须进一步强调，这一要求，只是社会主义道德在市场经济条件下的一个基本要求，或者说是一个最低的要求，除此之外，我们的社会主义道德，还有许多更高的要求。我们的社会主义道德，绝不能停留在这个要求上，更不能把这一要求看作唯一的要求，这是我们在进行社会主义道德建设时所必须注意的一个重要的问题。

作为社会主义道德建设的最高要求的大公无私、无私奉献、英勇献身、舍己为人等，是同实行共同富裕的社会主义理想结合在一起的。正如邓小平同志所反复强调的：“社会主义的本质，是解放生产力，发展生产力，消灭剥削，消除两极分化，最终达到共同富裕。”因此，作为社会主义道德核心的“为人民服务”，即使在今天社会主义市场经济的条件下，也不能说已经完全成为超越阶级的“全民性的社会伦理原则”，成了同“共同富裕”的社会主义和共产主义相脱离的一种道德要求。

至于说到“人人为我，我为人人”的思想，我们也要准确地把握它的确切意义，正确地理解它在社会主义市场经济条件下适用的范围，弄清楚它同“为人民服务”之间的关系。

“人人为我，我为人人”的思想，是西方历史上很早就有的一个思想。就其渊源来说，古希腊就出现了这样的思想。基督教产生以后，“人人为我，我为人人”又成了基督教宣扬人与人之间的普遍之爱的一种理论。随着 14、15 世纪西方文艺复兴运动的发生和发展，“人人为我，我为人人”的思想就成为资产阶级人道主义的一种伦理道德要求，它反映了当时人们在人和人的关系上的一种良好道德愿望。正如当时的民谣所说的，当时社会上人际关系的实际情况是“人人为自己，上帝为大家”，而“人人为我，我为人人”的要求，只能是广大劳动人民在思想上所希望的。针对广大人民的这样的思想，在十月革命以后，列宁也说：“我们将努力消灭‘人人为自己，上帝为大家’这个可诅咒的准则，克服那种认为劳动只是一种差事，凡是劳动都理应按一定标准付给报酬的习惯看法。我们要努力把‘大家为一人，一人为大家’和‘各尽所能，按需分配’的准则渗透到群众的意识中去，渗透到他们的习惯中去，渗透到他们的生活常规中去，要逐步地却又坚持不懈地推行共产主义纪律和共产主义劳动。”很显然，列宁这段话有两个方面的思想，一方面是，他所说的“人人为我，我为人人”的原则，是同“人人为自己，上帝为大家”的原则相比较而言的；另一方面是，我们还要在这一原则的基础上，加强纪律性和共产主义的劳动态度的教育。

总之，在贯彻《中共中央关于加强社会主义精神文明建设若干重要问题的决议》和加强社会主义道德建设中，我们一定要全面把握“为人民服务”作为社会主义道德核心的意义，认清“为人民服务”同“人人为我，我为人人”的区别和联系，认清社会主义道德建设的广泛性同先进性的统一，使我们的道德建设能够沿着健康的道路向前发展。

第四编

人道主义与公正原则

人道主义的两种含义*

胡乔木同志在《关于人道主义和异化问题》一文中明确区分了作为世界观、历史观的人道主义和作为伦理原则、道德规范的人道主义。这种区分是很重要的，在一定意义上可以说是一种新提法。具体地说，人道主义的这两种含义应该如何区分呢?

世界观和历史观是关于整个世界和人类社会产生、发展、变化的普遍规律的最根本的看法。作为世界观、历史观的人道主义与马克思主义的世界观、历史观的主要区别有：是从笼统的、抽象的、没有分化和区别的人出发，还是从一定社会中“从事实际活动的现实的人”出发？历史的动力是生产力的发展、生产力同生产关系的矛盾以及在阶级社会中表现这种矛盾的阶级斗争，还是人类的善良天性或理性？是用实践来检验真理，还是一切由理性来审判？改造不合理的社会，是依靠无产阶级和广大人民群众创造历史的活动，还是依靠抽象的概念、笼统的全人类或少数人唤起人性和改善人性的说教？未来的理想社会是依据经济关系、社会发展规律而必然实现的结果，还是以“人的天性”为最高标准而构想的蓝图？如此等等。在这些问题上，马克思主义和人道主义是根本对立的，是两种完全不同的思想体系。

伦理原则和道德规范，是专指在同一社会中的人为了调整人与人之

---

* 原题为《两种伦理观》，连载《中国教育报》，1984-04-24，1984-05-26。

间的关系而形成的一些行为原则和道德要求。原则对行为有总的指导意义，规范则是根据原则的总要求而作出的具体的行为规定。作为伦理原则和道德规范的资产阶级人道主义，其总的指导精神是“用人道的方法来对待一切人”。其具体的道德规范有：要尊重人、关心人、同情人、爱护人，不以他人作手段，不侮辱他人人格，不残害他人肉体，等等。

一定的伦理原则、道德规范与一定的世界观、历史观是既相联系又相区别的。伦理原则道德规范主要用于调整人与人的道德关系，而世界观、历史观是作为总的思想基础和观察问题的方法，指导人们的一切认识活动和实践，同时也指导人们认识和论证一定的人与人之间关系的道德要求。不同的世界观、历史观引申出不同的伦理原则和道德规范，但伦理原则、道德规范毕竟有自己的特殊作用，对世界观和历史观来说，又是相对独立的，并有自己的能动作用。因此，从一定意义上看，二者是可以区分开的。

区分人道主义的两种含义，可以澄清由于没有这种区分而造成的混乱，对于批评从抽象的人性出发研究伦理道德问题，用抽象的人道主义补充或取代马克思主义伦理学的错误倾向，也是十分有利的。

一、什么是作为伦理原则的资产阶级人道主义

从伦理思想史来看，资产阶级比较明确地把人道主义作为一种伦理原则和道德规范，这在历史上曾起过积极的作用。对此，乔木同志已经作了历史的分析。作为伦理原则的资产阶级人道主义是建立在资本主义经济基础上的，是同资本主义制度相适应的调整人与人关系的规范和准则，它是以唯心主义的世界观和历史观为理论基础的。因此，这种人道主义同我们所说的作为伦理原则的社会主义人道主义，有着本质的区别。

作为伦理原则的资产阶级人道主义有一个极为明显的特征，即强调要用人道的方法来对待一切人。“用人道的方法”和“对待一切人”，是这一特征的两个重要方面。一方面强调在人和人的关系中，要爱人；另一方面强调，行仁道的对象是“一切人”，是一个“类”，是一个笼统的、没有分化的、没有区别的共同体。为什么必须这样呢？其理由很简

单："我们都是人"。作为人，我们都一样，自由平等、追求幸福是每个人的"天然权利"，而互相同情、爱护、帮助则是每个人的道德义务。这就是从无差别的抽象的人出发推出的人道原则。在伦理道德的范围内，资产阶级人道主义的一切主张、要求和理想，都是和上述两个重要方面密切联系的。

从这些抽象前提出发，资产阶级人道主义在调整现实的人与人的关系时，碰到了理论上和实践上两个无法解决的矛盾：一个是博爱和暴力的矛盾，另一个是阶级差别与人类无差别的博爱的矛盾。

在博爱与暴力的关系问题上，资产阶级人道主义的伦理原则强调对任何人都要爱，都不应施以暴力这种"不人道"的手段，强调人道主义和暴力绝对不可调和。但现实生活中阶级斗争的严酷事实总是证明这种人道主义的要求是无法实现的。资产阶级本身就总是对人民危及其根本利益的反抗施以暴力，从而暴露了其"博爱"说教的虚伪。

在相互对抗、相互仇恨的阶级之间，人们怎么实现这种无差别的人类博爱呢？这也是一个克服不了的矛盾。资产阶级人道主义总是从抽象的人类本性出发，把人看作无差别的、相同的人，从而对人的爱也只能是无区别的、普遍的、共同的爱。但实际生活中的人并不是无差别、无分化的，而是有差别的，甚至是相互对立的。因此，这种资产阶级伦理观点必然同现实发生冲突，无法实现。

还须指出，资产阶级人道主义的伦理原则，它的一些具体主张、要求，在实践中可能表现为某些改良措施，但其总前提是维护资本主义制度，以不触犯这个制度为限，这是它的又一特点。资产阶级的所谓从人道主义出发的慈善事业、福利事业，尽管在有限的范围内可以暂时缓解一些人的困苦，但其目的只是为了维护资产阶级统治而掩盖其对劳动人民的剥削。这不排除单个真诚的人道主义者举办此类事业的目的是善良的。

此外，资产阶级人道主义作为伦理道德，一般总以个人主义为核心。它反对使"我"的利益服从社会的、整体的、他人的利益。资产阶级人道主义在早期虽然也有过一些使个人利益服从社会利益的进步思想，但归根到底还是以个人主义为核心的。在现代资本主义社会中，所谓人的价值、人的尊严和要求，往往直接表现为赤裸裸的个人主义。

值得一提的是，现代资产阶级思想家对马克思主义的攻击的一个重要方面，就是用资产阶级人道主义的个人主义反对马克思主义的集体主义。他们认为，只有个人主义才符合人道要求，因为它能尊重人的尊严、人的价值，把人当作目的而非手段。他们认为，马克思主义强调集体主义，就是忘记、忽视或否定了作为主体和目的的个人；强调集体利益高于个人利益就是把人工具化、手段化、非人化，就是抹杀人的个性，否定人的尊严，使个人无法发挥自己的独创精神，不能自己设计自己，无法自由发展以实现个人价值。在他们看来，提倡为共产主义整体事业做出贡献，就是以一个模糊不清的目的来破坏个人幸福的目的。总之，他们认为集体主义是极不人道、极不道德的，它使人陷入一种与自身利己本性相反的异化。在我们国内，也有些同志从抽象的人道主义出发，把个人同集体对立起来，片面强调人的价值、人的尊严，反对个人服从集体，认为“一不怕苦，二不怕死”不人道。这些都是资产阶级人道主义所鼓吹的个人主义的反映。“主观为自己，客观为别人”的口号，也是资产阶级“合理”利己主义的一种新的表述形式。

总之，作为伦理原则的资产阶级人道主义是以历史唯心主义的抽象人性论为思想基础的；它一般以不触犯资本主义根本制度为界限；鼓吹“勿抗恶”，反对革命暴力；一般以个人主义为核心。表面看，它有普遍性形式，其实很狭隘，很虚伪，在很大程度上是不现实的，因而又是贫乏的。

二、什么是社会主义人道主义

简单地说，社会主义人道主义是社会主义社会一种对待人的伦理道德原则，是处理人与人之间新型关系的道德要求。这种人道主义，有着区别于作为伦理原则和道德规范的资产阶级人道主义的一系列根本特点。

社会主义人道主义首先是以马克思主义世界观和历史观为指导的。它反对从抽象的人出发，而是从一定社会的有分化、有差别的具体的人出发，由此引出对各种不同的人采取不同的道德态度和行为要求。毛泽东同志运用人的本质“是社会关系的总和”的理论，对“人”作了进一步解释，提出了区分“敌人”和“人民”等概念，这是马克思主义关于

“人”的问题的一个重要观点。基于这种区分，社会主义人道主义认为，革命的暴力不仅必要，而且是合乎道德和人道的。革命的暴力是实现对人民的爱的一个重要手段。对人民和敌人绝不能笼统地讲“博爱”，而是要“对己和，对敌狠”，这是社会主义人道主义的一个基本道德要求。当然，对敌人也还要具体区分，对有条件进行教育、改造的敌对分子，无产阶级、革命人民从来都采取人道的态度，以促使他们重新做人。这种立足于科学的历史观对人进行科学分析的人道主义，比那种从抽象人性出发的对敌以爱的人道态度，不知高明多少倍。

资产阶级人道主义一般以不触犯资本主义制度为前提，而社会主义人道主义站在人类大多数的立场上，代表广大人民的利益。社会主义人道主义的实现必须以突破资本主义制度的限制，消灭资本主义这一根本损害人民利益的制度，建立社会主义公有制为前提。这也是社会主义人道主义的一个根本特点。只有在社会主义制度下，个人和社会的基本利益归于一致，社会才能够真正做到对劳动者及其劳动和劳动成果的尊重，能够合理分配劳动产品，真正把满足社会成员日益增长的物质文化需要作为社会生产的目的，真正为劳动者逐步创造发展才能的必要的社会条件，真正体现出国家、社会对绝大多数人民的权利、利益、人格、幸福的尊重和关心，从而充分体现出人道主义的伦理道德意义。

以集体主义为核心是社会主义人道主义的又一根本特点。这种崭新的道德原则是在无产阶级革命斗争中产生的，并在社会主义公有制基础上得到更广泛的实行。它并不像资产阶级思想家所攻击的那样是反人道的，相反，正是由于集体主义原则的指导，才在实现人们的利益、幸福、价值和人的自由发展等方面，达到更高的水平。在剥削制度下，劳动者实际上只是作为工具意义、手段意义上的人而存在，对剥削者有手段的价值。劳动者为剥削者服务，剥削者却不为劳动者服务。劳动者作为手段创造了劳动成果，却不能作为目的享受应得的劳动成果。他们不是作为手段和目的的统一而存在的人。这也正是我们认为剥削制度最不合理、最不人道的地方。而在社会主义的劳动集体中，劳动者自己就是主体，就是目的。他们为自己劳动，劳动成果以全民所有、集体所有、个人所有三种形式由自己支配、享受，他们实现了自己作为手段价值的人和作为目的价值的人的真实统一。这种集体和集体主义的关系原则，对劳动人民来说，是最合理、最人道的。

在这种集体中，一个人首先要对集体、对他人做贡献，他的存在就有积极意义，即有手段价值；同时，集体和他人也把他当作目的，为他服务，他在集体中实现作为目的的价值。这里，个人价值的实现要以为集体和为他人的幸福去斗争、劳动为前提，以实现集体利益为前提。

在这种集体中，个人的自由发展才成为可能。一个人依据社会的需要越是努力为集体、为社会做贡献，他就越能找到各种充分发挥自己才干的途径。而集体财富的增长又反过来为个人提供更好的生存发展的条件。

在这种集体主义指导下，人们的道德观也必然发生深刻的变化。既然集体的劳动和斗争为实现个人的利益提供了最基本的保障，那么集体的存在和发展对于个人的生存、发展就具有最重大的意义。个人不把自己视为至高无上的存在目的，不是从自己能否从集体或他人那里赚得好处出发，而是尽自己的可能去关心集体、关心别人。可见，社会主义人道主义是以个人主义为核心的资产阶级人道主义所不可比拟的。

三、为什么社会主义人道主义同作为伦理原则的资产阶级人道主义有批判继承的关系

在道德发展史上可以看到，在前后相继的或同时并存的各社会、各阶级的道德之间，既有本质的区别或对立，又往往存在着许多特殊的联系，不可能一刀两断。对这个问题，只强调不同道德间的本质区别，否认任何联系，否认道德发展中的继承性，或者只强调联系和继承性，否认本质的区别，都是错误的。

恩格斯说过，在人类道德发展的各个历史阶段中，在各个阶级的道德中，由于客观上存在着一些共同的历史背景，“就必然具有许多共同之处”，“道德论必然是或多或少地互相一致的”①。正是那些共同的历史背景、没有变化的共同生活基础，决定了过去产生的一些道德要求在后来的阶段仍有作用，并为不同类型、不同阶级的道德所需要。在人类道德发展中，有的道德因素是可以长久保存的，这就是新旧道德可以前

① 《马克思恩格斯选集》，1版，第3卷，133页，北京，人民出版社，1972。

后承袭的因素。新经济基础决定新道德，所要批判、抛弃的是那些与旧基础相适应而与新基础相冲突的旧道德，而对旧道德中那些反映共同背景、共同生活基础的，对新经济基础仍有积极意义的因素，则不能简单否定，而需要批判地继承下来，否则，就会给社会实践带来危害。

作为社会主义伦理原则的社会主义人道主义，是在社会主义经济基础上形成的，但它并不排斥以往一些积极的人道主义的生活准则和理想，相反，正是与它们相联系的，是它们的进一步实现和发展。因此，社会主义人道主义同作为伦理原则的资产阶级人道主义，有批判继承的关系。批判继承，就是在马克思主义指导下，对资产阶级人道主义进行科学分析，抛弃其中那些与社会主义经济基础相冲突、与社会主义人道主义格格不入的东西，如唯心史观的思想基础，从抽象的人出发的方法，否认革命暴力的观点，维护资本主义制度的前提，以个人主义为核心等，并批判地接受其中关心人、爱护人、尊重人的人格、人的价值和幸福等内容，使之成为社会主义人道主义的因素并发挥其积极作用。

四、提倡共产主义道德和提倡社会主义人道主义是什么关系

在我们的社会生活中，存在着一些水平不同、难易程度不等的道德行为要求，因而表现出一些层次的区分。乔木同志的文章对此作了划分。这些不同层次大体可概括为：共产主义道德、社会主义人道主义、宪法规定的国民社会公德以及人类公共生活的一般准则等等。

从广义上说，共产主义道德是指无产阶级在共产主义运动中、在阶级斗争中形成的为这种事业服务的道德。列宁第一个提出“共产主义道德”概念，就是在上述意义上去解释它的。因此，我们可以把无产阶级革命道德、社会主义社会的道德和将来共产主义社会的道德，都称为共产主义道德。集体主义这个核心贯串共产主义道德发展的这三个阶段，而各阶段不同的历史条件使这个道德体系产生适应人们不同情况的不同层次的道德要求。

另外，“共产主义道德”特指为我们整个革命、建设事业（即共产

主义事业）服务的总道德中那些富于高度牺牲精神的道德要求。这种道德现在尚未普及，还表现为社会的最高道德，而在将来的共产主义社会，将成为为全体社会成员普遍接受的道德。

乔木同志文章讲，社会主义社会道德要求的所有不同层次是互相联系和渗透的。就是说，共产主义道德要求和社会主义人道主义要求在集体主义原则的统率下，有相互渗透的方面。达到了共产主义道德境界的人，其精神必定也在达到低层次道德要求的行为中体现出来；而接受了社会主义人道主义行为要求的人，道德上还需进步，从较低层次走向更高的共产主义道德。

在社会主义社会的伦理道德要求总体中，共产主义道德起着统率和指导的作用。在现时代，一般来说，共产主义道德是无产阶级及其先锋队所应当身体力行的，同时又对广大群众的道德进步起指导作用。在社会主义社会的相当长的历史时期内，不能要求每个社会成员都成为共产主义者并按相应的道德去行动，但这绝不是说现在不应该用共产主义道德广泛地教育人民，引导人们，正好相反，必须用共产主义道德广泛地教育人民，并要求共产党员和一切先进分子率先按这种道德去行动，通过他们的身体力行去带领群众，号召群众。

应该说明，不应把社会主义人道主义看作道德要求的最高层次、最高标准。那种以人与人之间关系的人道程度的高低作为人类道德进步标准的观点，是不妥当的。一般来说，社会主义人道主义的主要要求是：每个人要尽可能地关心他人，特别是要关心普通劳动者、普通知识分子、普通服务人员和普通顾客，尤其是普通妇女、普通儿童、普通老人和有残疾的人。马克思主义者反对抽象的人性论，但绝不是否认无产阶级、人民大众的人性，绝不是反对我们的革命者和劳动者对人的关心、尊重和同情；相反，这些是社会主义社会的每个公民都希望得到的，也是容易为绝大多数人接受并付诸行动的。因此，社会主义人道主义有更广泛的社会基础，实行它，对调整社会主义社会中人与人之间的关系有重要作用。

高层次的共产主义道德和低层次的社会主义人道主义是相互联系的。高层次的道德要求，也要通过低层次的要求来体现；低层次要求的认真实行，又将有利于高层次道德要求在更广泛的范围内实现。两种层次的道德虽有不同，但也不能分割开来实行，不能用高层次要求去取代低层次的要求，也不能只讲低层次要求而取消高层次的要求。二者的实现是互相联系、互相补充的。

还要说明，共产主义道德和人道主义还是互相渗透的。共产主义道德的基本原则是集体主义，这种集体主义又不同程度地渗入社会主义人道主义之中，并统率着这一层次的道德要求。没有集体主义指导的人道主义，不是社会主义人道主义，只能是个人主义的人道主义。社会主义人道主义的同情、关心、爱护人的思想，也渗透在共产主义道德的热爱人民、全心全意为人民服务等道德要求之中。

五、为什么要宣传和实行社会主义人道主义，这在当前有什么重要的现实意义

首先，宣传和实行社会主义人道主义，最重要的原因可以说是我国社会主义社会生活的需要，是完善人与人之间道德关系的需要，是维护广大人民的利益的需要。正像乔木同志的文章所指出的，由于长期封建思想的影响和资产阶级腐朽思想的影响，由于文化落后和经济落后，在我国现实生活中，违反人道原则的现象仍不同程度地存在。为抵制这些影响和消除反人道的现象，为建立新型的人与人的关系，维护人民的利益和幸福，就需要宣传和实行社会主义人道主义。

在封建社会中，人与人关系的最根本的特点是依照宗法等级关系来决定人的高低贵贱。封建关系造成了人和人关系中的两种现象：居于较高等级的人，只要求从属者绝对服从他；而处于较低等级的人，为保持自己的地位而不敢反抗。在这种等级地位高于一切的社会中，人与人之间不可能有平等。与封建等级制度相对应，存在着要求对等级制度绝对忠诚的封建道德原则，以及人对人的等级歧视、对妇女的歧视等道德观念。

我国社会主义制度的建立，为消除旧的关系、形成新型的人与人之间的关系创造了条件，并形成了相应的新风尚。但是，严重的封建传统影响和资产阶级腐朽思想的影响还存在，愚昧落后的状态也在许多地方不同程度地存在。因而人与人之间还存在一些缺乏相互关心、爱护、尊重、同情的现象，甚至还有严重的反人道的罪恶现象，如溺

婴、虐待老人、对他人进行人格侮辱或肉体摧残等。此外，一些干部中还有特权思想、家长作风、官僚主义，只要求下级服从上级，而不知道关心人民群众。这些状况对我国社会主义事业的发展、对人民的利益是极其有害的。因此，我们应该努力宣传和实行社会主义人道主义，“使社会主义的人道主义，随着社会主义的经济建设、政治建设和文化建设的发展，像社会主义制度所要求的那样得到最充分的实现”。

其次，宣传和实行社会主义人道主义，对反击国外资产阶级的恶意攻击，争取各国进步人士和广大劳动人民对社会主义制度的了解、支持和向往，对澄清国内一些群众、一些青年对这个问题的模糊、混乱的认识，也都有重要意义。人道主义作为一种伦理道德理想，虽然在资产阶级那里有很大的虚伪性和欺骗性，但在资本主义世界有广泛、深刻的影响。因此，我们应举起社会主义人道主义的旗帜，广泛地团结世界各国人民，回击反动的资产阶级思想家对社会主义的攻击。在国内，也能有助于广大群众和青年更好地识别资产阶级人道主义及资本主义制度的本质，认识社会主义制度和社会主义人道主义的优越性。

再次，宣传和实行社会主义人道主义，是进行共产主义道德教育的需要。共产主义道德是现时代人类的最高道德，但有时被一些人看成是高不可攀的。尽管这种想法不对，但应该承认，共产主义道德的高标准要求确实要人们经过长期的道德实践才能达到。因此，教育人们先从较低的要求做起，是使他们接受共产主义道德教育、达到共产主义道德要求的前提。而社会主义人道主义正是这种容易为大多数人从自己实际行动做起的道德要求。宣传和实行社会主义人道主义，有助于人们不断培养起关心他人、关心整体的高尚思想，使他们在道德阶梯上一步步向前迈进，逐步进入更高的共产主义道德境界。

最后，宣传和实行社会主义人道主义，还有一些特别的积极意义。例如，它将推动哲学、伦理学及其他一些社会科学去研究许多重要的理论和实践的问题，像“人性”、“人的价值”问题，人类人道关系的历史进步规律问题，中国古代一些人伦理想同人道主义的关系问题等。又如，为社会主义服务、为人民服务是指导文学艺术健康发展的根本方针。但文艺是要表现人的，以社会主义人道主义的观点来表现新型的人与人之间的关系，对真实的人性、人情、爱国心、正义感和普通公民的人格的尊严作具体生动的描写和表现，会使社会主义文艺产生积极向上的感召力和教育意义。所以，正确理解社会主义人道主义，有助于文艺创作避免宣传资产阶级人道主义或简单化地否定表现人性、人情等错误倾向，有助于开创更加繁荣兴盛的新局面。

社会主义人道主义和抽象人道主义的对立*

一、怎样理解"人"和人道主义

人道主义，从历史上来说，主要是指从 14 世纪后半期所兴起的一种资产阶级思想体系。在开始，称为人文主义，后来发展为 Humanism，即人道主义。当时的人道主义者提出了许多著名的口号，例如：我们都是人，我们应关心自己的同类；人应该关心一切人，尊重一切人；人人都应该满足自己的感性需要；人应该有个性的自由，反对对个性的压抑；人们之间应该实行博爱，反对使用暴力，因为暴力是不人道的；等等。这种思想反映了资产阶级反对封建专制和宗教神学的要求，在历史上曾发生过重大的作用。

如果把资产阶级人道主义的要求概括起来，它有一个极为明显的特点，这就是：要用人道的方法对待一切人。这一特点，又可以分为两个方面：一个方面是在人和人的关系中，要实行人道，就是要尊重人的价值，把人当作目的，强调人对人的博爱，反对对人施加暴力；另一个方

* 原载《毛泽东思想论集——纪念毛泽东同志诞辰九十周年》，北京，中国人民大学科学研究处，1984。

面就是强调它所说的“人”是一个“类”，也就是说，要从人与人的共同本性出发，反对把人们分为等级和阶级，强调对一切人或所有人的爱。从历史上来看，资产阶级的人道主义在反对封建专制和宗教神学的斗争中，确实起过进步作用，但是随着历史的发展，资产阶级的这种人道主义愈来愈成为掩盖资产阶级剥削工人阶级的一种虚伪欺骗。无产阶级正是在这种人道主义的喧嚣中，遭受着资产阶级的剥削和压榨，无产者作为资本家榨取剩余价值对象的地位，丝毫没有得到改变，无产阶级永远也不会作为目的本身受到资产阶级的尊重。

马克思主义是关于无产阶级解放条件的学说。正像恩格斯所说，无产阶级要解放自己，必须要解放全人类。只解放自己而不解放全人类，或者说在解放自己以后，不能有效地改造以前的剥削阶级和压迫阶级，不能改造其他的小私有者阶级，无产阶级自己的解放也就必然不能保持。在中国这个社会环境中，小生产者像汪洋大海一样包围着无产阶级，各种私有的习惯、心理、活动还从各个方面来影响和侵蚀着无产阶级。而且，剥削阶级如果得不到改造，必将会用各种手段来推翻无产阶级的政权。正是在这个意义上，无产阶级才强调，只有最终把全人类都解放出来，无产阶级自己才能获得彻底解放。因此，也可以说马克思主义是为了全人类彻底解放的一种学说。

但是，正如马克思、恩格斯所指出的，“‘解放’是一种历史活动，而不是思想活动，‘解放’是由历史的关系，是由工业状况、商业状况、农业状况、交往关系的状况促成的……”① 马克思主义的阶级斗争理论告诉我们，无产阶级为了最终解放全人类，首先必须推翻剥削阶级的统治，必须建立无产阶级专政，必须对阶级敌人实行改造，在必要的时候，还必须对他们施加暴力。这样，在关于“人”和人道主义的问题上，马克思主义就提出了前所未有的新问题，就是要区别革命和反革命，区别无产阶级和资产阶级，区别人民和敌人。这是历史上在对待“人”的问题上的一个重大变革。马克思主义不再是从抽象的、一般的、没有分化的、没有区别的、作为类的“人”出发而空谈什么对“一切人”、“所有人”的“人类之爱”。它强调的是：是自己人，还是敌对阵营的人？是人民，还是敌人？在阶级社会中，马克思主义坚决摒弃所谓

① 《马克思恩格斯全集》，中文1版，第42卷，368页，北京，人民出版社，1979。

“爱一切人”、“把一切人当作人看”的抽象说教。

有的同志认为，存在着一种“一般的人道主义”，这种一般的人道主义的特点就是尊重人、爱护人、关心人等等。那么，在存在阶级对立的社会里，有没有这种不加区别地彼此相爱的“一般的人道主义”呢？这种一般的人道主义到底又是为哪个阶级的利益服务，反映了哪个阶级的利益要求呢？如果我们对它进行马克思主义的分析，不难清楚地看到，这种抽象的人道主义实质上只能是一种乔装打扮的资产阶级人道主义。

毛泽东同志在中国革命实践中，把马克思主义和中国的革命实际紧密相结合，在如何对待所谓“人”的问题上，提出了明确的看法：“谁是我们的敌人？谁是我们的朋友？这个问题是革命的首要问题。中国过去一切革命斗争成效甚少，其基本原因就是因为不能团结真正的朋友，以攻击真正的敌人。革命党是群众的向导，在革命中未有革命党领错了路而革命不失败的。我们的革命要有不领错路和一定成功的把握，不可不注意团结我们的真正的朋友，以攻击我们的真正的敌人。”

特别重要的是，毛泽东同志运用唯物辩证法的观点，不但指出要区别人民和敌人，反对从抽象的人出发，而且还指出了在不同历史时期，人民这一概念包含着不同的内容。“人民这个概念在不同的国家和各个国家的不同的历史时期，有着不同的内容。拿我国的情况来说，在抗日战争时期，一切抗日的阶级、阶层和社会集团都属于人民的范围，日本帝国主义、汉奸、亲日派都是人民的敌人。在解放战争时期，美帝国主义和它的走狗即官僚资产阶级、地主阶级以及代表这些阶级的国民党反动派，都是人民的敌人；一切反对这些敌人的阶级、阶层和社会集团，都属于人民的范围。在现阶段，在建设社会主义时期，一切赞成、拥护和参加社会主义建设事业的阶级、阶层和社会集团，都属于人民的范围；一切反抗社会主义革命和敌视、破坏社会主义建设的社会势力和社会集团，都是人民的敌人。”

正由于对“人民”和“敌人”的这种区分，马克思主义认为，从一定的意义上看，革命的暴力不仅是必要的，而且它本身就是合乎正义的。革命的暴力是维护最大多数人的利益所必需的。在阶级社会中，对敌人的“博爱”，就是对人民的残忍。尽管有些天真善良的人们想对自己的敌人施行“博爱”，而实际上，这种“博爱”最后总是转化成对人民的残忍。资产阶级人道主义的思想家虽然在理论上可以否认、排除、掩饰现实生活中敌对阶级之间的你死我活的斗争，鼓吹什么“人类之爱”，但是在实践上，这种对立却是绝不会因此而消失的。正是这种原因，我们认为资产阶级所说的对一切人的关心，也就只能是一种对无产阶级的欺骗。

在我国，曾经历了十年动乱的“文化大革命”，在全国人民亲身经受了这十年动乱之后，特别是很多人都直接或间接地经受过种种残酷斗争、无情打击的“非人道”对待后，有些人希望在理论上找到这种“非人道”的原因。这种情况是完全可以理解的。但是，在有些人看来，中国之所以有“文化大革命”的十年动乱，就是因为过去批判了人道主义。他们甚至说，今后再也不批判人道主义了。似乎连资产阶级的人道主义，他们也不愿意批判了。在他们看来，为了使中国今后能避免十年动乱中所发生的种种“非人道”的行为，最重要的就是要用人道主义来“补充”、“丰富”马克思主义。这种看法是不正确的。十年动乱中，林彪、“四人帮”对广大干部的残酷斗争、无情打击，至少说，主要原因并不是因为在过去批判了资产阶级人道主义所造成的，而是有着深刻的政治上的原因，这是我们很多人都了解的。确实，“四人帮”曾借着批判资产阶级人性论和人道主义，以达到他们打击老干部的目的，但我们不能因此就不批判资产阶级的人道主义，更不能因此就不坚持马克思主义的基本理论。

马克思主义是不是反对人道主义？这要具体分析。它只反对资产阶级的人道主义，反对抽象的人道主义，绝不是要反对任何意义上的人道主义。马克思、恩格斯在建立起科学的唯物史观后，就把这种抽象的人道主义摒弃了。在无产阶级革命的战争年代和社会主义建设时期，无产阶级提出了革命的人道主义和社会主义的人道主义来处理人和人之间的关系。从 20 世纪 50 年代后期起，我国在批判资产阶级人道主义的时候，曾经简单化地否认过任何意义上的人道主义，这是不正确的。在马克思主义看来，不论革命人道主义还是社会主义人道主义，都是马克思主义关于关心人民、爱护人民、全心全意为人民服务理论的一个有机组成部分。革命人道主义和社会主义人道主义不是从抽象的人出发，更不是对一切人的博爱，它主张只爱“人民”，不爱

“敌人”。而“人民”这一概念，正像我们前面所指出的，在不同时期是有着不同内容的。

二、资产阶级思想家在“人道”问题上是怎样攻击马克思主义的

在资产阶级学者对马克思主义理论的攻击中，如果从总的倾向方面来看，似乎有着这样一种趋势：从攻击马克思主义的阶级斗争理论本身，逐渐转向更关注于伦理道德方面。这种倾向在现代资产阶级的哲学中愈来愈明显，其中最多的是攻击马克思主义关于“人”的学说。

资产阶级学者的主要论点，就是马克思主义是不人道的、反人道的，是不讲人性的，是抹杀个人尊严的，是把人工具化、划一化的，是不讲人的价值的，等等。在伦理学方面，他们更着重攻击共产主义道德的集体主义原则，认为无产阶级的集体主义就是只强调“虚幻的”集体利益，否认个人利益，否认个人幸福。在他们看来，强调集体主义就是不要个人自由，就是要给人们套上一副沉重的枷锁，使人们丧失自己的个性，无法发挥自己的首创精神，不利于人们自己设计自己……总之一句话，共产主义道德的集体主义，将使人们陷入一种不可克服的异化。

在这些对马克思主义伦理学的批评和攻击中，有人还提出，马克思主义伦理学在阐述道德问题时的主要错误，是只注意人是社会关系的总和，而忘记了作为“主体”的个人。他们认为，由于“主体”的“自我”被漏掉了，所以马克思主义伦理学就成了“一个没有灵魂的空架子”，如此等等。

从19世纪末20世纪初起，曾产生了一种所谓伦理社会主义，片面地强调社会主义的本质就是人们的道德价值，社会主义的理论基础不是马克思主义的历史唯物主义，而应该是康德的“人是目的”的伦理学。它攻击马克思的社会历史观只注意到人们的吃、穿、住等经济问题，而忽视了对伦理道德问题的研究。在20世纪，又产生了以存在主义为代表的对马克思主义的批判。它们认为，马克思主义中有一块具体的人学的空场，因而必须把存在主义纳入马克思主义当中。它们认为，要使已经停滞的马克思主义前进，使已经枯竭的马克思主义充实，唯一办法是

要用人道主义的存在主义来补充和丰富马克思主义。

正是从所谓“人是目的”和抽象的“人的价值”出发，资产阶级思想家极力反对共产主义道德的为他人、为集体而牺牲的精神。在他们看来，提倡为集体利益而牺牲，就是把人当作工具，当作材料，当作一种手段。他们说，马克思主义者提倡为共产主义事业奋斗，就是提倡为一个模糊不清的目的而破坏人们的幸福，就是否认人的价值。因而，他们咒骂共产主义道德的集体主义，把它看作一种极不人道的东西。资产阶级举着人道主义的旗帜，高唱着自由和尊重人的价值，其实质是在反对马克思主义的关于阶级斗争的理论，反对共产主义道德的集体主义原则。

值得注意的是，资产阶级用抽象人道主义对共产主义道德的这些攻击，在我们国内，也有不同程度的反映。有些人也从什么资产阶级的“人是目的”、“人的尊严”和“人的价值”等抽象原则出发，说什么集体主义否认了个人利益，不注意人的个性发展，认为“大公无私”不科学，“一不怕苦，二不怕死”是违反人道的，提倡雷锋精神就是提倡奴隶主义等等。诸如此类的问题，不能不说是受了资产阶级的影响。

马克思主义并不是不关心人，更不是不讲人道。但我们必须强调，马克思主义只是反对在阶级社会中去大谈超阶级的人和所谓抽象的人，反对资产阶级思想家所说的“爱一切人”。马克思主义认为，在阶级社会中，或者在阶级存在的条件下，我们只能关心人民、爱护人民，而不能关心、爱护人民的敌人。马克思主义一切从人民的利益出发、全心全意为人民服务的思想，比资产阶级的人道主义思想不知要高出多少倍！因此，怎么能说马克思主义中有一块“人学的空场”呢？既然没有这个“空场”，又怎么能谈得上必须用资产阶级的人道主义来填补呢？

对于那种只是从类、从抽象的观点强调人道主义，强调“我们都是人”的观点，马克思、恩格斯早就作了理论上的说明。在《德意志意识形态》中，曾经说到过去用语上的不确切的地方，这就是在一些文章中曾使用了当时“一些习惯用的哲学术语，如‘人的本质’、‘类’等等，给了德国理论家们以可乘之机去不正确地理解真实的思想过程并以为这里的一切都不过是他们的穿旧了的理论外衣的翻新”。当“真正的社会主义者”宣称在人道主义中一切关于名称的争论都解决了，不必再区分共产主义者、社会主义者，“我们都是人”、“我们都是弟兄，我们都是朋友”的时候，马克思和恩格斯立即极其深刻地指出，既然如此，“为什么要分什么人、兽、植物、石头呢？我们都是物体!”① 很明显，在马克思主义看来，否认人的社会性，否认不同阶级的人的不同属性，把所有的人都看成是没有分化、没有区别的“类”的一分子，这也就等于否认了人和动物、植物、矿物的区别，因此，在阶级社会中，根本不存在那种抽象的、笼统的、脱离社会和脱离阶级的“人”。

集体主义作为共产主义道德的一个基本原则，统率着共产主义道德的一切规范和范畴，贯串共产主义道德体系的始终，并用以调整个人和他人、个人和社会的各种关系。这就是说，在社会生活中，人们在调整个人和他人的关系时，无产阶级所强调的是集体利益高于个人利益的原则，而不是什么抽象的对“人”的“博爱”。列宁曾指出：“根据马克思主义的基本思想，社会发展的利益高于无产阶级的利益，整个工人运动的利益高于工人个别阶层或运动个别阶段的利益。”这里所强调的“整个工人运动的利益高于工人个别阶层或运动个别阶段的利益”，就是我们所说的无产阶级的集体主义。集体主义的原则极其明确地指明了个人和集体的关系，强调在调整个人和他人、个人和社会的关系时，必须从无产阶级和人民的整体利益、长远利益出发，使个人利益服从整体利益，眼前利益服从长远利益，在维护整体利益和长远利益的前提下，实现个人利益和整体利益、眼前利益和长远利益的统一。

马克思主义的集体主义并不否认个人的才能的全面发展，相反，只有无产阶级的集体主义，才为个人才能的发展创造了唯一可能的充分条件。“为巩固和完成共产主义事业而斗争，这就是共产主义道德的基础”②。由此可见，共产主义道德的集体主义，就是为建成理想的共产主义社会而服务的，就是要建立一个每个人都有发展其才能的机会和条件的新社会。正是在这个意义上，马克思和恩格斯才说：“只有在集体中，个人才能获得全面发展其才能的手段，也就是说，只有在集体中才可能有个人自由。”③ 在资本主义社会中，资产阶级所宣扬的人的自由、价值、尊严和人是目的等等，只能是拥有万贯钱财的那些人的自由、价

① 《马克思恩格斯全集》，中文1版，第3卷，551页。

② 《列宁全集》，中文2版，第39卷，307页，北京，人民出版社，1986。

③ 《马克思恩格斯全集》，中文1版，第3卷，84页。

值和尊严，而对于无产阶级来说，只能是毫无自由、失去尊严和没有价值。相反，在社会主义社会中，集体主义作为处理人与人关系的一种最基本的道德原则，它能够使人们的共产主义觉悟和人们的思想品质不断提高。现实生活愈来愈证明，只有具备了崇高的集体主义思想，人们的个性发展才能越来越丰富多彩。资产阶级人道主义片面强调以个人主义为核心的个性解放，其结果只能成为人们个性健康、全面发展的桎梏，只能促使人们的个性向个人主义的方向发展。

三、社会主义人道主义与资产阶级抽象的人道主义的根本区别在哪里

从思想体系来说，马克思主义同资产阶级人道主义是根本不同的，是两种对立的世界观。一个是从“人是社会关系的总和”出发，一个是从抽象的人类本性出发；一个是在人和人的关系中要强调阶级分析，主张区分人民和敌人，一个是宣扬超阶级的“人类之爱”；一个是主张无产阶级的集体主义，一个是鼓吹资产阶级的个人主义；等等。总之一句话，一个是历史唯物主义，一个是历史唯心主义。因此，那种认为人道主义“可以贯通中外古今整个人类”，是“世界各国共有的精神财富”的思想，是非常错误的。依据这种观点，实际上就是把人道主义作为一种思想体系而接受下来，当作一种世界观而承袭下来，当作一种普遍原理而在马克思主义的哲学、社会科学的各个领域里加以运用。其结果，必然会混淆马克思主义和资产阶级人道主义的原则界限，模糊无产阶级和资产阶级利益的根本区别，在理论上和实践上都将带来严重危害。

但是，并不能从马克思主义与资产阶级人道主义的根本对立中得出这样一种结论，即认为马克思主义是不讲人道的。我们不同意把人道主义作为一种思想体系、世界观或普遍原理而承袭下来，并不等于说在伦理道德等特殊的领域内，即在人对人的一定关系上，反对讲社会主义的人道主义。

社会主义人道主义（或革命人道主义），作为一种道德要求，在集体主义原则指导下，可以而且应当成为共产主义道德的重要行为准则之一。在共产主义道德的许多原则中，有一个重要的规范，就是热爱人

民、关心人民和爱护人民（在新中国成立时的《中国人民政治协商会议共同纲领》中，就曾将“爱人民”确定为全体国民的公德之一）。这一规范，包含着伦理学上所说的革命人道主义或社会主义人道主义原则的要求。这一规范体现着社会主义社会中同志对同志的友爱，体现着劳动人民之间彼此的同情，体现着国家、集体、组织对个人的关心。从马克思主义伦理学来看，社会主义的国家和集体在处理集体对个人的关系上，强调要保护劳动者的根本利益，在集体主义原则下，尽可能地照顾到个人的正当利益，尽可能地发挥每个人的创造性，强调生产的目的是为了逐步满足广大人民的物质文化需要，强调要保护广大劳动者的身心健康和生活幸福，强调要培养每个劳动者的崇高的道德品质，并力图使每个劳动者都能成为有理想、有道德的新人……这一切，也都可以说是体现了革命人道主义的精神。

早在革命战争年代，毛泽东同志就曾明确地提出，要“救死扶伤，实行革命的人道主义”，即主张要用革命的人道主义来对待一切伤病员。1958 年，在他亲自起草的以国防部长彭德怀名义发布的《告台澎金马军民同胞建议举行谈判实行和平解决》的文告中，又提出：“十三万金门军民，供应缺乏，饥寒交迫，难以久计。为了人道主义，我已命令福建前线，从十月六日起，暂以七天为期，停止炮击，你们可以充分地自由地输送供应品，但以没有美国人护航为条件。”这里，从关心十三万金门军民的饥寒交迫出发，提出了要以革命人道主义的态度，使他们获得必要的衣食之源，并且提出了一定的条件，既显示了无产阶级的革命人道主义精神，又表明了这种革命人道主义是和资产阶级抽象的人道主义根本不同的。

对于马克思主义来说，无论是无产阶级的人道主义或社会主义的人道主义，都是在特定的伦理道德领域内使用的。作为一个伦理道德原则，它的主要内容是：在人民内部，要尽可能地满足人们不断增长的物质文化生活的需要，力求最充分地发展每个人的才能，尊重每个人的尊严，最大限度地发挥每个人为社会主义建设而进行的创造性劳动，从而不断提高每个人的价值。

资产阶级人道主义总是喜欢从抽象的人的观点来谈论人的尊严、人的价值。事实证明，人的价值问题都只能是历史的、具体的。在资本主义社会内，只有拥有财产的人才有价值。谁的钱越多，他的价值就越大；谁的股票越多，他的尊严就越高。社会主义的人道主义从历史唯物主义的基本原理出发，认为人的价值只能从一定的现实经济关系出发来考察。无产阶级革命的胜利，建立了生产资料公有制，形成了对人生意义、人生价值的新的理解，并且形成了新的对个人的评价标准。人的价值，并不在于他占有多少财产和能够进行什么样的享受，而在于他对社会主义事业所做的贡献，在于为集体主义而奋斗的献身精神。

社会主义人道主义和资产阶级的抽象人道主义不同，它在强调只热爱人民的同时，必须要仇视人民的敌人。也就是说，社会主义的人道主义在强调“对己和”的同时，必须强调“对敌狠”。这二者不但不是水火不能相容，而且正好是相辅相成、相互补充的。为了热爱人民，就必须仇恨人民的敌人；只有仇恨人民的敌人，才能做到真正地热爱人民。现实生活已经有力地说明，如果不对那些危害人民生命财产的各种犯罪分子进行惩罚和镇压，而是像有些人所认为的那样，也对他们实行“博爱”，那又怎么能达到热爱人民的目的呢？社会主义的人道主义，是把对广大人民的爱和对敌人的恨紧密结合在一起的。那种从抽象的人道主义出发，片面地强调“博爱”，把暴力完全排斥在人道主义之外的思想，只能是资产阶级的一种自欺欺人的理论，是和社会主义人道主义、无产阶级的人道主义格格不入的。

当然，革命的人道主义或社会主义的人道主义，在对待敌人的问题上，都强调做如下区分：是正在危害人民的敌人，还是已经俘虏或投降了的敌人？对于后者，就不能像对待前者那样，而是要采取“宽待俘虏”、“尊重人格”、“不搜腰包”以及设法把他们改造成为新人的手段与策略。

有的同志认为，在我国，剥削阶级已经不存在了，是不是就可以主张对全人类实行“博爱”的人道主义呢？不能这样看。我们知道，尽管剥削阶级在我国已经不存在了，但是仍有反革命分子、敌特分子，有各种破坏社会主义秩序的刑事犯罪分子和其他破坏分子，有贪污盗窃、投机倒把的新剥削分子，并且这种现象在短时期内不可能完全消灭。特别是随着对外开放政策的实行，国际资产阶级的反动腐朽思想将不断传入我国，腐蚀人们的灵魂。这也就是说，阶级敌人仍然存在，而且还会有新的剥削分子和社会渣滓产生，我们同他们的斗争将是长期的。因此，根本不可能对一切人实行“博爱”的人道主义。我们应当坚持四项基本原则，对这种貌似公允、伟大，实则虚伪的资产阶级人道主义进行批判。

事实已经说明，无论从政治上看，还是从伦理道德上看，从抽象人道主义出发，宣扬对一切人实行“博爱”，必然会否定四项基本原则，否定阶级分析的方法，必然会导致对人民的敌人实行“仁政”，从而给社会主义革命和建设事业带来极为有害的后果。

总之，在人道主义问题上，我们应该坚决地反对资产阶级的抽象的人道主义，实行和宣传社会主义的人道主义。社会主义的人道主义或革命的人道主义，同马克思主义伦理学的关心人民、爱护人民、全心全意为人民服务、一切从人民的利益出发是完全一致的。它可以并且应当作为在集体主义原则指导之下的一个道德原则或规范。在当前，我们应该着重阐发社会主义的人道主义和马克思主义的关心人民、爱护人民的理论，反对资产阶级在人道主义问题上对马克思主义的攻击。

社会主义人道主义*

社会主义人道主义是社会主义社会中，处理人和人之间某些特定关系的具体伦理原则和道德规范。从最一般的意义上来说，社会主义人道主义属于共产主义道德规范体系的较低层次，因此是社会主义社会绝大多数人能够和应当接受的道德要求。宣传和实行社会主义人道主义，应是马克思主义伦理道德教育的一项重要内容，是以共产主义思想为核心的社会主义精神文明建设的一项重要任务。

一、对人道主义的历史考察

1. 资产阶级人道主义的产生和发展过程

从伦理思想史上来看，人道主义作为一种思想体系，是由资产阶级提出和完成的。

从 14 世纪开始，随着资本主义生产的发展，资产阶级人道主义首先是作为一种伦理原则和道德规范的要求，作为一种衡量人的道德行为

* 原载《伦理学教程》，北京，中国人民大学出版社，1985。关于社会主义人道主义，作者另有《试论社会主义人道主义伦理观》（见《关于人道主义和异化问题论文集》，北京，人民出版社，1984）和《共产主义道德和社会主义人道主义》（载《光明日报》，1984-03-12），因两文与本文略有重合，而此文后作，故另两文未收。

的评价标准，即作为一种价值尺度提出来的。从 14 世纪到 16 世纪，最早出现的人文主义，主要是通过文学、艺术所表现出来的对人的歌颂（但丁的诗、达·芬奇的画等）。这种人文主义，针对宗教神学的统治，重新提出了“人是万物的尺度”，强调“人的高贵超过了天使的高贵”，“人所具有的一切，我都要具有”等观点，来论证人应该被当作人看。人文主义者的价值观是和宗教禁欲主义的说教直接对立的。宗教神学家否认人的肉体欲望，否认现实的幸福，鼓吹人应当蔑视自己，应当心甘情愿地作上帝的奴隶。他们否认人的价值，宣扬服从上帝是人生的唯一目的。他们把听命于上帝看成是最高的德行，把违背上帝的旨意视为最大的罪恶。与此相对立，代表新兴资产阶级的早期人文主义者用各种形式来赞美人的尊严，抬高人的价值，强调人的现实的幸福生活，把人对人的友爱、尊重及人的自由和幸福看作人生最高尚的理想和目的。早期的人文主义者尽管较多地把人道主义作为一种价值观看待，但同时也含有世界观、历史观的意义。

17 世纪以后，资产阶级的思想家使这种人文主义的价值观进一步系统化和理论化。他们不但给这种价值观以丰富完备的内容，而且从世界观和历史观上作了论证。在他们看来，人的欲望和利益是因循着自然规律的。人是一个类，每一个成员对于这个类来说，彼此都是完全平等的。人是生而自由的，每个人都有追求自己幸福的天然权利。人是一种高等的、有理性的动物，而理性本身是至高无上的。因此，人应该顺从理性而生活，人和人之间应当相互尊重。

2. 资产阶级人道主义的价值观和历史观的统一

为了适应资产阶级的需要，资产阶级思想家更进一步自觉地把人道主义这一伦理原则和价值尺度推广运用到整个人类历史领域，并以之作为标准，来衡量一切社会现象和历史现象。凡是合乎“人道”标准的，就是真的、善的和美的；凡是不合乎“人道”标准的，就是假的、恶的和丑的。在他们看来，“人道”不但是人和人之间的一种价值尺度，而且是判断一切事物的标准。这种从人的本性出发的人道主义，已经从伦理观扩展到政治理论和法权理论中去，从价值观发展成比较完整的世界观和历史观。尽管一些所谓人道主义的思想家还多半是在价值尺度上使用人道主义这一概念的，即从尊重人、关心人、要把人当人看的伦理原则上来理解人道主义，但人道主义已经成为资产阶级为求得自身解放的一种政治要求，已经成为许多政治家、理论家观察世界的一种世界观和历史观，成为一种以抽象人性为基础而建立起来的历史唯心主义的思想体系。

由此可见，从资产阶级的人文主义到人道主义，有一个历史发展的过程，即从作为伦理观开始，到最后形成世界观、历史观和伦理观的统一体。一方面，资产阶级人道主义作为一种世界观和历史观，即作为一种理论基础，指导着整个人道主义的道德要求；另一方面，资产阶级人道主义思想家从笼统的、抽象的、没有分化的人出发来说明人的本质和社会生活规律，把人的自然属性、人类的“善良天性”或理性视为历史进步的动力和真理的审判者，从而又必然使这种人道主义的道德原则和价值观念不可避免地走向历史唯心主义。在自然观上，不少人道主义者原来都是坚持存在决定意识的唯物主义者，但在历史领域内，他们却认为只是由于理性的迷误，才导致人类社会步入歧路、恶行滋蔓，而依靠道德的教育和感召，就能够唤醒人类的理性和良心，就可以改变人的行为和道德品质，从而就可以改变整个人类社会的历史方向。这种理论，完全排除生产方式、阶级斗争、人民群众等历史发展的物质决定因素，不但不可能正确地解释和说明人类社会的发展规律，也不可能科学地说明什么是人性以及人的本质和作为社会的人的真正价值。

19 世纪以后，在西欧出现了圣西门、傅立叶和欧文三大空想社会主义者。他们对资本主义制度给予了尖锐的批判，并描绘了种种未来社会制度的理想蓝图。空想社会主义者在批判私有制的种种弊病的同时，强调只有未来的共产主义社会才能使人们的个性得到真正的解放，才能使人性得到真正的改善。但是，和资产阶级人道主义者一样，空想社会主义者把人性、人的本质和人的理性当作推动社会发展的动力，认为资本主义社会的种种罪恶，都只有求助于人类的“理性”才能最终得到解决。空想社会主义者关于人的价值的思想，虽然比资产阶级人道主义者要高出很多，但在历史观上，他们和资产阶级人道主义者是没有根本区别的。

3. 资产阶级人道主义在历史和现实中的作用

资产阶级人道主义在历史和现实中有着不同的作用，必须作历史的、具体的分析。

在 14 世纪至 16 世纪，人文主义作为人道主义的最初形式，对当时的社会发展曾产生过重要的作用。人文主义者对人的歌颂，对现实幸福的追求，激励着新兴的资产阶级去追求自身的解放，成为推动他们同宗教神学和封建统治作斗争的力量。从伦理思想史的发展来说，由于人文主义特别强调人的价值，反对以神为中心，强调要以人为中心，并从各方面论证了人的尊严的重要，从而使人的价值问题成为伦理学必须研究的最重要问题之一。

在17、18世纪，资产阶级启蒙思想家进一步高举起人道主义的旗帜，强调“天赋人权”，宣扬“自由、平等、博爱”的口号，对当时的资产阶级革命起过巨大的进步作用。他们强调“理性”的重要，把理性当作真理的标准，对于破除封建社会的旧的腐朽观念，有着振聋发聩的作用。正像恩格斯所说的：“在法国为行将到来的革命启发过人们头脑的那些伟大人物，本身都是非常革命的。他们不承认任何外界的权威，不管这种权威是什么样的。宗教、自然观、社会、国家制度，一切都受到了最无情的批判；一切都必须在理性的法庭面前为自己的存在作辩护或者放弃存在的权利。”① 正是在人道主义者强调人的“理性”的重要的情况下，一切宗教的、封建的传统观念，都被当作不合理的东西而扔到垃圾堆里去了。同时，人道主义思想家使理性主义在伦理学中具有更重要的地位，使理性主义的伦理学派更加完备，在伦理思想史上也是有重要意义的。

18世纪以后，资产阶级在西欧各国成为统治阶级以后，资产阶级人道主义也就成为维护资产阶级对劳动人民的统治的工具。一般来说，资产阶级人道主义者所宣扬的人的尊严、人的价值以及所谓“自由、平等、博爱”，常常成了一种虚伪的欺骗，成了资产阶级暴力镇压无产阶级和劳动人民的欺骗性补充。资产阶级人道主义者所宣扬的慈善事业，尽管也可能有一定的积极意义，但它不但不能改变劳动人民受压迫和受剥削的地位，而且必然会对劳动人民产生这样或那样的腐蚀作用。

对现代资本主义社会中的人道主义宣传，也应当进行具体的分析。垄断资产阶级的御用文人和政客，为了粉饰资产阶级的对内剥削和对外掠夺的卑劣行径，利用各种宣传机器，大吹大擂地宣传什么人道主义、人的尊严和个性发展。这种叫嚣，不但是虚伪的，而且是反动的。同时

① 《马克思恩格斯全集》，中文1版，第20卷，19页，北京，人民出版社，1973。

也应当看到，在现代资本主义社会中，有不少进步的文学家、思想家和科学家，他们同情人民的苦难遭遇，站在人民群众这一边，痛恨资产阶级对人民的残酷剥削、压迫，憎恶法西斯主义和恐怖主义，反对战争危险。他们高举着人道主义的旗帜，并且真诚地相信，只要能在全人类中宣传和实行人道主义，就可以最终消除这些丑恶现象，就可以使人类走向进步。尽管他们的这一目的是不可能实现的，但他们的这种真诚的愿望是应该肯定的。而且，他们以人道主义为武器，反对霸权主义所制造的战争危险，反对核竞赛，反对法西斯主义和恐怖主义，反对种族歧视，要求保护人类生存的环境等等，都是有进步意义和符合全世界劳动人民的利益的。

总之，我们在批判资产阶级人道主义的同时，应该根据历史唯物主义的观点，对它在不同时期的历史作用，进行具体的分析。对于现实生活中的不同的人道主义者，要区分他们的不同的政治倾向和社会倾向，特别是认清他们到底是站在劳动人民群众一边的真诚人道主义者，还是站在垄断资产阶级一边的御用文人和反动政客，从而采取不同的态度，这是尤为重要的。

二、社会主义人道主义的产生和发展

社会主义人道主义作为一种特定的伦理原则和道德规范，有一个长期的发展过程。这一原则，最早由马克思、恩格斯提出，并在以后的无产阶级的革命实践中不断得到发展。

1. 马克思和恩格斯对人道主义的剖析

在马克思主义的科学世界观、历史观尚未完整地确立之前，早期的马克思、恩格斯也曾受到资产阶级人道主义世界观和历史观的影响。在《神圣家族》和《1844 年经济学哲学手稿》中，马克思、恩格斯还认为资本主义之所以要灭亡，根本原因是因为它使人、使无产阶级丧失人性，是不人道的，而人性的觉醒必将使无产阶级摧毁这种制度。这种看法，当然还是从抽象的人性和道德尺度出发来谴责资本主义，论证它必将灭亡的原因，还没有在历史唯物主义的指导下，从生产方式的物质根源中科学地揭示资本主义必然灭亡的客观规律。而在《关于费尔巴哈的提纲》、《德意志意识形态》及以后的著作中，即当新的世界观、历史观已经建立起来之后，马克思、恩格斯开始对人道主义作不同意义的区分。一方面，他们毫不留情地清算了从抽象人性出发的唯心主义世界观和历史观，肯定了生产方式、生产关系对于人的本质、人类社会生活发展过程的决定意义，并批判了用抽象的人类之爱来消融阶级斗争的资产阶级人道主义伦理观；另一方面，他们又在伦理原则和道德规范的限度内，在新的哲学基础上，批判地继承资产阶级提出的处理人和人之间关系的一些合理的人道要求，肯定了实现人的价值，实现人类自由、平等、幸福、相爱的重要意义，在科学的意义上赋予人道主义以新的含义。1845年年底，恩格斯《在伦敦举行的各族人民庆祝大会》一文中曾说，对于各民族之间的关系，所有无产者的“修养和举动实质上都是人道主义的”①。这也就是说，无产者的行动，是从革命的人道主义出发，是符合革命人道主义的原则的。1871年，在论述无产阶级专政的第一次伟大尝试的巴黎公社时，马克思说：“公社并不取消阶级斗争……但是，公社提供合理的环境，使阶级斗争能够以最合理、最人道的方式经历它的几个不同阶段。”② 这两次所讲的“人道”和“人道主义”，都是在科学的世界观和历史观的基础上，从伦理原则和价值观的方面，赋予人道和人道主义以新的意义，即是在伦理观和价值观的意义上来运用人道主义的。这种革命的无产阶级的人道主义（我们现在称之为社会主义人道主义），是和资产阶级人道主义根本不同的。

2. 社会主义人道主义建立在与资产阶级人道主义完全不同的客观基础上

社会主义人道主义，是在社会主义公有制的经济基础上形成的，是为建设社会主义和共产主义的伟大目标服务的。资产阶级人道主义作为一种伦理原则，是建立在资本主义私有制的经济基础之上的，是为私有制服务，为巩固资产阶级的统治服务的。在私有制的经济基础上，在资产阶级的统治下，虽然也强调人的价值、人的尊严，提倡关心人和爱护人，但就其实质来说，资产阶级社会所关心和维护的只能是有产者的尊严、资本家的价值和统治者的人格。文艺复兴运动以来的资产阶级思想家所宣传的个人自由、个人尊严、个人平等，都是在资产阶级的自由竞

① 《马克思恩格斯全集》，中文1版，第2卷，666页，北京，人民出版社，1957。
② 《马克思恩格斯全集》，中文1版，第17卷，593页，北京，人民出版社，1963。

争的经济关系中产生的，又是为资产阶级的自由竞争服务的。谁都知道，在一个所谓自由竞争的社会内，任何人为了取得自己的尊严和价值，最重要的是要挣得一份必要的财产。很显然，金钱决定一切，所谓关心人、爱护人、强调人的尊严的神圣口号，不得不被私有制基础上的残酷竞争所销蚀。从理论上讲，一个人应该尊重别人，关心和爱护每一个人，但是，在实践上，人们只能是关心自己，希望快快发财，甚至为了取得最大利润而剥削别人、压迫别人。对于资产阶级来说，它从来也不会想到去关心劳苦大众，最多只不过是在赚取了大量利润之后，给劳动人民一点施舍而已。

社会主义社会的公有制经济和人与人之间的同志式的互助合作关系，为实现一种真正的人道主义，即社会主义人道主义创造了客观前提。社会主义生产的根本目的，就是要最大限度地发展生产力，尽可能地满足广大群众的物质文化生活需要。这一根本目的，保证社会主义人道主义这种新的、更高水平的人道主义伦理原则有充分可能逐步并且完满地得到实现，保证社会、集体对每一个人的关心和爱护，促使人和人之间形成彼此同情、相互关心、友爱互助的新关系。历史唯物主义强调，每个人的幸福、尊严和价值的实现，人们对别人的幸福、尊严、价值的关心，并不是也不可能只靠人生而具有的“理想的权利”来达到，而必须通过一定的物质手段，才能使其成为现实。正像恩格斯在谈到“幸福”时所指出的：“追求幸福的欲望只有极微小的一部分可以靠理想的权利来满足，绝大部分却要靠物质的手段来实现，而由于资本主义生产所关心的，是使绝大多数权利平等的人仅有最必需的东西来勉强维持生活，所以资本主义对多数人追求幸福的平等权利所给予的尊重，即使一般说来多些，也未必比奴隶制或农奴制所给予的多。”① 我们知道，在奴隶制社会中，广大奴隶只是被看作会说话的工具，除了供奴隶主任意驱使外，他们是没有也不可能有任何价值的。在封建社会中，全部道德价值，特别是人的价值，是以其在封建等级中的地位来衡量的。居于封建金字塔最底层的广大劳动人民，是没有也不可能有任何价值的。恩格斯的话，极其深刻地指出，在资本主义社会，广大劳动人民的权利、尊严和价值，是不会比奴隶制或农奴制下更受到关心的。

① 《马克思恩格斯选集》，1版，第4卷，235页。

3. 社会主义人道主义同资产阶级人道主义有批判继承的关系

社会主义人道主义同资产阶级人道主义，既是两种根本不同的伦理观，同时，又有着批判继承的关系。不同时代、不同社会、不同阶级的道德，虽然因其社会经济基础、政治制度和思想意识等的不同而表现出不同的类型，具有不同的本质，但又往往由于存在某些共同的生活基础和历史背景而具有某些或多或少共同的内容。作为伦理原则和道德规范的社会主义人道主义，也并不是离开人类文明发展的大道而孤立地、凭空地出现的。它没有也不可能抛弃人类以往道德发展中所取得的积极成就，没有也不会排除历史上人们长期向往和追求的基本的人道精神以及已形成的一些积极的人道生活准则。社会主义人道主义的伦理道德要求，正是继承了这些积极内容，并加以改造而形成的。

4. 社会主义人道主义是在无产阶级革命过程中形成和发展的

社会主义人道主义，继承了资产阶级人道主义中的某些合理因素，并使其得到进一步发展，成为一种更加高级形态的人道主义。同时，还必须特别强调指出，社会主义人道主义是在无产阶级革命的过程中形成和发展起来的，是在经济、政治、社会的社会主义改造和社会主义建设的过程中逐步完善的。无产阶级为了推翻资产阶级而获得自身的解放，就必然地要在广大人民群众中宣传和实行关心人民、尊重人民、为人民着想，甚至在必要时为了别人而牺牲自己利益的原则，即宣传和实行革命人道主义的原则。在革命战争年代，无产阶级在处理人与人之间的关系时，时时处处都强调要尊重人民、爱护人民，要说话和气、买卖公平，要替群众解决有关他们的切身利益问题等等。这一切，都体现着革命人道主义的精神。由此可见，无产阶级在革命斗争中所建立起来的革命人道主义，是社会主义人道主义的前身，而社会主义人道主义则是革命人道主义的发展。脱离无产阶级在革命斗争中所形成的革命人道主义的实践，脱离社会主义的公有制的新的客观经济基础，脱离社会主义改造和建设过程中社会主义人道主义的发展和完善，把社会主义人道主义说成只是从资产阶级人道主义继承和发展而来的思想是不符合事实的，它不但在理论上是错误的，而且在实践上是有害的。

5. 社会主义人道主义的理论基础

社会主义人道主义是在马克思主义世界观和历史观即辩证唯物主义和历史唯物主义的指导下形成和完善起来的，它和资产阶级人道主义的理论基础是根本对立的。社会主义人道主义不是从那种抽象的、笼统的、无差别的人出发，而是从现实的人出发，从一定的经济关系出发，对人作历史的、具体的分析，并由此引出对各种不同的人所采取的不同道德态度和行为要求。社会主义人道主义不是从抽象的意义上来谈论道德要求，而是要对"人"进行具体分析。根据马克思主义的基本理论，"人的本质并不是单个人所固有的抽象物。在其现实性上，它是一切社会关系的总和"①。这就是说，现实的人是生活、活动在一定的经济关系中的，是划分为不同阶级、不同阶层和不同集团的人。他们在阶级社会中，在不同历史时期，由于不同利益的对立，又必然会形成相互敌对的集团，区分为能推动历史向前的进步势力和阻碍历史前进的反动势力。因此，从现实的人出发，就是要抛弃资产阶级人道主义者那种从抽象的类、从孤立的个人出发，那种从头脑中想象的与世隔绝、不同任何人发生关系的人出发的唯心史观，而是要从人类社会、人们的生产关系出发。马克思、恩格斯还特别强调，从现实的人出发，就是要从一定的社会关系和政治关系出发，即从一定的阶级关系出发来考察人。他们说："以一定的方式进行生产活动的一定的个人，发生一定的社会关系和政治关系。……社会结构和国家经常是从一定个人的生活过程中产生的。但这里所说的个人不是他们自己或别人想象中的那种个人，而是**现实中的**个人，也就是说，这些个人是从事活动的，进行物质生产的，因而是在一定的物质的、不受他们任意支配的界限、前提和条件下能动地表现自己的。"② 正是由于这一基本事实，马克思主义经典作家历来都强调要对人进行阶级分析。毛泽东同志曾根据人是"社会关系的总和"这一历史唯物主义观点，提出了在阶级社会中，要区分人民和敌人的理论，这是有重要意义的。

6. 社会主义人道主义的指导原则

社会主义人道主义是以集体主义原则为指导的。集体主义作为无产阶级的一种崭新的道德原则，它在无产阶级革命斗争中产生，并在社会主义公有制的基础上得到广泛的实行。忠于共产主义事业的集体主义是共产主义道德的基本原则，它贯彻于共产主义道德的所有规范之中，同时，它又是整个社会主义社会中所有其他道德层次的指导原则。社会主

① 《马克思恩格斯选集》，1版，第1卷，18页。

② 同上书，29～30页。

义人道主义是社会主义社会成员处理自己和其他社会成员之间的最基本的道德准则，它和资产阶级人道主义不同，不论是从主体方面还是从客体方面来看，它都不是从个人主义出发，而是从集体主义出发的。从主体方面说，一个人之所以要对其他社会成员实行社会主义人道主义，不是从自我满足、对别人的同情以及从自己的“爱人”的本性出发的。从客体方面来看，人们对其实行人道主义的人，不是因为他是一个抽象的、无分化的作为类的“人”，也不是要尊重那种脱离集体、超出集体与社会无关的个人。在社会主义社会中，劳动者的集体，不是像资产阶级社会那样，只是一种虚幻的集体，而是每个劳动者生存发展的最根本的条件，因而人与人之间的关系，都必须是从集体利益出发的。社会主义人道主义之所以要强调尊重人和关心人，并不仅仅因为他是一个人，更不是为了这个人的私人的利益、生存和发展，而主要是从集体利益、国家利益和社会利益的需要出发的。即使是对反对社会主义、敌视社会主义的敌人，当他们在受伤、被俘或已不能再直接危害人民利益的情况下，我们之所以要对他们采取人道主义，也并不是因为他们是一种无分别、无差别的作为“类”的人，而是因为这样做符合人民的利益，符合集体的利益，符合社会主义的利益。

三、社会主义人道主义的主要内容

社会主义人道主义作为一种道德要求和价值标准，主要包括三个方面的内容，即尊重人、关心人和憎恨一切危害人民的敌人。这三个方面的内容，是相互联系、相互渗透的。

1. 尊重人，尊重人的价值和尊严

社会主义人道主义首先要求我们必须尊重人，尊重人的价值和尊严，特别是要尊重那些为社会辛勤劳动而做出重大贡献的劳动者。封建社会按照人的等级贵贱来决定人的价值；资产阶级社会按照金钱多少来决定人的价值，对于一无所有的劳动者，因为他们没有价值，所以也就不被尊重，他们除了受压迫和剥削以外，所得到的只能是歧视。在剥削制度下，劳动者不能作为社会的主人，不能作为目的意义的人而存在。社会的主人和目的是剥削者，劳动者只能被资产阶级当作发财致富的工具。

劳动者作为手段创造了劳动成果，然而却不能作为目的来充分地享受自己的成果。而在社会主义社会里，劳动者就是主体和目的。社会主义人道主义认为，在社会主义社会里，作为手段价值的人和作为目的价值的人是统一的。在社会主义的集体中，一个人首先要对集体、对国家、对社会做出贡献，使自己的存在对社会具有积极的意义，即有手段价值；同时，集体和社会也应把每一个个人当作目的来服务，使每个人都能分享他人劳动的成果，实现自己作为目的而存在的价值。一个人越是努力根据集体和他人的需要而做出贡献，他就越能发挥自己的才干，而反过来，集体事业的发展，又会为每个人的自由发展提供最充分的条件。

在社会主义社会中，在个人和社会的关系上，从伦理道德方面考察，人的价值包括两个方面的意义，即个人对社会的贡献和社会对个人的评价。所谓一个人对社会的贡献，除了要看物质方面的贡献以外，更要看一个人对社会精神方面的贡献。一个人能辛勤劳动，艰苦努力，为社会主义创造物质财富，是对社会的贡献，因而应该对他给予肯定的道德评价，这是正确的。同时，我们还要强调为人民服务的高尚情操，那种舍己救人、为了他人和集体利益而奋不顾身，以致牺牲了自己生命的人，具有更高的道德价值。正像毛泽东同志在《纪念白求恩》一文中要大家学习白求恩同志那种“毫不利己专门利人的精神”，只要有这点精神，就可以变为“一个高尚的人，一个纯粹的人，一个有道德的人，一个脱离了低级趣味的人，一个有益于人民的人”，这样的人，才是有更大价值的人。社会主义人道主义强调，在一个人对社会做出贡献以后，社会应根据他的贡献大小，给予恰如其分的评价，使他获得一定的荣誉，使他具有社会所承认的价值。只有在社会主义社会内，一个人对社会的贡献和社会对他的评价，才能实现真正的统一。公正的道德评价，充分肯定那些对社会做出贡献的人的崇高价值，将会鼓励人们为社会主义而贡献自己的力量，培养人们为提高个人的道德价值而积极努力。

社会主义人道主义在尊重人的价值和尊严方面，不但坚决否定奴隶制和封建制的等级观念，反对按地位高低把人们分为上等人和下等人的等级价值观，而且坚决摒弃资产阶级按金钱多少来确定人的价值的金钱至上的价值观。社会主义人道主义认为，只要是社会主义的公民，不论是担负重要责任的领导者，还是在工农业生产战线上的普通劳动者，都应该一视同仁，用同一个价值尺度来对他们进行评价。一个人在社会分工中所处的地位不同，但都应该同样地受到尊重。社会主义人道主义坚决反对那些因享有某种特权而自以为高人一等、鄙视劳动人民、不关心普通劳动者的尊严、虐待妇女儿童等等违反人道主义的种种现象，尤其反对那种以权谋私、以强凌弱的不尊重人的价值的恶劣习气。社会主义人道主义对人的尊严和价值的尊重，在人类历史上是前所未有的。

2. 关心人，关心每个人的物质福利和文化生活

社会主义人道主义的另一个重要内容是关心人，关心每个人的物质福利和文化生活，关心广大人民群众物质福利的要求和精神文化的需要。

社会主义人道主义不但要尊重人的尊严和价值，而且要关心广大人民群众的切身利益。从整个社会来说，社会主义国家将通过它所制定的政策和措施，随着生产的发展，逐步满足广大群众不断增长的物质需要和文化需要，不断促进人民福利的增长。国家机关工作人员是人民的公仆，是为人民服务的勤务员，他们在工作中遵循的原则，应该是关心群众，以广大人民群众的最大利益作为一切工作的出发点。同时，社会主义社会中的每个成员，都应该同情、关心、爱护其他社会成员，关心、爱护一切与自己发生关系的其他社会成员，特别是应该关心周围的普通劳动者、普通知识分子、普通妇女和普通儿童等。

人们在社会生活中，由于各种主观原因和客观原因，不少人总会因某些情况而身处逆境，从而陷入各种灾难、困苦、不幸和失意之中。社会主义人道主义在提倡关心人的同时，尤其要注意那些因不公正待遇而处境困难、生命垂危，以及遭遇各种挫折打击而受到很大痛苦的人。现实生活说明，这些人是更需要关心的。自然灾害以及车祸、疾病等不测事件，常常给一些人带来很大困难，而官僚主义、以权谋私、不关心群众痛痒，同样会使人们的某些困难长期得不到解决。社会主义人道主义强调在人和人之间，应该建立起团结、互助、友爱的新型关系，应该切切实实地解除他们的痛苦，认真地帮助他们克服各种实际的困难，并尽力在精神上给他们以安慰、鼓舞，以增强他们克服困难和战胜困难的信心和勇气。

3. 对己和，对敌狠

社会主义人道主义在尊重人的尊严和价值、关心人们的利益的同时，还要求对一切敌视社会主义、危害人民利益的分子，进行坚决的斗争。社会主义人道主义明确地宣称，它不能“爱一切人”，不能爱人民的敌人，

不能爱社会的丑恶现象，不能爱一切社会主义的敌对势力。历史唯物主义的基本理论告诉人们，在阶级对立或者阶级还存在的社会内，在社会上还存在着拥护社会主义和敌视社会主义，还存在着人民和敌人的时候，绝不可以对敌视社会主义的人采取仁慈的态度。对敌人的仁慈就是对人民的残忍，只有坚决同各种敌视社会主义的力量作斗争，才能做到对广大劳动人民的关心和爱护。

正是由于这一基本事实，马克思主义经典作家历来强调要对“人”进行阶级分析。毛泽东同志曾根据人是“社会关系的总和”的历史唯物主义观点，提出了要区分“人民”和“敌人”，主张要对人民“爱”和对敌人“狠”的革命人道主义原则，即“对己和，对敌狠”。资产阶级人道主义，无法解决它所说的“博爱”与“暴力”的矛盾，总是把“人道”和“暴力”，把道德和革命看作不可调和的对立物。在它看来，既然要对一切人都实行“博爱”，那就不应当对任何人施以反“人道”的“暴力”，因为这是违反它所说的人道主义的基本原则的。那么，对于社会中的恶人、压迫者、剥削者以及用暴力对付劳动人民的人，怎么办呢？“勿以暴力抗恶”，这是资产阶级人道主义者的结论。然而，现实中阶级斗争的事实，总是证明这种人道主义是行不通的。剥削阶级必然要为了自己利益而对人民群众施以反革命的暴力，而无产阶级和广大人民群众必然要以革命的暴力来抗恶。因此，从抽象人性出发的所谓“博爱”原则，总是同现实相冲突和无法实现的。

社会主义人道主义不把暴力和人道抽象地对立起来，而强调革命暴力是实现尊重人、关心人、爱护人的社会主义人道主义的重要条件。另外，社会主义人道主义“对敌狠”的要求，也是根据不同条件，因人而异，采取不同行为的。对于拿枪的敌人，对于那些穷凶极恶危害人民生命财产的人，绝不施以仁政，而必须坚决给予打击和镇压。但是，对于缴械投降、受伤俘虏等不能为害人民的敌人，对于一切有条件教育改造的分子，则尽可能地采用尊重人格、感化教育、劳动改造等方法，促使他们重新做人。社会主义人道主义对敌人所施行的这种特定意义的人道主义，是建立在辩证唯物主义和历史唯物主义的基础之上的，它既坚持了阶级分析的方法，又考虑到强制劳动、感化教育在改造剥削阶级分子中的重要作用，显示了社会主义人道主义的强大威力。这也就是说，既要坚决打击和镇压反革命分子和严重犯罪分子，同时又要尽可能地对那些有可能改过自新的人，施以“仁政”。

四、社会主义人道主义同共产主义道德的关系

社会主义人道主义和共产主义道德之间，有着不同层次的关系，弄清这些关系，在理论上和实践上，都是有重要意义的。

1. 对共产主义道德的广义和狭义理解

“共产主义道德”一词，从我们目前的理解来看，在使用中有广义和狭义的区分。从广义上来理解，共产主义道德作为一种规范体系，它包括了社会主义社会生活中的各个不同层次的道德要求；而从狭义上来理解共产主义道德，则主要指的是在社会主义社会中以大公无私为主要内容的一些最高层次的道德要求。因此，我们也可以把社会主义社会生活中的伦理道德要求的总体，看作广义的共产主义道德规范的体系，而把共产主义道德的那些更高的要求，看作这个体系的最高层次，把其他一些层次，看作较低或最低的层次。

2. 社会主义社会道德要求总体中的不同层次

那么，社会主义社会道德要求的总体，或者广义的共产主义道德规范的体系，都包括哪些层次，它们之间有着什么关系呢?

“层次”这一概念，意味着某一事物或某一现象自身存在着高低、深浅、顺序、程度的分别。对社会现象来说，“层次”概念还意味着事物中这些高低、深浅、顺序、程度的关系，有着上下相属、彼此渗透以及相互联系和相互制约的关系。在社会主义社会道德要求的总体中，即在广义的共产主义道德体系中，引进“层次”这一概念，对我们分析道德这一社会现象，是有重要意义的。从难易程度来看，高层次的道德要求，较难做到，却又是人们应该努力追求的方向，而低层次的要求，一般来说，比较容易实行，是可以做到也必须做到的。从适应的范围来看，高层次的道德要求，能做到的人较少一些，而低层次的道德要求，能做到的人则更多一些。在社会主义社会中，人们的道德觉悟和发展程度是不一样的，但又都应该依据道德规范体系的各种不同要求而行动。所以，为了适应这种状况，在社会主义社会道德要求的总体中，既要区分出较低层次的一些起码要求，又要进一步指明人们应当努力追求的一些更高

的要求。区分这些层次，有利于认识它们在道德实践中的地位及相互关系，有利于更好地提高人们的道德品质，有利于人们在道德阶梯的攀登上能够更好地循序不断地前进。

共产主义道德规范体系，或者说社会主义社会道德要求的总体，大体上可以分为四个层次，即人类公共生活准则、全体国民公德、社会主义人道主义和共产主义道德。从一定意义上看，全体国民公德和社会主义人道主义，大体可以同属于一个层次。

人类公共生活准则，是人们在日常生活中必须普遍遵守的最起码、最简单的道德准则，是千百年来人类社会中都存在的，例如，言谈举止应有礼貌，对公共秩序应当遵守，对老人、小孩应当关心等等，这些道德要求处于最低层次，是比较容易做到的。但是，正如我们所知道的，这些人类公共生活的最起码道德要求，在过去很长一段时期内，却经常受到社会上各种力量的破坏，以至道德的舆论无能为力，甚至不得不用国家强制机关来维持这种规则。

人类的公共生活准则，虽然都是一些简单起码的规则，但它却是人类千百年来所形成的维护人类社会生存发展的最基本的行为要求。这些准则，在当前社会中之所以不被一些人尊重，不断受到一些人破坏，归根到底，是由于剥削阶级的长期统治造成的。列宁曾经十分深刻地指出："产生违反公共生活规则的捣乱行为的社会根源是群众受剥削和群众贫困。这个主要原因一消除，捣乱行为就必然开始'**消亡**'。"[①] 又说，当人们"摆脱了资本主义剥削制所造成的无数残暴、野蛮、荒谬和卑鄙的现象，也就会逐渐**习惯于**遵守数百年来人们就知道的、数千年来在一切处世格言上反复谈到的、起码的公共生活规则，自动地遵守这些规则，而不需要暴力，不需要强制，不需要服从，**不需要**所谓国家这种实行强制的**特殊机构**"[②]。可以预见，随着社会主义的物质文明和精神文明建设的发展，随着社会道德教育的加强，人们将越来越自觉地遵守千百年来所形成的人类公共生活规则，使人类社会能够更加和谐地向前发展。

全体国民公德，一般是指一定社会、一定国家特别提倡人们实行的基本道德规范，是一定社会制度、一定国家内人们能够基本达到的道德要求。由于这些国民公德是经过国家特别提倡，而且往往还赋予这些公

---

① 《列宁选集》，2版，第3卷，249页，北京，人民出版社，1972。

② 同上书，247页。

德以法律规定的形式，因而能够得到广泛的宣传，受到社会舆论的重视。例如我国宪法就规定："国家提倡爱祖国、爱人民、爱劳动、爱科学、爱社会主义的公德。"这些要求，比起人类公共生活准则，处于较高一个层次，是社会主义国家每一个公民都应该做到的重要的道德要求。

社会主义人道主义作为社会主义制度基础上形成和发展的、尊重人的尊严和关心人的利益的基本道德要求，从一方面来看，同国民公德一样，也可以说是社会主义社会伦理道德要求的一个较低的层次；从另一方面来说，社会主义人道主义要求"对己和，对敌狠"，因此，也可以说是比国民公德较高的一个层次。社会主义社会的国民公德和社会主义人道主义，是两个相互渗透、相互联系的道德要求。

共产主义道德是现时代人类的最高道德，属于社会主义社会生活伦理道德要求的最高层次，这种道德要求，集中表现为大公无私、毫不利己、富于牺牲精神、为共产主义事业和人民利益而奋斗终生。

以上这些不同层次，作为社会主义社会生活的不同道德要求，构成一个有机整体。它们之间，不但有着高低相属的关系，同时也是相互联系、相互渗透和相互制约的。例如，社会公德中所提倡的爱人民，社会主义人道主义中所要求的尊重人、关心人，以及共产主义道德要求中的全心全意为人民服务，这三者之间，有着不完全相同的要求，构成了不同的层次；同时，它们之间，又有着相互渗透的关系。它们之间，既有一定的区别，对某些要求，又不能截然地划分开来。不能用高层次的要求去代替低层次的要求，也不能只讲低层次的要求而取消高层次的要求。

在现时代，一般来说，共产主义道德的最高要求是无产阶级先进分子、共产党人所应当身体力行的道德。这些先进分子首先应切实努力做到大公无私、毫不利己专门利人、全心全意为人民服务、随时准备为整体利益和他人利益而牺牲自己的利益。这些高层次的共产主义道德要求，不是一般人一下子能够做到的，即不能不加区别地要求社会中所有的人都必须做到。对于广大群众来说，一时做不到最高层次的共产主义道德的要求，但应该按照某些低层次的要求，尽力去做。例如，在社会主义社会的人与人的关系中，每个人都不应当做出侮辱人格、伤害他人身心、给人们造成痛苦和不幸的种种反人道行为，不应对他人的种种不幸遭遇和困难处境，采取漠不关心、麻木不仁的不人道态度，而应当力所能及地关心别人。这种低层次的社会主义人道主义的道德要求，对于调整社会主义社会中人和人之间的关系，是有重要意义的。

应当指出的是，我们不能因为一般人还不能立刻达到共产主义道德的最高要求，就认为共产主义道德只能对少数人去讲，从而否认在现社会提倡和宣传共产主义道德的重要意义。相反，不同层次的道德要求，在实践中是不可能截然分开的。共产主义道德代表人类道德发展的必然趋势，又是我们社会中一部分人已实际上达到的道德要求。共产主义道德在社会主义社会生活的伦理道德要求总体中，居于主导地位，对于其他较低层次的道德，都有指导作用。对于广大群众来说，不能只停留在社会主义人道主义的水平上，还必须沿着道德的阶梯，不断向上攀登。共产主义道德的基本原则集体主义，渗透在社会主义人道主义之中。所以，既要广泛宣传和实行社会主义人道主义，又必须向广大人民群众宣传和提倡共产主义道德，并要求共产党员和先进分子率先实践，用以教育和鼓舞人们，引导他们更自觉地去追求更高层次的道德要求。

五、宣传和实行社会主义人道主义的意义

宣传和实行社会主义人道主义，有着重要的现实意义。在对待人道主义的问题上，一方面必须批判资产阶级人道主义的世界观和历史观，批判资产阶级人道主义的道德观，反对宣传抽象的人道主义；另一方面，也必须反对简单化的倾向，反对连任何意义上的人道主义，包括社会主义的人道主义，都一概加以否定。

宣传和实行社会主义人道主义，符合我国社会主义社会生活的迫切需要，符合人和人之间建立新型道德关系的迫切需要。在我国，由于长期封建思想的影响，由于资产阶级腐朽思想的侵袭，再加上经济和文化落后所带来的愚昧，在我国现实生活中，仍然不同程度地存在着违反人道原则的犯罪现象，存在着人和人之间缺乏相互关心、同情和尊重的现象。有一些人对他人可以肆意进行人格侮辱；一些人自以为高人一等，以势压人；一些人以权谋私，极端利己，只知趋炎附势，不知道关心人，不关心普通劳动者，尤其是普通妇女、普通儿童、普通老人以及因病残或遭受挫折而身心痛苦的人。这些现象，不但离人与人之间的共产主义关系相差甚远，而且可以说，连社会主义人道主义的要求也没有达到。

这些现象，对我国社会主义的物质文明和精神文明的建设，对人民的利益，都是极为不利的。因此，大力宣传和实行社会主义人道主义，广泛而有效地消除人对人的某些冷漠无情的现象，建立、扩大人们相互间美好的伦理道德关系，是建立新型人与人关系的一个重要方面。

宣传和实行社会主义人道主义，对于提高人民的思想觉悟，逐步地向高层次的共产主义道德前进，也有重要意义。要达到高层次的共产主义道德境界，一般来说，要从一些较低层次的道德实践起步。宣传和实行社会主义人道主义，可以使人们在建立个人与他人的相互关心、相互尊重的新型人道关系的实践中受到锻炼，将有助于人们不断培养起关心他人和整体的高尚情操和思想，激发起追求崇高的共产主义人与人关系的热情，使他们能够更好地在道德阶梯上一级一级地向上攀登，最后步入共产主义道德境界。

宣传和实行社会主义人道主义，对于反对现代资产阶级的卫道士对共产主义道德的恶意攻击，也有着重要作用。现代资产阶级的思想家在攻击马克思主义阶级斗争理论的同时，还特别用资产阶级的人道主义攻击共产主义道德的集体主义原则，说集体主义忽视了“人是目的”，否认了个人利益和人的个性发展等。我们若能全面准确地宣传和实行社会主义人道主义，就可以更有力地驳斥这些毫无根据的谎言，消除人们的误会，从而使人们认识到，实行社会主义人道主义，不但同集体主义不矛盾，而且是完全一致的。

宣传和实行社会主义人道主义，在我国有着重要的现实意义，它有利于调整社会主义社会中人和人的各种关系，对我国正在进行的社会主义现代化的建设，必将起到重要的促进作用。

关于社会主义人道主义原则的几个问题*

社会主义道德建设的原则有着不同层次的关系。弄清这些关系，不论在理论上还是在实践上，都有重要意义。除了社会主义集体主义以外，还有一些不同的、较低层次的原则，人道主义原则、公正原则就是属于这一地位的原则。集体主义是社会主义道德建设的基本原则，是国家的主流意识形态，它对其他的道德原则有指导、引导的关系。这种指导、引导的关系，不但不会妨碍和影响这些原则的实施，而且能更好地发挥这些原则的作用。社会主义人道主义原则（又称“仁爱原则”）是社会主义道德建设的一个重要原则，也是社会主义社会一个重要的道德要求。“以人为本”、“全心全意为人民的利益而献身”就是这一道德原则的体现。它的实施最终都是为了社会主义的集体利益和国家利益，都是为了进一步消除贫富悬殊的社会不公的现象。

一、人道主义的出现、形成和发展

在中国传统伦理思想中，非常推崇“仁爱”原则，主张“仁者爱

---

* 原载《思想理论教育导刊》，2012（10），系2010年度教育部人文社会科学重点研究基地重大项目“社会主义和谐社会核心价值体系研究”（项目批准号：10JJD720007）的阶段性成果。

人”，强调要“推己及人”，关心他人。孔子在《论语》中从各个方面对“仁”作了阐释。他强调“己所不欲，勿施于人”，“己欲立而立人，己欲达而达人”，认为在人与人的相处中，应当设身处地地为对方考虑，凡是我不愿意别人施加于我的一切事情，我都应当自觉地不施加于别人，以免别人受到伤害；我希望达成的事情，也要允许和帮助别人能够达成。墨子从人和人之间的相互尊重和功利原则的角度，提出“兼相爱，交相利”的思想。孟子也强调：“老吾老以及人之老，幼吾幼以及人之幼。”从一定意义上说，这些思想可以被认为是人道主义的萌芽。

随着资本主义生产的发展，从 14 世纪开始，资产阶级在反对封建压迫和神权统治的斗争中，从古希腊的思想家中得到启迪，提出了“人是万物的尺度”，强调“人的高贵超过了天使的高贵”，“人所具有的一切，我都要具有”等观点，高唱人应该被当作人看的口号。

18 世纪以后，资产阶级在西欧各国成为统治阶级，人道主义也就成为占统治地位的意识形态和主要的道德原则与道德规范。人道主义者宣扬的人的尊严、人的价值以及所谓“自由、平等、博爱”，也就成了资产阶级的政治、社会、伦理思想的核心，成为各种伦理学派共同维护的神圣的原则。它为所有的人争得个人的自由、民主和权利，提供了斗争的武器和有效手段。特别是当这些思想被写进国家的宪法和法律之后，对保护广大人民的正当权利和个人自由起到了重要作用。人道主义认为，人的权利和自由是天赋的，是任何人都不应当被剥夺的。在资本主义这个私有制社会中，个人的权利、尊严和自由是不能自然而然地实现的。这些权利的实现，总是要同个人占有财产的多寡和政治上所拥有的权利相联系的。但同时也应当看到，在现代资本主义社会中，有不少进步的文学家、思想家和伦理学家，他们同情人民的苦难遭遇，站在人民群众一边，痛恨资产阶级对人民的残酷剥削、压迫，他们高举人道主义的旗帜，并且真诚地相信，只要能在全人类中宣传和实行人道主义，就可以最终消除这些丑恶现象，就可以使人类走向进步。一些人道主义者，力求帮助社会的弱势群体，使他们能够获得“人道”的待遇，他们的这种真诚愿望是应该肯定的。

总之，我们对资产阶级人道主义，应该根据历史唯物主义的观点，对它在不同时期的历史作用进行具体的分析。对于现实生活中的不同的人道主义者，要区分他们不同的政治倾向和社会倾向，特别要认清他们到底是站在劳动人民群众一边的真诚人道主义者，还是站在垄断资产阶级一边的御用文人和政客，从而采取不同的态度。

二、社会主义人道主义的提出

社会主义人道主义是对资产阶级人道主义的继承和发展。它吸纳了资产阶级人道主义的合理内核，又体现了社会主义的基本要求。社会主义人道主义有一个长期的发展过程。它最早是由马克思、恩格斯提出的，并在以后无产阶级的革命实践中不断得到发展。

早期的马克思、恩格斯，也曾是一个人道主义者。在《神圣家族》和《1844年经济学哲学手稿》中，马克思、恩格斯还认为资本主义之所以要灭亡，根本原因是它使人、使无产阶级丧失人性，是不人道的。而人性的觉醒必将使无产阶级摧毁这种制度。在《关于费尔巴哈的提纲》、《德意志意识形态》及以后的著作中，即当新的世界观、历史观已经建立起来之后，马克思、恩格斯开始对人道主义作不同意义的区分。一方面，他们毫不留情地清算了从抽象人性出发的唯心主义世界观和历史观，肯定了生产方式、生产关系对于人的本质、人类社会生活发展过程的决定意义，并批判了建立在抽象的人性之上的人道主义；另一方面，他们又在新的哲学基础上，肯定了实现人的价值、自由、平等、幸福、相爱的重要意义。1845年年底，恩格斯《在伦敦举行的各族人民庆祝大会》一文中曾说，对于各民族之间的关系，所有无产者的“修养和举动实质上都是人道主义的”。这也就是说，无产者的行动，是从新的人道主义出发的，是符合唯物主义的原则的。1871年，在论述无产阶级专政的第一次伟大尝试的巴黎公社时，马克思说：“公社并不取消阶级斗争……但是，公社提供合理的环境，使阶级斗争能够以最合理、最人道的方式经历它的几个不同阶段。”这里所讲的“人道”和“人道主义”，都是在科学的世界观和历史观的基础上，赋予人道和人道主义以新的意义。这种革命的无产阶级的人道主义（我们现在称之为社会主义人道主义），是和资产阶级人道主义有着原则不同的。

三、社会主义人道主义的主要内容

社会主义人道主义是社会主义社会中处理人和人之间关系的一个重要的伦理原则和道德规范。社会主义人道主义作为一种道德要求和价值标准，主要包括以下四个方面的内容。

1. 重视人的权利和自由

社会主义人道主义充分重视个人的权利和自由。我国宪法明确提出，“任何公民享有宪法和法律规定的权利，同时必须履行宪法和法律规定的义务”，把享有权利和履行义务联系在一起，规定中华人民共和国公民有言论、出版、集会、结社、游行、示威的自由，有宗教信仰自由，有通信自由和通信秘密不受侵犯等自由。宪法还把最基本的道德要求同享受权利联系在一起，如第五十三条规定：“中华人民共和国公民必须遵守宪法和法律，保守国家秘密，爱护公共财产，遵守劳动纪律，遵守公共秩序，尊重社会公德。”

个人的权利和自由，是个人生存和发展的重要条件，只有公民的自由和权利得到保障，个人的生存、幸福才能有条件得以实现。

2. 尊重人的价值和尊严

人的价值的实现，既是一个价值观的问题，也是一个人生意义的重大问题。人生价值能否实现，是人生有没有意义以及有多大意义的关键。社会主义人道主义要求，社会和国家应创造尽可能多的条件，以促进人的价值的实现，尊重那些为社会辛勤劳动而作出重大贡献的劳动者。在社会主义社会里，劳动者既是手段，又是目的。在社会主义社会里，作为手段价值的人和作为目的价值的人是统一的。一个人首先要对集体、国家和社会作出贡献，使自己的存在对社会具有积极的意义，即有手段价值；同时，集体、国家和社会也应把每一个人当作目的来服务，使每个人都能分享他人劳动的成果，享受社会进步所带来的物质财富和精神财富，使每个人都能实现自己作为目的而存在的价值。一个人越是努力根据集体、国家和社会的需要而作出贡献，他就越能发挥自己的才干，而集体事业的发展又会为每个人的自由发展提供最充分的条件。

3. 关心人的物质福利和文化生活的满足

社会主义人道主义不但要尊重人的尊严和价值，而且要关心广大人民群众的切身利益。随着生产的发展，应当逐步满足广大群众不断增长的物质需要和文化需要，不断促进人民福利的增长。

4. 重视对社会弱势群体的关怀

社会主义人道主义，在关心每个人的同时，尤其要关心社会上的弱势群体，使他们在生活、工作、学习、就业等各个方面，更多地得到社会的同情、关心、爱护和帮助。社会上弱势群体是指那些经济来源较少、劳动条件和劳动报酬都较低的贫困户和鳏、寡、孤、独、颠连困苦而生活无助的人。他们由于社会或自身的原因，特别是随着社会竞争的日趋激烈，贫富悬殊的出现，使他们成为迫切需要社会帮助的人群。救助弱势群体，是中华民族一贯的传统美德，也是社会主义人道主义的一个重要内容。

社会主义人道主义在尊重人的尊严和价值、关心人的利益的同时，对社会主义初级阶段中的“人”，要进行具体的分析。在长期的革命和建设过程中，全体社会主义劳动者、社会主义事业的建设者、拥护社会主义的爱国者和拥护祖国统一的爱国者等，都必然属于社会主义人道主义所关心、尊重和爱护的对象；同时也要看到，在现实社会中，还存在敌视社会主义、危害人民利益的分子，还有企图颠覆社会主义制度、勾结国外敌对实力妄图分裂国家的分子。因此，社会主义人道主义明确地宣称，它不能“爱一切人”，不能爱人民的敌人，不能爱社会的丑恶现象，不能爱一切社会主义的敌对势力。只有坚决同各种敌视社会主义的力量作斗争，才能做到对广大劳动人民的关心和爱护。

资产阶级人道主义，无法解决它所说的“博爱”与“暴力”的矛盾，它总是把“人道”和“暴力”，把道德和“革命”看作不可调和的对立物。既然要对一切人都实行“博爱”，那就不应当对任何人施以反“人道”的“暴力”。怎么办呢？“勿以暴力抗恶”，这是资产阶级人道主义者的结论。

社会主义人道主义不把革命和人道抽象地对立起来，而强调革命是实现尊重人、关心人、爱护人的社会主义人道主义的重要条件。对于社会的邪恶势力，也根据不同条件，因人而异。对于那些穷凶极恶、危害国家、危害人民生命财产的恶人，不施以仁政，但是，对于一切有条件教育改造的分子，则尽可能地采用尊重人格、感化教育、劳动改造等方法，促使他们重新做人。

四、宣传和实行社会主义人道主义的意义

宣传和实行社会主义人道主义，符合我国社会生活的迫切需要，符合人和人之间建立新型道德关系的迫切需要。由于长期封建思想的影响和资产阶级腐朽思想的侵袭，再加上经济和文化落后所带来的愚昧，在我国现实生活中，仍然不同程度地存在着违反人道主义原则的犯罪现象，存在着人和人之间缺乏相互关心、同情和尊重的现象。有一些人可以肆意对他人进行人格侮辱；一些人自以为高人一等，以势压人；一些人以权谋私，极端利己，只知趋炎附势，不知道关心人，尤其是普通劳动者，包括普通妇女、儿童、老人以及因病残或遭受挫折而身心痛苦的人。这些现象不仅离人与人之间的共产主义关系相差甚远，而且可以说，连社会主义人道主义的要求也没有达到。这些现象对我国社会主义物质文明和精神文明建设，对人民的利益都是极为不利的。因此，大力宣传和实行社会主义人道主义，广泛而有效地消除人对人的某些冷漠无情的现象，建立、扩大人们相互间美好的伦理道德关系，这是建立新型人与人关系的一个重要方面。

宣传和实行社会主义人道主义，对于提高人们的思想觉悟，逐步地向高层次的为人民服务和集体主义的道德要求前进具有重要意义。要达到高层次的道德境界，一般来说，要从一些较低层次的道德实践起步。宣传和实行社会主义人道主义，可以使人们在建立个人与他人的相互关心、相互尊重的人道关系的实践中受到锻炼，将有助于人们不断培养起关心他人、整体的高尚情操和思想，激发起追求崇高的共产主义人与人关系的热情，使它们能够更好地在道德阶梯上一级一级地向上攀登，最后步入共产主义道德境界。

宣传和实行社会主义人道主义，对于反对现代资产阶级的卫道士对共产主义道德和社会主义的恶意攻击也有重要作用。现代资产阶级的思想家在攻击马克思主义理论的同时，还特别用资产阶级的人道主义攻击社会主义道德的集体主义原则，说集体主义忽视了“人是目的”，否认

了个人利益和人的个性发展等。我们若能全面准确地宣传和实行社会主义人道主义，就可以更有力地驳斥这些毫无根据的谎言，消除人们的误会，从而使人们认识到，实行社会主义人道主义，不但同集体主义不矛盾，而且是完全一致的。

五、社会主义人道主义同资产阶级人道主义的对立

社会主义人道主义是同资产阶级人道主义对立的一种思想体系和价值观念。它不是从抽象的“人的本性”和“人类之爱”出发，而是从社会生活中实践着的现实的人出发。早在 1942 年，毛泽东《在延安文艺座谈会上的讲话》中就明确了这一问题。他说：“有没有人性这种东西？当然有的。但是只有具体的人性，没有抽象的人性。在阶级社会里就是只有带着阶级性的人性，而没有什么超阶级的人性。”① 这就是说，我们现在所说的“人性”都是一定社会中的一定阶级的“人性”，而不可能是“抽象的人性”。在原始社会的漫长时期内，“人的本性”原本是共同的、全人类的和普遍的，但自从人类进入阶级社会以后，人的本性就打上了阶级的烙印而失去了普遍的人的本性。

资产阶级的人道主义脱离社会的实践和斗争，在“抽象的人性论”和尊重“人的价值”的口号下提出各种各样关于个人享受、个人自由的要求。人道主义者一个著名的口号和旗帜就是，“我是人，凡是人的一切欲望，我都应当得到满足”，因此，他们认为，社会主义制度不符合人性，不能实现和满足人的本性的要求，从而主张鼓励个人主义、享乐主义和拜金主义，使整个社会陷入为了满足个人的私欲就可以不择手段地为所欲为的状态。宣传和实行社会主义人道主义，是关系到坚持马克思主义的重大理论问题。

社会主义人道主义，是在社会主义以公有制为主体的经济基础上形成的，是为建设社会主义和共产主义的伟大目标服务的。它是在无产阶级革命的过程中形成和发展起来的，是在经济、政治、社会的社会主义改造和社会主义建设的过程中逐步完善的。以公有制经济为主体的经济

① 《毛泽东选集》，2 版，第 3 卷，870 页。

制度和人与人之间的同志式的互助合作关系，为实现一种真正的人道主义——社会主义人道主义创造了客观前提。社会主义生产的根本目的，就是要最大限度地发展生产力，尽可能地满足广大群众的物质文化生活需要。这一根本目的保证社会主义人道主义这种新的、更高水平的人道主义价值观念和伦理原则有充分可能逐步并且完满地得到实现，保证社会、集体对每一个人的关系和爱护，促使人和人之间形成彼此同情、相互关心、友爱互助的新关系。正像恩格斯在谈到"幸福"时所指出的："追求幸福的欲望只有极微小的一部分可以靠观念上的权利来满足，绝大部分却要靠物质的手段来实现。"①

社会主义人道主义的理论基础是辩证唯物主义和历史唯物主义，而资产阶级人道主义的理论基础是历史唯心主义，它从抽象的、笼统的、无差别的人出发，这个人脱离了一定的经济关系和阶级关系，超越于社会之外，成了一个孤零零的抽象。根据马克思主义的基本理论，"人的本质不是单个人所固有的抽象物，在其现实性上，它是一切社会关系的总和"②。马克思说："以一定的方式进行生产活动的一定的个人，发生一定的社会关系和政治关系。"③ 而"社会结构和国家总是从一定的个人的生活过程中产生的。但是，这里所说的个人不是他们自己或别人想象中的那种个人，而是**现实中的**个人，也就是说，这些个人是从事活动的，进行物质生产的，因而是在一定的物质的、不受他们任意支配的界限、前提和条件下活动着的"④。社会主义人道主义的出发点是"以人为本"，是"最广大人民群众的最大利益"，也是社会主义人道主义的根本目的。

六、人道主义与世界观、道德观和价值观的关系

人道主义既是一种伦理观、道德观，也是一种与伦理观、道德观相联系的世界观和价值观。在这里，我们有必要先阐述一下伦理观、道德

① 《马克思恩格斯文集》，第4卷，293页，北京，人民出版社，2009。

② 《马克思恩格斯文集》，第1卷，501页。

③ 同上书，523～524页。

④ 同上书，524页。

观和价值观、世界观的关系。伦理观主要是指人们对个体道德和社会道德的理解和认识，是对人类道德现象的总的看法。价值观是指人们对事物是否有价值的判断，是主体对客体有无价值和价值大小的立场和态度的总和，是人们对周围世界的意义、价值的反映和判断，是对世界、社会、他人以及与自己的关系的一种具有系统性、综合性和稳定性的观点。世界观又叫作宇宙观，是人们对客观世界（自然界、人类社会、人自身以及人与外在世界的关系等）的总的看法和基本观点，包括人对于整个世界的本质、世界上各种事物的关系、人与周围世界的关系以及人在世界中的地位和生存价值等一系列问题的根本观点和根本看法。在现实生活中，世界观主要通过人们观察客观事物的基本立场、总的观点及对待客观事物的基本态度和方法等表现出来。与价值观一样，世界观也是人们在社会实践基础上形成的。由于人们在社会实践中所处的地位不同，分析问题的立场和角度不同，对客观事物的认识和看法也不尽一致，因而产生了不同的世界观。

人道主义是一种伦理观和价值观，它是受世界观制约和决定的。有什么样的世界观，也就有什么样的伦理观和价值观。资产阶级的世界观和无产阶级的世界观是当今社会最主要的两种世界观，所有的价值观和伦理观都不可避免地受这两种世界观制约。

关于社会主义公正原则的几个问题*

一、对公正的历史考察

公正内在地包含公平和正义两方面的含义，是政治学、社会学和伦理学研究的一个重要原则。从伦理学角度来说，按照一定社会的道德核心、道德原则和道德规范去行动的，就是公平的、正义的、应当的、合乎道德的。“义”和“不义”就具有了与应当和不应当、善和恶、道德和不道德同等的意义。

早在春秋战国时期，儒家的孔子、孟子等人就极端强调“义”（正义）的重要。对于从事行政工作的人的要求，是“君子之仕也，行其义也”①。“正义”一词，最早见于《荀子》：“不学问，无正义，以富利为隆，是俗人者也。”② 认为如果没有知识，不知道什么是“正义”，只知道追求财富和私利，就只能是一个粗俗而没有道德的人。又说：“故正

---

* 原载《道德与文明》，2012（5），系2010年度教育部人文社会科学重点研究基地重大项目“社会主义和谐社会核心价值体系研究”（项目批准号：10JJD720007）的阶段性成果。

① 《论语·微子》。

② 《荀子·儒效》。

义之臣设，则朝廷不颇；谏诤辅拂之人信，则君过不远。”① 意思是说，如果国君能任用具有“正义”感的大臣，那么朝中的事情就不会偏邪；如果敢于谏诤的人能够得到信任，国君的过错就能很快得到纠正。秦汉以后的思想家也从不同的角度对“义”、“正义”思想进行了阐述。两汉时期的思想家认识到，“处尊位者，以有公道而无私说”②。当政者推行社会公正，不仅是一个道德问题，而且是一种社会责任。“夫公族不正则法令不行，股肱不正则奸邪兴起。”③ 当政者的职责及其职务本身要求他按社会公正的原则去处理社会事物。董仲舒主张“正其道不谋其利，修其理不急其功”，而且，“君子修国曰：此将率为也哉！……公心以是非，赏善诛恶而王泽洽，始于除患，正一而万物备”④。当政者是维护社会公道和正义的人，他们要以公正之心处理问题，要有“公心”。王充认为：“国之所以存者，礼义也。民无礼义，倾国危主。”⑤ 因此，当政者自身的公正对于社会公正的实现与社会治理的和谐具有根本性的意义。基于这样的认识，汉代学者格外强调当政者应万事出于公心，以公正治国。两宋时期，二程主张“不论利害，惟看义当为与不当为”⑥，格外强调“义”的重要性，认为符合义的事情，无论利害都要去做。朱熹认为：“凡事不可先有个利心，才说著利，必害于义。”⑦ 在事情的处理上也格外强调“义”作为行动原则的重要性，指出为“人”必须能够明辨义利、正邪、善恶与是非。明末清初的启蒙思想家李贽提出，“人必有私”⑧，强调了自私自利之心是人的自然禀赋。清代的颜元总结完成了中国古代的义利之辨，指出谋利、急功是正义、明道的目的。

在古希腊，“正义”是四大主德之一。柏拉图认为，社会中的每个人按照自己的等级地位做自己应当做的事就是正义。中世纪的神学家认为，“正义”就是要求人的肉体归顺于灵魂，而灵魂则应当归顺于上帝。文艺复兴以来，资产阶级的思想家更加重视“正义”在政治学、伦理学

① 《荀子·臣道》。
② 《淮南子·诠言训》。
③ 《盐铁论·讼贤》。
④ 《春秋繁露·盟会要》。
⑤ 《论衡·非韩》。
⑥ 《二程遗书》卷十一。
⑦ 《朱子语类》卷五十一
⑧ 《藏书·德业儒臣后论》。

中的重要意义。对资产阶级的思想家来说，“正义”是反对封建专制和教会统治的锐利武器。他们高唱自由、平等、人权是人类共同的普世价值，民主、共和、宪政是现代政治的基本制度架构。他们以维护“正义”为旗帜，为争得自身的解放而同封建压迫和神权专制对抗。在资产阶级的思想家看来，“正义”和“真理”几乎成了意义相同的词。他们认为，依照“社会契约”和“天赋人权”所建立起来的社会正义法则是神圣不可侵犯的。这一“社会正义”的法则是永恒的。他们把符合资产阶级的政治、伦理要求作为“正义”的标准，把一切违背资产阶级利益的原则和行动说成是“非正义”的。社会的正义，成为人们追求和奋斗的价值目标。资产阶级取得统治以后，“正义”也随着资产阶级地位的变化而不断变化。目前，对于处在经济发展不同阶段的国家，“正义”具有不同的意义。在发展中国家，“正义”依然是争取民族独立和国家富强的重要原则，而在极少数的西方超级大国，则把“正义”当作推行资产阶级价值观和干涉别国事务的一种重要武器。

由此可见，公正是古今中外历代进步思想家和仁人志士长期不懈追求的理想原则，也是人类社会形成后所面临的一个非常重要的问题。

二、公正是社会主义道德建设的一个重要原则

公正作为一种观念化的表现，主要指社会成员的权益或利益符合公认的既定的标准。一般来说，它包括权利公平、机会公平、规则公平和分配公平四个方面，其中，机会公平也称为起点公平，规则公平也称为过程、程序公平，分配公平也称为结果公平。权利公平是公平的内在要求，它体现的是全体社会成员在参与各项社会活动方面享有平等的资格。机会公平是公平的前提和基础，要求社会提供的生存、发展、享受的机会对于每一个社会成员都是均等的。规则公平是实现公平的必要条件和保障，要求公民参与经济、政治和社会等各项活动的过程应该公开透明，不允许某些人通过对过程的控制而谋取不正当利益。分配公平是整个社会公平的根本内涵、实质所在和最高层次。分配公平，一方面指每个劳动者都能获得与其劳动和贡献相当的利益；另一方面指在分配的结果上要兼顾全体公民的利益，防止过于悬殊的贫富差距，以利于共同

富裕的逐步实现。

公正是体现人与人之间平等关系的价值准则，它是历史的、具体的、相对的。一般来说，公正可分为经济的、政治的、法律的和道德的几个方面，永恒不变的公正是根本不存在的。“在道德上是公平的甚至在法律上是公平的，而从社会上来看很可能是很不公平的。社会的公平或不公平，只能用一门科学来断定，那就是研究生产和交换的物质事实的科学——政治经济学。”① “只要与生产方式相适应，相一致，就是正义的；只要与生产方式相矛盾，就是非正义的。”② 因此，“衡量社会公平的标准必须看是否有利于社会生产力发展和社会进步”③。

需要强调的是，社会主义公正原则和集体主义原则不是同一层次的原则，集体主义内含自由、公正、仁爱等。与社会主义集体主义原则处于同一层次的应该是原始社会的平均主义原则、封建社会的整体主义原则以及资本主义社会的个人主义原则。当代化的仁、义、礼、智、信，社会主义化的公正、人道等都可以作为集体主义这一基本道德原则下的具体原则和规范，如集体主义对道德高尚者的补偿就内含公正原则，提倡对他人、社会的奉献就内含仁爱原则等。

在谈到社会公正的问题时，有必要涉及市场经济条件下公平与效率的关系问题。公平是社会主义的本质要求。建设社会主义和谐社会，必须把公平作为价值准则置于重要的地位，无论是社会制度的安排，还是法律条文的制定或改革措施的选择，都必须把公平作为一个重要的价值准则。我们在发展经济、提高经济效率的同时，不能以牺牲公平为代价。“我国是社会主义国家，我们的发展不能以牺牲精神文明为代价，不能以牺牲生态环境为代价，更不能以牺牲人的生命为代价。”④ 无论在什么时间、什么阶段，不管我们怎样强调发展和效率，我们都应该切实采取措施维护社会公平，道德建设也不能例外。社会主义市场经济条件下的道德建设必须从社会主义发展的大局和全局着眼，确立社会主义公正观的基础地位。要将公正作为社会主义道德建设的一个重要原则，让公正理念深入人心，通过广泛的宣传、教育，积极营造更加注重公正

---

① 《马克思恩格斯全集》，中文1版，第19卷，273页，北京，人民出版社，1963。

② 《马克思恩格斯文集》，第7卷，379页。

③ 《江泽民文选》，第1卷，48页，北京，人民出版社，2006。

④ 胡锦涛：《社会主义国家发展不能以牺牲人命为代价》（2006年3月29日）。

的社会氛围。

三、社会主义公正与资本主义公正的本质区别

社会主义公正与资本主义公正既有继承的关系，又有本质的区别。不仅在资产阶级上升时期，资产阶级高举人道主义的旗帜，高唱“自由、平等、博爱”，而且当前西方新自由主义的思想家也大力提倡公平和正义，高举公平和正义的旗帜，并鼓吹资本主义社会是一个最重视公平和正义的社会。新自由主义的代表哈耶克和弗里德曼等人所提出的理论，其目的是要使资本主义的经济得到更快的发展，维护资本主义社会的稳定。我们知道，社会公平不是自然而然可以达到的，它必须依靠社会的各种最必要的措施。对于一个人来说，任何公平的获得都必须依赖必要的物质条件。没有必要的物质条件，任何公平都只能是不切实际和不能兑现的空话。

首先，在资本主义社会，劳动人民是无法平等地享受各种权利的，如选举权、被选举权、居住权和财产权等。其次，由于每个人先天和后天的差别，已经注定了不可能有相同的机会。一个出生于城市、富有和政治地位较高的人，他的子女受教育的机会就必然优越于那些出生于乡村、贫穷和劳动者家庭的人，因此人们不可能享有公平的机会。再次，规则公平是实现公平的重要保证。在资本主义社会中，规则对于每个人都是同样适用的，但这些规则的应用是要有一定的知识、文化和政治水平来保证的。最后，在资产阶级掌握政权的社会，每个劳动者都不可能获得与其劳动和贡献相当的物质利益，结果是造成社会的贫富悬殊和两极分化，根本无法实现分配公平。

实事求是地说，资本主义社会的一些经济学家对于新自由主义经济学的分配结果是相当清楚和明确的，他们知道，新自由主义的理论所强调的“效率优先”导致的必然结果就是社会贫富差距的拉大和严重的两极分化，但他们仍然把哈耶克和弗里德曼的理论奉为圭臬，认为只有这一理论才能解决当前的经济问题，才能促进生产力的发展。更值得我们注意的是，我国的一些经济学家把我国所实行的“效率优先、兼顾公平”的分配政策同哈耶克和弗里德曼的理论混为一谈，他们把“效率优

先”绝对化，并力图使这一理论成为永恒的政策。他们不懂得，我国在分配问题上所实行的“效率优先、兼顾公平”的政策，是由我国尚处于社会主义初级阶段的具体情况所决定的，在经济和社会发展到了一定程度的时候，我们就可能或必须改变这一政策。我们是社会主义国家，社会主义的本质绝不能允许出现一个贫富悬殊和两极分化的社会，而是要消灭剥削，消灭贫困，消除两极分化，达到共同富裕。

“注重效率与维护社会公平相协调”的原则是社会主义道德同一切剥削阶级特别是资产阶级道德的一个重要区别，是为“解放生产力，发展生产力，消灭剥削，消除两极分化，最终达到共同富裕”的根本目的服务的。我们是社会主义国家，在建设社会主义现代化的过程中，既要大力发展生产力，注重经济效率，又要从最大多数人的根本利益出发，为了达到共同富裕的目的，坚决而有效地维护社会公平。从整个社会的发展来看，我们既不能因强调“社会公平”而妨害效率，也不能因重视“经济效率”而损害社会公平。贫穷不是社会主义，两极分化更不是社会主义。从“经济效率”上说，我们要求一部分人通过诚实劳动、合法经营先富起来，但从“社会公平”来看，我们又必须先富带动后富，先富帮助后富，使全体人民共享改革发展的成果，使全体人民朝着共同富裕的方向稳步前进。通过发展保障社会公平正义，不断促进社会和谐。实现社会公平正义是中国共产党人的一贯主张，是发展中国特色社会主义的重大任务。要按照民主法治、公平正义、诚信友爱、充满活力、安定有序、人与自然和谐相处的总要求和共同建设、共同享有的原则，着力解决人民最关心、最直接、最现实的利益问题，努力形成全体人民各尽其能、各得其所而又和谐相处的局面，为发展提供良好的社会环境。

四、公平与效率的关系

公平与效率的关系是一个涉及哲学、经济学、伦理学、政治学、法学等各个学科的重大问题。自从罗尔斯在他的《正义论》中提出了公平与效率的关系问题之后，在西方的政治伦理学中，就展开了关于这一问题的广泛而深入的讨论。公平与效率作为人类社会孜孜以求的两大目标，既对立又统一，二者的关系问题也是我国改革开放以来所面临的一个重大理论问题。

从西方政治家和学者的理论来看，当前关于公平与效率的关系大体上有三种观点（或称三种理论），即“重视公平、兼顾效率”、“公平与效率兼顾”和“重视效率、兼顾公平”。这三种理论相互争论，成为西方阐发公平与效率问题的主要理论和观点。就其实质来说，这三种理论争论的焦点不是别的，就是一个对伦理道德在资本主义社会中的作用的认识问题。主张“重视公平、兼顾效率”的人的出发点，是既要维护资本主义的经济发展，更要注意对人民的思想教育，要把实现社会的公平作为更重要的前提。主张“公平与效率兼顾”的人，认为公平与效率并重才是医治资本主义社会所出现的各种病态的最好药方。主张“重视效率、兼顾公平”的人，认为对于资本主义社会来说，要把效率的问题放到首要的地位，才能使资本主义社会得到长远的发展。

改革开放前，我国是一个强调“平均”的国家，这使效率大受影响；改革开放以来，尤其是实行市场取向的改革后，在分配问题上提出要“以按劳分配为主体，其他分配方式为补充，兼顾效率与公平”。随着形势的发展，一些人就进一步把它提升为“效率优先、兼顾公平”，并把这一提法扩展到社会的各个领域。他们认为，在市场经济条件下，任何情况和任何领域都只能是效率优先、兼顾公平，他们把“效率优先、兼顾公平”的原则看作永恒的、绝不可以改变的原则。应该看到，强调“效率优先、兼顾公平”的原则，在我国改革开放初期，充分调动了广大人民群众的主动性和创造性，对经济的迅速发展起到了积极的作用。但是，这种看法的错误在于，它只看到经济而看不到社会的政治、文化、教育和伦理等方面的问题，没有认识到“效率优先、兼顾公平”只是就经济领域中的分配方式而言的，并不是适用于政治、社会、文化、教育和伦理领域的普遍原则。因此，在这一原则的指导下，一些不公平问题也随之而来并日益凸显。事实上，社会主义市场经济条件下，公平与效率的关系呈现出历史的、具体的、相对的变化。经济发展到一定的程度，特别是建立了社会主义市场经济体制以后，效率和效益意识逐步深入人心，效率问题得到了解决，应该更多地强调公平理念。在经济、社会、道德等不同领域，采取相应的制度措施，正确处理二者之间的矛盾，有利于广大人民群众最大利益的实现，有利于经济的发展和社会的和谐，有利于国家政权的巩固。从伦理道德的视角来看待和分析二者的关系，“效率与公平的统一”更应该被理解为“公平优先、兼顾效率”。在道德体系建设中，要充分体现社会主义的优越性，就应当强调“公平”的重要。在把广大人民群众的根本利益和集体主义的思想融入处理效率与公平关系问题的过程中，要充分认识到，任何只顾效率而损害公平的思想和行为都是错误的。在我们的社会主义社会中，只有做到“效率与公平统一”，注重社会的“公平”，才能够在全社会形成团结互助、平等友爱、共同前进的人际关系，才能保证社会主义市场经济的健康发展。

与公平相对的效率，可以从多种学科角度和多种意义来观察。支持哪种效率，为什么支持这种效率，并不是随意的，而是由人类自身的价值需要决定的。效率不是孤立的存在，而是一个涉及一系列利益关系的系统，它要回答的不仅是“怎样才能提高效率”，而且更涉及实行这样的“效率”的结果将对什么人有利、它的最终目标将要引导社会沿着什么样的道路前进的重大问题。

第五编

社会公德

热爱社会主义应成为全体公民的公德*

我国新宪法修改草案第二十二条规定："国家提倡爱祖国、爱人民、爱劳动、爱科学、爱社会主义的公德。"这不但再一次肯定了爱祖国、爱人民、爱劳动、爱科学的重要意义，并且把爱社会主义作为中华人民共和国公民的公德规定在这一根本大法中，是有重要意义的。我国是建立在公有制基础上的社会主义国家，热爱社会主义，必须而且也应当成为全体公民的公德。在前一段时期，有的人认为，作为公民来说，只要爱祖国、爱人民、爱劳动就可以了，不一定就要爱社会主义；也有的人认为，作为对全国公民要求的公德来说，只要不损公利私、不损害集体也就可以了，不能对他们有过高的要求。这些意见都是值得讨论的。我们知道，坚持社会主义是四项基本原则的第一条，宪法修改草案除了在序言中肯定了坚持四项基本原则，使之成为人人遵守的最高准则以外，在全体公民的公德中再一次强调爱社会主义的重要，使爱社会主义不仅是法律的要求，而且要使它成为人们的意志和信念，使它成为人们的道德要求即人们自觉的行为准则。这样，爱社会主义不但是国家根本大法的要求，还将成为人们"内心的法"的要求。只有这样，爱社会主义才能深入人心，发挥更大的作用。

回顾新中国的几部宪法中有关这方面的内容，更可以看到新宪法修

---

* 原载《光明日报》，1982-05-02。

改革案的特点。在前三部宪法中，1975 年的宪法，未提到社会公德，1954 年和 1978 年的宪法，虽然都提到了要“尊重社会公德”，但对于社会公德应包括哪些内容，都未说明，而且都是从公民的基本权利和义务的方面去谈的。1949 年的《中国人民政治协商会议共同纲领》，虽然提到了国民公德的五个方面，但是没有“爱社会主义”这一重要的内容，而且是从“文化教育政策”这个角度提出的。新的宪法修改草案的特点是，对公民的公德，它既不是作为文化教育政策，也不只是从权利和义务的方面来考虑，而是首先作为总纲中的一个重要部分，明确地规定国家要提倡这五条重要的公德，作为开展思想道德教育的重要内容。而且和《中国人民政治协商会议共同纲领》比较起来，新宪法修改草案将爱护公共财物，改为“爱社会主义”，更反映了在当前新的历史条件下在道德方面的新的、更高的要求。与此同时，一方面提出了“国家要提倡爱祖国、爱人民、爱劳动、爱科学、爱社会主义的公德”；另一方面，在第二章“公民的基本权利和义务”的第五十条，又规定：“中华人民共和国公民必须保守国家秘密，爱护公共财产，遵守劳动纪律，遵守公共秩序，尊重社会公德和优良风俗习惯。”这样，两个方面结合起来，就必然会使国民公德的五项基本内容能做到家喻户晓，人人能行，相互督促，相互鼓励，从而必将对建设社会主义的精神文明起到重要的作用。为了强调“爱社会主义”的重要，建议将新宪法修改草案第二十二条中“国家提倡爱祖国、爱人民、爱劳动、爱科学、爱社会主义的公德”这句话，改为“国家提倡爱祖国、爱人民、爱社会主义、爱劳动、爱科学的公德”。

为了建设社会主义精神文明，为了培养人们的共产主义道德，新的宪法修改草案还规定，要“在人民中进行爱国主义、集体主义和国际主义、共产主义的思想道德教育，反对资本主义思想、封建残余思想和其他腐朽思想的影响”。这是一个问题的两个方面，是缺一不可的。进行爱国主义、集体主义和国际主义、共产主义的思想道德教育，确实十分重要。这一点，列宁已经一再指出。他说，必须反对那种崇拜自发性的有害理论。同时，在加强共产主义的思想道德教育的同时，必须反对各种错误思想的影响。毛泽东同志在《新民主主义论》中谈到新民主主义的文化时曾经指出，在旧中国，有帝国主义的、资产阶级的、封建阶级的文化，指出：“这类反动文化是替帝国主义和封建阶级服务的，是应该被打倒的东西。不把这种东西打倒，什么新文化都是建立不起来的。不破不立，不塞不流，不止不行，它们之间的斗争是生死斗争。”毛泽东同志的这段话，在今天还有它的现实意义。很显然，如果不“反对资本主义思想、封建残余思想和其他腐朽思想的影响”，就不可能形成人们的爱国主义、集体主义、国际主义、共产主义的思想道德品质。新的宪法修改草案的这一规定，有极其重要的深刻的现实意义，既符合当前的实际，又有着很重大的指导意义。

社会公德与加强“公心”教育*

党的十四届六中全会指出，在全面加强社会主义精神文明建设特别在加强道德建设中，要“大力倡导以文明礼貌、助人为乐、爱护公物、保护环境、遵纪守法为主要内容的社会公德”的教育，提高人们的思想道德素质，以便能够形成团结互助、平等友爱和共同前进的新型的人际关系。我认为，在加强社会公德的教育中，很好地树立和培养人们的“公心”，有着特别重要的意义。

什么是“公心”？概括地说，在社会主义社会中、“公心”也就是对人民利益、集体利益和社会利益的关心。一个有“公心”的人，他总是时时处处想着社会的公共利益，想着人民和集体的利益，在社会公共生活中，遵守他所应当遵守的道德。社会主义社会是以整个社会和广大人民群众的共同富裕为最终目的的，因此，能否树立起对人民利益、集体利益和社会利益的关心，是关系到我们的社会主义能否实现的根本要求，也是我们在道德建设特别是在社会公德建设上应当十分注意的一个问题。江泽民同志在党的十五大报告中强调，要“深入持久地开展以为人民服务为核心、集体主义为原则的社会主义道德教育”，这里所说的“以为人民服务为核心、集体主义为原则的社会主义道德教育”，也可以说就是“公心”的教育。

---

* 原载《精神文明建设》，1998 (1)。

为了加强社会公德的建设，我们必须从思想上提高人们对履行公德的自觉性，必须使广大人民群众树立起关心社会、关心他人的责任意识，这也就是说，要树立人们的“公心”。为了更好地认识和理解这一问题，我们可以从社会公德的五个方面，来看看树立“公心”在社会公德建设中的作用。

文明礼貌是社会公德的一个重要内容。在文明礼貌这一道德要求中，首先要求的就是要尊重社会，尊重集体，尊重他人，要使自己的一切言论和行为，都能够不影响到他人的幸福，都能够符合文明和礼让的要求，如遵守社会秩序，给老弱病残让座，上下车排队，不争前抢先，不随地吐痰，不乱扔垃圾等。这也就是说，一个人只有有了“公心”，他才能使自己的思想和行为符合文明礼貌的要求。

助人为乐是社会公德的另一个重要内容。为了做到助人为乐，就必须要有关心他人、爱护他人和同情他人的思想，就必须要有一种“将心比心”、“推己及人”、“己所不欲，勿施于人”、“己欲立而立人，己欲达而达人”的态度，并且能够达到一种以他人的快乐为快乐、以他人的痛苦为痛苦的崇高的思想境界，也就是说，要有一种“公心”。一个没有公心的人，是无论如何也不可能以“助人”为“乐”的。

“公心”对于爱护公物这一社会公德来说，有着更为重要的意义。在我国当前的社会生活中，出现了种种破坏公物、不爱护公物的现象，这是值得我们认真重视的。一些人甚至损公肥私，大量地盗窃公家的财物。一些人私心膨胀，在他们看来，只有私人的东西才是最宝贵的，而一切公家的东西，都是可以任意化为己有的，甚至是可以随便毁坏的。在很多公共场所中，一些专门为了方便群众而设置的坐椅、坐凳，一些公用的电话亭，甚至马路旁边的下水道上边的井盖，也经常被一些人盗走。国家制造一个井盖，常常要花费一二百元的费用，而盗卖井盖的人，把井盖砸烂后当废铁卖，只能获得一二元钱的收入。为了个人的一点私利，竟然如此地不择手段，这又有什么社会公德可言呢？更加值得注意的是，在盗走了井盖之后，往往会产生一些意想不到的严重后果。很多人都知道，在西安，就曾经发生过一个女孩掉进了下水道而淹死在里面的事故。偷盗井盖的情况，在许多大城市中都不断出现，而且屡禁不止，这种情况，不是很值得人们深思吗？我们清楚地看到，在种种不讲社会公德、不爱护公物的背后，都同一些人缺少“公心”，甚至毫无

“公心”有重要关系。

保护环境作为社会公德的一个重要要求，从表面上来看，好像只是一个人同自然、人同环境的关系问题，但从实质上来看，它仍然是一个人同人的关系的问题，其核心则仍然是一个人怎样对待他人、对待社会、对待公共利益的责任心的问题，也就是说，是一个“公心”的问题。在我们的社会中，有的人只图个人方便，随意践踏草坪、乱扔垃圾等等，一些人只顾眼前利益而不顾长远利益，为了获得暂时的利益而不惜破坏我们的环境，从而对我们的环境造成严重污染等等。从道德上看，主要是一种自私自利甚至损人利己的思想所导致的。在有些人看来，日常生活中的践踏草坪、乱扔垃圾等不良行为，只是一投足、一举手的一种偶然的行为，并不包含着道德的问题。其实，在这种偶然的行动中，却蕴藏着一种缺乏“公心”，甚至没有“公心”的更为深刻的原因。

遵纪守法是社会公德中一个同法制建设和规章制度建设有关的问题，它有着一定的强制作用。但是，从社会公德方面来看，它要求人们对于社会的法律和纪律，对于有关方面的行政规章制度，能够从思想上自觉地加以遵守。我们知道，社会的法律、纪律和各种行政规章制度，都体现着社会的公共利益，体现着维护社会公共秩序的要求。一个人能否做到遵纪守法、遵守社会的各项规章制度，都同一个人的“公心”，即一个人的为社会利益、为他人幸福着想的思想有着密切的关系。从一个人的思想道德素质来看，他愈是能够关心集体和国家的利益，他就愈能够自觉地遵纪守法，而一切破坏公共生活规则的违法乱纪行为，也都是由于自私自利、损人利己的思想所造成的。

以上的分析说明，在加强精神文明建设特别是加强社会公德的建设中，加强“公心”教育，是有着特殊重要意义的。

为什么在现实生活中，我们要特别强调“公心”呢？

我们可以看到，我国实行改革开放以来，随着市场经济的发展，一些人在拜金主义、享乐主义和个人主义的腐朽思想的影响下，把个人的私利看成是生活的唯一动力。对于他们来说，什么人民的利益、集体的利益、社会的利益、公共的利益，都只是一种不实际的虚幻的东西，最多也只能是一个可以用来获取个人私利的幌子。这些人所奉行的人生信条就是，凡是对自己有利的，就是他应当去做的；不论什么事情，只要他认为是对自己不利的，他就绝不去做。一切以个人为中心，以一己的私利为半径，不断地、重复地画圆，这就是一些人的人生观。尽管这些人只是少数，但是，他们违反社会公德的自私自利的不道德的思想和行为，却在社会上产生着很坏的影响。正是在这种不良思想的影响下，社会上种种不关心公共利益、不注重社会公德的情况，也就屡见不鲜了。

加强社会主义精神文明建设特别是加强社会公德建设，是一个需要从许多方面进行工作的复杂的系统工程。加强社会公德建设，需要从法制建设、规章制度建设、奖赏激励工作、社会舆论监督、广泛宣传教育等多方面着手，但是，从根本上来说，培育“公心”问题，不能不说是一个十分重要的问题。因此，在精神文明建设特别是加强社会公德的建设中，我们应当抓住“公心”这个十分重要的环节，大力开展树立公心、培育公心、弘扬公心的宣传和教育活动，不断地提高广大人民群众的思想道德素质，从而为社会公德建设打下一个良好的思想基础。树立公心、培育公心和弘扬公心，是弘扬社会主义主旋律的一个重要内容，是提高人民群众道德素质的一个不可缺少的方面，只要人们的“公心”能够不断地树立、巩固和发展起来，我们的精神文明建设，特别是社会公德建设，就一定能够取得很好的成效。

最后，我们还应当在全社会树立不讲社会公德可耻的社会舆论。现在有些人，不但不以违反社会公德为耻，反而以践踏社会公德为荣。这种情况之所以产生，对于一些人来说是“无知”，对于有些人来说则是“无耻”。为此，在道德教育中，要大力强调一个人的羞耻心，也就是中国传统道德中所说的要“知耻”。明末清初的著名思想家唐甄在他所著的《潜书·贞隐》中说：“人之情：道德不如人，则不知耻；势位不如人，则耻之。”确实，在奴隶社会和封建社会中，“权力”和“官爵”在人们心目中占有重要的地位，人们往往以“势位”不如人而羞耻，而不以道德不如人为可耻；在资本主义社会中，“金钱”成为一些人追求的唯一目的，因此，对于这些人来说，没有金钱是可耻的，有金钱是光荣的。他们不知道也不可能知道，道德不如人才是真正可耻的。应当看到，在我国当前的社会中，仍然有一些人，把金钱和权力当作最值得追求的东西，因而就以没有或缺少“金钱”、“权力”为可耻，而不以没有或缺少道德为可耻。正是由于这种原因，一些人不但不以违反社会公德为可耻，甚至以敢于违反社会公德而自鸣得意。我们可以想象，对于本来应当羞耻的事情不以为耻，对于这些人来说，又怎么能够希望他们自觉地遵守社会公德呢？正像战国时的思想家孟子所说的：“人不可以无耻。无耻之耻，无耻矣。”这里的意思是说，做一个人，不可以没有羞耻之心，做了羞耻的事而自己仍不知道“羞耻”，那就是真正的无耻了。由此可见，加强社会公德的教育，必须强化违反社会公德是十分可耻的观念，充分运用大众传播媒介在社会舆论方面的能动作用，形成人们在履行社会公德中的“羞耻之心”，以便使我们的社会公德建设，能够收到更好的效果。

第六编

职业道德总论

论职业道德*

党的十二大报告指出：社会主义精神文明建设的重要内容之一，就是“在各行各业加强职业责任、职业道德、职业纪律的教育”。可以预料，随着建设社会主义精神文明活动的深入开展，职业道德必将发挥越来越重要的作用。

职业道德是同人们的职业活动紧密联系的、具有自身职业特征的道德准则和规范。由于从事某种特定职业的人们有着共同的劳动方式，经受着共同的职业训练，因而往往具有共同的职业兴趣、爱好、习惯和心理传统，结成某些特殊关系，形成特殊的职业责任和职业纪律，从而产生特殊的行为规范和道德要求。恩格斯在《路德维希·费尔巴哈和德国古典哲学的终结》中曾经指出，在社会生活中，“实际上，每一个阶级，甚至每一个行业，都各有各的道德”①。这里所说的“每一个行业”的道德，就是职业道德。

从历史上来看，随着社会分工的发展，职业道德在奴隶社会就已产生了。例如，古希腊的著名医师希波克拉底（约公元前 460—前 377）很早就提出过医德的问题。他说：“我一定尽我的能力和思考来医治病人，而绝不损害他们。……无论我走进谁的家庭，均以患者的福利为前

---

* 原载《红旗》，1983（4）。

① 《马克思恩格斯选集》，1 版，第 4 卷，236 页。

提，务期不陷于腐败和堕落。”到封建社会，职业道德有了进一步的发展。例如，我国唐代著名的医学家孙思邈在他的《千金方》中，就有《大医习业》、《大医精诚》两篇，精辟地阐述了医生应具有的知识和品德。他认为一个品德高尚的医生，绝不应以自己的技术专长去谋取私利，不论富贵贫贱、老幼美丑，只要是病人，都应该一视同仁。到了资本主义社会以后，人类的分工越来越细，职业道德越来越具有多样性。

职业道德的重要特征或要求，就是人们常说的“热爱本职”和“忠于职守”。这两个方面既互相联系，又各有所侧重。所谓热爱本职，就是热爱自己所从事的职业，维护本职业的利益，在技术上精益求精，力求掌握最好的职业技能。所谓忠于职守，就是要自觉地意识到自己从事的职业对社会、对他人应履行的义务，具有高度的职业责任感。我们知道，道德的主要职能是调整人与人之间的关系。一般来说，职业道德要调整两个方面的关系，一是从事同一职业人们的内部的关系，一是他们同所接触的对象之间的关系。从历史上来看，各种职业集团为了维护自己的利益，为了维护自己的职业信誉和职业尊严，不但要设法制定和巩固某些职业道德规范，以调整本职业集团内部的相互关系，而且要注意去满足社会各个方面对本职业的要求，即通过自己的职业活动来调整本职业同社会各方面的关系。例如，一个医生，不但要热爱自己的职业，努力提高医疗技术，还要有对患者的高度责任心。不论对什么人，医生都要发扬救死扶伤的精神，尽最大努力来解除病人痛苦。应该承认，人类在职业道德方面所做的努力，对整个道德的发展产生了积极的影响，有助于道德的进步。

但是，历史唯物主义认为，一切道德，归根到底，都是社会经济状况的产物，任何一个社会的任何一种职业道德，都是该社会经济、政治的反映，受该社会统治阶级的政治思想所制约。正像恩格斯所说的：“人们自觉地或不自觉地，归根到底总是从他们阶级地位所依据的实际关系中——从他们进行生产和交换的经济关系中，吸取自己的道德观念。”① 在私有制社会中，由于生产资料是私有的，政权是由剥削阶级所掌握的，利己主义的道德原则在社会上占据着统治地位，所以，各种职业道德不能不受到剥削阶级思想的影响，带着不同程度的小团体主义

① 《马克思恩格斯选集》，1版，第3卷，133页。

和行会主义的烙印。无产阶级夺取政权以后，建立了公有制经济基础上的新型的社会主义社会，才使职业道德发生了根本性的变化。社会主义社会的职业道德，一方面是历史上长期形成的职业道德的继续，另一方面又和私有制条件下的各种职业道德有着本质的区别。

社会主义社会的职业道德，是建立在社会主义公有制基础之上的。社会主义社会消除了人与人之间剥削与被剥削、雇佣与被雇佣的关系，摈弃了“人人为自己，上帝为大家”的利己主义原则，在根本上使职业利益同整个社会的根本利益一致起来，从而建立了人与人之间同志式的互助合作的新型关系。在社会主义社会里，各种职业都是整个社会主义事业的一个有机的组成部分，因此，各行各业可以形成普遍的道德要求，其显著的特点，就是为人民服务。在社会主义社会里，对于从事各种职业的人来说，不论是热爱本职或者是忠于职守，都应该把为人民服务作为职业工作的出发点，并以能否满足人民的需要作为自己所从事的工作的目的。例如，社会主义社会的商业道德，强调商业工作人员要诚信无欺，对顾客主动、热情、耐心、周到，急顾客之所急，等等。所有这一切，绝不只是为了更多地招徕顾客、增加利润，也不是为了狭隘的职业利益或个人的荣誉，而是要为人民服务。社会主义社会的文艺工作者，对自己的技艺精益求精，既不应该是为了名利，也不应该是为艺术而艺术，而是要力求满足人民的精神和文化的需要。由此可见，社会主义社会的职业道德，把从事各种职业的人的利益同广大人民群众的利益有机地统一起来，使职业利益服从人民的利益，从而使职业道德在调整人与人之间的关系上，发挥了历史上前所未有的更加重要的作用。

社会主义社会的职业道德在全社会的建立和普及，对提高整个社会的道德水平，改变社会风气，建立新型的人与人之间的关系，对培养“有理想、有道德、有文化、有纪律”的一代新人，都有十分重要的意义。

首先，职业道德是每一个人在自己的职业生活中时时刻刻都要遵守的。集体主义思想，全心全意为人民，爱护社会主义公共财产等等，这些道德原则和规范只有贯彻到人们的职业道德中，才能更加有效地发挥作用。《全国职工守则》强调“热爱本职、学赶先进、提高质量、讲求效率”，《首都科技工作者科学道德规范》强调“勇于探索、敢于攻坚、不畏艰险、锲而不舍，为追求科学真理而奋斗终生”。很明显，提倡和建立这样的职业道德，有利于提高广大干部和群众的共产主义道德水平。因此，要做遵守共产主义道德的模范，很重要的一条，就是要做遵守职业道德的模范。

其次，社会主义社会的各种职业，都同广大群众的生活、思想息息相关。如果缺乏应有的职业道德，缺乏必要的职业责任心，对自己的本职工作不负责任，就必然会在自己的工作中给人们带来危害，以至造成各种社会矛盾，污染社会空气。相反，如果具有高尚的职业道德情操和思想作风，就能够直接地影响别人，教育别人，使人们在情感上受到激励，品质上受到熏陶。这就必然有利于建立起团结一致、友爱互助、共同奋斗、共同前进的人与人之间的新型关系，有利于对社会风气的改造。

社会主义社会的职业道德，是在公有制经济基础上建立的一种崭新的道德，因此，它不像旧的职业道德那样可以自发形成，而是在马克思主义的教育下，通过社会主义社会中有觉悟的成员的努力建立起来的。列宁曾经指出，社会主义、共产主义的意识，不能自发产生，必须经过思想的教育或“灌输”。在这个意义上，我们同样可以说，没有共产主义思想的教育，也就不可能形成和建立社会主义社会的职业道德。由于旧中国的职业分工受着等级制度的影响，人们总是把各种职业分为高低贵贱，并以此为标准来区分人们在社会中的地位和身份。应该看到，旧社会的这些影响，直到今天还没有完全肃清，还不同程度地在一些人的头脑中发生作用。因此，加强对广大群众的共产主义思想教育，使他们认清社会主义职业的性质和特点，了解本职业在社会主义社会中的地位和职责，是十分重要的。在社会主义社会中，每个人所从事的职业，尽管在工资待遇、劳动条件等方面，还不可避免地存在着某些差别，但它们都是建设社会主义所必需的。从事各种职业的人们，都只有分工的不同，并无高低贵贱之分。应当使从事各种职业的人都懂得，特别要使那些从事在旧社会被人看不起的职业的人们懂得，在社会主义社会里，各种职业都是为人民服务，都是光荣的；各行各业都是社会主义建设事业的一部分，都是与祖国的前途、人民的利益和现代化建设密切相关的。个人只要把自己的理想、志愿和聪明才智同为人民服务、为社会主义现代化建设做贡献的职业实践结合起来，就能使自己的生活变得丰富、充实和高尚。

当前，有些人由于受到旧意识、旧传统和剥削阶级职业观的影响，对自己所从事的职业缺乏正确的认识，因而不能充分发挥积极性。对某些职业，有的人极力设法逃避，即使不得已而为之，也觉得低人一等，羞于见人。与此同时，我们还要看到，由于受旧社会遗留下来的剥削阶级思想的影响，各种职业都有少数不遵守职业道德的人，他们利用手中掌握的一部分职权谋取私利，严重地损害了人民群众的利益。基于上述情况，我们的职业教育，不仅要注意职业知识、技术的传授，而且要特别注意加强职业道德的教育，把职业道德教育放在首要的地位。也就是说，帮助人们，特别是帮助青年认识他们所从事的职业的意义，培养他们热爱本职工作的情感和顽强的创业精神，使他们遵守、维护和发展职业道德。至于对那些严重破坏职业道德达到了触犯法律的人，必须绳之以法。只有这样，才能保障社会主义职业道德的健康发展。

加强职业道德的教育，已经成为建设社会主义精神文明的迫切要求，成为我们时代精神的需要。已经在全国开展的“五讲四美三热爱”活动，正在向纵深发展。如果各行各业的人们都能够进一步提高遵守职业道德的自觉性，那么，我国的社会主义精神文明建设必将提高到一个更高的水平。

职业道德在社会主义精神文明建设中的地位和作用*

一、精神文明在“四化”建设中的作用

社会主义精神文明建设，是社会主义的重要特征，是社会主义制度优越性的表现。过去，我们说到社会主义的特征、本质或基本特点，比较多的是强调剥削阶级制度的被推翻、生产资料公有制的建立和国民经济有计划按比例的发展，以及在分配方面的各尽所能、按劳分配。这就是说，看一个社会是不是社会主义的，或者说区分社会主义之所以同资本主义不同，或者更明确地说，社会主义之所以比资本主义优越，主要是以上述几个方面为标准。这个标准也可以说是一个评价标准，是我们观察世界其他各国和我国社会是不是社会主义的一个标准。从党的十二大开始，我们又增加了一条，即社会主义精神文明建设。

把社会主义精神文明建设作为社会主义的一个基本的、重要的特征，它的意义是极为重要的，它确实可以说是对马克思主义理论的一个创造性的发展，它不仅在理论上，而且在实践上，都是有重要意义的。

一个社会，除了剥削阶级被推翻和以公有制经济为主体，国民经济

---

* 原载《职业道德十二讲》，北京，文化艺术出版社，1987。

有计划发展和按劳分配外，如果没有社会主义的精神文明，就不可能最终建设成为社会主义的社会，甚至它可能走上邪路，走上与社会主义背道而驰的资本主义社会。由此可见，社会主义精神文明绝不是一个可有可无的东西，因为很清楚，如果忽视在共产主义思想指导下在全社会建设社会主义精神文明这个伟大的任务，人们对社会主义的理解就会陷入片面性，就会使人们的注意力仅仅限于物质文明的建设，甚至仅仅限于物质利益的追求。在当前，为了建设有中国特色社会主义，我们必须大力发展生产力。与此同时，我们还必须反对那种只从满足自己的私欲和利己心出发去从事我们的“四化”建设，那样，我们的社会主义社会就会失去理想和目标，失去精神的动力和战斗的意志，就不能抵制各种腐化因素的侵袭，从而就有可能迷失方向，甚至会走上畸形发展和变质的邪路。确实，这并不是危言耸听，而是从当前国内外活生生的事实中得出的结论。

由此可见，我们现在讲四个坚持，讲坚持社会主义道路，坚持人民民主专政，坚持中国共产党的领导，坚持马克思列宁主义、毛泽东思想，其中一个重要的问题，就是要坚持社会主义道路、社会主义方向，要坚持建设社会主义精神文明，如果我们没有建设起社会主义的精神文明，如果人们只是去追求物质利益，如果资产阶级的拜金主义和一切向钱看的思想腐蚀我们的队伍，我们是不能坚持社会主义道路的。

最近几年来，面对我国当前的社会风气，不少人非常关心我们国家的精神文明建设问题。我国社会主义四个现代化的建设，最终能不能在建设高度物质文明的同时，建设起高度的精神文明？能不能随着经济建设的发展，也能使我国人民在共产主义和社会主义的道德阶梯上不断向上攀登？能不能使我国人民在物质生活水平不断增长的情况下，使人们为集体、为国家的集体主义思想更加牢固？能不能在学习西方先进技术的同时，使我国人民的自尊心、自信心得到提高？在看到资本主义的技术发展时，能不能坚定我们的社会主义制度和社会主义道路的信心？这一切问题，确实是我们每个关心我国命运的人所应当经常思考的。

党中央为什么要提出坚持四项基本原则、反对资产阶级自由化？归根到底，就是由于资产阶级自由化思想的泛滥，主要是在否定我们国家的社会主义道路，改变我们的社会主义制度，使我们的“四化”建设迷失方向，滑向资本主义的轨道。现在我国正实行着对外开放政策，随着外国的先进科学技术进入中国，资产阶级的意识形态也通过各种渠道传入我国。资产阶级的意识形态，不是说没有可以借鉴和启发的，但我们应该看到，西方的资本主义国家在把它们的先进技术输入中国之后，总是要想尽办法来鼓励、启发、支持、诱导我们国家的一些人，希望通过他们，使我们的社会主义国家也实行自由化，希望我们的制度也能改变成像他们那样的制度。因为，在他们看来，如果不改变我们的制度，用他们的科学技术所武装起来的社会主义国家，将来会和他们发生对抗，会对他们产生威胁。因此，从世界范围内，我们也要认识到，只要我们实行开放政策，不管国内情况如何，在国际范围内，必定会有资产阶级自由化的思想侵袭进来。为了保证社会主义道路、社会主义方向，必须要在一个相当长的时期内，开展反对资产阶级自由化的斗争。

应当看到，在改革开放中，西方各种思潮、各种伦理道德观点，甚至一些极端个人主义、性自由、性解放的观点，也都大量涌进，有的人甚至提出全盘西化，认为不但科学技术应当西化，就是伦理道德也应当西化，这当然是不正确的。邓小平同志曾经指出："经济方面我们采取两手政策，既要开放，又不能盲目地无计划无选择地引进，更不能不对资本主义的腐蚀性影响进行坚决的抵制和斗争。为什么在文化范围内的交流，反倒可以让资本主义文化中对我们有害的东西畅行无阻呢？我们要向资本主义发达国家学习先进的科学、技术、经营管理方法以及其他一切对我们有益的知识和文化，闭关自守、故步自封是愚蠢的。但是，属于文化领域的东西，一定要用马克思主义对它们的思想内容和表现方法进行分析、鉴别和批判。"

二、道德在社会主义精神文明建设中的重要意义

道德是人和人之间的行为规范，是在人类社会的发展中、在人际关系中所形成的各种行为关系中的应当与不应当、正确与错误、正义与非正义、善与恶等的准则体系。它对维护人类社会的不断向前发展，促进人类社会进步，发挥人的积极能动作用，改造人类自身和改造整个社会，都有重要作用。西方有些思想家认为，人之所以异于禽兽，主要是由于人有理智。中国有些思想家则认为，人之所以异于禽兽，主要是因

为人有道德。孟轲最早认为，在人类刚刚脱离动物界之时，虽然能“饱食暖衣”，但由于“逸居而无教，则近于禽兽”。后来，圣人为了使人类彻底摆脱动物界，就“使契为司徒，教以人伦：父子有亲、君臣有义、夫妇有别、长幼有序、朋友有信”等道德准则，即人和人的“五伦”关系，正是因为“五伦”这种人和人之间的道德关系，人类才脱离了动物界。从《荀子》一书中，我们可以看到，大约在当时，在思想家中间，曾对“人之所以为人”进行过讨论。按照我们今天的话说，就是人的本质问题。有一种意见认为，人同禽兽的区别，就在于“二足而无毛”，而禽兽则是二足有毛或四足有毛。荀子说：“然则人之所以为人者，非特以二足而无毛也，以其有辨也。”“辨莫大于分，分莫大于礼，礼莫大于圣王。”荀子所说的“分”，有两种意思，一是等级制度，即封建的贵贱次序；一是社会中各种不同职业的人的不同分工。荀子还进一步区分矿物、植物、动物直到人的区别。荀子说：“水火有气而无生，草木有生而无知，禽兽有知而无义，人有气、有生、有知亦且有义，故最为天下贵也。”义，就是道德原则。正因为人和人之间有道德原则和规范来约束，人类社会才能不断向前发展，所以人才成为万物之灵。在荀子看来，在人类社会初期的很长时期内，人类主要是靠道德来调整人和人之间的关系的，人类社会在当时也只有依靠道德才不断向前发展的。当然，从历史唯物主义理论出发，人类脱离动物界主要是因劳动。在原始社会，人和人之间的关系主要由道德来调整，只是到了阶级社会出现之后，人们才靠政治和法律手段，当然同时也还要依靠道德。即使如此，我们也绝不可忽视道德的作用。

当前的社会风气，应该说，不很理想，很值得我们注意。公而忘私、关心集体、舍己救人、维护国家利益的人，确实很多；同时，也应当看到，投机取巧、争名争利、以权谋私、贪污腐化、损害集体的思想和行为，也确实值得我们注意。有少数人，每天想的、说的、做的，主要是个人怎么样可以弄到更多的钱，可以有更舒适的享受等。有些人的贪欲、私心，像决了堤的洪水似的，一泻千里，不可收拾。在这种情况下，有几种态度：一种是，认为道德水平下降，无可挽回，持一种消极悲观态度；一种是，只相信法制的力量，认为只要依靠法制教育和法律惩罚，就可以改变当前社会的风气。但现实生活说明，只是强调党纪国法，强调外在的约束，还是不能完全解决问题的。在我国过去历史上，就有过法治和德治哪一个更为重要的辩论，看起来，任何片面性都是不正确的。我国古代的思想家孔丘曾说过："道之以政，齐之以刑，民免而无耻；道之以德，齐之以礼，有耻且格。"这就是说，要治理好国家，要使社会风气好，只靠政治法律等专政机构进行强制是不够的，因为尽管老百姓害怕惩罚而不敢犯罪，但他们并未认识到犯罪是可耻的。因此，只要法律管束不到，或者可以钻法律空子，或者犯罪后可以逃避法律惩罚，犯罪的可能性就是存在的。只有用道德原则来指导他们，用道德规范去约束他们，人们不但不敢犯罪，而且有了羞耻之心，以后就再也不会去犯罪了。当然，孔丘的话，是为了巩固剥削阶级的统治而说的，但他的话中包含着某些合理的因素。从我们国家的现实情况看，我们也可以好好地想一想，这几年抓社会风气的转变，主要是重视了两个方面，即国法和党纪。对整党有不少人反映，成效不够理想。我们对法律教育和法律惩罚，应当说是很认真的，效果也是有的，但为什么社会风气没有明显好转呢？我想，原因当然很多（党风也是一个原因），但不重视道德教育，对精神文明建设重视不够，应当说也是一个很重要的原因。

十二大到现在，已将近五年了，党的十三次代表大会也将在今年召开。党中央曾下决心要在即将过去的这五年内实现社会风气和党风的根本好转，大抓精神文明建设，这是我们每一个党员都十分关心的问题。现在的社会风气，究竟比过去好了多少，有没有达到根本好转的目的，在党风好转和社会风气好转的努力中，我们应当从什么地方抓起，应该说，道德教育，特别是职业道德的教育，是一个重要的方面。

三、职业道德在建设社会主义精神文明中的重要作用

从最近几年来的精神文明建设和理想道德教育来看，不够重视是一个问题，但是，也还有一些地区或单位，虽然重视了，但成效不理想，其原因何在呢？除了上述诸方面的问题外，也还有一个道德教育从什么地方入手的问题。或者说，在精神文明建设中，加强道德教育，应首先抓住哪一个比较重要的环节或突破口。列宁曾经指出，不论从事什么工作，都必须找到整个链条上的一个中心环节，抓住这个环节，整个的环

节才能够带动起来。我觉得，在抓精神文明建设中，抓职业道德可以说就是抓住了一个突破口。

去年，在武汉曾召开过一次城市精神文明建设战略讨论会，其中一个重要问题，就是想研究一下，城市精神文明建设的突破口是什么。有的同志认为抓共建文明单位是突破口，有的认为应狠抓三通（智力、文化流通，商品、物质文明流通，城乡、市区内外的流通）等。其中有的同志也提出了从职业道德入手的问题。我在那次会上作了一个发言，中心思想就是以职业道德为突破口，进而使理想道德教育以及社会主义精神文明建设能够有更好的发展。我的这个想法，是从几年来国内的实践发展，从我国的道德的实际得出来的。党的十二大提出，“在各行各业加强职业责任、职业道德、职业纪律的教育”，“每个公民都应该遵守公民义务、社会主义公德和职业道德”。十二届六中全会又提出，“在各行各业中，要大力加强职业道德建设”。最近，中央纪律检查委员会又一次提出对党员加强职业道德的教育。这一切都说明了职业道德教育在当前精神文明和理想道德教育中的重要意义。我们现在再进一步从我国的实际生活和理论上来分析，为什么说职业道德是建设社会主义精神文明中可以选择的一个突破口，或者说，从整个精神文明的战略来考虑，为什么说，只要抓住了职业道德建设，就能进一步提高整个社会的道德水平，大大改善我们的社会风气？

（一）职业道德具体体现了共产主义道德和社会主义道德的内容，并使一般的道德要求转化为每一个人的具体的行为准则，容易为人们所实行。职业道德，一方面是道德要求的具体化；另一方面，一种职业道德的内容，又广泛包括了社会道德的许多规范和各种不同的层次。我们的道德原则和规范，在许多伦理学和道德教育的书中，都已经讲到了，如集体主义原则、个人利益应当服从集体利益的原则、全心全意为人民服务、关心人爱护人等。但是，由于社会生活中的人们，都是在职业活动中发生关系的（职业道德主要调节着人和人之间的两方面的关系：职业工作者与职业对象之间的关系，职业工作者之间的关系），一般来说，社会生活中的人不是一个孤零零的、无职业、无工作的人。由于人们的职业不同，虽然同是为人们服务，同是个人利益服从集体利益，同是关心人和爱护人，但对于处于不同职业的工作者来说，却有着不同的内容。如爱护公共财物是一条很重要的社会公德，但是在各种不同的职业中，它的要求又是各不相同的。要反对浪费，开展“双增双节”，都必须根据各行各业的具体情况，开展职业道德教育。医生有医生的道德，对患者高度负责，是医德的重要内容之一。一般说，应对病人诚实，但在古代希腊和古代中国，都有对病人的疾病保守秘密的规定：在医疗活动中，无论看到什么或听到什么，凡是不应该宣扬的都应视为秘密，绝不外传；在必要的情况下，如果说出来就不利于疾病的治疗，可以对病人隐瞒病情。但是，在商业道德或其他许多职业道德中，我们却又要强调诚实等等。因此，同一个道德原则，在不同职业中怎么运用，也只有在职业道德中才能具体化。所以我们可以说，职业道德是以更具体化的形式、更直接的方法，体现出社会道德（即共产主义道德和社会主义道德）的要求。职业道德的发展，反映了整个社会道德的发展，在现代社会，没有发达的职业道德，社会道德几乎等于不着实际的空谈。

（二）职业道德具有特别的理论与实践相结合的特点，是行动中的道德，是道德原则、规范同行动的结合，是道德的知和行的统一。首先，职业道德不是理论思维的产物，是在职业实践中形成的，各种不同的职业，究竟应有何种职业道德，是依据对本职业在实践中各种责任、义务和要求进行综合归纳而形成的。其次，随着社会的发展，随着实践的发展，职业道德也发生着迅速的变化，出现许多新的职业规范。如医学中的安乐死、遗传基因、器官移植等，对医生的职业道德提出了新的要求。职业道德，相对来说，它比较快地适应实践的发展，在人们形成新的职业义务、职业责任感和职业良心时，就要改变各种旧有的职业规范，建立新的职业规范。

（三）职业道德对改善社会风气有重要作用。为什么说抓紧职业道德的教育，能够更好地改善社会风气？所谓社会风气，主要指在某一个特定的时期内，在整个社会中，由大多数人的思想、言论、行为、情感以及舆论所形成的一种人和人之间的客观的关系。社会风气的内涵有许多方面，但主要的内容之一，是人们的道德行为、道德评价和道德舆论。社会风气的形成、发展、变化，受不同社会的经济、政治、法律、道德的制约和影响。社会风气是在人和人的相互关系中形成的。经济关系对社会风气的形成，有特别的制约作用，政治的清明与腐败，当然也有着重要关系。对广大人民群众来说，自觉地使人和人之间的崇高的道德情操传播开来，相互感染，也是影响以至改变社会风气的一个重要方面。从伦理学上来说，也就是所谓道德感情的传递作用。职业道德，特别是那些崇高的职业道德行为，能使人们受到感染，产生共鸣，产生一种效应，形成一种激情和力量，以至会转化成对人的鼓励和鞭策。这几年来，许多激动人心的感人事迹的报告，曾发生过很好的作用。第四军医大学的张华，就是我们熟知的例子之一。但是，张华的事迹，很多人只是从报道中看到，还不是自己亲身的感受。如果整个社会的职业工作者，都能有高尚的职业道德，就会使更多的人更直接、更经常地体验到这种崇高道德的感人的力量，就会对我们的社会风气发生重要的影响。高尚的道德感情，可以通过人和人之间的关系，把这种感情传递给自己的职业对象，从而使自己的职业对象感到心情愉快、内心舒畅、精神振奋，并把这种感情化为自己的行为，同时再传递给其他的职业工作者。例如一个党政干部，如果能真正发扬全心全意为人民服务的精神，公正无私、光明磊落地去为群众办事，为群众解除痛苦，帮助群众克服困难，就一定会感动群众，并把这种感动化为一种力量，体现在自己的行动中。一个医生，如果从干部的实际行动中受到了启迪，就会转化为一种力量，在自己的工作中发扬救死扶伤的人道主义精神。如果这个医生的病人是教师，这个教师也会从医生遵守职业道德的模范行为中受到启迪，忠诚党的教育事业，精心培育自己的学生……这种感情，可以从多方面的相互交叉中发生感化作用，净化人们的灵魂，提高人们的情操，从而有利于社会风气的变化。由此可见，职业道德确实是社会风气好坏的试金石。

同样，如果某些从业人员违反职业道德，以权谋私、以业谋私、弄虚作假、欺上瞒下、损人利己、损公肥私……往往使许多在和他们发生关系中受到伤害的人，受到影响，受到感染，甚至会产生一种报复心理，故意把气撒到别人身上，形成一种恶性循环。一个社会的职业道德水平愈低，社会风气就愈不好；社会风气愈不好，道德水平就愈低。一个人受了气之后，总要发泄，甚至报复别人，有时甚至报复与自己无关的人。特别是那些同群众接触多的所谓窗口行业，自己受了气，就往往向顾客身上发泄，顾客是个职业工作者，同样加以传递。据一个调查报告说，受了售货员的气以后顾客有如下反应：立即同售货员吵的有 26 人，占 29%；不买东西走了的，有 72 人，占 80%多；回家发火的有 12 人；三天都不高兴的有 15 人，占 16%；有的受气后甚至回家生病，还有上班时出事故的。

《中国青年报》1987年5月15日登载了一条有关职业道德的新闻："4月26日下午4时半，我们在武汉市洪山区江北文化用品服务部内，目睹了一桩怪现象。一个年约30岁的男青年，选好两把电吉他后付现金490余元，当营业员开发票时，买者要求只开一把，而价格却要写成两把的合计数。开始，柜台内三名营业员（2女1男）有些犹豫，男营业员还说：'这不符合规定。'这时，买者拿出一沓红材料纸，声明自己是外地来武汉采购的，日后保证不会来找麻烦。他还大言不惭地交底道：'想留下一把私人用，请帮帮忙。'边说边掏出一支香烟递给男营业员。于是，营业员们帮买者想出了'好主意'——发票分两次填写，商店留存的一联：电吉他2把，单价240余元，合计490余元；而买者拿走的另一联：电吉他1把，单价和合计均为490余元。事后，笔者了解到，这位购买电吉他的青年的工作单位是湖北鄂城钢铁厂。我们认为他的所作所为是错误的，希望他能尽快改过。同时，商店营业员也有不可推卸的责任，为了追求销售额，他们为存心占公家便宜的人提供了方便。不知道他们的职业道德到哪里去了！"这个例子，对我们研究职业道德，是有重要启发的。一个采购员，不但不讲职业道德，而且还进行一种违法的活动。同样，售货员的行为也不仅是一个不讲职业道德的问题，应该说也是一种不合法的行为。对我们来说，重要的是，这种行为，对我们的社会风气起了很坏的作用。因此，从这一事例可以看出，关键还是人的素质、人的品德和整个社会的职业道德。当然，我们也绝不能忽视法律的重要，对于那些不但违反了道德而且违犯了法律的人，一定要由法律制裁，但在强调法律制裁的同时，我们一定要加强职业道德的教育，注意人的素质，特别是道德品质的培养。

这里还可以举一个例子，来说明在社会风气中感情传递的作用。前些时（1986年10月），《中国法制报》还登载了老农民汪德泉看到河北省任丘县天麻学习班招生，规定学费45元，学期5天。他跑了千里路，花了100多元路费，去了后，学了两个小时，带了一包天麻种子回家，培育发芽后，原来是假的。以后，他又去学栽培一种新鲜水果的种子，又受了骗，买回的种子，根本不是一种新鲜水果。这时，他想出了也去登广告的方法，说有"超级辣椒种"，"亩产可达3万斤，成熟早，市场价格高，不择土壤，均可种植，每份种子15元。可种5～6分地"。广告登出后，4 个月内，就有 17 个省市自治区的人汇款 3 034 元，后来终因受到揭发，不但被没收了赃款，并处以 500 元的罚款。当然，这是极端的例子，一般人并不一定都学着去骗人、去偷人，但至少会引起受害者的不满，影响他们的情绪，无助于启发他们的更好地为人民服务的精神。一个社会的风气，既是在上层的倡导之下，又是在人们彼此的影响和感化之下不断发展、变化的，在这种变化发展中，职业道德有重要的作用。

四、大力加强党政干部职业道德的重要意义

在加强职业道德，以职业道德为突破口来改变社会风气，建设社会主义精神文明中，正像党的十二届六中全会所指出的，有两个方面的职业道德，应该特别引起我们注意，是必须大力加强的。全会决议指出："在我们社会的各行各业，都要大力加强职业道德建设。首先是党和国家机关的干部，要公正廉洁，忠诚积极，全心全意为人民服务，反对官僚主义、弄虚作假、利用职权谋取私利。还要加强那些直接为广大群众日常生活服务的部门的职业道德建设。"所谓"直接为广大群众日常生活服务的部门"，就是我们所说的"窗口"。现在，许多地方讲职业道德，较多地讲"窗口"，其实，党政干部的职业道德，对于全社会的精神文明建设，作用是更为重要的。

对于任何一个社会来说，统治阶级的职业道德，对整个社会的职业道德，有着特别重要的作用。按照我们现在的情况，就是说国家各级干部的职业道德，尤其是党员干部的职业道德，对整个社会风气的好坏，有决定性的影响。干部道德，有的书上叫政治工作者的道德，也有的叫政治道德。最近，《光明日报》上的一篇文章，称其为机关干部职业道德，也可以叫"官德"。从狭义上说，干部主要是党和国家各级的工作人员；从广义上说，它的范围就更宽了。我想，一般来说，我们所说的干部职业道德，主要是从狭义的方面来说的。春秋时代的孔丘曾经说过："君子之德风，小人之德草，草上之风必偃。"意思是说，统治者自身的道德，就像风一样，而老百姓的道德，就像草一样，风刮过来之后，草就必然顺着风倒下去，这就会形成一种社会风俗，又叫社会风尚

或社会风气。《管子》一书中也说：“君之在国都也，若心之在身体也。道德定于上，则百姓化于下矣。”这里，还特别强调了封建社会的最高统治者的道德作用，认为只要统治阶级能够有崇高的道德，百姓自然会受到感化。《颜氏家训》中说：“夫风化者，自上而行于下者也，自先而施于后者也。”正是由于这种原因，我国古代的思想家，又特别强调领导者的以身作则的作用。孔丘说：“政者正也，子帅以正，孰敢不正?”又说：“其身正，不令而行；其身不正，虽令不从。”这里更明确地说明，只要统治阶级的最高领导层能够有高尚的道德，整个社会风气就会好转。

为什么说国家各级干部的道德，对整个社会风气有如此重要的作用呢？为了说明这一问题，我们还必须从“干部”这一职业的自身的特殊性来研究。

职业道德，是社会发展过程中职业分工后所出现的特殊道德。各种不同的职业，都有着互相有别的职业特点、职业对象，并形成自身的职业责任、职业良心、职业纪律，概括起来，这就是我们所说的职业道德。

政治工作者的职业有什么特点呢？在旧社会，统治者对广大劳动人民是一种统治关系，掌握着极大的权力。社会主义社会的国家干部，主要是代表人民管理国家，为人民服务，做人民的公仆，但同样也掌握着“管理”或“领导”的权力。这种权力，既是为人民服务的，又包含着拥有和行使各种不同的管理的权力，职位越高，权力越大，因为他不同程度地代表着人民和国家来行使这种权力。这种权力可以强有力地影响到被管理人员的个人利益、级别、地位、荣誉和幸福，因此，握有这种权力的个人的品德、情操、思想、作风和爱好，对其他人都有一种“引导”的作用。因为，领导者对下级人员的看法，总是以自己的好恶为标准的，所以，也就有所谓投其所好的问题。在我国历史上，很多思想家都看到了这一点。《墨子·兼爱》中一连举了三个事例，来说明统治者对被治者的这种作用。一个是说晋文公“好士之恶衣，故文公之臣，皆牂羊之裘，韦以带剑，练帛之冠，入以见于君，出以践于朝”。另一个是楚灵王“好士细腰，故灵王之臣，皆以一饭为节，胁息然后带，扶墙然后起。比期年，朝有黧黑之色”。为什么会这样呢？是因为“君说之，故臣能之也”。第三个例子是，“昔越王句践好士之勇，教驯其臣”，一次，“焚舟失火，试其士曰：‘越国之宝尽在此。’越王亲自鼓其士而进之，士闻鼓音，破碎乱行，蹈火而死者左右百人有余，越王击金而退之”。这三个事例，都是说的“上好之”，则下必为之的道理。

五、进一步加强职业道德教育的措施

我国的社会主义精神文明建设，从提出到现在，已经五年了。当然，从我们的工作上来看，确实有一个重视不够的问题，正像邓小平同志 1985 年 9 月在中国共产党全国代表会议上的讲话所指出的：“社会主义精神文明建设，很早就提出了。中央、地方和军队都做了不少工作，特别是群众中涌现了一大批先进人物，影响很好。不过就全国来看，至今效果还不够理想。主要是全党没有认真重视。……这几年生产是上去了，但是资本主义和封建主义的流毒还没有减少到可能的最低限度，甚至解放后绝迹已久的一些坏事也在复活。我们再不下大的决心迅速改变这种情况，社会主义的优越性怎么能全面地发挥出来？我们又怎么能充分有效地教育我们的人民和后代？不加强精神文明的建设，物质文明的建设也要受破坏，走弯路。光靠物质条件，我们的革命和建设都不可能胜利。”这是问题的一个方面。这里，可以从主观原因和客观原因两方面看。客观上，我国生产力的落后、发展经济任务的艰巨、改革经济的困难，使我们不得不以主要注意力和最高的兴趣，尽最大努力去复兴我们的经济，这种努力，几乎占去了我们的大部分或者主要力量，以至于几乎没有余暇去考虑社会主义精神文明的建设问题。但是，也应当承认，我们这几年，也还是进行了相当多的关于共产主义理想道德以及有关职业责任、职业道德和职业纪律的教育，但为什么没有收到理想的效果呢？

这一次，我们进行职业道德教育，会不会仍然像以前一样，不能收到较好的效果呢？据说，有的单位制定的职业道德，不但写在纸上，贴到墙上，而且有的还印到身上，但是，照样仍然不能实行。那么，到底应当如何做呢？

（一）大力加强对职业道德的重要意义的宣传教育，提高认识，形成强大的舆论，以推动各行各业的职业道德的提高。特别要注意宣传突出的有高尚职业道德的典型事例，启发人们向先进的职业道德的楷模学习。最近，报纸上又开始宣传雷锋精神，这确实是很必要的。要针对人们的思想，培养人们的职业道德的自觉性，对有崇高道德行为的人，不能把他们看作“傻子”，而应当看作一种崇高的思想情操，看作一种高级的精神需要。

（二）强调每一个人要以身作则，抵制不良的社会风气，向别人传递崇高的道德感情。在当前，在有些地方，确实出现了不少庸俗、腐朽的坏风气，请客送礼、行贿受贿、结帮拉派、相互包庇、以权谋私、挥霍浪费、占公家便宜、挖集体墙脚等等，对于这种情况，有些人往往采取随波逐流的态度。能不能一遇到这种情况，就进行抵制？隋末唐初，有一个思想家叫王通，在当时的社会风气下，不少人都追名逐利，不愿为国家效劳。他的学生问他，在一些人都追逐私利、不顾国家社会利益的情况下，应当如何？他答复，要“舍其所争，取其所弃”。我们每一个人，应当有这样一个坚定的信念，即我们的社会风气必然会好转的。我们要求自己，等到党风和社会风气好转的那一天，我们能问心无愧，能对自己说，在当时那种以权谋私、请客送礼、占公家便宜和吃喝成风的时候，我自己是忠于职守、光明磊落、不谋私利和公正无私的。这就是我们对自己应有的要求。

（三）还有一个值得注意的问题，就是我们在人事、管理方面采取的措施、制度和办法，对我们职业道德的提高、社会风气的改变，也有重要的影响。一个有道德的行为，一般来说，都是一种对自己来说多多少少的献身。道德不是要占别人的便宜，而是要对别人、对社会做出贡献，一个人要想有道德，就要不怕吃亏。在人和人的关系中，为了使人类的社会能够发展下去，必须要有人们的献身精神，如果没有牺牲精神，没有照顾他人的思想，没有关心集体的观念，人类甚至不可能脱离动物界。所以，康德说过一句名言，道德之所以有那么崇高的美名，就是因为它伴随着巨大的牺牲。普列汉诺夫也说，道德总是以或多或少的自我牺牲为前提的。正是在这个意义上，雷锋说：“有些人说我是‘傻子’，是不对的。我要做一个有利于人民、有利于国家的人。如果说这是‘傻子’，那我是甘心愿意做这样的傻子的。革命需要这样的‘傻子’，建设也需要这样的‘傻子’。”但是，本人愿意吃亏、愿意牺牲个人利益、愿意照顾他人、吃亏当“傻子”是一回事，作为组织、作为领导、作为集体，却要注意，不能老是让一个人吃亏，尤其要注意的是，不能使那些自私自利的人、一心追求名利的人趁机占到便宜。在分配工作中，作为个人，风格要高，不论是评薪、调级、提拔干部、分配房屋、授予职称、爱人调动等等，一方面，要教育人们发扬风格；另一方面，组织和集体要力求公平，要维护那些有高尚道德的人的正当的个人利益。这几年，听到不少议论，似乎谁发扬风格，谁讲究职业道德，他的正当的个人利益也往往因而得不到最起码的保证；相反，有少数计较个人名利的人，却往往得到了照顾。譬如，拿干部政策来说，本来应该是德才兼备，但是，那些讲究职业道德、关心他人、关心集体的人，却往往得不到提拔，而那些只重业务、只重技术、追求名利的人，却往往在各个方面，得到了许多好处。有的人因为注意职业道德，先人后己，他的房子、职称、爱人，在很长时间内得不到解决，而在他不得不为自己的利益去争取时，才终于得到了解决。这样就造成了一种错觉，认为只有去争，才能得到个人的正当利益。这种情况是应当避免的。

所以，我们认为，在加强职业道德中必须加强党政干部的职业道德，最重要的原因，就是因为，党政干部的职业道德，同其他各行各业的职业道德有重要的关系，甚至可以说，它制约着、影响着甚至决定着其他行业的职业道德。只有大力加强广大干部的职业道德，才能带动和促进各行各业的职业道德，更好地提高全民的道德水平。因此，党和政府的干部，应该成为履行职业道德的模范，做全国职业道德的表率。作为党和国家的干部，要想使全社会的职业道德水平提高，必须以身作则。

论社会主义初级阶段职业道德建设*

这次会议，经过代表们几天的认真讨论，我想是不是有这样一些基本问题，大家已经取得了一致或比较一致的看法。这就是，我们的社会主义道德及职业道德建设，必须遵循党的十三大所提出的社会主义初级阶段的基本路线、社会主义初级阶段的基本理论和社会主义精神文明建设的总方针，并以此作为基本的指导思想和理论基础。我们的伦理学和社会主义初级阶段的职业道德建设，必须为我国的社会主义的经济建设这个中心服务，为发展社会主义社会生产力服务。在道德建设的意义上，我们在伦理学及社会主义职业道德建设上，必须坚持两个基本点，就是要使伦理学及职业道德的建设，既坚持社会主义的思想体系，又坚持改革，坚持从我国社会主义初级阶段实际出发，建立与我国社会主义初级阶段的发展要求相适应的、有中国特色的马克思主义伦理学和社会主义的职业道德。在社会主义初级阶段进行伦理学和职业道德研究，必须从我国的国情出发，从发展社会主义生产力的要求出发，从深化社会主义改革的要求出发。我们必须面对现实，把理想性与现实性有机地结合起来，使理想真正变成建设社会主义现代化和促进社会主义改革的现实和实践。我们的伦理学及职业道德建设还必须面向实际，从生动的社会实践源泉中汲取丰富的营养，总结社会主义伦理建设的基本经验，并

---

* 原载《学习与实践》，1988（4）。

且发展具有中国特色的马克思主义伦理学和社会主义职业道德建设。我们一致或比较一致地认识到这次会议所取得的初步成果，还只是一个良好的开端，而更艰难的理论建树，还有待我们更进一步进行深入的社会调查和理论研究去解决。

代表们在讨论中，也还提出了许多有待深入研究和探讨的问题。现在只把一些主要问题说一说，供大家集中思考。这些问题是：

一、社会主义初级阶段既然是一个不可逾越的发展阶段，而且又有一个几十年或近百年的发展时期，那么，与这一阶段相适应，是不是也有一个特殊的道德发展阶段，并有相应的道德要求，这些要求是什么？它们同共产主义、社会主义道德体系是什么关系？

二、社会主义初级阶段存在着以社会主义公有制为主体的多种经济成分，那么，是不是也存在着多种不同内容的道德要求？

三、社会主义初级阶段还存在以按劳分配为主体的多种分配制度，也包括法律允许范围的雇工剥削的存在，那么，对这种雇工剥削行为应该作怎样的道德评价？

四、在社会主义初级阶段，在道德领域是不是也还存在社会主义与非社会主义，以至反社会主义两种道德的斗争？

五、社会主义发展的生产力标准与道德标准究竟是什么关系？

六、我国社会主义初级阶段的民族精神及企业精神应该是什么？

七、社会主义初级阶段的商品经济与资本主义的商品经济究竟有哪些异同？我们在发展社会主义商品经济时，从道德及职业道德方面，究竟应该扬弃旧道德的哪些东西？商品经济的必需的经济活动同道德要求之间又有什么关系？

八、社会主义的商品经济，是不是也会有多种不同的形式？因此，在道德观念上是不是也会有多种观念形态的发生？

九、社会主义商品经济的道德观念究竟应该是以个人本位为基础，还是应以集体本位为基础？如何认识在社会主义商品经济条件下，个人利益和集体利益的辩证统一关系？

十、适应社会主义生产力发展的要求，我们培育“四有”新人，在人的素质方面，究竟应该有哪些基本的要求？

十一、社会主义初级阶段职业道德的理论是不是也应有它相对独立的理论体系？

十二、社会主义初级阶段职业道德的内在机制是什么？

十三、在社会主义初级阶段，在职业道德中，是不是会发生目的与手段的不一致，即目的是高尚的，手段是卑劣的，应该如何认识和调节这种情况的发生？

十四、社会主义初级阶段的职业道德建设的系统工程应该包括哪些内容？道德评价与教育在系统工程中究竟具有什么样的地位和作用？

十五、社会主义初级阶段职业道德建设究竟应该把握哪些基本环节？职业道德建设的突破口在哪里？

十六、干部道德在社会主义初级阶段是不是也会有不同层次的要求，还是只应有一个共产主义道德的要求？该如何建设干部道德？干部道德的起点是不是应该高于一般职业道德的起点？

十七、职业道德建设在深化改革中发挥其功能，依据不同行业的要求，究竟能否确立或应有哪些定性及定量的指标？

十八、社会主义初级阶段的职业道德建设究竟应该由哪一个实体职能部门从事专门的组织和协调工作？

十九、社会主义初级阶段的职业道德建设如何才能把外在要求变成人们的自觉责任及信念，即如何建树人们的职业人格、职业良心？

二十、社会主义初级阶段职业道德建设是不是也应附设某些必要的奖惩制度？又怎样与道德的高尚性相协调？

以上这些问题的提出，反映了与会代表们讨论问题的认真态度和对问题思考的深度，当然，要从理论与实践的结合上，真正清楚阐明这些问题，也还有一定的难度。我希望到会的同志，共同努力，通过社会调查和深入的理论研究，能够在不长的时间内，写出这方面的论文，以发展马克思主义的伦理学和职业伦理学。

我在这里就主要的几个问题说说我自己的想法，供同志们在深入研究时作参考，也作为我的一个发言吧。

第一个问题想讲讲社会主义初级阶段职业道德建设在整个社会主义道德生活中的作用和意义。

对这个问题，我上一次在开幕式的讲话中曾提到，它是进行社会主义初级阶段道德建设的突破口，同志们在讨论中有同意这个说法的，也有不赞成这个说法的，我想进一步说说我的想法。这个问题，其一，从理论上讲，大家知道，马克思主义既然认为生产实践是人民最基本的社会实践活动，那么，从人们的道德生活来看，与生产活动关系最密切的人们道德生活中的职业道德，当然也会具有最重要的地位和作用，人们的职业生活是社会生活的主体部分，职业也就具有突出和重要的地位。这是十分明显的。最近几年来，把精神文明建设作为社会主义社会的一个特征提出以后，经过长时间的思考，我形成了一个想法：精神文明建设，应当以共产主义和社会主义的道德建设为重点；道德建设，则应以职业道德为重点；职业道德又应以党政干部的职业道德和那些为大多数人服务的行业的道德为重点。对党政干部和为大多数人服务的行业的职业道德来说，则党政干部的职业道德又具有更为重要的意义。其二，社会主义初级阶段的主要任务是发展社会生产力，而要适应发展社会主义社会生产力的要求，最重要的也是首先需要抓好职业道德建设。其三，随着社会主义改革的深化，也必然要带来人们在职业利益方面的某些变动，因此，首先抓住职业道德建设这个环节，以妥善调解这些关系，实际也是改革对社会主义初级阶段道德建设的要求。其四，我认为搞好社会主义职业道德建设也是使社会风气根本好转的一个重要环节。这个问题就简单说这些。

第二个问题是想讲一讲社会主义初级阶段职业道德建设的特点。它包括这样两个基本点：一是这种道德建设是社会主义思想体系范围内的建设，它理应坚持社会主义的集体主义原则，而不同于个人主义或利己主义的思想体系。在社会主义初级阶段，共产主义道德原则也还应当在全社会认真提倡。我们固然不能在当前要求所有人都达到共产主义道德觉悟，但是我们仍然应当宣传和提倡这种对大多数人来说带有理想性质的共产主义道德，并依靠那些在当前虽然是少数但已经具有共产主义觉悟的人的榜样力量，引导和提高其他层次的人们沿着社会主义道德阶梯迈步，向最高层次攀登。二是从我国社会主义初级阶段的实际即国情出发，来建设我国现实的道德生活。例如，在我国的社会主义初级阶段，既然还存在着以社会主义公有制为主体的多种经济成分和以按劳分配为主体的多种分配制度，我们在道德建设上，在调解人们的利益关系时，也就不能不注意道德的层次性，注意维护社会主义整体利益时，也同时需要保障正当的个人利益。因此，我们的道德原则也只能是兼顾国家、集体、个人三者利益相结合的集体主义。保障正当个人利益，在现阶段既是生产力发展的要求，也是社会主义整体利益发展的要求。这里，必须指出，保障正当的个人利益与集体主义并不是对立的，而且是相辅相成的。当然，二者之间仍有区别。因而，在保障正当的个人利益时，我们还需要对这种个人利益作出向高境界发展的指导和教育。另外，由于还存在多种经济成分以及多种分配制度，以及实行对外开放的政策，我们在社会道德生活中也需要继续深入批判封建主义和资本主义的腐朽道德，并且同小生产的落后保守的平均主义思想进行必要的斗争。除了我讲的这个根本特点之外，当然，在社会主义初级阶段的道德及职业道德建设中，也还存在如我在上次开幕式上所说的多层次的特点，还有如不少同志在文章中所说的过渡性、转折性、批判性、继承性等等特点。但是，正像许多同志都已指出的，我们必须正确地理解道德对社会的导向作用，正确理解道德的现实性和理想性的辩证统一。

第三个问题我想说说生产力标准与道德标准的关系。党的十三大文件所说的生产力标准，我理解它的意思也就是说生产力的发展归根到底是社会改革的根本动力，而一切上层建筑和社会意识形态，只有适合生产力的发展才是合理的。从这个意义上说，我认为生产力标准当然也应该成为衡量我们的道德是不是合理的标准。这是从社会道德生活发展的根本规律的意义上去说的。我们的道德建设从根本上说，只有有利于社会主义社会的生产力的发展，它才是合理的。但这不等于说生产力的标准就是道德标准，这是因为生产力标准只是社会道德生活的发展法则，而社会生产力发展在什么阶段上，需要人们具有哪些道德素质才能有效地促成生产力的发展，这还需要人们去具体总结，具体概括，约定或规定具体的标准。例如我国现行宪法所确立的社会道德标准就是："爱祖国、爱人民、爱劳动、爱科学、爱社会主义。"人们的道德素质有这"五爱"，就能够有效地促进我国现阶段生产力的发展。同时，对于生产力标准我们又不能简单就理解为生产力水平高道德水平也自然而然高，因为生产力对道德的推动和决定作用也还要通过生产关系起作用，并且也还要通过道德生活自身的机制才能有效促成社会道德生活的进步。例如在资本主义社会，生产力的发展在本质上会造成资本与雇佣劳动之间的对立加剧，就并不能直接决定社会道德生活的进步，然而，在我国已经确立了社会主义根本制度的情况下，生产力的发展对于促进社会道德生活的进步，当然就会具有更直接的意义。但是即使在这种情况下，社会道德生活的进步也还需要通过自身机制的作用，才能变成现实。再则，道德标准所要调解的是一定利益对于人们与社会之有益或有害的价值趋向问题，从这个意义上说，社会生产力的发展，紧接着也还会有一个调解其价值趋向的问题，也即有一个价值导向的问题，而道德标准这一价值导向的功能也是不能由生产力发展水平的高低简单取代的。所以，生产力标准固然是道德生活的发展法则，然而却又不可以用生产力标准代替或取代道德标准。

第四个问题我想讲一讲社会主义商品经济的发展与职业道德建设的关系。社会主义制度的建立可以越过资本主义关系的阶段，但是，生产力的发展又不能越过商品经济发展的阶段。这就使我国社会主义制度建立以后，便存在一个在初级阶段发展商品经济的问题。所以，商品经济的发展是生产力发展的一个必经阶段。由于商品经济发展的客观存在和需要，在人们的社会生活中当然也不可避免地会有职业赢利与竞争的问题发生。赢利是一种经济活动，竞争也是一种社会经济生活的现实表现，由职业赢利与竞争的现实向道德所提出的要求，以及道德所能调解的只是这种赢利与竞争的价值趋向，赢利与竞争在我们的现实生活，都有可能发生有益于或有害于发展社会主义社会的生产力，以及有益于人民或有害于人民利益的趋向。因此，我们在道德调解中，就应当鼓励人们正当的竞争，而防止、谴责和克服由于赢利而坑害服务对象，以及由于竞争而造成人际关系陷于对立或对抗的倾向。如何使职业赢利及竞争的优胜劣汰有利于全社会的进一步发展，我们既不能只重义轻利，否认利益的重要，更不能见利忘义。我们需要同时考虑义、利两个方面，在建设社会主义物质文明的同时，也一定要搞好社会主义精神文明的建设，我认为这始终是我们道德建设所要考虑的重点。

第五个问题，也就是最后一个问题，我还要说一说深化改革和社会主义初级阶段职业道德建设的关系。社会主义改革，生产力的发展，物质财富的增加，人民生活的富裕，都将是社会道德生活及职业道德建设和发展的动力。同时，我们建设适合于社会主义生产力发展要求的道德及职业道德，也将一定能够起到有效促进改革的作用。我们对于当前社会上的消极现象，应当怎样看待？我觉得主要是小生产者的狭隘眼界、保守思想和剥削阶级腐朽思想造成的，我们应该克服小生产者的狭隘眼界和保守习气，抵制封建主义和资本主义腐朽思想，振奋起全国各族人民献身于现代化事业的巨大热情和创造精神。只要我们重视精神文明建设，重视道德建设，改革一定会有效促进社会主义道德向着更加现实和完善的方向发展。我认为，在改革中进行道德建设的积极态度，应该是努力建设适应社会主义改革要求的道德，即自力更生，艰苦创业，把我们的国家建设成为一个富强、民主和文明的社会主义国家的民族精神和道德精神。由于我国深化改革主要是深化城市改革和政治体制的改革，因此，职业道德建设的重点，是不是也应该以干部道德和职工道德建设为重点，并扩展其影响，这也是我对改革与职业道德建设的一点想法。

加强职业道德教育，促进精神文明建设*

一、加强职业道德教育是加强精神文明建设的重要环节

社会主义精神文明建设，包括两个重要的方面，一是教育、文化和科学技术，二是思想道德和社会风气。一般来说，思想道德和社会风气的改善，在精神文明建设中居于重要的核心地位。只有加强了思想道德建设，提高了人民群众的觉悟，树立了社会主义的理想、信念和正确的价值观，才能够使我国的社会主义精神文明建设真正得到加强。

社会的职业道德建设，在整个精神文明建设中占据着重要地位，是加强精神文明建设的一个重要环节。或者说，在精神文明建设中，职业道德建设是一个重要的突破口。抓好了职业道德建设，就能够推动、带动整个精神文明建设的开展。党的十四大所提出的"精神文明重在建设"这一指导思想中，就包含了加强各行各业的职业道德建设的要求。

社会主义职业道德是人类历史上职业道德发展的新阶段，它克服了资本主义社会职业道德的阶级局限，强调了一切职业活动最终都是为满

---

* 原载《企业管理》，1994（4）。

足广大人民的利益，都是为了建设有中国特色社会主义。资本主义社会各行各业的职业道德，尽管也强调要“忠于职守”、“献身事业”等，但它们的职业道德，归根到底，都是同私有制相联系的，都是为私有制经济服务的，在个人利益和他人利益、社会利益之间，往往形成无法解决的矛盾。社会主义职业道德，是建立在以公有制为主体的经济基础之上的新型的职业道德，是以社会主义的道德原则为指导、以人们的职业实践活动为基础而形成的社会主义道德总体中的一个组成部分。一般来说，社会主义职业道德总是力求调整不同职业成员之间的矛盾，增进人与人之间的团结，促使职业成员的利益同社会利益和国家利益协调一致，从而形成关心他人、关心社会的良好风尚，并进一步形成人和人之间友好、信任、谅解、合作、团结互助的氛围，形成企业、集体和社会的凝聚力和向心力。正是由于职业道德有着上述特点，所以，加强职业道德建设，就能够对社会主义精神文明建设发挥重要作用。

二、在加强职业道德建设中，要坚持集体主义道德原则，弘扬社会主义社会的主旋律

在加强社会主义精神文明特别是加强社会主义思想道德建设中，最重要的就是要坚持集体主义道德原则，弘扬社会主义社会的主旋律。1992 年 10 月，江泽民同志在上海视察时，明确提出要加强精神文明建设，并突出强调：“爱国主义、社会主义和集体主义应当成为我们社会的主旋律。”党的十四大和江泽民同志的报告，都一再强调爱国主义、社会主义和集体主义的宣传教育对我国思想道德建设的重要意义。但是，在道德建设领域，还有不少同志，对集体主义道德原则能不能和应当不应当成为我国当前社会主义初级阶段的主旋律，存在着这样那样的疑虑，因而也就不可能真正自觉地、积极地去宣传和弘扬爱国主义、社会主义、集体主义这一主旋律。这些同志认为，既然我国当前还处在社会主义的初级阶段，还存在着多种经济成分，就必然体现着多种利益，集体主义又怎么能成为各种利益集团所共有的道德原则？有的同志甚至认为，既然是多种经济成分和多种利益集团并存，在价值导向上，也就必然是多元的。应当说，这些认识是不符合加强社会主义精神文明建

设、弘扬集体主义原则的一种错误思想，应当加以澄清。

我国正在建设社会主义市场经济体制，这一体制要求我们必须坚持以公有制为主体和多种经济成分共同发展的方针。这就是说，一方面，我们必须坚持以公有制为主体，从而保证我国经济的发展，最终避免两极分化，达到共同富裕这一根本目的；另一方面，为了解放生产力，发展生产力，我们还必须使个体经济、私营经济、公私合营以及外资企业等共同发展，支持改革开放。

社会发展规律是客观的、必然的。多种经济成分的存在，多种利益主体的存在及其发展，就必然要在思想看法、价值观念、道德原则和意识形态方面反映出来，要它们不反映是不可能的，也是不符合历史唯物主义基本原理的。此外，我们还应当清醒地看到，随着各种经济成分的发展及其利益主体的出现，作为一种力量，各种利益主体又必然会不断地要求扩大自己的影响，以便在经济上、政治上强化自己的地位和作用。因此，在当前社会主义的初级阶段，在多种经济成分共同发展的相当长的时期内，必然会有与之相应的各种各样的价值观、人生观和道德观的出现，这是正常的，是我们发展商品经济和建立社会主义市场经济体制过程中必然出现的。这也就是说，在当前的社会主义初级阶段内，人们的价值取向必然是多元的，这种多元的价值取向，是同我们当前的经济发展状况相适应的。道理很显然，不同的价值观、道德观和人生观，归根到底，是从不同的利益关系中产生的，是各种不同利益主体在思想意识领域中坚持自己的利益要求的反映。看不到这一点，或者过早地想消灭这些思想，或者粗暴地对待这些思想，都是不符合马克思主义的历史唯物主义原理的。

我们承认并允许多种经济成分的存在和发展，承认它们的道德观、价值观的出现是不可避免的，但同时我们也必须在经济上确立和保持公有制经济的主体地位，必须要消灭剥削，消除两极分化，从而最后达到共同富裕的目的，因而就必须在意识形态方面坚持社会主义道德观、价值观的指导地位。这就是我们所说的，在社会主义初级阶段，尽管价值取向可以是多元的，但社会的价值导向，必须是一元的。统治阶级的意识形态，从来都不可能自然而然地居于统治地位，而必然是有组织、有目的地进行宣传和教育的结果。在我们目前的形势下，占统治地位的意识形态，只能是反映以工人阶级为代表的广大劳动人民利益的社会主义意识形态，这也是不可动摇的、必然的。

在当前应该特别强调的是，我们绝不能因为允许多种经济成分发展，就否定社会主义意识形态的导向作用，听任各种资产阶级的价值观念和腐朽的生活方式来腐蚀我们的广大劳动者。确实，在某些现行经济政策和法律规定中，还允许甚至鼓励某些从个人私利、个人欲望出发的行为，但是从思想意识上来看，又必须要不断地对他们加以教育，使他们的行为严格地限制在一定的范围之内。因此，在我们的职业道德教育中，必须坚持同一切不符合广大劳动人民利益的种种错误的思想和行为、一切腐朽的生活方式、一切剥削阶级的意识做不调和的斗争，从而使广大职业工作者能够养成良好的职业道德品质。

在市场经济条件下加强职业道德教育的重要意义*

随着社会主义现代化建设的发展和社会主义市场经济体制的建立，加强职业道德教育，越来越处于十分重要的地位。党的十四大报告中指出："各行各业都要重视职业道德建设，逐步形成适合自身特点的职业道德规范。"并把职业道德建设看作社会主义精神文明的一个重要方面。这是有非常重要的现实意义的。

在发展社会主义市场经济的条件下，在向社会主义市场经济体制转变的过程中，对职业道德建设，提出了一些值得注意的新情况、新问题和新要求。为了促进市场经济的发展，我们应当树立符合社会主义市场经济要求的竞争意识、质量意识和服务意识。正确的竞争意识，不但能促使企业获得经济效益，而且能够使国家更加富裕，使人际关系更加和谐。越是发展市场经济，越要求人们增强质量意识和服务意识，以便市场经济能够按照社会主义的方向，健康地向前发展。另外，由于拜金主义、极端个人主义和享乐主义思想的影响，一些人只顾自己谋利而不顾他人和社会的利益，从而出现了一些不良的职业道德现象。更值得高度注意的是，一些党政干部、企业领导、执法部门的工作人员等，以权谋私，用权力同金钱作交换，从而使人与人之间的相互关系，产生了种种被扭曲的不正常的情况。这种腐败现象的存在，引起广大党员和群众的

* 原载《中国职业技术教育》，1995（2）。

不满，为人民所深恶痛绝。目前，道德水平下降、社会风气不正的问题，已经成为广大群众关心的热点，应当引起我们强烈的关注。

社会风气的好坏和人们道德水平的高低，对于一个社会的人际和谐、政治稳定和经济发展，都有着十分重要的意义。从历史的发展及其经验教训来看，凡是国家兴旺的时期，社会的道德风尚总是蒸蒸日上，国家利益、社会利益就会受到重视。也正是在这种社会条件下，政治才能稳定，经济才能发展。相反，每当社会出现道德滑坡、风气奢靡、人心自私和政治腐败的现象，总会给国家带来种种问题。如果不能及时纠正，任其发展下去，就必然会影响到社会的稳定和国家的长治久安。因此，历代社会的政治家和思想家都十分重视社会风气和道德水平的提高，十分重视社会各行各业的职业道德。

职业道德的提高，对一个社会的道德水平和社会风气，有重要的作用。在现代化的社会中，几乎每个成年人都从事一定的职业，都生活在一定的职业关系中，因而都必然同他人、同社会发生种种不同的职业关系。职业道德，就是要调整人和人在职业关系中的种种矛盾，规范人们在职业活动中的各种行为，倡导人们在职业交往中应当奉行的崇高思想，培养人们高尚的道德品质，形成和谐、团结、互助、友爱的人际关系。无论从事何种职业，热爱本职、忠于职守、为人民服务、对人民负责应是职业道德的共同要求。更重要的是，各种不同的职业，还应该根据自己职业的不同特点，根据自己职业活动中的不同情况，针对职业活动中与人民群众关系密切的各种问题，形成自己的道德规范，从而使每一个职业工作者都能自觉地履行自己所应担负的职业道德义务，提高自己的职业道德觉悟，促进人与人之间的和谐和团结。

“精神文明重在建设”，这是党的十四大所提出的把精神文明建设提高到一个新水平的重要任务。根据当前道德建设的情况和要求，我认为，“重在建设”的一个重要方面，就是要以加强职业道德建设为突破口，通过加强职业道德建设来促进社会主义精神文明的全面发展。可以肯定，如果我们的党政干部和执法部门的工作人员，能够做到为政清廉、大公无私、克己奉公；如果我们的一些具有垄断性行业的从业人员，能够以广大人民群众的利益为重，视人民群众的需要高于一切；如果我们的广大经济工作者，都能坚决地抵制拜金主义思想，诚实守信，先义后利，公平正直，那么，我们社会的道德风气必将会在短时期内得到明显的好转，从而更加有利于我国的政治稳定和经济繁荣，使我国的四个现代化建设能够沿着社会主义的方向更加健康地向前发展。

正是由于社会的各种职业活动都是相互联系的，各种职业之间就必然要发生密切的交往关系，相互影响。因而，以职业道德建设为突破口，以提高职业道德为契机，就能够形成一种强有力的辐射作用和感染力量。人和人之间的道德感情，不但是息息相通，而且是最容易引起对方共鸣的。孔子曾说过：“政者正也，子帅以正，孰敢不正?”又说：“其身正，不令而行；其身不正，虽令不从。”如果党政干部以及执法人员能够廉洁无私，就会对社会上其他人产生一种特殊的力量；医生都能够救死扶伤，尽力解除病人痛苦；商业人员都能够礼貌待人，服务热情，公平交易，童叟无欺；教师都能为人师表，教书育人……这样，每个人就会从不同方面得到许多道德上的关心和温暖，同时，又会把这些关心和温暖传给他人。正是通过这种相互关心、相互教育、相互激励和相互学习的不断发展和提高，我们的社会风气和道德风尚就会越来越好。

为了提高社会的职业道德水平，应当特别注意加强职业道德的教育，希望我们的传播媒介，能够在加强职业道德的宣传和教育方面，更积极地发挥作用。我国当前的各级各类职业学校的学生，是现代化建设的后备军，是各行各业的新生力量。国家教委最近颁布了《中等职业技术学校职业道德教学大纲》，并正式出版了中等职业技术学校政治课教材《职业道德》，这对于进一步加强我国的职业道德教育，对于落实“精神文明重在建设”的指导思想，具有很重要的意义。

职业道德建设是精神文明建设的重要组成部分*

精神文明重在建设，这是当前我们所取得的一个共识。加强职业道德教育，是精神文明建设的重要组成部分，我们应当提高职业道德在精神文明建设中重要地位的认识。

在建立社会主义市场经济体制的过程中，我们应当进一步明确，市场经济不仅仅是一种法制经济，而且还应当是一种道德经济。正像没有法制就不可能规范人们的经济行为一样，没有道德规范，同样不可能规范人们的经济行为。正像道德不是万能的一样，法律也不是万能的。法律不论怎样完备，总会有许多经济行为是法律所管不到的。道德更强调人们的自觉、人们的道德意识，或者说它更强调人们的羞耻之心和责任意识，更有利于人们自觉地不违犯法律。在强调市场经济是法制经济的同时，应当力求避免一种有意无意地忽视道德的片面性。历史的教训和现实的问题都告诉我们，我们必须达成一个共识，就是市场经济也必须是一种道德经济。由于社会主义的道德原则具有一种导向的性质，成为建设有中国特色社会主义的一种导向，因此，我们认为，社会主义市场经济更必须是一种受社会主义道德所规范的道德经济。

在建设有中国特色社会主义社会中，人和人的关系，既有市场关系，也有非市场关系；既有经济行为，又有非经济行为。一切从等价交

---

* 原载《人民日报》，1995-12-05。

换原则出发的商品交换行为，都属于市场经济行为；而一切不是从等价交换原则出发的非商品交换行为，都属于非市场经济行为。在很多情况下，一个人的行为，往往既有市场关系的等价交换性质，又有社会主义社会中人和人之间的非等价交换的性质。因此，在建立市场经济过程中，我们既不能把非市场经济行为都看成是市场经济行为，更不能把市场经济行为的原则扩大到非市场经济行为中。如果把社会主义社会中个人同家庭、朋友、集体、国家、民族的关系，都当作市场关系，把这些关系中的行为，都看成是市场经济的等价交换行为，我们就会给人和人的一切关系都打上“等价交换”的印记。这样，个人是否能够得到实际利益，将成为我们行为选择的实际标准，金钱就可能成为人们追求的唯一目标。市场经济行为和非市场经济行为既有共同的道德准则，也有分属于不同领域的道德准则。因此，在建设有中国特色社会主义中，我们必须注意市场经济行为与非市场经济行为的区别，防止一种泛市场经济行为的错误理论。正确分清这两种不同行为的不同特点，是我们加强社会主义精神文明建设的一个重要方面。

在建设有中国特色社会主义中，从人和人的关系来看，不论在市场关系和非市场关系中，职业关系是一切人（除未成年人和已不能工作的老年人外）都必然要经历的一种最普遍、最重要的关系。一切职业活动，都体现着个人同他人、个人同社会、个人同国家之间的职业责任。对职业的敬业精神和责任意识，是最基本的做人之道，体现着一个人的“忠于职守”、“尽职尽责”的高尚品德，是一切事情取得成功的重要条件。在中华民族的优良传统中，一直就强调“敬业乐群”和“克己奉公”的精神，强调要“执事敬”、“与人忠”，强调每个人在不同的社会岗位中，都应当尽己之力，把自己应当做的事情认真负责地做好。

职业道德建设，是社会主义精神文明建设的一个重要的组成部分。职业道德的加强，不仅能促使每个从业人员思想水平和道德水平的提高，从而达到对工作的精益求精和好上加好，而且能使整个社会主义社会中人和人之间的关系，更加和谐地向前发展。在人和人的职业关系中，每个人都将会感受到相互间的同志般的关心和照顾，感受到人对人的同情、爱护和献身精神，从而有利于人们的道德陶冶和整个社会风尚的改善。正是在这个意义上，我们认为，加强职业道德教育，培养高尚的职业道德品质，是加强精神文明建设的重要方面，是贯彻和落实精神文明重在建设这一要求的重要环节，是真正做到两手都要硬的有力措施。

在建设社会主义市场经济条件下，更应当加强职业道德的教育，培养人们忠于职守的责任意识。如果对于市场经济条件下出现的拜金主义、享乐主义和极端个人主义种种现象缺乏必要的警惕，如果人们自觉地或不自觉地把追求金钱当作人生追求的唯一目的，那么，为了追求金钱和享受就必然会对自己的工作采取敷衍塞责和马虎应付的态度，从而会使我们的工作受到严重的影响。我们是社会主义国家，在我们的个人对他人、对国家、对社会的关系中，尤其需要一种对人民事业的极端负责精神，一种对自己所担负工作的高度责任意识，通过每个人对国家、对社会的高度责任感，使我们的各项工作能够正常地、有序地进行和发展。

第七编

党员干部道德

发扬大公无私的精神*

我们党一贯教育全体党员要大公无私，并在人民群众中大力加以提倡。大公无私，是无产阶级的高尚品德。在党领导中国革命和建设的过程中，我们正是靠正确的政治方向，靠发扬大公无私、全心全意为人民服务、艰苦奋斗等崇高的革命精神，吸引和鼓舞了千千万万的人投身到革命斗争中来，历尽千辛万苦，忍受各种牺牲，取得一个又一个胜利。

具有无产阶级大公无私精神的人，总是把人民的利益和国家的利益看得高于一切，一事当前，首先为人民和国家的利益着想，对工作极端负责任，对同志对人民极端热忱。他们毫不利己专门利人，把使别人幸福当作自己的最大幸福，把维护集体利益看作最重要的天职。这样的人，就是毛泽东同志所赞扬的，是一个高尚的人，一个纯粹的人，一个有道德的人，一个脱离了低级趣味的人，一个有益于人民的人。

经过十年动乱，共产主义道德品质遭受到摧残。在一些干部和群众中，对于要不要提倡大公无私，怎样正确理解大公无私，如何划清公与私的界限等等，产生了一些混乱思想和糊涂认识。

有人说："大公无私只是一种理想，在现实生活中做不到，不宜提倡。"这种说法，是把理想和现实对立起来了。按照马克思主义的观点，

---

* 原载《工人日报》，1981-01-28，以"本报特约评论员"名义发表，副标题为《再论提倡社会主义精神文明》。

理想是从现实中产生出来的，而理想又推动了现实斗争的发展。共产主义的道德是在无产阶级进行的实际革命斗争中形成的人类最高尚的道德，它体现在无产阶级先锋队共产党员的模范行动中，体现在许许多多全心全意为人民服务的先进战士的行动中，特别是体现在我们党的老一辈无产阶级革命家的光辉一生的实践中。在长期的革命斗争中，无数革命先烈流血牺牲，舍生取义，像革命烈士李大钊、林祥谦、方志敏等，不正是表现了大公无私这种崇高的精神境界吗？在社会主义建设事业中，公而忘私、一心为集体、刻苦钻研、埋头苦干的英雄模范也是层出不穷的，雷锋、王杰、孟泰、王进喜、焦裕禄就是他们中的杰出代表。至于在厂矿企业的生产劳动中，“以厂为家”，甘当“老黄牛”；在地震灾害中，不顾自己的亲人去抢救阶级兄弟；在与洪水搏斗中，勇敢保卫国家财产；在和歹徒搏斗中，不顾个人安危，英勇献身……这种公而忘私的无名英雄，又何止千千万万！把大公无私精神认为只是一种“理想”的境界，是在现实生活中不存在的东西，这种说法是不符合实际的。有些人还由此认为不能在人民群众中提倡大公无私的精神，显然也是不对的。当然，也不能把理想和现实完全等同起来。这种大公无私精神，对无产阶级的先进分子来说，我们应该这样要求他们，他们也应该这样要求自己，并且身体力行。对广大人民群众来说，我们应该进行宣传教育，大力提倡。随着思想政治工作的加强，党风和社会风气的改进，具有大公无私精神的人，一定会愈来愈多。

有人说，“提倡大公无私，是不要私，是‘左’的口号”。这是一种误解，这里，要弄清“私”的概念是什么。从所有制来说，“私”可以是代表个人占有生产资料的私有制；从意识形态来说，“私”可以是代表剥削阶级个人主义和小生产的私有观念。在社会主义制度下，提倡大公无私，首先要划清个人的正当利益和个人主义的界限。我们提倡的大公无私，绝不是否定个人的正当物质利益。我们所说的“无私”，更不是要人们不吃饭，不睡觉，不拿劳动应得的报酬。恰恰相反，党和国家一向关心和维护包括工人阶级在内的全体劳动人民的正当利益，包括各种情况的人们的切身利益，如女工、青工、老弱病残工人以及在不同条件下工作的劳动者的切身利益，如此等等。

可见，我们讲的大公无私，是要求人们不要有自私自利之心，不要做损人利己、损公肥私、唯利是图的事情。应当看到，个人主义和极端个人主义思想是千百年来形成的剥削阶级意识形态，至今仍然有较深的影响，要求人们一下子完全消除，也是不实际的。但是，这种思想如果不加克服，而任其发展下去，对党的事业，对个人的前途，都会造成极大的危害。在我们社会主义国家里，国家、集体与个人的利益是一致的。国家和集体的利益，正是全体人民现实的和长远利益的总和。我们党在制定方针政策的时候，总是要从广大群众的眼前利益和长远利益出发，力求做到兼顾国家、集体和个人利益。因此，怎么能说大公无私就是不要“私”，就是否认正当的个人利益呢？这和林彪、江青一伙所鼓吹的“精神万能”，否定劳动者的正当物质利益，根本没有一丝一毫的共同之处！那种把大公无私说成是“左”的口号，当然是不对的。

还有人认为，提倡大公无私同按经济规律办事是相矛盾的，主张为个人“斤斤计较”、“两两计较”。这种看法，混淆了两个不同领域的问题，偷换了截然相反的两个概念。其实，为个人“斤斤计较”、“两两计较”，同经济管理中的经济核算需要“斤斤计较”、“两两计较”，完全是两回事。从经济管理领域来讲，在工矿企业里搞经济核算，就是要严格按照科学管理的要求，精打细算，一丝不苟，实行“斤斤计较”、“两两计较”。否则，企业的经济核算就无从搞起，对职工群众的物质鼓励就失掉了科学根据。特别是搞金融财贸工作的人，更是要对公家的钱财“斤斤计较”、“两两计较”。但是，从思想境界来讲，我们还是要提倡大公无私，先人后己，发扬共产主义的风格，而不应该“斤斤计较”、“两两计较”。

我们要建设的社会主义国家，不但要有高度的物质文明，而且要有高度的精神文明。而精神文明中的一个重要内容，就是要使人民群众树立大公无私的思想和情操。当前，全党全国人民正在为国民经济的进一步调整而英勇奋斗，我们广大职工，要继承和发扬大公无私的革命精神，努力做一个具有社会主义精神文明的人，为“四化”宏伟事业作出更大的贡献。

共产党员应当有怎样的人生观*

在实行改革开放和发展社会主义市场经济条件下，共产党员应当怎样保持正确的人生观、价值观，已经成了现实生活中不可回避的一个重要而严肃的问题，每个有觉悟的共产党员，都应当认认真真地考虑这个问题。

在我国实行改革开放和发展社会主义市场经济的过程中，在经济领域必须重视和运用价值规律，讲等价交换、市场竞争，讲利润和效益原则等等，因而必将引起整个经济领域和社会领域的深刻变化。从人的素质和人生观方面看，既有积极的影响，也有消极的作用。从积极方面来谈，如正当的个人利益观念、开拓创新观念、效益观念、平等观念等等，如能在马克思主义的指导下加以发扬，就能使共产主义的人生观更加具有丰富的内容，更有时代的活力。从消极方面看，市场经济的等价交换、追求利润、自由竞争等等，又不可避免地会产生一些消极作用，冲击并影响着人们的思想，也直接影响到共产党员的人生观。在当前，特别值得注意的是极端个人主义、拜金主义和享乐主义对党员人生观的腐蚀。

极端个人主义，在等价交换、物质利益和经济竞争中滋生和蔓延，腐蚀着一些人的思想。对于共产党员的人生观来说，最重要的就是在

---

* 原载《党建》，1993（9）。

“为什么人”的问题上的“迷失方向”。如果一个共产党员，一切言论和行动，不是从“为人民服务”出发，不是从“为最大多数人的最大利益”出发，而是陷入为个人的私利和权力之中，那么，就必然会背离党的原则，背离党的宗旨，最终将蜕化变质，直到腐败堕落，离开党的组织。当前，一切非无产阶级思想对共产党员人生观的腐蚀，最危险的就是资产阶级个人主义思想。个人主义的滋生，必然要同大公无私、先公后私、国家利益、党的利益对立起来。如果个人的私利、个人的亲属的利益，成了一切行为的动机和出发点，就必然会从一般的个人主义发展到严重的个人主义，并由此诱发出自私自利、损公肥私以至贪污受贿、腐败堕落的种种现象。

等价交换原则，作为市场经济发展的一个原则，能促进经济的发展，但是，如果把这一原则不适当地渗入党的政治生活中，渗入人生意义和目的之中，就必然会形成以个人为中心、以个人私利为半径来对待和处理一切问题。在斤斤计较个人私利和争夺个人名利的思想下，又怎么可能为民族振兴、为“四化”建设、为共产主义而奋斗终生？在当前形势下，我们应当充分认识到个人主义对共产党员人生观侵蚀的严重后果，提高对个人主义腐蚀的高度警惕。

反对个人主义，同维护党员的正当的个人利益是一致的，二者要严格地区别开来。在社会生活中，特别是在分配领域中，共产党员必然有自己的正当个人利益，依靠诚实劳动和勤奋工作，他理所应当获得自己的报酬。从国家利益和党的利益出发的开拓创新、自强自主以及公平竞争的积极能动精神，应当受到鼓励。但是，正如江泽民同志所指出的：“我们重视个人的利益，同时必须通过宣传教育，让群众尤其是青年懂得个人利益必须服从集体利益、国家利益的道理。”“不能把个人利益、个人价值看得太重了，看得高于一切。共产党员和各级干部尤其要注意这一点，要经得起金钱、权力、美女的考验。”这就是说，在发展商品经济的情况下，我们重视个人利益，但坚决反对个人主义。

金钱至上或拜金主义思想，这几年来，在我国社会上有很大程度的滋长和泛滥。正像马克思所早已指出的，货币拜物教是同资本主义的商品生产紧密联系在一起的。在金钱万能的思想指导下，一切善恶、是非、美丑，都会被完全颠倒过来。恩格斯在《英国工人阶级状况》一书中曾说：“在资产阶级看来，世界上没有一样东西不是为了金钱而存在的，连他们本身也不例外，因为他们活着就是为了赚钱，除了快快发财，他们不知道还有别的幸福，除了金钱的损失，也不知道还有别的痛苦。”除现金交易外，资产者不承认人和人之间还有别的关系，“甚至他和自己的老婆之间的联系百分之九十九也是表现在同样的‘现钱交易’上”。货币作为商品的一般等价物，使一些人产生了对货币的盲目追求，甚至为了获取金钱而出卖人格、国格，丧失了共产主义的理想和信念，转变成了对金钱的贪婪的追求。从近年来大量违反党纪的案件中，可以看到，不少党员正是从追求金钱而走向堕落的。尤其值得注意的是，金钱和权力的交换，使我们党的肌体和国家的政治生活受到严重的腐蚀，给党和国家的事业造成难以估量的危害。

共产党员应该成为反对“金钱至上”的坚定战士，而绝不能成为金钱的俘虏。在我国社会主义初级阶段，金钱在社会中的作用是不可忽视的，但共产党员绝不能谋求任何的私利。在物质生活得到基本满足的情况下，共产党员要始终不渝地保持自己的党性，追求崇高的理想，为实现共产主义而奋斗。在发展商品经济的情况下，每日每时的、经常的、大量的考验，是来自金钱方面的引诱和腐蚀，头脑清醒地、坚决地抵制在各种情况下的金钱的诱惑，保持廉洁、清白、正直的作风，养成简朴的个人生活作风，这实在是保持共产党员共产主义人生观的一个重要条件，也是保持我们国家的政治清明的一个重要前提。

享乐主义是一种追求肉体感官欲望满足的人生观，这几年，在我国社会上也有不断发展的趋势。一些人把吃、喝、玩、乐当作人生唯一的目的，认为如果不能尽情地去满足自己的物质欲望的追求，生活就失去了意义。有的青年人，认为应当趁着年轻及时行乐，免得到以后后悔无穷。正是在这种风气影响下，比吃喝、比穿戴、比家具、比装饰、比享受、比阔气的庸俗习气，也不断蔓延。值得注意的是，在享乐主义的思想影响下，一些共产党员，也极力追求剥削阶级的腐朽生活方式，往往从追求低级的“感官的快乐”，发展到道德败坏、腐化堕落。我们绝不能把“追求享受”看作生活问题，而应当提高到能否坚持共产主义人生观的根本问题上来加以认识。我们主张在经济发展的同时，在劳动所得的基础上，适当地提高人民的物质生活水平，但我们反对脱离我们国家和个人的实际水平的高消费，更反对把“追求享受”作为人生的目的。共产党员的人生目的绝不能是个人的享乐，而只能是为人民服务。

随着改革开放和社会主义市场经济的不断扩大和深入发展，共产党员必须要根据党的宗旨，抵御当前社会上的个人主义、拜金主义和享乐主义的侵蚀，坚持共产主义的为人民服务的人生观。

首先，要认真学习建设有中国特色社会主义的理论，坚持一个中心、两个基本点，并以这个理论来武装我们的思想。要认识和明确我国经济体制改革的目标是建立社会主义市场经济体制，发展我国的生产力，使我国能够达到共同富裕的社会主义社会。每个党员，都必须为改革开放和社会主义现代化建设尽最大的努力。同时，每个党员必须保持党的纯洁性，保持共产党员所应具有的为人民服务的人生观。早在1941年，毛泽东同志就说："严肃地坚决地保持共产党员的共产主义的纯洁性，和保护社会经济中的有益的资本主义成分，并使其有一个适当的发展，是我们在抗日和建设民主共和国时期不可缺一的任务。在这个时期内一部分共产党员被资产阶级所腐化，在党员中发生资本主义的思想，是可能的，我们必须和这种党内的腐化思想作斗争；但是不要把反对党内资本主义思想的斗争，错误地转移到社会经济方面，去反对资本主义的经济成分。我们必须明确地分清这种界限。中国共产党是在复杂的环境中工作，每个党员，特别是干部，必须锻炼自己成为懂得马克思主义策略的战士，片面地简单地看问题，是无法使革命胜利的。"毛泽东同志的这段话，直到今天，仍然有着重要意义。

其次，要充分认识在人生观方面腐蚀和反腐蚀斗争的严重性和重要性。在社会主义现代化过程中，我们应当清醒地看到，用资产阶级的人生观来影响、改变无产阶级的人生观，是敌对势力实施和平演变战略的一个重要内容。在加快改革开放和现代化建设的过程中，我们必须要警惕资产阶级腐朽的道德观、人生观对我们的侵蚀，警惕资产阶级生活方式从各方面对我们的诱惑。我们不少党员，在革命战争中始终坚持共产主义的信念，无愧于一个共产党员的光荣称号，但是，在资产阶级的个人私欲、权势、金钱、美女等引诱下，却往往打了败仗，自觉不自觉地背离了自己曾在党旗下宣誓的要坚持的共产主义信念。一个共产党员，如果丧失了对共产主义的理想信念，又怎么能坚持社会主义呢？

最后，为了保持共产主义的人生观，共产党员必须认识到不断地进行自我改造的重要性。共产主义人生观的形成，有一个过程，而且在现实的斗争中，还必然会遇到反复和曲折。勇于批评和自我批评，严于解剖自己，敢于改造自己的思想，是共产党员保持共产主义人生观的重要条件。周恩来同志对自我改造的认识，尤其值得我们每个党员学习。他总是强调旧社会对自己的影响，强调改造思想的重要。他认为“自我改造是为了进步，是光荣的事”，“思想改造是长期的。把资产阶级世界观转变为无产阶级世界观，需要一个过程”。他还以自己为例，说明这种改造对于自己坚持共产主义世界观和人生观的重要意义。他说：“我的确常说我也要改造这句话，现在还在改造中。我愿意带头。我希望大家承认思想改造的重要性。要承认各种关系各种事物都会影响个人的思想。要经常反省，与同志们交换意见，经常‘洗澡’。要把思想改造看成像空气一样，非有不可。不然，你的思想就会生锈，就会受到腐蚀。”他还特别谆谆告诫说：“每个党员从加入共产党起，就应该有这么一个认识：准备改造思想，一直改造到老。”缅怀周总理光明磊落的伟大人格和崇高品质，展望我们社会主义建设的光辉前程，面对当前的种种非无产阶级思想的侵蚀，我们每一个共产党员，都应当认真地加强思想改造，为保持共产党员的纯洁性、为保持共产主义的人生观而努力奋斗。

论“毫不利己专门利人”的共产主义精神*

伟大的共产主义战士、高尚的共产主义道德典范——白求恩同志，离开我们已经近五十七年了。1939 年 12 月 21 日，毛泽东同志写了光辉论著《纪念白求恩》，表达了中国人民对白求恩同志的衷心爱戴，表达了八路军战士对白求恩大夫的无限感激和永久怀念。在《纪念白求恩》一文中，毛泽东同志提出，“一个外国人，毫无利己的动机，把中国人民的解放事业当作他自己的事业，这是什么精神？这是国际主义的精神，这是共产主义的精神”。五十多年过去了，白求恩同志的这种“毫不利己专门利人”的共产主义精神，仍然放射出耀眼的光芒，鼓舞着正在从事“四化”建设的中国人民。

从白求恩逝世到现在这五十多年来，中国大地经历了天翻地覆的变化，白求恩为之奋斗并预言必然实现的新中国，已经在 1949 年建立。在新中国的发展过程中，有顺利和成功，也有失误和挫折的风风雨雨。但是，我们终于战胜了各种困难，在建设社会主义的道路上，意气风发地向前迈进。白求恩同志的热爱人民和为人类理想而奋斗的高尚品德，过去是、现在也仍然是鼓舞我国人民建设社会主义的一种动力。值得指出的是，在过去一段时期内，白求恩同志所体现的“毫不利己专门利人”的共产主义精神，曾被一些人说成是不适应当前中国社会的超前意

* 原载《中国卫生质量管理》，1996（2）。

识，把宣传这种思想说成是对人们的“空洞的说教”，一些人甚至把“自私”和“利己”看成是人的本性。同雷锋精神一样，在一段时期内，白求恩同志的“毫不利己专门利人”的共产主义精神，在有些人看来，不但不是一种崇高的道德，反而成为被嘲笑的对象，被认为是一种过时的“观念”，该由某些人所谓的“拜金主义”的现代意识所更新。这种在一段时期内甚嚣尘上的思潮，总算是随着1989年政治风波的平息而有所收敛，但留给我们的反思却是极为深刻的。现在，我们国家进入市场经济运行、加强思想教育两手都要抓的历史新时期。在这个时候，我们纪念白求恩同志，深感到他的“毫不利己专门利人”的共产主义精神更加令我们敬佩，更加值得我们学习。我们应当一扫自由化思潮对共产主义精神的诋毁和诬蔑，大力廓清前几年一些人所散布的自私自利、享乐主义和拜金主义的思想，把白求恩的“毫无自私自利之心”的共产主义精神发扬光大，加强对全国人民的社会主义、集体主义、爱国主义和国际主义的教育，使我国的“四化”建设更加迅速健康地发展。

白求恩同志之所以能成为一个伟大的共产主义战士，最重要的原因，就是他在长期的生活和工作中，逐渐地树立起一种崇高的热爱人民的人生价值取向。

人活着为了什么？人从生到死，度过自己的一生，究竟有什么意义？这不但是从古至今许多活着的人们所思考的问题，也是许多思想家呕心沥血地在不断探索并想用他们的理解来回答人们的一个问题。人降生到世界上来，是不是为了吃喝享受？是不是为了追求功名富贵？是不是只应当为满足自己及其小家庭的欢乐？如果是这样，那么人和动物，还究竟有没有区别？万物之灵的人类，究竟在哪些地方比动物更值得骄傲？

人们对生活的意义的理解，并不是天赋的，而是在社会生活中形成的。正像两千多年前古希腊思想家亚里士多德所说的，“人是社会的动物”，人总是受着他所生活的社会的政治、经济、文化的影响。但是，人在受社会影响和制约的同时，又总是发挥自己的主体的能动作用，从而达到完善个人和完善社会的目的。人们的这种完善个人和完善社会的自觉性越高，他对人生的意义也就理解得越深；而正是由于他对人生的意义有了深邃的理解，他才能够摆脱世俗的偏见，克服对生活的庸俗追求，形成一种高尚的人生追求。白求恩同志的热爱人民的毫不利己专门利人的价值取向，就是在当时的社会中自觉锻炼所形成的。

1911 年秋天，当 21 岁的白求恩刚读完大学二年级的课程时，多伦多市的工人教师协会到多伦多大学的学生中征聘为当时的伐木工人进行教育的教师。这是一件工作环境十分艰苦而报酬却十分微薄的工作。但是，在“生活的目的就是为他人服务”这一口号感召下，白求恩应聘前去工作。整个冬天，白求恩冒着风雪严寒，白天和伐木工人一起进行繁重的体力劳动，晚上教工人识字、唱歌。尽管累得腰酸背痛，手上起了泡，但他在给朋友的信中却表示：他爱这种工作，他相信今后还会更加热爱它。在这虽然只有半年的时间里，白求恩作为一名大学生，他自愿地同工人同吃同住，对工人表达了他的赤诚的忠心，得到了工人的信任，培养了自己热爱工人的感情。

1914 年，当第一次世界大战爆发时，即将毕业而取得医学博士学位的白求恩，在政治家的宣传下，在为伸张正义的鼓动下，报名参加了对德国作战的远征军。在法兰西战场上，他不怕枪林弹雨，担任救护伤员的工作。战争终于结束了，德国投降了，但同时也教育了白求恩，这场战争，哪一方是正义的？难道战争的双方不都是为了重新分割殖民地吗？十月社会主义革命，使马克思主义学说得以在苏联实现，自己究竟应当怎样选择自己的人生？白求恩后来在回顾自己的思想时写道：“我像一只对着一盏灯乱扑翅膀的飞蛾，晃得头昏眼花，糊里糊涂地转圈子，生活没有目的，死也没有目的。”为此，在生活的道路上，他积极寻找自己生活的意义。

战争结束后的相当长一段时期内，白求恩忙于寻找工作，经过了坎坷的经历，1924 年终于能够挂牌行医，“医师诺尔曼·白求恩诊所”在美国底特律市正式开业了。这个诊所，同时又是美国社会的一个缩影，它给白求恩以深刻教育，从而对他树立正确的人生价值取向起了积极的作用。大批衣衫褴褛的工人的许多常见疾病，由于没有及时治疗而变得十分严重。“为什么等病情发展到这种地步才来求治？”“因为我没有钱！”一些肉体备受摧残的妓女，尽管白求恩怀着拯救罪人的宗教虔诚给她们治病，但是，她们又不得不到晚上继续出卖她们的肉体，以换取她们所需要的生活之源。白求恩终于认识到“她们真正的病源不在于生理，而在于贫困”，从而增加了对劳动人民的同情。他越来越清楚地认识到在资本主义社会中，医学总是为富人服务的，因为穷人没有钱。尽管他在医疗所中可以赚到富人的许多钱，但他总是以不能更多地为劳动人民服务而感到羞愧。

1933年春天，经过自己的努力，白求恩成为著名的外科医生，并担任了医院的胸外科和支气管科主任。“他的声望正像是一颗新的彗星，在外科医学的太空里发出夺目的光彩”，但是，白求恩从自己所遇到的和经历的一切中，更加痛恨那些压迫人、剥削人的丑恶现象，更加同情广大劳动人民。最后，白求恩加入了共产党，并决心放弃优厚的待遇和现代科学的医疗条件，投身到反法西斯的战争中，来到中国，为中国人民的反侵略战争贡献自己的力量。

白求恩在长期的人生道路的探索中，愈来愈坚定地树立起热爱人民和为人民服务的价值取向。这种对人生的价值取向，不但是一个人从经验中所体会到的，而且是蕴含在人的思想深层的情感、意志、信念和认知的结晶，它一旦形成之后，就会对人的思想和行为起着不可逆转的导向作用，它能在任何情况下，帮助人们作出伦理道德选择，从而使人们沿着自己的价值取向不断前进。白求恩正确的价值取向的确立，是经过了一个长期的斗争过程的。他的不断寻求新的伦理价值的要求，对于他确立这种热爱人民、为人民服务的价值取向，有着重要的作用。

正是从热爱人民和为高尚理想而斗争的需要出发，白求恩把献身人民作为最大的快乐，从而始终保持着朝气蓬勃的活力。白求恩生长在资本主义比较发达的加拿大，特别是在他来中国之前，不但有了较好的医疗设施，而且已经成为极负盛名的加拿大三大名医之一，有着相当现代化的生活条件。资本主义社会里，上流社会的生活享受，对一些平庸的人来说，确实是值得追求和迷恋的，有的人甚至把一生的价值目标就规定为对这种生活的追求。但是，为了拯救受苦受难的广大人民群众，为了反对法西斯的野蛮侵略，白求恩却毅然决然地来到中国。当周恩来同志告诉他延安解放区的生活条件非常艰苦，希望他先到武汉工作一段时期时，他却明确表示，要到延安去，不管那里的条件多么艰苦。

抗日战争时期的陕北的生活，确实是十分艰苦的。但是，由于认清了生活的意义，有崇高的人生价值观念，他对自己的极端艰难困苦的生活，感到很有意义，甚至可以说是感到非常愉快和幸福的。一切困苦，他都甘愿忍受并感到自豪，他觉得自己的生活充实而完满。什么一般人不能忍受的严寒，什么肮脏难耐的环境，什么单调难咽的食物，什么虱子跳蚤的侵袭等等，在一个一般的西方人看来，几乎是一时一刻都不能忍受的处境，但白求恩不但忍受了，而且是带着人们所很难体会到的一种浪漫主义的情绪渡过的。

白求恩到延安以后，出于对人民的热爱，他坚决要求尽快地到战争的前沿去为伤员施行手术。很多人认为，他已经年近半百，身体需要照顾而不同意他到前线时，白求恩甚至急得“抄起圈椅，朝窗户掷过去。椅子砸断了窗棂子，落到了院子里”，并且十分激动地说：“我不是为生活享受而来的，什么咖啡、鲜牛奶、冰激凌、软绵绵的钢丝床，这些东西我早就有了，但为了理想我都抛弃了，需要特别照顾的是伤员，而不是我。”他对自己的鲁莽行为感到自豪，他说：“我可以向大家道歉，但是你们也要向扶着拐棍走路的伤员道歉。”白求恩的这种对人民的赤诚忠心，教育了所有的人们，使他终于达到了为自己崇高理想而奋斗的目的。

白求恩说：“这里生活相当艰苦，而且有时非常艰难，但是我过得很快乐。”又说：“我根本不计较日常生活上的困难——天气冷热，肮脏，虱子，单调不习惯的食物，在深山里徒步，没有火炉子，没有床，没有浴室。我发觉在一座肮脏的庙里（背后有20英尺高的没有表情的神像盯着我）也能做手术，就如同在一间有自来水、漂亮的绿瓷砖墙、电灯以及其他各式各样设备的现代化手术室里一样。为了给伤员换绷带处置伤口，我们必须爬到土炕上——农民睡的火炕。伤员没有褥子和被单，但他们是伟大的人民。将来他们一定能得到他们需要的一切东西。”

生活确实是艰苦的，但精神上却是快乐的。他不是把向社会索取作为自己的生活目的，而是把对社会做出贡献作为唯一的目的。他已经把对他人、对社会、对人类做出贡献，作为人生的最大需要。正是在这种需要的强烈欲望中，他总是要求到离火线最近的地方去。尽管在那里有着极大的生命危险，但他却以到那里去为最大的满足。正像朱德同志在为纪念白求恩而写的文章中所说的：“白求恩同志是一个革命战士。他以无比的献身的热忱，投身于争取中华民族解放的伟大事业。他在工作中完全忘掉自己，他能在最艰难困苦的环境之中，安之若素，感到最大的快乐。”为什么他能在这种情况中感到最大的快乐，就是因为“为人民献身”已成为他的最大需要。

白求恩从这种对人民的热爱出发，形成了对人民负责的强烈的责任心。他说："一个医生、一个看护、一个招呼员的责任是什么？只有一个责任。那责任是什么？那责任就是使你的病人快乐，帮助他们恢复健康，恢复力量。你必须把每一个病人看作你的兄弟，你的父亲。因为，实在说，他们比兄弟、父亲还要亲切些——他们是你的同志。在一切的事情当中，要把他们放在最前头。你不把他们看得重于自己，那么，你不配从事卫生事业，也简直就不配在八路军工作。"又说："因此，你要时时刻刻想着伤病员，时时刻刻问自己：'我还能够帮助他们吗？'你要想办法去提高你的工作，掌握你的技术。"由此可见，他之所以能在医术上精益求精，正是由他的这种对人民负责的责任心所激励的。

白求恩同志的这种热爱人民、献身人民的精神，是同他对社会主义和共产主义的深沉而诚挚的信仰分不开的。白求恩生长在资本主义社会中，目睹了剥削阶级社会的两极分化和种种不合理的现象，他从百万富翁的挥霍享受和广大无产阶级的痛苦中，相信只有社会主义和共产主义，才能使人类达到共同富裕的理想境地。在资本主义社会，当他被指责为一个"莫斯科的雇佣"时，他理直气壮地公开说："是的，我是一个共产党员……那是我个人的信仰所决定的。"他认为："社会主义是人类社会的最公正、崇高的政治和道德形式。"他认为，社会主义是由马克思、恩格斯所创立的科学理论，把信仰社会主义的人看作所谓"莫斯科的雇佣"，是可笑和无知的。他说："科学社会主义的理论是俄国革命六十年以前马克思在伦敦形成的。如果俄国明天从地球上消失，难道你以为那样就会铲除共产主义了吗？"由此可见，白求恩对社会主义的信念，是建立在对这种科学理论的理解、认同基础上的坚定的信念，不论社会主义前进的道路上有多少曲折，不论某个社会主义国家可能暂时又转变为资本主义国家，但是他仍坚决相信自己的信仰，对社会主义始终坚信不已。白求恩坚信：随着时代的发展，社会主义必将最后取得胜利。

早在白求恩成为加拿大名医的时候，他就同情劳动人民，对那些信仰社会主义的无产阶级成员有着浓厚的感情。当他成为这些人中的一员并被称为"白求恩同志"时，他感到非常的高兴。他在日记中写道："你不得不佩服这些人当中一些人的精神，他们一无所有，但是他们在昏暗的会场里，在警察的棍子下，编织着一个丰富的乐观的美景。有时候很难听懂他们的话，有时候更难赞同他们纠缠不清的理论，但是很容易教人明白的是，他们为了摆脱贫穷、困苦而一心一德的奋斗精神所铸造出来的兴奋和热情。他们送给我一个新的名誉学位，我现在是医学博士、皇家外科医学会会员，同时也是白求恩同志，这是一个光荣的称号。我觉得已经踏上了一条新的道路了。”正是在这样的由情感、意志所凝结的对社会主义的信念的基础上，1935 年，白求恩在加拿大加入了共产党。从此，他开始为在全世界实现社会主义和共产主义而努力奋斗，直至他在中国牺牲。

白求恩同志之所以不远万里来到中国，这是同他对社会主义的信念紧紧联系在一起的。白求恩是一个充满国际主义精神的战士。对于能够到中国来，他说：“我感到无上的光荣。你们不要以为奇怪，为什么在三万里以外、地球的那一边的像我这样的人要帮助你们。你们和我们都是国际主义者，没有任何种族、肤色、语言、国家的界限能把我们分开。法西斯们在威胁世界和平。我们必须击败他们。他们阻碍着人类向社会主义社会前进的、伟大的、历史的、进步的运动。”为了打破人类向社会主义前进的障碍，就必须打败法西斯的侵略，而打败法西斯的侵略，最重要的就是要使人类社会能够沿着社会主义道路向前发展，这就是白求恩的信念。

从白求恩同志一生的思想和实践来看，最值得我们崇敬、最具有时代意义、最应当为我们今天所强调和学习的，就是毛泽东所说的白求恩同志所具有的“毫无自私自利之心的精神”、“毫不利己专门利人的精神”。毛泽东同志说，只有从这点出发，一个人才可以成为“有利于人民的人”。

在一段时期内，一些人曾错误地理解“毫无自私自利之心”和“毫不利己专门利人”的正确的、科学的含义。他们认为，人既然生活在社会中，必须要吃喝穿住，求得生存，那么人就必然会为自己谋私利，因而就不可能无私，更不可能“毫不利己专门利人”。这种庸俗的理解，是完全错误的。固然，人们首先必须吃喝穿住，然后才能从事生产，从事政治、经济活动，但是这并不等于说人们都必须是为自己的私利而奋斗，相反，在获得必要的吃喝穿住的同时，却可以是为了替广大人民群众谋取更大的利益。中国古代的思想家孟子曾经说过：“生亦我所欲也，义亦我所欲也，二者不可得兼，舍生而取义者也。生亦我所欲，所欲有甚于生者，故不为苟得也。死亦我所恶，所恶有甚于死者，故患有所不辟也。”这就是说，人生活在社会上，固然希望能尽可能长地活下去，但是，人生有更重要的追求，为了达到自己的崇高理想，他可以抛弃物质生活的享受，甚至牺牲生命去殉自己的事业，去为自己的崇高理想而献身。那种把一切人都看成是自私自利的看法，正是那些在内心中迷恋和追求私利的人的狭隘偏见。

从生活享受来看，正像前面所讲到的，白求恩放弃了发达资本主义国家的“三大名医”之一的优厚待遇，抛弃了高名厚利，甘愿到中国陕北这个极端贫困的地区，把中国人民的解放事业，当作他自己的事业，这正是他“毫无自私自利之心”的表现。

白求恩对于金钱的态度，更突出地表现了他高尚的品德。白求恩生长在资本主义社会，对于金钱的作用是深为了解的。正像恩格斯在《英国工人阶级状况》中所说的：“在资产阶级看来，世界上没有一样东西不是为了金钱而存在的，连他们本身也不例外，因为他们活着就是为了赚钱，除了快快发财，他们不知道还有别的幸福，除了金钱的损失，也不知道还有别的痛苦。”“在这种贪得无厌和利欲熏心的情况下，人的心灵的任何活动都不能是清白的。”恩格斯极其准确而又科学地对这种现象作过一种概括，在资本主义社会中，“一切生活关系都以能否赚钱来衡量，凡是不赚钱的都是蠢事，都不切实际，都是幻想”，对于资产者来说，“除现钱交易外，他不承认人和人之间还有其他任何关系。甚至他和自己的老婆之间的联系百分之九十九也是表现在同样的‘现钱交易’上”。白求恩成为加拿大的“三大名医”之一后，优厚的报酬源源而来，但他不愿意做一个以金钱为核心的资本主义社会制度的佣仆，毅然决然放弃对很多人来说极为难得、梦寐以求的这一优越条件，下定决心来到中国，为劳动人民的解放事业而献身。当毛泽东同志考虑到他的身体条件，打电报给聂荣臻司令员，要每月付给白求恩 100 元生活费时，白求恩却说，“我谢绝每月 100 元的津贴”，“我自己不需要钱”。他自豪地说：“我没有钱，也不需要钱——任何东西都是供给的。我没有什么因得不到满足而感到遗憾。”他的一言一行，都充满着对广大劳动人民、对八路军战士的无微不至的关怀，他心中装着全体人民，唯独没有他自己。当聂荣臻司令员再三劝说，希望他接受毛主席的好意时，他却说：“我从延安来，我知道毛主席、朱总司令的津贴都很少。”又说：“我的津贴应该减到一般士兵的水平。事实上，连士兵的需要都要比我大，因为他们往往有家庭，而我却是单身汉，我愿意过中国革命队伍里普通士兵的生活。”他深深感谢毛主席的好意，但坚决不接受这种照顾。这虽是一件小事，但从中我们却看到了他“毫无自私自利之心”的崇高而伟大的品质。

在一个人的一生中，最能检验人的思想品质的问题之一，就是如何对待生死的问题。生死观，是人生观的一个重要组成部分。白求恩在解放区的整个医疗工作中，不但有最大的工作热忱，经常忘掉休息，忘掉用餐，忘掉自己的身体，而且总是不惜自己的生命，冒着最大的生命危险，亲自到最前线为伤员治病，他多次把自己的鲜血，输进受伤战士的血管。正像朱德同志所说的：“他在工作中完全忘掉自己，他能在最艰难困苦的环境之中，安之若素，感到最大的快乐；他曾不止一次把自己的鲜血输送给受伤的战士。他有最大的勇敢和牺牲精神，他创造了前线流动医疗队，在炮火之下迅速为伤员施手术，因而救活了无数重伤垂危的干部。他的前线手术室，曾两度为敌人的炮火所毁，但他毫不畏惧。”最后他终因在给伤员施行手术中感染了败血症，把自己的生命献给了中国人民的革命事业。

白求恩的手指感染，是在 1939 年著名的摩天岭战斗中为了抢救伤员而造成的。日寇大举进攻，八路军和游击战士们英勇还击。手术室就在离前线只有四五华里的一个小庙里，从前方下来的担架，停在小庙门前的山坡上，敌人已经袭来，在猛烈的炮火声中，白求恩连夜不停地为受伤战士做手术。突然，敌人逼近，在哨兵、警卫战士和医护人员的不断催促、要求马上转移的情况下，白求恩坚持继续施行手术。为着拯救战士的生命，他急速操作，终于他的左手中指被手术刀划破。但他仍坚持继续进行手术，以至感染而造成了败血症。

在生命与人世诀别的死的考验面前，最容易看出一个人的精神和思想境界。在白求恩感染败血症而生命垂危之时，他曾受到病痛的严重折磨。但是，他想到的不是他自己，而是八路军的伤员，是他的工作。

1939 年 11 月 11 日，即白求恩去世的前一天，他在写给郎林（冀中军区派给白求恩的翻译）的信中说：“11 月 8 日，我们在银坊以东 10 里左右的地方和三团取得联系，我整天打寒战。体温达摄氏 39.6°，烧得我不能起床。……我想，我得的不是败血症，就是伤寒。失眠，但神志十分清醒。服用菲纳西丁、阿斯匹灵、托氏散、安替必灵、咖啡因等剂，均无效。”实际上，白求恩已经知道自己肯定是败血症了。当医生们反复商量，要给白求恩截肢时，他却摇摇头说：“不要治了，我是信任你们的，只要能挽救生命，我牺牲两只胳膊都愿意……可是同志……已经不单是胳膊的问题了……我的血里有毒……败血症。”在这个时候，他首先向郎林提出：

> 现在我请你做几件事：
>
> 1）将这封信译出来交叶部长（当时的晋察冀军区卫生部长），告诉他，我认为林大夫应该率领一个手术队，立即北上协助工作……
>
> 2）将此信抄录一份送给聂将军，请他批准。我为伤员们感到十分忧虑……假如我还有一点支持的力量，我一定回到前方去，可是我已经站不起来了……

最后，在他即将离开人世时，白求恩同志挣扎着给聂荣臻同志写了一封永别信。他承认“我会和你永别”，同时又说，“最近两年是我生平最愉快最有意义的时日”，最后，他以难以辨认的笔迹，写下了“让我把千百倍的热忱送给你和其余千百万亲爱的同志”，表达了他对人民无限忠诚的“毫不利己专门利人”的伟大而崇高的精神。

白求恩同志离开我们已经五十多年了。当前，我国人民正意气风发地在改革开放的道路上不断前进。我们纪念白求恩同志，最重要的就是要学习他的这种“毫不利己专门利人的精神”和“毫无自私自利之心的精神”。我们实行改革开放，把大门打开了，国外的一些好东西进来了，但随着也会进来一些消极腐朽的东西，影响以至毒害人们，特别是腐蚀和毒害我们的青年。更值得我们注意的是，资产阶级的自私自利、损人利己和金钱至上的腐朽思想，又为一些人所欣赏，“一切向钱看”、“有钱能使鬼推磨”的理论，在社会上弥漫，败坏着我们的社会风气，腐蚀着人们的灵魂。一些人从极端庸俗的利己主义出发，把获取金钱当成人生唯一的目的。在社会主义新中国的一些地方，已经绝迹多年的吸毒、卖淫、嫖娼、赌博等丑恶现象又死灰复燃，甚至有愈演愈烈之势，这种情况，值得我们高度重视。社会秩序和社会风气，如果受到资产阶级腐朽思想的侵蚀而不能得到纠正，发展下去，就必然会把我们的社会主义的四个现代化建设引到邪路上去。“我们是坚持社会主义和共产主义的，我们采取的各方面的政策都是为了发展社会主义”，“风气如果坏下去，经济搞成功又有什么意义？会在另一方面变质，反过来影响整个经济变质。发展下去会形成贪污、盗窃、贿赂横行的世界”。因此，大力倡导白求恩同志的这种“毫不利己专门利人”的精神，鼓励人们在社会主义四个现代化建设中以国家民族利益为重，强调集体利益高于个人利益，是有着非常重要的现实意义和历史意义的。正像毛泽东同志所说的，我们要学习白求恩同志的这种精神，使我们能够成为“一个高尚的人，一个纯粹的人，一个有道德的人，一个脱离了低级趣味的人，一个有益于人民的人”。

论新时期共产党人的价值观*

中国共产党走过了七十五年光辉灿烂的历程。今天，我们纪念它，最重要的一点，就是要进一步搞好党的建设。七十五年来，我们党提高自身凝聚力、战斗力的一条十分重要的经验，我们党始终保持工人阶级先锋队性质、坚持拒腐防变的一项根本措施，就是坚持把思想政治建设摆在党的建设的首位。现在，我们党和国家正处在建设有中国特色社会主义、实现中华民族全面振兴的重要历史时期，肩负着极其艰巨的使命，迫切需要提高广大党员、干部的思想政治素质，树立起马克思主义的世界观、人生观、价值观，从而使每个党员成为积极为社会主义和共产主义奋斗的坚强战士，无愧于共产党员的光荣称号。

一、树立马克思主义的价值观是共产党人始终保持共产主义的纯洁性的需要

毛泽东同志曾经提出过，我们共产党员不能把自己混同于一个老百姓，不能把自己降低到一个普通群众的水平，并且强调要我们每一个党员"严肃地坚决地保持共产党员的共产主义的纯洁性"。在实行改革开

* 原载《人民日报》，1996-07-09。

放和发展社会主义市场经济的新时期，每一个共产党员都应当认真思考这样一个问题：怎样才能使自己成为真正的工人阶级的先锋战士，无愧于共产党员的光荣称号？在纷繁复杂的社会生活中，在国内外各种腐朽思想和生活方式的不断腐蚀和影响下，怎样才能保持清醒的头脑，站稳无产阶级的立场，经受住名位关、权力关、金钱关、色情关、人情关等等的考验，始终保持共产主义的纯洁性呢？从根本来说，就是要树立和巩固马克思主义的世界观、人生观和价值观。

世界观是一个人对社会、自然和人与人之间关系的根本的看法。马克思主义的世界观，也就是辩证唯物主义的世界观。用它来观察历史，我们就能深刻地认识到，资本主义之所以最终必然要走向灭亡，社会主义之所以必然会取得胜利，是有其内在的不可抗拒的规律的。人生观是一定的世界观在考察人生问题时的具体体现。人生观的主要问题是关于人生的意义、价值和态度的问题。价值观是指人们对事物有无价值和价值大小的一种认识和评价标准。世界观、人生观和价值观三者既有区别又有联系。世界观是人生观和价值观的基础。从人生观和价值观来说，价值观的范围较大，因为它泛指人们对一切事物有无价值和价值大小的看法和评价标准，而人生观主要是对人生的意义和价值大小的一种根本的看法。从这个意义上可以说，价值观包括人生观，人生观也是一种价值观。因此，我们所说的价值观，也包含着人生的意义和价值。

二、共产党人的价值观应是国家和人民利益高于个人利益的集体主义的价值观

在新的历史时期，共产党人应当有什么样的价值观？对于我们每一个共产党员来说，是必须解决的一个重要问题。什么是价值？一般来说，价值是一个涉及经济学、哲学和伦理学等多种学科的范畴。我们在这里所说的价值，并不是指经济学中所说的“使用价值”和“交换价值”，而是指政治方向、道德观念、人生意义和思想追求上人们所认为的最重要、最贵重、最值得去奋斗和珍视的东西，它既可以是物质的，也可以是精神的。在中国古代思想史上，人们常用“贵”来表示“价值”这一概念。“贵公”就是把公共利益、社会利益看作最值得追求的，

“贵义”就是把“义”看作最有意义的，“贵生”就是把生命看作最重要的，等等。价值观就是对什么是最重要、最贵重、最值得人们追求的一种观点和评价标准。在存在着多种经济成分和多种利益主体的社会内，处于不同的经济、政治的利益关系中的人，必然会有各不相同甚至全然相反的价值观。在当前的社会中，在价值观上存在着两种根本对立的观点，一种是资产阶级的个人主义的价值观，一种是社会主义的集体主义的价值观，它们之间存在着尖锐的斗争。对于个人主义者来说，由于他处处强调以个人为中心，把个人看作唯一的目的，而把社会看作只是达到个人目的的手段，因而，他必然会认为只有个人的一切才最重要，最值得他去追求；只有追求个人的私利，谋取金钱和名位，才算有最大的价值。对于这样的人来说，国家的利益，人民的利益，将会被认为是没有价值的，也就不值得为它们去奋斗，更不值得为之献身。西方敌对势力在图谋分化、西化我国的同时，还特别加强其价值观的渗透，公然不讳地要用他们的价值观来改变我们的价值观，从而达到他们搞垮社会主义中国的目的。苏联解体、东欧剧变表明，西方价值观的渗透，确实发生了不可忽视的重要作用。西方资产阶级所奉行的个人中心、自由、民主、平等的价值观念，既是维护资本主义制度的精神支柱，又是他们腐蚀社会主义国家人民、颠覆社会主义制度的重要手段。人们一旦接受了西方的价值观，就必然会在建设社会主义的道路上迷失方向，误入歧途。西方敌对势力曾经以这种手段，在某些国家得逞，因此，他们正不遗余力地加大力度，对我国人民，特别是我们的干部和党员推行西方的个人中心、个人自由、金钱崇拜和追求享乐的价值观念，这一点应当引起我们的高度警惕。

共产党人的价值观，应当是以人民利益、国家利益、民族利益高于个人利益的集体主义的价值观。集体主义既是社会主义的价值导向，又是人们所应当树立和奉行的一种价值观念。在建设有中国特色社会主义的过程中，我们面对着的不断发展变化的许多新事物、新问题和新矛盾，每日每时都向每一个共产党员提出有关事物有无价值和价值大小的许多现实问题，需要我们去判断和解决。我们应当坚持什么样的理想和信念？我们应当用什么标准来判断各种不同事物的善恶、美丑、对错、真假以及赞成与反对、应当与不应当呢？人怎样生活才最有意义、最有价值？党的利益、国家利益、集体利益同个人利益比较起来，哪个更重要、更有价值？怎样看待金钱？怎样看待为社会无私奉献？这就是我们所经常面临的有关价值观的重要问题。我们认为，对于一个共产党员来说，在当前的历史条件下，必须坚持共产主义的理想和信念，坚持党的全心全意为人民服务的宗旨，凡是对于社会主义事业和广大人民群众有利的事业，我们就应当看作最有价值的，最值得我们为之献身和奋斗的。反之，一切不利于社会主义事业和人民利益的，我们就应当旗帜鲜明地加以反对。江泽民同志在谈到人生的意义和价值时，极其深刻地指出："我们的干部和党员，一定要把人为什么活着这个问题弄清楚。如果只是为自己、为家庭而活着，那个意义是很有限的，只有为国家、为社会、为民族、为集体的利益奋不顾身地工作着，毫无保留地贡献出自己的聪明才智，这样的人生才有真正的意义，才是光荣的人生、闪光的人生。"由此我们可以认识到，这种对人生价值的看法，也就是我们共产党员所应持有的价值观。

三、在意识形态领域必须坚持以马克思主义价值观为指导

值得注意的是，随着社会主义市场经济体制的确立和发展，在我国的意识形态领域出现了价值多元化的理论。这一理论认为，既然存在着多种经济成分和多种利益主体，社会也就不再应当有统一的价值导向。这是一种错误的、极为有害的理论。我们认为，随着以公有制为主体的多种经济成分的出现，当然不可避免地会出现反映不同利益主体的价值观念，呈现价值取向的多元化。但是，正如我们在多种经济成分并存的情况下，必然坚持以公有制为主体一样，在意识形态领域里，在承认价值取向的多元化的同时，我们还必须强调价值导向的一元化。个体经济、私营经济的适当发展，作为社会主义公有制经济的补充，在一定历史时期内是有益的和必要的，但作为这些利益主体的价值观念，它既有其同社会主义经济发展相一致的方面，又有着同消灭剥削、消除两极分化、最后达到共同富裕这一思想不一致的方面。因此，对于有中国特色社会主义的思想道德建设来说，我们只能以马克思主义的集体主义的价值观为指导，不能搞指导思想的多元化。也正是由于这一原因，我们在

意识形态领域里，对一切非马克思主义的价值观必须进行分析、教育、引导和批评，不允许那些违背广大人民利益、腐蚀劳动群众思想、污染社会风气的错误的价值观念在社会上流行，以保证我们的四个现代化建设能够沿着正确的道路向前发展。从我们党的思想建设来看，在市场经济的条件下，我们的党员更容易受到拜金主义、享乐主义和个人主义的侵蚀，党就更应强调要坚持马克思主义的理想和信念，坚持社会主义的政治方向和政治立场，更加注意对党员的价值观教育。早在 1980 年，邓小平同志就告诫我们："党和政府愈是实行各项经济改革和对外开放的政策，党员尤其是党的高级负责干部，就愈要高度重视，愈要身体力行共产主义思想和共产主义道德。"当前，我们更应当从建设有中国特色社会主义事业和建立共产主义社会的最终目的出发，自觉地把牢固树立马克思主义价值观作为自己党性锻炼的根本要求，使自己成为能坚决执行党的理论和路线的合格的共产党员。

我们党在长期的革命斗争和建设中，一直强调对党员进行马克思主义世界观、人生观和价值观的教育，强调树立和坚定共产党员的共产主义信念。改革开放以来，大多数党员经受住了这场大变革中的各种严峻考验，为革命和建设事业做出了重要的贡献。但是，也应当看到，有少数党员，经受不住资产阶级腐朽思想的侵蚀，在资产阶级的糖衣炮弹面前打了败仗，正像江泽民同志所指出的："有的革命意志衰退了，有的走到邪路上去了，有的甚至堕落成为社会的蛀虫和罪犯。"因此，加强共产党员的党性锻炼，树立马克思主义的世界观、人生观和价值观，在当前，有着更加迫切的现实意义。

怎样才能更好地树立起马克思主义价值观呢？

首先，要认真学习和掌握马克思主义、毛泽东思想和邓小平建设有中国特色社会主义的理论，学习江泽民同志关于世界观、人生观、价值观的讲话。我们应当完整、准确、科学地把握这些理论的精髓，深刻理解树立马克思主义价值观的特殊重要意义，并把它同提高我们共产党员的党性和保持共产党的纯洁性联系起来，同我们党和国家的兴衰存亡联系起来，从而增强树立正确的世界观、人生观、价值观的自觉性。

其次，要在实践中加强党性锻炼，不断地同各种非马克思主义以至反马克思主义的价值观划清界限，对一切没落腐朽的东西，要进行坚决的抵制和斗争。马克思主义强调理论和实践的统一，强调理论对于实践的作用。当我们认识到什么是正确的世界观、人生观和价值观之后，一定要联系自己的思想和行为，身体力行，不断地在实践中检查自己，进行必要的批评和自我批评。列宁曾经极其深刻地指出：“资本主义旧社会留给我们的最大祸害之一，就是书本与生活实践完全脱节。”我们应当努力改正那种“书本与生活实践完全脱节”的情况，在生活实践中认真培养和锻炼正确的世界观、人生观和价值观，更好地为社会主义贡献力量。

最后，要自觉地进行自我改造，充分认识自我改造的长期性和艰苦性，活到老，改造到老。马克思主义价值观是不可能自发产生的，它需要经过教育、修养和在实践中的磨炼才能形成。在改革开放条件下，资本主义的腐朽思想文化影响，必定会趁机而入，同我国历史上遗留下来的剥削阶级腐朽思想文化影响相结合，不断地对人们进行腐蚀。邓小平同志说：“要说有风险，这就是最大的风险。”一个共产党员，一旦经受不住拜金主义、享乐主义和个人主义等腐朽的思想文化、生活方式的侵蚀，就必然会成为资产阶级思想的俘虏。每一个共产党员，都要见微知著，提高警惕，严格要求，在树立正确的世界观、人生观和价值观上狠下功夫，从而坚定社会主义和共产主义的理想和信念，为建设有中国特色社会主义，为中华民族的文明、繁荣、富强而努力奋斗。

新时期共产党员仍应坚持全心全意为人民服务的人生观*

党的十四届六中全会提出，加强思想道德建设，必须坚持用马克思列宁主义、毛泽东思想、特别是邓小平建设有中国特色社会主义理论武装全党，教育干部和人民，树立崇高的理想和正确的世界观、人生观、价值观。近年来，江泽民同志曾多次强调世界观、人生观、价值观的重要，尤其是强调人生观对提高党员觉悟的重要意义。

1995 年 1 月，江泽民同志在中纪委第五次全会上指出："树立正确的世界观和人生观，无论过去、现在和将来，对于每一个干部和党员来说，都是首要的问题。"他从党的历史发展和党员干部所犯错误及近年来党内的实际问题出发，概括了一个既有理论意义又有现实意义的重要思想。他说："有的革命意志衰退了，有的走到邪路上去了，有的甚至堕落成为社会的蛀虫和罪犯，归根到底就是这些人在世界观、人生观上出了问题。"他认为，一个共产党员，要想坚持革命到底，要想经受住不同的严峻考验，就必须树立起正确的世界观和人生观。

人生观是世界观在人生问题上的应用和体现。一般来说，人生观包括对人生的意义、目的、态度的认识和理解。人生的目的，是关于人生的理想、信念的问题；人生的意义，则主要指人为什么活着，人怎样生活才是最为值得的；人生的态度是如何做人、如何为人处世的问题。从一

---

* 原载《党政干部学刊》，1996（12）。

定意义上说，人生观从属于世界观，没有正确的世界观，也就不可能有正确的人生观。人生观和价值观既有区别，又有联系。价值观的范围较大，泛指人们对一切事物有无价值和价值大小的一种根本看法。从这个意义上说，价值观包含着人生观，人生观也是一种价值观，即对人生的意义和价值的一种总的根本的看法。人的正确的价值观的确立和巩固，能不断促进正确的人生观的形成和发展。世界观是人生观的基础，人生观是价值观的一种体现，它们相互作用，相辅相成。世界观、价值观、人生观，都是社会存在的反映，是受一定的经济关系和政治关系制约的。而一定的世界观、人生观、价值观形成之后，又能够积极作用于经济关系和政治关系，给予政治关系、经济关系一种强有力的影响。对一个社会来说，进步的、科学的、正确的世界观、人生观和价值观的树立，能够给该社会的经济、政治生活以强有力的推动，并促进该社会的经济发展和政治完善；而退步的、腐朽的、错误的世界观、人生观和价值观对人们的腐蚀，必然要妨碍、阻止、破坏经济的发展和政治的稳定。共产党员是工人阶级的先进分子，是推动社会全面进步的带头人，一定要做高尚思想道德的楷模，一定要树立正确的世界观、价值观、人生观。尤其在新时期，在发展社会主义市场经济的新形势下，共产党员坚定地坚持以全心全意为人民服务为核心的共产主义人生观，更具有特殊重要的意义。

共产主义人生观是马克思主义世界观的重要组成部分，是马克思主义世界观和方法论在人生问题上的体现。共产主义人生观以历史唯物主义为指导，认为社会主义代替资本主义是社会历史发展不可逆转的总趋势，把人生的意义、价值和态度同最终达到共同富裕的社会主义和共产主义制度联系起来。共产主义人生观把为人民服务、为人民利益而献身作为一切言论和行动的出发点和最终目的，强调广大人民群众的利益、国家的利益和党的利益高于个人的利益。毛泽东同志说："共产党是为民族、为人民谋利益的政党，它本身决无私利可图。""全心全意地为人民服务，一刻也不脱离群众；一切从人民的利益出发，而不是从个人或小集团的利益出发；向人民负责和向党的领导机关负责的一致性；这些就是我们的出发点。"我们共产党人应当具有这样的人生观。

为什么人的问题是人生观的根本问题。一个人活在世界上，如果只为自己和小家庭生活，当然也不能说没有意义，但应当说，他的意义是极有限的。一个人生活在社会上，应当有一种为他人、为社会而献身的精神。只有这样，才能促进社会进步，才能促进人和人之间的共同幸福，才能促进历史发展。为人民服务，是社会主义道德的核心。这也就是说，我们要评价一个人的道德水平的高低，就是要看他为他人、为社会、为国家尽了多少力，做了多少贡献。一个人越是关心他人、帮助他人，为社会想得越多，奉献得越多，就越有道德。共产党员应把为人民服务作为人生的目的，把有限的生命投入无限的为人民服务之中去。也只有这样，才能成为一个高尚的人，一个纯粹的人，一个有道德的人，一个脱离了低级趣味的人，一个有益于人民的人。

共产党员在自己的生活、工作中，应当把人民的利益作为是否有价值的唯一标准，以实现共产党员的人生价值。如果我们口头上虽然讲的是为人民服务，而在人生目的上、行动的动机上，却总是想着个人的权和利的大小，想着个人的职位的高低和金钱的多少，那就很难能够忠于自己的职责，很难做到全心全意为人民服务。共产党员也有个人的利益，但要辩证地认识个人利益同集体利益的关系。全心全意为人民服务，并不是不要个人利益，而是要正确处理个人利益与人民利益的关系。当个人利益同集体利益、人民利益发生矛盾时，要自觉地放弃乃至牺牲个人利益，以维护人民的利益。

一个共产党员觉悟的高低，一个很重要的方面，就是看他在考虑问题、处理问题时，是不是把人民的利益放在最前面，一切以人民的利益作为判断事物的是非、善恶的标准。

共产党员要热爱人民，尊重人民群众的主人翁地位，要随时考虑到广大人民群众的一切，与人民群众建立浓厚的感情。也就是，在社会生活中，在工作中，在一切公共场合，都要想人民之所想，急人民之所急。

共产党员在当前社会中，既要承认在一定时期内的贫富差别是历史的一个现实，是不可越过的，同时也要想到，我们的最终目的是要建设一个没有剥削、没有压迫的共同富裕的理想社会。因此，就要尽最大力量去帮助、扶植那些还处于困难中的劳动人民，既要鼓励一部分人先富起来，又要尽力使先富带动后富，使广大人民群众都能富裕起来。

我们现在发展社会主义市场经济，实行等价交换、按劳分配的原则，这同共产党的为人民服务的原则是什么关系呢？在我国无产阶级掌握政权并建立社会主义社会以后，由于生产力的落后和经济发展的水平较低，还必须大力发展生产力，容许资本主义有一个相当程度的发展，从而为大工业、现代工业的形成创造条件（没有这个条件，社会主义就不可能发展和巩固）。因而，实行等价交换原则和按劳分配是为了最终达到共同富裕的社会主义和共产主义社会。这一目标，从根本上说，同共产党员的为人民服务的党性原则是一致的。从整个社会主义事业发展的全局和共产党员的奋斗目标来看，与实行等价交换原则的目的是相同的。

同时，我们还必须认识到，在整个国家的经济领域中实行等价交换和按劳分配，同共产党员在日常生活、工作中的为人民服务的精神，是不同领域中不同性质的问题，是应当而且必须加以区别的。共产党员在自己所从事的经济领域中，必须按照等价交换的原则来从事经济活动；但对自己所从事工作的态度，就不能抱着“按酬付劳”、“给多少钱干多少活”，甚至“讨价还价”、拈轻怕重、斤斤计较、两两计较、把重担子推给人家、自己拣轻的挑的错误态度。即使对工作报酬来说，任何“等价交换”都是相对的，在“等价”的工作下，都必然会有所谓“轻”、“重”，在这种情况下，共产党员应当是拣重的挑。共产党员应当树立一种“多做贡献”、“少取报酬”的思想。

具体些说，在实行等价交换的社会主义市场经济条件下，共产党员应当：

（一）既要按“等价交换原则”办事，又要用更高的原则即为人民服务的原则办事。在有关经济领域的经济行为中，应该遵守等价交换原则，尤其要注意维护广大人民群众的利益，维护公有制经济和人民的公共财产不受损失；在对待个人的利益时，应当坚持“个人正当利益”这一标准，即必须依靠诚实劳动获取个人所应当获得的劳动报酬，同时又要从整个社会和国家的利益出发，坚持集体、社会和国家利益高于个人利益的原则；必须坚决履行全心全意为人民服务的原则，爱岗敬业，尽职尽责，做人民群众的贴心人。

（二）要尽可能地带头从事一些公益劳动，即从事一些不计报酬、献身于社会的劳动。列宁曾经极其称赞“义务星期六”的活动，他认为这种不计报酬或者是不要报酬的劳动，尽管它只能够在一个星期内的某一天或某半天举行，但显示出一种为他人、为社会利益而献身的崇高思想，值得大力提倡和发扬。这是一种崇高的境界和精神力量，是保证社会主义方向的一种精神动力。在市场经济条件下，我们每个人还必须把劳动作为一种谋生的手段，我们的生活来源主要靠工资，不可能所有劳动都不计报酬。但是，我们应当力所能及地多从事一些不计报酬、献身社会的劳动。

（三）要坚决反对和抵制任何将等价交换原则扩大到经济领域以外的其他领域中，尤其要反对把这一原则扩大到党内的政治生活中。在党内政治生活中所出现的对工作拈轻怕重、把重担子推给人家、闹工资待遇、争级别、争名利、同组织讨价还价、不服从组织分配等，往往都是打着“等价交换”和“按劳分配”的幌子。这种情况，极容易造成党的纪律松弛和组织涣散，甚至使一些人以个人的成绩、功劳、贡献、政绩为借口，作为向党捞取更高荣誉和地位的资本。真正的共产党员绝不能这样做。

（四）必须坚定不移地奉行集体主义原则，反对个人主义，反对资产阶级腐朽生活方式的侵蚀。个人主义是适应资本主义生产关系并为了发展资本主义而形成的一种以个人为中心的理论。在社会主义市场经济条件下，我们也承认个人利益的作用，特别强调个人的正当利益对发展社会主义市场经济的巨大作用，但这绝不是提倡个人主义。我们所强调的正当的个人利益，是同社会的、集体的利益相一致的。强调这种正当的个人利益，最终是要教育并引导人们去奉行集体主义。共产党员在同群众、同他人的关系中，绝不能无原则地去争个人的私利，这是我们应当特别注意的。

（五）必须正确对待金钱，要坚决抵制金钱万能和拜金主义思想的侵蚀。要抵制金钱和权力的交换，反对腐败，保持共产党员的清廉。在社会交往中，尤其是在工作关系中，对于可以得到或能够得到的金钱和物品，必须首先要问一问，这些东西是不是应该得，是不是符合原则，是不是自己的劳动所应取得的报酬。如果不是，就绝不能随便取为己有。不属于个人正当劳动的所得，则是对他人或社会财物的掠夺。中国传统道德中有所谓“见得思义”、“义然后取”的思想，强调“不义而富且贵，于我如浮云”。在今天，如能赋予新的意义，仍然对我们有启发作用。在市场经济条件下，衡量一个共产党员是否具有党性原则，其中非常重要的方面，就是看他如何对待金钱。为人民服务和为人民币服务，虽然只差一个字，却反映了两种根本对立的人生观。无数事实说明，对金钱的贪欲，必然导致一个共产党员的腐败和堕落。特别是对于在党和国家中担任公职的党员，如果有了对金钱的贪欲，就极容易陷入以权谋私、权钱交易的陷阱中去。

在社会主义市场经济条件下，在现实生活中，我们党的某些党员由于不能正确对待个人利益，不能正确对待金钱和权力，正在发生着令人痛心的变化。一些党员虽然在组织上入了党，但是从人生观来看，已经不是为人民服务，为建设社会主义献身，而是一心为个人的名利而奔走。一些入党多年甚至经过革命战争考验的党员，在金钱、权力、美女的腐蚀下，抛弃了自己早年的誓愿，背叛了人民的利益，一心想着个人私欲的满足。少数党员，甚至堕落到一切以个人的私欲、子女的利益和小集团的利益为出发点，贪污腐化、违法乱纪、作威作福、做官当老爷，严重地败坏了党的声誉，危害了党群关系。这种人实际上早已蜕化成为资产阶级思想的俘虏。能不能正确对待个人利益，能不能坚持全心全意为人民服务，是检验我们每个党员是否忠于党和人民、是否具有共产主义人生观的试金石，也是检验我们是否经受住了实行改革开放和发展社会主义市场经济考验的重要标准。

江泽民同志在 1995 年 1 月全国宣传部长座谈会上的讲话中指出："加强正确的理想、信念、人生观的教育。在实行改革开放和发展社会主义市场经济的条件下，这方面的思想教育更加显得重要和迫切了。不但不能放松，而且必须大大加强。我们重视个人的利益，同时必须通过宣传教育，让群众尤其是青年人懂得个人利益必须服从集体利益、国家利益的道理。自古以来，就有'淡泊明志'的警言。不能把个人利益、个人价值看得太重了，看得高于一切。共产党员和各级干部尤其要注意这一点，要经得起金钱、权力、美女的考验。如果一个民族、一个国家，人们只讲个人利益、个人奋斗，而不讲国家利益、社会贡献，那么，这样的民族和国家就不能自立于世界民族之林。"作为一个共产党员，应当从这一段话中得到深刻的启示，牢固树立全心全意为人民服务的人生观。

党员干部道德建设*

一、干部道德是社会道德建设的关键

在改革开放的今天，在建设社会主义四个现代化的重要时刻，特别是在深化改革和加速改革时所碰到的难关面前，我们不能不看到，涤除政治上的腐败现象，在党政干部中提倡和培养高尚的职业道德，已经成为我国改革成败的关键。没有一个廉洁的政府，没有广大政府工作人员高尚的职业道德，一切有利于国计民生的改革措施，都只能产生仅仅对少数人有利而对广大人民有害的结果。这就是说，如果政府的腐败现象不能克服，干部不能廉洁，改革将不可能成功。

我们是社会主义国家，党和政府的干部只能是代表人民管理国家事务的“公仆”，而不应当是骑在人民头上的“老爷”。我们的一切政策、法令和措施，都必须靠我们的党政干部去执行，去实施，并在执行和实施中不断加以发展和完善。管理者既是为自己的管理对象服务，又担负着决策、指挥、批准、调拨和分配等必要的职能。因此，

---

* 原载《以德治国与公民道德建设》，264～281页。其中第一部分原载《学习论坛》，1988(9)，系作者为《干部道德与实践》一书所作的序；第二部分原载《阵地与熔炉》，1992(1)。

从这个意义上看，党政干部既是人民的公仆，同时又掌握着“管理”和“领导”的很大权力。越是高级干部，掌握的权力越大。我们的干部能否正确地利用这种权力来为人民服务，正确地执行改革开放的各种方针政策，在一定意义上，对于改革的成败，是有决定意义的。在社会主义社会中，自私自利、损人利己和一切向钱看的思想和行为，是必须反对的。因为这种思想必然会诱发人们的“庸俗的贪欲、粗暴的情欲、卑下的物欲、对公共财产的自私自利的掠夺”，从而使人们的道德堕落。在社会主义社会中，自私自利、损人利己，不但不可能成为有利于经济发展的一种推动力量，而且必然会成为影响经济发展、损害人际关系的一种破坏力量。如果把赤裸裸的金钱关系，当作人和人之间的唯一关系，并笼罩在社会之上，那么，整个社会也必将失去其社会主义的耀眼光辉。更需要特别指出的是，对于掌握着“管理”和“领导”国家事务的党政干部来说，如果他们只知道以权谋私、行贿受贿、贪污腐化、敲诈勒索，那么，要想经济繁荣，渡过改革的难关，将是不可能的。相反，如果政府能够廉洁，党政干部都能公正无私，为人民服务，认真执行一切有利于国计民生的改革开放的政策和措施，就一定会使全国人民从中得到益处，受到鼓舞，并能形成搞好“四化”和振兴中华的强大凝聚力。有了这种共同理想，有了这种凝聚力，也就有了我国人民可贵的精神支柱，我们的“四化”建设也就有了强有力的保证，改革开放过程中的一切难关，也就有可能较为顺利地渡过了。

最近几年来，凡是对我国改革开放进行着深入了解、仔细观察和认真反思的人们，凡是对我国“四化”建设的前景进行预测的人们，都不能不承认，党政干部能否廉洁，当前的某些腐败现象能否克服，已经成为人们最关心的问题之一。我们在“四化”建设中，必须进一步深化改革和加速改革，提高企业的经济效益，闯过像物价、工资这样一些在改革过程中的难度较大的问题。同时，我们也必须看到像政府工作人员的廉洁这样一些非经济因素对我国改革进展的影响是极其重大的。中国有句古话说：“学有本末，事有始终，知所先后，则近道矣。”这句话，对我们观察和认识当前改革中头绪万千的各种问题来说，应该说，还是有启迪意义的。列宁曾经说过：“大飞跃时代的真正应当注意的地方，就在于旧事物的碎片极多，并且有时比新事物的幼芽（不是常常可以一眼看到的）的数量还积累得更快些，因此我们就要善于从发展路线或链条中抽出最重要的环节。”① 他认为只有从客观事物发展的链条中，抓住所谓的最重要的环节，才可以顺利解决我们的任务，从而“过渡到下一个环节”。列宁的这一看法，有着唯物辩证法的方法论的指导意义，是值得重视的。社会繁荣和政治廉洁，经济发展和道德进步，工作效率和社会公正，并不是截然对立和相互排斥，为了达到一方而必须牺牲另一方。在社会主义社会中，它们可能而且应当是相互依赖，相互联系，相辅相成，相互促进。它们之间的矛盾，是可能通过我们的努力而得到解决的。任何形而上学的看法，都是不正确的。

为政清廉的问题，早在几年前就已引起了全国人民的注意，党中央三令五申要实现党风的根本好转，并把其提到了关系党的生死存亡的高度来认识。党的十二届六中全会决议更加明确地指出：“在我们社会的各行各业，都要大力加强职业道德建设。首先是党和国家机关的干部，要公正廉洁，忠诚积极，全心全意为人民服务，反对官僚主义、弄虚作假、利用职权谋取私利。”然而遗憾的是，最近几年来，党内和政府内所出现、滋长的腐败现象不但没有被围堵在最小的范围内，反而有不断发展和日渐蔓延的趋势。有一些党政干部丢掉了社会主义和共产主义的理想，丢掉了为人民服务的宗旨，假公济私，弄权渎职，见利忘义，违法乱纪。这些人的一切活动，都以是否满足自己的和小家庭的欲望为唯一动机，严重地损害着党、国家和人民的利益。如果听任这种腐败现象发展下去，蔓延开来，我们的党和政府将会变成什么样子呢？我们的“四化”建设将会有什么样的结果？社会主义和共产主义能不能最终建成和实现？实在不堪设想。之所以有以上情况的发生，一方面是因为消除腐败现象并非易事，需要经过一个长期坚持不懈的努力过程；另一方面也有一个全党没有认真重视，特别是有些高级领导还没有认真重视的问题。当然，消除腐败现象最终有赖于经济体制改革和政治体制改革的成功，依赖于法制建设的完善，不能仅靠道德呼唤的力量。但是，绝不可丝毫忽视道德教育对消除腐败现象的重要作用。不仅解决政府工作人员贪赃枉法问题需要职业道德教育，而且改革中所出现的一切道德风尚问题，都必须借助于职业道德教育的力量。我们进行改革和搞活经济，非经济因素绝非是可有可无的东西，如果忽视在共产主义道德思想指导

① 《列宁选集》，2版，第3卷，526页。

下在全社会建设社会主义精神文明这一伟大任务，那么我们的社会主义社会就会失去理想和目标，失去精神的动力和战斗的意志，甚至会走向畸形发展和变质的邪路。这是从当前国内外活生生的事实中得出的结论，也是历史向我们发出的严重警告。

最近，党中央和国务院多次强调，经济要繁荣，政府要廉洁。这集中反映了广大人民群众对腐败现象的无比愤慨和制止腐败现象的强烈要求，同时也给我们广大伦理学工作者提出了亟待解决的新课题，即在理论和实践上全面、深入地探讨干部的职业道德问题。

二、重视思想改造，加强党性锻炼

在加强党的思想建设中，提倡以无产阶级思想来改造和克服各种非无产阶级思想，使广大党员干部都能够自觉地加强党性锻炼，把党建设成为无产阶级的先锋队，这对于保持党的先进性和战斗力，无疑是有重要意义的。

1. 正确对待思想改造

思想改造是我们党长期以来一个提高党员思想觉悟的重要措施，它要求用马克思主义的立场、观点、方法和思想感情来改造各种非无产阶级的立场、观点、方法和思想感情，以达到增强党性的目的。思想改造，又叫自我改造，它能促使人们不断进步。思想改造的根本目的，是要使共产党员、工人、农民和知识分子逐步地抛弃非无产阶级的世界观和人生观的影响，树立起共产主义的世界观和人生观，使我们的社会主义建设事业能够更好的发展。

现在，在我们同志当中，确有一些人对思想改造很反感，不但否认自己的思想应当改造，而且也反对“思想改造”这一提法。在他们看来，强调思想改造就是极左，就是“洗脑筋”，就是不尊重人等，这实在是一个很大的误解。这些同志把我们过去20世纪50年代所进行的思想改造中的一些偏差同思想改造本身混为一谈，认为那个时期的思想改造工作，进行了一些过激的批评，损害了许多同志的自尊心，有时甚至采取了某些不应有的“粗暴”措施，因此应当根本否定。我们认为，对于20世纪50年代在党内外进行的思想改造工作，应当采取一分为二的态度，不能全盘否定。正像毛泽东同志所指出的："没有正确的政治观点，就等于没有灵魂。过去的思想改造是必要的，收到了积极的效果。但是在做法上有些粗糙，伤了一些人，这是不好的。这个缺点，今后必须避免。"① 我们应当而且必须正视我们在过去的思想改造工作中所曾经发生过的某些过急的、粗糙的做法，因为它只能造成伤害同志的后果而不能达到使人们思想进步的目的。进行思想改造工作，必须注意启发人们的自觉，必须是循循善诱、和风细雨，必须是以诚相见、与人为善。但是，我们绝不能也不应当因过去思想改造工作中曾经产生过一些缺点、错误，从而否定思想改造本身。否定思想改造，就会使我们党员的思想停滞不前，甚至会使我们党员的思想后退以至堕落，这是关系到我们党能否继续发展和前进的一个重要问题，是我们党的建设中所必须重视的一个带有根本性的问题。

对于一个共产党员来说，能否自觉地改造自己的非无产阶级思想，是自己能否不断进步的关键，是一个人能否成为真正的共产党员的试金石。从我们党的实际生活状况来看，一些人在入党后之所以腐化堕落，同他们不重视改造自己的思想有着密切的关系。毛泽东同志从自己的切身体会中得出的结论，就是我们党的每一个党员，不论什么人，都必须进行思想改造。他说："拿我们这些人来说，很多人每年都有一些进步，也就是说，每年都在改造。我这个人从前就有过各种非马克思主义的思想，马克思主义是后来才接受的。我在书本上学了一点马克思主义，初步地改造了自己的思想，但是主要的还是在长期阶级斗争中改造过来的。而且今后还要继续学习，才能再有一些进步，否则就要落后了。"② 这对每个共产党员来说，是很值得认真深思的。周恩来同志说："我的确常说我也要改造这句话，现在还在改造中。我愿意带头。我希望大家承认思想改造的重要性。要承认各种关系各种事物都会影响个人的思想。……要把思想改造看成像空气一样，非有不可。"③

但是，值得我们注意的是，在我们党内，确实有一些党员，总是把自己看成是十全十美和不需要改造的，并且自居于领导，把自己看作专门改造别人的特殊党员。现实生活说明，这些只要别人改造思想的党

① 《毛泽东著作选读》下册，780页，北京，人民出版社，1986。

② 同上书，777页。

③ 《周恩来选集》下卷，424～425页，北京，人民出版社，1980。

员，思想中的非无产阶级的肮脏东西，往往更多。“没有人是专门改造别人的。自居于领导，自居于改造别人的人，其实自己首先需要改造。要对这种人大声疾呼：‘请你自己先改造！’”① 在改造思想、增强党性这一问题上，居于领导地位的党员，更应以身作则，成为其他党员的表率。

为了建设社会主义和共产主义，一个共产党员应当公开地承认，必须要“活到老、学到老、改造到老”，强调永不停止地改造自己的思想对保持共产党员的纯洁性的重要意义。周恩来同志说得好：“我们知道，时代是不断前进的，思想改造就是要求我们的思想不落伍，跟得上时代，时时前进。”② 当前，我国进入了社会主义事业发展的新时期，我们每日每时都面临着许多新情况和新问题，都要处理和接触许多新事物。商品经济的发展，西方资本主义社会的价值观念的传播以及社会上某些腐败现象的蔓延和滋长，有可能腐蚀我们一些党员的思想。毛泽东同志曾经很形象地说：“房子是应该经常打扫的，不打扫就会积满了灰尘；脸是应该经常洗的，不洗也就会灰尘满面。我们同志的思想，我们党的工作，也会沾染灰尘的，也应该打扫和洗涤。”③ 从我们党内的情况来看，有两种现象值得我们注意：一些新党员，缺乏对思想改造的自觉性，因而不注意自己的思想改造；另外一些入党多年的老党员、老干部，自认为思想改造是那些新党员的事，与自己无关。这些错误的思想，是极为有害的，一些党员也正是由于这种错误而受到非无产阶级思想的腐蚀。事物的发展是没有止境的。我们共产党人的思想改造也是无止境的。在为社会主义、共产主义而奋斗的征途中，必须承认，我们应当而且需要不断地改造我们自己，增强我们的党性修养。

2. 新时期加强思想改造的必要

在新的历史时期，特别是我们党成为执政党并领导着全国人民进行社会主义现代化建设之后，工人阶级和共产党员应该怎样对待思想改造？江泽民同志的《在庆祝中国共产党成立七十周年大会上的讲话》指出：“党在思想、政治、组织、作风方面都存在不少亟待解决的问题。这种情况说明，在新的历史条件下，我们党不仅要继续经受执政的考

① 《周恩来选集》下卷，368 页。

② 同上书，423 页。

③ 《毛泽东选集》，2 版，第 3 卷，1096 页。

验，而且面临着改革开放和发展商品经济的考验，面临着反对和平演变的考验。”由此可见，作为共产党员，为了能够带领工人阶级和广大群众进行社会主义建设，就更加需要认真地改造自己的思想。

我们的党是执政的党，对于我们每个党员来说，确实有一个必须经受住执政党考验这样的问题。我们的不少党员，都在不同的工作岗位上担负着一定的职务，随着责任的增加，也会因此而享受到政治上的荣誉和处理许多事情的权力。因此，对于掌握了一部分权力的人来说，一个最重要的问题就是：究竟是以权为公，还是以权谋私？有些党员不是把这些职务和权力看作为人民服务的责任，而是看作谋取个人地位、尊严和金钱的手段。他们“好名的孽根未除”，权力的欲望很重，他们口头上也说是要为人民服务，为党的利益工作，实际上则蝇营狗苟，在思想深处，就是要为个人服务，为自己的名利服务，为自己的子女、家庭和小圈子里的人服务。正像毛泽东同志所讲的，这种人其实不是一个共产党员，至少不是一个完全的共产党员。我们每一个党员，都应该认真地进行自我检查，严格过好这一执政关。如果我们不能经受住这种执政党的考验，我们的党就必然会脱离群众，从而危及我们执政党的生命。从国际共产主义运动的经验来看，一些国家的党组织之所以最终失去了执政党的地位，一个重要原因，就是因为这些党没有经受住执政党的考验，一些党员争权夺利、贪图享受、高高在上、脱离群众，甚至腐化堕落，成为资产阶级政客。这种情况，极大地败坏了党的威信，严重损害了党的形象。广大群众是通过共产党员的思想意识和道德品质来了解和认识共产党的。当他们认为共产党的党员不是为人民服务，看到党员腐败堕落时，他们就会抛弃共产党。这一教训，我们应当切实引以为戒。

在当前的历史阶段上，强调思想改造，还有着国内和国际的阶级斗争的更为深刻的原因。

阶级斗争在我国当前的社会上，已经不是主要矛盾，但是阶级斗争并没有结束，在一定情况下，还可能会发展到十分激烈的程度。正像毛泽东同志所指出的：“无产阶级和资产阶级之间的阶级斗争，各派政治力量之间的阶级斗争，无产阶级和资产阶级之间在意识形态方面的阶级斗争，还是长时期的，曲折的，有时甚至是很激烈的。无产阶级要按照自己的世界观改造世界，资产阶级也要按照自己的世界观改造世界。在这一方面，社会主义和资本主义之间谁胜谁负的问题还没有真正解决。”① 在我们生活的现实社会中，被推翻的地主买办阶级的残余仍然存在，资产阶级的思想更不容忽视，新的剥削分子还可能产生，小生产者的思想更是一种现实的存在……这些情况，都必然会影响到党员的思想。值得注意的是意识形态领域中的思想理论斗争，资产阶级的人生观、道德观、价值观与无产阶级的人生观、道德观、价值观的斗争，又必然要反映到党内。共产党员要用共产主义的人生观、道德观、价值观来抵制、反对和战胜一切非无产阶级的人生观、道德观和价值观。我们必须用阶级分析的方法，从阶级斗争的高度来看待共产党员的思想改造问题。那种认为在当前的历史条件下，可以用阶级斗争熄灭论的观点来观察现实问题的看法，是完全错误的，是极为有害的。

我们之所以强调改造思想还有着反对和平演变的重要原因。从国际上看，我们除了面临新技术革命的挑战外，还面临着国际敌对势力正加紧对我国进行和平演变的挑战。在反对和平演变的斗争中，必须强调只有保持我们自身的革命坚定性，保持坚定的共产主义人生观、道德观和价值观，西方的和平演变图谋才不能得逞。内因是变化的根据，外因是变化的条件，社会主义国家会不会发生演变，最终不决定于西方敌对势力，而决定于我们自身。只要我们自身能够在思想意识上筑起抵御和平演变的钢铁长城，始终保持无产阶级的思想和作风，就能够阻止资本主义腐朽的思想意识、价值观念和生活方式的侵袭，击败一切来自敌对势力的和平演变图谋。相反，如果我们的党员，不注意自身的思想改造，甚至受到资产阶级的人生观、道德观和价值观腐蚀，那么，我们的社会主义国家就不可避免地会演变成为资本主义国家。中国有古话说“物必自腐而后虫生”，东欧和苏联的变化，就是最好的证明。共产党人在反对和平演变的斗争中，对于内因和外因的关系，应当有一个明确的认识。

3. 树立为人民服务的思想

在重视思想改造、加强党性锻炼的过程中，必须要树立为人民服务的思想，并以此为准绳来对照我们的一切言论和行动，以批判和抵制各种非无产阶级的思想影响。

---

① 《毛泽东著作选读》下册，785 页。

我们共产党员的最高目标，是要为共产主义奋斗终生，为广大人民群众谋利益。我们的一切言论、思想和行动，究竟应当从什么出发呢？一事当前，人们总是要从各种不同的动机出发，抱着各种不同的目的来考虑问题的。初看起来，似乎人们的动机是各种各样的，目的也是千差万别的。但是，归纳起来，从根本上看，总不外乎是从广大人民群众的利益出发，还是从自己的私利或小家庭、小团体的利益出发。这是两种根本不同的人生观、道德观、价值观在人们头脑中的反映，是当前无产阶级与资产阶级的阶级斗争在意识形态中的反映。从人民的利益出发，为广大人民群众服务，就能以关心他人和关心集体为重，就能坚定社会主义和共产主义的信念，就会成为无产阶级革命事业的接班人，就会引导我们国家最终走向共产主义；从个人私利和小家庭、小团体的利益出发，就会关心自己比关心他人为重，从而成为一个自私自利的利己主义者和个人主义者，就会成为资产阶级思想的俘虏，并最终导致我们国家走向资本主义。正是在这个意义上，毛泽东同志说："为什么人的问题，是一个根本的问题，原则的问题。"[①] 这是每一个革命者、共产党员所必须解决的问题。

从日常生活看，"一事当前，先替自己打算"的自私自利的思想，对我们一些党员还有着不同程度的影响。一些党员，他们在思想上，还没有树立起一切从党的利益出发、一切从人民利益出发的观念，这也就是毛泽东同志所说的："有许多党员，在组织上入了党，思想上并没有完全入党，甚至完全没有入党。这种思想上没有入党的人，头脑里还装着许多剥削阶级的脏东西，根本不知道什么是无产阶级思想，什么是共产主义，什么是党。"[②] 在这些党员的头脑中，个人的地位、个人的荣誉、个人的私利和个人目的，占据着主要的位置，成了他考虑一切问题的出发点和归宿。一些入党多年的老党员，在过去的革命战争的时期内，也确实曾经真诚地相信过社会主义，并曾经为了广大人民群众的利益而奋斗。但是，由于不注意自己的思想改造，经受不住实行改革开放和发展商品经济的考验，在资产阶级金钱和地位观念的腐蚀下，"争名于朝，争利于市"，从而堕落成为腐化分子，直到被清除出党。这对我们许多老党员来说，更是值得引以为戒的。

---

① 《毛泽东选集》，2版，第3卷，857页。

② 同上书，875页。

树立为人民服务的思想，就是要树立人民利益高于个人利益的思想，这是社会主义经济基础的客观要求，也是共产党员的崇高思想品德的表现。树立为人民服务的思想，就必须培养公心，克服私心。社会主义和共产主义事业，是一种反对剥削和追求广大人民群众共同富裕的光荣而艰巨的事业，它要求广大共产党员和干部必须以公心来从事这一事业，如果抱着个人的私心来从事社会主义的事业，那么，其结果只能使社会主义的事业越搞越坏。一些人抱着自私自利的思想来经营国营企业，他们把国营企业掏空了，搞垮了，却又大喊大叫，说什么社会主义不好。这些社会主义企业之所以不能搞好，原因之一，正是因为那些从事社会主义事业的一些领导人的思想，是从个人的私利出发的。因此，搞好社会主义的事业，应当充分认识到树立为人民服务的思想的重要。

树立为人民服务的思想，就要培养为人民利益而献身的思想。人生的意义究竟是什么？为了什么活着才最值得？怎样生活才算是最崇高？从价值观、人生观和道德观上来看，共产党人就是要把“为人民服务”看作人的一生中最值得、最有意义的一种事业。那种认为人生的意义在于享受和索取的思想，是一种低级庸俗的资产阶级的价值观念，是同共产党员的价值观背道而驰的。

4. 认真锻炼，刻苦修养

在强调思想改造、增强党性锻炼中，必须强调严格要求自己、严于解剖自己、认真自我批评和重视自我修养的工作。怎样看待修养和自我修养，也是一个需要正确对待的问题。我们所说的修养，并不仅仅是“闭门思过”，而是指人们在社会实践中，根据一定目的所进行的锻炼、陶冶、反省、锤炼的过程，以及由此所达到的政治、思想和道德的境界及水平。因此，我们所说的修养，既包括为人民服务的目的，又强调在改造客观世界的实践中的锻炼，还包括自我认识、自我反省的过程。这是一个从认识到实践、再到认识、再到实践的一个无限往返循环的过程，而每一次的往返循环，都比以往达到了更高的水平。在加强修养的自觉性上，要强调“自知之明”。古人云“人苦不自知”，老子说：“知人者智，自知者明。”认为知人容易而自知难。之所以如此，主要是因为一般人总是容易看到自己的优点，而往往看不到自己的不足，从而不能认识到加强自身的锻炼和修养的需要。在思想修养中，必须要严于解剖自己，根据党性锻炼的要求，从为人民服务的标准出发，来随时随地检查自己的言行。正确的自我认识，是自我改造的前提。

修养也是一种斗争，是两种人生观、价值观、道德观斗争在人的头脑中的反映。中国古代的思想家往往把这种修养上的斗争，叫作“内讼”和“自讼”，也就是自己和自己争辩，自己和自己斗争，自己和自己打官司。不同的社会、不同的阶级，有各自不同的人生观、道德观和价值观，因此，这种斗争又必然是社会阶级斗争在思想道德领域里的一种表现。在当前我国社会主义阶段，这种斗争主要表现为无产阶级的人生观、道德观和价值观同资产阶级的人生观、道德观和价值观的斗争。周恩来同志既严于解剖自己，又强调在同错误思想斗争中加强修养，他说，自我改造要自我认识，这就是说要用分析批判的方法使正确的思想战胜错误思想，培养并形成新的道德观。现在有些共产党员，由于沾染了资产阶级的庸俗作风，只喜欢自我表扬，自我吹嘘和自我欣赏，沾沾自喜于一得之功和一孔之见，很少做自我批评，把党的“批评与自我批评”的作风，改变为“表扬与自我表扬”，把自我改造看作羞耻的事，这是非常错误的。周恩来同志说：“自我改造是为了进步，是光荣的事情。”① 我们应当树立一种优良风气，即以自我吹嘘为耻，以自我改造为荣，从而把当前这种庸俗现象纠正过来。我们既要强调批评和自我批评，又要强调在认识到自己的缺点、错误之后，要用正确的思想去同这种错误的思想进行不妥协的斗争。为了适应形势发展的需要，在新的历史时期内，我们每个共产党员，一定要在改造思想上狠下工夫，严格要求自己，“经常反省”，“经常洗澡”，以达到增强党性的目的。

三、贪污腐败必然亡党亡国

江泽民总书记曾多次说过：“反对腐败是关系党和国家生死存亡的严重政治斗争。”“如果我们掉以轻心，任其泛滥，就会葬送我们的党，葬送我们的人民政权，葬送我们的社会主义现代化大业。”毛泽东同志

① 《周恩来选集》下卷，368页。

曾经告诫我们："敌人的武力是不能征服我们的，这点已经得到证明了。资产阶级的捧场则可能征服我们队伍中的意志薄弱者。可能有这样一些共产党人，他们是不曾被拿枪的敌人征服过的，他们在这些敌人面前不愧英雄的称号；但是经不起人们用糖衣裹着的炮弹的攻击，他们在糖弹面前要打败仗。我们必须预防这种情况。"①

现在，中国的政治腐败的问题，已经成为全党全军和全国人民所特别关心的一个重要问题，其重要原因之一，就是多年来虽然我们不断地进行反腐败的斗争，但是，成绩却并不显著。从一些局部的情况来看，还有不断滋长和蔓延发展的趋势。确实，我们也取得了一定的成绩，惩治了一些腐败分子，并且在这一领域内，一年比一年都加大了打击腐败的力度。但是，从整体来说，在整个社会上，对各种腐败现象，还并没有形成一种"老鼠过街，人人喊打"的氛围；在一些人的心目中，以权谋私、贪污受贿、贪赃枉法等，不但不以为耻，反以为荣，只要能满足自己的私欲，他们就可以用尽各种办法，来达到他们的目的。在他们看来，腐败已经成为一种难以治理的顽症，他们有恃无恐，认为现在是"上行下效"、无官不贪，而且法律的漏洞太多，被发现的只是少数。用一句流行的话说，就是说贪污受贿的成本很低，而利润却是很高，这样，他们也就可以冒着这个风险，去达到自己的目的了。有的人认为，现在已经是"积重难返"，"冰冻三尺，非一日之寒"，谁也没有什么办法了。更重要的是，他们认为，现在党和政府没有反腐败的决心，因为反来反去，必定要牵连到许多高级干部和他们的子弟，如果坚持反下去，党和政府也就无法继续存在下去了。

当前，如果说在发展经济上，人们还有一些信心的话，那么，在反腐败的问题上，可以说，很多人是抱着悲观的看法的。有些持极端态度的人甚至认为，大多数的官吏，都存在着各种不同程度的腐败现象，它已经成为我国当前社会的一种难以治疗的"癌症"，已经没有什么"治愈"希望了。即使一些人并没有完全悲观和彻底失望，但他们也只是抱着"死马当作活马医"，也就是说，只有碰碰运气了。

值得指出的是，由于党政机关的腐败问题牵涉到党和国家的生死存亡的问题，一些企图在中国复辟资本主义制度的人、资产阶级的自由化

① 《毛泽东选集》，2版，第4卷，1438页。

分子以及国外的敌对势力，则抱着一种观望和侥幸的心理，暗自高兴，希望中国的腐败现象能够不断地得到发展。他们或者用各种理论来论证，说腐败是不可避免的现象，为了改革开放更好地发展，我们就应当允许腐败现象存在；说腐败是一种代价，是我们改革开放所必然要付出的一种代价；等等。一些混在党和政府内部的坏人，则更是要趁此机会，大捞一把，他们认为，这个大船是必然要沉下去了，还是在它没有沉下去以前，把能够抢到手的尽快先抢到手吧。大吃大喝、奢侈挥霍已经合理合法，无法禁止。贪污的数字，越来越大，数十万、上百万甚至几百万的巨大数字，令人吃惊。有些人明明知道腐败蔓延必然导致亡党亡国，他们就是要在亡党亡国以前，找好自己的后路，更疯狂、更贪婪地弄到更多的金钱，存入外国的银行，以便在将来能逃到外国，去过那糜烂的生活。从实质上来说，他们的所作所为，正是要促使党和国家的早日灭亡。尤其应当强调的是，我们是社会主义国家，一切贪污受贿的腐败分子，他们同社会主义必然是离心离德的，他们所向往的就是资本主义。他们掌握着社会主义国家的政权，却时时刻刻地要想复辟资本主义，因为只有复辟资本主义，他们才能彻底摆脱社会主义制度下的种种束缚，使他们所已经攫夺到的百万财产，得到保护。从苏联瓦解和覆灭的教训中，我们也可以清楚地看到，大批官员的腐败和他们对资本主义制度的向往，进一步促成了苏联的和平演变。据有关材料统计，俄罗斯3/4的政府官员和2/3的富翁，都是苏联政府原来的干部，在苏联巨变以前，他们虽然都是共产党员，甚至是共产党的高级干部，但是，他们早已因腐败而变成共产党的叛徒，叶利钦用资本主义的旗子来代替社会主义的旗子，正是他们求之不得的。

政治腐败的集中体现就是社会风气的败坏，反过来，我们也可以从社会风气的好坏来看政治是否清廉。政治腐败犹如放置在人群中的一具腐烂的尸体，它必然要不断地散发出恶臭来污染和毒化空气。一个政府，如果不能及时、有效地清除腐败，那么，整个政权也必将随之而走向覆灭的境地。也正是由于这个原因，自古以来有为的政治家，都特别注意保持政治的清明。

在当前，政治腐败的一个值得注意的问题就是贪赃枉法发展到买官和卖官。这种现象的出现，就必然使本来已经腐败的政治，更加不可收拾。贪污受贿已经使社会上的假冒伪劣、坑蒙拐骗、吸毒贩毒、卖淫嫖娼受到各种不同程度的保护，无法有效地加以禁绝，而买官卖官，更使种种非法的行为发展到不可收拾的地步。一个花了一大笔巨资买到一个官位的人，他必然要攫夺更多的金钱来满足自己的贪欲。据《光明日报》1999年2月9日报道，1999年1月29日，河北省处理了一起买官和卖官的事件，原石家庄市的墨建平，前后花了7万元买了一个副县长，那么，他上任以后，又会贪污多少呢？一个副处级干部就要这么多钱，那么更高的官位，又要多少钱呢？同一个报道说，河北省的刘明显花了3万元买了新乐市市长的官，他到任后在招待所开会，一次就收到所长、镇长、乡长、党委书记等送来的28 000多元。这样的小本大利，人们怎么不趋之若鹜呢？这种情况，不但在各地都程度不同地存在着，而且还有不断发展蔓延的趋势。这是一个很危险的信号，如果不能坚决、彻底地刹住这股歪风，任其发展下去，我们的党、我们的国家又怎么能不自取灭亡呢？

最近十几年来，在发展经济的掩盖下，小团体主义、地方保护主义得到了不同程度的发展，由于没有及时认识到这种思想的危害，以致使一些地方发展到集体受贿、集体贪污、集体走私、集体买官的情况，甚至以集体的名义、集体的关系、集体的权力，来对抗国家的法律，造成一些暴力抗法的严重事件，这种情况，更值得我们特别注意。

对于执掌政权的阶级来说，民心的向背，是一个能否维护自己的统治的根本问题。中国传统的政治思想和道德思想都特别注意民心的问题。孟子在谈到“民心”时曾说：“桀纣之失天下也，失其民也；失其民者，失其心也。得天下有道：得其民，斯得天下矣；得其民有道：得其心，斯得民矣；得其心有道：所欲与之聚之，所恶勿施尔也。”① 我国当前的民心，最关心的是什么？可以说，就是要求清除腐败，要求我们国家的政治能够清明。从一定意义上说，政治腐败已经成为我国当前最重要、最突出的社会矛盾之一，是广大人民群众最关心的一个问题。

我国社会上所出现的腐败现象，从其根源来说，是同我国的现实的经济状况有着密切联系的。特别是在新旧体制的转换过程中，在法制建设正在不断完善的过程中，再加上随着市场经济的发展，特别是由于拜

① 《孟子译注》（上），171页，北京，中华书局，1960。

金主义、个人主义和享乐主义的泛滥，使腐败现象不能及时得到遏制。

当一个社会的腐败发展到一定程度的时候，要想解决腐败的问题，就必须克服其中的许多障碍。从历史的经验教训来看，最重要的就是要敢于抓住那些以“有权有势”为资本而敢于为非作歹的“皇亲国戚”和“贵族豪强”。先秦法家主张“法不阿贵”和“王子犯法，与庶民同罪”的思想，明代的大政治家张居正提出要“法所当加，虽贵近不宥”，他们的改革之所以能发生了推动历史前进的重要作用，都是和他们的这一思想有重要关系的。相反，我们从王安石变法之所以失败的历史教训中可以看到，由于没有在政治上保持廉洁和清明，对那些利用改革之机来攫夺财产的人没有给予应有的惩罚，尽管有了很好的变法主张，最后还是以失败告终。一个封建社会的统治者，尚能够下定决心铲除腐败，并能收到较好的效果，可见，只要我们能够下决心惩治腐败，我想，我们是一定能够取得反腐败的最后胜利的。

当然，我们也要看到，真正的马克思主义者、真正的共产党员、对社会主义和共产主义有着坚定信念的人、全国有觉悟的广大劳动人民，他们坚决拥护社会主义和共产主义，坚决走社会主义的道路，他们对于当前的腐败现象，是真正深恶痛绝的，他们对我国当前腐败现象的不断发展蔓延，是深感焦虑的。一些党的老干部，一些忠诚的共产党员，正在大声疾呼，提出了我们已经面临着现实的“亡党亡国”的危险，这绝不是危言耸听，而是我们所面临的一个现实问题。

在当前，最重要的问题，或者说最关键的一点，就是我们在全党全军和全国人民中间树立起反腐败的决心。只要我们能上下一心，共同努力，我们就一定能够取得反腐败的胜利，就一定能够挽狂澜于既倒。否则，如果我们不能在全党全军和全国人民中间树立起反腐败的决心和信心，不论我们在上头如何强调反腐败斗争的重要，再进行多少次反腐败的教育，再开展多少次反腐败的斗争，都是不可能收到预期的效果的。

我们应当做好两个方面的工作：

首先，要加强对政府官员的监督，正像许多人都已经谈到的，没有监督的政权，是必然要产生腐败的。我们要从制度上加以保证，使这种监督不流于形式，特别是对政府高级官员切切实实的监督。我们还必须要在干部的任免、奖惩、提升和调动上，建立有效的机制，不断扩大我们的政治民主，以便从制度上保证政府官员的廉洁。

其次，要在全国加大反腐败的力度，要严惩贪污腐败分子，尤其是要抓住大案、要案，不论是高级干部或高级干部的子弟，都要“王子犯法，与庶民同罪”，绝不因此而宽容姑息。只要能真正做到以上这两点，我们国家就有希望了。

现在，已经到了我们当机立断的时候。我们应当毫不迟疑、坚决、果断地下定决心，克服各种各样的顾虑，雷厉风行，动员全党全军和全国人民立即投入反腐败斗争中去，毫不手软地抓住能影响全局的大案、要案，坚决加以严惩，并在全社会形成强有力的舆论，对于任何腐败现象，造成“老鼠过街，人人喊打”的局面。与此同时，我们还应当采取积极的措施，树立廉政建设的好典型，大力表扬好人好事，促使社会风气的根本改变。我们的前途是光明的，我们一定能，也一定要取得反腐败斗争的胜利。

关于反对腐败和改善社会风尚的一点思考*

反对腐败和加强廉政建设，改善社会风尚，是当前我国政治和社会生活中群众最关心的一件大事，是民心所望的主要问题之一。这一问题，关系到党和国家的生死存亡，关系到社会主义制度的兴衰成败，在当前我国所面临的一切重大问题中，占有特殊的地位，应当引起我们的严重关切和高度重视。我们应当群策群力，探讨解决这一问题的良策，以利于我国社会主义现代化建设和中华民族的伟大复兴。

一

一个社会，在其自身的发展过程中，由于经济、政治、文化、民俗等各个方面错综复杂的因素，并在这些因素的相互影响和相互激荡下，会形成特定的人情、观念、风俗和习惯。这些人情、观念、风俗和习惯一经形成，就成为一种无形的力量，在不知不觉中影响人们的思想和行为，在潜移默化中左右人们为人处世的态度。古人说："世之所贵，同而贵之，谓之俗；世之所用，同而用之，谓之物。苟违于人，俗所不与；苟忮于众，俗所共去。"这里的意思是说，世人认为是好的，

* 原载《以德治国与公民道德建设》，47～51页。

就必须和世人一起说好，这就是风俗和习惯的力量；世人认为适用和适宜的，就应当和世人采取同样的做法，这就是万物的通则。在古人看来，风俗和习惯的力量是巨大而不可违抗的。

一个社会的风俗和习惯，有好有坏。好的社会风气和风俗、习惯，是推进社会进步、改善社会风尚、提高人的道德素质、协调人际关系的一个重要动力。坏的社会风尚，是导致社会混乱、倒退、腐败、奢华和败坏每个人的道德素质的消极力量。在一个特定的社会中，社会风尚往往既有好的方面，又有坏的方面。因此，政治家、思想家和伦理道德家所关心的一个重要问题，就是从“未雨绸缪”、“防患于未然”和“忧患意识”出发，极力克服社会中所出现的坏的风尚的苗头，力求把它消除在尚未扩大的时候；对于好的风俗和习惯，则力求使其发挥更加积极的作用，以促使国家的兴旺和富强。

二

我国社会风尚的现状，从总的来看，应当说积极的方面，仍然占据着主导的地位。我国的主流意识形态的方向，始终以马克思主义为指导；我国的精神文明建设和思想道德建设，作为先进文化的中心环节和主要内容，正发挥着正确的导向作用；我国的道德建设，更明确地提出以为人民服务为核心、以集体主义为原则，以爱祖国、爱人民、爱劳动、爱科学和爱社会主义为基本要求，从而引导和规范人民群众的思想和行为沿着正确的道路向前发展。

同时，我们也应当正视，我国的社会风尚，的确还存在着严重的、值得注意的问题。概括来说，社会上存在着一种“追逐私利、背弃公义”的思想和倾向。这种思想和倾向，已经成为一些人实际生活中的价值取向，凝聚为一些做人与处世的动机。个人的名利的大小、地位的高低、金钱的多少，成了一些人追求的唯一的目的。拜金主义、享乐主义、个人主义思想不断滋长，唯利是图、假冒伪劣、坑蒙拐骗、见利忘义、损人利己的现象日渐蔓延，“投机”被视为“能干”，“诚实”被嘲为“傻瓜”，“欺诈”成为社会的“公害”，“信任”出现了“危机”。市场经济的等价交换原则，正渗透到我国的政治生活中来，在我们的一些党政干部中，发生了以权谋私、行贿受贿、腐化堕落等腐败现象，并且在一些地方不断发展蔓延。在一些人“追逐私利”的思想下，国家利益在这些人的心中日渐淡漠，贪污盗窃、损公肥私的现象也随着发展起来。

如果这种“追逐私利、背弃公义”的不良风气不能得到及时而有效的纠正，它对我国的消极和腐蚀作用，将是极端严重的，它甚至能使我们的国家遭到覆灭，使我们的社会主义政权失去存在的基础，无数革命先烈流血牺牲而取得的胜利果实，将付诸东流。

三

在反对腐败和改善社会风尚方面，最重要的就是要从各级领导，特别是高级干部开始，以身作则，为群众作出表率。

中国古代的政治家和思想家，都特别重视统治者“以身作则”的重要作用。孔子讲过很多这样的话。他说：“政者正也，子帅以正，孰敢不正?”“苟正其身矣，于从政乎何有？不能正其身，如正人何?”孔子还特别重视统治者所颁行的政令能否得到执行，是同国家统治者自身的“正”与“不正”有密切关系的。“其身正，不令而行；其身不正，虽令不从。”当鲁国的大夫季康子问孔子如何治理国家时，孔子特别强调，如果统治者能够以身作则，他的道德还能够对人民起到道德感化的作用。

《论语》记载：“季康子问政于孔子曰：‘如杀无道以就有道，何如?’孔子对曰：‘子为政，焉用杀？子欲善而民善矣。君子之德风，小人之德草，草上之风必偃。’”季康子认为，治理一个国家，应该先杀掉那些无道的人，用以成就那些有道的人。但孔子不同意他的话，却提出了一个统治者在道德上“以身作则”的重要。他的意思是说，君子的品德好比是风，小人的品德好比是草，风吹到草上，草就必定会顺着风倒去。在以身作则方面，儒家的从政道德，尤其强调自身廉洁的重要。孔子甚至认为，如果国君能够克制自己的欲望，朴素廉洁，老百姓就会受到感化，也就不会有追求享乐、生活奢靡和抢劫别人财物的行为。

《礼记·缁衣》中，曾引孔子的话说：“下之事上也，不从其所令，从其所行。上好是物，下必有甚者矣。故上之所好恶，不可不慎也，是民之表也。”又说：“故君民者章好以示民俗，慎恶以御民之淫，则民不惑矣。”儒家认为，统治者好比一个人的身体，老百姓就好比他的影子，“身正影必正”，“未有身正而影曲，上治而下乱者也”。正由于这种原因，儒家强调要“举贤才”，使那些有能力而且有道德的人来统治人民。

古书记载：“昔齐桓公好衣紫，阖境不鬻异采；楚王爱细腰，一国皆有饥色。上之所以率下，乃治乱之所由也。”这里的意思是说，以前齐国的国君桓公，喜好穿紫颜色的衣服，以至成为时尚，在国内竟然没有卖其他颜色衣服的。楚国的国君喜欢细腰的女子，以至全国的女子都不愿多吃饭而面有饥饿的颜色。由此可见，一个国家的国君，用什么来作为全国的表率，是一个国家治理和衰乱的根源。又说：“昔晋国苦奢，文公以俭矫之，乃衣不重帛，食不兼肉。无几时，人皆大布之衣，脱粟之饭。越王勾践谋报吴，欲人之勇，路逢怒蛙而轼之。比及数年，民无长幼，临敌，虽汤火不避。居上者之难，如此之验!”这句话的意思是说，以前晋国过于奢侈，难以改变，国君文公就以身作则，十分俭朴，只穿单丝衣，吃饭只用一种肉。没过多久，老百姓都穿粗布衣服，吃糙米做的饭。越王勾践要想报仇雪耻，攻打吴国，希望国人勇敢，所以当他在路上看到一个愤怒而勇敢的青蛙时，就在车上对之敬礼。过了几年，老百姓不论长幼，同敌人交锋，虽赴汤蹈火，也在所不避。由此可见，上面的领导者的带头作用，是多么的有效验！上述这些历史记载，都说明国家执政者的以身作则在改善社会风尚中的关键性的作用。古人说“上有好者，下必甚焉”，讲的也是这个道理。后世儒家认为，一个统治者应当在三个方面以身作则。陈宏谋在他所编著的《从政遗规》中指出“当官之法，唯有三事：曰清，曰慎，曰勤。知此三者，则知所以持身矣”，又说“唯俭足以养廉”。以上的事例都说明，领导干部，特别是高级领导干部，在廉政建设和改善社会风尚中的关键性的作用。

四

当前，克服我国社会上所出现的腐败现象和改善不良的社会风尚，要做多方面的工作，但各级领导干部的以身作则，有着关键的作用。江泽民同志也说：“上梁不正下梁歪，中梁不正倒下来。”过去，在革命战争年代和解放初期，毛泽东、周恩来、朱德等老一辈无产阶级革命家，都曾以自己的廉洁奉公、艰苦朴素、无私奉献等在人民中树立了榜样，从而影响和带动了广大群众，形成了良好的社会风尚。每一个担负领导工作的同志，都要认识到自己在反对腐败和廉政建设中所承担的重要责任，坚持言行一致。要求群众做到的，自己一定要首先做到；要求群众不能做的，自己首先不做。如果只是提出反对腐败和廉政建设的要求而不能身体力行，只是要求下级和群众去做而自己不能做群众的表率，要想真正做到反对腐败和实现廉政，是绝对不可能的。

领导干部的言行一致，体现着领导干部的人格。高尚的人格力量，才是影响群众的真正的力量。一个领导干部，只是靠行政的力量是不够的，还必须有自己的高尚人格，这才是一种能使人心悦诚服的强大的力量。

第八编

企业文化与企业伦理

具有中国特色的企业文化*

江泽民同志在讲到有中国特色社会主义文化时曾说，我们“必须继承发扬民族优秀传统文化而又充分体现社会主义时代精神”，这对建立有中国特色的企业文化同样适用。

一、民族的传统文化和传统道德

中国传统文化包含着非常丰富的内容，但其核心部分，或者说它的最重要的内容，是传统的道德。党和国家领导人多次强调弘扬中华民族的优秀文化传统，特别是优良道德传统，这是同我们国家的整个精神文明建设、同我们的企业文化建设有着密切关系的。现在大家都在研究“中国特色”，对于企业文化和思想道德来说，尤其要注意到文化、道德的连续性和继承性。以马克思主义的立场、观点，批判地继承中国古代文化和思想道德中的优秀成分，有着重要的现实意义。

从总的方面来看，对中华民族的优良道德传统，可以着重从五个方面去继承。

* 原载《领导理论与实践》，1995（4）。

1. 强调为民族、为整体、为国家的整体主义精神

整体主义精神，是中华民族优良道德传统的核心。自古以来，中华民族就形成了夙夜在公、以公灭私的特有的民族精神，提倡“国而忘家，公而忘私”，强调个人利益和家族利益应当服从国家和民族的利益。为了国家和民族，一个有道德的人应当杀身成仁、舍生取义、尽忠报国、先公后私、一心为公。这种为国家、为民族的整体主义精神，是中华民族的一种强大的凝聚力，是中国自古以来的爱国主义思想的基石。在当前改革开放的条件下，坚持和发展中华民族的整体主义思想，发扬中华民族爱国主义精神，是有着特别重要的现实意义的。

2. 推崇仁爱原则，强调推己及人和人际和谐

儒家创始人孔丘最早提出“仁者爱人”，可以说是中国古代最早的人道主义思想。正是从这种仁爱原则出发，在人和人之间的关系上，中国传统道德强调人和、和谐及以和为贵、和气生财的思想，对协调人际关系、维护社会稳定发生了重要的作用。

3. 重视人伦关系，提倡人伦价值

从一定意义上，我们可以说，中国文化是一种伦理型的文化，而在中国传统道德中，重视伦理价值，更成为一个重要的特点。在以家族为本位的古代社会中，中国传统道德最重视“父义、母慈、兄友、弟悌、子孝”五种人伦关系，并使其成为相互遵守的道德要求。孔子又进一步突出了君臣关系，提出“君使臣以礼，臣事君以忠”的原则。孟子概括了封建社会中最重要的五种人伦关系，即“父子有亲，君臣有义，长幼有序，朋友有信，夫妇有别”，用以维护和改善当时社会中人与人之间的各种关系。从总体上看，中国重视人伦关系和人伦价值的传统道德，如能加以正确分析，发展其合理的因素，在今天仍然有着协调各种人伦关系的积极意义。

4. 追求精神境界，追求高尚的道德理想人格

中国传统伦理思想尤重为学的目的，首先就是要改变人的气质，培养人的品德，即学习怎样做人。在专业知识与思想品德的关系上，强调“先器识而后文艺”，也就是说，首重道德品质，次重文艺技艺，认为要想做一个在专门知识上有所成就的人，首先应当在道德上提高自己。正是从这种追求高尚的精神境界出发，中国传统伦理道德重视独立人格的精神力量，努力保持一个人的不受屈辱的、独立的、高尚的人格。这是

一种对于人格尊严的自觉，是我们民族赖以存在的脊梁骨，它对维护中华民族的发展有着特别重要的作用，是我们应该继承和发扬的一个重要的优良传统。

5. 强调修养践履，注重道德理论与道德实践、道德认识与道德行为的统一

首先，中国传统道德思想，特别强调“为仁由己”的道德主体的能动精神，强调一个人只要立志向善，就一定可以成为一个道德高尚的人。其次，中国传统伦理道德尤重知和行的统一。一个人仅仅懂得了应当怎样做人，还不算是有道德。为了达到知和行的统一，必须加强道德主体对自身的省察克治的功夫。在道德修养中，中国传统道德强调良心在择善去恶中的作用，认为能否慎独是能否提高道德水平的关键。一个人在独处之境，无人监督，是修养的重要之时。

上述五个方面，是就对中国传统道德总体上所作的分析。应该看到，中华民族的道德传统，特别是在社会上、在劳动人民中的良风美俗，真可说是浩如烟海，举不胜举，如热爱劳动、勤俭朴素、尊老爱幼、尊师敬贤、谦虚礼让、诚实守信以及廉洁奉公、积极进取、发愤图强、坚强不屈、刚健有为等等，都可以说是中国传统道德中的瑰宝。这些优良道德传统在我国的历史上，曾经发生过非常重要的积极作用。我们应当把中华民族所有的优良传统集中起来，结合新的时代要求，赋予新的内容，使其能够在新社会中发出新的光辉。

二、社会主义社会的正确价值导向

在提出建立市场经济体制后，一些人错误地认为，集体主义是计划经济的产物，作为我们的价值观和道德原则就不适用了。有的人提出互利原则，有的人提出合理利己主义原则，有的人提出“人人为我，我为人人”的原则等。我个人认为，我们的集体主义是同我们国家经济上的公有制为主体、政治上的民主集中制和社会主义的反对两极分化和共同富裕的最终目的相联系的。只要我们能够对集体主义原则中的集体和个人作出科学的、全面的解释，那么今天仍然是凝聚职工的一种强大力量。

现在存在着多种经济成分，出现了多元的价值观。从坚持社会主义道路出发，我们在承认多元价值观存在的同时，更加应当强调在价值导向上坚持集体主义价值观，逐步引导、教育、改变各种非社会主义价值观。只有这样，才能保证我们的现代化沿着社会主义道路前进。

人是要有一点精神的。我想，这种精神主要是指为集体、为社会的奉献精神。过分强调精神的力量，忽视物质利益的重要，曾经是我们过去在管理企业中的一个失误。但是，忽视人的素质、人的精神力量，同样是错误的。一个在事业上取得成功的人，总是同他的抱负、同他对社会承担的责任、同他对人生价值的理解相联系的。我们是社会主义国家，我们应当相信，人除了物质需要外，还有精神需要，特别是一种献身社会、为社会谋利益的需要。一个企业要能够真正长久健康地发展，一定不能只是想着赚钱，在想着获取利润的同时，也应当有一种比利润、比金钱、比财富更高的追求目标。一个企业，如果只重视眼前的利益，只顾追求利润，只想到自己发财，而不考虑如何对社会做出贡献，就无法获得良好的社会信誉，就不可能使企业人员形成真正的凝聚力，就不会有高尚的企业精神，更不会有被人们喜爱的社会形象，这样的企业，可以赚钱于一时，而不可能在长期中得到发展。

以人为本是企业文化的一个重要内容，是同为人民、为集体的价值导向密切相关的问题。什么是以人为本，我们可以从三个方面来看。第一，从对外经营来说，要以顾客为本，不仅要使顾客的需要得到满足，而且要使顾客的情感、心理得到满意，这就要求有高质量的、高水平的、高文化的服务态度。第二，从对内管理来说，以职工为本，要把严与爱结合起来，要使服务规范化、优化。坚决执行已经制定的优质服务制度，不但从量上而且从质上去进行考核。与此同时，必须对职工关心和爱护，不但要尽力满足每个职工应该得到的物质需要，同时要注意满足他们的精神生活的需要，要开展丰富多彩的职工文娱生活活动。另外，尤其重要的是要培养职工成为有理想、有道德、有文化和有纪律的一代新人。第三，从根本上说，以人为本就是要求企业的经营目的，是为最大多数人谋利益，为社会谋利益，以满足社会需要为根本目的。只有从根本上理解了这一思想，才能真正理解社会主义企业的以人为本的正确含义，才能在对外经营和对内管理上真正体现以人为本的思想。说得通俗点儿，以人为本就是为人民服务，为人民的利益服务。

三、社会主义企业文化的内涵

在我们吸收西方、东方企业文化的合理因素，继承弘扬中华民族的优良文化道德传统的基础上，按照社会主义精神文明建设的要求，我们认为，企业文化应该包括以下几个方面的内容。

1. 确立正确的价值观念

即明确社会主义社会中企业的目的，绝不能只是为了赚钱，而是要把自己的经营目的、发展战略、经营目标同社会的需要、国家的发展、社会主义的四个现代化联系起来，同最终达到共同富裕的目的联系起来。

2. 进行科学管理

即要能按照现代企业的发展规律，在决策方面，在经营方法方面，在规章制度方面，力求达到科学管理的水平。

3. 培育企业精神

企业精神，比较多的是根据企业的生产、经营和行业的不同特点，根据正确的价值观念和科学管理的要求，对所形成的能集中体现本企业个性特点和精神面貌、激励职工奋发进取的职业道德、敬业精神等的高度概括。要把企业精神化为企业所有人员的血肉，用以鼓舞人心，加强凝聚力，并得到社会的认同。企业文化、企业精神，是建立社会主义市场经济体制的客观需要，是企业在激烈竞争中谋求发展的内在要求，是社会主义精神文明建设特别是社会主义思想道德建设的重要内容。

4. 树立企业形象

它是企业文化的价值观念、科学管理和企业精神的集中的外部表现。一个企业的企业形象，体现着极为丰富的内容，如服务质量、产品质量、职工队伍的素质、企业对社会的贡献（包括是否破坏了生态环境）和对社会道德责任的履行等等。企业的形象一旦形成，就会对企业带来非常重要的社会影响，这是企业管理者所不应忽视的。

企业形象对顾客来说，并不只是从广告中得到的，而主要是从生活实践中认识的。企业是不是真正为顾客服务，是不是一切为了顾客需要，是不是诚实无欺……消费者偏好某家企业的产品，甚至宁愿多出钱去购买这家的产品，往往是同企业在他们心中的形象有关。在当前企业的激烈竞争中，由企业的精神所形成的企业形象，有特别重要的作用。

在弘扬中华民族的优良文化道德传统基础上，探索社会主义企业文化建设，各地都做了许多努力。北京曾系统调查总结了同仁堂“传统文化与现代化相融合，建设有中国特色社会主义企业文化”的经验。同仁堂“济世养生”的经营宗旨，就是为病人谋利益，为大多数人谋利益，为社会谋利益的价值导向，而以这种企业伦理为宗旨的企业文化，使企业取得显著的经济效益和社会效益，在国际上也取得很好的信誉，为国家赚取了大量的外汇。同仁堂在“济世养生”的经营宗旨下，强调精益求精的敬业精神，重视童叟无欺、一视同仁的职业道德和讲礼仪、重人和的行为风范等，这些优良传统，在新的条件下，同社会主义精神文明建设的实践结合，具有了崭新的意义，更好地树立了企业的形象，有效地培育了“四有”新人。

中国企业的社会伦理责任*

企业对社会的伦理责任，是当今社会经济发展和全面进步的一个十分重要的问题，它不仅关系到企业自身的社会形象、经济利益和社会效益，而且还牵涉到整个社会的持续发展和人类子孙后代的长远利益，牵涉到社会的人际和谐和道德素质的培养。因此，在社会经济日益发展的今天，从更广泛的视角来探讨企业对社会的伦理责任，无论从企业的利益还是从人类的长远利益来说，都有着极其重要的现实意义。

一、企业对社会的责任

企业对社会的责任，是多方面的。一般来说，我们可以把企业对社会的责任，概括为三个主要的方面：一是以自己的合格产品和优质服务来为社会作贡献，二是以自己的上缴利税来为国家提供资金，三是以自己对社会所做的公益事业来为社会谋福利。第一，一个企业，无论是从事生产、交换、服务和信息，它在自己的业务范围内为社会提供了效益，有益于社会和他人的利益，就是履行了企业的重要的社会责任；第二，一个企业还必须以自己上缴的利税来为国家提供资金，促进国民经

---

* 原载《以德治国与公民道德建设》，299～305 页。

济的发展；第三，一个企业在自身盈利的基础上，还要尽自己的最大可能来从事社会的公益事业。如果进一步分析，我们可以把企业对社会的责任分为法律责任和伦理责任两个大的方面。所谓法律责任，主要是指法律所规定的，企业对社会、政府、股东、职工、消费者及一切关系者的责任（从一定意义上，我们也可以说，这种责任是法律所明确规定的企业责任），是指企业在活动中所必须遵守的法律规范。所谓企业的伦理责任，就是指企业在自己的活动和行为中，在谋取企业的利益的同时，要照顾关心他人、国家和社会的利益，要考虑到整个人类生存环境的保护，考虑到子孙后代的长远的利益。这不但是企业伦理学所特别关心的一个问题，也是当前经济发展和社会进步的一个重要问题。企业的伦理责任，从一定意义上说，虽然它也同国家的法律有密切的关系（而且有些伦理责任同时也就是法律责任），但更重要的是，它是建立在人的良心和社会舆论的伦理道德的基础上的。

二、当前中国企业在社会责任方面的现状

从中国当前的情况来看，由于社会主义市场经济正在形成、建立和发展，计划经济体制向市场经济体制转轨的过程还没有最终完成，特别是由于在法制建设中，立法和执法工作还有许多漏洞，因此，在相当一部分企业中，还缺乏明确的社会责任意识，出现了种种值得注意的问题，这是我们之所以要强调企业的社会责任的一个重要原因。

在一个落后的大国，要想较快地发展自己的经济，确实是一件十分艰难的事。为了实现国家的现代化，第一个要做到的事，就是要集中自己的全部精力和热情，以经济建设为中心，发奋图强，自力更生，以坚定的意志和信念，动员全国人民的力量，大力发展生产力，掌握新的科学技术来发展生产、增加社会的物质财富，使国家在最短的时期内实现现代化的目的。

为了发展自己的经济和实现四个现代化，中国采取了改革开放的政策，即以前所未有的胸怀，向世界各先进国家学习现代化的先进技术和管理方法。中国是一个社会主义国家，中国只能以自己特有的价值观来

发展自己的经济，只能走社会主义现代化的道路。中国经济的发展，正以日新月异、一日千里的速度向前迈进，它的变化的快速，是举世公认的。在中国经济的发展中，也出现了一些值得我们注意的问题，这就是经济的发展虽然明显地带来了生产力的发展和物质财富的增加，带来了人民生活水平的提高和国力的增强，但是，在可持续发展、社会全面进步特别是生态环境保护等方面，却出现了大气的污染、水资源的破坏、森林的砍伐、水土的流失等严重的问题。大气的污染已经给人们的健康和社会的发展带来了不可忽视的危害（北京的空气质量经常是在三级，有时候是四级）；水的污染也已影响到沿江沿河的人民的生活用水，更不用说对农作物和水生动物的危害了；1998 年中国所遭遇的长江特大洪水，除了自然的原因以外，还说明了在上游的森林砍伐、沿岸的水土流失等也是一个不可忽视的因素；对矿山的肆意开采也造成了物质资源的极大浪费；如此等等。一些追求短期行为的做法，使我们的资源所遭受到的危害，是令每一个有责任心的人痛心疾首的。可以毫不夸张地说，有些村庄、工厂、矿山等，用损害环境、浪费资源而创造的所谓的经济效益，其实远远比不上其糟蹋的环境和资源的价值。资本主义在发展初期，曾经付出过惨重的环境和资源代价，但一旦这些国家猛醒过来之后，立即采取果断措施保护环境与资源，而且把这两项参数作为衡量经济效益的重要指标。我们本来应当更好地避免资本主义发达国家走过的老路，创造出新鲜的经验。应该说，在这一方面，中国既没有很好地接受西方早期发展经济的先污染、后治理的教训，也没有能够很好地吸收现代西方发达国家在环境保护方面的经验。环境只有一个，资源极其有限，一旦这些大自然赋予我们的宝贵财富毁在我们手上，那么，不但改革成功的价值将大大降低，而且我们将成为历史的罪人，成为子孙后代的罪人。为长远计，为未来计，也为我们眼前的改革的事业计，都必须花大力气保护自然环境和自然资源。这样的思想和观念，似乎已经超出了伦理要求的范围，而变为关系到国家兴旺发达乃至生死存亡的大事，但就其实质，仍然是同我们所说的伦理责任有密切关系的。如何使经济的发展，不但能带来物质财富的增加，而且能确实实现社会的全面进步？为了解决这个问题，除了国家的宏观调控以外，加强社会的伦理责任、加强企业的伦理责任也是一个极其重要的方面。

三、当前中国企业的价值观

在谈到企业的伦理责任时，我们认为，首先有必要谈一谈价值观的问题。这也就是说，我们应当用什么思想来指导我国的四个现代化和经济发展？我们认为，社会主义的本质，是解放生产力，发展生产力，消灭剥削，消除两极分化，最终达到共同富裕。因此，在发展经济和实现四个现代化的过程中，必须要坚持为大多数人的利益服务、对大多数人民有利为指导原则。所谓大多数人的利益，绝不是指眼前的利益、一时一地的利益，而是指长远的（包括子孙后代的）、根本的利益。因此，急功近利的功利主义的态度，是我们不应当采取的。价值观是人们对客观事物是否有用、有利、有效和有何意义的一种评价和判断，是主体在同客体发生交往中的一种关系，这种关系，可以是政治的、经济的、美学的、伦理学的等等。一般来说，企业的价值观，是指企业所追求的根本目的，它指导企业的各个方面的活动，贯串企业的目标、宗旨和决策因素。从一定意义上说，价值观是一个企业的基本观念和信念，是企业文化的核心和灵魂。在当前中国的现实条件下，企业的性质是不同的，有国营的，有公私合营的，有私营的，还有许许多多外资的等等，因此，它们的价值观也必然是不同的。但是，在它们的不同的价值观中，也有着一个共同的方面，这就是对社会的责任意识，尤其是伦理责任意识。社会主义国家中的国有企业、集体企业，应当以谋取集体利益为最大的目标，它们的价值观中，本来就应当有对社会、对人民、对国家的强烈的责任意识。我们已经看到，西方发达国家的企业的价值观，在经历了长时间的最大利润价值观之后，已经注意到社会各方面的利益。尽管西方国家企业的目的仍然还是谋取最大的利润，但是，从社会的要求出发，已经注意和强调对生态环境的保护。对当前中国的公私合营和私营企业（包括个体劳动者）来说，在谋取自己企业利润的同时，更必须要把社会责任放在重要的地位，值得指出的是，在中国的市场经济条件下，对生态环境的破坏的一个重要方面，就是来自私营企业、公私合营企业和个体劳动者。同时，国有企业、集体企业和外资企业也都程度不同地存在着环境保护方面的问题。

四、企业的伦理责任

在谈到企业的伦理责任时，我们有必要说明法律责任和伦理责任的区别和联系。在法律和道德同时发生作用的社会中，在相当多的情况下，伦理责任和法律责任是同一的，既是伦理责任又是法律责任。当然，伦理责任是在更大范围发生作用的，它虽然没有像法律那样的强制作用，但是，它依靠人们的“良心”，特别是大众传媒对社会所产生的强大舆论力量，也能够发挥其独特的作用。

在当前中国的社会中，企业的伦理责任，有以下几个重要方面。

1. 环境保护的责任

为了社会的全面进步和可持续发展，为了最大多数人民的长远利益，为了保护人类的可贵的资源和生存的环境，全社会都要关心环境保护的问题，而企业在自己的活动中，更应当把环境保护看作自己最大的伦理责任。企业的一切经济活动，包括企业生产的所有产品，都不能对环境有所污染，一切污染空气、污染水资源、破坏森林和造成水土流失的，都必须严格禁止，不但要受到法律的制裁，而且要受到道德上的严厉谴责。国家已经决定在最近二十年来所建立的污染水资源的造纸等企业，必须立即和限期停止生产，即使经济上要遭受重大的损失，也在所不惜；一些如味精厂等大中型企业，要限期治理污染，如果达不到要求，就必须停止生产，什么时候达到治理的标准，什么时候才可以恢复生产。要在价值观上树立一种新的认识，对企业的成功、企业的荣誉、企业的社会效益等的评价，一个重要标准，就是企业在环境保护方面所作出的贡献的大小。

2. 社会公益活动的积极参与

在当前中国的条件下，企业要在力所能及的范围内，尽自己的可能为社会的公益活动出力。我们反对政府各部门和其他机构，随意向企业摊派，增加企业不应有的负担。但是，在中国这样一个经济不发达、还有一些人处在贫困之中、受教育的程度还很不理想的情况下，不但要在经济上，而且要在文化上脱贫。企业要发挥自己的优势，帮助经济不发达地区的发展。在当前的情况下，社会福利事业亟待发展，除了国家在这方面所进行的努力以外，企业也应当在可能的范围内，适当参与这方面的活动。尤其应当强调的是，随着市场经济的发展，在中国，贫富的差别和悬殊，已经成为人们关心的一个重要问题。在中国百万富翁、千万富翁已经不少，亿万富翁已经产生。正像人们所说的："十万不算富，百万才起步。"对于这些已经富裕起来的企业家来说，只要他们的财产是依靠诚实劳动所得的，他们的财产，在法律上是受保护的。一些企业在经济发展了之后，已经自觉地提出了为国家和社会福利作贡献，这反映出它们对社会伦理责任的认同，是应当受欢迎的。中国所主张的原则是共同富裕，是一部分人先富起来后要帮助其他的人富起来。企业发展以后，如何在这方面作出自己的贡献，这是一个应当引起全国人民所关心的问题。

3. 发展教育事业

在中国这样大的发展中国家，在发展经济的同时，发展教育事业，对整个国家的兴旺和发达，起着决定性的作用。中国把科技兴国作为国家发展的战略。中国充分认识到，21 世纪是一个激烈竞争的时代，而人才的竞争有着更加重要的作用。尽管中国每年要招收一百多万大学生，仍远远不能满足社会的需求。因此，仅仅依靠政府的经济力量来发展教育是远远不够的，只有动员全国各个方面的力量，才能满足社会对教育的需要。正是在这样的形势下，很多企业都积极地关心教育事业的发展，参与各类学校的兴办以及对教育事业的赞助。如中国著名的钢铁企业宝山钢铁厂，就以数千万的巨资在全国设立宝钢奖学金来奖励全国著名大学的优秀学生和教师。全国的著名大学几乎都有十几种甚至几十种企业提供的奖学金。

4. 履行法律规定的社会责任

从一定意义上看，企业的法律责任也可以说是企业的伦理责任。首先，企业在经济活动中要依法纳税，这既是法律责任，又是伦理责任。一方面由于税制不健全，另一方面由于执法不严，再加上企业经营者缺乏法律责任和伦理责任的意识，在中国偷逃税款的情况，仍然是一个严重的问题。在一些人看来，偷逃税款，只要不被发现，不以为耻，反以为荣。用什么办法来使人们有"羞耻之心"呢？这就是要加强人们的伦理责任意识。其次，充分照顾职工的利益，关心职工的发展，注意职工的人权和劳动保护，也是企业对社会的一种伦理责任。最后，保护消费者和其他公众的利益不受侵犯，既是企业的一种法律责任，又是企业的一种伦理责任，如此等等。

总之，加强企业的法律责任和伦理责任，特别是认识到伦理责任的重要性，对中国的四个现代化的事业，对中国的社会全面进步和可持续发展，以至对世界经济的发展都有重要的意义。

在企业文化建设中要坚持为人民服务和集体主义原则*

在我国建立和实行社会主义市场经济的过程中，以为人民服务为核心、以集体主义为原则的道德是否符合市场经济条件下国有企业的改革与发展，以及如何在国有企业改革与发展中坚持为人民服务和集体主义原则，一直是理论界和企业界探讨的问题。我们反对那种以市场经济本质上是一种利己型经济为认识前提，否认为人民服务和集体主义原则在企业发展中具有价值导向意义的观点，主张在企业中实事求是地坚持为人民服务和集体主义原则，为企业的长久发展培植厚实的道德基础。然而，怎样才能实事求是地坚持为人民服务和集体主义原则，根据同仁堂企业文化建设和思想政治工作的启示，下面谈以下几点看法。

一、正确理解企业的伦理二重性

我国正在建立和发展社会主义市场经济。正如邓小平同志所指出的："计划多一点还是市场多一点，不是社会主义与资本主义的本质区别。计划经济不等于社会主义，资本主义也有计划；市场经济不等于资本主义，社会主义也有市场。计划和市场都是经济手段。"实行社会主

* 原载《以德治国与公民道德建设》，306～312页。

义市场经济就是以市场为手段，来最终达到共同富裕的社会主义的目的。正因为我国所实行的市场经济是社会主义的市场经济，因此，我们所要建立的企业文化，必然是社会主义的企业文化。正如邓小平同志所说：“社会主义的本质，是解放生产力，发展生产力，消灭剥削，消除两极分化，最终达到共同富裕。”社会主义的企业文化的根本目的就是要为“解放生产力，发展生产力”服务，就是要为“消灭剥削，消除两极分化，最终达到共同富裕”的社会服务。坚持马克思主义的指导，努力继承和发扬中华民族的一切优秀文化传统，努力学习和吸收国外一切优秀文化成果，是我们创造和推进中国特色社会主义的企业文化的指导思想。建设企业文化，还要和加强企业的思想政治工作紧密结合起来。企业的思想政治工作是企业一切思想和文化工作的灵魂，企业文化是企业发展的思想动力之一，二者相辅相成，协调发展，是企业文化建设能否取得成功的关键。

为人民服务和集体主义原则，既源于中国传统道德文化，又是中国传统道德文化的一种新的质的变革，它是一种为他型的价值原则，这种为他型的价值原则，能否被市场经济条件下的企业自觉认同和遵从，在很大程度上取决于这两个价值原则是否符合企业在市场经济条件下的生存发展规律，是否符合企业发展的内源需求。许多人之所以认为为人民服务和集体主义原则不适应市场经济条件下的企业，原因在于他们缺乏对企业本质的正确理解。

马克思主义的政治经济学理论告诉我们，由于商品交换的特殊性，市场经济天生具有伦理二重性，即为社会服务与为企业自身谋利相共存。市场经济的伦理二重性，本源上来自于企业组织的伦理二重性。企业是社会分工的产物，是一种通过有效的经济行为创造价值的经济组织。通过生产和经营来实现自身存在和发展的需要，实现为社会提供服务所需的利益基础，是企业必然的追求。因而，企业本质中具有为自身谋利的要求。但是，企业的本质之中还蕴含为他人和为社会服务的一面，这是由企业的存在与发展特征所决定的。从企业的产生和发展而言，没有社会的需要，企业不会产生；不能满足社会的需要，企业不会发展。企业必须通过生产和经营来满足社会的需要，才能够获得自身存在的理由和价值，才能满足企业自身的需要和利益。从企业的运行过程来看，任何企业组织的运行都是以分工为基础的，以合作为纽带的，没有不同工种和工序之间的有效合作，企业也不可能获得自身发展所需的基础。为企业自身谋利和为他人、为社会服务共存，这种二重性是企业的本质所必然要求的。

对于市场经济和企业伦理二重性的认识，对于经济发展和企业发展的伦理内涵的认识，一些新的经济学流派，如发展经济学、福利经济学、新制度经济学等都从不同的侧面做出了阐释，市场经济与企业的发展应当实现经济效益和道德责任并举，已经成为一种共识。从实践的角度，国内外优秀企业的成功发展的经验也给予了充分的证实。同仁堂从一个传统的老字号发展成为现代企业集团的过程，完全是坚持以义取利的价值原则、实现义利共生的真实写照。发达国家企业伦理中越来越多认同为社会的价值原则和道德追求，推崇企业内部的合群原则和团队精神，市场竞争中的双赢原则，履行社会责任的良好企业公民原则，绝对忠诚顾客原则，股东、员工、顾客与社区利益共享原则等等。这些道德原则与我们提倡的为人民服务和集体主义原则尽管存在一定的差异，但都是尊重企业为社会服务性的反映。正是上述为社会服务性伦理原则在这些优秀企业中的实践，这些企业才能够在激烈的市场竞争中获得可持续发展的核心竞争力。如今，没有企业家或企业研究者会认为一个对内缺乏相互信任与合作，对外不提供良好服务，不履行社会责任的企业能够较好地存在与发展，反之，那些发展持久、良好的企业莫不是讲求义利相兼的企业。

通过分析认识企业客观具有的伦理二重性特征，我们认为以义导利、义利共生是企业发展的内在价值要求，为他人、为社会的为人民服务和集体主义原则，与企业发展具有相适性，因而应当成为企业文化建设的价值导向。

二、正确认识为人民服务和集体主义原则的丰富内涵和层次要求

企业的伦理二重性，为为人民服务和集体主义原则作为企业发展的价值导向，提供了客观要求和内在基础，同时也要求，在企业中提倡为人民服务和集体主义原则，必须要从企业的实际情况出发。在过去一段

时期，我们在提倡为人民服务和集体主义原则时，过多地重视集体利益而忽视个人的正当利益，重视无私奉献而忽略合理取利，甚至出现以义代利的倾向，导致企业生产积极性不足，生产效率低下。因此，正确认识为人民服务和集体主义原则的丰富内涵和多层次的要求，关系到为人民服务和集体主义原则是否能够真正为企业所实践，进而促进企业的发展的重要问题，是我们应当认真加以研究和阐释的。

在社会主义的市场经济条件下，在义利关系上，我们究竟应当根据什么样的原则来处理各种关系呢？党的十四届六中全会所作的有关决议指出，要“形成把国家和人民利益放在首位而又充分尊重公民个人合法利益的社会主义义利观”。在企业中，我们应当以义导利、义利共生，它既强调国家和社会的利益，又重视企业自身的利益。也可以说，这一以义导利、义利共生的要求，本来就是我们所提倡的为人民服务和集体主义原则在企业中的应有之义。具体而言，在企业中提倡为人民服务和集体主义原则应当注意以下三个问题。

其一，企业集体必须成为真正的利益集合体，应该真正代表和保证企业成员利益和社会、国家的利益，避免演化为只代表少数利益相关者的集体。在我国计划经济向市场经济过渡的过程中，国有企业和新诞生的企业开始成为各个劳动主体和资本主体权利的集合体，成为通过个人利益的协作来创造财富的利益集合体。在这样的集体中，个人的权利和利益，获得了法律的依据和保护。在这种情形下，如果忽略实现和保护集体中的共同利益，企业成员（包括员工和股东）都不可能真正接受集体主义，不可能主动自觉地服从集体利益，不可能成为企业的主人翁。

其二，企业集体必须成为权责明晰的利益创造体，必须将企业作为市场经济主体而承载的各种责任明确地转化为每一个企业成员的责任，从而激发、培养员工为他的自觉性。现代企业伦理学和管理学认为，社会越是发展，作为既是社会经济实体又是社会性伦理实体的企业，承载的责任就越是重大。首先，从内部来讲，各个岗位、各个部门、各个工序、各个工种都有不同的责任，正是这些责任的有序连接，企业才得以正常运转。其次，从外部来讲，则包括企业对外部股东的责任，企业对消费者、合作商、行业的责任，企业对政府、社区和生态环境的责任等等。外部责任的履行是以内部责任的正常实现为基础的，也就是说，只有在企业中做到了个人利益服从集体利益，个人为企业服好务，企业才可能在更大的范围内实践为人民服务和集体主义原则，因此，通过企业制度明确员工责任，通过有效激励培养企业成员的自觉责任感，是为人民服务和集体主义原则实践的客观条件。否则，责任不明必然导致无责任的混乱，挫伤企业成员维护集体利益、维护他人利益的积极性，妨碍企业的道德进步。

其三，企业必须在承认无偿的服务是奉献的同时，承认诚实劳动、遵纪守法的行为应该在道德上得到肯定。市场化的企业既可以提供有偿服务，也可以提供无偿服务。无偿服务是奉献，它是服务的最高境界，有偿服务也是对社会的贡献。奉献是行为主体在道德自觉中逐渐产生的集体主义价值观的最高体现，而不是外力强迫的结果。因此，企业不能脱离企业成员间存在道德境界差异的客观事实，不能简单地将为人民服务等同于对社会奉献，否则，既无法实现企业成员的对社会奉献，也无法通过提高有偿服务的质量满足不断增长的社会需求，甚至会带来严重的不公。我们应当认识到，为人民服务包含着内容广泛、层次不同的要求，它的最高要求是全心全意为人民服务，是毫不利己专门利人；它的最低层次就是在遵纪守法的前提下，通过诚实劳动来为社会做贡献。当然，在这二者之间，还包含着若干中间的要求。

同仁堂公司本着企业发展的终极目的是为了实现人的全面发展这一观点，以及争取不让每一个同仁堂员工落伍的目标，围绕高标准的药品生产与经营的质量责任，建立多层次的全员教育培训系统和一人多岗流动系统，实施循序渐进的工资福利制度改革，积极履行企业对员工的责任，使员工在企业获得仁者爱人的精神体验，自觉形成服从集体利益、为他人服务的风尚，促进了企业作为全体员工利益共同体和协作体的整合，为员工主动自觉地为他人服务、主动自觉地认同和维护集体利益奠定了必要的基础。我们可以这样理解：企业中的集体主义是为了保证和实现企业所有利益相关人的共同利益和国家利益，为人民服务是包括员工、顾客、合作商、竞争对手、政府和社区在内的所有利益相关人的服务。

三、通过企业制度保证为人民服务和集体主义原则的实践

每一个企业的管理和经营决策与制度，都是一定伦理理念的体现，

既能够反映企业经营管理者对待各类利益相关人的利益态度，也能够影响与引导企业成员的是非观念和价值选择。因此，一方面，为人民服务和集体主义原则应当是企业经营管理制度的价值导向；另一方面，企业经营管理制度应当成为实践为人民服务和集体主义原则的桥梁和纽带。同仁堂集团通过企业文化制度建设，在这方面做了大量的工作。

第一，确立“仁德”为核心价值，完善同仁堂伦理理念系统，使为人民服务和集体主义原则自觉地融入本企业的“仁德”文化之中，自然促进企业成员对这两项原则的认同。根据同仁堂集团成立后对历经300年形成的文化传统所进行的诠释，其“仁德”的内涵包括：在品性层次上主张以恭敬、宽厚、信实、勤敏、慈惠修身，以坚持真理、恪守正义处世；在价值层面上主张对内敬业为正、人和为贵，对外报效祖国、奉献社会、济世养生。从中我们可以清晰地感到同仁堂人将为他人服务、为祖国服务、为社会服务上升为一种自觉的道德责任、一种理想的道德境界，这与党和政府所提倡的为人民服务和集体主义原则具有深刻的一致性，是我国仁者爱人传统美德的现代弘扬。

第二，建立和完善公司各级党员学习制度、内外宣传制度、员工培训制度、干部教育制度等，运用内外各种渠道多层次地向企业内外推广“仁德”理念，通过重质量、重信誉的市场活动积极弘扬利他为本、以义取利的“仁德”追求，塑造“仁心仁术，济世养生”的“仁德”形象，基本形成了企业内视产品质量为生命，视企业信誉为根本，视顾客利益与集体利益为最高命令的“仁德”之风，从而积极促进了为人民服务和集体主义原则在企业的实践。可以说，“仁德”的弘扬就是对为人民服务和集体主义原则的弘扬，“仁德”之风形成的过程无疑是为人民服务和集体主义原则实践的过程。

第三，将“仁德”具体化为企业的各种责任。同仁堂成立之初，在如何使同仁堂药厂和同仁堂药店与新加入的其他企业，在市场竞争极不规范的背景中共同保持和发扬同仁堂视药品质量为生命的传统；如何处理既要消化历史遗留的经济包袱，又要保证经济效益，上缴利税年年增长的矛盾；如何实现增效不减员等方面作出了极大的努力。其中，最能体现同仁堂“仁德”精神的是他们一贯严守“求珍品，品位虽贵必不敢减物力；讲堂誉，炮制虽繁必不敢省人工”的堂训，从真正有利于救治病患者的角度，严把药品质量关，高标准地履行对病患者的责任。在高标准地履行对消费者责任的基础上，同仁堂获得了向投资者履行资产保值增值责任和对社会履行环保、利税、慈善等责任的能力，不断实现以爱国爱人、仁药仁术造福人类的价值追求。

第四，将领导集体、党员骨干的带头作用纳入企业制度范畴，培养和树立实践“仁德”精神、实践为人民服务和集体主义原则，使为人民服务和集体主义原则人格化、具体化。数年来，同仁堂领导人和广大党员干部始终坚持国家利益、集体利益高于个人利益，坚持为企业和顾客精诚服务高于为己服务，坚持严于律己身先士卒的工作原则，坚决拒绝只讲经济责任不讲社会责任、只讲自身经济效益不讲社会整体效益、只讲眼前利益不讲长远利益的做法，用众所周知的成就为光大传统金字招牌，发展中国民族药业，促进北京政治、经济的稳定发展作出了积极贡献。

在正确的价值观和经营哲学的指导下，建立健全企业的各种制度，通过制度体现和维护集体中每个人、各个部门的共同利益，明确对以员工、顾客为中心的利益相关人的服务责任，是为人民服务和集体主义原则的真实体现。

第九编

教师道德

简论教师道德*

加强共产主义道德的教育，特别是加强社会主义社会中各行各业的职业道德教育，对建设高度的社会主义精神文明，有极其重要的意义。

教育工作，对于整个社会的文化建设和思想建设，都是一个不可缺少的、有重要作用的并带有关键性的环节。离开了教育活动，人类的文化、知识和道德，就不可能有世代相袭的继承，会影响整个社会的存在和发展。因此，在建设社会主义精神文明中，我们必须要提倡和开展关于教师职业道德的研究，提高教师的共产主义道德水平，以便能更好地发挥教师的能动作用，从而有助于我们更迅速有效地培养更多的"有理想、有道德、有文化、有纪律"的一代新人，更迅速地推动我国四个现代化建设的蓬勃发展。

职业生活是人类社会生活的基本形式之一，各种不同的职业各有其不同的道德关系，教师的职业更有着与其他各种职业所不同的特点和作用。教师道德究竟应该包括哪些内容，还有待于理论工作者的研究和概括。这里，只是提出一些初步的看法，有不确切或错误的地方，希望得到同志们的批评和指正。

所谓职业道德，是指从事一定职业的人们，在其特定的劳动中所形成的比较稳定的道德观念、行为规范和习惯传统的总和。由于从事某种

* 原载《中国人民大学校报》，1983-03-15。

特定职业的人们有着共同的劳动方式，经受着共同的职业训练，因而往往形成共同的职业兴趣、爱好、习惯、心理和传统，形成了特殊的职业责任和职业纪律，结成了一般人们所没有的某些特殊关系。因此，就必然有某些特殊的行为规范和道德要求。这也就是说，职业道德是同人们的职业活动紧密联系的、具有其自身职业特征的道德规范和道德准则。这种道德往往表现为世代相袭的职业传统，有较强的稳定性和连续性。任何一个社会或阶级的职业道德，都是该社会或该阶级的道德原则和规范的具体运用。社会主义社会的职业道德当然也不例外，它是集体主义的共产主义道德原则和爱祖国、爱人民以及共产主义的劳动态度等共产主义的道德规范的一个组成部分。

教师这一职业，在诸种社会职业中具有特殊重要的地位。它的特殊使命，是要为整个社会培养正在成长的一代人，使他们具有必要的才能和品质。它的劳动对象是有着独特个性的、具有很大可塑性的、有着旺盛求知欲的各种不同的人。在教育工作中，教师以其特殊的手段，对学生施加影响，即不仅以自己的知识，而且以自己的感情、意志、信念和品德来对自己的劳动对象发生作用。在社会主义社会中，每一个青少年都有接受教育的权利，优越的社会主义制度也给每一个青少年提供了接受教育的机会和条件。建设社会主义的各方面的人才，必须首先是通过学校输送到社会上去的。社会主义建设的好坏、快慢、成败，与教师的工作紧密相关。教师这一职业是神圣的职业，因为它关系到祖国的前途，社会的未来。教师把自己的知识传授给学生，给人以智慧，给人以力量，给人以美好的理想，推动社会的文明与进步。社会还把教师看作知识的象征和行为的表率，17 世纪著名的捷克教育家夸美纽斯（1592—1670）在说到教师这一职业时曾说，教师的职业是“太阳底下再没有比它更优越的职业”。无产阶级的导师也都十分强调教师工作的重要，列宁说得很深刻，他认为“应当把我国人民教师提高到从未有过的，在资产阶级社会里没有也不可能有的崇高的地位”①。由此可见，教师这一职业理所当然地应当受到社会的普遍尊敬。

全社会尊重老师，老师也应做全社会的好的表率，这二者是相辅相成的，缺一不可。教师的任务不仅仅是给学生传授知识，还要把学生造

① 《列宁选集》，2 版，第 4 卷，678 页。

就成有道德、有理想、有知识、有纪律的人，这就是用高尚的道德品格和崇高的社会理想去塑造青少年的灵魂。人们把教师称为“人类灵魂的工程师”，是有道理的。要培养有道德、有理想、有知识、有纪律的一代新人，教师首先要有道德、有理想、有知识、有纪律；要受全社会的尊重，教师首先要尊重自己。因此，加强教师道德的研究，确立师德规范，深入而持久地进行教师职业道德的教育、训练和修养，是完全必要的。

那么，教师的职业道德应当包含哪些基本的内容呢？根据教师职业生活的要求和广大优秀教师的教育实践，我们大体上可以把它概括为以下四个方面。

一、忠于党的教育事业

在剥削阶级社会中，知识私有。青少年要想出人头地，必须要有知识；而要获得知识，则必须付出昂贵的学费。因此，接受教育成了富有者的特权。从事教育的人，都是直接为剥削阶级服务的。然而，传播知识，传播人类文明，毕竟是有利于社会进步的。古代许多人把它看作一切职业中最崇高的职业。我国古代的教育家、思想家孟轲曾经说过：“得天下英才而教育之，三乐也。”① 他把为社会培养有用的人才看作人生的一大乐趣。

社会主义制度的建立，使得教育事业具有了与旧社会完全不同的意义。旧社会的教育家虽然传播了人类文明，有的还培养出了不少优秀人才，为社会的发展做出了贡献，但是，他们培养出来的人大多是精神权贵和人民的压迫者。我们消灭了人剥削人的制度，接受教育是所有社会成员都具有的不可侵犯的权利。教师所培养的人才都是社会主义和共产主义的建设者。人民教师的工作，是造福于整个社会和全体人民的。我们的人民教师是旧社会的所谓人师无法比拟的。

热爱党和人民的教育事业，把全部的心血无私地花费在青少年身上，这是党和人民对教师的要求，是教师这一光荣的职业对教师的要求，也是每一个有责任感的教育工作者的职业良心对自己的要求。仅仅

① 《孟子·尽心上》。

把教师这一职业看作自己谋取生活资料的手段，得过且过，做一天和尚撞一天钟，甚至连钟也不愿意撞的态度，是极其恶劣的。有的教师，虽然也努力工作，但如果只是把教师这一职业当成个人获取名利的一种手段而不用心教育学生，或者只注意个人的著书立说而不考虑教学效果，或者是“教书不教人”、“身在学校中，心不想学生”等等，这些情况，都是不符合教师职业道德的要求的。因为这种工作态度误人子弟，贻害国家，是对家长、对人民的一种极端不负责任的行为。

教师的工作崇高而富有重大的意义，但这一工作却又十分平凡而艰苦。传授给人以知识，教授给人以道德，使人智慧，使人高尚，并不是一件容易的事情，这需要教师数次、数十次甚至无数次不厌其烦的讲解和示范。有人对那些忠于党的教育事业、勤勤恳恳地工作的教师作过许多形象的比喻：教师好比一支蜡烛，不断地燃烧、消耗着自己，照亮着别人前进的道路；又像一支粉笔，散播着智慧的种子，把知识传授给别人，而渐渐地磨损着自己；又像一架梯子，让人踩着自己的肩膀攀上高峰，去采摘胜利的果实。不错，教师的工作的确平凡而艰苦，但在这平凡而艰苦的工作中，正蕴含着崇高的神圣的劳动。在任何职业生活中，各种关系都离不开道德的调整，道德调整的特点，就是人们要对其他社会成员、对社会作出必要的节制和牺牲。道德和崇高从来就是以自我牺牲为前提的。康德曾经说过，道德之所以能招来这么大的美名，或者说带来如此大的荣誉，就是因为它伴随着巨大的牺牲。只顾自己的利益而不关心他人和集体的利益，只图安逸、享受而不想做工作、做贡献，是毫无道德可言的。人民教师损耗了自己却照亮了下一代的心灵，磨损了自己却传给后代以智慧和力量，这难道不是很崇高、很值得尊敬的吗？当教师白发苍苍的时候，看到自己的学生成为建设祖国的栋梁，难道不为自己的卓有成效的工作而感到满足、自豪和荣耀吗？从社会、从他人那里得之甚少、甚小，而贡献给社会、贡献给他人甚多、甚大，这就是教育工作的崇高所在。

培养人的事业，要求培养者有高度的责任感，一般的职业热情是远远不够的，它需要的是教育者对这一事业的忠诚。只有为培养下一代而勤勤恳恳、呕心沥血、鞠躬尽瘁的人，才是最可尊敬的。以献身教育为大，以献身教育为荣，以献身教育为乐，应当成为每个教育工作者必备的道德情操。

二、学而不厌，诲人不倦

教师的天职是把知识传授给学生，只有对教育事业的满腔热忱，但没有传授知识的能力是不行的。人们常说，给学生一碗水，教师要具备一桶水，甚至一缸水，这话是极有道理的。教师在业务上没有丰富的知识和卓越的能力，要想教出高质量、高水平的学生，是根本办不到的。为学生而学，学而不厌，是教师应该具备的品德之一。

在社会主义的今天，科学突飞猛进，学而不厌对于人民教师来说就显得更为重要。不耻下问，教到老，学到老，这是教师的美德。教师对于自己的专业知识，应力求广博深厚，精益求精。教师如果能具有丰富的、多方面的知识，就必然能更好地启发学生，使学生举一反三。作为一个教育工作者，虽然不可能掌握所有的知识，但应力求博学多识。除了向书本知识学习之外，教师还应该特别注意向社会学习，向自己的学生学习。毛泽东同志说："知识分子如果不把自己头脑里的不恰当的东西去掉，就不能担负起教育别人的任务。我们当然只能是一面教，一面学，一面当先生，一面当学生。要作好先生，首先要作好学生。许多东西单从书本上学是不成的，要向生产者学习，向工人学习，向贫农下中农学习，在学校则要向学生学习，向自己的教育对象学习。"如果说知识对一般人来说都是很重要的，那么，对教师来说就更为重要了。

诲人不倦，对于一个教师来说，是比学而不厌更高一层的道德要求。它是教师职业道德的中心，因为它集中地体现了教师的职业特点和职业道德特点。诲人不倦蕴含着二层意思：一是爱护学生，二是循循善诱。爱护学生是诲人不倦的前提和基础，诲人不倦是爱护学生的具体表现；循循善诱体现了诲人不倦的精神，诲人不倦则是循循善诱的本质。

热爱学生，是做好教师工作的前提或必要条件，也是教师的美德之一。没有对学生的真诚的爱，也就不会有对学生的不倦的教诲。教师热爱学生，是把学生作为社会主义事业的建设人才而给予爱护，对学生的爱，体现了教师对人民、对社会主义和共产主义事业的爱；教师热爱学生，不是对学生的溺爱和迁就。热爱学生当然包括生活方面的爱护，但更重要的是要严格要求学生，严慈相济，培养他们心灵中闪光的智慧、思想和品格，帮助他们克服错误和不足，使他们将来能成为祖国的栋梁。教师热爱学生，不是只关心学生的考试成绩和业务才能，还要关心他们的道德品质和体育锻炼，让他们在德、智、体三方面都得到发展。教师对学生的热爱，还在于不只热爱优等生，而且也同样关心和爱护那些才智较差的学生，对他们也要热情、耐心地帮助，而不是采取讨厌、歧视的态度。在对待程度较差的学生上，更能表现教师职业道德的水平，更能衡量一个教师对学生的热爱程度。

因材施教、循循善诱是诲人不倦的方法和具体表现。教育不同的学生，要用不同的方法。所谓循循善诱，就是有步骤地根据学生的特点，有针对性地进行教育。在任何情况下，对学生都要满腔热情、不厌其烦地进行诱导，使之充满学习的兴趣和积极向上的信心和勇气。学生成长的过程是一个曲折的过程，对于教师来说，就是一个反复教育的过程。只有满腔的热忱、不嫌麻烦的耐心、坚韧的毅力、得当的方法，才能充分启迪学生的智慧，造就出优秀的人才。

诲人不倦这一道德规范在著名的专家、教授中更应加以提倡。诚然，有了名的专家、教授时间尤为宝贵。因为学生、青年教师、社会上其他许多人要拜访他们，渴望从他们那里得到指教；再者，专家、教授还有自己的教学任务、科研专题，常常是忙得不可开交。当然，对于那些不必要的挂名职务、可参加可不参加的会议等，应该尽量减少。但是，对于那些迫切希望获得某些帮助的人，专家、教授还是应该热忱地接待他们，并尽可能多地给以指点，这也是师德的要求。这对于专家、教授来说，并不是一件容易的事情。正因为做到它不容易，我们才把已经做到这一要求的专家、教授看作可尊敬的导师。有的人一旦出了名，便趾高气扬，把求教者拒之门外，这是一种缺乏职业道德的表现。社会主义条件下的高级知识分子属于无产阶级的一部分，其一切工作都是为了社会主义和共产主义的建设事业。以诲人不倦的态度教育别人，把自己的知识和见解无私地传授给青年一代，是知识分子义不容辞的职责和义务。

三、言传身教，为人师表

为人师表是教师职业道德的一个重要道德规范。所谓为人师表，是指教师在各个方面都应该成为学生和社会上一切人师法的表率。教师绝不只是传授知识，而同样重要的是以自己高尚的道德品格和情操来影响学生。没有或不精通业务的教师，当然是一个不称职的教师；没有高尚的品德、思想作风不好的教师，同样是一个不称职的教师。我国古代的思想家、教育家荀卿曾经说过：“礼者所以正身也，师者所以正礼也。无礼，何以正身？无师，吾安知礼之为是也？……夫师以身为正仪，而贵自安者也。”① 荀子强调教师要以身为正仪，即做学生的表率，这是十分重要的。他还认为：“君师者，治之本也。”就是说，国家安定团结，社会风气淳朴，起决定作用的是国家的最高领导和全体教师。汉代著名的思想家扬雄在他所著《法言》一书中，有这样一段话：“师哉！师哉！桐子之命也。务学不如务求师。师者，人之模范也。模不模，范不范，为不少矣！”② 用现在的话来说就是：教师啊！教师啊！是青少年能否成才的关键。一心想学习的人，最好是要找到教师。教师是人行动的模范。但是，不能成为模范的老师还是不少啊！苏联教育家加里宁也说：“教师的世界观，他的品行，他的生活，他对每一现象的态度，都这样或那样影响着全体学生。这点往往是觉察不出的。但还不止如此。可以大胆地说，如果教师很有威信，那么这个教师的影响会在某些学生身上永远留下痕迹。”③ 这些话都清楚地说明了教师为人师表的重要意义。

青少年都具有极强的模仿性和极大的可塑性。教师的思想、行为和品德，对于学生的思想、行为和品德起着潜移默化的作用，在无形中熏陶和感染着学生。因此，强调教师的道德品质和道德情操，强调教师为人师表的道德规范，是十分必要的。

在言语上，应当讲文明，文雅而幽默；在对学生的讲授中，应该在知识的广度和深度上多下功夫，不哗众取宠，不务虚名；在仪表上，应衣着朴素、整洁、大方；在待人接物上，应当热情、诚恳，严于律己，宽以待人；在工作上，应当勤勤恳恳，认真负责，一丝不苟；在品格和情操上，应当言行一致，表里如一，胸怀宽阔，遵纪守法，公正廉洁，富有正义感。此外，在教学和科学研究中，还应该特别强调谦虚的品

① 《荀子·修身》。

② 《法言·学行》。

③ 加里宁：《论共产主义教育》，43页，北京，中国青年出版社，1979。

德，要能够虚心听取别人的意见，并以此来教育自己的学生。当工作有了成绩，受到表扬、奖励的时候不骄傲；当工作遇到困难、受到挫折的时候不灰心；当自己有了缺点和错误的时候不隐瞒，知错必改。要求学生做到的，自己首先做到；要求学生不做的，自己绝对不做。这样的教师才是堪称师表的教师，才是人民所敬爱的教师。精神文明的宣传者，必须同时是精神文明的实践者。从道德教育来说，理论的说服只有伴以榜样的示范，才更容易发生效果。只有用道德来影响道德，以情操来感染情操，才能收到更好的效果。如果口头上把大道理讲得头头是道，娓娓动听，而在实际上却不按自己所说的去做，这种自欺欺人的做法，怎么能对学生起到教育作用呢？如果自己没有事业心，没有理想，怎么能把学生培养成有雄心大志、有抱负、有理想的一代新人呢？这样的教师，人们又怎么能够去尊敬他呢？

青少年的道德品质及其理想的形成，受着家庭教育、学校教育和社会教育三个方面的影响。学校教育对于青少年品质的形成来说，是一个非常重要的环节。由于十年动乱，良好的社会风气遭到了极为严重的破坏，社会上和某些家庭中的自私自利、向钱看、追求资产阶级生活方式的利己主义的恶劣风气不断地侵蚀着学生的心灵，影响着学校的教育。教师用自己的实际行动去抵制这些卑劣道德的坏的影响，给学生树立一个崇高的道德榜样，这对于培养有道德、有理想的革命事业的接班人，对于推进社会主义精神文明的建设，都具有十分重要的作用。

四、团结协作，共同进步

教师的职业道德，要调整两个方面的关系：一是调整教师和学生的关系，一是调整教师和教师之间、教师和行政工作人员之间以及教师和集体之间的关系。

在旧社会，教师是自由职业者，属于“士”这一阶层。在长期的私有制和利己主义道德的影响下，教师往往有“知识私有”的思想和“文人相轻”的局限性。由于职业道德所具有的较强的稳定性和世代相袭的连续性，这种旧道德的消极的传统习惯伴随着这一职业遗留下来，继续影响着社会主义条件下教育工作者的心理。在一部分教师之间，存在着争名争利的现象。有些人为了达到提级、提职的目的，只顾自己著书立说，对学生则敷衍搪塞、草率应付，对同事或同行则搞资料封锁、专题保密。有的教师在数人合作的科研成果或专著发表之后，为排名次、分稿酬闹得不可开交。有的教师自认为高人一等，认为学有专长，往往有轻视做行政工作的同志的看法，如此等等。这些行为，与教师这一圣洁的称号是极不相容的。

在社会主义条件下，培养德智体全面发展的新一代的艰巨任务，要求做不同工作的教育工作者团结一致、精诚合作；现代科学和理论问题的研究，也要求多方协作，要求详细而广泛地占有材料，要求相互交流、相互讨论、相互启发、共同提高。而上述做法，只能使我们的科学研究和理论研究的水平降低、速度变慢，也会给我们接班人的培养及整个教育事业带来危害。

团结协作、共同进步的道德规范，对于教师的要求有以下几点：担任同一学科的教师，要有共同的事业心，从把学生教好这一根本的目的出发，互相交流，互相学习，取人之长，补己之短。不同年级、不同学科的教师，要相互尊重，相互配合。新老教师之间，同样要互尊互敬，青年教师应主动向老年教师求教，学习他们渊博的知识和丰富的教学经验；老年教师要爱护、关心青年教师的成长，并注意学习他们富有创造性的思想和朝气蓬勃的精神，永葆革命青春。教师应服从领导，领导也应体贴、尊重和信任教师。教师和教师、教师和领导之间有了矛盾，应当开诚布公地谈心，把问题讲清楚，达到彼此谅解和相互团结。做行政工作的同志，应多从教师劳动的特点出发，为党的教育事业而尽可能地给教师以照顾；教师应自觉地看到行政工作对教学工作的重要作用，更好地尊重他们的工作和劳动。人民教师应当有宽广的胸怀，即使受到委屈的时候，也不应过分计较个人得失，应当把心全部放在党的教育事业上，把教学工作做好。

加强教师道德的宣传、教育和修养，提高教师的职业道德的水平，是当前的一项重要任务。在社会主义社会中，教师的职业道德既和以往的教师道德有着继承的关系，但同旧的教师道德又有着性质的不同。社会主义社会中教师的职业道德，是在公有制经济基础上形成的一种新型的人民教师的道德。因此，它不像旧的职业道德，往往是自发形成的，或者是在剥削阶级作为统治思想的影响下形成的，而是要在马克思主义的思想指导下，经过党、政府和工会组织的教育，并通过有觉悟的成员自觉建立起来的道德。因此，加强教师职业道德的宣传和教育，就有很重要的意义。要使每一个教师都能够认识到作为社会主义社会的人民教师的性质和特点，更深刻地懂得人民教师在推动社会主义建设事业中的重要作用，了解到人民教师在社会主义社会中的地位和职责。而且，更重要的是，要使他们了解到培养自己具有高尚的教师道德的重要性。教师生活在社会中，自然会受到社会各种思想的影响，这是一方面。另一方面，教师又要教育学生，并要用自己的高尚品德来影响学生，这就给教师提出了一个更为艰巨的任务，即更加自觉地、严格地、坚持不懈地改造自己。在锻炼、修养的过程中，往往会受到社会某些方面的消极因素的影响，这就需要每一个教师树立坚定的共产主义世界观和人生观，加强道德意志的训练，并力求使自己在任何时候、任何情况下都能按教师道德规范严格要求自己，逐步形成高尚的、坚定的职业道德理想、职业道德信念和情操。总之，每一个教师都应当提高自己的业务水平和道德水平，在各个方面做青少年的典范，无愧于“人民教师”这一光荣称号。

在讲究教师道德的同时，我们还要强调一下全社会对教师的尊重。中国本来是一个富有尊师传统的国家。自古以来，许多知识分子，包括大学问家，都很尊重自己的老师，并且形成了一种很好的尊师的社会风气。毛泽东同志曾经是徐特立的学生，他对徐特立同志始终都怀着最大的敬意。他在给徐特立同志的一封信中说：“你是我二十年前的先生，你现在仍然是我的先生，你将来必定还是我的先生。”这段话说明，徐特立同志确实是一个无产阶级的革命家，确实具有无产阶级教师的才能和品德，同时，也充分说明毛泽东同志对自己老师的由衷的尊敬。但是，在一段时期里，特别是在一种“左”的思想影响下，教师不但被认为是资产阶级知识分子，甚至成了“臭老九”。应该说，这种影响，直到现在还没有完全肃清，在一些人的头脑中，还存在着轻视甚至歧视教师的种种偏见。因此，在加强教师职业道德的同时，在全体人民中提倡尊敬教师的道德风尚，这也是很重要的。

论素质教育与教师道德*

新的世纪，是中华民族全面复兴的世纪，教育事业担负着培养人才的伟大而又艰巨的历史使命。人们愈来愈认识到，我国的教育事业能否完成这一使命，将影响和决定我国这一复兴的能否实现，关涉到中华民族的历史命运。

为了不断地提高我国的教育质量和教育水平，我们必须充分认识到，教育事业是一个系统工程。忽视或放松这个系统工程的任何一个方面，都必然要影响到教育的质量和效果。我们不但要加强学生的文化知识教育、思想政治教育和品德教育，同时，我们还应当强调，提高教师自身的素质，加强教师的职业道德教育，更是一个不可忽视的重要问题。因为，只有加强了教师的职业道德教育，提高了教师的道德品质，他们才能为人师表，才能胜任自己的职责，才能在教育学生的过程中发挥良好的作用。

教师的职业，是同塑造人类灵魂的崇高事业紧密联系在一起的，因此，人们常说，教师是人类灵魂的工程师。对于一个塑造灵魂的工程师来说，他自己必须有一个崇高的灵魂，才能担当起这一神圣而光荣的任务。中国古代的著名思想家扬雄在他的《法言》中认为，教师关系着学生的身心发展和善恶趋向，是应当特别慎重从事的。他说："师者，人

---

* 原载《以德治国与公民道德建设》，286～289页。

之模范也。”一个教师，应当成为学生学习和效法的榜样，他的一言一行，应当成为学生今后走什么路、成什么才、做什么人的榜样。扬雄针对当时一些教师不能以身作则的情况，极其感叹地说：“模不模，范不范，为不少矣！”唐代的韩愈在他的《师说》中进一步说：“师者，所以传道、受业、解惑也。”“传道”，在韩愈那里，就是要传孔孟之道，传儒家的信念、理想和基本理论。“受业”，就是传授学业，传授知识。“解惑”，就是解答学生的疑难问题。“传道”对我们来说，就是要传授马克思主义、毛泽东思想和邓小平理论。把扬雄和韩愈所说的两个方面结合起来，就是说，在当前的时代，做一个教师，既要坚信马克思主义，传授学业，解答疑难，又要身体力行，在思想品德上做学生的模范，成为一个称职的灵魂工程师。想有好学的学生，须有好学的先生，唯有学而不厌的先生，才能教出学而不厌的学生。教师必须学而不厌，才能诲人不倦。

一个人民教师，怎么才能成为学生的真正的模范呢？我想，应当在三个方面做出表率。

首先，一个教师，应当在理想、信念方面，为学生做出表率。这就是说，作为社会主义新中国的人民教师，应当在政治上严格要求自己，坚定自己的社会主义和共产主义的理想和信念。在建设中国特色社会主义的伟大事业中，教师担负着更加光荣的培养社会主义“四有”新人的任务，这就对教师提出了更高的要求。教师既要有相应的科学文化和承担所教课程的业务知识，更要具有坚定的马克思主义的理想信念。

其次，作为一个人民的教师，最重要的就是要忠于自己的职守，在爱岗敬业方面做出表率，在工作中认真负责，切切实实、一丝不苟地把自己所承担的教育任务做好。不仅对学生的当前尽责，还要对学生的将来负责。可是眼下，有这种人，正像陶行知先生所说的，一个教育工作者“他的心分散在几处，就是几分之一的人”，“分心的人……不是个整个的人”[①]。忠于党的教育事业，要求教师全身心地扑在学生身上，那种心分多处甚至本末倒置的做法，实在是有悖师德要求的。社会主义的教师，要自觉地遵守职业道德，要从灵魂工程师的高度认识教师职业所具有的崇高而神圣的地位。教师要真正做到爱岗敬业，把教育事业看作

① 《陶行知全集》卷一，60页，成都，四川教育出版社，1991。

中华民族伟大复兴的基础，是社会主义现代化实现的重要条件，是塑造“四有”新人的重要途径。能为这一庄严而神圣的事业贡献自己的力量，是十分光荣的。要加强责任感，增强自信心，认真严肃、一丝不苟地履行一个教师应尽的职责。要集中全部的时间和精力，做好自己分内的工作。

最后，他应当在思想道德上做出表率，要有高尚的道德品质，要能做到教书育人，要具有崇高的思想道德品质。教师不但要有专门的科学技术知识，而且要有崇高的思想品德，能培养和教育学生懂得如何做人，使学生在灵魂上能够得到提高。应该说，社会主义的教育事业，其根本的目的，是要培养有理想、有道德、有文化、有纪律的“四有”新人。只知教书而不知道育人，犹如只知耕种而不知道收获。只重视学生的学习成绩、考试分数，只关心学生的名次排列、升学率的高低，对于学生的思想品德、法治观念都一概置之不理，就背离了教育的根本目的。陶行知先生强调，学习知识与修养品行不能分家。同时，他指出，育人就是要“指导学生修养他们的品格”①，育人的最大问题，是如何引导学生于一举一动前，对善恶、是非下最明白的判断。这就要求教师具有高度的责任心和细致的工作态度，更要求教师自身在善恶、是非、曲直、公私、义利之分上，首先有个最明白的判断。不论教师所担负的是什么课程，都不能忽视育人的重要。要自觉地把思想品德的教育，寓于每一门课程的教学当中。当然，文科的教师，特别是政治理论课和思想品德课的教师，有更重要的责任。除了教好自己的专业课之外，还必须要切实加强对学生的政治教育、品德教育、纪律教育和法制教育。每一个教师，都承担着使学生德、智、体、美、劳全面发展的重要责任。那种认为只有政治理论课和思想品德课的教师才应该关心学生品德的思想，是错误的，我们应当寓思想品德教育于所有的教学活动之中。教师在日常的教学活动中，随时随地都要检点自己的言论和行动，严格地要求自己，使自己的一切言论和行动都能成为学生的模范和榜样。教师的教学效果，除了凭借自己的知识水平和业务能力以外，更重要的是要靠自己的思想品德，靠自己的人格力量。

由此可见，加强教师的职业道德的修养，提高教师职业道德的自觉

① 《陶行知全集》卷一，80页。

性，使教师真正成为灵魂的工程师，能够成为做人的模范和榜样，必将对青少年的素质教育产生良好的影响。

抓好教育和青少年学生的思想工作，直接关系到我们的科教兴国战略能否取得成功，关系到我国社会主义现代化建设能否取得成功。每一个教师，应当从这样的高度来认识这一问题，认识到自己所担负的重要责任，加强自身的职业道德修养，为培养有理想、有道德、有文化、有纪律的社会主义新人而贡献自己的力量。

论“业师”和“人师”

——谈谈教师的人格魅力和学术魅力*

教师承担着教书育人的职责，教师的师德状况对青年一代人文素质的培养，有着十分重要的意义。在师德培养中，应当在大力弘扬中华民族传统美德的同时，吸取中国传统道德的精华，并结合新的情况加以发展。

在中国古代的道德传统中，强调教师具有两种身份或两种角色。一种是古人所说的“经师”，另一种就是古人所说的“人师”。所谓“经师”，在早期主要指传授“经书”的学官，汉代以后，就泛指教授学生的大师和师长。现在，我们读的已经不是“经书”，而是各种专业的科学知识，因此，古人所说的“经师”，在今天也就是我们所说的讲授经典著作和各种专业知识的教师。从一定意义上，我们也可以用“业师”来代替古人所说的“经师”。所谓“人师”，主要是教导人的品德和指导人的“行为”的教师，即教人如何做人、如何提高人的思想道德素质和提升人的道德人格的教师，所以又称“人师”。古人认为，教育学生最为根本的目的，就是要“改变人的气质”，“学做贤人和圣人”，因此，“人师”在德行和学问上都应当成为人的表率，道德和人格的高尚是成为优秀人师的一个最重要的条件。道德学习是一生之事，学习如何做人，如何处世，如何对待个人和整体的关系，是教师和学生都应当具备

---

* 原载《高校理论战线》，2013（1）。

的能力。

一般来说，“业师”（“经师”）的责任是传授知识，除了各种专业知识以外，学生的思想、道德、品性和人格，是可以不管的。一些教师也往往以传授专业知识为己任，而不注意学生的“道德”和“为人”。而“人师”的要求就不同了，他不但要传授专业知识，而且要能言传身教、以身作则，并以自己的高尚人格来培养学生的道德，提升学生的境界，陶冶学生的情操。唐代著名诗人杨炯将“人师”同道德崇高的“天爵”联系在一起，把“策名天爵，独步人师”① 作为理想的人格。“天爵”一词，原是孟子提出的。他认为，一个人在社会上所获的职位只是一种“人爵”，它是官方授予的，随时都可能失去，因为官方既然能赐予你这一官职，那它也就随时可以把这一职位从你那里拿走；而“天爵”则是上天赐给的崇高的“道德爵位”，是至高无上的荣誉，是一个人终生都能保持的荣誉。孟子在这里明确地告诫人们，不要看重那显耀一时的权力，应当重视个人道德品质的提升。郭沫若更把“人师”提高到“精神的领航者”的地位，他说：“经师是供给材料的技术家，人师是指导精神的领航者。”②《后汉纪·灵帝纪上》中说：“盖闻经师易遇，人师难遭，故欲以素丝之质附近朱蓝耳”，强调了在当时的封建社会中，“人师”是很难遇到的，因此，一个能够遇到“人师”的人，应当好好的向他学习，从而提高自己的道德素质和精神境界。清代著名思想家顾炎武也慨叹“海内人师少，中原世运屯”③ 并认为整个社会的一切丑恶和风气的败坏，都是由于“人师”太少的缘故。他强调“人师”的崇高道德品质和高尚的人格对抵制社会不良倾向和培养良好的道德风尚具有不可估量的意义。因此，国家、民族和社会发展的一个重要条件，就是要培养“人师”。

二

在今天，还有没有“经师”（“业师”）和“人师”的区别？在实际

① 《益州温江县令任君神道碑》。

② 《青年哟，人类的春天》。

③ 《赠孙征君奇逢》。

教育生活中，还是有的。从一定意义上来说，我们可以把专门讲授学科专业知识的教师称作学生的“业师”，而把从事马克思主义理论教育，特别是思想政治教育的教师称作学生的“人师”。但是，现实生活中的教师，存在着与“人师”要求相背离的情形。一些从事马克思主义理论教育的教师，在教学的过程中只是照本宣科，不能以身作则言传身教，不注意启迪和引导学生提高思想道德素质，这样的教师不能也不应被称之为学生的“人师”。

当然，从事各种专业知识教学的教师，也要把思想道德教育渗透到自己的全部教学工作中去。要根据自己的专业特点，在传授知识的过程中，同时培养大学生的世界观、人生观和价值观。这就是说，当前的“业师”，也要担当起“人师”的责任。我国著名的老教育家徐特立在谈到这一问题时，曾讲过一段很深刻的话，他说：“师生的相互关系，首先要谈教师的人格问题，因为教师是领导者，所以不能不谈教师的人格。教师是有两种人格的，一种是经师（因为中国过去教经书中的知识的称经师，现在是教科学知识，为了容易记忆，所以仍袭用这个名称），一种是人师，人师是教行为，就是怎样做人的问题。经师是教学问的，就是说，除了教学问以外，学生的品质，学生的作风，学生的习惯，他是不管的，人师则是这些东西都要管。我们的教学是要采取人师和经师二者合一的，每个教科学知识的人，他就是一个模范人物，同时也是一个有学问的人。”这也就是说，“人师和经师二者合一”，是我们今天教学的要求。

二

对于从事思想道德教育和伦理学教学的教师来说，除了肩负“经师”和“人师”的职责外，又有着特殊的要求，即必须要身体力行自己所讲授的内容。在课堂上提倡和宣传社会主义道德和共产主义道德的教师，要求学生做到的，自己都必须先做到；在自己的论著中写出来要学生遵守的，自己更要遵守。要切实做到言行一致和言传身教，使自己真正成为学生的“人师”，而不仅仅是学生的“业师”。

传授有关伦理道德的知识，写出有真知灼见的伦理道德的论著，并不是一件容易的事。特别是在市场经济条件下，一些狭隘的、庸俗的、急功近利的思想经常在社会上泛滥，成为影响学生品德的一个不可忽视的因素。对这些现象，一些教师往往敷衍塞责，不仅不认真备课，把科学的知识传授给学生，而且为了追求名利而哗众取宠，放弃了一个教师应尽的神圣职责。“说的和做的背离”，甚至自己所反对的，正是个人在心中所奉行的，说的是一套，做的是另一套，言行脱节，甚至言行背离。这种现象，也可以说是一些教师双重人格的体现。如果不能在品德和人格上感化学生，不论你的知识如何丰富，教学方法如何先进，文章写得如何周密，专著的水平如何精湛，都是不可能达到陶冶学生道德品质的目的的。

三

在社会主义的学校教育中，从小学开始直到大学和研究生的教育，都应当强调对学生的思想道德教育，坚定地奉行德育为先的指导方针。为此，强调对教师的职业道德教育，强调培养“人师”的工作，尤其具有特殊的意义。

在社会主义条件下，怎样才能成为一个“人师”呢？

汉代的思想家扬雄在他的《法言》中说：“师者，人之模范也。”提出了一个“人师”的标准，这就是要在知识、学业、品德、人格等各个方面，成为学生的模范。一个教师，要想成为一个“人师”，在今天来说，就是要有高尚的教师职业道德，要以社会主义的道德规范来严格要求自己，要身体力行、言传身教，要一心为公、大公无私，要关心他人、关心集体，要自强不息、谦虚谨慎等。总之，一句话，要想使学生成为一个德才兼备的人，首先必须自己先成为一个德才兼备的教师。

对于一个从事思想道德教育的人来说，我们应当努力做到德才兼备、品学兼优，把“业师”与“人师”完美地结合在一起。如果不得已而求其次，那么，我们宁愿人家说自己才不如人，也不愿被人说成德不如人。东汉著名的思想家张衡说得好：“不患位之不尊，而患德之不崇；不耻禄之不夥，而耻智之不博。”教师是一个崇高而光荣的职业，是关系到国家、民族、社会兴衰成败的重大事业，不论从什么角度来看，我们都可以说教师是名副其实的灵魂工程师，担当着塑造人的“灵魂”的神圣事业。

历史的经验证明，国家、民族和社会的兴旺发达，总是与教师的思想道德水平有着极为密切的关系，尤其是在当前出现了种种缺乏教师职业道德、一些教师言行背离的情况下，更应该强调品学兼优的意义。知识与品德兼备、学问与人格俱全，才能成为具有学术魅力和人格魅力的优秀教师，才能培养出优异的人才，国家和社会才能沿着正确的道路不断前进，民族的伟大复兴才能够建立在更加牢固的基础之上。

第十编

家庭美德

谈谈男子道德*

我们讲男子道德，首先要看到，长时期以来，我国非常注重男子的思想、品质和道德。在今天看来，在奴隶社会、封建社会中所讲的男子道德，有片面地强调大男子主义的一面，同时还有能作为中华民族优秀道德传统的一面。在我国传统道德中，既有腐朽的，也有能够为我们今天所继承借鉴的。列于我国历史上的道德遗产，我们要加以批判和改造。很早以前，中国就讲究“大丈夫”的道德，也就是指男子的道德。战国时期，中国古代著名的哲学家、思想家、伦理学家孟子曾经强调“大丈夫”的品格、气概和品德，他认为大丈夫应具备三个方面的条件，即“富贵不能淫，贫贱不能移，威武不能屈”，意思是说，富贵不能乱我的心，贫贱不能变我的志，威武不能屈我的节，这样才叫作大丈夫。孟子的这几句话已成为我国社会脍炙人口的道德名言。人们常常用它来描写那些高风亮节的志士，也常常用它来作为个人品德修养的座右铭，它在历史上起到了积极的作用。中国道德传统强调男子要具有勇于开拓创新、不畏艰难困苦、不论在任何情况下都能够坚持奋斗的精神。可以说，这在一定程度上反映了中国对男子道德的要求。这里面，并没有包含什么男尊女卑的意思，它讲的是：要做一个大丈夫，要做一个男子汉，要做一个有作为的男子。

* 原载《男子生活风采大全》，任鹤整理，北京，农村读物出版社，1987。

战国之后，一直到汉代，我们可以看到在中国的许多著作中间，都特别注意这种“大丈夫”的精神。《汉书》和《后汉书》中，讲到政治家、思想家的道德品质时，往往说他们具有一种“大丈夫”的气概。在孟子之前的著名教育家、伦理学家孔丘曾提出过“杀身成仁”是一个“仁”者所应有的高尚德操，孟子又提倡“舍生取义”的精神。后世儒家，就把“杀身成仁，舍生取义”看作他们所主张的这种“大丈夫”的精神，这种为真理而献身的坚忍不拔的精神，对于中华民族来讲，它对于统一民族的形成，对于几千年来中国文化的发展，起了很重要的作用。我们过去强调中国是一个文明古国和礼仪之邦，也就是以道德文明著称于世的国家。这里面，就包含这种“大丈夫”的气概、道德。在中国封建社会里，总是把妇女放在一种从属的地位，相对来说，对于妇女道德，讲了很多我们今天不能接受的东西。从汉代以后，古代的思想家讲了很多“妇德”，什么“女子无才便是德”，还有很多诸如《女戒》、《女四书》等等，主要是强调妇女要恪守“三从四德”，这是对妇女的压抑、摧残和限制，其中没有任何积极的东西可以供我们今天来吸取。相反，古代所讲的“大丈夫”的道德，尽管里面也有一些封建性的东西，但是，从总的来说，它反映了中华民族主要的优良道德传统，这应该说，是我们中华民族传统道德中很重要的一个方面。今天，我们提倡勇于创新、勇于开拓这样一种精神，要具有“男子汉”的气概，实际上也是从我国历史上“大丈夫”的英雄气概这样一种品德中继承而来的。我们中国是一个历来很重视男子道德的国家，我们要建设有中国特色社会主义，继承我们中华民族的优秀道德传统具有十分重要的意义。作为我们今天来讲，处于改革创新的时代，坚定不移、勇于开拓、朝气蓬勃、乐观向上，处于逆境而坚忍不拔，受到打击、挫折仍能不屈不挠地奋勇前进，这既是一种品质，也是一种道德。当然，在今天来说，应该是男女共有的道德，不是男子专有的道德，但是，男子更应具有这样的道德。对于有的男同志，别人往往说他“不像一个男子汉的样子”，就是说他没有这种朝气蓬勃、勇于开拓、坚忍不拔的精神。我接触过很多青年，发现不少女青年在选择爱人时，也要求自己的对象应该具有一种威武不屈、坚定不移、坚忍不拔的男子汉气概和品质。

其次，我们讲男子道德，总是要与妇女联系起来看，特别是在我们今天这个社会，男子道德的很重要的一个方面，是体现在男子与妇女的关系上。作为一个男子，在对待家庭、妻子、子女的问题上，也应该具有良好的道德，怎样关心体贴妻子，怎样关心教育子女，这是个很重要的问题。我以为，这个问题，应该至少从以下两个方面来认识，其一是，男子在家庭中，对于自己的妻子为支持自己的事业而做出的个人牺牲，应予以充分的理解；其二是，男子也可以为妻子做出牺牲，要与妻子共同成长、共同发展。

我们先从第一个方面谈起。按照我们的观点，无论是在事业上，还是在家庭生活中，都应该不分男女，如果大家都能在事业上做出贡献，当然更好。男同志也可以为女同志做出牺牲，使女同志所从事的工作事业能够取得更大的成就。从生活的现实来看，根据我国目前的状况，要完全做到这一点是很困难的。男子在事业上要有所作为，妻子做出牺牲是很常见的；相反，女同志在事业上有所作为，让男同志做出牺牲，这种现象就比较少见。这种现象说明当前社会上男女还没有真正平等，只有在今后社会的发展中逐步解决。我跟很多科学工作者接触过，大家都确有这么一个体验，感到现在男子在事业上的成功，相当大的一部分人（当然不是指每一个人）都是依靠了一个道德高尚的妻子，或者说，有一个很好的家庭的支持。现在有很多妇女，无论在才能上，还是在学识上，都不弱于男子，但是妇女有妇女的特点，她与男子结婚后，要生小孩，要管理家庭，有的甚至自愿牺牲她们的事业，放弃她们的爱好，来管理家庭，哺育孩子，从而为男子事业上的成功创造了条件。很多人都有这样的体会，男子在事业上的成功，往往是在妇女做出了重大牺牲之后获得的。但是，这一点我们很多男同志不一定能很好地认识到。这里有长期以来封建传统意识的影响，认为家务应该由妇女来做，教育孩子、抚养孩子的事也应由妇女来做。我们从道德高度应对这个问题加以认识。我们讲男子道德，应该摆脱封建社会加给我们的影响，使男子的道德更加发扬光大，我们希望家务劳动能够共同负担，事业上能够共同促进。在今天的情况下，在这样一些事实面前，男子应注意要更加尊重妻子、体贴妻子，要理解她们为家庭、为丈夫、为子女所做的牺牲，要理解她们所付出的巨大的代价（当然，并不一定都是妇女做出牺牲，也有男子做出牺牲的）。要充分看到，男女在家庭里的互相关心、互相体贴、互相爱护、互相帮助之中，男子应该担负起更主要的责任。

我看这样去认识问题，这样去处理家庭关系，对于我们整个社会主义精神文明建设，对于我们的改革，对于我们社会风气的改善，都是有很大好处的。很多妇女感觉到，一方面，她为家庭做出了牺牲；另一方面，她没有得到丈夫的必要的、真挚的理解，没有得到情感的补偿。有很多妻子，她们做出牺牲是心甘情愿的，但是，她们需要丈夫的体谅、理解，希望能够有一种感情的交流。从丈夫来讲，尊重妇女，体贴妻子，看到她们所付出的巨大劳动，这应该是家庭关系中男子道德很重要的一个方面，否则，妻子得不到体贴、理解，内心会感到很矛盾，甚至感到很痛苦。人和人之间的关系，主要是靠道德来调整的，家庭之间的关系尤其是这样。道德的纯洁，情操的高尚，可以使家庭幸福圆满。

在教育子女方面，男子应负有较大的责任。一般来讲，很多男子对教育子女很不重视。我们常常讲，道德有一种感情传递的作用。从感情传递来说，如果丈夫具有高尚的道德，可以把感情传递给妻子，妻子又可以把这种感情传递给子女，使整个家庭处于一种和睦友爱的气氛之中。社会上的道德是如此，家庭中的道德尤其如此，很多家庭有矛盾，家庭不和，往往与夫妻双方的道德水平有很大关系。

下面，谈一谈这个问题的另一方面，即男子不能只要求女同志为自己做出牺牲，为自己服务，夫妻双方应该互相支持，共同进步，共同把工作搞好，共同把家庭管理好。要求妻子一切为自己服务，为自己“让路”，这是封建社会大男子主义思想的残余。我们说过，封建社会中男子道德中的优良传统要继承，但是，大男子主义应该批判，应该反对。现在，有些男同志恋爱观不很正确，在选择爱人时，希望最好找一个比自己年龄小一些、水平低一点的，希望自己的爱人不要去搞事业了，甚至希望爱人能帮助自己管管家务就可以了，这是一种大男子主义的思想，也是不符合男子道德的要求的。认为妻子搞了事业，这个家庭就没法办了，这种看法也是不正确的。现实生活中，也有这样的家庭，夫妻双方都在事业上做出一定成就，而家庭关系非常和睦，夫妻在共同管理家庭，抚养、教育子女方面，配合默契，整个家庭处于一种良性运行之中。在社会主义社会新的家庭关系中，也有丈夫支持、帮助妻子成才的生动事例。

总之，在我国目前的家庭道德中，男子道德尤其起着一种重要作用，男子能否尊重妇女、体贴妇女，这是家庭道德中的重要方面。

另外，我们还应从生活方式以至仪表、风度上来简略说一点男子在这一方面应有的道德素养。随着我国生产力的发展，经济的增长，人们的生活方式必然会相应地起着变化。生活包括物质和精神两个方面。中华民族是崇尚俭朴的民族，勤俭持家是我国人民的传统美德。对己克勤克俭，必要时仗义疏财，这也是大丈夫应有的气概。俭与吝不能混为一谈，俭也不是禁欲，俭并不排斥有计划地、量入为出地改善和提高生活水平。为了追求高消费，靠负债度日，男子汉当以此为耻。仪表与风度，不是单纯的外表，主要是内部涵养的外在表现。朴实、明朗、谦虚、诚恳、自然、大方的仪表和风度，使人感到可亲、可信、可敬，这是男子汉应该具备的气度。衣着方面，应注意整齐、清洁、美观大方。日常生活和工作场合，不必如节日盛装或迎宾赴宴。反之，散乱、邋遢或追求奇装异服，也是不可取的。一个男子，即使服装华丽，如果出言轻薄，就会显得缺乏涵养，俗不可耐，说明外表美与内在美相比，内在美尤宜着力用功。

论道德意识对维护和巩固家庭的重要作用*

当前加强社会主义精神文明的建设对于我国的婚姻家庭方面提出了许多重要的问题。其中，主要的问题之一，就是如何加强人们对家庭婚姻道德的重要性的认识，培养人们崇高的婚姻家庭道德情操，以便更好地维护和巩固家庭这一社会的细胞，使家庭能够在长期和谐、稳定、融洽、健康的情感中发挥自己的多方面、多层次的职能，以利于社会主义建设的发展，以利于人类社会能够不断地上升到更高的水平。

家庭，主要是由婚姻关系和血缘关系（也包括收养关系）所组成的单位，是构成社会的细胞。家庭一旦组成，家庭各成员之间就相应地产生了彼此不同的义务。家庭关系要能够得到正常的维护和巩固，除了依靠特殊的情感之外，家庭成员的道德品质和道德觉悟，有着重要的作用。可以毫不夸张地说，如果人们的共产主义道德觉悟能够普遍地得到提高，家庭婚姻道德能够得到进一步的重视，问题都能以高尚的道德情操来调节，现在社会中的相当多的甚至大部分的家庭纠纷，可以得到缓和，其中还有一些问题，甚至可以完全避免。因此，在研究如何能更好地建立起幸福、和睦的家庭生活的同时，认真地分析一下道德意识对维护和巩固家庭的作用，是有重要意义的。

在当前的西方社会中，家庭问题已成为一个几乎无法解决的社会问

* 原载《婚姻家庭问题研究》，北京，中国展望出版社，1988。

题。随着性解放、性自由的理论的讨论，男女两性之间的关系愈来愈影响到家庭的和谐。夫妻关系以外的性行为的增多，第三者的轻而易举的插入，造成家庭的愈来愈多的矛盾和冲突。由此而导致的离婚率不断上升，使许多家庭经常处于不稳固的状态之中。因此“巩固家庭”的呼声，已越来越为一些社会学家所重视。但是，由于资本主义制度和社会主义制度的不同，从而导致共产主义道德和资本主义道德的对立，因此，他们往往只求助于法律制度的完善，而不可能也无法用道德的杠杆来调整资本主义社会的家庭关系。

凡是对我国现实家庭关系所发生的许多问题作过深入细致的调查、了解，并进行过全面、深入而认真思考的人，都不能不认识到，我国当前的许多家庭问题，都同人们的道德意识有着重要关系。封建主义残余的种种影响，腐朽的资本主义思想的腐蚀，特别是见利忘义、唯利是图、损人利己、一切向钱看的思想，以及追求享乐的生活方式，喜新厌旧、见异思迁的邪念，在污染、败坏我国的社会风气的同时，也使我国的许许多多的家庭关系受到不同程度的影响。因此，从宏观上考察，为了更好地使我国的众多的家庭关系能够更好地为社会主义建设服务，必须把加强家庭道德的教育，作为一个带有战略性的问题加以考虑。

在谈到家庭道德时，我们总是要与此相连地谈到爱情和婚姻道德。因为，婚姻是形成家庭的前提，家庭是婚姻成立的结果。男女双方在爱情和婚姻中的道德意识和思想情操，对以后缔结的家庭，将发生深远的影响。尽管在开始阶段，参与恋爱的只是男女两人，但是，爱情的发展，一般来说，要建立家庭，要生儿育女，要产生第三个或第四个人，并由此而产生家庭成员间的道德义务。确实，恋爱和婚姻都有其生理的、本能的基础，即所谓性的冲动和延续后代即种的繁衍的需要。如果没有这种生理上自然的本能，也就不可能构成家庭，这是马克思主义者所承认的。但是，随着社会的发展和人类文明的不断进步，人们的两性关系，已经永远脱离了动物式的性的冲动和单纯的生儿育女的需要，使恋爱婚姻关系成为一种伴随着特殊感情的交往和结合。这种感情，随着生产力的不断发展和社会的日趋进步，随着人类本性的不断完善而越来越丰富多彩。正是由于男女相爱的感情是这样丰富，以致使人们感到这种感情是如此玄妙、神秘，成为一种“可意会而不可言传，可神通而不可语达”的，不能给它以准确的、科学定义的界说。男女之间的爱情，不但使彼此感到相互钦慕、相互需要，其中的一方往往自愿地把自己献给对方，为他（她）牺牲，甚至希望把双方完全融合起来。在这些感情中，尽管有自然本性的要求，但更重要的是同志和朋友的关怀、感情的倾慕、志趣的一致、愿望的相同、目标的心心相印和共同的价值的追求。那么，这“可意会而不可言传，可神通而不可语达”的感情，究竟有什么特点呢?

人类的两性关系的这种感情的最主要的本质特点，就是这种感情不是建立在人的自然本性的基础上，而是建立在社会本性的基础上的爱情婚姻关系，是人类社会关系的一种特殊形式。尽管每一个人，都按照个人特有的性格去谈情说爱，都依据自己的个别的方式表达感情，但就其本质来说，是具有社会性的。这里所说的社会性，包含很多方面的意义，除了经济基础、生产关系要对爱情婚姻产生制约以外，就其作为一种社会关系的特点来看，爱情、婚姻关系总是同人们之间的道德关系密不可分的。不同时代的爱情婚姻关系，总是以不同的道德观作为纽带的。

我们知道，道德是调整社会中人和人之间的行为规范的总和，我们之所以强调爱情和婚姻具有社会属性，最主要的目的，就是要说明，在爱情和婚姻关系中道德调整的重要。在当前我国的社会主义社会中，在男女青年进行恋爱和缔结家庭的过程中，道德品质的好坏和思想境界的高低，对于恋爱关系是否能够健康发展，有决定性的影响。人们常常说，爱情的花朵总是需要道德的浇灌，失去了道德的滋养，爱情很快就会枯萎。这两句话，是很有道理的。在现实生活中，我们常常看到，有些男女青年在恋爱和婚姻过程中，由于只注意相貌的美丑，挣钱的多少，地位的高低，房舍的宽窄，把爱情看成是性欲的满足、物质欲望的追求或者权势地位的攫取……男女双方，虽然也可以在一段时间内如胶似漆、甜言蜜语，但是，一旦情况有了变化，或者看到这些目的已不可能达到时，就会反目为仇，另选目标，以致酿成许多不幸的后果。这些低级、庸俗而卑鄙的欲望和情操，确实是当前许多恋爱悲剧之所以发生的重要原因。现实生活一再说明，没有高尚的道德，就不可能有真挚、持久的爱情。当然，爱情和婚姻，在今天的社会中，还不可能完全摆脱经济上的考虑，但是，这种考虑，不能成为爱情关系中主要的因素。我们强调，爱情是男女之间所产生的一种健康而道德的特殊感情，它伴随着道德而产生，吸吮着道德的营养而成长，并在道德的培育下不断发展。不同社会的恋爱婚姻，伴随着不同的道德观念和价值标准。奴隶社会、封建社会和资产阶级社会的道德，使这一关系受到各种扭曲，只有无产阶级的道德，才能使人类的恋爱婚姻关系，成为人和人之间的一种真正的、健康的、崇高的感情。

恩格斯在《家庭、私有制和国家的起源》一书中曾经强调指出爱情和道德的关系，但是，在一段时期内，这段话曾被许多人误解，因此有必要从理论上加以分析。恩格斯先说："现代的性爱，同单纯的性欲，同古代的爱，是根本不同的。第一，它是以所爱者的互爱为前提的；在这方面，妇女处于同男子平等的地位，而在古代爱的时代，决不是一向都征求妇女同意的。第二，性爱常常达到这样强烈和持久的程度，如果不能结合和彼此分离，对双方来说即使不是一个最大的不幸，也是一个大不幸；仅仅为了能彼此结合，双方甘冒很大的危险，直至拿生命孤注一掷，而这种事情在古代充其量只是在通奸的场合才会发生。最后，对于性交关系的评价，产生了一种新的道德标准，不仅要问：它是结婚的还是私通的，而且要问：是不是由于爱情，由于相互的爱而发生的？"①在这段话里，恩格斯主要强调了爱情在历史上是随着时代的不同而发展变化的，现代的爱情，已发展到了一个新的时期，它的最主要的特点，就是它已经形成了判断人类爱情的"一种新的道德标准"，即彼此间是不是具有相互的、真诚的、强烈的和持久的感情。恩格斯极其重视爱情婚姻关系中的这种"新的道德标准"，并认为只有坚持这一标准，人们才能有真正的崇高的爱情。接着，恩格斯又说："如果说只有以爱情为基础的婚姻才是合乎道德的，那末也只有继续保持爱情的婚姻才合乎道德。"② 有的人，就以恩格斯的话为借口，把某些由庸俗、卑鄙和自私动机出发而作出的喜新厌旧、见异思迁的行为，说成是因为同对方不再继续有爱情而采取的合乎道德的行为。这是对恩格斯话的误解，如果还不能说是歪曲的话。我们必须把恩格斯前后所说的这两段话联系起来理解，我们才能看到，恩格斯在这里，绝不是为那些庸俗低级、卑鄙的情欲作辩护，而是强调在爱情婚姻关系中的"新的道德标准"，这一点，是显而易见的。

---

① 《马克思恩格斯选集》，1版，第4卷，73页。

② 同上书，78～79页。

在爱情关系中强调“一种新的道德标准”，力求净化各种庸俗、自私和卑鄙的动机给爱情关系带来的污染，就能使青年男女之间的爱情充满着丰富的内容。男女之间的彼此倾慕，就会有助于进一步发展每个人的道德品质和精神气质，使自己在互爱中更好地发扬人类本性中一切善良而美好的东西，摆脱本能的性的诱惑，消除金钱、财富等邪念。在社会主义社会中，男女双方的爱情本身，应该是一种目的、愿望、兴趣一致，有着共同理想的高尚的道德感情，而这种道德感情在恋爱的过程中，又能够使男女双方朝气蓬勃，沿着道德的阶梯不断向上攀登。达到进一步提高人们的道德水平的目的。列宁说过：“共产主义不会产生禁欲主义，只有生活的快乐、生活的力量，而这些都是从得到满足的恋爱生活产生出来的。”

男女双方爱情发展的结果是建立家庭。一般来说，纯洁的、健康的爱情关系，都能够形成幸福美满的家庭。但是，我们也应该注意，在现实生活中，男女双方在婚后的漫长的夫妻生活中，总是要发生这样那样的矛盾，甚至会形成种种不同的家庭纠纷，严重的甚至达到要求离婚的程度。一般来说，除少数婚姻纠纷必须判决双方离异外，大多数的情况下，如果能经过很好的说服教育和耐心调解，是可以消除矛盾甚至和好如初的。在我国现实条件下，如何才能尽量地减少这些矛盾，更好地保持和巩固家庭关系，从而有利于我国的社会主义建设事业呢？

家庭关系的核心是夫妻关系，因此，一个家庭的和谐、稳固和发展，在一般情况下，夫妻关系的和睦具有最关键的意义。特别是最近几十年来，我国家庭的组成，已经逐渐走向以一对中年夫妇为主的小家庭组织形式。在大多数的家庭中，除一两个子女以外，往往还赡养着一两位老人。这种家庭，尽管基本上还是以血缘关系为纽带而建立起来的，但是已经愈来愈显示夫妻关系在家庭中的重要作用。无论是对老人的尊敬、关心、体贴和赡养，还是对子女的爱护、培养和教育，以至于每一个家庭的不同的生活方式和特殊的心理气氛，在很大的程度上都要以这一对中年夫妇的情况为转移。封建、宗法的家庭关系及其对家庭的影响逐渐消除，在过去，往往对家庭和谐产生重要影响的婆媳关系，正日益丧失其在家庭中的重要意义；父权思想的封建家长制的残余，也不像过去那样左右着家庭的一切；由大家庭（三世同堂、五世同堂）而造成的错综复杂的矛盾，在许多新的家庭中也不再存在。因此，夫妻关系在家庭中的地位，更显得特别突出。对于我国现今社会的大多数家庭来说，为了维持和巩固家庭的团结、和睦和健康发展，最重要的就是要使夫妇双方在婚后的长期的共同生活中，能够使原有的爱情关系随着年龄的增长、家庭成员的增多、时间的变化和每个人在事业上的不同发展而不断深化。

保持夫妇双方在漫长生活中的和睦、团结和健康的发展，最主要的有两个因素，一个是爱情，一个是道德。

夫妻关系，是以爱情为基础而建立起来的，它的巩固和发展，自然需要爱情之水的长期不断的浇灌。但是，大多数的人都可以观察到或体验到，青年时期的炽热的感情是不可能持续一生的，在婚后的不同阶段中，随着生理本能的变化、家庭成员的增加、彼此工作的不同而经常发生变化。对于不少夫妇来说，他们都能随着生活的每个不同时期的发展，使彼此之间的爱情也相应地得到发展，在岁月的流逝中，使爱情得到日新月异的发展。对于一对夫妇来说，只要双方能有一种真挚的爱情，就会得到终身的幸福。

在婚后的夫妇生活中，对爱情的眷恋，对以往幸福的回忆，对热恋的追思，往往是进一步巩固爱情的重要手段。初恋时的纯洁而诚恳的感情，彼此倾慕的愉快交往，相互信任、依赖、志趣相投以及百年偕老的愿望的表白，需要随着时间的冲刷而重新加深……年龄愈是增大，生活的经历愈是经久，对过去的爱情生活的回忆就愈能给已往的爱情增加光辉。特别是在生活中产生分歧、不愉快、不理解甚至不信任的时候，能够对过去的真挚的爱情、对患难中的相互鼓励、对困苦中的彼此关心进行回忆，可以使夫妻的一方能够更全面地谅解对方，进一步地巩固彼此之间的爱情，从而使家庭保持和谐。

但是，我们还必须看到，只是强调爱情的作用，对于维持和巩固家庭来说是不够的。因为，在现实社会中，许多本来就是因所谓自愿的爱情而建立的家庭，夫妇双方或一方，又往往强调因没有爱情而发生矛盾和冲突。这种矛盾和冲突，由于没有得到正确的调节，甚至最后导致破裂，给社会各个方面造成许多严重的后果。当然，为了防止某些破坏家庭现象的产生，法律的调整有着很重要的作用。婚姻关系的确立，既然必须有法律的认可，因此，婚姻一旦缔结，家庭一旦形成，婚姻和家庭都必然要受到法律的保护。确实强调法律在维护和巩固家庭，特别是夫妻关系中的作用，是非常必要的。但是，一般来说，如果只是靠法律去调整，对于许多家庭说来，已经是太晚了。因为当夫妻关系的矛盾到了诉诸法律时，大多数都已经发展到相当严重的程度。法律的调解、判决和刑事制裁，虽然也可以对某些家庭起到维护和巩固的作用，但在许多情况下，却往往不得不通过法律形式，使那些已经确实感情破裂的夫妻解除婚姻关系，使原有的家庭离散。因此，在维护和巩固婚姻家庭问题上，只强调法律的作用是片面的。我国西汉时期的政治家贾谊曾经说过，法律只能“禁于已然之后”，而我们更需要的是“禁于将然之前”，即最好要在萌发时期，就能使矛盾、纠纷得到妥善的解决。

那么，除了爱情、法律之外，维护家庭关系的一个最主要的力量，仍然是道德因素，即道德调解。根据我国当前社会的婚姻家庭变化的新趋势，必须有相应的新的夫妻道德来加以调整，以便更好地达到维护和巩固家庭的目的。

从婚姻家庭的许多正反两方面的事例都可以证明，在漫长的家庭生活中，道德因素，特别是夫妻双方的道德情操、道德品质、生活理想、价值目标，在漫长的家庭生活中起到了不可代替的作用。正如前述，男女在恋爱过程中的炽烈感情，不但不可能在建立家庭后长久维持下去，而且由于家庭的建立，还会随之而产生许多新的问题。恋爱过程中，男女要尽量地博得对方的爱情，并力图使自己一切善良美好的东西得以在对方的面前尽量表现出来。同时，他（她）总是严格要求自己，使自己的缺点不致暴露出来。但是，结婚后，生活在一起，总是随着双方的进一步相互了解、相互认识而产生出许多新的问题。家庭组成后谁是家庭的“权威”？繁重琐碎的家务劳动，为维持家庭生活的各种经费开支，是不是会影响到夫妻之间的和谐？男女双方的各自不同的工作和事业，对子女教育的不同看法，能不能更好地照顾子女等矛盾，又依靠什么来解决？总之一句话，只有道德因素的力量才能使婚后的爱情继续得到保持，并形成健康的心理气氛，使家庭能够成为人们生活幸福的源泉。

那么，维护和巩固家庭的最重要的道德因素，或者说，在维持和巩固家庭中起主要作用的夫妻道德究竟指什么呢？概括说来，就是夫妇之间的自觉的相互义务观念的确立。这种夫妇之间的自觉的相互义务观念，是以爱情为基础的，是双方自愿的。夫妇之间的自觉的相互义务，不但同爱情没有矛盾，而且是相互联系和相辅相成的。在资本主义社会中，人们往往把义务同爱情对立起来。有一种在西方资本主义世界极为流行的错误观点，认为结婚是爱情的坟墓，男女双方在结婚以后，爱情也就很快地消失了，剩下的，只是夫妇间所必须履行的义务。他们认为这种义务在表面上看来，也可以暂时地维护一个家庭的形式上的存在，而实际上，却影响了资产阶级所说的个性解放、个人自由。在这些人看来，爱情、婚姻同义务是没有关系的，其中有少数人，把爱情和婚姻只看成是为了满足生理的需要，甚至用粗俗的肉欲享受来看待爱情。这种打着自由恋爱而完全否认夫妇双方必须履行应尽的义务的思想，曾经受到过列宁的批判。他说，这种“所谓‘新的性生活’，却往往是纯粹资产阶级的，是资产阶级妓院的变相。所有这一切，与我们共产党人所理解的恋爱自由，毫无共同之点”①。19 世纪俄国的思想家赫尔岑对这种把爱情和义务对立起来的资产阶级观点，进行过深刻的批判。他指出，依照这一观点，“结婚后爱情就不需要了——你们已经越过了自然情欲的界限，进了道德领域，在这个领域里既没有哭泣，没有叹息，也没有激情，而只有苦闷和呆板地履行失去意义的义务”。正是由于这一原因，资产阶级社会中主张性解放、性自由的人们，极力否定道德意识在维护婚姻家庭关系中的作用，从而给社会带来许多严重的后果。道德意识和自觉义务的统一，是家庭存在和发展的精神支柱，把履行道德义务看作苦闷和呆板的事情，甚至企图逃避、摆脱和破坏这种义务，这就是西方目前所存在的家庭危机的一个重要原因。

从马克思主义的伦理学来看，男女双方的崇高的感情自身，就包含多方面的义务，如尊重对方、爱护对方以及在履行建立家庭后的种种义务。同时，这种道德义务，又进一步促进、丰富和补充男女双方和家庭成员之间的感情。爱情中蕴含着义务，义务中培育着爱情。爱情越是真挚，义务就越是自觉；义务感越是强烈，爱情就越能持久。由此可见，对于道德义务的重要，不能孤立地、消极地去理解，而必须同爱情联系起来，并且从积极的意义上去认识。婚姻家庭的道德义务，并不只是消极地保持家庭关系的不致破裂，更重要的还是要培育家庭成员之间的真正的、崇高的感情。

在当前的社会生活中，婚姻家庭关系中的矛盾、纠纷和争吵确实严

① 蔡特金：《笔记摘录》，见《回忆列宁》，166 页，北京，中国青年出版社，1957。

重地影响一部分家庭的和谐，消耗着许多家庭的精力，以至影响到我国四个现代化的建设。造成这种现象的原因是很多的，但是，一个比较普遍值得注意的问题，就是一方或双方缺乏或者没有认识到夫妻之间的相互的义务的重要。作为丈夫，他只有具有明确的义务，才能自觉地尊重妻子的人格和事业，分担家务劳动和教育子女的责任，加深对妻子的依恋；作为妻子，只有她怀着崇高的义务之心，才能体贴自己的丈夫，才能理解丈夫的追求，才能在生活中抵制任何男人的卑鄙的引诱。值得指出的是，在当前的离婚诉讼中，不少夫妻的一方或双方，往往总是以“性格不合”、“兴趣不同”、“感情不融洽”、“性情合不来”……作为离婚的主要原因。为什么不少男女青年在恋爱过程中，是那样的“情投意合”、“性格融洽”、“甜言蜜语”、“心心相印”、“如胶似漆”，而婚后时间不长，又急转直下，彼此不能相容，有的甚至反目为仇呢？除少数夫妇确因没有较多了解，草率结婚，或者一方故意欺骗、玩弄另一方外，在很多的情况下，这种所谓的“性格不合”、“兴趣不同”，是同缺少夫妻之间的道德义务感有重要关系的。一般来说，只有热烈的爱情而没有崇高的道德义务，不可能使家庭得到长期的稳定；而对另一方的崇高的义务感就有可能改变这种“性格不合”，至少不会产生在社会上所出现的某些严重后果。

确实，丈夫和妻子，作为社会的一个成员，都有自己的独特的性格和气质。他（她）们都各有自己的爱好、兴趣和要求，具有各自不同的心理，有着不尽相同的社会习惯。在我们的社会主义社会中，他（她）们大多数又都有各自不同的事业、工作、友谊和交往。即使是性格和气质比较接近的人，也还会因爱好、心理、友谊、交往和生活习惯的不同，彼此间要发生这样或那样的复杂的、多方面的矛盾。对于夫妻之间的这些矛盾，到底应该怎样去解决呢？道德义务的自觉程度和思想觉悟的高低，对处理夫妻之间的矛盾，究竟起着什么作用呢？

这里，还需要强调指出的是，我们所说的夫妻之间的相互的自觉的义务观念，并不单纯只是从夫妇两个人的性属关系出发，而主要是从整个家庭和整个社会出发的。虽然参与结婚的只是两个人，但他们组成了一个家庭，形成了一个社会细胞，产生了多层次、多方面的功能。更重要的是，家庭还将出现新的生命，要进行人类自身的再生产，要对子女进行抚养和教育……男女双方的结合，这绝不是男女两个人的私事，而是一种对社会、对人类发展都极重要的社会现象，随着人类社会的不断发展，夫妇双方的义务观念，也就更加丰富和重要。

人们的道德意识，特别是夫妇的自觉义务观念，是维持和巩固家庭的精神支柱。在我国当前社会上，这种夫妻的自觉义务观念的集中体现，就是周恩来同志和邓颖超同志所概括并身体力行的“八互”精神。邓颖超同志在 1981 年 11 月 20 日给辽宁省《妇女》杂志编委会的信中，曾经指出，“八互”是“根据我们俩人共处几十年的实践，参酌了许多正反两面的事例加以综合提出来的。‘八互’原来的排列应该是：互敬、互爱、互信、互勉、互助、互让、互谅、互慰”。这就是说，“八互”的道德意识，是周恩来同志和邓颖超同志在长期生活实践中所形成的，是从我国社会上无数多的实际的正反事例中概括而来的。从共产主义道德来说，“八互”不仅仅是处理夫妻关系的一般原则和规范，而且是社会主义社会中爱情婚姻道德的集中体现。共产主义道德像一根红线一样，贯串“八互”的每一“互”的内容，从而使“八互”能够成为维护家庭存在的强有力的纽带。尽管我们在爱情婚姻中将要碰到极其不同的问题，但只要能够用“八互”的道德意识加以调节，几乎都可以由此而受到启示，从而克服所出现的各种矛盾。因而，对“八互”从理论上加以分析，在实践中进一步推广，这对于减少夫妻矛盾，消除夫妻之间所产生的误会，从而不断增进夫妻之间的感情，是重要的。

从理论上看，“八互”特别强调一个“互”字，即夫妻之间的一切道德义务，都应当是相互的，而不是单方面的。这就是说，不论对于夫妻的任何一方，都应当自觉地履行自己对于他（她）的道德义务。这一提法，不仅能够把义务与权利自然地、紧密地结合在一起（即夫妻一方对另一方有应尽的义务，也有从另一方获得其应对自己义务的权利），而且，把夫妻之间相互的道德义务，从消极的接受规范的被动状态，转变为促进双方的个性、品质不断完善、美好、丰富的一种积极力量。单方面的、片面的义务，往往会变成一种束缚、强制和禁锢，并且总是要使夫妇的一方受到损害，使这种义务成为一种消极的、被动的、损害人的社会本性的框子。这种片面的义务，在封建社会中，曾经使妇女遭受过沉重的苦难，直到今天，这种对妻子的单方面的、不合理的义务，还在我国社会上影响着一部分夫妻关系和家庭关系。男尊女卑，不尊重妻子的人格、尊严和个性的片面义务观点，是错误的。在夫妻关系中，尽管在某种情况下，一方所从事的工作，需要另一方的多方面的帮助，但这必须是建立在相互义务的基础上。只有这种自觉的相互的义务，才能激发起夫妻双方的创造热情，才能使夫妻双方在共同事业中携手前进，才能使彼此的感情更加融洽，从而使双方在新的道德阶梯上不断地向上攀登。由此可见，“八互”中的“互”字，在夫妇道德中不但有重要的实践意义，也有重大的理论意义。

“互敬”、“互爱”在夫妻道德中，按周恩来同志和邓颖超同志的体会，是应放在最前面的“两互”，这是值得人们认真体会的。对于大多数夫妻来说，几乎是每日都要在共同生活中度过的。朝夕相处，时时相会，无拘无束的议论，事无大小的交谈，固然可以深化夫妻的感情，同时往往又过分随便，不注意对于另一方的人格、尊严的敬重。这种不能够尊重对方的观念一旦形成，就往往会给夫妇关系，特别是新社会的夫妇关系，种下矛盾、纠纷的种子。谁都知道，人们对待家中的来客，都是尊重的，不能爱理不理、不尊重别人的人格的。正是在这个意义上，中国的传统道德中特别强调，在夫妇关系中，应该“相敬如宾”。夫妻间的相互尊重，是增进夫妻感情和维护家庭的一个前提条件。在“互敬”的同时，还必须“互爱”，如果夫妇之间已经完全没有爱情，或者说感情已经彻底破裂，当然，这种家庭也就没有必要维持了。但是，我们还必须注意到，我们所说的夫妇之间的相互的爱情，同恋爱时的激情是有所不同的，这就是说，夫妇之间的“爱”，是随着夫妇年龄的增长、子女的出生及家庭生活的不同阶段而有所不同的。比其婚前的爱情来说，这种“爱”更丰富、更深厚、更广泛、更细致，正由于这样，它才能成为一种经久不衰的向心力和凝固力，从而保持夫妇的白头偕老，使整个家庭得以维护和巩固。

“互信”在夫妻关系中，还有着特殊的意义。在夫妻生活中，建立起坦诚相见、互信无猜的心理气氛，是家庭和谐的重要基础。夫妇双方都要诚实相告，力求使对方了解自己的思想和行为。另外也要看到，每个人也都难免会有一些不愿对别人说的隐私，夫妇双方，都要相互理解。值得指出的是，两性中的嫉妒，虽然带着某种纯粹动物的本能，但是，即如文明发展到今天，由于长期私有制的影响，对于某些男人或女人来说，还往往是特别敏感的。每个人都有一定的社会交往，都要在生活和工作中同异性接触，人们的道德觉悟越高，就越能鄙视那种疑神疑鬼的嫉妒，使夫妇关系健康地向前发展。

从我国当前的婚姻家庭纠纷来看，这种无根据的猜疑，是占有一定比例的。一些丈夫，把妻子当作自己的私有财产，认为她的一切都是应该由自己独占的。同样，有的妻子，把丈夫看作自己的依靠，总是担心和害怕他被别人抢去。正因为如此，在夫妻之间本来是莫须有的、根本不存在的问题，往往因为多心、吃醋、占有欲而形成许多家庭纠纷，有的甚至发展成为不可挽回的悲剧。一般来说，在夫妻关系中，克服私有制残余影响的独占欲，克服从动物本能带来的性嫉妒，充分地建立起相互信任的气氛，对不断增强夫妇的感情，维护和巩固家庭，是有重要意义的。

“八互”中的其他“五互”，即互勉、互助、互让、互谅和互慰，也都是从我国婚姻家庭的许多正反两面的事例中综合提出来的，是夫妇道德中所应当遵守的。特别是其中的“互让”和“互谅”，尤其有重要性和针对性。夫妻之间，难免要为一些事情争执，有时一方还往往因为在工作中、事业上遇到挫折、遭受打击或受到委屈而在家中对爱人大发脾气。在这种情况下，另一方应特别注意忍让，予以谅解。这种夫妻之间的特殊情况下的忍让，甚至可以说应该是无条件的、最大限度的。不但要忍让，而且要尽可能地给以勉励，给以帮助，从而消除他（她）的怨气，帮助他（她）克服困难、端正态度，激发他（她）的斗志，使夫妇间的爱情能够在互勉、互助、互让、互谅和互慰中上升到新的高度，从而有利于共同事业的发展，有利于家庭的和谐。

最后，还特别应当强调指出的是，人最重要的是要有一点精神，这是人区别于动物的一个根本的界限。精神生活是夫妻之间更深层次的共同生活，由于夫妻关系是不同于一般的特殊的社会关系，因此，正确处理夫妻关系，对于夫妻双方以至整个家庭成员在社会实践中人格的自我完善、精神境界的升华，起着不同于一般的特殊的作用。夫妻之间朝夕相处，如能按照“八互”原则做到灵魂相见、肝胆相照，真正在精神世界里心心相印、息息相通、并肩携手，在共同生活的人生旅途中，不断向着更高的道德境界迈步，那么，它将定然会为人类的幸福、社会的进步发挥出不容忽视的积极作用。

家庭伦理、家庭美德和家风建设*

一

在精神文明建设和社会道德建设中，形成和建立良好的家庭美德，培育和发展一种文明、和谐、健康、向上的家风，有着重要的意义。家庭是社会的细胞，家庭美德同良好家风的建设，必将进一步促进社会道德建设的良性运行，推动我国社会精神文明建设更好地向前发展。

一般来说，我们的道德生活，可分为家庭领域、职业领域和社会领域三个方面。与此相对应，一个社会道德的基本要求，也可分为三个大的方面，即家庭生活中的家庭美德、职业生活中的职业道德、社会公共生活中的社会公德。社会道德生活三大领域中的三种不同道德要求，是相互联系、相互渗透和相互影响的，它们都有着自己独特的、不可替代的作用。

家庭美德的建设，能够更好地促进家庭每个成员的思想道德素质和科学文化素质的提高，为形成良好的职业道德和社会公德打下坚实的基

* 本文是 1999 年 4 月在北京召开的“家庭伦理与精神文明”国际学术研讨会上所提交的论文。

础。建设家庭美德，就是要在家庭中大力倡导“尊老爱幼、男女平等、夫妻和睦、勤俭持家、邻里团结”的要求。重视家庭美德，对形成一种文明、和谐、健康、向上的家风，将产生积极的作用。

中国政府制定的《中国妇女发展纲要》提出，要把建立平等、文明、和谐、稳定的家庭作为一项主要目标，要求发扬中华民族的优良传统，树立社会主义的道德风尚，在家庭内部、邻里之间建立和发展平等、团结、友爱、互助的关系，这些要求，对建设社会主义的新家风，有十分重要的意义。

二

在家庭伦理和家庭美德建设中，根据中国文化、道德的传统和现实，我们认为，在当前市场经济的条件下，家风建设有特别重要的意义和作用，值得我们认真地研究。

什么是家风？一般来说，家风是一种由父母（或祖辈）所提倡并能言传身教、用以约束和规范家庭成员的一种风尚和作风。家风是一个家庭长期培育和形成的一种文化和道德氛围，有强大的感染力量。家风是家庭伦理和家庭美德的集中体现。家风一经形成，就能不断地继承发展，并有着日积月累、潜移默化、前后相继、陶冶家庭成员性情的作用。正如社会风气是社会道德水平的一个重要体现一样，家风是一个家庭成员的道德水平的体现。良好的家风作为一种精神力量，它既能根据它的要求，在思想道德上来约束它的成员，又能促使家庭成员在一种文明、和谐、健康、向上的氛围中不断发展。

家风同社会风气有着相互渗透、相互制约的关系。一方面，家风要受社会风气的影响；另一方面，家风又能反过来对社会风气的好坏发挥强有力的作用。社会风气好，有助于良好家风的形成，这是人们都能认识和体会到的。在一个社会风气不好的社会中，如果能重视家风的建设，那么，良好的家风也能够对社会上的污浊空气起到很好的净化作用，有利于整个社会风气的改善。在社会主义市场经济条件下，重视家风的建设，有着特别重要的现实意义。

中华民族是一个特别重视血缘关系的民族，家庭伦理和家庭问题，历来受到社会和思想家的重视。中国伦理思想史上的大量家教、家训、家范、家规以及治家格言，都与家庭伦理和家风有密切的关系，或者说，它们都是从不同的方面，反映着家庭伦理和家风的内容。在中国历史上，很多著名的思想家、政治家、教育家，都是在良好的家风培育中成长起来的。中华民族是世界各民族中最重视家风的民族之一。

中国工人阶级登上历史舞台以来，许许多多革命家庭所形成的良好家风，为培育社会主义的新人做出了重要的贡献。总结、继承和发扬这些革命家风的优良传统，在今天尤有很重要的现实意义。

江泽民同志在同中国妇女八大代表座谈时提出，在当前，要努力树立和保持良好的家风。他说，如果每一个家庭都能使老人们受到充分的敬重，使子女们得到全面的教育，家家家风好，就一定会促进社会风气的好转。他又说，良好的家庭教育，对人的进步的影响是终生难忘的，而母亲对子女的影响尤为重大，往往可以影响他们的一生。确实，形成一个好的家风，不论是对子女的教育和发展来说，还是对整个社会风气的改善来说，都有着不可忽视的重要意义。在建设社会主义四个现代化的过程中，在加强社会主义精神文明建设的同时，我们要努力形成新时期的“新家风”。这个“新家风”应当是文明、和谐、健康、向上的家风。树立这样的“新家风”，一定能够更好地净化我们的社会风气，推动我们社会主义建设事业更加迅速地发展。

三

从我国优良的传统道德和古代的家训、家风中，特别是从许许多多的革命家风中，结合我们现代社会生活和家庭美德的要求，我们可以认识到，一个文明、和谐、健康、向上的家风，一般来说要包括以下几个方面的内容。

1．*尊老爱幼的风尚*

尊重老人，是中国传统家庭美德中的一个重要内容。从古代的夏、商、周开始，直到新中国成立，尊老和敬老，一直是中华民族重视的一种道德风尚。孟子就一再提倡要使“七十者衣帛食肉”，要使“颁白者不负戴于道路”。中国古代的《礼记》中，还规定“九十者，天子欲有问焉，则就其室，以珍从”等。这就是说，如果国家的最高统治者要向九十岁的老人请教问题，必须要亲临其家，还要带上时鲜珍品作为礼物。不但对老人要尊敬，而且在长和幼之间，要能够有先后的次序。《礼记·曲礼上》中说：“年长以倍则父事之，十年以长则兄事之，五年以长则肩随之。”把尊老和敬长密切联系起来。这就是说，比自己年长一倍的人，就应当像对待自己的父辈一样来对待；比自己年长十岁的人，就应当像对待自己的兄长一样来对待；比自己年长五岁的人，在同他一起并行时，一定要跟随在他的后面。按照这样的要求，在家庭中，要孝敬父母，还要尊敬兄长；在社会上，要尊敬老人，还要尊敬一切比自己年龄大的人。在尊老的同时，也强调爱幼的重要。爱幼就是要正确地关心、爱护和教育子女，要爱子有道，反对宠爱、溺爱以至放纵失教。在当前的新时代，批判地继承中国的这一优良道德传统，提倡新的尊老爱幼的美德，仍然是有重要意义的。

2. 孝敬父母的风尚

中国传统道德和家风，特别重视对父母的孝敬。从一个人的成长来说，在从儿童、少年到青年的很长时期内，是在父母的抚养、教育和关怀下成长的。父母对子女的爱，是纯真的。在很多情况下，父母为了关心和照顾自己的子女，往往要做出很大的牺牲。正是从这个意义上，中国的思想家认为，孝敬自己的父母，也是子女的一种起码的义务和责任，是一个人道德良心的重要体现。如果一个人对抚养、关心、教育他的父母都不能发挥爱心，又怎么能希望他去爱别人、爱人民、爱国家、爱社会呢？中国的思想家强调，孝敬父母是一切道德的出发点，离开了对父母的孝敬，也就不可能有什么道德。孔子以及后世的儒家，对孝作了极其详细的阐述。孝不但是赡养，而且要敬；不但要养体，而且要养心；如此等等。宋明以后的儒家，把孝变成了愚孝，是错误的，但正确地理解孝敬父母的正确内容和要求，形成新的孝敬父母的风尚，对于我们的社会仍然是必要的。我们今天提倡要孝敬父母，绝不是要回到家长制的等级关系中，我们所要提倡的是家庭成员之间的一种文明、平等的新关系。如果父母的言行是错误的，是不符合我国社会的法和道德的要求的，子女不但不能顺从，而且应当提出自己的正确意见，并加以纠正。

3. 勤俭持家的风尚

一般来说，能不能勤俭持家，是一个家庭能否保持兴旺发达的关键之一。一个经济上贫困的家庭，如果能够勤俭持家，就能够逐渐由贫困转入富裕；一个经济上比较富裕的家庭，只有厉行勤俭持家的家风，才能较长时期保持兴盛不衰。勤俭主要包括两个方面：一个是勤劳，就是要勤勤恳恳、热爱劳动，不但把劳动看作谋生的方式和获得财富的手段，而且把劳动视为一种高尚的道德品质，以勤劳为光荣；一个是生活上艰苦朴素，即不奢侈、不浪费、不挥霍、不铺张、不贪图安逸、不追求享受，要能够自觉地在艰难困苦中磨炼自己，即使是经济上非常富裕，也仍然以艰苦朴素为荣，力戒奢侈浪费。艰苦朴素不是一种权宜之计，不是量入为出，不是一种管理家庭的方法，而是一种崇高的道德品质。这两个方面是相互为用和相辅相成的。从总结大量的现实的教训出发，思想家认识到，如果不能养成艰苦朴素、勤俭持家的家风，子女就必然奢侈浪费，不但不能培养出有作为的子女，而且一个家庭也就要很快地走向衰落。

4. 诚实守信的风尚

诚实是一个人立身处世的根本，也是家风的一个重要方面。在家庭教育中，从小就要特别注意培养子女的诚实守信的品德。如果没有良好家风的培育和陶冶，一个学会了说谎和欺骗的儿童，长大以后，就很难成为一个能够诚实守信的人。中国古代思想家极端重视诚信在家庭生活和社会生活中的重要地位。“人而无信，不知其可也”，“民无信不立”，家庭也是一样。在中国古代的家风中，流传着“曾父烹豚，以教诚信”的故事，充分说明诚信在家风中的重要意义。从一定意义上说，有了诚信的家风，就能够培养和陶冶具有诚信品德的人才。在社会主义市场经济中，诚实守信是市场经济正常运行的最基本、最重要的条件，也是每一个人都应当遵守的基本原则，如果不遵守诚实守信这一市场经济的基本原则，伪劣假冒和坑蒙拐骗就会盛行，市场经济也就无法正常运转。因而，诚实守信也是一个重要的社会公德。强调诚实守信的家风的培育，能够对社会公德发生积极的促进作用，有利于全社会道德水平的提高。

5. 勤奋好学的风尚

“励志勉学”、“诗礼传家”是中国家风的一个更重要的要求，不但在知识分子的家庭中，就是在广大劳动人民的家庭中，“识书知礼”也是他们所追求的一个高尚的目标。“孟母三迁，断机教子”，说的就是孟轲的母亲如何多次搬家，并因为他中断了学习而割断了织机的故事。一个养成了勤奋好学家风的家庭，就能使所有的家庭成员，将一切可能利用的时间和精力用在对知识的追求上，就能使每一个人在勤奋好学中不断得到提高。在家风中，勤奋好学一般有两个方面的内容，一是学习文化和科学技术知识，一是学习有关思想道德修养方面的知识。在中国传统道德的家风中，尤其重视道德品德的陶冶，认为必须在子女幼小时，及时地加强思想品德方面的教育，以家长自身的言传身教为示范，在家庭生活的潜移默化中陶冶儿童的性情，塑造儿童良好的道德品质。

一个良好的家风的形成，能够为社会培养更多更好的有用人才。一个人在幼小时的教育，对他的影响最深，其效果也最好。儿童就好比是一张白纸，能画最美的图画，能写最好的文字，这主要是由于这时的教育，给他们的印象最深，记忆最久，往往能够终生难忘，受用无穷。我们之所以说教育要从娃娃抓起，也就是这个道理。在中国历史上，有无数多的事例，如孟轲、曾参、陶渊明等著名的思想家、文学家，都是在良好的家风中培养的。同时，一种家风只有它的内容能够适应时代的需要，有利于社会进步，能够促进社会风气的改善，能够陶冶和培育新时期所要求的人才，才能有强大的生命力，才能不断地得到发展。

能不能形成良好的家风，家长起着关键的作用。在建设良好的家风中，必须对家长提出更高的要求。我们的家长要自觉地担负起以身作则和言传身教的责任，要努力培养新的家风所需要的氛围，把建设良好的家风同培养子女成才和改善社会风气紧密联系起来。

应当提倡孝敬父母的美德*

孝敬父母是中华民族的优良传统道德，也是社会主义道德中家庭美德的一个重要组成部分，在加强社会主义道德建设中，大力提倡孝敬父母的美德，对于培养“四有”新人、提倡尊老敬贤、协调人际关系和建设社会主义的“五好”家庭，都有重要的意义。

中华民族是一个非常重视孝的民族，尽管在长期的封建社会中，孝曾经受到过扭曲，甚至发展到愚孝，但就其原本意义来说，所谓孝就是“善事父母”，其中的积极意义是很明显的，在今天仍然应当继承和发扬。《论语》中说：“君子务本，本立而道生。孝弟也者，其为人之本与！”强调孝是一切道德的根本，认为孝在维护人伦关系中具有极其重要的作用。孔子说：“今之孝者，是为能养。至于犬马，皆能有养。不敬，何以别乎？”这就是说，如果只能给父母吃饱穿暖，不能对父母敬，那与饲养狗和马又有什么区别呢？中国古代的传统道德认为，对父母不但要养体，而且要养心，认为敬是一种对父母的诚挚的爱，它的最高层次就是发自内心的永远不变的婉容和愉色。孔子的学生子夏问怎样才算是孝，孔子回答说“色难”。这就是说，在孝敬父母方面，经常能够对父母保持一种发自内心的婉容和愉色是最难的。《礼记·祭义》中说：“孝子之有深爱者必有和气，有和气者必有愉色，有愉色者必有婉容。”

---

* 写于1999年，原载《罗国杰文集》下卷，1221～1225页。

把愉色和婉容看作一个人对父母行孝的最高要求。

新中国建立之后，在一段时期内，由于受“左”的思想的干扰，一些人不加分析地把孝视为封建思想而加以彻底否定；改革开放以来，由于资产阶级腐朽思想的影响，特别是个人主义、拜金主义和享乐主义的泛滥，一些人只顾自己赚钱和吃喝玩乐，而不知道孝敬父母，这种情况，同建设社会主义精神文明和建立新型人际关系是背道而驰的。

一、全社会要大力提倡孝敬父母

我们要充分认识孝敬父母在社会生活中的意义和作用。孝敬父母，从一定意义上看，可以说是一切道德的出发点。一个人从小能养成孝敬父母的品德，就能更好地接受父母的教育，在学校就能尊敬老师、遵守纪律，长大了在社会上就能够忠于职守、尊敬长者，容易处理好人际关系中的各种矛盾。从小知道爱父母、爱家庭，长大了就能够懂得爱学校、爱集体、爱祖国的重要。由于我国近几十年来的特殊情况，孝敬父母的教育没有得到应有的重视。当前社会上所出现的一些情况，值得我们忧虑。有些人经济上有能力而不赡养已丧失劳动力的父母，一些人遗弃自己的父母，更有甚者竟然虐待殴打自己的父母。最近还出现为了经济或其他原因杀死母亲和祖母的恶性事件。这些事例虽然是个别的，却非常值得我们重视。这种事情之所以发生，原因当然是多方面的，但也不能说同当前的不重视孝敬父母的不良风气无关。因此，为改变和扭转社会风气，我们应当在全社会进行教育，大力提倡孝敬父母的道德风尚。从全社会来说，我们希望大众传媒和社会舆论，能形成一个强大的舆论力量，以孝敬父母为荣，以不孝敬父母为耻，在全社会形成和树立一种新的孝敬父母的良好社会风气。

二、学校要进行孝敬父母的教育

在我们的中小学以至大学的教育中，要切实增加有关孝敬父母的教育。一般来说，在当前，确实存在着重智育轻德育的偏向，而在加强和改进中小学的德育教育中，更应当注意加强如何做人的教育，而在如何做人的教育中，如何对待自己的父母，也就是如何孝敬父母的教育，更应当特别加以重视。孝敬父母的教育应同爱学校、爱集体、爱祖国的教育紧密地结合起来，使其能够收到更好的效果。同时，要把孝敬父母的教育同报答父母的养育之恩，同将来长大以后如何报效祖国结合起来。值得指出的是，我国现在大多数的家庭都属于独生子女的家庭，一些独生子女在家庭中娇生惯养，只知道要父母关心自己，从来不知道去关心父母，更不知道关心他人。子女生病了，父母不但关心备至，甚至想以自身来代替；可是当父母生病时，有些子女却毫不关心。因此，要加强孝敬父母的教育，同时，也应加强关心他人的教育，教育中小学生学会为人处世，学会关心集体和关心社会。

三、在家庭中要树立尊敬老人、孝敬父母的良好家风

江泽民同志在同中国妇女八大代表座谈时，要求努力树立和保持良好的家风。他说，如果每一个家庭都能使老人们受到充分的敬重，使子女们得到全面的培育，家家家风好，就一定会促进全社会的风气好。他又说，良好的家庭教育，对人的进步的影响是终生难忘的。而母亲对子女的影响尤为重大，往往可以影响他们的一生。

确实，把家风建设好，对于我们整个社会风气的改善，对社会的稳定与发展以及对子女的教育等等，都有重大的关系。在培养家风、陶冶家风和树立良好的家风中，尊敬老人和孝敬父母的家风是应当特别强调的。为了培养这样的家风，我们现在一代的青年人和中年人，特别是那些有年轻子女的中年人，更应当以身作则，首先要孝敬自己的父母，给小孩做出榜样，真正做到言传身教。如果一个人不能孝敬自己的父母，那么他也就绝不可能培养出孝敬自己的儿女来。

在全社会提倡孝敬父母的美德，树立起良好的尊敬老人和孝敬父母的家风，是一个需要各方面共同努力的系统工程，只要我们能从社会、家庭和学校三个方面一起努力，我们就一定能够取得好的效果。

婚外情感遭遇中的道德抉择*

近年来，我国社会生活各个方面都发生了深刻的变化。这一深刻的变化也反映在婚姻家庭领域。一方面，在婚姻生活中讲求质量，注重婚姻的道德基础，强调双方当事人的自主选择，这些都是婚姻家庭领域出现的可喜现象；另一方面，重婚、变相纳妾甚至卖淫嫖娼等社会丑恶现象在我国死灰复燃，而且有愈演愈烈之势，严重侵蚀和破坏了一夫一妻制，使得一些家庭支离破碎，形成了众多的社会不安定因素。与此同时，婚外恋也成为我们婚姻家庭中一个重要而突出的问题，它正在不断地腐蚀着人们的思想，影响着家庭的和谐和社会的道德风尚，值得我们从根本上加以反思。据统计，近十年来，我国的离婚数字稳中有升，从1990年的每年80万对上升到2000年的每年121万对。下面这对男女主人公所遭遇的事情，对于我们已经不再陌生，它每天都在我们的生活中出现。当一些人还讲着别人的故事，为外遇中主人公的情感遭遇感慨沉思的时候，也许自己一不小心就成了下一个外遇故事的主角。

幸福的家庭是相似的，不幸的家庭各有各的不幸。当男女双方缔结婚姻的时候，他们不会也不愿意想到，有朝一日会亲手打碎自己辛辛苦苦营造的家庭。就像贾明和叶红两个人，他们的婚前感情基础不可谓不深厚，婚后的家庭生活也不可谓不幸福，可是，婚外情仍是不期而至，

* 原载《以德治国与公民道德建设》，282～285页。

几年苦心经营的家庭不能承受外遇的轻轻撞击，顷刻间分崩离析。究竟是什么原因使他们的婚姻亮起红灯？这其中的原因当然很复杂。但就这件事情分析，贾明及其外遇者缺乏必要的道德责任和社会责任，是显而易见的。一个有妇之夫，喜新厌旧，是不道德的，超过了一定的限度，更是违法的；一个明知他人有妻子和美好的家庭，仍然去追求他人的人，是对他人家庭的破坏，也是不道德的。在我国目前的社会中，这样一些不违法而不道德的行为，正需要我们从道德上加以劝导和说服，进行教育和感化，通过提高人们的道德品质来解决我们通过法律所无法解决也不可能解决的问题。江泽民同志最近提出“以德治国”，强调要加强道德教育，这对于我们在婚姻家庭中所遇到的一些问题，也有很强的针对性和很重要的现实意义。

摆在贾明和叶红两个人面前的，无非是两种选择：突出围城，分道扬镳；或者修复感情，继续携手人生。

这种选择是痛苦的。突出围城，在目前的中国，离婚成本相对较高；修复感情呢，对于他们来说，爱情的完满性和神圣性已经不复存在，感情裂痕的弥补将是一个漫长而痛苦的过程。两害相权取其轻。综合各方面的考虑，重新复合的成本将是较小的。当然，对于贾明来说，这是一个重新找到良知的心路历程，对于这个外遇风波的肇事者，我们期待他的良心能够失而复得；对于叶红来说，宽恕远比放弃是一种美德。但这种宽恕并不是没有原则的无所作为，放任自流，而是以博大的胸襟包容贾明的过错，以真挚的热情感化他的心灵，以耐心的劝导唤醒他的内疚，通过提高他的道德责任和社会责任，使他重新回到家庭生活中来。

这个故事给我们的启发是很多的。在感情生活中，爱情如同一个精美的花瓶，需要双方的细心呵护。与其打碎了之后再去寻找补救的办法，不如防患于未然。法律只能在事发之后进行惩戒，你抓到了打碎花瓶的人，可你剩下的只是一堆破裂的花瓶碎片。而道德教育注重的是事前的工作，如堵塞漏洞、消除不安全的隐患等等。在这个问题上，法律治标，而道德治本。从这个角度来看，他们的故事给我们以许多道德的思考。

首先，在家庭生活中，我们不仅要考虑婚姻的合法性，而且要考虑婚姻的合道德性。恩格斯说过，如果说只有以爱情为基础的婚姻是合乎道德的，那么也只有保持这种爱情的婚姻才是合乎道德的。家庭生活是稳固的，但爱情应该常新。只有不断地为爱情注入新的内容，同时婚姻双方当事人不断地提高自身的道德修养，爱情之树才是常青的，家庭也才是稳固的。社会主义婚姻家庭的道德基础是爱情和义务的统一。没有爱情，婚姻是没有灵魂的；没有义务，婚姻是不稳固的。二者缺一不可。爱情具有至上性，但我们必须反对一些人借爱情之名朝秦暮楚，喜新厌旧。在婚姻生活中必须要讲义务，讲责任。在当前，加强道德教育，树立夫妻之间所应担负的责任，强化父母对子女、对社会的责任，是我们婚姻家庭道德中一个重要的方面。人们常说夫妻要恩爱，这是有道理的。在家庭生活中不仅仅要讲爱，也要讲恩，讲给予，讲回报，讲患难与共、相濡以沫。只有这样的婚姻才是合道德性的婚姻，只有合道德性的婚姻才是稳固的、可持续性的婚姻。

其次，婚姻是个人的私事，但又不仅仅是当事人个人的私事。中国古人就认为，夫妇乃教化之端。它是一个涉及个人和社会利益的大事。每个人都是社会生活中的人，都不能离开他人而存在。人的一切活动都会打上社会的烙印，婚姻家庭生活也不例外。在这个意义上，人永远是不自由的，也不可能是自由的，唯其如此，人才成之为人，才有道德的光辉，才不至于降低到动物的水平。因此，在婚姻生活中我们既要强调当事人的自由权利，也要强调对家庭中的另一方、对孩子、对社会的责任。尤其是有了孩子之后，婚姻就更不仅仅是个人的事情了。社会学和犯罪心理学的研究表明，良好的家庭道德氛围是孩子从小养成良好的道德人格的重要条件。现实生活中的无数事例都说明，单亲家庭中的子女所受到的影响，对他们的成长是很不利的。被婚外情困扰的人们，当你们进行自己的人生选择时，对此不可不慎。

再次，要以德治家，建设夫妻平等相爱的道德关系。这次《婚姻法》的修正案在禁止重婚的同时，还明确禁止有配偶者与他人同居，进一步体现了社会主义法律的道德精神。除了法律的制裁，还要通过家庭的道德教育、社会舆论等多种渠道加以遏制。社会主义婚姻家庭的道德建设包括很多方面的内容，建立夫妻平等相爱的道德关系是其中重要的方面。夫妻双方不仅要在生活上互相关心，互相扶持，而且要在道德上互相提携，共同进步。社会生活是光怪陆离的，每时每刻充满着各种诱惑，能否抵御住各种诱惑就是每个人道德水准的试金石。夫妻双方在共同生活中，都要相互提醒，相互帮助。加强夫妻双方的道德修养，提高道德境界，分清真善美和假恶丑，磨砺分辨是非和抵御诱惑的能力，将个人的道德旨趣指向崇高的人生追求，这应该是我们每个人都要重视的。

最后，我们还必须大声呼吁大众传媒，希望我们的报刊、书籍、电影等，要充分意识到自己所担负的崇高的社会责任，在婚外恋和婚外情的问题上，要注意运用道德的劝导力和说服力，坚持社会主义婚姻家庭道德的原则，以达到提高人民群众道德水平的目的，千万不要宣扬那些猎艳追色、喜新厌旧、对社会对家庭不负责任的腐朽思想和荒唐行为，努力营造一种有利于家庭和谐、有利于子女教育、有利于社会稳定的文化氛围。

建设家庭文化，重视素质培养*

在加强社会主义精神文明建设中，如何更好地建设健康、文明、和睦、向上的家庭文化，重视人的素质的教育和培养，在当前来说，是一个不可忽视的重要问题。

什么是家庭文化？尽管人们对它可能有种种不同的认识和理解，但是，一般都承认，家庭文化是由社会和家庭共同营造的一种文化氛围，在这种氛围中，民族的传统、历史的经验、文学艺术的传承、道德的弘扬、为人处世的态度等，使家庭的所有成员，都受到一定的文化熏陶和教育，养成良好的文化素养、审美观念和思想品德。

家庭文化能够使整个家庭在一种浓厚的文化氛围中团结和睦、增长知识、陶冶情操、提高素质，是形成良好家风的一个重要条件。

家庭是社会的细胞，它是以血缘关系来维系的社会最基础的生活单位。在我国社会主义初级阶段的长时期内，家庭不但要担负着养育和教育子女、赡养老人的功能，而且更重要的是，它还要担负着建设家庭文化、培育良好家风、对子女进行素质教育的重要任务。

家庭对青少年的素质教育有重要的作用。家庭是进行素质教育的最好、最有利的园地和场所。在很长的历史时期内，人类主要是靠家庭来进行子女教育和文化传承的。在出现了学校以后，尽管教育的主要任

* 原载《以德治国与公民道德建设》，294～298页。

务，已经由学校承担，但人们也仍然重视家庭在教育子女中的作用。一个有着浓厚文化氛围的家庭，就等于一所无与伦比的学校，在这种文化氛围中，不但能培育青少年的知识、技术、能力的素质，而且更重要的是，它能更好地承担着培育青少年的思想品德的任务，能更好地陶冶青少年的道德情感和道德情操。

在中国古代的传统教育中，家庭教育占有重要的地位。家庭文化的熏陶及其对青少年的教育，更受到古人的重视。古人认为，欲使一个人在长大时能有“修身、齐家、治国、平天下”的能力，必须从小进行培养，注意在家庭中形成浓厚的家庭文化氛围，注意历史、文化、知识的传播，注意诗词歌赋的背诵，运用名言警句的启迪，强调优良道德传统的陶冶和道德楷模的学习，从而达到培育高尚情操的目的。我国古代许多著名的思想家、教育家、历史学家，都是在很好的家庭文化氛围中成长起来的。

家庭作为社会一个基础的生活单位，它同社会有着密切的联系。社会的文化氛围，对家庭有着重要的影响，在一个健康、文明、向上的社会文化氛围中，能够较好地建立起相应的家庭文化；同样，在每个家庭都能建立起较好的文化氛围和家风的情况下，又能反过来促进社会文化氛围的健康发展。

社会主义社会的家庭文化，是社会主义新文化的一个重要方面。因此，在家庭文化的建设中，必须要注意社会主义的价值导向，弘扬爱国主义、集体主义和社会主义的主旋律，贯彻社会主义道德建设的要求，这不仅有利于形成家庭美德，而且有利于社会公德和职业道德的培养。家庭文化建设应当成为当前全社会精神文明建设的一个重要方面。

改革开放以来，在我国经济建设取得举世瞩目成绩的同时，家庭文化建设，也取得了可喜的进步，特别是由于现代科学技术的发展，报纸、杂志的增加，广播、电视和信息技术的推广，戏剧、音乐的普及，使家庭的文化生活不断地得到丰富。这一切，都为我们进一步建设我国的家庭文化，打下了良好的基础。

同时，我们也应当看到，随着改革开放和社会主义市场经济的建立和发展，经济成分、利益主体和社会生活方式日趋多样化，给人们的思想观念和人与人之间的关系不可避免地会带来这样那样的一些影响，包括一些消极的影响。历史上产生并遗留下来的一些腐朽落后的东西，在今天的社会生活中依然有某些存在的条件，这些必然要反映到人们的道德关系中来。个人主义、享乐主义和拜金主义的思想，也在我国的社会生活中传播和蔓延，尤其是“一切向钱看”的思想，愈来愈严重地侵蚀着一些人的灵魂，在社会上腐烂发臭。这种腐朽的思想，同时也严重地影响着一些家庭的情趣和格调，这种情况值得我们注意。

经济的发展和物质财富的增加，无疑使家庭的收入也随之不断增加。家庭的生活水平提高了，生活改善了，有利于建立一个幸福、和睦的家庭，也有利于子女的教育和对老人的赡养。但是，有一些家庭，却只注意追求物质生活的享受，而不注意文化生活的提高。在一些发家致富的家庭中，我们所看到的，主要是豪华的住宅、漂亮的家具、高级的奢侈品等，而不注意文化条件的改善。我们可以说，在一些富裕起来的家庭中，特别是一些所谓“大款”的家庭中，最缺乏的就是文化，如报刊、书籍等。走进这样的家庭，犹如走进了文化沙漠。

由于家庭是以血缘关系为纽带建立起来的一个共同体，这一共同体中的夫妻、子女以及兄弟的亲属关系，又往往有特殊的共同利益。在这种关系中，每个家庭成员的个人利益和整个家庭的利益，是家庭成员所共同关心的。在关心家庭的利益时，要顾全国家的利益。但是，一些家庭成员，往往利用这种血缘关系，毫无掩饰地进行个人私利和家庭利益的谋划，宣扬自私自利的思想，散布为了个人或家庭可以牺牲他人和集体利益等腐朽思想；对家庭成员中的错误思想和行为，不但不加以批评和教育，反而进行包庇。有的人，在社会公共场所和工作岗位上，还能够以国家的利益为重，但是，一回到家庭中，似乎是走进了另一个世界，在这里，他们可以“饱食终日，言不及义”，可以赤裸裸地宣扬享乐主义和拜金主义的人生观和价值观，甚至让利己主义和“一切向钱看”的思想，占据了家庭谈话的主要内容。这种情况，不仅容易使个人的思想道德水平下降，更为严重的是，它将会对年轻一代的素质教育产生极其有害的后果。

对青年的素质教育，向我们提出了家庭文化和家风建设的重要意义。现实生活的许多事例，都已经有力地说明，家庭是青少年素质教育的第一个和最重要的园地。青少年的良好的道德品质，大都同所属家庭长期以来所营造的良好的家庭文化氛围有关。很多品德优秀的青少年，都是在浓厚的家庭文化氛围和良好的家风中成长的。相反，一些犯罪的青少年，尽管还有着复杂的社会原因，但其中有一些，确实同不良的家庭文化氛围有着一定的关系。

家庭文化作为一种文化形态，作为家庭的一种氛围，在当前的中国必然要受到整个社会文化思潮的影响，必然存在着两种思想的斗争。因此，在家庭文化的建设中，必须注意正确的价值导向，反对和抵制种种错误的思想影响。从家庭文化这个侧面来反思我们现在的家庭教育，应当承认，相当长的一段时间，社会上的一些低级趣味和庸俗习气，曾经以各种方式，散布种种错误思想，不同程度上影响着我们的家庭，对于这种情况，我们没有足够重视。

实行改革开放和发展社会主义市场经济以来，随着西方现代科学技术的传播，西方的资产阶级腐朽思想在我国也不断泛滥，再加上国际反动势力对我国的西化和分化的图谋，社会上的黄、毒、赌和暴力现象，也日益严重地影响和诱惑着我国的青年。一些人利用现代化的社会传媒，极力鼓吹金钱至上、“人都是自私的”等等。因此，怎样对待个人同集体、个人同国家的关系，怎样看待个人利益同整体利益的关系，怎样看待个人主义的和集体主义的价值观念，确实已成为我们培养“四有”新人的一个重要问题。在家庭文化中要引导家庭成员抵制资产阶级的个人中心、自私自利、损人利己和拜金主义思想，对社会上流行的种种时尚、思潮和观念，要根据情况进行正确的引导，以有利于培养有社会主义觉悟的人才。对社会生活中的积极因素，如向英雄人物学习、参加社会公益事业、发扬爱国主义精神等要积极响应，对西方一切不利于社会主义的价值观念和腐朽意识及黄色文化，应当坚决抵制，使家庭文化既受社会主义的制约，又能相对独立地朝着正确的方向发展。

家庭是培养爱国主义和集体主义的重要基础。在家庭中，要教育子女尊敬长辈、孝敬父母，要使他们从小就养成爱护家庭、爱护集体，并使这种对家庭和家庭成员的感情，转化成对学校、对国家的关心和爱护。在家庭文化中，要注意培养热爱集体、热爱学校、热爱祖国、热爱社会主义的观念。

在建设家庭文化中，要充分认识家庭文化的独特效应。正确的家庭文化的教育和陶冶的功能，是学校和社会所永远也不能代替的。我们要寓思想性于家庭文化之中，寓教育于家庭的各种谈心、关怀和娱乐活动之中，从而通过潜移默化、陶冶诱导，以达到“防患于未然”、“起教于微眇”，使青少年在一种精神的愉悦和满足中受到教育，在活跃上进、积极乐观的情绪中得到正确的引导。因此，对于家庭文化的种种活动方式，力求从家庭成员所面临的实际问题入手，循循善诱，以理服人，以情动人，以有利于形成良好的家风，有利于提高青少年的道德情操。当前，正是大力发展家庭文化的大好时机，在正确的思想指导下，应当积极开展家庭文化建设，从各个方面鼓励人们建设家庭文化的主动性和创造性，从而使我们的家庭能够成为提高人的素质、培养社会主义“四有”新人、改善社会风气的重要园地。

罗国杰文集

第三卷

思想道德建设论稿

中国人民大学出版社

·北京·

目　录

第一编　思想道德建设的理论与历史

第二编　改革开放与思想道德建设

第三编　精神文明建设

第四编　培育“四有”新人

第五编　建设先进文化

第六编　世界观、人生观、价值观教育

第七编　坚持集体主义价值导向

第八编 弘扬爱国主义价值导向

第九编 弘扬雷锋精神

第十编 公民道德建设

第十一编 道德教育与“两课”教学

第十二编 访谈

第一编

思想道德建设的理论与历史

关于社会主义初级阶段道德建设的几个理论问题*

党的第十三次全国代表大会是一次具有重大现实意义和深远历史意义的大会，这次大会为建设具有中国特色的社会主义所系统阐述的社会主义初级阶段的理论、基本路线和所确立的具有长远意义的指导方针，也是我们今后在社会主义初级阶段建设社会主义精神文明和道德文明必须遵循的基本理论、基本路线和基本的指导方针。我国的社会主义伦理研究和道德建设，虽然是在党的十一届三中全会“解放思想，实事求是，团结一致向前看”的思想路线的指引下，才获得重新建设和发展的，但是，我们在解决如何建设我国现实的道德生活这一问题时，也经历了一个“摸着石头过河”的过程。党的十三大所确立的理论、路线和指导方针，使我们的认识更加清醒了，这就使我们更深刻地认识到，我们进行社会主义社会伦理研究和道德建设，必须从我国国情的现实出发。生活的观点，实践的观点，是马克思主义认识论的第一或首要的观点，“理论在一个国家的实现程度，决定于理论满足这个国家的需要的程度”①。我们的伦理研究和道德建设要获得发展，也必须满足我国进行社会主义现代化建设、发展生产力和深化改革的具体实践向社会道德生活所提出的要求。依据我国还处在社会主义初级阶段的实际，我们的伦理研究和道德建设，其重点似应从如下几个主要的理论问题来思考。

---

* 本文原载《郑州大学学报》（哲学社会科学版），1988（1），署名罗国杰、陈楚佳。

① 《马克思恩格斯全集》，中文1版，第1卷，462页，北京，人民出版社，1960。

一

我国现在要进行的道德建设，既然是社会主义初级阶段的道德建设，那么，与我国社会主义初级阶段的现实状况相联系，就不能不产生这一阶段在道德建设方面的某些特点。例如社会主义初级阶段的道德建设存在着必须坚持两个基本点的特点，存在着人们在道德境界方面的多层次的特点，也存在着道德生活中的多元、冲突、过渡而必须进行导向的特点，还存在着对发达的商品经济中的某些道德需要批判继承的特点。

首先，我国的社会主义初级阶段的道德建设必须坚持两个基本点。我们的国家现在是一个已经建立了社会主义根本制度的国家，它不同于资本主义。然而，我们的国家又是从半殖民地半封建脱胎而出的社会主义国家。因此，它还不成熟，尚处在社会主义发展的初级阶段。基于这一基本现实，反映到我国道德建设方面，当然也不能不具有两个基本点，这就是我们的道德建设既必须坚持社会主义思想体系，同时又不能不从我国社会主义初级阶段的国情出发的原因。我们坚持按社会主义思想体系建设社会道德生活，就应当坚持在道德原则上的社会主义集体主义原则，就应当与资产阶级的个人主义和利己主义相区别，同时，也应当在全社会认真提倡共产主义道德。而我们必须从社会主义初级阶段的国情出发，与社会主义初级阶段还存在着以社会主义公有制为主体的多种经济成分和以按劳分配为主体的多种分配方式相适应。要调动一切积极因素，包括调动个体经营、中外合资甚至外商独资经营的积极因素，以有益于发展我国社会主义社会的生产力，我们的道德调解所坚持的集体主义原则，又只能是国家、集体、个人三者利益相结合的集体主义。我们在反对道德生活中的资产阶级个人主义和利己主义的同时，还要保障正当的个人利益。我们在全社会认真提倡共产主义道德时，要使道德的理想性与现实性有机地结合起来，既要进行共产主义的理想教育，又必须特别注重使这种理想真正变成建设社会主义现代化和促进社会主义改革的行动和实践。我们在进行马克思主义伦理学的研究时，要从现实而不是从想象出发，从科学而不是从空想出发，从具体生活而不是从抽象理论出发，以真正使马克思主义伦理思想与中国社会主义初级阶段道德生活的现实状况和发展要求相结合，并在我国社会主义现代化建设及改革的社会实践中，发展马克思主义的伦理学说。

从我国社会主义初级阶段具体的道德状况出发来分析我国现实道德生活，我们即能看到，在现实社会中人们的道德境界大体上有四个层次的区别。首先，有为数比较少的已经具备共产主义道德觉悟和思想品质的先进人物。这个层次上的先进人物在道德实践中表现出来的行为特征是，已经达到“毫不利己、专门利人”、大公无私，时时处处都为集体利益和他人利益着想，并有甘愿为集体、为他人做出牺牲的境界。其次，有为数相当多的人已经达到社会主义道德境界。在这个层次上的人在道德实践中表现出来的行为特征是，先公后私、先人后己、个人利益服从集体利益，在维护集体利益的前提下，来追求并实现个人的正当利益。再次，在现实生活中还有一批为数众多的人，他们在各自的岗位上，为着正当的个人利益四处奔忙，谋求致富。这一层次的人的行为特征是，在动机上追求正当的个人利益，能奉公守法，不损人利己，不损公肥私，信守勤劳致富的原则。这一层次的人虽然追求的是正当的个人利益，但是，他们的工作、劳动、职业有利于发展经济、促进生产、活跃市场、扩大就业，归根到底，有利于社会生产力的发展，因此，他们的行为也应该被认为是合乎道德的，并具有善的价值。这是在我国现阶段一支不可忽略其存在的现实队伍，也是我国现行道德生活或国情的一个很重要的特点，它处于现实道德境界中的第三个层次。最后，我国现实道德境界中的第四个层次就是极端自私自利的层次。这一层次上的人在道德实践上的行为特征是，无论在动机上还是在效果上，无论在目的上还是在手段上，都鲜明地体现出自私自利、唯利是图、金钱至上、损人利己、损公肥私、为达到个人目的而不择手段的特征。这个层次上的人的极端自私自利的思想乃是一种十分腐朽的道德思想。在我国现阶段，真正极端利己并且顽固不变的人只是少数，他们的数量虽然不多，但我们若是不同他们进行必要的斗争，则他们对社会的危害也将是相当大的。这是社会主义初级阶段的道德生活存在的多种境界或多层次的特点。

由于社会主义初级阶段还存在着多种经济成分及多种分配方式，虽然它们都是以社会主义公有制和按劳分配为主体，即在社会主义体系范围内所呈现的多元性，但是，这些不同的经济成分及其相应的分配关系，也会在道德观上反映出不同的价值观，并呈现出社会主义初级阶段在道德生活中的复杂性。而且由于人们之间的利益矛盾，也会在一定程度上引发人们在道德生活中的矛盾与冲突，这就给社会主义初级阶段的道德建设提出了一个导向的任务。如同社会主义初级阶段的经济体制、政治体制、法制建设都会有一个从不完善向完善形态发展、变革和过渡的过程一样，在道德生活中，也会有一个不断把人们的道德境界由低层次导向高层次的转变的过程。例如，现实道德生活中还存在着道德境界的第三个层次，虽然这类人的思想和行为，在现阶段也一般表现为具有善的价值，但是，由于它还属于道德境界的低层次，因此，在社会道德生活中，还会发生分化的现象，即这种境界上的人一部分有可能上升为第二个层次甚至到达第一个层次，而另一部分也可能下降到第四个层次。因此，根据社会主义初级阶段道德建设的这一特点，我们在社会主义初级阶段，也还应当在全社会认真提倡共产主义的道德原则。我们固然不能在当前要求所有的人都达到共产主义的道德觉悟，但是，我们仍应当宣扬和提倡这种对大多数人来说带有理想性质的共产主义道德，并依靠那些在当前虽然是少数但已经具有共产主义觉悟的人的榜样力量，引导和提高其他层次的人们沿着社会主义的道德阶梯逐步向着最高层次攀登。因此，社会主义初级阶段道德建设的一个长时期的任务，就是要通过评价、教育、修养等活动，形成社会舆论和人们的内在信念或良心，以不断把低层次的道德境界导向更高层次的道德境界。

另外，由于我国的社会主义是从半殖民地半封建的旧社会脱胎而来的，虽然我们的社会主义从根本制度上能够越过资本主义作为统治形式的这一发展阶段，但是，社会生产力的发展却并不能越过商品经济的发展阶段。因此在道德生活中，由于发展商品经济的要求，也不能不产生与此相适应的道德。在这一发展过程中，批判继承以往在发展商品经济过程中的某些道德，诸如倡导买卖公平、价格公道、正当赢利、合理竞争、精打细算、讲求信用等也就成为必要。我们在现实生活中扬弃这些道德，一方面是因为也确有必要把它作为武器以克服小生产者的狭隘眼界和保守习气，并反对具有封建特权性质的官商习气，这是发展我国商品经济的需要；另一方面，则又完全是为了把它导向有益于促进我国现代化事业的社会主义思想体系。所以，在社会主义初级阶段，批判继承以往在发展商品经济中的某些道德，也是这一特定历史阶段在道德发展中的一个重要特征。

二

党的十三大在《沿着有中国特色的社会主义道路前进》的报告中提出了一系列理论问题，最核心的一个理论问题就是生产力标准的问题。在社会主义社会的发展中，重新认识和提出生产力标准是一切生产关系及上层建筑是否合理、是否需要变革的根本标准，这既是正本清源，从根本上澄清了我们在社会主义发展理论上的各种是是非非，同时，又是对发展马克思主义理论的一个重大贡献。社会主义社会发展中的生产力标准的提出，对于我国社会主义社会道德理论的建树和社会道德生活建设的发展都具有极为重要的指导意义。

社会生产力的发展乃是一切社会发展的根本动力。生产力是一切社会发展的最终决定力量，生产关系和上层建筑只有适应生产力的状况，才能促进生产力的发展，这本来也是马克思主义唯物史观道德学说的一个基本原理。社会发展中的生产力标准也无疑应该成为社会道德生活发展和检验道德标准是否适合或合理的根本标准。我们应该把生产力标准看做社会道德生活及道德标准进步和发展的根本法则，一切社会的道德及道德标准只有适合生产力标准或道德的发展法则的要求时，它才是合理而健康、进步而有活力的道德及道德标准，这是社会道德生活发展的根本规律。这一规律在以往新旧社会交替的过程中，由于旧的经济关系阻碍着社会道德状况的根本变革，因此，破除这种障碍，当然成为发展社会道德生活的必经之路或根本任务，而且，也由于在资本私有制占统治地位的经济关系中，生产力的增长常常还同时意味着资本与雇佣劳动之间的对立加剧，所以生产力的发展也并不直接表现为道德水平的提高。然而，在我们已经建立了社会主义制度的情况下，我们的道德生活及道德标准是否能够促成生产力的发展，当然对于检验这种道德生活及道德标准是否适宜，就具有更直接的决定意义。在我国现阶段，我们在道德生活中也无疑必须确认，一切有利于生产力发展的东西，都是符合人民根本利益的，因而也是社会主义所要求的，或者是社会主义所允许的；一切不利于生产力发展的东西，则都是违反科学社会主义的，是社会主义所不允许的，有的则可以说是不现实的。

在人类社会道德生活的发展中，生产力标准应该说是不以任何人的意志为转移的客观的道德发展法则。而作为具体社会、具体阶级或具体的人们所确定的道德价值善恶标准，它的产生虽然也有它的社会根源或客观性，然而这些道德标准总是通过具体人们的意志约定或规定所形成的，因此终归也具有某种主观性。人们的这种主观约定或规定，只有在它是合乎生产力标准即合乎生产力发展法则的客观要求时，它才成为主观与客观相符合，并具有现实发展和开拓活力的标准。

然而，我们在道德生活中确立生产力标准的道德发展法则，又决不可以以生产力标准去取消或代替道德标准。道德标准应以适合生产力发展的要求为检验其是否合适的标准，而每一种生产力发展的水平，对于人们的精神和道德方面的要求，又应该有相应的具体要求或具体标准。人们确定道德标准若不以生产力标准作法则，就会失去其道德标准的客观依据；然而人们若不能以此为依据，去具体地确立一定社会发展阶段上的具体道德标准，则又会使人们在道德方面不知所措，并且也会使道德丧失其足以促成生产力发展的社会功能和作用。况且生产力的发展为使人们的道德水平达到自觉的提高，也还要在有相应的生产关系的基础上，通过必要的道德机制如道德教育、修养和有效的道德评价活动方能实现。再则，道德标准所要调解的是一定利益对于人们及社会之有益或有害的价值趋向，因此，从这个意义上说，社会生产力的发展还会有一个调解其价值趋向的问题，也即是有一个价值导向的问题。道德标准的这个导向功能也是生产力标准所不能简单取代的。所以，我们既要遵循生产力标准的法则，还需要有道德标准。我国现行宪法所确认的社会公德标准，即“爱祖国，爱人民，爱劳动，爱科学，爱社会主义”，我们认为也应该是合乎我国社会主义初级阶段并适合生产力发展要求的现实的善恶标准。与此同时，我们当然也应该在全社会认真提倡作为先进分子业已具有的理想人格、崇高境界或共产主义道德标准。

三

我国社会主义初级阶段的经济，只能是有计划的商品经济。社会主义社会还存在着商品经济，这一点可以说是已经被认识了的现实。因而，我国在社会主义初级阶段，还需要发展商品经济，商品经济是生产力发展不可逾越的阶段。这一科学的认识，对我国的现实生活和“四化”建设，是有重要意义的。商品经济的发展既然是我国社会主义社会生产力发展的一个不可逾越的阶段，那么，我们在社会主义初级阶段进行道德建设，就不能不从我国发展商品经济的客观要求和现实出发，以建立合乎社会主义商品经济发展要求的道德。

从我国社会主义初级阶段的具体国情出发，在我国要使社会主义有计划的商品经济获得充分的发展，它的发展要求也应该包含两个基本点，即一是使它的发展有益于促进社会主义社会生产力的发展和现代化的实现，有益于促进社会主义制度的巩固和完善；二是应该建立能够保障其充分发展的社会环境和社会精神生活方面的条件。这两个基本点反映在道德要求上，也会有两个方面的基本要求，即一是对发展商品经济在导向方面的要求，二是建设有益于发展商品经济的新思想、新观念、新境界。我们既应该认识到发展商品经济将有益于促进经济生活的社会化和现代化，也应该认识到增强社会主义经济生活的社会化和现代化，必将为社会主义道德的进步和发展奠定必要的社会基础和物质基础。我们应该在商品经济发展的现实中去总结概括足以保障其获得正当发展的调解原则及道德标准。

社会主义社会的有计划的商品经济，虽然与资本主义的商品经济具有本质的区别，如社会主义社会是在以社会主义公有制经济占主导地位的经济体系中发展商品经济，社会主义社会的商品经济是在宏观经济的指导下发展商品经济，然而，只要是商品经济，又总归是以生产商品并以交换为机制的一种经济形式，因而赢利与竞争就总归是伴随这种经济形式所必然要产生的经济活动。特别是在我国社会主义初级阶段还存在着以社会主义公有制为主体的多种经济成分和以按劳分配为主体的多种分配方式的情况下，商品生产与交换不仅在社会主义所有制的不同成分与不同分配方式中进行，而且商品生产与交换还必须在各种经济成分及分配方式中，其中也包括在各种私营经济，如个体经济、中外合资经营的经济、外商独资经营的经济中，以及包括在各种其他分配方式中，如个体劳动所得、法律所允许范围内的雇工所得、债券及股份所得等方式的交往中进行。这就不能不使社会主义初级阶段的现实中所存在的赢利与竞争的经济活动呈现出复杂性。我们社会主义初级阶段中的道德生活，也不能不面对这些现实。在这一方面，道德的功能不可能去超越这些现实，或在幻想中去建造一个至上的善的世界。发展商品经济向道德所提出的要求，就是要我们在赢利和竞争的现实中，去做好由赢利与竞争所产生的人际关系的矛盾及冲突的调解工作。在这一现实中，道德的功能就是要积极地把握和调解各种赢利及竞争的价值趋向。我们必须致力于把这种赢利与竞争导向有益于发展社会主义社会的生产力和有益于造福人民的价值趋向。为实现这一要求，我们在道德调解中，一方面为了有效地发展商品经济，我们必须而且应当鼓励并赞许人们在法律许可的范围内，进行正当而有益的赢利和竞争；另一方面，我们还同时应当努力去防止、谴责和杜绝由于赢利而坑害服务对象、危害社会主义利益的现象，或由于竞争而造成人际关系重新陷入对立或对抗，甚至有害于社会主义安定团结的不良倾向。

在社会主义初级阶段，只有发展商品经济才能有效发展社会主义社会的生产力。在这一关系中，当然已经明显地体现了发展商品经济与社会主义利益的一致性。因此，在我国的现实经济发展中，我们无疑应该致力于克服那种长期统治着人们的小生产者的狭隘眼界和保守习气，从道德观念上彻底摆脱那些禁锢我们发展商品经济的精神枷锁，因为只有这样，我们才能发展和繁荣社会主义的商品经济。与此同时，由于社会主义初级阶段商品经济发展的价值趋向具有二重性，所以，我们在调解由赢利与竞争所产生的现实矛盾和冲突时，又不能不解决如何把由赢利与竞争所形成的优胜劣汰，化为有利于社会主义事业的进步和发展的动力问题，并以此作为我们道德思考的重点。因为只有这样，我们才能真正有效保障社会主义商品经济的繁荣和发展。而在这一方面，社会主义初级阶段的道德建设，又始终需要在发展商品经济的过程中，与那些假冒商品、缺斤短两、坑害顾客、偷税漏税、走私贩私、行贿受贿、执法犯法、敲诈勒索、贪污盗窃、泄露国家机密和经济情报、违反外事纪律、任人唯亲、打击报复、道德败坏等不良倾向进行不懈的斗争。我们必须批判和抵制封建主义的等级特权、资本主义的极端利己主义的腐朽思想和道德。我们在发展商品经济中进行道德建设的主要任务，也就是要有效地促进和保障社会主义商品经济的健康发展。

四

我国的社会主义既然还是初级阶段的社会主义，我们所进行社会主义建设面临的就是中国国情的实际，它从半殖民地半封建脱胎而来，商品经济很不发达，生产力发展水平很低，人口占世界的四分之一，科学技术水平不高，底子薄，不少边远地区还没有从根本上摆脱贫困。因此，我们所要建设的社会主义，就只能是具有中国特色的社会主义。与此相适应，我们所要建设的社会主义社会的道德，也还不能是完善形态的社会主义道德，而只能是合乎中国国情并具有中国特色的社会主义思想体系的道德。我国当前所进行的社会主义改革，就是要改革与我国现实的生产力发展不相适应的经济体系和上层建筑。我国现行改革的一个基本思想，就是要把马克思主义与建设具有中国特色的社会主义相结合。我国进行社会主义改革的这一思想路线，无疑也为我们现阶段的道德建设奠定了指导思想和理论基础，并且也正在为新的道德建设和发展增添无限的生机和活力，实现改革以及进行改革的思想路线正成为推动我国社会主义初级阶段道德建设的巨大动力。

与此同时，我们当然还应该看到，我国进行的社会主义改革已经给我国的社会主义建设和发展带来了新的生机和活力，并正在使我国的社会生产力获得空前未有的巨大进步和发展，使我国的社会物质财富有了巨大的增长，使人民的生活水平得到了普遍的提高，使人们的文化生活和视野开始扩展到现代化的水平。由改革和开放所带来的这些社会物质生活的巨大变化，也正在为社会道德生活的改造和进步带来日渐丰富的物质基础，并且也必将进一步推动我们在新的发展水平上来思考和建设新的道德生活。

当然，面对今天中国的道德生活的现实，人们也还会看到，当今社会的道德状况也确实还有不少不甚理想之处，例如在我们的干部中还有不少贪污受贿、挥霍浪费、奢侈成风的腐败现象，社会风气也还有不少讲排场、摆阔气、开后门、以职攀贵、以权谋私等不正之风，社会上也还有不少地方搞封建迷信、赌博、聚众斗殴，甚至出现暗娼等沉渣泛起的情况。对于这些情况的发生，我们当然无须讳言，而且必须坚决进行斗争并加以克服。然而，对于这些情况发生的原因，我们则应该有一个清醒的认识。我们的改革和开放，尽管也会在变革中引起一些社会关系的变动，但是，这些变动却并不是产生上述问题的根源，问题产生的根源在于现实存在着封建主义和资本主义的腐朽思想，同时问题也在于我们的政治思想工作和道德建设，还不能在这种社会变动中发挥有效的作用，政治思想工作和道德建设还没有能够摆脱往常那些空洞的框架，还缺乏进行现实的研究并获得解决这些现实课题的方法。我们现在正致力于在新的条件下去解决这些课题。只要我们的政治思想工作和道德建设真正从现实、从科学、从具体生活出发而面向实际，我们也就一定能够在我国生动的社会主义改革和建设的具体社会实践的丰富源泉中，汲取人民群众的智慧，并依靠人民群众去克服社会生活中的这些不良现象。而社会主义改革和建设的社会实践，又正是推动我们去解决这些道德课题的力量的源泉和发展的动力。

对于我国在改革和开放中所出现的社会精神和道德风貌的认识，我们认为虽然应该无须讳言现实存在的问题，然而，我们认为尤其主要的是应该看到，改革开放正在使我国的民族精神焕发出获得了新解放的景象，这后一方面才是我国现实在社会精神和道德风貌中的主流。这就是我们中华民族子孙，在党的十一届三中全会的正确路线指引下所焕发出来的巨大热情和创造精神。如今的中国人民，尤其是青年，都在热切地关心着中国的改革和社会主义现代化事业，关心着中华的崛起，关心着中国的富强、民主和文明。社会主义现代化的事业已经激发起人民学习现代科学和文化的巨大热忱，在中华民族的历史上，从来也没有像现在这样，有如此众多的人民如饥似渴地求索现代的科学和文化。我国的社会主义改革正在不断开拓人们的新视野、新观念和新境界。在广泛的社会生活中，一种求实和科学的创业精神也正在形成。我国人民那种传统的知足苟安的精神状态，也正在为新的一代所具有的开拓进取精神所取代。而这样一些新的、可贵的民族精神，也正是我们的革命先辈和无产阶级革命家长期为之呕心沥血希望培育的精神。这不正是由于改革开放而形成的社会精神和道德风貌的主流吗？社会主义改革推动着我国人民的新视野、新观念及新境界的形成，而中华的振兴和富强也寄希望于这种精神。

改革推动了我国社会道德生活的建设和发展。当然，我们也应该建设适合于我国现阶段生产力发展要求的道德，以有效地发挥促进改革和现代化建设的积极作用，例如我们的道德建设若能深入生活去克服现实社会生活中的一些消极现象，去克服小生产者的狭隘眼界和保守习气，去批判和抵制封建主义和资本主义的腐朽思想及道德，并且能够有效地调解在改革和现代化建设中所出现的各种矛盾，能够积极倡导和振奋起全国各族人民自力更生、艰苦创业、献身于现代化事业的巨大热情和创造精神，我们的道德建设也一定能够为保障改革和现代化事业的成功做出更大的贡献。

五

关于社会主义初级阶段道德建设的重点，我们认为，社会主义初级阶段的中心任务既然是发展生产力，那么，道德建设的重点也应该是社会主义初级阶段的职业道德建设，而职业道德建设的重点则又应该是干部道德、企业职工的道德和服务行业的道德。

在我们的社会道德生活中，除了每一个社会都会有一个占主导地位的总体道德之外，依据人们不同的生活领域，我们还可以大体划分三个生活领域的具体道德，这就是职业生活领域中的道德、家庭生活领域中的道德和社会公共生活领域中的道德。这三个社会生活领域中的道德，又是以哪一个生活领域中的道德为最主要呢？依据马克思主义的观点，既然人们的生产活动是人类最基本的实践活动，因此，人们的职业生活当然也应该是人类最主要的社会生活领域，它应该是人们社会生活的主体部分。与此相联系，社会职业生活领域中的道德当然也应成为各个具体生活领域的道德的主体部分。所以，职业道德应该成为社会主义初级阶段道德建设的重点，它首先是由职业道德在各个具体生活领域道德中的地位所决定的。

我国社会主义初级阶段的中心任务是要发展社会生产力，社会主义初级阶段道德建设的根本任务，当然也应该是通过各种道德调解与活动，去激发人们的社会主义积极性与创造性，并创造有益于发展生产力的社会环境，以保障社会生产力获得充分的发展。而在实现这一任务中，职业道德又占有突出的地位和具有巨大的作用。所以，把职业道德的建设确定为社会主义初级阶段道德建设的重点，也是实现社会主义初级阶段的中心任务所要求的。

另外，把职业道德的建设确立为我国现阶段道德建设的重点，还是深化社会主义改革的需要。我国现行的社会主义改革，其中不论是深入进行经济体制改革，或是进行政治体制改革，都将会在不同的范围内以不同的程度触动不同层次的人们的职业利益。社会主义改革愈深，通过道德手段调解人们在职业利益方面的矛盾的要求也就愈迫切。我们只有抓好职业道德建设，才能有效保障社会主义改革的顺利进行。

最后，我们要建设一个良好的社会道德风尚，当然也应该通过各个领域和各个环节的共同努力。各个领域、各个环节的良好风尚的建设都只有通过各个领域、各个环节自己的道德建设才能实现。然而，在这些领域和环节中，也会有一些主要的或至关重要的关键环节，我们认为职业道德建设就是这个最关键的环节。各行各业的职业道德建设好了，即只要我们这个社会人人都为对象服务，人人又都是服务对象，那么，在我们的社会生活中尽管还会充满竞争，但整个社会都会在相互服务的和谐中获得全面的进步和发展。

我国现在各条战线、各个部门都正在学习和贯彻党的十三大文件，我们对十三大文件的学习及其精神的理解还只是初步的。本文所涉及的内容，也只是结合十三大文件，并基于对伦理学建设问题的长期思考和积累而谈论的一点感想，在我国社会主义初级阶段如何进行道德建设，这是我们今后需要长期研究的一个重大理论课题。我们这里只是对几个理论问题陈述了一些粗浅看法，并希望能对这些问题的深入研究多少起到抛砖引玉的作用。

思想道德建设的地位和作用*

精神文明建设，包括文化、教育、科学和思想道德建设等各方面的内容，其中，思想道德建设占据着核心地位。因此，我们可以说，“思想道德建设是精神文明建设的核心”，它在整个精神文明建设中占据着特别重要的地位。对于思想道德建设在精神文明建设中的核心地位，我们可以从四个方面来加以阐释。

首先，思想道德建设主要是指学习和掌握马克思主义、毛泽东思想、邓小平建设有中国特色的社会主义理论和以江泽民同志为核心的党中央对我国现代化建设的新问题、新矛盾、新情况所作出的新的理论概括。对于全国人民来说，认真学习和掌握这些理论，就能够使我们在前进的道路上认清方向、增强信心。当前，我国的社会主义四个现代化的建设，正处在一个新的历史时期。从国际上看，西方敌对势力不愿意看到一个社会主义新中国的日益强大，正在千方百计地加紧“西化”和“分化”。在国内，随着市场经济的发展，也存在着某种淡化意识形态，忽视理想、信念，甚至以不惜牺牲精神文明为代价而换取一时经济发展的错误思想和做法。因此，我们必须进一步强调马克思主义、毛泽东思想和邓小平建设有中国特色的社会主义理论的指导作用。

其次，在思想道德建设中，弘扬社会主义、爱国主义和集体主义的

* 本文原载《群言》，1996（1）。

主旋律，是当前增强中华民族的凝聚力，树立民族自信心，使民族自尊、自强、自立的重要思想武器。在建立和发展社会主义的市场经济过程中，尤其要注意弘扬爱国主义的思想，把热爱祖国同热爱社会主义统一起来，使个人利益服从民族的、社会的和国家的利益，并使爱国主义同集体主义一致起来，使广大人民群众都能够自觉地为建设一个繁荣、富强和文明的社会主义新中国而做出自己的贡献。

再次，道德建设，从一定意义上看，可以说是思想建设的一个重要方面，它主要是指以社会主义集体主义为基本原则的社会主义道德的建设，包括职业道德、社会公德和家庭伦理道德几个主要方面。道德建设的根本目的，是要提高广大人民群众的道德素质，调整个人同他人、同集体、同国家的关系，正确处理某些利益矛盾，改善社会风气，培养有理想、有道德、有文化、有纪律的一代新人，从而使我们的社会主义事业后继有人。

最后，思想道德建设的最终目的就是要树立正确的世界观、人生观和价值观，这不但对于一切从事社会主义事业的先进分子，而且对于广大人民群众，都是有重要意义的。正确的世界观，就是辩证唯物主义的世界观，它从历史发展规律的高度认识当前社会，强调社会主义必将战胜资本主义，从而使我们永远保持共产主义的理想和信念。正确的人生观，就是为人民服务的人生观，就是要弄清楚人为什么活着才最有意义、最有价值，要认识到只有为集体、为社会、为国家而生活，才是一种最高尚、最有意义的人生。正确的价值观，就是人民利益高于个人利益的集体主义价值观，就是把人民的利益、国家的利益作为评价事物的有无价值和价值大小的重要标准。这是我们判断事物价值的出发点。

上述几点，都属于思想道德建设的内容，都是思想道德建设的重要组成部分。加强思想道德建设，提高广大干部和群众的思想觉悟、道德水平，就能够使我们的四个现代化建设在正确的思想指导下，顺利地向前发展。从这一意义上看，我们应当明确地提出，思想道德建设作为社会主义精神文明建设的核心，它不但能为物质文明建设提供精神动力和智力支持，而且能够保证物质文明建设沿着社会主义道路前进。

我们还应当特别强调，我国所实行的市场经济，不是一般的市场经济，更不是资本主义的市场经济，而是社会主义的市场经济。现在，这一点被有些人忽视了。在市场经济前面，加上社会主义一词，就给市场经济赋予了同资本主义市场经济有质的不同的意义，它的目的是要实现消灭剥削，消除两极分化，最后达到共同富裕的社会主义社会，并最终向共产主义社会过渡。正是从这一根本目的出发，在实行社会主义市场经济的条件下，在意识形态领域内加强马克思主义的价值导向作用，弘扬社会主义的主旋律，培养“四有”新人，就具有十分重要的意义了。

关于社会主义道德建设的一点思考*

党的十四届六中全会的决议，对社会主义道德建设作出了新的概括，这对于我们加强学校德育工作，大力进行“四有”新人的培育，有重要的理论意义和实践意义。

一、“为人民服务”是社会主义道德建设的核心

新中国成立以来，在道德建设和伦理学的研究中，虽然也重视和强调“为人民服务”的思想，但并没有明确地把“为人民服务”作为道德建设的核心。一般来说，在过去一段时期，我们是在下列四个方面的意义上来理解“为人民服务”这一思想的：(1)“为人民服务”是党的宗旨，是一切共产党员的言论、行动的出发点和归宿；(2)“为人民服务”是无产阶级的人生观，是一切先进分子所应当具有的人生观，是一切先进分子所应当具有的人生态度；(3) 作为道德基本要求的“爱人民”的一个内容，即把“为人民服务”看做“爱人民”的一个方面；(4) 把“为人民服务”看做实行革命人道主义的一个出发点。党的十四届六中全会决议明确提出“社会主义道德建设以为人民服务为核心”，这是一

* 本文原载《北京高等教育》，1996 (6)。

个新的提法，是在我们党的文件中，第一次以明确的语言提出了道德建设的核心问题，因而值得我们认真地领会和贯彻。

社会主义道德建设以“为人民服务为核心”，反映了社会主义政治制度和经济制度的根本要求，体现着社会主义道德建设的出发点和归宿。我们正在建设的是社会主义社会，最终目的是要建立共产主义社会，即要建设成一个消灭剥削、消除两极分化的使所有人都共同富裕的社会。毛泽东同志在1944年提出“为人民服务”这一思想时就说：“我们的共产党和共产党所领导的八路军、新四军，是革命的队伍。我们这个队伍完全是为着解放人民的，是彻底地为人民的利益工作的。”他还一再强调，在整个社会主义革命和建设时期，我们的一切理论和行动，都应当以符合最广大人民群众的利益、为最广大人民群众所拥护为最高标准。正由于此，社会主义道德作为社会主义人民民主专政的政治制度和以公有制为主体的经济制度的反映，把“为人民服务”作为社会主义道德建设的核心，对正确处理社会主义社会中的人际关系，保证我国社会主义的四个现代化建设能够沿着正确的道路向前发展，有着重要的意义。

社会主义道德建设“以为人民服务为核心”，体现了社会主义道德的最根本的要求。什么是“道德”，通俗地讲，道德就是在人和人的关系中，能够处处为他人着想，为社会和整体考虑。在社会生活中，人总是要在同别人发生种种相互关系中生存和发展的。在公共场所，要有社会公德；在职业岗位上，要有职业道德；在家庭生活中，更应当遵守家庭美德。这也就是说，每一个社会生活中的人的一切活动，即每个人在同他人相处的关系中，必须要遵守相应的道德规范。所有道德规范的最根本的要求，就是能够为他人着想，为社会考虑，为他人和社会去做自己力所能及的事情。正是在这个意义上，道德又常常是同“献身”和“牺牲”联系在一起的。在社会主义社会中，我们的道德更强调“为人民服务”的重要性。在这里，为人民服务同为社会主义事业献身有着密切的关系。我们愈是能够为人民服务，我们的社会主义事业就愈兴旺发达，我们的社会主义现代化建设就愈能更快发展，我们的社会主义国家就愈能更加团结、更加稳定。从我国现实的先进人物和道德楷模来看，不论是徐虎和李素丽，还是李国安和孔繁森，在道德思想和道德行为上，他们始终都是把“为人民服务”和“为社会献身”作为自己一切言论和行动的出发点和最终目的。在社会生活中，一个人要想有道德、希望他人认为自己有道德，或者愿意不断提高自己的道德水平，最重要的一点，就是要能够做到“为人民服务”、“为社会献身”。由此可见，在加强道德建设，提高青少年的道德素质工作中，要特别注意培养、教育他们“为人民服务”，要使他们能够自觉地从事有利于他人、有利于集体和国家的活动。一个青年，他越是自觉地、经常地、一贯地去从事这种活动，他就越能够在攀登社会主义道德的阶梯中，不断地前进。

社会主义道德建设“以为人民服务为核心”，既坚持了社会主义道德的先进性的要求，又注意了社会主义道德的群众性的要求，使先进性和广泛性很好地结合起来，有利于推动我们的道德建设更加健康地向前发展。确实，“为人民服务”正如我们前面所提到的，它是同社会主义的基本政治制度和经济制度相联系的，是同我们在全社会应当认真提倡的共产主义道德相联系的，因而，它是一种先进性的要求。同时，“为人民服务”还体现着从我国当前的生产力水平出发，从我国现阶段人民的利益出发的群众性的要求。正像邓小平同志所说的，在改革开放的新的历史条件下，我们仍然应当以最广大人民群众的最大利益为我们一切工作的出发点和根本目的，要把“人民拥护不拥护”、“人民赞成不赞成”、“人民高兴不高兴”、“人民答应不答应”作为制定政策和进行工作的出发点和归宿。把“为人民服务”作为社会主义道德建设的核心，既包含了一切诚实劳动、遵纪守法、从人民利益出发、从国家利益出发的行为，又要求人们能够不断地提高自己的道德觉悟，在社会主义和共产主义思想的引导下，逐步地向更高的道德要求前进。

二、集体主义是社会主义道德建设的原则

决议在提出社会主义道德建设的核心是为人民服务的同时，也强调了社会主义道德建设的原则是集体主义，这也是一个很重要的问题，我们同样应当很好地加以体会和贯彻。

新中国成立以来，在伦理道德建设上，我们就一直强调，集体主义应成为我们社会主义社会道德的原则，并且在社会和广大理论工作者中取得了共识。但是，随着改革开放和实行社会主义市场经济，一些人对

集体主义还能不能、应当不应当仍然是我国当前社会主义社会的道德原则产生了困惑。一些人以所谓市场经济就是要实现个人的利益为理由，极力贬损集体主义，说什么集体主义只重视集体利益而不重视个人利益，不符合市场经济发展的要求，等等。值得我们注意的是，除了“左”的思想曾对集体主义作出过片面的解释外，还存在着西方敌对势力对集体主义的攻击，存在着自由化思潮对集体主义的贬斥。西方资产阶级在攻击社会主义的同时，往往把集体主义等同于社会主义，指责我们的社会主义和集体主义都是否定个人利益的。国内的一些自由化思潮，在鼓吹资产阶级的民主、自由、人生观和价值观时，也极力歪曲集体主义，说什么集体主义是对个性的束缚，是对个人自由的压制等。因而有的人甚至提出，在市场经济条件下，我们是不是应当用个人主义原则来代替集体主义原则。十四届六中全会的决议，第一次在党的文件中，明确地指出社会主义道德建设的原则是集体主义，有着极强的针对性，是对改革开放以来有关道德原则争论的一个科学的回答。

确实，作为社会主义道德原则的集体主义，在“左”的思潮影响下，曾出现过片面强调集体利益而忽视个人的正当利益，甚至有把个人利益同集体利益对立起来的情况。在今天，我们应当纠正“左”的思潮强加给社会主义集体主义的许多不正确的东西，探讨在新形势下时代所赋予集体主义的新内容。但是，我们还必须理直气壮地驳斥西方敌对势力和资产阶级自由化思潮对社会主义集体主义的诋毁和诬蔑，更不应因为有“左”和右的干扰而走向否定集体主义这一原则的错误道路。

我们知道，道德的基本原则，也是同社会的经济、政治制度密切结合的，正像个人主义是资本主义社会的道德基本原则一样，集体主义是同社会主义的人民民主专政和以公有制为主体的经济制度结合在一起的。作为一种道德原则，它既产生于一定的经济、政治制度，又能动地为巩固和发展这一经济、政治制度服务。从社会主义的经济、政治制度出发，社会主义道德的集体主义原则，基本上包括以下三个方面的内容。

第一，社会主义集体主义强调集体利益和个人利益从根本上来说是一致的，这是由社会主义的本质所决定的。社会主义国家是全体人民利益的代表，是体现着所有成员共同利益的一个真实的集体。社会主义国家不是为少数人的利益服务的，而是完全、彻底地为最大多数的人民的利益服务的。因此，集体的利益本身，就体现着每个人的长远的、根本的利益。对于每一个人来说，只要他的个人利益是正当的，它本身就属于集体利益的有机成分。集体利益同个人利益在根本上的这种一致性，是我国社会主义集体主义的坚实基础，是它之所以能够调整人和人之间关系的力量源泉，也是我们同一切资产阶级所说的“集体主义”的本质区别。在资本主义社会中，也有所谓“社会集体主义”、“企业集体主义”等等，但在那种“集体”中，由于“集体”是为少数人或基本上是为少数人谋利益的，因此，个人利益和“集体”利益，从根本上说是对立的。因此，我们在强调社会主义道德的集体主义原则时，应当加深认识个人利益和集体利益从根本上说是一致的这一思想，提高我们对集体主义的认识。

第二，社会主义集体主义强调在个人利益同集体利益发生矛盾的情况下，个人利益应当以集体利益为重。我们承认，在社会主义社会中，个人利益同集体利益在根本上是一致的，同时，还应当认识到，在现实生活中，个人利益同集体利益也有发生矛盾的情况。为什么会产生这种情况呢？这是因为，个人利益不但包括个人的长远的、根本的利益，而且还必然要包含个人的目前的、暂时的利益。在一些人的个人利益当中，有些是正当的，有些可能是不正当的。例如，有的人是依靠遵纪守法、诚实劳动来达到自己的个人利益的，而有的人的个人利益，可能是通过损人利己或违背集体利益的手段达到的。更应当引起我们注意的是，尽管从某一个人来说，他所追求的个人利益是正当的，是依靠自己的诚实劳动而选择和希望选择的行为，但是，从整个社会、国家的利益来看，有时是有困难的，或者是行不通的，如在大学生毕业分配中，个人的要求是正当的，但要求去同一个工作岗位的人数过多，或者某个岗位是国家所急切需要的，而愿意到这个岗位的人却不够，等等。在这种情况下，集体主义认为，个人应当顾全大局，以集体利益为重。集体主义强调，在人民生命财产受到威胁，或国家安全受到敌人侵袭时，每一个人都要以国家和人民利益为重，尽力保卫国家的独立和尊严，维护国家的利益，履行每一个人对国家应尽的责任。由于社会主义社会中的集体利益同个人利益在根本上是一致的，所以，集体主义反对个人的任何不必要的牺牲，并且要尽可能保障每一个人的生命和财产的安全。集体主义所强调的是，只有在特殊的情况下，在危及人民、国家、社会的根本利益时，才要求个人无条件地为集体而献身。那种把集体主义看做在任何情况下都不允许有个人利益，都要求个人做出牺牲的思想，是不符合实际的，是错误的，是对社会主义集体主义的误解，是应当加以纠正的。

第三，在集体利益高于个人利益的前提下，集体主义强调要充分发挥个人的能动作用，保障个人的正当利益，促进个人的价值的实现。社会主义集体主义的一个根本目的，就是要力求最大限度地使个人能够得到全面的发展，使个人的个性和自由能够得以实现。什么是个性？什么是自由？不同的阶级对此有不同的理解。社会主义集体主义所说的“个性”和“自由”，是从最广大人民群众的利益出发的，是以实现“共同富裕”的社会为目的的个性和自由，绝不是那种不顾国家、集体利益而以自我为中心的个性和自由。在社会主义社会中，发挥个人的创造性，形成个人的健康向上的活力，使每个人都能在实现个人的价值中蓬勃向前，是国家和社会兴旺的一个重要标志。正是由于这种原因，社会主义集体主义的根本目的，不是要以集体利益来限制个人利益，相反，而是要借集体的强大力量来更好地发挥个人的活力，更全面地实现个人的价值，从而使集体、国家能够更加富有生气，更加朝气蓬勃地向前发展。在当前，我们必须纠正一些人对集体主义的误解，即把重视个人的正当利益，重视个人的价值、自由和个人的才能的发挥等等同集体主义对立起来的错误看法。我们应当明确地提出，重视个人的正当利益和个人价值的实现，不但不同集体主义相矛盾，而且是集体主义原则的重要组成部分，它本身就是集体主义思想的应有之义。

社会主义集体主义之所以重视个人的正当利益及价值的实现，归根到底，是因为它是有利于集体利益的，而集体利益的实现，又是有利于个人利益的发展的。邓小平同志在谈到集体利益和个人利益的关系时曾说：“在社会主义制度之下，个人利益要服从集体利益，局部利益要服从整体利益，暂时利益要服从长远利益，或者叫做小局服从大局，小道理服从大道理。我们提倡和实行这些原则，决不是说可以不注意个人利益，不注意局部利益，不注意暂时利益，而是因为在社会主义制度之下，归根结底，个人利益和集体利益是统一的，局部利益和整体利益是统一的，暂时利益和长远利益是统一的。我们必须按照统筹兼顾的原则来调节各种利益的相互关系。如果相反，违反集体利益而追求个人利益，违反整体利益而追求局部利益，违反长远利益而追求暂时利益，那么，结果势必两头都受损失。”① 这段论述可以说是对集体利益和个人利益相互关系的一段辩证科学的论述。

三、社会主义道德的核心和原则的统一

社会主义道德的核心和原则，或者说“为人民服务”和“集体主义”是什么关系呢？社会主义道德的核心，体现着道德建设的总的目的和出发点，反映了社会主义社会广大人民群众的理想、信念和要求，贯彻了党的宗旨，是道德这一意识形态的时代精神的体现。从这一意义上说，“为人民服务”既是党为社会主义和共产主义而奋斗的政治目的在道德上的要求，同时，又是我们的社会主义道德在社会主义市场经济条件下的时代精神的体现。一切为了人民的利益，而不是为了狭隘的、个人的私利，这就是我们道德的核心。为人民服务，就是为有中国特色的社会主义服务，就是为建立文明、富强、繁荣的新中国服务，就是为实现消灭剥削、消除两极分化、实现共同富裕的社会主义社会服务。因此，在“为人民服务”中就已包含着人民利益至上的思想，包含着国家利益、社会利益和民族利益高于个人利益的思想。从这方面来讲，“为人民服务”同“集体主义”是一致的，是相辅相成的。

在“为人民服务”的活动中，每个人都必然会面临着同他人、同社会、同国家等各方面的关系，必然要有一个处理这些关系的原则。从这一意义上说，道德原则是一切道德活动所必然具有的。在当前的社会生活中，在处理个人与他人、与社会、与国家的关系时，不是集体主义的原则，就必然会是个人主义的原则或其他封建等级制的原则。因此，强调集体主义原则，就是要使人们对社会负责、对人民负责，正确处理国家、集体和个人的关系，反对从个人和小团体出发的思想和行为，从而使一切“为人民服务”的道德活动，都能够在社会主义集体主义的原则指导下，更好地沿着社会主义道德和共产主义道德的要求向前发展。

---

① 《邓小平文选》，2版，第2卷，175～176页，北京，人民出版社，1994。

正确认识道德建设同法制建设的关系*

在人类社会生活和政治生活中，法律和道德都是调整人和人之间的关系的行为规范，对于维护社会秩序、形成社会风气都有重要作用。任何一个社会的治安的稳定，要靠法律制裁也要靠道德教育。同样，一个社会的道德风尚的形成，不但要靠道德教育，而且也有赖于法制建设。因此，在加强社会主义精神文明建设的过程中，探讨一下法制建设同道德建设的关系，更自觉地使法制建设和道德建设相辅相成，更明确地使道德建设和法制建设相互为用，从而更有效地运用法制建设和道德建设，以便约束和制约一切不良行为，达到为社会主义社会培养新的道德风尚的目的。

自从人类进入阶级社会以后，维护社会秩序的稳定，就成为统治阶级最关心的问题之一。“道德教化”和“法律制裁”是历来统治者所采用的两种不可缺少的手段，这也就是列宁所谓的“两手”问题。对治理国家和维护社会秩序来说，究竟是“法律制裁”更重要，还是“道德教化”更重要，在中国政治、伦理思想史上，曾经是一个长期争论的问题。以孔子、孟子为代表的儒家，强调“道德教化”的作用，而以商鞅、韩非为代表的法家，则强调法律制裁特别是严刑峻法的重要意义。自从汉武帝“罢黜百家、独尊儒术”之后，“道德教化”成为统治阶级

---

* 本文原载《核工业管理干部学院院刊》，1997（1）。

更为重视的一种手段，支配着中国长达两千年的政治生活。但是，一个社会的正常秩序的维持，是绝不可能只靠“道德教化”的，而中国历代统治阶级所实际执行的，都只能是德主刑辅或德刑并用，只不过是在加强法治的同时，更加注意对老百姓的道德感化，从而更有利于统治阶级的统治罢了。

从历史上法家和儒家争论的情况来看，法家相当于我们所说的法学家，而儒家则相当于我们所说的道德学家或伦理学家。法学家强调法治的重要，伦理学家则强调德教的重要，尽管在争论中往往各执一词，有许多片面的地方，但他们对稳定社会秩序、治理社会混乱、维系人和人之间的“和谐”关系等方面，提出了许多相互补充、相互联系、相互作用、相互启发的深邃思想，仍然值得我们批判地加以吸收。

孔子是强调道德教化的最重要的理论家。他关于德治的最有名的一段话是“导之以政，齐之以刑，民免而无耻；导之以德，齐之以礼，有耻且格”①。这就是说，一个统治者治理国家，如果只用法律、政令来引导老百姓，只用刑罚来整治他们，这样，老百姓只求苟免于刑罚，却没有廉耻之心；如果能够用道德来教化他们，用道德规范来整治他们，这样，他们就会知道犯罪是可耻的，因而就能够在以后改正自己的错误思想而不再犯罪。孔子在这里并没有否认法律、刑罚的必要性，他强调的是，为了预防和减少犯罪，更重要的是要使老百姓有羞耻之心。孟子从治理国家的角度，进一步发挥孔子的思想，提出“善政不如善教之得民也。善政民畏之，善教民爱之。善政得民财，善教得民心”②。孟子所说的“善政”，指的就是法律、政令的治理，他所说的“善教”，指的就是道德教化。孟子强调道德在协调人和人之间关系上的重要作用，总结了历史上道德教化的经验，提出了人和人之间的“五伦”关系，“父子有亲、君臣有义、夫妇有别、长幼有序、朋友有信”，这就是父慈子孝、君义臣忠、夫外妇内、尊老爱幼和诚实守信的道德原则。孟子认为，完善道德教化，就是要从内心中强化每个人的道德义务，从而使人和人之间的关系能够和谐。西汉初年的大思想家贾谊，从总结秦亡的历史教训出发，在他的《陈政事疏》中，进一步提出了刑罚和道教的不同

---

① 《论语·为政》。“德治”，许多人认为就是“人治”，这种理解是不确切的。儒家强调“德治”，主要是指要由有道德的人以身作则，用道德教育来感化老百姓。

② 《孟子·尽心上》。

的社会功用。他说："凡人之智，能见已然，不能见将然。夫礼者禁于将然之前，而法者禁于已然之后，是故法之所用易见，而礼之所为生难知也。"① 他还进一步说明："然而曰礼云礼云者，贵绝恶于未萌，而起教于微眇，使民日迁善远罪而不自知也。"② 贾谊所说的"礼"，同孔子一样，主要是指道德教化而言的。他认为，一些人之所以只看到刑罚的作用而看不到道德的作用，主要是因为，道德教化是要在人们为恶之前加以诱导，从而达到使人们不违法犯罪的目的，而法律则都是惩罚于已经犯罪之后，所以它的威慑作用是容易看到的。更重要的是，他认为，道德教化能够在人们不知不觉之中，不断提高人们的道德水平和做道德选择的能力，从而不再犯罪。他还认为，只是强调对犯罪者施以刑罚，还容易带来一些人怨恨和反社会的情绪，而道德教化则容易促进人和人之间产生情感的和谐。鲁迅认为贾谊的《陈政事疏》是"西汉鸿文"，毛泽东同志认为《陈政事疏》是"西汉一代最好的政论"，"全文切中当时事理，有一种颇好的气氛，值得一看"。而贾谊的《陈政事疏》一文的主要作用之一，就是阐述了道德教化的重要性。贾谊关于"德治"和"法治"关系的论述，在我们今天仍有借鉴的意义。

商鞅、韩非等战国时期的思想家，他们从当时的社会需要出发，强调以法治国的重要，为了促进农业生产和进行军事兼并，必须强化法律的作用。在他们看来，一个国家的治理，重要的不是进行道德教育，而是要利用人民求利的心理，使国家强大和人民富足。商鞅认为，人的本性都是趋利避害，而道德说教往往是无能为力的，只有刑罚才能使人们不敢违法，只有奖赏才能够使他们为求得功利而积极从事耕战，有利于国家的富强。商鞅也强调"义"的重要，他认为"义"就是国家人民之大利，因此，他说"吾所谓刑者，义之本也"③，只有强调刑罚之功用，才能从根本上使国家富强起来。商鞅强调"以刑去刑"，即只有用法律的惩罚，才能使人们不敢再去犯法。为了保持社会秩序的稳定，商鞅甚至认为，应当"轻刑重罚"，因为"重其轻者，轻者不生，则重者无从至矣"，这也就是说，只有"轻刑重罚"，才能达到"以刑去刑"的目的。战国末期的法家代表人物韩非，从人的本性都自私（"自为"）的前提出发，认为企图用道德教育来改变人的天生的自私的本性，只能是徒

①② 《汉书·贾谊传》。

③ 《商君书·开塞》。

劳无功的。韩非认为，要想使人们去恶为善，唯一的办法就是要运用法律的手段。他认为，对于一个没有道德、违法乱纪的“不才之子”，“父母怒之弗为改，乡人谯之弗为动，师长教之弗为变”，但是，一旦“州部之吏”，“求索奸人”，“然后恐惧，变其节，易其行矣”。韩非明确提出，治理国家，要“不务德而务法”①。韩非继承商鞅的思想，他认为，既然人的行为总是从趋利避害出发，每个人在自己的活动中，都要计算利害得失，统治者应当根据人们的这种“计算”心理，把“刑罚”和“奖赏”作为治理国家的“二柄”，从而达到巩固统治的目的。到了西汉昭帝时，尽管汉武帝时已“罢黜百家”而德治思想占了统治地位，但桑弘羊等仍坚持法治的思想，认为只强调道德教化，不重刑罚，实际上无益于国家富强和生产的发展，却会纵容那些懒惰和奢侈之人。桑弘羊认为，对坏人施以刑罚，如同对杂草加以锄除，“锄一害而众苗成，刑一恶而万民悦”，否则，有杂草不锄，要获得丰收，当然是不可能的。

在中国历史上，主张法治的思想家们强调，在社会生活中人们都追逐私利的情况下，要满足自己的生存欲望，必然会为私利而发生各种斗争，如果没有法律，人类的社会秩序就无法维护，这也就是荀子所说的“人生而有欲，欲而不得，则不能无求，求而无度量分界，则不能不争，争则乱，乱则穷”②，这是有深刻道理的。法家还强调，刑罚对一切违法犯罪之人，都应当同样对待，这就是所谓“法不阿贵”，也就是我们今天所说的法律面前人人平等。“以法治国”、“法不阿贵”和“贵法不贵义”是法家治理国家的基本思想。法家也强调进行法治教育，把法律公之于众，在罚的同时要赏，从而达到尽量避免人们犯罪的目的。

在儒家的“德治”和法家的“法治”的争论的同时，也出现了主张要正确对待两者关系的“德”、“法”并重的学派。管子认为，在治理国家时，不仅要加强道德教育，“厚爱利”，“明智礼”，而且要“申之以宪令”，“振之以刑罚”③，只有如此，才能使社会安定，不会发生暴乱。孔子虽然强调德治，但他也认为道德感化和法律制裁这两手必须交替运用，而不能只强调德教。他认为在治理国家时应当宽猛并用，认为只有

---

① 《韩非子・显学》。

② 《荀子・礼论》。

③ 《管子・权修》。

"宽以济猛"和"猛以济宽"，才能达到"政是以和"① 的目的。他说的"宽"就是"道德教化"，他说的"猛"就是法律制裁。荀子强调"礼以定伦"，管子提出"律者，所以定分止争也"，认为只有如此，社会秩序才能更好地得以维持。成书于秦汉之际的《大戴礼》，进一步阐明了道德教育和法律制裁的关系，认为两者不可偏废。当然，在所谓"道德教育"和"法律制裁"并重的思想中，一定的思想家总是要或多或少偏重其中的某一方面，或认为某一方面是更根本的。

自汉以后，从表面上看，统治阶级历来都推崇儒家，实行"德治"，强调道德感化的重要，从主导意识形态来看，把"导之以德"作为政治统治的主要一手。但是，从实际情况看，任何一个统治阶级都不会放弃"法治"的刑罚作用，都不会忘记用刑罚来维护自己的统治。儒家的"德治"思想也可以说是一种以"德治"为主、以"法治"为辅的方法，甚至可以说是"德治"与"法治"并用的手段，不过他们更重视"德治"的作用，强调道德感化的功用。自隋唐以后，立法工作大大加强，隋律、唐律都有十分详细的法律明文规定，对各种违法的行为都规定了详细的处罚办法。以后，宋代、明代直到清代，都有很详细的法律条文，而且在历史的某些特定时期，特别是当社会处于动荡时期，统治阶级就更加重视刑罚的作用，这同他们所强调的"德治"和道德教化，从表面上看是自相矛盾的，其实，从本质上来看，仍然是一致的。

中国传统思想中关于"德治"和"法治"的思想，应当说，都包含有真理性的颗粒，有其合理的因素，但又都有一定的片面性。从马克思主义关于德教和刑罚的关系的理论来看，法律和道德是阶级社会中统治者规范人们行为的两种重要手段，一种靠行政权力的强制，一种靠道德教育的感化，它们各有自己的功能，各有自己的起作用的方法，各有自己的特殊性。从维持一个社会秩序的和谐、稳定来说，两者中的任何一个，都不能代替另一个，忽视其中的任何一个方面，社会秩序都不可能协调发展。道德教化的功能，力求使人有羞耻之心而不去犯罪，但对已经犯罪和为非作歹之人，则必然要有法律的惩罚。在当前我国社会中，一方面是经济发展水平和物质资料的不足，一方面是长期私有制的影响和剥削阶级腐朽思想对人们的腐蚀，再加上国际上敌对势力的渗入及资

① 《左传·昭公廿年》。

产阶级思想的引诱，犯罪现象不可避免，有时还可能很严重。因此，强调“法治”的作用，以法治国，是我们当前的一个重要任务。但是，我们决不能片面地强调“法治”的重要性，而忽视道德教化的作用，因为道德教育能够防患于未然，能够使人们知道犯罪的可耻，而且还能够培养人们为他人服务和为社会献身的思想，有利于我国人民的素质的提高，因此，更应当大力加强。针对我国的现实情况，应当说，“法治”的重要性已为越来越多的人所认识，但加强道德教化以减少犯罪，从而提高人的素质、改善社会风尚的思想，还没有得到应有的重视，这是我们所应当特别加以注意的。

新时期思想道德建设的问题与对策*

我国正处在发展社会主义市场经济和实现社会主义四个现代化的新时期，这个新时期在我国的思想道德建设领域出现了前所未有的新情况、新问题和新矛盾，要求我们根据马克思主义的立场、观点和方法，创造性地对这些问题加以认真地分析和研究，从而找出解决的对策。

一、新时期思想道德建设面临的新情况、新问题

从思想道德建设来说，在新时期我们面临着三个方面的新情况，它们从各个方面影响着我们的思想道德建设。对于这三个方面的新情况，我们必须充分重视。

第一，经济全球化、政治多极化和科学技术的迅速发展，尤其是信息技术、互联网的出现，带来了政治、思想、道德和文化方面的更加直接、更加迅速的相互激荡、相互冲突和相互影响。信息网络的发展，形成了一个新的思想文化阵地，各种思想得以迅速在网上传播，向我们的思想道德建设提出了严峻的挑战。一方面，通过互联网我们将更容易地吸取人类的一切优秀文化成果，有利于社会主义新文化的建设；另一方

* 本文原载《中国人民大学学报》，2000（5）。

面，西方的一些文化垃圾、腐朽的道德观念和生活方式，个人主义的价值观和资产阶级的“民主”、“自由”思潮，由于互联网的发展也有了新的传播渠道。需要指出的是，不论是在经济发展、政治影响方面，还是在信息技术方面，和西方发达的资本主义国家相比，从总体上说，我们还都相对地处于弱势和不利地位。西方的敌对势力，正利用它们在各个方面处于优势的有利条件，竭力对我国进行“西化”和“分化”，其最重要的手段之一，就是通过意识形态和价值观念的传播来腐蚀我们的人民，最终达到颠覆我国的社会主义制度和复辟资本主义制度的目的。也正是在这样的背景下，资产阶级的“民主”和“自由”，资产阶级的个人主义、拜金主义和享乐主义等腐朽思想，在我国不断地泛滥和传播。这些腐朽思想使一些人的自私自利的贪欲不断膨胀，使一些人目光短浅、失去了崇高的理想和信念。这些新情况是我们今天进行思想道德建设所必须要认真考虑的。

第二，我国发展社会主义市场经济以来，经济生活和社会生活领域出现了许多复杂的情况。一是经济成分的多样化以及由此而产生的利益主体的多样化。这种多样化的出现，必然要带来价值观念、价值取向的变化。由于经济地位、利益分配上的差别，不同的经济成分和利益主体就会形成各自不同的世界观、人生观和价值观。这些不同的世界观、人生观和价值观，既然都在一个社会上存在，它们之间必然要相互影响、相互作用，并且不可避免地要相互斗争。尽管这种斗争，就其主要内容来说，属于人民内部矛盾，但也在一定程度上反映了意识形态领域不同阶级之间的思想斗争，这是阶级斗争在我国一定范围内仍然并将长期存在的主要表现。二是社会组织形式的多样化及其不断发展。这些不同的组织形式，反映着各种组织的不同利益和要求，并且与不同经济成分和利益主体的要求相结合，它们不但要求自己的经济利益的满足，而且还必然要求政治上的利益和权利。三是随着社会经济的不断发展和人民生活水平的不断提高，人们的生活方式也愈来愈多样化。改革开放以来，随着人们的物质生活水平的不断提高，人们对精神生活的内容、形式也提出了更高的要求，对文化产品的品牌、质量的要求也越来越高。在这种情况下，如何引导人们正确地休闲、娱乐、旅游和消费，避免一切腐朽生活方式对他们的侵蚀，也成为现实生活中一个值得注意的问题。四是就业方式和就业渠道的多样化，改变了过去由国家统一分配的形式，突出了个人选择职业的必要性。这种多样化的出现，使人们的个人意愿得到更好的满足，为个人的充分发展提供了更多的机遇，但同时也产生了个人就业的某些困难，产生了个人要求同国家和社会需要之间的新的矛盾。近年来，随着国有企业改革的深化，出现了一些职工的下岗问题。这给我们的思想政治工作和道德建设带来了新的问题。

第三，值得注意的是，我们在发展社会主义市场经济的过程中，还必须充分认识到“市场”本身所带有的消极的、负面的影响。在一段时期里，我们较多地注意到了“市场”的积极的、正面的作用，而忽视了或者没有注意到它可能给我们造成的危害，尤其是在思想道德教育方面可能产生的负面影响。应当看到，市场经济激发了人们的开拓精神、创新思想和效率意识等，但由于“市场”在自己的活动中，总是追求最大利润和最大效率，从一定意义上说，也就是要追求最多的金钱，因此，它也极容易诱发一些人的拜金主义、个人主义和享乐主义思想，诱发一些人的自私自利的思想和贪得无厌的欲望。一些人不能正确地区分正当的个人利益和不正当的个人私利，在“市场”的消极影响下，也容易陷入拜金主义和享乐主义的泥坑。更有甚者，一些人把我们的社会主义市场经济看做和资本主义市场经济没有区别的市场经济，把个人主义、拜金主义和享乐主义作为自己信奉的价值观，并在社会上散布他们的这些腐朽思想来影响广大群众。他们极力论证和宣扬“人的本性是自私的”，“集体主义是计划经济的产物，现在已经过时”，“市场经济的价值导向应当是个人主义”，说什么既然“市场经济是一种求利的经济”，人们的价值观就应当是利己主义的。在价值观上，他们反对社会主义和共产主义的崇高理想和信念，把金钱看做人生最值得追求的东西，在他们看来，只有金钱才能确定人的价值，谁有钱，谁就“值得尊敬”。正是在这种思想的影响下，一些人只知道追求金钱，目光短浅，完全失去了正确的理想和信念，经不起歪理邪说的诱惑，如此等等。因此，我们在思想道德建设上，要充分认识“市场”可能产生的种种消极作用，对加强马克思主义的世界观、人生观和价值观教育予以高度的重视。

总之，一方面是市场经济的负面作用，另一方面是西方敌对势力对我国“西化”和“分化”的图谋，它们内外合流，使我们的思想道德教育面临着一个极为严峻的局面。

二、新时期提高道德素质的重要意义

在发展社会主义市场经济的新时期，提高人民群众的道德素质具有重要的意义。实践证明，良好的道德素质能使人们自觉地扶正祛邪，扬善惩恶，有利于形成追求高尚、激励先进的良好社会风气，保证社会主义市场经济的健康发展，促进整个民族素质的提高。

在过去一段时间里，我们常说，社会主义市场经济是一种法治经济，强调了法律对市场经济的正确运行的制约和规范作用，这当然是正确的。同时，我们决不能因此而忽视道德建设的重要性，忽视人们的道德素质在市场经济中的重要作用。任何一个社会的经济运行、政治秩序和社会稳定，都不可能仅仅依靠法律，而必须重视道德的功能。法律和道德作为上层建筑的组成部分，都是维护、规范人们思想和行为的重要手段：法律以其权威性和强制手段规范社会成员的行为，道德以其说服力和劝导力提高社会成员的思想认识和道德觉悟。道德规范和法律规范应该相互结合，相互支持，共同维持社会的存在和发展。

依靠权威性和强制力的法律，可以使人在法律监督的范围内不做违法的事，但是不能使人有“羞耻之心”，不能使人形成知善知恶的荣辱观念。因此，只要法律管辖不到，或者法律有空隙可钻，有些人就会为所欲为，无恶不作。所谓“导之以政，齐之以刑，民免而无耻”，说的就是这个意思。中国历史上的无数事实说明，在一个“任刑不任德”的社会里，必然要实行严刑峻法，由于不能提高广大人民群众的道德素质，社会风气日益败坏，最终往往导致社会的动荡。

我们应怎样来认识道德的说服力和劝导力呢？

所谓说服力，主要是指通过启迪人们的道德觉悟，激励人们的道德情感，强化人们的道德意志，培养人们的荣辱观念，从而使人们在内心中形成道德行为的内在动因。归根到底，也就是要培养和形成古人所说的“羞耻之心”，有了这种“羞耻之心”，也就有了一个人的道德行为的最重要的基础和前提。孔子说“导之以德，齐之以礼，有耻且格”，其含义也正在于此。

所谓劝导力，就是要形成广泛的道德舆论，培育良好的道德环境，增强人们的道德责任感，从而使人们认识到，如果一个人不能履行自己应尽的道德责任，违反了社会的道德要求，他就要受到舆论的谴责和公众的批评。这种批评和谴责，会给他带来羞辱，带来痛苦，会使他在群体中难以立足，甚至会招致他事业的挫折和失败，直到所谓“身败名裂”。

从上述分析中，我们可以看到，市场经济不仅需要法律，而且更需要道德。在市场经济条件下，人们几乎每时每刻都要面对许多来自各个方面的诱惑，其中尤以金钱、荣誉、美女、享乐等最具诱惑力。由于没有道德力量的支撑，一些人为了追求更多的金钱，为了过更加舒适的生活，为了满足自己的色情欲望，就在这种种诱惑下走向犯罪。有的人视法律为可诅咒的枷锁，为了逃避法律的惩罚，他们极力钻法律的空子，只要法律管辖不到或者法律有空子可钻，他们就会毫无顾忌地犯罪。一些人之所以一再违法犯罪，甚至对自己的不道德的行为不以为耻，反以为荣，主要是因为没有“羞耻之心”。一些人之所以在金钱、美女的引诱下，走上贪污盗窃的道路，一些党政干部之所以腐化堕落，成为腐败分子，也都和缺乏必要的道德修养有重要关系。道德教育能使人在内心中筑起一道坚固的防线，能使人保持正确的是非、荣辱观念，能使人在令人眼花缭乱的众多诱惑中保持清醒的头脑。没有法律的惩罚，社会的正常的秩序就不可能维持；没有道德的教育，就不可能消除犯罪的根源，就不能形成良好的社会风气。归根到底，没有人的素质的提高，没有人的道德品质的升华，一个社会特别是市场经济的社会，是不可能健康发展的。

汉代的著名思想家、政治家贾谊在他的《治安策》中，曾经深刻地论述道德和法律在维护社会稳定、提高人的素质中的不同作用。他说：“夫礼者禁于将然之前，而法者禁于已然之后，是故法之所用易见，而礼之所为生难知也。”道德的作用“贵绝恶于未萌，而起教于微眇，使民日迁善远罪而不自知也”。这就是说，法律是在人们违法犯罪之后，给人以惩罚，它的作用是容易看见的，而道德的作用，是要通过教育，在人们做坏事之前，消除其作恶的念头，使其远离犯罪，在不知不觉中养成善良的道德品质。然而，“凡人之智，能见已然，不能见将然”，所以，一般人是不容易看到道德的这种重要作用的。

总之，我们应当全面认识法律和道德的作用，使道德规范和法律规范相互结合，统一发挥作用。一方面，我们应当强调，遵守法律是道德的最基本的要求，并在实际工作中把某些重要的道德规范尽量纳入我们的法律之中，融入我们的管理制度中，融入群众的各种守则、公约之中，努力改变我国的思想道德建设在市场经济条件下的软弱无力状态；另一方面，我们必须承认，道德具有法律所不能替代的独特作用，它可以弥补法律的某些不足，道德教化、正确的社会舆论监督在某些场合下能够起到法律所起不到的实际作用。

三、认清新形势，有针对性地加强思想道德建设

根据上述的分析，我们认为，在新时期应当从以下几个方面来有针对性地加强思想道德建设。

1. 正确对待价值取向的多样性

我国发展社会主义市场经济以来，在思想道德领域最重要、最关键、最有决定意义的变化，就是随着经济成分多样化和利益主体多样化的出现而带来的人们价值取向的多样化。价值取向的不同，也必然要导向世界观、人生观和价值观的不同。这种价值取向的不同是一种由经济变化所导出的必然结果，是随着经济变化所必然要发生的。利己主义的思想、合理利己主义的思想、人的本性自私的思想、个人主义的思想、拜金主义的思想和享乐主义的思想，都是随着多种经济成分和多种利益主体的出现而必然要出现的，要它们不出现是不可能的。尽管这些思想是同社会主义的“消灭剥削，消除两极分化，最终达到共同富裕”的思想是不一致的，是同我们当前的道德要求相违背的，但它们又是现实的，有其存在的客观基础。

问题的关键在于，我们是社会主义国家，我们所实行和发展的是社会主义的市场经济，在意识形态领域，必须坚持价值导向的一元化，即坚持马克思主义、毛泽东思想和邓小平理论的指导。因此，在思想道德建设上，我们就必须坚持和提倡马克思主义指导下的以为人民服务为核心，以集体主义为原则，以爱祖国、爱人民、爱劳动、爱科学、爱社会主义为基本要求的社会主义道德，弘扬社会主义的主旋律。

坚持价值导向上的一元化，同学术思想上的“百花齐放、百家争

鸣”是相辅相成的。没有价值导向上的一元化，没有马克思主义的指导，我们在意识形态领域就会迷失方向，陷入混乱，也就不可能有真正的文化和学术的繁荣；同样，没有学术讨论的民主，没有不同观点的争论，我们的学术思想就不可能有创新，就不可能有发展。

我们主张价值导向的一元化，并不是要以强制的方法、压服的方法来对待其他不符合马克思主义的思想，最基础的工作是要用马克思主义武装全党和全国人民，通过讨论、比较和分析的方法来明辨是非，使马克思主义思想能随着社会主义现代化的发展，随着社会主义制度的不断巩固、发展和完善而深入人心，使社会主义思想在人民群众中不断加强，从而使那些错误的思想能逐步地改变过来。

2. 重视理想、信念和“三观”教育

在社会主义市场经济条件下，在思想道德建设上，必须重视社会主义和共产主义的理想教育，重视马克思主义的信仰教育。社会主义和共产主义的理想是全体人民奋斗的根本目标，是我国人民进行四个现代化建设的重要动力。在当前，我们要为最终实现社会主义和共产主义的远大目标而创造条件。正像邓小平同志所说的，社会主义的目的，就是要解放生产力，发展生产力，消灭剥削，消除两极分化，最终达到共同富裕。马克思主义是我们的指导思想，只有马克思主义才能带领我们走向社会主义和共产主义。离开了马克思主义的指导，我们不但不能建成社会主义和共产主义，而且必然要走到邪路上去。为了更好地树立社会主义和共产主义的理想，确立马克思主义的信仰，必须加强正确的世界观、人生观和价值观的教育。马克思主义的世界观，就是辩证唯物主义和历史唯物主义的世界观；科学的人生观，就是为人民服务的人生观；正确的价值观，就是集体利益高于个人利益的集体主义的价值观。世界观、人生观和价值观，都涉及人们在社会生活中的根本问题，如果这些问题不能得到正确的解决，要想坚持社会主义道路和建成社会主义的四个现代化是不可能的。

3. 辩证地解决个人利益与集体利益的关系

社会主义道德是以为人民服务为核心、以集体主义为原则的新型道德。在社会主义市场经济条件下，在实行按劳分配的同时，我们必须坚持为人民服务的思想和集体主义的原则。国家的利益、社会的利益，应当而且必须要高于个人的利益，这是由社会主义的本质所决定的，是同社会主义的基本经济制度、政治制度和思想道德要求相一致的。但是，我们在坚持以为人民服务为核心、以集体主义为原则的社会主义道德时，一定要正确地处理个人利益和集体利益的关系，恰当地解决个人利益和集体利益的矛盾。市场经济的一个重要作用，就是能充分地发挥个人的积极性，使个人的智能和才能得到尽可能的发展。正像我们前面所指出的，一方面，我们要努力防止和消除“市场”所诱发的各种负面影响，避免腐朽的个人主义、拜金主义和享乐主义思想对人们思想的腐蚀，加强集体主义教育；另一方面，我们还要正确地处理个人利益和集体利益的关系。在社会主义社会中，只要是依靠诚实劳动和遵纪守法所得，都是正当的，也是应当受到保护的。我们强调集体利益，同时更重视对个人的正当利益的保护，这两者是相互联系、相辅相成的。没有个人的积极性的发挥，没有对个人的正当利益的保护，也就不可能有集体利益的发展，个人的正当利益本身就是集体利益的一个重要组成部分。我们还要大力进行集体利益高于个人利益的教育，提高人民群众的思想觉悟和道德水平，使他们能够在两者发生矛盾的情况下，以集体利益为重，自觉地维护集体利益。

4. 把道德的先进性同群众性很好地结合起来

在市场经济条件下，在进行思想道德建设的过程中，我们必须下大力气来解决先进性和群众性相结合的问题。所谓道德的群众性，就是要从广大人民群众的思想实际出发，从他们现有的道德水平出发，从整个社会的道德的基本要求出发。这就是说，我们要明确地提出社会主义初级阶段道德的基本要求，这些要求是每一个社会主义的公民都必须遵守的，是社会对所有公民的基本道德要求。所谓道德的先进性，就是道德的更高层次的要求，它是从道德的不同发展阶段出发的，是从道德的理想境界出发的，它不要求所有的人都做到，只要求社会的先进分子首先做到，并以此作为楷模和榜样来带领广大群众在道德上不断进步。道德的要求和境界，本身就是多层次、多阶梯的统一，它有最低的基本规范，有较高层次的不断提升，也有最高的理想境界。在道德生活中，每个人将根据自己的具体情况，通过不断的努力，在不同时期，达到不同的境界。我们强调道德的群众性，是因为社会对人民群众的道德要求，必须实事求是，从实际出发，由低到高，循序渐进，而不能急于求成。我们强调道德的先进性，是因为道德要求并不仅仅是道德生活的实然状况的描述，它还包含着应然的道德境界的理想要求。那种只强调道德基本要求而忽视道德的最高要求，甚至把最高要求看做脱离实际的认识是错误的，因为丢掉了道德的最高要求，也就否认了道德的丰富内容和它的层次性。那种认为只要遵守法律就是遵守了道德的观点，是一种取消道德的观点，是有害的。

总之，思想道德建设必须随着时代的发展而发展。为了更好地发挥思想道德的巨大的能动作用，保证我国的社会主义建设能沿着正确的道路向前发展，我们必须认真把握新情况，研究新问题，分析新矛盾，以创新的精神在实践中不断地提出解决现实问题的新思想、新方法和新对策，以便使我们的思想道德建设能随着时代的发展而不断发展。

新中国道德建设的回顾与展望*

自 1949 年新中国成立到现在，已经 50 多年了，在这 50 多年中，我国的社会主义道德建设，经历了一个曲折前进的过程。我们可以把这 50 多年分为四个阶段，即从新中国成立到 1966 年、“文化大革命”时期、改革开放以来到 20 世纪末和 2001 年开始的新时期等四个时期。

回顾这 50 多年来我国在物质文明建设和精神文明建设两个方面所取得的重大成绩，展望我国道德建设发展的前景，明确我国道德建设进一步发展所应注意的问题，这对我国的精神文明建设特别是道德建设来说，无疑是一件有着十分重要意义的事情。

在建设社会主义物质文明的同时，始终不渝地加强社会主义的思想道德建设，这是新中国成立后党和国家所面临的一个重要问题。根据我党在革命战争中所长期坚持的重视政治思想工作的优良传统，在新中国成立初期，党和政府就强调要以社会主义的精神，涤荡一切旧社会所遗留下来的污泥浊水，大力改善社会风气，提高广大人民群众的思想道德水平。

在“文化大革命”时期，我国优良的社会风气遭到了破坏，使人们在道德问题上，处于一种困惑的状态。

改革开放以来，在党的十一届三中全会上，我党提出了以经济建设

---

* 本文原载《以德治国与公民道德建设》一书，郑州，河南人民出版社，2003。

为中心的基本路线，把全党和全国人民的注意力集中到发展生产力和经济建设上来。正是在这种情况下，党中央和邓小平同志多次提出强调，在加强社会主义物质文明建设的同时，一定要大力加强社会主义的精神文明建设，使我国的社会主义道德建设在物质文明不断发展的同时，也得到了相应的发展。

从2001年开始，我国提出了“以德治国”的治国方略，就是要在加强“依法治国”的同时，加强道德建设和道德教育，实行“以德治国”，把道德建设提高到一个新的高度。2001年10月，中共中央印发了《公民道德建设实施纲要》，从而开始了新中国道德建设的一个新的时期。

以马克思主义的立场、观点和方法，正确地回顾和总结这50多年来道德建设的历史，展望我国道德建设的未来发展，这对我们更好地进行社会主义的道德建设，无疑有着重要的意义。

一、社会主义道德建设的形成和发展

新中国成立以后，在继承新民主主义革命以来道德建设成果的基础上，我国的社会主义道德得到了不断的发展。从新中国成立到“文化大革命”爆发以前的近20年的时间里，特别是在1959年以前的10年中，应当说，是我国道德建设的一段光辉的时期。革命的激情，涤荡着旧社会的污泥浊水；建设社会主义的热情，鼓舞着人们奔向光明。最能代表这段时期精神面貌的是“三大精神”，这就是人们常说的“雷锋精神”、“铁人精神”和“焦裕禄精神”。这些精神，是新中国社会主义道德精神的重要体现，是推动社会前进的重要力量。这些精神，以雷霆万钧之势，改变着旧社会的不良风气，它们犹如清新的空气，滋润着人们的灵魂。这些精神是革命时期的道德精神的继承和发扬，是建设时期我们克服一切艰难困苦的精神动力。就其实质来说，这些精神也就是社会主义精神和共产主义精神。

正是在这些精神的影响下，我国社会出现了正直、廉洁、健康、向上的社会风气。这种正直、廉洁、健康、向上的社会风气，在人和人之间，形成了一种团结友爱的新型的人际关系，对我国的物质文明和精神文明的建设，都产生了极大的推动作用。正如邓小平所说的："我们建国以后的十多年中，由于党和政府的正确领导，社会风气是健康的。在党的教育下成长起来的青少年，绝大多数怀抱崇高理想，热爱社会主义祖国，积极响应党和政府的号召，捍卫人民的利益，维护社会秩序，处处表现良好的献身精神和守纪律精神。青少年的这种风气和整个社会的风气互相影响，互相促进，受到全国人民和各国人士的赞许。"① 又说"我们有解放后的前十年的经验，那十年我们的风气相当正"，"这种好风气，要把它恢复起来"②，等等。

二、道德建设在曲折中前进

20 世纪 60 年代后期到 70 年代中期，是我国道德建设的一个曲折前进的时期。一方面在"左"的思想的干扰下，特别是在极左路线的影响下，"四人帮"打着红旗反红旗，口头上高喊马克思主义、毛泽东思想和大公无私，而实际上却干着自私自利的可耻勾当。他们打着集体主义的旗帜，而暗地里则一心为自己的小帮派牟利，他们所说的集体，是一种虚假的集体、不真实的集体，也就是说，他们所谓的集体，是不能代表人民利益的一个狭隘的小团体，是一个只知道为极少数人牟私利的小帮派。他们高喊要"无私奉献"和"为人民服务"，其实质就是要广大人民群众来献身，而他们这一小撮人，则在暗地里坐享其成，以达到他们压迫人民和剥削人民的目的。

"四人帮"对道德建设最严重的破坏，就在于他们把社会主义的道德原则和道德规范变成了一种空洞的说教，变成了一小撮人挂在口头上而根本不愿实行的空头支票，变成了一种只让别人去做而自己不做的骗人的"鬼话"和"假话"。他们打着"集体主义"的幌子，不给个人以任何的正当利益，以达到实现自己的无穷贪欲的目的。他们无耻地破坏了"集体主义"的声誉，使人们对"集体主义"产生了种种怀疑。正是在"四人帮"及其一小撮人的影响下，一些意志薄弱经不起这种思想引

① 《毛泽东 邓小平 江泽民论世界观人生观价值观》，322 页，北京，人民出版社，1997。

② 《邓小平论社会主义精神文明建设》，72 页，北京，人民出版社，1996。

诱的人，一些本来就私心很重的人，在“派性”和个人主义的影响下，也就随波逐流，把自私自利当做自己的道德原则，从而极大地破坏了社会主义社会的人际关系，造成了一部分人的道德失范。把社会主义的道德原则和道德规范变成口头上的“假话”和“大话”，是对社会主义道德的重大破坏，直到今天，在一些人的身上，我们还能够看到这种影响。

但是，我们应当看到，“四人帮”及其一小撮人对社会主义的道德原则和道德规范的破坏，决不能被误解为这些道德原则和道德规范有什么错误，而只能说明他们是一些道德败坏的人，他们亵渎了社会主义的道德原则和道德规范。他们在从事卑鄙可耻的阴谋时，也还要打着社会主义道德的旗帜，这只能说明社会主义道德原则和道德规范的正确，而丝毫也不能证明社会主义道德原则和道德规范的错误。

尽管“四人帮”及其一小撮人对社会主义道德和社会主义的人际关系造成了极大的破坏，但是，我们还应当看到，在广大人民群众中，特别是在劳动人民和革命知识分子中，社会主义和共产主义的道德思想，仍然在继续不断地发展。他们仍然在身体力行地践履和实行社会主义和共产主义的道德原则和道德规范。他们在“派性”所造成的极大混乱中，仍然坚守在生产岗位上，无私奉献，使我国的经济保持了一定速度的发展。据国家统计局公布的数字，在1967年到1976年的10年间，工农业总产值年平均增长率为7.1%。也就是说，这一时期的经济，仍然取得了一定的增长。应当特别指出的是，正是在这段时期，中华人民共和国成了世界上一个主要的核强国，完成了洲际弹道导弹的发射。1964年，中国第一颗原子弹发射成功；1967年，生产了第一颗氢弹；1970年，把一颗卫星发射进了轨道。伟大的事业，孕育和产生了伟大的道德精神。在为“两弹一星”事业进行的艰苦卓绝的奋斗中，广大科研工作者培育和发扬了一种崇高的精神，这就是“热爱祖国、无私奉献、自力更生、艰苦奋斗、大力协同、勇于攀登”的“两弹一星”精神。这一精神，就是在社会主义道德原则和道德规范的导向下所凝聚起来的崇高的社会主义精神，是爱国主义、集体主义、社会主义精神和科学精神的活生生的体现，是中国人民在20世纪为中华民族创造的新的宝贵的精神财富。

三、社会主义道德建设的发展和完善

自从改革开放以来，中国进入了一个前所未有的新时期。我国纠正了在“文化大革命”时期的“左”的干扰，恢复了“实事求是”的思想路线，提出了“以经济建设为中心”的基本方针。为了大力发展我国的社会主义经济，我国采取了建立和实行社会主义市场经济来代替过去所长期实行的计划经济，把市场经济同社会主义创造性地加以结合。在社会主义市场经济实施的过程中，我们在道德建设上，针对市场经济条件下所出现的新情况、新问题和新矛盾，相应地形成了道德建设的新思路。这就是，正确地认识市场经济对道德建设的积极方面和消极方面的影响，充分肯定并极力促使它的积极方面对道德建设的推动作用，也注意从各个方面来限制它的消极方面，进一步地加强了社会主义的道德建设，形成了社会主义道德建设的更加完整的指导思想、方针和原则。

市场经济的建立和实施，对我国的道德建设既是一个极大的促进，也存在着一些不容忽视的负面影响。

市场经济，从一定意义上看，它可以说是以个人的利益作为动力的一种经济体制。市场经济的等价交换和按劳分配的原则，它的追求经济效益的原则，都是同个人利益紧密联系在一起的。在市场经济条件下，个人利益成为推动人们积极性的最重要的动力。市场经济要求有公平的竞争，有创新的意识，有开拓的精神，有效益的观念，等等。这一切，对于提高人们的思想水平和道德水平，都有极其重要的意义。也正是在这种精神的激励下，在社会上进一步树立起了许多新观念，恢复了在“文化大革命”中遭到破坏的好思想和好作风。

另外，我们也要看到，“市场”有它的缺陷和消极方面，这就是它在实行“等价交换”和强化个人利益时，又容易诱发个人主义、拜金主义和享乐主义的思想，腐蚀人们的思想和道德观念，使一些人陷入自私自利和极端利己主义的泥坑，毒化社会的空气，污染人和人之间的关系。它在重视和强化个人利益的同时，又容易使一些人为了自己的私利而淡化国家利益和集体利益，以至损害社会和国家的利益。也正是在“市场”的这种消极方面的影响下，在经济活动中也容易产生假冒伪劣和坑蒙拐骗的行为，给经济行为带来危害。从思想道德方面来看，它的最大的危害，就在于腐蚀人们的思想，把“人心”引向“邪路”，使“人心”由“好”变“坏”、由“认同道德”到“不讲道德”，进而影响到整个的社会风气。正如党的十四届六中全会的决议所指出的，在我国的社会上，“一些领域道德失范，拜金主义、享乐主义、个人主义滋长；封建迷信活动和黄毒赌等丑恶现象沉渣泛起；假冒伪劣、欺诈活动成为社会公害；文化事业受到消极因素的严重冲击，危害青少年身心健康的东西屡禁不止；腐败现象在一些地方蔓延，党风、政风受到很大损害，一部分人国家观念淡漠，对社会主义前途发生困惑和动摇”。对于“市场”的这些消极方面，我们应当加以正视，以求把它的作用减少到最低的限度。

应当说，对于“市场”的缺陷和消极方面，我们党和国家从一开始就是十分注意的。我们的党和国家领导人，从改革开放以来，一而再、再而三地强调要反对个人主义、拜金主义和享乐主义，要抵御一切资产阶级腐朽思想的侵蚀，强调要加强世界观、人生观和价值观的教育，强调要弘扬爱国主义、集体主义和社会主义的三个主旋律，也都是针对这种实际情况出发的。我们看到，在党和国家的正确引导下，在广大人民群众的自觉努力下，我国人民的道德面貌和社会风气都有了显著的变化。为人民服务的思想和集体主义的原则，已经成为社会道德生活的实际导向，它是重新激励和鞭策人们发扬社会主义道德风尚的一个重要力量。正是在这种思想的导向下，在广大人民群众中，先后出现了孔繁森、李国安、徐虎、李素丽等无私奉献的模范人物，产生了具有伟大历史意义的“万众一心、众志成城、不怕困难、顽强拼搏、坚韧不拔、敢于胜利”的抗洪精神。

在道德建设的实践过程中，我国的道德理论也随着实践的发展而不断地得到发展。早在新中国成立以前的《共同纲领》中，就明确规定把“五爱”作为全体公民的社会公德。随着社会主义文化建设和道德建设的发展，“集体主义”作为社会主义道德的原则，逐步地为我国理论界所认同。正如毛泽东同志 1956 年在有关农业合作化的问题中所说的，要把个人利益与集体利益相结合的集体主义原则，作为我们人和人之间关系的一个重要原则。社会主义道德原则和规范的确立（即社会主义的集体主义原则和爱祖国、爱人民、爱劳动、爱科学和爱社会主义的“五爱”的道德要求)，在我国的道德生活中，一直发挥着重要的作用。社会主义的集体主义原则，是从新中国的政治制度和经济体制中所必然得出的唯一正确的原则。作为党的宗旨的“为人民服务”的思想，在新中国的道德建设中，始终都起着正确导向的作用，它如一根红线，贯穿在全部社会主义道德建设各个方面和各个层次，直到成为社会主义事业道德建设的核心，在社会主义道德建设中发挥着特殊的重要作用。

应当说，正是在这些正确的道德核心、道德原则和道德规范的导向下，在党和政府的提倡和教育下，在广大人民群众的努力下，我国的社会风气和道德面貌才有了上述的巨大变化。在肯定我国新中国成立以来的道德面貌和社会风气的巨大成就的同时，就必然应当肯定我们党和国家提出的这些正确的道德核心、道德原则和道德规范。

应当指出的是，改革开放以来，在道德建设上，一些人曾提出“道德重建”，我们认为对这一提法要进行分析。如果说，我们应当根据时代发展的需要，结合市场经济的新情况和新问题，使我们的道德建设能够“与时俱进”，体现时代的精神，这当然是正确的。值得注意的是，他们所说的“道德重建”是要抛弃社会主义道德的“集体主义”的道德原则，重建他们所主张的利己主义、自私自利、个人主义的道德原则。为什么要抛弃社会主义的“集体主义”原则而“重建”一种新的原则呢？据说是因为我们的集体主义原则是计划经济的产物，现在是市场经济了，所以要以新的原则来代替过去的原则，以适应他们所说的“市场经济发展的需要”。这种看法，当然是不正确的。我们的社会主义的“集体主义”的道德原则，是从社会主义制度和社会主义的政治、经济和文化的要求出发的，是同我们的消灭剥削、消除两极分化、最终达到共同富裕的社会主义的根本目的紧密联系在一起的。从更根本的意义上来看，社会主义道德的集体主义原则是社会主义本质在道德建设上的内在要求，是同我们的社会主义制度共存亡的。有了社会主义制度，就必然要有社会主义道德，有社会主义道德，就必然有社会主义的集体主义原则。集体主义原则并不是同计划经济联系在一起的。同样，如果我们错误地把20世纪50年代所形成的“雷锋精神”、“铁人精神”和“焦裕禄精神”都认为是同计划经济相联系的，那么，这也就是说，在市场经济的今天，我们也应当把这些精神都统统抛弃，这不是非常荒唐吗？如果说我们20世纪50年代那种良好社会风气也是同计划经济相联系的，这是不是说，在实行市场经济的今天，我们也应当把这些良好的社会风气统统不要呢？当然，在实行市场经济的今天，我们必须要根据已经变化了的新情况，特别是实行市场经济以来所出现的新问题，来不断发展和完善我们的社会主义道德，但是，我们必须坚持那些在实践中已经证明是正确的道德核心、道德原则和道德规范。

“文化大革命”时期，“四人帮”的极左思潮在道德理论上也有严重的消极影响。他们片面地强调“集体主义”和完全否认个人正当利益的思想，使原本正确的道德原则和道德规范，在实践中被极左思潮所扭曲，不但不能有效地调节人和人之间的各种关系，而且在许多方面还加剧了人和人之间的矛盾。

从道德理论的建设上来看，经过广大伦理学工作者的努力，我们基本上形成了以马克思主义为指导的新的伦理学体系，在许多重大理论问题上都得到了共识。在伦理学原理、中国伦理学史、外国伦理学史、应用伦理学等学科建设上，也都取得了显著的成绩。

总之，从改革开放以来到 2000 年，我国的道德建设，不论在实践上还是在理论上，都取得了前所未有的进展。这主要表现在：社会主义道德核心、道德原则和道德规范的确立深入人心；在精神文明建设中，道德的重要作用不断提高；对集体主义的道德原则的实质的解释，在理论上和实践上，都达到了一个新的高度。

四、“以德治国”和道德体系建设的新时期

2001 年开始，我国提出了“以德治国”的治国方略，把道德建设特别是把提高道德素质、加强道德教育、开展道德实践提高到一个新的高度。把“德治”和“法治”、“以德治国”和“依法治国”放到同等重要的地位，作为治国方略的两个重要方面，使道德建设面临一个前所未有的好机遇，为道德建设创造了新中国成立以来的最好的新时期。

2001 年，我国提出了建立社会主义道德体系的系统工程。为了更好地加强道德建设，我们还必须在建立与社会主义市场经济相适应的社会主义法律体系的同时，建立与社会主义市场经济相适应的社会主义道德体系。这是一个更加艰巨、复杂、长期的任务。社会主义的道德体

系，是我们进行以德治国的依据，是提高全体公民道德素质的基础和前提。这个道德体系及其规范的要求，必然是包括各个群体、各个阶层、各种职业、各个系统的道德规范的总和，体现着道德核心、道德原则和道德规范的各种不同层次的要求，显示出政治导向、法律支持和政策引导的力量，发挥着整个大众传媒、公众舆论、社会氛围对道德的制约作用，等等。

2001 年 7 月，江泽民同志在纪念中国共产党成立 80 周年大会上的讲话中，提出“加强社会主义思想道德建设，是发展先进文化的重要内容和中心环节。必须认识到，如果只讲物质利益，只讲金钱，不讲理想，不讲道德，人们就会失去共同的奋斗目标，失去行为的正确规范。要把依法治国同以德治国结合起来，为社会保持良好的秩序和风尚营造高尚的思想道德基础。要在全社会倡导爱国主义、集体主义、社会主义思想，反对和抵制拜金主义、享乐主义、极端个人主义等腐朽思想，增强全国人民的民族自尊心、自信心、自豪感，激励他们为振兴中华而不懈奋斗”，把道德建设提高到发展先进文化的中心环节的地位。

2001 年 10 月，中共中央印发了《公民道德建设实施纲要》，在全国贯彻实行。应该说，《公民道德建设实施纲要》是新中国成立以来，我国所确定的一个道德建设的纲领性文件，它不但提出了我国道德建设的重大意义、指导思想、方针原则和重要内容，而且还提出了加强道德教育、开展道德实践、重视法律支持、强调政策导向、创造舆论氛围等一系列有关道德建设的根本问题，并提出了解决这些问题的途径。这对推动今后我国的道德建设，必将产生巨大的作用。以贯彻和实施《公民道德建设实施纲要》为契机，公民道德实施的不断深化和拓展，有利于规范人们的思想行为，形成良好的社会风尚，提高全民族的思想道德素质，逐步形成与社会主义市场经济相适应的思想道德体系，促进物质文明与精神文明的协调发展。

由此，我们可以说，2001 年是我国道德建设大发展的一年，是中国加强道德建设的伟大系统工程的总动员的一年，是道德建设的新时期的重要的一年。

中国在经济上取得举世瞩目成就的同时，必然而且应当使道德建设同样取得举世瞩目的成绩。中国作为一个社会主义国家，一切经济发展的根本目的，就是要实现“人的全面发展”，不但要使广大人民群众在物质生活水平上不断提高，而且要使他们在精神生活上日趋充实。正如江泽民同志所说的“物质贫乏不是社会主义，精神空虚也不是社会主义”。社会主义的新的全面发展的人，决不是也不可能是只追求物质生活的人，相反，他们在物质生活上只求适当的满足，而在精神生活上，却有着永无止境的要求。社会主义和共产主义的“新人”，决不是也不可能是庸俗的享乐主义者和物质利益的追求者，他们在物质利益得到必要的满足之后，必将力求成为一个充满理想、勇于献身、关心他人、道德高尚的人。物质利益的满足，并不能使人纯洁和高尚，只有道德才能提高人的境界，升华人的灵魂。社会主义社会的经济愈加发展，它对道德的要求也愈来愈高。道德既是“治国”的“方略”，又是立国的根基。在重视经济发展的同时，我们决不可忽视道德的重要性。

展望今后的发展，可以预计，我国的道德建设必将以更大的规模和更快的速度向前迈进。

第二编

改革开放与思想道德建设

改革与道德散论*

当前，在我们社会主义祖国的大地上，不论是乡村还是城市，不论是农业、工业、商业还是文化教育事业，都正处在一个全面改革的热潮之中。方兴未艾的农村经济改革，促进了农村生产力的发展，搞活了农村的经济，并给城市的经济体制改革以有力的促进。正在进行的城市经济体制改革又必将给农业生产带来更大的推动，给文化教育和科学技术的改革输入新鲜血液。经济改革已成为我国人民现实生活中的一件大事。当前，人们提出了许多有关经济改革的问题，经济改革同道德的关系就是其中的重要问题之一，正确地认识这一问题，对于更好地建设有中国特色的社会主义，是有重要意义的。

我们知道，经济体制的改革和思想道德教育是两个不同的领域，但它们之间有着极为密切的相互制约、相互影响、相互促进的复杂关系。当前，凡是对我国社会生活的各个方面进行认真思考的人，都非常关心这两个领域的任务的相互关系，希望经济改革和道德进步能够大体上一致地即同步地向前发展。从一方面来看，没有高度发展的物质经济基础，没有充分富裕的生活资料，是不可能建成社会主义的；从另一方面说，没有广大人民群众的道德水平的提高，没有共产主义的远大理想，没有高度的思想觉悟，要想达到建成社会主义和共产主义的目标，也是

* 本文原载《郑州大学学报》，1985（2）。

不可能的。我国传统的经济体制由于存在着严重的弊端，必须进行改革，而培养一大批具有优良精神气质和道德品质的新人，即有理想、有道德、有文化、有纪律的新人，又是改革顺利进行的重要保证。理论和实践都已经证明还将继续证明，对经济体制改革和思想道德教育这两个方面，必须同时注意，忽视任何一个方面都是有害的。有人认为，道德进步可以脱离开经济改革和生产力的发展，或者以旧的道德观念来限制经济改革的进行，这当然是错误的；同样，如果把经济改革和道德教育看做两个互不干扰的领域，认为加强共产主义道德教育就是对经济改革的一种束缚，甚至认为提倡共产主义道德就会妨碍改革的思想，同样也是有害的。在当前的经济改革中，有关道德和经济改革的问题很多，这里只是对几个较为重要的问题，谈几点认识。

一

道德和经济改革的关系，究竟应该怎样理解？它们之间是怎样相互影响和相互制约的？依据历史唯物主义的基本原理，社会存在决定社会意识，经济生活的变化，归根结底，必将促使人们道德面貌的改革；同时，社会意识对社会存在具有能动的作用，人们道德面貌的变化又会对现实生活发生重要的作用。在实际生活中，这两者的关系又是受着极其错综复杂的各种社会条件的影响的，必须予以具体的分析。我们知道，道德作为一种意识形态，作为调整人和人之间关系的一种行为规范，作为辨别善恶的一种价值标准，总是由一定的经济关系决定，并为一定的经济关系服务的。例如，在生产资料私有制基础上所建立的资本主义社会中，资产阶级使人和人之间的关系变为一种赤裸裸的利害关系，变成一种残酷无情的现金交易，从而把追求金钱看做人生的支柱，把金钱的多少看做衡量一个人价值大小的标准。因此，资产阶级的道德认为，人都是自私自利的，人们之间的行为的原则只能是个人主义和利己主义，并以这一原则调整人和人之间的关系，以巩固和发展资本主义社会。与此相对立，在生产资料公有制基础上所建立的社会主义社会中的共产主义道德认为，人的本质是由社会关系决定的，社会主义制度要求人们的是，必须以国家和社会的利益为重，必须时刻想到人民和整体的利益。

因此共产主义道德认为，调整人们行为的原则是集体主义，一切事物的善恶，必须以能否有利于建设社会主义为标准。正是在这个意义上，我们强调，我们的道德要为社会主义的经济改革服务。随着经济改革的发展，一些不适应生产力发展，不适应改革要求，不利于建设有中国特色的社会主义的各种过时的思想意识、道德观念和善恶标准，也都应该随之而做相应的改变。例如，在人和人的关系中，我们必然要对人们作出不同的道德评价，并以此为舆论，达到调整彼此之间关系的目的。长期以来，我们对于勤勤恳恳、忠诚老实这些品质，一般说来能给予较高的道德评价，鼓励人们在彼此相处之中要诚实不欺、奉公守法等等，这当然是正确的。但是，对于那些勇于探索、敢于创新、立志开拓、锐意进取的品质，则未能给予应有的评价。更有甚者，有的人划不清这种立志开拓、锐意进取同骄傲自大、好出风头的界限，对这些应该给予肯定的道德品质，反而给予了否定的评价，从而对改革产生了或大或小的消极作用，这是必须加以改变的。这种不符合改革要求的道德观念和评价标准，作为一种习惯势力，有时是公开的，有时是潜在的，它对社会生活的影响是值得重视的。社会主义社会不是一个停滞不前的、凝固的社会，它要不断地向前发展。我们现在正在大力进行的四个现代化的建设，其目的就是要更快地促进我国社会的发展。因此，道德的观念也必须不断地适应社会的实际需要，一步一步地跟随着经济上的发展而不断发展。这是一个非常重要的问题，是我们每一个人都必须弄清楚的。

同时，也应该注意到，我们所说的道德应当为经济改革服务，还有另一个更为重要的意义。这就是说，对于建设社会主义的四个现代化，道德还要力求使人们的活动符合社会主义的方向，有利于巩固和发展社会主义的经济，使人们的行为能够符合共产主义的道德原则。这就是说，道德既要适应经济改革的发展，改变已经不利于经济改革的旧思想、旧观念，又要发挥自己的能动作用，纠正、批评、克服改革中所出现的某些不符合共产主义道德原则的思想和行为，使改革能沿着正确的轨道向前推进。我国是一个社会主义国家，我们进行的“四化”是社会主义的四个现代化而不是什么别的现代化，我们要建设的是具有中国特色的社会主义，最后目的是要实现共产主义。我们建设社会主义的指导思想，是马克思列宁主义和毛泽东思想。我们所有的改革，都必须在共产主义思想指导下进行。因此，进行改革、宣传改革，都不能离开这个总的方向和总的目标。我们今天所说的道德，就其主要体系及内容来说，指的是建立在公有制基础上的共产主义道德。它的原则是集体主义，它要求个人利益服从整体利益和国家利益，在人和人的关系中，它反对自私自利、化公为私、弄虚作假、尔虞我诈等不符合共产主义道德的思想和行为。

马克思曾经谈到，道德是人们掌握现实世界的一种重要方式，这个定义是很深刻的。这就是说，道德是以确定的善恶原则为标准来认识现实和把握现实，并以此来调整个人和他人、个人和社会的各种关系。任何善恶原则都是由一定的经济关系所决定的，这种原则一经形成，又必然会积极地维护和发展这一经济关系。因此，在公有制基础上所建立的共产主义道德原则，在我国现实条件下，就必然会维护和发展社会主义的四个现代化，为建设有中国特色的社会主义而发挥其应有的作用。因此，共产主义道德作为一种意识形态，在当前社会中对一切偏离社会主义的思想和行为，都必须加以引导，予以批评，发挥其应有的能动作用，以达到经济改革和道德进步大体一致地同步发展的目的。

二

在经济改革中，人们的思想面貌、道德品质必然要发生相应的变化，这是人们都承认的。经济改革和道德进步是不是必然地、同步地向前发展，这还是一个需要在实践中加以解决的问题。在资本主义社会中，其发展的初期，经济技术的进步确实带来了人和人之间关系的新变化，从总体来说，上升时期的资本主义的经济改革和技术发展，给资本主义社会也带来了道德上的一定程度的进步。但是，由于技术的进步和经济的发展总是以损害工人阶级的利益为前提条件的，因此，随着资本主义走向没落，又往往出现一种经济发展与道德进步互相背离的情况。这就是说，随着科学技术的进步，随着生产力的发展，在道德上却出现了某种程度的倒退、腐化和堕落。法国著名思想家卢梭（1712—1778年）就曾以《论科学艺术的复兴是否有助于敦风化俗》一文，指出了资产阶级科学艺术的发展和技术的进步带来的不是道德高尚，而是“奢侈流行”、“风化解体”、“灵魂腐败”和“德行消失”。确实，由于资产阶级社会的经济发展总是以个人贪欲为唯一动力，因此，出现这种情况，可以说是不可避免的。

我们的经济改革同资本主义社会的改革有着本质的区别。我们是社会主义国家，经济改革的目的是为了发展生产力，为了使人民富裕幸福和国家兴旺发达，为了建设有中国特色的社会主义。因此，从总的发展趋势来说，我们所进行的经济改革，必然会有利于社会道德的进步，这是没有问题的，如我国现在的生产责任制，打破了长期以来形成的“大锅饭”，纠正了分配制度上的平均主义，有利于更好地培养人们的社会主义劳动态度。它使人们把“致富”和“勤劳”联系起来，把“幸福生活”和“创造性劳动”结合起来，这对于提高人们的道德认识，反对懒汉思想和形成热爱劳动的社会风气，是有重要作用的。

当然，我们也应当注意到，共产主义的优良品质和集体主义的道德思想，不是也不可能是自发形成的，而是要加以“灌输”或教育的。这也就是说，在经济改革中，我们还必须加强共产主义的道德教育。正如马克思所说，社会主义社会是刚刚从旧社会脱胎而来的，“它在各方面，在经济、道德和精神方面都还带着它脱胎出来的那个旧社会的痕迹”①。列宁还一再强调：“资产阶级社会的死尸”，“是不能装进棺材、埋到地下的。被打死的资本主义会在我们中间腐烂发臭，败坏空气，毒化我们的生活，从各个方面用陈腐的死亡的东西包围新鲜的、年轻的、生气勃勃的东西”②。我们的经济改革，正是列宁所说的一种新鲜的、年轻的、生气勃勃的东西。资产阶级的腐朽的思想意识、生活方式和道德观念，必然要设法来影响我们。因此，一方面我们要积极努力，在全国振奋起勇于革新、进取向上的精神，克服那些安于现状、惧怕变革、因循守旧、墨守成规的旧思想和旧影响；另一方面，还要特别注意抵制那种唯利是图、损人利己、尔虞我诈、金钱万能的资产阶级思想。我们应该认识到，越是搞活经济、搞活企业，就越要注意抵制资产阶级思想的侵蚀，越要注意对人们进行共产主义道德教育。在实行对外开放政策的同时，随着先进的科学技术的引进，资本主义的腐朽思想也会乘虚而入。资本主义的思想是不受国界的限制而到处传播的。因此，那种认为只要生产力发展了，物质生活富裕了，人们的共产主义觉悟和道德品质就能

---

① 《马克思恩格斯选集》，1版，第3卷，10页，北京，人民出版社，1972。

② 《列宁全集》，中文1版，第28卷，53页，北京，人民出版社，1956。

自然而然地得到提高，社会的道德就会自然而然地不断进步的观点，也是没有根据的。在当前的国际国内环境的条件下，如果忽视在共产主义思想指导下，在全社会建设社会主义精神文明这个伟大任务，人们对社会主义的理解就会陷入片面性，就会使人们的注意力仅仅限于物质文明的建设，甚至仅仅限于物质利益的追求。那样，我们的现代化建设就不能保证社会主义的方向，我们的社会主义社会就会失去理想和目标，失去精神的动力和战斗的意志，就不能抵制各种腐化因素的侵袭，甚至会走上畸形发展和变质的邪路。由此可见，关于经济改革同道德进步的关系，我们必须全面地加以理解，一定要在经济改革的同时，大力加强共产主义道德教育，从而使经济改革和道德进步能同步地、不断地前进。

三

在经济改革和道德进步的关系中，有的人提出了一个值得思考的问题，即发展商品经济会不会造成“唯利是图”的社会风气。对于这一问题，我们也应该有一个清楚的认识。我们知道，商品生产所体现的经济关系，是具有不同利益的经济主体之间相互交换劳动的关系。在资本主义社会内，生产资料是私有的，商品生产者所追求的都是个人的私利。对于资产阶级来说，只有损害广大雇佣劳动者的利益，才能获取自己的最大限度的私利。因此，在人和人的关系上，在道德上，就必然反映为唯利是图。正像列宁所指出的，在那种社会中，一切商品生产，连小商品生产在内，都只能是自私自利的，“不是你掠夺别人，就是别人掠夺你”。但是，社会主义社会是以公有制为基础的，不同的商品生产者之间，从根本上说，并不是互相对立的，而是利益一致的。每一个商品生产的主体，不但各有着自身的特殊利益，而且是受着共同的利益制约的。在社会主义按劳分配的原则下，在共产主义道德的指导下，社会主义的商品生产都应该信守诚实、勤勉、合理、公平的原则，而摒弃一切尔虞我诈、投机取巧的思想行为，更不允许利用资金、利用生产资料去剥削别人。当然，社会主义条件下的商品生产的经济主体，都有自己的特殊利益，在工厂企业中，还都必须重视利润，要为集体、为国家积累资金。但是，社会主义商品生产的最终目的，并不只是商品生产者的特殊利益，而是要发展社会主义经济，要为广大劳动人民、为广大消费者谋利的。我国的社会主义的公有经济和社会主义制度，决定了我们的商品生产者不可能把自己的特殊利益，超越于公共利益即国家利益之上。我们的共产主义理想和集体主义的道德原则，将促使我国的商品生产者在等价交换的同时，能照顾到他人的利益，照顾到集体和国家的利益。长期以来，有些人不能区分社会主义商品生产与资本主义商品生产的关系，笼统地认为发展商品经济就必然会产生“唯利是图”的思想，这是不正确的。

当然，由于我们现在所处的时代和条件，在发展商品生产的同时，也还必须警惕腐朽的资本主义商品生产的旧观念的影响。马克思曾经指出，在私有制下的商品生产者之间，是利己主义支配着人和人之间的关系。也就是说，每一个人都是为自己而不是为别人生产，在那里，掠夺和欺骗的企图必然是秘而不宣的，因为交换的双方无论从哪一方面来说都是自私自利的，每一个人的私利都力图超过另一个人的私利，所以就不可避免地要设法互相欺骗。资本主义商品生产的双方，彼此钩心斗角，谁更狡猾，谁就胜利。他们彼此掠夺，互相讹诈，比较狡猾的人必然要欺骗不太狡猾的人。① 恩格斯也说，在私有制生产条件下的商业活动中，每个人必然要尽量设法贱买贵卖，因为在资本主义的商业中是允许利用对方的无知和轻信来取得最大利益的，并且也同样允许给自己的商品添上一些本来没有的特点。正是这样的原因，恩格斯认为，资本主义的商业就是要用尽种种办法，采取不道德的手段以达到不道德的目的。马克思和恩格斯对资本主义社会中商品生产所作的概括，是极其深刻的。我们现在所要发展的商品生产是社会主义的商品生产，同资本主义的商品生产有着本质的不同。但是，我们也应该看到，在意识形态领域里，在少数人的头脑中，还是不同程度地受着上述思想的影响和腐蚀。他们自觉或不自觉地仍然用利己主义支配自己的行动，用弄虚作假、互相欺骗来进行竞争，把贪财欲当做自己行为的动力，为了追求自己的利益，甚至去坑害群众、坑害国家，这也是我们在发展商品生产时应该注意的。那种认为发展商品生产就一定会造成“唯利是图”的社会

---

① 参见《马克思恩格斯全集》，中文1版，第42卷，34～36页，北京，人民出版社，1979。

风气的观点当然是错误的，但同时，在大力发展商品生产时，一定要同资产阶级的腐朽思想作斗争，也是非常重要的。

四

道德观念的更新，也是人们关心和谈论得较多的一个问题。一定的观念，是现实在人的意识中的反映，是人们对客观事物的认识，而这种认识一经形成，就会用来在人们之间交流思想和指导行动。随着客观事物的不断变化，随着人的认识的发展，某些已不能反映客观现实的旧观念，如不加以改变，就会阻碍新事物的发展。但是，我们必须注意到，任何观念都是由一定的社会制度和物质生活条件所决定的。在社会主义社会中，一切观念的更新，都必须是为了维护和发展公有制的经济基础，都必须是为了建设社会主义和共产主义社会，都必须是为了提高人们的共产主义道德水平。因此，在更新观念时，我们必须坚持用马克思主义的基本立场、观点和方法，既要破除一切不适应时代需要的资产阶级和封建阶级的旧观念，以促进改革的发展，又要在新的形势下，科学地、全面地解释和宣传许多本来就正确的观念，决不要把那些在革命事业中所形成的正确观念也当做错误观念而予以摒弃。

社会实践的不断发展，必将会使我们的道德观念随着经济改革的发展而不断更新。如在过去一段时间内，由于受“左”的影响，对“利益”在伦理学中的意义及地位，不少人的理解是狭隘和片面的。我们反对自私自利的个人主义，但我们不应当否认正当的个人利益。在社会主义社会这一较长的历史阶段，人们还不得不把劳动作为一种谋生的手段，从一定意义上来看，正当个人利益的获得，也是我们从事劳动的目的之一。正像马克思所说的，人们为了在社会中生存，首先必须要吃穿住。在社会主义制度下，我们的劳动、工作和生活的最终目的，是要实现整体的利益和国家的利益。但正当的个人利益的获得，即在精神鼓励的同时，给予劳动者以适当的物质鼓励，正确地贯彻按劳分配、多劳多得的原则，这对于发挥人们劳动的积极性，进一步发展我国的生产力，是有重要意义的。在过去一段时期内，在“左”的思想影响下，曾经有一种否认个人正当利益，把个人正当利益也说成个人主义的观念，当然是不正确的，是应该而且必须加以破除的。在社会生活中的人们，总是要生活在各种利益当中，不同的经济利益决定着人们的道德观念。因此，决不能认为讲共产主义道德就不能讲任何利益，更不能认为，强调按劳分配和物质利益就是利己主义。共产主义道德不但要强调整体的、国家的利益，而且也要注意企业的、个人的利益。经济改革是以提高效益为中心，使企业增加赢利，以便为国家提供更多的资金，为发展社会主义建设提供更加雄厚的物质基础。经济改革还特别注意要在劳动者做出更大贡献的前提下，使他们能得到更多的物质利益，以利于进一步发挥他们的积极性。正确地执行责、权、利相结合的原则，坚持“国家得大头、企业得中头、个人得小头”的政策，将会更好地树立人们的集体主义观念，进一步形成个人利益服从整体利益的道德思想，带来更好的社会风气。但是，我们还应当注意在强调按劳分配、多劳多得、物质鼓励和正当个人利益的同时，一定要反对“一切向钱看”的思想，加强正确的人生观教育。在世界观和人生观的问题上，我们一定要明确，我们应树立的只能是共产主义的人生观，而不能是那种腐朽的、没落的、资产阶级的个人主义的人生观。我们的目的是要建设有中国特色的社会主义，并且最终要建成共产主义社会。因此，必须克服那种“干活就是为了拿钱”、“生活的目的就是为了享受”的腐朽的资产阶级思想影响。在同志关系中，要反对那种“斤斤计较”、“两两计较”的态度。“金钱至上”、“一切向钱看”的资产阶级利己主义思想，对我们的经济改革、对我们建设有中国特色的社会主义是极为有害的。

因此，在道德观念的更新中，我们必须要保持清醒的头脑，我们所要更新的观念，主要是指那些不能适应建设具有中国特色的社会主义的需要而妨碍经济改革的东西，即那些不符合社会主义原则的东西。这些旧观念，有的是资产阶级的腐朽的思想影响，有的是在长期的小农经济基础上形成的保守的、落后的思想，有的是由于“左”的思想影响而发展起来的观念。在破除这些东西的时候，我们一定要进行科学的分析，不要把有利于社会主义的正确的观念，也作为错误的观念而加以否定，如勤俭节约、艰苦朴素作为一种道德观念，是应该而且必须加以肯定的，对社会主义的每一个人来说，都应该是一种优良的道德品质。当然，随着时代的变化，随着生产力的发展和人们生活资料的不断丰富，对艰苦朴素、勤俭节约的具体要求，也应该同过去有所不同，但艰苦朴素和勤俭节约作为一种道德品质，是一定不能去掉的。而那种铺张浪费、大吃大喝、追求名利、贪图享受的思想是错误的，是不利于建设有中国特色的社会主义的。至于说提倡人生的目的就是为了“尽情享受”，甚至要为“大吃大喝”、“奢侈浪费”和“名利思想”正名，那当然就更是大错特错的。

道德观念是现实在人们头脑中的反映。社会生活不断地向前发展，人们的观念也将受到现实生活的检验。我们一定要运用辩证唯物主义和历史唯物主义的思想方法，正确地分析我们的道德观念。我们的社会是社会主义社会，我们宣传和实行的是共产主义道德，在个人和他人、个人和社会的关系上，我们奉行的是集体主义原则，为了能够促进我国经济改革的顺利进行，我们一定要坚持不懈地宣传马克思主义、社会主义的新观念，宣传集体主义的新观念，大力破除那些封建的、资本主义的陈旧观念，把我国的经济改革不断地推向前进，并尽最大可能，使我国的经济改革和道德进步能够沿着社会主义和共产主义的方向，大体上同步地向前发展。

改革开放与道德观念*

我国当前的时期，可以说是价值观念激烈冲突的时期。改革开放的进一步深化，工业技术的迅速发展，商品生产的不断扩大，日渐加深和加重这一冲突的发展。

我国社会所出现的价值观念的冲突，其根源来自我国经济生活的变化。一般来说，这种冲突中随着改革开放而产生的新思想、新观念，是相对于改革开放前的旧思想、旧观念而言的。新思想和新观念，代表着改革开放的要求，反映着改革开放的呼声，并要求能得到人们的支持和社会舆论的同情，从而为改革开放创造一个顺利发展的环境。旧思想和旧观念，代表已经过时的、不能适应改革开放形势的老观念，这些观念由于习惯势力，由于传统观念的作祟，它在评价当前的社会现象等各个方面，仍然要产生重要的作用。凡是对我国社会现象进行广泛了解并深入思考的人，一定会深切地认识到，人们之间的价值观念的冲突，是确实存在的，如何正确对待有关不同价值观念的冲突，对我们"四化"建设的进展是有重要意义的。

一方面，随着改革开放和商品生产的发展，许多所谓"新"的观念，必然要站出来大声疾呼，要求打破过去的禁锢和束缚，使由这些观念所产生的行为活动，能够为人们所承认。这些行为活动，不但要求在

---

* 本文原载《改革与理论》，1988（5）。

法律上合法，而且要求在道德上被称许。因为，如果一个行为只是不违法而得不到道德上的赞扬，这种行为就会在社会上被认为是不光彩的，甚至是卑下的。因为只是不违法，还不能使这种行为者称心如意、放胆而行；行为者可能因此而获利，但他们会受到舆论的压力，遭到许多人的贬斥。另一方面，从一个国家、一个社会来看，价值观念特别是有关道德的价值指向，总有一种使社会成员向更高层次努力的导向作用。价值观念总是支配着人们的思想行动，并以此为评价标准，以决定我们的好恶、喜怒、取舍。道德价值，主要不是研究何者可以为，而是研究何者应当为，道德价值的大旗上总是写着受到人们肯定、鼓励和赞赏的“应当”二字，用以激励人们沿着道德的阶梯向上攀登。

一

在价值观念的更新中，针对封建意识的残余，必须对由宗法等级制度所造成的特权等级思想和重义贱利观念，予以彻底否定，并对由此而导致的不适合当前社会发展的陈腐观念，予以更新。

中国曾是一个长期处在封建宗法等级制度中的社会，在这样的社会里，每一个人都被放置在一定的等级地位上。这种地位，甚至是在一个人一生下来时就已经确定的。在这种社会中，最高、最大、最重的价值目标，不是追求巨额的金钱和财富，而是一种较高或最高的等级地位。一个人，只要具有了较高或最高的等级地位，他就可以享有处在这一地位上的人所应享有的一切。他只要进入了某一等级，就可以有相应的宅第、车辆、妻妾、仆人，以及相应的生活待遇。他的地位，就代表着他的财富，地位越高，财富就越大。因此，在这种社会中，高官厚禄成为人们最高的价值目标。

在这样的社会中，“金钱”、“利益”在公开场合，往往是要受到鄙视的。所谓“重义轻利”、“重义贱利”、“正其谊不谋其利，明其道不计其功”的思想就成为人们主要的价值观念。在这样的社会中，从封建道德意识出发，人们普遍认为，如果一个人的行为的经济动机占据优势，就容易使这个人产生许多邪思歪念和非分的僭越思想，就会破坏人们的崇高使命和精神目的，就会有害于社会的安定团结。在这种等级社会中，如果一个人获得了不适于他自己等级的金钱，不但往往被视为一种非分的活动，而且很难保得住即使是辛苦挣来的金钱。在这种社会中，赚钱、谋利、经商，总是要被认为是卑贱的、贪婪的、不道德的活动。直到今天，这种意识也还在束缚着一部分人的思想。商品经济的发展，必然要打破这种森严的等级制度，改变人们对于义利关系的认识。经济效益、经商赢利以及对金钱的看法，都要根据社会主义商品生产的要求，按照国家和社会利益的需要，以振兴中华、实现“四化”的总目标为标准，来重新加以衡量。我们不但要“正谊”，而且要“谋利”；不但要“明道”，而且要“计功”。经商、赚钱、发财、赢利，只要是为社会、为国家，就是高尚的、有道德的行为。即使是对于个人利益的追求，只要这种利益是正当的，就应当肯定；靠自己的勤劳而致富，也应当被认为是合乎道德的。

同时，我们也还要看到，在关于金钱、利益、赢利、致富等观念的更新中，要避免唯利是图、金钱至上和拜金主义的腐蚀。在当前的社会上，也确实有一部分人，有意钻改革的空子，把发展社会主义的商品生产，看做要以人们的自私心来作为动力，从而把金钱作为人们追求的价值目标。正像一个顺口溜所说的：“干部拿钱引，群众为钱干，一切向钱看，离钱玩不转。”把金钱当做发展商品生产力的唯一动力。这是很危险的。如果一切都向钱看，不论什么社会主义、资本主义，只要能赚钱就干，根本不顾集体、国家和社会的利益，这种思想和行为不但不是振兴中华、实现“四化”的现代意识，而且发展下去，必将会引导人们走向邪路。

二

在对人的道德评价上，在德和才的关系上，改革开放也向人们提出了要改变观念的问题。从中国传统的伦理观念看，对人的价值的评价，较多地强调品德，而对才能重视得不够。而且，古代儒家往往把“愚”和“鲁”同道德品质联系起来。曾子和颜回是孔丘弟子中道德最高尚的人，孔丘对他们两个的评价是：曾子是“鲁”，颜回是“愚”。从一定意义上，儒家甚至认为，他们的愚和鲁正好成为他们有德的原因。儒家后学，也特别推崇曾子的“鲁”和颜回的“愚”，并认为只有他们两个人，才真正能够传孔子之道。相反，对于聪明异常、才能最高、善于外交、巧于辩辞、经商有术的子贡，人们认为他反为自己的聪明所累，因此不能有高尚的道德。正是在这一思想影响下，似乎一个人的品质，只有同老实、憨厚、忠信、纯朴联系在一起，才是有道德的。

正是由于上述原因，在长期的封建社会中，在对社会人物和历史人物的评价中，总是片面地强调道德，反对功利，重视王道，鄙视霸道，这也就是中国历史所谓的王霸、义利之辩的一种伦理根源。“骥不称其力，称其德也”，就是说对于千里马，人们认为它之所以被称赞，也主要是因为它的驯顺，而不是因为它的日行千里。宋代的理学家们更强调正直笃信、鲁钝诚实、忠信好学、谦虚谨慎、约我以礼、待人以恕、犯而不较、不念旧恶、徙义崇德、允执其中等品质，同时还强调所谓恭、宽、信、敏、惠和温、良、恭、俭、让等德目。这些传统道德观念，很显然，同今天商品经济发展的新秩序，同改革开放的新要求，是不相适应的。正直、诚实、俭朴等品德，当然还是需要的，但在改革开放的形势下，也必须要同振兴中华、实现“四化”的总的要求相一致。至于把“温顺”、“谦让”、“恭敬”等看做美德，就更值得分析了。因为在振兴中华、实现“四化”的过程中，开拓奋发的精神、竞争自强的意识、奋斗进取的观念，不但是时代的需要，也是对一代新人的道德要求。我们应当大力提倡开拓奋发、竞争自强和奋斗进取的观念，反对墨守成规、安于现状、不求上进、“知足常乐”的观念。至于说把“鲁钝”和“愚钝”也看做一种高尚的道德，甚至认为只有“鲁钝”才能达到“深造乎道”的境地，就更加荒唐了。新中国成立以来，尽管我们正确地提出了德才兼备的衡量干部的标准，但是，传统的、封建的评价人们的陈腐观念，仍然在不同程度上产生作用。因此，为了发展社会主义的商品生产，必须摒弃不能适应社会发展的旧的对人的评价标准，树立新的适应“四化”建设需要的德才兼备的道德观念。

在树立评价人的新的尺度时，同时也要注意到，我们决不能片面地强调能力、才干而不问品德，更不能把投机取巧、弄虚作假、倒买倒卖、买空卖空当做一种才能，并把它看做能适应商品经济发展的新道德。在新旧体制转型的大变动时期，在大量新的人才涌现的情况下，一些自私自利的极端的利己主义者，往往以所谓脱颖而出的能人自居，把不择手段地“赚钱”和损人利己的“发财”，当做对社会的贡献，并以此来掩盖他们的所谓“小节”，这种情况，是应该引起人们的特别注意的。

三

在价值观念的更新中，关于个人和整体、个人和社会的关系问题，也是我们需要从理论上认真思考的问题之一。

从中国长期封建社会的大一统的专制政权的要求来说，从个人同社会和国家的关系来说，我们总是强调整体的利益。儒家和法家，尽管在“德治”和“法治”问题上，存在着根本的对立，但是两者都同样强调国家利益和封建社稷的利益。汉代以后，以“三纲五常”为主要规范的道德体系，总是要以牺牲臣、子的利益来维护君、父的权威。在这种封建大一统的专制主义的影响下，个人不但没有任何尊严和自由，甚至也不可有自我和人格。宋代以后，理学家们更极力提倡“存天理、灭人欲”的道德教条，强调“君让臣死，臣不得不死；父让子亡，子不得不亡”，并以此来禁锢人们的感性欲望和自我意识，甚至想通过“居敬穷理”的修养手段，在一定程度上，要人们达到泯灭自我的目的。新中国成立后，我们建立了无产阶级的统一政权，大力强调社会、集体和国家的利益。由于我国从未经历过西方资本主义反对封建主义的长期而曲折的斗争，没有像欧洲在近四五百年的反对封建领主和宗教神权的斗争中所形成的自我意识和民主权利，更没有像法国大革命时期人们所形成的“自由、平等、博爱”的意识，再加上十年动乱期间所出现的践踏个人尊严、抹杀个人权利、否认个人价值，以致形成了一种有害的观念，似乎一切有关争取个人利益的意识，都必然是大逆不道的。这种忽视以至否认“个人”、“自我”的传统观念，同我国当前的改革开放和建设“四化”的要求，是不相适应的。

为此，我们就应当提倡人们的自我意识，尊重人们的“个人尊严”和“个人权利”，承认人们的正当的个人利益。在社会生活中的每一个人，只有意识到他在社会中的地位，认识到个人的利益和价值，才能激发他为追求未来理想而奋斗的力量，才能形成自主、自强、自信、自尊的观念。从最近几年的我国现实生活来看，重视个人正当利益，强调个人尊严，对于激发人们为献身“四化”的开拓创新精神，对于民族的振兴，对于改革开放的发展，都是有积极作用的。在过去一段时期，把一切有关个人和自我的意识，都说成是利己主义和个人主义的，显然是不正确的。

同时，我们还必须摒弃个人主义的思想，树立为祖国、为人民和为社会主义的远大理想。在个人和整体的关系上，作为一种人生应当信奉的价值目标，我们应当强调集体主义的思想，而不能把个人主义当做我们“四化”建设所需要的新观念，更不应把个人主义看成一种有利于我国改革开放的现代意识。个人主义作为资产阶级的一种思想意识，主要内容大体上可以概括为三个方面：(1) 强调个性的发展；(2) 强调个人的权利和个人的利益（政治权利和经济利益）；(3) 强调个人的尊严和价值，认为个人是目的而不应成为凌驾于其之上的他物的手段。个人主义的核心内容就是，在自我和他人的关系中，主张以自我为中心，以个人利益为出发点，以追求个人的幸福为最终目的。我们是社会主义国家，我们要走共同富裕的道路，不可能也不应当走那种最终只可能是少数人发财致富的道路。从道德价值上来看，我们不可能奉行以个人为中心、以个人利益为出发点、以个人幸福为最终目的的思想，而应当强调集体高于个人、个人利益同集体利益相结合的集体主义思想。在过去一段时期内，由于“左”的思潮的影响，我们对集体主义的理解，由于过分强调集体利益而在一定程度上忽视了个人利益。因此在今天的形势下，我们在观念更新的工作中，不需要把个人主义当做现代意识的新观念，我们应当对集体主义作出正确的、科学的说明，把原来对集体主义所作的种种不确切的、非科学的、片面的说法加以改正，从而使集体主义在振兴中华、实现“四化”中形成一种向心力和凝聚力，以团结全国人民，加速我国“四化”建设的进程。

四

在探讨改革开放同中国的道德建设时，在当前，还有一个不论在理论上还是在实践上都值得注意的问题，即历史和道德的二律背反，也就是一些同志所说的社会进步是否必须以道德的堕落为补偿的问题。有的人认为，今天中国需要发展商品经济，需要提高经济效益，需要发展个体经济，需要搞活流通领域，因此，对于许多只以赚钱为目的的行为，只要它不违犯法律，只要有利于搞活就应让其存在和发展；有的人认为投机取巧、自私自利、冒险淘金，也是应当提倡的。如果在改革开放中，不能在道德上做出一定的牺牲，就不可能促进商品经济的进一步发展。

对于这一问题，究竟应当怎样认识，也是我们在改革开放中所应当解决的一个认识问题。确实，历史的事实曾经说明，在奴隶社会和资本主义社会发展初期，在一段时间内，社会的进步曾经以道德堕落作为代价。但是在奴隶社会和资本主义社会后来的发展中，都力图避免这种道德堕落的情况。在社会主义社会内，尽管还处在初级阶段，我们更应当尽力克服历史进步和道德堕落的二律背反，使历史进步、生产力的发展和物质财富的增加能够同社会的道德进步统一起来，这也就是我们所说的物质文明和精神文明的同步发展。

在奴隶社会的初期，正像恩格斯所指出的，新的奴隶主阶级总是以“最卑下的利益——庸俗的贪欲、粗暴的情欲、卑下的物欲、对公共财产的自私自利的掠夺”① 来达到自己的目的，这种情况在我们看来，简直是一种堕落，一种离开古代氏族社会的纯朴道德高峰的堕落。但是，随着奴隶社会的发展，奴隶主阶级的思想家们总是从各个方面强调提高社会道德水平的重要，并把道德和法律作为维护政权的两种互为补充的手段。在资本主义社会发展初期，也同样出现了道德的堕落。正像马克思在《资本论》中所指出的，资产阶级为了追求利润，可以毫无顾忌地做出一切丧尽天良和损人利己的事情。一切都以能否获得金钱和利润为目的，甚至一个人的良心、名誉，都可以被它们的所有者作为商品出卖，以换取金钱，“在资本主义生产方式的历史初期——而每个资本主义的暴发户都个别地经过这个历史阶段——致富欲和贪欲作为绝对的欲望占统治地位”②。正是这种“最卑劣的动机和情欲”，在资本主义原始积累时期以及以后很长一段时期内，造成了人类社会的道德水平的又一次堕落。面对着这种情况，当时的思想家特别是伦理思想家，不断地发

① 《马克思恩格斯全集》，中文1版，第21卷，113页，北京，人民出版社，1965。
② 《马克思恩格斯全集》，中文1版，第23卷，651页，北京，人民出版社，1972。

出呼声，要求克服利己主义的人生哲学，修正个人主义的思想，加强人道主义和注意人们的精神灵魂的改善。康德的善良意志、黑格尔的善的理念、费尔巴哈的合理利己主义等思想，在不同程度上反映了这一要求。经过资本主义社会的长期努力，在以后的发展中，社会的道德面貌较早期的情况有所改变。但是，不管怎么说，应当承认，在资本主义社会的初期阶段，为了提高生产力和创造物质财富，为了促进历史的进步，在一段长时期内，道德产生了堕落的现象。

在我国改革开放的初期，由于发展生产力的客观要求，由于对外国先进技术的引进，由于为了激发人们为“四化”建设的积极性，为了充分发展商品生产和更快地形成市场机制，因此，在一定情况下，不可避免地会形成泥沙俱下、鱼龙混杂的情况。特别是由于新旧体制转换过程中必然会出现许多矛盾，产生利益关系的多样化和复杂化，某些利己主义、自私自利、经济盘剥、损人利己等思想可能趁机发展。但是，我们是社会主义国家，推动我们去发展商品生产的根本目的是振兴中华、实现“四化”，是实现最终的理想——共产主义，而绝不是什么“卑劣的贪欲”，更不是那种“微不足道的单个人的财富”。因此，在我们的改革开放中，在我们实现“四化”的过程中，完全可以避免和防止资本主义社会初期所出现的道德堕落的情况，防止和避免从“最卑劣的动机和情欲”出发，而“以损害人们的其他一切秉赋为代价”①。当然，在某种情况下，资本主义的商品意识还会对一些人产生影响，因此，也有可能造成暂时的社会的道德堕落。但是，我们应当清醒地看到，我们今天发展社会主义的商品经济，绝不是要像资本主义社会那样，只是为了使少数人发财致富，而是为了全体人民的共同富裕。因此在发展商品生产的过程中，必须要反对资本主义的自私自利、损人利己的腐朽的思想意识，提倡为全国人民的共同理想而奋斗的崇高思想。在社会进步和道德进步的关系上，我们一定要尽力克服而且也能够克服奴隶社会、资本主义社会初期以道德堕落来作为社会进步的代价的痛苦经历，使社会进步和道德进步协调一致地发展。

改革需要正确的观念作引导，改革不仅仅是要发展生产力，提高人们的物质生活水平，而且要提高人们的文化和道德素质，既要生产出满

---

① 《马克思恩格斯全集》，中文1版，第21卷，201页。

足人民需要的丰富的产品，又要培养出“有思想、有道德、有文化、有纪律”的一代新人。我们要把提高改革意识和增强民族自信心结合起来，要把加强现代意识同发扬革命的传统美德结合起来，要把追求功利同提高人们的集体主义精神结合起来。我们一定要把改革开放的过程当做提高全体人民道德水平的过程，而不能放任资产阶级和封建阶级意识等腐朽观念泛滥，使我们陷入社会进步和道德堕落的二律背反的泥潭。

重视社会道德建设*

任何国家的经济现代化，都依赖于一定的价值目标（包括道德价值目标）的导向，伴随着一定的价值目标的追求。以建设有中国特色的现代化社会主义强国为目标的改革，也面临着一系列伦理价值目标问题。能否妥善地、正确地处理这个问题，事关改革能否坚持正确的方向，也在某种程度上决定着改革的成败。

关于集体与个人的关系问题

我们党一贯提倡集体主义道德原则。它的内涵是：集体与个人是辩证统一的关系；集体利益是第一位的，个人利益应该服从集体利益；作为第一位的集体利益既包含着大多数人的利益，又不排斥正当的个人利益，而是强调个人利益的实现应不以损害他人利益为前提，并在必要的时候，把为他人或集体利益所做的牺牲，看做个人自我利益实现的一种崇高方式。

但是，多年来一直存在歪曲或肢解集体主义原则的倾向：或以集体利益排斥个人正当利益；或无限制地夸大个人利益，企图将其凌驾于集

* 本文原载《经济日报》，1989-09-12。

体利益之上。党的十一届三中全会以后，我们党重新强调集体主义原则，在突出集体利益的同时，也注意个人活力，重视个人的正当利益，激发了人们为改革、为“四化”献身的开拓创新精神。但与此同时，某些宣扬资产阶级自由化的人，却借口纠正过去贯彻集体主义原则曾出现过的某些偏差而抛弃集体主义，并用个人主义或利己主义取而代之，鼓吹脱离集体的“个性”、“个人价值”、“个人权利”和自我设计、自我实现，力图以此作为国家现代化建设的价值目标导向，成为最基本的国民道德。这种极端的个人主义已经严重地干扰了人们的正常视线，使人们从另一个极端去曲解个人与集体的关系，并由此诱发一些人的不正当私欲。由于不顾整体和社会利益，单纯追求自我，严重地淡化了人们的历史使命意识和社会责任意识，使人们日趋赞同“人都是自私的”，从而使整个社会失去凝聚力，成为一盘散沙。这确乎已经成为改革事业的腐蚀剂。我们切不可低估这几年个人主义思想对改革的危害。今后，应当重新强调我们党倡导的集体主义原则，以此作为改革和建设的价值目标导向。因为唯有弘扬把整个国家团结起来、把全体人民振奋起来的集体主义精神，才能够使各种困难和阻力降到最低程度，使极为艰难的改革事业获得成功。

改革一定要以道德堕落为代价吗

十年改革，人们在思想上逐步摒弃了“左”的东西，从“天上”回到“人间”。同时，竞争、奉献、进取、开拓等新意识、新道德逐步形成，这是社会的进步，是主流。然而，我们也不能否认，由于资产阶级自由化思潮的影响，一部分人的自私欲望恶性膨胀，“一切向钱看”和坑蒙拐骗等腐朽道德也在出场，甚至新中国成立后已近绝迹的肮脏的东西，也在某种程度上泛滥起来，这是道德的退步和堕落。近年来有一种说法认为，改革开放在经济上的繁荣必然会引起道德的堕落，这是经济进步中的代价。这种说法的实质是认为道德堕落是合理的，我们不能同意这种“代价论”。因为倘若让“代价论”存在下去，就会引向更严重的道德堕落，例如，在一定时期一定的局部范围内，某些地方或某些企业的经济发展，往往要靠贿赂作为润滑剂，似乎只有如此，才能推动经济机器的运转。这其中付出的，就是毒害社会风气、腐蚀人们灵魂的道德代价。这几年人们之所以大声疾呼党风和社会风气问题，甚至有人大声疾呼要人们少一点自私自利之心，多一点对“人类社会理性公理”的敬畏之心，正好说明我们付出的道德代价已经多么严重了。那种以为凡是打着改革旗号的东西都是所谓顺乎潮流的善的东西的观点，实在应该在严峻的现实面前反省反省了。

更为重要的是，如果以为牺牲了道德，物质财富就创造出来了，改革就成功了，那就完全背离了道德为改革服务的原则。十年改革实践证明，成功的经济政策及其实施，必须靠相应配套的成功的道德政策的辅佐，否则，经济机器也绝不可能正常运转。当前之所以强调整顿经济秩序和治理经济环境，在一定程度上，也表明经济改革并不仅仅是经济工作本身的事，也是政治领域、道德领域的事。经济政策本身的漏洞，加上政治政策和道德改革的漏洞，必然会影响经济政策的实施。所谓“官倒”、铺张浪费、奢华排场甚至置国家和人民的利益于不顾，这一切腐败现象，都不能不说与我们当前的道德状况有密切关系。损人利己、损公肥私、行贿受贿、贪赃枉法等等，这种道德上的堕落，已严重地影响到整个改革和现代化建设事业。

社会进步与道德进步同步并行，不是一件容易的事。唯其如此，才更有必要在这个问题上下力气。首先需要重视的就是认识和态度问题。如果我们从观念上引起高度重视，即使困难再大，也能够克服。但令人遗憾的是，这几年我们在指导思想上、认识上、态度上、实践上，甚至在舆论上，都过多地集中于日常的经济工作，而没有足够的力量关心精神文明（包括道德）的建设。政治、道德这些非经济因素，对经济因素影响之大，是我们所始料不及的。实践已证明，只重经济不重精神道德、只重金钱不重民族心灵深处的价值观念的导向，会使经济工作也搞不好，甚至于可能把改革和建设引到歧路上去。

伦理价值问题与腐败现象

党风不正和某些党员干部身上表露出来的严重腐败现象，是造成当今社会风气腐败和社会道德堕落的重要因素之一。马克思、恩格斯早就指出过，社会上占统治地位的意识形态，归根到底是在政治、经济等方面支配那个社会的统治阶级的意识形态。因此，作为我们国家执政党的中国共产党所信奉和推行的社会意识形态，总是我们这个社会居于统治地位的意识形态。如果我们的党风在这方面有少许不纯和腐败现象，就可能给整个社会造成极大的影响。由于一个党的素质和基本品格是通过它的具体成员来表现的，因而，一旦我们党内产生了腐败分子，尤其是党的某些高层领导干部中出现了腐败分子，即使是数量很少的人，从他们身上散发出来的腐败毒素，也会严重地损害党的形象和党的威望，腐蚀社会成员，毒化社会风气。一方面我们不能随意夸大我们党内这些腐败分子的数量，不能丑化党的光辉形象；另一方面我们也不能无视这些少数分子对我们党的危害，对我们国家和民族的危害。如果不端正党风，不清除这些腐败分子、害群之马，不但社会的道德风尚会受到污染，中国的社会主义改革事业也是注定不能成功的。

政治腐败之所以会影响到道德腐败，主要是由道德与政治的特殊关系决定的。政治作为经济的集中反映，它必然要求道德依附于它（用强大的政治力量），并且制约道德的发展方向和起作用的性质，使道德在总价值目标上为自己服务。因此，任何清廉的政治，总要求相应清廉的道德，并确实能够靠自己所掌握的舆论工具及强制性的国家机器，来制约道德的这种发展方向。相反，如果政治上发生了腐败现象，相应腐败的道德也必然随之发生。

我们是社会主义国家，我们的党是代表无产阶级和人民大众利益的党。党风廉洁问题，对我们的整个事业来说，并不是一件可以忽视的小事。它和全部经济活动一样，也是改革事业中的重要组成部分，是全部社会主义事业中的组成部分。在当前，从道德建设来说，重要的是要端正认识。现在，很多同志都强调完善体制的重要性，这当然是正确的。同时，我们也要看到，不能认为国家的兴衰仅仅取决于体制，似乎其他都是可有可无的。问题在于，体制本身也是由人来建立的，而体制所设计的具体事项，要由人来贯彻实施，如果忽视了人的素质（包括智力素质、德性素质等等），那么，再好的体制也难以发挥效能。不受体制制约的权力固然会走向腐败，而不受德性制约的权力同样会走向腐败。

越是改革开放　越要强调学习马克思主义*

我国的改革开放正在蓬勃地向前发展。全国广大人民正在集中精力，抓住当前难得的机遇，努力使我国的经济建设能够每隔几年上一个新的台阶。只要我们能够进一步解放思想，大胆改革，实事求是，从实际出发，我国的经济就一定会进入一个高速增长的新阶段。

在坚持以经济建设为中心，大力发展我国经济的同时，究竟还要不要强调学习马克思主义理论，这是当前值得注意的一个问题。

从国际上看，西方资产阶级的某些政客，一再重复他们的“马克思主义过时了、死亡了”、“共产主义的实验失败了”的叫嚣，认为马克思主义已经没有生命力了。在国内，也有极少数人，在社会主义所遇到的困难和挫折面前，失去信心，“惊慌失措”，似乎马克思主义已不能适应今天现实的需要，马克思主义的理论没用了，中国迟早要搞西方的那一套，因而可以不必再提倡学习马克思主义了。还有的同志认为，改革开放有很多经济问题需要我们去学，哪有什么时间去学习马克思主义？更多的同志对在当前形势下学习马克思主义的重要意义缺乏足够的认识，因而自觉或不自觉地放松了对马克思主义的理论学习。确实，为了把经济建设搞上去，我们不懂得、不熟悉的东西，都需要我们学习，但是，应该说，最重要的还是要加强对马克思主义、毛泽东思想的学习，以及

* 本文原载《阵地与熔炉》，1992（5）。

对邓小平同志建设有中国特色的社会主义理论的学习，提高我们的认识，提高我们的理论素质，以适应我国社会主义建设的需要，保证我们的改革开放能沿着社会主义方向发展。

马克思主义是颠扑不破的真理，是建设有中国特色的社会主义的指导思想

马克思主义是从人类社会的发展规律中总结出来的科学真理，它随着社会的变化而不断丰富和发展，它不是僵死不变的教条，而是行动的指南。坚持和发展马克思主义是辩证统一的，把马克思主义看做“教条”，看做“僵化的东西”，认为它不能指导今天已经变化了的客观实际的思想，是错误的。尽管一百多年来资产阶级总是要想打倒、埋葬马克思主义，但马克思主义仍然在不断地披荆斩棘，继续前进。毛泽东同志曾说过：“马克思主义是一种科学真理，它是不怕批评的。如果马克思主义害怕批评，如果可以批评倒，那么马克思主义就没有用了。事实上，唯心主义者不是每天都在用各种形式批评马克思主义吗？抱着资产阶级思想、小资产阶级思想而不愿意改变的人们，不是也在用各种形式批评马克思主义吗？马克思主义者不应该害怕任何人批评。相反，马克思主义者就是要在人们的批评中间，就是要在斗争的风雨中间，锻炼自己，发展自己，扩大自己的阵地。”① 最近几年来，一些社会主义国家发生了资本主义复辟的严重事件，从而使一些人产生了这样那样的困惑。马克思主义究竟还灵不灵？学习马克思主义在现代还有没有意义？人们会从不同方面，对马克思主义的命运问题进行这样那样的思索。在这种情况下，加强马克思主义的教育与学习，更有着特别重要的意义。正像邓小平同志在南方谈话中指出的，社会主义在经历一个较长过程后必然代替资本主义，这是社会历史发展不可逆转的总趋势，是马克思主义的历史唯物主义所揭示的人类社会发展的规律。某些社会主义国家的逆转和挫折，使社会主义力量被削弱了，但它又会教育人民从中吸取教训，促使社会主义朝着更加健康的方向发展。特别需要指出的是，我们

① 《关于正确处理人民内部矛盾的问题》，见《毛泽东著作选读》，下册，786页，北京，人民出版社，1986。

的改革开放是社会主义的改革开放，我们所要建设的是有中国特色的社会主义，因此，必须保证我国的社会主义方向。坚持四项基本原则中的一个重要原则，就是必须坚持马克思列宁主义、毛泽东思想，只能坚持马克思列宁主义、毛泽东思想。邓小平同志说："我们现在要建设有中国特色的社会主义，时代和任务不同了，要学习的新知识确实很多，这就更要求我们努力针对新的实际，掌握马克思主义基本理论。因为只有这样，才能提高我们运用它的基本原则基本方法，来积极探索解决新的政治经济社会文化基本问题的本领，既把我们的事业和马克思主义理论本身推向前进，也防止一些同志，特别是一些新上来的中青年同志在日益复杂的斗争中迷失方向。"① 离开了马克思主义的指导，就可能使人们仅仅限于物质利益的追求，失去了社会主义的理想和目标，以至失去为社会主义奋斗的精神动力和战斗意志，不能抵制各种腐朽思想的侵蚀。改革开放的实践说明，要保证改革开放的社会主义方向，没有马克思主义的指导是不可能的。

改革开放发展的新形势，更需要我们加强马克思主义的学习

越是加快改革开放、加快发展经济，新情况、新问题就越多。对于在改革开放中所出现的纷纭复杂的问题，究竟应当以什么指导思想来解决？是遇事迁就应付，随心所欲，还是按照马克思主义的思想来解决？答案只能是后者。在当前的形势下，我们必须认识到，越是改革开放，越是发展经济，我们就越要加强学习，掌握马克思主义的基本原理，提高自身素质，以适应形势发展的需要。

马克思主义从来就是创造性的。在当今形势下，强调马克思主义的学习，最重要的就是要运用马克思主义的立场、观点和方法，来分析、阐释和解决现实中的各种重大问题。因此，必须强调理论与实际的结合，反对教条主义。对于被实践证明是正确的马克思主义的基本原理一定要勇于坚持，对某些过时的结论不能够抱着不放，要善于在实践中加

① 《邓小平文选》，1版，第3卷，146～147页，北京，人民出版社，1993。

以发展。改革开放的深入发展，亿万人民建设有中国特色的社会主义的伟大实践，呼唤着马克思主义理论的繁荣和发展。我国不但在经济上处于一个前所未有的快速发展时期，同时也处于马克思主义理论得到发展的重要时期。我们一定要按照毛泽东同志所一贯倡导的“实事求是”的思想，结合改革开放，结合社会主义商品经济发展所提出的新问题，详细地掌握材料，勇于探索，认真研究，提出对策，并在实践中加以检验，以指导我国的改革开放沿着正确轨道更好地发展。毛泽东同志在《改造我们的学习》中就特别强调学习马克思主义理论要“有的放矢”。他说，有的人学习马克思主义，“不是为了要解决中国革命的理论问题、策略问题而到马克思、恩格斯、列宁、斯大林那里找立场，找观点，找方法，而是为了单纯地学理论而去学理论。不是有的放矢，而是无的放矢。马克思、恩格斯、列宁、斯大林教导我们说：应当从客观存在着的实际事物出发，从其中引出规律，作为我们行动的向导。为此目的，就要像马克思所说的详细地占有材料，加以科学的分析和综合的研究”。应当强调，学习马克思主义，最重要的就是要用来解决当前的实际问题。谁能用马克思主义正确地分析和解决改革开放中的一两个问题，谁就算是取得了成绩，解决的问题越多，成绩也就越大。如果说，学习马克思主义之后，仍然不能或不愿用马克思主义来解决问题，那就如同没有学习马克思主义一样。在学习马克思主义时，我们应当努力掌握马克思主义的立场、观点和方法，不唯上，不唯书，不听风，不拘泥马克思主义经典作家的个别词句，而是紧密结合我国社会主义现代化建设和改革开放的新问题，紧密结合国际形势和当代社会主义发展的新情况，反对和克服教条主义的影响，不断提高我们理论联系实际的能力，增强贯彻党的基本路线的自觉性。

学习马克思主义原著要少而精，要有针对性，要力求掌握马克思主义的精髓

马克思主义是一个丰富的宝库，马克思主义经典作家留下了大量的著述。对于广大人民群众来说，对于从事社会主义建设的各个部门的实际工作者来说，在强调学习马克思主义时，必须贯彻少而精的原则，即

要精选那些最能体现马克思主义基本原理的重要著作，认真学习并力求掌握马克思主义理论中的精髓。马克思主义的科学社会主义、政治经济学、辩证唯物主义与历史唯物主义的基本原理，是放之四海而皆准的、颠扑不破的真理。《共产党宣言》、《社会主义从空想到科学的发展》、《马克思主义的三个来源和三个组成部分》等著作，都是我们应当认真学习的。只要我们能掌握马克思主义的精神实质，并运用马克思主义的立场、观点和方法，就一定能正确分析和解决我们在现代化建设中所遇到的各种实际问题。在当前，要特别强调学习马克思主义经典作家有关经济工作的理论，正确解决改革开放中的经济问题。

为了适应建设有中国特色的社会主义的需要，在学习马克思主义经典作家的理论时，更应当特别强调学习毛泽东同志和邓小平同志等老一辈革命家的著作。毛泽东同志的《矛盾论》、《实践论》、《改造我们的学习》、《整顿党的作风》、《反对党八股》、《在延安文艺座谈会上的讲话》以及《反对自由主义》等论著，对于我们坚持实事求是，从实际出发，防止教条主义，坚持为人民服务的方针，开展批评和自我批评，仍有着重要的现实意义。毛泽东同志关于事物矛盾的普遍性和特殊性，关于矛盾的斗争性和同一性以及主要矛盾和次要矛盾的分析，对于我们在改革开放的新情况下，正确地分析事物，全面地认识事物，对于我们在工作中“警惕右”和“防止‘左’”都有重要的指导作用。毛泽东同志在《实践论》中对认识和实践关系的全面而深刻的论述，关于“只有人们的社会实践，才是人们对于外界认识的真理性标准”的理论，以及实践和认识如何不断深化等问题，对于我们坚持实践是检验真理的标准，解放思想，开拓进取，勇于试验，大胆创新，并且在实践中不断总结经验，保证我们的改革开放沿着健康的道路发展，有着特别重要的意义。

在强调学习马克思列宁主义、毛泽东思想时，要根据中国当前社会发展的实际需要，认真学习有中国特色的社会主义的理论。以邓小平为代表的第二代中国共产党人，总结了历史上正反两方面的经验教训，提出并不断发展了有中国特色的社会主义的理论。这一理论，是依据马克思主义的立场、观点和方法，针对一个经济比较落后的大国如何进行社会主义建设的问题而提出来的理论。它是马克思主义基本原理同当代中国的实际密切相结合的产物，是对马克思主义的创造性的发展。这一理论，指导着我国社会主义建设事业的蓬勃发展，而广大人民群众的实践，又必将使之进一步丰富和发展。我们要把有中国特色的社会主义事业继续推向前进，就一定要学习和掌握这一强大的思想武器，沿着党的十一届三中全会以来所开辟的正确道路，紧紧把握一个中心、两个基本点的思想，奋勇前进。

当然，对于从事马克思主义理论专业和思想教育专业的一些同志来说，除了精选精读、力求掌握马克思主义的精髓之外，还应当力求更多地阅读马克思主义的经典著作。马克思的《资本论》，恩格斯的《反杜林论》、《路德维希·费尔巴哈和德国古典哲学的终结》，列宁的《唯物主义和经验批判主义》等论著，对于专业工作者来说，也是十分重要的经典文献，非读不可。但是，在阅读这些经典著作时，应当力求掌握它们的精神实质，把基本原理同某些因时、因地所作的个别结论区别开来，善于区分哪些是在今天已经过时了的提法，哪些仍然是指导我们今天的社会主义建设的颠扑不破的真理。

时代在不断地前进，社会在不断地变化。随着资本主义的不断发展变化和科学技术革命日新月异的进步，随着世界各国经济的发展，确实出现了马克思主义经典作家所未曾遇到的新情况和新问题。因此，在当前强调学习马克思主义，必须提倡敢于创新的勇气。学习马克思主义不是为了好看，而是为了解决现实中所遇到的各种问题。从当前的情况来看，在学习马克思主义的问题上，可能有这样三种态度：一种是受教条主义的影响，往往自觉或不自觉地喜欢以引证马克思主义经典作家的“个别词句”来代替对事物的分析和论证，不能提出正确解决问题的方法。这种态度当然是十分有害的。一种是实用主义的态度，即不是用马克思主义的立场、观点、方法来分析解决中国的实际问题，坚持社会主义方向，而是按照自己的意志，实用主义地、随心所欲地解释马克思主义。这种态度，也是极端有害的。因此，在强调学习马克思主义时，根据目前的情况，我们应当特别提倡第三种态度，即创造性地研究马克思主义的态度，就是面对在建设有中国特色的社会主义实践中所出现的各种新问题，以大无畏的理论勇气，坚持和发展马克思主义，使马克思主义理论在解决新形势所提出的各种纷纭复杂的新问题时，显示新的活力。几十年来，中国共产党最突出的优良传统之一就是理论与实践相结合，使马克思主义基本原理有的放矢地解决中国革命实践中所遇到的重大问题。我们应当继续发扬光大这一传统，使马克思主义有更大的发展。毛泽东同志说："人类总得不断地总结经验，有所发现，有所发明，有所创造，有所前进。停止的论点，悲观的论点，无所作为和骄傲自满的论点，都是错误的。"① 时代赋予我们在东方大地上建设有中国特色的社会主义和发展马克思主义的光荣而又艰巨的任务，我们应当不辜负时代对我们的期望，很好地完成这一任务。

① 《人民日报》，1964-12-31。

发展市场经济与加强思想道德建设*

一

我们今后相当一个时期的主要任务，是以经济建设为中心，把经济搞上去。中国这样大的国家，要把经济搞上去，是一个很艰巨的任务。我们国家正处在社会主义初级阶段，生产力水平比较低下，经济发展水平、科技发展水平与世界先进国家比，确实差距很大。我们的社会主义能否建成，能否显示出优越性，取决于经济建设能否真正搞上去，所以，我们必须坚持以经济建设为中心。从思想道德的角度看，我们处在这样的历史条件下，面临这样艰巨、复杂、光荣的任务，要建设有中国特色的社会主义，必须要有一个强大的、为多数人信服的精神力量。当然，这个精神力量，首先要用我们的物质发展做基础。同时，精神力量的发挥也是我们把经济建设搞上去的强大动力。

怎样在邓小平同志建设有中国特色社会主义理论的指导下，把我们的经济建设搞上去？我觉得从指导思想上、认识上有一些不同思路。一种是邓小平同志和党中央的思路，就是既要把物质文明搞上去，又要把精神文明搞上去，不能抓了物质文明，放下精神文明，要两手抓。1989

---

* 本文原载《新长征》，1993（9），是《新长征》杂志的专访文章。

年，邓小平同志在讲话中就特别指出，这十多年最大的失误是教育。小平同志还多次讲信念、理想，讲培养“四有”新人，讲抓好社会风气、社会秩序的重要性。小平同志南方谈话的六个部分内容中，就有一个部分专门讲社会风气、社会秩序一定要搞好。这是一个非常英明、非常有远见的思路。也还有一些同志从另外的思路去考虑问题，认为我们国家经济建设的任务这样重，生产力这样落后，底子这样薄，与先进国家比差距这样大，应该先把经济建设搞上去再说。因此，在实际工作中，自觉不自觉地把道德建设放在次要地位。还有一种说法，为了把经济搞上去，思想道德方面做些牺牲也没关系。当然，精神文明建设不像物质文明建设那样容易落实。就是我们平常说的，物质文明建设是硬任务，精神文明建设是软任务。但把发展经济与思想道德建设对立起来，这个思想很有害。

两个文明建设本来就是相辅相成的，物质文明建设的发展对精神文明建设会起到很好的作用。单纯孤立地谈精神文明建设，精神文明建设也是没有基础的，也是不能得到很好发展的。在发展经济时，出现一些思想道德、社会风气上的问题确实难免，但是我们不要因此就有“难免论”。有一点代价可以，我们应使代价降低到最小的程度。精神文明建设搞不上去，人们的思想道德水平降低了，社会风气变坏了，违犯法律的现象增加了，社会秩序搞乱了，反而会破坏、影响经济建设。小平同志说，如果不抓精神文明建设和道德建设，经济建设搞上去了又有什么用？江泽民同志也讲过，如果没有理想、没有纪律，就会像旧中国一样成为一盘散沙，革命、建设怎么能够成功？这些话讲得非常好。这里有两个意思，一是精神文明建设没搞好，贪污、贿赂盛行，最终会使物质文明建设停滞下来，另一个是如果风气坏下去，即使经济搞上去了，不能搞成共同富裕，又有什么意义？这确实是值得我们深思的问题。

这几年，有一种“代价论”相当有害。“宁愿牺牲道德搞经济”，这个理论是不能成立的。现在有些人用恩格斯关于“恶”的历史作用的话来证实“代价论”有一定道理。其实，恩格斯引用的是黑格尔的话，主要说在私有制社会里，利己的动机对发展资本主义确实起到了一定的积极作用。了解世界发展史的人都知道，资本主义为此是付了很沉重的代价的。资本主义到后来花了很大的功夫从法律、道德、政治各个方面来克服资本主义初期成就的那些“代价”。

我们搞的是社会主义市场经济，不能允许采取两极分化的办法搞社会主义商品生产，不能不顾精神道德方面的问题而单纯抓生产力。前一段，我们搞了一些社会调查，结果表明，在思想道德水平方面确实出现了许多值得人们注意的问题。对我们的经济建设，广大人民普遍感到比较满意，而对我们的思想道德建设，则普遍感到担心。60%～70%的人认为社会风气不如过去，人变得自私了，一些人把金钱看得高于一切。现在很多人都感觉到，有些时候通过正常方式很难办成事，不正之风由个别发展到普遍。更突出的是金钱与权力的交换，一些人拿金钱买通权力，用权力再搞金钱。这种腐败现象能否制止，关系到党和国家的前途命运。

二

从历史上看，发展商品经济，建立市场经济体制，本身就存在双重效应。我们一些同志对发展商品经济的积极效应看得比较充分，也认识得比较清楚，对发展商品经济可能产生的消极效应，则缺乏思想准备，认识也不很明确。这是认识上的一种片面性。

从经济上来讲，我们应该看到，发展商品经济的积极效应是很明显的。它发展了我们国家的生产力，增强了国家的物质财富，推动了经济的高速增长。但是，在经济上，发展商品经济也不都是积极效应，它也带来了许多需要加以调控的问题，也需要在政策上加以约束。因为发展商品经济本身强调等价交换、自由竞争、个人利益、物质刺激，这些东西极大地促进了经济发展，但同时也需要我们加强宏观管理，否则，就要出现混乱，经济就会向不利于社会主义经济发展的方向走去，比如偷税漏税，不知有多少国家财产流失在这个方面。

从思想道德方面看，从人的素质提高方面看，发展商品经济对我们起了很多好的作用，比如正当利益的观念，现在有了，过去很少讲。追求正当的个人利益在当前是推动我们经济发展的一个很重要的力量。通过劳动，人人都应当得到正当的个人利益，过去忽视甚至反对这一点，个人的积极性就不能充分发挥。开拓创新观念、竞争观念、权利义务观念、等价交换观念等等，这些观念的树立，极大地解放了人们的思想，提高了人们的精神素质。但同时，讲竞争、讲物质刺激，也很容易诱发极端个人主义倾向。特别是中国，长期以来小生产影响很大，小生产的自私性与发展商品经济的某些消极东西融合起来，就容易产生损人利己、损公肥私、为了个人不顾一切的现象。

在商品经济发展中，最值得我们注意的就是拜金主义。金钱是商品的一般等价物，所有商品都可以跟金钱画等号，所以马克思在《资本论》中说，商品经济发展后，首先出现的是货币拜物教，但最早的是商品拜物教。由于货币是一般等价物，就出现了货币拜物教，谁有了货币，谁就有了一切，谁就等于神。

有人认为，发展商品经济就要讲金钱、讲效率，过多强调集体主义，强调社会公平，就将影响效率。我觉得，我们不应把这两者对立起来。我们越是要在经济领域强调等价交换，强调按劳分配，强调正当的个人利益，在人与人的关系方面，就越是要强调为社会多做贡献，强调国家利益高于个人利益。这是两个不同范畴的问题。做买卖不能讲奉献，要讲等价交换，经济领域要强调多劳多得，必要时要有物质刺激。但人与人除了经济关系之外，还有很多关系，如师生关系、父子关系、夫妻关系、同志关系等等，在这些方面，我们应强调关心别人，助人为乐，应提倡奉献精神，提倡见义勇为。发展商品经济的积极效应与消极效应有时连在一起，我们越是要发挥商品经济的积极效应，就越是要限制它的消极因素。江泽民同志在多次讲话中都强调，越是坚持改革开放，越要加强精神文明建设，提出要弘扬爱国主义、集体主义、社会主义思想，并使这些成为我们社会主义的主旋律。

今年3月5日，在纪念毛主席“向雷锋同志学习”题词30周年的时候，我为《中国青年报》写文章，提出要使爱国主义、集体主义、社会主义成为社会的主旋律，就必须反对三个东西：一个是个人主义，一个是拜金主义，一个是享乐主义。只有旗帜鲜明地反对这三个“主义”，爱国主义、集体主义、社会主义才能在我们整个社会发扬光大。

三

像我们这样经济较落后的发展中国家的现代化应注意什么问题？最

近一二十年来，西方有一种理论，发展中国家的现代化必须是西方化，如果不能西方化，就不能现代化，就是你不但要接受西方先进的科学技术、管理经验，还要接受其政治制度、价值观念。西方一些政治家认为，你搞市场经济，不接受我们的政治观、价值观，你肯定搞不好。他们强调在所谓援助发展中国家的同时，要向其灌输西方的政治观、价值观、“民主”、“人权”等。

越来越多的发展中国家经过长期实践取得了共识，这就是，发展中国家的现代化绝不等于西方化。在接受西方科学技术和管理经验的同时，不能用那套资产阶级“民主”、“人权”等价值观。如果像有些西方国家所希望的那样，把现代化当成西方化，那现代化就一定搞不起来，实现不了。结果是，或者成为西方某些发达国家的附庸，或者搞得国家政治动荡，经济停滞不前。俄罗斯目前政治和经济混乱的情况正是把现代化搞成西方化的结果。

有人说中国的改革是中体西用。这个概念较复杂，一般不用。过去主要是指以传统儒家思想为体，利用西方技术。我们是社会主义国家，我们的指导思想马克思主义来自西方，根本不是什么中体西用。我们在实现现代化的过程中，在学习西方先进技术和管理方式的同时，要坚决摒弃西方的价值观念。新加坡在这方面的认识很明确；日本也没有接受西方的价值观念，而是形成了自己的价值观念。西方是以个人为中心。日本倡导的是企业集体主义、企业本位主义，反对片面强调个人的价值。韩国也不用西方的价值观念，它用儒家的思想抵御西方的东西，中小学课本都是孔子怎样说、孟子怎样说。中国香港、台湾地区，它们的经济发展，也不是靠西方的价值观念搞起来的，何况我们是社会主义国家。前几年，西方政治观念、价值观念搞乱了我们一些人的思想，致使我们发生了政治风波。这是一个深刻的经验教训。

我们不接受西方的价值观、人生观，但在某些方面还要借鉴它的一些精神文明成果，这两方面并不矛盾。对西方文化不能全盘否定。一些有价值的西方文化，可以用马克思主义作指导，加以改造吸收。个人主义在反对封建主义过程中起过进步作用，但它核心的东西是应该批判的。

现在许多人搞不清西方的个人主义是什么概念。个人主义就是相对社会来讲，个人是最高的价值，个人自由、个人平等、个人尊严、个人高于一切。实质上是把个人与社会对立起来，个人超越社会。

有人认为个人主义有个人奋斗、个人开拓、在社会上实现价值的含义。其实许多人只看到了这个方面，就认为个人主义可取。我们应看到个人主义的实质。个人主义在西方分几层意思：一是在价值观上，认为个人高于社会，一切以个人为中心；二是在政治观上，强调个人民主，反对民主集中制；三是在财产制度上，个人主义是要维护个人的私有财产，人只要不违犯法律，想怎样挣钱就怎样挣钱。当然，我们在一定范围内也维护私有财产，但我们最终反对两极分化，反对剥削，不同意把个人私有财产制度长期维持下去。所以，我们从理论上始终强调反对个人主义。至于个人主义中强调个人尊严、个人价值的含义，这是我们社会主义集体主义中应该有的内容，过去我们强调集体利益而忽略个人利益，这是需要另外讨论的一个问题。

西方国家对个人主义也不是采取完全赞同的态度。个人主义要维护私有财产制度，这个方面资本主义是坚决拥护的。对政治上的极端个人主义倾向，西方国家也是反对的。它们通过从政治上强调国家利益，从法律上制约个人过分的自由，从宗教上强调他人的利益高于一切等方面限制个人主义的消极因素。

回顾这些年我们在思想道德方面的教训，很重要的一点就是对发展商品经济将会给人们精神上带来的问题认识不足，在政策法规上对某些违法乱纪行为打击不力，在舆论导向上有些片面性。现在大量刑事犯罪、不法现象背后的深层动机，就是个人主义、享乐主义、拜金主义。现在有些崇高的、很有价值的职业都在金钱面前贬值了。过去中国有三不朽，一是为社会立了德，二是为社会立了功，三是为社会立了言，现在统统不管，就看有没有钱，谁最有钱，谁就最有价值。作为社会主义国家，这种现象是很不正常的。要完成建设有中国特色社会主义的大业，没有一种强大的精神力量是不行的，我们的精神力量就是要大力弘扬爱国主义、集体主义、社会主义，这样整个中华民族才有凝聚力。

社会主义市场经济与道德建设*

在改革开放和实行社会主义市场经济的条件下，以邓小平理论为指导，加强精神文明建设特别是加强道德建设，是当前全党和全国人民的一项重大而艰巨的任务。党的十四届六中全会所作的《中共中央关于加强社会主义精神文明建设若干重要问题的决议》，江泽民同志在党的十五大所作的《高举邓小平理论伟大旗帜，把建设有中国特色社会主义事业全面推向二十一世纪》的报告，为我们解决社会主义市场经济与道德建设这一问题，提供了正确的指导思想。认真地分析我国改革开放和实行社会主义市场经济以来，在道德建设上所出现的新情况、新矛盾和新问题，特别是深入领会江泽民同志所作关于社会主义初级阶段的深刻的论断和对社会主义文化建设的重要意义的阐述，从理论和实际的结合上，分析和探讨市场经济条件下的道德建设的问题，对于我国的道德建设有着极其重要的理论意义和实践意义。对这一问题的正确回答，必将极大地促进我国社会主义道德建设的完善，改善当前的社会风气，形成良好的人际关系，有利于推动我国经济建设的发展，以达到物质文明和精神文明协调发展的根本目的。

---

* 本文原载《道德建设论》一书，长沙，湖南人民出版社，1997。

一、社会主义初级阶段对道德建设提出的新问题

在探讨社会主义的道德建设时，必须首先认识和分析在我们所处的社会主义的初级阶段，道德建设领域出现的新情况、新矛盾和新问题，研究如何针对这些新情况、新矛盾和新问题，来提出我们道德建设的新的思路和方法，从而切实有效地把我们的社会主义的道德建设，建筑在更加实事求是的基础之上，以便更好地把我们的道德建设推向前进。

正如江泽民同志在党的十五大报告中所强调的："社会主义是共产主义的初级阶段，而中国又处在社会主义的初级阶段，就是不发达的阶段。在我们这样的东方大国，经过新民主主义走上社会主义道路，这是伟大的胜利。但是，我国进入社会主义的时候，就生产力发展水平来说，还远远落后于发达国家。这就决定了必须在社会主义条件下经历一个相当长的初级阶段，去实现工业化和经济的社会化、市场化、现代化。这是不可逾越的历史阶段。"这也就是说，如果我们真要建设社会主义，而且还真想建成社会主义的话，那么，我们就必须和只能从社会主义初级阶段这一现实状况出发，从我们国家的实际国情出发，从我国的经济发展水平和广大人民群众的文化教育现状出发，而不能从善良的主观愿望出发。

从经济发展水平来看，我国虽然走上了社会主义道路，但仍然处于相对落后的状态，即我们所说的，我国仍然是一个发展中国家。在当前世界各国的激烈的竞争中，如果我们不能很快地发展我国的经济，提高我国的生产力，增强我们的综合国力，我们就不可能在这一竞争中获得胜利。我国的农业人口还占很大比重，要想从农业人口占多数转变到非农业人口占多数，发展现代农业并实现工业的现代化，还必须经历一个相当长的历史阶段。也正是由于这样的原因，我们在经济上，就必须坚持和完善以社会主义公有制为主体、多种所有制共同发展的经济体制。这也就是说，在一个相当长的历史阶段内，非公有制经济将是我国社会主义市场经济的一个重要组成部分，在大力发展公有制经济的同时，必须允许非公有制经济有一个适度的发展。为了更好地发展我国的社会主

义市场经济，我们还必须对个体、私营等非公有制经济采取鼓励的政策，并加以正确的引导，使之能够健康地向前发展。

道德作为一种社会现象，是同整个社会的经济生活和政治生活密切相关的。正如恩格斯在分析了当时社会上不同的道德类型及其表现形态之后所说的："那么我们由此只能得出这样的结论：人们自觉地或不自觉地，归根到底总是从他们阶级地位所依据的实际关系中——从他们进行生产和交换的经济关系中，吸取自己的道德观念。"① 这也就是说，人们的道德观念，归根到底，是由其所处的经济地位所决定的，即由其所生活于其中的利益关系决定的。一般来说，有什么样的经济地位和什么样的利益关系，就会有什么样的道德观念和道德意识。当然，这绝不是说，思想教育、道德教育和舆论导向都是无用的，只是说，它们虽然对人们的道德思想和道德品质的形成有着重要的作用，但都必须要受到经济关系的制约。这是一个有关社会存在与社会意识的相互关系的理论，是马克思主义的基本原理，是我们思考社会主义的道德建设的一个基本出发点。由此我们也就能够认识到，在多种所有制共同发展，即允许非公有制经济特别是个体经济发展的情况下，一些人的道德思想和道德观念，也就必然要随着他们的经济地位及利益关系的变化而发生变化。我们是社会主义国家，在意识形态领域，我们必须弘扬社会主义的主旋律，即弘扬社会主义、集体主义和爱国主义的思想。而在市场经济的条件下，对于个体经济、私营经济、合资企业和外资企业的经营者来说，他们的思想意识和道德情操则是十分复杂的，如私营企业的经营者，他必然要以赢利为最主要的目的。因此，在我国现实的社会生活中，经济关系的变化使得在意识形态领域中，在思想道德观念上，在人们的世界观、人生观和价值观的取向上，也随之而发生了相应的新的变化。怎样来认识和对待这些新的情况和新的矛盾呢？在这里，至少有三个问题应当引起我们的注意。

1. 价值取向的多元化和价值导向的一元化的相互关系问题

我们是社会主义国家，在价值导向上，我们必须坚持社会主义的价值导向，坚持弘扬爱国主义、集体主义和社会主义的主旋律，抵御和反对一切腐朽思想对我们的腐蚀，反对个人主义、享乐主义和拜金主义的

① 《马克思恩格斯选集》，1版，第3卷，133页。

不断泛滥，努力提高广大人民群众的思想文化素质和道德素质。我们要建设的是一个繁荣富强的社会主义的国家。在经济上，我们既要使非公有制经济有一个适度的发展，又要大力发展我国的公有制经济。在道德建设上，我们还必须要坚持和实行“以为人民服务为核心，以集体主义为原则，以爱祖国、爱人民、爱劳动、爱科学、爱社会主义为基本要求”的社会主义的道德。从政治制度和社会理想来说，我们的最终理想，是要建设一个共同富裕的社会主义社会。因此，我们必须坚持社会主义道路和社会主义方向，坚持社会主义和共产主义的道德理想。这也就是说，我们必须坚持在意识形态领域中的价值导向的一元化。

同时，我们也要看到，在实行社会主义市场经济的一个很长的历史时期内，随着非公有制经济的发展，随着个体、私营经济的各种不同利益主体的出现，必然要形成从不同利益出发的世界观、人生观和价值观，这是一个不以任何人的意志为转移的客观规律，是我们必须面对的一个客观现实。这也就是说，追求个人利益的思想、为个人和小家庭寻求发家致富的思想、通过经营而希望成为私营企业家的思想，也就必然会出现。从发展经济的角度出发，追求个人利益的思想，要求发家致富的愿望，在法律所许可的范围内，是有利于我们经济的发展和人民生活水平提高的，但是，在思想意识和思想道德上，如果不加以教育和引导，这些人在人生观和价值观上就必然会采取和信奉自私自利甚至损人利己的价值取向。这种以个人为中心的世界观、人生观和价值观，和我们的集体主义的价值导向是不一致的。市场经济是一种利益经济，它有着自身的缺陷和某些不容忽视的消极方面，利己主义、个人主义、拜金主义和享乐主义的思想，也会滋长和泛滥。对于这些情况，我们究竟应当怎样对待呢？

我们认为，在社会主义市场经济的条件下，在道德建设中，我们只有采取价值导向的一元化和价值取向的多元化相统一的原则，才能有针对性地解决我国现实生活中的道德问题，使我们的社会主义道德建设稳步地向前发展。价值取向的多元化和价值导向的一元化，是既对立又统一的。我们应当从两方面来考察这一问题。

首先，所谓价值导向的一元化，就是指在意识形态领域内，从全社会来说，它只允许有一种思想来作为全社会的指导思想，不允许有其他的思想来和它争夺意识形态领域中的领导权。从我们国家的现实情况来看，正如江泽民同志在党的十五大报告中所指出的，马克思主义、毛泽东思想和邓小平理论，不但是我党、我国的一切行动的指南，也是整个国家和社会在意识形态领域的唯一正确的指导思想。在道德建设方面，只有我们所强调的爱国主义、集体主义和社会主义的主旋律，只有“以为人民服务为核心，以集体主义为原则”的社会主义道德，才是我们所要弘扬的。社会主义的价值导向，是从我国社会主义的基本要求出发的，是同建设一个繁荣、富强、文明的社会主义的现代化国家一致的。社会主义社会的主旋律和道德要求，反映了历史发展的进步要求，是建筑在历史的客观规律的基础之上的。“以为人民服务为核心，以集体主义为原则”的道德和爱国主义、集体主义和社会主义的主旋律，是同我国建设社会主义的最终目的，即建立一个没有剥削的、共同富裕的社会一致的。也正因为这一点，我们坚信，广大人民群众在经过宣传教育和提高认识以后，在实际生活的正面和反面的教育下，一定能够认识到我们的社会主义的主旋律和道德原则对我们建设社会主义的重要意义，从而自觉地来弘扬我们的社会主义的主旋律，自觉地遵守社会主义道德的要求。

其次，我们还应当看到，所谓价值导向的一元化的要求，并不是说，不分觉悟程度的高低，不分道德水平的差别，急于求成，要求所有人在很短的时期内，都达到价值导向所要求的水平。更不是说，在今天的社会主义的初级阶段，不允许有其他的思想意识和道德观念存在。价值导向的一元化的主要意义，是强调要通过长期耐心的社会教育和舆论引导，使价值导向所提倡的这一正确的指导思想，逐渐地为广大人民群众所接受。当然，对于个体劳动者，特别是对于私营企业主来说，要提高他们的道德观念和思想觉悟，除了思想教育之外，还要靠公有制经济的发展和社会政治的进步等多种因素的结合。另外，从个体经济和私营经济的发展来看，我们也应该从一个全新的视角来加以观察。一方面，我们要看到，改革开放以来，我国的个体经济、私营经济和其他非公有制经济不断地得到发展。党的十五大又进一步提出，以公有制为主体、多种所有制经济共同发展是我国社会主义初级阶段的一项基本经济制度，在今后的长时期内，非公有制经济还将不断地得到发展。同时，从另一方面来说，我们也还要看到，改革开放以来，我国的私有经济是在社会主义国家的鼓励和引导下发展的，是根据社会主义的经济政策并在其所容许的范围内发展的，是受社会主义的法律规定所约束的。当然，它也是在社会主义思想道德的制约下发展的。尽管我们在一段时期内，在某种程度上，曾经发生过“一手硬、一手软”的现象，发生过忽视思想道德教育的“失误”，但社会主义的主旋律和社会主义的思想道德的影响，却总是一直存在的，只不过没有能够起到它应当起到的作用。随着对社会主义精神文明的重视和社会主义道德建设的加强，这种教育的力量，在提高他们的思想道德水平问题上，是不可忽视的。当然，正像我们在前面所指出的，个体经营者有其自发的方面，自私自利的思想和观念，往往能够引导他们走向只顾个人和小家庭的利益而忽视集体和国家利益的错误道路。但是，对于绝大多数个体经营者来说，他们本人又都是劳动者，又在一定程度上具有劳动人民的思想和感情，能够逐步地接受社会主义的教育。对于这一点，我们应当有充分的信心。对于那些私营企业主来说，对他们的教育，当然要更困难一些，需要我们做更多的工作，而且还是一个比较长期的过程。正像邓小平同志所指出的，只要政权在我们手里，在坚持四项基本原则的前提下，在强大的社会主义思想道德的教育下，在我国的经济和政治都不断进步的形势下，大多数人是能够接受社会主义的教育的。总之有一点我们必须明确，这就是，允许非公有制经济发展是我们的经济制度和经济政策所要求的，是有利于我国的社会主义生产力的发展和现代化进程的；资产阶级的个人主义及其腐朽思想，作为一种意识形态，是对社会主义事业有害的，是我们所坚决反对的。经济政策上所允许的和价值导向上所要弘扬的，是两个不同的问题，必须加以区别。我们在允许个体经济、私营经济发展的同时，就更应该特别注意加强社会主义的思想道德建设；同时，在强调用社会主义的道德和共产主义的理想来教育人民群众时，又要注意不要影响到我们所应当实行的经济政策。

在这里，有两个方面应当引起我们的注意。

一个是，在道德建设上，要充分认识到由经济状况、利益主体的不同所形成的世界观、人生观和价值观上的差异，承认价值取向的层次性和多样性的现实存在。因此，在思想教育工作中，要采取耐心说服、区别对待、从实际出发、循循善诱的态度，根据人们在世界观、人生观和价值观上的高低不同层次，提出适应于各种层次的不同要求，使每一个人都能够在自己原有的思想水平的基础上循序渐进，不断提高，防止急于求成而形成的欲速则不达的情况，从而使我们的思想道德教育工作能够收到更好的效果。多年来的实践经验说明，不分时间、地点、条件和对象，超越一些人的思想道德的实际水平而进行的教育，之所以收效不多，其主要原因就在这里。

另一个是，在承认价值取向多元化的情况下，还必须强调价值导向的一元化，即强调社会主义的价值导向在全社会的指导作用。应该指出，在意识形态领域，我们承认人们在世界观、人生观和价值观上的多样性，并不是要让这些不同的世界观、人生观和价值观互不干涉、长期并存，更不是让那些非马克思主义的世界观、人生观和价值观任意泛滥，允许它们去腐蚀他人、危害社会。在存在着不同的阶级的社会里，任何一个社会的统治阶级，都必须使自己的价值导向成为全社会的价值导向，否则，这个阶级就不能维持自己的统治。对于这一点，可以说古今中外，概莫能外。不论资产阶级的思想家们在口头上如何标榜和鼓吹价值的多元化，但在现实生活中，他们又总是极力维护资产阶级在意识形态上的一元化的统治。正像马克思和恩格斯所指出的，“占统治地位的思想不过是占统治地位的物质关系在观念上的表现，不过是以思想的形式表现出来的占统治地位的物质关系”①。当前，有一种观点是极为有害的。这种观点主张，既然我们社会的利益主体是多元的，人们的世界观、人生观和价值观是多种多样的，那么，整个社会的价值导向也就应该是多元的，即应当允许各种世界观、人生观和价值观自由发展，不论是马克思主义的还是非马克思主义的，都应当一视同仁，允许每一种思想在社会上随心所欲地去占有市场，扩大它们的影响。这种观点还主张，在道德问题上，社会和国家只能够向人们“客观地”说明有哪几种道德观点，有哪几种不同的世界观、人生观和价值观，以便让人们自己去选择。这种观点还认为，一个人在道德上愿意这样去做或那样去做，完全是每个人自己的事，任何人都不应当加以干涉，任何道德上的“价值导向”、任何对人们提出的“应当如何”和“不应当如何”的道德要求，都是强加给他人的主观“导向”，都是不应该的。我们知道，这种观点之所以错误，就是因为它否认了社会意识形态的根本属性，否认了社会主义的价值导向保证我国沿着社会主义道路发展的极其重要的意义

① 《马克思恩格斯选集》，1版，第1卷，52页。

和作用。在社会主义社会中，这种不要任何价值导向的观点，实际上就是要用资产阶级的个人主义的价值导向来代替社会主义的价值导向，归根到底，是要人们放弃社会主义制度和社会主义道路。这种观点，是我们必须反对的。

2. 在社会主义市场经济的条件下，道德建设怎样才能更好地做到先进性与群众性的结合，这是我们的道德建设取得成效的一个关键

所谓社会主义道德建设的先进性，就是在道德建设中，要强调对共产主义道德的宣传和教育工作，加强对大公无私、“毫不利己、专门利人”、全心全意为人民服务和无私奉献的宣传和教育，加强对共产主义理想的教育，等等。所谓社会主义道德建设的广泛性，就是在道德建设中，要从我国社会主义初级阶段的经济、政治和文化的实际状况出发，强调在贯彻社会主义道德建设的核心、原则和规范时，要照顾到广大人民群众的实际的思想、文化、教育和道德水平，要考虑到我国社会主义初级阶段的人际关系的现实要求，等等。

我们知道，自从新中国成立以后，直到改革开放前的相当长的一段时期内，我们比较多地注意到社会主义道德和共产主义道德的先进性的要求，注意到发扬大公无私、“毫不利己、专门利人”和献身精神在社会生活中的重要作用。应当说，这种强调先进性的道德教育，曾经产生过较好的教育效果。同时，我们也应当看到，在一定程度上，却忽视了社会主义道德的广泛性的要求。最近几年来，随着市场经济的建立和发展，我们比较多地注意到道德的广泛性的要求，注意到人们在市场经济条件下对个人利益的追求和重视，一些人往往又忽视了对道德的先进性的要求。正是在这种情况下，有一些人不愿意再提倡和宣传共产主义道德，甚至把共产主义道德的要求都看成空想，甚至看成超越现实的乌托邦。为此，今后在加强社会主义道德建设时，我们一定要防止曾经出现过的这两个方面的片面性，力求使这两个方面能够相辅相成地结合起来，使我们的道德建设能够在现实生活中收到更大的实效。

党的十四届六中全会的决议明确指出：“我们现在建设和发展有中国特色的社会主义，最终目的是实现共产主义，应当在全社会认真提倡社会主义、共产主义思想道德。”这就重申了在当前我们仍然应当在全社会认真地提倡社会主义道德和共产主义道德的重要性。十四届六中全会的这一提法，有很强的针对性，也有重要的现实意义。同时，决议还

提出，我们在提倡先进性的共产主义道德的同时，还要把先进性的要求同广泛性的要求结合起来，要“鼓励支持一切有利于解放和发展社会主义社会生产力的思想道德，一切有利于国家统一、民族团结、社会进步的思想道德，一切有利于追求真善美、抵制假恶丑、弘扬正气的思想道德，一切有利于履行公民权利与义务、用诚实劳动争取美好生活的思想道德，团结和引导亿万人民积极向上，不断提高全民族的思想道德水平”。这对我们从广大人民群众的实际道德水平出发，积极地引导他们在道德修养上不断前进，有重要的现实意义。

道德建设的先进性与广泛性相结合，是道德建设上的一个具有重要意义的问题，它对社会主义道德在现实生活中的作用，对道德的能动性的发挥，对社会主义道德规范的基本要求在调整人际关系中的能动作用的大小，都有重要的关系。先进性反映着一个社会的政治理想、政治目标和政治纲领，反映着一个社会的道德理想及其人格追求，同时，也反映着社会道德要求的最高境界。它不但能够启迪人们去为一种崇高的境界努力奋斗，而且还能够在弘扬少数道德楷模、英雄志士的献身精神中，使广大群众受到教育，增强每一个人提高自己的道德水平的信心和决心。一个人在道德上的不断升华，是一个长期的过程。先进性的要求，犹如一座高山的顶峰，只有明确了这个先进性要求的“顶峰”，人们在为了登上山顶而进行的夜以继日的努力中，才会充满信心。另外，只有从道德建设的广泛性出发，也就是从广大人民群众的实际道德水平出发，用教育和激励的手段，启发人们从诚实劳动、遵纪守法、热爱祖国等思想出发，使人们的活动同为人民服务、为社会献身的要求结合起来，我们的道德教育才能收到更好的效果。在社会主义市场经济条件下，既要反对见利忘义、唯利是图的种种自私自利的思想，反对拜金主义、享乐主义、个人主义思想对人们思想的腐蚀，又要充分尊重公民个人的合法利益，保障通过诚实劳动所应取得的正当报酬。在社会主义国家中，从道德建设的群众性要求出发，我们应当特别强调劳动光荣的思想。热爱劳动本身就是一个重要的基本道德要求。从诚实劳动出发，可以培养一个人诚实守信、诚以待人和朋友有信的品格。道德的先进性和广泛性之间，体现着一个社会的道德要求之间必然存在的一种层次性。先进性和群众性的结合，既体现了从实际出发、实事求是的态度，又体现了党和国家对广大群众正确教育、不断提高和引导人民坚决走社会主义道路的决心。

在当前的市场经济的条件下，强调道德建设的先进性，有什么重要的现实意义呢?

正像我们在前面已经指出的，党的十四届六中全会所作的《中共中央关于加强社会主义精神文明建设若干重要问题的决议》中非常明确地提出，为了加强社会主义的精神文明建设和思想道德建设，在当前的市场经济条件下，“应当在全社会认真提倡社会主义、共产主义思想道德”。对于这一提法，我们应当深入地加以体会。这就是说，尽管我们今天所处的时期是社会主义的初级阶段，我们仍然要保持对社会主义和共产主义的理想和信念，坚定我们走社会主义道路的决心和信心，提倡社会主义和共产主义的思想和道德。在这段话中间，我们应当特别体会其中的要“在全社会”而不只在一部分人中间，要“认真”提倡而不是一般地提倡，而且，不但要提倡社会主义的思想道德，还要在全社会认真提倡共产主义的思想道德。这就是我们党所一直强调的意识形态领域中的先进性要求，是我们在道德建设上所必须坚持的。在道德建设上，一旦离开了这个先进性的要求，我们就会迷失方向，甚至会走上邪路。

应当指出的是，随着我国社会主义市场经济的迅速发展和对外开放的逐步扩大，我们在革命和建设中所形成的共产主义理想和共产主义的道德信念，也受到了一定程度的冲击。有一些同志因此而产生了一些不正确的思想，在他们看来，现在既然实行的是市场经济，宣传社会主义的思想道德已经可以了，再去宣传共产主义的思想道德，这就是脱离了现实社会的要求，不但不能收到好的效果，可能还会引起人们的反感。还有些人认为，现在是社会主义的初级阶段，离共产主义还十分遥远，只要谈谈社会主义理想也就可以了。更为甚者，一些人认为，在市场经济的条件下，只要有了金钱，就有了一切，何必再去谈什么理想，等等。这些思想是完全错误的。我们今天正在建设有中国特色的社会主义，它的最终的目的，是要达到一种没有剥削、没有阶级的共同富裕的社会，这个社会，就是我们所理想的共产主义的社会，这是我们一刻也不能忘记的。共产主义的思想道德，是我们道德建设的最高理想，是指导和推动我们在道德上不断进步的崇高的目标。从新民主主义革命到社会主义革命和社会主义建设的整个历史时期内，已经出现了不少具有共产主义思想道德的先进人物，而且，对这些人物的广泛宣传和深入学习，已经在全社会产生了很好的社会效果，为什么在今天反而不应该宣传了呢？

早在1980年12月25日，邓小平同志就曾经指出提倡和宣传“共产主义的思想、理想、信念、道德、纪律”的重要意义，他说：“没有这种精神文明，没有共产主义思想，没有共产主义道德，怎么能建设社会主义？党和政府愈是实行各项经济改革和对外开放的政策，党员尤其是党的高级负责干部，就愈要高度重视、愈要身体力行共产主义思想和共产主义道德。否则，我们自己在精神上解除了武装，还怎么能教育青年，还怎么能领导国家和人民建设社会主义！”① 针对一些人所存在的错误认识，邓小平同志又进一步指出：“我们在新民主主义革命时期，就已经坚持用共产主义的思想体系指导整个工作；用共产主义道德约束共产党员和先进分子的言行；提倡和表彰‘全心全意为人民服务’，‘个人服从组织’，‘大公无私’，‘毫不利己、专门利人’，‘一不怕苦、二不怕死’。现在已经进入社会主义时期，有人居然对这些庄严的革命口号进行‘批判’，而这种荒唐的‘批判’不仅没有受到应有的抵制，居然还得到我们队伍中一些人的同情和支持。每一个有党性、有革命性的共产党员，难道能够容忍这种状况继续下去吗？”②

由此可见，共产主义的理想、信念、思想体系和道德原则，是我们革命和建设的极其强大的思想武器，是我们不可须臾离开的，如果离开了这一理想、信念、思想体系和道德原则，我们的事业就不可能取得胜利。

同时，我们还必须充分认识，在当前社会主义初级阶段，强调道德建设的广泛性要求有什么特别重要的意义呢？

正像我们在前面所指出的，社会主义本身是共产主义的初级阶段，而我们中国又处在社会主义的初级阶段，就是不发达的阶段。邓小平同志在1987年8月就着重指出：“一切都要从这个实际出发，根据这个实际来制定规划。”从我国所处的社会主义初级阶段的各方面的实际情况来看，由于经济发展水平还处在不发达的阶段，广大人民的思想道德素质和觉悟程度也相应地存在着较大的差别。中国是一个有着12亿人口的大国，仅仅从文化状况和文明程度来看，先进地区和落后地区也有着

①② 《邓小平文选》，2版，第2卷，367页。

明显的不同。在全社会的所有成员中，有共产党员、先进分子、工人阶级和劳动群众，也有人数众多的个体劳动者和私营企业主。从社会理想来说，我们既要坚持社会主义的最高理想（包括政治理想和道德理想），又要坚持现阶段全国各族人民的共同理想。因此，在道德建设上，既要考虑到先进分子的觉悟，又要考虑到广大人民群众实际的思想道德水平，力求使这两者能够很好地结合起来。对于全社会的公民来说，在思想道德建设上，应当有哪一些要求呢？党的十四届六中全会的决议中指出，这种广泛性的要求，就是要“鼓励支持一切有利于解放和发展社会主义社会生产力的思想道德，一切有利于国家统一、民族团结、社会进步的思想道德，一切有利于追求真善美、抵制假恶丑、弘扬正气的思想道德，一切有利于履行公民权利与义务、用诚实劳动争取美好生活的思想道德”，从而达到团结和引导亿万人民积极向上、不断提高全民族的思想道德水平的最终目的。

为什么说从上述四个“有利于”出发，就是从“广泛性”、“群众性”的要求出发呢？我们可以很清楚地看到，在社会主义初级阶段的一个相当长的时期内，以经济建设为中心，解放我国的生产力，大力发展我国的社会主义生产力，是振兴我国经济、推动我国社会主义事业进步的重要保证。因此，我们应当从一种新的观点来看待劳动同道德的关系。一个社会主义社会的公民，只要他是依靠诚实劳动来获取经济利益，而且有利于发展社会主义社会生产力，那么，从道德上看，他的行为就是正当的。对一个个体劳动者来说，尽管他的动机和目的，其主要方面是要追求个人利益和发家致富，但是，只要他在追求自己的利益的经营活动中，能够通过诚实劳动，不坑蒙拐骗，不损害他人、集体和社会的利益，他的行为也就是照顾了大局，服从了国家的利益。我们还要看到，在社会主义精神文明建设以及党和国家的长期教育下，大多数的个体劳动者，也都有着程度不同的社会主义的思想觉悟，都能够或多或少考虑到国家的利益和社会的利益。正是从这一点出发，我们认为，他们的一切有利于解放生产力和发展生产力的劳动，都应该在道德上加以肯定。拥护国家统一和民族团结、追求真善美、积极地履行和享受个人的正当的权利与义务等等，作为道德要求，对大多数人来说，都是经过努力而能够做得到的。这种道德要求，是充分考虑和照顾到个人的正当利益和合法权益的，是从以公有制为主体、多种经济成分共同发展这一实际情况出发的。

同时，我们还应当看到，道德作为社会对人们的思想和行为的一种要求来说，它总是包含着两个方面的内容：一个是只有少数人才能做到的最高要求，另一个是大多数人都能做到的一般要求。人们实践道德要求的结果，就是在道德修养上达到不同的道德境界。人们常常把道德境界比喻为一座高山，人们对道德境界的追求，犹如不断地从山脚向山顶攀登的过程。

3. 如何正确对待个人利益和无私奉献的问题

在社会主义市场经济的条件下，正确地看待和妥善处理好个人利益的问题，不但在繁荣经济、发展生产力、增加社会物质财富等方面起着决定的作用，而且也是社会主义道德建设取得成功的一个关键。

社会主义市场经济，从一定的意义上，也可以说是以个人利益作为动力的一种经济，是要求最大限度来发挥个人的能动性的一种经济。人们常说，个人利益是市场经济条件下人的行为的动力，也就是说的这个意思。同时，从社会主义制度的根本性质和目的来看，在社会主义建设的整个过程中，我们都应当强调，必须发挥为社会、为国家、为集体的为人民服务的思想，实行社会主义的集体主义的原则，才能保证我们的现代化建设沿着社会主义道路顺利、健康地向前发展。为此，在实行社会主义市场经济的新的情况下，如何使个人利益和集体利益更好地结合起来，是一个在理论和实践上都必须很好地解决的问题。

首先，对个人利益必须进行分析，要区分正当的个人利益和不正当的个人利益。在社会主义市场经济条件下，所谓正当的个人利益，是指遵纪守法、依靠诚实劳动、在不损害他人利益和集体利益的前提下所获取的个人利益。在当前，大力发展社会主义的生产力，对我国的社会主义的建设事业，有极其重要的意义，一切遵纪守法、依靠诚实劳动而有利于我国生产力的发展所取得的个人利益，也都应当属于正当的个人利益。个人的正当利益，既是个人在劳动之后所取得的应有的报酬，也是每个公民所应有的一种权利。所谓不正当的个人利益，是指一切依靠非法手段、从损害他人和危害社会的活动中所获得的个人利益。一切通过自私自利、损公肥私、坑蒙拐骗、贪污盗窃的行为所取得的个人利益，都是不正当的个人利益。

其次，应当辩证地认识和理解个人利益和集体利益的关系。在社会主义社会中，从根本上说，个人利益和集体利益是一致的。社会主义的集体利益，体现着社会主义社会中全体人民的共同的利益，体现着每个公民的长远的利益。集体利益、国家利益和社会利益的不断发展和壮大，为个人利益的发展和实现创造了更加有利的条件，而正当的个人利益的发展，是集体利益、社会利益和国家利益发展的重要保证。在社会主义市场经济条件下，不但要在经济上给个人的正当利益以合法的地位，而且还应当在道德上给以必要的肯定。

在很长一段时期内，一些人曾经对集体主义有过一种看法，似乎集体主义只强调个人对集体的服从，只重视集体的利益而不重视个人利益、不重视个人的价值等等，这种看法是对集体主义的一种误解，应当加以澄清。社会主义的集体主义，是在个人利益与集体利益一致的基础上，在集体利益高于个人利益的原则下，既强调集体利益的重要性，又充分重视个人利益，力求发挥个人能动性的一种价值导向和道德原则。在社会主义市场经济的条件下，鼓励和发挥个人的积极能动作用，正确地引导个人利益按照社会主义道德的要求向前发展，同抵制一切不正当的个人利益对人们的腐蚀，反对个人主义、拜金主义和享乐主义是完全一致的。

当然，我们也应当承认，在社会主义市场经济条件下，个人利益和集体利益两者在根本一致的基础上，也存在着矛盾，对这种情况，也必须进行分析。对于一切不正当的个人利益来说，它必然是同集体主义对立的，是应当坚决反对的。在当前，社会上确有一些人，以追求个人利益为幌子，实际上他们所追求的却是危害他人和危害社会的不正当的个人利益。对于这种情况，我们应当正确地加以分辨，既不要为这种假象所蒙蔽，也不能因此而改变我们对正当的个人利益的正确态度。同时，我们还必须承认，在特定的情况下，即便是正当的个人利益，也会同集体利益发生这样或那样的矛盾，这确实是我们应当慎重对待的。从集体主义原则的总的要求来说，在这时，一个有觉悟的社会主义社会的公民，应当按照集体利益高于个人利益的原则，服从集体利益的需要，把集体利益摆在第一位，把个人利益摆在第二位。对于先进分子和共产党员来说，更应当按共产主义道德来要求自己，甚至在必要时献出自己的生命也在所不惜。是不是说，在一切情况下，只要集体利益同个人利益产生了矛盾，个人利益就一定要服从集体利益呢？这里，也还要作一些分析。在集体利益与个人利益发生矛盾而个人利益又属于正当利益的时候，如果能照顾这种个人的正当利益而并不妨害集体利益，那么，适当地满足这种个人的正当利益，应当说，也是允许的。而且，从一定的意义上来看，对于这些正当的个人利益的照顾，不仅对个人的福利或价值的实现有好处，而且还有利于集体利益的发展。总之，在充分照顾个人的正当利益的同时，我们更应当在全社会认真提倡社会主义集体主义的主旋律，加强个人利益应当服从集体利益的教育，使人们能够充分地认识到集体利益的重要性，进而弘扬无私奉献的精神。

二、论社会主义道德建设的体系结构

在我国，社会主义道德建设经过十几年来的实践和探索，在马克思主义、毛泽东思想和邓小平理论的指导下，在社会主义建设的长期实践中，已经形成了一个既有理论指导，又有丰富实践内容的科学的体系结构。深入地认识和阐发这个科学体系结构的内容及其各个层次的相互联系，自觉地运用这个体系结构的不同层次的要求，对于更好地加强我国的思想道德建设，提高广大人民群众的思想觉悟和改善社会风气，都有重要的意义。

1. 社会主义道德建设体系结构的科学表述

1996 年 10 月召开的党的十四届六中全会所作的《中共中央关于加强社会主义精神文明建设若干重要问题的决议》，总结了我国道德建设的经验和教训，根据我国社会主义初级阶段的实际情况和道德生活所出现的新问题，创造性地提出了我国道德建设的一个科学的体系结构。决议指出："社会主义道德建设要以为人民服务为核心，以集体主义为原则，以爱祖国、爱人民、爱劳动、爱科学、爱社会主义为基本要求，开展社会公德、职业道德、家庭美德教育，在全社会形成团结互助、平等友爱、共同前进的人际关系。"应当说，这一科学的体系结构的提出，是全党和全国人民智慧的结晶，是理论与实践紧密结合的产物。从群众中来，到群众中去，党中央在广泛听取意见的基础上，又进行了高度的概括，从而构建并确立了这一社会主义道德建设的科学体系。可以预见，这一体系的确立，对我国今后的道德建设和人们思想觉悟的提高，必将产生重要的作用。

根据十四届六中全会的规定，社会主义道德建设的体系和结构，概括来说，包括一个核心、一个原则、五个基本要求（基本要求也就是人们常说的基本规范）、人们道德活动的三个主要领域和一个总的目的。一个核心，就是为人民服务。一个原则，就是集体主义。五个基本要求（基本规范），就是爱祖国、爱人民、爱劳动、爱科学、爱社会主义。三个道德领域是：（1）社会公德，它的具体要求是文明礼貌、助人为乐、爱护公物、保护环境和遵纪守法；（2）职业道德，它的具体要求是爱岗敬业、诚实守信、办事公道、服务群众和奉献社会；（3）家庭美德，它的具体要求是尊老爱幼、男女平等、夫妻和睦、勤俭持家和邻里团结等。最后，社会主义道德建设有一个总的目的，这就是要在全社会形成一种团结互助、平等友爱、共同前进的人际关系。可以预见，这一道德建设的科学的体系结构的确立，不但指明了我国今后道德建设的方向，增强了我们道德建设的信心，而且对保证我国的社会主义建设能够沿着正确的方向向前发展，都有着十分重要的意义。

社会主义思想道德建设，集中体现了社会主义精神文明的性质和方向：一方面，它从当前的经济、政治出发，反映着经济、政治的现实；另一方面，它对社会经济的发展和政治的民主化进程，又能够发挥巨大的能动作用。现阶段我国经济上实行的是社会主义的市场经济体制，它的根本目的是要达到消灭剥削、消除贫困的社会主义。因而，在实行社会主义市场经济体制的整个历史时期内，强化社会主义道德建设对政治、经济发展的这种能动作用，坚持社会主义道德的核心、原则、基本规范和三个领域中的各项具体要求，抵制拜金主义、享乐主义和个人主义的腐蚀，形成良好的社会主义道德风尚，是我们应当特别加以注意的。

2. 核心和原则在社会主义道德建设中的地位和作用

什么是核心？核心，也就是中心，从事物的规定性来看，核心就是一个事物赖以存在的灵魂，是一事物区别于其他事物的本质特征。从事物的发展来看，一个事物的核心，就是一个事物的生长点和最终目的。正是在这一意义上，我们可以说，“为人民服务”是社会主义道德区别于其他道德的本质的体现，离开了“为人民服务”，也就不可能坚持社会主义道德。“为人民服务”又是社会主义道德建设的出发点和最终目的，我们的社会主义道德建设，必须紧紧掌握住“为人民服务”这一核心。新中国成立以来，尽管我们在社会主义和共产主义道德建设中一贯提倡“为人民服务”的思想，但是，把“为人民服务”确立为社会主义道德建设的核心，是十四届六中全会所做出的一个重要贡献。这一提法，是对马克思主义道德理论在新时期的一个发展，对我国社会主义道德建设的完善，有着极其重要的理论意义与现实意义。

由此可见，社会主义道德建设的核心，是整个社会主义道德建设的灵魂。同时，社会主义道德的一切原则、规范和社会公德、职业道德、家庭美德等，都要围绕着这一核心来发挥自己的能动作用，并根据这一核心的要求去规范和激励人们的思想和行为，从而达到和谐人际关系、维护社会稳定和促进经济发展的目的。

什么是道德原则？一般来说，我们可以把道德看做一个由许多道德规范所构成的一系列道德要求的总和。而在这许许多多的道德规范之中，必然要有一个贯穿在其中的道德的基本原则，有时候我们也把它叫做道德原则。道德原则（道德的基本原则）对所有的道德规范和道德要求有着指导的作用。从一定意义上说，一个社会的一切道德规范、道德要求以及各个不同场合的具体的道德准则，都是这一社会的道德基本原则的具体应用。这里要特别强调的是，道德的核心是一个社会道德的根本的、总的要求，是一个社会道德的总方向和出发点，而一个社会的道德原则，则主要是为了解决道德关系中的社会利益和个人利益的一个标准。人们常常说，道德是调整人和人之间的行为规范的总和。如果我们再深入思考一下，就可以知道，道德所调整的人和人之间的关系，尽管有许多方面，但主要来说就是人们之间的利益关系，也就是个人同他人、个人同社会的利益关系。

对于一个社会来说，在确定了道德的核心之后，即明确了道德的总出发点和根本目的之后，还必须有明确的道德原则，以便能够处理好人和人之间的各种利益关系，处理好个人利益同社会利益、集体利益、国家利益之间的关系。

3. 从社会主义初级阶段的实际出发，注意道德的层次性

社会主义道德的核心、原则和基本要求，是贯穿于社会主义道德中的指导思想，是社会主义社会中人们行为的价值导向。道德的核心、原

则和基本要求贯穿到人和人相处的具体的规范和准则时，又必然体现出由高到低的不同层次的要求。在研究社会主义的道德建设时，必须从社会主义市场经济条件下人们的政治认识、思想觉悟和道德水平出发，区别出对不同人的不同的道德要求，使每个人都能根据自己的情况，沿着道德的阶梯不断地向上攀登。道德作为一种价值体系，它不是社会道德的实然的描述，而是一种应然的要求，它本身就像一座高山一样，蕴含着从低到高的无数阶梯，包含着先进性的最高要求和群众性的基本要求的统一。对于最高要求来说，它往往是只有少数人才能达到的顶峰，但对大多数人却有着激励他们不断向上的作用。在中国古代的优良道德传统中，一个突出的特点，就是非常重视道德理想即道德最高要求在道德教育中的重要作用。古人说“虽不能至，心向往之”，就是说的这种情况。最高目标的达到，不是一蹴而就的，而是一个由低到高的、逐步渐进的过程，这也就是古人所说的不能躐等、不能急躁和欲速则不达的告诫。

社会主义道德的为人民服务精神和集体主义原则，在具体的道德要求上，可考虑分为三个层次：

一是无私奉献，一心为公，即全心全意为人民服务的层次。一个道德高尚的人，在个人和他人、社会的一切关系中，能够自觉地为他人、为社会多做贡献，不计报酬，以人民利益和国家利益为最高利益。这一层次是社会主义道德要求的最高层次，是一切共产党员、先进分子所力求达到的，雷锋、孔繁森、徐虎、李素丽就是其中的代表。正如十四届六中全会决议中所指出的，“我们现在建设有中国特色的社会主义，最终目的是实现共产主义。因此，要在全社会认真提倡社会主义、共产主义思想和道德”，引导人们树立崇高的理想和追求。尽管真正攀登到最高层次的人不可能很多，但作为一种努力方向，将永远鼓舞着为社会主义和共产主义奋斗的人们，使他们在道德上不断进步，不断升华，不断接近这一顶峰。

二是先公后私、先人后己的层次。它要求每一个人都能自觉地把集体利益、国家利益放在个人利益的前面，在社会公德、职业道德和家庭美德各个领域中尽自己应尽的义务，积极影响广大社会成员，从而有利于形成良好的社会风气。

三是顾全大局、遵纪守法、热爱国家、诚实劳动的层次。这是对社会主义公民的最基本的道德要求。每一个社会主义社会的公民，只要能够诚实劳动，顾全大局，不损人利己，不损公肥私，力求使自己的一切活动有利于人民和国家，同样是社会主义道德所应当肯定和鼓励的。十四届六中全会决议指出，要“鼓励支持一切有利于解放和发展社会主义社会生产力的思想道德，一切有利于国家统一、民族团结、社会进步的思想道德，一切有利于追求真善美、抵制假恶丑、弘扬正气的思想道德，一切有利于履行公民权利与义务、用诚实劳动争取美好生活的思想道德”，就是从我国当前市场经济的实际出发所作出的概括，我们应当在道德建设中加以贯彻。从历史上看，每个社会的道德规范的要求及道德修养和教育的实施，都必然要根据其核心、原则而区分出不同层次，分别要求，实事求是，以达到鼓励先进、照顾多数的目的。

应当强调的是，社会主义道德之所以要区分层次，主要目的是从实际出发，防止超越人们的思想觉悟水平，使我们的道德教育能够收到更好的效果。但是，应当明确，区分层次的目的，绝不是让不同层次的人长期在这一层次上原地踏步，而是要大力加强社会主义的思想道德教育，在实践中努力提高他们的道德素质，使每一个处于较低层次的人能够积极地、自觉地向更高的顶峰不断地攀登。

从当前中国社会的道德状况和人们的实际道德境界来看，在整个社会上，可以说，人们分别处于四种不同的道德层次即四种不同的道德境界中。这也就是说，除了社会主义道德的这三个层次之外，还有一种违反社会主义道德即自私自利、损人利己的不道德的层次。这一个不道德的层次，包括许多不同的方面，都是我们社会主义道德所要反对的。在现实生活中，一切从资产阶级的个人主义、拜金主义和享乐主义出发而产生的危害社会、危害集体、危害国家的行为，都属于不道德的行为，也都处于这一层次之中。我们在加强社会主义道德教育的整个过程中，都要认真地研究、了解和分析各种不道德的情况，并对其进行教育，加以正确的引导，以便最大限度地消除和减少这类不道德的行为。

三、正确认识社会主义道德建设对社会主义市场经济的能动作用

在讨论市场经济与道德建设时，首先必须认识道德建设对社会主义

市场经济的能动作用。决议指出：社会主义市场经济作为一种经济体制，它“不仅同社会主义基本经济制度政治制度结合在一起，而且同社会主义精神文明结合在一起”。这一概括，是对马克思主义的一个重大发展，是我们研究社会主义市场经济与道德建设的根本指针。

1. 社会主义市场经济与道德的能动作用

市场经济只是一种手段，它可以为资本主义服务，也可以为社会主义服务。这也就是说，市场经济可以同资本主义制度结合，也可以同社会主义制度结合，从而形成性质不同的市场经济。在过去很长一段历史时期内，它是为资本主义服务并同资本主义制度紧密结合在一起的。决议之所以强调社会主义市场经济同社会主义的政治制度、经济制度和精神文明结合在一起，就是要说明，我们所实行的市场经济，是要受社会主义的政治制度、经济制度和精神文明所制约，并按照它们所规定的方向、道路向前发展的。我们所实行的社会主义，是以公有制为主体、多种所有制经济并存的经济制度和人民民主专政的政治制度，我们的精神文明是以马克思列宁主义、毛泽东思想特别是邓小平理论为指导，以为人民服务为核心，以集体主义为原则的社会主义道德的精神文明。因此，在道德建设中，要充分发挥我们的政治制度、经济制度和精神文明的优势，从各个方面引导市场经济，保证它的正确发展方向，使它向着有利于广大人民群众的需要和共同富裕的方向发展，防止少数人为了个人私利而走上损害广大人民利益的错误道路。在这种情况下，我们在强调道德建设要适应市场经济的发展的同时，还需要大力强调社会主义道德对市场经济的导向和保证作用。正如邓小平同志所说：“风气如果坏下去，经济搞成功又有什么意义？会在另一方面变质，反过来影响整个经济变质，发展下去会形成贪污、盗窃、贿赂横行的世界。”十四届六中全会决议明确地指出：“社会主义思想道德集中体现着精神文明建设的性质和方向，对社会政治经济的发展具有巨大的能动作用。”江泽民同志更进一步强调，精神文明建设不但对物质文明建设起巨大的推动作用，而且保证它的正确发展方向。这是关于精神文明建设作用的极其重要的新思想，对我们认识和把握社会主义市场经济条件下道德建设的能动作用，具有特别重要的指导意义。

2. 既要重视个人利益，更要强调奉献精神

从道德建设来看，正如我们上面所谈到的，如何正确地看待“利

益”，怎样正确地区分正当的个人利益与不正当的个人利益，怎样处理集体利益同个人利益的关系，是我们所面临的一个重要问题。

为什么我们特别重视个人利益呢？因为在社会主义市场经济条件下，充分地调动广大人民群众的积极性，促进个人的自主、自强、自尊精神的发展，保障正当的个人利益的获得，对生产力的发展，有极为重要的意义。我们知道，对个人利益的关心和追求，对个人欲望的向往，能产生一种强烈的意志和巨大的热情，形成一种全神贯注的力量，去推动社会生产力的发展。从这个意义上可以说，没有追求个人利益的激情，就不可能有社会主义市场经济。但是，社会主义市场经济同资本主义市场经济不同，国家的利益、人民的利益、集体的利益，是全社会一切人活动的最根本的要求。因此，任何个人利益都必须服从国家利益、集体利益和人民利益。对于共产党员和先进分子来说，人民利益、集体利益和国家利益，本来就应当是他们生活的最重要动力。在社会主义市场经济条件下，个人利益与集体利益的关系像一根主线，贯穿于整个道德建设之中，决定着道德建设的方向。在社会主义建设的整个过程中，在个人和他人、个人和集体的相处中，我们都应当在全社会大力提倡这样一种精神，即为社会、为国家、为集体的“为人民服务”的思想，要发扬一种为他人、为国家、为社会的无私奉献的精神。只有将重视正当的个人利益和发扬无私奉献精神这两者很好地结合起来，才能保证我们的现代化建设沿着社会主义道路顺利、健康地向前发展。

因此，我们认为，在社会主义市场经济的条件下，在强调个人利益、发挥个人的主动性、重视个人的价值、在经济上实行按劳分配和多劳多得的政策的同时，在思想道德的教育工作中，在社会舆论和一切大众传媒的价值导向上，更要强调一个人所应有的为社会、为他人、为集体、为国家的崇高的无私奉献精神。应当看到，如果处理得好，这两者不但不是矛盾的，而且是能够相辅相成、相互为用的。从社会和国家的分配制度来说，我们必须坚持按劳分配的政策，实行多劳多得，绝不能再搞平均主义和“吃大锅饭”的办法。但是，在日常的社会生活中，在一个人同他人和集体的关系上，特别是在同自己的同志、同事、朋友相处中，在社会的公共场合中，如果他人遇到困难，或在他人的生命财产遭到威胁，在社会利益和集体利益受到损害时，我们就绝不能因为没有报酬而采取袖手旁观、不闻不问的态度，更不能以索取报酬作为条件，否则，就听之任之，见死不救。尤其应当指出的是，尽管今天我们仍处在社会主义的初级阶段，但为了建成社会主义并最终实现共产主义，我们必须在人和人的关系上，培养这种为他人、为社会、为人民的无私奉献的精神。我们所要建设的四个现代化，是社会主义的四个现代化，我们所要达到的最终目的，是要建设一个没有剥削、没有压迫的共同富裕的社会。如果我们的经济发展只依靠个人利益来作为动力，可以断言，我们就不可能建成社会主义的社会，而只能建成一个贫富悬殊和两极分化的社会。也正是在这个意义上，邓小平同志早在1980年就指出："要教育全党同志发扬大公无私、服从全局、艰苦奋斗、廉洁奉公的精神，坚持共产主义思想和共产主义道德。"又说："没有共产主义思想，怎么能建成社会主义?"所以，在理论上和实践上正确地看待和妥善地处理这两者的关系，不但在繁荣经济、发展生产力、增加社会物质财富等方面，而且对更好地培养一代又一代的"四有"新人，从而顺利和健康地建成社会主义和共产主义，都起着极其重要的作用。

为什么说，不发扬无私奉献的共产主义道德和共产主义精神，就不能建成社会主义和共产主义呢？我们知道，社会主义和共产主义所要建立起来的社会，是一个全社会所有的人都共同富裕的社会，是一个没有剥削、没有压迫的，每个人都享有充分自由和幸福的社会。为了建设这样一个社会，不但要不断地发展和壮大社会主义的公有制经济，而且还要靠人们的为社会而献身的高度的思想觉悟。如果丢掉了无私奉献的精神，每个人都只关心自己的利益，也就是自己在精神上解除了武装，还怎么能够建设成社会主义和共产主义？正像邓小平同志所指出的，我们在新民主主义革命时期，就已经坚持用共产主义道德约束共产党员和先进分子的言行，提倡和表彰"全心全意为人民服务"、"大公无私"、"毫不利己、专门利人"的思想①，现在已经进入社会主义时期，不是更加应当提倡无私奉献的精神吗?

值得注意的是，在当前社会主义市场经济的情况下，一些人却以我国实行市场经济为理由，认为既然市场经济要发挥个人的积极能动作用，重视个人的利益，实行按劳分配、多劳多得，就不应当再提倡无私奉献的精神，甚至认为，"无私奉献"和"为社会献身"只是脱离现实

① 参见《邓小平文选》，2版，第2卷，367页。

的一种“高调”，是超越现实、脱离实际的“空想”等。这种思想之所以是错误的，是因为这些人没有看到，在市场经济条件下，在资产阶级的个人主义、拜金主义和享乐主义思想的腐蚀下，个人利益和竞争机制又往往会受到扭曲，一些人的自私自利的思想就会不断地得到发展，只关心个人利益而不关心社会利益，甚至坑害集体利益等现象，就会越来越多，人和人之间为争夺私利而产生的矛盾，也必然会日益增多，在这样的情况下，又怎么能建成社会主义和共产主义呢？因此，我们说，越是强调个人利益和竞争机制，就越要强调发扬无私奉献的精神，就越要用社会主义和共产主义的精神，来抵制一切腐朽思想及其生活方式对人们思想的腐蚀。

在社会主义的相当长的一段历史时期内，劳动还必然是人们谋生的一种手段，按劳分配和多劳多得，重视正当的个人利益，将是我国长期的分配政策。每一个人的积极劳动，不但是个人维持、改善和提高自己生活水平的一个重要手段，也是推动社会进步的一种重要力量。但是，从一个人的世界观、人生观和价值观来说，维持、改善和提高自己的生活水平，只是为了维持自己生存的条件，而不应当是一个人的生活目的。如果一个人的人生目的只是为了自己，那么，这个人就只能是一个庸俗的人、低级的人、无益于人民甚至有害于人民的人。正像毛泽东同志所说的，一个人只要有了白求恩那种“毫无自私自利之心的精神”，也就是我们所说的“无私奉献”的精神，就能够成为一个“有益于人民的人”。

3. 紧紧抓住核心和原则，加强社会主义道德建设

最后，我们应当特别指出，“为人民服务”的核心和“集体主义”的原则，都是贯穿在整个社会主义道德规范体系中的指导思想，对规范体系中的每一部分，都有着导向和制约作用。不论是在社会主义道德的五个基本要求（爱祖国、爱人民、爱劳动、爱科学、爱社会主义）中，还是在社会主义道德的三大领域（社会公德、职业道德、家庭美德）中，从始到终，都贯彻了“为人民服务”的核心和“集体主义”的原则。社会主义道德建设的五个基本规范，就是从五个重要方面来体现“为人民服务”和“集体主义”的要求，从而使人们在社会生活中，都能够符合这些最基本的要求。

市场经济作为一种经济体制，它既有积极的作用，又有消极的影

响。个人的主体能动作用的发扬，个人的创新精神的形成，平等竞争观念的增强以及追求个人利益的自觉等，是市场经济积极作用的体现，也有利于人们思想素质的提高。同时，市场经济也有其自身的不容否认的消极影响，这就是，它容易诱发一些人的唯利是图、金钱至上、损公肥私、损人利己的思想，造成一些领域中的道德失范，使享乐主义、拜金主义、个人主义思想滋长。再加上改革开放以后，西方的腐朽生活方式和敌对势力对我国所实行的“西化”政策，即企图用资产阶级的以个人为中心的价值观念来取代社会主义的思想，更助长了一些人自私自利思想的发展。

社会主义的道德教育，就其主要方面来说，最重要的内容就是为人民服务和社会主义集体主义的教育。新中国成立以来，在意识形态和道德建设上，我们一直强调为人民服务的重要意义，一直把集体主义作为我们的道德的基本原则，并在实际的工作中收到了很好的效果。其根本原因就是，为人民服务的思想和集体主义的原则，反映了我国基本的经济制度和政治制度的要求，并能动地作用于我国基本的经济制度和政治制度，强有力地推动了社会主义建设的发展。自从我国实行社会主义市场经济以来，一些人对于为人民服务的思想和集体主义的道德，是否仍然应当成为我们的价值导向和道德原则，却提出了种种的质疑。一些人以我国实行市场经济为理由，认为市场经济就是要启动为个人利益而奋斗的能动作用，因而不能再用为人民服务和集体主义来进行道德教育。正是在这种理由下，一些人提出要以个人主义、本位主义、利己主义和合理利己主义等来作为我国社会主义当前的价值导向和道德教育的内容。有的人认为，为人民服务的要求太高，只要能够“主观为自己、客观为别人”也就可以了。有的人说，集体主义原则只重视集体的利益，只强调个人对集体的服从，是片面的；现在实行市场经济，就应当以互利互惠、利己利他来作为我们的道德原则等。这些看法，应当说是不符合党的十四届六中全会和十五大精神的，也是同当前我国社会主义道德建设的要求相违背的。在道德教育中，如果我们放弃了为人民服务的道德核心的教育，放弃了集体主义的道德原则的教育，听任个人主义、享乐主义和拜金主义的腐蚀，那么我们又怎么能建成社会主义呢？

最近几年中，有一个值得注意的论点，这种论点认为，集体主义是我国计划经济条件下的产物，现在，我国已经由计划经济转到市场经济，因而提出，在道德建设上也要转轨、转型、重构和重建，有的甚至主张要以个人主义、个人本位等原则来代替为人民服务和集体主义原则等。这种理解是不符合我国的实际情况的。我国由计划经济转变到市场经济，只是经济体制的转变，它不但不是社会制度的改变，而且正是为了更好地完善和巩固社会主义制度。我们的道德建设的核心和原则，都是同完善和巩固社会主义制度这一根本要求相联系的。

坚持集体主义作为社会主义的道德原则，是社会主义社会“共同富裕”的根本要求的反映。为建设社会主义，我们必须坚持集体利益高于个人利益的思想，把发展、扩大和巩固集体利益作为我们道德建设的重要目的。集体主义作为社会主义的道德原则，在当前应强调三个重要的方面：(1) 国家利益、集体利益和个人利益，在社会主义社会中，从根本上来说是一致的，这也是社会主义的集体主义原则同一切封建主义的、资本主义的“整体主义”、“集体主义”的一个根本不同之点。(2) 集体利益、国家利益高于个人利益是集体主义原则的根本要求。当个人利益同集体利益、国家利益发生矛盾时，个人利益必须服从集体利益和国家利益。对于集体利益高于个人利益的原则，要予以正确的阐释；对集体利益同个人利益的矛盾，要根据不同的情况，实事求是地加以分析；要区分个人利益的正当与不正当，对于正当的个人利益要尽可能地加以照顾。必须强调，我们所说的“集体”，不是一般人所说的“群体”，而是能够体现社会主义社会集体成员利益的真实的集体，不是为着一些人的私利的小团体主义和地方保护主义。小团体主义、地方保护主义，都是同我们的社会主义集体主义背道而驰的，只能是一种放大了的个人主义。(3) 尊重个人的价值，保护个人的正当利益，促进个人才能的发展，是社会主义集体主义的应有之义。在过去很长一段时期内，人们对集体主义存有一种误解，似乎集体主义所强调的就是个人对集体的服从。我们应当耐心地多做解释，消除人们对集体主义的误解。在市场经济条件下，我们应当更明确地强调，没有对个人正当利益的保护，没有个人才能的发挥和价值的实现，也就不可能有社会主义的集体主义。社会主义集体主义原则，一方面强调每个人应对社会负责、对人民负责，正确处理国家、集体和个人的关系；另一方面，又强调保护人们的个人利益和促进个人价值的实现，这两者又是相辅相成的。

第三编

精神文明建设

论共产主义教育在社会主义精神文明中的作用*

无产阶级在取得革命胜利并建立了社会主义制度以后，它所面临的重要任务，就是要在建设高度物质文明的同时，建设高度的精神文明。物质文明的建设是社会主义精神文明建设的不可缺少的基础，但决不能认为，只有先建设物质文明，等到物质文明有了高度发展以后，再来建设社会主义精神文明。社会主义的精神文明不但对物质文明起着巨大的推动作用，而且保证社会主义物质文明建设的方向，从而使我国的社会主义建设健康发展。社会主义精神文明是社会主义社会的特征之一，如果没有社会主义的精神文明，不论现代化达到多么高的水平，都不能建成社会主义。只有越来越多的人成为有理想、有道德、有文化、有纪律的共产主义者，我们的现代化建设才能沿着正确的方向发展，这是我们把建设社会主义的精神文明看做“建设社会主义的一个战略方针问题”的根据。

共产主义思想是社会主义精神文明的核心

社会主义精神文明包括很多方面的内容，而共产主义的思想，则是

---

* 本文原载《教育研究》，1982（11）。

社会主义精神文明的核心。之所以这样说，一方面是，不论精神文明中的文化建设还是思想建设，都必须以共产主义思想为指导；另一方面是，对于任何一个社会主义的建设者来说，都必须能够用共产主义思想来观察、处理一切事物，用共产主义的思想来改造自己。上述这两个方面的共同的目的，就是要保证社会主义建设的正确航向。由此可见，共产主义思想是社会主义精神文明区别于资本主义精神文明的一个本质特征，它贯穿于社会主义社会生活的各个方面，规定着社会主义精神文明的方向，决定着社会主义精神文明的性质。

共产主义思想，一般来说，主要包括以下几个方面的内容，即马克思主义的科学理论、共产主义的理想、共产主义的道德等等。当然，这几个方面也是互相联系的。

马克思主义的科学理论，包括马克思主义的哲学、科学社会主义和政治经济学，它是无产阶级革命和建设的思想武器。马克思主义哲学，即辩证唯物主义和历史唯物主义，是无产阶级及其政党的世界观的科学体系，它教导人们，必须用唯物的、辩证的观点来观察世界上的一切事物，要从事物的发生、发展和变化的过程来了解事物，要把事物的发展看做矛盾斗争的结果，看做新事物战胜旧事物的过程。在整个社会的发展中，只有新生的、朝气蓬勃的、代表先进生产关系的阶级，才是最有前途的阶级。在社会主义建设中，尽管无产阶级还可能遭到许多困难和挫折，经受这样那样的严峻考验，但是新生事物必将代替腐朽的事物，这是不以人的意志为转移的客观规律。正像斯大林所说："为了在政治上不犯错误，便要向前看，而不要向后看。"科学社会主义，或称为科学共产主义，是关于无产阶级解放斗争的性质、条件和一般目的的学说，它是无产阶级革命运动的经验总结，同时，又是无产阶级运动的行动指南。认真学习和掌握科学社会主义的理论，对于坚持和改善党的领导，对于发展社会主义民主和克服官僚主义，对于加强社会主义的纪律，都有重要的作用。政治经济学是研究人类社会经济关系（生产关系）发展规律的科学，它对社会主义精神文明的建设，也有不可忽视的作用。马克思主义的政治经济学，深刻地揭露了资本主义社会的矛盾及其运动规律，剖析了资产阶级对剩余价值的占有和残酷剥削无产阶级的实质，指出了无产阶级的伟大历史使命就是推翻资本主义生产方式和最后消灭阶级，并领导广大人民群众实现社会主义和共产主义。由此可见，这三个方面对于社会主义精神文明的建设，都有着极其重要的作用。

掌握马克思主义的科学理论，是建立和加强共产主义的革命理想，坚定共产主义的信念的基础。同时，共产主义的理想、信念的建立，又是社会主义精神文明的重要内容。

什么是理想？理想是人们在认识过程中所形成的一种信念、一种希望和一种追求。共产主义的理想是无产阶级的希望和追求。无产阶级认为，未来的完满的共产主义社会制度，是人类历史上空前未有的最美好的社会。这种社会制度的最后实现，当然不是一代、两代人所能达到的，而是需要许多代人的艰苦努力。但是，它并不是渺茫的。它不是虚无缥缈的空想，而是科学的预见，是社会发展的必然结果，是从现实中引申出来的。把共产主义的完满的社会制度看成一种空想，看成乌托邦，是完全错误的。19 世纪末，一些机会主义分子和庸俗的进化论者，曾极力反对谈论理想，认为强调理想就是鼓吹空想，就是唯心主义者。恩格斯在驳斥这种理论时指出，“如果一个人只是由于他追求‘理想的意图’并承认‘理想的力量’对他的影响，就成了唯心主义者，那么任何一个发育稍稍正常的人都是天生的唯心主义者了”①。恩格斯还特别赞扬了过去历史上那些为追求“真理和正义的热诚”以至献出了“整个生命”的那些人的高贵品质。

因此，在建设社会主义的过程中，我们一定要理直气壮地、旗帜鲜明地强调共产主义理想的重要作用。有了共产主义的理想，我们就会目标明确，永不迷失方向；有了共产主义理想，我们能够获得前进的力量。一个无产阶级的战士，只有坚定地树立起共产主义的远大理想，并将其转化为自己的坚定信念，才能自觉地为这种理想而奋斗。他对这种理想认识得越深刻，他的信念越坚定，他就越能够具有为这一理想而奋斗的牺牲精神。无数革命先烈、英雄模范和许多坚定的共产主义战士，之所以能够前仆后继、英勇不屈、吃苦在前、享受在后，最根本的一条，就是因为他们具有共产主义的革命理想。

马克思主义者和空想社会主义者最根本的不同，就在于他们不是醉心于去描绘未来的共产主义社会制度，而是强调共产主义是一种现实的

---

① 《马克思恩格斯选集》，1 版，第 4 卷，228 页。

革命运动，只有通过这种现实的革命运动，才能不断接近这一远大目标。从客观的历史进程来看，共产主义理想是一定要实现的，但无产阶级认识到，它的实现必须有无产阶级的自觉的、艰苦卓绝的努力。

共产主义道德，一方面是指建立在公有制基础上的人和人之间的一种新型的道德关系，另一方面是指共产主义道德的基本原则及其规范。共产主义道德的基本原则，就是忠于共产主义事业的集体主义原则。这个原则的根本要求，就是从无产阶级和劳动人民的根本利益出发，坚持集体利益高于个人利益，并在两者发生矛盾时，强调个人利益必须服从集体的利益，也就是发扬同社会主义公有制相适应的主人翁的思想。共产主义道德还包括许多规范，其中，最普遍、最重要的规范有以下几点：第一，全心全意为人民，即热爱人民、关心人民、一切从人民利益出发。它不是从“一般的人”或“人类”出发，而是从“人民”出发，要求一切行动要对人民负责，要同一切危害人民事业的行为作不调和的斗争。第二，共产主义劳动态度。它要求每个劳动者把劳动看做公民的光荣职责，严格地遵守劳动纪律，尽自己的最大努力，为社会主义建设多做贡献，强调发扬共产主义风格而反对“按酬付劳”的雇佣观点。第三，爱护社会主义的公共财物，提倡勤俭节约，反对铺张浪费。这就是要自觉地认识到自己是国家的主人，是社会财富的主人，要以高度的责任心来爱护社会主义的公共财物。第四，热爱科学、坚持真理。它不但要求人们刻苦钻研，勤奋学习，掌握文化科学知识和马克思主义理论，而且要求人们具有尊重科学、追求真理的精神。它从道德的意义上，要求人们能够勇于探索真理，并在实践基础上检验和发展真理。共产主义道德同时要求把国际主义和爱国主义作为一个行动准则。无产阶级的爱国主义和国际主义是完全一致的，只有坚持了无产阶级的爱国主义，才能保证社会主义建设的顺利进行，也才能谈到更好地履行自己的国际主义的义务。在我国进行四个现代化建设的新时期，坚持民族自尊心，发扬民族自信心，强调爱国主义的精神，尤其有重要的意义。崇洋媚外，一味依靠外国的力量，这是半殖民地半封建的旧中国买办资产阶级的一个特点。在我国实行开放政策以后，这种思想在少部分人中间有所滋生蔓延。因此，大力加强爱国主义的教育，培养热爱自己祖国的深厚感情，树立起为祖国富强而英勇奋斗的献身精神，对社会主义的精神文明的建设，也是有着重要意义的。

由此可见，共产主义思想不仅对社会主义精神文明建设，而且对我们的物质文明建设，都起着保证方向的作用。

共产主义教育同实行按劳分配的关系

我们现在还处在社会主义社会，为什么要进行共产主义教育，特别是共产主义道德教育呢？这是前一段有些同志提出的问题。有的同志认为，“我们的社会主义社会是存在着商品生产的社会。有商品生产，就有价值规律，就要求等价交换。要等价交换，就应该讲价钱，就应该斤斤计较”。有的人甚至认为，人和人之间不但应当“斤斤计较”，而且应当“两两计较”。有些人认为，在当前情况下，不应当用共产主义道德来要求人们，否则就会妨碍按劳分配的贯彻。这些看法在理论上是错误的，以致在实践上是有害的。因此，有必要从理论上讨论清楚。

在现阶段，我们在经济领域中，特别是在生活消费品的分配中，必须实行按劳分配的制度，采取多劳多得和物质鼓励等经济政策，这是完全正确的。但是这绝不是说，人们的观念、人们的觉悟特别是共产党员、共青团员和先进分子也应该只停留在按劳分配的水平上。按劳分配作为一种在生产资料公有制基础上实行的分配制度，在整个社会主义时期是必要的。因此，根据我国现在生产力发展的水平，根据物质财富的现有情况，根据人们的思想觉悟，实行按劳分配是调动广大群众的劳动积极性，使生产力得到不断发展所必需的。它有利于社会主义现代化建设的进行。我们强调共产主义思想的教育，绝不是说可以再去刮什么“共产风”。忽视或否认按劳分配，一度在分配领域中搞平均主义、“吃大锅饭”，曾给我国经济的发展带来严重的危害，这是我们应当永远记取的教训。

社会主义是共产主义的低级阶段。它们之间存在着区别，但更重要的是属于同一个共产主义社会体系。社会主义社会向前发展，就愈来愈接近我们的理想目标。因此，把社会主义社会与共产主义社会对立起来是错误的。社会主义必须实行按劳分配，但绝不能把按劳分配看做社会主义社会的唯一原则。实践证明，社会主义社会不但包含了一系列共产主义的原则，而且共产主义因素每日每时都在增长和涌现。同时，我们要看到，只有不断加强共产主义思想教育，提高人们的共产主义思想觉悟，才能使按劳分配的原则得以真正的贯彻。值得指出的是，在今天由于旧的资产阶级的思想意识还有严重影响，一些受资产阶级思想影响较大的人，片面地理解“按劳分配”，片面地要求“多得”，从而产生一种同国家、同集体、同社会斤斤计较的思想，他们不愿意“各尽所能”，为社会“多做贡献”，甚至把“按劳分配”变成雇佣式的“按酬付劳”，只是用向钱看的精神来对待按劳分配。对于这些人，一方面是要使他们对按劳分配有一个全面的、完整的、准确的理解；另一方面，必须加强共产主义思想、共产主义道德的教育。我们一定要使广大群众有高尚的、为祖国多做贡献的精神，一定要加强人们的同社会主义公有制相适应的主人翁思想和集体主义精神，从而使他们能够用共产主义精神来对待按劳分配。

在这里，还要强调指出的是，对于资产阶级思想的影响，我们绝不能忽视。列宁曾经多次指出，在工人阶级和资产阶级旧社会之间，并没有一道万里长城。革命爆发的时候，情形并不像一个人死的时候那样，只要把死尸抬出去就算完事了。资产阶级社会的死尸，是不能装进棺材、埋到地下的，被打死的资本主义会在我们中间腐烂发臭，败坏空气，毒化我们的生活，从各个方面用陈腐的死亡的东西包围新鲜的、年轻的、生气勃勃的东西。① 由此可见，在社会主义社会中，资产阶级思想的袭击是不可避免的，是工人阶级在革命胜利后所必然要面临的现实。因此，在实行按劳分配的同时，我们必须加强共产主义思想的教育，反对“按酬付劳”、斤斤计较的资产阶级思想。只有加强共产主义道德的集体主义思想的教育，宣传多做工作、少取报酬以至不计报酬的共产主义劳动态度，才能抵制资产阶级思想的侵袭，保证社会主义建设的方向。

我们的共产党员、共青团员和先进分子都应该用共产主义思想来武装自己，用共产主义道德规范来约束自己，并用它来培养教育人民群众，特别是我们的青年一代。我们不是为了个人多得报酬来革命的。相反，我们是为了建设社会主义和共产主义来革命的，是为了全体劳动人民的解放和幸福来革命的。我们应该自觉地要求多做工作，少取报酬，

① 参见《列宁全集》，中文1版，第28卷，53页。

在有条件的时候，我们还应该力所能及地参加不要任何报酬的义务劳动，以培养共产主义的劳动态度。

加强共产主义教育，为培养一代新人而努力

社会主义制度和共产主义制度绝不是自发产生的。没有具有共产主义思想觉悟的人民群众，社会主义和共产主义是不可能建成的。

当然，首先应该大力发展经济，创造更多的物质财富，以满足人民群众的不断增长的物质需要和文化需要。但是，必须明确，我们发展社会主义经济的最终目的，并不只是要人们去沉溺于物质上的享受，而是要给人们造就更优越的发展条件，使人们有高尚的思想境界，有崇高的共产主义道德品质，有更高的文化科学素养，有更强的改造世界的能力。单纯的物质享受，这是资产阶级和庸人们的要求，不是无产阶级的要求，因此，它只能使人堕落，而不能使人向上。当前的英、美等资本主义生产力高度发达的国家，物质财富都有了很大的发展，但是，那里的人们，总的说来却是精神生活空虚，没有理想和信念，不少人道德堕落。因此，能否用共产主义思想培育起一代新人，这确实是关系到社会主义兴衰存亡的一个重大问题。这就是说，如果能够培养出具有共产主义思想的一代新人，社会主义的建设事业就会兴旺发达，如果忽视资产阶级思想的侵袭，不能培养出具有共产主义思想的一代新人，我们的社会主义的建设事业就会失去理想和目标，甚至会走上邪路，这是应该引起我们特别注意的。

在共产主义思想的教育中，除了马克思主义的科学理论和共产主义的理想外，共产主义道德的教育又有着特殊的重要意义。这里所说的共产主义道德教育，并不是只指作为知识形态的理论，而是说要通过有组织、有计划的工作，对群众施加系统的道德影响，从而把共产主义道德的原则、规范转化成为人们的内在要求，使这些原则和规范同人们的亲身感受结合起来，并成为人们的情感、意志和信念。为了使共产主义的道德原则和规范能够转化为人们的品质，还必须加强人们在道德上的自我锻炼和自我修养。只有经过刻苦的努力，才能在实践中逐步锻炼成具有共产主义品德的新人。

培养具有共产主义道德品质的新人，对于当前争取党风、社会风气的根本好转，也将发生重要的影响。由于“四人帮”的破坏，由于资产阶级旧意识的影响，还由于这几年来西方资产阶级思想的侵袭等种种原因，当前社会风气还存在着许多问题。“一切向钱看”的腐朽的意识，又在一部分人中流行，有些人不择手段地追求物质享受，用尽一切办法追求个人名利地位。为了达到自私自利的目的，有些人不惜损人利己、损公肥私，甚至走上违法犯罪的道路。值得注意的是，某些有这些思想的人还往往用这些思想来影响自己的家庭、朋友和经常接触的同志。因此，加强共产主义教育特别是共产主义的道德教育，有助于树立正气、祛除邪气，有助于人和人之间发扬先公后私、大公无私的共产主义精神，有助于用高尚的精神境界来相互影响，因而，也就将有助于党风和社会风气的根本好转。

加强共产主义思想，特别是加强共产主义道德的教育，决不能只是在口头上喊共产主义怎么重要，而是要切切实实地做好各方面的工作，使共产主义思想教育能够有利于提高人们的思想境界和道德境界。这里重要的是，不但教育、宣传共产主义思想的人要言传身教，而且所有国家干部都应该以身作则。一个国家干部，一个共产党员，如果口头上大讲精神文明，高谈共产主义思想，实行的却是为自己的家庭、子女牟私利，那又怎么能使群众信仰共产主义并履行共产主义的道德义务呢？因此，在强调共产主义理想和加强共产主义道德教育的过程中，强调以身作则的重要性，是有很大的现实意义的。

总之，共产主义思想是社会主义精神文明的核心。只有社会主义的精神文明，才能保证社会主义建设的正确航向。我们之所以强调社会主义精神文明的重要性，是因为只有用共产主义的科学理论、共产主义的理想和共产主义的道德来培育一代新人，使所有的人都能够成为有理想、有道德、有文化、有纪律的人，才能使我们的社会主义建设沿着正确的航向顺利前进。

充分认识精神文明的战略地位 大力加强社会主义精神文明建设*

一

加强社会主义精神文明建设，提高全民族的思想道德水平和科学文化素质，对于坚持四项基本原则，保证现代化建设和改革开放的顺利进展，对于挫败西方敌对势力的“和平演变”战略，具有十分重大的意义。

加强社会主义精神文明建设，是党的十一届三中全会以来我们党的路线、方针、政策的重要组成部分。党的第十二次全国代表大会，又进一步明确了社会主义的物质文明建设和精神文明建设必须同时抓的重要意义。十二大还特别指出：“如果忽视在共产主义思想指导下在全社会建设社会主义精神文明这个伟大的任务，人们对社会主义的理解就会陷入片面性，就会使人们的注意力仅仅限于物质利益的追求。那样，我们的现代化建设就不能保证社会主义的方向，我们的社会主义社会就会失去理想和目标，失去精神的动力和战斗的意志，就不能抵制各种腐化因素的侵袭，甚至会走上畸形发展和变质的邪路。”而且还强调指出：“这

* 本文原载《社会主义若干问题讲座》一书，北京，红旗出版社，1990。

绝不是危言耸听，而是从当前国内外活生生的事实中得出的结论。”1989年发生的政治风波，更使我们深刻地认识到社会主义精神文明建设的极端重要性。应当承认，十年改革开放，我国确实取得了举世瞩目的成就，但也确实存在过一些失误。而所有失误中最主要的，就是忽视了思想政治工作，忽视了对广大人民特别是对青年的社会主义思想道德和价值观念的教育，在一段很长的时间内，对于物质文明建设和精神文明建设，出现了所谓“一手硬、一手软”的现象。正是由于这种原因，我们的社会主义建设出现了可能迷失方向和走向邪路的危险，这种情况是值得我们深入思考的。

从我国最近十年所走过的历程来看，在建设四个现代化和改革开放的问题上，确实有一个方向问题，即究竟是社会主义的现代化还是资本主义的现代化的问题。当前世界上任何一个国家、一个社会的现代化，都绝不会也不可能仅仅是一种单纯生产力发展的经济的现代化，都必然会有与这种生产力发展的经济的现代化相适应的价值目标作为指导，从而使这个国家或这一社会的现代化沿着一定的方向向前发展。正是从这一意义来看，我们甚至可以说，任何国家、任何社会的现代化的经济活动，都不过是为了实现一定的价值目标的一种手段。那种认为一定的现代化的经济活动，可以同一定的价值导向相分离的观点是非常错误的。正是由于这一原因，我们才特别强调精神文明在整个社会主义建设和改革开放中的战略地位。加强社会主义精神文明建设，不但能提高全民族的科学文化水平，而且能提高整个中华民族的伦理道德水平和思想政治觉悟，提高坚持四项基本原则的自觉性，增强民族的自信心、自豪感和凝聚力，增强对资本主义和各种腐朽思想侵蚀的防疫力，从而挫败西方的“和平演变”，保证我国的改革开放能够沿着社会主义方向顺利前进。

二

怎样认识帝国主义和国际反动势力对我国的“和平演变”？

帝国主义和国际反动势力对中国进行“和平演变”，妄图在中国复辟资本主义的用心是十分明确的，这是我们很多同志都已认识到的。那么，我们进一步要问：他们究竟通过什么形式来对我们进行“和平演变”呢？总的来说，帝国主义和国际反动势力的“和平演变”战略，包含许多方面，如传播资本主义的经济模式，支持反共反社会主义的“持不同政见者”，挑起民族矛盾，经济制裁，等等。同时，我们应当看到，在帝国主义和国际反动势力的“和平演变”战略中，最重要的一个方面就是要进行政治、思想、道德和文化渗透，通过各种渠道和各种手段，用西方资本主义的以个人为中心的“民主”、“自由”和“个人主义”等价值观念，来诱惑、腐蚀我们的广大人民、广大干部和青年学生，使他们抛弃为人类美好社会而奋斗的理想，背离社会主义，从而使我国“和平演变”到资本主义社会。早在1949年，当我国的民主革命在全国取得决定性胜利的时候，在武力和威胁都已不能达到目的的情况下，当时的美国国务卿艾奇逊就开始构想这一战略，力图以美国的“民主”、“自由”和“个人主义”作为武器，来颠覆新中国的政权。毛泽东同志当时就极其深刻地揭露了这种“和平演变”的卑鄙意图。20世纪80年代，我国实行改革开放以后，一个著名的西方政治家就说：当中国打开大门接受西方的先进技术时，西方国家要利用这一有利情况向中国传播、宣传和迫使中国人接受西方的价值观念。1988年，美国前总统尼克松出版了他的推行“和平演变”的《1999：不战而胜》，提出了要从意识形态和价值观方面加深渗透，并认为通过这种文化、价值观念的渗透，到20世纪末，资本主义对共产主义就可以不战而胜，同时具体地提出了“和平演变”的时间表。1989年，布什上台后，更是明确地提出要用尽一切办法，以西方的价值观念对社会主义国家进行渗透和“和平演变”。他认为，通过“和平演变”战略，就可以结束资本主义与社会主义两种目标的历史性较量，他本人甚至要作为“共产主义试验的最后篇章结束的见证人”。最近一些社会主义国家的形势发展，也使我们清楚地看到，西方反共势力的战略之所以能在某些国家得逞，同他们不断对这些国家进行政治、思想、文化、道德的渗透，极力宣扬资产阶级的以个人为中心的价值观，有着重要的、密切的关系。

从国内的情况看，一些资产阶级自由化分子极力宣扬“全盘西化”，宣扬资产阶级的“民主”、“自由”和资产阶级的个人主义，宣扬“一切向钱看”和自私自利的思想，鼓吹资本主义的自由竞争，从而诱使一些不坚定的人背离社会主义道路。最近几年来，帝国主义和国际反动势力，特别重视对青年知识分子价值观的“熏陶”，选择一些所谓的“精英”予以特别培育，并通过他们来影响中国的广大青年。正是在这种国外反动势力与国内自由化分子的相互配合下，所谓政治上的三权分立、思想上的多元并存、经济上的私有化和价值观上的“个人本位”、“个人至上”的思想愈演愈烈，从而为一小撮人制造 1989 年的动乱做了思想准备。现在可以清楚地看到，1989 年春夏之交的政治风波，其所以能发展成为严重的政治事件，是同国内自由化思潮的泛滥，同帝国主义对我国多年所施行的“和平演变”战略有着密切关系的。也正是由于这种原因，当我国政府和人民平息了这场政治风波之后，国际反动势力还为这些“精英”提供庇护场所和进行反华活动的资金、基地，同时还妄图从经济上制裁中国。现在，我们冷静地回顾 1989 年的那场政治风波，确实有许多深刻教训需要总结。其中最重要的教训之一，就是在我们党的指导工作中，出现了抓物质文明和精神文明“一手硬、一手软”的失误。忽视社会主义的精神文明建设，失去对西方“和平演变”战略的警惕，放任资产阶级自由化思潮的泛滥，放松了对全国人民的共产主义理想的教育，放松了政治思想工作及伦理道德建设，这个十分深刻的教训，我们应当认真汲取。

三

在建设精神文明时，应特别注意抓好思想道德建设。

精神文明建设包括思想道德建设和教育科学文化建设两个方面的内容。这两个方面互为条件，相互补充，推动着精神文明的发展。教育科学文化的发展是建设社会主义必不可缺的环节。没有教育科学文化的提高，就不可能有生产力的高度发展，也就不可能建立起强大的社会主义的物质基础。十年改革开放的实践进一步说明，科学文化教育的发展是绝不可忽视的。正如列宁所指出的，在一个文盲充斥的国家里，是不可能建设社会主义的。因为没有一定的文化教育的发展，不但不能使科学技术得到普及和提高，而且许多愚昧、落后及封建迷信的东西还会严重地束缚着人们的思想，妨碍着社会主义建设事业的发展。从我国农村的某些情况来看，由于前一段时期自由化思潮泛滥，农村的教育科学文化的建设被忽视了，一些地方农业生产发展了，物质生活富裕了，但却出现了置地造坟、求神拜佛、赌博盛行的不正常现象。有的地方不但为死人造坟，而且为活人造坟；有的地方大修庙堂、广设神坛，仙姑巫婆闹得沸沸扬扬。正是由于忽视了社会主义教育以及科学、文化的建设，有些已经富裕起来的农村，不但生产不能持续发展，甚至重新陷入贫困境地。同样，有的地区由于有力地抵制了资产阶级自由化的侵袭，注意了对农民进行科学、文化知识的教育，从而保证了生产力的不断提高。这些经验教训值得我们认真吸取。

在重视教育科学文化发展的同时，为了防止“和平演变”，坚持改革开放和建设“四化”的社会主义方向，在社会主义精神文明的建设中，我们还必须特别强调思想道德建设的核心地位。思想道德建设和教育科学文化建设两个方面，有着密切的关系。教育科学文化的发展，不但对发展生产力有着重要的作用，而且对全社会思想道德的普遍进步，也发挥着重要的作用。为什么我们要特别强调思想道德建设的重要地位和作用呢？如果说我国的改革开放和“四化”建设的社会主义方向是由我们的社会主义精神文明建设来保证的，那么，我们就应当进一步认识到，整个社会主义精神文明建设的性质和方向，则是由社会主义精神文明中的思想道德建设来规定的。国际反动势力对中国所进行的文化渗透和“和平演变”策略，国内自由化分子所宣扬的自由化理论，都集中在思想道德方面。这一点也是我们应当特别予以注意的。

思想道德建设包括共产主义理想、社会主义信念、集体主义的人生观与价值观的教育，这是精神文明建设的核心。在进行精神文明建设时，只有紧紧抓住这两个环节，整个精神文明建设才能落到实处，才能有效地提高人民群众的思想觉悟，才能防止“和平演变”，才能保证我国改革开放和建设“四化”的社会主义方向。

社会主义精神文明建设的根本任务，就是要培养有理想、有道德、有文化、有纪律的一代新人。在强调培养“四有”新人的过程中，树立共产主义的人生观，培养社会主义的集体主义精神，反对资产阶级的个人主义和自私自利思想，是一个深层次的最为重要的根本问题，必须引起我们足够的重视。最近十年，在我国所进行的渗透与反渗透、“和平演变”与反“和平演变”斗争的焦点问题，就集中在思想道德这一领域，集中在无产阶级和资产阶级两种根本不同的价值观、人生观的斗争上。在我国改革开放的新形势下，究竟应当以个人主义（“个人中心”、“个人至上”、“个人神圣”）作为我们在人生观上的价值导向，还是应当以集体主义和为人民服务的人生观来作为我国人民的价值导向？回顾十年来在思想道德领域内的多次争论，有助于提高我们的认识。

从1980年开始，一些人就提出“人都是自私的，不可能有什么忘我高尚的人”的错误理论，认为“为己——它是人们思维、意识的最原始的动机，不是哪个人可以毁灭和创造的”，甚至鼓吹“我终于发现说谎、欺诈、恭维、奉承是人生的要谛，自私是人的本质”，等等。接着，“一切向钱看”、“金钱万能”、“为钱正名”的思想红极一时，有些人公然提出“商品经济必然要向钱看，哪有不向钱看的商品经济”，甚至说“一切不向钱看的行为也是不道德的行为”，宣扬“抬头向前看，低头向钱看”，要把“向钱看”作为一个道德原则落实到我们的各种不同行业的职业道德中去。有的人公然从理论上论证，资本主义的金钱拜物教在我国今天的社会中仍有其存在的合理性和合法性，认为这种资本主义的金钱拜物教“会唤起人们进取、创造、拼搏的精神，从而会给社会带来普遍舒适、方便、自由和高效率”，“还对权利和责任作了严格的规定，从而使人们得以在平等的基础上建立起互利、互助的合作关系”，“还会给社会带来光明”，等等。在一段时期内，在“一切向钱看”的思想腐蚀下，甚至已经绝迹多年的社会丑恶现象也沉渣泛起，社会主义精神文明建设受到了严重的冲击。与此同时，西方文化热的出现，一切以自我为中心的“自我设计”、“自我选择”、“自我奋斗”和“自我实现”的思想，进一步腐蚀着我国的广大青年，还有“为个人主义正名”，鼓吹个人主义对我国当前的改革开放有积极作用，为了使改革开放的观念更新能够成龙配套而要求用个人主义来更新集体主义的思想，也成了一种“时尚”。总之一句话，在对全国人民的价值导向上，一些人要用资产阶级的个人主义来更新集体主义。他们标榜尊重个性、自由和个人利益，把社会主义集体主义的正确原则与我们已经纠正了的某些“左”的偏差混为一谈，攻击和诬蔑社会主义是反人道、反人性的，鼓吹个人至上的价值观。这种种情况都进一步说明，共产主义理想及其价值导向，即思想道德建设，规定着整个精神文明建设的性质、方向，在精神文明建设中有着特殊重要的地位和作用。

四

怎样认识个人主义？

最近几年来，随着自由化思潮泛滥而出现的鼓吹“个人至上”、“个人中心”的个人主义的价值观，在我们这样的社会主义国家究竟还有没有任何积极意义呢？为什么国际的反共反社会主义势力和国内自由化思潮都把鼓吹个人主义作为对中国进行“和平演变”的一种重要手段呢？

就其思想来源看，个人主义是从西方输入中国的一种价值观念。一般来说，个人主义是随着资本主义生产关系的产生、形成和发展而不断完善起来的一种资产阶级的政治经济和伦理道德的理论体系，它既植根于资本主义生产关系之中，又对资本主义的发展起了极其重要的推动作用。

“个人主义”一词，是在 19 世纪 40 年代的后期，由法国的政治思想家托克维尔在其所著的《论美国的民主》一书的下卷中提出来的。自此之后，个人主义作为资产阶级的一种价值观念，很快为西方的思想家们所接受，从而成为资产阶级意识形态的一块重要基石。

根据托克维尔的理解，个人主义作为适应资本主义发展的新观念，主要包括三个方面的内容：(1) 作为一种价值目标，个人主义特别强调个人本身就是目的，因而具有最高的价值，而社会只是达到个人目的的手段；(2) 作为一种政治思想，个人主义强调个人的民主和自由，极力反对国家和社会对个人行为的干预，因而往往导致无政府主义；(3) 作为一种财产制度，个人主义主张维护财产私有制。根据托克维尔的概括，我们可以清楚地看到，个人主义是适应资本主义生产关系的需要而产生的一种思想体系，它的本质特征就是一切以个人为中心，一切从个人出发，并为了达到个人的目的。个人主义是维护资本主义制度的，它同资本主义的政治经济和伦理道德是紧密联系着的，同社会主义的公有制及其思想是完全对立的。

在我国资产阶级自由化思潮泛滥时期，一些人曾提出，个人主义和利己主义不同，两者不能混淆；并且认为，我们只能反对利己主义，而不应当反对个人主义。对于这一问题，我们究竟应当怎样认识呢？

确实，极端的利己主义、公开的自私自利的思想和行为，同我们的社会主义是格格不入的，我们必须坚决反对。在一段时期内，在我们的社会里曾经出现过的“大利大干，小利小干，无利不干”和“有钱能使鬼推磨”以及“人不为己，天诛地灭”等思想，就是极端利己主义的表现。个人主义同利己主义有没有区别呢？托克维尔在创立“个人主义”一词时，就早已注意到了两者的区别和联系。他指出，利己主义早在两千多年前的古希腊就已经产生了，它主要是指把自己的感性欲望的满足当做人生最大的快乐的一种思想，而“个人主义是一种新的观念所创造出来的新词”，即是由资本主义生产关系所形成的个人至上的思想所形成的新的价值观念。所以，托克维尔说：“利己主义是对自己的一种偏激和过分的爱，它使人们只关心自己和爱自己甚于一切。”而个人主义则比较多地强调个人的价值，因而“是一种只顾自己而又心安理得的感情”。但是，托克维尔明确地指出，利己主义和个人主义都是一切从个人出发的，所以从本质上看，两者又是一致的，因而个人主义最终必然要沦为利己主义——个人主义就是一种温和的利己主义。由此可见，个人主义由于强调个人至上和个人中心，因而总是要诱发人们的私欲不断膨胀，总是要造成个人同整体、同国家的离心离德，总是要使个人从整体中孤立出来，并最终沦为利己主义。这一切，同我们社会主义的价值观念是格格不入的。我们的国家是一个以公有制为主体的社会主义国家，我们的集体代表着所有成员的利益，我们的目标是要建设一个共同富裕的，没有人剥削人、人压迫人的社会。因而在我们这样的社会主义国家，资产阶级个人主义的价值观没有任何积极意义，它只会使人们丧失对国家、对民族、对社会的责任感，使整个社会失去凝聚力，瓦解社会主义赖以存在的基础。因此，提高全国人民对利己主义特别是个人主义的价值观的危害性的认识，把反对个人主义提高到反对“和平演变”的高度，加强我国社会主义精神文明的建设，是非常重要的。

五

对民族文化要取其精华，弃其糟粕，反对民族虚无主义。

在社会主义精神文明建设中，不论是对外来文化还是对中国传统文化，我们都强调要坚持马克思主义的阶级分析，既不能盲目排外，更不能良莠不分。尤其在当前改革开放的条件下，帝国主义和国际反动势力极力进行意识形态的渗透活动，我们更要注意资产阶级腐朽意识对我们的侵蚀。同时，我们还要正确处理吸收外国的优秀文化成果与继承发扬本民族的优秀传统文化的关系。

最近几年来，在我国曾出现过一种主张全盘西化、根本否定民族文化传统的虚无主义思潮。这一思潮的核心就是要否定中华民族优秀的伦理道德传统。在中国封建社会的道德传统中，确实存在着糟粕，如为封建专制制度服务的等级观念，特别是有很大影响的“三纲五常”的道德准则，严重束缚着广大人民的个性。长期的封建主义道德关系这一巨大的“因袭的重担”，直到今天还沉重地压在很多人的肩上，影响着我国的改革开放和社会主义建设。但是，我们还必须看到，在中国的传统道德中，确实包含着中华民族在千百年来的劳动和社会交往中积累起来的优良道德传统。中华民族之所以能经历数千年的历史而屹立于世界民族之林，同这种优良的道德传统有着重要的关系。因此，以马克思主义为指导，既充分体现时代精神，又继承优秀伦理道德传统，从而形成一种具有中国特色的民族伦理精神，这对我国的改革开放和现代化建设，必然会产生积极的作用。

中华民族的优秀道德传统，包含许多方面。在今天，特别值得强调的有自强不息、发奋有为的斗争精神，“先天下之忧而忧，后天下之乐而乐”的先国家后个人、先民族后家庭的为国为民、先公后私、公而忘私的民族传统。正是在这种民族传统的鼓舞下，中国人民表现出极其诚挚的爱国主义精神。每当民族或国家危难之时，一些忧国忧民的爱国志士，总是“杀身成仁、舍生取义”，勇于自我献身，直至为国捐躯。这种为中华民族献身的爱国主义精神，孕育着中华民族的自信心和自豪感，具有团结全民族的极强的凝聚力，是中华民族的宝贵财富。艰苦奋斗、勤俭节约、勤劳勇敢、勤俭持家，是中华民族信守的重要的道德规范。随着改革开放和社会主义建设的不断发展，随着人民群众的物质财富的增加，广大人民的生活水平必然会越来越好，尽管如此，我们决不能铺张浪费，奢侈挥霍，追求享受，甚至腐化堕落。否则，我们的社会主义建设必将半途而废。为了使我们的改革开放和“四化”建设能够取得更迅速的发展，更有必要发扬我们民族的艰苦奋斗、勤劳勇敢的优秀传统。近几年来，随着改革开放和商品经济的发展，如何看待义利关系，又成为很多人所关注的问题。中国传统伦理道德中的重义贱利的思想，固然是必须反对的，但是，还应当看到，在中华民族的传统伦理中，还有着“富贵不能淫，贫贱不能移，威武不能屈”，“志士仁人，无求生以害人，有杀身以成仁”，“见利思义”、“见得思义”的崇尚德性、崇尚理想的精神。这种精神培育了中华民族的坚贞不屈的“骨气”，是中华民族数千年来所以能巍然屹立的“中国的脊梁”。在改革开放和社会主义现代化建设的过程中，在同国际反动势力的“和平演变”的斗争中，更需要发扬我们民族的这种“富贵不能淫，贫贱不能移，威武不能屈”的崇高精神。总之，只有以马克思主义为指导，既面向世界，又立足于本国，既充分体现时代精神，又继承优秀历史文化传统，才能形成一种充满活力、不断发展、具有中国特色的社会主义精神文明。

六

在社会主义精神文明建设中，必须重视集体主义价值导向的重要作用。

在社会主义精神文明建设中，思想道德建设规定着整个精神文明建设的性质和方向，具有特殊的重要意义。在思想道德建设中，社会主义的集体主义价值导向，对于培养“四有”新人，对于防止“和平演变”，坚持社会主义道路，进一步发挥全国人民的积极性和创造性，更有着特殊的意义和作用。

集体主义是随着社会主义运动的产生、发展而逐渐发展和完善起来的一种价值观念。社会主义的集体主义，同历史上一切剥削阶级的整体主义有着本质的区别。社会主义的集体主义，从经济上来说，它是建立在社会主义公有制的经济基础之上，并以维护和发展社会主义的公有制为目的；从政治上来看，它体现着无产阶级和广大人民群众的利益，实行民主集中制的原则；从价值原则来看，它主张集体利益与个人利益的辩证统一。这一切都说明，集体主义同社会主义有着密不可分的血肉联系，它产生于社会主义的生产关系之中，同时又在维护和发展社会主义的生产关系之中发挥重要作用。正由于集体主义是社会主义的政治经济及伦理文化思想的核心，因此，在社会主义精神文明建设中，必须加强集体主义的价值导向。

集体利益与个人利益是辩证的统一：一方面，集体利益高于个人利益；另一方面，集体利益的发展又离不开个人积极性的发挥，并为个人利益的实现创造条件。改革的实践已经证明，在贯彻社会主义集体主义原则时，重视个人的正当利益，维护个人的尊严、价值、权利等等，对于激发人们为现代化事业的开拓创新精神，起到了积极的作用。对于社会主义的集体主义，可以从以下三个方面来理解。

首先，社会主义的集体主义，强调集体利益高于个人利益，强调个人对集体、对社会、对国家的义务感和责任心，强调当个人利益同集体利益发生矛盾时，要先公后私，顾全大局，反对“个人至上”、“个人神圣”、“个人本位”和“个人中心”的思想。社会主义的“集体”，绝不像有些人所说的那样，只是一种“空洞的抽象”，而是实实在在地代表着集体成员的利益。新中国成立以来40年的历程已经充分证明，每一个社会成员的利益都同我们国家的集体利益密切相关，只有我们国家的尊严和荣誉得到了维护，个人的尊严和荣誉才能得到维护。正是从这一点出发，为了维护整体利益，应当发扬个人的献身精神。同时，集体主义并不主张不分情况、不加区别地和无条件地要个人为集体牺牲，而只是在必要和不得已的情况下，才强调牺牲个人利益以维护集体利益。

其次，社会主义的集体主义，重视个人的正当利益，维护个人的尊严和权利，保障个人的价值的实现，并努力促进个人的进步和发展。这一切，本来就是社会主义集体主义的应有之义，是集体主义不可分割的一个重要内容。在过去一段时间内，一些坚持资产阶级自由化思想的人，攻击、诬蔑集体主义是对人的个性的束缚，是忽视和否认人的价值，是“反个人”和“恐个人”等。这些攻击是完全没有根据的。社会主义的集体主义，既强调个人利益应当服从集体利益，又强调集体应当尽最大可能来关心个人利益；既强调个人对集体的义务，又重视集体对个人应负的责任。这也就是说，集体和个人之间的权利和义务是双向的而不是单向的，是辩证的而不是片面的。那种把集体主义原则理解为只能是个人无条件地服从集体，而集体可以忽视甚至不顾个人利益的观点，是完全错误的。

最后，社会主义的集体主义强调，集体自身及集体中的每一个成员，都要不断地为完善集体而努力，要使集体公正、全面、真实地代表所有集体成员的利益。最近几年来，一些人反对社会主义集体主义的借口之一，就是说我们生活中的某些集体还有以权谋私的现象，还不能真实地体现集体成员的利益，因而他们反对在我国实行集体主义，并主张以个人主义来代替集体主义，这种观点更是十分错误的。马克思、恩格斯在《德意志意识形态》一书中，曾经对各种性质不同的集体作过透彻的分析。他们认为，在过去一切剥削阶级所领导的集体，由于它只代表着少数人的利益，因而这种集体只能是一种虚假的、不真实的集体；只有无产阶级革命后所建立起来的集体，才是体现所有成员利益的真实的集体。正由于此，马克思、恩格斯一方面揭露资产阶级的所谓集体（共同体）的虚伪性，一方面又明确指出："只有在集体中，个人才能获得全面发展其才能的手段，也就是说，只有在集体中才可能有个人自由。"马克思、恩格斯在这里所说的集体，就是指社会主义的集体。应当承认，我国革命后建立起来的社会主义国家，从根本上来说，代表并体现着广大人民群众的利益，是一个真实的集体。因此，在我们的社会主义国家中，实行集体主义原则，是历史的必然。同时，我们也要看到，在体现着国家的各种不同层次利益的一些具体的集体中，也确有一些集体存在着这样那样的缺陷，以致造成不能或不完全能体现集体所有成员利益的情况。正是由于这种原因，社会主义集体主义作为指导人们行为的原则，强调集体及其每一个成员都有义务和责任为健全和完善集体而奋斗。集体主义强调集体中的个人在必要时应当为集体利益而献身的要求，本身就包含着为健全和完善集体、为消除集体的腐败现象而无私无畏的斗争精神。

综上所述，我们可以看到，最近几年来，在我国意识形态领域里，在"和平演变"与反"和平演变"的斗争中，在价值导向上的个人主义同集体主义之争，绝不仅仅是两种思想道德观念的斗争，归根到底是同走社会主义道路还是走资本主义道路相联系的。个人主义所宣扬的"个人至上"、"个人中心"，只能使人们同社会主义的国家、集体和社会离心离德，最终导致瓦解社会主义存在的基础，复辟资本主义。与此相反，社会主义的集体主义强调集体利益与个人利益的辩证统一，强调个人对国家、社会和集体的义务感和责任心，强调在集体利益高于个人利益原则的前提下充分发挥个人的能动性。这一切，有利于社会主义社会中人与人之间关系的协调发展，有利于培养有理想、有道德、有文化、有纪律的“四有”新人，有利于加强对社会、对国家的凝聚力和向心力。在当前，在反对“和平演变”和反对渗透的斗争中，加强集体主义的价值导向，必将会更有力地引导我国人民在社会主义的康庄大道上继续前进。

加强社会主义精神文明建设*

本讲要着重弄清以下几个问题：

第一，加强社会主义精神文明建设，提高全民族的思想道德水平和科学文化素质，对我国社会主义现代化建设的重要意义。这一问题，着重从防止和挫败西方敌对势力的“和平演变”，反对国内资产阶级自由化思潮对青年的侵袭和腐蚀，大力培养社会主义和共产主义事业的接班人，有效地保证我国的改革开放能够沿着社会主义道路前进等几个方面加以论述。放松或忽视社会主义精神文明建设，就会使我们迷失方向，甚至有可能发生走上邪路的危险。1989 年在我国发生的政治风波，已经充分说明了这一点，我们教育工作者应当认真地反思这一教训。

第二，社会主义精神文明所包含的主要方面及其重点。这一问题，着重从精神文明的诸多方面的内容及其相互关系、教育事业在精神文明中的地位以及思想道德建设在精神文明中的特殊的重要作用，说明在我们的教育事业中，中央和教委一再强调德育教育的原因。“在各级各类学校中必须把德育放在首位”，正是从加强社会主义精神文明建设的需要出发的。中学教育是同大学教育紧密相连的，切实、认真地加强中学的德育教育，克服长期以来的重智育、轻德育的错误倾向，对我们培养社会主义、共产主义的接班人，有极其重要的长远意义和现实意义。

* 本文原载《社会主义理论学习讲座》一书，北京，中国人民大学出版社，1991。

第三，在思想道德建设中，要坚持以马克思主义为指导，坚持共产主义理想和实现社会主义现代化现实任务的统一，大力提倡和发扬爱国主义、社会主义、集体主义和全心全意为人民服务的精神，特别要提倡社会主义的集体主义精神，反对剥削阶级的利己主义和资产阶级的个人主义。建设高度的社会主义精神文明，必须坚持反对资本主义腐朽的意识形态和封建主义思想残余，培育有理想、有道德、有文化、有纪律的一代新人。

第四，正确对待西方文化和中国传统文化，是建设社会主义精神文明的一个重要问题。我们的目标是要努力创造一个以马克思主义为指导，既面向世界又立足本国，既充分体现时代精神又继承优秀历史文化传统，充满活力、不断发展的有中国特色的社会主义精神文明。

一、提高全民族的思想道德水平和科学文化素质的重要意义

1989年春夏之交在我国发生的政治风波，引起我们教育工作者更多的思考，这就是如何进一步总结、认识我们在引导、教育、培养青年学生工作中的经验和教训，从而改进我们的教育工作。青年是国家的未来和希望，能否引导他们成为社会主义事业的建设者和接班人，是关系到社会主义制度能不能在我国坚持、社会主义事业能不能继续存在的一个不容忽视的问题。这次政治风波已经平息了，但我们决不能“好了疮疤忘了痛”，更不能“疮疤未好不知痛”，精神麻木，感觉迟钝，我们必须吸取这一教训，提高我们的认识。

我想，我们还是先看看十二大文件中的一段话：“如果忽视在共产主义思想指导下建设社会主义精神文明这个伟大的任务，人们对社会主义的理解就会陷入片面性，就会使人们的注意力仅仅限于物质文明的建设，甚至仅仅限于物质利益的追求。那样，我们的现代化建设就不能保证社会主义的方向，我们的社会主义社会就会失去理想和目标，失去精神的动力和战斗的意志，就不能抵制各种腐化因素的侵袭，甚至会走上畸形发展和变质的邪路。”这一文件进一步指出：“这绝不是危言耸听，而是从当前国内外活生生的事实中得出的结论。”强调：“我们必须从这

样的理论高度来认识建设社会主义精神文明的意义和作用，并且下定决心，保证尽一切努力，同时进行物质文明和精神文明的建设，使我们的社会主义事业永葆革命的青春和活力。”但是，遗憾的是，在1989年政治风波前的一段时期内，由于没有在进行物质文明建设的同时进行精神文明建设，而是“一手硬、一手软”，使得我国在这一时期内，在思想意识形态里，放松了对资产阶级自由化思潮的斗争，直到酿成1989年春夏之交的政治风波。什么是资产阶级自由化？所谓资产阶级自由化，就是要中国全盘西化，走资本主义道路。资产阶级自由化思潮的实质就是要反对共产党的领导，反对社会主义制度。凡是要推翻一个政权，总是要先造成舆论，先做意识形态方面的工作。在一段时期内，一些人竭力攻击共产主义道德，反对全心全意为人民服务，诋毁“毫不利己、专门利人”的献身精神，一些人甚至公开宣扬“人的本性都是自私的”，提倡“一切向钱看”的拜金主义思想，妄图用西方的资产阶级的文明，来反对以至取代社会主义的精神文明，以达到在中国搞资本主义的目的。正是由于资产阶级自由化思潮的泛滥，社会主义精神文明建设被放松，才使得广大青年的思想受到腐蚀，才使得许多青年卷入了那场政治风波，这一点也是需要我们认真反思的。

我们之所以要强调加强社会主义精神文明建设，保证物质文明建设的方向，一个重要的原因是，帝国主义和国际反动势力处心积虑，妄图对中国进行“和平演变”，改变社会主义制度。我国实行改革开放以后，一个著名的西方政治家就曾经说过，当中国打开大门接受西方的先进技术时，西方国家要利用这一有利的情况向中国传播、宣传和迫使中国人接受西方的文化、政治、伦理等价值观念，从而达到其“和平演变”的目的。很多同志，对于西方要对我国进行“和平演变”，可以说是已经认识到了，但是，对于西方究竟怎么样对我们进行“和平演变”，这种“演变”与我们的社会主义精神文明建设有什么关系，则还不是十分清楚的。因此，我们有必要弄清，为什么为了反对“和平演变”，就必须加强社会精神文明建设。

总的来说，西方资产阶级对我国的“和平演变”，包括多方面的内容，如宣扬资本主义的经济模式，支持反共反社会主义的“持不同政见者”，挑起民族矛盾，经济制裁等。但是，在整个帝国主义的“和平演变”的战略中，最重要、最常见也最有效的一个方面，就是通过报纸、杂志、书籍、戏剧和电影等各种传播手段，通过传播资产阶级的意识形态，鼓吹资产阶级的文化、伦理、政治的价值观念；用西方的以个人为中心的“个人至上”、“个人民主”、“个人自由”等价值观念，诱惑和腐蚀广大青年。最近几年来，西方的议会民主和“个性自由”、唯心主义的“精英”史观、资产阶级的个人主义价值观念在青年中日益增长，从而使许多人失去了政治上的辨别能力，动摇了对马克思列宁主义的信念，丧失了对社会主义的信心。一些人日益对党和社会主义制度不满，自觉或不自觉地向往资本主义制度。这一情况有力地说明，帝国主义对我国的“和平演变”，主要就是通过在意识形态领域里传播、鼓吹和宣扬资产阶级的政治观、人生观、道德观和价值观来实现的。为什么那么多青年知识分子、大学生不同程度地卷入了那场政治风波？为什么一些经过社会主义新中国长期培养的青年，竟然同情和支持那些反对共产党和反对社会主义的言论？究其实质，除了国内外反动势力的操纵外，一个很重要的原因，就是在一段时期内，忽视了社会主义精神文明建设的重要作用，使一些人对社会主义的理解陷入了片面性，使一些人的注意力过多地限于物质文明的追求，失去了理想和目标，从而使他们在关键时刻迷失方向，走上了邪路，甚至几乎使我们的社会主义事业毁于一旦。

二、社会主义精神文明的主要方面及其重点

在加强社会主义精神文明建设中，首先应当弄清楚社会主义精神文明所包含的主要方面及其重点。

精神文明建设，一般来说，包括教育科学文化建设和思想道德建设两个大的方面。我们从事教育工作的同志，都深切地感到，对我们的社会主义建设事业来说，教育科学文化事业具有非常重要的意义。教育事业包括基础教育、高等教育、职业技术教育等许多方面。科学技术作为一种生产力，文化事业作为社会广大人民的精神食粮（诸如文学、艺术、电影、戏剧等等），都是社会主义建设所不可缺少的极其重要的条件。没有教育科学文化的发展，就不可能有生产力的高度发展，也就不可能建立起强大的物质基础。从整个世界各国的发展来说，对教育科学

文化的重视程度和投资的多少，往往成为这个国家经济发展快慢的原因之一。凡是重视教育科学文化的发展并进行较多投资的国家，它们的发展，就会比其他不重视教育科学文化发展的国家要快得多。因此，在整个社会主义现代化建设过程中，都必须坚持把教育科学文化事业放在优先发展的战略地位。十一届三中全会以来，我国对教育科学文化事业，已经有充分的重视，投入了很大的力量，取得了明显进步。但是，同样要看到，从我国的社会主义建设的需要来说，发展我国的教育科学文化事业的任务还非常艰巨。我们的国力有限，对教育的投资还不能满足社会的需要。以基础教育来说，随着商品经济的发展，特别是前一段因资产阶级自由化思潮泛滥而出现的“一切向钱看”的思想的影响，不少中小学生因各种原因而中途辍学，在一些地区，文盲的数目有所增加，这些情况都是值得我们重视的。除了教育之外，文学、艺术、电影等社会文化形式，对于广大人民素质的提高，对于满足人民精神生活的需要，对于社会的进步，都有重要意义。科学技术是第一生产力。为了使我国的社会主义建设能够沿着正确的目标前进，顺利实现我们今后的经济战略发展目标，就必须充分认识科学技术是第一生产力的重要作用。因此，只重视物质文明建设而忽视教育科学文化建设，只重视经济建设投资而忽视教育科学文化投资，是一种短视的、缺乏长远观点的思想。从一个短时期来看，似乎物质文明建设得到了暂时的发展，但是从长远来看，则是没有后劲的。这种暂时的物质文明的发展，不但是极其有限的，而且由于没有强大的智力支持，其发展速度必然会越来越慢，最终导致物质文明建设的停滞或衰退。

精神文明建设的第二个方面，就是关于社会主义的思想道德的建设，这是我们应当更加重视的一个方面。思想道德建设也包含很多方面的内容，在当前来说，其主要内容，是工人阶级的、马克思主义的世界观和科学理论，是共产主义的理想、信念和道德，是爱国主义、社会主义、集体主义和全心全意为人民服务的精神等。为什么说思想道德建设具有鲜明的阶级性呢？因为在任何一个阶级社会中，整个思想道德建设，都必然是为特定的阶级利益服务的。我们所要发展的精神文明，是社会主义的精神文明，它建立在社会主义的公有制基础之上，是要为无产阶级的政治制度和经济制度服务的。社会主义的思想道德建设，不仅为社会主义的物质文明提供智力支持，而且能够形成强大的向心力和凝聚力，为社会主义的物质文明提供精神动力，保证社会主义的物质文明建设沿着正确的道路向前发展。有一些同志，对社会主义精神文明建设中的思想道德建设，存在着一些糊涂思想，他们不认识或者不愿意强调思想道德建设的鲜明的阶级性，而总是自觉或不自觉地去模糊和淡化思想道德建设的阶级性。确实，思想道德建设的最根本的目的之一，是要把更多的人，把绝大多数的人团结起来，发挥人们的积极性，从而更好地为社会主义建设服务。但是，没有原则的团结，不是真正的团结。因此，我们只能站在马克思主义的立场上，用社会主义的思想道德观点去教育、团结他们，而决不可能在容许资产阶级自由化分子所提倡的许多政治观、伦理观、道德观、价值观的情况下去无原则地讲什么“和谐”和“团结”。这里还牵涉一个问题，就是怎么看待我国当前社会的阶级状况，这是我们在强调思想道德建设的阶级性时，必须要加以注意的。“三大改造”以前，从我们国家阶级斗争的情况看，阶级斗争是主要矛盾。《关于建国以来党的若干历史问题的决议》讲，经过“三大改造”，剥削阶级作为阶级消灭了，阶级矛盾已经不是主要矛盾了，但是，阶级斗争还在一定范围内存在，在某种条件下，还有激化的可能。因此，我们既要反对阶级斗争扩大化的观点，也要反对阶级斗争已经熄灭的观点。近十年来，有些地区私营经济发展的规模很大，而且今后一段时期内还要不断发展。因此，无产阶级和资产阶级在人生观、道德观、价值观上的分歧，不仅仅在意识形态领域范围之内存在，而且还有着经济的、政治的原因。如果我们不能坚持用无产阶级的思想道德理论去教育广大人民，不强调思想道德建设的鲜明的阶级性，而是听任资产阶级的“民主”、“自由”、“人权”和以个人为中心的个人主义价值观去诱惑、腐蚀广大人民群众，其结果，就会使人们自觉或不自觉地让资产阶级自由化分子引导到邪路上去。正是从这个意义上看，我们才特别强调，精神文明建设中的思想道德建设，规定着社会主义精神文明建设的性质和方向，从而保证着社会主义物质文明建设的方向。这也就是说，只有坚持了马克思主义的思想道德建设，才能使我们的精神文明建设成为真正的社会主义精神文明建设，从而保证我们的物质文明建设的方向，进而保证我国改革开放能够沿着社会主义的方向前进。相反，如果忽视精神文明建设，忽视精神文明建设的社会主义性质，社会主义经济建设就会偏离正确的方向，甚至有使已经取得的社会主义建设成果付诸东流的危险。

在前一段时期，有一种把改革开放同社会主义的思想道德建设对立起来的观点，这是非常错误的。这种理论认为，实行改革开放和发展有计划的商品经济，就必须以放弃社会主义的意识形态和降低道德水平为代价。这种“代价论”的思想，只会为资产阶级自由化的思潮打开大门，无论在理论上和实践上，都已经证明是完全错误和十分有害的。应当承认，改革开放对我国社会的精神面貌既起着积极的作用，也产生了某些消极影响。但是，如果不是由于我们在两个文明建设中发生了“一手硬、一手软”的重大失误，我国前几年曾一度出现的“道德滑坡”现象，是完全可以避免的。我们既不能把这种“道德滑坡”归因于改革开放政策，也不应当认为，为了改革开放，我们就应当以“道德滑坡”为代价，用社会道德水平的降低，来换取生产力的发展。我们完全相信，只要我们能够从过去多年的“一手硬、一手软”的失误中吸取教训，坚持社会主义的思想道德建设，我们就一定能在坚持四项基本原则和坚持改革开放的方针下，既可使我国的生产力水平迅速增长，也能够使我国人民的道德水平和社会风尚日趋进步，从而形成一个物质文明和精神文明都能得到发展的美好的前景。

社会主义精神文明建设中的思想道德建设，体现着社会主义和共产主义的价值目标，对我国的改革开放具有一种导向的作用。从我国最近十年所走过的历程来看，在改革开放和建设四个现代化的过程中，确实存在着一个不容忽视的方向问题，即究竟是沿着社会主义的方向前进，还是沿着资本主义的方向倒退。我们应当看到，在当前世界上，任何一个民族或一个国家的现代化，都绝不会也不可能仅仅是一种单纯生产力发展的经济的现代化，都必然会有与这种生产力发展的经济的现代化相适应的价值目标作为指导，从而使这一国家或这一民族的现代化，沿着一定的方向向前发展，也就是说，或者是社会主义的现代化，或者是资本主义的现代化，中间道路是不存在的。正是从这一意义来看，我们甚至可以说，任何国家、任何社会的现代化的经济活动，都不过是为了实现一定的价值目标的一种经济手段。那种认为一定的现代化的经济活动可以同任何价值导向相分离的观点是非常错误的。

为了保证我国的改革开放能够沿着社会主义道路前进，就必须加强对全国人民的社会主义的思想道德教育，特别是要加强对青年的思想道德教育。现代的青年是跨世纪的一代，随着时间的推移，他们必将在我国建设的各种不同岗位上，承担起历史所赋予他们的重任。因此，加强社会主义思想道德教育，培养他们，使他们成为坚定的社会主义接班人，是思想道德建设中一项重要的任务。

从学校工作来说，加强社会主义精神文明建设，特别是加强思想道德建设，就是要切实贯彻各级各类学校都要把德育放在首位的方针。对于青年学生，应当使他们在德、智、体、美、劳诸方面都得到发展，确确实实地使他们成为有理想、有道德、有文化、有纪律的社会主义接班人。值得我们反思的是，在资产阶级自由化思潮泛滥的一段时期内，特别是由于淡化了党的思想政治工作，在一部分学校中智育第一、分数挂帅、片面追求升学率的情况不断发展，以致一些学生受到了不同程度的资产阶级的人生观、道德观、价值观的影响。从 1989 年春夏之交的那场政治风波中一些青年学生的政治表现来看，主要原因，固然在于整个社会上的资产阶级自由化思潮及其在高等学校中的各种影响，但是也应当看到，加强中学生的思想道德教育，把德育渗透到各门学科的教学过程中去，教书育人，在重视智育和升学率的同时，从各个方面去培养学生的社会主义、爱国主义和集体主义思想，克服个人主义、利己主义、金钱至上等思想的影响，这对于他们走向社会，对于他们进入高等学校，都是一个良好的基础。从思想道德建设的规律性说，从儿童抓起，从中小学抓起，对于他们以后形成马克思主义的人生观、道德观和价值观，将会起重要的作用。

三、社会主义精神文明建设中思想道德建设的重要地位

社会主义思想道德建设，是社会主义精神文明建设的灵魂。在思想道德建设中，社会主义的集体主义的人生观、价值观、道德观的确立，是树立共产主义理想、坚定社会主义信念的基石，是反对形形色色的资产阶级思想的强大武器。社会主义精神文明建设的根本任务，就是要培养有理想、有道德、有文化、有纪律的一代新人，培养为社会主义而献身的集体主义精神。因此，在思想道德建设中，在加强爱国主义、社会主义教育的同时，加强集体主义的思想教育，是我们应当特别重视的。

从最近几年资产阶级自由化思潮泛滥时所提出的种种错误理论来

看，一个主要内容，就是打着“新思潮”的旗号，以提倡“个人价值”、“个人利益”、“自我意识”为幌子，宣扬资产阶级的个人主义价值观，反对社会主义的集体主义。一些青年，在自由化思潮的诱惑下，在“为个人主义正名”的思想的蒙蔽下，把资产阶级个人主义看做一种适应我国商品经济发展、符合我国改革开放要求的一种值得信奉的价值观。他们错误地认为，个人主义的价值观或人生观，就是所谓尊重人的价值、发展人的个性，有利于人的价值和尊严的发展。正是在“为个人主义正名”的思想的影响下，一些人把个人主义作为一切活动的动力，从而使自私自利的思想愈来愈加猖獗，不少青年学生热衷于追求个人的名利，片面地强调物质欲望的满足，贪恋舒适优厚的生活条件，最终成为形形色色的资产阶级思想的俘虏，有的不顾国家、集体利益和民族尊严，有的甚至走上违法犯罪的道路。因此，我们在社会主义精神文明的思想道德的建设中，必须旗帜鲜明地反对资产阶级个人主义，驳斥“为个人主义正名”的种种错误理论，大力宣传和提倡社会主义的集体主义精神。

怎样正确地认识我们提倡的集体主义，这是一个值得我们重视的问题。在自由化思潮泛滥时期，一些人有意混淆是非，说什么集体主义只重视集体的利益，并且排斥和否定个人利益，束缚个性发展。这种理论是完全错误的。社会主义的集体主义，一方面提倡集体利益高于个人利益，强调在个人利益与集体利益发生矛盾时，要牺牲个人利益以维护集体利益；另一方面，又强调集体利益的发展必然离不开个人积极性的发挥，因而强调集体利益不但不会限制个人的正当的个性的发展，而且还要为正当的个人利益、个人价值的实现创造条件。确实，在过去一段时期内，在“左”的思想影响下，曾经出现过损害正当个人利益、忽视个人的尊严和价值的某些失误和不同程度的偏差，在理论的某些论述上，也出现过对个人利益和集体利益之间的辩证关系阐述不够全面的情况。但是，自从十一届三中全会以来，我们已经大力纠正了过去曾存在过的这些偏差，不但在实践上，而且在理论上对社会主义集体主义中的集体利益和个人利益的辩证关系，都已经形成了全面的、科学的理解。但是，那些坚持资产阶级自由化立场的人标榜尊重个性、自由和个人利益，把社会主义集体主义的正确原则与我们已经纠正了的某些“左”的偏差混为一谈，攻击和诬蔑社会主义是反人道、反个性的，鼓吹“个人本位”、“个人中心”和“个人至上”的价值观，实际上是提倡同社会主义格格不入的极端利己主义和个人主义，是对社会主义集体主义的诬蔑和攻击。在我们的思想道德建设中，应当进行正本清源。

在宣传和实行社会主义的集体主义时，我们首先要强调的是，我们所说的集体主义，是随着社会主义运动的产生、发展而逐渐完善起来的一种思想理论体系，是适应社会主义经济、政治、文化、伦理需要的一种价值观念。社会主义的集体利益，代表着无产阶级的、全体人民的根本利益。从经济基础来看，集体主义建立在社会主义公有制基础之上，并以维护和发展社会主义的公有制为目的；从政治上来说，集体主义体现着工人阶级、广大人民掌握政权的民主政治制度和民主集中制的原则；从思想道德建设来说，社会主义的集体主义是正确处理社会主义社会中个人与他人、个人与集体、个人与国家、个人与社会的关系的最重要的指导原则。马克思主义的经典作家们在谈到集体主义这个概念时，总是明确地强调它同社会主义的联系，也正因为这样，国外许多资产阶级思想家都视集体主义与社会主义为同义词，在攻击社会主义时，总是不遗余力地攻击社会主义的集体主义（如奥地利的著名经济学家、诺贝尔奖获得者 A. 哈耶克所编著的《个人主义与经济秩序》一书，就是这么看的）。社会主义的社会、集体和国家，从根本上来说，代表着集体所有成员的共同利益，同资本主义社会中的种种“虚伪的集体”，有着本质的区别，把社会主义的集体利益，说成一种“空洞的抽象”，这不但混淆了资本主义和社会主义两种集体的本质不同，而且在本质上是要用资本主义的个人主义和个人至上来代替社会主义的集体主义，是极为错误的。

在这里，还应当进一步强调说明，集体主义在强调集体利益高于个人利益的同时，集体还要尽最大的力量，创造各种必要的条件，力求充分发挥每个集体成员的活力，充分发挥他们的主动精神，从而使他们的正当的个人利益能够得到保障，使个人的尊严能够得到维护，并使个人的价值能够得以实现。对于个人价值、个人尊严、个人正当利益的维护，也正是社会主义集体主义的应有之义，是集体主义的重要的不可分的内容。同个人主义比较，社会主义的集体主义在提出个人价值、个人尊严和个人的正当利益时，强调集体利益高于个人利益，反对把个人置于集体之上，反对以个人为本位和以个人为中心。在资本主义社会中，金钱统治着一切，归根到底，只有资产阶级中的一部分人的价值和尊严才能得以实现，而广大劳动人民只能处于受压迫和受剥削的境地，他们的价值、尊严是不能实现的。中国的改革实践已经充分证明，在社会主义社会中，在实行集体主义原则的情况下，个人的正当利益的满足、个人尊严的维护、个人价值的实现，已经大大激发了人们为现代化事业奋斗的开拓精神，对我国四个现代化的事业起着积极的作用。

在批判和剖析个人主义思潮时，我们有必要进一步弄清楚个人主义的确切含义。个人主义，严格来说，是从西方输入中国的一种价值观念，它是随着西方资本主义生产关系的产生、形成和发展而出现的一种资产阶级的经济、政治、伦理道德的思想体系。为了反对封建贵族的专制统治和宗教的神权束缚，西方的资产阶级的思想家提出了个人自由、尊严、幸福和价值的思想，用以为资产阶级的利益服务。到 1846 年，法国的政治思想家托克维尔正式创立了“个人主义”一词，并赋予了个人主义以比较完整的、能体现其意义的解释。根据托克维尔的理解，个人主义这一适应资本主义的新观念，主要包括三个方面的内容：(1) 作为一种价值目标，个人主义特别强调个人本身就是目的，它具有最高的价值，社会只是达到个人目的的手段；(2) 作为一种政治思想，个人主义强调个人的民主和自由，它反对国家、社会对个人行为的干预，因而往往导致无政府主义；(3) 作为一种财产制度，个人主义主张维护财产私有制。托克维尔还认为，个人主义是一种温和的利己主义，归根到底，个人主义要发展成为利己主义。根据这一概括，我们可以认为，个人主义就其本质来说，是适应资本主义生产关系而产生的一种一切以个人为中心、一切从个人出发并为了达到个人目的的一种思想体系，它同资本主义制度有着不可分割的血肉联系。正由于此，我们认为，在我们这样的社会主义国家，资产阶级的个人主义的价值观，没有任何积极意义，它只会使人们丧失对国家、对民族、对社会的责任感，使整个社会失去凝聚力，并瓦解社会主义制度赖以存在的基础。

从最近几年资产阶级个人主义对我国青年的影响来说，这更是值得我们注意的。一些青年接受了资产阶级个人主义的价值观，从而把是否对我有利当做考虑、衡量一切事物的尺度。他们甚至相信“人的本性都是自私的”，“人都是主观为自己，客观为别人”，“人不为己，天诛地灭”等思想，把“自私”、“利己”作为自己一切思想和行为的出发点和归宿，把个人利益置于集体利益和国家利益之上。他们往往片面强调自己的金钱、权利、荣誉和地位，而很少或完全不考虑对社会、对国家应尽的责任和义务。他们孤立地强调个人的个性和才能的发挥，而不愿考虑集体和国家的需要。他们只考虑个人利益和个人价值，而不考虑国家利益和民族尊严。每当为了顾全整体利益而影响到某些人的暂时利益时，他们往往会牢骚满腹、怨气冲天，对社会集体产生离心力，有的甚至发展到背离马克思主义、背离社会主义和违法犯罪的程度。总之，这种以个人欲望的能否满足来作为判断是非、善恶标准的个人主义，最终将会引导青年走上向往资本主义的邪路。因此，必须提高青年学生对形形色色的个人主义的危害的识别能力，坚决抵制个人主义腐朽思想的侵蚀，才能更好地培养他们的社会主义的集体主义精神。

四、正确对待西方文化和中国传统文化

如何对待西方文化和中国传统文化，是建设社会主义精神文明中的一个重要问题。

在社会主义精神文明建设中，不论是对西方文化还是对中国传统文化，都要坚持马克思主义的阶级分析方法。对外来文化，既不能盲目排外，更不能良莠不分；对中国传统文化，既不能全盘肯定，更不能采取民族虚无主义。

对外开放，作为一项不可动摇的基本国策，不仅是物质文明建设的需要，也是精神文明建设的需要。我们主张积极地吸收外国的先进科学，也主张积极地吸收外国的优秀文化成果。对资本主义的精神产品，要作具体的分析，从中吸取有益的成分，为我所用，不能搞盲目排外和闭关自守。但是思想文化领域里的对外开放，必须要坚持阶级分析的观点，必须符合于社会主义的根本利益，因此，必须设立种种防线，严格检查、过滤。特别是西方敌对势力亡我之心不死，力图通过意识形态的渗透活动，对我们进行“和平演变”。因此，分清良莠，分别对待，是我们对待西方文化的一个重要原则。对于那些直接宣扬资产阶级的“民主”、“自由”、“人权”和资产阶级个人主义的腐朽的人生观、价值观、道德观的思想，必须进行坚决的批判；对于一些古典的、现实的有价值的文学、艺术等，也要进行马克思主义的分析。最近几年来，资产阶级

自由化思潮中一些人所提出的“全盘西化”的主张，以及所谓的“萨特热”、“弗洛伊德热”、“尼采热”等等，就是不作阶级分析，不分社会制度，不分善恶良莠，妄图把这些东西拿来代替社会主义的人生观、价值观和道德观，从而成为腐蚀我国青年、使他们背离社会主义的一个重要思想基础。这种情况，是我们今后必须引为鉴戒的。

在对待中国的传统文化方面，马克思主义的态度是既反对历史保守主义，也反对历史虚无主义；既反对全盘肯定的、无批判的继承，更反对否定民族优秀文化遗产的错误思想。对中国的传统文化，我们一定要用马克思主义阶级分析的方法，弃其糟粕，取其精华，努力创造出既立足本国，又面向世界，既充分体现时代精神，又继承发扬中国优秀文化传统那样一种充满活力的、不断发展的、有中国特色的社会主义精神文明。

在资产阶级自由化思潮泛滥时期，一股所谓否认中华民族的文化遗产的反传统的思潮，曾经极为流行。这种理论打着反对封建道德的“三纲五常”的幌子，实际上是要全盘否定中国文化伦理中的优秀传统。当然，对于直接为封建统治服务的纲常名教，对于束缚人的个性的“存天理、灭人欲”的道德教条，固然必须坚决批判，但决不能由此而全盘否定在中国悠久的历史中所形成的中华民族的传统美德。我们民族中的刚健有为、自强不息、为他人献身、为民族牺牲的“富贵不能淫，贫贱不能移，威武不能屈”的浩然正气，那种“先天下之忧而忧，后天下之乐而乐”的先人后己的精神，那种“国家兴亡、匹夫有责”的以天下利益为重的集体主义精神，那种“杀身成仁、舍生取义”的为正义而不惜一切的高风亮节，那种“横眉冷对千夫指，俯首甘为孺子牛”的善善恶恶、爱憎分明的精神，那种勤劳俭朴、自力更生、诚实守信的求实精神等，都是极为宝贵的优秀道德遗产，发扬这种优良的道德传统，对于形成有中国特色的社会主义精神文明，有极为重要的作用。

尤其需要指出的是，一些人鼓吹反对传统文化的目的，并不仅仅在于反对封建社会的道德传统，而且要反对他们所说的新传统。有的人完全否认五四以来的反封建的伟大成就，完全否认自延安以来，特别是中华人民共和国成立以来所形成的道德传统的革命本质，说封建传统和从延安以来的新传统，都是束缚人的个性的发展的，说社会主义的集体主义与封建整体主义一样，都是应当摒弃的。由此可见，完全否认民族传统的虚无主义，实质上是要反对社会主义和鼓吹资本主义，这是我们应当认识清楚的。

建设社会主义精神文明，必须高度重视意识形态领域的工作。社会科学研究、新闻出版、广播影视、文化意识形态部门等，对全国的精神文明建设，都有重要作用。各级各类学校，担负着培养我国“四有”新人的重大责任，因此，努力改变我们过去长时期所存在的重智育、轻德育的倾向，认真贯彻把德育工作放在首位的指导思想，教书育人，言传身教，就会逐步地提高学生的思想觉悟，为他们今后成为“四有”新人创造良好的基础。

建设社会主义精神文明，是一个牵涉许多方面的综合工程。我们必须克服“一手硬、一手软”的情况，加强思想道德建设，加强思想政治工作。只要我们全党和全国人民共同努力，就一定能够形成和不断发展有利于社会主义现代化建设的价值观念、文化条件和积极健康的社会环境，不断焕发人民群众的创造精神和巨大热情，使我国的“四化”建设沿着社会主义和共产主义方向顺利地向前发展。

论坚持两手抓*

目前，我国改革开放事业已经步入了一个新的发展时期。抓住当前的有利时机，发展我国的经济，争取每隔几年能够上一个新台阶，在邓小平同志最近的重要讲话之后，已成为大多数人的共识。十年的改革开放和三年治理整顿，已经使我国具备了加速经济发展的条件，只要我们坚持改革开放、坚持解放思想和实事求是的精神，我们的社会主义四个现代化的事业，就一定能够日新月异，搞得更快更好。

我们在加快经济发展，建设高度物质文明的同时，一定要努力建设高度的精神文明，使这两者能够大体上同步地向前发展，这是一个关于建设有中国特色的社会主义的理论和实践的重要问题，也就是我们现在常说的“要两手抓”和“两只手都要硬”的问题。小平同志曾指出：“十年最大的失误是教育，这里我主要是讲思想政治教育”，“教育和思想工作太差”。小平同志认为，在1989年以前的一段时期内，在物质文明和精神文明建设上，“一手比较硬，一手比较软；一硬一软不相称，配合得不好”，这是一个深刻的教训。

在最近南巡的重要讲话中，他又一次强调了这个问题，要求我们在物质文明建设和精神文明建设中，两只手都要硬，不能够重犯过去“一手硬、一手软”的错误。他说：“广东二十年赶上亚洲‘四小龙’，不仅

---

* 本文原载《理论教育阵地》，1992（4）。

经济要上去，社会秩序、社会风气也要搞好，两个文明建设都要超过他们，这才是有中国特色的社会主义。新加坡的社会秩序算是好的，他们管得严，我们应当借鉴他们的经验，而且比他们管得更好。”小平同志的这段话，包含着十分丰富的内容，对我们进一步搞好改革开放有重要意义。小平同志把社会风气、社会秩序作为鉴定、评价、认识一个社会的精神文明的主要标志。抓社会主义的精神文明，怎样才算抓出成效呢？一个社会的精神文明，一个很重要的标准，就是这个社会的社会秩序和社会风气。所谓社会秩序，就是人们的行为都能依照这个社会的政治、经济、伦理道德原则等和谐、有序地发展，政治上没有不稳定的因素，经济上较少违法犯罪，基本的道德原则和规范都能得到遵守，这样，这个社会的社会秩序也就算是正常了。至于说到社会风气，一般又称社会风尚，则主要指一个社会的伦理道德的价值导向在社会广大群众中的实践程度及其所形成的一种氛围。一般来说，诚实守信、公平正直、开拓进取、助人为乐、见义勇为、先人后己等思想和行为，都同社会风气和社会风尚有着重要的关系。在社会主义社会中，爱国主义、集体主义、社会主义在广大人民中信奉、实行、理解和认同的程度，直接关系到社会秩序和社会风气的好坏。江泽民同志在谈到小平同志的这段话时说：“这段话意味深长。虽然是对广东讲的，但全国都应当这样去做，既要把经济建设、把物质文明搞上去，又要把社会主义精神文明搞上去，做到两个文明同时并茂。”在我国当前的社会中，党风的好转和政治上的廉洁，对社会风气和社会风尚，起着直接的导向作用，因此搞好党风、加强廉政建设、反对腐败、提倡遵纪守法等，都同社会主义精神文明有着重要的关系。

总的来说，我们说的“坚持两手抓”，就是要既抓物质文明，又抓精神文明。小平同志在不同场合，针对不同情况和不同问题，曾经有过多种提法，如一手抓物质文明建设，一手抓精神文明建设；一手抓改革开放，一手抓打击经济犯罪和其他犯罪活动；一手抓改革开放，一手抓惩治腐败；一手抓建设，一手抓法制；等等。其根本目的和要求，都是要既把物质文明建设搞上去，使中国在经济建设上能够不断地登上新台阶，也要把精神文明建设搞上去，使两手都能硬起来，相互很好地配合。这一思想，应当成为我们建设有中国特色的社会主义的一个重要指导思想，也是我们领导现代化建设和改革开放事业的一个重要的领导方法和领导艺术。十多年来的历史发展说明，每当我们认真贯彻这一重要的指导思想和领导方法、领导艺术时，我们的社会主义现代化建设就能取得比较顺利的进步，经济就能够得到较快的发展，社会秩序和社会风气也就会越来越好，国家也就稳定；否则，就会出现这样或那样的问题，干扰经济的发展，甚至会出现社会的动荡。

为什么在改革开放和四个现代化建设的过程中，必须坚持两手抓呢?

第一，我们实行改革开放，把大门打开了，国外的一些好的东西进来了，但也会带进来一些消极腐朽的东西，影响以至毒害人们，特别是青少年。为了有效地防止和减少各种丑恶现象的发生，我们就必须实行两手抓。我们既要改革开放，就必然要吸引外国投资，要引进外国的先进技术和管理经验，发展三资企业，大胆向资本主义国家学习和借鉴有用的东西。那么，我们能不能说或有没有可能不让资本主义的腐朽思想进入我国来呢？不可能，这是无论如何也做不到的。既然要和西方资产阶级做生意、打交道，那么，他们的价值观念、思想认识和个人主义自私自利的原则，是一定要同时进到我国来的。这些思想不但要进到我国来，而且还必然要影响和腐蚀着我们的一些人。我们做不到只准资产阶级来我国投资，而不让他们的思想意识、价值观念和生活方式到中国来。因此，我们必须头脑清楚，即在改革开放的同时，还必须坚决抵制各种腐朽的东西。

小平同志在这次南巡重要讲话中更明确地指出："开放以后，一些腐朽的东西也进来了，中国的一些地方出现了丑恶的现象，如吸毒、嫖娼、经济犯罪等。要注意很好地抓，坚决取缔和打击，决不能任其发展。"在旧中国，这些丑恶、腐朽的现象相当盛行，在今天的资本主义社会中也依然存在。但是"新中国成立以后，只花了三年时间，这些东西就一扫而光"，说明中国共产党领导的社会主义制度，是完全能够消灭丑恶的东西的。值得注意的是，从最近几年的情况来看，一些地方卖淫嫖娼、吸毒等丑恶现象屡禁不止，某些地区经济犯罪的大案要案逐年增加。这充分说明，越是强调以经济建设为中心，越是改革开放，就越是要加强精神文明建设。如果不加强社会主义精神文明建设，不坚决打击各种违法和经济犯罪活动，不但我们的社会秩序和社会风尚不能好转，就是我们的经济建设，也会因此受到破坏。

第二，我国的四个现代化的建设，是有着明确的目标的，即是要建设一个有中国特色的社会主义社会。为了使我国的社会主义经济能够迅速地发展，我们必须大力发展社会主义的商品经济，必须面向市场，利用市场，把宏观调控的优越性同市场调节的积极作用有机地结合起来，使之适应现代化生产发展的要求。在这个问题上，我们应当解放思想，勇于探索，敢于创新，抓住当前有利时机，使我们的经济得到较快发展。但是，我们同时应当看到，如果我们不提高警惕，等价交换、斤斤计较等经济生活中的一些准则，就会影响、渗透到我们国家的政治生活和道德生活中去，对干部和群众的思想产生消极影响。从事私营经济和个体经济的某些人的自私自利思想，也很可能在社会上流行或传播。资本主义社会的“金钱万能”、“有钱能使鬼推磨”的腐朽思想还会对我们进行腐蚀。所以，我们在贯彻物质利益原则、注意个人物质利益的同时，还必须要加强集体主义原则的教育，强调个人利益服从集体利益、目前利益服从长远利益、局部利益服从全局利益的原则。要使广大群众认识到，集体、社会和国家越重视个人正当利益的满足，个人就越要发扬先集体后个人的精神。对于那种借口个人利益而宣扬“个人中心”的思想，对于那些“为个人主义正名”的理论，必须加以批驳。应当正视我们现实生活中的某些为个人私利而不惜损害他人、损害国家的种种丑恶行为，应当努力克服某些国家干部的以权谋私、损公肥私、贪污腐化、投机倒把等种种不良现象。正像小平同志在南方谈话中所说的：“在整个改革开放过程中都要反对腐败。对干部和共产党员来说，廉政建设要作为大事来抓。”总之，我们既要发展商品经济，允许各种私人经济发展，同时还要头脑清醒，加强社会主义精神文明建设，注意抵制各种自私自利、损人利己等消极和腐朽思想对人们的侵蚀。

第三，社会主义的物质文明建设和精神文明建设，社会主义的经济发展和人民的思想道德、科学文化素质，是相互协调和全面发展的事业，如果不重视精神文明建设，不强调两手抓，即使我们的目的是要把经济搞上去，其结果必然是事与愿违，达不到我们预想的目的。在过去很长的时间里，由于受“左”的思想影响，一些同志看不到发展生产力和把经济搞上去的重要性，只是在我们纠正了这种“左”的错误，认真贯彻了以经济建设为中心、坚持四项基本原则和坚持改革开放以后，我们国家的经济，才能够在这短短的十几年内，取得了使人民高兴和举世瞩目的成就。社会主义精神文明建设中的科学教育文化建设，不但为物质文明建设提供智力支持，而且根据科学技术是第一生产力的思想，它还能直接促进生产力的提高。如果没有科学教育文化建设的发展，我们的物质文明建设就没有后劲，实现我们的最终目标也就可能成为一句空话。至于说社会主义精神文明建设中的思想道德建设，不但能够为我们的物质文明建设提供巨大的精神动力，而且还规定着物质文明的性质和方向，从而保证我国的“四化”建设能够沿着社会主义的道路向前发展。正是从这一意义上，我们认为思想道德建设是社会主义精神文明建设的灵魂。所谓“灵魂”，就是说思想道德建设居于精神文明建设的主导的、统帅的、决定的地位。纠正“一手硬、一手软”，实行“两手都要硬”，其主要方面就是要加强思想道德建设，加强对广大人民群众的爱国主义、集体主义和社会主义的教育，加强中华民族优秀的思想文化传统和优良的社会公德的教育。只有在加强物质文明建设的同时，切切实实、认认真真地加强精神文明的建设，我们的社会秩序和社会风气才能更快地好转；改革开放以后在我国一些地方出现的吸毒、卖淫嫖娼、经济犯罪等丑恶现象，才可能得到克服；我国“四化”建设的社会主义方向，才能够得到有力的保证。小平同志多次指出，我们的改革开放，是社会主义的改革开放，是完善社会主义制度的需要，决不是把社会主义改为资本主义。小平同志说：“风气如果坏下去，经济搞成功又有什么意义？会在另一方面变质，反过来影响整个经济变质，发展下去会形成贪污、盗窃、贿赂横行的世界。”① 又说：“我们干的是社会主义事业，最终目的是实现共产主义。”②

总之，我们必须坚持以经济建设为中心，坚持四项基本原则，坚持改革开放。能不能克服“一手硬、一手软”，能不能“两手都要硬”，实质上是能否全面坚持党的基本路线的问题。十一届三中全会以来的经验说明，我们越是坚持改革开放，发展我们的经济，我们就越要抓打击各种犯罪活动，抓社会秩序和社会风气的改善，抓党风建设和廉政建设，抓社会主义的精神文明建设，只有长期地、一贯地、始终不渝地坚持两手抓的方针，我们才既能实现经济的发展，又能够促进社会的全面进步。

---

① 《建设有中国特色的社会主义》（增订本），131 页，北京，人民出版社，1987。

② 同上书，98 页。

必须把精神文明建设提到更加突出的地位*

一

社会主义精神文明是社会主义社会的重要特征。建设有中国特色的社会主义的根本任务之一，就是要在建设高度的物质文明的同时，建设高度的社会主义精神文明。

在发展社会主义市场经济的过程中，在世界各种思想文化相互激荡的条件下，加强社会主义精神文明建设，具有特殊的重要意义。市场经济的发展，一方面使我们的生产力有了很大的发展，取得了举世瞩目的成绩，另一方面也带来了不可忽视的消极因素。邓小平同志曾极其深刻地指出："我们现在搞两个文明建设，一是物质文明，就是发展经济，一是精神文明。实行开放必然会带来一些坏的东西，影响我们的人民。要说有风险，这是最大的风险。"这就是说，对于改革开放所带来的坏的东西，必须加以充分认识，否则，我们的社会主义就会面临着不能健康发展的风险。现在，摆在全党和全国人民面前的一个值得深思的问题是：如果只是把物质文明建设搞好了，而精神文明建设搞得不好，我们是不是能建成有中国特色的社会主义？邓小平同志对此曾作出过明确的

* 本文原载《新视野》，1996（1）。

答复。他指出，只有把物质文明和精神文明建设都搞好，才是有中国特色的社会主义，“不加强精神文明的建设，物质文明的建设也要受破坏，走弯路”，即使我们把物质文明建设搞好了，经济发展了，国力增强了，“形势喜人”，“但风气如果坏下去，经济搞成功又有什么意义？会在另一方面变质，反过来影响整个经济变质，发展下去会形成贪污、盗窃、贿赂横行的世界”。这样的社会，又怎么能成为有中国特色的社会主义社会呢？

为什么说社会主义的精神文明建设，对我们建设有中国特色的社会主义有如此重要的意义呢？这是因为，精神文明建设主要是从思想道德建设和人的素质方面来培育有理想、有道德、有文化、有纪律的“四有”新人，抵制一切腐朽思想的侵蚀，加强对广大人民群众的马克思主义的世界观、人生观和价值观的教育，为我们的社会主义建设提供强大的精神动力和智力支持，从而保证我国的物质文明建设能够沿着社会主义的道路和马克思主义所指引的方向顺利向前发展。如果我们放松了精神文明的建设，就必然会在思想道德领域和社会风气方面，遭到资产阶级个人主义、拜金主义和享乐主义的侵蚀，使我们的社会空气受到污染，人民的思想受到毒害，从而改变我们正在进行的有中国特色的社会主义建设事业的方向。特别值得我们注意的是，不同性质的社会，有不同性质的精神文明。在意识形态领域里，不同性质社会的精神文明，必然要进行复杂而尖锐的斗争。在精神文明建设这一领域内，社会主义思想不去占领，资本主义的思想就必然会去占领。西方世界对我们实行“和平演变”的重要手段之一，就是要用资产阶级的意识形态，用资产阶级的人生观、价值观和腐朽生活方式，腐蚀我们的人民，以达到最终改变我们社会主义制度的目的。

江泽民同志在十四届五中全会召集人会议上所作的《领导干部一定要讲政治》的报告，是一篇重要的马克思主义的文献。他说：“我这里所说的政治，包括政治方向、政治立场、政治观点、政治纪律、政治鉴别力、政治敏锐性。”这里，首先提到的就是“政治方向”，就是要坚持以马克思主义的理论为指导，坚持社会主义的道路，坚持社会主义公有制的主导地位，坚持为工农大众的利益而奋斗。正是由于社会主义的精神文明建设是我们坚持社会主义道路的一个重要条件，因而“把精神文明建设提到更加突出的地位”，同“领导干部一定要讲政治”有着内在的联系，是当前真正做到“讲政治”的一个重要方面。

从当前的情况看，在社会上，意识形态领域内确实出现了某些要淡化政治、淡化意识形态的思潮，尽管这样的一些思潮还不占主导地位，但仍然应当引起我们的重视。有的人反对提倡马克思主义的政治方向、政治观点和政治敏锐性，不愿意甚至回避资本主义思想对我们的腐蚀，不愿意甚至反对人们划清马克思主义和反马克思主义、资本主义和社会主义的根本界限。有的人甚至提出要淡化意识形态，实际上就是要淡化马克思主义的政治。江泽民同志之所以强调要把精神文明建设放到更加突出的地位，也是有很强的针对性的。改革开放以来，在经济发展取得举世瞩目的进步的同时，西方敌对势力对我们的“和平演变”也日益加剧，它们正在加大力度，对我们进行“西化”和“分化”，力图改变我们的社会主义制度；资产阶级的腐朽思想和生活方式对我们的腐蚀，也日益增多。在这种情况下，对有关当前的许多重大原则问题，如社会主义道路的问题、资本主义和社会主义的根本区别、马克思主义和反马克思主义的原则界限，有些人也都模糊不清、观念淡化了，甚至有的共产党员对这些情况也听之任之，听任这些错误思想的发展。这种情况，应当引起我们高度的重视，这也是我们强调精神文明建设特别是要加强思想道德建设的重要原因之一。

二

在加强社会主义精神文明建设中，从近几年来的理论和实践看，有三种模糊认识需要进一步得到澄清。一个是，是否只要物质文明建设搞好了，精神文明建设自然而然就能搞好？一个是，由于我国生产力发展水平低，经济非常落后，是不是可以先把物质文明搞上去，等经济基础搞好了，再去发展精神文明？一个是，为了更快地发展物质文明，是否可以在一定时期内，以牺牲精神文明为代价来换取一时的经济发展？由于对这三个问题所抱的态度不同，因而不但在认识上出现了以不同方式为一些错误观点辩护的看法，而且在实践上导致了极其不良的后果，使一些地区或部门的精神文明建设受到了不同程度的消极影响。

首先，认为物质文明上去了，精神文明就会自然而然好起来的看法，是一种极为有害的“自发论”的错误认识。社会主义精神文明，是社会主义制度在意识形态方面的重要体现，是社会主义优越性的重要特征，是保证我们沿着社会主义道路继续发展并向共产主义过渡的重要条件。社会主义精神文明，不但不可能随着物质文明的发展而自发产生，而且在自己的发展过程中，还必然会遇到各种非社会主义思想的侵袭。失去了社会主义的精神文明和马克思主义及其思想道德的导向，资本主义的、封建主义的腐败丑恶现象，就会滋生泛滥，物质文明的发展就有离开社会主义道路的危险。在建设有中国特色社会主义的实践中，我们必须反对这种错误的“自发论”，使广大干部和人民群众能够充分认识到加强社会主义精神文明建设的重要意义。

对社会主义的重要特征，在过去一段时间内，我们较多地从经济、政治等方面去考虑，即从社会主义的公有制、按劳分配和人民民主专政方面去认识，而没有充分认识到能不能建成高度的社会主义精神文明，也是我们能否坚持、实行、发展和建设有中国特色社会主义的一个重大问题，是我们会不会在社会主义道路上迷失方向的现实问题。对于这个问题，我们现在一定要头脑清楚，提高认识，排除障碍，明辨是非，从理论思想到实际行动上，充分认识建设高度的精神文明对我们建设有中国特色的社会主义的意义。

其次，是不是可以先把物质文明搞上去，等有了一定的经济基础，在经济发展以后再抓精神文明呢？事实给了这种糊涂认识以有力的回答。现实生活证明，如果不抓社会主义精神文明，要想把物质文明真正搞上去，也是根本不可能的；即使短时期内在物质文明方面能获得一时发展，这种暂时的发展也必定会因受到各种干扰而停滞或倒退。社会主义的精神文明同物质文明是相互促进、相辅相成的。物质文明给精神文明创造必要的基础，精神文明给物质文明以精神动力和智力支持。特别是作为社会主义精神文明核心的思想道德建设，大大有助于协调社会主义社会中的人际关系，增强人和人之间的同志互助精神，改善整个社会的道德风尚，促进社会的稳定，使人们遵纪守法，从而给物质文明发展提供极为有利的环境。相反，如果拜金主义思想泛滥，享乐主义流行，腐朽没落的生活方式不断地侵蚀人们的思想，就会使道德风气败坏，社会秩序混乱。如果人们连安全感都没有，经济机制又怎么能够正常运转？尤其应当指出的是，我国的改革开放和经济建设，是在极其复杂的国际环境和多种经济成分并存的国内条件下进行的，物质文明建设中不断出现的种种问题，从意识形态方面来看，都需要靠加强以马克思主义为指导的精神文明建设来解决，放弃了精神文明的建设，就不可能解决现实生活中的这些问题。

最后，在物质文明建设和精神文明建设的关系上，那种认为为了更快地建设物质文明，可以在一定时期内以牺牲精神文明为代价的观点，是一种危害性更大的错误认识。正是在这一错误思想的指导下，一些人公开主张，要把自私自利、利己主义作为发展物质文明的精神动力和思想杠杆；一些地方毫无顾忌地纵容假冒伪劣行为，奉行地方保护主义；有的甚至可以容许赌博、卖淫和贩卖淫秽制品，作为发展物质文明的条件和手段。这种认识，也可以叫做“代价论”，即以牺牲精神文明为代价来换取物质文明的发展。从近几年我国经济发展的情况看，个别地区在“代价论”的影响下，社会道德水平不断下降，社会治安情况不断恶化，人民群众的思想不断受到腐蚀。有的地方道德水平下降，社会风气不好，甚至造成社会治安状况恶化，人民群众没有生活和工作的安全感，发生了许多值得人们注意的严重情况。针对这种“代价论”的错误，江泽民同志在党的十四届五中全会上极其明确地指出：“任何情况下，都不能以牺牲精神文明为代价去换取经济的一时发展。”这一论断，是对我国改革开放以来，在物质文明建设与精神文明建设关系中所存在的问题的一个有针对性的总结，是对在一段时期内，在理论和实践上都极为有害的“代价论”的深刻批判。实际上，一些地方虽然在经济方面获得了一时的发展，取得了某些所谓的“成绩”，但由于忽视了精神文明建设，使假冒伪劣、坑蒙拐骗、吸毒贩毒、卖淫嫖娼等丑恶现象像瘟疫一样不断蔓延，这些地方的物质文明建设也受到严重的冲击，最终也不可能建设好真正的社会主义物质文明。也正是由于这一原因，李鹏总理在《关于国民经济和社会发展“九五”计划和2010年远景目标纲要的报告》中再一次强调：“任何时候都不能以牺牲精神文明为代价，换取经济的一时发展。”并明确提出：“在发展市场经济的过程中，在世界各种思想文化相互激荡的条件下，加强精神文明建设，具有特殊重要的意义。”“精神文明建设包括教育科学文化建设和思想道德建设。各级政府要把精神文明建设纳入社会发展的总体规划，增加投入，给予物质保证，真正做到‘两手抓，两手都要硬’。”这里进一步提出了“纳入社会发展的总体规划，增加投入，给予物质保证”的措施，这一点，也是应当引起我们各级领导干部特别重视的。

三

在当前，应当把社会主义精神文明建设提到更加突出的地位。建设有中国特色社会主义的事业，正处于一个重要的历史时期。在建立社会主义市场经济体制，进一步解放和发展生产力的同时，一定要把社会的全面发展放在重要的战略地位上，特别是要不失时机地突出精神文明建设的重要性。江泽民同志在十四届五中全会上特别指出：“我们进行现代化建设，无疑要致力于发展生产力，把物质文明建设好。同时，必须把社会主义精神文明建设提到更加突出的地位，要把物质文明建设和精神文明建设作为统一的奋斗目标，始终不渝地坚持两手抓，两手都要硬。”他还进一步指出：“改革开放以来，政治、经济形势很好，精神文明建设也取得了很大进展。但是还存在一些亟待解决的问题，思想政治工作薄弱，拜金主义、享乐主义抬头，一些地方治安情况不好，一些腐败丑恶现象又重新滋生蔓延，这些问题应该引起我们高度重视，采取切实有力措施加以解决。”李鹏同志在《关于国民经济和社会发展“九五”计划和2010年远景目标纲要的报告》和第八届全国人民代表大会通过的《中华人民共和国国民经济和社会发展“九五”计划和2010年远景目标纲要》中，也一再强调“要把精神文明建设提到更加突出的地位”的重要指导思想。江泽民同志所提出的“必须把社会主义精神文明建设提到更加突出的地位”的思想，是改革开放以来，党和国家领导人对精神文明建设所提出的一个新的、极其重要的指导思想，对我国当前的发展，有非常重要的意义，值得我们深入理解并采取切实措施加以贯彻。邓小平同志1986年在总结精神文明建设的经验和教训时，曾经有针对性地指出，长时期以来，精神文明建设之所以成绩不够显著，根本原因就是全党不够重视。因此，为了真正能够把精神文明建设提到更加突出的地位，必须提高广大人民群众、党员干部的思想认识，尤其是各级领导干部的思想认识。精神文明重在建设，有四个问题在当前值得我们特别注意。

首先，我们应当清醒地认识到，建设有中国特色的社会主义，必须取得三个方面的进步，即经济进步、政治进步和思想道德进步，只有达到这三个进步，才是社会的全面进步。最近一段时期，江泽民同志在十四届五中全会上的讲话以及李鹏同志在十届全国人大会议上的报告，都一再强调要把精神文明建设纳入社会发展的总体规划，这是有很重要的现实意义的。当前，精神文明建设，特别是全民思想道德建设同经济发展已显出不相适应的情况。改变这种状况是当务之急。这种状况不改变，我们的改革开放就不能持续健康地沿着有中国特色的社会主义道路不断前进。

一个社会的进步和发展，必须是全面的，而不能只是片面的。经济的发展，对一个社会来说，是十分重要而不可忽视的，我们在过去一段时期，曾因忽视经济发展而走弯路，这一教训是应当吸取的。但是，真理向前多走一步，就会导致谬误。同样，如果只看到经济发展而看不到精神文明发展和道德进步的重要，同样会造成严重的失误，受到这种错误的惩罚。在加强社会主义精神文明建设中，树立全面、正确的发展观，力求经济进步、政治进步和道德进步同时发展，是我们在思想认识上需要解决的一个重要问题。前面所讲到的“代价论”，从思想根源上来分析，往往同这种错误的发展观联系在一起。为什么精神文明建设在一些地方或单位，总是处于软弱无力的地位？为什么对于有些领导干部来说，总是“一手硬、一手软”？从认识上来看，就是因为在这些人的头脑里有着这种片面性的认识。从思想兴奋点和注意力来说，认为只有经济发展，才是社会进步，而精神文明方面的思想面貌和道德风尚的进步，则可有可无。从政绩和成就来说，认为只有经济发展，效益提高，才算是成绩，才是进步，而精神文明和思想面貌、道德风尚的进步似乎不能看做什么进步。值得注意的是，一些人往往用经济效益来掩盖在思想道德建设方面所出现的种种问题，从而导致在经济效益提高的同时，出现了腐朽思想对人们的严重腐蚀，形成了经济发展和思想道德退步的巨大反差。从社会的全面发展来看，如果没有政治的进步和思想道德方面的进步，反过来又必然会影响经济的发展。一个社会的精神文明和道德风尚，总是同社会的稳定和人际和谐有密切关系，甚至还将会影响到整个社会的治安和人民的安全。如果只注重经济发展而忽视人们思想道德的进步和素质的提高，造成拜金主义、享乐主义和个人主义思想的泛滥，那么，到头来不但经济的暂时发展不能保持，还将会造成社会的混乱和经济的倒退。因此，从社会的全面进步来要求，我们必须正视这种片面的发展观所带来的危害，在可能的情况下，力争使社会在经济发展、政治进步的同时，加强思想道德建设的力度。因此，从这一意义上看，精神文明建设与我国的经济发展和整个社会主义建设的兴衰成败，都有重要的关系。

其次，在思想道德上，要继续大力弘扬社会主义、爱国主义和集体主义三个主旋律。在我国实行市场经济体制的条件下，有一种观点认为，既然市场经济条件下存在着不同的经济成分，就不应再弘扬社会主义的集体主义精神，而应当在指导思想上采取多元化的态度，这是极为有害的。由于多种经济成分的发展，人们当然会出现多种不同的价值取向，这是不以人们的意志为转移的。但我们是社会主义国家，我们的价值导向只能是一元化的，不能是多元化的。正像江泽民同志在建党七十周年纪念大会上所作的报告中所说的："有中国特色社会主义的文化，必须以马克思列宁主义、毛泽东思想为指导，不能搞指导思想的多元化。"这是从社会主义本质出发的，是任何时候都不能动摇的。

弘扬社会主义的主旋律问题，是党中央和江泽民同志这几年来一再倡导的。1991 年 7 月 1 日，江泽民同志在中国共产党成立七十周年纪念大会上，首先提出了"主旋律"的问题，他说："要鼓励深入研究我国建设和改革的现实问题，鼓励创作更多的健康文明、积极向上、为人民大众喜闻乐见的作品。在这些作品中，反映社会主义时代精神应该成为主旋律。"1992 年 9 月，江泽民同志在上海考察工作时，在强调精神文明建设的重要意义时，第一次明确了"爱国主义、社会主义、集体主义应当成为我们社会的主旋律"。1992 年 10 月 12 日，江泽民同志在中国共产党第十四次全国代表大会上的报告中提出："在全国各族人民特别是青少年中，进一步加强党的路线的基本教育，爱国主义、集体主义和社会主义思想教育……"强调了爱国主义、集体主义和社会主义的重要性。从此以后，江泽民同志多次把弘扬爱国主义、集体主义和社会主义的主旋律同反对拜金主义、享乐主义和极端个人主义并提，成为我们在意识形态领域里进行工作的一个原则。在加强精神文明建设中，我们应当切切实实地把弘扬主旋律作为我们重要的指导原则。

在弘扬三个主旋律的问题上，存在着一个值得注意的问题，就是有极少数人认为，现在是市场经济，应当弘扬个人主义或个人本位思想，不适宜再弘扬集体主义的思想。他们错误地认为，市场经济就是要以“自私自利”、“个人本位”、“利己主义”来调动人们的积极性，是同集体主义矛盾的。他们把资产阶级的个人主义理解为“发展个性”和“实现个人价值”，而根本不了解或有意隐瞒个人主义的核心是要“以个人为中心”和“把个人价值视为至高无上的价值”，反对集体利益高于个人利益的社会主义集体主义。最近几年来，一些以适应市场经济的要求为借口而要“重建”、“重构”以“个人本位”、“个人至上”为基本原则的道德体系的人，总是不遗余力地贬损社会主义的集体主义原则。他们往往以纠正对集体主义的“左”的片面的理解为理由，实质上是要从根本上取消社会主义的集体主义。确实，随着社会主义市场经济的发展，我们应当对社会主义的集体主义的原则和要求，作出符合现实发展的新的解释，但是我们必须旗帜鲜明地坚持社会主义的集体主义原则，反对任何形式的个人主义和“个人本位”的思想。

再次，加强世界观、人生观、价值观的教育，并努力把这三者有机地结合起来，从而为培养有理想、有道德、有文化、有纪律的“四有”新人服务。世界观是人生观的基础，价值观是评论事物有无价值和价值大小的标准。一个人生活在世界上，应当追求什么，哪些事情对我们最有意义，最值得为它献身，这就是我们在世界观、人生观、价值观上所要解决的核心问题。我们所要确立的世界观，即辩证唯物主义和历史唯物主义的世界观，又称马克思主义的世界观，是我们观察和认识当代社会问题的最科学的思想武器，是我们研究和分析国际国内形势的唯一正确指针。我们所要树立的人生观，就是为人民服务的人生观，它把为国家、为民族、为人民而献身视为人生最值得追求的事业，它对提高广大人民群众特别是党员和干部的素质，有重要的意义。正像江泽民同志所指出的，只有为人民服务的人生才是最有意义的、光荣的、闪光的人生。我们所强调的价值观，是以人民利益为最高原则的集体主义的价值观，它是一个人评价和认识当前社会上所有事物有无价值和价值大小的标准，是我们应当倡导的、有利于现代化建设的价值观念。从上述的分析也可以看出，人生观和价值观是既有区别又有联系的。价值观所包含的内容比较广，是我们对各种事物的价值的一个总的指导思想，因而在一定意义上，它也包含了对人生意义的价值的人生观。由于人生观的特殊重要性，它也就必然是人们价值观的一个重要出发点和根据。我们之所以强调世界观、人生观、价值观的教育，就是要使人们树立马克思主义的辩证唯物主义的观点，并真正认识到，尽管在前进的道路上还必然会有这样那样的曲折，但社会主义取代资本主义是人类历史发展不可逆转的总趋势，从而坚定我们对社会主义和共产主义必将取得最后胜利的信念，并以献身这一事业为人生最大的价值。世界观、人生观、价值观的教育，是既相区别又相联系的，是为我们建设有中国特色的社会主义这一根本目的服务的。因此，对世界观、人生观、价值观教育的根本目的和深远意义，应当有一种深入的理解，并使这三种教育统一到为建设有中国特色的社会主义和最终实现共产主义这一根本目的上来。要使全国人民都认识到，为建设有中国特色的社会主义事业而奋斗，是最有意义的事情，是我们人生的最大价值之所在。只要我们能够树立起共产主义的理想，把建设有中国特色的社会主义作为人生最值得的事业去追求，我们的事业就一定能够成功，我们的目的就一定能够达到。

关于人生观、世界观、价值观的教育及其在提高全民素质和加强精神文明建设中的重要意义，从我们党来说，也有一个认识和发展的过程。新中国成立以来，我们特别强调马克思主义世界观的教育，对人生观、价值观的教育并没有放到同世界观并提的位置。1992 年 10 月，江泽民在十四大报告中明确提出了世界观、人生观、价值观的重要性。他强调要“增强民族自尊、自信和自强精神，抵制资本主义和封建主义腐朽思想的侵蚀，树立正确的理想、信念和价值观”，同时，又提出：“共产党员、共青团员和一切先进分子，必须努力学习和掌握马克思主义的立场、观点、方法，树立共产主义的崇高理想和世界观、人生观，身体力行共产主义道德。”1995 年 1 月，江泽民同志在全国宣传部长座谈会上进一步提出：“中央一直强调加强爱国主义、集体主义、社会主义教育”，“要把这种宣传教育坚持下去，搞得更好，就要把它同正确的世界观、人生观、价值观的宣传教育有机地结合起来，引导人们树立崇高的理想和信仰，正确处理个人、集体、国家的利益关系”。1995 年 1 月 23 日，江泽民同志在中纪委第五次全会上的讲话中指出：“树立正确的世界观和人生观，无论过去、现在和将来，对于每一个干部和党员来说，都是首要的问题。这个问题不解决或解决得不牢靠，不论搞革命还是搞建设，是不可能兢兢业业的，也不可能做出什么成绩来。……我们的干部和党员，一定要把人为什么活着这个问题弄清楚。如果只是为自己、为家庭而活着，那个意义是很有限的。只有为社会、为国家、为民族、为集体的利益，奋不顾身地工作，毫无保留地贡献出自己的聪明才智，这样的人生才有真正的意义，才是光荣的人生、闪光的人生。”1995 年 6 月 30 日，在接见全国优秀县委书记表彰会上，1995 年 9 月 29 日，在十四届五中全会召集人会议上，1996 年 1 月，在接见《解放军报》社师以上干部讲话等多次讲话中，江泽民总书记都一而再、再而三地强调树立正确的世界观、人生观、价值观的重要性，在十四届五中全会的会议公报中，还专门提出了“坚持不懈地加强道德建设和爱国主义、集体主义、社会主义思想教育，树立正确的世界观、人生观、价值观”。所有这些，都是值得我们深思，值得我们认真领会并在实际工作中加以贯彻的。

最近，江泽民同志又再一次提出，在加强精神文明建设中，应当把思想道德文化建设放到最重要的地位，对于思想道德建设，尤其强调人生观即人为什么活着，人怎样活着才算最有意义。他多次强调，要全心全意为人民服务。1996 年 3 月 7 日，他在参加八届人大四次会议代表团审议时指出：“建设有中国特色的社会主义，根本目的是全心全意为人民谋利益。在整个现代化建设过程中，我们要始终坚持一个重要原则，就是经济利益分配的着力点，必须首先保证广大工人、农民和知识分子得到实际的利益，保证他们的生活水平不断提高，保证他们充分享受改革开放和现代化建设的成果。只有普遍提高广大工人、农民和知识分子的生活水平，我们的改革和建设事业才能获得最广泛、最可靠的群众基础和动力源泉。”也正是由于这种原因，从事现代化建设的人们，特别是党员、干部，更必须树立起全心全意为人民服务的人生观，否则，如果这一人生观没有树立或树立得不牢靠，甚至受到腐朽思想的腐蚀，只愿为人民币服务而背离了为人民服务这一原则，我们的四个现代化建设就不可能在正确道路上健康发展，甚至会背离我们的目的走到邪路上去。

最后，在思想道德建设上，应充分发挥社会、学校和家庭在思想道德教育中的作用，把职业道德、社会公德和家庭伦理道德三个方面同时加强起来，使之相互配合，相互渗透。加强精神文明建设，一定要从实效方面考虑，从实际可行的、许多看得见的具体事情抓起，也就是要从怎样做人、怎样做一个好公民、怎样做一个尽职尽责的职业工作者、怎样培养良好的社会公德入手，提倡“从我做起”，使人们的道德水平切切实实地不断得到提高。

加强社会主义的精神文明建设，尤其是加强思想道德建设，应当找到能够实际可行的重要环节，从而抓住这些环节，带动其他各方面的工作，更好地培养广大人民群众特别是青少年的思想道德素质，推动整个精神文明建设的不断发展。从这一意义上看，紧紧抓住职业道德、社会公德和家庭伦理道德这三个方面，是有重要意义的。加强职业道德教育，就是要培养广大从业人员的忠于职守的敬业乐业精神，形成对每个人所从事的职业的高度责任心，从而使每个从业者都能够兢兢业业地做好本职工作。在社会生活中，加强职业道德教育，还能够形成良好的社会风尚，协调人际关系，并通过职业道德的感情传递，使社会安定团结，有利于经济的发展。社会公德，对形成助人为乐、团结互助、尊老爱幼、邻里和谐的社会风气，有特别重要的作用，抓好社会公德的教育，就有可能使社会成为培养人民群众思想道德素质的大学校，有利于社会秩序的稳定。在我国当前的社会中，家庭不但有着教育子女、延续后代和家庭成员共同生活的作用，很多家庭还担负着组织生产、经营企业和个体工商业的功能，因此，大力加强社会主义的家庭伦理道德教育，不但对于培养青少年的思想道德素质、维护家庭和谐具有重要意义，而且能够使家庭成员更好地遵守社会主义的法律和社会主义的道德规范，有利于全民素质的提高。

对几个重要提法的建议*

第一，关于社会主义精神文明建设的地位、作用问题。

过去中央的文件对精神文明建设的地位作用，较多地是提“智力支持”和“精神动力”，建议强调精神文明对物质文明的作用，突出社会主义精神文明建设的方向作用。

第二，思想道德建设在精神文明建设中占有特殊的地位。

思想建设，主要是指马克思列宁主义、毛泽东思想和邓小平建设有中国特色社会主义的理论建设。道德建设，主要是指以集体主义为基本原则的社会主义基本道德规范，社会公德、职业道德和家庭伦理道德等的建设。它不但规定着精神文明的性质，而且是精神文明建设的核心。因此，应明确提出思想道德建设是精神文明建设的核心。

第三，关于弘扬中华民族优秀的思想文化传统的问题。

考虑到在弘扬文化传统中所出现的问题，有必要强调马克思主义的优良作风和革命道德传统，努力提高全民族的思想道德素质；强调的目的在于使社会主义道德具有更加丰富的内涵，并形成适应现代社会发展、有中国特色的价值观念和伦理道德规范。

第四，关于弘扬主旋律的集体主义问题。

集体主义是同社会主义本质特征相联系的一种价值导向，在社会主义社会的意识形态中，占有重要的地位。在我们社会主义市场经济建立的过程中，人们对集体主义提出了一些问题，反映了在新的条件下，怎

---

* 本文原载《光明日报》，1996-05-16，系在中宣部召集的有关精神文明建设的会议上的发言。

么正确理解、阐发、界定集体主义的新问题。对集体主义的界定，应强调三个思想：集体利益高于个人利益；个人、集体、国家利益相结合；在集体利益高于个人利益的原则下，切实保障个人的正当利益，大力发挥个人的能动作用。集体主义分为三个层次：一是无私奉献，即全心全意为人民服务；二是先公后私；三是顾全大局，热爱祖国，遵纪守法，诚实劳动，遵守社会主义社会的起码的公共生活规则、市民公约、社会公德、职业道德和家庭伦理道德。

第五，在市场经济条件下，在思想道德建设上如何对待个人主义也是我们所面临的一个问题。

个人主义是同资本主义的社会制度相联系的一种价值观念，同社会主义的集体主义原则是根本对立的。提到“反对个人主义”时，有三种提法：一是反对个人主义，二是反对形形色色的个人主义，三是反对极端个人主义。为了更加明确，建议用邓小平同志所说的“反对形形色色的个人主义”来代替“反对极端个人主义”的提法。

第四编

培育“四有”新人

邓小平理论同培育“四有”新人*

邓小平同志关于“四有”新人的理论，对于加强青少年的思想道德教育和提高全民族的思想道德素质，有极其重要的意义。

早在1978年4月的全国教育工作会议上，邓小平同志就明确地指出：“我们的学校是为社会主义建设培养人才的地方。培养人才有没有质量标准呢？有的。这就是毛泽东所说的，应该使受教育者在德育、智育、体育几个方面都得到发展，成为有社会主义觉悟的有文化的劳动者。”他还强调，要“把毛泽东同志提出的培养德智体全面发展，有社会主义觉悟的有文化的劳动者的方针贯彻到底，贯彻到社会各个方面”。在培养德智体全面发展的新人的事业中，邓小平同志又特别强调理想和信念的重要性，他说要“把青少年培养成为忠于社会主义祖国、忠于无产阶级革命事业、忠于马克思列宁主义毛泽东思想的优秀人才”。1979年10月，他在《中国文学艺术工作者第四次代表大会上的祝词》中进一步明确地提出，“我们要在建设高度物质文明的同时，提高全民族的科学文化水平，发展高尚的丰富多彩的文化生活，建设高度的社会主义精神文明”，要“提高整个社会的思想、文化、道德水平”，“培养社会主义新人”，从而把培养社会主义新人的任务，提到了全党和全国人民的面前。1980年12月，邓小平同志在党中央的工作会议上的讲话中又

* 本文原载《德育信息》，1997（6）。

进一步强调，“要努力使我们的青少年成为有理想、有道德、有文化、有体力的人，使他们立志为人民做贡献，为祖国做贡献”。接着，到1982年7月，在军委座谈会上，他把“有体力”改换为“守纪律”，发展成为“使我们的各族人民都成为有理想、讲道德、有文化、守纪律的人民”的新的论断。从此以后，邓小平同志的“四有”新人的理论，便正式形成并为全党和全国人民所接受。1986年9月《中共中央关于社会主义精神文明建设指导方针的决议》中，又进一步提出“社会主义精神文明建设的根本任务，是适应社会主义现代化建设的需要，培养有理想、有道德、有文化、有纪律的社会主义公民，提高整个中华民族的思想道德素质和科学文化素质”，把“培养有理想、有道德、有文化、有纪律的社会主义公民”，正式写入了党中央的文件之中。

邓小平同志所强调的“四有”新人的思想，是同他所强调的精神文明建设的极端重要性联系在一起的。他还着重地强调，精神文明不但包括教育、科学、文化等方面，而且更重要的是指“共产主义的思想、理想、信念、道德、纪律，革命的立场和原则，人与人的同志式关系，等等”，如果在建设社会主义的四个现代化的过程中，我们“没有这种精神文明，没有共产主义思想，没有共产主义道德，怎么能建设社会主义？”

自从20世纪90年代以来，特别是党的十四大以来，江泽民同志进一步发展了邓小平理论中有关“四有”新人的理论，强调了思想道德教育在提高全国人民素质中的重要作用。自从1992年开始，江泽民同志不断地强调要弘扬爱国主义、集体主义和社会主义三个主旋律，提出要“以科学的理论武装人，以正确的舆论引导人，以高尚的精神塑造人，以优秀的作品鼓舞人”，强调要反对个人主义、拜金主义和享乐主义。他所提出的要讲学习、讲政治、讲正气的要求，也主要是从提高全党和全国人民的思想道德素质来考虑的。在社会主义市场经济的条件下，江泽民同志根据党的建设和培养“四有”新人的实践经验，根据党员思想的发展变化的实际情况，根据党的纪律检查工作所提供的正反两面的事例，从怎样才能更加有效地达到培养“四有”新人的目的出发，又特别强调了加强世界观、人生观和价值观教育在提高党员的觉悟和培养“四有”新人中的重要作用。世界观、人生观和价值观，关系到一个人对个人利益同社会利益、国家利益的根本看法，关系到一个人的理想、信念和人生的追求，关系到对社会生活中美丑善恶的评价和辨别，关系到一个人待人处世的根本态度和方法。因此，在培养社会主义的“四有”新人的工作中，我们必须认真加强世界观、人生观和价值观的教育。

在为党的十五大所作的政治报告中，江泽民同志又特别强调了“建设有中国特色社会主义文化，必须着力提高全民族的思想道德素质和科学文化素质，为经济发展和社会全面进步提供强大的精神动力和智力支持，培育适应社会主义现代化要求的一代又一代有理想、有道德、有文化、有纪律的公民。这是我国文化建设长期而艰巨的任务”。他特别提到要注意提高青少年的思想道德素质，强调“青少年是祖国的未来，民族的希望，要十分重视青少年思想道德建设”。江泽民同志进一步发展了邓小平关于物质文明建设和精神文明建设的关系以及培养“四有”新人的理论，强调了理想、道德在建设社会主义事业中的不可缺少的重要意义，他说“物质贫乏不是社会主义，精神空虚也不是社会主义”，从而使我们在什么是社会主义和怎样建设社会主义的问题上，有了更加深刻和更加全面的认识。

要充分重视培育“四有”新人的历史重任*

一

在社会主义的四个现代化的长期过程中，我们究竟应当培养什么素质的人才，应当用什么要求来教育我们的青年，使他们能够适应未来建设的需要？这个问题，是关系到社会主义国家和中华民族发展和兴旺的根本问题，应当引起我们高度的重视。中国古代的伟大政治家、思想家管仲曾说：“一年之计，莫如树谷；十年之计，莫如树木；终身之计，莫如树人。”这充分说明了人才对于治理国家的重要。在当前我们面临的激烈国际竞争中，人才竞争，主要是人的素质的竞争，占有极其重要的地位。为了使我们的民族、我们的国家在未来的竞争中，能够自立、自强于世界民族之林，我们一定要十分重视人才的教育和培养。

新中国成立以后，根据当时的需要，毛泽东同志提出，我们应当培养德智体全面发展的、又红又专的社会主义的接班人。改革开放以来，邓小平同志继承并发展了毛泽东同志的这一思想，提出了关于“四有”新人的理论，这对于提高全民族的思想道德素质和培养适应21世纪高素质的人才来说，有极其重要的现实意义。江泽民同志又进一步强调，

* 本文作于1999年，原载《罗国杰文集》，下卷，1141～1153页，保定，河北大学出版社，2000。

“培养有理想、有道德、有文化、有纪律的新人，是建设社会主义精神文明的根本目标”，要加强世界观、人生观和价值观的教育，反对个人主义、拜金主义和享乐主义，抵御资本主义和封建主义腐朽思想的侵蚀，以达到提高广大人民群众的思想水平和建设高素质的干部队伍的目的。

改革开放以来，邓小平同志关于培养“四有”新人的思想，是经过了认真的思考而逐步形成的。早在1978年4月的全国教育工作会议上，邓小平同志就提出：“我们的学校是为社会主义建设培养人才的地方。培养人才有没有质量标准呢？有的。这就是毛泽东所说的，应该使受教育者在德育、智育、体育几个方面都得到发展，成为有社会主义觉悟的有文化的劳动者。”他还强调，要“把毛泽东同志提出的培养德智体全面发展，有社会主义觉悟的有文化的劳动者的方针贯彻到底，贯彻到社会各个方面”。1979年10月，他在《中国文学艺术工作者第四次代表大会上的祝词》中进一步明确地提出，“我们要在建设高度物质文明的同时，提高全民族的科学文化水平，发展高尚的丰富多彩的文化生活，建设高度的社会主义精神文明”，要“提高整个社会的思想、文化、道德水平”，“培养社会主义新人”，把培养社会主义新人的任务，提到了全党和全国人民的面前。在经过充分的思考之后，1980年12月，邓小平同志在中共中央工作会议上的讲话中又进一步强调：“要努力使我们的青少年成为有理想、有道德、有文化、有体力的人，使他们立志为人民做贡献，为祖国做贡献。”这一次，虽然已经明确提出了“四有”的要求，但是这“四有”中，还没有包含“有纪律”的内容。到1982年7月，在军委座谈会上，他把“有体力”改换为“守纪律”，发展成为“使我们的各族人民都成为有理想、讲道德、有文化、守纪律的人民”的新的论断。从此，邓小平同志的“四有”新人的理论正式形成，并为全党和全国人民所接受。1987年2月，他又说，我们提出要教育人民成为“四有”人民，教育干部成为“四有”干部。邓小平所提出的“四有”新人的理论，对我们社会主义事业和四个现代化的建设，已经产生着和正在产生着极为重要的作用。

1986年9月，《中共中央关于社会主义精神文明建设指导方针的决议》中又进一步提出，“社会主义精神文明建设的根本任务，是适应社会主义现代化建设的需要，培养有理想、有道德、有文化、有纪律的社会主义公民，提高整个中华民族的思想道德素质和科学文化素质”，把“培养有理想、有道德、有文化、有纪律的社会主义公民”，正式写入了党中央的文件之中。

二

为什么要把有理想、有道德、有文化、有纪律这四个方面作为“四有”的内容呢？有理想、有道德、有文化、有纪律这四个方面，为什么这样排列，它们又都包含着什么内容呢？

首先，在培养德智体全面发展的新人的事业中，邓小平同志特别强调理想和信念的重要性，他说，要“把青少年培养成为忠于社会主义祖国、忠于无产阶级革命事业、忠于马克思列宁主义毛泽东思想的优秀人才”。又说：“我们一定要经常教育我们的人民，尤其是我们的青年，要有理想。为什么我们过去能在非常困难的情况下奋斗出来，战胜千难万险使革命胜利呢？这是因为我们有理想，有马克思主义信念，有共产主义信念。我们干的是社会主义事业，最终目的是实现共产主义。这一点，我希望宣传方面任何时候都不要忽略。”1985年，在《改革是中国发展生产力的必由之路》一文中，他十分明确地指出：“我们多年奋斗就是为了共产主义，我们的信念、理想就是要搞共产主义。在我们最困难的时期，共产主义的理想是我们的精神支柱，多少人牺牲就是为了实现这个理想。”1986年11月，他在会见日本首相时说：“现在中国提出‘四有’，有理想、有道德、有文化、有纪律。其中我们最强调的，是有理想。”1987年3月，他在《中国只能走社会主义道路》一文中指出：“理想就是社会主义现代化。很多人只讲现代化，忘了我们讲的现代化是社会主义现代化。”由此可见，所谓“有理想”，包含着两个方面的内容，一个是我们要有马克思主义信念和共产主义的远大理想，一个是我们要有社会主义四个现代化的理想，这两个理想是相互联系、相互统一的。

“有道德”，就是要有为人民服务的思想和集体主义的精神。我国的社会主义道德建设，以为人民服务为核心，以集体主义为原则，以爱祖国、爱人民、爱劳动、爱科学、爱社会主义为基本要求。邓小平同志十分强调为人民服务的重要性，他说：“我们在新民主主义革命时期，就已经坚持用共产主义的思想体系指导整个工作；用共产主义道德约束共产党员和先进分子的言行；提倡和表彰‘全心全意为人民服务’，‘个人服从组织’，‘大公无私’，‘毫不利己、专门利人’，‘一不怕苦、二不怕死’。现在已经进入社会主义时期，有人居然对这些庄严的革命口号进行‘批判’，而这种荒唐的‘批判’不仅没有受到应有的抵制，居然还得到我们队伍中一些人的同情和支持。每一个有党性、有革命性的共产党员，难道能够容忍这种状况继续下去吗？”邓小平同志还特别强调，对于共产党员和党的干部来说，更应当用共产主义道德来约束自己，“要教育全党同志发扬大公无私、服从大局、艰苦奋斗、廉洁奉公的精神，坚持共产主义思想和共产主义道德”。他一再告诫人们，党和政府愈是实行积极改革和对外开放的政策，党员尤其是党的高级负责干部，就愈要高度重视、愈要身体力行共产主义思想和共产主义道德。邓小平同志还极其强调集体主义原则的重要性，他提醒人们，要充分认识个人主义的腐朽思想同为人民服务的根本对立，指出这种个人主义的思想如不及时制止，就有可能发展到小集团的活动，走上极端错误的道路，因此，要求我们的“四有”新人一定要具有集体主义的精神。

“有文化”，是“四有”新人的一个重要要求，就是要有能适应社会主义现代化发展的科学文化知识，否则，我们就根本不可能使我国的经济发展，不可能使我们的国家富强。邓小平同志说：“劳动者只有具备较高的科学文化水平，丰富的生产经验，先进的劳动技能，才能在现代化的生产中发挥更大的作用。在我们的社会里，广大劳动者有高度的政治觉悟，他们自觉地刻苦钻研，提高科学文化水平，从而必将在生产中创造出比资本主义更高的劳动生产率。”

“有纪律”，是“四有”新人中邓小平同志所特别加进去的。他之所以把“有体力”改变为“有纪律”，是经过充分考虑并和有关方面的同志商量后才这样提出的。1982 年 7 月，邓小平同志谈到了他关于纪律的看法，他说，他跟理论界的同志谈了为什么要强调守纪律，他们赞成这个要求。他又说：“没有纪律可不行啦。同心同德，一心一意，没有纪律可不行。我们过去革命，就是靠纪律，而且是自觉的纪律。中国共产党成立后，最好的风气就是这个。”他反复地强调，我们历来提倡有理想、有道德、有文化、有纪律，其中最重要的是有理想、有纪律。邓小平同志在培养新人中重视“有纪律”的思想，是同我们社会主义的根本制度相联系的。在建设社会主义的伟大事业中，正如邓小平同志所说的，中国要发展起来，要实现社会主义的四个现代化，“没有纪律，没有秩序，什么事都搞不成功。西方民主那一套，我们不能照搬，中国的事情，要根据自己的情况办。中国的民主是社会主义民主，是同社会主义法制相辅相成的。中国正是根据自己的实际情况，建设有中国特色的社会主义”。

邓小平同志所强调的“四有”新人的思想，是同他所强调的精神文明建设的极端重要性联系在一起的。他还着重地强调，精神文明不但包括教育、科学、文化等方面，而且更重要的是指“共产主义的思想、理想、信念、道德、纪律，革命的立场和原则，人与人的同志式关系，等等”，如果在建设社会主义的四个现代化的过程中，我们“没有这种精神文明，没有共产主义思想，没有共产主义道德，怎么能建设社会主义？”

三

20 世纪 90 年代以来，特别是党的十四大以来，江泽民同志进一步发展了邓小平理论中有关“四有”新人的理论，强调了思想道德教育在提高全国人民素质中的重要作用。自 1992 年开始，江泽民同志不断地强调要弘扬爱国主义、集体主义和社会主义三个主旋律，提出要“以科学的理论武装人，以正确的舆论引导人，以高尚的精神塑造人，以优秀的作品鼓舞人”，强调要反对个人主义、拜金主义和享乐主义。他所提出的要讲学习、讲政治、讲正气的要求，也主要是从提高全党和全国人民的思想道德素质来考虑的。在社会主义市场经济的条件下，江泽民同志根据党的建设和培养“四有”新人的实践经验，根据党员思想发展变化的实际情况，根据党的纪律检查工作所提供的正反两面的事例，从怎样才能更加有效地达到培养“四有”新人的目的出发，又特别强调了加强世界观、人生观和价值观关系到一个人对个人利益同社会利益、国家利益的根本看法，关系到一个人的理想、信念和人生的追求，关系到对社会生活中美丑善恶的评价和辨别，关系到一个人待人处世的根本态度和方法。因此，在培养社会主义“四有”新人的工作中，我们必须认真加强世界观、人生观和价值观的教育。江泽民同志说：“任何人总有退出历史舞台的那一天，借用一句话，要‘安全着陆’，‘软着陆’。功名利禄的思想太重了，没有什么好处，使自己不得自由。人总要有一种高尚的灵魂。”

在党的十五大所作的政治报告中，江泽民同志又特别强调了“建设有中国特色社会主义文化，必须着力提高全民族的思想道德素质和科学文化素质，为经济发展和社会全面进步提供强大的精神动力和智力支持，培育适应社会主义现代化要求的一代又一代有理想、有道德、有文化、有纪律的公民。这是我国文化建设长期而艰巨的任务”。他特别提到要注意提高青少年的思想道德素质，强调“青少年是祖国的未来，民族的希望，要十分重视青少年思想道德建设”。江泽民同志进一步发展了邓小平关于物质文明建设和精神文明建设的关系以及培育“四有”新人的理论，强调了理想、道德在建设社会主义事业中的不可缺少的重要意义。他说“物质贫乏不是社会主义，精神空虚也不是社会主义”，从而使我们对什么是社会主义和怎样建设社会主义的问题，有了更加深刻和更加全面的认识。

四

值得注意的是，在培育“四有”新人的工作中，还存在着许多模糊的甚至非常错误的认识。

首先，要特别加以指出的是，在培养和教育“四有”新人的工作中，“理想”的重要性并没有被许多人所认识。在个人主义、拜金主义和享乐主义的腐蚀下，在追求物质欲望的影响下，一些人把理想和信念看做一种抽象的、空洞的东西，不但自己沉溺于低级、庸俗的追求，而且对共产主义、社会主义的理想和信念加以讽刺和嘲笑。这种人并不是没有理想，只不过他们抱着自己的低级的、庸俗的，甚至是腐朽的“理想”来诋毁崇高的社会主义和共产主义的理想。我们正在建设有中国特色的社会主义，最终要建立一个没有人压迫人和人剥削人的共同富裕的社会。因此，有没有社会主义和共产主义的理想，也就必然成为我们能否建成这样的社会的一个关键。失去了社会主义和共产主义的远大理想，我们在建设的道路上，就会失去动力、迷失方向，甚至可能会误入歧途。我们不能不看到，那些极力反对社会主义理想和共产主义理想的人，则正是那些要把我们引入歧途的人。在当前社会主义的初级阶段中，我们首先要为共同理想而奋斗，但是，我们决不能忘记我们的远大理想。邓小平同志多次讲到社会主义和共产主义理想对我们建设四个现代化的重要意义，我们在培养和教育“四有”新人的工作中，一定要认真注意“理想”的重要性。

其次，在“四有”中，一些人似乎只重视其中的“一有”，即有文化，而不重视有道德、有理想和有纪律。我们可以看到，在当前的学校教育中，为了应付考试，为了升学，为了分数，有些学校完全忽视了德智体全面发展的要求，片面地强调智育的重要，把德育看做可有可无的事情，使青年学生在应当受到道德教育的良好时机，没有受到应有的教育，以致在他们长大成人和参加社会工作以后，还不知道怎么做人、怎么处世，还不知道怎样正确处理个人和集体、个人和国家的关系。在党和政府的长期教育下，广大青年的思想道德水平是好的和比较好的。但也要看到，确有一些青年，由于未受到很好的思想品德的教育，在家中，不知道孝敬父母；在社会上，不知道尊敬老人；在工作上，不知道爱岗敬业。极少数青年，由于在家庭中养成了“以我为主、以我为中心”的心理和观念，在学校中又使这种心理和观念得到了进一步的发展，也正因为这样，在走入社会后，他们就经不起社会上各种腐朽思想的腐蚀，一有机会，个人的自私自利思想就会发展。其结果，不仅使他们在事业和工作上遭受各种各样的挫折，而且对我们的四个现代化建设，也必然会造成不应有的损失。

再次，在我们的工作中，特别是在对人才的使用、教育和培养中，也存在着只重视工作能力、技术水平等智力方面的因素，而忽视思想品德的错误倾向。在德和才的问题上，重才轻德，看不到道德品质在人的素质中的重要作用。从一时一事来看，一个有才而无德的人，也可能做成功一件事情，获得一时的成功，带来一时的经济效益，但是从长远来看，最终是对我们的事业不利的，在很多情况下，往往要给我们的事业造成很大的损失。这可以说是屡见不鲜的。原因非常简单，因为这些有才而无德的人，他们的动机和出发点是为了个人的私利，他们进行工作的手段和方法，往往是急功近利而不顾及他人和社会的利益，就是损人利己和损公肥私也在所不惜。而且，更加值得我们警惕的是，这些有才而无德的人，当他们自己感到羽翼丰满、有恃无恐的时候，就会大胆妄为，甚至为了一己私利而不惜牺牲国家和人民的利益。

最后，“纪律”作为人才素质的一个重要要求，也没有得到一些人应有的重视。在我们的社会主义国家中，我们道德建设的原则是集体主义，国家利益和集体利益高于个人利益的原则、每一个人都必须遵守纪律的原则，是我们在任何情况下都必须坚持的。正是由于对纪律的重要性存在着错误的认识，纪律松弛的情况，已经成为我们社会主义现代化建设中一个相当突出的问题。工作的责任心不强，对应该遵守的纪律阳奉阴违，明知故犯，有的人甚至不以为耻，反以为荣。我们知道，没有严格的纪律，我们就不能保证各项法律、政策、法规的正确实施，就不能保证我们队伍的团结一致，就会“上有政策，下有对策”，就会各行其是，我们社会主义的优势就不可能得到发挥。因此，我们在培育“四有”新人的工作中，一定要充分认识到“有纪律”的重要性，使我们的青年和广大群众都能有极强的纪律观念，能够“令行禁止”、政令畅通，我们的社会主义四个现代化建设事业，就能顺利地向前发展。

实现“四化”，振兴中华，把建设有中国特色的社会主义事业全面推向21世纪，是全党、全军和全国人民的庄严而神圣的任务。为了更好地实现这一任务，我们不但要大力发展我们的生产力，增强我国的综合国力，提高广大人民群众的生活水平，更重要的是，我们必须提高全体人民的思想道德素质，培育出有理想、有道德、有文化、有纪律的“四有”新人，以保证我们的经济能够持续不断地向前发展，保证我们的社会能够在经济、政治、文化、教育等各个方面，都能够得到全面的进步。我们必须认识到，在建设社会主义的事业中，如果没有人的素质的提高，不能培育出有理想、有道德、有文化、有纪律的“四有”新人，不但经济的发展是不能持久的，而且要想建设成没有剥削、没有两极分化的社会主义社会，也是不可能的。

大力培育“四有”新人 促进社会全面发展*

——重温邓小平同志有关“四有”新人的论述

邓小平同志关于培育有理想、有道德、有文化、有纪律的社会主义“四有”新人的思想，是邓小平理论的重要组成部分。“四有”新人思想的提出，体现了邓小平同志作为一个伟大的马克思主义者，对建设中国特色社会主义和最终实现共产主义的坚定信念，对什么是社会主义、怎样建设社会主义等重大问题的深思熟虑。理论和现实都已充分说明，能否培育出“四有”新人，是关系中国特色社会主义事业能否顺利进行、社会主义现代化目标能否如期实现的一个全局性问题。

一、“四有”新人的历史使命

纵观历史的发展脉络，考察社会的改革进程，古今中外无数次改革的成功与失败的经验教训充分证明，推动社会进步的改革能否获得成功，无不与是否能培养出与改革事业相适应的人才密切相关。各种不同类型、不同性质的社会改革，均要求有与之相应的人才，得其人，则改革成功，失其人，则改革失败。

社会主义的改革，是一次前所未有的革命性的变革，因此，只有培育出与社会主义发展大业相适应的一代新人，才能保证社会主义改革的

* 本文原载《高校理论战线》，2004（9）。

顺利进行并最终取得成功。正是基于这样一个极其重要的原因，在邓小平理论中，培育“四有”新人的理论，占据着一个极其特殊的地位。全面建设小康社会，加快推进社会主义现代化建设，使社会主义中国发展和富强起来，为人类进步事业做出更大的贡献，这是摆在全党和全国人民面前光荣、艰巨而伟大的历史任务。这一历史任务的完成，不但对中国，而且对世界的社会主义和共产主义运动，都有着极其重大的意义。为了完成这一伟大、光荣而又神圣的使命，就必须教育和培养能够担当这一历史任务的新人。否则，正在成长的一代人就难以承担起这一艰巨的历史重任，我们的国家也不可能走向繁荣富强，我们的民族也不可能实现伟大的复兴。邓小平同志坚持和发展了马克思、列宁和毛泽东关于社会主义接班人的理论，全面而深刻地总结了历史的经验与教训，创造性地将马克思主义新人学说的基本原理与中国社会主义建设的具体实际结合起来，以党在社会主义初级阶段的基本路线为指导，随着改革开放的不断发展和深化，对人的素质和培养问题进行了全面的、认真的思考，并经过多次的考虑和不断完善，最终形成了他的“四有”新人理论，使“四有”新人成为当代中国的理想人格，成为对党和国家的干部的品德标准，成为对未成年人思想道德教育的根本要求。

二、社会主义精神文明建设的主要目的是培育“四有”新人

社会主义精神文明建设的根本目的是什么？这是我们在精神文明建设中必须时刻注意的一个问题。只有明确了这个根本目的，我们的精神文明建设，才能更加自觉、更有成效，才能更好地沿着健康的道路向前发展。

邓小平同志强调，建设社会主义，不但要有高度的物质文明，而且要有高度的精神文明。只有两个文明都搞好，才是中国特色的社会主义。他特别告诫我们“要坚持两手抓”、“两手都要硬”，“不加强精神文明的建设，物质文明的建设也要受破坏，走弯路。光靠物质条件，我们的革命和建设都不能胜利”①。过去我们党无论怎样弱小，无论遇到什

① 《邓小平文选》，1版，第3卷，144页。

么困难，一直有强大的战斗力，主要是我们始终强调精神的力量，有社会主义和共产主义的理想信念。改革开放以后，我们的物质文明建设取得了举世瞩目的成就，但有些同志却忽视了精神力量的作用。值得注意的是，物质文明发展了，一些消极腐朽的东西也跟着进来了，并在一定范围内不断蔓延。针对这样的情况，早在 1986 年，邓小平同志就语重心长地说："经济建设这一手我们搞得相当有成绩，形势喜人，这是我们国家的成功。但风气如果坏下去，经济搞成功又有什么意义？会在另一方面变质，反过来影响整个经济变质，发展下去会形成贪污、盗窃、贿赂横行的世界。"① 因此，坚持两手抓、两手都要硬，加强精神文明建设，成为邓小平同志特别关注的重大实践问题和理论问题。

精神文明建设，是一个包括多方面、多层次的系统工程，有繁重的工作要做，如建设社会主义道德体系、加强公民道德建设、促进党风和社会风气的根本好转、重视青少年思想道德教育、开展文明村镇和文明社区活动等等。但是，一切精神文明建设活动，都必须落脚在培育社会主义"四有"新人这一主要要求上来。邓小平同志不止一次地明确指出，精神文明建设的关键是要培育社会主义的"四有"新人。他把培育"四有"新人作为社会主义精神文明建设的"主要目的"和"根本要求"。

1982 年，在军委座谈会上的讲话中，邓小平同志就说："搞社会主义精神文明，主要是使我们的各族人民都成为有理想、讲道德、有文化、守纪律的人民。"② 1983 年，在《建设社会主义的物质文明和精神文明》一文中，他又说，建设社会主义精神文明"最根本的是要使广大人民有共产主义的理想，有道德，有文化，守纪律"③。之后，他多次强调要"教育全国人民做到有理想、有道德、有文化、有纪律"④，要把"四有"新人作为对全体人民和干部的要求。他明确地指出："要教育人民成为'四有'人民，教育干部成为'四有'干部。"⑤

离开了培育"四有"新人这一主要要求，精神文明建设就难以落到实处，就不能达到应有的效果。因此，检验我们精神文明建设是否取得

---

① 《邓小平文选》，1 版，第 3 卷，154 页。
② 《邓小平文选》，2 版，第 2 卷，408 页。
③ 《邓小平文选》，1 版，第 3 卷，28 页。
④ 同上书，110 页。
⑤ 同上书，205 页。

成效和进展的根本性的评价标准，就是要看在培育“四有”新人上所取得的成果如何。

三、“有理想”包括共产主义理想和社会主义现代化理想

为什么要突出“有理想”？我们所强调的“理想”，应当是什么样的“理想”？这是我们认识和把握“四有”新人的一个关键之点。邓小平同志是一个坚定的马克思主义者，对社会主义和共产主义抱有坚定的信心。“四有”新人中的“有理想”，包含着两个层次：一个是“共产主义的远大理想”，一个是“社会主义现代化”的现实理想。这两者是相互联系和相辅相成的，前者是最终理想，后者是实现最终理想之现实追求。没有共产主义的远大理想，我们就会迷失方向；没有社会主义现代化的现实理想，我们就容易脱离实际，就会忽视我们正在从事的事业。我们要把共产主义的远大理想和社会主义现代化的现实理想紧密地结合起来，使两者统一于建设中国特色社会主义的实践过程之中。邓小平同志多次明确地强调，“要树立共产主义的远大理想”①，“要特别教育我们的下一代下两代，一定要树立共产主义的远大理想”②。从长期的革命与建设的发展历程和经验教训中，邓小平概括出一条真理，这就是，我们过去干革命之所以能战胜一切敌人、取得新民主主义革命的最后胜利，就是因为我们有坚定的社会主义和共产主义的理想。没有这一崇高的理想，我们就绝不能克服前进道路上的艰难险阻，也就不可能取得今天的胜利。在社会主义初级阶段，在改革开放和建立、完善社会主义市场经济的过程中，面对西方敌对势力“西化”、“分化”的图谋，我们更需要特别强调树立社会主义和共产主义理想的重要意义。社会主义和共产主义理想，反映了历史发展的客观规律和人民群众的根本愿望，是人类有史以来最伟大、最崇高的科学理想。

邓小平同志说：“我们多年奋斗就是为了共产主义，我们的信念理想就是要搞共产主义。在我们最困难的时期，共产主义的理想是我们的

①② 《邓小平文选》，1版，第3卷，111页。

精神支柱，多少人牺牲就是为了实现这个理想。”① 共产主义理想的实现，需要经过几代、几十代人的努力。共产主义理想是一种巨大的精神动力，它引导、鼓舞着共产党员和先进分子，鼓舞着千千万万的人民群众为实现这一崇高的理想社会而英勇奋斗。为此，必须使广大人民群众牢固地树立起共产主义的理想。

在树立共产主义远大理想的同时，我们还必须树立起“社会主义现代化”的现实理想，从而更好地为实现我们当前的任务不懈努力。邓小平同志说：“我们历来提倡有理想、有道德、有文化、有纪律，其中最重要的是有理想、有纪律。理想就是社会主义现代化。很多人只讲现代化，忘了我们讲的现代化是社会主义现代化。”② 实现共产主义是一个漫长的历史过程，为了实现共产主义，我们必须脚踏实地为实现党在现阶段的基本纲领而不懈奋斗，扎扎实实地做好当前的每一项工作。

四、“有道德”就是要坚持社会主义道德和共产主义道德

“有道德”是邓小平同志所提出的“四有”新人的一个重要方面。

邓小平同志认为，鉴于人们有先进和落后的差异，有道德水平高低的不同，我们对每个人的道德要求，也应当区别对待、分出层次。他说：“我们在鼓励帮助每个人勤奋努力的同时，仍然不能不承认各个人在成长过程中所表现出来的才能和品德的差异，并且按照这种差异给以区别对待，尽可能使每个人按不同的条件向社会主义和共产主义的总目标前进。”③ 邓小平同志实际是提出了道德建设的先进性同群众性的关系问题，强调要把道德建设的先进性和群众性结合起来，这一思想对我们的道德建设沿着“实事求是”的路线发展，具有重要意义。

共产主义道德是社会主义道德的最高要求和最高层次，这就是“全心全意为人民服务”、“大公无私”、“毫不利己、专门利人”、“一不怕苦、二不怕死”等道德的最高要求。邓小平认为，尽管这些要求主要是

① 《邓小平文选》，1版，第3卷，137页。
② 同上书，209页。
③ 《邓小平文选》，2版，第2卷，106页。

用来约束共产党员和先进分子言行的规范，在目前只有少数人才能达到，但是，我们决不能因此而忽视它们对提高广大人民群众的道德素质和改善社会风气的重要意义。对于那些否定在当前应提倡共产主义道德的意见，邓小平同志曾给予尖锐的批评，他说：“我们在新民主主义革命时期，就已经坚持用共产主义的思想体系指导整个工作；用共产主义道德约束共产党员和先进分子的言行；提倡和表彰‘全心全意为人民服务’，‘个人服从组织’，‘大公无私’，‘毫不利己、专门利人’，‘一不怕苦、二不怕死’。现在已经进入社会主义时期，有人居然对这些庄严的革命口号进行‘批判’，而这种荒唐的‘批判’不仅没有受到应有的抵制，居然还得到我们队伍中一些人的同情和支持。每一个有党性、有革命性的共产党员，难道能够容忍这种状况继续下去吗?”① 邓小平同志还特别强调，对于共产党员和党的干部来说，更应当用共产主义道德来约束自己，“要教育全党同志发扬大公无私、服从大局、艰苦奋斗、廉洁奉公的精神，坚持共产主义思想和共产主义道德”②。他一再告诫人们，党和政府愈是实行积极改革和对外开放的政策，党员尤其是党的高级负责干部，就愈要高度重视、愈要身体力行共产主义思想和共产主义道德。

对广大群众来说，应当提倡个人利益服从国家利益、集体利益高于个人利益、以集体利益为重的道德要求。邓小平同志说：“不讲多劳多得，不重视物质利益，对少数先进分子可以，对广大群众不行，一段时间可以，长期不行。革命精神是非常宝贵的，没有革命精神就没有革命行动。但是，革命是在物质利益的基础上产生的，如果只讲牺牲精神，不讲物质利益，那就是唯心论。”③ 在社会主义制度下，个人利益要服从集体利益，局部利益要服从整体利益，暂时利益要服从长远利益。这决不是说我们不重视个人利益，而是更好地保证个人利益的实施。如果违反集体利益而追求个人利益，违反整体利益而追求局部利益，到头来，势必两头都受损失。

邓小平同志一再告诫我们，“为了国家和集体的利益，为了人民大众的利益，一切有革命觉悟的先进分子必要时都应当牺牲自己的利益。我们要向全体人民、全体青少年努力宣传这种高尚的道德”④。邓小平

---

①② 《邓小平文选》，2版，第2卷，367页。

③ 同上书，146页。

④ 同上书，337页。

同志强调，能不能坚持集体主义，是社会主义区别于资本主义的一个重要原则。他说："我们提倡按劳分配，承认物质利益，是要为全体人民的物质利益奋斗。每个人都应该有他一定的物质利益，但是这决不是提倡各人抛开国家、集体和别人，专门为自己的物质利益奋斗，决不是提倡各人都向'钱'看。要是那样，社会主义和资本主义还有什么区别？"① 他提醒人们，要充分认识个人主义的腐朽思想同为人民服务的根本对立，指出这种个人主义的思想如不及时制止，就有可能发展到小集团的活动，走上极端错误的道路，因此，要求我们的"四有"新人一定要具有集体主义的精神。

在提倡集体利益高于个人利益的同时，他十分重视"爱祖国，爱人民，爱劳动，爱科学，爱护公共财物"等社会公德的要求，特别是"热爱社会主义祖国"的道德要求，把"热爱社会主义祖国"作为社会主义道德的重要内容。他说："我们一定要在全党和全国范围内有领导、有计划地大力提倡社会主义道德风尚，热爱社会主义祖国，提高民族自尊心，还要进行坚持社会主义道路、反对资本主义腐蚀的革命品质教育。"②

五、"有文化"就是要提高科学、技术、文化水平

当今世界，科学技术突飞猛进，世界经济正日新月异地向前发展，我们既面临着前所未有的大好机遇，也经受着空前激烈的国际竞争。这一竞争的核心，从一定意义上，也可以说就是人才的竞争，而人才竞争中的重要因素之一，就是科学、技术、文化素养的提升。因此，掌握先进的科学、技术、文化知识，就成为社会主义新人的一个重要要求。

早在1956年中国共产党第八次全国代表大会《关于修改党章的报告》中，邓小平同志就提出"党必须特别注意培养精通生产技术和其他各种专门业务知识的干部"③，明确地提出了文化、科学知识的重要性。

① 《邓小平文选》，2版，第2卷，337页。

② 同上书，262页。

③ 《邓小平文选》，2版，第1卷，251页，北京，人民出版社，1994。

对培养干部的标准，他强调“总的是又红又专，红专结合”。1957年，在共青团全国第三次代表大会上，他告诫青年“要结合建设祖国的实践，努力学习马克思列宁主义，提高自己的共产主义觉悟，克服资产阶级思想以及其他各种错误思想的影响。我们要努力学习各种劳动的本领，不断提高自己的文化、科学技术水平”①。1978年，在全国教育工作会议上的讲话中，邓小平同志提出我们要大力在青少年中提倡勤奋学习、遵守纪律、热爱劳动、助人为乐、艰苦奋斗、英勇对敌的革命风尚，把青少年培养成为又红又专的接班人。同年，邓小平同志在全国科学大会开幕式上的讲话中，突出地强调了文化、科学、技术对发展生产力的重要性，阐述了科学、技术、文化对社会主义新人的意义。他说：“今天，由于现代科学技术的日新月异，生产设备的更新，生产工艺的变革，都非常迅速。许多产品，往往不要几年的时间就有新一代的产品来代替，劳动者只有具备较高的科学文化水平，丰富的生产经验，先进的劳动技能，才能在现代化的生产中发挥更大的作用。在我们的社会里，广大劳动者有高度的政治觉悟，他们自觉地刻苦钻研，提高科学文化水平，从而必将在生产中创造出比资本主义更高的劳动生产率。”②

六、“有纪律”是一切事业成败的关键

“四有”中的“有纪律”，是邓小平同志对毛泽东同志社会主义新人思想的一个重要发展。新中国成立以后，毛泽东同志对社会主义的新人，曾提出“又红又专”和“德智体全面发展”的要求，强调理想信念、思想道德、科学文化和健康体格的重要意义。邓小平同志在强调前三者的同时，又进一步提出“有纪律”在“四有”新人的品格中具有特别重要的地位。他明确地指出，“我们历来提倡有理想、有道德、有文化、有纪律，其中最重要的是有理想、有纪律”，“要搞四个现代化，使中国发展起来，就要有纪律、有秩序地进行建设”③。

---

① 《邓小平文选》，2版，第1卷，277页。

② 《邓小平文选》，2版，第2卷，88页。

③ 《邓小平文选》，1版，第3卷，209页。

在“四有”新人的培养中，强调“有纪律”的要求，是邓小平同志深思熟虑的结果。他从社会主义事业的兴衰成败出发，总结近代以来中国之所以成为一盘散沙而受人欺凌的教训，考虑到在社会主义革命和建设的长期过程中可能遇到的困难和挫折，认为“有纪律”是培养社会主义“四有”新人的一个必不可少的重要方面。有没有严格的“纪律”，是中国革命和社会主义事业成败的关键。中国是一个具有十几亿人口的大国，如果没有纪律，“就会像旧中国那样一盘散沙，那我们的革命怎么能够成功？我们的建设怎么能够成功？”① 更加值得指出的是，中国的发展，必须在一个稳定的环境下，在一个有领导、有秩序的环境下才能顺利健康地前进，如果没有严格的纪律要求，社会就可能发生动荡，人民也就不可能安心地进行经济、政治和文化建设，就不可能保证国家的繁荣和富强。

在社会主义市场经济条件下进行经济建设，既要充分发挥各个方面的积极性，又必须有统一的纪律作保障。下级服从上级、局部服从全局、地方服从中央的思想，就是“有纪律”的一个重要体现。如果让那种“我行我素”的无纪律现象泛滥起来，其结果必然会是纪律松懈、各行其是，从而断送我们的事业。目前我国地方本位主义、地方保护主义、“上有政策，下有对策”等种种违法乱纪现象未能得到及时的纠正和克服，正说明“有纪律”的要求，还需要进一步加强和落实。

“有纪律”不是提倡盲目地服从，而是强调对中央和上级的正确决定，要坚定地加以执行，不以任何借口敷衍塞责，要有大局意识和责任意识，最大限度地维护国家和人民的利益，即使个人利益和小团体利益受到损失，也应在所不惜。

“有纪律”是与崇高的共同理想联系在一起的。有了共同的理想，有了铁的纪律，就能够同心同德、一心一意地建设我们的国家。对纪律的服从，不是盲目的，而是自觉的。社会主义和共产主义的理想，是我们“有纪律”的基础；正如邓小平所指出的，“中国要坚持社会主义制度，要发展社会主义经济，要实现四个现代化，没有理想是不行的，没有纪律也是不行的”②。

① 《邓小平文选》，1版，第3卷，111页。

② 同上书，124页。

七、培育“四有”新人要从青少年抓起

培育“四有”新人要特别注意加强青少年的思想道德教育，要“从娃娃抓起”，这是邓小平同志的一个重要思想。

青少年时期，不但是学习科学文化知识的重要时期，而且是培育道德品质的关键时期。如果在这段时期没有打好品德的基础，就容易受到各种腐朽思想的侵蚀。由于我们进行的社会主义现代化建设是在改革开放的条件下进行的，西方资本主义社会的腐朽思想以及没落的生活方式，也必然要以各种手段、通过各种渠道来影响和腐蚀我们的青少年。同时，随着社会主义市场经济的不断发展，在个人利益的驱动下，一些不法之徒为了满足个人的贪欲，也不惜采取各种卑劣手段，诱骗青少年走上违法犯罪的道路。一旦我们的青少年受到腐蚀，必将危害我们的民族和国家的兴旺发达。

只有“从娃娃抓起”，才能使广大青少年增强免疫力，提高辨别是非、善恶、美丑的能力，才能抵御来自社会各方面的诱惑，从而免于走上违法犯罪的道路；只有“从娃娃抓起”，才能使广大青少年在“四有”新人思想的哺育下健康地成长。

对青少年的思想道德教育的有效方法，就是要从小养成良好的道德习惯，使习惯成自然。只有经过长期的教育、陶冶、培育和引导，才能使青少年在知识增长的同时，其道德也与日俱进；在智力不断发展的过程中，品德也相应提高。这也就是古人所说的“习与智长、化与心成”，在潜移默化中，使青少年远离邪恶、心向美德。

八、“四有”新人与社会的全面发展

社会的发展，必须以人的全面发展为中心，使经济、政治、文化建设的各个方面都得到全面、协调、可持续的发展。我们不但要大力发展生产力、促进经济的迅猛进步，而且要注意环境保护，实现经济、人口、资源和环境的平衡与协调，决不能只看到眼前的、暂时的、局部的

利益而损害长远的利益。

邓小平同志强调，没有社会主义的“四有”新人，就不可能有社会主义现代化的实施与发展，他把培育“四有”新人作为社会全面发展的根本保证。

邓小平同志指出，“我们要在建设高度物质文明的同时，提高全民族的科学文化水平，发展高尚的丰富多彩的文化生活，建设高度的社会主义精神文明”①，不提高人的思想道德素质，物质文明的建设也要受破坏、走弯路，“精神文明，不但是指教育、科学、文化（这是完全必要的），而且是指共产主义的思想、理想、信念、道德、纪律，革命的立场和原则，人与人的同志式关系，等等”②。从这里可以看出，邓小平同志重视人、关怀人，对社会主义新人在社会发展中的地位给予了高度重视。

社会的全面发展是由广大人民群众来推动的，是以人民群众的根本利益为唯一目的的。正是在这一意义上，人的全面发展，成为社会全面发展的中心环节。所谓“人的全面发展”，包括两个方面的内容：一是社会的全面发展，要以长远地满足人民群众不断增长的需要为目的；二是要把提高人民的思想道德素质，促进人的全面发展，作为一切工作的出发点和落脚点。只有实现了人的全面发展，社会的全面发展才能得到保障；离开了人的全面发展，社会的全面发展就不可能实现。邓小平同志关于培育“四有”新人的思想，体现了他对人的全面发展在社会发展中的地位的深刻认识。

---

① 《邓小平文选》，2版，第2卷，208页。

② 同上书，367页。

第五编

建设先进文化

市场经济下社会主义文化建设的作用*

市场经济是什么？这几年有多种概括。十四届六中全会提出，社会主义市场经济不仅仅是与社会主义政治制度、经济制度结合在一起，而且是和社会主义精神文明建设结合在一起。我觉得这是个新的提法，就是说，社会主义市场经济要受社会主义的政治制度、经济制度和精神文明建设的制约、影响和引导，使社会主义市场经济按照社会主义的方向、道路向前发展。社会主义精神文明建设与文化建设对市场经济不完全是一个适应的问题，还有一个影响和导向的问题。精神文明建设、文化建设要不要适应市场的需要？一般意义上说，应当适应市场经济。但市场经济既有它的积极作用，又有它的消极作用，还有它的缺陷。因此，笼统地提精神文明建设要适应市场经济的发展，就不是很科学。十四届六中全会决议提出，精神文明建设对社会主义市场经济、物质文明建设有极大的能动作用。江泽民同志说，精神文明建设不但对物质文明建设有推动作用，而且能保证它的正确的发展方向。这个思想对我们进行思想道德建设、文化建设很重要。思想道德建设、文化建设要引导市场经济，要影响它，克服它的消极方面，这样才能保证我们社会主义建设不至于走到邪路上去，而是沿着社会主义道路向前发展。这里面存在两个理论问题：一是物质文明建设或者说市场经济本身是不是没有方

---

* 本文原载《中国文化报》，1997-06-05。

向，它是否需要一个意识形态的东西来保证它的发展；另外一个问题是，文化建设、思想道德建设如何保证它的方向。我认为，物质文明、市场经济本身没有方向。市场经济是一种手段，它既可以与资本主义结合，又可以与社会主义结合。但我们应该明确地意识到，市场经济几百年来一直是同资本主义制度紧密结合的。现在，市场经济的一般形态与社会主义结合在一起，那么就有一个要用社会主义意识形态来引导它的方向的问题。在现实的情况下，我们必须强调用社会主义的政治制度、经济制度和精神文明建设来制约、影响、引导它的方向，保证它沿着社会主义方向前进。要看到，精神文明建设、思想道德建设、文化建设在培养人的人生观、价值观，提高人的素质，形成人的理想、信念方面有极其重要的作用。一个国家的现代化并不单纯是经济上的现代化。经济上的现代化在一定意义上可以说是手段，经济上的现代化的最终目的是要达到社会的共同富裕，建成一个理想的社会。实现社会主义理想、共产主义理想才是我们现代化的目的。在现代化进程中，意识形态起非常大的作用。所以，精神文明建设、思想道德建设、文化建设尽管对社会不像政治、经济那样起着更直接的作用，但是它对形成人们的理想、信念，提高人的素质，起着潜移默化的作用，使人们走向社会主义，远离资本主义，使人们在潜移默化中对社会主义有感情，对资本主义有正确的认识和分析，使我们在思想教育和灵魂深处形成对社会主义的向心力、凝聚力，这是精神文明建设、思想道德建设、文化建设应该起到的重要作用。

我们现在的经济基础是以公有制为主体，多种经济成分共存。根据马克思主义的基本原理，我们的意识形态当然要适应经济基础，服务于经济基础，而道德更是一定经济形态的产物。我觉得既要强调意识形态对市场经济适应的一面，也要强调它对市场经济消极面的影响、引导、抵制的方面。十四届六中全会决议谈到了市场的弱点和消极方面。我觉得我们在相当长的时间内，对市场经济的积极方面强调得比较多，有意无意地不愿意承认或者回避市场的弱点和消极方面，好像提市场的弱点和消极方面对发展社会主义市场经济不好。实际上，我们要使社会主义市场经济健康发展，就要正视它的弱点和消极方面，不要讳言市场的弱点和消极方面。从伦理道德上看，市场所形成的竞争观念对人的素质的提高是有帮助的，但也要看到市场所导致的拜金主义、个人主义、享乐主义的影响。社会主义社会应当把人民利益和国家利益放在首位。文化建设要花大力气，发挥更强的能动作用，去克服市场经济带来的消极方面。通过社会主义文化、意识形态，潜移默化地加强人的素质的培养，保证我们沿着社会主义道路前进、发展。

为建设有中国特色社会主义的文化而奋斗*

江泽民同志在党的十五大所作的政治报告，全面而深刻地阐明了邓小平理论的历史地位和指导意义，对我们今后的社会主义现代化建设的实践和社会科学理论的发展，都有极其重大的意义。正如十五大报告中所指出的，“建设有中国特色社会主义的文化，就是以马克思主义为指导，以培育有理想、有道德、有文化、有纪律的公民为目标，发展面向现代化、面向世界、面向未来的，民族的科学的大众的社会主义文化。这就要坚持用邓小平理论武装全党，教育人民；努力提高全民族的思想道德素质和教育科学文化水平；坚持为人民服务、为社会主义服务的方向和百花齐放、百家争鸣的方针，重在建设，繁荣学术和文艺。建设立足于中国现实、继承历史优秀传统、吸取外国文化有益成果的社会主义精神文明”。现在，就建设有中国特色社会主义文化问题，谈几点自己的认识。

一

十五大报告把社会主义文化建设的重要作用，提到了一个新的高度。

---

* 本文系 1997 年 9—10 月在国家教委和《人民日报》社召开的座谈会上的发言稿，并摘要发表在 1997 年 10 月 10 日《人民日报》（理论版）及 1997 年 11 月 28 日《中国教育报》。

江泽民同志在十五大报告中把社会主义的文化建设提到了社会主义的基本特征和基本属性的高度，使我们对社会主义的认识更加全面、更加深刻和更为完整，对我们今后更好地建设社会主义，有非常重要的指导作用。报告明确提出："社会主义现代化应该有繁荣的经济，也应该有繁荣的文化。"又说："有中国特色社会主义的文化，就其主要内容来说，同改革开放以来我们一贯倡导的社会主义精神文明是一致的。文化相对于经济、政治而言。精神文明相对于物质文明而言。只有经济、政治、文化协调发展，只有两个文明都搞好，才是有中国特色社会主义。"江泽民同志在他的报告中还多次强调经济、政治、文化协调发展是邓小平理论的重要内容，我们必须全面、完整地领会邓小平理论的这一思想。他强调"有中国特色社会主义的文化，是凝聚和激励全国各族人民的重要力量，是综合国力的重要标志"，把有中国特色的社会主义的文化，提高到凝聚和激励全国各族人民力量和保证综合国力的高度。我们都知道，为了更好地建设有中国特色的社会主义，一个很重要的任务，就是要形成一种共同理想和精神支柱。我们怎么样和如何才能形成这种共同理想和精神支柱呢？江泽民同志说："在全社会形成共同理想和精神支柱，是有中国特色社会主义文化建设的根本任务。"对于精神文明建设和文化建设的重要性，他还曾明确地指出："物质贫乏不是社会主义，精神空虚也不是社会主义。"江泽民同志在十五大的报告中，还进一步强调了"社会全面进步"的重要性。正如报告中所指出的，社会主义现代化的实践经验告诉我们，一个社会的全面进步，至少应包括三个方面的内容：第一，是经济的发展，就是大力发展生产力，提高社会的物质财富；第二，是政治的进步，就是在坚持四项基本原则的前提下，推进政治体制改革，扩大社会主义民主，健全社会主义法制；第三，是文化的繁荣，也就是要充分发挥马克思主义、毛泽东思想和邓小平理论在社会主义现代化建设中的指导作用，切实把教育摆在优先发展的战略地位，加强思想、道德、文学、艺术等文化因素的力量，提高全民族的思想道德素质和科学文化素质。江泽民同志所说的"社会全面进步"，就是说，只有这三个方面都得到了不断的进步和发展，社会才算得到了全面的进步。这也就是说，如果只有经济的发展，或者是既有经济的发展，又有政治的进步，我们的社会仍然不能算达到了全面的进步。江泽民同志还强调，有中国特色社会主义的文化，既是社会全面进步的一个重要方面，又对经济和政治的发展起巨大的促进作用。

改革开放近二十年的经验告诉我们，精神文明和文化建设搞好了，人民群众的思想觉悟提高了，社会风气好转了，人和人之间的关系协调了，社会稳定了，就能够对我们的经济建设起到很好的促进作用。反之，如果我们在这方面产生失误，忽视了思想政治教育，忽视了思想道德建设，就必然会对我们的经济建设产生消极的影响，甚至会造成社会的动荡。大力加强社会主义的文化建设特别是思想道德建设，不但不会妨碍我们的经济建设和经济发展，而且必然会推动和加速我们的经济建设的速度。在社会主义市场经济的条件下，对一切损人利己、损公肥私、坑蒙拐骗等行为，一方面要靠法制建设来加以规范，另一方面，更重要的是，还要积极地进行社会主义的思想政治教育和道德教育，不断提高广大人民群众的思想政治觉悟。

总之，江泽民同志在十五大报告中所提出的有中国特色的社会主义文化建设的根本任务、社会主义文化建设对全国各族人民的重要的凝聚和激励力量，以及江泽民同志所强调的“社会全面进步”的思想等有关文化建设的一系列论述，是对邓小平理论关于文化建设思想的进一步发展，不但使我们对社会主义文化在社会主义现代化建设中的作用的认识有了新的提高，而且使我们对什么是社会主义和怎样建设社会主义有了更加全面和更加深刻的认识。

二

十五大报告进一步发展了邓小平同志关于培育“四有”新人的理论，对进一步提高全国人民的素质，有着重要的意义。

社会主义文化建设的核心问题，就是要培育能够适应社会主义现代化要求的“四有”新人。邓小平同志生前非常强调“搞社会主义精神文明，主要是使我们的各族人民都成为有理想、讲道德、有文化、守纪律的人民”。他把“四有”新人的培养，看做精神文明建设也就是社会主义文化建设的最重要的目的。江泽民同志进一步发展了邓小平理论中关于提高全民族的素质和培育“四有”新人的理论，这是我们在学习十五大报告时需要认真加以体会的。自从 1992 年以来，特别是从党的十四大以来，江泽民同志不断地强调要弘扬爱国主义、集体主义和社会主义三个主旋律，提出要“以科学的理论武装人，以正确的舆论引导人，以高尚的精神塑造人，以优秀的作品鼓舞人”，强调要引导人们树立正确的世界观、人生观和价值观。江泽民同志根据党的建设和培育“四有”新人的实践经验，根据党员思想发展变化的实际情况，根据党的纪律检查工作所提供的正反两方面的事例，从怎样才能更加有效地达到培育“四有”新人的目的出发，强调了加强世界观、人生观和价值观在提高党员的觉悟和培育“四有”新人中的重要作用，是有重要的实践意义和理论意义的。世界观、人生观和价值观，关系到一个人对个人利益同社会利益和国家利益的根本看法，关系到一个人的理想信念和人生的追求，关系到对社会生活中美丑善恶的评价和辨别，关系到一个人待人处世的根本态度。怎样来处理个人利益同集体利益的关系，什么样的理想才是人们所应当追求的，只有这些问题解决得好或解决得比较好，培育“四有”新人的工作才能取得好的效果。怎样来解决世界观、人生观和价值观的问题呢？他指出：要解决好世界观、人生观问题，最重要的是引导组织广大干部和党员深入学习马克思列宁主义、毛泽东思想，特别是深入学习邓小平同志建设有中国特色社会主义理论，用以武装头脑和指导各项工作。江泽民同志关于社会主义精神文明建设，特别是关于培育“四有”新人、弘扬三个主旋律、加强“三观”教育和提高全民族素质的一系列讲话，是对邓小平理论的重要发展，对于建设有中国特色的社会主义文化和培育“四有”新人有非常重要的指导意义。

三

十五大报告在道德建设上强调要“深入持久地开展以为人民服务为核心、集体主义为原则的社会主义道德教育”，并把这一教育看做形成全社会共同理想和精神支柱的重要措施。

在创造绚丽多彩的有中国特色的社会主义文化中，特别是在思想道德建设中，为人民服务的思想和集体主义的原则，是我们在意识形态和思想道德建设中的重要的指导思想。正如江泽民同志在党的十五大报告中所提出的，我们一定要“深入持久地开展以为人民服务为核心、集体主义为原则的社会主义道德教育”。在社会主义市场经济的条件下，多种经济成分的存在和发展，必然会导致价值取向的多元化；封建地主阶级和资产阶级的腐朽思想的影响，给我们的思想道德建设提出了许多新的问题。在意识形态领域中，我们应当坚持价值导向的一元化，坚持社会主义的方向。在思想道德建设上，我们一定要从实际出发，在认真提倡共产主义道德的同时，要力求把先进性的要求和广泛性的要求结合起来。我们必须坚持为人民服务的思想和集体主义的原则。为人民服务既是我们党的宗旨，是对每个共产党员的要求，也是社会主义道德建设的核心，又是社会主义社会中人与人之间都应当遵守的一个道德规范。社会主义的集体主义原则，是我们的社会主义道路和方向所要求的。集体主义原则提倡，在社会主义建设中，一方面要发挥个人的积极作用，同时强调，个人要以集体利益和国家利益为重，强调在个人利益与集体利益发生矛盾时，个人利益要服从集体利益和国家利益。毛泽东同志在中国革命和建设的实践中多次强调个人服从集体、局部服从全局、地方服从中央、眼前利益服从长远利益的重要性，并进一步论证了集体利益和个人利益的辩证关系。邓小平同志从建设有中国特色的社会主义的实践出发，强调“在社会主义社会中，国家、集体和个人的利益在根本上是一致的，如果有矛盾，个人的利益要服从国家和集体的利益”①。又说：“在社会主义制度之下，个人利益要服从集体利益，局部利益要服从整体利益，暂时利益要服从长远利益，或者叫做小局服从大局，小道理服从大道理。我们提倡和实行这些原则，绝不是说可以不注意个人利益，不注意局部利益，不注意暂时利益，而是因为在社会主义制度之下，归根结底，个人利益和集体利益是统一的，局部利益和整体利益是统一的，暂时利益和长远利益是统一的。我们必须按照统筹兼顾的原则来调节各种利益的相互关系。如果相反，违反集体利益而追求个人利益，违反整体利益而追求局部利益，违反长远利益而追求暂时利益，那么，结果势必两头都要受损失。”我们是一个有着 12 亿人口的大国，是一个有着五十多个民族的多民族国家，加强集体主义的教育，不但对保证我国的社会主义道路是必要的，而且，对加强我国各族人民的凝聚力和向心力，对巩固国家统一、维护民族团结、增强民族自信，都有着十分重要

① 《邓小平文选》，2 版，第 2 卷，337 页。

的意义。

四

十五大报告在社会主义文化建设上提出了“以我为主、为我所用”的原则，对繁荣和发展我国的社会主义文化有重要意义。

在文化建设上，怎样对待我们的革命传统，怎样对待中国古代的传统文化和世界各国文化，特别是怎样对待西方的文化，关系到有中国特色的社会主义文化建设的发展，是我们在文化建设中需要正确对待的一个重要的问题。在这一问题上，邓小平同志曾经指出，要继承民族的和党的优良传统，吸收和借鉴人类文明成果，来发展我们的社会主义的文化。他还特别提出，要以马克思主义的立场、观点和方法，对西方文化进行鉴别和分析，既要警惕西方没落文化对我们的腐蚀，同时，又要有计划、有选择地引进它们的先进的东西。江泽民同志最近几年来，更加明确地多次提到要很好地继承无产阶级的革命传统，弘扬中华民族的优良文化传统，要吸取一切人类文明的优秀成果，以便更好地建设社会主义的新文化。关于道德建设方面，他明确地提出要“弘扬中国古代优良道德传统和革命道德传统，吸取人类一切优秀道德成就，努力创造人类先进的精神文明”。在十五大的报告中，江泽民同志又提出：“我国文化的发展，不能离开人类文明的共同成果。要坚持以我为主、为我所用的原则，开展多种形式的对外交流，博采各国文化之长，向世界展示中国文化建设的成就，坚决抵制各种腐朽思想文化的侵蚀。”江泽民同志所提出的要弘扬中国古代优良传统和革命传统、吸取人类一切优秀成就、博采各国文化之长和坚决抵制各种腐朽思想文化侵蚀的思想，特别是他所提出的“以我为主、为我所用”的原则，是在建设有中国特色的社会主义文化问题上，对邓小平理论的新的发展。

怎样理解江泽民同志所提出的“以我为主、为我所用”的原则？我觉得主要有三个方面的意思，需要我们认真加以领会：一是不论是继承中国古代优良传统文化，还是吸收世界上一切国家和民族所创造的优秀文化，都必须是以建设我国的社会主义文化为主，也就是说，要有利于有中国特色的社会主义文化的繁荣和发展；二是要能够为有中国特色的社会主义文化所用，也就是说，建设有中国特色的社会主义文化是目的，继承传统和吸收一切外国文化都是为了达到这一目的的手段；三是在继承中国古代的优秀文化遗产、吸收人类一切优秀道德成就和博采各国文化之长的时候，一定要坚持马克思主义的指导思想，坚持社会主义的道路和方向，要坚决抵制各种腐朽思想的侵蚀，注意防止封建思想的复活，高度警惕某些西方国家对我们的“西化”和“分化”。只有如此，我们才算是贯彻和执行了“以我为主、为我所用”的原则。

总体来看，一方面要弘扬中华民族的优良文化传统，一方面要继承和发展无产阶级的文化传统，同时，还要吸取全人类的一切优秀文化，只要我们能把这三个方面结合起来，我们就一定会创造出更加绚丽多彩的有中国特色的社会主义文化，也就一定能够向世界展示中国文化建设的成就，对人类文明做出更大的贡献。

江泽民同志的十五大报告，给了我们极大的鼓舞，作为从事思想道德研究和教育工作的教师，我们一定要在邓小平理论的指导下，在以江泽民为核心的党中央的领导下，尽自己的力量，为创造绚丽多彩的有中国特色的社会主义文化而贡献自己的力量。

以“三个代表”思想指导道德建设*

江泽民同志提出的“三个代表”的思想，是把马克思主义理论同当前我国现实结合的理论创新的新贡献，对推进我们各项工作有重要的指导意义。这一思想是为党和国家今后发展和壮大所提供的强大的思想武器。

在庆祝中国共产党成立80周年大会上的讲话中，江泽民同志指出，“在当代中国，发展先进文化，就是发展有中国特色社会主义的文化，就是建设社会主义精神文明”，“发展社会主义文化的根本任务，是培养一代又一代有理想、有道德、有文化、有纪律的公民”。江泽民同志更进一步强调，“加强社会主义思想道德建设，是发展先进文化的重要内容和中心环节”，从而把思想道德建设的重要意义，提高到了一个新的高度。我们必须认识到，如果只讲物质利益，只讲金钱，不讲理想，不讲道德，人们就会失去共同的奋斗目标，失去行为的正确规范。只有加强思想道德建设，我们中华民族的振兴才能有强大的精神支柱。

第一，从道德建设方面来说，社会主义道德和共产主义的理想，是先进文化的重要组成部分，是当前伦理精神的最高体现。在社会主义的初级阶段，我们既要注意道德建设的广泛性和群众性，脚踏实地，把社

---

* 本文原载《光明日报》，2001-07-10。

会主义道德建设的基本要求落到实处；同时，要旗帜鲜明地坚持社会主义道德建设的先进性，一方面要求所有共产党员和先进分子，必须身体力行地履行社会主义道德和共产主义道德，另一方面要高瞻远瞩地向广大人民群众宣传和提倡共产主义道德，宣传共产主义的崇高理想和信念。离开现实的道德实际而只谈共产主义道德的崇高理想，就会脱离实际；忘记共产主义道德的远大理想而只谈道德的基本要求和最低要求，就会失去前进的方向。

第二，在社会主义市场经济条件下，随着利益主体的日益多样化，在价值观上也出现了前所未有的新情况、新问题和新矛盾。在多种价值取向的情况下，根据江泽民同志“三个代表”的思想，我们在价值观上，要旗帜鲜明地坚持马克思列宁主义、毛泽东思想、邓小平理论的指导，必须坚持价值导向的一元化，坚持社会主义道德建设的正确的价值导向。必须以“中国最广大人民的根本利益”为原则，把“中国最广大人民的根本利益”作为判断一切思想、行动和事物的有无价值和价值大小的最高标准。把国家和人民利益放在首位而又充分尊重公民个人合法利益的社会主义义利观，是我们一切行为所应当和必须依照的行为准则。我们必须充分尊重和保护个人的正当利益，保护个人的劳动所得，又要坚持国家利益、集体利益高于个人利益的原则。

第三，对待中国传统文化和传统道德，对待外国的一切文化道德遗产，都要以马克思主义的立场、观点和方法，采取批判地继承的原则，取其精华，弃其糟粕。既要大力弘扬和发展中华民族的一切优秀文化传统，又要努力学习和吸收外国的一切优秀文化道德成果。中华民族的优良文化传统和道德传统，党和人民从五四运动以来形成的革命文化道德和人类优秀文化道德成果，都要同时代的要求相结合，同现实的生动的实际和我国思想道德生活发展的新情况相结合。

第四，要大力建设与社会主义市场经济相适应的社会主义道德体系，要以为人民服务为核心，以集体主义为原则，以爱祖国、爱人民、爱劳动、爱科学、爱社会主义为基本要求，在实践中把这些内容和要求具体化、规范化和通俗化，逐步建立全社会的“公民道德”，更加明确地体现道德的先进性和群众性的结合，体现社会主义初级阶段的层次性的要求，使每一个公民都能够在不同岗位和不同层次上，履行自己应当履行的道德责任。要大力抵制一切腐蚀人们精神世界的腐朽的文化垃圾，在全社会大力加强道德教育，提高全民族的思想道德素质，把以德治国同依法治国紧密地结合起来，为社会保持良好的秩序和风尚营造高尚的思想道德基础。

以“三个代表”重要思想为指导加强思想道德建设*

党的十六大，把“三个代表”重要思想同马克思列宁主义、毛泽东思想、邓小平理论一道确立为党必须长期坚持的指导思想，实现了我们党的指导思想上的又一次与时俱进，这是一个历史性决策，对我国社会主义现代化建设的发展和进步，对中华民族的伟大复兴，都具有重要的意义。

“三个代表”重要思想，是把马克思主义理论同当前我国现实结合的理论创新的新贡献。马克思列宁主义、毛泽东思想、邓小平理论和“三个代表”重要思想是一脉相承的科学体系，它反映了当代共产党人理论创新和实践创新的统一。

“三个代表”重要思想的根本的目的就是要不断提高广大人民群众的物质生活和精神生活水平，提高人民群众的思想道德素质，满足人民群众的根本利益。思想道德建设是“先进文化的发展方向”的重要内容和中心环节，是丰富人民群众的精神生活、增强人民群众的精神力量的有力保证，是提高人民群众的思想道德素质、促进人的全面发展的根本手段。

一、充分认识思想道德建设的重要性

在学习和贯彻“三个代表”重要思想时，我们必须充分认识思想道

* 本文原载《以德治国与公民道德建设》。

德建设的重要意义，要把思想道德建设提高到一个新的高度来理解和把握。

加强社会主义思想道德建设，是发展先进文化的重要内容和中心环节，是以德治国的必然要求，是增强社会主义人际关系和谐、改善社会风尚、提升人民道德素质、维护社会稳定的重要保证。因此，我们应当把思想道德建设提高到以德治国的战略高度，充分认识思想道德建设对“治国”的重要意义和特殊作用。

以德治国就是要加强道德建设和道德教育。

从治国的战略高度来看，依法治国和以德治国，从来都是相辅相成、相互促进的。法治以法律的权威性和强制性规范社会成员的行为，德治以道德的说服力和感召力提高社会成员的思想认识和道德觉悟。在建设社会主义、发展社会主义市场经济的过程中，我们不但要坚持不懈地加强法制建设，依法治国，同时，也要坚持不懈地加强社会主义道德建设，以德治国，要把依法治国同以德治国紧密结合起来。在用法律规范来约束人们的行为的同时，一定要注意从提高人民群众的思想道德素质入手，增强说服力和感染力。

以德治国，就是要把提高全国人民的思想道德素质，把培养一代又一代有理想、有道德、有文化、有纪律的公民，把人的全面发展，作为治理国家的根本国策。在社会主义市场经济的条件下，在经济不断发展、物质生活日益丰富、个人利益日益凸显的新的形势下，加强以为人民服务为核心、以集体主义为原则和以诚信为重点的道德建设就显得特别重要。我们必须认识到，如果只讲物质利益，只讲金钱，只讲享受，只讲索取，不讲理想，不讲信念，不讲奉献，不讲诚信，人们就会失去共同的奋斗目标，失去行为的正确规范，就会思想贫困、精神空虚，就会自然而然地陷入低级、庸俗、腐朽的生活方式之中。如果出现了这种情况，不论我们的国家和民族在经济发展上取得多大的成绩，我们的国家和民族也不可能自立、自强于世界民族之林，更不可能建成共同富裕的社会主义社会。

因此，我们必须提高对思想道德建设的重要意义的认识，克服一切重“法治”轻“德治”、重业务轻政治、重技术轻道德、重才能轻品德的忽视思想道德建设的错误倾向，努力建立与社会主义市场经济相适应、与社会主义法律规范相协调、与中华民族传统美德相传承的社会主义思想道德体系。要大力抵制一切腐蚀人们精神世界的腐朽的文化垃圾，在全社会大力加强道德教育，把以德治国同依法治国紧密地结合起来，为社会保持良好的秩序和风尚营造高尚的思想道德基础，为中华民族的振兴提供强大的精神支柱。

二、在社会主义市场经济条件下要坚持社会主义的价值导向

“三个代表”重要思想是同马克思列宁主义、毛泽东思想、邓小平理论一脉相承的科学体系，是马克思主义不断发展的生动体现。“三个代表”重要思想，以马克思主义为一条主线贯穿始终，对我们坚持社会主义道路和社会主义方向，有着决定性的意义。

“三个代表”重要思想，对社会主义市场经济作了科学的界定，强调“社会主义市场经济是同社会主义基本制度结合在一起的，既可以发挥市场经济的长处，又可以发挥社会主义制度的优越性”，强调“要坚持社会主义市场经济的根本方向”。正如江泽民同志所说：“我们搞的是社会主义市场经济，‘社会主义’这几个字是不能没有的，这并非多余，并非‘画蛇添足’，而恰恰相反，是‘画龙点睛’。所谓‘点睛’，就是点明我们市场经济的性质。”《“三个代表”重要思想学习纲要》对“三个代表”重要思想的科学、明确的阐发，对广大人民群众更深刻领会“三个代表”重要思想，更加拥护中国特色社会主义伟大事业，都有重要意义。

在改革开放和发展社会主义市场经济的过程中，人们思想活动的独立性、选择性、多样性、多变性、差异性明显增加，正确的思想与错误的思想相互交织，各种不同的世界观、人生观和价值观相互激荡和斗争。随着利益主体的日益多样化，必然出现不同阶层的人的不同的价值取向，从而在价值观上也出现了前所未有的新情况、新问题和新矛盾。在多种价值取向的情况下，我们在价值观上，要旗帜鲜明地坚持马克思列宁主义、毛泽东思想、邓小平理论的指导，必须牢牢地把握先进文化的方向，必须坚持社会主义市场经济条件下的社会主义方向，坚持价值导向的一元化。我们必须以“中国最广大人民的根本利益”为原则，把

“中国最广大人民的根本利益”作为判断一切思想、行动和事物的有无价值和价值大小的最高标准。因此，社会主义的集体主义，也就是集体利益高于个人利益的原则，应当是我们价值取向所应当遵循的根本原则，把国家和人民利益放在首位而又充分尊重公民个人合法利益的社会主义义利观，是我们一切行为所应当和必须依照的行为准则。对社会主义市场经济条件下所产生的所有利益关系的问题，我们要细心地加以研究，辩证地加以分析，实事求是地、创造性地给予回答和解决。我们必须充分尊重和保护个人的正当利益，保护个人的劳动所得，又要坚持国家利益、集体利益高于个人利益的原则。我们必须坚持马克思主义，同时，我们又必须根据新的形势、新的矛盾，不断地发展马克思主义。只有在分析和解决实际问题的过程中，大力发展马克思主义，马克思主义才能有强大的生命力。

三、发挥思想道德建设的“思想保证”作用

社会主义精神文明和思想道德建设对社会主义的物质文明和经济发展，有着三个方面的作用：一个是智力支持，一个是精神动力，一个是思想保证。学习“三个代表”重要思想，使我们提高了对思想道德建设这三种作用的认识，增强了思想道德建设对社会主义道路的“思想保证”作用的理解。

社会主义精神文明和思想道德建设对于物质文明和经济发展的“智力支持”和“精神动力”这两个方面的作用，大家了解得比较多一些，我们这里只着重谈一谈对“思想保证”作用的重要意义的认识。当然，从全面、准确的意义上说，“精神动力”的作用本身，就包含着“思想保证”的作用。

一般来说，当人们谈到物质文明和经济发展时，是不涉及它的制度和方向的。我们所说的社会主义物质文明和经济发展，从严格意义上来说，它本来已经包含着“社会主义”方向的意义。但是，人们经常所说的物质文明和经济发展，往往是就经济的层面来理解“物质文明”和“经济发展”的。因此，我们的“社会主义的方向”，主要是靠相应的经济制度、政治制度和思想道德来保证的。

当前，经济全球化的发展趋势不断加强，我们既要看到它的有利因素，也要看到，经济全球化是在不公正、不合理的国际经济旧秩序没有根本改变的情况下发生和发展的。西方发达国家力图主导经济全球化，并利用经济全球化来发展自己、控制别人，并且利用经济全球化来推行它们的价值观念。西方敌对势力对我国实施“西化”、“分化”的战略图谋始终没有改变。在我国加入世贸组织以后，“既有机遇，也有挑战”，这种挑战，不但体现在经济方面，也体现在政治方面，即发达国家利用经济优势来实现它们在政治上的目的，利用经济技术进行推翻社会主义制度的图谋。我们既要看到在经济全球化和我国加入世贸组织后对我们有利的方面，也要看到只要两种社会制度还同时存在，就要提高警惕，加强思想道德建设，坚决抵制各种腐朽的思想，保证我国的社会主义制度日益巩固，保证我国的经济建设能够始终沿着社会主义的道路向前迈进。

思想道德建设，一方面强调要树立正确的世界观、人生观和价值观，树立共产主义的远大理想，弘扬爱国主义、集体主义和社会主义的主旋律；另一方面要抵御一切腐朽的非无产阶级思想道德的侵袭和渗透，抵御拜金主义、享乐主义和个人主义对人们的腐蚀；等等。正由于此，它对我国“沿着社会主义方向前进”，有极其重要的保证作用，这是我们应当特别注意的。

四、既要继承优良传统，又要吸取人类一切有益的文明成果

在思想道德建设中，我们既要继承中华民族的优良传统，又要善于吸取人类一切有益的文明成果。

不论是对待中国传统文化和传统道德，还是对待外国的一切文化和道德遗产，都要以马克思主义的立场、观点和方法，采取批判继承的原则，取其精华，弃其糟粕。中国的发展和进步，离不开中国的历史文化道德，也离不开世界各国的文明成果。我们既要大力弘扬和发展中华民族的一切优秀文化传统，又要努力学习和吸收外国的一切优秀文化道德成果。我们应当认识到，资本主义制度下创造的文明成果，特别是涉及

意识形态方面的内容，反映着资本主义本质属性的东西，是我们所必须加以批判的；同时，我们还应当认识到，在这一制度下所创造的文明成果，只要是进步的、优秀的东西，我们都应当积极地学习和运用。在过去长时期内，我们在对待资本主义的问题上，往往只看到或更多看到社会主义同它对立和斗争的一面，而很少看到社会主义同它还有学习、借鉴的一面。我们既要坚决抵制一切腐朽的、落后的、反映资本主义本质属性的东西，也要大胆地学习和借鉴资本主义国家中一切有益的人类文明成果。对于中华民族的优良文化传统和道德传统，党和人民从五四运动以来形成的革命文化道德，是我们思想道德建设的重要依据，要力求使它们同时代的要求相结合，同现实的生动的实际情况相结合，从而更好地推进有中国特色的社会主义思想道德体系的建立。我们既要反对历史虚无主义和民族虚无主义，又要反对“全盘西化”和复古主义的思潮。

五、大力弘扬民族精神，增强民族的向心力和凝聚力

培育和弘扬中华民族的民族精神，丰富人们的精神生活，增强人们的精神力量，是思想道德建设的一个极其重要的任务。在思想道德建设中，要把理想、信念的教育，把世界观、人生观和价值观的教育，把爱国主义、集体主义、社会主义三个主旋律的教育，紧密地同民族精神的培育和弘扬结合起来，把“以为人民服务为核心的公民道德建设”同为中华民族的伟大复兴、同启迪和养成中华民族的伟大民族精神融合为一体。

在长期发展的历史中，“中华民族形成了以爱国主义为核心的团结统一、爱好和平、勤劳勇敢、自强不息的伟大民族精神”，中华民族之所以能够长盛不衰，之所以能够自立、自强于世界民族之林，同中华民族的这种伟大精神有着密切的关系。这一伟大精神，既体现了中华民族在悠久历史中所凝聚的优良传统，反映了中华民族精神的源远流长和博大精深，也包含着中国人民在长期革命斗争和建设实践中所形成的新的崇高精神，是中华民族生生不息、日新又新、与时俱进的生动体现。

当前，世界各国在经济、政治和文化的激烈竞争中，民族精神已经

成为一个国家综合国力的不可忽视的重要方面，是一个民族和国家在这种激烈竞争中发展、壮大和立于不败之地的强大精神动力。我们是社会主义国家，同资本主义国家相比，培育我们的民族精神，形成一种新的更加强大的精神力量，是我们的优势。我们一定要把培育中华民族精神作为思想道德建设的紧迫而又重要的任务，贯彻到思想道德教育的各个方面和全部过程，使全体人民始终保持热爱祖国、发奋图强、勤劳勇敢、昂扬向上的精神状态，从而为全面建设小康社会、开创社会主义建设新局面做出更大的贡献。

六、要在改造客观世界中改造主观世界，加强“道德品质修养”

“三个代表”重要思想是指导我们改造客观世界的思想武器，也是指导我们改造主观世界的思想武器。学习贯彻“三个代表”重要思想，“既要对事，也要对人”，既要用“三个代表”重要思想来指导我们的工作，又必须用“三个代表”重要思想来加强自身的改造，认真地提高“自我修养”。“三个代表”重要思想的本质是“立党为公、执政为民”，而要做到这一点，就必须加强自身的思想改造，增强自身的党性修养，要把具有正确的世界观、人生观和价值观作为党性修养的根本要求；要把抵御拜金主义、享乐主义和个人主义的腐蚀和诱惑，作为改造主观世界的重要内容；要把提高自身的思想道德素质，作为实践“三个代表”重要思想的基础。

在改造主观世界中，我们要特别提倡加强“道德品质修养”，牢记“两个务必”，积极地改造主观世界，这也是我们学习“三个代表”重要思想、加强思想道德建设的一个重要方面。

在市场经济的过程中，我们每一个人都在不断地经受着各种非无产阶级思想的考验，正像毛泽东同志所说的，“房子是应该经常打扫的，不打扫就会积满了灰尘；脸是应该经常洗的，不洗也就会灰尘满面”。由于我们的思想每天都会“沾染灰尘”，所以必须经常“打扫和洗涤”。正所谓“流水不腐，户枢不蠹”，只有在不停的运动中，才能抵抗各种不良因素的侵袭。周恩来同志一生就特别重视“活到老、学到老、改造到老”，把改造主观世界同改造客观世界紧密地结合起来。值得注意的是，在当前的情况下，我们的一些同志，只愿意“改造客观世界”，不愿意“改造主观世界”，只是要改造别人，而不肯改造自己，其结果不但不能实现改造客观世界的任务，最后往往经受不住腐朽思想的腐蚀，甚至思想堕落，为人民所唾弃。

一个人能够自觉地改造自己的主观世界，这不但不是一种耻辱、一件不光彩的事情，相反，是一个人真正进步的表现，是思想觉悟提高的表现。学习“三个代表”重要思想，我们一定要克服那种骄傲自满、自以为是、言行不一、理论与实践脱节的错误倾向，以“三个代表”重要思想为指导，紧密联系自己的思想实际，增强“道德品质修养”，努力改造自己的主观世界，自觉提高自己的道德品质，以适应改造客观世界的要求。

第六编

世界观、人生观、价值观教育

人生观和道德修养*

人生观和道德修养问题，是伦理学研究中的重要问题。同一切剥削阶级伦理学不同，马克思主义伦理学强调培养具有共产主义道德品质的新人的重要意义，因此，对人生观和道德修养问题，必须严肃认真对待。

人的一切行动，都是由人的思想意识作指导的，人的世界观和人生观，对人的道德理想和道德修养起着总的指导作用。要确立正确的生活道路，树立崇高的道德理想，首先必须解决人生观问题，特别要重视人生观在道德教育和道德修养中的重要作用。列宁曾经深刻地指出："应该使培养、教育和训练现代青年的全部事业，成为培养青年的共产主义道德的事业。"① 而在对青年的教育中，"我们的主要目的是锻炼严整的革命人生观"②。列宁的教导，在今天仍然具有重要的现实意义。

人生观与道德理想、道德修养有着密切的联系。人生观是讨论人生目的和人生意义的，道德理想是研究如何做人或做人的标准的，道德修养是实现人生目的和达到道德理想所实行的一种涵育锻炼的功夫。人生观决定人的道德理想，而道德理想体现人的人生观。道德理想是人们行为的最高标准，从另一角度说，它又是一定的道德原则和道德规范在一

---

* 本文原载《道德与道德教育》一书，上海，上海人民出版社，1981。

① 《列宁全集》，中文1版，第31卷，257页，北京，人民出版社，1958。

② 《列宁全集》，中文1版，第6卷，463页，北京，人民出版社，1959。

定社会、一定阶级的理想人物身上的体现，亦即道德上的理想人格。从历史发展过程来看，无产阶级的人生观和道德理想是最先进、最科学的，是我们的时代精神的集中体现；是无产阶级和革命人民为实现共产主义理想，而进行新民主主义革命、社会主义革命和现代化的社会主义建设的行动指南。从根本上来说，只有树立正确的人生观，才有正确的道德理想和明确的道德修养方向，也只有在各种不同的环境中，经过长期认真坚持不懈地进行道德修养，才能逐步形成道德上的理想人格。

我们知道，人们在社会生活中，在生产斗争和阶级斗争中，必然要和自然界以及周围的人们发生各种各样的关系，产生对各种事物的看法，并在这种看法的基础上，形成对整个世界的一些总的根本的看法，这就是世界观。

人在社会生活的过程中，在形成对周围各种问题的看法时，对自己的生活产生这样那样的感受和认识，并根据这些认识对人为什么活着、人做一切事都是为了追求什么目标、应该怎样做人以及怎样做人才有意义等有关人生的重大问题，形成自己的根本看法和态度，这就是人生观。

一般来说，世界观是人生观的基础，它直接影响人们对人生的看法，影响人们对生活道路的选择，支配着人们的人生观。因此，为了树立正确的人生观，就必须认真地学习和掌握辩证唯物主义和历史唯物主义世界观，认清社会主义必将发展到共产主义的客观规律。世界观对人生观虽然有重大的指导作用，但是世界观不能代替人生观。同一种世界观，又可以有各种各样的人生观。之所以会有这样的情形，一个很重要的原因，就是世界观是人们对自然和社会的总看法，它总是和人对客观世界的认识，特别是对自然界的认识有关，而人生观则更多地和一个人在社会上的生活环境和切身遭遇相联系，同自然界的关系相比较，它同社会中人和人之间的关系更为密切。一个在自然观上坚持唯物主义观点的人，由于在社会上经历各种不幸遭遇或受到许多意外打击，很可能趋向宿命论，产生悲观厌世的人生观。同是主张唯物主义的自然观，有的人却可以把个人的物质享乐当做人生的目的，而有的人却努力追求为人类、为社会谋幸福的理想。同样，一个在自然观上基本是唯心主义观点的人，也可能有比较进步的人生态度，追求为人类和社会利益服务的道德思想。这种复杂的情况，是需要从个人所处的社会环境和复杂的关系中寻找原因并加以说明的。

一个社会的政治状况、道德风尚和人与人之间关系的各种复杂变化，往往给予人们的人生观以深刻的影响。在以生产资料私有制为基础的社会里，在以利己主义为道德原则，充满了投机取巧、营私舞弊、自私自利、尔虞我诈、唯利是图的社会风气中，要想形成整个社会的良好高尚的道德风尚，是不可能的。这样的社会条件必然深刻地影响着人们的人生态度和道德选择。因此，在马克思主义的历史唯物主义看来，为了培养共产主义的人生观，就必须对整个社会实行革命的改造，从而改变社会风气。在社会主义社会里，虽然实现了生产资料的公有制，有马克思主义的正确的政治思想路线，但也必须清除社会上的各种歪风邪气，如损人利己、唯利是图、利用职权作威作福、贪污受贿、营私舞弊等，才能逐步地形成一种人人关心集体、关心他人、朝气蓬勃、健康朴素、乐观向上和讲文明、有礼貌的新风尚。也只有在改造社会和改变社会道德风貌的同时，新的人生观教育才能收到应有的效果。如果只是就人们的人生观问题来谈论人生观，或者想单纯用教育的方法，达到培养“严整而革命的人生观”的目的，也是困难的。

世界观和人生观有着相互制约的关系。世界观支配人生观，人生观又往往能够影响以至改变人们已经形成的世界观。在社会生活中，人们所处的社会环境和所经历的顺逆、荣辱、得失、成败，对人生观有很大的影响。一个基本上树立了正确人生观的人，在连续遭受各种不幸和严重打击之后，也可能对人生产生种种消极、悲观和愤世嫉俗的态度，甚至使原来的世界观发生动摇或改变。经历了十年动乱，有些人产生了“看穿”、“看透”的想法，动摇了原来的信仰甚至改变了自己的世界观，其根本原因就在这里。

为什么在当前情况下，有些人产生了种种非无产阶级人生观，而在过去很长一段时期内，却并非如此呢？回忆在战争年代，广大解放区里的人民朝气蓬勃，踊跃参军，不怕牺牲，前仆后继，一个人倒下去，千万个人站起来，为祖国解放而战。在那么艰苦的环境中，人们对人生的信念并没有发生动摇。在 20 世纪 50 年代和 60 年代初期，社会安定团结，祖国的建设事业蒸蒸日上，人和人之间充满着同志友情，人人相互关心、相互帮助，热爱祖国、热爱集体、热爱社会主义，人们对社会主义建设、对共产主义事业和人生的意义，充满着信心和极大的希望，这是很多人都亲身经历的。为什么这十几年，竟会发生如此不同的情况呢?

依据历史唯物主义原理，道德风尚是社会经济、政治的反映，历来都是如此。从某种意义来说，社会道德面貌、人们的精神境界可以说是社会经济、政治最灵敏的测量仪。在有的人中间，之所以出现“人都是自私自利的”、“人生一世，吃喝二字”、“主观为自我，客观为大家”、随波逐流、敷衍应付以至轻生厌世等人生观，究其原因，最重要的一条，就是由于林彪、“四人帮”的长期破坏，使我国的经济、政治状况以及人和人之间的种种关系出现了倒退。也由于十年动乱，各种腐败现象得到蔓延，社会上的阴暗面有所扩展，封建特权思想影响着部分人的行动，不少人的遭遇和感受往往使他们动摇了无产阶级的革命的人生观。这种情况，虽与一个人的政治、认识水平和道德修养有关，但复杂的社会因素也是一个重要原因。

但是，客观环境、个人遭遇对人生观的影响，也必须辩证地加以考察，既要认识到经济、政治状况和道德风貌对人生观的影响，还必须强调人们在改造现实中树立共产主义人生观的自觉的能动作用。要看到在无产阶级掌握了政权的社会条件下，只要我们坚持为美好的共产主义理想而斗争，始终不动摇自己的革命信念，在任何逆境中都不灰心丧气，并注意进行道德修养，就能逐步树立起共产主义人生观。事实说明，在同样的环境中，虽然有着共同的遭遇，不少人更加坚定了对共产主义的信念，为人类美好理想的最终实现英勇奋斗，坚贞不屈，直到献出了自己的生命。逆境和挫折，既可以使人们失掉信心，消极颓废，也可以使人们发愤图强，奋勇前进。“河出潼关，因有太华抵抗，而水力益增其奔猛；风回三峡，因有巫山为隔，而风力益增其怒号”，就是这个意思。社会有阴暗面，就必然存在着同这种阴暗面作斗争的力量。在我们这个社会里，虽有阴暗的一面，但主流仍然是光明的，广大群众仍然是向往共产主义的。从表面上看，信奉“人人为自己，上帝为大家”、“人不为己，天诛地灭”的人好像不少，但这只是在十年浩劫后出现的短暂现象，其实，热爱集体、关心人民、为集体利益而积极努力的确实大有人在。历史的潮流总是要前进的，可能在向前发展过程中，会有暂时的曲折和倒退，但归根到底是不可逆转的。光明必将战胜黑暗，共产主义最终必然实现。在人生的道路上，不论处在什么逆境中，碰到什么样的困难，都不能动摇为共产主义事业的崇高理想而斗争的信念和决心。

无产阶级的革命的人生观，是和以往一切非无产阶级的人生观相比较而存在、相斗争而发展的。为了树立严整的、革命的人生观，加强无产阶级的道德修养，我们必须了解、分析、批判各种剥削阶级的人生观。在还存在着阶级斗争的社会里，无产阶级的人生观和道德修养总是要受到各种剥削阶级人生观的影响。在一定气候下，这种影响，有时甚至是相当严重的。抹杀人生观领域里的斗争，不批判剥削阶级的腐朽的人生观，不进行无产阶级的道德修养，其结果，必然要使封建阶级、资产阶级的人生观和道德意识自由泛滥，腐蚀人们的灵魂，这样也就不可能树立坚定的无产阶级的人生观。

在现实生活中，我们看到的剥削阶级人生观主要有以下几种：

一种是享乐主义的人生观，认为人的一生就是为了吃喝玩乐。所谓“人生在世，吃喝二字”，就是这种人生观的反映。从中国历史上来看，早就有所谓“浮生若梦，为欢几何”的人生观。《列子・杨朱》篇就宣扬这种享乐哲学，认为“人之生也奚为哉？奚乐哉？为美厚尔，为声色尔”，“唯患腹溢而不得恣口之饮，力惫而不得肆情于色”。在杨朱看来，既然人生在世，总不免一死，即所谓“十年亦死，百年亦死；仁圣亦死，凶愚亦死”，还讲什么人生的价值？还有什么人生的意义？只要有“墙屋台榭，园囿池沼，饮食车服，声色嫔御”，从而尽量满足自己享乐的欲望，也就算达到了人生的目的。这就是说，人生就是为了满足口腹耳目的欲求，达到肉体的、个人的、直接的享乐。剥削阶级这种享乐的人生哲学，曾经为大多数的剥削阶级成员所接受，并把它看做自己的人生目的和人生价值，甚至连一些封建社会的进步的思想家、文学家和政治家，也都或多或少地受这种人生哲学的影响。

在西欧，这种剥削阶级的享乐主义人生哲学，曾经成为延续很长、影响很大的伦理思想体系，并随着社会的发展，以各种不同的形式表现出来。它的主要依据，就是从所谓人的本性、人的生理要求和欲望的满足出发，认为享乐是人生的目的和价值。费尔巴哈认为，快乐是一切有生命的东西所唯一追求的。他说：“一个幼虫经历了长时间的不成功的寻觅和紧张的流浪以后，终于安息在它所期望的适宜它的植物上。是什么驱使它采取行动，是什么促使它做这样艰苦的流浪呢？”那就是“对幸福的追求”。近代许多唯物主义哲学家都把自私和追求享乐当做人的本性，把个人欲望的满足看成推动社会进步的动力。对这种享乐主义哲学，应该进行阶级的、历史的分析。这就是说，当这种享乐哲学是针对剥削阶级中的腐朽没落势力而较多强调人的现实利益时，它具有一定的进步意义，起着向旧势力冲击的作用。但是，无论如何应当看到，主张享乐哲学的人，都是具有享乐特权或受到享乐特权影响的人。正像马克思所指出的：“享乐哲学一直只是享有享乐特权的社会知名人士的巧妙说法。至于他们享乐的方式和内容始终是由社会的整个制度决定的，而且要受社会的一切矛盾的影响，则已经不用说了；一旦享乐哲学开始妄图具有普遍意义并且宣布自己是整个社会的人生观，它就变成了空话。”① 可以肯定，劳动人民作为生产劳动和物质财富的创造者，他们的仅有的享乐，总是同创造物质财富的劳动相联系的。从他们的社会地位来看，是不可能产生把单纯追求享受当做人生目的的思想的。劳动人民懂得，不劳动生产，人们就不能活命，更谈不上享乐。如果人们都不从事社会的物质生产劳动，不努力增加财富，只是想着吃喝玩乐，那么，岂不是只能饿着肚子吗？社会又怎样能够存在呢？劳动人民也主张提高自己的物质生活水平，也希望过美好的幸福生活，但他们绝不把追求享乐当做人生的唯一目的，绝不要求把自己的快乐建筑在使别人遭受痛苦的基础上。从历史上看，一切剥削阶级的享乐哲学，都是以剥削别人作为自身享乐的手段，是以极端利己主义为基础的。在现实生活中，凡是受到这种享乐哲学的腐蚀，抱有享乐人生观的人，必然会贪图个人享受，追求吃喝玩乐，从而在人和人的关系上只顾自身需要的满足，损人利己，投机取巧，做出种种不道德的行为。更有甚者，许多贪污盗窃、违法乱纪的犯罪行为，究其原因，正是受了这种剥削阶级人生观侵蚀和毒害的结果。所以，彻底批判这种剥削阶级的人生观，对于实现安定团结，对于建设四个现代化的社会主义祖国，有着重要的意义。

剥削阶级人生观的另一种表现，即“权力意志”的人生观，认为人生的目的就是为了追求权力，有权就有一切。这种表面上是为了追求权力的思想，它的背后仍然是要借助权势来达到自己的欲望，来追求自己的享乐。他们在权力尚未完全到手时，也可能会表现出“艰苦朴素”、

---

① 《马克思恩格斯全集》，中文1版，第3卷，489页，北京，人民出版社，1960。

“发愤忘食”，一旦攫取到一部分权力后，又总是损公肥私、作威作福，只要一朝大权在握，他们就开始肆意妄为、挥金如土、沉溺于个人的享受。德国的尼采就曾公开说过：“渴望权力，渴望统治，是意志的最高目标、最高价值和最高体现，是一切存在的基原和动力。”在他看来，人生的目的和价值就在于获取统治别人的权力，实现自己的权力意志。尼采还认为，人在社会中生活，一个最大的生活动力，就是要掌握权力，这就是说，希望居于别人之上，即统治别人和奴役别人的欲望，是决定一切的力量。在弱肉强食的生存竞争中，只有夺取到权力，才能夺取到一切。因此，他认为，最善于夺取权力的人，就是一种强者，即“超人”，而这类“超人”为了夺取权力，政治上是可以不讲道德的，也可以采用任何不道德的手段，只有弱者因为无能，才高喊别人不讲道德。正是由于这种“权力意志论”，尼采哲学才成了希特勒法西斯主义的精神支柱。希特勒曾经说过：“我有一个特长，随便什么理论见解和道德准则都不能约制我。”① 我国在十年动乱时期，“四人帮”一伙所奉行的就是这种“权力意志”的人生观。

在中国封建社会，有所谓“书中自有黄金屋，书中自有千钟粟，书中自有颜如玉”的说法，就是妄图通过读书做官来达到自己享乐的目的。无产阶级也承认政权的重要，但是无产阶级之所以强调政权的重要，唯一的目的，就是为了广大人民群众，而不是为了个人的享乐。在林彪、“四人帮”的毒害下，有的人为了夺取部分权力，或者是吹牛拍马、阿谀逢迎以求讨得上级的欢心，或者是损人利己、落井下石以达到攫取高官厚禄的目的。在政治生活中，这种人生观总是这样那样地为阴谋家、野心家和官僚政客们服务，其作用是反动的。

此外，还有所谓悲观厌世的人生观，从这种人生观出发，人们往往把人生看得毫无意义，什么浮生若梦、人生就是痛苦等等，从而产生了厌世轻生和消极悲观的看法。这是剥削阶级人生观的一个特点，它反映在没落阶级和一部分处于逆境人士的思想中。我国先秦道家的消极无为思想，就是这种人生观的表现。庄周认为，天地无穷，人生有限，病疾忧患，死者有时，不如挣脱“四时之事”、“人间之劳”。在庄周看来，人生如梦，毫无意义，人们应该奉行不问是非、不论善恶、与世浮沉、

① 转引自康士坦丁诺夫主编：《历史唯物主义》，北京，人民出版社，1955。

物来顺应的处世哲学。老庄一派的这种没落阶级的消极人生观，对我国后世有着相当大的影响。庄子《养生主》中提出“为善无近名，为恶无近刑；缘督以为经，可以保身，可以全生，可以养亲，可以尽年”的人生哲学，就是说，不要表现太好，也不要表现太坏，经常随大流，事事处中流，只有这样，才能保全自己的生命。庄子的这种思想流毒，在一定情况下，不但受到封建社会中那些失意的知识分子的推崇，就是今天也还有一定的市场。如前所述，在社会主义社会里，也不都是一切顺利、一切光明的。在人生的道路上，不可避免地会有各种挫折和不幸。有一些人，在受到生活的挫折，遇到家庭和个人的不幸，遭受到事业上的以及各种意外的打击而又不能得到领导的关心和同志们的热情帮助时，他们会感到理想已变成幻影、希望已成为失望，这时往往会对现实不满，容易接受所谓人生如梦的剥削阶级人生观的影响。克服这种影响，是思想政治工作和道德教育的重要任务之一，必须要进行深入细致的工作。我们相信，只要有正确的引导和热情的帮助，随着情况的变化，这种思想是不难纠正的。

无产阶级是人类历史上最先进的生产力和生产关系的代表，担负着建立社会主义和共产主义制度的伟大使命。因而，它的人生观必然是一种革命的、向上的、积极的人生观。在无产阶级看来，人活着不是为着自己的利益，而是为着整个劳动阶级以至全人类的利益。这是一个千真万确的真理。我们决不能把这一真理当做空洞的政治口号，更不能把它当做骗人的谎言。人生怎么才算有意义？这是我们每一个人都必须考虑和回答的问题。人生就是为了利己吗？就是为了吃喝玩乐、尽情享受吗？就是为了自己的小家庭，就是为了获得金钱和漂亮的爱人吗？不是。那么，怎样才算是一个高尚的、有道德的人呢？正如毛泽东同志所说，只有树立起“毫不利己、专门利人”的精神，才能成为“一个高尚的人，一个纯粹的人，一个有道德的人，一个脱离了低级趣味的人，一个有益于人民的人”，应该说，这才是人生的价值。刘少奇同志在《做一个好的党员，建设一个好的党》一文中说：“一个人，特别是一个党员，为了党，为了社会进步与人类解放，为了千百万劳动人民的共同的长远的利益而奋斗到底，直至终身，甚至牺牲自己的生命，是最值得、最引人们敬仰的，是为万世子孙所怀念、所歌颂的。”这就是无产阶级所应有的革命人生观，即共产主义的人生观。

这是不是说，无产阶级革命的人生观，就不要正当的个人利益呢？当然不是的。马克思主义从来不否认正当的个人利益，而只是反对剥削阶级的利己主义。所谓利己，指的是自私自利，为一己私利而损害别人的利益，这和人们常说的正当的个人利益是完全不同的。人们在追求集体利益和社会利益时，必须吃、喝、穿、住，也需要在可能的条件下，不断改善自己的生活，否认这一点，就不是马克思主义。把清教徒式的禁欲主义当做无产阶级的生活目的，把起码的、随着社会生产发展而产生的改善物质生活的要求，都当做个人主义，大加挞伐，那是极端错误的。但是，无产阶级绝不应忘记社会主义和共产主义的崇高理想，更不应该只顾个人的眼前利益而不顾以至损害集体的长远利益。一个有觉悟的无产阶级革命战士的最重要品质之一，就是他能使自己的个人利益服从集体和社会利益，甚至在最必要的关键时刻，能为集体而牺牲个人利益，直至献出宝贵的生命。

无产阶级对人生的看法，不是从自己头脑中随意制造的。它是从无产阶级的经济地位和所处的社会关系中，从阶级斗争、生产斗争和科学实验中形成的。正是这样的历史地位和社会实践，使无产阶级能了解自己的历史使命，把实现共产主义、解放全人类作为自己崇高的责任。正如毛泽东同志所说，社会发展到了今天的时代，正确地认识世界和改造世界的责任，已经历史地落到了无产阶级及其政党肩上。这种根据科学认识而定下来的改造世界的实践过程，在世界、在中国，均已达到了一个历史的时节——自有历史以来未曾有过的重大时节，这就是整个地推翻世界和中国的黑暗面，把它们转变过来成为前所未有的光明世界。确实，要有这样的人生观，必须具有相当高的政治觉悟。人类几千年来在阶级社会中生活，广大劳动人民由于受剥削、受压迫而不能过幸福的生活。现在展现在我们面前的将是一个理想的、没有剥削和压迫的社会。在这个社会中，人人都将成为大公无私的、有高度文化和科学技术水平以及高尚道德修养的共产主义者，它是历史上最美好的理想社会。

当然，现实和理想还有很大一段距离，不能因社会上还有许多不合理的现象，从而否认人类未来的光明、美好的理想，否认这种理想实现的可能性。相反，无产阶级也清醒地知道，理想是同斗争结合在一起的，没有斗争的理想，就只能是一种幻想。共产主义事业既是最美好的事业，也是历史上最艰巨的事业，这个事业的到来，这个理想的实现，必须经过长期的、复杂的、艰苦卓绝的斗争。在向共产主义前进的道路上，还必然会遇到各种各样的阻力和困难、挫折和失败，但是，我们不但不应灰心丧气，失去信心，而且更应该斗志昂扬，勇往直前。剥削阶级的残余势力及其代表，必然要用各种办法来阻碍、破坏共产主义的实现，甚至将它引入歧途，引导到复辟资本主义的道路上去。因此，为了实现共产主义的远大理想，为了最终消灭人剥削人的制度，每个无产阶级战士都必须要作长期艰苦的斗争。

共产主义的社会理想的实现，虽然还有一个长期的过程，但这种理想绝不是空想，因为它是从现实生活中产生，并要在将来成为现实的。普列汉诺夫在论述理想和现实的关系时，曾有过一段精彩的议论，他说："恩格斯把自己的全部生命献给一个非常崇高的目的：解放无产阶级。他也曾有过'理想'，但是他的理想从来没有脱离过现实。他的理想，也就是现实，但这是明天的现实，是将要发生的现实，它将要发生并不是因为恩格斯是一个有理想的人，而是因为目前的现实的特性就是如此，因为那可以叫做恩格斯的理想的明天的现实，是应该从目前的现实中，应该按照目前现实本身的内部规律发展而来的。"① 这就是说，从客观上来看，无产阶级的先进人物，所以能够确立崇高的理想并为之奋斗献身，是出于他们的阶级自觉。他们能够从现实中，认识到将要发生的现实，认识到推进这个过程和变革，是他们应尽的职责和一生的伟大任务。无产阶级人生观的形成和发展，正是这样一个主观与客观的辩证统一。

由此也可以看到，无产阶级的革命人生观不是自发产生的，而是同科学的世界观紧密联系在一起的，是建立在辩证唯物主义和历史唯物主义的世界观基础之上的。只有树立起辩证唯物主义和历史唯物主义的世界观，正确地认识人类社会的发展规律，认识主观与客观的关系、个人与集体的关系、理想与现实的关系等，才能进而正确地解决与人生有关的各种问题，树立起严整的革命人生观，并有高尚的道德修养。

"锻炼严整的革命人生观"，在今天看来，有着极其重要的现实意义。如何正确地、透彻地了解人生的目的，自觉地树立正确的人生观，对人的行动有极其重要的指导作用。十年动乱中，那种投机取巧、心狠

---

① 《普列汉诺夫哲学著作选集》，第1卷，547页，北京，三联书店，1959。

手辣、逢迎拍马的政治骗子竟飞黄腾达，而忠直诚实之人，则经常遭到各种厄运。崇高的共产主义理想，变成了野心家奴役人民的口号，为人民服务的思想，变成了阴谋家欺骗群众的谎言。人生的意义究竟是什么？不少人产生了苦闷和彷徨。因而，重新认识人生，树立真正的共产主义人生观，就成为一个迫切需要解决的问题。这一问题不仅对于刚刚开始生活的青年一代，而且对于一切革命同志，对于新老党员，都有重要意义。因此，在道德教育和道德修养中，一定要积极地、切实地、逐步地培养和树立无产阶级人生观和道德理想，提高人们的思想境界和道德水平，树立良好的道德风尚，从而使每一个人都能更自觉地为社会主义的四个现代化贡献力量。

评“主观为自己，客观为别人”*

最近几年来，在一些人中间流行着一种所谓“主观为自己，客观为别人”的说法。这种说法虽然拿不出什么像样的理论，但也可以说是一种人生哲学。有些人把这种人生哲学看做从实践中总结出来的新理论，认为它不但和无产阶级的集体主义精神不矛盾，甚至可以殊途同归。不少同志都在试图驳斥这种论调，但直到如今它在社会上仍有一定的市场。正如狄德罗在批判贝克莱时所说，贝克莱的那种“存在就是被感知”的唯心主义命题，“虽然荒谬绝伦，可是最难驳斥”。所谓“主观为自己，客观为别人”的人生哲学，具有同样的特点。

一、主观上“为自己”，客观上能够“为别人”吗

“主观为自己，客观为别人”的提法，在理论上存在着明显的矛盾。它用诡辩的手法，掩盖着问题的实质。为了弄清它的意义，有必要对它加以细致的分析。

“主观为自己，客观为别人”这个命题，本身是违反逻辑的。“为自

---

* 本文原载《学习与研究》，1982（10）。

己”和“为别人”都指的是主观目的或动机。对同一行为的目的或动机来说，既肯定它是为自己的，又说它是为别人的，这不是自相矛盾吗?这个命题之所以出现这种逻辑矛盾，就是因为玩弄这个命题的人企图用“为别人”来掩饰“为自己”，从而掩盖问题的实质。实际上这个命题所要表达的意思是：一个人的行为，尽管在主观动机上是为了自己的私利，但在客观上却可以是有利于别人的。这种观点，当然是一种欺骗，是一种混淆是非的谬论。实际的情况是：一个主观为自己的人，为了达到自私自利的目的，虽然客观上也有可能会给别人带来某种便利，但这绝不能说他要“为别人”。恰恰相反，这种在实际上给别人带来便利的行为，正是达到“为自己”的目的的一种手段。宣扬“主观为自己，客观为别人”的人，故意混淆了这种区别，把客观上给别人带来某种便利但实际上是“为自己”的行为，说成是“为别人”的行为，这当然是很荒唐的。按照这种逻辑那就是：主观上是为自己的，客观上却是为别人的；动机是“私”的，效果却是“公”的；思想是个人主义的，行动则是集体主义的；等等。这怎么可能呢?马克思主义的伦理学认为，抱着自私自利的动机的人，无论在客观上做了多少便利别人的事情，但在主观上都只能说他是“为自己”，而不能说是“为别人”。正如在私有制社会中的商品交换一样，资本家向市场投入某种商品，为的是获得剩余价值，但他必须设法满足别人的需要。一种商品越是能满足人们的某种需要，它的销路就越广。资本家为了实现对剩余价值的占有，为了使资本能顺利地周转，必然要千方百计地投人所好，因而好像他的行为是有利于消费者的。但是，人们不要忘了，消费者虽然得到了使用价值，却为资本家开辟了市场，而更重要的是资本家实现了他的根本目的，得到了剩余价值，最终达到了动机和效果的统一，即达到了客观上也有利于自己的目的。同样，一个小生产者，为了获取个人利益而生产一些市场短缺商品，以满足人们的某种需要，这是否在客观上为了别人呢?不是。人们会看到，他将以尽可能高的价格出卖自己的商品，从而在客观上达到有利于自己的目的。从一定意义上说，我们也承认，抱着自私目的而不得不满足社会上的某些需要的行为，客观上可以有利于别人，但这和无产阶级所说的为他人、为集体的意义是根本不同的。

如果作进一步的分析，我们将会看到，“主观为自己，客观为别人”的实质就是，一个人的行动的目的虽然是为自己的，但可以把为别人作为一种手段。所谓“客观为别人”，只不过是“主观为自己”的一种变换了形式的说法，是一种为了自私自利的目的而必须运用的手段。资产阶级的思想家早就看到了这一点。他们认为，为了爱自己，就必须学会爱别人，爱别人的目的就是为了爱自己。从这个意义上看，所谓“客观为别人”，只不过是给自私自利的个人主义所缝制的一件新衣。现实生活证明，一些有着严重个人主义思想的人，正是利用“客观为别人”这个幌子，从事着“主观为自己”的损人利己的活动。

从当前思想领域的实际情况和思想战线的斗争来看，这种理论确实有不小的影响，它是一种强烈的腐蚀剂。它不仅在实践上侵蚀我们党的干部和广大群众，而且在理论上企图给自私自利的思想争得合法地位。一个人明明是抱着个人的目的，处处为自己打算，但他却可以说他的所作所为是“客观为别人”。依据这种理论，甚至一个长途贩运、投机倒把、牟取暴利、损害国家和集体的人，也可以把他的行为说成是“主观为自己，客观为别人”。因为，在他看来，他之所以长途贩运，正是为了满足某些人的需要，使一些急于要得到某些商品的人能够得到它们，这又怎么不是“主观为自己，客观为别人”呢？由此可见，揭穿这一理论的错误，是有很重要的现实意义的。

二、人的本性是自私的吗

宣扬“主观为自己，客观为别人”的理论根据之一，就是认为人的本性是自私的。因此，有必要从理论上来分析一下，人的本性究竟是不是自私的问题。

马克思主义认为，人的本性、本质，按其实质来说，是由人的社会关系决定的，是由社会关系中的各种因素铸成的。各种社会关系，特别是其中的生产资料所有制的关系，尤对人的本质起着重要的决定性的作用。所以我们可以说，随着经济关系和其他社会关系的变化，人的本性也是在不断地发生变化的。

在原始共产主义时期内，在公有制的经济关系中，人们是不可能产生私有观念的。我们知道，直到19世纪，南美洲的一些地方还处于原始社会的末期。达尔文在旅行中就曾亲眼看到过火地岛的一个土人，把人家送给他的一条毯子，按照伙伴的人数，分割成十几块，以便分送给每一个人。居住在非洲的布须曼人，同样是不论得到什么礼物，都要把它分给本氏族的成员，甚至得到一头牛，也同样要进行平均分配，自己只留最小的部分。很清楚，在原始社会公有制的经济条件下，是不可能产生私有观念的，他们甚至不可能意识到同赖以生存的氏族分开的个人。在许多原始部落里，直到 19 世纪，对氏族成员的最严厉的惩罚，就是将其从部落中驱逐出去。拉法格在考察了原始社会的各方面情况后说：“私有观念对于一切资产者是非常自然的，但当初跑进人们的头脑却不那么容易。当人们开始思想时，恰恰相反，他们首先想到的是一切应当归大家。”法国的资产阶级思想家拉翁登曾在北美洲进行过多次旅行，考察了印第安人中的情况后说：“野蛮人不知‘我的’和‘你的’这种字眼，因为人们可以说，属于这个人的一切，同样也属于另一个人。”上述这些历史事实说明，人的本性确实是由经济关系所决定的。自私是一种观念，是私有制的产物。随着私有制的消失和公有制经济关系的出现，人的所谓自私的本性，也必然会随着改变。斯大林在论述人的观念同经济关系的联系时曾指出：“有一个时期即原始共产主义时期，人们是不承认私有制的；后来一个时期即个人主义生产的时期，私有制掌握了人们的情感和理性；现在一个新的时期即社会主义生产的时期快要到来，那时人们的情感和理性浸透着社会主义的意向，这有什么奇怪的呢，难道存在不决定人们的‘情感’和观点吗?”① 存在决定意识，经济关系决定人的本质，这是马克思主义的一个基本原理。

人们或许会问，我国已经实行了公有制经济、进入了社会主义社会，为什么还有一些人抱着自私自利的个人主义思想不放呢？对于这个问题，我们必须从我国当前社会的特点来作进一步的分析。

确实，在我们当前的社会里，追求个人名利，处处为个人打算的人，仍然到处可见，这是一个事实。这是几千年私有制的影响所形成的愚蠢和偏见。克服这种愚蠢和偏见，不但需要公有制的建立和共产主义道德的教育，而且还要经过相当长期的曲折、复杂的斗争。这正像马克思所指出的：“我们这里所说的是这样的共产主义社会，它不是在它自身基础上已经**发展了的**，恰好相反，是刚刚从资本主义社会中**产生出来**

① 《无政府主义还是社会主义?》，见《斯大林全集》，中文 1 版，第 1 卷，308～309 页，北京，人民出版社，1956。

的，因此它在各方面，在经济、道德和精神方面都还带着它脱胎出来的那个旧社会的痕迹。”[①] 列宁也说：“旧社会灭亡的时候，它的尸体是不能装进棺材、埋入坟墓的。它在我们中间腐烂发臭并且毒害我们。”[②] 这就是说，在私有制曾长期存在的历史条件下，个人主义的影响不可能因公有制的建立而很快地消失。在许多人的思想中，还有个人主义的残余，还经常有公和私的斗争。这种现象的存在，并不能说明人的本性都是自私的，恰恰相反，这正说明人的思想是随着经济基础的变化而不断变化的。事实证明，一些原来带有自私自利思想的人，在革命斗争中，在自觉的修养和锻炼中，能够改正自己的自私自利的思想，分析批判自己的个人主义，从而成为一个在言行上能够做到先公后私的人。这是我们很多人都有过切身体会的，这又怎么能同人的本性是自私的这种错误观点联系在一起呢？在当前的情况下，人们还有私心，这和人的本性是自私的是两个完全不同的问题，这也是应该分清的。

三、雷锋也是“主观为自己，客观为别人”吗

为了辩护“主观为自己，客观为别人”的错误观点，有人甚至把雷锋为别人做好事，同“主观为自己，客观为别人”相提并论。他们认为，雷锋之所以做好事，也是仅仅为了满足自私的欲望。而且，在他们看来，“精神还可以变物质”，做了好事就可以得到好名声，这种好名声又能给自己带来各种现实的、物质的利益。依此类推，从而认为，一切为民族、为人民做出贡献和牺牲的人，也都是要得一个好名声，因而都是“主观为自己，客观为别人”的。这种理论尽管十分荒谬，但却很容易迷惑一些人。

当然，作为在社会中生活的人，总要有思想、有感情、有追求，并且能意识到自己的追求将会给自己和他人带来的后果，这是人之所以区别于动物的特点。但是，社会生活中的人的需要和追求是各不相同的，这种不同的需要和追求，从最终的意义上来说，是受着社会经济条件的制约的。在阶级社会中，它还受着阶级利益的制约。在一个人的需要

① 《马克思恩格斯选集》，1版，第3卷，10页。

② 《列宁全集》，中文1版，第27卷，407页，北京，人民出版社，1958。

和追求中，究竟是为自己还是为别人，是为了利己还是为了利人，这是一个人的道德高尚还是卑劣的分水岭。这个界限无论如何不能加以混淆。

现实生活中也确实有这样一些人，他们从自私自利的个人主义出发，表面上也可能做出一点对别人有利的事，即做出某种所谓好事，而实际上却总是要想捞取名利，满足自己的狭隘的甚至卑鄙的个人私利。但是，生活本身将从各个方面把一个人的内心世界展现在群众的面前，历史必将对人的行为作出公正的裁决。那些想用表面上做好事来捞取名利的人，必然会进一步暴露他们的利己主义的本质。即使有少数的所谓伪君子暂时能捞到名利，历史也将会给以公正的裁决。

在资产阶级的伦理思想发展中，确实也存在着一种叫做自我牺牲或者叫做自我舍弃的利己主义。他们主张牺牲个人的一些暂时的、细小的利益，以换取长久的、更大的利益。垄断资产阶级经常采用这种方法，从剩余价值中抽取出一部分来，作为工人的福利费用，从而有利于资本家榨取更大的利润。这种自我牺牲和自我舍弃的利己主义，曾受到马克思的尖锐批判。这种理论，虽然加上了“自我牺牲”的招牌，实际上只不过是资产阶级利己主义的一种随着季节变换的新装而已。

一定社会的人都会有所追求，但有的人追求的是一己的私利，有的人追求的却是集体、国家、阶级、社会以至人类的利益。后者受到社会的赞扬，但这种赞扬却从来都不是他追求的目的，尽管这些赞扬会给他带来荣誉，但他绝不会把它当做谋取个人私利的资本，因为他本来就不是为了自己的私利而去做这些事情的。

这些人既然也有自己的追求，有向往幸福生活的要求，那么，这是否也是一种“主观为自己”呢？不，绝不能这样说。这里，最根本的不同，是在于他们把使别人幸福看做自己的幸福，因而他们所感受到的绝不是那种自私而可怜的快乐，而是一种和千千万万人共有的快乐。凡人都会有所需求，但是不能说人要满足自己的需求就是自私。把需求等同于自私是一种糊涂的认识。我们可以把人的需求分为三种，即物质的、文化的和道德的。如果说前两种需求是要从社会得到某种必需的满足，那么，道德的这种精神需求，就是对他人、对社会和对人类的牺牲。雷锋之所以伟大，也正在这个地方。他只希望从社会得到最起码的生活条件，但他却是把为别人谋幸福当做自己最大的幸福。天下着大雨，雷锋送一个抱着小孩子的妇女回家，他说：“我跑回部队驻地，拿着自己的雨衣给那位妇女，我又抱着她的孩子，冒着风雨送她们回家。在路上，看那小孩冷得发抖，我立即脱下自己的衣裳给他穿上。走了一小时四十分钟，终于把她们送到了家。”当回部队的时候，他写道：“我一边走一边想着：我是人民的勤务员，自己辛苦点，多帮人民做点好事，这就是我最大的快乐和幸福。”怎么能说雷锋的这种高尚行为也是为自己或自私的呢？

四、历史的考察

由于“主观为自己，客观为别人”的观点经常被一些人说成是一种从实践中总结出来的新理论，因此，有必要对它作一点历史的考察。

从伦理思想史上来看，“主观为自己，客观为别人”的说法完全是一种资产阶级的道德理论。它是资产阶级利己主义的一种形式，是适应帝国主义垄断资产阶级“联合化”的需要而产生的一种新个人主义。这一理论的创始人，可以追溯到美国著名的思想家杜威和他的合作者塔夫脱，甚至可以追溯到更早的资产阶级思想家。

资产阶级的利己主义，从一定的意义上，可以划分为三个阶段。赤裸裸的利己主义，或者叫做个人利己主义，可以说是它的第一阶段。18世纪以前，资产阶级处于形成发展的上升时期，面对着封建制度和宗教禁欲主义的桎梏，资产阶级要求自由平等，要求解放，要求个人发展。资产阶级思想家由于把私有制神圣化，以至看做永恒不变的制度，从而认为人的本性是自私的，说什么人只知道追求个人的利益，人对人是狼，在自然状态中，人们彼此间进行着你死我活的斗争。著名的资产阶级思想家、个人主义思想的早期指导者马基雅弗利认为，人永远是一个自私的动物，人的最主要的特点就是“能力有限，欲望无穷”。他认为，在人和人之间，只有强权，没有公理，更不可能有从别人出发的道德。早期的资产阶级思想家撕破了中世纪人和人之间的宗教障眼的纱幕，公开地强调自私是人的本性，反映了当时资产阶级反对封建教会统治的历史要求，有一定的进步意义。

在资本主义登上历史舞台（或即将登上历史舞台）的18世纪，一些思想家，如法国的爱尔维修、霍尔巴赫等人，已经深深地懂得，只强调人的本性是自私的这一点，是不利于新兴资产阶级的统治的，也无助于资本主义社会中人和人之间关系的调整。因而，他们在强调人的利己的本性的同时，又注意了社会利益、公共利益的重要。爱尔维修确实说过人的本性就是自私的，要想消灭自私心就等于要消灭人本身这一类的话。但是，法国唯物主义者也都非常重视社会的利益。霍尔巴赫说："做善事，为穷人的幸福尽力，扶助穷人就是道德。道德只能是为社会的利益、幸福、安全而尽力的行动。"爱尔维修也认为道德就是要服从社会利益："如果我生在一个孤岛上，孑然一身，我的生活中就没有什么罪恶和道德了。我在那里是既不能表现道德，也不能表现罪恶的。那么我们对道德和罪恶这两个名词必须怎样了解呢？必须了解为对社会有益的行为和有害的行为。这个简单明了的观念，依我的看法，要胜过一切对道德所作的不明了的花言巧语。"所以，法国唯物主义者在强调人都是为自己的同时，又认为"共同的利益是道德的基础。因此，我们的行为对社会越是有害，就越是罪过；对社会越是有益，就越有道德（人民的幸福是最高的法律）"，这完全是适应资产阶级即将或已经取得统治地位的阶级利益的需要的。

继法国唯物主义者之后，德国的费尔巴哈又提倡"合理的利己主义"，认为尽管人按其本性来说都是利己的，但必须要在利己中注意利他。他特别强调，一个人的行为要有道德，必须注意自然后果和社会后果。这就是他所说的酒醉之后、必定头痛，利己损人、必遭反抗的道理。以后英国的边沁、密尔又进一步提出了以"最大多数人的最大幸福"作为道德原则的理论。但应看到，"最大多数人的最大幸福"这一道德原则，"只不过是法国唯物论者们的'公共利益'的一个非常无力的、剥去了革命色彩的摹本而已"①。从爱尔维修到费尔巴哈以至边沁、密尔，他们在宣扬人的本性是自私的同时，又强调利他和公共利益，可以说是资产阶级利己主义的第二个阶段。

20 世纪以后，资本主义已经发展到帝国主义的阶段。这个时期由于人和人之间的激烈竞争和大企业的日益"联合化"的发展，使资产阶级个人主义的理论，又有了新的变化。1930 年以来，美国的伦理学家

---

① 《唯物论史论丛》，68 页，北京，人民出版社，1953。

杜威等人又提出了一种新的个人主义理论。杜威认为，人都是利己的，都是信守个人主义的原则的。但是，这种利己主义是同资本主义的“联合化”相一致的。虽然这种活动是利己的，就是说，每个人尽管都是自私自利的，但在客观上却都是在助长资本主义社会的“联合化和集体化”，都是有利于他人、有利于社会的。杜威之所以提出这样一种理论，就是因为他认为，在资本主义的愈来愈激烈的竞争中，尽管每一个人都想在竞争中吃掉对方，但他们还必须彼此合作地生存下去。杜威的伙伴塔夫脱还专门写了一本叫《合作伦理学》的书，详细地论述了这种在竞争中相互合作的关系。其主要论点，就是要人们认识到人虽然都是主观上为自己，但客观上又都是有利于社会的，因而都是为着别人的。很显然，这一理论是适应资本主义新情况而发展了的个人主义，是掩饰资产阶级唯利是图、损人利己的本质的一种诡辩。杜威直言不讳地宣称，随着资本主义社会的发展，由于旧的个人主义在人们的心目中已经破产，而且名声不好，不能起到应有的作用，所以他才提出自己的新的个人主义理论。杜威说“个人主义总是永恒的”，在旧的个人主义已经不适合今天的现实并受到责难的时候，“问题主要就是创造一种新的个人主义”。他还说：“这种新的个人主义对现代情况具有重大意义，正如旧个人主义对它的时代和地点曾起着最好作用一样。”在他看来，这种新个人主义的实质，就是要使人们认识到，在大家都为自己的过程中，都在“相互合作”；在大家的激烈竞争中，又相互分享着彼此所创造的利益。因此，大家彼此之间，不论是老板还是工人，不论是穷人还是富人，都应该消除怨恨，好好合作，保持资本主义社会的和谐。由此可见，“主观为自己，客观为别人”这种理论完全是为资产阶级的阶级利益服务的，是十足的资产阶级的人生哲学。

“自私”是推动社会前进的动力吗*

最近几年来，有些青年在探索“人生意义”的过程中，提出了这样一个观点：“自私”是人的普遍本性，是推动社会发展、历史前进的动力，而且是一切社会形态中永恒的动力，因此，“自私”是神圣的，应当为“自私”平反，应当大力宣传“自私”、提倡“自私”。他们以为，这就是“人生的真谛”。

正如在黑夜里迷失方向的人把远处闪烁的磷火误认为是北极星一样，这些青年把“自私”看成人的普遍本性和推动社会前进的动力，是一个极大的错误；他们苦心探索得来的这个“人生的真谛”，实际上不过是历史上一切腐朽的剥削阶级的人生哲学而已。

个人利益不一定表现为“自私”

这些青年立论的前提是：人跟动物一样，有求生的欲望，要吃，要睡，要繁殖，要保卫自己的安全，换句话说，人有生存和发展的自然需要。人的这种自然需要表现出来就是人的“自私”本性。

---

* 本文原载《人生哲理探讨》，1983（3），与林建初同志合写。

这个立论前提是不正确的。

第一，它混淆了人的生存方式同动物的生存方式的本质区别。人类是从动物发展进化而来的，从广义上说，人类本身就是最高等的动物。人具有同动物相似的自然需要，具有求生的欲望和自卫的本能，这是理所当然的。但是，正如马克思所反复强调指出的，人的本质并不是单个人所固有的抽象物，在其现实性上，它是一切社会关系的总和。人的生存方式同动物的生存方式是根本不同的：一般动物依靠周围环境的现成的自然物来满足自己的自然需要，而人依靠社会的生产和实践——改造自然物的创造性劳动来满足自己的自然需要，在社会环境中发展和提高自己的自然需要。马克思说："一当人们自己开始**生产**他们所必需的生活资料的时候（这一步是由他们的肉体组织所决定的），他们就开始把自己和动物区别开来。"① 这就是说，人从生产自己的生活资料开始，人的需要的产生、满足和发展就受生产活动及其结果（社会生活条件）的制约和决定。任何人一旦离开社会，他就既不能产生作为人的需要，也不能满足作为人的需要，而只能走向死亡，或者变成像狼孩那样的"兽人"。因此，人虽然具有和一般动物类似的自然需要，但是两者的本质是完全不同的：一般动物是自然性的，而人类却是社会性的。把本质上完全不同的两种需要混为一谈，把社会的人看成自然的人、生物学上的人，这就重蹈了旧唯物主义者的覆辙，是根本错误的。

第二，它混淆了"个人利益"和"自私"这样两个不同词语的概念。这些青年很喜欢谈论"自我"问题，认为人之所以有求生的欲望和自卫的本能，是因为有"自我"的存在，受"自我"的支配。这种说法是可以讨论的，问题在于如何正确理解"自我"。什么叫做"自我"？"自我"作为一个哲学概念和伦理学概念，是西方资产阶级首先提出来的。在反对封建基督教的神权主义和禁欲主义的斗争中，资产阶级极力鼓吹"个性解放"和"自我"这样的口号，具有一定的积极意义。但是，正如"个性解放"的口号掩盖着资产阶级对无产阶级的奴役一样，"自我"这个口号后来实际上变成了资产阶级自私自利和个人主义的代名词。德国古典哲学家费希特曾经对"自我"进行哲学概括。他认为，

① 《马克思恩格斯全集》，中文1版，第3卷，24页。

"自我"是唯一的实在，"自我"之外没有独立自在的其他事物，世界上的一切事物都不过是"自我"所建立的"非我"。这是十足的主观唯心主义。这种"自我"哲学后来成了许多资产阶级野心家的精神支柱。由此可见，如果从主观唯心主义的立场上来理解"自我"，那么"自我"只能是"自私"的同义语，这是我们所必须坚决摒弃的。在马克思主义看来，"自我"是指作为认识和实践主体的个人。人类社会是由无数的个人组成的，任何人都是作为个人而生存的。马克思、恩格斯说："任何人类历史的第一个前提无疑是有生命的个人的存在。"① 个人既然生存，那么就必须有一定的生存条件，就有生活和发展的各种需要，即个人的生活条件、学习条件、工作条件以及发展自己的有利于社会公共事业的个性和特长。这些需要综合起来，叫做个人利益。马克思主义从来没有否认或反对个人利益。正如普列汉诺夫所说："个人利益并不是一条道德诫命，而只是一件科学事实。"② 反对或否认一件科学事实是荒唐可笑的。恰巧相反，马克思主义历来主张在保证社会利益的前提下，尽可能满足人民的个人利益。那么，什么叫做"自私"呢？马克思主义认为，"自私"是私有制社会产生和形成起来的一种私有观念，是剥削阶级的意识形态。在原始社会末期，社会分裂为两大对抗阶级——奴隶主阶级和奴隶阶级。奴隶主阶级不仅占有生产资料，而且完全占有奴隶。这种经济关系反映到思想上，便形成"自私"观念。在封建社会里，地主阶级在农奴制的基础上进一步发展了"自私"观念。到了资本主义社会，资产阶级在商品经济和自由竞争的基础上，更是把"自私"观念发展到了登峰造极的地步。列宁指出："旧社会依据的原则是：不是你掠夺别人，就是别人掠夺你；不是你给别人做工，就是别人给你做工；你不是奴隶主，就是奴隶。"③ 列宁的话深刻地揭露了"自私"观念的社会基础和阶级实质。"自私"有两个根本特征：(1) 损人利己，即为谋取和扩展个人私利而不惜违犯、损害和牺牲他人利益和社会利益；(2) 在社会生活中，极力利用各种权力来谋取和扩展个人私利，而无视或逃避自己应该履行的对他人和社会的义务。对于这样的"自私"观念，马克思主义从来就持否定和反对的态度。总之，"自我"生存的

① 《马克思恩格斯全集》，中文1版，第3卷，23页。

② 《普列汉诺夫哲学著作选集》，第2卷，92～93页，北京，三联书店，1961。

③ 《列宁选集》，2版，第4卷，354页，北京，人民出版社，1972。

条件即个人利益与“自私”是两个不同意义的概念：前者是一个客观事实，后者是一种剥削阶级观念。把两者混为一谈，认为人们讲个人利益就是“自私”，从而作为立论的根据，也是完全错误的。

第三，个人利益不一定表现为“自私”。个人利益并不是孤立的单个人的利益，它的本质是由个人的社会关系所决定的，是在同他人利益和社会利益的关系中表现出来的。由于时代和社会制度不同，由于人们所处的社会关系不同，各人的个人利益的性质、内容、实现方式和满足程度也各不相同。在原始社会里，个人和氏族集体是分不开的，个人的生活和发展同氏族集体的生活和发展是一致的，当然那时的任何个人的生活和发展的需要不会也不可能表现为“自私”。只有进入私有制社会以后，由于一切剥削阶级成员的生活和发展的需要即个人利益，是建立在剥夺和压制广大劳动者的个人利益的基础之上的，是以牺牲广大劳动者的个人利益为前提的，所以这些剥削阶级成员的个人利益才表现为“自私”。而广大劳动者，除了奴隶阶级和无产阶级以外，都是小生产者。一方面，他们处于被剥削被压迫的地位，他们依靠自己的诚实劳动去谋取个人利益以维护自己的生活和发展，不表现为“自私”；另一方面，他们又或多或少地占有一些生产资料，常常自觉不自觉地为谋取个人利益而损害他人利益和社会利益，又表现为“自私”。当然，小生产者的这种“自私”同一切剥削者的“自私”是有原则区别的：剥削者的“自私”往往发展成为以“自我”为核心的极端利己主义形态，小私有者的“自私”只不过是企图多占些小便宜而已。在社会主义社会里，由于实行了生产资料公有制，人们的个人利益同他人利益以及社会利益在本质上是一致的。一般说来，人们只有在谋取社会利益的同时才能得到个人利益，因此人们的个人利益不会表现为“自私”。由此可见，个人利益与“自私”并没有必然的联系。个人利益是否表现为“自私”，取决于个人利益处在什么样的经济关系之中。只有在私有制的基础上去谋取个人利益，或者在私有观念的支配之下去谋取个人利益，才会表现为“自私”；在公有制的基础之上，在集体主义观念支配之下去谋取个人利益，就不会表现为“自私”。不加分析地说人们追求个人利益必然表现为“自私”，显然是不正确的。

既然立论的前提是不正确的，那么这个立论不正像建立在沙滩上的一座楼阁吗？

“自私”不是一切社会形态中永恒的动力

我们再来看看这个立论本身。这些青年认为“自私”是推动社会发展、历史前进的永恒的动力。这个论断是不合乎历史事实的。

首先，“自私”不是原始社会发展的动力。地质学家和考古学家的科学研究表明：人类社会发展至今已经有一百多万年的历史了。在这一百多万年里，人类社会经历了原始社会、奴隶社会、封建社会、资本主义社会和社会主义社会这样五种形态。其中，有百分之九十九的时间是处在原始社会。这个漫长的原始社会的发展是由“自私”推动的吗？当然不是。在原始社会里，生产资料公有制，微不足道的个人财产，仅仅是个人生产劳动和个人生活所必需；人们共同劳动，劳动产品归集体所有，实行平均分配，没有阶级，没有剥削和压迫，当然也没有什么“自私”观念。正像拉法格对原始社会的道德风尚做了大量考察之后所说的：“私有观念对于一切资产者是非常自然的，但当初跑进人们的头脑却不那么容易。当人们开始思想时，恰恰相反，他们首先想到的是一切应当归大家。”既然当时人类还没有“自私”观念，那么断言“自私”是推动原始社会发展的动力，不是十分荒谬的吗？

其次，“自私”只是私有制社会发展的一个动力，然而不是唯一的动力。的确，马克思主义从来不否认“自私”对私有制社会发展所起的积极意义。恩格斯明确说过：“自从阶级对立产生以来，正是人的恶劣的情欲——贪欲和权势欲成了历史发展的杠杆，关于这方面，例如封建制度的和资产阶级的历史就是一个独一无二的持续不断的证明。”① 又说：“卑劣的贪欲是文明时代从它存在的第一日起直到今日的动力。”② 但是，我们对恩格斯的这个论断要作完整准确的理解。“自私”为什么会成为推动私有制社会前进的一种动力呢？这是因为，从人类历史发展的进程来看，私有制社会取代原始社会是一个巨大的历史进步，而私有制社会又经历了由奴隶社会到封建社会再到资本主义社会这样一个从新生到成熟又到腐朽的发展过程。当整个私有制时代（恩格斯称为“文明

① 《马克思恩格斯选集》，1版，第4卷，233页。

② 同上书，173页。

时代”）取代原始社会（恩格斯称之为“蒙昧时代”或“野蛮时代”）的时候，当一个新生的剥削制度取代另一个剥削制度（例如封建制度取代奴隶制度或资本主义制度取代封建制度）的时候，人们的“自私”动机在客观上是同历史发展的潮流相适应的，所以在客观上促进了社会历史的发展。“自私”作为私有制经济关系在观念形态上的反映，具有相对独立性，反过来保护和促进私有制的发展。它是人类社会发展到私有制阶段的自然历史过程中的一个必然环节，因而具有一定的积极的历史作用。然而，无论如何，我们不能夸大这种历史作用。这是因为，从纵的角度看，“自私”的历史作用随着历史条件的发展而变化。当整个私有制时代走向腐朽没落，即新兴的社会主义和共产主义制度行将取而代之的时候，当历史上的私有制时代里一种剥削制度走向腐朽没落、行将被另一种新兴的剥削制度取而代之的时候，这些腐朽的剥削阶级的“自私”观念已经不能适应新的经济基础的需要，不但对社会历史不起推动作用，而且恰巧相反，只能起阻碍作用或破坏作用。从横的角度来看，在私有制社会里，大多数的剥削者固然都是怀着“自私”的动机去谋取个人私利的，大多数的人民群众固然受“自私”观念的深刻影响，或多或少地怀着“自私”的动机去谋取个人利益，这是历史事实，然而历史表明，人类之中，不论在奴隶社会、封建社会，还是在资本主义社会，还有众多的道德高尚的人并不是怀着“自私”的动机去从事社会活动的。在历代的剥削阶级的杰出人物中，像邓世昌这样的民族英雄，不是能为国家和民族的利益而奋斗终生吗？像魏徵、王安石、包拯这样的清官，不是能为本阶级的整体利益和长远利益而鞠躬尽瘁吗？像谭嗣同、杨虎城、张学良这样的志士仁人，不是能为了民族和国家的前途而不惜抛头颅、洒热血，或则几乎终身受监禁吗？当然，他们努力奋斗的目的不能不受到当时历史条件的限制，也不能不具有阶级局限性。至于在人民群众中，这种不自私的人更是层出不穷、大有人在。难道许许多多科学家对科学事业的追求和贡献是以“自私”为动力的吗？难道李时珍献身科学事业是为了个人名利吗？听听近代著名科学家的自白吧。爱迪生说：“我的人生哲学是工作，我要揭示大自然的奥秘，并以此为人类造福。”居里说：“科学家的天职叫我们应当继续奋斗，彻底揭露自然界的奥秘，掌握这些奥秘便能在将来造福人类。”爱因斯坦说：“人只有献身社会，才能找出那短暂而有风险的生命的意义。”科学家的这些自白表明，推动他们研究科学、献身科学事业的，不是狭隘的“自私”，而是对真理的追求，是造福于人类社会的崇高志愿。由此可见，在私有制社会里，“自私”只是一部分人从事社会活动的动力，但不是所有的人从事社会活动的动力。我们还应当看到，无论是“自私”，是对真理的追求、造福于人类社会的崇高志愿，还是为社会、为民族谋利益的高尚理想，都只是一种“精神的动力”。马克思主义认为，这种“精神的动力”并不是推动历史前进的真正动力，在它背后还隐藏着推动历史前进的最后动力。恩格斯深刻指出：“如果要去探究那些隐藏在——自觉地或不自觉地，而且往往是不自觉地——历史人物的动机背后并且构成历史的真正的最后动力的动力，那么应当注意的，与其说是个别人物、即使是非常杰出的人物的动机，不如说是使广大群众、使整个整个的民族，以及在每一民族中间又使整个整个阶级行动起来的动机；而且也不是短暂的爆发和转瞬即逝的火光，而是持久的、引起伟大历史变迁的行动。”① 这就是说，推动人们进行社会活动的各种“精神的动力”，归根结底是由社会经济关系所决定的，经济活动是各种“精神的动力”背后的真正动力。总之，恩格斯关于“自私”是私有制社会发展的动力的论断的意义是很清楚的。如果抓住恩格斯的这个论断，从而把“自私”说成是推动私有制社会前进的唯一的最终动力，那是缺乏分析的，是不合乎历史事实的，是对恩格斯的论断的曲解或误解，因而是错误的。

如果说，在私有制社会里，“自私”尚是推动社会前进的一种动力，那么，在社会主义社会里，“自私”只能是社会前进的一种阻力。社会主义社会建立了生产资料公有制，这种公有制要求有相应的观念形态来反映它并反过来保护它，促使它巩固和发展，这就是公有观念即集体主义思想。然而“自私”观念，如前所说，是私有制在观念形态上的反映，是为私有制的形成和巩固服务的。它不能适应社会主义公有制的要求，相反，只能对社会主义公有制起瓦解和破坏作用。社会上那些剥削阶级分子，那些深受剥削阶级思想影响的人，在“自私”观念的支配下，进行贪污盗窃、投机倒把、走私逃税等各种形式的经济犯罪活动，难道对社会主义现代化建设、对社会主义社会的发展有一丝一毫的积极作用吗？

---

① 《马克思恩格斯选集》，1版，第4卷，245页。

有些青年认为，社会主义社会的发展也是由“自私”推动的。因为无产阶级说“只有解放全人类才能最后解放自己”，归根到底还是为了“自己”；而无产阶级的“大我”是由无数的“小我”即“自私”构成的，所以推动无产阶级进行革命和建设的基础和原动力是每个人的“自私”。这种说法是站不住脚的。我们对无产阶级“只有解放全人类才能最后解放自己”要作正确的理解，不能作任意的解释。无产阶级是人类历史上最伟大的、与社会化大生产相联系的阶级。它肩负着最后消灭一切阶级和一切阶级差别、建设共产主义的历史使命。它的阶级利益与全人类的利益从根本上来说是一致的，除了广大人民的利益，它没有另外的特殊利益。我们说无产阶级“只有解放全人类才能最后解放自己”，是说无产阶级只有消灭一切阶级差别和阶级对立，才能最后完成肩负的历史任务，消灭作为无产阶级的自身。这里所说的“解放自己”，是指无产阶级的自行消亡，而不是为无产阶级谋取特殊的阶级利益。这是一方面。另一方面，无产阶级的“大我”当然是由无数的“自我”即“个人”构成的。每个无产者都有自己的个人利益，但是，无产阶级的集体利益并不是无产者个人利益的机械相加的总和。什么叫做“集体利益”？对于无产阶级来说，“集体利益”和“革命利益”、“阶级利益”、“民族利益”、“社会利益”、“国家利益”这几个概念的本质意义是同一的，即指人民的整体利益和长远利益，例如在政治上建立和巩固人民民主专政，在经济上建立和巩固社会主义经济，极大地发展社会生产力，在文化上逐步提高人民的科学文化教育水平，等等。这些利益集中起来，就是进行社会主义革命和社会主义建设，实现共产主义。这种集体利益，是社会主义社会巩固和发展的基础和保证，也是每个无产者个人利益得以实现和发展的前提和保证。集体利益是“源”，个人利益是“流”。两者的关系不容颠倒。如果把个人利益看成集体利益的基础和原动力，那就是本末倒置。无产阶级进行革命和建设的目的，是为大多数人民谋利益，其中当然包括每个劳动者的个人利益，但是并不归结为个人利益。无产阶级认为，集体利益高于个人利益，在保证集体利益的前提下，可以而且应当把个人利益同集体利益很好地结合起来，而当两者发生矛盾的时候，必须以个人利益服从集体利益。

特别应当指出的是，新中国成立三十多年来，各条战线上涌现了许多雷锋式的共产主义战士，他们的先锋模范作用曾经极大地激励广大人民群众去创造历史。然而，也有些青年却认为雷锋是“自私”的。据说，人的“自私”是多方面的，有的为满足自己的物质要求，有的为满足自己的精神要求，雷锋之所以热心帮助别人，就是为了满足自己在精神方面（包括荣誉感等等）的“自私”要求。这真是“以小人之心，度君子之腹”！我们并不否认“精神自私”者的存在。在旧社会里，的确有些剥削者在酒足饭饱之余，经常装模作样地兴办一些所谓“慈善事业”，或者为的是欺世盗名、收买人心，或者为的是“积阴功”，以祈求鬼神保佑他们来世的荣华富贵。他们在一定时间、地点和条件下，也可以做些“好事”，也可以“牺牲”个人的某些利益，以获得精神上的满足，然而他们的出发点和归宿是很清楚的，即为了谋取更大的自私利益。雷锋等英雄人物的所作所为则根本不同：第一，他做好事是一种为造福社会和他人的、根本不指望任何报酬的自觉自愿的道德行为，是以为谋取他人利益和集体利益而自觉自愿牺牲个人利益以至生命作为出发点和归宿的；第二，他做好事后，精神上感到幸福和满足，不是个人的可怜的狭隘的欢乐，而是对履行自己对社会和他人的义务之后的一种自豪感，是对社会主义社会道德关系的正确认识和处理之后的一种自由，是一种伟大而高尚的共产主义道德情操。共产主义新人这种精神上的富有，是那些因袭着旧社会“自私”观念、精神上匮乏的人所根本无法理解的。

总而言之，“自私”观念是人类社会进入私有制阶段的产物，它必将随着人类社会进入共产主义社会而最终消灭。在历史的长河中，它只是推动私有制社会前进的一种动力，但不是唯一的动力，更不是推动一切社会形态前进的永恒动力。那么，推动一切社会形态前进的永恒动力是什么呢？马克思主义认为，这种力量就是人们生存所必需的生活资料的谋取方式，就是社会生存和发展所必需的物质资料的生产方式，即生产力与生产关系、经济基础与上层建筑这个社会基本矛盾的斗争。它们的矛盾和斗争决定社会从这一制度发展到另一制度。在私有制社会里，社会基本矛盾集中表现为阶级斗争，正是这种阶级斗争，成为推动阶级社会前进的主要动力，而人民群众是物质资料的生产者，是推动历史前进的决定力量。在社会主义社会，社会基本矛盾集中表现为人民群众日益增长的物质文化需求同落后的社会生产力之间的矛盾，这种矛盾的不断斗争和解决，推动着社会主义社会向前发展。到了未来的共产主义社会，推动社会前进的仍然是社会基本矛盾，只不过内容和性质不同罢了。所有这些，都是马克思主义的基本常识。然而，我们有些青年对这些颠扑不破的真理知之甚少，却要“另辟蹊径”，去探索“人生的真谛”，结果只能误入歧途。这是一个深刻的教训。让我们记住列宁的教导吧：“**遵循着**马克思的理论的**道路**前进，我们将愈来愈接近客观真理（但决不会穷尽它）；而**遵循着任何其他的道路**前进，除了混乱和谬误之外，我们什么也得不到。”①

共产主义理想是我们前进的精神动力

马克思主义认为，社会基本矛盾及其斗争是推动历史前进的动力，是推动人们从事历史活动的真正的最后动力，但是决不否认社会意识对于社会历史和人们社会活动的巨大能动作用。正如列宁所说：“人的意识不仅反映客观世界，并且创造客观世界。”② 一个社会、一个人以什么样的思想为指导，对于这个社会、这个人的实践影响极大。

如前所述，“自私”是产生于私有制社会并与之相适应的社会意识；在社会主义社会里，“自私”早已失去了积极的历史意义，对社会的发展只能起瓦解和破坏作用，只能把人们引入迷途。因此，在社会主义社会里，“自私”绝不是“神圣”的，我们决不能为“自私”平反，更不能去宣传什么“自私”，提倡什么“自私”。相反，我们必须理直气壮地、旗帜鲜明地反对“自私”、批判“自私”、摒弃“自私”。这是坚定不移的原则，这是一方面。另一方面，公有观念即集体主义思想是反映社会主义公有制并与之相适应的社会意识，它能保护并促进社会主义社会的发展，激励人们去为社会利益而献身。它是我们时代强大的精神原动力。因此，我们说，集体主义思想才是真正神圣的。我们要大张旗鼓地、理直气壮地宣传集体主义思想，提倡集体主义思想，这也是坚定不移的原则。这两方面综合起来，就是宣传和提倡共产主义思想，批判和抵制剥削阶级思想，这是社会主义精神文明的思想建设的主要内容。如果我们不批判和抵制剥削阶级思想，却去宣传什么“自私”，提倡什么

① 《列宁选集》，2版，第2卷，143页。

② 《列宁全集》，中文1版，第38卷，288页，北京，人民出版社，1959。

“自私”，那么正如党的十二大政治报告所指出的，我们的现代化建设就不能保证社会主义方向，我们的社会主义社会就会失去理想和目标，失去精神的动力和战斗的意志，就不能抵制各种腐化因素的侵蚀，甚至会走上畸形发展和变质的邪路。

那么，我们是否否认个人利益原则对社会主义建设事业的积极意义呢？是否否认追求个人利益对个人从事社会活动的积极意义呢？绝不是的。列宁在总结俄国革命和建设的经验时曾经指出：“必须把国民经济的一切大部门建立在个人利益的关心上面。共同讨论，专人负责。由于不会实行这个原则，我们每一步都吃到苦头。”① 可见，对个人利益关心的原则，是社会主义经济的一个重要原则。这是因为，第一，我们无产者是人不是神，我们每个人首先必须吃、喝、穿、住，然后才能从事其他社会活动。我们一方面要全心全意为人民服务，另一方面也要堂堂正正地从集体和国家那里领取自己必要的生活资料和学习资料，这是我们进行革命和建设的必要条件。在我国目前的社会条件下，生产力水平较低，集体和国家尚不能充分满足人们的正当的个人利益，人们花一定的时间和精力去考虑个人利益问题，是无可非议的。第二，我们无产阶级革命和建设的目的，我们谋求社会集体利益，归根到底是要保障人民的个人利益的实现。社会集体利益不是存在于人民的个人利益之外的，如果离开人民的个人利益，所谓“社会集体利益”也就成为空洞、虚幻的了。因此，否认和抹杀个人利益是跟无产阶级革命和建设的根本宗旨背道而驰的。应当指出，在十年动乱时期，林彪、“四人帮”一度否认或抹杀人们的个人利益，把人们正当的个人利益同“自私”混为一谈，结果给社会主义经济建设和人民群众生活水平的提高，造成了极大的损失和影响。我们应当吸取这种深刻的教训。

问题在于，我们应当正确认识个人利益和社会集体利益之间的关系，正确对待个人利益。马克思主义认为，人们对个人利益的追求本质上是一种社会关系，是在与他人利益或社会利益的关系中表现出来的。在不同时代、不同制度下，个人利益与他人利益以及社会利益的内容及相互关系是各不相同的。在原始社会里，个人和氏族集体是根本分不开的，个人一旦离开集体就根本不能生存，因此也就无所谓个人利益和集

① 《列宁全集》，中文1版，第33卷，51页，北京，人民出版社，1957。

体利益的问题。人类进入私有制社会以后，社会分裂为两大对抗阶级，个人利益与社会利益的对立也随之产生了。在这种制度下，所谓“社会利益”实质上是剥削阶级的阶级利益，对劳动人民来说，不过是一种虚幻的社会利益；所谓“个人利益”，如前所说，由于除了奴隶阶级和无产阶级以外的任何阶级的个人，都是私有者或小私有者，都是作为单个的私有者进行生产活动和其他活动的，人们并没有也不可能结成一个真实的集体，所以都是建立在私有制之上的，都在不同程度上表现为自私利益。在这样的历史条件下，人们要获得个人利益以保证自己的生活和发展，就只能依靠“个人奋斗”：剥削者把谋取和扩大个人利益建立在损害和牺牲社会大多数成员的利益之上；劳动者要谋取个人利益，只能在私有制的基础上，同剥削者进行反奴役、反剥削的斗争。所谓“社会利益”不仅不能保障他们个人利益的获得，反而成为他们进一步贫困的根源。因此，在私有制社会里，个人利益和社会利益的对立是无法消除的，两者不可能结合起来。在社会主义社会，情况就不同了，个人利益和社会集体利益在生产资料公有制基础上统一起来了。一方面，社会利益不再是剥削阶级的阶级利益，而是全体劳动者的共同利益；另一方面，个人利益不再是私有者的个人利益，而是无产者的个人利益。这种社会利益是个人利益得以实现和发展的基础和保证。而且，随着社会化生产的日益发展，社会组织越来越严密，劳动者个人越来越离不开社会，劳动者个人利益的获得和增长也越来越离不开社会利益的巩固和发展。劳动者个人利益中具有决定意义的主要部分或绝大部分正是与社会利益一致的，正是从社会集体利益这个“大仓库”中领取的。一句话，在社会主义条件下，人们的个人利益与社会集体利益有机地结合在一起。任何劳动者，要离开集体事业、集体利益去谋取个人利益和个人的发展，都只能是缘木求鱼、舍本逐末。马克思和恩格斯深刻指出：“只有在集体中，个人才能获得全面发展其才能的手段，也就是说，只有在集体中才可能有个人自由。”① 这就是说，集体和社会集体利益是无产者和社会主义条件下的劳动者生活和发展的前提和基础。因此，我们要正确对待个人利益，要在首先谋求社会集体利益的过程中去求得个人利益的增进，绝不能为满足个人利益而损害他人利益和社会集体利益，要

① 《马克思恩格斯全集》，中文1版，第3卷，84页。

同各种损人利己的自私行为作坚决的斗争。这就是无产阶级的集体主义精神。

毛泽东同志说：“人是要有一点精神的。”人类区别于动物的一个重要标志，就是人类具有某种精神。古往今来，各种高尚的精神曾经激励一代又一代的志士仁人去战胜各种各样的包括物质上的艰难险阻，为人类的事业建立了丰功伟绩。那么，在今天，在党中央领导我们开创社会主义现代化建设新局面的时期，作为一个革命者，作为一个对历史负有重任的青年，应该具有什么样的精神呢？也就是说，应该树立起什么样的人生理想呢？为谋取个人利益而生活、而奋斗吗？这样的人是有的。他们仅仅从生理需要出发，整天沉湎于个人利益，特别是物质利益的追求和享受中。但是，他们跟一般动物有什么两样呢？正如陶铸同志所说：“一个受物质支配的人，一个个人‘物欲’很强的人，一定是缺乏理想、趣味低级、精神生活很空虚的人，也是生活极为可悲的人。”为自己一家人的利益而生活、而奋斗吗？这样的人也是有的。如果说，在旧社会，人们由于基本生活得不到保证，不得不为个人和家庭的生活而惨淡经营的话，那么，在大家基本生活普遍得到保证的社会主义社会里，仍然埋头于经营自己的小窝，置祖国和人民的利益于不顾，就太自私了。因此，正确的结论是：只有为百分之九十九以上的人民服务的精神，也就是集体主义精神，才是高尚的精神。而要具有这种高尚的精神，就必须树立共产主义的远大理想。共产主义理想是我们时代精神的集中体现，是代表历史发展方向和全人类根本利益的最合理的社会理想。正是这种崇高的理想，指引和鼓舞无数革命先烈和老一辈革命家奋斗终生。当然，共产主义作为社会制度在我国得到完全的实现，还需要经过若干代人的长时期的努力奋斗。我们广大青年作为革命的下一代，应该坚定不移地确立共产主义必胜的信念，应该在当前开创社会主义现代化建设新局面的伟大事业中，在为共产主义事业而奋斗的长期实践中，领略人生的真谛，确立无产阶级人生观，把自己造就成为有理想、有道德、有文化、有纪律的社会主义新人。

价值观念与思想政治工作*

思想政治工作，是一种从思想、道德、人生观、世界观和价值观上培养人、塑造人和完善人自身，以适应社会不断发展的一种工作。思想政治工作，也是一门科学。如果给这门学科下一个定义，可以说，思想政治工作学是一门研究从思想素质上、从价值观上培养人、塑造人和完善人自身，以适应社会发展需要的一门科学。

十年改革，使我们愈来愈认识到，在经济发展的同时，一个正确的价值观念，一个能激励人们奋发上进的精神支柱，一种团结整个民族和国家的向心力，对我们建设“四化”和振兴中华来说，是极其重要的。凡是对我国近年的经济发展、道德面貌、社会风尚进行过深入思考的人，恐怕都不能不认为这一意见是正确的。

改革十年，给我们提出了一个值得关心的问题。1985 年，在广州召开的全国伦理学的讨论会上，我曾经提出一个重要的问题，就是：

> 我们能不能在建设高度物质文明的同时，建设起高度的精神文明；能不能随着经济建设的发展，也能使我国人民在共产主义道德的阶梯上不断向前攀登；能不能使我国人民在物质生活水平不断增长的情况下，为集体、为国家的集体主义思想更加牢固；能不能在

* 本文原载《新时期加强和改进思想政治工作的途径与方法》一书，北京，海洋出版社，1989。

学习西方先进技术的同时，使我国人民的自尊心和自信心得到进一步加强。近两年来……确实有那么一股拜金主义的“洪流”在冲击我们的社会，有那么一股黄金“瘟疫”在侵袭我们一些人的头脑，甚至已毒害到我们的青少年一代。如果这种情况发展下去，蔓延开来，我们“四化”建设将会有一个什么样的结果？共产主义理想能不能实现？道德品质能不能提高？民族自尊心和自信心能不能保持？传统的优良道德能不能发扬？都将是不堪设想的！

这是五年以前所说的话。与此同时，我还特别指出了当时的拜金主义思潮对“四化”建设的危害，提出在这场理想与金钱的斗争中，怎样正确地回答和解决这一问题，对我们伦理学工作者来说，是一个非常重要而严肃的课题。

十年改革，就其主要方面来说，是在经济领域内进行的，当然，也同时进行着政治体制和其他各方面的改革。十年改革反馈给我们的社会综合信息，使我们得出了一个重要认识：一个社会、一个国家，它所进行的任何现代化的经济改革，都不可能是一种单纯经济形态的现代化的改革。就是说，任何国家为了达到现代化所进行的经济改革，一方面，总是要依赖一定的价值目标（包括道德价值目标）的导向；另一方面，又总是包含或伴随着从事现代化的人们的一定价值目标的追求。正是在这个意义上，可以说，一定的经济现代化，往往只是一定的价值目标在经济实力上的体现，或者说，这种经济的现代化，不过是达到设定的价值目标的一种最重要的手段。

从这个意义上说，在社会主义国家中，思想政治工作，就其在经济建设、四个现代化过程中的作用来说，就是要使经济改革和现代化的建设，能够沿着正确的方向向前发展；就是要在社会主义的政治方向和伦理道德原则的导向下，避免使这种改革走上邪路或误入歧途。

但是，在当前，不少人对思想政治工作的重要性缺乏应有的认识，甚至对思想政治工作抱着一种轻视的态度。为了发挥思想政治工作的作用，找出这一问题的原因，我想是有意义的。

第一，自从十一届三中全会以来，我们逐步地纠正了过去的“左”的错误，包括我们在思想政治工作中“左”的错误。但是，在纠正过去思想工作中的“左”的错误时，有些人有意无意地轻视、忽视以至否认思想政治工作本身的重要性。在他们看来，似乎做思想政治工作，就是进行“左”的说教，就是宣传所谓假、大、空，甚至认为为人民服务、为国家和社会做出个人牺牲、为集体献身、替群众做好事，也都属于大话、空话和假话之列。有些人认为，改革开放和发展商品经济要讲实效，反对“耍嘴皮子”，反对“空对空”，因此，也就应当淡化思想政治工作。有的人甚至怀疑、反对列宁关于思想“灌输”的原则，反对进行思想政治教育。列宁所说的“灌输”，不是要硬灌，而是认为社会主义和共产主义的思想是不可能自发产生的。他主要是反对“自发论”的，因为“自发论”就必然会走向机会主义。

据报纸登载，在美国，中国的雷锋受到著名的西点军校的重视，在那里兴起了学习雷锋的活动。《雷锋日记》受到学员们的注意，校园中张贴着雷锋的画像，教室里还贴着雷锋的名言。

为什么在我国，学习雷锋的活动却反而收效不大呢？其中一个原因，是有些人败坏了雷锋的形象，败坏了学雷锋的声誉。确实，不论是雷锋本人还是学雷锋活动，都有着很大的时代特点，都有其不可避免的局限性，都必须随着时代的前进而赋予新的认识。但是，不能以此来败坏雷锋和学雷锋活动的声誉。近几年来，有人专门批评雷锋的螺丝钉精神太愚蠢；有人指责雷锋的“革命战士是块砖，哪里需要哪里搬”是奴隶性；有人说他不喝汽水而喝白开水是禁欲主义，是苦行僧；有人说他的公而忘私违背了个人的物质利益原则，是同商品经济的发展不相符的；有人说他的扶老携幼、为人民做好事是一种低层次的文明，现在应该升格了；有些人则认为，雷锋只知道为他人、为国家而不知道为自己，在今天已经没有现实意义了，因为今天是商品经济发展的时代。总之，他们不是根据雷锋的为人民服务的精神来评价雷锋，而是有意无意地在不同程度上损害了雷锋的形象，损害了学雷锋活动的声誉。

第二，在相当长一段时期内，有些人认为，改革开放、发展商品经济，似乎是同社会主义道德相矛盾的。或者说，社会主义和共产主义道德的提倡，就会影响或阻碍社会主义商品经济的发展。在这些人看来，发展商品经济主要是强调人们的个人私利，诱发人们为追求个人私利的一种强烈的欲望，刺激他们为自己及其家庭而努力的积极性。有的人甚至认为，改革开放就是要利用人们的自私自利的心理，来把我们的经济搞活，使我们的生产力得到发展。这些同志的信条就是，“人都是自私的”，“自私是人的一切行为的唯一动力”。为了适应发展商品经济的需要，自私自利、投机取巧甚至损人利己，都是允许的。正是在这种思想、信念的指导下，这些人认为道德，特别是共产主义道德和社会主义道德是同改革开放、同发展商品经济直接对立的。因此，他们反对在发展商品经济中进行什么道德教育和思想政治工作，而强调道德不要干涉经济领域中的任何问题。这种理论是非常有害的。在商品经济的买卖关系中，固然要贯彻等价交换原则，可以“斤斤计较”，但在人和人的更广阔的社会关系中，在个人与他人、与集体的相处中，又怎么能没有社会主义和共产主义道德呢？社会主义、共产主义道德，确实是反对自私自利、损人利己的，它对坚持社会主义四个现代化的改革开放，不但不会起阻碍作用，而且还将会起到推动和保证其方向的作用。

当然，在端正对思想政治工作的认识、提高思想政治工作的威信的同时，还必须注意到党风和政府干部的廉洁问题对思想政治工作的影响。最近一个时期以来，社会上正在研究如何加强和改进思想政治工作，如何使思想政治工作同当前实际更好地结合起来，这也是我们许多思想政治学习班、研讨会之所以举办的目的。在我和许多做思想政治工作同志的接触中，大家都深感，在人民群众所提出的许多问题中，有相当一部分是关于党政干部的某些腐败现象，从而给思想政治工作带来了许多困难。我们思想政治工作的要求，就是要人们个人利益服从集体利益、忠于职守、顾全大局、为人民服务、为国家献身等等，而群众往往很自然地提出某些高层的政治领导干部，他们贪污腐化、收受贿赂、大吃大喝、以权谋私、以权换钱，为什么一定要我们忠于职守？一个社会主义国家，如果它的政治腐败现象不能被克服，无论怎么进行思想政治工作，这种思想工作都不会收到预期效果。中国的孔子曾说过几句话：“政者正也，子帅以正，孰敢不正？”“其身正，不令而行；其身不正，虽令不从。”“苟能正其身，其正人何？”这里也说明，只有克服了政治的腐败现象，我们的思想政治工作才能更好地发挥作用，同时说明，我们思想政治工作者本身，必须自身能够践履社会主义社会的道德要求。

第三，在改革开放中，在西方科学技术进入我国的同时，西方的各种政治、伦理思想以及当代的种种思潮，也进入我国。这对于拓宽我们的见闻，拓展我们的视野，启发人们的思想，当然是有好处的。列宁说：“只有了解人类所创造的一切财富以丰富自己的头脑，才能成为共产主义者。”“文化大革命”前，在“左”的思想指导下，凡是西方的文化、伦理思潮，不加分析，一律都被戴上资产阶级的帽子，痛加批判。甚至出现了一些奇怪现象，如有些人从未认真看过西方一些思想家的著作，只是根据报章杂志的摘引，在缺乏对那些思想的全面理解的情况下，就进行批判。有些人甚至于成为批判方面的专家，但知识却很贫乏。现在，又出现了另一种情况，有些人对西方思潮，往往不加分析、不加区别地向往和追求，他们甚至认为，学习西方现代化，就要全方位地学习，即不仅要学习西方的先进的科学技术，也要学习西方的政治体制，学习西方资本主义社会的伦理道德。在有些人看来，西方社会文化中流行的极端个人主义、非理性主义、虚无主义、颓废主义等等，都是值得追求和学习的。正是在这种思想指导下，多元化的思想认为，应该让人们有独立选择信仰的权利，任何思想政治工作都是对人的这种权利的侵害，因而是不必要的。

在当前的企业思想政治工作中，有以下几个理论问题，值得我们注意。

一、关于个人利益同整体利益的关系

在社会主义社会的企业中，在改革开放中，也同样存和着一个个人与社会、个人与整体、个人与企业的关系问题。在长期封建社会中，生产是由一家一户进行的，家庭既是一个生产单位，也是一个消费单位，所以，维护家庭的和谐，调整家庭各成员间的地位、职能和义务，就成为社会的重要基础，因此，法律、政治、道德也都特别注意家庭作为伦理实体的作用。现代工业社会，可以说是以大小不同的企业为生产单位的，因此，也必然会碰到企业同其成员的关系。企业的整体利益，不但是企业主所关心的，而且也是所有企业的劳动者所关心的。在企业内部，必须充分发挥每一个成员，特别是那些具有各种才能的人员的活力，但是，归根到底，还是要增强整个企业人员对企业的兴衰成败的关心，提高企业的凝聚力。这里，有两方面的工作：从企业来说，要关心每一个成员的利益，尽可能地发挥每一个成员的活力，使企业的利益同企业成员所做的贡献相适应；另一方面，每一个企业成员，都必须以企业的整体利益为重，关心企业的发展，关心企业其他成员的利益，决不能以自我为中心，使个人的活动损害企业整体的利益。

从理论上来看，在实现“四化”、振兴中华的事业中，思想政治工作中的一个核心问题，就是个人同社会、个人同整体的关系问题。社会主义四个现代化建设，必须要发挥广大人民群众的积极性、能动性和创造性，从某种意义上，也就是现在许多人所说的人的主体性。

过去，在对集体主义的阐释中，由于受形而上学的思想影响，只注意强调集体利益高于个人利益的方面，在某种程度上忽视了个人的主动性的发挥。今天我们应当站在改革开放、实现“四化”和振兴中华的高度，从人的主体性的高度来认识个人的作用，来辩证地分析个人同集体的关系。应该承认，在强调集体主义原则时，同时要强调个人的价值、个人的权利、个人的尊严、个性的发展以及自我意识、自我设计和自我实现等等。今后，我们还应当继续在这方面进行工作，启发、激励人的主体性的进一步发挥，克服那些一切听人摆布、逆来顺受、毫无主体意识的愚昧落后状况。如果不克服这种情况，我们的经济改革、政治体制改革，都将是不可能达到目的的。

从价值观来说，我们在理论上，仍然要划分集体主义和个人主义的原则界限，用集体主义作为我们建设“四化”的道德原则和精神支柱。个人主义，当然不完全等同于利己主义。利己主义在西方，早在古代希腊罗马就已经成为一种同享乐主义相联系的人生观，并有相当的影响。“个人”这一概念，尽管古代希腊已经出现，却并未成为一种人生的价值观念，文艺复兴以后，西方的“个人”的观念得到了发展，个人利益、个人尊严、个人自由等观念不断形成，有关个人幸福、自由、尊严的思想日益发展，但并未形成“个人主义”这一概念。“个人主义”是直到 19 世纪 40 年代以后，才由法国的思想家托克维尔提出的。

人是社会的动物，人都要在社会中生活，如果每个人都把个人的利益看得至上，都以个人为中心，那么社会又怎么能得到和谐、公正的发展呢？实际上，在社会主义的整体、集体中，如果人们都相信个人主义的价值观，都以自我为中心，就必然会涣散人们的整体观念，减弱人们的向心力和凝聚力，在许多问题上，陷入彼此争夺、钩心斗角的困境。个人的正当利益必须要满足，个人的权利应该享受，个人的尊严应当受到尊重，个人的个性应当得到发展，但是，当个人利益和整体利益发生矛盾时（当然，在社会主义社会中，在大多数的情况下，个人利益同整体利益是一致的），当为了整体利益而必须牺牲个人利益时，当他人遇到危险、困难而需要别人相救时，个人利益就应当服从社会、整体的利益。在资本主义初期，个人主义曾起到过积极作用，但是，在当前，许多经济发达的资本主义国家也都放弃对个人主义的宣传，而强调一种民族精神和家国观念，强调民族利益和国家利益。那种认为只有个人主义才能使商品经济得到发展的理论，是没有根据的。资本主义社会尚且如此，更何况我们要建设的是社会主义的四个现代化，又怎么能宣传个人主义呢？

在个人利益与集体利益的关系上，集体的意志、集体的决定、集体的利益，有时候也还有一个是否正当、正确、公正的问题。特别是在当前的社会中，我们的集体，既不是马克思所说的那种资本主义社会中的虚假的、虚妄的集体（这种集体不代表集体成员的利益），也还没有达到马克思所说的在推翻资产阶级以后所建立的理想社会中的真实集体（这种集体完全代表所有成员的利益）。我们的集体，是建立在社会主义公有制基础上的、基本上代表着集体所有成员利益的现实的集体。因此，我们必须从各个方面完善我们的集体，改进我们的集体，使我们的集体能够尽可能地代表集体所有成员的利益，而不应当以此为借口，认为既然集体的意志、集体的决定、集体的利益有时候可能被某些人认为不正当，从而就认为应当否认集体主义的原则（当然，也还可能有一种极端的情况，如果整个国家作为一个整体已经腐败，那就是另外一个问题了）。正像在民主制度中的少数服从多数的原则一样，尽管多数通过一致的意见，也可能是不正确或不完全正确的；集体的每一个成员，应当力求改善集体，使集体的意志能尽量符合全体成员的利益，但却不能因此否认这种少数应当服从多数的原则。关于个人和整体关系中的集体主义原则，也有大体同样的情形。

一个在社会生活中的个人，当他的个人利益与整体、与国家的利益发生矛盾时，是不是可以因为集体利益可能有不正当的情况，因而就反对个人利益在与集体利益发生矛盾时应服从集体利益这一原则呢？这不但是一个伦理学的理论问题，也是一个方法论的问题。一个集体，特别是我们当前的许多现实的、不完善的、有缺陷的集体，确实会在一些情况下，做出一些错误的决定，包括我们在改革中可能产生的政策上的失误，我们是不是就可以因此取消个人利益应当服从集体利益、服从国家利益的原则呢？当然，这绝不是说，对某些集体确实做出的某些错误决定，不去设法改正，更不是说我们可以听任某些集体的错误发展下去，相反，我们明确地提出，在实行个人利益应当服从集体利益的同时，应当尽力完善我们的集体，克服我们的集体中某些成员的腐败现象，使我们的集体和整体的利益，尽量能够从根本上符合成员的利益，使集体利益成为正当的利益，而不是借口因集体利益可能有不正当的情况，就从根本上否认集体至上的原则，否认个人利益应当服从集体利益的原则。

如果个人利益和集体利益都是正当利益，如果个人利益在价值的量上大于集体利益，是不是这时个人利益就不应当服从集体利益，而应当按照个人利益去行事呢？如果进一步思考，这里就会出现以下几个问题，集体利益和个人利益的正当性，是由什么来判定的？每一个个人的利益，是由每个人自己判定的，还是由集体判定的？所谓个人利益的价值量上大于集体利益，是如何计算的？是由个人计算的，还是由集体计算的？我们想，这种计算总不能是以个人的主观衡量为标准吧。这种计算，怎么才算是公正的？如果说这种价值量的多少是可以计算出来的，这种计算又是由集体所判定的，那么，集体在这种情况下，就会承认，满足某一个人的“个人利益”，是符合集体利益的，就不存在要求这种个人利益去服从整体利益的问题。当然，从发展上来看，在开始，整体对个人的要求，对个人利益的价值量的计算，可能还会有一个认识过程，有一个从不完全认识到认识的过程，也还有着计算上的困难（尽管我们已经承认这种价值量的计算是可能的），因此，应当允许个人提出充分的论证，使个人利益的价值量能够计算得公正。但是，不论怎样，我们却不能因此而否认在个人利益与集体利益发生矛盾时，我们就主张只顾个人利益而不顾集体利益。

在当前，我国社会上出现了一种道德冷漠，甚至可以说是一种道德麻木现象，这可以说是整个社会道德水平下降、道德堕落的一种测量仪。为什么会出现这种道德冷漠或道德麻木？原因当然很多，其中以个人为中心的、只顾自己而不顾他人的思想，起着重要的作用。《人民公安报》1988 年 12 月 23 日以《暴行——发生在众人眼前》为题目的报道中所说的情况，有典型的意义：

> 10 月 18 日上午 10 时，山东“95—00240”客车满载旅客，由山东梁山开往菏泽。11 时，客车进入山东省郓城县境内，车上一

名烫发男青年以点烟为由向旅客何马夫借火，然后顺手将对方的打火机放进自己的衣袋里。何马夫正欲要回，烫发人二话没说照他脸上就是一拳，接着又围过4名男青年，对何马夫及其同伴陈友灿拳打脚踢，并将何马夫的手表抢走。5名歹徒高叫停车。车停后，这伙人把何马夫、其妻和陈友灿三人连推带拽弄下车，并继续对他们拳打脚踢。司机、乘务员和车上的乘客全部下车围观，却无一人相助。这时，又一辆客车和一辆解放牌汽车从后面开来，司机、乘务员和乘客也全部下车围观，但无一人出面主持公道。

5名歹徒冲众人高声骂道："想活命的快走，不怕死的过来!"众人纷纷上车，于是这辆客车扔下它的8名旅客与另外两辆汽车一起开走了。

5名歹徒把何马夫3人挟持到公路南的一片芦塘和棉田的交接部，搜身翻包，抢走现金1 410元，密码箱一个，其中3名歹徒又将何妻拖入芦塘内轮奸。在犯罪分子实施抢劫、轮奸过程中，先后跑来9名群众围观。棉田男主人李某对正在点钱的5名歹徒说："你们在这里玩，别踩坏了棉花棵。"并从地上拣起歹徒们扔来的香烟，吸着走了。

目前，犯罪分子侯文安、陶明峰、陶光武、陶正已被抓获。

这是发生在社会主义中国的一个道德现象，仅仅对这种道德现象进行描述、发出义愤是不够的，应当对这种现象进行深刻的反思。在中国人的意识中，由于文化、教育、政治等各种原因，固然缺乏个人的主体意识，缺乏个人的人格尊严的意识，但作为社会生活中的人，又是多么需要培养尊重他人的人格、维持人的尊严的意识。长期的小农意识，个人只顾自己的思想，是我们建设社会主义所必须克服的。

二、关于义和利的关系

义和利、金钱和道德的关系问题，不仅仅牵涉社会中的个人的价值目标，同时也涉及整个社会的价值目标问题。作为整个社会的价值目标，它的集中表现就是道义和功利的关系、长远利益和暂时利益的关系、远见卓识和急功近利的关系。

改革开放以来，义利关系问题日益成为现实生活中人们所关注的问题。在中国传统伦理观念中，基本上存在着三种不同的义利观：以孔丘为代表的儒家的先义后利的思想，他们提出要见利思义、见得思义，强调义重于利。这一派思想，到西汉董仲舒，提出了“正其谊不谋其利，明其道不计其功”，是片面重视所谓道义、否认功利的一种价值观念。后来，宋明理学家更加以片面化的发展，成了重义贬利、存理灭欲的封建教条，对中国宋代以后社会的发展产生了严重的阻挠作用。以墨家为代表的义利并重的思想，强调利是人民的大利，义也就是国家人民的利益，所以他们认为义就是利，这是一种义利统一的思想。但墨家所强调的是国家人民的公利，他们并不强调和尊重个人的利益。以法家为代表的重利贱义的思想，认为人都是自私的，即人皆有“自为”心，统治者不可能消除人的自私自利的心理，只能利用人们的这种心理，以赏罚作为杠杆，特别是通过严刑峻法和奖励耕战来发挥人们的这种自私自利的积极性。道家则主张人们应当完全超脱利益。

儒家的重利轻义思想，建立在宗法等级的封建社会的基础上，同我们的现代化，同社会主义的商品生产，是不相适应的。“义”，一方面是指道德原则，另一方面又有适宜、合宜和应当的意思。在中国长期的封建等级社会中，强调“义”，也就是强调“应当”，也就是强调维护那种严格的等级制度：每个人都处在一定的等级地位上，而且，谁只要有了某种等级地位，他就可以拥有与这个等级地位相对应的一切。等级越高，他就可以取得越多的财富。国君是最大的富有者，并依等级地位来分配社会的财富。所谓正谊不谋利、明道不计功，其实，功和利都在“谊”和“道”中。谋利、经商赚钱等思想，是卑贱的。作为商人，即便发了大财，也往往要被有权势的人所夺去。因此，商人总是要设法依附于官僚，否则他们就往往会受到各方面的刁难和欺侮。因此，我们在改革开放和发展社会主义商品经济中，必须要克服那种只言“义”不言“利”的重义贱利思想，反对那种口不言钱的迂腐观念，批判那种把经商谋利看做卑贱职业的错误思想。这种思想，直到现在，在一些较偏僻的农村中，还有一定的影响，有些农民仍然认为经商的人是卑贱的。但是，我们在思想上一定要认识到，我们所主张的“利”，除了个人的正当利益之外，更重要的，还应当包括国家人民之公利，企业、集体之公利，而不是唯利是图、自私自利。

当前，唯利是图，一切向钱看的歪风，确实越刮越大。最近一位外国记者在给一位中国朋友的信中提出："为什么中国人失去了自力更生的精神?"他说："看到最近的中国，令人十分遗憾，一切就是钱、钱、钱……国家领导与人民百姓靠自己的力量努力奋斗的意志毫无所闻。"当然，"这话有明显的偏颇"。正像《人民日报》每周论坛的作者申今所说的，"然而，细想一下，一位外国记者在通信中对中国提出一点批判，只是不那么准确，就扣上'诬蔑'的帽子，似欠公允。再看看现实生活中桩桩件件丢失国格、人格的丑闻，我们又怎么能安然入睡呢?!"

> 在北京、在上海、在广州，在那些开放城市和旅游点，尾随着外国人争兑外币和外汇券的"小倒"们，已经不少见，以致有的外国人不得不在自己穿的上衣上用醒目汉字写上"我没有外汇券"。这种现象不叫人触目惊心吗？在外国人居住的豪华宾馆和各式游乐场门前，有时也出现一些为了几张外币，为了一点洋货，甚至是为了"开开眼"而攀干亲、不惜出卖灵魂的人，这种现象难道还不令人痛心吗？……放眼那些大公司，那些衣冠楚楚同外商洽谈、频频举杯、签字画押的大老板里，又何曾没有寡廉鲜耻之徒呢？一位常驻北京的欧洲商人说："在80年代初，几条外国香烟，就能为签订价值几十万美元的合同铺平道路，现在，人们要求得到出钱送他们的子女去西方读大学这样的好处。……"看看这些腐败现象，我们能够否认这些中国人眼里只有钱、钱、钱吗？我们能够说他们没有失掉自力更生精神吗？

1984年以来，拜金主义、一切向钱看的思想，不断地像潮水般涌来，虽然很多人都已看到了这一点。但是，也确还有些人为这种思潮正名，为它推波助澜，以致它像瘟疫一样，不断地得到发展。当时，江苏无锡的10个五年级的小学生，由于对这种一切为了金钱、为金钱而工作的现象迷惑不解，决心寻找理想，所以就写信给老作家巴金同志以及其他一些为他们所尊敬的老前辈寻求答案。这几年来，拜金主义和一切向钱看的思想，仍然是一些人所信奉的价值目标，并严重地影响着我国的社会风气，影响着我国社会主义四个现代化的建设事业。究竟应当以什么态度、什么理论、什么样的价值观念来对待这样的思潮，我想，这是我们所有思想政治工作者所应担负的一种义不容辞的责任。我们应当认真地反思，在培养人、塑造人、教育人和完善人的工作中，我们究竟应当怎样来培养人们的价值观。我们的企业，是必须要获得利润的。但是，见得思义、见利思义的原则，对我们是不是也适用呢？

如何看待金钱，从伦理道德上来看，也是一个价值观的问题，就是一个“贵”、“重”的层次问题。中国古代所说的以什么东西最为重、最为贵，也就是一个以什么东西最为有价值的问题，对某一具体事物，有具体的价值标准，贯穿一切事物之中的总的要求，就是总的价值标准。

在资本主义社会，金钱具有最高的价值。莎士比亚在他的剧本中曾经说过：“金子！黄黄的、发光的、宝贵的金子！……这东西，只这一点儿，就可以使黑的变成白的，丑的变成美的，错的变成对的，卑贱变成尊贵，老人变成少年，懦夫变成勇士！”“它可以使窃贼得到高爵显位，和元老们分庭抗礼，它可以使鸡皮黄脸的寡妇重做新娘，即使她的尊容会使那身染恶疮的人见了呕吐，有了这东西也会恢复三春的娇艳。”马克思曾进一步指出金钱、货币在资本主义社会中，在拜金主义下的颠倒黑白的作用。在资本主义社会，谁持有货币，谁就可以持有一切。“货币的特性就是我（货币持有者）的特性和本质力量。因此，我是什么和我能够做什么，这绝不是由我的个性来决定的。我是丑的，但是我能给我买到最美的女人。可见，我并不丑，因为丑的作用，丑的吓人的力量，被货币化为乌有了。我（就我的个人特点而言）是个跛子，可是货币使我获得 24 只脚，可见我并不是跛子。我是一个邪恶的、不诚实的、没有良心的、没有头脑的人，可是货币是受尊敬的，所以它的持有者也受尊敬。货币是最高的善，所以它的持有者也是善的。此外，货币还使我不必为不诚实的人伤脑筋，所以我事先就被认定是诚实的。我是没有头脑的，但货币是万物的实际的头脑，货币持有者又怎么没有头脑呢？再加上我可以给自己买到很有头脑的人，而能够支配他们的人，不是比他们更有头脑吗？既然我能够凭借货币得到人心所渴望的一切东西，那我不是具有人的一切能力了吗？这样，我的货币不是就把我的种种无能变成它们的对立物了吗？”这就是莎士比亚和马克思所描述的在资本主义社会中的金钱万能。马克思认为，在这种金钱万能的情况下，“货币也是作为一种颠倒黑白的力量出现的。它把坚贞变成背叛，把爱变成恨，把恨变成爱，把德行变成恶行，把奴隶变成主人，把主人变成奴隶，把愚蠢变成明智，把明智变成愚蠢”。在社会主义社会中，我们究竟应当怎样看待金钱？怎样看待善恶、金钱的作用、金钱的功能？是不是也允许它成为一种颠倒黑白的力量？在政治上、法律上、伦理道德上，在人和人的关系中，究竟应当怎样看待金钱？

目前，所谓的道德麻木现象也同拜金主义思潮有一定的影响。贵州某煤矿倒塌，数十人压在井下，井上数百人只顾自己逃命，却无一人相救，而解放军战士在抢救过程中要求群众相助时，他们竟开口问："谁给钱？"某战士路上得急病，同行战友要求过往车辆相助，一直到战士双膝跪下、脱下军装作抵押、司机收了50元（20里）才有人帮忙。在四川某地，一青年不幸跌入河中，围观者很多，但无人援救，当其爱人苦苦求人援救时，一些人却以给予巨金为条件。这样的事情，从近几年的报纸来看，已经不是个别的现象，而是值得引起人们注意的一种社会现象了。在一些地方，群众中流传这样的顺口溜："干部拿钱引，群众为钱干，一切向钱看，离钱玩不转。"一个社会、一个国家、一个民族，如果不提倡为整个国家和全体民族的利益而献身，不提倡一种为祖国强盛、为人民幸福而奋斗的理想，如果使那种一切向钱看的思想，在理论上、实践上得到泛滥，那么，不但人们的积极性不能够发挥，而且还将会带来严重的后果。

三、关于权利和义务的辩证关系

权利和义务的关系，是一种对立统一的辩证关系，这是我们很多人都了解的。马克思曾经说过一句非常著名的话，这就是："没有无义务的权利，也没有无权利的义务。"没有权利的观念，也就不可能有现代意义上的个人主体性的发挥，也就不可能有四个现代化的建设；没有义务的观念，社会中的人和人之间的关系，个人同整体、同社会的关系，就不能得到维持，社会就不能得到和谐的发展，就不可能达到安定团结。就个人来说，权利与义务的统一，意味着个人对社会所做的贡献与社会对他的报酬相适应，个人从社会领得的报酬与他对社会应尽的责任相统一，这两个统一是缺一不可的；就社会来说，社会在尽量满足人的权利的同时，要求每个人要能够为维持社会的安全、和谐和发展尽自己应尽的责任。一个社会、一个国家，权利观念和义务观念愈是发达，这个社会和国家的进步也就会愈快。任何一个社会，只有正确地处理和阐明权利与义务的关系，才能使社会得到公正。葛德文在他的《政治正义论》中说：“有两个问题，对于正确阐明社会原则是极其重要的，因此应该分别研究，一个是生活在社会中的人应尽的义务，一个是他们应享的权利。义务和权利不过是表达正义原则的不同方式。”也就是说，只有正确阐明了权利和义务的关系，国家才有可能是正义和公正的。

但是，从中国长期处于封建社会的特点看，权利和义务几乎是完全分离的。等级地位越高的人，只享权利，不尽义务；处于低级地位的人，则只尽义务，没有权利。自从汉代以后，封建社会的“三纲”成为支配人们的主要原则，即君为臣纲、父为子纲、夫为妇纲。君、父、夫有绝对的权利，臣、子、妇主要是要尽自己的义务。宋明以后，权利和义务更加两极分化，一方面权利越来越大，另一方面，义务越来越多。所谓“君叫臣死，臣不得不死；父叫子亡，子不得不亡”，以及所谓“天下无不是的父母”，“饿死事小，失节事大”（程颢语）等，也都成为调整人和人之间关系的教条。正是由于这种原因，在中国人的国民性中，或者说在中国人所因袭的传统包袱方面，不敢争取自己的权利，总是把自己依附于、从属于一种在自己之上的势力，即使明明感觉到自己的权利受到了侵害，也往往忍气吞声、唯唯诺诺，敢怒而不敢言，甚至在内心里十分委屈，但是在表面上还不得不顺着去做，以致表现出一定的两重心态和两重人格。

正是由于这种原因，在人民群众中提倡个人权利，强调尊重人民群众的权利，反对一切不公正的事物，以争取每个人的正当权利，对我们的改革开放和社会主义事业来说，有十分重要的意义。特别是由于我国从未经历过西方资本主义反对封建主义的长期、曲折而比较彻底的斗争，没有像欧洲近四五百年的反对封建领主和宗教神权的斗争中所形成的民主权利观念，更没有像法国大革命时期人们所形成的“自由、平等、博爱”的意识，因此，在今天，权利的意识更有重要的意义。不但在经济体制改革中，需要加强个人权利的观念，而且在政治体制改革中，更需要培养、形成和提高个人的权利的观念。在经济体制改革和政治体制改革中，都有一个如何更好地发扬人民的正当权利、正当利益的问题，这就更需要人们具有正确的权利观念。正确的权利观念的加强，可以使每一个社会成员都能受到公正、公平的待遇，从而可以激发人们进行改革和投身“四化”的热情，可以使我们更快地走上民主化的道路，更有效地抵制各种不正之风，反对各种以权谋私的腐败现象。这一切，对于我们振兴中华和实现“四化”来说，都有重要的意义。

同时，我们也不能走向另一种片面性，也就是只讲权利而忽视了个人对他人、对社会的应尽的责任和义务。在强调权利意识的同时，应当强调对国家、对民族和对社会的义务。我国在经济上还非常落后，生产力还不发达，文化、文明程度也较低，教育也跟不上，在这种情况下，更需要发扬艰苦奋斗、自力更生的精神，发扬对祖国、对人民的义务感和责任心。“国家兴亡、匹夫有责”，这也说的是人民对国家的一种义务和责任。一个人，作为社会生活中的一员，从道德要求上来说，还应当强调要助人为乐，强调要有一种为他人、为社会的献身精神，这也可以说是一种对社会、对他人在危难时应尽的责任。我认为，一个人的道德行为，总是不以取得某种权利为前提的。这句话曾受到过许多人的批判，但我至今仍觉得它没有什么大的不妥。道德上的义务，常常与法律上的义务不同，它不是以获得某种相应的权利为前提，而是以或多或少地牺牲个人利益为前提的。因为在道德上尽义务，就是要做出有利于他人、有利于社会的行为。它不但不是为了获得某种个人的权利或报偿，而且总是要牺牲一些个人利益以至生命，来实现他人和社会的利益。当然，在实现了自己的道德义务，完成了自己的使命、职责和任务时，可以得到社会舆论的赞扬，甚至也可能得到社会给予的权利和他人给予的报偿。但是，从行为者本人来说，不但在行为过程中不应该要求以某种权利和报偿为条件，而且在行为过程前的动机和目的上，也不应当希求得到某种权利和报偿。事实上，履行义务的道德行为并不总是同权利和报偿联系在一起的，只是因为有些道德行为往往同经济行为、政治行为或法律行为相重合，才使这种道德行为同一定的权利和报偿相联系。即使这样，一个有道德的人，在他履行对他人、对社会的道德义务时，也不是为了追求某种权利和报偿才去履行义务，而是要以高尚的道德境界和自觉的道德行为去对待社会给予的权利和他人给予的报偿。如果不是这样，从追求某种权利、贪图某种报偿的动机出发去履行道德义务，那么他的行为不但不是履行道德义务，而且行为的性质也不是道德的行为，不能给予他道德的美名。正是在这个意义上，普列汉诺夫认为，道德意味着或多或少的牺牲；康德认为，道德之所以招来如此大的美名，就是因为它伴随着巨大的牺牲。

人生观教育的重要性和迫切性*

去年春夏之交在我国发生的那场震撼人心的政治风波已经过去。它所暴露出的许多深层次的问题，需要我们进行认真的反思。如何加强对青年以至全社会的共产主义的人生观教育，是我们应当反思的重要和迫切的问题之一。

一

人生观是指人们对人生的意义、目的和活动的认识和评价，是人们经过长期的教育、影响、锻炼所形成的一种思想深层的价值观念。一个人无论在主观上自觉或不自觉、明确或不明确，只要形成了一定的人生观，他就必然会以这一人生观作为自己思想、行动的指导，并倾注自己的情感、意志和信念，去实现自己对人生的追求。从社会的经济关系和政治关系来看，在我国现阶段，共产主义的集体主义人生观同资产阶级个人主义人生观是最重要的两种表现形态。新中国成立以来的两种人生观斗争的过程说明，共产主义的集体主义人生观同资产阶级个人主义人生观的分歧，从根本上来说，是社会主义同资本主义两种制度、两条道

* 本文原载《光明日报》，1990-10-22。

路的分歧在意识形态上的重要表现。共产主义人生观归根到底是要引导人们走社会主义道路，而资产阶级人生观，则是要把人们引向资本主义邪路。去年在我国发生的政治风波，已经有力地说明了这一点。

二

人生观和价值观的问题，是帝国主义和国际反动势力通过“和平演变”同我们争夺青年的一个重要方面。帝国主义的“和平演变”战略，固然包含着许多方面，如传播资本主义的经济制度，支持反共反社会主义的“持不同政见者”，挑起民族矛盾，经济制裁等，但其中最重要的一个方面，就是运用各种手段进行政治、思想、道德和文化渗透，用西方资本主义的民主、自由、人权和个人主义的价值观念，来诱惑、腐蚀我们的广大人民、广大干部和青年学生，使他们向往资本主义，并使他们相信只有实行资本主义制度，他们的人生目的和价值才能得到充分实现。早在 1949 年，当我国民主革命在全国取得决定性胜利的时候，在武力威胁已不可能改变中国政权的性质时，美国当时的国务卿艾奇逊就开始构想“和平演变”的战略，妄图以美国的民主、自由和个人主义作为武器，来颠覆新中国。毛泽东同志当时就极其深刻地揭露了这种“和平演变”的卑鄙意图。20 世纪 80 年代，我国实行改革开放以后，一个著名的西方政治家就一再强调说，当中国打开大门接受西方的先进技术时，西方国家要利用这一有利时机迫使中国接受西方的价值观念，从而达到改变中国社会性质的目的。1988 年，一位美国前总统发表了他推行“和平演变”的《1999：不战而胜》，提出了要从意识形态，特别是价值观、人生观方面加紧对社会主义国家进行渗透，认为到 20 世纪末，资本主义对共产主义就可以“不战而胜”，并具体地提出了“和平演变”的日程表。他希望通过西方的价值观、人生观的传播，在社会主义国家的人民中，播下不满的种子，并肯定这些种子有朝一日“将结出和平演变之果”。

在国内，搞资产阶级自由化的头面人物极力颂扬资产阶级的“个人至上”、“个人中心”、“个人自由”和“个人价值”的个人主义人生观，宣扬一切向钱看和人性自私的思想，提倡西方资产阶级的自由、民主和人权，鼓吹极端利己主义和享乐主义。正是在这种国际资本主义和国内自由化分子的密切配合下，所谓政治上的三权分立、思想上的多元论、经济上的私有化理论、人生观上的“个人中心”思想愈演愈烈，从而为一小撮人制造去年的风波做了思想准备。

三

加强共产主义的人生观教育，培养集体主义精神，是社会主义精神文明建设的组成部分，对保证我国“四化”建设的社会主义方向，有重要作用。实践证明，我们的现代化绝不可能也绝不会仅仅是一种单纯生产力发展的、经济技术的现代化，而必然会有与这种生产力发展的、经济技术的现代化相适应的价值观和人生观作指导，从而使我们的现代化沿着一定的方向发展。从这一意义来看，我们甚至可以说，任何国家、任何社会的现代化的经济活动，都是为了实现一定的价值观和人生观的一种手段。在反思这几年的教训时，大家都已经认识到，由于党在指导工作中的某些失误，出现了抓物质文明和精神文明“一手硬、一手软”的失误。但是，仅仅认识到这一点，还不足以有效地克服我们的失误。我们还必须进一步认识在社会主义精神文明建设中，思想道德建设（包括对青年和全国人民进行共产主义人生观、价值观的教育）所具有的核心地位和重要作用。思想道德建设具有鲜明的阶级性，它规定了整个精神文明建设的性质和方向。因此，在加强精神文明建设中，加强思想政治工作，加强共产主义的人生观的教育，就能更好地提高中华民族的伦理道德水平，提高坚持四项基本原则的自觉性，增强对社会主义的信念。

四

在当前形势下，共产主义人生观同资产阶级人生观的对立，集中表现为集体主义与个人主义的对立与斗争。个人主义作为西方的一种价值观和人生观，是一种一切从个人出发、一切以个人为目的、以满足个人的私欲为目的的思想体系。不论什么人，只要受了个人主义的毒害，就会在考虑个人同他人、同社会相关的各种问题时，只强调个人的权利而不考虑个人对国家的责任和义务，只考虑个人的自我价值而不考虑集体和社会的价值，甚至每当为顾全整体利益而需要牺牲某些个人利益时，他们就牢骚满腹，怨气冲天。更有甚者，某些人为了追求个人的“自我价值”和“绝对自由”，在重要关头，不惜背离社会主义，走上危害社会和国家的邪路。社会主义的集体主义原则，一方面强调集体利益高于个人利益，强调在两者发生矛盾时，个人利益应当服从集体利益；另一方面，又强调集体利益的发挥离不开个人的积极性和创造性，集体要尽可能地关心个人的利益。重视个人的正当利益，维护个人的尊严和权利，创造个人价值实现的条件等，本来就是集体主义的应有之义。从这个意义上来看，集体和个人之间的权利和义务是双向的而不是单向的，是辩证的而不是片面的。那种把集体主义原则理解为只能是个人无条件地服从集体，而集体可以完全不顾个人的思想是错误的，这是对集体主义的误解和曲解。在过去一段时间内，一些坚持资产阶级自由化的人，说什么集体主义是束缚个性、“反个人”、“恐个人”的等等，这完全是别有用心的。在当前形势下，加强集体主义思想的教育，树立共产主义人生观，必将更有利于发挥个人的积极性和创造性，有利于形成和培育有理想、有道德、有文化、有纪律的一代新人，有利于增强对社会主义事业的向心力和凝聚力。这一切，对于防止“和平演变”，坚持社会主义，有着极其紧迫和深远的意义。

高度重视人生价值观的教育*

近几年来道德理论的发展和人们道德实践的结果，从正反两方面一再表明，正确的人生价值目标，对人们的言论、思想和行动有着极端重要的作用。1989年春夏之交所发生的那场严重的政治风波，更使我们进一步认识到，在人生价值观上，用资产阶级个人主义影响和腐蚀我们的青年，诱使他们背离社会主义，这是西方资产阶级敌对势力对我们进行“和平演变”的一个基本策略，也是国内资产阶级自由化分子所采用的一个重要手法。回顾1989年前的情况，我们可以看到，在相当长的一段时期内，国际敌对势力和国内资产阶级自由化分子相互配合，紧锣密鼓，集中主要力量，运用各种手法，一而再、再而三地发动舆论攻势，一个重要的目的，就是要反对社会主义和共产主义的人生价值目标。他们非难集体主义，嘲笑“为人民服务”、“大公无私”，咒骂“雷锋精神”，甚至公开地宣扬“个人本位”和“个人至上”，片面地宣扬“自我中心”，要“为个人主义正名”。在这种资产阶级人生价值观导向的诱惑下，一些青年误以为只有那种“自由竞争”、“个人第一”和追求金钱、追求享受的西方资本主义社会，才是他们发展自己的最佳的理想环境。这一教训应当为我们认真吸取。

与此相对照的是，我们前几年对这一问题却没有给予充分的注意，

* 本文原载《教学与研究》，1991（4）。

在此问题上，我们的理论研究的深度和所取得的成果，还远远不能适应形势发展的要求（至少 1989 年的政治风波之前的情况是如此）。这一状况应引起我们的高度重视。

一般来说，伦理学上所说的人生价值观，也就是我们所说的人生观，它主要表明人们对人生意义，人为什么活着，人怎样处理同他人、同社会的关系的一种道德理解、道德评价和道德追求。由于人们对人生意义、目的等问题的道德理解、道德评价和道德追求，总是同人们的价值观念相联系，因此，我们又往往把人生观称为人生价值观。

我们知道，价值是一种关系范畴，任何价值都只表明人与外界的一种联系，这种联系又总是与人的需要（包括物质需要、精神文化需要和道德需要）及其需要的满足密切相关的。所谓价值对于人的“意义”，其奥秘就在于此。从这一点来说，一切价值都是相对于人而言的，在一定程度上，我们可以说价值是为人设计，或人自己设计的。人生价值观的最根本、最重要的特点，就在于它能够而且必将要在深层次的思想上影响、制约和指导人们的行为。一个人的人生价值观，是从一定的社会关系中形成的，但又能反过来对社会关系发生作用。社会生活中的个人一旦形成了一定的人生价值观，就会自觉不自觉地按照这种人生价值观所指引的方向前进。一个人对一种人生价值观越是认同、服膺、信仰和追求，就越是会以自己的全部情感、意志、信念去实现自己的人生价值的要求。

社会主义精神文明建设的根本任务，就是要提高整个中华民族的科学文化素质和思想道德素质，培养适应社会主义建设需要的、坚持社会主义方向的“有理想、有道德、有文化、有纪律”的一代新人。人们愈来愈深刻地认识到，在社会主义精神文明建设中，“思想道德建设是社会主义精神文明建设的灵魂”，而共产主义、社会主义的人生观教育，又是思想道德建设的核心，是使“精神文明建设的灵魂”具有活力的最重要的因素。“灵魂”的思想，多年来，似乎不再为人们所重视了，现在重新提出“灵魂”来，主要是要强调思想道德建设在精神文明建设中有着主导的、统帅的和决定性的意义，这也就进一步说明了人生价值观教育的重要意义。

我们之所以特别强调思想道德建设和人生价值观教育的重要意义，其最根本原因在于，它是同我国在当前改革开放的形势下能否坚持社会主义方向的问题相联系的。十年的改革开放，更使我们认识到坚定社会主义的“方向”的极端重要性。西方敌对势力的“和平演变”，国内资产阶级自由化的目的，归结到一点，就是要改变我国的社会主义方向，把我们的社会主义引到资本主义的邪路上去。我们之所以强调要加强精神文明建设，就是因为精神文明建设不但为物质文明建设提供强大的精神动力和智力支持，而且能保证物质文明建设的方向；进一步说，我们之所以强调思想道德建设，就是因为思想道德建设规定着整个精神文明的性质和方向。人生价值观在思想道德建设中的核心地位，更决定了它对于保证社会主义的方向有着特殊的重要的意义。一切从事经济建设的人，都必然自觉不自觉地受着一定的人生价值观的指导，并希望通过自己的经济活动达到自己的人生理想，进入理想的社会境界。从这一意义上，我们可以说，一定的经济活动只不过是达到一定的人生目的和理想社会的一种手段。社会主义、共产主义的人生观，必然要引导人们走向共同富裕、没有剥削、没有压迫的社会；资产阶级的个人主义人生观，必然会引导人们背离社会主义，走上资本主义的道路。这就是我们强调人生价值观的重要性的原因。

人生价值观具有鲜明的阶级性，它总是为一定阶级服务的。在我国当前的社会上，无产阶级的集体主义的人生价值观同资产阶级的个人主义的人生价值观之间，必然存在着长期的、尖锐的斗争。社会主义的集体主义的人生价值观，是建立在公有制的经济基础之上，并为实现和巩固公有制制度服务的，而自私自利的、以个人为中心的个人主义人生价值观则是为私有制经济，为建立资本主义的经济、政治制度服务的。这是一场真正的“你死我活”的斗争，应当说，这场斗争谁胜谁负，在我国还没有最终解决。

当代青年是跨世纪的一代，他们的健康成长，对我国坚持马克思主义的指导、坚持社会主义道路有着至关重要的意义。青年时代，正是人生价值观形成的关键时期，社会、学校和家庭的教育，特别是思想道德教育，对他们人生价值观的形成，起着重要的作用。从这一点来看，一些青年是资产阶级自由化思潮的受害者，我们对他们应当给予充分的同情、关心和理解。现在，我们提出要加强人生价值观的教育，正是要清除资产阶级自由化思潮对他们的腐蚀和影响。当然，青年人自己的主观努力，特别是自觉地学习马克思主义，树立社会主义的集体主义人生价值观，不断地在实践中磨炼自己，也是使自己成为有社会主义觉悟的“四有”新人的重要条件。我们应当把加强对青年的人生价值观教育同青年自身自觉的努力结合起来，从而使广大青年能够更快地树立起社会主义、共产主义的人生价值观。

树立正确的世界观、人生观和价值观*

树立正确的世界观、人生观和价值观，对于提高广大党员和干部的思想觉悟，培养社会主义的有理想、有道德、有文化、有纪律的“四有”新人，从而保证我国的现代化建设能够沿着社会主义道路向前发展，有着重要的意义。什么是正确的世界观、人生观和价值观，它们之间的关系是什么，怎样才能树立起正确的世界观、人生观和价值观，这三个问题，是我们在加强思想道德建设中所应当深入研究和讨论的问题。

世界观是人们对世界上各种各样的事物的总的看法。我们所要树立的正确的世界观，也就是辩证唯物主义的世界观，有时候也称马克思主义的世界观。辩证唯物主义的世界观承认世界的物质性、客观性，承认物质世界是按照自身发展的规律运动和变化的；人的活动，既要遵守客观世界的规律，又能够通过实践认识和改造自然界及人类自身。辩证唯物主义的世界观认为，社会主义必然代替资本主义，是社会历史发展的不可逆转的总趋势；尽管在社会主义发展的长期过程中，还必然会存在和发生这样那样的曲折和反复，但由于资本主义制度存在着无法克服的固有矛盾，社会主义必然要代替资本主义，并将最终发展成为共产主义的社会。树立辩证唯物主义的世界观，就能够增强社会主义和共产主义

* 本文原载《中国特色社会主义研究》，1996（3）。

的理想和信念，提高为社会主义献身的力量和勇气，就能够在困难面前知难而进，在各种曲折复杂的情况下，保持革命的乐观主义精神。从国际共产主义运动所面临的情况来看，在苏联解体和东欧剧变之后，一些人之所以失去了对社会主义和共产主义的信心，徘徊动摇，裹足不前，甚至悲观失望、堕落蜕化，原因之一，就是没有能够真正树立起辩证唯物主义的世界观，被资本主义的暂时的“得逞”所迷惑，看不到资本主义必然灭亡的本质，看不到社会主义将最终取得胜利的光明前途。国际共产主义运动的这种暂时的“低潮”，也还可能持续一段时期，在这种情况下，我们更应当加强辩证唯物主义世界观的教育，使广大干部、工人、农民都能够从社会发展普遍规律的高度认识社会主义的光明前途，从而在建设有中国特色社会主义的伟大实践中坚定必胜的信心。

我们所说的正确的人生观，就是为人民服务的人生观。人生观是人对人生的意义、目的和价值的根本看法。其中，人为什么活着、人怎样生活才最有意义和人生的价值问题，是人生观的核心。在社会中生活的人，由于经济利益和政治利益不同，处在不同的社会关系之中，从而形成不同的人生观。在阶级社会中，不同的阶级，由于利益不同，必然会形成不同的甚至根本对立的人生观。就是同属于一个阶级，由于每个人所生存的环境和所受的教育及自我修养的差异，也往往会形成不同的人生观。一般来说，人们的人生观必然要受到一定的经济、政治和环境的制约，但不同阶级和不同阶层的人，又可以主动地、自觉地选择自己的人生观。出身于非无产阶级的人，可以接受共产主义教育，刻苦锻炼，从而树立起马克思主义的世界观，成为坚定的共产主义者；相反，即使是出身于劳动人民家庭的人，接受社会主义的教育，在红旗下长大，如果不注意世界观、人生观和价值观的改造，仍然会受到各种非无产阶级思想的腐蚀，接受庸俗、腐朽的资产阶级的人生观。人生观的这种可选择的特点，说明加强人生观教育的必要性。深入持久地开展人生的意义、目的和价值的教育，强调为人民服务的人生观的意义，就能帮助广大青年和人民群众真正懂得人生的真谛，从而自觉地选择为人民服务的人生观，为社会主义建设事业多做贡献。在当前我国的社会中，从表现形式上看，有着纷纭复杂的、各种不同的人生观：一种是为自己求得金钱、荣誉的以个人为中心的个人主义的人生观，也就是资产阶级的人生观；一种是以国家利益、人民利益为重的为人民服务的人生观，也就是无产阶级的人生观。在建设有中国特色社会主义的伟大事业中，对每一个人来说，人生观问题也就是为什么人的问题，是人生一切问题中一个根本的、首要的问题。这个问题不解决，不论是搞革命还是搞建设，是不可能兢兢业业，也不可能做出什么成绩的。如果一个人生活的目的只是为自己、为家庭的私利，即使是在物质享受上能够得到满足，那又有什么意义？那又有什么价值？一个人只有为他人的幸福、为社会的发展、为国家的兴旺做出贡献，使自己的工作能够造福人民、造福子孙后代，才是最有意义、最值得人们追求的人生，才是光荣的人生、闪光的人生。值得我们注意的是，改革开放以来，在资产阶级的拜金主义、享乐主义和个人主义的人生观的腐蚀下，一些人经受不住考验，自觉不自觉地把金钱、享受和权力、地位当做人生的唯一目的去追求，陷入资产阶级的极端利己主义的泥坑而不能自拔。因此，树立为人民服务的人生观，对我们来说，在今天有着尤为重要的现实意义。

一个树立了为人民服务的人生观的人，对人生的意义就能够有真切的理解，就能够把人民群众的利益放在心上，力求为人民做好事，使人民能够从自己的工作中得到幸福。一个人的能力有大小，职业有不同，但只要有了为人民服务的人生观，就能够时时处处为人民着想，助人为乐，造福人民，成为人民群众欢迎的人。因而，全心全意为人民服务的精神，“毫不利己、专门利人”的精神，应当成为我们时代的最崇高的精神。正像毛泽东同志所说的，只有具有了这种崇高的精神，才是“一个高尚的人，一个纯粹的人，一个有道德的人，一个脱离了低级趣味的人，一个有益于人民的人”。越来越多的人能够树立起为人民服务的人生观，必将促使社会主义的事业更快地向前迈进。

世界观和人生观有密切关系。正确的世界观是正确的人生观的基础，人们对人生意义的正确理解，是建筑在对世界发展变化及其规律正确认识的基础之上的。从这一意义上，我们可以说，人生观从属于世界观，没有正确的世界观，也就不可能有正确的人生观。因此，只有把握了社会主义必然要取代资本主义这一历史发展规律，才能具有对共产主义的坚定的理想和信念，才能牢固地树立起相信人民、依靠人民、全心全意为人民服务的人生观。同时，人生观发生变化，又往往会反过来影响到世界观的变化。人生观能够积极作用于人的世界观，对世界观的巩固、发展和变化起着重要的作用。现实生活说明，一个人在长期革命斗争中曾经树立起正确的世界观和人生观，但如果经不起拜金主义、享乐主义和极端个人主义思想的腐蚀，一旦放弃了为人民服务的人生观，那么，他就必然会丧失对社会主义和共产主义的信念，从而背叛自己的崇高理想和世界观。

正确的价值观，就是集体利益、人民利益高于个人利益的集体主义的价值观。集体主义既是社会主义的道德原则，又是人们应当树立和奉行的一种价值观念。什么是价值？我们在价值观中所说的价值，并不完全等同于经济学中的使用价值和交换价值，而是指人们所认为的最重要、最贵重、最值得人们去追求和珍视的东西，它既可以是物质的东西，也可以是精神的东西。

在中国古代思想史上，人们常用“贵”来表示“价值”这一概念。“贵义”就是把“义”看得最有价值，“贵生”就是把生命看得最有价值，等等。价值观就是对什么最重要、最贵重、最值得人们追求的一种观点和评价标准。处于不同的经济政治利益关系中的人，必然会有不同的甚至截然相反的价值观。对于个人主义者来说，由于他处处强调以个人为中心，把为个人看做唯一的目的，把为社会看做达到个人目的的手段，因而他必然会认为，只有个人的一切，才是最重要、最值得他去追求的，因而也就有最大的价值；相反，对于国家的利益、人民的利益，被认为是没有价值的，也就不值得为它去奋斗，更不值得为之而献身。对于无产阶级和革命人民来说，国家的利益、人民的利益、中华民族的利益是至高无上的，是最重要、最宝贵、最值得去追求的，因而也就是最有价值的。正是从这一价值观出发，无产阶级认为，广大人民群众的利益、国家和社会的利益是我们评价一切事物的有无价值和价值大小的最重要的标准。在建设有中国特色社会主义的过程中，不断发展变化着的许多新事物、新情况和新矛盾，每日每时都向每一个人提出有关事物的有无价值和价值大小的许多现实问题，需要我们去判断和解决。对于社会主义事业和对广大人民群众有利的事业，我们应当看做最有价值的、最值得我们为之献身和奋斗的，我们应当尽力去做；反之，一切不利于社会主义事业和人民利益的，我们就应当旗帜鲜明地加以反对。我们之所以强调要树立正确的价值观和用正确的价值导向来引导我们的人民，其意义就在这里。

人生观和价值观的关系既有相同的方面，又有不同的方面。价值观的范围较大，因为它泛指人们对一切事物的有无价值和价值大小的看法和评价标准，而人生观主要是对人生的意义和价值大小的一种根本的看法。从这个意义上，可以说价值观包括人生观，人生观也是一种价值观，即对人生的意义和价值的一种总的根本的看法。由于对人生价值的看法是人对其他事物的看法的一个出发点，因而一个人对人生价值的看法，又必然会影响对其他事物的看法，所以人生观在一个人的整个价值观中占有最重要的地位。人的正确价值观的确立和巩固，又能不断地促进正确人生观的形成和发展。世界观是人生观的基础，人生观是价值观的出发点，它们相互作用、相辅相成。

怎样才能树立起正确的世界观、人生观和价值观？

首先，要认真学习有关世界观、人生观、价值观的基本理论，从思想上提高觉悟，认识树立正确的世界观、人生观、价值观的重要意义。在当前，学习和掌握马克思列宁主义、毛泽东思想和邓小平建设有中国特色社会主义的理论，学习江泽民同志关于世界观、人生观、价值观的讲话，有非常重要的意义。我们应当准确、科学地把握这些理论的精髓，深刻理解在当前形势下，树立正确的世界观、人生观和价值观的特殊的重要意义。特别应当强调的是，在目前形势下，树立正确的世界观、人生观和价值观，就能够立场坚定，方向明确，对我们坚持社会主义道路，有着不可忽视的重要作用。

其次，要在实践中加强锻炼，不断地同各种非马克思主义以至反马克思主义的世界观、人生观和价值观划清界限。在意识形态和思想道德建设上，要提高政治敏锐性和识别力，对一切没落腐朽的东西，要进行坚决的抵制和斗争。正如江泽民同志所指出的："思想宣传阵地，社会主义思想不去占领，资本主义思想就必然会去占领。""树欲静而风不止"，我们还应当清醒地看到，西方敌对势力所大力进行的"西化"和资产阶级腐朽生活方式对我们的侵蚀，最重要的就是要从世界观、人生观和价值观上来腐蚀我们。一旦我们接受了西方资产阶级的世界观、人生观和价值观，我们就必然会在建设社会主义的道路上迷失方向，误入歧途。西方敌对势力曾经以这种手段，在某些国家得逞。因此，他们正不遗余力地要把他们的世界观、人生观和价值观强加给我们，这一点应当引起我们的高度警惕。马克思主义强调理论对实践的指导作用，强调理论认识要在现实生活的斗争中得到发展。为了更好地树立正确的世界观、人生观和价值观，就必须旗帜鲜明地同一切反马克思主义的世界观、人生观和价值观划清界限，认识它们的危害，肃清它们的影响。

最后，要自觉地进行自我改造，充分认识自我改造的长期性和艰苦性，活到老，改造到老。我们认识到什么是正确的世界观、人生观和价值观之后，一定要联系自己的思想和行为，身体力行，不断地在实践中检查自己，进行必要的自我批评。列宁曾经极其深刻地指出："资本主义旧社会留给我们的最大祸害之一，就是书本与生活实践完全脱节。"我们应当努力改正那种"书本与生活实践完全脱节"的情况，在实际生活中，认真培养锻炼正确的世界观、人生观和价值观，更好地为社会主义贡献力量。一个人生活在社会中，不可避免地要受到各种思想的影响。马克思主义的科学的世界观、人生观和价值观是不可能自发产生的，必须经过教育、培养和在实践中的艰苦磨炼。即使在长期的革命斗争甚至战争年代中经受过严峻考验，已经树立或形成了无产阶级的世界观、人生观和价值观的人，如果不能继续锻炼、修养和自我改造，稍一放松，就有可能倒退、滑坡，甚至丧失掉已经树立起来的世界观、人生观和价值观，被资产阶级的"糖衣炮弹"所打中。改革开放和实行社会主义市场经济以来，在世界观、人生观和价值观方面所出现的问题，已经充分说明了这种情况的严重性，尤其值得我们注意。由于私有制经济的发展，特别是西方各种思潮的涌入，再加上享乐主义、拜金主义和形形色色的个人主义思想的泛滥，在我国当前的社会主义社会中，各种不同的世界观、人生观和价值观相互斗争、相互激荡，对人们的世界观、人生观和价值观产生了种种不可忽视的影响。改革开放十几年来，不仅一些涉世未深的青年人受到错误思想的腐蚀，成为资产阶级腐朽生活方式的俘虏，就是一些经过锻炼的老党员、老干部，由于经不住金钱、权力的考验，也有少数人变质，违法犯罪，成为人民的罪人。每一个有志于建设社会主义的先进分子，都要引以为鉴，见微知著，严格要求，增强在改造客观世界中改造主观世界的能动性。

人类对客观世界的改造是永无止境的，在改造客观世界中，对人类自身的改造也是永无止境的。周恩来同志生前曾多次强调一个革命者改造自身的重要性。他强调要"活到老、学到老、改造到老"。为了适应建设有中国特色社会主义的需要，我们一定要强调改造世界观、人生观和价值观的重要性。"改造思想"，不但不是一件不光彩的事，而且还是一个坚定的、自觉的革命者的必然要求，是革命事业胜利的重要条件。只有这样，我们才能在前进的道路上通过各种考验，才能抵制一切腐朽思想的侵蚀，才能始终保持革命者的品质，使我国的现代化建设能够沿着社会主义道路健康地向前发展。

论新时期的义利观*

在社会主义市场经济条件下，究竟应当怎样对待义利关系，已经成为当前政治生活、经济生活和人与人关系中一个有重要意义的问题。

一、在社会主义市场经济条件下，正确把握义利关系的基本前提

在谈到社会主义市场经济条件下的义利关系时，我们应当首先对社会主义市场经济有一个确切的理解，从而为我们研究社会主义市场经济条件下的义利关系提供一个正确的前提。

建立和发展社会主义市场经济，是我国经济振兴和社会进步的必由之路，是社会主义建设实践中对马克思主义理论的重大发展，是一项前无古人的伟大创举。发展社会主义市场经济，不仅极大地促进了我国生产力的发展，增强了社会主义国家的综合国力，提高了广大人民的生活水平，同时也增强了人们的利益观念，形成了为个人利益、集体利益和国家利益而奋斗的思想。正是从这一意义上，人们也可以说，社会主义市场经济也是一种利益经济，它在集体利益、国家利益为先的前提下，

---

* 本文原载《北京日报》，1997-05-04。

充分保障和满足个人的正当利益，从而调动人们的积极性，更有力地推动生产力的发展。“利益”的驱动，增强了人们的竞争意识和效率观念，有利于人们自立、自强精神的形成。同时，我们还应当看到，在改革开放和建立市场经济体制以后，由于西方意识形态及其价值观念的影响，由于我国封建社会、半殖民地半封建社会遗留的腐朽思想和小生产习惯势力等等原因，“个人利益”的观念，又往往会诱发出自私自利、损人利己、唯利是图、见利忘义等行为，以致一些人置他人利益和国家利益于不顾，出现了损害他人利益、损害社会利益的严重后果。党的十四届六中全会决议指出，“市场自身的弱点和消极方面也会反映到精神生活中来”，其中一个重要的方面，就是造成了人们对义利关系认识的扭曲。

我国由社会主义计划经济向社会主义市场经济的转变，只是一种经济体制的转变，并不是社会主义制度的转轨或转型。决议明确指出：社会主义市场经济体制，“不仅同社会主义基本经济制度政治制度结合在一起，而且同社会主义精神文明结合在一起”。这就是说，我们所实行的市场经济，不仅是同以公有制为主体的社会主义经济制度和人民民主专政的政治制度结合在一起，而且同我们的以马克思列宁主义、毛泽东思想和邓小平建设有中国特色的社会主义理论为指导，以社会主义道德规范为重要要求的精神文明建设紧密结合在一起。从这里可以认识到，我国市场经济，必须受到社会主义的政治制度、经济制度和思想道德的制约，并且在其指导下沿着社会主义道路向前发展。这是我们讨论社会主义市场经济条件下义利关系时应当明确的一个最重要、最基本的前提。

二、对义利问题的历史回顾与分析

义利问题，之所以在社会生活中受到人们的重视，因为它是同整个社会的根本价值导向连在一起的，是同一个社会的政治理想、经济目标和道德标准相辅相成的。义利问题，作为一种价值观，它几乎渗透到每个人的一切活动之中，并在人们的所有行为选择和价值取向中，起着重要的导向作用。义利问题，作为整个社会的政治、经济、伦理观念的一个重要组成部分，对社会的政治稳定、经济发展和道德进步，都有着重要影响。不同的时代、不同的社会和不同的阶级，对义利问题有着不同的理解。

什么是“利”？尽管不同的思想家对它有着不同的理解，但总的来说，“利”就是指物质利益，其中又包括个人利益和民族、国家利益。什么是“义”？一般来说，“义”就是正义和道义。宋代的思想家朱熹说：“义者，宜也。”“宜”有“应当”的意思，也就是依据一定社会的政治生活、经济生活和道德生活的原则而应当去做的，就是“义”。因此，义和利在中国古代，主要是指思想道德与物质利益的关系、个人利益与国家利益的关系以及物质生活与精神追求的关系等多方面的意义。

义利关系在中国传统思想中，作为一种价值观念，历来受到政治家、思想家以及伦理学家们的特别重视。一般来说，孔子、孟子和后期儒家都强调先义后利或重义轻利。商鞅、韩非等法家一派则重利轻义，而管子、墨子、荀子等，多主张义利并重，力求使义利能够统一起来。正是由于中国古代思想家们对义利问题的特别关心，义利关系成了中国古代的一个被反复争论的重大问题。儒家创始人孔子曾经把“好义”和“好利”看做区别一个人道德高尚和道德卑下的唯一标准，他说：“君子喻于义，小人喻于利。”孟子认为，如果社会上的人们都去相互争“利”，那么国家就会出现动荡和危险，因此，只有实行“仁义”，才是社会安定的重要保证。荀子认为，“义”与“利”都是一个在社会生活中的人所需要具有的，是不能被剥夺的，但他主张对那些不适当的“利”要加以限制，同时，又强调“先义而后利者荣，先利而后义者辱”。法家从人性自私的理论出发，比较强调“利”的重要性，强调通过使私人获得“利”的方法，奖励耕战，使人们积极从事农业生产和服兵役，从而使国家很快地富强起来。汉代的董仲舒早年认为：“天之生人也，使人生义与利。利以养其体，义以养其心。心不得义不能乐，体不得利不能安。”他把义利关系看做物质生活和精神追求的关系，并强调了两者之间相辅相成的关系。但到后来，他把义利关系引向片面，提出“正其道不谋其利，修其理不急其功”的思想，走上了重义轻利的极端。宋明理学家们进一步扭曲了义利关系，形成了重利贱义的理论，对以后中国思想史上的义利之辩，有重要影响。他们认为“大凡出义则入利，出利则入义”，主张“存天理，灭人欲”。综观中国传统思想家的义利观，应当说大多数思想家都认为，在个人利益和国家利益、社会利益发生矛盾时，应当是先义后利、义重于利的，这就是《论语》中所说的“见得思义”、“见利思义”和“义以为上”的基本观念。但是也确有少数思想家，片面地强调了“义”的重要性，走上了重义轻利甚至重义贱利的极端。他们只许言义，不许言利，否认个人利益的必要性，造成了抹杀人民群众的正当个人利益、束缚人们个性发展的后果。这里应当指出，即使是那些强调“先义后利”、“义重于利”的思想家，他们之所以强调“义”的重要性，主要是为了维护当时的封建统治阶级的利益，以巩固封建阶级的统治为最终目的。

三、在社会主义市场经济条件下，什么是我们应当提供的正确的义利观

确实，我们要实行社会主义市场经济，就必须承认并强调“利”在经济生活中的重要作用。但是，我们必须明确，社会主义市场经济所强调的“利”，绝不像资本主义市场经济中所强调的“利”那样，只强调个人的物质利益，只重视个人的私利。在社会主义市场经济条件下，正当的个人利益，包括个人的物质利益在内，理所应当得到保护和保障，任何不重视个人正当利益的思想和行为，都会损害人民群众发展社会生产力的积极性，都是错误的，对社会主义的建设是有害的。同时，在社会主义市场经济条件下，在强调和保护个人正当利益的同时，更应当强调国家的利益、社会的利益和全体人民的利益。

马克思主义者从物质文明建设和精神文明建设的辩证关系出发，强调义利关系的辩证统一。我们所说的“义”，主要是指社会主义的思想道德要求和国家人民的利益。我们所说的“利”，主要是个人的物质利益和某些单位或地区的利益。在社会主义市场经济条件下，正确处理道德原则、精神追求同现实生活中的个人利益、局部利益的关系，是保证社会主义事业兴旺发达的一个重要问题。马克思、列宁、毛泽东等，都反复强调革命的理想、精神的追求同个人的物质利益的辩证统一。邓小平同志明确地指出，“革命精神是非常宝贵的，没有革命精神就没有革命行动。但是，革命是在物质利益的基础上产生的，如果只讲牺牲精神，不讲物质利益，那就是唯心论”，进一步明确了革命精神必须要以

物质利益为基础。但是，我们还应当强调，我们绝不仅仅追求个人的物质利益，而且还要把社会的、民族的和国家的利益放在更加重要的位置上。从根本来说，在社会主义社会中个人的正当利益和国家的利益是一致的。国家的利益体现着个人长远的、根本的利益。离开了社会主义国家的整体利益，任何个人的利益都是不可能实现的。正如邓小平同志所指出的："每个人都应该有他一定的物质利益，但是，我们提倡物质利益，决不是提倡个人抛开国家、集体和别人，专门为自己的利益奋斗，决不是提倡个人都向钱看。要是那样，社会主义和资本主义还有什么区别?"因此，在社会主义市场经济条件下，在对待义利的关系上，我们首先应当强调的就是社会的利益、集体的利益和国家的利益，个人利益只有是合法的、正当的和不违背国家利益的，才应当受到保障和保护。我们的义利观是以国家利益和人民的利益为先、为重的个人利益与社会利益相统一的一种新的义利观。

值得注意的是，一段时期以来，一些人以发展市场经济为由，把"义"和"利"对立起来，认为市场经济既是强调"利益"的经济，就不应当再讲"义"。有的人甚至认为，市场经济应当"金钱至上"、"先利后义"。更值得注意的是，一些人以市场经济要重视个人利益为理由，提出要把个人主义作为道德原则来代替集体主义，认为市场经济就是要把个人利益作为唯一的杠杆来发展我们的经济。正是在这样的思想影响下，在所谓"只要利"、"不要义"的情况下，一些人的"自私自利"、"唯利是图"、"见利忘义"、"损人利己"思想不断泛滥，有的甚至公然违犯国家法律，坑蒙拐骗，谋财害命，毒化了社会风气，严重影响了社会主义市场经济的正常发展。因此，正确认识社会主义市场条件下的义利关系，对当前来说，在理论上和实践上都有重要的意义。

党的十四届六中全会决议，根据我国现实的实际情况，明确地提出要"形成把国家和人民利益放在首位而又充分尊重公民个人合法利益的社会主义义利观"。这一提法，是对社会主义市场经济条件下义利观的科学概括。这一概括，从马克思主义的立场、观点、方法出发，批判地继承了我国古代义利观中的合理内容和积极因素，从社会主义市场经济的内在要求出发，以人民利益、国家利益和个人合法利益的实际地位、作用、意义为根据，对义利问题作了创造性的、科学的概括，对于指导我们的经济生活，对于调整社会主义社会中人和人的各种关系，有着鲜明的针对性和极重要的现实意义。

“把国家和人民利益放在首位”，这就是说把“义”放在首位，“国家之利”、“人民之利”、“天下之利”，也就是我们今天所强调的“大义”。我们是社会主义国家，国家和人民利益就是我们的大局，任何个人利益都必须符合集体的利益，决不能损害集体和人民的利益。“充分尊重公民个人合法利益”，这就是说，“公民个人合法利益”同社会主义的国家利益和人民利益从根本上说是统一的、一致的，应当受到充分的尊重，得到认真的保护，并鼓励和倡导每一个公民为获得自己的合法利益而诚实劳动和积极工作。社会主义市场经济的义利观，一方面强调以国家利益和人民利益为重的思想，即把人民利益和国家利益“放在首位”，又强调个人合法利益应当受到充分的尊重。这种新的义利观，也可以说是一种“以义导利、义利统一”的价值观。这种“以义导利、义利统一”的价值观，有利于我们正确处理个人、集体和国家的关系，有利于既能维护人民和国家的利益，又能保障个人的合法利益。在人民群众中，广泛而深刻地加强新的义利观教育，就能够在更坚固的基础上，更好地调动广大群众建设四个现代化的积极性，有利于促进我国的经济发展，有利于克服和消除个人主义、利己主义和拜金主义对人们的腐蚀，有利于提高全民族的思想道德素质。

理想、信念与“三观”建设*

改革开放二十多年来，我国在物质文明建设方面取得举世公认成就的同时，精神文明建设方面也取得了可喜的进步。在人民群众中间，我们广泛进行了爱国主义、社会主义和集体主义的教育，大力培养有理想、有道德、有文化、有纪律的“四有”新人。在思想领域，为树立正确的世界观、人生观、价值观，进行了长期不懈的努力。“以科学的理论武装人，以正确的舆论引导人，以高尚的精神塑造人，以优秀的作品鼓舞人”已成为我国意识形态中的舆论导向。正是由于社会主义精神文明建设的成绩和作用，我国社会主义的现代化建设，正沿着正确的道路，健康地向前发展。

然而，我们还应该看到，在社会主义物质文明和精神文明不断蓬勃发展的同时，资本主义和封建主义的腐朽思想，还不断地腐蚀我国的人民，西方的敌对势力还力图对我国进行“西化”和“分化”，以达到他们颠覆我国社会主义制度的目的。剥削阶级的政权虽然被推翻了，但是它们的思想是不会自动退出历史舞台的。正像列宁所指出的，剥削阶级的腐朽思想是不可能同它们的棺材一起埋入地下的，它们必然在人类社会中腐烂发臭，毒化人的精神，危害人类社会。在意识形态领域里，如果马克思主义的思想不去占领，资产阶级和封建阶级的腐朽思想必然要

* 本文原为《理想、信念与“三观”建设》一书导言，北京，中共中央党校出版社，2000。

乘虚而入，并从各个方面诱惑人们，夺取这一阵地，以便为它们的复辟创造条件。所以，意识形态领域的斗争，是深层次的思想斗争，它关涉到人们的理想、信念与世界观、人生观、价值观的正确与错误，关涉到我们社会主义事业的兴衰与成败，对于这一问题，我们必须把它提高到一个新的高度，认真地加以对待。

一

理想和信念是人的精神支柱和精神动力，它激励着每一个人为了一定的社会理想和生活目标而不断努力追求。正确的、科学的、崇高的、进步的理想和信念，能推动历史的发展和社会的进步，能净化和纯洁人的灵魂，能改善和协调人与人之间的关系；错误的、非科学的、卑下的、迷信的“理想”和“信念”，必然会腐蚀和诱惑人们，使人们陷入颓废的、堕落的泥坑和陷阱，扭曲人的灵魂，败坏人的道德，疏远以至恶化人与人之间的关系。共产主义的理想和信念，是建立在对社会发展规律的科学认识基础之上的，是合乎时代进步的理想和信念。树立共产主义的理想和信念，能够提高人们的道德水平、坚定人们对共产主义的信念、激发人们为社会主义和共产主义奋斗的勇气和力量。

在社会主义市场经济条件下，要不要坚持共产主义的理想和信念，要不要继续宣传和提倡共产主义道德，要不要坚持社会主义道德的集体主义原则，在最近几年来，成了人们特别关心的问题。一些人认为，既然我们现在处于社会主义初级阶段，而且在市场经济条件下，我们还必须强调发挥个人的能动作用，强调个人的利益，因此，在当前，既不应当再提倡共产主义的远大理想，也不应当实行社会主义集体主义的道德原则。而且，有些人错误地认为，现在既然是社会主义初级阶段，又实行市场经济，如果仍然要提倡共产主义的理想和信念，提倡共产主义道德，就是超越了当前的历史阶段，就是脱离实际的“大话”、“空话”。这种否认共产主义的理想和信念的观点，是错误的，是极为有害的，必须加以澄清。

我们知道，社会主义和共产主义是人类历史发展的必然趋势，它的实现建立在社会发展的规律的基础之上。社会主义和共产主义的实现，将使人类社会达到消灭剥削、消除两极分化并最终实现共同富裕的美好社会。社会主义社会是共产主义的初级阶段，而共产主义则是社会主义发展的必然结果。今天，我们建设社会主义，其目的就是要走向未来的共产主义。在今天，我们既要有建设社会主义的共同理想，又要有实现共产主义的远大理想。我们党在社会主义初级阶段的纲领和路线，包括在一定时期内把国家建设成为一个富强、民主、文明的社会主义国家的发展目标和规划等，反映了人民的根本愿望和要求。我们应当把这个现实的共同理想作为理想和信念教育的基础和重点，即不应该把它同共产主义的远大理想对立起来。现实是通往未来的基础，共同理想是通向远大理想的阶梯。

人是一种有精神生活的动物，人决不能也不会同其他动物一样只知道追求自己的物质欲望。人在社会中生活，既需要一定的物质条件来满足生存的需要，更需要有一定的理想和信念的支持来满足自己的精神生活。有了正确的理想和信念，人生的航道就有了指路明灯；树立了社会主义和共产主义的理想和信念，我们就能够排除前进道路上的各种困难和障碍，沿着社会主义道路不断前进。

在社会生活中，人固然都要有自己正当的个人利益，但一切自私自利的欲望和利己主义的冲动，都必然要引导人们误入歧途，使之陷入极其狭隘的、只考虑自己而不考虑别人的误区中。当一个人的精神和灵魂陷入和束缚在狭小的自我利益之中时，就会只顾自己而不顾社会，甚至会损害社会的利益，破坏社会的稳定；如果一个人陷入狭隘的物质利益的追求中，他就必然思想空虚、精神萎靡，不可自拔地走向沉沦。一个思想空虚、精神萎靡的人，是一定要被各种邪恶势力牵着鼻子引入邪路的。正如毛泽东同志所说的："人是要有一点精神的。"如果没有精神、理想和信念的支持，一个人的生活，只能是庸庸碌碌、无所作为，甚至会造成对国家和社会的危害。

马克思主义的思想家们，都十分强调精神、理想和信念在人的一生中的作用，并把有无这种精神、理想和信念，看成社会能否进步的一个重要因素。为什么我们过去能在非常困难的情况下奋斗出来，战胜千难万险使革命取得胜利呢？就是因为我们有理想，有马克思主义信念，有共产主义信念。无数革命先烈，正是为了这样一个崇高的革命理想，才毫不犹豫地献出了自己的生命。社会主义和共产主义的理想、信念，是革命力量的源泉，是革命事业成功的保证。不论在任何时候，我们都不能淡化、削弱或丢掉我们对社会主义和共产主义的理想和信念，否则，我们的事业就会遭到挫折，甚至会走入歧途。在思想领域还充满着斗争的现实社会中，社会主义和共产主义的理想和信念不去占领，资产阶级的和一切腐朽的、迷信的、落后的甚至反动的“理想”和“信念”，就必然乘虚而入；丢掉了社会主义和共产主义的理想和信念，就必然会成为追求资产阶级的“理想”和“信念”的俘虏。

尤其值得注意的是，在市场经济条件下，在改革开放环境中，在西方敌对势力的“分化”、“西化”的影响下，各种思潮大量涌向社会，资产阶级和封建阶级的腐朽思想也在这一浪潮下沉渣泛起。西方的敌对势力正或明或暗地采用各种形式、手段和途径，对我国进行思想和文化的渗透，极力鼓吹西方的政治观、价值观和腐朽没落的意识形态，妄图腐蚀人们的思想，使人们丧失社会主义和共产主义的远大理想，走上资本主义的邪路。

正因为如此，我们在建设社会主义的市场经济的同时，要特别注意坚持共产主义的远大理想。在社会主义初级阶段，我们既要正视人民群众的物质利益，不断提高和改善人民的物质生活，又要进行理想和信念的教育，充实人民群众的精神生活。正如江泽民同志所说的：“物质贫乏不是社会主义，精神空虚也不是社会主义。”建设有中国特色的社会主义，使祖国走向富强、民主、文明，是不可能没有远大理想作为全体人民的精神支柱的。

人们的理想是人们对一定社会关系、社会制度、社会运行方式的向往和追求，它的力量是巨大的。一个有远大理想的人，就能够有坚定的信心和强大的力量，就能够克服前进道路上所遇到的各种挫折和困难。一个有远大理想的人，他能够在极大的程度上，激励自己的意志、奋发自己的精神，就能够“富贵不能淫，贫贱不能移，威武不能屈”，就能够艰苦奋斗、不怕牺牲，为追求和达到自己的理想去英勇奋斗。

总之，理想、信念教育，是一切革命干部和人民进行社会主义建设的指路明灯，是团结全国广大人民群众的旗帜，它是我们一切思想政治工作的核心，不论在什么情况下，我们都不能忘记理想、信念的重要性。

二

科学的、崇高的理想和信念，必须建立在科学的世界观、人生观和价值观的基础之上，也就是说，只有树立了科学的世界观、人生观和价值观，才能培养和形成科学的、崇高的理想和信念。

从我国现实的思想教育和道德教育的情况来分析，我们还可以看到，一些人之所以没有能够树立起科学的理想和信念，或者是虽然曾经抱有社会主义和共产主义的远大理想，但后来经不起腐朽思想的腐蚀而背弃了原有的理想和信念，一个十分重要的原因，就是在世界观、人生观和价值观上出了问题。李洪志及其“法轮大法”所宣扬的歪理邪说的一个主要目的，就是要以他的极端荒诞、腐朽、糜烂的世界观、人生观和价值观来腐蚀人们的灵魂，使一些人误入歧途。在李洪志及其“法轮大法”的歪理邪说的诱惑下，有的人信仰神灵，追求“成佛成仙”，成了唯心主义世界观的忠实信徒；有的人追求个人的“圆满”，为了自己能够“修炼”、“提高层次”和“升天”，不惜抛弃生命和家庭；有的人甚至不顾社会和国家的利益，聚集中南海，向党中央和国务院发难；一些人为这种腐朽的世界观、人生观和价值观所腐蚀，还自以为在修炼自己的德性，为社会做好事。这充分说明，错误的、反动的、非科学的世界观、人生观和价值观的危害作用是绝不能被低估的。

从我国实行和建立市场经济以来，在“市场”的负面影响下，一些人受了个人主义、拜金主义和享乐主义的影响，在一切向钱看的错误思想腐蚀下，把追求金钱当做人生的唯一目的，为了追求更多的金钱，他们不惜采取自私自利、损人利己、损公肥私等种种手段，有的最终走上了犯罪的道路。究其原因，都是同他们受了资产阶级的世界观、人生观和价值观的影响有着重要的关系。就党员和国家机关干部来说，最近十几年来党员、干部中所发生的种种违纪案件的思想原因，归根到底，都同他们没有树立正确的世界观、人生观和价值观有重要的关系。他们之中的有些人，原来就没有能够树立起马克思主义的世界观、人生观和价值观；有些人，虽然曾经树立起了马克思主义的世界观、人生观和价值观，但由于经不起资产阶级腐朽思想的诱惑，成了资产阶级的世界观、人生观和价值观的俘虏。这些教训，是值得人们认真吸取的。

什么是正确的世界观、人生观和价值观？在社会主义革命和建设的长期发展中，广大人民群众认识到，只有马克思主义的辩证唯物主义和历史唯物主义的世界观，才是指导我们观察和认识世界的科学世界观；只有全心全意为人民服务的人生观，才是每一个革命者应当奉行的人生观；只有以个人利益与集体利益相结合，以集体利益高于个人利益为原则的集体主义的价值观，才是唯一正确的价值观。

世界观是人们对世界各种现象和事物的总的看法，其中包括社会观、自然观以及伦理观、审美观等看法的总和。在阶级社会中，不同阶级有不同甚至对立的世界观。马克思主义的辩证唯物主义和历史唯物主义的世界观，是建立在对客观事物的正确认识的基础上，是唯一正确的、科学的世界观。它坚持唯物的辩证法，强调物质第一性和精神第二性的观点，有力地反对了一切唯心的、迷信的和形而上学的思想，是我们反对一切歪理邪说的强大的思想武器。它揭示了人类社会发展的客观规律，给人们指出了观察社会、观察历史发展的正确方法，得出了资本主义必然灭亡、社会主义必然胜利的科学认识。它对社会发展的科学预见，给人们指出了前进的方向。它能够使人们在社会主义的事业遭到挫折和困难时，看到光明的前途，增强人们的信心，能够在资本主义的发展变化中，看到资本主义的不可克服的矛盾，使人们能够从表面现象中看到事物的本质。

人生观主要是指对人生问题的总的看法，包括人生的意义、目的、态度和理想等。不同的阶级有不同的人生观。一切代表先进生产力的要求、能推动历史前进的人生观，是进步的人生观，而一切逆历史潮流而动、阻挡社会前进的人生观，是落后的、腐朽的人生观。历史上曾经有过各种各样的人生观，如享乐主义的人生观、利己主义的人生观、禁欲主义的人生观等等。为人民服务的人生观，是人类有史以来最先进、最崇高的人生观，它指明了一个革命者应当如何正确对待生死、荣辱、得失、苦乐和贫富关系，使我们能够正确对待在人生道路上所遇到的各种问题，知道和学会如何处理顺境和逆境，从而克服人生道路上的困难。为人民服务的人生观，能够使我们更好地关心他人、爱护他人，更好地协调人和人之间的关系。更加重要的是，为人民服务的人生观使我们懂得人为什么活着、人活着有什么意义、人怎样活着才最有价值等等，使人的一生能为一个崇高的目的而奋斗，从而使人们生活得更有意义。

一个人只有为人民的利益而生活和工作，才是最有意义和最值得的。如果只知道谋取自己的私利，为个人或自己的小家庭活着，就是寿命活得再长，又有什么意义呢？一个人生活在世界上，从人生的意义来说，应该把个人的名利看得淡一些，这些东西，生不带来，死不带去，又有什么值得留恋的呢？伟大的思想家、教育家陶行知先生说，“捧着一颗心来，不带半根草去”，这就是一个人应有的高尚的人生观和价值观。一个国家干部特别是一个党员，在自己的一生中，只有多做些有益于人民、有益于国家的事，才是最有意义和最有价值的。

价值观主要是指人们对客观事物的一种认识和评价。在日常生活中，对什么是“价值”和什么是“价值观”，从不同的学科和视角来说，有不同的认识和理解。有从经济学方面理解的，有从哲学方面理解的，有从美学方面理解的。从伦理道德方面来理解和认识一个事物之所以有价值，就是因为它能够满足主体的物质的、精神的需要，能够正确地调整主体同客体的关系，对主体的生存和发展有重要的意义。我们所说的“价值”和“价值观”，主要是从社会主义社会中个人和社会的关系来考察的。在社会主义的利益关系中，集体利益高于个人利益的集体主义的价值观，使我们懂得了集体利益之所以高于个人利益的客观必然性，使我们认识到个人的利益、价值、尊严和自由，都只能依赖于集体利益的发展和完善。集体利益和个人利益，在根本上是统一的，集体利益代表着个人的长远的利益。集体主义的价值观，有利于我们正确地处理个人同他人、个人同社会、集体同国家的关系。

市场经济的建立，既给我们带来了发展经济、开拓创新等种种的积极力量，同时也在世界观、人生观和价值观方面，给我们带来了不可忽视的消极因素。正如江泽民同志早已指出的：“市场活动中出现和存在的东西，并不都是积极的、健康的、合理的。对于错误的、丑恶的东西，必须予以抵制、批判和纠正，不能漠然视之，更不能任其泛滥，让它们去腐蚀人们的思想和灵魂。”① 市场经济的消极方面，对我国的影响是多方面的，但就其最主要的方面来说，就在于它总是要以不同的形式来诱发个人主义、拜金主义和享乐主义，宣扬“个人中心”和“个人

① 《毛泽东 邓小平 江泽民论世界观人生观价值观》，486页。

至上”，鼓吹“个人是唯一的目的”和“社会只能是达到个人目的的手段”，它极端轻视“社会利益”和“集体利益”，说什么这只是一种“抽象”。它无限放大“个人的利益”，并把它突出和强调到不适当的程度。一旦“个人”成了唯一和至上的东西，什么国家、社会、人民的利益，都可以置之度外了。一些人斤斤计较于个人的私利，把“蝇头小利”和“蜗角虚名”看做最重要和最有价值的，其结果则往往是坠入“私欲”的深渊而不能自拔，最终毁了自己。中国古代的思想家老聃说过“祸莫大于不知足，咎莫大于欲得”，说的就是这种情况。从价值观来说，这样的价值观，不但是错误的，而且是卑鄙的，因为它只有利于个人而有害于集体，只有利于自己却有害于人类社会。

在进行理想、信念和世界观、人生观、价值观教育的过程中，要注意在新的情况下所出现的新情况和新问题。要针对广大干部所面临的种种实际问题，有的放矢地进行教育。我们的党和国家的干部，是领导我国人民建设社会主义的骨干力量，担负着极其重要的责任。我们的干部，应当有远大的理想和信念，应当有坚定的意志和毅力，应当有全心全意为人民服务的高尚的品德。我们正面临着一个极其复杂的情况，面临着前所未有的各种诱惑。我们一定要始终保持清醒的头脑，保持自身的纯洁，努力抵制各种腐朽思想的腐蚀。

在进行理想、信念和世界观、人生观、价值观教育的过程中，要正确认识和理解“灌输”思想在政治工作中的地位。这里所说的“灌输”，是指教育者将外在的思想理论和科学文化知识输入受教育者的大脑的过程。最早将“灌输”这个词引入思想政治工作领域的是列宁。1902 年，他在《怎么办?》一书中指出：“工人阶级本来也不可能有社会民主主义的意识，这种意识只能从外面灌输进去。”毛泽东同志在《论持久战》中也说：“没有进步的政治精神贯注于军队之中，没有进步的政治工作去执行这种贯注，就不能达到真正的官长和士兵的一致，就不能激发官兵最大限度的抗战热忱。”这都说明了社会主义和共产主义的先进思想不可能也不会在人们头脑里自发产生，而必须从外面灌输进去。马克思主义所说的“灌输”，是有其特殊的意义的。从这里我们可以认识到，社会主义和共产主义的理想和信念，马克思主义的世界观、人生观和价值观，只有经过教育才能在人们的头脑中扎下根来，也就是说，在这一领域，如果马克思主义不去占领，那么，非马克思主义的、反马克思主义的东西就会去占领。我党历来十分重视和善于运用“灌输”教育的方法，并取得了显著效果。早在黄埔军校时期，我党就以上政治课的形式，向学生灌输反帝反封建的思想，培养了大批的革命骨干。在北伐战争和土地革命时期，我党运用上课、政治讲话、贴标语、呼口号等形式，向部队和群众宣传“打倒军阀，打倒列强”以及“打土豪分田地”的道理，点燃了武装斗争的星星之火。历史的经验告诉我们，从思想政治工作的目的和任务来看，灌输是原则；相对于自我教育、寓教于乐等方法来说，灌输又是一种行之有效的方法。其实，各类宗教和西方资产阶级也采取灌输的宣传、教育方法以维护统治阶级的统治地位，他们所宣扬的唯心主义的思想、理论和价值观念对劳动人民起到了极大的欺骗和腐蚀作用。那么，在市场经济条件下我们进行共产主义的理想、信念和世界观、人生观、价值观的教育，就应当理直气壮地坚持灌输的原则。

同时，我们还必须强调，我们在对广大人民群众进行理想、信念和世界观、人生观、价值观的教育时，必须要根据社会主义市场经济条件下，人们实际生活中所出现的新情况和新问题，采用有针对性的、能够为人民群众所接受的新方法，既要晓之以理，又要动之以情，要善于启发和诱导，绝不能把灌输理解为注入式的说教。

三

在改革开放和发展社会主义市场经济的条件下，我国社会发生了广泛而深刻的变化。我国现在所实行的是以公有制为主体、多种所有制经济共同发展的基本经济制度；在分配制度上，我国当前所实行的是以按劳分配为主的多种分配方式；在经济政策上，允许一部分人和一部分地区通过诚实劳动和合法经营先富起来，以先富带动后富，最终实现全体人民的共同富裕。这一切都是为了更好地促进我国经济的迅速发展，更好地推动我国社会主义的四个现代化建设。

随着以上这些变化，社会成员在经济利益上，也必然发生着相应的变化。经济利益的主体的多样化，必然要给社会成员的政治、思想、文化等方面带来不同的变化和要求，出现前所未有的新的复杂的情况，即出现了人们价值取向的多样性。这些变化，向人们提出了一个问题：在人们价值取向多样性的情况下，社会的价值导向究竟是应当多元化还是应当一元化呢?

最近几年来，“多元化”一词，已经成为一个很常见的用语。人们可以在很多的报刊中看到，也能够在各种不同的会议中听到。什么是“多元化”? 每个人的理解可能不尽相同，但有一点似乎是共同的，这就是说，改革开放以前，我国是以马克思主义的思想、文化和价值观念来做指导的，西方文化在我国的传播和发展是很困难的，因此可以说是“一元化”的；改革开放以后，我们这个社会，已经出现了各种不同的思想、文化和价值观念的共同存在，在意识形态领域，已经从一个“一元化的社会”，走向了所谓“多元化的社会”。对于这种认识，我们究竟应当怎样对待呢?

首先，应当看到，我国改革开放以来，在同其他各国特别是西方各国经济上扩大交往的同时，中国和世界其他各国的文化交流也日益发展，各种不同国家和民族的文化、思想、价值观念，也都在我国相继出现，大量的外国著作被翻译成中文，打开了我们的眼界，丰富了我们的知识，这是一个好的现象，是我国改革开放和发展的必然结果。这种多元文化和多种价值观的出现，又是同我国的经济和政治的变化密切联系在一起的，是社会发展和进步所必然要出现的。大家知道，以公有制为主体和多种经济成分共同存在的现实，必然要出现价值取向的多样性。应当说，各种思想、文化和不同价值观的比较，有利于我们吸取各种思想、文化和价值观的合理成分，有利于我们吸取人类所创造的一切文化、思想和道德的优秀成果。正由于此，我们认为，文化的多样性给我们带来了新的机遇，使我们能够有机会分析、借鉴和继承人类所创造的一切优秀成果，使我们能够在这一条件下，经过自己的努力，创造出更先进的文化和更优秀的精神文明。因此，对于文化多样性的现象，我们应当采取欢迎的态度，以积极的心态来迎接这一机遇。

其次，我们也要看到，在这各种不同的文化中，也有着反映时代要求的、进步的文化和过时的、落后的、腐朽的文化。在当今的社会中，还有资本主义的文化和社会主义的文化的不同。尽管在资本主义的文化中也有着人类所创造的优秀成果，也有进步的思想家们所提出的有益于人类发展的正确思想，但不可否认，其中确有一些消极和腐朽的东西对我们是有害的，如个人主义、拜金主义和享乐主义，如西方所谓的性自由、性解放等。很显然，对于这些思想，如果我们任其泛滥，就必然要污染我们的空气，败坏我们社会的道德，腐蚀我们的人民。在许多文化现象的背后，或者公开或者隐蔽地包含着不同的世界观、人生观和价值观，都有着自己的鲜明的思想倾向。在这些不同的世界观、人生观和价值观之间，又是有着复杂的矛盾和斗争的。“树欲静而风不止”，这种情况，也是不以人们的意志为转移的。

这种文化多样性的现象，确切地说，是同社会生活中各种主体的价值取向的多样性密切相关的。既然在经济上出现了各种不同的经济利益主体，这些不同的利益主体必然按照自己的利益和要求而有所取舍。各种不同的利益主体对不同文化、思想和价值的接受、认同、爱好和信仰，就是我们所说的价值取向。一个人的价值取向，总是同他的世界观、人生观和价值观相联系的。

因此，对于这种价值取向多样性的现象，我们应该怎样来对待呢？也就是说，在意识形态和思想领域，还要不要用马克思主义的立场、观点和方法，来对这些多样性的文化和价值观进行分析、鉴别和指导呢？

一种看法认为，我们既然是一个“多元化的社会”，那么，各种不同的思想，就应当不分优劣“平起平坐”，任何一种思想和价值观都可以作为社会的价值导向，都可以不受任何限制地以自己的思想体系和要求来影响他人、影响社会。在一些书籍和报刊中，常常可以看到这样一些意见，以“多元化”为理由，要以西方的个人主义作为我国社会主义社会的道德原则，要以合理利己主义作为我们的行为规范，要以西方的自由主义和新自由主义作为我国政治生活的指导原则，要推行和效法西方的性自由、性解放等。有些人非常欣赏和羡慕西方的“多元化”社会和那里的“自由”，认为西方的“多元化”就是各种思想的完全自由，没有任何思想导向和价值导向。这样的看法，是不符合事实的，是不正确的。

在阶级和阶级统治还存在的社会中，一个社会的统治阶级的思想，必然是这个社会中占统治地位的思想。这个占统治地位的思想，也必然要成为这个社会在意识形态中的价值导向。这种情况，可以说是古今中外概莫能外。美国是一个资产阶级掌握政权的国家，在意识形态和思想领域中，它的价值导向是非常鲜明的，这就是维护美国资产阶级的利益和国家的利益。只要看一看 1999 年那次对南斯拉夫的赤裸裸的侵略，却被美国舆论说成是“维护世界和平”的人道主义行动，我们就可以认识到美国的“多元化”和“自由”是怎么一回事，就可以认识到美国是如何运用价值导向来控制它的社会舆论了。认为美国这个“多元化”的社会的导向是多元的，说一切思想都可以自由地成为社会的导向，这是不正确的，是一种非常肤浅的看法。

我国是社会主义国家，我们明确地提出，在我国的意识形态和思想领域中，要以马克思主义、毛泽东思想和邓小平理论为指导，这是写在我国庄严的《中华人民共和国宪法》中的。宪法是我们应当遵守的根本大法。我们一方面承认我国社会所出现的价值取向的多样性现象，另一方面，又明确地强调在价值导向方面的一元化。价值导向的一元化同价值取向的多元化是相互影响和相辅相成的。不同思想、文化、价值观的共同存在，其最终目的，必须要有利于社会主义的思想、文化、价值观的繁荣和发展，有利于社会的进步。社会主义一元化价值导向之所以能发挥其导向的作用，是由于这一价值导向代表着广大人民群众的利益，代表着社会发展的方向，代表着科学的真理，体现着时代的要求。这种一元化的价值导向，不是靠压服、压制、强制来限制不同的意见，而是通过“百花齐放、百家争鸣”来进行吸收和扬弃，通过比较和鉴别来教育和提高人们的思想觉悟和道德境界，通过引导、激励来培养人们的理想、信念和道德情操。认真学习和了解各种不同的思想、文化和价值观，使人们能够从学习和比较中，吸取有益的精华，抛弃腐朽有害的糟粕。马克思主义的价值导向能给人们以选择取舍的正确标准，给人们以科学取舍人类一切文化的方法论的指导。我们是社会主义的国家，我们的价值导向有着保证我们沿着社会主义的道路向前发展的重要功用，忽视或背离这一价值导向，我们就有可能误入歧途。还应当指出的是，我们愈是强调思想、文化和价值观的多样性现象，愈是强调吸收人类所创造的一切优秀文明成果，我们就愈要提倡用马克思主义的价值导向来分析和鉴别。不能认真地、充分地吸收古今中外人类所创造的一切优秀成果，我们就不能更好地发展，就会故步自封；没有马克思主义的指导，我们就不能沿着正确的道路前进，就可能迷失方向。

最后，我们应当强调，社会主义和共产主义是我们的理想和信念，马克思主义的世界观、人生观和价值观是当今社会上唯一科学的、正确的世界观、人生观和价值观。我们不仅要自觉地以马克思主义为指导来改造客观世界，而且要更自觉地在实践中树立起坚定的社会主义和共产主义的理想和信念，用马克思主义的世界观、人生观和价值观来改造自己的主观世界，努力按照毛泽东所说的那样，做一个高尚的人，一个纯粹的人，一个有道德的人，一个脱离了低级趣味的人，一个有益于人民的人。

哲学社会科学和“三观”教育*

2002年4月28日，江泽民同志在考察中国人民大学并同师生座谈时指出：“我们要始终高度重视哲学社会科学在治党治国和建设有中国特色社会主义事业中的巨大作用，高度重视哲学社会科学领域高等教育的改革和发展，高度重视改善哲学社会科学研究和人才培养的条件，高度重视哲学社会科学研究领域重大课题的攻关，高度重视为哲学社会科学做出杰出贡献的学者的成就和作用。”他还从如何“治党”、怎样“治国”的高度来说明哲学社会科学的重要性。这是江泽民同志自2001年北戴河“八七”讲话强调哲学社会科学和自然科学“四个同样重要”之后，再次全面、深刻、科学地阐明在新时期哲学社会科学的重大作用和重要意义。

哲学社会科学为什么重要？江泽民同志强调：“哲学社会科学，主要是帮助人们解决世界观、人生观、价值观，解决理论认识和科学思维，解决对社会发展、社会管理规律的认识和运用的科学。”这是江泽民同志对哲学社会科学所要解决的问题所做的重要而简明的概括。在此，仅就哲学社会科学“主要是帮助人们解决世界观、人生观、价值观”方面的特殊作用和意义，谈一点个人的体会。

我们知道，在社会主义社会中，世界观、人生观和价值观的问题，同广大人民群众的思想道德素质、同坚持社会主义道路和方向、同一个

---

* 本文原载《中国人民大学学报》，2002（3）。

民族的精神面貌有着重要的关系。一个国家，要想兴旺发达，其人民既要有先进的科学技术和文化方面的素质，还必须有高尚的思想道德素质。只有具有高尚的思想道德素质，人民才能够具有自立、自强的意识，有为国家、为民族献身的精神，有坚强的毅力和信心，才能使国家强盛和民族振兴。哲学社会科学之所以重要，正是因为它能够帮助人们解决这些方面的问题。

“加强世界观、人生观、价值观的教育”（又称“三观”教育）是江泽民同志从20世纪90年代初期就大力提倡的。1993年，他提出要在全国“加强正确的理想、信念、人生观、价值观的教育”。同时，为了在实践中坚持和发展马克思主义，他认为我们必须“坚持用辩证唯物主义和历史唯物主义的世界观、方法论去分析和解决问题”。1994年，江泽民同志在《必须坚持教育优先发展的战略》中就明确提出了“三观”的思想，强调要“引导和帮助青年树立正确的世界观、人生观和价值观”。此后，他在关于思想政治、思想教育、思想道德的重要报告中，几乎每次都要反复不断地强调“树立正确的世界观、人生观、价值观”的重要意义。他提出军队要“进行共产主义的世界观、人生观和价值观的教育”，要对广大人民群众和青年“经常进行世界观、人生观、价值观的教育”，要“牢固树立正确的世界观、人生观和价值观”，等等。江泽民同志认为：“树立正确的世界观，无论过去、现在和将来，对于每一个干部和党员来说，都是首要的问题。这个问题不解决或解决得不牢靠，不论搞革命还是搞建设，是不可能兢兢业业的，也不可能做出什么成绩来。”江泽民同志这次在考察中国人民大学时更明确地指出，哲学社会科学之所以重要，我们之所以要大力促进我国哲学社会科学事业的发展繁荣，重要的原因之一就是它能够“帮助人们解决世界观、人生观、价值观”的问题。

一、关于世界观

我们正在建设有中国特色的社会主义，面临着前所未有的纷繁复杂的新情况和新问题，在这种特殊的环境下，我们能不能顺利地实现这一历史上最艰巨、最光荣的任务，关键是要看我们能不能用辩证唯物主义和历史唯物主义的世界观和方法论来分析、处理我们所遇到的问题。

物质和意识、经济基础和上层建筑、矛盾斗争和发展变化等，是辩证唯物主义和历史唯物主义的基本观点。在当前，如何认识社会主义的发展进程、如何认识资本主义发展的历史进程、如何认识我国社会主义改革实践过程对人们思想观念的影响、如何认识当今的国际环境和国际政治斗争对我国的影响，是我们面临的重大问题。在处理这些重大问题时，我们只有坚持辩证唯物主义和历史唯物主义的基本观点，才能在纷繁复杂、瞬息万变的国际环境中保持清醒的头脑，坚定我们的信念。

“历史归根到底是人民群众创造的”，我们党之所以要代表广大人民群众的根本利益，坚持为人民服务，坚持从群众中来、到群众中去，就是基于历史唯物主义的这一基本原理。马克思主义的世界观是“三个代表”思想的理论基础，在贯彻“三个代表”思想过程中，尤其要重视马克思主义世界观的重要意义。

我们同“法轮功”邪教的斗争，也是一次辩证唯物主义世界观同唯心主义世界观的尖锐斗争。“法轮功”的歪理邪说之所以能迷惑一部分人，其重要原因之一，就是这些人在世界观上误入了唯心主义的泥潭，不能够识别“法轮功”的谎言。

马克思主义的哲学，就是辩证唯物主义和历史唯物主义，是唯一科学的、正确的世界观。要帮助人们解决世界观问题，帮助人们解决理论认识和科学思维，解决对社会发展、社会管理规律的认识和运用，必须大力加强哲学社会科学的研究。

二、关于人生观

人生观问题在人的思想和活动中占有极其重要的地位。强调人生观问题的重要性，是江泽民同志对毛泽东思想和邓小平理论的一个重要发展。在革命战争年代和改革开放以前，尽管人生观的问题始终是我党思想政治工作和思想道德素质的一个重要方面，但由于当时思想政治工作的环境，毛泽东同志所注意的问题主要是世界观的问题。邓小平同志强调了培养“有理想、有道德、有文化、有纪律的四有新人”的重要意义，实质上已经注意到了人生观在提高人的素质中的作用。江泽民同志根据形势发展的需要，明确提出了“人生观”问题，强调“人生的目的”在革命和建设中的作用。人为什么活着，人生究竟有什么意义，这是我们每一个人都必须解决的一个问题。人在社会中生活，当然离不开个人的利益，离不开物质的需要和文化的需要，希望得到信任、荣誉和最大限度地实现自己的价值。但是，人究竟是为自己的利益而活着，还是应当为社会、为他人多做一些贡献；是仅仅追求和重视个人的名利，还是应当淡泊一些自己的名利，而更多地考虑国家和民族的荣誉和尊严；一个人活着是为了什么；一个革命者参加革命是为了什么：不论你自觉与否，不论你是明确地考虑还是在潜意识中思索，这都是我们每一个人回避不了而且要经常思考的重要问题。

随着改革开放的不断深入，资本主义的腐朽思想文化的影响乘机进入，同我国封建社会遗留下来的剥削阶级的腐朽思想文化相结合，使拜金主义、个人主义和腐朽生活方式等消极现象，犹如一股强劲的“西风”，腐蚀着人们的人生观。正像邓小平同志所指出的：“这股风来得很猛。如果我们党不严重注意，不坚决刹住这股风，那么我们的党和国家，确实要发生会不会‘改变面貌’的问题，这绝不是危言耸听。”这股风的严重后果之一，就是使一些人对人生的目的和意义产生了困惑，追求金钱，追求个人的名利，追求升官和发财，成了一部分人的人生目的。正是在这种新的形势下，江泽民同志提出了解决人生观问题的重要意义。他反复强调：“我们的干部和党员，一定要把人为什么活着这个问题弄清楚。如果只是为自己、为家庭而活着，那个意义是很有限的。”人生到底怎样才算最有意义、最值得呢？“只有为社会、为国家、为民族、为集体的利益，奋不顾身地工作着，毫无保留地贡献自己的聪明才智，这样的人生才有真正的意义，才是光荣的人生、闪光的人生。”一句话，我们的人生观应当是为人民服务。

三、关于价值观

价值观的问题是江泽民同志所特别强调的。由于历史的原因，毛泽东同志和邓小平同志都没有对价值观的问题加以阐发，也没有能够提出这个问题。在人们判断一切事物和现象对自己的意义的时候，常常用有无价值和价值大小、多少来加以表达。一般说来，价值观就是对一切事物和现象有无意义和意义大小、多少的看法和评价的观点的总和。

在建设社会主义四个现代化的过程中，价值观的重要作用日益凸显出来。在社会主义市场经济条件下，在个人同社会、国家、民族的关系上，我们应当有什么样的价值观呢？江泽民同志多次强调，要“把党和人民的事业摆在第一位”，在个人利益和集体利益发生矛盾的时候，我们应当以集体利益为重，以国家利益为重，这就是我们马克思主义者对待个人利益和集体利益的态度。个人的利益是应当而且必须考虑的，正像马克思所说的：“人们奋斗所争取的一切，都同他们的利益有关。”个人利益、家庭利益是应当重视的，没有个人正当利益的实现，一个人就不可能为社会、为国家、为集体贡献自己的力量。在社会主义市场经济条件下，正当的个人利益是促进经济发展、提高经济效益的重大推动力。但是，个人利益同国家利益、集体利益相比较，哪个更重要、更有意义、更有价值呢？这一点是我们每一个人在面对这两种利益冲突时必须要考虑和做出选择的。从国家和集体来说，在强调国家和集体利益重要性的同时，要尽量照顾每一个公民的合法利益；作为一个社会主义社会的公民，应当极力使自己的个人利益融入集体利益和国家利益之中，在追求和获取个人利益时，一定要以集体和国家的利益为重。

总之，在哲学社会科学中，哲学、伦理学、教育学、政治学、心理学、社会学等，对帮助人们树立正确的世界观、人生观和价值观有着极其重要的作用。大力促进我国哲学社会科学事业的发展繁荣，必将进一步提高我国人民的科学文化素质，推动我国社会主义四个现代化建设事业的更大发展。

第七编

坚持集体主义价值导向

关于伦理道德的价值导向的反思*

对于中国的青年一代来说，20 世纪 80 年代，从价值观念所受的影响来说，是有极其特殊的意义的。回顾、反思这十年来，整个社会的价值导向的失误，使不少青年一度陷入这样那样的泥沼而不能自拔。在经过了我国最近发生的这场极其严重的政治风波之后，分析、总结一下伦理道德领域中的错误思潮对我国社会，特别是对广大青年的冲击，分析这些错误思潮的根源及其危害性，从而冷静地回顾过去，面对现实，考虑未来，研究我们究竟应当选择何种价值导向，应该说是有着重要的理论意义和实践意义的。

自从改革开放以来，国际资产阶级就企图利用这一机会，更进一步加速实现其所谓“和平演变”的目的。他们在输出先进技术的同时，用尽办法，输出他们的意识形态和价值观念。美国的一位政界要人曾说，中国人需要我们的技术，需要同我们做生意，当他们打开大门取他们想要的东西的时候，我们应当把尽可能多的美国的价值观念送给他们。多年来，西方资产阶级利用各种渠道培养了一批为他们的“和平演变”效力、主张在中国“全盘西化”的人。正是由于这种原因，这些年来，在意识形态和思想领域里，特别是在对社会、对青年的价值导向上，是非不分、善恶颠倒、黑白混淆的情况，确实已经达到了十分严重的程度。

---

* 本文原载《高校社会科学》，1989（5）。

在一些报刊上、学术会议上，甚至在学校讲坛上，共产主义理想、共产主义道德被视为超越历史阶段的不可能实现的“乌托邦”。中华民族的传统伦理道德被全盘否定，只有西方的蓝色文明才是我们所应当接受的唯一先进的文明。为人民服务、集体主义思想被判作过时的、僵化的教条，“一切向钱看”的拜金主义思想，成为一些人公开宣扬的价值目标。有些人公开主张，要把等价交换、斤斤计较引入我们的道德生活和政治生活。他们公开反对大公无私的思想，说什么“如果讲大公无私，完全忘我，岂不都成了佛教徒?”并且明目张胆地要“为个人主义正名”，说什么“对个人主义的认识，是对观念更新的问题”。现在我们可以看得比较清楚，宣扬个人主义的价值导向，反对集体主义的价值导向，其实质是要在中国否定社会主义制度，从而建立起一个以私有制为基础的资产阶级国家。正是在这个意义上，可以说在相当长一段时期，我们的改革开放事业，已经被拉到丧失社会主义价值导向的关头。有鉴于此，为了在伦理道德的价值导向上正本清源，本文拟对几个有重要影响的问题进行分析，希望能够澄清理论是非，有助于引导广大人民群众，特别是青年人沿着社会主义的正确价值目标，更好地向前迈进。

一、关于拜金主义思潮

拜金主义的思潮，“一切向钱看”的思想，最近几年来，真可说是沸沸扬扬，甚嚣尘上。有些人，更从理论上加以论证，说什么我们现在既然要发展商品经济，就不能不重视“钱”的作用，因此就不能不“向钱看”。他们打着在伦理价值上要反对“重义贱利”的旗帜，主张把资产阶级的“赚钱就是道德”的理论，搬到社会主义的中国。有的人还公开宣传“低头向钱看，抬头向前看，只有向钱看，才能向前看”是合乎社会主义商品经济的要求的。有的人甚至还从理论上来加以论证，说“低头向钱看”，就是向个人利益看，“抬头向前看”，就是向远大目标看，并且说，人们只有向个人利益看，才能具有远大的社会主义理想。试想，如果一个人一心一意只是追求个人利益，梦寐以求地追求金钱，甚至把金钱看得高于一切，那他就必然会成为一个自私自利的庸人，这种人又怎么能够会具有远大的社会主义理想呢？更有甚者，有的人还说，“一切不向钱看的行为”由于不符合商品经济和等价交换的原则，会使人们形成“吃大锅饭”的懒汉思想，必然会阻碍社会的发展，所以也是不道德的。如果按照这种逻辑，那么历史上为国捐躯、可歌可泣的民族英雄，为中国革命事业而抛头颅、洒热血的革命先烈和当前在改革开放中无私奉献的人，岂不都成了不道德的了吗？这种理论，究竟要把人们引导到什么地方去呢？

“一切向钱看”的思想，经过某些理论工作者的不断阐发和论证，通过某些在全国有影响的传播媒介的广泛扩散，已成为社会主义中国的一种非常值得注意的特殊现象。“一切向钱看”已经不仅仅是经济行为和商品买卖中对利润的追求，也不仅仅是一部分“小市民”的卑下心理，更不仅仅是人们的一种处世态度。“一切向钱看”已经成为渗透到许多人的思想中的毒剂，成为一些人处理人和人的一切关系的指导原则，成为一些人信奉的价值目标。最近几年来，凡是对我国社会的道德面貌、社会风气以及人们的精神境界、价值追求等各方面的现象进行过认真的、深入的思考的人们，都不能不承认，拜金主义、“一切向钱看”已经像瘟疫一样，在我国社会上到处蔓延，渗透到社会的各个方面。我国社会风气和道德水平之所以出现大的滑坡，社会上的种种腐败现象之所以久久不能克服，原因当然很多，但从意识形态和价值导向来说，“一切向钱看”和拜金主义的思潮，确实起着推波助澜的作用。

在社会主义社会中，我们必须旗帜鲜明地反对“一切向钱看”的腐朽资产阶级思想，警惕这种思想对广大群众的腐蚀。在义和利的关系上，我们必须强调“义重于利”，强调“见利思义”和“见得思义”。在存在着商品和货币关系的社会内，我们当然还不能没有货币，企业当然还必须注意经济效益，人们当然还必须获得自己的正当的劳动报酬，但是这一切与我们必须鄙视和蔑视那种“见钱眼开”、“见利忘义”、“唯利是图”、“自私自利”的思想和行为并不是对立的，而是一致的。我们决不能把获取金钱当做生活的动力，当做人生追求的目标。我们必须在人民群众中，特别是在青年中提倡社会主义的理想和信念，提倡为振兴中华、建设“四化”而献身的崇高精神。社会主义道德和共产主义道德评价的准则应当是，一个人越是为自己追求金钱，那么，这个人在道德上就越不值钱，一个只是想用更多的金钱来抬高自己的价值的人，其结果，就是一个最没有价值的人。资产阶级的思想家孟德斯鸠曾经说过，对人的尊敬不能只根据他所拥有的财富，同时还要考虑到他的个人品质。现在有些人比资产阶级的思想家还要倒退一步，认为只要能赚钱，就是有道德，就应受到社会的尊重。我们应当强调，在处理人和人的关系中，愈是能牺牲个人的利益来维护他人、社会和国家的利益的人，就是愈有道德的人。我们必须在全社会造成一种舆论和氛围，形成一种新的社会风气，鄙视那些“一切向钱看”的思想，鼓励和褒扬那些为他人、为国家做出贡献、做出牺牲的人，鼓励和褒扬那些英勇献身、见义忘利、舍生忘死的人，从而改变这几年形成的“唯利是图”、“自私自利”和“有钱能使鬼推磨”的庸俗、腐朽、混浊、污秽的社会风气，加强社会主义的精神文明建设。

二、关于民族虚无主义

最近几年来，随着对中国文化传统的否定，社会上也掀起了否定中国传统伦理道德的思潮。一些人把中国的一切传统道德，不论是劳动人民的，还是剥削阶级的，不论是墨家的，还是儒家的，都一概称之为封建的传统。以儒家思想为主体的道德，更被一些人当做绝对的糟粕。在这些人眼中，不但中国不再是一个文明古国和礼仪之邦，而且中华民族是一个毫无优秀道德传统的劣等民族。这种形而上学的方法和否定一切的民族虚无主义，在一段时期内，曾经到处流传，一些人更以骂祖宗为荣，似乎中国今天之所以落后，中华民族之所以不能振兴，都是由于中国的传统道德的束缚。一些人就是在所谓要适应商品意识要求的口号下，从否定和批判儒家的“重义轻利”开始，片面地强调要“重利轻义”，甚至公开主张要“唯利是图”。那么，对于中国的传统文化，特别是传统伦理道德，究竟应当怎样看待呢？

对中国的传统伦理道德，特别是对以儒家思想为主体的传统道德，必须用辩证的、一分为二的科学态度，根据时代的需要，批判其阻碍我国社会发展的封建性的糟粕，继承其有利于民族发展的精华。一切全盘肯定的复古主义的态度，认为儒家的道德可以不加批判地用于社会主义社会的观点，是违背时代潮流的倒退思想，是我们不能接受的。同时，用民族虚无主义的态度来对待民族传统，全盘否定中华民族的优秀道德，必将导致民族的自卑感，诱使人们崇洋媚外，从而为宣扬西方的资本主义伦理道德服务，这种态度更是错误的。

中国传统道德中，封建专制主义的整体主义和等级森严的伦理道德规范，确实对人们的个性发展产生过严重的束缚和压抑作用，这是应当彻底批判的。儒家伦理道德中“重义贱利”、重农轻商等思想，对中国社会的发展产生过严重的阻挠作用。在改革开放和存在着商品货币关系的社会条件下，对这些过时的陈腐教条，当然是更要予以摒弃的。儒家传统思想中的重视道义、鄙薄技艺的思想，不利于科学技术的提高，无益于生产力的发展，对整个国家和社会的进步都是有害的，因而也是应当予以否定的。同时，儒家伦理道德中的愚忠愚孝的教条、夫唱妇随的戒律，是维护封建社会的等级制度和统治秩序的意识形态，是为巩固封建专制制度和剥削阶级的利益服务的。进行社会主义的四个现代化建设，必须与这些传统道德决裂，这无疑是正确的。

但是，我们还必须看到，在中国的传统道德中，确确实实包含着中华民族的各族人民在千百年来的劳动和社会交往中积累起来的维护民族发展的优良道德传统。中华民族之所以能经历数千年的历史而屹立于世界民族之林，它之所以能绵延发展而历久不衰，其重要原因之一，就是这种优良的道德传统。中华民族的优良道德传统，尽管在其发展的长河中，曾经受到封建专制制度的扭曲，受到以血缘为纽带的宗法关系的影响，使它在漫长的封建社会中，有着维护统治阶级的社会秩序的消极的甚至反动的一面，但是，我们仍然应当看到，中华民族的一些优秀道德传统，在今天社会主义现代化建设的过程中，如果经过扬弃、过滤并赋予新的内容，仍然可能而且必然会产生积极的作用。

这里，我们不妨简要地概括一下中华民族优秀传统道德的几个主要方面。

“自强不息、奋发有为”的斗争精神，“学而不厌、诲人不倦”、“发愤忘食、乐以忘忧”和“知其不可为而为之”的进取乐观的人生态度，充分表现了中华民族一种自觉地、顽强地改造社会和改造自然的价值取向。尽管在长期的封建社会内，这种人生态度和价值取向只能是为封建制度服务的，但是，如果能够批判地加以分析，赋予这种人生态度和价值取向以新的内容，可以肯定，它对我国的社会主义建设将会是有益的。

“国家兴亡、匹夫有责”，“先天下之忧而忧，后天下之乐而乐”的先国家、后个人、先民族、后家庭、为国为民、先公后私、公而忘私的民族传统精神，蕴含着一种强烈的对国家、对民族的义务感和责任心，它们极有利于形成和培育广大人民对民族、对国家的向心力和凝聚力。正是在这种民族优秀传统的指导下，中国的优秀知识分子，表现出了极其诚挚的爱国主义精神。每当国家危难之时，一些忧国忧民的爱国人士，总是勇于自我牺牲，直至为国捐躯。这种为中华民族富强而奋斗的爱国主义精神，在今天，仍然是需要我们继承的。

“富贵不能淫，贫贱不能移，威武不能屈”、“见得思义”、“独立而不倚”、“志士仁人，无求生以害仁，有杀身以成仁”、“舍生取义”的崇高道德理想和追求高尚人格的大无畏的牺牲精神，对于中华民族的发展，也曾发生过积极的作用，直到现代，对我国的知识分子还有着重要影响。中国人的这种骨气和精神，也就是中华民族所以能巍然屹立的“中国的脊梁”。在改革开放和社会主义现代化建设过程中，在向西方学习先进技术的同时，大力发扬艰苦奋斗、自力更生的精神，反对崇洋媚外，反对依赖思想，更有着重要的现实意义。

强调道德修养，注意克制自己、约束自己，不断地提高自己的道德境界，更好地调整个人同他人关系的思想，在今天，也有积极的意义。在封建社会中，为了遵守那些维护封建制度的道德规范而“克己”、“修身”，其作用当然是不好的，但是我们不能因此而否定道德修养在人们道德升华中的作用。以道德规范来约束自己，“克制”自己同社会道德规范不合的言行，正是道德修养的一个重要内容。最近几年来，一些人从否定中国传统道德修养的“克己”开始，进而片面地宣扬道德就是要摆脱社会加于个人身上的限制，就是要发扬人的“道德主体性”，就是要满足个人的需要和欲望等。事实证明，否定在道德修养中“克制”自己，就是要使人们沿着非道德主义的斜坡向下滑去，其危害也是很大的。因此，批判地继承、发扬中国传统道德中的重视修养的特点，应当说是大有必要的。

艰苦奋斗、勤俭节约、勤劳勇敢、诚实守信、谦虚谨慎等思想，在中华民族的各民族的伦理道德规范中，在中国的劳动人民中，都是受到尊重的。特别值得指出的是，最近这些年来，有些人在否定民族传统道德的思潮下，把艰苦奋斗和勤俭节约也看做应当抛弃的思想，其实质，就是要否定艰苦奋斗的传统。有的人把诚实守信看做“窝囊废”，看做“无能”的表现，提倡在商品经济中，要学会所谓“投机取巧”。有的人把“谦虚谨慎”看做虚伪，看做不会表现自己，因而提倡要学会吹捧自己和推销自我。在这种情况下，大力提倡中国劳动人民所奉行的艰苦奋斗、勤劳勇敢、诚实守信和谦虚谨慎的美德，对进一步促进我国的“四化”建设，是有重要意义的。

总之，上述几个方面的中华民族的优良道德传统，曾在中华民族源远流长的历史发展中，代代相传，世世相继，形成了中华民族不同于其他民族的特有的民族心理、民族情操和民族道德。中华民族赖以生存、发展的这些优秀道德传统，是决不应当也根本不可能完全否定的。那些抱着西方中心论的人们，完全拜倒在西方文化和西方价值观念的脚下，对自己祖国的优良道德传统，采取漠视、鄙视和民族虚无主义的态度，正好从另一个方面说明了，他们所追求的是西方资产阶级的价值观念，其结果只能是为实行资本主义制造舆论。

在改革开放的今天，我们在学习西方国家的科学技术时，必须发扬中华民族的优良传统，形成自尊、自强、自立、自信的观念，任何崇洋媚外的思想，任何民族自卑心理和民族虚无主义，非但不能为我们铺垫一条成功之路，而且必然将我们引入歧途。

三、关于利己主义、合理利己主义和个人主义

最近几年来，在伦理价值导向上，合理利己主义和个人主义两种有代表性的思想，在一个相当长的时期内成为两种时髦的思潮。分析这两种思潮的出现及其社会影响，考察它们对人们思想的腐蚀作用，从而作出必要的评价，在今天的情况下是有着重要的现实意义的。

20 世纪 80 年代初期，围绕着“人生的路”究竟应当怎样走的问题，展开了一次人生价值取向的大讨论。一些人公开搬出了所谓“社会达尔文主义”，宣扬人作为一种生物，“谁也逃不出它本身的规律。在利害攸关的时刻，谁都是按照人的本能进行选择，没有一个人真正虔诚地服从那平日挂在口头的崇高的道德和信念”，从而斩钉截铁地断言，“人都是自私的，不可能有什么忘我高尚的人”。这一结论所包含的伦理价

值导向，就是社会达尔文主义的利己主义。还有人散布“人都是自私的”，“人都是为自己而生活和工作的”，人们的生活信条，只能是“主观为自己，客观为别人”。总之，在这些人看来，只有利己主义才应当成为我们生活的价值取向。这次讨论，是十年动乱后，随着反对“左”的思想而出现的一股对社会主义集体主义的冲击，其最终目的是要否认“为人民服务”、“个人利益应当服从集体利益”等社会主义的价值导向。

应当指出，在社会主义的中国，直接地宣传利己主义，未免过于显眼，因此，一部分人又搬出所谓合理的利己主义。他们说，人在社会上生活，既不能纯粹利己，也不能纯粹利他，应当把两者结合起来，实行一种合理的利己主义。

随着改革开放和社会主义现代化建设事业的进一步发展，与资产阶级自由化思潮相联系，在我国社会上形成了一股以西方为中心的思潮。这一思潮的主要表现就是，不仅要向西方学习先进的技术，而且要把西方的政治制度、经济制度和伦理道德移植到中国来。在西方文化中心论的鼓噪中，从伦理道德方面来看，最突出的就是鼓吹要把西方的个人主义作为广大青年和整个社会的价值导向，认为个人主义在今天仍然有积极作用。一些人突出强调个人主义与利己主义、合理利己主义的不同点，认为个人主义强调的不是“自私自利”，而是个人的尊严、个人的价值、个人的幸福和个人的自由。他们说，我们过去对个人主义的认识已经陈旧了，要实行观念更新。他们以改革开放需要充分发挥个人的能动作用为借口，极力宣扬“个人本位”的思想，主张中国伦理的趋势就是要从“社会本位”转向“个人本位”，从集体主义转向个人主义。

为了正确理解利己主义、合理利己主义和个人主义的区别和联系，我们有必要从历史上、理论上和实践上作出一些最简单的考察。

从历史渊源上看，利己主义作为一种伦理价值导向，早在古代希腊就已经出现了。作为一种伦理学说和理论体系，利己主义从“人是自私的”出发，强调善就是追求自己的利益和幸福。但是，对利益和幸福的理解，西方的感觉主义和理性主义又各有所不同，前者强调感官的满足，后者强调理性对感性的制约。17 世纪英国的托马斯·霍布斯、18 世纪法国的爱尔维修等人的伦理思想，就是利己主义价值观的比较典型的表现。霍布斯通过详细的论证所得出的最重要的伦理前提，就是人性是恶的，人都是自私的，人的一切活动都是利己的。爱尔维修又进一步发展了“人的一切行动都是利己的”的理论，认为自私是人的永远不可改变的本性，谁如果对“自私”大发脾气，这无异就等于“埋怨春天的雹子、夏天的炎热、秋天的阴雨、冬天的冰雪”，主张要用“自私心”和利己主义来解释一切道德现象。由于这种思想过于露骨，法国百科全书派的一些思想家，也都因此而对爱尔维修的价值导向持批判的态度。

费尔巴哈在承认“人性是自私的”、“人都是利己的”的同时，深感利己主义越来越遭到思想家们的反对，因而提出了他所谓的合理利己主义。费尔巴哈一方面强调利己主义是人的本性，认为“这种利己主义和我的头一样是这样紧密地附着于我，以至如果不杀害我，是不可能使它脱离我的”。作为一个利己主义者，他认为忘掉或牺牲自己的利益去照顾别人的利益，是不可理解的。另一方面，费尔巴哈又强调，单纯的利己会使人们无法在社会上和谐相处，因此，他认为要在利己的前提下利他，这就是他所提出的“合理利己主义”。他否定那种恶的、残忍的、冷酷无情的、任性的、故意的、只在对他人的冷淡无情中或甚至在直接的恶意行为中寻求满足的利己主义，而强调一种善的、富有同情心的、合乎人情的、宽厚的、自己克制的、只在对他人的爱中寻求满足的利己主义。在费尔巴哈看来，利己主义经过他的限制，就可以从被人们视为不合理的伦理导向，变成合理的人生导向了。

随着资本主义社会阶级矛盾的日益激化和资产阶级作为一个剥削阶级的腐朽性、寄生性的日益显露，人们对利己主义的责难也越加强烈。如果说在资本主义初期利己主义还有某些积极作用的话，到 19 世纪中叶，无论怎样打扮，利己主义已经臭名昭著，很难再为人们所接受了。正是由于这一原因，19 世纪中叶，在西方资本主义国家，与民主、自由、平等、公正相呼应，个人主义作为一种价值导向产生了重要作用。在个人主义出现以后，在西方，利己主义已经再也没有市场了。

个人主义作为一种思想体系和价值导向，是由法国的思想家托克维尔正式提出的，托克维尔对其作了系统的解释（在西方，也有人考证，在托克维尔之前，爱默生已经在英语中使用过这个词）。19 世纪 40 年代以前，在西方，尽管个人的幸福、个人的个性、个人的自由、个人的利益，早已成为思想家们讨论的重要议题，但还始终没有形成一种理论体系。从理论上说，在个人主义开始出现时，强调的并不是自私自利，而是要追求个人的尊严、个人的自由和个人的幸福等。一些从积极意义上理解个人主义的学者，更着力强调个人主义是为了使个人的价值和尊严受到尊重，使个人的利益和个人的自由得到保障。但是，不论个人主义者怎样力图美化个人主义，就其本质来说，个人主义和利己主义却有着共同的亲缘关系。个人主义作为一种价值目标，强调个人本身就是目的，认为个人具有最高的价值。个人主义作为一种政治民主思想，反对社会对于个人的干预，往往导致无政府主义。个人主义作为一种经济思想，主张维护和发展资本主义的私有财产制度。值得指出的是，不论是利己主义还是个人主义，都是一种一切以个人为中心、一切从个人出发并为了达到个人目的的价值导向。利己主义和个人主义在对待个人和社会的关系上，都把个人置于社会之上，都把“社会”看做达到个人目的手段。而且，利己主义和个人主义，都是从私有制的经济关系中产生出来，并为维护私有制服务的。尽管个人主义者们费尽心机地想把个人主义同利己主义区分开来，但最终结果，个人主义总是最后要走向利己主义。

综上所述，我们可以比较清楚地看到，西方历史在伦理价值导向上的变化，即从利己主义到合理利己主义，再由合理利己主义到个人主义，恰好同中国近十年来出现的这一思潮相近似。在 1980 年以后，从“人是自私的”、“人都是利己的”，到“主观为自己，客观为别人”的合理利己主义，再到“为个人主义正名”，就是这一思潮的逻辑发展。他们既不了解利己主义和个人主义在西方产生的根源及其发展历史，又否认资本主义制度和社会主义制度的根本对立，更不认真地考察我国当前的实际国情，硬要在我国社会主义的“四化”建设中来宣扬维护私有制的价值导向。他们如果不是由于对个人主义的无知而轻信了西方的宣传，那就必然是为了要在中国发展资本主义而有意制造舆论。

四、关于集体主义

什么是社会主义的集体主义？为什么在社会主义社会，只能提倡集体主义的价值导向？

一般来说，集体主义，在西方又称为整体主义，它所强调的是一种个人应当从属于社会，个人利益应当服从于国家、民族和阶级利益的一种理论。从这个意义上说，不同的阶级有不同的集体主义。18 世纪法国著名的思想家卢梭，在他所著的《社会契约论》中，强调了只有服从团体的意志，个人才能获得自己的存在和自由。黑格尔从他的国家是社会最高道德的体现出发，认为个人应当绝对服从民族、国家的法律和意志，这种资产阶级思想家们所谓的整体主义或集体主义，主要是为维护资本主义制度服务的，是为少数剥削者的利益服务的。由于这种集体不能代表全体成员的利益，所以马克思把这种集体称之为“虚幻的集体”、“不真实的集体”和“虚妄的集体”。在马克思看来，在过去的种种冒充的集体中，个人自由只是对那些在统治阶级范围内发展的个人来说是存在的，他们之所以有个人自由，只是因为他们是这一阶级的个人。从前各个个人所结成的那种虚构的集体，总是作为某种独立的东西而使自己与各个个人对立起来；由于这种集体是一个阶级反对另一个阶级的联合，因此对于被支配的阶级说来，它不仅是完全虚幻的集体，而且是新的桎梏。

社会主义的集体主义，可以说是与马克思主义同时产生的。马克思在批判资产阶级虚构的集体的同时，指出在无产阶级革命胜利后形成的集体是一种完全新型的、能代表集体成员利益的真实的集体。马克思认为，只有在这种集体中，个人才能获得全面发展其才能的手段，也就是说，只有在集体中才可能有个人的自由。

社会主义的“集体主义”这一概念，最早是由保尔·拉法格在题为《集体主义——共产主义》的文章中提出的。在拉法格那里，集体主义是作为一种政治信仰和政治原则，或者说是作为一种价值导向而提出的。作为无产阶级的政治原则，社会主义的集体主义，是以实现社会主义并最终实现共产主义为目标的。当社会主义的社会制度成为现实，在社会主义社会中，社会主义集体主义是为了维护、巩固和发展以公有制为基础的社会主义制度服务的。作为一种伦理道德的价值导向，社会主义集体主义强调个人利益应当服从社会整体利益和“只有在这种集体中，个人才能获得全面发展其才能的手段”的原则。同时，在个人利益服从集体利益的前提下，集体主义不但不束缚个人的发展，相反，在这样一个联合体内，“每个人的自由发展是一切人的自由发展的条件”。社会主义的集体主义，对个人和社会的关系的理解是，它既强调社会利益的至上性，又强调发挥个人活力的重要性；既强调社会利益高于个人利益，又强调对个人的正当利益应当尽可能予以保障。社会主义集体主义认为，在个人利益同集体利益发生矛盾时，个人应当牺牲自己的利益，以维护和保障集体利益，因为这一集体利益本身也就包含着个人的利益。集体主义同时也认为，从集体的长远利益出发，有时候往往需要牺牲集体的部分利益，以保护某些个人利益，因为对这些个人利益的保护，归根到底还是有利于集体利益的。

因此，对集体主义所强调的“个人利益应当服从集体利益”，不应当片面地、绝对化地去理解。社会主义的集体，不但不是“反个人”、“恐个人”和“敌视个人”的，相反，只有社会主义的集体才能给正当的个人利益以最充分的满足，才是维护个人利益的最可靠的保证。集体主义一方面强调集体利益至上，强调个人的所为要受集体利益的约束，另一方面，又强调要尽量发挥个人的能动作用，尊重个人的尊严，发展个人的个性，实现个人的价值。社会生活是复杂的，由于各种因素的作用和影响，即使在社会主义社会，在某些情况下，也有可能出现一些并不能代表其所有成员利益的集体，在这样的集体中，有时甚至会出现某些违背其集体中个人的正当利益的事情。这种情况并不能说明社会主义的集体主义原则有什么错误，而是说应当努力改善这种有着这样那样缺点的“集体”。在我国当前的社会主义初级阶段的社会中，作为社会主义国家这样一个“集体”，就其本质来说，是代表着全体成员的根本利益和长远利益的。当然，就某些局部的“集体”来说，也可能产生或多或少的失误，是需要不断予以完善的，但决不能因此而对集体主义产生任何的动摇和怀疑。至于说在某种特殊的情况下，有些人打着集体主义的幌子，或者盗用集体主义的名字，做了一些损害集体成员利益以满足个人私欲的事情，这只能是对集体主义的明目张胆的背离，是对集体主义的亵渎，以此为由来贬斥或否定集体主义的原则，当然更是极端错误的。

社会主义的集体主义，作为一种价值导向，是同社会主义的公有制经济和社会主义及共产主义的政治目标完全一致的。只有在社会主义集体主义原则的价值导向下，全国人民才能产生关心集体、关心国家的向心力和凝聚力，人和人之间才能形成关心他人、相互帮助、和睦团结的新型人际关系。只有在社会主义集体主义原则的价值导向下，广大群众才会具有深厚的爱国感情，才能正确地对待祖国的文化和伦理道德，才能真正发扬中华民族的优良传统。只有社会主义集体主义原则的价值导向，才能够有力地抵制“全盘西化”的思想，抵制以个人为中心的个人主义价值观念，才能使我们的改革开放事业沿着正确的航道向前发展。

价值导向*

一

最近几个月来，在我国发生的这场极其严重的政治风波，促使我们从血的教训中，反思十年改革过程中的种种问题，寻找这场风波的各方面的根源。毫无疑问，在我们得到的各种启示中，除了政治和经济的原因外，还有思想意识领域，特别是价值导向上的原因。从这个意义来看，我们甚至可以说，这几年思想上价值导向的失误，是非善恶的混乱，资产阶级个人主义，极端利己主义，以自我为中心的“自我实现”、“自我奋斗”等思想像瘟疫一样地泛滥，是导致这场政治风波的一个重要的思想根源。当我们冷静地思考过去和现在时，我们就会更加明确地认识到，理论思想上价值导向的错误，同这场政治风波确实存在着必然的联系。

从伦理道德方面来总结经验教训，最根本、最主要的就是必须重视伦理道德的价值目标导向的重要作用。一种错误的伦理价值导向思想的长期泛滥，不但使全国人民的道德水平和社会风貌发生了严重的滑坡现象，而且由此引发的思想混乱及其所导致的后果，几乎葬送了十

---

* 本文原载《光明日报》，1989-08-28，原题为“坚持集体主义价值导向”。

年改革开放所取得的成就，葬送了青年人的理想、抱负以及对民族的自信心。

最近几年来，一些人在开放引进的过程中，低估了国际资本主义反动势力凭借其经济实力而进行的政治、文化渗透的作用，忽视了这些势力依靠输出先进技术而推销他们的所谓民主、自由和人权的阴谋企图。现在可以看得很清楚，国际资本主义中的反动势力，为了使中国“和平演变”，采用的重要手法之一，就是在输出技术的同时，通过各种传播媒介，并和国内搞自由化的人相呼应，宣扬他们的价值观念。在伦理道德领域则主要是鼓吹和宣扬以个人为中心的个人主义的价值观念，并以此作为整个社会的价值目标导向，诱使青年用无限胀大了的“自我”来反对社会主义的集体主义，反对社会主义制度，并试图最终达到在中国搞资本主义的目的。

国内一些搞资产阶级自由化的人，正是顺应了国际资本主义对中国的政治、文化的要求，并与这种要求相配合，在宣扬资本主义的社会制度和政治思想的同时，也试图在伦理道德领域树立起搞资本主义所需要的价值目标导向。最近几年来，个人主义思潮日趋泛滥，个人主义的价值观对集体主义价值观的猛烈攻击，从大背景来看，正是这种资产阶级自由化思潮在伦理道德领域里的典型表现。许多同志长期不明白有的人为什么要那么不遗余力地美化个人主义、丑化集体主义，现在终于可以明白了，这种思潮的实质，就是要为在中国搞资本主义大造伦理道德的、价值导向的舆论。

从报纸、杂志及各种会议上反映出来的有关伦理道德的理论观点来看，情况是复杂的。有一些观点，是直接反对社会主义、反对马克思主义和宣扬资本主义的；有一些观点虽并未直接反对四项基本原则，但却公开颂扬资本主义的道德理论和价值目标，宣扬个人主义、极端利己主义、一切向钱看以及“自我中心”、“自我至上”和“自我神圣”等理论。由于这些理论都是资产阶级自由化思潮的理论基础，其影响和作用，也是不容忽视的。另外，还有一些同志，由于受资产阶级自由化思潮的影响，在许多有关伦理道德的问题上，分不清马克思主义和非马克思主义、社会主义和资本主义，或者由于缺乏马克思主义的立场、观点和方法，受西方文化和资产阶级伦理道德的影响，从而提出了一些不利于社会主义精神文明建设的错误观点和看法，宣扬了许多在客观上有害于社会主义道德建设的观点。本文主要是为了正本清源，弄清理论是非，分析、批判个人主义的价值导向，弘扬集体主义的价值导向，使我国的改革开放能够更好地沿着社会主义道路向前迈进。

二

伦理道德领域里在价值导向上的一个重要问题，就是宣扬个人主义的价值观，宣扬以个人为中心、以个人为本位的“自我存在”、“自我价值”和“自我实现”的理论。这一理论，热衷于强调“个人”以及“个人利益”的“至上性”和“神圣性”，反对个人利益服从集体利益，反对个人为整体、为国家做出必要的牺牲。应当说明的是，从马克思主义的观点来看，只要能正确地摆正个人和集体的关系，对于“个人”、“自我”以及“自我价值”和“自我实现”这些概念，是可以在一个恰当的限度内解释清楚的。但是，宣扬“个人主义”和“个人至上”的人，却完全从社会主义的集体主义的对立方面出发，打着满足个人利益和发展个性的幌子，蛊惑人心，争取青年，引导青年只关心个人的一切，从而最终使他们走向同社会、整体和国家对立的道路。

伦理道德领域内的错误的价值导向的提出，大体上是借助于在伦理道德领域内反“左”防“左”的气候不断发展而蔓延开来的。一些人打着解放思想和观念更新的旗帜，打着适应商品经济的需要的旗帜，对社会主义道德和共产主义道德提出种种责难，并以彻底否定社会主义道德和共产主义道德为最终目的。从历史的发展来看，最近十年，大体经历了四次浪潮。

早在 1980 年前后，在围绕着对毛泽东同志和毛泽东思想的历史评价上，一些人率先对社会主义和共产主义道德的集体主义原则发难。他们集中批评个人利益应当服从集体利益的社会主义道德和共产主义道德准则，攻击共产主义理想以及共产主义的牺牲精神，认为这些都是不切实际的空想，应当统统抛弃。有些人甚至把“全心全意为人民服务”、“一不怕苦、二不怕死”、“大公无私”、“毫不利己、专门利人”等道德原则，都当做“左”的思想予以批判。还有的人，更直接地批判“雷锋精神”，污蔑“雷锋精神”是一种奴隶主义、工具主义等，甚至认为

“雷锋精神”是为专制服务的，是对人的个性的压抑，是没有“主体性”的表现，说什么20世纪80年代的青年，已经不需要雷锋这样的人物作为自己的榜样了，等等。

随着改革的进一步展开，随着商品经济的发展，一些人已不满足于一般地反对社会主义道德和共产主义道德，而是更明确地要建立一种“新”的道德秩序、道德准则体系和道德价值目标。“金钱至上”、“一切向钱看”的拜金主义思想，被公开地提了出来。一些人要为“钱”正名，为“一切向钱看”正名，甚至要为“唯利是图”正名。有人直言不讳地说，“一切向钱看”的思想是符合商品经济发展的需要的。有些人鼓吹在人与人的关系中，不但要“斤斤计较”，而且要“两两计较”，认为道德不应当干涉人们的经济活动，如果道德妄图去干涉人们的经济生活，就是阻碍商品经济的发展，就是阻碍改革开放的进行，就是一种“泛道德主义”，就是“道德越位”，等等。现在的实践证明，这种“一切向钱看”的思想，对人们的灵魂产生了极大的腐蚀作用。在这种拜金主义的腐蚀下，整个社会的道德水平和人们的道德素质，从某些方面看可以说已退步到了新中国成立以来的最低水平，甚至在新中国成立后已经绝迹的吸毒、卖淫等现象，又死灰复燃。在某些情况下，人和人之间的关系，已经成了一种庸俗的金钱关系。这种价值导向所产生的恶果，是值得我们认真反思的。

与这种否定社会主义和共产主义道德的集体主义原则，宣扬资产阶级的个人主义、金钱至上的观点相配合，一些人又在全盘否定传统文化、传统道德上大做文章。他们把传统道德完全等同于封建道德，同时又把封建道德视为根本不可能进行任何批判继承的糟粕，把中国人的国民性说成是只有奴性而无个性。他们从否定儒家的“重义轻利”思想开始，片面地强调要“重利轻义”，大肆宣扬个人利益、个人欲望、个人需要的至上性，进而否定中国传统道德中的勤劳、俭朴、谦虚、诚实以及识大体、顾大局和勇于献身等美德，发展到后来，甚至走上彻底的虚无主义，否认中华民族的一切传统美德。更有甚者，他们打着批判传统道德的旗帜，实际上是借古人打今人，借死人打活人，借否定传统否定现实，一句话，是要把新中国成立以来在共产党领导下形成的社会主义道德，统统加以否定。他们直言不讳地说，他们所说的传统，既包括1949年以前的旧传统，也包括新中国成立以后到现在的新传统。在他们眼中，新旧传统都已经被他们反掉了，整个国家再也不可能用这些传统规范来约束人们了，社会已经出现了一种道德无序状态，出现了道德危机和道德混乱。那么，出路何在呢？这就需要进行所谓道德转轨，实行道德重建。现在可以清楚地说，有些同志所说的道德重建和道德转轨，其核心就是要建立一种以个人主义为最基本价值目标的伦理道德体系或伦理道德秩序，包括“个人本位”、“个人神圣”、“个人至上”、“个人功利”等等所谓新型的伦理道德规范。这些东西，尽管他们没有明确说出来是与哪种社会相适应的，但就其实质来看，正是资本主义社会所需要的，是为劝诱人们走资本主义道路而设置的价值目标导向。这种民族虚无主义，这种全盘否认中华民族有任何优秀道德遗产的谬论，在国民中，尤其是在少数青年中，所造成的混乱和危害是绝不可低估的。一时间，一些人竟以骂祖宗、刨祖坟为时髦，认为这就算是改革，就可以救国。这种十分荒唐愚昧的观念，竟然成为时尚，红极一时，左右人们的思想，这不能不说是这种错误的价值导向的结果。

最后，其逻辑的必然结果，就是一些人终于站出来公开“为个人主义正名”，并在彻底否定集体主义的道德原则之后，试图在整个社会用个人主义代替集体主义。他们打着改革开放和弘扬所谓人的道德主体性的旗帜，把人的道德主体性理解为以个人为中心的个人的需要和欲望的满足，把个人的好恶、个人的任性、个人的“自我”以至个人的“冲动”，都看做高于社会理性、高于国家利益、高于人类的公理的东西。他们从抽象的人性出发，站在个人绝对论这一片面的立场上去解释“自我意识”、“自我奋斗”、“自我发展”、“自我价值”等等与自我相关的范畴，把自我的一切绝对化、神圣化、孤立化，不但把“自我实现”与“社会实现”割裂开来、对立起来，而且使之成为人生唯一值得追求的价值目标。这种唯我独尊、唯自我至上、唯个人利益神圣的错误的“自我观”，导致了一小部分人的“自我意识”、“自我价值”的急剧膨胀，成为一些人自以为是、鄙视一切的思想根源。从最近发生的这场严重的政治风波来看，少数青年人受“个人至上”影响，鄙视同学、鄙视老师、鄙视校规校纪，以至发展到鄙视社会、鄙视国家、鄙视政府、鄙视法律、鄙视宪法的程度。他们的喜怒哀乐，一切都以个人的需要、欲望能否得到满足为转移，他们受不得一点委屈，遇不得一点挫折，吃不得一点苦头，不是想着要为社会多做贡献，而是热衷于个人的“自我”实现和发展。他们从追求个人的“绝对自由”出发，把个人对社会应尽的责任，视为限制个人自由的可憎“桎梏”。对具有这种反社会的病态思想的极少数青年，我们就很难想象他们会成为社会的栋梁，成为民族的精英。中国的社会主义的四个现代化，是决不可能由这样一些受“以个人为中心”的价值导向所指导的青年来完成的，这正是问题的严重性所在。如果我们经过这场政治风波之后，还不能意识到这种错误的价值目标导向的危害，并努力来改变这种情况的话，我们就仍然没有能从这场政治风波中吸取到应当吸取的教训，甚至由于这种失误，我们将成为历史的罪人。因此，作为伦理学的理论工作者，应当正视最近几年来在伦理道德领域内的关于价值导向失误的种种问题，找出症结，铲除祸根，使全国人民，尤其是使年轻一代从中国未来这个高度，认识到坚持正确的价值目标导向、抵制错误的价值目标导向的重要意义。

三

从上述的分析来看，当前我国社会上的伦理价值导向，主要是个人主义和集体主义的对立。这个看来似乎是一个老生常谈的问题，现在却已被弄得十分模糊，需要重新在理论上加以正本清源了。

怎样认识个人主义？它在我国当前的改革开放中，有没有积极作用？个人主义同利己主义有什么不同？为什么我们不能同意将个人主义、个人本位作为伦理道德的价值导向？

个人主义作为一种思想体系和价值观念，在西方有着源远流长的历史。一般来说，个人主义可以有广义和狭义之分。广义的个人主义，是泛指西方从文艺复兴以来，随着资本主义生产关系的发展，随着反对封建压迫和神权统治的斗争而形成的以个人为中心的思想；狭义的个人主义，主要是指“个人主义”（Individualism）这一概念出现以后的个人主义思想体系及其理论。最早的广义的个人主义，可以追溯到文艺复兴初期的一些人文主义思想家，他们强调个人的个性、个人的尊严和个人的幸福，包含了个人主义思想的萌芽。17 世纪英国的著名思想家霍布斯，最早对个人的欲望、幸福等思想，作了较多的论述。他从心理上和生理上来分析，认为人都是利己的，所有的人按其本性来说都只关心个人的利益，都是为了满足和发展个人的欲望，都是为了追求个人的幸福。霍布斯还特别强调，这种对人的欲望的满足，是人生而具有的一种平等的、自然的权利。霍布斯之后的又一个英国思想家洛克，对有关个人的思想作了进一步的发展。他认为，每一个人都是一个道德上的存在，每一个人的生活目的，都是为了保全自己。他还特别注意人的“自由”。针对封建社会对人的个性的压抑，他强调“重压下呻吟的人，自然要努力挣脱套在脖子上的锁链”。18世纪初，随着资本主义自由竞争的发展，英国的政治经济学家亚当·斯密，又提出了个人的选择、个人的奋斗等，在资本主义社会自由竞争日益激烈的情况下，给有关个人的思想增添了新的内容。在资本主义社会近四百年的发展中，尽管个人的幸福、个人的个性、个人的欲望、个人的利益都已经到处被人们所议论，但“个人主义”这个词却始终没有出现［从这个意义上说，个人主义和利己主义，应当说是有着明显的不同的。利己主义（egoism）早在古代希腊就已经出现了。认为追求自己的利益、追求自己最大的幸福就是善的快乐论的伦理学，就是古希腊的一种利己主义］。直到19世纪40年代，法国的思想家托克维尔，在他考察美国后所写的《论美国的民主》一书中，最先提出了“个人主义”这一概念，并对其作了系统的解释。以后，西方的思想家们，基本上都是承袭托克维尔的这一解释而有所损益的。根据托克维尔的概括，人们可以从不同的方面去理解个人主义。作为一种价值目标，个人主义特别强调个人本身就是目的，具有最高的价值，而社会只是达到个人目的的手段；作为一种政治民主思想，个人主义因反对国家、社会对个人行为的干预，往往导致无政府主义；作为一种财产制度，个人主义主张维护财产的私有制。个人主义同利己主义究竟有什么区别和联系？托克维尔说：“个人主义是一种新的观念创造出来的一种新词。我们的祖先只知道利己主义。”又说：“利己主义是对自己的一种偏激和过分的爱，它使人们只关心自己和爱自己甚于一切。”与利己主义稍有差别，“个人主义是一种只顾自己而又心安理得的情感，它使每个公民同其他同胞大众隔离，同亲人疏远，和朋友疏远”，其结果是，“利己主义可使一切美德的幼芽枯死，而个人主义首先会使公德的源泉干涸。但是，久而久之，个人主义也会打击和破坏其他一切美德，最后沦为利己主义”①。托克维

① 《论美国的民主》，下卷，625页，北京，商务印书馆，1988。

尔关于个人主义的思想，对以后的一些西方伦理思想家有很大影响。著名的功利主义者密尔在他写的自传中，就特别强调了托克维尔对他的影响。

在托克维尔提出个人主义这个新概念之后，西方对个人主义的理解，又可分为两个方面，即从积极意义上理解的个人主义和从消极意义上理解的个人主义。一些自称为个人主义者的人，较多地从个人的幸福、尊严、价值方面去理解个人主义；一些对个人主义持批评态度的人，则较多地从个人的欲望、个人的私利等方面去理解个人主义。另外，也有一部分思想家，主张要反对低级的个人主义，提倡高级的个人主义；还有一些思想家认为旧的个人主义已经声名狼藉了，应当用“新个人主义”来代替旧的个人主义；等等。但是，不论从哪种意义上理解，谁都不能否认，个人主义是一种一切以个人为中心，一切从个人出发并为了达成个人的需要、愿望的思想体系。这种思想体系在反封建的斗争中，曾发挥过积极作用，这是历史的事实，在当前的资本主义社会中，在某些情况下，还能产生进步的影响，这也是可以理解的。但是，由于个人主义总是要诱发人们的私欲的不断膨胀，总是要造成个人同整体、同国家疏远和分离，总是要使个人从整体中孤立出来，并最终沦为利己主义，所以，即使是在资本主义社会，它的消极作用也是非常明显的。我们是以公有制为主体的社会主义国家，我们的目标是要建设社会主义并最终建设共产主义，而以个人为中心、从个人出发并为了达到个人目的的个人主义，其目的是要引导我们走向资本主义，因而我们是必须反对的。

社会主义的集体主义，从公有制的经济基础出发，强调集体利益高于个人利益，强调个人对集体、对国家、对社会的义务感和责任心，认为当个人利益同集体利益发生矛盾时，要发扬先公后私、顾全大局的精神，反对自私自利、损人利己的思想和行为。集体主义明确地强调，社会比起个人来说，是更重要、更根本的存在，只有社会主义的整体、国家和社会能够兴旺发达，只有社会主义的整体、国家和社会能够独立发展，这个社会中的每一个个人才能够得到更好的发展，才能够有美好的未来。社会主义的国家、整体和社会的利益，绝不是一种抽象的东西，而是实实在在地体现着每一个社会成员的利益。从十年改革开放的历程来看，每一个社会的成员都可以感受到国家整体利益同个人利益的休戚与共的关系。那种认为“较之社会，个人是更为根本的存在和价值”的观点是十分有害的，其最终结果，就是要引导人们同社会疏远开来、对立起来，最终引导人们走向资本主义社会。只有在全国人民中确立集体主义的价值导向，才能增强人们的爱国主义精神，增强民族的凝聚力和向心力，增强建设“四化”、振兴中华的强大力量。

社会主义的集体主义，对个人与社会的关系的理解是辩证的和科学的。为了建设社会主义的强国，集体和国家应尽最大力量调动广大人民群众的积极性，发挥个人的活力。没有每一个“个人”的活力，没有每一个“个人”的价值的实现，没有每一个“个人”的开拓奋发的精神，整个国家就不可能朝气蓬勃地向前发展。集体主义绝不是也不应当成为限制个性发展、束缚个人才能的桎梏，更不应是实现个人价值的障碍，相反，只有集体主义才是实现个人利益，包括个人的尊严、个人的个性和个人的价值的必需的条件。同个人主义的价值观念不同的是，集体主义反对把个人利益置于集体利益之上，反对只顾个人而不顾整体的自私自利的思想和行为。那种把集体主义看做敌视和防范个人需要及欲望的观点，当做“反个人”和“恐个人”的主张，正好从另一方面证明了他们所主张的个人的需要和欲望对于集体主义的恐惧和敌视。

社会主义的集体主义作为一种价值目标导向和伦理道德原则，强调要为完善个人、完善他人和完善社会而努力。集体主义既要维护集体的利益，又要保持集体的纯洁和完善；既要强调集体利益高于个人利益，又要尽力保障集体利益的合理和正当。社会主义的集体主义要求它所强调的高于个人利益的集体利益本身，只能是正当的而不能是不正当的。它不是如某些人所说的，不论集体的利益是否正当，集体主义都要充当集体利益的辩护士。正是由于这种原因，集体主义作为一种指导人的行为的原则，强调集体的每个成员都有义务和责任为健全和完善集体自身、为克服集体所可能产生的种种腐败现象而斗争。个人主义最终将使个人同集体疏远和对立，而集体主义最终将使集体和个人更好地协调起来。应当承认，在我们当前的社会中，就某些集体的组织来说，确实还不能完全地体现集体成员的利益，这正是需要不断加以完善的。我们强调，集体中的个人在必要时应为集体利益而献身的要求，本身就包含着为健全和完善集体，为消除集体的腐败现象而无私无畏的斗争精神。

在经历了这场政治风波之后，从伦理道德的价值目标导向上进行反思，应当说最重要的教训之一，就是我们这几年忽视了“个人至上”、“个人主义”、“金钱至上”等思想的发展所产生的危害，没有一贯地、旗帜鲜明地坚持集体主义的价值导向。因此，理直气壮地坚持集体主义的价值导向，反对个人主义、拜金主义、个人至上、自私自利的思想，提倡个人利益服从国家利益、局部利益服从整体利益和眼前利益服从长远利益的思想，提高对民族、国家的凝聚力和向心力，切实加强精神文明建设，是当前思想理论战线的重要任务。

坚持社会主义的集体主义价值导向*

集体主义价值观与个人主义价值观的对立和斗争，是社会主义与资本主义两种根本不同的政治经济制度的对立和斗争在意识形态中的反映。在社会主义社会中，集体主义原则能不能成为整个社会和广大人民群众的价值导向，是关系到我国“四化”建设能否沿着社会主义道路前进的根本方向问题。在社会主义改革与开放的过程中，坚持对党员干部和人民群众的集体主义价值观教育，反对资产阶级个人主义价值观的侵蚀，对保证我们社会主义国家政治上的长治久安、经济上的繁荣昌盛、文化上的正确导向，都有极为迫切的现实意义。

一、正确理解集体主义的科学含义

集体是社会主义社会经济、政治和文化利益得以实现的具体组织形式。社会主义集体主义是建立在公有制基础之上，并为社会主义公有制服务的一种价值观念。作为一种价值观念，集体主义强调个人利益服从集体利益，强调个人利益和集体利益的辩证统一，强调集体要尽最大的努力关心个人利益和个人幸福，并在集体的价值实现的同时，实现个人

---

* 本文原载《阵地》，1992（2）。

的价值。

在社会实践中真正坚持集体主义价值观，应当从以下三个方面正确理解集体主义的含义：

第一，集体主义总的指导思想是提倡个人利益与集体利益的辩证统一。在社会主义条件下，集体利益表现为集体中各个人的共同利益的有机统一。集体利益高于个人利益，个人利益应当服从集体利益。为了保证集体利益的实现，在必要的时候要牺牲个人的利益，维护集体的利益。我们并不提倡无条件地牺牲个人利益，因为各个人利益的实现，集体中各个人的全面和谐的发展，是社会主义集体主义的最终目标。但是，集体利益的实现是每个人的利益实现的前提和条件，只有社会主义的集体兴旺发达了，个人才能获得全面发展的条件。离开了集体，个人的全面发展只能是一句空话。强调在集体利益实现的基础上实现和发展个人利益，这是集体主义价值观的最基本的含义。

第二，集体要尽最大的努力关心个人的利益、个人的幸福，实现个人的价值。社会主义集体不是要束缚个人和压制个人，而是要尽量发挥集体中每个成员的创造性，保证个人的正当利益能够得到更好的实现。集体主义原则应该是双向的。从集体的角度来讲，要求个人利益服从集体利益，这是一个大前提。在这个大前提下，集体应尽最大可能来满足个人的正当利益，使个人的尊严、价值、权利得到最好的实现，为个人的全面发展创造条件。正是从这个意义上讲，重视个人的尊严、价值和权利，保障个人的正当利益，是集体主义原则的应有之义，是集体主义的重要内容之一。我们既不以集体利益来否定个人利益，也不以个人利益来否定集体利益。我们只是强调，要在个人利益服从集体利益这个总原则下来实现个人的正当利益，也就是说，个人价值的实现必须同社会的价值和集体的价值相一致；个人正当利益的保障，个人的尊严和权利，必须同国家的尊严相一致。同时，在强调个人利益服从集体利益的前提下，如果不注意个人正当利益的保障，不注意个人的尊严、价值、权利的实现，就不可能调动广大人民群众的积极性，就不可能使我们社会主义国家生动活泼、充满活力、不断发展。改革开放十年来，在思想理论战线上，我们同自由化思潮、个人主义思想最根本的矛盾，不是要不要个人价值，要不要个人正当利益，而是应该把个人价值、个人利益摆在一个什么位置上。是以个人利益为中心，还是以集体利益为中心？

是一切从个人利益出发，还是从集体利益出发？我们的观点是：只有在集体利益高于个人利益这个总原则下，才能更好地实现个人的利益，保障个人的尊严，实现个人的价值。这才是对集体主义科学的、全面的、辩证的理解。

第三，集体是在社会主义建设实践中不断完善和发展的。随着社会主义社会不断地发展和成熟，集体必然能够真正代表和反映所有集体成员的利益。前几年资产阶级自由化思潮的一个重要理论，就是借口某些集体不能真正代表所有集体成员的利益，从而把社会主义的集体说成是以权谋私的集体、腐败的集体和为少数领导人服务的集体，这种观点是错误的。从我国的实际情况来看，从总体上讲，我们的集体确确实实是代表人民利益的。诚然，确有一些集体不能完全体现集体所有成员的利益，存在着以权谋私、任人唯亲等腐败现象，但决不能以偏概全，否定我国各基层单位代表人民利益的本质，否定集体主义作为我们社会主义国家的价值导向。

要使集体主义原则成为我们国家的价值导向，需要从各方面努力：既要防止国际反动势力利用资产阶级个人主义价值观向我们渗透，也必须做好我们国内的工作，坚持反对资产阶级自由化，克服我们政治上的某些腐败现象。党的各级领导干部和普通党员，必须进一步发扬我党密切联系群众、言传身教、以身作则等优良传统，用共产党员的光辉形象教育和武装群众，只有这样，才能使我们社会主义国家的集体主义价值导向，变成亿万群众的基本心理素质，形成坚定的社会主义信仰。

二、充分认识个人主义的本质和坚持社会主义集体主义价值导向的艰巨性

在人生观、价值观和道德观上，资产阶级自由化思潮的主要表现就是否定集体主义，宣扬个人主义。个人主义究竟代表着一种什么思潮，这是我们在反对个人主义时应当首先弄清的。

个人主义是随着资本主义生产关系的发生、发展而出现的一种价值观念，是为资本主义服务的一种思想体系。资产阶级为了反对封建压迫和神权统治，极力强调个性的解放和个人的欲望的满足，从而发动了反

对封建压迫的启蒙运动，并最终战胜了封建主义。

个人主义在西方经过了漫长的发展阶段，并且形成了许多不同的学派，其中有所谓极端个人主义、合理个人主义、高级个人主义、人道个人主义以及所谓新个人主义等。尽管这些派别在阐释其所主张的个人主义时存在着某些差别，但它们的共同的特质却是一样的。正像个人主义一词的创始人、法国的著名思想家托克维尔所指出的，个人主义这一适应资本主义发展的新观念，主要包括三个方面的内容：(1) 它强调个人是目的，认为同社会相比，个人具有最高的价值；(2) 它强调个人的民主和自由；(3) 它从个人出发，维护财产私有的社会制度。托克维尔是西方有关个人主义思想的最有权威的思想家之一，因而，他对个人主义的解释，也就理所当然地成了西方有关个人主义的经典解释。依据这一解释，从马克思主义的观点来看，个人主义是一种一切从个人出发、一切以个人为中心并为了达到个人目的的一种思想体系，它同资本主义制度有着不可分割的血肉联系。个人主义的思想，尽管在资产阶级反对封建阶级的斗争中起过进步作用，但由于它强调以个人为中心，并且把个人摆在社会之上，因此，随着资本主义社会的发展，在个人同社会、国家的关系上，总是要造成个人同社会和国家的疏远和分离，因而在西方的资本主义国家中，也日益显露出它对社会的破坏作用。西方的某些思想家也已经认识到，个人主义犹如西方社会肌体上的一种癌变，正在危及当前社会的正常发展。我们是以公有制为主体的社会主义国家，我们的目的是要建立一个没有剥削、没有压迫的共同富裕的社会。资产阶级的个人主义，对社会主义社会的发展，不但不可能有任何积极作用，而且必然要诱发个人的私欲，使人们为追求个人目的而损害集体、民族和国家的利益。现实生活已经有力地说明，不论什么人，一旦受到个人主义思想的腐蚀，就必然会斤斤计较个人的利益，把个人的私利置于集体利益之上，从而走上损人利己、损公肥私的自私自利的道路。因此，我们必须旗帜鲜明地反对形形色色的个人主义，反对宣扬个人主义的种种错误理论。

十多年来，社会主义的集体主义价值观与资产阶级个人主义价值观的论争，大体上表现在八个方面，或者说进行了八个回合的斗争。随着资产阶级自由化思潮的滋长、泛滥，在每一个斗争回合，在人生观、价值观和道德观上，都不同程度地造成了混乱。回顾这些回合的斗争，正视资产阶级自由化思潮宣扬个人主义价值观造成的严重后果，对我们弄清个人主义的本质，认识坚持社会主义集体主义价值导向的重要性、艰巨性，是颇有裨益的。

第一，1980 年 5 月开始的关于“潘晓问题”的大讨论，历时一年之久。其中固然也有不少正确意见，但从讨论的发展过程来看，一些人利用这次讨论公开否定为人民服务的集体主义价值观，宣扬“主观为自己，客观为别人”和“人都是自私的”等个人主义价值观。这场大讨论，从其影响的范围、宣扬的某些内容等方面来看，实际上拉开了资产阶级的个人主义价值观与社会主义的集体主义价值观斗争的序幕。从此以后，一些所谓理论“精英”就进一步大谈所谓价值多元化和利己主义的合理性等等。现在人们已经可以清楚地认识到，所谓价值多元化的理论，首先就是要把马克思主义的价值导向拉下来，与资本主义的价值观念平起平坐，然后，用资产阶级的价值观来代替和取消马克思主义的价值导向。

第二，20 世纪 80 年代初，围绕着对毛泽东和毛泽东思想的历史评价，一些人借学术讨论为名，乘机否定毛泽东思想的重要组成部分——集体主义思想。他们在报刊上发表文章，认为大公无私、全心全意为人民服务、个人利益服从集体利益、“毫不利己、专门利人”等等都是超越当前历史阶段的空话，是不切合实际的幻想，有的人甚至诬蔑雷锋精神是奴隶主义、工具主义等。这种对毛泽东同志所倡导的集体主义思想的否定，与“潘晓问题”大讨论中某些人对利己主义思想的宣扬一样，进一步造成人民群众在价值观上的混乱。

第三，在 1983 年以后的几年里，出现了持续不断的“文化热”。首先是“萨特热”，随后是“叔本华热”、“尼采热”、“弗洛伊德热”、“弗洛姆热”，等等。我们并不反对吸收西方文化中积极的、有生命力的因素。但是，一些人借吸收、借鉴之名，不加分析批判地“客观介绍”，把资产阶级的实用主义、非理性主义、相对主义、个人主义的价值观当做新思想、新思潮加以宣扬，把社会主义的集体主义价值观当做“僵化的”、“落后的”观念加以否定。在“文化热”中，“自我奋斗”、“自我选择”、“自我价值”、“自我设计”、“自我实现”等概念很盛行。我们并不笼统地、不加分析地否定自我设计、自我选择和自我奋斗，而是主张正确地理解自我设计、自我选择和自我奋斗。在“文化热”中，其最根本的错误在于宣扬把自我放在社会之上，用自我价值超越社会价值，进而达到宣扬个人中心和个人至上，从而否定集体主义的目的。

第四，随着社会主义商品经济的发展，第四次争论是围绕着拜金主义的“向钱看”的观点进行的。众所周知，马克思主义历来就对资本主义的金钱拜物教持坚决批判的态度。在社会主义社会里，人与人之间的关系是同志式的互助合作关系，不应当让金钱关系占支配地位。但是，前些年“向钱看”的思想在我们的社会上广为流传。有的理论工作者还为这种错误观点进行理论上的论证，甚至有人说“如果发展商品经济你不允许人家向钱看，这就是不道德的行为”。这种观点，在社会上引起了极坏的反响。有些人甚至还提出在个人与他人、个人与国家的关系中，也应提倡等价交换的原则，提倡“斤斤计较”和“两两计较”。从思想史上来看，这种赤裸裸的金钱至上思想，即使是一些资产阶级的理性主义思想家，也是耻于出口的，而一些号称信仰马克思主义的理论工作者，却大加宣扬，从理论上为“向钱看”作论证，对社会上金钱拜物教思潮的泛滥起了推波助澜的作用。我们必须从理论上把经济效益和“向钱看”区分开来，既保证社会主义生产力和经济效益的提高，又坚决反对“向钱看”的腐朽思想对社会肌体和人际关系的渗透。

第五，1985年以后，在我国思想理论界出现了一种以“个人本位”来批判“社会本位”的思潮。有些人著书立说，宣扬资产阶级的个人主义。他们提出：中国伦理无论是在封建时代还是在现代，都是“以社会为本位”，都是“强调社会利益高于个人利益”，因而都是对个人能动性的一种束缚，并认为这是我们这个民族性格的悲剧所在。他们认为，在价值导向上的观念解放的任务，就是要改“社会本位”的观念为“个人本位”的观念，提出要把个人放到一个中心的地位，即把个人放到社会之上。他们明确主张：较之于社会，个人是更为根本的存在和价值；不是个人为了社会而存在，而是社会为了个人的发展而存在。他们反对“社会本位”的目的，就是要最终反对社会主义的集体、国家和社会，反对社会主义的集体主义价值导向。

第六，与反对“社会本位”的思想相联系，第六次争论是围绕着要不要继承中华民族的优秀道德传统而展开的。近几年，一些人借反对封建主义为名，彻底否定中华民族的优良传统，宣扬民族虚无主义，认为观念现代化的首要任务是反封建主义，而不是反资本主义。某些人公开提出不但要反对封建主义的老传统（诸如整体主义、“社会本位”等），而且也要反对新中国成立以来的新传统（诸如集体主义、社会利益高于个人利益等）。他们认为，新传统是老传统的继承和发展，这两者都束缚了人的个性，阻碍了人的创造性的发挥。因此，他们要寻找一种新价值观，以实现道德观念的转轨；这种新的价值观，就是“个人本位”，就是资产阶级的个人主义的价值观。从这里可以看到，某些人反对老传统的目的是为了反对新传统，反对封建主义的目的是为了反对社会主义，反对整体主义的目的是为了反对集体主义。某些人把这一观点发挥得更彻底，明确地指出“马克思主义的中国化就是马克思主义的封建化”，反封建就是要反马克思主义。他们认为，毛泽东思想和儒家思想是“同构对应关系”，即两者结构相同，理论观点是对应的。他们提出反儒家文化的实质，最终就是要反对毛泽东思想。

第七，1986 年 9 月，有个刊物发表文章，公开提出无私不是共产主义的口号，而是奴隶主要求奴隶无条件服从的口号。第七次争论就是围绕这一主题展开的。这种公开反对无私和提倡自私自利的观点，受到社会舆论的反对。著名化学家、诺贝尔化学奖获得者、美籍华人李远哲著文说：中国社会还是应该提倡无私精神的，私心人人都有，但还是可以克制的。两个月以后，该报刊登的一篇讲话中又公开提出要“为个人主义正名”，认为讲大公无私、完全忘我，就成佛教徒了，并说“为个人主义正名”是“观念更新时必然出现的正常现象。在改革时期必然有个观念更新与之配套的问题”。言下之意，为了适应商品经济的发展，就必须用个人主义作为指导我们社会的价值观念。不难看出，为个人主义正名的实质，就是以适应发展商品经济为由，否定集体主义的价值导向。

第八，1988 年 1 月，一些人全面地提倡个人主义、享乐主义和一切向钱看，反对集体主义和奉献精神，并把大公无私和集体主义说成是不适应现代社会的“陈腐意识”，而把一切向钱看、人生就是为了赚钱、有钱就有道德等思想看做“现代意识”和“现代观念”。他们极力贬低和丑化雷锋，把雷锋精神说成是奴性思想，是个人崇拜的现代迷信，是只讲义务不讲权利的道德观，是封建君主要求臣民只讲奉献不讲索取的虚无人生观等，认为全心全意为人民服务将会造成懒汉。他们宣扬这些观点，其目的就是要把社会主义集体主义的价值观全部否定掉，公开地提倡资产阶级的个人主义价值观。

上述的论争说明，十多年来，社会主义集体主义价值观和资产阶级个人主义价值观的斗争从来没有停止过，而且涉及各个领域，影响很大。应当看到，在我国社会主义初级阶段，由于多种经济成分并存，剥削阶级思想的影响将长期存在，因而具有滋生个人主义和利己主义思想的内部条件；加上外部敌对势力用资产阶级价值观对我国意识形态领域的不断渗透，反对个人主义价值观的斗争，将是一项长期而艰巨的任务。

三、加强集体主义价值观教育的重要意义

近几年国内思想理论战线上的斗争和国际上两种制度的斗争实践表明，社会主义集体主义价值观和资产阶级个人主义价值观的斗争是一个长期而又复杂、有时非常激烈的过程。资产阶级民主、自由和人权的观念，其理论基础就是个人主义的价值观。国际反共反社会主义势力把改变社会主义中国的希望寄托在“和平演变”的方式上。“和平演变”与反“和平演变”斗争的一个重要方面，就是两种对立的价值观的斗争。因此，批判资产阶级个人主义价值观，不仅是反对国内资产阶级自由化思想的需要，而且也是反对国际反动势力对我国进行“和平演变”、巩固社会主义制度的需要。

价值观上集体主义与个人主义的斗争，是同走社会主义道路还是走资本主义道路紧密联系在一起的。过去一个时期，我们很少把个人主义价值观与资本主义生产关系、政治和经济基础联系起来深入考察，没有认识到个人主义价值观本质上是为资本主义的社会制度、经济制度服务的，更没有从资产阶级“和平演变”的战略高度来认识个人主义思潮在我国泛滥的危害。回顾十年来社会主义集体主义价值观与个人主义价值观的斗争，我们可以清楚地认识到：表面上似乎是理论上、学术上要不要集体主义的争论，实际上则是同要不要走社会主义道路密切联系的。要走社会主义道路，就必须在价值观上坚定不移地倡导集体主义。

在社会主义物质文明与精神文明建设的过程中，必须始终坚持两个文明一起抓的方针。社会主义的精神文明，保证社会主义的物质文明的

方向；社会主义精神文明中的思想道德建设，又规定着整个精神文明建设的性质和方向。邓小平同志指出："建设社会主义的精神文明，最根本的是要使广大人民有共产主义的理想，有道德，有文化，守纪律。"①因此，我们必须全面理解和贯彻党的基本路线，坚决纠正过去"一手硬、一手软"的失误，深刻地认识到道德价值观教育的重要性，使全党在这个问题上统一认识。同时，我们也必须坚持不懈地不断发展和完善社会主义的集体，使集体成为完全体现个人利益、个人尊严、个人价值的集体，成为促使个人全面发展的集体。只有这样，社会主义事业才能兴旺发达，沿着正确的道路前进。

① 《建设有中国特色的社会主义》（增订本），15页。

坚持价值导向一元性的思考*

在社会主义市场经济条件下，加强精神文明建设，坚持集体主义的价值导向，在当前有着特别重要的意义。但是，在道德建设领域，有一些同志，对集体主义道德原则能不能和应当不应当成为我国社会主义初级阶段的价值导向和主旋律，还存在着这样那样的疑虑。这些同志认为，既然我国当前还处在社会主义初级阶段，现在又要建立市场经济体制，多种经济成分不但存在，而且还要不断发展，因而也就必然存在着多种利益主体及其价值观念。既然如此，集体主义原则又怎么能成为整个社会的主旋律及其价值导向呢？因而，在社会的价值导向上，应当是多元的而不应当是一元的。更值得注意的是，有些人以我国当前发展市场经济为理由，提出我们在道德原则和价值导向上也应当"转轨"、"重建"和"更新观念"，并提出所谓"个人主义原则"、"合理利己主义原则"或其他别的什么原则，以作为当前我国社会的道德基本原则和价值导向。其实质，就是要把社会主义社会的价值导向，从集体主义原则"转轨"到其他原则上去。应当说，这些认识是不符合加强社会主义精神文明建设、弘扬集体主义原则的要求的。本文拟就上述问题提出一些粗浅的看法。

随着我国改革的不断深化，特别是商品经济的发展，我国的经济生

* 本文原载《中州学刊》，1994（3）。

活正在发生深刻的变化。从所有制来看，过去的单一的社会主义公有制，已发展成为以公有制为主体的多种经济成分并存的所有制结构。不同经济成分的并存，也就意味着多种利益主体的并存，因而在意识形态和思想领域，也就不可避免地会出现反映不同利益主体的人生观、价值观和道德观。这种情况，是由我国政治经济的实际状况所决定的，是不以人们的主观意志为转移的。正是由于反映各种不同利益主体的人生观、价值观和道德观的出现，因此，也就必然会存在着人们关于人生观、价值观、道德观上的不同的价值取向。这就对我们的思想教育工作和道德建设，提出了新的问题和新的挑战。

面对新的情况和新的问题，我们必须在有中国特色的社会主义理论的指导下，从实际出发，实事求是，迎接这一挑战，坚持不懈地对广大人民群众进行社会主义道路，社会主义理想，社会主义的人生观、价值观和道德观的教育。

社会主义的本质和原则，一方面是解放生产力和发展生产力，另一方面就是要消灭剥削，消除两极分化，最终达到共同富裕的目的。我们还应当清醒地认识到，社会主义的最大的优越性就是共同富裕，这是社会主义本质的一个重要方面。为了达到共同富裕的目的，在解放生产力和发展生产力的过程中，我们必须始终保持公有制的主体地位，使公有制不断完善并得到巩固和发展。总之，在建设有中国特色的社会主义实践中，一个公有制占主体，一个共同富裕，这是我们所必须坚持的社会主义的根本原则。我们的一切思想教育工作和道德建设，都应当紧紧围绕着解放生产力、发展生产力，以公有制为主体、最终达到共同富裕这两个方面来考虑。

正是由于这种原因，在我国社会出现多种经济利益主体和人们价值取向多元化的情况下，在思想教育工作和道德建设上，我们必须坚持社会主义价值导向的一元化，即强调用爱国主义、集体主义和社会主义的价值导向，反对和抑制种种反社会主义的腐朽没落的思想。我们应当旗帜鲜明地反对拜金主义、享乐主义、极端个人主义的思想，反对低级庸俗、自私自利、损人利己、享乐糜烂的生活方式，提倡积极向上、奋发有为、艰苦创业、关心集体、热爱人民的崇高理想和思想品德。引导广大人民群众以马克思列宁主义、毛泽东思想为指导，用有中国特色的社会主义理论教育群众，对各种不同的价值观、人生观和道德观，认真地加以分析，予以鉴别，并决定自己的价值选择和价值取向。应当看到，为了发展社会主义社会的生产力，最终达到共同富裕的目的，现行经济政策所允许甚至所提倡的经济上的某些利益主体，其在政治上、道德上的主张和愿望，往往并不都是符合社会主义的意识形态的要求的。今天，在我们建设有中国特色社会主义的较长的一段历史过程中，占统治地位的意识形态，包括人们的人生观、价值观和道德观，必须是社会主义的。在我们立国之本的四项基本原则中，坚持马克思主义、毛泽东思想在意识形态中的指导地位，是不容动摇的。我们允许并鼓励在相当长的时期内兴办和发展“三资”企业，允许在现阶段存在一定限度的剥削，但这绝不意味着在我们的思想政治工作中和道德建设上可以宣传和鼓励人们去信仰剥削阶级的人生观、道德观和价值观。

社会上既然出现各种不同的利益主体及其人生观、道德观和价值观，也就必然会产生相互之间的影响、渗透、矛盾和斗争。这同样也是客观必然的，是不以人们的主观意志为转移的。这种影响、渗透、矛盾和斗争，也必然会随着不同时期的经济发展和政治发展而呈现出复杂情况。不容讳言，归根到底，还必然会形成一种谁战胜谁的斗争。一个社会占统治地位的意识形态，是统治阶级的意识形态。从历史的发展来看，任何一个统治阶级的意识形态，都不可能自然而然地就处于领导地位，总是要在与不同的意识形态的矛盾和斗争中，通过有目的、有组织的宣传和教育，才能成为社会生活中的主旋律，才能在广大人民群众中产生影响，才能使自己的人生观、价值观、道德观为广大人民群众所接受。由此可见，在思想政治教育和道德建设中，反对和批判拜金主义、享乐主义和极端个人主义，目的就是为了能够更好地确立爱国主义、集体主义和社会主义的主旋律的地位，使集体主义的价值导向更好地成为指导广大人民群众的言论和行动的指针。

正是由于多种利益主体及其思想的形成和传播不可避免地会出现价值选择的多样性，因而，在强调价值导向的一元化的同时，我们必须照顾到现实生活中人们的不同层次的道德觉悟和道德水平，注意从实际出发，加以引导、教育和逐步提高，切忌揠苗助长、要求人们一蹴而就，从而造成事与愿违、欲速则不达的后果。在思想教育中，既要提倡最高理想和最高要求，也要从最低要求出发，使人们能够根据自己的实际情况，沿着思想道德的阶梯，一步一步地、循序渐进地向着更高的境界攀登。

从道德要求的最低层次来看，在社会主义市场经济条件下，遵纪守法，诚实劳动，不损害他人和国家利益，尽管还可能从不同的动机出发，但在社会主义和社会关系的制约下，这种行为在道德上是应该得到肯定的，是符合社会主义职业道德的要求的。同时，我们还必须着眼于提高和教育，引导这一层次的人们向更高层次前进，摆正他们个人利益的地位，使他们能够在谋求个人利益的同时，兼顾他人和国家的利益；认识到我们的社会是最终要走向共同富裕的社会，因而要校正自己的个人利益的方向，使其符合社会主义的总的发展趋势，不断克服和纠正同社会主义不一致的思想和行为。在此基础上，还应当进一步提高他们，使他们能够自觉地认识到集体利益高于个人利益，在集体利益和个人利益发生矛盾时，应当强调以集体利益为重，以集体利益为先，从而树立起“先集体、后个人”的思想。以集体利益为先，以集体利益为重，这绝不是忽视个人利益，更不是否认个人利益，而是在承认个人、集体、国家利益相一致的基础上，在个人利益同集体利益发生矛盾时，强调集体益高于个人利益。道德要求的最高层次，就是毛泽东同志所说的全心全意为人民服务、大公无私、“毫不利己、专门利人”、毫无自私自利之心的精神。正像毛泽东同志所说的，一个人只要有了毫无自私自利之心的精神，“就可以变为大有利于人民的人。一个人能力有大小，但只要有这点精神，就是一个高尚的人，一个纯粹的人，一个有道德的人，一个脱离了低级趣味的人，一个有益于人民的人”。我们把社会主义社会中人们的道德大体上区分为四个层次，就是要从实际出发，既照顾到最低层次的实际觉悟，又要加强教育，使低层次不断地向高层次递进。

实事求是地提出道德要求的层次性，这是同我们在价值导向上的一元化相一致的。应该认识到，价值导向的一元化，本身就是一个多层次的、由低到高的道德要求的总的体系，它既有最高的崇高理想的要求，又有最低的层次，从而使人们根据自己的情况，依次循序渐进。最低层次的要求，应当是为最高层次的目的服务的；最高层次的要求，则是诸多最低层次要求的必然升华。

在弘扬社会主义的主旋律和坚持集体主义的价值导向时，我们还应当注意加强中华民族传统美德的教育。我们中华民族是有着五千年历史的文明古国和礼仪之邦，向来以具有优秀道德传统而自立、自强于世界民族之林。我们要认真总结新中国成立以来在中华民族传统美德教育方面的经验和失误，既要克服那种只强调批判、不注意继承的“左”的思想，也要克服那种“全盘西化”的民族虚无主义错误。对于中国古代的道德遗产，应当用马克思主义的立场和观点，取其精华，弃其糟粕，继承和弘扬中华民族的真正优良的道德传统，从而使我们的社会主义道德更具有民族形式，更加有生命力，更加为广大人民所喜闻乐见，从而收到更好的教育效果。

在我国的传统道德中，有很多民主性、人民性、科学性的精华。在当前发展社会主义市场经济的条件下，如能以马克思主义为指导，有选择地加以继承，仍具有现实的、有针对性的教育意义。中国传统美德中一个非常重要的内容，就是一种为国家、为民族、为社会的整体主义精神和爱国主义精神。“公而忘私”、“国而忘家”、“先天下之忧而忧，后天下之乐而乐”、“国家兴亡、匹夫有责”的思想，鼓舞着无数民族英雄为国家、民族的利益而不屈不挠，英勇奋斗，直到献出自己的宝贵生命。这对于今天那些为追求金钱而丧失国格、人格的人，无疑是一种无情的鞭笞。在义利关系问题上，中国传统美德主张义利并重，要“见利思义”和“见得思义”，强调“义然后取”，而在义利发生矛盾的情况下，要“先义后利”。这对于今天一些人所宣扬的“见钱眼开”、“不拿白不拿”以及“唯利是图”的处世哲学，显然是有力的抨击。在人生态度上，中国传统美德历来都强调勤劳俭朴、艰苦奋斗、自强不息、奋发图强的精神。这对于今天某些追求享受、生活糜烂、一掷千金、争权斗富的人来说，不是一种最辛辣的嘲讽吗？

总之，在当前情况下，我们一定要认真对待市场经济对思想道德教育及价值导向所提出的各种问题，既要全面地、充分地估计市场经济对人的思想素质的提高所产生的积极作用，又要正视和认真对待某些不健康的社会现象和思想行为对人们思想品德以及人生观、价值观所造成的负面效应。在思想道德建设中，我们一定要坚持以集体主义原则为核心的价值导向的教育，弘扬社会主义的主旋律。

第八编

弘扬爱国主义价值导向

加强对大学生的爱国主义教育*

10 年来，我国改革开放和社会主义现代化建设的进程说明，加强对大学生的爱国主义教育，对于培养有理想、有道德、有文化、有纪律的一代社会主义事业的接班人来说，有着非常重要的意义。最近几年来，一些坚持资产阶级自由化的人，极力宣扬民族虚无主义，鼓吹“全盘西化”，其目的是要使中国重新沦为外国反动势力的附庸，使中华民族重新遭受帝国主义的奴役。为了从理论思想和价值导向上正本清源，为了加强对大学生的政治思想和伦理道德教育，有必要对爱国主义的有关问题，进行一番认真的探讨。

爱国主义，一般来说，就是一个国家的人民对自己祖国的忠诚和热爱。爱国主义是一个历史范畴，在不同的时期和不同性质的国家，有着不同的内容。毛泽东同志说：“爱国主义的具体内容，看在什么样的历史条件下来决定。”剥削阶级的爱国主义是一种狭隘的民族主义，尽管在某种特定条件下，它也能起一定的积极作用，但其实质必然是为剥削阶级的利益服务的。在当前，有的资产阶级国家往往以爱国主义为幌子，推行其霸权主义和侵略政策，以强凌弱，以大欺小。社会主义中国的爱国主义同资产阶级国家的爱国主义则有着本质的不同，它是从中国各族人民的根本利益出发，并为维护其独立和尊严而对社会主义共和国

---

* 本文原载《中国高等教育》，1990（5）。

抱有的一种忠诚和热爱。

在社会主义建设的新时期，爱国主义是我国改革开放和建设社会主义四个现代化的强大精神动力。中国是一个多民族的国家，有着源远流长的历史和灿烂的文化传统。中华各民族在长期的发展过程中，唇齿相依，休戚与共，从而形成了一种特有的凝聚力。每一个中华民族的成员都能切身地体会到，他们的命运是和祖国的命运密切相关的。社会主义新中国 40 年，特别是改革开放 10 年来所取得的举世瞩目的成就，大大地提高了我们民族的尊严。就是侨居外国的华侨，也都能切身感受到祖国国际地位的提高给他们带来的光荣和自豪。因此，对中国各民族人民来说，热爱祖国的优良文化传统和伦理传统，热爱祖国的山山水水，维护社会主义祖国的稳定，反对国内外反动势力的破坏，积极投身于社会主义四个现代化的建设事业，就是爱国主义在当前的具体表现。

一

对大学生进行爱国主义教育的一个重要方面，就是要让他们了解我们祖国长期发展的历史，了解近百年来中华民族的苦难遭遇及其所走过的道路。

今年是鸦片战争 150 周年。在鸦片战争中，英国侵略者用枪炮打开了中华古国的大门。之后，美、法等世界资本主义列强接踵而来，竞相宰割、瓜分中国，甚至划分势力范围，把中国变成它们的半殖民地。紧接鸦片战争之后，便是中法战争、甲午中日战争、八国联军侵华战争等等。更有甚者，帝国主义之间由于分赃不均，竟在中国土地上大打“狗咬狗”的日俄战争。它们强迫中国订立不平等条约，割地赔款，在中国土地上为所欲为。除动用武力之外，它们还进行政治侵略、经济侵略和文化侵略，乃至豢养走狗，扶植反动政权，鱼肉中国人民。它们的魔爪，从沿海伸向内地，控制了中国的财政金融，直到把持中国的海关。近代中国，就是这样被帝国主义弄得山河破碎、满目疮痍、经济破产、民不聊生。正如毛泽东同志所说，由于帝国主义的入侵，“中国的广大人民，尤其是农民，日益贫困以至大批地破产，他们过着饥寒交迫和毫无政治权利的生活”。

中华民族长期以来有着爱国主义的光荣传统，面对资本主义的侵略，中国人民英勇不屈，前仆后继，进行了艰苦卓绝的斗争。一百多年的中国近代史，是一部资本主义侵华的罪行史，也是一部中华民族反对外国侵略的爱国史。鸦片战争、太平天国运动、中法战争、甲午中日战争、戊戌变法、义和团运动、辛亥革命、五四运动、五卅运动、北伐战争、抗日战争，都充分地表现了中国人民高度的爱国主义精神。

中国人民经历了长期血与火的考验，无数革命先烈用鲜血和生命创造了独立自主的新中国，中华民族终于以巨人般的姿态屹立在世界的东方。“忘记过去就意味着背叛”，列宁的这句至理名言，我们应当永志不忘，在我们欢庆人民革命胜利的今天，我们要永远不忘资本主义对我们的侵略和压迫，永远不忘革命先烈们所付出的巨大牺牲。“灾难深重的中华民族，一百年来，其优秀人物奋斗牺牲，前仆后继，摸索救国救民的真理是可歌可泣的。”我们应当发扬革命先烈英勇无畏的精神，继承中华民族爱国主义的优良传统，坚决反对帝国主义和国际反动势力对我国的政治颠覆和“和平演变”的阴谋，更加坚定地为振兴中华、实现社会主义的四个现代化而努力奋斗。

二

在今天的中国，爱国和爱社会主义是完全一致的。中国人民选择社会主义道路，这是历史的必然。在鸦片战争以后，无数志士仁人，都在极力探求中国发展的道路。事实证明，在旧中国，由于资本主义和封建势力过于强大，软弱的民族资产阶级不可能建立起独立发展的资产阶级国家。戊戌变法失败了。康有为写了《大同书》，他没有也不可能找到一条到达大同的路。辛亥革命失败了。正像毛泽东同志所说的，资产阶级的共和国，外国有过的，中国不能有，因为中国是受帝国主义压迫的国家。一切别的东西都试过了，都失败了。历史证明，只有中国无产阶级的先锋队中国共产党，才能担负起领导中国革命的任务，使中国走上社会主义道路。

新中国社会主义制度的建立至今已有 40 年的历史。在这 40 年中，尽管我们遭受过一些挫折，走过一些弯路，犯过若干错误，但总的来说，社会主义制度已经初步显示出它的优越性。中国人民站起来了，外国反动势力欺凌、压迫中华民族的历史已经一去不复返了，中国实现了国家的独立和统一。在经济建设方面，就国民生产总值和年增长速度来说，就工农业的产品、产量来说，我们都取得了举世瞩目的成就。到1989年，我国的钢产量已超过6 000万吨。与此同时，在国际舞台上，中国不畏强权，坚持正义，坚决反对帝国主义的强权政治，揭露国际反动势力的强盗行径，在维护世界和平和争取人类正义事业的斗争中，发挥着越来越重要的作用。中国的国家实力增强了，国际地位提高了，从而使每一个中国人都为此感到自豪。

当然，我国在社会主义的发展过程中，确曾有过若干重大的失误。但是，这不能归咎于社会主义制度本身。社会主义制度是人类社会前所未有的新事物。应当看到，我们的有些失误是由于缺乏经验，有些失误是由于在指导思想上违背了社会主义建设的规律，还有些失误则是由于某些具体体制还不够完善，等等。值得欣慰的是，我们的国家对这些失误已经进行了并正在继续进行深入的分析，从中吸取教训，以保证我们的社会主义事业更好地向前发展。

近些年来，资产阶级自由化思潮泛滥，特别是在1989年春夏之交的政治风波中，一些别有用心的人，故意混淆是非，利用人们的某些模糊认识，如对爱国与爱社会主义的关系认识不清，他们就鼓吹说什么爱国不等于爱社会主义，企图把爱国和爱社会主义两者对立起来，其实质，就是企图在中国复辟资本主义，使中国人民重新陷入半殖民地的水深火热之中。资本主义代替封建主义，应当说是人类历史上的一大进步。但是，正像马克思所说的，资本的原始积累，是伴随着对劳动人民的残酷剥削、对黑人的贩卖以及对殖民地人民的疯狂掠夺等而获得的。今日一些资本主义国家之所以能够积聚大量财富，也主要是由于它们对全世界广大不发达地区长期强取豪夺的结果。

历史已经雄辩地证明，社会主义制度在中国的确立、巩固和发展，体现了中国社会发展的必然规律。如果不进行社会主义革命，就不可能推翻帝国主义、封建主义、官僚资本主义，就不可能建立起独立自主的新中国。我们可以设想，如果新中国成立之后不走社会主义道路，不坚持人民民主专政，那么，我们就不可能维护国家的统一和民族的独立，更不可能使全国人民的生活水平不断地得到提高。在当前的形势下，如果我们放弃社会主义，走资本主义的回头路，那么，在我国人口众多、社会生产力水平很低的情况下，大多数人就必然要重新遭受资产阶级的剥削和压迫。而且这种资本主义，只能是原始的、野蛮的、买办的资本主义。

对于我国的广大人民来说，在今天的历史条件下，爱国就是爱社会主义的中国，就是爱社会主义制度，就是爱坚持走社会主义道路的国家政权，就是爱领导中国社会主义革命和社会主义建设的中国共产党。在进行爱国主义的教育中，培养大学生具有坚定的社会主义信念和强烈的社会主义意识，并使他们能自觉地成为社会主义事业的接班人，是极为重要的。

三

对于广大大学生来说，确立集体主义的价值导向，培养和树立集体主义的思想，是向他们进行爱国主义教育的重要方面。

社会主义的集体主义，作为一种道德原则和价值导向，它的基本要求是，坚持社会主义的国家利益和整体利益高于个人利益；在保障国家和社会整体利益的前提下，充分发挥个人的才能，实现个人的价值；在两者发生矛盾时，要自觉地、无条件地使个人利益服从于国家和社会利益。

在社会主义社会中，爱国主义和集体主义是完全一致的。热爱祖国，就是要热爱社会主义的整体，为维护社会主义国家的整体利益而贡献自己的力量。热爱祖国，就是要强化每个人对国家的义务感和责任心，并把这种义务感和责任心转化为强烈的信念，从而自觉地以国家的主人翁的姿态，为祖国献身，直到当国家处于危亡关头，能够“杀身成仁、舍生取义”，为祖国牺牲自己的一切。

在培养爱国主义思想中，要使大学生认识到，每一个青年的成长，都是同祖国和人民的辛勤哺育分不开的。对于大学生来说，尤其是这样。国家和社会，为培养社会所需的各种专门人才，付出了很大的代价，因此，每个大学生都应当把报效祖国、为社会主义建设服务作为自己应尽的光荣职责。在前几年资产阶级自由化思潮泛滥时，资产阶级个人主义思想不断地滋长蔓延，其结果是，一些人不适当地强调“个人价值”、“个人尊严”，以至把个人利益摆在民族利益和国家利益之上。有些人还公开提出要“为个人主义正名”，要把个人主义作为一种顺应改革开放潮流的新观念来取代集体主义。他们片面地强调个人的权利和自由，宣扬“自我设计”和“自我奋斗”，其结果，则使“个人”日益与“社会”疏远，把实现“自我价值”同维护国家的尊严绝对地对立起来。这种把个人和国家对立起来、诱导青年一味追逐个人私利的思想，是极端有害的。要发扬爱国主义的精神，就必须发扬集体主义的精神。要想使国家富强起来，就必须在广大大学生中树立起“个人利益服从整体利益、眼前利益服从长远利益、局部利益服从全局利益”的思想，树立起为民族争光、为国家争气的思想。现在许多大学生都热切地提出一个问题：青年知识分子怎样选择正确的成长道路？我想，最根本的就是要树立起正确的人生观和价值观，正确地理解个人与社会、个人与国家的关系，以国家利益和整体利益为重，把个人的事业融入振兴中华的强大洪流之中去。青年人的自我价值和自我尊严，只有在维护社会主义的整体及国家的价值和尊严中，才能得到真正的体现。从这个意义上来看，集体主义是爱国主义的基础，而爱国主义则是集体主义的运用。树立集体主义的价值导向，培养大学生对国家和社会的高度责任心，使他们能够胸怀全局，为国分忧，自觉地把满足国家的需要看做自己的责任，只有这样，我们的爱国主义教育才算真正收到了成效。

四

对大学生进行爱国主义教育，还要使他们认识到，要努力学好知识，掌握好现代的科学技术，从而为振兴祖国贡献自己的力量。

中国的社会主义建设，已经取得了重大的进展，例如，工农业生产都有了很大的增长，初步地解决了11亿人口的温饱问题，粮食、棉花、钢铁、煤炭、电力等主要产品产量已跃居世界前列，有的已居于首位。但是，我们应当清醒地看到，我国人均国民生产总值，同世界发达资本主义国家相比，差距还相当悬殊。在一些领域里，我国的科学技术的发展还是比较落后的。我国的大学生，必须在坚持正确的政治方向的前提下，刻苦学习，勤奋钻研，尽早掌握现代的科学技术，只有这样，才能使我们的祖国尽快地强盛起来。

在当前，国际资本主义的反动势力，正是依靠着其在科学技术上的优势，不断地扩大军事实力，威胁发展中国家，并以其高、尖技术所生产的工业产品，以不等价交换的方式，继续对发展中国家进行经济上的掠夺。最近半年来，我曾到过联邦德国、英国、法国、日本和美国，在这些国家的超级市场中，几乎可以看到来自世界各地的农副产品，真可以说是品种繁多、应有尽有，而这些东西，都是它们以极为低廉的代价从发展中国家用工业产品换来的。直到现在，国际资本主义的反动势力仍然肆无忌惮地妄图干涉中国的内政，叫喊要在经济上制裁中国，原因之一，就是由于它们掌握了先进的科学技术，拥有较为雄厚的经济实力。在旧中国，许多爱国志士，也曾看到科学技术对于发展国家的重要作用，他们从爱国主义的立场出发，曾经想走科学救国的道路。但是，实践证明，不推翻旧的剥削制度，这种愿望是不可能实现的。社会主义制度的建立，为发展科技、振兴祖国创造了根本的前提。老一辈的科学家，宁愿放弃在国外优越的物质条件和研究条件，排除万难，毅然回国，正是看到了科学技术能使我们国家富强的重要作用。新一代的不少大学生，也正是抱着企望祖国能够尽快富强的满腔热情，努力学习科学技术，为“四化”建设贡献自己的力量。每一个大学生都应当认识到，“振兴中华”同“振兴科技”是一致的，在社会主义制度下，“科学兴国”恰恰是爱国主义的重要内容。每一个热爱祖国的大学生，都要把“掌握科学技术”作为自己的一项光荣责任，并尽心尽力、全心全意地为祖国的“四化”建设做出自己的贡献。

在资产阶级自由化思潮泛滥期间，曾有一种观点认为，科学无国界，科学家应当是世界公民。这种观点否认了一个基本事实，就是在当代世界上，仍然存在着剥削和压迫，仍然存在着两种根本不同的国家即资产阶级统治的国家和无产阶级统治的国家。当然，从科学是全人类的共同财富这个意义上来说，科学可以是无国界的，但是，谁都知道，科学家是有祖国的。在社会主义国家中，科学家献身祖国是献身科学的应有之义，每一个科学工作者，都要尽力使自己所掌握的科学技术，能为祖国的建设服务，能够在捍卫社会主义和反对国际资本主义反动势力的斗争中贡献力量。这是我们对社会主义祖国应尽的义务和应负的责任。那些宣扬科学家要当世界公民的人，他们的丑恶嘴脸已经被他们的叛国行为彻底揭穿了，这对我们的大学生来说，也是一个很好的教育。

加强爱国主义教育应注意的一个问题*

在加强爱国主义教育中，有一个问题必须引起我们的注意，那就是要提高当代青年对国家、对社会、对民族的责任感。

改革开放以来，在我们的舆论宣传中，更多地讲到个人的权利、个人的尊严、个人的价值以及个人正当利益的获取。在改革开放和建设有中国特色社会主义的过程中，为了推动我国社会主义经济的发展，为了使个人能够得到全面发展，正确地强调“个人”有其积极的意义。目前的问题是，舆论宣传不应过于片面，也就是说，当我们宣传尊重个人的权利时，不应忽略强调在享受个人权利的同时，要相应承担一定的责任和义务，否则便会对青少年起到不正确、不全面的导向作用。

对青少年进行爱国主义教育，很重要、很基本的一点是要让他们意识到自己对家庭、对学校、对社会、对民族，特别是对国家应该尽一种责任。

孔子说，小孩“三年不免于父母之怀”。这是说每一个人都是在父母的关心、爱护与辛苦抚养下慢慢长大的。儿女的成长凝结着父母的心血。因此，中国传统伦理道德讲孝，就是强调儿女长大后对父母是负有一定的责任、义务的。一个对父母不孝、不爱父母的人，怎么还可能爱其他人？又怎么会是一个爱社会、爱国家的人？

---

* 本文原载《中国高等教育》，1995（2）。

现在有些人认为自己的成长完全是个人的事，是凭个人的本领，与他人、与社会无关。他们自觉或不自觉地不承认以至否认学校、国家多年对他们的培养教育。1989 年我在美国时，曾碰到一个来自中国贵州的留学生，交谈之中我发现他对祖国有许多不正确的看法。我问他："祖国怎么不好？你父母养育了你，学校教育了你，国家培养了你，你现在总算成才了。你现在身处异国，即使对父母、对祖国有意见，也不该说有损祖国的话。"没想到他竟然回答说："国家没有培养我，我也没受到国家的照顾。我上小学、上中学、上大学的钱是我们老百姓缴的税，国家哪有什么钱？"我说："你是贵州人，贵州是个穷省，你们一家能向国家缴多少税？你从小学到中学再到大学，又花了国家多少钱？"他却说："上大学是一种机遇，办大学的钱是老百姓交给国家的，总得有人来获得这种机遇，不是我就是别人。"我相信像这样的留学生是极个别的，但我觉得家庭、学校、社会、国家花这么大力气培养出这么一种对家庭、对学校、对祖国没有一点儿感情、没有一点儿责任感的学生，实在是一件十分遗憾的事情，很值得我们思考。

中华民族优良道德传统中很重要的一条就是，强调每个人从小要认识到父母养育了他，学校教育了他，国家培养了他，他从小就处于一定的人伦关系中，就应该对父母、对老师、对国家尽伦尽责。因此，一个人做任何事都要对得起自己的祖国、学校和父母，这是中国传统道德的基本要求。如果一个人时时想到报答父母养育之恩的话，他一生做事就会尽量讲道德，不给父母带来耻辱。中国传统总是把"孝"作为"德之本"，因为父母养育了你，很不容易。为什么重师德？因为学校、老师教育了你，也很不容易。为什么要讲社会责任感？因为国家培养了你，更不容易。因此，每一个公民都应该时时意识到自己无论对家庭、对学校、对国家均负有一定责任和义务，应把国家的荣誉当成自己的荣誉，把民族的耻辱当做自己的耻辱。对于自己在社会上所从事的职业，更应该敬业，应该认真负责地做好自己的本职工作，以此回报社会。一个人只有从小培养起这样一种对家庭、对学校、对社会、对国家、对民族的高度责任感，并对此有一种自觉的意识，才会与国家和社会融为一体，血肉相连，荣辱与共，才有可能为进一步接受爱国主义教育和思想品德教育打下一个好的基础。

为了培养青少年的这种责任感和义务感，我觉得我们的教育应该注意这方面的问题。我主张从小学起就强调进行怎样做人的教育，要把现在初中政治课里政治经济学、哲学和社会学等比较深的理论问题往后推一推。世界各国在初中阶段，一般也不讲这些较深的理论问题，到高中以后再根据情况去讲。

其实，怎样做人的教育，从学龄前的家庭教育时就应该开始。问题是现在的很多年轻父母，不知道教育自己的孩子，不教育子女要孝顺父母，要关心别人，对其他人要承担义务，要有责任。现在有些孩子在家里是“小皇帝”，一切以自己的意志为准。这样从小受溺爱的孩子长大后哪里会想到父母、想到国家、想到社会？“养不教，父之过”历来是中国的古训，不教育自己的孩子知道关心他人、孝顺父母和关心社会的父母，将来吃亏最大的首先是自己。此话绝非危言耸听。

我研究过社会上的许多犯罪案例，发现案犯一般都没有多少对父母、对家庭、对社会的责任感和义务感。只要他们能想到自己的父母和社会，也就不会轻易去干违法犯罪的事了。从这个意义上讲，中国传统道德讲孝，讲凡事要想到父母，是有一定道理的。

过去我们进行的爱国主义教育，似乎更多的是讲祖国山河壮丽、地域辽阔、物产丰富、历史悠久、人才辈出，这些当然很重要。但与此同时，还应该着重讲个人的成才是与家庭、学校、社会的培养分不开的。因此，每个人都应有责任感，成长后首先都应立志报国，这也是做人很重要的一个方面。

中华民族精神的新升华*

中华民族是一个具有自强不息、艰苦奋斗光荣传统的民族，是一个具有强大凝聚力的民族。

数千年来，中华民族在自己的发展中，形成了一种独特的自强不息、贵公重义、艰苦奋斗、奋发图强的光荣传统。中华民族的这一光荣传统，曾经在中国历史上起到过反对国家分裂、抵御外部侵略、维护祖国统一的重要作用。几千年来，中华民族能够屹立于世界民族之林，最终战胜一切艰难险阻和外来的侵略，始终保持团结和统一，都同这一精神有着重要的关系。

自从中国共产党成立以来，在长期的革命斗争和建设的实践中，又形成了无产阶级的崭新的革命精神，这就是热爱社会主义祖国的爱国主义的精神，顾全大局、以集体利益为重的集体主义精神，见义勇为、不怕牺牲的革命英雄主义精神等。这些革命精神是我国人民的极其宝贵的精神财富，在我国的社会主义革命和社会主义的四个现代化建设中，推动着我们的事业不断前进，成为我们进行社会主义建设的精神支柱。

在社会主义建设的新时期，历史赋予我们一个重要的使命，就是在弘扬中国革命传统的同时，在马克思主义的指导下，大力弘扬中华民族古代的优良传统，也就是通过工人阶级，特别是共产党员和中国人民的

---

* 本文原载《北京青年报》，1998-09-10。

革命实践，赋予中国古代优良传统以新的内容。江泽民同志在谈到道德传统时说："弘扬中国古代优良道德传统和革命道德传统，吸取人类一切优秀道德成就，努力创建人类先进的精神文明。"这就是说，只有把中国的革命传统和中国古代的优良传统结合起来，才能创造出人类的先进的精神文明。

这里需要特别加以指出的是，在改革开放以后，尤其是20世纪90年代以来，我们已经更加自觉地把弘扬无产阶级的革命精神同弘扬中华民族的优良传统密切地结合起来，从而赋予了中华民族的优良传统以新的意义，使无产阶级的革命精神有了更鲜明的民族特色。弘扬中华民族古代的优良传统，根本的目的就是要使其能够有益于社会主义的精神文明建设，能够在当前焕发出新的活力；弘扬无产阶级的革命精神，又必须使其体现出自己的民族特点，从而为广大人民所喜闻乐见。

在这次伟大的抗洪抢险斗争中，中国人民所形成的"万众一心、众志成城、不怕困难、顽强拼搏、坚韧不拔、敢于胜利的伟大抗洪精神"，就是中华民族古代优良传统同革命传统的结合，就是新时代中华民族精神的一种体现，是中华民族精神的新升华。这是一种新时代的、崇高的中华民族精神，是中华民族长期发展壮大、兴旺繁荣的最重要的精神力量。正像江泽民同志所说的，这是我们的"无比珍贵的精神财富"。

老子曾说："祸兮，福之所倚；福兮，祸之所伏。"毛泽东同志也说，在好事和坏事中间，有着辩证的关系，在发生坏事的时候，我们在努力改变坏事的时候，也要善于从坏事中吸取教训，汲取有益的东西。这次抗洪抢险斗争中所表现出的这种崇高的精神，就是我们所应当认真加以总结和提高的。古人说"树德莫如滋"，就是说要想使一种好的社会风尚和道德精神树立起来，就一定要经常不断地滋养它。在我们充分认识这一精神的重要性的同时，一定要更加地珍视它、爱护它、培养它和弘扬它，使它不断地发扬光大、万古长青。

离开一定的、必要的物质条件去空谈"精神"，当然是不正确的，这个教训，我们很多人是有认识的。只强调物质生活的满足而看不到精神力量的作用，看不到精神也是一种强大的、推动我们事业前进的巨大动力，同样也是错误的。对于这一点，我们有些同志到今天仍是缺乏认识的。一个人不能只迷恋于物质生活的追求，沉溺于个人的享受。正像毛泽东同志所说的："人是要有一点精神的。"只有那些有崇高精神的人，生活才能充满信心，富有朝气，才能有真正的幸福，才能领会到人生意义的真谛。同样，一个民族更是要有一点精神的，一个只知道追求物质生活享受的民族，是一个没有前途的民族、一个必然要走向衰败和没落的民族，这种情况，在世界历史上，是屡见不鲜的。可以说，这是一个不以人的意志为转移的客观规律。只有那些有崇高精神的民族，只有那些重视精神力量的民族，才能自立、自强于世界民族之林，才能在未来的21世纪的激烈竞争中，立于不败之地，才能使自己的民族兴旺发达，长盛不衰。

伟大的中华民族精神是实现小康社会的精神动力*

“坚持培育和弘扬民族精神”，是我们建设先进文化的重要内容之一，它对于大力发展有中国特色社会主义文化，不断丰富人们的精神生活，增强人们的精神力量，反对一切腐朽思想的侵蚀，提高中华民族自立、自尊、自强、自信的精神，具有重要的现实意义。

改革开放以来，我国不但在经济上取得了举世瞩目的成就，在文化建设上，也呈现出明显的进步。随着物质生活水平的不断提高，人们的精神生活也日益丰富多彩。社会主义精神文明建设和公民道德水平的提高，大大改善了社会风气和道德风尚，对经济发展起到了有力的促进作用。

伟大的事业之所以能够成功，必须而且一定有强大的精神力量作支撑。全面建设小康社会，开创有中国特色社会主义事业新局面，更需要一种强大的精神力量来支撑。在当前，培育和弘扬中华民族的“民族精神”，就是培育和弘扬我国社会主义四个现代化建设和小康社会建设的精神支撑。

新时期的中华民族精神就是“以爱国主义为核心的团结统一、热爱和平、勤劳勇敢、自强不息的伟大民族精神”。

爱国主义是中华民族精神的核心，是贯穿中华民族精神自古至今的

---

* 本文原载《以德治国与公民道德建设》。

一根极其鲜明而清晰的主线，所有中华民族精神的内涵，都是紧紧围绕着这一主线而发展和丰富的。爱国主义是维护中华民族各民族之间的团结、友好与合作，维护祖国的统一、安全和稳定的最重要的精神力量。社会主义的爱国主义，是传统爱国主义的新发展，是我们时代精神的体现，这一爱国主义同爱社会主义密切联系在一起，爱中华人民共和国、爱中华民族、爱社会主义三者是统一的。

中华民族精神是一种强大的向心力和凝聚力，“团结统一”是中华民族精神的重要内容。中国之所以能够几千年自强、自立于世界民族之林，所有生活在中国的各个民族之所以能亲密无间，这都同中华民族的民族精神有着密不可分的关系。在建设社会主义四个现代化和实现完全小康社会的新时期，培育和弘扬“团结统一”的民族精神，对于加强各民族的精诚团结、广大群众的同心协力和全国人民的同心同德，更有着不可忽视的意义。“民族的团结”、“国家的统一”，不但是建设中国特色社会主义事业的必要条件，也是和平统一祖国的强大武器和精神力量。

“热爱和平”是中华民族自古以来所形成的民族精神。中华民族以热爱和平著称于世，以平等待人为世界各国所称道。“以和为贵”，是中华民族在为人处世中的一个基本准则。在各民族之间，强调要友好相处，要“和衷共济”、“和睦相亲”；在人和人的交往和相互关系中，强调要“和气致祥”、“和气生财”；在社会生活中，主张“政通人和”；在国与国的关系中，主张“协和万邦”、“和平共处”，反对一切形式的侵略战争，反对“以强凌弱”、“以众暴寡”，主张国家不分大小，都应当平等相待。

“勤劳勇敢”是中华民族在漫长的历史时期中，在与艰苦的自然条件和严酷的社会斗争中锻炼和培育的一种吃苦耐劳、艰苦奋斗、不畏艰险、勇于攀登、俭朴勤奋的不屈不挠精神。在全面建设小康社会的新时期，弘扬“勤劳勇敢”的精神，尤其有着重要的意义。

“自强不息”是中华民族传统民族精神的一个极为突出的方面。在长达数千年的历史中，形成了中华民族的“独立自主”、“自力更生”、知难而进、排除万难去争取胜利的精神。自强不息，就是要自立、自信，要发奋图强，要知难而进、前仆后继。只有“自强不息”，我们才能随着时代的变化而不断发展，才能不囿于陈规而勇于创新，才能不自满自足而谦虚谨慎，才能在当前国际的激烈竞争中立于不败之地。

“一个国家，一个民族，如果没有自己的精神支柱，就等于没有灵魂，就会失去凝聚力和生命力。有没有高昂的民族精神，是衡量一个国家综合国力强弱的一个重要尺度。”在完成建设小康社会、开创有中国特色社会主义事业新局面的伟大历史任务中，我们一定要大力培育和弘扬中华民族的民族精神。

建设先进文化　弘扬民族精神*

“民族精神是一个民族赖以生存和发展的精神支撑。一个民族没有振奋的精神和高尚的品格，不可能自立于世界民族之林。”为了实现中华民族的伟大复兴，为了建设全面的小康社会，在我国社会主义现代化建设中，进一步认识民族精神所具有的特殊重要作用，是我们在先进文化建设和思想道德建设方面所面临的一个特别突出的问题。

综观历史上各民族发展的兴衰成败过程，我们可以从中看到一个值得注意的带有规律性的现象，这就是，凡能够自立、自强于世界民族之林的强大民族，都有一种特有的民族精神作为支撑；同时，一个民族之所以衰亡和没落，又总是同丧失了这种民族精神密切相关。因此，有没有高昂、振奋的民族精神，就成为一个民族能否兴旺发达的一个重要因素，这也就是一切强大民族都特别致力于民族精神的培育和弘扬的一个重要原因。

当前，民族精神在综合国力的竞争中的地位和作用，愈来愈显得重要和突出，我们建设社会主义先进文化的一个十分重要的方面，就是要丰富人们的精神生活，增强人们的精神力量，培育和弘扬中华民族的民族精神，从而为中华民族的伟大复兴提供最强大的精神支撑。

---

* 本文原载《以德治国与公民道德建设》。

一、中华民族精神的形成和发展

我们知道，民族是由共同语言、共同地域和共同经济生活相联系，并孕育着共同的心理素质、思想感情和文化观念的一个共同体，民族精神就是这个共同体赖以发展和壮大的精神动力。

中国是一个多民族的国家，这些民族自古以来就劳动、生息、繁衍在这块幅员辽阔的大地上，并形成了一种博大精深、内容丰富的中华民族精神。这一民族精神是在长达5 000年漫长的历史中，由众多成员共同创造和培育的，是各个民族在生产劳动和社会生活中，通过思想感情、意志信念、心理素质、道德观念等长期的相互交融后凝聚而成的，是所有民族的共同精神财富。中华民族的各族人民，为了维护各民族的共同生存和共同发展，为了维护社会稳定和国家主权，为了抵御外国侵略和建设美好的家园，不断培育和发展中华民族所特有的民族精神。中国这个文明古国之所以能长盛不衰，中华民族之所以能够不断蔓延、发展和壮大，就是同这一民族精神密切相关的。在今天，中华民族的民族精神，不但是社会主义四个现代化建设的精神动力，而且是凝聚中华民族和全世界各地华人华侨的一种不可代替的民族情感和精神力量。正如民族是不断发展的一样，民族精神也是随着时代的变化而发展变化的。今天我们所要培育和弘扬的中华民族精神，正是在历史的发展中不断丰富和完善的。

中国古代所孕育、发展和形成的传统民族精神，是中华民族精神之源。这些精神，在今天仍然有着强大的生命力。只要我们能“古为今用”，结合时代的要求，立足于社会主义的实践需要，赋予其新的意义，它就必然能显现出更加强大的生命力。这些精神就是：“公而忘私、国而忘家”、“先天下之忧而忧，后天下之乐而乐”、“国家兴亡、匹夫有责”的爱国主义精神；“仁民爱物”、“厚德载物”的博爱精神；自力更生、发奋图强的自强不息精神；“以和为贵”、“协和万邦”、重视“人和”、强调“德莫大于和”的团结友善、热爱和平精神；勇敢勤劳、知难而进的艰苦奋斗精神；“富贵不能淫，贫贱不能移，威武不能屈”的坚贞刚毅精神；“与时偕行”、“革故鼎新”、“日新又新”的改革精神等。

这些古代传统民族精神，已经成为中华民族世世代代、生生不息的力量源泉，是中华民族悠久传统文化的重要组成部分。

自从中国共产党成立以来，在中国共产党人、人民军队、一切先进分子和人民群众的努力下，在中国新民主主义革命和社会主义革命与建设中，又不断地形成了中华民族的革命精神，这是中华民族精神在新时期的重要发展。这些精神就是：以“井冈山精神”、“长征精神”、“延安精神”、“红岩精神”等为代表的排除万难、勇往直前、压倒一切困难的不屈不挠的革命精神，以“张思德精神”、“焦裕禄精神”、“雷锋精神”为代表的大公无私的全心全意为人民服务的精神，以“大庆精神”、“铁人精神”为代表的新的艰苦奋斗、勤俭创业的精神，“抗美援朝、保家卫国”、自立自强的新的爱国主义精神等。这些革命精神，对我国的新民主主义革命和社会主义革命，对我国的社会主义建设，发挥着极其重要的作用，没有这些精神作为动力和支撑，我们就不可能建立起今天的社会主义社会。

十一届三中全会以来，特别是十一届四中全会以来，在“实事求是”思想路线的指导下，在“一个中心、两个基本点”的思想指引下，在中华民族伟大复兴的感召下，历史又不断地赋予中华民族以适合时代需要的新的精神。这些精神就是：坚持“实践是检验真理的唯一标准”的“解放思想、实事求是”的精神，新中国成立以来不断孕育发展的、以“两弹一星精神”为代表的“热爱祖国、无私奉献、自力更生、艰苦奋斗、大力协同、勇于攀登”的精神，以“抗洪精神”为代表的“万众一心、众志成城、不怕困难、顽强拼搏、坚韧不拔、敢于胜利”的精神，为社会主义四个现代化而努力的不懈奋斗精神，为实现中华民族伟大复兴、不断推动我国各个方面事业不断发展的“紧跟时代、勇于创新”的精神，以徐虎、李素丽、李国安等为代表的新的“淡泊名利、无私奉献”的精神等。这些精神，是我们建设社会主义四个现代化和全面实现小康社会的新的精神财富。

二、新时期的中华民族精神

党的十六大，在“三个代表”重要思想的指导下，在先进文化的建设上，不但强调了“坚持培育和弘扬民族精神”的重要任务与使命，而且对中华民族精神作了新的提炼和概括，明确提出新时期的中华民族精神就是“以爱国主义为核心的团结统一、热爱和平、勤劳勇敢、自强不息的伟大民族精神”。

爱国主义是中华民族精神的核心，是贯穿中华民族精神自古至今的一根极其鲜明而清晰的主线，所有中华民族精神的内涵，都是紧紧围绕着这一主线而发展和丰富的。爱国主义是维护中华民族各民族之间的团结、友好与合作，维护祖国的统一、安全和稳定的最重要的精神力量。在漫长的历史时期中，爱国主义已成为我们民族的宝贵的民族性格，越是在艰难困苦、外敌侵略、生死存亡的危急关头，中华民族的爱国主义就更加显示出强大的力量。社会主义的爱国主义，是中国古代历史上传统的爱国主义的新发展，它最显著的特点是，这一爱国主义是同爱社会主义密切相连的，爱中华人民共和国、爱中华民族、爱社会主义三者是统一的。培育和弘扬中华民族精神的中心环节，就是要使社会主义爱国主义成为我们时代的最强音。

“团结统一”是新时期爱国主义精神的一个重要方面。“团结统一”就是要形成一种对社会主义中国、对中华民族的一种强大的向心力和凝聚力，要使中国的 56 个民族亲密无间，各阶层的广大群众同心协力，全国人民同心同德、精诚团结。中国自古以来就有“和则一，一则多力，多力则强”的思想，这里的“和”就是“团结”。“团结就是力量”、“团结就是胜利”，只有“统一”，只有“万众一心”，才能不断地发展，才能战胜一切艰难险阻。“民族的团结”、“国家的统一”是中华民族在历史经验中所培育的民族精神，也是我们建设中国特色社会主义事业、和平统一祖国的强大武器和精神支柱。

“热爱和平”在中华民族精神中有着特殊的地位。自古以来，中华民族就以热爱和平著称于世，以平等待人屹立于世界民族之林。“以和为贵”，是中华民族在为人处世中的一个基本准则。在各民族之间，强调要友好相处，要“和衷共济”、“和睦相亲”；在人和人的交往和相互关系中，强调要“和气致祥”、“和气生财”；在社会生活中，主张“政通人和”；在国与国的关系中，主张“协和万邦”、“和平共处”，反对一切形式的侵略战争，反对“以强凌弱”、“以众暴寡”，主张国家不分大小，都应当平等相待。

“勤劳勇敢”是中华民族在漫长的历史时期中，在与艰苦的自然条件和严酷的社会斗争中锻炼和培育的一种吃苦耐劳、艰苦奋斗、不畏艰险、勇于攀登、俭朴勤奋的不屈不挠精神。“愚公移山”、“精卫填海”就是这一精神的最早体现。既勤劳而又勇敢，这种“特别能吃苦、特别能战斗”的艰苦奋斗精神，是中华民族所以能够生存和发展的一个重要原因。坚持和发扬这一精神，就能够在极端困难的条件和环境下，迎着困难而勇往直前，顶着逆流而百折不挠，直到取得最后的胜利。在全面建设小康社会的新时期，弘扬“勤劳勇敢”的精神，尤其有着重要的意义。

“自强不息”是中华民族传统民族精神的一个极为突出的方面。在长达数千年的历史中，形成了中华民族的“独立自主”、“自力更生”、知难而进、排除万难去争取胜利的精神。自强不息，就是要自立、自信，要发奋图强，要知难而进、前仆后继。中国自古就有“富贵不能淫，贫贱不能移，威武不能屈”的“德操”，有“杀身成仁、舍生取义”的献身精神。“自强不息”，就是要有“与时偕行”、“日进不已”、“与时俱进”的精神。只有“自强不息”，我们才能随着时代的变化而不断发展，才能不囿于陈规而勇于创新，才能不自满自足而谦虚谨慎，才能在当前国际的激烈竞争中立于不败之地。

三、坚持弘扬和培育民族精神

中华民族精神，随着时代发展而前进，在前进中不断形成新的内容，体现着新的时代要求，是时代精神的反映。在建设中国特色社会主义和全面实现小康社会的历史时期，在世界范围内各种思想文化相互影响、相互激荡的激烈竞争中，弘扬和培育中华民族的民族精神，已成为我们思想道德建设、精神文明建设和先进文化建设的一个极为重要的任务。

为了更好地培育中华民族精神，党的十六大要求我们，把坚持弘扬和培育民族精神“纳入国民教育全过程，纳入精神文明建设全过程”。这就是说，我们要从幼儿教育开始，在各级各类学校，运用各种有效的手段，创造有利的氛围，培育人们的民族精神；同时，在精神文明建设的各个方面和各个地区，在创建先进城市、社区等各种活动中，在思想道德建设的各个环节，都要注意民族精神的培育和弘扬，以丰富人们的精神生活、增强人们的精神力量，使全体人民始终保持昂扬向上的精神状态。只有这样，中华民族的伟大复兴和全面建设小康社会的宏伟目标，才能顺利实现。

民族精神与先进文化*

江泽民同志强调："要把培养和弘扬民族精神作为文化建设的一个极为重要的任务。"怎样理解培养、弘扬民族精神在先进文化建设中的地位、作用和意义呢？

江泽民同志指出："在当代中国，发展先进文化，就是发展有中国特色社会主义的文化，就是建设社会主义精神文明。"① 在发展先进文化和建设社会主义精神文明的过程中，思想道德素质的提高，理想信念和世界观、人生观、价值观教育，弘扬民族精神，占有重要的地位。

为什么是这样呢？

我们正进行着前所未有的艰巨而又伟大的事业。伟大的事业，必须要有伟大的精神力量作为支撑。我们的经济建设已经取得了举世瞩目的成就，这是国内外所公认的，而且，要在新的世纪取得更大的成就，就更需要一种强大的精神力量和精神支柱。

在当前，一些人只看到发展生产力的重要性，只看到经济力量的增强，而看不到精神力量的重要性，这是一种片面的认识。

建设有中国特色的社会主义，实现中华民族的伟大复兴，既需要发展先进生产力和提高人民的生活水平，增强综合国力，同时更需要发展先进文化，提高人们的思想水平和道德水平，提升人们的精神境界。这

---

* 本文原载《以德治国与公民道德建设》。

① 江泽民：《论"三个代表"》，158页，北京，中央文献出版社，2001。

两者又都是为了广大人民群众的根本利益。江泽民同志 2002 年 5 月 31 日在中央党校的讲话中，特别提出了“不断丰富人们的精神世界”、“不断增强人们的精神力量”，并提出“要把培育和弘扬民族精神作为文化建设的一个极为重要的任务，使广大人民在建设有中国特色社会主义的征途上，始终保持奋发有为、昂扬向上的精神状态”，这是先进文化前进方向的重要内容，有重要的理论意义和现实意义。

什么是中华民族精神?

中华民族精神，是在长期历史中逐渐孕育、发展、形成的又富有时代新意的一种中华民族所特有的精神，其中最突出的就是“团结统一、独立自主、爱好和平、自强不息”的精神。中华民族精神是同中华民族的博大精深的文化传统和优良的道德传统紧密相连的，而且又是同中国新时期的革命精神融为一体的。

中华民族被称为礼仪之邦和文明古国，所谓“礼仪”和“文明”，就是同中华民族的这一伟大的民族精神密切联系在一起的。

民族精神又总是同一个国家和一个民族的爱国主义思想紧密联系在一起的。在中华民族长期发展的历史中，爱国主义是中华民族精神的一根主线，为公、为国、为民族、为社会、为整体的献身精神，是中华民族在长达几千年的历史中能够保持统一的一个最重要的精神支柱。“公而忘私、国而忘家”、“先天下之忧而忧，后天下之乐而乐”、“国家兴亡、匹夫有责”的思想，成为鼓舞、激励中华民族不断奋进的一股强大的力量。从我国的文学、艺术和民间的大众舆论和荣辱观念中，我们也能够感受到这一深入人心的爱国主义精神，感受到在中华民族中所形成的以爱国为荣、以卖国为耻的荣辱观念。江泽民同志说，“世界上任何国家在任何制度下，都非常重视对人民进行爱国主义的教育，在我们这样人口众多的社会主义国家里，更应如此”，又说，“对全民族和全体人民来说，首先要抓好爱国主义教育”①。

在社会主义社会，中华民族精神是社会主义先进文化的一个重要组成部分。

文化是有继承性的一种意识形态。社会主义的新文化，既是对社会主义经济、政治的反映，是一种崭新的文化，同时，又继承和吸取了民

---

① 《毛泽东 邓小平 江泽民论思想政治工作》，124 页。

族优秀传统文化的成果。同样，民族精神特别是我们所说的中华民族精神，既包含着社会主义实践发展所要求的新的文化，更包含着一切民族的优秀文化遗产。

中华民族精神，体现着为国家、为集体、为民族的整体主义精神，体现着“爱国守法、明礼诚信、团结友善、勤俭自强、敬业奉献”的道德要求，体现着为实现中华民族的繁荣富强而不屈不挠的奋斗精神。“仁者爱人”、“忧国忧民”、“德莫高于爱民”、“因民之所利而利之”，这些民族的优良传统，在被赋予新的时代意义后，已经成为最大多数人民利益的反映。在先进文化的要求中，热爱社会主义祖国，自强不息，艰苦奋斗，为祖国的繁荣昌盛而献身，是一个极其重要的方面。

弘扬中华民族精神，对增强民族凝聚力，有什么重要意义?

正如我们在前面提到的，中华民族精神是在长达 5 000 年的漫长的历史时期中，由中华民族的众多成员共同创造和培育出来的，它是所有民族的共同财富，是同各民族的感情、意愿、心理、道德等有着亲密联系的。从一定意义上，我们可以说，中华民族精神体现着所有民族的共同感情、共同意愿、共同心理和共同道德，它对每一个民族、对所有民族的每一个成员，都有一种亲和力。对于一个有众多民族的多民族国家来说，这种亲和力尤为重要。

中华民族精神，不但是团结国内 50 多个民族的一种强大的精神力量，而且是凝聚全世界各地华人华侨的一种不可代替的民族情感，是中华民族不断兴旺发达、日益亲密团结的一个重要纽带。弘扬中华民族精神，对促进祖国的统一、加强海外侨胞对祖国的关心和爱护，都有特殊的重要作用。

在社会主义市场经济条件下，强调精神力量有什么特殊意义?

在人们生存和生活的社会中，既有维持人们生存和发展的物质世界，也有提高和升华人们思想道德的精神世界；我们既要建设高度发达的物质文明，又要建设丰富多彩的精神文明。同样，对于整个社会的可持续发展来说，既要有推动社会发展的物质力量，也要有促使社会前进的精神力量。整个人类社会的发展和进步，就是物质力量和精神力量交互作用的结果。

在历史发展的相当长的时间里，一些唯心主义的思想家和政治家，把精神力量看成推动社会发展的唯一决定的力量，认为精神主宰一切和决定一切。随着资本主义启蒙思想的发展，特别是世界工业化进程的不断发展和科学技术的日新月异，物质主义、消费主义、拜金主义和享乐主义的思潮大行其道，曾经成为西方一种影响重大的伦理思潮。这一思潮的主要特点就是：只重视物质财富的增加和物质生活水平的提高，只重视物质生活的享受和感性欲望的满足，而忽视、排斥甚至否定人的精神生活的重要性，宣扬“人活着就是为了吃、喝、玩、乐”的腐朽、消极的人生观和价值观。改革开放以来，这种思潮也随着西方先进技术的传播，在我国社会上的一些阶层和一部分人中间不断蔓延，冲击着我国社会主义的理想和信念，败坏着我国的社会风气，腐蚀着人们的灵魂。

对于这种错误思想，马克思主义经典作家和我党的三代领导人都进行过多次的批评，并多次强调思想道德、精神境界和精神力量的重要性。马克思曾经尖锐地批判过当时的庸俗唯物主义者，因为他们不知道精神力量在社会生活中的极其重要的作用。毛泽东同志从辩证唯物主义的观点出发，提出了人的“主观能动性”和“物质变精神”、“精神变物质”的重要理论。邓小平同志在改革开放初期就明确地指出，我们不但要建设高度的物质文明，而且要建设高度的精神文明，他说：“从延安到新中国，除了靠正确的政治方向以外，不是靠这些宝贵的革命精神吸引了全国人民和国外友好人士吗？没有这种精神文明，没有共产主义思想，没有共产主义道德，怎么能建设社会主义？”① 他还特别强调，“理想”、“信念”等精神力量，“无论过去、现在和将来，都是我们的真正优势”。江泽民同志针对市场经济可能对社会主义的理想、信念带来消极影响，使人们的思想道德和社会风气受到腐蚀，多次提出在提高人民物质生活水平的同时，要提高人们的思想道德和精神境界，他说：“物质贫乏不是社会主义，精神空虚也不是社会主义。社会主义不仅要使人民物质丰富，而且要使人民精神生活充实。”江泽民同志把民族精神作为我国的综合国力的一个重要体现，他说：“一个国家，一个民族，如果没有自己的精神支柱，就等于没有灵魂，就会失去凝聚力和生命力。有没有高昂的民族精神，是衡量一个国家综合国力强弱的一个重要尺度。”

按照马克思主义的观点，物质条件是基础，一切政治、文化发展变

① 《邓小平论社会主义精神文明建设》，2页，北京，学习出版社，1996。

化的背后，都有其物质的、经济的动因。但是，精神对物质有着巨大的反作用。在一定条件下，精神可以变物质，精神力量可以转化为强大的物质力量。在人类发展的历史长河中，精神力量曾经发生并且正在发挥着极其重要的作用。包含科学技术发明在内的对客观世界的真理性认识需要精神力量的推动，鼓舞人们不断前进的美好、幸福又极其艰巨的社会主义和共产主义事业，若没有一种伟大的精神力量作为支柱，也是决不可能实现的。精神力量的伟大，是不可以被低估和轻视的。那些沉醉于物欲之中而看不到精神重要性的人，都是一些被物欲蒙蔽的庸人。在一定情况下，精神力量可以成为战胜一切艰难险阻的“至大至刚”的强大力量。在建设社会主义现代化的过程中，理想、信念、思想道德和民族精神的力量，更有着特殊的作用。

“精神”，对于人来说，是最可宝贵的。毛泽东说，“人是要有一点精神的”；邓小平说，没有革命精神，就不可能有中国革命的胜利；江泽民同志又进一步指出，没有精神支柱，“就等于没有灵魂”，要“使人们的精神世界更加充实”。因此，丰富人们的精神世界，增强人们的精神力量，是实践先进文化前进方向的重要要求，它必将有利于提高全民族的思想道德素质和促进人的全面发展，有利于形成民族的凝聚力和向心力，有利于增强我国的综合国力，实现中华民族的伟大复兴。

值得注意的是，在当前，确实存在着一种忽视精神力量的庸俗的、低级的物质消费主义和享乐主义的倾向，它把“感官的享受”作为人生的唯一的目的，否认精神力量的重要性，鼓吹物质生活高于一切。它不要“理想”、只要“金钱”，不要“信念”、只要“私利”，不要“精神”、只要“物质”，不要“奉献”、只要“索取”，散发着腐朽、糜烂的气息，污染和腐蚀着社会风气和社会环境。我们一定要坚决抵制这种腐朽、糜烂的享乐主义和自我中心主义，充分认识到丰富人们的精神世界、增强人们的精神力量的特别重要的作用。

我们党要始终代表先进文化的前进方向，就一定要按照江泽民同志在 2002 年 5 月 31 日的讲话中所强调的，积极地大力丰富人民群众的精神世界，不断增强人民群众的精神力量，提高全民族的思想道德素质，促进人的全面发展。

要看到，在社会主义思想道德建设中，一个十分重要的内容，就是强调要坚持社会主义的价值导向。从思想道德方面来看，正确的价值观，就是要把“中国最广大人民的根本利益”作为判断一切思想、行动和事物的有无价值和价值大小的最高标准。因此，我们既要充分尊重公民个人合法利益，又要把国家和人民利益放在首位，这是我们一切行为所应当和必须依照的行为准则。要大力抵制一切腐蚀人们精神世界的腐朽的文化垃圾，在全社会大力加强思想道德教育，提高全民族的思想道德素质，把以德治国同依法治国紧密地结合起来，为社会保持良好的秩序和风尚营造高尚的思想道德基础。正是在这样的意义上，我们认为，思想道德建设是发展先进文化的“中心环节”和“重要内容”。

第九编

弘扬雷锋精神

雷锋精神和建设社会主义精神文明*

1963年3月，毛泽东同志提出“向雷锋同志学习”这一重要号召后，在全国曾掀起一个声势浩大的学习雷锋精神的群众运动。周恩来同志对雷锋的崇高的品德作了全面的概括，这就是：“憎爱分明的阶级立场，言行一致的革命精神，公而忘私的共产主义风格，奋不顾身的无产阶级斗志。”正是在“向雷锋同志学习”这一号召的推动下，整个社会形成了一种舍己为人、关心集体、助人为乐、公而忘私的新风尚，造就了千千万万的具有共产主义品德的新人，有力地推动了我国的社会主义建设事业。当前，在加强社会主义精神文明建设中，发扬雷锋精神，对我们树立崇高的革命理想和高尚的道德情操有极其重要的意义。在一定的意义上，我们可以说，雷锋精神就是共产主义道德的本质内容的体现，是推动社会主义精神文明建设的一个重要的动力。我们正在进行“新长征”，正需要大力发扬雷锋精神，培养出千千万万像雷锋那样的为集体而献身的英雄。否认雷锋精神，歪曲以至诋毁雷锋精神，就是要我们在精神文明的建设中解除武装，在思想教育中放弃共产主义原则，在社会主义的四个现代化建设中迷失方向。

雷锋精神的实质，究竟是什么呢？

对雷锋的事迹，很多同志都是了解的，如他热爱集体、助人为乐、

* 本文原载《青年研究》，1982（2）。

热爱劳动、团结互助、艰苦朴素、勤俭节约、爱护公物、甘愿做一个小螺丝钉等等。如果从道德方面对雷锋精神作一个概括，我认为，这就是他所具有的为集体幸福而努力的牺牲精神或献身精神，这也就是毛泽东同志所说的“毫不利己、专门利人”的精神，这种牺牲精神或献身精神也就是雷锋所说的“我觉得要使自己活着，就是为了使别人过得更美好”，“我活着，只有一个目的，就是做一个对人民有用的人”，“多帮人民做点好事，就是我最大的快乐和幸福”。这种精神，是雷锋的崇高思想的最本质的体现，是我们在发扬雷锋精神时所必须强调的。

在建设社会主义精神文明中，最重要的是要提高人们的共产主义道德觉悟和伦理思想情操，而有没有这种觉悟和情操的集中表现，就在于有没有或有多少为集体幸福而努力的牺牲精神或献身精神。人是社会的动物，只有构成社会的人才有所谓道德。为整体、为人类、为社会利益而献身，是整个人类社会特别是劳动人民优秀道德传统的一个最主要的部分。在阶级社会里，尽管各个阶级总是把这种献身精神纳入自己的道德体系之中，并使其从属于自己的阶级利益，但没有这种为整体的牺牲精神，也就谈不上什么高尚的道德。普列汉诺夫在批判资产阶级的利己主义思想时曾经指出：“道德的基础不是对个人幸福的追求，而是对整体幸福的追求，即对部落、民族、阶级、人类幸福的追求，这种愿望和利己主义毫无共同之处，相反地，它总是要以或多或少的自我牺牲为前提。”① 由此可见，要有道德，就需要有“牺牲”，即要有一种为整体、为民族、为阶级、为人类的献身精神。一个人的行为越是能满足社会和阶级的这种要求，他就越有道德。如果在一个整体中，只顾自己，不愿有任何牺牲，那还有什么道德可言呢？

共产主义道德是无产阶级的道德，是人类历史上最先进的道德。因为，只有无产阶级的利益是同整个社会的利益、全人类的利益相一致的。无产阶级最终的目的是要建立一个没有剥削和没有压迫的共产主义社会。这种理想社会的实现，需要艰苦的、长期的努力，因此，它所要求人们的牺牲精神和献身精神，也就同以往的道德有本质的不同。雷锋一生的言行事迹表明，他已经把这种为集体幸福而努力的献身精神，融化为自己的思想感情，形成坚定不移的意志，并产生一种不可动摇的信

① 《普列汉诺夫哲学著作选》，第1卷，551页。

念，成了他唯一的人生目的。普列汉诺夫说：“人越是为努力实现自己的社会理想而斗争，人在这种斗争中所表现的忘我精神越大，他在道德发展中的阶梯上就攀登得越高。”如果说共产主义道德在发展中也存在着许多阶梯的话，那么雷锋就是我们这个时代的道德精神的体现，因为他是在这个阶梯上攀登得最高的人。

有的同志认为，雷锋的言行事迹说明，他所做的，只不过是在日常生活、工作中的一些“小事”，这些事并没有直接牵涉到远大的共产主义目标，不能算是高尚的共产主义道德。这种认识是不正确的，是值得讨论的。雷锋是一个具有高度共产主义觉悟的战士，他努力使自己在日常生活、工作中的一举一动，都和自己的远大理想相联系。而且，雷锋更清楚地懂得，高尚的、远大的理想必须寓于日常的、平凡的工作之中，为社会、为集体的献身精神必须要转化为细小的、琐碎的工作，对祖国、对人民的热爱，只有通过对同志、对集体的爱才能体现出来。这些日常的、平凡的、细小的、琐碎的工作，不但不应该被忽视，而且相反，必须得到极大的重视。从某种意义上说，这些日常的、细小的、琐碎的对人对事的态度，正好是测量一个人有没有共产主义道德的试金石。一个人总是要生活在一个特定的集体中，在一般情况下，他每日每时都要和这个集体内或集体外的同志发生着许许多多的这样那样的关系，而且这每一个日常的、细小的、琐碎的事，总都要或多或少牵涉到自己和周围同志之间的利益，例如，在工作分配时，有轻有重，在分配房屋时，有多有少，在调薪定职中，有先有后……在这种情况下，是牺牲一些个人利益以照顾整体利益呢，还是牺牲整体利益或其他同志的利益来满足个人利益呢？如果能够像雷锋那样，处处照顾他人、关心集体，奉行大公无私、公而忘私的原则，那么社会主义精神文明的建设必将获得迅猛的进步，社会主义的四个现代化必将早日到来。因此，又怎么能说雷锋精神只是一些日常生活中的“小事”呢？就说它是“小事”吧！但我们知道，一切大事都是由“小事”形成的。中国古代的著名思想家荀况早就强调指出，人的道德品质的形成，必须是一点一滴积累起来的。他认为“积土成山”，“积水成渊”，“不积跬步，无以至千里；不积小流，无以成江河”，只有不拒绝在小事上修养自己的品性，才能成为有道德的人，这就是他所说的“积善成德”和“圣人者，人之所积也”的极其深刻的道理。

发扬雷锋精神，必须清除资产阶级利己主义思想影响，培养共产主义的人生观。在前一段时期，曾经流行一种合理利己主义的理论，认为“社会主义道德的核心只能是合理的利己主义”，说什么“毫不利己、专门利人的所谓共产主义道德的普遍形式，在我国的现实生活中是不存在的”。这种意见认为，雷锋“把自己的幸福、希望和权利寄托在别人身上，不知道什么是自己的利益”，只能是一种“奴性”，是“头脑简单”等。这种对雷锋及雷锋精神的污蔑，尽管是极个别的，但应当说，这是资产阶级思想的一种表现形式，是应该引起人们认真注意的。

现在，公开地、赤裸裸地宣扬利己主义，确实和社会主义社会的我国现实难以适应。有些人认为，利己也不好，利他也做不到，因此就十分热衷于所谓“合理的利己主义”，并认为这是他们的新发明。这是一种十分幼稚的思想。早在一百多年以前，资产阶级的思想家费尔巴哈就把自己的道德原则称为合理的利己主义，并且一再宣称他的利己主义不同于过去的利己主义，因为他强调“合理”这两个字。为了区别于过去的利己主义，他给自己的利己主义加上了许多美好的形容词。他说，他所说的利己主义，不是那种恶的、残忍的、冷酷无情的、任性的、故意只在对他人的冷淡中甚至直接的恶意的所为中寻求满足的利己主义，而是一种宽厚的、自己克制的、只在对他人的爱中寻求满足的、健康的、与本性相协调的、必需的、与人生一致的、不可避免的利己主义。这种在对他人的爱中寻求满足的合理利己主义，最核心的内容并不是“合理”，而只是“利己”，“合理”不过是一个外衣罢了。费尔巴哈只承认在使自己得到幸福的同时，才给别人以幸福，反对为别人幸福而牺牲自己。他一再强调，利己主义是人的本性，认为“这种利己主义和我的头一样是这样紧密地附着于我，以至如果不杀害我，是不可能使他脱离我的”。如果像前一些时候某些人所主张的那样，不要雷锋精神，只要合理的利己主义，那又会怎样呢？其结果将是，人们彼此之间必然会只顾自己，不管别人，只知道为私，不愿意为公，处处想比别人多捞一把，甚至互相欺骗、尔虞我诈，这又怎么能建设社会主义社会的精神文明？我们的共产主义事业还有什么希望？

有些人在批判雷锋“头脑简单”、“不知道什么是自己的利益”的同时，公开地宣扬资产阶级的个人主义，他们打着个性解放、个人自由的幌子，说什么集体主义原则抹杀了个人利益，什么服从组织分配就会埋没人才，有的人还提出要用“结合原则”（个人利益同集体利益相结合）来取代集体主义原则，片面地、无条件地强调要用“自己设计自己”的办法来“使自己成才”。什么祖国的利益、国家的前途、集体的幸福，统统都可以不管，唯一的就是自己的利益、自己的才能、自己的成就。谁如果说要服从国家的需要，强调牺牲个人的利益，谁就是“不把自己当做主人”，谁就是“把自己当做奴隶”，谁就是一种只知道别人幸福而不知道自己幸福的傻瓜，就是“丧失了自己的独立性”，“毁灭了自己的创造性”和“头脑简单”，等等。这是一种什么思想？这就是所谓的资产阶级自由化的思想。如果让这种思想蔓延开来，每个人都用心于追求自己的“现实的、切身的利益”，都不愿服从国家的利益，都去发展自己的个性，都去自己设计自己的未来，都不愿做建设社会主义的螺丝钉，而把自己的“理性作为自己的神圣信条”，符合自己理性的就去做，不符合的就反对，等等。如果这样下去，这个社会的精神状态和西方的资本主义社会的精神状态，又有什么两样呢？由此可见，雷锋精神是建设社会主义精神文明、抵制资产阶级腐朽思想的一种强大的精神力量，不发扬雷锋精神，就不可能抵制各种形形色色的个人主义的思想，也就不可能建设社会主义的精神文明。

在建设和发展社会主义的过程中，精神文明的重要作用正在日益增长。发扬人们关心集体、热爱祖国的共产主义思想，对于形成一个好的社会风气，改善人和人之间的关系，有极其重要的作用。精神文明不能离开一定的物质条件，但决不能因此忽视精神文明的重要性。共产主义社会的实现，不仅要求有高度的物质文明，而且还必须使人们有共产主义的觉悟。

雷锋的一生只活了22年，也没有重大的发明创造。但是，他对中华民族的精神文明的贡献却是非常巨大的。雷锋的心灵无比优美而纯洁。他把为祖国的富强、人民的幸福选做自己的生活目标，并把自己的一生毫无保留地献给了祖国和人民。雷锋是共产主义道德的真正的实践家。在我国社会主义建设时期，他是全国人民和全体青年学习的道德榜样。虽然雷锋生前没有给后人留下大部头的科学巨著，但他留下了令人感奋、促人向上的富有人生哲理的《雷锋日记》。《雷锋日记》是人生哲学的名著，闪耀着共产主义世界观和人生观的光辉。雷锋精神是中华民族精神文明中的珍宝。雷锋精神使消沉者振作，使后进者奋起，使先进者谦虚，使亿万人的心灵更纯洁、更高尚。雷锋一生的主要价值就是道德价值。人们的道德行为和道德品质也是人生价值的重要内容。伟大的科学家爱因斯坦说过："第一流人物对于时代和历史进程的意义，在其道德品质方面，也许比单纯的才智成就方面还要大。"凡是认真学习过雷锋的日记、真正了解雷锋的为人的人，难道感受不到雷锋精神的道德价值吗？

1939年，毛泽东同志在号召全体共产党员向白求恩同志学习的时候写道："我们大家要学习他毫无自私自利之心的精神。从这点出发，就可以变为大有利于人民的人。一个人能力有大小，但只要有这点精神，就是一个高尚的人，一个纯粹的人，一个有道德的人，一个脱离了低级趣味的人，一个有益于人民的人。"雷锋就是社会主义建设时期的白求恩。我们今天学雷锋，主要就是学习雷锋同志所具有的、毛泽东同志在《纪念白求恩》一文中所概括的这点精神。

论雷锋精神的实质及时代意义*

雷锋精神是我国社会主义时代伦理道德精神的精华，是中华民族优秀道德传统与共产主义道德的结晶。自从雷锋精神在 20 世纪 60 年代的新中国出现以来，它就以极其强大的感召力影响、教育着一代又一代青年，陶冶着整个中华民族的新的思想品质，推动着我国社会风气和道德风尚的不断好转，成为全国人民进行社会主义革命和社会主义建设的一种强大的精神力量。在改革开放和建设四个现代化的新时期，提倡和发扬雷锋精神，反映了时代的需要和人民的希望，有着极其重要的现实意义和长远的历史意义。

一

雷锋精神包含着丰富的内容。但什么是雷锋精神的实质或核心呢？我认为，雷锋精神的实质和核心就是一种全心全意为人民服务的献身精神，是一种为社会、为国家、为民族的集体主义精神，是一种为社会主义和共产主义而努力奋斗的主人翁精神。概括为一句话，雷锋精神的实质和核心，就是一种为社会主义和共产主义而奋斗的无私的献身精神。

---

* 本文原载《北京日报》，1991-03-05。

雷锋说："人的生命是有限的，可是为人民服务是无限的，我要把有限的生命投入到无限的为人民服务当中去。"又说："人生总有一死，有的轻如鸿毛，有的重如泰山，我觉得一个革命者活着就应该把毕生精力和整个生命为人类解放事业——共产主义全部献出。"因此我认为，向雷锋同志学习，发扬雷锋精神，就是要学习和发扬这种集体主义精神、主人翁精神和全心全意为人民服务的精神。

中华民族有着悠久的历史和优良的传统道德。自古以来，我们的民族就特别强调要有一种刚健有为、自强不息、为他人献身、为民族献身的"富贵不能淫，贫贱不能移，威武不能屈"的浩然正气，要有一种"先天下之忧而忧，后天下之乐而乐"的大公无私、先公后私的精神，要有一种"国家兴亡、匹夫有责"的以天下利益为重的整体主义精神，要有一种"杀身成仁、舍生取义"的为正义而不惜牺牲一切的高风亮节，要有一种"横眉冷对千夫指，俯首甘为孺子牛"的善善恶恶、爱憎分明的精神，要有一种勤劳俭朴、自力更生、诚实守信的求实精神，等等。中华民族的这些传统美德，孕育着一代又一代中华儿女，成为中华民族历世不衰、以礼仪之邦自立、自强于世界民族之林的一个重要的精神力量。

1949年新中国成立以来，社会主义道德和共产主义道德得到了迅速的发展和传播。社会主义道德和共产主义道德要求人们具有先公后私、大公无私的为人民服务的思想，要求人们具有集体利益高于个人利益的集体主义思想，要求人们具有"毫不利已、专门利人"的思想。这就是毛泽东同志在《纪念白求恩》一文中所作的概括："我们大家要学习他毫无自私自利之心的精神。从这点出发，就可以变为大有利于人民的人。一个人能力有大小，但只要有这点精神，就是一个高尚的人，一个纯粹的人，一个有道德的人，一个脱离了低级趣味的人，一个有益于人民的人。"

雷锋生长在一个贫苦的农村家庭中，既受到中国传统美德的熏陶，又接受了共产主义道德教育。他经过刻苦磨炼，使自己成长为社会主义时期的中华民族的道德楷模。我们说，雷锋精神是中华民族优良道德传统同共产主义道德的结合，也可以说是以共产主义道德发扬光大了中国的优良道德传统，是社会主义道德和共产主义道德在中国社会主义社会中的新的发展。正是由于这种原因，雷锋精神在社会主义社会的中华各族人民中，有着特别强大的感召力和生命力。

二

发扬雷锋精神对我们来说具有什么特别的时代意义呢?

我国正处于改革开放和社会主义建设的新的历史时期。这些年在国际国内大小气候的影响下，一些搞资产阶级自由化的人打着观念更新的幌子，竭力宣扬以个人为中心的自私自利思想和拜金主义思想，宣扬人的本性是自私的，鼓吹一切向钱看，公开提出要“为个人主义正名”等。事实一再证明，一个人无论自觉与否，只要在价值观念上陷入个人中心的个人主义泥坑，就很有可能滑向资本主义道路。因此，在全国人民中特别是青年人中，树立社会主义和共产主义人生观，抵制资产阶级腐朽思想的侵蚀，就具有特别重要的意义。

雷锋精神作为我们时代优秀精神的集中表现，既是激发中华民族自力更生、奋发图强的强大力量，也是当前我们同国内反动势力进行针锋相对的斗争的强大的精神武器。纵观雷锋一生的言行，可以说是针锋相对地反对那些损人利己、自私自利、唯利是图、金钱至上、以个人为中心的形形色色的资产阶级思想的。学习和发扬雷锋精神，就是要旗帜鲜明地反对这些资产阶级腐朽思想的侵蚀，从而防止资本主义的“和平演变”，保证我国的社会主义四个现代化建设能够沿着正确的方向顺利发展。正是在这个意义上，我们认为，发扬雷锋精神具有长远的历史意义。

三

发扬雷锋精神，必须正本清源，同一切反对、贬损雷锋精神的错误思想作斗争。这其间有一个“破”和“立”的关系问题。近十年来资产阶级自由化思潮的逐渐泛滥，总是伴随着对雷锋精神越来越严重的诋毁和污蔑。早在 1980 年，就有人借反“左”防“左”来攻击雷锋精神，说雷锋精神已不能适应时代的需要，20 世纪 80 年代的青年已不需要雷锋精神了，等等。之后，他们进一步攻击雷锋精神是奴隶主义，雷锋是驯服工具，是为专制主义服务的，等等。到 1988 年，他们一方面把个人主义、一切向钱看说成是适应商品经济发展的“现代意识”，一方面又把雷锋精神和为人民服务说成是不能适应时代要求的“陈旧观念”，要“更新掉”。他们甚至嘲弄雷锋帮战友洗床单、做好事的行为，说什么“且不说拆洗别人的床单有侵犯他人隐私之嫌”，而这些战士本可以自己洗，“雷锋去代劳，这不是助长懒惰又是什么?”有家报纸还攻击学雷锋活动造成“社会资源的浪费”，并提出“现代社会之所以能获得高速经济发展，实有赖于每个人的精明计算。而这种计算恰恰都是为了自己而不是为了别人”，并污蔑学雷锋活动是“一个人的高尚行动召来了许多人，而这许多人并不是来向他学习高尚行动，而是来拣便宜的。它对社会的负作用超过了正作用”，等等。总之，他们用各种理由反对雷锋精神和群众学雷锋的活动，其目的是要用资产阶级思想来破坏和抵制雷锋精神。因此，如果现在不破除学习雷锋精神的这些思想障碍，我们的学雷锋活动就不能很好地开展下去。

对于当代大学生来说，学习雷锋、弘扬雷锋精神，就是要抵制以个人为中心的自私自利的腐朽思想，树立共产主义的人生观，努力把自己培养成为有理想、有道德、有文化、有纪律的一代新人。

总之，我们要把学习和发扬雷锋精神，看做提高我国的精神文明和道德风尚水平，加强中华民族自立、自强的凝聚力和向心力，保证我国社会主义事业健康发展的一个重要方面。

弘扬雷锋精神　加强人生观教育*

1963年3月5日，毛泽东同志写了“向雷锋同志学习”的题词。为了建设有中国特色的社会主义，弘扬雷锋精神，提高广大人民群众的文化教育素质和思想道德素质，培养有理想、有道德、有文化、有纪律的一代新人，保证我国的四个现代化建设能够沿着社会主义的方向顺利前进，我们就必须要重视和加强意识形态领域的工作，加强思想道德教育，特别是要加强对广大人民群众的社会主义、共产主义人生观教育。

一、从我国社会主义四个现代化建设所面临的形势，看人生观教育的重要意义

当前，我国面临着坚持社会主义和发展社会主义的新形势，承担着建设有中国特色的社会主义的重大而光荣的任务。具有中国特色的社会主义建设事业的成就、发展与成功，不但将使中国成为一个繁荣富强、共同富裕的社会主义国家，而且对于整个人类历史发展，都是一件有极其重要意义的大事。为了更好地完成世界历史赋予我们的这一崇高而艰巨的任务，我们应当清醒地认识在人生观问题上所面对的问题。

---

* 本文原载《北京日报》，1992-03-03。

首先，面对国际垄断资本主义对我国的“和平演变”攻势，我们决不能麻木不仁、无动于衷，而应当时时刻刻铭记不忘。

我国实行改革开放后，西方敌对势力更趁机加速其“和平演变”的阴谋，他们以西方的先进科学技术优势为依据，妄图在同中国发展贸易往来和提供经济技术援助的同时，把西方资产阶级民主、自由、人权的思想，把西方的腐朽没落的人生观、道德观、价值观，强加给中国人民。西方资产阶级的一些思想家已经心领神会，摸到了他们自以为得意的一条经验，即只要能用资产阶级的价值观念来取代社会主义的价值观念，腐蚀社会主义国家的人民，他们的“和平演变”阴谋就可以得逞。1989 年春夏之交的政治风波，极其深刻地提高了我们对“和平演变”的认识。因此，为了反对西方敌对势力对我国实行“和平演变”的图谋，我们必须加强意识形态领域的工作，加强对全国人民的价值观的教育，特别是要加强对广大青年的人生观的教育。

其次，从国内资产阶级自由化思潮泛滥的影响来看，加强对广大群众特别是青年的人生观教育，更有特殊的意义。

资产阶级自由化作为一种与四项基本原则对立的政治思潮，其实质是否定社会主义制度，走资本主义道路。受资产阶级自由化思潮影响，一些人在价值观上，鼓吹资产阶级的个人主义，否定社会主义的集体主义，妄图用资产阶级的自私自利的人生观来代替社会主义的为人民服务的人生观。从这几年的实际情况来看，如果在人生观上受到了“个人中心”、“个人第一”和追求享乐的资产阶级人生观的影响和腐蚀，就必然会在政治上向往资本主义社会，在经济上主张资本主义私有制度。也正是由于这一原因，他们在意识形态领域里特别注意在人生观方面大做文章。或者借用萨特、弗洛伊德、叔本华、尼采等人的思想，极力宣扬“自我设计”、“自我意识”等来诱惑青年，或者公开批评“为人民服务”、“大公无私”和集体主义思想，直至要“为个人主义正名”。一些青年人之所以不同程度地不能认清资本主义的本质，从一定意义上说，是和这几年在价值观和人生观方面受到资产阶级人生观的影响和腐蚀密切相关的。

最后，为了建设有中国特色的社会主义，我们必须在坚持四项基本原则的前提下，坚持改革开放的方针。在改革开放和发展商品经济的环境中，资产阶级的腐朽的人生观、价值观和生活方式，不可避免地会乘机而入，影响和腐蚀人民群众的思想。与此同时，一些人会把商品经济的等价交换原则，引入我们的政治生活和道德关系中，人性自私、个人主义、享乐主义等观念，都有可能借着商品经济而腐蚀人们的思想。面对发展商品经济在人生观、价值观、道德观上可能产生的消极影响，加强社会主义、共产主义人生观的教育，反对资产阶级个人主义，提倡集体主义思想，是我们强调人生观教育的又一重要原因。

二、从人生观教育在思想道德建设中的地位，看加强人生观教育的重要意义

为了建设有中国特色的社会主义社会，在建设物质文明的同时，必须加强社会主义精神文明建设。从整个精神文明来看，思想道德建设是精神文明建设的灵魂，它规定着精神文明的性质和方向，从而规定和保证整个物质文明建设的性质和方向。前些年在我国所出现的“一手硬、一手软”的现象，主要就是指忽视了社会主义的思想道德建设而言的。邓小平同志曾经说过，在建设具有中国特色的社会主义时，一定要“教育全国人民做到有理想、有道德、有文化、有纪律。这四条里面，理想和纪律特别重要”。他还指出，“要特别教育我们的下一代下两代，一定要树立共产主义的远大理想”。

在思想道德建设中，社会主义和共产主义的人生观教育，又占据着特殊重要的地位。一般来说，思想道德建设可以包括三个方面：一是马克思主义的思想理论指导，二是共产主义的理想信念，三是社会主义和共产主义的人生观和道德观。这三个方面也是相互联系、相互促进，并且相辅相成的。我们之所以强调马克思主义理论指导的重要性，这是因为，如果我们不能真正掌握马克思主义的理论，我们就会在西方敌对势力的“和平演变”和国内资产阶级自由化思潮对我们的进攻中失去判断是非的能力，以致迷失方向，走上资本主义的邪路。

在加强马克思主义理论建设的同时，还需要注意培养人们对社会主义和共产主义社会的信念。社会主义和共产主义社会是根据社会发展规律所必然出现的人类最合理、最理想的社会。实现社会主义和共产主义，将是一个相当长的过程。在这一相当长的历史过程中，必然会出现

困难和挫折。但是，只要根据马克思主义的科学理论，建立起对社会主义和共产主义的信念，我们就能够以坚定的毅力去克服前进道路上的困难。

在加强马克思主义的理论指导和注意培养人们的社会主义和共产主义信念的同时，还必须加强思想道德建设，加强社会主义和共产主义的人生观教育。我们的社会主义建设事业，是由广大人民群众参加的空前伟大的事业。一切从事经济建设的人们，都必然自觉或不自觉地受着一定的人生观的指导，并希望通过自己的经济活动达到自己的人生理想，并进而达到自己的社会理想。从这一意义上，我们可以说，一定的经济活动，只不过是达到一定的人生目的和理想社会的一种经济手段。马克思主义的历史唯物主义强调，从根本上来说，经济活动、物质生产活动是决定其他一切活动的，社会意识只能是社会存在的产物。但是，我们是辩证唯物主义者，我们同时又充分强调精神对物质，社会意识对社会存在，人们的人生观、价值观对物质、对经济活动的能动作用。把经济活动、物质生产活动起作用的原理简单化，看不到思想道德建设和价值观、人生观在保证社会主义方向上的重大作用，是错误的。

三、从当前形势看加强无产阶级人生观教育的重要意义

在阶级社会中，不同阶级和集团的人们，由于利益关系的不同，他们的人生观是彼此不同甚至相互对立的。在当前我国现实的条件下，加强无产阶级人生观的教育，具有更加特殊的重要性。

人生观是人们对有关人生重大问题的认识和评价。一般来说，人生的重大问题，可以包括三个方面，即人生的意义、人生的价值和人生的态度。这三个方面，既是人生观中不可分离的三个因素，它们彼此又是相互联系、相互制约和相辅相成的。

人生的意义问题，即人活着是为了什么的问题，是人生观的最基本的问题。人生活在世界上，固然要为自己的生存、发展而努力，要为谋取必需的物质生活资料而辛勤劳动，但是，除了维持自己的生命以外，还会在不同的时期和不同的境遇中，产生许多不同的要求和目的。在许多不同的目的后面，又必然会形成一种总的、指导其他的一切目的的更

为根本的目的。这一深层的根本的目的，就是人生观，是指导人的行为的一个总的价值导向。一个人仅仅是为了个人的生活享受、精神宁静、家庭幸福，还是应当为整体、为他人、为社会做出自己力所能及的贡献？不同的人生观，就会对此作出不同的回答。与人生目的相联系，还有一个对人生的价值究竟怎样认识、对各种人生价值如何评价的问题。一般来说，价值是一种关系范畴，它主要是说明作为主体的人对其周围各种事物的关系的。任何价值都表明人与外界的一种联系，而这种联系又总是与人的需要（包括物质需要、精神文化需要和道德需要）密切相关的。对人生价值及其评价问题，牵涉到人们怎样对待各种不同的需要，牵涉到一个人对他人、对社会的索取与贡献的问题。人生态度是由人生目的和人生价值决定的，是人在社会生活中如何为人处世的问题。以上这三个方面，构成人生观的内容。

各种不同的人生观，都是由一定的历史条件和社会关系形成的。在阶级社会中，由于不同阶级存在着各种不同的甚至对立的利益关系，因此，对人生的意义、人生的价值和人生的态度，就必然因此而不同或互相对立。不同阶级之间的人生观的斗争，是意识形态领域里阶级斗争的一个重要方面。无产阶级要按照无产阶级的世界观来改造世界，就必须要宣传、提倡无产阶级的人生观，用无产阶级对人的看法和对人的价值的评价来教育人民和广大青年。相反，资产阶级为了用资产阶级世界观来改造世界，就必然要用资产阶级的人生观来腐蚀人民，从而达到推行资本主义的目的。从当前我国的现实情况来看，资产阶级自由化思潮在意识形态领域里同社会主义斗争的一个重要手段，就是用宣扬、鼓吹和美化资产阶级的人生观，特别是美化资产阶级的个人主义，来腐蚀和诱惑我国的青年。我们一定要提高认识，在两种根本对立的人生观的斗争中，坚持正确的立场，把我们的青年真正培养成为有理想、有道德、有文化、有纪律的一代新人。

改革开放与雷锋精神*

"向雷锋同志学习"，是30年前毛泽东等老一辈无产阶级革命家向全国人民发出的号召。30年来，雷锋的名字，在神州大地已经家喻户晓；雷锋精神已成为我们伟大时代精神的重要部分，它激励着人民群众，特别是广大青年，在社会主义的四个现代化建设中，发挥自己的才能，贡献自己的力量。

30年来，社会主义的新中国发生了前所未有的巨大变化。新的形势，对学习雷锋精神，提出了新的要求。怎样结合改革开放和发展社会主义商品经济的现实，把"向雷锋同志学习"的活动推向一个新的高潮，确实是一个有关社会主义精神文明建设的重要问题。

什么是雷锋精神？这是我们在学习雷锋精神和开展"向雷锋同志学习"活动中首先遇到的一个问题。我认为，雷锋精神的实质和核心，就是一种全心全意为人民服务的献身精神，一种为社会、为国家、为民族的集体主义精神，一种为社会主义和共产主义而奋斗的主人翁精神。概括为一句话，雷锋精神的实质和核心，就是一种为社会主义和共产主义而奋斗的无私奉献的精神。那么，在改革开放、商品经济越来越发展的今天，在强调等价交换和以按劳分配为主要分配方式的今天，我们应当怎样来评价雷锋的这种奉献精神，怎样来认识"向雷锋同志学习"的必

* 本文原载《光明日报》，1993-03-21。

要性呢?

确实，我们现在所处的时期，是社会主义的初级阶段，分配的方式主要还是按劳分配。我们学习雷锋精神，决不是提倡平均主义、提倡“吃大锅饭”，更不是提倡在分配工作中不计报酬。强调按劳分配和提倡学习雷锋的奉献精神，是两个不同的范畴。经济生活中的等价交换和按劳分配，同人际关系中的献身精神，不但不相矛盾，相反正好是相辅相成的。我们既不应因强调学习雷锋的献身精神而否定等价交换和按劳分配的原则，从而超越了社会主义初级阶段的现实状况，也不应因为当前是社会主义初级阶段而否认学习雷锋精神的重要意义，否认献身精神在当前人和人的关系中的重要作用，从而使我们失去了理想、信念，失去了前进的动力。

在当前改革开放的新形势下，大力弘扬雷锋精神，有利于协调社会上的人际关系，改善社会风气，有利于反对资产阶级的腐朽思想，提高广大人民群众的道德水平，有利于加强社会主义精神文明建设。我们既要改革开放，就必然要引进外国的先进技术和管理经验，大胆向资本主义国家学习和借鉴有益的东西。与此同时，西方资产阶级的价值观念和伦理道德，以及个人主义的自私自利和金钱至上的思想，也不可避免地要进到我国来，从而影响和腐蚀我们一部分人的思想。这种情况，应当引起我们的严重注意。如果听任资产阶级的唯利是图和损人利己的思想得到发展，就会腐蚀人们的灵魂和意志，助长形形色色的丑恶现象的泛滥。提倡“向雷锋同志学习”和弘扬雷锋精神，提倡为他人、为集体、为国家的献身精神，无疑有利于抵制和克服“一切向钱看”的庸俗习气，净化人际关系，提高广大人民的道德水平。

在今天改革开放和人民物质生活水平已经有了明显提高的情况下，究竟怎样看待雷锋勤俭朴素、艰苦奋斗的精神呢?确实，时代在前进，经济在发展，我们弘扬雷锋精神，也必然要根据现实的实际情况而有所发展，但雷锋的这种勤俭朴素、艰苦奋斗的精神，仍然是需要和值得我们学习的。雷锋在当时的生活条件下，宁喝白开水也不喝汽水，衣服、袜子补了又补、补了再穿的事迹，在今天的情况下，固然可以不必完全照着去做，但是，我们仍然应当反对奢侈浪费，反对超前消费。勤俭朴素、艰苦奋斗的精神，我们不但在革命战争年代需要，在进行现代化建设的时期，同样需要。以各种理由为借口宣扬超前消费，是非常有害的。我们不能认为，生活水平提高了，物质财富增加了，我们就不需要勤俭朴素和艰苦奋斗了。勤俭朴素和艰苦奋斗，在不同的时代和不同的经济生活条件下，应当有不同的内容、不同的要求，但不论什么时候，都不能丢掉我们民族优良传统的这种精神。

学习雷锋精神，在当前的情况下，对培养广大青年的共产主义的理想和信念，有着特别重要的现实意义。理想和信念，是一个人的精神支柱。雷锋之所以能够“把有限的生命投入到无限的为人民服务当中去”，就是因为他有了社会主义的远大理想和共产主义最终必然要实现的坚定的信念。雷锋说：“我就是长着一个心眼，一心向着党，向着社会主义，向着共产主义。”我们一定要发扬雷锋的这种对社会主义和共产主义的坚定信念，教育广大青年，把我们的学习、工作同建设有中国特色的社会主义紧密联系在一起，为实现社会主义并最终实现共产主义而奋斗终生。

论雷锋精神的生命力*

当我在电脑键盘上敲这个题目的时候，令我惊讶的是我的电脑字库中竟然没有“雷锋”这个词。这不由得使我心生感慨。40 年前，当毛泽东等老一辈无产阶级革命家提出“向雷锋同志学习”的号召后，雷锋这个响亮的名字伴随着那些激情燃烧的岁月，深深地镌刻在一代中国人的心里。40 年过去了，我们的国家发生了巨大的变化。计划经济转向社会主义市场经济，由此带来了经济、政治、思想道德等领域许许多多的变化，雷锋这个名字在很多人的心中特别是一些青少年的心目中，变得模糊起来。许多青少年对某些“明星档案”了如指掌，但对雷锋这个曾经影响了整整一代中国人的名字却很陌生。这不能不令我们深思，也向我们提出了一个问题，就是在当前的社会主义市场经济的条件下，雷锋精神还有没有生命力，雷锋精神的生命力究竟在什么地方。

雷锋精神是在社会主义革命和建设时代所形成的一种为人民、为国家、为集体的伟大的奉献精神，它既体现了中华民族的优良道德传统，又继承和弘扬了中国共产党成立以来所形成的革命道德传统，并结合新的时代要求，体现了对社会主义事业的执着追求和坚定信念，体现了对这一事业的无私的奉献精神。

20 世纪 80 年代以来，一些人曾经以我国要从计划经济转变为市场

---

* 本文原载《高校理论战线》，2003 (3)。

经济为理由，对雷锋精神提出了种种责难，如雷锋的奉献精神不符合按劳分配的原则、雷锋的节俭精神不符合市场经济消费的要求、雷锋的螺丝钉精神不符合发挥个人主动性的提倡等等。发出这些责难的人都没有理解雷锋精神的本质，没有理解雷锋精神的真正意义。

雷锋精神作为一个特定历史时期的时代精神的体现，既打下了那个时代的深深烙印，同时也具有超越时代的恒久的精神特质，这种恒久的精神价值就是它的生命力之所在。它并不是计划经济时代特有的产物，我们甚至可以说，计划经济是不可能计划出雷锋精神的。雷锋精神既是一种实现社会主义、共产主义的崇高理想，也是一种默默无闻的平凡行动；它既是把有限的生命投入无限的为人民服务中的高尚情操，也是立足本职、全心全意为人民服务的岗位奉献精神；它既适应于计划经济的时期，也同样适应于社会主义市场经济的时期。它是贯穿于建设中国特色社会主义事业更加长远历史时期的一种精神力量，是时代精神的一种体现，有着无比强大的生命力。

第一，社会主义市场经济与弘扬雷锋精神并不是矛盾的。社会主义市场经济，是竞争经济，是追求效益的经济，是注重利益的经济，等等。但我们也应当看到，发展社会主义的市场经济，是为了更好地发挥人们在发展生产力、提高经济效益等方面的主动性和积极性，是为了中华民族的振兴、为了更快建设全面小康社会。由于利益的驱动特别是个人利益的驱动，市场经济往往容易诱发一些人的拜金主义、享乐主义和个人主义的发展，以致造成种种不讲道德、不要廉耻、损害他人权益、违法犯罪的事情。因此，加强依法治国，健全社会主义法制，是十分重要的。但是，尽管也要加强法律教育，但法律的主要功能还是对一切违犯法律者的惩罚和处理，只有道德才能从思想上提高人们的道德素质，从根本上消除违犯法律的动机。

雷锋精神是时代精神的体现，雷锋是新时期的道德楷模，雷锋精神能够激励、启迪人们的心灵，能够教育人们形成羞耻荣辱的观念，以违法犯罪为耻、以遵纪守法为荣。正因为如此，雷锋精神有助于防止和抵御市场经济的消极方面的种种诱惑，进一步培育社会主义道德风尚。

第二，实行按劳分配与提倡雷锋精神是能够统一的。按劳分配和奉献精神是在不同领域中所实施的不同原则，它们既有联系，又有区别。

在当前我国社会主义市场经济条件下，我们实行的是以按劳分配为主、多种分配方式相结合的分配制度。一方面，从按劳分配的原则来说，就是有劳有酬、按劳付酬、多劳多得，不劳动者不得食。在经济活动中，是必须“斤斤计较”的，这是我们必须遵守的经济规律。另一方面，个人与社会是一种双向互动的辩证关系，社会为每个人提供生存和发展的物质、精神资源，个人也要为社会尽义务，进行劳动、创造和贡献。同时，在当前的社会中，人们除了经济关系和经济活动以外，还有人与人的其他关系和各种活动，如同志关系、朋友关系、家庭关系、亲子关系、夫妻关系、师生关系等等，在这些关系中，我们不但不应当实行按劳分配，而且要极力防止按劳分配原则扩大到这些关系中来。谁都可以设想，如果把按劳分配的原则引到这些关系中，我们的社会将会发生什么样的情况。

就是在经济活动中，在实行按劳分配的原则时，在社会主义社会中，我们鼓励一部分人先富起来，通过这部分人的榜样激励作用，通过他们对未富裕起来的人的扶持，先富帮后富，最终走向共同富裕。从一定意义上说，这种先富帮后富，就体现了对他人的奉献精神。在全面建设小康社会的今天，这一点显得尤为重要。

第三，雷锋精神体现了道德的先进性与广泛性要求的统一。在社会主义初级阶段，由于种种原因，道德必须也应当是分层次的，不论是分三个层次也好、四个层次也好，崇高的共产主义的道德，永远是我们应当提倡的。更重要的是，共产主义的道德，是社会主义初级阶段所有不同层次道德的最高层次，是所有其他层次的最终目的和努力方向。我们固然不可过高要求市场经济条件下所有的人，而且，我们也认为，对广大人民群众来说，首先是能够遵守最低的道德要求，也就是现在一些人所说的道德的底线，只要人人都能够遵守这个道德的底线，我们的社会，就会减少违法犯罪的现象。但是，我们决不能只停留在这样的一个水平，如果人人都只是守住道德的底线，也就是说不违犯法律，那么人和人之间也就只剩下斤斤计较了，这样一来，要想继续守住道德的底线，也就不可能了。

因此，在道德建设中，就要区分层次，着眼多数，鼓励先进，循序渐进。在人人都能遵守道德底线的同时，鼓励服务社会、奉献他人、大公无私、公而忘私的道德思想和道德行为，使社会成员的道德境界不断向更高的层次攀升。

总之，我们应当根据时代的发展，与时俱进，摈弃对雷锋精神模式化、概念化、简单化的理解，摈弃学雷锋活动的程式化，赋予雷锋精神以新的内涵，使雷锋精神在新的条件下，发挥更加强大的力量，从而全面建设小康社会，开创中国特色社会主义事业的新局面。

雷锋精神的道德价值*

雷锋精神包含着极为丰富的内容，学习雷锋，最重要的就是要学习他为社会、为国家、为人民、为集体的自觉献身精神，比如雷锋的艰苦奋斗、省吃俭用，就要和他为国家、为人民、为集体贡献力量联系起来。

理解雷锋精神应从以下几个方面来看：第一，他对社会、对国家、对人民的利益有很强的道德责任感，即他的责任意识是非常强的。第二，他将这种道德责任意识上升到了一种道德的自觉，把对国家、对社会的献身责任转变为一种付诸行动的自觉动力，即自觉的能动性。这种自觉的能动性，是雷锋经过刻苦地修养、锻炼而达到的，这可以说是把道德责任意识提升成了一种道德的自觉。第三，雷锋能够把道德自觉升华为一种道德的需要，这是非常难能可贵的，也是我们在学习雷锋精神时应当特别加以体会的。现在都讲“需要”，但一般来说，人们常说的“物质需要”和“精神需要”，都是要从社会获得某些东西来实现的，也就是说，都需要社会来创造条件，提供物质的和精神的条件，以满足自己的需要。这和我们所说的道德需要是不同的。道德需要是一种奉献、付出的需要，是把道德行为当成实现自我的需要，是把满足社会、国家和他人的需要融化为自身价值的实现，并能从这种实现中获得快乐。我

---

* 本文原载《思想理论教育导刊》，2003（4），系该刊编辑部与清华大学德育研究中心在京联合召开的“雷锋精神的时代价值”理论研讨会的发言摘要。

认为这是人的需要的最高层次，是人这种社会动物在特定社会关系下所形成的特殊的需要。一个高尚的人、有道德的人、脱离了低级趣味的人，只有为社会、为国家、为人民做出了奉献，他才会感到幸福和快乐，感到满足了自己的这种特殊的需要。从雷锋的日记中，我们常常看到，为他人奉献之后，他总是在精神上感到由衷的快乐和满足。第四，雷锋在实现自己的道德需要中又形成了一种高尚的道德人格。如果说他的道德境界中包含理想、信念的话，他的道德人格则体现了对人民的无限忠诚，对社会主义、共产主义理想的坚定信心。孟子讲“良贵”（最值得“尊贵”的东西），也可以理解为今天我们所说的“最高价值”。孟子认为，一个人的最高价值，不是他的富、贵、利、禄，而是一个人的道德人格。一个人的威望和权力是一时的，是他人和社会所赐予的，是外在的，而道德人格的力量是内在的、永恒的、高贵的，因而，是最为宝贵的。我们学习雷锋精神应着重从这个方面来学习。

谈到人的价值问题，一个人对社会的价值，必然包含着个人对社会需要的满足。雷锋精神体现了个人价值和社会价值的高度统一。只有把个人价值建立在与社会需要相统一的基础上，他的人生才更有意义和更有价值。

学习雷锋必须从自我做起，把学习与自身的工作结合起来。对于毛主席的教导和英雄事迹，雷锋能很快地身体力行，把责任意识上升到一种道德需要。学习雷锋就要从自身做起，要身体力行、言行一致，要努力做好本职工作，要在道德上严格要求自己。这就是学习和弘扬雷锋精神的时代价值和现实意义。

第十编

公民道德建设

在文明社区建设中加强道德建设的重要意义*

一

提高人的素质，特别是提高人的道德素质，是精神文明建设的根本要求。

文明社区建设是社会主义精神文明建设的一个重要方面。搞好文明社区建设，对于改善人际关系，增进邻里团结，养成文明风尚，形成更加稳定的社会秩序，更好地促进两个文明的发展，都有着重要的意义。

在文明社区建设中，人的素质的建设，特别是人的道德素质的培养和提高，从一定意义上，可以说占据着一种核心的地位。在文明社区建设中，要围绕着实现优美环境、优良秩序和优质服务，大力提高广大社区群众的思想道德素质，如果我们能够抓住道德素质这一环节，就能够使整个文明社区建设活动找到不断茁壮成长发展的一个生长点，找到一个能够使文明社区建设不断地取得胜利的制高点，使我们的文明社区建设在精神文明建设中发挥越来越重要的作用。

在道德素质的教育中，从目前社会的现实情况来看，最主要的还是

---

* 本文原载《学习与实践》，1996（11）。本文虽非针对公民道德建设而发，但《公民道德建设实施纲要》中包含相关内容，故将本文收录于此。

要从三个方面入手，即职业道德和社会公德、家庭伦理道德。职业道德教育在当前有着特别突出的重要意义。加强职业道德教育，就是要树立一种敬业爱岗的对工作的高度责任意识，对事业的极端负责精神，勤勤恳恳，诚实守信，对社会主义事业和广大人民群众尽自己应尽的责任。社会公德教育，主要是以集体主义道德原则为指导，树立起关心他人、关心社会、关心民族和关心国家的一种献身精神，正确处理个人同他人、集体和国家的关系，更好地调整社会主义社会中人和人之间的各种关系。家庭伦理道德教育，对于正确处理夫妻关系，更好地教育子女，提倡尊老爱幼，实行勤俭持家，促进邻里和睦，都有重要作用。这里应当特别强调的是，职业道德、社会公德和家庭伦理道德教育的核心，就是要树立正确的世界观、人生观和价值观，树立马克思主义的全心全意为人民服务的思想。家庭伦理道德教育，从表面看来，似乎只是关于家庭范围内的关系的调整，但是，要正确处理好家庭中的各种伦理道德问题，又必然与树立起正确的世界观、人生观和价值观，与树立起为人民服务的思想有密切的关系。如果说，在社会各个机关、企事业单位和各种行业中要着重职业道德教育的话，在文明社区建设中，则应当更加强调社会公德教育和家庭伦理道德教育，特别是把社会公德教育贯彻到文明社区建设的各个方面和各种活动中去。

二

在文明社区建设活动中，要不断地强化为人民服务，为社区、为集体做贡献的思想，把社区建设的日常活动同培养人们的为人民服务的人生观紧密结合起来。

在文明社区建设中，要政府重视、社会共建，更应该强调社区内广大群众的积极参与，强调广大群众的自我管理和自我教育。群众的参与程度，是判定文明社区建设水平的一个重要标准。文明社区建设活动包括许许多多的方面和内容，有着极为复杂的工作，但是，就其根本要求来说，就是要通过各种具体的活动，通过大量的便民利民的事件，使社区的成员都能够树立起关心他人、关心邻里、关心社区的为人民服务的思想，从而使社区的所有成员都能够生活在一种安全、团结、和谐、愉快的环境之中。因此，生活在社区中的每一个成员，都应当认识到关心他人、关心社区建设在整个精神文明建设和思想道德建设中的重要作用。一个人怎样才能提高自己的道德素质呢？从根本上来说，就是要培养自己对他人、对社会、对国家的献身精神。道德就是一种服务，就是一种献身，就是一种牺牲精神。为人民服务，是社会主义道德的根本出发点，是社会主义道德的核心要求。以为人民服务为核心，以集体主义为原则，我们就能够正确处理人和人之间的各种关系。一个人是否有道德，就是要看他在人和人的相处中，是否能随时随地想到他人和社会的利益、关心他人和社会的幸福。一个有道德的人之所以能够受到人们的尊敬，得到群众的赞扬，受到国家和社会的褒奖，归根到底就是他能够为他人、为社区、为整体、为国家利益而做出贡献。著名的德国思想家康德曾经说过，道德之所以有如此崇高和美好的声誉，就是因为它总是伴随着巨大的牺牲。因此，在文明社区建设中，要大力提倡、发扬、鼓励和褒奖这种关心他人、关心邻里、关心社区的公益活动和献身精神，使每个人都能够在创建社区活动中提高自己的道德觉悟，自觉地发挥这种精神。文明社区建设中的许多活动，如果能够从道德建设上、从为人民服务的人生观和价值观上加以引导，就会赋予这一活动以强有力的生命，使这一活动同思想道德建设、同培养“四有”新人的工作，更加紧密地结合起来。

三

文明社区建设活动，能够充分发挥道德感情的传递作用，有利于人和人相互交流的良性循环。

在谈到道德建设，特别是谈到社会公德和职业道德建设时，有一个值得注意的问题，就是道德感情及其传递作用的问题。在社区建设中，培养、强化、诱导这种道德感情及其传递作用，对我们的精神文明建设和人际关系的协调有特别重要的意义。

为什么要强调道德感情及其传递作用呢？在人和人相处的社会生活中，“感情”的交流、“感情”的影响和“感情”的沟通，有特殊的亲和作用。可以说，没有人的“感情”，人们之间是无法相互交流的。我们应该充分肯定“感情”在人和人之间的特殊作用。

“道德感情”是人们在道德活动中所产生的对他人、对社会、对整体、对国家的道德意识的一种体现。在社会主义社会中，以社会主义集体主义原则为指导的道德活动，是从关心他人、同情他人、爱护他人的感情出发，是以为人民服务的人生观为指导，以人民的利益高于个人利益为评价标准的。在社会主义社会中，人们在道德活动中所具有的道德感情，集中体现为一种关心群众、服务社会、忠于整体、忠于国家的真挚的感情。这种感情总是同人们的道德行为相联系，成为人们道德活动的一个不可分割的内容。

在人和人的交往中，感情有一种特别的感染和传递作用。道德活动总是同一定的“善良意志”相联系，又总是能给这一活动中的其他相关的人以强烈的影响、感染和震撼，促使人们从内心深处产生出一种认同和共鸣，并能使这种感情化为一种新的力量，促人进步，发人深省，给人教育，催人向前。鲁迅曾经写过一篇著名的短文，题目是《一件小事》。鲁迅所谓的这件小事，说的是一个洋车夫的一个高尚的道德行为给鲁迅的教育和感染，也可以说是洋车夫的行为所体现出来的道德感情给了鲁迅一个强大的冲击，给鲁迅的艺术创造和革命活动赋予了新的力量，使他更加坚信自己应当在自己的岗位上做好自己的工作。这种道德感情的力量是无形的，却是有力的。

更值得我们注意分析的，就是这种道德感情的传递往往有着由此及彼、由近及远、循环往复、不断上升的趋势，对于社会上或社区内的人际关系，起到良性循环作用。社会学上所说的人际关系的良性循环，当然有着比较广泛的含义，但我觉得，一切社会人际关系的良性循环中，高尚的道德情操是这种良性循环的一个极为重要的内容。

四

我国改革开放和进行四个现代化建设以来，在物质文明建设取得举世瞩目成绩的同时，人的素质提高的问题，越来越显得重要而且突出。

总之，我认为，城市精神文明建设，特别是文明社区建设，应以提高市民素质，特别是以提高人的道德素质为根本目的。我国当前在人际关系、社会风气、道德水平、治安状况等方面所出现的问题，也都同人的素质有关。改革开放和实行社会主义市场经济，在人们的精神面貌、开拓意识和创新精神等许多方面，都引起了积极的变化，这是应当充分肯定的。但也应当看到，拜金主义、享乐主义和个人主义思想有所泛滥，自私自利、只关心自己不关心别人的思想有所抬头，少数人甚至发展到损人利己乃至违法乱纪的程度。文明社区建设活动，既要注意到经济投入和物质设施的配备，注意到便民利民和公共福利事业的增加，注意到优美环境、优良秩序和优良服务，更要注意把我们的文明社区建设工作提高到思想道德教育的层面上，以适应我国社会主义现代化对人才素质的要求，努力提高人的素质，并在提高人的素质过程中进一步建设好文明社区。当然，整个国民素质的提高，要靠多方面的工作，但是，文明社区活动也应当担负起这样一个重要的责任，完成力所能及的工作。

论勤俭与自强*

由中共中央公布和实施的《公民道德建设实施纲要》，是新中国成立以来第一个关于公民道德建设的纲领性文件，对我国社会主义道德建设，必将产生重要的作用。《纲要》提出了“爱国守法、明礼诚信、团结友善、勤俭自强、敬业奉献”的“二十个字”基本道德规范，这“二十个字”包括十个基本规范，用五句话来表达，也可以说是五句话的道德规范。

这五句话的道德规范，是继承了中华民族几千年形成的传统美德、发扬党领导人民在长期革命斗争与建设实践中形成的优良传统道德，并借鉴世界各国道德建设的成功经验和先进文明成果、遵循社会主义现实的客观要求而概括的。这五句话的道德规范，言简意赅，容易记忆，既具有群众所喜闻乐见的民族特色，又有着鲜明的时代精神，我们应当大力宣传这“二十个字”的基本道德规范，促进整个民族素质的不断提高。这里，仅就“勤俭自强”谈谈这两个基本规范的内涵及其相互关系。

一、勤俭

“勤俭”作为公民道德的基本规范，它本身又包含两个主要的方面，

---

* 本文原载《中国教育报》，2001-12-10。

“勤”就是勤劳、勤奋、勤勉，“俭”就是俭朴、俭约（俭省）、节制，这两个方面又是相互为用、相辅相成的。因此概括说来，“勤俭”也就是勤劳而节俭。勤俭既是公民道德的一个基本规范，又可以是一个国家建国的方针。毛泽东同志在《农业合作化的一场辩论和当前的阶级斗争》中曾说，“我们的国家，一要勤，二要俭，不要懒，不要豪华”，又说：“要使我国富强起来需要几十年艰苦奋斗的时间，其中包括执行厉行节约、反对浪费这样一个勤俭建国的方针。”我国的著名教育家徐特立同志，一生特别注意勤俭，他说：“勤俭两字是永远永远需要的，现在需要，到了共产主义社会也需要，有了勤俭，社会才能前进。”

中国古代的传统美德就认为，“勤俭”是一个人为人处世的一个基本要求。“勤”就是尽力地、不断地去做，坚持不懈地为一种追求而奋斗，这是人做任何一种事业获得成功的重要条件。中国古代的思想家、文学家韩愈曾说过一句著名的话，就是“业精于勤荒于嬉，行成于思毁于随”。人们常说“天才就是勤奋”，马克思说：“在科学的道路上，没有平坦的大道，只有不畏劳苦沿着崎岖的小路勇于攀登的人，才有希望达到光辉的顶峰。”

“俭”，一般来说，多指在生活、用度上的俭朴和节约。一个人，在生活困难时、经济条件比较差的情况下，还容易做到俭朴，而在生活富裕的情况下，一些人就容易追求奢侈和豪华，在生活上铺张浪费，陷入享乐主义的泥潭，从而失去了人生的理想和信念，庸庸碌碌，以致最终走向毁灭。“俭朴”不是“吝啬”，而是一种“节制”，在应当花费的地方，一个俭朴的人，必然会恰当而大方地用钱。一个具有俭朴美德的人，不但不会以“俭朴”为“寒酸”、为“吝啬”、为“低人一等”，而且能够把俭朴视为一种高尚的情操和境界，从中培养和陶冶自己“以奢侈为辱、以俭朴为荣”的品德。当然，我们也应当看到，随着经济发展和物质生活水平的提高，“俭朴”也是相对变化的。我们既要不断地提高广大人民群众的物质生活和精神生活的水平，又要根据自己的条件，物尽其用，反对铺张浪费。我国是一个有近 13 亿人口的大国，我们还要更多地考虑到最大多数劳动人民的利益，考虑到一些经济相对困难的人民。为了实现我们的“解放生产力，发展生产力，消灭剥削，消除两极分化，最终达到共同富裕”的目标，我们特别强调“厉行节约”和“俭朴”的重要意义。

古人认为，“勤能补拙、俭以养廉”，这是寓意很深的。

先就“勤能补拙”来看。一个人要在事业上取得成就，最重要的就是竭尽能力、持之以恒地不断地努力。《礼记·中庸》中说“人一能之，己百之，人十能之，己千之，果能此道矣，虽愚必明，虽柔必强”，就是说，只要能够持之以恒、勤奋努力，就必然能够在事业上取得成就。一个本来“柔弱”的人，只要能“勤”，就能够成为一个“坚强”的人；一个本来“愚笨”的人，只要能“勤”，就能够成为一个聪明的人。中国古代思想家荀子在《劝学》中也说，“锲而舍之，朽木不折；锲而不舍，金石可镂”，又说“故跬步而不休，跛鳖千里；累土而不辍，丘山崇成”。所有这些格言和古训，都是告诫和劝勉人们，只有勤奋努力，坚持不懈，才能得到事业的成功。

其次，就“俭以养廉”来说，它也包含着深刻的人生经验和哲理。宋代的著名政治家范纯仁是一个封建社会的清官，他说：“唯俭可以助廉。”他的一生，对他人总是慷慨无私、解囊相助，而自己的生活，则一直十分俭朴。一个在生活上厉行俭朴和注重节约的人，就不会被各种物质欲望所引诱，也不易被一些腐朽思想所腐蚀。一个人，在俭朴的生活中，最容易培养和形成一种淡泊享受和廉洁奉公的思想品德。

从我国当前的许多腐败受贿的事例来看，几乎所有的腐败分子都同他们个人的追求奢侈、贪图享受等有着内在的联系。

“俭以养廉”对从政的官员来说，能抵制金钱、美女、名誉、地位的腐蚀；对于一般人来说，有保持清廉品德、培养严格自律精神的重要作用。

二、自强

“自强”就是自己努力、奋发图强、一息尚存、永不停息的意思。它强调一个人在社会生活中，应当自力更生，要有一种在困难情况下知难而进的勇气和不屈不挠、顽强拼搏的精神。在建设社会主义四个现代化的过程中，无论对于我们的国家还是对于每一个人来说，培养和树立“自强”的思想，都有极其重要的现实意义。

“自强”是我国古代优良传统道德的一个重要内容。

中华民族是一个有着非常突出的“自强”传统的民族，在漫长的历史中，这一“自强”的精神，经过一代一代的不断发展，成为中华民族能够长期屹立于世界民族之林的一个重要的精神支柱。

早在古代的春秋时期，著名的思想家屈原就在他的《楚辞·九章·怀沙》中，最早提出了“自强”的思想。他在当时所处的极端困难的情形下，仍然说“惩违改忿兮，抑心而自强”，意思是，在自己遭受屈辱的情形下，自己仍要改变自己的愤怒和怨恨的情绪，压抑自己的感情而自我坚强，保持自己的美好的品德而坚定不移；尽管自己遭受了严重的打击，仍要坚守自己的意志，保持自己的奋发图强的节操。屈原所提出的“自强”的思想，是中国传统道德和传统文化中的精华，我们应当加以继承和弘扬。中国古代的《易经》中，也提出了“天行健，君子以自强不息”，认为一个有道德的人，应当如大自然日月运行不息那样，自我努力，奋发图强。

在中国传统文化和传统道德中，“自强不息”和“自强”的思想，不断地得到丰富和发展。一般来说，它包括四个方面的意思，就是自尊、自立、自信和自胜。

自尊，也就是自重，就是尊重自己的人格，在任何情况下，都能够坚持自己的操守。一个能够尊重自己人格的人，就一定会在事业中兢兢业业、切实负责，严肃认真地履行自己的职责。一个自尊的人，就能够在任何情况下都坚守社会主义道德的要求，不做不道德的事。一个自尊的人，就必然能够为国家和人民的利益而积极努力，能够以国家和人民的利益为重，在任何逆境中都能保持自己的节操，直到牺牲自己的生命。一个自尊的人，在自己的生活和工作中，能够以身作则、言行一致，以自己的道德人格来影响他人，造福社会。

自立，就是依靠自己的力量，在生活和事业上努力奋斗。一个人，在社会中生活，不但在生活上要自立，而且在事业上也要自立。我们常说“自力更生”，就是说要依靠自己的力量，改变原来的情况，使我们个人和国家兴旺发达起来。一个人和一个国家一样，在成长的过程中，当然需要各方面的帮助，但是，归根到底，只有依靠自己的力量，才能达到兴旺发达的目的。特别是在贫穷落后、艰难困苦、身处逆境的情况下，更要坚持“自立”的精神。现实生活说明，一切挫折失败，都是对一个人有没有“自立”精神的考验。历史上一切在艰难困苦中成就伟大事业的人，都是在这种情况下能够自立、自强的人。我国著名的史学家司马迁所撰写的不朽著作《史记》，就是他的这一精神的有力证明。

自信，就是坚定不移地相信自己的能力，就是相信自己在事业中能够依靠自己的力量来取得成功。自信决不是盲目的自大，更不是不顾客观情况去做那些自己做不到的事。自信是一种精神、一种品质，它建立在对客观情况的正确认识的基础上，是对经过努力可以达到的、力所能及的事情的信心。自信能产生一种强大的力量，它能够在困难和失败的环境下给人以勇气、给人以希望，我们常说，“坚持下去，就是胜利”，就是说的自信的力量。

自胜，就是能克制自己、战胜自己的弱点，激励自己不断前进。老子说“胜人者有力，自胜者强”，《吕氏春秋·先己》中也说“欲胜人者，必先自胜”，都是这个意思。在人的一生中，总是要遇到各种各样的挑战，承受来自不同方面的压力，引起思想和情感上的变化。如何在这种情况下，保持清醒的理智，做出正确的选择，克服一切干扰，这是事业成功的一个关键。要做到“自强”，就必须要能“自胜”。也正是在这个意义上，古人才强调，战胜了别人，只能算是“有力”，还不能算是“强”，只有能战胜自己的各种弱点，从始到终，都能勇往直前，这才算是“强者”。

三、勤俭和自强

“勤俭”和“自强”这两个公民道德的基本规范，是有着密切的关系的。一个能够厉行勤俭的人，必然是一个自强不息的人。勤奋努力、坚持不懈，就是自强，离开了勤奋努力和坚持不懈地奋斗，也就不可能有什么“自强”可言。同样，一个“自强”的人，不但要“勤”，要自强不息，永不停息地奋发图强，而且要“俭朴”和“节制”，否则，他就会陷入奢侈和享乐，他也就不可能“自强”了。

一个人是这样，一个国家也是这样，只有厉行“奋发图强”和“勤俭节约”的方针，把“勤俭”和“自强”结合起来，动员全体人民自力更生和勤俭建国，才能达到自强和振兴的目的。

公民基本道德规范*

《公民道德建设实施纲要》梳理了从古到今的道德规范的发生、发展和演变，继承了中国古代传统美德，提出了一个“二十字基本道德规范”，就是“爱国守法、明礼诚信、团结友善、勤俭自强、敬业奉献”。

这二十字的基本道德规范（共包括十个基本规范），不但继承吸收了古今中外一切优秀的道德成果，而且体现了社会主义新时期人际关系的客观要求，反映了道德规范发展变化的必然，弘扬了中华民族的时代精神，它的广泛宣传和实行，对提高所有公民的素质和形成追求高尚、激励先进的良好的社会风气来说，必将产生积极的影响。

“爱国”就是爱社会主义的中华人民共和国，这是当前时代的最强音，是我们振兴中华、民族复兴的精神支柱，在当前，形成以爱国为荣的高尚情感和树立爱我中华的道德责任意识，把我们的一切工作都同祖国的荣誉、地位和尊严紧密联系在一起，这是我们的事业兴旺发达的重要基础。

“守法”就是自觉遵守国家的法律。作为道德基本规范的“守法”，它不仅是一般意义上的遵守法律，而且是一种道德上的“自觉”和“自律”的“守法”。作为基本道德规范，它不是“迫于约束”和“惧于刑罚”而“守法”，而是从一种高尚的道德动机出发，把“守法”提高到

---

* 本文原载《光明日报》，2002-01-14，原文题为“为何要提倡二十字规范”，收入本书时略有修改。

对国家利益的认同的高度。

“明礼”就是行为举止要文明。在全社会崇尚“文明”和讲究“礼貌”、“礼节”、“礼仪”。在人际交往中，要“彬彬有礼”，要“温、良、恭、俭、让”，要尊老爱幼、孝敬父母、爱护公物、维护公共秩序等。“明礼”不但是一个公民应遵守的基本道德，也是一个国家文明程度的重要标志。

“诚信”就是要诚实、诚恳、守信、有信，要“言而有信”、“有约必践”，做老实人。“诚信”就是要反对隐瞒欺诈、反对假冒伪劣。“诚信”在人和人的交往中，不仅是个人的“立身处世”之本，而且也是事业成功的关键。“诚信”是道德的基础，没有诚信，也就不可能有道德。

“团结”就是相互协作、相互帮助、相互关心和相互支持。在社会主义市场经济条件下，既要竞争，更要协作。要发扬集体主义精神和团队精神，不论属于哪一个行业、地区、企事业、学校的成员，都要形成团结的精神，“团结就是力量”，“团结”能够形成强大的民族凝聚力和向心力。

“友善”就是友好、友谊，就是要“与人为善”、“善解人意”、“善与人处”、“广交朋友”。在人和人的交往中，要关心、爱护、照顾他人，要严于律己、宽以待人，要有“爱人之心”，力求“成人之美”。在社会生活中，无论对国内还是国外的友人，“友善”都有着特别重要的意义。

“勤俭”，“勤”就是勤劳、勤奋、勤勉，“俭”就是俭朴、俭约（俭省）、节制。概括说来，“勤俭”就是勤劳而节俭。社会经济在不断发展，人民生活水平在不断提高，但勤俭作为一个道德的基本规范，有着永恒的意义。共产主义社会绝不是一个好逸恶劳、奢侈浪费的社会，而是一个有着勤劳节俭的高尚品德的人的全面发展的社会。

“自强”就是自己努力、奋发图强、一息尚存、永不停息的一种精神。它强调一个人在社会生活中，应当自力更生、奋发图强，要有一种不屈不挠、顽强拼搏的毅力，要有一种在困难情况下知难而进的勇气和不屈不挠的精神。一般来说，它包括四个方面的意思，就是自尊、自立、自信和自胜。

“敬业”就是忠于职守、尽职尽责，对自己所从事的工作，不论高低上下，都有高度的责任心和荣誉感，热爱自己的岗位，恪尽自己的职守。“敬业”是责任意识的高度体现，是民族兴旺和国家进步的动力，是一个国家和民族的道德素质的重要方面。

“奉献”就是要不计报酬地为社会、为他人、为集体服务，要热心公益、助人为乐、见义勇为、扶贫助残。社会主义市场经济条件下，越是实行按劳分配、等价交换，就越要强调“奉献”精神的重要性。“奉献”作为道德的基本规范，是衡量公民道德水平的重要标准。

《公民道德建设实施纲要》所提出的“二十字基本道德规范”，是在十四届六中全会决议所提出的道德规范基础上的进一步的概括。十四届六中全会在确定社会主义道德的核心、原则和基本要求的同时，对三大社会道德领域（社会公德、职业道德和家庭美德）的每一个领域，确定了五个道德规范，构成了六十个字的十五个道德规范体系，这就是：（1）社会公德，它的五个具体规范是“文明礼貌、助人为乐、爱护公物、保护环境和遵纪守法”；（2）职业道德，它的五个具体规范是“爱岗敬业、诚实守信、办事公道、服务群众和奉献社会”；（3）家庭美德，它的五个具体规范是“尊老爱幼、男女平等、夫妻和睦、勤俭持家和邻里团结”。

《公民道德建设实施纲要》提出的二十字的道德规范，概括了上述道德生活的所有领域，适用于各种不同的社会群体，它更加言简意赅、通俗易懂、简单明了、容易背诵，更能为群众所喜闻乐见，便于家喻户晓，是每一个公民都应当遵守的基本道德准则。

关于公平与效率的道德思考*

由中共中央公布的《公民道德建设实施纲要》，是对十四届六中全会决议中关于道德建设内容的丰富和发展，在道德理论、道德规范与道德实践上都有所创新和突破。《纲要》指出，要“坚持注重效率与维护社会公平相协调。要把效率与公平的统一作为社会主义道德建设的重要目标，在全社会形成注重效率、维护公平的价值观念。把效率与公平结合起来，使每个公民既有平等参与机会又能充分发挥自身潜力，促进经济发展，保持社会稳定”。这一重要思想对我们进一步加强和完善社会主义市场经济条件下的道德建设，发挥社会主义道德对经济发展和社会进步的促进作用，有着十分重要的意义。

一、坚持注重效率与维护社会公平相协调

公平与效率的关系问题，是社会政治、经济和伦理道德中的一个重要问题。正确地解决这一问题，关系到广大人民群众的最大利益的实现，关系到经济发展和社会稳定，关系到一个政权的巩固。

关于公平与效率的关系问题，在过去长期的计划经济时期，我们曾

---

* 本文原载《求是》杂志，2002（1）。

过分地强调了“公平”的一面，特别是在收入分配领域中的“公平分配”，客观上造成了“吃大锅饭”、“多干少干一个样”等平均主义思想的泛滥，大大影响和挫伤了人民群众的生产积极性。改革开放以来，特别是确立社会主义市场经济体制的改革目标后，为了更好地发展我国的生产力，我们党坚持从我国社会主义初级阶段的客观实际出发，纠正了只重视“公平”而忽视“效率”的错误，提出要在经济和社会生活中处理好公平与效率的关系。江泽民同志在十四大报告中提出：“在分配制度上，以按劳分配为主体，其他分配方式为补充，兼顾效率与公平。”在这里，江泽民同志代表党中央实际上是强调了在分配制度方面，我们社会主义国家，在注重“公平”、重视“共同富裕”的同时，不可忽视“效率”在社会主义市场经济条件下，特别是在收入分配方面的重要作用，要把“兼顾效率与公平”作为分配的一个重要的、基本的原则。

随着社会主义市场经济的不断深入发展，“效率”的问题日益凸显。党的十四届三中全会为了进一步解放和发展我国的社会生产力，适应社会主义市场经济蓬勃发展的客观需要，提出了“效率优先、兼顾公平”的原则。在《中共中央关于建立社会主义市场经济体制若干问题的决定》中，提出“个人收入分配要坚持以按劳分配为主体、多种分配方式并存的制度，体现效率优先、兼顾公平的原则”。应当说，坚持“效率优先、兼顾公平”的原则，对更好、更快地提高全社会的劳动生产率，推动社会生产力的快速发展，促进我国综合国力的不断增强，有着明显的作用。

党的十五大在收入分配领域继续贯彻“效率优先、兼顾公平”的原则。江泽民同志在党的十五大报告中再一次提出：“坚持按劳分配为主体、多种分配方式并存的制度，把按劳分配和按生产要素分配结合起来，坚持效率优先、兼顾公平，有利于优化资源配置、促进经济发展、保持社会稳定。”在这里，江泽民同志代表党中央特别强调了分配制度方面实行“效率优先、兼顾公平”对于优化资源配置、促进经济发展、保持社会稳定的重要意义。

在生产经营领域特别是在收入分配领域中，我们强调“效率优先、兼顾公平”的原则，是根据我国社会主义市场经济的实际情况而提出的，有利于激励广大人民群众充分发挥主动性和创造性，有利于克服“平均主义”的思想残余，有利于更好地贯彻“按劳分配为主体、多种分配方式并存”的分配制度，有利于优化资源配置，对发展生产力和提高劳动生产率、增加社会物质财富都有极其重要的作用。

从收入分配制度上来谈公平与效率，与从整个国家的政治生活、思想道德等方面来谈公平与效率，是既有联系又有区别的。

在社会政治生活和思想道德领域，我们究竟应当如何来认识和处理公平与效率的关系？《纲要》提出了“坚持注重效率与维护社会公平相协调”的原则。这一原则，是社会主义道德建设同一切剥削阶级特别是资产阶级道德建设的一个重要区别，是为“解放生产力，发展生产力，消灭剥削，消除两极分化，最终达到共同富裕”的根本目的服务的。

我们是社会主义国家，在建设社会主义现代化的过程中，既要大力发展生产力，注重经济效率，又要从最大多数人的根本利益出发，为了最终实现共同富裕的目的，坚决而有效地维护社会公平。从整个社会的发展来看，我们既不能因强调“社会公平”而妨害效率，也不能因重视“经济效率”而损害社会公平。贫穷不是社会主义，两极分化更不是社会主义。从“经济效率”上来说，我们要求一部分人通过诚实劳动、合法经营先富起来，但从“共同富裕”来看，我们又必须使先富带动后富，使先富帮助后富，以最终实现社会主义人与社会全面发展的宏伟目标。

2000年6月28日，江泽民同志在全国思想政治工作会议的讲话中提出：“建设社会主义道德体系是一个系统工程，必须坚持正确处理公平与效率的关系，坚持先进性要求与广泛性要求相结合，坚持‘三个有利于标准’，坚持继承和发扬民族优良传统并积极吸收外来优秀文化成果。”2001年1月10日，在全国宣传部长会议的讲话中，他又进一步提出，“要坚持以党的基本理论和基本路线为指导，围绕树立建设有中国特色社会主义的共同理想和正确的世界观、人生观、价值观，坚持继承优良传统与弘扬时代精神相结合，尊重个人合法权益与承担社会责任相统一，注重效率与维护社会公平相协调，把先进性要求与广泛性要求有机联系起来，努力在全社会形成和发扬与经济社会发展相适应的社会主义思想道德”。由此明确地提出了新时期思想道德建设的重要原则即“注重效率、维护公平”。“注重效率、维护公平”这一提法，既是从精神文明建设和思想道德建设方面，也是从社会主义社会的本质要求方面提出的。它既强调了在社会主义市场经济条件下，注重效率的重要性，同时，也强调了公平的重要性，反映了在社会主义社会中，“维护公平”是建设社会主义的本质要求。

二、把效率与公平的统一作为社会主义道德建设的重要目标

资本主义市场经济在利润最大化的强力推动下，通过不断提高劳动生产率，客观上促使经济得到了极大的发展，但同时也导致了贫富两极分化的严重社会后果。这就是说，资本主义社会的所谓发展是以损害甚至牺牲“公平”为惨重代价的。

在道德建设上，资本主义国家的基本价值观念和价值导向，就是个人主义。正像资本主义社会的一些思想家所说的，个人主义把个人的利益看做唯一重要的，社会和他人只是达到个人目的的手段。在经济领域，个人主义思想要求充分发挥“个体”的作用，重视“效率”对个人的人格、价值和荣誉的意义。应当看到，这一价值取向对于推动资本主义的经济发展，起到了一定的历史促进作用。但是，个人主义的致命弱点在于它把他人乃至整个社会单纯地看成实现一己之利的手段，最终脱不出极端个人主义或利己主义的窠臼，从而损害社会公平，影响效率的进一步发挥。在资本主义市场经济高度发达的国家，一些有志之士也看到了过分强调效率实际上并不容易达到自己的目的，因此主张在公平与效率的问题上，使两者能够兼顾，甚至主张公平优先、兼顾效率，并提出种种方案，企图缓和社会矛盾。西方著名伦理学家罗尔斯在他的《正义论》中，对公正、正义的认识，就有着刻意强调社会公正的思想成分。他认为，在整个社会的分配中，应当向那些收入最少、处于最底层的社会弱势群体倾斜，要照顾“最少受惠者的最大利益”，以便使社会的分配更有利于“公平”。但是，由于这些方案都是在维护资本主义基本制度的前提下设计出来的，因此，尽管这些方案不乏对广大劳动人民的同情，但归根到底是希望在维护资本主义基本制度的前提下来挽救资本主义，它最多只能对资本主义起到修修补补的作用，根本上是不可能真正实现“效率与公平兼顾”的社会目标的。

由是观之，《纲要》提出要把“效率与公平的统一”作为社会主义道德建设的重要目标，具有极其重要的理论意义。这就是说，要充分体现社会主义的优越性，就要把社会主义道德建设的核心、原则和基本要求，把广大人民群众的根本利益和集体主义的思想，融入处理效率与公平关系问题的过程中，就要充分认识到，任何只顾公平而忽视效率、只顾效率而损害公平的思想和行为都是错误的。在我国社会主义社会中，只有做到“效率与公平的统一”，才能够在全社会形成团结互助、平等友爱、共同前进的人际关系，才能保证社会主义市场经济的健康发展，全面推进有中国特色的社会主义的伟大事业。

三、努力在全社会形成“注重效率、维护公平”的价值观念

为了更好地贯彻、实现公平和效率的统一，《纲要》提出，要在全社会“形成注重效率、维护公平的价值观念”，这就为今后我们的道德建设特别是道德教育提出了一个很重要的任务。

什么是“社会公平”？一般来说，它主要是指在社会生活中，每一个人都能有全面发展自己和获得自己正当利益的机会。对于一个公民来说，就是要实现权利与义务的平等。那么，怎样才能实现“社会公平”呢？这可以从两个方面来加以分析：一是“参与”的公平或称“机会”的公平，一是“结果”的公平。只有在这两个方面都做到“公平”，才是社会主义所要求的“公平”。

“参与”的公平，就是要使社会生活中的每一个人，对于一切机会、职务和地位，都有资格平等参与和平等竞争。我们建设有中国特色社会主义事业，既要着眼于广大人民群众现实的物质文化需要的提高，也要努力促进人的全面发展。实际上，社会主义社会的目的之一就是要使每一个社会主义的公民，能够真正得到平等发展的机会。

“结果”的公平，就是要在最后的收入分配环节中，能够实行合理的、公正的收入分配制度，使每一个人都能够按照自己的劳动和贡献，得到自己应该得到的那一部分。我国当前所实行的以按劳分配为主体的多种分配方式并存的分配制度，就是为了达到“结果”的公平而采取的

正确政策。

同时，我们也要看到，在社会主义初级阶段，由于历史和现实的种种原因，特别是由于个人的文化素质、教育程度、经济条件、家庭、单位、行业和地区的种种差异，在参与的机会上，对一些人来说，公平的最终实现还受到程度不同的影响。因此，国家、社会、集体应当尽量设法克服这些因素的负面影响，力求使每个公民都能有平等参与的机会。当前我们应当特别关心那些经济上处于贫困、生活上遇到困难、总体上处于弱势地位的个人和群体，使他们在接受教育、获得工作、施展才华、谋取个人正当利益等各个方面，都有平等的机会。只有首先实现“参与”上的公平，才能够使“结果”达到真正的公平。我们是社会主义国家，我们的道德建设和价值导向，我们的制度建设和政策引导，都应当最大限度地促进和保证每一个公民都有公平参与的机会，使他们都能够最大限度地发挥自己的才能、实现自己的价值，努力促进每个人自由而全面的发展。

总之，“注重效率、维护公平”，努力促进人的自由而全面的发展，是马克思主义关于建设社会主义新社会的本质要求，我们应当通过广泛地宣传、教育，积极营造“注重效率、维护公平”的社会氛围，强化“注重效率、维护公平”的政策导向，在全社会努力形成和树立“注重效率、维护公平”的价值观念，使我们的社会主义市场经济能更好地沿着社会主义道路健康地向前发展。

充分认识加强公民道德建设的重要意义*

一、新时期加强社会主义道德建设的重要意义

加强社会主义道德建设，是发展先进文化的重要内容。我国已进入全面建设小康社会和加快社会主义现代化建设进程的新阶段。在新的世纪中，继续推进中国特色社会主义伟大事业，确保第三步战略目标的顺利实现，就必须在加强社会主义法治建设、依法治国的同时，切实加强社会主义道德建设，以德治国，把法治建设与道德建设、依法治国与以德治国紧密结合起来。在加强道德建设和以德治国中，公民道德建设尤其占有重要的地位，因为公民道德的不断深化和拓展，有利于规范人们的思想行为，形成良好社会风尚，提高全民族的思想道德素质，逐步形成与社会主义市场经济相适应的思想道德体系，促进物质文明与精神文明的协调发展。在当前，加强公民道德建设，对整个国家的长远发展和中华民族的伟大复兴，对更好地培养一代又一代有理想、有道德、有文化、有纪律的社会主义公民，都有着重要的促进作用。加强社会主义的道德建设，是一个巨大的系统工程，而公民道德建设，是这个系统工程

* 本文原载《以德治国与公民道德建设》。

中的基础工程，我们应当从战略的高度，充分认识加强公民道德建设的重要性。

1. 社会主义道德建设，是发展先进文化的重要内容

江泽民同志在庆祝建党八十周年大会上的讲话中指出，“我们党要始终代表中国先进文化的前进方向”，“必须努力体现发展面向现代化、面向世界、面向未来的，民族的科学的大众的社会主义文化的要求，促进全民族思想道德素质和科学文化素质的不断提高，为我国经济发展和社会进步提供精神动力和智力支持”。我们在加强社会主义道德建设和公民道德建设时，一定要认真领会和贯彻这一有重要意义的指导思想。

我们所说的社会主义思想道德建设，一方面是指马克思列宁主义、毛泽东思想、邓小平理论的教育，一方面是指在这一理论的指导下，符合社会主义社会发展和要求的道德建设。社会主义思想道德建设集中体现着精神文明的先进性质和方向，对社会政治经济的发展具有巨大的能动作用。正如党的十四届六中全会所指出的，在改革开放和现代化建设的整个过程中，思想道德建设的基本任务是：坚持爱国主义、集体主义、社会主义教育，加强社会公德、职业道德、家庭美德建设，引导人们树立建设中国特色社会主义的共同理想和正确的世界观、人生观、价值观。社会主义思想道德建设集中体现着精神文明的先进性质和正确方向。

加强社会主义的道德建设，我们就必须弘扬反映革命、建设和改革要求的新道德，荡涤旧社会遗留下来的和国外渗透进来的腐朽没落的旧道德，培养一代又一代有理想、有道德、有文化、有纪律的公民。加强社会主义的道德建设，我们就必须提倡为建设中国特色社会主义而奋斗的献身精神，提倡国家和集体利益的价值导向。

加强社会主义的道德建设，就是要在全社会倡导爱国主义、集体主义、社会主义思想，反对和抵制拜金主义、享乐主义、极端个人主义等腐朽思想，增强全国人民的民族自尊心、自信心、自豪感，激励他们为振兴中华而不懈奋斗。

2. 以德治国在新时期的重要意义

加强道德教育，实施以德治国，是保证我国社会主义四个现代化顺利进行的治国方略的一个重要方面。加强公民道德建设，有利于以德治国的实施，是以德治国的一个重要组成部分。为了实现“代表中国先进

文化的前进方向”的要求，我们就必须要大力加强社会主义的思想道德建设，坚决克服和纠正“一手硬、一手软”的倾向，使社会主义精神文明建设不断得到发展。加强社会主义的精神文明建设、加强道德教育和公民道德建设，对于实现中华民族的伟大复兴，有着思想动力和方向保证的巨大作用，应当引起我们的高度重视。

在实现社会主义四个现代化的过程中，我们不仅需要强调“法治”的重要性，同时也需要强调“德治”的重要性，忽视其中的任何一个方面，都不可能达到使我们的国家经济发展、政治稳定和社会有序的目的。的确，我国实施法治以来，立法已经日趋完善，执法也不断加强，依法治国已经成为我国的一个众所周知的治国方略，我国的社会秩序和政治稳定也已经大大加强，这是有目共睹的。

3. 加强和深化公民道德建设，逐步形成社会主义道德体系

公民道德建设是提高全民族道德素质的一项基础性工程，对弘扬民族精神和时代精神，形成良好的社会风尚，促进物质文明和精神文明的协调发展，继续推进建设中国特色的社会主义伟大事业，具有十分重要的意义。

在社会主义现代化的建设中，我们既要建立与社会主义市场经济相适应的法律体系，同时，我们还必须建立与社会主义市场经济相适应的社会主义的道德体系。我们知道，我国适应社会主义市场经济的法律体系，经过了改革开放以来的不断努力，到今天已经取得了显著的成绩。而适应社会主义市场经济的社会主义道德体系，尚在建设之中。社会主义道德体系的建立，是一个包括各个方面的系统工程，需要长期的努力。公民道德体系的建设，必将大大推动我国社会主义道德体系的建立和完善。

二、我国现阶段道德建设的成绩与问题

1. 我国道德建设的巨大成绩

党的十一届三中全会特别是十四大以来，我国改革开放和社会主义现代化建设取得了举世瞩目的巨大成就，精神文明建设呈现出积极健康向上的良好态势。这些成绩的取得，为我们加强公民道德建设，打下了

坚实的基础，创造了良好的前提。

首先，改革开放以来，特别是党的十二大以来，在邓小平同志和党中央的领导下，我们党在建设物质文明的同时，不断加强社会主义精神文明的建设，取得了显著的效果。20 世纪 90 年代以来，江泽民同志更加强调精神文明建设的重要意义，提出要把社会主义的精神文明建设提到更加突出的地位，提出了“物质文明和精神文明都搞好，才是有中国特色的社会主义”，强调“物质贫乏不是社会主义，精神空虚也不是社会主义”的思想，使我国长期以来所存在的“一手硬、一手软”的现象，得到了有效的克服，使我国的精神文明建设取得了更加可喜的成绩。精神文明建设的加强，不但改进了我国的社会风气，而且极大地推动了我国的四个现代化建设的进一步发展。

其次，我们坚持马克思主义的指导地位，用爱国主义、集体主义、社会主义教育人民，大力推进社会主义精神文明建设。在三个主旋律的教育下，我国人民的爱国主义、集体主义的思想不断发扬光大，热爱祖国已经成为广大人民群众的自觉要求，为祖国的繁荣富强、为中华民族的振兴、为建设中国特色的社会主义而努力奋斗，已成为全体公民的共同志愿。在经济、政治、文化、体育等各方面的活动中，祖国的富强、祖国的荣誉、祖国的威望，正激励着千千万万的人兢兢业业、发奋图强地勤奋工作。热爱中华、热爱祖国，已经成为当前中国公民的崇高美德，忠于祖国、忠于人民，已经成为每一个中国公民发自内心的炽热的情感。中华民族的爱国主义的思想，正以一种前所未有的凝聚力、亲和力、激励力、辐射力发挥着重要的作用。

再次，我们不断发展社会主义文化，全国人民的思想道德素质和教育科学文化素质不断提高，全国人民的精神生活日益丰富，向世界展现了中华民族新的精神风貌。为人民服务精神不断发扬光大，在现实生活中，助人为乐、见义勇为、无私奉献的道德楷模不断涌现，雷锋精神在社会主义四个现代化建设的新时期，仍然发挥着重要的作用。在广大人民群众中，在各个工作岗位上，崇尚先进、学习先进形成风气。通过反对封建迷信、提倡科学的教育，在人民群众中，追求科学、文明的生活方式已成时尚，人民群众参与精神文明创建活动热情高涨，竞争意识、效率意识、民主法制意识和开拓创新精神大大增强，社会道德风尚发生了可喜变化。

最后，我们坚持发扬全国各民族的优秀文化，积极吸收各国文明的先进成果，推动社会主义文化日益繁荣。中国革命道德的优良传统，在新时期得到了很好的发扬。延安精神、铁人精神、雷锋精神等在社会生活中以新的面貌有力地改变着社会的风尚，从而形成了具有时代意义的抗洪精神。不怕艰难、勇往直前、自力更生、发奋图强、勤俭建国、艰苦朴素的思想和作风，已成为大多数公民的共识。中国古代的传统美德，如自强不息、厚德载物、诚实守信、尊老敬长、友善互助、敬业乐群、舍己为人等在新的时期，得到了继承。正如江泽民同志所指出的："弘扬中国古代优良道德传统和革命道德传统，吸收人类一切优良道德成就，努力创建人类先进的精神文明。"在道德建设上，我们已经能够做到"古为今用"和"洋为中用"，既能够继承一切外来的和中国古代道德中的优良成分，又能够抛弃其不适合时代需要的、非科学的内容，使其成为社会主义道德的有机部分。

总之，改革开放以来，特别是20世纪90年代以来，经过党和政府坚持不懈地工作，在全国人民的共同努力下，我国的公民道德建设迈出了新的步伐，符合时代要求的新的道德观念日益深入人心，成为我国公民道德建设发展的主流。

2. 我国道德建设目前仍然存在的问题

但是，必须清醒地看到，由于历史和现实的种种原因，无论是从国际还是从国内看，我们在道德建设上仍然面临着新的挑战和新的问题。西方敌对势力对我国实施"西化"、"分化"的政治图谋不会改变，他们的惯用手法，就是通过西方资产阶级的个人主义、拜金主义、享乐主义和自由主义等价值观念的传播，来腐蚀人们的思想，改变人们的价值观念，以达到他们改变我国社会主义性质的目的。现实生活说明，在对外开放过程中，西方的价值观念和生活方式已经在许多方面腐蚀着一些意志薄弱的人，使他们陷入道德沦丧的泥潭。另外，随着我国社会主义市场经济的不断发展，我国社会的经济成分、组织形式、物质利益和就业方式也日益多样化，其结果也必然会给人们的思想观念、价值取向、文化生活带来多样性。在市场经济发展的漫长过程中，商品交换的法则也容易侵蚀到社会政治生活和人们的道德领域，从而引发人们的见利忘义、自私自利、损公肥私和损人利己的思想，导致一些人的道德素质下降、道德意识薄弱，以致影响到我国的社会风气和国家的稳定。这些都给我们加强社会主义精神文明建设和道德建设带来了新的课题。

正是由于上述种种原因，我国的道德领域确实存在着一些不容忽视的问题，有的还相当严重。我们既要看到我国道德领域中所取得的重大成绩，看到由于改革开放和实行社会主义市场经济所带来的积极因素，也要明智地看到国内和国外的消极因素对我国道德领域所造成的消极影响，并能够提出加强公民道德建设的有力的办法和措施。

首先，改革开放以来，在我国的社会上，西方的拜金主义、享乐主义、个人主义有所滋长，一些人的唯利是图的思想得到了发展。他们的一些思想和行为，都以追逐个人的私利为唯一目的。因此，在社会经济活动中，假冒伪劣、坑蒙拐骗、见利忘义、损人利己的现象，不断蔓延，屡禁不止，以致成为我国经济发展中一个严重的障碍。一些人在经济活动和社会交往中，用“欺骗”代替“诚实”，以“失约”代替“守信”，为了满足个人的私欲和谋取个人的私利，不惜采取违犯法律的种种手段，来坑害他人、坑害群众。更为严重的是，在有关人民生命健康的食品、医疗等方面，假冒伪劣也日益发展，严重危害了人民的生命健康。一个社会的“诚实守信”的程度，往往是一个社会经济、政治和文化顺利发展的一个重要的基础和条件。为了使我国的社会主义的市场经济能够正常、有序、健康发展，为了改善我国的社会风气和道德水平，我们必须坚决抵制社会的这种假冒伪劣、坑蒙拐骗、见利忘义、损人利己的风气，树立诚实守信的道德风尚。

其次，一些人受到腐朽思想的腐蚀，使市场经济的等价交换原则，渗透到我国的政治生活中来，从而在我们的一些党政干部中，发生了以权谋私、行贿受贿、腐化堕落等腐败现象，并且在一些地方不断发展蔓延。

政治腐败现象的根本原因，是私有制度的存在，应当说，自从私有制产生以来，政治上的腐败现象，就随着私有制的发展而不断发展。在以往的剥削阶级占统治地位的社会中，一些明智的统治者，虽然也总是要极力克服政治中的腐败问题，但是，这也只能在一定时期内使政治相对地比较清明一些，不可能从根本上铲除腐败现象。

我国虽然实现了社会主义的革命，工人阶级和广大人民群众掌握了国家的政权，实现了以公有制为主体、多种所有制经济共同发展的基本经济制度，为消灭政治上的腐败创造了条件，建立了基础。但是，由于历史和现实的种种原因，我国的反对腐败的任务，还是十分艰巨的。长期的封建社会的等级制度及其观念，在人们的头脑中，还有深远的影响，资产阶级的腐朽思想和生活方式，也不断地侵袭人们的思想；一些政府机关的工作人员，不能时刻铭记为人民服务的宗旨，不是把自己当做人民的勤务员，而是把自己看做高高在上的官僚。正是在这种内因和外因的结合下，一些党政干部经不起来自各方面的诱惑和腐蚀，经不起金钱、女色的考验，经不起糖衣炮弹的袭击，丧失了社会主义和共产主义的理想和信念，从而陷入损公肥私、贪污腐败、违法犯罪的泥潭。正如江泽民同志所指出的："全党同志一定要从党和国家生死存亡的高度，充分认识反腐倡廉工作的重大意义，把党风廉政建设和反腐败斗争进行到底。"同时，我们必须要深刻认识腐败的历史根源和现实土壤，从思想上、道德上筑牢拒腐防变的堤防，把"反腐"和"倡廉"紧密结合起来，在反腐的同时，大力提倡廉洁奉公的精神，培育为官清正的道德品质，努力铲除腐败现象滋生的土壤和条件，加大从源头上预防和解决腐败问题的力度。

再次，愚昧落后、封建迷信、歪理邪说危害严重，黄、毒、赌等社会丑恶现象沉渣泛起。

新中国成立以来，党和政府一直强调文化教育的重要性，提倡科学、反对迷信，高举中国先进文化的旗帜，努力建设中国特色社会主义新文化，大力荡涤旧社会遗留下来的和国外渗透进来的腐朽没落的旧文化，从思想上、精神上极大地解放和激励了广大干部群众，在全党和全国人民中形成了凝聚人心、统一意志的正确指导思想和共同理想，取得了巨大的成绩。但是，由于封建迷信思想有着深远的历史影响，再加上我国教育发展的不平衡，特别是国内外的腐朽思想的侵蚀，改革开放以后，在我国社会上，封建迷信、愚昧落后以及在一段时期内一度绝迹的黄、毒、赌、黑等现象，又死灰复燃，一些人也乘机散布各种谎言，蛊惑群众，甚至打着"提高人们道德水平"的幌子，愚弄人民，其结果不但大大败坏了人们的道德，而且腐蚀了人们的灵魂，扰乱了社会秩序，影响了国家的稳定。

最后，在一些领域中，正确的道德规范对人们失去了约束力，是非、善恶、美丑、荣辱界限混淆。

在任何一个社会中，道德规范的实施和遵守，都必须以正确的道德评价和道德认知标准为前提。这也就是说，是非、善恶、美丑、荣辱的界限，不能模糊不清，更不能加以混淆。具体来说，也就是什么是道德、什么是不道德，应当有一个明确的界限。令人痛惜的是，在个人主义、拜金主义和享乐主义的腐蚀下，一些人混淆和抹杀了它们的界限，把自私自利、损人利己看做道德，把无私奉献看做傻瓜，把弄虚作假看做聪明，把诚实守信看做愚昧，把吃吃喝喝当做时尚，把勤劳节俭当做过时，把爱岗敬业当做傻帽，把投机取巧视为能干等，在什么是善、什么是恶、什么是美、什么是丑等问题上的错误认识，导致了一些人的荣辱观念的颠倒和错位。他们失去了社会主义道德的正确的荣辱观念，没有社会主义道德的“羞耻之心”，因而社会主义的道德规范，也就对他们失去了约束力。

3. 立足现实、增强信心，把公民道德建设搞好

我国道德建设所取得的巨大成绩，是我们进行公民道德建设的基础，我们应当充分认识我国在道德建设上所取得的成就，乘胜前进。同时，我们也清醒地看到，我国道德建设上所出现的问题，只是发展中的问题，其中有些是难以避免的。只有全面地、辩证地、发展地来看待这些问题，我们才不会因为只看到成绩而盲目乐观或只看到所存在的问题而失去信心。社会主义市场经济的一个特殊的现象和问题，就是它一方面给道德建设以积极的影响，焕发了人们在道德上积极向上的精神，增强了人们奋发图强、自力更生、积极进取、注重效率的动力，提高了人们为谋取个人利益而推动生产力发展的活力，如此等等；另一方面，市场经济的等价交换原则、最大利润原则、金钱至上的原则、消费主义的原则、只求效率的原则等，必然要诱发人们的个人主义、拜金主义和享乐主义思想，并从心灵的深处腐蚀人们的灵魂，带来政治的腐败，污染社会的风气。我们之所以强调我们所实行的是社会主义市场经济，其基本特点就是，我们所实行的市场经济是要受社会主义的经济、政治、文化和道德来制约的。这就是说，我们已经认识到市场经济将会带来道德上的种种消极的和负面的影响，并力求用加强社会主义道德建设来克服这些消极的影响，使我们的道德建设沿着正确的道路，健康地向前发展，而加强公民道德建设，就是我们的一个重要措施。

三、加强公民道德建设是一项长期而紧迫的任务

社会主义的道德建设，包括许许多多的方面，其中，对全国公民的道德教育，是一个极其重要的方面。从一定意义上，我们可以说，公民道德教育和道德建设，是全部社会主义道德教育和道德建设的基础，这个基础是否坚实和牢固，关系到整个社会主义道德建设的成败。如果没有坚实和牢固的公民道德建设的基础，我们的一切道德教育，犹如要想在沙滩上建立起一个高大的建筑物，这是不可能的。公民道德的基本出发点，就是从全体公民的实际道德水平出发，运用通俗易懂、切实有效的方法，使每个公民都能树立起遵守公民道德规范的自觉意识。公民道德建设的根本目的，就是要通过道德的说服力和感化作用，加强道德教育，以达到培育一代又一代有理想、有道德、有文化、有纪律的社会主义公民的目的。加强公民道德建设，能够在提高全民族的思想道德素质的同时，在全社会形成良好的社会风尚，维护社会的稳定，有利于增强民族的凝聚力和向心力，对我国的四个现代化建设，对精神文明建设和物质文明建设的共同发展，对我国的综合国力的增强，都有不可代替的作用。

1. 中华人民共和国公民的权利和义务

一般来说，公民是具有一个国家的国籍，并根据该国的宪法和法律规定，享有权利并承担义务的人。

公民和国民两个名词，既有联系又有区别。国民是指一个国家的居民，即具有这个国家的国籍的人。在大多数情况下，一个国家的国民也就是这个国家的公民。在实际生活中，因为是从不同的方面来观察问题的，所以，国民和公民，仍然是有区别的，例如，有些国家的法律明文规定，虽然有一个国家的国籍，是这个国家的国民，但不一定有公民的权利，因而这些没有公民权利的人，只能是这个国家的“国民”，而不是这个国家的公民，如英国，具有英国国籍的人并不都是它的公民，因而不都享有公民的权利，特别是政治权利。在我国新中国成立前所制定的《中国人民政治协商会议共同纲领》中，就明确规定，中华人民共和国的“国民”，并不享有人民所应当享有的权利，只有“人民”才“有思想、言论、出版、集会、结社、通讯、人身、居住、迁移、宗教信仰

及示威游行的自由权”以及“选举权和被选举权”。

从历史的发展来看，公民是民主政治的产物。在中国古代，公民的意义和今天的公民的意义完全不同。在先秦，公民有两种含义，一是指“为公之民”，如《韩非子》中说“是以公民少而私人众矣”①，这里，“公民”是指“为公之民”，即为公众、为国家做事的人；二是指君主之民或公家之民，是指一个人的归属。我国古代还使用“国民”一词，主要是指一个诸侯国或者藩封所辖地区的老百姓。《周礼》中曾说“令国民族葬”②，《左传》中说“先神命之，国民信之”③，都是同样的意思。另外，中国古代有“国人”的概念，所谓国人，一是《周礼》中说的“国人”，指居住在大邑（城市）内的人④，如“国人、郊人，从其有司”，就是这个意思；二是指整个国家的人民，如孟子所说的“国人皆曰不可，然后察之”⑤。清代末年和民国以后一段时期，“国人”就专指中国所有的人。“公民”的用法，因人而异，如康有为在《大同书》中说“凡未辟之岛地为公地，居者即为公民”，这里的“公民”是指居住在没有开辟的公地上的人；同时，我们还可以看到，当时的一些人，在接受西方的文化以后，已开始用“公民”指具有一个国家的国籍而有法定权利的人。

古代的希腊和罗马，随着城邦的发展，一小部分自由民获得了一定的民主的权利，并得到法律的承认和保护，成为在法律上有特权的公民。中世纪以后，在封建专制的等级制度和教会神权的统治下，只有神职人员和大小封建主享有政治、经济、法律上的特权，广大劳动人民处于被压迫、被奴役的地位，既没有任何的权利可言，也就没有公民的概念。在西方，只是到了17、18世纪，以洛克、卢梭等人为代表的资产阶级思想家，提出了“天赋人权”、“主权在民”的思想，宣扬“自由、平等、博爱”的资产阶级的人权思想，强调国家属于公民全体，宣称所有的人都享有公民的权利，人人平等，都是公民。以后在美国《独立宣言》和法国《人权宣言》及其他资产阶级国家的宪法中，都把自己国家

① 《韩非子·五蠹》。
② 《周礼·春官·墓大夫》。
③ 《左传·昭公十三年》。
④ 参见《周礼·地官·泉府》。
⑤ 《孟子·梁惠王下》。

的所有国民，称作公民。“公民”，主要表示在法律上具有权利和义务的主体。

在资本主义国家中，从表面和形式上看，宣扬国家的所有公民，在权利和义务上，都是“法律面前，人人平等”的，其实质则是一小部分富人享有特权。广大劳动人民必须尽所应尽的各种义务，他们的公民权利，则不能得到保障，甚至遭到践踏。

我们是社会主义国家，社会主义的根本目的，就是“解放生产力，发展生产力，消灭剥削，消除两极分化，最终达到共同富裕”。在我们国家中，每一个中华人民共和国公民的权利是真实的，公民在享受权利和履行义务上是平等的，真正做到公民在法律面前一律平等。同时，在我们社会主义国家中，公民和人民的含义在有些情况下，其意义是不同的。公民是法律概念，泛指社会全体成员，包括享有民主的主体和实行专政的对象。人民是政治概念，相对于“敌人”而言，我们的四项基本原则中所说的“坚持人民民主专政”，就是指的广大人民对“敌人”的专政。当然，“人民”和“敌人”在社会主义的不同历史时期，有不同的内容，这是我们应当分清的。

在1954年的《中华人民共和国宪法》和以后修改的宪法中，都明确地规定了中华人民共和国的所有的公民，都享有宪法所规定的权利和义务。我国宪法规定，“凡具有中华人民共和国国籍的人都是中华人民共和国的公民”，“中华人民共和国公民在法律面前一律平等”，“任何公民享有宪法和法律规定的权利，同时必须履行宪法和法律规定的义务”。

只有在社会主义国家中，公民所享受到的权利才是真实的，因而，每一个社会主义国家的公民，更应当严格履行自己应尽的义务。公民的权利和义务的规定和实施，从根本上来说，都只能是一定社会的经济关系和政治制度的产物，正像马克思所说的“权利永远不能超出社会的经济结构以及由经济结构所制约的社会的文化发展”①。

“公民”是一个法律概念，是指依据法律规定，在法律上享有一定权利和应尽一定义务的人；因此，从道德上来看，同样，作为社会主义国家的一个公民，就必须遵守社会主义对所有公民的道德要求，力求在道德上身体力行，遵纪守法，同时，在履行自己的道德责任之后，也理

① 《马克思恩格斯选集》，1版，第3卷，12页。

所当然地应当享受到相应的道德权利。

一个国家的公民，对自己的国家，有着神圣的责任。邓小平同志以自己是中华人民共和国的公民而自豪，始终强调自己作为公民的责任。他说："我是一个中华人民共和国的公民，要服从人民的意愿。"① 他在致中共中央政治局的信中更进一步说："作为一个为共产主义事业和国家的独立、统一、建设、改革事业奋斗了几十年的老党员和老公民，我的生命是属于党、属于国家的。"②

江泽民同志在庆祝中国共产党成立八十周年大会上的讲话中，对"公民"提出了更高的要求。他从"我们党要始终代表中国先进文化的前进方向"出发，认为"发展社会主义文化的根本任务，是培养一代又一代有理想、有道德、有文化、有纪律的公民"，强调了每一个公民都应当成为一个有道德的人，也就是强调了公民道德的重要性。

2. 什么是公民道德？

所谓公民道德，就是一个国家所有公民都必须遵守和履行的道德规范的总和。这个道德规范的总和，包括道德核心、道德原则、道德的基本要求和一系列的道德规范。

我们知道，社会主义道德建设是以马克思列宁主义、毛泽东思想、邓小平理论为指导，以为人民服务为核心，以集体主义为原则，以爱祖国、爱人民、爱劳动、爱科学、爱社会主义为基本要求，把职业道德、社会公德、家庭美德的建设作为整个社会主义道德建设的落脚点。在加强社会主义道德建设的整个工作中，如何把上述内容和要求具体化、规范化，使之成为全国公民普遍认同和自觉遵守的行为规范，是摆在我们面前的一项重要而紧迫的任务。

因此，我们说，公民道德和社会主义的道德体系，是既有区别又有联系的。一般来说，公民道德是社会主义道德体系的一个组成部分，是社会主义道德的基础。社会主义的道德体系，是先进性和群众性的统一，它既包括对共产党员和先进分子要求的共产主义道德，也包括对广大公民要求的公民道德。对于共产党员和先进分子来说，我们要求他们能够身体力行和切实做到共产主义道德，不应当降低对他们的要求；同时，对于广大群众来说，对国家的所有公民来说，我们不应当也不可能

① 《邓小平文选》，1版，第3卷，175页。

② 同上书，323页。

要求他们都身体力行共产主义道德。当然，在我们社会主义国家，我们仍然要对所有公民提倡和宣传共产主义的高尚道德。

3. 加强公民道德，在当前有什么重要意义？

最后，我们还要特别指出，在当前，加强公民道德，还有着对全国各个岗位、各个方面、各种职业以及各个阶层的人，普遍、深入、持久地进行道德教育的重要意义。根据我国宪法规定，凡是有中华人民共和国国籍的人都是中华人民共和国的公民。这就是说，公民包括了所有的中国人，既有成年人，也包括未成年人，以至刚刚出生的婴儿。公民的概念比人民的概念要宽泛得多，即使是违法犯罪分子和专政的对象，也都属于公民的概念之内。

加强公民道德建设，首先要求我们的党政干部要以身作则地履行公民道德的所有要求，在全国所有公民中起道德示范作用。党政干部作为国家的管理干部来说，有着更高的道德规范要求来约束自己的行为，其中的党员更应当身体力行共产主义道德，以全心全意为人民服务和无私奉献的精神作为自己思想和行为的准则，要能够始终代表中国最广大人民的根本利益，同时，又必须认真、切实、完全地履行公民道德的要求。只有认真、切实、完全地履行了公民道德的要求，才能为履行和实践共产主义道德树立良好的基础。现实生活说明，一些共产党员和国家的干部之所以经受不住改革开放的各种考验，其中一个重要的原因就是他们没有严格按照公民道德的要求来约束自己。而且，党和国家的干部，只有认真、切实、完全地履行了公民道德的要求，才能成为全体公民的榜样，才能在人民群众中具有一种人格的力量，才能更好地带领广大人民群众进行社会主义四个现代化的建设。

改革开放以来，随着社会主义市场经济的发展，我国社会阶层的构成也发生了新的变化，其中最突出的一个问题，就是出现了民营科技企业的创业人员和技术人员、受聘于外资企业的管理技术人员、个体户、私营企业主、中介组织的从业人员、自由职业人员等社会阶层。而且，许多人在不同所有制、不同行业、不同地域之间流动频繁，人们的职业、身份经常变动。对这些人如何加强社会主义的道德教育，如何加强对他们的爱国主义、集体主义和社会主义的教育，就成了我们思想政治教育和道德教育所面临的一个重要问题。为了能够在党的路线方针政策指引下，使这些新的社会阶层中的广大人员，通过诚实劳动和工作，通过合法经营，为发展社会主义社会的生产力和其他事业做出更大的贡献，必须大力加强对他们的公民道德教育，使他们能更好地在自己的岗位上诚实劳动、遵纪守法，成为中国特色社会主义事业的建设者。这些年来，我们在思想政治工作和道德教育中，这一领域，可以说是一个相对比较薄弱的环节，是一个亟待加强的方面。一方面是由于在这些阶层及其所形成的各种组织中，党的组织较少，日常的思想教育和道德教育也相对缺乏；另一方面，又由于他们的职业和身份经常变动，他们的居住地不但经常变换，而且流动性很大，甚至往往跨越县、市和省的范围，在一些地区频繁流动。其中一些从农村到城市谋求职业的个体劳动者，他们住在城郊的结合部，我们的思想教育和道德教育，往往达不到这些地区，他们成为我们思想教育和道德教育的空白点，而这些个体劳动者又是最需要进行思想教育和道德教育的。这些问题如果得不到及时有效地解决，不仅会影响精神文明建设的成就，而且会危及社会的稳定，必须引起全党全社会的高度重视。

加强公民道德教育的一个重要任务，就是要通过地区和社区有关组织，提高他们的道德素质，培养他们成为合法经营、诚实劳动的个体劳动者，成为有理想、有道德、有文化、有纪律的社会主义公民。

加强青少年和儿童的公民道德教育，也是一个不容忽视的重要问题。我国近13亿人口中青少年占有很大的比重，从幼小的时候起就对他们进行有关道德的教育，关系到他们成长以后素质的提高，应当引起我们高度的重视。正如邓小平同志早就指出的，思想道德教育，必须“从娃娃抓起”，从幼儿和青少年抓起，“我们要大力在青少年中提倡勤奋学习、遵守纪律、热爱劳动、助人为乐、艰苦奋斗、英勇对敌的革命风尚，把青少年培养成为忠于社会主义祖国、忠于无产阶级革命事业、忠于马克思列宁主义毛泽东思想的优秀人才，将来走上工作岗位，成为有很高的政治责任心和集体主义精神，有坚定的革命思想和实事求是、群众路线的工作作风，严守纪律，专心致志地为人民积极工作的劳动者”①。为了“从娃娃抓起”，我们还应当在家庭教育和幼儿教育中、在我们的幼儿园和一切学前教育中，运用各种形式和手段，以通俗、易懂、形象、简明的方式，加强公民道德的宣传和教育，使任何一个幼小

① 《邓小平文选》，2版，第2卷，106页。

的公民，都能接受公民道德的教育。

同时，我们也要认识到，对一切违法犯罪的分子和受刑事处分的人，因为他们仍然是中华人民共和国的公民，我们对他们仍然有进行教育的责任。实行革命的人道主义，是我们党一贯的思想。早在新民主主义革命时期，毛泽东同志就提出要发扬革命人道主义的思想。新中国成立以来，我国对一切犯罪分子都实行改造和教育并重的政策，收到了很好的效果。违法犯罪分子之所以陷入犯罪的泥潭，都有其思想的根源，在对他们进行必要的惩罚以外，更应该对他们进行思想上的教育和改造，要使他们从灵魂的深处认识到犯罪的可耻，培育他们的“羞耻之心”，使他们有正确的荣辱观念，这样，不但能够使他们以正确的态度接受改造，而且能使他们在刑满释放之后，不再犯罪，成为一个遵纪守法的社会主义社会的好公民。新中国成立以来，我国在这方面，取得了极其显著的成绩，这也可以说是我们社会主义国家在对待犯罪分子方面不同于资本主义国家的一个明显的地方。近年来，我国对一些“法轮功”的痴迷者所采取的挽救教育的政策，使大量的痴迷者认清了这一歪理邪说的虚伪本质，从而认清了自己所犯的错误和罪行，幡然悔悟，获得了新的生命。

正是由于上述种种原因，加强公民道德教育，就成为一个刻不容缓的重要而紧迫的任务。回顾改革开放 20 多年来的历程，我们尽管一直强调要进行道德教育，要加强社会主义精神文明建设，但是，我们还始终没有能够及早地提出中华人民共和国公民所应普遍遵守的一个道德规范。中共中央批准的《公民道德建设实施纲要》，就是在公民道德建设上的一个重大举措。《纲要》的实施，必将对我国的公民道德建设、对我国的思想道德建设和社会主义精神文明建设发挥重要的作用。

公民道德建设与社会主义道德体系*

社会主义道德建设，是社会主义精神文明建设的重要内容，是先进文化发展方向的内在要求。《公民道德建设实施纲要》的公布和实行，是社会主义道德建设的一项重大举措，是新中国成立以来由中共中央所颁发的第一个专门关于道德建设的纲领性文件，而且也是中国历史上第一个关于全体国民或全体公民道德建设的文件。它的公布和实施，必将对我国的精神文明建设和道德建设，不论是在理论上还是在实践上，产生重要的作用。

《公民道德建设实施纲要》是十四届六中全会决议中关于道德建设内容的补充、丰富和发展，在道德理论上有所创新，在道德实践和道德规范上也有重要突破。从理论上看，主要是对社会主义市场经济条件下所出现的新问题，作了有针对性的回答，对利益关系变化所引发的新矛盾，进行了辩证的思考，提出了新的论述，有利于新的人际关系的协调；从道德实践上看，对道德基本规范作了高度的概括，对道德的法律保障和政策支持的重要意义有新的论述，对舆论氛围在道德建设中的重大作用，也作了新的阐发；等等。这一切，对于我们进一步发展社会主义的道德理论，实践社会主义道德规范，提高全体公民的道德素质，都

* 本文原载《以德治国与公民道德建设》。

有十分重要的意义。

一

从理论上看，《公民道德建设实施纲要》把社会主义的道德建设，提高到“三个代表”的战略高度，提高到“以德治国”的治国方略高度来认识，更加突出了道德建设在当前的“重要性、艰巨性、长期性和紧迫性”，明确了在当前必须把道德建设“放在突出地位来抓”的特殊意义。

“三个代表”重要思想中的先进文化发展方向，主要指社会主义的精神文明建设，而思想道德建设，就是先进文化发展方向的主要内容和中心环节。社会主义的道德建设，完全体现了先进文化发展方向的要求，是实践先进文化发展方向的重要举措。切实地、认真地加强道德建设，贯彻《公民道德建设实施纲要》就是抓住了先进文化发展方向的中心环节和主要内容，体现了中国最广大人民的根本利益。

《公民道德建设实施纲要》从治国方略的高度更加强调了道德建设在当前的突出地位。《纲要》再一次明确地强调，“必须在加强社会主义法制建设、依法治国的同时，切实加强社会主义道德建设、以德治国，把法制建设与道德建设、依法治国与以德治国紧密结合起来”。正如江泽民同志所指出的：“我们在建设有中国特色社会主义，发展社会主义市场经济的过程中，要坚持不懈地加强社会主义法制建设，依法治国，同时也要坚持不懈地加强社会主义道德建设，以德治国。对一个国家的治理来说，法治与德治，从来都是相辅相成、相互促进的。两者缺一不可，也不可偏废。”《纲要》强调，加强公民道德建设，促进依法治国和以德治国的紧密结合，对推动经济和社会的全面发展、对保证社会主义市场经济的健康运行、对促进整个民族素质的不断提高，都具有十分重要的意义。

我们知道，“法治”和“德治”有着互不相同而又不可代替的重要作用。“法治”重在对人们违法后的惩罚，以发挥它的警示作用；道德重在教育和劝导人们的思想，提高人们的道德自觉，以避免人们犯罪。道德建设重在劝导和教育，以启迪人们的良心，提高人们的素质，从根本上消除犯罪的根源。实施公民道德建设，就是加强对中华人民共和国所有公民的道德教育和道德要求，一切共产党员、先进分子、普通老百姓和所有从事各种不同职业的人，甚至是青少年，都属于公民的范围之内。《公民道德建设实施纲要》的公布和实行，必将促进全民思想道德素质的提高，有利于以德治国的更好实施。

此外，《纲要》中关于公民道德建设的指导思想和方针原则、对道德核心和原则的全面而深入的解释、关于社会主义道德在社会生活中作用和意义的论述、关于公民道德建设与以德治国的关系、关于营造公民道德建设的社会氛围、大众传媒等在道德建设中的重要作用、对道德建设的法律保障和政策支持、党和各级干部要在道德建设中起带头作用等，不但在实践上有直接、现实的指导作用，而且在理论分析上也有创新，对我国今后道德理论的建设，有重要的指导意义。

《公民道德建设实施纲要》在指导思想上，对公民道德的核心和原则，作了全面的、多层次的、适应社会主义市场经济人际关系的新的解释。《纲要》既强调为人民服务作为公民道德建设的核心，是社会主义道德区别于和优越于其他社会形态道德的显著标志，又强调“它不仅是对共产党员和领导干部的要求。每个公民不论社会分工如何、能力大小，都能够在本职岗位，通过不同形式做到为人民服务”。这就是说，为人民服务这一公民道德核心，包括多层次的内涵，无私奉献是为人民服务，先公后私是为人民服务，顾全大局是为人民服务，在自己的工作岗位上尽职尽责是为人民服务，遵纪守法、诚实劳动也是为人民服务。《公民道德建设实施纲要》对为人民服务所作的这一全面的、科学的、多层次的解释，充分反映了社会主义道德的先进性和群众性相统一的要求，对深入开展群众性的道德实践活动，有重要的指导意义。

《公民道德建设实施纲要》，在方针政策上还提出了道德建设中一些相互关系的原则，如坚持社会主义道德建设与社会主义市场经济相适应、坚持继承优良传统与弘扬时代精神相结合、尊重个人合法权益和承担社会责任相统一、注重效率与维护社会公平相协调等，在理论上都有新的突破。如关于公平和效率的问题，在道德建设上，究竟是提“效率优先、兼顾公平”好，还是提“注重效率与维护社会公平相协调”好？《公民道德建设实施纲要》提出了“在全社会形成注重效率、维护公平的价值观念”，强调要“把效率与公平结合起来，使每个公民既有平等参与机会，又能充分发挥自身潜力，促进经济发展，保持社会稳定”。这一新的概括，既强调了“注重效率”在经济生活中的重要作用，也强调了“维护公平”在社会主义道德中的特殊意义，它对今后我国道德建设的发展，对全社会的共同富裕，对提高广大人民群众的生活水平和进一步调整人与人之间的关系，都有重要的指导意义。

二

在社会主义市场经济的条件下，为了实施“依法治国”，必须建立和加强社会主义社会的法律体系，以保障“法治”建设的顺利实行；同样，为了实施“以德治国”，我们还必须建立与社会主义市场经济相适应的社会主义道德体系。正如江泽民同志2000年6月28日在全国思想政治工作会议上所作的报告中指出的：“为了在发展社会主义市场经济的条件下更好地建设有中国特色社会主义，我们必须建立与之相适应的社会主义法律体系，同时也必须在全社会形成与之相应的社会主义思想道德体系。”以后，他还不断地提出，我们在建立与社会主义市场经济相适应的法律体系的同时，建立与社会主义市场经济相适应的社会主义道德体系的重要意义。

《公民道德建设实施纲要》中，明确提出，要“通过公民道德建设的不断深化和拓展，逐步形成与发展社会主义市场经济相适应的社会主义道德体系”。因此，如何“通过公民道德建设的不断深化和拓展”，以达到逐步形成与发展社会主义市场经济相适应的“社会主义道德体系”的目的，是我们加强公民道德建设时所应当认真思考的一个问题。

加强社会主义道德体系的建设，是一个系统工程。公民道德建设，为我们找到了一个切入点和突破口。通过公民道德建设的发展和拓展，我们将在以下重要的方面，逐步形成与社会主义市场经济相适应的社会主义道德体系。

第一，我们将进一步深化对社会主义道德建设的指导思想、核心、原则和基本要求的认识，丰富、补充和完善社会主义道德的主要内容。

第二，我们将发扬党领导人民在长期革命斗争与建设实践中形成的优良传统道德，在公民道德建设实施中形成新的处理人际关系的更多共识。

第三，我们将根据新的时代的要求，继承中华民族几千年形成的传统美德，并赋予传统道德以新的内容，通过公民道德建设的实施，取得广泛的认同；与此同时，我们将借鉴世界各国道德建设的成功经验和先进文明成果，按照“以我为主、为我所用”的原则，形成更加完善的社会主义道德体系。

第四，我们将进一步加强道德建设的法律支持、政策导向和制度保障，使我们的道德建设建立在更加坚实的基础之上。

第五，在公民道德建设的过程中，通过努力营造道德建设的社会氛围，探索出相应的措施和手段，这对于制定和完善社会主义的道德体系，也是一个重要的途径。

总之，公民道德建设的实施，必将为建立与市场经济相适应的社会主义道德体系创造条件，提供经验；它的拓展和深化，就一定能够建成适合时代需要的、能体现时代精神的、推动我国社会主义现代化事业不断前进的社会主义道德体系。

三

改革开放以来，在建立与社会主义市场经济相适应的法律体系方面，我们已经取得了可喜的成果，这是大家所公认的；相对来说，在社会主义的道德体系方面，却有许多工作，亟须我们去进行。努力建立与社会主义市场经济相适应的社会主义的道德体系，是时代发展的要求，是现实生活向我们提出的一项重要、艰巨、长期而又紧迫的任务。

加强社会主义道德体系的建设，是一个系统工程。不论在理论上还是在实践上，都需要认真探讨、综合创新，集中全国的力量，共同努力，力争使社会主义道德体系的建立，能够符合我国的国情，适应社会生活发展的需要，体现道德进步的规律。与社会主义市场经济相适应的社会主义道德体系的建立，是一个时代的伦理精神的体现，必须同时代的要求紧紧地结合在一起。离开了时代的要求和召唤，任何道德体系都是不可能建立起来的。现在，《公民道德建设实施纲要》的提出，全党、全国对道德建设的重视，就是时代向我们提出的强烈的召唤，反映了道德的群众性实践活动和道德体系建设在我国的光辉前景。

认真贯彻和实行《公民道德建设实施纲要》，大力加强公民道德建设，是一项提高全民族素质的基础性工程。它的实施，必将对弘扬中华民族精神和时代精神，形成良好的社会道德风尚，促进物质文明与精神文明协调发展，全面推进建设中国特色社会主义伟大事业，产生极其重要的作用。

公民道德体系的基本框架和主要内容*

在公民道德建设中，为了从总体上把握公民道德建设各个方面的关系，首先要对公民道德体系的基本框架及其主要内容有一个概括的了解。因为，只有全面地把握公民道德体系的基本框架和主要内容，我们才能从其相互联系、相互影响和相互制约的关系中把握公民道德建设的各个方面、各个层次的不同重点和要求，使我们的公民道德建设能更好地取得实际的效果。

从总体上来说，一个道德体系的基本框架，应当包括这一道德体系的核心、原则和一系列规范及其具体要求，包括社会生活中一些最主要领域中实施这些道德核心、原则的最普遍、最基本、最实用和最容易为所有公民所熟悉的行为准则，我们也称它们为具体的“德目”。这些最普遍的准则或“德目”，又必须是简明扼要、容易记忆、能够为群众喜闻乐见的。

一个道德体系的核心，决定着这一道德体系的阶级属性和发展方向，反映了这一道德体系同历史发展规律的适应度，同时，也体现了这一道德体系的生命力。

一个道德体系的原则，是为一定的道德核心服务的，是依据道德体系核心的要求、为实现这一核心而形成的一系列准则，并依据这些

---

* 本文原载《以德治国与公民道德建设》。

准则来调整、协调、处理、解决人和人之间的利益关系。在一个道德体系中，原则也可以有很多，但是，其中只能有一个是基本原则，它对这一体系的所有规范，起着特别重要的作用。从这一意义上来看，一个道德体系的许多基本要求，也可以说是这一道德体系的一些具体原则。

一个社会的道德体系的核心和原则，归根结底，都必然是这个社会的经济、政治和文化在道德上的反映，是为这一社会的经济、政治服务的。从实践的方面来考虑，从道德行为的养成和道德修养的培育来看，在实际生活中实施道德核心、原则的最普遍、最基本、最实用和最容易为所有公民所熟悉的行为“德目”，具有更重要的普遍意义。因此，在整个公民道德体系中，我们既要重视公民道德体系中的道德核心、原则和基本要求的重要性，也不可忽视与公民生活密切联系的各个领域中具体的“德目”的重要作用。

一、社会主义公民道德体系基本框架的确立

1. 全党和全国人民智慧的结晶

1996年10月，中国共产党十四届六中全会，提出了“社会主义道德建设要以为人民服务为核心，以集体主义为原则，以爱祖国、爱人民、爱劳动、爱科学、爱社会主义为基本要求”和加强“社会公德、职业道德、家庭美德”的总体构想，提出了在“社会公德”、“职业道德”和“家庭美德”中应当遵守的十五个“德目”，明确了社会主义初级阶段公民道德体系的基本框架和主要内容。

这是新中国成立以来，第一次以中国共产党中央委员会全体会议决议的形式所提出的社会主义道德体系的基本框架，在新中国道德建设的历史上，开启了一个新的阶段和新的时期，具有重要的理论意义和实践意义。这一框架体系，是对新中国成立几十年来道德实践经验的概括、总结和提升，是在马克思主义、毛泽东思想和邓小平理论的指导下，经过全国各地的理论工作者和实际工作者的广泛讨论后形成的。这一道德体系的基本框架，从我国当前建设中国特色社会主义的经济、政治和文化的实际情况出发，体现了我国先进生产力发展的要求，体现了我国先

进文化的发展方向，体现了最大多数人民的根本利益。它是社会主义时期道德建设上具有划时代意义的纲领性成果，反映了社会道德进步的发展规律，体现了社会主义初级阶段人与人关系的基本要求，是人民群众普遍认同和自觉遵守的行为准则。这一社会主义道德体系框架的确立，对于我国社会主义的公民道德建设和精神文明建设，有着极其重要的理论意义和实践意义。

在中国，社会主义道德建设，经过几十年来的实践和探索，从过去的经验和教训中，我们进一步认识到，只有在马克思主义思想的指导下，在坚持马克思主义道德基本理论的同时来发展马克思主义的道德理论，在发展马克思主义的道德理论中坚持马克思主义的道德基本原理，才能使我们的道德建设沿着正确的道路健康地向前发展。党的十四届六中全会所确定的这一社会主义道德体系的基本框架，就是坚持和发展马克思主义的崭新成果。可以肯定地说，社会主义道德建设的科学体系的确立，必将对我国今后的道德建设、对广大人民群众的思想道德素质的提高、对整个社会风气的改善，产生重要的影响。深入地认识和阐发这个科学体系结构的内容及其各个层次的相互联系，自觉地运用这个体系结构的不同层次的要求，尽可能地使这一科学的结构体系能够为广大人民所掌握，是我们当前道德建设的一个重大的任务。

2. 继承和发扬一切优秀道德的成果

这一道德体系的基本框架，继承和发扬了中国革命道德的光荣传统，是中国革命道德在新时期的进一步发展。中国革命道德，自从中国共产党成立之时起，中间经过新民主主义革命到社会主义革命和建设，形成了中国最先进的道德思想和道德要求，对中国的革命和建设事业，起到了重要的作用。为人民服务的思想，国家利益、民族利益和人民利益的原则，以及爱祖国、爱劳动、爱人民等思想，都是在长期革命和建设的实践中提出的。

这一道德体系的基本框架，也是在继承和弘扬中国古代优良道德传统的基础上形成的。中国是世界上一个有着悠久历史和文化的国家，是以高尚的道德传统和文明的礼仪之邦的形象屹立于世界民族之林的。对于中国古代的道德传统，我们必须采取马克思主义的立场、观点和方法，对其加以分析、鉴别、批判和继承，即抛弃其封建性的糟粕，吸收其科学的、民主的、大众的内容，并加以综合和创新，以适应当前我国社会主义建设事业的需要。在对待中国古代道德传统的问题上，我们既不能全盘接受和无批判继承，更不能采取民族虚无主义的态度，否认中国古代传统在今天仍有重要的意义。中国古代的传统美德，如自强不息、厚德载物、诚实守信、尊老敬长、友善互助、敬业乐群、舍己为人等，在新时期仍然有重要的现实意义。

这一道德体系的基本框架，也是在吸收人类一切先进文化，特别是吸收人类历史上一切优秀道德成果的基础上形成的。人类社会自有文明以来，就对人和人之间的道德关系，作了深入的探讨。人不仅是能够劳动的动物，而且是有道德生活的动物。劳动创造了人，而人的道德生活，能够使人们保持人和人之间的和谐，相互团结，从而使他们在同自然界的斗争中，特别是同各种野兽的斗争中战胜各种困难，如人和人之间应当“彼此相爱”、应当“诚实”、应当“公正和公平”等，人类的这些道德遗产，或者说人类生活的这些公共生活规则，仍然有现实的意义。西方自文艺复兴以来的文化和道德中，如强调个人的价值、个人的正当利益等思想，只要我们能够用分析的态度对待它们，能够“为我所用”，对我们社会主义道德体系的建立，仍然是有积极意义的。

社会主义道德建设的体系和结构，概括来说，就是一个核心、一个原则、五个基本要求、三大社会道德领域的十五个道德规范和一个总的目的。为了更加全面、系统和深入地理解和掌握这一社会主义道德建设的科学体系，我们就分别从各个方面，来对它加以简要地论述。

社会主义道德建设，有一个核心，就是为人民服务；一个原则，就是集体主义；五个基本要求，就是爱祖国、爱人民、爱劳动、爱科学、爱社会主义。三大社会道德领域就是社会公德、职业道德和家庭美德，每一个道德领域都确定了五个具体的道德规范，从而构成了十五个道德规范组成的一个完整的道德规范体系，这就是：（1）社会公德，它的具体规范是文明礼貌、助人为乐、爱护公物、保护环境和遵纪守法；（2）职业道德，它的具体规范是爱岗敬业、诚实守信、办事公道、服务群众和奉献社会；（3）家庭美德，它的具体规范是尊老爱幼、男女平等、夫妻和睦、勤俭持家和邻里团结等。最后，社会主义道德建设有一个总的目的，这就是要在全社会形成一种团结互助、平等友爱、共同前进的人际关系。

3. 公民道德建设，要力求使上述原则成为公民认同的行为准则

社会主义思想道德建设，集中体现了社会主义精神文明的性质和方向，一方面，它从当前的社会主义初级阶段的经济、政治的现实出发，反映着经济、政治的要求；另一方面，它对社会的经济的发展和政治的民主化进程，又能够产生巨大的能动作用。我国现在经济上实行的是以公有制经济为主体、多种所有制经济共同发展的基本经济制度，它的根本目的是要解放生产力，发展生产力，达到消灭剥削、消除两极分化的共同富裕的社会主义，因而，在实行社会主义市场经济体制的整个历史时期内，强化社会主义道德建设对政治、经济发展的这种能动作用，坚持社会主义道德的核心、原则、基本规范和三个领域中的各种规范的要求，抵制拜金主义、享乐主义和个人主义的腐蚀，形成一种团结互助、平等友爱和共同前进的人际关系，建立起良好的社会主义道德风尚，是我们当前道德建设的一个十分重要而又十分光荣的任务。

二、社会主义道德建设的核心

1. 为人民服务是社会主义道德建设的核心

为人民服务是社会主义道德建设的核心。这也就是说，“为人民服务”是社会主义道德建设的出发点和落脚点，社会主义道德建设的一切活动，都要以最大多数人民的根本利益为最终目的。

为人民服务作为道德建设的核心，是社会主义道德区别和优越于其他社会形态道德的显著标志。在我们国家，为人民服务不仅是对共产党员和领导干部的要求，也是对广大群众的要求。每个公民不论职位高低、能力大小，都能够在不同岗位、不同层次，通过不同形式做到为人民服务。在新的形势下，必须继续大张旗鼓地倡导为人民服务的道德观，把为人民服务的思想融会贯通在各种具体道德规范之中。要引导人们正确处理个人与社会、竞争与协作、先富与后富、经济效益与社会效益等关系，提倡尊重人、理解人、关心人，为人民、为社会多做好事，反对拜金主义、享乐主义和个人主义，形成展示社会主义制度优越性、促进市场经济健康发展的良好道德风尚。

从事物的规定性来看，核心就是一个事物赖以存在的依据，是一事

物区别于其他事物的本质特征。相对于中心来说，核心可以说是中心的中心。正是在这一意义上，我们可以说，为人民服务是社会主义道德区别于其他道德的本质的体现。我们的社会主义道德建设，必须紧紧掌握住为人民服务这一核心。为人民服务是我们党的宗旨，是共产党人和一切先进分子的人生观和价值观，也是我们所提倡的一种高尚道德。新中国成立以来，尽管我们在社会主义和共产主义道德建设中，一贯提倡为人民服务的人生观和价值观，提倡为人民服务思想，但是，把为人民服务确立为社会主义道德建设的核心，是十四届六中全会所做出的一个重要贡献。这一提法，是对马克思主义道德理论在新时期的一个新的发展。

怎样理解社会主义道德建设的核心是为人民服务呢?

我们可以从三个方面来加以把握。第一，要深刻理解“人民”的含义。对于马克思主义者来说，“人民”同所谓“人”或“人人”的意义是不同的。为人民的利益而工作，为人民的利益而献身，为人民的利益而英勇奋斗，是中国共产党在长期革命斗争中所形成的一个根本的思想。毛泽东说，“人民是什么?在中国，在现阶段，是工人阶级、农民阶级、城市小资产阶级和民族资产阶级”，在改革开放的新形势下，人民应当包括一切拥护四项基本原则、拥护改革开放的广大群众。人民不包括一切反对马克思主义、反对共产党的领导、反对社会主义道路、反对人民民主专政的敌对分子。在社会主义的现阶段，强调人民的利益，是同强调社会主义的利益一致的，为人民服务的思想又是同社会主义的政治制度和经济制度密切相联系的。在改革开放的新时期，邓小平同志再一次强调为人民服务的重要意义，他说，人民满意不满意、人民高兴不高兴、人民赞成不赞成，应当成为检验我们一切工作的标准，把“我是人民的儿子”作为他对人民的信仰和尊重。由此可见，社会主义道德建设提出以为人民服务为核心，是有其深刻含义和丰富内容的。“毫不利己、专门利人”是为人民服务；无私奉献、舍己为人是为人民服务；顾全大局、先公后私是为人民服务；关心他人、爱护他人，并给予他人以力所能及的帮助，也是为人民服务；爱岗敬业、办事公道，努力做好本职的工作，也是为人民服务；遵纪守法、诚实劳动，获取正当的个人利益，同样也是为人民服务。在为人民服务的思想中，既有先进性的要求，又有群众性的要求。从一定的意义上，我们说，在为人民服务的思想中，也包含了“人人为我，我为人人”的思想，正是从广泛性这一要求出发的。

正如江泽民同志在纪念中国共产党成立八十周年大会上的讲话中所指出的：“人民群众的整体利益总是由各方面的具体利益构成的。我们所有的政策措施和工作，都应该正确反映并有利于妥善处理各种利益关系，都应认真考虑和兼顾不同阶层、不同方面群众的利益。但是，最重要的是必须首先考虑并满足最大多数人的利益要求，这始终关系党的执政的全局，关系国家经济、政治、文化发展的全局，关系全国各族人民的团结和社会安定的全局。最大多数人的利益是最紧要和最具有决定性的因素。这是马克思主义的基本观点，各级领导机关和领导干部必须充分认识和认真实践。”因此，在贯彻和实践为人民服务这一社会主义道德的核心时，我们应当特别考虑和注意广大工人、农民的利益，要为全国最大多数人的“共同富裕”而贡献自己的力量。

2. 为人民服务的提出及发展

为人民服务思想是毛泽东同志在革命战争年代中概括出来的，在中国革命和实践的过程中，邓小平同志和江泽民同志对它又进行了不断的发展，它是唯物主义的世界观、历史观在我国政治、文化、道德思想中的运用和发展。

为人民服务思想的提出，是同党的为最大多数人民谋利益的思想相一致的。早在1942年，毛泽东同志《在延安文艺座谈会上的讲话》中，就明确地提出“为什么人的问题，是一个根本的问题，原则的问题”。1944年，毛泽东同志以《为人民服务》一文来纪念为人民利益而牺牲的张思德同志，提出“我们的共产党和共产党所领导的八路军、新四军，是革命的队伍。我们这个队伍完全是为着解放人民的，是彻底地为人民的利益工作的”。1945年在《论联合政府》一文中，他又再一次强调“紧紧地和中国人民站在一起，全心全意地为中国人民服务，就是这个军队的唯一宗旨”。1957年，在《坚持艰苦奋斗，密切联系群众》一文中，他更突出地强调“共产党就是要奋斗，就是要全心全意地为人民服务，不要半心半意或者三分之二的心三分之二的意为人民服务”。邓小平同志继承和发展了毛泽东同志的思想，他认为共产党之所以成为人民群众的先锋队，就是因为“它是人民群众的全心全意的服务者，它反映人民群众的利益和意志，并且努力帮助人民群众组织起来，为自己的利益和意志而斗争”[①]，他又说：“中国共产党员的含意或任务，如果用概括的语言来说，只有两句话：全心全意为人民服务，一切以人民的利益作为每一个党员的最高准绳。”邓小平同志的“三个有利于”的思想，更进一步地强调了为人民服务的重要意义。从这里我们可以看到，在毛泽东同志和邓小平同志看来，为人民服务对革命干部、革命军人和共产党员，有极端重要的意义。

江泽民同志根据我国改革和建设的实践的发展，提出了“三个代表”的思想，强调“我们党要始终代表中国最广大人民的根本利益，就是党的理论、路线、纲领、方针、政策和各项工作，必须坚持把人民的根本利益作为出发点和归宿，充分发挥人民群众的积极性主动性创造性，在社会不断发展进步的基础上，使人民群众不断获得切实的经济、政治、文化利益”，他指出“全心全意为人民服务，立党为公，执政为民，是我们党同一切剥削阶级政党的根本区别”，“八十年来我们党进行的一切奋斗，归根到底都是为了最广大人民的利益”。在新的历史时期，能否身体力行为人民服务的思想，能否实现好、维护好和发展好最广大人民的利益，已经成为考验每一个共产党员的试金石。

江泽民同志还从战略的高度，提出了“我们党始终坚持人民的利益高于一切”，“党除了最广大人民的利益，没有自己特殊的利益。党的一切工作，必须以最广大人民的根本利益为最高标准”，“只有把关心群众、服务群众的工作切实做好了，我们才能始终保持与人民群众的血肉联系，才能无往而不胜”。同样，我们的公民道德建设，也只有始终贯彻为人民服务这一核心，才能取得实际的成效。

从一定的意义上，我们可以说，“三个代表”重要思想的根本精神，就是为人民服务。“三个代表”是针对我们时代形势的发展，针对世界发展进步的潮流而提出的。其中所蕴含的伟大的革命精神，就是为人民服务的精神。为人民服务是我们党思想路线的一个显著标志。作为共产党人，应该全心全意为人民服务，这是最高层次的。任何一个普通的人也都要有为人民服务的意识，在自己的工作和生活中，力求对社会、对他人做出贡献。这是一个非常广泛的、不同层次的要求，但它都是在引导人们向上、向善、向着为人民服务的方向，多做一点自己能够做的、

---

① 《邓小平文选》，2版，第1卷，218页。

应该做的、做得更好的事情，也是每一个人提高精神境界的一个重要的途径。

3. 为人民服务与社会主义市场经济

我国实行社会主义市场经济以来，一些人认为，市场经济既然是一种以求利为目的的经济，因此，我国原有的道德规范就不再能够规范人们的行为。一些人更从错误的认识出发，认为早在革命根据地时期就提出、新中国成立以来所形成的社会主义的道德，特别是为人民服务的核心和集体主义原则，是计划经济的产物，应当摒弃，认为爱人民、爱祖国、爱劳动、爱科学、爱社会主义的基本道德要求，只是一种陈旧的规范，是束缚人的行为的桎梏。也正是在这种思想的误导下，一些人认为，我国实行社会主义市场经济以后，我国原有的社会主义的道德核心和道德原则，都不能适应今天的要求，一切都应当以个人利益为准则，能够满足个人利益的，就可以去做，只要不违犯法律就可以了。也正是在这样的思想指导下，一些人提出，新中国成立以来的社会主义的道德，是一种陈旧的、过时的、传统的道德，为了适应市场经济的要求，要进行道德重建，要从道德的核心和原则上来建设一种以个人为中心的道德。应该看到，这种理论上的错误导向，是现实生活中造成社会道德失范的一个重要原因。

我国现在所实行的社会主义道德规范体系的核心和原则，是同社会主义的经济制度和政治制度紧密联系在一起的。这一体系的核心和原则，早在革命根据地和解放区就已经开始孕育，在新中国成立后，又进一步得到了发展。它是社会主义的经济、政治的反映，是社会主义的经济、政治的必然产物；它绝不是计划经济的产物，它同计划经济并没有必然的联系。把我国当前的社会主义道德的为人民服务和集体主义同计划经济联系在一起的思想，是完全错误的。

有的人提出，市场经济是以求利为最大目的的一种经济，人们的经济活动都是由个人的利益驱动的，因此，在市场经济的条件下，是不可能把为人民服务作为公民道德的核心的。

这种认识是错误的，最重要的是，这些人不懂得，我们所实行的市场经济，不是资本主义的市场经济，而是社会主义的市场经济。社会主义的市场经济，是受社会主义的政治、经济、伦理和文化制约的市场经济，就是要正确处理个人利益和集体利益的关系，而不允许个人利益危害国家利益的市场经济。因此，社会主义市场经济下的道德核心只能是为人民服务。

三、社会主义道德建设的原则

1. 集体主义是社会主义道德的基本原则

集体主义作为道德建设的原则，是社会主义经济、政治关系的必然要求。在社会主义社会，人民当家做主，国家利益、集体利益和个人利益根本上的一致，使集体主义成为调节个人与集体利益关系的重要原则。在发展社会主义市场经济的过程中，必须更好地把集体主义精神渗入社会生产和生活的各个层面。要引导人们正确认识国家和自己的根本利益，树立正确的世界观、人生观、价值观，反对小团体主义、本位主义和损公肥私、损人利己，把个人的理想与奋斗融入为祖国社会主义现代化建设事业的奋斗之中。

新中国成立以来，在道德建设上，我们一直坚持以集体主义为原则，其根本原因，就是集体主义原则反映了我国基本的经济制度和政治制度的要求，并能动地作用于基本的经济制度和政治制度，强有力地推动了社会主义建设事业的发展。值得注意的是，自从我国实行社会主义市场经济以来，一些人对于集体主义仍然应当成为我们的道德原则，却提出了种种的质疑。一些人提出要以个人主义、本位主义、人道主义、利己主义和合理利己主义等来代替集体主义作为我国社会主义道德的基本原则。有的人认为，现在实行市场经济，就要以“主观为自己，客观为别人”等作为我们的道德原则。还有些人认为，集体主义原则只强调个人服从集体，而不强调个人的自由，因而在改革开放的今天，就不应当再以集体主义来作为我们的道德原则。应当说，这些看法的产生，都有其一定的客观原因，或者是对集体主义的误解，或者是对市场经济的错误认识，因而，这些看法都是错误的。

2. 对社会主义集体主义原则的科学理解

从新中国成立到改革开放的相当长时期内，集体主义曾受到“左”的思想的干扰和右的自由化思潮的攻击。在“左”的思想的影响下，在一段时期内，集体主义往往只强调集体的利益，只强调个人应当服从组织，只强调集体的利益无条件地高于个人的利益。在有些时候，更是把个人利益同集体利益完全对立起来。这种在一段时期内曾经出现过的把集体利益和个人利益对立起来的错误倾向，应当加以克服。另外，在资产阶级自由化思潮泛滥时期，一些人指责集体主义，说什么集体主义就是限制个人自由，就是抹杀个人的个性，就是反对个人利益和束缚个人发展，等等。正是在这种情况下，一些人对社会主义集体主义产生了种种的误解，把集体主义看做对个人利益的否定和对个人自由的束缚。为此，我们必须首先消除人们对集体主义的种种误解，对集体主义予以科学的解释。

什么是社会主义的集体主义？一般来说，社会主义的集体主义，应当包括三个方面的基本内容。

社会主义的集体主义强调，集体的利益同个人的利益，在根本上是一致的。在社会主义社会中，个人利益和集体利益是统一的。国家利益、社会利益，体现着个人的根本的、长远的利益，是集体每个成员的利益的有机统一。同时，每一个个人的正当利益，又都是集体利益的不可分割的组成部分。正是从这一点出发，集体事业的兴衰成败，与个人利益的大小得失，有着息息相关的联系。在现实生活中，集体利益和个人利益又是相辅相成的，集体利益的发展，本身就包含着集体中每个成员利益的增加，而集体中每个个人的利益的增加，同样有利于集体利益的加强。因此，任何割裂集体利益和个人利益的思想，都不符合集体主义的原则，是错误的。

社会主义集体主义承认，在社会生活中，在某些具体情况下，个人利益和集体利益又往往会发生矛盾。社会主义的集体主义强调，在这种情况下，必须坚持集体利益高于个人利益的原则，即个人应当以大局为重，使个人利益服从集体利益。马克思主义者对这一原则的运用，不是任意的，而是要处处考虑到实际情况，使这种矛盾得到很好的解决。集体主义认为，只有在特殊的情况下，如国家遭受到敌人的侵略，人民生命财产遭到危险时，才要求个人无条件地为集体利益而献身，直到牺牲自己的生命。社会主义的集体主义之所以要强调个人利益要服从集体利益，归根结底，既是为了整个集体的共同利益，也是为了维护每个人的利益。

社会主义的集体主义，不仅不会妨碍个人利益，而且它的重要功能，就是要保证个人正当利益的实现，使个人的才能、价值能够得到最好的发挥，这不但不与集体主义思想相矛盾，而且，它完全是集体主义思想的应有之义。马克思、恩格斯说："只有在集体中，个人才能获得全面发展其才能的手段，也就是说，只有在集体中才可能有个人自由。"那种把集体主义看做"服从"、看做对"个性的束缚"的思想，是与集体主义的本意相违背的，这是我们在强调集体主义原则时应当加以纠正的。对于集体主义来说，只有个人的价值、尊严得到了实现，个人的正当利益得到了保证，个人的主体性得到了发挥，集体才能有更强大的生命力。

在明确了社会主义集体主义的原则所包含的全部意义之后，对于什么是社会主义的义利观，也就容易把握了。在社会主义社会中，我们应当"大力提倡把国家和人民利益放在首位而又充分尊重公民合法利益的社会主义义利观"。这也就是说，社会主义的义利观，是一种先义后利、义利并重的义利观，是一种把国家和人民利益放在首位，即首先考虑国家和人民利益的义利观，这种义利观绝不是不重视个人的利益，而是要充分尊重公民个人合法利益。

社会主义道德的核心和原则，即"为人民服务"和"集体主义"是相辅相成、相互为用的，它们之间有着内在的、密不可分的联系。在"为人民服务"的核心中，就包含着人民的利益、集体的利益高于个人利益的思想；在"为人民服务"的思想中，也包含着"为社会献身"，即社会利益、集体利益高于个人利益的思想。同时，在集体主义原则中，也同样体现着人民的利益是最高的利益，贯彻着个人要为人民利益而献身的思想。作为社会主义道德核心的"为人民服务"，强调的是我们一切工作的根本目的和出发点，都是为了广大人民群众的利益；作为社会主义道德原则的"集体主义"，强调的是我们在为人民服务的活动中，在处理个人和他人、个人和集体的关系时，要能够从人民的利益出发，贯彻人民的利益高于一切的思想，更好地处理各种矛盾，从而使我们的道德行为，能够更好地维护人民利益和国家利益，更有利于中国特色的社会主义的现代化建设。

最后，我们应当特别指出，"为人民服务"的核心和"集体主义"的原则，都是贯穿在整个社会主义道德规范体系中的指导思想，对规范体系中的每一部分，都有着导向和制约作用。不论是在社会主义道德的五个基本要求（爱祖国、爱人民、爱劳动、爱科学、爱社会主义）中，还是在社会主义道德的三大领域（社会公德、职业道德、家庭美德）中，从始到终，都贯彻了“为人民服务”的核心和“集体主义”的原则。

3. 坚持集体主义、反对个人主义

正如我们在前面所指出的，我国实行社会主义市场经济以来，一些人提出，为了适应市场经济的要求，要进行道德重建，要从道德的核心和原则上来建设一种以个人为中心的道德。这种思想，在理论上和实践上都产生了极大的危害，为此，对什么是个人主义，有必要加以深入的剖析。

“个人主义”这一概念，在西方，作为一种价值观念和道德原则，是有着不容混淆的确切意义的。个人主义同我们日常所说的“自私观念”、“自私自利思想”和行为，并不是一个相同的意思，更不是我们所说的个人利益。每个人都有自己的个人利益，但这并不是个人主义；一个人可能有自私自利的动机和行为，但并不等于说一定具有个人主义的价值观念。西方公认的“学术性强、权威性高”的《不列颠百科全书》是这样解释“个人主义”的，它说：“个人主义（Individualism），一种政治和社会哲学，高度重视个人自由，广泛强调自我支配、自我控制、不受外来约束的个人和自我。创造这个词的法国政治评论家亚历克西·德·托克维尔把它形容为一种温和的利己主义，它使人们仅仅关心自己的家庭、朋友和小圈子。”西方思想家对个人主义的概括，主要有以下三个方面的内容。

第一，个人主义作为一种价值追求，在个人与社会的关系上，它特别强调“个人本身就是目的”，而社会、集体、国家和他人，只不过是达到个人目的的手段。这是一种从主观出发的个人中心论，个人主义总是把自己放在同社会、他人对立的两极中去考虑。而“个人主义”最终必然要“沦为利己主义”。

第二，个人主义作为一种政治观念，极力反对集体、社会和国家对个人的干预和限制。因此，个人主义者总是特别强调“个人”。个人主义在政治上所鼓吹的绝对民主，是同社会主义的民主集中制根本对立的。

第三，在西方，个人主义又被人们认同是一种财产制度。个人主义所要维护的是允许剥削、承认两极分化的私有财产制度。西方的奥地利著名经济学家、诺贝尔奖获得者 A. 哈耶克就明确地指出，个人主义这一社会理论，就是“私人产权制度”的理论，也就是资本主义制度的理论。哈耶克从各个方面论证，个人主义是同社会主义势不两立的。

正是由上述原因，我们认为，在道德原则的问题上，我们应当旗帜鲜明地反对个人主义，坚持社会主义的集体主义。坚持集体主义的道德原则，就是坚持社会主义制度，就是坚持马克思主义的价值导向，就是坚持社会主义道路。

四、社会主义道德的基本要求和三大领域

1. 社会主义道德的基本要求

爱祖国、爱人民、爱劳动、爱科学、爱社会主义作为道德建设的基本要求，是每个人都应当承担的法律义务和道德责任。在任何时候和任何情况下，都必须把这些基本要求与具体道德规范融为一体，贯穿公民道德的全过程。要引导人们发扬爱国主义精神，提高民族自尊心和自信心，以热爱祖国、报效人民为最大光荣，以损害祖国利益、民族尊严为最大耻辱，提倡学习科学知识、科学思想、科学精神、科学方法，提倡艰苦奋斗、勤奋工作，反对封建迷信、好逸恶劳，积极投身于建设中国特色社会主义的伟大实践。

怎样理解社会主义道德的基本要求，它在社会主义的道德体系中，占有什么样的地位?

社会主义道德的基本要求有五个，即爱人民、爱祖国、爱劳动、爱科学和爱社会主义。这五个基本要求是如何形成的，这五者之间，又是什么关系呢?

我们知道，早在新中国成立初期，1949 年 9 月 29 日由中国人民政治协商会议第一届会议所通过的《中国人民政治协商会议共同纲领》中，就规定了“提倡爱祖国、爱人民、爱劳动、爱科学、爱护公共财物为中华人民共和国全体国民的公德”这一内容。(同日，毛泽东为《新华月报》创刊号题词：“爱祖国、爱人民、爱劳动、爱护公共财产为全体国民的公德。”) 1982 年第五届全国人大所通过的宪法中再一次规定“国家提倡爱祖国、爱人民、爱劳动、爱科学、爱社会主义的公德”，这

是对新中国成立初期的《共同纲领》中所提出的“五爱”要求的进一步发展。所不同的是，在当时的历史条件下，在《共同纲领》中，还没有向全国人民提出“爱社会主义”的要求，而到 1982 年，提出这样的要求，也就是理所当然的了。把原来《共同纲领》中的“爱护公共财物”改为“爱社会主义”，原因之一就是“爱社会主义”包括了更为广泛的内容，“爱护公共财物”本身也就是爱社会主义的一个重要的内容。由此可见，把“爱祖国、爱人民、爱劳动、爱科学、爱社会主义”作为我国的社会主义道德的基本要求，是新中国成立以来我国道德建设的经验总结，反映了我国道德建设的客观要求。这里应当提醒大家注意的就是，《共同纲领》和《中华人民共和国宪法》中的“五爱”，在过去常常又称作“社会公德”，而在党的十四届六中全会所通过的《关于加强社会主义精神文明建设若干重要问题的决定》中，“五爱”成为社会主义道德的基本要求，不再称为“社会公德”了。“社会公德”则专指社会公共场合的道德，指社会生活中道德的一个重要的领域。

在这五个基本要求中，“爱祖国”是作为第一个基本要求提出来的，这是社会主义社会道德的重要规范，它要求社会主义社会中的所有的公民，都必须把热爱祖国，即把热爱社会主义的中华人民共和国作为自己的一个神圣的道德义务。维护国家的尊严、保卫国家的利益、为祖国的繁荣富强而努力奋斗，是每一个公民光荣的责任。“爱人民”要求每一个公民，都要自觉地把人民的利益放在首位，关心人民的疾苦，谋取人民的幸福，在自己和他人相处时，都要按照“相互关心”、“相互帮助”的准则，设身处地为他人着想。在社会主义社会中，劳动不仅是一种谋生的手段，而且是一种对祖国、对人民的义务，也是每个社会主义公民的神圣的权利。社会主义社会的生产力的发展、经济的繁荣和国家的富强，都是要靠广大人民群众的诚实劳动来实现的。“爱劳动”作为一种道德要求，是同社会主义的本质相联系的，它能够更好地培养人们的思想道德素质，有利于我们的国家沿着社会主义道路，顺利地向前发展。在社会主义的现代化过程中，“科教兴国”已成为国家腾飞的重要的保证，“爱科学”作为社会主义道德的基本要求，有着特别重要的意义。在社会主义社会中，爱科学不仅是一种对于知识的追求和能力的提高，而且是每个人的道德素质的体现。把“爱科学”规定为社会主义道德的基本要求，是社会主义道德要求在新时期的一个重大的发展，对于我国社会主义的四个现代化事业的发展，有着重大的促进作用。最后，“爱社会主义”作为社会主义道德的一个基本要求，是前四种道德要求的概括和升华。我们所处的社会，是社会主义的初级阶段，我们的最终目的，是要经过长期的努力，达到消灭剥削、消除贫困的共同富裕的社会主义社会，并最终建成共产主义社会。因此，在现阶段，在道德要求上，最重要的就是要使每一个社会主义的公民，都能自觉地把“爱社会主义”作为道德上的义务，坚持社会主义道路，坚持社会主义的方向，反对资产阶级自由化，反对一切离开社会主义道路的错误思想和倾向，把爱社会主义看做道德高尚与否的一个重要的评价标准。

2. 社会道德生活三大领域

在社会生活中，人们的道德活动是多种多样的，涉及很多方面。如果加以概括，我们就能够看到，最基本的方面，只有三个：一个是社会公共场所活动的领域，一个是职业活动的领域，一个是家庭生活的领域。相对于这三个活动领域的道德，就是社会公德、职业道德和家庭美德。社会主义道德的核心、原则和五个基本要求，要想在实际生活中规范人们的行为，就必然要在上述三大领域中来发挥自己的作用，把这些核心、原则和基本要求具体化、规范化和可操作化，因此，这三大领域也可以说是社会主义道德的落脚点和着力点，离开了上述三大领域，社会主义道德也就不可能有效地发生作用。当然，这三大领域的划分，只能是相对的，它们之间既是相互联系的，又是相互交叉的。对于这三大领域来说，每一个领域，都有自己的道德规范，同样，这也绝不是说，某一个领域的道德规范，只能适应于这一个领域，因为这些道德规范是一个统一的整体，它们在整个社会生活的各个领域中，是相互为用的，一些道德规范，它虽然主要在一个道德领域中起主要的作用，但往往同时又在其他领域中发挥着一定的作用。在相当多的情况下，一些行业的职业道德又是同社会公德联系在一起的，而社会公德总是要影响到个人的职业道德和家庭美德。

根据党的十四届六中全会所确立的社会主义道德体系的基本框架，在社会主义道德建设的核心、原则和五个基本要求的作用下，在这三大领域中的每一个领域各有五个基本规范，三大领域总共有十五个基本的道德规范，从而形成了一个社会主义道德的规范体系。这一规范体系，涵盖了社会主义道德要求的各个方面。

社会公德是全体公民在社会交往和公共生活中应该遵循的基本行为准则，涵盖了人与人、人与社会、人与自然之间的关系。在现代社会，公共生活领域不断扩大，人们相互交往日益频繁，社会公德在维系公共秩序、保持社会稳定方面的作用更加突出，成为公民个人道德修养和社会文明程度的重要表现。在社会公德中，有五个道德规范，这就是：（1）文明礼貌；（2）助人为乐；（3）爱护公物；（4）保护环境；（5）遵纪守法。

职业道德是所有从业人员在职业活动中应该遵循的基本行为准则，涵盖了从业人员的服务对象、职业与职工、职业与职业之间的关系。随着社会分工的细化，专业化程度的增强，市场竞争日趋激烈，对从业人员职业观念、职业态度、职业技能、职业纪律和职业作风的要求越来越高。在职业道德中，也有五个道德规范，这就是：（1）爱岗敬业；（2）诚实守信；（3）办事公道；（4）服务群众；（5）奉献社会。

家庭美德是每个公民在家庭生活中应该遵循的基本行为准则，涵盖了夫妻、长幼、邻里之间的关系。人们的家庭生活与社会生活有千丝万缕的联系，正确对待和处理家庭问题，培养夫妻爱情、长幼亲情、邻里友情，不仅关系到每个家庭的美满幸福，也有利于社会的安定团结。在家庭美德中，也有五个道德规范：（1）尊老爱幼；（2）男女平等；（3）夫妻和睦；（4）勤俭持家；（5）邻里团结。

只要能够在这社会道德生活的三大领域中，认真地加强这十五个道德规范的宣传、教育和实施，我们的社会主义的道德建设，就一定能够取得预期的效果。

3. 形成一种良好的人际关系

社会主义道德建设的一个重要的目的，就是要在全社会形成一种良好的人际关系，这种人际关系，究竟应当是什么样的呢？十四届六中全会指出，这种关系应当包括三个方面的要求，即团结互助、平等友爱、共同前进。

在社会主义市场经济的条件下，为了加快我国经济的增长和生产力的发展，特别是在大力弘扬个人的开拓创新和竞争进取精神的同时，“团结互助、平等友爱、共同前进的人际关系”有着特别重要的意义。因为，只有这样，才能使我们的四个现代化更加顺利地向前推进。值得注意的是，在市场经济自身的缺陷和消极影响下，由于个人主义、拜金主义和享乐主义的腐蚀，由于自私自利、损人利己思想的作用，在人与人的相互关系中，往往会造成人和人之间的相互指责、相互抱怨和互不信任的情况。我们进行社会主义的道德建设，就必须强调“在全社会形成一种团结互助、平等友爱、共同前进的人际关系”的重要意义。

社会主义道德建设的这个体系，既是我国道德实践的总结，又是要在今后的社会主义道德实践中不断发展、不断完善的。我们既要以这一体系为依据来进行道德建设，又要以马克思主义、毛泽东思想、邓小平理论为指导，在今后的群众实践中，不断地补充和丰富，使我们的社会主义的道德建设健康地向前发展。

道德建设的最高要求和基本要求*

加强公民道德建设，是一项重要而又十分紧迫的任务，应当立即认真地开展，力求在全国范围内掀起一个重视公民道德建设的新的高潮。

回顾改革开放以来，我国在道德建设上，在社会主义精神文明建设中，在我们的社区活动中，虽然也注意到对公民的道德教育，但是，我们始终没有能够提出进行公民道德建设这一重要的任务，这不能不说是我们在今后须加以改进的。

在道德建设上，我们党和政府，一直提倡要把先进性和广泛性结合起来，要把先进性和群众性结合起来，把道德的最高要求和道德的基本要求结合起来，只有把这两个方面有机地结合在一起，我们的道德建设才能在实际生活中发挥应有的作用。

我们坚信，共产主义道德是人类社会发展到今天的最进步、最崇高的道德，这一道德是建立在社会主义的政治、经济和文化上的一种崭新的道德，我们要求所有共产党员和一切先进分子，都能够按照这一道德要求来规范自己的思想和行为，并强调应当向全国人民广泛地提倡和宣传共产主义道德。同时我们也清醒地认识到，对于广大人民群众和所有公民来说，只有在社会主义社会充分发展和高度发达的基础上，只有在广大人民群众和全体公民的文化素质和道德素质有了极大提高的基础

---

* 本文原载《以德治国与公民道德建设》。

上，共产主义道德的要求，才能成为全社会所有人的行为准则。对一个经济和文化还相对比较落后的发展中国家来说，要求所有的人都履行共产主义的道德要求，是很难做到的。共产主义道德，只有在物质财富极大丰富、人民精神境界极大提高、每个人自由而全面发展的社会中，才能成为普遍的道德要求。在当前，对于社会主义社会中的所有公民来说，在向他们宣传共产主义道德的同时，更重要的是，要使他们必须遵守和履行社会主义的公民道德，履行作为一个社会主义公民所应当遵守的最起码的、基本的道德准则。这一最起码的、基本的道德准则，是整个社会主义道德体系的一个重要组成部分，是为了不断提高所有社会主义公民的道德素质，从而为将来履行共产主义道德创造必要的前提和条件。道德素质的提高，不论对一个人还是一个社会来说，都是一个不断攀登和上升的过程，既要积极进取，努力向上攀登，又要脚踏实地、实事求是，不能急于求成、躐等而进。否则，尽管我们的愿望是好的，但往往因急于求成而事与愿违。过去，我们对道德的先进性和广泛性、道德的最高要求和基本要求之间的辩证关系认识比较简单。经过这么多年的实践，现在，我们对这个问题的认识已全面和深刻得多了。在道德建设上，我们要坚持共产主义道德的最高要求，要求共产党员和一切先进分子身体力行共产主义道德的规范，并且向广大人民群众提倡和宣传共产主义道德；同时要大力提倡每一个社会主义的公民，都必须遵守和履行社会主义社会的公民道德，使我们的社会主义道德建设能够建立在更加坚实的基础上。

道德建设的先进性和群众性的关系、最高要求和基本要求的关系是辩证统一的。在公民道德建设上，我们强调道德建设的群众性，提出道德建设的基本要求，而这一基本要求，又是同我们的社会主义和共产主义道德的最高要求联系在一起的，它是为着将来实现更高的道德要求建立必要的基础。只有经过长期的努力，只有在社会主义社会充分发展和高度发达的基础上，只有在物质财富极大丰富、人民精神境界极大提高的基础上，共产主义的最高尚的道德，才能成为全体公民都必须遵守的道德。尽管这个过程是漫长的，但是，我们在强调公民道德时，任何时候都不能忘记了这个社会主义道德的最高要求。只有如此，我们才能既脚踏实地、从实际出发，又能按照社会主义和共产主义所指引的方向顺利前进。

为了使我们在公民道德建设上能够更好地把先进性和群众性结合起来，更好地把道德的最高要求和基本要求结合起来，当前，我们必须努力解决所面对的新情况、新问题和新矛盾，创造性地提出解决这些问题的新对策。只有解决了这些问题，我们的公民道德建设才能更顺利地前进。

改革开放以来，我国社会的经济成分、组织形式、物质利益和就业方式，出现了日益多样化的趋势，其中以经济成分和物质利益的多样化对公民道德建设的影响，最值得我们注意。按照马克思主义的辩证唯物主义和历史唯物主义的观点，一个社会的道德，总是同这个社会的经济成分和物质利益有着密切的关系。一定社会的道德，是一定社会的经济成分和物质利益关系在观念形态上的反映，它既受这一社会的经济成分和物质利益关系的制约，又能够对这一社会的经济成分和物质利益关系产生能动的作用，延缓或促进经济的发展和利益关系的变化。我国当前的这些变化给道德建设带来的最重要的问题，就是个人利益同集体利益、公民利益同国家利益的关系问题。

随着社会主义市场经济的实行和进一步发展，以及经济成分和物质利益关系的多样化，公民在追求个人利益的同时，其个人利益往往同集体利益、国家利益发生矛盾。一方面，作为社会主义国家，它必然要力求保证所有公民正当的个人利益，使每个社会主义的公民，都能享有应当享有的各种权利，只要是遵纪守法和进行诚实的劳动，他们的劳动所得，不但在经济上应当受到保障，在道德上也应当得到肯定。同时，我们还必须强调，任何一个公民的个人利益的获得，都不能以损害国家和集体的利益的手段来获取。值得注意的是，在“市场”的一些负面作用的影响下，一些人的生活目的只是赚钱和享受，为了达到获取金钱的目的，不惜损害国家利益、集体利益和民族利益。这些情况的出现使我们更加清楚地看到，在加强社会主义精神文明建设，特别是加强社会主义道德建设中，大力加强公民道德建设，提高所有公民的道德素质，有着十分紧迫和极其重要的意义。

同时，我们还应当看到，21 世纪是世界范围各种思想文化相互激荡的新时期，随着科学技术的发展一日千里，网络的信息传播，我国加入世贸组织，等等，西方各种文化思潮大量涌入我国，特别是西方一些国家，一直不遗余力地对社会主义国家进行意识形态渗透。现在，中国是世界上最大的社会主义国家，正在不断发展、日益富强。西方敌对势力加紧以各种手段和方式，对我国进行“西化”、“分化”的战略，其中一个十分重要的手段，就是要以西方的价值观念，以他们所谓的“人权”、“民主”、“自由”和“个人主义”的价值观，以他们的所谓“全民道德”和“普世伦理”来影响我们，企图把他们所制定的、有利于少数剥削者而不利于我国广大劳动人民的价值观念和道德原则强加给我们。我们必须要以马克思主义的观点与方法来分析这种现象，以便能够在这种纷繁复杂现象的背后，把握事物发展的本质及其方向。因此，在坚持改革开放、加强对外经济文化交流的同时，要十分注意警惕和防范在伦理道德方面敌对势力的渗透活动。这也是我们在新时期加强公民道德建设中需要深入研究的重要问题。

经过改革开放和社会主义市场经济的发展，特别是经过近年来经济的快速增长，我国已经出现的对小康社会的精神文化需求的不断增长，也给我们的思想道德建设提出了新的任务。物质生活水平的不断提高，也要求更多、更好的精神产品来满足广大劳动人民的精神需求。但是，值得指出的是，各种报纸、电影、戏剧和文化娱乐场所等等，还不能向他们提供充分的、健康的、向上的、有益的精神食粮，少数报纸、电影和文化娱乐场所，为了单纯地追求经济效益，为了攫取更多的金钱，公开宣扬那些封建迷信、唯利是图、追求享乐、猎艳追色等腐朽的思想意识和生活方式，散布一些低级、落后、庸俗、愚昧的错误观点，以致对社会、对人民、对国家造成了很坏的后果，败坏了公民的道德，腐蚀了社会主义社会中正常的人际关系，影响了社会的稳定。对于这些情况，我们应当坚决地加以禁止。在加强公民道德建设中，我们要努力营造一种有利于公民思想道德素质提高的环境，营造一个健康的、向上的、科学的、道德的文化氛围。

在加强公民道德建设的过程中，还有许多新情况需要分析，有许多新问题需要研究，有许多新矛盾需要解决。我们应当实事求是地从实际出发，认真研究这些新情况、新问题和新矛盾，创造性地来分析这些问题、解决这些矛盾，必须适应形势发展变化的要求，抓住时机，因势利导，巩固已有成果，积极探索公民道德建设的特点和规律，在内容、形式、方法、手段、机制等方面努力改进，把公民道德建设提高到一个新的水平。

加强公民道德建设与弘扬中华民族传统美德*

在当前，加强公民道德建设，提高全国公民的思想道德素质，形成良好的人际关系和社会风尚，对建设有中国特色的社会主义和实现中华民族的伟大复兴，有着特别重要的意义。

我国《公民道德建设实施纲要》，对我国公民道德建设的重要意义、公民道德建设的指导思想和方针原则、公民道德建设的主要内容和相关的一些重大问题，都作了明确的规定，是我们今后加强公民道德建设的纲领性文件。只要我们能够认真地加以贯彻和实施，我国的公民道德素质就一定能够不断地提高，我们的社会风尚，就一定能够得到改善，我国的社会主义精神文明建设和社会主义的道德建设，必将进一步促进我国的经济繁荣，使我国的物质文明建设和精神文明建设能够更加协调地向前发展。

加强公民道德建设，既要从我国社会主义初级阶段的实际出发，紧密地和当前的时代精神结合，又要注意弘扬中华民族的优良道德传统。这里，仅就加强公民道德建设与弘扬中华民族传统美德的关系，谈几点意见。

一

我国的公民道德建设，是有中国特色的社会主义道德建设的一个重

* 本文原载《以德治国与公民道德建设》。

要组成部分，因此，要使我们的公民道德能够更加切合我们的国情，为中国公民所喜闻乐见，能够使全体公民从思想情感上加以认同，就必须要吸取中华民族传统道德中的优良成分，使之在今天得到进一步发扬。

中华民族是一个有着长期优良道德传统的国家，是一个以“礼仪之邦”和“文明古国”形象屹立于世界民族之林的大国。从一定的意义来说，中华民族的形成和发展，都可以说是同中华民族的道德传统密不可分的。五千年来，中国作为一个大国，之所以能够克服多次的分裂局面，并长期保持统一，其中一个重要的原因，就是中华民族的优良道德传统所发挥的一种重要的精神支撑的作用。中华民族的传统道德，既是一种调节人们利益关系的行为准则，又是一种维护民族团结的重要力量。中华民族道德传统和民族精神的核心，就是一种整体主义精神，一种强大的向心力和凝聚力，一种反对民族分裂、注重民族团结的精神。正是在这种精神的影响和感召下，中华民族不但在历史上能够保持国家的统一，而且在今天，仍有着重要的现实意义。

从我国《公民道德建设实施纲要》中，我们可以看到，其中提出了十个基本的道德规范，就是爱国、守法、明礼、诚信、团结、友善、勤俭、自强、敬业和奉献，应当说，公民应当遵守的这十个基本道德规范，其中大多数都是在不同程度上继承并发扬了中国古代优良的传统美德，并在新的形势下赋予了新内容的结果。

二

中华民族的优良传统道德，概括起来，我认为有五个主要的方面，是我们在加强公民道德建设中应当要弘扬和继承的。

第一，中国优良道德传统强调为民族、为国家、为社会的整体精神，提倡“国而忘家、公而忘私”的“公忠”道德。中国古代道德中所提出的“先义后利”、“义以为上”，宋明理学家们所讨论的“义利之辨”和“理欲之辨”，都是为了要强调国家利益和民族利益的重要性。“义”，一般来说就是指整体利益和国家利益，而“利”在这里则专指个人的利益和个人的“私利”。这就是说，在个人利益同民族利益、国家利益发生矛盾和冲突时，中国传统美德强调，应当以国家利益和民族利益为重。

第二，中国优良传统美德，推崇“爱人”的原则，重视“和”在人际关系中的突出作用。《易经》提倡“厚德载物”，孔子第一个把“人”同“仁”联系起来，强调“仁者爱人”。中国古代优良传统道德认为，在人和人的相处中，应当从“爱人”出发，才能“人恒爱之”，并以此达到彼此相爱的目的。这“爱人”的道德原则，也可以说是中国历史上早期的人本主义的思想。在《公民道德建设实施纲要》中所说的“以人为本”的思想，就其思想渊源来说，可以追溯到中国古代“爱人”的道德传统。

第三，中国古代优良道德传统，注重在“人伦”关系中的义务和责任，把尽责、尽职看做道德人格的一个重要内容。《尚书》中就提出“五教”（父义、母慈、兄友、弟恭、子孝），孟子提出“父子有亲、君臣有义、夫妇有别、长幼有序、朋友有信”的“五伦”关系，规定了人和人关系中每个人所应尽的义务。尽管其中有维护等级制度和忽视权利的封建糟粕，应当加以剔除，但也包含着可以批判吸取的合理因素。一个在社会中生活的人，必然要同各种人发生种种关系，形成每个人应有的权利和义务。只有每个人都能够认真、负责地履行自己的责任和义务，享受到自己应享受的权利，一个社会的正常秩序才能得到维护，一个国家的稳定和民族的团结才能得到保障。

第四，中国古代优良道德传统，把人的精神境界，提高到一个非常重要的地位，对形成一个人的高尚道德人格有重要的意义。中国古代优良道德传统认为，在物质需求得到基本满足的条件下，一个人应当抱有高尚的理想和追求，而不要沉溺在享乐的泥潭，不要为各色各样的物质欲望所腐蚀而失去了人生的真正价值。“杀身成仁、舍生取义”、“富贵不能淫，贫贱不能移，威武不能屈”、“先天下之忧而忧，后天下之乐而乐”和“为天地立心，为生民立命，为往世继绝学，为万世开太平”，都是要追求一种崇高的理想和完美的道德人格，在今天仍然有着重要的现实意义。

第五，中国古代优良道德传统，重视修养践履，强调在道德修养中的主体能动作用。道德人格的培养、道德素质的提高和道德规范的实现，最重要的就是要在实际行动中修养践履。在社会生活中的人，总是要受到社会上各方面的影响，特别是金钱、美女、荣誉、权势的诱惑，需要不断地改造自己。因而，在道德修养上，认真地反省和改正，有着很重要的意义。孔子提倡“修己”、“克己”。曾子提出：“吾日三省吾身：为人谋而不忠乎？与朋友交而不信乎？传不习乎？”孟子特别注意“修身”和“养性”，讲“良知”、“良能”。宋明理学家们提倡要“尊德性”和“知行合一”等。他们都认为只有强调道德的修养践履、“知”和“行”的统一，才能更好地达到提高道德境界的目的。

三

对中华民族的优良道德传统，我们应当用马克思主义的立场、观点和方法，加以分析和鉴别。其根本原因，就是这些传统都是在长期的奴隶社会和封建社会中形成的，是同中国古代传统道德中的糟粕共生共长的。我们现在所处的时代，是新型的社会主义的时代，如何达到“古为今用”，使历史上形成的这些优良道德传统，能够在社会主义社会焕发出新的光辉，是我们面临的一个重要任务。

对于中国古代的道德传统，我们既不能抱着虚无主义的态度，否认它在今天仍能发挥作用，也不能采取无分析地全盘接受的态度。总体来说，我们应当采取“批判继承”的态度。这就是说，要取其精华，弃其糟粕，进行综合和创新，从社会主义的现实出发，有分析地加以继承和弘扬，以达到“古为今用”的目的。在加强公民道德建设中，只要我们能够以正确的态度来对待古代的优良道德传统，我们就一定会使我国的公民道德具有更强大的生命力，更宜于为全体公民所喜闻乐见和身体力行，从而更好地推动公民道德建设的健康发展。

认真实施《纲要》 加强公民道德建设*

一

中共中央印发《公民道德建设实施纲要》两年来，我国的公民道德建设迈出了可喜的步伐，出现了党政领导重视、舆论传媒关注、广大群众身体力行社会主义道德的良好局面。

公民道德“二十字基本道德规范”深入人心。在人们的各种交往中，“爱国守法、明礼诚信、团结友善、勤俭自强、敬业奉献”已成为判定行为道德的评价标准。不符合基本道德规范的思想和行为，愈来愈受到舆论的谴责和鞭挞，符合基本道德规范的思想和行为，愈来愈得到社会的鼓励和表彰，社会道德风尚正朝着更加健康、向上的方向发展。

以爱国主义为核心的团结统一、爱好和平、勤劳勇敢、自强不息的伟大民族精神，在公民道德建设中显示了强大的力量。特别是在抗击“非典”斗争中，广大人民群众万众一心、众志成城，团结互助、和衷共济，迎难而上、敢于胜利，充分显示了公民道德觉悟的不断提高和道德品质的不断升华。两年来，我国公民道德建设对于推动经济和社会的

* 本文原载《光明日报》，2003-09-30。

全面发展、保证社会主义市场经济的健康运行、促进整个民族素质的不断提高，都产生了明显的积极作用。

经党中央同意，中央精神文明建设指导委员会决定将《纲要》印发的 9 月 20 日，定为“公民道德宣传日”，这对于进一步加强公民道德建设、促进公民道德素质的提高和社会风气的改善，具有极其重要的意义。

“机不可失、时不我待”，我们一定要抓住有利时机，总结两年来公民道德建设的经验，认清当前道德建设中亟须解决的问题，强化道德建设“重在实践”的关键环节，不但要使“二十字基本道德规范”家喻户晓，而且要使之成为每个公民身体力行的自觉准则。

要重视“养成教育”。在道德建设中，对于道德的基本规范，要通过家庭、学校和社会各个方面的积极配合，经常进行启发、诱导、培养和教育，并辅以一定的制约和奖惩，日积月累、坚持不懈，使人们形成鲜明的荣辱观念，并自觉地按照道德基本规范去做。只要确立了以履行道德规范为荣、以违背道德规范为耻的观念，就会在全社会形成一种强大的舆论力量，促进道德风尚的提高。古人说“习与智长、化与心成”，就是说要随着智慧的增长，使基本道德规范逐渐形成为人们的品性；“习惯成自然”、“习以成性”，也是说的这个道理。在公民道德建设的运行机制中，除了各级领导重视、传媒强化舆论、经济政策和法律支持等，还须要辅以一定的管理和某些奖罚的规定，以期能加强道德教育和道德养成的效果。

二

总结《纲要》颁布两年来取得的巨大成绩，我们进一步认识到，公民道德建设的实践，对于建立和发展与社会主义市场经济相适应的社会主义道德体系，有着重要的意义。

从一定意义上，我们可以说，公民道德建设本身就是建立社会主义道德体系的一个重要组成部分。与社会主义市场经济相适应的社会主义道德体系，绝不仅仅是一种观念的框架，更不是从思想家们头脑中凭空构想出的一个体系。从根本上说，它只能从社会主义社会的经济关系和政治关系中，从社会主义初级阶段道德的实然和应然中，特别是从广大人民群众的道德实践中概括和归纳出来。理论工作者能否对社会主义道德体系进行正确的研究、分析和概括，关键在于能否实事求是、从实际出发，把社会的道德实践上升到理论层次。我们要把加强公民道德建设和建立与市场经济相适应的道德体系紧密结合起来，要以公民道德建设为契机，促进社会主义道德体系的建立，以公民道德建设的成果来推动社会主义道德体系的形成和发展。同时，我们要在建立社会主义道德体系的过程中，增强公民道德建设的力度，使两者相辅相成，协调发展。当然，从范围上看，社会主义道德体系要比公民道德建设的范围更为广泛，它涉及的方面更多。我们要建立的道德体系，不仅要与社会主义市场经济相适应，还要与社会主义法律规范相协调、与中华民族传统美德相承接。

《纲要》对公民道德建设的核心和原则，作了全面的、多层次的、适应社会主义市场经济人际关系的新概括，对公民道德建设的指导思想和方针原则，对营造公民道德建设的社会氛围和大众传媒等在道德建设中的重要作用，对道德建设的法律保障和政策支持，特别是对党的各级干部在道德建设中的作用等均作了精辟阐述。这不但是对当前公民道德实践的概括，也是对与市场经济相适应的道德关系、道德实践的科学概括，对于社会主义道德体系的建立，具有重要的指导意义。

三

建立与社会主义市场经济相适应的道德体系，是发展先进文化的重要组成部分。在建设中国特色社会主义，发展社会主义市场经济的过程中，既要坚持不懈地加强社会主义法制建设，依法治国，同时，也要坚持不懈地加强社会主义道德建设，以德治国。要把法制建设与道德建设紧密结合起来，把依法治国与以德治国紧密结合起来。在社会主义市场经济条件下，为了实施依法治国，必须建立社会主义法律体系，以保障法治的顺利实行；同样，为了实施以德治国，还必须建立与社会主义市场经济相适应的社会主义道德体系，没有社会主义道德体系的形成、建立和完善，我们就不可能实现以德治国的目标。

《纲要》明确提出，要“通过公民道德建设的不断深化和拓展，逐步形成与发展社会主义市场经济相适应的社会主义道德体系”。而如何“通过公民道德建设的不断深化和拓展”，以达到逐步形成与发展社会主义市场经济相适应的“社会主义道德体系”的目标，是我们加强公民道德建设时所应当认真对待的一个问题。加强社会主义道德体系建设是一个系统工程。公民道德建设，不但为我们找到了一个切入点和突破口，而且为我们提供了指导思想和实践基础。通过公民道德建设的深化和拓展，我们将在以下几个重要的方面，逐步形成与社会主义市场经济相适应的社会主义道德体系。

第一，要进一步加深对社会主义道德建设的指导思想、核心、原则和基本要求的认识、要在公民道德建设的实践中丰富和完善对它的认识和理解，以有助于社会主义道德体系的建立。第二，要把社会主义道德体系的建设同法律体系的建设联系起来，把法律规范和道德规范有机地结合起来，把法律的相关规定、预防犯罪和犯罪后的教化纳入道德建设的要求之中；把守法和违法提高到善与恶、道德与不道德、光荣与耻辱的高度，以守法为光荣，使守法成为做人处世的重要道德品质。第三，要根据新的时代要求，梳理、辨析中华民族几千年形成的传统美德，并赋予传统道德以新的内容，通过公民道德建设的实施，取得广泛的认同；同时，要借鉴世界各国道德建设的成功经验，按照“以我为主、为我所用”的原则，形成更加完善的社会主义道德体系。第四，要以为人民服务为核心、以集体主义为原则，建立与社会主义市场经济相适应的道德规范体系，把“二十字基本道德规范”和社会公德、职业道德、家庭美德进一步同社会生活的需要和具体情况结合起来，形成能够涵盖各个方面的规范体系网络。第五，要发扬党领导人民在长期革命斗争与建设实践中形成的优良传统道德，弘扬井冈山精神、延安精神、铁人精神、雷锋精神、焦裕禄精神、抗洪精神和抗击“非典”精神等，更好地在道德建设中形成新的有时代气息的道德要求。第六，进一步加强道德建设的法律支持、政策导向和制度保障，使我们的道德建设建立在更加坚实的基础之上。第七，在公民道德建设的过程中，通过营造浓厚的社会氛围，强化褒善贬恶、祛邪扶正的舆论力量，使人人都能从自身做起，力行道德，而且能对一切不道德的行为加以抵制，这对完善社会主义的道德体系，也是一个重要的方面。第八，在道德建设中，一方面要加强道德教育，充分运用道德的感化力、劝导力、说服力和舆论的压力，教人向善；另一方面，还应通过一定的管理规定和奖惩手段，更好地激励人们弃恶从善。在当前，要通过诚信机制的建立，探索社会主义道德体系的整体运行机制，促进社会主义道德体系的建立、发展和完善。总之，公民道德建设的实施，必将为建立与社会主义市场经济相适应的道德体系创造条件，提供经验；它的拓展和深化，必将对建成与社会主义市场经济相适应、与法律规范相协调、与传统美德相承接的社会主义道德体系产生重大的作用。

四

改革开放以来，在建立与社会主义市场经济相适应的法律体系方面，我们已经取得了可喜的成果，努力建立与社会主义市场经济相适应的社会主义的道德体系，是时代发展的要求，是现实生活向我们提出的一项重要、艰巨、长期而又紧迫的任务。

在看到我国道德建设所取得的可喜成绩时，我们还应当清醒地看到，当前道德建设中依然存在着一些值得重视的问题。有的人爱国主义、社会主义、集体主义观念淡漠，有损国格人格的现象时有发生；少数党员干部理想信念动摇、贪污受贿、违法乱纪，严重损害了党的形象。这些情况应当引起我们的高度重视。

加强社会主义道德体系的建设，是以德治国的一个重要体现，是社会经济持续健康发展、民族精神得到更好弘扬、道德风尚日益改善的重要环节。在当前，要大力克服一切忽视道德建设的有害思想，克服忽视以德治国重要性的错误思想，增强对建立社会主义道德体系的重要性、艰巨性、长期性和紧迫性的认识。一个社会的道德体系的形成，是一个长期的过程。不论在理论上还是在实践上，都需要认真探讨、综合创新，集中社会各方面的力量，共同努力。

加强道德建设的理论研究*

当前，我国道德建设正面临着前所未有的机遇。2000 年，我国在加强依法治国的同时，提出了依法治国与以德治国相结合的治国方略，把以德治国提到治国方略的高度。2001 年，中共中央印发了《公民道德建设实施纲要》，指出了要把公民道德建设提到突出的地位。道德建设是先进文化的重要内容，是弘扬中华民族精神、促进社会主义市场经济健康发展的有力保证。

在《公民道德建设实施纲要》颁布两周年之际，经中央同意，中央精神文明建设指导委员会又提出了关于深入贯彻十六大精神、进一步加强公民道德建设的意见，决定从今年开始，把印发《纲要》的 9 月 20 日，定为“公民道德宣传日”。

两年来，我国的公民道德建设得到了有力的加强。广大人民群众的道德实践正在日新月异地向前发展，道德建设取得了可喜的成绩；同时，也还存在着不容忽视的严重问题。随着社会政治、经济、文化的进步，道德关系的各个方面也都随着道德实践的发展而不断发展和变化。常青的道德生活之树，正蓬勃茁壮地展现在理论工作者的面前。

道德理论的研究，离不开前人的理论成果，离不开中外伦理思想家的理论建树。同时，更重要的是，我们应当特别关注现实的道德实践，

---

* 本文原载《高校理论战线》，2003（10）。

研究当前道德建设中所需要解决的重大现实问题。道德理论的发展，必须来自对现实的分析、研究和概括；科学的道德理论，又能够对当前的道德实践起重要的指导作用。在当前的公民道德建设活动中，理论工作者要特别注重把道德理论与道德实践有机结合起来。伦理学理论工作者的一项重要使命，是要对人民群众的道德实践进行理论上的总结和提炼，使那些生动活泼、行之有效的道德建设的形式，上升到理论的高度，既丰富我国道德理论的宝库，又反过来给予道德实践以科学的指导。伦理学理论工作者要积极为全社会的公民道德建设献计献策，要努力做出理论上的贡献。

在道德建设的理论研究中，伦理学理论工作者应当自觉坚持马克思主义的立场、观点和方法，坚持社会主义的方向；要以发展的观点，洞察正在发生和即将发生的新的变化，创造性地解决因经济成分、分配方式、利益关系的变化而出现的新矛盾和新问题；正确分析在市场经济条件下道德建设的层次性，把握先进性和群众性的统一，既要从道德的基本要求出发，使我们的道德成为人人能够身体力行的准则，又要提倡无私奉献的崇高道德，使两者相辅相成。

建立与社会主义市场经济相适应、与社会主义法律规范相协调、与中华民族传统美德相承接的社会主义道德体系，是实施以德治国的重要方面。公民道德建设的深化和拓展，必将促进我国与社会主义市场经济相适应的社会主义道德体系的建立和完善。社会主义的道德体系的建构，不可能是政治家、思想家和道德家们的凭空想象，只能建立在对广大人民群众的道德活动的科学概括的基础上。广大伦理学理论工作者要言行一致、身体力行公民道德规范的要求，以极大的关怀和满腔的热情，关注正在蓬勃发展的公民道德实践活动，为提高全体人民的道德素质，增强中华民族的精神力量，建立与社会主义市场经济相适应、与法律规范相协调、与中华民族的传统美德相承接的社会主义道德体系而贡献自己的力量。这是伦理学理论工作者的光荣任务，也是义不容辞的责任。

第十一编

道德教育与“两课”教学

坚持共产主义道德教育*

在当前的道德教育中，究竟应不应该坚持共产主义道德，在我国思想界存在着不同的看法。现在，就前一段时期某些同志提出的问题，谈一谈自己的一些认识。

本来，社会主义道德和共产主义道德，在一定意义上，是可以通用的。按通常理解，在社会主义条件下的共产主义道德，也可以称为社会主义道德。近几年来，有一些同志以“四人帮”曾经空谈共产主义道德并败坏了共产主义道德的声誉为理由，认为在当前的社会主义社会中，只应提倡社会主义道德，不应提倡共产主义道德。他们认为，在社会主义社会中提倡共产主义道德，就是受极左思潮的影响，就是对群众说假话、空话和大话。这样就提出了一个原则性的理论问题：在当前的社会主义社会中，是不是只能进行社会主义道德教育，而不应该坚持共产主义道德呢?

首先，我们有必要谈一谈对共产主义道德声誉的败坏问题。确实，“四人帮”为了达到他们篡党夺权的目的，曾经打着共产主义的旗帜，干了许多坏事。但是，我们应该认识到，从“四人帮”对共产主义道德的败坏中，人们只能得出一个结论，即我们应该揭穿他们的假共产主义道德的伪装，暴露出他们的资产阶级的极端利己主义道德的真面目，从

---

* 本文原载《伦理学与精神文明》，1982 年试刊号。

而达到提高人们的认识的目的。我们应该用真正的共产主义道德来教育人民，来恢复共产主义道德的声誉，我们要身体力行地来实践共产主义道德，并以之影响广大群众。人所共知，在20世纪50年代到60年代初，我国的共产主义道德水平曾经是名声很好，甚至可以说是誉满全球的。既然如此，又怎么能因在一个短时期内曾被“四人帮”败坏就不再坚持共产主义道德呢？在过去许多年，“四人帮”曾败坏了我们光荣的中国共产党的声誉，但我们并未因此而放弃共产党的称号。不论在任何情况下，我们都不能放弃共产主义的理想，都不能放弃对共产主义道德的信念，这是我们必须坚持的。

其次，某些同志认为，我们现在是社会主义社会，所以只能提倡社会主义道德，因而强调只有到了共产主义社会，才能提倡共产主义道德。这个理由，也是站不住脚的。科学共产主义的基本理论和经典作家的论述，都把社会主义看做属于共产主义的一个阶段，从来都没有把它看做独立的社会形态。社会主义社会是从资本主义社会到共产主义社会的转变时期，因而具有过渡性质。列宁指出，社会主义和共产主义只是表现共产主义在经济上成熟程度不同的两个阶段。他甚至还明确地说，在社会主义社会中，既然生产资料已成为公有财产，那么，“共产主义”这个名词在这里也是可以用的，只要不忘记这还不是完全的共产主义。而且，道德作为一种历史类型，究竟是以所有制还是以分配方式作为区分它的标准，这也是马克思主义伦理学的一个基本理论问题。马克思主义的经典作家一贯强调，在社会生活中的人们，总是要从自己的经济关系中吸取道德观念。我们知道，社会经济关系主要包括生产资料所有制、人们在生产中的地位和产品的分配方式，其中生产资料所有制是社会经济关系的基础。社会主义社会的道德和共产主义社会的道德，尽管还有很大差别，但决定其本质属性的都是生产资料公有制，因而，社会主义社会的道德，在本质上是属于共产主义道德体系的。那种强调在社会主义社会不应提倡共产主义道德的观点，是错误的。

再次，社会主义社会是一个过渡阶段，它是要不断地向自己的高级阶段过渡的。这种过渡，尽管有相当长的时间，有自身的许多特点，但它的过渡性质是不容怀疑的。在社会主义社会中，不但在经济上要为共产主义社会准备条件，而且在道德思想上，还要努力培养共产主义的新人，提高人们的道德品质，从而为最终实现共产主义准备精神条件。人们将愈来愈清楚地认识到，在建设和发展社会主义的时期，在促进和最终完成从社会主义向共产主义的过渡中，共产主义道德将起着日益重要的作用。人们还将认识到，从一定意义上看，提高人们的共产主义道德觉悟，改造人们的意识，比物质技术的发展，比改造人类社会，有着更重要的意义。事实将会证明，只有物质技术的发展而没有高尚的共产主义道德觉悟，要想完成由社会主义社会向共产主义社会的过渡，是根本不可能的。马克思、恩格斯、列宁、毛泽东同志等经典作家都多次指出，要从共产主义的低级阶段过渡到高级阶段，除了公有制经济的极大发展和物质财富的极大丰富以外，还必须要有高度的共产主义觉悟。同样，我们正在从事四个现代化的建设，如果只注意物质技术的发展而不坚持共产主义思想和共产主义道德，其结果不但不可能建设成为社会主义的现代化，而且不可避免地会脱离革命的轨道，而走到邪路上去。这个道理，也是十分清楚的。

又次，有的同志认为，现在还是社会主义社会，还没有实现共产主义，哪里来的共产主义道德？因此，他们认为，目前只应该提倡社会主义道德。这种看法，也是不正确的。共产主义道德的经济基础是生产资料公有制，它在打破私有制和建立公有制的过程中，已经孕育、形成并不断得到发展。列宁说："共产主义的道德就是为了把劳动者团结起来反对一切剥削和一切为小私有制服务的道德。"加里宁曾不只一次地强调，无产阶级正是在反对资本家的斗争中，才不断形成自己的团结、互助等共产主义的道德品质的。我国自从建立了中国共产党，无数革命先烈的英勇不屈、视死如归、为人民利益而不惜牺牲的大无畏精神，就是共产主义道德的精神，他们的行为就是共产主义道德的实践，他们的品质就是共产主义道德的典范。又怎么能说，在当前的社会主义社会，不会有共产主义道德呢？早在抗日战争时期，毛泽东同志就提倡学习张思德和白求恩。张思德的为人民利益而牺牲的高尚品德，白求恩同志的"毫不利己、专门利人"的精神，就是我们所说的共产主义道德觉悟。

有的同志虽然也承认这些道德的典范，也承认在现实生活中，可以把共产主义道德作为对共产党员教育的要求，但不同意用共产主义道德去教育和影响广大群众。他们认为，对社会全体成员，不应该要求他们大公无私，只应该要求他们"公私兼顾"或"公私融合"。这种看法，也是值得讨论的。我们知道，任何一种社会或一个阶级的道德原则和道德规范，一般来说，都可以从两个方面加以理解，或者说，具有两方面的意义：一方面，它是指由一定经济关系所决定的一种人和人之间的客观的道德关系；另一方面，它是指一定社会或一定阶级的思想家们，依据这种客观关系所概括归纳而成的意识形态。当然，思想家们的这种概括，都应该是从客观实际中来的。但是，不同阶级的思想家，又总是从自己的阶级利益出发，力图使这种概括适宜于对社会各种成员进行教育，在道德上提高人们的思想，从而有利于自己阶级的统治。从这个意义上说，作为社会意识形态的道德，从来都是既从现实中来，又高于现实人们的道德水平的。马卡连柯在研究共产主义教育问题时，曾经着重指出，道德上的要求，不论什么时候，都应该在大多数人的水平以上。这是正确的。共产主义道德的原则和规范，并不是所有人都已经具备了的原则和规范。如果说，等所有的人都具备了共产主义道德原则和规范的要求，再来坚持共产主义道德，再来进行共产主义道德教育，还有什么意义呢？正是在这个意义上，列宁才说："为巩固和完成共产主义事业而斗争，这就是共产主义道德的基础。"当然，在现阶段，我们不能要求每一个社会成员都成为共产主义者，但必须用共产主义思想要求共产党员和一切先进分子，并通过他们去教育和影响广大群众。

最后，有的同志认为，我国现阶段实行的是"按劳分配"的经济政策，因而不应提倡共产主义道德。他们认为，目前我国的生产力水平还很低，物质资料还不丰富，价值规律还要在经济生活中起一定的调节作用，劳动还主要是谋生的手段而不能成为生活的第一需要，因此，在这种情况下，强调共产主义道德，就会有害于"按劳分配"的经济政策的实施。有的同志还忧心忡忡地问，我们现在要强调的是"按劳分配"、"多劳多得"，而共产主义道德提倡的是"发扬风格"、"不计报酬"，这怎么能行呢？在他们看来，他们之所以强调要坚持社会主义道德，就是因为社会主义道德是不讲"发扬风格"而只讲"按劳分配"的道德。这种认识，更是值得讨论的。

我觉得，关于按劳分配和共产主义道德的关系，必须辩证地、全面地理解，我们应该力求避免片面性。在社会主义阶段，"按劳分配"不但是我们必须实行的一种经济政策，而且是一种客观的经济法则。在当前情况下，它有利于调动广大群众的积极性，有利于生产力的发展，有利于社会主义的现代化建设。在过去的一段时期中，忽视或否认按劳分配的重要性，曾给我国经济的发展带来严重的危害，这个深刻的教训是不能忘记的。同样，应该指出的是，按劳分配这样一种政策，它只是从资本主义社会到共产主义社会这一过渡时期所实行的一种分配政策。而且，在实行这种政策的同时，我们还应该注意防止由于对按劳分配政策的不正确理解而可能产生的种种弊病。由于社会主义社会这一过渡时期是刚从资本主义社会脱胎而来的，它不可避免地还带着许多旧社会的痕迹。在思想意识和道德观念上的最重要的痕迹，就是长期私有制所形成的一部分人只关心个人的利己主义思想。列宁曾多次指出，资产阶级社会的死尸，是不能装进棺材、埋到地下的，被打死的资本主义会在我们中间腐烂发臭，败坏空气，毒化我们的生活，从各个方面用陈腐的死亡的东西包围新鲜的、年轻的、生气勃勃的东西。这就是说，在社会主义社会中，资产阶级的旧影响还存在，还在向无产阶级进行袭击，而在这种袭击面前，只靠按劳分配是不能有效地抵抗的。在实行按劳分配的经济政策时，受资产阶级利己主义思想影响的人，往往片面地强调个人利益而产生一种对国家、对集体斤斤计较的思想。有的人为了多劳多得、多拿工资、多得奖金，可以不顾质量，追求数量，甚至出现弄虚作假的现象。此外，也还有少数人，只顾追求自己的劳动成果，不关心甚至不愿意从事集体的、共同的项目，只注意自己的利益而不注意同志相互之间的关系。有的单位还会为牟取本单位的小集体利益而损害国家利益。因此，在抵抗资产阶级的侵蚀中，我们决不可忽视或者看轻共产主义道德的作用。我们要用共产主义道德的集体主义原则和多做贡献、少取报酬的劳动态度来规范我们自己的行为。我们不是为了“按劳分配”、“多劳多得”而革命的。我们劳动和生活的目的是为了建设共产主义社会，我们不但应该多做工作、少取报酬，在有条件的时候，我们还应该力所能及地参加各种形式的义务劳动，即参加丝毫也不要报酬的公益劳动。我们必须反击资产阶级的侵袭，反对一切斤斤计较的行为。结论只能是这样：在实行按劳分配的社会主义社会中，为了抵抗资本主义思想的侵袭，我们必须坚持共产主义道德。

加强共产主义道德教育*

党的十二大报告明确指出，社会主义精神文明的核心是共产主义思想。在社会主义精神文明建设中，加强共产主义道德的教育，有着重要的地位和作用。在社会主义条件下，共产主义道德是建立新型的人与人之间关系的精神纽带。共产主义道德大体上有五个最具普遍意义、最重要的规范。第一，全心全意为人民，即热爱人民，关心人民，一切从人民利益出发。第二，共产主义劳动态度，它要求每个劳动者把劳动看做公民的光荣职责，遵守劳动纪律，为社会主义建设多做贡献。第三，爱护公共财产，树立社会主义的公共财产神圣不可侵犯的自觉意识。第四，热爱科学，坚持真理，它要求人们刻苦钻研，勤奋学习，掌握科学理论，在实践中坚持和发展真理。第五，坚持社会主义的爱国主义和国际主义，它要求人们维护我国的民族尊严和民族利益，并把我国的民族利益同全人类的总体利益联系起来。这几方面的规范在共产主义道德中都是缺一不可的。

我们之所以强调加强共产主义道德教育，这是和在社会主义条件下对人们的自身改造的要求相联系的。我们建设社会主义，必须不断地提高人们的物质生活水平，但同时要使我们的人民成为有理想、有道德、有文化、有纪律的一代新人。只有这样，才能保证社会主义建设不会迷

* 本文原载《红旗》，1982（20），原题为“学习十二大文件座谈会发言摘要”。

失方向。物质文明建设是精神文明建设不可缺少的基础，但决不能因此而说精神文明建设是不重要的。现实生活将日益清楚地告诉人们，如果没有人们自身的改造和崇高的共产主义道德品质的形成，要想顺利地发展社会主义现代化建设事业，并进而向共产主义的高级阶段前进，是根本不可能的。

进行共产主义道德教育，必须同广大群众在工作、学习、劳动中遇到的实际问题结合起来，对他们耐心细致地进行启发和诱导。只有这样，才能使共产主义道德在广大群众的心灵中产生共鸣，使他们认识到提高自己道德品质的重要性，使越来越多的社会成员自觉地用共产主义道德规范自己的行动。

关于思想道德教育的几个问题*

根据党的十四大精神，当前进行思想道德教育应该注意两个问题：一是在商品经济的条件下，特别是社会主义市场经济体制条件下的道德建设问题；二是强调中华民族的优良道德传统对我们道德教育的重要作用，即它可以和社会主义道德一样起到抵御西方资产阶级道德观、价值观的作用，抵御西方资产阶级的个人主义、拜金主义、享乐主义对我们青少年、人民群众的腐蚀。

从伦理道德角度考虑，思想道德方面右的影响主要是资产阶级个人主义、拜金主义、享乐主义思想的影响。要说有“左”的影响，那很重要的一个方面是，对中华民族的优良道德传统在相当长的时期我们否定得太多，肯定得较少，没有旗帜鲜明地继承中华民族的优良道德传统。值得注意的是，现在韩国、新加坡、马来西亚等国家发扬东方的道德传统，特别是中华民族的优良道德传统，确实对经济现代化的发展起到了一定的作用。一些国家已经认识到现代化绝不等于西方化。东方的传统道德不但不会阻碍经济现代化的发展，而且经过批判继承以后，会有利于我们经济现代化的发展。这个问题很重要，我们讲道德教育，一定要在加强社会主义道德教育的同时，加强中华民族的优良传统道德教育。

第一，关于社会主义道德的基本原则问题。

---

* 本文原载《中国电大教育》，1993（11）。

我国伦理学界基本上有两种看法：一种认为道德的基本原则只有一个，一种认为道德的基本原则有很多个。我们坚持一个原则的理论，强调把集体主义原则作为社会主义道德的最基本的原则。这同我们坚持社会主义道路、坚持马克思主义、坚持有中国特色社会主义理论有很重要的关系。

集体主义原则是我们思想道德教育的灵魂。西方所攻击和反对的集体主义，绝不仅仅是伦理道德上的集体主义，它们是经常把集体主义作为经济制度、政治思想、哲学思想来攻击的。因此，我们坚持集体主义就不仅仅是坚持伦理道德原则，同时也是坚持历史唯物主义，坚持公有制，坚持民主集中制。我们讲集体主义，首先要强调集体利益高于个人利益，同时也强调个人的正当利益应当得到保障，强调它们的辩证统一性。两者不是半斤八两，而是有轻有重，有先有后。其次，集体和个人的权利与义务都是双向的，集体要求个人承担很多义务，集体对个人也要承担很多义务。要在集体利益高于个人利益的原则下，尽量使个人的利益得到满足，使个人的荣誉、尊严和价值得以实现。最后，我们讲集体主义，必须不断地完善集体。既然集体要求个人利益要服从集体利益，个人理所当然地要求集体是一个完善的集体。

从总的方面看，我们国家的政府是代表了全国人民的利益的、为最大多数人着想的、带领人民走共同富裕道路的集体，因此，在我们国家实行集体主义，既有经济基础，又有政治条件。同时，也应看到在我们国家各种不同形式的集体里面，确实存在着某些腐败现象，有的集体并不能够真正代表成员的利益，有的地方确实是个人的正当利益没有很好地得到满足。正是在这种情况下，我们提出要不断完善我们的集体。只有不断地去完善我们的集体，我们的集体主义才能真正在人民中间实行起来。这也是在宣传集体主义时需要注意的一个重要问题。

现在的青年在个人与集体关系中比较多地强调个人的价值、个人的尊严、个人的自由，强调自我设计、自我实现。对这个问题，我们并不一般地反对。我们只是强调要在集体利益高于个人利益的原则之下，个人的正当利益应当得到满足，个人的价值应当实现，包括个人个性的发展和个人才能的发挥。我们只是强调，不管怎样，在个人利益和集体利益发生矛盾的时候，应该服从集体利益，不可无限制地发展个人利益，妨碍集体利益。这是我们的价值观在集体主义问题上与西方价值观的根本不同。

第二，关于道德的本质问题。

道德的本质是在于它的约束性还是在于它的主体性？我们对道德应有全面认识。从外在形式讲，道德是约束人、规范人的，告诉人应该怎样做，不应该怎样做。从内在来讲，主要是启发人们的觉悟，靠人们的良心、信念、责任心和义务感自觉地去实行道德的原则和规范，发挥人的道德的主动性。前几年的争论有一种倾向性，即强调道德的主体性，实际上是反对道德的规范性、约束性，反对社会主义道德规范，把发挥个人主义的东西当做发挥个人的主体性，这种思想是很错误的。

第三，关于反对个人主义的问题。

个人主义最核心的东西是以个人为中心，最后造成个人对集体的背离和脱离。我们现在教育青年就是要求他们正确处理个人与集体的关系，使他们认识到个人主义确实是一种危害很大的价值观念，使他们对集体主义有一个全面的了解。把这两者结合起来讲，就更有利于青年认识个人主义的危害，接受集体主义思想。

第四，关于社会主义道德的基本要求。

宪法要求每一个公民要爱祖国、爱人民、爱劳动、爱科学、爱社会主义。这“五爱”既是一般的道德要求，也都是很重要的道德原则。其中“爱人民”这一条是一个很重要的道德原则，甚至是我们道德的核心。

第五，关于思想道德品质的修养。

应当多讲一点中国传统道德的修养。中国的宋明理学，不论是程朱（程颢、程颐、朱熹）还是陆王（陆象山、王阳明），对于中国道德修养的理论贡献都是很大的。他们集中研究了一个问题，就是怎样把道德原则、道德规范、道德要求转化为内心的自觉行为。宋明理学的很多修养并不完全是脱离实际的，其中有闭门思索的方面，但也强调在事上磨炼，用很多办法培养人们的思想，也有很多理论。宋明理学道德理论的这一部分可以为我们所借鉴。当然，这种道德要求，是为了维护剥削阶级统治的，终究是有很大局限性的。我们的社会主义道德和这种道德在本质上是两回事。

第六，关于社会公共生活规则。

从道德的实践过程来讲，层次最高的是道德原则，其次是道德要求，再次就是社会公共生活规则。公共生活规则多少带有道德的全人类性的问题，是所有人类社会都应当提倡的，尽管不同的社会打上了不同的阶级烙印。社会公共生活规则有时也用社会公德这个概念来表达。社会公德中，从古代历史上流传下来的东方和西方的一些最基本规则，一是提倡文明行为，二是遵守公共秩序，三是讲究公共卫生，四是见义勇为、助人为乐。这基本上是所有的人都必须遵守的最基本、最简单、最普通的为人处世的道德。它对一个社会的社会文明、社会秩序、社会风气都有很重要的作用。历来的思想家们都提倡这些东西，这是反映一个社会的文明程度、道德水平、社会秩序的一个重要方面。

此外，我们必须强调爱护公共财物，这既有一般的、人类大多数都必须遵守的道德规则的意义，同时，对我们社会主义国家来讲尤其重要。爱护社会主义公有财产，是一个人的思想深处对社会主义的一个很重要的态度。建设社会主义很重要的一点，就是要培养起广大人民群众爱护公共财物、爱护社会主义公有财产的公心。还有一个保护人类生存环境、维护大自然生态平衡的问题。一个多世纪以来，自然科学发展很快，环境污染、生态失衡问题严重并受到关注，环境伦理学相伴而生。所以，我们应该把它作为一个公共生活规则提出来。再就是社会主义人道主义问题。人道主义是一个分歧比较大的问题。我们过去把道德分为四个层次：第一是道德的基本原则，即集体主义原则；第二是道德的基本要求，即道德的规范，包括“五爱”在内；第三是人道主义原则；第四是社会公共生活规则。我们现在把道德分为三个层次：第一是道德的基本原则，第二是道德要求，但没有把人道主义单独作为一个层次，而把它放在作为第三层次的社会公共生活规则里面了。但是，我们应当充分看到，人道主义在我们国家、在当前世界上还有很重要的意义。我们既要反对资产阶级所谓的超阶级的人道主义，又要强调在社会主义社会里，关心人民、爱护人民、尊重人民的价值和尊严。从道德有阶级性出发，人道主义还是一个很重要的道德要求。

第七，关于社会主义职业道德。

职业道德有着很重要的现实意义。我们现在要加强社会主义精神文明建设，提高道德水平，搞好社会风气，一个很重要的突破口，就是从加强职业道德入手。我们的道德原则、道德要求和公共生活规则都贯穿在各种不同的职业道德中间，职业道德抓好了，就等于在各种不同的具体职业岗位中间贯穿了道德的原则、道德的要求和公共生活规则。而且，在职业道德方面，各种职业之间是相互影响的，职业道德的水平提高了，会使社会上人和人的关系不断地相互融洽，形成良性循环。就是说，大家的道德水平越来越高，社会风气就会越来越好。强调职业道德教育，希望在职业道德方面有所突破，我们这个国家要真正改善社会风尚，非有一段时间狠抓一抓我们的职业道德不可。

第八，讲一讲爱情、婚姻和家庭道德。

这也是社会道德水平提高、社会秩序稳定的一个很重要的方面。我们还是应当强调中国传统伦理道德中关于婚姻家庭道德方面很多好的东西，比如提倡孝敬父母。原来孝的解释是“善事父母”。中国原来讲孝，都讲到父母不对子女就要“诤谏”，要提意见，要提出批评，但态度要好，并没有说愚忠愚孝。现在在农村确实还有愚忠愚孝的，但是不孝敬父母的情况到处可见，我们不能不讲孝敬父母。过去讲“求忠臣于孝子之门”，现在看来一般地讲，是否孝敬父母确实是考察一个人的道德品质的重要方面。我们既要反对封建社会婚姻家庭道德中的男尊女卑、愚忠愚孝，更要提倡中国道德传统中好的东西。我们固然反对封建社会的贞节观念，反对丈夫死了妻子就不能再嫁，也要反对西方的性解放、性自由。我们应该讲中华民族的传统道德，批判、摒弃其封建糟粕，用马克思主义观点加以改造，发扬它的优良的东西。这确实是当前我们抵御西方极端个人主义、一切以个人为出发点的价值观的很重要的一种武器。所以，我们现在强调根据我们社会主义的实际生活，依据社会主义道德的原则，继承发扬中华民族的优良道德传统，抵御一切剥削阶级的腐朽的价值观念对我们的侵蚀。

在精神文明建设中应重视道德教育*

把精神文明建设提到更加突出的地位，一个重要的要求，就是要加强社会主义道德建设。建立社会主义市场经济体制，是一场深刻的革命，它不仅发展了我国生产力，有利于人们的开拓创新，而且为精神文明建设提供了必要的物质基础。但随着改革开放和市场经济的建立，又必然会产生一些消极的东西，诱发人们的拜金主义、享乐主义和形形色色的个人主义思想，直接腐蚀一些人的思想。更值得我们注意的是，西方某些发达国家不愿意看到一个强大的社会主义中国，力图从价值观、人生观、道德观上进行渗透，把西方腐朽的生活方式和道德观念强加给我们，妄图把伦理道德作为一个突破口，进而把我们推到邪路上去。在当前，道德建设已经成为整个精神文明建设中一个具有现实意义的重大课题。

我们所说的道德建设，是社会主义的道德建设，是社会主义集体主义原则指导下的各种道德规范体系和道德要求的建设，是有明确的社会主义方向和原则的。应强调把精神文明建设提到更加突出的地位，强调在马克思列宁主义、毛泽东思想和邓小平建设有中国特色的社会主义理论指导下，针对我国当前的实际情况，在一段时期内，把道德建设作为社会主义精神文明建设的重点，以社会主义的集体主义为价值导向，通

* 本文原载《光明日报》，1996-06-22。

过社会公德、职业道德和家庭伦理道德的提倡，以推动社会主义精神文明在各个方面取得更大的进展。在当前的道德建设中，我们应当继承中华民族的优良道德传统，弃其糟粕，取其精华，古为今用，不能把历史上儒家的东西原封不动地搬到现实生活中来；同时，还应当特别注意继承中国共产党成立以来的革命传统，包括今天许多革命英雄和道德楷模的崇高思想，使我们的道德建设更富有时代气息，更富有社会主义精神，更容易产生实效。

改进和加强思想品德课的教学*

《中共中央关于进一步加强和改进学校德育工作的若干意见》中，明确提出了在全国高等学校中，加强和改进“两课”教学的重要意义。这一文件规定：“学校政治理论课和思想品德课是系统对学生进行马克思主义理论教育和品德教育的主渠道和基本环节，要重点进行教学内容和教学方法的改革。”这里，仅就加强和改进品德课（也称思想品德课）的问题，提出一些初步的想法，以便集思广益，使我们的思想品德课能够在大家的共同努力下，逐步地得到加强和改进。

一、我国高校思想品德课的基本情况

改革开放以后，我国高等学校的思想品德教育课，是从教育部1982年发出《关于高等学校逐年开设共产主义思想品德课的通知》开始的；为了加强这门课的建设，1984年9月教育部下发《关于高等学校开设共产主义思想品德课的若干规定》，文件指出共产主义思想品德课的主要任务是对学生进行共产主义人生观和共产主义道德教育，回答学生有关人生、理想和道德方面的问题。在这一规定的指导下，一些高

---

* 本文原载《思想理论教育导刊》，1999（2）。

等学校最早开设了“共产主义思想品德课”。随着形势的变化，1987年10月，国家教委就高等学校思想政治教育课程设置提出了具体的要求，规定“形势与政策”、“法律基础”两门为必修课，“大学生思想修养”、“人生哲理”、“职业道德”三门可因地制宜地有选择地开设。1992年，国家教委在总结十年来高校思想政治教育课程建设的基础上，对有关课程进行了调整，规定思想品德课包括“思想道德修养”、“法律基础”和“形势与政策”。1998年6月，中宣部和教育部又发出《关于普通高等学校“两课”课程设置的规定及其实施工作的意见》，进一步明确和规定了课程的内容和教学要求。在中宣部和教育部（包括其前身国家教委）的直接领导下，经过广大德育工作者十几年来的共同努力，思想品德课在教学内容设置和教学方法改革方面都已经取得了重要的成绩，在培养学生的德智体等全面发展方面起到了积极的作用。一些学校的领导和教师还积极探索、大胆创新，取得了一些好的经验。在学校党委的重视下，一些学校的思想品德课的建设，已经取得了可喜的成果。在教材建设方面，已经编写出了多种适用于大学本科和专科学校的思想品德课的教材，为进一步编写出更高水平的教材打下了良好的基础。应当说，我们在思想品德课的建设上，已取得了明显的成绩。同时，我们也要看到，现在的思想品德课的教学，同形势的发展和中央的要求相比较，还有相当的距离，需要我们在今后不断地加以改进和提高。根据我的认识，我觉得有以下一些问题，是我们今后改进思想品德课的教学工作所应当注意的。

二、提高对思想品德课的认识

思想品德课作为高等学校的一门必修课，它同马克思主义理论课一起，是我们现在所说的“两课”。作为“两课”之一的思想品德课，它包括“法律基础”、“思想道德修养”和“形势与政策”三门必修课，其主要任务是对大学生进行世界观、人生观、价值观和思想素质、道德素质教育以及法制教育。它对于大学生树立社会主义、共产主义的理想和信念，对于培养他们成为社会主义的建设者和接班人，有着不可忽视的重要作用。特别值得指出的是，由于我国当前中学中普遍存在的重智育轻德育的特殊情况，现在的思想品德课更加突出了大学时期思想品德课在培养青年世界观、人生观和价值观上的重要地位。

从实际情况来看，在各高等学校中，确实还存在着一个值得注意的情况，就是重视理工科而轻视文科，重视专业课而轻视思想政治理论课。在“两课”中，也还存在着重视马克思主义理论课而轻视思想品德课的情况。一些高等学校的思想品德课之所以长期不能得到应有的重视，是同党委领导和教学主管部门一些同志不够重视有着密切关系的。

正是由于对思想品德课的认识上存在着问题，在某些高等学校中，直到现在，这门课程可以说还没有完全建立起来，如没有专门的教研室，没有或只有很少的教师。相比较来说，“法律基础”的课程要好一些，因为有法律系的教师可以上课。对于“思想道德修养”课来说，问题就更多一些，授课的教师大多数都是兼职，如有的学校由于缺乏教师，“思想道德修养”课只能采取上大课的办法，一个课堂往往有一百多人、两百多人，甚至有七八百人或一千多人在一个课堂上课。老师既不能和学生交流，更无法了解学生的思想情况。在这样大的教室里，课堂秩序也就很难维持，有看报纸的，有念外文的，有交头接耳互相交谈的。其结果是，不但“思想道德修养”课的效果很差，而且它的威信也愈来愈受到影响。有的学校连一个专职的“思想道德修养”课的教师也没有，把全校的“思想道德修养”课分配给党委的成员和各系的总支书记去讲，其中有的课能够做到理论联系实际，效果较好，有的课就临时应付，效果当然也就可想而知了。

正由于此，我认为，在加强和改进高等学校思想品德课的问题上，首先就是从上到下，认真贯彻邓小平同志关于提高全民族的思想道德素质以及培养大学生成为德智体等全面发展、又红又专的接班人的理论，认真体会、理解和贯彻中央的精神，切实提高学校党委和主管教学的领导对思想品德课的重要意义的认识。这个问题不解决，要想加强和改进高等学校的思想品德课是有困难的。

三、改革教学内容，加强课程建设

为了更好地在思想品德课教学中贯彻改革的要求，要进一步改革教学内容，使毛泽东同志的德智体等全面发展的思想，特别是邓小平理论中关于培育“四有”新人的思想，以及江泽民同志关于弘扬社会主义的三个主旋律和加强世界观、人生观和价值观教育的思想，充分体现在我们的思想品德课的课程建设中。在当前，尤其要注意结合大学生的思想实际，认真解决他们在人生观和价值观上所存在的缺乏社会主义和共产主义的远大理想、集体主义原则淡漠和纪律观念不强等问题，从他们容易理解和体会的实例中，引导大学生树立正确的人生观和价值观，增强他们的法制观念和法律意识，认识为人民服务的思想和集体主义的原则在形成大学生良好的思想品德中的重要意义。在当前的形势下，要根据我们实行社会主义市场经济以来大学生思想变化的新情况和产生的新问题，针对他们在待人、处世、学习、恋爱、婚姻、就业等方面所面临的困惑，用为人民服务精神和集体主义原则来提高他们的认识。思想品德课的教材，特别是“思想道德修养”课的教材，一定要随着形势的变化和大学生的实际问题来不断地加以补充和修订。应当说，在教材建设上，我们已经作出了积极的成果，编写出全国高等学校思想品德课示范教材《思想道德修养》和《法律基础教程》，为全国高等学校的教学提供了很好的参考。但由于各方面的原因，还存在着一些不足，需要不断地加以改进。我们现在编写的《法律基础教程》，主要内容是有关法律知识的介绍，这是很必要的。我想，我们是不是可以更多地从如何提高法制观念和增强法律意识方面进行教育和引导青年。关于“思想道德修养”课的内容，从现在已经编写的教材来看，有关政治思想的部分，显得和马克思主义理论课的一些内容重复。在今后的教材编写中，可以减少一些这方面的内容，把人生观和价值观的培养和形成，把有关社会主义道德建设的核心、原则、基本要求，把革命传统道德和中华民族的优良道德传统的继承，把为人处世和待人接物之道等内容，适当地予以增加。值得指出的一个情况是，尽管教育部已经编写出了全国高等学校思想道德修养课示范教材，但是有些高等学校的领导和教师，为了评定职称和某些经济方面的考虑，就自编教材。这些教材，一般在质量上缺乏可靠的保证，这种情况应该得到纠正。

四、加强教师队伍的建设

在加强和改进思想品德课建设中，加强教师队伍的建设是一个关键性的问题。由于在过去一个相当长的时期内，高等学校中没有相应的专业设置，也不可能培养出相应的思想品德课的教师队伍。对于“法律基础”课的教师来说，因为原来有法律系的教师，还可以由他们来兼职，以解决暂时的困难，而“思想道德修养”课的教师，就显得非常缺乏。为了解决应急的问题，一些学校党政干部担任这门课的教学，而实际上，他们往往力不从心。他们不仅工作较忙，而且又缺少专业基础知识的学习，很难使这门课收到较好的效果。前面说的课堂人数多，大课堂秩序不好，都同没有足够的教师有重要的关系。因此我认为，为了改进和加强思想品德课建设，从上到下要共同努力，尽快地从各个方面来努力培养教师队伍，建立必要的思想品德课的教学单位，按照编制把教师配齐。这是改进和加强思想品德课的一个基本条件，没有这个条件，要想把思想品德课教好是不可能的。当然，我们也知道，要想培养出一定数量的、称职的思想品德课教师，需要从各个方面进行长期努力才能实现，但是，这涉及“思想道德修养”课教学的基本建设，我们应当从现在做起，经过三年或五年的时间，我们是可以达到这一目标的。

“思想道德修养”作为一门学科，有着自身的学科体系。它是同伦理学、教育学、思想政治学和心理学等学科有着密切关系的一门新兴的学科，有明确的学科对象、任务、目的和研究方法，有极其广阔的发展前景。那种认为“思想道德修养”课不需要经过专门的学习，凡是从事党的思想工作的人都可以去讲授这门课的看法，是极其错误和有害的。我认为，按照我国已开设的课程来看，同“思想道德修养”课关系比较密切的是伦理学专业中的一些课程，我们可以通过这个专业来培养我们的“思想道德修养”课的教师，也可以通过其他的途径来满足我们的这一要求。希望教育部有关部门，能够对“思想道德修养”课师资队伍的培养提出一个具体方案，在充分酝酿的基础上，组织实施，以利于这门课程的建设和发展。

五、改进教学方法

思想品德课有其自身的特点，从当前大学生的思想实际出发，大力改进教学方法，是思想品德课面临的一个亟待解决的问题。首先要根据社会主义市场经济条件下，大学生在世界观、人生观和价值观方面所产生的新问题，特别是那些所谓的热点和难点，有针对性地来加以启发和引导，力求有的放矢地解除他们的困惑，实事求是地分析社会上各种现象产生的原因，从发展上指明前进的方向，克服消极因素给大学生带来的不良影响。其次，一本好的教材固然十分重要，但是，我们切不可照本宣科，而是要根据大学生实际的、具体的问题来组织教学，不但不能够回避或绕开难点，相反，应当大胆而积极地面对同学们困惑的难点来展开分析。在当前国际共产主义运动遭受到严重挫折的形势下，对共产主义的理想和信念，一些青年学生产生了许多疑虑；在社会风气不好、某些党政干部的腐败现象增多的影响下，一些人对党的领导产生了怀疑；在社会主义市场经济条件下，面对着社会上泛滥的个人主义、拜金主义和享乐主义，面对着社会上分配不公等一些值得忧虑的现象，特别是面对着大学生自身的前途和择业等实际问题，大学生在世界观、人生观和价值观上，不可避免地会产生许多困惑。我们一定要找准学生在这些问题上的关节点，抓住这些关节点来进行教育，从而达到消除疑虑、树立信心的目的。最后，在教学过程中，要充分发挥学生的主体作用。任何一个教育过程，都必须发挥两个方面的积极性，即教师的主导性和学生的自觉性。要从群众中来，到群众中去，即事先了解学生们的思想情况，有的放矢，引导学生们提出他们的疑难问题，及时地组织课堂讨论，并通过相互的讨论和教师的总结来提高他们的认识。

在高等学校中开设思想品德课，是党的十一届三中全会以来教育改革不断深化的结果，是我国高校品德教育的重要保证。实践证明，思想品德课的开设，在培养学生的思想道德素质，树立大学生的理想和信念，加强大学生的世界观、人生观和价值观的教育方面，都有着十分重要的作用。我们一定要在已经取得的成绩的基础上，看到差距，看到不足，不断前进，勇于探索，把我们的思想品德课建设继续推向前进，为培养面向 21 世纪的高素质的人才做出更大的贡献。

提高思想道德素质　迎接新的挑战*

在世界科学技术日新月异，知识经济愈来愈受到重视，国际竞争日趋激烈的情况下，人才竞争更具有十分重要的意义。在这一竞争中，培养出既有高水平的业务素质，又有良好的思想道德品质的人才，对我们在这种激烈的竞争中立于不败之地，最终建立一个强大的社会主义国家，有着决定性的作用。不可否认，培养能够掌握最新科学技术的专门人才，具有坚韧不拔、勇于创新的精神，是我们在当前情况下培养人才的一个重要的要求；同时，思想道德素质的提高，为社会主义的共同理想而奋斗以及为人民服务的献身精神，是决不可以被忽视的。长期以来，我们的教育部门和广大的教育工作者也都不断地提出和希望能够更好地解决这一问题，以便有利于我国社会主义四个现代化建设的发展。掌握先进的科学技术，培育人们的创新精神，在今天的情况下，对我国社会主义四个现代化建设的极端重要性，是我们很多人都已认识到的，没有创新，我们就没有出路；没有创新，我们就必然要挨打；没有创新，不但我们的经济不能很快地发展，就连国家的安全也难以得到保障。可是，我们知道，掌握科学技术和运用科学技术的人，是有着自己所信奉的世界观、人生观和价值观，是有着自己的理想和信念，是有着自己的道德情操和道德境界的。从世界范围来看，资本主义和社会主义

* 本文原载《面向二十世纪·我的教育观》一书，广州，广东教育出版社，1999。

在意识形态方面还存在着严重的分歧和斗争，资本主义国家和社会主义国家之间还存在着不可忽视的矛盾。在这种情况下，愈是掌握了高新技术的人，他们的思想道德素质的作用就愈加值得重视。如果没有思想道德素质的提高，科学技术素质和创新精神不但不可能很好地发挥作用，而且还可能产生消极的负面影响。

一般来说，思想道德素质可以包括两个主要的方面，一个是思想素质，一个是道德素质。这两个方面是相互联系、相互贯通和相互渗透的。

一

思想素质方面的提高，主要是要树立正确的世界观、人生观和价值观。江泽民同志在最近十年来之所以一而再、再而三地强调要树立正确的世界观、人生观和价值观，要坚持爱国主义、集体主义和社会主义的教育，正是从提高人们的思想道德素质的要求出发的。

什么是正确的世界观？在当前，树立正确世界观的重要意义是什么？这是我们应当特别强调的。概括地说来，我们所要树立的正确的世界观，就是马克思主义的世界观，就是辩证唯物主义和历史唯物主义的世界观。历史唯物主义揭示了人类社会发展的客观规律，它指明，封建社会必然代替奴隶社会，资本主义社会必然代替封建社会，社会主义经历一个长过程发展后也必然要代替资本主义社会。尽管社会主义最后取得胜利的道路是曲折的，但社会主义的胜利是历史发展的不可逆转的总趋势，是任何势力都无法改变的。一个人能够树立起正确的世界观，就能够坚定社会主义和共产主义的理想、信念，就能够在困难、曲折的逆境中经受考验，就能够在复杂的情况下分清大是大非。树立正确的世界观，就是要学习和掌握马克思主义、毛泽东思想和邓小平理论，坚定对社会主义道路的信念。在建设社会主义四个现代化的伟大事业中，只有树立了马克思主义的世界观，才能使自己所掌握的科学技术更好地为社会主义服务。在当今世界的各个国家中，任何科学技术的运用，都有一个为什么人的问题，也就是说有一个为社会主义服务还是为资本主义服务的问题。我国是一个社会主义的国家，我们所要建设的四个现代化，正如邓小平同志所一再强调的，它绝不是资本主义的四个现代化，而是社会主义的四个现代化。我们的目的，是要消灭剥削、消灭贫困而最终达到共同富裕。因此，我们所培养的人才，必须是为社会主义服务的，是坚定地走社会主义的道路的。

什么是正确的价值观？一般来说，价值观是人们对客观事物和现象的有无价值和价值大小的一个总的看法。什么是价值？从哲学来说，价值是个最一般的范畴，针对不同的对象，又有不同的价值，如经济的、政治的、伦理的等等。我们在这里所说的价值，并不完全等同于经济学中所说的使用价值和交换价值，而是指人们所认为最重要、最值得去追求和珍视的东西，它既可以是物质的东西，也可以是精神的东西。我们在这里所说的价值观，就是对某一个人来说，什么是他认为最重要、最值得他去追求的。在今天，我们所要树立的正确的价值观，就是集体利益、人民利益高于个人利益的集体主义的价值观。集体主义既是社会主义的道德原则，又是人们所应当树立的价值观念，即在评价事物现象的有无价值和价值的大小时，要以是否符合集体的利益和人民的利益为标准，而不能以个人的得失为标准。集体主义的价值标准，是不是否认个人利益呢？不是的，集体主义不但不否认个人利益，而且强调在集体利益高于个人利益的原则下，要充分照顾、保证和发展个人的正当利益，发展个人的个性。十四届六中全会通过的《中共中央关于加强社会主义精神文明建设若干重要问题的决议》指出：要“形成把国家和人民利益放在首位而又充分尊重公民个人合法利益的社会主义义利观”，从一定意义上来看，也就是我们所说的集体主义的价值观。强调树立正确价值观的目的，就是要人们能够正确地辨别和处理个人利益同集体利益的关系，自觉地考虑到集体利益和国家利益必须放在第一位。在社会主义社会中，一个人只有能够以国家利益为重，正确地处理好个人利益同集体利益的关系，才能更好地发挥他所掌握的科学技术的作用，否则，不但不能发挥有益的作用，甚至会危害国家和集体的利益。

什么是正确的人生观？人生观是一个人对人生的意义、目的和价值的根本看法。总的来说，人生观包括三个方面的内容：（1）人生的意义，即人为什么活着，人怎样生活才算值得；（2）人生的目的是什么，人应当有什么样的追求和理想等；（3）待人处世的根本态度和方法，也可以说是一个如何做人的问题。在这三个内容中，人为什么活着即人怎样生活才有意义的问题，是人生观的核心。社会生活中的人们，由于经济利益和政治利益不同，处于不同的社会关系之中，从而形成不同的人生观。一般来说，一个人的世界观支配和制约着一个人的人生观，而正确的人生观的形成，也能够在一定程度上影响甚至改变人们的世界观。我们所说的正确的人生观，就是为人民服务的人生观。一个没有树立起正确人生观的人，他可能认为人生的意义和目的就是为了自己的发展，为了自己小家庭的利益，或者是为了小团体的利益等，正由于此，这些人为了达到自己所追求的目的而损害他人和集体的利益。改革开放以来的情况说明，一些过去长期参加革命和建设的老干部，到了即将离退休的时候，往往贪污受贿、陷入犯罪的深渊，一个重要的原因，就是他们的人生观不是为人民服务，而是为了自己个人和自己的小家庭，他在即将离任时，不是考虑应当为人民多做好事，而是要为自己和儿女打算，要为自己和儿女考虑后路等。应当说，他们之所以会犯严重的错误，从思想根源上看，就是没有能够树立起正确的人生观。在建设有中国特色社会主义的伟大事业中，对每一个人来说，人生观的问题，也就是一个为什么人的问题，是人生一切问题中最根本的、首要的问题。这个问题不解决，不论是搞革命还是搞建设，是不可能兢兢业业，也不可能做出什么成绩的。如果一个人生活的目的只是为自己、为自己的小家庭，即使在物质享受上能够得到满足，那又有什么价值？有什么意义？一个人只有为他人的幸福、为社会的发展、为国家的兴旺做出贡献，使自己的工作能够造福人民、造福子孙后代，才是最有意义、最值得人们追求的，这种人生才是光荣的人生、闪光的人生。

二

道德素质是一个人所具有的道德品质的统称，是反映一个人的品德高低的标准。道德素质的核心问题，是个人与他人、个人与社会、个人与集体的关系问题。在个人与他人和社会的相处中，一个人对他人、对群体、对社会、对集体的关心程度和献身精神，体现着一个人的道德素质的高低。因此，学会关心和爱护别人，养成时时想着别人的思想，是我们培养人们道德素质的一个重要环节。从这一点出发，可以从五个方面来考虑人们的道德素质的培养。

1. 献身精神

献身精神，也就是我们所说的为他人、为社会做好事的精神，是“为人民服务”精神的崇高的体现。在人的道德素质中，最核心的一点就是要能有一种“无私”的精神，即不是为了获取个人的利益，而是为了有益于社会和有益于他人而去做好事。人们在社会中生活，必须有正当的个人利益的满足，否则就无法生活，与此同时，还应当尽可能地去为社会、为他人、为那些需要帮助的人做出自己的奉献。一个有道德的人之所以能够受到他人的称赞和社会的褒奖，其根本原因，就是因为他能够牺牲自己的利益，为他人和社会做出贡献，他的牺牲精神愈大，他的贡献愈多，他的道德也就愈高尚。从根本上来说，道德就是要对他人做奉献。从道德评价来说，我们可以说，献身精神的大小，是判断一个人道德水平高低的重要尺度。这种献身精神的最高体现，就是毫无自私自利之心地、全心全意地为他人和社会做贡献的精神。正如毛泽东同志在《纪念白求恩》一文中所说的：“我们大家要学习他毫无自私自利之心的精神。从这点出发，就可以变为大有利于人民的人。一个人能力有大小，但只要有这点精神，就是一个高尚的人，一个纯粹的人，一个有道德的人，一个脱离了低级趣味的人，一个有益于人民的人。”在市场经济的条件下，经济生活中的等价交换、按劳分配和多劳多得，既有利于发挥人的积极性和提高社会主义的生产力，同时它又容易诱发人们的自私自利、贪图享受甚至损人利己的思想和行为。我们应当认识到，按劳分配和为人民服务、等价交换和献身精神、多劳多得和义务劳动，这些看起来似乎是对立的事物，在社会主义市场经济的条件下，是能够统一起来也是应当统一起来的，它们是可以相辅相成的。我们愈是在分配上强调“按劳分配”、“等价交换”和“多劳多得”的原则，我们在人和人的道德关系上，就愈要强调为社会、为他人多做贡献的思想。一个人在分配上的多劳多得，既按照自己的劳动得到了公平的报偿，还能够激励他更好地为他人和社会做贡献。在马克思主义、毛泽东思想和邓小平理论的教育下，在“以为人民服务为核心”、“以集体主义为原则”的道德教育的影响下，经过长期不懈的努力，完全有可能克服市场经济的消极影响，使人们逐步培养起为他人、为社会做贡献的献身精神。

2. 群体意识

人在社会生活中，不但不能离开群体而生存，而且应当积极地为群体的发展与和谐而献身。什么是群体意识？它主要是指在一个共同体中生活的人所应有的维护共同体生存和发展的意识。家庭、学校、企业、机关等都可以说是一个群体。群体有大小、高低、层次的不同。群体之间的基本原则就是小群体应当服从大群体，下级的群体应当服从上级的群体。在我国的社会主义社会中，国家作为一个群体，是一个最高的群体。国家的利益，国家的尊严，国家的生存和发展，是群体意识的最高体现。群体意识要求人们在社会生活中，正确处理个人同他人和社会的关系，不要以个人的私利来妨害群体的利益，要发扬协作的精神，自觉地维护群体的利益。一个有道德的人，总是为群体着想，为群体的尊严和荣誉而奋斗。一个人从小在家庭中，有父母的生育和教养，在学校中，有学校的关心和教育，到了社会中，有社会和国家的关心和支持，才能够成长和发展，如果没有群体的关心和教育，一个人就不可能在社会中生存，更不用说发展和成才。个人的努力固然也有重要的作用，但任何个人一旦脱离了社会，背离了集体，就必然一事无成。一个只知道关心自己而不知道为集体献身的人，迟早是要被社会所抛弃的。在我们的社会主义国家中，许多重大的项目、重要的事业，都是要靠集体的力量才能完成的。一个没有凝聚力的整体，是不可能做出重大的成绩的。群体意识或者说集体意识，是一个人道德素质的重要方面，是需要从小开始培养，而且整个一生都要不断加以发展和提高的。在当前，群体意识有利于更好地形成中华民族的凝聚力和向心力，有利于培养热爱社会主义祖国的道德品质。

3．责任观念

责任观念，是一个人对自己所应履行义务的一种强烈的责任心。责任观念的大小和有无，是直接影响和决定一个人事业成败的关键。一个人在社会中生活，既然从社会中享受到许多权利，就必须对社会履行自己应尽的责任。一个只想从他人和社会那里享受各种各样的权利而不愿履行义务的人，就必然要受到法律的惩罚和道德的谴责。尽管有些行为还没有达到违法程度而不能在法律上予以追究，但从道德上看，都是不道德的行为，依然应当受到谴责。责任观念作为一个人的道德素质，它能极大地改善和协调人际关系，而且对社会的职业工作有特别重要的促进作用。一个有强烈责任观念的人，不但在与他人的关系中能够履行自己的义务而使他人受到教育和激励，而且还必然会在自己的职业工作中精益求精，发挥出极大的能动作用和创造精神。一个人有了这种责任观念，就能成为一个大有作为的人，否则，就必然成为一个无所作为的人。同样，一个民族、一个国家有了强烈的责任观念，就一定会成为一个朝气蓬勃、奋发有为的民族，就一定会成为一个兴旺发达、富强繁荣的国家。从一定意义上说，道德素质是一种动力，它能使一个人的能力素质得到最大的发挥。对父母、对朋友、对老师、对同学，以至于对在自己生活中所发生关系的一切人，自己都有应尽的义务，能否认真地履行这些责任和义务，是衡量一个人道德水平的重要的试金石。尤其要强调的是，一个人参加工作以后，对工作的责任心、对职业的敬业精神，就成为他在事业上取得成就的关键。只有强烈的责任意识和对工作极端负责的精神，才能在事业上有所创造、有所发明。有了责任观念，不但能够产生对职业的敬业精神，而且还能够产生一种追求上进和勇于创新的精神。这种努力上进、积极创新的精神，是一切创造发明的力量源泉。有了责任观念，一个人在对待自己的职业上，就不会因循苟且、安于现状，更不会临事应付、得过且过，不会满足于仅仅完成任务，而是兢兢业业、勤勤恳恳，力求出色地把工作做得好上加好。有了责任观念，一个人就会在认真做好自己分内事情的同时，主动地关心其他同志的工作，关心上下左右的情况，照顾到有关的方方面面，发挥合作互助的精神。

在提高人的素质的问题上，我们一定要特别注意培养这种责任意识和敬业精神。推而广之，我们也可以说，强烈的责任意识和敬业精神，是一种良好的道德素质和职业素养，是一个民族兴旺发达的重要条件。对一个民族来说，如果每一个人都有着对自己工作的高度的责任意识，这个民族就一定能够兴旺发达，就一定能够自立于世界民族之林而历久不衰。

4.“爱人”思想

“爱人”思想，就是指在人与人相处中要自觉地关心、爱护和帮助他人，要发扬革命的人道主义精神。早在革命战争时期，毛泽东同志在《为人民服务》中就提出：“我们的干部要关心每一个战士，一切革命队伍的人，都要互相关心，互相爱护，互相帮助。”社会主义的最终目的是要建设一个没有剥削、没有压迫的共同富裕的社会，它所追求和强调的是真正的平等、幸福和博爱。在人与人的相处中，只有对他人能多一些爱心，多一些对他人的关怀和帮助，才能在人和人之间形成真正的理解和信任。人在社会中生活，总是会遇到各种困难、挫折、逆境、痛苦和不幸，处于这种情况下的人，迫切希望得到来自他人和社会的帮助，这种帮助，甚至会使他们终生难忘，永记在心。中国传统道德之所以强调要“雪中送炭”，而不主张“锦上添花”，也就是这个原因。中国古代著名的思想家、儒家的创始人孔子认为，社会的最高道德原则和个人的最高道德境界是“仁”，而“仁”的最核心内容就是要“爱人”。他认为道德就是要爱人，应当爱所有的人。墨子更进一步强调，不但要爱一切人，而且要不分亲疏远近，对他们都给予同等的爱。尽管他们所提倡的“要爱一切人”的思想，在当时的社会中是不可能实现的，但作为一种伦理思想，仍然是有价值的。中国传统道德认为，“爱人”不但要“己所不欲，勿施于人”，而且要“己欲立而立人，己欲达而达人”，要发扬一种为他人着想的“助人为乐”的精神。在社会主义市场经济的条件下，在人们每天都必须面对的激烈竞争中，一定要本着“公平竞争”的原则，要力戒“忌妒”别人的成绩，要有“成人之美”的高尚思想。在人与人的相处中，要能够设身处地地多为他人着想。那种看到别人的成绩就情不自禁地产生忌妒心的人，是永远也不可能有大出息的。古人认为，能够为别人的成绩而欢心的人，就是道德高尚的人。在自己和他人发生矛盾时，要“严于责己，宽以待人”，要多从自己的方面找原因，从而更好地化解矛盾，协调好各种关系。

5. 诚信原则

诚信原则，是指在个人与他人和社会的关系中，应当以“诚实守信”作为个人立身处世的根本原则。中国古代传统道德认为，一个人的言行失去了诚信原则，也就失去了做人的基本条件。古人说：“人而无信，不知其可也。”“诚”就是真诚、诚挚、诚实，就是言行一致、表里如一，就是老老实实，说老实话，办老实事，不自欺，不欺人。《礼记·大学》中说：“所谓诚其意者，毋自欺也。如恶恶臭，如好好色。”就是说，一个人的为人处世，要毫无做作，不加掩饰，不但不应当欺骗他人，也要在内心中不欺骗自己，即自己也要对自己“诚实”。“诚”绝不仅仅是一个为人处世的方法和态度，而且是人的道德素质所借以体现的重要方面。中国宋代的著名思想家、历史学家司马光强调，一个人一生如果能坚守一个“诚”字，他就必然能成为一个有道德的人。“信”

就是守信，就是一言一行都要遵守自己的诺言，对自己所说的话和所做的事，有认真负责的态度，凡是自己承诺的事情，一定要使其实现。诚实守信作为一种极其重要的道德品质，在社会生活和人与人的关系中，有利于抵御市场经济条件下各种假冒伪劣、弄虚作假和坑蒙拐骗的欺诈行为，有利于净化社会的道德氛围。大力提倡诚信原则，积极培养人们的诚实守信的道德素质，就能在人和人之间建立起相互信任的良性关系。

三

在谈到提高和培养人的素质时，我们还应当指出，忽视思想道德素质，特别是忽视道德素质的现象，在一些地方和一些人那里，仍然程度不同地存在着。一些人非常重视能力素质（如科学技术素质、外语素质、动手能力等）的提高，而不重视甚至忽视了思想道德素质的重要作用。这些同志的出发点也许是好的。因为在他们看来，只有这样，才能更好、更快地发展我们的经济。这一观点是有害的，其结果可能是这样：我们忽视或放松了思想道德素质的提高，我们的经济发展，不但速度不能很快地提高，甚至我们社会主义的四个现代化建设也将因之而受到影响。

在我们的学校教育中，重智轻德、重能力轻品质的情况，仍然程度不同地存在着。小学到中学的这段时期，是进行思想品德教育的一个最为重要、最易收效的时期，因为只有“从娃娃抓起”，才能在思想品德方面收到事半功倍的效果。可是，智育第一、应试第一的思想，支配着我们一些人的教育思想和教育实践，尽管要克服这一问题还有许多实际问题需要进行深入的研究，但是应当指出，这是一个亟须解决的问题。还要指出的是，在目前的中小学教育中，我们仅有的德育课，在重智轻德的思想下，也没有能够受到应有的重视。小学和中学应当更加重视怎样做人的教育，这些教育将使他们终生难忘、永记在心。因此，有关政治、经济和社会的一些重大问题，可在进入高中阶段以后适当地加以介绍，因为这些内容，他们在进入大学或社会以后，还要继续不断地学习。

大学阶段正是对青年进行世界观、人生观、价值观教育的最好时期，因为他们在经过紧张的复习、考试并进入大学后，对世界、人生和社会等各种问题，开始从理性上进行思考，从而会产生许多困惑和疑难。面对纷纭复杂的现实，究竟何去何从？究竟什么是正确的世界观、人生观和价值观？科学的答案，犹如一盏指路的明灯，将引导他们今后走向正确的道路。也正是由于重智轻德思想的影响，我们大学的思想品德课，还没有能够很好地担负起这一庄严而光荣的任务。从培养德才兼备的高素质的人才要求来看，加强和改进我们大学的思想品德课的工作，也是一个刻不容缓的重要任务。

从使用和选拔人才来说，我们也应贯彻德才兼备的标准，在以经济建设为中心的前提下，我们既要重视科学技术和能力素质，又要“以德统才”。宋代著名的思想家、历史学家司马光对于德和才的关系，曾有过深刻的论述。他说：“才者，德之资也；德者，才之帅也。”根据他的观点，人可分为圣人、君子、小人、愚人四个不同的等级，他说：“才德全尽谓之圣人，才德兼亡谓之愚人，德胜才谓之君子，才胜德谓之小人。”那么，在任用人时，应该怎样选择呢？司马光说：“凡取人之术，苟不得圣人，君子而与之，与其得小人，不若得愚人。”为什么要这样呢？他的理由是，圣人和君子都是能够以德统才的人，都能使他们的才来为社会、为国家尽力，“愚者虽欲为不善，智不能周，力不能胜”；对于那些才胜德的“小人”，就要特别加以警惕，因为“小人智足以遂其奸，勇足以决其暴，是虎而翼者也，其为害岂不多哉”！司马光的这些话，当然是为了维护当时的统治服务的，但他确实看到了德和才之间的相互关系，对我们今天培养德才兼备、全面素质的人才，有借鉴的作用。

21世纪所要求的人才素质，应当是既掌握最新科学技术，又有正确的政治思想和高尚的道德素质的人。也就是说，一定要培养出德才兼备的、德智体美劳全面发展的高素质的人才，才能强有力地迎接新的挑战。

高校道德教育与“以德治教”*

《公民道德建设实施纲要》中指出：“提高公民道德素质，教育是基础。”高等学校担负着培养高层次合格人才的历史使命，面对汹涌而来的全球化浪潮，高校不仅要注重培养学生的科学素养、创新能力，而且更要注重大学生思想道德素质的提高。在坚持“依法治校”的同时，还要确立“以德治教”的思想。

一、多元趋势下必须坚持一元道德教育

改革开放以来，我国社会生活的各个层面都发生了巨大的变化。在党中央高度重视精神文明建设的大背景下，由于各级领导及广大教师的努力，高校的思想道德教育出现了可喜的进步。在大学生中，爱国主义、集体主义和社会主义思想日益深入校园，热爱科学、崇尚知识、积极向善、追求健康文明的生活方式成为大学生思想行为的主流。但同时我们也应该看到，随着我国社会的经济成分、组织形式、就业方式、利益关系和分配方式呈现多样化的趋势，特别是随着全球化的发展，高校的道德教育出现了许多新情况、新问题。全球化不仅是全球范围的资本

---

* 本文原载《中国高等教育》，2001（23），与关键英合著。

流动，而且是各种价值观相互激荡和渗透的过程。西方发达国家在经济全球化的过程中不仅争夺市场和经济的主导权，同时向发展中国家大肆兜售西方的价值观念，传播其意识形态，进行文化扩张和渗透。在这样一种国际国内的新形势下，大学生作为感觉敏锐、思想稚嫩的特殊群体，复杂的社会环境、多元的文化趋势、多维的价值视角必将对他们的世界观、人生观和价值观的形成产生重要影响。

面对经济全球化的浪潮和中国加入 WTO 的新形势，高校思想道德教育，必须对可能造成的道德后果进行理论前瞻，并作出积极的回应。

第一，必须坚持价值导向上的一元化。近些年来，随着社会的一些领域和一些地方道德失范，大学生的思想道德建设中仍然存在着不少的问题，对大学生只注重知识的灌输和能力的培养，而忽视了对其思想道德素质的培养，致使很多学生的是非、善恶、美丑界限混淆，拜金主义、享乐主义和极端个人主义有所滋长。一方面是个性的张扬，强调自我价值的实现，一方面是个人主义、实用主义和急功近利思想倾向的出现。在价值取向上既有效率意识、竞争意识、自立意识等时代特点，又在某些方面出现了道德上的“盲区”。对此，我们必须认识到，所谓“价值澄清”、“价值中立”是不存在的，必须坚持不懈地对大学生进行价值观教育，把社会主义、集体主义、爱国主义的思想观念和道德要求，不断地灌输到他们的头脑当中去，使他们懂得什么是对的，什么是错的，什么是可以做的，什么是不应该做的，什么是必须提倡的，什么是坚决反对的。不能把严肃的道德价值的选择权，不负责任地交给并无恰当的选择能力的受教育者。放弃了这个权利，就是放弃了教育者的职业良心，就是否定伦理学在培养人的道德素质、提高人的自我完善能力、改善社会风气方面的重要作用。

第二，确立“以德治教”的教育思想。江泽民同志在《关于教育问题的谈话》中强调指出：“尤其要加强对青少年学生进行爱国主义、集体主义、社会主义的思想教育，帮助他们树立正确的世界观、人生观、价值观。”如果我们的教育忽视了对其进行品德素质上的培养，放弃了对其理想信念上的引导，就会使他们在思想道德问题上出现混乱和偏差。因此，引导大学生树立什么样的世界观、人生观和价值观，关系到有中国特色的社会主义事业的兴衰和成败，关系到培养什么样的人的问题。“以德治教”作为现代教育理念的内核，是现代教育理念上的一次深刻革命。

“以德治教”就是要以德育来导向智育，使大学生确立正确的政治方向，培养良好的道德品质，为我国的改革开放和现代化建设培养合格的人才。

第三，突出“道德健康”的德育观念。一位著名的教育家曾经指出：“智育不好是次品，体育不好是废品，德育不好是危险品。”高等学校肩负着为社会培养和输送合格人才的使命。所谓“合格”，不仅是指身体健康、知识结构合理、具有科学素养和创新能力，更主要的是指道德健康。所谓道德健康，包括对社会、对他人有一种正确的态度，能与人合作和相处，能正确对待和处理个人利益和社会整体利益之间的关系，把权利和义务结合起来，把维护个人合法权益与承担社会责任统一起来，履行自己应尽的社会义务，承担自己应尽的社会责任，将“小我”融入国家和集体的“大我”中去，把国家和人民利益放在首位，为社会尽职尽责。

第四，在广大学生中大力提倡“爱国守法、明礼诚信、团结友善、勤俭自强、敬业奉献”的公民基本道德规范。大学生同时是社会的公民。学校是进行系统道德教育的重要阵地，学校教育是人们道德观念形成和发展的重要环节。在对学生的道德教育中，要把爱祖国、爱人民、爱劳动、爱科学、爱社会主义的基本道德要求和二十个字的具体道德规范融为一体，贯穿道德建设的全过程。要针对大学生的年龄特点规划道德教育的具体内容，将其融入高校的校纪校风建设和学生日常行为规范中，将道德教育渗透到学校教育的各个环节。

二、确实把思想道德教育放在素质教育的首位

当前，我国正在全面推进素质教育，高等学校的目光正逐渐从智力领域拓展到非智力领域，从一味关注学生的知识积累和能力培养等智力因素，发展到关注学生理想信念的确立和人格德性的培养等非智力因素。素质教育的推进，使人们对教育的功能和价值有了全新的认识，从而确立了现代大学全新的教育理念，即注重培养大学生的科学素养、人文精神和创新能力的融合统一，致力于对人的素质的全面培养。推进素质教育必须认真贯彻党的教育方针，把教书和育人紧密结合起来，使受教育者在德智体几方面都得到发展。

第一，要树立正确的人才观。在应试教育的模式下，我们的教育制度在人才的培养上，注重学生的分数，而轻视对学生特长和潜能的开发，轻视对学生创造能力的培养，特别是轻视学生的道德养成。高分低能、高分无德的“人才”时有出现，这不仅给学生本人以后走向社会、全面发展埋下了不健康的种子，而且也给社会带来了隐患。高才生心态扭曲、疯狂报复他人和社会，博士利欲熏心、高智商犯罪，诸如此类骇人听闻的报道经常见诸媒体。我们在为这些人扼腕惋惜的同时，不能不反思我们的教育理念和人才观念。也就是说，不正确的人才观不仅会浪费教育资源，步入人才培养的误区，而且会衍生出许多社会问题。真正的人才必须德才兼备。

第二，将德性教育放在素质教育的首位。中国古代的伦理思想具有非常鲜明的德育特色，思想家们不仅提出了道德教育的目标和宗旨，而且对道德教育的方法、途径、手段也都进行了深刻的论述，这些对于我们今天在高校里进行道德教育无疑具有很好的启发意义。确立“以德治教”的教育思想，将道德教育放在素质教育中的核心地位，要求我们将教育的视野从智力领域扩大到非智力领域，不仅要注重知识的灌输，而且要注重道德的灌输；不仅要关注学生的知识积累，而且要关注学生的精神世界；不仅要教给他们如何为学，而且要教给他们如何做人；不仅要培养他们的自立意识、竞争意识、效率意识、民主法制意识和开拓创新精神，而且要培养他们的爱心和公德心，使他们成为能够与人相处、积极协作、助人为乐、遵纪守法的好公民。

第三，大力加强师德建设，全面提高教师素质。教师是教学活动的直接组织者和实施者。全面推进素质教育最终要通过教师来实现。一个高素质的教师，除了要具备广博的知识、懂得教育教学规律之外，更主要的是要具备高尚的思想道德素质。一个合格的教师，应该是表里如一、言行一致、为人师表、堪称楷模的人，只有这样，才能给学生做出表率，才能对学生实施积极的、正面的教育影响。孔子说：“其身正，不令而行；其身不正，虽令不从。”身教重于言教，教师的政治素养、道德品质、心理素质乃至于言谈举止都会对学生产生潜移默化的影响。在教育过程中，教书和育人并不是截然分为两截的。德育绝不仅仅是“两课”教师的工作，而应该成为所有教师和教育工作者的自觉行为。道德教育寓于各门具体学科的教学之中，每一个课堂都应该成为德育的阵地。

把握“思想道德修养与法律基础”课的性质与特点　增强教学的实效性和针对性*

在党中央的关怀下，在中共中央宣传部、教育部的直接领导下，“思想道德修养与法律基础”（以下简称“基础”）课教材编写组全体成员，经过半年多紧张、辛勤的努力，基本完成了教材（送审稿）的编写工作。准确地把握教材的性质及其特点，对于我们充分发挥主观能动性，创造性地使用好教材，增强“基础”课教学的实效性和针对性，具有重要的意义。

一、课程的性质与特点

“基础”课将“98”方案中的“思想道德修养”和“法律基础”两门课有机地融为一体，成为高校思想政治理论课“05”方案中的一门必修课。这是党中央、国务院面对新形势、新情况、新问题，在完善高校思想政治理论课课程体系和学科建设方面所进行的一项创新举措，对于进一步加强和改进大学生思想政治教育具有重大而又深远的意义。“基础”课并不是过去的“思想道德修养”和“法律基础”课的简单合并，而是一门在体系和内容上有机地将两者融为一体的以马克思主义思想政

* 本文原载《北京教育》，2006（10）。

治教育学科为依托的崭新的课程。中宣部、教育部《关于印发〈中共中央宣传部、教育部关于进一步加强和改进高校思想政治理论课的意见〉实施方案》（以下简称“实施方案”）规定，本课程的主要任务是，以马克思列宁主义、毛泽东思想、邓小平理论和“三个代表”重要思想为指导，深入贯彻科学发展观，针对大学生成长过程中面临的思想道德和法律问题，有效地开展马克思主义的人生观、价值观、道德观和法制观的教育，更好地引导大学生树立高尚的理想情操和养成良好的道德素质，树立体现中华民族优秀传统和时代精神的价值标准与行为规范，使大学生成长为德智体全面发展的中国特色社会主义事业的合格建设者和可靠接班人。

因此，在“基础”课教材的编写中，一方面注重继承和借鉴“思想道德修养”和“法律基础”课教材编写和教学方面的成功经验，充分吸收了这两门课程以往取得的丰富成果和经验；另一方面根据“基础”课教学体系和教学目的的需要，对教学内容进行了创新性的定位和阐释，并综合运用其他三门思想政治理论课提供的马克思主义理论以及其他多种相关学科的知识，对大学生在人生观、价值观、道德观和法制观方面遇到的理论问题和实际问题作出科学的、有说服力的回答，较好地体现了继承与创新的统一。在教材编写的体例上，力求把对大学生进行社会主义思想道德教育和法制教育紧紧地结合在一起，把增强社会主义法制观念和提高社会主义道德觉悟紧紧地结合在一起，把提高思想道德素质和法律素质紧紧地结合在一起，帮助大学生正确地解决成长成才过程中遇到的实际问题，在实践中培育优秀的思想品德。

“基础”课的性质、基本任务及其教学目的要求，决定了本课程的如下特征：

1. 鲜明的思想性

本课程坚持用马克思列宁主义、毛泽东思想、邓小平理论和“三个代表”重要思想武装大学生，深入贯彻科学发展观，始终把引导大学生确立献身中国特色社会主义事业的政治方向放在首位，帮助大学生树立中国特色社会主义共同理想和共产主义远大理想，树立坚持党的基本路线不动摇的信念。学校教育要为一定社会的经济、政治和文化制度服务，这是教育的本质任务和普遍规律。我国是中国共产党领导的人民当家做主的社会主义国家，这就决定了我国高等教育必须坚持社会主义办学方向，必须培养中国特色社会主义事业的建设者和接班人。这门课程要联系改革开放、发展社会主义市场经济和社会主义现代化建设的实际，联系社会主义民主政治建设和社会主义精神文明建设特别是思想道德建设和法制建设的实际，回答学生们普遍关心、经常思考、需要解决的思想道德和法律问题，帮助学生们释疑解惑，提高思想觉悟和实践能力的水平，帮助学生们顺利完成大学学业，为现在和今后的健康成长成才打下坚实的思想基础。

2. 较强的理论性

本课程针对大学生普遍关心的人生、理想、道德、民主、法制、纪律等方面的问题而开设，与日常思想政治教育和管理相比，更具有理论性和系统性。一是把马克思主义基本理论应用于大学生思想道德修养与法律基础领域，以辩证唯物主义和历史唯物主义观点，分析回答思想道德修养和法律基础方面的各种理论与实际问题，向大学生传授科学的思想道德观念和法律知识；二是把高校多年来对学生进行思想道德教育和法制教育的基本经验，以及对大学生成长成才规律的探索加以科学总结和提炼，形成科学、系统、成熟的理论观点和理论体系，使之对大学生思想道德修养和法律修养具有普遍的指导意义；三是充分吸收、反映与思想道德修养和法律基础相关的学科的最新理论、实践成果，系统回答大学生思想道德修养与法律修养中的一些理论热点、难点问题，使这门课具有雄厚的科学基础和鲜明的时代特征，使思想道德修养和法律修养与大学生的文化知识修养融为一体。本课程有较为系统的理论体系，有相对独立的研究领域，有基本稳定的教学内容和规范的教学方法，立足于培养大学生的思想、政治、道德、法律和心理等综合素质，具有其他课程不可替代的作用和功能。

3. 突出的实践性

本课程强调引导大学生通过“知”、“行”统一进行自我修养。求知与修养相结合，是中华民族的优秀传统。青年时期注重修养，陶冶情操，对自己的一生将会产生巨大的促进作用。在我国古代，“修”是切磋琢磨，“养”是涵育性情和陶冶情操，“修以求其粹美，养以期其充足，修犹切磋琢磨，养犹涵育熏陶也”。这一认识，对大学生提高加强修养的自觉性具有现实的指导意义。人的思想道德水平的发展是知、情、意、行相统一、相结合的辩证过程，外部的教育和他人的帮助只是这个过程的外在影响条件，只有通过个人的主观努力和躬身实践，才能把外在的影响内化为心灵的品质、落实为自觉的行动。因此，本课程特别强调大学生的自觉修养。学生们不仅要乐于接受正确的理论知识，而且要结合自己的思想实际，身体力行，化知识为德性，化德性为行为。

二、在增强课程的实效性和针对性上狠下功夫

党中央对高校思想政治理论课的高度重视、直接指导，为加强和改进思想政治理论课教育教学提供了强大动力，对我们教育战线特别是高校思想理论界同志们是极大的鼓励和鞭策，也是殷切的期望和很高的要求。高质量地实施新课程方案，关键在教师。广大思想政治理论课教师应以无私的奉献精神、强烈的责任意识、高尚的人格和良好的职业道德，全身心地投入思想政治理论课教育教学中来，依据课程的性质和特点，结合教学实际，大胆探索，勇于创新，在增强课程的实效性和针对性上狠下功夫。

1. 要以高度的责任感、紧迫感和使命感，把加强和改进高校思想政治理论课作为一项重大而紧迫的政治任务，切实抓紧抓好

广大思想政治理论课教师要在提高认识、统一思想上下功夫，把思想认识统一到中央精神上来，统一到中央关于调整高校思想政治理论课课程设置的决策上来，统一到中央关于高校思想政治理论课课程设置新方案的部署上来，统一到中央关于教材编写的决策和审定教材的基本精神上来，增强工作的责任感和使命感；要在吃透吃准新教材基本精神上下功夫，尽快熟悉和掌握新课程的教学目的、教学基本要求，新教材的编写原则、编写思路、主题主线，以及应把握的主要内容和教学重点、难点、热点，切实保证新课程开课质量。

2. 要切实提高自身素质，真正成为大学生健康成长的指导者和引路人

“基础”课是一门旨在提高大学生的思想道德素质与法律素质的课程，讲授该课程的教师必须言传身教，在帮助大学生提高思想道德素质和法律素质的同时，努力提高自身的思想道德素质和法律素质。每个从事“基础”课教学的教师，都要把努力掌握“基础”课教材的知识同践

行其中的要求紧紧结合起来，在提高和增强修养方面下功夫。凡在教学中要求学生做到的，自己应当首先“以身作则”地做到；要求学生遵守的，自己首先应当更加自觉地遵守。既然选择了这一职业，我们就必须配得上称为这一职业的成员。从事“基础”课教学的教师，必须有较高的思想道德素质和法律素质，在教学中，力求做到“言传身教”和“身体力行”，切切实实地在各方面做学生的“模范”。汉代著名的思想家扬雄说过一句值得我们深思的话：“师者，人之模范也。模不模，范不范，为不少矣。”《后汉书》中说：“盖闻经师易遇，人师难遭。”清代著名思想家顾炎武也慨叹“海内人师少，中原世运屯”（《赠孙征君奇逢》诗）。“屯”就是困苦、危难的意思。顾炎武把国家之所以遭到困苦、危难的情况，同缺少“言传身教”、“以身作则”的教师联系在一起，这就充分说明“人师”地位的重要性。如果教师不能在做人、做事等方面成为学生的“模范”，又怎么会给学生带来积极的影响呢？作为高校从事德育工作、开展大学生思想政治教育的骨干力量，思想政治理论课教师必须切实提高自身素质，真正成为大学生健康成长的指导者和引路人。为此，我认为高校思想政治理论课教师要具备以下四方面的素质：

过硬的思想政治素质。要认真学习和领会马克思列宁主义、毛泽东思想、邓小平理论和“三个代表”重要思想，学习和贯彻科学发展观，坚持党的基本路线、方针、政策，在政治上、思想上和行动上同党中央保持高度一致，要时刻关心国家大事，了解国内外局势，并善于运用马克思主义的立场、观点和方法去分析问题和解决问题。唯有具备良好的思想政治素养，才能真正履行大学生思想上的指路人的职责，当好大学生政治上的向导，帮助他们及早地从思想和行为的误区中走出来，逐步树立远大理想和社会主义信念，确立正确的世界观、人生观和价值观。

良好的职业道德素质。广大思想政治理论课教师要忠于党的教育事业，对工作充满信心，以培养优秀人才为己任，想工作、乐奉献，具有强烈的事业心和责任感，并以自己高尚的人格魅力去带动和感染学生，引导学生认认真真学习、踏踏实实做事、堂堂正正做人。教师应是学生的良师益友，是学生品德形成的引导者、心灵发展的疏导者、生活选择的参谋者、学生成才的指导者。教师唯有以身作则、言传身教、为人师表，学生才会“亲其师，信其道”。

丰厚的理论业务素质。“打铁还需自身硬”，随着知识经济时代的到来，广大思想政治理论课教师要与时俱进、紧跟时代步伐，就必须不断地解放思想、更新观念、学习新事物、了解新情况，这样才能使自己适应大学生思维活跃、求知欲强、视野开阔、兴趣广泛的特点，才能找到与大学生进行沟通和交流的“共同语言”。同时，还必须以高度的政治责任感、强烈的求知欲望和进取精神，潜心学习先进的思想理论、教育理念，系统地学习政治学、伦理学、法学、教育学、心理学、管理学等相关学科的知识，不断提升自己的理论素质和科学文化素养，从而为进一步探索新形势下“基础”课教育教学的新途径和新方法，开创高校学生思想政治工作的新局面提供理论先导。

与时俱进的创新素质。随着高等教育体制改革的深化，大学生的思想政治教育工作面临着种种新形势、新情况、新任务，我们必须进一步解放思想、与时俱进、不断创新，致力于提升大学生思想政治教育的创新能力，体现时代性、把握规律性、富于创造性、增强实效性。苏联教育家苏霍姆林斯基曾经说过，“学生不是一个个需要填满的罐子，而是一颗颗需要点燃的火种”。当代大学生是宝贵的人才资源，是全面建设小康社会的生力军。高等教育落实“育人”职责就要把他们培养成为中国特色社会主义事业的合格建设者和可靠接班人。我们一切的工作都必须把促进大学生成长成才和全面发展作为根本价值取向。要立足于青年学生自身的学习要求和成才愿望，避免言之无物、空洞说教。在创新中，首先要深入研究马克思主义的基本原理，认真领会和学习马克思主义的基本立场、观点和方法，同时，又要能立足当代中国发展的新情况和新问题，破除对马克思主义的教条式地理解，澄清附加在马克思主义名下的错误观点，从而力求作出既正确地坚持马克思主义的原则，又符合时代要求、能提高大学生思想素质和道德素质的新阐发。这也就是说，既要坚持马克思主义，又不能抱残守缺、思想僵化，要用发展着的马克思主义来指导我们的教学和研究，以达到开拓创新、与时俱进的目的。

3. 要在教学科研过程中树立起“问题意识”，真正增强“基础”课的针对性和实效性、吸引力和感染力

在对思想政治理论课的教学内容与教学效果进行问卷调查时，一位大学生曾经这样写：“希望在‘思想道德修养与法律基础’课中能够学到最深刻的人生哲理，最贴切的生活启迪，最透彻的人生感悟，最动人

的人生体验。希望这门课能给我们四年的大学生活以指导，使我们快乐、充实地度过这段时光，同时，也在四年后的人生中受益。”这段发自肺腑的语言，说出了当代大学生对“基础”课的渴求与期待，也对我们广大一线任课教师提出了启示和要求。从大学生的思想实际出发，发现问题、提出问题、分析问题、解决问题，是我们“怎样培养人”的一个关键问题。马克思曾经有一句名言：问题是时代的格言，是表现时代自己内心状态的最实际的呼声。因此，在思想政治理论课的教育教学过程中，尤其是在“基础”课的教育教学过程中，广大任课教师需要加强教育的针对性和实效性、吸引力与感染力，将思想教育与解决实际问题相结合，要真正解决大学生在成长成才过程中面临的实际问题，凸显问题意识。应该说，我国当代大学生思想状况的主流是积极、健康、向上的。但是，我们也应该清醒地认识到，伴随着经济全球化进程的日益深入，各种文化思潮和价值观念冲击着大学生的思想，某些腐朽落后的生活方式也侵蚀着大学生的心灵。相当一部分大学生不同程度地存在政治信仰迷茫、理想信念模糊、价值取向扭曲、诚信意识淡薄、社会责任感缺乏、艰苦奋斗精神淡化、团结协作观念较差、心理素质欠佳等问题。因此，必须从学生的思想实际出发，实事求是，有的放矢。“基础”课作为一门用马克思主义理论指导大学生成长成才道路的课程，在教学大纲的设计以及教育教学过程中，既要向大学生进行系统的理论教育，强调知识的系统性、理论的科学性和完整性，同时又要强调在理论逻辑中凸显问题意识，坚持理论联系实际、贴近实际、贴近生活、贴近学生。必须围绕大学生成长成才过程中的价值标准（人生观和价值观）和行为规范（法制观和道德观），重点解决当代大学生的理想信念问题、价值取向问题、诚信问题、社会责任感问题、艰苦奋斗问题、团结协作问题和心理健康问题等，引导大学生树立高尚的理想情操和养成良好的道德品质，提高大学生的思想道德素质，增强社会主义法制观念和法律意识，树立体现中华民族优秀传统和时代精神的价值标准、行为规范，强调切合大学生的思想实际，能够切实解决大学生所面临的思想问题、实际问题，真正体现“基础”课教育教学的针对性和实效性、吸引力和感染力。

把加强思想道德素质与法律素质提到更重要的地位*

在科学技术迅速发展、经济竞争日趋激烈的今天，人的素质的竞争，已成为竞争链条中的最关键、最重要、最有决定意义的环节。抓住这个现代社会发展链条中最中心的环节，是国家、民族和社会兴旺发达的关键。

人的素质，包含着多方面的内容，既有技能方面的，又有管理方面的；既有政治方面的，又有道德方面的；等等。总的来说，我们常常把人的素质概括为“德”和“才”两个大的方面，“德才兼备”、“以德率才”是我们对人的素质的根本要求。

在社会主义市场经济条件下，特别是在改革开放不断扩大和日益深入的情况下，各种价值观念的相互激荡和相互影响，实施依法治国和以德治国的相互结合，在培养和提高人的素质方面，又给我们提出了更高的要求，这就是既要重视人们的思想道德素质，又要重视人们的法律素质。

所谓思想道德素质，包括思想政治素质和道德素质两个方面。思想政治素质主要是指马克思主义的信念、社会主义的共同理想、爱国主义等。在人的各种素质中，思想政治素质具有方向性和指导性，是最重要的素质。所谓道德素质，主要包括坚决履行社会主义的道德核心（为人

* 本文原载《思想理论教育案例》，2007（5），系“马克思主义理论研究和建设工程”重点教材建设工作启动三周年笔谈文章。

民服务）和道德原则（集体主义），努力树立科学的世界观、人生观、价值观，以及自觉地遵守社会公德、职业道德和家庭美德等社会主义公民道德的要求。

所谓法律素质，主要是指一个人遵守法律、维护法律、运用法律的能力和修养。在法治社会中，如果没有必备的法律知识，没有正确的法律意识和运用法律的能力，要想实现真正的“法治社会”，是根本不可能的。

在提高全社会思想道德素质和法律素质的迫切要求中，社会对大学生寄予更高的期望。大学生是中国特色社会主义事业的建设者和接班人，是抵制不良社会风气、改善社会道德风尚、提升互信气氛、促进人际和谐的先进群体，也是引领、传承、倡导、力行社会思想道德素质和法律素质的中坚力量。

对大学生进行“思想道德修养与法律基础”教育，就是要以提高大学生的思想道德素质和法律素质为目的，紧紧掌握住提高大学生思想道德素质和法律素质这一要求，并把这两种素质的提高有机地融为一体，使其相辅相成，通过各种有感染力、说服力的教学，经过启发和诱导，以增强大学生提高思想道德素质和法律素质的自主性和自觉性，在身体力行和潜移默化中，使他们成为既有社会主义的思想道德素质，又有模范遵守社会主义法律素质的“四有”新人。

第十二编

访　　谈

在改革中要加强道德建设*

——中国伦理学会会长罗国杰答本刊编辑徐海均问

改革开放，发展商品经济，与加强伦理道德建设是否可以并行不悖？最近，我们访问了著名伦理学家罗国杰教授，请他就这方面的几个问题发表了看法。

改革的成功一定要以道德的牺牲为代价吗？

问：有人认为，改革的成功难免要以牺牲道德为代价，这种看法有道理吗？

答：历史的进步要以道德的牺牲为代价，这种现象在以往社会中是有过的。奴隶社会代替原始社会，带来了生产力和科学文化的发展，但在人和人的道德关系方面却是一个退步，是一种离开古代氏族社会纯朴道德高峰的堕落。在资本主义发展初期，进行资本原始积累时出现的“羊吃人”等现象，从道德上说也是一种倒退或堕落。有人据此类推，认为我们今天要取得改革开放的成功，也必然要出现道德上的堕落。这种说法我认为是不正确的。问题的关键是要区分两种不同的社会制度。我们是社会主义社会，是以生产资料公有制为基础的。这与以往的私有制社会有本质的不同。在私有制条件下，剥削阶级掌握生产资料，为了聚敛财富，什么损人利己的手段都可以使得出来。在社会主义社会就不

* 本文原载《解放军报》，1988-03-22。

许可这么做，我们不能只顾少数人发财而不顾多数人死活，不能允许损人利己、损公肥私的现象存在。强调社会主义道德建设，这绝不是“保守”，而是为了坚持社会主义道路。社会主义优越于资本主义，不仅在于它能比资本主义更快地发展生产力，而且在于它能消除资本主义和其他剥削制度所必然产生的贪婪、腐败和不公正的现象。我们搞改革开放，正是为了能使社会主义的优越性得到全面的发挥，如果越改革越开放，道德倒反而越倒退越堕落，那就该提出这样的问题了：到底坚持了社会主义方向没有？牺牲了社会主义道德，抛弃了社会主义精神文明，最终结果就必然会导致放弃我们的社会主义道路。如果这样，改革开放能否最终成功就是个大问题了。

改革开放搞好了，定能促进道德水平提高。

问：照这么说，随着改革开放的深入，社会风气应当越来越好才对，可是现在不少人在私下交谈中说起社会风气就摇头，认为道德水平下降了，这又该如何解释？

答：当前的社会风气，应该说不很理想，人们议论比较多，感到忧虑，是很自然的。出现这种情况绝非改革开放之过，而是由于我们的工作没有做好。在提出改革开放的同时，党中央就提出了建设社会主义精神文明的任务，但在实际工作中，不少部门和单位对精神文明建设还是重视不够，甚至有所忽视。所以，我们觉得有必要大声疾呼，以引起人们对这一问题的高度重视。十二大指出社会主义精神文明是社会主义社会的重要特征，十三大报告说这是对马克思主义科学理论的一个发展。什么是重要特征？就是说没有它就不是社会主义社会。现在我们下大力气发展生产力，是非常必要的。但更要看到，如果没有政治上的清明，没有共产主义道德和社会主义道德，没有社会主义精神文明，没有正常的人与人的关系，那将来会是一个什么社会？

要使社会风气好起来，还应强调自上而下每一个人都要以身作则，抵制不良的社会风气，向别人传递崇高的道德感情。在庸俗、腐朽的坏风气前，有些人往往采取随波逐流的态度。这是不好的。我们应当有这样一个信念：我们的社会风气，是会逐步好转的；改革开放真正搞好了，是一定能够促进道德水平提高的。共产党员特别是党员领导干部都应对自己提出严格的要求，都应带头抵制以权谋私、请客送礼、占公家便宜等等不正之风，应该成为忠于职守、光明磊落、不谋私利和公正无私的表率。只有这样，才能带动和促进各行各业的职业道德建设，提高全民的道德水平。

发展商品经济就得承认拜金主义？“一切向钱看”是合理的吗？

问：在发展商品经济中，能否认为利己主义也有其积极作用，或者说为了发展商品经济就得承认拜金主义、“一切向钱看”的某种合理性？

答：我的回答是否定的。为了建设有中国特色的社会主义，我们必须大力发展生产力，发展商品经济和竞争。与此同时，我们也必须反对那种只从满足自己私欲和利己心出发的思想及行为。过去，我们长期受“左”的思想影响，对正当的个人利益也予以否定。现在要纠正和警惕这种“左”的思想是完全正确的，但现在又有另一种倾向，有些人好像很怕强调国家和集体利益，似乎反对“一切向钱看”就是反对发展商品经济。这就成问题了。正当的个人利益应当保护，但我们必须旗帜鲜明地反对个人主义、利己主义，决不能听任资产阶级的拜金主义和“一切向钱看”的思想腐蚀我们的队伍。如果把人们的利己主义之心都鼓动起来，社会是无法承受的。日本学者池田大作和英国著名学者汤因比都说，资本主义社会引起了魔性的欲望，不是高消费，而是以享乐为唯一目的。利己主义、拜金主义的思想行为具有很大的反社会性，连资产阶级营垒中的有识之士都不赞同这个，难道我们倒要为之辩护甚而加以赞美吗？

不能把等价交换原则扩充到人与人之间的所有关系上。

问：你在一次谈话中说过，等价交换原则在经济领域是对的，扩充到人与人之间的所有关系上，扩充到一切领域，就完全不对了。能不能请你具体谈谈这个问题？

答：人与人之间有各种各样的社会关系，经济关系是其中最基本的关系，按照列宁的说法，这是一种“物质的社会关系”；除此之外，还有“思想的社会关系”，如人们之间的政治关系、法权关系、道德关系以及一定范围和一定时期的宗教关系等等。在商品经济充分发展的条件下，等价交换原则无疑是我们处理经济关系时必须遵循的原则之一。做买卖，人们不是要斤斤计较、两两计较吗？那没错。不仅如此，如果是做贵金属的交易，还得分分计较、钱钱计较，以至厘厘计较、毫毫计较。但是，在处理“思想的社会关系”时，就不能按照等价交换的原则去行事了，尤其是处理道德关系更是如此。一般说来，一个有道德的行为对行为者自己而言，都是一种多多少少的献身。道德不是要占别人的便宜，也不是你给我半斤，我给你五两，而是要对别人、对社会做出贡献。康德有句名言，道德之所以有那么崇高的美名，就是因为它伴随着巨大的牺牲。普列汉诺夫也说，道德总是以或多或少的自我牺牲为前提的。试问，如果不是这样行事，而是一切都得等价交换，那么，父子之间、朋友之间该怎么相处？更不用说战士与国家之间的关系了。

恩格斯说过："在资产阶级看来，世界上没有一样东西不是为了金钱而存在的，连他们本身也不例外，因为他们活着就是为了赚钱，除了快快发财，他们不知道还有别的幸福，除了金钱的损失，也不知道还有别的痛苦。"① 列宁也说过："做事就是为了拿钱——这是资本主义世界的道德。"② 如果把人与人之间的一切关系都变成一种金钱关系、交换关系，那我们与资本主义还有什么区别？在我们社会主义国家，即使在经济领域中，也不能把人们相互之间的关系仅仅理解为金钱关系、等价交换关系，比如售货员与顾客之间就不完全是买卖关系，还有一层平等团结、友爱互助、相互服务的社会主义新型关系。正是这层道德关系要求售货员与顾客应当互相尊重，互相理解，推己及人，将心比心，你说是吗？

① 《马克思恩格斯全集》，中文1版，第2卷，564页。

② 《列宁全集》，中文1版，第28卷，105页。

我们党思想上精神上的一面旗帜*

——关于“建设社会主义核心价值体系”的对话

深刻理解“建设社会主义核心价值体系”的重大意义和现实针对性

邢久强：党的十六届六中全会提出“建设社会主义核心价值体系”，是当前贯彻落实科学发展观、构建和谐社会过程中，关于思想道德建设、和谐文化建设乃至整个精神文明建设的一项有很强的现实针对性的重要决策，无论在理论创新还是实践探索上都具有重大意义，标志着我们党对社会主义的认识达到了新的高度，也引起了社会各界的广泛关注。当前，要全面、准确理解建设社会主义核心价值体系的重要意义、科学内涵、理论框架等，需要进一步深入研究探讨。

罗国杰：是的，提出建设社会主义核心价值体系，无论是从理论方面还是从实践方面都可以说意义重大而深远。社会主义核心价值体系的建设，适应了当前社会主义市场经济发展的要求，适应了社会主义先进文化建设的要求，适应了我国现阶段社会主义思想道德建设的形势和要求，是丰富发展中国特色社会主义理论与实践的需要，是巩固全党全国人民团结奋斗的共同思想基础的需要，是促进民族团结和国家安定必不可少的推动力量，也是构建和谐社会、建设和谐文化的重要内容。我们

---

* 本文原载《前线》，2007（3），是该杂志主任编辑邢久强与作者的对话稿。

必须从这样的高度来认识。

邢久强：我们党历来重视思想道德建设，社会主义核心价值体系的四个方面基本内容，即马克思主义指导思想、中国特色社会主义共同理想、以爱国主义为核心的民族精神和以改革创新为核心的时代精神、以“八荣八耻”为主要内容的社会主义荣辱观，也一直是我们所强调和倡导的。而这次把这些根本的、原则的东西整合到一起，提到社会主义核心价值体系这个层面来进行科学概括和清晰界定，显示了我们党的理性自觉，是理论上的重大创新，是决策上的重大举措。这也说明提出建设社会主义核心价值体系有着深刻的时代背景和现实的针对性。

罗国杰：中央提出建设社会主义核心价值体系，是与价值观在整个思想道德和文化建设中的重要地位以及我们当前价值观方面存在的问题相联系的。经过改革开放近 30 年来的发展，我国的经济、政治和文化，都发生了前所未有的巨大变化。而与之相适应的是，人们在价值观念、价值评价、价值取向和价值选择上，也随之发生了新的、值得注意的变化。这些变化之所以发生，从其根源来看，主要是由于随着经济体制、社会结构、利益格局和生活方式的深刻变化，不可避免地出现了不同的价值追求和价值取向。这给人们的思想观念和行为方式带来了巨大的积极影响，促进了经济社会的发展，提高了人们创新的活力；同时，也给人们的思想观念带来消极影响，对社会主义的价值导向产生了前所未有的冲击。一方面是爱国主义、集体主义、奋发有为、朝气蓬勃、艰苦奋斗、无私奉献的精神得到弘扬，另一方面是拜金主义、享乐主义和极端个人主义的价值观念在社会上滋生蔓延。从整个社会和国家来说，必须有自己的占主导地位的、具有社会主流优势的价值导向，来引领整个社会发展的方向，来团结社会成员为实现社会理想而奋斗。但是，多种利益主体出现所带来的各种不同的价值取向，造成了这些不同的价值取向同整个社会和国家的价值导向之间的差异与矛盾。因此，在承认和尊重社会上各个不同利益群体的价值选择和价值取向的同时，加强对各种不同价值取向的引导和教育，就成为一个极其重要的理论与实践的问题，而社会主义核心价值体系的提出，就是针对这样的现实而作出的重大决策。

邢久强：从国际背景来说，20 世纪 80 年代末 90 年代初苏东剧变后，世界社会主义运动陷入低潮。我国作为世界上最大的社会主义国家，将面对更加激烈的国际文化竞争，特别是面对西方资本主义国家传播其意识形态、进行文化扩张和思想渗透的压力。在新的形势和时代背景下，国际国内有些人的共产主义理想和社会主义信念开始发生动摇，甚至完全背离了社会主义方向。在这种情况下，更需要积极倡导和践行符合社会主义本质和中国具体实际的社会主义核心价值体系，以保证中国特色社会主义道路的正确方向。

罗国杰：现实情况也表明，西方发达国家正利用经济、科技甚至军事等方面的优势，利用各种手段，输出它们的价值观念和政治制度，在发展中国家推行资本主义的生活方式。因此，在经济全球化的境遇中，我们不仅要面对经济方面的挑战，更加要警惕西方价值观念的侵袭，这就需要通过建设社会主义核心价值体系，大力弘扬爱国主义精神，维护和坚持社会主义的价值评价和价值观念，这是社会主义建设能沿着健康的道路向前发展的重要保证。

邢久强：任何社会都有自己的价值体系和核心价值体系。与我们的社会主义制度相适应，随着改革开放和社会主义市场经济进一步发展，随着中外文化交流和碰撞进一步扩大，随着人们思想活动独立性、选择性、多变性和差异性进一步增强，我们社会主义价值体系的内涵不断丰富，外延也在不断扩大。那么，与坚持中国特色社会主义的根本性制度和要求相适应，自觉地对主导全社会思想和行为的社会主义价值体系的核心作出明确界定和科学阐释的需求，就显得越来越迫切。社会主义核心价值体系的提出，就旗帜鲜明地向世人昭示，不论社会思想观念、人们价值取向如何多样多变，我国社会主义意识形态的核心是不能动摇的。

罗国杰：提出建设社会主义核心价值体系，有利于我们更清醒、更坚定、更自觉地把握和坚持社会主义先进文化的前进方向。当前，可以说是我国改革开放以来，在价值观念上的一个“机遇与挑战”并存的重要时期。各种价值观念的相互交织、相互冲击、相互影响，已经是一个不容回避的客观现实。在这个多种价值观念相互交织、相互冲击和相互影响的时期，如果不能及时加以引导、教育和规范，人们在思想上就必然会产生疑惑、误解和迷茫，甚至有可能迷失方向，陷入误区，影响和谐社会的构建。建设社会主义核心价值体系的提出，也正是我们党积极主动地正视在价值观念上“机遇与挑战”并存的情况，积极地加强导向，主动应对矛盾和化解矛盾，最大限度地增加和谐因素，最大限度地减少不和谐因素，为更好地创建和谐社会所做的重大战略举措。

准确把握“社会主义核心价值体系”的基本内涵

邢久强：这是我们党第一次提出建设社会主义核心价值体系问题，在理论上有着重要的创新意义。对于“价值”、“价值体系”、“核心价值体系”、“社会主义核心价值体系”这一系列概念，应如何理解？

罗国杰：人们的价值选择、价值评价和价值追求，是指导人们行动的一种精神力量。不论是一个国家还是一个社会，如果没有一个统一的、核心的、主流的价值体系，就不可能形成全社会的价值导向，整个国家和社会就会失去团结奋斗的目标。因此，如何形成和建设整个社会的价值体系，就成为社会思想道德建设的一个重大问题。在谈到价值体系的时候，我们有必要先谈一谈什么是“价值”和什么是“价值观”的问题。一般来说，价值是指主体的需要同客体的属性之间的一种关系。一个事物（客体）的属性能否满足主体的需要及其满足的程度，就是该事物对主体有无价值和价值大小的尺度。在日常生活中经常提到的真、善、美等，就都属于价值的主要方面。什么是价值观呢？价值观就是人们对什么是价值、怎样评判价值、如何创造价值等问题的根本观点。一般来说，价值观的内容，一方面表现为价值取向、价值追求，凝结为一定的价值目标；另一方面表现为价值尺度和价值准则，成为人们判断事物有无价值及价值大小、是光荣还是可耻的评价标准。在人们的社会生活中，一个人经过实践、体验、教育、思考、习染和引导，就会逐渐地形成一定的价值观，就会形成一个人的价值目标和价值追求，从而指导和引导自己的行为沿着既定的方向发展。不同的利益群体，往往会有不同的价值观念和价值取向。

那么，什么是“价值体系”和“核心价值体系”？从一定意义上说，一个社会的价值体系，是指一个社会中的价值目标、价值追求、价值评价和价值取向等与价值有关的综合体系。从政治导向和思想道德建设方面来看，价值体系主要是指整个社会的价值导向的各个层次、各个方面的总和。所谓核心价值体系，是指一定的价值体系中最重要的核心组成部分，是一定价值体系的灵魂，它在整个社会的所有价值目标中，处于统摄和支配的地位，并引领和主导一个社会的各种不同的价值观念、价值评价和价值取向沿着一定的方向发展，保证一定社会的政治、经济、文化有序运行。

“社会主义核心价值体系”又不同于一般的核心价值体系，是社会主义价值体系的核心部分。我们是社会主义国家，社会主义核心价值体系是由社会主义的经济、政治和文化所决定的，是社会主义制度的内在精神和生命之魂，它引导着社会主义的发展模式、制度体制和目标任务，在所有社会主义价值目标、在整个社会主义价值体系中处于统摄和支配的地位。从价值评价和价值导向的意义上来看，我们所说的“社会主义核心价值体系”，也就是社会主义价值观的核心体系，它是引领全体人民沿着中国特色社会主义道路全面建设小康社会的指导思想，是团结各族人民齐心协力振兴中华的精神支柱。

“社会主义核心价值体系”对社会、个人都起着规范和引导的作用，决定着文化建设的总体性质、方向和整个社会的思想道德基础，是建设社会主义和谐文化的根本要求。只有深刻认识和正确把握社会主义核心价值体系，才能抓住社会主义价值需要、价值创造和价值实现的关键，也才能在和谐文化建设中突出重点、抓住根本、把握方向。

邢久强：深刻认识和正确把握社会主义核心价值体系，首先要对十六届六中全会决定概括的基本内容有一个完整的理解。

罗国杰：社会主义核心价值体系从最基本的层面看，包括四个方面。首先是“马克思主义指导思想”。这是我们立党立国的根本指针，是社会主义意识形态的灵魂。马克思主义是与时俱进的，坚持马克思主义在意识形态领域的指导地位，就必须坚持用马克思主义中国化的最新成果来教育人民，这是我国现代化建设沿着社会主义道路顺利前进的根本保证。其次是“中国特色社会主义共同理想”。这个共同理想集中了我国工人、农民、知识分子和其他劳动者、爱国者的利益和愿望，是保证全体人民在政治上、道义上和精神上团结一致，克服困难争取胜利的强大的精神武器，是当前全国各族人民团结奋斗的崇高目标。再次是“以爱国主义为核心的民族精神和以改革创新为核心的时代精神”。这是中华民族生生不息、薪火相传的精神支撑，是当代中国人民不断创造崭新业绩的力量源泉。最后是以“八荣八耻”为主要内容的社会主义荣辱观。它是对我国改革开放以来思想道德建设的经验总结和科学概括，体现了社会主义基本道德规范的本质要求，是中华民族传统美德、优秀革命道德与时代精神和社会主义的完美结合。

邢久强：我觉得，这四个方面的内容围绕着中国特色社会主义这个主题来展开，既各有侧重又紧密联系，构成一个内容丰富、深刻、严整的价值观念体系，体现了先进性、理想性、时代性和现实性的特征。社会主义核心价值体系的基本内容，既体现了思想道德建设上的先进性要求，又体现了思想道德建设上的广泛性要求；既坚持了先进文化的前进方向，又符合不同层次群众的思想状况；既体现了一致的愿望和追求，又涵盖了不同的群体和阶层。它具有广泛的适用性和包容性，具有强大的整合力和引领力。其核心价值取向，就是建设中国特色社会主义，实现最广大人民的根本利益，促进人的全面发展。这也是“三个代表”重要思想和科学发展观在当前思想文化建设方面的集中体现。

当然，社会主义价值体系应该是不断丰富发展的开放体系，社会主义核心价值体系的建设也是一个不断充实、加强、提升的过程。对于“核心”这个概念应当有更深入的理解，我觉得：一方面，核心要坚持，要加强，要发挥主导、引领的作用；另一方面，核心与非核心的内容要有所区别，不能一概而论。因为除了核心部分外，还有许多外围的、非核心的部分，也属于社会主义价值体系的范畴，并且有些也会不断融入、充实、提升到核心价值体系之中。而在理论上讲，非核心的内容不属于社会主义价值体系的范畴。所以只有用发展的观点，坚持核心与非核心的辩证法，才能促使社会主义价值体系更加完善，从而促进整个社会主义文化的和谐与繁荣。

以上我们主要谈了如何深刻认识和正确把握社会主义核心价值体系。而社会主义核心价值体系，关键在建设。那么，怎么着手进行建设？

罗国杰：社会主义核心价值体系的建设，是一个系统工程，需要各方配合共同努力才能做好。

第一，要坚持把社会主义核心价值体系融入国民教育、精神文明建设的各个方面和全部过程，贯穿于思想道德建设的所有环节。在各级各类学校的思想道德教育中，在社会、家庭、单位、社区等的教育中，在各种的职业培训中，都要针对不同的教育对象，以各种不同的形式，将社会主义核心价值体系四个方面的内容，有重点地融入其中；要把社会主义核心价值体系的基本要求渗透到市民公约、乡规民约、职业规范、学生守则等具体行为准则之中，在全社会形成一种巨大的舆论力量，从而为增强社会和谐、提高人的素质、改善社会风尚提供精神支撑。

第二，在意识形态领域，要坚持以社会主义核心价值体系引领社会思潮。一方面要尊重各种不同价值观念、价值选择、价值追求的现实存在，承认差异的不可避免；另一方面，要对它们进行必要的教育和引导，防止一切危害社会和谐的价值观念对社会主义核心价值体系的干扰。这也就是说，既要能够包容多样，又要加强领导，形成思想共识，使社会主义核心价值体系能够成为统率和引领各种价值观念的主流意识形态。

第三，在《公民道德建设实施纲要》的贯彻过程中，在深入进行“爱国守法、明礼诚信、团结友善、勤俭自强、敬业奉献”二十字公民道德基本规范的教育中，要重点树立社会主义荣辱观，培育文明道德风尚，营造积极健康的思想舆论氛围。

第四，在建设社会主义核心价值体系的过程中，要充分运用各种宣传舆论的力量，特别是新闻出版、广播影视、文学艺术等，要积极发挥工会、共青团、妇联等人民团体的桥梁作用，发挥行业组织、社会中介组织、民众自治组织的辅助作用。要把社会主义核心价值体系融入和渗透到社会生活的各个方面、各个部位、各个环节。要与时俱进，根据人们接受信息途径的新变化，努力探索建设社会主义核心价值体系的新方法、新手段，为在全社会更好地形成思想共识创造更加有利的社会环境。

第五，建设社会主义核心价值体系要贯穿现代化建设各方面。要在改革发展的过程中不断深化，在现代化的物质成果和精神成果中充分体现，在物质文明、精神文明、政治文明建设中不断弘扬。

邢久强：还有一点，我觉得在社会主义核心价值体系建设过程中，领导干部的带头作用很重要。领导干部应该成为和谐文化、先进文化建设的力行者，应该成为建设社会主义核心价值体系的模范。要用马克思主义中国化的最新成果武装头脑和教育群众，善于把人民群众的实践经验升华为理论，用理论创新的成果指导实践、推动工作；要在树立中国特色社会主义共同理想、弘扬以爱国主义为核心的民族精神和以改革创新为核心的时代精神、树立社会主义荣辱观方面，提高自觉性，增强示范性，体现先进性。胡锦涛总书记在中央纪律检查委员会第七次全体会议上发表的重要讲话中强调，要在各级领导干部中大力倡导勤奋好学、学以致用，心系群众、服务人民，真抓实干、务求实效，艰苦奋斗、勤俭节约，顾全大局、令行禁止，发扬民主、团结共事，秉公用权、廉洁从政，生活正派、情趣健康八个方面的良好风气，这可以说是当前建设社会主义核心价值体系在领导干部作风建设层面的具体体现。

罗国杰文集

第四卷

传统伦理与现代社会

（增订本）

中国人民大学出版社
·北京·

第一版序言

由我主编的《中国伦理思想史》出版后，当时就萌生了一个想法，就是把我关于中国传统伦理思想及其对现代社会深远影响的思考进行系统的梳理，作为我近50年来学习和研究中国传统伦理思想和中国传统道德的心得与体会的记录。

我对中国传统伦理思想和传统道德，自幼就有着特殊的爱好，对中国历史上的一些著名的思想家、政治家、道德家等的生平事迹，总是牢记在心，把他们当作自己学习的榜样。1960年进入中国人民大学后，开始从事伦理学的教学工作，这对我来说，更是一个认真学习伦理学的好机会。我对中国传统伦理思想和中国传统道德的系统学习和研究，大体上可分为两个阶段。第一个阶段从1985年到1990年，大约有5年之久，这个时期，主要是因为承担了主编《中国伦理思想史》的任务，工作期间和业余的大部分时间，都用来学习中国古代先秦两汉的哲学家、伦理学家的著作，其中最主要的就是孔子、老子、墨子、庄子、孟子、荀子、韩非等思想家的著作，先后撰写了他们的伦理思想。这一段的学习，使我进一步地认识、了解和领悟了中国古代思想家们深邃的伦理学思考，使我得出了一个自己的结论，这就是：中国古代的哲学家们，都有着极其丰富的伦理思想，对伦理学都有着特殊的兴趣和爱好，而中国古代的伦理学家们，也都非常善于哲学地思考，即便是在讨论所谓的“形而下”的伦理道德的具体问题时，他们也都没有停止从本体论上探讨这些问题的根源性。这种现象，可以说是中国哲学的特点，也可以说是中国哲学和中国伦理学同西方哲学和西方伦理学的一个重要区别。

我学习中国传统伦理思想和传统道德的第二个阶段，是从 1993 年到 1996 年这近三年的时间。这段时期，由于我接受了主编由当时的国家教委组织编写的《中国传统道德》的任务，不得不放弃手头应完成的许多重要任务，包括所承担的国家社科基金项目，集中精力，组织了几乎全国的从事中国伦理学史和传统道德研究的同志，集中在中国人民大学，集思广益，共同撰写了五卷本的《中国传统道德》。如果说，20 世纪 80 年代我对中国伦理思想史学习的重点，主要是先秦和两汉伦理思想家的伦理思想，那么，90 年代对中国传统伦理思想的学习，则主要侧重于中国传统道德的规范以及如何继承和弘扬中国的优良道德传统。这后一阶段的学习，使我对坚持正确的思想导向，全面地观察、把握和运用这些思想，科学地、有分析地、正确地认识、理解和把握这些思想，为更好地加强我国社会主义道德建设和社会主义精神文明建设贡献自己的力量，有了更迫切的要求。

正是由于上述个人的专业兴趣，也因为这个专题有着重要的现实意义，我才决定，把这些年来有关中国伦理思想和传统道德的思考进行梳理，形成这部著作，也希望自己对于中国伦理思想和传统道德的看法，能够得到专家的指正。

罗国杰

2012 年 6 月

目　录

第一章 导 论

第一节 关于中国伦理思想的若干问题

中国是世界上文明发展最早的国家之一，具有悠久的历史和光辉灿烂的文化。它以“文明古国”、“礼仪之邦”著称于世，因而比世界其他各国具有更加丰富而别具特色的伦理思想和道德观念。中国历史上遗留下来的浩如烟海的史料，从不同角度反映着不同时代和不同社会的风俗习惯、社会道德状况，表现着思想家们不同的伦理思想。今天，在世界科技革命潮流和东西方文化交流的背景下，在社会主义现代化建设事业中，研究中国伦理思想和中华民族的道德传统，不仅对继承我国传统文化的优秀遗产，建立中国特色马克思主义伦理学，而且对建设有中国特色社会主义精神文明，提高社会道德水平，改善社会风气，进而推动整个现代化建设事业，都具有重要意义。

一、中国伦理思想史的研究对象

伦理思想史是关于各种道德观念和伦理学说产生、发展、相互关系及其发展规律的历史。道德观念和伦理学说，都是伦理思想的重要内容，二者既有联系，又有区别。从根源上来说，它们都来源于人类社会生活，是人们对自身道德关系的反思；但伦理学说比较深刻、全面，有一定的理论体系，而道德观念则比较简单、零碎，多散见于历史叙述、文艺思想、宗教思想、政治思想和法律思想中。

研究中国伦理思想史，不能简单地罗列各种道德观念和伦理学说的产生、发展及其相互关系，而是要进一步寻找其中固有的必然联系，考察这些观念和学说是如何在一定的经济结构和政治制度的影响下发生、发展的，即它们之间是如何相互斗争、彼此影响、相互吸收、前后承袭的，及其逻辑的、必然的发展轨迹。一部伦理思想史，不仅应当有强烈的历史感，而且要有鲜明的伦理学特色，要能够详细地反映出道德观念和伦理学说在历史进程中相互斗争、相互吸收、前后相承、不断发展的历史面貌和内在规律。

在很长的历史时期内，中国伦理思想一直同哲学、文学、宗教、历史、政治、法律等思想融为一体。直到19世纪末20世纪初，中国学术一直以经、史、子、集分类，而未形成相对明确的学科划分，也不可能形成相对独立的伦理学学科。尽管经、史、子、集中的不少内容，都深刻地论述了有关人生价值、人性善恶、道德原则和品德陶冶的各个方面，但直到辛亥革命以前，中国始终没有以“道德学”或“伦理学”命名的专著。《论语》和《孟子》在一定意义上可以看作中国伦理学史上最早的两部伦理学著作，但其中也包含着大量的社会政治思想。朱熹的《小学》可以算是一本道德教育专著（他自称这本书是要回答“做人的样子”这个问题的)。宋明以后，学术思想在总体上更加倾向于探讨如何做人的问题（即如何“成贤成圣”），或者由探讨如何做人入手研究如何治世，哲学越来越伦理学化，理学家著作中的本体论、认识论也都服从于伦理学。从一定意义上也可以说，理学研究的内容就是道德，但这种道德理论仍然同政治和哲学等结合在一起。虽然《礼记》中就出现过“伦理”这一概念，但长期以来在中国伦理思想史上却未能建立起专属于伦理学的术语和范畴。1910年前后，刘师培参照西方伦理学著作，结合中国古代伦理思想，写成《伦理学教科书》，但依旧不成体系。而西方却早在公元前4世纪至公元前3世纪即亚里士多德时代，就已经形成了独立的、系统的伦理学体系。中国是一个以文明礼仪著称于世的国家，伦理思想一直同各种思想融为一体，在学科上未能形成相对独立的理论系统，这是同中国传统思想的特点相联系的。这不能不说是中国思想史上的一个特殊现象。这个特点也在一定程度上增加了中国伦理思想史研究的难度。如果不能从众多的历史资料中寻找、挖掘、探索和剥离出各种伦理思想和道德观念，从而建立起一个合乎内在逻辑的中国伦理思想的框架体系，我们就不能在这一领域内取得重大的成果。除了从所谓的“经”、“史”、“子”、“集”中，从众多的中国思想家们的著作中来研究以外，还必须从我国的历史著作如二十四史，以及政治、法律著作中来探讨和总结中国伦理思想。

学习和研究中国伦理思想史，还要特别注意它同中国哲学史的区别和联系。哲学史是人们对于整个客观世界和人类思维运动的最一般规律的认识的历史，对它的研究是为了汲取人类认识史的经验教训，阐明和发扬真理。伦理思想史是人类对于自身的道德关系和社会道德现象的认识的历史，它有自己的特殊性。由于哲学史和伦理思想史研究对象不同、重点不同，结论有时也不同。本体论是唯心主义的，因而在认识论上往往会混淆、抹杀以致颠倒主观与客观的关系，但中国伦理思想却包含着丰富的有价值的内容。如果只看到哲学史和伦理思想史的共同点，而看不到其不同点，就势必会把哲学史的框框套到伦理思想史上，从而得出不符合事实的结论；同样，如果只强调二者的区别而看不到它们的联系，使伦理思想完全同人们的世界观和认识论割裂开来，则又会走向另一个极端。这两种倾向对于伦理思想史的研究都是有害的，应该避免。如果只是从哲学史中孤立地摘取某些思想家们关于社会、政治和道德的思想，然后把它们综合起来，就以为掌握了中国伦理思想史，这种想法当然也是错误的。学习和研究中国伦理思想史，必须揭示中国伦理思想的发展规律，揭示每一个伦理思想家的思想结构体系和理论贡献，特别是要对每一种伦理思想在历史上的发生、发展、演变及其相互影响等，作出科学的实事求是的说明。

为了更明确地理解中国伦理思想史和中国哲学史的区别，我们试举几例加以说明。比如，陆王心学非常强调“心”的重要作用。从认识论上来看，由于他们否认了客观世界是人们认识的来源，因而在认识过程中往往要导致错误的结果。但是，强调“心”的作用，在伦理学研究中是有重要意义的。伦理学研究的重要的道德现象之一就是“良心”，从伦理学的研究来看，人们至今还没有揭示出“心”即人的“良心”的深奥微妙。良心是伦理学中一个重要的研究领域。英国 18 世纪著名的伦理学家巴特勒认为，伦理学应该从良心开始研究，没有良心就无法进行道德评价和道德选择。德国著名的伦理学家费尔巴哈的幸福论亦用很大力量来解释良心。中国伦理学家们也以极大工夫来研究良心或本心。王阳明讲“知行合一”，从哲学本体论和认识论上来看，确实在某些时候是把认识和实践混为一体，但是实际上，他提出这个命题的“立言宗旨”不是要讨论哲学问题，而是要探讨道德意识与道德行为的关系问题。他反复强调要懂得他的“立言宗旨”，即一个人要有道德，必须言行一致。如“知孝”必须与“行孝”统一起来，才是真正“知孝”。再如，孟子讲的养“浩然之气”，也不能从本体论的意义上去理解。“至大至刚”、可以“塞于天地之间”的“浩然之气”，是通过了解“义理”，通过长期的道德修养而形成的一种无愧无怍、无私无畏、勇往直前的精神状态。正是这种堂堂正气培育了后世无数的民族英雄。因此，我们研究中国伦理思想史，必须注意伦理学的概念、范畴同一般哲学范畴的联系与区别，注意一个命题所具有的伦理意义与一般哲学意义的联系与区别。同时，对于中国哲学史上的很多问题，要注意其“立言宗旨”，并从伦理学角度来考察，不能用哲学结论来套伦理思想史。

学习和研究中国伦理思想史还必须特别注意，要在整个世界的格局中来考察中国的情况，在同世界各国伦理思想的比较中探索、概括中国伦理思想的民族特点，并以科学的态度分析、厘清其中的糟粕和精华。这不仅是为了总结过去，更重要的是为了指导现在和未来。

当前，我们正在努力建设中国特色的马克思主义伦理学体系。但是，什么是中国特色？很多方面有待于我们进一步研究。因此，我们特别强调，要在研究中注意中华民族的特殊的独有的道德传统、民族习俗和民族心理，通过中西比较揭示中华民族伦理思想的发展规律。恩格斯在《反杜林论》中曾经指出：“善恶观念从一个民族到另一个民族、从一个时代到另一个时代变更得这样厉害，以致它们常常是互相直接矛盾的。”① 这里所说的善恶观念，实际上可以看作伦理思想的总称。各个民族、各个时代都有对善恶的特殊理解和把握。过去的一段历史时期内，我们比较多地注意到不同时代善恶观念的差别，注意到阶级社会中不同阶级善恶观念的不同，这当然是正确的；但是，在从历史发展、阶

① 《马克思恩格斯选集》，2 版，第 3 卷，433～434 页，北京，人民出版社，1995。

级区分来研究历史上的伦理学说、道德观念的同时，却往往忽略了道德观念和伦理学说的民族特性，这就是片面的了。

我们知道，民族是历史上形成的一个有共同语言、共同地域、共同经济生活以及表现于共同文化上的有共同心理素质的稳定的共同体。尽管每一个民族大体上都要经历原始社会、奴隶社会、封建社会和资本主义社会，而且每个社会、每个阶级都可能有大体相同的经济制度和政治思想，但是，各民族都有其特殊的发展过程，形成了特殊的语言、心理素质和传统习惯，因而也就形成了特殊的民族道德。中国传统道德和伦理思想，是中华民族在特定的经济、政治、社会历史条件下形成的，研究、总结其不同于其他民族的伦理思想的特殊性及发展规律，是我们学习中国伦理思想史所必须特别注意的。

近年来人们强调中西伦理思想比较，表现出了思想的活跃和视野的扩大。确实，不了解西方伦理思想的发展及其主要理论，就不可能在更高的层次上来概括和总结中国的伦理思想。因此，通过中西伦理思想史的比较研究，我们可以更深刻、更准确地认识中国伦理思想的特点和价值。但是对中西文化，特别是对中西伦理思想的比较，必须从发扬中华民族的优秀文化、伦理传统出发，采取历史的、辩证的、科学的态度和方法，而不能采取褒西贬中、崇洋媚外的历史虚无主义的态度和方法。在比较中，既要看到中国伦理思想在我国漫长的封建社会历史中，不可避免地有着维护封建统治、束缚个性的方面，同时也要看到其中所包含的富有生命力的精华。我们之所以要进行中西伦理思想的比较研究，其主要目的就是为了更准确、更完整、更全面地概括我国伦理思想的规范、范畴及其特点，以期建构起富有民族特色的，能推动中华民族走向现代化、走向世界、走向未来的伦理学体系。

二、中国伦理思想史的分期

关于中国伦理思想史的分期①，本书根据中国伦理思想产生、发

① 关于奴隶制和封建制的分期，我们采取战国封建说，主张此说的主要有郭沫若、白寿彝、吴大琨、杨宽、田昌五等，其理论依据参见郭沫若：《奴隶制时代：中国古代史的分期问题》（见《郭沫若全集》，历史编，第3卷，5～8页，北京，人民出版社，1984）。此说认为春秋战国之交，是由奴隶制向封建制过渡的转化时期。关于中国社会从封建社会向资本主义社会过渡的问题，本书认为明末清初已经有了资本主义萌芽。

展、演变的历史特点和逻辑规律，大体上将其划分为八个时期：殷商至春秋，春秋战国至秦，两汉，魏晋至隋唐，北宋至明中叶，明中叶至鸦片战争，鸦片战争至五四运动，五四运动至中华人民共和国成立。

第一个时期，即殷商至春秋的前孔子时期。这一时期是中国道德观念和伦理思想的发端期。由于史料不足，目前对这个时期的伦理思想还研究得很不够。

第二个时期，即春秋战国至秦。这一时期是我国封建伦理思想奠基和形成的时期，在我国伦理思想发展史上是一个有重要意义的时期。

第三个时期，即两汉时期。这一时期是封建伦理思想的系统化及其统治地位进一步确立的时期。

第四个时期，即魏晋至隋唐。这一时期是封建伦理思想的演变时期，包括玄学伦理思想对封建正统伦理思想的冲击以及儒、道、佛伦理思想的相互斗争和相互渗透。

第五个时期，即北宋至明中叶。这一时期是封建伦理思想的深化和成熟时期。

第六个时期，即明中叶至鸦片战争。这一时期是封建伦理思想的衰落和近代早期启蒙伦理思想的萌芽时期。

第七个时期，即鸦片战争至五四运动。这一时期是中国近代资产阶级伦理思想形成和发展的时期。

第八个时期，即五四运动至中华人民共和国成立。这一时期是马克思主义伦理思想在中国传播、发展以及同地主资产阶级伦理思想斗争的时期。

三、中国伦理思想家们研究的主要问题

中华民族生存、发展的特殊条件，形成了中国的思想家们对道德思考的特别兴趣。我们可以清楚地看到，中国哲学，就其起源来说，就与古希腊不同。它不执着于探索世界万物的起源，不过分寻求人们自身的享乐，而是以其特有的精神，探索人生的意义和价值，探索道德在人类社会发展中的重要作用。中国伦理思想家们从一开始就强调“以德配天”的重要性，他们强调公义，反对私利，强调仁爱，重视诚敬，从个体道德修养入手，以一定的规范体系作为人们所必须遵循的戒律，寻求修身、齐家、治国、平天下的道理。中国伦理思想家们所涉及的问题，

主要可以概括为以下十个方面。

（一）道德原则同物质利益的关系问题，简称道德同利益的关系问题

这个问题是中国伦理思想史上的一个基本问题，它大体上可以分为两个方面。道德同利益的关系的第一个方面是关于道德的根源、本质、社会作用和发展规律的问题。中国古代不少思想家对此进行过比较深入的探讨，他们不同程度地揭示了道德对人们物质生活的依赖，把改善人民物质生活条件看作提高人民道德水平的基础。如管仲说："仓廪实则知礼节，衣食足则知荣辱。"（《管子·牧民》）孔子一方面主张要"因民之所利而利之"（《论语·尧曰》），即根据老百姓的要求，使他们正当的个人利益能够尽可能地得到满足；另一方面又强调，在老百姓富庶之后，还必须对他们进行教育。孔子所说的教育，就其主要内容来说，就是一种道德感化。韩非认为："饥岁之春，幼弟不饷；穰岁之秋，疏客必食。非疏骨肉，爱过客也，多少之实异也。"（《韩非子·五蠹》）王充又进一步作了发展，认为："让生于有余，争起于不足。谷足食多，礼义之心生；礼丰义重，平安之基立矣。""为善恶之行，不在人质性，在于岁之饥穰。由此言之，礼义之行，在谷足也。"（《论衡·治期》）这些思想都从不同的方面，不同程度地强调了人们的道德水平同物质生活的关系，有着合理的因素。当然，如果只是把人们的道德水平同物质生活机械地联系起来，还不是辩证的和科学的，但比起那些把道德的根源归于理性、上帝的唯心主义观点来说，则是大大前进了一步。

道德同利益的关系的第二个方面，主要涉及个人利益与整体利益的关系问题。对这个问题的回答，决定着某一道德体系的道德规范的原则、道德价值的标准、道德活动的方向和方法。在中国伦理思想史上，先秦时期关于这个问题出现过义利之争，儒、墨、道、法等家，各有自己不同的利益观。儒家重义轻利，把义利之分看作评价个人道德境界高低的标准，强调道德的重要性，轻视"利"的作用。在儒家看来，"义"主要是指一定社会的道德原则，"利"主要是指个人的私利。孔子说："君子喻于义，小人喻于利。"（《论语·里仁》）孟子说："王何必曰利？亦有仁义而已矣。"（《孟子·梁惠王上》）正是在这一意义上，孟子把利和恶等同起来，把义和善等同起来，认为："鸡鸣而起，孳孳为善者，舜之徒也；鸡鸣而起，孳孳为利者，跖之徒也。欲知舜与跖之分，无

他，利与善之间也。”（《孟子·尽心上》）墨家主张“兼相爱，交相利”（《墨子·兼爱中》），是一种义利并重的思想。墨子明确提出“万事莫贵于义”（《墨子·贵义》），同时又指出“义，利也”（《墨子·经上》），把广大小生产者、劳动人民的利益作为最大的义。法家重利轻义，认为人都是自私自利的，都有“自为心”，因此，统治阶级要善于利用人们的这种自私心，以达到自己的目的。与儒、墨、法三家不同，道家则是义利全抛，超越利益和道德，反对儒、墨、法三家的义利之争。到了宋明时代，义利之争又演变为理欲之辨。“天理”、“理”往往被统治阶级的思想家看作“公”，是最高的道德，而把人欲和私欲看成最大的私，是与道德不相容的。正是在这种理论前提下，道学家才提出了所谓要“存天理，灭人欲”的原则。清代中期反理学的思想家戴震认为，“理存于欲中”，“善源于欲内”，从而提出了“欲既不可去，亦不可穷，而应当节”的理论。由于古代思想家对于“欲”的含义没有确切的界说，因而引起很大争论。理欲关系问题，实际上就是国家、社会利益同个人利益、个人幸福的关系问题。中国古代伦理思想家们对这个问题的讨论，牵涉到更广泛的方面，有更丰富的内容和更独特的方式。

（二）道德的最高理想问题

道德的最高理想就是人生的最高准则，也可以说是人生所追求的最高境界。孔子把“仁”作为道德的最高理想，墨子把“兼爱”作为道德的最高理想，老庄把“无为”作为道德的最高理想，《中庸》把“诚”作为道德的最高理想。在他们看来，只要实现了道德的最高理想，达到了道德的最高境界，就是“圣人”、“仁人”、“至人”、“真人”。中国古代的伦理思想家们认为，人们为学的目的就在于变化气质，陶冶性情，以便最终成为圣人或真人。道德的最高理想和道德的最高原则有着紧密的联系，它们共同构成一个伦理学说体系的核心。

（三）人性问题

这是中国古代伦理思想家们特别关注的问题。几乎所有重要的伦理思想家，都对人性问题进行过研究。人性问题，一般包括三个方面的内容：人性的主导倾向或性质是怎样的？就是说，人性是善的，还是恶的？人性是先天的，还是后天的？人性是普遍相同的，还是分品的？中国伦理思想家们之所以特别注意研究人性问题，主要同他们特别注意培养人们的道德品质有关。关于人性问题的讨论，同时也是对人之所以异于禽兽、人的本质是什么以及人类的本性与社会伦理道德规范之间有着怎样的关系的探讨（其中也包含着如何提高人的价值的内容）。在中国伦理思想史上，人性善恶的根源问题，又往往涉及道德的起源和本质；伦理思想家们对人性的看法，又常常影响到他们的政治主张。因此，对人性问题的研究，有着很重要的意义。

（四）道德修养问题

中国伦理思想家们，从孔子开始，就极其重视克己、内讼、慎独和内省，强调反省、修身和“澡身”，到宋代更形成“修养”的概念。因此，在中国古代伦理思想家的伦理思想体系中，修养论占有很重要的地位。重视行为和践履，重视性情陶冶和品德涵养，这是几千年的中国伦理思想的重要内容之一。在长期的发展过程中，这种修养论又和有关心理的研究、教育的研究和政治人才的培养相结合，对于中国社会的发展和封建制度的巩固曾发挥过特殊的作用。

（五）道德品质的形成问题

与道德修养论相联系，道德品质也是中国古代伦理思想家们特别注意的问题之一。道德品质的研究同道德理想人格的培养相辅相成，有时候往往融为一体。比如，忠、孝、节、义在伦理学说中是一种道德品质，在一定意义上又是人们在道德实践中形成的理想人格的重要组成部分。中国的伦理思想家们，自古以来就很强调智、仁、勇的重要性，重视恭、宽、信、敏、惠这样一些为人处世的德目，强调谦虚、中庸、严于律己、宽以待人，强调勤劳、朴实、正直、廉洁等，这都可以说是做人所应该具备的道德品质。当然，剥削阶级的思想家们，总是给这些道德品质赋予有利于维护统治阶级利益的解释，给它们打上剥削阶级的深刻的烙印。历史上的伦理思想家们关于道德品质问题的论述，有封建糟粕，但也包含着民族性、人民性的精华，我们应当发掘这些精华，为今天所用。

（六）道德评价问题

道德评价的标准是什么，这也是中国伦理思想史上长期争论的问题。孔子明确提出，判断善恶的标准是义和利，并把这视为区别“君子”和“小人”的唯一原则。此外，在动机和效果问题上，墨子最早提出了“合其志功而观焉”（《墨子·鲁问》）的观点，把“志”和“功”两个概念结合起来。孟子也讲“志”、“功”，既强调“志”，也强调

“功”，分别不同情况有所侧重。《左传》（又称《春秋左氏传》或《左氏春秋》）记载了许多有关道德评价的具体事例，也都是既重视动机又重视效果的。例如，鲁宣公二年“赵盾弑其君”，昭公九年“许止弑其君”，都是强调效果的例子。董仲舒片面地强调动机，所以两汉时期有所谓“原心定罪”，即“意恶功遂，不免于诛”（《汉书·薛宣朱博传》）。所谓“君子原心”，就是在道德评价问题上，主要依据动机。他们还提出“心”、“意”和“行”、“迹”的对立，隋朝的王通在其《文中子》中更提出所谓“心迹之判”。这里的“志”、“心”、“意”，都是指动机，“功”、“行”、“迹”，都是指效果。

（七）人生的意义问题或人生的价值问题

一般来说，这个问题包括以下几个方面的意思：人为什么活着？人生是有意义的，还是没有意义的？如果人生是有意义或者有价值的，那么，这种意义和价值是什么？人们怎样看待生死问题？人的生命是有限的，如何才能使个人的价值尽可能地长久保持？如何才算是不朽？这也是中国伦理思想史上长期讨论的一个重要问题。《左传》中有所谓：“‘大上有立德，其次有立功，其次有立言’，虽久不废，此之谓不朽。”（《左传·襄公二十四年》）“三不朽”在中国伦理思想史上被看成人生追求中等次不同的三种目标，对以后的思想家们有重要的影响。人们怎样对待享乐问题？怎样看待自己的情欲？是纵欲或节欲，还是任其自然？人们应不应当为国家、为社会（当然，这个国家不过是封建王朝，这个社会不过是封建社会）尽自己的义务？此外，人生应该是积极的还是消极的？人一生的命运是由谁决定的？是天定的还是社会造成的，抑或是自我铸成的？这些问题，都是中国伦理思想家们十分关注的问题。努力研究和正确地解决这些问题，在今天仍有重要的意义。

（八）道德的必然和自由的关系问题

这个问题包括三个方面的含义。其一，道德行为与客观必然性的关系问题。孔子一方面讲“死生有命，富贵在天”（《论语·颜渊》），强调命定论，另一方面又特别强调“我欲仁，斯仁至矣”（《论语·述而》）的道德行为的自主能动的选择。孔子认为，“命”或“天”都是人所必然服从的一种力量，同时也还存在着自己发挥主动性以后可以实现的事情。墨子明确提出，“力”与“命”是对立的，但人们依靠自己的主观能动性可以克服、改变命运的支配。庄子则认为，理想的圣人可以忘掉礼义，忘掉自身的存在，从而得到超出客观必然性的自由。其二，在同一情况下的多种可能的道德冲突中是否有道德选择的自由以及这种选择应当依据什么样的标准的问题，用孟子的话说，就是所谓“取舍”问题。一般来说，儒、墨、道各家，都强调这种道德行为选择中的能动作用。孔子说：“志士仁人，无求生以害仁，有杀身以成仁。”（《论语·卫灵公》）孟子说：“鱼，我所欲也，熊掌，亦我所欲也。二者不可得兼，舍鱼而取熊掌者也。生，亦我所欲也；义，亦我所欲也。二者不可得兼，舍生而取义者也。生亦我所欲，所欲有甚于生者，故不为苟得也；死亦我所恶，所恶有甚于死者，故患有所不辟也。”（《孟子·告子上》）这一论述包含着极其深刻的道德选择的理论。其三，道德的必然和自由还包含有统治阶级的道德规范同个人个性发展的关系，即人们是否必须受一定的社会道德规范约束的问题。在魏晋时期，曾经发生过“名教”与“自然”的一场大争论。汉武帝独尊儒术以后，中国社会长期处在礼教即名教的束缚禁锢之下，所以这次争论可以看作又一次思想转折。所谓“名教”，即有关社会各等级要安于自己名分和职位的教化，其内容就是关于人伦关系的道德规范。“自然”在魏晋玄学中，主要是指人性的自然状态。有些人认为，“名教”的教条不利于发展人的个性，而且残害人的个性，因此，要求重视人的本性，并由此引发了一连串的关于“名教”与“自然”的争论。过去有的思想家，把这场争论只看作玄学对儒家的冲击，而没有注意到其中包含的必然与自由的关系问题，这种认识是不全面的。

（九）道德规范问题

每个时代的伦理思想家，都是从其所代表的时代要求和阶级利益出发，对本时代的道德活动和道德关系进行总结和概括，提出或制定出他们所代表的阶级所需要的行为规范体系，以调节各种社会关系和维持社会秩序。一般来说，在制定一套道德规范体系时，还往往要提出贯穿这些规范的总的原则。如孔子强调仁，又强调智、仁、勇、孝、悌、忠、信，还提出恭、宽、信、敏、惠等。孟子强调仁义，又提出父子有亲、君臣有义、夫妇有别、长幼有序、朋友有信，还提出仁、义、礼、智四端等。在中国伦理思想史上，不但伦理思想家们注意道德规范的研究，政治家们也很重视，甚至封建帝王还亲自主持讨论制定道德规范，并用颁布诏书的形式以至高无上的权威来宣传、推行符合统治阶级利益的道德规范。中国封建社会的最主要的道德规范“三纲五常”几乎是家喻户晓、人人皆知，成为人们一切行为的准则。中国伦理思想家们对于一般的道德规范和婚姻、家庭等特殊领域的道德规范有着深刻的、全面的、系统的研究，对职业道德规范也有一定的探讨。道德规范在很大程度上体现着民族的特点和道德传统，体现着民族和社会的文明程度，因此，它应当成为我们着重研究的问题之一。

（十）德治和法治问题

这既是一个伦理道德问题，也是一个关于政治和法律的问题。维持社会秩序、巩固统治的最有力的手段是德治还是法治？如果刚柔并济、宽猛相辅，那么究竟应以何者为主，又如何配合？道德和法律各有怎样的社会作用？在中国伦理思想史上，对这个问题的回答，有道德决定论的、道德与法律相济论、道德无用论等。但是，由于中国古代社会的一个重要特点是政治和道德合为一体，因而，常常是政治伦理化、伦理政治化。这样一来，几乎所有伦理思想家都把其伦理思想同社会政治问题联系起来，从中引申出治理国家、管理社会的方法；而大多数政治家也非常重视伦理道德问题，把它同法律、政治问题联系起来，把道德教育同法律约束结合起来，又往往把道德手段放在首位。中国古代史上，周朝总结商朝灭亡的原因，汉朝总结秦朝覆亡的教训，宋明时期讨论如何巩固没落时期的政治统治，这三次关于统治阶级如何更好地巩固自己统治的大反思，其结果都是认为“德治”优于“法治”。西周时期的思想家就开始提出“明德慎罚”的主张，后来的伦理思想家建立了“正心、诚意、修身、齐家、治国、平天下”的理论，把自身的道德修养看成实施一种好的政治的基础。儒家认为，进行道德修养是为了达到孔子所说的“修己以安人”、“修己以安百姓”（《论语·宪问》）的目的。孔孟以后的儒家学派，有的还宣扬道德决定政治、社会、历史的理论，夸大德治的作用，走向了历史唯心主义。

上述十大问题，是中国古代伦理思想家们曾经着重探讨的问题。他们对这些问题的回答，体现着我们民族的传统。这些问题在漫长历史中获得的各式各样的答案，体现着古人对自身、对社会中的道德关系和道德现象认识的不断深化。另外，我们可以看到，这些问题都是围绕着伦理学的基本问题即道德同利益的关系问题而展开的。这说明，中国古代思想家对伦理学的研究并不是零碎的、肤浅的，而是系统的、深刻的，并且涉及的领域也是十分广泛的。

四、中国伦理思想的基本特点

中国伦理思想究竟有哪些基本特点？这是我们在研究中国伦理思想史时不能不认真研究的一个重要问题。

当前，我国正处在一个前所未有的经济、政治、文化、伦理的变革时期。经济体制改革、政治体制改革等，正在引起各方面的热烈讨论。与此相关，吸收外来文化，改造和发展中国的传统文化，或者说，如何使中国传统文化适应今天的发展形势，已成了意识形态领域，特别是理论界所关注的一个问题。正是在这一时代背景下，从整个中国改革的格局中，从世界文化发展的联系上，从中西伦理道德思想的比较中，对中国传统的伦理道德进行一次较深入的反思和较全面的评估，对我们来说，尽管相当困难，但是有着重要的意义。

在研究中国传统伦理思想的过程中，我们认为有两种倾向是应当避免的。

一种倾向是片面夸大中国伦理传统、民族心理的消极因素，认为中国传统伦理是糟粕多而精华少，应该基本否定或全盘否定。有的人认为，中国的传统伦理以至传统文化，都是阻碍中国改革的消极因素。这种思想是片面的。在我国强调对外开放、学习国外先进技术的同时，少数人产生了中国的一切都不如西方的民族自卑心理。他们甚至认为，西方文化是一个整体，要学习西方就要“大胆”、“全面”地学习。在这些人看来，除先进的科学技术外，西方的民主、自由以及婚姻、家庭等道德，都是我们应该学习的。有的人甚至自觉或不自觉地推崇西方的个性解放、个人奋斗、个人主义以及性自由等各种思想，认为中国的传统道德只能是束缚人的个性发展的桎梏，而不能高扬人们的主体性、能动性。这种思想虽然看到了中国传统伦理思想的消极方面，认识到中国传统伦理思想在今天改革的形势下必须加以分析和批判，但是，它忽视或抹杀了中国传统伦理思想的积极因素，因而是不全面的。

在对待中国传统伦理思想的问题上，还存在着另一种倾向。有些人认为，既然中国的传统伦理思想的核心是儒家的伦理思想，儒家伦理思想中有着东方独有的“人道精神”，那么，在当前的现实生活中，也只有儒家的思想才能救中国。在国外，资本主义世界在物质文明高度发展的同时，产生了精神危机（凶杀、吸毒、卖淫以及所谓性解放等）。由于西方社会中出现了离婚率增高、非婚生子大量出现、家庭破裂、青少年无人教育、社会道德败坏等社会危机，一些西方人也想从东方文明中找寻出路。在亚洲，儒家的仁义道德，正受到日本、韩国、新加坡等国的重视。这些国家为了维持自身的稳定，正举起儒家仁义礼智的旗帜，并以此来协调它们的各种社会关系。因此，有些人认为，只要把“孔孟之道”重新实行起来，中国人的道德面貌和社会风尚就可以焕然一新。在一定意义上，这些活动，也可以称为“儒学复兴”运动，或者称为“新儒学”运动。我们认为，儒家伦理思想作为整体而言是与封建的社会经济关系相适应的，其中不乏优秀传统道德的精华，但以为复兴儒学就可以摆脱现代文明带来的精神危机，这种观点同样是片面的。

因此，为了正确地对待中国传统伦理思想，我们最好先找出中国伦理思想的特点（当然，这种特点总是要从比较中得出的），并对这些特点作出恰如其分的分析，然后才能讨论我们到底应如何看待中国的传统伦理思想。

中国传统伦理思想到底有哪些最基本的特点？对这些特点应该怎样看待？

我们认为，从总的方面来看，中国传统伦理思想可以初步概括为六个方面的特点，即重人伦关系或人伦价值、重精神境界、重人道精神、重整体观念、重修养践履和重推己及人。

中国传统伦理思想这六个方面的特点，是相互联系的，从而构成一个整体、自成一个系统。人伦关系或人伦价值是中国传统伦理思想的起点，精神境界是中国传统伦理思想的支柱，人道精神是中国传统伦理思想的核心，整体观念是中国传统伦理思想的归宿，修养践履是中国传统伦理思想的根本要求，而推己及人则是中国传统伦理思想的重要方法。

（一）同西方相比，中国传统伦理思想特别重视人伦关系

古希腊的思想家们也曾经谈到不同的人有不同的义务，提出过不同的人伦要求。如柏拉图就曾指出人分三等，神用金、银、铜、铁分别创

造了立法者和监护者（即国家的统治者）、军人（保卫者）以及手工业者、农民和商人。柏拉图认为，立法者和监护者是第一等级，军人是第二等级，手工业者、农民和商人则属于第三等级。每个等级的人只能从事自己所属等级所应该做的事业，不能有所逾越。与此相对应，他认为智慧、勇敢、节制和正义四种品德，前三种各对应一种人，而“正义”就是“做你自己的事情，不要干涉别人的事”。苏格拉底、柏拉图、亚里士多德等人也谈到了父母、君臣、主奴等之间的关系，亚里士多德的《政治学》曾对这类关系作了理论的叙述。但是，这种研究始终没有扩展到对社会各种人伦关系或者一般人伦关系的深入全面的考察，没有把人伦关系作为伦理学的重要内容来分析概括。中世纪以后，神和人的关系代替了人和人的关系，从而西方始终没有能够全面地提出，处在不同等级的人，或同一等级中处在不同关系中的人，彼此之间应以何种关系相处。这是中西伦理传统的一个重要区别。

在中国的《尚书·舜典》中，就有关于人和人之间应当如何相处的最早记载。舜对他的大臣契说：“契！百姓不亲，五品不逊。汝作司徒，敬敷五教，在宽。”意思是说：老百姓不够和睦团结，人和人的五种关系也不很和顺，现在让你担任司徒这种官职，对他们进行这五个方面的教育。在教育时，你一定要发扬宽厚的精神。这五种关系，就是以家族为本位的父、母、兄、弟、子五个方面的关系。在公元前两千年以前的虞舜时期，中国的传统思想中，已经提出了要处理人和人之间的这五个方面的关系。从此，在我国就有“修其五教”（《左传·桓公六年》），并“布五教于四方”（《左传·文公十八年》）的思想，即在全国各地普遍进行五种教育，还进一步提出这五个方面所应承担的道德义务是“父义、母慈、兄友、弟恭、子孝”，以达到“内平外成”的目的。也就是说：只要做父亲的有道义，做母亲的能慈祥，做哥哥的能友爱，做弟弟的能恭敬，做儿子的能孝顺，家庭和社会就会和谐发展了。

此后，孔子的君君、臣臣、父父、子子的思想，把孝亲的观念更明确地加以扩大，使中国传统伦理思想中的人伦关系，更带上家族和等级制的尊卑贵贱色彩，从家庭伦理扩大到社会上人与人的关系。在《论语·学而》中有几段专讲人伦关系的话：“子夏曰：‘贤贤易色；事父母能竭其力，事君能致其身；与朋友交，言而有信。虽曰未学，吾必谓之学矣。’”这段话涉及了夫妇、父子、君臣、朋友四种人伦关系。“曾子曰：吾日三省吾身：为人谋而不忠乎？与朋友交而不信乎？传不习乎？”“子曰：弟子入则孝，出则弟，谨而信，泛爱众，而亲仁，行有余力，则以学文。”这两段话在一定意义上，也可以说是讲到了兄弟一伦。当然，在孔子那里，最重要的还是父子一伦，即所谓孝。在一切人伦关系中，孔子不仅强调要“臣事君以忠”、“君使臣以礼”（《论语·八佾》），而且还明确地说，如果人们不能恪守君君、臣臣、父父、子子之道，就是有粮食，国君也是不能享受的。“齐景公问政于孔子。孔子对曰：‘君君臣臣，父父子子。’公曰：‘善哉！信如君不君、臣不臣、父不父、子不子，虽有粟，吾得而食诸？’”（《论语·颜渊》）这里指出了孝亲忠君的意义，但孔子主要讲的还是“孝”。

孟子在提出自己的社会发展观的同时也指出，人类虽然脱离了动物界，学会稼穑，树艺五谷，但由于“逸居而无教，则近于禽兽”，因此，“圣人有忧之，使契为司徒，教以人伦”，即“父子有亲、君臣有义、夫妇有别、长幼有序、朋友有信”（《孟子·滕文公上》）。孟子所提出的五伦，是对封建社会人伦关系的最基本的概括，也可以说封建社会的一切人伦关系，都概括于这五伦之中，整部《孟子》就是对如何维持这五种人伦关系的探讨和论证。当然，这里似乎看不到个人同整体、同社会的关系，其实，孟子是用君臣关系包括了封建国家中的个人同整体、个人同社会、个人同国家的关系。“五伦”作为人和人之间的五种关系，每一伦都有对立的两个方面，都有一个处理两方面关系的最高准则，依此准则，每一方都有自己的义务和责任。君臣关系，在孟子那里，并不像后来封建社会那样片面而且绝对，很有些民主思想。“民为贵，社稷次之，君为轻。”（《孟子·尽心下》）“君之视臣如手足，则臣视君如腹心；君之视臣如犬马，则臣视君如国人；君之视臣如土芥，则臣视君如寇雠。”（《孟子·离娄下》）“齐宣王问曰：‘汤放桀，武王伐纣，有诸？’孟子对曰：‘于传有之。’曰：‘臣弑其君可乎？’曰：‘贼仁者谓之贼，贼义者谓之残，残贼之人，谓之一夫。闻诛一夫纣矣，未闻弑君也。’”（《孟子·梁惠王下》）当然，君臣关系，本来就是剥削阶级社会中的一种特殊的政治伦理关系。“事”和“使”这两个词本身，就标志着一种不平等的尊卑等级。这种君君、臣臣的尊卑等级关系，经过后世儒家和统治阶级的不断强化，已深入社会的各个方面，以致在今天，家长统治、个人专断、等级观念、奴隶主义以至阿谀逢迎等旧的习俗，还严重地影响着现代社会中人与人的关系，这也是我们应该注意的。

在孟子看来，人伦之教是最为重要的。他总结历史上夏、商、周三个朝代的学校教育的宗旨，认为这三个朝代，一千多年的传统教育的共同特点，就是对人民进行有关人伦的教育，所以他说："学则三代共之，皆所以明人伦也，人伦明于上，小民亲于下。"（《孟子·滕文公上》）又说："舜明于庶物，察于人伦，由仁义行，非行仁义也。"（《孟子·离娄下》）

在探讨中国传统伦理思想重人伦关系，即重人伦价值这一特点时，必须注意摆脱它的消极影响。在封建社会贵贱有别的森严的等级制度下，在宋明以后的时期中，不但君臣关系、父子关系、夫妇关系是不平等的，就是长幼关系，由于嫡子继承制的长期存在，也成了一种不平等的尊卑关系。这样，在全部人伦关系中，除朋友一伦还保持着平等的关系外，所有处于其他人伦关系中的人，都被分化成两个极端。一端是至尊、至贵、至高，一端是至卑、至贱、至低。处于至卑、至贱、至低一端的人，在人和人的关系中，似乎从生到死都被注定是一种从属物，是为对方而存在的，他不被允许有自己的个性，不被允许有自己的自由，也不被允许有自己的特殊的需要。他应当牺牲一切，在他自己的等级分位内去尽伦尽职，这就是"天理"，而他作为一个人的正常的发展、必要的自由、正当的需求，则往往被说成是"人欲"，是违背人伦要求的，是大逆不道的。人伦关系的这种畸形的、变态的发展，是和封建等级制度相连的。今天，尽管封建的等级制度已经不存在了，但其消极影响还是需要注意的。

（二）中国传统伦理思想的第二个重要特点就是重视精神境界，认为道德需要是人的一种最高需要

从道德起源上来看，从人和动物的根本不同来看，西方的思想家们认为人是一种有理智的动物，人能够用理性来控制感情。人是万物的尺度，固然也可以说有人本主义的思想在内，但就其核心来说，是说人有理智，从而可以作为评价万物的标准。在中国传统思想中，认为"人为万物之灵"，区别于动物，它强调的不是人的"理智"，而是人有高尚的道德品质。在古代思想家看来，人在早期之所以能脱离动物界，就是因为人有道德。人是怎么脱离动物界而成为人的？恩格斯说，劳动创造了

人。恩格斯曾经比较过蜜蜂的劳动和人的劳动的不同，人类最高级的建筑师，有时候也要感叹不如蜜蜂的建筑技巧高明。但是，人的活动是有理智、有目的的活动，这是任何动物，包括高等动物都不可能有的。孟子曾讲过人类社会的发展史，在他看来，人虽然有了劳动，有饭吃、有衣穿，但是，由于逸居而无教，仍然和禽兽没有区别。只有有了仁、义、礼、智、信这些道德观念，人才算最终脱离了动物界。正由于此，中国传统的伦理思想家们认为，在人的一切需要中，道德需要是一种最高层次的需要，是一切需要中最高尚的需要。如果说亚里士多德强调的是“人是社会的动物”，苏格拉底、柏拉图强调的是“人是有理智的动物”，那么，孔子和孟子强调的则是“人是有道德的动物”。在西方，笛卡尔曾经提出“我思故我在”，费尔巴哈则提出“我欲故我在”，中国古代的思想家们则主张“我德故我在”，即因为我有道德，我才存在。17 世纪著名的英国思想家培根认为“知识就是力量”，而中国的思想家们则强调：德性就是力量，认为人的德性是人从事一切事业的最主要的精神动力。

孟子认为，人的需要是有层次的，物质生活的需要，固然是人所不可缺少的，但道德的需要是更为重要的。在一定情况下，在相互冲突的道德选择中，可以舍弃物质生活的需要，甚至可以舍弃自己的生命。我们知道，中国传统伦理思想，从周公姬旦开始，直到孔子、孟子，他们并不忽视人民群众的物质生活需要。孟子从管理国家的角度出发，强调必须让老百姓得到物质生活的满足。他认为，不但要让老百姓吃饱穿暖，“仰足以事父母，俯足以畜妻子”，“乐岁终身饱，凶年免于死亡”（《孟子·梁惠王上》），而且每家都要有五亩宅地，种上桑树养蚕，老年人都可以穿上丝绸，每家还要养鸡养猪，以便保证老年人有肉吃。但是，孟子还认为，除了物质生活的需要，人们还有受一定文化教育的需要，还有其他动物所不可能有的伦理道德的需要。他认为，人们经过修养，就能够达到“尽其心”、“知其性”，从而进入“知天”的境界。他特别强调个体道德修养的能动性，认为人只要认识到人的最高需要是道德需要，最大价值是道德价值，那么，人就可以不需要外力而自觉、自主、自动地进入一种最愉快的境地，也就是所谓“万物皆备于我矣。反身而诚，乐莫大焉”（《孟子·尽心上》）。孟子的“万物皆备于我矣”，在很长一段时期内，只被人们理解为一种主观吞并客观的主观唯心主义的唯我主义，而没有剥离出其中所包含的合理内核，因为它主要说的并不是本体论的问题，而是人的道德修养的主动性问题。

在中国伦理思想史上，关于人性是善是恶的问题，有过时间最长、涉及问题最多而且层次最深的讨论。绝大多数的思想家都主张人性善的理论。人为什么能有一种作为道德主体的为善的能动性？就是因为人的本性是善的。人为什么有这样一种最高级的需要？就是因为人的本性是善的。这种善的本性，是一种精神本能，它和人的生理本能一样是人的本能，都会产生人的需要。“人皆有不忍人之心”，即不忍别人受到伤害之心，也就是爱人、助人、同情人、关心人之心，也就是一种高尚的道德之心。孟子曰：

> 人皆有不忍人之心。先王有不忍人之心，斯有不忍人之政矣。以不忍人之心，行不忍人之政，治天下可运之掌上。所以谓人皆有不忍人之心者，今人乍见孺子将入于井，皆有怵惕恻隐之心，非所以内交于孺子之父母也，非所以要誉于乡党朋友也，非恶其声而然也。由是观之：无恻隐之心，非人也；无羞恶之心，非人也；无辞让之心，非人也；无是非之心，非人也。恻隐之心，仁之端也；羞恶之心，义之端也；辞让之心，礼之端也；是非之心，智之端也。人之有是四端也，犹其有四体也。有是四端而自谓不能者，自贼者也；谓其君不能者，贼其君者也。凡有四端于我者，知皆扩而充之矣，若火之始然，泉之始达。苟能充之，足以保四海；苟不充之，不足以事父母。（《孟子·公孙丑上》）

正是从这一前提出发，孟子认为，人们应该特别注意培养、发扬自己的这种善良本性，因为它是人的高级需要（道德需要）的基础和根源。正像水无有不下一样，人性没有不善的，“仁义礼智，非由外铄我也，我固有之也”（《孟子·告子上》），“人之所以异于禽兽者几希，庶民去之，君子存之”（《孟子·离娄下》），等等。正由于善的要求是人本身所固有的，依照中国伦理思想家们的意见，它也就成了人区别于动物的一种特殊需要。

（三）中国传统伦理思想的核心是一种具有民族特点的“爱人”思想，在一定意义上，也可以说是一种人道主义的精神

由于这种具有民族特点的“爱人”思想，是在奴隶社会和封建社会中得到发展和传播的，因此，带有很深的剥削阶级的烙印，并在很长时

期内被严格的等级关系所制约，从而只能成为统治阶级用来统治人民和欺骗人民的一种虚幻的理论。然而，尽管在中国古代的奴隶社会中，奴隶不被当作人，却并没有出现诸如“奴隶只是会说话的工具”一类的理论。正当古希腊的许多思想家们认为“奴隶只是会说话的工具”时，中国的儒家和墨家，却都以“爱人”作为自己理论的重要原则来互争长短。孔子提出“仁”作为他的学说一以贯之的唯一原则。孔子的弟子曾子认为“忠恕”是他理论的唯一原则，原因可能是曾子把“忠恕”当作“仁”的内涵，其实质仍然还是一个“仁”字。孔子曾明白地解释说，“仁”就是“爱人”。他没有讲他所爱的“人”中也包括奴隶；但是，不论是从概念的范畴、理论的逻辑，还是从当时的文字使用和这一思想的内容来看，都得不出结论说他所说的人就不包括奴隶。应该说，尽管在实质上，孔子不会像爱奴隶主贵族一样去爱奴隶，但从一般意义上来看，他说的“人”是包括奴隶在内的一切人。孔子和儒家把“仁”当作最高的道德原则，就是要强调一种舍己利人和舍己爱人的无私精神。什么是“克己复礼为仁”呢？就是要克制、消除和战胜人们利己、自私的心理，达到一种纯洁的爱人、利人的“仁”的境界。墨子尽管不同意孔子的某些主张，反对孔子所提出的“厚葬”、“久丧”以及爱有差等的思想，但他提出的“兼爱”原则，同样是一种人本主义的思想。墨子在提出“兼相爱”、“交相利”的同时，甚至还提出更为全面、更为彻底的“爱人”思想。他认为，人不但要爱人，而且要能够“爱人若爱其身”（《墨子·兼爱上》），即在爱别人的时候，要能够做到像爱自己一样。他还认为，爱应该不分厚薄亲疏远近，应给予所有人以同样的爱。更值得指出的是，墨子认为，整个社会之所以产生祸乱，人际关系之所以发生各种纠纷，主要是因为人们彼此之间不能相爱。为了兴天下之利和除天下之害，为了消除人类社会种种祸乱怨恨的根源，为了更好地调整人和人之间的各种关系，必须强调他所主张的对一切人的爱。墨子并不像孔子那样，把“爱人”的思想建筑在纯粹利他的动机上，而是从功利主义的思想出发，提出了“兼相爱”和“交相利”，提出了“爱人者，人必从而爱之；利人者，人必从而利之”（《墨子·兼爱中》）的思想，使自己的理论更能够为人们所接受。在今天看来，尽管这种思想只能是一种无法实现的空想，但我们不能不说，它确实是中国古代一种最高层次的人道思想，有着合理的因素。在以后的历史发展中，尽管墨家的思想在很长时期内几乎处于泯灭状态，但它对中国传统伦理思想的影响是应当肯定的。自秦以后，墨家的人道思想未能广为流传，但儒家的人道思想（其中也包含着对墨家人道思想的吸收）在中国传统伦理思想中占有相当重要的地位，尽管这种思想是被统治阶级的政治家和思想家所严重扭曲了的。

（四）就个体与整体的关系来看，重“整体精神”、重“公私关系”是中国传统文化和民族心理的最高价值，一切价值目标都以与其相一致为唯一标准

当然，在漫长的封建社会时期，这一整体精神，在大多数的情况下，只能是以虚幻的内容，即以国家和社会的形式来掩盖其为一姓王朝谋利益的本质。

在中国长期的封建社会中，所谓整体，也就是社稷和国家，即所谓“公”或“公利”，因此，这种整体精神，往往又是和义利之辨或公私之辨相联系的。当然，这里所说的义利和公私同我们今天所说的义利、公私的意义是不同的。由于中国古代的思想家们没有很好地注意到概念的准确性，往往因使用概念的不同而造成许多误解。例如，尽管他们在义利问题上，存在着各种不同的看法，但他们都以相同的概念（或者是“义”或者是“利”）来强调整体精神的重要。孔子讲“君子喻于义，小人喻于利”（《论语·里仁》），孟子讲“王何必曰利？亦有仁义而已矣”（《孟子·梁惠王上》）。他们所说的义，就其实质来说，就包含着社会和国家的公利的意义。墨子明确地认为，“义者利也”，在他看来，符合于“义”的言论和行为，就必然会符合社会、国家和人民的公利。法家的主要代表人物商鞅和韩非等，公开提出要重利贱义，但他们所说的“利”，就其主要内容和本质来看，无非是要巧妙地利用人们的“自为心”和“自私心”，以达到发展生产、加强军备的整体利益。法家公开地宣扬个体自为、自私的心理，反对儒家的仁义礼智，其目的仍然是为了封建地主阶级的社稷，即为了维护剥削阶级的公利。在中国伦理思想史上，只有老庄义利皆抛（或超脱义利）的思想，才是一种从消极方面高扬个体作用，强调“贵己重生”，忽视以至否认整体精神的思想。由此可见，从先秦以来的儒墨道法四家来看，儒墨法重视整体的精神到后来都统一在了儒家的思想中，并得到了强化。

中国封建社会的政治思想家和伦理学家们，从维护封建制度的角度

出发，总是把社会国家的利益，推崇到至高无上的地位。怎样才算是为社会、为国家尽伦尽职呢？其最终就变成了要求对国君一人的忠诚。忠于国家、忠于民族，在封建专制社会中，同忠于皇帝成了同义语。整体精神在实质上是虚幻的、虚假的、有欺骗性的。

但是，也要看到，中国传统伦理思想中强调“义”的原则，认为在个人利益与整体利益相矛盾时，应当“杀身成仁”、“舍生取义”，这一思想在中华民族的发展史上，既有一定的历史局限性，更有积极的影响。南宋时期的著名民族英雄、爱国诗人文天祥，就是在儒家传统伦理思想的影响下，表现出他的不屈不挠的精神的。1283 年，文天祥被杀害，但人们从他的衣带中找到的他生前写下的《绝笔自赞》上却写着：“孔曰成仁，孟云取义，惟其义尽，所以仁至。读圣贤书，所学何事？而今而后，庶几无愧。”他的意思是说，孔子说要杀身成仁，孟子说要舍生取义，只有行为完全合乎正义，才能达到仁的境地。读了那么多古圣先贤的著作，到底要学的是什么？从今以后，我总算问心无愧了。事实上，他在《过零丁洋》中早已表现出了“人生自古谁无死，留取丹心照汗青”（即使死了，也要让红心在史册上永远辉映）的精神，表现出了为民族整体利益而勇往直前的无私无畏的精神。有人说，中国文化是一种不讲是非、不懂是非，一味追求荣华的文化，又说中国文化是一种明哲保身、安贫乐道的文化，这是一种无知的、虚无主义的态度。这里需要强调指出的是，中国传统的伦理道德，既有糟粕又有精华，而且二者往往是结合在一起的。因此，对中国传统伦理思想的整体精神的认识，绝不能采取简单的态度。

在西方，特别是从文艺复兴以来，虽然在法国唯物主义者那里，在英国功利主义者那里，伦理道德也都相当强调整体利益，但由于他们的整体利益，实质上是资产阶级一个阶级的利益，因而，在商品经济的发展和个人的民主、自由的要求下，并未形成有力的思想。相反，人们为了反对封建神学压迫，比较重视个人的自我发展，强调以不损害他人为原则的合理利己主义，强调以个人为中心的个人主义，强调个人利益的获取和个人需要的满足的正当性，强调民主精神。这些思想，不但对资本主义的发展曾起过积极的作用，就是在当前西方社会中，在某些情况下，也仍然可能会产生有利于社会协调的积极作用。可是，随着资本主义的发展，西方以自我为中心的利己主义和个人主义思想，愈来愈成为社会发展和协调人际关系的一个障碍。因此，有分析、有选择地吸收西方伦理传统的某些积极因素，用马克思主义的基本观点对其加以批判改造，对我们当前的现代化建设也是有好处的。但是，更应该看到，我们今天要建设的是有中国特色社会主义，包括中国特色物质文明和中国特色精神文明。中国传统伦理的整体精神，它的公私之分和义利之辨，如果能抛弃其所积淀的陈旧内容，吸收一般的道德原则和评价标准，以马克思主义的观点、立场和方法加以改造，应当说还是有重要意义的。

（五）从个体道德和群体道德的关系来看，中国传统文化和民族心理强调道德修养，或者说个体的道德修养

中国的传统伦理思想并不是不重视个体，而是同西方不同，从另一个方面来强调个体。中国传统伦理思想所说的道德修养，以个体道德为起始点，强调个人的正心诚意，即“自天子以至于庶人，壹是皆以修身为本”（《礼记·大学》）的个体修养。在个人和整体、个体和社会的道德关系上，突出个体为善的主动性，“我欲仁，斯仁至矣”，强调在个体道德主动性的发扬中来完善人格，来享受至高无上的精神幸福，从而达到至人、圣人、真人、完人的目标。中国的思想家们，从长期实践中认识到外在的、客观的道德规范，这种道德规范只有通过人们的良知，通过人们的认识、体验，内化以至融合到人们的思想情感之中，才能成为人们的一种品质。正是由于这个原因，中国古代的思想家们极力从人的善良本性出发，强调人的“本心”、“初心”、“良知”、“良能”的重要作用。高扬“良知”、发扬“本心”，宣扬性善、强调修身，成了中国传统伦理思想和民族心理的又一个特点。

中国传统伦理中的个体修养，是独具特色的。道德修养，是道德规范转化为人们的道德品质的重要环节。古代的伦理思想家们特别强调整体精神、强调道德价值、强调人伦关系，认为人之所以异于禽兽，就在于有人伦以及建立在人伦之上的道德原则，因此，为了使人的本性能得到发展以至达到完美的纯德至善的境界，中国的伦理思想家们几乎都无例外地认为，必须加强人的修养活动。中国古人所说的“澡身”、“洁身”、“修身”等，就是指个体的道德修养。孟子的一个学生问他有什么特长，孟子说：“我知言，我善养吾浩然之气。”（《孟子·公孙丑上》）这种浩然之气，究竟是什么呢？孟子认为：“其为气也，至大至刚，以

直养而无害，则塞于天地之间。其为气也，配义与道；无是，馁也。”（《孟子·公孙丑上》）长期以来，孟子的“浩然之气”被说成是神秘主义的主观唯心论，因为他竟然把气说成是能“塞于天地之间”的，这当然是很“荒唐”了。其实，这是对孟子的一种误解。孟子在谈到自己的“浩然之气”时，先谈了两个武士是怎样培养自己的勇气的，然后才谈到他的这种具有最高道德价值的“浩然之气”是可以充塞宇宙、万古长存的。如何培养这种“浩然之气”呢？就是要“知道”和“集义”。“知道”，就是深刻理解道德价值在一切价值中所占的重要地位；“集义”，就是日积月累地进行道德践履。这二者的统一，就是“配义与道”。以后，宋儒更进一步发展了这种修养的功夫，认为只有经过这种修养后达到道德上的最高境界，才能把名利看得犹如浮云，才能达到一种“富贵不能淫，贫贱不能移，威武不能屈”的境界。宋明的理学家们，从一方面来看，他们死守忠孝节义等儒家教条，十分迂腐而可笑；从另一方面来看，他们之中也确有一些人在严格地按照那些要求来进行修炼，使自己的品德尽量符合封建道德的要求。明代的黄绾，曾经用“黑豆、红豆”、“罚跪自击”以及“以册刻天理人欲藏袖中”等方法来修炼、践履自己的道德。清初思想家李颙在《四书反身录》中曾谈到吕原明晚年修养的体会，说到他在桥毁人堕时动心和不动心的情景，尽管有夸大之处，但也反映了中国古代思想家对反省、修养、践履的重视。这些修养方法，确实有许多唯心主义的糟粕，但是，我们应当看到，道德原则来自现实又高于现实，既是从现实中总结归纳出来的，又有着指导现实生活中人与人之间关系的作用。因此，一个人要想具备高尚的道德，就应该认识到这需要艰苦的道德努力，否则，道德也就没有什么价值，至少不会有现在人们对它的崇拜了。因此，一个人要想使自身有道德，即成为一个有道德的人，修养是绝不可少的。中国传统伦理的许多规范是需要批判的，它的修养方法、修养理论、道德践履的要求，也是应该加以扬弃的，但强调伦理道德的修养，对我们培养新社会的新道德仍然是十分重要的。

在中国长期的历史发展中，封建道德规范之所以能产生那么重要的作用，最主要的原因就是它能够同个体的修养陶冶紧密结合。按照马克思的说法，道德最重要的本质就在于它是一种用实践精神来改造世界和把握世界的特殊方式。一种道德能否有改造世界的生命力，除了看它的原则、规范是否符合社会发展的要求外，还要看这种道德能否成为人们实际奉行的原则。中国的伦理思想家们在道德的修养和践履方面，为我们留下了极为丰富的思想资料，提供了很多的修养方法，并且在修养的理论上，也有着从“实际”中来又到“实际”中去的许多概括，这是值得我们认真加以批判继承的。

（六）从道德思维方法来看，中国传统的思维方法重视推己及人

在儒家看来，伦理价值的最高标准，就是“仁”，就是“忠恕”。什么是“仁”？就是“爱人”，就是一个人必须以“爱”来对待自己的同类，所以“仁”就是二人，就是两个人之间的最高原则。（有人证明，“仁”字的古字形从人从二，正像清儒阮元所说：“仁之意，人之也。”意思是说，“仁”的本义，就是要以“人”的要求来对待他人。）与此相应，怎样才能达到道德的最高价值“仁”呢？也就是说，怎样才能达到“爱人”呢？这就是孔子所说的“能近取譬”，也就是中国古人常说的“以己取譬”、“推己及人”、“将心比心”、“设身处地”的忠恕之道。《论语》中说的“己所不欲，勿施于人”（《论语·颜渊》）、“己欲立而立人，己欲达而达人”（《论语·雍也》）、“吾不欲人之加诸我也，吾亦欲无加诸人”（《论语·公冶长》），孟子说的“善推其所为”的“恻隐之心”，都是这个意思。

这种“能近取譬”、“推己及人”、“将心比心”、“设身处地”的方法，以人类的道德经验、道德感情和道德体验为前提，是每个人都可以通过自己的感情、欲望、经验而体验和认知的。因为，每个人都不能否认，只要是一个正常的人，就必然会知道自己的欲望、要求、理想和追求。因此，只要他能以自己的欲望、要求、理想和追求来推及他人、将心比心，也就可以知道别人的欲望、要求、理想和追求。扩而充之，只要他在处理人和人的关系时，能够把别人也当作自己一样来对待，这就是道德。这种方法，尽管在现实生活中还会碰到许多困难，在阶级社会中，对不同的甚至对立阶级的人来说，这只能是一种空想，甚至在某些情况下，这只能成为一种欺骗，即使在社会主义社会中，由于存在着利益关系的不同，也不可能无条件地实现；但人们不能不承认，它在调整社会中人与人之间的关系上，确实能起到积极的、有益的作用。因此，这种方法作为一种处理人和人的道德关系的方法论原则，对研究、解释和论证伦理学的许多问题，无疑是有重要意义的。孔子说“能近取譬，

可谓仁之方也”（《论语·雍也》），说的正是这个意思。

西方以及东方其他国家的一些古代思想家，也曾提到过类似“己所不欲，勿施于人”的思想，显露出某些人道精神的思想光芒。但是，他们没有把它上升为一种“为仁之方”，即没有从方法论的原则的高度，将其作为研究与处理人与人的道德关系中最根本、最重要、最简易、最能为人们所理解和接受的普遍方法。将这一思想确立为方法论原则，是中国传统道德和民族心理的一个重要特点，对研究伦理道德问题有重要的启示。

当然，中国传统伦理的思维方法，即“推己及人”法，绝不能原封不动地照搬或移用于今天，必须用马克思主义的历史唯物主义予以批判地改造。首先，这种推己及人的方法，要在唯物辩证法的指导下，以广大人民群众的道德践履为检验标准，而不是以某些人脱离现实的、变态的、畸形的愿望和要求为检验标准。其次，这种推己及人的方法，要在社会主义的人道主义基础之上，为建立人与人之间平等、互助、团结、友爱的新关系服务。最后，这种推己及人的方法，要摒除一切旧社会的狭隘的个人偏见，摒除一切个人的、小集团的狭隘私利，为激发每个社会成员的积极性和创造性而服务，同时也要同某些个人的狭隘私利作斗争。

五、中国传统道德规范的发生与演变

中国传统道德规范的发生与演变，是一个长期发展的过程。早在公元前10世纪的西周，作为“礼仪之邦”的中国，就重视对人和人之间的道德规范的倡导，把遵守道德规范作为做人、处事、持家和治国的一个重要方面。这一传统，一直延续到新中国成立以前。在这段漫长的时期里，国家的社会制度主要是奴隶制度和封建制度。近代的半封建半殖民地社会，时间较短，虽然也吸收了西方资产阶级道德中的一些内容，但封建道德的一些规范仍起着相当重要的作用。

这里对于中国历史上的道德规范所进行的系统考察，既提供了一个对道德规范的演变过程的梳理，又可作为我们探讨、建立社会主义道德规范体系的借鉴。只要我们坚持以马克思列宁主义、毛泽东思想和邓小平理论为指导，“古为今用”，就一定能够弘扬中华民族的优良道德传统，并同时代精神相结合，使社会主义的道德规范更具有民族特色，更能为广大群众所喜闻乐见。

（一）

根据历史文献记载，对中国传统道德规范的发展，我们大体上梳理出如下线索。

1. 中国古代社会就非常重视道德规范和道德教育。早在五千多年前的尧舜时期，人们就已经注意到道德教育和道德规范的重要性。据《尚书》记载，舜作为部落领袖，了解到当时社会所出现的道德问题（“百姓不亲、五品不逊”）之后，就使契“作司徒，敬敷五教”。用今天的话说，就是让契作为掌管教育的官员，对老百姓认真地进行五个方面（父、母、兄、弟、子）的道德教育。殷商时期，为了适应以血缘为纽带、以家族为本位的奴隶社会的需要，“忠”和“孝”的观念成为当时重要的道德思想。我们从《尚书》中可以看到，对父母要孝敬，为老百姓办事要尽心尽力，已成为重要的道德要求。同时，“敬”作为一种待人处事的重要规范，已经得到了人们的共识。

2. 西周初期，政治家和思想家们更加注意考察当时的社会状况、政治需要和道德关系，认识到道德在巩固政权和维护社会稳定方面的重要作用，在加强道德教育的同时，提出了“爱”、“敬”、“惠”、“勤”、“俭”、“谦”、“孝”、“友”等道德规范。

春秋中期，《管子》一书明确提出了四个最主要的道德规范，这就是“礼、义、廉、耻”。管子说：“国有四维，一维绝则倾，二维绝则危，三维绝则覆，四维绝则灭。倾可正也，危可安也，覆可起也，灭不可复错也。”又说：“何谓四维？一曰礼，二曰义，三曰廉，四曰耻。”这里的意思是说，对于一个国家来说，治国有四纲，这就是“礼、义、廉、耻”。一个纲断绝了国家就会倾斜，两个纲断绝了国家就会危险，三个纲断绝了国家就会颠覆，四个纲都断绝了国家就会灭亡。倾斜了还可以扶正，危险了还可以安定，颠覆了还可以再起，灭亡了就不能再恢复了。

3.《左传·文公十八年》概括地谈到了“五教”和“四德”。所谓“五教”，就是要进行五个方面的道德教育，这就是“父义、母慈、兄友、弟恭、子孝”；所谓“四德”，就是四个最基本的道德规范，这就是“孝、敬、忠、信”。

4.《左传·昭公二十六年》，齐国大夫晏婴论述周礼，概括出“十义”，也就是 10 个基本道德规范，即“君令、臣共、父慈、子孝、兄爱、弟敬、夫和、妻柔、姑慈、妇听”。这 10 个基本道德规范，共 20 个字，概括了当时的人际关系的各个方面，是古代一个比较全面的道德规范。

齐国大夫晏婴在强调这 20 个字的道德规范时，还进一步作了解释，他说“君令而不违，臣共而不贰，父慈而教，子孝而箴，兄爱而友，弟敬而顺，夫和而义，妻柔而正，姑慈而从，妇听而婉”，他认为只有这样，才算达到了道德的要求。

5. 孔子在大力提倡“仁”的同时，也特别重视“礼”。如果说他所说的“仁”是一个根本的道德原则，那么，“礼”在大多数的场合，都是指基本的道德规范。孔子在强调“智、仁、勇”是三个最基本的道德原则的同时，又提出“恭、宽、信、敏、惠”五个做人处事的道德准则。我们知道，“仁”是孔子认为的道德的最高境界，他认为只要能够做到恭、宽、信、敏、惠，就可以达到“仁”的境界。他说：“能行五者于天下，为仁矣。”此外，他的学生把孔子的道德行为和道德品质，概括为五个最重要的方面，这就是“温、良、恭、俭、让”。在《论语》中，我们可以看到，孔子还提倡“忠”和“恕”（“忠恕之道”）。他的学生有子强调“孝”和“悌”（“孝悌也者，其为仁之本也”）。“忠”就是办事尽心竭力，“恕”就是宽恕，“孝”就是孝顺父母，“悌”就是敬爱兄长。

从一定意义上，我们也可以说，孔子及其学生一共提出了三个道德的基本原则，这就是“智、仁、勇”；同时，也提出了一些道德的基本规范，这就是“忠、恕、孝、悌、恭、宽、信、敏、惠、温、良、俭、让”。

6. 孟子在继承孔子有关道德规范的基础上，又有了新的发展。他强调“仁义”的重要性，认为“仁义”是道德的核心和原则。他极力反对自私自利的思想和行为，认为一切道德要求，都应当从“仁义”出发，只有实行了“仁义”，国家才能稳定，人际关系才能和谐，社会才能发展。他还提出了“父子有亲、君臣有义、夫妇有别、长幼有序、朋友有信”的五伦关系，强调了“孝、悌、忠、信”四种道德规范，强调每一个成年人，都要“以暇日修其孝、悌、忠、信”，以提高自己的道德素质。同时，孟子一方面把“仁、义、礼、智”看作先天的道德观念，是人心所固有的；另一方面，也认为“仁、义、礼、智”是每一个人都应当遵守的基本道德规范。从一定的意义上，我们也可以说，孟子把“仁、义、礼、智、孝、悌、忠、信”作为八个最基本的道德规范。

7. 大约成书于战国末年到秦汉之际的《礼记·礼运》，也概括出了“十义”，即20个字的10个基本道德规范，这就是“父慈、子孝、兄良、弟悌、夫义、妇听、长惠、幼顺、君仁、臣忠”。如果我们把这20个字同晏婴所概括的20个字（“君令、臣共、父慈、子孝、兄爱、弟敬、夫和、妻柔、姑慈、妇听”）相比较，可以看到，前者不但意义更加明确，更易于为广大老百姓所理解和记忆，而且强调了在以血缘为纽带、以家族为本位的宗法社会中，父子、兄弟、夫妇等亲缘关系的道德，因此有着更加重要的意义。

在《周礼》中，还提出了用“六德”和“六行”来教导人民。所谓“六德”就是“知、仁、圣、义、忠、和”。“知”就是知识事理，“仁”就是爱人，“圣”就是德行高尚，“义”就是正义、公正，“忠”就是尽己之心，“和”就是和谐。所谓“六行”就是“孝、友、睦、姻、任、恤”。“孝”就是孝顺父母，“友”就是善于兄弟，“睦”就是亲于九祖，“姻”就是亲于外亲，“任”就是信于朋友，“恤”就是赈于忧贫。

8. 汉代的董仲舒提出了“三纲”和“五常”。“三纲”和“五常”的思想，在中国历史上可以说有着深远的影响。早在战国时的韩非，就提出过“臣事君、子事父、妻事夫”的封建等级的道德要求，这实际上是“三纲”思想的萌芽。“三纲”可以说是维护封建统治的三个基本原则，是等级制度的体现。董仲舒在他所著的《春秋繁露》中，在强调“三纲”（君为臣纲、父为子纲、夫为妻纲）的同时，又进一步提出了五个基本道德规范，这就是人们熟知的“仁、义、礼、智、信”。在中国长期的封建社会中，“五常”曾经起过积极的作用，就是在现代社会中，如果能够以历史唯物主义的立场、观点和方法加以分析，它也仍然有合理的因素。

9. 宋代以来，随着封建社会的没落，道德规范更加突出地强调“三纲”至高无上的地位。朱熹把孟子所提出的“孝、悌、忠、信”和

“仁、义、礼、智”合在一起，并把它们提高到所谓“天理”的高度。他说：“孝、弟、忠、信、仁、义、礼、智，皆理也。”其实质，不过是把他所提倡的八个道德规范提升到“天理”的高度，给这八个基本道德规范套上一个神圣的光圈。

10. 宋代以后，由于对妇女的守节问题愈来愈重视，更加强调妇女的“贞节”，“忠、孝、节、义”被提到了更重要的地位。在宋代以前，“忠”、“孝”、“节”、“义”就已是社会的道德要求，不过它们很少被连在一起，而且“节”主要指一个人的“气节”和“节操”。从宋代开始，“忠、孝、节、义”成为人们常说的四个基本道德规范，其中的“节”更强调了妇女的“贞节”。同时，一些思想家把孟子提出的“孝、悌、忠、信”和“礼、义、廉、耻”连在一起，称为“八德”。

11. 清代同样注重道德规范的教育。康熙九年（1670），清圣祖玄烨，以皇帝的名义，特颁布圣谕十六条，作为“化民成俗”的基本规范，这就是：“一、敦孝弟以重人伦，二、笃宗族以昭雍穆，三、和乡党以息争讼，四、重农桑以足衣食，五、尚节俭以惜财用，六、隆学校以端士习，七、黜异端以崇正学，八、讲法律以儆愚顽，九、明礼让以厚风俗，十、务本业以定民志，十一、训子弟以禁非为，十二、息诬告以全良善，十三、诫窝逃以免株连，十四、完钱粮以省催科，十五、联保甲以弥盗贼，十六、解仇忿以重身命。”康熙二十年（1681），又将这十六条圣谕详细加以解释，并配以故事和图像，成为“圣谕像解”，广为宣传，使之家喻户晓。直到光绪二十九年（1903），还再一次大量印刷发行。

12. 辛亥革命以后，革命民主主义者孙中山先生1924年讲“三民主义”时，认为国家要达到强盛，不仅要发展武力、文化，为了“维持民族和国家的长久地位，还有道德问题，有了很好的道德，国家才能长治久安”①。他提出，要恢复民族的地位，就要把固有的道德恢复起来。他说：“讲到中国固有的道德，中国人至今不能忘记的，首是忠孝，次是仁爱，其次是信义，其次是和平。”② 从原文的叙述看，这八个字所表示的是六个基本道德规范，即忠、孝、仁爱、信、

① 《孙中山选集》，下卷，648页，北京，人民出版社，1956。
② 同上书，649页。

义、和平。

后来，蒋介石接过孙中山先生所提出的八个字，又加上了《管子》中的“礼、义、廉、耻”四个字，合称“四维八德”，并把这“四维八德”作为国民的基本道德规范，提倡了几十年，以维护国民党的统治。同时，在国民党统治时期，还提出了所谓“青年守则”（又称国民党的党员守则）：“忠勇、孝顺、仁爱、信义、和平、礼节、服从、勤俭、整洁、助人、学问、有恒”，并把这些内容编写成更通俗的语句，即“忠勇为爱国之本、孝顺为齐家之本、仁爱为接物之本、信义为立业之本、和平为处事之本、礼节为治世之本、服从为负责之本、勤俭为服务之本、整洁为强身之本、助人为快乐之本、学问为济世之本、有恒为成功之本”，要求学校的学生在每周的周会上，同总理遗嘱一起背诵。

（二）

从上述对历史的回顾和考察中，我们可以看到如下一些值得我们注意的问题。

第一，中国古代儒家的政治家和思想家，都特别重视道德在社会生活中的作用，甚至把道德提高到治国的根本方略的层面来考虑，把“道之以德、齐之以礼”看作更有效、更根本的治国之道。正是基于这样的认识，古人强调“德者本也”，“德，国家之基也”，认为在治理国家中，要认识“德以治民”的重要性，因为“德行立，则无暴乱之祸矣”。也就是说，只要人们都能够按照道德的要求去做，国家和社会就能够长治久安。

第二，中国古代儒家的政治家和思想家都十分重视道德教育的重要作用，注意概括能适应社会需要的道德规范，不断地补充、发挥和完善这些道德规范，使其在调整人和人之间的各种关系、维护社会稳定和国家的长治久安方面，发挥独特的作用。

第三，在总结和概括道德规范时，中国古代儒家的政治家和思想家都力求能够按照社会最主要的道德需要，分析社会的道德状况，概括和提炼出最适合当时社会要求的道德规范，并且力求言简意赅、抓住关键，以便使其容易记忆、家喻户晓。制定道德规范以后，一方面要大力进行宣传教育，提高人们的道德修养和自律精神；另一方面要形成强大的舆论力量，以发挥道德在社会生活中的作用。

六、研究伦理思想史的态度和方法

研究伦理思想史的态度和方法，同研究伦理学的态度和方法一样，是需要在今后的学科发展中逐步解决的问题。中国伦理思想史作为一门社会学科，其最根本的研究方法，是马克思主义的方法，即唯物辩证的方法、阶级分析的方法、历史的方法。但是，这些方法尽管有很重要的指导作用，却绝不意味着——事实上也不可能——它们可以代替每门具体学科的特殊方法。因此，必须在这些基本方法的指导下，或者说在此基础上确定中国伦理思想史的特有的研究方法。

中国伦理思想史的研究方法，也应该是系统的、多层次的。有最一般的社会科学的研究方法，有思想史方面的共同方法，有伦理思想史的方法，还有中国伦理思想史的特殊方法。这些方法，需要在今后的研究工作中去探讨和总结。如何依据伦理思想史研究对象本身的特殊性，吸收心理学、社会学、人类学、教育学、德育学等学科的方法，融会贯通，吸收创新，可能还要花很大气力。这里，仅就一般研究思想史的方法和研究伦理思想史的方法，同时也就研究中国伦理思想史的特殊方法，提出一些看法。

最根本的，就是要以马克思主义基本理论为指导，分析研究中国道德观念和伦理思想的发展史。这就是说，考察每一种道德观念和伦理学说，都必须依据辩证唯物主义和历史唯物主义的基本原理和方法，把它们放在一定的历史条件下，即一定的经济生活和政治制度下加以考察，分析这些思想和学说代表哪些阶级、哪些阶层的利益，在政治上起什么作用，以及它们在伦理思想史上具有什么地位等。以马克思主义伦理学基本理论指导中国伦理思想史的研究，不是寻找马克思主义的一些词句，生搬硬套，给古人的伦理思想和道德观念贴上各种标签；也不是把古人的道德观念和伦理思想当作插图或例证，去论证马克思主义伦理学的结论；而是应该考虑到不同历史时代的不同情况，以全局的视角来分析不同的道德观念和伦理思想的特殊性，分析各社会各时代道德观念和伦理思想的内在联系及其发展的规律性，为建设有中国特色社会主义道德和伦理学说服务。具体说来，下列几方面是必须注意的。

第一，客观公正的介绍，即实事求是的态度。在研究中国伦理思想史的过程中，总要对历史上的各种道德观念和伦理学说进行介绍。这种介绍，必须为读者提供准确、全面的了解，也就是说，必须从历史事实出发①，力求清楚地说明某种伦理思想是在什么样的社会条件下，主观上从什么目的出发，为了解决什么问题而被提出来的，并且要客观、准确地把这种伦理思想的本来意义解释清楚，说清楚它在当时产生的效果和在以后思想史中的影响。这就是所谓“不偏不倚的客观态度”，不歪曲作者的原意，“让每个伦理学家有充分的机会表明自己的论点”。

客观的介绍，应当成为研究每一门思想史所必须遵循的一个原则。如何对待历史上的道德观念和伦理学说，关系到是否坚持历史唯物主义的问题。那种认为历史和历史上的思想好像一个百依百顺的女孩子，可以任人梳妆打扮、任人摆布调理的观点，是完全错误的。那种认为既然强调阶级立场和阶级分析方法就不可能客观介绍的说法，也是错误的。研究中国伦理思想史首要的一点，就是要如实地描述中国伦理思想史上各种各样的道德观点和伦理学说。客观介绍，不是不要历史唯物主义指导，恰恰相反，如实反映历史，乃是历史唯物主义的原则之一。这里需要指出的是，客观介绍并不是客观主义。在过去很长一段时期内，一篇文章、一本专著，一旦被看成“客观主义”的，就会被当成没有阶级观点、不坚持甚至丧失了无产阶级立场，至少也是受了资产阶级的所谓不偏不倚的虚伪说教的影响等。这种做法最直接的后果是，人们不敢、不肯对研究对象的思想观点进行客观介绍，甚至助长了一种倾向，认为对所研究的对象的思想观点可以不做全面客观的了解，只要孤立地抓住几句话就可以进行批判。有不少剥削阶级的思想家，尽管他们曾经千百次地被人们批判，但其思想观点至今仍未能被客观地介绍，因而也不能对它们作出令人信服的结论。从另一方面讲，这也是它们至今未被驳倒的原因。至于客观主义，则必须具体分析。确实有一些资产阶级思想家认为科学无力对事物作出批判性的、有党性的评价，强调科学研究对待一

① 值得一提的是，从历史事实出发，研究中国伦理思想史，首先要下工夫研究、考订与伦理思想有关的古史，这是实现客观公正的介绍的必要工作。例如，王国维曾提出“二重证据法”，即用“地下新材料”检验、补充“地上材料”，以达到对古史资料的可靠认定。他的许多著作，如排列卜辞所载商代帝王，与《史记》的《殷本纪》、《三代世表》互校，著《殷卜辞中所见先公先王考》及《殷卜辞中所见先公先王续考》等都是精准的考订古史之作，对古代思想史特别是先秦春秋以前思想的研究产生了重大影响。这方面的工作，对于目前和今后中国古代伦理思想史，特别是先秦伦理思想史的研究，具有非常重要的意义。

切问题都应该是“不偏不倚”的，它本身应该是超阶级的、全民的和无党性的。这显然是资产阶级思想家为了把自己的思想伪装成全民的思想，并以此贬斥无产阶级思想家的研究不科学的一种借口。正是在这个意义上，列宁尖锐地批判了资产阶级狭隘的客观主义。他指出，客观主义与主观主义一样，同马克思主义是格格不入的，因为马克思主义的党性的观点，是完全符合社会科学的客观必然性的，它本身就强调要把社会科学的研究引导到合乎事物发展进程的党性的结论中去。因此，党性原则反对狭隘的客观主义，并不是不要客观态度。这是我们在研究中国古代思想史，特别是研究古代剥削阶级思想家的道德观点和伦理思想时所要特别注意的。

在研究思想史的著作中，对古代思想家们的思想进行客观公正的介绍，并非易事。在资产阶级学者中间，确实有不少人曾经标榜自己是不偏不倚、持平公允的，但实际上，他们狭隘的阶级偏见，使他们的许诺和实际做法相背离（宾克莱的《理想的冲突》对马克思主义价值观点的介绍，就是一个很好的例子）。正因为马克思主义者能够坚持无产阶级原则，才能够真正做到对一切剥削阶级思想家进行客观、公正的介绍。

第二，系统的、辩证的、深入的研究。这就要求研究者不但对中国古代和近代的道德观念、伦理思想作出公正的介绍，而且要寻找伦理思想家互相影响、继承发展的关系，寻找其中内在的、必然的联系，获得规律性的认识。

伦理思想是人类对自身的道德关系的理性认识。由于这种认识涉及人的情感、意志、信念、良心等心理活动，涉及人的道德行为、习惯等实践活动，涉及人的政治生活、伦理生活等各方面的问题，有其自身的特点；因此，对于一定的道德观念和伦理学说，必须从各个方面深入研究，才能得出正确的结论。

培根在《新工具》一书中曾经说过：

> 历来研究科学的人要么是经验主义者，要么是独断主义者。经验主义者好像蚂蚁，他们只是收集起来使用。理性主义者好像蜘蛛，他们自己把网子造出来。但是蜜蜂则采取一种中间的道路。它从花园和田野里采集材料，但是用它自己的一种力量来改变和消化这种材料。真正的哲学工作也正像这样。因为它既不只是或不主要是依靠心智的力量，也不是从自然历史和机械实验中把材料收集起

来，并且照原来的样子把它整个保存在记忆中。它是把这种材料加以改变和消化而保存在理智中的。①

所谓运用理智的力量加以改变和消化，依照马克思主义的观点去理解，也就是要根据历史唯物主义的原则，对这些伦理思想加以分析、综合、归纳、整理，从而使我们对中国伦理思想的发展得出规律性的认识，使材料和观点、实践和理论高度统一起来。

第三，历史的、阶级的评价。所谓历史的评价，主要是从历史发展的角度，考察这些思想在当时的社会条件下和后来的历史发展中起进步作用还是反动作用，它们是谁先提出的，谁在前人的基础上又作了新的发展，谁根据新的情况又对它作了新的解释。对那些最早提出重要思想的人，我们将力求肯定他的理论贡献和历史功绩；对于那些大体上只是重复前人思想的人及其理论，则只是简略地加以介绍。当然，这种做法有时难免会有厚古薄今之嫌，但是，只要坚持历史唯物主义观点，坚持事物总在不断发展的论点，按照历史的本来面目反映历史上伦理思想的演变发展，即使文字上、篇幅上不大平衡，也并不会影响问题的本质。所谓阶级的评价，就是要用马克思主义的阶级分析的方法，评价不同的伦理思想在当时的实际作用。在评价时，既不能仅仅以思想家的政治进步与否为唯一依据，也不能以政治上的成败论英雄。对于政治上反动、理论上荒谬的伦理学说，也要看它是否有合理因素，是否从反面促进了中国伦理思想的发展，从而正确地估价它在中国伦理思想发展史上的意义。

第四，批判的继承。研究中国伦理思想史，实质上就是一个批判继承的过程。中国长期的封建社会形成的封建道德，影响深远，至今还严重影响着我们的道德生活。从理论上对它进行彻底批判，是中国伦理思想史研究的重要任务。研究中国伦理思想，不仅仅是为了批判它的消极影响，更重要的是为了继承其优良传统。而随着对封建糟粕的不断清除，继承其优良传统的意义就会显得更为重要。为了继承，就得批判；批判是为了更好地继承。系统地梳理总结历史上的道德遗产，批判地吸收其中的精华以及一切有价值的因素，这是社会主义道德和共产主义道

---

① 北京大学哲学系外国哲学史教研室：《西方哲学原著选读》，上册，358～359页，北京，商务印书馆，1981。

德形成和发展的必要条件之一。过去我们注意到了对封建道德传统的批判，却不承认在此基础上的继承。实际上，只要我们用科学的观点和方法去考察、分析，即便是那些已经过时了的东西，仍有可以借鉴的内容存在。比如，徐鼒写的《小腆纪年》，记载了明崇祯皇帝自杀后，他的大臣们如何为他“杀身成仁”的史迹。今天看来，这种对腐朽、没落的封建帝王的愚忠是很可悲的，但封建道德的影响为什么如此之大、之深，为何成为一些人的内心信念，并产生这样的作用，自然是值得我们很好地研究的。并且，封建道德广泛而深入地渗透到穷乡僻壤，妇孺皆知，成为人们的行为准则和规范，其中同样有值得借鉴的内容。

发展马克思主义的新的伦理学理论，并在前人的基础上有所创新，这是大多数伦理学工作者的意愿。而要有所创新，一定要掌握马克思主义基本理论，了解这门学科发展中所提出的问题，掌握该学科的历史。不学习和掌握马克思主义的基本理论，就谈不上正确的创新；而不学习和掌握历史，也就谈不上真正的创新。因而，了解和掌握中华民族千百年来伦理思想的成就和特点、弊端和缺陷、发展的连续性及其规律性，就为建立中国特色的马克思主义伦理学理论打下了坚实的基础。这就是我们学习和研究中国伦理思想史的意义所在。

第五，比较的方法。首先是中西比较。要通过不同层次、不同方面的分析与解剖，更准确、更深刻地把握中国伦理思想史和西方伦理思想史各自的长短优缺，从而清除中国传统伦理思想中的糟粕和尘垢，吸收西方伦理思想中的精华，取长补短，建立崭新的、具有中国特色的共产主义道德体系和马克思主义伦理学。这里要防止两种偏见：一种是认为只有中国道德和伦理学说最好，连西方都把目光投向中国传统道德和伦理思想，只有中国伦理道德才能挽救西方乃至整个世界道德的堕落沦丧；另一种是认为中国传统伦理道德一无可取，中国伦理思想偏重于协调规范、束缚个性，没有奋斗自强的观念，而西方伦理思想则强调自我奋斗、个性发展，强调积极进取，因而主张抛弃中国传统，向西方学习。这两种看法都是片面的、错误的。事实上，中西伦理思想各有其长短优缺，我们的任务就在于去认识和发现它们，而不能浮光掠影式地主观臆断。其次是相关学科的比较，即把中国伦理思想史同中国史和中国思想史的其他相关学科进行比较。例如，可以联系中国古代伦理政治化、政治伦理化的特点，把中国伦理思想史同中国政治思想史、法律思想史、政治制度史和法制史联系起来进行比较，研究伦理思想同政治法律思想和政治法律制度互相影响、互相渗透的内容和机制，从而更准确、更深刻地把握中国传统道德和伦理思想的特点、本质和社会作用。总起来说，不论哪一种比较，其目的都在于深刻认识中国伦理思想的特点和发展规律，进而为今天的道德实践和伦理学研究服务。

第二节　对传统道德批判继承的理论认识和方法原则*

弘扬中华民族的优良道德传统，对于加强社会主义的精神文明建设，有重要的现实意义。新中国成立以来的相当长时期内，我们在如何正确对待中国文化传统，特别是如何正确对待中国伦理道德传统的问题上，经历了一段曲折的过程。“左”和右的思想的影响和干扰，或者是过分地强调“批判”而否认继承，或者是不区分精华和糟粕而全盘肯定，或者是崇拜西方文明而走向民族虚无主义等等，这些情况之所以出现，有多方面的原因，但从理论认识和方法原则来看，对于如何批判继承中国传统伦理道德的问题，始终没有一个全面的、辩证的、科学的意见，也没有建立起继承中国传统道德的马克思主义的方法论原则。

一、历史的回顾

对中国传统文化特别是传统伦理道德的认识，在中国近现代历史上曾经历了曲折的过程。民族虚无主义和复兴儒学的全盘复古等错误观点，都曾经广为流行。新中国成立后，中国共产党以马克思主义为指导，提出了对中国古代文化进行批判继承的正确方针，确立了吸收其精华、抛弃其糟粕的古为今用的原则，正确地解决了对待传统伦理道德的态度和方法问题。但在具体的实践过程中，这个方针却不断地受到干扰，有很多值得我们认真思考的经验与教训。

回顾新中国成立以来的 40 多年，我们在对待中华民族传统伦理道德问题上，从具体实践来说，既受“左”的思想的影响，又受右的思想

---

* 本节内容由两篇文章组成，《历史的回顾》部分原载于《高校理论战线》1994 年第 2 期，其余部分原载于《长白论丛》1997 年第 3 期。收入本书时略有改动。

的干扰，没有很好地采取辩证分析的态度，否定过多，继承很少。从理论上来看，对于如何批判继承的问题，始终没有一个全面的、科学的定论，在批判了所谓“抽象继承法”之后，没有建立起马克思主义批判继承的方法论原则，以至于使“批判继承”的提法成为只讲批判的代名词。1976 年以前，由于历次政治运动、思想改造运动和学术批判中的“左”的影响，人们已习惯于把传统伦理道德都看作维护封建统治秩序的旧道德而予以抛弃，从而在全社会形成了一种全盘否定传统道德的氛围。1978 年以后的一段时间内，由于自由化思潮的泛滥，民族虚无主义思想甚嚣尘上，全盘西化论再度复活，对传统文化和传统道德采取一概否定的态度。

如果要划分阶段的话，这 40 多年在对待传统道德的“左”和右的态度上，根据我个人的考虑，大体上可以划分为五个阶段：

第一，全国解放初期（从 1949 年到 1957 年），我国正处于一个彻底清算封建地主阶级反动影响的重要时期，阶级斗争非常尖锐，反对以忠君和孝亲为核心的封建道德的任务也异常艰巨和复杂。

忠君和孝亲的封建道德，是调和阶级矛盾、缓和阶级斗争的一种手段。由于当时历史背景和阶级斗争的需要，我们对传统伦理道德基本上采取了完全否定的态度。尽管这种态度对于当时的政治斗争来说是必要的，但是对拥有几千年优秀传统道德的中华民族来说，应当说是不全面、不科学的。因此，这场反封建道德的斗争在取得伟大胜利的同时，也产生了一种“矫枉过正”的后果，使人们忽视了传统道德优秀的一面。

第二，从反右斗争前后到“文化大革命”开始，这是“左”的思想不断发展的时期。在整个国家政治生活中“左”倾思想发展的同时，人们对中华民族传统伦理道德的批判与否定也进一步得到了强化。

从理论上看，对冯友兰道德继承论的批判，包含着否定传统道德可以继承的必然结论。1957 年 1 月，在中国哲学史座谈会上，冯友兰认为：“中国哲学史中有些哲学命题，如果作全面了解，应该注意到这些命题的两方面的意义：一是抽象的意义，一是具体的意义”，“在了解哲学史中的某些哲学命题时，我们应该把它的具体意义放在第一位，因为这是跟作这些命题的哲学家所处的具体社会情况有直接关系的。但它的抽象意义也应该注意，忽略了这一方面，也是不够全面的”。

冯友兰列举了许多哲学命题，说明这些命题的具体意义是不能继承的，而它的抽象意义是可以继承的："孔子所说的'爱人'，也有抽象意义和具体意义。从具体意义看，孔子所说的'爱人'是有范围的。儒家主张亲亲，认为人们因血缘关系而有亲疏的不同，爱人是有差等的。就当时的贵族说，与他们有血缘关系的，当然也是贵族。孔子跟他们谈'爱人'，当然，爱贵族的成分居多。这是就孔子这句话的具体意义说。就其抽象意义说，孔子所谓'人'，既然和现在所谓'人'的意义差不多，他所谓'爱人'，也不是没有现在所谓'爱人'的意思。从抽象意义看'节用而爱人'，到现在还是正确的，是有用的，可以继承下来。我们现在不是也主张勤俭办社、关心群众吗？"

之后，冯友兰又说："'抽象'和'具体'这两个形容词，很容易引起麻烦。应该改为一般意义和特殊意义。"

冯友兰的这一理论，被称为"抽象继承法"，遭到了尖锐的批判。应当说，这一提法确实有值得商榷的地方，如是不是所有的具体意义都不能继承？是不是抽象意义都可以继承？在继承问题上，是不是应当区分糟粕与精华？有些同志的批评和商榷意见，是正常的。但是到后来，由于学术讨论为政治批判所代替，使得一连串的政治帽子取代了应有的心平气和的学术讨论。政治上"左"的思想在对待传统文化和传统伦理道德时，从理论上否定了继承中华民族优良道德传统的必要性和可能性。这次批判，实际上是否定和批判了所有主张"古今或新旧道德之间，有其一定的继承关系"① 的理论。

1962年，全国理论界对吴晗的道德继承论（或称道德移用论）进行了批判。吴晗在《前线》杂志1962年第10期写了一篇《说道德》，其中说：

> 现在，社会变了，地主阶级的统治一去不复返了。他们的道德论也随之而失去时代的意义和作用了。这是不容怀疑的。
>
> 问题是封建社会的道德论的某些部分，有没有值得今人批判继承的地方？
>
> 我以为是有的。
>
> 例如忠，过去要忠于君主，今天呢，难道不应该忠于国家、忠

① 张岱年：《论道德的阶级性与继承性》，载《社会科学》，1986（2）。

> 于人民、忠于社会主义建设事业？
>
> 又如孝，对父母要好，父母年老了，丧失劳动力了，子女难道不应该照顾父母？
>
> 至于诚实、勤劳、勇敢、刻苦耐劳、雄心壮志这些美德，难道不都可以移用在今天？
>
> 不只是封建道德，就是资产阶级的道德，精打细算，多方赚钱，难道不应该成为社会主义经营管理企业的一条重要原则？当然，本质改变了，资产阶级靠剥削工人，为自己个人赚钱，社会主义的企业经营管理则在工人的自觉努力下，为国家、为人民增加财富，改变一穷二白的面貌。
>
> 由此看来，道德是阶级的道德，道德是随着阶级统治的改变而改变的，但是，也还有另一面，那就是无论封建道德，还是资产阶级道德，无产阶级都可以批判地吸取其中某些部分，使之起本质的变化，从而为无产阶级的政治、生产服务。

接着，就是对他的这一理论的批判。

两个月后，在《前线》1962 年第 16 期上，他又发表了《再说道德》一文。除强调他所说的继承“应该是批判的继承”外，仍然坚持他的观点：

> 无产阶级若不善于吸取过去统治阶级某些优良的东西，甚至完全摒弃，那么，看来只有向古代的无产阶级继承，或者自己来凭空创造了。

吴晗还援引列宁的话：“无产阶级文化并不是从天上掉下来的，也不是那些自命为无产阶级文化专家的人杜撰出来的，如果认为是这样，那完全是胡说。无产阶级文化应当是人类在资本主义社会、地主社会和官僚社会压迫下创造出来的全部知识发展的必然结果”，认为“在广义的范畴来说，道德是属于文化范围的”。吴晗还引用了孟子“富贵不能淫，贫贱不能移，威武不能屈”和文天祥“时穷节乃见，一一垂丹青”的话，来说明道德是可以批判继承的。

吴晗是一个历史学家，从理论的严密性来看，他对有些概念的解释是不准确的。但是，他不是像冯友兰那样，要提出一个关于继承的一般方法论原则，而只是从实践上强调对中国优秀传统道德进行继承的必要性和重要性。在最初，一些同志对他的批评，也是正常的。

但是，对吴晗的道德继承论的批判，到后来同样成了一种政治批判。这一批判，一直延续到“文化大革命”以前（在 1963 年 7 月前后，周扬、关锋、林聿时等，以批判姜法曾的道德继承论为名，也以极左的态度，批判了吴晗的道德继承论）。这种不断升级的批判，进一步否定了对中国传统伦理道德的继承，所谓“要批判地继承”，成了不能有任何继承的代名词。

1965 年 11 月，关于历史剧《海瑞罢官》的讨论，实际上同时也是对中华民族优秀传统伦理道德的一次大批判。这次讨论是针对吴晗编写的历史剧《海瑞罢官》而发的，而中心问题之一，就是所谓“清官”和“贪官”的问题。由于吴晗强调在社会主义社会应当继承优良道德传统，因而主张继承海瑞刚直不阿、不畏强暴和顶天立地的“大丈夫”精神。1965 年 11 月 10 日，姚文元在《人民日报》上发表了《评新编历史剧〈海瑞罢官〉》的长文，给《海瑞罢官》这一历史剧戴上了“一株毒草”的帽子，从而使这次学术争论变成了一次名副其实的大批判，最后导致了吴晗的自杀。姚文元在《评新编历史剧〈海瑞罢官〉》中说：

> 吴晗同志顽强地宣传过一种理论：历史剧要使封建时代某些人物的“优良品德”，“深入人心，成为社会主义共产主义道德的组成部分”（吴晗《再谈历史剧》）。我们不在这里讨论道德问题（这也是一个被资产阶级的学者、作家和哲学家弄得十分混乱的问题），但如果像《海瑞罢官》这样把海瑞的思想和行为都当做共产主义道德的“组成部分”，那还要什么学习毛泽东思想，什么思想改造，什么同工农兵结合，什么革命化、劳动化呢？

姚文元此论一出，等于全盘否定了对中华民族几千年来优秀人物的道德品质的继承。他认为，封建时代的一切忠臣、清官，都是为封建帝王服务的，他们都无一例外地是“地主阶级利益忠心的保卫者”，这也是“海瑞的阶级本质，是海瑞全部行动的出发点和归宿”，认为“地主阶级们提倡的‘刚直不阿’、‘大丈夫’等等，有它特定的阶级含义，根本不能同无产阶级的革命性、战斗性混为一谈”。

第三，“文化大革命”时期，对中国传统伦理道德，不论是理论上还是行为规范上，都作了彻底的否定，使这种民族虚无主义的伦理道德观达到了登峰造极的程度。

1966 年 8 月，林彪号召红卫兵“大破一切剥削阶级的旧思想、旧文化、旧风俗、旧习惯”，并在全国范围内开展了一场空前规模的所谓“破四旧”运动。在大肆捣毁国家历史文物的同时，把一切传统道德都斥为“四旧”。正是在这样的极左思想指导下，不但海瑞被全盘否定，就是岳飞、范仲淹、文天祥、史可法等爱国主义的英雄豪杰，也都被说成封建地主阶级的忠臣，是为皇帝谋求“万世治安”的，因而都是只能批判不能继承的。

1966 年 11 月 28 日，江青在首都文艺界大会上的讲话片面地歪曲毛泽东关于“推陈出新”的意见：

> 毛主席在二十多年前，提出了文艺为工农兵服务的方向，提出了推陈出新问题。推陈出新，就是要有新的、人民大众的内容，人民喜闻乐见的民族形式。内容有许多是很难推陈出新的，如鬼神、宗教，我们怎么能批判地继承呢？我认为不能。因为我们是无神论者，我们是共产党员，根本不相信有什么鬼神上帝。又如地主阶级的封建道德，资产阶级道德，他们天经地义的道德，是要压迫人、剥削人的，难道我们能批判地继承压迫人、剥削人的东西吗？我认为不能。……我们无产阶级文化大革命的一个重要方面，就是扫荡一切剥削阶级的旧思想、旧文化、旧风俗、旧习惯。虽然有的词我们还在用，但内容是完全不同了。例如忠这个词，封建地主阶级是忠于君王，忠于封建阶级的社稷；我们是忠于党，忠于无产阶级，忠于广大劳动人民。又例如节这个词，封建阶级所谓的气节，是属于帝王、属于封建阶级的社稷的；我们讲的是无产阶级的革命气节，这就是说，我们要对无产阶级的、共产主义的事业有坚定不移的信仰，决不向少数压迫人民、剥削人民的敌人屈服。所以，同一个忠字、节字，我们还在用着，阶级内容是完全相反的。

这是一篇以极左面目出现的纲领性的文章，它拒绝对一切民族文化特别是道德传统进行继承，除了我们和古人还使用着某些共同的语言名词（但阶级内容是完全相反的）外，不可能有任何意义的继承。

在十年“文化大革命”时期，除了大批吴晗的道德继承论之外，又大批刘少奇的“黑修养论”，大批地主资产阶级的人性论。历史证明，他们打着批判封建阶级道德的幌子，实际上是要批判和否定新中国成立 20 多年来所形成的新的社会主义的道德关系，并企图用资产阶级的极端个人主义来取代为人民服务的社会主义的伦理道德原则。在阶级斗争的旗帜下，在反对"厚古薄今"和反对崇拜死人的幌子下，中华民族已经失去了自己的传统，更不用说去继承优秀传统伦理道德了。

第四，"文化大革命"后期的"批林批孔"、"评法批儒"运动，在政治上、经济上造成极其严重的后果的同时，对儒家思想特别是对儒家伦理道德进行了长达几年的、全国范围内的大批判。

从传统伦理道德方面来看，对儒家以"仁"、"礼"为中心的道德思想，对"孔孟之道"、"中庸之道"，对"克己复礼"，对儒家的"德"、"仁义"、"忠恕"等，作了不加分析的、全面的、绝对的否定。在给儒家思想戴上反动、保守、妄图复辟旧制度和开历史倒车的政治帽子之后，把孔丘、孟轲、程颢、程颐、朱熹、陆九渊等历史上的哲学家和伦理思想家，统统视为为反动阶级复辟、为反革命制造舆论的辩护士，对他们的人格和思想进行了所谓"深入揭露和批判"。

第五，全盘西化思潮从另一个方向对民族传统伦理道德进行"全盘否定"。

1980 年以后，由于西方价值观念对一些人的思想的影响和腐蚀，在较长一段时期内，我国出现了一股全盘西化的思潮。在一些人看来，现代化就是"西方化"，而西方化就必须全面、彻底和配套地把西方的科学技术、政治制度、意识形态以至于伦理道德，全面地移植到中国来，这就是所谓的"整体西化论"。正是在这一思想的指导下，"西体中用论"，"黄色文明和蓝色文明论"，传统伦理道德扼杀人性、束缚个性论，毛泽东思想与儒家文化"同构对应论"，"中国传统文化束缚自我论"，以及"中国传统人格是奴隶人格论"等等，从右的方面，对中国的传统伦理道德，对整个中华民族的优秀传统文化，进行了令人难以容忍的诬蔑与攻击，祭起了民族虚无主义的旗帜，妄图以否定中国传统文化和传统伦理道德来为全盘西化、为宣扬西方资产阶级的价值观开路。国内的资产阶级自由化分子同西方的敌对势力相结合，妄图从价值观、道德观方面来腐蚀中国广大人民群众特别是青少年，以达到他们把中国和平演变到资本主义社会的目的。

"全盘西化论"的一个重要内容，就是要用西方的道德观、价值观来反对社会主义的道德观和价值观。全盘西化论者意识到，在我国，中华民族的优秀传统伦理道德，在经过以马克思主义为指导的批判继承之后，同样是抵御西方伦理道德观的一个重要力量。所以，一些人之所以把中华民族的优秀传统道德看作阻碍改革开放、束缚个性发展、不利于商品经济发展的桎梏，就是要假借反对传统之名行全盘西化之实。

民族虚无主义者在反对中国传统文化时，又特别把儒家的伦理道德说得一无是处。他们一方面把中国传统文化看作一个不能区分精华和糟粕的不可分割的整体，要打破就要整体打破，要否定就要整体否定，以对儒家思想的全面否定来达到整体否定中国传统文化的目的。他们对儒家伦理道德思想，更是采取形而上学的态度，“坏就是绝对的坏”，以偏概全，甚至认为儒家伦理思想就是“三纲五常”，此外似乎什么都没有了。有的人甚至说，“从人类文化史特别是思想史的角度看，中国文化传统中既无感性生命的勃发，也无理性反省意识的自觉，只有生命本身的枯萎，即感性狂迷和理性清醒的双重死亡”，“对传统文化我全面否定，我认为中国传统文化，早该后继无人”。

当然，我们在回顾新中国成立以来从“左”和右两方面对中国传统文化、伦理道德持否定态度的民族虚无主义的错误理论时，也应当注意无批判地复兴儒学的传统保守主义的思潮。在五四运动以前，为封建统治阶级服务的儒学在中国有两千多年的历史，可以说是根深蒂固，影响深远。五四运动以后，传统儒学虽受到“打倒孔家店”的冲击，但在国民党统治时期，复兴儒学的思想仍不断有所抬头，所谓“新儒家”一直在接着儒学的思想往前发展。目前，在港台和海外，一些所谓以“新内圣”开出“新外王”为目的的新儒家学派，以及一些所谓“儒家资本主义”的宣传者，都在宣扬复兴儒家文化，甚至企图用儒家文化和儒家伦理道德来取代社会主义文化和社会主义伦理道德。这种思潮当前在国内虽然还没有很大市场，但仍然值得我们警惕。

社会主义制度是建立在以公有制为主体的经济基础之上的，而中国传统伦理思想，产生于私有制基础，在相当长的历史时期内，是为以私有制为基础的封建制度服务的。对中国优秀传统道德的继承，首先应当是对劳动人民的优良道德品质的继承。由于历史的原因，劳动人民在长时期内没有学习文化知识的权利，无法把自己所实行和遵循的道德原则、道德规范和道德思想加以总结，更不可能形成系统化、理论化的成果（《墨子》等著作已多少反映出小生产者的伦理道德思想）。道德理论化、系统化的工作，总的来说，只能由统治阶级内的知识分子承担。因此，在继承传统道德时，我们必须进行阶级分析。统治阶级内的思想家、理论家们，在他们的思想理论著作中，既要为统治阶级服务，又必然会在不同程度上反映社会各个阶层的思想、观点和社会风貌。他们所总结概括的有关道德的理论，既要为统治阶级"长治久安"的目的服务，维护统治阶级的利益，又有协调人际关系、提高人的道德素质、使人们向更高道德水平前进的崇高追求。

对中国传统道德的继承和弘扬，其根本目的只能是为了使社会主义道德有更丰富的内容，有更能为群众所喜闻乐见的民族形式，有更加具有民族特色的凝聚力和向心力，从而使集体主义、爱国主义和社会主义真正成为我们社会在思想上的主旋律。这一点，正是我们同所谓"复兴儒家文化"以及主张"儒家资本主义"的那些理论所根本不同的。

如何正确对待中国传统伦理道德，是值得我们特别重视的一个重大理论问题和实践问题。40 多年来对待中国传统伦理道德问题上的经验教训，我们应该认真反思和总结。"左"和右都是片面的，都将把我们的认识引导到歧路上去。我们一定要在传统伦理道德的继承问题上拨乱反正，正本清源，纠正"左"的和右的错误认识，实事求是地分析我们的传统伦理道德，大力弘扬我国的优良传统道德。

中国传统道德，涉及的内容非常多，其中既有精华，又有糟粕，而且在有些情况下，精华与糟粕又相互结合，混杂在一起。

对于中国传统道德的态度，应当坚持批判继承、弃糟取精、综合创新和古为今用的原则。"批判继承"是一个总的原则，即强调我们的继承，是在历史唯物主义的理论指导下有批判、有选择、有目的的继承，是以广大人民群众的利益为原则的继承。"弃糟取精"是继承文化遗产，特别是继承传统伦理道德的一个重要要求，是一种弘扬精华、除弃糟粕的继承，是经过咀嚼、消化的继承。"综合创新"是强调在继承中国传统伦理道德时，要注意进行一种"综合"和"创新"的工作，即一方面，对中国历史上诸子百家的伦理道德思想，要择各家之精华，并加以比较、分析和综合，使之形成一种新的符合时代需要的思想；另一方面，还要注意对全人类的伦理道德遗产进行整理、对比和鉴别，并善于吸取其中有益的东西，同中国的传统伦理道德加以综合，以创造出人类的先进精神文明。"古为今用"是说我们强调批判继承中华民族传统道德的主要目的，就是为了适应有中国特色社会主义建设的需要，解决现实生活中有关伦理道德的种种问题，为我国的经济建设创造良好的道德环境，保证我国的物质文明建设能够沿着社会主义道路，更加健康地向前发展。

在弘扬中华民族优良道德传统的教育中，还应该特别强调，一定要把我们的优良道德传统同我党我军的革命传统、同社会主义道德的要求密切结合起来，融入建设有中国特色社会主义道德的总体系之中。中华民族的传统美德，不但不与我们的革命传统相矛盾，而且是革命传统的重要来源之一。正是因为继承了中华民族的传统美德，我们的革命传统才具有更加强大的生命力；中华民族的优良道德传统，也只有同我国的革命传统相结合，同社会主义的道德要求相结合，才能更具有时代意义，才能成为有中国特色社会主义道德体系的组成部分，才能在培养社会主义新人、提高广大人民群众的道德水平和改善社会风气等方面，发挥更重要的作用。

二、总的原则

马克思主义的历史唯物主义认为，无产阶级对于本民族历史上的传统文化特别是传统道德，应当采取一种既批判又继承的态度，批判是为了更好地继承，继承中就包含着批判，批判不是完全否定，而是一种扬弃，继承不是照搬，而是赋予新的意义。毛泽东同志曾经说过："今天的中国是历史的中国的一个发展；我们是马克思主义的历史主义者，我们不应当割断历史。从孔夫子到孙中山，我们应当给以总结，承继这一份珍贵的遗产。"① 又说："清理古代文化的发展过程，剔除其封建性的糟粕，吸收其民主性的精华，是发展民族新文化提高民族自信心的必要条件；但是决不能无批判地兼收并蓄。"② 这就是说，对于历史遗产的批判继承，就"如同我们对于食物一样，必须经过自己的口腔咀嚼和胃肠运动，送进唾液胃液肠液，把它分解为精华和糟粕两部分，然后排泄其糟粕，吸收其精华，才能对我们的身体有益"③。根据历史唯物主义的要求，我们可以对道德的继承问题，提出一个总的原则，即"批判继承、弃糟取精、综合创新、古为今用"。

---

① 《毛泽东选集》，2版，第2卷，534页，北京，人民出版社，1991。

② 同上书，707～708页。

③ 同上书，707页。

“批判继承”是一个总的原则，即强调“继承”是在历史唯物主义理论指导下的有选择、有扬弃、有目的的继承，是以是否符合广大人民群众的利益为原则的继承。

“弃糟取精”是继承文化遗产，特别是继承传统伦理道德的一个重要要求，是一种弘扬精华、除弃糟粕的继承，是经过咀嚼、消化的继承。

“综合创新”是强调在继承传统伦理道德时，一方面，要对中国历史上诸子百家的伦理道德思想加以分析比较、归纳综合，形成一种新的符合时代需要的思想，使之成为社会主义道德的一个组成部分；另一方面，还要对全人类的伦理道德遗产进行整理、对比和鉴别，吸取有益的东西，同中国传统伦理道德加以综合，以创造出人类先进的精神文明。

“古为今用”强调批判继承中华民族传统道德的主要目的，是为了解决现实生活中有关伦理道德的实际问题，以适应有中国特色社会主义建设的需要。在当前建设有中国特色社会主义道德体系的过程中，批判地继承中华民族传统道德，还能够使我们的社会主义道德更富有民族特色。

三、为什么无产阶级能够继承剥削阶级道德

历史上的传统道德，从阶级属性来看，大部分都属于剥削阶级的意识形态，是为剥削阶级的政治、经济服务的。为什么说这些基本上为剥削阶级政治、经济服务的道德，能够为劳动人民、为无产阶级所继承呢？

根据历史唯物主义的观点，人是一种社会的动物，有着社会性，而进入阶级社会之后，不同的阶级又必然有其不同的阶级性。在很长的历史时期内，人们在原始社会中生活，他们只有社会性而没有阶级性（当然，从一定意义上说，阶级性也是一种社会性），而在将来进入共产主义社会之后，阶级性又将消失，人们又将复归到没有阶级性而只有社会性的时代。人类社会只是在进入阶级社会之后，才由于利益的不同而分成不同的阶级，从而使人们的思想观念打上阶级的烙印。在阶级社会中，人们总是要分为不同的阶级，但同时又具有共同的社会性。人们既然在同一个社会中生活、交往，彼此之间就必须形成一些最起码的、简单的、必须遵守的公共生活规则，即使在剥削阶级与被剥削阶级之间，这种规则也是不能避免的。尽管在一定时期内，这些人类社会千百年来形成的公共社会规则被纳入剥削阶级的意识形态之中，甚至不断地遭到

一些人的破坏，但是，它们仍然是人们赖以生存、发展的，人和人之间相处必要的准则，应该得到继承，并应根据新的时代要求加以弘扬。人类的社会生活和人的共同的社会性，是人类社会中共同道德规范产生的社会原因。那种认为在阶级社会中不可能有人类共同的、起码的行为规范的看法，是不正确的。

为什么无产阶级能够而且必须对过去历史上的道德遗产（包括剥削阶级的道德思想、理论、原则和规范）加以继承呢？从理论认识和方法论原则来看，确实存在着怎样正确认识一般和个别的关系问题。在过去一段时期内，正如前面所说，一方面，存在着“左”的否定剥削阶级道德可以继承的理论；另一方面，也确实存在着不区分精华和糟粕，主张全盘继承的思想。对于前者来说，一些人之所以否定传统道德可以继承，原因之一就是只看到传统道德形成于特定历史时期和属于特定阶级的意识形态，没有看到其中也包含着一切时代所具有的共同因素；而主张全盘继承的错误，则在于夸大了传统道德中所包含的普遍性因素，看不到因时代发展而对传统道德进行变革的必要，看不到无产阶级所肩负的人类前所未有的历史使命。

四、怎样理解批判继承的普遍与特殊的关系

根据马克思、恩格斯在《德意志意识形态》中所指出的，即使在阶级对立的社会中，各阶级之间，既有对立的利益，也有共同的利益，“这种共同的利益不是仅仅作为一种‘普遍的东西’存在于观念之中，而且首先是作为彼此分工的个人之间的相互依存关系存在于现实之中”①。统治阶级的思想家们，为了维护统治阶级的长远利益，不但利用这种共同利益来制定维护社会稳定的道德规范，举起这种共同的、普遍的利益的旗帜来抵抗外来侵略，而且根据这种共同利益来开发自然和兴修水利。历代统治阶级的清官，从根本上来说，要维护的是统治阶级的利益，但他们都注意到了各个阶级所共生共存的、普遍的、共同的利益。先秦思想家孔子曾经提出过“因民之所利而利之”的思想，照今天的理解，就是说要根据老百姓自身的利益，使他们得到好处。从其当时的、特殊的目的来说，这自然是为了维护和巩固统治阶级的政治稳定，

① 《马克思恩格斯全集》，中文1版，第3卷，37页，北京，人民出版社，1956。

但应当说，这也是对人民有利的。同样，孟子提出“省刑法，薄税敛”，是要缓和阶级矛盾，但在客观上也有着对发展生产有利的方面。

普遍和特殊、抽象和具体、一般和个别，在哲学上本来是相互联结、不可分割的。从伦理道德思想来看，任何一个道德思想体系中，都内在地包含着一般和个别、抽象和具体、普遍和特殊的辩证关系。任何个别的、具体的、特殊的道德思想、道德命题、道德要求和道德规范，又都必然包含着一般的、抽象的、普遍的内容。从辩证法的观点来看，个别的东西就包含有普遍的东西，而普遍的东西，决不能是在个别之外的，而只能在个别之中。从伦理道德思想的继承来看，我们首先应当承认，任何一般的、抽象的、普遍的东西，都是同个别的、具体的、特殊的东西相联结而存在的，它们只能存在于这些个别的道德思想、道德命题、道德要求和道德规范之中。但是，我们还应当看到，一般的、抽象的、普遍的东西，又往往超越特定的时间地点、特定的阶级利益、特定的具体意义而包含有某些共同的、普遍的、能为其他时代所接受的内容。

五、怎样理解道德命题和道德要求的特殊意义和普遍意义

当一个道德要求被提出来的时候，它首先考虑到的是当时社会人际关系的要求，是当时社会秩序的安定与和谐。在奴隶社会和封建社会，还要考虑到维护当时的等级制度，这就是它在当时的特殊意义。由于人们受着社会的、历史的、阶级的局限，古人根据当时的特殊环境、特殊目的而提出某些道德命题、道德要求和道德准则时，往往自认为发现了人类道德生活的永久不变的永恒真理，并把这些道德命题和道德要求看成可以万古长存的，认为“天不变，道亦不变”。当然，这种形而上学的认识，是完全错误的，但是这些根据特殊情况、特殊目的所概括出的道德要求，仍然反映了社会生活中的人所必须共同遵守的某些道德要求，即反映了一些一般的、抽象的、普遍的人和人之间的行为准则。这些准则，也就包含了列宁所说的人类千百年来所形成的公共生活规则，也就是人们在长期的、共同的社会生活中所形成的共同的道德规范。正像恩格斯在《反杜林论》中所指出的，某些共同的历史背景，必然会使道德有某些共同之处。这种“共同之处”，就是我们今天所以能够继承传统道德的理论根据，而扬弃其特殊的、具体的、个

别的特性，把握其普遍的、抽象的、一般的属性中能够适用于今天的内容，就是我们今天之所以能够批判地继承的方法论依据。

六、区分精华和糟粕的标准

最后，我们还应当指出，弘扬精华、除弃糟粕，是我们继承中国传统道德的基本原则。那么我们以什么标准来区分精华和糟粕呢？我们认为，继承的标准就是人民性、进步性和科学性，在当前，区分精华与糟粕的最根本的标准，就是是否有利于广大中国人民的利益，是否有利于推动有中国特色社会主义建设事业，是否有利于建设和形成有中国特色社会主义道德体系，以及是否有利于形成中华民族的自信心和凝聚力。符合上述要求的就是精华，否则就是糟粕。符合上述要求的就是对于当前客观现实的正确认识，就具有科学性。具有科学性的思想，就能够正确地、有力地推动事物不断向前发展，也就具有进步性，有进步性也就必然能够反映广大人民群众的利益和要求，因而也就必然具有人民性。批判继承就是要继承科学性、人民性和进步性的精华。

第二章 以周公"敬德保民"为核心的西周伦理思想

——《尚书》、《易经》、《诗经》中的伦理思想

第一节 《尚书》中所反映的周公的伦理思想

《尚书》最早只称《书》，汉代称《尚书》。《尚书》成为儒家经典后又叫《书经》，是史官所收藏的春秋以前各时代的政论资料和其他记载的汇编。《尚书》在先秦就有了定本。孔子很重视《尚书》，他常常引用《尚书》的话来教育弟子，墨子也常常引用《尚书》的话作论据。此外，《孟子》、《左传》、《国语》、《礼记》、《荀子》、《韩非子》、《吕氏春秋》等书也都引用了不少《尚书》中的话。① 《尚书》有古文尚书和今文尚书之分。古文尚书是汉孝景帝时鲁恭王拆除孔子旧宅于墙壁中所得，共16篇，用古文写成，后遗亡。到东晋时，梅赜又献出古文尚书。经专家考证，梅赜所传古文尚书乃是伪书。今文尚书是秦朝时伏生所珍藏的。秦时焚书，伏生为秦博士，藏《尚书》，汉时讲传之。伏生所传《尚书》，共28篇，后又有流传《秦誓》一篇，加起来共29篇。今文尚

① 陈梦家先生统计，《论语》、《孟子》、《左传》、《国语》、《墨子》、《礼记》、《荀子》、《韩非子》、《吕氏春秋》九种书引《书》就有168条。参见陈梦家：《尚书通论》，第1章，北京，中华书局，2005。

书29篇中，有些篇章可能是春秋以后的儒家杂入的，需要我们认真地加以辨析。《尚书》记载史事最早的一篇是《尧典》，叙述的是唐尧和虞舜的事迹，主要反映了中国原始社会末期和奴隶社会初期的情况。《尧典》可能是殷末周初人根据传闻记录的。范文澜认为是周朝史官掇拾传闻所组成的有系统的记录。顾颉刚则认为它是秦汉时人所作。《尚书》记载史事最晚的一篇是《秦誓》，这一篇是春秋时（约前628—前627）秦穆公的誓词。《尚书》主要记载的是公元前11世纪至前627年大约400年间的官方文件和历史事件，有很重要的价值。这些历史资料中有很多值得研究的道德观念和伦理思想。

《尚书》不但是我国最早的历史文献之一，而且长期以来被视为一部极为重要的经典，对中国社会产生过很重要的影响。我们可以说，《尚书》作为一部政治历史文件汇集，是把道德思想、道德教育寓于政治和历史的叙述之中，把政治历史的叙述同培养品德、陶冶性情相结合，从而达到调整人与人之间的关系、维护国家长治久安的目的。《尚书》中的许多篇，如《尧典》、《皋陶谟》、《洪范》、《秦誓》等，都蕴含着重要的伦理思想，亟待我们去发掘。

周公姓姬名旦，又称叔旦，是西周王朝建立者周文王的儿子，周武王的弟弟。周武王死后，他辅佐成王（武王的儿子）治理国家，是西周著名的政治家，也是中国伦理思想史上最早的伦理思想家。《尚书》一书中的政治、伦理思想，主要是由周公提出的。周公总结了当时的统治经验，提出了“以德配天”、“敬德保民”和“明德慎罚”的思想，从而对殷商以来的天命论给予了新的解释，进一步论证了周王朝统治的合理性。更重要的是，他强调了“敬德保民”，特别是强调了道德对维护统治、调整统治者与被统治者之间关系的重要意义，认识到了“道德感化”、“道德教育”的作用，对以后中国的政治、伦理思想产生了极其重要的影响。春秋时期的著名思想家孔子，对周公推崇备至，并以周公的继承人自居，继承和发展了周公的政治和伦理思想。

周公不但提出了“敬德保民”的重要思想，还制定了一整套维护当时社会秩序的政治制度和道德规范，这就是后人所说的“周礼”或“周公之典”。当然，整个“周礼”不可能是由他一人制定的，但由此也可以看出周公在制定和推行“周礼”过程中的作用。

从中国伦理思想的内容来看，强调“德治”的特殊意义，是中华民族伦理思想的特点之一。从商朝开始，统治者就不断宣扬他们的权力是“天”所赐予的，是由“天命”所决定的，他们是受“天”的委托来治理老百姓的。西周灭商以后，同样强调了“天命”的重要，认为西周之所以能够灭商，是因为“天”不满意商对老百姓的统治，因而把这个权力给予了西周。为什么掌握世间一切大权的“天”，突然把统治老百姓的权力从殷商的手中夺过来，转交给姬姓的周朝呢？依据周公的理论，最重要的原因，就是商纣王不遵从“天”的意志，自己没有道德，又不能以德来管理和感化、教育人民。正是由于这一原因，周公把君主有没有道德同“天”是否把政权授予这一君王直接联系起来。一方面，是要造成舆论，向老百姓说明：周朝的统治是顺乎天意的；另一方面，也是为了警告、告诫和教育周朝的统治者们，要吸收殷商灭亡的教训。《尚书·康诰》中明确指出：“惟命不于常，汝念哉！无我殄享，明乃服命，高乃听，用康乂民。”这里的意思是说，一定要认识到“天”的大命是没有一定的，你要好好地想一想啊！不要因为你没有把国家治理好而断绝了我们祖先的祭祀，要努力完成你的职责，经常听取我对你的教导，只有把民众治理好，我们才能得到安康。这一“惟命不于常”的思想，就是在周公对康叔的训诫中提出的。与此同时，周公还提出了“明德慎罚”，确立了在治理老百姓的时候，要特别慎用刑罚、加强道德感化的原则。

在整部《尚书》中，周公多次指出，统治者之所以失去统治权力，就是因为他们失去了德；而他们之所以能有天命，就是因为他们有了德。天命是以德为转移的，因为至高无上的“天”是有德的，所以也要求他的子孙有德。

《尚书·召诰》中说：“我不可不监于有夏，亦不可不监于有殷。”这就是说，要吸取夏商二代的教训。又说：“王敬作所，不可不敬德。”这就是说，王也应该恭敬谨慎，以身作则，不可不敬重德行，从而强调王的德行的重要性。

正是在这样的情况下，周公再三强调，对统治者来说，敬德的目的是为了保民（“小民难保”），所以他把“敬德”和“保民”紧密地联系在一起。周公所说的“德”，就是要“无康好逸豫”（《尚书·康诰》），不要贪图安逸享受，“知稼穑之艰难”（《尚书·无逸》）等。严格讲来，周公所说的“德”，在大多数情况下，还只是讲的统治者的道德，是一种政治道德。但是，周朝的统治者们已经认识到，“保民”并不是一件容易的事，统治者自身应具备必要的道德。因为在周公看来，只有统治者自身能够不贪图享受，能够体察民情，能够给老百姓以恩惠，能够自身有道德，才能对老百姓进行感化教育，使老百姓有道德。周公的这一思想，经过孔子、孟子的发展，最终形成了系统的“仁政”、“王道”思想，在中国伦理思想史上产生了重要的影响。

《尚书》中的德有下列几个方面的意义：

首先，“德”是上天赐予统治者的，也可以说，“德”总是和“天”的意志联系在一起的。《尚书·召诰》中说：“王其德之用，祈天永命。”即做天子的只有根据道德行事，才能祈求所受天命的长久。一个天子，只有具备了上天所要求的品德，才能得到民的支持，才能维持自己的统治。

其次，“德”是一个不肯轻易加于普通人的品质或名号，是天子、贵族等应该具有并且只有他们才应该具有的道德品质。所谓“贱民”当然是谈不上有“德”的，“德”乃统治阶级的特权。有德就能够获得并保住统治地位，缺德、失德就应该失去统治地位，无德就根本不会有统治地位。周人把德看成君主个人的品行，既含有对王的意志的某种约束意义，同时又认可了王对德的依赖和垄断。唯有王可以“以德配天”，从而神权和王权在周天子身上得到了统一。当然，任何剥削阶级的统治者都是不可能真正具有这样的品德的。这里所说的德，既有做事要做得适宜的含义，也指统治者所应具有的一种宽容心和不忍人之心。

再次，“德”还有道德规范的含义。例如，《尚书·洪范》中说：“而康而色，曰：‘予攸好德。’汝则锡之福。时人斯其惟皇之极。”即如果有人态度谦恭地告诉你，他所爱好的就是你所建立的道德（或道德品质高尚的人），你就应当赏赐给他一些好处，这样，人们就会把君王所建立起来的道德规范当作至高无上的准则而加以遵守了。这里的“德”显然具有道德规范的意义，如果某人喜爱的并不是天子所提倡的道德或道德规范，天子恐怕是不会赐赏给他任何好处的。

最后，“德”也是天子或贵族统治者用来感化、管理、统治老百姓的一种手段。《尚书·洪范》说：“乂用三德”，“一曰正直，二曰刚克，三曰柔克”。在这里，道德的感化，即德政，是主要的。这种“明德慎罚”的思想，到后来就成了系统的、完整的“德威兼施”和“宽猛相济”的统治方法。

《尚书》对德是很重视的。《尚书·召诰》告诫说：“惟不敬厥德，乃早坠厥命。”《尚书》的整个政治思想，可以说就是贯彻以德治为中心的统治经验。在《尚书》中有《洪范》一篇，整篇内容叙说武王灭商后拜访殷纣王的叔父箕子时，箕子向武王陈述的意见。根据《尔雅·释诂》：洪，大也。范，法也。“洪范”就是根本大法。古代的法有法规、规范的意思。既然《洪范》为箕子所传，那么，它对于我们了解殷代或周初统治阶级的道德观念和伦理学说，是有重要意义的。

关于《洪范》的年代，传统的看法都认为它是西周初年的政治文件。近人有疑其晚出，认为它可能是在战国时代才形成的。由于《左传》中曾经多次引用《洪范》，可见它至少应当出现在春秋中叶以前。不管怎样，它表现了商周奴隶主阶级的道德思想这一点，是可以肯定的。

《洪范》的作者把他认为的大法，即最重要的规范划分为九个方面，又叫“洪范九畴”，主要包括唯心主义的神学世界观、维护奴隶等级制度的政治法律和道德规范、要求等。

何谓“洪范九畴”呢？《洪范》说：一曰“五行”，二曰“敬用五事”，三曰“农用八政”，四曰“协用五纪”，五曰“建用皇极”，六曰“乂用三德”，七曰“明用稽疑”，八曰“念用庶征”，九曰“向用五福，威用六极”。在这九畴中，和伦理思想有关的有以下几畴：

第一，“敬用五事”。即一个人（主要是统治阶级的成员）为人处世应该慎重地考虑五个方面的问题：“一曰貌，二曰言，三曰视，四曰听，五曰思。貌曰恭，言曰从，视曰明，听曰聪，思曰睿。恭作肃，从作乂，明作哲，聪作谋，睿作圣。”这就是说，一要注意态度，二要注意语言，三要注意观察，四要注意听闻，五要注意思考。态度要恭敬，语言要顺从（合乎道理），观察要清楚明白，听取意见要聪敏，思考问题要通达。态度恭敬，就能严肃地对待事情；语言顺从，天下就会得到治理；观察事物深入全面，清楚明白，就不会受到蒙蔽；听取意见聪敏，就会有智谋；考虑问题通情达理，就会合乎圣人的要求（就可以成为圣人）。

第二，“建用皇极”。皇，君也。极，至高无上的准则。“建用皇极”是说，天子建立的原则是至高无上的。这个至高无上的原则到底是什么呢?《洪范》说:“皇极:皇建其有极,敛时五福,用敷锡厥庶民。惟时厥庶民于汝极,锡汝保极。凡厥庶民,无有淫朋,人无有比德,惟皇作极。凡厥庶民,有猷,有为,有守,汝则念之。不协于极,不罹于咎,皇则受之。而康而色,曰:‘予攸好德。’汝则锡之福。时人斯其惟皇之极。”由于这段文字古老、简练、深奥,所以后人对于这个至高无上的原则,有着不同的理解。我们把这段话翻译成白话文就是:天子应当建立起至高无上的原则,要把五种幸福集中起来,一并赏赐给他的臣民。这样,臣民就会对天子所建立起来的原则表示拥护。同时,天子也就能够要求他的臣民遵守以下原则:凡是臣民,都不允许结成私党为非作歹。只要人们不结成私党,就会把天子所建立起来的原则作为最高准则。凡是臣民,都应当为天子谋虑,为天子办事,都应当根据天子所建立起来的原则要求自己,要牢牢地记住这一点。虽然臣民的作为有时不合于最高原则,但只要还没有达到犯罪的程度,天子就应当宽容他们。这样,人们就会把天子所建立起来的道德规范当作至高无上的准则而加以遵守了。由此看来,所谓的皇极,即至高无上的原则,就是适应统治者的利益要求的道德和法的最高规范。在这里,法的规范和统治者对臣民的道德要求是合二而一的。

第三,“乂用三德”。《洪范》说:“三德,一曰正直,二曰刚克,三曰柔克。平康正直,强弗友刚克,燮友柔克。沉潜刚克,高明柔克。惟辟作福,惟辟作威,惟辟玉食。臣无有作福、作威、玉食。臣之有作福、作威、玉食,其害于而家,凶于而国。人用侧颇僻,民用僭忒。”这是说治理臣民的办法有三种:一是能够端正人的曲直,二是以刚取胜,三是以柔取胜。要想使国家太平无事,就必须端正人的曲直。对强硬而不能亲近的人,必须用强硬的办法镇压他们;对那些可以亲近的人,就要用柔和的办法对待他们。对卑贱的小人,必须镇压;对高贵显赫的贵族,必须柔和。只有天子才有权给人以幸福,只有天子才可以给人以惩罚,只有天子才可以吃好吃的饭食。臣下没有权力给人以幸福,没有权力给人以惩罚,没有权力吃好吃的饭食;否则,就会给你的王室带来危害,给你的国家带来危害。人们也将因此而背离王道,小民也将因此而犯上作乱。

“三德”虽然是治理国家和臣民的政术,然而它也表现了当时统治者的伦理主张。所谓“正直”,显然是要以符合统治者利益的道德和法的规范来正人间的曲直。符合统治者的利益和规范，就是“直”；不符合的，即是“曲”，就要正其“曲”以归于“直”。统治者骑在人民头上作威作福，是天经地义的；贱民稍有不轨，则是大逆不道。统治阶级的道德观念完全是从他们的切身利益中引申出来的，这一点是极其明显的。统治阶级的道德规范、道德判断，完全是为其自身服务的，这一点也没有加以丝毫的掩饰。“刚克”和“柔克”的思想，反映了道德的阶级性。“柔”道是不适于调解统治者和贱民之间的关系的，它只适用于“高明”之人，只适用于调解统治阶级内部的关系。

第四，“向用五福，威用六极”，这是《洪范》中的第九畴。《洪范》说：“五福，一曰寿，二曰富，三曰康宁，四曰攸好德，五曰考终命。六极，一曰凶、短、折，二曰疾，三曰忧，四曰贫，五曰恶，六曰弱。”这是说，五种幸福就是：一长寿，二富足，三平安而无疾病，四遵行美德，五长寿善终。六种惩罚是：一早夭而不得好死，二多病，三多忧愁，四贫穷，五丑恶，六懦弱。

从这里可以看出，“福”就是幸福。远在公元前 11 世纪前后，中国的政治家和思想家们就已经十分注意对幸福问题的研究，并且是从善恶、祸福两个对立的方面来考虑的。在西方，生活在公元前 7 世纪到前 6 世纪的梭伦对幸福有一个系统的解释，并在西方产生了重要的影响。梭伦的解释与《洪范》的解释大体上一样。梭伦所说的幸福，包括以下几个内容：(1) 要有中等的财富；(2) 身体不会残废，没有疾病；(3) 不会遭到什么祸害或不幸，总是能够心情愉快；(4) 有好的儿孙；(5) 能够得到善终。通过比较我们可以看到，《洪范》中所说的“五福”和梭伦对幸福的解释基本上是相同的。然而，中国古代思想家首先强调长寿，其次才是财富，梭伦则不同。更为重要的是，中国古代思想家把“攸好德”看作幸福的一个重要方面，即把爱好美德，向往高尚的精神生活看作一种幸福，而晚几个世纪的西方思想家梭伦对幸福的解释中则没有这一条。由此可见，中国古代的道德思考要比西方更加深刻一些。

对于“福”或幸福的解释，除个人的幸福外，还有臣民的福利的意思。正如《洪范》中强调的：“惟辟作福，惟辟作威，惟辟玉食。臣无有作福、作威、玉食。臣之有作福、作威、玉食，其害于而家，凶于而国。”

从《尚书》中还可以看到，“孝”作为一种道德规范，已经被放在很重要的位置上了，这是和当时的社会已产生的宗法制度相适应的。

《尚书》从一开始就十分重视孝。《尧典》记载，尧对四方的诸侯说：“我在位七十年了，你们之中有哪一位能代替我呢?”诸侯们答道：“我们的德行鄙陋，不配登上天子的大位。”后来，有人告诉尧说，在民间有一个处境困苦，并且还不曾娶妻的人，他的名字叫虞舜。尧问：“他的德行到底怎么样呢?”诸侯们说：“虞舜是瞽瞍的儿子。其父心术不正，其母善于说谎，其弟名象，十分傲慢，而舜却能和他们和睦相处，以自己的孝行感化他们，家事处理得十分妥善，家人也都改恶从善，使自己的行为不流于奸邪。”尧说：“那我就考验考验他吧!”于是，就把自己的两个女儿嫁给舜做妻子，并让他处理政务。结果证明，舜确实是一个很有德行的人。尧对他很满意，就把帝位传给了他。

在周朝，孝作为道德规范，不仅受到统治者的大力提倡，而且其推行还受到法律的保护。《尚书·康诰》中有周公训诫康叔的话：“封，元恶大憝，矧惟不孝不友。子弗祇服厥父事，大伤厥考心；于父不能字厥子，乃疾厥子；于弟弗念天显，乃弗克恭厥兄；兄亦不念鞠子（稚子）哀，大不友于弟。惟吊兹，不于我政人得罪，天惟与我民彝大泯乱。曰：乃其速由文王作罚，刑兹无赦。”这段话是说：封（康叔）呵！那种罪大恶极的人，就是不孝顺、不友爱的人。做儿子的不恭敬地按照他父亲的要求做事，这样就会使他的父亲大为伤心；做父亲的不疼爱他的儿子，反而讨厌他的儿子；做弟弟的不考虑上天的权威，这样的人也就不会恭敬地对待他的兄长；做兄长的不顾念他幼小弟弟的哀痛，对他的态度很不友好。民众到了这种不孝、不友好的地步，还不到我们执政者这里来认罪，这样，上天赐给我们的统治民众的大法，便遭到了严重的破坏。你就应当根据这些罪恶，按照国家的法律，马上把他们杀掉。由这里可以清楚地看到，孝顺父母、尊敬兄长不但是很重要的道德规范，而且是要用法律来加以保护的。周人在用刑上，和殷人有所不同，在刑罚上进行了比较开明的改革。如果不是有意作恶，即使犯了大罪，也不轻易判处死刑。但是，对那些不孝不友的人，则是要严加惩罚的。这种情况说明，以血缘氏族为纽带的奴隶制度，为了保持自身的存续和稳定，必须重视“孝亲”这一道德规范。到了春秋后期，孔子更进一步阐明了孝的重要性，《论语》中还明确提出了孝为德之根本的思想。溯其根源，《论语》中关于孝的思想是从上述周公的思想发展而来的。

在《尚书》中已经有了对理想政治人物的道德标准的描述，这也可以说是中国思想史上最早的关于“理想人格”或“道德理想”的记载。

《尚书》中的《秦誓》，据说记载的是秦穆公对自己错误的认识。由于他没有听从大臣蹇叔的劝告，致使秦国在一次战争中遭了惨败。他痛切地感到一个理想的忠臣的重要性。秦穆公说：“昧昧我思之，如有一介臣，断断猗无他技，其心休休焉，其如有容。人之有技，若己有之；人之彦圣，其心好之，不啻若自其口出。是能容之，以保我子孙黎民，亦职有利哉！人之有技，冒疾以恶之，人之彦圣，而违之俾不达。是不能容，以不能保我子孙黎民，亦曰殆哉！邦之杌陧，曰由一人；邦之荣怀，亦尚一人之庆。”这段话集中地阐述了为官从政者的理想人格，其标准是：一个人可以没有别的特殊的本领，但他忠实诚恳、品德高尚、心地宽厚、能容人容物。别人有本领，他一点也不嫉妒，就像他自己有这种本领一样；别人品德高尚，本领高强，他不但口中常常称道，而且真正从内心里喜欢。这种宽宏大量的人能够发现、举荐人才，能很好地使用人才，是可以为子孙臣民造福的！人家有了本领，便嫉妒别人，讨厌别人；人家有了好品德，便故意压制，使别人的美德不为君上所了解，这种心胸狭窄的人是不能保住子孙臣民的幸福的。这样的人，实在危险啊！在这里，还得出了一个结论：国家的危难，是因为君主用人不当；国家的安宁，是因为君主用人得当。

应当说，《秦誓》中对政治道德的探讨是有一定深度的。从治理社会的角度来说，只有把具有上述高尚品德的人选拔出来做官，才能使国家平安，使黎民生活安定，使统治得以巩固。因为这样的人不但能为君主推荐各方面的人才，而且还能够发现所谓“彦圣”之人，为社会树立道德榜样。这里所说的“彦圣”之人，已经不是对先王的尊称，而是指品德高尚的人。《秦誓》中所规定的政治官员的道德，完全是从最高统治集团的利益出发的，对最高统治集团忠诚、有用，这就是政治官员道德的根本要求。

《秦誓》中关于为官为政者的理想人格的思想，有着深远的历史影响。秦汉之际的《大学》，还专门引用了这段话，并且还根据《大学》所建立的伦理思想体系加以发挥。历代的统治阶级也大都以这种思想来训诫其官吏，以便更长久地维护他们的统治。

第二节 《易经》中的伦理思想

《易经》又称《易》或《周易》。《周易》本经，是周代的筮书，即算卦问卜的书。根据某卦某爻的象数以定人事凶吉，休咎有验，记载下来，再加以汇集编订，便为筮书。它的成书年代在公元前 12 世纪前后。由于形成的时期很早且涉及的范围极其广泛，几乎包括了当时人们的生活和社会上各个方面的情况，因此，《易经》不仅在中国，就是在世界上也是极为少见的珍贵史料。

《易经》还反映了很多当时社会的政治思想、道德思想和教育思想。尽管这种反映在内容上是片段式的，文字上是简单的，思想上是朴素的，并且还夹杂着许多迷信的附会和推测，但是，只要我们能用历史唯物主义的观点进行正确的分析，它对我们了解公元前 12 世纪前后的社会道德状况和伦理思想，还是很有帮助的。

《易经》分上、下经及《十翼》。上、下经就是人们所说的本经，十翼（上《彖》一，下《彖》二，上《象》三，下《象》四，上《系辞》五，下《系辞》六，《文言》七，《说卦》八，《序卦》九，《杂卦》十）称为传。传是对经的最古注解。经有传，就像鸟有羽翼一样，传有十篇，故称十翼。一般学者认为，《周易》中的经，大约为西周初年的作品，《周易》中的传，非出于一人之手，大约均作于春秋战国时期。

《易经》本来是占卦用的，它共有六十四卦，每卦六爻，共三百八十四爻。每卦都由最基本的阳爻和阴爻组成，用以说明阴阳相互作用而形成的各种不同变化。占卦占着某卦某爻，就根据此爻的解释以定吉凶。《易经》中用符号“—”表示阳，用“--”表示阴。由阴阳先演化出八种图形，即☰（乾）、☷（坤）、☳（震）、☴（巽）、☵（坎）、☲（离）、☶（艮）、☱（兑），然后再两两相叠，形成六十四卦。每卦都有象、卦名、卦辞和爻辞。

在《易经》中，高尚的行为总是和顺利、好运气相联系的，例如：

> ䷎ 谦。亨，君子有终。
>
> 初六：谦谦君子，用涉大川，吉。

六二：鸣谦，贞吉。

九三：劳谦，君子有终，吉。

六四：无不利，抝谦。

六五：不富以其邻，利用侵伐，无不利。

上六：鸣谦，利用行师征邑国。

“谦。亨，君子有终。”谦，卦名，意为谦虚；亨，即通或亨通；终，古语谓有好的结果为终。这句话的意思是说，谦虚则亨通，君子行事谦虚，必有好结果（高亨认为，亨即享字，祭也，筮遇此卦，可举行享祭，君子能得到好结果）。“谦谦君子，用涉大川，吉”，“谦谦”意为谦而又谦，谦谦则小心谨慎，用这种态度来经涉大川之险，则一定会顺利通过。“鸣谦，贞吉。”鸣，名也；贞，占问。其意是说，有名而且谦虚，则所占筮之事吉。“劳谦，君子有终，吉。”劳，古指功劳，居功不傲，有功劳而谦，则君子行事必有好结果，是吉矣。“抝谦”，抝，同挥。《说文》曰：挥，奋也。抝谦，发奋而谦虚。那么，一切事情都会是顺利的，故说“无不利，抝谦”。“不富以其邻”，以，意为因，是说本国不富，是由于被邻国掠夺了财物。罪行在邻国，我兴师讨伐，合乎正义，可得胜利，无有不利。“鸣谦，利用行师征邑国”，是说有名而谦，国有威力而不骄傲，出兵征伐大夫之邑、诸侯之国，就自然能获得胜利。《谦》卦把谦划分为“鸣谦”、“劳谦”、“抝谦”三类，可见公元前 12 世纪前后的中国人对于道德行为已有了相当深刻的认识，且有了相当高的概括能力。品德谦虚和行事顺利之间是有必然联系的，然而，《易经》把谦虚看作有好运气的前提，或者说品德谦虚则必有好运气，这反映了古人一定程度的迷信思想。

除《谦》卦外，涉及伦理思想的还有《恒》卦、《讼》卦、《节》卦等。如《恒》卦讲“恒其德”，《讼》卦涉及忠信、修养德行，《节》卦讲到节俭。我们对《易经》中大量涉及伦理思想的卦名、卦辞和爻辞的分析，现在做得还很不够，有待于进一步研究。

“德”字在《易经》中出现了多次，它清楚地包含着道德行为、道德品质，并兼有道德评价的意义。《益》卦中说：“有孚惠心，勿问元吉，有孚惠我德。”（孚，古俘字，据高亨。）惠，安抚。问，遗人以物谓之问。元，大也。爻辞言：筮遇此爻，有俘虏用好言好语安抚而无须物质优待，是大吉，有俘虏顺从我之德行。传解：孚，信也。王引之曰："惠，顺也。有孚惠心者，言我信于民，顺民之心也。有孚惠我德者，言民信于我，顺我之德也。"此释合于传意。关于"孚"字是指俘虏还是信实，这是可以研究的，究竟应当怎样解释，尚待进一步的考虑。但是，我们可以看到，"德"字已经明显地包含着个人德行的意义了。

此外，在《讼》卦中，还有"食旧德，贞厉，终吉。或从王事，无成"。食借为饬，即修饬。旧德，指固有的品德，这里并不是指个人的品德，而是指当时社会即统治阶级所要求的品德。"食旧德"意为修饬自身，使自己的言行合于固有的品德。这里明确地认为，如能修养固有之美德，占问虽有危险，最终还是吉利的。

在易经的《恒》卦中，也有关于"德"的记载："不恒其德，或承之羞，贞吝。"这就是说，人如果不能恒久地保持自己的品德，一定会遭到他人的羞辱，不免招致困难，所以卜筮遇到此卦，则吝。《恒》卦中又说："恒其德，贞，妇人吉，夫子凶。"（贞，高亨作卜问介，《传》作正。）一般人都解释为，妇人以从夫为义，其道一轨，故恒其德以从夫则吉，夫子要因事制宜，其必多方，恒则凶。这个解释还没有把《恒》卦本来的意义完全解释清楚，但它强调了"恒其德"的重要意义，有一定的可取之处。

在《易经》中，"大人"、"君子"和"小人"的概念也曾多次出现。我们对此加以分析研究，就可以发现当时的人们已经很明确地区分了政治理想和道德理想，把"大人"看作在位的、有权势的人的代称，把"君子"看作道德高尚的人的代称。《易经》中谈到"大人"的共有13处，都是指"有位之称"；谈到"君子"的共有20处，几乎全都是指道德高尚的人，或者说道德高尚的人是怎么样的，是应当如何的。根据《易经》的原意，我们可以说，"大人"是在位的，但他可以没有道德（当然，"大人"也可以有道德）；"君子"必须是有道德的，但可以不在位（当然，"君子"也可以在位）。因此，一般来说，把"大人"解作有权势的人，把"君子"解作有才德的人，是比较合适的。

为了更清楚地理解"君子"和"大人"的区别以及"君子"的品德，我们可看《易经》的第一卦《乾》卦：

> ☰ 乾。元，亨，利，贞。
>
> 初九：潜龙，勿用。

九二：见龙在田，利见大人。

九三：君子终日乾乾，夕惕若，厉无咎。

九四：或跃在渊，无咎。

九五：飞龙在天，利见大人。

上九：亢龙，有悔。

用九：见群龙无首，吉。

在这里，我们可以清楚地看到，大人是有权势、居高位的人。“见龙在田”的见，读为现。“见龙在田，利见大人”，龙出现于田中，比喻“大人”活动于民间，人们如果见了，就会有利，所以筮得此爻，则宜于去拜见贵人。“飞龙在天，利见大人”，这是说龙在天空乘云腾升，预示人的飞黄腾达，能筮此卦，非常吉利，一见“大人”，就会受到提拔重用。至于说到“君子”，提法就明显地不同了。《乾》卦说：“君子终日乾乾，夕惕若，厉无咎。”意思是：一个有道德的君子，对自己严格要求，日则勤勉不惰，夕则惕惧反省，虽然处境危险，亦可无咎。（乾乾，进不倦也；惕，惧也，敬也。）《否》卦说：“否之匪人，不利君子贞，大往小来。”据《释文》：否，闭也，塞也。这就是说，如果否其所不当否，即塞其所不当塞，贬斥贤人，此占不利于有道德的人，君子道消，小人道长。这里是在论述一种社会道德现象，是显而易见的。然而，也有人认为《易经》中的“大人”是指贵族，如王侯、大夫等，“君子”是指天子、诸侯、大夫等。我们认为，这种解释是不太合适的，相比较而言，还是《易传》作者的解释更为可取。

那么，“君子”有哪些美德呢？除了我们在上面所说的谦虚、节俭、勤勉不惰、交好贤人等高尚品质外，还必须要有“信”的品德。《易经》中的《中孚》卦说：“有孚挛如，无咎。”即有忠信之行，能够挛然一贯，便无灾咎。《未济》卦又说：“贞吉，无悔。君子之光有孚，吉。”《易传》把“孚”解释为信，“君子之光有孚，吉”是谓君子之光荣是言行有信，所以得吉。孚字有二解：有时作俘解，有时作信解。另外，“君子”还应该有不贪图官禄的美德。《遯》卦中说：“好遯，君子吉，小人否。”“遯”意为退隐，这就是说，君子不追求高官厚禄，喜爱隐退，因而不致招祸，故吉；而小人追名逐利，贪图官禄，因此而招祸，故不吉。《遯》卦不仅说明了不贪权势利禄、追求所谓清高是君子的品德之一，而且也进一步证明了我们在前边所说的“大人”主要以权势言，“君子”主要以才德言这样一种看法。

《易经》不但强调了人们应具备谦、节、勉、信、隐等道德品质，而且也很重视道德上的“观”的重要性。《易经》中所说的“观”，有着后人所说的“省察”的意思。《易经》中的《观》卦，不但讲到了对客观事物的观察，而且也讲到了对自己和对别人的观察。《观》卦中有“童观，小人无咎，君子吝”，“观我生，进、退”，“观我生，君子无咎”，“观其生，君子无咎”，等等。“童观”指幼稚的、粗浅的、简单的观察。这样进行观察，对于小人即普通的庶民来说是无妨害的，而对君子就要产生危害，使其陷入艰难的处境。“观我生”、“观其生”应如何加以解释，这在学术界是存在着一些分歧的。一般都把“观我生”、“观其生”中的“生”字解释为姓、百姓或百官。“观我生，进、退”，意为国君考察自己的百官庶民，则知自己用人施政之得失，进退得当；“观其生，君子无咎”，意为国君考察他国的百姓庶民，则施政就更为得当，不会造成祸害。实际上，“观其生”、“观我生”中的“生”字有生长、前进的意思。君子之所以能够无咎，很重要的一点就是他能观察自己和别人的生长、发展过程，并能从中吸取教训，以提高自己的才智和道德品质。《易经》中的生，指的是生活经历，我们可以找到多处根据。“观我生，进、退”的含义是省察我自身，则知进退适止；“观其生，君子无咎”的含义是观察、省察他人的生活历程，以辨别信诈、善恶，如此君子就可以无咎。从这个意义上看，它们和“君子终日乾乾，夕惕若，厉无咎”是一个意思。这种“观我生”和“观其生”的修养方法，对后来的伦理思想有重要的影响。我们可以看到，《论语·学而》篇中曾子所说的“吾日三省吾身：为人谋而不忠乎？与朋友交而不信乎？传不习乎？”就是《易经》中“观我生”的发展。《论语·里仁》篇中孔子所说的“见贤思齐焉，见不贤而内自省也”，就是由“观其生”推衍来的。

《易经》对孔子产生了重要的影响。孔子曾经说：“加我数年，五十以学《易》，可以无大过矣。”（《论语·述而》）意思是说，让我多活几年，到50岁的时候去学习《易经》，便可以没有大过错了。何以说学习《易经》就可以使自己不会再有大的过错呢？很显然，孔子是从自己的品德修养方面来看《易经》这部著作的，或者说，孔子是把《易经》当作一部很重要的有关道德的书来读的。《史记·孔子世家》中说：“孔子晚而喜《易》……读《易》，韦编三绝。”孔子晚年是那样地喜读《易经》，以至于穿《易经》竹简的牛皮绳子都被他用断了多次。这应当说是有历史根据的，并不是一般的溢美之词。相传孔子曾经编订《易经》，并且把它作为对弟子进行品德教育的课本，他重视《易经》也就是合情合理、理所当然的了。

第三节　《诗经》中的伦理思想

《诗经》又称《诗》或《诗三百》，是我国的第一部诗集，早在西汉武帝时就被视为五经之一，其中的诗大约是西周初年到春秋中期的作品，最晚的诗篇距现在也有2 500多年了。《诗经》中的诗分为风、雅、颂三类，共305篇，简称“三百篇”。这部书从政治、经济、习俗、道德等各个方面，对西周初到春秋中期大约500年间的各种社会关系和社会现象给予了清晰而深刻的描述。道德关系，是人和人的社会关系中的一个重要方面，是《诗经》所反映的重要内容。虽然《诗经》中有些材料并不是直接说明道德问题的，但它对我们研究中国早期的道德观念和伦理学说，有着重要的参考价值。

《诗经》虽然是由当时的统治阶级及其文人所收集、整理和删改的诗歌集，其中不少地方反映了统治阶级的思想，但是，其中仍然可以看到劳动人民思想感情的流露。从一定意义上，我们可以说，由于这部诗歌总集比较真实地反映了人们社会生活的各个方面，并且对当时的各种社会现象进行了爱憎分明的评价，提出了对丑恶、残暴、狡诈的批判，表达了对正直、善良、美丽、勤劳、忠实的歌颂，所以它又是一本立身处世的教育材料。《诗经》并没有指出人们之间应当遵守什么样的道德原则，更没有系统地提出什么道德规范，但它寓善恶褒贬于文艺之中，以诗歌的形式描绘了一幅又一幅真实而生动的关于人们之间道德关系和社会道德现象的画面，从而使每一个读了它的人都能够从中得到教益，陶冶性情，达到调整当时社会中人与人的各种关系的目的。

同《尚书》一样，《诗经》把“德”主要看作天子或贵族才具有的高尚品质。《诗经》中的《大雅》，被认为是西周初年的作品，其中有许多篇直接反映了统治者的道德品质和“德治”。《文王》一诗歌颂周文王，不但说他是上帝授命来治理国家的，而且说他是一个道德高尚、能以德服人的君王。《大明》说：“维此文王，小心翼翼，昭事上帝，聿怀多福，厥德不回，以受方国。”这就是说，文王这个人，为人小心而谨慎，他懂得怎样事奉上帝，所以能够获得福泽；他从来不违背德行，所以能够得到各国的信任。此外，《文王》、《大明》、《思齐》、《皇矣》、《下武》等篇中，“德”字很多，如“聿修厥德”、“其德克明”、“帝迁明德”、“予怀明德”、“世德作求”等，都有这方面的意思。“德”，特别是贵族的“德”，对于当时社会秩序的安定、对于统治阶级权力的巩固，都有重要的作用。

《诗经》中的《大雅·卷阿》中有“有孝有德”的话，告诫人们要既有孝行，又有德行。《周颂·闵予小子》中又说：“於乎皇考，永世克孝”，认为最大的德行，就是永远能够躬行孝道。《大雅·下武》中更说：“成王之孚，下土之式，永言孝思，孝思维则”，认为王德能够取信于天下，天下之人都以此作为标准，这就是永远不要忘记孝顺的思想，孝顺的思想就是人们应该遵守的道德法则。这样，从《诗经》中我们可以清楚地看到，“孝”已经成为当时社会最重要的行为准则了。这可以说是我们看到的以准则形式出现的最早的道德要求。这种以“孝”为基本准则的道德思想，是当时氏族制的经济、政治的反映。

周朝是一个奴隶主与奴隶相对立的阶级社会，社会的意识形态，包括道德观念，分裂为两种相互对抗的形式。在《诗经》中，除了表现、歌颂统治阶级道德品质的诗篇外，还有一些诗篇反映了劳动人民的道德观念和思想情操，这是很宝贵的。

在《魏风·伐檀》中，有这样的诗句：“不稼不穑，胡取禾三百廛兮？不狩不猎，胡瞻尔庭有县貆兮？彼君子兮，不素餐兮！”这是说，既不耕种又不收获，为什么要拿走三百顷地的谷物？不上山狩猎，为什么庭中挂着獾肉？那些君子老爷啊，岂不是吃白食呵！尤其这最后一句，更突出地强调了那些在位的、所谓有“道德”的贵族老爷，都是些不劳动、白吃饭的寄生虫。君子，在这里指在位的贵族中的有德者。素餐，指光吃饭不干活，即不劳而食；一说“不素餐”指贵族只吃荤不吃素。从这里可以看出，被压迫被剥削的劳动人民，同统治着他们的贵族的道德观念，是根本不同的。贵族中所谓有德的贵族，和别的贵族一样残酷地剥削劳动人民，他们并不是真正有德性。《硕鼠》中更进一步说：“硕鼠，硕鼠，无食我黍！三岁贯女，莫我肯顾！逝将去女，适彼乐土。乐土，乐土，爰得我所。”在这里，劳动人民把剥削他们的贵族老爷比作偷盗他们粮食的大老鼠，而向往那种没有压迫、没有剥削的“乐土”。

《诗经》中有些诗篇一方面反对贵族老爷们的腐化，另一方面又宣传一种及时的、有节制的行乐的思想。《唐风·蟋蟀》中说：“蟋蟀在堂，岁聿其莫。今我不乐，日月其除。无已大康，职思其居。好乐无荒，良士瞿瞿。”这首诗主张人生应当及时行乐，不要让时光白白流逝。但又提醒人们享乐不要太荒唐，不要太过分，不要忘记自己的正事，否则会自遗其咎。这种及时行乐但又要有节制的幸福观，包含着物极必反的哲理。然而，主张行乐的观点，大都是剥削阶级的幸福观。上述观点在行乐时还不忘职守，告诫人们享乐不要太荒唐，这反映了当时的统治阶级还是一个有着进步的历史作用的阶级。《诗经》中宣扬的享乐论是中国伦理思想史上第一次提出享乐型人生观，它对后来伦理思想的发展曾经起过重要的作用。《诗经》中没有阐述如何享乐及在哪些方面享乐。到了战国时期，《列子·杨朱篇》发展了《诗经》中关于享乐的观点，形成了完整的、系统的享乐论。

在《诗经》中，反映男女爱情生活及爱情道德的内容，占有相当大的比重。《国风·周南·关雎》中写道：“关关雎鸠，在河之洲。窈窕淑女，君子好逑。”这首诗不仅词句优美，更重要的是诗人那优美的、高尚的情操溢于言表，给人以美的享受，给人以善的教益。“窈窕淑女，君子好逑”，是说一个道德高尚且有才华的人的对象，应当是一个既美丽又贤淑的姑娘，河边的那个美丽善良的姑娘，正是君子所渴求的好对象。这里的“淑”字，就是指品德善良。“窈窕”二字，据马瑞辰《通释》：“《方言》‘……秦晋之间，美心为窈、美状为窕’。”可见，在我国古代，男女间的恋爱不但讲究对象外表的美，而且还很注重心灵的美，即注重品德的高尚。《邶风》中有一篇题为《绿衣》的诗，诗说：“绿兮丝兮，女所治兮。我思古人，俾无訧兮。”这描写的是诗人本人看到亡妻生前制作的绿丝衣裳，睹物思人，十分沉痛地悼念妻子。作者想起妻子生前勤劳、正直，遇事规劝，使他很少犯错误，因此，对妻子的悼念就愈加悲切。诗中所表达的思念之情忧伤而缠绵，反映了夫妻间忠诚、坚贞的爱情。《鄘风·柏舟》一诗，一方面歌颂了男女之间真挚的感情，同时也控诉了当时社会婚姻不自由的状况。诗说："泛彼柏舟，在彼河侧。髧彼两髦，实维我特。之死矢靡慝。母也天只！不谅人只！"其意是说：荡着柏木小船，漂在河中间。那人头发两边垂，确实是我的好配偶，我爱他到死心不变。我的娘啊我的天！为何不体谅我的心愿！

《诗经》中不仅有对男女间忠贞爱情的赞美，也有对恋爱和家庭中不道德现象的鞭挞。《邶风·日月》中说："日居月诸，东方自出，父兮母兮，畜我不卒。胡能有定，报我不述！"其意是：太阳和月亮，出自东方，爹啊娘啊，何不把我终身养。他的脾气哪有准，对我无礼不像样。写妇人受到丈夫虐待而表现出的怨恨和愤慨之情。《卫风·氓》中说："三岁为妇，靡室劳矣。夙兴夜寐，靡有朝矣。言既遂矣，至于暴矣……"描写一个劳动妇女，和一个农民恋爱结婚，过了几年的贫困生活，后来家境渐好，丈夫对她越来越专横、粗暴，越到老年，丈夫就对她越不像话。诗中描写了妇女失掉丈夫的爱，受到丈夫虐待的伤心境况，谴责了某些男人对待妻子心怀叵测、三心二意的恶劣行为。《王风·中谷有蓷》中说："……有女仳离，条其啸矣！条其啸矣，遇人之不淑矣！"描写一个女子因嫁了一个不道德的男人，后被抛弃，流离失所，悲苦无告，伤心至极。诗中对妇女的遭遇寄予了深切的同情。

对于统治阶级不道德的家庭生活，《诗经》也给予了无情的揭露和讽刺。《齐风》中的《南山》①、《敝笱》②、《载驱》③ 三篇都揭露了齐襄公与同父异母妹妹文姜私通纵淫的丑事；《邶风·新台》④ 揭露、讽刺了卫宣公强占儿媳的丑事。

《诗经》中关于爱情、婚姻、家庭生活的诗篇，反映了古代中华民族，尤其是劳动人民正直、纯朴的道德观念，这些思想对以后中国关于婚姻关系的伦理观念，有一定的影响。

---

① "既曰庸止，曷又从止"，既然已经出嫁，为何又去从他？

② "齐子归止，其从如云"，文姜嫁给鲁国，又回到齐国，仆从多如云。

③ "齐子翱翔"，"齐子游敖"，说文姜回到齐国，逍遥自在，自在逍遥。

④ "鱼网之设，鸿则离之"，为着捕鱼设网罗，谁知网了癞蛤蟆。

第三章　儒家创始人孔子以“仁”为核心的伦理思想

第一节　孔子的生平及其时代背景

孔子，名丘，字仲尼，生于鲁襄公二十二年（公元前551），卒于鲁哀公十六年（公元前479），是春秋末期鲁国人。

孔子出生于没落的贵族家庭。《礼记·檀弓上》载，孔子自己说“而丘也，殷人也”，即说他是殷商的后裔。孔子的四世祖孔父嘉是宋国的贵族，任大司马，掌握着宋国的军事大权，后因政治斗争失败被害，其子孔防叔（孔子的曾祖父）才迁到鲁国。孔子的父亲叫叔梁纥，做过鲁国的邹邑宰。孔子的母亲名徵在，姓颜。叔梁纥死后，孔子的母亲就带着他移居到鲁国的中都（今山东曲阜）。

司马迁在《史记》中说：“纥与颜氏女野合而生孔子”，“丘生而叔梁纥死，葬于防山。防山在鲁东，由是孔子疑其父墓处，母讳之也”，“孔子母死，乃殡五父之衢，盖其慎也。陬人輓父之母诲孔子父墓，然后往合葬于防焉”。“野合”的含义是什么？孔子的母亲生前为什么要对儿子长时期地隐瞒丈夫的墓地？对于这一问题，历史上曾经有过长时间的讨论。不管怎样，孔子的幼年是不幸的，他的家庭从贵族沦落为普通平民，其孤儿寡母的生活状况是可想而知的。孔子自己说："吾少也贱，故多能鄙事。"(《论语·子罕》)孔子幼年饱尝了人间的辛酸、贫苦，这也可以说是他后来形成"爱人"思想的一种社会根源。

孔子生活的时代，正是我国奴隶制解体、新的封建生产关系开始形成的时期。春秋末期到战国，是中国古代第一个文化高潮时期。政治、经济的发展，百家争鸣的出现，促进了文化思想、理论的大发展。在这一发展中，伦理道德思想占据着重要的位置。孔子是这一时代的第一个思想家，也是上一个时代的最后一个思想家，在思想史上处于承前启后的历史地位。

孔子青年时，曾在鲁国担任过保管仓库的"委吏"和看管牛羊的小官，后来又学着为贵族们办理婚丧大事，专门钻研当时及古代的礼节仪式。他还招收学生，并创立了以学习和宣传奴隶主阶级的典章制度和伦理思想为主要内容的儒家学派。中年时期，他做过鲁国的中都宰、司空，并曾任鲁国的大司寇。之后，政治上的不得意，使他在晚年转而以全部的精力投身于教育和古典文献的整理研究工作，系统地阐发、讲述和传播他的学说。

鲁国是周公旦的封地，是当时奴隶制的文化中心，保存着丰富的宗周典籍和完整的文物制度。孔子自幼就接受宗周礼乐、道德的熏陶和教育，他之所以能对奴隶制较完备的道德思想和政治思想有深入的研究，成为一个对后代产生巨大影响的思想家，这也是一个重要的原因。

春秋末期正是中国社会激烈变革的时期。由于生产上使用了铁器农具，推广了牛耕，农业生产得到了进一步发展。社会生产力的提高，使一家一户为单位的个体生产成为可能，从而为新的封建关系在社会关系体系中占据主导地位创造了条件。广大奴隶反对奴隶主的阶级斗争，对奴隶制的瓦解和崩溃起了决定性的作用，并推动着新兴地主阶级的改革。在奴隶制的生产关系下，奴隶只是一种会说话的工具，每天都被束缚在奴隶主的方块田里进行工作，没有任何自由。当时的方块田又叫井田，就是把田地划分为像井字一样的许多方块，并用以作为计算奴隶劳动的单位。奴隶主的残酷压迫和剥削，逼得奴隶们不断起来反抗，有的毁坏耕作工具，有的逃往深山，有的聚结起义。在奴隶纷纷逃亡和起义的情况下，井田制被破坏了，奴隶制的生产关系也不得不随之改变。一部分中小奴隶主开始使用新的剥削方法，他们召集逃亡的奴隶，让其大量开垦荒地，然后收取地租。这样，社会关系和阶级结构逐渐发生变化，新兴的封建阶级便出现了。由于封建地主阶级采取了比较进步的生产方式，大大解放了生产力，逃亡的奴隶便纷纷来到地主的田地里劳动。这样，地主阶级的经济实力迅速增强，在社会生产中愈来愈居于重要地位。

随着新兴地主阶级在经济上的强大，他们在政治上也展开了向奴隶主阶级的夺权斗争。在孔子出生的鲁国，公元前594年就实行了向私田征税的税亩制（即所谓的“初税亩”），承认了土地私有的合法性，为进一步召集奴隶开垦土地提供了法律依据。以季孙氏、叔孙氏、孟孙氏为代表的新兴势力，有了很大的发展。公元前561年（孔子生前10年），季孙、叔孙、孟孙三分公室，瓜分了国君的土地、奴隶及其财产。再过25年，又四分公室，季孙独得两份，叔孙、孟孙各得一份，一律实行税亩制。但是，奴隶主贵族并不甘心这种失败，总是要联合各种势力，夺回已经失去的政权。春秋时期，不但强大的氏族和公室冲突严重，而且诸侯与诸侯之间、强大的氏族之间也相互吞并攻杀。正是在这种剧烈的社会动荡中，奴隶制走向崩溃，封建制逐渐确立起来。

与政治、经济上的斗争相适应，伦理思想上的斗争也是很激烈的。不同阶级、不同派别的人们，为了达到自己的政治目的，都极力从道德上寻找根据，并把道德作为达到自己政治目的的一种手段。人和人之间的道德关系，本来是人们的社会关系的一个方面，但它对人们的行为，对个人和个人、个人和社会的其他关系，起着极大的制约作用。中国古代的思想家特别注意到了伦理道德同政治的关系。他们认为，把人和人之间的道德关系加以总结，并使其上升到理论的高度，概括出适宜于统治阶级利益的一套原则、规范、德目，有利于维护当时社会的秩序，更好地为自己的阶级服务。在这种认识的基础上，产生了春秋战国时期的各种伦理思想。

值得指出的是，奴隶制和封建制虽属两种不同的社会形态，有不同的特征，但二者又有着许多共同的联系。这两种社会形态，在中国的特殊历史条件下，都以宗法氏族的等级制度为主要特点。在封建社会中，尽管奴隶成为农民，并获得了相对的人身自由，但在实质上仍然依附于封建地主。整个社会，几乎同样是以严格的等级规定来确定人们的地位的。不论是奴隶社会还是封建社会，一个人只要出身于某种等级，具有了某种身份，就会获得其特定的权利和义务。在宗法氏族的特殊情况下，父子、君臣、兄弟、夫妇和朋友之间的伦理道德，对于奴隶社会和封建社会来说，从一般的原则到某些重要的规范，几乎是同样适用的。在我们今天看来，这两种社会制度的区分，还是很明显的。但是，对于古代的许多思想家来说，这种区分就不是很清楚了。他们朦胧地意识到，这两种制度是不同的，但是，对于一些具体的政治事件和夺权斗争，他们有时候去维护奴隶主的贵族统治，有时候又为新兴的封建制度辩护。特别是对于一些抱有改良、改革愿望或较为进步、开明的奴隶主阶级的思想家来说，为了更好地维护他们所向往的等级制度，他们的思想就更为复杂。

孔子在当时的政治、经济和思想文化大变动的时期，站在维护统治阶级利益的立场上，从社会稳定、人际和谐、政治廉洁、国家统一和提高人们的道德素质出发，由最初的出仕到创办学校从事教育，都极力宣传他的思想和理论，以实现其社会理想和政治理想。他既希望维护当时的统治，同时又要求对不合理的现象进行改良以至革新。他一方面有“从周”的愿望，另一方面又盼望有一个“均无贫”的大同社会。他强调要善于用伦理道德来调整人们之间的关系，强调“仁”和“爱人”的重要性。孔子主张“克己复礼为仁”。他所说的“礼”，就是当时社会所制定的一整套政治制度、道德规范和礼节仪式，但他并不主张原封不动地按照这些“礼”来调整人们之间的关系。在孔子以前，有所谓夏礼、殷礼和周礼。他虽然表示要遵从周礼，要以周礼为准则来纠正现实中一切不合周礼的情况，但并不以为周礼绝对不能改变，而是认为周礼可以有所损益。孔子所说的对周礼的“损益”就是要按照时势的要求，对周礼作些删补、改良，从而使周礼在新的社会条件下，能起到有效地维护社会稳定、促进人际和谐的作用。他目睹奴隶主阶级对奴隶的残酷统治常常引起暴乱，因此强调要利民、惠民；他看到奴隶主阶级同封建主阶级的残酷角逐，因此提出了爱人、忠恕。孔子建立了一个完整的伦理思想体系，成为奴隶主阶级伦理思想的集大成者。由于他的伦理思想中包含了对人类道德关系的深刻认识，一定程度上顺应了处于巨变中的时代的要求，包含了关心人、爱护人的积极内容，因此，他的伦理思想不但为以后的新兴地主阶级所采用，而且成为中国封建社会中最有影响的伦理思想。

孔子是中国春秋末年一位伟大的过渡性的伦理思想家。他承前启后，既是奴隶社会的最后一个思想家，又是封建社会的最初一个思想家。他所建立的伦理思想体系，不但在中国，就是在世界伦理思想史上，都是少见的。他面对奴隶社会末期礼崩乐坏的局面，想要建立起“君君、臣臣、父父、子子”的等级制的伦理关系理论；但是他又不满意于奴隶主阶级的腐朽、残暴、横征暴敛，希望对这种关系尽可能地在理论上作某些改良。作为一个伦理思想家，他的社会理想和政治理想是要建立一个民富国强、政治清明、社会稳定、人际和谐的统一国家。他一方面极力维护当时的等级制度，坚守“君君、臣臣、父父、子子”的尊卑关系，同时又认为一个国家的统治者必须是道德高尚的人，只有使那些贤人、君子居于领导地位，依靠他们的道德人格力量，才能使人民都向着他们。他一方面认为，天子、国君是不应该背叛的，但同时又认为对那些暴虐无道的统治者，是应该反对的。他所说的“君君、臣臣、父父、子子”，也有两个方面的意思，一是说，国君就是国君，人们应该像对待国君那样对待他，父亲就是父亲，儿子应该像对待父亲那样对待他；另一个意思是说，国君自己就应该像个国君，父亲自己就应该像个父亲。（战国时的孟子，正是这样发挥了孔子思想的比较进步的方面，对孔子思想进行了加工改造和发展。）如果国君不像个国君，父亲不像个父亲怎么办？在孔子看来，邦无道，贤者就应该避开这个国家，也就是听凭别人推翻它。在总结中国古代道德传统的基础上，孔子提出以“仁”作为社会的道德核心，以“礼”作为社会的道德原则的总体框架，以智、勇、恭、宽、信、敏、惠、温、良、俭、让等作为人与人之间的实践德目。一切道德原则和实践德目，都必须以“仁”为核心，以“礼”为原则。这是他作为一个伦理思想家的巨大创造和历史贡献。

孔子处于一个新旧交替的时期，他既不保守，也不激进，主张用中庸之道来改良这个社会，这是孔子最主要的特点。

在评价孔子的历史作用时，最重要的是必须把历代君王利用孔学来维护、巩固其剥削阶级的统治的解释同孔学本身的内容区别开来，把后世儒家对于孔子思想片面的、极端的，甚至错误的解释同孔子本人的思想区别开来。历史上常常有这样的情形，一种理论、一种学说，就其本身来说，有一种价值；而这种理论自身的价值，有的部分被淹没了、未能产生应有效果，有的部分被利用了、歪曲了，甚至在历史上产生了有害的影响，这是不应该完全由思想家本人负责的。作为一个剥削阶级的思想家，孔子的思想，主要是为维护统治阶级的利益进行辩护。对待孔子的思想，应当采取分析的态度、批判继承的态度。但是，中国封建社会对孔学的利用，把他的许多理论推导到一种僵化的程度，如忠、孝、节、义等封建道德规范，特别是片面的愚忠、愚孝，这就完全不是孔子的思想了，这一点是应该注意的。

孔子曾经积极地整理古代的历史文献，并且广收弟子，积极传播这些古代文化。但是，孔子自称是一个“述而不作”的人，因此，也就没有他亲自著录的书流传下来。《论语》一书，是他的弟子及再传弟子所记载、编纂的他的言行录，这是研究孔子伦理思想的可靠史料。

第二节　以“爱人”为核心的社会道德

孔子在伦理思想史上的最大贡献，就是他最早发现了“人”的重要性，在政治生活、道德生活中强调了对“人”的重视。从某种意义上也可以说，孔子自觉地从“类”的方面考察了人，发现了个人同“类”的关系。

从人类历史的发展来考察，在原始社会，人类在脱离动物界以后的一段漫长的时期内，虽然在共同劳动和相互交往中，逐渐形成了人和人之间简单而又必要的行为准则，逐步具有了团结友爱的感情和相互帮助、共同合作的习俗传统，形成了善与恶的观念；但是，原始人还没有把氏族同个人分离开来，没有明确的“个人”观念，只是把自己融入氏族的观念之中。这些情况使得原始人根本不可能自觉地以“类”的观点来考虑个人和“类”的关系。

私有制的产生和人们财富差距的悬殊，导致了特权阶级的形成和奴隶社会的出现。奴隶主阶级强调自己是“人”，但从来不把奴隶当人看待。他们利用自己的财富、地位和权势，不但力图使奴隶作为一个会说话的工具，受他们驱使，而且还要把奴隶真正变成一个会说话的工具。奴隶主们用尽各种办法，使奴隶变得愚昧、迟钝，使他们除了劳动之外，只知道吃饭、睡觉和生育后代。因此，可以明确地说，在社会政治生活中，奴隶是没有人格的。但是，由于孔子当时所处的历史时代，大量的奴隶转化为农奴、佃农，社会关系变得复杂了，因此奴隶主、封建主、农奴和佃农之间的关系需要从政治上和伦理道德上加以调整。在社会的大变动中，被统治阶级显示出了自己的重要作用，使得统治阶级在伦理道德意义上不得不承认他们是人，不得不愈来愈重视他们。孔子作为奴隶主阶级伦理思想的集大成者，从人与人的关系上探讨了人的问题，这不仅在中国伦理思想史上，就是在世界伦理思想史上，也是对“人”的最早的系统的探讨。孔子所理解的“人”，从字面上讲，具有多方面的意义，不仅包括奴隶主、封建主、自由民，甚至也包括奴隶在内。

孔子的伦理思想的核心是“仁”，也可以说是“爱人”。《论语》中关于“仁”的讲法很多，最重要的有以下几条：

> 樊迟问仁。子曰：“爱人。”（《论语·颜渊》）
>
> 仲弓问仁。子曰：“出门如见大宾，使民如承大祭。己所不欲，勿施于人。在邦无怨，在家无怨。”（同上）
>
> 子贡曰：“如有博施于民而能济众，何如？可谓仁乎？”子曰：“何事于仁！必也圣乎！尧舜其犹病诸！夫仁者，己欲立而立人，己欲达而达人。能近取譬，可谓仁之方也已。”（《论语·雍也》）
>
> 子张问仁于孔子。孔子曰：“能行五者于天下，为仁矣。”请问之。曰：“恭、宽、信、敏、惠。恭则不侮，宽则得众，信则人任焉，敏则有功，惠则足以使人。”（《论语·阳货》）
>
> 颜渊问仁。子曰：“克己复礼为仁。一日克己复礼，天下归仁焉。为仁由己，而由人乎哉？”颜渊曰：“请问其目。”子曰：“非礼勿视，非礼勿听，非礼勿言，非礼勿动。”颜渊曰：“回虽不敏，请事斯语矣。”（《论语·颜渊》）
>
> 子贡曰：“我不欲人之加诸我也，吾亦欲无加诸人。”子曰：“赐也，非尔所及也。”（《论语·公冶长》）

以上六条，我们认为是孔子关于“仁”的思想最重要的论述，其中最后一条，虽不是孔子说的，而是他的弟子子贡对孔子思想的发挥，但它完全代表着孔子本人关于“仁”的看法。以上这几条，有三方面的意思：一是对“仁”的内涵的解释，二是为“仁”的方法，三是达到“仁”的具体要求。

关于“仁”的解释，最重要、最简明而且最确切的就是“爱人”这两个字。“仁”字，在古代通训为“人”。《论语·里仁》：“子曰：‘人之过也，各于其党。观过，斯知仁矣。’”《论语·雍也》：“井有仁焉。”《论语·宪问》：“问管仲。曰：‘人也。夺伯氏骈邑三百，饭疏食，没齿无怨言。’”这都可说明“仁”和“人”是相通的。《中庸》中说“仁者，人也”，更为直截了当。仁，从人从二，其本义就是二人，指的是人和人之间的关系。孔子把“仁”作为他的思想体系的核心，实际上就是以人为核心。孔子总结了前人关于“仁”的思想，把它发展为在人和人的关系中所应该遵循的最高原则。“爱人”是孔子的“仁”的精神实质。从以上所引《论语》中关于“仁”的几条论述来看，所谓“仁”，所谓“爱人”，最主要的就是，在人与人的关系中，要把其他人当作自己的同类，当作与自己同样的人来看待，并以自己的愿望、欲求去理解别人的欲求和愿望；当我自己有什么欲望和要求的时候，总要想着我周围的人以至所有的人也都有这样的要求和欲望，因此，在满足自己的要求和欲望的时候，就应该想着也使别人满足同样的要求和欲望；同样，如果我不喜欢别人所加于我的一切，就绝不要以这类事情去强加于别人。由此可见，爱人之道首先就是要尊重别人，推己及人。

推己及人的思想也就是孔子所说的“忠恕之道”。《论语·里仁》中载：“子曰：‘参乎！吾道一以贯之。’曾子曰：‘唯。’子出。门人问曰：‘何谓也？’曾子曰：‘夫子之道，忠恕而已矣。’”孔子认为，在他的道德理论中，有一个根本的东西贯穿始终。“子贡问曰：‘有一言而可以终身行之者乎？’子曰：‘其恕乎！己所不欲，勿施于人。’”（《论语·卫灵公》）曾子把这个东西理解为“忠恕之道”，这基本上是符合孔子原意的。从孔子的整个思想体系来看，恕，就是孔子所说的“己所不欲，勿施于人”；忠，就是“己欲立而立人，己欲达而达人”。忠恕都是“爱人”的表现，它的确切意义就是人应当尊重、爱护自己的同类。

当然，对孔子所说的“爱人”、“己所不欲，勿施于人”、“己欲立而立人，己欲达而达人”的思想，还应该进行具体分析。从字面上来说或从一般意义上来看，其中包含着人都应该爱护自己的同类的思想，爱人也就是说要爱所有的人。但是，就其严格意义来讲，孔子所说的爱人只能是对奴隶主阶级内部而言的，不但奴隶不在所爱的范围之内，就是除奴隶之外的其他“小人”，也是不值得爱的。《论语·宪问》说：“君子而不仁者有矣夫，未有小人而仁者也。”《论语·里仁》中说：“唯仁者能好人，能恶人。”“我未见好仁者，恶不仁者。好仁者，无以尚之；恶不仁者，其为仁矣，不使不仁者加乎其身。”又说：“君子学道则爱人，小人学道则易使也。”（《论语·阳货》）孔子的这些言论，说明他所提倡的爱就主要内容来说，是指统治阶级内部相互的爱。对于“小人”或劳动者，给一点怜悯和恩惠，是为了能够更容易地役使他们。孔子作为一个奴隶主阶级的思想家，总是要为奴隶主阶级的长治久安着想，总要使“爱人”的道德原则为奴隶主阶级的特定利益和狭隘目的服务。然而，孔子提出“爱人”的思想还是有积极意义的。孔子提出的“使民如承大祭”，对待劳动人民强调因其所利而利之，要宽要惠和富民、教民等思想，显然比以往奴隶主根本不把奴隶当人看待要好得多，这在客观上对劳动者是有利的。

孔子提出了实行“仁”或“爱人”的最基本、最重要的方法，这就是“能近取譬”。从字面上解释，“能近取譬”就是能够以切近的事情或行为作范例，一步一步地去实行“仁”。然而，所谓切近的事情或行为是有特定含义的。“近”字可以有两种含义：一种意思认为，近就是自己，即以自己的感受来推己及人；另一种意思认为，近就是同自己最亲近的人，按照这一意思，则应指的是自己的家庭成员或其他亲近之人。一般说来，一个人是爱其父母、兄弟、妻子的。以爱父母、兄弟、妻子之行为作例子，以爱父母、兄弟、妻子之心去爱他人、爱一切人，这就是“能近取譬”。“能近取譬”的意义就在于以孝悌等道德为基础，由爱家庭成员及其他亲近之人扩展到爱一切人。孔子的弟子有子对此有较好的理解，他说：“君子务本，本立而道生。孝弟也者，其为仁之本与！”（《论语·学而》）从这里明显可以看出，他把孝悌当作行仁的基础，先学好孝，学好悌，仁或爱人也就自然能生出来。“能近取譬”的方法，与孔子所主张的“亲亲”原则、爱有差等是完全一致的。有人把忠恕说成实行“仁”的方法，这是一种误解。

孔子伦理思想的核心是“仁”，而“仁”中又包含着多种道德要求。在《论语》一书中，有一百余处谈到“仁”。综而观之，“仁”中所包含的具体的道德要求有以下几个方面：

第一，孝和悌是包含在仁中的最低道德要求，也是仁的基础。孔子有一个名叫宰我的弟子认为，父母死了守孝三年，未免太长久了，他主张守丧期一年为好。孔子听了之后很不高兴，问宰我：“食夫稻、衣夫锦，于女安乎？”意思是说，你的父母死了不到三年，你便吃白米饭，穿花缎衣，你心里安不安呢？宰我回答说：“安。”宰我走后，孔子责备宰我说：“予之不仁也！子生三年，然后免于父母之怀。夫三年之丧，天下之通丧也。予也有三年之爱于其父母乎？”（《论语·阳货》）由此可见，孔子本人也是把孝悌作为仁人最起码的要求来看待的。躬行孝悌，就能够做到“在家无怨”。

第二，恭敬、诚实、智慧、勇敢、宽厚、勤敏、不怕困难、“守死善道”、“教不倦”等道德要求，构成了仁的主体。另外，刚直、果决、朴质、话不轻易出口等，也接近于仁德。这些道德要求散见于《论语》中，做到了这些道德要求，就基本上可算作一个仁人了。

第三，仁的具体的道德要求还在于：对劳动者要慈惠、宽大，使之富足、知礼、安宁。《论语·阳货》载孔子语，认为能行恭、宽、信、敏、惠五者于天下，就算是做到了仁。其中的“惠”字，主要是指对劳动者施以恩惠；其中的“宽”字，意为宽厚、宽大，既可用以调整统治阶级内部的关系，也可在一定限度内适用于统治阶级对待劳动者的态度。仁者应当“使民以时”、“使民如承大祭”，应当对小民“道之以德，齐之以礼”，实行教化。孔子还称赞管仲说：“桓公九合诸侯，不以兵车，管仲之力也。如其仁！如其仁！”“管仲相桓公，霸诸侯，一匡天下，民到于今受其赐。”（《论语·宪问》）匡正天下，止息战争，使人民安居乐业，仁人就应当是这样的。

“仁”这个道德范畴包含了多种道德要求，在这些道德要求中贯穿着“爱人”的道德原则，贯穿着忠恕之道。反过来说，上述三个方面的道德要求从不同的角度体现着爱人和忠恕的精神。

研究孔子的“仁”的思想，不能不探讨“仁”和“礼”在孔子思想体系中的关系。在孔子的思想体系中，仁是核心，礼是从属于仁的。《吕氏春秋》说：“孔子贵仁。”《孟子·滕文公下》也说：“杨墨之道不息，孔子之道不著，是邪说诬民，充塞仁义也。”孔子说：“君子义以为质，礼以行之，孙以出之，信以成之。君子哉！”（《论语·卫灵公》）“人而不仁，如礼何？人而不仁，如乐何？”（《论语·八佾》）“礼云礼云，玉帛云乎哉？乐云乐云，钟鼓云乎哉？”（《论语·阳货》）在孔子看来，单纯的礼的形式是毫无意义的，礼的形式只有与道德的、政治的内容有机地结合起来，对人们的行为才有指导意义。《论语·八佾》载：“林放问礼之本。子曰：‘大哉问！礼，与其奢也，宁俭；丧，与其易也，宁戚。’”《论语·子罕》载：“子曰：‘麻冕，礼也；今也纯，俭，吾从众。拜下，礼也；今拜乎上，泰也。虽违众，吾从下。’”从这些话中可以看出，孔子对于礼，并不注重烦琐的仪式，而是注重其道德的内容和本质。父母死后，葬之以礼，这是孔子提出的行孝的具体要求之一。然而，孔子认为，举行丧礼，与其仪文周备，倒不如对死者有沉痛的哀悼。对于一般的礼来说，与其铺张浪费，倒不如朴素俭约。礼帽用麻料做成，是合乎传统的礼的，现在大家都用丝料，这样省俭些，孔子就同意大家的做法，同意用“纯冕”代替“麻冕”。臣见君，先在堂下磕头，然后升堂又磕头，这是传统的礼节，现在大家都免除了堂下的磕头，只升堂后磕头。孔子认为，大家这样做是倨傲的表现。尽管大家都这样做，孔子还是主张传统的礼，要先在堂下磕头。由此可见，礼仪的改革，主要是看其是否合乎道德的要求。道德或仁是内容，礼仪是形式，道德或仁为主，礼仪为从，这在孔子的言论中是极其明显的。

“礼”也是很重要的，它是“仁”或道德的文饰、节制。孔子说：“知及之，仁不能守之，虽得之，必失之。知及之，仁能守之，不庄以莅之，则民不敬。知及之，仁能守之，庄以莅之，动之不以礼，未善也。”（《论语·卫灵公》）这就是说，有了好的聪明才智、好的仁德、好的态度，而不以好的礼仪去行动，那就不是尽善尽美的。这里着重强调了礼的文饰作用。行礼要体现道德或仁，行仁要用礼来修饰，两者配合适当，才算是完美无缺。礼，对于长久地保持仁有重要的作用。春秋末期，统治阶级的地位十分不稳，奴隶主等级制已被冲击得七零八落，出现了礼崩乐坏的局面。孔子以恢复传统的、正常的等级秩序为己任，同时也希望他的得意弟子颜渊和他一起来完成这一事业。颜渊问什么是仁，孔子回答说：“克己复礼为仁。一日克己复礼，天下归仁焉。”（《论语·颜渊》）这是把恢复周礼的权威、恢复传统宗法制度的正常秩序看作仁。这个要求是很高的，在孔门诸弟子中，恐怕只有颜渊才有可能做到这一点。“复礼”的含义绝不只是恢复传统的周礼，它还包含着对传统的“礼”加以改良，使之重新发挥作用的意思。做到了这一点，结果必然是上尊下卑，各司其职，无僭越犯上之行，无侵略作乱之事，天下秩序井然，这当然是非常大的仁。复礼是手段，达到仁是目的。恢复了礼的效用，使天下之人都知礼，都行礼，那么，天下也就消除了不仁的现象；能使礼长久地行之有效，人们的仁德也就更能长久地保持。在孔子那里，仁的内容和礼的形式是不可割裂的：离开了礼，仁就没有了着落，就不够完美；离开了仁，礼就变为虚伪的客套，变为毫无意义的仪式了。

总之，孔子关于“仁”（爱人）的思想，在中外伦理思想史上，是有重要意义的。他的伦理思想的主要内容，就是对人的认识，这在伦理认识史上是具有开创性的。孔子提出的“爱人”的“人”字，包含了不同等级的人，甚至也包括奴隶在内。孔子的“爱人”，是有差等的爱，是不平等的爱。奴隶主之间、奴隶主和劳动者之间，都可以讲“爱”，只不过爱的实质、程度和方式不同罢了。“爱人”的思想在当时是有进步意义的，但它有着多方面的局限。

孔子的“仁”（爱人）的思想，在历史上曾产生了巨大的影响，就连德国19世纪著名的资产阶级哲学家费尔巴哈，也对孔子的爱人思想给予了很高的评价。费尔巴哈在他的《幸福论》中说道：

> 中国的圣人孔夫子说：“凡一个人的心地诚实，他保持对他人如同对自己一样的思想方式，他不离开人的理性本性所赋予人的那种义务的道德规律，所以他就不把自己不愿别人向他做的事施诸别人。”① 在另一个地方他这样说：“己所不欲，勿施于人。”……在许多由人们思考出来的道德原理和训诫中，这个素朴的通俗的原理是最好的、最真实的，同时也是最明显而且最有说服力的，因为这个原理诉诸人心，因为它使自己对于幸福的追求服从良心的指示。当你有了你所希望的东西，当你幸福的时候，你不希望别人把你不愿意的事施诸你，即不要对你做坏事和恶事，那末你也不要把这些事施诸他们。当你不幸时，你希望别人做你所希望的事，即希望他们帮助你，当你无法自助的时候，希望别人对你做善事，那末当他们需要你时，当他们不幸时，你也同样对他们做。

费尔巴哈认为，这就是“健全的、纯朴的、正直的、诚实的道德，是渗透到血和肉中的人的道德，而不是幻想的、伪善的、道貌岸然的道德”②。

---

① 《礼记·中庸》原文为：“忠恕违道不远。施诸己而不愿，亦勿施于人。”

② 《费尔巴哈哲学著作选集》，上卷，577～578页，北京，商务印书馆，1984。

费尔巴哈以资产阶级的“类”的观点，即近代人道主义的观点来理解孔子的“仁”，赋予了“仁”某些孔子所没有的意义。为什么孔子的“仁”在几千年以后会引起这么大的共鸣？为什么孔子所宣扬的“仁”会得到资产阶级思想家费尔巴哈如此高的评价？这确实值得我们深思。

第三节　对孝、忠道德规范的强化

在孔子的伦理思想中，“孝”和“忠”的道德观念和规范占有极其重要的位置。从殷商开始，以宗法氏族的血缘为纽带的社会关系，就把尊祖和孝亲同维护这一社会制度紧密地联系起来，从而把“孝”引申为“忠”。在中国伦理思想史上，“孝”和“忠”的观念，有一个发展和演变的过程，这个过程显示出中国伦理思想所独有的特点，对中国社会的发展有着一定的影响。《论语·颜渊》载：“齐景公问政于孔子。孔子对曰：‘君君，臣臣，父父，子子。’”孔子认为，治理好国家，形成良好的社会风尚，就要处理好两个关系：一是人们在社会政治生活中的关系，一是人们在家庭内部生活中的关系。对于前者，主要是君臣关系；对于后者，主要是父子关系。由于意识到了处理好这两种关系的极端重要性，孔子就不得不着重研究调整这两种关系的道德。

孝，作为一种道德规范，起源于殷商的祭祀礼仪，由“尊祖”之义逐渐发展为“孝亲”，到西周就已经被十分注意了。教，上所施，下所效也，故从孝。而古人所说的“五教”、“七教”，主要就是教育人们要懂得父子之道，这也是中国古代道德教育、道德传统的一大特点。孝的观念对于氏族制、宗族制的巩固和发展，有着极其重要的意义。我国古代对孝的重视绝不是偶然的，它有着深刻的经济和政治根源。孝的观念源远流长，直到今日，孝在中华民族的传统道德中仍占有重要的地位，不孝被视为重大的失德，要受到社会舆论的严厉谴责。

《论语》一书从多方面对孝予以限定：

> 孟懿子问孝。子曰：“无违。”樊迟御，子告之曰：“孟孙问孝于我，我对曰，无违。”樊迟曰：“何谓也？”子曰：“生，事之以礼；死，葬之以礼，祭之以礼。”（《论语·为政》）

子游问孝。子曰："今之孝者，是谓能养。至于犬马，皆能有养；不敬，何以别乎？"（《论语·为政》）

子夏问孝。子曰："色难。有事，弟子服其劳；有酒食，先生馔，曾是以为孝乎？"（同上）

子曰："父母在，不远游，游必有方。"（《论语·里仁》）

叶公语孔子曰："吾党有直躬者，其父攘羊，而子证之。"孔子曰："吾党之直者异于是，父为子隐，子为父隐。直在其中矣。"（《论语·子路》）

子曰："事父母几谏，见志不从，又敬不违，劳而不怨。"（《论语·里仁》）

从孔子关于孝的解释来看，"孝"是有很多层次的。首先，必须要能供养父母，即他所说的"能养"和"有事，弟子服其劳；有酒食，先生馔"。但是，这只是一种最低层次的、最起码的孝。如果把这些看成"孝"的全部内容，那是非常不够的。所以孔子说："至于犬马，皆能有养；不敬，何以别乎？"这就是说，如果不能敬重父母，只是供养他们吃喝，岂不是和养一只狗或养一匹马没有什么区别了吗？因此，"孝"的第二个层次，是要敬重父母。在中国伦理思想史上，孔子第一次把"敬"作为"孝"的重要内容，从而提高了人们对"孝"的认识，把尊敬父母看得比养更加重要。两汉以后的许多伦理学家，都依据孔子的思想，对"孝"作了各种各样的解释。吕东莱在论述对父母的供养和敬重的关系时说："虽有八珍之味，嗟来而与，则食之何甘，疏食菜羹，进之以礼，颜色和悦，则食之者自觉甘美，此所谓慈以旨甘"（《吕东莱先生文集》卷十六），强调了在养的同时，必须要"敬"，只有与尊敬父母相结合的"供养"，才可以称得上是"孝"的行为。如果只"养"不敬，那么，这种行为甚至不能称为"孝"，或者说不配称为"孝"。

在"敬重"父母的"孝"行中，还有一个"隐"与"谏"的问题。这就是说，对父母的过失、错误、恶行，究竟应当采取什么态度？孔子认为，对父母的坏事恶行，做子女的要为他们隐瞒。《论语·子路》中叶公和孔子的对话，说明了孔子对这一问题的看法。但是，对父母的这些错误、恶行，除了隐瞒之外，并不能和父母同流合污，不加批评。孔子认为，父母有了过错，做子女的应当心平气和地、耐心细致地提出自己的看法，加以规劝。如果父母不能够听从自己的意见，那也不要和父母争吵，还是要对父母照常恭敬，等以后有机会再进行规劝。孔子把“隐”与“谏”结合起来，一方面反映了以氏族宗法为纽带的经济政治关系给“孝”带来的局限性，另一方面也反映了孔子力求对这种“子为父隐”的“孝”的缺陷加以弥补，这和后世儒家某些人片面地宣扬愚孝是有区别的。

仅有供养和敬重是不够的，对父母的“孝”还必须上升到一个更高的层次，即要有“愉色”，对父母要有一种发自内心的愉悦的颜色。孔子认为，如果只是为老年人操劳，让老年人吃饱穿暖，这是很容易的，最难做到的就是子女在侍奉父母时的脸色愉悦。《小戴礼记·曲礼》上说：“听于无声，视于无形。”这句话具有两个方面的意思：一方面的意思是，做子女的，要在无形无声中体会到父母的愿望、情感和意图；另外一个方面的意思是，只有以发自内心的“和颜悦色”对待父母，才能使父母在无形无声中体会到子女真诚的“孝”。《小戴礼记·祭义》中说：“孝子之有深爱者，必有和气。有和气者，必有愉色。有愉色者，必有婉容。”这虽是专从孝子方面说的，但比较深刻地说明了只有内心中具有深切真挚的孝心，才能在面容上有和颜悦色的表现。

做到了能“养”、能“敬”和能有“愉色”，孝子的所为还必须能够合乎礼，即合乎当时的道德规范、礼节仪式所作出的规定。“孝”就是要“生，事之以礼；死，葬之以礼，祭之以礼”（《论语·为政》）。这里之所以强调“礼”的重要性，也有两方面的意思：一方面，子女对父母的孝，不能违礼，也不能越礼，既不能不及，也不能僭越；另一方面，即使父母有违礼的思想和要求，做子女的也不能以顺合父母的非礼的要求为孝，而应当按礼的要求来事奉父母。孔子强调“礼”，也是有着双重意义的。

“孝”的第四个层次提出了更高的要求，即要求做子女的能够在立身行事上严格要求、谨慎持身、行为端正、品格高尚。总之，要使父母对自己的行为放心。《论语·为政》中说：“孟武伯问孝。子曰：‘父母唯其疾之忧。’”这里的意思应该是说：一个做儿子的，要做到“孝”，最重要的就是要使自己的父母不为自己的立身行事发愁。只有疾病，有时是一个人所不能完全避免的，因此，儿子应当做到，除了自己身体的疾病外，再也没有什么可以使父母为自己发愁了。做父母的对子女的担忧，就是怕他们不成器，子女如果能够谨慎行事，就会免去父母的许多担忧。秦汉时期的《孝经》则更明确地提出把“立身行道，扬名于后世，以显父母”作为“孝”的最终要求，认为“孝”应“始于事亲，中于事君，终于立身”，强调“立身”作为孝的内容的重要意义。

孔子认为，人之所以要孝敬父母，最直接的原因是每一个人都应当报父母的养育之恩。子夏理解了老师的这一思想，指出事奉父母应当竭尽心力。（参见《论语·学而》）

躬行孝道，还须讲究权变。《韩诗外传》第八卷载：

> 曾子有过，曾皙引杖击之。仆地，有间乃苏，起曰：“先生得无病乎？”鲁人贤曾子，以告夫子。夫子告门人：“参来勿内也。”曾子自以为无罪，使人谢夫子。夫子曰：“汝不闻昔者舜为人子乎？小箠则待笞，大杖则逃。索而使之，未尝不在侧，索而杀之，未尝可得。今汝委身以待暴怒，拱立不去，汝非王者之民邪？杀王者之民其罪何如？”

这一逸事，在刘向的《说苑》中又新加了一些内容，但基本上与此是一致的。曾子有过错，不逃避父亲的惩罚，乃至被打得昏了过去，苏醒后不顾自己的伤痛，而去问父亲伤着了没有，甚至还鼓琴而歌以悦父心，这在孔子看来，并不算得真正的孝。行孝应当讲究权变。父母用小棍责罚则受之，而在盛怒之下用大棍来打时，就要想办法逃避。否则，一旦被父母打死，非但父母将来无人养老送终，且使父母担当一个杀人的罪名，这才是真正的不孝。因此，当这种情况发生时，逃避父母的惩罚，才是真正实行了孝。孔子的这一思想，和后来儒家宣扬的“父叫子亡，子不得不亡”的愚孝是完全不同的。

父母死了以后，孝子应该怎样做呢？孔子说：“父在，观其志；父没，观其行；三年无改于父之道，可谓孝矣。”（《论语·学而》）这段话里包含着孔子强调做儿子的应当继承父亲的遗志的含义，也反映了孔子的保守立场。“无改于父之道”，当然说的是无改于父之道的合理部分，譬如说，一个人的父亲有“攘羊”之过，做儿子的讲究孝道，也去做三年偷羊之贼，这样解释显然是很荒唐的。孔子对于不改道的人是很敬佩的，《论语·子张》记载了这方面的一则材料：“曾子曰：‘吾闻诸夫子，孟庄子之孝也，其他可能也；其不改父之臣与父之政，是难能也。’”

孔子除了对“孝”作了较深入的论述外，还第一次明确地把“孝”和“忠”联系了起来，使“孝”的意义从本来的“尊祖”和“孝亲”扩大到对国君的忠诚上来。孔子认为，一个人如果能够对父母尽孝，就一定会忠于国君。

前面我们已经谈到了“仁”在孔子伦理思想中的重要地位，这里，有必要进一步提出，“仁者爱人”的根本或者出发点。在孔子看来，对一个人来说，最根本的就是要看他能不能爱敬自己的双亲，即能不能孝顺自己的父母，能不能尊敬自己的兄长。孔子认为，看一个人是否能真正地实行人道，首先要看他是否能恭行孝悌。如果能恭行孝悌，就算是立了“本”，这样，也就能够自然地发生出合乎人道的行为。相反，无论一个人口头上怎样宣扬他爱人、讲究人道，如果连自己的父母都不知道孝顺，那是不可能真正去爱护别人的。由此，孔子从“敬亲”引到“忠君”，认为一个人如果能心存孝悌，孝敬父母和尊重兄长，那就不会犯上作乱了。这里，孔子提出了一个重要的理论：要培养仁的品德，必须从孝悌开始，只要人们能够孝悌，就一定会忠于国君。

在奴隶宗法制的社会条件下，家与国之间本来就存在着极为密切的联系。孔子曾多次强调“忠”的重要性。“忠”在孔子那里，一般来说，有三种不同的意义。首先，在人和人的关系中，对其他人所承担的义务，应当尽心去做，这叫作“忠”。孔子说：“居处恭，执事敬，与人忠。”（《论语·子路》）曾子曰：“为人谋而不忠乎？”（《论语·学而》）孔子说：“爱之，能勿劳乎？忠焉，能勿诲乎？”（《论语·宪问》）这里的“忠”，都是要尽己之责的意思。其次，“忠”还有忠于自己的言行的意思。子曰：“言忠信，行笃敬。”（《论语·卫灵公》）这里的“忠”，是指要忠于自己的言语。孔子曾多次强调要“主忠信”，也就是说言行当以忠信为主，说到做到，诚实无欺。忠的第三种意义就是臣子对君王所应尽的责任和义务。《论语·八佾》载，定公问：“君使臣，臣事君，如之何？”孔子对曰：“君使臣以礼，臣事君以忠。”孔子认为，忠心地事奉君主，这应当是臣子所必须遵守的一个道德原则。具体到怎样服事君主，那就要按礼的要求去做，不按臣礼去行事，那就是不忠的表现。西周时期，只有天子和诸侯才有祭祀名山大川的资格，而身为鲁国大夫的季氏竟然也跑去祭祀泰山。孔子对季氏的僭礼行为曾大发感慨。西周时代音乐舞蹈的规格，只有天子才能用八佾、六十四人舞，诸侯只能用六佾、四十八人舞，大夫仅能用四佾、三十二人舞。季氏是一个大夫，居然也弄了八佾舞于庭。孔子对这种极大的僭越行为怒不可遏，说道：“是可忍也，孰不可忍也!”(《论语·八佾》)服事君主，应当按照臣子的礼节，全心全意地去为君主谋政事(包括教诲君主)，也就是子夏所说的“事君能致其身”(《论语·学而》)，即服事君上，能豁出生命。

“忠”和“孝”的道德规范在中国伦理思想史上和人们的社会生活中有着很重要的影响。在孔子那里，“孝”的意义和后世所讲的“孝”，基本上没有什么重大的区别，而“忠”的意义到后来却有了明显的变化。“孝”从一开始就是儿子对父亲所应尽的单方面的、绝对的义务，尽管孔子也说过“孝慈则忠”(《论语·为政》)，但父可以不慈，子不可以不孝。“忠”尽管也有着对君主的单方面义务，但终究还有“君使臣以礼”的内容，它还不像对“孝”的强调那样绝对。到了后代，为了适应封建地主阶级的统治需要，“忠”和“孝”都变成了臣对君、子对父的绝对的、单方面的义务。

第四节 “克己复礼”的道德修养论

在孔子看来，“仁”就是一种“爱人”的品德，一种“爱人”的同情心或“仁心”。一个人只有具备了这种“仁心”，才会做到“能好人，能恶人”，乃至做到“杀身以成仁”。怎样培养这种“爱人”的同情心，从而使自己具有“仁”的品德呢?孔子认为，唯一的方法就是“克己”。“克己”的说法在孔子之前就已存在了，而孔子则是着重从道德意义上对它进行论述。所谓“克”，就是“克制”；所谓“克己”，就是克制自己的不正当的即不合乎“仁”的原则的思想和言行，以达到“仁”的境界。(清代的汉学家们，只从文字上去理解“克”，把“克”训为能，显然是不符合孔子本意的，从文法上讲也不通。)克己的过程也就是道德修养的过程。

克制自己不正当的思想和行为，又以什么为标准呢?孔子认为，应该以统治阶级的一整套政治制度、礼节仪式和道德规范为标准，这些标准也就是他所说的“礼”。“礼”和“仁”在孔子的思想体系中有着不同的含义。“仁”不是一种社会制度、礼节仪式，也不是什么具体的道德规范，而是社会道德的核心，一种至高无上的道德原则，一种道德感情，也是一种最高的道德境界。礼是社会道德原则的总体框架，它不是某种内心的情感和道德境界，而是人和人之间都应遵循的规范、准则以及人们行事的礼节、仪式。以智、勇、恭、宽、信、敏、惠、温、良、俭、让等作为人与人之间的实践德目，通过践行“礼”的要求，从不同方面体现“仁”这一社会道德的核心。仁必须具有礼的形式和外表，必须化为礼的具体要求；礼必须具有仁的内核，体现仁的精神。仁是一种分等级的爱，礼也是按照等级加以严格规定的，两者都是为巩固和协调奴隶宗法等级制服务的。“克己复礼”是最后达到仁的一种手段。孔子强调，对一个人来说，只有一切行动都符合礼，他的思想和境界才能达到仁。

礼具有多种规定。在儒家的十三经中，有三部经书是专门研究礼的：《周礼》是关于政府体制和政治制度的论述，《仪礼》专讲不同等级之间的礼节仪式，《礼记》是解释和说明有关礼的各种理论原则和哲学思想的。《左传》中有一段话说，“礼，经国家、定社稷、序民人、利后嗣者也”（《左传·隐公十一年》），可见礼的重要。在《论语》中，孔子也一再强调“约之以礼”（《论语·雍也》），“不学礼，无以立”（《论语·季氏》）。但在春秋末期，政治风云变幻，国将不国，君将不君，“世衰道微，邪说暴行有作，臣弑其君者有之，子弑其父者有之”（《孟子·滕文公下》），传统的等级制被破坏了，礼制也崩溃了。孔子以复兴西周的鼎盛局面为己任，突出强调礼，企图通过人们的道德信念、道德感情和社会舆论力量，来恢复、维护统治阶级所要求的社会秩序。因此，他给人们规定了严格的“克己”要求，这就是“非礼勿视，非礼勿听，非礼勿言，非礼勿动”。这里的“礼”尽管包含着政治制度和道德规范两个方面的内容，然而，孔子所更为注意的是它的道德方面的意义。孔子要人们通过克制自己，严格遵守道德规范，从而提高内心的道德品质，逐步达到仁的境界。“克己复礼”，就是一方面要按照礼的要求克制自己不正当的思想和言行，力求符合礼的要求，培养自己的“仁心”和品质；另一方面通过自己实行仁的原则的高度自觉性，使已被废弃了的礼重新发挥作用。在孔子的道德修养论中，“仁”（内在的道德品质）和“礼”（外在的道德规范）是互相促进、相得益彰的。

孔子的道德修养理论有两方面的内容，一是克制自己不正当的思想行为，一是培养自己高尚的道德情操和品质。克制自己不正当的思想行为的过程也是一个培养自己高尚道德品质的过程，培养自己高尚品质的过程同时也是一个克制自己不正当的思想行为的过程，两者并行不悖，是一个过程的两个方面。

讲到克己，《论语》中常常用"内省"、"自讼"等字眼来加以阐释。要克制自己不正当的行为，首先必须有对不正当行为的认识，而要做到这一点，就必须进行一番自我反省。自我反省主要是通过同人的接触，通过贤与不贤的比较来反省自己。孔子说："见贤思齐焉，见不贤而内自省也。"（《论语·里仁》）通过反省，认识了自己的不良行为，还要进一步进行自我责备、批评。孔子说："已矣乎，吾未见能见其过而内自讼者也。"（《论语·公冶长》）意思是说，真是没有法子，谁也不肯对自己的过错进行自我批评，这样怎么会有道德上的提高呢？孔子还认为，这种"自讼"、"内省"的功夫，必须经常不断地、长期地进行。"内省"、"自讼"必须认真对待，严格要求，就像对待骨、角、象牙、玉石一样，只有不断地切磋琢磨，才能使它们光滑圆润、完臻无缺。孔子的弟子曾参是孔子理论的忠实践行者，他说："吾日三省吾身：为人谋而不忠乎？与朋友交而不信乎？传不习乎？"（《论语·学而》）克己，不仅需要经常地、及时地、反复地检查自己的言行，进行自我反省、批评，更重要的还在于不断地改正自己的过错。孔子强调指出："德之不修，学之不讲，闻义不能徙，不善不能改，是吾忧也。"（《论语·述而》）。他号召人们，要随时随地学习别人的长处，改正自己的短处。他说："三人行，必有我师焉。择其善者而从之，其不善者而改之。"（同上）达到了"内省不疚"即问心无愧的程度，就算是一个君子了。

如果说以上所讲的是从克制消极方面进行道德修养的话，那么，道德修养还可从倡导、推进积极的方面进行，那就是自觉地学习、培养自己的优良道德品质。要培养自己高尚的道德品质，首先就要学习。孔子是极其重视学习的。他所说的"学"，其实质就是要学习怎样做一个有道德的人。《论语》的第一篇第一句话就是："子曰：学而时习之，不亦说乎？"孔子还特别强调学习应有正确的目的，他说："古之学者为己，今之学者为人。"（《论语·宪问》）意思是说，古代学者的目的在修养自己的学问道德，现代学者的目的却在装饰自己，给别人看。孔子是赞成前者、反对后者的。学习的内容，固然应当是多方面的，但是，从培养人的道德品质这一角度考虑，孔子认为为学最主要的是学习爱人之道，学习礼乐。在他看来，学礼则知出入进退，知上尊下卑，知忠孝节义；学乐则知和、知美、知善，可以陶冶性情。学习礼乐，对于人们的仁德的提高有直接的作用。孔子还主张学习古代经典，如《诗》、《书》、《易》等，认为从中可以直接学到仁义的大道理。他说：“君子博学于文，约之以礼，亦可以弗畔矣夫!”（《论语·雍也》）子夏也说：“博学而笃志，切问而近思，仁在其中矣。”（《论语·子张》）孔子不但注重学，也注重行。他说：“弟子入则孝，出则弟，谨而信，泛爱众，而亲仁。行有余力，则以学文。”（《论语·学而》）躬行实践的过程，实际上也是一个学习的过程，子夏说：“贤贤易色；事父母，能竭其力；事君，能致其身；与朋友交，言而有信。虽曰未学，吾必谓之学矣。”（同上）一个人的仁德的培养、提高，就是在学习和躬行实践中实现的。

躬行道德、修身向仁是一件很难的事情。《论语·宪问》载：“子曰：‘贫而无怨难，富而无骄易。’”《论语·学而》载：“子贡曰：‘贫而无谄，富而无骄，何如?’子曰：‘可也。未若贫而乐，富而好礼者也。’”贫穷却没有怨恨、富贵却不骄纵尚且很难，那么，贫而乐、富而好礼就更难了。对于能做到这一点的人，孔子总是大加赞扬。他称赞颜回说：“贤哉，回也！一箪食，一瓢饮，在陋巷，人不堪其忧，回也不改其乐。贤哉，回也!”（《论语·雍也》）颜回多么有修养呀！一箪饭，一瓢水，住在小巷子里，别人都受不了那穷苦的忧愁，颜回却不改变他自有的快乐。孔子不轻易许人为仁，对自己还说“若圣与仁，则吾岂敢”（《论语·述而》）。颜回有很高的道德修养水平，孔子说他能三月不违仁。为仁难，但仁就在于“先难而后获”（《论语·雍也》）。做事达到仁的要求，修养成仁人的道德品质，是任何人都可以做到的。只要想为仁，仁总是能够达到的，但这要靠主观的努力：“为仁由己，而由人乎哉?”

修身的目的是什么？孔子对此有明确的回答，《论语·宪问》中载：“子路问君子。子曰：‘修己以敬。’曰：‘如斯而已乎?’曰：‘修己以安人。’曰：‘如斯而已乎?’曰：‘修己以安百姓。修己以安百姓，尧舜其犹病诸?’”孔子的这一观点，被后来的儒家大加发挥，建立了一套“修身、齐家、治国、平天下”的阶梯式理论。在中国伦理思想史上，孔子第一次明确地提出并阐述了人对自身道德品质的改造问题，建立了道德修养理论的雏形，这在伦理思想史上是有重要意义的。应当说，中国的传统道德十分注重道德修养，这与孔子有着密切的关系。

孔子给他的弟子们讲了自己一生的道德修养过程，他在《论语·为政》中说：“吾十有五而志于学，三十而立，四十而不惑，五十而知天命，六十而耳顺，七十而从心所欲，不逾矩。”从这段话我们可以看出，在孔子看来，道德修养所达到的最高境界应当是“从心所欲，不逾矩”，心里想什么，都不会越出一定的规矩。在这种境界中，人在道德上是绝对自由的，他和最高的道德已融为一体，任何念头都是符合道德的。

第五节 “君子”、“仁者”和“圣人”的多层次的理想人格

理想人格问题，是与道德修养、道德教育密切相关的。为了更有效地进行道德教育，为人树立道德榜样和道德修养的目标，孔子提出了一个多层次的理想人格，这就是“君子”、“仁者”和“圣人”。

“君子”一词，在孔子以前的西周文献中就已经存在了。不但《易经》、《尚书》中曾多次提到“君子”，而且在《诗经》的《国风》、《大雅》、《小雅》中，提到“君子”的就有150多次。一方面，孔子继承了传统的说法，把君子当作在高位的人，如“君子而不仁者有矣夫，未有小人而仁者也”（《论语·宪问》），“君子有勇而无义为乱”（《论语·阳货》）等；另一方面，孔子更强调把“君子”当作一种有高尚品德的人，当作一种道德上的典范，并作为人们应该效法的理想人格。这里所说的作为理想人格的“君子”，主要是从道德意义上讲的，并不一定指当权的在位者。

孔子认为，“君子”总是以仁的道德原则来要求自己，“君子去仁，恶乎成名？君子无终食之间违仁，造次必于是，颠沛必于是”（《论语·里仁》）。这就是说，君子是没有丝毫时间可以离开仁的，哪

怕是吃一顿饭的工夫，即使在仓促匆忙的时候，甚至在颠沛流离的时候，也与仁同在，保持仁的品德。因此，“己所不欲，勿施于人”、“己欲立而立人，己欲达而达人”以及恭、宽、信、敏、惠等道德品质，也都是君子所具备或应当具备的。由于“孝悌”是仁的基础和根本，所以君子对此尤为重视。由于君子有很好的品德，所以也就能够有很好的道德情操。君子的心情能够经常保持平坦宽广，“坦荡荡”（《论语·述而》）、“不忧不惧”（《论语·颜渊》）、“泰而不骄”（《论语·尧曰》）、“敬而无失”（《论语·颜渊》）、“与人恭而有礼”（同上）、“文质彬彬”（《论语·雍也》），而且“知天、知命”（“不知命，无以为君子也”［《论语·尧曰》］），不作非分妄想（“君子思不出其位”［《论语·宪问》］）。

“君子”不但善于自处，而且还能团结别人，他能和别人亲密无间地合作共享，和别人相团结而不是相勾结（“君子周而不比”［《论语·为政》］），庄矜而不争执，合群而不闹宗派（“矜而不争，群而不党”［《论语·卫灵公》］）。他能用自己的观点和别人的看法相互补充，相得益彰，却不会去盲从附和，阿谀奉承（“和而不同”［《论语·子路》］）。君子极力成全别人的好事，但不助长别人的错误（“君子成人之美，不成人之恶”［《论语·颜渊》］）。他总是言行一致，信守自己的诺言（“言思忠”［《论语·季氏》］），说到就一定要做到（“言之必可行”［《论语·子路》］），反对说大话，宁愿多做，而不愿说那些做不到的事（“耻其言而过其行”［《论语·宪问》］），“讷于言而敏于行”（《论语·里仁》）。

“君子”还严格要求自己，从不掩饰自己的缺点和错误。“君子之过也，如日月之食焉：过也，人皆见之；更也，人皆仰之。”（《论语·子张》）这就是说，“君子”并不是没有缺点和错误的人，而是光明正大，且能公开自我批评、认真改正自己错误的人。

“君子”虽然有很高的品德，但即使未被重用，也从不会抱怨别人，而只会更严格地要求自己：“人不知而不愠，不亦君子乎？”（《论语·学而》）“君子病无能焉，不病人之不己知也。”（《论语·卫灵公》）“不患人之不己知，患不知人也！”（《论语·学而》）说的就是这个意思。直到老死，自己的名声也不被人们所称道，这才是君子引以为恨的（“君子疾没世而名不称焉”［《论语·卫灵公》］）。“君子”有高尚的节操，一切以仁义为准则，不行不义之事（“君子喻于义”［《论语·里仁》］）。国家有道，政治清明，就出来做官；国家无道，政治黑暗，就辞退官职，在内心中保留自己对问题的看法，而不随波逐流（“邦有道，则仕；邦无道，则可卷而怀之”［《论语·卫灵公》］）。

在生活方面，“君子食无求饱，居无求安”（《论语·学而》），一箪食，一瓢饮，曲肱而枕，也能安守贫困，不怨天不尤人，总是保持愉快的情绪。

总之，孔子为当时的统治阶级以及各阶级的人们描述了一个具有他所认为的高尚道德品质的“理想人格”。自此以后，“君子”这一概念，在更多的意义上就不再指在位的贵族，而主要指一种“理想人格”和“道德境界”了。人人都应该做一个“君子”，这已经不是指要人们在社会地位上成为一个在位的贵族，而是指人们应该成为一个品质高尚的人，一个有道德的人。

在理想人格的问题上，除“君子”外，孔子又强调所谓“仁者”或“仁人”。“仁者”或“仁人”似乎是比“君子”更高的一种理想人格。孔子不轻易许人以仁，他认为可算作仁人的人是很少的，《论语》中说：

> 微子去之，箕子为之奴，比干谏而死。孔子曰：“殷有三仁焉。”（《论语·微子》）
>
> 子路曰：“桓公杀公子纠，召忽死之，管仲不死。”曰：“未仁乎？”子曰：“桓公九合诸侯，不以兵车，管仲之力也。如其仁！如其仁！”（《论语·宪问》）
>
> 子贡曰：“管仲非仁者与？桓公杀公子纠，不能死，又相之。”子曰：“管仲相桓公，霸诸侯，一匡天下，民到于今受其赐。微管仲，吾其被发左衽矣。岂若匹夫匹妇之为谅也，自经于沟渎而莫之知也？”（同上）

据此看来，仁人不一定非要守小节小信。离开邪恶残暴的君王，洁身自好，一尘不染是仁人；甘受屈辱，以求把仁人道义、社会文明传给后代的人是仁人；谏劝邪恶残暴的君主弃恶从善，不惜身家性命的人是仁人；不守通常所说的忠节，而前后扶持两个君主，但止息了战争，匡正了天下，为民众谋了大利的人，同样也是仁人。凡是讲究权变，不损害仁的原则并极力去实行仁的原则的人，都可以叫作仁人。

仁人是一种很高的理想人格，他具备了更为高尚的道德品质：

> 子曰：“不仁者不可以久处约，不可以长处乐。仁者安仁，知者利仁。”（《论语·里仁》）
>
> 子曰：“唯仁者能好人，能恶人。”（同上）
>
> 子曰：“君子道者三，我无能焉：仁者不忧，知者不惑，勇者不惧。”子贡曰：“夫子自道也。”（《论语·宪问》）
>
> 子曰：“有德者必有言，有言者不必有德；仁者必有勇，勇者不必有仁。”（同上）
>
> 子曰：“……夫仁者……己欲达而达人……”（《论语·雍也》）
>
> 子曰：“能行五者于天下为仁矣。”请问之。曰：“恭、宽、信、敏、惠。”（《论语·阳货》）
>
> 子曰：“若圣与仁，则吾岂敢？抑为之不厌，诲人不倦，则可谓云尔已矣。”公西华曰：“正唯弟子不能学也。”（《论语·述而》）
>
> 子曰：“志士仁人，无求生以害仁，有杀身以成仁。”（《论语·卫灵公》）

从以上可以看出，仁人具有极为高尚的道德品质和情操，可以说，仁人就是最完美、最高尚的君子，他是所有高尚道德品质的集合体和化身，是君子力求达到的理想人格。《论语》中说，子产自己的容颜态度庄严恭敬，对待君上负责认真，教养人民有恩惠，役使人民合于道理；令尹子文三仕无喜，三已无愠，且把自己的一切政令全部告诉接位的人，对国家十分忠诚；陈文子不与杀君者同仕，不与犯上者同仕，清白得很。然而，他们都不能算作一个仁人，而只能算一个君子。仁人和君子的区别，似乎相当于理想人格的最高要求和最低要求的区别。

除了君子和仁人以外，孔子还提出圣人的理想人格。圣人是比君子和仁人更高的理想人格，这是普通人很难做到的，所以，孔子并不要求人们都做圣人。正如《论语·雍也》所载：“子贡曰：‘如有博施于民而能济众，何如？可谓仁乎？’子曰：‘何事于仁！必也圣乎！尧舜其犹病诸！’”

第六节 “为政以德”的思想

孔子是一个怀有极大抱负的人。他不但自认是周朝文化的继承者和传播者，而且还认为自己是一个不被当权阶层赏识的救世者。孔子力求把自己的伦理主张应用到社会政治中去，从而建立了一套以德治国的伦理政治思想体系。古希腊著名思想家亚里士多德在他的《政治学》中，也讨论了许多重要的伦理问题，但他另有专门的著作来讨论伦理学的问题。孔子在中国思想史上，开创了伦理与政治合一的伦理政治体系。他曾率领弟子们游说诸侯列国，宣传自己的伦理政治主张。尽管孔子作为一个政治活动家是不太得志的，但他的思想深谋远虑，有很多合理的成分。秦朝以后的封建统治者在很大程度上采用了“德治”的主张，用封建道德来教化人民，这对封建统治在中国绵延两千年之久，也是起了一定作用的。

从维护奴隶主阶级的统治出发，孔子总结了当时及历史上的统治经验，继承了《尚书》中所说的“敬德保民”、“向用五福”、“威用六极”以及所谓“明德慎罚”等主张，进而提出了他著名的以德治国论。孔子明确地说：“为政以德，譬如北辰，居其所而众星共之。”（《论语·为政》）又说：“道之以政，齐之以刑，民免而无耻；道之以德，齐之以礼，有耻且格。”（同上）从这两段话中可以看出，孔子明确地指出，从长远的观点看，道德对于巩固统治阶级的统治和维护他们的既得利益，甚至能起到比政治、法律更重要的作用。一个国君，要统治好老百姓，只靠政治、法律的专政机构进行镇压是不够的，因为尽管老百姓害怕惩罚而不敢犯罪，但他们并未认识到犯罪可耻，所以再去犯罪的可能性仍旧是存在的。只有用道德来指导他们，用“礼”来约束他们，老百姓才不但不敢犯罪，而且有了羞耻心，以后也就不再去犯罪了。这里的“道之以德”，就是加强对人们的道德感化和道德教育，以提高人们的道德认识和道德品质；“齐之以礼”，就是用统治阶级的社会政治制度、道德规范和风俗习惯来约束人们。孔子的目的在于教导统治者不要消极保安，而要积极治安。

列宁曾经指出：

所有一切压迫阶级，为了维持自己的统治，都需要两种社会职能：一种是刽子手的职能，另一种是牧师的职能。刽子手的任务是镇压被压迫者的反抗和暴乱。牧师的使命是安慰被压迫者，给他们描绘一幅在保存阶级统治的条件下减少苦难和牺牲的前景（这做起来特别方便，只要不担保这种前景一定能“实现”……），从而使他们顺从这种统治，使他们放弃革命行动，打消他们的革命热情，破坏他们的革命决心。①

孔子可以说是中国伦理思想史上最早意识到统治阶级的这两种职能的人。《左传·昭公二十年》载：

郑子产有疾，谓子大叔曰：“我死，子必为政。唯有德者能以宽服民，其次莫如猛。夫火烈，民望而畏之，故鲜死焉。水懦弱，民狎而玩之，则多死焉。故宽难。”疾数月而卒。大叔为政，不忍猛而宽。郑国多盗，取人于萑苻之泽。大叔悔之，曰：“吾早从夫子，不及此。”兴徒兵以攻萑苻之盗，尽杀之，盗少止。仲尼曰：“善哉！政宽则民慢，慢则纠之以猛。猛则民残，残则施之以宽。宽以济猛，猛以济宽，政是以和。”

所谓“宽”，就是列宁所说的牧师的职能，所谓“猛”，就是列宁所说的刽子手的职能。孔子的“为政以德”的思想，是从这个“宽猛相济”的思想发展而来的，同时也是“仁”即“爱人”的伦理思想在政治方面的运用。

统治阶级仅靠强力或者说仅靠政治和法律是不能长久地维护其统治的。严刑峻法可以使人们不敢犯罪，但这有一定的限度，假如人民没有从思想上认识到犯罪的羞耻，没有思想上的觉悟，即使刑罚非常残酷，往往也并不能达到应有的效果。孔子主张从“爱人”出发，从“恭、宽、信、敏、惠”出发，更好地发挥道德在调整人和人之间的关系中的特殊作用，造成一种强大的社会舆论，从而形成人们自觉维护等级制度的坚定的内心信念，达到长治久安的目的。尽管孔子的这一思想是为统治阶级服务的，但却有着合理的因素。在中国历史上的儒法斗争中，法家曾经是政治上先进势力的代表，是适应社会发展要求的地主阶级的代

① 《列宁全集》，中文2版，第26卷，248页，北京，人民出版社，1988。

表。但是，由于他们片面地强调“严刑峻法”，强调“法治”，反对提倡仁义道德，从而走向了道德的反面，导致了非道德主义的错误，以致充分应用法家思想的秦国在统一六国之后，反而不能维持和巩固自己的政权，很快便覆灭了。秦代以后的历代封建统治者汲取了秦朝的经验，总结出了一条教训，这就是必须要强调仁义道德在维护统治中的作用，要德刑并用。西汉初年的贾谊明确地指出：“夫礼者禁于将然之前，而法者禁于已然之后。是故法之所用易见，而礼之所为生难知也。”（《汉书·贾谊传》）“以礼义治之者积礼义，以刑罚治之者积刑罚。刑罚积而民怨背，礼义积而民和亲”，“道之以德教者，德教洽而民气乐，驱之以法令者，法令极而民风哀，哀乐之感，祸福之应也”（同上）。孔子的德治思想在受到数百年的冷落后，终于获得了封建统治者的重视，其道理就在这里。孔子从“为政以德”的思想进一步引申出统治者自身有德，才能治理好国家的思想。当季康子向孔子请教治国安邦的办法时，孔子告诉他说：“政者，正也。子帅以正，孰敢不正?”（《论语·颜渊》）又说：“苟正其身矣，于从政乎何有？不能正其身，如正人何?”“其身正，不令而行；其身不正，虽令不从。”（《论语·子路》）只要统治者以身作则，带头讲道德，治理国家是不困难的；只要统治者本身行为正当，不发命令，事情也能行得通。孔子作了一个形象的比喻，他说：“君子之德风，小人之德草。草上之风，必偃。”（《论语·颜渊》）这就是说，领导者的品德像风，老百姓的品德像草，风吹向哪里，草就倒向哪里。领导者讲礼义爱人，老百姓也就讲忠孝节义；领导者骄奢淫逸，任意而行，老百姓则必定不服管制，犯上作乱。

孔子的这些主张，还可以从另外一个方面来看其积极的意义。这就是说，一个国家，如果社会风气不好，老百姓行为不正，应当责备老百姓，还是应当责备统治者？在孔子看来，应当责备的不是被统治的“小人”、老百姓和在下位的人，而是那些“大人”、“君子”和在上位的统治者。由此看来，统治阶级的行为和思想品德在国家政治中起着重要的作用。根据这种认识，孔子提出“举贤才”的主张。孔子主张在不动摇奴隶宗法制度的前提下，起用一些有才德的人，这反映了孔子政治思想有一定的开明之处。

孔子提出的德治论，还包含着一套具体的政治措施。《论语》载：

子适卫，冉有仆。子曰：“庶矣哉!”冉有曰：“既庶矣，又何

加焉?”曰:“富之。”曰:“既富矣,又何加焉?”曰:“教之。”(《论语·子路》)

子贡问政。子曰:“足食,足兵,民信之矣。”子贡曰:“必不得已而去,于斯三者何先?”曰:“去兵。”子贡曰:“必不得已而去,于斯二者何先?”曰:“去食。自古皆有死,民无信不立。”(《论语·颜渊》)

子路曰:“卫君待子而为政,子将奚先?”子曰:“必也正名乎。”子路曰:“有是哉,子之迂也!奚其正?”子曰:“野哉,由也!君子于其所不知,盖阙如也。名不正则言不顺,言不顺则事不成,事不成则礼乐不兴,礼乐不兴则刑罚不中,刑罚不中则民无所措手足,故君子名之必可言也,言之必可行也;君子于其言,无所苟而已矣。”(《论语·子路》)

齐景公问政于孔子。孔子对曰:“君君,臣臣,父父,子子。”(《论语·颜渊》)

子曰:“……上好礼,则民莫敢不敬;上好义,则民莫敢不服;上好信,则民莫敢不用情。夫如是,则四方之民襁负其子而至矣……”(《论语·子路》)

子曰:“上好礼,则民易使也。”(《论语·宪问》)

子曰:“道千乘之国,敬事而信,节用而爱人,使民以时。”(《论语·学而》)

从上述引文可以看出,孔子的以德治国论是成体系的。治理国家,无非要处理好两个方面的关系:一是统治阶级与被统治阶级的关系,二是统治阶级内部的关系。对于前者,孔子主张首先要使老百姓富足起来,然后用礼义道德来教化他们,使他们心甘情愿地接受役使。要做到这一点,统治者就不能肆无忌惮地驱使和压榨老百姓,而要适当地考虑他们的利益,不能竭泽而渔,要在必要的时候给他们一些必要的恩惠。对于后者,孔子主张先正名分,严格等级制度,使人们按礼的规定各司其职,不得擅越。在统治阶级内部各等级之间,孔子始终是站在最高统治者一边的,他正名的主张,也是为最高统治者维护其统治地位服务的。他说:

天下有道,则礼乐征伐自天子出;天下无道,则礼乐征伐自诸侯出。自诸侯出,盖十世希不失矣;自大夫出,五世希不失矣;陪

臣执国命，三世希不失矣。天下有道，则政不在大夫；天下有道，则庶人不议。(《论语·季氏》)

孔子提出德治的目的，就在于恢复天子独尊的所谓“天下有道”的局面，在于维持“亲亲”、“尊尊”的宗法制度。至于尊贤使能、施惠于民，都是为这一根本目的服务的。

孔子的“为政以德”论，强调了道德手段在治国中的重要作用，强调了为政者自身的道德品质在政治中的作用，有其合理的因素。他的这些思想被孟子等后来的儒家学者大加发挥，使得德治论在理论形态上更为完善。

第七节 “先义后利”的义利观

“义”与“利”的关系问题，或者说，道德的最高原则同人们的个人利益的关系问题，是伦理学中一个重要的问题。在中国伦理思想史上，孔子第一个自觉地意识到这一问题在道德关系中的重要作用，并提出了先义后利的道德理论。

一、关于“先义后利”

在中国伦理思想史上，“义”的概念，在孔子之前就已存在。孔子对义特别重视，他说：“君子义以为质，礼以行之，孙以出之，信以成之。君子哉!”(《论语·卫灵公》)孔子主张以义为上，义是一切行动的最高准则。他说：“君子义以为上。”(《论语·阳货》)“义”一般有两方面的含义：一是指一定社会中各种行为规范的要求，即社会对人们的义务和责任的规定和要求；二是指贯穿在这些行为规范中的最根本的指导思想和指导原则。“义”者宜也，也就是应当的意思。当然，在阶级社会中，所谓义和应当，是有前提的。孔子认为，“义”就是当时的“礼”，即“仁”这一最高的道德原则和由这一原则所指导的道德规范体系。合于这一原则和规范体系要求的，就是道德的，就是义，否则就是不道德的、不义的。

什么是“利”呢？如果说中国古代的思想家们对“义”的理解大体上还一致的话，那么他们对“利”的理解，共同点就少得多了。一般来说，对“利”至少有三种理解：第一，专指个人的私利；第二，专指国家、人民、天下之公利；第三，兼指私利和公利。如果再细分起来，个人的私利，又可分为正当的个人利益和不正当的个人私利。因此，利在中国伦理思想史上，可以有五种不同的理解：

（1）正当的、生活必需的、合法的个人利益；

（2）私欲的、贪心的、不合法的个人私利；

（3）国家、人民、天下之公利；

（4）兼指公利和正当的个人利益；

（5）兼指公利和一切正当不正当的私人利益。

中国的伦理思想家们由于所说的“利”的意义互不相同，甚至完全相反，因而造成了许多牛头不对马嘴的争论。有时候，一个思想家在不同时间、不同场合或面对不同问题时，对“利”的理解也不同，甚至是相互矛盾的。孔子对“利”作了狭义的解释，一般来说，和“义”对立的“利”，不是指国家、社会的利益，而是指个人的私利。孔子认识到，为了践行一个社会的道德原则，达到一定的道德要求，必须反对私人不正当的贪欲。孔子认为，一个人在多种可能的道德行为选择中如何处理义和利的关系，是道德评价的一个重要的甚至唯一的标准。

首先，孔子把义利问题看作道德评价的一个重要标准。在孔子看来，一个有道德的人和一个没有道德的人的根本区别，就是要看他在道德原则和不正当的贪欲之间，究竟采取什么态度。一个道德高尚的人，必然能够以最高的道德原则作为自己行为的准则，在必要的时候，甚至可以牺牲自己的一切而服从于最高道德原则的要求，这就是孔子所说的“君子喻于义”，即君子只晓得义的重要，一切行动，都自觉地要求合于义。相反，一个没有道德的人，则只知道去满足个人的私利，而不知道使自己的行为符合最高的道德原则，这就是孔子所说的“小人喻于利”。孔子的这句话被后世儒家当作一个重要的原则，在伦理思想史上产生了重要的影响。

其次，孔子并不完全排斥“利”的重要性，而承认在一定条件下，只要某些个人利益是符合道德原则的，即是正当的个人利益，那么，得到这些利益，就是应该的。“富而可求也，虽执鞭之士，吾亦为之。如不可求，从吾所好。”（《论语·述而》）富贵金钱，如果可以求，即符合义的原则，就是拿着鞭子赶车，我也愿意；如不可求，那就从吾所好吧！相反，如果“不义而富且贵，于我如浮云”（《论语·述而》）。因此，孔子主张，当遇到个人利益时，必须先要考虑，这种个人利益的取得是否符合道德原则，这就是孔子所说的“见利思义”（《论语·宪问》）和“见得思义”（《论语·季氏》）。在这里，“利”和“得”都是指个人利益，“义”就是道德原则。孔子说“放于利而行，多怨”（《论语·里仁》），就是说，一个人如果放纵自己，只顾个人利益，一味地去追求自己的私利，那么，就一定会招来许多人的怨恨。孔子又说：“富与贵，是人之所欲也，不以其道得之，不处也。”（同上）从这句话里也可以看出，只要是应当得到的财富和地位，那就应该泰然处之，只有那些不应当得到的富贵，有道德的人才不愿意取得它。

孔子没有明确地把利区分为公利和私利、大利和小利，但从他的言论中可以看出，他反对只顾目前的、暂时的小利，而主张长远的利益。《论语·子路》中有：“子夏为莒父宰，问政。子曰：‘无欲速，无见小利。欲速则不达，见小利则大事不成。’”孔子的学生子夏到莒父这个地方做官，向孔子请教怎么办理政事。孔子的回答说明，他并不是反对一切利益，只是强调不要贪求暂时的、眼前的小利，而是要从更大的、长远的利益去考虑，因为“见小利则大事不成”。这里所说的“大事”，也就是孔子所说的“大利”。《论语·尧曰》中有：“子张曰：‘何谓惠而不费？’子曰：‘因民之所利而利之，斯不亦惠而不费乎？’”孔子的学生子张想请教在治理老百姓时如何才能既使老百姓受到恩惠、得到好处，而又不致耗费大量的财力物力。这本来是一个很难回答的问题。孔子回答说，老百姓在哪些方面能得到利益，统治者就应当引导他们去发展他们的利益，这样，老百姓的积极性发挥了，他们就会自己富足起来，这岂不是既使人民得到了恩惠而又不耗费大量的财力物力吗？这里，孔子不但不反对利益，而且主张统治者不要对老百姓管得过死，要依据老百姓发展他们利益的实际情形，引导、支持老百姓去谋取自己的利益。孔子的这一思想，包含着如何对待人民的利益的问题，是有着进步因素和合理内容的。

孔子关于“义”、“利”问题的看法，虽然不像“仁”、“礼”阐发得那么详细，但其影响还是很大的。孔子以后直到现代的两千多年中，中国伦理思想史上长期争论不决的义利之辨，不能不说是从孔子发端的。孔子虽然主张义以为上、先义后利、见得思义、见利思义，但他并没有否认“利”的重要性。但是，孔子没能明确地区分“私利”和“公利”。因此，在有些地方，似乎他是在反对一切利益。

二、“君子喻于义，小人喻于利”*

义利问题，是孔子思想的一个重要内容。从《论语》所记述的有关义利关系的各章来看，孔子是主张“见利思义”、“见得思义”和“义以为上”的。因此，我们可以说，孔子的思想，是先义后利的，在义利矛盾而不可兼得时，强调如果不符合“义”，那么，就应当舍利而从义。孔子反对只见小利而忽视“大事”，指出“见小利而大事不成”，反对目光短浅而提倡深谋远虑。孔子曾说：“富而可求也，虽执鞭之士，吾亦为之。如不可求，从吾所好。”说明孔子对于合乎“义”的富和利，不但不反对，而且还要努力去获取它（今人唐钺，将“执鞭之士”译为当今的司机，有启发意义）。至于老百姓的利益，孔子明确指出，应尽量设法满足，他曾说“因民之所利而利之”，也就是说，要就着老百姓能得到利益的地方，使他们获得利益。孔子认为“放于利而行多怨”，这就是说，如果一切只依照利的要求来行事，就会招致很多的怨恨。总之，在义利的关系上，孔子并不反对“利”，也不卑视“利”和轻贱“利”，他的根本思想是不能“唯利是图”和“见利忘义”，认为在“取”和“得”的时候，应当考虑它是否符合“义”。

（一）

在讨论孔子的义利思想时，对“君子喻于义，小人喻于利”究竟应当作何解释，成为理解孔子义利思想的一个关键。在很长一段时间内，由于人们对这一段话的错误理解，从而推导出孔子“贱利重义”的错误结论。因此，对这段话的本来意义，应当进行认真的剖析。

在《论语》中，将“君子”与“小人”对比并加以论述的，共有以下19处：“君子周而不比，小人比而不周”（《论语，为政》）；“君子怀德，小人怀土，君子怀刑，小人怀惠”（《论语·里仁》）；“君子喻于义，小人喻于利”（同上）；“君子坦荡荡，小人长戚戚”（《论语·述而》）；“君子成人之美，不成人之恶，小人反是”（《论语·颜渊》）；“君子泰而

---

* 本部分原载于《学术研究》1991年第3期，原题为“关于孔子义利观的一点思考——兼析‘君子喻于义，小人喻于利’”。

不骄，小人骄而不泰”（《论语·子路》）；“君子求诸己，小人求诸人”（《论语·卫灵公》）；“君子上达，小人下达”（《论语·宪问》）；“君子易事而难说也……小人难事而易说也”（《论语·子路》）；“君子而不仁者有矣夫，未有小人而仁者也”（《论语·宪问》）；“君子固穷，小人穷斯滥矣”（《论语·卫灵公》）；“君子不可小知而可大受也，小人不可大受而可小知也”（同上）；“君子有三畏：畏天命、畏大人、畏圣人之言。小人不知天命而不畏也，狎大人，侮圣人之言”（《论语·季氏》）；“君子学道而爱人，小人学道则易使也”（《论语·阳货》）；“君子之德风，小人之德草。草上之风，必偃”（《论语·颜渊》）；“女为君子儒，无为小人儒”（《论语·雍也》）；“君子之过也，如日月之食焉”（《论语·子张》）；“小人之过也，必文”（同上）；“君子和而不同，小人同而不和”（《论语·子路》）。

从以上关于君子和小人的对比中可以看出，孔子在作这种对比时，大体是从三个不同的要求出发的，因而有着三种不同的意义。

第一，对“君子”和“小人”两种人所作的思想品德、器量、作风、好恶的概括，如“君子坦荡荡，小人长戚戚”、“君子怀德，小人怀土，君子怀刑，小人怀惠”、“君子泰而不骄，小人骄而不泰”等等。

一般来说，“君子”在当时被认为是在位的统治阶级的成员（即世袭的贵族），同时又指有道德的人；但在某种特殊情况下，“君子”则专指在位的统治阶级中的人们，如孔子说：“君子而不仁者有矣夫，未有小人而仁者也。”这就是说，在“君子”中，也有“不仁”的人。“小人”则指统治阶级中的非在位者，一般被认为是没有道德的人。在更多的时候，对“君子”和“小人”的概括，是从道德上所作的概括，是把“君子”和“小人”作为“有道德”和“无道德”的人来加以对照并进行概括的。

第二，比较“君子”和“小人”在当时社会中的道德、人格、政治态度及其社会作用，说明“君子”和“小人”在当时人际关系中各自不同的行为及其影响，从而说明“君子”和“小人”往往是不同而且对立的。如“君子固穷，小人穷斯滥矣”、“君子泰而不骄，小人骄而不泰”、“君子学道而爱人，小人学道则易使也”、“君子成人之美，不成人之恶，小人反是”以及“君子有三畏：畏天命、畏大人、畏圣人之言。小人不知天命而不畏也，狎大人，侮圣人之言”等等。孔子特别强调“君子”

的道德品质、思想行为、为政作风等在社会上所产生的教育、感化作用，而批评那些无道德者在人际关系中的错误行为，这同他的“德教”思想有着直接的关系。孔子说：“君子之德风，小人之德草。草上之风，必偃”，就是说的这个意思。

第三，从判断“君子”和“小人”的品德出发，提出了若干重要的道德评价标准，如“君子喻于义，小人喻于利”、“君子上达，小人下达”、“君子求诸己，小人求诸人”和“君子和而不同，小人同而不和”等等。为了对人们进行道德评价，就必须提出进行评价所依据的标准。从根本上来看，孔子把“仁”作为一个最高的道德评价标准。凡是达到“仁”的要求的，就是道德的，而一切违背“仁”的思想和行为，当然就是不道德的。因此，“仁”和“不仁”是孔子区分有道德和无道德的一个最根本的标准。在具体运用这个标准时，孔子根据不同情况，又提出了各种不同的标准，“君子喻于义，小人喻于利”就是一个最重要的道德评价标准。

（二）

对“君子喻于义，小人喻于利”的理解，在中国伦理思想史上，有着一段曲折的历程。直到今天，对这句话的不同理解，仍然影响着我们对孔子义利思想的正确认识，影响着我们对先秦儒家思想的全面理解。

从先秦到宋代，思想家们大都把“君子喻于义，小人喻于利”理解为这是对“君子”和“小人”的品德和人格的定义或概括，认为这句话的意思是说，君子只晓得义，而小人只晓得利。朱熹在注释“君子喻于义，小人喻于利”时说：“喻，犹晓也，义者天理之所宜，利者人情之所欲。程子曰：君子之于义，犹小人之于利也，惟其深喻，是以笃好。”（《四书章句集注·大学章句》）这也就是说，君子每遇到一件事情，必然要辨其是非，先义后利，见得思义；而小人遇到事情则只知计其利害，有利可图的就干，无利可图的就不去做。这当然是“君子喻于义，小人喻于利”的一方面的意义。但是，从另一方面来谈，这句话更加普遍的意义，就是孔子提出的一个判定道德与不道德的评价标准。作为一种道德评价的标准，它要求人们立下志愿，不断努力，按照这一标准，省察克治，刻苦修养，不断践履，养成习惯，使自己能够在行为中深喻、笃行，从而成为一个君子；相反，如果人们只汲汲于追求官爵地位，把知识作为炫耀的一种手段（“今之学者为人”），每天所想、所为的都是个人的私利，这样的结果，也就必然会把私利当作一切行为的动机，深深陷入追逐私利的泥潭。这样的人，即使原来是“君子”，也必然会堕落成为无道德的“小人”。由此可见，把“君子喻于义，小人喻于利”规定为一种道德评价的标准，并不等于对“君子”和“小人”的品德、人格的概括。一个“君子”，或者说一个有道德的人，如果不能以“喻于义”来要求自己，就可能变为一个“小人”；一个“小人”，如果能够按照这一标准要求自己，也可能成为一个“君子”。从这一意义上看，我们就能更全面、更准确地理解孔子所说的“君子喻于义，小人喻于利”的含义了。宋代著名的伦理学家陆九渊，就是这样理解的。

（三）

陆九渊和朱熹，是宋代两位著名的伦理学家。陆九渊强调“心”，朱熹推崇“理”，针锋相对，争论不休。1175 年，二人相会于鹅湖寺，争论的重要问题之一，就是如何使人们变化气质以达到成圣成贤的目的。朱熹“欲令人泛观博览，而后归之约”，而陆九渊则强调“先立乎其大”、“欲发明人之本心，而后使之博览”，其结果是“朱以陆之教人为太简，陆以朱之教人为支离”。当朱熹坚持欲变化气质必先读圣贤之书时，陆象山则提出：“尧舜之前，何书可读?”（《陆九渊集》）这次争论，由于两人分歧很大，不欢而散。1181 年，陆九渊去南康拜访朱熹，朱熹邀请他在白鹿洞书院讲学。陆专门选了孔子“君子喻于义，小人喻于利”一章，强调这一命题提出了一个判断“君子”、“小人”的标准，在变化气质和道德修养上，有着特别重要的意义。陆说：“此章以义利判君子小人，辞旨晓白，然读之者苟不自己观省，亦恐未能有益也。某平日读此，不无所感：窃谓学者于此，当辨其志。人之所喻，由其所习，所习由其所志。志乎义，则所习者必在于义；所习在义，斯喻于义矣。志乎利，则所习者必在于利；所习在利，斯喻于利矣。故学者之志不可不辨也。”（同上）接着，陆九渊进一步指出，“科举取士”导致人们追求名利，虽说是“读圣贤之书”，实际上则往往以“官资崇卑，禄廪厚薄是计”，从而走上了与圣贤背道而驰的“小人”的道路。因此，陆九渊向朱熹的学生们提出，要“诚能深思是身，不可使之为小人之归，其于利欲之习，怛焉为之痛心疾首，专志乎义而日勉焉，博学审问，慎思明辨而笃行之”（同上），只有这样，才可能成为“君子”。

陆九渊这篇关于“君子喻于义，小人喻于利”的讲话，得到了朱熹的高度赞扬。朱熹认为这篇讲话“发明敷畅”、“恳到明白”、“切中学者隐微深痼之病，盖听者莫不悚然动心焉”。朱熹还说：“熹犹惧其久而或忘之也，后请子静笔之于简而受藏之。凡我同志，于此反身而深察之，则庶乎其可不迷于入德之方矣。”据《陆象山年谱》记载，当陆九渊讲完“君子喻于义，小人喻于利”之后，朱熹当场就再三表示：“熹在此不曾说到这里，负愧何言。”并说：“熹当与诸生共守，以无忘陆先生之训。”朱熹又对杨道夫说：“这是子静来南康，熹请说书，却说得这义利分明，是说得好。如云：‘今人只读书便是利，如取解后，又要得官，得官后，又要改官。自少至老，自顶至踵，无非为利。’说得来痛快，至有流涕者。”陆九渊自己也认为“当时说得来痛快，至有流涕者，元晦深感动，天气微冷，而汗出挥扇”。当时是春季二月，天气当然是寒冷的，而朱熹竟然汗出而不得不大挥扇子，可见这篇讲话之作用。以后，朱熹和陆九渊“晚年又志同道合”，陆九渊这次关于“君子喻于义，小人喻于利”的讲话，确实起了很重要的作用。朱熹以后的许多言论，也证实了这一点。

这篇讲话，在思想史上之所以有如此重要的意义，一方面，是由于陆九渊非常明确地把“君子喻于义，小人喻于利”当作一个判断“君子”和“小人”的标准；另一方面，他紧密结合当时的思想实际，分析了人们的主要思想倾向，提出每一个人都要立志行义，不断练习，养成习惯，形成高尚品德，使自己深喻于义，从而成为一个“君子”。并且明确指出，当时的士阶层和统治者，如果只求利禄，志于私利，习于私利，也就必然“斯喻于利”，其结果，就只能堕落为小人。

综上可见，孔子的“君子喻于义，小人喻于利”，主要是一个道德评价标准，以此认为孔子“重义轻利”或“重义贱利”，是没有充分根据的，是不符合孔子思想的本意的。

第八节　孔子与儒家思想

儒家思想自产生至今，已有两千多年了，在中国产生了深远的影响。新中国成立后，很多人用历史唯物主义观点来研究孔子、研究儒家思想，其中许多成果都值得我们借鉴。我对这个问题的研究还不很成熟，与一些流行的看法不很一致。我的观点中既有吸收前人的研究成果加以发展的地方，也有对这些问题在新时代、新形势下的体会和概括。

一、儒家思想在古代长期居于重要地位的原因

中国古代思想派别很多，其中最著名的派别是儒家、道家、墨家、法家。儒、墨在春秋时期都是“显学”，在当时都有重要影响，但墨家到最后影响很小，几乎销声匿迹了。法家在春秋时期也有重要影响，尤其是在春秋时期的秦国，从秦孝公时商鞅变法开始，运用法家思想，经过六代国君，秦国终于在一百多年的时间里统一了中国。但在秦国统一之后，法家就不再被统治者所重视。汉朝之后，更是“罢黜百家，独尊儒术”。道家提出了有关自然、人类社会、人生的辩证法问题，其对宇宙的看法、对人生的看法确实有很多深刻独到的地方。许多优秀知识分子对道家都有非常好的印象，如闻一多、郭沫若等。闻一多对道家，尤其对庄子有很深入的研究。墨、法、道在先秦都曾盛极一时，但为什么从汉以后一直到清代末年，两千多年来历代统治者在意识形态上都只提倡儒家，而不提墨、道、法呢？

我对这个问题进行了长时间的研究，得出了两点看法：第一，从孔子开始，经过孟子、荀子，以至后世儒家，儒家学说在形成、发展过程中都强调学术思想必须适应现实的社会生活，必须为现实的社会、政治、经济服务，力求使自己的思想和理论能够经世致用，为社会的稳定、经济的发展、政治的清明、人际的和谐、家庭的和睦服务。第二，孔子所创立的儒家思想始终强调道德在人类社会中的重要作用。儒家把道德看成维护国家安定，保持人际和谐，提高人的素质，完善人类社会的重要力量。人与动物的区别就在于人有道德。人之所以能够成为人，人类社会之所以能够不断发展就在于人能够意识到自己有道德。在中国的其他学派中，甚至在世界各国的学派中，还没有看到任何一个学派把道德的作用提到这样一种高度。

墨家思想代表了当时的小生产者的利益，有很大的进步性。它强调为广大劳动人民谋利益，相当重视人民大众的功利，摩顶放踵，以天下人之大利为目的。墨家思想与儒家思想不同，它比较多地从一般人的角

度出发，而没有为统治阶级的利益着想，从这个意义上讲，儒家学说比墨家学说更能适应历代统治阶级的需要。墨家的理论只考虑小生产者、个体劳动者、下层农民怎样为社会谋利，而没有考虑到统治阶级、国家管理者怎样为劳动人民谋利益。因此，墨子的理论确实有些超前，“兼爱”的思想固然很伟大，但是这种“兼爱”脱离了“亲亲之爱”，就变成了一句空话。所以儒家讲“爱人”，并不讲“兼爱”。儒家的“爱人”注重“亲亲之爱”，爱自己的亲人要胜于爱别人，但同时也讲“推己及人”。尽管墨家对“尚贤”也很注意，但是它的“尚贤”主要是崇尚有贤德的人，而对道德的重要性重视不够。所以在汉以后，墨家就不被重视了，直到清代，思想家们才重新提起墨家。应该讲，墨家的思想是很深刻的，但是它不具备成为中国封建社会的统治思想的条件。

法家思想中也有很多合理的内容，它强调“依法治国”，法要公之于众，法不阿贵。而且它特别强调奖励耕战有助于社会的发展稳定。借助法家思想，秦始皇统一了中国。但是在秦始皇统一中国之后，只经过了十六年的时间，秦国就灭亡了。秦国军事力量那么强大，政治上也很强大，经过一百多年的努力终于统一了中国，但仅仅经过十六年的时间就遽然灭亡了。“坟土未干，宗庙为墟”，秦始皇坟上的土还没有干，而他的宗庙已经变成废墟了，这是令史家很费思量的一个问题。汉代以后，从陆贾和贾谊等开始，前后有近百年的时间，人们都乐于讨论、总结秦亡的原因及其教训。这也确实是汉代统治者们需要考虑的一个问题。著名的政治思想家陆贾、贾谊的许多著作，都是专门总结秦亡教训的。贾谊写了《治安策》献给汉文帝，专门讲秦亡的教训。鲁迅非常欣赏这篇论文，称之为“西汉鸿文”；毛泽东读了贾谊的《治安策》之后称：“贾谊的《治安策》是西汉一代最好的政治论文。”

那么，贾谊在《治安策》中到底总结了哪些经验教训呢？有两条，一是秦之所以亡国，就是因为“仁义不施攻守之势易也”。所谓“仁义不施”，就是不知道用仁义道德来教育人民；所谓“攻守之势易也”，就是攻守的形势发生了变化。可以用法家的思想来夺取政权，而掌握了政权之后，要保护一个阶级的利益，就必须强调道德的作用。根据贾谊的分析，片面地利用刑罚，就会造成民心的残酷，人与人之间唯利是图，损人利己、损公利私的现象就会愈来愈严重，社会风气就会日趋败坏，以至影响社会稳定，造成社会动荡而导致政权的灭亡。贾谊描述了秦朝时社会风气恶化的情况，不但人与人之间都怀着一种求利之心，连家庭内的父母同子女、公婆同儿媳之间都斤斤计较。婆婆向儿媳借了一个簸箕，儿媳就觉得这个东西是我给你的恩惠，你应该报答我。我们需要对陆贾和贾谊的言论思想进行全面的分析，可以借他们提供的材料了解当时的社会风气和道德水平，了解儒家学说之所以能被汉代统治者重视的社会原因。

儒家学说强调人与人之间的爱，强调道德的重要性，强调和谐、和睦的精神在不同时代、不同历史条件下，有不同的作用。在国家变革的时候，特别是在一个旧政权已不能适应当时经济、政治的需要的时候，它往往起保守的作用；但是在社会稳定，一个阶级已经取得了统治权，而致力于巩固自己的统治地位、发展经济、发展生产、协调人际关系、提高人们的素质、改善整个社会风气的时候，儒家思想就会起到非常积极的作用。综观中国两千多年来的历史，动乱的时候很少，每一个朝代国家稳定的时间都很长，这不能不说与儒家学说稳定社会、发展经济、和谐人际、改善风气的作用有关。在长达两千年的历史中，儒家学说不断得到统治阶级的提倡与重视，并不是因为统治阶级喜欢儒家学说，而是由于社会发展的需要，这是不以人们的意志为转移的，也可以说是历史的、客观的一种必然。

二、儒家思想的基本内容

要把儒家思想准确地概括起来有一定难度，新中国成立以后，特别是改革开放以来，很多学者对这个问题“仁者见仁，智者见智”，从不同方面对它进行了很多概括。我主要从事伦理学的教学和研究，所以比较偏重于伦理方面。我将儒家思想概括为五个方面。

（一）孔子的仁爱思想

仁者爱人，关于仁的解释孔子讲了很多，在《论语》里，“仁”共出现了 104 次。“己欲立而立人，己欲达而达人”，“己所不欲，勿施于人”，“吾不欲人之加诸我也，吾亦无欲加诸人”，“能行五者于天下为仁矣”（“五者”，指“恭、宽、信、敏、惠”），这些都是孔子关于“仁”的思想的基本概括。下面着重阐述孔子与“仁”有关的几个重要思想。

1. 从类的角度讲“爱人”

孔子的“爱人”思想在当时的社会是有进步意义的。孔子是在奴隶制社会中说“仁者爱人”的，他所说的“人”，包括了所有的人在内。尽管在实际生活中，奴隶主阶级的思想家不可能真心实意地去“爱”奴隶，但孔子的这种主张，还是有进步意义的。孔子从奴隶主阶级的长远利益出发，认识到“利民”、“惠民”对巩固奴隶主政权的重要性，认识到“爱人”对社会稳定和政治稳定的重要性。

孔子是最早从“类”的角度考察人的。所谓类的角度，就是把所有的人当一个类，即我们都是人，我们都属于共同的人类，所以我们应当彼此相爱。从类的观点来考察人，才能够提出人与人之间应有的道德原则和规范。现在西方人本主义思想的一个核心内容，就是从类的角度来考察人，把人当作一个类。因此，宗教教会和封建制度加给人的一切不合理的东西，都要加以废除。既然我们都是人，我们就都有感情欲望的要求，都应该享受同样的幸福，这是西方人道主义从 14 世纪起开始强调的，是它的一个很重要的理论贡献。而孔子在公元前 500 年前后就提出了从“类”的角度来考察人，就认识到我们都是一个类，由此我们就要爱我们的同类。从这个意义上可以说，孔子“爱人”的思想是中国古代早期的人本主义思想，当然它并不是很成熟的。虽然孔子还没有完整地提出人应当作为一个类来互相友爱，但是他的“仁者爱人”确实是以类的观点作为爱人的依据的。

孔子的“爱人”思想的另一个重要内容就是惠民。孔子不但从人与人之间的关系出发强调人与人之间要彼此相爱，而且还从统治者的角度来讲“爱人”，要爱护国家的老百姓，即“惠民”。孔子强调，一个统治者要治理好自己的国家，必须“惠民”和“利民”。孔子所说的“惠民”、“利民”，就是要给老百姓以实际的利益，使老百姓能够得到实际的好处，包括发展生产、减少赋税、增加老百姓的收入。这当然是从统治阶级的利益出发的，但对老百姓也是一种“仁政”。

孔子所讲的“君子”，含义较多，有时指在位的统治者，有时指道德高尚的人，有时也指既在位又有道德的人。但是孔子在使用“君子”一词时，大多数情况是指“在位而有道德”的人。对于“在位而有道德”的君子，孔子非常强调“惠民”。

为什么要“惠民”呢？“惠则足以使人”，也就是说，统治者给了老百姓恩惠之后，老百姓就容易听统治者的话。我们过去总说孔子只讲义，不讲利，这是不全面的，应该进行全面的分析。孔子虽然非常反对个人的私利，但同时却强调要有利于老百姓，要使老百姓得到利益。这个思想在我们过去对孔子的研究中没有得到很好的认识。

孔子有个学生叫子夏，问孔子怎样从政，也就是怎样治理好一个国家，孔子回答："因民之所利而利之"，意思是说，要根据老百姓可能得到利益的具体情况，尽量使他们得到利益。在大多数情况下，因为孔子主要是讲个人的道德行为和社会的道德规范相适应，所以他比较多地强调一个人要成为君子，不要多想个人的私利。但从道德规范来说，孔子及其弟子从来都不否认"利"的一面，更未曾说要"重义轻利"，而是要"先义后利"、"义以为上"，要"见利思义"和"见得思义"。在谈到治理国家和管理民众时，他不但不反对老百姓得到利益，而且非常强调"因民之所利而利之"。

有一次孔子到卫国去，他的弟子冉有为他驾车，曰："庶矣哉"，就是说卫国的人口已经很多了，冉有问："既庶矣，又何加焉?"现在这个国家的人已经很多了，进一步应该做些什么工作呢？孔子说："富之"，要使他们富起来。"既富之，又何加焉?""教之。"富了以后还要加强对他们的教育。这个例子很好地说明了孔子的"爱人"思想包含多方面的内容。人和人应该彼此相爱，一个统治者更要爱他的百姓，要使老百姓得到实际的恩惠，使他们尽可能地得到应当得到的东西。"既庶矣，又何加焉?""富之。"所以孔子的"爱人"思想是和当时的社会政治生活紧密结合起来的。

对孔子的"爱人"思想的两个方面都应当加以重视，既要看到他所说的人与人彼此相爱的思想，又要认识到他要给老百姓以实际利益的思想。从个人的道德修养上来说，要"先义后利"、"见得思义"，强调"义"的重要性；在对待老百姓的问题上，要强调利的重要性，要"因民之所利而利之"，要使他们尽可能地富起来。孔子确实反对追求个人的私利，但是他极力主张要使老百姓得尽可能多的利益。

2. 关于"君子喻于义，小人喻于利"

在孔子的思想里，有一句话后人有不同的理解，这就是"君子喻于义，小人喻于利"。长期以来，一些人认为，这句话的意思是把人分为两等，只有在位的人才是有道德的，才能懂得"义"，才是君子；而劳动人民则是只知求利的人，是没有道德的人，是小人。这种理解应当说是不正确的，曲解甚至歪曲了孔子的原意。

早在宋代，陆九渊就对这句话作了全面的分析。陆九渊与朱熹在理论上是有分歧的，但归根到底他们都属于儒家，都对孔子很尊敬。在学术思想史上，曾经有过著名的“鹅湖之会”，指的就是这两位儒家学者之间的一场激烈争论。朱熹认为，要想成为有道德的人，就要“博学致知”，要有广博的知识。应当先把经典著作如《诗》、《书》、《礼》、《易》、《春秋》及《论语》、《孟子》读熟，然后再培养自己的道德。陆九渊则认为，不必读那么多的书，关键是要对儒家经典和孔子思想真诚信服，“先立乎其大”，确立仁的思想。鹅湖之会时，两个人面对面地进行辩论。朱熹说，你光讲道德，不读圣贤书，先“立乎其大”，就会支离破碎；陆九渊说，你现在说经书重要，说“立乎其大”不对，那么请问，尧舜都是圣人，他们读了什么书了？他们一本经书也没读。结果谁也没驳倒谁。

后来朱熹请陆九渊到他的白鹿洞书院去讲学，陆九渊讲的是“君子喻于义，小人喻于利”这一章。本来朱熹对陆九渊有很深的成见，据说陆九渊讲完这一章之后，朱熹就心悦诚服了。在二三月的天气里，朱熹听得直出汗，挥扇不止。他说陆九渊讲得好，他自己讲了这么久的《论语》，但这一思想他没讲出来。他请陆九渊把讲稿写下来，要将它刻成石碑，立于白鹿洞书院，让他的弟子都来学习。后来白鹿洞书院里果然刻了陆九渊“君子喻于义，小人喻于利”这一章的讲稿。

陆九渊说“君子喻于义，小人喻于利”不是把“君子”和“小人”看成两个固定不变的等级，你是奴隶主阶级，地位比较尊贵，你就是君子，就是一个有道德的人，就能明白“义”；他是劳动人民，是奴隶，就是一个只知道求利而没有道德的人，就是“小人”。这样理解是错误的。一个人要想成为“君子”，就必须要懂得仁义道德，不断地按照这些要求去做、去追求、去努力、去修养、去践履，在求义的过程中持之以恒，这样才能成为一个有道德的人，成为一个“君子”。相反，即使一个人今天已经是有地位的人了，如果他不能“喻于义”，不能按照仁义道德要求去做，而是“喻于利”，去追求私利，那么，他明天就会成为一个“小人”。只有“小人”才“喻于利”，一个人老是想着私利，老是往钱眼儿里钻，他就是一个“小人”；如果他不再追求利，而去追求义的话，就可能成为一个“君子”。“君子”与“小人”并不是在人与人之间划分了两个截然不同的等级，而是提出了两种道德修养的人格境界，向人们指明了要想成为一个有道德的君子就必须“喻于义”，如果“喻于利”，就必然会成为一个小人。“喻”就是明白、了解、向往、追求。

3. 关于“己所不欲，勿施于人”

孔子提出仁的思想时，还提出了“己所不欲，勿施于人”的思想，这不仅是一个道德上“爱人”思想的要求和准则，而且是一个伦理行为的方法论原则。所谓伦理行为的方法论原则，是指它对一切人的一切伦理行为，都有着指导意义。也就是说，只要一个人想有道德，那么他的一切行为，就必须遵循这样的原则；或者反过来说，只要能遵循这样的原则，他的行为就必然是道德的。

人的一切道德行为，都是在调整个人与他人、个人与社会的关系，他的行为的出发点就是从自己和他人来考虑的。我要想成为一个有道德的人，就时时都要考虑，我自己不愿意的事情不能加给别人，我自己希望达到和追求的目的，也希望别人能达到。这一方面是道德要求，另一方面也是方法论原则。如果我想成为一个有道德的人，不论我做什么，我的一切行为的根本方法就是要考虑到别人，以我的思想来体会别人，然后在实际的行动中去有利于别人，有利于社会。调整好人我关系的根本方法就是拿自己比别人，拿别人比自己，一切事情都要换个位置思考。当我做医生给人看病时，我应当设想，假如我是一个求诊的病人，我希望医生怎样做，希望医生有怎样的道德；当我是一个售货员时，我应当设想，假如我是一个顾客，我希望售货员怎样做，希望售货员有怎样的道德。每个人都要换位思考，当你同任何一个人发生关系时，都应当“将心比心，设身处地”地替别人着想，这样，就能够使自己的行为达到“爱人”的目的。

（二）孔子关于“礼”的思想

儒家除了重视“仁”之外，也很重视“礼”。到底“仁”是核心还是“礼”是核心的问题，学术界争论了很久，至今仍然存在着分歧。我把“仁”放到第一位，因为孔子的“爱人”思想博大精深，在各方面都有很深的影响。当然，“礼”也很重要，它强调一种人伦价值。

儒家从孔子开始，就强调应该有处理人与人之间关系的原则。每个人在人伦关系中都处于一定的地位，应该担负起与其人伦地位相适应的责任，而认清自己在人伦关系中的地位，严格地履行自己在人伦关系中的责任，就是符合礼。礼是什么？孔子及儒家所说的“礼”，包括政治制度、法律条文、道德规范、人际交往、待人接物上的一些要求等等。当然，后来发展出君子礼、士礼等各种礼节，以至《仪礼》中的各种仪式，如遇到什么节日应该有什么节目单，应该奏什么乐等等。礼非常庞大、复杂、包罗万象，在我们今天的语言里，几乎没有一个恰当的概念可以和它对应。国家的政治制度是礼，人际关系中的要求也是礼，所以，“礼”是当时社会各种政治、法律、道德以及人与人之间规范的总和。它是维护社会安定的最重要的要求，不把“礼”提高到这样一个高度，我们就认识不到“礼”的意义以及儒家思想所以能够在社会中长期得到重视的原因。

孔子讲“克己复礼为仁”，直到现在，“克己复礼”的影响还很大。什么是“克己复礼”呢？就是要把自己种种不符合当前国家政治制度、法律思想、道德规范以及礼节仪式、风俗习惯等等的思想克制起来，“复礼”就是符合这些要求，这样才算有了道德。“克己复礼”起到维护社会安定的作用。

在“克己复礼”的同时，要尽自己应尽的伦理责任，实现自己的价值。礼的一个很重要的方面，就是在人伦关系中履行自己的义务。孟子所讲的五伦关系是“父子有亲、君臣有义、夫妇有别、长幼有序、朋友有信”。“父子有亲”，即父慈子孝，就是做父母的要慈爱，做子女要孝顺。“君臣有义”，就是“君使臣以礼，臣事君以忠”。“夫妇有别”，就是说夫外妇内，各有分工，各司其职，当然这种分工是同奴隶社会、封建社会的等级制度和男尊女卑的情况相联系的。“长幼有序”，是对长辈和晚辈之间相互义务的规定。“朋友有信”，规定了朋友之间相互的、对等的权利和义务。五伦关系涵盖了当时社会中的各种人伦关系，并规定了每个人应该履行的义务，履行这种义务也就是实现了一个人的人伦价值。这种义务履行得愈彻底、愈全面、愈认真，这个人的价值也就愈大。“圣人，人伦之至也”，一个道德高尚的“圣人”，就是在人伦关系的各个方面都履行了最全面、最彻底的责任和义务的人。

孔子和儒家强调人伦价值，对维持中国社会的稳定有非常重要的作用。如果君臣、父子、长幼、夫妇、朋友都能严格遵守自己所应尽的职责和义务，那么，整个社会就会是稳定的。当时生产不很发达，分工也不细，君臣关系、父子关系、长幼关系、夫妻关系、朋友关系是五种最重要的关系。把这五种关系处理好，每个人在这五种关系中都能够尽到自己应尽的责任，那么这个社会也就稳定了。

儒家所说的“五伦”关系，在今天还有没有合理的因素呢？能否加以新的解释，予以批判继承呢？对儒家原来所规定的这五伦关系应当具体分析。

“父子有亲”，应当排斥其中的等级观念，吸取其中有益的东西，用今天的话来说，应该是“父慈子孝”，父母对儿女应该慈爱，子女对父母应该孝敬。

“君臣有义”，是特定的社会所特有的伦理关系，应当从根本上加以扬弃。“有义”就是有一个原则，现在君臣关系不存在了，上下级关系还存在，上级和下级、领导者和被领导者之间，仍然应当根据今天的原则来处理各种关系，也可以说是“上下有义”。

“夫妇有别”，这是儒家长期受到批评的一种思想，因为“夫妇有别”也就是“内外有别”，丈夫管外边的事，女子只能管家内的事，而不能管外边的事。按照我们现在的话，就是“女子只能围着锅台转”。直到新中国成立前，在农村的一些地方，还把丈夫叫作“外边人”，把妻子叫作“屋里人”。这种思想当然是不对的。如果我们能对“夫妇有别”的封建、等级思想加以批判，可以看到其中也有某些合理的因素。在奴隶社会和封建社会中，尽管“夫妇有别”主导的一面是压制妇女和束缚妇女，但也要看到，其中包含着不准妻子干涉丈夫的政务的方面。《礼记·曲礼上》说“外言不入于梱”，即男人在外面的职事，不说给家中的妇女，就有这方面的意思。因为一般来讲，古代男子地位比较高，管理国家政治，“夫妇有别”规定了妇女不能干涉她的丈夫在政治上的事情。妇女只管家里的事，不要管丈夫在官场上的政治事务。那么现在看来，夫妻中任何一方都不要管对方政治生活中的事情，这也是有其合理因素的。从历史和现实来看，在政治生活中，妻子干涉丈夫的政治生活方面的事，或者丈夫干涉妻子的政治生活方面的事，后果都是不好的。对于一些政府高级官员来说，这往往是导致徇私枉法、政治腐败、思想堕落的一个重要原因。另外，还有些人提出，按我们现在的情况，“夫妇有别”最好改成“夫妇有爱”，因为夫妻之间应该讲爱情，这种观点也有一定的合理之处。

“长幼有序”，在今天仍旧适用。年长的应当照顾、关心年幼的，年幼的应当尊敬年长的。《礼记》上说“年长以倍，则父事之；十年以长，则兄事之；五年以长，则肩随之”（《曲礼上》）。也就是说，年长你一倍的，你要当父辈来对待，年长你十岁以上的，你要把他当作兄长来对待；年长你五年以上的，在和他并行的时候，你都要跟随在他的后面，一举一动，你都要让他在你的前面。长幼有序，中国讲究“以齿为序”，要排次序，年老的应该在前面。

“朋友有信”，这是在人际交往中带有普遍性的一个重要原则。朋友之间相处，最重要的是要诚实守信，孔子特别重视“与朋友交言而有信”，认为“人而无信，不知其可也”。一个人与他人相处时，如不能诚信，则是根本无法在社会上生存的。诚信这一为人处世的原则，是中国传统道德的精华，直到今天，仍有重要的现实意义。

我国现在处在社会主义初级阶段，人与人之间的关系，是一种完全新型的关系。我们现在讲集体主义原则、社会公德、家庭美德、职业道德等，其实最重要的一个目的是把我们今天社会中的人的各种关系的要求概括出来，按照新的经济关系、政治关系的要求，确立起每个人在社会关系中的权利和义务，以促进社会人际关系的和谐和生产力的发展。

（三）孔子和儒家思想所强调的整体精神

所谓整体精神，就是说在儒家思想中贯穿着一种为社会、为民族、为国家、为整体的思想，重视整体利益、社会利益和国家利益，在个人和整体的关系上，它要求整体利益、国家利益、民族利益、社会利益高于个人利益。儒家把国家利益、社会利益、民族利益看作“公”，“公”也就是儒家所讲的“义”，社会大众人民之公利。孔子和儒家强调的“公”，要先公后私，大公无私，天下为公，以公灭私，追求义，追求公家之利。这是要求一个人把社会、民族、国家利益放在个人利益前面，在必要时能“杀身成仁，舍生取义”，应当“先天下之忧而忧，后天下之乐而乐”等等。“国家兴亡，匹夫有责”，“苟利国家生死以，岂因祸福避趋之”。

我们现在讲中国传统道德的时候，非常注意儒家“公忠”的道德规范和传统。把“忠”与“公”联系起来，这也是儒家思想发展中很重要的一个贡献。我们可以看到后来不少受儒家思想影响很深的人在国家和民族受到危难的时候，临危不惧、舍生忘死、挺身而出、精忠报国。这样的人很多，他们几乎都是受了儒家“公忠”思想的影响。我们从中华民族长期发展的历史中也可以看到，每一个时代真正笃信儒家思想的人，在民族危难、国家危难的时候都表现得很好，有高尚的民族气节，如苏武、岳飞、文天祥等等。

儒家的这种思想对我们维护国家安全和民族统一确实起到了很重要的作用。中华民族为整体、为国家、为民族、为社会的思想根深蒂固。反对分裂、反对割据、反对一切背叛国家和民族的行为，主张统一，我们在《论语》里可以读到很多这样思想的语句。孔子在《论语》中的一个思想就是反对各诸侯篡周天子的权。《论语》里讲季氏“八佾舞于庭，是可忍也，孰不可忍也”。季氏是当时周天子管辖下的鲁国的一个大夫，周天子是中央，鲁国是诸侯，季氏只不过是鲁国国君的一个大夫，居然“八佾舞于庭”，这怎么能行呢？“佾”就是行，跳舞的行列。诸侯国君能有“六佾”，大夫只能有“四佾”，当时只有周天子才能用“八佾”。孔子认为，如果这种事情都能容忍，还有什么事情不能容忍啊！“三家者以雍彻”这种事，孔子也很生气。“雍”是天子开的会议后所唱的一首诗，而且这首诗里还引了《诗经》里的两句话，按照我们今天的话说是“天子严肃静穆地在那儿主祭，各国的国君在那里陪祭”，这就叫作“相维辟公，天子穆穆”。这首诗是只能用于天子的，季氏三家把天子的礼节仪式都用了，这究竟是想干什么？从维护周天子统治出发，孔子极力反对这种他所谓的僭越行为。从一方面说，这是由孔子的保守立场出发的；从另一方面说，孔子反对当时的割据行为，是有利于维护国家统一的。孔子不是反对劳动人民，他反对的是要篡周天子位置的诸侯国的国君。孔子认为周天子治下的一国国君，绝不能超越自己的位置，篡夺中央的权力。这一点对维护国家统一、维护民族社会的整体利益有积极的作用。

应当看到孔子处于奴隶社会的没落时期，他要维护的社会制度处于没落阶段，因此，他的思想对当时的历史而言是有保守性的。但是经过新的时代、新的理论的批判之后，我们可以吸收其中有利于我们民族、国家、社会统一的有利因素。从这个意义上讲，我们研究孔子和儒家思想，确实应该坚持辩证、分析的态度，一方面是看到它的保守性从而予以批判并加以扬弃，另一方面要看到其中包含的为民族、为社会、为国家统一的整体思想，这对我们的社会稳定、政治稳定都是有重要意义的。当然，如果一个统治阶级处于没落时期，那么这种稳定只能够起维护没落社会的保守或反动作用；如果这个统治阶级是进步的，代表了社会生产力的发展，那么这种稳定和对国家民族利益的维护就会有利于社会进步。

（四）追求高尚精神境界、理想人格

儒家认为，一种崇高的精神境界的实现，尽管会使人在物质生活上遭到种种困难，但对这种人生的追求能够使人处于一种幸福和愉快之中。孔子说他自己“饭疏食饮水，曲肱而枕之，乐亦在其中矣；不义而富且贵，于我如浮云”。这一段话是孔子对自己追求的精神境界的概括。他说，尽管他每天吃的，就是一点粗粮，渴了就喝点白开水，睡觉时没有枕头，弯着胳膊当枕头，但因为他有着崇高的理想和追求，即使如此，他也感到很快乐。他很欣赏他的弟子颜回，“一箪食，一瓢饮，在陋巷，人不堪其忧，回也不改其乐。贤哉，回也！”尽管颜回的物质生活很清苦，但他的精神生活却极充实，所以颜回不但不感到清苦，而且很快乐，因为他有一种高尚的理想追求。

孟子提出所谓“天爵”和“人爵”的思想。他认为只有追求高尚精神境界、追求理想人格的人，才是有道德的人。一个人在社会上取得的地位，只是“人爵”，并不能体现一个人的价值，只有高尚的道德，才是“天爵”，才是最有价值的，这就是孟子所说的“良贵”。“贵”就是价值，“良贵”就是最高的价值。

程颢和程颐专门让他们的学生在读《论语》的时候研究为什么孔子、颜回在那种条件下还那么快乐，所以宋明理学里边专门有一个题目叫“孔颜之乐”。显然，“二程”看到了孔子、颜回因为有崇高的理想和信念，所以尽管生活很苦，但仍然能很乐观、愉快地为他们的事业而奋斗。宋代的思想家张载，进一步把儒家的这种崇高理想规定为“为天地立心，为生民立命，为往圣继绝学，为万世开太平”，强调一个人要为这种崇高的理想境界奋斗，“虽不能至”，也要始终不渝地“心向往之”。

（五）强调道德修养

儒家认为为学的目的就是陶冶人的性情，塑造人的一种品德。学就是学为人，学做人，学做圣人。我们现在的学校教育，特别是中小学教育，由于受应试教育的影响，各种课程学了很多，但没有学做人，而中国的传统教育一开始就是学做人。《论语》第一章《学而》中的第一句话就是：“子曰：学而时习之，不亦说乎！”这个“学”，并不是我们今天所指的学习书本知识；这里的“习”，也不是温习和背诵书中的课文。

这里的“学”，指的就是“学做人”、“学为圣贤”；这里的“习”，就是要在实践中去实行。

孔子说“古之学者为己，今之学者为人”，这里的意思说：古代的学者学习就是为了提高自己的思想道德品质，而今天的学者是为了在别人面前显示自己。因为中国古代的“学”是学做人，“为学”不仅是为了增长知识，所以儒家讲“为学”是“不求日增，只求日减”。为学，不是每天去增加什么书本上的知识，而是要清除自己不符合道德要求的错误思想和行为。所以，为学更重要的是，只求每天往下减，减了又减，以至于到后来什么也没有了，那就最好了。“只求日减”是说减少那些不符合礼的错误思想，减了又减，减到错误思想没有了，就成了一个圣人。

儒家从孔子开始就讲“内省”，就是内心里边反省自己，“内讼”就是自己跟自己打官司。“修身”、“自省”、“内省”、“内讼”是儒家在道德修养方面的很重要的传统。曾子讲“吾日三省吾身：与人谋而不忠乎？与朋友交而不信乎？传不习乎？”孔子讲只要看见人家有过，就要“内自讼”，就要自己反省自己。儒家认为，如果没有修养的功夫，一切道德规范、道德原则和道德要求都只能是一句空话。儒家思想之所以能够深入人心，在培养人上发挥很重要的作用，与儒家强调道德修养是分不开的。中国儒家重视修养的思想，甚至在世界的伦理思想中都是一个很重要的特色。

儒家强调修养不是一句空话，修养是一种内讼，是一种斗争，是培养自己的正气，是激励自己的结果。儒家强调，为了使修养取得实际的效果，必须坚持艰苦的锻炼，这就是儒家所谈的修养的“功夫”。到了宋明以后，强调思想修养到了一种极端的地步。明代与王阳明同时的一个人叫黄绾，为了修养自己，曾进行了极严格的锻炼。在修养的方法上，《论语》中有“书诸绅”，宋明时有“功过格”。黄绾在他所写的《明道编》一书中曾叙述了自己的修养过程。他说：“悔恨发奋，闭户书室，以至终夜不寐，终日不食，罚跪自击，无所不至。又以册刻‘天理’、‘人欲’四字，分两行。发一念由天理，以红笔点之，发一念由人欲，以黑笔点之。至十日一数之，以视红黑多寡为工程。又以绳缚手臂，又为木牌，书当戒之言，藏袖中，常检之以自警。如此数年，仅免过咎，然亦不能无猎心之萌。由此益知习气移人易，人心克己难。”

所谓“功过格”，就是把有功有过分别画出格子来，每有一善念，每有一个从道德出发的念头，就点一个红点；每有一个从人欲出发的念头，按照我们今天讲的就是从自私自利出发的念头，就用黑笔点一点。点到十天就数一数，到底是从天理出发的念头多，还是从人欲出发的念头多，不断地进行改进。有的人甚至在自己桌子上放两个碗，然后用两个口袋，一个口袋装红豆，一个口袋装黑豆，红豆代表正确思想，黑豆代表错误思想。发一念自天理，就拿一颗红豆放在一个碗里；发一念自人欲，就拿一颗黑豆放在另外一个碗里。每天数一次，到底是黑豆多还是红豆多。如果检查的结果是黑豆多红豆少，也就是人欲的观念多，就自己罚跪，甚至两手打自己的嘴巴。当然，这种修养方法不科学，我们也不提倡，但这也反映了中国传统道德非常强调修养功夫的一面。没有这个修养功夫，不论怎样好的道德规范和道德教育，都落不到实处。这就是说，如果没有道德主体自觉的艰苦修养，一切都是空的。

以上从五个方面简单地概述了儒家思想的基本内容。过去学术界比较普遍的一种意见认为儒家思想的核心是仁，而我认为是上述五个主要的方面。那么，在这五个方面中，哪一个方面的意义更重要呢？我比较倾向在儒家思想的五个方面中，它的整体主义思想有更重要的意义。儒家思想里面贯穿的这种为社会、为国家、为民族的整体思想是由仁与礼这两个支柱或者说仁爱思想与人伦价值这两个思想支撑的。孔子和儒家思想的这五个方面的内容，又是相互联系的。

三、怎样认识儒家学派*

儒家学派，就其目的、功用、宗旨及结构来看，可以说是一个以教化伦理道德为核心的学派。“儒家者流，盖出于司徒之官，助人君顺阴阳、明教化者也”（《汉书·艺文志》）。儒者的职业，就是“掌养国子以道德”（《周礼注疏》）。事实上，儒者从专为贵族服务的巫、史、祝、卜转化成以相礼为生的知识分子，就以教化伦理道德为其职业了。孔子依据时代的变化，以诗、书、礼、乐教育自己的学生，“列君臣父子之礼，序夫妇长幼之别”，从而形成一个以教化伦理道德为宗旨的学派，这就是后世人们所谓的儒家。

* 本部分原载于《文史知识》1988 年第 6 期，原题为“儒家伦理思想新探”。

两千多年来，作为一个学派，儒家经历了从发生、发展、鼎盛到衰微的过程。就儒家内部来说，有性善、性恶的相持，有心学、理学的分歧，有义利、王霸的论辩，有今文、古文的争斗等等，此外，还有所谓天人相通和天人相分的对立，有理在气先和心外无理的纷争。但是，教化伦理道德却始终像一根丝线，贯串在儒家学派各个时期的各种思想之中。儒家所说的“学”，主要是学习“四书五经”，学习成为“圣人”的知识、方法和道路。儒家所说的“践履”，所说的“行”或“习”，主要是要陶冶人的品性，变化人的气质，达到“内圣外王”的目的。总之，“游文于六经之中，留意于仁义之际，祖述尧舜，宪章文武”，从而教化百姓、敦睦人伦，这就是儒学的最终宗旨。

儒家学派又绝不仅仅是一个伦理学派。儒家对社会伦理道德的教化，总是同政治紧密地结合在一起，从而形成了其特殊的、独有的政治伦理一体化的特色。政治的统治，依靠伦理教化的支持，一切伦理教化的原则规范，都力求适应政治的需要。此外，儒家在教化伦理道德的同时，逐步建构了日趋精密的哲学体系，在天人关系、人性善恶、义利轻重、理欲存灭、理气先后、王霸优劣等问题上，都进行了充满思辨性的论证，显示了高度的哲学反思水平。因此，儒家在中国历史上，产生了极为深远的影响。

（一）儒家伦理思想结构中仁和礼的统一

对任何一个伦理学派来说，道德结构体系，总在其伦理思想中占据重要地位。在道德结构体系中，首先必须要解决的问题，就是确立一定的道德原则。儒家在道德原则的问题上提出了以仁为核心，以礼为规范的独特的结构体系。孔子把“仁”作为最基本最重要的道德原则。仁即“爱人”，亦即“己所不欲，勿施于人”。在古希腊的思想家们公开宣称“奴隶只是会说话的工具”的时候，中国的孔子则明确地提出把“爱人”作为最基本的唯一的道德原则。孔子曰：“吾道一以贯之。”从他的一贯言论来看，贯彻其伦理思想的唯一原则，就是“忠恕之道”，就是“仁”，或者“爱人”。尽管在实质上，孔子绝不会像爱奴隶主贵族一样去爱奴隶，但从一般意义上看，他所爱的人，并未把奴隶排除在外，而且还说要“泛爱众”。孔子已经意识到，为了调解社会生活中的人际关系（包括君臣、父子、夫妇、兄弟、朋友等），就必须要待人以“宽”，给人以“惠”（对于统治阶级来说，只有如此，才能“得众”，才可以

“使民”)。统治阶级以这种“宽厚”和“恩惠”来对待自己的成员，就有可能减少弑君、弑父和僭越、犯上的行为，以这种“宽厚”和“恩惠”来对待小民百姓，就可以使他们易于使唤，感恩戴德。正因为此，儒家思想才最终为汉以后的统治阶级所赏识。两千年来，儒家的“仁”和“忠恕之道”，在中国社会道德生活中产生了重要的影响。

在儒家思想中，“礼”是一个内容相当广泛的范畴。从儒家经典三《礼》来看，“礼”包括社会的礼节仪式、道德准则、政治制度、法律准则及其理论阐述等；但从“礼”的最主要、最基本、最通常的意义看，则是指由“仁”所贯串的一个庞大的道德准则体系。“仁”是“礼”的中心，是“礼”所赖以产生的价值目标；“礼”是“仁”的具体体现，是由“仁”所产生的德目。没有“仁”,“礼”就失去了存在的依据；没有“礼”,“仁”就不能发挥自己作为道德原则的作用。从“仁”的原则出发，就能够克制自己的私欲，遵循“礼”的要求；能克制自己的私欲，把非“礼”的视、听、言、动都克去了，恢复到“礼”的要求，也就是达到了“仁”。这似乎是一种毫无意义的循环论证，其实，在伦理学上，这正体现了道德原则和道德规范之间的辩证统一。在“仁”的统率下，儒家提出了忠、孝、节、义等规范，规定了恭、宽、信、敏、惠和温、良、恭、俭、让等德目，并在以后的发展中，逐步形成了一个包括各种不同层次、不同等级、不同领域的规范网络，构成了一个庞大的规范体系。

（二）儒家伦理思想的价值取向

儒家伦理思想的价值取向，就是重视精神境界。儒家强调，人和动物的区别，最重要的就是人有道德而动物无道德。儒家认为，道德需要是人最为迫切的一种需要。孔子说：“民之于仁也，甚于水火，水火吾见蹈而死者矣，未见蹈仁而死者也。”(《论语·卫灵公》)人在社会中，必须依赖水火而生活，但是，水火有时还会给人们带来危害；然而，道德这种需要，却只能给人类带来利益，而不会带来任何伤害。孔子说：“志士仁人，无求生以害仁，有杀身以成仁。”(同上）孟子说：“生亦吾所欲也，义亦吾所欲也，二者不可得兼，舍生而取义者也。”(《孟子·告子上》)物质需要和精神需要都是人类社会生活中不可或缺的。当二者不可兼得时，就只能牺牲自己的物质需要，去追求更为崇高的精神需要。正是出于这种原因，在义和利的关系上，儒家认为义重于利，强调要“见利思义”、“义以为质”、“义然后取”，认为“放于利而行，多怨”，“见小利则大事不成”。孟子还特别强调道德的能动作用，人们经过修养，只要能“尽其心”、“知其性”，就可以进入到“知天”的最高境界。一个人只要认识到人的最高需要是道德需要，最大价值是道德价值，那么，他就可以不借助外力而自觉、自主地进入一种“万物皆备于我矣，反身而诚，乐莫大焉”的境界。儒家的这种强调精神境界和道德需要的思想，在中国历史上，特别是在民族危急时刻，曾产生过积极的作用。它对陶冶民族性格，提高人民的情操，也有一定的意义。然而，随着封建社会从鼎盛走向衰微，儒家的这一思想，却愈来愈向片面化和绝对化方向发展，甚至呼喊要“存天理，灭人欲”，要达到什么“天理流行，人欲净尽”的境界，以至于为了挽救正在没落的封建王朝而完全否认人民群众的物质需要，使这一本来包含着合理因素的思想，完全成了禁锢人们的枷锁。统治阶级在利用儒家伦理思想调整当时的等级秩序时，使儒家的伦理原则、规范和价值取向愈来愈成为维护统治的一种工具，这和儒家伦理思想本身，还是有所区别的。

（三）儒家伦理思想的调解功能

儒家伦理思想的调解功能主要是维护当时社会等级秩序的稳定。儒家认为，社会的安定，主要靠道德和刑罚，但二者相比，道德具有更根本、更重要的意义。孔子说：“道之以政，齐之以刑，民免而无耻；道之以德，齐之以礼，有耻且格。”（《论语·为政》）一个国君，在统治老百姓时，如果只运用政治手段，施加刑罚来约束他们，最多只能使老百姓不敢犯罪，但不可能使他们感到羞耻。如果能运用道德来教育和感化他们，用礼仪规范来约束他们，则老百姓不但不会犯罪，还会感到犯罪是可耻的事。这里，孔子极其明确地提出，片面地强调法治不可能使社会达到安定。汉代的贾谊在著名的《过秦论》中，提出秦王朝之所以灭亡，就是因为忽视了道德的重要性和一任刑罚。他认为法令“可以诛恶，非所以劝善”，“礼者，禁于将然之前，而法者，禁于已然之后”（《汉书·贾谊传》）。他特别强调，道德的价值还在于它能“绝恶于未萌，而起教于微眇，使民日迁善远罪而不自知也”。在儒家看来，一个国君，如果能用“德”来统治老百姓，就会像天上的北斗星一样，众星都拱卫着它；否则，只是用刑罚来惩治老百姓，就会使人们“遗礼义”、“弃仁恩”，道德沉沦，风俗日败而不可收拾。

儒家伦理思想还特别注重个人道德修养在道德调解中的作用。从个体道德和群体道德的关系来看，儒家主张通过个人修养这种自我完善的途径来协调个人同社会的关系。个体的修养，是整个社会安定和谐的最根本的保证。“自天子以至庶人，壹是皆以修身为本”，只有达到个人的“诚意”、“正心”和“修身”，才能“齐家”、“治国”、“平天下”。在个人和整体、个体和社会的关系上，突出个体为善的主动性，“我欲仁，斯仁至矣”。认为通过艰苦的、长期的修养，“人皆可以为尧舜”，“涂之人可以为禹”。人之所以不能成为君子、圣贤，非力之不足也，乃不为也，“有能一日用其力于仁矣乎，我未见力不足者”。要在个人道德主动性的发挥中来完善人格，以达到“君子”、“贤人”、“圣人”的理想境界。与此同时，儒家还强调统治者特别是最高统治者的道德修养的重要性。儒家认为，未有己不正而能正人者，下之应上，如影之随形，民之顺君，如响之应声。政治腐败、民俗浇薄、社会动乱，为政者唯当求之于己。因此，当季康子以鲁国盗贼为患而问于孔子时，孔子说：“苟子之不欲，虽赏之不窃。”（《论语·颜渊》）也就是说，只要国君能以德正己，老百姓就会从而归善。

（四）儒家伦理思想的方法论原则

就方法论而言，儒家伦理思想要求“推己及人”、“能近取譬”、“设身处地”和“将心比心”。“推己及人”这一方法论原则在伦理思想上有重要意义。从科学的发展来看，方法论的突破、创新和完善，往往会有力地促进一门学科的发展。儒家伦理思想之所以在中国有如此长久、深远的发展，应当说同这一方法论原则的提出有重要的关系。

所谓推己及人的方法，就是从自己亲身的需要、愿望和追求出发，推想到别人的需要、愿望和追求，从而体察和理解他人，自觉地调解人我关系。这种方法，在调整、分析和研究儒家所说的人伦关系中，具有特别重要的意义。孔子最早提出这一方法论原则。他说：“夫仁者，己欲立而立人，己欲达而达人。能近取譬，可谓仁之方也已。”（《论语·雍也》）一个有道德的人，要想自己站得住，就要帮助人家站得住；要想自己过得好，就要帮助人家过得好。凡事都能推己及人，这就可以说是掌握了实行“仁”的方法了。“能近取譬”就是能以自己作比、推己及人的意思。正是在这一方法论的指导下，孔子说我自己所不愿意的，我也不要施于别人，我自己想要的，应该想到这也是别人想要的，这就是孔子所说的“恕”道。

这种“能近取譬”的方法，有两方面的意义：一方面是以自己的所欲来推知他人的所欲，即从自己的需要、情感、动机、目的、意志和信念来推知他人的需要、情感、动机、目的、意志和信念。这也可以说是一种“类”的观念，对于同“类”应当有“类”的同情心。人们在一个共同的生活环境中，为了调解彼此之间的关系，就应当相互理解、同情与帮助。另一方面，即从消极方面来看，从自己不愿意接受、不愿意忍受、不愿意遭遇到的种种情况，来体会那些正处于这种境遇中的其他人的感受，从而“雪中送炭”、“济困扶危”、“仗义执言”和“见义勇为”，并使那些可能遭遇不幸的人免于种种不幸。当然，在阶级社会和阶级斗争中，这种推己及人的同情要受到很大限制，因为剥削阶级是不太可能对劳动人民实行推己及人的方法的，因此，不论孔子及儒家学派的本来意义是什么，在剥削阶级占统治地位的社会内，这种方法都是有很大局限的。

四、儒家伦理的当代意义*

儒家产生于先秦时期，后在长达两千多年的时间里，在中国的意识形态领域内，占据着重要地位。儒家思想从公元2世纪逐步传入韩国、日本和东南亚地区以后，对这些地区的文化、思想、伦理道德以至社会风尚、民族心理都产生了特殊的影响。直到现在，人们仍用儒家文化圈表示这一地区的文化特点。

儒家伦理思想是儒家文化的核心。儒家伦理思想建立在东方亚细亚生产方式的基础之上，同以血缘为纽带、以家族为本位的氏族宗法制度有着密切的关系。其中，能体现儒家伦理思想特点，并对当今社会仍有积极意义的，我认为有这几个方面：

第一，整体意识和大局观念。这是儒家伦理思想的核心。为民族、为国家、为社会献身的思想，在儒家伦理思想中占有重要的地位。儒家伦理思想的这种整体意识或群体观念是激励东方各民族、各国家奋发自强的一种精神力量。“天行健，君子以自强不息；地势坤，君子以厚德载物”，是儒家入世、治世思想的反映。儒家强调一种为民族、为整体

* 本部分原载于1996年7月3日《南京日报》。收入本书时有修改。

不屈不挠、不怕牺牲、坚忍不拔、舍生取义、杀身成仁的奋斗精神。

第二，仁者爱人和待人以和。这是儒家为人处世的伦理原则。“己所不欲，勿施于人”、“己欲立而立人，己欲达而达人”的思想已经显示出，要从把个体作为人类一分子的思想出发，以“爱人”的原则对待自己的同类。孟子说：“故凡同类者，举相似也，何独至于人而疑之？圣人与我同类者。”由此可见，儒家伦理中的“仁者爱人”思想，已经是一种早期人本主义的思想萌芽。“能近取譬”作为“为仁之方”，可以说提出了设身处地为他人着想的一个道德的方法论原则。正是从“爱人”出发，儒家强调“和为贵”，要严以责己、宽以待人，要不念旧恶、以直报怨。

第三，重视人伦关系与强调敬事而信的责任意识和敬业精神。这是儒家对人伦关系中应负责任的要求。在儒家伦理传统中，“尽伦尽职”和“敬业乐群”是一个人对父母、对家庭、对社会的责任意识的体现。“父子有亲、君臣有义、夫妇有别、长幼有序、朋友有信”，成为儒家信守的最重要的人伦原则；而“执事敬”和“与人忠”，是对个人所从事的社会职业的责任要求。

第四，崇尚理想人格，追求精神境界。这是儒家伦理思想的一个重要方面。人生的价值在于追求成圣成贤的理想人格，以及这种人格所具有的百折不挠的精神。孟子说“生亦我所欲也，义亦我所欲也，二者不可得兼，舍生而取义者也”，表现出他所说的“富贵不能淫，贫贱不能移，威武不能屈”的“大丈夫”气概。

第五，变化气质，践履笃行。这是儒家伦理思想中的修养理论，是一个人成圣成贤的重要途径。儒家重视个人在道德修养中的能动作用，强调“为仁由己”和“我欲仁，斯仁至矣”的道德主体精神，只要一个人立定志气，“有能一日用其力于仁”，就有可能攀登上道德高峰。儒家之所以重视修养践履，就是因为他们认识到，只有身体力行，克己践履，才能成为一个有道德的社会成员。

儒家伦理思想产生于封建社会，既有精华又有糟粕，其中维护尊卑等级秩序、歧视妇女、压抑个性等方面，应予以抛弃。对儒家文化我们应当采取批判继承、弃糟取精、综合创新、古为今用的态度，任何历史虚无主义和无批判地复兴儒学的思想，都不符合时代的要求。

当前人类社会在经济不断发展和进步的同时，道德却在不同程度上出现了危机。现在，无论是东方还是西方，无论是社会主义国家还是资本主义国家，都在依据不同的国情、不同的意识形态，认真研究儒家伦理思想。这是因为，儒家伦理思想中的许多内容，如能正确地加以批判吸收，将有助于克服因市场经济发展而出现的拜金主义现象和腐朽的生活习气，有利于促进本民族、本国家的道德进步。因此我认为，正确认识儒家伦理对当代社会的意义和作用，弘扬儒家伦理思想中的优良传统，不但有助于各个国家人民思想道德水平的提高，还将对整个人类社会的精神文明建设起重要的作用。

五、对孔子及儒学的正确态度

1999 年 9 月 28 日是孔子 2 550 周年诞辰，为了纪念这位中国和世界的著名哲学家、思想家、教育家和伦理学家，我们有必要对孔子及儒学在人类文明发展中的地位、意义和作用，作一次全面的论述，以便我们能更好地继承和弘扬孔子及儒家思想，更好地建设社会主义精神文明，从而有利于人类文明的进一步发展。

孔子（前 551—前 479）生活在中国社会历史大变动的春秋战国时期。这个时期中国的政治、经济和思想文化方面都经历了重要变动。从思想文化方面来看，这次变动，在意识形态领域所产生的影响，直到今天仍然是不可忽视的。

20 世纪，我国社会对于孔子及儒家伦理思想的态度，经历了一个曲折的发展过程。中国共产党以马克思主义为指导，提出要实事求是地评价孔子及儒家思想，要批判地继承中国优秀文化传统（包括伦理道德）。毛泽东同志说：“今天的中国是历史的中国的一个发展；我们是马克思主义的历史主义者，我们不应当割断历史。从孔夫子到孙中山，我们应当给以总结，承继这一份宝贵的遗产。”① 他又说：“清理古代文化的发展过程，剔除其封建性的糟粕，吸收其民主性的精华，是发展民族新文化提高民族自信心的必要条件；但是决不能无批判地兼收并蓄。”② 对于历史遗产和一切进步文化，都不能生吞活剥地、毫无批判地吸收，而应该“如同我们对于食物一样，必须经过自己的口腔咀嚼和胃肠运动，送进唾液胃液肠液，把它分解为精华和糟粕两部分，然后排泄其糟

① 《毛泽东选集》，2 版，第 2 卷，534 页。

② 同上书，707～708 页。

粕，吸收其精华，才能对我们的身体有益"①。毛泽东同志的这些论述，正确地解决了对待传统文化，包括传统伦理道德的态度和方法问题。

回顾历史，近代以来的100多年，人们在对孔子及儒家思想的评价问题上，存在着不同的态度、看法和观点，在相当长的历史时期内，人们未能正确地对待孔子及儒家思想，使中国的传统道德在现代化的发展过程中受到影响。

第一，20世纪初至20年代后半期，自由主义的"全盘西化论"站在西方近代资产阶级的视角，对包括中国传统伦理道德在内的一切文化进行全盘抨击，认为包括孔子及儒家伦理在内的传统文化不适合现代中国的发展，全面西化才是出路。胡适是这方面的代表，他总结了中国当时"抵制西洋文化"、"选择折中"、"充分西化"的三大文化思潮，认为抗拒西化已成为过去，选择折中是变相的保守法，只有充分或曰全面西化才是中国文化的出路。客观地说，"全盘西化论"从近现代西方资产阶级的意识出发，致力于鼓吹资产阶级的文化，这对于批评和反击封建文化产生了积极的作用，但这并不意味着就是一种科学的选择。毛泽东同志说，"帝国主义的侵略打破了中国人学西方的迷梦"，五四时期学了西方新学的人们，"在很长的时期内产生了一种信心，认为这些很可以救中国"②，把拯救中国的希望寄托于西方国家。第一次世界大战以后，中国成了任西方国家宰割的战利品，实际上就宣告了全盘接受西方文化注定要沦为一厢情愿的幻想。

第二，20世纪30年代至40年代兴起的"本位文化建设"思潮，主张在全国恢复孔诞典礼，尊孔读经，以儒家伦理规范的要求来革新生活。概言之，"本位文化建设"的目的是要以儒家思想为根本和基础来建设中国文化。它实质上是一种封建复古主义思潮，与国民党鼓吹的恢复旧文化建设的极端民族主义文化政策遥相呼应，所以，"本位文化建设"思潮往往成为维护和支持国民党政府推行反动政策的辩护士。

第三，新中国成立以来，在一段时期内，特别是20世纪60年代至70年代，由于"左"的思想的影响，人们对孔子及儒家思想采取只强调批判，不注重继承的错误态度。从反右派斗争到批判"剥削阶级继承论"，再到"文化大革命"中的"破四旧"（旧思想、旧文化、旧风俗、

---

① 《毛泽东选集》，2版，第2卷，707页。

② 《毛泽东选集》，2版，第4卷，1470页，北京，人民出版社，1991。

旧习惯）和批判刘少奇的“黑修养”，再到“批林批孔”和“评法批儒”运动，形成了一种否认中国传统文化和传统道德的“左”的思潮。这种思潮对孔子及其思想，尤其是对在中国历史上影响较大的儒家道德思想，几乎是不加分析地作了全面的否定，极大地影响了中国的社会主义精神文明建设和道德建设，造成了难以挽回的损失。

第四，20 世纪 80 年代以来，由于西方价值观的影响和侵蚀，中国思想领域内又兴起了有一定影响的“全盘西化”的右的思潮，这实际上可以看作 20 世纪初形成的“全盘西化论”在新的条件下的延续和复活。在一些人看来，现代化就是西方化，而西方化就必须全面、配套、彻底地把西方的科学、技术、政治制度和价值观念移植到中国来。这一思潮的重要目的之一就是要用西方的以个人主义为中心的价值观来反对社会主义的集体主义的价值观。它把孔子及儒家伦理看作一个不能区分精华和糟粕的不可分割的整体，要打破就要整体地打破，以对儒家伦理的全面否定来达到全面否定中国文化传统和伦理道德的目的。

此外，崛起于 20 世纪 20 年代，后又活跃在港台和海外的新儒家，20 世纪 80 年代以来在大陆颇为流行。与“全盘西化论”、“本位文化建设”说同时产生的新儒家文化保守主义思潮，相对而言是一种影响较大、生命力较强的文化思潮。它的基本思想特征是尊孔崇儒，以儒家文化为正统，以弘扬儒家道德、弘扬儒家人文精神为己任，主张“反本开新”，力图在儒学的根本中开发出现代的科学和民主。新儒学总体上不加批判地服膺于西方文化，过分抬高孔子及儒家思想，对中国传统伦理道德缺乏分析批判的眼光，其影响范围基本上局限于学院高墙之内，与人民群众的社会实践缺乏联系，与历史唯物主义所主张的批判继承的态度存在着许多甚至是原则性的分歧。

综观近代以来 100 多年人们对待孔子及儒家伦理问题的态度和方法，我们看到，虚无主义地全盘否定或是不加批判分析地全盘肯定，都不利于中国传统道德在现代的发展，都不利于我们今天建立富强、民主、文明的社会主义国家。历史的经验教训值得认真吸取。我们应当立足于中国社会主义精神文明建设和道德建设这个实际，以历史唯物主义的态度对待孔子及儒家伦理。

我们认为，在现代化建设中，正确对待孔子及儒家思想特别是儒家伦理，具有重要的现实意义。这是因为，孔子及儒家思想特别是儒家伦理与当今有中国特色社会主义精神文明建设和道德建设有着密切的关系。正确对待孔子及儒家思想特别是儒家伦理，从长远来看，有利于社会主义精神文明建设和道德建设。

第一，社会主义精神文明建设和道德建设必须立足于实现现代化这一我们民族现实的根本主题。实现现代化迫切需要伦理道德的精神支援，需要形成具有现代意义的精神文明和思想道德，不能不吸取不同文化道德传统和价值观念的优秀成分。每个民族，都有与其他民族不同的传统文化（包括伦理道德）。任何一个人都要直接或间接地接受包括传统伦理道德在内的传统文化的哺育和影响。一个着眼于未来、大力进行现代化工作的国家和民族，必然不会忘记自己的历史，更不会抛弃本民族的优良道德传统。20世纪以来实现了现代化的世界各国，无不极力倡导和弘扬自己国家的价值观念，保持和发扬本民族的优良道德传统。中国的精神文明建设和道德建设是中国社会主义现代化建设的重要组成部分，是为实现共产主义的最终目的而进行的。所以，弘扬孔子及儒家优秀伦理思想，保持和发扬中华民族的优秀伦理道德，对于现代化的精神文明建设和道德建设，有特殊的意义。

第二，我们要建设的社会主义精神文明和思想道德是一种开放性的、先进的、世界性的文化。文化的建设和发展离不开人类文明的大道。自我封闭、唯我独尊的所谓的文化建设，已由中国历史反复证明，只能走向文化建设的反面，只能带来文化的毁灭。马克思恩格斯在1840年就曾指出：随着世界经济的发展，随着“过去那种地方的和民族的自给自足和闭关自守状态，被各民族的各方面的互相往来和各方面的互相依赖所代替”，“民族的片面性和局限性日益成为不可能，于是由许多种民族的和地方的文学形成了一种世界的文学”①。在今天，文化保守主义的态度更不足取，我们必须避免以种种狭隘的理由来拒斥学习和吸收西方文化（包括伦理道德）的积极因素和文化倾向，克服带着文化同化、国粹丧失的文化恐惧意识，缩手缩脚，不积极学习其他民族的文化成就的不健康心态。当前，把社会主义精神文明和思想道德建设成一种开放性的、先进性的、世界性的文化，迫切需要培养和造就一种开放的文化心态，因为只有以开放的、博大的胸怀去认识其他民族的文化

① 《马克思恩格斯选集》，2版，第1卷，276页，北京，人民出版社，1995。

（包括伦理道德），才能谈得上改造人家的文化，批判其消极方面，吸收对我有用的积极方面。在这个问题上，决不能忽视拜金主义、享乐主义和个人主义的影响。同时也要看到，市场经济的负面影响所诱发的自私自利、损人利己等思想行为，很容易与西方资产阶级的享乐主义、拜金主义和个人主义结合在一起，给我们的精神文明建设和道德建设造成巨大的障碍。树立马克思列宁主义的态度，正确地对待孔子及儒家思想，特别是儒家伦理，也就是要以开放的心态汲取人类文明中的一切优秀成果，用人类文明的美德弘扬社会主义道德，不断推动社会主义道德建设。

第三，孔子及儒家的优秀伦理思想，在当前社会主义市场经济建设中，对于加强我们的精神文明建设，包括思想道德建设和文化建设，具有重要意义。社会主义精神文明建设包括思想道德建设和文化建设，两方面都必须体现中国特色。无论是思想道德建设还是文化建设，都需要继承和弘扬孔子及儒家的优秀伦理思想，这对于中国社会优良道德风尚的形成，对于中华民族的团结、和谐与发展，产生过并正在产生着非常重要的作用。中国及其周边一些国家的工业化发展，已经并正在有力地说明，东方传统文化，特别是其中优秀的伦理思想，不但没有阻碍这些国家的现代化发展，而且已经成为维系社会秩序、改善社会风气、协调人际关系、增强国家凝聚力的精神力量。在社会主义市场经济条件下，我们应当使民族的优良道德传统通过改造和发展，在社会主义精神文明建设和道德建设中发挥应有的作用。

纪念孔子 2550 周年诞辰，思考中华民族振兴的伟大事业，我们深感弘扬孔子及儒家优秀伦理思想的意义重大，同时也深感我们的责任重大。

第四章　墨家兼爱和义利并重的伦理思想

第一节　墨子的生平及其著作

墨子，名翟，生于约公元前468年，卒于公元前376年，春秋末期鲁国人。[①]《史记·孟子荀卿列传》说："盖墨翟宋之大夫，善守御，为节用。"因他曾长时期在宋国做官，故一说他是宋国人。

墨子在《墨子·贵义》篇中曾自称为"贱人"，又说自己并没有直接参加生产，"翟上无君上之事，下无耕农之难"，因此有人说他既不是贵族，更不是奴隶，也不是一般的直接生产者，而是一个接近"农与工肆之人"，即接近下层劳动人民的知识分子。《淮南子·齐俗训》中说，墨子和当时最著名的木工公输般，都能用木材制成一种精巧玲珑的飞鸟，能在空中飞三天都不落下来。有一次，墨子和公输般在楚王面前比赛，公输般用他制造的九种攻城器械进攻，墨子以他的九种守城器械抵御，最后还是墨子取得了胜利。从这两个故事来看，墨子原来可能是一个技术熟练的木工，经过自学，成为一个知识分子，即所谓"士"。墨

① 孙诒让《墨子考证》说："生于鲁而仕于宋。"

子在宣传自己的思想时，经常引经据典，表现出很高的历史知识造诣。

《淮南子·要略》说："墨子学儒者之业，受孔子之术，以为其礼烦扰而不说，厚葬靡财而贫民，（久）服伤生而害事，故背周道而用夏政。"可见墨子是因不满儒家学说而另立新说的。他创立起一个墨家学派，以与孔子的儒家学派相对立。墨学曾经和儒学并称，在当时都有很大的影响，被称为"孔墨显学"。但是，墨家的思想受到儒家思想的压制，到西汉以后，墨子及墨家学派的思想、事迹逐渐湮灭无闻。①

在中国伦理思想史上，墨子是第一位代表小生产者的思想家。小生产者直接参加生产劳动，承受着长期的战争所带来的沉重灾难，在当时的统治阶级的剥削和压迫下过着极其困苦的生活。墨子站在劳动人民一边，反映了他们正义的呼声，因而，他的伦理思想超出了同时代其他思想家所固有的局限性，而具有更广泛的人民性。他强调劳动的重要性，赋予劳动以道德意义，强调劳动果实不可侵犯，这在世界伦理思想史上也是具有革新意义的。他所提倡的兼爱学说，尽管是一种全人类的因而也是抽象的爱，是一种不可能实现的幻想，但确实是从劳动人民的立场出发，反映了劳动人民的迫切要求、善良愿望和高尚情操的。墨子在对兼爱思想的表述中，处处表现了他对当时"强执弱、贵傲贱、富侮贫"现象的强烈不满，以及他对人与人之间"兼相爱"的理想社会的真心向往。

就墨子一生的活动来看，可以说他既是一位伦理思想家，又是一位道德实践家。他以"兼相爱"为目的，宣传人与人之间应当彼此相爱，反对攻战，强调和平。他也曾周游列国，宣传他的主张，先后到过齐国、卫国、宋国、楚国等地，所谓"墨子无暖席"（《淮南子·修务训》），"墨突不黔"（《汉书·叙传上》），就是说他匆匆忙忙奔走各国的事情。墨子的一个朋友曾经劝说他："现在天下的人都不肯做正义的事，你何苦这样努力去干呢？还不如算了吧！"墨子回答说："今有人于此，

---

① 墨子及墨家学派的思想、事迹在西汉以后的存亡、流转，史家多有所论。孙诒让《墨子间诂·墨子传略》说："太史公述其父谈论六家之旨，尊儒而重道，墨学非其所喜。故《史记》摘采极博，于先秦诸子，自儒家外，老、庄、韩、吕、苏、张、孙、吴之伦，皆论列言行为传，唯于墨子则仅于孟荀传末附缀姓名，尚不能质定其时代，遑论行事。然则非从世代绵邈，旧闻散佚，而墨子七十一篇，其时俱存，史公实未尝详事校核，亦其疏也！今去史公又几二千年，周秦故书雅记百无一存，而七十一篇亦复书阙有间，微讨之难，不翅信蓰。"

有子十人，一人耕而九人处，则耕者不可以不益急矣。何故？则食者众而耕者寡也。今天下莫为义，则子如劝我者也，何故止我？”（《墨子·贵义》）意思是说，一个人有十个儿子，九个儿子好吃懒做，只有一个儿子尽力耕田，吃饭的人那么多，耕田的人那么少，那一个耕田的儿子不能不愈加努力。现在天下的人都不肯做合乎义的事，你正该劝我多做正义之事才好，为什么反而劝我不要做呢？他和他的弟子组织了一个严密的团体，为止息天下的战争，为使所有的人都“兼相爱”而奔忙。《淮南子·泰族训》说：“墨子服役者百八十人，皆可使赴火蹈刃，死不还踵。”这个团体的领袖称作“巨子”。墨子死了以后，“巨子”还传了几代。在中国伦理思想史上，像这样严密组织的、以笃行道德为宗旨的团体，也是绝无仅有的。以后的儒家，虽也有自成一个学派并强调实践笃行的组织，但没有一个组织能像墨子所建立的组织那样有严密的纪律性。从历史上来看，这个严密的组织并未存在很长时间，100 多年后，也就完全衰落，不为当时的人们所注意了。正是由于墨子及其一派有这种为人、救世的精神，所以他们都极端重视为百姓谋利益。因此，我们可以说，以人民大众的利益作为最高的道德原则，以“兼相爱，交相利”作为这一原则的实质内容，并力求把它付诸实践，是墨子伦理思想的主要方面。墨子的伦理思想对后来中国伦理思想史上强调实践、注重功利的一些思想家，有着很重要的影响。

当然，小生产者阶层本身还存在着很大的局限性。当时社会的生产方式以及他们在社会生产关系中的地位，决定了他们具有散漫性、狭隘性和保守性的弱点。作为小生产者代表的墨子，在反映小生产者阶层的要求和愿望时，也反映了他们所固有的弱点，即把自己的希望寄托于对王公大人进行道德上的劝说，希望他们能推行兼爱，甚至最后陷入了相信上帝鬼神能赏善罚恶的弊端，把上帝鬼神作为实现自己的理想社会的最后精神支柱。这些是墨子思想中的严重缺陷。当然，我们应根据当时的社会发展程度和人们的认识水平考虑问题，不能过分苛求古人。

现存的《墨子》一书，据近人考证，是由墨子的弟子们整理而成的，其主要部分，可以看作对墨子的活动及其思想的比较可靠的记载。《汉书·艺文志》记载，《墨子》共有七十一篇，流传下来的只有五十三篇。其中《经上》、《经下》、《经说上》、《经说下》、《大取》、《小取》等六篇，主要是逻辑学、认识论和自然科学方面的著作，具有很高的学术价值，为战国时期的后期墨家所著。对于研究墨子的伦理思想来说，比较重要的有《兼爱》、《非攻》、《尚贤》、《尚同》、《节用》、《节葬》、《非乐》、《非命》、《天志》、《明鬼》、《贵义》、《鲁问》、《修身》和《所染》等篇。

第二节　以“兼爱”为核心的伦理思想

墨子的思想和儒家的思想既有相同的方面，也有对立的方面。从相同的一面来说，他们都强调“爱人”，都主张“己所不欲，勿施于人”。从对立的一面来说，儒家强调“亲亲”，即更爱自己亲近的人，强调对人的爱应有差等，爱应由近及远，孝顺父母、亲爱兄弟，齐家然后才能平治天下。孔子主张“仁”，并强调“仁者爱人”。尽管实质上，孔子的爱是有先后轻重的差等之爱，但从一般意义上来看，他所爱的“人”，是包括所有的人在内的，这是他的思想进步的方面。可是，孔子为了维护西周以来以血缘关系为纽带的君君、臣臣、父父、子子的等级制度，在“爱人”的问题上，特别强调“亲亲”，强调“爱有差等”。孔子认为，对不同的人，虽然都要爱，也都应该爱，但爱的程度应有不同，对自己的父母、亲属以及有亲缘关系的人的爱，应该超过对别人的爱。孔子说：“君子笃于亲，则民兴于仁；故旧不遗，则民不偷。”（《论语·泰伯》）又说“君子不施其亲”（《论语·微子》）等，就是强调对亲人故旧的爱，要超过对一般人的爱。墨子从反对传统出发，认为西周以来的以血缘关系为纽带的亲亲关系应该被打破。因此，他反对爱有差等，主张爱一切人，不分厚薄，不分彼此，不分亲疏远近。这种不分彼此、不分差等、不分亲疏的爱，是一种我爱人人、人人爱我的爱，它是墨子伦理思想体系的核心。

人和人之间，为什么应该相互施以彼此平等的、无差别的爱呢？墨子提出了理论的说明。孔子只说到爱人，并把爱人视作当然的道德准则。仁者为什么应当爱人？除了因为我们都是人外，孔子没有看到社会的原因。墨子明确地指出，他所提出的这种无差别的对一切人都要施以同等的爱的思想，是社会发展所必需的，是维护人类生存所不可缺少的。他所说的“兼爱”，是克服社会动乱、加强安定团结、推动社会进步的一种重要力量。

墨子所处的时代，是一个战争四起、烽火连绵的年代，是一个“国之与国之相攻，家之与家之相篡，人之与人之相贼，君臣不惠忠，父子不慈孝，兄弟不和调”（《墨子·兼爱中》）的年代。在墨子看来，天下最大的祸害，就是各个国家、各个阶层以及各个家庭之间的相互兼并和争夺，这造成了下层劳动人民的极大的痛苦。这都是由于人们“不相爱”造成的。墨子认为，人们并非完全不知“爱”，谁都懂得“爱”的重要，但是，人们只知道爱自己的亲人、爱自己的家庭、爱自己的国家，而不知爱别人及别人的家庭和国家，也就是不知道“兼相爱”，于是才造成了彼此的兼并和争夺。在某种意义上也可以说，天下大乱正是儒家的“亲亲”思想所造成的。墨子认为，只要人和人之间能够“兼相爱”，人间的一切争夺也就都可以解决了。他说：

> 今诸侯独知爱其国，不爱人之国，是以不惮举其国以攻人之国；今家主独知爱其家，而不爱人之家，是以不惮举其家以篡人之家；今人独知爱其身，不爱人之身，是以不惮举其身以贼人之身。是故诸侯不相爱，则必野战；家主不相爱，则必相篡；人与人不相爱，则必相贼。君臣不相爱，则不惠忠；父子不相爱，则不慈孝；兄弟不相爱，则不和调。天下之人皆不相爱，强必执弱，富必侮贫，贵必傲贱，诈必欺愚。凡天下祸篡怨恨，其所以起者，以不相爱生也。是以仁者非之。（同上）
>
> 君臣相爱，则惠忠；父子相爱，则慈孝；兄弟相爱，则和调。天下之人皆相爱，强不执弱，众不劫寡，富不侮贫，贵不傲贱，诈不欺愚。凡天下祸篡怨恨，可使毋起者，以相爱生也。是以仁者誉之。（同上）

“兼相爱”就是要把人家的国看成和自己的国一样，把人家的家看成和自己的家一样，把人家的身体看成和自己的身体一样。这样，国之间的攻战，家之间的篡夺，人之间的相害，也就最终消灭了。

墨子所说的“兼爱”，比起孔子的“爱人”来说，前进了一大步，确实可以说是一种普遍的人类之爱，即不论统治阶级和被统治阶级，不论强者和弱者、贵者和贱者、富者和贫者，彼此都要相互亲爱。作为小生产者思想代表的墨子，尽管深深地感受到当时的强者、富者、贵者对人民的剥削和压迫，是造成人民痛苦的根源，但是，他还不能认识到这是一种阶级之间的压迫，不能意识到除了用暴力来改变这种状况之外，任何爱的说教都是不可能的。他企图去实现这种普遍的、没有差等的爱，以达到天下太平。

墨子还进一步从逻辑上驳斥了儒家爱有差等的思想，以便更牢固地确立自己“兼相爱”的理论。《墨子·耕柱》中载：

> 巫马子谓子墨子曰：“我与子异，我不能兼爱。我爱邹人于越人，爱鲁人于邹人，爱我乡人于鲁人，爱我家人于乡人，爱我亲于我家人，爱我身于吾亲，以为近我也。击我则疾，击彼则不疾于我。我何故疾者之不拂，而不疾者之拂？故有我，有杀彼以利我，无杀我以利彼。”子墨子曰：“子之义将匿邪？意将以告人乎？”巫马子曰：“我何故匿我义？吾将以告人。”子墨子曰：“然则一人说子，一人欲杀子以利己；十人说子，十人欲杀子以利己；天下说子，天下欲杀子以利己。一人不说子，一人欲杀子，以子为施不祥言者也；十人不说子，十人欲杀子，以子为施不祥言者也；天下不说子，天下欲杀子，以子为施不祥言者也。说子亦欲杀子，不说子亦欲杀子，是所谓经者口也，杀常之身者也。”

上述巫马子的思想，就是从儒家爱有差等的思想推导出来的。儒家强调爱有差等，强调由爱亲推及爱一切人。墨子通过巫马子之口，依照其内在的逻辑，把儒家的“爱有差等”推向“爱我身于吾亲”、“有杀彼以利我，无杀我以利彼”，即从“爱有差等”推导出了身重于亲和杀人自利的结论。墨子还进一步指出，坚持这种主张的人要把这一主张宣传给别人听，如果人们喜欢这一主张，必定会杀人自利，坚持这种主张的人也就难免有杀身之祸；如果人们不喜欢这一主张，就会认为坚持这一主张的人传播谬论害人，因此也就同样难免有被杀的危险。墨子揭示了儒家爱有差等思想的自私本质以及它可能对社会产生的消极影响，从反面论证了“兼爱”主张在理论上的正确性。然而，墨子不懂得人是有阶级的，不同阶级的人在根本上是相互对立的，在他们之间从来就不能有什么对等的爱，因而，“兼相爱”理论在实际生活中也只能是一种良好的愿望罢了。

“兼相爱”是最高的道德原则，怎样去实现它呢？墨子又进而提出了“交相利”。墨子认为，人和人之间都应当兼相爱；我爱别人，别人也应当爱我。但是这种相互的爱不应该仅仅是口头上的爱、感情上的爱，而应当是实实在在的相互帮助，也就是说，爱必须体现在“利”上。具体地说，“交相利”是什么呢？墨子说：“有力者疾以助人，有财者勉以分人，有道者劝以教人。”（《墨子·尚贤下》）从而使“饥者得食，寒者得衣，乱者得治”（同上），使“老而无妻子者，有所侍养以终其寿；幼弱孤童之无父母者，有所放依以长其身”（《墨子·兼爱下》）。这种思想，反映了下层劳动人民的利益，是有一定进步意义的。

由于墨子的“兼爱”是针对孔子所提倡的“亲亲”和“爱有差等”等维护血缘等级宗法关系的理论的，因此，后来遭到孟子的强烈批判。从《孟子》一书中，我们可以知道，墨子和另一个思想家杨朱的理论，在当时产生过很大的影响。所谓“杨朱、墨翟之言盈天下，天下之言，不归杨，则归墨”，因此，孟子才提出“闲先圣之道，距杨墨，放淫辞，邪说者不得作”（《孟子·滕文公下》），捍卫先圣之道，抵制杨墨学说，摒弃惑乱人心的言辞，使邪说不能兴起，从而使孔子的思想又占了上风。孟子在批判杨朱和墨子时说：“杨氏为我，是无君也；墨氏兼爱，是无父也。无父无君是禽兽也。”（同上）他认为墨子最大的罪过就是不孝敬自己的父母。但是，在墨子看来，一个孝子，如果希望别人能爱利自己的父母，必须先爱利别人的父母，然后别人才会“报我以爱利吾亲”。如果不知道爱利别人的双亲，别人也就不会爱利自己的父母，那又怎么能算孝呢？

第三节　义利并重的原则和伦理学上的功利主义

墨子针对孔子所提出的重义轻利和先义后利的原则，明确地提出了义利并重的思想，这是对孔子义利观点的扬弃和发展。

义利问题，在中国伦理思想史的发展中，有着特殊的重要意义。孔子虽然没有否定“利”在一定情况下的重要性，但从逻辑概念的运用上来看，孔子的思想是不清晰的。他对“义”、“利”都没有作出明确的解释。

墨子和孔子不同，他对“义”和“利”都作过许多解释。

什么是“义”？墨子说：“义者正也。何以知义之为正也？天下有义则治，无义则乱，我以此知义之为正也。”（《墨子·天志下》）又说：“万事莫贵于义。今谓人曰：予子冠履，而断子之手足，子为之乎？必不为。何故？则冠履不若手足之贵也。又曰：予子天下，而杀子之身，子为之乎？必不为。何故？则天下不若身之贵也。争一言以相杀，是贵义于其身也。故曰：‘万事莫贵于义也。’”（《墨子·贵义》）贵，有高、尊和重要等含义，所谓“万事莫贵于义”，就是在一切事物中，只有“义”是最高贵、最重要、最有价值的。在墨子看来，世间一切事物中，没有什么事物比“义”的价值更大了。所谓“义贵于身”，即“义”比生命的价值更高，人们为了获得“义”，可以牺牲自己的生命。那么，什么是“义”呢？“义”就是公正、正直、正义，据孙诒让解释，所谓“义者正也”，意思是“以正治人也”，即管理老百姓，必须公正和正直。义，也就是人们所说的公平，即人的行为必须遵循“义”的准则。在墨子看来，当时最大的公正，就是兴天下之利，除天下之害。

什么是“利”？墨子明确指出，他说的“利”，作为一种原则，不是个人的私利，而是整体的利益，即社会、国家和万民的利益。他说：“仁之事者，必务求兴天下之利，除天下之害，将以为法乎天下。利人乎即为，不利人乎即止。”（《墨子·非乐上》）他认为，不论什么事情，是否应该去做，都要看这件事是否“中万民之利”，如果能“中万民之利”，就应该去做，如果“万民弗利”，就不应该去做。因此，“兴天下之利，除天下之害”就是墨子所强调的一切行为的善恶标准。正是因为墨子把“利”理解为天下之利、国家之利和万民之利，所以后期墨家在给仁和义利下定义时就说：“仁，体爱也”（《墨子·经上》），即仁是体验自己去爱别人；“义，利也”（同上），即义就是利别人、国家和天下。

由于墨子把“仁人”的奋斗目标看成“兴天下之利，除天下之害”，因而他强调发展生产、为民兴利并且使民富裕起来的重要意义。一个有道德的圣人统治和管理一个国家，不但要使人民都有兼爱的思想，彼此相爱，而且最重要的是，要使他们在生活上富裕起来，使生产能够成倍地增加。他说：“圣人为政一国，一国可倍也。大之为政天下，天下可倍也。其倍之，非外取地也。因其国家，去其无用之费，足以倍之。”（《墨子·节用上》）这里所说的“倍”，就是我们所说的翻一番，即要使物质财富的生产、国民的收入增加一倍。他不但要使一个国家的物质财富翻一番，而且要使天下的物质财富都翻一番。墨子甚至认为，只要能照他说的去做，就是翻几番都是可以的。从小生产者的立场出发，墨子反对儒家的厚葬久丧，反对“当今之主”“暴夺民衣食之财”的腐败行为，主张“节用”，反对奴隶主贵族依照周礼所进行的各种威仪和享乐、奢侈的行为。

墨子把这种是否对别人有利的判断标准贯彻到各个方面。《墨子·鲁问》中说：“公输子削竹木以为鹊，成而飞之，三日不下。公输子自以为至巧。子墨子谓公输子曰：‘子之为鹊也，不如翟之为车辖，须臾斫三寸之木，而任五十石之重。故所为功，利于人谓之巧，不利于人谓之拙。’”在这里，墨子明确提出“功，利于人谓之巧”，就是以是否对他人产生功利为标准来判断行为的是非、巧拙、智愚和善恶。

墨子把义利统一起来，并强调以对人们（“万民”）是否产生“功利”为判断是非、巧拙、智愚和善恶的标准，可以说最早提出了中国伦理思想史上的一种功利原则。他所谓的“万民之利”、“天下国家之大利”，从一定意义上看，也可以说与“最大多数人的最大幸福”① 的提法是一致的。这一思想的提出，在中国和世界伦理思想史上都是最早的，具有重要的意义。

墨子讲的“交相利”中的“利”是相互的，即我诚心诚意地帮助别人，使别人得“利”，同时别人也都诚心诚意地帮助我，我也就得到了“利”。这也反映了墨子伦理思想的功利论的特点。但墨子并不是那种狭隘的功利论者，他讲“交相利”，不是作为一个条件或一种目的，而是“兼相爱”的必然结果或自然结果。也就是说，不是别人必须利我，我才去利别人，也不是说我利别人是为了得到别人的利，而是大家都相互帮助，相互爱护，那么，彼此之间就会自然而然地得到利益。

墨子是一个强调功利原则的伦理思想家，因此，他同时又重视动机和效果的关系。墨子在中国伦理思想史上，甚至在世界伦理思想史上，第一次把动机和效果联系起来作为一对伦理学的范畴，并创造了“志”、“功”这两个概念来表示动机和效果，这是他对伦理学的又一重要贡献。

“志”和“功”这两个概念，在墨子以前就存在了。《尚书》中有

① 英国伦理学家哈奇森，在《论道德的善与恶》(1725) 一书中，最早提出“最大多数人的最大幸福”一词，以后，边沁正式把它作为一个伦理学的原则，这已经是 19 世纪了。

“诗言志、歌咏言”(《尚书·舜典》),《论语》中有“吾十有五而志于学”(《论语·为政》)。但是,这里的“志”主要是立志和意志的意思,并没有动机的含义。“志”在古汉语中,多表示知识、记识事物、志向等。“功”在先秦典籍中,具有功绩、成效的意思,加以引申,可有功效的意思。但在墨子之前,这两个概念,没有联系起来,没有成为伦理学上的一对范畴。

在对人的行为进行善恶评价时,究竟应当根据什么,是看动机还是看效果?

首先,墨子认为,要把动机和效果二者结合起来,不能片面地强调一个方面。《墨子·鲁问》中有这样一段话:

> 鲁君谓子墨子曰:“我有二子,一人者好学,一人者好分人财,孰以为太子而可?”子墨子曰:“未可知也。或所为赏与(誉)为是也。钓者之恭,非为鱼赐也;饵鼠以虫,非爱之也。吾愿主君之合其志功而观焉。”

这里,墨子提出了一个“合其志功而观焉”的动机和效果结合论。可惜,墨子的这一思想,在很长一段时期内,没有得到应有的重视和进一步的研究。

其次,如果行为没有产生效果,墨子认为,对人的评价,则主要应当看他的动机。《墨子·耕柱》中说:

> 巫马子谓子墨子曰:“子兼爱天下,未云利也。我不爱天下,未云贼也。功皆未至,子何独自是而非我哉?”子墨子曰:“今有燎者于此,一人奉水,将灌之;一人掺火,将益之。功皆未至,子何贵于二人?”巫马子曰:“我是彼奉水者之意,而非夫掺火者之意。”子墨子曰:“吾亦是吾意而非子之意也。”

这里主要是对“意”的理解。很显然,这里的“意”,有动机的意思,虽然没有产生效果,也可以说这种动机是可以由人的实践或行为所证明或检验的。

西方伦理思想在发展过程中,特别是在19世纪的边沁、穆勒的倡导下,形成了著名的功利主义伦理学派。这一学派,在当前西方实际的政治、道德生活中,甚至在有关政治、道德的理论研究中,仍占有很重要的地位。功利主义的本质特征是:人们对一个人的行为的善恶评价所依据的主要标准，应该是行为者的行为所产生的效果或结果。在近现代西方伦理思想史上，学者往往把功利主义分为两种主要类型，一种被称为行为功利主义，一种被称为规则功利主义。

所谓行为功利主义，就是人们应该使自己的行为能为自己、他人或社会带来有益的结果，但认为不必要也不可能为行为者制定出具体的道德准则。行为功利主义者认为，人们的道德行为要面临各种复杂的情况，只要能根据功利主义的总指导原则去行动，随机应变，使自己的行为达到一定的功利就是道德的。一般来说，说实话是道德的，但是在行为功利主义者看来，这不可能成为普遍规则，必须依据具体情况由行为者自己作判断，有时候，只有说假话才能为他人、为社会带来利益。

所谓规则功利主义，就是在强调行为的结果必须有利于自己、他人和社会以外，还必须遵循一套能够实现这一要求的规则。尽管在许多情况下，有些规则会出现例外情况，但我们不能因此而否认普遍的道德准则的重要性。虽然在有些情况下，说谎话（如对患有不治之症的病人，如在敌人的法庭上）是必要的，对他人或社会是有益的，但是，一般来说，我们仍应该承认，诚实无欺是一条很重要的道德准则。我们不可能只靠行为者的当机立断，不可能没有道德规范体系。

墨子既强调行为的功利和效果，又积极主张建立起一整套以“兼相爱”、“交相利”为总的指导原则的规范体系。从这个意义上看，也可以说他的功利主义是一种规则功利主义。

第四节　以反侵略为目的的非攻

墨子把“兼爱”的伦理思想应用于他的社会政治思想中，提出了“非攻”的观点。在当时，大国侵略小国，强国掠夺弱国，战争连绵不断，攻伐此伏彼起。小生产者阶层在当时的情况下，总是要遭受最大的痛苦，承受战争所带来的灾难。在墨子看来，社会上一切对人民有害的事情中，最大的祸害莫过于侵略性的战争了。墨子当然不懂得，也不可能懂得春秋末、战国初的战争，是历史发展必然性的突出表现，它反映了新兴封建势力的兴起，反映了进步阶级统一整个社会的进步要求，有一定的进步意义。因此，他抱着为天下兴利除害的目的，四处奔走，力求停止或消除各国之间的战争。墨子劝说楚国停止侵略宋国的故事，两千年来一直为人们所传颂。

在墨子看来，亏人自利的事情是不道德的事情，亏人愈多，就愈不道德。天下最亏人的事情莫过于战争，人们应当分清是非，共同谴责战争贩子，止息战争。他说：

> 今有一人，入人园圃，窃其桃李。众闻则非之，上为政者得则罚之。此何也？以亏人自利也。至攘人犬豕鸡豚者，其不义，又甚入人园圃窃桃李。是何故也？以亏人愈多，其不仁兹甚，罪益厚。至入人栏厩，取人马牛者，其不仁义又甚攘人犬豕鸡豚。此何故也？以其亏人愈多。苟亏人愈多，其不仁兹甚，罪益厚。至杀不辜人也，拖其衣裘，取戈剑者，其不义又甚入人栏厩，取人马牛。此何故也？以其亏人愈多。苟亏人愈多，其不仁兹甚矣，罪益厚。当此天下之君子，皆知而非之，谓之不义。今至大为攻国，则弗知非，从而誉之，谓之义，此可谓知义与不义之别乎？（《墨子·非攻上》）

墨子还指出，侵略战争不但造成了被侵略国人民财产和生命的损失，而且发动战争的国家也无利可图。要发动侵略战争，必然先作准备，势必要“夺民之用，废民之利”，攻占一片土地，“计其所得，反不如所丧者之多”（《墨子·非攻中》）。有的国家发动攻战，往往自取灭亡。墨子苦口婆心，劝说那些发动战争的国君，其目的就是要使他们提高认识，自己停止侵略。

其实，墨子并不是反对一切战争的。他把战争分为两类：一类是侵略性的战争，名之为“攻”；另一类是有道伐无道的正义战争，名之为“诛”。他认为，当时所有的战争都属于前一类，都是不义之战，都应当反对。

墨子不但渴望止息战争，同时也渴望天下统一。他希望上天能降一个有兼爱思想的仁君，来完成统一天下的大业。他说：

> 今若有能以义名立于天下，以德求诸侯者，天下之服，可立而待也。夫天下处攻伐久矣，譬若傅子之为马然。今若有能信效先利天下诸侯者，大国之不义也，则同忧之，大国之攻小国也，则同救

之，小国城郭之不全也，必使修之，布粟之绝则委之，币帛不足则共之，以此效大国，则小国之君说。(《墨子·非攻下》)

由此可见，墨子所希望的统一，是在“兼相爱”原则下的统一，它的实现不是通过兼并战争的方式，而是靠仁君推行“兼相爱”。墨子同情人民的高尚道德感情和他爱好和平的善良愿望是极可称赞的，但是，他提出的避免或消灭战争的办法，则是极不现实的。

第五节　“赖其力者生”的劳动创造论

在中国伦理思想史上，墨子作为小生产阶层的思想代表，第一次赋予了劳动，特别是生产劳动以高尚的意义，认为劳动是人与动物相区别的重要标志，从而也就是人确立其地位（与动物相比较）和价值的依据。这一问题，是墨家和儒家相对立的又一个重要方面。

孔子特别鄙视生产劳动。他把从事为稼、为圃的生产劳动看作低微下贱的、只有小人才应去做的事。《论语·子路》载：

樊迟请学稼。子曰：“吾不如老农。”请学为圃。曰：“吾不如老圃。”樊迟出。子曰：“小人哉，樊须也。上好礼，则民莫敢不敬；上好义，则民莫敢不服；上好信，则民莫敢不用情。夫如是，则四方之民襁负其子而至矣，焉用稼！”

在西方伦理思想史上，古希腊思想家从柏拉图到亚里士多德很少有重视劳动，特别是重视一般下层人的劳动的。墨子则不然，他十分重视劳动，提出人与动物的根本区别，就在于能够从事维持自身存在的生产劳动。

今人固与禽兽麋鹿蜚鸟贞虫异者也。今之禽兽麋鹿蜚鸟贞虫，因其羽毛，以为衣裘；因其蹄蚤，以为裤屦；因其水草，以为饮食，故唯使雄不耕稼树艺，雌亦不纺绩织纴，衣食之财，固已具矣。今人与此异者也，赖其力者生，不赖其力者不生。(《墨子·非乐上》)

禽兽以身上的羽毛为衣服，用脚上的蹄爪作鞋子，以水草当粮食。人类却不同，他们依靠自己的生产劳动而得以生存，也依靠劳动才和禽兽相区别。人要生存，必须要强力从事生产劳动。墨子说："强必富，不强必贫；强必饱，不强必饥"；"强必暖，不强必寒"（《墨子·非命下》）。因此，劳动是人类必需的，不是什么低贱的事。

当然，我们还必须指出，墨子所说的"赖其力者生"的力或劳动，其范围是很广泛的。"力"和"命"相对，"天下皆曰其力也，必不能曰我见命焉"（《墨子·非命中》），就是"力"、"命"对举的说法。墨子认为，不论是个人的富贵还是国家的兴衰，都是人们"强力"的结果，不是由什么"命"决定的。"力"的内涵是指人的劳动能力，它包括"思虑之智"的脑力和"耕稼纺织"的体力两大方面。他把王公大人的"听狱治政"、士君子的"亶其思虑之智"、农夫的"耕稼树艺"、妇人的"纺绩织纴"，都看作"赖其力者生"的"力"。他认为，如果王公大人不能"蚤朝晏退，听狱治政"，那就会"国家乱而社稷危"；如果士君子不能"竭股肱之力，亶其思虑之智，内治官府，外收敛关市、山林、泽梁之利"，那就会"仓廪府库不实"；如果农夫不能"蚤出暮入，耕稼树艺，多聚叔粟"，那就会"叔粟不足"；如果妇人不能"夙兴夜寐，纺绩织纴，多治麻丝葛绪捆布縿"，那就会"布縿不兴"（《墨子·非乐上》）。只有靠全社会的劳动，国家才会安全稳定，人民才会丰衣足食，幸福安宁。墨子强调"力"或劳动的重要作用是合理的，但是他不能够理解一切剥削阶级不是赖其力者，而是靠剥削广大劳动人民为生的。他分不清压迫与被压迫、剥削与被剥削，把一切社会活动，甚至包括王公大人的"听狱治政"和士君子的"收敛关市、山林、泽梁之利"的剥削行为，都看作"赖其力"。然而，墨子的可贵之处是看到了人民大众生产劳动的重要意义，甚至敢于把农夫农妇的生产活动与王公大人的听狱治政相提并论，这在当时可以算是一个了不起的思想。这一思想显然是与孔子鄙视生产劳动的观点根本对立的。

基于上述观点，墨子把强取别人的劳动成果的行为称为不义或不道德的行为。他说："今有人于此，入人之场园，取人之桃李瓜姜者，上得且罚之，众闻则非之，是何也？曰：不与其劳获其实，已非其有所取之故。"（《墨子·天志下》）一个人不参加劳动，却把人家的劳动成果偷抢去，据为己有，这是一种不仁不义的行为。他认为，正是这类大大小小的亏人自利的行为造成了社会的动乱。

墨子力图通过道德舆论来保护劳动人民的劳动成果，但由于他把统治阶级的听狱治政、聚敛民财也看作一种正当的“劳动”，从而不自觉地对剥削阶级占有人民的劳动成果作了合理化的论证。当然，他的出发点和动机是很好的，他对统治阶级过度暴敛民财也是坚决反对的。

在这一问题上，墨子的理论贡献是把劳动看作人与动物的根本区别，认为劳动和道德紧密相关。

第六节　天能赏善罚恶的宗教伦理观

墨子是主张有鬼神存在的，他专门写了《明鬼》篇，论证鬼神之所以存在的理由。他从自己的认识论出发，强调所谓经验的根据，认为鬼神的存在是可以从经验上找到充分根据的。他说：“天下之所以察知有与无之道者，必以众之耳目之实知有与亡为仪者也。”这就是说，只要人们看到了、听到了，就可以证明其有；如果没有看到，没有听到，那就可以肯定其无。接着他举了历史上所记载的许多事例，说明当时的许多人都看到了鬼神，因而认为鬼神是存在的。

为什么像墨子这样一位伟大的思想家，有那么多的真知灼见，有那么高的聪明才智，最后却从自然观上唯物的经验论，走向了相信鬼神的唯心论？这种愚昧、无知的相信鬼神的荒唐思想，不是和他的才、学、识相矛盾吗？

对于墨子思想上的这一矛盾，如果能从伦理思想上来探索，就可以得到较好的解释，这是过去许多思想史家们所没有注意到的。我们不妨仔细读一读《墨子·明鬼下》篇中的第一段话：

> 子墨子言曰，逮至昔三代圣王既没，天下失义，诸侯力正，是以存夫为人君臣上下者之不惠忠也，父子弟兄之不慈孝弟长贞良也，正长之不强于听治，贱人之不强于从事也，民之为淫暴寇乱盗贼，以兵刃毒药水火，退无罪人乎道路率径，夺人车马衣裘以自利者并作。由此始，是以天下乱。此其故何以然也，则皆以疑惑鬼神之有与无之别，不明乎鬼神之能赏贤而罚暴也，今若使天下之人，偕若信鬼神之能赏贤而罚暴也，则夫天下岂乱哉！

在这里，墨子讲得非常清楚，为什么许多人只知道损人利己、为非作歹、不惠不忠、不慈不孝、夺人车马、淫暴、寇乱、盗窃等，都是因为怀疑鬼神存在，即怀疑鬼神“能赏贤而罚暴”。在墨子看来，只要使人们相信，世界上确实存在着鬼神，而且这些鬼神又都负责监督着人们的行为，是人们之间行为调整的至高无上的裁判者，那么，人们也就不敢为非作恶，因而也就能弃恶从善了。而且，鬼神是无处不在的，即使是在“深谿博林、幽涧无人之所”，人们的行为也都必须特别谨慎，因为即使在那里，任何人的任何一个行为，都会“有鬼神视之”。他说：“鬼神之明，不可为幽间广泽，山林深谷，鬼神之明必知之。鬼神之罚，不可为富贵众强，勇力强武，坚甲利兵，鬼神之罚必胜之。”（《墨子·明鬼下》）更有甚者，鬼神能明察一切，而且是“鬼神之所赏，无小必赏之，鬼神之所罚，无大必罚之”（同上）。

墨子的结论是清楚的，为什么他用了那么大的力气，作了那么多的论证，举了那么多的历史事实来驳斥那些坚持无鬼的人，其主要原因，就是因为承认鬼神的存在，对国家、对人民的道德品质的提高是有重要作用的。他说：“今天下之王公大人士君子，实将欲求兴天下之利，除天下之害，故当鬼神之有与无之别，以为将不可不明察此者也。”（同上）这里充分说明，墨子作为代表小生产者的伦理思想家，从经验出发，确实认为，只要人们相信有鬼神的存在，人和人之间的关系就能得到更好的调整。

除了承认有鬼神的存在以外，墨子还认为，上天是有意志的，是一个能够主宰万物的人格神，是自然界和人类社会的最高主宰，甚至天子也是由它所立的。从这一方面来看，墨子所说的天和西周以来关于天的传统说法是相一致的。但应当特别指出的是，墨子更加突出地强调了天作为人类社会的道德主宰的意义。墨子说，天喜欢义，厌恶不义；喜欢人们兼相爱、交相利，反对人和人之间的攻杀争夺。顺天意而行即是善，反天意而行即是恶。天对于那些为善的人给予赏誉，对于那些为恶的人就给予惩罚。那么，什么是天意呢？按照墨子的说法，天的意志与墨子的理论和要求是完全一致的，特别是和他的伦理思想完全相同。《墨子·天志上》说：

> 当天意而不可不顺。顺天意者，兼相爱，交相利，必得赏；反天意者，别相恶，交相贼，必得罚。然则是谁顺天意而得赏者？谁反天意而得罚者？子墨子言曰：昔三代圣王，禹汤文武，此顺天意而得赏也。昔三代之暴王，桀纣幽厉，此反天意而得罚者也。然则

禹汤文武，其得赏何以也？子墨子言曰：其事上尊天，中事鬼神，下爱人。故天意曰：此之我所爱，兼而爱之；我所利，兼而利之。爱人者，此为博焉；利人者，此为厚焉。故使贵为天子，富有天下，业万世子孙，传称其善，方施天下，至今称之，谓之圣王。然则桀纣幽厉，得其罚何以也？子墨子言曰：其事上诟天，中诬鬼，下贼人。故天意曰：此之我所爱，别而恶之；我所利，交而贼之。恶人者，此为之博也，贱人者，此为之厚也。故使不得终其寿，不殁其世，至今毁之，谓之暴王。

从上述思想来看，墨子所说的天地鬼神，并不是专为剥削阶级谋利益的，一切人在天地鬼神面前都是平等的。从实质上讲，墨子所说的天地鬼神，主要是为小生产者、为劳动人民谋利益的。“然则天之将何欲何憎？子墨子曰：天之意，不欲大国之攻小国也，大家之乱小家也。强之暴寡，诈之谋愚，贵之傲贱，此天之所不欲也。”（《墨子·天志中》）墨子所说的“天志”（天的意志）并不是一种信仰，而是赏善罚恶的工具，是他为实现“兼相爱，交相利”而设置的一种手段。因此，他的天地鬼神又是一种实施道德的手段。墨子说：“我有天志，譬若轮人之有规，匠人之有矩，轮匠执其规矩，以度天下之方圜，曰：‘中者是也，不中者非也。’今天下之士君子之书，不可胜载，言语不可尽计，上说诸侯，下说列士，其于仁义则大相远也。何以知之？曰：我得天下之明法以度之。”（《墨子·天志上》）由此看来，所谓的“天志”，实际上就是墨子的意志。因此，天地鬼神只不过是维护和推行“兼爱”思想的一种威慑力量，只是墨子伦理思想所披的一件外衣。从实质上来看，墨子的天地鬼神并不是神秘的主宰，而是主持正义的道德的天地鬼神，是为他的兼爱思想服务的。

墨子很有知识，也很有思想，但他作为小生产者的思想代表，自身存在着小生产者所特有的局限性。小生产者在组织上是分散的，在政治上是软弱的。他们虽然有各种各样的美妙的理想，却找不到实现这种理想的正确方法。墨子为人们提出了“兴天下之利，除天下之害”，建设一个没有“强执弱、富侮贫、贵傲贱、诈欺愚”的和平、安宁、幸福和道德风气高尚的理想社会的宏伟任务，并且提出要通过“兼相爱，交相利”的道德说教来最终实现这一理想。墨子和他的学派不辞辛苦推行“兼相爱，交相利”的道德主张，可实际上并没有得到天下人的响应。

因此，他只好求助于王公大人，希望他们能够“劝之以赏誉，威之以刑罚”（《墨子·天志上》），使“兼相爱，交相利”得到实行。当然，他是得不到统治阶级的支持的。在万般无奈的情况下，墨子不得不求助于鬼神，不得不求助于天志，从而把天作为赏善罚恶、实行兼爱交利的最后支柱。墨子的认识论和本体论都是从唯物主义的经验论出发的，是不应该相信有鬼神的存在的。可是，为了达到“兼相爱，交相利”的伦理理想，他竟然求助于天来达到自己的目的，从而由无神论走向了有神论，从唯物论走向了唯心论。尽管他只是把天当作一种手段，但这毕竟是一种错误的认识。这种错误的根源，就在于墨子为了自己的伦理目的而牺牲了认识论的前提，为实现自己的道德理想而放弃了本体论的结论，这也是值得伦理思想家们重视的一个思维教训。

第七节　以行为本的道德修养论

《墨子》一书中的《修身》、《所染》两篇，可以说是中国伦理思想史上最早的专门研究修养的著作。也有人怀疑这两篇不是墨子本人，甚至也不是墨派学者所作，认为“修身”是孔子及后世儒家的专用概念，因此断定《修身》等篇是后世儒家混入的。其实，孔子讲修己内讼，并未提出“修身”这一概念。《墨子》中却说过“远施周偏，近以修身”（《墨子·非儒》），而《非儒》篇绝不可能是儒家混入的。由此可见，极有可能是后世儒家吸收了墨子《修身》篇的思想，逐步形成了一套愈来愈完整的修身理论。由于认为《修身》、《所染》两篇非为墨者所著的说法，有许多不能自圆其说的地方，所以我们在此仍然把这两篇看作墨子的著作加以研究。

墨子所说的“修身”，主要是指人的行为修养。墨家特别重视人的行为，强调言行一致，强调一切行为都要符合“兼相爱，交相利”的原则。《墨子·修身》中说：“君子战虽有陈，而勇为本焉；丧虽有礼，而哀为本焉；士虽有学，而行为本焉。”这就是说，“行”是“士”或“君子”的根本。什么是“行”？后期墨家对此作了进一步的解释：行，“为也”（《墨子·经上》）。也就是说，品行就是人的所作所为，或者说也就是人的一连串的行为。在墨子那里，品行与行为是相通的，一个人有好的品行，就是说他切实做到了“兼相爱，交相利”，即做到了有力以助人，有财以分人，有道以教人。

对一个“士”或“君子”来说，最重要的不是他的知识和才智，而是他的品行。在“德”与“才”的关系问题上，墨子把“德”放在更重要的位置上。他说：“是故置本不安者，无务丰末；近者不亲，无务来远。”（《墨子·修身》）就是说，品行是根本，如果品行不好，就不能很好地影响别人，就不可能有很大的成就。要想有高尚的德行，就必须修身。修身就要老老实实地躬行道德，在任何时候、任何情况下都不能违背道德。如果没有锲而不舍的精神，不能持之以恒、竭力以行，那就不能达到“修身”的目的。墨子说：“君子之道也，贫则见廉，富则见义，生则见爱，死则见哀。四行者不可虚假，反之身者也。藏于心者，无以竭爱；动于身者，无以竭恭；出于口者，无以竭驯。畅之四支，接之肌肤，华发隳颠，而犹弗舍者，其唯圣人乎！”（同上）墨子还把“修身”比作“原”（同“源”），把人的其他活动比作“流”，“原浊者流不清，行不信者名必耗”（同上）。只有加强修养，在行为上信守“兼爱”的道德原则，“以身戴行”，才可能成为一个有道德的人。

在个人的品德修养问题上，墨子还特别强调社会环境对人的影响，认为要想有好的品德，就必须选择好的朋友或环境，必须经常处在有德的人中间，并注意向他们学习。《墨子·所染》说：“子墨子言，见染丝者而叹曰：染于苍则苍，染于黄则黄。所入者变，其色亦变。五入必，而已则为五色矣，故染不可不慎也。”又说：“非独国有染也，士亦有染。其友皆好仁义，淳谨畏令，则家日益，身日安，名日荣，处官得其理矣。”在这里，墨子用染丝的道理唯物地解释了人的生活环境和其道德品质之间的关系，并指出要十分谨慎地选择朋友，因为一个人的安危、荣辱、成败与交朋友有直接的关系。墨子提出的交朋友的标准是：“据财不能以分人者，不足与友”（《墨子·修身》），实际上就是要人们与那些能够躬行墨家道德的人在一起相互切磋、相互激励，共同提高。

墨子提出了“修身”的概念，也很重视修身。他把修身与躬行墨家道德紧密相联系，即强调在道德实践中修养自己的道德品质，这是道德修养论上的唯物主义观点，也是道德修养上唯一正确的根本方法。

第八节　尚贤和尚同的政治思想

在政治思想上，墨子提出了“尚贤”和“尚同”的进步主张。所谓“尚贤”，就是要任人唯贤，即任人唯兼爱者；所谓“尚同”，就是要统一天下的思想，把天下的思想都统一到贤者或兼爱者的思想上去。

墨子认为，尚贤是实现“兼爱”这一原则的重要保证。在他看来，古代圣王治理国家，都是任人唯贤的，即使是从事工农业劳动的人，只要有才有德，就“高予之爵，重予之禄，任之以事，断予之令”（《墨子·尚贤上》）。他说，“尧举舜于服泽之阳”，“汤举伊尹于庖厨之中”，“文王举闳夭、泰颠于置罔之中”（同上），受之以政，才使得天下太平，国富民众。“故当是时，以德就列，以官服事，以劳殿赏，量功而分禄。故官无常贵，而民无终贱，有能则举之，无能则下之。”（同上）墨子主张，对有能的贤者，就给以很高的爵位、很厚的俸禄，这样，老百姓就会敬重他们、相信他们，他们的事情就会成功；对不贤和无能的人，就要罢免他们的官职，取消他们的俸禄，使他们“贫而贱之，以为徒役”（《墨子·尚贤中》），这样的话，民众都会劝赏畏罚，都会向贤者看齐，天下就大治了。墨子“尚贤”的思想，其实质就在于要改革和废除世卿世禄的世袭制，并且这种改革是十分彻底的。他要君王“不党父兄，不偏富贵，不嬖颜色”（同上），唯贤是举。墨子的这一思想与以孔子为代表的儒家政治主张是有明显不同的。孔子虽然也提出过“举贤才”的主张，但他“举贤才”的目的在于更好地维护奴隶社会的世袭制度。墨子的尚贤主张则是要从根本上摧毁贵族世袭制。他“官无常贵，而民无终贱”（《墨子·尚贤上》）的思想，反映了下层劳动人民反剥削、反压迫的强烈要求。

什么样的人算作贤者？墨子说：“为贤之道将奈何？曰：有力者疾以助人，有财者勉以分人，有道者劝以教人。”（《墨子·尚贤下》）显然，所谓贤者，就是能够忠实地奉行墨家道德的人。墨子认为，在“农与工肆之人”中间，有许多德才兼备的“贤能”之辈。他们既有兼爱的品德，又有很强的实际工作能力，墨子本人就是其中最突出的一个。他要求最高统治者罢免他们的亲信，任用贤能的人治理国家。尽管这在剥削阶级统治的社会只能是一种空想而已，但是，墨子的“尚贤”思想反映了小生产者要求参加政治生活的愿望，反映了农民对平等和民主的要求，因此是有进步意义的。

墨子从“尚贤”的思想出发，进一步提出了“尚同”的要求。他认为，社会混乱的重要原因之一，就是没有统一的善恶是非观点，没有统一的指导思想，没有一个推行兼爱主张的领袖。他说：“古者民始生，未有刑政之时，盖其语人异义，是以一人则一义，二人则二义，十人则十义。其人兹众，其所谓义者亦兹众。是以人是其义，以非人之义，故交相非也。是以内者父子兄弟作怨恶，离散不能相和合。天下之百姓，皆以水火毒药相亏害。至有余力，不能以相劳；腐臭余财，不以相分；隐匿良道，不以相教，天下之乱，至若禽兽然。”（《墨子·尚同上》）又说：“夫明乎天下之所以乱者，生于无政长。是故选天下之贤可者，立以为天子。”（同上）天子被推举出来以后，就要选择“天下赞阅贤良圣知辩慧之人”为“三公”，来从事“一同天下之义”，以便于统一整个国家的思想，以达到“上之所是，必亦是之；上之所非，必亦非之”（《墨子·尚同中》）。在墨子看来，通过天子、三公、将军、大夫、乡长等各级有贤能的官吏使全国上下统一起来的思想，就是他所倡导的“兼相爱，交相利”的思想。墨子所想象的“天子”，是由上天的意志决定的，天子所执行的乃是天的意志。因此，墨子要人民不折不扣地去执行天子的指示，“天子之所是，必亦是之；天子之所非，必亦非之”，“举天下之万民，以法天子”（同上）。墨子的主观愿望是善良的，他希望从天子以至乡里之长都是贤良之士，但在客观上，“尚同”的思想却起到了巩固当时统治者的地位的作用。“尚同”思想的实际效果是为巩固统治阶级的政权服务的。墨子的“尚贤”思想，有着民主的色彩，而“尚同”的思想在当时，更多却是为君权至上论服务的。

第五章　孟子对孔子伦理思想的发展及其与告子的争论

第一节　孟子的生平及其著作

孟子，名轲，战国中期邹国人，生于约公元前 372 年，卒于约公元前 289 年。据传，孟子幼年丧父，母亲把他抚养成人，为了教育孟子，孟母曾经三迁其居。孟子长大后，“受业子思之门人”（《史记·孟子荀卿列传》），对孔子及儒家的思想，作了进一步发展和论证，使儒家的学说有了更系统的阐发。孟子死后，他的思想愈来愈受重视。宋以后，他被尊奉为“亚圣”。

孟子自称，向孔子学习乃是他毕生的愿望。他说：“乃所愿，则学孔子也。”（《孟子·公孙丑上》）他继承和发展了孔子重义轻利、仁者爱人、以德治国以及个人修养等思想，并在人性论上作了独特的发挥。他一生的主要活动，是带领他的学生周游列国，宣传他的人性论、义利观、修养论和“仁政”思想，即所谓“以儒道游于诸侯”，常常是“后车数十乘，从者数百人”。他先后到齐、滕、魏、宋等国活动，还一度做了齐卿。尽管他在政治上有很大的抱负，希望当时的国君们能采纳他的主张，但他的理论未被当时妄图称霸的统治者所接受，在政治上一直不能得志，最后不得不放弃他的政治游说，“退而与万章之徒序诗书，述仲尼之意，作《孟子》七篇”(《史记·孟子荀卿列传》)。

在孟子所处的时代，孔子的思想受到了来自各方面的批评，杨朱和墨子的思想则占据着很重要的地位，“杨朱、墨翟之言盈天下，天下之言，不归杨，则归墨”(《孟子·滕文公下》)。孟子以孔子的正统继承人和捍卫者自居，和一切不合于儒家的思想展开论战，特别是对杨、墨的思想进行了激烈的批判。孟子认为，他的主要任务就是在当时“淫辞”、“邪说”流行的情况下，在继承孔子思想的同时，针对当时政治上和社会上的需要，对孔子的思想进行适应新的统治阶级利益的发展。一般说来，奴隶社会和封建社会是两种不同的经济形态，它们各自的生产关系是不同的，和这两种不同的经济关系相对应，它们的上层建筑和意识形态也都各有自己的特点。然而，中国的奴隶社会和战国后期的封建社会都强调以血缘关系为纽带的宗法等级制度，它们有着很大的共性，这两种社会的道德规范都是要维护等级制度，它们都是在调整严格宗法等级社会的人与人之间的关系。孟子是一个从旧贵族阶级转化过来的代表封建阶级利益的思想家，他认识到并不需要对孔子的伦理思想进行根本上的变革，只要有某种程度的改良、补充和发挥，就能使这种思想为新兴的统治阶级服务。从一定意义上来说，在对中国伦理思想有深远影响的儒家学派中，孟子是有着特殊地位的。因为在他那里，实现了奴隶主阶级的儒家向封建主阶级的儒家的过渡和转变。

《孟子》一书，共七篇，每篇分上下两部分。此书记载了孟子一生的活动和思想。它经过孟子亲手编订，是研究孟子伦理思想最重要和最可靠的资料。

第二节　性善论同性无善恶论的对立

人性问题，是中外伦理思想家们都十分关心的问题，马克思关于人的定义——人是社会关系的总和的观点，在原则上对人性问题作出了科学的界说，但没有系统的专门论述。直到现在，关于人性的许多问题，人们还在苦思冥想之中。

在西方，古希腊的思想家曾经探讨过人的理性、人和动物的区别等问题，这已经涉及了人性问题，但未形成广泛而深入的讨论。中世纪的神学家们用神性代替了人性，根本就不可能有关于人性问题的更深入的探讨。直到14世纪以后，西方思想家们为了反对封建压迫和神学的控制，从个性解放和满足个人欲望出发，才发出了重视人性的呼吁，开始注意对人性问题的研究。中国关于人性的讨论，从孟子、告子开始，就已经达到了相当高的水平。孟子和告子对人性问题都提出了相当完备的理论体系，反映了他们对当时社会的道德现象的思考，已经涉及了伦理学的一些重要甚至根本的问题。

根据《孟子》一书和有关史料的记载，我们知道，在孟子生活的年代，曾经进行过一场关于人性善恶的大争论，与孟子同时的告子，主张人性是无善无恶的。孟子反驳了告子的观点，并提出了中国伦理思想史上第一个性善论的思想体系。

在孟子以前，孔子说过，“性相近也，习相远也”（《论语·阳货》），认为人天生的本性都是相近的，只是由于后天的习染，人的本性才产生了愈来愈大的差异。从孔子的这句话里可以分析出这样三层意思：第一，刚生下来的时候，所有人的人性大体上都是相同的；第二，人性是可以变化的；第三，后天的环境、教育和修养对于人性的变化有着很重要的关系。但是，孔子并没有明确地指出这个人人生来都相近的“性”，究竟是善的还是恶的，或者是无善无恶的。

孟子充分发挥和发展了孔子关于人性的思想，他认为：任何人的本性，从一生下来就是善的。孟子说：

> 人皆有不忍人之心。先王有不忍人之心，斯有不忍人之政矣。以不忍人之心，行不忍人之政，治天下可运之掌上。所以谓人皆有不忍人之心者，今人乍见孺子将入于井，皆有怵惕恻隐之心，非所以内交于孺子之父母也，非所以要誉于乡党朋友也，非恶其声而然也。由是观之，无恻隐之心，非人也；无羞恶之心，非人也；无辞让之心，非人也；无是非之心，非人也。恻隐之心，仁之端也；羞恶之心，义之端也；辞让之心，礼之端也；是非之心，智之端也。人之有是四端也，犹其有四体也。（《孟子·公孙丑上》）
>
> 恻隐之心，人皆有之；羞恶之心，人皆有之；恭敬之心，人皆有之；是非之心，人皆有之。恻隐之心，仁也；羞恶之心，义也；

恭敬之心，礼也；是非之心，智也。仁义礼智，非由外铄我也，我固有之也。(《孟子·告子上》)

从孟子的论述中，我们可以归纳出以下几个观点：第一，所有人的人性都是共同的，即存在着一种共同人性；第二，人们的这种共同人性，是天生的，是上天所赋予的；第三，这种共同人性，是人天生的善心，即所谓恻隐之心、羞恶之心、辞让（恭敬）之心和是非之心，人有这种善心，就像天生就有四肢一样；第四，人生而具有的这四种善心，就是仁、义、礼、智这四种道德的萌芽，或者说就是人生而具有的仁、义、礼、智四种道德品质；第五，人和禽兽的本质区别就在于人有这种善良的本性，而禽兽却没有；第六，这种先天的共同人性，在后天是可以变化的。

然而，何以证明人生下来就具有善良的本心呢？孟子说，一个人突然看到一个小孩子将要掉到井里去了，就必然会产生一种惊惧、可怜、救助的心情。人之所以会有这种心情，并不是想要结交这个小孩的父母，也不是想要得到乡党朋友的称赞，更不是由于害怕担当不好的名声，而是因为人人具有天生的善的本性。用现代的语言来说，孟子是从人都必然要同情自己的同类出发，来解释人的本性的；但是，孟子在这里回避了一个很重要的问题，他所说的“乍见孺子将入于井”的“人”，已经不是自然的人，而是社会的人了。这些人“乍见孺子将入于井”时所产生的怵惕恻隐之心，本来就包含着后天的社会环境和道德教育的影响，它并非纯自然的东西。孟子本来可以说，不论见到什么人将要掉到井里，都会产生怵惕恻隐之心；但是，他并没有这么说，这也可能是由于他已经意识到，在当时的社会中，剥削阶级对于被剥削阶级、高贵者对于卑贱者的“将入于井”是不会产生怵惕恻隐之心的。所以，他不说乍见某一个“人”将入于井，而只说“乍见孺子将入于井”。

和孟子同时代的告子，主张性无善无恶论。告子说：“性，犹湍水也，决诸东方则东流，决诸西方则西流。人性之无分于善不善也，犹水之无分于东西也。”(同上）告子是以水作比喻，来说明性无善恶的。孟子亦用水作例子，来论证他的性善说。他说：“水信无分于东西，无分于上下乎？人性之善也，犹水之就下也。人无有不善，水无有不下。今夫水，搏而跃之，可使过颡；激而行之，可使在山，是岂水之性哉？其势则然也。人之可使为不善，其性亦犹是也。”(《孟子·告子上》）在孟子看来，人性之向善，就像水向下流一样，是必然的，而人之为恶，则是违反人性或扭曲人性的结果。

仁义礼智是封建道德。人们具有仁义礼智的道德品质，是因为他们不断受到封建道德熏陶的缘故。孟子把恻隐之心、羞恶之心、辞让之心、是非之心与人的四肢相提并论，实际上是在把人的社会性说成人天生的本性，这是由他的唯心主义世界观所决定的。孟子把“四心”看作人与动物的根本区别所在，还是有一定的合理性的。这实际上就是说人有道德观念，而动物没有，这恰恰是人与动物的本质区别之一。

孟子怎样来论证人们都有先天的共同的善性呢？在当时的社会，不是到处都可以看到，有的人的行动能合于仁、义、礼、智，有的人的行动不合于仁、义、礼、智吗？他说：“富岁，子弟多赖；凶岁，子弟多暴，非天之降才尔殊也，其所以陷溺其心者然也。”（同上）这就是说，人们的道德品质之所以表现出差异，是后天环境影响的结果。而且，这种不同，正说明他们的本性原来是相同的。孟子举例说：

> 今夫麰麦，播种而耰之，其地同，树之时又同，浡然而生，至于日至之时皆熟矣。虽有不同，则地有肥硗，雨露之养，人事之不齐也。故凡同类者，举相似也，何独至于人而疑之？圣人，与我同类者。故龙子曰：“不知足而为屦，我知其不为蒉也。”屦之相似，天下之足同也。……故曰，口之于味也，有同耆焉；耳之于声也，有同听焉；目之于色也，有同美焉。至于心，独无所同然乎？心之所同然者何也？谓理也、义也。（同上）

这就是说，人心都是相同的，是合乎义理的，由于客观环境的影响，人的道德品质就发生了变化。丰收年成，少年弟子多半懒惰，灾荒年成，少年弟子多半强暴，这并不是他们天生的资质不同，而是环境使他们变坏的缘故。这就像麰麦有异，是由于土地的肥瘠不同，雨露的多少不同，人工的勤惰不同一样。

在孟子看来，后天对人性的影响，就其主要方面来说，是坏的影响，即对人的善良本性的戕伐，大多数人在生下来以后，变得没有善良品德，甚至行为类似禽兽，这不是因为他们没有善良本性，而是后天的环境对其本性戕伐的结果。

人们对于人性认识的不断深化，反映了伦理思想不同的发展阶段，反映了道德思考的不断深化。在整个人性理论发展的历史上，战国时期人性论的论战，是一个具有重要意义的起始点，而孟子的性善论则是这个起始点上突出的一环。人们的道德思考包含着很丰富的内容，其中最重要的内容之一，就是如何提高人们的道德品质，探索出人们自我完善的规律。最初，人们只是认识到修身的重要性，强调这种修养对形成人们良好的道德品质有重要的意义。但是，当人们进一步深入地思考的时候就会发现：人们的行为和品质，有道德的，有不道德的，即有善的，有恶的；对之施加的道德教育，有的作用大，有的作用小，有的则不起什么作用。这种思考给人们提出了新问题：人们的道德品质，在生下来的时候，究竟是善的，还是恶的？为什么人们会有不道德的行为？人们既然已经产生了不道德的思想和行为，那么还能够成为有道德的人吗？从这里就引申出一个重要的问题，即人的与生俱来的本性究竟是善的还是恶的？中国的伦理思想家和西方的伦理思想家相比，更着重于从道德上探讨人性，从善恶关系上探讨人性。自孟子、告子开始，长达两千年的关于人性的讨论，尽管其中出现过各种关于人性的论争，但可以说始终都是围绕着人性的善恶而展开的。虽然人们的各种看法充满着矛盾和对立，但他们探讨人性的目的都是一致的，即如何才能使人们成为有道德的人。

中国伦理思想史上围绕善恶而进行的人性问题讨论，同西方伦理思想相比，显然有着不同的影响。14 世纪以后，西方思想家们注意到人性问题，他们主要是从“人格普遍提高”或“人的独立性”出发的，所强调的是资产阶级的个人自由，是要求一种摆脱封建制和神权统治的个性解放。这种人性论，在一定时期内，在一定情况下，有其进步的作用。这种个性解放的基础，是资产阶级的个人主义。它所向往的是一种自由的资本主义社会。中国古代的人性论，是在封建社会上升时期出现的。它们追求的是为发展、巩固新兴封建制度服务的人的自我完善，并把人性同封建的仁、义、礼、智结合起来，使人性问题的研究，囿于人的本性善恶的范围内，强调行为不要越过封建道德一步，因而束缚了人们的思想，限制了人们个性的发展。另一方面，这种关于人性的讨论，强调人在道德上的自我完善，强调人类有共同的善良本性，使道德教育和道德修养理论的研究不断深入，从而使人们对于道德品质改造的途径和方法，有了越来越深刻的认识。

第三节 良知、良能或良心是道德意识的核心

孟子在提出人性善的理论的同时，又着重阐发了人的这种善端，就是人的良知、良能或良心。他反复地说明，人的与生俱来的这种良知、良能和良心，在道德意识和道德行为中具有重要作用，提出了尽心、知性和知天的观点，认为在人的道德观念中，最重要的是要"先立乎其大"(《孟子·告子上》)。实际上，孟子的整个道德思想，可说是建立在他的良知或良心的基础之上的。

孟子认为，人的良知、良能，是人所具有的不同于动物的道德意识。什么是人的良知、良能，这种"良知"、"良能"在人的道德行为和道德修养中，究竟有什么作用？孟子认为，人的良知、良能，是人生而具有的一种道德知觉和道德能力，或者说是一种道德感情或道德潜能。他说："人之所不学而能者，其良能也；所不虑而知者，其良知也。孩提之童，无不知爱其亲者；及其长也，无不知敬其兄也。亲亲，仁也；敬长，义也。无他，达之天下也。"(《孟子·尽心上》)这就是说，人不但自生下来就有仁、义、礼、智等道德感情和道德潜能，而且不需要考虑就能知道，不需要学习就能实行。一个小孩子，刚生下来就知道爱他的双亲，长大了就懂得尊敬他的兄长。在孟子看来，仁、义、礼、智等道德品质，是人们一生下来就具有的良知、良能，以仁、义、礼、智为主要内容的封建道德，不是由哪一个人随意想出来的。它深深地植根于人们的天性，是与人的本性相符合的。由于人人都生而具有这种良知、良能，对于道德教育和道德修养来说，只要能培养、发扬这种良知、良能，就可以达到人的自我完善，达到巩固封建社会统治的目的。

孟子认为，人们的仁、义、礼、智等诸种品质，或者说，人们的良知、良能，都是"心"的一种功能。而这个具有恻隐、羞恶、恭敬、是非的"心"，则是人性的本源。因此，也可以说，人性是由人心发出的，所以他又说："仁义礼智根于心。"(同上)这就是说，一切道德行为、道德观念，都是从"心"发生的。"心"在道德中，具有最重要的作用。孟子所说的"心"，也就是他所说的"良知"、"良能"，即

良心。“良心”这个概念，在中国伦理思想史上，是由孟子首先提出来的。在社会生活中，直到今天，虽然人们经常都在使用“良心”这个概念，也感到“良心”是确实存在的，而且它在我们的道德行为中起着很重要的作用；但是，如果想给“良心”下一个定义，却是十分困难的。孟子从自己的伦理思想出发，把“良心”看作人生而具有的、在人的内心中发生作用的恻隐、羞恶、辞让、是非之心。这个界说，尽管是建立在天赋道德论的基础上的，但应该承认，其中还是有一些合理因素给我们以借鉴或启发的。孟子说：“尽其心者，知其性也；知其性，则知天矣。”（《孟子·尽心上》）在孟子看来，“心”是一切道德的根本，只有“尽其心”，才能“知其性”。怎样才算是“尽心”？就是要尽量发挥人的良知、良能，尽量发挥人的恻隐、羞恶、辞让、是非之心，这样才能发挥人的本性。在孟子看来，只要能发挥人的善良本质，也就算知道“天”了。在这里，孟子所说的“天”，是一种道德的天，是一种“天命”，即所谓道德的必然性。就是在这个意义上，他说：“万物皆备于我矣。反身而诚，乐莫大焉。”（同上）这就是说，只要我能够尽心、知性、知天，那么，对于我来说，就等于一切东西都具备了。对于一切事物，一切人和人之间的关系，都要能反躬自问，我是不是忠诚不欺地发挥了我的恻隐、羞恶、辞让、是非四心，如果是这样，那就是最大的快乐了。一切道德观念、道德意志、道德信念、道德品质，既然都只是我的心的一种作用，那么要使自己道德高尚，就只需求诸自己的内心。而且，只要“反身而诚”，就一定会体会到其中的乐趣。

概括起来，孟子认为“良知”、“良能”或“良心”是人的一切道德行为的主宰和权威，它是人性的根源，它既能发出一切道德的情感，又是最高的道德理性。它本能地赞许那些善的、道德的、正义的东西，反对一切邪恶的、不道德的、丑陋的东西。它居高临下，支配着人的道德行为、道德评价和道德选择。“良知”、“良能”或“良心”，不但是一种知觉、感情、意志和理性，而且是一种潜在的能力，在各种情况出现时，它可以本能地作出判断，促使我们摆脱一切个人私利的干扰，去履行我们在社会中应负的道德责任。“良知”、“良心”所给我们发出的道德指令，给我们规定的责任，是同我们的本性完全一致的。孟子还强调，人的“良知”、“良能”或“良心”，是生而具有的，是由上天赋予的。

人的“良知”、“良能”或“良心”这种总的能力或潜力，又分为四个主要方面，即恻隐、羞恶、辞让、是非之心，表现出来，就是仁、义、礼、智四种道德原则或道德品质，从而使我们能在人与人的关系中，在道德选择中，注意到对他人的义务、对社会的义务和对国家的义务。人的“良心”、“本心”的这四种原则或人的这四种道德品质，在人的生活中，在人和人的交往中，会受到耳、目、口、鼻等追求声色货利的情感欲望的引诱、驱使、腐蚀，以致蒙蔽了自己的本心。因此，修养最根本的目的，就是要克制自己的欲望，减少自己的要求（清心、寡欲），也就是要“求其放心”（《孟子·告子上》），寻求那丧失了的本心。这样，孟子的人性论、良知论和修养论就构成了一个以人性为基础，以良心为核心的伦理体系。

在西方伦理思想史上，有所谓巴特勒（1692—1752）的伦理学体系。巴特勒是美国的宗教伦理学家，他在《讲道录》和《宗教类比论》中，提出了一个以“良心”为中心的伦理学体系。他认为，“良心”是上帝赋予我们的一种特殊的道德能力，它具有最高的道德权威。这种能力所发出的一切要求，都合于我们的本性，成为我们的职责。“良心”不是提醒一个人行动要合乎道德，而是向他指明，什么是他的责任。巴特勒批判了合理利己主义所认为的，人为了追求物质利益，都天生自私的观点。巴特勒认为，仔细考察和分析我们因需要而采取的行为，总是可以看到，它和动物的行为不同，包含着两方面的动机：一个是对自己利益的关心，巴特勒称之为“自爱”；一个是对他人利益的关心，巴特勒称之为“仁爱”。这两种动机，是在“良心”支配下的两个理性原则。他认为，整个人性可以看作由三个层次组成的统一体。“良心”处于第三个层次，即最高层次；“自爱”和“仁爱”处于第二个层次；而一切激情、欲望、冲动、感情、感受（如饥渴、饮食、性欲、妒忌等），则处于第一个层次，即最低的层次。巴特勒认为，人们的一切激情、冲动的发生，总是先于控制它们的力量，带着盲目性。但是，这些冲动、激情要达到目的，在过程中必须照顾到自身的利益、后果以及与此冲动有关的其他人的利益。而人们对自己的冲动、激情的控制，则往往是在后天的训练中形成的。为什么说，人们除了有“自爱”的动机之外，还有“仁爱”的原则呢？人们为了限制自己的冲动，训练控制自己的冲动，调节自己的冲动，必然需要和形成这些原则，即除了“自爱”之外，还必须有“仁爱”。巴特勒认为，尽管人们对自己利益的关心，总是要比对别人的关心更重、更充分、更经常；但是，我们确实具有关心别人的一种同情心，而且我们应该自觉地使其得到更加充分的发展。他说，一个明智的自私自利者，同那种狭隘的自私自利者不同，他将会考虑到狭隘的自私自利常常给自己带来失望，招来怨恨；而从“仁爱”出发，一个人往往可以得到个人的各种满足。巴特勒特别强调在“自爱”和“仁爱”原则之上的“良心”的作用。他认为，良心是一种最高的权威，是一种至高无上的道德能力，良心几乎在一切情况下都起着明显的决定性的作用。充分发挥人的良心的作用，就可以克服一切邪恶的、不正义的东西，获得善良的、正义的东西。他抱怨人们过于轻视良心的作用。他认为，如果良心能像它自己实际具有的权力那样具有力量，如果它像自己实际具有的权威那样具有权威，那么现实世界就会受到良心的统治，就会走向善的乐园。

孟子和巴特勒生在不同的地域和不同的时代，都强调了良心在道德意识、道德行为和道德修养中的重要作用，都认识到良心在人们的道德关系和伦理思想中的地位。尽管巴特勒的思想，要比孟子后出两千年左右，但他的论述，有许多地方还没有孟子的思想深刻。除了巴特勒所特有的宗教色彩外，他主要是从人的行为总是包含着利他动机和利己动机出发的，从而认为，只有发挥良心的作用，才能使“自爱”和“仁爱”、“利己”和“利他”得到调解，才能使一切激情、欲望和冲动受到控制。孟子和巴特勒不同，他主要强调发挥个体为善的主动性，强调这种个体为善的主动性是人生而具有的，是能够发扬光大的。良心是人的本性，人应该而且能够“尽其心”、“知其性”。只要反身而诚，就会乐莫大焉。孔子曾强调过“我欲仁，斯仁至矣”（《论语·述而》）的思想，认为只要一个人决心行善，尽力发挥其个体为善的主动性，就可以成为一个有道德的人。孟子继承并发展了孔子的这一思想，提出充分发挥人的良知、良能的作用的观点，并对这种个体为善的主动性作了广泛的理论阐发，对后世儒家，特别是对宋明理学的发展，具有重要的影响。

第四节　以性善论和良知论为基础的修养论

孟子在宣扬仁义道德的同时，以性善论和良知论为理论前提，建立了一套自成体系的修养方法，并把这些方法发展为比较完善、系统的道德修养理论。《孟子》一书，十分强调要存心、养性、修身、养心。后世儒家所谓的“修养”，就是从墨子、孟子的修身、养性而来的。孟子对修养在人的品质形成中的意义、修养的方法以及道德上的理想人格等问题，都有系统的阐述。宋明道学中的陆九渊、王守仁一派，都从所谓人的“良知”、“良能”出发，把加强修养、恢复人的善良本性，当作为学最重要的目的，其理论渊源就是孟子的这一思想。

孟子认为修养的目的，就是要保持、发扬人的良知和良心的作用。人都有与生俱来的、先天的仁义礼智四端，有不学而知的良心和不虑而能的良能；但是由于人们在社会交往中经常受到各种物质欲望的引诱，这种良知、良能即人的“良心”，就会逐渐丧失。为了保持自己的德性，或者为了恢复已经失去的善性，最重要的是要找回那已经丧失了的“良心”。孟子说：“学问之道无他，求其放心而已矣。”（《孟子·告子上》）又说：“苟得其养，无物不长；苟失其养，无物不消。”（同上）

他还认为，同是人，为什么有的人成为有道德的“大人”，有的人则成为无道德的“小人”？最主要的原因，就是有修养和无修养的差别。他说：“养其小者为小人，养其大者为大人。”（同上）这就是说，同样是人，之所以有“君子”和“小人”的分别，就是因为其修养不同。“今有场师，舍其梧槚，养其樲棘，则为贱场师焉。养其一指而失其肩背而不知也，则为狼疾人也。饮食之人，则人贱之矣，为其养小以失大也。”（同上）这是说，如果有一个园艺师，放弃梧桐、楸树不管，而只去培养酸枣、荆棘，那就是一个低劣的园艺师。如果有人只治手指之疾，而不知道治疗肩背之病，那他就是一个不知治病的人。不知养其仁义礼智之心而只顾口腹之欲的人，就是和“贱场师”一样低劣，和只顾手指不顾肩背的人一样糊涂。公都子曾经问孟子：“钧是人也，或为大人，或为小人，何也？”孟子回答说：“从其大体为大人，从其小体为小人。”公都子又说：“钧是人也，或从其大体，或从其小体，何也?”孟子回答说：“耳目之官不思，而蔽于物。物交物，则引之而已矣。心之官则思，思则得之，不思则不得也。此天之所与我者。先立乎其大者，则其小者弗能夺也。此为大人而已矣。”（《孟子·告子上》）这里是说，能满足身体重要器官需要（即良知、良心）的就是君子，只满足次要器官的欲望的，就是小人。孟子强调，要先立乎其大，即发扬良知、良心的作用，强调人们要用良知来抵御耳目口腹之欲的诱惑，把培养自己的善良品德放在第一位。

对于不注意道德修养的人，孟子认为是“不知类”，不知道事物的层次、轻重。孟子曰：“仁，人心也；义，人路也。舍其路而弗由，放其心而不知求，哀哉！人有鸡犬放，则知求之，有放心而不知求。”（同上）又说：“今有无名之指屈而不信，非疾痛害事也，如有能信之者，则不远秦楚之路，为指之不若人也。指不若人，则知恶之；心不若人，则不知恶，此之谓不知类也。”（同上）孟子批评那些鸡狗丢了都急着去找，而失去了良心却不知道去找的人。在他看来，人和禽兽之所以不同，根本就在于人有这一点善良的本心。如果把这一点善心都丢失了，也就和禽兽差不多了。道德上的修养功夫，就是去寻求已经丢失了的“心”。正由于这样，孟子强调在修养上“反求诸己”的原则和方法。孟子认为，人世间的事物，可以分为两类：一类是要向外追求的，一类是要向内追求的。功名、利禄、财色、富贵等，都是外在的东西，对于它们，“求之有道，得之有命，是求无益于得也，求在外者也”（《孟子·尽心上》）。什么原因呢？就是因为究竟能不能得到它们，是由“命”决定的。至于人的道德观念、道德感情、道德意志、道德信念和道德品质，则都是在自己的内心之中，只要认真去求，就一定可以得到的。这就是“求则得之，舍则失之，是求有益于得也”（同上）。一个人能否成为孟子所说的“君子”，关键在于是否能够“存心”，即保存、养育、培植自己的善良本心。“人之所以异于禽兽者几希，庶民去之，君子存之”（《孟子·离娄下》）。又说，“君子所以异于人者，以其存心也”（同上）。因此对君子来说，总是要“行有不得者，皆反求诸己”（《孟子·离娄上》）。只要能够充分发挥自己的主动性，诚心诚意地向内追求，“反求诸己”，就一定能够求得已经放失了的善良本心，达到或恢复到“万物皆备于我”（《孟子·尽心上》），就可以“反身而诚”，就必然会“乐莫大焉”了。

用什么办法来修养呢？孟子认为，最重要的就是要进行所谓“养气”的功夫。当孟子的学生公孙丑问他有何特长时，孟子回答说，“我善养吾浩然之气”。什么是“浩然之气”呢？孟子说：“难言也，其为气也，至大至刚，以直养而无害，则塞于天地之间。其为气也，配义与道，无是，馁也。是集义所生者，非义袭而取之也。行有不慊于心，则馁矣。”（《孟子·公孙丑上》）孟子的“浩然之气”是“明道”和“集义”的结果。所谓明道，就是要保持对原则的信念；所谓集义，就是经常积累那些应该去做的事。“义”既是人们行为的准则，又可以经过践履和笃行而积累起来，使其凝结为人们固定的道德品质。这种最伟大、最刚强的浩然之气，如果认真地培养它而不要使它受到伤害，就会逐渐形成一种精神力量。这种“集义”之后所生成的“浩然之气”，不但能充塞于自己的身心，甚至能充塞于任何时间、任何地点，使人们不论遇到什么样的事情，都能按照“义”勇往直前，毫不退缩。由此可见，“浩然之气”也可称作“浩然正气”，是人们通过长期的道德实践和道德修养所形成的一种纯正、刚毅、无愧无怍的精神气质、品德、情操和力量。“明道”和“集义”是相互联系、相互促进和相辅相成的，只有明白了“道”，才能达到“集义”的目的；只有经常地践履笃行，实践应该做的事，“浩然之气”才能够最后形成。

在“明道集义”以求产生“浩然之气”的过程中，孟子认为应该采取“勿助勿忘”的态度。所谓“勿助勿忘”，就是随时随地都要想到“明道集义”，需要日积月累地不断培养自己的“浩然之气”，同时也不能操之过急。孟子把人们的这种修养过程，比作培育秧苗生长结穗的过程，只能用“时雨化之”和因势利导的方法，及时地施肥、耘苗，才能达到预期的目的。培养自己的“浩然之气”，就要“勿助勿忘”，使它自然地产生，如果操之过急，就好比“揠苗助长”，效果就会适得其反。孟子举了一个“揠苗助长”的例子来说明这一道理。他说：“宋人有闵其苗之不长而揠之者，芒芒然归，谓其人曰：‘今日病矣！予助苗长矣！’其子趋而往视之，苗则槁矣。天下之不助苗长者寡矣。以为无益而舍之者，不耘苗者也；助之长者，揠苗者也，非徒无益，而又害之。”（同上）养“浩然之气”，必须要有“诚”意，既不能舍弃、放松，又不可能一蹴而就，急于求成，更不能“一日暴之，十日寒之”，必须持久不懈地努力。

在谈到培养“浩然之气”的功夫时，孟子还特别强调所谓保存“夜气”的重要性。“夜气”即所谓“平旦之气”。孟子认为，人们在白天要从事各种活动，受到物质和精神诸种外在因素的影响，贪欲之心就会随之产生，人们的善良天性也就随着失去了光明。可是，到了夜间，人们安静下来，不再与外物接触，四周寂静，心气平和，自己的善良本心，就又会萌发出仁、义、礼、智的情感，产生出一种最纯真、最清朗、无物欲邪念的“平旦之气”。这种“气”，不断地在每日的“平旦”时萌发，又不断地在白天受到戕害。就像齐国临淄城外牛山上的树木一样，原来是很茂盛的，但因为它长在大城市的郊外，人们老用斧子去砍伐，结果总是光秃秃的。尽管日日夜夜不断生长，雨水露珠常常润泽，但它不断萌发的枝叶，很快又变成光秃秃的了。人的“平旦之气”也是这样，所以必须要不断地修养。如果能得到修养，“平旦之气”就能发扬光大。他说：

> 牛山之木尝美矣，以其郊于大国也，斧斤伐之，可以为美乎？是其日夜之所息，雨露之所润，非无萌蘖之生焉，牛羊又从而牧之，是以若彼濯濯也。人见其濯濯也，以为未尝有材焉，此岂山之性也哉？虽存乎人者，岂无仁义之心哉？其所以放其良心者，亦犹斧斤之于木也，旦旦而伐之，可以为美乎？其日夜之所息，平旦之气，其好恶与人相近也者几希，则其旦昼之所为，有梏亡之矣。梏之反覆，则其夜气不足以存。夜气不足以存，则其违禽兽不远矣。人见其禽兽也，而以为未尝有才焉者，是岂人之情也哉？故苟得其养，无物不长；苟失其养，无物不消。（《孟子·告子上》）

人们的良心尽管有着强大的生命力，可以发扬光大，但是，由于在人和人的交往中，在社会的相互影响中，几乎无时无地不在受践踏，所以培养人们的“平旦之气”，就成为获得浩然之气的一种重要的方法。

如果说保存“夜气”、“涵养”浩然之气，是道德修养的一种积极的方法，那么，减少或遏制自己的欲望，就是道德修养的一种消极的方法。孟子说：“养心莫善于寡欲。其为人也寡欲，虽有不存焉者，寡矣；其为人也多欲，虽有存焉者，寡矣。”（《孟子·尽心下》）孟子认为，存养自己善良本心的一个很好的方法，就是要尽量减少各种欲望。如果一个人能够做到寡欲，就能够保持自己的仁、义、礼、智四端。即使丧失一点先天的善心，那也是极少极少的。如果一个人为人多欲，即使他能够存留一些先天的善良本心，那也是极少极少的。在孟子看来，欲望和品德是相互对立的，要想做一个“君子”，就要遏制自己的欲望。他似乎认为，多欲乃是“小人”的特征。孟子“养心莫善于寡欲”的思想，为宋明道学家“存天理，灭人欲”的思想开了先河。

道德上的理想人格，是道德修养和道德教育理论所必须探讨的一个问题。《孟子》一书，对这个问题有许多论述。孟子本人把孔子作为自己的道德榜样，他认为孔子是圣人中集大成的人物。在讲道德上的理想人格时，孟子还常常提到“君子”和“大人”。最重要的是，孟子详尽地阐释了“大丈夫”这一道德上的理想人格。孟子曰：“居天下之广居，立天下之正位，行天下之大道；得志，与民由之，不得志，独行其道；富贵不能淫，贫贱不能移，威武不能屈，此之谓大丈夫。”（《孟子·滕文公下》）这里的意思是说，男子汉生于天地之间，堂堂正正，奉行仁义之道。得志时，就与民共行仁义，不得志时，就以仁义之道独善其身；富贵不能乱其心，贫贱不能易其行，威武不能挫其志，自强不息，这样的人才可称得上真正的大丈夫。自从孟子对“大丈夫”作了上述界说之后，“大丈夫”就作为一个道德上的理想人格流传了下来。历史上的许多民族英雄、豪杰之士，都用“大丈夫”这一高尚和光荣的名字来激励自己，取得了惊天动地、千古流芳的业绩。人们也常常用“丈夫”来评价他人的所作所为，把杰出的女子称为“女丈夫”。应当肯定，孟子关于“大丈夫”的思想，在历史上起了积极的作用。

第五节　重义轻利的动机论

中国伦理学史上的义利之争，在孟子那里，有了更为明确的意义。孟子继承了孔子重义轻利的思想，极力反对和驳斥墨家义利并重的理论。在孟子那里，义和利的关系包含有两方面的意思：一方面，究竟道德原则重要，还是物质利益重要？统治阶级在治理国家、教育人民时，是应该强调他们的私人利益的大小，还是应该强调合不合乎正义的道德原则？另一方面，在道德评价中，究竟应该重动机，还是应该强调效果？

孟子继承并发展了孔子重义轻利的思想。他认为，作为一种处事原则，只能讲义，不能讲利。对人民进行教育，处理人和人之间、国和国之间的关系，也只能讲义，不能讲利。但是，他并不反对统治者要注意人民生活的改善。《孟子》七篇开始有这样一段话：

孟子见梁惠王。王曰："叟！不远千里而来，亦将有以利吾国乎?"孟子对曰："王！何必曰利？亦有仁义而已矣。王曰：'何以利吾国?'大夫曰：'何以利吾家?'士庶人曰：'何以利吾身?'上下交征利而国危矣。万乘之国，弑其君者，必千乘之家；千乘之国，弑其君者，必百乘之家。万取千焉，千取百焉，不为不多矣。苟为后义而先利，不夺不餍。未有仁而遗其亲者也，未有义而后其君者也。王亦曰仁义而已矣，何必曰利?"(《孟子·梁惠王上》)

这就是说，在人和人的关系中，特别是在君臣、父子、夫妇、长幼和朋友的关系中，应当讲究"义"，即在社会中每个人依据其地位，规定他应当做的事。只有讲究义，讲究"应当"，才能维护当时的等级制度。如果人们都从个人的私利出发，整个社会，整个国家就会混乱，国君的地位也就难保了。当然，人们很容易看出，孟子虽劝梁惠王不要讲利，只能讲义，其实还是为了国君的最大利益。同样，《孟子·告子下》中说：

宋轻将之楚，孟子遇于石丘，曰："先生将何之?"曰："吾闻秦楚构兵，我将见楚王说而罢之。楚王不悦，我将见秦王说而罢之。二王我将有所遇焉。"曰："轲也请无问其详，愿闻其指。说之将何如?"曰："我将言其不利也。"曰："先生之志则大矣，先生之号则不可。先生以利说秦楚之王，秦楚之王悦于利，以罢三军之师，是三军之士乐罢而悦于利也。为人臣者怀利以事其君，为人子者怀利以事其父，为人弟者怀利以事其兄，是君臣、父子、兄弟终去仁义，怀利以相接，然而不亡者，未之有也。先生以仁义说秦楚之王，秦楚之王悦于仁义，而罢三军之师，是三军之士乐罢而悦于仁义也。为人臣者怀仁义以事其君，为人子者怀仁义以事其父，为人弟者怀仁义以事其兄，是君臣、父子、兄弟去利，怀仁义以相接也，然而不王者，未之有也。何必曰利?"

在孟子看来，统治者只讲利不讲义，丢掉了君臣、父子、夫妇、长幼和朋友等人和人之间的人伦关系，就会导致社会上的相互争夺，人们将为了自身的利益而不顾一切。如果是这样，不要说国家的政治不能稳定，就连国君的地位最终也将被人夺去。孟子主张用仁义道德去教育人民，要人民都不要去计较物质利益，完全按道德的要求行事。他认为，如果统治者肯这样去做，不但国民归服，而且还必将统治整个天下。

孟子虽然重义轻利，但主张要适当地满足老百姓的物质利益，使老百姓有起码的物质生活财富。在他看来，只有道德高尚又有一定文化知识的“士人”，才能在物质财富匮乏的情况下，遵守一定的道德观念和行为准则。而对一般人来说，如不能有一定的产业来维持生活，就会做出违法犯罪的事来。所以孟子说：“无恒产而有恒心者，惟士为能。若民，则无恒产，因无恒心。苟无恒心，放辟邪侈，无不为已。及陷于罪，然后从而刑之，是罔民也。焉有仁人在位罔民而可为也?”（《孟子·梁惠王上》）这就是说，应该懂得这样一个基本道理，对于老百姓来说，只有那些有一定产业，在生活上有所保障的人，才能有一定的道德观念和道德意志；如果没有基本的生活保障，不能维持最起码的生活，就不可能具有一定的道德观念和道德意志。因此，他认为，为了使老百姓遵守道德，就必须使他们有能够维持其生活水平的产业。孟子接着说：“是故明君制民之产，必使仰足以事父母，俯足以畜妻子，乐岁终身饱，凶年免于死亡。然后驱而之善，故民之从之也轻。”（同上）为此，孟子进一步提出，做国君的对待自己的老百姓，每家要给五亩土地的住宅，让他们在四周种上桑树，那么，50 岁以上的人就可以有丝绸穿了。此外，还要使每家都不失时机地饲养、繁殖鸡、狗、猪一类的家畜，这样 70 岁以上的人就可以有肉吃了。每个有八口人的家庭，分给其一百亩田地，并且不去妨碍他们的生产，每个人就都可以吃饱肚子了。然后，在这个基础上对他们进行孝顺父母、敬爱兄长的教育，他们也就能够接受了。孟子除了在《孟子》一书的《梁惠王上》中长篇论述了这一思想外，在其他地方还曾多次提到要关心人民的物质利益，要与民同乐，要使人民有足够的时间和条件去从事生产劳动，要使每个老百姓都能吃饱穿暖等。孟子认为，只有这样，老百姓才能按照统治阶级所制定的道德规范去做，统治阶级的政权才能巩固。孟子的这一思想，一方面是继承并且发展了孔子的思想，另一方面是批判而又继承了墨子的思想。这一思想，有一定的合理因素，可以说，他已经在一定程度上，认识到了道德同人民生活水平的密切关系。

在孟子那里，满足老百姓最基本的生活需要，是为了使老百姓都能讲“义”，这绝不是与讲“利”相等同的。在道德评价上，孟子总是很明确地把“义”和“利”对立起来，赞赏为“义”的人，贬斥为“利”的人。他说：“鸡鸣而起，孳孳为善者，舜之徒也；鸡鸣而起，孳孳为利者，跖之徒也。欲知舜与跖之分，无他，利与善之间也。”（《孟子·尽心上》）利，是指不合于仁义之道的私利，如果是合于仁义道德的物质利益，就不是孟子所说的利。孟子的学生彭更问孟子：“后车数十乘，从者数百人，以传食于诸侯，不以泰乎？”孟子回答说：“非其道，则一箪食不可受于人；如其道，则舜受尧之天下，不以为泰。”（《孟子·滕文公下》）“天下”可为大利，但若有违仁义而得之，孟子就不把得天下看作得到了“利”。

第六节　重“良贵”的价值论*

“贵”在中国古代道德传统中，有“贵重”、“重要”等意义，而当它与人生的意义相联系时，则同我们所说的“价值”相当。墨家“贵义”，就是把义看作最有价值的事物。道家贵生，就是把生命视为最高的价值。孟子则提倡“良贵”，就是把“良贵”看作一种最高尚的道德价值。《孟子·告子上》有一段话：

> 欲贵者，人之同心也。人人有贵于己者，弗思耳。人之所贵者，非良贵也。赵孟之所贵，赵孟能贱之。

孟子在这里承认，每个人都有追求一种最高价值的欲望，可惜的是，一般人不知道什么是他们所应当追求的最高价值。孟子认为，每个人都有自己的最高价值，这就是高尚的道德，就是他所说的“良贵”。“良”者，善良、崇高之谓也；“贵”者，贵重、价值之谓也。孟子认为，尽管这种“良贵”是人人都可以通过自我修养而不需靠外力就能够达到的，但人们却往往不去思考自身所能具有的这种良贵。在当时的社会中，一些人把功名利禄看作最有价值的事物去追求，孟子明确指出：

---

* 本节原载于1998年12月26日《大众日报》，原题为“说‘良贵’和‘天爵’”。

“人之所贵，非良贵也。”即人们所认为有价值的东西，并不是高尚的品德这种真正有价值的东西。赵孟是当时晋国的上卿，具有很高的权力，他可以运用他的权力，使一个人得到高官厚禄，但他同样可以剥夺或罢黜他所给予人的种种高官厚禄，使之处于贫贱的地位。从这种意义上看，人们所说的高官厚禄，又有什么值得追求的价值呢？

孟子在提出“良贵”的同时，还提出了“天爵”与“人爵”的关系问题。他说：

> 有天爵者，有人爵者。仁义忠信，乐善不倦，此天爵也；公卿大夫，此人爵也。古之人修其天爵，而人爵从之。今之人修其天爵，以要人爵；既得人爵，而弃其天爵，则惑之甚者也，终亦必亡而已矣。（《孟子·告子上》）

这就是说，一个人的道德品质是天然的爵位，社会的官职是被人授予的爵位。古代的人修养自己的品德之后，社会的爵位也就会随着得到。现在有些人，以修养自己的品德为幌子而要求人们给以爵位，在得到爵位后，也就不要道德品质了，这是极端错误的，其结果一定是毁掉自己的一生。

孟子所提出的“良贵”和“天爵”的思想，反映了中国古代思想家对人生价值透彻而深邃的理解，强调了人生最重要的价值，就在于涵养、陶冶一种崇高的道德品质，即一种为他人、为社会、为国家献身的精神。当然，孟子所说的“良贵”，有着阶级的局限性和唯心史观的烙印，但是，只要我们能够赋予其新的时代意义，这对提高人们道德修养的自觉性，仍然有现实意义。

第七节　五伦关系及其准则的确立

从人和人之间的道德规范来说，孟子第一次明确地提出了五种人和人之间所应遵循的道德准则，这就是中国伦理思想史上所谓的“五伦”。“五伦”也是对封建社会中人和人之间道德关系的较为全面和准确的概括。

所谓“五伦”，就是“父子有亲、君臣有义、夫妇有别、长幼有序、朋友有信”。从思想渊源上考察，五伦的思想，来自《尚书》中的“五教”，即后人所说的“五伦之教”。在《尚书·舜典》中，关于舜的部分，有舜对其大臣契所说的一段话：“契！百姓不亲，五品不逊。汝作司徒，敬敷五教，在宽。”这就是说：“契啊！现在老百姓不够和睦团结，人和人的五种等级关系也很不和顺，现在让你担任司徒这种官职，对他们进行这五个方面的教育。在教育时，你一定要发扬宽厚的精神。”这五种关系究竟是什么？怎样针对这五种关系来进行五种教育？这里没有记载和说明。郑玄的注说：“五品，父、母、兄、弟、子也。”郑玄的这个说法是有根据的，现在有些注《尚书》的人，把“五品”说成是孟子所说的五伦，即“君臣、父子、夫妇、长幼、朋友”，把五教说成是“父子有亲、君臣有义、夫妇有别、长幼有序、朋友有信”，是没有根据的。《尚书·尧典》中谈到尧的事迹时，在讲了尧考察舜的思想、行为，并把两个女儿嫁给舜以后，有这样一句话：“慎微五典，五典克从。”这就是说，尧使舜认真推行德政，发扬五种道德规范。不论是“五典”也好，“五教”也好，都没有具体的说明。在后来的《左传·桓公六年》中，也只是提到“修其五教”，对“五教”仍未作具体的说明。到了《左传·文公十八年》，就说得比较具体了，说“舜臣尧”，“举八元”，“使布五教于四方，父义、母慈、兄友、弟共、子孝，内平外成”。这就是说，舜作为尧的臣子，举荐八个有本领的人，使他们传布父义、母慈、兄友、弟共、子孝于四方。

孟子虽然对古代典籍都很精通，并很赞同其中的观点，但他并没有墨守成规，而是根据所谓“五品不逊”、“敬敷五教”等思想加以丰富、改造和发挥，依据当时封建社会人与人的等级关系的实际情况，概括归纳出“五伦”的思想，赋予了“五教”以新的内容。

孟子从自己的社会发展的观念出发，在《孟子·滕文公上》中，驳斥了许行“贤者与民并耕而食，饔飧而治”的观点，并且提出了“五伦”的思想。他说：

> 当尧之时，天下犹未平，洪水横流，泛滥于天下；草木畅茂，禽兽繁殖，五谷不登，禽兽逼人，兽蹄鸟迹之道，交于中国。尧独忧之，举舜而敷治焉。舜使益掌火，益烈山泽而焚之，禽兽逃匿。禹疏九河，瀹济、漯而注诸海，决汝、汉，排淮、泗而注之江，然后，中国可得而食也。当是时也，禹八年于外，三过其门而不入，虽欲耕，得乎？

> 后稷教民稼穑，树艺五谷；五谷熟而民人育。人之有道也：饱食暖衣，逸居而无教，则近于禽兽。圣人有忧之，使契为司徒，教以人伦——父子有亲、君臣有义、夫妇有别、长幼有序、朋友有信。……圣人之忧民如此，而暇耕乎？

孟子提出的“五伦”是对封建社会中最主要的道德关系的概括。君臣、父子、夫妇、长幼、朋友这五种人和人之间的关系调整好了，封建统治也就太平无事了。我们可以说，整部《孟子》就是对如何维持这五种人伦关系的正常秩序问题的探讨和论证。孟子把亲亲、忠君、敬长等都看作发自人的善良本心的伦理行为。孟子继承了孔子孝亲忠君的思想。《孟子·离娄上》讲“不孝有三，无后为大”，“仁之实，事亲是也；义之实，从兄是也；智之实，知斯二者弗去是也；礼之实，节文斯二者是也；乐之实，乐斯二者，乐则生矣”；《孟子·离娄下》讲“五不孝”；《孟子·万章上》讲“大孝终身慕父母”，“孝子之至，莫大乎尊亲”；《孟子·离娄下》讲“君之视臣如手足，则臣视君如腹心；君之视臣如犬马，则臣视君如国人；君之视臣如土芥，则臣视君如寇雠”；《孟子·滕文公下》讲“以顺为正者，妾妇之道也”；等等，都是孟子对五伦关系及其道德原则的具体阐述。一般来说，孟子所说的五伦，是从属于封建等级制度并为其服务的。但他在不平等中，总还提出了双方应有对应的义务，这同宋明理学所说的片面的、单方面的义务，还是有很大不同的。孟子认为，要处理好人和人之间的关系，最好是取法于圣人。他说：“规矩，方员（圆）之至也；圣人，人伦之至也。”（《孟子·离娄上》）人们只要按照圣人所做的那样去行事，父子、君臣、夫妇、长幼、朋友这五种人和人的关系，就一定会畅顺和谐，天下也就太平了。

自孟子以后，中国伦理思想史上就开始了所谓的“五伦之教”。宋代伦理思想家朱熹的《小学》，更着重于这五个方面的教育。明宣宗还亲自撰写了《五伦书》。可见，统治阶级对“五伦之教”是很重视的。“五伦”作为封建道德，完全是为统治阶级服务的。但是，它比较全面地概括了封建社会人与人关系中五个最基本的方面，并在每一个方面提出了一个基本准则，这是人类在道德思考上所取得的一个重要成果。“五伦”的提出，对调整封建社会中人和人的关系，确实起到了很重要的作用。

第八节　告子“生之谓性”的人性论

告子，名告不害，生卒年月不详。我们从历史文献中知道他是战国人，和墨子见过面，是墨子的晚辈。《墨子》中曾有两次提到他，他和孟子辩论过，应是孟子的长辈。在人性问题上，告子提出过同孟子截然相反的意见。他的著作，一点也没有流传下来。我们现在所能了解到的告子的思想，都是从《孟子》一书中来的，都是孟子为了辩明自己理论的正确，为了批驳告子的“错误”而对告子的思想理论的摘录。从《孟子》一书来看，孟子往往从自己的论敌的言论中，断章取义地抽出几句话来加以驳斥，甚至往往用诡辩和强词夺理的方法，来论证自己的理论的正确性。尽管这些话可能是被片面地摘引出来的，但从中仍可以看出告子在人性问题上的思想，确实值得我们很好地研究。

从《孟子》的《告子》篇中，我们知道，在人性善恶的问题上，当时至少有四种不同意见，即性无善恶论、性善论、可为善可为不善论、有善有不善论等四种。“告子曰：性无善无不善也。或曰：性可以为善，可以为不善。是故文武兴，则民好善；幽厉兴，则民好暴。或曰：有性善，有性不善。是故以尧为君而有象；以瞽瞍为父而有舜；以纣为兄之子，且以为君，而有微子启、王子比干。今曰：性善，然则彼皆非与？”（《孟子·告子上》）除告子的性无善无不善外，其他几种说法的理由，都没有更多的记载。但是，告子是反对孟子性善论的。关于这一点，在《孟子》一书中有较详细的记载。

告子认为，人性或原始的、天生的、本来的人性，是无所谓善恶的，是既不能说善，也不能说恶的。人天生的、本来的人性，只不过是一张白纸。它的善恶，完全是后天学习、熏染和教育的结果。经过这种学习、熏染和教育，它可以成为善，也可以成为恶，但这已经不属于人本来的自然的本性了。正是出于这种理由，告子明确地给“性”下了一个定义，这就是告子所说的“生之谓性”。所谓“生之谓性”，就是人生下来的时候是什么样子，人性就是什么样子。也就像“白之谓白”一样，只要原来是白颜色的，就可以属于白色。那么，人生下来时原始的、本来的、自然的本性是什么呢？告子又说：“食色性也。”就是说吃饭和性欲、生存和生殖，这些就是人的本性。告子认为，人生下来就有的这种“饮食男女”的天性，是无所谓善恶的。

为了论证人性无善恶的理论，根据《孟子》书中的概述，告子举了两个例子：

告子曰：性，犹湍水也，决诸东方则东流，决诸西方则西流。人性之无分于善不善也，犹水之无分于东西也。（《孟子·告子上》）

告子曰：性，犹杞柳也，义，犹杯棬也。以人性为仁义，犹以杞柳为杯棬。（同上）

告子的这一主张，是针对孟子人性本善的天赋道德论而发的。他所说的人的本性，就是我们现在所谓的自然本性。他认为，从人的自然本性来看，是说不上什么善恶的。

但是，人生下来以后，要在社会中生活，要和他人交往，要受到别人的影响，这一点，告子是承认的。所以他说，人性就好比流水一样，没有固定的方向，引导到东边就向东流，引导到西边就向西流。水并没有先天的要向东或向西流的倾向，都是因为地理、形势、高下的关系，才产生了向东流或向西流的问题。这就是说，水的向东流或向西流，不是由水的本性决定的，而是由客观环境和外界形势决定的。同样，告子还认为，人性的善恶，就如木料（杞柳）同器具的关系一样。木料经过人的加工，可以变成杯盘；但木料的本性中并没有杯盘，更不能说木料的本性就是杯盘。木料之所以能成为杯盘，完全是由于外力，即是匠人加工的结果。

这样，告子性无分善恶的理论，实际上也就是性可以为善、可以为不善的理论。

在这里，告子似乎把人性和道德加以区别，或者说把人的自然本性和道德性加以区别。他认为，人性只是自然性；而道德上的善恶，则是一种社会性。这中间有合理的因素，因为他看到了道德上的善恶，是同人在社会中所受的不同影响有密切关系的。人的善、恶，不是与生俱来的，更不能说人生下来就带着上天所赋予的善性，带着仁、义、礼、智这四种善端，因而就一定是善的。如果这样，又怎么能够理解“文武兴，则民好善；幽厉兴，则民好暴”，怎么理解“以尧为君而有象，以瞽瞍为父而有舜。以纣为兄之子，且以为君，而有微子启、王子比干”呢？尽管告子并没有说他本人就主张“性可以为善，可以为不善”的理论，但实际上，反对孟子的性善论的理由，都是共同的。总之，在告子看来，所谓与生俱来的人性，应指人的自然欲望和生理上的要求，它是不可能有什么善恶的。因为善恶这两个概念，实际上是有关人们的道德品质、道德评价的概念。它不是先天的，而是受人所处的客观环境所影响的。从这一点上来看，尽管在历史观上，告子还不能从历史唯物主义出发，但这里明显有着强调环境、强调外界影响的唯物主义的思想因素。这一思想，对孟子一派的唯心主义的人性论是一个有力的驳斥，起着进步的作用，并对以后的人性学说有着重要的影响。

告子在反驳孟子把仁义当作人的本性的时候，还提出了一种“仁内义外”的理论。

孟子认为“仁义礼智根于心”，即仁、义、礼、智这四端，都是从心发出的，都是人的天赋的本性。什么是“仁”，什么是“义”呢？孟子认为：“仁，人心也；义，人路也。”又说：“亲亲，仁也；敬长，义也。”（《孟子·尽心上》）告子认为，饮食男女，才是人的本性。既然认为仁就是“人心”，仁就是“亲亲”（即对有血缘关系的父母的爱），则可以说是从人的内心发出的；至于说到“人应当走的路”（义，人路也）和敬长，那只能说是由外部条件引起的。（告子曰：“食色，性也。仁，内也，非外也；义，外也，非内也。”）所以当孟子问告子“何以谓仁内义外”时，告子说：“彼长而我长之，非有长于我也；犹彼白而我白之，从其白于外也，故谓之外也。”孟子又问他：“且谓长者义乎？长之者义乎？”这就是说，你所说的义，是在长者这儿呢，还是在把长者当长者对待的人那儿呢？告子说：“吾弟则爱之，秦人之弟则不爱也，是以我为悦者也，故谓之内。长楚人之长，亦长吾之长，是以长为悦者也，故谓之外也。”（《孟子·告子上》）这一段话，究竟是什么意思呢？所谓“仁内义外”，也就是说，“仁”可以说是人们内心产生的东西，而“义”则完全是由客观外界所引起的。所以，“仁”和“义”不是同一类型的东西，把仁义都说成是人的本性，在告子看来，这也是错误的。

为什么告子要强调“仁内义外”呢？过去许多研究孟子和告子思想的人，确实没有弄清楚告子的这一命题。告子所说的“仁内义外”，是承接着孟子的立论而说的。孟子认为“亲亲，仁也”，“敬长，义也”，并认为“仁”和“义”都是人的本性，都是善的。告子认为，“仁”既然是“亲亲”，是对自己的双亲的爱，那么，应该说，这是一种由血缘关系所产生的、发自内心的爱，是从人的内心而产生的一种与生俱来的本性，是说不上什么善恶的。因而，他不承认由内心产生的“仁”是善，而只承认“亲亲”的“仁”是一种人的本性。那么，怎么看“义”呢？告子认为，“义”既然是敬长，是对社会上所有年长的人的尊敬，那就是从外部产生的，即从人和人的社会关系中形成的。由于对所有长者的这种尊敬不是从血缘关系中产生的“内”的本性，所以“义”是外在的，尽管它是善的或道德的，但它不属于人的本性的范畴。由此可见，孟子把仁义都作为人性的善端，承认人的善性是与生俱来的；告子认为“仁”是从人的内心发出的以血缘为纽带所形成的天生的感情，没有善恶可言，“义”虽然是善的，有道德意义，但它不是与生俱来的，是后天形成的，所以不属于人性。

为什么说“仁”是内心中产生的一种道德观念，而“义”是由外产生的呢？告子举例说，年长的人，是因为他年老，我才把他当老人尊敬的。我之所以能产生这种对老人尊敬的观念，不是我内心本来就有的，即不是天赋的，而是外在的，是因为我看到他确实已经年老而产生的。从这个意义上说，正如同一切观念都是由外物引起的一样，“义”作为一种道德观念，也是由外部引起的，不是主观自生的。这一点，正如外物是白的，即它先有了白的颜色，我才会产生白色的观念，称它为白色一样。我之所以不仅对自己本国的老人尊敬，而且对楚国的老人也尊敬，就是因为这些人从外表上看，都是老者。所以，“义”是从外部产生的。这是一段很精彩的论证，尽管还很粗糙，但它所强调的是，“义”这种道德观念，或者说这种道德义务、道德责任，不是脱离人和人之间的关系从内心中产生的，而恰恰是人和人之间的关系的产物。尽管这种说法还有某些形而上学的成分，但它是有合理因素的。

与此同时，告子又论证了他所谓仁内的说法，为什么说“仁”只是由内部产生的自然本性而没有道德意义呢？他举例说，我的弟弟我就爱，因为他是我的同胞，是同一父母所生，这是一种血缘的爱、自然的爱和本能的爱，它是一种自然属性，这就是所谓“生之谓性”的意义。相反，如果是秦国人的弟弟，没有血缘关系，我就不会有本能的感情，所以就不会有发自本能的爱。我的弟弟和秦国人的弟弟，同样都是弟弟，为什么我在内心中只爱自己的弟弟而不爱秦人的弟弟呢？这就是由于一个有血缘关系，一个没有血缘关系。所以，“义”是由外界引起的，不是人的本性；只有“仁”，才是从人们内心的本性产生的，但它是无所谓善恶的。最后，还需要特别强调的是，我们现在所能看到的关于告子的思想，都是由孟子及其弟子所转述的，他们对告子的思想，肯定会有很多歪曲。但是，即使是经过了很多歪曲，仍可以清楚地看到，告子是极力反对孟子的所谓天赋道德的。告子认为，人性和仁义道德等社会属性，应该加以区别。人性是人生下来就有的，但它不是仁义礼智等道德观念，而是人的食欲和性欲本能，是由于血缘关系所产生的本能的对父母兄弟的爱。从这个意义上看，他的理论，有唯物主义的因素。但他把人性只归结为自然本性，最终还是走上了抽象的、超阶级的人性论。

应当指出的是，如果就人生下来后具有的道德属性来说，在人未形成社会意识以前，是谈不上什么善恶的，也可以说是无善无恶的。但是，严格说来，这还不能看作人性；就是告子所说的饮食男女，也只是人的一种自然本性，并不能说就是人性。因为，人性不是别的，它是人之所以区别于动物的特殊的本性，离开了人的社会性，也就不可能正确了解人的本性。马克思在《关于费尔巴哈的提纲》中指出：“人的本质不是单个人所固有的抽象物，在其现实性上，它是一切社会关系的总和。”① 毛泽东特别指出：“在阶级社会中，每一个人都在一定的阶级地位中生活，各种思想无不打上阶级的烙印。”② 人性不但包含着自然属性，更包含着社会属性，即使是人的自然属性，也绝不能和动物性相等同，就拿饮食男女来说，人类求生存、求温饱以及为了延续后代的两性生活，都是和动物有所不同的。在人的社会属性中，更包含着人的特性。但是，正如毛泽东所指出的：“在阶级社会里就是只有带着阶级性的人性，而没有什么超阶级的人性。”③ 从这一观点出发，我们也可以说，只有到了共产主义社会，人类社会不但已经彻底消灭了阶级，而且已经遗忘了这种对立的存在的时候，才会有所谓普遍的、善的人性。

---

① 《马克思恩格斯选集》，2版，第1卷，56页。
② 《毛泽东选集》，2版，第1卷，283页，北京，人民出版社，1991。
③ 《毛泽东选集》，2版，第3卷，870页，北京，人民出版社，1991。

第六章　道家“自然无为”和“超脱义利”的伦理思想

第一节　《老子》“返朴归真”的伦理思想

一、老聃的生平和《老子》一书

在中国伦理思想史上，老子是一个有很多争论而至今仍未能得到一致认识的思想家。老子究竟是什么时代的人，《老子》究竟是不是他的著作，都无法确定。我们现在研究老子生平事迹唯一较为可靠的材料，就是司马迁的《史记·老庄申韩列传》。然而这篇文章只是把当时的许多不同说法记载下来，本身就有很多矛盾，给我们的研究带来很多困难。从《老庄申韩列传》中有关老子的说法，大体上可以对老子的生平有以下概括的了解。

老子姓李，名耳，字伯阳，谥曰聃。他是周朝守藏室之吏，比孔子年长，学识渊博，孔子曾向他问礼。他长期在周朝做官，后来，看到周朝的腐败，决定脱离当时的政治斗争，隐居山林。（“居周久之，见周之衰，乃遂去。”[《史记·老庄申韩列传》]）当他要出关时，关令尹喜对他说，你既然要去做隐士，就一定要把你的学术著作留下来。老子在这种情况下，写下了他的《道德经》。之后，才被放出了关。后来，也不知他到了什么地方。（“至关，关令尹喜曰‘子将隐矣，强为我著书’，于是老子乃著书上下篇，言道德之意五千余言而去，莫知其所终。”[《史记·老庄申韩列传》]）

关于老子的学术思想，司马迁在《史记》中说，老子思想的特点是“无为自化，清静自正”（同上），又说：“世之学老子者，则绌儒学，儒学亦绌老子。道不同不相为谋，岂谓是邪?”（同上）这似乎在告诉人们，道家学说和儒家学说是对立的，老子思想与孔子思想是对立的，儒道之间剑拔弩张的关系从老子时就已经开始了。两千多年来，虽然偶尔有人对此提出异议，但绝大多数学者对司马迁的这一论断是赞同的，直至20世纪90年代郭店楚简《老子》的出土，才给反对者的观点提供了有力的新证据。①

在今本《老子》中，存在着大量猛烈批驳儒家仁义等思想的内容，如十八章的“智慧出，有大伪”，十九章的“绝圣弃智，民利百倍；绝仁弃义，民复孝慈”，三十八章的“夫礼者，忠信之薄而乱之首”等。而在竹简《老子》中，则几乎看不到这种直接抨击和贬损儒家仁义礼智思想的句子，例如，今本中的“绝圣弃智”和“绝仁弃义”，简本中分别作“绝智弃辩”和“绝伪弃虑”，虽然表述方式类似，但所表达的思想已截然不同。

在简本中，只有一处提到了“仁义”，即丙本中的“故大道废，安

---

① 郭店楚墓竹简于1993年10月出土于湖北荆门郭店，1998年经整理后的《郭店楚墓竹简》公开出版。郭店楚墓竹简的出土，在学术界激起了很大的波澜，尤以其中的《老子》竹简，使学者们大为震惊。郭店竹简《老子》不但在时间上比1973年湖南长沙马王堆出土的帛书《老子》又早了大约100年，成为我们目前所见到的最早的《老子》版本，而且无论在形式上还是内容上，与帛书《老子》和传世的今本《老子》都有着很大的差异。经整理后，整理者根据竹简形制，将简本《老子》区分为甲、乙、丙三组，三组有着不同的文字。与帛书《老子》和今本《老子》均为五千言不同，简本《老子》仅有两千言，并且没有《道经》和《德经》的区分，在章次上与前两者也有着较大的区别。简本《老子》出土之后，学者们便对其提出了不同的看法。大多数学者认为，简本《老子》是五千言的传世《老子》形成过程中存在的多种不同传本中的三种，直至战国晚期，才汇集整理成我们今天所见到的《老子》完本；还有一种观点认为，五千言的完本《老子》在当时可能已经存在，简本《老子》甲、乙、丙三组仅是其三种不同的节录本，并与墓葬中出土的其他器物相印证，节录的目的是为了给学生作教材。究竟哪一种观点正确，目前尚无定论，我们认为，前一种观点是更为可信和可取的。

有仁义”，这句话在今本《老子》中作“大道废，有仁义”，虽然前者与后者相比，仅仅多了一个连词“安”（于是，乃），但结合上下文来看，所表达的思想却是完全相反的。今本中“大道废，有仁义”下面紧接着是“智慧出，有大伪；六亲不和，有孝慈；国家昏乱，有忠臣”。“仁义”与“大伪”并列，无疑使“仁义”也具有了贬义；而在简本《老子》中，恰恰没有表示负面意义的“智慧出，有大伪”一句。这样，它所表达的意思，并不是将“仁义”置于“大道”的反面，而是仅仅将“大道”与“仁义”看作不同层面的概念，“大道”居于最高的核心位置，而“仁义”仅次于“大道”居于第二位，这种关系有些类似于孔子思想中的“大同”与“小康”。从这个意义上说，简本《老子》并没有贬低仁义的意思。

既然简本《老子》中没有与儒家针锋相对的言论，这就意味着，从简本《老子》所反映的老子的思想来看，我们没有理由说老子本人是排斥儒家的仁义等伦理观念的。简本《老子》是我们所能看到的离老子生活的时代最近的版本，因此也就更能忠实地反映老子思想的原貌。与后代学者们的判断不同，早期的道家思想和儒家思想并不是针对对方的观点而提出来的，他们所面对的都是同一个对象，即当时的社会现实和社会问题，只不过他们看问题的角度和立场不同，分别提出了不同的济世之方。而今本《老子》中那些猛烈抨击儒家思想的言论，极有可能是在后来的学术争鸣过程中，由道家的传人加进去的。

与老子这个人仍然存在许多争论一样，关于《老子》一书是老子本人所作还是他人所作，当前学术界也有不同意见。但不论“老子乃著书上下篇，言道德之意五千余言而去”是不是事实，可以肯定的是，在战国时，《老子》一书已广为流传，《庄子》、《荀子》、《吕氏春秋》、《韩非子》等著作中，均曾提到或引用过老子的思想。由此可以得出结论，《老子》一书，在春秋末期可能就已经出现，不过，经过长期流传，也混入了战国时期的某些思想，最后成书大约当在《墨子》一书之后。但最迟在汉朝建立之前，与今本内容和结构大致相同的五千言的《老子》已经形成。①

《老子》一书，与以问答形式为主、由弟子整理成书的《论语》、

① 马王堆帛书《老子》的乙本中，“邦”皆写作“国”，以避刘邦之讳，而甲本则依然写作“邦”，可见甲本的产生要早于刘邦建立汉朝。

《墨子》不同，有自己完整的思想体系，有一套范畴概念。1973 年 12 月，长沙马王堆汉墓出土的帛书中有《老子》的两种写本，对我们研究老子的思想有重要意义。1993 年，郭店楚墓竹简《老子》的出土，又为我们了解老子思想的原貌提供了直接的依据。但是，考虑到对两千年来中华民族的传统文化和哲学思想产生了重大影响的，毕竟是以王弼注本为基础的今本《老子》，因此，我们在研究老子的伦理思想时，仍然以今本《老子》为基础，并适当参考一些当代考古发现的最新成果。

二、《老子》的世界观

《老子》的哲学体系，究竟是唯物主义的还是唯心主义的，在我国学术界有两种互相对立的看法。一种意见认为，老子哲学的主要概念“道”是永存的物质世界的自然性，是物质存在，是一种物质性的实体，又是物质世界的客观规律；另一种意见认为，“道”就是“虚无”，是先于物质世界的“绝对精神”。

我们认为，老子的哲学体系是唯心主义的，他所说的道是一种精神性的东西，而不是永存的物质世界的自然性。在《老子》一书中，“道”是一个最高范畴，是产生宇宙万物的总根源。这个总根源，既不是原子，也不是真空，不是物质，更不是客观物质世界的规律，而是一种神秘莫测的绝对理念。它既是事物发展的规律，又是万物所由出的本原。但它不是一种客观的物质实在，而是一种精神性的“虚无”。因此，也可以说，万物是从“无”中产生出来的。（“天下万物生于有，有生于无。”[《老子·四十章》]“道生一，一生二，二生三，三生万物。”[《老子·四十二章》]）“道”是一种神秘的，不可叙述、不可形容的，只能用直观才能体会、认知的一切事物的本原。因此，老子的哲学体系是唯心主义的。

在认识论上，老子更明确地贯彻了他的唯心主义的认识路线。他说：“不出户，知天下；不窥牖，见天道。其出弥远，其知弥少。是以圣人不行而知，不见而明，不为而成。”（《老子·四十七章》）从这里可以看出，老子否认感官认识的作用，否认人的理性认识来源于感性认识，否认从物到感觉的认识过程。老子又说：“天下有始，以为天下母。既得其母，以知其子，既知其子，复守其母，没身不殆。塞其兑，闭其门，终身不勤。开其兑，济其事，终身不救。”（《老子·五十二章》）这里的“塞其兑，闭其门”和“不出户，知天下”是同一个意思。[1] 这就是说，把耳、目、鼻、口这些感觉器官全都堵塞起来，把一切外界可以刺激感觉器官的门都闭起来，就可以终身不病[2]，而能知天下之事物了。在老子看来，人们对外界的认识，最重要的是要认识“道”，即要“得其母”，只要“得其母”，就能“知其子”，知道了“道”，也就知道了天下万物。如果打开了耳、目、口、鼻这些感觉器官，认为只有从外部世界才能得到对外界的认识，那就一定会受到外物的引诱，使心灵受到损害，就会在纷纭的万物面前，妄用聪明，专恃才能（“开其兑，济其事”），以至于终身不可救药了。

三、《老子》的思想主旨

研究《老子》一书的思想，最主要的问题之一，是《老子》的思想主旨是什么？它是一部哲学著作，这是无疑的。但它的主要目的是什么，正像在世界观上，这部书的认识论和本体论究竟是唯物主义的还是唯心主义的一样，在国内学术界是有分歧的。

一种意见认为，《老子》一书是代表没落奴隶主贵族的知识分子对新社会的一种以退为进、逃避现实的策略及其政治、哲学理论根据。持这种意见的人认为：当时的没落奴隶主贵族和他们的知识分子，对待新兴地主阶级的新政权、地主阶级专政的新社会，有一种态度是以退为进。有这种态度就有一种与之相应的策略。《老子》这部书的一部分讲的就是这些策略以及与这些策略有关的政治、哲学的理论依据。因为，老子的思想是“只要退步柔伏，不与你争”，他宣扬逃避现实、逃避社会。逃避现实是没落阶级所寻求的精神胜利，以求在主观意识中得到安慰。“以退为进”则妄图夺回已经失去的威势，表现出他们还是念念不忘于已失的天堂。

一种意见认为，《老子》是一部兵书。从唐朝以来，不少思想家都把《老子》看作一部兵书，这绝不是偶然的巧合。唐朝王真曾说，“五千之言”的《老子》，“未曾有一章不属意于兵也”（《道德经论兵要义述》）；明清之际的王夫之在《宋论》中也说这部书应为“言兵者师之”；

---

① “兑，耳、目、鼻、口也”，参见高亨：《老子正诂》，110页，上海，上海书店，1996。

② 马叙伦曰：“勤借为瘽，说文曰：‘瘽，病也。’”参见上书，110页。

近代的章太炎也认为《老子》是“约《金版》、《六韬》之旨”。他们认为《老子》八十一章，直接谈兵的有十几章，以哲理喻兵的近二十章，认为《老子》这部兵书，着重于战略思想的研究，从用兵之道引申出一般思想规律和事物发展的规律，因此，它比《孙子兵法》和《孙膑兵法》有更大的价值。

《老子》一书的主旨究竟是什么？我们认为，它是一部关于人生哲学特别是关于人在社会上如何处事的一部处世哲学的书。从五千言《老子》一书的主旨思想来看，它主要是要在当时战争动乱、权力纷争的社会中，探索人们如何能够更好地生存发展，以及怎样才能获得幸福的问题。它对当时的社会和人生，进行了深入的观察，力求作出规律性的分析，并以此规律性的认识来探索人生、指导人生。由于它善于从社会各种事物的辩证发展的相互联系和因果链条中来观察，因此常常被一些人认为是一种权术、一种阴谋、一种策略，其实，这种看法是没有根据的。

《老子》一书，之所以会被认为是一种策略、一种权术，最主要的就是由于《老子·三十六章》“将欲歙之，必固张之。将欲弱之，必固强之。将欲废之，必固举之。将欲取之，必固与之。是谓微明，柔弱胜刚强”这一段话。这段话的意思，从认识论上来说，只是对客观事物发展的一种规律性的认识，是一种对社会、人生各种现象的观察，并不是叫人们以此为权术来达到卑鄙的个人目的。《老子》一书的目的是要通过一切社会、人事发展的规律来告诫人们，切勿以强而自恃，更勿以张而可久，要时时注意对立面的转化，以达到善于自处的目的。

《老子》一书中，确有几处讲到兵法，如《老子·六十九章》，但它主要是从用兵的辩证法思想来阐发人生哲学和处世哲学的。“用兵有言：‘吾不敢为主而为客，不敢进寸而退尺。’是谓行无行，攘无臂，执无兵，扔无敌。祸莫大于轻敌，轻敌几丧吾宝。故抗兵相若，哀者胜矣。”这种在打仗中“以退为进”的战术，是老子谦让以取胜、退步以求进的思想的客观来源，是用以论述和阐发他的人生哲学和处世哲学的。战国中期，正是各国不断争夺的战争年代，许多战争胜负的事例，对老子也有启发，他常常说到战争，说到军事，但他的目的却在于抨击当时的统治阶级，希望消除当时社会的纷争，以使人们过上一种纯朴和平的生活。

四、“无为而无不为”的处世哲学

《老子》反对“有为”，主张“无为”，这种“无为而无不为”的思想，既是一种政治思想，更是一种人生的处世哲学，实际上，老子正是把它作为自己的处世哲学的。

老子从当时的社会变动中，总结出成功和失败的经验。他说：“为者败之，执者失之。是以圣人无为故无败，无执故无失。民之从事，常于几成而败之。慎终如始，则无败事。是以圣人欲不欲，不贵难得之货；学不学，复众人之所过。以辅万物之自然而不敢为。”（《老子·六十四章》）老子认为，很多人用了很大的精力去经营某些事情，但往往到快要成功的时候，反而失败了。圣人看到了这种情况，所以主张“无为”。老子认为，圣人的欲望就是“不欲”，圣人的学问就是“不学”，圣人的作为就是“无为”。圣人随着万物的自然发展而不去有所作为，所以圣人不会犯众人所犯的“有为”的错误。“是以圣人处无为之事，行不言之教。万物作而弗始，生而弗有，为而弗恃，功成而弗居。夫唯弗居，是以不去。”（《老子·二章》）这就是说，圣人把“无为”当作自己行动的准则，以“不言”来教育别人，有了功劳也不自居，正因为他不居功，所以他的功劳反而永远不会泯灭。

老子不但把“无为”当作一种处世的原则，有时简直把它当作一种获得成功的方法，所以后人有说老子是注重权术的。他说：“将欲取天下而为之，吾见其不得已。天下神器，不可为也，不可执也。为者败之，执者失之。”（《老子·二十九章》）又说：“无为而无不为。取天下常以无事。及其有事，不足以取天下。”（《老子·四十八章》）“以正治国，以奇用兵，以无事取天下……故圣人云：我无为而民自化，我好静而民自正，我无事而民自富，我无欲而民自朴。”（《老子·五十七章》）这就是说，不但取天下要“无为”，就是管理天下，也要“无为”。对老百姓不但要“无为”，而且最好要使他们无知、无欲。老子说：“不尚贤，使民不争。不贵难得之货，使民不为盗。不见可欲，使民心不乱。是以圣人之治，虚其心，实其腹，弱其志，强其骨，常使民无知无欲，使夫智者不敢为也，为无为，则无不治。”（《老子·三章》）在老子看来，“无为”并不是不要功利，相反，“无为”可以说是达到功利的一种手段，无用就是最大的用，“无为”就是最大的为。

当然，老子也懂得，生活在现实生活中的人，要做到完全的“无为”，确实是不可能的。因此，在人和人的关系中，老子认为，最重要的就是要“柔弱”、“曲枉”、“不争”、“无私”，要能够“知其白，守其黑”、“知其荣，守其辱”，宁愿经常处于卑贱曲柔的地位，以便保持他所说的“常德”。老子把这种柔弱、不争的处世态度，比作江海和流水。他认为，为人处世，只要具有水的性能，也就算有最高尚的品德了。他说：“上善若水。水善利万物而不争，处众人之所恶，故几于道。居善地，心善渊，与善仁，言善信，正善治，事善能，动善时。夫唯不争，故无尤。”（《老子·八章》）“天下莫柔弱于水，而攻坚强者莫之能胜，以其无以易之。”（《老子·七十八章》）“江海所以能为百谷王者，以其善下之，故能为百谷王。”（《老子·六十六章》）《庄子·天下》说老子的哲学是守“雌”、守“辱”，所取的是“虚”、是“后”，《吕氏春秋·不二篇》说“老聃贵柔”，《荀子·天论》说“老子有见于诎，无见于信”，这些都是说，老子的处世哲学就是消极退让，强调柔和。

五、复归于婴儿的道德理想

《老子》的道德理想，或者说他所向往的理想人格，是和他的社会政治理想紧密相联系的。从字面上看，《老子》中的理想人格，同样也是“圣人”。《老子》一书，提到“圣人”的有30多处，都是把它作为一种理想的人格，也就是“皆视为至高之人而无诋訾之语”①。但从其对“圣人”的解释来看，这和孔子所说的“圣人”是截然不同，甚至完全相反的。孔子所说的“圣人”，具有高度的文化知识、具备“仁”的道德品质、积极关心社会政治；而老子所谓的“圣人”，是一个“浑沌”，是一个“婴儿之未孩”（《老子·二十章》），是一个天真、纯朴的赤子。《老子》说：“圣人在天下，歙歙为天下浑其心。百姓皆注其耳目，圣人皆孩之。”（《老子·四十九章》）“圣人欲不欲，不贵难得之货；学不学，复众人之所过。”（《老子·六十四章》）“圣人处上而民不重，处前而民不害；是以天下乐推而不厌。以其不争，故天下莫能与之争。”（《老子·六十六章》）“圣人为而不恃，功成而不处，其不欲见贤。”（《老子·七十七章》）因此，他认为，要想达到他的道德理想的“圣

① 高亨：《老子正诂》，43页。

人”，就必须使自己“复归于婴儿”（《老子·二十八章》）。

为什么说最高的道德理想是要使人们“复归于婴儿”呢？在老子看来，只有刚生下来的婴儿，才保持着最纯真、最高尚的道德（“德不离”[同上]），他无知无识、无私无欲，因而蕴藏着最深厚的品德。老子认为，人们的“私”和“欲”是造成道德败坏的重要原因。他说：“五色令人目盲，五音令人耳聋，五味令人口爽，驰骋畋猎令人心发狂，难得之货，令人行妨。”（《老子·十二章》）为了提高人们的道德品质，最重要的方法就是使他们“不见可欲”，只有如此，才可以达到“使民心不乱”的目的。

老子说：“含德之厚，比于赤子。毒虫不螫，猛兽不据，攫鸟不搏。骨弱筋柔而握固，未知牝牡之合而朘作，精之至也。终日号而不嗄，和之至也。知和曰常，知常曰明，益生曰祥，心使气曰强。”（《老子·五十五章》）。在他看来，婴儿的道德是那样的纯洁无瑕，以至于毒虫都不去螫他，猛兽也不去扑他，恶鸟也不去抓他，只有这样的品德，才可以称得上是至高无上的“常德”。婴儿的小生殖器虽然常常翘起，但他并不知道什么男女交合，而只是因为他有着充沛的精气。他终日号啼，却并不声音嘶哑，因为他能够保持那种无知无欲的“平和”。只有具备了这种无知无欲的“平和”，才算有了人们最理想的“常德”，一个人只有具备了这种“常德”，才能明白透彻、浑然一体。

所谓复归于婴儿的道德理想，从认识论上来看，当然是一种先验主义的思想，是老子的唯心主义世界观在伦理思想上的表现。孟子从唯心主义先验论出发，主张性善论，提出人们生来就具有仁、义、礼、智四端，强调“大人者不失其赤子之心者也”（《孟子·离娄下》）。但是，在孟子那里，“赤子”还只是具有“善端”，需要不断发扬光大，才能使人们涵养出高尚的道德品质。而老子则更直接地认为，只有“赤子”、“婴儿”才具备最纯洁、最高尚的品德。老子的这一思想，是一种先天的道德来源论。认为人们的德行，不是也不可能是在人与人的社会关系中形成的，而是先天就有的。相反，在社会中，由于人和人发生了关系，反而带来了道德的败坏，使人们失去了先天的纯真的道德品质。

但是，我们应该看到，复归于婴儿的道德理想，只是一种最后才能达到的最高境界。在这种境界达到以前，老子还是要生活在现实社会中，还是要和社会上各种各样的人发生关系的。那么，理想的人格，究

竟应该是什么样呢?《老子·十五章》中说:

> 古之善为道者，微妙玄通，深不可识。夫唯不可识，故强为之容。豫兮若冬涉川。犹兮若畏四邻。俨兮其若客。涣兮其若凌释。敦兮其若朴。旷兮其若谷。混兮其若浊。孰能浊以静之徐清?孰能安以动之徐生?保此道者不欲盈。夫唯不盈，故能蔽而新成。

就是说：古代深通道家学术的人，是精微玄妙、深远不可认识的。正因为他不可认识，所以勉强表达他的形象：他行动犹豫顾虑啊，像在冬天解衣渡河。他疑畏戒惧啊，像怕凶恶的敌人。他对人庄严恭敬啊，像待客人。他顺应潮流啊，像河水的融化。他很纯朴啊，像未经加工的木材。他内心谦虚啊，像个空谷（胸无成见）。他含蓄浑厚啊，像一池浊水（不苛察于物）。这池浊水，静一静就慢慢地清了（浊转变为清）。这个空谷，动一动就慢慢地生出东西了（虚转变为实）。保持这种处世之道的人，不肯自满。正因为他不自满，所以能够在失败之后，又得到新的成功（失败转为胜利）。如果说老子要求人们的品质或道德理想，从静的方面来说，就是复归于婴儿，那么，从动的方面来说，这个微妙玄通、深不可识的形象，就是如此。

六、损之又损的道德修养论

在中国思想史上，《老子》最早提出了“为学”和“为道”的区分，认为“为学日益”、“为道日损”（《老子·四十八章》），二者是正相反的。这就是说，追求知识和学问，是要不断增加、积累自己的知识，而“为道”则是要不断地减少，以至于达到什么都“不为”的目的。对于老子所说的“为道”究竟是什么意思，过去的解释，都指社会政治方面，认为“为道日损”，就是要“减少政府之功用，收缩政事之范围，以至于最低最小之限度”①。应该指出，《老子》的“为道”，从伦理思想来看，还有所谓道德品质的修养的含义。

老子认为，道德修养的最重要的方法，就是要“为道日损”。老子强调，人们从婴儿起就已经具备了至高无上的常德，但是，由于人们在社会生活中受到欲的影响，导致人们先天具备的“常德”越来越少，以

① 萧公权:《中国政治思想史》，第1册，162页，沈阳，辽宁教育出版社，1998。

致人们天真、纯德、无邪的“赤子”之德，沾染了污垢。老子说：“祸莫大于不知足，咎莫大于欲得。故知足之足，常足矣。”（《老子·四十六章》）因此，修养是一个过程，是一个不断去掉自己贪得、不知足以及一切物质欲望的过程。老子说：“为学日益，为道日损，损之又损，以至于无为。无为而无不为。”（《老子·四十八章》）做到什么欲望、要求、行为都没有了，人们的道德品质的修养，也就达到了最理想的境界。由此可见，老子所说的“为道日损，损之又损，以至于无为”，就是要人们不断努力，以恢复到婴儿无知、无欲的境界。

修养的目的是要去掉耳、目、口、鼻、舌、身这些感觉器官的一切欲望，这自然是很困难的。然而尽管不能做到完全“无欲”，却可以逐步地向这个方向努力。老子提倡“见素抱朴，少私寡欲”（《老子·十九章》）。首先要“去甚，去奢，去泰”（《老子·二十九章》），把这些作为一个过程、一个阶梯，然后做到知止。他说：“知足不辱，知止不殆，可以长久。”（《老子·四十四章》）只要能知足、知止，也就可以接近“无欲”了。为了达到这种境界，老子强调他所谓的“三宝”，“我有三宝，持而保之：一曰慈，二曰俭，三曰不敢为天下先”（《老子·六十七章》），这样，个人的欲望就会不断减少，即如不能达到“无欲”，亦可以接近“无欲”，也就不会为各种物质的欲望所扰乱，也就会从“不见可欲，使民心不乱”（《老子·三章》），达到虽见可欲，而心仍然不会乱的高尚品德了。

老子“损之又损”以求达到“无私”、“无欲”的道德修养论，尽管是从唯心主义的道德起源论出发的，但是，却包含着合理的因素。老子看到了在剥削制度下，在财产私有的社会里，剥削阶级的自私自利、唯利是图、贪得无厌、穷奢极欲是当时人们道德败坏的一个重要原因。他特别痛恨当时统治者的甚、奢、泰，认为他们无穷无尽的“私欲”，永不停息的钩心斗角，为夺取政治权力而进行的尔虞我诈，如此等等，是社会不安定的主要原因。他也观察到，那些有私欲的人，往往是不道德的。而人们的私欲越强，道德水平也就越低。所以他认为，提高道德水平的重要方法，就是去私、去欲。正因为如此，这种“为道日损”的修养方法，在中国伦理思想史上有着一定的影响。到了明代，王阳明提出了“用功只求日减，不求日增”的修养方法。很显然，王阳明所说的为学，就是老子所说的为道，应该说，这是吸取了孟子、老子的修养论中的合理因素而形成的。

在道德修养的问题上，老子强调先修养好自身的道德品质，这对于家、邦以至天下，都有重要的意义。他说：“修之于身，其德乃真；修之于家，其德乃余；修之于乡，其德乃长；修之于国，其德乃丰；修之于天下，其德乃普。故以身观身，以家观家，以乡观乡，以国观国，以天下观天下。吾何以知天下然哉？以此。”（《老子·五十四章》）这就是说，只有先使自身有了高尚的修养，才算真正有了道德，以此来治家，则必定能育化家人而有余；以之治乡，则能德化乡人而渊长；以之治国安邦，必能德化国人而丰隆；以之治理天下，就会普遍地使所有的人都受到道德的熏陶，成为道德高尚的人。老子的这一思想，对中国伦理思想史上的修养论，有着相当重要的影响。

七、对伦理概念、范畴的辩证考察

老子是具有朴素辩证法的思想的，他用对立双方互相矛盾而又互相依存的思想，考察了许多伦理学上的概念和范畴，如善与恶、善与不善、荣与辱、祸与福、枉与直等。这种考察，反映了老子对当时社会上人与人之间道德关系的某些方面的深刻理解，有助于加深人们对美丑、善恶的认识，有助于人们更准确地进行道德判断，有助于人们更深入地探讨有关道德的各种问题。他不但看到了这些概念和范畴之间的对立和斗争，而且看到了它们之间的相互转化，并指出了他认为最正确的、防止事物向坏的方向转化的方法。尽管他的结论总是消极的、处“辱”的，但是，其中也确实包含着他所看到的某些真理的因素。

《老子·二章》就说：“天下皆知美之为美，斯恶已；皆知善之为善，斯不善已。有无相生，难易相成，长短相形，高下相倾，音声相和，前后相随，恒也。是以圣人处无为之事，行不言之教。万物作而弗始，生而弗有，为而弗恃，功成而弗居。夫唯弗居，是以不去。”这里，老子从八个方面考察了事物的矛盾对立，其中主要的还是美丑、善恶的对立。

老子认为在人们的道德关系中，最重要的是要弄清楚什么是善。如果真正弄清楚了什么是善，那么也就知道了什么是恶，也就能够在对立中把握善恶关系。美丑、善恶是相互依存、相互对立的，老子的这一思想不但包含着深刻的辩证法，而且也确实指出了研究人类道德关系的一个十分重要的问题。

矛盾双方，不但是对立的，而且是相互转化的。《老子·五十八章》说："祸兮，福之所倚；福兮，祸之所伏。孰知其极？其无正也，正复为奇，善复为妖。人之迷，其日固久。是以圣人方而不割，廉而不刿，直而不肆，光而不耀。"这里，老子体会到，天下的祸都是由福生出来的，福越大，越容易招到祸。相反，在祸中间又隐藏着福。祸与福不断地相互转化，谁能知道最终到底是祸是福？难道没有正确和善良？有虽然有，但正确会变为邪怪，良善也会变成妖孽。人们长期以来，对于这一点，总是迷惑不解。因此，圣人行为端正而注意不伤害人，行为有原则（棱角）而不刺痛人。行为正直，却不触人。行为光荣，却不炫俗。因为只有这样，才能防止事物朝坏的方向转化。

在老子看来，防止事物向不利的方向转化，最重要的是不使事物发展到极端。这中间虽然有消极的一面，但是也还有某些合理的因素，即老子所谓的谦虚、退让、柔弱的观点。《老子·二十二章》说："曲则全，枉则直，洼则盈，敝则新，少则得，多则惑。是以圣人抱一为天下式。不自见，故明；不自是，故彰；不自伐，故有功；不自矜，故长。夫唯不争，故天下莫能与之争。古之所谓'曲则全'者，岂虚言哉！诚全而归之，希言自然。"（希，当作常，形似而误。——引者注）老子认为，既然事物是对立的，而且是互相转化的，因此，作为处世哲学，就必须处于委曲、弯曲、低洼、破旧的地位，从而达到保全自己的目的。而且在他看来，这就是人们常说的自然之道。

当然，老子虽然认识到一切事物都是相互依存和相互转化的，但他没有看到事物的不断上升和前进，反而认为事物的变化只是一种周而复始的运动，都是在一个圆圈上，进行着从起点到终点的不断循环。他的"祸兮，福之所倚；福兮，祸之所伏"，本来是一个很富有辩证法含义的命题，但是他紧接着却说："孰知其极？其无正也，正复为奇，善复为妖。"意思是说，所谓祸福、正奇、善妖的不断变化，都只是一种往复循环的运动，像一个圆圈一样，没有起点，也没有终点，所以不能确定哪一方面是正面，哪一方面是反面。正可以变为奇，奇又变为正；善可以变为妖，妖又复变为善，所以是"其无正也"。此外，老子虽然正确地认识到祸福、善恶可以相互转化，却没有强调这种转化必须具备一定的条件，特别是他没有强调，一旦人们认识到这种相互转化的关系，就可以发挥人们的主观能动作用，创造条件，向着有利于人们的方向发展。在老子看来，或者这种转化是没有条件的，或者虽然要有一定的条件，但人对此是无能为力的。这就是说，人们只能够被动地适应社会，不能能动地改造社会。老子虽然在一定程度上认识到这些对立面之间存在着矛盾和斗争，但是却害怕矛盾，回避斗争。因此，处处想逃避矛盾、逃避斗争，并尽量防止矛盾的出现。他强调的不是改造社会，而是“不争”、“无为”、“柔弱”等消极和顺应的宿命论思想。因此，尽管《老子》中的辩证法思想是进步的，它的运用却是保守的。

此外，老子从朴素的辩证法出发，不但看到了善恶、祸福、美丑、曲枉的对立，而且对人类社会现象（包括道德现象）的许多方面，也作了深入的考察，提出了很多富有辩证法意涵的命题。直到今天，这些思想对于我们还有很大的启发作用，能够使我们从中得到很多教益。怎样才能识别人们的“诚实”是真正的“诚实”？怎样才能不受某些假象的蒙蔽？老子说：“信言不美，美言不信。善者不辩，辩者不善。知者不博，博者不知。圣人不积，既以为人己愈有，既以与人己愈多。天之道利而不害，圣人之道为而不争。”（《老子·八十一章》）这一段话中，不但包含着辩证的认识，而且有着合理的、积极的因素。一方面，要用辩证的观点来认识事物，不要被道德现象中的复杂情形所迷惑。诚实和华丽、美善和巧辩都有相似之处，而实际上大相径庭。另一方面，还要认识到有道德的人，在人与人的关系中，必然是不专为自己的利益着想而是总想着别人的。“圣人不积”，就是圣人不把财物、学识据为己有，他尽力帮助别人。而且实际上，他越帮助别人，自己反而越富有。因此，具有高尚品德的人的行为原则是努力帮助别人、为别人着想，而不去与人争名夺利。《老子·七十七章》强调“是以圣人为而不恃，功成而不处，其不欲见贤”，就是说，有道德的人只是为别人办事而自己不占有什么，事情成功了也不居功骄傲，他不愿意表现自己的才能。老子的这类思想，在《老子》八十一章中，几乎是随处可见的。

从人生哲学的角度来看，老子的这一思想，对人们的自我修养来说是很有意义的。在谦虚方面，老子多次强调要“有若无，实若虚”，强调要谦虚、老实。“知不知，上矣；不知知，病也。圣人不病，以其病病。夫唯病病，是以不病。”（《老子・七十一章》）又说：“天下皆谓我道大似不肖。夫唯大，故似不肖。若肖，久矣其细也夫！我有三宝，持而保之：一曰慈，二曰俭，三曰不敢为天下先。慈，故能勇；俭，故能广；不敢为天下先，故能成器长。”（《老子・六十七章》）慈爱、节俭是老子所强调的美德，“不敢为天下先”也应该作辩证的分析，其中有消极无为的一面，也有谦虚谨慎的因素，因为我们知道，“为天下先”确实是一件相当困难的事。

在善恶、祸福的问题上，老子不但认为二者能够相互依赖和相互转化，而且在一定程度上，认识到反面教育的作用。他说：“善人者不善人之师，不善人者善人之资。不贵其师，不爱其资，虽智大迷。”（《老子・二十七章》）这就是说，善人是不善人的老师，恶人是善人的借鉴。如果不尊重老师，不珍惜借鉴，虽然自以为明智，其实却是糊涂。老子的这一思想，是包含着深刻的辩证思想的。（孔子也曾说过，“见贤思齐焉，见不贤而内自省”，有大体相同的意思，但二者比较起来，老子的话，意境就显得不同。）老子又说：“知人者智，自知者明。胜人者有力，自胜者强。”（《老子・三十三章》）“知足者富，强行者有志。不失其所者久，死而不亡者寿。”（同上）这种格言式的语言，对生活极富有教益，显示了老子对社会现象的深刻观察。他还指出：“知者不言，言者不知。”（《老子・五十六章》）看到了社会生活中一些现象和本质的矛盾，认识到假象是本质的一种歪曲的反映。这些道理，在老子以前，还没有任何一个思想家讲得这样清楚、这样明白。

八、《老子》的社会政治思想

从司马迁的记载中，我们知道，老子曾是一个史官，目睹周王朝的衰败，便去隐居（“见周之衰，乃遂去”）。从政治立场上看，他是一个同当时的统治者抱有不同政见的人。由于他对统治者的政治腐败、贪得无厌和对老百姓的残酷剥削感到不满，而又无力改变这种状况，所以只好甘愿去过脱离现实的隐居生活。他任周王朝的官很长时间（“居周久之”），亲眼见到了当时的统治者们都“金玉满堂，莫之能守”（《老子・九章》），都“甚爱必大费，多藏必厚亡”（《老子・四十四章》），不断地从一个方面转化到另一个方面，从统治地位转化到被统治地位，从富贵转化到贫贱。从对这种社会大变动的考察中，老子提出了自己的社会政治理想。

老子对当时老百姓困苦饥饿的生活，有着明显的同情倾向。《老子·七十五章》中说：“民之饥，以其上食税之多，是以饥。民之难治，以其上之有为，是以难治。民之轻死，以其上求生之厚，是以轻死。夫唯无以生为者，是贤于贵生。”这里很清楚，老百姓为什么受饥饿？就是因为统治者收税太多。老百姓为什么不服从统治？就是因为君上的所作所为过多。为什么人民竟然连死都不怕而敢于造反？就是因为统治者对养生的物质（如衣服、宫室、车马、奴仆等）追求得太厉害了。为了维持社会的安定，只有统治者不以养生为主，才能维持统治，胜于贵生。这一章是老子对当时因统治阶级而造成的老百姓生活贫困的一种比较深刻的认识，表现出对统治者的不满和对老百姓的同情。

因此，老子反对过分的剥削。《老子·五十三章》中说：“使我介然有知，行于大道，唯施是畏。大道甚夷而人好径。朝甚除，田甚芜，仓甚虚，服文采，带利剑，厌饮食，财货有余，是为盗夸，非道也哉！”这就是说，如果我有智慧，就要走在光明大道上，只怕走到邪路上去。大道虽很平坦，而统治者却喜欢小径。他们的朝廷（朝政）很肮脏，农田很荒芜，人民的仓库很空虚，统治者却穿着华丽的衣服，佩带锋利的宝剑，吃足了美味，占有大量的财富，他们就是强盗的头子，这就是违反大道啊！这些思想，很显然是同情当时的被剥削者和被压迫者的。老子的伦理思想，是和他的政治思想有着密切关系的。政治思想的进步，决定了他的伦理思想的进步。正是由于上述原因，老子认为，在人类社会中似乎总是强者欺侮弱者，富者劫掠贫者。他说：“天之道损有余而补不足，人之道则不然，损不足以奉有余。”（《老子·七十七章》）这是他对当时社会政治情况的一种概括。对于新的统治者之间为了争夺权力而进行的战争，他更是极力反对，认为“兵者不祥之器”（《老子·三十一章》），“以道佐人主者，不以兵强天下。其事好还。师之所处，荆棘生焉。大军之后，必有凶年”（《老子·三十章》），“天下有道，却走马以粪。天下无道，戎马生于郊”（《老子·四十六章》）。显然，在老子看来，不论是正义战争还是非正义战争，都是不应该有的。

对于统治者用死刑来镇压老百姓，老子认为这是一种很危险的做法，往往会自食恶果。《老子·七十四章》中说：“民不畏死，奈何以死惧之？若使民常畏死，而为奇者，吾得执而杀之，孰敢？常有司杀者杀。夫代司杀者杀，是谓代大匠斫，夫代大匠斫者，希有不伤其手矣。”在老子看来，老百姓已经被逼得走投无路了，统治者却用死刑来威逼他们。如果老百姓经常怕死，就可以抓住杀掉他，谁还敢再捣乱？根据通例，是有天这个司杀者来管杀人的，如果代替司杀者来杀人，就像代替技艺高超的匠人砍木头一样，是一定会砍伤自己的手的。这里反映了老子对剥削者的残酷统治的不同意见。

老子说：“众人熙熙，如享太牢，如春登台。我独泊兮其未兆。沌沌兮，如婴儿之未孩。儽儽兮，若无所归。”（《老子·二十章》）这就是说，当众人都高高兴兴，犹如参加盛大宴席、好像春日登台眺望那样高兴的时候，自己却感到心情凄凉，好似无家可归似的。“众人皆有余，而我独若遗”（同上），别人好像都有多余的东西，而自己却感到什么都不够用。“俗人昭昭，我独昏昏。俗人察察，我独闷闷。澹兮，其若海；飂兮，若无止。众人皆有以，而我独顽且鄙。我独异于人，而贵食母。”（同上）众人都那样清楚明白，老子说他倒反而觉得糊里糊涂不清不楚。众人都那样兴高采烈，而他倒觉得忧闷发愁。众人都以为自己可以很有作为、可以大显身手的时候，他却觉得只要吃饱肚子，也就算满足人生的要求了。这里反映出老子对当时社会的强烈不满，反映了他自认为只有他自己看透了一切的清高、自傲和消极、隐退的思想。

由于老子痛恨当时社会的争权夺利、熙熙攘攘，因此，在社会政治思想上，老子提出了“小国寡民”和“无为而治”的思想。他说：

> 小国寡民，使有什伯之器而不用，使民重死而不远徙。虽有舟舆，无所乘之，虽有甲兵，无所陈之，使民复结绳而用之。甘其食，美其服，安其居，乐其俗，邻国相望，鸡犬之声相闻，民至老死不相往来。（《老子·八十章》）

在这个理想的社会里，不但居住得很近的人们，从生到死都不相互往来，而且不要知识，不要文化，人人都要回复到结绳记事的状态。一切生产工具都不要了，一切交通工具都不用了，人和人之间最好不发生任何社会联系，大家都过那孤僻、简陋、寂寞的生活。我们可以想象，在这样的社会中，怎样能使人们“甘其食，美其服，安其居，乐其俗”呢？很显然，老子的这个理想，只能是一种倒退的空想。

第二节　杨朱“贵己”、“重生”的伦理思想

一、杨朱的生平

杨朱是先秦一位重要的伦理思想家，他的一些思想，在当时很有影响。孟子曾说“杨朱、墨翟之言盈天下，天下之言，不归杨，则归墨”，可见他的影响之大。但值得惋惜的是，杨朱这些在当时曾经“盈天下”的理论学说，连一个字也没有保留下来。他的著作都失散了，或者也有可能被后世的儒家销毁了。我们现在所能了解到的杨朱的思想，主要是从后人的转述中，包括论敌的批判中获得的。在中国伦理思想史上，杨朱的思想有着深远的影响，从某种意义上说，他的思想是道家思想的重要渊源之一。

关于杨朱的生平事迹，我们知道得很少。《孟子》一书，并没有说到他的生平。《韩非子》中虽记述杨朱、杨布的故事，但不能说明他的生平。《韩非子》记载：

> 杨朱之弟杨布，衣素衣而出，天雨，解素衣，衣缁衣而反，其狗不知而吠之。杨布怒，将击之。杨朱曰：子毋击也，子亦犹是。曩者使女狗白而往，黑而来，子岂能毋怪哉？（《韩非子·说林下》）

又《庄子》一书，曾说明阳子居是老子的弟子，可能就是指杨朱，但外篇、杂篇是否属实，尚是一个问题。刘向在《说苑》中，也曾提到杨朱，但因为没有先秦典籍可以佐证，也不能作为历史根据。因此，对杨朱生活的年代，还不能有确实的论断。《淮南子·汜论训》中说：“兼爱尚贤，右鬼非命，墨子之所立也，而杨子非之。全性保真，不以物累形，杨子之所立也，而孟子非之。”从这里可以推断，杨朱当在墨子（约前468—前376）之后，孟子（约前372—前289）之前，即活动于公元前4世纪，较古希腊的伊壁鸠鲁略早一些，大抵与亚里士多德同时。

从哲学思想和伦理思想发展的历史中我们可以看出，如果只是从论敌批驳的“引文”来了解这些思想家，那我们就应当认真分析，因为这

些“引文”多半是被扭曲的。论敌们常常用导向荒谬，抓住一点、不及其余，无限上纲等方法来批判自己的论敌。从这一方面来说，我们对于杨朱伦理思想的研究，就尤其应注意这种特殊情况。

杨朱没有著作留传下来，在先秦的著作中，也没有论述杨朱思想的较完整的篇章。据粗略统计，在先秦、两汉古籍中提到杨朱的有《孟子》、《庄子》、《韩非子》、《淮南子》、《说苑》、《法言》、《论衡》等。但其中的材料都是作者在论述自己观点时引用的，不但是一鳞半爪，而且很可能是断章取义。但是，这么多的著作中都提到杨朱的言论可以说明，他的思想，在战国时期以至秦汉之间，还是很有影响的。

杨朱之所以没有著作流传下来，鲁迅先生有一种说法，认为这是他的“为我”思想的结果。鲁迅先生在《魏晋风度及文章与药及酒之关系》中说：

> 诗文也是人事，既有诗，就可以知道于世事未能忘情。譬如墨子兼爱，杨子为我，墨子当然要著书，杨子就一定不著，这才是“为我”。因为若做出书来给别人看，便变成“为人”了。

这段话既可以说是一种精辟的议论，同时也可以理解为对魏晋时期这种玄学之风的一种讥刺。他只是想说明，任何诗文都不可能高超到忘却世事人情，因为人是一种社会动物，既要在社会中生活，就不能脱离社会。这里，并不是要说杨朱因“为我”而不肯写出自己的著作来。如果依照这种逻辑，杨朱为了“为我”，他甚至连一句话都不应该说，因为一宣传自己的主张，也就成了“为人”，那怎么会有“杨朱、墨翟之言盈天下”呢？

从整个思想体系上来看，杨朱的主要思想就是“全性保真”，就是“贵己”和“重生”，也即孟子所说的“为我”，这和墨家的“兼爱”是对立的，和《吕氏春秋》中专门论述“贵生”、“重己”的思想是相一致的。因此，很多学者认为，《吕氏春秋》中的《贵生》、《重己》等篇，可以代表杨朱的思想。

二、杨朱思想的核心是“贵己”、“重生”

杨朱思想的核心，就是所谓“贵己”和“重生”。用我们今天的话来说，就是珍惜自己的生命，以保全自己为唯一重要。

孟子曾把杨朱的这种思想当作一种异端邪说，极力加以攻击。按照孟子所说，“杨子取为我，拔一毛而利天下，不为也”（《孟子·尽心上》），这就是说，杨朱是一个极端自私自利的人。他的这种自私自利已经到了这样的程度：即使从他身上拔下一根毛，全世界的人都能从中得到好处，他也是不肯干的。孟子的话，不能完全使我们相信这就是杨朱的观点。因为，孟子在同自己的论敌辩论中，正像我们前面所说的，总是喜欢曲解对方的原意，然后从各方面加以驳斥。

此外，《韩非子》在《显学》篇中曾说：

> 今有人于此，义不入危城，不处军旅，不以天下大利易其胫一毛，世主必从而礼之，贵其智而高其行，以为轻物重生之士也。夫上所以陈良田大宅，设爵禄，所以易民死命也。今上尊贵轻物重生之士。而索民之出死而重殉上事，不可得也。

我们知道，《显学》是韩非子驳斥当时流行的儒、墨这两家的理论的，同时，也驳斥了道家的理论。这段话的意思是说，现在有人主张不进入危险的城市，不到军队里去打仗，即使用整个天下的大利益来换取他小腿上的一根汗毛，他也不干；当时的君主必定因此而敬重他，认为他聪明可贵，行为高尚，是轻视外物而重视生命的人。君主们之所以拿出良田大宅，设置爵位俸禄，是为了用这些来换取老百姓为君主献出生命。现在君主尊重轻物重生的人，而又要求人民为君主的事业献出生命，这是不可能的。根据韩非的解释，杨朱是一个极端重视保存自己生命的人，即使只要拔下他小腿上的一根汗毛，就可以得到世界上最大的利益，杨朱也是不肯这样做的。应该说，这一解释，比较接近于杨朱思想的本来面目。

由于杨朱没有什么著作流传下来，不少哲学史家都认为《吕氏春秋》（尽管它是先秦著作中比较晚出的一部书）中的《本生》、《重己》、《贵生》、《情欲》、《审为》几篇，是杨朱一派的思想，尽管包含着杨朱以后两三百年的发展，但仍然可作为研究杨朱思想的资料。

首先，从这些材料中可以看出，杨朱一派思想的核心，就是“为我”、“贵己”、“轻物重生”。《吕氏春秋》的《贵生》篇中，举了几个贵生的例子：

> 尧以天下让于子州支父。子州支父对曰：“以我为天子犹可也。虽然，我适有幽忧之病，方将治之，未暇在天下也。”天下，重物

也，而不以害其生，又况于它物乎？惟不以天下害其生者也，可以托天下。

越人三世杀其君，王子搜患之，逃乎丹穴。越国无君，求王子搜而不得，从之丹穴。王子搜不肯出，越人熏之以艾，乘之以王舆，王子搜援绥登车，仰天而呼曰："君乎，独不可以舍我乎！"王子搜非恶为君也，恶为君之患也。若王子搜者，可谓不以国伤其生矣，此固越人之所欲得而为君也。

鲁君闻颜阖得道之人也，使人以币先焉。颜阖守闾，鹿布之衣，而自饭牛。鲁君之使者至，颜阖自对之。使者曰："此颜阖之家邪？"颜阖对曰："此阖之家也。"使者致币，颜阖对曰："恐听缪而遗使者罪，不若审之。"使者还反审之，复来求之，则不得已。故若颜阖者，非恶富贵也，由重生恶之也。世之人主，多以富贵骄得道之人，其不相知，岂不悲哉。

从以上三个例子可以清楚地看出，杨朱一派认为，人的生命是宝贵的，长寿是重要的，甚至是唯一的人生目的。凡是危害生命、健康，影响精神、思想的，都不能够去做。"凡圣人之动作也，必察其所以之，与其所以为。今有人于此，以随侯之珠，弹千仞之雀，世必笑之，是何也？所用重，所要轻也。"（《吕氏春秋·贵生》）在他们看来，生命就像随侯之珠一样，是稀世的珍宝，而一切人间富贵，只不过是一只麻雀而已。《贵生》中的这一思想，可以说和"不以天下大利易其胫一毛"的思想是完全一致的。《吕氏春秋》的《审为》篇认为，一个人不论做什么事，都应该进行多方面的考虑，一切行为都应当在衡量了事物的轻重得失之后，才去进行。

身者所为也，天下者所以为也。审所以为而轻重得矣。今有人于此，断首以易冠，杀身以易衣，世必惑之。是何也？冠所以饰首也，衣所以饰身也，杀所饰、要所以饰，则不知所为矣。世之走利，有似于此。危身伤生，刈颈断头以徇利，则亦不知所为也。

这就是说，人之所以要衣服帽子，是为了能戴在头上和穿在身上，如果一个人砍掉头去换帽子，杀死自身去换衣服，谁都会认为这是荒唐的。因为把头和身体杀害了，要帽子和衣服又有什么用呢？人世间奔走于利的情景，与此正相类似。危害身体损伤生命、割断脖子丢掉脑袋去屈从于利，也是不懂得“所为”的表现。

为什么要反对追求名利呢？杨朱一派认为，一切世俗欲望的追求，都会因为忧戚而伤身，因而是不值得的。这也就是《淮南子·氾论训》中所概括的“全性保真，不以物累形”。《吕氏春秋》的《审为》篇中说，子华子去见韩昭釐侯。昭釐侯正因为同魏国争地而忧愁。子华子对昭釐侯说：“今使天下书铭于君之前，书之曰：‘左手攫之则右手废，右手攫之则左手废，然而攫之必有天下。’君将攫之乎？亡其不与？”昭釐侯说：“寡人不攫也。”在昭釐侯作了上面的回答之后，子华子说：“甚善！自是观之，两臂重于天下也。身又重于两臂。韩之轻于天下远，今之所争者，其轻于韩又远，君固愁身伤生以忧之臧不得也？”在这里，子华子关于愁身伤生的理论，是和杨朱的理论完全一致的。

由上述可见，杨朱“全性保真，不以物累形”的“贵己”、“重生”的人生哲学，是和老子的思想相通的，并对以后庄子的思想，有重要的影响。《庄子·逍遥游》中“尧让天下于许由”的故事，说明“全性保真”、“贵己”、“重生”同样也是庄子思想中的一个重要内容。

《列子》一书中专门有杨朱一篇，系统地叙述了杨朱的思想。但是，学界自唐柳宗元以来，即认为《列子》是伪书。经今人马叙伦考证，认为《列子》应属魏晋时期著作，其中《杨朱》一篇，在一定程度上反映了杨朱一派的一个支流。

《列子》中的《杨朱》篇进一步阐发了“为我”的思想：

> 伯成子高不以一毫利物，舍国而隐耕；大禹不以一身自利，一体偏枯。古之人损一毫利天下不与也，悉天下奉一身不取也。人人不损一毫，人人不利天下，天下治矣。
>
> 禽子问杨朱曰：去子体之一毛以济一世，汝为之乎？杨子曰：世固非一毛之所济。禽子曰：假济，为之乎？杨子弗应。禽子出，语孟孙阳。孟孙阳曰：子不达夫子之心，吾请言之。有侵若肌肤获万金者，若为之乎？曰：为之。孟孙阳曰：有断若一节得一国，子为之乎？禽子默然有间。孟孙阳曰：一毛微于肌肤，肌肤微于一节，省矣。然则积一毛以成肌肤，积肌肤以成一节。一毛固一体万分中之一物，奈何轻之乎？禽子曰：吾不能所以答子。然则以子之言问老聃关尹，则子言当矣；以吾言问大禹墨翟，则吾言当矣。

从上述两段引文来看，《列子·杨朱》中的这些思想，大体上还是和杨朱的思想相符合的。特别是“人人不损一毫，人人不利天下，天下治矣”的思想，可能是对杨朱思想的一种更为正确的解释，反映了杨朱对当时统治阶级中争权夺利、尔虞我诈的不满，反映了杨朱一派的社会理想。在杨朱看来，那些强调“爱人”、“兼爱”的人，强调要为国家、社会谋取大利的人，正是造成天下混乱的根源。这里已经涉及了剥削阶级的政治原则和道德原则的虚伪性问题。如果人人都能自觉起来，不愿意损伤自己的一毫去满足那些所谓国家社会之大利，那些想要以别人为牺牲品而捞取名利、争夺权势的人，也就无法运用自己的伎俩了。由此可见，“人人不损一毫，人人不利天下”，还包含着人人都不被别人利用的意思。所以，如果人人都能这样，天下就可以大治了。

三、杨朱关于幸福的理论

杨朱强调“贵己”、“重生”和“为我”，所以也强调人的欲望的满足。因此，在一定意义上，他提出了一个人生怎样才算幸福的理论。

杨朱一派认为，人是有感觉的动物，人生在世，必须要满足自己感官的需要。只有使自己的感官需要得到适当的满足，才能使自己长寿。但是，他们反对放纵，反对无限制地追求物质欲望的满足，反对享乐。《吕氏春秋·情欲》中说：

> 天生人而使有贪有欲。欲有情，情有节。圣人修节以止欲，故不过行其情也。故耳之欲五声，目之欲五色，口之欲五味，情也。此三者，贵贱愚智贤不肖欲之若一，虽神农、黄帝其与桀、纣同。圣人之所以异者，得其情也。由贵生动则得其情矣，不由贵生动则失其情矣。此二者，死生存亡之本也。

这就是说，如果由“贵生”而行动，适当地节制自己的情欲，使其有利于自己的生命，这就是“圣人”所具有的品质；否则，如果不注意“贵生”，只顾满足自己的欲望，必将招致过早的死亡。所以，杨朱一派认为，人的生命，本身就要求有欲望的满足，耳、目、口是三种最主要的感觉器官，不论是圣人还是桀纣，都同样追求这种欲望的满足。但是，人们所追求的物质欲望的满足，应该服从“为我”和“贵生”的原则，即只能有利于生命的发展，而不能戕害自己的生命。因此，一切物质欲望的满足，都不能过分，都必须有所节制，这就是所谓“适”，或者叫作“啬”。一个人活在世上，应当使耳朵听到最好的声音，使眼睛看到最好的颜色，使口舌享受到最美的滋味，如果什么都得不到满足，这不是和死人差不多？（“耳不乐声，目不乐色，口不甘味，与死无择。”）但是，如果过分了，有损于人的健康，影响到人的生命，这就一定要加以节制。

> 圣人深虑天下，莫贵于生。夫耳目鼻口，生之役也。耳虽欲声，目虽欲色，鼻虽欲芬香，口虽欲滋味，害于生则止。在四官者不欲，利于生者则弗为。（《吕氏春秋·贵生》）
>
> 是故圣人之于声色滋味也，利于性则取之，害于性则舍之，此全性之道也。（《吕氏春秋·本生》）

杨朱一派认为，圣人都是能“得道”的人，因而也就是能够长寿的人。这个所谓“得道”，也就是能够知道为“贵生”而节制欲望，不使情欲伤身。“古人得道者，生以寿长，声色滋味，能久乐之，奚故？论早定也。论早定则知早啬，知早啬则精不竭。”（《吕氏春秋·情欲》）正由于得道的人能节制自己的欲望，所以才能最长久地享受到声、色、滋味的快乐。特别是对一个人来说，这种“得道”的认识，应该越早越好，最好在青年时代就要认识到节制情欲的重要性。只有很早就知道节制情欲，即所谓“知早啬”，不要享受得太过，才能使自己健康长寿。《吕氏春秋·不二》中说“杨生贵己”，就是说，杨朱的思想核心就是“贵己”二字，这是很确切的。所谓“轻物重生”，也是以“贵己”为核心的。

杨朱一方面主张应该在不妨碍“贵己”、“重生”的原则下，满足人们的感官欲望；另一方面又时时提醒人们，对感觉欲望的满足，要注意节制，并多次强调纵欲的危害。《吕氏春秋·重己》篇认为，欲望是不利于人的生命的发展的，所以更加强调要节制人们的欲望。“凡生之长也，顺之也；使生不顺者，欲也；故圣人必先适欲”。强调“适欲”，即节欲，这和杨朱的思想是一致的；但是，把“欲”说成是“使生不顺”的东西，已经偏离了杨朱的思想，因为欲望已经不是必要的东西，而成了对生命不利的东西了。又说：“出则以车，入则以辇，务以自佚，命之曰招蹶之机。肥肉厚酒，务以自强，命之曰烂肠之食。靡曼皓齿，郑卫之音，务以自乐，命之曰伐性之斧。”（《吕氏春秋·本生》）这里，虽然批判的是纵欲，可是很显然，已经视欲望为“伐性之斧”，即将其当作对生命有害的东西，与有节制的享乐已经有很大的不同了。《吕氏春秋·重己》中也说：“（衣）燀热则理塞，理塞则气不达；味众珍则胃充，胃充则中大鞔；中大鞔而气不达，以此长生可得乎？”很明显，这同样也是在批判纵欲，把欲望和生命对立起来，有逐渐走向禁欲主义的倾向。

之后，在很长一段时期内，杨朱的思想几乎泯灭，而老子、庄子的思想则有着较大的影响。到了魏晋时期，杨朱的思想在《列子》的《杨朱》篇中才有所反映。

四、杨朱思想的社会作用

杨朱一派的思想，代表了在历史大变动时期，在激烈的阶级斗争中，对现实不满的一部分贵族，特别是其中一些思想敏锐、自恃清高的知识阶层的思想。他们曾经是贵族，有条件去满足自己的各种物质欲望而不需要劳动。但是，他们中一些头脑清醒、思想敏锐之士看不惯社会的黑暗，也可能是在斗争中遭到了不公正的待遇或失败，从而愤世嫉俗，对那些他们认为用“阴谋诡计、巧取豪夺”的办法取得了权力的人，感到十分不满。他们或者不愿意同那些人同流合污，或者对重新夺回以往的权力已经失去了信心，因此，他们和当时的统治者处于对立的地位，消极地隐居起来，清高自负，希望成为一个隐士，并以保持自己生命的长寿为唯一目的。他们故意自命不凡，说一些与世无争、看透名利、不求富贵荣华只求养生的宏论。其实，很显然，如果他们不是贵族，不是曾经有权有势的人，又有什么条件来满足自己的耳目口腹之欲呢？

杨朱一派的伦理思想，显然是对当时统治阶级的一种反抗，包含着对统治者公开的不合作。不论当权的统治者或其他各派思想家怎样教导、提倡人们要君君、臣臣、父父、子子，要兼爱，要亲亲，要爱人，要泛爱众，他们却反其道而行之，只爱自己，不爱别人，只要保全自己，不去考虑什么社会国家。他们反对儒、墨两家的道德规范，强调个人的自由发展。他们幻想使人们超越于一切规范的必然之上，打破一切“累形”之物，以达到其所谓“全性保真”的目的。很显然，这种思想是不利于当时的社会的。因此，维护当时社会秩序、具有等级观念的孟子，非常反对杨朱的思想，他说：“杨氏为我，是无君也。”（《孟子·滕文公下》）这确实触及了问题的要害。如果人人都只知道保重自己的生命，都不肯为别人牺牲自己的利益，又有谁能为国君卖命呢？孟子把杨朱这种“无君”的思想，视作大逆不道，咒骂有这种思想的杨朱只是禽兽，可见孟子对这种思想痛恨的程度。确实，如果人人都只为自己活命着想，社会又怎么能存在和发展呢？正是出于这种原因，杨朱的思想本身就缺少必要的生命力。儒家则与之相反，它的主要目的就是要运用各种方法来维护社会和国家的存在，这也是儒家能受到统治阶级支持的一个重要原因。

杨朱一派的思想，由于宣扬了极端的“为我”和“贵己”的人生哲学，曾受到后世许多思想家的非难。其实，剥削阶级思想家的人生哲学，基本上都是宣扬“为我”和“利己”的，所不同的只是杨朱公开地、不加掩饰地说出了这种观点，而且特别强调了保持生命的重要意义。

另外，杨朱一派强调，人的感觉欲望是应该得到满足的，这和孔子、孟子等人贬低利欲的唯心主义思想不同，包含着唯物主义感觉论的因素。但是，杨朱一派片面地强调“贵生”，认为人活着的唯一目的就只是活着，其他一切，都是不应该理会的。这种思想，只能是一种消极的人生哲学。

第三节　庄子“超脱义利”的伦理思想

一、庄子生平及著述

庄子，姓庄名周，战国中期宋国蒙（今山东曹县，一说今河南商丘）人。庄子的生卒年月无可确考，《史记》说他和梁惠王、齐宣王同时，后人马叙伦说他大约生于公元前369年，卒于公元前286年，较为可信。

庄子曾经在蒙这个地方当过漆园吏（管漆园的小官），后来做了隐者。庄子的一生，似乎过着很贫穷的生活。《庄子·外物》说：“庄周家贫，故往贷粟于监河侯。”《庄子·山木》说他“衣大布而补之，正緳系履而过魏王”。《庄子》书中所载的这两件事，可能是寓言，但也可能反映了庄子的一些实际生活情况。他之所以很贫困，主要原因是他自己不愿做官。《史记》记载了他曾经拒绝高官厚禄而宁愿过隐者生活的情况，可能有一定的根据：

> 楚威王闻庄周贤，使使厚币迎之，许以为相。庄周笑谓楚使者曰："千金，重利；卿相，尊位也。子独不见郊祭之牺牛乎？养食之数岁，衣以文绣，以入太庙。当是之时，虽欲为孤豚，其可得乎？子亟去，无污我。我宁游戏污渎之中自快，无为有国者所羁，终身不仕，以快吾志焉。"（《史记·老庄申韩列传》）

这一段叙述可以和《庄子·秋水》中所记载的庄子垂钓于濮水，楚王派二大夫迎请的事相印证。这虽然说的是庄子的一件逸事，但它不但反映了庄子的世界观和人生观，而且对了解庄子的伦理思想，也有极重要的意义。

庄子虽然过着隐居不仕，甚至有时靠编草鞋、借贷过活的贫穷生活，却和当时的许多大人物有交往。曾做过魏国宰相的惠施，就是他很要好的朋友。庄子和惠施经常相互辩难，讨论学问，但是，庄子和惠施对于每一件事都有不同的看法，对于荣华富贵，他们两个人的看法尤为对立。《庄子·秋水》中有一段"鹓鸰与鸱"的对话：

> 惠子相梁，庄子往见之。或谓惠子曰："庄子来，欲代子相。"于是惠子恐，搜于国中，三日三夜。庄子往见之，曰："南方有鸟，其名为鹓鸰，子知之乎？夫鹓鸰发于南海而飞于北海，非梧桐不止，非练实不食，非醴泉不饮。于是，鸱得腐鼠，鹓鸰过之，仰而视之曰：'吓！'今子欲以子之梁国而吓我邪？"

这当然只能看作一个寓言，在这里，庄子把自己比作高尚、美丽而且目光远大的凤凰，把魏国宰相这样的高官，比作一个臭不可闻的腐烂了的死老鼠，而把自己的好朋友惠施比作一只贪吃腐鼠的猫头鹰，这简直有点人身攻击以至于侮辱人格了。至于说到惠子搜于国中三日三夜（等于下了一道通缉令，挨家挨户搜查了三天三夜），似乎更不可能，但这个故事至少反映了庄子对功名富贵的态度，表现了他独特的隐士思想的作风。《淮南子·齐俗训》也说："惠子从车百乘，以过孟诸，庄子见之，弃其余鱼。"这是说，惠施过孟诸这个地方时，摆着十分阔气的仪仗，此时庄子正在钓鱼，看到惠施这样一副做派，心里甚是鄙夷和生气，连自己钓到的鱼都丢到水里去了。

从《庄子》三十三篇来看，庄子是一个有着绝顶聪明智慧的人，有着极高的文学造诣。他用诗一般的文词，形象、生动而又感人的语言，引人入胜的故事，变化奇特的情节和极为生动的描绘，以及含有深刻意义的警句来叙述他的哲学和伦理思想。他一反过去那种道德箴言的说教和长篇的逻辑论证，用人们现实生活中所喜闻乐见的事例或寓言加以引申发挥，给人以启发，使人们从中受到教益。正如闻一多所说，庄子的哲学“不像寻常那一种矜严的、峻刻的、料峭的一味皱眉头、绞脑子的东西，他的思想的本身便是一首绝妙的诗”①。“别的圣哲，我们也崇拜，但哪像对庄子那样倾倒、醉心、发狂?”② 因此，以庄子的聪明才智来说，在当时百家争鸣的形势下，即使不愿做官，就是从事讲学，要获得一个较优越的生活环境也是很容易的。齐国的稷下先生们尽管才华差庄子甚远，也“皆列为上大夫”。惠子死后庄子为他送葬，在他的墓旁说：“自夫子之死也，吾无以为质矣，吾无与言之矣。”（《庄子·徐无鬼》）但是，庄子在政治和生活上从不依赖惠施，他一生都过着隐居、贫穷的生活。庄子对人们的钩心斗角、争权夺利十分厌恶，他力图寻求一种不受外界干扰、自得其乐、绝对自由的生活。因此，他对统治阶级采取了不合作的态度。庄子的这种态度，反映了在战国这一动乱时期一部分不满意现实、自命清高的所谓隐士的知识分子的心理。

庄子一生隐居，没有什么壮举伟绩可述，但他行为奇特，做事不入于俗。他虽然门徒有限，但在当时欣赏他的思想的人却是不少的。《庄子》一书，是庄子和他的弟子以及后学所写文章的汇编，是我们现在研究庄子的行为作风及其伦理思想的主要依据。

《庄子》一书，凡三十三篇，分内篇、外篇和杂篇，它们所表述的思想并不是完全一致的，甚至有些篇章还有相互矛盾的地方，这就给我们的研究带来了一定的困难。在这些相互矛盾的篇章中，哪些篇章能代表庄子的基本思想？对此学术界有不同的看法。有些人认为，《庄子》内篇中的《逍遥游》、《齐物论》、《大宗师》等篇，可以代表庄子的基本思想，并以此断定庄子是一个哲学上的唯心主义者。还有一些人认为，《庄子》外篇中的《天地》、《天道》、《天运》等篇可以代表庄子的基本

①② 《闻一多全集》，第2卷，280页，北京，三联书店，1982。

思想，并据此断定他是一个唯物主义者。持有不同看法的双方，都曾提出了某些有说服力的根据。对庄子著述的争论，涉及对庄子思想的哲学性质的评价，也影响到对庄子伦理思想的评价，我们应当予以慎重对待。

其实，在古代，《庄子》一书的内篇、外篇的划分并不是固定的，这在古书中可以找到许多根据。因此，我们认为，研究庄子的思想，不应过分地拘泥于内篇或外篇。《庄子·天下》记载了先秦诸子的学说，它对诸家学说的评价虽有一定的倾向性，但概述却是很客观的，是符合史实的。我们既然承认作为先秦思想史记录的《天下》篇是可信的，那么，就应给它以应有的重视。我们认为，研究庄子的伦理思想，应当以《天下》篇关于庄子思想的一段叙述为基本依据，凡与这一段叙述相合的篇章，均应作为研究庄子伦理思想的材料。

二、从认识论上的相对主义到超善恶的伦理思想

在认识论上，庄子是一个相对主义者。他认为，人们不能认识或不能完全认识宇宙的真理，他有一句著名的话，就是“吾生也有涯，而知也无涯。以有涯随无涯，殆已”(《庄子·养生主》)。在他看来，贵贱、夭寿、大小、有无、是非之间的界限是搞不清楚的，也是不可搞清楚的。如果以“道”的观点来看，万物之间、物我之间都是等齐划一的。人们之所以有诸种辩争，是因为人们是从不同的角度来观察、看待事物的。他说：

> 以道观之，物无贵贱。以物观之，自贵而相贱。以俗观之，贵贱不在己。以差观之，因其所大而大之，则万物莫不大；因其所小而小之，则万物莫不小；知天地之为稊米也，知毫末之为丘山也，则差数睹矣。以功观之，因其所有而有之，则万物莫不有；因其所无而无之，则万物莫不无。知东西之相反而不可以相无，则功分定矣。以趣观之，因其所然而然之，则万物莫不然；因其所非而非之，则万物莫不非；知尧、桀之自然而相非，则趣操睹矣。(《庄子·秋水》)

这就是说，从事物的差别、功效、志趣和倾向来看，可以说是有差别的，但是，从最高的“道”来观察，事物之间的各种差别都是不存在的。因此，分辨事物的差别是徒劳的。

从他的相对主义出发，庄子劝导人们不要去认识什么是非、善恶。从伦理学上来看，这是一种超善恶的相对主义的道德观。这种道德观是以其相对主义的认识论为哲学基础的。

庄子认为，人类社会的一切看法、观点（包括道德观念）都是一种主观的偏见，人们都把己方的看法、观点称作是、称作善，而把别人的看法、观点称作非、称作恶。从自己的立场观点说，尧、桀都自以为对，以对方为非。这种从自己的立场观点出发得出来的是非观念，有没有什么办法得到证明呢？庄子认为没有。《庄子·齐物论》中说：

> 既使我与若辩矣，若胜我，我不若胜，若果是也，我果非也邪？我胜若，若不吾胜，我果是也，而果非也邪？其或是也，其或非也邪？其俱是也，其俱非也邪？我与若不能相知也，则人固受其黮闇，吾谁使正之？使同乎若者正之，既与若同矣，恶能正之？使同乎我者正之，既同乎我矣，恶能正之？使异乎我与若者正之，既异乎我与若矣，恶能正之？使同乎我与若者正之，既同乎我与若矣，恶能正之？然则我与若与人，俱不能相知也，而待彼也邪？

总之，在庄子看来，每个人都有自己的是非，“彼亦一是非，此亦一是非”，但这种相互对立的观点既得不到统一，也各自都得不到证明，因此，是非是无法有一个客观标准的。不仅是非不可能有客观标准，美丑也同样是不可能有客观标准的。《庄子·齐物论》中说：“毛嫱丽姬，人之所美也，鱼见之深入，鸟见之高飞，麋鹿见之决骤，四者孰知天下之正色哉？”又说：“自我观之，仁义之端，是非之涂，樊然淆乱，吾恶能知其辩！”意思是：毛嫱和丽姬是人们所赞誉的美人，然而鱼见到后则深藏水底，鸟看到后就飞向高空，麋和鹿看到后就飞快地逃走，这四者究竟是谁知道天下真正的美色呢？至于道德上的善恶，则更是不可能有客观标准的。

庄子愤世嫉俗，不平于当时“窃钩者诛，窃国者为诸侯，诸侯之门而仁义存焉”（《庄子·胠箧》）的社会现象，极力攻击和驳斥社会上流行的评价善恶的道德标准。他说：

> 伯夷死名于首阳之下，盗跖死利于东陵之上。二人者，所死不同，其于残生伤性均也。奚必伯夷之是而盗跖之非乎！天下尽殉也，彼其所殉仁义也，则俗谓之君子；其所殉货财也，则俗谓之小

人。其殉一也，则有君子焉，有小人焉；若其残生损性，则盗跖亦伯夷已，又恶取君子小人于其间哉！（《庄子·骈拇》）

这就是说，伯夷为了求得“忠清”之名而饿死在首阳山下，柳下跖为了贪利而死在东陵山上，二者死法不一，但都受一定目的所驱使，都是为了追求名或利，因而也都是残生伤性，何必要肯定伯夷而否定盗跖呢！在人们中间区分“君子”和“小人”是不必要的。肯定“君子”而否定“小人”，则更是不适当的。在世俗中，人们区分“君子”和“小人”的道德标准是仁义，而在庄子看来，仁义是对人的自然本性的残害，是统治者美化自己、欺骗百姓的工具，因此，按照仁义的标准来区分是非、善恶，是不公正的。正因为如此，庄子把按仁义区分的善恶看作等齐划一的，认为善不可誉，恶不可毁。

在庄子看来，分清是非、明察善恶是世俗之人总想去做的事，而圣人却不是这样的。圣人知道是非和善恶是无须究明也不可究明的。因此，圣人不走这种辨明是非和善恶的道路，而听任自然。他认为，喜怒哀乐、思虑、反复、恐怖，甚至轻浮、妖艳、奢侈、放纵情欲大多是出乎自然的，根本无须对它们进行善恶的评价。人应当放弃自己的小聪明，不要去认识真理，不要去认识和评价社会的道德现象，一切都任其自然。很显然，庄子由于在认识论上的相对主义和不可知论，得出了齐善恶的相对主义道德观，并且最终得出了否认善恶有差别的结论。其实，在庄子看来，善恶还是有的，只有他所主张的善才是善，儒、墨、法各家的善都是恶，因此，他的主张并不是无善恶，而是有善恶的。

三、庄子的人生观

庄子所生活的战国中期，各国的封建制度虽然基本上已经确立，但尚未巩固。从周这一专制统一王国分裂出来的各个诸侯国，都想用武力争取自己周围的邻国，从而统一天下，使中国重新成为一个专制的、强大的国家。封建地主阶级，尽管是一个新兴的刚登上历史舞台的阶级，但作为剥削阶级来说，他们彼此争夺、穷兵黩武、相互利用、相互欺骗、强取豪夺，使广大劳动人民受到很大的伤害。作为知识分子的士这一阶层，有的出谋划策，为有国者奔走效劳，以求谋得一官半职；有的恃才待沽，准备为所识者尽力，以为统治阶级所用。也有一部分剥削阶级出身的知识分子，他们对现实的各种情况深感不满，觉得与社会的礼乐、制度及道德格格不入，凭着他们的处世经验和对社会问题的深刻观察，选择了一条遁世的道路。他们不愿与当时的统治者同流合污，对现实也抱有极为消极的看法，认为现实已经无可救药地沉沦了，而在这种社会的动荡和沉沦中，对他们来说，最重要的就是要洁身自好，不与这个社会中的其他人同流合污。因而，他们要求一种逃避现实、孤家自处、不受现实社会束缚的精神安慰。庄子就是这样一类思想家的典型代表。

人生的目的是什么？什么样的生活是最有意义的生活？庄子针对当时社会中很多人追求名利、孳孳为私的现象，提出最有意义的人生就是要看穿一切功名利禄，看穿生死，使自己过一种无求、无私、无知、无欲的生活，过一种不受任何限制、精神上绝对自由的生活。《庄子·秋水》说：

> 庄子钓于濮水，楚王使大夫二人往先焉，曰：“愿以境内累矣!”庄子持竿不顾，曰：“吾闻楚有神龟，死已三千岁矣。王巾笥而藏之庙堂之上。此龟者，宁其死为留骨而贵乎？宁其生而曳尾于涂中乎?”二大夫曰：“宁生而曳尾涂中。”庄子曰：“往矣！吾将曳尾于涂中。”

从这里来看，似乎是说，高官厚禄不但不足以贵，反而是束缚人的自由的枷锁，是危害人的寿命的，因此，为了更好地活着，就不要去做大官。

庄子对现实极其不满，这种不满，不仅表现在不与统治者合作上，还表现在他对现实及统治者的诅咒中。他认为，在当时的社会中，人们都打着仁义礼智的招牌，干的却是男盗女娼的勾当。他说：“彼窃钩者诛，窃国者为诸侯，诸侯之门而仁义存焉。”(《庄子·胠箧》)他认为，道德和法律的原则和规范，本来是评价善恶、量刑轻重的标准，但是，这些原则、规范既然为那些有权势的人所掌握，他们在窃取国家大权的时候，也就掌握了舆论大权，并把自己的一切言行都说成是符合这些原则和规范的。这就是他所说的“为之斗斛以量之，则并与斗斛而窃之；为之权衡以称之，则并与权衡而窃之；为之符玺以信之，则并与符玺而窃之；为之仁义以矫之，则并与仁义而窃之”(同上)，“田成子一旦杀齐君而盗其国，所盗者岂独其国邪？并与其圣知之法而盗之”(同上)。从这里可以看出，庄子对当权者的所作所为是十分愤慨的。此外，他对社会上的钩心斗角、争权夺利也十分厌恶。在他看来，人与人之间“与接为构，日以心斗”（《庄子·齐物论》），人们整天忙忙碌碌，心灵、身体都不得安宁，有的人一辈子被役使，看不到自己的成功，困苦地疲于奔命，而不了解自己的归宿，这不是很悲哀的事吗？正因为庄子有这种见识，才有所谓“惠子从车百乘，以过孟诸，庄子见之，弃其余鱼”。至于当时在意识形态领域中出现的百家争鸣的盛况，他认为这只不过是一种应时的骗人的东西，颠来倒去，只不过是对无知的人的一种欺骗，是一种“朝三暮四”、“朝四暮三”的耍猴游戏而已。

庄子深深感到，当时的社会中，很多人为了达到自己卑鄙的追求名利的目的，只能趋炎附势、阿谀奉承，跟着当权的统治者的指挥棒转动。因此，推而广之，他认为，人们在世上生活，都是要受别人的影响和制约的，自己不能独立，没有自由，没有个性的发展。《庄子·齐物论》中有一段话说：

> 罔两问景曰：“曩子行，今子止；曩子坐，今子起，何其无特操与？”景曰：“吾有待而然者邪？吾所待又有待而然者邪？吾待蛇蚹蜩翼邪？恶识所以然？恶识所以不然？”

这段话的意思是说：影子的影子（罔两）质问影子一会儿走，一会儿停，一会儿坐，一会儿起，为什么这样没有独自的操守？影子认识到自己是有所“待”才这样的，并且是因为自己的所“待”者又有所“待”才导致这样的，但最终原因怎样，影子是搞不清楚的。庄子以此说明人人都是有所“待”的，都是不自由的，所以才造成了人生中的许多愁苦和悲哀。庄子认为，只有超脱现实、看透现实，不为名利所引诱，不去搞那种无聊的你争我夺，不去做无谓的挣扎，安时处顺，与世无争，才能保全天性，享尽天年。

人生有什么意义呢？庄子认为，人生变幻无常，人们在现实生活中，不能掌握自己的命运，就好像在做一场梦一样。因此，他认为，对人生不要认真，而最主要的是要超脱这一切，保全自己。《庄子·齐物论》中说：夜晚梦见饮酒而欢乐的人，早上醒来后可能因悲痛而哭泣；夜晚做梦因悲伤而哭泣者，梦醒后又高高兴兴地去狩猎。当他在做梦的时候，他并不知道是在梦中，而且在梦中还要占其梦之吉凶，只有醒了才知道是梦。只有人们大觉之后，才会了解他的一生也是一场大梦啊！“昔者庄周梦为胡蝶，栩栩然胡蝶也，自喻适志与，不知周也。俄然觉，则蘧蘧然周也。不知周之梦为胡蝶与，胡蝶之梦为周与？周与胡蝶，则必有分矣。此之谓物化。”（《庄子·齐物论》）人生有清醒的时候，也有做梦的时候，人们清醒的时候所做的事，可能是很荒唐的，是被迫的；而在梦中所做的事，可能是自由的、有意义的。所以他认为，人自以为清醒的时候也许是在做梦，做梦的时候也许是在真正地清醒着。人生就是这么不能掌握自己的命运，没有自由，甚至可以说是稀里糊涂，那么，与其挖空心思地你争我夺、分辨是非善恶，还不如看破一切，随世浮沉，一切都不放在心上，从而达到全性保真的目的。

庄子还认为，人们往往因为忧惧死亡的到来而陷入极大的痛苦，所以他用了很大的篇幅来讨论死亡的问题，企图使人们摆脱这一痛苦。因此，在他看来，人们不但应当看透人生，还应看透生死，把生死置之度外，《庄子·至乐》中说：

> 庄子妻死，惠子吊之，庄子则方箕踞鼓盆而歌。惠子曰：“与人居，长子老身，死不哭亦足矣，又鼓盆而歌，不亦甚乎？”庄子曰：“不然。是其始死也，我独何能无概！然察其始而本无生，非徒无生也，而本无形；非徒无形也，而本无气。杂乎芒芴之间，变而有气，气变而有形，形变而有生。今又变而之死，是相与为春秋冬夏四时行也。人且偃然寝于巨室，而我嗷嗷然随而哭之。自以为不通乎命，故止也。”

庄子的根本思想是，人活在世上，死是不可避免的。生和死都是自然的正常现象，不必要为生而欢乐，为死而悲哀。而且，当时的社会，对于有些遭受各种痛苦、折磨和困难的人来说，死了之后，这些痛苦、折磨和困难也就随着消失了，这也并不一定就是坏事。

人生在世，不但不应该以死亡为不幸，而且要认识到死人比有些活着而受罪的人更能摆脱一些烦恼。这种论点，庄子在《至乐》篇中通过一个“髑髅见梦”的寓言进行了引人入胜的表述。这个寓言说：

> 庄子之楚，见空髑髅，髋然有形，撽以马捶，因而问之，曰：“夫子贪生失理，而为此乎？将子有亡国之事，斧钺之诛，而为此乎？将子有不善之行，愧遗父母妻子之丑，而为此乎？将子有冻馁之患，而为此乎？将子之春秋故及此乎？”于是语卒，援髑髅，枕而卧。夜半，髑髅见梦曰：“子之谈者似辩士。视子所言，皆生人

> 之累也，死则无此矣。子欲闻死之说乎?”庄子曰:“然。”髑髅曰:“死，无君于上，无臣于下；亦无四时之事，从然以天地为春秋，虽南面王乐，不能过也。”庄子不信，曰:“吾使司命复生子形，为子骨肉肌肤，反子父母妻子闾里知识，子欲之乎?”髑髅深瞑蹙頞曰:“吾安能弃南面王乐而复为人间之劳乎!”

这是说：庄周在去楚国的途中，看见一个早已枯朽的空髑髅。庄周对着这个空髑髅感慨发问道:“你是因为贪生失去道理而成这样的呢？还是因为国家灭亡，遭到斧钺之诛而成这样的呢？还是因为做了不道德的事，怕给父母妻子留下耻辱惭愧而死而成这样的呢？还是冻饿而死或老死而成这样的呢?”说完了这些话后，庄子便把空髑髅拉过来，枕在头下睡着了。到了半夜，空髑髅在梦中对庄子说:“听您提出的问题，您似乎是一个辩士。但您所说的这一切都是活在世上受到各种折磨、痛苦、压迫和不幸的人才有的烦恼，死了就没有这些忧愁了。”又说:“人死了，上面没有君，下面没有臣，没有一年到头的各种劳累的事情，安闲自在，和天地那样长寿，就是在世间做一个皇帝，也不能超过这种快乐啊!”庄子不信，想考验一下髑髅说的是不是真话，就说:“我请司命之神来恢复你的生命，使你回到父母妻女及乡邻之中，你愿意吗?”空髑髅听了，却愁眉苦脸地说:“我怎么能愿意抛弃这种胜过皇帝的快乐而再一次去经受那人间的痛苦呢?”庄子这个寓言的实际意义是说，人们如果不能摆脱人世的痛苦、约束和纷扰，每日受着无尽的烦恼，死去就不一定不好。当然，庄子不是劝导人们都去寻死，而是认为，在现实社会中，人们对于许多压迫、剥削、灾难、不幸都无力摆脱，因此，要人们看透生死，不要自寻烦恼，要采取一种超然的处世态度，过一种无拘无束、放任自流、逍遥自在的生活。

鲁迅在他的《故事新编》的《起死》中，嘲讽和批判了庄子的这种人生哲学。《起死》中说：当庄子使这个髑髅复活以后，这个髑髅却非常希望活着。他活过来后全身赤条条的，一丝不挂。他想起来自己是去探亲的，还随身携带着衣服、包裹和雨伞，走到这个地方，好像头顶上轰的一声，眼前一黑，就倒下了。因此，他向庄子要自己身穿的衣服及丢失了的雨伞和包裹（里面有52个圆钱，半斤白糖，二斤南枣），并且说:“不还我的东西，我先揍死你!”说着就攥着拳头去揪庄子，逼得庄子从袖子里摸出警笛，狂吹了三声。一个带着警棍的巡士赶来，才解了庄子的围。鲁迅写这个故事，反映了鲁迅在新的时代条件下，对某些人借用庄子的思想来宣传消极的人生观的尖锐批判。

从庄子整体的思想看，他并不轻生，而是要人们与世无争，自然无为地享尽天年。庄子崇尚自然，主张要保持人的自然寿命，反对为争夺名利而轻生横死。他在《庄子·养生主》中，提出了一套养生的理论。其中“庖丁解牛”的寓言，更富有他所说的养生的道理。庖丁告诉文惠君说，他的宰牛技术之所以这样高超，最主要的功夫就是能“以无厚入有间”。在他看来，牛身上的每一部分都有间隙，要用心体察这些间隙，使自己的薄得“无厚”的刀子能在其中游刃自由而毫无磨损。这正好像人生活在社会上一样，只有善于体察人、事之中的“间隙”，善于在你争我夺的环境中寻求可以苟安的“世外桃源”，方可以“应而无伤”，尽可能活得长久。很显然，庖丁所说的“以无厚入有间”不仅仅是一种修养的方法，它还是一种修养的原则。这种原则就是不去碰那些“硬骨头”、“粗牛筋”，偏安于间隙之中，不受伤害。

庄子认为，为了更好地保全自己，最好的办法就是使自己对任何人来说，都没有可以利用的地方，即对什么人都没有用处，这样也就可以免遭祸害了。《庄子·人间世》中说：

> 匠石之齐，至乎曲辕，见栎社树，其大蔽数千牛，絜之百围，其高临山，十仞而后有枝。其可以为舟者旁十数。观者如市，匠伯不顾。遂行不辍。弟子厌观之。走及匠石，曰：“自吾执斧斤以随夫子，未尝见材如此其美也。先生不肯视，行不辍，何邪？”曰：“已矣，勿言之矣！散木也，以为舟则沉，以为棺椁则速腐，以为器则速毁，以为门户则液樠，以为柱则蠹。是不材之木也，无所可用，故能若是之寿。”匠石归，栎社见梦曰：“女将恶乎比予哉？若将比予于文木邪？夫柤梨橘柚，果蓏之属，实熟则剥，剥则辱，大枝折，小枝泄。此以其能苦其生者也，故不终其天年而中道夭，自掊击于世俗者也。物莫不若是。且予求无所可用久矣，几死。乃今得之，为予大用。使予也而有用，且得有此大也邪？”

这就是说，栎树之所以能够有这么长久的寿命，就是因为什么人都觉得它无用。人要保存自己，就要像栎树那样，使任何人都不能利用他达到某种目的。只有无用之用，才是自己最大的用。如果多少能为别人所利用，别人就会打你的算盘。“山木自寇也，膏火自煎也。桂可食，故伐之；漆可用，故割之。人皆知有用之用，而莫知无用之用也。”（《庄子·人间世》）庄子在这里所宣扬的是一种“贵己”、“重生”的为我哲学，一切都以保全自己为最重要。为了保全自己，完全无用有时也不能达到目的，因为，完全无用又往往会被人们所抛弃、伤害和摧残。所以庄子又提出，为了保存自己，最好使自己处于有用和无用之间。《庄子·山木》有这样一段话：

> 夫子出于山，舍于故人之家。故人喜，命竖子杀雁而烹之。竖子请曰：“其一能鸣，其一不能鸣。请奚杀？”主人曰：“杀不能鸣者。”明日，弟子问于庄子曰：“昨日山中之木，以不材得终其天年，今主人之雁，以不材死，先生将何处？”庄子笑曰：“周将处乎材与不材之间。材与不材之间，似之而非也，故未免乎累。”

这段话可以这样理解：人为了保全自己，或者是以“不材”保其天年，或者是在“材与不材之间”来求得自己的生存。

庄子认为，生和死之间没有绝对的界限，“方生方死，方死方生”（《庄子·齐物论》），所以，人们只要能自然地生、安宁地生、自由自在地生，然后自然而然地死，就算是一种最成功的人生。《庄子·列御寇》中说：“庄子将死，弟子欲厚葬之。庄子曰：‘吾以天地为棺椁，以日月为连璧，星辰为珠玑，万物为赍送。吾葬具岂不备邪？何以加此！’弟子曰：‘吾恐乌鸢之食夫子也。’庄子曰：‘在上为乌鸢食，在下为蝼蚁食，夺彼与此，何其偏也！”庄子把死亡看作回归到自然中去，因此一点也不觉得悲哀。他也希望人们都能看透人生，看透生死，做那种“安时而处顺”、自然无为、全生尽年的人。

四、强调人的自然本性，强调超脱义利，反对儒墨道德的束缚

庄子伦理思想的一个重要内容，就是反对儒家所宣扬的仁义道德，还反对用任何圣人制定的道德规范来调整人和人之间的关系。他崇尚人的自然本性，认为圣人和当权者加于人们头上的任何规范都是对人的美好的自然本性的残害。在反对儒家所鼓吹的仁义道德时，庄子的思想有合理的因素，因为他看到了当时社会中存在的许多不合理现象，并揭露了剥削阶级道德的虚伪的一面，指出了仁义道德不过是少数人愚弄众人的工具。

庄子认为，儒墨两家所提倡的道德规范，是对人们的个性自由的束缚；人们要想获得自由，按照人的本性去生活，就必须顺乎自然，去掉羁绊，摆脱儒墨两家以道德规范形式所加给人们的种种束缚。这一问题，实质上是伦理学上的自由和必然的关系问题的一个部分，或者说是一个方面。在庄子看来，在没有儒墨两家的道德说教以前，人们按照自己的本性生活，他们自由自在，不受拘束，也没有那种虚伪的假仁假义。在那种人们都有着淳朴道德的至德之世，人们按照自己的本性去行动，根本不需要什么仁义道德的说教。他认为，在那种“至德之世”，“彼民有常性，织而衣，耕而食，是谓同德。一而不党，命曰天放”（《庄子·马蹄》）。意思是说，那时人人都靠劳动吃饭，家家都靠织布穿衣，人们同心同德，一心一意，谁也不结党营私，这就是每个人顺乎自然的生活。大家都很淳朴，谁去追求豪华和享受？人人都自己劳动，谁还去剥削别人？人人都有着淳朴的道德，哪还用得着什么“圣人”来讲仁义和兼爱？所以，庄子认为当时社会中的道德规范、法律、制度就像络马首、穿牛鼻一样，是对人们的限制，它只能束缚人们的自由，使人们受到压制。因此，他认为制定仁义的圣人，是犯了一个大错误。他说：

> 夫至德之世，同与禽兽居，族与万物并，恶乎知君子小人哉！同乎无知，其德不离；同乎无欲，是谓素朴，素朴而民性得矣。……夫赫胥氏之时，民居不知所为，行不知所之，含哺而熙，鼓腹而游，民能以此矣。及至圣人，屈折礼乐以匡天下之形，县跂仁义以慰天下之心，而民乃始踶跂好知，争归于利，不可止也。此亦圣人之过也。（同上）

在庄子看来，仁义道德的出现，是对人们的淳朴本性进行残害的结果：“纯朴（即全木）不残，孰为牺尊！白玉不毁，孰为珪璋！道德不废，安取仁义！性情不离，安用礼乐！五色不乱，孰为文采！五声不乱，孰应六律！夫残朴以为器，工匠之罪也；毁道德以为仁义，圣人之过也！”（同上）由于圣人显才逞能，败坏了人们高尚的道德，致使社会风气堕落了。儒墨两家继承圣人的事业，也进行道德说教，这也正是人们道德堕落的重要原因。庄子说：

> 昔者黄帝始以仁义撄人之心，尧、舜于是乎股无胈，胫无毛，

> 以养天下之形，愁其五藏以为仁义，矜其血气以规法度。然犹有不胜也，尧于是放讙兜于崇山，投三苗于三峗，流共工于幽都，此不胜天下也。夫施及三王而天下大骇矣。下有桀、跖，上有曾、史，而儒墨毕起。于是乎喜怒相疑，愚知相欺，善否相非，诞信相讥，而天下衰矣。大德不同，而性命烂漫矣。(《庄子·在宥》)

这就是说，社会中一切弊端的出现，都是圣人推行仁义的结果，仁义推行得越厉害，社会秩序和人与人之间的关系就越糟糕。正是由于儒家和墨家进行仁义道德的说教，才导致了智人和愚人的相互欺骗，引起了善人和恶人的彼此责难，形成了诚实的人和不诚实的人之间的嘲讽和讥诮。正是由于这种原因，社会混乱了，天下衰落了，人们的自然本性也被破坏了。可见，儒墨的仁义，是不利于调整人和人之间的关系的。

庄子认为，仁义总是被奸恶者用以美化自己："田成子一旦杀齐君而盗其国，所盗者岂独其国邪？并与其圣知之法而盗之。故田成子有乎盗贼之名，而身处尧舜之安，小国不敢非，大国不敢诛，十二世有齐国。则是不乃窃齐国并与其圣知之法，以守其盗贼之身乎？"(《庄子·胠箧》)田成子一旦杀死齐国的国君，抢夺了他的天下，而且连其治理国家的法律和道德都一并盗去了，他所做的一切，也就都是合乎仁义道德的了。只要有权有势，身居诸侯高位，就可以窃取仁义道德的美名；相反，如果无权无势，身为百姓，即使只拿了人家的一个钩子，也可能被统治者诛杀，这就是"窃钩者诛，窃国者为诸侯，诸侯之门而仁义存焉"(同上)。这种对当时社会的揭露是很深刻的。我们也可以说，庄子以他自己的方式，看到了仁义道德的阶级实质。

庄子还认为，仁义道德不但不能防奸止恶，而且还起着指导人们为非作歹的作用。在《庄子》一书中，他提出了著名的"盗亦有道"说。他认为，圣人们所说的仁人道德也可以成为强盗之间的一种规范和准则，并且可以帮助小强盗成为大强盗。他说：

> 故跖之徒问于跖曰："盗亦有道乎？"跖曰："何适而无有道邪？夫妄意室中之藏，圣也；入先，勇也；出后，义也；知可否，知也；分均，仁也。五者不备而能成大盗者，天下未之有也。"由是观之，善人不得圣人之道不立，跖不得圣人之道不行；天下之善人少，而不善人多，则圣人之利天下也少，而害天下也多。故曰：唇竭则齿寒，鲁酒薄而邯郸围，圣人生而大盗起。掊击圣人，纵舍盗

贼，而天下始治矣！（《庄子·胠箧》）

关于庄子所说的“盗亦有道”的意义，后来的思想家们曾做过各种各样的解释。有的说，这里反映了劳动人民也有自己的道德，是中国思想史上最早的关于劳动人民道德观念的记载；有的说，这里指出了不同阶级可以有共同的道德规范，反映了人类的公共生活规则，或者说反映了道德所具有的全人类的特点；有的还以此为论据，认为任何一个道德命题都有抽象意义和具体意义两个方面，而一切抽象意义都是可以继承的。但是，我们在这里必须指出，以上所说的这些观点，都不是庄子思想的本义。这些说法，是从庄子的这段话中引申出来的，也都有着某些合理的因素。庄子的“盗亦有道”说，主要是用寓言的方式来说明儒墨两家的圣人所制定的道或仁义道德并不是好东西，因为所有的强盗都正是根据它们来危害社会的。只有打倒了圣人，大盗才能消灭，只有废弃了仁义，罪恶才能消除，天下才能大治。

从庄子的著作中，我们经常可以看到这样的情形：他对社会中人和人之间的关系及许多社会现象的观察和分析，有其深邃独到的地方，有时候真可以说是入木三分，极有见地；但是，由于他的世界观和道德观的局限，又往往走上极端，得出极其片面的结论。在这里，庄子由反对统治阶级所提倡的仁义道德得出了这样一种结论，即为了提高人们的道德水平，最好的办法就是抛弃一切道德说教和一切道德规范的约束。他把一切社会的法制、礼乐、道德都看成对人性的戕害和损毁，认为人的最理想的行为，就是在没有任何外力约束下，顺着人的本性发展的行为。这种非道德主义的观点，当然是错误的。

由于过分强调人的自然本性，庄子和老子一样，认为科学技术以至百工技能的发展和进步，都会使人的淳朴道德败坏。《庄子·天地》中说：

子贡南游于楚，反于晋，过汉阴，见一丈人方将为圃畦，凿隧而入井，抱瓮而出灌，搰搰然用力甚多而见功寡。子贡曰：“有械于此，一日浸百畦，用力甚寡而见功多，夫子不欲乎？”为圃者仰而视之曰：“奈何？”曰：“凿木为机，后重前轻。挈水若抽，数如泆汤。其名为槔。”为圃者忿然作色而笑曰：“吾闻之吾师：有机械者必有机事，有机事者必有机心。机心存于胸中，则纯白不备；纯白不备，则神生不定；神生不定者，道之所不载也。吾非不知，羞而不为也。”子贡瞒然惭，俯而不对。

庄子认为，天下最纯正的道术，就是无所作为，听任万物自然而然地生长发展。他还认为，最理想的、道德最高尚的人，就是没有知识、没有世俗中所崇尚的道德的人，像一个浑沌一样。《庄子》内篇的《应帝王》说：“南海之帝为儵，北海之帝为忽，中央之帝为浑沌。儵与忽时相与遇于浑沌之地，浑沌待之甚善。儵与忽谋报浑沌之德，曰：‘人皆有七窍以视听食息，此独无有，尝试凿之。’日凿一窍，七日而浑沌死。”这个寓言是说：南海的帝王叫作儵，北海的帝王叫作忽，中央的帝王叫作浑沌。儵和忽经常在浑沌的地方见面，浑沌待他们很好。儵和忽在一起商量如何报答浑沌的情意，说：“人人都有七窍，用以看、听、吃饭、呼吸，唯独浑沌没有，我们试着给他凿出七窍吧。”儵和忽一天给浑沌凿出一窍，到了第七天，浑沌就死了。庄子讲的这个寓言，可以说有两个方面的意思：从儵和忽来说，弄巧成拙，害了一条命，这就是“有为”造成的恶果，违反了浑沌的自然本性，是好心办了坏事；从浑沌这方面来说，天然的无知无欲，不受任何外物的影响，这是最好的，他不需要任何外物加在自己身上。违背了他的自然本性，非要给他开凿七窍，使他能够视、听、食、息，那么，这个最完美的人，也就因此而不存在了。

五、庄子的人生理想论

在中国伦理思想史上，庄子可以说是第一个系统探讨人生理想问题的思想家。圣人、贤人、君子这样一些概念，在孔子时就已经明确地作为一种道德理想被提了出来，但并未进行过专门的、系统的论述。庄子提出并系统地阐述了他自己的人生理想和道德理想，这就是他所说的“真人”。在《庄子》一书中，另外还有所谓“至人”、“神人”、“圣人”（和儒家所说的“圣人”是大相径庭的）等提法，这是庄子对其人生理想和理想人格的不同称谓，和他所说的“真人”是一致的。

庄子的人生理想是和他的人生观密切相联系的。从“为我”和“保全自己”出发，庄子认为“真人”或“圣人”所具备的理想品质，就是顺应自然，安时处顺。在《庄子》内篇的《大宗师》中，庄子对自己提出的这一人生理想作了详细的描绘：

何谓真人？古之真人，不逆寡，不雄成，不谟士。若然者，过而弗悔，当而不自得也。若然者，登高不栗，入水不濡，入火不热，是知之能登假于道者也若此。

这就是说，一个理想的“真人”，能够“不违逆失败，不追求成功，不思虑什么事情”。他错过了时机而不追悔，顺利得志而不自得。他登高而不战栗，入水而不觉得湿，入火也不知热。他没有普通人所具有的情感、忧虑和知觉，他对安危都不在乎，能把生死看作没有差别，所以，任何恶劣的外界条件都奈何不得他了。

古之真人，其寝不梦，其觉无忧，其食不甘，其息深深。真人之息以踵，众人之息以喉。(《庄子·大宗师》)

这就是说，一个理想的真人，睡觉的时候不做梦，醒的时候无忧无虑，他吃起饭来不觉得甘美，他的呼吸是深匀细长的。一般人的呼吸是用喉咙，真人的呼吸则是从脚后跟开始用力的。

古之真人，不知说生，不知恶死；其出不䜣，其入不距；翛然而往，翛然而来而已矣。不忘其所始，不求其所终；受而喜之，忘而复之，是之谓不以心捐道，不以人助天。是之谓真人。若然者，其心忘，其容寂，其颡頯；凄然似秋，暖然似春，喜怒通四时，与物有宜而莫知其极。(同上)

这就是说，一个理想中的“真人”，不以活着为快乐，不以死去为不幸。他出生的时候，也不高兴。要死了也不拒绝，自然而然地来了，自然而然地去了，死生也不过如此，他不忘记自己的开始，不追求自己的归宿，不论什么事情来到身上，他都欢欢喜喜地接受。他忘记了什么是生死，把死亡看作又回复到自然，这就叫作不用心思去损害道，不用人来帮助天。他忘掉了一切，其容貌寂静安闲，额头宽大，发着纯朴的光彩。他严肃时像秋天一般，温暖时像春天一般，喜怒如同四时运行一样自然；他能顺应事物的变化，随遇而安，和万物相处没有不适宜的。人们简直无法了解他那宽广心怀的边际。

古之真人，其状义而不朋，若不足而不承；与乎其觚而不坚也，张乎其虚而不华也，邴邴乎其似喜乎！崔乎其不得已乎！滀乎进我色也，与乎止我德也，厉乎其似世乎！謷乎其未可制也，连乎其似好闭也，悗乎忘其言也。(同上)

这就是说，一个理想的真人，他处世的情形是中立而不偏倚，好像不足而不企求增加，好像有棱角而不固执。他胸襟开阔，心情虚淡而不夸饰。他那怡然自得的样子，好像非常欢喜；为人处世，又好像是不得已而如此。和蔼的容貌，使人亲近；宽厚的样子，好像叫人去归依他。他那严肃的样子，好像毫不马虎；他那高远的样子，好像不能控制；他那沉默的样子，好像把自己的感觉都闭了起来；他那无心的样子，好像忘记了自己要说些什么。

《庄子·大宗师》中的这一大段叙述，可以说全面、系统地表述了庄子的人生理想或理想人格。庄子认为，对于人与人之间的一切关系，对于社会上的一切事、物，都要视若浮云。《大宗师》中还说："且夫得者，时也；失者，顺也。安时而处顺，哀乐不能入也。"《庄子·应帝王》中说："至人之用心若镜，不将不迎，应而不藏，故能胜物而不伤。"这是说，得到了也不过是由于时机好，失掉了也只是顺应事物的变化。"真人"能够安于时机而得，也顺从事物的变化而失。因此，悲哀和欢乐就都不能侵入"真人"的心中了。

总之，"真人"的处事用心，就如同镜子一样，可以照见万物，明察一切，谅解一切，但不会在自己身上留下什么痕迹。事物去了不送，来了也不迎，和它们和睦相处，又不依赖它们，一切任其自然。真人没有什么喜怒哀乐的感情，没有生死的观念，即使有，也从不放在心上。这种人没有任何追求，他就是那样怡然自得，浑浑噩噩地活着。这种人的品德是至高无上的，和天地、道浑然一体。这种人的精神是绝对自由的，不受任何条件限制。庄子虚构出具有上述种种特点，并且以脚后跟呼吸，"入水不濡，入火不热"的"真人"，让人们顶礼膜拜，让人们效仿。庄子的这种思想反映了少部分知识分子既看到现实的黑暗，又无力改变现实的一种自命清高的消极遁世的人生哲学。

《庄子·大宗师》还提出了一种"坐忘"的修行方法。所谓"坐忘"，也就是所谓"堕肢体，黜聪明，离形去知，同于大通"，即废弃肢体，丢掉聪明，离开身躯，抛弃智慧和大道混同相通，没有任何私好，不拘常理，随自然的变化而变化。对这种坐忘的修行方法，《庄子·齐物论》作了形象的描绘：南郭子綦靠着几案坐着，仰头向天，吐着气，神情木然，精神仿佛离开了躯体，形同枯木，心如死灰。大概"坐忘"的修行方法实行起来也不过如此。然而，要达到"坐忘"的程度，还得经过“不谴是非以与世俗处”、忘却仁义礼乐生死等一系列的阶段。总之，“坐忘”可以达到与万物浑然一体的境界，可以获得精神上的绝对自由。学会了“坐忘”，也就离“真人”不远了。

庄子的人生理想以及他所阐述的实现人生理想的方法，是消极的。由私有制及剥削制度产生的利己主义，加剧了人们之间的争夺倾轧。这种无情的争夺倾轧，使某些人备受肉体上的痛苦和精神上的煎熬，他们失去了希望，对现实深为不满，但又无力改变。这样一种社会状况和社会心理，也就是庄子的人生理想论产生的渊源。

六、庄子伦理思想的两重性及其历史影响

庄子的伦理思想是战国时期诸侯争夺中对现实不满、自命清高的退隐知识分子的思想的代表。由于庄子及其一派对当权者抱着敌视和不合作的态度，因此，其在伦理思想中，一方面，宣扬保全自己，与人交往中甘处下游，与人无争，与世无争，泯除善恶，以谋求自我的长存长立，表现为一种消极避世、自我保全的个体主义思想意识；另一方面，由于不满于现实，庄子对当时社会以及统治者们的卑劣生活进行了辛辣的讽刺和批判。这种讽刺和批判，尽管是从消极避世的立场出发的，但也确实刺中了统治阶级及其道德的要害，并且有的批判还是相当深刻的。正如前面所说，庄子揭露了“窃钩者诛，窃国者为诸侯，诸侯之门而仁义存焉”的社会现象，尖锐地指出了仁义道德的阶级性及其社会作用的实质。不仅如此，庄子还对那些追求富贵利禄但行为卑鄙的人，进行了淋漓尽致的刻画和无情的揭露。《庄子·列御寇》中说：

> 宋人有曹商者，为宋王使秦。其往也，得车数乘，王说之，益车百乘。反于宋，见庄子曰：“夫处穷闾厄巷，困窘织屦，槁项黄馘者，商之所短也；一悟万乘之主而从车百乘者，商之所长也。”庄子曰：“秦王有病召医，破痈溃痤者得车一乘，舐痔者得车五乘，所治愈下，得车愈多。子岂治其痔邪，何得车之多也？子行矣！”

这个故事是说，曹商为宋王出使秦国，由于得到了秦王的欢心，秦王便赠给了他一百辆车子。回到宋国后，他向庄子夸耀自己奉迎的本领，说：“你住在破巷子里，穷得靠织草鞋糊口，饿得脖颈细长、面黄肌瘦，从这一点上说，我比不了你。至于去会见大国的君主，就能得到百辆车子的赏赐，这就是我的长处了。”庄子却极其机智而轻蔑地回答说：“听

说秦王得了痔疮，把痔疮弄破的就赏给一辆车子，能舐他的痔疮的，就赏给五辆车子，治病的手段越下流，赏的车子就越多。你是不是给秦王治过痔疮？不然怎么能搞到这么多的车子呢？快走吧!”

庄子及其一派还深刻地揭露出当时社会中人和人的关系，都是尔虞我诈、相互倾轧的关系，人们都在争名图利、暗算别人、保全自己。《庄子·山木》通过一个寓言，对社会中的这种关系作了极其形象的描述。其中说：庄子在一个栗园里面游玩，看见一只异鹊飞来落在栗林中，就准备用弹弓打它。忽然又看见一只蝉正隐身于树叶之下，“得美荫而忘其身”；有一只螳螂用树叶遮蔽了自己，准备用“刀”去捕杀这只蝉，竟“见得而忘其形”，忘掉了自己身后有着很大的危险；此时，异鹊看到螳螂是一块好肉，正准备啄死这只螳螂，它“见利而忘其身”，岂能知道庄子正在树下“蹇裳躩步，执弹而留之”，即提起衣裳，举步疾行，准备好了弹弓，正要打它呢！当庄子看明了这一切之后，恍然大悟，恐怕自己身后也有什么危险，就赶紧扔掉弹弓，转身要离开这个是非之地。可惜已经晚了，看管栗园的人早已注意到了他，认为他是偷栗子的小偷，前来对他进行盘问。这一次庄子深深地感到受了很大的侮辱，三个月都没有到大庭上与学生见面。整部《庄子》说到庄子受辱的只有这一次，也真可说是有感而发了。庄子“三月不庭”，也许是由这件事联想到人与人之间的关系，深深地为自己的安危而忧虑的缘故吧。

庄子的人生哲学也有积极的一面。把他的思想说成是虚无主义、阿Q精神、滑头主义、悲观主义，否认他的思想体系有任何积极作用，则是不正确的。我们要注意正确分析和评价庄子思想的本来意义。不能否认，庄子的伦理思想，从本质上讲是自命清高的、虚无主义的和消极出世的人生哲学，即使在当时，它的影响也确实是消极的，因为它不能给人以奋发有为、积极入世的激励；但是，也应当看到庄子对尔虞我诈、相互倾轧的私有制社会的不满，对剥削阶级的行为及其所鼓吹的仁义道德的揭露。庄子拒绝为统治者效劳，主张隐世、出世，这也是对当时的统治阶级的一种反抗，尽管这种反抗是消极的。

庄子的消极厌世的人生哲学的产生，是有着阶级根源的。历史事实说明，每当一个社会走向腐败的时候，由于政治黑暗、社会风气不好，人与人之间钩心斗角，统治者你争我夺，阴谋权术此起彼伏，陷害倾夺比比皆是，整个社会只有强权没有公理，只有暴戾没有人道，知识分子首先就要对这些现象进行更深的思考。其中一部分知识分子，尤其是某些很正直的人，他们在感到现实黑暗而又无力改变，更不愿意同现实同流合污时，就往往会产生这种自命清高的所谓隐士思想。庄子的伦理思想，渊源于老子的某些思想，是对老子思想的继承和发挥。因此，后世称他们的学说为“老庄学派”。但是，庄子的人生哲学并不是对老子思想的简单重复，而是从隐士思想的方面把老子的伦理思想发展到了登峰造极的地步。

庄子的人生哲学，在历史上有着很大的影响，在历代知识分子中间都有很大的市场。魏晋南北朝时期追求个性自由、向往放任自然的社会风气和唯心主义的玄学思想，与庄子人生哲学的消极影响是分不开的。道教形成后，《庄子》一书被列为道教的经典之一，称为《南华真经》，庄子本人也被奉为道教的祖师之一。自此，庄子的思想又成了统治阶级愚弄人民、维护自己统治的工具。当然，这不是庄子本人所能想到的。庄子看到社会上的丑恶现象而又无力改变之，认识到世俗中那些善恶的争议都是无谓的，他希望自己能从这令人压抑、愁苦、烦闷的社会中解脱出来，但他并不是用宗教迷信来获得精神安慰，而是用一种人生哲学来寻求满足。这种人生哲学就是要试图指导人们从现世生活的痛苦、烦恼、忧郁、悲伤中解脱出来，使人们能够“安时”、“处顺”、“保身”、“全生”。无疑，这是庄子在伦理思想史上的一大贡献。这种人生哲学是人们对人生的认识链条上的一个环节。它的提出，深化了人们对人生的认识。

当然，庄子齐善恶、齐是非以及非道德主义的观点都是错误的。废弃道德，不能使人类回到纯朴的“至德之世”，反而会使人类远离文明，堕落到野蛮社会状态中去。他的“人生如梦”、“不谴是非以与世俗处”、“处乎材与不材之间”、“以无厚入有间”等思想，包含着较多的消极因素，是应当批判的；否则，只能产生不关心社会、不关心集体、不关心他人，只关心个人生命的颓废的一代。但是，他反对人们争名争利，强调要顺应自然，反对剥削阶级道德的虚伪，强调在混浊的社会中要洁身自处等人生哲学，却包含着合理的因素，是值得批判继承的。

第七章 法家“重利贱义”的伦理思想

第一节 《管子》中所反映的齐法家的伦理思想

一、管子的生平

管仲名夷吾，生于约公元前725年，卒于公元前645年，颍上（今安徽省颍上县）人，少时家贫，后与鲍叔牙共同经商，他们两个人的友谊，在中国伦理思想史上传为美谈，对有关朋友之间的关系的思想产生了重要影响。管仲后来成为齐桓公的宰相，前后40年，“九合诸侯，一匡天下”，是先秦一位著名的政治家、思想家。

现存《管子》一书，经一些学者考证，有一部分是管仲自著，如《牧民》、《形势》、《权修》、《乘马》、《七法》、《版法》、《五辅》、《宙合》、《八观》、《法禁》、《重令》、《法法》、《问》、《地图》、《参患》、《君臣上》、《君臣下》、《正言》、《任法》、《明法》、《正世》、《治国》、《禁藏》、《入国》、《九守》等；此外，还有一部分是管仲后学依据历史资料所整理的管仲思想。现存《管子》中的不少篇章，是管仲学派的学者对管仲思想的发挥。

关于管仲和鲍叔牙的友谊，《史记·管晏列传》中有一段生动的记载：

> 管仲夷吾者，颍上人也。少时常与鲍叔牙游，鲍叔知其贤。管仲贫困，常欺鲍叔，鲍叔终善遇之，不以为言。已而鲍叔事齐公子小白，管仲事公子纠。及小白立为桓公，公子纠死，管仲囚焉，鲍叔遂进管仲，管仲既用，任政于齐，齐桓公以霸，九合诸侯，一匡天下，管仲之谋也。

《史记·管晏列传》还转引了管仲的一段自白：

> 吾始困时，尝与鲍叔贾，分财利多自与，鲍叔不以我为贪，知我贫也。吾尝为鲍叔谋事而更穷困，鲍叔不以我为愚，知时有利不利也。吾尝三仕三见逐于君，鲍叔不以我为不肖，知我不遭时也。吾尝三战三走，鲍叔不以我为怯，知我有老母也。公子纠败，召忽死之，吾幽囚受辱，鲍叔不以我为无耻，知我不羞小节而耻功名不显于天下也。生我者父母，知我者鲍子也。
>
> 鲍叔既进管仲，以身下之……天下不多管仲之贤而多鲍叔能知人也。

《管子·内言》记述了管仲辅相桓公的历史，其中也记载了鲍叔举荐管仲的言行（“得管仲……则社稷定矣”）以及管鲍交往的史事。

据《韩诗外传》记载：“鲍叔荐管仲曰：‘臣所不如管夷吾者五。宽惠柔爱，臣弗如也；忠信可结于百姓，臣弗如也；制礼约法于四方，臣弗如也；决狱折中，臣弗如也；执枹鼓立于军门，使士卒勇，臣弗如也。’”在中国伦理思想史上，流传着许多有关友谊的道德逸事，管鲍之交是其中最著名的一个，这说明真诚的信任和帮助，确实是朋友之间相处的道德准则。

在中国思想史上，管仲长期以来一直被认为属于法家。韩非在自己的著作中，曾多次引用过管仲《牧民》、《权修》等篇的内容，并把管仲、商鞅都视为法家。汉代刘歆及刘向也都把管仲归入《汉书·艺文志》的法家类中。其实，管仲的思想同商鞅、李悝、吴起、慎到以及韩非等三晋法家的思想是有重大不同的。管仲及其后学，或者说以《管子》一书为代表的一个学派，我们称之为“齐法家”；而以李悝（魏）、吴起（魏）、申不害（事韩昭侯）、慎到及韩非等人为代表的一派，我们称之为“晋法家”(商鞅也曾是魏相公孙座家臣，又名公孙鞅，后入秦为相)。这两派虽然都强调法的重要，但从伦理思想史的视角来看，是有重大不同的。因此，应注意这两派学术思想的异同。

法家的这两个流派的思想家有共同的特点，如他们都代表着一种新兴的朝气蓬勃的思想，要求改革，要求发展生产，在当时各国间频繁发生争夺的情况下，强调耕战的重要性。与此同时，他们强调厉行法治，认为法是一个标准，可以维护国君的威严，可以维护和巩固当时的等级制度，可以成为革新的一个重要保证。他们都认为人性是好利恶害的，因此，要根据人的这种本性，利用人的这种本性，使人们更好地为他们的政治目的服务。他们都是政治家，都希望自己的理论能够为当时的某一个国君所采用，从而在实际的政治生活中推行。在自然观上，他们不相信天命，强调人为，要用政治上的力量来改变或改造当时的社会。在历史观上，他们都持有比较进步的历史观，强调法后王，反对法先王，强调改革，反对保守。

首先，从伦理思想史上看，以管仲为代表的齐法家，强调法治和德治的相辅相成，强调法律制裁和道德教化的相互配合。《管子·权修》说:“厚爱利足以亲之，明智礼足以教之，上身服以先之，审度量以闲之，乡置师以说道之，然后申之以宪令，劝之以庆赏，振之以刑罚，故百姓皆说为善，则暴乱之行无由至矣。”他们不但没有忽视道德的作用，甚至可以说他们非常重视道德教化对于巩固社稷、治国安民的重要意义。他们从“尊君”的思想出发，认为“立君臣，等上下，使父子有礼，六亲有纪，非天之所为，人之所设也。夫人之所设，不为不立，不植则僵，不修则坏”(《汉书·贾谊传》)。因此，必须加强道德教育和思想灌输，使人们能够树立起以等级为核心的道德观念，以利于他们所说的“尊君”和“安国”。这是从唯物主义自然观引出的德法并重的理论，有一定的进步意义。

其次，管仲一派认为，礼是人类社会的等级秩序，义是这种等级秩序的内容或原则，礼和义的目的就是要使人们的行为合乎一定的规则(理)，而法和礼的目的是相同的，不同的只不过是法有强制性而已。“故礼者，谓有理也；理也者，明分以谕义之意也。故礼出乎义，义出乎理，理因乎宜者也。法者所以同出，不得不然者也，故杀戮禁诛以一之也”(《管子·心术上》)。这就是说，管仲一派已经认识到，道德和法律对于统治阶级来说，它们的目的是相同的，只是凭借的手段不同而已。

总之，管仲一派一方面强调法律可以统一人民的言论行动，能发展和维持国家，另一方面也意识到，没有教育感化，不足以服民心，因此，维护一个社会的统治秩序，还必须靠仁义礼乐的教化。

二、礼法相辅相成的伦理观

管仲强调法治的重要，认为要想使国家富强，必须进行改革，发展生产，强调用法律来“尊君”，用法律和道德约束人民，规范人民，使其安于统治阶级所规定的等级制度。

仁义礼乐当然重要，但是，这些仁义礼乐必须有法律做后盾，才能发生作用。管仲说：“故黄帝之治也，置法而不变，使民安其法者也。所谓仁义礼乐者，皆出于法，此先圣之所以一民者也。”（《管子·任法》）这就是说，没有法律，仁义礼乐是不能统一人民的。从这一点来说，法律是更为重要的。

《管子·牧民》中说：“国有四维。一维绝则倾，二维绝则危，三维绝则覆，四维绝则灭。倾可正也，危可安也，覆可起也，灭不可复错也。何谓四维？一曰礼，二曰义，三曰廉，四曰耻。”因而管仲认为，如果“四维不张”，就会“国乃灭亡”。他主张一个国家的统治者，在管理老百姓方面，最重要的是要能使老百姓“修礼”、“行义”、“饰廉”和“谨耻”，从而把“国之四维”提高到极其重要的地位。

为什么管仲如此强调“礼”、“义”、“廉”、“耻”这四维，并在“礼”、“义”之外又提出“廉”、“耻”两维呢？这后两维不但没有受到人们的重视，反而受到后人的批评。如唐朝的柳宗元作《四维论》，认为“廉”、“耻”皆从“礼”、“义”中出，只应有二维就好了，不应有所谓四维。对此我们究竟应当怎样看待呢？

什么是“礼”？管仲认为，“礼”的重要内容是“上下有义，贵贱有分，长幼有等，贫富有度”（《管子·五辅》）。只要做到了这些，就可以“下不倍上，臣不杀君，贱不逾贵，少不陵长，远不间亲，新不间旧，小不加大，淫不破义”（同上），也就可以达到维护社会秩序的目的了。

什么是“义”？管仲认为，“义”就是“各处其宜”，就是孝、悌、忠、信、慈惠、恭敬和中正七个方面。

什么是“廉”？“廉”就是廉洁，就是清廉，就是“不苟得”，就是要见利思义，就是要见得思义。一个人如果不能廉洁，只想贪得，社会秩序就不能维持。“廉”并不像柳宗元所说的只是“义之小节”，不能与礼义并提，其实，在调整人和人之间的关系上，“廉”是有重要意义的。

什么是“耻”?“耻”就是羞耻，就是知耻，就是一种荣辱观。这是一种良心的作用，是人们的道德意识和道德信念的一种功能。正是靠着这种知耻心和荣辱观，人们才能够遵行义礼，才能够廉洁公正。所以，管仲特别强调“耻”的作用。

从以上情况可以看出：“礼”是形式上的规范，只是要求上下有义(即原则)、贵贱有分、长幼有等、贫富有度等，而“义”是处理这些关系的原则。可以说一个是形式，一个是内容。“礼者所谓有理也”，即每人各处自己的名位而不错乱，就是“礼”。所以，“礼出乎义，义出乎理，理因乎宜者也”，礼是从义产生的。礼和义是从人与人之间关系的方面维持一个社会的秩序所必需的。

廉是一种个人的品德，这里，已经从人与人之间的关系转向了强调个体道德的重要。当然，礼、义也有对个体道德的要求，但更重视人与人之间的相互义务，而廉则着重于对每个人的品德要求。论个人品德，最重要的是廉。管仲是一个政治家，他主要讲的是“牧民”的原则及方法，他的伦理思想是和他的政治思想密切联系在一起的。

耻是一种道德意识，比廉这种个体道德品质更深一层。为了使人们能守礼、守义，特别是为了使人们能够守法，管仲认为最重要的还是要培养人们内心的荣辱感，能够在做了不道德、不合法的事情时知道羞耻。孔子作为儒家的创始人，在道德和法律的关系上，也强调耻的重要。他说：“道之以政，齐之以刑，民免而无耻；道之以德，齐之以礼，有耻且格。”在孔子看来，老百姓如果没有羞耻之心，即便不敢犯法，但一旦有可能，他们仍然会做坏事。人们只有知道了羞耻，才会从心里改正，才不会再犯，这是有远见的法家的思想家们所承认的。

正是由于强调了礼、义、廉、耻的重要，管仲认为，一个人品德的好坏，道德的优劣，关键在于他的“心”。他说：

> 君之在国都也，若心之在身体也。道德定于上，则百姓化于下矣。戒心形于内，则容貌动于外矣。正也者，所以明其德。知得诸己，知得诸民，从其理也。知失诸民，退而修诸己，反其本也。所求于己者多，故德行立；所求于人者少，故民轻给之。(《管子·君

臣下》)

这里强调了只有“戒心形于内”，才能够“容貌动于外”，认为只有做国君的自己从内心中知道应当有什么样的道德，老百姓才会跟着有什么样的道德，这是必然的。如果老百姓不知道有道德，就应当追本求源，反省自己。所以说，国君只有对自己严格要求，才能有道德；正因为国君对老百姓宽厚，所以老百姓才肯为国君作出贡献。

三、“趋利避害”的人性论和人情论

从中国伦理思想史来考察，关于人的性情问题，管仲最早提出了“趋利避害”和“欲乐恶忧”的思想，并对以后的荀子、韩非产生了重要影响。从理论渊源上说，荀子的性恶论，正是对管仲这一思想的继承和发展。

管仲认为，所有人的性情，都是趋利避害的。他说：“夫凡人之情，见利莫能勿就，见害莫能勿避。其商人通贾，倍道兼行，夜以续日，千里而不远者，利在前也。渔人之入海，海深万仞，就波逆流，乘危百里，宿夜不出者，利在水也。故利之所在，虽千仞之山，无所不上，深源之下，无所不入焉。”(《管子·禁藏》)这就是说，为了追求利益，一切危险都在所不惜。只要有利可图，有财可得，那么，人们就会“不推而往，不引而来”，“如鸟之覆卵，无形无声，而唯见其成”(同上)。因此，统治者只要认识到老百姓趋利的本性，就可以“顺以导之”，从而达到国富民强的目的。

管仲还认为，人们的快乐和忧伤（痛苦）这两种情感，是同他们的利害得失密切相关的。人们得到了他们所追求的利益，就快乐；受到了损害，就忧伤、痛苦。他说：“凡人之情，得所欲则乐，逢所恶则忧，此贵贱之所同有也。”(同上)但是，人们的好恶是不同的，趋避往往也是相异的。既然都要趋利避害、欲乐恶忧，为什么人们的趋避欲恶却有不同？这是由人们的精神面貌、思想情操和精神境界的不同造成的。

四、对道德与物质基础的关系的初步探讨

法家的思想特点之一是奖励耕战，强调仓廪充实的重要性。商鞅在强调耕战时认为，如果不能使民耕战，国家没有实力，就会“孝子难以为其亲，忠臣难以为其君”(《商君书·慎法》)。这已初步认识到了物质

财富、经济生活与道德的关系。管仲更向前发展了一步，提出了“仓廪实则知礼节，衣食足则知荣辱”（《管子·牧民》）的思想。他说：“不务天时，则财不生；不务地利，则仓廪不盈。野芜旷，则民乃菅（奸）；上无量，则民乃妄。”（同上）这就是说，如果四野荒芜，仓廪空虚，老百姓没有粮食可吃，他们就会犯上作乱，就会违背社会的礼义规范，超越不同人之间的等级规定，不知道什么是羞耻，什么是荣辱，也就不可能有道德了。总之，社会如果没有一定的物质基础，国家如果不发展经济，君主如果不关心老百姓的生活，社会风气、道德风尚就会恶化。

只有满足了衣食住行等基本的物质生活的需要，才能够有道德，这是一种唯物主义的思想。一般来说，它包含着真理的因素，反映了人们对道德同经济生活的关系的认识的深入。这一思想同那些完全否认道德同人们的实际利益、生活水平有关的思想相比，当然是一种进步。但是，我们还应当看到，这里所说的“仓廪实”和“衣食足”，并不意味着社会物质丰富了，百姓生活富裕了，就一定会有良好的道德风尚，它强调的是物质生活水平对人们的道德水平的影响。对于统治者来说，如果能使劳动者吃饱肚子，就容易使他们遵守礼义，知道荣辱，不犯上作乱。管仲的这段话，也只能在特定的意义上使用，超过了一定的限度，就会得出错误的结论：似乎不论对什么人，也不论在什么社会，只要物质生活水平提高了，只要有吃有喝，有穿有住，道德水平就会自然而然地提高；甚至会得出物质生活水平越高，人们的道德水平就越高等错误推论。在私有制社会，地主、资产阶级都是“仓廪实”和“衣食足”的，他们的道德同劳动人民的道德相比又如何呢？即便在社会主义社会，也应该看到，富裕的生活，充分的物质财富，确实是社会主义道德提高的一个必要条件，但它不是社会主义道德提高的一个充分条件。物质文明的高度发展，并不意味着会自然而然地带来精神文明的发展。影响社会主义精神文明、影响人们道德水平提高的，还有其他许多重要因素。

总之，管仲从“牧民”的立场，认为“明王”应当注意使老百姓“仓廪实”和“衣食足”，因而有一定的进步作用。以后韩非、王充等人进一步发展了管仲的这一思想，形成了中国伦理思想史上重视物质利益，特别是重视消费生活水平同道德进步的关系的一个学派。儒家在孟子的时代，还比较强调“无恒产者无恒心”（《孟子·滕文公上》）的理论，但是到宋明以后，从唯心主义的性善论出发，也就很少强调物质生活水平的重要意义了。

第二节 韩非的伦理思想

一、韩非的生平

韩非（约公元前280—前233），战国时期韩国人，出身没落贵族。他和李斯都是荀子的学生，著有《韩非子》55篇。

《史记·老庄申韩列传》说他是韩国贵族的后代，说话口吃，但善于著述。“喜刑名法术之学，而其归本于黄老”，“与李斯俱事荀卿，斯自以为不如非”。秦始皇虽读过他的书，很佩服他的学问才识，但不知道这些书是什么人写的。“人或传其书至秦。秦王见《孤愤》、《五蠹》之书，曰：‘嗟乎，寡人得见此人与之游，死不恨矣！’李斯曰：‘此韩非之所著书也。’秦因急攻韩。韩王始不用非，及急，乃遣非使秦。”秦始皇虽然得到了韩非，但秦始皇的两个大臣李斯和姚贾害怕韩非得势后对他们不利，就在始皇面前陷害韩非说：“韩非，韩之诸公子也。今王欲并诸侯，非终为韩不为秦，此人之情也。今王不用，久留而归之，此自遗患也，不如以过法诛之。”“秦王以为然，下吏治非。李斯使人遗非药，使自杀。韩非欲自陈，不得见。秦王后悔之，使人赦之，非已死矣。”

韩非是战国末年地主阶级激进派的代表，他继承并发展了先秦法家的思想，是法家思想之集大成者。在社会政治思想上，韩非提出了进步的历史观，强调法治，反对儒家的仁义，强调统一，反映了历史的要求，有一定的进步意义。在伦理思想上，他大胆地赤裸裸地宣扬剥削阶级的利己主义和政治权术，否认道德的作用，走向了另一个极端。

二、进步的历史观

在历史领域里，韩非提出了历史处于不断进化中的理论，有一定的进步意义。

在先秦诸子中，一种普遍的认识是，上古是进步的、讲道德的，后来，人与人之间的关系愈来愈恶化，人们彼此就不断地进行争斗。韩非则不然，他第一个比较系统地提出了有关社会发展的理论。他把历史分为四个时期，即上古之世、中古之世、近古之世和当今之世。他说："上古之世，人民少而禽兽众，人民不胜禽兽虫蛇。有圣人作，构木为巢以避群害，而民悦之，使王天下，号之曰有巢氏。民食果蓏蚌蛤，腥臊恶臭而伤害腹胃，民多疾病 。有圣人作，钻燧取火，以化腥臊，而民悦之，使王天下，号之曰燧人氏。"(《韩非子・五蠹》）很显然，这个上古之世，说的就是原始社会。

韩非认为，在"上古之世"以后，人们进入了"中古之世"。"中古之世，天下大水，而鲧禹决渎。"(同上）这是一个人和自然作斗争的时期。"尧之王天下也，茅茨不剪，采椽不斫，粝粢之食，藜藿之羹，冬日麑裘，夏日葛衣，虽监门之服养，不亏于此矣。禹之王天下也，身执耒臿以为民先，股无胈，胫不生毛，虽臣虏之劳不苦于此矣。"(同上）尧虽然做了天下的君主，但他以茅草搭房子，也不加以修剪，以采木作椽，也不砍削加工，以粝（粗米）粢（谷粒）为食物，用藜（野菜）藿（豆叶）作汤，用兽皮和麻做衣服，他的生活同一个看门人的水平也差不了多少。那时候的帝王，也需每日劳动。正是因为这个原因，尧舜等才会把天下让给别人。这并不能说明他们的行为值得称赞，也说不上有道德。"以是言之，夫古之让天子者，是去监门之养而离臣虏之劳也，古传天下而不足多也。"(同上）这应该是指原始社会末期。之后，人类进入了奴隶社会。

在"中古之世"之后，是韩非所谓的"近古之世"。他认为在这个"近古之世"中，"桀纣暴乱，而汤武征伐"。这是一个充满斗争和战争的年代，相当于我们所说的奴隶制时代。以后，就进入了他所说的"当今之世"，即刚刚确立的封建社会。

韩非认为，时代不断发展，也不断进步，因此，必须坚持进步的历史观。他说："今有构木钻燧于夏后氏之世者，必为鲧禹笑矣。有决渎于殷周之世者，必为汤武笑矣。然则今有美尧舜汤武禹之道于当今之世者，必为新圣笑矣。是以圣人不期修古，不法常可，论世之事，因为之备。"(同上）韩非的这种历史观，是根据历史知识并对历史现象进行深刻分析后得出的，有一些合理的因素。

在坚持历史进化的同时，韩非又提出人与人之间的关系是与经济发展水平以及物质财富的多寡有关系的。他说，在"上古之世"，由于物质财富比较丰富，人又比较少，所以老百姓没有不足，因而也就没有争夺。后来，人与人之间之所以有了争夺，就是由于物质财富不足。他继承管仲“仓廪实则知礼节，衣食足则知荣辱”的思想，更系统地提出了人与人之间的关系由生活条件所决定的观点。

> 夫山居而谷汲者，媵腊而相遗以水；泽居苦水者，买庸而决窦。故饥岁之春，幼弟不饷；穰岁之秋，疏客必食。非疏骨肉爱过客也，多少之实异也。是以古之易财，非仁也，财多也；今之争夺，非鄙也，财寡也；轻辞天子，非高也，势薄也；重争土橐，非下也，权重也。（《韩非子·五蠹》）

这就是说，人们赖以生活的物质财富的多少，对人与人之间的关系有决定性的影响。韩非不承认儒家的仁义道德，更不承认道德有什么能动作用。他从经济生活水平会对人们的道德水平发生影响这一正确的前提出发，却得出了否认人的行为有道德价值的结论，这是错误的。他认为，古代的人相处比较大方，不是因为他们心好，而是因为财物比较多。今天的人你争我夺，不是因为他们卑鄙，而是因为财物缺少。古代的人，可以把天下让给别人，并不能因此说他们道德高尚，而是因为那时天子的权势很小，没有什么个人利益可得。今天的人争着做官和投靠主子，也不是品德低下，而是因为做了官可以有很大的权势，得到很大的好处。所以，人们之间的这种关系，只能从财富多少和人的需要来理解，不能用道德的高尚和低下来评价。住在山上的人，要到溪谷底下去打水，逢年过节，把水作为珍贵的礼物相互赠送；而住在洼地受水涝之苦的人，却要花钱雇人来挖渠排水。在荒年的春天，正值青黄不接的缺粮时候，就是自己的小弟弟也不能管他饭吃；来年秋收的时候，就是很疏远的过客也一定招待他吃饭。韩非由此得出结论，圣人治理天下，最重要的是要考虑社会上物质财富的多少，以制定自己的政策。他的以农为本、奖励耕战等思想，也都是从这一进步的历史观出发的。

在社会历史观上，韩非第一次提出人口的发展如果同物质财富的发展不相称，就会引起社会的动荡，影响社会的发展。他说：

> 古者丈夫不耕，草木之实足食也；妇人不织，禽兽之皮足衣也。不事力而养足，人民少而财有余，故民不争。是以厚赏不行，重罚不用，而民自治。今人有五子不为多，子又有五子，大父未死

而有二十五孙，是以人民众而货财寡，事力劳而供养薄，故民争，虽倍赏累罚而不免于乱。(《韩非子·五蠹》)

当然，韩非把人与人之间所以有争夺，归结为人口增多的结果，是错误的；但他看到了人口增长同社会经济的发展存在着一定的关系，是有合理因素的。

总之，韩非的历史观，特别是他所强调的社会生活条件影响人与人之间的关系的理论，是有进步意义的。但他把圣人当作历史发展的最后决定力量，否认道德的能动作用等，则是错误的。

三、人皆挟自为心

在人性问题上，韩非继承荀子人性恶的理论，并且根据当时社会的现实情况，进一步发展了这一理论。在荀子看来，人性是恶的，应该用师法礼义来“化性起伪”。韩非则不然，他认为人性不但是一种生存的欲望、天生的本能，而且是一种自私心，即他所谓的“自为心”，这种自私心是永远不可能改变的。一个人从生到死，他的一切所为，都必然要受这种自私心的支配。在人与人的关系中，绝不要想去消除或改变这种自私心，而只能去利用这种自私心。

韩非所说的人的自私心或“自为心”，不但是与生俱来的、先天的本性，而且人的后天活动必然使这种本性不断得到发展，成为人们处理各种事物时的“人情”。什么是人情？人情就是韩非所说的好利恶害的自私自利的习性。一方面，人有“求利之心”；另一方面，则“欲利者必恶害，害者，利之反也，反于所欲，焉得无恶”(《韩非子·六反》)。总之，人情可以概括成一句话：“趋利避害”或“欲利恶害”。

这种“欲利恶害”的人的本性，或者说这种人情，能不能通过教育得到改变呢？对此，荀子认为是可以用师法教育来加以改变的，但韩非认为不能。韩非举例说：“今有不才之子，父母怒之弗为改，乡人谯之弗为动，师长教之弗为变。夫以父母之爱，乡人之行，师长之智，三美加焉，而终不动其胫毛，不改。”(《韩非子·五蠹》)由此可见，韩非虽然是荀子的学生，但他完全否认老师所特别强调的“化性起伪”，否认道德教育、道德修养的重要作用。正是从这一点出发，韩非认为，最好的办法是“因人之情”，即利用这种一切人都有的好恶的感情。人们既然喜欢谋取私利，厌恶对自己不利，那么就可以用赏的办法使他们去努力从事一些事，用罚的办法使他们不敢去做另一些事。他说：“凡治天下，必因人情。人情者，有好恶，故赏罚可用。赏罚可用，则禁令可立，而治道具矣。”（《韩非子·八经》）对于那些不才之子，尽管父母的斥责、乡人的批评、师长的教育都没有效果，但一旦“州部之吏，操官兵，推公法，而求索奸人，然后恐惧，变其节，易其行矣”（《韩非子·五蠹》）。可见，教育是无效的，法治和赏罚才是重要的。

韩非之所以特别强调法治，反对仁义道德的说教，是从他的人性论出发的。换句话说，他的关于人性的理论，是他的法治思想的基础。韩非立论的根本目的，是要为新兴的统治阶级，特别是它的最高统治者出谋划策。他认为统治阶级必须紧紧抓住人们这种求利避害的私心，把赏与罚作为两种重要的政术，从而达到发展生产、加强军备和统治人民的目的。这就是说，只有“抱法处势”，运用赏罚这“二柄”，才能使人民不敢犯法。他说：

> 故父母之爱不足以教子，必待州部之严刑者，民固骄于爱，听于威矣。……是以赏莫如厚而信，使民利之；罚莫如重而必，使民畏之；法莫如一而固，使民知之。故主施赏不迁，行诛无赦。誉辅其赏，毁随其罚，则贤不肖俱尽其力矣。（同上）

四、人与人之间的交往都是一种“计数”（或计算）关系

韩非从剥削阶级的立场出发，把人与人之间的一切关系（包括儒家所说的最神圣的君臣、父子、夫妇、兄弟、朋友的关系）都看作彼此为着自己的相互利用的关系。他继承其先驱慎到“人莫不自为”（《慎子·因循》）的思想，提出了“人皆挟自为心”的理论。既然每一个人都是自私自利的，人与人之间的一切关系也就只能是一种相互利用的关系，即利害关系。由此出发，韩非认为，人与人之间的交往、相处，都在考虑着是否对自己有利。有利的，就干；不利的，就不干。不但要计较眼前的利害，而且还要从长远的方面考虑。他认为父子、夫妇之间的关系，也都是纯粹的利害关系。

> 且父母之于子也，产男则相贺，产女则杀之。此俱出父母之怀衽，然男子受贺，女子杀之者，虑其后便，计之长利也。故父母之于子也，犹用计算之心以相待也，而况无父子之泽乎？（《韩非子·六反》）

以孔子为代表的儒家，总是把君臣、父子看作最重要的人伦关系，韩非毫不避讳，他认为就是君臣之间，同样也是一种利害关系，一种彼此利用、彼此计算的关系。这种计算就好像商人之间买卖东西一样，买主和卖主都在考虑着自己的利益。“主卖官爵，臣卖智力。”也就是说，做臣子的靠出卖自己的智力以买得君主的官爵，而君主靠出卖官爵以买得臣子的智力。“臣尽死力以与君市，君垂爵禄以与臣市，君臣之际，非父子之亲也，计数之所出也。”（《韩非子·难一》）既然君臣之间都是为了获得各自的利益在斤斤计较，那么哪里还有什么仁义道德呢？

韩非的整部著作都贯穿着一个思想，就是要替君王出主意、想办法，以使他们制服自己的臣子，统治他们的国民。但是，韩非却被君王处死了，这是一个悲剧。这其中除了因为有人忌妒而陷害他以外，另一个原因可能是他道破了君王不愿让人们知道的秘密。

在韩非看来，既然君臣关系也只是一种买卖关系，国君就必须特别防备他的重臣（即权力大的臣子），免得他们篡夺自己的权力。他说：“人臣之于其君，非有骨肉之亲也，缚于势而不得不事也。”（《韩非子·备内》）又说：“臣之所不弑其君者，党与不具也。”（《韩非子·扬权》）所以，“党与之具，臣之宝也”（同上）。因此，他认为：“人主之所以身危国亡者，大臣太贵，左右太威也。”（《韩非子·人主》）他警告“人主”，在君臣之间的这种计算中，要小心提防，免遭重臣的暗算。

不但君臣、父子之间的关系是买卖关系，而且地主和农民、普通的人和人之间的关系，也都是计较利害的买卖关系。他说：

> 人为婴儿也，父母养之简，子长而怨。子盛壮成人，其供养薄，父母怒而诮之。子、父，至亲也，而或谯或怨者，皆挟相为而不周于为己也（老抱着别人帮助自己的希望，而不在自助上周密地考虑——引者注）。夫买庸（佣）而播耕者，主人费家而美食、调布而求易钱者，非爱庸客也；曰：如是，耕者且深，耨者熟耘也。庸客致力而疾耘耕者，尽巧而正畦陌畦畤者，非爱主人也；曰：如是，羹且美，钱布且易云也。此其养功力，有父子之泽矣，而心调于用者，皆挟自为心也。故人行事施予，以利之为心，则越人易和；以害之为心，则父子离且怨。（《韩非子·外储说左上》）

总之，韩非认为人都是自私的，都是为自己的，是受自私心所支配的。因此，对一个人来说，根本说不上道德高尚或不高尚，也无法说明什么是善人或恶人。制作轿子的人，总是希望人们富贵，制作棺材的人，总是希望人们早死；但这绝不能说做轿子的人有什么好心肠，更不能说那些制棺材的人有什么坏心肠，他们都不过是为了个人的利益而已。至于医生之所以会给患伤病的人吸出脓血，也只是因为有利可图而已。

五、对儒家仁义道德的批驳

从维护封建专制主义的原则出发，韩非对孔子、孟子等所宣扬的仁义道德，从根本上持否定的态度。他把谈论仁义的人斥为国家的“五蠹”之一，把儒学斥为“乱国之学”，表明了先秦法家对儒家仁义道德的批判态度。在他看来，如果照着这种仁义道德去做，不但不能够巩固新兴的封建制度，而且有亡国的危险。

首先，韩非认为，儒家所宣扬的仁义道德，特别是他们所宣扬的孝亲，是直接危害国家利益的。针对孔子所说的孝悌是“仁”之根本的思想，韩非强调“孝亲”和“忠君”是矛盾的。如果一味地强调对自己双亲的孝顺，就会走到忘记国家、损害国家，以至背叛国家的地步。因此，在他看来，儒家的“孝亲”理论走的是一条亡国的路线。

《韩非子·五蠹》中说：

> 楚之有直躬，其父窃羊而谒之吏。令尹曰：“杀之!”以为直于君而曲于父，报而罪之。以是观之，夫君之直臣，父之暴子也。鲁人从君战，三战三北。仲尼问其故。对曰：“吾有老父，身死莫之养也。”仲尼以为孝，举而上之。以是观之，夫父之孝子，君之背臣也。故令尹诛而楚奸不上闻，仲尼赏而鲁民易降北。

这就是说，父亲犯了罪，儿子去上告，按儒家的理论，这是大逆不道。一个鲁国人，在对外作战中，临阵逃跑了三次。孔子问他什么原因，他说家里有老父靠他供养。孔子认为他是孝子，还推荐他做了官。所以，父亲的孝子必然会是国君的叛臣，可见儒家“孝亲”的危害了。

其次，儒家所说的孝悌忠顺之道，不但不能维持封建社会的统治秩序，反而会引起弑君、弑父来。尧、舜、禹、汤以及周文王和周武王，都被说成是能行仁义之道的榜样。可是，尧实行禅让，把自己的君位让给了舜；而舜本来是尧的臣子，最后竟然成了君主，反而把原先的君主当成自己的臣子。汤、武原来都是别人的臣子，最后竟然都以实行仁义的名义杀掉了自己的君主而自立为国君，他们在口头上高唱仁义道德和孝悌忠信，实际上却都违反君臣之道。“天下皆以孝悌忠顺之道为是也，而莫知察孝悌忠顺之道而审行之，是以天下乱；皆以尧舜之道为是而法之，是以有弑君，有曲父。尧舜汤武，或反君臣之义，乱后世之教者也。”（《韩非子·忠孝》）韩非认为，儒家的孝悌忠顺之道，是乱世的根源。

最后，在韩非看来，既然儒家所说的仁义，不但会造成犯上作乱，而且还会引起弑君曲父、窃国取家的后果，“故至今为人子者有取其父之家，为人臣者有取其君之国者矣”（同上）。他认为，“父而让子，君而让臣”不是维护封建专制一统的理论，必须抛弃。韩非从封建专制主义的君主绝对权威出发，认为君臣、父子、夫妻之间，不应该是仁义道德的关系，而应该是绝对的统治和被统治的关系。一方应具有绝对的权利，另一方只具有服从的义务。他说：“臣之所闻曰：‘臣事君、子事父、妻事夫，三者顺则天下治，三者逆则天下乱。此天下之常道也。明王贤臣而弗易也。’则人主虽不肖，臣不敢侵也。”（同上）韩非把君臣、父子、夫妇这种绝对统治关系的确立看作天下之常道。他认为，如果能够确立这种常道，就能达到“人主虽不肖，臣不敢侵”的政治目的。

韩非的这一思想本来是反对儒家的仁义道德的，然而这种把君臣、父子、夫妇关系绝对化的思想，又被汉代的儒家大师所改造，并作了进一步发挥，成为“王道”的“三纲”。由此可见，儒家和法家作为地主阶级的思想家，他们虽然在许多理论上是对立的，甚至持截然相反的观点，但由于他们的理论的最终目的都是为了维护封建社会的等级制度，所以他们的理论又往往是相通的。

六、法、术、势相结合的统治术

一个掌握了权力的君主，如何才能巩固自己的权力，驾驭自己的臣子，永远保持自己的绝对统治地位呢？韩非否认道德教化的作用，提出了所谓法、术、势相结合的统治术。

韩非总结了以往法家的各种政治学说，并加以发展。在韩非以前，法家著名的思想家商鞅最注重“法”，申不害最注重“术”，慎到最注重“势”，韩非则强调这三者的结合。

对于维护统治者的权位来说，韩非很注重“势”。所谓“势”，也就是进行统治的权力。他说：“势者，胜众之资也。”（《韩非子·八经》）“势”也叫“威势”，是一种由统治权所产生的力量。韩非在《韩非子·人主》中说：“夫马之所以能任重引车致远道者，以筋力也。万乘之主、千乘之君所以制天下而征诸侯者，以其威势也。威势者，人主之筋力也。”这就是说，正像马有筋力方能引车致远道一样，君主只有靠威势才能保持统治。因此，他认为当时存在的所谓“大臣得威，左右擅势”的状况，是国君最大的威胁，是必须加以预防的。

> 今大臣得威，左右擅势，是人主失力。人主失力而能有国者，千无一人。虎豹之所以能胜人执百兽者，以其爪牙也，当使虎豹失其爪牙，则人必制之矣。今势重者，人主之爪牙也，君人而失其爪牙，虎豹之类也。宋君失其爪牙于子罕，简公失其爪牙于田常，而不早夺之，故身死国亡。今无术之主，皆明知宋、简之过也，而不悟其失，不察其事类者也。（《韩非子·人主》）

他还以桀纣和孔子为例说，桀纣并无德行和才能，但因他们有“权势”，都能统治一个国家；而孔子虽然有德行，却只能接受别人的统治。正像鱼离不开水一样，国君每时每刻都要保证自己有“势”。

韩非关于“势”的思想，从历史渊源来看，是从慎到那里继承来的。慎到认为，“贤人而诎于不肖者，则权轻位卑也；不肖而能服于贤者，则权重位尊也。尧为匹夫，不能治三人；而桀为天子，能乱天下。吾以此知势位之足恃，而贤智之不足慕也”（《韩非子·难势》）。在慎到看来，对于一个国君来说，道德水平和聪明才智都是不重要的，只有权势才是唯一值得重视的。韩非重“势”，就是继承了慎到的这一思想。

在重视“势”的同时，韩非也非常强调“法”，这就是他所说的“抱法处势”（同上），不但要手中握有权力，而且要推行法治，施行严刑峻法，以便使君主的统治更加巩固。

韩非说：“法者，宪令著于官府，刑罚必于民心，赏存乎慎法，而罚加乎奸令者也，此臣之所师也。君无术则弊于上，臣无法则乱于下，此不可一无，皆帝王之具也。”（《韩非子·定法》）所谓法，就是统治者制定的法律、命令、规定，这一切都要由官府公布，使人们都能了解。凡遵守法令的就赏，违法的就罚。韩非从新兴地主阶级的立场和政治需要出发，强调“法莫如显”（《韩非子·难三》），认为法令要“编著之图籍，设之于官府，而布之于百姓”（《韩非子·难三》）。在法的内容上，韩非强调“法不阿贵，绳不挠曲。法之所加，智者弗能辞，勇者弗敢争。刑过不避大臣，赏善不遗匹夫”（《韩非子·有度》）。不但如此，他还强调法律要根据时代的不同而变化，即“法与时辅”。他反对复古，反对守旧，反对墨守成规。他说：“宋人有耕田者，田中有株，兔走，触株折颈而死，因释其耒而守株，冀复得兔，兔不可复得，而身为宋国笑。今欲以先王之政，治当世之民，皆守株之类也。”（《韩非子·五蠹》）又说：“故治民无常，惟法为治，法与时转则治，治与世宜则有功。”（《韩非子·心度》）有了上面这三条（法要“布之于百姓”、“法不阿贵”、“法与时转”），就可以达到“以罪受诛，人不怨上”、“以功受赏，臣不德君”（《韩非子·外储说左下》），国家就可以得治，君主的权力就可以保住了。

此外，韩非也认为“术”对国君来说，是很重要的，特别是君主驾驭臣下的技术。他说：“术者，因任而授官，循名而责实，操杀生之柄，课群臣之能者也。”（《韩非子·定法》）也就是说，所谓“术”，就是统治者任免、考核、惩办乃至处死臣下的权术。这种权术，是一种暗地里驾驭官吏的计谋（“潜御众臣”），只能藏于胸中，并要使臣下猜不到自己的想法，即所谓“用术，则亲爱近习莫之得闻也”（《韩非子·难三》）。这种所谓的“术”，实际上成了君主所使用的一种阴谋诡计，是用来巩固君主权力的。

总之，韩非在“法”、“术”、“势”三者之中，强调法治的思想，具有很大的进步意义；“势”则强调政治权力的重要性；而“术”则完全成了一种统治的权术，在中国政治思想史中起着很坏的作用。

七、对韩非思想的评价

韩非是先秦法家思想的集大成者，就其整个思想体系来说，他代表了刚刚登上政治舞台的新兴封建地主阶级的利益，从唯物主义的自然观和认识论出发，提出了一整套具有进步倾向的历史观，阐述了法治的重要性，强调了“世异”必须“备变”的思想，对地主阶级中央集权制的建立和巩固，起了一定的促进作用。这一点是应该肯定的。

从伦理思想来说，韩非驳斥了当时以儒家为代表的奴隶主阶级的仁义道德说教以及统治阶级推行的虚伪道德，有进步的方面。但他公开地、赤裸裸地把自私心和“自为心”当作不可改变的本性，并企图利用这种本性，甚至发展这种本性来达到他巩固地主阶级专制政权的目的，反映了剥削阶级思想家的历史局限性。他反对虚伪的道德说教是正确的，但却走向了另一个极端，走向了另一种更大的片面性。他把赏罚或者说刑罚当作唯一的手段，认为用严刑峻法就可以解决一切问题，从而完全否认了德治的重要性，否认了道德在调整人与人之间关系中的作用。长期以来，奴隶主阶级所一直强调的法治和德治并重的方法，被韩非彻底抛弃了。这种把道德和法绝对地对立起来，或者说有见于法、无见于德的观点，虽然在一定程度上揭露了私有制社会中剥削阶级的本性和他们所实际奉行的道德原则的虚伪性，有其合理的因素，但总的来说，这种理论的推行带来了巨大的危害。虽然它的产生有一定的社会根据，但在本质上是错误的。这种理论不符合社会生活的客观实际，也无助于维护和巩固统治阶级的统治，片面地强调严刑峻法，甚至会招致劳动人民更强烈的反抗，是不利于统治阶级的统治的。

统治阶级的法和道德在阶级社会里，都是以规范、准则的形式作用于人民，并为维护统治阶级的利益服务的。法律主要是通过国家政权的强制作用，从外部来约束人们的行为；道德虽然也要靠舆论的作用，但更重要的是通过教育、自我修养等，形成人们内心的信念，因此往往能起到法律所起不到的作用。法律和道德，或者是交互使用，或者是同时并重，或者是有所侧重，但是无论如何，只要法律而不要道德，如同只要道德不要法律一样，都是不利于统治阶级的。秦汉以后，韩非的这一思想很快为儒家德法并重的思想所代替，这不是没有原因的。

第八章　先秦伦理思想集大成者荀子的伦理思想

第一节　荀子的生平

荀子（约公元前313—前238），名况，时人尊之为“卿”，又称孙卿子，战国后期赵国人。他长期在齐国游学，是当时齐国的稷下先生之一（稷，齐都城临淄，今属山东淄博市），并多次被推举为这个学派的“祭酒”（领袖），受到当时学者的尊崇。他是先秦最杰出的唯物主义思想家之一。他用唯物主义的自然观，对战国以来的墨家、名家、道家和前期法家的某些观点进行了批判，特别是批判了思孟学派的一些观点，表达了他“一天下，财万物”（《荀子·非十二子》），实现封建统一，使“通达之属，莫不从服”（同上）的政治理想。他还批判了长期以来所流行的“天命”思想，提出了要人们认识自然规律，使万物为人类所利用的“制天命而用之”（《荀子·天论》）的思想。在伦理思想上，他反对天赋道德观念，在人性恶的基础上，建立起一个新的道德理论体系。为了宣传他的政治思想和伦理思想，他曾经到秦国，见过秦昭王，并考察了秦国的政治风俗，之后又到楚国，楚国的春申君让他做兰陵令。荀子晚年废官居家，在兰陵著书立说，最后死在兰陵。

荀子生活在战国末期，当时新兴地主阶级已经在各国逐渐夺取了政权，相继进行了封建改革。经过长期的兼并战争和经济发展，出现了建立一个全国统一的地主阶级政权的要求。作为地主阶级思想家的荀子，其思想就是为建立这个统一的集权制国家服务的。

荀子的全部伦理思想都是以他的性恶论为基础的。他的伦理思想体系可以大体概括为：以人性都是好利恶害的性恶论为理论基础，以区别名分等级的“礼”这一规范体系为核心，以师法的教育和制裁为手段，以达到“化性起伪”、使人们成为合乎封建道德所要求的人为目的。道德原则和道德规范之所以形成，道德教育和道德修养之所以必要，以至于人与人之间道德关系的产生、形成和发展，都是和性恶论密切相联系的。没有性恶的理论，就没有荀子的伦理思想，甚至也不会有荀子的政治思想。总之一句话，荀子的整个社会、政治、经济和道德理论的大厦，都是建立在人性恶的原理之上的。因此，剖析荀子关于人性的理论，是理解他整个理论的一把钥匙。

在探讨荀子的伦理思想前，有必要先谈一谈“道德”一词的由来和演变。

依据我国古代文献资料，最早使用“道德”一词的是《管子》一书。《管子·君臣下》中曾说：“君之在国都也，若心之在身体也。道德定于上，则百姓化于下矣。”这是说，如果统治阶级能以身作则，以道德来教育人民，则百姓就一定可以受到教化。但是，由于在《管子》一书中，只有这一个地方使用了“道德”这一概念，而且又没有确切的解释，所以，并不能说管仲对“道德”这一概念已有了明确的定义。后来，在《庄子》一书中，也多次出现了“道德”一词（如《骈拇》、《天道》、《马蹄》、《天运》等篇），但较多的是“道德”、“仁义”并提，如“夫残朴以为器，工匠之罪也；毁道德以为仁义，圣人之过也”（《庄子·马蹄》），似乎还没有形成独立的道德概念。

一般说来，在荀子以前，“道”与“德”各有自己的含义。“道”是一种普遍的、最高的原则。当然，在不同的哲学家那里，这个最高原则有不同的意义。所谓“德”，就是有所得的意思。“德，得也，得事宜也。”（刘熙《释名》）《管子·心术上》中又说：“故德者得也。得也者，其谓所得以然也。”在荀子以前，很多思想家对人们行为的准则、规范、品德、德目，都只用“德”字来表示。“道德”一词，虽然在《管子》中出现过，但还没有成为一个确定的概念。

从现有的文献资料看，荀子第一次把“道德”作为一个新概念，并赋予其和我们现在使用的大体相同的意义。在《荀子》一书中，曾经有12次将“道德”二字连用，并赋予它以确切的意义。因此，我们甚至可以说，“道德”一词是由荀子提出来的一个新概念。《荀子·劝学》中说：“故学至乎《礼》而止矣。夫是之谓道德之极。”《荀子·强国》提出“威”有三种，即“有道德之威者，有暴察之威者，有狂妄之威者”，认为“礼乐则修，分义则明，举错则时，爱利则形。如是，百姓贵之如帝，高之如天，亲之如父母，畏之如神明。故赏不用而民劝，罚不用而威行。夫是之谓道德之威”。《荀子·正论》提出“道德纯备，智慧甚明”等，说明荀子已经自觉地赋予“道德”这个概念以确定的意义了。自此以后，尽管“德”和“道德”还在同时使用，但“德”较多指个人的品德，而“道德”则多指人的行为准则了。

第二节 “好利”、“恶害”的人性论

在荀子活动的年代，孟子的性善论占据着绝对的统治地位。这种性善论把人的本性说成具有仁、义、礼、智四端，人都有恻隐、羞恶、辞让、是非四心，并以此与禽畜相区别，显示出人的高尚和尊贵，因而能为很多人所接受。但是，当人们对道德的思考再深入一步时，就会提出，既然每个人天生都是善良的，为什么这些本性善良的人在一起相互交往、彼此发生关系时，却产生出与善相对立的恶来呢？孟子曾经解释说，这是因为人们之间的相处，耳目之官的物质需要和享受欲望，把人引向了不道德的境地。但是，问题还没有解决。人的一切行动都是受人们的“心”（即思想）支配的，为什么人的“良能”、“良心”是善的，而耳、目、口、鼻的需要却引导出恶呢？尤其重要的是，由于把人性说成是善的，导致在道德教育、道德修养中，认为最重要的手段是去发扬善性，去“求放心”，而不能有效地克服人们声、色、淫、乱等种种邪恶。为此，荀子提出了他的性恶论。

什么是人性？荀子继承并发展了告子的思想，认为人性是“生之所以然者”，即先天的、生下来就有的自然本性。“凡性者，天之就也，不可学，不可事。”（《荀子·性恶》）至于那些后天得来的，不论是由于习

惯影响、教育熏陶，还是由于“礼”、“法”约束而形成的后天的习性，都不能称为人性。什么是人们天生的本性？这种天生的本性表现在什么地方？荀子说：“饥而欲食，寒而欲暖，劳而欲息，好利而恶害，是人之所生而有也。”（《荀子·非相》）“目好色，耳好声，口好味，心好利，骨体肤理好愉佚。”（《荀子·性恶》）这就是人的本性。荀子说：“今人之性，生而有好利焉，顺是，故争夺生而辞让亡焉；生而有疾恶焉，顺是，故残贼生而忠信亡焉；生而有耳目之欲，有好声色焉，顺是，故淫乱生而礼义文理亡焉。”（同上）在这里，荀子特别强调所谓“顺是”两个字，即顺着人的本性发展的必然结果。由于每个人都“好利而恶害”，顺着这种本性发展，就会在人和人的关系中发生争夺和互相残害。“从人之性，顺人之情，必出于争夺。”（同上）他举例说，既然“好利欲得”是人的本性，那么如果兄弟之间要分家，顺着这种人的本性，就必然发生争夺。

荀子所说的这种人的本性就是人的自然本性。他的理论认为，一个人一生下来就受“好利”和“恶害”这种自然本性所制约，它们就如一种绝对的权威左右着人们行为的意向，谁也不可能超出它们的限定。人与人之间必然要发生争夺，所以人性是恶的。

荀子在论述他的人性论时，特别强调了“性”和“伪”的不同，即生而具有的人性和后天的人为的区别。他只是说人性生来是恶的，并不是说人不可以为善；相反，如果能够在后天认真改造自己，人是可以为善的。

荀子在《荀子·性恶》中系统地阐明了他的这一理论。他说：“人之性恶明矣，其善者伪也。”什么是“伪”？“伪”在这里，不作“诈欺”解，也不作“虚假”解。古代典籍中“为”与“伪”相通。“为”者，作为也，即有所作为。凡是在人出生以后，由人自己努力并改变原来的性恶而形成的道德品质，即是“伪”。在这里，荀子继承了告子“性犹杞柳”和“义犹桮棬”的思想，认为孟子所说的恻隐、羞恶、辞让、是非之心，并不是人与生俱来的本性，而是在社会生活中形成的道德品质，是由人们的后天努力而形成的。

关于“性”和“伪”的区别，荀子说得特别清楚。他说：“凡性者，天之就也，不可学，不可事；礼义者，圣人之所生也，人之所学而能，所事而成者也。不可学不可事而在人者，谓之性；可学而能，可事而成之在人者，谓之伪，是性、伪之分也。”（《荀子·性恶》）又说：“性者，本始材朴也；伪者，文理隆盛也。无性则伪之无所加，无伪则性不能自美。”（《荀子·礼论》）因此，在荀子看来，只有圣人才能使“性伪合”，从而达到“性伪合而天下治”（同上）的目的。人性像未加工过的原始材料一样是天生的，礼义道德是后来加工的。

荀子认为，人性只能是与生俱来、生而具有、不学而能、不事而成的。至于需要经过学习才能达到，通过培养锻炼才会获得的东西，那只能是人为的结果，即“伪”的结果，不能称为人的本性。在他看来，这就是“性”、“伪”的分别。他举例说：“今人之性，目可以见，耳可以听。夫可以见之明不离目，可以听之聪不离耳。目明而耳聪，不可学明矣。”（《荀子·性恶》）因此，他认为，人之所以能有善性，是后天人为的结果。“陶人埏埴而为器，然则器生于工人之伪，非故生于人之性也。故工人斫木而成器，然则器生于工人之伪，非故生于人之性也。”（同上）人性是原始的材料，伪是加工，没有材料，当然无法加工，但未加工的材料，绝不能直接就成为器皿。

荀子的性恶论还认为，不但一般人的本性是“好利而欲得”，就是王公大人的本性也同样是恶的。这是他对性恶论的一种彻底的发展。他公开声明，不论什么人，即使是像尧、舜那样人们公认的至德圣人，其本性也是恶的，是和一切卑贱下等的人同样的。从当时的情况看，儒家、墨家、道家等，都把尧、舜当作旷古未有的大圣人，把桀、跖看作罪大恶极的盗贼。荀子却说：“凡人之性者，尧、舜之与桀、跖，其性一也；君子之与小人，其性一也。”（同上）把历来认为天生的圣人也说成天性是恶的，不能不说是一个很大胆的见解。后来，荀子被后世儒家批评为不是一个醇儒，就是因为他有许多言论直接损害了儒家所说的圣人形象。当然，荀子还是认同尧、舜经过后天努力而成为圣人的。

荀子的性恶论是针对孟子的性善论而发的，是对性善论的一种尖锐的批判。

荀子说：“孟子曰：‘人之学者，其性善。’曰：‘是不然！是不及知人之性，而不察乎人之性、伪之分者也。”（同上）意思是说，孟子认为，人之所以能学习，就是因为人的本性是善的。荀子则明确指出，孟子在人性论上最根本的失误，就是没有弄清“性”和“伪”的区别。孟子把人生下来即有的好利、疾恶、争夺、残贼之性，与经过教育、培养和自我锻炼而在后天形成的道德品质混为一谈，并把后天的东西说成是与生俱来的，把道德说成是天生的，因而是极端错误的。荀子认为："然则从人之性，顺人之情，必出于争夺，合于犯分乱理而归于暴。故必将有师法之化，礼义之道，然后出于辞让，合于文理，而归于治。用此观之，然则人之性恶明矣，其善者伪也。"（《荀子·性恶》）如果没有师法礼义对人们进行教育，顺着人们的本性发展，则我们只能看到人和人之间的相互争夺，而不会看到有什么仁、义、礼、智四端。

孟子的天赋道德论的基石，是人生下来就有仁、义、礼、智四端。但是，荀子却认为，孟子所说的四端并不是天生的，而是后天的，是不得已而如此的。荀子说：

> 今人饥，见长而不敢先食者，将有所让也；劳而不敢求息者，将有所代也。夫子之让乎父，弟之让乎兄，子之代乎父，弟之代乎兄，此二行者，皆反于性而悖于情也。然而孝子之道，礼义之文理也。故顺情性则不辞让矣，辞让则悖于情性矣。（同上）

很显然，荀子否认人有先天的道德观念。从世界观和认识论上来看，孟子从先验的唯心主义出发，宣扬先天就有的仁、义、礼、智，认为只要把四端扩而充之，就可以使人成为有道德的人。相反，荀子从他的唯物主义自然观和经验论出发，认为人生而具有的只是生存的本能，即他所说的"饥而欲食，寒而欲暖，劳而欲息"的生理本能，而道德礼义都是后天形成的。在自然观上，荀子主张"天人相分"和"制天命而用之"。在道德问题上，他强调"化性起伪"的重要性。这就是说，要教化人的本性，即对原始材料进行加工，通过人为使人性由恶而向善。由此可见，荀子强调人为、强调经验的道德理论是和他的唯物主义的自然观相一致的。尽管他还不能自觉地把他的唯物主义自然观贯彻到历史领域中来，贯彻到对道德的认识中去，但能够认识到人的道德品质是社会的产物，是后天形成的，这是具有较多的合理因素的。

总的来说，在人性问题上，荀子同孟子的观点是根本对立的。

从唯物主义自然观出发的荀子，反对天赋道德，强调人"饥而欲食，寒而欲暖"的自然本性，从而主张加强道德教育，以改变人好利恶害的本性。这同孟子的思想相比，确实有着更多的合理因素。这是我们应该肯定的。但是，也应当看到，从历史唯物主义的观点来看，荀子把人“饥而欲食，寒而欲暖”的自然本性，同“好利而恶害”这种一些人在私有制社会中形成的社会属性，都说成是人与生俱来的本性，并不加分析地说这种本性就是恶，这当然是错误的。很显然，说人“饥而欲食，寒而欲暖”是有其合理的一面的，但把人的本性看成好利而恶害却是错误的。荀子不可能了解在原始公有制的漫长时期内，人类社会曾有过纯朴的道德。就是在私有制社会里，把父子、朋友之间的关系都说成是争夺和残贼关系，也是不能自圆其说的。荀子和孟子二人，由于不能正确地区分人的自然本性和社会本性，都把人们在后天社会中所产生的属性加以片面地夸大，并把它们说成是与生俱来的本性。所不同的是，孟子认为人的本性是天所赋予的，是善的；荀子认为人的本性是人生而具有的，是恶的。

孟子的性善论和荀子的性恶论，都主张所有人的人性都是相同的，或者皆是恶的，或者皆是善的。二者都认为他们所说的人性，就是与生俱来的本性。他们都抱着一个共同的目的，就是要培养具有仁、义、礼、智等道德品质的君子和圣人，以维护当时的封建等级制度。

第三节　对作为规范体系的“礼”的阐发

荀子认为，“礼”是人类社会最重要的原则，只有它才能在社会中区分人们的名分等级及义务，只有它才能维系人类社会的存在，调整人和人之间的关系，巩固和维护当时的社会制度。荀子一方面继承了中国历史上关于“礼”的思想，同时又对“礼”进行了系统的、全面的阐发。这一点在以后伦理思想的发展中有着很重要的意义。在荀子看来，“礼”是一种包罗万象的准则体系，不但有封建等级制度的各种政治、法律措施，有道德原则和各种规范，有人们进行道德活动的各种方式，而且包含着对这些原则、规范的理论论证。“礼”不但能统治社会，有时候，简直成了调整整个自然界的万世不变的、永恒的、至高无上的法则。荀子说：“人无礼则不生，事无礼则不成，国家无礼则不宁。”（《荀子·修身》）又说：“礼者，治辨之极也，强国之本也，威行之道也。功名之总也。王公由之，所以得天下也；不由，所以陨社稷也。”（《荀子·议兵》）所以他说“国之命在礼”（《荀子·强国》），可见“礼”对于国家来说是极端重要的了。

“礼”是怎么产生的？荀子说：“礼起于何也？曰：人生而有欲，欲而不得，则不能无求；求而无度量分界，则不能不争；争则乱，乱则穷。”（《荀子·礼论》）这里可以清楚地看到，依据荀子的性恶论，人必然会产生以满足个人利欲为目的的追求，而且在追求的过程中每个人又总是无限制地想得到他所需要的一切。因此，人们之间一定会发生争夺。这种争夺必将引起社会的纷乱，至此，人们也就无计可施，穷于应付了。如何才能避免这种无计可施的情况呢？这就是“礼”之所以产生的重要原因。“礼”的目的和作用有两个方面：一个是“分”（又称“别”），一个是“养”。荀子所说的“分”或“别”又有两方面的意思：一方面是指等级制度，即由最高到最低的等级层次；另一方面指社会中不同人的职业分工。而这两者又是相互交叉的，共同为维护当时的封建制度服务。荀子所说的“养”，就是要在“分”和“别”的基础上，使社会生活中的每一个人，都能根据自己的等级、地位，在履行自己应尽的义务的同时，得到适当的物质生活的满足。这就是荀子所说的“养人之欲，给人之求，使欲必不穷乎物，物必不屈于欲，两者相持而长”（同上）。荀子认为，在“养人之欲，给人之求”时，既要使社会的财富按照人们的等级，使人们都能得到一定的满足，又必须使人们的欲望不要穷尽社会生产的物质财富。这样，人们的欲望和财富就可以相互促进，从而使社会不断向前发展了。荀子关于“养”的思想，实际上是和他的义利观密切结合在一起的。这里先就他的“分”或“别”的思想作进一步的分析。

首先，荀子的“礼”是用以区别社会的贵贱等级的规定，是用来区分阶级社会中人的不同地位的。“礼”要求人们的行为严格遵守当时的统治秩序，从而维护剥削阶级的统治。荀子说：“礼者，贵贱有等，长幼有差，贫富轻重皆有称者也。”（《荀子·富国》）荀子主张“君君、臣臣、父父、子子、兄兄、弟弟一也，农农、士士、工工、商商一也”（《荀子·王制》），即每一个人都应该按照自己的等级和地位的规定来活动，不能越出自己的等级界限。而且，天下只有按“礼”去做才会治，否则就会乱；只有按“礼”去做才会安，否则就会危；只有按“礼”去做才会存，否则就会亡。（参见《荀子·礼论》）这一思想虽然是从《左传》继承来的，但荀子根据当时的情况作了进一步的发展，更强调了它在维护等级制度中的重要作用。

其次，荀子认为，“礼”是一种道德行为的准则、道德评价的标准，是人们评价事物，特别是评价人的行为的标准。荀子认为，正像秤可以作为一个标准来衡量物品的轻重一样，“礼”也是一个标准，可用来确定人与人之间的关系，即从道德上评价人的行为。他说：“程者，物之准也。礼者，节之准也；程以立数，礼以定伦。”（《荀子·致士》）“礼”作为人与人之间的行为规范，是唯一正确的准则。“故绳墨诚陈矣，则不可欺以曲直；衡诚县矣，则不可欺以轻重；规矩诚设矣，则不可欺以方圆；君子审于礼，则不可欺以诈伪。故绳者，直之至；衡者，平之至；规矩者，方圆之至；礼者，人道之极也。”（《荀子·礼论》）这里，荀子把统治阶级的政治原则、法律措施和道德规范统一起来，都视为人们评价事物和人的行为的标准。

此外，荀子认为，“礼”是人类社会所以能够维持自身存在的重要保证。在他看来，人们为了争取自己的生存，为了同自然界作斗争，就必须联合起来，就必须能“群”。但是，要能联合起来，要能“群”，就必须有“礼”（有时又往往说是“义”）。这就是说，“礼”是人作为社会动物的一种需要，没有“礼”，人们就无法联合起来，无法战胜自然界。荀子把人和动物相比较来说明“礼”对人的重要。他说：人“力不若牛，走不若马，而牛马为用，何也？曰：人能群，彼不能群也。人何以能群？曰：分。分何以能行？曰：义。故义以分则和，和则一，一则多力，多力则强，强则胜物”（《荀子·王制》）。这就是说，人类在自然界中生存，为了战胜自然，必须要有“礼”和“义”。因此，“礼”也就成了人之所以和动物相区别的一个重要标志。在这里，荀子提出了“群”、“分”、“义”三个概念。其中，“义”即道德原则，是最重要的。正因为人与人之间形成了一定的道德原则和规范（即“义”），人们才能分出各种不同的等级，从事各种不同的职业（即荀子所谓的君君、臣臣、父父、子子、农农、士士、工工、商商）。由于人们能够分成各种不同的等级和职业，每人都只从事自己所应做的事而不相逾越，所以人们才能够合成一个群体。这就是荀子所说的“能群”。为什么动物不能群？就是因为它们没有道德准则，不能分出各种不同的等级。荀子认为，“义”是最重要的。有了“义”，才能够“分”；有了“分”，才能够“和”，即才能够形成社会的群体，才能团结一致，才能相互配合，形成一股强大的力量。正因为有了这样强大的力量，人们才能战胜自然界，才能使牛马为人类所用，才能达到他所说的“群居和一”的目的。孟子也认为，人和动物的区别在于人类有“良知”、“良能”，即有恻隐、羞恶、辞让、是非四心。但是，孟子既未能作出理论上的论证，也没有从正面提出人应该有什么样的本质属性，才能适应人类社会的发展。荀子较孟子前进了一步，他对人之所以能够战胜禽畜并最终脱离动物界而成为人作了较深入的分析，提出了人之所以为人的界说。在中国伦理思想史上，在荀子以前，曾有“惟人万物之灵”（《尚书·泰誓上》）的说法，这是我们可以找到的对人这一概念的最早的定义。但是，这一界说过于笼统：所谓万物之灵，可能是指人有理性，但并没有对此进行具体的论证。从《荀子》一书中我们看到，大约在当时有一种意见，认为人同禽兽的区别就在于人“二足而无毛”，而禽兽则不然，或者是四足有毛，或者是二足有毛。荀子认为，人之所以是人，是由于“其有辨”。

> 饥而欲食，寒而欲暖，劳而欲息，好利而恶害，是人之所生而有也，是无待而然者也，是禹、桀之所同也。然则人之所以为人者，非特以二足而无毛也，以其有辨也。今夫狌狌形笑，亦二足而毛也，然而君子啜其羹，食其胾。故人之所以为人者，非特以其二足而无毛也，以其有辨也。夫禽兽有父子而无父子之亲，有牝牡而无男女之别。故人道莫不有辨。辨莫大于分，分莫大于礼，礼莫大于圣王。（《荀子·非相》）

从这里可以看出，荀子所说的“礼”和“义”是相同的，即道德原则。为什么他又说“礼莫大于圣王”呢？因为荀子认为，一切道德原则、道德规范都是圣王制定的，所以圣王在人脱离动物和人之所以成为人这一点上，有着最重要的作用。

荀子所说的“礼”的内容，既包括政治制度、法律准则，同时也包括道德规范。由于荀子不能区分政治制度、法律准则同道德规范的不同，再加上认识的局限和阶级的制约，所以他认为，这一切规范准则，都是由圣人制定的。而圣人之所以制定“礼”、“义”，就是要人们各守自己的本分，使生产和消费之间能够相持而长，维持和巩固社会的安定。“礼”既能够调整人和人之间的关系，同时又能产生强大的力量，可以使人类战胜禽兽，并使禽兽为人类所用。

第四节 “德治”和“法治”相辅相成的政治伦理思想*

在中国伦理思想史上，荀子是先秦思想的集大成者。所谓集大成，集中体现在他的政治伦理思想方面，就是他摒弃了各家片面的、落后的思想，融会了各家合理的、进步的、有利于治国安民的成分，并加以综合的创新，把历史上各家的治国理论与实践加以融会和贯通，最终形成了新的理论和思想。

荀子政治伦理思想的“大成”和突出贡献，就是他提出的“隆礼重法”的理念。他第一次全面、深入地阐明了“隆礼”和“重法”、“德治”和“法治”必须密切结合的思想，把西周以来的治国理念提到了一个新的高度。他的这一“隆礼重法”理念，克服了过去儒家和法家在政治思想、伦理思想和“治国方略”上“礼”、“法”对立的片面性，开创了我国政治思想和伦理思想中“礼法并重”的先河。荀子以后的儒家和法家，都不同程度地吸取了他“隆礼重法”的合理创见，并以此来建立自己的治国理论。

在荀子以前，儒家和法家是代表不同治国理念的最重要的两个学派。在政治思想、伦理思想和治理国家方面，其主要不同，就是对“礼”和“法”、对“德治”和“法治”在治国中的地位有不同的态度。商鞅、申不害等强调“法律”、“法治”和“刑罚”的重要，而孔子、孟子则强调“礼治”、“德教”和“德治”的重要。二者的对立，几乎到了水火不能相容、冰炭不可同炉的程度。

荀子自称属于儒家，尊崇孔孟，但是，他在政治思想、伦理思想和治国方略方面，又对儒家思想作了大胆的修正，吸取了法家思想的正确部分，提出了“隆礼重法”、德法并举的治国理念。这一治国理念，不但反映了他极大的理论勇气和广阔胸怀，体现出他善于吸取各家优秀成果而融会贯通的能力，而且是对中国历史上治国思想全面而深刻的总结，对后世的治国方略有着极其重要的影响。

荀子自称为儒，而且当时的人，也都称他为“儒”，但他的两个学

---

* 本节原载于《湘潭大学学报》（哲学社会科学版）2005 年第 7 期。收入本书时略有删节。

生韩非和李斯，却都是著名的法家代表人物。后世正统儒家，对荀子颇有非议，认为他“不是醇儒”，是掺杂有法家思想的儒家，是“驳杂”。朱熹甚至认为“荀卿则全是申韩”（《朱子语类》卷一三七）。在 20 世纪 70 年代所谓“评法批儒”的一段时间，荀子又被称为著名的“法家”，因为他注重“法治”。

孔子“西行不到秦”，对于当时法家思想占统治地位的秦国，孔子连看也不愿看一眼，孟子也没有到过秦国；而荀子则不同，他不但亲自到秦国去，而且比较细心地考察了秦国的政治、经济和文化状况，以大胆而明确的肯定态度，评价了当时秦国在法家思想指导下所取得的政绩。

对荀子的政治伦理思想进行新的探索，特别是对“隆礼重法”和德法并举思想进行深入研究，在当前，不仅有重要的理论意义，同时也有突出的现实意义。

一、荀子对“礼”和“法”的界定

荀子是重视“礼”的作用的。他说：“礼者，人道之极也”（《荀子·礼论》），“礼者，所以正身也……无礼何以正身?”（《荀子·修身》）“故礼，上事天，下事地，尊先祖而隆君师，是礼之三本也”（《荀子·礼论》），“礼者，贵贱有等，长幼有差，贫富轻重皆有称者也”（《荀子·富国》）。

从总的方面来看，荀子赋予礼两种不同的意义。一种包括思想、政治、文化、教育、道德等非常广泛的内涵。在这个意义上，荀子把政治制度、道德规范、风俗习惯，甚至法律规范都包含在“礼”的内容之中。正因为如此，他常常把“礼”和“法”看作同等的意义。

“礼”的另一种意义，则专指思想文化和伦理道德等方面的规定，着重指道德规范以及对老百姓所进行的道德教育、道德感化等。在这个意义上，荀子常常把“礼”同“法”明显地加以区别，认为“礼”和“法”代表着不同的治国理念，主张在治理国家中，应当礼法并举，礼法并重。

荀子对“法”也赋予了两种不同的含义。“法”的一个意义就是“法则”、“规范”和“标准”，这也可以说是对“法”的广义的理解。在这个意义上，“法”的内容十分宽泛，“礼”也就包括在“法”之中了。

荀子说“礼者，法之大分，类之纲纪也”（《荀子·劝学》），认为“礼”是“法”的一部分。

“法”的另一个意义，是专指“法律”、“法治”、“刑罚”等而言，这里，“法”常常和“礼”对举，成为相互影响、相辅相成，又相互对立的两个方面。

二、“礼”和“法”应当“并重”

荀子认为人性是恶的，这是他的一切政治、法律和伦理思想的出发点。正因为人性是恶的，所以，如果顺其自然地发展，社会就会陷入相互争夺的混乱之中。“今人之性，生而有好利焉，顺是，故争夺生而辞让亡焉；生而有疾恶焉，顺是，故残贼生而忠信亡焉；生而有耳目之欲，有好声色焉，顺是，故淫乱生而礼义文理忘焉。然则，从人之性，顺人之情，必出于争夺，合于犯分乱理而归于暴。故必将有师法之化，礼义之道，然后出于辞让，合于文理而归于治。用此观之，然则人之性恶明矣，其善者伪也。”（《荀子·性恶》）

这就是说，由于人性是自私自利的，任其发展，就必然要彼此争夺，故“必将有师法之化、礼义之道”，才能养成守法观念和道德意识，达到整个社会治理和稳定的目的。

从治国安邦的要求出发，对于由自私自利而必然导致的争夺和混乱，怎样才能有效地加以治理呢？荀子认为，仅仅依靠道德或仅仅依靠法律都是远远不够的。对于因人性恶而必然出现的“犯分乱理而归于暴”的情况，如果没有刑罚的惩治，那是根本不可想象的，因此，对于治理国家来说，刑罚是必不可少的。但是，刑罚虽然可以惩治那些违法犯罪分子，使他们不敢犯罪，却还不能感化他们的思想，使他们懂得“礼义之道”，也就不能从根本上改变他们“好利”、“争夺”、“疾恶”、“残贼”的本性，因此必须要加强道德教育和道德感化。这就是从荀子的性恶论所得出的必然结论。

荀子的这一说法，同此前的儒家和法家的说法大相径庭。

儒家的创始人孔子认为，一个国家的治理，尽管“政”和“刑”也有一定的作用，但是归根到底，只有“礼”和“德”才是最重要的。“道之以政，齐之以刑，民免而无耻；道之以德，齐之以礼，有耻且格”（《论语·为政》），这就是孔子治国方略的基本思路。他不是把“德”和

“刑”放在并重的地位，而是“重德轻刑”。这一“重德轻刑”的思想，还体现在他“宽猛相济”的思想中。在治理国家中，“宽”（道德教化）和“猛”（刑罚惩治）都是不可缺少的，但孔子认为，“宽”是要经常应用的，而“猛”只是在不得已的情况下才加以使用。孔子以后的孟子，更加向“重德轻刑”的方向偏离，在大力宣扬和倡导“仁义”的作用时，基本上忽视了“法”和“刑”在治国中的重要作用。

法家的著名代表慎到认为，一个国家的治理，最重要的是凭借“权势”，依靠“法律”。他的治国方略就是四个字“抱法处势”。在他看来，一个统治者，只要有了“权势”，并用这一“权势”来推行“法治”，一个国家，就可以平安无事了。另一个法家的著名人物商鞅，更走上了强调“刑罚”的极端。他的治国方略是“厚赏重刑”，对有功者重赏，对有过者重罚。他认为“禁奸止过，莫若重刑”（《商君书·赏刑》），只有严厉的刑罚，才能使老百姓不敢触犯法律，达到“以刑去刑”的目的。这就是说，要采用严厉的刑罚来惩治一切违法犯罪，以达到人们不敢犯罪的目的。商鞅把儒家的礼、乐、诗、书、仁义、孝悌、诚信、贞廉等，都看作必须清除的害虫，完全否认道德和道德教育在治理国家中的不可忽视的作用。

荀子超越了他以前思想家所达到的高度，以广阔的视野和深刻的观察，从当时已有的治国实践经验中认识到，把“法”和“礼”、“刑罚”和“德教”、“法治”和“德治”对立起来的思想，是片面的，是不利于国家的治理的。由此提出了他“隆礼重法”和“德法并重”的治国理念。

蔡元培先生在他所著的《中国伦理思想史》中，对此曾作了深刻的概括，他说，荀子认为：“礼以齐之，乐以化之，而尚有冥顽不灵之民，不师教化，则不得不继之以刑罚，刑罚者非徒惩已著之恶，亦所以慑佥人之胆而遏乎恶于未然也。”① 荀子认为，仅仅靠道德教育是不能彻底解决社会安定问题的，离开了刑罚惩治，就无法达到“禁恶于未萌”的目的。

“礼”和“刑”是治理国家不可缺少的两个根本要素，二者相辅相成、相互为用，真可以说犹如车之两轮，缺一不可。荀子这种“隆礼重

① 蔡元培：《中国伦理思想史》，137页，北京，商务印书馆，1910。

法”、“德法并重”的思想，用一句最简练、最精辟的话加以概括，就是他所说的“治之经，礼与刑”（《荀子·成相》），把“隆礼重法”、法治与德治的重要性，提高到了治国经典的高度。

三、“法”在治国中的作用

荀子认为，一个社会的安定，除了靠“礼”和“教化”以外，还必须要给违法者以严格的刑罚，特别是对那些“奸民”和屡教不改的“元恶”，如不予以严惩，就无法保证国家的安宁。但是，他的“法治”思想，同以前的法家的思想，有显著的区别，可以说他是在批判原来法家思想的基础上，对“法治”作了新的界定和阐释。他否定了“严刑峻法”，认为法律应当有令必行、“无罪不罚”。在执法中，要量刑恰当，轻重适当。他说：“刑称罪则治，不称罪则乱”（《荀子·正论》），强调量刑必须公平和公正。他认为，量刑是否公正，是国家治乱的一个关键。他说：“公平者，职之衡也；中和者，听之绳也”（《荀子·王制》），强调“听讼”和“审判”都要公平和公正，并把公平和公正视为执法的重要标准。

正是基于上述原因，荀子既不赞同儒家不重视刑罚的思想，也反对法家“轻刑重罚”，而是强调要“轻刑轻罪，重刑重罪”，要求刑罚的轻重应同罪行的轻重相吻合，从而克服了儒、法两家在这一问题上的片面性。

荀子认识到，不论如何完备的法律，都不可能把违法的方面包括无遗。荀子说：“法而不议，则法之所不至者必废”（同上）。他认为，如果只局限于法律的条文，那就会在许多情况下束手无策、不知所措。因此，他强调要掌握立法的基本精神，要懂得“法义”，只有懂得了“法义”，才能够根据立法的精神来正确地解决所遇到的各种法律问题。“有法者以法行，无法者以类举”（同上），就是说，在有法律条文可以依据的时候，就按照法律条文来处理；如果没有法律条文可资依据，就以同类的法律作为依据，这样，就可以给执法和量刑过程中所遇到的疑难问题找到一个普遍适用的原则。

四、“礼”在治国中的作用

荀子对“礼”在治理国家中的重要意义，作了十分充分的论述，他的《礼论》，就是专门阐发“礼”在治国中的作用的。

“礼起于何也？曰：人生而有欲，欲而不得，则不能无求；求而无度量分界，则不能不争；争则乱，乱则穷。先王恶其乱也，故制礼义以分之，以养人之欲，给人之求。使欲必不穷乎物，物必不屈于欲，两者相持而长，是礼之所起也。”（《荀子·礼论》）这里，荀子一方面提出了他的道德起源论，另一方面进一步阐发了道德的社会功能。

“礼”是为了调整人和人之间的利益关系而提出的。在当时的等级社会内，一方面要调整各个不同等级之间的尊卑关系，另一方面又要调整各个等级内部各个成员之间的利益关系。荀子认为，“礼”是由于人和人之间因“欲望”得不到满足而发生争夺才产生的。

荀子认为，“礼”的这种功用可分为两个方面：一是“养”，二是“别”。所谓“养”，就是使社会所能生产的物质财富，满足社会成员的需要；所谓“别”，就是社会物质财富的分配，要按照尊卑的不同等级而有所不同。荀子说：“曷谓别？曰：贵贱有等，长幼有差，贫富轻重皆有称者也。”（同上）“礼”的社会功用，就是要既“养人之欲”，又“给人之求”，既使每个人的欲望都能得到适当的满足，同时又能保持社会的协调而避免争夺。

强调“礼治”，也就是强调“德治”，强调道德在治理国家中的作用。荀子特别重视“君王”和有道德的“君子”在治国中的重要作用。他在《君道》中反复地说明“君王”和“君子”是“源”，而老百姓是“流”，强调“原清则流清，原浊则流浊”。所以，“上好曲私，则臣下百吏乘是而后偏”，“上好礼义，尚贤使能，无贪利之心，则下亦将綦辞让，致忠信，而谨于臣子矣”（《荀子·君道》）。在荀子看来，对于一个国家的治理来说，只要有了有道德的“君”和“臣”，就会出现“赏不用而民劝，罚不用而民服，有司不劳而事治，政令不烦而俗美”（同上）的太平盛世。

荀子认为，人和动物的根本区别，就在于人有道德。他说：“力不若牛，走不若马，而牛马为用，何也？曰：人能群，彼不能群也。人何以能群？曰：分。分何以能行？曰：义。故义以分则和，和则一，一则多力，多力则强，强则胜物”，“故人生不能无群；群而无分则争，争则乱，乱则离，离则弱，弱则不能胜物；故宫室不可得而居也，不可少顷舍礼义之谓也”（《荀子·王制》）。又说：“故人之所以为人者，非特以其二足而无毛也，以其有辨也。夫禽兽有父子而无父子之亲，有牝牡而无男女之别。故人道莫不有辨。辨莫大于分，分莫大于礼，礼莫大于圣王。”（《荀子·非相》）荀况把人之所以有道德归于“圣王”，这是历史唯心主义的局限，但是他第一次明确提出，人和动物的区别，并不是“人”的形象（二足而无毛）与动物不同，而是因为人有“礼义”，即人有“道德”，这在人类思想史上是一个重大的创见。

五、“仁义法正”可以“相辅相成”、“相得益彰”

孟子和荀子都认为，不论什么人，只要经过努力，就可以成为一个道德高尚的人。这就是孟子所说的“人皆可以为尧舜”（《孟子·告子下》）和荀子所说的“涂之人可以为禹”（《荀子·性恶》）。但是，孟子从“性善论”出发，强调人内心的修养，认为只要经过个人的努力，就可以成为“圣人”，而人之所以没有成为“圣人”，不是因为“圣人”根本不能达到，而是由于个人不够努力；荀子从性恶论出发，强调道德和刑罚的重要作用，强调“仁义法正”的功效。他认为，“涂之人可以为禹，则然；涂之人能为禹，未必然也”（同上）。这就是说，尽管一般人都可以成为一个“圣人”，但现实生活中，并不是每一个人都能成为“圣人”的；然而，我们不能因此自暴自弃而放弃这一崇高的道德理想。他说：“虽不能为禹，无害可以为禹，足可以遍行天下，然而未尝有能遍行天下者也……然则能不能之与可不可，其不同远矣。”（同上）但是荀子否认孟子所说的人的本性中就有“仁义礼智”四端，因此，人“好利恶害”的本性，必须要靠“仁义法正”来加以制约和改造。荀子说：“凡禹之所以为禹者，以其为‘仁义法正’也。然则‘仁义法正’有可知可能之理，然而涂之人也，皆有可以知仁义法正之质，皆有可以能‘仁义法正’之具，然则其可以为禹明矣。”（同上）

儒家的“德治”，强调“尚贤使能”，法家的“法治”，强调“赏功罚过”，而荀子则二者并重，认为要想把国家治理好，要想使老百姓道德高尚，就既要“尚贤使能”，又要“赏功罚过”。

六、“礼”比“法”更带有根本性

在荀子的治国方略中，他经常“礼”、“法”并举，认为二者是相辅相成的。他最常用的词汇就是“礼法之枢要”、“礼法之大分”（《荀子·

王霸》)。那么，这两者相比，哪个更带有根本的意义呢?

从荀子的整体思想来看，他认为，对于保持当时封建社会的政治稳定和国家的长治久安来说，“法”固然重要，但更根本性的问题是“礼”。他在“摄法入儒”、大胆纠正儒家德治思想的片面性的同时，还保留着儒家的一些基本观点。他认为“礼”的起源比“法”早，“礼”的作用比“法”要广泛和深入，是带有根本性和基础性的东西。更加值得注意的是，不论“法治”如何重要，归根到底，“法”还是要靠人来执行的。在《君道》篇中，他说：“有乱君，无乱国；有治人，无治法”“故法不能独立，类不能自行。得其人则存，失其人则亡。法者，治之端也；君子者，法之原也。故有君子，则法虽省，足以遍矣；无君子，则法虽具，失先后之施，不能应事之变，足以乱矣。”(《荀子·君道》)

这段话的意思是说，有紊乱的君主，没有紊乱的国家；国家可以靠人才来治理，不可能仅仅靠法律来治理。因为法律是不能独自实施的，制度也不能自动推行。得到人才，国家就能生存和发展；失掉人才，国家就会灭亡。法治是治理国家的开端，有道德的君子才是治国的根本所在。所以，只要有了君子，法律虽然简略，也足以平治天下；如果没有君子，就算法律十分完备，但由于颠倒了治国的先后次序，无法应付事情的变化，其结果，也必然导致国家的混乱。

在这里，荀子提出了治国方略的“端”和“原”的关系，是对中国古代治国方略的新的概括。所谓“端”，在这里有“开始”、“顶部”、“末梢”的意思；所谓“原”，有“源头”、“本源”和“根本”的意思。在中国古代思想中，“本”和“末”是一对基本范畴，主要用来区分事物的两个方面，即第一位和第二位、主要和次要的关系。儒家认为“孝悌”是“仁”的根本，而其他道德规范，都是“仁”的末梢。荀子认为，治国方略中的“原”和“端”的关系，犹如“本”和“末”的关系，是不能错乱倒置的，否则就必然导致社会的动荡和国家的混乱。

总之，荀子认为，“法”和“礼”在治理国家中都十分重要，但是，因为“法”是由人制定并要由人来执行的，不论其怎样完备，都不能适应情况的复杂变化。因此，正直的、有道德的“圣君”、“贤相”和有道德的人才，就显得更为重要。

七、治理国家与个人道德品质修养

荀子认为，国家的治理同个人的道德修养，有着密不可分的关系。提高人们的道德水平和道德境界，改变人自私自利的习性是道德修养的根本目的。在总结前人关于修养的原则、方法和实践的理论的基础上，荀子提出了自己的系统而完整的修养理论。

人性是恶的，但人性是可以改变的。荀子所强调的“化性起伪”，就是要经过“人为的努力”，也就是通过学习、教育和修养来改变人原有的恶的本性。因此，我们可以说，荀子的人性论的重点不在“恶”而在于“化”。

首先，荀子强调教育和修养的重要。“故古者圣人以人之性恶，以为偏险而不正，悖乱而不治，故为之立君上之势以临之，明礼义以化之，起法正以治之，重刑罚以禁之，使天下皆出于治，合于善也；是圣王之治而礼义之化也。”（《荀子·性恶》）荀子把社会的治理寄托于“圣王”的出现，这是历史唯心主义的局限，但他认为，对于人的性恶，可以经由政治思想的导向、法律刑罚的制裁、礼义道德的教化等，促使人通过自身的艰苦修养而改恶为善，使国家得以治理，使社会能够和谐、稳定地发展。因此，他特别重视道德的“修养”，不但以专篇《修身》来论述有关理论，而且，几乎在他的所有著作中，都贯穿着对修身的要求。

荀子的“修身”思想，大体上包括四个方面，也可以说是四个步骤。一是要从教师和朋友中，从自己所接触的人中，了解自己的不足；二是要经常进行检查和反省；三是要把检查反省的认识付诸实践，克服自己的错误思想和言行，向道德高尚的人学习；四是要持之以恒，从小事做起，以达到“积善成德”的目的。这是中国伦理思想史上最完备、最有体系的修养论，对后世修养理论有重要的影响。在“化性起伪”的过程中，荀子特别提倡通过“隆师亲友”来改正自己的缺点和错误。他说：“非我而当者，吾师也；是我而当者，吾友也；谄谀我者，吾贼也。故君子隆师而亲友，以致恶其贼。”（《荀子·修身》）荀子认为，要从“非我而当”的批评中，认识自己的缺点和错误，要警惕“谄谀我者”的阿谀奉承，只有这样，才能正确地认识自己，使自己成为一个有道德的人。

荀子强调，要虚心向自己的老师和朋友学习，要“得贤师”和“得良友”，以便更好地学习他们的优良道德品质。他说：“得贤师而事之，则所闻者，尧舜禹汤之道也；得良友而友之，则所见者，忠信敬让之行也；身日进于仁义而不自知也者，靡使然也。”（《荀子·性恶》）

荀子重视思想道德上的检查反省、迁善改过。他说：“君子博学而日参省乎己，则知明而行无过矣”（《荀子·劝学》），又说：“君子居必择乡，游比就士，所以防邪僻而近中正也”（同上），“见善，修然，必以自存也；见不善，愀然，必以自省也”（《荀子·修身》）。

在修养的功夫上，荀子提出“积善成德”的注重实践的修养方法，他说：“积土成山，风雨兴焉；积水成渊，蛟龙生焉；积善成德，而神明自得，圣心备焉。”（《荀子·劝学》）他虽然主张性恶，但是他认为，只要能够坚持修养和锻炼，任何一个人，都能够达到道德上的“圣人”的至高境界。他说：“涂之人百姓，积善而全尽，谓之圣人”，“故圣人也者，人之所积也”（《荀子·儒效》）。荀子关于“修养”的思想，是同他的治国方略联系在一起的，是为他的治国理念服务的。在荀子的思想中，我们可以清楚地看到，培养“有道德的人”像一根红线一样，贯穿在他的政治思想、伦理思想和治国理念之中。

八、荀子政治伦理思想的启示

荀子政治伦理思想的核心——“隆礼重法”、“礼法并重”，不但在中国历史上，对国家治理起过重要的作用，就是对当前来说，也有着一定的借鉴价值和启迪作用。以史为鉴，可以知兴替。从一定意义上看，荀子的思想，可以说是今天提倡“依法治国”与“以德治国”相结合的治国方略的重要理论渊源之一。

第五节　“义与利者，人之所两有”的义利观

在“义”和“利”的关系上，荀子不同意孔子、孟子重义轻利的思想，提出“义与利者，人之所两有”（《荀子·大略》）的理论。从某种意义上，这也可以说是荀子对性善论的一种让步或妥协，或者说是对自己的性恶论的一种修正或补充。他认为，对于义利两者，要根据情况，

分析比较，既不能只重义而轻利，也不能只重利而轻义。人既有“好利”的本能，也有“好义”的本能。荀子继承了墨子、孟子的义利观，使中国思想史上关于义利关系的讨论又有了进一步的发展。

荀子认为，“利”也就是“欲利”，是人人生而具有的生存欲望，是不可能从人身上消除的。要想消除人的欲利，也就必然会消除人本身。而且，人们的道德原则并不和人的欲利相矛盾，只不过在二者的关系上，应该使欲利服从道德原则，而不能使道德原则服从人们的欲利。荀子说：

> 义与利者，人之所两有也，虽尧舜不能去民之欲利，然而能使其欲利不克其好义也。虽桀纣亦不能去民之好义，然而能使其好义不胜其欲利也。故义胜利者为治世，利克义者为乱世。上重义则义克利，上重利则利克义。（《荀子·大略》）

这里，荀子承认老百姓的物质利益是不应该被否认的，认为做国君的应该适当满足人们的物质利益，并加强对老百姓的道德教育。总之，最重要的并不是取消欲利，而是不要让欲利之心超过好义之心，这样，国家就可以治而不乱了。

利欲既然是人人都有的，不应该否定的，那么，人们在利欲面前，应该采取什么态度呢？怎样才能使好义克服欲利呢？荀子提出了一种理论，就是要权衡比较。

什么是权衡比较？就是说，在决定对利欲的取舍时，必须考虑其所产生的影响，考虑它将产生什么后果。这种后果又可以分为两个方面：一是对社会到底是有利还是有害，二是对自己到底会带来荣誉还是招致羞辱。他说：“见其可欲也，则必前后虑其可恶也者；见其可利也，则必前后虑其可害也者；而兼权之，孰计之，然后定其欲恶取舍。如是，则常不失陷矣。”（《荀子·不苟》）为什么荀子特别强调在利欲面前必须深虑和熟计呢？这也是和他的性恶论有密切关系的。人的本性是恶的，也就是说，是趋利避害的，总是喜欢获得利欲而忽视礼义，所以，在利欲面前的权衡就尤为重要，要防止和反对偏于某一方面而使人受到损害。“凡人之患，偏伤之也。见其可欲也，则不虑其可恶也者；见其可利也，则不顾其可害也者。是以动则必陷，为则必辱，是偏伤之患也。”（同上）正出于这种原因，权衡、计算、考虑和比较就尤为必要了。荀子之所以要人们权衡，并不是说，只要对自己有利，能够满足自己的欲望的，就可以做，而是要遵循道德原则。这一原则他有时候叫作“义”、“礼”，有时候又叫作“道”。

荀子认为他所说的权衡有一个确定的标准。“道者，古今之正权也。离道而内自择，则不知祸福之所托。”（《荀子·正名》）又说：“何谓衡？曰道。故心不可以不知道。心不知道，则不可道而可非道。”（《荀子·解蔽》）在荀子看来，“道”是封建社会中评价一切事物的最高标准，因此，当人们有利欲打算时，必须用这个标准加以衡量。如果抛弃了封建社会的这个唯一标准，只是根据内心的情欲去判断，就必然会招来祸患。同样，如果心里不懂得“道”，也就自然要离开“道”而走向非“道”了。

荀子是一个新兴地主阶级的思想家，在利欲问题上也提出了比较进步的思想，这就是他从“养”出发所提出的“虽为守门，欲不可去”，“虽为天子，欲不可尽”（《荀子·正名》）的理论。既然“礼”的一个重要作用是要按照等级制度和职业分工来“养人之欲，给人之求”，那么，不但君主、天子有欲望，就是看门的卑贱之人，也同样有自己的欲望。对于这两种人，由于他们在封建社会中处于不同的地位，有的欲望可以满足得多一些，有的欲望只能满足得少一些。但是，天子不应该无限制地为所欲为，守门人也不能够连起码的欲望也得不到满足。荀子认为，人的本性是好利恶害，这是天生的。这种人的本性之质体，发而为情，与这种情相应，就产生了人们的种种欲求。所以，从人的本性到人的感情，从感情到欲望，是必然的，是可以追求而且应该获得一定满足的。他说：

> 性者，天之就也；情者，性之质也，欲者，情之应也。以所欲为可得而求之，情之所必不免也，以为可而道之，知所必出也。故虽为守门，欲不可去，性之具也。虽为天子，欲不可尽。欲虽不可尽，可以近尽也；欲虽不可去，求可节也。所欲虽不可尽，求者犹近尽；欲虽不可去，所求不得，虑者欲节求也。（同上）

天子的欲望，虽几乎可以完全满足，但不能够一切都满足；守门人的欲望，虽然不能完全满足，但他们总是在考虑如何节制自己的欲望以求得到一定程度的满足。总之，荀子的“礼”的作用，也可以说是用“养”和“别”来调整人和人之间的关系，包含着一定程度上也要照顾到劳动人民的某些最必要的生活要求的思想，有一定的合理因素。

第六节　强调“师法”、“礼义”的道德教育论

从“人之性恶，其善者伪也”的理论出发，荀子极端重视道德教育和道德修养。在他看来，既然人的本性是恶的，人与人之间就要产生争夺；为了调和人与人之间的矛盾，就要“化性起伪”，使人们形成善性，养成道德观念。那么，究竟怎样去“化性起伪”呢？荀子认为，必须从两个方面入手。一方面，就是要有“师法”、“礼义”的教育，即从外部对人们施加道德上的影响；另一方面，也必须使人们认识到修身的重要，使人们能够自觉地努力提高自己的道德品质。因此，在荀子看来，学习的目的不是为了别的，就是为了从这两个方面来提高人们的品德。

在中国伦理思想史上，关于道德的教育和修养，从孔子到孟子，都强调“内省”、“反省”和“自省”。这种方法也可以称为“内省法”。由孔子所提倡、由孟子所发展和系统化的这一为寻找已失去的善良本性而重视个人修养的方法，在春秋以后的较长时期中，又有了更进一步的发展，并对后世的修养论和修养践履产生了深刻影响。荀子的观点同孔、孟的观点不同。在他看来，人的本性既然都是好利恶害，都是恶的，那就不可能通过单纯的“自省”、“反省”而达到至善。善不是从内心中可以产生的，它是一种强加的、人为的、外在的东西，必须要由外部来灌输，也可以叫作“教化”法，即必须对人们施加礼义教化，才可能使人们有好的道德品质。在道德教育和道德修养中，孟子强调“内省”，而荀子则强调“灌输”，这是他们的一个重大不同。

在道德教育方面，荀子认为，最重要的有两个方面，即老师的教育和法律的约束。既然人的本性都是好利恶害，那么如果没有老师的教育和法律的制裁，人们就会沿着利欲的方向，走到邪路上去。他说：“人无师法，则隆性矣；有师法，则隆积矣。”（《荀子·儒效》）又说：“人之生固小人，无师无法，则唯利之见耳。”（《荀子·荣辱》）因此，必须用“师法”来进行教育，即用所谓“注措习俗”来转变人的本性。他认为，一个人生下来的本性，就好像是一根弯弯曲曲的木头，必须经过各种工具的矫正才会变直，或者说，就好像是一个很钝的金属器具，必须在磨刀石上刮磨后才会变得锋利。“故枸木必将待櫽栝烝矫然后直，钝

金必将待砻厉然后利。今人之性恶，必将待师法然后正，得礼义然后治。今人无师法，则偏险而不正；无礼义，则悖乱而不治。”（《荀子·性恶》）在这里，荀子以性恶论作为道德教育和道德修养的前提，以“师法”作为重要的手段，以“礼义”作为师法教育的内容，从而达到他所说的“化性起伪”的目的。正是出于这个原因，荀子特别强调学习的重要性。他认为，一个君子，只有“博学而日参省乎己”，才能“知明而行无过”（《荀子·劝学》）。他说：“吾尝终日而思矣，不如须臾之所学也。”（同上）同时，他还特别强调，君子，即一个有道德的人的学习，必须要做到学用一致。“君子之学也，入乎耳，著乎心，布乎四体，形乎动静；端而言，蠕而动，一可以为法则。”（同上）他痛恨那些“入乎耳，出乎口”，只是用所学到的知识来美化自己的小人。他说：“古之学者为己，今之学者为人。”（同上）一个是为了善其身，一个是为了夸耀自己的知识。荀子也承认学习应包括《诗》、《书》、《礼》、《乐》这些内容，但他认为“礼”最为重要，“礼”不但可以使人达到一种最高的道德境界，而且可以移风易俗。荀子说：“学至乎《礼》而止矣，夫是之谓道德之极。”正是在这种意义上，荀子强调“故礼者，养也”（《荀子·礼论》）。他认为，正像粮食可以养口，音乐可以养耳一样，“礼”是用来养人的道德的。尽管荀子把“礼”看成圣人所定的观点是不科学的，但他强调“礼”的教育作用，还是有合理因素的。

在强调师法教育的同时，荀子还特别注意环境在人的道德品质形成中所起的重要作用，在一定意义上，他甚至认为环境起着决定性的作用。他说：“干、越、夷、貉之子，生而同声，长而异俗，教使之然也。”（《荀子·劝学》）又说：“蓬生麻中，不扶而直。白沙在涅，与之俱黑。兰槐之根是为芷，其渐之滫，君子不近，庶人不服，其质非不美也，所渐者然也。故君子居必择乡，游必就士，所以防邪僻而近中正也。”（同上）兰槐本是一种香草，如果它的根浸泡在臭水里，就会因受到臭水的浸泡而变质。一个人在社会上生活，为了培养自己的道德品质，就一定要注意周围环境以及所接触的人对自己的影响。

显然，荀子的这些论述包含着明显的矛盾。一方面，他认为人的道德品质的好坏，是环境的产物，是教育的结果。有什么样的环境、接受什么样的教育，就会形成什么样的道德。这是从唯物主义的认识论出发的，是一种以经验为前提的、包含着合理因素的道德教育理论。另一方面，他又认为人性生来都是恶的。那么，什么地方会形成一个好的环境呢？由什么人来担任教育工作者，才能把人们教育成为有道德的人呢？在人本性为恶的社会里，他所说的好环境、好老师、好法律又是从哪里产生出来的呢？如果不能产生，那么这个所谓的“化性起伪”的工作，岂不是无法做到了吗？荀子认识到了这个矛盾，但无法克服它。因此，这个从经验出发的理论，也就只好又部分地陷入先验论的误区了。

荀子认为，在环境和“师法”之上，还有一个“圣王”，这是一个天生的圣人，只有他才能组织国家、制定礼义、“化性起伪”。人性既然是恶的，人与人之间就必然要相互争夺，所以只能靠天生的圣王来解决人们的性恶问题。“古者圣王以人之性恶，以为偏险而不正，悖乱而不治，是以为之起礼义，制法度，以矫饰人之情性而正之，以扰化人之情性而导之也。始皆出于治，合于道者也。”（《荀子·性恶》）这样看来，圣王既然能起礼义、制法度，当然应当是不属于常人的“超人”了。但是，荀子又不肯承认圣王是天生的圣人，只承认他是后天努力的结果，是“积善成德”的结果。然而，在既无环境，又无师法教育的情况下，圣王或圣人又怎能“积善成德”呢？对于这个矛盾，荀子却无法回答了。

为了培养人们的道德品质，在强调“师法”、“礼义”的同时，荀子也十分注意道德上的自我锻炼。荀子的《修身》篇是继墨子《修身》篇之后论述道德修养的理论。墨子的《修身》篇，虽然强调了修身的重要性，强调了习染对人的道德的影响，但并没有从理论上加以发挥。因此可以说，荀子的《修身》篇，在中国伦理思想史上第一次较为系统地建立了道德修养的理论，使人们对修身这一问题的研究，又向前推进了一步。

什么是修身？荀子对此作了一个非常全面的解释。他说：

> 见善，修然必以自存也；见不善，愀然必以自省也。善在身，介然必以自好也；不善在身，菑然必以自恶也。故非我而当者，吾师也；是我而当者，吾友也；谄谀我者，吾贼也。故君子隆师而亲友，以致恶其贼。好善无厌，受谏而能诫，虽欲无进，得乎哉？小人反是，致乱而恶人之非己也；致不肖而欲人之贤己也；心如虎狼，行如禽兽，而又恶人之贼己也。谄谀者亲，谏争者疏，修正为笑，至忠为贼，虽欲无灭亡，得乎哉？（《荀子·修身》）

按照荀子的这一解释，可以说修身就是一种在道德上对自己的严格要求，它包括反省、检讨以及在实践中践履道德和纠正过失。孔子说“见贤思齐，见不贤而内自省”。荀子进一步认为，看见有道德的人，就要认真地检查自己是否具有这种高尚的道德；看见不道德的人，应该警惕地反省自己有没有类似的行为。有了好的道德，要好好地保持；有了不好的行为，要像被玷污一样痛恨自己。凡是能正确指出我的缺点的人，就是我的老师；凡是能正确肯定我的优点的人，就是我的朋友；而对我只说好话，奉迎巴结，则是对我的贼害。在荀子看来，要想成为一个有道德的君子，就必须隆师而亲友，并极端厌恶贼害自己的人。

在道德修养中，荀子特别强调一个“积”字，强调一种锲而不舍的精神。在《荀子·性恶》中，他反复指出“人之性恶也，其善者伪也”。他对这个“伪”字的解释是：“心虑而能为之动为之伪，虑积焉，能习焉而后成谓之伪。”他不相信圣人是可以用“求放心”、“内省”、“自讼”等办法达到的，而认为只有经过人为的积累才能成为圣人。在荀子看来，不论什么人，只要能持之以恒，决心为善，日积月累，就可以使自己的道德品质逐步提高。圣人是天生的，但是，一个普通的人，一个老百姓，如果能长期积善，也可以成为圣人。他说，正像“积土而为山，积水而为海”（《荀子·儒效》）一样，“涂之人百姓，积善而全尽，谓之圣人。彼求之而后得，为之而后成，积之而后高，尽之而后圣。故圣人也者，人之所积也”（同上）。他还用人们亲身经历的事例作对比：“人积耨耕而为农夫，积斫削而为工匠，积反货而为商贾，积礼义而为君子。”（同上）就是说，人在农业生产中不断积累生产经验而成为农夫，在手工业劳动中不断积累经验而成为工匠，在经商中不断积累经验而成为商人，在道德修养中不断积累善行，就一定会成为有道德的君子。

荀子竭力反对在道德修养上自暴自弃，强调经过量的积累，最后必然会发生根本的变化。

> 故不积跬步，无以至千里；不积小流，无以成江海。骐骥一跃，不能十步；驽马十驾，功在不舍。锲而舍之，朽木不折；锲而不舍，金石可镂。蚓无爪牙之利、筋骨之强，上食埃土，下饮黄泉，用心一也。蟹六跪而二螯，非蛇蟺之穴无可寄托者，用心躁也。是故无冥冥之志者，无昭昭之明；无惛惛之事者，无赫赫之功。（《荀子·劝学》）

这就是说，没有精诚专一的刻苦努力，就不可能有所成就；没有默默无闻的长期努力，就不可能做成出类拔萃的事业。

荀子强调修养的目的是要达到圣人的境界，即我们所谓的道德理想。在荀子看来，圣人不但是有着高尚道德的人，而且是有着最高智慧的人。“圣人备道全美者也，是县天下之权称也。”（《荀子·正论》）这就是说，圣人的全部言行，就是人们行为的标准，甚至是人们判断一切事物的标准。圣人的所作所为，都能“本仁义，当是非，齐言行”（《荀子·儒效》）。圣人不但能制定礼义法度（“圣人积思虑，习伪故，以生礼义而起法度”），而且只有圣人才能统治天下、管理人民。在荀子看来，尧、舜、禹、汤就是他理想中的圣人。尽管圣人是如此神圣，但荀子却认为“涂之人可以为禹”（《荀子·性恶》），并不是不可能达到的。

荀子认为，圣人是最高的道德理想，是所有人学习的目的。他说：“故天者，高之极也；地者，下之极也；无穷者，广之极也；圣人者，道之极也。故学者，固学为圣人也，非特学为无方之民也。”（《荀子·礼论》）这就是说，学习就是要学习道德上的楷模，要学习成为有品德的人，而不只是学习知识。正因为人性是恶的，正因为人之所学是要学圣人，而圣人的道德品质又是那么高尚，所以刻苦修养、认真锻炼、不断积累、坚持不懈，就成为重要的为学功夫了。

第九章　儒家伦理思想的系统化

——《礼记》、《孝经》中的伦理思想

第一节　《礼记》的伦理思想

《礼记》是中国伦理思想史上重要的经典，尤其是其中的《大学》、《中庸》两篇对后世影响极大，《礼运》篇中所包含的有关理想社会的思想以及《礼记》一书对男女、夫妇关系的规定也都值得我们深入研究。

一、《大学》的伦理思想

从中国伦理思想发展的历史来看，《大学》不像《论语》、《孟子》那样，使伦理思想散见于孔子、孟子与他们的弟子的问答中；也不像《墨子》、《庄子》、《荀子》、《韩非子》一样，使伦理思想分见于这些书的不同的篇、章中。《大学》把孔子、孟子、荀子等人关于伦理思想的主要内容融会贯通，理清主次脉络，明确各部分的先后关系，荟萃众说，熔为一炉，形成了一个前所未有的比较完整的伦理学体系。

《大学》所提出的这个体系的基本轮廓，可以从开篇的一段话中看到它的主要脉络：

> 大学之道，在明明德，在亲民，在止于至善。知止而后有定，定而后能静，静而后能安，安而后能虑，虑而后能得。物有本末，

事有终始，知所先后，则近道矣。古之欲明明德于天下者，先治其国。欲治其国者，先齐其家。欲齐其家者，先修其身。欲修其身者，先正其心。欲正其心者，先诚其意。欲诚其意者，先致其知。致知在格物。物格而后知至，知至而后意诚，意诚而后心正，心正而后身修，身修而后家齐，家齐而后国治，国治而后天下平。自天子以至于庶人，壹是皆以修身为本。其本乱而末治者否矣，其所厚者薄，而其所薄者厚，未之有也……此谓知本，此谓知之至也。

后人把《大学》的这段话概括为“三纲领”和“八条目”。朱熹说这段话是《大学》中的“经”，这篇经文是“孔子之言，而曾子述之”。所谓“三纲领”，就是“明德”、“亲民”（又作“新民”）和“止于至善”；所谓“八条目”，就是“格物”、“致知”、“诚意”、“正心”、“修身”、“齐家”、“治国”、“平天下”。

第一纲是“明德”，就是封建地主阶级的道德原则和道德规范，即仁义、孝悌、忠恕等。这是最重要的。“明明德”，就是发扬这些道德原则、规范的光辉。

第二纲是“亲民”，又作新民。程颐解释：“新者，革其旧之谓也。言既自明其明德，又当推以及人，使之亦有以去其旧染之污也。”（《四书章句集注·大学章句》）这说明“明德”的目的是要用这些道德原则和规范来感化、教育老百姓，使他们驯服地接受统治，这就是“亲民”。荀子在《致士》篇中说：“今人主有能明其德，则天下归之，若蝉之归明火也。”这就是说，一个统治者只要能把儒家仁义、孝悌、忠恕的道德发扬光大，人民就会归顺于他，接受他的统治。这种以“明明德”来“亲民”的路线，也就是中国历史上所谓的“统治路线”。

第三纲是“止于至善”。所谓“止于至善”，是指道德教育和道德修养的最终目的，就是要使人们达到最高道德的理想境界。荀子在《解蔽》篇中说：“凡以知，人之性也；可以知，物之理也。以可以知人之性，求可以知物之理，而无所疑（俞樾云：疑训定）止之，则没世穷年，不能遍也。”“故学也者，固学止之也，恶乎止之？曰：止诸至足。曷谓至足？曰：圣也。”这段话可以说是对《大学》“止于至善”的一段最好的注释。所谓“止诸至足”，止于“圣人”，也就是“止于至善”的意思。

《大学》不但提出了“格物、致知、诚意、正心、修身、齐家、治国、平天下”这八个条目，而且强调了“修身”的重要性，认为“修身”是齐家、治国的根本，这是有重要意义的。中国从孔子开始，甚至远在孔子以前，就强调个体道德或者说个人道德在整个伦理思想中的地位。《大学》所说的“三纲领”和其他的七条目，都是以修身为中心，从修身出发。这种极端重视个体道德，特别是强调个人修养的道德思想，是中国伦理思想的一个很重要的特点，这是我们所必须注意的。

《大学》在论述“三纲领”与“八条目”的关系时，不但特别强调修身的重要，并给了这种重要性以理论上的论证。在中国伦理学史上，墨子虽最早写了《修身》篇，但比较零散；荀子写了《修身》，在理论上有许多论述，但没有高度概括；《大学》继承了孔子、孟子、墨子、荀子关于修身的理论，并把这一理论发展到一个新的高度。

《大学》认为，任何一个事物都有它的本末和终始。本就是根本，末就是末梢，终是完了，始是起头。因此，不论从事什么事情，都必须知道应该先做什么、后做什么，否则，不但会事倍功半，甚至可能完全失败。这就是所谓“物有本末，事有终始。知所先后，则近道矣”的理论。那么，在道德问题上，什么是根本，应该从什么地方开始呢？《大学》认为，整个道德或者说道德教育、道德修养以至伦理学，都应该以“修身”为本。

从修身、齐家、治国的次序来看，《大学》认为只有先使自己有高尚的道德品质，才能使自己的“家”和睦一致（“齐家”，也可以作整齐其家），也才能够治理自己的国家。先秦以来，中国的思想家们都认为道德是和政治紧密结合在一起的，他们强调的是平定天下和治理国家，总是把道德上的“止于至善”同国家社会的安定联系起来。这是儒家道德思想和道家道德思想的一个重要区别。因为儒家是站在统治阶级的立场上观察和思考问题的，而道家则反映了在野知识分子对社会、政治的观察与思考；所以，儒家表现出强烈的政治色彩，或者说他们的所思表现出入世的特色，而道家思想则突出地带有超政治和出世的特点。儒家思想的这一特点也是儒家道德之所以能为统治阶级所接受的一个重要原因。正是从这一点出发，《大学》将这“八条目”的关系表述为：“古之欲明明德于天下者，先治其国。欲治其国者，先齐其家。欲齐其家者，先修其身。欲修其身者，先正其心。欲正其心者，先诚其意。欲诚其意者，先致其知。致知在格物。”这里，把“修身”当作开始、当作根本，是有重要意义的，也是符合实际的。早在《论语》中，孔子就已经很强调修身，特别是强调只有自己的行为端正，才能使别人的行为也端正。“季康子问政于孔子。孔子对曰：‘政者，正也。子帅以正，孰敢不正?”（《论语·颜渊》）“季康子患盗，问于孔子。孔子对曰：‘苟子之不欲，虽赏之不窃。’”（同上）“季康子问政于孔子曰：‘如杀无道，以就有道，何如?’孔子对曰：‘子为政，焉用杀？子欲善而民善矣。君子之德风，小人之德草。草上之风，必偃。’”（同上）正是依据孔子的上述思想，《大学》又特别强调了“自天子以至于庶人，壹是皆以修身为本”，即强调了天子、国君必须修身的理论。“尧舜率天下以仁，而民从之。桀纣率天下以暴，而民从之，其所令反其所好，而民不从。是故君子有诸己而后求诸人，无诸己而后非诸人。所藏乎身不恕，而能喻诸人者，未之有也。”（《大学》）在《荀子·君道》中，荀子说：“请问为国？曰：‘闻修身，未尝闻为国也。君者，仪也，民者，景也，仪正而景正；君者，盘也，民者，水也，盘圆而水圆；君者，盂也，盂方而水方。君射则臣决。楚庄王好细腰，故朝有饿人。故曰：闻修身，未尝闻为国也。”为什么要求统治者必须修身呢？因为他是一个国家的代表、模范和众人效仿的榜样，所以统治者必须以修身为本。

《大学》中强调只有先修身才能治国、平天下，这个道理说得很明白。主张以道德仁义来统治天下的儒家自然会认为，如果自己都没有很好的道德品质，又怎么能齐家、治国呢？关于“修身”，《大学》又进一步提出了“欲修其身者，先正其心；欲正其心者，先诚其意；欲诚其意者，先致其知；致知在格物”的理论：

> 所谓修身在正其心者，身有所忿懥，则不得其正；有所恐惧，则不得其正；有所好乐，则不得其正；有所忧患，则不得其正。（《大学》）

按照我们今天的理解，修身最重要的是要在心中排除各种杂念，不要有所愤怒，不要有所恐惧，不要有所好乐和忧患，即不要有个人的得失。这也就是朱熹所说的不要为外物所束缚。如果撇开个人得失、个人追求，即使有所好乐、忧患、愤恨、恐惧，也不会滞留胸中，影响自身的道德修养。

荀子在《荀子·解蔽》中说：

> 故人心譬如盘水，正错而勿动，则湛浊在下而清明在上，则足以见须眉而察理矣。微风过之，湛浊动乎下，清明乱于上，则不可以得本（原作大，依王先谦校改）形之正也。心亦如是矣。故导之以理，养之以清，物莫之倾，则足以定是非、决嫌疑矣。

从这里可以看出，《大学》所说的正心，是从荀子的这一思想发展来的。孟子也十分强调心的作用，强调修养必须使心能够端正，不过他没有荀子讲得这么清楚。荀子虽然批评了孟子，但在心的作用上，二者是一致的。

仅仅只有“正心”还不行，为了“正心”，还必须“诚意”。就是说，不但不应该有个人打算、个人追求，心不要为外物所束缚，而且还必须要对封建道德的仁义礼智抱着虔诚的信仰。

> 所谓诚其意者，毋自欺也，如恶恶臭，如好好色，此之谓自谦。故君子必慎其独也！小人闲居为不善，无所不至，见君子而后厌然，掩其不善，而著其善。人之视己，如见其肺肝然，则何益矣。此谓诚于中，形于外，故君子必慎其独也。（《大学》）

这里涉及了中国古代所讲的道德修养的最重要的问题，就是所谓“诚其意”的“诚”字。“诚其意”，就是在思想上、在意识里、在内心深处，都必须切实实行。知道了善就要照着善去做，决不应该口头上说知道了什么是善，实际上却并不照着去做，否则就叫作不诚或自欺。

朱熹对这一段的注释是有合理因素的。他说：“诚其意者，自修之首也。”“自欺云者，知为善以去恶，而心之所发有未实也。”（《四书章句集注·大学章句》）他把“诚意”看作自修之首，也是有道理的。

为了能够“诚其意”，《大学》在这里提出了“慎独”的要求。“诚意”既然是不自欺，那就应该表里如一，“如恶恶臭，如好好色”。所谓“如恶恶臭”，就是避之唯恐不及，在身务要除去，这才是真正的恶恶。对于好善来说，要如同好色一样，见而心中喜悦，悦而必求得之。如果只是口头上说恶，而见之并不躲避，甚至内心还有所偏爱、欣赏，或者其恶已经在身，而且明知身已有恶，但只是口头上说厌恶，实际上并不断然抛弃，这就是不诚。《大学》认为，如果没有一个“诚”字，或者说不能“诚其意”，那是无法做到“正心”的。

什么是“自谦”?“谦，快也，足也”，应该作“慊”字，是心中快足之意。对于好恶，只有做到“如恶恶臭，如好好色”，才是心中快足。

但是，一些没有道德的“小人”，并不能做到“意诚”，他们说的和做的不一致，背地里和公开里往往是完全两样。这就是自欺。“闲居”，就是独处、独居之时，也就是没有人看见或不可能被人看见、不可能被人知道的情况。这时候，“小人”就往往会不讲道德，做出许多坏事来。但是，等到见了“君子”，他也知道羞耻，知道惶恐，显出不安的样子，把自己一切不道德的言论和行动掩盖起来，假装出要行善的样子，从而认为可以把自己肮脏的灵魂掩盖起来。其实，这是做不到的。一个人是否做到了意诚，是能表现出来的。不论你怎么掩饰，别人对你的思想、行为都看得明明白白，恰似看见一个人肚子里的肺、肝一样。就是那种似乎只有自己一个人知道的情况，也必然会有形迹露在外面，要想掩盖，也是没有用处的。正是从这一意义上，《大学》强调“慎独”，强调在个人独处、无人知道的情况下，也要“意诚”，也要“勿自欺”，这是一个有道德的人必须十分注意的。《大学》引曾子的话说：“十目所视，十手所指，其严乎?”十者，言其多也。一个人，即使处在幽独隐微之中，身居深僻秘奥之地，也要如同在大庭广众之下，人所共见之处一样，谨慎自己的言论和行为。这里，可以有两方面的意思。对于小人来说，则是“欲掩其恶而卒不可掩，欲诈为善而卒不可诈”(《四书章句集注·大学章句》)，掩饰是毫无用处的，因为他们自以为聪明所做的一切，其实都是掩盖不了他们内心的肮脏的。对于君子和有道德的人来说，将以此引为戒，努力慎独，这也是君子之所以不敢自欺的原因。

《大学》还认为，如果人能够真正做到正心、诚意，有崇高的道德，那么身体也就会从容舒展、心广体胖、身心一体、内外交融，浑然表现出一种有德的气象。《大学》说：“富润屋，德润身，心广体胖，故君子必诚其意。”这就是说，人若能富足有钱，必然经济宽裕，就会使自己的住宅华丽，使自己房内的家具摆设显得阔绰起来；而一个有道德的人，就会使自己的心灵纯洁，不愧不怍，不矜不肆，广大宽平，从而能够舒而自得，心广体胖，这也就是所谓“诚于中，形于外”的道德。

总之，心之所以不能正，身之所以不能修，其重要的原因就在于意不能诚。于是，“诚意”、“勿自欺”、“慎独”、“自谦”和“如恶恶臭，如好好色”等，就成了《大学》讲修身的重点。因此也可以说，“诚意”是《大学》整个伦理思想中最基本的概念。根据朱熹所说的“序不可乱、功不可阙”的道理，只要有了“诚”，只要使意诚，就可以做到“心正”，也就可以做到“修身”了。

但是，“意诚”还不是最后的归宿，还必须有格物致知。怎么才能做到“意诚”呢？《大学》说“知至而后意诚”。什么是“至”？就是尽处、极处。朱熹说：“知至者，吾心之所知无不尽也。”又说：“致，推极也，知，犹识也。推极吾之知识，欲其所知无不尽也。”（《四书章句集注·大学章句》）只有“知至”，才能道理明白。其实“知至”，不应该解释为无不尽，而应该是认识至善的意思。只有认识了至善，即达到了最高的善，才能做到意诚。这里所说的至善，也就是儒家的仁义礼智，就是封建道德的最高原则和规范。如果把“知至”理解为无所穷尽的知识，那就确实容易走入支离破碎和文物簿册中去用功夫，这和《大学》所说的“知至”的原意是不相合的。张居正在他的《四书集注直解》中对“致知”的解释也有某些合理的因素，可作为我们理解“知至”的参考。张居正说：

> 至于心之明觉谓之知，若要诚实其意，又必先推极吾心之知，见得道理无不明白，然后意之所发或真或妄，不至错杂。所以说欲诚其意者，先致其知。

这就是说，“致知”就是要明白、透彻地理解事物的道理，即了解封建道德原则规范的道理，也就是从仁义礼智到“三纲五常”。在“致知”的问题上，必须排除一切异端邪说，必须批判一切非儒家的道德理论，也就是要“解蔽”。正是在这个意义上，《大学》认为“致知”也就是“知至”。也就是说，只有使知达到了至处，才算真正懂得了善恶真妄的区别，从心上发出的“意”，才能都符合善的标准；否则，即便是想不自欺、想无虚妄，但由于没有致其知，这种目的也是达不到的。

最后，最重要的是格物。《大学》特别强调“致知在格物”。“致知”有得到知识、止于至善这样两层意思，但一般来讲，致知是说要进行修养，必先得到知识。怎样才能有知识，即所谓“致知”或“知至”呢？《大学》认为：“物格而后知至。”因此，什么是“格物”为历代思想家们所关注。

《大学》对于“格物”没有明确的解释，不能不说是一种疏忽。因为根据整个《大学》中关于“修身”的理论，“格物”是最重要的一个环节。后来的思想家们按照自己对于哲学基本问题的理解，依据自己的伦理思想体系来解释“格物”，其中三种解释最具代表性。

首先，朱熹在《四书集注》中对“格物”作了解释。朱熹解“格”为至，解“物”为一般事物。“格物”就是“即物穷理”，即在事物上穷究其理。但他又认为天下事物之理就是心中之理，穷究了事物之理，于是心中之理也就完全显露出来了。朱熹认为，《大学》中本来有一章是“释格物、致知之义”的，可是“而今亡矣”。他自己加以补充说：“所谓致知在格物者，言欲致吾之知，在即物而穷其理也。盖人心之灵莫不有知，而天下之物莫不有理，惟于理有未穷，故其知有不尽也。是以大学始教，必使学者即凡天下之物，莫不因其已知之理而益穷之，以求至乎其极。至于用力之久，而一旦豁然贯通焉，则众物之表里精粗无不到，而吾心之全体大用无不明矣。此谓物格，此谓知之至也。”当然，不论是事物之理，还是心中之理，在朱熹看来，其主要内容都是人伦关系之理，即人和人之间的道德关系以及这种道德关系在观念中的反映。实际上，也就是封建阶级的道德原则和规范。

其次，明代的王阳明对“格物致知”又提出一种解释。他认为“格”就是正，“物”就是意念所到之处，也就是“意念所在”。“格物”就是改正自己的所思所念，即摒除自己的私欲杂念。只有如此，才能使人们恢复良知。“问格物。先生曰：‘格者，正也，正其不正以归于正也。’”（《传习录》上）王阳明认为：“意之所用，必有其物。物即事也，如意用于事亲，即事亲为一物；意用于治民，即治民为一物；意用于读书，即读书为一物；意用于听讼，即听讼为一物。凡意之所用，无有无物者，有是意即有是物，无是意即无是物矣。物非意之用乎？”（《传习录》中）他更反对朱熹对于“格”的解释。他说：

> “格”字之义，有以“至”字训者，如“格于文祖”、“有苗来格”，是以“至”训者也。然“格于文祖”，必纯孝诚敬，幽明之间，无一不得其理，而后谓之“格”。有苗之顽，实以文德诞敷而后格，则亦兼有“正”字之义在其间，未可专以“至”字尽之也。如“格其非心”，“大臣格君心之非”之类，是则一皆“正其不正以归于正”之义，而不可以“至”字为训矣。且《大学》“格物”之

训，又安知其不以“正”字为训，而必以“至”字为义乎？如以“至”字为义者，必曰“穷至事物之理”，而后其说始通。是其用功之要，全在一“穷”字，用力之地，全在一“理”字也。若上去一“穷”、下去一“理”字，而直曰“致知在至物”，其可通乎？夫“穷理尽性”，圣人之成训，见于《系辞》者也。苟格物之说而果即穷理之义，则圣人何不直曰“致知在穷理”，而必为此转折不完之语，以启后世之弊邪？盖《大学》“格物”之说，自与《系辞》“穷理”大旨虽同，而微有分辨。穷理者，兼格、致、诚、正而为功也。故言穷理，则格、致、诚、正之功皆在其中。言格物，则必兼举致知、诚意、正心，而后其功始备而密。今偏举格物而遂谓之穷理，此所以专以穷理属知，而谓格物未常有行，非惟不得格物之旨，并穷理之义而失之矣。此后世之学，所以析知行为先后两截，日以支离决裂，而圣学益以残晦者，其端实始于此。（《传习录》中）

王阳明还认为，“心者身之主也。而心之虚灵明觉，即所谓本然之良知也。其虚灵明觉之良知，应感而动者谓之意。有知而后有意，无知则无意矣”。这就是说，心、意、物这三者，在王阳明看来，都是一个东西，这就是他的唯心主义的解释。他对“格物”的说法在伦理思想史上还是有影响的。

最后，清代的颜元对“格物”提出了自己的唯物主义的解释。他认为，“格”应解为“手格猛兽之‘格’”，格物就是“犯手（动手）实做其事”。“格物致知”就是“手格其物而后知至”，必须通过实际活动才能得到知识。

今之言“致知”者，不过读书、讲问、思辨已耳，不知致吾知者，皆不在此也。辟如欲知礼，任读几百遍礼书，讲问几十次，思辨几十层，总不算知。直须跪拜周旋，捧玉爵，执币帛，亲下手一番，方知礼是如此，知礼者斯至矣。辟如欲知乐，任读乐谱几百遍，讲问思辨几十层，总不能知。直须搏拊击吹，口歌身舞，亲下手一番，方知乐是如此，知乐者斯至矣。是谓“物格而后知至”。故吾断以为“物”即三物之物，“格”即手格猛兽之“格”，手“格”杀之之“格”。此二“格”字，见古史及汉书。（《颜元集·四书正误·大学》）

这里，颜元把“格物”解释为动手实做其事，从道德方面来说，也就是强调了道德实践的重要。什么是“格”?《史记·殷本纪》言纣“材力过人，手格猛兽”，《后汉书·刘盆子传》说“皆可格杀”，这两个“格”，都有“击”、“斗”之意，又可解为“拘执”。什么是“物”？颜元认为“物即三物之物”。什么是“三物”？就是《礼记》中所说的“六德”、“六行”、“六艺”三种事。《周礼·地官·大司徒》载，“六德”是知、仁、圣、义、忠、和，“六行”是孝、友、睦、姻、任、恤，“六艺”是礼、乐、射、御、书、数。如果照颜元的这个意思来解释，就是只有通过道德行为和道德实践，才能获得道德的真正知识，才能诚意、正心，才能修身、齐家，才能治国、平天下。这可能是颜元自己的理解。

长期以来，“格物致知”在中国哲学史上是被作为一个很重要的认识论的命题来讨论的，但未能很好地被作为一个伦理学的命题来分析。王阳明把“物”解释为“意之所在”，强调所谓“格其非心”、“惟大人能格君心之非”，认为道德修养上的所谓“格物”就是要“正其不正以归于正”，只有这样，才能“致知”，才能“知至”。很明显，在王阳明那里，“格物致知”并不单纯地是一个认识论的命题，而是把它作为一个道德修养的问题来看的。从整个道德修养的理论来看，能不能自觉地端正、纠正自己不正确的意识，对于能否获得关于道德的知识，能否诚意、正心，都有极重要的影响。因此，王阳明的解释可能更符合《大学》的原意。

二、《中庸》的伦理思想

《中庸》是《礼记》中的一篇，相传为孔子之孙子思所作。《史记·孔子世家》中说：“子思作中庸。”今人认为，《中庸》中的有些思想，如“今天下车同轨、书同文、行同伦”等，显然是指秦始皇统一以后的情况，据此，此书当是秦汉之际儒者的著述。但综观整个《中庸》的思想，确是和子思、孟子的思想接近，也可能是子思、孟子一派的著作，到秦统一后，又杂入了当时人的一些思想。

《中庸》一书所说的“中庸”这一概念，不能理解为“调和”、“折中”，它是一个最高的道德原则，有点类似于亚里士多德的“中道”，但包含着更为丰富的内容。

道德的原则和规范是人们不可须臾离的。

《中庸》认为，圣人所知道的、一般人所片刻都不能离开的道，就其实质来说，即我们所说的最高道德原则。《中庸》说：

> 天下之达道五，所以行之者三。曰：君臣也，父子也，夫妇也，昆弟也，朋友也。五者，天下之达道也。知、仁、勇三者，天下之达德也，所以行之者一也。

这里所说的君臣、父子、夫妇、昆弟、朋友，就是孟子所说的五伦，是封建社会中人和人之间最基本、最重要的五种关系。这里所说的"达德"，也就是封建社会中被认为最重要的三种道德品质，即孔子所说的仁、智、勇。正是由于这种原因，《中庸》认为，它所说的"道"是不可"须臾离"的，如果人们的社会生活、日常活动能够离开这五种关系，那也就不成其为"道"了。"道也者，不可须臾离也，可离非道也。"一般的老百姓，尽管每一个人都处在一定的人际关系中，都处于君臣、父子、夫妇、昆弟、朋友的关系之中，但他们并不知道他们是按照这五种关系的准则去行动的。每天都必须照着道德准则去做，但是不知道什么叫道德准则，所以说他们是"日用而不知"，是"终身由之而不知其道"，正像"人莫不饮食也，鲜能知味也"。当然，尽管老百姓每天都在行道，但要完全符合并达到至为完满的程度，也是很难的，"君子之道费而隐。夫妇之愚，可以与知焉。及其至也，虽圣人亦有所不知焉，夫妇之不肖，可以能行焉。及其至也，虽圣人亦有所不能焉"。

在处理人与人的五种关系时，究竟应该怎样才算达到尽善尽美的程度呢?《中庸》提出了所谓"中"的思想。

从中国伦理思想的发展来看，孔子时即已十分重视"中"、"中庸"的思想。孔子说："中庸之为德也，其至矣乎！民鲜久矣。"(《论语·雍也》)"中庸"作为最高的道德，人们很少能够达到。他还强调："不得中行而与之，必也狂狷乎！"(《论语·子路》)孔子强调要"允执其中"，认为过和不及都是不好的。因此，他主张在处理任何事情时，都不要"过"，也不要"不及"；而要恰到好处，不左不右、不偏不倚。

《中庸》中所说的"中"，是指人的思想、行为或情感要恰如其分，恰到好处，合乎道德准则。我们知道，有些人达不到统治阶级的道德标准；有些人又企图超越封建阶级的道德标准；有些人沽名钓誉，故意做些似乎很高尚的行为，春秋时期所传说的微生高的行为，就是这样的情形。《论语·公冶长》中，孔子说："孰谓微生高直？或乞醯焉，乞诸其邻而与之。"对于微生高的这种行为，孔子认为不能算直，而有点过分了。《战国策·燕策·人有恶苏秦于燕王者》中苏秦曰："信如尾生，期而不来，抱梁柱而死。""且夫信行者，所以自为也，非所以为人也。皆自覆之术，非进取之道也。"《庄子·盗跖》中说："尾生与女子期于梁下，女子不来，水至不去，抱梁柱而死。"此外，《淮南子》中的《氾论训》、《说林训》也记载了此事。《说林训》："尾生之信，不如随牛之诞。"《氾论训》："直躬其父攘羊而子证之，尾生与妇人期而死之，直而证父，信而溺死，虽有直信，孰能贵之？"此外，《吕氏春秋》曾载，有二侠一起出游，在饮酒时，因有酒无肉，他们竟各割自己身上的肉来作肴，以请别人来吃，最后两人都因此死去。这些行为虽然在某些方面体现了信义、忠贞等道德，但根据孔子和《中庸》倡导的"中"德来看，都趋于极端，不合乎"中"和"中庸"，都是不足为法的。

《中庸》中说：

> 子曰：道之不行也，我知之矣。知者过之，愚者不及也。道之不明也，我知之矣。贤者过之，不肖者不及也。

《中庸》认为"过"和"不及"都不符合"至善"的原则。一个人如果能够谨守"中庸"之德，就可以说是一个有至德的人。《中庸》引用孔子的话说："回之为人也，择乎中庸。得一善，则拳拳服膺而弗失之矣。"说明只有极高明的人，才能够事事合乎"中庸"。"故君子尊德性而道问学，致广大而尽精微，极高明而道中庸，温故而知新，敦厚以崇礼。是故居上不骄，为下不倍。国有道，其言足以兴，国无道，其默足以容。《诗》曰：'既明且哲。以保其身。'其此之谓与！"这一方面说明了"中庸"的准则，另一方面也是说只有掌握了"中庸"的准则，才能行为得体。

正如《中庸》中所说："喜怒哀乐之未发，谓之中。发而皆中节，谓之和。中也者，天下之大本也。和也者，天下之达道也。致中和，天地位焉，万物育焉。"

《中庸》从性善论出发，从所谓"天命之谓性，率性之谓道，修道之谓教"出发，认为人性是由上天赋予的善端，认为人的喜怒哀乐在未发的时候，即未受外物影响的时候，是不偏不倚、无过无不及、保持着仁义道德的善性的；但是，当发出来以后，就有两种可能，即中节和不中节。如果一个人的喜怒哀乐皆能发而中节，就是达到了“和”。在这里，“和”是就发而为用的效果来说的，“和”与“中”是一个意思。这里所说的发而皆中节，当然有一个量的界限，而且不同的人各有不同的“节”的特点。

《中庸》认为这种“发而皆中节”的“中和”作用十分重要，以致能达到“天地位焉，万物育焉”的功用。喜怒哀乐是人们的感情，它不是上天赋予的，而是人们在社会生活中，在人和人的交往中产生、形成并发展变化的。喜怒哀乐之发，是在处理与事、与人的关系中产生的，是在处理个人利益、欲望同社会利益的关系中形成的。孟子说：“有大人之事，有小人之事。”（《孟子·滕文公上》）“或劳心，或劳力。劳心者治人，劳力者治于人。治于人者食人，治人者食于人，天下之通义也。”（同上）依照这一理论，如果一个老百姓，不满意自己的地位，不愿意受压迫，那么，他的喜怒哀乐所发，就必然不符合封建社会的道德准则，也就是发而不能中节，自然也就不能达到“天地位焉，万物育焉”的目的。由此可见，从一定意义上说，《中庸》含有一种调和阶级矛盾的思想。

《中庸》中的“和”，不但有日常意义上恰到好处、不过分也无不及的含义，也表示人和人关系上的“中”。“和”也可以理解为“和睦”、“团结”。在封建等级社会中，有各种不同的等级，处于每种等级地位的人，有各种不同的职分、义务，如果大家都能尽伦尽职，喜怒哀乐都能合乎“中”，那么就可以得到“和”。

为了获得“中庸”的品德，为了能够按照“中庸”的道德准则去行动，《中庸》也极端强调“修身”和“慎独”的重要性。这一点，和《大学》中的思想完全是相辅相成的。《中庸》曰：“知所以修身，则知所以治人；知所以治人，则知所以治天下国家矣。”又说：“是故君子戒慎乎其所不睹，恐惧乎其所不闻，莫见乎隐，莫显乎微，故君子慎其独也。”强调“修身”和“慎独”，并以此作为治天下、国家的根本，是中国伦理思想的特点。《中庸》使这一思想有了某种程度的深化，即它除了强调以修身为本来齐家、治国、平天下之外，还特别突出一个“诚”字，它和《大学》相配合，但又把“诚”的意义加以扩大。《大学》中只说到“诚意”，《中庸》则把“诚”扩大为自然和人类社会的一种规律。

从中国伦理思想史上看，《中庸》的“诚”，是承接孟子、子思而来的。孟子最早提出了“诚”这个范畴。他说：“悦亲有道，反身不诚，不悦于亲矣。诚身有道，不明乎善，不诚其身矣。是故诚者天之道也，思诚者人之道也。至诚而不动者，未之有也。不诚，未有能动者也。”（《孟子·离娄上》）这就是说，要尽孝道，要想使自己的父母亲高兴，最重要的是要有“诚”心。如果反躬自问，自己的所作所为只是一种为孝而孝的行为，心意不诚，那也就不会使父母高兴了。要使自己诚心诚意，就必须明白什么是善，如果不明白什么是善，也就不能使自己诚心诚意。因此，“诚”是天的法则，追求“诚”是做人的规律。极端诚心而不能使人感动，是不会有的事；而如果自己内心不诚，则是不会感动别人的。

在孟子之后，荀子也极端重视“诚”。他说：

> 君子养心莫善于诚。致诚则无它事矣。唯仁之为守，唯义之为行。诚心守仁则形，形则神，神则能化矣。诚心行义则理，理则明，明则能变矣。变化代兴，谓之天德。天不言而人推高焉，地不言而人推厚焉，四时不言而百姓期焉，夫此有常，以至其诚者也。（《荀子·不苟》）
>
> 天地为大矣，不诚则不能化万物。圣人为知矣，不诚则不能化万民。父子为亲矣，不诚则疏。君上为尊矣，不诚则卑。夫诚者，君子之所守也，而政事之本也。唯所居以其类至。（同上）

由此可见，荀子同样把“诚”看成道德活动中的一种诚挚、笃实的心理和行为。

《中庸》继承了孟子、荀子的思想，也认为“诚”是天之道，不过它对“诚”又作了许多新的解释：

> 诚者，天之道也；诚之者，人之道也。诚者不勉而中，不思而得，从容中道，圣人也。诚之者，择善而固执之者也。博学之，审问之，慎思之，明辨之，笃行之。有弗学，学之勿能弗措也；有弗问，问之弗知弗措也；有弗思，思之弗得弗措也；有弗辨，辨之弗明弗措也；有弗行，行之弗笃弗措也。人一能之己百之，人十能之己千之。果能此道矣，虽愚必明，虽柔必强。
>
> 诚者物之终始，不诚无物。是故君子诚之为贵。诚者，非自成

己而已也，所以成物也。成己，仁也；成物，知也。性之德也，合外内之道也，故时措之宜也。

这就是说，“诚”是上天自来就有的本然之理，只要按照由上天所赋予的本性去做，就会“不勉而中，不思而得”。但这一点，只有圣人才能做到，因为圣人不但天赋有善良本性，而且能保持这一善良本性。对普通人来说，尽管有先天的善性，但由于不能保持，所以必须用心去求，即所谓“诚之者”。为了能够达到“诚”，就必须“择善而固执之”。怎样才能“择善而固执之”呢？这就要靠博学、审问、慎思、明辨、笃行五个方面的功夫。这种功夫很为宋明的一些道学家所欣赏，朱熹甚至把它写在白鹿洞书院中作为学规。《中庸》认为，只有这样才能达到“虽愚必明”的目的，这也就是所谓“自诚明谓之性，自明诚谓之教。诚则明矣，明则诚矣”的“诚”和“明”的关系。

《中庸》进一步扩大了“诚”的内容，不但认为人在处理任何事情上都需要“诚”，而且提出了“不诚无物”的看法，认为没有“诚”，也就不可能有任何符合封建道德规范的事情。它认为，君子之所以要强调“诚”，即以“诚”为贵，绝不仅仅是为了成全自己，而且是要成全别人。一个能够行“诚”的人，不但要使自己的道德品质十分高尚，而且也要使别人具有高尚的品德，即把“成己”和“成人”的功夫集中于自己身上，即所谓“合内外之道”。正是由于这个原因，在任何时候，用“诚”来处理问题，都是合适的。所以说，“至诚无息，不息则久，久则征，征则悠远。悠远则博厚，博厚则高明”。“诚”的作用可以说悠远长久，永不停息，广博深厚，高大光明。

达到了“至诚”，就可以“赞天地之化育”。《中庸》说：

唯天下至诚，为能经纶天下之大经，立天下之大本，知天地之化育。

唯天下至诚，为能尽其性。能尽其性，则能尽人之性。能尽人之性，则能尽物之性。能尽物之性，则可以赞天地之化育。可以赞天地之化育，则可以与天地参矣。

这就是说，当一个人修养到了“至诚”，即完全符合统治阶级的仁义道德规范，并达到了一种最高的境界时，就可以参与天地之化育，即能同天地一样去化育万物，这个人也就可以和天地并立、和天地齐一了。

到宋明以后，“诚”更成为思想家、修养家们所十分注意的问题。司马光说他一生唯一信奉的就是一个“诚”字。刘安世（宋时一个论事刚直的谏议大夫）在《元城道护录》中说：“安世从温公学，凡五年，得一语曰‘诚’。安世问其目，公喜曰：‘此问甚善。当自不妄语人。’予初甚易之，及退而隳栝日之所行，与凡所言，自相掣肘矛盾者多矣。力行七年而成，自此言行一致，表里相应，遇事坦然，常有馀裕。”他又说：“某之学初无多言，旧所学于老先生者，只云由诚入。某平生所受用处，但是不欺耳。”这里所说的老先生，即指司马光。宋明道学家们在讲到“诚”时，除强调“不欺”之外，又特别强调“无妄”，即没有虚妄，没有虚假。只有“无妄”、“不欺”，才能达到所谓“言行一致”、“表里相应”。

三、《礼运》的伦理思想

《礼记》的《礼运》篇提出了一种理想的社会和一种理想的人与人之间的关系。从一定意义上，这也可以说是中国最早的一种空想的社会制度和社会关系。这一理想的社会制度和社会关系，尽管只是一种乌托邦，但是它在中国的政治思想史和伦理思想史上，还是有重要影响的。后世的许多进步思想家，他们不满于当时的社会制度，又找不到自己的理想社会，就把希望寄托在这一乌托邦中。这种理想不但包含着政治组织、生产分配等内容，而且包含着人与人之间的一种最美好的团结互助的道德关系，包含着每一个人都具有的高水平的道德。《礼运》假借孔子与子游的问答，当然是不可信的。一般学者认为，它可能是战国时期“子游氏之儒”一派的著作。《礼运》出现在公元前 3 世纪，是世界伦理思想史上最早描述理想的大同世界的文献。

《礼记·礼运》中说：

> 昔者仲尼与于蜡宾。事毕，出游于观之上，喟然而叹。仲尼之叹，盖叹鲁也。言偃在侧，曰：“君子何叹？”孔子曰：“大道之行也，与三代之英，丘未之逮也，而有志焉。大道之行也，天下为公，选贤与能，讲信修睦，故人不独亲其亲，不独子其子，使老有所终，壮有所用，幼有所长，矜寡孤独废疾者皆有所养，男有分，女有归。货恶其弃于地也，不必藏于己；力恶其不出于身也，不必

为己。是故谋闭而不兴，盗窃乱贼而不作，故外户而不闭，是谓大同。今大道既隐，天下为家，各亲其亲，各子其子，货力为己，大人世及以为礼，城郭沟池以为固，礼义以为纪，以正君臣，以笃父子，以睦兄弟，以和夫妇，以设制度，以立田里，以贤勇知，以功为己。故谋用是作，而兵由此起，禹、汤、文、武、成王、周公，由此其选也。此六君子者，未有不谨于礼者也。以著其义，以考其信，著有过，刑仁讲让，示民有常。如有不由此者，在势者去，众以为殃。是谓小康。”

从《礼运》的描述来看，这一理想社会主要具有以下特点：

其一，这一社会的特点是“天下为公”，即整个社会的财富是为所有人所共有的。这里没有私有财产，没有人对人的剥削和压迫，没有人强占别人的劳动，没有人统治人的国家机器，全体人民共同劳动、共同分配，人人都过着幸福的生活。

其二，在这一社会中，人与人之间的关系是非常融洽的，人人都有很高的道德水平。首先，每个人都尽自己最大的力量去劳动，努力工作，但不是为私人的利益，不计较报酬的多少。“力恶其不出于身也，不必为己。”这就是说，不劳而食是可耻的，只有劳动才是光荣的，劳动是人对社会的义务，劳动不是为了自己。从这里也可以看到，《礼运》反映了战国时期小生产者的思想。当时的小生产者痛感剥削阶级不劳而获的不合理，强调要“力出于己”，厌恶那些“力不出于己”、不劳而获的人。其次，“货恶其弃于地也，不必藏于己”。尽管物质财富十分丰富，但人们仍非常注意爱护这些财物，而且人们之所以爱护这些财物，不是想拿到自己家里，而是为了所有的人。最后，人们之间相互关心、相互帮助。人们不仅奉养自己的双亲，而且也把别人的双亲视同自己的双亲；不但爱护、养育自己的子女，而且也同样爱护、养育别人的子女。一切失去劳动能力的人，都由社会负责。

其三，在这个社会中，人人在政治上都享有充分的民主。一切管理工作，都是由人民推举的贤者来担任的。这里没有阴谋，没有争权夺利。

总之，《礼运》中所描述的社会，是一种理想的、人人劳动、道德高尚的社会。在阶级社会中，它只能是一种空想。作者也承认这种社会已经一去不复返了。

当然，《礼运》的作者并不是号召人们去追求、实现这样一个理想社会，而是认为，这种社会虽然好，孔子也愿意有这样的社会，但这种社会已经过去了。现在时代不同了，现在是私有制社会，人们都为自己打算，彼此争夺，因此，必须要靠“礼”来约束，即现在是“谨于礼”的时代。作者认为，先王就是依据上天之道和对人民感情的体会才制定了“礼”的。因此，“礼”对于人们来说，是极其重要的，有了它就能活，失去了它就会死去。“夫礼，先王以承天之道，以治人之情，故失之者死，得之者生。”

在长期的封建社会中，《礼运》中的大同思想，因不符合地主阶级的利益，一直没有受到统治阶级的注意，而只是部分士人的理想。

四、《礼记》中关于夫妇伦理关系的思想

《礼记》(包括《大戴礼记》和《小戴礼记》)中对男女、夫妇的伦理关系作了系统的规定，是对先秦典籍中夫妇有别理论的进一步概括和发挥，从而为整个封建社会确立男尊女卑的伦常制度奠定了理论上的基础。所谓男女有别者，就是男外女内、男尊女卑的意思。

关于男尊女卑的这种伦理道德，《大戴礼记·本命》有一段理论上的说明：

> 男者任也，子者孳也，男子者，言任天地之道，如长万物之义也。
>
> 故谓之丈夫。丈者长也，夫者扶也，言长万物也。
>
> 女者如也，子者孳也，女子者，言如男子之教，而长其义理者也。故谓之妇人。
>
> 妇人，伏于人也。是故无专制之义，有三从之道，在家从父，适人从夫，夫死从子，无所敢自遂也。教令不出闺门，事在馈食之间而已矣。是故女及日乎闺门之内，不百里而奔丧。事无独为，行无独成之道，参知而后动，可验而后言，宵夜行烛，宫事必量，六畜蕃于宫中，谓之信也。所以正妇德也。

这是最早阐述和论证封建道德的合理性的文字训诂。男、任二字，以音近转相训诂，从而宣扬统治阶级的伦理观念。由于一个字往往有许多相近或同音的字，再加上古文字多以声寄义，常常因音而通义，这就更给了统治阶级的思想家们以利用的机会。

这里第一次提出了妇女的“三从”，即“在家从父，适人从夫，夫死从子”。其中前两从，是可以从儒家的传统伦理道德中推演出来的。因为依据孔子“君君、臣臣、父父、子子”的等级思想和孟子“父子有亲，君臣有义，夫妇有别，长幼有序，朋友有信”的五伦关系，女子出嫁以前应该从父，出嫁以后应该从夫，这似乎都是理所当然的。但是，“夫死从子”，却是过去封建道德中所没有的。尽管后来的封建阶级思想家不断强化这一条，但因为同“孝”的理论有矛盾，所以始终没有能够成为一条真正的道德规范。

《大戴礼记·本命》给妇女规定了一系列的约束：她们不但不能独立自主地做事情，而且只能围着锅台转，其职权范围只能限于闺房之中。不论做什么事情，都必须和丈夫商量，一切行动都需要由男人参与决定；一切言论，都必须是男子已经做出并可以验证的。

除“三从”之外，还认为“女有五不取”和“妇有七去”：

> 女有五不取：逆家子不取，乱家子不取，世有刑人不取，世有恶疾不取，丧妇长子不取。逆家子者，为其逆德也；乱家子者，为其乱人伦也；世有刑人者，为其弃于人也；世有恶疾者，为其弃于天也；丧妇长子者，为其无所受命也。（《大戴礼记·本命》）

这里所谓的“五不取”，完全是男方对女方的片面要求。所谓“逆家”，即所谓不忠、不孝、不仁、不义之家。所谓“乱家”，即所谓乱伦之家。至于说“丧妇长子不取”更是荒唐，为什么只因为死了母亲就不能嫁人呢？因为根据孟子的说法：“女子之嫁也，母命之，往送之门，戒之曰：‘往之女嫁，必敬必戒，无违夫子。以顺为正者，妾妇之道也。’”（《孟子·滕文公下》）母死，女子便无所受命，故不取。这都是对女子的横加之罪，是套在女子身上沉重的封建枷锁。

> 妇有七去：不顺父母去，无子去，淫去，妒去，有恶疾去，多言去，窃盗去。……妇有三不去：有所取，无所归，不去；与更三年丧，不去；前贫贱，后富贵，不去。（《大戴礼记·本命》）

不但妒忌要去，不生儿子要去，有重病的要去，就是多说话也成了去的理由，可见这种男女不平等的程度。

第二节 《孝经》的伦理思想

《孝经》究竟是什么时候、什么人作的，直到现在还有争论。自汉朝开始，有“七经”的名称，在“五经”以外，又加上了《论语》、《孝经》。梁启超认为《孝经》：“若论它的文章，和《礼记》相同，倒很像是《礼记》的一部分。”虽然汉代那些竭力推尊《孝经》的人，都说此书是孔子所作，“其实那上面记的都是孔子和曾子的问答之辞，不仅不是孔子作的，而且也不是曾子作的，最早也不过是曾子的门人作的。以文体论，若放进《礼记》倒非常像。它的年代不能很古，至少战国末至汉初才有”。“也许不是战国的书，而是汉代的书，最早不能早过战国，这部书不是孔子作的，是可放入《礼记》，作为孔门后学推衍孝字的一部分”。王正已作《孝经今考》认为，“《孝经》成书在《庄子》以后，《吕氏春秋》以前”。他的理由是：“称经之始，起于庄子，《天运》篇说‘丘治诗、书、礼、乐、易、春秋‘六经’。可知庄子时已有六经的名称了。以前未见。”此处未提到《孝经》，可见《孝经》在《庄子》以后。此外，《吕氏春秋》引过《孝经》。《察微》篇：“孝经曰：高而不危，所以长守贵也；满而不溢，所以长守富也；富贵不离其身，然后能保其社稷，而和其民人。”此段文字，与今文《孝经》毫无差别。又《孝行》篇中同样有一段话和《孝经·天子》章的内容大体相同。由吕氏引《孝经》来看，吕氏一定是看过《孝经》的。引《孝经》的书，《吕氏春秋》是第一部，所以认为《孝经》成书的年代，最晚不得后于吕氏。《孝经》可能在秦时已有，不过这本书经过汉初人的加工，并使其发挥光大，则是有可能的。

《孝经》正式出现于西汉初年，是儒家关于“孝”的理论的系统化的经典。《孝经》把“孝”说成是一切道德的根本，说成是社会安定、国家巩固、上下和睦、以顺天下的“至德要道”，并给予它以较为系统的理论说明。此后，经过封建统治阶级的提倡，《孝经》所宣扬的这种理论，在中国长期的封建社会中产生了特殊的影响。

“孝”是氏族道德一个最根本、最重要的内容。中国奴隶社会的一个特点，就是以氏族为纽带的宗法制度。因此，注重“孝”就成为中国奴隶社会以来的伦理思想的一个特点。

孔子的弟子有若曾经强调过“孝”的重要性。他说：“其为人也孝弟，而好犯上者，鲜矣；不好犯上，而好作乱者，未之有也。君子务本，本立而道生。孝弟也者，其为仁之本与!”（《论语·学而》）此外，孔子在和他的弟子的问答中，也多次阐明过“孝”的重要，之后孟子、荀子都曾着重讨论过“孝”的问题。《孝经》作为儒家的一经，进一步赋予了“孝”以道德上至高无上的意义。

第一，《孝经》强调“孝”是一切道德的根本，或者说，一切道德都是由“孝”派生出来的。有了“孝”就可以有别的道德，没有“孝”就不可能有别的道德。很显然，这是中国伦理思想的一个重要特点，是西方伦理思想中所不曾有的。

《孝经》开宗明义，第一章就指出：“先王有至德要道，以顺天下，民用和睦，上下无怨。”这个所谓的“至德要道”，就是儒家所说的“孝”。又说：“夫孝，德之本也，教之所由生也。”“身体发肤，受之父母，不敢毁伤，孝之始也。立身行道，扬名于后世，以显父母，孝之终也。夫孝，始于事亲，中于事君，终于立身。”由此可见，一切道德原则、道德规范以及人们的道德品质，都是由“孝”产生的；一切道德教育、道德修养都是由“孝”出发的。既然一个人的身体发肤，都是父母所给的，所以就必须爱护自己的身体，并且用它来扬名后世，以显父母。

为什么子女应该对父母孝顺？《孝经》明确地认为，这主要是因为父母生育了子女，即所谓“身体发肤，受之父母”，没有父母，就没有子女。所以，子女应该对父母进孝道。在“孝”的内容上，最重要的就是要继承、发扬父母的意愿，即所谓“三年无改于父之道，可谓孝矣”（同上）的原则。这是说，最好能一生都顺着父之道去做，但最低要求是三年之内，什么也不要改变。其次是养亲，即所谓赡养父母。儒家自孔子以来就强调“色难”，即在“有事弟子服其劳”（《论语·为政》）时，要和颜悦色，顺从父母的意志，并“扬名于后世，以显父母”。这就是封建社会所说的“光宗耀祖”，替祖宗争一个好的名声。由此而来的另一个很重要的内容，就是要继承祖先的嗣系，保持祖先的宗脉，要生儿育女，特别是要有子嗣。这就是孟子所说的“不孝有三，无后为大”（《孟子·离娄上》）的含义。当然，与此相连的还有对自己的身体

“不敢毁伤”的最低要求。

把“孝”的内容规定为保全自己，这在《礼记·祭义》中有详细的说明：“天之所生，地之所养，无人为大。父母全而生之，子全而归之，可谓孝矣。不亏其体，不辱其身，可谓全矣。故君子顷步而弗敢忘孝也。……壹举足而不敢忘父母，壹出言而不敢忘父母。壹举足而不敢忘父母，是故道而不径，舟而不游。不敢以先父母之遗体行殆。壹出言而不敢忘父母，是故恶言不出于口，忿言不反于身，不辱其身，不羞其亲，可谓孝矣。”正是依据这一理论，儒家认为，孝亲最重要的是要保全自己，这样，一切违法乱纪的事情都要避免，一切冒险的行动都不敢去做，对统治阶级秩序的维护和巩固，自然也就十分有利了。这一点，也正是儒家讲“孝”的一个重要内容。

第二，《孝经》还认为，“孝”是天地万物和人们行动的一个至高无上的原则。《孝经·三才》说：“夫孝，天之经也，地之义也，民之行也。天地之经而民是则之。则天之明，因地之利，以顺天下。是以其教不肃而成，其政不严而治。先王见教之可以化民也，是故先之以博爱而民莫遗其亲。陈之德义而民兴行。先之以敬让而民不争。导之以礼乐而民和睦。示之以好恶而民知禁。”为什么“孝”是天之经、地之义呢？过去的有些注释家也解释不清楚，只能说是一种“泛说”，是就一般意义而言的。这就是说，“孝”像天经地义一样，是人类行为的最高原则，先王之所以能够使人民不遗弃他们的父老，使百姓彼此和睦、不违法乱纪，就是因为实行了“孝”的教育。

第三，《孝经》有意识地把“孝”和“忠”联系起来，使“孝”由氏族道德进而成为封建社会中上层建筑和意识形态的一个重要组成部分。《孝经》之所以强调“孝”，最重要的目的还不是养亲、敬亲，而是要维持社会的等级制度，要捍卫君臣父子之间不可僭越的关系。奴隶社会也好，封建社会也好，其一切伦理思想都是为维持这一等级制度服务的。从表面上看，要维持的是子对父的“孝”，而实际上，更重要的是要维持臣对君的“忠”。《孝经·士》中说：“资于事父以事母，而爱同；资于事父以事君，而敬同。故母取其爱而君取其敬，兼之者父也。故以孝事君则忠，以敬事长则顺。忠顺不失，以事其上，然后能保其禄位，而守其祭祀，盖士之孝也。”又说：“事亲者居上不骄，为下不乱，在丑不争。居上骄则亡，为下而乱则刑，在丑而争则兵。三者不除，虽日用三牲之养，犹为不孝也。”（《孝经·纪孝行》）这都清楚地说明了“孝”最重要的作用是事君忠。所谓“君子之事亲孝，故忠可移于君”，是要能够为下不乱，是要维护等级制度的尊严。这样，就更明确地把父和君联系起来，把子和臣联系起来，把封建道德中最重要的君臣关系也看作父子关系，从而使贵族和平民、官吏和百姓、上级和下级、老师和学生、师傅和徒弟等之间的关系，也都变为一种父子关系。既然儿子应该绝对地服从父亲，那么封建社会的各种关系，也就只能是绝对服从的关系了。只有能够孝顺父母的人，才能够很好地事奉自己的君主，只有能够孝亲、忠君，才能使自己一生的立身行事保持高尚的节操。这正是宗法制度的根本利益所要求的。汉朝的统治者们在认识到这一点之后，更进而从政治、法律以及官吏的选举制度上来说明“孝”的重要。在汉时，凡被举为“孝弟为田”的人，都会受到政府的奖励，以后还有所谓“举孝廉”，被举为孝廉的人，就可以逐步升官。甚至皇帝死了以后的谥号，也都冠以“孝”字。由此可见，到了秦汉以后，由于封建社会的统治者更加强调“孝”，所以“孝”的道德在中国社会中的作用就更加显得重要了。

宋代的理学家们认为，《孝经》中“先王见教之可以化民也”中的“教”字，应是“孝”字之误。他们认为，只有用“孝”来教育人民，才可以使人不但孝敬自己的父母，而且能“老吾老以及人之老”，可以使人民“博爱”而不遗弃自己的长辈。在理学家们看来，通过“孝”的教育，还可以告诉老百姓什么是他们应当去做的，从而使他们的行为都能循规蹈矩。使他们知道敬让从而就可以避免争夺，然后，用礼乐来协调他们之间的各种矛盾，就可以使他们不再违反法律。这也就是所谓“先王有至德要道，以顺天下，民用和睦，上下无怨”（《孝经·开宗明义》）的道理。

第十章　董仲舒对儒家伦理思想的神学论证

第一节　生平及其著作

董仲舒，约生于汉文帝前元元年（公元前 179），卒于武帝太初元年（公元前 104），广川（今河北省景县）人，是西汉时期重要的唯心主义哲学家和伦理思想家。景帝时，曾做过讲授儒家经典的“博士”。据说他刻苦自学，“专精于述古”（《太平御览》）、“三年不窥园”（《汉书·董仲舒传》）。桓谭在《新论·本造》中说：“董仲舒专精于述古，年至六十余不窥园中菜。”《太平御览》说他“乘马不觉牡牝，志在经传也”。他在汉武帝时应试，受到最高统治者的重视，成为官方哲学的代言人。他晚年虽然“家居”，但“朝廷如有大议，使使者及廷尉（最高司法官，掌刑狱）张汤就其家而问之”。他讲学时常“下帷讲诵”，而且还往往由他的弟子吕步舒等转相传授。“弟子传以久次相授业，或莫见其面”，有的弟子跟他学了多年，还未直接听他讲过课，也没有和他本人见过面。他的著作流传下来的有他向武帝的征问作答《举贤良对策》（又称《天人三策》）和一本名为《春秋繁露》的论文集。

董仲舒是把儒家伦理学说理论化和系统化的代表人物。他从神学目的论和阴阳五行说出发，建立了一套以“天人感应”为基础、以“三纲五常”为核心、以维护封建大一统为目的的伦理思想体系。

董仲舒认为，天是有目的、有意志的最高主宰，“仁义制度之数，尽取之天”，“王道之三纲，可求于天”（《春秋繁露·基义》）。在他看来，道德就是天启示圣人制定的行为规范，“三纲”、“五常”也都是由上天的意志所发出的，“三纲”、“五常”都是“取诸阴阳之道”（同上）。天道是“阳贵而阴贱”（《春秋繁露·天辨在人》），君臣、父子、夫妻之间的主从、尊卑关系，也就像天道一样不变，即“天不变，道亦不变”（《汉书·董仲舒传》）。

第二节　为什么要“独尊儒术”

汉王朝自刘邦夺取了政权以后，经过几十年的休养生息，社会政治、经济取得了某种程度的稳定和发展，历史上第一次出现了一个繁荣、强盛和统一的封建大帝国。与此同时，国家在哲学、政治和道德上，都迫切要求能建立起与之相适应的意识形态。一方面，《仪礼》、《周礼》和《礼记》以“经”的面目出现，在汉王朝开始了制礼作乐的行动；另一方面，又要求能从根本上给这种礼乐以天命神学的论证，董仲舒的《天人三策》和《春秋繁露》，就是为了适应这一要求而建立起来的哲学、政治、伦理体系。

董仲舒在对汉武帝的献策中，曾提出“罢黜百家”的主张，在中国思想史上有着重要的影响。

秦汉开始实行察举制度，由下级推举人才，之后由中央任命为下级官吏。刘邦称帝后，更提出要从地方推举有品德的人。以后，各郡国即按照规定进行推选。先是要求推举“孝悌力田”（只起模范表率作用，不到政府做官），后又推举孝廉（即孝子廉吏），之后又举贤良方正与能直言极谏者，送到中央，由皇帝亲自询问，主要是发扬民主，听取各方面的意见。后来，又诏举文学，也就是经学，与贤良方正大体上相同，即后来所说的贤良文学。汉武帝即位以后，经常下诏，要求各郡举贤良文学之士（“武帝即位，举贤良文学之士，前后百数”）。这些贤良文学举出后，都要送到京都，由武帝亲自提出问题，要他们回答，有的还要写出书面材料。汉武帝是一个有作为的皇帝，他当时最想知道的，就是如何使汉王朝强大兴旺，如何巩固自己的统治，这就是他所说的“大道之要，至论之极”，也就是天人关系。这些问题是：“天”是怎样统治、管理、影响和制约人类社会的发展的？自古成大事、立大业的君主帝王，是怎样顺应“天”的意志而统治天下的？自然的灾异之变、农作物的丰歉、人口寿命的长短、社会风气的好坏，这些变化都是由什么原因造成的？董仲舒在三次对策里，首先提出了大一统的理论：

> 春秋大一统者，天地之常经，古今之通谊也。今师异道，人异论，百家殊方，指意不同，是以上亡以持一统；法制数变，下不知所守。臣愚以为，诸不在六艺之科孔子之术者，皆绝其道，勿使并进。邪辟之说灭息，然后统纪可一，而法度可明，民知所从矣。（《汉书·董仲舒传》）

从这里可以看出，汉王朝虽然在政治、经济、军事上已经取得了统一，建立了封建帝国，但在思想意识和伦理道德方面，还存在着很多分歧。秦始皇时曾出现过类似的情况，当时把法家思想作为统一思想的标准。但是，随着秦王朝的覆灭，这种统一又被打破了。随着这种统一的打破，法家的一整套政治、伦理思想也就失去了应有的地位。严刑峻法、利用人的自私本性以发展生产、奖励耕战等，也都被人们否定了。德治、仁义道德的感化、人和人关系中道德规范的作用，又重新受到了重视。现在，董仲舒依据新的情况，并总结了秦灭亡的教训，大胆地提出了自己的观点，即把孔子的思想作为唯一正确的思想，这是有很深刻的原因的。

秦统一中国后二世而亡，这个教训到底是什么？在地主阶级登上政治舞台的最初一段时期内，地主阶级的革新派强调变革，强调法治，把法家作为自己的代言人。但是，随着地主阶级政权的巩固和发展，农民阶级和地主阶级的矛盾日益尖锐，特别是秦王朝迅速覆灭的教训，迫使地主阶级寻找新的思想武器。作为地主阶级的代言人，董仲舒认识到：对孔子、孟子的思想加以改造，对当时的统治阶级是极为有利的。首先，孔孟维护君臣、父子、夫妇等级制度的思想，对封建制度同样是有利的。他们强调“为政以德”的德治思想及其所宣扬的“仁”和“礼”，对于已经统一了的封建帝国将会起到更好地调整人与人之间关系的作用。尤其是孟子的“天命论”和“君权神授”的思想，更能为当权的统治者提供长久统治的理论根据。其次，孔子、孟子的一套理论，从伦理思想上来说，就是强调道德在社会生活中的作用，把伦理道德看作统治阶级进行阶级统治的一种武器，与武力镇压同样重要。这一思想对统治阶级的重要意义被董仲舒看到了。董仲舒把孔子尊为封建社会中的圣人，强调要“独尊儒术”，把一切不合于儒家学说的思想都视为异端，要“皆绝其道”，从而使儒学成为两千多年来封建社会的正统思想。

第三节　天人感应和天赋道德

为了适应封建专制统一的需要，汉王朝的统治者们需要对当时的政治制度、道德原则从理论上加以论证，以便说明这一切都是由天所决定的。正是在这种情形下，董仲舒提出了“天人合一”、“君权神授”和“道德天赋”的理论。

在中国古代，“天”有多种意义。殷周时期，天往往被看作一种有意志的、能主宰一切的神。战国末年，荀子提出“天人相分”的思想，给天以唯物主义的解释。但是，100多年之后，董仲舒却又从神学目的论出发来解释天，应该说这是有极深刻的经济和政治原因的。

董仲舒认为，天是一个有意志、有目的、有人格的神。他说：“天者，百神之大君也。”（《春秋繁露·郊语》）这就是说，天是管理众神的最高的神，是宇宙万物的创造者。此外，他还强调：“天者，群物之祖也，故遍覆包函而无所殊。建日月风雨以和之，经阴阳寒暑以成之。”（《汉书·董仲舒传》）他认为：“父者，子之天也；天者，父之天也。无天而生，未之有也。天者，万物之祖，万物非天不生。”（《春秋繁露·顺命》）总之，董仲舒把天作为自然界和人类社会的最高主宰，并且用明确的理论来加以表述，从而使西周以来中国思想史上关于“天命”、“天道”的唯心主义世界观有了进一步的发展。

董仲舒把天说成一个有意志的“百神之大君”。从政治上来说，其目的是要为“君权神授”建立一个牢固的理论根据。从伦理思想上来说，最重要的是要建立起“道德天赋”的唯心主义道德起源论。这两者相互配合，从而达到他利用天来为封建地主阶级服务的目的。他说：“王者承天意以从事。”（《汉书·董仲舒传》）“天以天下予尧舜，尧舜受命于天而王天下”（《春秋繁露·尧舜不擅移汤武不专杀》）。同样，对于汉武帝来说，他既然是“天之所大奉使之王者”（《汉书·董仲舒传》），因此，“必有非人力所能致而自至者，此受命之符也”（同上）。这就是说，君主之所以能统治天下，都是天的意志的体现。

为了强化“君权神授”和天的意志神圣不可侵犯的思想，以便建立起封建君主的绝对权威，董仲舒又进一步提出了他所谓的“天人相与”和“天人感应”理论。

什么是“天人相与”和“天人感应”呢？董仲舒把天说成一个最高的政治统治者：

> 臣谨案《春秋》之中，视前世已行之事，以观天人相与之际，甚可畏也。国家将有失道之败，而天乃先出灾害以谴告之，不知自省，又出怪异以警惧之，尚不知变，而伤败乃至。（同上）

> 帝王之将兴也，其美祥亦先见；其将亡也，妖孽亦先见。（《春秋繁露·同类相动》）

为了说明天和人是能够相互感应的，董仲舒又提了一个“人副天数”（《春秋繁露·人副天数》）的理论，把人说成是神按照自己的形象而造出来的，人就是天的“副本”，天有什么，人也有什么。他说：“人之人本于天，天亦人之曾祖父也。”（《春秋繁露·为人者天》）天和人是怎样相似的呢？董仲舒在《春秋繁露》中说：

> 天以终岁之数，成人之身，故小节三百六十六，副日数也；大节十二分，副月数也；内有五脏，副五行数也；外有四肢，副四时数也。乍视乍瞑，副昼夜也；乍刚乍柔，副冬夏也；乍哀乍乐，副阴阳也；心有计虑，副度数也；行有伦理，副天地也。（《春秋繁露·人副天数》）

在董仲舒看来，不但人的形象和天的形象相同，甚至人们的行为规范、道德品质也都是和天相对应的，预先由天规定好了的。正因为如此，人们必须按照天的意志行事。如果符合天的意志，天就喜欢，就会给予赏赐；如果违背天的意志，天就震怒，人就会受到天的惩罚。那么，天的意志是由什么体现的呢？董仲舒认为，皇帝的所作所为就是天的意志的体现，老百姓必须按照皇帝的意志办事。至于皇帝的行为，如果违反了天的意志，自有天来进行教育，如天会降下灾异现象进行警告，使其觉悟，如继续冒犯天意，天就会给予惩罚。

董仲舒的“天人感应”说的主要目的是要巩固地主阶级对人民的统治，但同时也妄图用这一理论来劝告统治者推行仁政，不要违反“天意”。董仲舒差一点因自己创建的这一理论而被处死。据《汉书·董仲舒传》记载：

> 仲舒治国，以春秋灾异之变推阴阳所以错行，故求雨，闭诸阳，纵诸阴，其止雨反是；行之一国，未尝不得所欲。中废为中大夫，先是辽东高庙、长陵高园殿灾。仲舒居家推说其意①，稿未上，主父偃候仲舒，私见，嫉之，窃其书而奏焉。上召视诸儒，仲舒弟子吕步舒不知其师书，以为大愚。于是下仲舒吏，当死，诏赦之。仲舒遂不敢复言灾异。

董仲舒提出“天人感应”、“君权神授”和“天赋道德”的观念，其主要目的之一就是要宣传他所谓的“道之大，原出于天，天不变，道亦不变”（《汉书·董仲舒传》）的思想。什么是“道”？就是封建社会的纲常礼教。董仲舒说：“道者，所由适于治之路也，仁、义、礼、乐皆其具也。”（同上）一个社会之所以能“子孙长久安宁数百岁，此皆礼乐教化之功也”（同上）。

第四节　关于“三纲”、“五常”

在道德规范上，董仲舒从儒家“君君、臣臣、父父、子子”的等级制度和宗族关系出发，提出了所谓“三纲”、“五常”的封建社会最根本的道德规范。由董仲舒所完整化和系统化了的“三纲”、“五常”，经过地主阶级伦理思想家们的不断补充、发展和宣扬，终于成为维护封建制度的最重要的精神支柱，在意识形态领域发生着重要的作用。

从伦理思想史上看，正如前述，“三纲”的思想是早已有了的。《左传·昭公二十六年》有晏子论礼的一段话说：“君令臣共，父慈子孝，

① 公元前135年，皇帝祭祖的地方长陵高园殿有了火灾，很不吉利。接着在辽东的高庙，又出现了火灾。董仲舒从“天人感应”出发，认为这是上天对武帝的行为不满，借此提出要汉武帝采纳自己的意见。

兄爱弟敬，夫和妻柔，姑慈妇听，礼也。君令而不违，臣共而不贰；父慈而教，子孝而箴，兄爱而友，弟敬而顺；夫和而义，妻柔而正；姑慈而从，妇听而婉，礼之善物也。”孔子所说的“君君、臣臣、父父、子子”，已经包含着“君为臣纲”、“父为子纲”的某些思想内容。孟子提出了“五伦”的思想，即“父子有亲、君臣有义、夫妇有别、长幼有序、朋友有信”。以后，韩非又提出：“臣事君、子事父、妻事夫，三者顺则天下治，三者逆则天下乱。此天下之常道也。”（《韩非子·忠孝》）但是，第一个明确地提出“三纲”，并予以理论论证的则是董仲舒。

首先，董仲舒从理论上说明了君臣、父子、夫妇之间的关系是一种阴阳关系。在阴阳关系中总是“阳尊阴卑”的，并由此推论出他的“三纲”的理论。

> 凡物必有合。合必有上，必有下，必有左，必有右，必有前，必有后，必有表，必有里。有美必有恶，有顺必有逆，有喜必有怒，有寒必有暑，有昼必有夜，此皆其合也。阴者阳之合，妻者夫之合，子者父之合，臣者君之合。物莫无合，而合各相阴阳。（《春秋繁露·基义》）
>
> 君臣、父子、夫妇之义，皆取诸阴阳之道。君为阳，臣为阴；父为阳，子为阴；夫为阳，妻为阴。阴阳无所独行，其始也不得专起，其终也不得分功，有所兼之义。（同上）

这一段似乎包含着辩证法思想的言论，在董仲舒那里其实是为封建道德作论证的理论基础。很显然，这里看不到辩证的对立统一，而只有形而上学的对立，阴阳之间的关系是永远不会相互转化的，它们之间是不可能有同一性的。董仲舒认为，和阴对立的阳永远是尊的、贵的；和阳对立的阴永远是卑的、贱的。“丈夫虽贱，皆为阳；妇人虽贵，皆为阴。……诸在上者皆为其下阳，诸在下者皆为其上阴。”（《春秋繁露·阳尊阴卑》）我们知道，所谓“阴阳之道”、“阳尊阴卑”本来是《易传》中的思想，在《易传》中，确实含有朴素的辩证法因素。但董仲舒在阴阳关系上，片面地强调阳的主导作用，把阴的从属作用降低为无条件的服从。他不是从宇宙变化中得出这一理论，而是使阴阳之道符合他的封建伦理道德观念。因此，也可以说，封建的伦理道德规范是董仲舒制定的模式，“阴”和“阳”只不过是他填进这个模式中的两个僵化的概念而已。

其次，董仲舒把“三纲”说成人与人之间最根本的道德规范，是由天的意志决定的。他从秦王朝“任刑不任德”而招致灭亡的教训出发，认为应该厚德简刑，劝告汉王朝的统治者不要只用刑罚手段，而应加强像“三纲”这样的道德教育，以达到巩固统治的目的。他说：“王道之三纲，可求于天。天出阳，为暖以生之；地出阴，为清以成之。……然而，计其多少之分，则暖暑居百而清寒居一，德教之与刑罚犹此也。故圣人多其爱而少其严，厚其德而简其刑，以此配天。”（《春秋繁露·基义》）董仲舒给“厚德简刑”也披上了神学的外衣，从而替孔子、孟子的德治思想找出了一个“神”的依据，这样就可以更好地欺骗人民，达到愚弄人民的目的了。

在献给汉武帝的《对策》中，董仲舒说：“夫仁、谊、礼、知、信五常之道，王者所当修饬也。五者修饬，故受天之祐，而享鬼神之灵，德施于方外，延及群生也。”（《汉书·董仲舒传》）在这里，他把“五常”说成是五种道德规范，同时也是君主应该养成的品德，并认为，如果王者具有了这五种美德，就会受天的保佑而永享爵位，就会使自己的百姓受到恩惠。在《春秋繁露》中，他又把仁、义、智等说成是人人都应该具有的品德。在他看来，“三纲”和“五常”，就是“道”的主要内容。所谓“道之大原出于天，天不变，道亦不变”，就是说封建社会的纲常道德像天一样，不论历史怎样变化，王朝怎样更替，这个“道”都是永远也不会变化的。

从伦理思想史上看，董仲舒第一次把仁、义（谊）、礼、智（知）、信合在一起。孔子曾特别注意“仁”和“礼”，也强调过“信”和“义”，并曾提出过“智、仁、勇”等；孟子把仁、义、礼、智四者合在一起，认为这是人先天具有的善端。董仲舒则把这五者合在一起，称为“五常”。在“五常”中，他特别注意“仁”、“义”，并把“仁”、“义”解释为人与我的关系。

> 《春秋》之所治，人与我也。所以治人与我者，仁与义也。以仁安人，以义正我，故仁之为言人也，义之为言我也。（《春秋繁露·仁义法》）
>
> 是故《春秋》为仁义法：仁之法在爱人，不在爱我；义之法在正我，不在正人。我不自正，虽能正人，弗予为义。人不被其爱，虽厚自爱，不予为仁。（同上）

君子求仁义之别，以纪人我之间，然后辨乎内外之分，而著于顺逆之处也。（《春秋繁露·仁义法》）

总之，在董仲舒看来，“仁”这一道德规范，主要是讲对别人的关系，即要爱别人，不在于爱自己；而“义”的道德规范是要“自正”，即使自己的行为合于道德原则，不在于正别人。此外，董仲舒还特别强调“智”和“仁”的关系，他认为，“莫近于仁，莫急于智”（《春秋繁露·必仁且智》），“仁而不智，则爱而不别也；智而不仁，则知而不为也。故仁者所以爱人类也，智者所以除其害也”（同上）。他认为，要达到“仁”，必“以其智先规而后为之”，唯有智者才能“见祸福远”、“智利害早”，才能“其动中伦，其言当务”。如果是“仁”而不“智”，其行为之结果不仅无益于别人，甚至会给自己招来灾祸。

第五节 “性有善质而未能为善”的人性论

在人性问题上，董仲舒提出了人性可分为三等的理论。在先秦时期，曾有过人性善恶问题的大争论。孟子主张性善，告子主张性无善恶，荀子主张性恶，世硕认为性有善恶，等等。董仲舒批判地继承了先秦思想家们关于人性的理论，认为人性可分为三等。这样，在有关人性的问题上又出现了一种新理论。这种理论后来经过王充、韩愈、王安石等人的发展，在相当长的时期内成为一种有重要意义的人性论。

为什么说人性可分为三等呢？董仲舒认为，人生下来之后，因先天的禀赋不同，从道德品质上来看，大体可以分为上等人、下等人和中民。这三种人各有不同的人性，所以说人性可以分为三等。

董仲舒说：“圣人之性，不可以名性，斗筲之性，又不可以名性。名性者，中民之性。”（《春秋繁露·实性》）又说：“名性不以上，不以下，以其中名之。”（《春秋繁露·深察名号》）这就是说，圣人之性，是至善的，小人（斗筲，即小人）的性，是至恶的，都说不上什么人性，只有中民是可善可恶的，才可以说得上是人性。董仲舒认为，人性是能够通过教化而改变的。圣人不需要教化和改变，小人则不能教化和改变，只有中民是需要而且可能教化的，所以只有中民才谈得上人性。这样看来，董仲舒所说的性三品，也只是性一品而已。圣人和小人的人性是至善、至恶，不必去讨论，因此，董仲舒有关人性的理论，实际上只是有关中民之性的理论。

董仲舒认为，在讨论人性问题时，必须把人的“性”和“情”区别开来，否则就会陷于混乱。这种区分“性”和“情”的人性理论，对宋明理学有着很大的影响。

董仲舒用阴阳学说来解释人性，认为正像天有阴阳一样，人也有性有情。“身之有性情也，若天之有阴阳也。言人之质而无其情，犹言天之阳而无其阴也”（《春秋繁露·深察名号》）。又说：“人之诚，有贪有仁，仁贪之气，两在于身。身之名，取诸天，天两有阴阳之施，身亦两有贪仁之性。天有阴阳禁，身有情欲栣，与天道一也。”（同上）在他看来，人生本来就有性和情两个方面：性是阳，是主导的方面，有善的质，可以发展为善；情是贪，是欲，是恶。这就是说，人性中有善质，而人情则是恶的，性和情是两个概念，不应混淆。

董仲舒认为，中人之性，虽有善质，但不能说人性就是善，他驳斥性善论说：

> 善如米，性如禾，禾虽出米，而禾未可谓米也。性虽出善，而性未可谓善也。米与善，人之继天而成于外也，非在天所为之内也。天所为，有所至而止。止之内谓之天，止之外谓之王教。王教在性外，而性不得不遂。故曰性有善质，而未能为善也。（《春秋繁露·实性》）
>
> 天之所为，止于茧麻与禾，以麻为布，以茧为丝，以米为饭，以性为善，此皆圣人所继天而进也，非情性质朴之能至也，故不可谓性。（同上）

这就是说，米虽然从禾中生出来，但是禾只有生长发育到了一定的程度，依靠阳光、水分和肥料才能结出稻穗，再经过加工才能成为米，怎么能说禾就是米呢？人虽然生来性中就有善质，但不能认为人性中本来已有善性。人的天生本性中的善质，只有经过圣人的教化才能发展为善性。他说：“中民之性如茧如卵，卵待覆二十日而后能为雏，茧待缲以涫汤而后能为丝，性待渐于教训而后能为善。”（同上）或曰：“性有善端，心有善质，尚安非善？应之曰：非也。茧有丝而茧非丝也，卵有雏而卵非雏也，比类率然，有何疑焉。”（同上）在人性问题上，董仲舒明确表示，他推崇孔子的“性相近也，习相远也”和

“上智与下愚不移”的人性观点，反对孟子所谓人性善的理论。他说：“质于禽兽之性，则万民之性善矣。质于人道之善，则民性弗及也。万民之性善于禽兽者许之，圣人之所谓善者，弗许。吾质之命性者异孟子。孟子下质于禽兽之所为，故曰性已善；吾上质于圣人之所为，故谓性未善。”（《春秋繁露·深察名号》）这里公开指责孟子的人性论，只是把人同禽兽相比，是不符合孔子的理论的。为了替封建等级制度辩护，为了证明劳动人民虽有善性而不能认为性已是善，董仲舒把性和善比作“目”和“见”的关系，他说：

> 性有似目，目卧幽而瞑，待觉而后见。当其未觉，可谓有见质，而不可谓见。今万民之性，有其质而未能觉，譬如瞑者待觉，教之然后善。当其未觉，可谓有善质，而未可谓善，与目之瞑而觉，一概之比也。静心徐察之，其言可见矣。性而瞑之未觉，天所为也。效天所为，为之起号，故谓之民。民之为言，固犹瞑也。（同上）
>
> 民之号，取之瞑也。使性而已善，则何故以瞑为号？以瞑言者，弗扶将，则颠陷猖狂，安能善？（同上）

这就是说，老百姓之所以叫民，也就是瞑，就是因为他们的性还瞑而未觉，如果没有圣人教化，就是“瞑顽不化”。董仲舒说：“万民之性苟已善，则王者受命尚何任也？”如果真的像有些人所说，人们的性都是善的，那帝王、圣人还干什么呢？

第六节 “正谊”、“明道”的动机论

在动机和效果的问题上，董仲舒明确地提出了自己的动机论，即对一切人的所为的道德判断和道德评价，以至法律的判决，都要以动机为唯一的标准：只要动机是善良的，其后果如何是不必计较的。

《春秋繁露》中有《对胶西王越大夫不得为仁》一章，内容是董仲舒做了胶西王相国以后与胶西王的对话。越王勾践和大夫泄庸、蠡、种等共谋伐吴，洗雪了曾经被吴王打败的会稽之耻。因此，胶西王许以“越有三仁”并询问董仲舒的看法。胶西王对董仲舒说：“越王（勾践）

与此五大夫（庸、种、蠡、睾、车成）谋伐吴，遂灭之。”孔子称“殷有三仁”，“寡人亦以为越有三仁”，“桓公决疑于管仲，寡人决疑于君”。但董仲舒却不以为然。在这一段对话中，董仲舒发挥了他动机论的理论。他说：

> 臣仲舒闻，昔者鲁君问于柳下惠曰：“我欲攻齐，何如？”柳下惠对曰：“不可。”退而有忧色，曰：“吾闻之也。谋伐国者，不问于仁人也。此何为至于我？”但见问而尚羞之，而况乃与为诈以伐吴乎？其不宜明矣。以此观之，越本无一仁，而安得三仁？仁人者，正其道不谋其利，修其理不急其功。①
>
> 致无为而习俗大化，可谓仁圣矣，三王是也。春秋之义贵信而贱诈。诈人而胜之，虽有功，君子弗为也。是以仲尼之门，五尺童子，言羞称五伯。为其诈以成功，苟为而已也，故不足称于大君子之门。五伯者，比于他诸侯为贤者，比于仁贤，何贤之有？譬犹珷玞比于美玉也。（《春秋繁露·对胶西王越大夫不得为仁》）

照董仲舒的意见来看，由于越王勾践等“为诈伐吴”，不但不能称仁，简直是大逆不道。这种假装投降又暗中用计的行为，尽管收到了显赫的功利，但是为道德所不取的。

董仲舒不但在伦理思想上把动机作为评价行为的标准，而且还直接把这个标准应用到法律和判罪上。当时，朝廷的许多重大法律案件，董仲舒都是参与讨论的。张汤曾根据董仲舒对许多重大问题的看法写成《春秋决狱》一书。《汉书·艺文志》著录有《公羊董仲舒治狱》十六卷，可惜没有流传下来。《太平御览》卷六百四十载：

> 董仲舒决狱曰：甲父乙与丙争言相斗。丙以佩刀刺乙，甲即以杖击丙。误伤乙。甲当何论。或曰：殴父也，当枭首。议曰：臣愚以父子至亲也，闻其斗莫不有怵怅之心。扶伏而救之，非所以欲诟父也。春秋之义，许止父病，进药于其父而卒，君子原心，赦而不诛。甲非律所谓殴父也，不当坐。

这就是说，法律判决只应考虑动机的好坏。所谓“君子原心，赦而不

① 《汉书·董仲舒传》作：正其谊不谋其利，明其道不计其功，“不急其功”和“不计其功”，其意相去甚远，似以“不计其功”同董仲舒的示意较近。

诛”，意思是许止在动机上并不是要害死他的父亲，而是为了替父亲治病，吃错了药，依据“原心定罪”，所以不能诛。《春秋繁露·精华》认为听狱“必本其事而原其志”，即要根据事情的经过，考察产生这一行为的动机，并按照动机的好坏来“原心定罪”。如果其“志”在于为善，这种行为就应当受到赞扬；如果其“志”不完全在于为善，只是不得已而为之，那么，这种行为只应受到较小的赞扬；如果其“志”根本不是为善，即使有了善的后果，也不应当得到赞扬。相反，如果其“志”在于为恶，不论其行动是否已产生了恶的结果，都应当受到惩罚；如果为恶是不得已的，则可给予轻微的惩罚；如果根本无意为恶而产生了恶的后果，则不应该给予任何惩罚。以上就是董仲舒说的“志邪者不待成”、“本直者其论轻”（《春秋繁露·精华》）的动机论。

董仲舒“明道不计功，正谊不谋利”的动机论是片面的。离开了行为的效果，又怎么能确切地检验动机？而且，一个人的行为总是要引起一定的后果，而社会、阶级又总是要求人们的行为要达到一定的效果，怎么能够在评定一个人的行为时，只问动机而不管效果呢？但是，我们也应当看到，董仲舒强调行为的动机，强调“原心”和“原志”，对于全面评价一个法律行为和道德行为来说，是有合理因素的。

道德行为的正确评价与判断，应该既强调动机又强调效果，既坚持原则又要求功利。在中国长期的封建社会中，一些思想家经常引用董仲舒“正其谊不谋其利，明其道不计其功”的话，片面地强调动机在道德评价中的地位。宋明的道学家们更把这两句话奉为尊道的经典名言加以宣扬。程颐甚至说：“董仲舒曰：正其谊不谋其利，明其道不计其功，此董子所以度越诸子。”（《程氏遗书》卷二十五）说明了他对这句话的服膺程度。一些宋明道学家所宣扬的片面的动机论，应当说是同董仲舒的理论有关的。

第七节　“利以养体”、“义以养心”的义利观

董仲舒承接儒家孔子、孟子重义轻利的思想，进一步提出了自己的义利观。

董仲舒承认对“义”和“利”的追求是人生来就有的，并把这两者

的作用加以区分，认为“利”是用来养育身体的，“义”是用来培养思想的。他说：“天之生人也，使人生义与利，利以养其体，义以养其心。心不得义不能乐，体不得利不能安。”（《春秋繁露·身之养重于义》）在这里，“利”就是物质利益和生活上的需要，认为没有这些东西人就活不下去，这是正确的。董仲舒所说的“义”，重点是指道德原则和规范。他认为这对于涵养人的品质有重要意义。董仲舒认为，如果把“义”和“利”作一比较，那么，“义”应当是最“贵”的。“义者心之养也，利者体之养也。体莫贵于心，故养莫重于义，义之养生人大于利”（同上）。董仲舒说：

> 夫人有义者，虽贫能自乐也；而大无义者，虽富莫能自存。吾以此实义之养生人，大于利而厚于财也。民不能知而常反之，皆忘义而殉利，去理而走邪，以贼其身而祸其家。此非其自为计不忠也，则其知之所不能明也。（同上）

这就是说，只要有了“义”，能够遵守道德规范，涵养封建道德所要求的品质，就是物质生活条件较差，处于贫穷的境遇，也仍然能安于贫穷。否则，如果只顾着去追求个人的物质利益，放弃原则去干那些歪门邪道的事，就必然会触犯法律，使自身和家庭都遭受祸害。正由于此，董仲舒认为，圣人的作用就是要用“义”来照耀百姓之所闇，使劳动人民都能“大化”而不犯法。他说：“故曰圣人天地动四时化者，非有他也，其见义大故能动，动故能化，化故能大行，化大行故法不犯，法不犯故刑不用，刑不用则尧舜之功德，此大治之道也。”（同上）由此可见，董仲舒所强调的重义原则完全是为巩固当时的社会制度服务的。

第十一章 儒家伦理规范体系的完善及其正统地位的确立

——白虎观会议

第一节 白虎观会议召开的原因

汉代曾由皇帝亲自召集了两次会议来讨论“五经同异”问题，一次是石渠阁会议，一次是白虎观会议。这两次会议虽然主要讨论的是有关理学的问题，但在后一次会议中涉及了十分重要的伦理问题。

第一次会议是在公元前 51 年由汉宣帝召集的。据《汉书·宣帝本纪》记载，汉宣帝甘露三年（公元前 51），“诏诸儒讲五经同异，太子太傅萧望之等平奏其议，上亲称制临决焉”。这次会议名为讨论五经同异，实际上主要讨论了《春秋》的同异。当时治《春秋》的今文经学，分为公羊和穀梁两派，二者对《春秋》的解释互有不同。由于当时的人们把《春秋》中对一些事件、人物的处理和看法都视为至高无上的权威，因此，《春秋》往往起着法律条文和道德规范的双重作用。① 为了能够更好地、统一地解释《春秋》并维护其权威，充分发挥《春秋》的作用，宣帝亲自召集了这次会议。因为这次会议是在石渠阁举行的，

① 据皮锡瑞《经学历史·经学极盛时代》：“武帝罢黜百家，表章六经，孔教已定于一尊矣。……元、成以后，刑名渐废。上无异教、下无异学，皇帝诏书、君臣奏议，莫不援引经义，以为据依。国有大疑，辄引《春秋》为断。”

所以叫石渠阁会议。参加这次会议的人都是五经名儒，不但评论了《公羊》、《穀梁》的同异，而且“议三十余事”，各自根据自己的理解来分析解决这些问题。据说，经过讨论，大多数儒者最后都同意《穀梁》的解释：“议三十余事，望之等十一人，各以经谊对，多从《穀梁》。由是穀梁之学大盛。”（《汉书·瑕丘江公传》）另据说，因为宣帝的祖父戾太子喜欢《穀梁》，所以宣帝也倾向于《穀梁》。

今文经学和古文经学的区别何在？今文经是指汉代学者们所传述的儒家经典，它们大都有秦以前的古文旧本，是由战国以来的学者们讲授传述的。秦始皇“焚书坑儒”后，中断了一段时间，汉以后又开始讲授，并用当时的文字隶书加以记录，这就是当时的所谓今文经，如《书》出于伏生、《礼》出于高堂生、《春秋公羊》出于公羊氏和胡母生等。在西汉，今文经学适应当时政治上的需要，着重发挥经中的“大义”，以为当时的政治服务。所以人们认为今文经学强调“合时”，即结合当时的社会现实，微言大义，从理论上、神学上作论证，为汉王朝的统治效力。

什么是古文经学？这是指秦以前用古文书写的、由汉代学者加以训释的儒家经典。据《汉书·艺文志》记载，汉武帝时，鲁恭王刘馀坏孔子宅，得《古文尚书》、《礼》、《论语》和《孝经》等凡数十篇，都是用汉以前的文字（隶书以前的文字）写成。以后，又从民间收集来许多古文的经书。由于这些古文的经书，有不少是后人用秦以前文字写成的，再加上有篡改和文字歧异，就需要有一个辨认的过程。为了辨认这些经典，逐步建立起文字训诂的工作，出现了《尔雅》和《说文解字》。古文经学派主要强调“合古”，即合于古时的情况，对经学的解释多重文字考证（研究今文经学的重视《春秋》，研究古文经学的强调《周礼》）。到了东汉，郑玄在古文经学的基础上吸收今文经学，自成一体，熔两家为一炉，从而使经学的今、古文统一起来。但是，对待经学的两种态度，即“合古”和“合时”，却成为两种方法一直流传下来，在中国思想史上产生了重要影响。

石渠阁会议形成了很多文件，经过刘向整理的叫作“杂议”，即《五经杂议》，这些文件都已佚亡。

第二次会议是在建初四年（公元79）由东汉章帝在未央宫宫内主持召开的白虎观会议。这次会议从形式上来看，是效法石渠阁会议，继续讨论五经同异的，但这次会议同上次会议相比有几个突出的特点：

(1) 在石渠阁会议时，分歧主要是今文经学内部的分歧，即主要是公羊和穀梁的斗争；而白虎观会议则主要是古文经学和今文经学的斗争。就其实质来说，这次会议的召开是由于古文经学出现以后，在文字、思想、师说等各方面都同今文经学产生了尖锐的矛盾，使今文经学内的两派认为有必要联合起来以战胜古文经学，并通过皇帝的权威来形成自己的优势，以便保持和巩固其在思想上的统治地位。白虎观会议的基本思想，是对今文经学中董仲舒等人的唯心主义、神秘主义哲学思想的进一步发展。

(2) 石渠阁会议主要讨论了《春秋》的异同，讨论的中心内容很多；白虎观会议虽也涉及多方面问题，但更加注意伦理道德方面的问题，因此在中国伦理思想发展史上具有重要的地位。

(3) 石渠阁会议的人数较少、规模较小，时间也较短；而白虎观会议则持续开了好几个月，参加的人也很多，"名儒丁鸿、楼望、成封、桓郁、班固、贾逵及广平王羡皆与焉"(《资治通鉴》卷四十六)。这就是说，不仅有名儒，而且有诸生和达官贵人。

(4) 石渠阁会议的文件都已不存在，而白虎观会议的文件却在班固等整理编撰的《白虎通义》中保留了下来。依据后人考证，如孙诒让的《白虎通义考》、《籀庼述林》卷四认为，当时成篇的有《白虎议奏》、《白虎通德论》(《白虎议奏》可能是专论一经的，《白虎通德论》是通论五经的)和班固撰集成书的《白虎通义》。《议奏》久亡，《通义》行而《通德论》也遗亡了。自晋以来，人们看到的，就是现在的《白虎通义》。清卢文弨有校刻本，自称凡文明以来伪谬之处，十去八九，最称善本。清代陈立撰《白虎通疏证》，对此书作了较详细的注释，是现存的一本有用的参考资料。

《白虎通义》的内容很复杂，涉及爵、号、谥、五祀、社稷、礼乐、封公侯、京师、五行、三军、诛伐、谏诤、乡射、致仕、辟雍、灾变、耕桑、封禅、巡狩、考黜、王者不臣、蓍龟、圣人、八风、商贾、文质、三正、三教、三纲六纪、性情、寿命、宗族、姓名、天地、日月、四时、衣裳、五刑、五经、嫁娶、绋冕、丧服、崩薨等。其中三纲六纪、性情、圣人、礼乐、谏诤等部分，对我们研究汉代的道德关系和伦理思想都有重要的意义。

第二节　白虎观会议和谶纬神学

汉代在董仲舒《春秋繁露》的“天人感应”说产生之后，出现了所谓的谶纬之学（民间谶语早就存在，如秦末有“亡秦者，胡亥也”）。谶，完全是神学迷信之说；纬，往往从文字解释入手，再加以附会，有时还带有一定的思想性。这种谶纬之学在西汉末年和东汉初年最为流行，特别是当时的纬书，主要是用来解释经书的。据《隋书·经籍志》著录，有《易纬》八卷、《尚书纬》三卷、《尚书中侯》五卷、《诗纬》十八卷、《礼纬》三卷、《孝经钩命决》六卷、《孝经援神契》七卷、《孝经内事》一卷等。为什么谶纬之学在东汉得到了特别的发展呢？《隋书·经籍志》说，在西汉已逐渐流行有《七经纬》，伪托孔子所作。后来，“王莽好符命，光武以图谶兴，遂盛行于世”。这些纬书对经典的附会，不但十分离奇古怪，而且十分荒唐，包含着“非常异义可怪之论”。这些纬书本来是统治者可以利用的工具，但到了后来，又往往对统治者造成一定的威胁。“至宋大明中，始禁图谶”，隋文帝“禁之逾切”，“炀帝即位，乃发使四出，搜天下书籍与谶纬相涉者，皆焚之，为吏所纠者至死。自是无复其学，秘府之内，亦多散亡。今录其见存，列于六经之下，以备异说”（《隋书·经籍志》）。由此可见，纬书当时虽然极为流行，但隋以后就大部分散失了，现在保留下来的只有《易纬》中的几篇：《乾凿度》、《稽览图》、《是类谋》等。《尚书纬》、《孝经纬》等的零碎字句还散见于其他一些书中，其中《白虎通义》保存了不少纬书的段落和句子，从中可以看到当时纬书内容的一般。

据《后汉书·方术列传》注记《七纬》名目云：“七纬者，《易》纬：《稽览图》、《乾凿度》、《坤灵图》、《通卦验》、《是类谋》、《辨终备》也；《书》纬：《琁机钤》、《考灵耀》、《刑德放》、《帝命验》、《运期授》也；《诗》纬：《推度灾》、《记历枢》、《含神务》也；《礼》纬：《含文嘉》、《稽命徵》、《斗威仪》也；《乐》纬：《动声仪》、《稽耀嘉》、《汁图徵》也；《孝经》纬：《援神契》、《钩命决》也；《春秋》纬：《演孔图》、《元命包》、《文耀钩》、《运斗枢》、《感精符》、《合诚图》、《考异邮》、《保乾图》、《汉含孳》、《佑助期》、《握诚图》、《潜潭巴》、《说题辞》也。”我们知道，所谓“三纲六纪”，就其思想来说，出于董仲舒的《春秋繁露》，就其第一次用明确的文字加以表达来说，出自《礼纬》中的《含文嘉》。《含文嘉》中说：“礼者，履也。三纲为君为臣纲，父为子纲，夫为妻纲。”“三纲六纪”由于白虎观会议而被最高统治者所批准，因而在中国历史上产生了重要的影响。

第三节 “三纲”、“五常”的正统地位的确立

从伦理思想史上看，白虎观会议的一个重要内容是确立了中国封建社会“三纲”、“五常”的道德原则和规范。虽然董仲舒从“人副天数”、“天人合一”的思想出发，已经提出了“三纲”、“五常”的思想，但他没有给“三纲”、“五常”以确切的解释，甚至没有明确说出“三纲”的具体内容。在白虎观会议以前，“三纲”、“五常”还只是一种学说、一种主张，而由皇帝亲自主持召集的这次会议，是以官方文件的形式传达到全国的，自此以后，“三纲”、“五常”才成为中国封建社会中人人都必须遵守的道德规范。由于“三纲”、“五常”能够维护封建社会的等级制度和巩固地主阶级的统治，因此，尽管后来其具体要求随着封建社会的发展不断变化，但基本上没有离开白虎观会议的内容。

《白虎通义》中说：

> 三纲者，何谓也？谓君臣、父子、夫妇也。六纪者，谓诸父、兄弟、族人、诸舅、师长、朋友也。故《含文嘉》曰：“君为臣纲，父为子纲，夫为妻纲。”又曰：“敬诸父兄，六纪道行，诸舅有义，族人有序，昆弟有亲，师长有尊，朋友有旧。”（《白虎通义·三纲六纪》）

这里除“三纲”外，又提出了“六纪”，这“六纪”主要是以氏族家庭关系为主的一种扩大（诸父、兄弟、族人、诸舅），再加上师长、朋友的关系。《白虎通义》中把师长关系提到了一个新的地位，可能是后来天地君亲师理论的来源。“六纪”的理论尽管在后来没有得到进一步的发展，但它在汉以后的道德思想中仍占有着十分重要的地位。

什么是纲纪？《白虎通义·三纲六纪》解释说：

纲者，张也，纪者，理也。大者为纲，小者为纪。所以张理上下、整齐人道也。人皆怀五常之性，有亲爱之心，是以纪纲为化，若罗网之有纲纪而万目张也。《诗》云：亹亹文王，纲纪四方。

董仲舒只是从阴阳上来讨论“三纲五常”，《白虎通义》则对此给予了理论上的论证，并从文字解释上来说明：

君臣、父子、夫妇六人也，所以称三纲何？一阴一阳谓之道，阳得阴而成，阴得阳而序，刚柔相配，故六人为三纲。

君臣者，何谓也？君，群也，群下之所归心也。臣者，缠坚也，厉志自坚固也。《春秋传》曰，“君处此，臣请归也”。

父子者，何谓也？父者，矩也，以法度教子也。子者，孳也，孳孳无已也。故《孝经》曰：“父有争子，则身不陷于不义。”

夫妇者，何谓也？夫者，扶也，以道扶接也。妇者，服也，以礼屈服也。《昏礼》曰：“夫亲脱妇之缨。”《传》曰：“夫妇判合也。”（《白虎通义·三纲六记》）

这些解释，尽管增加了很多附会的内容，但基本上是东汉以前古人对字的意义的了解，如：“父者，矩也”，就是《说文》的解释；“夫者，扶也”，就是《大戴礼记·本命》中的原话；“君，群也”，就是《广雅·释言》的解释。很显然，这里力图把古文字的解释和董仲舒的那一套封建道德结合起来，不但从阴阳上、理论上，而且从对字义的解释上来为封建道德找根据，把这种封建道德说成是天经地义的。

值得指出的是，董仲舒只是说“身之有性情也，若天之有阴阳也。言人之质而无其情，犹言天之阳而无其阴也”（《春秋繁露·深察名号》），而《白虎通义》又进一步发挥为“性者阳之施，情者阴之化。人禀阴阳气而生，故内怀五性六情”（《白虎通义·性情》），进一步确立了“性生于阳”、“情生于阴”的性阳情阴理论。按照《白虎通义》的解释，阳是主导的一面，阴是从属的一面；阳是积极的一面，阴是消极的一面。从整个天地来说，天是阳，地是阴，二气相感而生人；从人来说，男人是阳，女人是阴；从一个人来说，性是阳，情是阴。这种“性生于阳”、“情生于阴”的理论，对后来中国关于人性的理论有着重要影响。到了唐代，就正式形成了所谓性善情恶论，并且这种理论得到了充分的发展。

《白虎通义》称“五常”为“五性”。在“三纲六纪”之后，认为性情是最重要的。

> 情性者，何谓也，性者阳之施，情者阴之化也。人禀阴阳气而生，故内怀五性六情。情者，静也，性者，生也。此人所禀六气以生者也。故《钩命决》曰：情生于阴，欲以时念也。性生于阳，以就理也。阳气者仁，阴气者贪，故情有利欲，性有仁也。（《白虎通义·性情》）

在中国伦理思想史上，发端于董仲舒的性善情恶论，第一次有了完整的、确切的表述。性禀天地之正气所生，所以是善的；情属于阴，阴气是贪的，所以情是有利欲的。

正因为性是善的，是天赋的道德品质，所以正如孟子所说，人生而具有仁义礼智四端。

> 五性者，何谓？仁义礼智信也。仁者，不忍也，施生爱人也。义者，宜也，断决得中也。礼者，履也，履道成文也。智者，知也，独见前闻，不惑于事，见微知著也。信者，诚也，专一不移也。故人生而应八卦之体，得五气以为常，仁义礼智信也。六情者，何谓也？喜怒哀乐爱恶谓六情，所以扶成五性。（同上）

所谓“施”者，好也。所谓“应八卦之体”，韦注：“乾为首、坤为腹、震为足、巽为股、离为目、兑为口、坎为耳、艮为手，是人应八卦之体也。”（《白虎通义疏证·性情》韦注）对仁义礼智信，不但从字义上，而且从理论上、从神学的观点上进行了解释。“五性”并没有很长的生命力，以后的思想家们，不再称“三纲五性”，还是一直引用董仲舒的“三纲五常”。

朋友关系，虽然一直是中国人所说的五伦之一，但一直未能得到深入的论证。子夏说：“与朋友交，言而有信。”（《论语·学而》）曾子曰：“吾日三省吾身：为人谋而不忠乎？与朋友交而不信乎？传不习乎？”（同上）孟子说：“朋友有信。”（《孟子·滕文公上》）《白虎通义》对朋友一伦作了进一步的解释：

> 朋友者，何谓也？朋者，党也，友者，有也。《礼记》曰：“同门曰朋，同志曰友。”（《白虎通义·三纲六纪》）
>
> 朋友之交，近则谤其言，远则不相讪，一人有善，其心好之，

一人有恶，其心痛之，货则（则，当系财之误）通而不计，共忧患而相救，生不属，死不托（推托），故《论语》曰："子路云：愿车马衣轻裘与朋友共，敝之。"又曰："朋友无所归，生于我乎馆，死于我乎殡。"（《白虎通义・三纲六纪》）

朋友之道，亲存不得行者二。不得许友以其身，不得专通财之恩。友饥，则白之于父兄，父兄许之，乃称父兄与之，不听则止。故曰：友饥为之减餐，友寒为之不重裘。故《论语》曰："有父兄在，如之何其闻斯行之"也。①（同上）

朋友之道有四焉，通财不在其中：近则正之，远则称之，乐则思之，患则死之。（《白虎通义・谏诤》）

这里给朋友下了一个界说，即同志，这也就是说朋友是志同道合的人。这里特别提倡朋友在一起时，要公开批评、指责他的言论错误（谤在这里不作毁谤，而作指责、批评意）；不在一起时，不互相诋毁。朋友有了优点，心里喜欢；朋友有了缺点，感到痛心。财货互相使用，不彼此计较，有了灾祸不幸，互相救助。生时不相附属，平等友爱，朋友死了，对他负责，不推托应做的事。这些说法概括了古人对朋友之间应有的关系的认识，包含着合理的因素。

为了适应等级制度、维护"三纲六纪"，《白虎通义・嫁娶》还把《大戴礼记》中关于男有"五不取"（乱家子不取，逆家子不取，世有刑人不取，世有恶疾不取，丧妇长子不取）和女要"三从"（未嫁从父、既嫁从夫、夫死从子）重新写入其中，强调"夫为妇纲"的重要，而且还规定：

妻妾者，何谓也？妻者，齐也，与夫齐体。自天子下至庶人，其义一也。妾者，接也，以时接见也。（《白虎通义・嫁娶》）

夫妇者，何谓也？夫者，扶也，扶以人道者也。妇者，服也，服于家事，事人者也。（同上）

《白虎通义》一方面强调"五不取"，强调"出妇之义必送之，接以宾客之礼。君子绝愈于小人之交"；另一方面，对于妇女，则强调终身不再改嫁。"夫有恶行，妻不得去者，地无去天之义也。夫虽有恶，不

---

① 《礼记・曲礼上》云："父母存不许友以死。"

得去也。故《礼·郊特牲》曰：一与之齐，终身不改。”(《白虎通义·嫁娶》)这就是后世所谓的嫁鸡随鸡、嫁狗随狗。只有一种情况允许妻子再嫁，就是“悖逆人伦，杀妻父母，废绝纲纪，乱之大者也，义绝，乃得去也”(同上)。

《白虎通义》在强调封建道德的同时，还着重论证了封建等级制度的合乎天理，认为它是不可改变的永恒真理。整个封建等级制的最上层是天子。“天子者，爵称也。爵所以称天子何？王者父天母地，为天之子也。”(《白虎通义·爵》)这是《白虎通义》的第一句话。“帝王之德有优劣，所以俱称天子者何？以其俱命于天，而王治五千里内也。”(同上)为了对等级制度作理论上的论证，《白虎通义》又从各方面作了解释：

> 春秋传曰：天子三公称公，王者之后称公，其余大国称侯，小者伯、子、男也。《王制》曰：公、侯田方百里，伯七十里，子、男五十里。所以名之为公、侯者何？公者，通也。公正无私之意也。侯者，候也。候逆顺也，人皆千乘，象雷震百里所润同。伯者，白也。子者，孳也。孳孳无已也。男者，任也，人皆五十里。(同上)
>
> 帝王者何？号也。号者，功之表也。所以表功明德，号令臣下者也。德合天地者称帝、仁义合者称王，别优劣也。礼记谥法曰：德象天地称帝、仁义所在称王。(《白虎通义·号》)
>
> 王者，往也，天下所归往。(同上)

整个《白虎通义》的内容，可以说贯穿着一条极为明显的主线，这就是维护封建等级制度，宣扬“三纲”、“六纪”、“五常”。从爵、号、谥开始直到最后，几乎可以说每一部分的每一个思想，都是要用封建的道德观念、政治思想来维护封建的等级制度，对每一个字的解释，都是先引古义，然后穿凿附会，以达到其维护封建等级制度的目的。

关于法律和道德的关系，《白虎通义》强调刑罚是用来辅助道德从而维护和巩固统治秩序的。“圣人治天下，必有刑罚何？所以佐德助治，顺天之度也。故悬爵赏者，示有所劝也。设刑罚者，明有所惧也。”(《白虎通义·五刑》)这里，把刑罚的作用归结为“佐德助治”四个字，是在总结了统治阶级的经验之后所作的比较准确的概括。

《白虎通义》对道德和法律的许多概念都作了较为详细的解释，反映了这些概念在中国产生的渊源。如关于刑罚的解释：

五刑者，五常之鞭策也，刑所以五何？法五行也。大辟法水之灭火，宫者法土之壅水，膑者法金之刻木，劓者法木之穿土，墨者法火之胜金。……墨者，墨其额也。劓者，劓其鼻也。膑者，脱其膑也。宫者，女子淫，执置宫中，不得出也。丈夫淫，割去其势也。大辟者，谓死也。(《白虎通义・五刑》)

当然，除了解释什么是“五刑”以外，更重要的还是要为巩固封建等级制度服务。《白虎通义》中专门论述了“刑不上大夫”和“礼不下庶人”的原因。“刑不上大夫何？尊大夫。礼不下庶人，欲勉民使至于士。故礼为有知制，刑为无知设也。庶人虽有千金之币，不得服（“不得服”当是“不得弗服刑”之误）。刑不上大夫者，据礼无大夫刑。”所谓庶人者，工、商、农也。这就是说，只有到了士这个阶层，才能有礼，才能行礼，才能讲礼；如果是庶人，不论你有多少财富，由于没有一定的等级地位，仍然不能享受到礼这种待遇，别人不会以礼待你，你也不能以礼待人，所以说“礼不下庶人”，是对庶人的勉励，要使他们努力达到士的身份。

《白虎通义》中有许多关于当时政治生活、道德生活的记载，这些记载有的可能是当时实际施行的制度、规范，有的可能是经过白虎观会议之后，认为根据《礼记》、《仪礼》等的规定应该去做的，但不一定都是已经做到的。我们仅举所谓“悬车致仕”来看：

臣年七十，悬车致仕者，臣以执事趋走为职，七十阳道极，耳目不聪明，跂跻之属，是以退老去，避贤者路，所以长廉远耻也，悬车，示不用也。(《白虎通义・致仕》)

致事者，致其事于君，君不使退而自去者，尊贤者也。故《曲礼》曰：“大夫七十而致仕”，《王制》曰：“七十致政。”(同上)

卿大夫老，有盛德者留，赐之几杖，不（“不”下疑脱一“质”字）备之以筋力之礼。在家者三分其禄，以一与之，所以厚贤也。(同上)

《曲礼》曰：“大夫致仕，若不得谢，则必赐之几杖。”《王度记》曰：“臣致仕于君者，养之以其禄之半。”(同上)

臣老归，年九十，君欲有问，则就其室以珍从，明尊贤也。故

《礼·祭义》云："八十不俟朝，君问则就之。"大夫老归，死，以大夫礼葬，车马衣服如之何？曰：尽如故也。(《白虎通义·致仕》)

上面这几段话，大体上可以反映出当时政府高级官吏"离休"、"退休"的方法及待遇。之所以强调七十岁就要"悬车致仕"，主要是从身体健康和尊贤考虑的。之所以允许例外，一个是老有盛德，另一个是健康条件允许，而且还应对他有特别的照顾（"赐之几杖"）。

在《白虎通义》中，关于君臣关系，除了强调"君为臣纲"以外，还认为，君子可以对国君提出批评，这就是所谓的"谏诤"问题。自殷周以来的所谓"谏诤"，主要是指臣对君的批评，后来又有所发展，一方面反映了"谏诤"对于维护统治的重要，另一方面也反映了从政者所应具有的品德。《孝经》中只说到"谏诤"的重要，还没有进一步发挥，《白虎通义》则作了进一步发挥：

臣所以有谏君之义何？尽忠纳诚也。《论语》曰："爱之能勿劳乎？忠焉能勿诲乎？"(《白虎通义·谏诤》)

《白虎通义》援引《礼记·曲礼》认为，臣对君之谏，如果三谏不听，就可以离去，以达到"屈尊申卑，孤恶君"的目的。但是又规定："去曰：'某质性顽钝，言愚不任用，请退避贤。'如是，君待之以礼，臣待放；如不以礼待，遂去。""所以言放者，臣为君讳，若言有罪放之也。"（同上）也明确规定："子谏父，父不从，不得去者，父子一体而分，无相离之法，犹火去木而灭也。《论语》：'事父母几谏'，下言'又敬不违'。"《礼记·曲礼》曰："子之事亲也，三谏而不听，则号泣而随之。"又《内则》云："父母有过，下气怡色，柔声以谏，谏若不入，起敬起孝。悦则复谏，不悦，与其得罪于乡党州里，宁熟谏。父母怒，不悦而挞之流血，不敢疾怨，起敬起孝。"这一切，仍是为维护等级制度服务的。

《白虎通义》将谏诤分为五种，这是对封建社会谏诤的一种概括：

谏者何？谏者，间也，更也。是非相间，革更其行也。人怀五常，故知谏有五。其一曰讽谏，二曰顺谏，三曰窥谏，四曰指谏，五曰陷谏。讽谏者，智也。知祸患之萌，深睹其事，未彰而讽告焉，此智之性也。顺谏者，仁也。出词逊顺，不逆君心，此仁之性也。窥谏者，礼也。视君颜色不悦，且郤，悦则复前，以礼进退，此礼之性也。指谏者，信也。指者，质也。质相其事而谏，此信之性也。陷谏者，义也。恻隐发于中，直言国之害，励志忘生，为君不避丧身。此义之性也。孔子曰："谏有五，吾从讽之谏。"事君进思尽忠，退思补过，去而不讪，谏而不露。(《白虎通义·谏诤》)

第四节　白虎观会议的意义

从哲学上来看，白虎观会议并没有什么重要的意义；但是，从伦理思想上看，这是一次很重要的会议。这次会议形成的官方文件汇编《白虎通义》是一部由皇帝亲自主持编辑的有关政治、文化、教育、伦理、法律以及日常生活准则的辞典式百科全书，几乎对当时社会的所有问题都给出了一个标准答案。从内容上来说，这次会议以董仲舒的《春秋繁露》和当时的纬书为依据，综合了秦汉以来《礼记》、《仪礼》、《周礼》和《孝经》等书的相关思想，以贯彻封建伦理道德为目的，以神秘主义和唯心主义为指导思想，从文字解释入手，用穿凿附会、望文生义的方法，写成了一部包罗万象的官方文件。这样以官方文件的形式系统地阐述各种伦理、教育思想，特别是明确地提出封建社会的"三纲"、"六纪"、"五常"等内容，在历史上还是第一次。

第十二章　对神学伦理思想的批判

第一节　扬雄的伦理思想

一、生平及其著作

扬雄（公元前 53—公元 18），字子云，蜀郡成都人，西汉末年著名的史学家、哲学家和伦理思想家。他的主要著作是《太玄》和《法言》。《太玄》是按照《周易》的模式而写成的一部占筮用的书。在《太玄》中，扬雄把他的世界图式编成一首歌诀。这个歌诀《太玄图》，后人以图表之，就是后来宋朝刘牧所谓的《洛书》，亦即朱熹所谓的《河图》，不过《河图》于中央又加了五个白圈（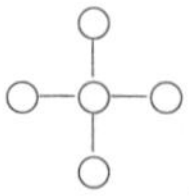）。

这个图和它的歌诀是：

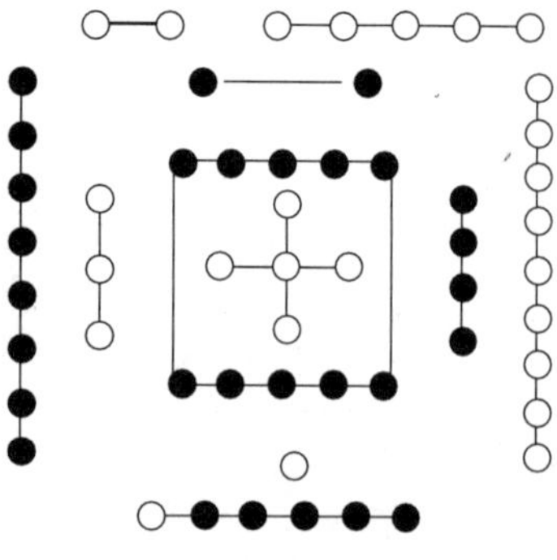

《太玄图》图示

> 一与六共宗，二与七并明，
> 三与八成友，四与九同道，
> 五与五共守。（《太玄图》）

扬雄的《太玄》较多地继承了《老子》和《易经》的辩证法思想，并以此来观察人类社会和自然界事物的变化，对于生死、贵贱、祸福等有关的人生观和道德观问题也作了辩证的考察。从整个伦理思想来看，他主要服膺孔子，认为他是继承文王、周公传统的一个大圣人。他主张对古代的思想要有“因”有“革”，既要继承优秀的东西，又要有所益损变革。就是因为后世的学者不明圣人之道，甚至有离经背道的情况，所以他才仿照《论语》的样子作了《法言》。《汉书·扬雄传》说：“雄见诸子各以其知舛驰，大氐诋訾圣人，即为怪迂，析辩诡辞，以挠世事。虽小辩，终破大道而或众，使溺于所闻而不自知其非也。及太史公记六国，历楚汉，讫麟止，不与圣人同，是非颇谬于经。故人时有问雄者，常用法应之，撰以为十三卷，象《论语》，号曰《法言》。”

扬雄的伦理思想主要反映在他的《法言》中。他从善恶混的人性论出发，建立起一套关于道德修养、为学目的、道德教育、道德理想等的理论。

二、“人之性也善恶混”的人性论

在人性问题上，扬雄提出了自己的看法。他说：“人之性也善恶混”，“修其善则为善人，修其恶则为恶人”，“气也者，所以适善恶之马也与”（《法言·修身》）。

在人性问题上，孟子以为人性善，荀子以为人性恶，告子以为人性无善无恶。王充在《论衡·本性》篇中提出，周人世硕以为人性有善有恶，举人之善性养而致之则善长，恶性养而致之则恶长。这就是说周人世硕认为人性中包含着善恶，关键是人们如何去培养自己的本性。因此，“世子作《养性书》一篇，密子贱、漆雕开、公孙尼子之徒，亦论情性。与世子相出入，皆言性有善有恶”（《论衡·本性》）。这也就是说，善恶混的思想早在春秋时代就已经由世硕提出了。

但是世硕究系何时人不很清楚，他的理论的详细内容也不可得知。《孟子》中曾提到这一理论：“或曰：有性善有性不善，是故以尧为君而有象，以瞽瞍为父而有舜。”（《孟子·告子上》）后人认为《孟子》中所说的这一思想可能就是世硕的思想。

董仲舒也强调人性中有善有恶，但他主要认为，所谓人性也就是中人之性。

扬雄的人性论和世硕的说法基本相同，但他明确提出了“善恶混”这一命题，而且对此作了论证。他不但指出人性中既有善的因素，也有恶的因素，把善的因素加以培养，就可以发展成为善人，顺着恶的因素发展下去，就会成为恶人；而且还提出了“气也者，所以适善恶之马”的思想。从伦理思想史上看，扬雄所提出的“气”是有重要意义的。

什么是“气”？按照我们的理解，相对于善恶来说，“气”就是一种道德选择的能力。人们在社会中生活，在许多时间、地点和场合，经常会遇到多种不同的，甚至相互对立的行为选择。如果自己的行为选择得正确，就会沿着有道德的、善的方向前进；如果选择得不正确，就会陷入罪恶的、不道德的、恶的泥坑。为什么这种选择会有两种截然相反的结果？因为人性本来就是善恶混的，既有善的因素又有恶的因素。关于如何才能促使这种选择向善的方向发展，扬雄提出了“气”的重要思想。

人性既然是善恶混的，因此，对于人的道德行为，可以把它看作一匹“善恶之马”，它可以日行千里，把你引向正途，也可以失去控制，把你带入深渊。为了更好地驾驭这匹善恶之马，就必须培养一种道德上的正气。这种正气也可以说是一种觉悟，一种动机，一种道德选择的能力。

在中国伦理思想史上，孟子曾经强调过“浩然之气”的重要，主要是从道德修养的方面认为一个人只要能修养成一种“浩然之气”，就可以达到“富贵不能淫，贫贱不能移，威武不能屈”和“舍生取义”的高尚境界，但孟子还未能着重从人的道德行为的选择能力方面来对此加以阐述。

扬雄从他的人性善恶混的理论出发，也特别强调“气”的作用。

在《法言·学行》中，扬雄说：

> 学者，所以修性也。视、听、言、貌、思，性所有也。学则正，否则邪。……习乎习！以习非之胜是，况习是之胜非乎？於戏！学者审其是而已矣。

扬雄认为，学习的目的就是要修性。既然性是善恶混的，则修性就是要扬善去恶，也就是说要达到修其善者为善人的目的。扬雄根据《尚书·洪范》认为视、听、言、貌、思这五官是人的本性所有的，是天生与之俱来的。但是，怎么才能使其归于正呢？就是要学。视、听、言、貌、思五种感官欲望不能说都是恶的，也不能说都是善的，它们是有善有恶的。只要我们能修善，那就可以善，由此可见学是多么重要了。

扬雄认为，学是修性，也就是“胜己之私”，也就是孔子所提倡的“克己”。在扬雄以前，《论语》中的“克己”只被解作“约身”、“约俭”、“约束”，而扬雄则明确提出“胜己之私谓之克”（《法言·问神》）。这一解释为后来的思想家们所重视。比如，孔疏引刘炫云：“克训胜也，己谓身也，身有耆欲，当以礼义齐之，耆欲与礼义交战，使礼义胜其耆欲，身得归复于礼，如此乃为仁也。”朱熹在《四书章句集注·论语集注·颜渊》中说：“克，胜也；己，谓身之私欲也。”“盖心之全德，莫非天理，而亦不能不坏于人欲。故为仁者，必有以胜私欲而复于礼，则事皆天理，而本心之德复全于我矣。”朱熹的这一解释就是根据扬雄的解释并从自己的宇宙观加以引申而得出的。

扬雄从自己的人性论和修养论出发，认为能养自己的正气，这是人和禽兽之所以不同的重要方面：

> 鸟兽触其情者也，众人则异乎！贤人则异众人矣。圣人则异贤人矣。礼义之作，有以矣夫！人而不学，虽无忧，如禽何！学者所以求为君子也。求而不得者有矣夫，未有不求而得之者也。（《法言·学行》）

什么是“触”？动也。这就是说，鸟兽只是按照它们的情欲行动，而人由礼义，即按照一定的道德原则和道德规范行动，所以和禽兽不同。人如果只是触情纵欲，也就和禽兽差不多了。贤人和一般人不同，圣人又和贤人不同。贤人能够身体力行，并用礼教教人，众人则不能。圣人更是能制作礼教，和贤人又有不同了。

人和禽兽的区别就在于人能学习，能知道礼义。如果不知道礼义，不遵守道德，即使能够满足自己的欲望，无忧无虑地过着享乐的生活，这和禽兽又有什么区别呢？由此可见，“学”也就是学为君子，学做一个有道德的人。一个人的人性中有善有恶，如果能够为学以求为君子，要求自己成为一个有道德的人，那就一定能达到“修其善则为善人”的目的。如果根本不去努力，不去追求，不去发扬自己的善性，那当然也就不可能成为一个有道德的人了。清末汪荣宝作《法言义疏》，把晋李轨的注又加以疏，认为“求而不得者有矣夫”中的“有矣夫”

应为“鲜矣夫”，并认为只有这样才符合扬雄的思想发展，这个看法是有道理的。

扬雄又说：“天下有三门：由于情欲，入自禽门。由于礼义，入自人门。由于独智，入自圣门。”（《法言·修身》）这是说，如果一个人放纵情欲，放任性中之恶去发展，就是“修其恶则为恶人”；只有按照礼义去行动的人，才能和禽兽区别开来，才可以称为人。但是，同样按照礼义去行动，只有有很深的造诣和独到的明智的人，才能达到圣人的境地。扬雄把具有礼义而又有独智的圣人作为人性的最高价值目标，这一见解是很深刻的。

扬雄十分重视道德教育的重要作用，也强调学的作用。

> 或曰学无益也，如质何？曰未之思矣。夫有刀者砻诸，有玉者错诸，不砻不错，焉攸用。砻而错诸，质在其中矣，否则辍。螟蛉之子，殪而逢蜾蠃，祝之曰：类我类我，久则肖之矣。速哉，七十子之肖仲尼也。（《法言·学行》）

这里也可以说是讲修养的重要，虽有美玉，不经过切磋琢磨，不能成为玉器；虽有良金，不磨不能锐利。关于蜾蠃（一种细腰蜂）常将螟蛉（螟蛾的幼虫）收为养子，并把它教育得和蜾蠃一样，这只是一种生物学上的错误认识。扬雄很形象地说明，只要经过认真的教育，就可以使人们形成好的品质，孔子的七十弟子，不是在孔子的教育下很快改变了自己的本性而像孔子一样成为有德行的人了吗？

第二节　王充的伦理思想

一、生平及其著作

王充（27—97），字仲任。根据《论衡·自纪》所载，他的祖先原住魏郡的元城（今河北大名），因参军有功，被封在会稽郡的阳亭。但是，一年后就失去封爵在阳亭落户，依靠耕田种桑过活。由于他家有任侠的传统，依靠自身的勇武，经常打抱不平，因而，他的祖父、父亲和伯父等都曾多次与土豪丁伯结怨，被迫多次迁移，先从阳亭迁至钱塘，后又搬到上虞（今浙江省上虞县）。

王充自幼聪慧，二十岁左右被保送入京师太学受业，并拜当时名儒班彪为师，先后做过地方上的小官，但因不愿趋炎附势，终于弃官归里，从事理论著述。但在王充看来，这并不是一种妥协，而是一种战斗的方式。

由于王充出身“细族孤门”，受到社会的鄙视，所以他对于当权的“豪族强宗”及其哲学伦理思想极为厌恶。他“淫渎古文，甘闻异言”，对于“世书俗说，多所不安”。他自己认为：“《诗》三百，一言以蔽之曰：‘思无邪。’《论衡》篇以十数，亦一言也，曰：‘疾虚妄。’”（《论衡·佚文》）由此可见，他的《论衡》完全是一部探索真理、批判谬误的战斗性论著。

王充的著作很多，据记载有《六儒论》、《讥佶节义》、《政务》、《论衡》等。《论衡·自纪》说：“充既疾俗情，作《讥俗》之书；又闵人君之政，徒欲治人，不得其宜，不晓其务，愁精苦思，不睹所趋，故作《政务》之书；又伤伪书俗文多不实诚，故为《论衡》之书。”到晚年又作《养性之书》（这很可能是一本有关道德品质修养的书），可惜留下来的只有《论衡》八十五篇。

二、唯物主义的自然观和认识论

由于西汉官方哲学家董仲舒极力宣扬“天人感应”的唯心主义神秘哲学和伦理观念，在很长一段时间里，唯心主义的“善恶报应”和穿凿附会的灾异神学大为盛行。汉王朝的统治者为了利用唯心主义的哲学和道德伦理观念来麻痹人民、欺骗人民，以削弱人民的斗争意志，曾先后召开石渠阁会议和白虎观会议，以巩固官方今文经学的地位和加强封建道德的作用。白虎观会议正式确立了“三纲”、“五常”道德规范在封建社会中的绝对统治地位，并把神学理论进一步运用于道德理论之中。王充是当时古文经学的主要代表。他的哲学就是作为唯心主义神学的对立面而出现的，矛头主要指向董仲舒的“天人感应”和所谓谶纬神学，并对许多伦理道德问题提出了前人所未发的新论点。

什么是“天”？对于这个自人类社会出现以来人们就一直思索的问题，王充继承荀子的理论，针对董仲舒所宣扬的天有意志的唯心主义思想，认为天是由“气”组成的。他说：“天之行也，施气自然也，施气则物自生。”（《论衡·说日》）又说：“夫天覆于上，地偃于下，下气蒸上，上气降下，万物自生其中间矣。”（《论衡·自然》）他公开驳斥了那种认为天地都是有目的地创生人类和万物的神学目的论，指出这种“天地故生人”（上天是有目的地生下人类的）的理论完全是虚妄的。他说：“儒者论曰：‘天地故生人。’此言妄也。夫天地合气，人偶自生也，犹夫妇合气，子则自生也。夫妇合气，非当时欲得生子，情欲动而合，合而生子矣。且夫妇不故生子，以知天地不故生人也。然则人生于天地也，犹鱼之（生）于渊，虮虱之（生）于人也。因气而生，种类相产，万物生天地之间，皆一实也。”（《论衡·物势》）

在王充看来，人不是天有意生出来的，而是由于天地的气相结合，像鱼生在渊中，虮虱生在人身上一样，是一种自然现象。他说：“夫天道，自然也，无为。如谴告人，是有为，非自然也。黄老之家，论说天道，得其实矣。”（《论衡·谴告》）

天地是由什么构成的？王充认为，都是由物质性的东西构成的，或者是气，或者是玉、石之类，总之，都是物质。在《论衡·谈天》中，他说：“且夫天者，气邪？体也？如气乎，云烟无异，安得柱而折之？女娲以石补之，是体也。如审然，天乃玉石之类也。”此外，在《论衡》的《谈天》和《说日》中，王充提出了一个系统的有关天体的理论，这就是他的“盖天说”。他认为天并不只是由气构成的，天体是一个由玉、石构成的大盖，覆于地上。太阳和月亮运行的方向和天的运行方向相反，天由东向西（左行），日、月由西向东。日月在天上的运转，像蚂蚁爬在磨盘上一样，自己不断爬行，但也随着磨盘转，只不过方向相反而已。王充在对天作唯物主义解释的同时，也认为人是由气构成的。“人，物也。万物之中有知慧者也。其受命于天，禀气于元，与物无异。”（《论衡·辨祟》）“人之生，其犹水也，水凝而为冰，气积而为人；冰极一冬而释，人竟百岁而死。”（《论衡·道虚》）王充坚持天人不相与的观点，有力地回击了董仲舒的神学目的论。

在精神和物质的关系上，王充坚持唯物主义的自然观。在论证天是一种自然物质的同时，他又着重论证了人的意识只是物质的产物，离开了物质也就不可能有人的意识。

东汉初年，桓谭在反对谶纬迷信的唯心主义斗争中，曾提出了著名的烛火的比喻。他把身体比作蜡烛，把精神比作蜡烛的燃烧。人的精神不能脱离肉体而存在，正像火光不能离开蜡烛一样。他说：“精神居形体，犹火之然烛矣……烛无，火亦不能独行于虚空。”（《新论·祛蔽》）王充提出了自己的神形观，认为人的精神和人的身体都是由气构成的。精神是阳气，身体是阴气，二者互相结合，人才能保持生命的存在，否则，人就会灭亡。他说：

> 夫人所以生者，阴阳气也。阴气主为骨肉，阳气主为精神。人之生也，阴阳气具，故骨肉坚，精气盛。精气为知，骨肉为强。故精神言谈，形体固守。骨肉精神，合错相持，故能常见而不灭亡也。（《论衡·订鬼》）
>
> 人之所以生者，精气也，死而精气灭。能为精气者，血脉也。人死血脉竭，竭而精气灭，灭而形体朽，朽而成灰土，何用为鬼？（《论衡·论死》）

这就是说，人的思想、精神必须依附于形体，形体灭亡了，精神也必然灭亡，根本不可能存在什么离开肉体的“鬼”。王充还进一步论证说，人之所以有聪明智慧，就是因为人含有五常之气，而人之所以有五常之气，是由于有五脏这样的器官。五脏不伤，一个人就有智慧；五脏有病，人就会感到恍惚以至愚痴。人如果死了，五脏就必然要腐朽，哪里还能有知觉呢？因此，他认为：“天下无独燃之火，世间安得有无体独知之精？”（《同上》）

人们要获得知识，就必须有感觉器官接触外界事物，否则就不可能得到正确的认识。王充说：“儒者论圣人，以为前知千岁，后知万世，有独见之明，独听之聪，事来则名，不学自知，不问自晓。”（《论衡·实知》）王充认为，这都是臆造，都是虚妄。“使一人立于墙东，令之出声，使圣人听之墙西，能知其黑白、短长、乡里、姓字、所自从出乎？沟有流堑，泽有枯骨，发首陋亡，肌肉腐绝，使人询之，能知其农商、老少、若所犯而坐死乎？”（同上）由此可见，没有感觉经验，是不可能得到正确的认识的。他还以当时人们所最称颂的孔子为例，举出许多有说服力的事例证明孔子不能“先知”。他说：“子畏于匡，颜渊后。孔子曰：吾以汝为死矣。如孔子先知，当知颜渊必不触害，匡人必不加悖。见颜渊之来，乃知不死，未来之时，谓以为死，圣人不能先知。”（《论衡·知实》）又说：“阳货欲见孔子，孔子不见，馈孔子豚，孔子时其亡也而往拜之，遇诸涂。孔子不欲见，既往候时其亡，是势必不欲见也，反，遇于路。以孔子遇阳虎言之，圣人不能先知。”（同上）

总之，在王充看来，感觉是认识的来源，只有通过人的感官和外界事物的接触，人们才能对客观事物有所认识。连圣人都是如此，一般人就更不用说了。

三、关于人性的理论

王充作为一个唯物主义哲学家，试图用唯物主义的观点来建立自己的人性论。他认为，人是由气组成的，人性的善恶也是由所禀气的厚薄决定的。在中国伦理思想史上，他第一次给予“性三品”这一理论以确切的解释，并从唯物主义的角度，赋予了它新的意义。

王充在人性问题上的贡献主要有四个方面：(1) 他力图从人的自然本性上来解释人性，反对人性是由天命和神所赋予的。尽管他最终走向了命定论，但仍然有重要的进步意义。(2) 他进一步总结了历史上的人性论，提出了较董仲舒更为完备、更为全面的“性三品”理论。(3) 他明确地指出，人的自然本性是可以在后天改变的，人之性，善可变为恶，恶可变为善。(4) 他强调了道德教育对改变人性的重要意义。他认为，对性恶的要教、告、率、勉，使“恶化于善，成为性行”(《论衡·率性》)。

正如我们在论述董仲舒的伦理思想时所提到的，尽管董仲舒依据孔子的思想提出人性有三等，即圣人之性、斗筲之性和中人之性，但在他看来，“名性者，中民之性”(《春秋繁露·实性》)，“名性不以上，不以下，以其中名之”(《春秋繁露·深察名号》)。这就是说，只有中人之性才是性的标准。他的性三品实际上只是性一品。

王充在《论衡·本性》中分析批判了孟子的性善论、荀子的性恶论、告子的性无善恶论以及扬雄的性善恶混论。他认为，孟子的性善论指的是孔子所说的“上智”，即董仲舒的圣人之性；荀子所说的是中人以下的下愚，即所谓斗筲之性；告子和扬雄讲的都是“中人之性”，并认为中人之性是可以改变的，而上智与下愚是不可改变的。王充由于强调了人性是由禀气决定的，所以有着较大的进步意义。王充认为，人性的善恶因人们禀受的气的清浊多少而不同。“气有少多，故性有贤愚。”(《论衡·率性》) 他服膺于孔子的人性论，认为：

> 故孔子曰：“中人以上，可以语上也；中人以下，不可以语上

也。”告子之以决水喻者，徒谓中人，不指极善极恶也。孔子曰：“性相近也，习相远也。”夫中人之性，在所习焉。习善而为善，习恶而为恶也。至于极善极恶，非复在习。故孔子曰：“惟上智与下愚不移。”性有善不善，圣化贤教，不能复移易也。（《论衡·本性》）

在王充看来，自孔子以后直到东汉初年，所有论性的人都没有说清楚什么是人性，只有“世硕儒，公孙尼子之徒，颇得其正”。“周人世硕以为人性有善有恶，举人之善性，养而致之则善长；性恶，养而致之则恶长。如此，则情性各有阴阳，善恶在所养焉，故世子作《养性书》一篇。密子贱、漆雕开、公孙尼子之徒，亦论情性。与世子相出入，皆言性有善有恶。”（同上）其实，世硕所谓的人性中有善有恶和王充所说的人性有善有恶还是大不相同的。世硕所说的性有善有恶是指每个人的人性中都既有善的因素也有恶的因素，实际上是说所有人的人性都是一样的，都包含着善与恶的成分；而王充所说的性有善有恶，比较多地吸收了董仲舒的思想，认为不同等级的人的性是彼此不同的，不过他说得更加完整、更加明确而已。王充所说的人性有善有恶也是一种先天的人性论。他说：

实者，人性有善有恶，犹人才有高有下也。高不可下，下不可高。谓性无善恶，是谓人才无高下也。……九州田土之性，善恶不均，故有黄赤黑之别，上中下之差；水潦不同，故有清浊之流，东西南北之趋。人禀天地之性，怀五常之气，或仁或义，性术乖也。动作趋翔，或重或轻，性识诡也。面色或白或黑，身形或长或短。至老极死，不可变易，天性然也。余固以孟轲言人性善者，中人以上者也；孙卿言人性恶者，中人以下者也；扬雄言人性善恶混者，中人也。（同上）

人性的善恶尽管是先天的，但是，经过后天的教育、学习和修养，仍可以在一定范围内和一定程度上实现改变。特别是对中人来说，教育和修养更有极其重要的意义。王充说：“夫中人之性，在所习焉，习善而为善，习恶而为恶也。”（同上）他引用荀子的话说：“蓬生麻间，不扶自直，白纱入缁，不练自黑。彼蓬之性不直，纱之质不黑，麻扶缁染，使之直黑。夫人之性犹蓬纱也，在所渐染而善恶变矣。”（《论衡·

率性》）因此，王充强调，对于那些已染恶习的人，只要能够加以教育，就可以改变已染的恶性，使之趋向于善。他用铁矿石可以炼成有名的宝剑为例说明，铁矿石尚可改变本质，人的本性又有什么不能改变的呢？他的结论是：人之性，善可变为恶，恶可变为善，善恶像练丝一样，“染之蓝则青，染之丹则赤”（《论衡·率性》）。人从小受到什么样的习染，就会有什么样的人性。

四、关于物质生活同道德的关系

在自然观上，王充是一个比较彻底的唯物主义者；在社会观上，他力求用自然的原因来说明和解释社会现象；在伦理观上，他非常强调物质生活水平对人的道德面貌与社会风尚习俗的制约和影响。

长期以来，一些思想家认为整个社会治乱的关键在于是否有贤明的国君和所谓圣贤。如果有明君、圣贤对老百姓实行仁义道德，就可以使社会安宁、人民幸福；相反，如果统治者是一个不好的君主，暴虐无道，不讲仁义道德，社会就要大乱，人民就要遭受痛苦。王充认为，这种认识只看到了事物的外部现象而没有看到问题的实质，是“明于善恶之外形，不见祸福之内实也”（《论衡·治期》）。王充认为，社会的治乱，以及人们的道德水平、思想品质，并不是由明君、圣贤决定的，而是由人们的物质生活水平决定的。他说：

> 夫世之所以为乱者，不以贼盗众多，兵革并起，民弃礼义，负畔其上乎？若此者，由谷食乏绝，不能忍饥寒。夫饥寒并至而能无为非者寡，然则温饱并至而能不为善者希。《传》曰：“仓廪实，民知礼节；衣食足，民知荣辱。”让生于有余，争起于不足。谷足食多，礼义之心生；礼丰义重，平安之基立矣。故饥岁之春，不食亲戚；穰岁之秋，召及四邻。不食亲戚，恶行也；召及四邻，善义也。为善恶之行，不在人质性，在于岁之饥穰。由此言之，礼义之行，在谷足也。（同上）

王充所说的社会治乱的最根本原因并不是经济关系，而是物质生活水平，或者是粮食产量的多少。他认为，老百姓没有饭吃，就必然要为非作恶；能够吃饱穿暖，就会道德高尚。那么，怎样才能丰衣足食、吃饱穿暖呢？他又特别强调风调雨顺、五谷蕃熟的重要，认为“年岁水旱，五谷不成”，便会导致“兵革并起，民弃礼义”。同时，他认为，社会的治乱、人民道德水平的高低，“非政所致，时数然也”，归根到底是由风调雨顺这种自然现象所决定的。这种看法尽管包含着一定合理的因素，却是非常片面的。人民群众的“兵革并起，民弃礼义”，不仅是“年岁水旱，五谷不成”造成的，更多是由于忍受不了剥削和压迫而导致的。而且也不能笼统地说，只要丰衣足食、吃饱穿暖，人们的道德水平就可以提高。一个社会的道德水平，固然和物质生活水平和粮食的产量有关，但更重要的是，它是由经济关系、政治统治以及其他多种因素所决定的，不仅是由消费水平的高低决定的。

但是，应该看到，王充从这一理论中得出了一个结论，即必须满足人民起码的衣食需要。这在当时来说，是一种进步思想。他用这一观点反对孔子的唯心主义的道德观。他在《论衡·问孔》中说：

> 子贡问政，子曰：“足食足兵，民信之矣。”曰：“必不得已而去，于斯三者何先？”曰：“去兵。”曰：“必不得已而去，于斯二者何先？”曰：“去食。自古皆有死，民无信不立。”信最重也。问：“使治国无食，民饿，弃礼义。礼义弃，信安所立？”
>
> 春秋之时，战国饥饿，易子而食，析骸而炊，口饥不食，不暇顾恩义也。夫父子之恩，信矣，饥饿弃信，以子为食。孔子教子贡去食存信，如何？夫去信存食，虽不欲信，信自生矣；去食存信，虽欲为信，信不立矣。

由此可见，王充所说的“食”，主要是指广大劳动人民的吃饭问题。在他看来，如果劳动人民无衣无食，又怎么能叫他们为统治者守“信”呢？

五、性之善恶与命之吉凶

西汉末年，谶纬神学盛行，总是把人的祸福问题和善恶联系起来，并提出了所谓善恶报应的福善祸淫说。这种学说宣扬行善的一定可以得福，作恶的一定要有祸；进而认为有福的一定是行善的，受祸的必然是作恶的。王充极力反对当时所谓善有善报、恶有恶报的理论。他说：“世论行善者福至，为恶者祸来。福祸之应，皆天也，人为之，天应之。阳恩，人君赏其行；阴惠，天地报其德。无贵贱贤愚，莫谓不然。”（《论衡·福虚》）又说：“世谓受福佑者，既以为行善所致；又谓被祸害者，为恶所得。以为有沉恶伏过，天地罚之，鬼神报之。天地所罚，小大犹发；鬼神所报，远近犹至。”（《论衡·祸虚》）王充认为这种理论是不符合人类社会的实际情况的，是一种虚妄。在他看来，人的善恶是由性而来的，而人的祸福吉凶是由命定的。一个人在人性上的善恶同他命运中的吉凶，往往是不一致的。他说：“夫性与命异，或性善而命凶，或性恶而命吉。操行善恶者，性也；祸福吉凶者，命也。或行善而得祸，是性善而命凶；或行恶而得福，是性恶而命吉也。性自有善恶，命自有吉凶。使命吉之人，虽不行善，未必无福；凶命之人，虽勉操行，未必无祸。”（《论衡·命义》）这就是说，作恶的人不一定都有祸，行善的人也不一定都能有福；一个人只要命好，就是做了很多坏事，仍可以享福；如果命不好，就是有很好的德行，也仍然要受祸。

由此，王充得出了一个在当时来说有重要意义的进步结论，即道德高尚和道德败坏同富贵贫贱没有必然的联系。达官显贵，尽管有福，但不一定有德。“操行有常贤，仕宦无常遇。贤不贤，才也；遇不遇，时也。才高行洁，不可保以必尊贵；能薄操浊，不可保以必卑贱。”（《论衡·逢遇》）“处尊居显，未必贤，遇也；位卑在下，未必愚，不遇也。故遇，或抱洿行，尊于桀之朝；不遇，或持洁节，卑于尧之廷。”（同上）这就是说，居于统治阶级高位的人，并不一定就是具有道德的好人，那些“能薄操浊”，即既缺德又无才的人，却往往爬在别人头上作威作福，这都是“世各自有以取士，士亦各自得以进”的结果。这一理论直接揭露了封建社会的阴暗面，应当说是大胆而深刻的。

王充不相信“天人感应”，更不相信“善恶报应”，因此提出了人的善恶祸福都是由命决定的理论，在伦理思想史上被称为“命定论”，即认为人的祸福得失、生死寿夭都由命运决定。

什么是王充所说的“命”呢？他认为，这个命不是天命，而是自然之命。他说：“人生性命当富贵者，初禀自然之气，养育长大，富贵之命效矣。”（《论衡·初禀》）又说：“命谓初所禀得而生也。人生受性，则受命矣，性、命俱禀，同时并得，非先禀性，后乃受命也。”（同上）这里，王充的历史唯心主义就暴露得更加明显了。他本来想否认所谓有意志的天对人的命运的作用，但却得出了一种神秘主义的荒谬结论，认为一个人的祸福寿夭在一生下来时就已经决定了，不过它不是由天决定的，而是由命决定的。这样，王充所说的命和董仲舒所说的天也就没有太大的区别了。但是，王充仍力图给自己的命以自然的解释，认为命不是神的意志，而是人的骨相。他说："人曰命难知，命甚易知。知之何用？用之骨体。人命禀于天，则有表候于体，察表候以知命，犹察斗斛以知容矣。表候者，骨法之谓也。"（《论衡·骨相》）又说："富贵之骨不遇贫贱之苦，贫贱之相不遭富贵之乐。"（同上）这就是说，一个人一生的祸福寿夭，在一生下来的时候就显露在他的骨相上，只要懂得这种骨相术，也就可以察知一个人一生的祸福吉凶。不仅如此，他还说："天施气而众星布精，天所施气，众星之气在其中矣。人禀气而生，含气而长，得贵则贵，得贱则贱，贵或秩有高下，富或资有多少，皆星位尊卑小大之所授也。"（《论衡·命义》）这样一来，人的富贵寿夭又成了天象"星位尊卑小大"的授予，同样回到了唯心主义的星象学。"骨相"也好，"星象"也好，王充都是想运用他在自然观上的唯物主义理论来反对当时流行的"天人感应"的神秘的唯心主义。他从大门里把唯心主义赶了出去，但却又从窗口把它迎了进来。由此可见，只是自然观上的唯物主义，并不能导致历史唯物主义的结论。历史常常跟人们开玩笑，一心想坚持唯物论的王充，在历史观上，却是从反对唯心论开始，最终又陷入了唯心论。

恩格斯在《自然辩证法》一书中曾经指出：

> 与此对立的是决定论，它从法国唯物主义传到自然科学中，并且力图用根本否认偶然性的办法来对付偶然性。按照这种观点，在自然界中占统治地位的，只是简单的直接的必然性。这一个豌豆荚中有五粒豌豆，而不是四粒或六粒；这条狗的尾巴是五英寸长，不长一丝一毫，也不短一丝一毫……这一切都是由一种不可更动的因果连锁、由一种坚定不移的必然性所引起的事实……承认这种必然性，我们也还是没有从神学的自然观中走出来。①

同样，王充的这种命定论并没有使他从天命论中走出来。既然一切都是命定的，还要人的能动性干什么呢？人们在社会生活中，根本不必要有所作为，只要坐待命来摆布就行了。"信命者则可幽居俟时，不须劳精

① 《马克思恩格斯全集》，中文1版，第20卷，561页，北京，人民出版社，1971。

苦形求索之也。”(《论衡·命禄》)“故命贵，从贱地自达；命贱，从富位自危。故夫富贵若有神助，贫贱若有鬼祸。”(同上)一切都“生死有命，富贵在天”，一切都神秘莫测，除了“幽居俟时”以外，一个人对自己的命运是没有别的办法的。

六、养德和养力

在中国伦理思想史上，关于养德和养力，即道德教育和武力镇压究竟哪一个更为重要，是有过尖锐的争论的。王充尽管在自然观和认识论上和韩非基本一致，但对韩非片面否认道德作用的理论给予了坚决的驳斥，这就是他在《论衡》中写《非韩》篇的主要原因。

> 治国之道，所养有二：一曰养德，二曰养力。养德者，养名高之人，以示能敬贤；养力者，养有力之士，以明能用兵。此所谓文武张设，德力且足者也。事或可以德怀，或可以力摧，外以德自立，内以力自备。慕德者不战而服，犯德者畏兵而却。徐偃王修行仁义，陆地朝者三十二国。强楚闻之，举兵而灭之。此有德守，无力备者也。夫德不可独任以治国，力不可直任以御敌也。韩子之术不养德，偃王之操不任力，二者偏驳，各有不足。(《论衡·非韩》)

王充强调“养德”，认为养德就是要养那些有很高道德声望的儒生，因为他们能够教人们以道德，使人民为善。他特别反对韩非把懂得礼义道德的儒生看作蛀虫(“比之于一蠹”)、强调“明法尚功”的观点，认为这是“舍本逐末”，不利于政权的巩固。他说：“国之所以存者，礼义也。民无礼义，倾国危主。”(同上)他认为道德是影响国家生死存亡和君主祸福安危的关键，“治国不能废德”。王充以个人和国家作比喻，认为对一个人自身来说，最重要的是要修养自己的品德，如果为人处世缺少恩德，亲戚朋友就会和他疏远而断绝关系。同样，治理一个国家，就一定要用道德来感化百姓，给百姓以仁爱恩惠，百姓知道感恩，国家也就不会发生暴乱了。当然，王充也认识到，“德不可独任以治国”，还需要有力来镇压被剥削阶级的反抗，并用以抵抗外部的侵略。王充强调了统治者的德和力，即强调了治国中的道德教育和武力镇压这两种手段，并认为应以德为主，这是对孔子“德治”思想的发挥。

第三节　王符的伦理思想

一、生平及其著作

王符（约85—162），字节信，是东汉时期著名的政治、伦理思想家。他与扬雄、王充等人在谶纬神学思想流行时期，不随波逐流，力挽狂澜，竭力反对董仲舒等人神学目的论的伦理思想，强调道德来源于人民物质生活水平的提高，否认天赋道德的唯心主义思想，主张“人之善恶”在于每个人实际的情操和品德，而不在于出身的贵贱。在政治伦理思想上，他继承儒家的传统，揭露了当时社会上的种种歪风邪气，嘲讽了当时道德上的腐朽和堕落，提倡以黄帝之术治身，以孔子之经治世（“治身有黄帝之术，治世有孔子之经”），是汉代在伦理思想方面有重要影响的思想家。

王符出身于“俗鄙庶孽”，因而幼年时“为乡人所贱”，依靠自己的刻苦好学，才成为著名的思想家。由于他看不惯当时社会的种种黑暗现象，不肯趋炎附势、随波逐流，所以官场失意，因而“志意蕴愤，乃隐居著书三十余篇，以讥当时失得”（《后汉书·王符传》）。他留传下来的著作有《潜夫论》一书。为什么把自己的书命名为《潜夫论》？主要是“不欲彰显其名”。

王符在自然观上，坚持朴素的唯物主义，主张“气”是世界万物的本源，自然界的一切现象并不是“天”的意志的产物，而是由气所生的，“虽有至圣，不生而知；虽有至材，不生而能”（《潜夫论·赞学》），一切天才、圣贤都是后天学习锻炼而成的。王符的这一思想，不但对当时的思想界摆脱神学目的论有重要意义，而且对于当时的政治黑暗也是一种尖锐、深刻的批评。

二、反对“以位论德”

东汉自王充以来，出现了一个十分惹人注目的社会问题，即那些身居高位、管理国家行政的官吏，本来都是经过国家的察举（选举）制度推荐考核的精通五经或以孝廉闻名的人，但实际上，他们自身却往往贪赃枉法、为非作恶、不忠不孝、骄侈淫逸、没有道德。他们身居高位，利用权势，相互包庇，又自称贤人君子。对这一问题究竟应当怎样认识？王符和王充一样，不避嫌疑，不怕忌讳，大胆地提出了自己对这一问题的看法。王符的论述是针对当时的社会现实的，从中也可以看出东汉的社会道德风尚及其存在的问题。

王符认为，“高位厚禄、富贵荣华”的人，不一定就是有道德的贤人君子，身处贫贱冻馁、困辱危穷地位的人，也不一定就是没有道德的小人。这就是说，一个人的道德水平同权势、财物没有必然的联系。他说：“所谓贤人君子者，非必高位厚禄、富贵荣华之谓也。此则君子之所宜有，而非其所以为君子者也。所谓小人者，非必贫贱冻馁、困辱厄穷之谓也，此则小人之所宜处，而非其所以为小人者也。”（《潜夫论·论荣》）因此，他的结论是“人之善恶，不必世族”，“宠位不足以尊我，而卑贱不足以卑己”（同上）。他说，像夏桀、商纣这样的帝王，尽管他们的地位很高，权势很大，但由于“其心行恶”，因此，只能是没有道德的小人；“伯夷、叔齐，饿夫也，傅说（音悦）胥靡，而井伯虞虏也”，但由于他们有“志节美”，仍然是有道德的君子。

王符的这一思想还有另一个意义，即只有那些有道德的贤人君子，才应该得到“高位厚禄、荣华富贵”，而那些没有道德的小人，尽管当时享受着“高位厚禄、荣华富贵”，也应该处于卑贱地位。他竭力反对以出于“名门望族”为推荐孝廉的主要根据，痛斥当时以封建出身门第和地位显赫来论人的道德品质的错误。他指出，“以族举德、以位命贤”（同上）的传统观念应该彻底打破，否则，这种恶性循环将愈演愈烈，社会的腐败将发展到不可收拾的地步。因为对于名门望族来说，不论有德与否，都可以被推举为孝廉，委任为高官，而这些高官以后又依此再向朝廷推荐其他出身名门望族的人，这样下去，道德和位禄就愈来愈不相称，甚至会产生严重的社会腐败，社会将会陷入无法克服的混乱之中。

在人和人的关系上，特别是在友谊问题上，王符认为，人们都愿意结识有钱有势的人，并以此为荣，而不愿意和有道德却无权无势的人交往，怕因此而受到损害。在他看来，这也是社会上人和人交往的一种严重的不正之风。他指出：“与富贵交者，上有称举之用，下有货财之益；与贫贱交者，大有赈贷之费，小有假借之损。”（《潜夫论·交际》）但是，即使是“颜闵之贤，苟被褐而造门，人犹以为辱而恐其复来，况其实有损者乎?”(《潜夫论·交际》)据此，他对当时“富贵则人争附之”，“贫贱则人争去之”(同上)的人和人之间的关系深为不满，并表示自己宁愿被人疏远也不愿与权贵交往。他著《潜夫论》一书，也显示出他高尚的不趋炎附势的品德。

三、礼义生于富足

在道德与人们物质生活水平的关系问题上，王符继承了王充的思想，认为人们的道德水平是由生活的富足还是贫穷决定的。他说:“礼义生于富足，盗窃起于贫穷，富足生于宽暇，贫穷起于无日。圣人深知，力者乃民之本也，而国之基，故务省役而为民爱日。”(《潜夫论·爱日》)

王符的伦理思想是同他进步的政治思想密切联系的。他深感东汉初年的劳役繁重、官僚腐败，统治者为了享乐，不惜以各种方式动用民力，从而导致民不聊生，盗窃兴起，道德沦丧。为此，他提出“为民爱日”、使民富足的思想，认为只有老百姓生活水平提高了，才能知礼守义，社会才可以安宁。

王符的“礼义生于富足”的思想，是对当时的社会生活进行思考后得出的结论。当时，封建剥削和自然灾害不断引发农民起义。这些农民为什么会抛弃封建社会的所谓仁义道德去铤而走险呢?他认为，这主要是由老百姓过于穷困，不能维持最起码的生活而导致的。“民贫则背善”，“饥寒并至，则安能不为非?”(《潜夫论·浮侈》)因此，为了使老百姓有道德，必须使他们有富足的生活。怎样才能富足呢?最重要的就是要使老百姓有充分的时间去从事农业生产，发挥他们的劳动积极性，而繁重的徭役、过多地征用民力、大兴土木都浪费了劳动力，因此，爱惜劳动力是使人民有道德的一个重要条件。

四、“好义而彰，好利而亡”

在义利关系上，王符针对当时社会上人们皆趋利而舍义的情况，发展了儒家重义轻利的思想。他认为，义利之辨是一个人立身处世的最重要的原则问题。他通过对大量历史事件和人物的考察证明，那些只顾利而忘义的人都没有好下场:“自古于今，上以天子，下至庶人，蔑有好利而不亡者，好义而不彰者也。”(《潜夫论·遏利》)如“周厉王好专利，芮良夫谏而不入”，“虞公屡求以失其国”，“公叔戍崇贿以为罪”，“桓魋不节饮食以见弑”（《潜夫论·遏利》）等，此皆以货自亡，用财自灭。相反，那些重义轻利的人，如楚令尹子文，三为令尹而有饥色，妻子冻馁。季文子，相四君，马不饩粟，妾不衣帛。子罕归玉，晏子归宅。此皆能弃利约身，故无怨于人。介子推、伯夷、叔齐等人，因为有崇高的道德、坚定的气节、高尚的情操，尽管没有高官厚禄，但他们对后世的影响，是那些虽有高官厚禄的人所不能比拟的，即“虽有四海之主弗能与之方名，列国之君不能与之钧重”（同上），因为他们“义溢乎九州之外，信立乎千载之上，而名传乎百世之际”（同上）。在义利问题上，王符并不像孟子那样完全否认利的重要，更不像后来的宋明道学家那样提倡“存天理，灭人欲”，而是倡导“遏利”，认为不可过分追求利益，更不能不顾义而只顾利。他说：“知脂蜡之可明镫也，而不知其甚多则冥之；知利之可娱己也，不知其称而必有也。”“象以齿焚身，蚌以珠剖体。”“子孙若贤，不待多富；若其不贤，则多以征怨。”（同上）王符的这些思想反映了当时社会上许多正直人士的处世之道，也是对当时社会上那种一味追求财利的风气的批判。

第十三章　宋明时期的伦理思想

第一节　陆九渊的伦理思想

一、生平及著述

陆九渊（1139—1193），字子静，抚州金溪人。中年以后，陆九渊曾在贵溪象山讲学，史称象山先生。曾做过几任地方官，晚年知荆门军。

陆九渊的著作，经他的儿子陆持之编辑为《象山先生全集》，今人重编为《陆九渊集》，共三十六卷。

陆九渊是宋明心学的开创者。他提出了“心即理”、“宇宙便是吾心，吾心便是宇宙”的伦理思想体系，强调了“发明本心”、“先立乎其大”的修养方法，确定了“万物皆备于我”的“天人合一”的道德理想境界，在中国伦理思想史上，独树一帜，别开生面。对陆九渊的心学，长期以来，学者们较多地从哲学本体论和认识论上进行探讨，对他的哲学思想中的主观唯心主义的各个方面多有阐发，但较少从道德理论的方面进行研究；对其中许多伦理学的概念、范畴和命题，较多还是从哲学的方面去了解，未能注意到它们的伦理学意义。一般来说，哲学的概念、范畴和命题与伦理学的概念、范畴和命题，是既有联系又有区别的，思想家们在不同情况下使用这些概念、范畴和命题也是清楚的。但是，由于中国哲学自身的特点，即长期以来，伦理学和哲学融为一体，伦理学没有成为单独的学科，因而常常造成人们对二者的混淆，有时会引起很大的误解。陆九渊和王阳明，就是受到这种误解较多的两位哲学家。因此，对陆九渊的伦理思想有必要作一番新探，主要从伦理学方面对心学作一些分析。

从整个哲学体系来说，陆九渊所提出的“心即理”、“宇宙便是吾心，吾心便是宇宙”的心学，是一种主观唯心主义的学说，它颠倒了物质和意识、客观和主观的关系。指出这种本体论上的颠倒，固然是重要的，但仍是远远不够的。对我们来说，更重要的是，应该对这种从根本上来说是一种伦理体系的概念、范畴和命题进行深入的分析，弄清楚陆九渊是怎样论证它们的，是在什么意义上使用这些范畴和概念的，以及他的学说为什么当时能得到那么多人的赞同（据说他在象山讲学五年，四方学者结庐问学，来者逾数千人），以后又有那么大的影响，在他的学说中，究竟有没有可供我们吸取的合理因素。

二、“心”是一个理性的实体

一般来说，陆九渊是一位以发明本心、强调“心”的重要而著称的思想家，所以他的学说被称为“心学”。在中国伦理思想史上，他把“本心”、“存心”和“心”当作道德思考的中心，并以此为基点，建立起一个前所未有、影响深远的伦理学体系。因此，弄清楚陆九渊的“心”或“本心”究竟是什么含义，他所说的“心”和一般哲学家所说的“心”有什么不同，这是我们研究陆九渊伦理思想所必须首先注意的。只有确切地弄清楚他所说的“心”的意义，才能对他的整个学说有一个正确的理解。

从中国思想史来看，“心”一般有四种意义：一是指生理上的功能，一是指知觉的作用，一是指意志的能力，一是指道德的品性。除生理上的功能只在特殊情况下使用外，宋代的道学家们主要是在后三种意义上来使用心这一概念的。他们有时强调心的知觉的作用，如朱熹说“心者，人之知觉，主于身而应事物者也”（《朱子语类》卷七八）。在这里，朱熹认为心的功能，就是认识各种各样的事物。他们有时强调心有一种意志的能力，是万事的主宰，朱熹也经常强调心的这一种作用，他说："心，主宰之谓也。"(《朱子语类》卷五)"一身之中，浑然自有个主宰者，心也。"(《朱子语类》卷二〇)认为"心是管摄主宰者，此心之所以为大也"(《朱子语类》卷五)。朱熹还认为，心是一种给一切别的东西下命令而不接受别的东西的命令的主宰。"夫心者，人之所以主乎身者也，一而不二者也，为主而不为客者也，命物而不命于物者也。"(《观心说》)宋代的道学家们，一般也都认为心是人们的道德品性的体现，强调所谓道德的心。不过对于朱熹来说，他把生理功能的心称为"人心"，而把道德之心称为"道心"。他说："只是这一个心，知觉从耳目之欲上去，便是人心；知觉从义理上去，便是道心。"(《朱子语类》卷七八)他还说："虽圣人不能无人心，如饥食渴饮之类；虽小人不能无道心，如恻隐之心是。"(同上)"道心本来是禀受得仁义礼智之心"。陆九渊对心的理解，除了和朱熹等人有相同的方面以外，还有着自己的独特理解。

从哲学思想和伦理思想来说，归根到底最重要的一点就是，陆九渊把心主要看作一个伦理性的实体。当然，在陆九渊看来，心也有生理的功能，也有知觉的作用，也有意志的能力，但其最主要、最本质、最核心、最经常的意义，则是一个伦理的实体，而且其他意义都是由这个意义引出，并从属于这个意义的。在陆九渊看来，心作为一个伦理性的实体，主要有三个方面的意思。

首先，陆九渊继承了孟子的理论，认为心是人的一种先天的道德品性，是与生俱来的，是天之所与我的。他明确指出，这种先天就有的、与生俱来的、所有人都具有的品性，就是孔子所说的"仁"和孟子所说的"仁义礼智"四端。他说："故仁义者，人之本心也。"(《与赵监》)"四端者，即此心也。"(《与李宰》)又说："义理之在人心，实天之所与，而不可泯灭焉者也。"(《思则得之》)陆九渊认为人的这种天生的道德品性也就是人们的恻隐、羞恶、辞让、是非之心。不仅如此，陆九渊甚至还认为，人的这种本心，是人之所以区别于动物的本质特征。他说："仁，人心也，心之在人，是人之所以为人，而与禽兽草木异焉者也。"(《学问求放心》)在陆九渊看来，人和动物的区别，不在于知觉，不在于认识，而在于道德。只有人类才是有道德的，而一切动物都是无道德可言的，所以道德之心是人和动物的重要区别。

其次，陆九渊认为，心不仅是人们所具有的一种天生的道德品质，而且还是一种能够知善知恶的道德评价能力，一种辨别善恶是非的道德认识能力和道德判断能力。他说："苟此心之存，则此理自明，当恻隐处自恻隐，当羞恶，当辞逊，是非在前，自能辨之。"（《语录》上）在陆九渊看来，心确有一种知觉、认识的功能，但这种认识主要是指道德的认识，它的功能也主要是这种道德上的应变能力和判断能力。在陆九渊看来，这种"千古不磨"之心的能力，也就是人们的良心。这种良心可以使人们知孝、知悌，懂得"爱其亲"，知道"敬其兄"，见孺子将入于井而有怵惕恻隐之心，遇到可羞之事则羞之，见到可恶之事则恶之，是知其为是，非知其为非，需要辞让的时候能辞让，应该谦逊的时候能谦逊……所有这一切，都是因为心具有这种判断能力和应变能力。一个人只要不失掉自己的良心，就是有道德的人。

陆九渊强调心的这种道德认识和道德评价上对己、对人和对一切事情的判断能力，强调心作为良心的功能，是有重要意义的。在中国伦理思想史上，孟子最早提出了良心这一概念，但未作进一步的解释。朱熹只强调良心是一种羞耻之心，对良心的理解未免失之过狭。在陆九渊看来，良心不仅包含着与生俱来的善良本性，是人之所以区别于禽兽的一个根本特征，"心之在人，是人之所以为人，而与禽兽草木异焉者也"（《学问求放心》），而且是一种能辨明是非、判断善恶、识别正邪、认清公私的特殊能力，这是有合理因素的。

关于什么是"本心"的问题，陆九渊在《年谱》中有一段话，记载了当时富阳主簿杨敬仲（杨简）和他的问答：

> 问："如何是本心？"先生曰："恻隐，仁之端也，羞恶，义之端也，辞让，礼之端也，是非，智之端也。此即是本心。"对曰："简儿时已晓得，毕竟如何是本心？"凡数问，先生终不易其说，敬仲亦未省。偶有鬻扇者讼至于庭，敬仲断其曲直讫，又问如初。先生曰："闻适来断扇讼，是者知其为是，非者知其为非，此即敬仲本心。"敬仲忽大觉，始北面纳弟子礼。故敬仲每云："简发本心之问，先生举是日扇讼是非答，简忽省此心之无始末，忽省此心之无所不通。"先生尝语人曰："敬仲可谓一日千里。"（《年谱》）

最后，在陆九渊看来，心还是一种能体认一切永恒不变的道德原则和道德规范以至一切事物原则的绝对实体。陆九渊认为，人和人之间的道德原则和规范，如三纲五常、忠孝节义、仁义礼智等，都是永恒不变、永世长存的，千百年以前和千百年以后，都是如此的。他认为，人的心能认识这些原则和规范，能保持这些原则和规范，能践履这些原则和规范，能发扬光大这些原则和规范。正像他的学生杨简所说的："人心自善、人心自灵、人心自明"（《二陆先生祠记》，见《慈湖遗书》卷二），把心的作用作了无限的夸大，从而使之成为决定一切的东西。

在陆九渊看来，心既然是一种能体认永恒不变的道德原则和规范的实体,那么，所有人的心，就必然是共同的了。所以，他特别强调人们的这种"本心"、"心"都是相同的。他说："心只是一个心。某之心，吾友之心，上而千百载圣贤之心，下而千百载复有一圣贤，其心亦只如此。"（《语录》下）又说："东海有圣人出焉，此心同也，此理同也。西海有圣人出焉，此心同也，此理同也。千百世之上至千百世之下，有圣人出焉，此心此理亦莫不同也。"（《年谱》）所以他认为，所有的人都是"同此心"的。在陆九渊看来，在当时的封建社会中，是非、善恶、正邪、公私都是有共同标准的，这个标准就是封建社会的三纲五常，就是君臣、父子、夫妇之道，不论哪一个人，都应该如此行动，所以也就必然是"人同此心"了。

三、心即理

陆九渊在他的心学中提出了一个重要的命题，即"心即理"。他说："人皆有是心，心皆具是理，心即理也。"（《与李宰》之二）又说："盖心，一心也；理，一理也。至当归一，精义无二，此心此理，实不容有二。"（《与曾宅之》）这也就是说，"心"和"理"实际上是一个东西，它们是不可分割的。陆九渊更把这一命题加以引申，发展成为"宇宙便是吾心，吾心便是宇宙"的似乎极为荒谬的结论。诚然，从认识论上来看，它确实是一种不能为人们所理解的主观唯心主义，但在伦理思想上却有着重要的思维教训。

为了更好地弄清这一问题，我们还应该看看什么是陆九渊所说的"理"。

北宋的程颢、程颐建立了所谓的理学，朱熹继承并发展了二程的学说，对理又有了新的发挥。二程、朱熹等人，对理有着详细的解释，给予了理以确定的界说。一般来说，二程和朱熹对理这一范畴的使用，有三个层次的含义：第一个层次，他们认为理是世界上万事万物的本原，所以又称为“太极”。从作为一切事物的本原来看，理是一个实而不有、虚而不无、超越一切时间和空间的永不灭失的东西，“万一山河大地都陷了，毕竟‘理’却只在这里”（《朱子语类》卷一）。第二个层次，由万物的本原加以引申，他们认为，理是一个事物的本质属性，从而推广到一个事物之所以存在的规律。“且如这个椅子，有四只脚，可以坐，此椅之理也。若除去一只脚，坐不得，便失其椅之理矣。”（《朱子语类》卷六二）所以，椅子有椅子的理，扇子有扇子的理，一切事物都有一切事物之理。第三个层次，从理是万物的本原，推衍到事物的本质属性，再加以发展，他们把理看成人和人之间必然的、永恒的伦理原则和道德规范。在这个意义上，理也就是“道”，也就是“天理”。朱熹认为：“道者，古今共由之理，如父之慈、子之孝、君之仁、臣之忠，是一个公共底道理。”（《朱子语类》卷七）按照二程、朱熹的说法，“心”和“理”当然是不能混同的。

陆九渊也承认理是一切事物的本原，包括天、地、人三者，都是由这个最终的本原所派生的。他认为“塞宇宙，一理耳”（《与赵咏道书之四》）。同时，他也认为理是天地万物的主宰，甚至连天地鬼神都不能违背这个至高无上的理的规定，他说：“此理充塞宇宙，天地鬼神且不能违异，况于人乎？”（《与吴子嗣之八》）陆九渊同朱熹一样，把这种事物的本原的理推衍为一切事物之所以成为一切事物的规律，所不同的是，陆九渊在很多情况下所说的理，主要是指人和人之间的永恒不变的人伦关系之理，也就是所谓“古圣相传”的仁义道德之理。做国君的有国君之理，做臣子的有臣子之理，皇极有皇极之理，彝伦有彝伦之理……这就是所谓君臣、父子、夫妇之道，也就是“理”。正是在这个意义上，陆九渊认为，心和理具有一个共同的本质属性：它们都是一种永恒不变的道德规范，都是人伦关系的至高无上的原则，归根到底，它们都可以说是一种伦理实体。所不同的只是，心是从主体的方面来说的，理是从客体（当然和我们今天所说的客体不是一个意思）方面来说的，即从这些人伦关系所体现的规律性方面来说的。心作为一种道德主体，它可以体认、掌握这些原则并用以评价和判断一切事物。理作为人伦关系的一种客观规律，是和人的“心”、“本心”、“良心”完全一致的。“心即理”的意思，就是说这两者是完全统一和同一的。天理、良心在陆九渊那里是一而二、二而一，不可分割的一码事。

四、“先立乎其大”的修养论

从强调“心”和“本心”出发，在道德修养论上，陆九渊特别强调“先立乎其大”的重要意义。他在对自己学生的教诲中，反复提出必须注意到“先立乎其大”这个道德修养的根本原则。反对他的人说，陆九渊除了“先立乎其大”这句话以外，什么本事也没有，陆九渊听了以后，竟欣然同意，说：“近有议吾者云：‘除了先立乎其大者一句，全无伎俩’，吾闻之，曰：诚然。”可见，弄清楚“先立乎其大”的内容和他之所以强调“先立乎其大”的原因，是我们了解陆九渊伦理思想的关键。

陆九渊所说的“大”，就是他所说的“本”、“本心”、“心”、“道心”和“良心”等，“先立乎其大”，就是要先发明自己的本心，强调良心的重要作用。

陆九渊说：“凡物必有本末，且如就树木观之，则其根本必差大。吾之教人，大概使其本常重，不为末所累。”（《语录》上）这就是说，树木之所以有的枝叶茂盛，有的枯萎凋谢，考其原因，它们的根本必然相差很大。同样，对人来说，有的道德高尚，有的品性卑劣，最重要的原因，就是有的能够存心、养心和发明本心，有的则使心为物欲所蔽、为利欲所害、为邪念所陷。因此，为了陶冶性情、变化气质、培养品德，就必须对心所受到的蒙蔽、损害和陷溺加以医治，这种功夫，就是去欲、寡欲，也就是“剥落”。陆九渊说：“夫所以害吾心者何也？欲也。欲之多，则心之存者必寡，欲之寡，则心之存者必多……欲去则心自存矣。”（《养心莫善于寡欲》）又说：“有所蒙蔽，有所夺移，有所陷溺，则此心为之不灵，此理为之不明，是谓不得其正……”因此，为了“保吾心之良”、“去吾心之害”，就必须对这些邪念、物欲、蒙蔽等加以剥落。“人心有病，须是剥落，剥落得一番即一番清明，后随起来，又剥落又清明，须是剥落得净尽方是。”（《语录》下）在陆九渊看来，“发明本心”、“存心”、“养心”、“求放心”，同“剥落”功夫是同一个过程的不同方面，是相辅相成而相互促进的。其主要方法，就是要“切己自反，改过迁善”（《语录》上），要诚心诚意地“反而思之”，一方面要剥落一切外物的诱蔽，一方面“日夕保养灌溉使之畅茂条达”（《与舒西美》）。正是在这个意义上，陆九渊认为，为学的目的，不是要学得很多知识，以此来炫耀自己，而是要学会怎样做人，懂得怎样来陶冶自己的品性，特别重要的是要切实地践履自己所体认的道德原则和道德规范，使自己成为一个有道德的人。他说："今所学果为何事？人生天地间，为人当尽人道，学者所以为学，学为人而已，非有为也。"（《语录》下）因此，只有品德的进步才是检验学习成绩的唯一标准。

在中外伦理思想史上，增长知识与涵养道德的关系，是一个长期争论不休的问题。这个问题的实质是一个人的道德水平的提高和知识的增长之间究竟有没有关系。如果有，到底是什么关系？在这个问题上，陆九渊和朱熹曾进行过激烈的争论。尽管两人的思想都有一定的片面性，但从当时的社会情况来看，应该说陆九渊的思想中含有更多的合理因素。

朱熹也认为为学的目的是要陶冶人的品德和锤炼人的气质。但是，朱熹强调的修养方法是"居敬"、"穷理"和"格物"、"致知"。在他看来，要想使人们的道德品质得到提高，就必须先学习古圣先贤的遗教和历代各朝道德上的典范，特别是要熟读"四书"、"五经"、诸子百家。为达这个目的，他除了用毕生精力编写了《四书集注》外，还辑录了《小学》、《近思录》、《五朝名臣言行录》等书，供人们学习。在朱熹看来，"格物"、"穷理"将有助于德性的提高，因此他把"道问学"作为"尊德性"的先决条件。

陆九渊却不然，他针对当时的时弊，针对用学问来求得高官厚禄、用知识来获取个人名利的恶劣风气，针对那些口头上大谈"圣贤之书"，而实际行为则完全"与圣贤背道而驰"的人，大胆地提出了自己的主张。他直言不讳地讽刺那些"疲精神、劳思虑、皓首穷年"，以"通经学古，而内无益于身，外无益于人"的蠹虫。他认为，"为学之道"主要是变化气质，反对终日埋头于经书的传注之中。他说："某读书只看古注，圣人之言自明白，且如'弟子入则孝，出则悌'，是分明说与你入便孝出便悌，何须得传注。学者疲精神于此，是以担子越重。到某这里，只是与他减担。"（同上）陆九渊还说："若某则不识一个字，亦须还我堂堂地做个人。"（同上）在他看来，一个人愈是在簿册文字上下功夫，就愈容易陷入支离破碎之途，而且有些人虽然读书万卷，却于德行无补。对于古圣先贤来说，他们的高尚纯洁，为人仰慕，主要在于他们廓然大公的精神而不在于他们的文字。他们的文字，只是他们精神的表现。他极其机智地嘲笑朱熹说，如果只有熟记古圣先贤的遗言，才能获得高尚的道德品质，那么，请问尧、舜这两位品德高尚的圣人，他们到底读了哪些书？对朱熹来说，这确实是一个很难回答的问题。尧、舜是朱熹认为的大圣人，然而朱熹所说的经书，都是在尧、舜以后才写成的。对于这个问题，朱熹只好求助于他的圣人史观，在他看来，圣人是天生的，不需要读书就是圣人，而其他的人，则必须先读圣人的书。

陆九渊关于增长知识与涵养道德的关系的看法，对当时的社会病态来说，无疑是一剂最好的药方。朱熹自己也承认，由于“日前讲论，只是口说，不曾实体于身，故在己在人，都不得力”。他自己原认为，“只如此讲学渐涵，自能入德，不谓末流之弊，只成说话至于人伦日用最切近处，亦都不得毫毛气力，此不可不深惩而痛警也”，从而承认了自己在道德修养上的失误。关于陆九渊，他说：“大抵子思以来，教人之法惟以尊德性、道问学两事为用力之要，今子静所说，专是尊德性事，而熹平日所论却是问学上多了。所以为彼学者，多持守可观，而看得义理全不子细，又别说一种杜撰道理，遮盖不肯放下。而熹自觉，虽于义理上不敢乱说，却于紧要为己为人上多不得力。今当反身用力，去短集长，庶几不堕一边耳。”（《答项平父》之二，见《朱文公文集》卷五十四）从而肯定了陆九渊强调“尊德性”的重要意义。

在怎样“先立乎其大”的问题上，陆九渊非常重视“义利公私”之辨。他认为，区别一个人的道德是高尚还是卑劣，判断一个人是有德还是无德，是君子还是小人，唯一的标准就是看他怎样对待义利问题。他认为，应“以义利判君子小人”，“凡欲学者，当先识义利公私之辨”。他对义利有自己的解释，他所说的“义”，指的是公义；他所说的“利”，指的是私利。在他看来，“义”不但指的是道德的原则，指的是依据本心所应做的事的必然之理，而且包括国家人民的公利。宋孝宗淳熙八年（1181），陆九渊 43 岁时，为了请朱熹给他死去的哥哥撰写墓志铭，曾访朱熹于南康。（六年前，他曾和朱熹进行过一次学术性的大辩论，此后分歧不断加深。）朱熹请他到自己的白鹿洞书院给学生讲课，陆九渊就专门讲了孔子的“君子喻于义，小人喻于利”这一节，详细阐述了“先识义利公私之辨”的重要，认为“人之所喻由其所习，所习由其所志。志乎义，则所习者必在于义，所习在义，斯喻于义矣。志乎利，则所习者必在于利，所习在利，斯喻于利矣。故学者之志不可不辨也”(《白鹿洞书院论语讲义》)。这就是说，为了使人们有高尚的道德，必须注意人们的行为及其动机，强调由“志”到“习”，才可以认识、懂得“义”的重要；认为“喻”是由“习”形成的，“习”是由“志”决定的，强调了一个人的正确的价值目标的作用，这是有合理因素的。陆九渊痛斥了当时那些只图个人私利、不顾国家公义的“小人”的无耻行为，指出他们读书就是为了得官，得官后，又不断要求升官，是一种“自少至老，自顶至踵，无非为利”的可耻行径。陆九渊从当时封建国家和人民的公利出发，认为一个读书人，在从政为官时，一定要抛弃私利，“悉心力于国事民隐”，应该有“恭其职，勤其事，心乎国，心乎民，而不为身计”的精神。这篇义利之辨的讲话，连朱熹也认为“发明敷畅”、“恳到明白”，“切中学者隐微深痼之病”，“说得这义理分明，是说得好”，甚至认为他自己在讲学中，也未能达到如此程度，深以为愧，即“熹在此不曾说到这里，负愧何言”，还专门让陆九渊写成讲义，后又刻之石上，“熹当与诸生共守，以无忘陆先生之训”。陆九渊自己也认为写的讲义太简单，“当时说得来痛快，至有流涕者，元晦深感动，天气微冷，而汗出挥扇”(《年谱》)。初春二月，连朱熹也感动得“汗出挥扇”，可见这次“义利之辨”的讲演是十分成功的。

五、“万物皆备于我”和“宇宙便是吾心，吾心便是宇宙”的圣人境界

在陆九渊的伦理思想中，受到后人批评较多的是他的“万物皆备于我”和“宇宙便是吾心，吾心便是宇宙”这两个命题。批评的论点较多从世界观和认识论上着眼，而较少涉及他的伦理思想。

“万物皆备于我”和“宇宙便是吾心，吾心便是宇宙”的思想，对于陆九渊来说，主要不是一个世界观和方法论的命题，而是一个伦理学的命题，或者更确切地说，它指的是道德修养中的一种至高无上的道德境界。陆九渊的这一思想是直接从孟子那里继承来的。

孟子最早提出“万物皆备于我”的“天人合一”境界，认为这种境

界是至高无上的。孟子认为“心”是一种人与生俱来的伦理本源，所谓恻隐、是非、羞恶、辞让这些道德本能，都是心的作用。正由于此，孟子强调要“存其心、养其性”，即保存人的善良本心，并把仁、义、礼、智四端加以扩充发挥。孟子认为，如果一个人能够“存其心、养其性”，就是“知性”。“知其性”，也就可以达到“知天”。因为人的善良的“本心”不是从外面来的，而是天所赐予的，“是天之所与也，非外铄也”，所以一个人如果能达到“尽性”、“知天”的境界，就能从天所赋予自己的善良本性出发，使自己的思想、感情、志趣、追求都充满正气，从而形成一种至大至刚的“浩然正气”，就能够“居天下之广居，立天下之正位，行天下之大道”，就能够“富贵不能淫，贫贱不能移，威武不能屈”，就能够像孟子所说的“所过者化，所存者神，上下与天地同流”（《孟子·尽心上》）。正是在这个意义上，孟子说：所不虑而知者，其良知也，所不学而能者，其良能也。此天之所与我者，我固有之，非由外铄我也。又说：“万物皆备于我矣，反身而诚，乐莫大焉。”（同上）这也就是说，由于人的心所具有的良知良能是天所赋予的，因此，一切立身行事、对人对事的原则、态度和方法，也都在我的心中，只要人们能“反求诸己”，发扬本心，并将其扩而充之，信实笃诚地去践履，就会使这种本心发展到一种至高无上的境界。处于这种境界的人，就会感到“万物皆备于我”。这“万物”便是一切立身行事、对人对事的原则、态度和方法；做什么都能得心应手，无一不是依心即天理，便是“皆备于我”。因此，也就能“乐莫大焉”了。

在孟子以后，尽性、知天的思想，在秦汉儒家所作的《中庸》中又有了进一步的发展。《中庸》说：“惟天下至诚为能尽其性；能尽其性，则能尽人之性；能尽人之性，则能尽物之性；能尽物之性，则可以赞天地之化育，可以赞天地之化育，则可以与天地参矣。”这就是说，只要一个人能发明本心、尽性知天，就可以充分发挥万事万物的本性，就能够帮助天地而化育万物。这样的人，就可与天地并列为三，也就达到“万物皆备于我”与“天地合一”的境界了。宋代的许多道学家如程颢、程颐、张载及朱熹等，也都强调了圣人可以“与天地参”的这种最高境界，但都没有作进一步的阐释。陆九渊从自己的“发明本心”出发，对这种境界作了进一步的发挥。

陆九渊是怎样论证他的“宇宙便是吾心，吾心便是宇宙”的呢？

他说：

> 四方上下曰宇，往古来今曰宙。宇宙便是吾心，吾心即是宇宙。千万世之前，有圣人出焉，同此心、同此理也。千万世之后，有圣人出焉，同此心、同此理也。东南西北海有圣人出焉，同此心、同此理也。……宇宙内事，是己分内事，己分内事，是宇宙内事。人心至灵，此理至明，人皆有是心，心皆具是理。(《杂说》)

从这段话里可以看出，由于人的“本心”是至灵的，是天所赋予的，只要经过“发明本心”的为学功夫，人人就都可以达到圣人的境界。不论是“往古来今”，还是“四方上下”，即不论是千万世之前，还是千万世之后，也不论是东海南海，更不论是西海北海，只要成为圣人，他们的认识和觉悟，他们的道德境界，就一定是相同的。因此，他说：“心之体甚大，若能尽我之心，便与天同。”(《语录》下）即一个人“若能尽吾之性，便与天同”（同上)。在陆九渊看来，一个人如果能“发明本心”，把利欲“剥落”净尽，就能够“自我主宰，万物皆备于我”（同上)，就可以“以天下为己任”，把天下大事当作自己分内之事；而自己分内之事，也就只有天下国家大事，即能够抛除个人私利，“悉心力于国事民隐”。这样，一个人也就可以达到那种“宇宙便是吾心，吾心便是宇宙”的“与天同”的最高境界了。

六、陆九渊伦理思想的再认识

陆九渊在中国伦理思想史上的重要贡献是他第一次强调了“心”和“本心”的重要意义，使中国伦理思想界对本心在人们的道德行为、道德评价中的作用有了进一步的认识，从而使中国伦理思想关于“良心”的理论更加精密、更加严谨，并为王阳明提出以“良知”为核心的伦理体系打下了基础。

陆九渊所说的“本心”，就其主要意义来说，大体上相当于我们今天所说的“良心”(陆九渊有时也使用“良心”，并赋予“良心”以大体相同于“本心”的意义，但他更经常使用的则是“心”和“本心”)，对“本心”作用的阐发，也大体上相当于对“良心”作用的认识。

从伦理学的理论发展来看，对本心或良心的逐步深入的认识，反映了人们道德思考的重大进步。良心或本心对人们的道德品质、道德情操、道德评价和道德行为，都有极重要的作用。良心是一个人道德上的自我评价能力，是道德上的自我意识和自我感觉的统一体，良心总是同个人在一定社会中应尽的义务融合在一起，总是同自己在社会上的荣誉和自尊相结合，从而对自己的行为进行自我调节、自我监督和自我控制。它既是个人的高尚德行的赞扬者，又是个人不道德行为的抵制者。在人们行为以前，良心总要使人们在道德选择中去恶从善。如果做到了这一点，它就能感到自我安慰。在行为的过程中，良心又往往使人们对自己的行为进行自我鉴定，鼓励人们去从事善行或阻止人们走入邪恶。它让人们在根本不可能有别人知道或没有社会舆论监督的情况下，监督自己，要求自己不做坏事。良心常常以一种无形的力量，甚至是一种本能的下意识的直觉，使一个人的行为沿着一定的轨道发展。良心是一种感性认识和理性认识的统一，是人们的道德情感、道德理想、道德意志、道德信念和道德认识的统一。良心还有一种隐蔽而微妙的作用，就是它往往自己能形成一个“主题论证会”，从各个方面对自己的行为进行论证，为自己的行为选择提供根据。有时候，它还能够在人们内心中设立一个“法庭”，并代表“原告”和“被告”双方，对自己的行为进行辩难，并由“法官”最后作出裁决。良心起作用的方式表面上往往是看不到的，但它却是十分有力的。有时候，良心的谴责和良心的裁判，比政治、法律的力量还要强大，这是人们常常能够体会到的。

从一定意义上来说，陆九渊看到了本心或良心在人们道德品质和道德行为中的重要作用，并且力图使本心的这种隐蔽而微妙的作用得以发挥。当然，他不懂得、不理解这种作用是在人的社会关系中、在阶级利益中形成的，相反，他却从唯心主义的世界观出发，认为人们所具有的“是者知其为是，非者知其为非”的本心、良心是先天的、与生俱来的。

当然，本心、良心的这种能力，是需要培养的。如果能够注意培养，并扩而充之，就可以使这种能力大大加强。孟子早就提出过，这种本心，如果不加以培养，连自己的妻子儿女都会侵害；如果能善于培养，甚至可以对四海之人都有好处。陆九渊正是看到了培养本心的重要意义，因此提出了“先立乎其大”和“发明本心”的理论。这个所谓“先立乎其大”，就是要通过“切己自反、改过迁善”的修养方法，去私、寡欲、发明本心，即发挥人的良心的作用。

从人类伦理思想的发展和道德思考的进步来说，在“心”和“本心”的问题上，是有着非常值得我们注意的思维教训的。心、本心，或者如我们现在伦理学中所说的良心，它的性质、机能、功用等等，确有很多隐蔽、微妙的地方，有时甚至会使人们感到不可理解、神秘莫测或不可能进行研究。如果采取简单化的态度，对这种性质、机能和功用不进行深入、细致的考察，而在应该向前迈进的地方停了下来，只局限于表面的、一般的、现象的、机械的论证，或者索性拒绝这种考察，把这种考察都称为唯心主义，就会使我们的伦理思想和道德思考不能发展。但是，如果要对心、本心和良心的性质、机能、功用等进行探讨，就必然要经历各种艰难曲折，甚至有可能陷入歧途。需要说明的是，尽管这种探讨有时候似乎是唯心主义的，但是，只要人们能够在前人所未开垦过的土地上进行耕耘，在未经探索的问题上花费大量的心血，并给后人以启发，那么这种探讨对人类伦理思想的发展就会是有益处、有贡献的。

从伦理思想发展的历史来看，不论是自古希腊到近代的西方，还是自先秦至五四运动前的中国，虽然唯物主义的思想家当中也有少数人对“心”作了深入的研究，但总的来说，关于心、本心、良心的研究，关于它的能动的、隐蔽的、微妙的作用的理论，往往是被唯心主义的伦理思想家们片面地、歪曲地加以发展的。

陆九渊在认识论上是一个主观唯心主义者，他颠倒了物质世界和人的认识的关系，颠倒了道德意识和道德活动的关系，颠倒了道德上的本心同人们的道德生活之间的关系，因此，他在伦理思想上，同样总使人们感到是历史唯心主义的。正像列宁在谈到黑格尔时所说的：“在黑格尔这部**最唯心**的著作中，唯心主义**最少**，唯物主义**最多**。‘矛盾’，然而是事实！”[①] 陆九渊的伦理思想，也有类似的情况。只要我们能把他在心、本心问题上所作的颠倒加以再颠倒，把他原来头足倒置的伦理体系改变为双脚站直的体系，就会看到，他关于心、本心，即我们所说的“良心”的论证，甚至他所说的“宇宙便是吾心，吾心便是宇宙”以及“万物皆备于我”和“心即理”的命题，都有它们实际的、可被肯定的意义，因而是能够为我们所理解的。

---

① 《列宁全集》，中文2版，第55卷，203页，北京，人民出版社，1990。

第二节　王守仁的伦理思想

一、生平及其著述

王守仁（1472—1529），字伯安，浙江余姚人。因为他曾隐居绍兴阳明洞，自号阳明子，并创办过阳明书院，故而后人称其为王阳明。

1499年，王阳明考中进士，曾任刑部主事，因触怒了宦官刘瑾，被廷杖，后被贬黜到贵州龙场当驿丞。王阳明自幼受的是儒家孔孟的教育，是封建社会的忠臣孝子。当明王朝的宁王宸濠起兵叛乱时，王阳明“遣诸将率兵迎击”，俘获宸濠，使明王朝转危为安，接着又对当时兴起的农民和少数民族的叛乱予以镇压，巩固了明王朝的统治。尽管王阳明曾多次受到宦官、权臣的谗言陷害，但终因他有功于明王朝的封建统治而升任南京兵部尚书。

在哲学和伦理思想方面，王阳明早年曾服膺程朱理学，“遍求考亭（朱熹）遗书读之”。后来，他深感其过于“支离破碎”，不能达到除去人们“心中贼”的目的，而转向了陆九渊的心学。

王阳明在政治上是为明王朝的统治而尽忠的。他的哲学在本体论和认识论上，是主观唯心主义的，但是他的伦理思想却包含着不少合理的因素。他所说的“心”和“良知”，在大多数的情况下是指人人所具有的“良心”，如果剥去他给良知所披上的神秘外衣，我们就可以很清楚地看到，他的伦理思想所达到的深度，确实是前所未有的。用今天的话说，他关于道德意识问题的研究远远超过了以前的思想家们，而且提供了许多新的思考，使人们对这一问题的认识达到了一个新的高度。

他的著作由后人编辑为《王文成公全书》，今人编辑《王阳明全集》（全二册），1992年由上海古籍出版社出版。

二、天下第一等事是“读书学圣贤”

据历史记载，王阳明很小的时候，就抱定了要成为一个有高尚道德的圣贤的价值目标。11岁那年，他曾问他的老师：“何为第一等事？”老师回答说：“唯读书登第耳。”王阳明却回答说：“登第恐未为第一等事，或读书学圣贤耳。”从这一段对话可以看出，幼年的王阳明，在对人生价值和意义的理解上，已经远远超出了当时封建社会读书做官的庸俗见解，而是要成为一个有高尚道德的圣贤。此后，王阳明的一生中，本来有许多机会可以向上爬、做大官，但是，他却能够为自己的信念而不屈不畏，冒着被罢官的危险同邪恶势力斗争。他一生行为的价值指向，从幼时的这段逸事就可以看出端倪了。

王阳明 17 岁时，成婚于外舅储公的官舍。据年谱记载，婚礼当天的晚上，王阳明走进当地的缺柱宫，同一个趺坐在榻上的道士讨论养生的学问，“相与对坐”，以至专心致志而“忘归”。因而，他的外舅储公派人到处寻找，直到次日早晨，才把王阳明找回家来。新婚之夜，竟能与他人讨论学问而忘了回家，这在现实生活中也是很少有的。从这一逸事可以看出，王阳明把对学问的追求看作人生中最为重要的事。21 岁时，他投考进士未中。一个同他一起投考的人，深以“不得第”为耻，王阳明却安慰他说：“世以不得第为耻，吾以不得第动心为耻。”可见王阳明的思想境界，是远较当时的世俗见解为高的。

王阳明在 57 年的人生中，始终追求一种崇高的理想人格，即封建社会的圣贤。他严格要求自己，不求升官发财，只求有利于国家社稷。他敢于同当时的险恶环境搏斗，不计较个人的名利生死。武宗朱厚照即位后，宠用刘瑾、马永成等宦官，依靠这些人实行特务统治。刘瑾等舞弄朝政、为非作恶，南京科道戴铣、薄彦徽等，直言相谏，却得罪了皇帝，被逮捕下狱。在这危急关头，满朝无人敢言，王阳明却挺身而出，上疏抗议说：“君仁臣直……铣等职居谏司以言为贵，其言而善，自宜嘉纳施行；如其未善，亦宜包容隐覆以开忠谠之路；乃今赫然下令，远事拘囚，在陛下不过少示惩创，使其后日不敢轻率妄有论列，非果有意怒绝之也。下民无知，亡生疑惧，臣切惜之。……自是而后，虽有上关宗社危疑不制之事，陛下孰从而闻之？陛下聪明超绝，苟念及此，宁不寒心？……伏愿陛下追收前旨，使铣等仍旧供职，扩大公无我之仁，明改过不吝之勇，圣德昭布远迩，人民胥悦，岂不休哉！”（《乞宥言官去权奸以章圣德疏》）因为他直接要求皇帝要有公开承认自己的错误的勇气，以致被廷杖四十，据说曾被打晕过去又苏醒，最后，被贬到当时的不毛之地贵州龙场作驿丞。在他去贵州龙场的途中，刘瑾又派人尾随，欲将他害死，他假装投江而逃脱。所乘坐的商船，在月光下，又遇狂涛恶浪，几乎丧生。“险夷原不滞胸中，何异浮云过太空？夜静海涛三万里，明月飞锡下天风。”这是王阳明当时所写的《泛海》一诗，反映了他在这种生死关头所表现出的难得的情操，反映了他对险夷镇静自若的态度。

自 1516 年到 1529 年去世，这中间他曾两次镇压农民和少数民族的起义。王阳明站在统治阶级的立场上，采用武力镇压与道德教育相结合、军事围剿与宽厚怀柔相结合的方法，剿平了“暴乱”。在这两次对起义民众的围剿中，大量农民被王阳明的军队杀死。尽管这对王阳明来说，是出于他要维护地主阶级的根本利益的需要，但无论如何，这是对劳动人民的一种极为严重的罪行。

1519 年，明王朝的宗室宁王宸濠起来反对武宗的统治。王阳明出于封建正统思想，起兵平定了宸濠的叛乱。由于宸濠的分裂背叛，也不利于当时的劳动人民，因而这次平叛活动，不但有利于稳固当时的封建统治，从客观上说，对劳动人民也是有利的。

在被谪贬到龙场的三年中，王阳明不但遭受了政治上的迫害，而且生活上也极其困难。据他自己说，“横逆之加，无月无有”（《寄希渊》），“贵州三年，百难备尝”（《与王纯甫》）。他在与当时的邪恶势力和病魔斗争的同时，仍旧每日苦苦思考，追求圣贤之道。他努力想成为一个伟人，甚至“日夜端居澄默，以求静一”（《阳明先生年谱》）。这样，他在这种坚持不懈的追求中，终于达到了所谓超脱于生死名利和祸福荣辱的境界，从而进入了豁然贯通的境地，“忽中夜大悟格物致知之旨”，“始知圣人之道，吾性自足，向之求理于事物者，误也”（同上）。原来，他早年受程朱理学的影响，25 岁时，就曾“遍求考亭遗书读之”（同上），认为要学做“圣人”，必先要格物致知，向外用力。经过苦思冥索，他终于认识到，一个人要想成为圣人，并不需要一味地去追求“格物”，也不必从事物中去求理，最重要的是要能同自我的不正确的思想搏斗，培养自我的浩然正气，发挥自我为善去恶的能动作用。一个人只要能尊重自己的本性，执着于自己的理想，就一定可以成为圣人。孔子不是说过“为仁由己”吗？孟子不是说过“人皆可以为尧舜”吗？这不就是孔门的教义吗？当王阳明想通了之后，他高兴极了，在夜半之中，“不觉呼跃”，以致造成了“从者皆惊”的状况。确实，程、朱自认为深得孔孟的真传，但是，他们过分拘泥于极其烦琐的对簿册章句的探索，而没有捕捉到孔孟立言的宗旨。孔孟的思想在经过汉儒和宋儒的曲解之后，使人难以明了其中的真谛。王阳明认为，蒙蔽孔孟思想的云雾，现在被他驱散了，这该是何等令人高兴的事啊！

1529年1月9日，王阳明病死于从南安北归的船上。死前，他曾睁眼看着弟子周积说："吾去矣！"当周积问他有什么遗言时，他说了八个字："此心光明，亦复何言？"这就是说，作为一个封建社会的忠臣孝子，他的一生是光明磊落的，是没有什么事情对不住自己的良知的。王阳明一生的终极目的就是要做一个圣人，他不但同当时险佞的奸人搏斗，同自己的病魔搏斗，更注意同自己的"心中贼"搏斗。他既力求静心寡欲，以修养自己的身心，又强调要通过实际的磨炼来发展和完善自己。他一心要实现孔子、孟子"为仁由己"和发明人的"本心"的要求，以实现自己的价值。他的伦理思想在中国伦理思想史上有重要的意义，不但不能全盘否定，而且值得我们认真地加以分析，批判地吸收借鉴。

三、良知能知善知恶，是心之主宰

在中国伦理思想史上，王阳明继承了陆九渊"发明本心"的主张，第一次建立了以"良知"为核心的伦理思想体系。他进一步突出了"心"、"本心"、"良心"，即良知在人的道德意识和道德行为中的作用，对在人的道德生活中具有隐蔽而微妙特性的良知作了更深入的探讨，使人们对良知的性质及其在整个人类道德生活中的功能和作用有了进一步的认识。

为了弄清楚王阳明以"良知"为核心的伦理思想体系，最重要的是要弄清楚王阳明所说的"良知"究竟是什么含义，它包含哪几个方面的内容，以及"良知"在他的伦理思想体系中占有何等重要的位置。

从思想渊源上来说，王阳明所说的"良知"是师承孟子和陆九渊的。但是，王阳明对"良知"，即对人的"心"、"本心"或"良心"的理解，内容更为丰富。一般来说，王阳明所说的"良知"，有五个方面的含义，这五个方面是相互联系的。

第一，王阳明继承孟子的思想，认为良知是一种人人都有的道德本能，它是与生俱来、不学而能、不虑而知的。孟子说："人之所不学而能者，其良能也；所不虑而知者，其良知也。孩提之童，无不知爱其亲者；及其长也，无不知敬其兄也。亲亲，仁也；敬长，义也；无他，达之天下也。”（《孟子·尽心上》）王阳明说：“是非之心，不虑而知，不学而能，所谓‘良知’也。良知之在人心，无间于圣愚，天下古今之所同也。”（《传习录》中）又说：“人孰无根？良知即是天植灵根自生生不息”（《传习录》下），强调了他所说的“良知”是天所赐予的。在中国伦理思想史上，从孟子开始就把人们在后天获得的，在一定社会关系中形成的亲亲、敬长的仁义道德观念，说成是天所赋予的，把封建社会所教育、熏陶、培养的道德意识，说成是人们与生俱来的本能。

第二，良知又往往被看成封建社会的道德准则，是人人都应当遵守的天理。王阳明继承陆九渊“心即理”的理论，认为良知也就是天理，即封建社会的“孝亲”、“忠君”之理。他说：“吾心之良知，即所谓天理也。”（《传习录》中）又说：“夫物理不外于吾心，外吾心而求物理，无物理矣。遗物理而求吾心，吾心又何物邪？心之体，性也，性即理也。故有孝亲之心，即有孝之理；无孝亲之心，即无孝之理矣。有忠君之心，即有忠之理；无忠君之心，即无忠之理矣。理岂外于吾心邪？”（同上）这就是说，仁义道德这些天理都在我的心中，所以我的“心”或“良知”也就是这些道德准则。王阳明强调，良知就是“尔自家的准则”，是一个人在道德上应该而且必须遵守的规范。

第三，王阳明非常强调，他所说的“良知”是一种道德上判断善恶的能力。王阳明说：“良知发用之思，自然明白简易，良知亦自能知得。若是私意安排之思，自是纷纭劳扰，良知亦自会分别得。盖思之是非邪正，良知无有不自知者。”（同上）这种判断善恶的能力又可分为两个方面：一个是能判断他人的言行善恶，能对客观的人和事作出道德评价，并能使自己的这种评价成为社会舆论的一个部分，促使社会风气向着正确的方向发展。另一个是能对自己的言论、行动和所作所为进行自我认识和自我评价。他说：“尔那一点良知，是尔自家的准则。尔意念着处，他是便知是，非便知非，更瞒他一些不得。尔只不要欺他，实实落落依着他做去，善便存，恶便去。”（《传习录》下）在王阳明看来，人的思想、意念，只要一开始发动，就会有两种可能。一种可能是按着良知的认识去做，这就是良知之发用，由此而做出的行为，必然是善的和正当的。一种是为利、欲所引诱，为邪思所遮蔽，受“私意”所安排，由此而做出的行为必然是“自私用智”、“纷纭劳扰”。这两种情况，良知都能作出判断，也就是说，对一切“善恶之机”、“真妄之辨”，人的良知都能从细枝末节上加以体察。王阳明说："盖思之是非邪正，良知无有不自知者。"（《传习录》中）又说："是非之心，人皆有之，不假外求。"（《传习录》上）因而，行为的善恶，可以不需要别人评价，自己就能作出正确的善恶判断，这就是良知的一个很重要的作用。王阳明在他的著名的四句教中，提出"知善知恶是良知"，正是突出了良知的这种作用。

王阳明还认为，良知的这种判断善恶是非的能力，既然是一切人所共有的，是圣人贤人和愚夫愚妇所同具的，因此，在任何情况下，都是不可能完全泯灭的。物欲所蔽，尽管可以使良知不明，但不能使之完全丧失，正像一面镜子，灰尘污垢虽使其昏暗，但它总还会有所反映。王阳明说："良知在人，随你如何，不能泯灭，虽盗贼亦自知不当为盗，唤他作盗贼也还忸怩。"（《传习录》下）在人和人的交往中，在利欲的引诱下，一个人尽管道德沦丧，做了很多坏事，但由于他的能够知善知恶的良知还没有完全泯灭，因此，总还是可以通过教育和修养来达到改恶从善的目的的，这也正是王阳明强调良知能判断善恶的主要目的之一。

第四，良知在行为选择中有特殊的作用。王阳明认为，既然良知能对人的行为进行善恶的评价，因而，当人们在几种可能的行为中进行选择时，良知就有促使人们从善去恶的作用。王阳明说："圣人只是顺其良知之发用，天地万物俱在我良知的发用流行中，何尝又有一物超于良知之外能作得障碍？"（同上）在王阳明看来，人们在面临道德选择时，必然会像人走到十字路口一样，有一个何去何从的问题。王阳明反对宿命论，强调作为道德意志的良知的作用，认为只要人们的良知能够"发用流行"，发挥它的主观能动作用，就没有任何东西能阻碍我们弃恶从善。

第五，王阳明认为，在人的行为之后，良知不但能对人的行为进行善恶评价，而且还能够促使人们改恶从善。朱熹曾经说过："人作不好底事，心却不安，此是良心。"但这里只说到"不安"，还没有看到良心的积极作用。在行为之前，良知有知善知恶的作用，能够使人们认识到什么是善、什么是恶，从而有助于人们具体的价值目标的选择；在行为过程中，良知有择善去恶的作用，使人们在多种道德选择中，特别是在两难境遇的道德选择中，能择善去恶，选择善作为自己的行为目标；在行为之后，良知能追悔过失，从而达到使人们"改恶从善"的目的。良知的这三种作用，对端正人们行为的价值取向有极其重要的意义。

总之，王阳明继承陆九渊的思想，从唯心主义的天赋道德论出发，对人的良知或良心的种种作用作了深入细致的探讨。他看到人的良心确有一种隐蔽、微妙的作用，并对它作了比较深入的分析。良心作为一种个体道德意识现象，它自身的形成、发展、变化和作用机制是非常复杂的。它不但同个体的情感、意志、信念、品德相联系，而且还往往同人们的生理机制、心理机制相交织，从而表现为一种似乎神秘、隐蔽而不易测知的心理和意识现象。王阳明一方面较深入地探究了良知的这些现象，给予了它们很多正确的解释；另一方面又往往陷入唯心主义的臆测，甚至认为良知是天地万物的主宰，“良知是造化的精灵。这些精灵，生天生地，成鬼成帝，皆从此出，真是与物无对”（《传习录》下）。但是，如果能剥去王阳明给良知附加的那些唯心主义的、神秘主义的外衣，也就可以看到，他对良知或良心的认识，和他的前人比较起来，确实又前进了一步。

四、“致良知”就是道德修养上的自我完善

王阳明在强调良知、良心的性质、作用和功能时，提出了一个重要思想，即“致良知”。

王阳明认为，良知是每一个人生下来就有的，是天所赋予人的本能，它能使一个人“知善知恶”，能使人对自己的行为作出正确的评价，而且能指导人们的行为选择，能促使人们改恶从善，等等。但是，为什么在当时的现实社会中，不少人却不能知善知恶，不能对自己的行为作出正确的评价，不能改恶从善呢？王阳明“致良知”的思想，就是为了解决这个最难回答的问题而提出的。

在王阳明看来，人在社会中生活，必然会受到各种物欲、私利的引诱，从而使与生俱来的那种“廓然大公”的良知受到蒙蔽。他说：“性无不善，故知无不良。良知即是未发之中，即是廓然大公、寂然不动之本体，人人之所同具者也。但不能不昏蔽于物欲，故须学以去其昏蔽。”（《传习录》中）因此，“致良知”也就是要除掉私欲，是恢复人的本心、良心的一种最重要的功夫。那么，王阳明所说的这种功夫究竟是什么呢？

首先，王阳明认为，“致良知”就是通过对人的良知的自我认识，

使人们能经常体察到物欲、私利是使自己良知昏蔽的主要原因，从而培养一种道德上自觉的能动性，以时时保持或恢复“吾心之良知”“廓然大公、寂然不动”的本性。

怎样来认识自己的良知呢？最根本的就是自己来认识自己，即王阳明所说的向内用力。这也就是说，“致良知”是自己对自己的认识，是一个先天就有的、与生俱来的、能知善知恶的良知，去“体察”那个已被外物和利欲诱惑了的良知。王阳明认为，通过这种认识可以重新恢复人与生俱来的良知，使那已经“自蔽自昧”了的良知重新显现出本来的面目。

正是从这种自我认识出发，王阳明对“为学”作了一种新的解释。在他看来，“为学”不在于要求得多少知识，而在于要求得对自己的认识，即求得人的良知，也就是体认自己的“心”。他说：“‘好古敏求’者，好古人之学，而敏求此心之理耳。心即理也。学者，学此心也；求者，求此心也。”（《传习录》中）他又说：“学也者，求以尽吾心也。”（《静心录》四）学习知识，就是为了体察、认识自己的良知。总之，在王阳明看来，“致良知”是他的伦理思想最重要的目的，因为只有恢复、达到或保持人们知善知恶的良知，才能使他们成为忠于国君的人、孝顺双亲的人、关心老百姓的人、爱护国家财产的人，即成为忠君、孝亲、仁民、爱物的人。

其次，王阳明认为，为了达到“致良知”的目的，必须特别强调“致”的功夫，只有正确地运用了“致”的功夫，才能使良知的自觉能动作用得到真正发挥。

从程、朱开始，宋明时代的理学家们，都特别喜欢引用《大学》中“致知在于格物”的命题，认为要达到致知的目的，就必须从格物着手。朱熹等人认为，格物就是要对客观事物进行研究。王阳明和朱熹不同，他把这个认识论的命题改造成为一个伦理思想的命题，别立新意，认为从对良知的自我认识来看，“物”不应被看作客观存在的外界事物，而应该是人的某种道德行为或者是关于某种道德行为的“意念”。他说：

> 身之主宰便是心，心之所发便是意，意之本体便是知，意之所在便是物。如意在于事亲，即事亲便是一物；意在于事君，即事君便是一物；意在于仁民、爱物，即仁民、爱物便是一物；意在于视、听、言、动，即视、听、言、动便是一物。所以某说无心外之

理，无心外之物。(《传习录》上)

在这里，我们可以看到，所谓“知”，就是良知，它是人的意念、动机的本体，一切意念、动机都是由良知发出来的。意念、动机直接涉及人们在不同人伦关系中的道德判断、道德认识、道德观念和道德选择，这些就是人们心中所产生的“事”或“物”。正是从这个意义出发，王阳明认为，思想意念中的“事亲”、“事君”，也就是“格物致知”中的物。他说：“致知必在于格物。物者，事也，凡意之所发必有其事，意所在之事为之物。”这里很明确，他所说的“事”，主要是指人们事亲、事君、仁民、爱物的道德行为；他所说的“物”，就是这些道德行为在观念中的反映，或者说，是人的良知对自己道德行为的反思。

什么是“格”呢？王阳明认为：“格者，正也，正其不正以归于正之谓也。正其不正者，去恶之谓也；归于正者，为善之谓也。”(《大学问》)因此，格物就是要在人们对道德行为的反思中，清除一切邪欲、恶念，使已经昏蔽的良知能够恢复，把已经放走了的“心”再找寻回来。王阳明说：“若鄙人所谓致知格物者，致吾心之良知于事事物物也；吾心之良知，即所谓‘天理’也；致吾心良知之天理于事事物物，则事事物物皆得其理矣。致吾心之良知者，致知也；事事物物皆得其理者，格物也；是合心与理而为一者也。”(《传习录》中）这里非常明白，“格物”就是要在对道德行为的反思中，使自己的思想符合于天理；“致知”就是要使吾心恢复本然的良知，而良知本身就是封建社会忠君、孝亲的道德准则，也就是“天理”。所以王阳明认为，“格物”和“致知”是把“心”和“理”合二为一了，这也就是他强调“致良知”的最重要的目的。

再次，在强调“致良知”的同时，王阳明非常强调自我认识中的“省察克治”之功。王阳明认为，“省察克治”是自我认识的一种特殊形式，是道德修养的一种最重要的方法。这种自我认识或自我修养的过程，犹如猫与鼠之间的一场生死斗争。他说：

> 省察克治之功，无时而可间，如去盗贼，须有个扫除廓清之意。无事时将好色、好货、好名等私逐一追究搜寻出来，定要拔去病根，永不复起，方始为快。常如猫之捕鼠，一眼看去，一耳听着，才有一念萌动，即与克去，斩钉截铁，不可姑容，与他方便，

> 不可窝藏，不可放他出路，方是真实用功，方能扫除廓清。(《传习录》上)

这就是说，在“省察克治”中，一个人先天就有的、能知善知恶的良知，居于主动的地位，它必须最大限度地发挥自己的能动作用，去廓清所有已经萌动了的“好色、好货、好名”等私心邪念。这种情况，正如警卫搜捕盗贼，或者像猫捕老鼠一样，是绝不能、也不应该姑息纵容的。王阳明所说的这种自我认识，就其实际意义来说，已经包含着思想领域中善和恶的激烈斗争，因此，这已经不仅仅是一种认识，而是一种很重要的修养功夫了。

正是从强调这种“省察克治”之功出发，王阳明认为修养就像清洁积满了尘垢的镜子一样，必须痛加刮磨；就像人们冶炼黄金一样，必须将铜、铅等杂质除去。他说：

> 圣人之所以为圣，只是其心纯乎天理而无人欲之杂，犹精金之所以为精，但以其成色足而无铜铅之杂也。人到纯乎天理方是圣，金到足色方是精。(同上)
>
> 盖所以为精金者，在足色而不在分两，所以为圣者，在纯乎天理而不在财力也。(同上)

在王阳明看来，人皆可以为尧舜，不论什么人，也不论他有多少知识，只要能将私欲克除，就可以达到圣人的境界。他说：“吾辈用功，只求日减，不求日增。减得一分人欲，便是复得一分天理，何等轻快脱洒！何等简易！”(同上)

总之，王阳明认为“致良知”是一种自我认识，是一种修养功夫，是以主体的能动性为特点的自我斗争。他说：“人心是天渊。心之本体无所不该，原是一个天，只为私欲障碍，则天之本体失了；心之理无穷尽，原是一个渊，只为私欲窒塞，则渊之本体失了。如今念念致良知，将此障碍窒塞一齐去尽，则本体已复，便是天渊了。”(《传习录》下)

五、“知行合一”是道德认识和道德行为的统一

在中国伦理思想史上，王阳明最突出的贡献是他的“知行合一”论。这一理论的主要特点是强调实践中道德认识和道德行为的统一，力

图从伦理观上建立起道德认识和道德行为之间的辩证关系，即建立起道德实践中的知行统一论。

知行关系的问题，在认识论中和在伦理观中是有所不同的。在王阳明之前和之后，大多数的哲学家，对于知行关系主要是从认识论的方面加以探索的，只有王阳明较明确地从伦理观上进行了分析。王阳明“知行合一”论所受到的许多批判，主要是由于对他的“知行合一”观的错误理解而引起的。

从认识论上看，关于知行关系，曾有知行孰先孰后、孰难孰易的争论。《左传·昭公十年》曾有“非知之实难，将在行之”的话，这是说，不患不知，唯患知而不行。后来，在伪《古文尚书》中，又有“非知之艰，行之维艰”的话，认为认识并不困难，行才是更为困难的。宋明的理学家们，从二程到朱熹，从唯心主义的认识论出发，认为“知先行后”，强调知的重要。程颐说：“然不致知，怎生行得？勉强行者，安能持久？”（《河南程氏遗书》卷十八）而且，他还由此得出了“知重行轻”的结论。朱熹也认为知先行后，他说：“若泛论知行之理，而就一事之中以观之，则知之为先，行之为后，无可疑者”（《答吴晦叔》，见《朱文公文集》卷四十二），强调知先行后。但朱熹又认为：“论先后，知为先，论轻重，行为重。”（《朱子语类》卷九）强调行的重要，说明朱熹在知行关系上较程颐又前进了一步，认识到道德行为的重要意义。

在分析王阳明的“知行合一”学说之前，有必要先弄清王阳明对“知”和“行”这两个概念的理解。

什么是“知”？简言之，就是王阳明所说的“良知”。这种良知，是一种先天的道德本能，是人们判断善恶的直觉，是道德选择的能力，是封建社会的道德准则，是支配人的行为的意志，是人们的道德认识。在通常的情况下，当“知”和“行”相对时，“知”主要是指人们的道德认识。王阳明常用“学”来包括“知”和“行”，他说：“如言学孝则必服劳奉养，躬行孝道，然后谓之学，岂徒悬空口耳讲说，而遂可以谓之学孝乎？学射则必张弓挟矢，引满中的；学书则必伸纸执笔，操觚染翰。尽天下之学，无有不行而可以言学者，则学之始固已即是行矣。”在这里，王阳明认为“学”就是既学习知识，又进行实际的行动，是知和行的统一。

需要我们认真研究的是，王阳明所说的“行”到底是什么意思？有人认为，他所说的“行”，就相当于我们所说的实践，这当然是不对的。也有人认为，他所说的“行”，仍然还是“知”的意思，这也未必客观。一般来说，王阳明所说的“行”，有行为、行动、行止、践履等意义。当然，他所说的“行”，不是整个人类的社会实践活动，更不是我们所说的生产斗争和阶级斗争的实践，而主要是指人们的道德活动，特别是指人们的道德行为。他说：“凡谓之行者，只是着实去做这件事。”认为“行”就是人们的行为。当然，在王阳明看来，他所说的行为，主要是指人们在人伦关系中的行为，如父之慈、子之孝、兄之友、弟之恭等行孝、行悌的道德践履活动。

在中国伦理思想史上，张载曾将人的知识分为“见闻之知”和“德性之知”，认识到“德性之知”有其自身的特点，它“不萌于见闻”，而和孟子所说的“尽心”、“知性”、“知天”相联系，是依靠主观自悟而达到的对天理的认识。王阳明继承并发展了张载的这一思想，除认为“德性之良知非由于见闻”（《传习录》中）外，还强调了道德上的“知”（德性之知）和“行”（道德行为）的关系。尽管在形式上，他并没有给他所说的“知”加上“德性之知”这样一个名称，但他所说的“知行合一”中的“知”，实际上指的就是“道德认识”或道德理性（即西方所说的实践理性）。值得注意的是，他并不特别强调这种“知”即道德认识的神秘、直观的方面，而是着重研究了这种道德认识的特点和它与道德行为的关系。

道德上的“知”有些什么特点呢？

首先，王阳明认为，道德上的“知”，应当是“能知必能行”的，如果不能行，那也就不能算是“知”，所以他说：“知而不行，只是未知。”（《传习录》上）对于一般的见闻知识，如果确实弄清了其中的道理，懂得了它的原理，则可以承认一个人有了这方面的知识。伦理道德上的“知”和那些必须由人的感觉亲自体验的“知”相比，有自己的特点。他说：“就如称某人知孝，某人知弟，必是其人已经行孝行弟，方可称他知孝知弟，不成只是晓得说些孝弟的话便可称为知孝知弟。”（同上）这就是说，即使一个人熟读了圣贤之书，明白了当孝、当悌的道理，甚至可以背诵给别人听，好像掌握了孝、悌的知识，但如果不能照着去做，又怎么能算懂得了孝、悌的知识呢？那些伪言矫行、道德败坏、“知识愈广而人欲愈滋，才力愈多而天理愈蔽”的人，又怎么能算是有了道德的知识呢？如果一个人只是把圣贤所讲的关于孝亲的道理背诵得滚瓜烂熟，而实际上却虐待、打骂自己的父母，又怎么能算他有了孝的知识呢？因此，在人伦关系中，在人的道德行为中，如事父之孝、事君之忠、交友之信、治民之仁等，如果只是知而不行，那就“只是未知”，因为圣人教人，就是不仅要使人们知道，而且要使人们做到，即“圣人教人，必要是为行方可谓之知，不然只是不曾知”。所以，不能行的“知”，也就不是“知”了。

其次，伦理道德上的“知”的另一个特点是：对这种知识的学习，本身就应当和人们的践履相结合，否则也就无法学到这种知识。王阳明认为，正如有些实际技能的学习需要操作一样，人们对伦理道德的学习，也只有在实际的笃行中才能实现。他说：“夫问思辨行，皆所以为学，未有学而不行者也。如言学孝则必服劳奉养，躬行孝道，然后谓之学，岂徒悬空口耳讲说，而遂可以谓之学孝乎？”此外，治民之仁、事君之忠、交友之信等，都必须在人与人的实际关系中通过实际行动来学习。所以，王阳明认为，为学的目的不是要学习许多圣人所晓得的知识，而是要在实际的践履中，学习圣人的品德。他针对时弊，批评那种不身体力行圣人的遗训，而“徒弊精竭力从册子上钻研，名物上考索，形迹上比拟”的不良学风，在当时，也是有合理因素的。

再次，在王阳明看来，道德上的“知”是一种决心要行的意志，这就是他所说的“知是行的主意”。道德上的“知”，不但是为了要去行的，而且是决心要照着去行的。在这里，王阳明把“主意”即“意志”包含在“知”的内容之中。任何一个道德行为，都必须是一种自觉、自愿、自择的行为，都必须先有意志，然后才能有行动。这里的“知”，已经不仅仅是一种认识，而是一种主观的信念，一种决心的选择，即王阳明所说的“主意”。一个人之所以能够对双亲服劳奉养，就是因为他由知识而形成情感，由情感而形成意志，并最后由意志而付诸行动。王阳明说“知是行的主意”，说明他所说的“知”已经是一种立意要去行动的志愿，并不是一般人们所说的知识。

“知”和“行”是什么关系？王阳明认为，“知是行的主意，行是知的功夫；知是行之始，行是知之成”（《传习录》上）。这就是说，“知”

和“行”是一个事物的两个阶段、两个层次或两个方面。在这里，他也承认，“知”是一种“主意”，即意志、思想、认识或动机，而“行”则是一种行为、实习、践履或行动。同时，他又认为，只要“知”了，就等于开始“行”了，而只有“知”的道理成了现实，才算是真正的“行”。在王阳明看来，“知”与“行”是不可分离的，他说：“知之真切笃实处即是行，行之明觉精察处即是知，知行功夫本不可离，只为后世学者分作两截用功，失却知行本体，故有合一并进之说。真知即所以为行，不行不足谓之知。”（《传习录》中）当然，如果就整个人类认识世界和改造世界的普遍意义来说，王阳明的这种说法，确实在一定程度上混淆了人们的认识同实践的关系，忽视以至于否认了知识同实践活动的明确的界限。但是，如果我们从王阳明实际的思想来看，他所说的“知”和“行”，主要指的是人们的道德认识和道德行为。正是出于这一原因，在谈到“知”和“行”时，王阳明总是反复强调，要人们明白他的“立言宗旨”。

什么是王阳明的“知行合一”论的“立言宗旨”呢？他说：

> 此须识我立言宗旨。今人学问，只因知行分作两件，故有一念发动，虽是不善，却未曾行，便不去禁止。我今说个知行合一，正要人晓得一念发动处，便即是行了。发动处有不善，就将这不善的念克倒了，须要彻根彻底，不使那一念不善潜伏在胸中。此是我立言宗旨。（《传习录》下）

这真是一语中的，清楚明白，只要能真正明白了王阳明的这段话，也就能够把握他的“知行合一”论的实质了。

从历史背景来看，王阳明提出“知行合一”和“致良知”，主要针对的是程颐、朱熹所提倡的在伦理道德上知、行分离的观点的弊端，力求克服社会上空讲仁义而不付诸实行的矫伪之风。王阳明继承了陆九渊的思想，对人的良知、良心进行了深入细微的探究，强调道德认识和道德行为的统一，强调“知”和“行”的重要，在伦理思想史上是一个重要的发展。明末清初的思想家们，对王学多所指摘，认为他的学说只是叫人静坐沉思、圆融事理，而不能使人们建功立业，这只能说是由于末流积弊，并非王阳明思想之本意。我们评论王阳明的伦理思想，应从历史的观点加以评论，是不能过于苛求的。

第三节　宋代思想家对中国伦理思想的贡献*

宋代是中国伦理思想发展史上的一个重要阶段，在过去相当长一段时间内，对宋代伦理思想的研究，总的来说，存在着一种“否定过多”的倾向，即对其在伦理道德方面的精粹部分，没有能够加以充分的肯定。这一方面是由于宋代思想家们的许多伦理道德思想，往往同他们的唯心主义本体论和维护封建制度的纲常论结合在一起，即精华与糟粕合为一体，不容易分辨；另一方面，这也是同我们思想上的一些形而上学观念以及“左”的思想影响分不开的。宋代思想家们的“心”、“理”等论述，常常被视为是颠倒了物质和意识的关系的主观唯心论或客观唯心论，并由此而被看作神秘主义，是形而上学的闭门思过等等，从而被否定了其在伦理道德理论方面的卓越贡献。

这里有一个认识问题，需要我们特别注意，从哲学的世界观来说，在物质和意识的关系上，如果把意识作为决定物质的根本，则这是一种唯心主义哲学；但从伦理道德来说，把“心”作为一种最重要的道德现象来进行研究，却不能简单地一概斥之为唯心主义。对伦理道德问题进行研究，很重要的一个方面，就是要研究人的道德意志、道德情感、道德信念和人的良心机制，也就是要对“心”进行研究。对“心”的研究，可以是唯心主义的，也可以是唯物主义的，因为心的活动，本身就是一种客观的现象。宋代思想家们对于心的研究，有先天的唯心主义内容，也有对心的活动的客观的、深入的分析，这是在研究宋代伦理思想时应当特别注意的。

一、从中国伦理思想的历史看宋代思想家对中国伦理思想的发展

中华民族的伦理道德传统，是中华民族思想文化传统的重要组成部分，从一定意义上简直可以说，中华民族的伦理道德传统，就是中华民族思想文化传统的核心。从哲学思想来看，说“中国传统哲学是伦理型的”，这应当被看作中国传统哲学的一个优点。有一种看法认为，在中

* 本节是提交给 1995 年 5 月在河南开封召开的宋代哲学与中华文化国际学术讨论会的论文，原载于《中州学刊》1993 年第 4 期。

国传统思想文化中，伦理道德都是维护封建专制统治的，因而是封闭、保守而且僵化的，只能是不可继承的糟粕。历史的发展说明，中华民族的优良道德传统，对于中国社会主义道德风尚的形成，对于中华民族的团结、和谐与发展，产生过或正在产生着非常重要的作用。中国及其周边一些国家的经济发展，已经或正在有力地证明，中华民族的优良道德传统，在经过吸收和改造之后，不但没有影响、阻碍这些国家的现代化发展，而且已经成为维持社会秩序、改善社会风尚、协调人际关系、增强国家凝聚力的精神支柱，对这些国家的现代化建设，也起到了强有力的推动作用。对于中国传统伦理思想，不区分精华与糟粕，不区分不同时代的历史关系，对其过高地推崇和赞扬，固然是不适当的；但是，不作具体分析，全面否定中国传统伦理思想的民族虚无主义，更是十分有害的。中华民族的伦理道德传统，不仅是中华民族的宝贵遗产，而且也是我们东方和全人类的精神财富。

为什么说“中国传统哲学是伦理型的”这一命题，不但不是中国传统哲学的缺点，而且是中国传统哲学的优点呢？最根本的原因就是，“伦理型”说明中国哲学是一种重视价值取向的哲学。不少哲学家都特别强调对道德主体精神的弘扬，认为这种自觉的对人生精神境界的追求，能够通过个人的道德完善而促进人类社会的发展。中国哲学所追求的这种崇高的价值取向，就是要通过“我欲仁，斯仁至矣”的个体自觉意识的觉醒，来实现道德上的自我完善。中国哲学尽管在不同时期和不同哲学家那里，有着复杂的表现形式，但这种价值追求始终是贯串其中的一条主线。抓住了这一条主线，也就从根本上掌握了中国哲学的发展线索及其核心内容。同世界各国哲学相比，这确实是中国哲学的一个优点。

中国传统伦理思想，一般来说，是指以儒家伦理传统为主要内容的道德思想。孔子确立了先秦儒家伦理思想的基本原则，形成了以仁、礼为主要内容的伦理思想体系。汉代儒者董仲舒，用他所强调的“天人感应”、“阴阳五行”和“三纲五常”的所谓“三论”，改造、深化并扭曲了儒家的伦理思想。以二程、朱熹、陆九渊、王阳明为代表的宋明时期的哲学家们，又以他们所强调的“理欲论”、“心性论”和“义利论”的新三论，吸收了佛教的一些思想，进一步深化了儒家的伦理思想，并赋予了儒家伦理思想以新的内容，使儒家伦理思想在登上历史高峰的同时，也陷入了绝对化的泥潭。明清之际的实学家们，有鉴于宋明理学家们空谈心性和天理人欲、义利之弊，以“崇实黜虚”、“经国济世”和“义利统一”的思想，对儒家传统伦理思想，作了新的解释。随着中国启蒙思想的产生和旧民主主义革命的发展，在五四运动中，“打倒孔家店”的口号，成为反对旧伦理、提倡新伦理的重要标志。从20世纪30年代开始，梁漱溟、冯友兰、贺麟、牟宗三等人，对儒家伦理思想再一次作了所谓适应时代发展的新的概括，我国香港、台湾地区及海外的一些新儒家学者也力图从伦理本体上来理解和建构一种新的儒家伦理体系。

宋代学者们对中国伦理思想的深化和发展，在中国伦理思想史上，有着里程碑式的作用。探讨宋代学者们对中国伦理思想的贡献，对于我们研究和学习中国伦理思想史，是有意义的。

二、宋代思想家们对中国伦理思想的主要贡献

中国哲学思想，从一定意义上可以说是以伦理思想为核心的一种具有中国特色的哲学。正是从这一意义上，我们可以说，宋代哲学确实达到了中国古代伦理思想的高峰。

首先，宋代哲学以心性说为基础，为中国伦理思想道德提出了系统化、思辨性的理论体系。在宋代以前，中国伦理思想比较多地提出一些应当实行的道德准则，着重于人们应当如何去做，如何担负起人们在社会不同等级中所应尽的道德义务。尽管孟子、荀子及以后的思想家已经开始注意到人性等问题，但始终没有能够为传统伦理道德的原则、规范建立起一个能够言之成理、持之有故的理论基础。应当说，宋代伦理思想家们有关心性的理论，解决了这一问题。宋代伦理学家们着重探讨了：这些伦理道德的原则和规范不但是应当的，而且是必然的，甚至认为这些道德原则本身就是一种天理。人们对这些道德原则，不但要知其然，而且要知其所以然，人们不但要知道处于某种地位和在某种情况下应当怎么做，而且要知道为什么这种应当是应当的。这样一来，道德规范不仅仅是圣人为人们制定的原则，而且成了人们心中的必然规律，成了“人心天命之自然”，成了“古今共由之理”。对于这些原则，宋儒为之作了精辟严密的论证，从而使道德戒律具有了一种前所未有的神圣的光环。宋以后，在士和知识分子中，儒家的伦理道德原则有了一种理性

的理论力量，从而能够更好地发挥调整人和人之间关系的作用。

其次，在伦理道德原则下，宋代哲学家们以他们对理欲、义利问题的研究，进一步深化了对公义与私利、个人与社会究竟应当以何者为本位的问题的探讨。尽管在理欲之辨的问题上，宋儒的不少论述带有形而上学的片面性，但从伦理道德思想来看，他们所提出的“廓然大公”、“义利问题就是公私问题”等命题，包含着处理个人同他人、个人同社会关系的重要合理观点。“君子喻于义，小人喻于利”，不仅是说君子只明白义，小人只明白利，而且强调，义和利或者说公义和私利是判断一个人究竟是君子还是小人的评价标准。

宋代一些思想家在义利理欲问题上，确实程度不同地存在着重义轻利的倾向，但就其主线来说，目的是要维护、完善、补充和发展中国传统伦理思想中的整体主义精神和追求崇高精神境界、理想人格的价值取向。

有一种观点认为，南宋灭亡，就是由于理学家们空谈义理而导致的，这是狭隘的。宋代理学家，大多数都是爱国的。

再次，宋代哲学家们从心性理论和人性善的思想出发，以良知、良能、本心、初心为前提，形成了“主敬”、“穷理”和“先立乎其大”的修养论，把为学的目的在于变化气质的要求加以深化，从弘扬人的道德主体性出发，为封建社会的人们找到了一条所谓的成圣成贤的实际可行的道路。“宇宙便是吾心，吾心便是宇宙”，更主要地是一个伦理学命题，它主张人的一切道德观念都是从人们的良心出发的，都是人们所固有的。宋儒继承孟子所强调的“存心”、“养心”、“求放心”的思想，也是为着使人们成圣成贤这一根本的目的。不论是修身养性，还是操存夜气；不论是静坐反省和惩忿窒欲，还是省察克己和居敬穷理；不论是静坐持修，还是习善践履，都是为了使人们能够沿着道德的阶梯不断向上攀登。宋代哲学家从心性论而发展出的修养论，是对人们完善自己的道德主体性的进一步发展，在伦理思想上有着十分重要的意义。宋代思想家们认为，道德主体性就是以崇高的道德理想和道德人格为目的，从而完善个人的一种主体的能动作用。“我欲仁，斯仁至矣”是孔子最早提出的，宋代哲学家们发扬了孔子的这一思想，他们对道德主体性的弘扬，在中国伦理思想发展诸阶段中是最突出的。

在哲学思想的研究上，我们总是要考虑一种思想是主观唯心主义、客观唯心主义还是具有朴素唯物主义的倾向，从而认识其在哲学基本问题上的基本倾向。如果我们同时从伦理思想上来研究宋代哲学家的思想，就能够发现，这些唯心主义的思想家们，在研究心性这一现象时，却往往是最接近于唯物主义的。良知、良能、初心、本心，在宋代哲学家那里，既有先天人性论和先验论，也有对人的心理活动和道德情感的客观细致的分析。如果我们能够以伦理学和科学的道德意志理论、道德情感理论、内心信念理论和良心机制理论来加以分析，以科学的心理学来对心理活动进行概括，我们就能够看到，对于心、本心、初心、良心这一极其复杂和极其丰富的道德现象，宋代哲学家的一些分析，至今还有着重要的启示意义，是我们发展科学的道德理论所应当批判继承的一个重要的思想宝库。

宋明以后的实学家们，由于批判宋明空谈心性的义理而走向了另一个极端。在经世致用上、在义利关系上，他们纠正了宋儒的片面性、绝对性，但是，对于心性、理欲、义利和修养理论的更加深入的研究，也就到此突然停止了，道德的主体性也就因此没有能够得到进一步的发展。从某种意义上看，道德主体性不被重视了，对道德的“良心机制”的研究也就愈来愈弱了。

三、从当前发展中国家的现代化来看发扬中华民族优秀道德传统的重要意义

中国正在从事社会主义四个现代化建设。最近几十年来，我们在推进国家的现代化过程中形成了一个新的认识，这就是现代化不等于西方化。对于东方国家来说，现代化在吸收西方先进技术和管理经验的同时，必须反对西方以个人为中心、追求金钱和享乐的腐朽价值观念，以东方特有的整体主义思想作为我们的价值导向。

在当前发展中国家于思想意识和价值选择方面所面临的诸多问题中，最值得人们注意和忧虑的，就是拜金主义、个人主义和享乐主义思想对人们，特别是对青少年的思想的腐蚀和毒害。金钱至上、自私自利和贪图享乐的思想，正扭曲着一些人的思想，影响着人际关系的协调并制约着经济的发展和社会的进步。在马克思主义指导下，在以社会主义集体主义原则为导向的同时，以新的思想总结、批判、继承宋代思想家们在传统道德上所作出的卓越贡献，进一步发扬中华民族和东方的优良

道德传统，有利于抵御西方腐朽思想对人们的腐蚀和毒害，有利于消除拜金主义、个人主义和享乐主义的影响。

第四节　李贽伦理思想新探*

李贽（1527—1602），号卓吾，福建泉州府晋江县人，是明末著名的进步思想家。他在中国伦理思想发展史上有着特殊的地位，值得我们很好地研究。

李贽生于明朝嘉靖、万历年间。这时，由于资本主义的萌芽，商品经济在不少地区已有了较大的发展，封建自给自足的自然经济，同日益发展的商品经济之间，正进行着激烈的斗争。李贽的家乡泉州（地处现在的厦门之北、福州之南）是当时对外贸易的一个重要港口。李贽的家族世代经商，从事海外贸易，他的二世祖李驽，就是当时泉州的一个大商人。封建地主阶级“崇本抑末”，即重视农业而抑制商业的政策，儒家三纲五常的道德教条对个人自由的束缚，宋明理学天理人欲的说教对广大人民生活欲望的限制，这一切都对当时新兴的资本主义萌芽构成了极其强大的阻力。要发展刚刚萌芽的资本主义，就需要在政治、伦理、哲学等方面冲破这些阻力。从中国社会当时的特点来看，冲破三纲五常、男尊女卑和天理人欲等说教的束缚，尤有着特别重要的意义。李贽一方面受家庭的影响，另一方面又深感明王朝的统治腐败和道学家们的虚伪，最终形成了他的叛逆性格。他把矛头直接指向当时的封建纲常伦理及其道德伦理教条，不畏强暴，同封建势力进行了坚决的斗争。1602年，李贽被统治者逮捕，在狱中自刎而死。

一、自私出于人的天性

在伦理思想上，李贽明确地提出人都是自私的这样一种理论，使自先秦以来关于人本质、本性自私的观点，有了一个更全面、更深刻的论述，表达了新兴资产阶级一种强烈的争取自身生存的愿望，反映了资产阶级反对封建束缚的伦理要求，从而为打破三纲五常的道德教条，为扫

---

* 本节原载于《社会科学战线》1988年第1期。

清禁欲主义的道德障碍和提倡每个人都应有自己的人格和自由等思想，提供了重要的理论依据。

关于人本性自私的观点，从思想渊源来说，在中国可以追溯到先秦。战国时期的慎到，最早提出了“人莫不自为”（《慎子·因循》）的思想，认为人都在追求自己的利益，因此，当国君的人，就要善于“用人之自为”（同上），以达到巩固自己的统治的目的。以后，荀子提出人性恶的主张，认为人的本性都是好利恶害的。他说：“若夫目好色，耳好声，口好味，心好利，骨体肤理好愉佚，是皆生于人之情性者也。”“从人之性，顺人之情，必出于争夺，合于犯分乱理而归于暴。”（《荀子·性恶》）荀子的这些话也含有“人性自私”的意思，不过他没有公开把人的本性同“私”联系起来。荀子的学生韩非，继承慎到和荀子的思想，又进一步发挥了“人皆自为”的理论，认为利己、自私是一切人所共有的，即所有的人“皆挟自为心”。由此出发，韩非认为，人和人之间，即使是父子、君臣之间，也都是各自为了自己的利益而相互计算的。但是，不论慎到也好，荀子、韩非也好，他们都没有专门对自私出于人的本性这一观点作系统的理论论证，甚至在文字上，都没有能把人和“私”联系起来。他们只是把“自为”、“好利”当作一个前提，以此来为他们要论述的观点服务。秦汉以后，儒家正统的人性论理论占了统治地位，人的本性是“自利”、“自为”的观点没有得到相应的发展。

李贽作为新兴资本主义萌芽思想的代表，冲破了近两千年儒家伦理道德的束缚，他继承了慎到、荀子、韩非的思想，从理论上对人性自私观点作了论证。

为什么说人的本质是自私的呢？李贽说：

> 夫私者，人之心也。人必有私，而后其心乃见；若无私，则无心矣。如服田者私有秋之获，而后治田必力；居家者私积仓之获，而后治家必力；为学者私进取之获，而后举业之治也必力。故官人而不私以禄，则虽召之，必不来矣；苟无高爵，则虽劝之，必不至矣；虽有孔子之圣，苟无司寇之任，相事之摄，必不能一日安其身于鲁也决矣。此自然之理，必至之符，非可以架空而臆说也。然则为无私之说者，皆画饼之谈，观场之见，但令隔壁好听，不管脚跟虚实，无益于事，只乱聪耳，不足采也。（《藏书·德业儒臣后论》）

这里很清楚，私是一切人所共有的本质，凡有心的人，都必然是有私的，没有私，也就无所谓心了。“人必有私”是一种自然规律，是可以由现实生活中的人的一切行动来验证的，那种不承认“自私是人的本性”的理论只不过是一种无益于事的无稽妄说而已。

在李贽看来，自私的观念，利己的思想，是人们从事一切活动的动力。农民为什么能勤劳地从事农业生产劳动？因为他们能从收成中获得利益，可以满足自己的欲望，达到自私的目的。读书人为什么能够用功读书？在于能够进取做官。当官如果不能得到厚禄，有谁愿意去做官呢？总之，人的一切行动，都是由私心所支配的。私心是人的一切行为的唯一动力。所以他说：“趋利避害，人人同心，是谓天成，是谓众巧。”这是一切人（不论贵贱）都有的利己之心，也就是他所说的人人都有的“真心”，即“童心”。他认为，说人们没有私心，就好像画饼让人们充饥一样，完全是自欺欺人之谈；或者说，就像戏台上听来的一样，不过是编造出来的故事罢了。这些主张，听起来似乎冠冕堂皇，但实际上在现实生活中是不存在的。李贽“私者，人之心也”的思想，反映了新兴资产阶级的要求，在当时有进步作用。

既然人的本性是自私的，那么人和人之间的关系，也就都是一种交换关系了。这里，李贽继承了韩非人皆有计算之心的观点，并对之作了进一步的发展。

李贽提出了一个命题，即“天下尽市道之交也”。他还指出：“是故以利交易者，利尽则疏；以势交通者，势去则反，朝摩肩而暮掉臂固矣。”（《续焚书》）“吾又以是观之，以身为市者自当有为市之货，固不得以圣人而为市井病；身为圣人者自当有圣人之货，亦不得以圣人而兼市井。吾独怪夫今之学者以圣人而居市井之货也。”（同上）为什么孔子能和七十子相交呢？这也是一种交易，不过这种交易不同于利、势之交而已。“七十子所欲之物，惟孔子有之，他人无有也；孔子所可欲之物，惟七十子欲之，他人不欲也。”（同上）这里他认为，不但人与人之间的关系是一种交易关系，就是圣人和他的弟子之间的关系也是一种交易关系。孔子是封建社会的“至圣先师”，他的弟子也都被视为道德高尚的人，但李贽却把他们之间的关系看作相互交易的关系，这是非常大胆的。

人都是自私的，圣人也是自私的；人与人之间的关系都是交易关系，所以圣人和七十子之间的关系也是交易关系；人都是想富贵即追求名利的，那么，圣人也不能例外。

李贽认为："谓圣人不欲富贵，未之有也。"（《李氏文集·明灯道古录》）他说："财之与势，固英雄之所必资，而大圣人之所必有也。何可言无也？吾故曰，虽大圣人不能无势利之心。则知势利之心，亦吾人秉赋之自然矣。"（同上）李贽明确地肯定圣人也好财好名，喜欢权势地位。在李贽以前，唐宋的思想家们虽也承认圣人有好富、好利的一面，但都说圣人是为天下国家着想，是要富国，是要利民，而李贽在这里所说的，则是自私自利。

二、穿衣吃饭就是人伦物理

人与人之间的道德关系和一切事物之间的必然之理，同人们的穿衣吃饭即物质欲望的满足，究竟是什么关系？这是中国伦理思想史上又一个长期争论的问题。

早在先秦，管子就有"仓廪实而知礼节，衣食足而知荣辱"的主张，指出物质生活资料的多少对人和人之间的道德关系有十分重要的影响。韩非继承了管子的思想，提出"饥岁之春，幼弟不饷；穰岁之秋，疏客必食。非疏骨肉爱过客也，多少之实异也"（《韩非子·五蠹》）。东汉的王充进一步指出："夫世之所以为乱者，不以盗贼众多，兵革并起，民弃礼义，负畔其上乎？若此者，由谷食乏绝，不能忍饥寒。夫饥寒并至而能无为非者寡，然则温饱并至而能不为善者希。"（《论衡·治期》）他认为："'……让生于有余，争起于不足'。谷足食多，礼义之心生；礼丰义重，平安之基立矣。"（同上）并由此得出结论说"礼义之行，在谷足也"（同上），强调只有使老百姓吃饱肚子，才能够使他们知礼行义，按照封建社会的道德规范去行动。但是，总体来说，自汉武帝"罢黜百家、独尊儒术"以后，特别是在董仲舒和白虎观会议之后，三纲五常的封建教条日益成为束缚人和人之间关系的桎梏。地主阶级的伦理思想家们愈来愈片面地强调封建社会中君臣、父子、夫妇之间的等级关系，否认人们的物质生活的重要性，否认人的感觉欲望。到了宋代以后，这种情况就发展到了把天理、人欲完全对立起来的极端荒唐的地步。

宋明道学家为了维护封建地主阶级的统治，提出了所谓"理"的概念。他们首先把理说成是万物的本源，认为世界上一切事物都是由理生出来的；其次，他们把理说成是一切事物的普遍规律，“且如这个椅子，有四只脚，可以坐，此椅之理也。若除去一只脚，坐不得，便失其椅之理矣”（《朱子语类》卷五七）；最后，他们把理说成人和人之间关系的原则和规范，即所谓“天理”。那么，这种人和人之间的“天理”（整个世间的一切人伦物理）又是什么呢？他们认为，“天理”就是三纲五常，就是仁义礼智信，就是父慈子孝、君仁臣忠等等，这都是人和人之间的“当然之则”，是人们之间的“公共的道理”。

宋明道学家们把世界上的一切人伦物理，最后都归结为天理，即归结为封建道德教条，其主要目的就是要用“天理”来遏制“人欲”，要“存天理，灭人欲”，要使人们达到所谓“人欲净尽、天理流行”的“廓然大公”的境界。这种禁欲主义的说教，对广大人民群众，对小生产者，对当时刚刚兴起的商人来说，都是一种沉重的束缚。而且尤有甚者，这种封建道德的“天理”在统治阶级的提倡、鼓吹下，简直成了一种至高无上的道德律令：不仅“君叫臣死，臣不得不死；父叫子亡，子不得不亡”，而且“饿死事极小，失节事极大”。他们把封建人伦的忠孝节义同人民的生活欲求完全对立起来，达到了令人吃惊的地步。

李贽把矛头对准了宋明道学家们所谓的天理人欲。他说：

> 穿衣吃饭，即是人伦物理。除却穿衣吃饭，无人伦物理矣。世间种种，皆衣与饭类尔。故举衣与饭，而世间种种自然在其中。非衣饭之外，更有所谓种种绝与百姓不相同者也。（《焚书》）

李贽认为，人和人之间的关系就是穿衣吃饭的关系，只有人们的物质生活才是唯一实在的，否定了这种关系，也就是否定了人和人之间的关系。这一命题的提出，真可以说有振聋发聩的意义。在李贽看来，人之所以为人，人在社会中生存发展，最基本、最重要的关系，就是由吃饭和穿衣而发生的种种关系。如果人们不是为了吃饭穿衣，又怎么能发生人和人之间的关系呢？而一切人和人之间的关系，又有哪一件不是和人们的吃饭穿衣相联系的？他极力反对在衣饭之外去寻找什么与百姓不相干的人伦物理，断言离开了吃饭穿衣，也就没有什么人伦物理可言了。他认为，只有“明于庶物”，才能“察于人伦”，也就是说，只有明白、了解了事事物物的道理，明白、了解了吃饭穿衣的道理，才能真正理解人和人之间的人伦关系，也只有这样确定的人伦关系的行为准则，才真正是从内心发出的，这就是所谓“由仁义行”。不因照着这些准则行为可以获得美名才故意去做，这就是所谓“行仁义也”（《焚书》）。李贽对孟轲这两句话，给予了新的解释，从而为自己的理论作了进一步的论证。

宋明道学家把封建社会人和人之间的道德关系拉到脱离人的物质生活的“天理”上，而李贽却把这种关系又拉回到人们的日常生活中来。他认为：“如好货、如好色、如勤学、如进取、如多积金宝、如多买田宅为子孙谋、博求风水为儿孙福荫，凡世间一切治生、产业等事，皆其所共好而共习、共知而共言者，是真‘迩言’也。……我之所好察者，百姓日用之‘迩言’也”（同上）。什么是“迩言”？迩者，近也，迩言就是一般人都照着做而且简单明白的浅近道理。李贽认为，要了解人和人之间的伦理关系，就必须明察这些浅近的道理，“夫舜之所以好察而为古今大智”（《李氏文集·答邓明甫》），就是因为他能深察这些“街谈巷议、俚言野语、至鄙至俗、极浅极近”的道理。李贽还进一步认为，评价人和人之间人伦关系的善恶的标准，就是看这种关系是否符合人们穿衣吃饭、趋利避害的最浅近的道理。符合的就是善，违背的就是恶。他说，由于舜做到了“民隐无不闻，情伪无不烛，民之所好，民之所恶，皆晓然洞彻，是民之中，所谓善也”，又说：“夫惟以迩言为善，则凡非迩者，必不善。何也？以其非民之中，非民情之所欲，故以为不善，故以为恶耳。”（《李氏文集·明灯道古录》）由此可见，每一个人的穿衣吃饭，即每一个普通人的物质利益，是人们的道德的基础；人们的善恶观念和道德评价，也都应该以是否符合这种利益为转移。不论是种田还是经商，都不能说是不道德的，也就是说，都是道德的。

在论述人伦关系时，针对儒家特别是程朱理学宣扬的“天理”，也就是“礼”，李贽深刻地指出，在理学家们看来，“从天降者谓之礼，从人得者谓之非礼；由不学不虑、不思不勉、不识不知而至者谓之礼，由耳闻目见、心思测度、前言往行、仿佛比拟而至者谓之非礼”（《焚书》），揭露了儒家所说的“礼教”，宋儒所说的“天理”，都是从天而降、和百姓的日用生活毫无关系的，而他们所斥为“非礼”、“人欲”的东西，反而正是人们耳闻目见、不可须臾废离的。在这里，李贽进一步明确地阐述了道德的根源问题，指出它不能来自天上，也不能来自空想，而只能来自百姓的吃饭穿衣，只能来自人们最切近的物质生活的需要。

三、强调道德行为的自治，反对封建纲常的束缚

在伦理思想史上，道德规范同人们的道德选择之间的关系，是一个有重要意义的理论问题。这一问题的实质是：人们在选择自己的行为时，是应无条件地遵守一定的道德准则、不能越雷池一步呢，还是应该提高人们的道德认识，由每个人独立判断，自觉、自主、自愿地在多种可能性中进行道德选择呢？这个问题也就是伦理学中的必然和自由的问题。它既和哲学原理中的“必然和自由”有一定的联系，又有着伦理学上的特殊意义，因而不同于哲学原理中的“必然和自由”问题。

在必然和自由的关系上，一般来说，自由在两种意义上被使用。一种是超越必然性的自由，持这种观点的人主张人的行为应该摆脱一切必然性的制约，人可以无条件地自由行动，这往往是那些唯意志论者的主张；一种是要求免于恐惧、强制、束缚以及各种威胁和禁锢的自由，持这种观点的人主张人的行为不应受到束缚，不应受到强制，人应该有自己选择的自由。伦理学家们在讨论这一必然和自由的问题时，有时兼指两方面的内容，有时只涉及第二个方面的“自由”。

在中国，先秦时期的老子和庄子，最早注意到了这一问题。他们针对儒家所宣扬的仁义道德，指出仁义礼智信等道德规范只不过是对人们的禁锢和束缚，应该打破。由于封建的道德规范主要是统治阶级用来巩固自己统治的一种工具，因此对广大人民来说，它就必然是一种强加于他们身上的沉重的枷锁。因此，一些思想家主张破除这些枷锁，使人们从这种束缚下解放出来，客观上确有一定的进步意义。但是，庄子由于其唯意志论思想的指导，最后走向了超越一切必然性的、无条件的自由，从而导致他在理论和实践上走到了十分荒谬的地步。

秦汉以后，儒家的三纲五常对人们的钳制作用日益加强，强调道德自由的思想亦随之而泯灭。到了东汉末年，随着儒家的三纲五常产生危机，魏晋玄学家们曾企图“越名教而任自然”，强调要从人的自然本性出发，反对名教的束缚。但是，这场名教与自然的辩论最终走向了名教与自然统一、道家与儒家合流的结果。儒家的名教纲常从人的本性中找到了根据。因此，这场名教与自然的辩论尽管也涉及了伦理学中的必然与自由的关系问题，但其最终结果是儒道调和，因而并未能在这一问题上前进太多。

李贽对封建社会长期以来所形成的三纲五常极为不满，深感这是一种强加在人们身上的枷锁。他说："夫天下之人不得所也久矣，所以不得所者，贪暴者扰之而'仁者'害之也。'仁者'以天下之失所也而忧之，而汲汲焉欲贻之以得所之域，于是有德礼以格其心，有政刑以絷其四体，而人始大失所矣。"（《焚书》）所以，他反对封建专制主义以礼乐刑政来束缚人民，并且认为，这是造成人民痛苦、灾难的主要原因。他认为，用礼乐刑政来束缚人民，是儒家统治人民的方法，这是一种"君子之治"。这种"君子之治"是违背人性、钳制人们的自由、限制人们的个性发展的。因此，李贽提倡一种"至人之治"，它的最根本的特点，就是"因其政不易其俗，顺其性不拂其能"（同上）。

李贽认为，人的行为都应该自己负责，独立自主，不必有圣人及他们所规定的种种束缚。每一个人都有自己能辨别是非善恶的"真心"或"童心"，都能作出正确的道德判断和道德选择。"世儒既不知礼为人心之所同然，本是一个千变万化活泼之理，而执之以为一定不可移之物，故又不知齐为何等，故欲强而齐之。是以虽有德之主，亦不免于政刑之用也"（《李氏文集·明灯道古录》）。李贽反对这种以刑政来束缚人的规定，反对一切所谓"条教禁约"（同上），强调要注意人人都有自治的能力，强调在道德选择中自由的重要。他说："人能自治，不待禁而止之也。若欲有以止之而不能听其自治，是伐之也。"（同上）认为如果强调礼法而不重自治，就是"重之以桎梏"，虽"有条教之繁，有刑法之施"，但是其结果则只能是"民日以多事"（《焚书》），违反法律和道德的现象不但不会减少，反而会日益增多。一切封建社会的道德准则和法律规定，都是外加的、人为的、强制的，而不是发自人们内心的、自觉自愿的选择。所以，只有去掉一切藩篱，取消一切规范，让人们在道德行为中自我选择，才是唯一正确的。李贽强调道德行为的自治，反对一切"条教禁约"，宣扬"人人自治"，反对"强而齐之"，矛头直指封建社会的纲常名教。在宋明道学家所宣扬的"天理"、"良心"的强制和束缚下，李贽的这种思想代表着一种冲破封建礼教的呼声，对禁欲主义的道德说教是一个沉重的打击。

在反对封建纲常束缚方面，尤其值得指出的是李贽对妇女的看法。从孔子开始，儒家就认为"惟女子与小人难养也"；五伦之说更有男尊女卑之意；以后，三纲之说，在君臣父子之外，又强调了夫妇的尊卑等级；再经汉儒董仲舒等人的附会，程颐竟提出所谓“饿死事极小，失节事极大”的封建教条。李贽一反道学家的观点，认为妇女之中亦有不少“才智过人、识见绝甚、中间信有可为干城腹心之托者”，甚至认为“男子不如也”。李贽还明确地主张寡妇再嫁，认为卓文君死了丈夫以后同司马相如私奔是值得称赞的。他还说：“斗筲小人，何足计事，徒失佳偶，空负良缘，不如早自抉择，忍小耻而就大计。”（《藏书·司马相如传论》）李贽在《初谭集》一书中，对于主张寡妇再嫁的人极力赞扬，认为“好”，说那些要未过门的妇女守活寡的人“不是人”、“大不是人”。此外，李贽也不同意那些把国家败亡归因于女人的庸俗卑陋之见，他认为：“若使夏不妹喜，吴不西施，亦必立而败亡。”（《初谭集》）他一方面承认声色可以迷人，容易导致破国亡家；但是另一方面也认为一个国家的破败是有其更深刻的原因的，不能一概都归结到女色上，这种见解还是很深刻的。

在强调道德行为的自治和反对纲常名教的同时，李贽也特别注意抨击那些宣扬封建纲常的道学家。

明朝末年，由程朱所开创的道学日趋衰落，当时的一些所谓道学家，不但不能身体力行他们所说的道德原则，而且大多数都是用道学来欺世盗名，以求取功名利禄。道学家们开口仁义道德，闭口天理良心，他们身穿长袍，头戴方巾，规行矩步，道貌岸然，整天在那里宣扬忠孝节义、礼义廉耻，而内心却卑鄙龌龊、蝇营狗苟，表面上是衣冠楚楚的道学先生，实际上却只不过是一些卑鄙无耻的两面派和伪君子。李贽讽刺地指出：“世之好名者必讲道学，以道学之能起名也。无用者必讲道学，以道学之足以济用也。欺天罔人者必讲道学，以道学之足以售其欺罔之谋也。”（同上）正因为道学可以用来追逐名利，所以那些“无才无学、无为无识而欲致大富贵者，断断乎不可以不讲道学矣”（同上）。针对当时道学家们言行脱节严重的情况，李贽指出：“讲道学者但要我说得好耳，不管我行得行不得也。既行不得，则谓之巧言亦可。”（同上）在他看来，这些道学家们真可以说是“被服儒雅，行若狗彘”（同上），不但是“男盗女娼”，简直和猪狗一样了。他深刻地指出，自从儒学产生以来，经过“汉儒之附会，宋儒之穿凿”，“人益鄙而风益下”。这些见解都是很深刻的。虽然他认为儒学自孔子开始，对孔子进行了许多批评，但还是把孔子和后来的儒学加以区别，这种态度，也是符合历史事实的。

李贽在反对封建道德、批评道学家的同时，又着重批判了道学家们对孔子的崇拜，对所谓“四书”、“五经”的盲从。

李贽认为孔子并没有什么超凡入圣的地方，只不过是一个要喝酒、讲吃穿的普通人。孔子的思想学说，本来只不过是诸子百家之一，和墨子、老子都是一样的。孔子的地位之所以越来越高，都是后来的人们为了达到一定目的而故意抬高的。

> 余自幼读《圣教》不知《圣教》，尊孔子而不知孔夫子何自可尊，所谓矮子观场，随人说妍，和声而已。是余五十以前真一犬也，因前犬吠形，亦随而吠之，若问以吠声之故，正好哑然而笑也已。(《续焚书·圣教小引》)

在李贽看来，五十以前，他对孔子的颂扬，就像矮子看戏一样，站在人群之中，本来什么也没有看见，只是人云亦云，随声附和。甚至如在茫茫黑暗之中的狗，因为前面的狗看见一个影子狂叫不止，后面的狗就也跟着大叫起来，实属可悲。

对于道学家们所推崇的“四书”、“五经”，李贽也认为是后人抬高的结果。其实，这些所谓经书上的话，都是当时老师根据学生所提出的问题所作的有针对性的解答。而且，这些话都是那些弄不明白老师讲课的意义的糊涂学生所作的笔记。在当时的条件下，这种记录也是残缺不全的，或有头没尾，或有尾没头，或只言片语，或断章取义。这种东西，又哪里能够称得上经典呢？这些话，即使是圣人说过的，就算是记得准确的，最多不过是医治那些糊涂学生的有针对性的药方，又怎能成为永世不变的真理呢？

在真理标准、善恶标准问题上，李贽也反对以圣人的言论作为标准，并且明确提出，反对以孔子的是非为是非。“夫天生一人，自有一人之用，不待取给于孔子而后足也。若必待取足于孔子，则千古以前无孔子，终不得为人乎？”在孔子生以前，人们就无法做人了吗？

在《焚书》的《赞刘谐》一篇中，李贽对刘谐批评儒家尊孔的话深表赞许。据说，刘谐针对朱熹等人所提出的“天不生仲尼，万古如长夜”讽刺嘲笑地说：“怪得羲皇以上圣人，尽日燃纸烛而行也。”李贽认为，刘谐的话简明扼要，打中了尊孔的要害。他说：“斯言也，简而当，约而有余，可以破疑网，而昭中天矣。其言如此，其人可知也。盖虽出于一时调笑之语，然其至者，百世不能易。”李贽认为，这种讽刺嘲笑很有发人深省的作用。

四、李贽思想的局限及思维教训

李贽作为一个反对封建道德传统的斗士，在伦理思想上是有很大贡献的。

李贽公开宣称人的本性是自私的，强调“夫私者，人之心也。人必有私，而后其心乃见；若无私，则无心矣”，表现了他在残酷的封建统治下所具有的极大的理论勇气。这一思想代表了当时新的生产力，反映了新兴的资本主义商品经济的要求。特别应指出的是，李贽宣称自私是人的天性，这只是说出了他所认识到的一个真理，并不是要为自己的思想和行为辩护。他一方面一而再、再而三地说一切人在行动时都是抱着自私的动机的，另一方面却处处为他的朋友、为他自己的阶级而仗义执言。在强大的封建官僚面前，他毫不考虑自己的安危，指名道姓地大骂道学家，嘲笑孔夫子，斥责三纲五常，宣扬寡妇再嫁。最后，明朝政府以“敢倡乱道、惑世诬民”为由将其下狱治罪，并命令“其书籍已刊、未刊者，令所在官司，尽行烧毁，不许留存”。李贽明确地宣称，吃饭穿衣便是人伦物理，认为任何人的行动都离不开吃饭穿衣，也都是为了吃饭穿衣。但是，他从未为自己的吃饭穿衣问题而媚颜屈膝。他身为明朝官吏，但始终都和统治阶级对立，自认“自幼倔强难化”，并未为自己“穿衣吃饭”打算。四十多岁时，因家庭生活困难，灾荒时他的两个幼女竟相继病死。这个坚决主张自私是人的天性的人，最终却为别人、为阶级、为新兴商品经济的发展献出了自己的生命。他同资本主义后期那些利欲熏心、为个人的发财欲所支使，从而大讲自私是人的本性的人是截然不同的；同那些宣扬金钱至上，为了个人私利而投机取巧、蝇营狗苟的人更是有天壤之别的。恩格斯曾经指出，自社会的阶级对立发生以来，人的丑恶的情欲——贪欲和权势欲明明作了历史发展的杠杆。例如，封建制度和资产阶级的历史，就可以提供这方面的不断的证据。李贽从当时的社会条件出发，把在私有制下所形成的农民、手工业者的私有心理，以及地主和商人的剥削本性都看成私，并把这种私看作人的普遍的本性，当然是错误的。人的本性是社会关系的总和，只有在私有制的基础上才形成人们的私有观念。而且，随着公有制生产关系的建立，人们将最终成为不自私的人。李贽作为资产阶级启蒙思想的先驱，他的思想只能代表刚萌芽的资产阶级，这是我们不能苛求于他的。

此外，道德规范同人的自觉的道德选择是既对立又统一的。在过去长期的剥削阶级占统治地位的社会中，剥削阶级总是把道德规范作为一种绳索，把广大人民捆绑起来，使他们规规矩矩、老老实实地为其服务。从这一意义上，李贽对封建伦理纲常的抨击，对道学家的嘲笑，对孔夫子的讽刺，都有很重要的进步意义。但是，李贽完全否认道德规范的必要，强调任性依情而行，认为只要有发自内心的“童心”，就可以有“有德之言”和“有德之行”，这也是有很大局限性的。李贽的所谓“童心”、所谓“自治”、所谓“任性”，都只不过是依照他所说的“私心”而已。这种公开的私心，尽管他自认为可以超越一切道德规范的约束，但最终仍然是依据自私自利的道德原则去行动而已。而且，作为一个社会人，为了在社会中生活，是永远也无法超越这样那样的道德规范的。最重要的不是不要任何一种道德规范，只凭自己的任意选择，而是要在道德行为的选择中，依据那种有利于广大人民群众的道德规范，这一点，当然也是李贽所不可能认识到的。

在道德原则、规范和广大人民群众的物质生活的关系上，李贽主张“穿衣吃饭即是人伦物理”，认为除去穿衣吃饭，就没有什么人和人之间的道德关系了，这是有合理因素在内的。特别是针对当时道学家把广大劳动人民最起码的物质生活要求都说成人欲、邪念和恶，李贽的思想反映了农民、小生产者和商人求生存的欲望，是进步的。但是，他认为人和人之间的人伦物理，包括人们的道德原则和道德规范，似乎也都只简单的是一种为了吃饭穿衣的关系，认为除了吃饭穿衣的关系之外，人和人之间没有任何别的关系，这也是片面的。吃饭穿衣，即人们的生产和消费，这固然是人和人之间最基本的关系，但是，人们为了能更好地进行生产和消费，为了能维持人和人之间的正常秩序，还必须有道德关系。自从原始社会以来，没有道德的调节，人类社会就无法存在。这就是说，作为社会的人，作为一个整体或集体的人，决不能只顾自己的穿衣吃饭，而要照顾到整体的利益，以整体利益为前提，在必要时牺牲自己的利益，以便使整体的人都能更好地穿衣吃饭，决不能自私自利地只为一个人的穿衣吃饭而活着。当然，在封建剥削阶级统治的社会内，李贽不可能认识到不同阶级是有不同的人伦物理的，他只看到了剥削阶级的穷奢极欲和劳动人民的贫穷无告，因此，他强调“穿衣吃饭即是人伦物理”，也是可以理解的。但是，不管怎么说，他的这一理论，在伦理思想上容易导致只重视吃饭穿衣，忽视高尚道德品质的重要性，这是应该注意的。

第五节　刘宗周的“慎独”思想及其在道德修养上的重要意义*

刘宗周是明代著名的思想家、哲学史家和伦理学家。他在伦理学方面的重要贡献，就是强调了“慎独”在道德修养和道德教育中的独特作用，对后来伦理思想的发展，特别是对人们进行道德修养的途径和道德品质的提高有着重要的影响。

“慎独”是儒家思想的一个重要范畴，自从《大学》、《中庸》提出“慎独”这个概念以后，后世儒家的学者和思想家，无不把“慎独”作为一个重要的修身原则和齐家、治国、平天下的基本要求进行多方面的探讨。在儒家所有论述和发挥“慎独”概念的思想家中，刘宗周可以说是最睿智、最能理解“慎独”真谛的学者。

刘宗周，字起东，号念台，浙江绍兴府山阴县（今属浙江省绍兴市）人，曾在蕺山讲学，所以又被称为蕺山先生。他生于明神宗万历六年（1578），卒于清顺治二年（1645），终年 68 岁。他幼年的时候，家中贫穷，生活不能自给，是在贫困中度过的。1608 年，他在任礼部主事时，不畏强暴，疾恶如仇，大胆弹劾当时权势极大、门徒遍朝的奸相魏忠贤，列举了其种种罪行，并屡次上书向皇帝提出有关朝政各项大事的建议，表现了他个人具有的崇高品质。但是，明神宗朱翊钧不明治国之方，认为他的意见不切实用，为此，刘宗周辞去礼部主事，回归旧里。后来，因政局发生变化，他又被起用为左都御史，但仍因为直言得罪了皇帝，被革职归家。

清军入关后，明室南渡，为了挽救即将覆灭的国家，朝廷又恢复了

---

* 本节原载于《齐鲁学刊》2013 年第 1 期。

他的官职。后来清军攻破南京，福王逃到浙江，浙江又被清军所占，明朝已经名存实亡。在这种情况下，刘宗周决心以死报国。他说："身不在位，不当与城亡，独不当与士存亡乎！故相江万里所以死也。世无逃死之宰相，亦岂有逃死之御史大夫乎！"（《明儒学案·蕺山学案》）他对自己的家人和学生表示，在这种情况下，决不应成为"一贪生畏死之徒"，他不吃不喝，"绝食二十日而卒"。他的著作有《刘子全书》40卷、《刘子全书遗编》24卷，相继于清道光四年（1824）、道光三十年（1850）刊行。刘宗周的思想和行为，充分表明了他不但是一个思想家和史学家，而且是自己理论的忠贞的实践者。他的思想和理论，同他为国家尽忠的高尚气节，可说是中国古代知识分子的一个典范。

在明朝末年腐败的社会政治环境中，理论和实践严重背离，已经成为一种社会的病态，说的是仁义道德而行的却是男盗女娼。刘宗周的行为，可以说是中流砥柱，永照汗青。

一、慎独是成圣成贤的重要途径

刘宗周的学生黄宗羲（1610—1695）是明朝末年一位著名的思想家、哲学史家和杰出的爱国主义战士，他忠实地继承了刘宗周的哲学、伦理思想，并对刘宗周的伦理思想作了一个全面而深刻的概括。他说："先生之学，以慎独为宗。儒者人人言慎独，唯先生始得其真。"（同上）又说："慎之功夫，只在主宰上，觉有主，是曰意，离意根一步，便是妄，便非独矣。故愈收敛，是愈推致，然主宰亦非有一处停顿，即在此流行之中。故曰逝者如斯夫，不舍昼夜。"（同上）黄宗羲认为刘宗周的思想，最核心的一点就是"以慎独为宗"，而且特别强调，"儒者人人言慎独，唯先生始得其真"。其中的一个"始"字，尤其说得深刻。从孔子提出慎独思想直到明代，两千多年以来，那么多的学者，都没有认识到慎独的真正含义。这是一个极为深邃而准确的概括，值得我们认真加以研究。

刘宗周强调"学以为人，则必证其所以为人，证其所以为心而已。自昔孔门相传心法，一则曰慎独，再则曰慎独"。这就是说，学习的目的，就是要学做圣人，根据孔子以后的许多思想家的经验总结，要成为一个圣人，最重要的方法就是要慎独。

二、慎独是对人的品德最重要的考验

刘宗周认为，在社会生活和人与人的交往中，在别人都能够看到的地方，许多人都能够遵守社会的道德规范；但在无人能够看见的地方，人们的做法就有很大的不同了。用今天的话来说就是：在道德上从“他律”上升到“自律”，才是道德修养最重要的目的和要求。刘宗周认为，对于一个没有道德的人来说，当他一人独处而无人能看到他的言行时，他就会按照自己的私欲无所顾忌，违反社会的道德规范，做出很多不道德的事来。这些人，为了个人的私利，甚至什么不道德的事都可以做得出来。当然，他们有时也会因欺骗了别人而感到内心不安，但只要没有人看到，他们就仍然会泰然处之，继续做出不道德的事来。

人们的道德修养和道德境界的提升，关键的或者说最重要的是要看一个“独”字。刘宗周说：“夫人心有独体焉，即天命之性，而帅性之道所由出也。慎独而中和位育，天下之能事毕矣。然独体至微，安所容慎，唯有一独处之时，可为下手法，而在小人，仍谓之闲居为不善，无所不至，至念及掩著无益之时，不觉其爽然自失矣。”（《人谱·证人要旨》）正是由于这种原因，刘宗周强调，一个人在独处的时候，应该特别提高警惕。一个有道德的人，要特别注意加强自己独处时的道德修养。

同时，刘宗周还特别说明，独处对于一个有道德的人来说，是可以大有作为的时候，是一个人做出高尚道德行为的最好时机。他说：“君子曰：闲居之地可惧也，而转可图也。此时一念未起，只有一真无妄在不睹不闻之地，无所容吾自欺也。吾亦与之勿自欺而矣。”（同上）这就是说，在无人监督、无人知道的独处的情况下，一个有道德的人，不但不会做不道德的事，而且能够自觉地按照君子和圣人的标准来要求自己，“善欲人见，不是真善”、“恶恐人知，就是大恶”，一个人只有不断地锻炼和修养自己的品德，才能体现出慎独更重要的意义。

中国古代的思想家们，从《礼记》开始，到明代末年，对于慎独的思想，确实讲了很多。《礼记·大学》最先提出“君子必慎其独”的思想，认为“小人闲居为不善，无所不至，见君子而后厌然，掩其不善，而著其善。人之视己，如见其肺肝然，则何益矣。此为诚于中、形于外，故君子必慎其独也”。这里所说的“独”，就是人所不知而己所独知之地，认为小人在独处之时，只要没人看见，就会做出各种各样的坏事，及至见了君子，也知道惶恐不安，假装出一副为善的样子，妄图瞒过别人。殊不知要想人不知，除非己莫为，这种伪装只能是白费心机，所以君子特别强调“慎独”。由此可见，这里所说的“慎独”，还只是从消极方面来说的。

同样，《礼记·中庸》也是从这样的意义上来强调重中庸的，认为至高无上的道是须臾不可离的，所以“君子戒慎乎其所不睹，恐惧乎其所不闻，莫见乎隐，莫显乎微，故君子慎其独也”。这里的意思也是说，一个有道德的君子，常常怀有一种敬畏的心理，在别人眼睛看不到、耳朵听不到的地方，要能够常常自觉地进行修养。一切细小的事情，一切幽暗不明的地方，自己都会知道得很清楚，而且最终也瞒不过别人，所以君子要特别注意“慎独”。

以后，思想家们虽然对“慎独”作了很多发挥，但都没有超出《大学》和《中庸》所作的这一解释。所以，黄宗羲说“儒者人人言慎独，唯先生始得其真”，是说得很准确的。

三、慎独就是要发扬“本心”

在刘宗周所著的《人谱》中，他认为“独”就是“本心”，慎独就是要“兢兢无负其本心”，也就是要发扬人的道德主体性。

我们知道，王阳明是明代心学的集大成者，他继承了宋代心学家陆九渊的思想，特别强调发扬人的本心的重要性。刘宗周同样强调心的作用。刘宗周说：“学以为人，则必证其所以为人，证其所以为人，证其所以为心而矣。”由此可见他对心的作用的重视。他认为，一个人要想在道德上有所进步，就必须在独处时狠下功夫。能不能把握住独处的关键时机，是对一个人能不能成为有道德的人的重要考验。发扬本心，就是要克服一切“七情之动”和“累心之物”，使自己达到“人极”这样一种最高的道德境界。刘宗周不顾个人安危，冒着生命危险，大胆揭露当时的权臣魏忠贤，敢于对皇帝直谏，直到罢官和以死殉国，是一位道德高尚、热爱国家、热爱民族、勇于献身的知识分子，这同他在道德上的理论造诣和实践中的身体力行是有着密切关系的。

刘宗周以前的思想家对“慎独”的解释，都强调慎独是在个人独处之时，也就是在没有人看到的地方，不应该做不道德的事。刘宗周则更进一步，他认为，一个人就是在大庭广众之下，在自己的内心深处，同样应当注意慎独。这就是说，一个人在做某一件事之前，内心中必然要有一些想法，或者称为意欲、意念（也就是今天所说的追求或动机），由于它只是人的一种内心活动，所以在它还没有转化为行动以前，是不为外人所见，而自己却知道得很清楚的。这种情况下，同样应当强调“慎独”，要努力克服和清除这些人所不知而自己独知的邪思邪念。王阳明也曾经指出：“必欲此心纯乎天理而无一毫人欲之私，此作圣之功也。然欲为此者，非防于未萌之先而克于方萌之际不能也。”（《传习录·中·答陆原静书》）刘宗周认为，在这种情况下，更要发挥良知的作用，对内心中各种不正确的思想，一定要“戒慎恐惧”，注意“慎独”。

刘宗周在强调“慎独”的同时，还特别注意“知几”的重要意义。他说“几者”，微也，渺也，纤也，细也，即它是一种极其微妙、细纤的东西，也是非常不容易为人所察觉的。人的思想本来处在静止的状态，人一旦有“念”，各种嗜欲和邪思邪虑，就会跟着产生。所以，刘宗周提出要“卜动念以知几”，即要努力去察知自己细微的不正确的思想，提醒自己加以克服，这是慎独又一个很重要的方面。

四、慎独修养的四个阶段

中国传统道德非常重视修养的功夫，这可以说是中国传统道德思想的一个重要特点。孟子就指出了养气对品德形成的重要，荀子也十分强调修养在道德思想形成中的作用。到了宋明以后，学者们在强调修养的同时，更加强调修养的功夫。宋明的思想家们认为，要想把社会的道德规范转化为人们的思想品质，就必须有艰苦的、细致的、长期的努力，这种不懈的努力，就叫作功夫。

从刘宗周的论述来看，修养功夫大体上可分为四个步骤，即知过、记过、讼过和改过。

（一）知过

刘宗周认为，在慎独的整个功夫中，首先是要知过，即要能够知道自己有过，能认识到自己的错误。刘宗周把人的知识分为两类，一类叫常知，一类叫真知。什么是常知呢？他认为“常知”就是“常人之知，习心之知”。什么是“真知”?“真知”就是一种“本心之知”。这种“本心之知”,不但是能知能行的,而且是能够知道自己的错误的一种“知过之知”。中国古代的思想家们大都强调“自知”的重要。老子说“知人者智,自知者明”,认为自知的人比知人的人更聪明。因此,思想家们总是提醒人们“人苦于不自知”,要求人们经常剖析自己、认识自己。刘宗周更加强调了对自己的错误的认识。他认为,慎独的目的是为了改过,而要想改过,首先是要能知过,他不同意那种“知过非难,改过为难”的说法,而是强调“改过之难,正在知过之尤不易”。

（二）记过

刘宗周认为,在知过之后,还要进一步“记过”,即有意识地把自己的过错认真地、一丝不苟地记载下来。刘宗周继承了古代思想家们所提倡的“功过格”的方法,并对它作了进一步的发挥。所谓“功过格”,原是中国古代信奉封建礼教和宗教的信徒,将自己所行之事,分别善恶,逐日登记,借以考察自己的思想和行为变化的一种手段。宋代的范仲淹、苏洵等,均有“功过格”。后经明代袁了凡加以倡导,“功过格”遂流行于世。我国古代的道教信徒,也有将自己日常行为的善恶用作权衡鬼神降祸福的标准者。[①] 尽管“功过格”中有一些封建的、唯心的内容,但它在提高人的修养、勉励和督促人向善去恶方面,有着重要的作用。

明代中期的思想家黄绾曾谈到他在修养中所实际实行过的种种功夫。他说,他曾经“悔恨发愤,闭户书室,以至终夜不寐,终日不食,罚跪自击,无所不至”。这些还不够,“又以册刻‘天理’、‘人欲’四字,分两行。发一念由天理,以红笔点之;发一念由人欲,以黑笔点之。至十日一数之,以视红黑多寡为工程。又以绳系手臂;又为木牌,书当戒之言,藏袖中,常检之以自警”(《明道编》)。黄绾的这种方法,也就是所谓的“功过格”的方法,即把自己内心中正确和错误的思想都加以记载,相互对照,来进行自己的修养。由此可见,明代的思想家们,在修养的功夫上,已经作了很大的努力,形成了一套较为完整的方法。

刘宗周在原有的“功过格”的基础上,提出了自己的不同看法,他

---

① 《道藏》第78册《太微先君功过格》立“功过”36条,“过律”39条。规定治人疾病、救人性命、传授经教、为人祈禳、劝人性善等皆记功,行不仁、不善、不义、不轨之事皆记过。逐日记录,一月一小比,一年一大比,善多者得福,过多者得咎,借以鼓励道士行善避恶。

认为，不必去记自己已经做了哪些有“功”的事，只需要好好地记住自己的“过”就好了。他认为“无过即是善”，一个有道德的人，在道德修养上，应当是“言过不言功”，所以他把以前的“功过格”改为“记过格”。他还把人们可能有的过错分为六种：一是微过，出现在人们的欲念未起以前和即将要发生之时，这种过是别人无法知道的，但一个注意慎独的人，一定要重视这种微过。二是隐过，即已经形成了一种邪思邪念，但还没有表现于形色之上，还没有为外人所看到。一个能够慎独的人，决不能忽视这种隐过。三是显过，即这种邪思邪念，已经通过音容笑貌显露了出来，已经表现在自己的言语和行动之中了。也就是说，这种过是已经显露出来的过，是从微过和隐过发展而来的，是更应当警惕的。四是大过，根据刘宗周的解释，一方面，这些过是关系到君臣、父子、长幼、夫妇、朋友等各方面关系的过；另一方面，这些过是经微、隐、显而来的过，所以说是大过。五是丛过，即各种过错不断出现，自小而大，自少而多，自微而著，以类相从，所以叫丛过。六是成过，这种过已经走到了“恶”。刘宗周说“成过为众恶之门”，也就是说，这种过已经要进入“恶”了。刘宗周认为，一个人要进行真正的道德思想的修养，就必须要把自己的各种过错，一一记载下来，严格要求自己，而不必记载自己的功。

（三）讼过

记过是为了改过，而改过就必须“讼过”。什么是讼过？讼过就是要对自己的过错，主动地进行自我剖析和自我批判，以达到改正自己的错误的目的。正是由于这一原因，所以刘宗周在强调了记过之后，紧接着便提出了讼过的问题。怎样讼过呢？刘宗周继承了宋明心学家们静坐反省的方法，并且对它作了很大的发展。早在《论语》中，我们就已经看到有关内省、省身和自讼的提法了。孔子说“见贤思齐，见不贤而内自省也”，又说“已矣乎！吾未见能见其过而内自讼也”。曾子曰：“吾日三省吾身：为人谋而不忠乎？与朋友交而不信乎？传不习乎？”《礼记·学记》中也说：“知不足，然后能自反也。”刘宗周强调，要进行讼过，就必须十分虔诚地静坐、闭阁终日，不断地自讼，不断地完善自身。这种静坐的方法，是不是有点近乎坐禅了呢？不是。刘宗周说：“程子每见人静坐，便叹其善学。后人又曰，不是教人坐禅入定，盖以补小学一段求放心功夫。”他说，静坐绝非“一无事事”，而是要“小心著地”，认认真真地进行省察克制的功夫。

（四）改过

刘宗周强调，记过、讼过的目的，都是为了改过，所以，改过才是慎独最重要的目的，也是慎独功夫中最值得重视的一种功夫。人在社会中生活，总会产生这样或那样的过错。孔子曾经说过：“过而不改，是为过也”，强调了改过的重要。刘宗周继承了这一思想，他认为，只要能够从细微的微过开始，改正自己所犯的错误，就是非常好的，就不是过错；只有那些有了过错而不肯改正的人，他们的过错才是真正的过错。

在改过方面，刘宗周特别强调要“行”，要“知行合一”。他继承并发展了王阳明的这一思想，认为“知行只是一事，知者行之始，行者知之终；知者行之审，行者知之实。言知则不必言行，言行亦不必言知”。他认为，真正的知，也就包含了行；他之所以强调要知过，就是因为，知过之中，就已经包含了能改过的行的意义在内了。正是在这一意义上，刘宗周对《大学》的格物、致知也作了新的解释。他说：“大学之道，一言以蔽之，曰慎独而矣。”又说：“格物、致知亦总为慎独而设”，把一部《大学》的全部理论和它的格物、致知的要求，都说成是为了慎独，为了达到改正自己的错误的目的。

从上述的分析我们可以看到，刘宗周的伦理思想的核心就是慎独，就是要人们在道德修养上按照知过、记过、讼过和改过的功夫来改造思想、提高品质、升华灵魂，通过艰苦的努力，最终达到成为圣人的目的。他一方面强调人的本性是善良的，人的这种善良的本心是生而具有的；另一方面又强调能否慎独，是人和禽兽的分别，保持和发扬人的这种善良的本心，使它不受外物的引诱，是需要人们自觉努力的。

在社会主义社会中，培养青年的思想道德、提高人民群众的道德水平、改善整个社会的道德风尚，有着十分重要的意义。加强社会主义道德教育，只有使道德原则和道德规范内化到人们的心灵深处，才能取得实际的效果。因此，在重视道德修养的同时，如何发挥道德内化的作用，是一个特别突出的问题。刘宗周的慎独思想，在今天仍然有一定的启发和借鉴意义。

刘宗周生活于500多年前明王朝即将覆灭的时代，在刘宗周的思想、品德、事迹和行为中，既包含着丰富的可供我们继承和发扬的中华民族的优良道德传统，也包含着君君、臣臣的等级制度的糟粕。他所尽忠的明王朝，是一个即将灭亡的腐朽王朝，他所采取的饿死的方法，我们也不可效法。但是，这些都是他所处时代的历史局限性所造成的，我们对此应当正确地加以理解，不能过于苛求。对待刘宗周的思想，我们应当遵循批判继承和古为今用的原则以及实事求是、辩证分析的马克思主义的态度，这也是我们继承中国古代伦理思想的一个普遍的方法论原则。这虽然是一件比较困难的工作，但我们必须学习和掌握这种方法和态度。只有这样，我们才能准确理解和考察古代思想家的思想和行为的社会意义，认识和体察他们所作的创造性的贡献。

第十四章　传统伦理与道德建设

第一节　儒家思想与政治统治*

中国古代儒家思想，发端于春秋末年的孔子，经过孟子的继承发展，形成了以孔孟思想为主体的一个学派。孟子之后，战国末年的荀子，是先秦诸子的集大成者，他在批判各家的同时，又进一步对儒家思想加以发挥，使其具有了更为丰富的内容。汉代以降，儒学成为统治阶级所推崇的意识形态中的一个重要内容。宋明时期，儒家思想又经过程颢、程颐、张载、朱熹、陆九渊、王阳明等人的发展，成为在理论上更加深刻、体系上更加完备、方法上更加周密的一个学派。儒家思想在中国历史上起了极为重要的作用。

中国古代传统思想有着众多的学派，儒、墨、道、法是其中最著名的四大学派，而儒家又有着独特的地位。春秋战国时期，儒家和墨家都曾被称为显学，即被称为在社会上有显著影响的学派，但墨家到后来，简直可以说是销声匿迹了；法家的学说，在当时的晋国和秦国，都很受重视，秦国从秦孝公开始，经过六代国君的努力，终于统一了六国，从

---

* 本节原载于《中外历史问题八人谈》一书，中共中央党校出版社 1998 年 3 月版。

意识形态的指导思想来看，法家的思想起了重要的作用；至于道家，它在长达两千多年的历史中，始终都产生着特殊的影响。为什么其他三个学派，都没有儒家那么大的影响呢？其中的原因当然是很多的，我们可以举出若干，但我认为，其中最重要的原因有四个：一是儒家在产生、形成和发展的过程中，继承和发展了西周的政治哲学、世界观和道德思想，从某种意义上可以说，在孔子以前，儒家思想的主要内容，就已经在当时的社会上存在了；二是中国古代社会在社会结构方面，家与国之间的特殊联系，形成了一种伦理政治，儒家思想在根本上适应、反映并体现了中国社会的这一特点；三是儒家学者始终都强调学术思想必须与政治结合，力求使自己的思想和理论经世致用，为当时社会的政治和经济服务；四是儒家强调了道德在人类社会生活中的重要作用，把道德视为维护国家安定、保持人际和谐、提高人的素质、完善人类社会的重要力量。在一定意义上，儒家认为，人和禽兽的区别，就在于禽兽没有道德，而人有道德。在研究和分析中国古代各个学派的时候，必须考虑儒家所特有的这种情况。

墨家作为一个学派，也很重视理论和现实生活的结合，力求为人民大众的利益作出自己的贡献。为什么墨家在长达两千多年的历史时期中，始终没有受到统治者的重视呢？原因当然也是很多的，但主要的可能有两个：一个是他们提出的纲领有些超出了当时社会实际发展的可能；另一个是他们对道德的作用，还强调得不够。法家作为一个学派，同儒家一样，也是非常强调同政治的结合的，它极力主张革新和变法，力求富国和强兵；但由于它完全否认了道德的功用，在历史上被称为一个非道德主义学派，在秦代以后，也就失去了它原有的地位。

儒家思想产生的一个重要原因，就是应当时社会发展的需要，是为“救时之弊”、“忧世之乱”而提出的治国安邦、济世救民之良方。由于它特别强调道德教育和道德感化的作用，因此，在国家处于战争、动荡、革命和混乱之时，总是不可能得到重视，甚至要受到各种各样的非难和嘲笑，往往被视为迂阔之见而不被那些注重功利的政治家们所采用。但是，在国家安定和社会和平发展的时期，在需要加强道德教育和提高个人素质的时期，儒家思想就常常受到统治阶级的重视。

儒家思想最突出的特点，就是它特别强调道德精神，即所谓“仁”。它希望通过每个人的自觉努力，做到“仁者爱人”。儒家认为，一个人生活在社会中，最高的人生追求，就是要成为一个具有“仁”这种道德品质的“圣人”。在儒家看来，为学的目的，就是要提高自己的德性，学做一个有道德的人。儒家思想强调，社会应当明确而详细地规定各种政治、法律制度和道德规范，并以此来约束人的行为，这就是儒家所强调的“礼”。各种礼仪规范，都渗透着一种强烈的伦理道德要求，从而为维护当时的政治制度服务。因此，社会生活中的每个人，都应当消除自己头脑中不符合“礼”的错误思想，以达到“仁”的境界，这就是孔子所说的“克己复礼为仁”。儒家思想是一种为政治服务的伦理思想，又是一种同政治紧密结合的伦理思想。伦理政治化，政治伦理化，是儒家思想区别于其他学派的一个显著特点，也是儒家思想之所以能够在很长历史时期内成为统治阶级意识形态的一个根本原因。

在漫长的历史中，儒家思想是不断发展变化的。先秦是儒家思想发生、形成的时期，汉代是儒家思想进一步发展和完善的时期，尤其在伦理政治化方面取得了进一步的发展。宋明时期，由于封建社会日趋走向衰落，国家经常处于忧患之中，政府腐败情况不断加剧，儒家思想也随着走向极端和片面。为了维护封建王朝的统治，“三纲”思想不断地被强化，愚忠愚孝的思想也随之发展。

二

中国古代儒家思想的核心，究竟应当怎样来概括，自古以来，学者们一直有不同的看法。有的学者认为儒家思想的核心是“仁”，有的学者认为儒家思想的核心是“礼”。我个人认为，儒家思想的核心，可以概括为五个方面：

（一）仁爱思想

孔子强调“仁”，认为仁者应当爱人。在人和人的相处中，他提出“反求诸己”和“能近取譬”的思想。他从所有人都是同一个“类”的思想出发，主张人和人之间应当相爱。孔子认为，判断一个人有无道德或道德觉悟的高低，最重要的标准，就是看他能不能“爱人”。《论语》中记载：“樊迟问仁，子曰：爱人”，这是孔子对“仁”所作的既重要又深刻的解释。从《论语》中有关“仁”的大量论述来看（据统计，在《论语》一书中，提到“仁”字的地方，就有104次），最能代表孔子

“爱人”思想的，就是《论语》中的四段话：“己所不欲，勿施于人”（《论语·颜渊》），“己欲立而立人，己欲达而达人”（《论语·雍也》），“吾不欲人之加诸我也，吾亦欲无加诸人”（《论语·公冶长》），“能行五者（恭、宽、信、敏、惠）于天下为仁矣”（《论语·阳货》）。我们把这四段话联系起来，就可以理解孔子所说的“仁”的主要意义了。在这里，孔子把“仁”看作一种最高的道德准则和道德品质。“爱人”就是要设身处地地为他人着想，就要拿自己作比喻。凡是自己不愿意的事，就不要加到别人的头上；凡是自己希望能够有的，也要使别人能够有；自己希望能够达到的，也要设法使别人达到。对一个统治者来说，这就是要尽量设法满足人民的需要，要“因民之所利而利之”，即根据实际的情况，根据可能，使老百姓富裕起来；就是要“惠民”，要使人民得到实际的恩惠。孔子不但把“己所不欲，勿施于人”当作“爱人”的一个重要内容，而且还强调它的方法论意义，即把“己所不欲，勿施于人”当作一种人和人之间相处的根本方法，也就是他所说的“为仁之方”。孔子为什么要强调这一“为仁之方”呢？因为孔子认为，他所提出的这些有关“仁”的原则，应当成为一个有道德的人的一切思想和行为的动机、出发点和达到目的的手段。从另一方面来说，只要能从这些原则出发，一个人的行为，也就必然会合乎道德的要求了。

孔子的“爱人”，尽管在当时的社会中，奴隶主阶级不可能真正地去爱奴隶阶级，孔子和当时的贵族也不可能像对待奴隶主那样去对待奴隶，但这一思想的提出，或多或少反映了他对劳动人民的一种宽厚的思想，在当时和以后的封建社会中，都有积极的意义。孔子的这一思想，经过孟子的发展，成了较系统的民本思想。

孟子进一步提出了所谓“民贵君轻”的思想，强调了不但人和人之间要相爱，而且作为统治者，更重要的是要爱民，即要爱护老百姓，否则，老百姓就会反对统治者，社会也就不可能得到稳定。孟子认为，一个统治者，要想使国家富强、保持自己统治的稳固，就必须要得民心。他说：“桀、纣之失天下也，失其民也；失其民者，失其心也。得天下有道：得其民，斯得天下矣；得其民有道：得其心，斯得民矣；得其心有道：所欲与之聚之，所恶勿施尔也。民之归仁也，犹水之就下、兽之走圹也。故为渊驱鱼者，獭也；为丛驱爵者，鹯也；为汤武驱民者，桀与纣也。今天下之君有好仁者，则诸侯皆为之驱矣。虽欲无王，不可得已。”（《孟子·离娄上》）孟子又说：“三代之得天下也以仁，其失天下也以不仁。国之所以废兴存亡者亦然。天子不仁，不保四海；诸侯不仁，不保社稷；卿大夫不仁，不保宗庙；士庶人不仁，不保四体。今恶死亡而乐不仁，是犹恶醉而强酒。”（同上）

孟子认为，一个统治者，最重要的就是要得民心，而为了得民心就必须要有爱民的思想。因为，在他看来，统治者只要有了爱民的思想，他就能够尽量去满足老百姓的要求，老百姓想要的，他就会使他们得到；老百姓厌恶的，就决不加给他们。孟子认为，这一爱民思想有着十分广泛和普遍的意义，它不但对于天子、诸侯等上层统治者是必要的，就是对于士大夫和老百姓来说，也是有重要意义的。总之，我们可以看到，孟子在强调“爱人”是人和人之间的一个重要道德原则的同时，又着重强调了“爱人”作为一个道德要求，对于统治者来说所具有的更为重要的意义。

荀子是春秋战国时期儒家思想的集大成者，他对儒家的“爱人”思想，也作了新的发展。荀子继承了孔子的思想，进一步更加明确地从“类”的高度来看待人所具有的特性。他说：“水火有气而无生，草木有生而无知，禽兽有知而无义。人有气、有生、有知，亦且有义。故最为天下贵也。”又说人“力不若牛，走不若马，而牛马为用，何也？曰：人能群，彼不能群也。人何以能群？曰：分。分何以能行？曰：义。故义以分则和，和则一，一则多力，多力则强，强则胜物”（《荀子·王制》）。因此，荀子强调人和人之间，应当保持相互和谐。但是，荀子又看到：“人生而有欲，欲而不得，则不能无求；求而无度量分界，则不能不争；争则乱，乱则穷。”（《荀子·礼论》）怎样才能克服或者避免这种情况发生，并保证人和人之间的和谐呢？荀子特别强调了“礼”的作用。荀子认为，礼能够“养人之欲，给人之求”，每个人都要根据礼的要求和按照礼的规定，限制自己的欲望，在追求和满足自己的欲望时，还要想到别人的欲望，从而维护社会的稳定。与此同时，荀子在他所写的《富国》篇中，还着重强调了发展生产和提高直接生产者的生活水平的重要性。

宋明时期，张载把儒家的“爱人”思想，又作了更广泛的解释，使儒家的这一思想，达到了一个新的高度。张载在他的《正蒙》中有一段话，虽然比较长，但是很重要，我们把它引在下面：“乾称父，坤称母；

予兹渺焉，乃混然中处。故天地之塞，吾其体；天地之帅，吾其性。民吾同胞，物吾与也。大君者，吾父母之宗子；其大臣，宗子之家相也。尊高年，所以长其长；慈孤弱，所以幼吾幼。圣其合德，贤其秀也。凡天下疲癃残疾、孤独鳏寡，皆吾兄弟之颠连而无告者也。”(《张子正蒙·西铭》)

这段话的意思是很深刻的。它的意思是说，乾坤就是人的父母。人禀气于天，赋形于地，在天地之中生活，是非常渺小的。我们人的身体，就是由天地之间的可象之气构成的，我们每个人的人性，就是由天地之间的清通之神构成的。既然一切人都是由天地这一共同的父母所生的，因此所有的人，彼此都是亲兄弟；世界上的其他万物，都是人类的同伴和朋友。帝王和国君，是我们所有人的共同父母（天和地）的长子，他们的大臣是天地的长子家里的总管家，他们和其他所有人也都是亲兄弟的关系。对于天下所有年长的人，我们都要尊敬，就如同尊敬我们自己家中的年长的人那样；对天下所有孤弱的人，我们都要慈爱，就如同对自己家中幼小的人那样。社会中具有高尚道德的圣人，是与天地的道德相合的，一切有才、有德的贤能的人，都是我们兄弟中的优秀的人才；所有那些疲癃残疾、孤独鳏寡的人，都是我们兄弟中颠连困苦而无处告诉的人，我们都应当给予他们最大的关心和爱护。张载提出的“民吾同胞，物吾与也”的思想，是对儒家“爱人”思想的一个重大发展，受到宋代以后思想家们的推崇，在中国哲学思想和伦理思想史上，产生了十分重要的影响。

（二）强调整体精神

在过去很长时期内，学者们对于儒家思想的概括，往往忽视了蕴含于儒家思想中的这一重要精神。从孔子开始，在儒家思想中，国家利益、社会利益、民族利益和整体利益，就有着特殊的重要地位。孔子认为，达到“仁”的唯一条件就是“克己复礼”，即克制自己一切不符合礼的思想和行为。《论语·颜渊》中记载：“颜渊问仁。子曰：‘克己复礼为仁。一日克己复礼，天下归仁焉。’……‘请问其目’。子曰：‘非礼勿视，非礼勿听，非礼勿言，非礼勿动。’”他对他的儿子特别强调“不学礼，无以立”(《论语·季氏》)，充分肯定了礼的重要。

在古代思想中，礼的内容很广泛，主要包括三个方面，即国家政治制度的要求、法律准则的约束以及伦理道德的规范。一言以蔽之，“礼”

代表着国家的利益、整体的利益、民族的利益和社会的利益。《左传》引君子的话说："礼，经国家、定社稷、序民人、利后嗣者也。"（《左传·隐公十一年》）"夫礼，天之经也，地之义也，民之行也。"（《左传·昭公二十五年》）强调"礼不行，则上下昏，何以长世?"（《左传·僖公十一年》）儒家在"礼"之外，又强调"义"，把"义"看作与个人的"私利"相对立的公共利益。在个人对他人、对社会的关系上，儒家强调"义以为上"、"先义后利"，主张"见得思义"、"见利思义"，反对"见利忘义"、"以私废公"。孔子说"君子喻于义，小人喻于利"，并不是把君子和小人看成两种固定不变的、相互对立的人格模式，而是提出了一种判断君子和小人的评价标准。如果喻于私利并按照是否能满足私利去行事，就会成为一个没有道德的小人；相反，如果能够喻于义，并按照义去行事，就会成为一个有道德的君子。在这里，"义"主要是指整体利益，"利"主要是指个人的自私自利。早在《尚书》中就有"以公灭私"（《尚书·周官》）的提法，《左传》中多次把"忠"和"公"联系起来，提出"公家之利，知无不为，忠也"（《左传·僖公九年》），"临患不忘国，忠也"（《左传·昭公元年》）。汉代初年的思想家贾谊又进一步提出"国尔忘家，公尔忘私，利不苟就，害不苟去，唯义所在"（《新书·阶级》）。宋代以后，儒家所强调的义利之辨，也同样是强调国家利益、社会利益的重要，认为义利之辨的实质，就是公私之辨。朱熹认为"君子小人趋向不同，公私之间而已"（《四书章句集注·论语集注》）。

春秋末期，孔子针对当时的社会动荡情况，极力强调中央集权对一个社会的稳定和经济的发展，有着重要的意义。当然，从历史发展的观点来看，确实，他是站在保守方面的，是为维护已经处于没落地位的奴隶社会服务的。但是，在今天，对于孔子的这些论述，我们还应当以历史唯物主义的方法，进行辩证的分析。在《论语·八佾》中，有两段孔子的话，是有关维护天子和当时的国家统治的，在过去，我们多是从批判的角度对其进行了全面的否定。这种否定和批判，应当说，基本上是正确的，但是，今天看来，还应当看到它的另外一个方面。《论语·八佾》中记载："孔子谓季氏：'八佾舞于庭，是可忍也，孰不可忍也?'"孔子还针对当时"三家者以雍彻"的情况说："'相维辟公，天子穆穆'，奚取于三家之堂?"在这里，我们可以看到，孔子的正统思想和维护统治阶级的利益的立场是坚定的，他坚决反对各个诸侯国以下犯上的僭越行为，其中包含着孔子所一直强调的维护国家整体利益的思想。什么是“八佾舞于庭”？为什么孔子对季氏这件事那么生气呢？在当时，季氏只是周王朝统治下的一个诸侯国中的大夫，爵位是很低的。根据当时的礼的规定，天子用八佾（佾是舞的行列，八佾就是八行，每行八人，共六十四人），诸侯用六佾，大夫则只能用四佾。孔子认为，季氏的做法，表明了他的僭越思想和行为，发展下去，就会犯上作乱，造成社会的混乱和国家的动荡，这是对社会和国家的最大危害。所以孔子知道了这件事以后，非常生气，说如果这样的事都能容忍，那么还有什么事不能容忍呢？什么是“三家者以雍彻”呢？孔子所指的三家，是当时鲁国的大夫孟孙、叔孙、季孙三家。根据礼的规定，“雍”的音乐，是只能在天子举行祭礼的时候用的。他们三家在举行祭礼完毕的时候，也叫乐工唱“雍”的诗，而这首诗所唱的内容则是“四方的诸侯都来助祭，天子严肃地在那里主祭”，这三家奏这样的乐，到底是什么意思呢？因此，在孔子看来，这是大逆不道的。在《论语·季氏》中，孔子还从另一个方面论述了他的这一观点。他说：“天下有道，则礼乐征伐自天子出；天下无道，则礼乐征伐自诸侯出。自诸侯出，盖十世希不失矣；自大夫出，五世希不失矣；陪臣执国命，三世希不失矣。天下有道，则政不在大夫。天下有道，则庶人不议。”孔子引发这么大的议论，究竟说的是什么意思呢？孔子所说的“道”的意义和内容是很广泛的，在这里，主要指的是一个社会的统治秩序。孔子认为如果一个社会的统治秩序稳固，就是天下有道；否则，就是天下无道。那么，判断一个社会是否稳固的标准是什么呢？孔子认为，一个很重要的标准就是看它的中央政府的权威，看它的政令能不能在全国得到贯彻。如果周天子的大权旁落到诸侯国的国君手上，大概经过十代很少有不垮台的；如果落到诸侯国的大夫手上，那么经过五世很少有不垮台的；如果落到大夫的家臣手里，经过三代很少有不垮台的。所以孔子说，“天下有道”，国家政权就不能落在各个诸侯国的手里。孔子强调，为了保持社会的安定，为了维护一个社会的秩序，加强中央领导的权威，是非常重要的。当然，我们应当用马克思主义的历史唯物主义思想来分析这个问题，孔子所要维护的是奴隶主阶级的统治，他所说的中央集权，是一种剥削阶级对被剥削阶级的压迫和统治，这是应当彻底否定的。但是，孔子的这一思想，对中国社会的发展是有重要影响的，我们对它在历史上所起的作用，也要作辩证的分析。在今天，国家政权和中央领导的权威，是建立在人民大众的民主和自由基础之上的，这是我们必须认识清楚的。

儒家的整体主义思想，对弘扬中华民族的爱国主义精神，起了重要作用。从孟子的“杀身成仁”、“舍生取义”，到范仲淹的“先天下之忧而忧，后天下之乐而乐”，再到顾炎武的“天下兴亡，匹夫有责”和林则徐的“苟利国家生死以，岂因祸福避趋之”，都可以说是从中国古代儒家的整体主义出发的。

（三）提倡人伦价值

儒家强调每个人在社会人伦关系中的地位及其所应有的义务与权利。人在社会生活中，必然会发生各种不同的关系，因此，就必须要有各种不同的规范来调节人们之间的各种关系。中国传统伦理道德的一个重要特点，就是它非常重视每个人在人伦关系中的地位及价值，强调每个人都必须根据规范的要求，来尽自己应尽的责任。我们可以看到，早在《尚书》中就提出了“五教”的思想。根据《尚书·舜典》中的记载，在当时，五教已经成为社会上人们公认的五条重要的道德规范。据说，舜在未继承尧的帝位时，就非常注意自己的道德修养，注重父义、母慈、兄友、弟恭、子孝这五种人伦品德。后来，他继承了帝位，就委派当时一个叫契的人为掌管教育的司徒，并且对契说：“契！百姓不亲，五品不逊。汝作司徒，敬敷五教，在宽。”这里的意思是说，在老百姓中间，父母兄弟子女之间都不和顺，现在让你去做司徒，要认真地进行五种教育，要注意对他们宽厚。这里所说的五种教育，就是“父义、母慈、兄友、弟恭、子孝”。在《左传·文公十八年》中，季文子引臧文仲之言，使史克告曰：高辛氏“举八元，使布五教于四方：父义、母慈、兄友、弟共、子孝，内平外成”。《左传·昭公二十六年》记载了齐国的晏子同齐侯的一段对话，晏子告诉齐侯说：“礼之可以为国也久矣，与天地并。君令、臣共、父慈、子孝、兄爱、弟敬、夫和、妻柔、姑慈、妇听，礼也。君令而不违，臣共而不贰，父慈而教，子孝而箴，兄爱而友，弟敬而顺，夫和而义，妻柔而正，姑慈而从，妇听而婉：礼之善物也。”在这段话中，晏子对中国古代道德规范的“十义”，作了一个更为全面的解释。

孔子继承了春秋以前有关五教的思想，在上述这些关系中，孔子尤其重视父子关系和君臣关系在各种人伦关系中的地位和作用。《论语》中记载，当齐景公问孔子如何治理国家时，孔子回答说："君君、臣臣、父父、子子"。这就是说，要想治理好一个国家，首先要做到：做国君的要像个国君的样子，做臣子的要像个臣子的样子，做父亲的要像个父亲的样子，做儿子的要像个儿子的样子，如果君臣父子都能够履行自己在人伦关系中所应尽的责任，那么，国家也就自然可以治理得很好了。孔子特别重视"孝"，把"孝顺父母"看作人和人一切关系的出发点，从而达到维护封建社会的整体利益和国家利益的目的。正是从这一要求出发，"孝"被称为一切道德的根本，是所有教化的出发点。《论语》第一章就开宗明义地提出："其为人也孝弟，而好犯上者，鲜矣；不好犯上，而好作乱者，未之有也。君子务本，本立而道生。孝弟也者，其为仁之本与！"（《论语·学而》）孔子认为，对父母不但要养，而且要敬。他说："今之孝者，是谓能养。至于犬马，皆能有养；不敬，何以别乎？"（《论语·为政》）儒家强调："孝子之有深爱者，必有和气。有和气者，必有愉色。有愉色者，必有婉容。"（《礼记·祭义》）儒家思想认为，可以从一个人对待父母的态度，来推断他对待国家、民族的态度。只有对自己的父母孝顺，才能够对国家忠诚；如果对抚育自己的父母都不能爱，又怎能希望他去爱国家、爱民族呢？所谓"求忠臣于孝子之门"，也正是从这一前提出发的。到了战国时期，孟子把当时社会中的人伦关系概括为五个大的方面，并提出了处理关系的准则，即"父子有亲、君臣有义、夫妇有别、长幼有序、朋友有信"。孟子所提出的这五种人伦关系，包括了父子、君臣、夫妇、长幼、朋友之间的关系，并提出了处理这五种关系的五个不同原则。父子有亲，是说父母对子女应当慈爱，子女对父母应当孝敬；君臣有义，是说国君对臣子应当有礼，臣子对国君应当尽忠；夫妇有别，是说丈夫应当主管外面的大事，妻子只应管理家内的事情；长幼有序，是说年长的应当在前面，年幼的应当有秩序地在后面；朋友有信，是说朋友之间，相互都要诚实守信。孟子所概括的这五种人伦关系，基本上反映了当时人际关系的实际情况，他所提出的处理这五种关系的五个原则，对于调整当时的人和人之间的各种关系，是有利的。正因为如此，这些原则在历史上受到人们的重视，并且产生了重要的影响。汉代以后，思想家们为了更好地调整不断变化的人际关系，相继提出了一些新的原则，如董仲舒提出了"仁、义、礼、智、信”五常，宋代的思想家们又提出了所谓“忠、孝、节、义”四大德目等，并不断强化每个人在人伦关系中的责任，强调人伦价值的重要意义。

（四）追求精神境界和理想人格

追求精神境界，向往理想人格，是儒家思想的一个重要内容。孔子主张，在物质生活需要基本满足的情况下，应把追求崇高的理想人格，作为人生诸种需求中一种高层次的需求。他甚至认为，即便在物质生活条件极端困苦的情况下，只要抱有一种高尚的追求，仍然可以生活得乐观愉快。他认为他的学生颜回就具有这种境界。他说：“贤哉，回也！一箪食，一瓢饮，在陋巷，人不堪其忧，回也不改其乐。贤哉，回也！”（《论语·雍也》）孔子谈到他自己时也说：“饭疏食饮水，曲肱而枕之，乐亦在其中矣；不义而富且贵，于我如浮云。”（《论语·述而》）这里的意思是，由于孔子已经具有了一种崇高的人生追求，所以尽管只能吃粗粮、喝白开水，穷得睡觉时弯着胳膊当枕头，但在这样的生活中也是有很大乐趣的；相反，那些用不正当手段所得到的富贵，对孔子来说，就像天空中的浮云一样，不需去理会它。叶公问孔子的学生子路，怎样评价孔子的为人，子路不知道怎样回答。孔子知道后对子路说：“你为什么不这样说：他的为人，可以说是为了追求一个崇高的理想，经常发愤得忘记了吃饭，高兴得忘记了忧愁，连快要老了都不知道，他就是这样一个人啊！”（“其为人也，发愤忘食，乐以忘忧，不知老之将至云尔。”［同上］）正因为孔子自己有这种精神，所以他也能特别称赞颜回的这种精神。宋代的儒学家程颢、程颐在教导他们的学生时，还特别要他们思索和体会，为什么在艰苦的条件下，孔子和颜回会有这样的快乐，这就是儒家所说的“孔颜之乐”。儒家所强调的这种对崇高理想人格的追求，往往成为杀身成仁、舍生取义、无私奉献、勇于牺牲和爱国爱民的精神支柱。《论语》中所强调的孔颜之乐，《孟子》中的忧乐天下和“富贵不能淫，贫贱不能移，威武不能屈”以及“唯义所在”，就是这种追求在人生中的体现。儒家所提倡的这种对崇高理想人格的追求，又总是同自强不息、刚健有为、奋发图强、“知其不可而为之”的人生态度联系在一起的。尽管这种崇高的追求，对一般人来说，并不能一蹴而就，甚至很难达到，但是儒家强调，即使是“虽不能至”，也仍然要抱着“心向往之”的执着追求，持之以恒地不断努力。

在追求精神境界和理想人格方面，孟子提出了“天爵”和“人爵”的不同。孟子说：“有天爵者，有人爵者。仁义忠信，乐善不倦，此天爵也；公卿大夫，此人爵也。”（《孟子·告子上》）孟子所说的“天爵”，就是由一个人的道德行为、道德品质在人民群众中所自然形成的一种道德“爵位”，这是最高尚的“爵位”，是一个人的人格价值的最高体现。他所说的“人爵”，就是一个人在社会上所获得的政治爵位，是只能由别人给予而又随时可能被别人罢去的一种职位，所以它同一个人的人格价值并无必然的联系。针对当时社会中的一些人只知道追求权势而不要道德的情况，孟子说：“古之人修其天爵，而人爵从之。今之人修其天爵，以要人爵；既得人爵，而弃其天爵，则惑之甚者也，终亦必亡而已矣。”（同上）孟子认为，古时候的人，修养自己的道德爵位，政治爵位也就随着来了；现今的人修养自己的道德爵位，却是为了追求政治爵位，而一旦获得了官场中的政治爵位，也就把道德爵位抛弃了，这是一种非常糊涂的做法，其结果是连自己的政治爵位也不能保住。他还提出了“良贵”的思想。他认为，一个人在一生中，一定会有许多追求，其中最值得追求的，并不是权力和爵位，而是自己的道德人格。他说：“欲贵者，人之同心也。人人有贵于己者，弗思耳。人之所贵者，非良贵也。赵孟之所贵，赵孟能贱之。”（同上）孟子认为，追求富贵是所有人的共同愿望，这是大家都承认的。但是，对每一个人来说，都有一个对自己最贵重、最值得追求的东西，这却是许多人所不曾仔细考虑的。孟子提出，这个最值得追求的东西就是他所说的“良贵”。贵，在中国古代有贵重和值得追求的意思，用今天的话来说，就是有价值。因此，所谓“良贵”，就是最有价值、最值得人们追求的东西。这个东西是什么呢？在孟子看来，就是高尚的道德追求和理想人格。

在追求崇高的精神境界上，儒家把“至善”作为最高的道德境界，把“圣人”作为最完善的理想人格。儒家的经典《大学》提出“大学之道，在明明德，在亲民，在止于至善”，认为学习的目的一是要明悉自己本有的善良的德性，二是要把自己明悉了的善良的德性推以及人，三是要努力使自己的品德修养达到至善的最高的境界。儒家认为，至善虽然是一个极高的道德境界，不一定每个人都能达到，但是，为了修养自己的品德，每个人都应该而且必须知道有一个最高的境界。只有认识和明确了这样一个最高的境界，一个人的修养才能有一个明确的目标。如果没有这样的目标，在修养的过程中往往就会迷失方向。

（五）强调修养践履的重要

儒家认为，为学的目的就是要“陶冶性情”、“变化气质”，从而达到成圣成贤的目的。因此，在树立崇高的理想信念和道德人格的同时，儒家认为，最重要的就是通过修身、躬行来达到提高道德品质的目的。

儒家从人性善出发，认为人人都有与生俱来的恻隐、羞恶、辞让、是非之心，只要能发扬“本心”、启迪“良知”，再通过长期的切磋琢磨，就可以达到尧舜的道德水平。孔子提倡“修己”、“克己”和“慎独”，提倡“见贤思齐焉，见不贤而内自省”、“见善如不及，见不善如探汤”；曾子要求自己每日“三省吾身”；孟子主张“养性”、“养身”、“善养吾浩然之气”；宋明道学家们更加在修养的功夫上用力，强调自省、存养、克治、知耻、慎独和躬行的重要。

在中国古代儒、墨、道、法的思想中，儒家不但特别重视修养，而且尤其重视所谓“修养的功夫”，即强调要用种种修养的手段，以求达到修养的目的。儒家认为，一个社会的道德规范和道德原则确立之后，最重要的就是要使这些道德原则和道德规范很快地转化成人们的思想品德和行为实践，养成良好的道德习惯，形成完善的道德人格。如果一个社会的道德原则和道德规范不能够在人们的思想和行为中发生作用，那么，一切道德教育和道德要求，就都只能是一句空话。正是由于这个原因，儒家把修养的功夫看作解决这一问题的根本的保证。早在孔子的时候，他就非常强调“克己”、“内省”、“修己”和“自省”等，但是，孔子对这些修养的方法和要求没有作详细的发挥。孔子的学生曾子，虽然把“吾日三省吾身”作为自己修养的要求，并规定了修养的三个方面的内容，但也没有具体地说明他到底是如何进行修养的。孟子进一步发展了孔子的思想，在提出“修身”、“养性”和“善养吾浩然之气”的同时，又进一步回答了何为“浩然之气”的问题，谈了他是如何修养那种“浩然之气”的。孟子认为，他所说的“浩然之气”，是一种“至大至刚”的正气，如果能够不伤害它，而且用正义去培养它，它就能“塞于天地之间”，即充满了上下四方，无所不在。一个人如果能够具有这种正气，他就能够不受外界一切邪恶的引诱，保持自己善良的本心，就能够为一切正义的事业而献身，成为一个道德高尚的人。他认为，在天即将黎明的时候，一个人的思想正处于一种能够清醒辨别善恶是非的状态，因此，应当很好地进行修养和反省。他指出，这种“浩然正气”必须与“义”和“道”相配合，它是由长期的正义的思想和行为积累而成的，不是偶然的正义行为所能取得的。只要做一件有愧于心的不道德的事，那种“浩然之气”也就疲软了。他一方面强调要认真地培养这种“浩然之气”，另一方面又指出，这种“浩然之气”的培养，必须遵循循序渐进的规律，要持之以恒，不能揠苗助长。到了宋明时代，由于受到道家思想，特别是佛家思想的影响，儒家的修养理论和实践有了更进一步的发展，更加重视所谓“修养的功夫”。宋明的理学家们，大多数都强调“静坐”和“内省”的意义，认为这是道德修养的一个最基本的方法。

儒家的经典《礼记·大学》中明确提出，“修身”是齐家、治国、平天下的前提和基础，这也是儒家所以强调修身的根本目的。为了使一个国家能够国泰民安、兴旺发达，儒家强调“自天子以至庶民，壹是皆以修身为本”。一个人如果不重视修身，就根本不可能去治国和平天下。所以说，要想使国泰民安，就必须要在全国人民中间强调道德修养的重要。《礼记·大学》中又说：“其本乱而末治者否矣，其所厚者薄，而其所薄者厚，未之有也。”这就是说，从最高的国君，到最下层的老百姓，每一个人的道德修养是最根本的。犹如树的根和叶的关系一样，只有根深，才能叶茂。国家的兴旺犹如一棵树的茂盛的枝叶，只有树根很深，树叶才会茂盛；如果树根枯萎了，又怎么能有茂盛的枝叶？在儒家的人性论中，孟子、荀子各执一端，一个主张发扬人的善良本性，一个主张要加强教育来“化性起伪”；一个是“反身而诚”，一个是礼法教化，但都主张通过教育和修养来提高人的道德品质，以达到成圣成贤的目的。

二

从上面的分析中，我们可以看到，儒家虽然是一个学术派别，但这个学派是同政治密切相联系的，是以治国安民、经世致用、稳定社会、协调关系、完善人的德性为最终目的的。儒家思想强调，在治理国家、管理国家时，最主要的有以下五个原则：

（一）利民、惠民、富民和教民、化民、导民

儒家认为，在治理国家时，一方面要利民、惠民和富民，另一方面更要教民、化民和导民。管理国家的统治阶级，既要使老百姓能够富裕

起来，又要使他们没有争财夺利之心，即既要使他们得到利益，又要减少和消除他们自私自利的思想。

孔子主张“因民之所利而利之”，这是孔子教导他的弟子从政的一个主要原则。什么是“因民之所利而利之”呢？就是说，要根据老百姓的要求和实际情况，使他们得到能够得到的利益。只有这样，才能够达到孔子所说的“惠而不费”的目的，即既能使老百姓得到实际的恩惠，又不需要耗费国家的财富。在《论语》中，我们可以明确地看到，一方面，孔子认为，一个有道德的人，决不应当追求个人的私利；另一方面，他又主张要给老百姓以利益，他还强调，对老百姓要“恭、宽、信、敏、惠”。所谓“惠”，就是要给老百姓以恩惠，因为“惠则足以使人”。他在同弟子冉有谈到治理人口众多的卫国时，首先强调要设法使这个国家的老百姓富起来。《论语·子路》记载：“子适卫，冉有仆。子曰：‘庶矣哉！’冉有曰：‘既庶矣，又何加焉？’曰：‘富之。’曰：‘既富矣，又何加焉？’曰：‘教之。’”孔子还认为，在“利民”、“惠民”和“富民”的同时，还要注意“均”。他说：“不患寡而患不均”，他认为“均无贫”、“和无寡”，强调人和人之间不应该贫富差距过大，否则就会引起祸乱，而人和人之间的和谐，对一个国家的稳定是最重要的。

孔子在注重“利民”、“惠民”和“富民”的同时，又特别强调“君子喻于义，小人喻于利”。他认为，如果一个人只知道追求个人的私利，这个人就必然会成为一个没有道德的小人。他还说，在人与人的相处中，如果一个人只知道按照个人的私利去行事，就会招来周围人对他的怨恨，即“放于利而行，多怨”（《论语·里仁》）。孔子所说的“利”，在大多数情况下，主要是指个人的私利，因此，儒家认为“欲利于己，必害于人，故多怨”。当孔子的学生子夏问如何从政时，孔子说：“无欲速，无见小利。欲速则不达，见小利则大事不成。”（《论语·子路》）这里，孔子认为，在政治上要以长远的眼光看问题，不要仅仅注意眼前的狭隘利益而忽视了根本利益。总之，为了成“大事”，就不能只看到“小利”，这是儒家的政治思想。

孟子继承并发展了孔子的这一思想，并对此作了进一步的论述。孟子认为：“民事不可缓也，《诗》云：‘昼尔于茅，宵尔索绹。亟其乘屋，其始播百谷。’”（《孟子·滕文公上》）统治阶级最重要的就是要使老百姓有必要的物质生活条件，只有使他们获得了一定的物质生活保证，才能使他们有稳定的、健康的思想。也就是说，只有使老百姓有一定的产业收入，才能使他们遵守一定的道德规范和行为准则，这就是他的恒产、恒心说。下面三段话，可以代表孟子的这一思想：

> 民之为道也，有恒产者有恒心，无恒产者无恒心。苟无恒心，放辟邪侈，无不为已。及陷乎罪，然后从而刑之，是罔民也。焉有仁人在位罔民而可为也？（《孟子·滕文公上》）
>
> 是故明君制民之产，必使仰足以事父母，俯足以畜妻子，乐岁终身饱，凶年免于死亡。然后驱而之善，故民之从之也轻。（《孟子·梁惠王上》）
>
> 五亩之宅，树墙下以桑，匹妇蚕之，则老者足以衣帛矣。五母鸡、二母彘，无失其时，老者足以无失肉矣。百亩之田，匹夫耕之，八口之家足以无饥矣。（《孟子·尽心上》）

只有使老百姓有恒产，才能使他们有恒心，否则，忍饥受寒，老百姓就会胡作非为、违法乱纪，什么事都可能做得出来。等到他们犯了罪，然后再去加以处罚，这就等于陷害。哪有有道德的人掌握政权却做出陷害老百姓的事的呢？

所以说，一个英明的君主，在规定人们的产业时，一定要使他们对上能赡养自己的父母，对下能养活自己的妻子和儿女。如果遇到了好的年成，全家都能够丰衣足食，不幸碰上了坏年景，也不至于饿死。然后再引导他们走上善良的道路，老百姓也就能够很容易地听从了。

那么，对于老百姓来说，一个家庭有哪些基本的条件需要满足呢？孟子提出了他自己的标准。用五亩地来盖房屋，并在房下栽植桑树，由妇女来养蚕缫丝，老年人也就能有足够的丝和棉来穿了。在家中养五只母鸡，两只母猪，并使它们不断繁殖，老年人就可以有足够的肉吃了。每个家庭能够分到一百亩的土地，由男人们去耕种，八口人的家庭，也就可以吃饱饭了。

孟子在强调“恒产”的重要的同时，更强调要“教民”，最重要的就是要去掉老百姓的争利求名之心。《孟子》一书开宗明义第一章就是与梁惠王的对话。孟子说：“万乘之国，弑其君者，必千乘之家；千乘之国，弑其君者，必百乘之家。万取千焉，千取百焉，不为不多矣。苟为后义而先利，不夺不餍。”（《孟子·梁惠王上》）因此，如果一个国家内的人“上下交征利”，那么这个国家也就危险了。孟子认为“未有仁而遗其亲者也”，从统治者的利益出发，最重要的是要教育人民去掉争利之心。

在汉代，儒家学者复兴了儒学，进一步发展了儒学教民、导民的思想，并使之与统治阶级的意识形态结合起来。《周礼》治民思想有二：一是大宰之“八统”（一曰亲亲，二曰敬政，三曰进贤，四曰使能，五曰保庸，六曰尊贵，七曰达吏，八曰礼宾），二是大宰之“九两”（一曰牧，以地得民；二曰长，以贵得民；三曰师，以贤得民；四曰儒，以道得民；五曰宗，以族得民；六曰主，以利得民；七曰吏，以治得民；八曰友，以任得民；九曰薮，以富得民），根据总的精神，施教是其核心部分。汉代的统治者，将施教于万民作为国策确定下来，以后的统治阶级对其有所增损，对中国社会产生了极其重要的影响。

（二）德教为先

在治理国家中，儒家秉持“明德慎罚”、“德主刑辅”和“德教为先”的思想，也就是在法治和德教的关系中，更加重视道德教育的作用。

从中国政治统治的历史来看，先秦是儒、法并行时期。秦国是先秦各个诸侯国中一个强调法治、实行严刑峻法的国家。秦国从秦孝公采纳商鞅的意见实行变法之后，彻底地批判并否定了儒家的德治思想，把法治作为治理国家的唯一指导原则。根据商鞅奖励耕战、发展农业、增加生产、扩大军备的政策，经过一百多年的努力，秦国终于结束了长达几百年的战乱和动荡时期，实现了中国的统一。但谁也没有想到，秦国在取得了这个伟大胜利之后仅仅十四年，竟然就灭亡了。汉代建立政权后，在长达一百多年的时间内，政治家、思想家们进行了如何吸取秦亡教训的大讨论，从而进一步肯定并发展了儒家“德主刑辅”的思想。

儒家在治理国家中“德主刑辅”的思想，可以追溯到西周初期的周公姬旦。西周在取代了商朝的统治以后，继承了商朝王权神授的思想，宣称他们是受天之命来统治国家的。周公根据商朝滥用刑法最终导致灭亡的教训，提出一个统治者一定要“以德配天”和“敬德保民”，主张通过统治者自身道德水平的提高和加强对老百姓的道德教育来感化老百姓，强调要“明德慎罚”。西周的统治者们看到了“天命靡常”，也就是说，天命不会老是让哪一姓来统治一个国家，只有那些有德的人，才能得到上天的保佑。正因为“皇天无亲，惟德是辅”（《尚书·蔡仲之命》)，所以，对于统治者来说，最重要的就是要自己有德，并且能够对老百姓少用刑罚，多进行道德教育。孔子继承了周公的思想，提出“道之以政，齐之以刑，民免而无耻；道之以德，齐之以礼，有耻且格”(《论语·为政》)的思想。这就是说，在政治统治方面，如果只用政令来教导，用刑法去约束，老百姓可以免于犯罪却不知道犯罪是可耻的；如果能用道德教育来感化，用道德规范来约束，则老百姓不但不会犯罪，而且还会知道犯罪是可耻的，这样就能够提高人们的道德品质，改善社会的道德风尚。对于一个统治者来说，孔子强调要“为政以德，譬如北辰，居其所而众星共之”(同上)。意思是说，如果一个国君能够以德来统治老百姓，他就会像北斗星一样，坐在那里不动，而别的众星就会围拱着他。孟子强调仁政，使德治思想得到了进一步的发展。

孟子认为，在治理国家方面，有两种根本不同的方法和道路，一个是他所赞成的“王道”，另一个就是他所反对的“霸道”。他反对统治者用强力的方法使老百姓服从，主张用道德感化的方法使老百姓心悦诚服。他说：“以力假仁者霸，霸必有大国；以德行仁者王，王不待大。汤以七十里，文王以百里。以力服人者，非心服也，力不赡也；以德服人者，中心悦而诚服也，如七十子之服孔子也。”(《孟子·公孙丑上》)孟子所说的“力”，也就是人们所说的刑罚；孟子所说的“德”，也就是人们所说的德教。在治理国家中，孟子特别强调礼和乐的教化作用，他所大力称赞的“王道”，一方面是统治者自己要有道德，另一方面是必须要用道德感化的方法来教育人民，不要用压服的手段来对待老百姓。

汉代贾谊、陆贾等人进一步分析了刑罚和道德的本质作用。贾谊认为：“凡人之智，能见已然，不能见将然。夫礼者禁于将然之前，而法者禁于已然之后，是故法之所用易见，而礼之所为生难知也。”(《汉书·贾谊传》)贾谊认为，道德教育的作用，“贵绝恶于未萌，而起教于微眇，使民日迁善远罪而不自知也”。因此，道德教育和感化的目的，就是要“以德去刑”。所以孔子说：“听讼，吾犹人也，必也使勿讼乎。”(《论语·颜渊》)贾谊认为一个社会的安危，是由许多事情不断积累而决定的：“安者非一日而安也，危者非一日而危也，皆以积渐然，不可不察也。人主之所积，在其取舍。以礼义治之者，积礼义；以刑罚治之者，积刑罚。刑罚积而民怨背，礼义积而民和亲。故世主欲民之善同，而所以使民善者或异。或道之以德教，或驱之以法令。道之以德教者，德敬洽而民气乐；驱之以法令者，法令极而民风哀，哀乐之感，祸福之应也。”（《汉书·贾谊传》）贾谊这篇被鲁迅称作“西汉一代最好的政论”的《治安策》，是他写给汉文帝的治国纲要。毛泽东同志说，这篇文章“全文切中当时事理，有一种颇好的气氛，值得一看”。强调德治的重要、对德治与法治的不同作用的深刻分析，是这篇论文的主要内容和指导思想。

汉初的思想家们都特别注意研究秦亡的原因，他们认为，只有正确认识了秦王朝灭亡的原因，才能够从中吸取教训，从而巩固汉朝的统治。

贾谊认为：

> 及至秦王，奋六世之余烈，振长策而御宇内，吞二周而亡诸侯，履至尊而制六合，执敲朴而鞭笞天下，威震四海。南取百越之地，以为桂林、象郡，百越之君，俛首系颈，委命下吏。乃使蒙恬北筑长城而守藩篱，却匈奴七百余里，胡人不敢南下而牧马，士不敢弯弓而报怨。于是废先王之道，焚百家之言，以愚黔首。隳名城，杀豪杰，收天下之兵聚之咸阳，销锋镝，铸以为金人十二，以弱天下之民。然后践华为城，因河为池，据亿丈之高，临不测之渊以为固。良将劲弩，守要害之处，信臣精卒，陈利兵而谁何。天下已定，始皇之心，自以为关中之固，金城千里，子孙帝王，万世之业也。

从贾谊的这段话来看，在秦始皇消灭六国而统一中国之后，军事、政治的力量都十分强大，威震四海，国家兴旺发达，有着极为美好的前景。而且，经过春秋战国，特别是战国末一百多年的大规模战乱，人民也极其希望有一个安定的环境，“夫寒者利裋褐，而饥者甘糟糠，天下嚣嚣，新主之资也；此言劳民之易为仁也”。在贾谊看来，只要有一般的领导能力，正确地使用贤良的臣子，适当满足老百姓的要求，大家就会很高兴地安居乐业，任何图谋不轨的人，都不会得到人民的支持。

但是，谁也没有想到，这么强大的秦国，竟然在始皇统一六国后仅仅十四年之后，就遭到了彻底的覆灭。而陈涉是一个“瓮牖绳枢之子，氓隶之人，而迁徙之徒也，才能不及中人，非有仲尼、墨翟之贤，陶朱、猗顿之富”，“率疲弊之卒，将数百之众，转而攻秦。斩木为兵，揭竿为旗，天下云合而响应，赢粮而景从，山东豪俊遂并起而亡秦族矣”。一个小小的秦国，经过一百多年六个国君的努力，最终建立起一个大国，秦始皇本来想一世、二世一直传到万世的天下大业，在他死后还坟土未干的时候，就很快地灭亡了，这到底是什么原因呢？贾谊认为就是：“仁义不施而攻守之势异也。”贾谊的意思是说，秦朝在取得全国胜利以后，形势已经发生了根本的变化，但统治者没有认识到在新情况下仁义道德的重要作用，以致原有的人人争夺、相互争利的思想不断发展。由于当时的统治者不懂得“安民可与行义，危民易与为非”的道理，最终导致了自己的灭亡。

儒家在强调道德教化重于刑罚的同时，也强调刑罚的重要，因为这是每一个统治阶级维护政权所必需的。在孔子活着的时候，郑国发生了盗乱，郑国对此进行了镇压。《左传》记载了这件事，说孔子知道后，说了一段很重要的话：

> 郑子产有疾，谓子大叔曰：“我死，子必为政。唯有德者能以宽服民，其次莫如猛。夫火烈，民望而畏之，故鲜死焉。水懦弱，民狎而玩之，则多死焉，故宽难。”疾数月而卒。大叔为政，不忍猛而宽。郑国多盗，取人于萑苻之泽。大叔悔之，曰：“吾早从夫子，不及此。”兴徒兵以攻萑苻之盗，尽杀之。盗少止。仲尼曰：“善哉！政宽则民慢，慢则纠之以猛。猛则民残，残则施之以宽。宽以济猛，猛以济宽，政是以和。”（《左传·昭公二十年》）

从这里就可以清楚地看出，孔子虽然强调道德教育的重要，但为了维护统治阶级政权的稳定，对于犯上作乱的人，他还是主张要坚决加以镇压的。孔子也认为，“政宽则民慢”，即只进行道德教育而不用法律制裁，老百姓就会怠慢而不守规矩，甚至会犯上作乱，所以必须要“纠之以猛”，即施以刑罚。如果只知道用刑罚来镇压人民，那么老百姓就会残忍和暴戾，应当及时地“施之以宽”。自从孔子讲了这段话之后，“宽以济猛，猛以济宽，政是以和”的思想就成了儒家既要刑罚又要德教的两手并用的思想，人们把它简称为“宽猛相济”。

（三）统治者要“以身作则”

在政治统治中，儒家强调统治者以身作则的重要作用。孔子讲过很多这样的话。他说：“政者，正也。子帅以正，孰敢不正？”（《论语·颜渊》）“苟正其身矣，于从政乎何有？不能正其身，如正人何？”（《论语·子路》）孔子还认为统治者所颁行的政令能否得到执行，是同国家统治者自身的“正”与“不正”有密切关系的，“其身正，不令而行；其身不正，虽令不从”（同上）。当鲁国的大夫季康子问孔子如何治理国家时，孔子特别强调，如果统治者能够以身作则，他的道德就能够对人民起到道德感化的作用。《论语》记载：

> 季康子问政于孔子曰：“如杀无道，以就有道，何如？”孔子对曰：“子为政，焉用杀？子欲善而民善矣。君子之德风，小人之德草。草上之风，必偃。”（《论语·颜渊》）

季康子认为，治理一个国家，应该先杀掉那些无道的人，用以成就那些有道的人。但孔子不同意他的话，提出了统治者在道德上以身作则的重要性。他的意思是说，君子的品德好比是风，小人的品德好比是草，风吹到草上，草就必定会跟着倒向风吹的方向。在以身作则方面，儒家的从政道德，尤其强调自身廉洁的重要。孔子甚至认为，如果国君能够克制自己的欲望，朴素廉洁，老百姓就会受到感化，也就不会有追求享乐、生活奢靡和抢劫别人财物的行为。《论语》中记载：“季康子患盗，问于孔子。孔子对曰：苟子之不欲，虽赏之不窃。”（同上）对于从政者来说，孟子更特别强调，一个有道德的人，在取与不取之间，应当以身作则。他说：“可以取，可以无取，取伤廉。”（《孟子·离娄下》）这就是说，对于那些可以拿来归于自己，也可以不拿来归于自己的东西，就不要去拿。拿了这些东西，虽然并不违反法律，但对于一个从政的人来说，却伤害了自己的廉洁。三国时蜀国政治家诸葛亮说：“非法不言，非道不行，上之所为，人之所瞻也。……故人君先正其身，然后乃行其令。身不正则令不从，令不从则生变乱。”（《诸葛亮集·便宜十六策》）明朝著名思想家、道德家薛瑄更进一步指出，廉也有高低层次之分。他说：“世之廉者有三：有见理明而不妄取者，有尚名节而不苟取者，有威法律、保禄位而不敢取者。见理明而不妄取，无所为而然，上也；尚名节而不苟取，狷介之士，其次也；畏法律、保禄位而不敢取，则勉强而然，斯又为下矣。”（《薛瑄全集·薛文清公从政名言录》卷二）后世儒家认为，一个统治者应当在三个方面以身作则。陈宏谋在他所编著的《从政遗规》中指出：“当官之法，唯有三事：曰清、曰慎、曰勤。知此三者，则知所以持身矣”，又说“唯俭足以养廉”。儒家认为，统治者好比一个人的身体，老百姓就好比他的影子，身正影必正，

“未有身正而影曲、上治而下乱者”（《贞观政要·君道》）。正由于这个原因，儒家强调要“举贤才”，使那些有能力而且有道德的人来统治人民。

（四）以民为本

早在周代时期，开明的政治家、思想家和有识之士就注重“民”在安定社会、治理国家中的作用，“因民”、“保民”、“获民”、“庇民”、“托民”、“爱民”等词语频繁地出现在早期的各种文献典籍之中。鲁大夫引《尚书·大誓》说：“民之所欲，天必从之。”（《左传·襄公三十一年》）要求当政者注意满足老百姓的要求。陈逢滑说：“臣闻国之兴也，视民如伤，是其福也；其亡也，以民为土芥，是其祸也。”（《左传·哀公元年》）意思是说，臣下听说国家的兴起，看待百姓如同受伤的人，这是它的福德；国家的灭亡，把百姓看作粪土和草芥，这是它的祸殃。儒家继承了春秋时期的这些民本思想，强调人民大众是社稷、国家之根本，认为“民惟邦本”（《尚书·夏书》）。孔子强调“爱人”、“宽则得众”，孟子则强调“民贵君轻”（“民为贵，社稷次之，君为轻”），荀子进一步提出“君舟民水”，指出水可以载舟，亦可以覆舟。荀子在《王制》中说：“传曰：‘君者，舟也；庶人者，水也。水则载舟，水则覆舟。’……故君人者，欲安，则莫若平政爱民矣，欲荣，则莫若隆礼敬士矣，欲立功名，则莫若尚贤使能矣，是君人者之大节也。”儒家认为统治者要与民同乐，不能超出老百姓的水平去追求享受而为老百姓所怨恨。因此，必须关心劳苦大众的疾苦，要使广大劳苦人民得到实际的利益，只有这样，国家的统治才能长治久安。

儒家的民本思想，在孟子的“民贵君轻”中有着突出的反映。孟子说：“民为贵，社稷次之，君为轻。”（《孟子·尽心下》）他把老百姓看作一个国家的根本，是最重要的，并且认为，除了人民之外，一个国家的政权，比国君还要重要，如果把这三者放在一起来比较，那么，国君是最轻的。

这些思想，也可以说是儒家从政治上看到了人民的重要。从一定的意义上来说，孟子的这一思想，是儒家关于统治经验的一个极其深刻的总结。尽管统治阶级及其思想家们不可能真正认识到人民的历史作用，但是他们知道，离开了人民的拥护，要想维护自己的统治，是不可能的。也正是从这一点出发，一个聪明的统治者，总是要随时随地考虑到老百姓的利益。

（五）任人唯贤

在任用官吏上，中国古代的传统，特别是儒家，强调任人唯贤，反对任人唯亲，在德才兼备的要求下，更注重人的道德品质。

孔子在《论语》中强调要“举贤才”，就是要把那些有道德、有才能的人，推举到领导的岗位上来。《论语》中有一段孔子同鲁哀公的对话，进一步说明了孔子“举贤才”的思想。

> 哀公问曰：“何为则民服？”孔子对曰：“举直措诸枉，则民服；举枉措诸直，则民不服。”（《论语·为政》）

鲁哀公是一个昏君，他任用了那些没有道德和才能的人来治理国家，所以老百姓都不服。孔子回答他的问题时说，你应当选拔那些正直的、有道德的人来治理国家，并罢黜那些邪恶的人，如此老百姓就会服从你的统治了；如果你选拔那些邪恶的人来治理国家，罢黜那些有道德的、正直的人，老百姓当然也就不会服从你的统治了。

孔子自己也是一个非常尊重贤良的人。他认为“贤者识其大者，不贤者识其小者”。他自己说要“见贤思齐焉，见不贤而内自省也”，又说“君子尊贤而容众”，说明他对有贤德的人是十分尊敬的。

孟子继承了孔子“举贤才”的传统，强调在治理一个国家时，一定要使“贤者在位”和“能者在职”，要让贤者居于掌握政权的地位。孟子也主张“尚贤”，他认为一个统治者，应当“尊贤使能，俊杰在位”，应当“贵德而尊士”，只有这样，一个国家才能得到很好的治理。

《晏子春秋》一书记载了郑国大夫叔向到齐国去访问时，同齐国大夫晏婴的一段对话，反映了中国古代传统伦理对品德的重视。

> 叔向问晏子曰：意孰为高？行孰为厚？对曰：意莫高于爱民，行莫厚于乐民。又问曰：意孰为下？行孰为贱？对曰：意莫下于刻民，行莫贱于害身也。（《晏子春秋·内篇问下·第二十二》）

根据民国初年刘师培的考证，此段引文中的四个“意”字，都是“德”字之讹。因为古代的“德”字的写法，是上面一个“直”字，下面一个“心”字，字形和今天的“意”字很接近。由此看来，“意孰为高”，当作“德孰为高”；“意莫高于爱民”，当作“德莫高于爱民”；“意孰为下”，当作“德孰为下”；“意莫下于刻民”，当作“德莫下于刻民”。刘师培的这一理解是正确的，这一理解，体现了中国古代思想家们对这一问题的认识。

一般来说，在任用人才的问题上，儒家是注重德才兼备的，但儒家更强调任人唯贤，反对任人唯亲。儒家特别强调，一个国君在治理国家时，“得贤则昌，失贤则亡”，“治国之道，务在举贤”和“官人无私，唯贤是亲”。

任用人才，必须出于公心，外举不避仇，内举不隐子。《左传·襄公三年》和《吕氏春秋》都记载了祈黄羊的故事。晋国中军尉祈黄羊退休离任时，晋悼公要他推荐任事的人，他立即举荐了解狐。晋悼公听了很吃惊，说解狐不是你的仇人吗？他回答说，你问的是谁能代替我做你的大臣，不是问谁同我有仇啊！以后，悼公又请他举荐一个领兵的将才，祈黄羊举荐了祈午，悼公同样吃惊地问他，祈午不是你的儿子吗？他又回答说，你问的是谁可以担任将领，没有问他是不是我的儿子啊！这两个人都很称职，所以我才举荐了他们。孔子对这件事称赞地说：“善哉！祈黄羊之论也。外举不避仇，内举不避子。”（《吕氏春秋·去私》）在中国长期的统治历史中，对中央和地方官的考察，还往往以其所举荐的人的优劣来衡量其本身对国君的忠与不忠。这种荐贤才、举贤良的传统，在一定程度上和一定范围内，对中国的政治生活，也起到了积极作用。

在德才关系上，儒家更加重视一个人的道德品质的作用，强调要以德统才。司马光在他所写的《资治通鉴》中，对于德才关系，作了全面的论述。他说：

> 夫才与德异，而世俗莫之能辨，通谓之贤，此其所以失人也。夫聪察强毅之谓才，正直中和之谓德。才者，德之资也；德者，才之帅也。云梦之竹，天下之劲也；然而不矫揉，不羽括，则不能以入坚。棠谿之金，天下之利也；然而不镕范，不砥砺，则不能以击强。是故才德全尽谓之“圣人”，才德兼亡谓之“愚人”，德胜才谓之“君子”，才胜德谓之“小人”。凡取人之术，苟不得圣人、君子而与之，与其得小人，不若得愚人。何则？君子挟才以为善，小人挟才以为恶。挟才以为善者，善无不至矣；挟才以为恶者，恶亦无

不至矣。愚者虽欲为不善，智不能周，力不能胜，譬如乳狗搏人，人得而制之。小人智足以遂其奸，勇足以决其暴，是虎而翼者也，其为害岂不多哉！夫德者人之所严，而才者人之所爱，爱者易亲，严者易疏，是以察者多蔽于才而遗于德。自古昔以来，国之乱臣，家之败子，才有余而德不足，以至于颠覆者多矣，岂特智伯哉！故为国为家者苟能审于才德之分而知所先后，又何失人之足患哉！（《资治通鉴》卷一）

三

对于中国古代传统文化和传统道德，包括儒家的孔孟之道，我们一定要正确地对待，既要继承其中的精华，弘扬其中的优良部分，又要剔除其中的糟粕，批判和否定其中的消极因素。儒家强调等级制度和尊卑关系，这当然是错误的，但儒家思想中，也确实包含着很多合理的因素，这是我们应当加以分析的。由于儒家思想同社会政治之间有特殊的关系，因此，吸取其中的合理内容，对克服我国当前政治生活中的某些消极因素，是有帮助的。总而言之，对儒家的思想，要采取一分为二的态度，如儒家的等级制度是错误的，但它提倡尊老、敬贤和尊师，则是好的。对于儒家强调的孝顺父母，我们也应加以分析，其中宣扬愚忠愚孝的部分，当然是错误的，但子女尊敬父母和赡养父母，则是应当弘扬的。儒家讲“先义后利”、“见得思义”、“见利思义”等，有合理的因素，应当加以继承。我们现在搞社会主义市场经济，也要搞竞争，但是，我们所提倡的竞争，与资本主义市场经济条件下的竞争是不同的，我们提倡的是公平竞争，反对见利忘义，反对见“小利”而忘“大义”。我们要建立的是社会主义的现代化国家，在义利关系上，我们应当强调集体主义的价值导向，而不能允许自私自利、见利忘义的思想腐蚀我们的干部和群众。最近几年来，个人主义思想在我国社会生活中又有些沉渣泛起，这对我们的改革开放和社会主义现代化建设是十分有害的，我们不能容许那种强调个人利益高于一切的思想，不能容许那些置民族利益于不顾的专门牟取自己私利的行为。我们应当坚持以马克思主义为指导，加强集体主义教育，加强国家利益、民族利益、社会利益高于个人利益的教育，努力弘扬中华民族的优良传统。同时，要十分注意警惕西方意识形态、价值观念对我们的渗透和腐蚀。总之，对于中国古代的传统文化，我们要认真地研究和分析，去其糟粕，取其精华，以古为今用。

第二节　传统道德与当代道德建设*

一

中国传统道德，一般说来，主要是指从先秦到辛亥革命时期，以儒、墨、道、法各家伦理道德传统为内容的伦理思想和道德实践活动的规范的总和，它是中华民族在长期社会实践中逐渐凝聚起来的民族精神的重要内容。由于中国历史的特殊原因，儒家思想在其中占有重要的地位，具有重要的影响。

中国传统道德是中华民族思想文化传统的重要组成部分，是中国古代思想家对中华民族道德实践经验的总结，对中国传统文化、民族心理产生了巨大的影响。从一定意义上说，中国传统道德是中华民族思想文化传统的核心。

弘扬中华民族优良道德传统，其根本目的在于振奋我们的民族精神，增强民族自豪感和民族责任感，提高民族自尊心和民族自信心；在于使社会主义道德有更丰富的内容，有更能为群众所喜闻乐见的形式，有更加具有民族特色的凝聚力和向心力；在于更好地协调社会主义社会的人际关系，促进社会主义市场经济的健康发展；在于使集体主义、爱国主义和社会主义真正成为我们社会在思想上的主旋律，从而促进社会主义精神文明建设，形成中国特色的价值观和伦理道德规范。

二

弘扬中华民族的优良道德传统，必须树立正确的态度。从中国近现代的历史来看，对于这一问题的态度，曾经历了曲折的过程。中国共产党以马克思主义为指导，对中国古代文化（包括伦理道德）提出了批判

---

* 本节原载于《中国传统道德》一书，中国人民大学出版社 1995 年 12 月版。收入本书时略有改动。

继承的正确方针。毛泽东同志说："今天的中国是历史的中国的一个发展；我们是马克思主义的历史主义者，我们不应当割断历史。从孔夫子到孙中山，我们应当给以总结，承继这一份珍贵的遗产。"[①] 又说："清理古代文化的发展过程，剔除其封建性的糟粕，吸收其民主性的精华，是发展民族新文化提高民族自信心的必要条件；但是决不能无批判地兼收并蓄。"[②] 对于历史遗产和一切进步的文化，都不能生吞活剥地、毫无批判地吸收，应该"如同我们对于食物一样，必须经过自己的口腔咀嚼和胃肠运动，送进唾液胃液肠液，把它分解为精华和糟粕两部分，然后排泄其糟粕，吸收其精华，才能对我们的身体有益"[③]。毛泽东同志的这些论述，正确地解决了对待传统文化，包括传统伦理道德的态度和方法的问题。

回顾新中国成立以来的几十年，在一段时间内，由于受到"左"和右的思想的严重干扰，人们未能正确地对待中国传统文化和传统道德，这也使社会主义的思想道德建设受到了影响。

最初是"左"的思想的影响，即对传统文化，特别是传统道德采取了只强调批判、不注意继承的错误态度。从反右派斗争到批判"剥削阶级道德继承论"，再到"文化大革命"中的"破四旧"（旧思想、旧文化、旧风俗、旧习惯）和批判刘少奇"黑修养"，再到"批孔"和"评法批儒"运动，形成了一种否认中国传统文化和传统道德的"左"的思潮。这种思潮对传统伦理道德，尤其是对在中国历史上影响较大的儒家思想，几乎是不加分析地作了全面否定。在给儒家思想戴上反动、保守、妄图复辟旧制度和开历史倒车的政治帽子之后，把孔子、孟子、程颢、程颐、朱熹、陆九渊、王守仁等古代的哲学家和伦理学家，统统视为为反动阶级复辟、为反革命制造舆论的辩护士。

之后，从 1980 年以来，由于西方价值观念对一些人的影响和腐蚀，在一段时期内，我国又出现了一股全盘西化的右的思潮。在一些人看来，现代化就是西方化，而西方化就必须全面、配套、彻底地把西方的科学技术、政治制度和价值观念全面地移植到中国来，这也就是所谓的"全盘西化论"。这种全盘西化论的一个重要内容，就是要用西方以个人

---

① 《毛泽东选集》，2 版，第 2 卷，534 页。

② 同上书，707～708 页。

③ 同上书，707 页。

主义为中心的价值观来反对社会主义的集体主义价值观。全盘西化论是一种彻底的民族虚无主义理论。全盘西化论者把中国文化传统看作一个不能区分精华和糟粕的不可分割的整体，要打破就要整体地打破，以对儒家思想的全面否定来达到全面否定中国文化传统和伦理道德传统的目的。全盘西化论者意识到，中华民族的优秀传统伦理道德，在经过以马克思主义为指导的批判继承之后，同样是抵御西方个人主义伦理道德观的一种重要力量，因而把反对中国传统文化和否定中国传统道德作为他们宣扬资产阶级个人主义伦理道德观的一个重要内容。

当然，我们在回顾新中国成立以来对待中国传统文化、传统道德的"左"的和右的错误思潮时，也应当看到另一种思潮即传统保守主义所谓"复兴儒学"思潮的发展及其危害。在五四运动以前，为封建统治阶级服务的儒学，在中国有两千多年的发展历史，可以说是根深蒂固，影响深远。五四运动以后，传统儒学虽然受到"打倒孔家店"的冲击，但在国民党统治时期，复兴儒学的思潮仍不断有所抬头。所谓"新儒家"就自称一直是在接着传统儒学的思想向前发展的。目前，在我国港台地区和海外，确有一些所谓以"新内圣"开出"新外王"为目的的新儒家学派，一些所谓"儒家资本主义的宣扬者"，通过鼓吹复兴儒家文化和儒家伦理来反对社会主义文化和社会主义伦理道德。虽然这种思潮在国内并没有很大市场，但仍然值得我们注意。

我们应当认真总结多年来在对待中国传统文化和传统道德问题上的经验教训，实事求是地对待我们的传统文化和传统道德。

三

我们认为，中华民族的传统道德与当今中国社会主义的现代化建设有着密切的关系。

第一，实现国家的现代化，大力发展国家的经济，使人民的生活更加富裕起来，是世界各发展中国家独立以后所面临的历史任务。任何一个国家的现代化，都是以其文化道德传统和价值观念为指导的。每个民族都有与其他民族不同的传统文化，任何一个人都要直接或间接地接受包括传统道德在内的传统文化的哺育和影响。在实现现代化的整个过程中，究竟怎样对待自己的传统文化和传统道德，这是发展中国家所面临的一个重要问题。传统文化与传统伦理道德，是积淀在民族的思想意识和行为规范里的，是民族心理和民族性格的组成部分，制约和影响着人们的现实生活。一个着眼于未来、大力进行现代化建设的国家和民族，必然不会忘记自己的历史，更不会抛弃本民族的优良道德传统。从这一点出发，20 世纪以来，世界各发展中国家在大力实现现代化的过程中，都极力倡导和弘扬自己国家的价值观念，保持和发扬本民族的优良道德传统。中国的现代化是社会主义的现代化，是以实现共产主义为最终目的的现代化。保持和发扬中华民族的优良道德传统，尤有特殊的意义。

第二，现代化决不等于西方化，社会主义的现代化更是如此。我们要实现社会主义的现代化，就必须吸收人类文明发展中的一切优秀成果，包括西方近现代伦理思想文化的优秀成果。但是，我们在实现现代化的过程中，决不能受西方拜金主义、享乐主义和极端个人主义的影响。应当看到，由商品经济的负面影响所诱发的自私自利、见利忘义、损人利己和损公肥私的行为，是极端有害的。随着社会主义市场经济体制的形成，在以公有制为主体多种经济成分并存的局面下，在以按劳分配为主体多种分配形式并存的局面下，人们必然会面临多样化的价值取向。但是，社会主义根据其基本的经济、政治和文化制度要求，在价值导向上必然是一元化的，这就是以马克思主义为指导的社会主义的集体主义。批判继承中国传统道德，也就是用民族的美德来更好地弘扬社会主义的集体主义道德。

第三，中华民族的优秀传统文化，特别是优良道德传统，对于推动我国当前的现代化事业具有重要的意义。从根本上说，我们的现代化既应该包括物质方面的现代化、社会结构和社会关系的现代化，也应该包括保持和发扬强大的精神力量，继承和弘扬中华民族的传统文化，特别是优良道德传统。可以说，中华民族优良的道德传统是社会主义现代化建设必不可少的精神力量。历史的发展说明，中华民族的优良道德传统，对于中国社会优良道德风尚的形成，对于中华民族的团结、和谐与发展，产生过并正在产生着非常重要的作用。中国及周边一些国家的经济发展，已经并正在有力地证明，古老的东方传统文化，特别是儒家的优良道德传统，不但没有影响国家的现代化发展，而且已经成为维持社会秩序、改善社会风尚、协调人际关系、增强国家凝聚力的精神力量。在社会主义现代化事业中，我们应当使民族的优良道德传统通过改造和发展，在社会主义现代化中发挥更大的作用。

四

从道德的发展来看，社会主义道德不是凭空产生的，不是从天上掉下来的，而是对过去人类一切优秀道德的继承与发展。社会主义道德必须植根于民族的传统道德。社会主义道德对传统道德并不是简单肯定或否定，而是弃糟取精。尽管传统道德中含有时代的、阶级的、局限性的内容，但也有其不可忽视的、超越时代的可继承的内容。热爱祖国、勤劳节俭、尊老慈幼、惩恶扬善、诚实守信、孝亲尊师、廉洁奉公、团结友爱、律己宽人、谦虚礼貌等，仍然是社会主义社会道德的重要内容。“己欲立而立人，己欲达而达人”，“己所不欲，勿施于人”的仁爱精神；童叟无欺、诚实守信、乐善好施、反对为富不仁的商业道德；“富贵不能淫，贫贱不能移，威武不能屈”的大丈夫精神；“天行健，君子以自强不息”的进取精神；“地势坤，君子以厚德载物”的宽厚精神；“知之为知之，不知为不知”；“知耻近于勇”；等等，在中国历史上曾经哺育了无数英雄豪杰和志士仁人，使他们为民族、为国家作出了巨大的贡献。在社会主义的今天，发扬中华民族的这些优良道德传统，仍然有重要的社会意义和道德意义。

毋庸讳言，中国传统道德具有鲜明的矛盾性和两面性。它既有民主性的精华，又有封建性的糟粕；既有积极、进步、革新的一面，又有消极、保守、落后的一面。而且在有些情况下，精华与糟粕又互相结合，良莠混杂，瑕瑜互见。

对于中国传统道德，我们既不能全盘否定，也不能全盘继承。全盘否定势必导致历史虚无主义，全盘继承势必导致复古主义，这两种倾向都是错误的。正确的态度是以历史唯物主义为指导，坚持批判继承、弃糟取精、综合创新和古为今用的方针。“批判继承”是一个总的原则，即强调继承是在历史唯物主义的理论指导下，有批判、有选择、有目的的继承，是以是否符合广大人民群众的利益为原则的继承。“弃糟取精”是继承文化遗产，特别是继承传统伦理道德的一个重要要求，是一种弘扬精华、除弃糟粕的继承，是经过咀嚼、消化的继承。“综合创新”是强调在继承中国传统伦理道德时，要注意进行综合和创新的工作。一方面，对中国历史上诸子百家的伦理道德思想，要择各家之精华，加以比较、分析和综合，形成一种新的符合时代需要的思想，并使之成为社会主义、共产主义道德的一个组成部分；另一方面，还要注意对全人类的伦理道德遗产进行整理、对比和鉴别，并吸取其中有益的东西，同中国的传统伦理道德相结合，以创造出先进的精神文明。"古为今用"强调批判继承中华民族传统道德的主要目的，就是为了适应有中国特色社会主义建设的需要，解决现实生活中有关伦理道德的问题，为我国的经济建设创造良好的道德环境，保证我国的物质文明建设能够遵循社会主义道德更加健康地向前发展。

五

对中国传统道德的继承，是一种批判的继承。在实际运用过程中，对一个个具体的道德命题，我们究竟应当怎样来弘扬精华、除弃糟粕呢?

一般来说，中国传统道德，从我们今天可以继承的角度考虑，大体上可分为几种不同的情况。一些传统道德在今天来看基本上属于精华的部分；另一些传统道德，由于完全同封建等级制度和等级观念结合在一起，可以说是全属糟粕的部分；同时，也有不少的传统道德，是精华与糟粕交织、融合在一起的。对于那些宣扬封建等级观念的糟粕，自然应当一概予以摒弃；但我们还应当清楚地看到，即使基本上属于精华的部分，也仍然是瑕瑜互见的，需要我们精心地加以琢磨切磋。尽管"瑕不掩瑜"，但对于"瑕瑜错陈"的情况，古人从来都是强调"持择须慎"的。

批判的继承，就是要用历史唯物主义的态度，根据当前历史进步的要求和广大人民群众的利益，根据建设有中国特色社会主义的需要，根据千百年来人们在思想中所认同的人际关系的一些准则和规范，根据社会主义社会中处理人与人之间关系的道德原则，对经过选择而准备吸收的道德遗产予以加工和改造，从而抛弃其封建的、落后的、消极的方面，吸收其反映人民利益的、科学的、积极的方面。

首先，对那些基本上属于精华的传统道德，我们应当进行分析。通过这些分析，可以使我们进一步理解，为什么即使是传统道德，仍然需要以历史唯物主义的态度赋予其时代要求的新意义。例如，"先天下之忧而忧，后天下之乐而乐"这句在人民群众中广为传诵的名言，是北宋著名的政治家范仲淹在《岳阳楼记》一文中所说的。这句话中所指的“天下”，在当时，既指整个华夏民族所聚居的广袤土地，又兼指宋王朝所统治的范围；而这句话中的“忧”、“乐”二字，既有对广大人民群众的忧乐，又有对宋王朝统治的兴衰的忧乐。范仲淹在这篇文章中还提出“居庙堂之高则忧其民，处江湖之远则忧其君”，就是说，在朝廷中身居高位就为人民而忧虑，在山野中隐居为民，就要为君王担心。因而，当我们以历史唯物主义的态度，根据今天社会主义的时代特点和广大人民群众的利益需求来继承这句话时，我们理解的“天下”就应当是整个中华民族的利益，即已经以我们所理解的“天下”，取代了范仲淹所说的“天下”，而我们所应当有的“忧”和“乐”，自然也就和范仲淹所说的“忧”和“乐”不同了。

在中国传统道德中，这样的例子还可以举出很多。如“仁者爱人”、“己所不欲，勿施于人”、“己欲立而立人，己欲达而达人”等等，在继承时都要注意抛弃其原先所包含的调和阶级矛盾和维护统治阶级利益的方面，弘扬其在今天能更好地调节和理顺人民内部各种矛盾、加强人们之间的团结的积极方面。再如“居天下之广居，立天下之正位，行天下之大道。得志，与民由之，不得志，独行其道。富贵不能淫，贫贱不能移，威武不能屈，此之谓大丈夫”（《孟子·滕文公下》），对于其中的“广居”、“天下”、“道”、“志”等，都应当用历史唯物主义的态度以及我们上面提到的原则，进行批判继承。对于这一类基本上属于精华的传统道德内容，只要我们掌握这种态度，就能够更好地加以继承。

其次，对于那些明显精华与糟粕相交织甚至融合在一起的传统道德，更需要谨慎地加以鉴别和认真地加以消化。义利关系问题是中国传统道德极为关心的一个问题。《论语》中提出“见利思义”、“见得思义”、“义然后取”等等，这些思想，应当说基本上属于精华的部分，但其中也夹杂着一些维护封建等级制度的内容，这就需要正确区分古人所说的义和利与今天所说的义和利的不同含义，这样我们才能够很好地抛弃糟粕，吸收精华。这里还有另一种情况。例如“君子思义而虑利，小人贪利而不顾义”和“君子喻于义，小人喻于利”等道德思想，就可以说是精华与糟粕相互交织在一起的复杂情况，我们今天在继承时，更应当仔细地加以批判和分析。在中国古代社会，“君子”一般指统治阶级的成员或有道德的人，而“小人”一般多指居下位的卑贱者，有时也指只顾私利而没有道德的人。“君子喻于义，小人喻于利”，总体来看，包含着两方面既有联系、又有区别的内容，即一方面认为，只有统治者才明白大义，而劳动人民只知道私利；另一方面也认为，只有道德高尚的人才明白大义，而没有道德的人只知道私利。在长期的剥削阶级占统治地位的社会内，统治者都只强调第一种理解，把他们自身看作知道大义的，污蔑劳动人民只知道私利，从而为巩固他们的统治制造舆论。对于这一方面的内容，应当彻底地予以批判，但同时，也可以吸收其强调有道德的人是知道大义的人，而无道德的人是只谋私利的人的合理思想，并加以改造，使其在新的时代发挥积极的作用。

我们之所以强调批判地继承，还由于中国传统道德是植根于中国古代以农耕为本务、以家庭为单位的小农经济土壤的，是在长期的奴隶主阶级和封建阶级统治的社会中孕育、形成和发展的。因而，一切传统道德，都不同程度地带有统治阶级意志的烙印，从本质上来说，是为维护当时统治阶级的利益和稳定阶级社会秩序而服务的。中国长期封建社会所形成的“三纲五常”、忠孝节义等道德规范和德目，从总体上来说，都是为维护传统的社会秩序和统治阶级的利益服务的。因此，如果不能以历史唯物主义去批判旧道德，否定旧道德中为统治阶级利益服务的内容，就不可能有正确的继承。

六

对于中国传统道德的批判继承，从方法论上来看，还有一个如何正确对待一般和个别、共性和个性、抽象和具体以及普遍和特殊的关系的问题。

在过去一段时期内，对于中国传统伦理道德之所以存在两种认识偏向，究其方法论根源，是因为没有正确认识伦理道德的共性和个性、抽象和具体、一般和个别以及普遍和特殊的相互关系而导致的。彻底否定伦理道德传统可以继承的思想，其错误就在于只看到传统道德产生于某一具体时代、具体人物和具体事物的特殊性，没有看到其中也包含了超越时代的普遍性因素；主张全盘继承、全盘复古的人的错误，就在于夸大了传统道德的普遍性，看不到不同时代的特殊性，因而否认了对传统道德进行变革的必要性。

怎样理解批判继承的这种普遍和特殊的关系呢？

恩格斯在《德意志意识形态》中曾经指出，在阶级对立的社会中，各阶级之间，既有对立的利益，也有共同的利益，“这种共同的利益不是仅仅作为一种‘普遍的东西’存在于观念之中，而且首先是作为彼此分工的个人之间的相互依存关系存在于现实之中”①。统治阶级的思想家们，为了维护统治阶级的长远利益，利用这种共同利益来制定维护社会稳定的道德规范，举着共同的、普遍的利益的旗帜来抵抗外来侵略，并且根据这种共同利益来开发自然和兴修水利，等等。历代统治阶级的清官，从根本上来说所要维护的是统治阶级的利益，但他们都注意到了各个阶级所共生共存的普遍的、共同的利益。孔子曾经提出“因民之所利而利之”的思想，照今天的解释，就是说要根据老百姓自身的利益，使他们得到好处。虽然其当时的、特殊的目的仍然是为了维护和巩固统治阶级的政治稳定，但应当说，这也是对人民有利的。同样，孟子提出“省刑罚，薄税敛”是为了缓和阶级矛盾，但在客观上也有对发展生产有利的方面。

普遍和特殊、抽象和具体、一般和个别，在哲学上本来是相互联系不可分割的。任何一种道德思想都内在地包含着普遍和特殊、抽象和具体、一般和个别的辩证关系。任何特殊的、具体的、个别的道德思想、道德命题、道德要求和道德规范，都必然包含着普遍的、抽象的、一般的内容。从辩证法的观点来看，个别的东西中就包含有一般的东西，一般的东西，绝不是在个别之外，而只能在个别之中。从伦理道德思想的继承来看，我们首先应当承认，任何普遍的、抽象的、一般的东西，都是同特殊的、具体的、个别的东西相联系而存在的，它们只能存在于这些个别的道德思想、道德要求、道德命题和道德原则之中。但是，我们还应当看到，普遍的、抽象的、一般的东西，又往往是扬弃了特定时间、特定地点、特定含义，而选择、提炼、积淀和保留下来的能为其他时代所接受的共同内容。

道德命题和道德要求，都具有特殊意义和普遍意义。当一个道德要求被提出来的时候，它总是考虑到当时社会人际关系的要求，考虑到社会秩序的安定和谐。在奴隶社会和封建社会，必然要考虑到维护当时的

① 《马克思恩格斯全集》，中文1版，第3卷，37页，北京，人民出版社，1960。

等级制度，这就是它在当时的特殊意义。但是，由于人们受到社会的、历史的、阶级的局限，古人根据其所处的特殊环境、特殊目的而提出某些道德命题、道德要求和道德准则，往往却自认为是发现了人类道德生活永恒不变的真理，并把这些道德命题和道德要求看成可以万古长存、像“天不变”那样永远不会改变的。当然，这种“天不变，道亦不变”的形而上学的认识，是完全错误的。但是这些根据特殊情况、特殊目的概括出来的道德要求，仍然反映了社会生活中的人所必须共同遵守的某些道德要求，即反映了一些普遍的、抽象的、一般的道德要求。这些要求包含了列宁所说的人类千百年来所形成的公共生活规则，也可以说是在长期共同的社会生活中所形成的共同的道德要求。正像恩格斯在《反杜林论》中所指出的，某些共同的历史背景，就必然会使道德有某些共同之处。这种共同之处，就是我们今天所以能够批判继承的理论根据，而扬弃其特殊的、具体的、个别的、时代的、阶级的特性，把握其普遍的、抽象的、一般的属性中能够适用于今天的内容，就是我们今天批判地予以继承的基本原则。

弘扬精华、除弃糟粕，是我们继承中国传统道德的基本原则。我们以什么标准来区分精华和糟粕呢？我们认为，在当前，区分精华与糟粕的根本标准，就是是否有利于推动有中国特色社会主义建设事业，是否有利于建设和形成有中国特色社会主义道德体系，是否有利于广大人民群众的利益，是否有利于培养社会主义“四有”新人。符合上述要求的就是精华，就具有科学性、进步性和民主性。批判继承就是要继承科学性、进步性、民主性的精华。

劳动人民是人类历史的创造者，是孕育、形成、发展社会道德的重要推动力。正像恩格斯所说的，由于阶级地位不同，在劳动人民之间，确实流行着同剥削阶级的道德不同的另一种道德。尽管统治阶级的思想家们往往也会在不同程度上反映劳动人民的道德，但是，由于历史的局限，劳动人民被剥夺了从事文化、教育活动的权利，他们尽管在生产斗争和阶级斗争中发挥着重要作用，但在思想意识形态领域，在文化教育和伦理道德领域，特别是在从人们的现实道德生活总结、概括道德思想、理论、要求，并使其形成规范、原则和理论方面，受到很大的限制。在大多数情况下，他们甚至没有参与制定、确立伦理道德规范的条件。尽管我们也在努力挖掘劳动人民的伦理道德遗产，但相对来说，反映他们的道德思想的成果实在太少。

七

中国传统道德的核心及其一贯思想，就是为社会、为民族、为国家、为人民的整体主义思想。所谓整体，在中国长期的封建社会中，也就是指整个社会、整个民族和整个国家。可以说，一切传统美德都是围绕这一整体精神而展开的。《诗经》中提出的“夙夜在公”，贾谊提出的“国尔忘家，公尔忘私”等，都不断强调一种为整体而献身的精神。正是在这种精神的影响下，范仲淹提倡“先天下之忧而忧，后天下之乐而乐”，文天祥认为“人生自古谁无死，留取丹心照汗青”，顾炎武提出“天下兴亡，匹夫有责”，颜元力求“富天下，强天下，安天下”，林则徐主张“苟利国家生死以，岂因祸福避趋之”，等等，都显示了强烈的为社会、为民族、为国家献身的精神。也正是从国家利益和整体利益的原则出发，在个人对他人、对社会的关系上，中国传统道德强调先人后己、助人为乐，强调个人对社会尽责，强调自觉地为他人、为社会。这种整体主义思想，应当说是中国伦理道德传统区别于西方伦理道德传统的一个重要的特点和优点。

历史的发展，王朝统治的不断改变，各民族的纷争和融合，孕育、培养和形成了这样一种崇高、伟大、朴实的整体主义思想，使中华民族始终没有解体，没有屈服，傲然屹立于世界民族之林，这是世界其他国家所未有的。国家的统一，民族的团结，反对分裂，反对内战，成为几千年来各族人民的共同愿望，从而决定了中国历史发展的主流和方向。尽管中华民族在历史上也曾经历了无数次严重的外忧，也曾经历了造成国家分裂和地区政权对立的内患，诸如魏晋南北朝，五代十国，宋、辽、金、西夏并峙等时期，但最终都依靠自己的力量，一次次地获得了新的生机。

中华民族的整体主义思想具有十分丰富的历史内涵。在长达数千年之久的历史长河中，中华民族依靠这种精神无所畏惧地战胜了一个又一个困难，克服了一个又一个障碍，涌现出了一批又一批光照日月、永垂青史的民族英雄，谱写了一曲又一曲高亢激越的整体主义颂歌。今天，弘扬中华民族的整体主义精神，对于团结全国各族人民齐心协力地振兴我们的政治、经济和文化，建设我们伟大的祖国，实现社会主义现代化，不但具有十分深远的历史意义，而且具有十分深刻的现实意义。

当然，我们应当看到，中国传统道德中的整体主义思想，在过去剥削阶级掌握政权的社会中，总是带有剥削阶级的烙印，成为剥削阶级维护阶级统治的一种思想武器。在长期的封建社会中，统治阶级总是把自己的阶级利益，甚至把一姓王朝的利益冒充为所谓的国家利益和整体利益。我们今天批判继承中国传统道德中的整体主义精神，就是要批判这种用一己私利冒充国家利益、整体利益的思想，继承那种“夙夜在公”、“公尔忘私”的精神。国家、社稷和民族的利益，确实是同广大人民群众的生活幸福、社会稳定、生产发展、人际和谐等联系在一起的。每当一个王朝的经济得到发展、政治清明廉洁、社会秩序正常、道德风尚良好的时候，社会各个阶层，当然也包括劳动人民，就都能够从中得到好处，直接得到经济利益。相反，每当一个王朝日趋衰落、经济凋敝、政治腐败时，受害最大的必然是处在最底层的劳动人民。特别是每当一姓王朝处于积贫积弱、日趋没落的境况时，外忧内患的直接结果，必然是使广大劳动人民承受最直接、最深重的灾难，处于水深火热之中而不能自拔。也正是由于这种原因，历史上无数的志士仁人、英雄豪杰，尽管对某一姓封建王朝压迫人民、倒行逆施的腐败统治的认识程度有所不同，但他们都勇于献身，杀身成仁，舍生取义，为民族、为国家尽自己的忠心。

例如，明末清初的思想家顾炎武，就是一位独具慧眼的有思想的爱国主义者。他根据自己的切身体会，认识到明代朱姓王朝的腐败，同时又有着强烈的为民族、为人民献身的精神。正是由于这种原因，他特别区分了“亡国”和“亡天下”的不同。他说：“有亡国有亡天下。亡国与亡天下奚辨？曰：易姓改号谓之亡国；仁义充塞而至于率兽食人、人将相食，谓之亡天下。”他认为：“保国者，其君其臣，肉食者谋之；保天下者，匹夫之贱，与有责焉耳矣。”（《日知录·正始》）在顾炎武看来，“国”既是封建统治阶级一姓王朝的利益体现，因此那些享受到“国”的俸禄的“肉食者”，就应当尽力去保“国”；而“天下”则代表着人民的利益，代表着社会的安定，因此，他以仁义充塞、道德沦丧、世风浇薄、文明衰颓为亡天下，并极力强调，每一个匹夫，都对天下的兴亡负有重要的责任。顾炎武所主张的“天下兴亡，匹夫有责”（梁启超概括）的爱国主义和整体主义思想，就是中华民族传统道德中的精华。我们今天强调发扬中华民族的整体主义精神，就是要发扬这种为广大人民利益而献身的精神，并且根据历史的发展，赋予其更新的、具有时代意义的内涵。

第三节 传统文化与人才培养*

在世纪之交，传统文化与未来社会人才培养的问题，日益引起人们的关注。处于社会生活中的人们，总是从既定的历史传统、文化氛围、民族心理和生活环境出发，并在这些因素的交互影响下成长和发展。尽管人们总是想摆脱旧的传统，抹去旧的烙印，创造新的生活和形成新的品德，但总是无法完全克服传统对人们的影响。因此，如何正确地对待传统，即怎样消除传统中消极的东西，弘扬和发挥其积极的方面，就成为我们应当特别注意研究的一个问题。

什么是传统？这是一个人们有着各种不同看法的范畴。一般来说，我们可以从众说纷纭的各种观点中，大体上找到一个普遍的、大致相同的理解。传统就是已经过去了的事物，是长期以来积淀在社会生活和人们的心理中，并在今天的现实中仍然发挥影响和作用的一种规范。传统可以是物质的，也可以是精神的，而文化传统则更多是指同精神、思想、文化道德有关的传统。在人类的各种传统中，文化传统对人才培养和人才成长来说，有着特别重要的意义。

什么是文化传统？一般来说，文化传统是对人类在今天以前所创造的精神现象的一个总称，它的内容包括从一定价值导向出发的各种哲学的、政治的、经济的、法律的、伦理的、文学的、艺术的、宗教的思想观念的总和。文化传统虽然有多方面的内容，但是，它也有着自己的核心。它的核心究竟是什么，这也是一个有着不同意见并值得讨论的问题。文化传统的核心，从一定意义上，可以说是人们对善的追求。这一追求，是贯串于一切哲学、政治、经济、法律、文学、艺术、宗教等思想中的一根主线，即向往美好、

---

* 本节原载于《高校理论战线》1998 年第 6 期。收入本书时略有改动。

贬斥丑恶，是对人类幸福的渴求和对高尚的道德品质的向往。因此，我觉得，我们在讨论传统文化时，着重探讨它同人才培养的关系，是非常重要而且有意义的。

当然，我们在探讨21世纪人才培养的问题时，首先要考虑的是现实的需要和时代的要求，我们是为了解决人类未来社会中最重要、最迫切的重大问题而进行思考的。因此，我们必须向前看，要面向未来，要尽量适应时代发展的需要。我们之所以提出要继承和弘扬文化传统，也正是由于人类的文化传统中包含着值得我们借鉴、吸收和弘扬的内容。

一、中国传统文化的基本特点

中国传统文化的基本特点是什么？这是一个需要学者们讨论和研究的重要问题。这里所说的“中国传统文化的基本特点”包含三个方面的意思。第一，它是中国的，这是从它同其他国家的传统文化相比较的意义上来说的；第二，这里所说的传统文化，主要是指1840年以前中国古代的传统文化；第三，这里所说的中国传统文化的特点，只能是一些基本的特点。

中国传统文化包含着极其丰富的内容，就其最主要的部分来说，可归纳为以下三个方面。

中国传统文化的第一个特点，就是它是重伦理的。在一定意义上，中国传统文化是一种伦理型的文化，也可以把中国传统文化叫作“崇德”型文化。在整个中国传统文化中，伦理思想的确占有很重要的地位。在中国古代的哲学、政治、历史、文学、教育思想中，伦理思想都贯串其始终。扬善抑恶、褒善贬恶、追求崇高，是中国传统文化的一个主导思想。这一点，也是大多数思想家所一致认同的。

追求崇高的人生目的，是中国传统文化的一个重要内容。在人和人的相处中，一个人既要有自强不息、奋发有为的创造精神，又要有设身处地为他人着想和爱人如己的博大胸怀。“天行健，君子以自强不息”，“地势坤，君子以厚德载物”。两千多年前中国古代的著名经典《易经》中的这两句话，鲜明而又生动地表明了中国人的人生态度、立身精神和理想境界。一个人，要对人忠实诚信，兢兢业业，夕惕若厉，敬业乐群，不断地提高自己的品德，努力担负起自己应尽的责任。同时，要以极其宽厚仁慈的爱心，来对待自己的同类，以至一切有生命的东西。“天地之大德曰生”，“民吾同胞，物吾与也”，这是一种非常令人崇敬的高尚境界。当然，在现实的人类社会生活中，最重要、最现实的，还是人如何能够自强不息以及如何对待自己的同类，即怎样对待他人的问题。中国古代传统文化认为，一个人道德修养的最终目的，应当是“与天地合其德”，只有达到了这样的境界，才算是一个有高尚道德的人。

什么是自强不息的精神？“天行健，君子以自强不息”的意思是，天道的运行，是刚劲强健的，有道德的人应当效法天道，自强不息。“自强”就是要自我奋发，自主自尊，勇于进取，力图革新。“自强不息”就是要“自知”、“自胜”，矢志“强行”。老子说：“知人者智，自知者明。胜人者有力，自胜者强”（《老子·三十三章》），要想战胜别人，首先要战胜自己的弱点，只有坚忍不拔、强力而行的人，才算是一个有志气的人。孟子说：“夫人必自侮，而后人侮之；家必自毁，而后人毁之；国必自伐，而后人伐之。”（《孟子·离娄上》）由此可见，所谓“自强不息”，就是中国传统文化中的奋发图强、独立自主、孜孜不倦、坚忍不拔、百折不挠、锲而不舍的精神。中国古人所崇敬的精卫填海、大禹治水、愚公移山和夸父逐日等故事中的人物，就生动地体现了这种精神。自强不息的精神，可以说是中华民族的脊梁，是中华民族几千年来所以能够不断发展、壮大的一个重要的精神支柱。中华民族诚挚的爱国主义精神，为国家、为社会、为民族的整体主义思想，也都渊源于这种自强不息的精神。在中华民族的历史上，无数仁人志士和英雄豪杰，前赴后继、英勇不屈，甚至牺牲自己的生命来保卫国家的领土，维护祖国的尊严，都同这种自强不息的精神密不可分。国家要统一，人民要富强，民族要团结，社会要安定，这是中华各民族的共同愿望，只有涵养和形成了这种自强不息的精神，这一愿望才能实现。

什么是“地势坤，君子以厚德载物”？这里的意思是说，大地的气势是宽厚和顺的，一个有道德的人，应增厚美德，容载万物。一方面，要“设身处地，爱人如己”；另一方面，还要有爱护一切生命的博大胸怀。早在公元前 6 世纪的春秋时期，中华民族就形成了所谓“仁”的思想。孔子最早从所有的人都是同一个“类”出发，阐发了“仁”的意义，强调了“仁”就是“爱人”。关于人为什么要爱人，怎么去爱人，以及用什么方法去爱人，孔子都作了经典的说明。孔子已经自觉地认识到，人和己是相互依存的，既然所有的人都是同一个类，那么大家就应当相互关心和相互爱护。一个人，要真正做到爱他人，就必须要“设身处地”，即把自己放到别人的位置上来考虑问题，如此才能体会到别人的需要。“己所不欲，勿施于人”（《论语·颜渊》），“己欲立而立人，己欲达而达人”（《论语·雍也》），“吾不欲人之加诸我也，吾亦欲无加诸人”（《论语·公冶长》），这三个相互联系又相辅相成的原则，是孔子爱人思想的集中体现。孔子一而再、再而三地从人和我既对立又统一、人既是主体又是客体、既要去爱人又要受人爱、所有的人都是同一个类出发，论述他这个重要思想，即一个人怎样去思想和行动，才能真正达到“爱人”的目的。从上述这些引文中，我们可以清楚地看到，生于公元前6世纪的孔子，是一位当之无愧的人本主义思想家。用什么方法来爱人呢？孔子提出了一个方法论原则，这就是他所说的“能近取譬”，即以自身作譬喻，来考虑如何去对待别人，古人叫作“设身处地”，现在的人叫作“换位思考”。我们可以看到，“能近取譬”这种设身处地的方法，可以说是一个极其重要的道德方法论原则，一切人类道德行为的可能与实践，都不可能离开这个最简单、最容易被人们领会的原则。

宋代的张载，进一步发展了中国传统文化“厚德载物”的思想，明确地提出了“民吾同胞，物吾与也”的思想。他认为，所有的人，都是同一父母（即天地）所生的亲兄弟，世间万物都是人类的朋友，人不仅要爱自己的同类，爱护一切有生命的动植物，而且还要爱护大自然，保护人类生活在其中的生态环境。张载把中国古代“天人合一”的思想，赋予了具体内容——“仁民爱物”，使其达到了一个新的高度。

正是从崇尚伦理道德出发，中国传统文化特别重视所谓“内圣外王”之道，即在政治上，要求实行“王道”和“仁政”，要以德治国；而在个人的修养上，要求加强修养，完善人格，以“圣人”为最高的理想境界。为学的目的，就是要使自己成为一个道德上的“完人”，成为一个“真人”和“至人”。中国传统文化把“治国”与“修身”紧密地结合在一起，为了“治国”，就必须“修身”，只有努力进行道德修养，使自己成为一个道德高尚的人，才能把国家治好。为了使全国的人民都有道德，国君首先应当有道德，孔子说“君子之德风，小人之德草”（《论语·颜渊》），就是这个道理。

中国传统文化的第二个特点，就是它强调理智和智慧的重要性，强调对真理的追求和辩证的思考，有着浓厚的思辨传统。中国先秦的儒、墨、道、法几个著名的学派，都十分重视理智和智慧的重要性，强调人们认识真理的重要意义。孔子、墨子都从自己的观点出发，强调知识和智慧在完善自身和完善社会，在修身、齐家、治国、平天下中的意义。中国传统文化还包含着十分丰富的辩证法内容。《易经》中阴阳两极对立统一、相辅相成、相因相生的思想，以及六十四卦的生成和变化，都可以说是人类社会生活中丰富而生动的辩证法的体现。中国古代思想家们的辩证思考，在春秋时期道家学派的思想中，得到了极其全面而深刻的阐发，并在中国传统文化中占有非常重要的地位，产生了非常深远的影响。但是，在汉武帝“罢黜百家，独尊儒术”之后，居于正统地位的儒家思想占据着意识形态的统治地位，道家这些极其宝贵的思想，没有得到应有的发展。

战国时期著名的思想家荀子，特别重视理智和智慧在人类认识中的重要作用，对人们认识真理的各个方面，作了深入的探讨。从自然观来说，他首先提出了“天人之分”的命题。他说：“故明于天人之分，则可谓至人矣。”（《荀子·天论》）意思是说，在认识真理的问题上，我们必须把自然界和社会、物质和精神、主体和客体区分开来，如此才能获得真理性的认识。他强调，“天行有常，不为尧存，不为桀亡”（同上），“天不为人之恶寒也辍冬，地不为人之恶辽远也辍广”（同上），自然界有自己的规律，它是不会因为人的主观愿望而改变自己的规律的。根据上述原理，他认为：“凡以知，人之性也；可以知，物之理也。”（《荀子·解蔽》）“所以知之在人者谓之知，知有所合谓之智。”（《荀子·正名》）这就是说，人有认识客观事物的能力，而客观事物是能够为人所认识的；人的认识能够与客观的对象相符合，就是智慧。为了达到对客观事物的正确认识，就必须克服和消除各种片面性，把握事物的辩证发展规律和相互联系。在长达两千多年的时间里，中国的思想家们，如王充、王夫之等，都对这一思想进行了发展，使中国古代追求真理和智慧的思想，得以不断发扬光大。

以老子和庄子为代表的道家尤其重视辩证思维。早在公元前 4 世纪和5世纪，道家便把人类的辩证思维发展到了一个新的高度。在老庄看来，一切事物都有它的对立面，一切事物都是相互联系的，一切事物都是发展变化的，一切事物都是能够相互转化的，一切事物都既是绝对的又是相对的，在绝对之中有相对、在相对之中有绝对，任何静止、凝固和僵化的观点，都是同客观事物的本来面貌相违背的。不但对自然界的事物，应当这样去认识，而且对一切社会现象，也同样应当这样来认识。尽管在老庄的思想中也包含着某种形而上学和相对主义的因素，但总体说来，他们的辩证思想是非常丰富、深刻的。不仅大小、高低、上下、动静等等是对立统一的关系，而且人类社会生活中的善恶、美丑、得失、祸福、多少、难易等等，也都是相互联系、相互依存、相互渗透和相互转化的。"祸兮，福之所倚；福兮，祸之所伏"（《老子·五十八章》）、"天下皆知美之为美，斯恶已；皆知善之为善，斯不善已"（《老子·二章》）、"有无相生，难易相成，长短相形，高下相倾，音声相和，前后相随"（同上）、"圣人终不为大，故能成其大"（《老子·六十三章》）、"非以其无私邪，故能成其私"（《老子·七章》）、"后其身而身先"（同上）、"欲先民必以身后之"（《老子·六十六章》）以及"多藏必厚亡"（《老子·四十四章》）、"多易必多难"（《老子·六十三章》）、"既以为人己愈有，既以与人己愈多"（《老子·八十一章》）等等，《老子》中这些对自然界的变化和人类社会的发展变化所作的极其深邃、精辟、睿智、简约的概括，可以说是早期人类辩证思想最辉煌的成就，直到今天，仍然闪烁着耀眼的光辉。

中国传统文化中的辩证思想的一个突出特点，是它把自然界和人类社会现象看作一个统一的整体，并力求从整体的相互对立和相互联系上来观察和分析这些现象。人类社会是一个整体，自然界是一个整体，一个国家是一个整体，一个人也是一个整体，因此，人们在了解、观察、分析和认识这些现象时，就一定要从一个统一体的视角来考察它们之间的相互联系，否则，就不能达到正确认识这些现象的目的。中国古代的《内经》从统一的整体出发来考察人体的各个部分，天才地认识到了人体的经络体系，避免了形而上学的种种片面认识，对现代医学的发展来说，也有很重要的意义。

重视理智和强调智慧的特点，还表现在对人生的真正意义和目的的追求上。中国古代的大多数思想家，都极力探求人在社会生活中的地位、作用、态度以及人所能够达到的自由的程度。道家认为道是万物的本源。人们生活在自然界和人类社会中，必须要遵循自然界和人类社会的规律来行动，即道家所说的“道法自然”，特别是要自觉地掌握对立面必然要相互转化的规律，在祸福、吉凶、得失、荣辱中善以自处，从而因祸得福、逢凶化吉、失而复得、辱而后荣。从一定的意义上来说，这些思想直到今天仍极其有益，能够指导人更好地生活。庄子曾探讨了人类在社会中生活，怎样才能摆脱、超越、克服和解除凌驾于人之上的各种限制，达到一种完全自由的境界。他认为，除去个人的欲望，看破世俗的名利，抛弃一己的得失，摆脱荣辱的羁绊，“缘督以为经”（《庄子·养生主》），“胜物而不伤”（《庄子·应帝王》），“有人之形，无人之情”（《庄子·德充符》），从而达到完全“无待”的境地，人们就可以成为他所说的“真人”和“至人”，也就可以“全生”了。道家所主张的消极出世的思想是不正确的，但他们强调要克服物欲和名利的羁绊，则有着合理的内容。儒家在人生观问题上和道家不同，他们认为人生的真正目的，就是要在完善自身的基础上来完善社会，并以个人的修身为起点，以齐家为中介，以治国、平天下为最终的根本目的。《大学》中说：“古之欲明明德于天下者，先治其国。欲治其国者，先齐其家。欲齐其家者，先修其身。欲修其身者，先正其心。欲正其心者，先诚其意。欲诚其意者，先致其知。致知在格物。物格而后知至，知至而后意诚，意诚而后心正，心正而后身修，身修而后家齐，家齐而后国治，国治而后天下平。”这一段话，比较全面、系统、完整地表达了儒家对人生的根本意义和目的的看法，表达了人应当在完善自身的基础上完善社会，同时，也要在完善社会的过程中不断地完善自身，这一过程永无止境。

在过去比较长的一段时间内，有一些人认为，中国的传统文化只重伦理而不重智慧，这是对中国传统文化的一种严重的误解。中国传统文化中极其丰富的智慧、理性、思辨和格物致知的内容，是我们应当重新加以认识的。

中国传统文化的第三个特点，就是它有着独特的审美意识和人文精神。中国传统文化在文学、艺术等各个方面，取得了辉煌的成就，是人类文化史上最重要、最灿烂的瑰宝之一。在强调伦理道德和知识智慧的背景下，中国古代的文学、艺术发挥了其特有的导向作用，形成了中华民族独特的审美意识和人文精神。三千多年前的周朝，就出现了《诗经》这样一部极其深刻、生动、形象地反映社会生活的诗歌总集，它以鞭挞社会丑恶、向往美好生活的特有睿智，审视着人在不同情况下的思想感情。春秋时期的《楚辞》，尤其是其中的《离骚》等篇，更是中华民族爱国主义的千古绝唱，表现了作者关心人民、关心国家、追求理想、改造现实和顽强斗争的精神。在中华民族的发展历程中，还出现了唐诗、宋词、元曲和明清小说等几个文学艺术的发展高潮，创造出了绚丽多彩、辉煌灿烂、具有永久魅力的文学艺术作品。

中国传统文化以诗歌的形式来表达思想感情的特点极其突出。它的渊源可以追溯到《诗经》以前的帝舜时期，之后不断发展，历久不衰，贯串于几千年的中国历史之中。更加值得注意的是，自唐代以来，随着新的统一国家的形成和国力的强大，文学艺术上出现了一个空前繁荣的用诗歌来表达人们的思想情感、人生理想、价值观念和生活情操的时期。在中华民族的发展历史上，这是一个诗人辈出的前所未有的伟大时代，李白、杜甫、孟浩然、王维、白居易、韩愈等一大批天才的诗人、文学家，创作了数以万计的、影响深远的、光辉夺目的著名诗篇，是人类文化史上最为辉煌的一大奇观。仅仅流传下来的唐代诗歌，就有五万多首，其中著名的就有一万多首。这是一个诗歌的时代，大诗人白居易，甚至要把他所作的诗歌，先读给老妇人听，然后再进行修改。这些诗篇体现了中华民族热爱和平、不畏强暴、锐意进取、追求理想、淡泊名利、向往自然的民族性格。诗人们热情地歌颂现实生活中一切美好的事物，极力反抗社会上一切不合理的黑暗势力，赞扬人和人之间真挚的感情和友谊，执着地追求理想和美好的生活。这些诗篇一方面洋溢着浪漫主义精神，充满理想色彩；另一方面又充满从实际出发的现实主义的实事求是的精神。这些诗篇，既丰富了人类社会的精神文明，也有力地促进了社会的发展和国家的繁荣，对社会的进步起到了强有力的推动作用。“朱门酒肉臭，路有冻死骨”，“国破山河在，城春草木深”，以及“三吏”、“三别”等脍炙人口的诗篇，表现了伟大诗人杜甫忧国忧民的思想。“安得广厦千万间，大庇天下寒士俱欢颜，风雨不动安如山。呜呼！何时眼前突兀见此屋，吾庐独破受冻死亦足！”（杜甫：《茅屋为秋风所破歌》）这首感情沉郁的诗表达了诗人虽身处颠沛流离的困境，想到的却是无数有着类似处境的穷人，他甚至不惜以自己冻死为代价，换取让那些穷困的人都能够有很好的房子居住。诗人对劳动人民的感情，是多么真挚和深厚啊！“春种一粒粟，秋收万颗籽。四海无闲田，农夫犹饿死。”（李绅：《悯农一》）“锄禾日当午，汗滴禾下土。谁知盘中餐，粒粒皆辛苦。”（李绅：《悯农二》）“父耕原上田，子斫山下荒。六月禾未秀，官家已修仓。”（聂夷中：《田家》）“二月卖新丝，五月粜新谷。医得眼前疮，剜却心头肉。我愿君王心，化作光明烛。不照绮罗筵，只照逃亡屋。”（聂夷中：《咏田家》）这些唐代诗人的著名篇章，充分体现了劳动人民的思想感情，反映了他们珍惜劳动成果和痛恨剥削的强烈的不满情绪。在唐代的著名诗人中，还有王维、孟浩然等善于描绘自然景色的田园诗人，他们以与大自然融为一体的情怀，把清新秀丽的景色同身处其中的诗人的丰富情感结合在一起，从而达到一个使人回味无穷的新境界。“春眠不觉晓，处处闻啼鸟。夜来风雨声，花落知多少。”（孟浩然：《春晓》）“桃红复含宿雨，柳绿更带朝烟。花落家僮未扫，莺啼山客犹眠。”（王维：《田园乐》），这两首诗把诗人恬淡、静谧的心情和对生活的思索，同春雨、落花、啼鸟以及桃红、柳绿、莺啼等联系起来，情趣悠闲、清新自然，使人浮想联翩，意味深长。

从唐代开始，用来表达人们思想感情的诗歌已经开始同音乐相结合，并被用来歌唱。到了宋代，更发展成为一种新的文学体裁，即人们所说的“宋词”，它同唐诗相辉映，成为中华民族文化传统中的又一灿烂瑰宝。值得注意的是，词在题材选择、艺术风格和思想倾向上，都有着自己独特的传统。它善于用音乐的旋律来表达人物细微的心理变化，或者婉约，或者豪放，总是同人民的生活、社会的治乱、国家的安危有着密切的联系。继唐诗、宋词之后，在中国历史上，还有元曲和明清小说等文学艺术高峰，并以其独特的方式，形成了一种独特的审美意识和人文精神，熏陶和孕育着中华民族特有的人文素质和民族精神。

二、传统文化与培养高素质人才

从中国传统文化的基本特点来看，中国传统文化对培养和提高人的思想、文化、审美和道德素质，有着极其重要的意义。21 世纪是一个在各个方面都必然存在激烈竞争的时代，如果不能在激烈的竞争中得到发展，就可能遭到淘汰。竞争是多方面的，有经济上的竞争、科技上的竞争、管理上的竞争、人才上的竞争等等，其中最重要的是人才的竞争，而在人才的竞争中，思想素质和道德素质有着尤为重要的作用。因此可以说，人的素质是关系到一个国家、一个民族的生存和发展的重大问题。中国传统文化中崇尚道德、重视智慧、强调文化艺术修养、注重人文精神和人文素质的培育等思想，有利于新时期人的思想素质的提高，在21世纪人才培养的过程中，应当认真地加以弘扬。

在传统文化与培养高素质人才的问题上，我们首先要认识到，既然传统文化仍在今天的现实中发挥作用，我们就必须对传统文化进行辩证的分析。一般来说，传统文化对现实的作用可分为两个方面，它既是人类所创造的宝贵精神财富，是人类继续前进的基础，又是一个阻碍人们向前发展的包袱。因此，我们在继承传统文化时，就必须强调鉴别和选择，坚持批判继承、弃糟取精、综合创新、古为今用的原则，抛弃保守的、不符合时代要求的糟粕，吸取时代所需要的精华，综合创新，赋予传统文化以新的意义。

任何国家在继承自己的传统文化时，都必须吸收人类历史上所创造的一切优秀文化成果，因此，中国在继承和发扬中华民族的优良传统时，同样要以正确的态度来对待世界各个民族、各个国家的优秀文化传统，包括西方的文化传统。西方发达国家，不但继承了古希腊丰富多彩的文化，而且自文艺复兴以来，在长达几百年的时间里，又创造了前所未有的新的文化，这对培养面向21世纪的人才来说，是有重要意义的。古老的埃及文化、印度文化不但在历史上取得了辉煌的成就，就是在今天，仍然是我们应当批判继承的。当然，在继承外国的文化遗产时，我们必须坚持“以我为主、为我所用”的原则，在当前，就是要以建设有中国特色社会主义的需要为总原则。一般来说，各个国家和民族都有自己的传统，这些传统都应当受到尊重。随着经济的发展和社会的进步，各种文化之间的交流也日趋频繁。文化之间的冲突，同样是不可避免的，但是，绝不像有些人所认为的，在21世纪，将会有某一种文化战胜其他所有文化、取代其他所有文化。未来的文化发展，将是各种文化在相互交往和相互冲突中，在相互联系和相互吸收中，日益走向融合。尽管各国的社会制度不同，但每一个国家、每一个民族的文化，都将在保持自己的文化特色的同时，既继承本民族传统文化的优秀成果，又吸取人类历史上一切优秀文化的精华，从而使自己的文化更加丰富多彩、更加具有民族特色。

第四节　传统美德举要

一、“公忠”美德*

在中国古代所形成的道德规范中，“公忠”这一道德规范占有非常重要的地位。公忠是社会道德的最高原则，是对个人道德品质最根本的要求。公忠不仅被人们看作个人的“修身之要”，而且贯彻于一切道德规范之中。

什么是“公忠”？“公忠”这一道德规范，包含着哪些基本要求呢？

在古代，“忠”往往代表着一种为人处世的态度，古人的解释是“尽己之为忠”。一个人不论做什么事情，都要认认真真，尽自己最大的努力，这就是“忠”。孔子的弟子曾子，曾经说过几句很有名的话，周恩来生前也曾引用并肯定这几句话的积极意义，其中就提到对“忠”的解释。曾子曰：“吾日三省吾身：为人谋而不忠乎？与朋友交而不信乎？传不习乎？”（《论语·学而》）这就是说，一个人应该经常反省，为他人做事，是不是尽了忠心，即是否尽了最大的力量？现在，我们仍然常常说要“忠于事业”、“忠于同志”、“忠于朋友”以至“忠于集体”、“忠于国家”、“忠于民族”等等。由此可见，“忠”是人们在社会相处中最重要、最基本的道德要求。在古代，“忠”一直是同“公”和“正”联系在一起的，所以古人提出“忠，德之正也”（《左传·文公元年》），认为“忠”是所有道德规范中最重要的一种。隋唐以后出现的《忠经》，对“忠”的意义作了更详细的说明，其中说：“天之所覆，地之所载，人之所履，莫大乎忠。忠者，中也，至公无私。天无私，四时行；地无私，万物生；人无私，大亨贞。忠也者，一其心之谓也。为国之本，何莫由忠？”

* 本部分原载于1997年3月3日《大众日报》。

在中国古代，“公”又是同“私”相对应的一个概念。一般来说，“公”是指氏族、民族、国家的利益。在长期的奴隶社会和封建社会中，国家总是为剥削阶级所掌握，甚至是属于一姓一家的天下。因而，古代人所说的“公”，有着封建性的一面，这是我们应当用马克思主义加以分析的。但是，就总体来说，在奴隶社会和封建社会，每当国家面临内忧外患时，受害最大的必然是处在最底层的劳动人民，因此，在这种情况下，勇于献身、勇于抵御外侮，以至于为国家存续而杀身成仁、舍生取义的“公”的精神，仍然是值得肯定的。历史上无数爱国主义的民族英雄，如苏武、岳飞、文天祥、戚继光等，他们为国为民不屈不挠的精神，直到今天，仍然是我们应当大力发扬的。

“公”既是同“私”相对而言的，古人又是怎么理解“私”的呢？在中国传统道德中，“私”一般指私人的利益或个人私利，有时甚至明确指“自私自利”和“损公肥私”的思想和行为。战国时期的思想家韩非曾从中国文字的起源上来说明“公”和“私”所具有的对立、相反的意义。他说：“古者苍颉之作书也，自环者谓之私，背私谓之公，公私之相背也，乃苍颉固以知之矣。”（《韩非子·五蠹》）韩非的意思是说，自古以来，“公”和“私”就是对立的，最先造字的苍颉就是按照这个意思而造的“公”和“私”两个字。最早的私字，没有现在的“禾”字旁，只有另一半，而这一半就是以自己为起点，划一个圆圈。现在我们大家所熟悉的“八”字，在古代有相背、相反的意思，所以把古代的“厶”字之上，加一个具有相反意义的“八”，就成了我们现在的“公”字。从韩非的解释来看，至少在很早以前，把“公”和“私”看作正相反对的两种思想和行为，就已经是人们的共识了。汉朝班固所整理撰写的《白虎通义》，实际上是当时的一部标准辞典，其中说“公者通公正无私之意也”，也是把“公”和“私”对立起来解释的。

在中国古代传统道德中，人们很早就把“公”和“忠”联系起来，要求一个人要尽自己最大的努力，为国家、为民族而献身，要求在“公”和“私”的关系上，要克制、放弃个人的私利，以谋取公家的利益，要“克己奉公”。这种强调为国家、为民族、为社会的公忠道德要求，是中华民族特有的整体主义精神的核心，它对国家的兴盛存续有着重要的意义。

从历史上看，早在反映中国西周时期政治思想的《尚书·周官》

中，就有“以公灭私，民其允怀”的提法，就是说，一个执政者，只有用公心消灭私欲，才会得到人民的信任和归向。《诗经》中也有“夙夜在公”的思想。《左传·僖公九年》又进一步提出“公家之利，知无不为，忠也”，把“公”和“忠”联系起来，这是“公忠”道德规范的最初来源。《左传·昭公元年》中又说“临患不忘国，忠也”，把个人对国家的责任，特别是在国家遭遇危险和祸患之时，一个人应当挺身而出、为国献身，当作最大的忠。由于奴隶时代和封建时代的君主都属于剥削阶级，因此，这种忠于国家的“公忠”，就包含着需要我们进行分析的精华和糟粕。汉朝的著名政治家贾谊把忠于国家同义和正义联系起来，他说：“国尔忘家，公尔忘私，利不苟就，害不苟去，唯义所在。”（《新书·阶级》）在这段话里，贾谊强调在个人利益和国家利益发生矛盾时，根据“公忠”的道德规范，应当“国尔忘家”、“公尔忘私”，一个人不论做任何事情，都要根据原则，该做的就做，不该做的就不做，不能因为对个人有利就做，对个人不利就不做，这是应当弘扬的。但我们也应当看到，“公忠”的思想中，包含着做臣子的应当一心一意为君主着想的内容，这就是应当批判和扬弃的了。

在古代思想家那里，“公”、“私”和“善”、“恶”，经常具有相同的意义，这也就是说，“公”就是“善”，“私”就是“恶”。宋代的心学家陆九渊认为“公”和“私”的思想反映了一个人“心”的“正”、“邪”，他说：“为善为公，心之正也。为恶为私，心之邪也。为善为公，则有和协辑睦之风，是之谓福；为恶为私，则有乖争陵犯之风，是之谓祸。”（《陆九渊集·赠金溪砌街者》）在中国传统道德中，从来就把为公、把以人民大众和国家民族的利益为重，看作崇高善良的美德，而把自私自利、损公肥私看作邪恶，看作一种罪过，是受人鄙视的卑劣的思想和行为。正是在这一传统的长期影响和熏陶下，我们中华民族形成了一种歌颂民族团结、褒扬民族和睦、强调国家统一的强大的向心力和凝聚力，这种向心力和凝聚力对我们中华民族几千年来一直屹立于世界民族之林，长期保持一个多民族的统一大国，有着重要的作用。

从我国的现实情况来看，改革开放以来，为了更快地发展生产力，促进经济发展，我们较多地强调了个人利益，这在一定时期内有其积极的作用。但同时我们也应当看到，随着商品经济和市场经济的发展，特别是在西方思想的影响下，一些人追求个人享受，斤斤计较于个人利益，对自己应尽的职责却消极、敷衍，不能尽心尽力、严肃认真地把自己应做的事做好。在振兴中华的伟大事业中，我们每个人都有对民族、对集体、对国家的责任和义务，因此，我们应当把中华民族公忠的优良道德传统加以发扬，赋予它新的意义。孙中山先生说到“忠”字时，就曾经说过：“我们现在说忠于君，固然是不可以，说忠于民，是可不可呢？忠于事又是可不可呢？我们做一件事，总要始终不渝，做到成功，如果做不成功，就是把性命去牺牲，亦所不惜，这便是忠。”① 我们正在建设有中国特色社会主义伟大事业，更要求广大人民群众能够对集体、民族和国家的事业，抱着忠心耿耿、尽心尽力、坚韧勇敢、不屈不挠并为之奋斗到底的精神。如果每一个人都能够自觉地、积极地、严格地去履行自己对他人、对集体、对社会、对国家的责任和义务，那么，我们的社会主义事业，就一定能够蓬蓬勃勃地向前发展，我们的民族，就必将成为世界上大有希望的民族。

二、“忧患意识”与“居安思危”*

中华民族在长期的历史发展中，形成了自己特有的民族心理、情感和精神，忧患意识就是这一精神的重要内容。

在我国的传统文化和传统道德中，忧患意识又总是同“居安思危”联系在一起的。这就是说，不但在国家处于困难中和遭受外来敌人侵略时，应当有忧患意识，就是在国家安定强盛时，仍然要想到可能产生的危机，要随时保持高度的警惕，有备无患，从而使自己永远立于不败之地。

（一）《易经》中的忧患意识

中国的忧患意识，在古典文献《易经》中就已经形成。从一定意义上我们可以说，《易经》的主导思想就是一种忧患意识，并由这种忧患意识引发出一种发奋图强的精神。《易经》总结了国家、社会治乱兴衰的经验教训，分析了个人成功和失败的各种原因，考察了事物变化的复杂情况，看到了辩证发展的因素，提出了“忧患意识”这一极其重要的思想，以求使国家能够繁荣富强和兴旺发达，使个人能够

① 《孙中山选集》，下卷，650页。

* 本部分原载于《做人与处世》2000年第7期。

“因时而惕”和“虽危无咎”。也正是由于这样的原因，《易传·系辞》中说：“作易者，其有忧患乎？”意思是说，《易经》的作者，是一个有忧患意识的人，因为《易经》的全部内容都是从忧患意识出发的。

《易经·乾》在第一次提到“君子”时就说：“君子终日乾乾，夕惕若，厉无咎”。这句话的意思是说，一个有道德的人，从早到晚都应当处在“戒慎恐惧”之中，即使到晚上要睡觉了，仍然要心怀忧虑和警惕。如此，在危险和不利的境遇中，才能够没有灾祸。

《象传》对这段话的解释，又进了一步。它强调，一个有道德的人，要“进德修业”，加强自身的道德修养，“是故居上位而不骄，在下位而不忧，故乾乾因其时而惕，虽危无咎矣”。这说明，只要时时警惕和忧虑，就是身处险境，也能没有灾祸。

《易经》从事物的辩证发展过程中看到了居安思危的重要意义，《系辞》中说：“是故君子安而不忘危，存而不忘亡，治而不忘乱，是以身安而国家可保也。”这句话的意思是说，一个国家、一个社会和一个人的安危、存亡和治乱，是相互联系和可以相互转化的。一个安定的社会，可能发展到危险的境地；一个存在的国家，可能走向灭亡；一个治理得很好的社会，可能会出现难以收拾的混乱局面。如何才能避免这种现象发生呢？最根本的就是要有一种居安思危的忧患意识。所谓“居安思危”，就是要在“安”、“存”和“治”的时候，预见到可能出现的“危”、“亡”和“乱”，从而增强人们的忧患意识，使人们能够有预见地克服各种困难。居安思危，就是要在危难尚未到来之时，就“戒慎恐惧”，就“如临深渊，如履薄冰”，反对骄傲自满、奢侈淫逸等等。

（二）孔子、孟子对忧患意识的发展

忧患意识在孔子那里有了进一步的发展。孔子说：“人无远虑，必有近忧”（《论语·卫灵公》），他反对目光短浅，只看到眼前的利益和暂时的富贵，强调从更广阔的视野来观察问题。孔子的“人无远虑，必有近忧”有两方面的意思，一方面是从国家和社会来考虑，孔子看到当时的一些诸侯国之所以从兴旺到衰败，往往与缺乏忧患意识有关，因此他劝告当时的统治者，在筹划政事时，要从国家的长治久安出发；另一方面，他也是从人生观方面来认识这一问题的，他认为，一个人在社会中生活，应当有远大的抱负，有高尚的道德，有崇高的情操，要时时警惕和反省自己。他说："君子忧道不忧贫"（《论语·卫灵公》），对于自己来说，"德之不修，学之不讲，闻义不能徙，不善不能改，是吾忧也"（《论语·述而》）。在孔子看来，道德必修养而后成，学业必讲习而后得，见义能徙，知过必改，这是一个人不断前进的关键，因此他常常以此来鞭策自己。

孟子继承孔子的忧患意识，提出了"生于忧患而死于安乐"（《孟子·告子下》）的著名论断。孟子的这一思想，是对事物发展变化规律的总结，其中包含着极其深刻的哲理。大到一个国家，小到一个个人，安逸和快乐，容易使其毁灭和死亡，而忧患意识则能使其更好地生存。从国家来说，孟子提出"无敌国外患者，国恒亡"（同上），因为在经常的敌国侵略威胁下，这个国家就会有较强的忧患意识，就会发奋图强、自力更生，就能打败敌人的侵略，就能顽强地存活下来。对于一个人来说，忧患最能够锻炼人的坚强意志，"故天将降大任于斯人也，必先苦其心志，劳其筋骨，饿其体肤，空乏其身，行拂乱其所为，所以动心忍性，曾益其所不能"（同上），说的也是这个道理。

（三）忧患意识与民族精神

在中国长期的历史发展中，我们可以看到，忧患意识已经成为中华民族精神的一个重要组成部分，它既是一种忧国忧民的爱国主义精神，又是一种关心国家和人民的责任意识，同时也是一种自力更生、艰苦奋斗、发奋图强和无私奉献的精神。正是在这种精神的感召下，许多仁人志士和道德楷模，或者是杀身成仁、舍生取义，或者是以身殉国、英勇就义，留下了许多可歌可泣的感人事迹。

宋代的著名思想家范仲淹提出"先天下之忧而忧，后天下之乐而乐"的思想，强调了一个有道德的人，应当以国家、民族和人民的忧虑为忧虑，体现了他远大的政治抱负和博大宽广的胸怀。在《岳阳楼记》中他说："居庙堂之高则忧其民，处江湖之远则忧其君。是进亦忧，退亦忧。"意思是，在朝中做官时，就要时时为老百姓着想；被贬而远离朝廷时，就要经常想到国君的安危。范仲淹忧国忧民的忧患意识，体现了中华民族的民族精神。

清代的著名思想家顾炎武，进一步提出了"天下兴亡，匹夫有责"的思想，把这种忧患意识扩大到所有人，强调每一个老百姓都应当为国家的兴衰、存亡而忧虑，都应当为国家的繁荣富强而尽到自己应尽的责任。

中华民族的忧患意识在中华民族的发展过程中，发挥了极其重要的作用。中华民族之所以历经艰难困苦和内忧外患，遭受千难万险和种种危机，而最终能够保持自己的独立和发展，同忧患意识这一民族精神是有密切关系的。

（四）忧患意识与做人处事

从做人处事来说，忧患意识和居安思危的思想，与一个人的人生道路、事业发展、工作成败，也有着重要的关系。

一个有忧患意识的人，总是能够时时鞭策自己、提醒自己，检查和反省自己在工作和生活中存在的问题，分析在人生道路上遇到困难和挫折的原因，从而找出改正的方法，克服前进道路上的各种困难。

一个有忧患意识的人，总是能够虚心地、客观地观察问题，能够保持谦逊的美德，在人生道路上时时严格要求自己，尽可能改正自己的缺点和错误。也正是由于这个原因，古人常常把忧患意识同个人的进德修业联系在一起，强调进德修业是一个人能够转危为安的重要条件。

一个有忧患意识的人，总是既有宽广的视野，善于观察和把握事物发展的全局，又能够自觉地激励自己，紧紧抓住事物发展过程中的关键环节，把坏事变成好事。人生的道路不可能是平坦、笔直的，只有那些有忧患意识的人，才能安全地渡过人生长河中的暗礁和险滩，顺利地到达彼岸。

“生于忧患而死于安乐”这句话，包含着深刻的哲理，不但对个人来说，有指导人生的意义，对国家和民族的生存、发展、富强、振兴，以及形成自立、自强的民族精神更有着极其重要的作用。中华民族之所以能长期屹立于世界民族之林，同这一思想有着密切的关系。

在建设有中国特色社会主义的今天，我们应当清醒地看到，我们前进的道路并不平坦，国内敌对分子，人还在，心不死；西方敌对势力，正在通过各种阴谋手段，对我国进行西化和分化。在当前，继承和发扬中华民族居安思危的忧患意识，有着重大的现实意义。我们一定要发奋图强、自力更生，对可能出现的一切困难和挫折，都要有充分的思想准备，要有战胜一切艰难险阻的大无畏精神。只有这样，我们才能在建设有中国特色社会主义的道路上顺利前进。

三、谦虚谨慎与艰苦奋斗*

党的十六大闭幕不久，胡锦涛同志就带领书记处的同志到西柏坡学习考察，号召全党同志，特别是各级领导干部，要牢记“两个务必”，大力发扬谦虚谨慎和艰苦奋斗的精神，全面贯彻“三个代表”思想，为实现中华民族的伟大复兴作出更大的贡献。

“两个务必”思想是毛泽东同志在中国革命即将取得全国胜利的情况下向全党和全国人民提出的告诫。他说：“夺取全国胜利，这只是万里长征走完了第一步……中国的革命是伟大的，但革命以后的路程更长，工作更伟大，更艰苦。这一点现在就必须向党内讲明白，务必使同志们继续地保持谦虚、谨慎、不骄、不躁的作风，务必使同志们继续地保持艰苦奋斗的作风。”毛泽东同志还特别强调，“因为胜利，党内的骄傲情绪，以功臣自居的情绪，停顿起来不求进步的情绪，贪图享乐不愿再过艰苦生活的情绪，可能生长”，我们队伍中的意志薄弱者，就可能被不拿枪的敌人征服等等。

为了更好地学习“两个务必”的思想，现在把中国古代思想家关于“谦虚谨慎”与“艰苦奋斗”的思想，作一简要介绍，供大家在学习时参考。

（一）关于谦虚谨慎和不骄不躁

中国古代思想家认为，谦虚谨慎是一个人最重要的道德品质，它不仅是个人治学、处世和为人的应有态度，也是统治者为政治国、得民心进而得天下的必备美德之一。因此，谦虚谨慎是关系到一个人、一个国家事业兴盛的关键。

“满招损，谦受益”是我国古代著名经典《尚书》中的一句话。《尚书·大禹谟》中说：“满招损，谦受益，时乃天道。”这句话的意思是说，自满会招致损害，谦虚会得到益处，这是自然和社会中事物发展的普遍规律。在古代思想家看来，“满招损，谦受益”的规律体现于人们社会生活的方方面面，为学、做人、处世、治国概莫能外。

孔子说“三人行，必有我师焉”（《论语·述而》），表达了一种极为

* 本部分原载于《思想政治课教学》2003 年第 6 期。

谦虚的治学态度。他认为不管什么人，只要有一技之长，就值得自己学习。要想求得很深的学问，除了“敏而好学”外，还要“不耻下问”，向地位不如自己、知识比自己少的人求教，而要做到这一点，就必须要有谦虚的态度。孟子则从反面批判了那种一知半解而又骄傲自满、知之不多而又好为人师的治学毛病。他说：“人之患在好为人师。”（《孟子·离娄上》）后人唐甄在《潜书·虚受》一文中说：“学问之道，贵能下人；能下人，孰不乐告之以善!”这就像自然界水往低处流的客观规律一样，“池沼下，故一隅之水归之；江汉下，故一方之水归之；海下，故天下之水归之”。

我国古代儒家经典《易经》的六十四卦中，《谦》卦专门论述了在为人处世各方面“谦”的要求。《易经》既是一部富有哲理的著作，也是古人从实际生活中概括的为政治国、为人处世的经验总结。《谦》卦中分析了人们容易骄傲自满的各种情况，强调要“鸣谦”、“劳谦”和“㧑谦”等，希望人们能够始终保持谦虚的品质。所谓“鸣谦”，就是说一个人在有了名声之后，更应当谦虚；所谓“劳谦”，就是说一个人有了功劳，决不能居功自傲，而应当谦虚；“㧑”，挥也，奋勇前进的意思，所谓“㧑谦”，就是说在奋勇前进的时候，也要特别注意谦虚。所谓“谦尊而光”，就是说一个位高而又能够谦虚的人，他的德行将日益尊大，而品格更加光辉。道家的著名思想家老子也强调谦虚的作用，他说：“不自见，故明；不自是，故彰；不自伐，故有功；不自矜，故长。”（《老子·二十二章》）意思是说，不自我表现，所以能显现自己；不自以为是，所以能突出自己；不自我夸耀，所以能取得成功；不自满自负，所以能够有长进。这是告诫人们不要自高自大、自以为是，如此才能取得个人的成功。

如果一个人骄傲自满，那会导致什么后果呢？《尚书·仲虺之诰》说：“志自满，九族乃离。”也就是说，如果一个人自满自大，亲戚就会远离他。《尚书·毕命》又说：“骄淫矜侉，将由恶终。”《左传》中有一条关于骄傲必败的告诫：“骄而不亡者，未之有也”（《定公十三年》），这是对当时许多诸侯国因骄傲而亡国的历史教训的总结。明代著名思想家王阳明认为“千罪百恶，皆从傲上来”（《王阳明全集·文录五·书正宪扇》），因为骄傲之人必然自高自大，不肯屈从于他人。如果做儿子的傲慢，必然不会孝顺父母；做弟弟的傲慢，必然不能对兄长顺从；做臣子的傲慢，必然不能忠诚于君王。"'傲'之反为'谦'"（《王阳明全集·文录五·书正宪扇》），王阳明理解的"谦"，不仅是外表言行举止的谦逊，还必须是内心诚意的恭敬，能经常反省自我、约束自我，寻察自己的不足并加以改正。这样，"为子而谦，斯能孝；为弟而谦，斯能弟；为臣而谦，斯能忠"（同上）。如果每个人都能谦虚、不骄傲，做到父慈子孝，兄友弟恭，民风就会淳朴，社会就能安定，从而不断向前发展。所以，王阳明又说："谦者众善之基，傲者众恶之魁。"（《传习录》）

中国古代思想家有关骄傲必败的名言、警句还有很多，如"滋生骄逸之萌，必践危亡之地"、"人之不幸，莫过于自足"、"人之大病，只是一个傲字"等等，其目的都是要告诫人们，任何时候，都不能产生骄傲自满的思想。

一个人不论做什么事情，如果能够谦虚，就会小心谨慎、兢兢业业，就会"三思而后行"（《论语·公冶长》）。凡事预先权衡利弊得失，然后谨慎从事，就会少犯错误，少走弯路；凡事经过再三思考再行动，就能避免不必要的挫折和失败。古代思想家认为圣人是慎言慎行的，他们在说话之前就考虑到它的影响，行动之前就考虑到它的后果，是"择可言而后言，择可行而后行"（《管子·形势》）。《易经·系辞上》中说："君子居其室，出其言善，则千里之外应之，况其迩者乎！居其室，出其言不善，则千里之外违之，况其迩者乎？"认为"言出乎身，加乎民；行发乎迩，见乎远。言行，君子之枢机；枢机之发，荣辱之主也"。正是在这一意义上，《易经》强调"言行，君子之所以动天地也，可不慎乎"。孔子说"君子欲讷于言而敏于行"（《论语·里仁》），"君子耻其言而过其行"（《论语·宪问》），认为说到而做不到，是一个人的"耻辱"。

从古人总结的思想经验中我们可以得知，只有把"谦虚"和"谨慎"很好地结合起来，在成绩、荣誉面前保持不骄不躁的作风，一个人、一个政党、一个国家的前途才会无限光明，事业才能蒸蒸日上。

（二）关于艰苦奋斗

中国古代思想家关于艰苦奋斗的思想总是同反对奢侈腐化、提倡勤俭自强的思想结合在一起的。他们认为，一个民族、一个国家，只有坚持艰苦奋斗、反对奢侈腐化，才能兴旺发达，否则就要沉沦灭亡。

中国自古就有大禹治水、精卫填海、愚公移山的传说，这些传说反映了中国古代人民在同自然界的斗争中所表现出的锲而不舍、不屈不挠的艰苦奋斗精神。孟子“天将降大任于斯人也，必先苦其心志，劳其筋骨，饿其体肤，空乏其身，行拂乱其所为”（《孟子·告子下》）的论述成为千百年来鼓舞中国人在困境中生存的励志名言。孟子强调，一个国家、一个人只有在艰难困苦中磨炼，在艰苦的环境中奋斗，才能成为一个强大的国家、一个有用的人，也只有经过逆境，才能锻炼人的意志，增长人的才干，成就更伟大的事业，这也就是后来人们常说的“艰难困苦，玉汝于成”。正是看到了坚强意志、忧患意识对人的成长的重要性，孟子指出“生于忧患而死于安乐也”（同上），意思是说，只有经常处在忧患之中，人才能经受各种考验，发奋图强，因而才能得以生存和发展；相反，在安乐的环境中，人就会安于现状、贪图享受而意志消沉，最终导致灭亡。这与欧阳修“忧劳可以兴国，逸豫可以亡身”（《新五代史·伶官传序》）所讲的道理是一样的。忧虑地操劳国事可以使国家兴盛发达，追求安逸享乐可以招致自身的灭亡。这告诫我们，无论是帝王将相还是庶民百姓，要想成就一番事业，就要经得起磨难，要有居安思危的意识和自立自强的精神，追求安逸而裹足不前是很难取得事业成功的。

古人对艰苦奋斗精神的崇尚，总是同反对奢侈享乐、提倡勤俭的思想联系在一起的。所谓勤俭，即勤劳与节俭。古人云“民生在勤，勤则不匮”（《左传·宣公十二年》），认为人民的生计在于辛勤劳动，只有勤于劳动，生活财物才不会匮乏。墨子是古代特别强调节俭的思想家。他说“俭节则昌，淫佚则亡”（《墨子·辞过》），意思是：勤俭节约就会昌盛发达，淫佚享乐必然招致灭亡。墨子认为：“赖其力者生，不赖其力者不生。”（《墨子·非乐上》）他把辛勤劳动看作创造财富、求得生存的必然途径。勤劳与节俭是相互联系的，因为只有经过辛勤劳动的人，才能真正体会节俭的意义。

古代思想家非常重视节俭对于个人修身、齐家、治国的重要作用。他们以俭朴为美德，以奢侈为恶行。《易经·否》卦中说“君子以俭德辟难”，认为一个有俭朴美德的人，能够避免危险和灾难。春秋时鲁国的大夫御孙曾劝诫当时的鲁君说：“俭，德之共也；侈，恶之大也”，认为节俭是一切善行中的大德，而奢侈则是一切恶行中的大恶。孔子也认为，宁可因节俭而显得寒碜，也不能因奢侈而显得不逊。他说：“奢则不孙，俭则固。与其不孙也，宁固。”（《论语·述而》）在奢华与俭朴、骄傲与寒碜之间，孔子认为后者对于个人修身而言是极为重要的。

宋代的著名思想家、史学家司马光也特别强调俭朴，他说："众人皆以奢靡为荣，吾心独以俭素为美，人皆齿为固陋，吾不以为病。"司马光认为："夫俭则寡欲，君子寡欲，则不役于物，可以直道而行；小人寡欲，则能谨身节用，远罪丰家。"又说："侈则多欲，君子多欲，则贪慕富贵，枉道速祸；小人多欲，则多求妄用，败家丧身。是以居官必贿，居乡必盗。"(《司马文正公传家集·训俭示康》)司马光看到了奢侈和家国衰败之间的密切关系，认为贪欲可以导致人的堕落和官场的腐败。奢侈之风，个人沾染上了必丧身，家庭沾染上了必败落，官员沾染上了必腐败，国家沾染上了必灭亡。正因为此，李商隐"历览前贤国与家，成由勤俭破由奢"(《咏史》)的诗句才成为警世名言。它告诫人们，大到国家，小至家庭，无不是兴于勤俭，败于奢靡。

古代思想家所推崇的自强不息、勤俭节约的精神就是我们现在所理解的艰苦奋斗精神的核心内涵。可以这样说，离开了自强不息的精神，就无法在艰难困苦面前保持奋发向上的精神状态；不具备勤俭节约的优良美德，就会让骄奢淫逸之风瓦解高昂的斗志。因此，艰苦奋斗以勤俭为前提，以自强为根基。发扬艰苦奋斗的精神，就是要保持艰苦朴素、勤俭节约的质朴作风，发扬不畏艰险、百折不挠、自强不息的奋斗精神。

四、"尊老敬长"与"长幼有序"

今年是"国际老年人年"①，在世界和中国人口都日趋老龄化的今天，有关老年人的许多问题，引起了各方面的广泛关注。在这些问题之中，如何对待老年人，是一个有关社会公德和家庭美德建设的重要问题。本文对我国传统道德中"尊老敬长"和"长幼有序"问题作一些回顾，以便我们能更好地批判继承这一道德遗产，使其在社会主义四个现代化建设中发挥积极作用。

(一)

"尊老敬长"是中华民族传统美德的一个重要内容，经过几千年的孕育、形成和发展，它已经成为积淀在人民群众思想深处的一种特殊的

① 本文写作于1999年。

民族情感，对于家庭的和睦、人际关系的和谐和社会秩序的稳定发挥过并正在发挥着重要的作用。中国传统道德中的“五伦”，有两伦与尊老敬长有密切关系。在“父子有亲”这一伦中，孝敬父母是其中的重要要求；而“长幼有序”则要求年轻的人尊敬年长的人。由此，我们也可以看到中国传统道德中对尊老敬长思想的重视。

关于“老”字的解释，《说文解字》认为是：“老，考也。七十曰老，从人、毛、匕。言须发变白也。凡老之属皆从老。”许慎认为，“老”和“考”两个字是相通的，一个人到了70岁就算是老了。他还认为，从字源上看，“老”字的构成是从“人”、“毛”和“匕”的。“毛”代表头发和胡须，“匕”代表变化，也就是说，一个人头发和胡须变白了，就是老了。但是，由于许慎没有能够看到我们现在所看到的甲骨文，他对这个字的解释是不准确的。从现在的甲骨文来看，“老”字的字形是一个人拄着一根拐杖，经有关专家研究，“老”字是一个人拄杖而立或拄杖而行的意思。自古以来，中国传统道德就非常重视和尊敬老人。《礼记·王制》中说：

> 五十始衰，六十非肉不饱，七十非帛不暖，八十非人不暖，九十，虽得人不暖矣。

这就是说，根据人的生理规律，70岁以后，就必须穿上丝和棉的衣服，才能够保持身体的温暖；到了80岁以后，就需要有亲人的陪伴。《礼记·王制》还提出，一个人到了60岁以后，家人就应该为他准备后事，60以岁记，70以时（季）计，80以月计，90以日计，强调对待老人的后事，要早作准备。

中国传统道德强调尊老，是有着长期的历史渊源的，《礼记·祭义》中记载：

> 昔者有虞氏贵德而尚齿，夏后氏贵爵而尚齿，殷人贵富而尚齿，周人贵亲而尚齿。虞夏殷周……未有遗年者。年之贵乎天下久矣，次乎事亲也。

从这段话中我们也可以看到，从传说的尧舜时代开始，经过夏、殷直到周代，在价值观上，都始终强调对年岁大的人的尊重。

多大年纪算是到了老年？在古代，50岁以上，就可以进入老年人行列了。《礼记·王制》中说：

> 五十杖于家，六十杖于乡，七十杖于国，八十杖于朝；九十者，天子欲有问焉，则就其室，以珍从。

杖，就是老年人走路时所用的拐杖或手杖。按照古代尊老的传统，政府的官员到了老年，要由政府或一定的机构向他们赐杖，表示他们已经具有了这一权利。“八十杖于朝”，就是说，到了 80 岁，就可以拄着拐杖在朝中行走，去向国君陈述要陈述的事情。在一定意义上，“杖”也可以说是一张优待老年人的证明文件，根据手中所拿的杖的不同，可以证明不同的身份。一个人到了 90 岁高龄，即如是天子有事情要找他，也要带着美好的食品到他的家里去见他，以表示对他的尊敬。当然，这里所说的“老人”，都是指贵族，更多是指当时的执政者。但这也反映了当时社会对待老人的态度，反映了当时的社会风气。既然有政府提倡，老百姓自然也就都以尊老敬长为荣了。

尊老和敬长是密切联系在一起的。不但对老人要尊敬，而且在长和幼之间，也要有先后的次序。《礼记·曲礼上》说：“年长以倍，则父事之；十年以长，则兄事之；五年以长，则肩随之。”这就是说，比自己年长一倍的人，就应当像对待自己的父辈一样来对待；比自己年长十岁的人，就应当像对待自己的兄长一样来对待；比自己年长五岁的人，在同他一起并行时，一定要跟随在他的后面。按照这样的要求，在家庭中，不仅要孝敬父母，还要尊敬兄长；在社会上，不仅要尊敬老人，还要尊敬所有比自己年龄大的人。

（二）

在中国历史上，自西周开始，天子和各国的国君，就都以尊老为美德，对高龄老人，更是极力尊重。

汉代在大力推行“以孝治国”的同时，进一步强化了尊老敬长的思想。我们可以从刘邦更易太子的事看到当时对尊老的重视。刘邦宠幸戚夫人，想废除原来已立的太子（吕后所生），改立戚夫人所生之子为太子。吕后非常恐惧，但又不知所措，大臣们也都竭力劝止，却没有效果。最后，张良出了一个主意，请了四个 80 岁以上的老人为太子说情，最终保住了太子的地位。在《史记·留侯世家》中，我们可以看到对这件事的记载：

> 置酒，太子侍。四人从太子，年皆八十有余，须眉皓白，衣冠甚伟。上怪之，问曰：“彼何为者？”四人前对，各言名姓，曰东园

> 公，角里先生，绮里季，夏黄公。上乃大惊，曰：“吾求公数岁，公辟逃我，今公何自从吾儿游乎？”四人皆曰：“陛下轻士善骂，臣等义不受辱，故恐而亡匿。窃闻太子为人仁孝，恭敬爱士，天下莫不延颈欲为太子死者，故臣等来耳。”上曰：“烦公幸卒调护太子。”

这里表现出刘邦在做了皇帝以后，力求奉行中国尊才敬贤的思想传统，使尊老敬贤在汉代以后得到进一步的提倡和发展。后来，中国历代的统治阶级，在提倡孝道的同时，也都极力强调尊老和敬老的重要，总是要在朝廷和人民面前表示自己是特别尊敬老人的，因为他们懂得，这样做，对于形成一个社会的良好风气和维护一个政权的统治是有利的。

（三）

中国古代尊老敬长的传统，尽管同孝顺父母的孝道联系在一起，在某些方面曾产生过消极的作用；但就总体来说，尊老敬长作为中华民族的传统美德，它在历史上的作用是积极的，是应当加以大力弘扬的。

从人类自身的发展来看，“尊老”就是尊重人生，就是尊重人类自身发展的规律，就是尊重人类和民族的文化传统，也就是尊重事物发展的辩证法。任何一个正常生活的人，都要经历一个从生到死，从儿童、青年、中年、老年以至死亡的过程，在这个意义上说，尊敬老人也就是尊敬自己。所有老年人，在他们的青年和中年时期，都曾以自己的体力和智力，为社会和国家作出程度不同的贡献，因此他们在逐渐步入老年或成为老年人以后，也应该得到人们的报答和尊敬。社会应当尽自己的最大努力，在生活上、精神上给老年人以必要的照顾，使老年人能够安度晚年。一个能够尊敬老人的民族，其几代人必能够和谐地相处，社会必能够更加趋于稳定，民族必能够更加兴旺地发展。

一般来说，老年人有丰富的生活阅历，了解、熟悉历史和传统文化，了解、熟悉人类所积累起来的生产技能。一个有着尊老传统的民族，就能得到更大的发展。在人类早期，由于生产力水平低下，曾经发生过遗弃和杀死老人的事，但是，随着生产力的发展，人类了解到老年人在人类发展中的重要作用和意义，用尊老和敬老代替了过去愚蠢的做法。随着科学技术的发展，充分发挥老年人在传递人类文化知识和科学技术方面的作用，更显得特别重要。

从整个人类的发展来看，由于经济不断发展和医疗保健水平日趋提高，人类的寿命不断延长，老年人在整个社会中占的比例愈来愈大，人类的老龄化问题也更加突出。因此，照顾老年人和尊敬老年人，愈来愈成为今后社会所面临的一个重要问题。我们不应当也不可能把老人的赡养完全推给社会，更不能忽视对老年人进行心理和精神照顾的重要性。整个社会应当认真提倡敬老和尊老的风尚，在全社会形成敬老和尊老的风气，只有这样，社会才能更加和谐地向前发展。

从个人的道德品质来说，尊老敬老不仅反映了一个人对待老年人的态度，还体现了一个人仁爱、谦敬的高尚品德。在老年人面前趾高气扬、不知谦让的人，是不可能有很大进步的。毛泽东曾经说："谦虚使人进步，骄傲使人落后。"中国古代的《易经·谦》卦还专门论述了满招损、谦受益的道理。现实生活中的无数事例都说明，"谦敬"是一个重要的美德。我们在提倡尊老敬长的同时，更要发扬中华民族谦敬的崇高美德，使每个人都能不断地进步。

五、"善及父母"与"恪尽孝道"

（一）从《说文解字》对"孝"的解释说起

1997 年 10 月 13 日在徐州市召开的第四届中、韩、日伦理学国际学术讨论会上，对"孝"的含义，中国和韩国的学者曾进行了热烈的讨论。这次讨论，对于我们进一步认识"孝"在中国古代汉语中的意义，很有帮助。在讨论中，关于"孝"在古代传统道德中的解释，与会者还没有得到一致的认识。现在，我就这一问题，提出一点看法。

这次讨论，是由肖群忠教授的学术报告引起的。肖教授在题为"夫孝，教之所由生也"的学术报告中，认为中国古代的"孝"主要是一种由敬天发展而来的敬祖观念。他说："周人之孝主要是一种由敬天发展而来的敬祖观念，这种观念即孝，是从祭祀活动中产生的，并凭借祭祖活动表达子孙对先祖之敬。"在肖群忠教授报告以后，韩国的一位学者提出了他的一个看法，他说："根据《说文解字》的解释，'孝'就是'善事父母'，其中并没有敬天和敬祖的观念。"肖群忠教授在回答韩国朋友所提的问题时说："我所说的周人之孝主要是'敬天敬祖'，和《说文解字》中对孝所作的'善事父母'的解释是大体相同的，或者说它们的意思基本上是一致的。"由于时间关系，肖教授并没有对这一问题作详细的答复，好像还没有完全解决韩国朋友的疑惑。怎样认识和理解肖群忠教授所说的周人对"孝"的解释和《说文解字》中对"孝"的解释基本上是一致的？两者在基本一致的同时，还有些什么差别？韩国的朋友为什么要提出这个问题？

韩国的学者们很相信《说文解字》对中国古代汉字的解释，这一点当然是正确的，中国的学者们也都根据它来解释和研究古代的汉语。但是，有一个新情况值得我们注意，这就是考古的发现，特别是对周以前的甲骨文和钟鼎文的研究，使我们发现了《说文解字》中一些不完全、不确切甚至错误的地方。关于“孝”的解释，可以说就是其中的一个。

《说文解字》的作者是东汉的许慎，他对“孝”所作的解释是：“孝，善事父母者。从老省，从子，子承老也。”在当时，人们还不可能知道有甲骨文和铜器铭文，对古代汉语都是根据周代以后所形成的文字来理解的，许慎也不例外。他根据中国古代文字形成的规律，从音、义、形几个方面，来对古代的汉字加以解说，取得了很大的成就，这是人们所共同承认的。但是，许慎既没有看到周代以前的甲骨文和钟鼎文，也没有认识到从商代到周代，社会思想上发生的一次重大变化，而这次变化，使中国古代某些文字的意义，有了很大的改变，“孝”字就是其中的一个。

1. “孝”思想的形成和发展

从中国古代思想发展的历史来看，在商代的时候，人们所说的“孝”同西周时期思想家们所说的“孝”有着不完全相同的含义。从目前的考古发现来看，商代甲骨文中还没有“孝”字。“孝”这个字，到了商代后期和周代的钟鼎文中才大量出现。据今人研究考证，现在所看到的钟鼎文中的一百多个“孝”字，常常都是同“享”或“养”连用，它的意思是先用酒食去祭祀上天和已经死去的祖先（也包括已经死去的父母），然后再用这些酒食供给父母亲和祖辈。我们知道，夏、商、周三代的敬天观念是很强的，在他们的祭祀中，祭祀上天是首要的。因此，从这个意义上看，肖群忠教授所说的“周人之孝主要是一种由敬天发展而来的敬祖观念”是正确的。问题是，这种敬天和敬祖的观念，是如何发展成为孝敬父母或者说发展成为许慎所说的“善事父母”的呢？

这里，我们就必须考察商朝的灭亡和周朝的兴起，以及周王朝的统治者们对天命和道德的一种新认识。西周的统治者们，从夏、商奴隶主贵族那里承袭了“王权神授”的思想，把他们对人民的统治说成是“受命于天”的。但是，夏、商的统治者们不是也说他们的统治是“受命于天”的么？为什么他们在人民的反抗下，却又失去了自己的统治呢？为此，西周的思想家们总结了夏、商“代天行罚”的“天罚”思想，提出了“以德配天”和“敬德保民”的新观念。“天”是注意着地上统治者的道德的，“皇天无亲，惟德是辅”。过去，夏和商的统治者都曾是有道德的，所以上天就把统治的权力交给了他们。到后来，由于他们不知道敬德，皇天也就不再信任他们，从他们那里收回了过去曾给予他们的权力。现在周王有德，天命也就归周而不再归商了。

正是由于这一原因，西周的统治者们在强调统治者必须有德的同时，也认识到强化家庭中子女对父母的赡养和顺从对一个王朝和社会的稳定所具有的重要意义。在这一思想的指导下，思想家们赋予了“孝”以新的内容，即强调其中赡养和顺从父母的意思。春秋时期的思想家、儒家学说的创始人孔子在《论语》中，一方面沿用“孝”的祭祀的含义，另一方面，对“孝”作了新的解释，使“孝”具有了更明确的敬养父母的意涵。因此，许慎在《说文解字》中对“孝”所作的解释，只能是西周以后，甚至是春秋以后人们对“孝”的理解。也正是由于这样一个原因，我国最近出版的《汉语大字典》在解释“孝”的时候，并没有完全根据许慎在《说文解字》中的解释，而认为“孝”的第一个意思是“祭祀”，第二个意思是孝顺，第三个意思是“能继先人之志”。这一解释，在一定意义上，也可以说是对《说文解字》所作解释的一个补充和更正。为什么把“孝”的第一个意思解释为“祭祀”（其中包含着敬天和祭祖两方面的意思）呢？《汉语大字典》引证了《论语》和《史记·夏本纪》的话来说明。《论语·泰伯》中说：“子曰：‘禹，吾无间然矣。菲饮食而致孝乎鬼神，恶衣服而致美乎黻冕，卑宫室而尽力乎沟洫。’”《史记·夏本纪》中说：“（禹）薄衣食，致孝于鬼神。卑宫室，致费于沟淢。”从《论语》和《史记》的这两段话里，我们可以清楚地看到，“致孝乎鬼神”和“致孝于鬼神”中的“孝”字，都是“祭祀”的意思，并没有孝顺父母的意思在里边。

2. 既要重视《说文解字》，也要对它的解释加以分析

正像前面所说的，《说文解字》是许慎在对我国古代文字作了全面和深入研究的基础上所取得的文字研究的重大成果。我国的文字，形态多样，从甲骨文到钟鼎文，再到大篆、小篆和隶书。许慎以小篆为主体，兼收古文、籀文，并按形体构造，较为系统和正确地解释了中国古

代的文字。许慎能够看到大量的古代文字，又掌握了较为系统的解释文字的方法，一般来说，他的《说文解字》是我们了解和学习中国古代文字的必读书。许慎的《说文解字》能够帮助我们认识本世纪以来我们所发现的甲骨文，这是必须肯定的；同时，我们也要看到，由于时代的局限，许慎不可能看到我们所见到的甲骨文，因此他对有些字的解释是不确切的。我们还可以举出"老"字来作例子。《说文解字》对"老"的解释是"从人、毛、匕。言须发变白也"。"毛"表示头发和胡须，"匕"表示变化，头发和胡须都变白了，就是"老"。从现在考古发现的甲骨文来看，"老"字是一个老者倚仗而慢慢行走的样子，因此，目前学者们比较一致的意见是："老"像老者倚仗的样子，并且指出，许慎的解释是不正确的，至少是不确切的。

3. 对"孝"的完整和准确的理解

总之，我们对"孝"要作全面的理解。大概在西周以前，"孝"的主要的意思是祭祀，包括祭祀天地鬼神和死去的祖先。到了西周时期，"孝"的含义逐渐扩大，从祭祀天地鬼神和死去的祖先，发展到对活着的祖辈及父母的敬养。到了春秋末年的时候，虽然"孝"还同时具有祭祀和敬养父母这两方面的意思，但正像我们在《论语》中所看到的，"孝"的主要意思，已经是敬养父母了。自孔子创立儒家学派以后，敬养父母的思想不断加强，再经过《孝经》的问世及其广泛流传，特别是西汉所推行的"以孝治天下"的影响，到了许慎的时代，"孝"的意思也就只有"善事父母"了。同时，我们也应当看到，许慎在《说文解字》中解释"孝"字时，是这样注释的："孝，善事父母者。从老省，从子，子承老也。"这就是说，他也看到了古代的"孝"字，包含有承继前人的意思。总体来说，在先秦时期，尽管"孝"也包含着等级观念并较多地强调子女对父母顺从的一面，但还没有发展到后来宋、明时期某些思想家所主张的愚忠愚孝的程度。所以，我们对儒家的"孝"的思想，必须坚持历史主义的观点和批判继承的态度，抛弃它的糟粕，吸收它的精华。

（二）"孝"的传统及其传承*

中国古代传统道德的一个重要内容，就是重视人伦关系，重视人与

---

* 本部分为作者参加 1995 年 5 月"中韩国际学术会议"时的论文，原题为"中国古代'孝'的传统与当今中国社会"。

人相处中所应当遵循的道德原则。孟子所说的“父子有亲、君臣有义、夫妇有别、长幼有序、朋友有信”，就是中国传统道德所强调的最基本的人伦关系，其中“父子有亲”即“父慈子孝”，又是其他各种人伦关系的基础和出发点。正是由于这种原因，“孝”被认为是一个人道德修养和道德品质的根本。《论语·学而》中说：“君子务本，本立而道生。孝弟也者，其为人之本与!”强调“孝”是道德教育和道德活动的出发点，在维护人际关系中具有极其重要的作用。

对于“孝”，孔子最早给了它一个较全面的解释。孔子认为，“孝”不仅只是赡养自己的父母，使他们吃饱穿暖，而且要对他们“敬”。同时，孔子还强调，在对待父母的态度上，一定要有“愉色”。孔子说：“今之孝者，是谓能养。至于犬马，皆能有养；不敬，何以别乎?”（《论语·为政》）这就是说，如果把“孝”仅仅理解为让父母吃饱穿暖，而不能对父母“敬”，那同饲养狗和马又有什么区别呢？中国古代的传统道德认为，“敬”是一种对父母的诚挚的爱，它的最高层次就是发自内心的对父母永远不变的婉容和愉色。孔子的学生子夏问孔子怎样才算是“孝”，孔子说“色难”。这就是说，在孝敬父母方面，经常能够对父母保持一种最高层次所要求的“婉容”和“愉色”是最难的。《礼记·祭义》中说：“孝子之有深者，必有和气。有和气者，必有愉色。有愉色者，必有婉容。”把“愉色”和“婉容”看作一个人对父母行孝的最高要求。

中国传统道德在强调要“爱人”的同时，还强调要“爱亲”，认为爱亲是爱人的前提和基础。一个人只有做到了爱亲，才能够真正有对他人的爱。在孔子的思想中，“仁”占有非常重要的地位，他对“仁”的解释，就是以爱亲为基础的爱人。孔子说，“仁”就是“爱人”，“己欲立而立人，己欲达而达人”，就是“己所不欲，勿施于人”，就是设身处地为他人着想，处处关心别人。儒家认为，“爱人”是人类最伟大的一种美德，如果社会中人人都能相爱，人和人之间就会和睦相处。那么，这种爱要从什么地方培养起呢？儒家认为，这种爱应当从对自己的父母的爱培养起。中国传统道德认为，如果一个人对自己的父母都不能爱，又怎么能够去爱别人呢？相反，如果一个人能够对自己的父母孝顺，也就必然会想到别人的父母，这也就是中国传统道德所说的“推恩”。《孟子·梁惠王下》中说：“老吾老以及人之老，幼吾幼以及人之幼，天下可运于掌。”这里的意思是说，一个人，如果能够像照顾自己的老人一样去照顾别的老人，能够像慈爱自己的孩子一样去慈爱别的孩子，那么，治理天下也就像在掌心中转动一个小东西那样容易了。他又说："推恩足以保四海，不推恩无以保妻子。""古之人所以大过人者，无他焉，善推其所为而已矣。"由此可见，推己及人，可以说是中国传统道德之所以能够实行的一个很重要的原则，而这个原则的基础和起点，就是一个人对自己父母的"孝"。儒家认为，由己推人，即由自己的父母推及到别人的父母，然后再推而广之，扩而充之，从自己受到困难、挫折时想得到别人的帮助，推广到同情和关心别人所受到的困难、挫折，"爱人"这一仁的最高的道德要求，就更能够在社会上发挥积极的作用。一个人只要真正懂得并且实践了孝的要求，他就能够对人诚、对事敬、对国忠，就会发展成为道德上的圣人，也就能够"居上不骄，为下不乱"，所谓"求忠臣于孝子之门"，正是从这一前提出发的。

中国传统道德在强调"孝"的同时，认为如果一个人真正懂得了"孝"，他就能够在行为上严格要求自己，使自己成为一个有道德的人。《礼记·祭义》对孝作了多方面的规定，其中说："居处不庄，非孝也；事君不忠，非孝也；莅官不敬，非孝也；朋友不信，非孝也；战阵无勇，非孝也。五者不遂，灾及于亲，敢不敬乎？"认为个人的一切行动，都和父母的荣辱有关，违反法律和道德的行为，不仅会给自己带来耻辱和不幸，而且还会给父母带来不幸和痛苦。因此，为了对父母孝，就应当在自己的整个生活和工作中，对自己所从事的一切事业，认真负责，忠于职守。这也就是说，中国传统道德把一个人对社会、对国家所应担负的责任，都建立在对父母的孝的基础之上。

中国传统道德认为，孝绝不仅仅是对父母的服从，当父母有过时，子女也应当向父母提出规劝和谏诤。孔子说："事父母几谏，见志不从，又敬不违，劳而不怨。"（《论语·里仁》）这就是说对父母的错误，应当进行委婉的批评，即如一时父母没有接受，也仍然应当尊敬父母，不要直接触犯，也不要因此而产生怨恨。荀子提出："从道不从君，从义不从父，人之大行也。"（《荀子·子道》）他还提出："可以从而不从，是不子也；未可以从而从，是不衷也。明于从不从之义，而能致恭敬、忠信、端悫以慎行之，则可谓大孝矣。"（同上）这段话的意思是说，如果父母的意见是对的，儿子就应该服从，如果不服从，那就不是一个好儿子，没有尽到一个儿子所应尽的义务；相反，如果父母的意见是错的，那就不应该服从，如果子女服从了，那就是不忠实、不忠诚。荀子认为，弄懂了这个顺从与不顺从的道理，而又能够表现出恭敬、忠信、端悫和谨慎行事，就可以成为一个最大的孝子了。在孝的问题上，荀子特别强调“义”，他认为，合于义的就应当服从，否则，就不应当服从。

但是，到了封建社会后期，封建统治阶级及其思想家们为了维护自己的利益，对“孝”作了种种扭曲，制造了许多愚忠愚孝的理论，甚至宣扬“天下无不是的父母”和“君要臣死，臣不得不死；父要子亡，子不得不亡”的思想，使孝成为一种严重束缚子女、限制子女个性发展的绳索，这当然是我们应当批判和否定的。

在建设有中国特色社会主义的新的历史时期，用马克思主义的立场、观点和方法，对中国古代传统道德中孝的思想认真地加以批判和分析，抛弃其糟粕，继承其精华，仍然有重要的现实意义。

从中国古代道德发展的历史来看，“孝”的本意就是要敬祖，要很好地照顾父母。中国最早的一部字典《尔雅》中说：“善事父母曰孝。”所谓“善事”，就是要很好地加以照顾的意思。在后来的发展中，“孝”的内容也越来越丰富。一般来说，封建社会在上升时期，赋予“孝”的内容大多数都是积极的；而到了封建社会的没落时期，它赋予“孝”的内容则往往是消极方面的居多了。正像我们在前面所提到的，先秦时期，孔子、荀子等思想家对“孝”所作的解释，包含着较多的合理因素，宋明以后，罗仲彦等人所说的“天下无不是的父母”和“父要子亡，子不得不亡”的思想，可以说就只有消极因素而没有积极因素了。当然，总体来说，在长期的奴隶和封建社会中，“孝”作为等级社会中的一个道德规范，它必然带有不平等的烙印，这也是我们应当加以批判和否定的。

在建设有中国特色社会主义现代化的过程中，用马克思主义的立场、观点和方法，弘扬中国古代孝的道德中的合理因素，仍然有以下几个方面的意义。

首先，弘扬中国传统道德中孝的合理因素，有利于加强家庭美德的建设，更有利于家庭关系的和谐。当然，我们今天提倡孝，不是提倡孝顺，而是提倡孝敬，即既要赡养父母，又要对父母尊敬，这种赡养和尊敬，不是无原则的顺从，而是尽自己应尽的义务。父母的正确意见，应当听从；如果父母的意见不正确，则应当委婉地提出善意的批评。我们所说的赡养和尊敬，同我们的家庭美德中所说的“尊老”是完全一致的。我国实行改革开放以来，在市场经济背景下，由于受个人主义、拜金主义和享乐主义的影响，一些做儿女的，往往只顾自己的利益，只知道享受权利而不愿意尽自己应尽的义务，他们不赡养自己的父母，甚至听任父母处于生活困难之中而不闻不问。更为严重的是，父母在丧失劳动力后，如果没有子女的赡养，就无法生活。正是由于这一原因，我国法律规定，子女对父母有赡养的义务。这也就是说，如果不赡养自己的父母，则既违反道德，也违反国家的法律。我国《婚姻法》规定："父母对子女有抚养教育的义务；子女对父母有赡养扶助的义务。"《中华人民共和国老年人权益保障法》对此作了更加明确的规定，其中第十九条有："赡养人不得以放弃继承权或者其他理由，拒绝履行赡养义务。赡养人不履行赡养义务，老年人有要求赡养人付给赡养费等权利。"从我国的社会和经济发展水平来看，广大农村，特别是贫困地区失去劳动能力的老人，如果他们的子女不能自觉地尽应尽的义务，社会和国家就必须花更多的力量去照顾他们，这在目前会给社会和国家较大的困难，不利于家庭的和睦和人际关系的和谐。

其次，提倡孝敬父母，有利于对年轻一代的道德培养，有利于协调社会主义社会中的人际关系。中国传统道德认为，从小培养一个人关心他人的品德，使他能够具有"爱人"的思想，是道德教育中的一个重要问题，而要从小培养一个人关心他人的这种品德，首先就要培养他们爱自己的父母。一个人，如果在幼小的时候就知道爱自己的父母，长大了，他就能够去爱别人。一个人，如果连自己的父母都不能爱，又怎么能够指望他去爱别人呢？推而广之，又怎么能够指望他去爱社会、爱民族、爱国家呢？正是在这个意义上，中国传统道德把"孝"作为一切道德的出发点。《论语·学而》中更明确地说："君子务本，本立而道生。孝弟也者，其为人之本与！"在《孝经》中又进一步说："夫孝，德之本也，教之所由生也。"把"孝"看作一切道德所由之而产生的根本。在人和人的相处中，彼此之间必然会发生许多联系，其中就包含着施惠和受惠的关系。中国传统道德要求一个有道德的人一定要"施惠勿念，受恩莫忘"，更特别强调，要对别人的恩惠给以报答。从血缘关系出发，中国传统道德尤其重视对父母的恩惠的报答，认为父母生我养我、育我鞠我，这个恩情是子女永远不应当忘的。孔子的学生宰我认为，为父母守孝三年，时间太长了，孔子很不以为然。为此，孔子批评宰我说：

"予之不仁也！子生三年，然后免于父母之怀。夫三年之丧，天下之通丧也。予也有三年之爱于其父母乎？"(《论语·阳货》)孔子认为，一个小孩子生下来之后，在三年的时间内，都是在父母的怀抱中生活的，父母急子女之所急，想子女之所想，为子女操劳操心，并且在以后很长的时间内，还养育和教育子女，难道子女就不应当好好报答自己的父母吗？

最后，加强孝敬父母的教育，有利于形成爱国主义思想，有利于培养人们的集体主义观念。道德教育，必须从小抓起。如果一个人从幼年时就知道爱父母、爱家庭，那么，等到进了学校，他就更加容易接受爱学校、爱集体、爱国家的教育。中国古代道德教育还特别强调"孝"和"忠"的关系，认为要培养人们"忠"的观念，就必须先培养人们的"孝"。这是为什么呢？从一定意义上说，也是从报恩思想推出来的。如果一个人能够知道报答别人的恩惠，不忘别人所施于自己的恩德，力求不辜负别人对自己的期望，他就会成为一个有道德的人。因此，一个在家庭中知道孝敬父母的有道德的人，在社会上就会成为一个爱社会、爱国家、爱民族的好公民。中国古代有句话："求忠臣于孝子之门"，就是说，只有在孝敬父母的那些儿女中，才能找到忠于国家的人。当然，我们还要看到，并不是说只要孝敬父母了，就一定能够忠于国家。"孝"虽是"忠"的基础，但"孝"并不能自发地转化为"忠"，而需要在"孝"的基础上，继续进行"忠"的教育，所以说，"忠"是"孝"的扩大和提高。在孝敬父母和忠于国家之间，还存在着矛盾，我们还必须就对父母尽孝同对国家尽忠之间的矛盾进行分析，正确认识爱国主义教育，对于"孝"和"忠"存在冲突的情况，遵循"孝"应当服从"忠"的原则，妥善地加以解决。

总之，在当前建设有中国特色社会主义的新的历史时期，加强孝敬父母的教育，对于完善家庭美德，促进人际关系的和谐，改善社会风气，都有重要的意义。因此，根据马克思主义的立场、观点和方法，全面地、科学地给"孝"以正确的解释，并赋予其新的意义，应该说，对我们的思想道德教育是有益的。

（三）"孝"与现实生活*

在中华民族的优良传统文化和优良传统道德中，"孝"占有特殊的

---

* 本部分原载于《道德与文明》2003 年第 3 期，原题为"'孝'与中国传统文化和传统道德"。

地位，对孝文化的问题，应当进行更深入的研究，力求使其同今天的现实生活紧密结合，并在提高人类的道德水平方面，发挥更重要的作用。

在中华民族发展的历史上，孝在社会生活中的作用，有一个曲折的发展过程。一方面，它在一定时期内，有力地维护了中华民族的和谐发展，凝聚着以血缘为纽带的宗法关系，为维系家庭团结和保持社会稳定发挥了特殊的重要作用；另一方面，在长期的等级制社会中，主要是自宋明到五四这段时期，它被统治阶级及其思想家们进行了扭曲，愚孝被当作道德典范，牺牲子女的基本权利被当作道德教条，致使压抑人性成为孝的必然归宿。因此，我们应当采取全面、科学、辩证的分析态度，对孝在中国社会长期发展中的复杂情况，加以提炼、筛选、消化和吸收，继承其精华，抛弃其糟粕，以达到古为今用的目的。

什么是“孝”？按照中国古代传统道德的理解，“孝”就是“善事父母”，就是要以善的思想和行为来对待自己的父母，使他们生前能够过幸福的生活，并在死后得到很好的安葬。

做子女的为什么要孝顺自己的父母？从中国传统道德的要求来看，主要是因为父母对子女有三个方面的恩情，做子女的长大成人以后，应当进行报答。应当说，孝的根据是“报恩”，这是重视血缘关系和宗族纽带的中国社会的道德要求，是带有东方文化和东方道德传统特点的。

父母对子女都有哪三方面的恩情呢？一是生育之情，二是养育之恩，三是教育之泽。这三个方面结合起来，就是中国传统道德和传统文化强调“孝”的最根本、最主要的原因。

《诗经》上说，父母“拊我畜我，长我育我”（《诗经·谷风之什》），孔子说“子生三年，然后免于父母之怀”（《论语·阳货》），《孝经》上说“身体发肤，受之父母，不敢毁伤”，等等，都是说父母对子女的生育之情、养育之恩和教育之泽。的确，在一般情况下，父母对自己的子女，都要在这三个方面付出辛勤的劳动。当然，极少数例外的情形，不在我们讨论的范围之内。

由此可见，中国古代的“孝”，同报恩思想紧密地联系在一起。在伦理学界，一直存在着一种看法，就是不同意把孝和其他道德同报恩思想联系起来，甚至把孝说成是同报恩没有什么联系的。我认为，这种看法是值得商榷的。

西方一些学者认为，父母生育子女和教育子女，都是他们对社会所应尽的责任和义务，谈不到对子女有什么恩惠，因此，也不认为子女对父母应当尽孝敬和赡养的义务。一个人老了，丧失了劳动能力，社会和国家应当负责他的生活，子女对此不应当承担任何责任。这也是东西方文化的一个重大差异，值得我们认真地加以研究。

人到老年以后，在丧失劳动能力不能够再为社会作贡献的时候，社会和国家应当担负起照顾他的责任，这当然是正确的。社会愈是进步，经济愈是发展，社会对老年人的保障，也必然愈加完善，这是社会发展的必然趋势，是毫无疑义的。但是，认为生儿育女是每一个公民的义务，并因此认为父母对子女没有任何恩惠，这却是值得商讨的。难道父母的生育不是一种亲情？父母的养育不是一种恩惠？父母的教育不是一种恩泽？做子女的，难道不应当对这些恩惠予以报答？

自古以来，在道德关系中，能不能对受到的恩惠加以报答，就是判断一个人有无道德和道德水平高低的一个重要标准。人们在社会生活中，总是要发生各种各样的利益关系，除了商品买卖只能进行等价交换以外，在道德关系中，一个人要想有道德，总是或多或少要以对他人、对社会、对国家作出某些牺牲为前提的。人类社会自古流传下来的社会公德、职业道德、家庭美德，就是调整这些关系的道德规范。父母同子女之间的关系，除了有血缘和亲情的方面，这是应当强调的，同时还包含着父母真挚、自愿的牺牲。

判断一个人有没有道德和道德层次的高低，当然要看许多方面，但是，谁都不能否认，一个人是否自觉自愿地报答他人对自己的恩惠，是否回报父母、他人、社会、国家在自己成长、发展中所给予的帮助，是衡量、测试和评价一个人有没有道德和道德高尚或卑下的一个重要标准。中国一句著名的道德格言就是“施惠勿念，受恩莫忘”。如果一个人连父母对自己的恩惠都不能够、不愿意报答，甚至虐待父母，我们又怎么能期望他会报答国家、社会、他人对他的恩惠呢？这样的人，又怎么可能是一个有道德的人呢？中国传统道德强调孝是道德的根本，是一切道德行为的出发点，应当说，是有道理的。

我们还应当看到，在当前市场经济条件下，随着对个人利益的追逐，个人主义、拜金主义和享乐主义的思潮，不断蔓延，等价交换的原则，正日益渗透到人与人关系的各个方面，甚至在家庭关系中，也笼罩着金钱的阴云。为了金钱和私利，不但可以遗弃双亲，甚至不惜杀父杀母，这种情况，难道还不应当引起我们的重视吗？

孝是中国传统道德一个基本的、重要的内容，是道德行为的生长点，在调整人和人之间的道德关系、维护社会的稳定、提高人的道德素质方面，有着特殊的意义。我相信，不论在当前社会还是未来社会，不论是对海峡两岸的中国人，还是对东方和世界上其他国家及民族，对孝文化的正确理解、深入研究和大力弘扬，都有着重要的意义。

（四）"孝"和未来社会——关于"孝"的国际学术会议简记*

1995 年 5 月 15 日至 17 日，在韩国汉城举行了关于"'孝'和未来社会"的国际学术讨论会。这次会议是由韩国精神文化研究院和韩国广播公司联合举办的，参加会议的有韩国、中国、美国、日本等十几个国家的代表。我作为中国学者，被邀请参加了这次会议，并提交了学术论文《中国古代"孝"的传统与当今中国社会》。日本的高桥进、美国的杜维明、中国台湾地区的成中英等也参加了这次会议。这次会议讨论了"孝敬父母"这一道德准则的意义、当今社会中所出现的有关"孝"的种种问题，以及"孝"在未来社会中的作用等议题。与会者交流了有关情况，充分肯定了提倡孝敬父母对当今社会和未来社会的重要意义，认为加强孝敬父母的宣传和教育的问题，应当引起有关方面的重视。

这次会议的大背景是，随着现代经济发展而出现的个人主义、拜金主义和享乐主义，特别是一些人对物质的无尽追求，导致在一些物质文明高度发达的国家中，却出现了严重的精神和道德危机，人们似乎已经无法控制这种危机的继续发展。正像一位韩国学者所说的："现代社会只知道追求现代化和经济财富的增长，从而使整个世界充满腐败、不公正、犯罪、暴力、罪恶和战争。例如，在韩国，一个儿子杀死了自己的父亲，另一个父亲杀死了自己的儿子；在日本，一个宗教团体在地下铁道释放毒气使一些人失去生命；而在中东和美国，对建筑物进行恐怖袭击，造成许多无辜人的死亡。"一些学者提出，面对即将到来的 21 世纪，如果我们不能看到这些问题的严重性及其不断发展的趋势，人类就面临着不可避免的后患。特别是从人际关系和人类社会不断老龄化的趋势看，有些问题更值得注意，如现在一些青年人只知道个人享受却不愿意关心年老而失去劳动能力的父母，老年人的正当权益不能得到保障，

---

* 本部分原载于《道德与文明》1995 年第 5 期。

许多社会问题无法解决。由于这种情况正随着经济的发展而日趋严重，故而引起了东西方关注精神文明和道德建设的学者们的特别关心。

从韩国的具体情况来看，韩国本来是一个受儒家传统影响很深的国家，孝敬父母在韩国的传统道德中占有非常重要的地位。20 世纪 70 年代以来，随着韩国经济的腾飞和家庭结构的变化，不孝顺父母、不赡养父母、无视老年人权益等现象，已经成为韩国社会中一个使人担心的问题。正由于此，筹备召开这次会议的韩国精神文化研究院的学者们，从他们的世界观、人生观和价值观出发，较多地强调了中国儒家传统中“孝”的人伦价值，认为儒家孔子所提出的“孝”是“德之本”、是“教之所由生”的思想，在维系人伦关系，维持人际秩序方面，仍有重要的作用。一些学者强调人类正面临着丧失人性的危机，因而认为，强调德性特别是强调作为一切道德活动的根本的“孝”，有助于唤醒人们对父母的爱、对长辈的敬和对他人的关心，有助于恢复和弘扬人之所不同于禽兽的善良本性，从而提高人的道德品质，维护社会的稳定。他们强烈地呼吁，为了使人类的未来社会更加美好，有必要在今天动员各方面的力量，在社会上提倡孝敬父母。

会议的筹备单位之一韩国广播公司发起了在韩国推举孝子的活动。经过各地各单位的申报和评奖，每年评出全国在孝敬父母方面做得最好的孝子五人。对评选出的孝子，除提供其本人与父母在韩国国内旅游的费用外，还发给奖金 1 万美元，并在广播电视上加以宣传和褒扬。与此同时，全国很多企业和团体，也纷纷在各自的组织内部评选孝子，并根据情况给予不同的奖励。他们认为，在当前社会人际关系受到金钱支配、老年人的权益和晚年的正常生活得不到保障的情况下，东方传统的孝的教育，将是维护社会安定、促进人际和谐的一个极为重要的力量。人们将会越来越认识到，不但现在，而且在未来社会，孝也将有着长久的生命力。

一些西方学者认为，东方和西方有不同的文化传统，对孝有不同的认识。东方的传统，特别是中国儒家的思想，是在小农经济的条件下形成的，认为子女受父母的养育，“子生三年，然后免于父母之怀”（《论语·阳货》），因而父母对子女有生之育之之恩，故特别强调在父母年老而失去劳动能力的时候，子女对父母应当报恩，即子女对父母应“孝”。西方的政治文化传统则不同，特别是在经济有了很大发展且社会福利和保障有坚实基础的情况下，西方学者认为，生育和教养儿女，是人们对社会、对国家应尽的责任。子女长大成人以后，应当报答国家，同样也要为社会和国家生育和教养下一代新人。因此，子女不论是从法律上还是道德上，都没有赡养年老而失去劳动能力的父母的义务。老年人在工作时，已缴纳了相应的养老金，当他们老了，丧失劳动能力而不能维持自己的生活时，应由社会和国家担负起责任，即由社会保险和公共福利去解决，而不应该由子女来负担。对“孝”的两种不同看法，反映了东西方文化上的差异，因此，要让西方人像东方人那样重视孝，是有困难的。

从家庭结构的变化来看，东方原有的大家庭，已随着社会的发展而逐渐解体，但未来社会的家庭，究竟朝着什么方向发展，仍然是一些学者关心的问题。东方的发展中国家，经济都还不很发达，老年人的抚养还不能全部由社会来承担。特别是东方传统的亲情关系，即使在经济已经有了相当发展的情况下，人们对自己父母的感情，仍然是不可割断的。

一些学者谈到，家庭的作用在当今社会中逐渐减弱的趋势，以及个人主义、享乐主义和拜金主义思潮的蔓延，引发了一些影响社会健康发展的问题。如一些已婚夫妇不愿意生儿育女，不愿意承担社会责任，一些父母不愿意花更多精力去教育子女，来自单亲家庭的青少年的犯罪率不断上升，性自由不断腐蚀着夫妻之间的感情，以及一些老人无人关心和无人赡养等。有的学者提出，以血缘为纽带的家庭，有着天然的情感联系；具有家庭生活和夫妻、父子等人伦关系，是人区别于禽兽的特点之一。旧的家庭关系虽然应当予以扬弃，但我们应该确立新的原则以使夫妻和父（母）子（女）之间的关系更加健康地发展。因此，提倡父母慈爱子女和子女孝敬父母，对未来社会仍然是重要的。

由于当今社会中家庭结构日渐向由夫妻双方和一两个未成年子女组成的小家庭转化，对子女的娇生惯养，就成了培养和教育后代时的一个突出问题。在一些以独生子女为中心的家庭中，独生子女从小就以自我为中心，有的甚至成为家中的“小霸王”。在这种家庭环境中长大的孩子，只知道关心自己，而不知道关心父母和家人，更不要说关心其他人了。按照东方传统道德，做儿女的，每天晨昏都要向父母问安，现在却完全相反，做父母的每天要多次关心、问候自己的儿女。在子女生病时，父母总是关心备至，宁愿以身相代；而做儿女的，不但在平时不能做到每天晨昏向父母请安，关心父母的身体，甚至父母生病，有的儿女也视而不见。尽管当前家庭教育中所出现的这种现象只是少数情况，但仍然是一个值得我们高度重视的问题。

与会者还谈到了当前社会所出现的强索老人财物、强占老人住房、虐待殴打老人、干涉老人婚姻等侵犯父母权益的现象，引起了很多人的忧虑。特别是在有些经济不很发达、人民收入水平较低、住房有困难的国家，这些问题更值得注意。有的与会者谈到，由于缺乏孝敬父母的教育，儿子结婚后往往受到媳妇的影响而虐待自己的父母。过去，封建社会提倡愚孝，如果婆婆不喜欢儿媳，就要把儿媳赶走，从而造成许多家庭的悲剧，这当然是错误的。现在，则出现了相反的情况，如果儿媳不喜欢婆婆，就会鼓动儿子，一起把婆婆和公公赶出去，使得老人流离失所。因此，正确处理婆媳关系，加强孝敬公公婆婆的教育，同样很重要。我们既要批判过去的愚孝，也要提倡做儿媳的一定要具有尊重公婆、孝敬公婆的品德。

尽管与会的各国学者的立场、观点、方法不同，对“孝”在当代和未来的意义和作用的认识不同，但大家都意识到，赋予孝敬父母以新的意义，不论是对现代社会还是未来社会，都有重要意义。西方和东方的学者在相互交流中认识到文化背景的不同导致了各自对孝敬父母的不同理解，同时也在相互比较中进一步拓宽了对孝的意义的认识。韩国精神文化研究院和韩国广播公司准备大力宣传这次会议，扩大这次国际会议的影响，使孝敬父母的活动能够进一步在韩国得到发展，并希望这次会议能够在东方以至全世界产生影响，从而有助于人类未来社会的和谐。

六、“程门立雪”与弘扬传统美德*

在中国古代的传统道德中，“程门立雪”是一个著名的尊师故事。这个故事说，宋代的杨时和游酢，尽管他们都当了大官，很有地位，但当他们在寒冷的冬天去看望老师程颐时，为了不打扰老师休息，竟然在老师身旁站了几个小时。他们来时还没有下雪，到走时，门外的雪已经有一尺深了。这充分说明，他们对老师是十分尊敬的。直到今天，他们的这种态度仍然是值得我们学习的。

---

* 本部分原载于《罗国杰文集》，河北大学出版社 2000 年版，原题为“‘程门立雪’立在何处”。

值得注意的是，最近几年出版的一些有关中国古代传统道德的通俗读物对这个故事的解释有夸大事实的地方，与原来的情况有较大的出入。本来杨时和游酢都是站在他们老师的书房里，却被说成站在门外的雪地里。有的书还配了图画，画着他们二人在冰天雪地中僵立着，脚被一尺厚的雪埋着。尽管作者的用意是好的，但是这种不符合事实、望文生义的解释，效果并不好，是应当纠正的。

这种情况的出现，主要是对古书的理解有问题。这段故事，我们现在能看到的原始资料，主要是从《宋史》和《二程集》中来的。首先，我们看一看《宋史·道学传·杨时传》中的记述：

> 河南程颢与弟颐讲孔、孟绝学于熙、丰之际，河、洛之士翕然师之。时调官不赴，以师礼见颢于颍昌，相得甚欢。其归也，颢目送之曰："吾道南矣。"四年而颢死，时闻之，设位哭寝门，而以书赴告同学者。至是，又见程颐于洛，时盖年四十矣。一日见颐，颐偶瞑坐，时与游酢侍立不去，颐既觉，则门外雪深一尺矣。

这段话的大意是：河南程颢和弟程颐，在宋神宗熙宁和元丰年间，讲授孔子和孟子的学说，中原一带士人都拜他们为师。杨时调动官职还没有赴任，就去颍昌拜程颢为老师，两人谈得非常投机。杨时走时，程颢目送他离去，说我的学说可以由你带到南方去了。四年以后，程颢去世，杨时于家中设灵位哭泣，十分哀痛。有一天，杨时和游酢二人去见程颐，程颐正坐着小睡，二人就在旁边侍立等着，等到程颐醒来时，门外的雪已有一尺深了。

在《二程语录·侯子雅言》中，我们还可以看到：

> 游、杨初见伊川，伊川瞑目而坐，二人侍立。既觉，顾谓曰："贤辈尚在此乎？日既晚，且休矣。"及出门，门外之雪深一尺。

《侯子雅言》的作者是侯仲良，他是程颐的内弟，这个记载是更加可信的。从这里的叙述来看，杨时和游酢不是站在雪地中而是立在室内，这是十分明确的。何况，当时杨时已经四十多岁，不但学术上有一定成就，而且已有相当的官职。在寒冷冬天，程颐的家人是不会让他在门外站着等老师醒来的。

在继承和弘扬中华民族的优良传统道德时，有两个问题值得我们注意。一是要力求用马克思主义的立场、观点和方法来分析和鉴别古代传统道德的糟粕和精华，在吸收其精华的同时，还要根据时代的发展，赋予它以新的意义，使其更好地为社会主义道德建设服务；二是对于这些优良道德传统的内容，也要实事求是、严肃认真地给予准确的说明。对道德楷模的宣传，尤其要注意恰如其分、合情合理。如果有意拔高，反而会使人觉得脱离了生活，产生不好的效果。一切道德典范都是源于生活又高于生活的，只有如实地加以宣传，这些道德楷模才能在人民群众中产生强大的影响。

第十五章　道德建设与治国兴邦

第一节　儒家的德治思想*

中国古代的儒家，是同当时社会的政治生活密切结合的一个独具特色的学术流派。从社会的政治要求方面来看，其主要目的就是要在完善个人的同时，还要尽力来匡救时弊和完善社会，并希望能够提出一个治国安邦和济世救民的系统的纲领，以达到“格物、致知、正心、诚意、修身、齐家、治国、平天下”的目的。

儒家是怎样达到他们的这一目的的呢？在儒家“匡救时弊”和完善社会的要求中，“德治”的思想占有特别突出的地位。我们可以看到，德治思想，不但是儒家治国的根本方略，而且还是儒家之所以能够在中国历史上占有重要地位的一个重要原因。

中国传统思想中有着众多的学派，儒、墨、道、法就是其中最著名的四家，儒家在其中又占有着独特的地位。儒家和墨家，都是春秋时期所谓的“显学”，都是在社会上有显著影响的学派，彼此不相上下，互争高低。但是，到了后来，墨家抵不过儒家，在很长的历史过程中，墨

---

* 本节原为海峡两岸伦理学研讨会交流论文。

家简直可以说是销声匿迹了。在春秋战国时期，法家也是一个很有实力的学术派别，受到当时一些统治者的青睐。秦国从秦孝公开始任用商鞅，实行变法，之后一百多年，经过六代国君的努力，终于在秦始皇的时候，统一了中国。从意识形态方面来看，在这一百多年中，秦国在政治上的指导思想，就是法家的思想。同样，到了汉代，法家的思想也被儒家的思想打败了。至于道家，尽管它在长达两千多年的历史中，在知识分子和意识形态领域产生了深远的影响，但是，在政治思想家中间，它始终没有能够占据统治地位。这也就向我们提出了一个问题，中国古代的儒、墨、道、法四大学派，为什么只有儒家能够战胜其他三个学派，形成汉代以后“独尊儒术”的情况呢？当然，其中的原因是多方面的，我们可以从中国社会的特点、经济和政治建构的种种特殊情况，以及民族传统等方面来加以论述；但是，我认为，其中最重要的有两点。一是儒家在产生、形成和发展的漫长过程中，始终十分强调学术思想和理论建树必须与现实的社会政治生活相结合，并力求使自己的思想和理论能够经世致用，为当时社会的经济和政治服务；二是儒家特别强调道德在人类社会生活中的重要作用，强调德治在保持人际和谐、维护社会稳定、加强民族团结和巩固国家统一中特殊的、不可代替的作用。

由于儒家思想特别强调道德(包括道德人格、道德理想、道德教育、道德修养）的作用，因此我们可以说，儒家学派是一个以伦理思想为中心的学派，或者说它是一个以德性主义为中心的学派。正因为它的整个思想是同人们的社会政治生活紧密地结合在一起的，所以我们也可以说它的特点就是伦理政治化和政治伦理化。

一、儒家德治思想的形成和发展

从中国古代思想发展的历史来看，早在西周的时候，思想家们就提出了道德在治理国家中的重要作用。西周的统治者们，从夏、商奴隶主贵族那里承袭了“王权神授”的思想，把他们对人民的统治说成是“受命于天”的。但是，夏、商的统治者们，不是也说他们的统治是“受命于天”么？为什么他们在人民的反抗下，却又失去了自己的统治呢？为此，西周的思想家们总结了夏、商“代天行罚”的“天罚”思想，提出了“以德配天”和“敬德保民”的新观念。天是注意着地上的统治者的道德的，“皇天无亲，惟德是辅”。过去，夏和商的统治者都曾是有道德的，所以上天就把统治的权力交给了他们；但到了后来，由于他们不知道敬德，皇天也就不再信任他们，从他们那里收回了过去曾给予他们的权力。现在周王有德，天命也就归周而不再归商了。鉴于商代统治者过于强调对老百姓的刑罚，西周的统治者们在提出“以德配天”和“敬德保民”的同时，还进一步提出要“明德慎罚”，在“德教”和“刑罚”中，更加重视“德教”在治理国家中的作用。

孔子比较完整地提出了“德治”的思想。他在《论语·为政》中说：“道之以政，齐之以刑，民免而无耻；道之以德，齐之以礼，有耻且格。”在这段话里，孔子对“德治”和“法治”作了一个比较，并断言“德治”优于“法治”。孔子认为，如果只是用政令和刑罚来治理老百姓，其结果是老百姓虽然不敢犯罪了，但他们并不知道犯罪是羞耻的，因而以后他们仍然可能会继续犯罪。如果能够用道德教育来感化他们的心灵，用道德规范来统一他们的行为，老百姓就会有一种羞耻之心，也就会从此不再犯罪了。孟子继承并发展了孔子德治的思想，提出了“王道”和“霸道”的问题，更加深入和全面地阐述了道德在政治管理中的重要性。孟子认为，在治理国家方面，有两种不同的方法和道路，一个是他所赞成的“王道”，一个是他所反对的“霸道”。他反对统治者用强力的方法来压服老百姓，而主张用感化的方法使老百姓心悦诚服。他说：“以力假仁者霸，霸必有大国；以德行仁者王，王不待大，汤以七十里，文王以百里。以力服人者，非心服也，力不赡也；以德服人者，中心悦而诚服也，如七十子之服孔子也。”（《孟子·公孙丑上》）孟子所说的力，也就是人们所说的刑罚；他所说的德，大体上相当于我们所说的德教。

秦朝灭亡以后，汉代的思想家们曾经专门讨论过秦亡的教训。贾谊的论证，有一定的代表性。在他看来，秦亡的主要原因，就是忽视了道德的重要作用。他说：“凡人之智，能见已然，不能见将然。夫礼者禁于将然之前，而法者禁于已然之后，是故法之所用易见，而礼之所为生难知也”（《汉书·贾谊传》）。又说：“然而曰礼云者，贵绝恶于未萌，而起教于微眇，使民日迁善远罪而不自知也”（同上）。他认为，一个国家和一个社会的安危，是同它能否重视道德有关的。他说：“安者非一日而安也，危者非一日而危也，皆以积渐然，不可不察也。人主之所积，在其取舍。以礼义治之者，积礼义；以刑罚治之者，积刑罚。刑罚积而民怨背，礼义积而民和亲。故世主欲民之善同，而所以使民善者或异。或道之以德教，或驱之以法令。道之以德教者，德教洽而民气乐；驱之以法令者，法令极而民风哀，哀乐之感，祸福之应也。”（《汉书·贾谊传》）汉代以后，儒家的德治思想，在政治思想领域中的影响越来越大，成为统治者在治理国家中的主要方略。

二、德治并不是不要刑罚

儒家所提倡的德治思想，并不是不要刑罚，而是说，在治理国家中，德治比刑罚更加重要。孔子是提倡德治的，他非常强调道德教育的重要，但他同时也十分注意刑罚的必要性。在孔子活着的时候，郑国发生了盗乱，郑国派兵平息了这次盗乱。《左传》记载了这件事，说孔子知道后，说了一段很重要的话：

> 郑子产有疾，谓子大叔曰：“我死，子必为政。唯有德者能以宽服民，其次莫如猛。夫火烈，民望而畏之，故鲜死焉。水懦弱，民狎而玩之，则多死焉，故宽难。”疾数月而卒。大叔为政，不忍猛而宽。郑国多盗，取人于萑苻之泽。大叔悔之，曰：“吾早从夫子，不及此。”兴徒兵以攻萑苻之盗，尽杀之。盗少止。仲尼曰：“善哉！政宽则民慢，慢则纠之以猛。猛则民残，残则施之以宽。宽以济猛，猛以济宽，政是以和。”（《左传·昭公二十年》）

从这里就可以清楚地看出，孔子虽然强调道德教育的重要，但为了维护统治阶级政权的稳固，对于犯上作乱的人，他还是主张要坚决加以镇压的。孔子也认为，“政宽则民慢”，即只进行道德教育而不用法律制裁，老百姓就会怠慢而不守规矩，甚至会犯上作乱，所以必须“纠之以猛”，即施以刑罚。如果只知道用刑罚来镇压人民，那么老百姓就会残忍和暴戾，应当及时地“施之以宽”。自从孔子讲了这段话之后，“宽以济猛，猛以济宽，政是以和”的思想就成了儒家既要刑罚又要德教的两手并用的思想，人们把它简称为“宽猛相济”。

宋代的著名思想家朱熹，对于儒家的德治思想曾作过较为全面的解释。他在阐述孔子有关“道之以政，齐之以刑，民免而无耻；道之以德，齐之以礼，有耻且格”的德治思想时说：

> 圣人之意，只为当时专用政刑治民，不用德礼，所以有此言。谓政刑但使之远罪而已；若是格其非心，非德礼不可。圣人为天下，何曾废刑政来！(《朱子语类》卷二三)

朱熹当然十分强调道德教育的作用，他说：

> “道之以德”者，是自身上做出去，使之知所向慕；“齐之以礼”者，是使之知其冠婚丧祭之仪，尊卑小大之别，教人知所趋。既知德礼之善，则有耻而格于善。若道齐之以刑政，则不能化其心，而但使之少革，到得政刑少弛，依旧又不知耻矣。(同上)

朱熹认为，只有道德教化，才能使人明了道德上的是非，知道什么是应当做的，自觉地努力去做；什么是不应当做的，自觉地不去做。如果做错了，也应有羞耻之心，而自觉地改正。他说：“耻便是羞恶之心。人有耻，则能有所不为。”(《朱子语类》卷三)“知耻是由内心以生，闻过是得之于外。人须知耻，方能过而改。”(《朱子语类》卷九四)在治理老百姓时，如果光靠刑罚而不能“格其非心”，那是防不胜防的。尽管如此，朱熹仍然认为，刑罚是不可缺少的。

三、德治并不等于人治

在一段时期内，一些人有一种看法，认为“德治”就是“人治”，把德治看成中国古代奴隶社会和封建社会所遗留下来的“糟粕”，同现代法制社会的要求不相适应，应当抛弃。对于这种看法，应当加以分析。

“德治”并不就是“人治”，把“德治”等同于“人治”，这是对德治的误解。当然，德治思想因为强调了统治者的道德品质的重要，强调了对老百姓进行道德教育的重要，因而很容易被人们看成一种人治的思想。孔子也确实曾说过这样的话：“文武之政，布在方策。其人存，则其政举；其人亡，则其政息。人道敏政，地道敏树，夫政也者，蒲卢也。故为政在人，取人以身，修身以道，修道以仁”(《礼记·中庸》)。这就是说，周文王、周武王治理国家的办法，都已记载在典籍里。有贤人在位，这种办法就能实行；贤人不在位，这种办法就不能实行。治人的办法，就是要努力搞好政事；经营土地的办法，就是要努力搞好种植。治理国家就应当像细腰蜂对待螟蛉那样。所以治理国家就在于得到贤人；要得到贤人，君主就要修养好自身；要修养好自身，就要实行道；要使道修明，就要靠仁。这里孔子所强调的是，治理国家，最重要的是要得到有道德的贤人，而要想得到有道德的贤人，国君就应当修养好自己的品德。孔子的思想，重点还是在“德”上，这一点是清楚的。同时应当指出，孔子和以后的儒家思想家们，尽管也重视刑罚的作用，但忽视了法制或法治的重要性，特别是在任命政府官员方面，没有能够建立起切实可行的选拔制度，造成了不好的后果，这是应当看到并加以改进的。总之，儒家的德治思想中有人治的因素，也有强调道德品质和道德教育的重要思想，因此，我们不应该把德治就当作人治，更不应该在批评儒家的人治思想时，把儒家德治思想中的合理内容也统统否定了。

四、既要法治，也要德治

从现代社会的管理来说，没有法制建设，不实行法治，是不可能达到社会稳定的目的的。社会的进步，交往的频繁，经济的发展，物质欲望对人的诱惑，利益关系的复杂等等，不断增加着人和人之间的矛盾。因此，为了保持现代社会稳定、和谐、健康、有序地向前发展，必须加强法制建设，加强立法工作，使法律条文尽可能地完善，加强执法力度，力求做到有法可依、执法必严，这是时代的需要。同时，我们也应当看到，没有道德教育，没有广大人民群众思想素质的提高，要想维护社会的稳定是不可能的。在很多情况下，人们违反法律，并不是因为他们不知道什么是违法，而是因为他们的思想道德水平太低，在他们的头脑中，充满了自私自利和损人利己的思想意识。据有关资料，犯罪分子中有不少是党和国家的干部，甚至还有不少执法人员，他们对法律条文十分熟悉，他们知法犯法，有时甚至达到了令人发指的程度。这充分说明，只有加强道德教育，不断提高广大人民群众的思想道德水平，才能从根本上预防犯罪行为的发生。从社会生活的实践来看，在很多情况下，社会治安不好，违法犯罪的现象不断发生，其根本原因，并不是立法和执法的问题，而是不够重视或忽视了道德教育的结果。

总之，在现代社会中，加强法制建设十分重要，特别是在实现现代化的过程中，加强法制建设对一个国家经济的发展和政治的民主，有着特别重要的意义。在加强法制建设上，一方面，要使立法尽可能完善，力求做到“法网恢恢，疏而不漏”；另一方面，还要严格执法，法律面前，人人平等。同时，我们还必须加强道德教育，不断提高广大人民群众的思想道德水平，使人人都有一种羞耻之心，也就是说，要使人们认识到，在社会生活中，只顾自己、自私自利、损人利己是可耻的，一切损害他人利益和社会利益甚至违反法律的行为都是卑鄙的。更要使人们懂得，一切关心他人、关心集体、关心社会的思想和行为都是高尚的、令人尊敬的。总之，在实行法治的同时，也要大力加强全社会的道德教育，使每个人都能够明辨善恶、是非和美丑，这样就能够减少犯罪，使人与人之间的关系得到改善，使社会更加稳定和谐。

第二节　“法治”和“德治”应当相辅相成*

在实现社会主义现代化的过程中，我们不仅需要强调法治的重要性，同时也需要强调德治的重要性，忽视其中任何一个方面，都不可能达到使我们的国家经济发展、政治稳定和社会有序的目的。值得注意的是，在很长一段时期内，我们对法治的重要性看得比较清楚，而对德治的重要性则认识得非常不够。其结果是，尽管我们寄希望于法治，但由于忽视了德治的作用，法治也没能收到预期的效果。改革开放以来，我国立法已经日趋完善，执法能力不断加强，依法治国已经成为我国的基本方略，社会秩序和政治稳定也较之前有了较大提高，这是值得我们庆贺的。但是，我国的社会生活中依然有许多不能令人满意的情况。正像我们大家所看到的，在我们的社会中，一些领域的道德失范现象比较严重，拜金主义、享乐主义和个人主义有所滋长，以权谋私、行贿受贿、腐化堕落仍然在一些地方存在，黄毒赌等社会丑恶现象沉渣泛起，特别

* 本节原载于《伦理学研究》试刊号，原题为“论以德治国——兼论‘法治’和‘德治’应当相辅相成”。收入本书时略有改动。

值得注意的是，一些人对社会主义的是非、善恶、美丑、荣辱等观念界限混淆、认识模糊，如何更好地解决这些问题，是值得我们认真而仔细地反思的。

江泽民同志在2000年召开的中央思想政治工作会议和2001年召开的全国宣传部长会议上，先后提出“德治”和“以德治国”的问题，进一步明确阐述了在治理国家中必须“法治”和“德治”并重的重要性。应当说，这一思想十分具有针对性和现实意义。他指出：

> 我们在建设有中国特色社会主义、发展社会主义市场经济的过程中，要坚持不懈地加强社会主义法制建设，依法治国；同时也要坚持不懈地加强社会主义道德建设，以德治国。对一个国家的治理来说，法治和德治，从来都是相辅相成、相互促进的。二者缺一不可，也不可偏废。法治属于政治建设、属于政治文明，德治属于思想建设、属于精神文明。二者范畴不同，但其地位和功能都是非常重要的。我们要把法制建设与道德建设紧密结合起来，把依法治国与以德治国紧密结合起来。①

我们应当认真地领会这一思想的重要意义。

确实，对于一个国家的治理和稳定来说，法律无疑是重要的。我们可以清楚地看到，没有法律、没有刑罚、没有政治管理和强制性的约束，一个国家或一个社会想要保持经济发展和社会稳定，是绝对不可能的。对于那些危害国家、危害人民、违法犯罪的人，必须给以法律的惩罚，否则就不足以维护国家的安定，不能够保护人民的生命财产安全。但我们决不能因此而忽视甚至否认道德的重要作用，因为没有广大人民群众道德水平的提高，没有社会道德风尚的改善，没有明确的是非、善恶、美丑、荣辱观念，不但不能维护社会的稳定，更不可能从根本上杜绝一些人犯罪的思想根源。

因此，我们今天需要进一步提高对道德建设的重要性的认识，提高对道德教育在维护社会稳定中的重要作用的认识。以德治国，就是要加强社会主义道德建设，重视社会主义的道德教育，也就是说，我们要把道德建设提到治国方略的高度来认识，要把以德治国同依法治国看作治国方略的两个同等重要的、不可分割的组成部分。

---

① 《江泽民文选》，1版，第3卷，200页，北京，人民出版社，2006。

一、当今的“德治”与古代的“德治”的区别与联系

我们所说的以德治国的“德治”，同中国历史上儒家所说的“德治”是什么关系？它们有什么区别和联系？这是我们应当注意的一个重要问题。一些人认为，由于我国历史上儒家所倡导的“德治”实质上是一种“人治”，是同我们现在所提倡的“法治”相矛盾的，因此，在我国实行社会主义市场经济和实现四个现代化的进程中，只能提倡“法治”，不宜提倡“德治”。这种认识有一定的代表性。为此，认真地探讨一下中国古代儒家的“德治”是什么含义，它和我们今天社会主义的“德治”究竟有什么不同，是有重要意义的。

在中国古代，德治，也就是“以德治国”的思想，有着久远的历史。在一定意义上，我们可以说，德治是儒家政治思想和伦理思想的一项重要内容。从汉代开始，由于儒家思想在意识形态中占有独尊的地位，因而德治思想在中国的政治统治中，就有着特别重要的意义。在中国儒家的政治思想和伦理思想中，德治主要包含四个方面的要求：

首先，德治要求国家的最高领导者和所有官吏，都必须是一个道德高尚或有道德的人。中国儒家伦理思想认为，一个人，只有自己是一个有道德的人，才能参与国家事务的管理，就是天子也不能例外。儒家强调，“自天子以至于庶人，壹是皆以修身为本”（《礼记·大学》），从“修身、齐家、治国、平天下”的推理出发，只有先把自己修养成一个有道德的人，才能把家治理好；只有把家治理好，才能把国家治理好；同样，只有把国家治理好，才能治理好天下。

其次，德治要求一个统治者在道德上身体力行，应当以自己的榜样和模范行动，来影响广大的老百姓。这就是所谓的“政者，正也。子帅以正，孰敢不正?”（《论语·颜渊》）“其身正，不令而行；其身不正，虽令不从”（《论语·子路》），以及“苟正其身矣，于从政乎何有?”（同上）等先哲警言的应有之义。中国古代儒家认为，一个从政者的威信和力量，既不在于他的权力的大小，更不在于他的地位的高低，而在于他的道德人格。只有高尚的道德品质和自身的道德模范行为，才能影响人民，才能在人民中享有威信，才是一个从政者的真正力量所在。

再次，中国古代儒家的德治十分重视对老百姓的道德教育，重视对

老百姓的羞耻心的培养。一个人只有有了对一切不道德的事情的羞耻之心，才可能不去犯罪，否则，就是用严刑重罚，也不能从根本上消除犯罪的根源。孔子曾经说过：“道之以政，齐之以刑，民免而无耻；道之以德，齐之以礼，有耻且格。”这句话的意思是说，一个国君，在统治老百姓的时候，如果只用政令来指导他们，用刑罚来约束他们，老百姓虽然不敢犯罪，但是他们却没有对做坏事的羞耻之心；只有用“德”来指导他们，用“礼”来约束他们，老百姓才能养成对犯罪的羞耻之心，才能从内心中建筑起抵御一切犯罪的坚固的防线，从根本上消除犯罪。儒家在治理国家中，强调提高人们的道德品质，加强社会舆论和道德感化的力量，这是有合理因素的。

最后，儒家的德治强调要对老百姓实行德政。孔子以后的孟子，更加重视仁政的重要，把能否实施仁政作为判断一个国君是否贤良和一个国家能否兴旺发达的重要根据之一。

当然，我们也必须认识到，一些儒家的代表人物，看到了道德和道德教育的重要性，这是正确的；但是，他们过分夸大了道德在社会生活中的作用，由此而否认法治的重要性，则是不正确的——尽管儒家在治理国家时，并没有否认刑罚的作用。我国古代儒家的德治思想，是有其阶级和历史局限性的，它是为维护封建地主阶级的统治服务的。

我国古代儒家的“德治”，的确是同“人治”联系在一起的。这不是德治本身的要求，而是当时的专制制度所决定的。不论是奴隶社会还是封建社会，皇帝具有最高的权威。中国古代的“法治”又何尝不是同“人治”联系在一起的？社会主义的中国，在坚持四项基本原则的基础上，在不断发展社会主义民主政治的条件下，实行以德治国的方略，是决不会走向人治的。

对待中国古代儒家的德治思想，既要继承它合理的、正确的方面，又要批判地抛弃其不适应现代社会要求的错误内容。也就是说，既要继承其优秀的精华，又要抛弃其腐朽的糟粕。

我们所说的新的德治思想，批判地继承了我国历史上的德治思想，是在马克思列宁主义、毛泽东思想和邓小平理论的指导下，根据我国社会主义社会的现实所形成的新的社会主义的德治。

首先，我们所说的德治中的道德，是代表广大人民利益的社会主义的新道德。这一新道德，是以为人民服务为核心，以集体主义为原则，以爱祖国、爱人民、爱劳动、爱科学、爱社会主义为基本要求的。

其次，我们所提倡的社会主义的德治，重视道德教育和道德感化的作用，重视对人民群众切身利益的关心和爱护，善于从人民群众的实际利益出发，引导他们形成对社会、集体和国家的关心，从而在人民群众的内心产生一种崇高的道德意识和道德观念，形成一种善恶、是非、美丑、荣辱的正确标准。正是在这样的氛围中，我们的社会风气才能不断得到提高和改善，我们社会的人际关系才能愈来愈和谐。

再次，我们所提倡的社会主义的“德治”，在实际的政治生活中，应当充分运用道德激励的方法。通过道德手段，在擢升、降级、任免、遴选政府官员时，特别注意他们的道德品质。在考察政府官员的政绩时，一方面要考察官员行政上的业绩和本人的道德素质、道德品质，另一方面还要考察在其管辖下社会风气是否有明显的改善、人际关系是否协调、社会治安是否良好等。在选拔干部时，必须坚持德才兼备的标准，坚持领导者和公务员应当以身作则，要注意发挥干部率先垂范的作用。

最后，我们所说的德治，是在肯定法治的重要意义基础上的德治，是把德治和法治看作具有同等重要意义的德治，这是我们的德治和中国古代儒家德治的重要区别之一。

更重要的是，我们所说的德治，是为维护社会主义社会的稳定和发展服务的，这同中国古代儒家所谓的“德治”有着本质的区别。

在社会主义国家的治国纲领中，德治究竟应当占据什么样的地位？我们在强调和加强法治的同时，还要不要同时强调和加强德治呢？为什么我们要把德治提高到治国方略的高度呢？

应当说，在我国的治国方略中，为了现代化建设的顺利进行，为了正确解决市场经济条件下的各种矛盾，为了保持我国的社会稳定和政治稳定，强调法治的思想，是极其必要的。因为没有健全的法律制度和严格的执法措施，我们就不能给那些违法犯罪分子以应有的惩罚，就不能维护正常的社会秩序。但是，我们决不能也不应当因此而忽视甚至否定德治的重要作用。

人们常常说，一些人之所以违法犯罪，是由于他们不懂法，所以要对他们进行普及法律知识的教育。但是，也有很多人违法犯罪，并不是由于他们不懂法，而是由于他们没有道德。他们当中的许多人，对法律十分熟悉甚至精通，并善于钻法律的空子；有些人还是我们的政法干部，是执法队伍中的成员；有些人，一犯再犯，不知羞耻。如果没有道德教育和道德感化，没有自觉的羞耻之心，那么要从根本上解决社会犯罪的问题，则是永远也不可能的。何况，一切法治行为，都是由人来进行的，一个没有道德的人，又怎么能公正无私地执行法治的要求呢？

我们强调要“以德治国”，决不是要过分夸大道德的社会作用，把道德说成是万能的；而是要在国家的政治生活和人民群众的日常生活中给道德以应有的地位，使它与法律并行不悖，并驾齐驱，共同维护和促进社会主义市场经济和现代化建设事业的发展。

二、法律和道德的不同作用

马克思主义强调，法律和道德都是社会上层建筑的重要组成部分，都是维护、规范人们思想和行为的重要手段。强调用法律来治理国家，用强制性手段来约束人们的行为，是法治的主要内涵。从维护社会的秩序、保障社会的稳定来说，法律具有不可或缺的重要作用。特别是在社会大变动的时期，旧有的各种制度已不能适应社会发展的需要，于是建立新的法律法规和各种规章制度，有着更为重要的意义。从世界历史的发展来看，无论奴隶社会还是封建社会的统治者，都十分重视运用法律手段来治理国家，维护自己的统治。在资产阶级建立了自己的政权以后，资产阶级的思想家们更是强调完备的法律制度和法律体系的重要性，依法治国的思想遂成为维护资本主义社会稳定、促进资本主义社会发展的一个重要手段。

我们特别强调，我国的社会主义市场经济，必须是一种法治经济，必须运用法律的强制手段来规范人们的行为。其主要原因就在于，没有完备的法律体系和严厉的制裁措施，我国的社会主义市场经济就不可能得到顺利发展。

按照马克思主义的理论，法律体现着统治阶级的意志，体现着国家对其成员在政治、经济等各个领域的行为的要求，体现着维护社会安定、保护人民生命财产安全、保障国家安全的要求。法律既然是统治阶级意志的体现，它所依靠的手段就必然是带有强制性的国家机器。一个人违反了法律，就必须受到法律所规定的相应的惩罚，国家靠法院、警察等强力工具来保证法律的实施。

道德尽管也是上层建筑的一个重要方面，也同样是规范人们思想和行为的重要手段。但和法律不同，它的实施，不是依靠某种强制性手段，而是通过道德教育，以说服力和劝导力来影响和提高社会成员的道德觉悟，使人们自觉地遵守这些行为规范。

所谓“说服力”，主要是指通过启迪人们的道德觉悟、激励人们的道德情感、强化人们的道德意志、增强人们的荣辱观念，使人们在内心中形成道德行为的内在动因。归根到底，也就是要培养和形成古人所说的羞耻之心。有了这种羞耻之心，也就有了一个人道德行为最重要的基础和前提。

所谓“劝导力”，就是通过形成广泛的道德舆论、培育良好的道德环境、增强人们的道德责任感，使人们认识到，如果一个人不能履行自己应尽的道德义务，或者说，如果一个人违反了社会的道德要求，就要受到舆论的谴责和公众的批评。这种谴责和批评，可能会给他带来羞辱、带来痛苦，会使他感到在人群中难以容身，甚至会给他带来事业的挫折和失败，直至身败名裂的严重后果。

一般来说，社会舆论是无形的，似乎是没有什么力量的，而事实却并非如此。社会舆论的力量和影响，是绝不可忽视的。一种强大的社会舆论，能对社会上的一些重大问题，产生极其重要的影响。它能够在潜移默化中改变人的性情，变化人的气质，移转社会的风气，形成某种道德氛围。这种社会舆论，如果能够同内心信念相结合，就更能发挥重要的作用。

三、德治和法治相互结合

正像江泽民同志所指出的，我们在建设有中国特色社会主义、发展社会主义市场经济的过程中，既要坚持不懈地加强社会主义法制建设，依法治国，同时也要坚持不懈地加强社会主义道德建设，以德治国。这两个“坚持不懈地加强”，可以说是我们在治理国家、制定国策时的根本指导思想，是有中国特色社会主义的一个突出特点。社会主义法治与德治的相互结合，是马克思主义政治建设、法制建设与道德建设相结合的一种最完善、最有效的治国国策，对我们社会主义国家的治理，必将起到前所未有的重要作用。

从维护和保障社会的稳定来说，法律和道德有同样重要的作用，它们相互联系、相互补充。道德规范和法律规范应该相互结合，共同发挥作用。有了良好的道德素质，人们就能自觉地扶正祛邪、扬善惩恶，就有利于形成追求高尚、激励先进的良好社会风气，从而保证社会主义市场经济的健康发展，促进民族整体素质的提高。

如何才能把法制建设与道德建设紧密结合起来，把依法治国与以德治国紧密结合起来呢？就目前的情况来看，应当注意以下几个方面的问题。

首先，要从思想上深入领会江泽民同志提出的法治与德治相结合的思想，全面和充分地认识二者所具有的同样重要的意义，避免认识上的片面性。要把“法治”与“德治”、“依法治国”与“以德治国”、“法制建设”与“道德建设”之间的紧密结合看作我国治国的基本纲领和基本手段，从思想、理论上提高我们的认识。由于法律重在惩罚已经违法犯罪的人，而道德建设则重在教育那些尚未违法犯罪的人，提高他们的道德素质，使他们不去犯罪；因此，我们也可以说，法治和刑罚重在治标，而道德建设重在治本。只有正本清源，提高人们的思想和道德素质，才能使法制建设和依法治国得到有力保证，才能从根本上维护社会的稳定。

其次，我们要在实际的法制建设和道德建设中，自觉地把“以德治国”和“依法治国”联系起来。在立法中，注意法律的道义基础，并且应当把一些最重要、最基本的道德要求，直接纳入法律的规范中。同时，在道德建设中，特别是在道德教育中，要把遵纪守法作为社会主义国家公民最基本的道德要求提出来，使法治和德治能够相互渗透、相辅相成，更加紧密地结合在一起。这对提高人们的道德素质、改善社会风气、进一步推动法制建设，是非常有益的。

最后，发展社会主义市场经济，必须在建立与之相适应的社会主义法律体系的同时，努力在全社会建立和形成与之相适应的社会主义道德体系。建设和发展与社会主义市场经济相适应的社会主义道德体系，已经成为现实生活向我们提出的一项重要而紧迫的任务，是一个关系到我国保持社会稳定、更好地发展社会主义市场经济以至更好地建设有中国特色社会主义的具有重大现实意义的问题。市场经济的发展，向道德建设提出了一系列新问题，包括如何正确处理各种利益关系，怎样对待公平与效率、道德的广泛性与先进性的关系，如何坚持继承和发扬民族优良道德传统和积极吸收外来的优秀道德文化思想，等等。我们应当按照

"社会主义道德建设要以为人民服务为核心，以集体主义为原则"的指导思想，动员各个方面的力量，共同努力，为早日建立和形成与社会主义市场经济相适应的道德体系而努力。

四、几点对策和建议

加强以德治国，我们必须从各个方面做大量的扎扎实实的工作，从政治、法律、道德、文化、教育，特别是大众传媒和社会舆论等方面形成实施以德治国的强大的合力，以达到提高认识、明确要求、增强信心、认真实行的目的。

第一，在全国范围内，要从保障国家的长治久安、改善社会的道德风尚、提高人民群众的道德水平和实现社会主义四个现代化的大局出发，充分认识"以德治国"的重要意义，理解"依法治国"与"以德治国"的关系，清除对德治的误解，克服把"德治"看作"人治"或等同于"人治"的错误思想。充分领会以德治国的精神实质，要认识到我们今天所说的"德治"，是既继承了中国古代的优良传统，又进行了马克思主义的改造和扬弃的新的社会主义的"德治"。要利用各种大众传播媒体，进行广泛、深入、切实、有效的宣传和教育，澄清目前存在的一些模糊认识，使以德治国的思想和理论深入人心。在社会主义市场经济条件下，法治和德治具有同等重要的意义。

第二，要在广大干部中进一步认识和讨论实施"以德治国"方略党和国家干部应担负的重要责任。以德治国决不是"以德治民"，更不是用许多道德规范来约束群众。以德治国首先要求我们的干部在道德上以身作则、身体力行，以自己的模范行为来带动广大群众。

第三，实行以德治国，还必须有一套制度和机制做保障。在立法过程中，最好能增加有利于以德治国的实施的内容，在政治生活中，要重视道德和道德教育的重要性。同时，在党政干部的擢升、任免、考核和业绩评定中，更要特别强调干部的道德素质、道德品格的重要性。在评估他们的政绩、业绩和才能时，要把能否以身作则，能否在道德上起榜样作用，作为一个重要标准，要把一个党政干部工作地区、单位的精神文明建设和思想道德建设的好坏，作为政绩评定的一项重要内容，作为加强廉政建设的一个重要方面。

第四，在宣传工作中，在一些重大的、总的提法上，可以考虑得更全面一些。过去，我们说市场经济是法制经济，今后，是否可以这样提：社会主义市场经济既是法制经济，同时也是道德经济；当代中国社会，既是一个法制社会，同时也是一个道德社会；我们既要把中国建设成一个法治国家，也要把中国建设成一个道德国家。

第五，在社会主义精神文明建设中，除了当前所进行的工作以外，在相当长的一段时间内，还要进一步加强道德教育的重要性，把道德教育当作基础性工作来抓。同时，在衡量和评估各地各部门的工作成绩时，要把对广大人民群众进行道德教育的情况，把道德教育在改善社会风气、提高人民群众道德境界方面起到的作用，作为主要指标之一。

第六，建议在党的各级纪检部门、各级人民代表大会的常务委员会中，设立专门的道德委员会，像抓法制建设和纪律建设那样抓道德建设，使道德建设在依靠道德教育和社会舆论引导的同时，尽可能被纳入制度化的轨道。

第三节　道德建设与治国兴邦*

为了中华民族的振兴和开创有中国特色社会主义事业新局面，我们在大力加强物质文明建设的同时，还必须搞好社会主义精神文明建设，在强调依法治国的同时，也应当强调以德治国的重要性。新中国建立以来的历史经验证明，只有两个文明都搞好，才是有中国特色社会主义，只有在加强社会主义法制建设的同时，大力加强道德建设，实施以德治国，才能振兴中华，克服前进道路上的一切艰难困苦，直至取得最终的胜利。

一、历史上的争论

道德和法律在治国中的作用，是自古以来政治家和思想家们非常关心的一个重要问题。除了依靠法律之外，治理国家时道德和文明究竟应占什么地位，这个问题在中国历史上，曾经有过长时间的争论。

早在两千多年前，孔子就提出过一种“宽猛相济”、“德刑并用”的

* 本节原载于《中国矿业大学学报》2003年第2期，原题为“道德建设与治国兴邦——把依法治国与以德治国结合起来”。收入本书时略有改动。

治国方略。孔子所说的“宽”，就是要通过道德教育来感化老百姓，他所说的“猛”，就是要用刑罚来维护社会的稳定。他的一段有名的话就是“道之以政，齐之以刑，民免而无耻；道之以德，齐之以礼，有耻且格”（《论语·为政》）。这里的意思是说，一个国君，在统治老百姓的时候，如果仅仅只用“政”来指导他们，用“刑”来约束他们，老百姓虽然不至于犯罪，但却不知道犯罪是可耻的；如果能够用“德”来指导他们，用“礼”来约束他们，那么老百姓不但不会去犯罪，而且还知道犯罪是可耻的。照我们今天的话说，“政”就是政令，“刑”就是法律（在当时来说，主要就是刑罚），这两者合起来，也就是后来人们所说的“法治”；“德”就是我们所说的道德，“礼”就是我们所说的规范，这两者合起来，就是我们今天所说的“德治”，也就是孔子所说的“为政以德”和“德政”。

在治国方略上，孔子是主张德刑并用或德法并重的，他认同刑罚在约束人们的行为中有重要作用，但他更重视人们的“羞耻之心”，因为它能提高一个人的道德情操，在一个人的内心中筑起预防犯罪的堤坝，可以从根本上消除犯罪。

在中国历史上，春秋战国时的秦国，专任刑罚，在一段时间内实现了强大，并最终统一了中国。可是，秦始皇统一中国后只经过了十几年，一个强大的秦国就灭亡了，这到底是什么原因呢？贾谊在他的《治安策》中，认为秦朝二世而亡的根本原因，就是秦国在治国方略上专任刑罚，而忽视了道德的作用。毛泽东对贾谊的这篇论文极为欣赏，他在1958年4月给田家英的信中说《治安策》一文是西汉一代最好的政治论文；全文切中当时事理，有一种颇好的气氛，值得一看。今天看来，《治安策》真可说是一篇对中国汉代以前治国方略的经验总结，充分说明了法治和德治并重的重要性。汉代以后，儒家继承孔子和贾谊的思想，在实行刑罚的同时，大力提倡德治；同时也吸取了历史的经验，采取“阳儒阴法”的策略，在强调道德感化的重要作用的同时，实行封建专制。

二、社会主义社会的治国方略

在社会主义的当代中国，我们究竟应当按照什么样的“治国方略”来治理我们的国家呢？

“我们在建设有中国特色社会主义、发展社会主义市场经济的过程中，要坚持不懈地加强社会主义法制建设，依法治国；同时也要坚持不懈地加强社会主义道德建设，以德治国。对于一个国家的治理来说，法治和德治，从来都是相辅相成、相互促进的。二者缺一不可，也不可偏废。”① 这就明确地指出，在我们社会主义国家，在治国方略上，应当坚持法治和德治并重的思想，克服偏重任何一方的片面性。

“加强社会主义道德建设，以德治国”这一思想，对我国当前的情况有重要的理论意义和现实意义。法律和道德作为社会上层建筑的重要组成部分，是规范人们行为的重要手段。从一定意义上来看，法律重在惩罚已经违法犯罪的人，而道德建设则重在教育那些尚未违法犯罪的人；一个靠国家机器的强制和威严来起作用，一个靠人们内心的信念和社会舆论来起作用，二者殊途同归，都是要达到调节社会关系、维护社会稳定的目的。两者对于一个正常社会的健康运行，各自起着独特的、不可替代的作用。正如江泽民同志指出的：“对一个国家的治理来说，法治和德治，从来都是相辅相成、相互促进的。二者缺一不可，也不可偏废。法治属于政治建设、属于政治文明，德治属于思想建设、属于精神文明。二者范畴不同，但其地位和功能都是非常重要的。我们要把法制建设与道德建设紧密结合起来，把依法治国与以德治国紧密结合起来。”② 从治国方略的高度来看，德治和法治，犹如“鸟之两翼、车之两轮”，相辅相成，相互为用，只有二者很好地结合起来，才能达到维护一个社会的长治久安的目的。

改革开放以来，我国的法制建设取得了重大成就，这是有目共睹的。与之相比，道德建设方面确实还存在一些不容忽视的问题，需要我们认真地加以解决。在我国的现实生活中，由于个人主义、拜金主义和享乐主义的腐蚀，道德失范现象日趋严重，不仅影响了我国的社会风气和道德风尚，而且妨碍了我国经济建设的正常发展，影响了我国法制建设的顺利进行，这已成为当前迫切需要解决的重要问题之一。“以德治国”正是从我国当前的现实问题出发而提出的战略部署，是针对我国当前必须加强道德建设而采取的重大举措。

尽管道德和法律都是上层建筑的重要方面，同样是维护和规范人们

①② 《江泽民文选》，1版，第3卷，200页。

思想和行为的重要手段，但道德和法律不同，它的实施，不是依靠某种强制性的手段，而是通过道德教育的感化，以说服力和劝导力来影响和提高社会成员的道德觉悟，使人们自觉地遵守这些行为规范。

为什么人们不容易看到道德的重要作用？正如汉代贾谊所说的："凡人之智，能见已然，不能见将然。夫礼者禁于将然之前，而法者禁于已然之后，是故法之所用易见，而礼之所为生难知也。"（《汉书·贾谊传》）。贾谊说的"礼"就是我们所说的道德。他认为道德最重要的价值就在于能"绝恶于未萌，而起教于微眇，使民日迁善远罪而不自知也"（同上）。这里的意思是说，道德的作用就在于它能在人们萌生犯罪的念头之前，就消除和断绝可能导致犯罪的思想根源，通过细微的教育诱导，使人们在不知不觉中养成良好的道德，达到远离犯罪的目的。

三、以德治国的主要内容

我们所说的"以德治国"的主要内容是什么？

我们今天所说的"德治"，是完全新型的社会主义的德治。它既植根于中华民族几千年的优良道德传统，又继承和发扬了中国共产党政治思想工作和精神文明建设的优良传统。它是按照"三个代表"重要思想的要求，站在代表先进文化前进方向的高度，坚持不懈地加强社会主义道德建设的德治。

第一，我们所说的德治，是社会主义民主政治的一个有机组成部分，是社会主义制度下治国方略的一个重要方面。社会主义的德治把道德建设和道德教育提到治国方略的高度。社会主义民主政治制度的组织原则是民主集中制，这决定了今天的德治不但不可能导向人治，而且正由于它强调了从政者的道德品质，因此在遴选和培养干部的过程中，更有利于克服人治的弊端。

第二，社会主义的德治的根本目的，是要通过加强道德建设，把提高人的道德素质作为实现中华民族振兴的一个重要环节。正如江泽民同志所指出的："有了良好的道德素质，就能够使人们自觉地扶正祛邪、扬善惩恶，就有利于形成追求高尚、激励先进的良好社会风气，保证社会主义市场经济的健康发展，促进整个民族素质的提高。"①

---

① 《江泽民文选》，1版，第3卷，91～92页。

第三，社会主义的德治，在道德建设上，强调要以为人民服务为核心，以集体主义为原则，以爱祖国、爱人民、爱劳动、爱科学、爱社会主义为基本要求。为了更好地推进和加快社会主义现代化建设，我们应当特别强调为人民服务的重要性，充分发挥道德教育的说服力和感化力，充分利用道德激励的方式，使“为人民服务”和“集体主义原则”在改善社会风气、协调人际关系、维持社会稳定方面，发挥更加重要的作用。

第四，社会主义的德治对党政干部提出了更高的道德要求。今天的德治，以人民的最大利益为最高道德准则，因此，以德治国首先是针对各级领导干部而提出的思想道德约束，要求各级领导干部率先垂范，不仅要依法管理国家事务、依法行政，而且要以德管理国家事务、以德行政。党政领导干部具有一定的道德水平、道德修养和道德境界，不仅是实现廉政建设目的的一个重要前提，而且是改善社会风气的一个关键所在。所谓“上梁不正下梁歪，中梁不正倒下来”，说的就是这个道理。我们的党政干部，要把以德治国当作对自己更高的要求，不断激励自己，努力提高自己的道德素质。

第四节　关于“以德治国”的几个问题

在2001年初召开的全国宣传部长会议上，江泽民同志强调要把“法治”和“德治”、把“依法治国”和“以德治国”紧密结合起来。党的第十六次全国代表大会报告提出要把“依法治国”同“以德治国”紧密结合起来。自从“以德治国”作为治国方略被提出后，理论界对这个问题进行了热烈的讨论。总体说来，这一提法得到了理论界的普遍认同，但也存在一些不同的，甚至反对的意见。初步归纳起来，大致可概括为七个问题，对这些问题加以分析、研究和讨论，有助于我们对“以德治国”这一治国方略的理解、贯彻和实施。

一、“以德治国”会不会导向人治？

什么是法治？什么是德治？什么是人治？我国实行以德治国，会不会导向人治？这是我们需要探讨的重要问题。

法治与德治，是治理国家的两种基本方法。在建设社会主义四个现代化的过程中，在实行依法治国的同时，还要实行以德治国，使“依法治国”和“以德治国”有机地结合起来。

（一）人治总是和专制制度联系在一起的

在讨论法治和德治之前，我们有必要先谈谈什么是人治。在中国历史上，法治和德治同人治有什么样的关系？现在一些同志对以德治国总是存有一种顾虑，就是怕由此而导向人治，进而影响法治。

“人治”是指在治理国家的各级机构中，从上到下，都是以统治者个人的意志来治理国家，其主要特点是：一个国家或一个地区的重大决策、人事任免和刑罚奖惩的权力，都集中在主要领导人的手中。

从历史发展来看，在原始社会时期，人类对自己的管理，是通过氏族的领袖来进行的。这种管理，主要是依靠长期以来形成的权威、传统和风俗习惯，是依靠氏族酋长在群体中的威望来实现的。在人类历史这一段漫长的时期中，因为法律还没有产生，也可以说实行的是一种“人治”。

私有制和国家出现以后，在长期的奴隶社会和封建社会中，由于国家的基本政治制度都是同专制制度联系在一起的，因此，也就不可避免地是同人治联系在一起的。

在奴隶制社会的早期，国家是依照奴隶主阶级的君主的意志来进行管理的，那时还没有法律。法律的出现，既是社会发展的需要，也是社会进步的一种反映。在奴隶社会的长期发展中，人们愈来愈认识到，只有把统治阶级的意志转化为法律，才能避免昏君的为所欲为，才能防止贪官的胡作非为。在当时，主张制定法律并把它公布于众的思想家和政治家是进步的。

不论是奴隶社会还是封建社会，都要依照法律来治理国家，因为法律本身就是统治阶级意志的体现。奴隶主阶级和封建阶级在统治和治理国家时，也需要把自己的意志以法律的形式固定下来，从而更有利于自己的统治。那么，这是不是我们现在所说的法治呢？当然不是。因为，尽管统治阶级制定了法律，但最终有决定权的，不是法律条文而是统治者的主观意志。

在奴隶社会和封建社会的思想家中，我们也可以看到一些人强调法律的重要，强调“法不阿贵”、“刑过不避大臣，赏善不遗匹夫”等等，但是，这种专制制度下的法家思想，同我们今天所说的“法治”是根本不同的。

（二）中国历史上的法治

中国古代的法家思想，是不是一种人治？

长期以来，有些同志认为，中国历史上的法家思想，不是人治，而是一种不同于人治的法治，是强调法律面前人人平等的一种治国方法和手段。

我们认为，中国古代的法家思想，不是现代意义上的法治，它仍然是一种人治。

在中国历史上，真正实行严格的法制管理的，就是战国时期的秦国。秦国自秦孝公任用商鞅，实行变法开始，中间经过惠王、武王、昭襄王、孝文王、庄襄王到秦始皇，这一百多年，是中国历史上所谓实施严格“法治”的时期。这个时期的“法治”，并不是我们所说的现代意义上的法治。概括来说，秦国主张让人民了解法律，要严刑峻法，要执法必严，以达到“以刑去刑”的目的等等。由于当时的法家，主张用“术”和“势”（君主的权术和势力）来加强执法的力量，因而这种“法治”仍然是一种人治，这是同当时的封建专制主义制度紧密联系在一起的。这种“法治”，发展到最后，不但皇帝，就是权臣赵高，竟然也可以指鹿为马，又有什么法治可言呢？商鞅曾经强调，王子犯法要与民同罪，但是，当王子真的犯了法以后，却只能惩罚他的师傅公子虔。更值得人们思考的是，坚持实行变法的商鞅，到了最后，在贵族势力的压迫下，也逃不过被五马分尸的悲惨结局。法律不但不能保护老百姓，而且连倡导法治的商鞅，也无法保护。

秦朝所谓“法治”的主要特点是：从人本性自私的前提出发，充分利用人趋利避害的本性，通过严刑峻法和封官加爵来奖励耕战，以达到发展生产和加强军备的目的。应当说，这对于发展当时的生产力、增强秦国的军事力量，是有好处的。秦国由此而日渐富强，终于统一了中国。但是，正是因为它在很长的一段历史时期内，让人们的私欲不断膨胀而忽视甚至否认了道德教育的重要性，结果破坏了当时的伦理道德秩序，使人和人之间的关系成了一种赤裸裸的利害关系，造成了社会风俗的败坏和政治的动荡，最终导致了秦国的迅速灭亡。

对于中国古代的法治，我们应当作辩证的、全面的、历史的分析。

（三）中国古代的德治

中国古代的德治思想，可以追溯到西周初期。当小小的周国终于战胜了强大的商朝之后，他们认识到，要维持自己的统治，仅仅依靠严刑峻法是不行的。商朝之所以灭亡，就是因为统治者没有道德。西周的统治者提出了“敬德保民”、“以德配天”的思想。他们认识到“惟命不于常”（《尚书·康诰》），而“皇天无亲，惟德是辅”（《尚书·蔡仲之命》），只有有德的人，天才会让他们统治老百姓。这就是说，为了维护一个阶级的统治，仅仅依靠严刑峻法是不行的，最重要的是统治者自身要有道德，这就是中国古代德治的最早的含义。后来，儒家的创始人孔子又进一步提出，治理国家，不仅统治者自身要有高尚的道德，而且在运用刑罚的同时，还要加强对老百姓的道德教育，这也就是孔子所说的宽猛相济。他说“道之以政，齐之以刑，民免而无耻；道之以德，齐之以礼，有耻且格”（《论语·为政》）。认为仅仅用刑罚来约束和制裁老百姓，老百姓虽然可以免于犯罪，但却不知道羞耻；如果能够用道德来教育老百姓，用礼仪来感化老百姓，老百姓就会有羞耻之心。这里的意思很清楚，一个没有羞耻之心的人，不论外加的刑罚多么严厉，只要一有机会，他就会走上犯罪的道路。因此道德教育在治国中是绝不可少的。

中国古代的德治，是不是只重视道德教育而不重视刑罚呢？不，中国古代的统治者，就是在强调德治的时期，也仍然是重视刑罚的重要作用的，因为一个剥削阶级，如果离开了刑罚的强制力量，是很难维持其统治的。值得我们注意的是，我国古代的重要律法，大都是在德治时期确定的。我国古代最完备的法律“唐律”，就是在最强调德治的时期制定的。

中国古代的德治，是不是同人治联系在一起的？是的。因为在中国古代长期的奴隶社会和封建社会中，实施的都是君主专制制度，皇帝和各级地方首领，在其所管辖的范围内，都有绝对的权力，他们在重大决策、人事任免和刑事判决中，都起着决定的或重要的作用。皇帝的意志就是法律，是高于任何法律的绝对权威，他甚至可以决定任何人的生死。在官吏的任免方面，由于过于强调官吏的道德人格，而道德人格又是难以衡量的，这就使官吏的任免带有一定主观臆断的成分。

（四）法治是同民主政治联系在一起的

法治是同人治相对立的一种治理国家的方式，是同民主制度联系在一起的。

法治不仅指要按照法律来办事，要“法律面前，人人平等”，而且更重要的是，这种法治所依据的法律，必须是经过民主程序制定的。如果一个国家，法律所规定的制度是君主专制，君主在管理国家事务中有绝对的权力，那么尽管可以说它是“依法治国”，但这仍然不能说是现代意义上的法治。

现代意义上的法治，主要有以下几个方面的特点：首先，法治依靠国家的权威力量和强制手段来规范和约束社会成员的行为，以维护社会的正常秩序和国家的稳定；其次，法律对于所有的人，都是一视同仁的，也就是人们常说的“法律面前，人人平等”，社会上的任何人，不论属于哪一个阶层，也不论身居何种高位，包括国家最高领导人在内，在法律面前，都不能有任何特权；最后，法律的基本要求是要保证每个人的权利和义务的对等，即只有尽了应尽的义务，才能享受相对应的权利，通过这种对等的关系，力求实现社会成员之间的公正，保证利益分配的合理。

现代意义上的法治思想，是近代资产阶级登上历史舞台以后才形成的。资产阶级以代表全人类的名义，高唱自由、平等和博爱，高唱“法律面前，人人平等”，宣传这种法治是真正的法治。但是，我们知道，在现代西方资产阶级掌握政权的社会中，这种法治尽管在形式上是无可指责的，法律面前是人人平等的，但是，从实质上来分析，在这种表面上的平等之下，却隐藏着实质上的不平等。一个富有的资产者和一个一无所有的无产者，在法律上是不可能也不会完全平等的。富有的资产者，可以用他的钱财来聘请律师，而无产者则只能忍受不公正的对待。更何况，在一个资产阶级统治的社会内，法律本身就是统治阶级意志的体现，在一些根本问题上，法律的天平总是向资产阶级的利益倾斜的。

但是，我们不能不承认，资产阶级的法治的实施，是历史的一个巨大进步，它在人类社会中，第一次实现了表面上的法律平等，使无产阶级也可以以法律为武器来为自己的利益进行必要的斗争。

（五）只有社会主义的法治，才是真正的法治

社会主义社会是一种崭新的社会，是工人阶级和广大人民群众当家做主的社会。社会主义的本质，就是要解放生产力，发展生产力，消灭剥削，消除两极分化，最终达到共同富裕。社会主义社会所实行的法

治，既没有奴隶社会和封建社会所带有的人治的烙印，也没有资产阶级法治虚假的一面，从而高于现代西方社会所实行的法治。

首先，社会主义的法治的根本目的，是一切从广大人民的利益出发，一切都是为了保护人民的正当权益。建设社会主义现代化，维护社会和国家的稳定，是社会主义法治的重要目的。社会主义的法治，必须以其权威性和强制力来维护社会的稳定，坚决制止各种危害社会、危害国家和损害人民利益的违法犯罪活动。

其次，社会主义的法治，实行真正的“法律面前，人人平等”。不论社会地位的高低、不论财富的多少、不论民族的差异、不论职业的不同，在法律面前，所有人都是完全平等的，任何人都不得有任何特权。所有公民的利益，都同样依法受到保护。任何违反法律的人，都将要受到法律的惩罚，不可能有任何例外。

最后，社会主义的法治，是实现社会公正最有力的手段，它极力保护一切诚实劳动的人，打击和惩罚所有违法犯罪的人。

（六）社会主义的德治，同人治没有任何关系

社会主义社会所实行的德治，是同社会主义法治紧密结合的一种新型德治。它重视道德教育在社会生活中的重要作用，同法治相辅相成、相互促进，既相互区别，又相互联系。社会主义的法治和德治，犹如鸟之两翼和车之两轮，相互结合，则相得益彰，彼此分离，则寸步难行。不了解二者相辅相成的道理，对社会主义社会的建设和稳定，是极其不利的。

社会主义社会实行的德治，彻底抛弃了奴隶社会和封建社会所带有的人治的烙印，在实行德治的同时，不但不轻视法治，而且强调要把法律的权威性和强制性同道德教育的说服力和劝导力有机地、紧密地结合在一起；把加强道德教育作为提高广大人民群众的道德素质，提高他们辨别是非、善恶的能力的有力手段，从而达到预防犯罪的目的。

社会主义的德治的基本要求包括三个方面。一是所有党和国家的干部，都必须在道德上严格要求自己，坚决遵循社会主义道德和共产主义道德的规范，公正廉洁，大公无私。二是在管理国家事务的过程中，要全心全意为人民服务，关心人民群众的利益，把管理国家的工作同维护人民群众的切身利益紧密结合起来。三是要大力加强对全体人民的道德教育，提高人民的道德素质，培育人民群众的道德责任心，形成鲜明的

善恶、荣辱观念，增强广大人民群众抵御各种腐朽思想侵蚀的能力。总之，要通过强有力的道德教育，在广大干部和人民群众的内心中筑起一道抵制一切不道德行为的坚固防线，为社会主义四个现代化建设创造更好的条件。

（七）把依法治国和以德治国紧密结合起来

江泽民同志以德治国的思想，第一次明确地把以德治国提到了社会主义治国方略的高度，强调“以德治国”和“依法治国”相辅相成和相互促进；明确指出二者缺一不可，对任何一方都不可偏废；提出了必须使二者紧密结合的重要意义，是对马克思主义国家学说和治国理论的一个重要贡献。

法治与法制不同，法制一般指国家的法律和制度，是统治阶级把国家的管理制度化和法律化；而法治所强调的是按照法律来治理国家的一种治国方略。从这个意义上看，“法治”和“依法治国”是同一个意思，都是指要把严格按照法律办事作为一种治国方略。

同样，“德治”和“以德治国”，也是同一个意思，都是指要通过道德教育来治理国家，把道德教育列为治国方略的一个重要组成部分。“依”有依靠、依从和依照的意思，“以”有“用”和“按照”的意思，在这里，它们都强调德治和法治有同等重要的地位，并没有轻和重的区别。有的人认为，“依”比“以”更加重要，有的人认为，要在依法治国下以德治国，这些理解都是不正确的。

我们应当从战略的高度来认识和理解依法治国和以德治国相辅相成与紧密结合的重要意义。在社会主义市场经济条件下，为了保持我国的经济发展、国家振兴，抵御西方敌对势力对我国的西化和分化，在坚持不懈地加强社会主义法制建设、依法治国的同时，还要坚持不懈地加强社会主义道德建设、以德治国，并使二者紧密结合。道德建设将更迅速地提高全国人民的思想道德素质，加强我国的廉政建设，调整社会主义社会中的各种利益关系，更有效地保持整个社会的稳定。

总之，德治和人治是两个完全不同的范畴，有着不同的内容。在中国古代的奴隶社会和封建社会，由于社会的根本制度是君主专制制度，因此德治总是和人治结合在一起的。这也使一些人产生了误解，认为在当前的社会主义社会中，实施德治仍然会产生人治的后果，这种认识是不符合事实的。如果我们能够用历史唯物主义的观点和方法来考察中国古代的德治和法治，我们就能够清楚地看到，即使是古代一些朝代所实行的“法治”，包括商鞅变法时期秦国所实施的“法治”，也都是同奴隶主专制所实行的人治结合在一起的。当然，我们也应当看到，当时的“法治”和当时的“德治”是不同的，前者明确强调刑罚的重要，强调法律在治理国家中的重要作用。

二、提倡“以德治国”会不会影响“依法治国”的实施?

在法治和德治的关系上，有的同志认为，长期以来我国是一个缺乏法治传统的国家，现在迫切的问题是要加强社会主义法制建设。党的十五大提出了“依法治国”，九届人大在修改《宪法》时将这一治国方略写进了新《宪法》。依法治国和建设社会主义法治国家，是我国当前和今后一段时期的主要目标。对此有的同志存有疑虑，认为提倡“以德治国”必然会影响到“依法治国”的实施。

应该说，之所以产生这样的疑虑，主要还是由于对“德治”和“法治”、“以德治国”和“依法治国”的关系的认识模糊。以德治国不是高于、凌驾于依法治国之上的治国方略，而是在实行依法治国的同时，加强以德治国。把依法治国同以德治国相结合，是对治国方略更加全面、更加科学、更加完整的认识和表述，是治国理论的发展，是政治成熟的表现。在一个健全的社会中，法治和德治，确如鸟之两翼、车之两轮，一个靠国家机器的强制和威严，一个靠人们内心的信念和社会舆论，殊途同归，其目的都是要调节社会关系、维护社会稳定。对于一个正常社会的健康运行，两者各自起着独特的、不可替代的作用。由此可见，只有使它们相辅相成、相得益彰，才能确保社会调节手段的完备和有效。

提出以德治国，不但不是对依法治国的削弱或否定，而且是对依法治国进一步的肯定和强有力的支持。强调以德治国，从法律规范和道德规范的关系的角度看，本身就是对法律规范的一种强化，是通过加强道德建设，巩固法律的道德基础，以道德的正当性保证法律的正当性，尤其是保证立法和执法的正当性。提出以德治国，不是超越法制，而是在实行社会主义法治的同时加强道德建设，实行德政和德教。

相对于法律规范而言，德治凭借说服力和劝导力提高社会成员的思想认识和道德觉悟。以德治国，更多地是充分发挥道德的说服力和劝导力的作用，调节和规范社会利益关系中的各种矛盾，发挥道德的积极作用，特别是强调提高各级领导干部的思想道德觉悟，发挥领导干部率先垂范的榜样激励作用。

实行以德治国，会不会影响我国依法治国的实施？答案是：不会的。

第一，提出以德治国，不但不会对依法治国有任何的削弱，而且必将更有利于依法治国的进一步加强。在一定意义上，我们可以说，道德是法律的基础，没有道德的法律，只能是沙滩上的建筑物，是不可能稳固的。道德教育，在立法和执法领域，主要是针对立法人员和执法人员的道德素质的，立法人员和执法人员提高了依法执法的觉悟，就能够为他们自觉遵守“有法可依，有法必依，执法必严，违法必究”的方针，创造良好的道德前提。

第二，提出以德治国，不是超越法治，而是在实施社会主义法治的同时，加强道德建设，实施德政和德教。法律和道德的作用是不同的。法治通过权威性和强制性手段规范社会成员的行为，管理国家事务、管理经济和文化事业、管理社会事务；德治以说服力和劝导力提高社会成员的思想认识水平和道德觉悟。道德作用的发挥，归根到底，只能取决于人们的道德责任心，即通常人们所说的“良心”。

第三，提出以德治国，不是否认依法治国的重要地位，而是使“依法治国”与“以德治国”紧密结合，共同构成一个完整的治国方略。我们在强调以德治国的同时，决不应当忽视依法治国的重要地位，因为如果没有强有力的法律保障，任何一个政权，都是不可能维持和巩固的。同时，如果忽视道德的作用，不重视道德教育，不以人民群众道德素质的普遍提高为前提，一个社会的政治稳定和长治久安，同样也是不可能实现的。

三、提倡“以德治国”会不会妨碍中国的民主政治进程？

党的十五大提出，要推进政治体制改革和建设社会主义民主法制。发展社会主义民主政治，是我们党始终不渝的奋斗目标。发展民主必须同健全社会主义法制相结合，因此党的十五大提出了依法治国，建设社会主义民主法治国家的治国方略。

发展社会主义民主，要求政治文明建设、制度建设必须具有根本性、全局性、稳定性和长期性的特点。制定宪法和法律，并在宪法和法律范围内活动，这就从制度上和法律上保证了党的基本路线和基本方针的贯彻实施。也就是说，广大人民群众在党的领导下，依照宪法和法律的规定，通过各种途径和形式管理国家事务、管理经济和文化事业、管理社会事务，保证国家各项工作都依法进行，逐步实现社会主义民主的制度化、法律化，使这种制度和法律不因领导人的改变而改变，不因领导人个人看法和注意力的改变而改变，这正是依法治国的重要内容。

提倡以德治国并不与发展社会主义民主、健全社会主义法制相矛盾。没有民主法制建设就没有社会主义，就没有社会主义现代化。同样，没有道德建设，也就不会有社会主义，也就不会有社会主义现代化。

强调德治和以德治国，是在强调社会主义民主法制建设的基础上、在重视政治文明和制度建设重要作用的同时，把社会主义的民主法制建设同道德建设紧密结合起来，使民主法制建设能够更加完善、有序地进行。法制的监督同道德的监督、制度建设同道德建设相辅相成。我国进入改革开放新时期以来，法制建设取得了重大成就，已初步形成了“有法可依，有法必依，执法必严，违法必究”的局面。这些年，我国立法的速度是惊人的，普法和执法的力度也是巨大的，法制建设的成就有目共睹。然而，相比较而言，道德建设这一手就比较软弱，其成就与实际的要求相差较大，亟须加强。除了对广大人民群众的道德教育不够以外，执法部门的道德建设也不够有力。比如，现在一个特别值得关注的现象就是执法人员的违法犯罪数量明显上升，海关、公安、法院、检察院等部门，近几年都有震动全国的大案要案发生。执法人员知法犯法、执法犯法，将使人民群众对法律实施的公正性产生怀疑，甚至会对法律的道德基础的正当性产生怀疑。

以德治国的实施，必将极大地有利于全国人民思想素质的提高，有利于广大干部和人民群众道德水平的增强，能够更好地培育他们自强、自尊、自重、自信的觉悟，促进他们尊重他人和发扬民主的精神，有利于我国的民主法制建设。

四、怎样认识中国古代的德治和法治?

中国历史上有所谓法治和德治的不同，这是大家都承认的。人们把主张法治的思想家称为“法家”，把主张德治的思想家称为“儒家”。

我国古代的法治思想可以追溯到管仲、子产等。春秋时期，法家思想的代表人物有吴起、商鞅、申不害、慎到等，而战国末期的韩非，是先秦法家思想的集大成者。

德治思想可以追溯到西周的周公，他提出的“皇天无亲，惟德是辅”、“以德辅天”、“敬德保民”、“明德慎罚”等思想，可以说是德治思想的滥觞。春秋时期的孔子，是儒家德治思想的代表。他提出的“为政以德，譬如北辰，居其所而众星共之”（《论语·为政》），“道之以政，齐之以刑，民免而无耻；道之以德，齐之以礼，有耻且格”（同上），以及“君子之德风，小人之德草。草上之风，必偃”（《论语·颜渊》）等思想，可以视为儒家德治思想的代表。毫无疑问，孔子和儒家的德治是同人治联系在一起的，但是，不能据此简单推论出德治就是人治或德治必然导致人治的结论。

（一）什么是中国古代的人治？

简单地说，所谓人治就是由一个人或者少数人掌握国家的最高权力，凭个人的好恶来管理、决策国家事务的治国方略。“其人存，则其政举；其人亡，则其政息”（《礼记·中庸》）、“君贤者其国治，君不能者其国乱”（《荀子·议兵》）、“有乱君，无乱国；有治人，无治法”（《荀子·君道》），说的都是这个意思。

在中国历史上，孔子以后，历代儒家思想的代表人物，均把治理国家和天下的希望寄托于圣人、贤人和君子，认为统治者的道德水平与国家的治乱安危紧密联系在一起。儒家的德治思想把治理国家的希望寄托于圣人、仁君以及各级官员的高尚道德，这的确是人治思想的表现；然而我们在评价这种人治式的德治思想时，要更深刻地认识其中社会制度特别是政治制度的根源。无论是奴隶社会还是封建社会，建立的都是剥削阶级的专制制度。在这种制度下，周公旦执政的奴隶制国家和秦始皇执政的封建制国家的基本治理方式，都是君主和皇帝的一人之治，他们是凌驾于国家和法律之上的。在这种专制制度下，君主和皇帝个人的道德品质对于国家的安危福祸，不能不具有重要的影响，仁君、明君则兴邦，暴君、昏君则丧邦，这几乎成为中国古代历史上的一个普遍现象。

（二）什么是中国古代的法治？

在中国古代，“法”是与“刑”联系在一起的。根据《说文解字》，古代的“灋”（法），就是“刑也”，就是“罚罪”的意思。应当说，自从有了阶级社会和阶级统治，也就有了法。据中国古代文献记载，夏有《禹刑》，商有《汤刑》，但我们已经无法知道其内容。早在西周，就有所谓“九刑”，《尚书·吕刑》中有所谓“五刑之属三千”的记载。这都充分说明，“法”是与阶级社会并存的。应当注意的是，当时的法，因为主要是刑罚，所以只掌握在统治阶级的手中，而不对老百姓公布。大约在春秋后期，出现了一批要把法律公布于众的思想家，如子产、邓析等。后来，一些思想家为了维护国家的政治稳定，主张对老百姓实行严刑峻法，如李悝、商鞅等，这就形成了法家。

在奴隶社会的末期，法家的著名代表商鞅，适应了当时新兴封建地主阶级的需要，采用赏和罚两种手段，奖励耕战，并通过严厉的刑罚来防止老百姓犯罪，强调要剥夺贵族的特权，主张贵族犯法也要与老百姓一样受到惩罚等等。这些措施，是有利于社会进步的。

商鞅以后的法家，如韩非等，基本上都因循这些思想发展自己的学说，并随着时代的发展而有不同的损益。

法家思想一个很重要的特点，就是由于过分强调刑罚的作用，而忽视了道德在社会生活中的重要意义。法家从人本性自私的思想出发，认为道德教育、道德感化、道德养成、道德自觉、道德信念等都是无用的“空谈”，只有刑罚才是唯一有效的手段。他们极力反对儒家所宣扬的仁义道德，甚至走上了完全否认道德的非道德主义道路。

（三）中国古代社会的德治、法治都是人治的表现形式

中国古代社会，不但儒家的德治可归结为人治，就是法家的法治，也不可避免地是人治的另一种表现形式。

中国古代的法家，强调刑罚和法律的重要性；主张把法律公布于众，让老百姓都能知道和了解刑罚和法律的内容；主张用法律甚至是严刑峻法来管理社会；主张“法不阿贵”，任何人，只要触犯了法律，都要受到同等的处罚。这一切，在特定的条件下，确有进步的意义；但是，我们必须了解，这里所说的“任何人”，是不包括皇帝和君主这些国家最高统治者的。相反，所有法家的思想家，都极端强调君主的个人专制，认为个人独裁和个人专制是实行法治最重要的前提和基础。

从同样的角度来看，儒家的德治同所谓的人治联系在一起，是制度性的原因，并不是说德治本身就必然要导致人治。如果社会制度原本就是人治的制度，那么在这种制度下的德治，也就必然而且只能是人治的

德治。不是儒家的德治思想导致了中国古代人治的制度，恰恰相反，正是中国古代的奴隶制度和封建制度，使儒家的德治思想不能不同人治联系在一起。由于中国古代社会专制制度的最高权力在皇帝手中，而且这种权力是不受任何国家机关和人员的监督的，所以无论采用什么办法来治理国家，都只不过是人治的不同手段而已。因此，从根本上来看，德治是一种人治，法治同样也是一种人治。

法家讲的“法”，包括儒家比较轻视的“法”，在中国古代社会的主要内容是“刑”，即刑罚。中国古代的法，主要是从刑罚引申而来的。中国古代系统的法律，也主要是刑律。因此，在中国古代，法家的法治，更多是刑罚，是人治下“治人”的专制手段，这与现代意义上的法治所强调的社会公正精神是完全不同的。

五、提倡“以德治国”是治民还是治官?

要实行“以德治国”的治国方略，就必须对执政党提出更高、更严的要求。因此以德治国既是“治民”，也是“治官”，在一定意义上，我们可以说，以德治国主要是“治官”而非“治民”。

在这一点上，中国古代德治中以下两方面的内容，是我们应该借鉴的：

首先，中国古代的德治，要求国家的君主和所有官吏，都必须是一个道德高尚的人。从官吏任免方面来说，要求不论通过何种方式，遴选和任命的官吏都应当是一个有道德的人。

其次，中国古代的德治，要求国家的官吏在道德上身体力行，应当以自己的榜样力量和模范行动来影响广大的老百姓，这就是孔子所谓的“政者，正也。子帅以正，孰敢不正”（《论语·颜渊》），“其身正，不令而行；其身不正，虽令不从”（《论语·子路》），以及“苟正其身矣，于从政乎何有”（同上）。中国古代的德治，认为一个从政者的威信和力量，既不在于他的权力，更不在于他的地位，而在于他的道德人格。只有高尚的道德品质和自身的模范道德行为，才能影响老百姓，才能在老百姓中树立威信，才是一个从政者的真正力量所在。

社会主义的德治对党政干部提出了更高的道德要求。党政领导干部的道德水平、道德修养和道德境界，不但是达到廉政建设目的的一个重要前提，而且是改善社会风气的一个关键。我们的党政干部，要把以德治国当作对自己的更严格的要求，不断激励自己，努力提高自己的道德素质。

在党政干部的擢升、任免、考核和业绩评定中，要坚持“德才兼备”的标准，不仅要看才，而且要强调干部的道德素质、道德品格的重要性，要克服一些人重才不重德的偏向。在评估党政干部的业绩和政绩时，要把能否在道德上以身作则，能否在道德上起榜样作用，作为考核的重点之一，把加强党政干部的思想道德建设作为加强廉政建设的一个重要方面。

六、社会主义“以德治国”的科学含义到底是什么？

以德治国，就是要把加强道德教育和加强道德建设提到治国方略的高度，从战略的意义上来认识社会主义道德建设在中华民族伟大复兴中的巨大作用。

以德治国是“两手抓、两手都要硬”在治国方略上的根本体现。一手抓法制建设、一手抓道德建设，把法律制裁的强制力量和道德教育的感化力量紧密地结合起来，把硬性的律令和软性的规范有机地融合在一起。既要让广大人民群众自觉地遵守法律，又要培育对违犯法律的羞耻心和遵纪守法的荣誉感，从而达到在根本上维护社会和国家稳定的目的。

以德治国的重要目的之一，就是要从加强道德建设和道德教育入手，进一步弘扬民族精神，丰富人民群众的精神生活，增强人民群众的精神力量，在物质生活水平不断提高的同时，不断充实精神生活。古人说“富润屋、德润身”，提高道德水平，能够使我们的人民的精神得到升华。一个民族，只有具有高尚的道德，才能实现自己的复兴。以德治国，加强道德建设，必将成为中华民族伟大复兴的一个重要精神支撑。

中国共产党在80年的光辉历程中形成的一整套思想道德的优秀传统及规范，既是对中国古代以儒家道德为主体的优秀传统道德和外国优秀传统道德的批判继承，更是在中国现、当代革命和建设事业中的总结和创造，反映和维护了最广大人民群众的根本利益。首先，要坚持社会主义、共产主义的理想信念，确立科学的世界观、人生观、价值观，坚持走有中国特色社会主义道路，抵制一切反马克思主义思想和一切腐朽思想。其次，要坚持社会主义道德建设的核心（为人民服务）、原则（集体主义）和基本要求（爱祖国、爱人民、爱劳动、爱科学、爱社会主义），要建立新型的社会公德、职业道德和家庭美德。最后，要继承和发扬中华民族的传统美德，大力培育和弘扬中华民族的民族精神。

从治国方略的高度来看，社会主义德治的这些内容和要求的落实，还必须强调以下几个方面。首先，我们的党政干部和一切政府工作人员，要能够率先垂范、身体力行、以身作则。如果没有党政干部和政府工作人员的以身作则，没有领导者崇高道德的人格力量，德治就必然沦为一种空洞的说教，国家也就不可能得到真正的治理。从这方面来看，以德治国的治国方略，是同我们的廉政建设密不可分的。其次，要对全国人民进行认真的、切实的、有效的思想道德教育，克服“一手软、一手硬”的现象，并力求使这些教育的内容能够内化到人民的心中，成为人们的理想和信念。最后，国家和社会还要运用一切激励和惩罚手段，对人们的道德行为加以赞扬、鼓励和褒奖，对人们的不道德行为进行批评、斥责和惩罚。在党和国家干部的任免中，在干部政绩的考核中，更要充分考虑到其自身的道德修养、道德品质，以及所管理地区、单位的精神文明建设的状况。

第五节　论“以德治国”的历史、理论与实践*

江泽民同志在 2000 年 6 月 28 日召开的全国思想政治工作会议上提出，法律和道德作为上层建筑的组成部分，都是维护、规范人们思想和行为的重要手段，它们相互联系、相互补充，法治以其权威性和强制手段规范社会成员的行为，德治以其说服力和劝导力提高社会成员的思想认识和道德觉悟，道德规范和法律规范应该相互结合，统一发挥作用。在 2001 年年初召开的全国宣传部长会议上，江泽民同志又进一步强调要把“法治”和“德治”、把“依法治国”和“以德治国”紧密结合起来，指出：“我们在建设有中国特色社会主义，发展社会主义市场经济

* 本节内容为与夏伟东合作，原载于《高校理论战线》2001 年第 6 期。

的过程中，要坚持不懈地加强社会主义法制建设，依法治国，同时也要坚持不懈地加强社会主义道德建设，以德治国。对一个国家的治理来说，法治与德治，从来都是相辅相成、相互促进的。二者缺一不可，也不可偏废。”在2001年3月召开的九届人大四次会议上，这一思想被正式写入了朱镕基总理所作的政府工作报告以及《中华人民共和国国民经济和社会发展第十个五年计划纲要》两个重要的国家文献中，从而表明，以德治国像依法治国一样，作为治国方略的重要方面，得到了全国人民的普遍认同。

中国共产党在80年的光辉历程中，形成了许多光荣传统，重视思想道德建设，就是其中一个重要的内容。江泽民同志提出的“以德治国”思想，既是对我们党重视思想道德建设光荣传统的继承，又是结合新的历史条件，从治国安邦的战略高度作出的理论创新。学术理论界和思想宣传界，正在深入学习和领会“以德治国”思想的重大理论和实践意义，促进“以德治国”思想的贯彻落实。

一、关于德治和法治的关系

党的十五大提出了依法治国和把我国建设成为社会主义法治国家的基本治国方略，九届人大在修改《宪法》时，将这一治国方略写进了新《宪法》。在中国这样一个有长期封建人治历史的国家，实现社会主义法治国家的建设目标，这对于确保中国社会主义社会的长治久安，具有战略性、决定性的意义。

我国进入改革开放新时期以来，全国人大及其常委会已制定了390多项法律和有关法律问题的决定，国务院制定了800项行政法规，地方人大制定了8 000多项地方性法规。构成有中国特色社会主义法律体系的七个法律部门已比较齐全，各个法律部门中基本的、主要的法律大多已制定出来，以宪法为核心的有中国特色社会主义法律体系的框架已基本形成。可以说，这些年我国立法的速度是惊人的，普法和执法的力度也是巨大的，法制建设的成就有目共睹。

然而，相比较而言，道德建设这一手则比较弱，其成就也显得相形见绌。举例来说，现在违法犯罪一个特别值得关注的现象，是执法人员的违法犯罪数量明显上升，海关、公安、法院、检察院等部门，近几年都有震动全国的大案要案发生。这些执法人员违法犯罪，不是因为不懂法，而是因为丧失了德。执法人员的知法犯法、执法犯法，最严重的后果，可能会导致人民群众对法律实施的公正性产生怀疑，甚至会对法律的道德基础的正当性产生怀疑。

当前提出以德治国，正是从经济社会发展新的形势、新的任务和新的要求出发，针对当前社会存在的思想道德方面的问题而提出的战略部署。

1. 提出“以德治国”，不但不是对依法治国的削弱或否定，而且是对依法治国的进一步肯定和强有力支持。

从道德和法律的关系来看，一般而言，道德是立法和执法的基础。从一定意义上讲，法律规范也是道德规范。在大多数情况下，法律规范是道德的底线，是一个社会所能允许的最低的道德行为标准。超出了这个标准或底线，就会妨碍甚至危害社会和他人的利益，因而必须用国家机器的强制手段，来防止社会成员越过这条底线。社会成员一旦越过了这条底线，就将受到国家机器的制裁。当然，这并不是说，一切法律规范都是最低标准的道德规范，许多法律规范所包含的道德境界层次是很高的，是高标准的道德规范，但由于它们事关国家和其他社会成员的重大利益，因而也必须用法律规范的形式规定下来，由国家强力机器来保障它们的神圣不可侵犯。这个层面上的法律规范，不是所谓的底线伦理，不是低标准的道德规范，而是高标准的、意义重大的道德规范。因此，不能笼统地、简单地把法律规范视为底线伦理。

强调“以德治国”，从法律规范和道德规范相互关系的角度看，本身就是对法律规范的一种强化，是通过加强道德建设特别是加强道德教化的功能，巩固法律的道德基础，以道德的正当性保证法律的正当性，尤其是保证立法和执法的正当性。其中，道德教化，在立法和执法的领域，主要是针对立法和执法人员的道德教化。立法和执法人员在道德教化的感染下提高了道德觉悟和道德境界，本身就是提高了执法守法的觉悟和境界，从而为他们自觉遵循“有法可依，有法必依，违法必究，执法必严”的方针，创设了最良好的道德前提。自觉守法的意识本身就是道德意识，这一点对于立法和执法人员的意义是更加重大的。

2. 提出以德治国，不是超越法治，而是在施行社会主义法治的同时，加强道德建设，施行德政和德教。

总体上说，法律规范是相对确定的，具有较严格的含义，可以用刚性的尺度来衡量人们是遵守还是违反了法律规范。法治以其权威性和强制手段规范社会成员的行为。在这个意义上，依法治国就是依据法律规范的确定性来治国，用法律规范的强制性和权威手段来管理国家事务，管理经济文化事业和管理社会事务。

相对于法律规范而言，德治以其说服力和劝导力提高社会成员的思想认识和道德觉悟。道德规范既有确定的方面，也有不太确定的方面，往往具有比较宽泛的解释余地，因此不宜用刚性的尺度来衡量人们是遵守还是违反了道德规范。道德是否有效用，尽管社会舆论能产生重要的影响，但归根到底，它不可能靠强制和权威来发挥作用，而只能取决于人们的道德责任心，即通常人们所说的"良心"。从这个意义上说，以德治国更多是充分运用道德的说服力和劝导力的功能，调节和规范社会利益关系中的各种矛盾，发挥精神的积极作用，特别是强调提高各级领导干部的思想道德觉悟，发挥领导干部率先垂范的榜样激励作用。

从治国方略的大格局来看，依法治国和以德治国是治国方略的两个基本方面。我们在建设有中国特色社会主义，发展社会主义市场经济的过程中，既要坚持不懈地加强社会主义法制建设，依法治国，同时也要坚持不懈地加强社会主义道德建设，以德治国，把二者紧密地结合起来。对一个国家的治理来说，法治与德治，从来都是相辅相成、相互促进、不可偏废的。二者范畴不同，但其地位和功能都是非常重要的。

必须排除的一个错误观念是，不应认为谈依法治国就只能谈法律而不能谈道德，似乎一谈道德就是对法治的否定和对依法治国治国方略的破坏。实际上，法治本身也包含着道德教化的内容。比如，在我国，对违法犯罪分子，既要依据法律进行制裁，也要本着人道主义的精神教育和感化他们，使他们悔过自新，把他们改造成为新人。有些同志对以德治国思想的疑惑，正在于自觉不自觉地将法律与道德对立起来。其实，如果在依法治国的同时没有给以德治国以相应的位置，那么，要想真正达到依法治国，也是十分困难的。

3．提出以德治国，不是提出一个与依法治国针锋相对的另一个治国方略，而是使依法治国和以德治国紧密结合，从而共同构成一个内容更加全面、表述更加准确的治国方略。

依法治国与以德治国相结合，是对治国方略更加深刻、更加完整的认识和表述，是治国理论的发展，是政治上成熟的表现。

法治和德治相结合，不仅在中外历史上是一个国家治国方略成熟的标志，就是在现代法治社会中，同样也是一个国家治国方略成熟的标志。在一个国家的创立时期，或在重整纲纪、百废待兴的时期，往往首先要依靠抓法治来建立和巩固社会秩序。法治的功用立竿见影，收效及时。正因为如此，人们才格外关注法制的建设，也正因为如此，一些人的认识才容易走向极端，唯法律是重，认为法治能解决一切问题。然而，历史和现实都告诉我们，如果只重视法律而不重视道德，法律的失范现象就可能更加频繁地出现。常常是在这样的情况下，人们才普遍地反思法律失范的更深层次的原因，从社会成员的思想道德素质上寻找法律失范的根源。全社会对道德建设的重视，由此也才可能被提上议事日程。在法律还未失范，法治功效十分显著的时候，谈论道德的作用和德治的意义，常常是事倍功半甚至会贻人笑柄；只有当人们冷静下来，反思更深层次的治国之道时，才比较容易承认道德的作用和德治的价值。

法律和道德、法治和德治，确如车之两轮、鸟之两翼，一个靠国家强力机器的强制和威严，一个靠人们的内心信念和社会舆论，殊途同归，其目的都是要达到调节社会关系、维护社会稳定的作用，对于一个正常社会的健康运行，各自起着独特的、不可替代的作用。因此，它们只有相辅相成、相得益彰，才能确保社会调节手段的完备和有效。

二、关于德治和人治的关系

在中国古代历史上，德治思想的渊源，可以追溯到西周早期的周公。孔子继承周公的思想并加以发展，成为儒家德治思想的创始人。他提出来的“为政以德，譬如北辰，居其所而众星共之”，“道之以政，齐之以刑，民免而无耻；道之以德，齐之以礼，有耻且格”，以及“君子之德风，小人之德草。草上之风，必偃”的思想，可以视为儒家德治思想的圭臬和代表。毫无疑问，孔子和儒家的德治是同人治联系在一起的，但是，不能据此简单推论出德治就是人治或德治必然导致人治的结论。我们可以从不同的角度来分析认识这个问题。

1. 儒家的德治思想确有轻视法治的一面，这是儒家过于强调道德的重要地位的必然结果。但即使在儒家内部，从先秦开始，也都程度不同地承认刑罚在社会生活中的作用，特别是汉代以后的儒家，基本上可以说是“阳儒阴法”，在重视道德的同时，也重视刑罚的社会功用。

孔子是特别强调道德的作用的，但孔子并不排斥刑罚的作用，他也清楚地认识到“德”和“刑”、“宽”和“猛”对于巩固一个社会的稳定来说，都是不可缺少的。这方面他最著名的一句话就是“宽以济猛，猛以济宽，政是以和”（《左传·昭公二十年》）。他还说过“刑罚不中，则民无所措手足”（《论语·子路》），认为刑罚要得当，如果不得当，老百姓就不知道怎么办才好。孟子遵循孔子的思想，对“德治”（以德服人）和“法治”（以力服人）二者的作用进行了比较，得出的结论是“善政不如善教之得民也。善政，民畏之；善教，民爱之。善政得民财，善教得民心”（《孟子·尽心上》）。他也没有完全否认法治的作用，只是强调同法治相比，德治才是治本之举。荀子对法治、对刑罚的看法与孔子、孟子有明显的不同，荀子作为孔子思想的继承者，在本质上是主张德治的，他特别继承了孔子“齐之以礼”的思想，提出了德治的具体施行办法——礼治。但是与孔子和孟子相比，他显然吸收了一些法家的思想，对法治和刑罚的看法比较积极，把礼和刑视为治理国家的基本手段，提出“隆礼而重法”，主张德主刑辅的治国之策。从西汉初期到汉武帝时期，经过陆贾、贾谊、董仲舒等儒家代表人物的提倡，儒家的德治思想正式为统治者所接受。儒家在批判法家思想的同时，也进一步吸收了法家思想的一些内容，也正是由于这样的原因，董仲舒在建议“罢黜百家，独尊儒术”时，强调了“刑者德之辅”（《春秋繁露·天辨在人》）的思想，由此确立了儒家“德主刑辅”的治国方略。

可见，儒家的德治，在推崇道德至高无上的地位时，并不是绝对排斥法治和刑罚的，而只是在“尚德不尚刑”的总体思路上比较轻视法治和刑罚，轻视的程度，也因人因事而异。

2. 儒家的德治思想，在一定意义上，是儒家道德理想的体现。孔子以降，历代儒家思想的代表人物，均把国家和天下治理的希望，寄托在圣人、贤人、君子身上。

儒家在道德上的最高理想人格是圣人，在儒家的圣人榜上只有尧、舜、禹、汤、周文王、周武王、周公旦和孔子几人，孟子仅列为“亚圣”。除了孔子、孟子之外，儒家推崇的圣人都是国家的统治者，这些圣人，是儒家开列给历代君主的学习榜样。儒家理想中的德治，确实包含着圣人之治的内容。特别是从魏晋以后，儒、道合流，提出“内圣外王”的主张，儒家的德治思想，直接将统治者的道德水平与国家的治理联系起来。这是儒家的德治思想被一些人视为等同于人治思想的一个根本原因。

问题在于，究竟是儒家的德治思想（包括“内圣外王”的思想）导致了人治，还是中国古代实际的社会政治制度使儒家的德治思想最终走向了人治？

孔子的德治思想，直接渊源于周公“敬德保民”和“以德配天”的思想。

“德”的概念作为一个重要论题被提出来，是从周朝开始的，周朝因消灭商纣暴政而兴起。商纣王作为商朝的末世之君，暴虐无道，“大恶于民，庶民弗忍”（《国语·周语上》），进一步激化了统治阶级与奴隶阶级的矛盾，引发了奴隶大暴动。周武王利用商朝内乱发动伐纣战争，灭商并建立了周朝。

商朝之亡和周朝之兴，引发了人们对于治国方略的深入思考。商朝的国家意识形态是以天、上帝为核心观念的宗教思想。商朝统治者自称是天、上帝在人间的代表，他们是受天保佑的，他们的统治也是万世不变的，并把自己的意志说成是天的授意，要挟人们对统治者逆来顺受。然而，奴隶的暴动，却使“天命改降在周”。商纣王的力量本来比周武王强大得多，然而他最终落为孤家寡人，周武王却得到各方欣戴，正如周武王在伐纣宣言中所说：“受有亿兆夷人，离心离德；予有乱臣十人，同心同德”（《尚书·泰誓中》），原因皆在于民心的向背。周武王死后，接替武王执政的周公旦，从意识形态上提出了“皇天无亲，惟德是辅；民心无常，惟惠之怀”（《尚书·蔡仲之命》）的思想。这就是说，天只辅助那些有道德的人，商朝所受的天命之所以改降在周，是因为商已经没有道德，而只有周才是有德的。“德”在周公旦那里被提到治国安邦的高度来认识，“以德配天”、“敬德保民”，遂成为治国的重要方略。他不断地告诫统治阶级的主要领导人，特别是国家的最高领导人（天子和各诸侯国的国君）要以相应的德去证明自己是天、上帝在人间的合格执行者，是天命合格的承载者。因此，统治者要小心谨慎，既要敬天，也要“知稼穑之艰难”，“知小人之依”（《尚书·无逸》）。周公旦明确提出了“克明德慎罚”的思想。在周公旦的思想中，德的要求始终是双向的：一方面要求统治阶级自身敬德，一方面要求统治阶级掌握治民之术，也就是要善于驾驭和体察民心，周公旦已经认识到民心对于政权安危的重大意义。后来儒家特别是荀子更明确提出的“水则载舟，水则覆舟”的思想，从渊源上说，也是来自周公旦的“敬德保民”思想，但作了更进一步的发挥，不仅更加完备和系统化，而且认识也更加深刻了。孔子和儒家已不是在原始宗教的意义上去谈论“以德配天”和“敬德保民”，而是把德提升到“德治”特别是“德政”的高度。

犹如周公旦用“德”告诫统治阶级的人要明德慎罚一样，儒家对德政的理解，在根本上也是企望国君成为尧、舜、禹、汤、文、武、周公那样的圣人和仁君，而不能成为像夏朝末代君主桀和商朝末代君主纣那样的暴君和昏君。儒家后来对秦始皇的批判，也主要是从暴君和昏君的角度来着眼的。

如果说周公的“德”的主要内容在德政方面的话，儒家的德治，则是把德政和德教作为两个重要的方面，既重视统治者的道德垂范，也重视对老百姓的道德教化。确实，儒家的德治思想也把国家的治理寄托于圣人、仁君以及各级官员的道德品质，这是人治思想的表现。然而我们在评价这种人治式的德治思想时，要更深入地认识到其中社会制度特别是社会政治制度的根源。无论是奴隶制社会还是封建社会，建立的都是剥削阶级的专制制度。在这种制度下，周公旦执政的奴隶制国家和秦始皇执政的封建制国家的基本治理方式，都是君主和皇帝的一人之治，他们是凌驾于国家和法律之上的。中国封建社会尽管形成了系统的成文法，但皇帝是从来不受法律约束的，皇帝就是法律的象征，皇帝的意志就是圣旨、就是根本大法。即便是中国古代“法治”实行得最彻底的秦孝公时代的商鞅变法，虽然强调“壹刑”，即“刑无等级，自卿相将军以至大夫庶人，有不从王令、犯国禁、乱上制者，罪死不赦”（《商君书·赏刑》），也就是所谓“王子犯法，与庶民同罪”，但实际上，当王子犯法时，也只是惩罚了王子的师傅而已。按照历史唯物主义的观点，社会的变迁、朝代的更迭，最终都是生产力和生产关系矛盾运动的结果，但这一规律，在具体的历史过程和社会形态中，又有着不同的表现形式。因此，在这种专制制度下，君主和皇帝个人的道德品质对于国家的安危福祸，不能不具有重要的影响，仁君、明君则兴邦，暴君、昏君则丧邦，这几乎成为中国古代历史上的一个普遍现象，尽管只是表面性的现象而已。

从这个角度来看，儒家的德治同人治联系在一起，是制度性的原因而不是德治本身的原因。制度原本就是人治的制度，因此提出的德治，必然就是人治的德治。不是儒家的德治思想导致了中国古代人治的制度现实，而是中国古代人治的制度现实，使儒家的德治思想不能不同人治联系在一起。在人治制度的背景下，儒家的德治思想及其施行，更有利于政权的巩固和社会的发展。因此，儒家的德治思想在中国古代是有一定的合理性和积极意义的。儒家提出德治思想，列出尧、舜、禹、汤、文、武、周公等仁君、明君的楷模，确实包含着对当政的统治者提出要求的一面，希望这些当政者“为政以德”，不但要施行仁政，而且要为天下作出榜样，目的就是孔子所说的：“其身正，不令而行；其身不正，虽令不从。”

同时，我们还应当看到，儒家的德治思想中，还有一个非常重要的内容，即在治理国家时，不但要使用刑罚，更重要的是要对老百姓加强道德教育，使老百姓知道犯罪是可耻的，要使老百姓有一种“羞耻之心”。“德教”和“仁政”，是儒家实施德治的两个不可分割的方面，儒家在德治方面所要求的圣人、贤人、君子，都必须是能够以身作则实行仁政和重视德教的。儒家在强调道德教育的同时，尤其提倡克己、修身、自省、内讼，力求使这些道德原则和道德规范内化为人们的内心信念，以达到理想的德治的目的。

3. 在中国古代社会，不但儒家的德治归结为人治，就是法家的法治，也不可避免地成为人治的另一种表现形式。

中国古代社会的成文法之完备，在当时，实为世界所罕见。在奴隶制时代，已出现铸于鼎上的成文法；进入封建社会之后，更是产生了《秦律》、《唐律》、《宋律》、《明律》、《清律》等十分系统的成文法。中国封建社会虽然遵从儒家学说而高唱德治，但德治实际上并未能真正实行，在一定程度上是徒有虚名的；被儒家所贬低的法治，倒是实实在在地施行着。封建统治阶级，一刻也没有放松过用严厉的法律来禁锢人们的思想和行为。法家的严刑峻法思想，曾经是秦国在战国时期兴起的法宝，秦始皇正是仰仗法家的法治方略，最终统一了中国，登上了始皇帝的宝座。但随着秦王朝的迅速灭亡，法家思想作为一种独立完整的治国思想，也逐渐消融在儒家德主刑辅的思想之中。

在有些人看来，法家的法治思想似乎与人治没有关联，甚至是与人治相对立的。其实不然。

首先，要从社会制度上认清法家法治思想的实质。中国古代社会一人之治的现实社会制度，决定了君主和皇帝无论采用什么办法来治理国家，都只能是人治的不同手段而已。秦始皇实行的是人治，汉武帝实行的也是人治，一个是法治的人治，一个是德治的人治。法治和德治都是人治的手段，因此，不能说德治与人治有必然的因果关系。

其次，法家法治讲的“法”，包括儒家比较轻视的“法”，在中国古代社会的主要内容是“刑”，即刑罚。中国古代系统的法律，也主要是刑律。因此，法家的法治，更多的是刑罚，是专制制度针对百姓违背统治阶级利益的言论和行为的惩罚手段，是人治下的“治人”即“治民”的专制手段，这与现代意义上的法治所强调的社会公正精神是不可相提并论的。

再次，法家的法治不是现代意义的法治，而是皇帝旨意下的法治，是有“法治”无“法制”，即不是在法制社会的框架内来施行的法治，不是法律面前人人平等的法治。现代意义上的法制社会，是近代资产阶级革命以后才逐渐形成的。资本主义制度宣扬自由、平等、博爱、人权，高喊“法律面前，人人平等”，用这些旗帜去反对封建的人治专制制度。资本主义的法治社会，比起封建社会的人治来说，是历史发展的一个重大进步。当然，从根本上来说，资本主义的法治，也只有形式上的公正，其本质，仍然是维护少数有钱人的利益，因而做不到真正的“法律面前，人人平等”。社会主义社会要建立的法治社会，强调立法代表最广大人民群众的根本利益，并在这个前提下，实现真正意义上的“法律面前，人人平等”。没有立法的公正和真正意义上的法律面前人人平等，就谈不上建立真正的法治国家和依法治国。资本主义社会做不到这一点，封建社会更做不到这一点。对法治必须进行具体分析，不应认为法治天然就是与人治相对立的。没有现代意义上的公正精神，没有建立在广大人民群众利益之上的法律制度，法治完全可以是人治的另一种表现形式。立法、司法和执法的公正，只有由人民来评判、来监督，才能得到最根本的保障。这是社会主义的法治区别于封建法治、区别于资本主义法治的关键所在。

4. 今天我国实施的德治与古代的德治的根本区别，不仅在于今天的德治不是人治的德治，而且在于今天的德治是社会主义制度下的真正的德治。

今天我们强调的德治，并不是与中国古代儒家的德治相对立、毫不相干的。我们应当采取历史唯物主义的态度，批判继承儒家德治思想中在今天有积极现实意义的内容，以我为主，为我所用。

思考今天的德治与古代的德治的关系的另一个方面，是要把二者的本质差别严格区分开来。

第一，古代儒家的德治，是人治的一种具体实施形式，导致儒家的德治归结为人治的，是皇帝一人家天下之治的封建专制制度；而今天的德治，就治国方略说，是社会主义民主政治的一个有机组成部分，是与社会主义法治不可分割的治国方略的一个重要手段。今天的德治不是人治，也不会导向人治；今天的德治是社会主义制度条件下的德治。社会主义的民主政治制度，决定了今天的德治不会由于社会制度的原因而被打上人治的标记。

第二，古代儒家的德治虽然以民本思想为一块重要的基石，但儒家对“民本”的重视，主要是着眼于统治之术和治民之策，目的在于麻痹民众和使民众归顺，而不是以人民的利益为本。今天的德治，是以人民的最大利益为最高道德准则，德治不是权宜之计，不是治民之术，而是治国方略，全心全意为人民服务是最大的德政和真正的仁政。因此，德治固然要大力加强对人民群众的道德教育，但其首先是“治官”，首先是针对各级领导干部而提出的思想道德约束，要求各级领导干部率先垂范，不仅要依法管理国家事务、依法行政，而且要以德管理国家事务、以德行政，更要以德正身，为人民群众做道德榜样。

第三，古代儒家的德治、民本，到头来都流于一句空话，成为骗人的攻心之术；今天的德治，由于有社会主义基本制度的保障，不再只是圣人、明君之治的理想，而是中国共产党领导下的社会主义中国的现实生活，是与社会主义法治相辅相成、相得益彰的治国安邦的具体措施。

三、关于德治的内涵

作为治国方略组成部分的德治，不应被简单等同于一般所说的道德治理。道德治理、发挥道德调节社会关系的特殊作用，确实是德治的一个重要方面；但德治还应当有更加宽泛的内容，这是我们今天在将“以德治国”思想付诸实践时，需要深入研究的一个重大课题。

关键在于如何理解“德”。我们在给今天“以德治国”的“德”的内涵进行定位时，不应当限于狭义道德的范围，而应当扩大视野，从广义上把“德”理解为“思想道德”。这样，今天我们所谈论的“德”，就不仅仅是作为行为规范的道德，而且包括理想、信念，包括世界观、人生观、价值观，包括意识形态，包括政治思想，包括马列主义、毛泽东思想和邓小平理论。

中国共产党在80年的光辉历程中形成的一整套思想道德的优秀传统及规范，既是对中国古代以儒家道德为主体的优秀传统道德和外国优秀传统道德的批判继承，更是在中国现、当代的革命和建设事业中总结创造出来的，反映和维护的是最广大人民群众的根本利益。概括起来说，这些优秀传统思想道德规范及其具体要求是：

第一，坚持社会主义共产主义理想信念。

坚持社会主义共产主义理想信念的基本要求是：忠诚于社会主义、共产主义事业，矢志不渝，奋斗终生；树立科学理性精神，坚信实现社会主义、共产主义是人类历史发展的客观规律，确立科学的世界观、人生观、价值观；坚持马列主义、毛泽东思想和邓小平理论；坚持走建设有中国特色社会主义道路；抵制一切反马克思主义思想和一切腐朽思想的侵蚀。

第二，为人民服务。

为人民服务的基本要求是：以工人阶级和其他劳动人民的根本利益为一切言论行为的最高准则；确立为人民大众谋利益的原则立场，做人民的公仆和勤务员；坚持人民群众创造历史的唯物史观，相信人民群众、依靠人民群众，关心人民群众疾苦；从群众中来，到群众中去；端正党风，反对官僚主义，清除官本位和特权思想等剥削阶级的没落观念，同腐败现象作坚决斗争。

第三，集体主义。

集体主义的基本要求是：国家、集体、个人三者利益统筹兼顾、相得益彰；在集体利益与个人利益发生矛盾而又不能顾全时，集体利益具有优先性，集体利益高于个人利益，个人利益要服从于集体利益，在必要时，个人利益要为集体利益作出牺牲；集体要保障个人的正当利益，尊重个性发展，为个人正当利益的实现和个人健康个性的发展创造条件；贯彻民主集中制原则，正确处理民主和集中的关系、自由和纪律的关系、权利和义务的关系；反对个人中心、自私自利，反对损人利己、损公肥私；反对形形色色的个人主义和利己主义。

第四，爱国主义。

爱国主义的基本要求是：争取和维护祖国的独立、统一和尊严，团结御侮、不畏强暴，保持民族气节，同一切破坏祖国统一，破坏民族团结的行为作坚决斗争；热爱祖国，把爱祖国和爱社会主义统一起来，坚信只有社会主义才能救中国和发展中国的真理，积极投身建设有中国特色社会主义的宏伟事业，为把中国建设成为富强、民主、文明的社会主义国家而奋斗；反对霸权主义，反对强权政治，维护世界和平，在和平共处五项原则的基础上同所有国家发展友好合作关系，中国永远不称霸，永远是维护世界和平的坚定力量。

第五，热爱科学。

爱科学的基本要求是：坚持科学精神，反对迷信盲从；尊重客观规律，实事求是，一切从实际出发，反对唯心主义、主观主义、教条主义和狭隘经验主义；勤奋求知，爱科学、学科学、用科学，活到老、学到老；尊重知识，尊重人才；勇于探索，献身真理，无私无畏。

第六，热爱劳动。

热爱劳动的基本要求是：劳动光荣，劳动创造世界，劳动应当成为世界上最受尊敬的事情；热爱劳动，养成劳动习惯，练就劳动本领，尊重他人劳动成果，各尽所能、按劳分配；热爱劳动人民，清除鄙视劳动人民的剥削阶级思想，树立劳动人民伟大的观念，培养对劳动人民的深厚感情。

第七，革命英雄主义。

革命英雄主义的基本要求是：保持旺盛的革命热情，忘我的拼命精神，奋发的革命干劲，无畏的革命勇气；藐视一切敌人、一切困难，压倒一切敌人、一切困难；敢于同社会的腐败现象作斗争，同自己身上的不良思想和习气作斗争，修身律己，自强不息；把方针放在自力更生的基础上，自力更生为主，争取外援为辅，励精图治，艰苦奋斗，勤俭节约，反对浪费。

第八，革命人道主义。

革命人道主义的基本要求是：实行革命人道主义和社会主义人道主义；科学认识人性的本质，承认存在具体的人性，而不存在抽象的人性，在阶级对立的社会中，不存在超阶级的、普遍的人性；确立爱憎分明的立场；把对敌狠同对己和结合起来，把对反对派的专政和对人民内部的民主结合起来，实行人民民主专政即无产阶级专政；在革命队伍和人民内部建立并协调好人与人之间真诚的友善关系，关心人、爱护人、尊重人；用革命人道主义教育和感化放下武器、向人民投降的革命敌人和其他犯罪分子，把他们改造成为新人。

第九，建立新型社会公德、职业道德和家庭美德。

社会公德规范的基本要求是：建立科学、文明、健康的生活方式，反对愚昧、落后、腐朽的生活方式，移风易俗，改善社会道德风尚；遵纪守法，自觉维护新社会的公共生活秩序；互助互爱，创立团结友善、诚信相待的新型公共道德文明形式。

职业道德规范的基本要求是：爱岗敬业，发扬主人翁精神，干一行，爱一行；刻苦钻研业务，技术精益求精，努力成为本行业本专业的专门人才；忠于职守，造福人民，德艺双馨；加强岗位培训，规范行业行为，树立行业新风。

家庭美德规范的基本要求是：志同道合，忠贞不渝，个人感情与革命和建设事业相辅相成、相得益彰；婚姻自由，男女平等，反对包办和买卖婚姻，反对歧视和虐待妇女；互敬互爱，家庭和睦，勤俭持家，建立友爱、平等、文明、和睦、稳定的家庭；孝顺和赡养父母，爱护和抚养未成年子女，父母以身作则，严格家教，净化家风。

从治国方略的高度来看，以上这些德治内容和要求的实施，还必须强调以下几个方面。首先，要求党政干部和政府工作人员率先垂范、身体力行、以身作则。如果没有党政干部和政府工作人员的以身作则，没有领导者崇高道德的人格力量，德治就必然沦为一种空洞的说教，国家也就不可能得到真正的治理。孔子的“政者正也，子率以正，孰敢不正”、“苟正其身，于从政乎何有；不能正其身，如正人何”等名言，就是说的这个意思。从这方面来看，以德治国的治国方略，是同我们的廉政建设密不可分的。其次，要对全国人民进行认真的、切实的、有效的思想道德教育，克服“一手软、一手硬”的现象，并力求使这些教育的内容内化到人民心中，成为人们的理想和信念。最后，国家和社会还要运用一切激励和惩罚的手段，对人们的道德行为加以赞扬、鼓励和褒奖，对人们的不道德行为进行批评、斥责和惩罚。在党和国家各级领导的任免中，在对各级干部政绩的考核中，更要充分考虑到他们自身的道德修养、道德品质状况，以及他们所管辖的地区、单位的精神文明建设状况。

今天，在建设有中国特色社会主义、建立社会主义市场经济体制的新形势、新任务和新要求下，既必须认真继承和大力弘扬中国共产党80年来总结创造出来的这些优秀的思想道德传统规范，也必须依据变化了的客观条件，建立健全与发展社会主义市场经济相适应的思想道德规范体系，为今天所强调的以德治国中的“德”，增添符合我国经济和社会迅速健康发展需要的、新的、富有活力的内容。这是当前思想道德建设方面一项重大而紧迫的任务。

第六节　“以德治国”的理论意义与实践意义

一、关于“以德治国”的理论思考*

在2001年的全国宣传部长会议上，江泽民总书记提出了“以德治国”的重要思想。这是中国共产党领导全国人民取得全国革命的胜利，建立中华人民共和国，全面行使管理国家职能以来，我们党第一次比较系统地论述法治和德治的关系，第一次明确提出依法治国和以德治国要紧密结合。

其一，以德治国，有利于全社会正确估量道德的社会作用，进一步增强全党全国重视道德建设的自觉意识。

前些年，在我国社会中，道德万能论和道德无用论都有一定的市场，但从影响来看，比较占上风的是道德无用论。道德无用论的一个基本观点，是认为现在我国搞的是市场经济，而市场经济的基础是建立在人本性自私的基础上的。这种观点认为，市场经济就是利用“看不见的手”（在经济上是市场，在人性上是自私的动机）驱使个人发财致富的。因此，市场经济同道德，特别地同集体主义道德是相矛盾的，道德是市场经济的天然障碍，市场经济只能讲法治，而不能讲德治。

这样的观点，对我们建立社会主义市场经济体制乃至对我国经济社

* 本部分原载于2001年4月3日《光明日报》。

会全面健康发展，都是十分有害的。江泽民同志提出以德治国的思想，对于正确估量道德的作用，无疑具有正本清源的重大意义。强调以德治国，不仅是反对道德无用论，而且也是恰当地为道德在社会生活中扮演的角色定位，从而加大全社会进行道德建设的力度。从这个意义上说，建设与我国社会主义市场经济和我国经济社会全面健康发展相适应的道德体系，不但要提出系统的道德规范，而且要使这些道德规范通过各种渠道深入人心，由外在的规范转换为内在的良心，使社会舆论与道德良心相互呼应、相互映照。只有这样，才能使似乎“无用”的道德，成为有“大用”的行为规范，即“无用之用，是为大用”。然而，要达到这样的目标、这样的境界，就必须充分肯定道德和道德规范的作用，充分肯定道德舆论和道德良心的作用，归根到底，是必须充分肯定道德建设的作用。以德治国，正是对道德和道德建设的作用给予的高度评价。

其二，以德治国，有利于在新形势下调整社会关系特别是调整社会的利益关系。

我国进入改革开放新时期以来，以经济体制改革为突破口的各项改革措施，引发了全国各行各业、各个阶层的社会关系的普遍调整。实行社会主义市场经济体制以来，我国社会的经济成分、分配方式、就业方式和生活方式更加多样化，收入差距也进一步拉大，社会关系发生了很大的变化。社会关系的调整，核心是利益关系的调整。

社会关系的调整、利益关系的调整，既是经济体制、政治体制等社会基本制度通过改革自我完善的结果，也必定会反过来对社会基本制度产生作用。这种作用是否有利于社会基本制度的巩固和社会的稳定运行，取决于新形成的社会关系、利益关系是否合理、协调和可控。合理的、协调的、可控制的社会关系和利益关系，单靠经济体制的改革，单靠个人利益的刺激，基本上是达不到的。这些年我国社会的社会关系和利益关系在某些方面、在一定范围内的无序甚至混乱的状况，已经证明经济体制改革的单兵突进决不能使我国社会实现稳定、协调、健康的发展。

社会关系，特别是利益关系的调整，主要是对个人与社会集体的利益关系的调整，同时又派生出对个人与个人的利益关系的调整。这些关系笼统起来看是简单的、易于把握的，但在实际生活中，却是千变万化的、异常复杂的，稍不慎重，就会产生这样那样的尖锐矛盾。这些年在我国社会中，个人与社会集体的利益关系、个人与个人的利益关系，其多样性和复杂性，矛盾情况的深刻性和尖锐性，均是新中国成立以来所不曾遇见的。在一个正常运转的社会中，调整这些利益关系的手段可以多种多样，有经济的、政治的、法律的和行政的等，道德也是诸种手段中的一种，而且是非常特殊的一种。道德调整利益关系的特殊性在于，当个人与社会集体、与他人发生利益矛盾时，通常情况下，一个有道德的人，总是优先考虑社会集体和他人的利益，也就是先公后私、先人后己；甚至在必要的时候，一个有道德的人，还会为社会集体和他人牺牲自己的利益。从古至今，在社会成员彼此竞争的情况下，一个社会要能够稳定、协调、健康地发展，相当程度上，要依靠道德所发挥的这种特殊的调整社会利益关系的作用。如果在竞争中没有合作、礼让等道德精神，利益关系中的矛盾就不可能得到正常有效的缓和以至化解，而只能日渐尖锐，最终发生激烈的对抗。当一个社会的各种利益矛盾普遍无法正常缓和、无法正常化解时，利益矛盾就只能通过其他强制的方法甚至暴力的方法来得到解决。

因此，一个社会在利益关系急剧变化、利益矛盾比较尖锐的时候，必须更加重视并善于运用道德的特殊调整手段，最大限度地将各种利益矛盾调整到可控的范围之内，避免利益矛盾的对抗，并逐渐缓和以至最终化解那些尖锐对立、影响社会稳定的利益矛盾。当前提出以德治国，十分有利于全党全社会积极主动地运用道德具有的调整社会利益关系的特殊功能，大力加强思想道德建设，帮助广大干部群众认清形势，振奋精神，坚定信心，自觉地把个人理想融入全国各族人民建设有中国特色社会主义的共同理想之中，把个人奋斗融入实现祖国社会主义现代化建设的奋斗之中，正确处理个人利益与社会集体利益和他人利益的关系，增强全社会的凝聚力，使我国的经济社会能够在一个稳定、协调、健康的环境中，长期快速地向前发展。

其三，以德治国，有利于加强科学正确的人生观、价值观、道德观的教育和塑造，有利于改善党风和社会风气，有利于清除消极腐败现象。

经济成分、分配方式、就业方式、生活方式的多样化，收入差距的扩大，在人们人生观、价值观、道德观上的一种反映，就是个人价值取向多元化的趋势日渐明显。个人价值取向多元化的客观趋势，不能视为社会价值导向也必然趋向多元化的依据。恰恰相反，越是在个人价值取向日趋多元的背景下，越是应当强化社会一元化的价值导向，而不是对其放任自流。一个社会的凝聚力，往往来自社会成员的共同理想和信念。理想和信念，又总是要具体表现在人生观、价值观和道德观上。因此，一个社会要增强凝聚力，就必须首先加强一元化的价值导向，并最终靠共同理想和信念去团结社会成员。我国社会当前的共同理想和信念，就是建设有中国特色社会主义。提出以德治国，加强思想道德建设，正是强化这些共同理想信念，强化这些最基础的一元化价值目标导向的最有效的手段之一。

个人价值取向的多元化趋势，实质上是社会成员人生境界和道德觉悟差距拉大的一种表现。改革开放20余年来，我国经济发展取得了巨大进步，但在党风和社会风气方面仍存在许多问题。这些问题有的是历史上遗留下来的，更多的则是由于国外大气候、国内小气候而新产生的。比较突出的，或者说广大党员和人民群众最为关注、最不满意的问题，就是消极腐败现象屡禁不止，在一定范围内还愈演愈烈。这些问题为什么会产生，这些问题如何才能根除，需要我们认真反思。理想信念的动摇，人生观、价值观、道德观的退变，人生境界的滑坡，道德觉悟的下降，是腐败现象产生的一个重要原因。因此，重视思想道德建设，狠抓德治、以德治国，对于坚定理想信念，塑造正确的人生观、价值观、道德观，升华人生境界，提高道德觉悟，具有十分重要的意义。

二、关于“以德治国”的具体实施

“加强法治建设，依法治国”，“加强道德建设，以德治国”，这是关于国家治理的一个重要思想。一方面，它强调了法治的重要，必须继续加强我国的法制建设；另一方面，强调了德治的重要。江泽民同志把“以德治国”提高到同“依法治国”同等重要的地位，把二者看作治国方略的两个不可分割的组成部分，是有着重要的现实意义和理论意义的。

改革开放以来，我国在法制建设上所取得的成绩是十分显著的，也是有目共睹的；但是，在一段时期内，由于“一手软、一手硬”，我国的精神文明建设和道德建设虽然也取得了可喜的成绩，但同法制建设相比，还有些相形见绌。道德失范的现象，影响着我国的人际关系、道德风尚和社会稳定，拜金主义、个人主义和享乐主义不断蔓延，一些早已绝迹的现象，如黄、毒、赌等又开始滋生。在经济交往中，假冒伪劣严重妨碍着我国市场经济的发展。由于等价交换的原则侵入我们的政治生活，腐败现象也在不断发展。重视个人利益的思想，在一部分人那里，成了不顾国家和集体的利益，一心追逐私利的借口。江泽民同志“加强道德建设，以德治国”的思想，体现了人民群众的心愿，体现了我国市场经济现阶段发展的迫切要求，体现了我国历史进程的必然和时代的需要。人们愈来愈认识到，如果我们不能进一步加强道德建设，我们的法制建设也必然要受到影响，进而会影响到我国的经济发展和社会稳定。因此，把“加强道德建设，以德治国”提到治国方略的高度，是从全局出发的高瞻远瞩的举措，是对我国现实道德状况亟须改善、道德建设亟须加强的一种深刻的认识。

“加强道德建设，以德治国”的实施，主要包括三个方面的内容。

首先，党和国家的一切干部，要身体力行社会主义的道德要求；要坚持为人民服务的宗旨；要根据“三个有利于”和“三个代表”重要思想，为广大人民群众的利益而奉献；要以身作则，以自己的道德品质和人格力量来影响人民群众。我们可以回顾，50 年代的社会风气和道德风尚之所以令人称赞，一个主要的原因，就是当时的党员和各级政府工作人员都能够以身作则、公正廉洁、不谋私利、不徇私情。党员和政府各级干部在道德上的垂范作用，形成了一种高尚的人格力量，使他们在人民群众中享有一种道德上的威望。广大群众积极响应，奋力效法，从而迅速改变了旧社会的习气，形成了新的社会风气和道德风尚。这一切都说明，要改变我国当前的社会风气、提高人们的道德水平，共产党员、国家干部和所有政府工作人员，都必须重视自身的道德修养，提高自己的道德觉悟，从而为以德治国创造良好的条件，建立坚实的基础。

其次，要高度重视对广大人民群众进行道德教育的重要意义。从治国方略来说，我们不仅要靠法律来治理社会，以达到维护社会稳定的目的，而且要善于用启发、引导、劝告、说服的手段，通过潜移默化的方法，培养人民向善避恶的道德良心。只有有了这种“道德良心”，人们才能知耻，才能在内心中筑起抵御一切不道德行为的堤防，才能从根本上维护社会的稳定。这种培养道德良心的工作，要从一个人的幼年时期开始，贯穿终身，只有这样，才能提高人们的道德品质和道德境界。从治国方略的高度来理解以德治国，绝不仅仅是制定一些道德规范来让群众遵守，更重要的是要启发人民群众的思想觉悟和道德责任心，使他们能够自觉地履行应尽的道德义务。

最后，我们还必须大力运用奖励和惩罚的机制，来促使以德治国的有效实施。社会舆论，特别是大众传媒，要对道德行为，特别是那些道德楷模的崇高英雄行为予以表扬，给以荣誉，激励更多的人向他们学习；对那些不道德的行为，要给以斥责、批评、告诫，甚至采取必要的手段，使他们感到羞辱，受到惩罚，以至使他们身败名裂。尤其重要的是，在党和各级政府干部的任命、免除、擢升、调动中，要把能否在道德上以身作则、是否身体力行地奉行社会主义道德要求作为重要的考核标准。同时，在考核他们的政绩时，更要考虑到其在精神文明建设特别是道德建设上，是否有相应的业绩。只有如此，社会稳定才能真正得到保证。

每一个共产党员都应当从以德治国的高度，严格要求自己，认清自己所担负的历史使命和神圣职责。在一切思想、言论和行动中，时时处处以社会主义和共产主义的道德为立身行事的标准，既要坚持建设有中国特色社会主义的共同理想，又要以共产主义的道德要求来鞭策自己，发扬为集体、为国家的献身精神，要尽职尽责、廉洁奉公，以自己的高尚道德行为和人格力量赢得群众的信任，为社会主义现代化、为党的事业作出自己应有的贡献。

三、“以德治国”思想的理论意义和实践意义*

江泽民同志提出“法治”和“德治”要紧密结合、“依法治国”和“以德治国”要紧密结合，要把“以德治国”提到治国方略的高度来认识，这在我党的历史上还是第一次。这一理论的提出具有重要的理论意义和实践意义。

第一，以德治国是新时期对马列主义、毛泽东思想和邓小平理论在治国方略问题上的一个重大发展，是对社会主义精神文明理论的进一步丰富和深化，它给有中国特色社会主义理论增添了新的内容。有中国特色社会主义理论强调我们建设的社会主义国家，不但要有高度的物质文明，而且要有高度的精神文明。道德建设是社会主义精神文明的重要内容，这是由社会主义的本质所决定的。

第二，以德治国是对社会主义政治、道德、法律理论的一个重大发展，对今后我国的政治学、法学、伦理学的进一步研究有着十分重要的

* 本部分内容原载于《高校理论战线》2001年第3期。

意义。江泽民同志把“以德治国”明确提到治国方略的地位，提到与“依法治国”同等重要的高度上来认识，对我们在理论上正确认识道德与法律的相互关系，在实践上注意把法制建设与道德建设紧密结合起来，具有重要的意义。我们要深入领会法治与德治相结合的思想，全面认识二者所具有的同等重要的意义，避免任何认识上的片面性。法律重在惩罚已经违法犯罪的人，而道德则重在教育未违法犯罪的人。从一定意义上可以说，法治和刑罚是治标的，而道德建设则是治本的。只有正本清源，提高人们的思想和道德素质，才能从根本上维护社会的稳定。

第三，以德治国思想既是根据我国现实发展的需要提出来的，又继承了我国古代优良的道德传统。儒家具有由来已久的重德传统，早在西周之初，周公旦就提出了“敬德保民”的思想，孔子进一步提出了“为政以德”的治国主张。我们所说的“德治”是对古代德治思想中优良成分的继承和弘扬，抛弃了其中糟粕性的东西；我们所说的“德治”，是以为人民服务为核心，以集体主义为原则，重视道德教育和道德感化的作用，强调选拔干部必须德才兼备，以及要求领导者和公务员应当以身作则，注意发挥垂范作用的德治。

第四，在实践上，以德治国思想的提出，将对我国的社会稳定、道德建设、法制建设和社会主义精神文明建设产生积极的影响，从而必将更好地改善我国社会的道德风尚，有效保持社会稳定，大大推进社会主义市场经济的发展。

目　录

上篇　读书

下篇　修养

上篇

读　书

新岁话读书*

在大力加强社会主义精神文明建设中，我们迎来了 1997 年。提高全民族的思想道德素质和科学文化素质是社会主义精神文明建设的根本要求。为迎接新世纪的到来，从读书中汲取养料，提高我们的思想道德素质和科学文化素质，已成为新时期整个社会和每个人的一种深层次的精神要求。

多读书、读好书，善于从读书中启迪自己的思想，培养自己的情操，提高自己的境界，强化自己的意志，从而坚定不移地追求真善美、抵制假恶丑，是我们适应新时期社会的发展，使自己成为“四有”新人的一个重要途径。因此，在读书时，理论与实践的结合，知与行的统一，是我们特别应当强调的。

从思想道德素质方面来看，多读一些伟人、名人、英雄、模范的评传、传记是不可少的。每个人不可能都成为伟人、名人、英雄和模范，但伟人、名人们的事迹、思想、品德、行为，特别是他们的理想、信念、毅力和对待事业的极端责任心等等，能给我们每一个人以多方面的教育，激励我们不断向上的勇气，还能够给我们以无穷的力量，催我们反省，督我们自新。最近几年由中央文献出版社编辑出版的《毛泽东传》、《周恩来传》等，都是值得认真阅读的好的传记书籍。

---

* 本文原载《北京日报》，1997-01-04。

多读一些历史的，特别是有关我国历史的书籍，了解中华民族这个统一的、多民族的、有着五千年悠久历史的伟大祖国的灿烂文明及无数的思想家、政治家、军事家、科学家、文学家、艺术家的杰出贡献，了解中华民族的爱国志士在长期斗争中所形成的为国献身的前仆后继、不屈不挠的斗争精神，对我们继承和弘扬中华民族的爱国主义传统有极其重要的现实意义。我们还要多读近百年来外国列强侵略和压迫中国的历史，多读在这段时期内爱国志士为了救亡图存，中国共产党人为了社会主义和共产主义理想，为了争取民族解放、国家独立所进行的艰苦卓绝的斗争历史，这对我们在现实生活中反对拜金主义、个人主义、享乐主义的腐朽思想，对我们反对崇洋媚外，抵制霸权主义，从而树立民族正气，增强自立、自强的意识，提高我们全民族的思想道德素质，都有重要意义。

同时，对于从事不同职业的人来说，多读一些同本职业相关的科学、技术的书籍，提高自己的专业知识和业务能力，培养自己的爱岗敬业的为人民服务的精神，陶冶自己的职业道德水平，对于形成团结互助的人际关系和发挥每个人的创造精神，都将会产生重要的作用。为了在工作上精益求精，一个人还必须养成对提高自己职业工作有关的知识的热烈追求的精神，有了这种精神，我们就一定能把我们的本职工作做得好上加好。

包尔生伦理思想述评*

——《伦理学体系》译序

包尔生的《伦理学体系》一书，由何怀宏、廖申白同志据英译本译出，并由中国社会科学出版社出版，这是值得高兴的。

作为一个德国著名的伦理学家，包尔生的名字，对我国不少读者来说是并不陌生的。早在1908年，蔡元培先生曾将此书的第二编译出，以《伦理学原理》为名由当时的商务印书馆出版。1917年至1919年，杨昌济先生在湖南第一师范任教时，即曾以此书作为该校伦理学的教材。毛泽东同志作为当时在校的学生，曾在这本约十万字的教科书（《伦理学原理》）上作了一万多字的批注。正像毛泽东同志后来看到这些批注后所说的："我们当时学的尽是一派唯心论，偶然看到像这本书上的唯物论的说法，虽然还不纯粹，还是心物二元论的哲学，已经感到很深的趣味，得到很大的启示，真使我心向往之了。"① 从这些批语来看，它在毛泽东同志伦理思想的形成初期，是起了重要的作用的。可惜，蔡元培先生翻译的只是本书的一编，而现在，我们已经可以看到包尔生思想的更多内容了。

包尔生（Friedrich Paulsen，1846—1908），德国哲学家、伦理学家和教育学家，生于施勒斯维的一个农民的家庭，他一生的主要活动是在

---

* 本文原载《伦理学体系》，北京，中国社会科学出版社，1986。

① 《毛泽东同志的初期革命活动》，41页，北京，中国青年出版社，1957。

柏林大学从事教学和著述活动。

包尔生的著述十分丰富，并对社会产生过很大影响。作为一个哲学家，他所著的《哲学导论》（1892年初版）曾风靡一时，在问世后的几十年间广泛被人阅读，到1929年已出版至第42版，列宁也曾于1903年流亡在日内瓦时读过此书，并写有一些札记。作为一个伦理学家，《伦理学体系》是他唯一系统的伦理学著作。该书共分四编。第一编为人生观与道德哲学历史纲要；第二编论述了伦理学体系的基本概念与原则；第三编为德性与义务论；第四编为国家和社会理论纲要，主要阐述了他的社会学和政治学观点和他对合理的社会生活形式的看法（该编被英译本略去，故中文本亦不包括这一编）。书前还有一个导论，介绍了他对伦理学的概念、对象、职能、方法等问题的看法。

包尔生所处的时代，正是西方资本主义迅速发展但也已经露出许多危机征兆的时代。在哲学思想上，唯物主义思想家和唯心主义思想家之间，在本体论和认识论上，已经展开了广泛的争论。培根的唯物主义、斯宾诺莎的心物平行论、费希纳的心理物理学和叔本华的唯意志论，对包尔生都有不同程度的影响。在伦理学的研究上，主要还是传统伦理学的各派彼此斗争和互争长短的时代。伦理学中的两大派即形式论和目的论，经过近两百年的争论，已经有了很大的发展。以法国唯物主义和英国的边沁、穆勒为代表的目的论，强调行为的效果和目的，认为功利是道德行为的最重要的目的，人生的价值就在于追求快乐和幸福。相反，以康德为代表的强调善良意志的形式论，则坚持认为道德行为的至善，主要依赖于它的动机而无须涉及它的效果，人生的意义和价值，更不在于求得什么快乐，而是要自我实现。伦理学上的这两大派别的争论，同样对包尔生伦理思想的形成有着重要的作用。作为一个学识渊博的真诚学者和伦理学家，包尔生在自己的著作中，对各派的学说观点，都能采取批判的研究态度，对所阐述的每一个问题，都能深入而客观地分析相互对立的观点的论据，然后细微地分析双方的得失，并常常提出一些能兼顾两种对立观点的看法，其中包含着不少的合理因素。

包尔生认为，伦理学是一门实践的科学，并且居于各种实践科学之首。伦理学的职能是双重的：一是决定人生的目的或者至善；二是指出实现这一目的的方式和手段。前者，即对最终目的或至善的确立是属于善论的事情；后者，即展示通过什么样的内在品质和行为类型可以达到至善，这是属于德论的事情。包尔生的整个伦理思想体系，都是以伦理学的这两种职能来构建的。

在研究什么是善这一问题时，首先遇到的就是善恶的根据何在，我们凭什么来确定什么是善、什么是恶，并进而确定什么是至善呢？目的论和形式论两派，存在着互相对立的看法。目的论根据行为和意志对行为者及其对周围人的生活自然产生的效果来说明善恶的区别，有助于保存和推进人类福利的即为善，反之则为恶。形式论则坚持善恶的概念是意志自身的绝对性质而无须涉及行为的效果和目的。包尔生试图解决这两种意见的对立，他兼采两家，力求避免它们各自的偏颇。他认为形式论关于道德本身，即有价值即是目的的论点是不言自明的，但形式论完全不讲实际效果，主张为道德而道德却失之偏颇。在这点上，他明确表示赞成目的论，他认为道德是完善人生的一种手段，效果应作为评价善恶的重要根据。但包尔生同时又对目的论有所保留，他认为在道德判断中应当把对人的判断和对事的判断区别开来，前者关系到意向、动机，后者关系到行为的倾向、效果；前者的标准是良心和义务，后者的标准是目的和效果。总之，在善恶根据的问题上，包尔生一方面表示拥护目的论观点，一方面又处处表现出他离不开康德形式论伦理学的那些基本前提。像他在哲学上表现出二元论倾向一样，他在伦理学上也表现出调和的倾向。他希望避免目的论和形式论这两派的片面性，这是可取的。但是他并没有真正解决这两种见解的理论上的对立，而是动摇于这两种意见之间，因而创造了一种有折中特点的理论。

如果说包尔生在善恶根据问题上表现出他倾向于目的论，那么，在至善问题上他则比较明确地表现出倾向于形式论观点。他把自己的至善论观点称为自我实现论（Energism），并把这种理论与强调实际享乐效果的快乐论对立起来。他认为意志并不是指向快乐这样一种主观感觉，意志具有最高的目标——实现完善的生活内容，这个目标可以称之为幸福。由于包尔生把意志的目标理解为意志自身的一般趋向，把这一目标的含义理解为我们存在的完善和生命的完美实现，他的自我实现论主要是指人的道德上的自我完善和道德价值的实现。因此，他批评快乐主义者（如边沁），指出快乐不是意志的目的，而常常只是意志在实现自己的目的之后产生的满意的感觉。他还从心理学、生物学方面对此作了详细的论证，指出快乐不能成为判断道德价值的标准，不仅如此，快乐本身是否有道德价值还需要依据其他条件来确定。

包尔生认为德论要解决的问题是：何种内在品质和行为类型可以引导我们达到至善，即达到完善的生命表现？他认为这实际上是关于人的意志应具有何种能力这样一个问题。包尔生以康德的理性意志论为基础，博取各家之长，建立了一个比较完整的德论体系。他的基本看法是：尽管实现完善的生活是意志自身的一般趋向，但是意志并不是本身就具备了指导人们达到这一目标的那些品质和能力，意志的这些品质和能力是通过培养而获得的，德性本质是意志的旨在提高个人和集体的幸福的后天形成的习惯和行为方式。包尔生吸取古希腊伦理学关于自我控制的学说和基督教伦理学关于仁慈的学说，把它们看做是意志需要具备的最重要的个人德性和社会德性（后者不过是前者在社会生活中的体现），和许多希腊思想家一样，包尔生也把精神上的安宁视为真正幸福的永恒的特征。他认为自我控制德性是使我们保持精神上的安宁的最可靠的保证。在德性问题上，目的论与形式论同样存在对立。形式论认为德性就是幸福，德性自身就是价值，古希腊的苏格拉底、近代的康德都是此种意见的典型代表。目的论则认为效果才是确定德性是否具有价值的依据。包尔生接受德性自身就有其形式上的价值的观点，而且，由于他的政治上的改良主义立场，资产阶级社会的权利原则也在他的德论中以形式论表现出来。他认为权利是必然的前提和基本价值，是无须去证明的，正义德性（作为仁慈这一社会德性的否定方面）只是权利原则的体现和要求，所谓正义德性，就是“尊重并保护权利”（第三编，第9章）。另一方面，包尔生在这里又表现出明显的目的论倾向：他认为只讲德性不讲效果是片面的，不仅要有德性而且必须有权宜之计；而且，德性的价值也只在于它是达到完善的生命表现的可靠向导，在于它能指导行为达到较好的行为效果。

德性方面的另一个问题是如何培养德性的问题。在这个问题上，包尔生一方面强调个体的心理经验，一方面十分强调环境的作用。他认为，德性的培养主要是意志的教育和情感的训练这两个方面，前者旨在使意志获得对本能冲动的控制能力，后者旨在达到合乎理性的情感状态。但是这个过程不是个人独立完成的。在童年、青少年时期人主要是接受长者和教育者的教育，以后才在道德上独立并主要地通过自我教育来培养德性。因此，包尔生十分强调青少年时期的社会教育对培养人的德性的极端重要性，他认为，教育是社会对个人的意志发展的最主要的帮助手段。作为一位卓越的社会教育家，包尔生在这方面表现出了很多自发的唯物主义倾向，提出了不少极有价值的思想。

总之，我们可以毫不夸张地说，包尔生的这本书，正像他的这一巨著的名字一样，建立了一个相当完整的伦理学体系，是西方传统伦理学体系化、实践化的一个可资借鉴的历史标本。由于作者有深厚、广阔的理论基础，善于吸收前人一切合理的思想内容，又有独立思考、立意创新，显现出该书是当时伦理学研究的一个重要成果，它不仅在德国乃至欧美发生过重要影响，至今在伦理学史上仍然是不失其经典意义的一部重要著作。

《伦理学体系》一书终于和读者见面了。为这本书的翻译和出版，两位译者和出版社方面的有关同志付出了大量辛苦的劳动。值得提及的是：两位译者都是直接从事伦理学工作的，而且具有较好的外语基础，这使我们可以指望这部译著不仅在文字上忠实于原著，而且能较好地反映出包尔生伦理思想的内在联系。我相信，这本书的翻译出版将会对我国的伦理学研究有所裨益。

梯利《伦理学概论》中译本序言*

马克思主义伦理学的发展和完善，与其他学科一样，是不可能脱离人类文明发展大道的。我们要建设马克思主义的伦理学，当然主要应当以马克思主义为指导，来研究今天中国的现实情况，但同时也有必要借鉴古今中外的伦理思想资料，批判地汲取其中的宝贵成果。所以，翻译介绍一批比较重要的国外伦理学著作，是一件很有价值的工作。我们有志于此久矣，欣逢国内伦理学不断发展、伦理学工作者队伍不断壮大的好形势，我们目前正组织力量，打算比较系统、比较广泛地翻译一批国外伦理学的重要著作，现在奉献给读者的这册《伦理学概论》，就是其中的一本。

《伦理学概论》（*Introduction to Ethics*）的作者是美国哲学家弗兰克·梯利（Frank Thilly，1865—1934）。他生于美国俄亥俄州的辛辛那提，1887年毕业于该州的州立大学，后去柏林和海德堡留学。回国后曾在密苏里州立大学、普林斯顿大学教授哲学和心理学，1906年后，一直在康奈尔大学教授哲学，并在1915—1921年任该校文学院院长。他曾主编《国际伦理学杂志》（1909年），担任过美国哲学协会主席（1912年）。他对西方哲学史和伦理学尤有专门的研究，著有《西方哲学史》一书（此书由葛力同志译成中文，商务印书馆1976年出版），并

* 本文原载《伦理学概论》，北京，中国人民大学出版社，1987。

曾把韦伯的《哲学史》译成英文。在伦理学方面，他曾把德国伦理学家包尔生（F. Paulsen）的《伦理学体系》译成英文，于1899年在伦敦出版，对包尔生这本书在世界各地的传播，起了重要的作用。日本的蟹江义丸就曾根据梯利的英译本把它译成日文，蔡元培先生又根据日译本将其中的一部分译成《伦理学原理》，于1909年由商务印书馆出版。

梯利的这本《伦理学概论》，出版于1913年，当时在美国产生过较大影响。由于梯利有较高的西方哲学史的素养，所以，在他的这本伦理学著作中，对于有关理论问题的论述，都能详细地叙述历史上不同思想家对这个问题的看法，注意到伦理思想发展的历史联系，从而使他对许多问题的分析，能具有一定的深度。例如他在对"良心"、"至善"这些伦理学的基本范畴的考察中，能做到既有丰富的思想材料，旁征博引，又有自己独到的理论分析。这本书出版后，曾被当时的《哲学评论》等杂志认为是"成功地提供了对伦理学的一般介绍"，"做出了值得赞赏的努力"。由于梯利行文流畅，言简意明，从而使这本书得到了一致的好评，被认为是一本内容广泛、风格明快、文字清新的十分适合于学院用的教科书。

梯利的这本《伦理学概论》，1921年曾由朱进之用文言文译出，书名为《伦理学导言》（梯利当时译为"薛雷"），并作为南京高等师范学校丛书第一种，由商务印书馆出版。朱进之的译本现在已难以见到，而且时隔已久，对许多概念范畴的译名和今天不同，并有一些跳过不译之处，现今的读者读起来可能会感到晦涩难懂。

现在这个译本，是由何意同志翻译的。何意同志素喜伦理学，对现代西方伦理学有一定研究，在翻译中注意了文字的准确流畅，全书译成后，又经中国人民大学外国哲学史教研室主任苗力田教授校阅，应该说，这个译本是比较忠实地传达了原作的思想风格的。

最后需要指出的是，梯利是一个坚持传统唯心主义观点的哲学家和伦理学家。他的整个伦理学理论，是立足于唯心主义的，是为维护资本主义制度服务的。正像包尔生动摇于新康德主义和新黑格尔主义之间一样，梯利在伦理学的理论上，也往往倾向于调和各家的学说，采取折中主义的所谓"执论公允"和"不偏不倚"的态度。因此，我们在阅读这本书时，必须用马克思主义的历史唯物主义的观点对它进行分析。

坚持用马克思主义的观点研究人性问题*

——《人性论》序

人性问题，是伦理学、哲学、法学、美学等研究中一个具有特别重要意义的问题。中外许多伦理思想家，特别是中国的许多伦理思想家，对人性问题，曾进行过广泛、深入的讨论，提出过种种看法，不断补充和丰富了有关道德理想、道德教育、道德修养、道德品质和道德行为的理论，从而使中国伦理思想显示出独有的民族特色，这是很多人都可以看到的。但是，由于历史的、阶级的局限，在马克思主义产生以前，中外许多有关人性的理论，尽管在不断的探索中，有所前进，有所发展，但是，都未能从历史唯物主义的观点上，把人性当做一个科学概念在理论上予以正确的阐发。

建国后，在一段很长的历史时期内，由于革命年代和历史条件的不同，特别是由于“左”的思想的干扰，人性问题，曾成为一个理论研究的禁区。首先是把具有社会性的人性，完全归结为人的阶级性，这就在实质上否认了人的社会性，否认了人作为“社会的动物”所具有的共同的本性。确实，在阶级社会中，一切人的人性中，都打上了阶级的烙印，都带上了阶级性；但是，并不能由此得出结论，说除了阶级性以外，就没有共同的人性。如果不承认有共同人性，那么阶级性的烙印又打在什么地方呢？“皮之不存，毛将焉附？”如果不承认物本身，这烙印

---

* 本文原载《人性论》，长沙，中南工业大学出版社，1988。

又何以存在？既然阶级性只是在阶级社会中打在共同人性上的烙印，那么，除了烙印之外，这种共同人性必然是应该而且值得我们研究的。因此，把具有社会性的共同人性完全等同于阶级性的说法，应当说是不确切、不科学的。这种看法，不论在理论上和实践上，都产生了不好的后果。其次是，把一切有关人性的理论，都冠之以抽象人性论的帽子，也是不正确的。确实，在马克思主义产生以前，一些思想家们，由于他们从历史唯心主义的世界观出发，总是自觉或不自觉地把人性看做是一种超越历史发展、脱离人的社会关系的一种永恒不变的人类本性，因此，陷入一种非科学的抽象。但是，如果以马克思主义的历史唯物主义为指导，从历史发展上，从人所处的社会关系中来分析人性，即从经济、政治关系的制约中，从不同历史时期的社会关系的要求中，从不同生活环境中人的需要、欲望和感情中来研究不断发展变化着的人的共同本性，这不但不是抽象地研究人性，而且正是历史地、具体地、科学地研究人性。在这里特别要指出的是，伦理学是研究道德的科学。从伦理学这一具体科学来说，它在探索道德的许多最重要的问题上（如道德理想、道德修养、道德教育、道德品质和道德行为等），都不可避免地要涉及人的共同本性的问题。如果不能够在人性的研究上取得进展，也必将会影响伦理学自身的学科建设。中国古代的思想家们，为了培养人的品质，在人性论的研究上曾做出了特殊的贡献。为了发展马克思主义伦理学，我们更应当注意对人性问题的研究。再次，在很长一段时期内，把马克思出现以前的人性论，都归结为一种地主资产阶级的人性论，也是不确切的。确实，从某一种理论的提出者来说，他们都必然处在一定社会的一定阶级中，代表着一定的利益，因而他们的理论当然可以称之为地主阶级的人性论或资产阶级的人性论。但是，也有小生产者的人性论，也有很难归属于哪一个阶级的人性论（如告子的人性论）等等。更重要的是，在人性的各种理论上，使它们相区别的还有各自不同的重要论点。如自然本性说、天赋人性说、先验人性说、社会属性说等等。因此，在承认有关人性的理论归根到底都代表着一定阶级的利益的同时，还必须要从这些理论中探索它们的分歧，掌握它们在相互驳难中所达到的理论高度，从而使我们对历史上的人性理论能够有一个全面的理解，并为建立马克思主义的人性论提供借鉴和启示。

正是由于上述种种原因，对于有关人性论的问题，如何在马克思主义的指导下，以严格的科学态度，进行艰苦的研究，并作出科学的分析，在当前来说，是一件有特别重要意义的工作。马克思主义的理论工作者，应当而且能够从过去一段时期我国关于人性理论的反思中，进一步认识到坚持和发展马克思主义的重要。

曾钊新同志多年来从事伦理学的教学和研究工作，认真学习、研究了马克思、恩格斯关于人性问题的有关论述，并以历史唯物主义为指导，对这一问题进行了积极的探索，提出了很多新的看法，这对我们进一步研究和探索有关人性论的各方面的问题，对加强伦理学的理论建设，对进一步建设我国的社会主义精神文明，都有着一定的启迪作用。作者有马克思主义的理论勇气，有较广博的社会学、心理学、伦理学的知识，有敏锐的观察分析能力，因此本书确实克服了过去长时期所形成的简单化和公式化的倾向，在有关人性的理论上，具有创造性的特点。只要能仔细地阅读本书，我相信，广大读者会同意我这个看法的。

当然，作者的有些论点，有可能是不完全准确的，有些看法，可能会引起争论。作者依据马克思主义的唯物史观，论述了“道德产生于经济生活之中，一定社会的经济状况是产生道德的客观基础，这是究其最终根底说的”，同时强调了“人性是产生道德的第二位原因或第二位基地”。可能是为了纠正和克服过去关于经济状况决定道德问题上的绝对化的倾向，作者主要论述了“人性作为产生道德的第二位原因或第二位基地”的各种理由，因而使我们感到，对第一个原因或第一位基地的论述不够，甚至会使人们产生不同的理解。

辩证法告诉我们，事物的发展，常常是螺旋形而不是直线的。理论的发展，也往往有这样的情况。在一段时期内，在“左”的思想理论指导下，教条主义，唯书、唯上的思想，曾经阻碍了我国马克思主义理论的前进。现在，随着思想解放日益深入，随着人们在新的形势下坚持和发展马克思主义的要求的不断发展，随着理论禁区的打破，我们的理论研究工作，必定会有一个大的发展。在当前，只有以马克思主义为指导，勇于创新、勇于开拓和勇于探索，才可能触摸到历史的脉搏，紧跟着时代的脚步，才能在理论上开拓新视野、发展新观念和进入新境界。在这种创新、开拓和探索中，不同的意见的争论，不但是正常的、允许的，而且是应当提倡的。一种新观点，在最初提出时，必然会有这样那样的不足，甚至还可能有这样那样的失误，但是，实事求是地评论和探讨，同志式地批评和争辩，往往是理论上互补的一种重要方式。人性论作为一个学术问题，我希望能有更多的同志，提出自己的看法。“真理愈辩愈明”，对于人性这样一个特别复杂的理论问题，只有进行长期的、客观的、细致的、深入的研究和讨论，才可能得到正确的结论。由于“左”的思想的影响，由于“大批判”的流毒，在我国学术理论界，直到今天，似乎还仍然没有能够形成一种为真理而心平气和地进行学术讨论的条件，没有形成理论繁荣所必需的氛围。学术理论的发展，必须经过学术界的学术讨论，由学术界来解决，希望用行政命令、用领导意图来支持一种学术观点，即使这种观点是正确的，也往往是达不到预期的目的。努力创造这样一种在学术上自由讨论的环境，创造理论繁荣所必需的条件，努力发扬马克思主义的科学精神和创造力，是我们的理论和事业不断发展的希望所在，我们应当为此努力。

《人性论》一书，是曾钊新同志最近几年来所写的有关人性问题的论文的文集。去年年底，他将稿子寄我，请我为这本书写序。最近一段时期，由于行政工作较忙，直到最近，才读完了这本书。我对曾钊新同志的这种可贵的探索和达到的理论成就，感到高兴，并期望此书的出版，能进一步推动有关人性理论的讨论。

批判地吸取人类思想史中的优秀成果*

——《东西方伦理学》序

目前，我国处在社会主义的初级阶段，经济体制改革和政治体制改革正在深化和发展。伟大的实践需要伟大的理论，随着十亿人民丰富生动的现代化建设和改革事业的发展，人们之间的道德关系和伦理观念必将发生巨大的变化。深入实际，用马克思主义的立场、观点和方法创造性地概括社会主义初级阶段的伦理实践，以建设有中国特色的社会主义伦理学体系，是时代赋予我们广大伦理学工作者的光荣使命。

同时，马克思主义伦理学不能脱离人类文明发展的大道，它不是封闭的，而是开放的。因此，要使马克思主义伦理学得以发展和完善，不仅要研究中国的现实，而且也要研究古今中外的伦理思想资料，以批判地吸取人类思想史中的优秀成果。中日两国一衣带水，有着悠久的文化交流史，无论在民族心理，还是在风俗习惯、道德风貌上都有许多相似之处。加强对日本伦理思想的探讨，对于我们当前的伦理学建设来说，也是一项不可忽视的工作。

《东西方伦理学》的作者是日本伦理学家山田孝雄博士。他 1908 年生于日本国青森县，1936 年毕业于日本大学法文学部伦理教育学科，1939 年毕业于东京文理科大学哲学科伦理学专业。1939 年至 1941 年他留学美国，1941 年至 1953 年在日本大学讲授伦理学，曾任日本大学名

* 本文原载《东西方伦理学》，郑州，河南人民出版社，1989。

誉教授、帝京大学教授。他对外国伦理思想很有研究，编著有《希腊伦理学史》、《边沁功利学说研究》、《世界幸福论》等。他撰写的这本《东西方伦理学》，1960 年由大明堂出版，至 1979 年已重印 25 次，在日本伦理学界有一定影响。

作者以最高善为伦理学的中心问题，展开了世界伦理思想发展的论述，有史有论，东西结合，并对问题作出了自己的分析和评价。该书内容广泛，语言明快，融知识性、可读性于一体。然而需要指出的是，作者是一个唯心主义伦理学家，他对唯物主义的许多评价和分析，同我们的看法是不同的。他主张“人格实现说”，认为道德的善要按照“人格实现”这一根本原则来决定，而我们每个人都是永恒意识、上帝精神的体现。我们并不赞同这种论断。但是，只要我们坚持马克思主义的观点，有分析地阅读此书，还是会有不少参考价值的。

本书的译者在忠实原著上做了努力。

深化和完善社会主义初级阶段的道德理论*

——《伦理学》序

这本《伦理学》是在 1982 年出版的《马克思主义伦理学》的基础上，重新编写的一本高等学校伦理学教材。

《马克思主义伦理学》自从 1982 年由人民出版社出版以来，已经整整过去了六个年头。在这六年中，随着改革开放进程的深入，我国的经济、政治、文化等各个方面都发生了深刻的变化。改革和开放，不但冲破了僵化的经济体制，使经济活跃发展，而且促进了政治民主化的进程，使民族精神也获得了新的解放。与此同时，我国的伦理学理论研究取得了长足的进展，在道德实践方面也发生了明显的进步和历史性的变化。正是由于这些原因，六年前出版的《马克思主义伦理学》已不能适应当前形势的发展，必须进行修订或者重新编写了。

这本《伦理学》，无论是从体系框架看，还是从章节内容看，都可以说是一本与原书《马克思主义伦理学》有显著不同的新书。本书依据我国社会主义初级阶段的实际国情，依据经济体制改革和政治体制改革后所出现的利益关系的新变化，力求客观地分析我国现阶段的道德关系，注意目前广大人民的道德水平及其不同层次，对有关马克思主义伦理学的重大理论问题，试图进行新的概括、新的论证、新的分析和新的突破。

* 本文原载《伦理学》，北京，人民出版社，1989。

随着我国改革开放的不断深化，在物质文明建设不断发展的同时，我国人民的道德要求、道德水平和道德觉悟将依着何种趋势向前发展，这是近几年来很多人都在努力探索的问题。长期的封建主义道德关系这一巨大的“因袭的重担”，直到今天还沉重地压在我们很多人肩上，使我们在道德生活的大道上步履维艰，难以大步地向前迈进。我们越是想改革，越是想在道德生活中向前迈出一步，就越会痛切地感到封建的道德教条，封建的重义贬利、忽视个人正当利益的道德观念，封建的道德意识，封建的裙带关系，封建的等级意识，封建的帮派体系，封建的愚忠愚孝，封建的哥们儿义气，封建的父贵子荣，封建的嫡长继承，封建的宗族关系，封建的按资排辈，封建的荣辱网络体系等，还像一具埋掉的死尸，不断散发着腐烂的、令人窒息的臭味；像一个巨大的道德幽灵，盘桓在中国的上空；像一张穿不透的网，笼罩于中国社会主义初级阶段的人际关系中间——这一切都显示出令人难以置信的魔力，不断地扭曲我国社会中的政治关系和伦理关系。因此，为了使我国广大人民的伦理道德水平能随着我国“四化”建设的步伐不断向上升华，我们必须下大力气去反对封建道德教条和一切不适应当前社会发展的封建意识。正是由于这一原因，本书在修改过程中，力求消除封建道德的影响，注意到束缚个人、压制个人的封建观念对人们的禁锢，注意到个人利益同整体利益的关系，注意到个人正当利益的保护，注意到自我意识的发展，注意到在社会生活中的人格尊严、道德理想和道德自律，注意到道德的自我选择，注意到道德的自我完善，强调道德是人类把握世界的一种特殊方式，强调伦理学研究的目的就是为了使人们在更广泛、更全面的意义上完善自我、完善他人和完善社会。

在长期的封闭之后，1980 年以来，我国终于在对内实行改革的同时，采取了对外开放的政策。对外开放打开了我们的眼界，开阔了我们的思路，增长了我们的见识。为了更好地发展我国的生产力，我国不得不采取措施尽快地吸收外国的先进技术。与此同时，西方的政治、文化和道德理论，资产阶级的伦理价值取向和人生目的，也都通过各种渠道，展现在我们的面前。长期被蒙蔽的眼睛明亮了，长期被堵塞的耳朵灵敏了，但却又有点儿令人眼花缭乱、应接不暇。我们不应当害怕这种现象的出现。害怕是无用的，也是幼稚的，正像一切好事总要伴随着“坏”的方面一样，它是开放过程中所不可避免的现象。窗户打开了，人们得到新鲜空气的同时，苍蝇、蚊子也飞了进来。对我们来说，最重要的就是要能够进行比较和鉴别，从而改造和吸收其有用的部分，批判、扬弃其有害的部分。在伦理学领域中，对于资产阶级思想家们在上升时期所提倡的人道主义、公正观念、自我意识和个人尊严等等思想，在今天某些特殊情况下，还可以批判地加以继承。同时，对他们所宣扬的利己主义、个人主义、快乐主义、功利主义等价值观，则是我们所必须摒弃的。利己主义和个人主义（或者称之为温和的利己主义）①，尽管就其思想体系、理论阐释和内容要求来说都是不同的，但从其实质来看，两者都以个人为中心，都强调个人利益的至上性，都主张把发展个人作为最终目的，并反对社会对个人的制约。利己主义又总是和享乐主义相联系的，把个人的权力、私欲、享乐作为人生价值的最终目的。这种腐朽思想只能把人类社会引向混乱。正如人们所说，这是一种魔性的欲望，它要把自我作为宇宙的中心，它不是要社会进步、社会发展，而是为了获得个人的权力、财产、享受而不择手段、为所欲为，最终将会给社会带来危害。

金钱至上、拜金主义、“一切向钱看”的腐朽的资产阶级思想，最近几年在我国社会中有愈来愈滋长蔓延的趋势，这是值得我们警惕的。这种思想对金钱盲目崇拜和竭力追求，认为世界上没有一样东西不是为了金钱而存在的，人活着就是为了赚钱，除了快快发财之外不知道还有别的幸福，除了金钱的损失之外也不知道还有别的痛苦。在这种思想支配下，人们就会单纯追求赢利，只重视经济效益而不顾社会效益，以金钱决定人的尊严和价值，甚至把同志关系、朋友关系、夫妇关系都完全转化为经济关系，认为在人和人之间，除了金钱关系外，不存在其他任何联系。这种思想，不但严重地破坏着我国的精神文明建设，最终也必将会越来越明显地破坏和阻碍我国物质文明建设的进程。

在社会主义初级阶段这一相当长的历史时期内，我国的伦理原则、道德规范究竟应当怎样阐释？我国现实社会中的道德层次究竟如何概括？我国社会的伦理发展趋势究竟朝什么方向发展？我国伦理学的研究究竟如何发挥一定的导向作用？这些问题，也是我们所特别注意考虑的。腐朽的、长期以来窒息人们的封建道德，必须彻底批判；资产阶级

① “个人主义”一词的创造者、法国的思想家托克维尔，在给个人主义作解说时，就直言不讳地称个人主义也就是一种温和的利己主义。

的自私自利、金钱至上的道德观念，应当尽力摒弃。社会主义初级阶段的道德理论、道德原则和规范，还有待于在实际生活中进行探索。伦理学应当是人类社会的道德品质的升华和结晶，面对这样的社会道德氛围，我们必须从时代的要求出发，对当前道德的“实然”与“应然”作出科学的概括。

我国现在正处在社会主义的初级阶段。从伦理学的研究上来看，我们不能只满足于停留在社会主义初级阶段的一般结论上，而应当尽力在自己的研究领域里深化和完善社会主义初级阶段的道德理论。这种深化和完善的工作，将是一个长期的过程，要经过广大伦理学工作者的艰苦努力。这种深化和完善，应当在这样的指导思想下进行：一个是，我们的社会主义还处于初级阶段，必须从我国当前的实际国情出发，从人民的实际道德水平出发，过去的“左”的思想，应当克服；一个是，我们的初级阶段，是社会主义的一个阶段，我们的最终目的是要向共产主义过渡的，我们决不能也不应当（而且时代、人民也不允许）再回到资本主义社会去，再走资本主义走过的路。

从我国实行改革开放以来，伦理学的研究，逐步克服了过去较多地从理论上进行研究的现象，实现了面向实际、面向我国现实的道德生活的转变，并不断地冲破了以往的各种禁锢，由封闭转向开放。近几年来，我国伦理学领域里对现实问题的研究，对个人同集体关系的探讨，对个人正当利益和人生价值的分析，对职业道德的重视，对社会风气的关心，引起了越来越多的伦理学工作者的注意。尽管各方面的意见还不尽一致，对问题的分析和预测还有不同，但应当承认，这段时期不但是我们伦理学研究中思想最为活跃、成果最多的时期，而且它正在孕育着新的突破和新的进步，为伦理学理论的发展创造着新的基础。

我国正处在一个重大的历史转变时期。从经济上来说，我们正处于从一个落后、贫困的国家向小康水平过渡的时期。从政治上来说，我们正处于从一种不完善的民主制向较为完善的民主制过渡的时期。从文化上来说，我们正处于从一种长期封闭的文化，向开放性的、吸收世界文化优秀成果以丰富中国文化的新时期。随着经济、政治、文化的变化，人们的道德观念、价值取向、人生目的也在急剧地发生变化。对于同一事件、同一行为、同一道德现象，往往会有不同的甚至正相反对的价值选择，引起不同的甚至正相反对的价值评价。同一部电影、同一本小说、同一种行为，同样会引起不同的甚至互相对立的评价。对于当前社会中存在着的这种分歧和对立，如果我们加以仔细地分析，就可以看出，不同的伦理价值取向，往往是造成这种分歧的主要原因。这种价值取向的分歧，往往造成人际关系中某些深层的不和谐的因素。但是，我们一点儿也不能因此而得出悲观的结论。这种在一段时期内显现出似乎是混乱的现象，只不过是这一大变动中不可避免的迂回。因此，我们完全有信心认为，经过这些不同的道德观念、价值取向和人生目的的比较、总结、分析和讨论，经过经济、政治、文化的变化的最终筛选，经过相互间的争论、补充和完善，经过马克思主义的理论上的升华，最终必将使我们在伦理学上真正能够开辟一个新的时代，进入一个新的境界，使伦理学得到一个新的发展。

理论研究的目的，是为实践服务的，正像马克思所极其深刻地指出过的："理论在一个国家的实现程度，决定于理论满足这个国家的需要的程度。"① 伦理学的理论研究，也应当是为了适应我国现实社会的情况和指导人的道德价值取向的需要。这不但是我们伦理学研究工作者所必须遵守的原则，也是我们伦理学工作者的一个神圣而光荣的责任。在这次编写工作中，我们尽量注意到近十年来我国伦理生活中的变化，注意到社会和广大人民对我国当前党风、官风和民风的种种议论，力求从人民、国家和社会的需要出发，考虑到我国伦理发展的趋势，来研究和分析各种问题。这种对未来趋势的分析，是建立在对以往和现实的道德现象的规律性进行总结的基础上的。只有从实际生活中得出科学的结论，才能推进、指导我国的伦理道德生活健康发展。

本书是为大专院校学生们所写的一本教科书。根据教科书的要求，作为一门专业性的理论教材，它应当有一定的理论深度，应当对本学科的对象、方法、任务以及最基本的理论问题和最重要的范畴概念有较为清楚、明确的阐述。为了适应哲学系和伦理学专业同学的需要，还必须对当前国内伦理学界关心的重要问题，作必要的介绍。与此同时，还要对同学们进行必要的价值取向的启示，使他们通过本学科的学习，能够在道德阶梯的攀登上，获得必要的助推力。但是，伦理学的教材不同于德育原理和大学生修养课，更不是一本专门从事道德教育的规范汇编。

---

① 《马克思恩格斯全集》，中文1版，第1卷，462页，北京，人民出版社，1960。

理论和实际密切结合，从实际出发，上升到理论，用理论指导实际，以便对人们的道德实践产生导向作用，这就是本书的主旨。近几年来，在伦理学的许多理论问题上，仁者见仁，智者见智；对某些问题正在进行广泛的、深入的、有益的讨论。本书对这些正在争论的问题，明确阐明自己的观点，提出自己的看法。这些看法，可能还有许多不完善甚至不正确的地方，我们真诚欢迎同行的理论工作者提出批评，欢迎读者予以指正。由于照顾到一些机关干部和自学伦理学读者的需要，对于较深入的、艰深的理论问题，往往采取较为深入浅出的方法，并尽量避免教科书式的、从定义出发的晦涩、沉闷的叙述方法。为了使同学们易于掌握书中的要点，在书末附有若干关于各章主要内容的复习思考题。

本书的框架及体系，较原来的《马克思主义伦理学》作了新的构思。为了克服在伦理学编写中的“理论”部分同“规范”部分的不协调的矛盾，本书试图把两者有机地融合起来。在理论阐述部分，注意到规范的导向意义；在规范叙述部分，尽量使其上升到理论的高度，进行辩证的分析。因此，冗长的、说教式的规范戒律几乎没有了，而对人们的道德教育和价值导向，却贯串于全书的各个部分。本书以马克思主义的历史唯物主义为指导，同时又注意吸取现代世界伦理思想中有价值的思想和理论，用以解释我国社会中的许多道德现象。本书以马克思主义的唯物辩证法为普遍的方法论原则，同时对现代自然科学和社会科学在方法论上的重大发展，如系统论、信息论、控制论的方法，心理学、社会学、教育学的方法，也在适当的情况下加以运用。本书在这次编写过程中，依据伦理学的特殊研究对象，根据最近几年来教学和研究中的体会，提出了在伦理学研究中的特殊方法。在个人和整体的关系上，本书力求阐明个人正当利益的合理性和个人利益应当服从集体利益的必要性。在对广大群众的价值导向上，一方面反对否认物质生活的禁欲主义的精神型，另一方面也反对忽视理想、忽视情操而只重视生活享受的物质型。我们既不能脱离实际地要求人们不注意物质生活水平，同时又要注意不断地提高人们为人类的理想社会而奋斗的情操。

本书的章节是按照下列顺序安排的。第一章，主要论述伦理学的对象、方法和任务。第二、三、四章，主要论述道德的起源、发展和本质，道德的结构功能和运行机制，道德的历史演变及其规律性。这三章构成一个整体，阐明了有关道德这一特殊社会现象的主要历史过程、结构功能、类型变化及其发展规律。第五、六、七、八、九章，主要论述道德原则、道德规范、社会主义道德规范体系及道德要求的层次性，还有职业道德、爱情婚姻和家庭道德。这五章论述我国社会主义初级阶段的道德原则、规范及其层次性。道德范畴，不再单独作一章论述，而是依据该范畴在伦理学中的地位及其同有关问题的关联情况，分别在各章中加以论述。第十、十一、十二、十三、十四各章，主要论述道德评价、道德选择、道德行为和道德品质以及人生观与道德理想、道德修养。这五章，着重从道德的价值分析角度，讨论个体道德的自我完善以及在调整人我关系中的行为选择和价值导向问题、人生观的培养和个人的道德修养问题。当然，有些伦理思想家强调理论上的反思和辩证的方法，有些规范伦理学的学者强调规范的重要，有些分析学派的思想家强调分析概念的重要，但是，无论是谁都不能否认伦理学研究的最终目的，就是要培养人们的道德品质，使人们在不同境遇中能够作出正确的行为选择，具有高尚的价值目标，从而使社会达到一种完善个人、完善他人的理想的、和谐的境地。

重视对个体道德问题的研究*

——《个体道德论》序

在研究有中国特色的社会主义道德体系的许多问题中，个体道德是一个有着特别重要意义的问题。我们知道，任何一个社会的道德原则和道德规范，只有内化为个体道德的自我意识，从而形成个体的道德品质，才能发挥其道德的功能，以达到更好地按照这些原则和规范来调整个人和他人、个人和社会的关系的目的。当然，个体道德是相对于社会道德来说的，一般来说，个体道德是受社会道德所决定，又能反作用于社会道德的。我们强调个体道德的重要，不是脱离社会道德而片面地去突出个体道德，而是在社会道德的前提下，强调社会道德如何向个体道德转化的问题。

从中国古代的道德传统来看，从孔子开始直到宋元明清的许多思想家们，在研究当时社会各种道德问题的时候，也都十分重视个体的研究。对于个体的道德意志、个体的道德实践、个体的道德评价和道德修养问题，都作了广泛而深入的研究，提出了许多至今仍有重要意义的意见。孔子说："仁远乎哉？我欲仁，斯仁至矣。"① "有能一日用其力于仁矣乎？我未见力不足者。"② 就是对道德意志的重要性的最明确的说明。儒家所强调的"仁"，既是一种道德的最高原则，也是个体道德自

---

* 本文原载《个体道德论》，武汉，华中理工大学出版社，1994。

① 《论语·述而》。

② 《论语·里仁》。

律的最基本的要求。对于个体的道德修养，中国传统道德更把它放在十分重要的环节。内讼、内省、澡身以及表心、表气等思想，都是同个体的道德修养有密切关系的。在前些年，有一种看法，认为中国传统道德只重视社会道德的研究，不重视个体道德的研究，这是完全错误的。因此，在我们今天提出加强对于个体道德的研究时，应该强调从中华民族的优良道德传统中汲取有益的营养。当然，在中国长期的封建社会中，思想家们虽然非常关心个体道德的研究，希望能够通过个体的自觉、修养、慎独，达到成圣、成贤的目的，但是总是从更多的方面强调个体的义务而忽视个体的权利。中国古代伦理道德中的整体主义思想，在强调个人与社会的关系上，必然是从维护剥削阶级的统治出发，强化封建等级观念，压制人们的个性的发展。由于忽视正当利益对个人发展的作用，往往走上片面极端，成为束缚个人正当利益的桎梏。因此，我们应当以马克思主义的态度，批判继承我国的优良传统，并在此基础上研究当前新时期的个体道德。只有这样，我们对个体道德的研究才能够更具有民族的特色，更为广大人民群众所接受。

我国正在建设有中国特色的社会主义，正在形成和建设社会主义的市场经济体制，因此，我们对个体道德的研究，还必须从当前的实际出发，正确地认识、研究、分析、概括有关个体道德的问题。改革开放和发展商品经济，在提倡正当的个人利益、个人价值和开拓创新的要求下，既激发了广大人民群众的奋发有为、自强不息、发展我国社会主义的积极精神，同时，也激发了一些人的自私、损人利己、贪图享受、只顾自己而不顾集体和国家的“个人至上”的思想。在这种情况下，对个体道德的研究，就显得更为重要。

在我国改革开放的条件下，随着市场经济的积极效应和消极效应的影响，对我国个体道德的形成和发展，也产生了相应的双重作用。从积极方面来看，开拓创新、奋发有为成为社会发展的主流；从消极方面看，在当前，主要表现为片面强调突出个体道德，把个体摆在集体和社会之上，宣扬资产阶级的“个人至上”的思想。社会主义的集体主义原则建立在以公有制为主体的所有制的基础之上，体现着社会主义的广大人民群众的根本利益。集体主义作为社会主义的基本价值标准，体现着个人利益和集体利益的辩证统一。在社会主义社会中，个体道德作为对社会道德的内化，只能是以集体主义为基本原则的道德的各种原则和规范对个体的内化，而不允许资产阶级的个人主义来影响和腐蚀人民群众。在当前，当我们大力反对拜金主义、享乐主义、极端个人主义，加强社会主义、爱国主义和集体主义的社会道德内化的时候，我们尤其应当重视这一问题。

关于个体道德问题，最近几年已经引起了国内许多学者的注意。李肃东同志的《个体道德论》基于她的博士论文，这一论文是在研究了大量的国内外有关资料的基础上写成的，比较深入地考察了中西个体道德的异同，深入阐发了个体道德的发生、发展和实现，不但材料翔实，而且力求结合我国改革开放以来现实生活所提出的新问题，以马克思主义理论为指导，对个体道德问题作了理论和实际相结合的辩证思考，应该说是一个有创造性、开拓性的研究成果。这一成果对于进一步促进个体道德的研究，对于培养社会主义的“有理想、有道德、有文化、有纪律”的“四有”新人，将会起到积极的作用。

加强责任研究　增强责任意识*

——《责任论》序

1991 年 3 月初，程东峰同志带着《责任论》写作提纲，作为我的国内访问学者，来中国人民大学进修。初读提纲后，觉得这一提纲能够自成一体，可望写成既有理论意义又有现实意义的一本专著，并希望他在写作中能对“责任”和“义务”的关系作些分析，提出自己的看法，能说明责任和权利特别是道德权利和道德责任的关系。我觉得《责任论》的选题具有现实意义，责任是社会实践中的重要问题，当时我国还没有这类著作问世。我希望他能在这个课题的研究上取得较好的成绩，所以希望他能下点功夫，尽早将这部书写出来。

程东峰同志学习是刻苦的，边写作边听课边查找资料，夜以继日，仅用了三个月的时间就写出了 19 万字的初稿；是年 11 月底又把 21 万字的誊清稿送到了我的手中。我和宋希仁同志分头阅读了誊清稿，认为基础较好，内容丰富，有一定深度。在充分肯定誊清稿成就的基础上，我们又指出书稿中一些概念和理论表述上的问题。现在摆在读者面前的这部《责任论——关于当代中国责任理论与实践的思考》，就是在 1991 年 11 月底那个誊清稿的基础上修改而成的。

我认为，《责任论——关于当代中国责任理论与实践的思考》有以下特点。

---

* 本文原载《责任论》，北京，中国林业出版社，1994。

在理论上，《责任论》作者对伦理学的两个基本概念“责任”和“义务”作了区分。作者认为，“责任”和“义务”是既有联系又有区别的两个各自独立的概念。“责任是行为主体对在特定社会关系中确定的任务的自由确认和自觉服从”，定义强调了责任的客观实在性和主体的自由认同。“义务是主体在道德理想支配下，自由选择的为善的应然行为”，定义强调了道德理想对义务行为的支配作用，义务行为有明确的为善目的。关于道德义务和道德权利的关系问题，在我国理论界，曾经有过不同的意见和争论。我个人认为，不论是道德义务还是道德责任，一般来说，总是和道德权利联系在一起的。履行了一定的道德义务或道德责任，也总应该得到相应的道德权利。但是，道德和法律不同，因而道德义务作为道德主体在道德理想导向下自觉选择的道德行为，又必然是不以享有某种道德权利为前提的。程东峰同志的这一界说，既说明了道德责任是行为主体对在特定社会关系中确定的任务的确认和服从，又说明了道德义务是主体在道德理想支配下为善的应然行为的自觉选择。这两个定义是否科学，可以讨论，但是作者明确地提出这个问题，并作了初步深入的研究，阐述了自己的看法，无疑是有助于问题的深入研究的。

作者还大胆地提出了以责任为核心构建社会主义道德体系，用责任作为道德评价的标准的设想。这些设想是有现实基础的，也是有学术价值的，值得深入研究。在这个意义上，《责任论》在理论上的创新性是不容忽视的，它为社会主义的伦理思想添进了新的内容。

在中华民族的优秀伦理道德传统中，履行自己应该履行的义务，占有极为重要的地位。在人与人的相互关系中，“尽伦尽职”是一个十分重要的道德要求，一个人在社会中生活，总是要同他人、同社会发生着各种不同的关系，并承担着各种不同的责任，如对家庭（父母、子女、夫妻）、对朋友、对集体、对社会、对国家等等。能不能依照社会的道德要求去尽伦尽职，是判断一个人有无道德或道德高低的重要标准。在当前的时代条件下，为了建设有中国特色的社会主义，《责任论》有重要的现实指导意义。作者怀着强烈的革命事业心和神圣的使命感，从祖国的前途命运和人民的生活幸福出发，指出：“不负责任已成为我国社会一大公害，严峻的现实向我们提出了责任问题。”作者呼吁社会：正确地对待责任，自觉地履行责任。作者紧密结合十一届三中全会以来我国的道德实际，借鉴各行各业实行责任制的成功经验，从理论和实践两个方面，有针对性地集中阐述了“责任认同”、“责任教育”、“责任分配”、“责任实现”、“责任监督”和“责任赏罚”的意义、目的和方法，特别是“当代责任分析”两章，对当代社会各种责任失误的分析和对各类角色责任的阐述，现实针对性更强。这些内容不仅有助于人们明确角色责任范围，而且还为我们向职工进行责任教育提供了可操作的方法措施。作者在高校从事宣传工作多年，熟悉党的方针、政策，能够以马列主义、毛泽东思想为指导，坚持集体主义原则，说理深入浅出，论述观点正确，可以作为培训干部和对大专学生进行思想品德教育的教材使用。

在研究方法上，《责任论》体系严谨，论述有特色。在体系建构上，全书沿着责任认识、责任实现、责任检验这三个发展阶段，步步深入地展开内容；全书的内容顺序也就是责任主体履行责任的“知”、“信”、“行”、“果”的全过程，符合认识规律，逻辑性强。

作者不仅有较好的理论素养，而且还有实际工作经验，行文流畅生动，摆事实，讲道理，读来轻松愉快。同那些专业性很强、思辨色彩很浓的学术专著比较来说，《责任论》可以称为一本通俗学术专著，是一本既有理论分析又紧密结合实际的著作。

总之，《责任论——关于当代中国责任理论与实践的思考》是一部有价值的值得一读的好书。我希望这部书能引起理论界乃至全社会的关注，加强责任研究，重视责任教育，努力增强全民责任意识，以期推进我国的社会主义现代化和精神文明建设速度。应当承认，关于“责任”和“义务”的问题，还有许多理论和现实所提出的重要课题，需要继续深入研究，亦希望程东峰同志再接再厉，做出更大的成绩。

作为这一课题的指导教师，《责任论》能付梓问世，我是很高兴的。应作者的要求，写以上意见，是为序。

加强社会主义道德的自我完善与发展*

——《道德范畴与当代中国伦理建设》序

乔法容同志将她撰写的《道德范畴与当代中国伦理建设》书稿寄给我，要我为这本书写一个序，我希望能够早日看到这本书的出版，并愿将我读后的感想，写在下面。

当前，在经济建设迅速发展的同时，伦理建设已成为人们普遍关心的一个问题。经济的发展和物质生活水平的提高，并没有带来人们所预期的道德水平的提高，反而出现了种种值得忧虑的现象，这是人民群众所亲身感受到的。拜金主义、享乐主义和个人主义思想不断泛滥，腐蚀着不少人的思想。在前所未有的商品经济大潮的冲击下，作为商品一般等价物的货币，散发着诱人的"光辉"，使一些人不顾一切地追求金钱。正像马克思所说的，为了金钱，一些人宁肯出卖人格、国格，不惜违犯法律，甚至不惜冒着上断头台的危险。物质利益特别是个人的物质利益，成为唯一值得追求的东西。人生的幸福、荣誉也都以金钱的多少为衡量标准。一些人对社会、对集体的责任，逐渐被湮没，他们的"良心"也沾满了铜臭。"人的本性是利己的"、"人不为己，天诛地灭"的思想，成为一些人内心所信奉的准则，尽管口头上还不愿意公开承认这一点。正是在这种情况下，有的人感到迷惑，有的人对社会主义的集体主义的道德原则开始怀疑，他们提出种种理由来责难集体主义，并要以

---

* 本文原载《道德范畴与当代中国伦理建设》，兰州，甘肃人民出版社，1995。

各种不同的道德基本原则代替集体主义这一道德基本原则。有的人认为，我们的社会主义已经转型和转轨，因此，我们的社会主义道德基本原则也应当转型和转轨。今年 8 月，我在一个有关职业道德的研讨会上，就听到一位同志强调，我们的道德，应该同西方国家，同英、法、美等国家的道德接轨。因此他认为，只有人道主义才是我们国家能够和西方接轨的、现在应该奉行的基本道德原则。这些情况说明，当前中国的伦理道德建设，确确实实是我们应重视的一个问题。

时代在发展，社会主义的现代化建设正在与日俱新地突飞猛进，我们的道德建设，必须随着时代的发展而发展，这是时代的要求，是我们道德建设在当前的重要而光荣的任务。我们的社会主义的道德基本原则，也应当根据现实的新情况和新问题，不断充实、发展和完善。我们决不应故步自封，思想僵化，而应当顺应历史发展潮流，根据社会主义的要求，以马克思主义的立场、观点、方法，从经济、政治的发展与变化出发，开拓创新，使集体主义在新时期内更富有生命力。

我国正在建设有中国特色的社会主义。从计划经济体制向市场经济体制的转变，只是经济体制的变化，并不是我国社会主义基本制度的转变；从单一的公有制经济向允许多种经济成分在一个时期内共同发展，并不是要取消公有制，而是为在将来更好、更快地发展公有制创造条件。正像我们的改革是社会主义制度的自我完善和发展一样，我们的伦理道德建设，也应当是社会主义道德基本原则的自我完善和发展，是一个不断补充、创新和发挥优势的过程。我们的社会主义集体主义的道德基本原则，是同我国的社会主义制度相联系的，是社会主义本质在价值导向方面的体现，因此，社会主义的集体利益高于个人利益的原则，是不能转轨也不应被任何其他原则所代替的。在当前条件下，社会主义社会的基本原则和价值导向，应当发展，应当补充，应当完善，但不能重建，不能转轨，不能转型。至于说要把社会主义道德的基本原则同资本主义道德的原则接轨，更是不可能的，也是有害的。

我国现在发展社会主义市场经济，是不是说人与人的一切关系都成为市场关系？或者像有的人所认为的那样，市场经济的原则是等价交换原则，因而，我们在处理人和人之间的关系上，都只能以等价交换作为原则？我想绝不是这样。尽管我们搞的是社会主义市场经济，但在当前社会主义人与人的关系上，应当说既有市场关系，又有非市场关系；既有以等价交换为原则的商品买卖关系，还有不受市场等价交换原则支配，独立于平等交易关系之外的政治关系和伦理关系。我们必须坚决反对那种把市场关系泛化，把等价交换原则扩大到我们的政治领域和伦理领域中的错误理论，因为这种理论将会把我们的政治生活和伦理生活引导到邪路上去。

如果我们进一步分析，就可以看到，即使是属于等价交换的经济关系，人们在经济行为中同样既要受等价交换原则的支配，也要受非等价交换原则的伦理原则所支配。一个商品经营者，在与他人进行等价交换的同时，还要受社会主义职业道德的制约，他应当为顾客着想，为顾客服务，急顾客之所急，具备高尚的职业道德修养。他对于自己所担负的职责，应有强烈的责任心，有正确的荣辱观念。这一切，都不可能用等价交换原则来作为标准。至于说到在社会生活中的同志关系、家庭关系、朋友关系、邻里关系，特别是个人对集体、对国家、对社会的各种关系，如政府工作人员同国家的关系、革命军人同军队和国家的关系，又怎么可能用等价交换原则来支配呢?

还需要进一步指出，社会主义社会的基本道德原则，或者说社会主义社会中的主要价值导向，不但不应受等价交换原则所支配，而且，它还要在价值导向和伦理规范上教育、诱导、规劝那些违反这一原则的种种错误思想和行为，保证我国市场经济能够沿着社会主义道路顺利、健康地向前发展。从这一意义上来看，不加分析地要求社会主义道德建设要无条件地适应市场经济的提法是不确切的。社会主义的道德原则，是建立在社会主义的经济基础和政治制度之上，并为社会主义经济、政治的发展服务的。市场经济，可以是社会主义的，也可以是资本主义的。因此，只有市场经济是沿着社会主义道路发展的，社会主义道德才能为它服务；当市场经济离开了或不符合社会主义的要求时，社会主义道德就要去干预它并力求使它回到社会主义的道路上来。

乔法容同志所撰写的这本专著，对当前市场经济条件下的有关伦理建设问题，作出了较好回答。她以马克思主义的立场、观点和方法，针对改革开放给道德建设所提出的各种问题，坚持社会主义的集体主义的价值导向，就道德义务、荣誉、良心、幸福等基本范畴，作了实事求是的分析，创造性地对这些范畴作了新的解释，把社会主义的集体主义原则有机地贯串其中。作者还从历代伦理思想家有关的论述中吸取符合时代需要的内容，综合创新，古为今用，赋予这些古老范畴以时代意义，并将其纳入社会主义的伦理道德体系中，给人们以新的启迪。

在社会主义市场经济条件下，我们每一个人，都将面对着来自各方面，特别是来自资本主义腐朽思想和价值观念方面的考验。可以说，不论自觉或不自觉，对我们来说，都将是一场严峻的考验。我们应当头脑清醒，百倍警惕，以防被这些“糖衣炮弹”所击中。什么是幸福？什么样的生活才是幸福的生活？什么样的荣誉才是值得我们追求的荣誉？我们应当具有什么样的良心？我们对自己的工作职责，是不是有强烈的责任意识？我们有没有因为追求金钱而放弃了自己对社会、对国家、对集体的应尽的责任？对于这些问题，我们一定要用马克思主义的观点作出正确的回答并付诸实践，身体力行，增强我们抵制各种错误思潮侵蚀的能力。乔法容同志的这本书，在这方面，对我们会有很多帮助。

在《道德范畴与当代中国伦理建设》一书中，乔法容同志还提出一个“当代中国伦理建设的新思路”，对我们也很有启发。从当代中国社会道德状况的实际出发，特别是市场经济条件下的经济关系、政治法律关系和伦理关系三个基本关系出发，她提出“制度结构制衡论”的思想。她认为，为了求得一个社会的全面进步，为了在社会经济进步、政治进步的同时防止道德滑坡，要三个方面的建设同时并重，它们之间应当互补互偿、互相协调等等。这些看法，是应当受到重视的。尽管作者对“伦理制度”的含义及其同经济制度、政治制度相互关系的论述，还有值得进一步讨论的地方，但作者这种大胆探索的精神及其对当前中国伦理道德建设的关心，将会促使我们进一步深入思考这一问题。

从当前社会中人和人的关系来看，在一定意义上，我们可以把它们划分为三种不同的关系，即政治关系、经济关系和伦理关系。这三种不同关系，各有自己的处理原则，各属不同的领域。当然，人类社会生活是复杂的，人们的这三种关系又往往是交叉和重合的。在政治关系中，我们必须坚持四项基本原则，即坚持社会主义道路、坚持人民民主专政、坚持共产党的领导、坚持马克思列宁主义毛泽东思想，这是我国社会主义现代化建设和改革开放顺利进行的根本保证；在经济领域内，既要发展市场经济，又要加强宏观调控，既要“允许和鼓励其他经济成分的适当发展，又必须坚持以生产资料社会主义公有制为主体”；在商品生产的经济活动中，我们必须坚持等价交换的原则，只有等量的劳动与等量的劳动相交换，才能保证商品经济的正常运行；在伦理道德关系中，人们应当奉行集体主义这一社会主义社会的基本道德原则及规范，并受义务、荣誉、幸福、良心这些基本范畴的制约。只有这样，我们才能使人和人之间的各种伦理关系，有助于社会的安定团结，有助于建立起社会主义的新型的人际关系。正像我们不能要求商品交换者“无私”地奉献出他们的商品一样，我们也不能在人和人的伦理道德关系中进行等价交换。在市场经济条件下，绝不是所有的事物都能够用金钱去衡量的。在政治生活和伦理生活中，人们有着比金钱、比物质利益更重要的追求，甚至于有比生命更崇高的追求。中国古代的孔子说，富与贵是“人之所欲也，不以其道得之，不处也”。孟子也曾经说过：“生亦我所欲也，义亦我所欲也，二者不可得兼，舍生而取义者也。”又说：“生亦我所欲，所欲有甚于生者，故不为苟得也；死亦我所恶，所恶有甚于死者，故患有所不辟也。”人格、国格、尊严、荣誉以至友谊、良心等都具有伦理价值，它们不但不应受等价交换这一原则所支配，而且还要坚决抵制和反对金钱对它们的腐蚀，摆脱物质利益对它们的诱惑，消除等价交换原则对它们的不良影响。至于说到政治生活中的大是大非、国家利益和民族利益，更不应当因个人能得到多少金钱而颠倒其在人们生活中的位置。坚持社会主义道路，消灭剥削，消除两极分化，最后达到共同富裕，这是我们建设有中国特色的社会主义的崇高目的，也是社会主义的本质要求，不应因个人的任何私利而发生动摇。政治生活、经济生活和伦理生活中的这些原则，既相辅又相成，既互制又互补，从而保证我们沿着有中国特色的社会主义道路健康地向前发展。

乔法容同志撰写的《道德范畴与当代中国伦理建设》一书，不仅对义务、荣誉、良心、幸福等伦理学的范畴，从理论与现实的结合上作了较好论述，而且提出了“制度结构制衡”的思想，有助于我们更深入、更广泛、更有效地探讨中国当前伦理道德建设面临的重要问题。我愿意把这本书推荐给读者，希望引起同志们的进一步研究。

加强少数民族道德研究，为弘扬中华各民族优良道德而努力*

——《凉山彝族道德研究》序

《凉山彝族道德研究》一书将要和读者见面了，作者将书稿的清样送给我，希望我能够在阅读了这个清样之后，为这本书写一个序。

由于这方面的知识较少，所以我以先睹为快的心情，希望能够早一点把它读完。不巧，由于身体不适，我差不多停止了近一个月的工作。最近，终于初读了一遍，才来完成这个本来早就应该完成的任务。

《凉山彝族道德研究》，是由彝族专家苏克明教授主持编写的一本有关彝族道德的专著。课题组的一些成员，由于教学和科学研究的关系，本来就具有关于凉山彝族道德的很好的知识素养，为了写好这本书，他们又两次深入凉山进行调查研究、搜集资料、请教专家和搜集照片。总的来看，这本书对凉山彝族的道德，作了一个比较全面的研究，发掘了过去我们所不了解的许多新材料，进行了一些新的概括，使我们对凉山彝族的道德状况，有了一个基本的了解，丰富了我们的认识，为中华民族的伦理宝库，增添了必不可少的重要内容。

彝族是我国各兄弟民族中一个人口较多、历史悠久、对中华民族的发展做出了重要贡献的民族。凉山彝族人民，在漫长的历史长河中，创造了灿烂的文化，有着纯朴的、良好的道德传统。从社会制度上看，在1956年凉山民主改革前，凉山彝族的社会制度主要表现为奴隶制社会

* 本文原载《凉山彝族道德研究》，成都，四川大学出版社，1997。

的特征，同时，也还能够明显地看到某些由原始社会脱胎而来的道德风尚的遗迹。民主改革以后，新的社会主义的道德，又在这块土地上开始形成和发展。在凉山彝族的整个道德中，我们几乎可以看到迄今为止的全部人类道德发展的一个缩影或雏形，看到一幅漫长的不同历史类型的道德生活的画卷。在凉山彝族的丰富的道德遗产中，既有着长期奴隶制度下所形成的一些剥削阶级的、维护等级制度的道德内容，这当然是我们应当彻底加以否定和抛弃的，同时我们也应当看到，其中确有着大量的、丰富多彩的、纯真朴实的、善良美好的劳动人民的道德。这些劳动人民的道德，今天看来，仍然充满着劳动人民之间所固有的人与人之间的平等友爱、相互关心、相互帮助的美好的关系。因此，用马克思主义的历史唯物主义的观点，对凉山彝族的道德加以分析，并弘扬它的优秀的内容，在今天仍然有非常重要的现实意义。当然，我们现在正在建设有中国特色的社会主义的道德，凉山彝族的传统道德，也必然要根据当前已经发展变化了的新的情况和新的问题不断地发展，只有这样，它才能对现实生活发挥有益的作用。

中国是一个有着五十多个民族的多民族的国家，中国优秀的、丰富的文化传统和道德传统，是我们这个民族大家庭中的每个成员所共同创造的。由于汉民族人数最多，历史又比较悠久，再加上在很长的历史时期内，统治国家的权力掌握在少数汉族人的手中，因此，其他少数民族的文化，在旧社会，没有得到应有的发展。除了个别民族在特定的时期内有所例外，我们可以说，少数民族中的大多数民族的文化，始终是处于受压抑的境地的。在我国的文化传统和道德传统中，从历史文献和文字资料来看，本来就比较少的各少数民族的优秀文化遗产，被保存下来的就更少了。全国解放后，新中国从根本上消除了对少数民族的歧视，所有中华民族的各族人民都成了国家的主人，各少数民族的文化传统和道德传统开始受到国家和人民的重视。尤其是自从改革开放以来，随着经济建设突飞猛进的发展，文化建设也相应地有了很大的发展。正是在这种新的形势下，对于少数民族的伦理道德的研究也有了很大的进步。最近十几年来，关于少数民族的道德和伦理学的教材和专著也出版了不少，这是非常令人高兴的。

但是，总的来说，在优秀道德遗产的继承和当前道德的建设中，我们还是比较多地注意到汉民族的道德问题的研究，对于其他少数民族的道德遗产和现实生活中的伦理道德思想，往往注意得不够。正是由于这一原因，在我们的有关伦理学和道德的教材和专著中，不能够充分地反映少数民族的伦理道德思想，在弘扬中华民族的优秀道德思想时，也比较少地论述到各少数民族的优秀道德思想，这对于我们的伦理道德建设来说，不能不说是一个需要改进的问题。

加强少数民族的伦理道德的研究，对建设有中国特色的社会主义的精神文明，特别是建设有中国特色的伦理道德，对于加强中华各民族之间的向心力和凝聚力，对于更好地弘扬各少数民族的优良道德传统，对于形成有中国特色的社会主义的道德体系，都有着特别重要的意义。也正是由于这样一个原因，我愿意把这本《凉山彝族道德研究》推荐给广大读者，希望带动更多的人去进行有关少数民族伦理道德问题的研究，并希望我们在这个领域能够取得更多的成果。《凉山彝族道德研究》一书，从一定的意义上，可以说是一本开拓性的著作，它填补了我国道德研究领域的一个空白，也正是由于这样的原因，它也必然会存在一些有待于改进的不足之处，这也是我们广大读者所能够谅解的。

道德规范的作用*

——评弗莱彻的《境遇伦理学》

怎样看待道德规范的作用，这是伦理学的理论和实践中所提出的一个值得重视的问题。在加强社会主义精神文明建设和道德建设中，正确认识规范建设在协调人际关系中的地位，对纠正当前的道德失范状况，有着极其重要的意义。

一、道德规范的作用

一般来说，关于道德规范在社会生活中的作用，根据弗莱彻的分析，在西方伦理学的理论和实践中，大体上有三种不同的观点。

第一种观点，就是律法主义。也就是说，在面临道德选择和道德决定时，都要根据事先存在的一套道德准则。这些准则，都是必须遵守的，是不应该有任何违背的。但是，由于这些准则和规范，是十分繁琐的，是彼此相互重复的，甚至是相互矛盾的，因此，在实际生活中，往往是无法执行的。这种观点是弗莱彻所极力反对的，从一定意义上来说，他的《境遇伦理学》就是针对着这一观点的。他所谓的在伦理学上的革命，也是针对这种律法主义的。

---

* 本文原载《以德治国与公民道德建设》，138～142 页，郑州，河南人民出版社，2003。

第二种观点，就是反律法主义。根据弗莱彻的说法，“同律法主义截然相反的对立面，我们称之为反律法主义”。主张这种观点的人，在面临道德选择和道德决定时，主张不需要任何规范和准则，既不凭借任何规范和准则，也不涉及任何规范和准则。人们只依据自己所处的具体情况，提出解决道德问题的决定。因为任何规范和准则，都是一种既定的模式，而我们所面对的则是千变万化的具体情况。

第三种观点，就是弗莱彻所主张的《境遇伦理学》的观点。他自认他的观点是介乎上述两者之间的一种中间的理论。他说：“境遇论者在其所在社会及其传统道德的准则的全副武装下，进入每个道德决断的境遇。他尊重这些准则，视之为解决难题的探照灯。他也随时准备在任何境遇中放弃这些准则，或者在某一境遇下把它们搁到一边，如果这样做能较好地实现爱的话。”这也就是说，弗莱彻主张以人道主义为核心和根本原则，以实现爱为唯一的目的，强调为了“爱”，可以而且应当抛弃一切规范和准则。他明确地声称，他的境遇伦理学是以实用主义为原则的，只要能达到“爱”的目的，是什么方法都可以用的；他同时还表明，在道德规范甚至在整个伦理学上，他是持相对主义的，他认为一切伦理原则和道德规范都是相对的。

弗莱彻在他的《境遇伦理学》中，极力要打破的是已经僵死的、不适应时代发展需要的基督教传统伦理道德体系。他认为原有的基督教的道德戒律，是束缚个人发展的缰绳，而且许多戒律又彼此重复，相互矛盾。他强调理性的作用，认为在面临道德选择和道德决定时，不应当认为“善”是由某些外在的东西置于事物之中的观念，而应当以人们的理性来判断。

在支持自己的理论时，弗莱彻举出了许多例子。譬如说，关于施舍是善举，对于境遇伦理学来说，它决不是说在任何情况下，施舍就是善举。它的决定是有前提的，不是没有条件的。“只有爱的戒律是绝对的善。”因为，我们施舍和帮助穷人，有时候会造成其堕落或者更加贫穷。

二、道德选择和道德决定的变例

现实生活中，的确有不少值得我们注意的道德选择和道德决定的变例。这也就是说，在某些特殊的情况下，人们不能依照原有的道德规范来作出决定，而是要根据自己所处的“境遇”来作出判断。这种新的判断，也可能是符合原来的道德规范的，也可能是同原来的道德规范不同甚至相反的。

最常见的例子就是“一个人应当诚实”。当然，在大多数的情况下，在日常的人与人的相处中，在个人对集体和国家的关系中，我们应当诚实。在中国古代的道德传统中，“诚实”更是一种极为重要的美德。在人际关系中，如果一个人被认为是一个不诚实的人，这个人也就必然会不受信任。如果在道德原则的问题上，有人要否认“诚实”是一个社会的重要的道德原则，我们是不能同意的。在当前的社会主义市场经济的条件下，我们决不能忽视、淡化和否认“诚实”这一道德原则的重要性，更不能因为有某些特殊情况而走向实用主义和道德上的相对主义。

但是，我们也必须看到，在我们的现实生活中，有一些情况，是需要我们灵活处理的。如一个杀人者向你询问他要寻找的人隐匿在何处，而你知道这个人隐匿的地方，这时候你能够“诚实”吗？当然不能。

1999 年 9 月，我国报纸上还登载了这样一件事：一个战士在部队已经牺牲了，他的家人却一直隐瞒着他的母亲，在长达 20 年的时间里，他的母亲不断地收到他儿子的来信，直到 20 年后，才真相大白。我们的报纸和舆论对这一长达 20 年的说谎是肯定的，认为这一行为是道德的。

在古代希腊的战争史上，也曾有过一次著名的战例。在一次军事战争中，为了坚守住自己的阵地，在极端困难的情况下，军队的统帅在没有援军到来的情况下，撒了一个弥天大谎，说援军就要到来，稳定了战士的情绪，坚守了阵地；最后援军果然来了，打了一个大胜仗。这种说谎，在历史上，也是被肯定了的。

在现实生活中，有一些“境遇”，对于一些面临的道德选择和道德决定，究竟是应当“诚实”还是应当“说谎”，是要根据当时的具体情况而临时来判断的。一个强盗深夜进入你的家中，问你的钱都放在什么地方，你应当对他说真话还是说假话？如果你说了真话，他就会把你的钱全部拿走，你不是太傻了吗？如果你说假话，他一怒之下，会对你动武，甚至会伤害你的生命，这不是太不值得了吗？又如：一个被查出患了癌症又没有希望治好的病人，向医生询问他的病情时，医生应当对他如实地说出病情吗?

三、道德规范的原则性与灵活性

确实，道德规范既有原则性，同时又有灵活性。在这个问题上，任何机械的和形而上学的观点，都是错误的。在这一问题上，我们既不能采取实用主义的态度，更不能因此而走向相对主义的泥坑。

道德规范是社会生活的道德准则，是对整个社会所有人的一般的要求。它调节着人和人之间的各种不同的利益关系。否认了道德规范的作用，也就否认了道德的社会作用，就必然要走上非道德主义的错误道路。

我们知道，道德作为一种社会意识形态，它的原则和规范，都是有导向性的，在阶级社会中，它是为统治阶级的利益服务的，不论是奴隶社会、资本主义社会还是社会主义社会，都是如此，概莫能外。实用主义的道德理论，虽然打着超阶级的旗帜，其实质，仍然是为资产阶级的利益服务，这一点，也是很明确的。在社会生活中，自从有了人类，就必然有人类行动所遵循的规范。在原始社会，是道德规范，在阶级社会中，除了有道德规范用以调节人和人之间的各种关系外，还必须有法律规范，来制止敌对阶级的反抗，以达到维护社会稳定的目的。在社会主义的社会中，否认道德规范在现实生活中的指导作用，实际上只能是有利于资产阶级道德的传播，这一点，也是很清楚的。

在这里，我们还要特别指出实用主义在真理观上的错误。实用主义认为，凡是有用的就是真理。由于不同阶级甚至不同阶层的人，对什么有用和什么无用的看法不同，按照实用主义的标准，就必然是公说公有理、婆说婆有理，那还有什么真理的标准?依此类推，在道德上，也就不可能有一个社会应当共同遵守的道德规范。

那么，是不是因为在人的实际“境遇”中，有许多特殊的情况，就可以采取相对主义的理论，从根本上否认道德规范的一般意义呢?不能。

道德规范的原则性和灵活性是辩证统一的，是相互联系和相互补充的。没有道德规范的普遍规定，人们的行为就会无所适从，社会生活就必然出现混乱和无序。当然，我们在实际生活的不同境遇中，也必须要根据具体情况，灵活地作出道德选择和道德决定，决不能形而上学地墨守成规。但是，我们决不能因此走向相对主义，因为相对主义认为一切都是相对的，任何规范都是不可能的。相对主义强调了事物的发展和变化，却走上了否认事物的稳定性的谬误。相对主义虽然看到了事物在不同条件下的不断变化，看到了人们对事物的认识的局限，也就是说，它确实看到了事物的相对性，但它由此而否认了事物的稳定性，从而走上了否认客观真理的怀疑主义和不可知主义，则是十分错误的。

在中国古代的传统道德中，对于这一问题，是有明确的解决原则的，这就是所谓“经”与“权”的关系。孟子认为，“男女授受不亲”是“经”，这是一种经常的人人应当遵守的道德规范，但是，当嫂子掉进了水中时，那就不应当拘泥于这个一般的规定，而应当用手去把她拉上来，这就是“权”，就是违反正常规定的“权宜之计”。社会生活是千变万化的，我们在社会生活中所面临的道德选择，也都是千变万化的，都因时间、地点和情况的不同而不同，任何道德规范的运用，都是具体的。我们既要遵守社会主义道德规范的要求，又要根据自己的道德认识和道德觉悟，灵活地运用这些原则和规范。

马克思恩格斯道德哲学研究的新成果*

——评《马克思恩格斯道德哲学研究》

马克思恩格斯道德哲学是马克思主义哲学的重要组成部分，也是马克思主义价值观的核心。2011 年度《国家哲学社会科学成果文库》入选作品、中国人民大学宋希仁教授所著《马克思恩格斯道德哲学研究》（中国社会科学出版社 2012 年版）一书，集几十年学习和研究之所成，对马克思恩格斯道德哲学思想进行了系统梳理和理论阐发，内容厚实，多有新意，是一本经过深入思考、兼顾实用的学术著作。

通读全书，我们可以看到该书的几个显著特点：

第一，该书以马克思、恩格斯的著作文本为依据，系统梳理和总结了马克思恩格斯道德哲学思想，对马克思、恩格斯不同时期有关伦理道德的论述进行了具体分析并作出了必要的理论概括。特别是深入阐述了《资本论》以道德社会学视角所阐析的资本主义社会伦理道德现象，对经济与道德、资本与人格、历史与正义等道德哲学问题既有宏观的把握，又有大含细入的分析，对深入研究马克思主义道德哲学和推进我国社会主义道德建设，具有特殊的重要意义。

第二，马克思恩格斯道德哲学思想并不是离开马克思主义本身的发展独立形成的，而是在长期实践和思想积累过程中融入马克思主义体系、成为马克思主义理论不可分割的组成部分的。该书不拘泥于教科书

---

* 本文原载《光明日报》，2012-12-12。

的框架和结论，而是根据马克思恩格斯道德哲学思想由以形成的社会条件和思想发展的内在逻辑，深入探讨马克思、恩格斯原著中的基本观点和结论的真正含义，使读者能够得到比较准确的理解。该书的一个重要特点，就是把马克思恩格斯道德哲学的展开同马克思主义的形成有机联系起来，概括出较为明晰的内容，从道德哲学的特殊方面体现出马克思、恩格斯的价值观和道德正义论。

第三，马克思、恩格斯的道德哲学始终注重人的自由意志和人民群众的历史创造性，从个人自由意志扩及人民群体的自由意志。在自由意志、人的责任和能力、必然和自由关系的辩证发展中，揭示出自由及其秩序历史性进步过程的道德哲学体系，把作为实践理性的道德意志导向争取自由、平等、民主和公平正义的改造世界的历史行动。正是在这个基本点上，该书始终注意把马克思、恩格斯的道德哲学思想同他们的革命实践活动结合起来——他们为之奋斗终生的理想，也就是争取人类解放和人的自由全面发展的伟大事业。

第四，该书不回避疑点和难点的困扰，对马克思恩格斯道德哲学思想论述中比较难以解释的问题，作了认真思考和解说。在章法体例上，该书采取了以阐述马克思恩格斯道德哲学思想为主体，分设八章，每章之后辅以疑难问题讨论的方式。这样的章法安排，在解说内容时有助于通过问题讨论贯通全书，灵活地解说一些理论问题，乃至有针对性地讨论一些理论与实际结合的现实问题。

二

重视伦理学在社会生活中的应用*

——《财经伦理学概论》序

《财经伦理学概论》一书，即将出版了，作者希望我能为这本书写一个序。借这个机会，也想谈一谈我对职业伦理学在我国当前社会生活中的意义和作用的一点看法，并希望在加强伦理学基础理论研究的同时，加强应用伦理学的研究。

当前，我国正面临着改革开放的大好形势。物质文明建设正在突飞猛进地向前发展，农村经济体制改革和城市经济体制改革所带来的勃勃生机，使人们在经济生活中的积极性得到了充分的发挥。改革和开放，不但有利于我国物质文明的建设，同时，也为我国精神文明的建设创造了极为有利的条件，归根到底，将会使我国沿着社会主义道路不断前进。但应该承认，在这同时，我们的社会风气，人们的道德面貌，人与人之间的关系，都不同程度地受到了资产阶级的“一切向钱看”、“人都是自私的”等道德观念的冲击。尽管真正信奉和实行拜金主义和“人都是自私的”观念的人只是少数，但是这种思想影响却可能会蔓延，侵害和腐蚀社会主义的健康肌体。这种情况，是特别值得注意的。

在建设社会主义精神文明中，一个重要的方面，是加强职业道德的建设，提高职业工作者的觉悟和道德责任，充分发挥职业道德在道德情感的传递中的重要作用，从而更快、更好地改善社会主义社会中人和人

* 本文原载《财经伦理学概论》，杭州，浙江人民出版社，1986。

的关系，更快、更好地改善我国当前的道德面貌和社会风气。

人在社会中生活，除发生婚姻家庭方面的关系外，还因为从事各种职业而发生不同的职业关系，从而有不同的职业道德。一般来说，职业道德要调整两个方面的关系，一个是同一职业的工作者内部的关系，一个是职业工作者同广大群众，即同其他职业工作者以及一般群众之间的关系。职业工作者职业道德的加强，以及忠于职守、为社会服务的信念的树立，就会在职业工作中给广大群众以道德情感的感染，从而会激发广大群众更加热爱社会、热爱他人，同时也会振奋自己的精神，在自己的工作中把这种道德情感传递下去。总之，这种社会道德情感的传递，能促进人与人之间关系的良性运行和协调发展，有利于社会风气的改善，有利于社会主义精神文明的建设。

以商业工作者的职业道德来说，可以更清楚地看到这种情况。人们在日常生活中，经常要同商业工作者打交道。如一个顾客到商店里买东西，如果他遇到的是一个忠于职守、热爱服务工作、有崇高职业道德的售货员，给予他耐心、热情、诚恳、周到的服务，在他买到称心如意的商品的同时，又给他以全心全意为人民服务的崇高品德的感召，就会给他以热爱自己的事业并尽量为他人幸福着想的一股强大的力量。如果这位顾客是一位医生，就会促使其在自己的门诊工作中，对病人充满社会主义的人道主义的同情，发扬救死扶伤的天职，给予病人以认真负责的治疗。这样，患者不但在身体上解除了痛苦，而且在道德情感上受到了感染。如果这个受到精心治疗的患者是一个会计师，这种道德情感的传递，将可能会更加增强他的责任心，使他在理财工作中能够更好地贯彻艰苦奋斗、勤俭节约的理财方针，自觉地遵守财政纪律，尽职尽责，勤奋工作，同时以这种崇高的道德情感感染与之发生关系的更多的职业工作者。

社会生活中的道德情感传递，或者说人与人之间的道德情感的感染，对社会的精神文明建设，有一种特殊的启迪作用。只要我们加强共产主义道德的教育，特别是加强职业伦理学的研究，注意提高和培养人们的职业道德觉悟，从而使人们都能生活在一种健康的、愉快的、朝气蓬勃的道德情感的氛围中，就能够更好地推动改革开放的进展，有利于社会主义的物质文明和精神文明的建设。

《财经伦理学概论》是以会计、统计、财政、税务、商业、银行、国际金融和外贸等财经工作人员的职业道德为研究对象的。这是一本属于应用伦理学方面的著作。正由于它着重于理论的应用，因而，从一定意义上说，它在现实生活中，应该受到更大的重视。财经人员的职业责任感的加强，对巩固我国的社会主义公有制，对保证改革和开放政策的贯彻执行，对进一步克服当前社会上的许多不正之风，将发生重要的作用。这本《财经伦理学概论》的作者，既熟悉财经工作专业的情况，又具有伦理学的专业知识，因而此书能够结合当前财经工作的实际，针对财经工作中存在的各种问题，提出自己的看法。我相信，这本书的出版，必将对我国的社会主义精神文明建设，起到积极的作用。

论加强职业道德建设的意义*

——《社会主义职业道德讲话》代序

对建设社会主义精神文明来说，加强职业道德的建设，有着特殊的重要意义。

人类社会，随着生产力和科学技术的不断进步，各种职业分工日益繁多，人和人的职业关系也愈来愈密切。在自给自足的奴隶社会和封建社会，职业道德在人类生活中，并没有特殊重要的地位。资本主义的发展，职业活动的交错、频繁，职业来往日趋增多，使职业道德在社会生活中的作用，发生了重大的变化。在人和人之间，职业关系、职业责任、职业观念、职业良心以及职业伦理等，更成了人们每日、每时所谈论的主要问题。在当前的社会生活中，人们都深深地感到，一个社会的职业工作者的道德修养，对于调整人和人之间的和谐、友好的关系，对维持一个社会的良性运行和正常发展，有着极其重要的意义。正是由于这种原因，职业道德才受到人们特别的重视。一般说来，职业道德的发展，总是反映人类道德进步的一个尺度。但是，由于资本主义制度是建立在生产资料私有制的基础上，金钱至上的观念和利己主义的思想，限制了职业道德的作用。当前，我国正在建设以公有制为基础的高度的社会主义物质文明和精神文明，大力加强职业道德的建设，对于调整我们

* 本文原载《北京日报》，1987-03-23；后收入《社会主义职业道德讲话》，北京，北京日报出版社，1987。

社会人与人之间的关系，改善社会风气，激励和发扬人们建设社会主义的积极性，无疑是有很重要作用的。

一、职业道德建设在社会主义道德建设中的特殊地位

社会主义道德建设，是由各个不同层次的道德结构所组成的一个统一的道德体系。就我国现实的社会道德现状来说，从思想性质来划分，有共产主义道德、社会主义道德，还有其他较低层次的道德。从道德规范的适用范围来说，有适用于全社会的道德的基本原则、规范，还有适用于各种不同范围的家庭婚姻道德和职业道德等等。正视我们社会主义道德体系中这一纷繁复杂的现实情况，努力把先进的道德要求，同各层次的特殊要求有机地结合起来，其意义正在于要我们实事求是地进行社会主义道德的研究、教育和建设工作，以改变以往我们在道德建设过程中那种一般化的格局。

改变旧格局、建立新格局，必然会碰到一个头绪纷繁的问题。因此，选准一个牵一发而动全身的突破口，成为我们进行道德建设的当务之急。在道德建设中，如何更好地从实际出发，把社会主义和共产主义道德的原则、规范同社会各种不同成员之间的职业利益、职业活动、职业习惯、职业特点等联系起来，从而能够使道德成为人们日常生活中须臾不可离的需要，这对提高全社会的道德水平，改善社会的风气，是有重要意义的。我们现在大力强调进行职业道德的建设工作，在一定意义上说，正是着眼于职业道德的特殊性，把职业道德建设作为社会主义道德建设的突破口来看待的。

职业道德就是从事一定职业的人们，在特定的职业活动中所应遵循的行为规范总和。在调节人们行为的总趋向上，职业道德规范和一般道德规范是一致的。所不同的是，职业道德在具体的职业活动中，用职业化的道德规范体系，来体现一般道德规范体系的基本原则。因此，职业道德在性质上体现了行为调节的特殊方向，即主要是针对各个具体行业的人员制定出的特有的行为规范，而在形式上则表现出多样性和具体性，即有多少具体的行业，也就有多少具体的职业道德规范。职业道德区别于一般道德的这种特殊性，是它在社会主义道德建设中具有突破口

意义的特殊地位的主要根据。

社会主义道德建设的根本目的，就是要在全社会普及社会主义和共产主义道德的基本要求，从而使社会的道德风尚得到普遍改善，使人们的道德觉悟普遍提高。但多年的道德建设经验使我们深深体会到，仅仅把社会主义的道德建设停留在泛泛而谈的一般性道德教育和一般性道德号召上，而不是与社会每个成员的切身生活体验、实际觉悟水平联系起来，就很难使社会主义和共产主义的道德原理从心灵深处打动人们。从现实生活来看，社会的绝大多数成员，只要是靠正当手段谋生的，都必然与一定的职业相联系。因而人们的道德实践领域，除了个人的家庭生活圈和大众公共场所之外，主要发生在每个人特定的职业活动中。这就决定了职业道德必然会对人们产生巨大而广泛的影响。人们的职业活动场所，既是人们的道德实践活动表现得最经常、最丰富、最具体的地方，也是一定的道德理论运用得最经常、最丰富、最具体的地方。一定的道德原理，只有立足各类具体而生动的职业道德，并且通过职业道德通俗化、形象化的转换作用，才能够深入人心、普及开来。尽管在青年时代，人们可以接受最基本的道德教育，树立正确的人生观，养成良好的道德品质，但是，严格说来，在现代社会，人们道德品质的形成，除婚姻家庭道德外，总是要在各种职业活动中进一步培养和训练，并通过职业活动而得以不断提高。人们在自己的职业活动中受特殊的职业道德约束，并靠长期的职业磨炼养成特殊的职业道德习惯，然后在对职业道德的具体体验中，进一步认识和感染着更高的道德原则，养成更优秀的道德品质。

这也就可以看出，把职业道德建设作为社会主义道德建设的突破口，实质上是向全社会提出了一个最基本的道德要求，这个最基本的要求是社会绝大多数成员必须遵循而且完全有能力遵循的。有了这个最基本的要求，在道德建设中，大家也就有了一个能促使每一个人一步步脚踏实地地提高道德觉悟、改善社会风气的良好开端。

二、职业道德在提高人们的道德觉悟、改善社会风气中的特殊作用

保障社会主义现代化建设的顺利进行，是社会主义道德建设的宗旨

之一。为了达到这一目的，需要为社会主义的建设事业提供一个相对稳定的社会环境。这种相对稳定的社会环境，其主要标志是，人与人之间交往关系的平等和友爱，社会风气的清廉公正。从社会职业活动的广泛性和特殊性来看，各种职业成员是否能够遵循各自行业的职业道德，是否能够抵制和纠正带有行业特点的不正之风，对我们所追求的理想社会环境，确乎有着至关重要的作用。职业道德的重要作用，主要是因为它对人与人之间的交往关系，对社会风气，起着一种特殊的道德感情的传递作用。

在现实生活中，各种职业活动都是相互联系的，各种职业人员也是相互来往的。因此，每一种职业人员的道德状况，必定以相互间的联系和往来为媒介传递开去，给人们以或好或坏、或善或恶的影响。职业人员在职业活动中所接触的面越广、涉及的人越多，这种道德感情的感染力也就越大。一种职业人员的道德状况，可以通过一传十、十传百的传播方式，在一系列职业人员的感情上产生共鸣。拿党政干部的职业道德来说，就可以更清楚地感到这种情况。如果我们的党政干部在工作中忠于职守、公正无私、勤勤恳恳为广大人民群众排忧解难，就会在社会上率先树立起讲究职业道德的榜样，对各行各业产生广泛的感染作用。如果一个医生从党的干部身上看到了模范遵守职业道德的品质，在感情上受到启迪，就会在自己的工作中发扬救死扶伤的人道主义精神，千方百计地解除病人的痛苦。如果这个医生的病人是教师，这个教师也会从医生遵守职业道德的模范行为中受到启迪，促使他忠诚于党的教育事业，精心培育自己的学生，使他们成为国家的有用之才。这种感情还会不断地传递开去，传给服务行业的服务人员，传给工人、农民、军人、警察等等，最终成为一种良性循环。与善的感情能够一传十、十传百地循环往复一样，人们的恶的感情，也会按照同样的途径传递开去。比如，受到商店售货员不公待遇的医生，就可能把怨气撒到当干部的病人身上，这个干部又可能把怨气撒到教师身上，而这个教师又可能把怨气撒到学生的身上，等等。

因此，我们决不能低估职业道德这种道德感情传递作用对人们的巨大道德影响。人与人之间交往关系的改善，社会风气的好转，社会的安定团结，往往就是在这种道德感情潜移默化的传递和感染作用中实现的。

首先，通过这种道德感情的传递和感染作用，可以使人们养成一种对社会、对其他行业人员的责任感，从而有利于改善人与人之间的交往关系、改善社会风气。也就是说，每一个职业人员，通过各个职业的道德感情的传递作用，会深深体会到自己既是为他人服务的服务者，又是被他人服务的服务对象：在这个商店我是售货员，在另一个商店我又是顾客；在这个医院我是医生，在另一个医院我又是病人，等等。这就容易造成一种客观处境，使每一个职业人员在自己的职业活动中，能够设身处地为他人着想，将心比心，推己及人，从而自觉接受自己行业的职业道德的约束，自觉培养遵守职业道德的责任心。

其次，通过这种道德感情的传递和感染作用，可以消除社会中的许多不稳定因素，从而有利于形成安定团结的社会局面。在现实生活中，人与人之间在交往过程中总会出现这样那样的矛盾，各个职业的人在遇到不尽如人意的人或事时，常常会感到不安、压抑，甚至会感到苦闷、痛苦、悲天悯人、怨天尤人。弄得不好，如果让这些矛盾激化起来，让这些不稳定因素振荡起来，社会就很难安定团结。解决这些矛盾和不稳定因素的途径是多方面的，我们决不应片面夸大道德手段在这个问题上的作用。但不可否认，现实社会中的许多矛盾和许多不稳定因素，是可以通过道德方式，尤其是可以通过职业道德的这种推己及人、由人推己的感情传递方式，来消化和解除的。我们常见到这样的事实，人们的一些思想疙瘩，一些忧虑、不安和心理负担，并不是靠某种激动人心、美丽动听的言词来解脱的，而是通过党政干部朴实正直的工作作风，通过医生护士救死扶伤的人道主义精神，通过服务人员热情诚恳、周到细致的服务态度，而得到解脱并升华的。正是这种同志式的友爱互助精神，给人以温暖，给人以慰藉，从而促使人们甩掉包袱，更加热爱自己的职业，更加热爱社会，热爱他人，同时也振奋自己的精神，在自己的工作中把这种道德感情传递下去。

三、遵守职业道德与重视个人正当经济利益的关系

在职业道德的建设过程中，最重要的就是要树立为国家做贡献和为人民服务的思想。对于很多职业，还特别强调要为自己的职业对象服

务，要发扬助人为乐和大公无私的精神。因此，在推行职业道德中，经常碰到的一个问题是，究竟应当如何正确处理遵守职业道德和重视职工个人正当经济利益关系的问题。应该说，从总体上来看，大多数职业人员是能够正确处理这种关系的。但在具体的职业实践活动中，也仍然存在着某些糊涂认识和错误倾向，妨碍着我们的职业道德建设，因而我们仍需进一步研究和解决这一问题。

首先，我们讲职业道德，强调为人民服务，为自己的职业对象服务，并不是与社会主义按劳分配的原则相违背，更不是要否定职工个人的正当经济利益。利益是道德的基础，我们在任何时候都不能忘记马克思主义伦理学的这条基本原理。有人认为我们在职业活动中强调职业道德，强调为人民服务，强调对国家和集体做贡献，就是要用职业道德去反对个人按社会主义的经济原则行事。这种理解，当然是错误的，是没有真正理解职业道德建设的根本目的。

因为，道德总是一定的现实社会关系的产物，同时它又必然要反过来为其赖以生存的社会关系服务，否则道德就失去了生命力。职业道德也不例外。我们国家目前的大局，是要建设一个有中国特色的社会主义国家。在当前就是要以四项基本原则为指导思想，以经济建设为中心，进行改革开放，搞活经济，并在大力建设社会主义物质文明的同时，大力建设社会主义精神文明。我们的职业道德建设，只能在这一大局下来行动，只能为这一大局服务。从改革这一大局来看，在一切领域中的一个重要内容，就是要把我们的事业同个人的正当经济利益挂起钩来，充分调动人的活力，调动人的能动性。在这种大局下来建设的职业道德，绝不是与社会主义的经济原则相背离，更不是不顾个人的正当利益。相反，它还要根据共产主义的道德原则，结合现实发展的实际需要，建立一整套适应、符合、促进这一经济原则的职业道德规范，使广大职工的正当的个人利益能够得到保障。既要提倡职业道德，发扬为人民服务的精神，又要讲究效益，保证企业和职工的正当利益，这是不是矛盾呢？看起来，好像是矛盾的，其实，两者正好是相辅相成的。一个企业、一个医院、一个商店，只要它的职工有高尚的职业道德，能处处为顾客着想，急顾客之所急，想顾客之所想，注意服务态度，重视服务质量……那么，可以肯定，企业、医院和商店职工的高尚职业道德，必然会给这个单位带来相应的经济效益，增加每个职工的正当的个人利益。相反，如果职业工作者没有职业道德，甚至不负责任，敷衍塞责，以致弄虚作假，投机倒把，即使暂时可以捞到一些钱财，但从长远来看，不但对国家和本单位不利，就是对职业工作者本人，最终也是不利的。当然，在有些情况下，职业工作者的高尚职业道德，并不能直接为自己带来经济利益，但这种高尚的精神将受到社会的尊敬，并成为人们效法的榜样，形成更高的价值。

其次，我们讲职业道德，既不否定个人的正当利益，也绝不是鼓励和赞许人们片面地追求个人私利，而是要坚决反对“一切向钱看”的错误倾向。社会主义的经济原则，当然要反对平均主义，反对吃“大锅饭”，但社会主义的经济原则，也同样反对损人利己、损公肥私、金钱至上的思想和行为。社会主义的职业道德建设，也必然要为这一目的服务。

一方面，社会主义道德的本质在于，以一定的规范形式维护社会的整体利益，并在保障社会整体利益的前提下，尽可能满足个人的正当利益。社会主义职业道德也正是立足于整个社会和职业团体的整体利益，来调节职业人员的职业行为的。如果职业人员以“一切向钱看”的动机来追求个人利益，就势必见利忘义、舍义取利，不惜以牺牲职业团体或社会的利益为代价，来谋取个人私利。这种“一切向钱看”的思想行为具有很大的反社会性。它不仅仅直接腐蚀了各种职业人员的心灵，毁坏了最起码的职业道德信条，而且通过职业道德在道德感情上特殊的传递和感染作用，腐蚀其他行业人员的心灵，毒化整个社会的风气。最终，就会使我们试图通过职业道德的建设来促进社会主义道德建设，进而促进改革事业和“两个文明”建设事业的目的落空。

另一方面，道德要为改善和提高人们的精神素质服务，职业道德是达到这一目的的重要手段。人的精神素质的改善和提高的标志之一，就是要养成一种主人翁精神。这种主人翁精神包括两个要点：一是正确看待社会，一是正确看待自己。从职业道德素质上说，归根结底是要让职业人员在自己的职业活动中，牢固树立一种强烈的职业良心感和职业责任感，并使之逐步升华为强烈的历史责任感和社会责任感，从而使职业人员自觉形成一种为社会奉献一切的情操，并在为社会奉献的过程中，充分确定和实现自己的尊严和价值，造就一种顺应历史潮流的开拓精神。但是，在职业活动中抛开职业道德原则，追求“一切向钱看”思想和行为的职业人员，由于舍弃了职业团体利益和社会整体利益，舍弃了自己职业应有的最起码的良心感和责任感，也就不可避免地会舍弃自己的历史责任感和社会责任感，舍弃自己应有的主人翁意识，津津乐道地陶醉在追求个人一己私利的思想行为中，成为自私自利、唯利是图的人。

总之，我们在处理职业道德与个人利益的关系时，应始终保持清醒的头脑，既不把遵守职业道德与社会主义经济效益原则对立起来，也决不把广大职业人员引向“一切向钱看”的错误道路上去。

社会主义职业道德是整个社会主义道德结构中一个重要组成部分，它的一切职业规范的形成，都贯串着社会主义和共产主义道德的原则，因此，它的进步和发展，必将醇化社会生活，净化社会环境，从而使整个社会道德面貌不断地进步和发展。为了加强职业道德建设，必须要大力加强职业道德教育，提高人们履行职业道德的自觉性。在社会主义职业道德建设中，对某些职业道德，由于它们对社会风尚的好转有重要影响，因此，必须向它们提出更高的道德要求，如干部道德、新闻道德、教师道德、医务道德、商业道德等等。因此，在加强职业道德的教育中，还应该特别注意这些方面的职业道德教育，从而把整个社会的职业道德教育推向一个新的高度。

重视和加强军队的职业道德建设*

——《军人伦理学新编》序

在从现在开始的未来几年内，应用伦理学和职业伦理学的研究，有可能在我们国家取得长足的进步。这是一个应该有所突破的领域，也是一个必须有所突破的领域，更是一个能够突破的领域。我在几年前就提出，我们国家的道德建设工作，甚至我们国家的精神文明的建设工作，应该以各行各业的职业道德建设为突破口。现在的实践证明，这么做是有其独到的作用的。

军人伦理学的研究，历来是我国职业伦理学研究中的一个重要部分。这不仅仅是因为我国军人伦理学的研究工作相对来说开展得比较早，取得的成就相对来说也比较多，更重要的，是因为我们军队在我们国家中具有特殊地位，是因为我们军队的思想道德状况，能够对整个国家的思想道德状况，起到极其特殊的作用。因此，加强军人伦理学的研究工作，加强军队的职业道德建设，就有可能促进其他职业伦理学的研究工作，有可能促进其他职业道德的建设。

军人伦理学的研究，应该以什么为中心、以什么为最终目的呢？这大概是研究军人伦理学的同志们首先要考虑的问题。我主张以研究军人的精神支柱为中心，以撑起军人坚不可摧的精神支柱为最终目的。军人的精神支柱是什么？军人什么样的精神支柱才可能是坚不可摧的？这是

* 本文原载《军人伦理学新编》，北京，军事科学出版社，1988。

一个值得深入思考和热烈讨论的问题。我认为军人的精神支柱，就是为祖国、为人民的献身精神。也就是说，真正称得上是我们这支具有光荣革命传统的军队的精神支柱的，真正称得上是这支军队坚不可摧的精神支柱的，必须是建立在正确的道德理论上的军人的自我献身的精神。在我们国家中，尤其在现时代，军人就意味着献身，意味着奉献，意味着“吃亏”。没有这种“献身”精神的军人，绝不可能在当前这种以“实惠”和“赚钱”为时尚的风气中，成为一名真正让祖国、让人民放心的合格军人。因此，有必要提倡这么一句：为祖国、为人民甘当“吃亏兵”！

社会上现在似乎流行着一种嘲笑、贬斥自我献身精神的倾向，好像人天生都是自私的，好像只有利己心才是“四化”建设的唯一动力，才能够把我们的国家建设好，似乎前些年我们国家之所以搞得不好，都是因为人们具有了这么一种自我献身精神的缘故。这种“流行色”是反常的、不和谐的；这种观点是荒谬的、有害的。如果让人们都放弃自我献身的精神，如果让人们都把利己主义、个人主义作为自己的价值目标，如果让一些人的所谓的魔性的欲望充分膨胀起来，那么，我们国家的“四化”建设，将不可能成功，这才是真正令人担忧的。

军人伦理学，就是应该以强调军人的自我献身精神为主线索，从而帮助军人树立起坚不可摧的精神支柱。如果我们军队在这方面起了好头，我们的军人在这方面起了好头，毫无疑问，就将对全社会和全体人民，起到巨大的精神激励作用。

由王伟、夏伟东等同志编著的这部《军人伦理学新编》，在总体构思上，我认为是突出了军人的自我献身精神这个主题的，或者说，该书的特点与长处，正在于紧紧抓住了这个主题，并围绕这个主题，构建出较新颖的框架体系，用有一定深度和说服力的理论，阐述了军人自我献身的问题及由此派生出来的其他一系列问题。我相信，该书的出版，尤其是该书作为军队进行道德教育的教材，将能够对军队的职业道德建设、对军队的军人伦理学研究，起到应有的作用。

理论伦理学和实践伦理学的发展及其趋势*

——《教育伦理学》序

早在几个月以前，《教育伦理学》的作者就把这本书的初稿寄给我，希望我能抽时间看看这本书，并为它写一个序。

开始，我曾婉言谢绝了作者的这一请求，一方面是因为没有时间来阅读这本著作，另一方面是由于感到自己对职业伦理学缺乏研究，恐怕写不出什么有益的看法。只是在作者的再次要求后，我才比较认真地读完了《教育伦理学》的初稿，觉得这本《教育伦理学》确有自己的特色，值得向读者推荐。由此，联系到伦理学这门学科的分类、实践（应用）伦理学及职业伦理学的发展等许多问题，也想借这个机会，谈一谈我的看法。

伦理学作为一门科学，它本身的特点之一，就是有鲜明的实践性，借用中国的传统说法，也可以说它是一门强调“知行合一”的科学。人们早就认识到，作为对道德现象所进行的特殊反思，它不仅仅只是一种规律性的认识，更重要的，它还是人们应当依照其准则去行动的价值标准。“知是行之始，行是知之成，真知必能行”、“知而不行，不能为知”等命题，从伦理的意义上来理解，是有着丰富而深刻的寓意的。正是由于这一原因，自从古希腊的亚里士多德开始，就把伦理学、政治学归在他所说的实践性的科学之中。在《尼各马可伦理学》中，亚里士多德用

* 本文原载《教育伦理学》，上海，上海人民出版社，1988。

了大量的篇幅，力求使人们在实践中能奉行他所说的中道原则，从而能更好地调整当时的人与人之间的关系。德国古典哲学的大师们，特别是康德、黑格尔、费尔巴哈等，都特别强调伦理学的这种实践性的特点。康德把他的有关伦理学的最重要的著作命名为《实践理性批判》，根本原因就是，在他看来，人类的“德性之知”是同实践不能分离的。也正是由于这种原因，马克思才把道德看做是用“实践精神”来把握世界的一种方式。在很长一段时期内，人们总是把对道德现象的规律性认识同对人们的规范性要求融为一体，形成了一种所谓的规范伦理学体系。但是，随着社会的进步和人类分工的发展，特别是由于分工而形成的职业道德的出现，使得伦理学也不得不向两个方向发展，即所谓理论伦理学和实践伦理学（又称应用伦理学）。在理论伦理学中，到20世纪初，又产生了所谓元伦理学，它们特别强调对伦理学的基本概念的分析，并运用逻辑推理的方法，从概念本身的演绎中来建立各自的严密的理论体系。自20世纪以来，元伦理学在西方经过了几个发展阶段，曾经在西方伦理学中占据了重要地位，并发生过不可忽视的影响。但由于它把有关道德现象的理论同现实中人们的实际道德关系割裂开来，因而，这种理论愈抽象、愈严密，它的实用性就愈微小，它几乎完全无助于西方现实社会中道德问题的解决。因而，到20世纪60年代以后，元伦理学开始衰落了，一些伦理学家似乎又开始转向理论同实践的结合，要求伦理学的研究应有助于人际关系的调整。

在元伦理学向抽象的、脱离实践的理论分析方向发展的同时，与其相对立的、以实用为目的的职业伦理学也日趋发展。由于资本主义社会中商品生产和民主政治的发展，职业责任、职业良心的要求愈来愈成为人们关心的问题。美国著名哲学家、伦理学家弗兰克·梯利早在20世纪初，就已经指出：“我们可以把伦理学分为理论伦理学和实践伦理学”，“前者发现规律，后者应用规律，前者告诉我们已做的是什么，后者告诉我们应当做什么，实践伦理学是理论伦理学的应用”①。在一般科学研究中，我们也常常把理论和应用（或实践）加以区分（如理论物理学和应用物理学等），因此，梯利对伦理学的这种解释，一般来说是正确的。需要补充说明的是，理论伦理学和应用（或实践）伦理学的关

① 《伦理学概论》，14～15页，北京，中国人民大学出版社，1987。

系，是有自己的特殊意义的。

伦理学研究的目的，主要可以概括为三个完善：完善个人、完善社会和完善人类。当然，这里所说的完善，主要是从人们的思想意识、道德品质、理想境界诸方面而言的。因此，即使是理论伦理学的研究，也决不应该离开人们的现实的道德活动，也有其独特的实践性；同样，即使是实践（应用）伦理学的研究，也不能忽视其理论的重要，一定要有相当的理论深度。社会文明程度的提高，对理论伦理学和应用伦理学都提出了越来越高的要求。理论伦理学绝不能停留在脱离时代的丰富生动的道德现象的概念范畴的逻辑推演上，而要使新的伦理学的理论研究，能够真正成为人们现实道德关系的升华和结晶。否则，我们的伦理学的理论研究就不能满足时代的要求，或者成为脱离实际的说教和空想，或者成为落后于时代的沉渣，归根到底，都无助于“使人类社会升到更高的水平”这一崇高目标的实现。

理论伦理学是对人类社会道德现象的哲学思考，因而，人们往往也把它称为道德哲学。严格说来，作为一本理论伦理学的著作，主要应当是以哲学的世界观和方法论为基础，去分析、研究和概括道德现象中那些最具有全局意义的根本性问题，也就是说应该去探讨、归纳道德领域中最重要、最普遍的规律。从这一要求出发，我们看到，现在有些理论伦理学著作（包括我自己所主编的《马克思主义伦理学》在内），在这方面都显得缺乏深度。造成这种状况的原因是多种多样的，如作为一种教科书的体例，需要有社会的道德规范的论述等等，但其中的原因之一就是，本来可以纳入实践（应用）伦理学中的道德教育、道德修养和职业道德的许多具体要求，都容纳在理论伦理学之中。因此，随着实践（应用）伦理学的发展，道德教育、道德修养和职业伦理学从理论伦理学中分离出来，对于伦理学本身的发展来说，无疑是一个重大的进步。

实践（应用）伦理学，应当是以一定的哲学的世界观和方法论为指导，以某种道德哲学作为知识基础来研究不同领域、不同的社会关系中道德准则的特殊形式，它要研究一定的道德准则的形成、形式、职能、应用、适应范围及作用的规律等等。这里需要强调指出的是，实践（应用）伦理学虽然比较着重于不同领域、不同社会集团的有关人们“应当”如何的研究，但是，我们还必须尽可能给这种“应当”以理论的说明，即指出人们不仅“应当”去做什么，而且还要使人们懂得为什么这种“应当”是应当的。

从历史上看，在伦理学领域中，首先得到发展的是理论和实践（应用）相统一的伦理学，它们往往既有理论的反思，又有规范的要求，从而在较长时期的社会发展中，发挥着它们调整人际关系的作用。从20世纪开始，在西方，理论伦理学中的元伦理学有了相当的发展。但是，在最近一二十年来的伦理学发展过程中，长期未能得到充分发展的应用伦理学，在西方却异军突起，大有代表伦理学发展的新趋向之势。当前，美国、英国、加拿大和澳大利亚的著名伦理学家，都从元伦理学转向了实践（应用）伦理学的研究，反映了伦理学研究的这种最新趋势。一些西方的学者们也正确地指出，由于元伦理学在西方的道德危机面前束手无策，因而使实践（应用）伦理学得到了前所未有的发展。正是在这一背景下，生命伦理学、环境伦理学、宇宙伦理学以及各种职业伦理学如雨后春笋般地出现，伦理学家们还力图使伦理学的研究能够解决由于科学技术的突飞猛进所带来的许多新问题。这种趋势方兴未艾，正在不断发展。

从我国的情况来看，虽然我们在实践（应用）伦理学方面的研究起步较晚，但对实践伦理学的一个重要分支——职业伦理学的研究，却取得了较大的进展。目前，我国的职业伦理学研究所涉及的方面是非常广阔的，除不少论著以职业道德命名外（在一般情况下，我们所说的有关职业道德的著作，也都可称为职业伦理学；严格说来，职业道德的著作和职业伦理学也还有一定的区别，前者较多地强调规范，后者较多地注意到理论和实际的结合），以职业伦理学命名的也有医学伦理学、军人伦理学、教育伦理学等。这些有关职业道德和职业伦理学的著作，大多数都能依据我国各种职业内部及本职业与其他职业之间的道德关系的实际，对各个特殊领域的人和人之间的道德准则的形成、形式、职能、应用、适用范围及作用的规律等等，作了不同程度的探讨，对促进我国职业伦理学的发展，起了重要的作用。

当然，从发展的眼光来看，从社会主义物质文明和精神文明建设对我们提出的较高的要求来看，我觉得，我们的实践（应用）伦理学或职业伦理学的研究，还有待进一步完善和提高。有些关于职业道德和职业伦理学的著作，在研究对象和学科体系等方面，较多地沿用了理论伦理学或伦理学教科书的体系，再加上对有关职业的具体事例和行为准则，往往缺乏较深入的研究，就显得单薄和缺乏必要的有机联系。

王正平等同志撰写的这本《教育伦理学》，能够以辩证唯物主义的世界观和方法论为指导，以马克思主义伦理学的基本理论为知识基础，紧密地结合教师劳动的特点，从教师与学生的关系、教师与教学劳动的关系、教师个人与集体的关系、教师工作与其他行业的关系等方面，分析了教育作为一种职业的特点，构建起了自己的教育伦理学的结构体系，摆脱了用伦理学原理再加上职业事例和职业准则的机械方法，使人感到作者确实是花费了艰苦的劳动的。作为一名教育工作者的我，读后也有很大的启发，受到了有益的启示。可能是由于集体写作和时间较短的关系，有的章节显得较为薄弱。但总的来说，这是一本值得向读者推荐的好书。

重视对科技伦理学的研究*

——《科技伦理学》序

这本《科技伦理学》，以马克思列宁主义的基本理论为指导，根据我国当前改革开放的要求和建设社会主义的四个现代化的需要，密切结合科学技术发展的历史，特别是现代科学技术发展的有关最新成就，分析了科技伦理学的对象、任务和方法，提出了科技道德的基本原则和主要规范，论述了科技评价与科技道德评价的关系，概括了科技人员的理想人格，探讨了科技道德的教育和科技道德修养等问题，较全面地论述了科技伦理学的各个重要方面，这对我们了解、学习和掌握科技伦理学这门新兴的学科来说，无疑是有帮助的。

正像作者所强调指出的，科技伦理学是随着科学技术的发展而产生的一门重要的新兴学科。科学技术研究的最终目的，是要造福人类，使自然界能够为人类的幸福服务。在社会生活中，在利用和控制自然界的过程中，在人和人之间，必然会发生个人与他人、个人与社会以及人类和大自然之间的矛盾。为了更好地协调一致地利用与控制自然界，就必须有相应的行为规范来调整这些矛盾。科技伦理学正是在这一客观的要求下产生的。同时，人们在利用自然、改造自然和控制自然的同时，还有一个如何对待自然才会有利于人类自身、有利于子孙后代的问题。协调人与自然的关系，归根到底，也还是为了协调人与人之间的关系。

---

* 本文原载《科技伦理学》，上海，上海人民出版社，1989。

科技伦理学是伦理学的一个分支学科，属于职业伦理学的范畴，从一定意义上，也可以把它看做是有关科技人员的职业道德的科学。随着科学技术客观进程的不断发展，以及科学技术工作本身的特点，在科技人员中逐渐形成一种比较稳定的科技职业心理和科技规范、准则。当人们自觉地对这些规范和准则加以概括，从而将其作为认识世界和改造世界的一种重要方式时，这些规范和准则就可以发挥出进一步推动科学技术发展的一种巨大的能动力量。

当前，我国的社会主义四个现代化的建设进程正在不断地向前发展。提高人民的思想道德水平，培养人们的崇高理想，从而振奋起全国各族人民振兴中华的精神，对加速我国的“四化”建设，保证我国“四化”建设的方向，有十分重要的意义。我们的四个现代化，是社会主义的四个现代化，不是资本主义的四个现代化。社会主义的科学技术现代化同资本主义科学技术现代化的本质区别，就在于我们的科学技术现代化，是以全体人民的共同利益为目的的。为了同建设社会主义这一根本要求相适应，科学技术人员就必须具有共产主义和社会主义的道德要求，如关心集体、造福人民、献身科学、追求真理、勇于进取、团结协作、大胆创新、严谨治学等等。同时，在改革开放中，在吸取资本主义国家的先进的科学技术中，也应该注意抵制资产阶级的腐朽道德观念。在科技工作中，必须注意经济效益，注重科技成果同生产实践的结合，注重科技咨询和开发，这是正确的和必要的，但是，我们必须反对资产阶级所奉行的拜金主义，反对“一切向钱看”，反对为谋取个人私利而弄虚作假、剽窃别人成果，反对把科技知识作为危害国家和人民利益的手段。社会主义科技事业的发展，必须要充分发挥所有科技人员之间的真诚合作和相互帮助。由于科学技术的规模越来越大，在很多重大的科研项目中，没有这种合作和相互帮助，要想取得突破性的进展，几乎是不可能的。竞争是必要的，因为没有竞争机制，科学技术同样也不可能有迅速的进展。但是，在社会主义社会中，由于公有制经济占主导地位，科学技术的目的不是为了少数资本家的利益，人和人之间不是在生产资料私有制基础上的相互对立关系，因此，社会主义社会的竞争同资本主义社会的竞争，有原则的不同。一般说来，竞争的目的，不是为了个人或小集团的利益，而是为了促进科学技术的现代化，发展我国的生产力。在竞争中，要注意不投机取巧，不弄虚作假，不坑害别人，不抄袭别人的成果，不能只顾自己不顾别人，并且在可能的范围内帮助别人，为别人提供方便。总之，竞争必须是为了共同前进，要把协作同竞争统一起来，尽量减少内耗，使竞争成为一种合力，并最终能加强科技人员之间的合作，使科技工作不断地得到发展。

本书主编徐少锦同志，对科技伦理学的有关问题，进行了长时期的研究，并曾和我多次讨论其中的有些问题。1986 年，我曾和他一起研究过本书的提纲。全书写成后，又送给我阅读。我在通读全书之后，觉得很受启发。本书的内容比较丰富，理论分析比较深刻，注意到现代科学技术发展的最新成就，对科技工作道德的基本原则和道德规范概括得也很好。从一定意义上说，这是一本开拓创新的著作。关于科技伦理学的体系结构，还需要广大科技伦理学工作者继续不断地加以探索和讨论。这本书所作的研究，对我们在今后进一步完善这门新的学科，无疑是有其特殊意义的。

加强对应用伦理学的研究*

——《医学伦理学导论》序

何兆雄同志将其所主编的《医学伦理学导论》的稿子示我，并嘱我为此书写一个序。尽管教学和行政工作较忙，我仍抽出一些时间，读了这本书的清样，并乐于写几句有关医学伦理学和应用伦理学方面的一些粗浅的意见，供本书的读者参考。

我虽然长期从事伦理学的教学和研究，但重点主要是在伦理学的基本原理方面。最近几年来，自己本来希望能更多地注意中外伦理思想史和中西伦理比较方面的研究，以便集中精力，完成我多年准备的有关这方面的书稿。但由于种种原因，在教学和行政工作之余，不得不从事于有关整个社会的伦理价值导向的研究，以致中外伦理思想史和比较伦理学的研究，也不得不暂时中断。对于医学伦理学，很久以来，虽然也想做一些必要的研究，但终因时间和精力有限，未能如愿。借此机会，阅读了何兆雄同志主编的《医学伦理学导论》并为其作序，也可以算是我学习的一点体会。

一般来说，伦理学是一门以道德现象为研究对象的科学。伦理学可以分为理论伦理学、规范伦理学和实践伦理学三大部分。理论伦理学是一切伦理学的基础理论学科，对整个伦理学（包括对思想教育科学、德育学等）的研究，有着极其重要的作用。理论伦理学主要探讨道德的起

---

* 本文原载《道德与文明》，1990（5）。

源、发展、变化的基本规律及其不同时期的社会作用，研究道德同物质生活的辩证关系，研究道德的最高原则和最高理想等有关道德的根本问题，研究有关道德教育和道德修养的基本理论等等。理论伦理学当然也要涉及道德规范和实践伦理学方面的问题，但是，它只是对这些问题进行理论的概括，不涉及它们的具体内容。理论伦理学在研究伦理学的基本理论时，也探索伦理学研究的方法。方法论的研究，对于任何一门科学的发展，都有重要的意义。尽管总的来说，社会科学都必须运用马克思主义的唯物辩证的方法，用历史主义的方法和阶级分析的方法等等，但这还不够，每一门科学都还必须有适应于本门学科的特殊的方法。

规范伦理学，在中西伦理学史上相当长的时期内是一种比较常见的伦理学。西方自从亚里士多德的《尼各马可伦理学》开始，直到 19 世纪末，除少数著名哲学家和伦理学家（包括少数神学伦理学家）的理论著作外，大多数伦理学著作，都可以说是一种规范伦理学。当然，在一些规范伦理学的著作中，也往往涉及一些伦理学的基本理论，如宗教伦理学中，就有一部分是强调道德起源于神的理论，但就其总的内容来说，仍然应当归属于规范伦理学之内。

20 世纪以来，在西方，同分析伦理学的出现密切相联系，整个伦理学有着从规范伦理学向理论伦理学发展的一种趋势。总的来说，分析哲学的主要倾向是把哲学、伦理学从实际引向空洞的、抽象的语言文字的逻辑分析，但就其重视“分析”来说，使伦理学的研究带有相当的理论色彩。

20 世纪 60 年代以后，西方伦理学研究开始从理论伦理学转向实践伦理学。随着科学技术的日益发展而出现的许多新问题，各种实践伦理学就如雨后春笋般地发展起来，如军事伦理学、医学伦理学、教育伦理学等等。各种应用伦理学的发展，对于进一步调整社会中人与人的关系，对于维护整个社会秩序的稳定，都有重要的意义。

对于实践伦理学，又可以区分为应用伦理学和职业伦理学两个部分。所谓应用伦理学，主要用来概括比较一般性的道德实践领域，如医学、军事、教育、生态、工程技术等等，研究的是一些更为广泛的问题。所谓职业伦理学，主要用来概括某一个具体的职业领域，即研究具体的职业人员的职业道德素养问题。这样，应用伦理学常常重点研究由人的活动造成的有关某一方面、某一领域的道德后果问题，而职业伦理学则常常重点研究职业人员本身的道德准则以及从业人员的道德修养问题。例如，同是医学实践领域，但作为应用伦理学的医学伦理学和有关医生、护士以及其他医务工作者的职业伦理学，有着明显的不同。职业伦理学主要研究职业工作者的道德问题，而医学伦理学则同时要涉及与生命和死亡有关的更为广泛的问题。正是在这一意义上，我们可以说，应用伦理学的概念大于职业伦理学的概念，应用伦理学甚至可以包容着职业伦理学。正是由于这种原因，在医学伦理学中，也往往包括医务工作者的职业道德的内容。

医学伦理学作为一门科学，它最核心的内容就是与人的生死有关的一切伦理道德问题。由何兆雄同志所主编的《医学伦理学导论》，在吸收国内外有关这一问题的成果的同时，在理论体系和实践论述上，都有着一定程度的创新。我相信，此书的出版，将会对我国这门学科的研究，起到促进的作用。

在当前科学技术日新月异的时代，医学科学和医务实践正越来越多地面对许多新情况和新问题，这些问题中有相当大一部分都是同人们的伦理价值观有着密切关系的。加强医学伦理学的研究，讨论、分析和回答那些有关伦理价值的难题，对我国四个现代化的建设，是有重要意义的。

加强企业的精神文明建设*

——《企业伦理学》序

在发展社会主义市场经济的条件下，在激烈的市场竞争中，一个企业，怎样才能够健康地向前发展，使企业既能有较高的经济效益，又能有很好的社会效益，从而对社会和国家做出有益的贡献，这是当前企业所面临的重要问题。

诚然，企业所面临的问题是多方面的，体制的改革、行政管理水平的提高等都有很重要的意义。但是，我们仍然应当指出，伦理道德因素，对企业的健康发展有着不可忽视的作用。如果只注意体制改革、技术改造和行政管理水平的提高等等而忽视伦理道德的因素，要想很好地解决企业所面临的种种问题，仍然是不可能的。

在当前发展社会主义市场经济条件下，等价交换、追求利润、强调效益和激烈竞争，给社会主义社会中的各种企业，既带来了积极的活力，促进了企业的发展，增加了企业的利润和国家的收入，提高了企业各种人员及整个社会的生活水平，培养了能适应商品经济发展的新的人才；同时，也给我们的社会生活和企业经营带来了某些消极的影响。在大力发挥商品经济所带来的积极效应的同时，还必须正视它的消极效应。对于这些消极效应，如果不能及时地加以注意和纠正，任其发展下去，不但要危害企业的发展，而且最终将会影响、阻碍甚至破坏我们的

* 本文原载《企业伦理学》，北京，中共中央党校出版社，1991。

国民经济的顺利前进。这是必须引起我们高度重视的。

商品经济发展的消极作用的一个重要方面，就是由等价交换、自由竞争所诱发的某些人的利己主义、享乐主义和拜金主义的思想泛滥，从而造成在企业中的见利忘义和唯利是图以及由此而引发的种种弊病。从经营思想上来看，只重视经济效益，单纯追求利润而不顾社会效益；从产品生产上来看，不顾质量，以次充好，甚至假冒伪劣，直到危害人民的生命；从服务态度上来看，敷衍塞责、玩忽职守、态度恶劣、见死不救等，引起人民群众的强烈不满；如果从整个人类更长远的利益来看，在唯利是图的思想影响下，恣意向自然界索取而破坏生态平衡，任意排放废水、废气、废渣，造成环境污染，不仅对现在一代，甚至会对子孙万代，造成无穷的后患。这些问题，已经引起了人们的严重不安，同时也影响了企业的形象和声誉，必然会对企业产生不利的后果。

现实情况有力地说明，越是发展我国的社会主义商品经济，越需要加强企业的精神文明建设，其中更为突出的是企业的道德建设，充分认识道德因素在企业发展中的作用，以便使企业能够得到更好的发展。在当前解决企业面临的种种问题时，有一些企业的经营管理者，注意到扩大企业规模、引进最新技术、提高产品质量、加强成本控制、实行奖惩制度、改善经营机制以及扩大广告宣传等方面，应当说，这是非常必要的；但是，还应当看到，如果只是看到这样一些有形的、行政的、技术的管理的作用，而忽视精神、道德方面的作用，那么，这些措施或者不能充分发挥应有的作用，或者虽能暂时发挥作用，也很难持久下去，最终不但不能使企业摆脱所遇到的困难，甚至会适得其反，使企业的困难愈陷愈深。

从近代科学技术和工业的进步发展来看，日益众多的问题，都同企业的伦理道德问题密切相关。为了使企业能够不断健康的发展，企业必须正确处理企业领导同广大成员的“和谐”问题，企业活动对社会应负的道德责任问题，企业的发展同生态平衡的关系问题以及企业信誉、企业精神和企业的职业道德准则、企业职工的道德权利与道德义务等问题。从一定意义上说，这些问题已成为企业能否更好发展所面临的重要问题。

我国是社会主义国家，我们国家的企业，更应当自觉地以广大人民群众的利益和国家的利益为出发点，正确地解决企业中有关伦理道德的问题。不论国有企业和私营企业，都要既强调经济效益又要注意社会效益，绝对不能唯利是图，假冒伪劣，破坏生态平衡，危害人民利益；都要正确处理企业领导同广大职工的关系，明确各种不同的从业人员的道德权利与道德义务；都要努力发挥广大群众对企业的义务心和责任心，根据企业自身的特点，形成独特的企业精神。对于国有企业来说，应当把发扬职工的社会主义道德觉悟看做是推动企业发展的重要精神力量。社会主义的国有企业本身的发展，必须伴随着广大职工的主人翁觉悟的不断提高。只有以社会主义的集体主义道德原则来教育广大职工，以国家、集体的利益高于个人利益的思想来加强职工的主人翁意识，才能形成一种强大的向心力和凝聚力。只要我们能够在加强行政管理诸种手段的同时，再加上精神文明建设，特别是思想道德建设的工作，就一定会更好地协调企业内部的各种人际关系，形成高尚的企业精神，使社会主义的伦理道德思想成为我们企业的独有的优势。在当前各个企业竞争十分激烈的条件下，我们的国有企业，应该充分发挥人的素质特别是优良道德素质的作用，发挥每个职工爱企业如家、把企业发展看做是高于自己发展的精神，把个人利益融合到企业兴旺发达的利益之中。我们在革命时期，曾经有效地发挥了我们的思想道德优势，今天，我们应当在发展社会主义商品经济中，更加注意发挥我们新的思想道德的力量。

在发扬企业的思想道德的优势中，我们还应当特别注意弘扬中华民族的优良道德传统。我国是文明古国，以礼仪之邦而屹立于世界民族之林。我们建设有中国特色的社会主义的道德体系，应当善于吸收、改造、继承我们中华民族特有的价值体系与道德观念。我们中华民族历来就有重整体精神的传统，有先义后利的道德原则。当然，现在时代不同了，封建阶级的整体利益和“先义后利”的思想，早已过时，但在我们今天的社会主义社会中，仍然有国家的利益、民族的利益和企业整体的利益，我们今天仍有“义”和“利”的关系。我们应当大力提倡国家利益、企业利益，提倡“见利思义”和“见得思义”，反对自私自利和损人利己，反对见利忘义和唯利是图。中华民族历来提倡“人际和谐”，提倡“和为贵”，强调仁者爱人，强调“老吾老以及人之老，幼吾幼以及人之幼”。这些思想，对我们协调企业内部的各种关系，增强企业内部各种人员的友爱和谅解，也都有着不可忽视的作用。人们都知道，艰苦奋斗、刻苦耐劳、自力更生、勤俭创业，几千年来都是同中华民族血肉相连的一种特有的优秀道德品质，更值得我们发扬。这对于反对当前出现的某些挥金如土、奢侈浪费、斗财夸富、一掷千金的资产阶级腐朽思想，尤有着极强的现实意义。还应当指出的是，如“诚实守信”、“公平正直”的优良道德传统，对于反对和抵制假冒伪劣、诈骗投机、坑蒙拐骗、偷税漏税等情况，也有重要的作用。总之，只要我们能根据马克思主义的批判继承的态度，吸取其精华，抛弃其糟粕，就一定能够使我们的传统道德，在新时期发挥出有利于我们企业发展的新的积极作用。

这里，在谈到弘扬中华民族的优良道德传统时，我还想顺便提到日本的一点情况。早在日本明治维新时期，当时的著名的日本企业家涩泽荣一（1840—1931），作为日本“株式会社”企业组织方式的创立人，曾经在日本的企业经营方面，提出过一个著名的理论，就是“《论语》算盘”论。涩泽荣一还专门写了一本《论语讲义》，他说：“拨算盘是利，读《论语》是道德。余则相信《论语》、算盘二者，应该相伴随，相一致，故咀嚼《论语》的教论以为处世之信条。今为……说明二者调和并行的理由而做此讲义。”涩泽荣一根据他的“《论语》算盘”论，使企业得到了发展，终于使他成为日本企业界的一个成功的企业家。他说：“我明治六年辞官，进入本来就向往的实业界之后，我和《论语》就有了特别的关系。这就是我刚成为商人时，心里有所不安。即想到今后要在锱铢必较中度过一生，应该有怎样的操守呢？此时我想起来以前学过的《论语》。《论语》里说的是修己交人的日用之教。……我可以按照《论语》的教谕经商谋利。”我们知道，《论语》是中国古代传统道德的一本重要经典著作，从某种意义上，也可以说是中国古代最早的一本《伦理学》。一个日本企业家，能够自觉地把中国古代的一本有关伦理道德的经典，运用到企业管理和操守做人等方面（尽管涩泽荣一对孔子的《论语》的理解，是加进了许多他个人的思想的），并且取得了显著的成功，那么，在孔子的故乡，在社会主义的中国，为什么不可以重新来批判地继承《论语》的思想，并运用它来改善和加强企业的管理，提高企业人员的职业道德水平呢？正是从这个意义上，我们认为，发扬中华民族优良道德传统，对我们的企业来说，是有非常重要的现实意义的。

正是由于中国古代儒家传统的道德和日本自身的传统伦理道德思想的结合，在日本企业中，西方的极端个人主义思想，总是或多或少地要受到这种传统的抑制和改变。因而在日本，与极端个人主义不同，具有东方特点的企业集团主义则有着相当的影响。日本的一些企业，特别重视广大职工的伦理道德教育，一些伦理学研究所也同企业结合，为企业职工编写有关伦理道德教育的教材，形成所谓上班前的“天天读”的制度。日本的一些企业，非常重视自身的声誉和形象，把企业的伦理性看做企业活动的重要要求，从而使企业获得了强大的生机与活力。资本主义社会中的企业伦理教育，从根本上来说，是以维护私有制为目的的。在社会主义社会中，企业伦理教育的加强，则必将会对有中国特色的社会主义的发展产生更加积极的作用。

为了适应现代化企业的发展，从20世纪以来，人们在加强企业管理的研究的同时，就从不同的方面和层次，注意对企业中的伦理道德问题的研究；不过，在很长一段时期内，人们尽管已注意到人的思想的作用，研究如何使企业更快发展的理论也曾经层出不穷，但是，企业伦理学的概念，长期未能出现。在20世纪前60年的时期内，由于伦理学的研究一直停留在对有关道德的概念的分析上，存在着严重脱离道德生活现实的纯理论研究倾向，因此，对企业的思想素质和道德因素的研究，始终未能够进入哲学家和伦理学家的视野之内。

企业伦理学作为应用伦理学的一个分支学科，适应现代化企业的发展，是从20世纪六七十年代开始才受到西方学者注意的。尽管这一科学还处在一个形成的初期，甚至可以说，它还是一种正在形成中的交叉学科，但应当承认，对于企业发展中的道德因素这一问题，已经成为应用伦理学家们特别关注的一个重要方面。如果就现代世界伦理学发展的新趋向来看，在从纯粹抽象的分析伦理学走向应用伦理学的这一不可避免的转变过程中，企业伦理学必将会成为应用伦理学中的一个重要分支科学。企业伦理学可以视为主要研究企业活动领域内的道德关系的科学，它的研究，还必然会涉及企业精神、企业的经济效益同社会效益、企业对社会的道德责任、企业各种人员的道德权利与道德义务以及有关公正、荣誉、义务、良心范畴等问题。

谢洪恩同志将其新著的《企业伦理学》的绪论及全书目录送我，要我为本书写一个序。我虽长期从事伦理学的教学和研究工作，但对有关企业的伦理道德问题，只能说是一知半解。最早，我专心致力于伦理学原理和中西伦理思想史及道德原则的研究，最近又主要从事中国传统道德及有关问题的研究，更无暇多考虑有关企业伦理学的问题。由于谢洪恩、贺南松同志主编的这本《企业伦理学》是我看到的最早的一本关于这一研究领域里的开拓之作，而且对有关企业伦理的问题，作了比较深入的分析，提出了一些值得讨论的问题，所以我写了上面的一些个人的看法，希望对于这一问题，能够作进一步的研究，更好地加强人们对企业伦理问题的重视，使我国的企业都能在建设有中国特色的社会主义中，发挥更好的作用。

加强商业道德建设　治理商业道德环境*

——《商业伦理学》序

当前，我国商品经济的发展和社会主义市场经济体制目标的建立，不断给我国的道德文化建设提出了越来越多的问题。“经济—伦理”、“历史—道德”的冲突仍然困惑着人们。商品经济既有积极作用，又免不了有消极影响，只有用全面的、辩证的观点去看待它的双重效应，才能对社会道德状况作出较为客观的评价。在发展商品经济中，确实要保护个人的正当利益，尊重个人的价值、尊严、个性和个人才能的发挥。商品经济鼓励人们的竞争意识，激发人的聪明才智，但这并不意味着放弃团结互助等传统道德；商品经济增强了个人的权利观念，但这并不等于说只要道德权利，不要道德义务；商品经济增强了人们的效率观念，这对于发展生产和提高人的素质具有积极意义，但这绝不是说“功利主义”必须成为现阶段商品经济社会的基本道德原则。

从近年来商业活动的现实看，假冒骗、卖假货、短斤两、假冒商标、随意涨价、索取回扣等现象屡见不鲜。从更广的范围看，拜金主义、损人利己、损公肥私、等价交换原则渗透到社会生活的各个方面，形成钱权交换等腐败现象。它既腐蚀了干部和群众，又损害了国家和人民的利益，给社会造成了极为恶劣的影响。但目前存在的一个严重问题是：社会舆论导向对商品经济的积极作用看得很充分，而对其中产生的

---

* 本文原载《商业伦理学》，北京，人民出版社，1994。

消极效应或是掩盖之，或是视而不见。如果任其发展，它所付出的代价是难以弥补的。经济现代化必然伴随着一种价值观，我们决不能牺牲社会主义价值观去换取经济的发展，而是要寻找一条既有利于商品经济发展，又有利于社会主义精神文明建设的道路。

博士生刘光明的近作《商业伦理学》是一部比较系统地探讨中西方商业活动中的道德理论和实践的著作。商业是一个国家精神文明的窗口，它联系着千家万户，商业道德的好坏直接影响着社会的道德水准，所以，商业道德建设具有特别重大的意义。在该书中，作者试图通过对目前我国商业道德环境的治理，为社会的精神文明建设和社会道德状况好转找到突破口，他的这种努力和尝试是富有创见性的，也是很有理论价值和现实意义的。今天在他这本书付印之际，我为此书作序，并推荐给从事商业流通领域和所有关心中国伦理学事业的人们。

为提高德育教师的素质而努力*

——《德育教师形象设计》序

今年 2 月，张明德同志将他撰写的《德育教师形象设计》一书的清样送我，希望我能为这本书的出版写几句话。40 年来，我一直从事伦理学的教学和研究工作，同时也是一名德育教师。抱着学习的态度，认真地读完了这本书，读后深感对我们从事思想品德教育工作的同志来说，看一看这本书是很有益处的。

思想品德教育，是整个教育的组成部分，是同塑造人的灵魂、升华人的品质密切相关的。在即将来临的 21 世纪，世界各国在发展中的竞争必然是很激烈的，其中，人的素质，特别是人的道德素质的竞争，对于一个民族、一个国家的兴旺发达，更有着举足轻重的意义。德育工作的这种重要性，决定了对从事这一工作的德育教师的特殊的素质要求。值得指出的是，在相当长的时期内，社会上存在着一种重智轻德的倾向，忽视了思想品德教育的重要性。在智育第一和分数挂帅的思想指导下，一些教育部门和教育工作者，把怎样应付升学考试作为最重要的教育内容，甚至是唯一的要求，把思想品德教育看成是可有可无，或者是无足轻重的。也正是在这种思想的影响下，从事思想品德教育的教师，也受到了不应有的轻视，导致了一些德育教师也陷入了不应有的误区，对这一具有重要意义的职业也产生了种种错误看法，忽视了自己对社

---

* 本文原载《德育教师形象设计》，北京，北京广播学院出版社，1997。

会、对国家、对青少年的义务感和责任心。这种思想如果任其发展下去，它将直接影响到适应新时代要求的高素质的人才培养，从根本上影响我国社会主义建设的方向和道路，是我们应当及时加以纠正的。

在这样的情况下，一个德育教师，究竟应当怎样来完成自己的这一崇高而又神圣的使命呢？他怎样才能通过完善自身来完善自己的教育对象以至完善社会呢？一个德育工作者，应当对自己有一个明确的要求，特别是有坚定的共产主义信念，有高尚的道德情操和专业知识，其中最重要的就是要使自己在思想品德方面，能够言行一致，成为自己教育对象在思想品德方面的表率。

中国传统道德强调，学习最重要的目的就是要学习做人，就是要努力陶冶自己的性情，变化自己的气质，使自己能够成为一个有道德的人。孔子说："先行其言，而后从之。"这就是说，一个有道德的人，应当是把要说的话先实行了再说出来去要求别人。荀子说："古之学者为己，今之学者为人。君子之学也，以美其身；小人之学也，以为禽犊。"这里的意思是，一个有道德的人，他学习的目的是要使自身具有美德，而一个没有道德的小人，学习则是为了满足个人的私欲，用学得的知识，帮助自己的兽行。一般说来，有关思想品德的知识，当然也是人们认识社会、把握完善自身的一种知识，但是，如果一个人不能把这种知识变成自己的行为，那么，这样的人是不能被认为具有了这种知识的。中国古代思想家所强调的"知行合一"，主要说的就是这个意思。正如王阳明所说："如称某人知孝、某人知悌，必是其人已曾行孝行悌，方可称他知孝知悌，不成只是晓得说些孝悌的话，便可称为知孝知悌？"对于我们来说，如果一个人每天以社会主义和共产主义道德去教育别人，而自己奉行的却是个人主义、自私自利的价值观，对于这样的人来说，又有谁肯承认他确实具有了社会主义和共产主义道德的有关知识呢？《周易·系辞下》说："履，德之基也。"《论语·宪问》说："君子耻其言而过其行。"《荀子·大略》说："口能言之，身能行之，国宝也……口言善，身行恶，国妖也。"明清之际的思想家颜习斋也说："读得书来，口会说，笔会作，都不济事，须是身上行出，方算学问。"以上诸语反映了中国古代思想家都特别重视言行一致的传统。在现实生活中，特别是在市场经济条件下，由于个人主义、享乐主义和拜金主义的影响，确有少部分从事德育工作的人，把从事思想品德教育工作，当成一个只照别人而不照自己的手电筒，有的人甚至把这一神圣的职务，当成是追求个人名利的手段，形成了鲜明的反差，因而不但不能达到教育他人的目的，反而败坏了德育工作者的声誉。因此，我们广大的德育工作者一定要认清德育工作的重要意义，自觉地在提高自己的思想品德上下功夫，严于律己，言行一致，加强修养，艰苦锻炼，从而使我们每一个人都能够具有高尚的道德品质，更好地担负起我们应当履行的责任。

在建设有中国特色的社会主义的伟大任务中，提高德育教师的素质，对更好地教育新时期的青年学生，对加强社会主义的精神文明建设，都有极其重要的现实意义和长远意义。

《德育教师形象设计》一书，从德育教师的资格确认、德育教师的人格塑造、德育教师的知识结构、德育教师的心理素质和德育教师的献身精神诸多方面，做了比较详细的论述，我相信这本书的出版，对提高我们德育工作者的各方面素质修养，将会产生积极的作用。

加强医德建设的重要意义*

——《简明医学伦理学》序

1997年1月，我同几位在京的同行一道，赴西安参加第四军医大学的一项教学成果的鉴定。在这期间，郭照江教授来到我住的地方，谈到他们想编写一本适应我国当前情况的《简明医学伦理学》。我觉得，这个想法很好。我之所以认为他们这个想法是好的，一个很重要的原因就是，一个社会的道德原则和道德要求，只有它能够紧密结合时代所提出的新的问题，能够反映现实的要求，提出为现实所需要的行为规范，它才是有生命力的。他还特别提到，他们将组织一支精干的学术队伍，尽力把这本书写好。经过编撰者的努力，这本书终于写成了。我未能阅读这本书的全文，只看了其中的几章。我觉得这本书有两个特点：一是，它的基本理论观点，包括一些有关伦理学的重要理论，都阐述得比较正确，有关社会主义市场经济条件下的一些道德问题，也都能够根据马克思主义的观点，加以分析和论述；二是，本书注意到把医学伦理学的理论同医务工作者的生活实际相结合，同医生的职业道德相结合，同市场经济所提出的许多新的问题相结合，从而使本书有一种较强的现实感。

自从我国实行社会主义市场经济以来，随着经济的发展，个人的道德水平和社会的道德风尚日益成为人们所关注的一个重要问题。职业道

---

* 本文原载《简明医学伦理学》，西安，陕西人民出版社，1998。

德的重要意义，也愈来愈为人们所认识。在人同人的现实的交往中，常常出现一些不尽如人意、不讲职业道德甚至损人利己的现象。在个人主义、拜金主义和享乐主义的影响下，对于有些人来说，似乎人生最重要的目的，就是为了获得更多的物质利益，获取更多的金钱，追求个人的享受，因此，除了个人的利益之外，似乎再也没有其他的任何事情值得人们去关心了。这一思想在政治生活中的蔓延，就造成了社会上出现的腐败现象，这是人们都知道的。而在人们的职业生活中，也正是由于个人主义、拜金主义和享乐主义的腐蚀，造成一些人缺少职业道德，甚至失职和渎职的严重情况。

人们道德水平的高低和社会道德风尚的好坏，是关系到社会稳定的一个十分重要的问题，是历来有远见的政治家、思想家和伦理学家都特别注意的。不论什么社会，如果所有的人，都只是关心个人的私利，不知道或不愿意去关心他人和社会的利益，人和人之间的矛盾和纠纷就必然会加剧，这个社会也就无法能够保持稳定了。也正是由于这种原因，道德问题，特别是社会风尚的好坏，是历来一切统治阶级都非常重视的。在中国的优良道德传统中，一个比较突出的特点，就是十分强调道德教化的重要作用。一些明智的政治家和思想家，对这一问题也作过十分重要的论述。汉代的著名思想家贾谊说过一段很有名的话，他认为，道德的作用，就是能“绝恶于未萌，而起教于微眇，使民日迁善远罪而不自知也”。他还说：“凡人之智，能见已然，不能见将然。夫礼者禁于将然之前，而法者禁于已然之后，是故法之所用易见，而礼之所为生难知也。”他所说的“礼”，大体上相当于我们所说的道德，他认为，那些只能见已然而不能见将然的人，是一些没有聪明和智慧的“凡人”，而只有那些他所谓的明智的人，才真正知道道德的重要。

“医学伦理学”是伦理学的一个分支学科，它既是一门理论学科，同时又是一门实用性很强的应用学科，对于加强全社会的职业道德水平，提高广大医务工作者的思想道德觉悟，发挥着十分重要的作用。在人的一生中，总是要同医务工作者发生各种各样、或多或少的关系。如果每一个医务工作者在自己的工作中，都能够发扬高尚的职业道德，能够设身处地为患者着想，尽自己的最大力量为患者解除痛苦，那么，他对整个社会风气的潜移默化和道德风尚的改善，必将发挥重大的作用。当然，整个社会风气的改善，要靠各方面的努力，即我们现在常说的要综合治理，其中，党政干部的职业道德水平的提高、廉政建设的加强是最重要的。如果没有党政干部的以身作则，没有廉洁的行政队伍，要想有好的社会风气，谁都知道，那是根本不可能的。我们的国家，正在大力加强廉政建设，加大反腐败的力度，这是我们的社会风气能够得以好转的重要保证。但是，我们也必须强调，提高整个社会的职业道德水平，同样又能够协调人和人之间的关系，反过来促进整个社会风气的好转。

从社会风气的改善来看，人和人之间的一种特殊的道德感情的传递，能发挥协调人际关系的重要作用。一个道德高尚的人的行为，往往能给他人以精神的启迪，催人向善，发人自新，使人产生一种发自内心的道德感情，并自觉自愿地想使自己的行为也能给别人带来一种好的道德感情，使自己的行为能够给别人带来快乐和幸福。这一点，对于医务工作者的职业道德来说，尤其有着特殊的重要意义。一个有高尚的职业道德的医务工作者，在自己的医务活动中，总是能够以自己对工作的极端责任心，给患者以精神的安慰，使患者感到内心的温暖。当不同的职业工作者从医德高尚的医务工作者那里受到这种道德感情时，他们就一定要把这种道德感情，继续不断地传递给其他一些人，而这些人又同样会在自己的职业工作中，再向更多的人传递。

“为人民服务”是社会主义道德建设的核心，加强职业道德建设特别是加强医务工作者的职业道德建设，必须要强调“为人民服务”的思想在医德建设中的地位和作用。牢固地树立为人民服务的思想，一切从患者的困难着想，是每个医务工作者在提高自己的职业道德中的一个重要问题，应当引起我们的高度重视。

总之，医疗卫生事业是一个应当特别强调职业道德的领域。自古以来，一些中外名医以其精湛技艺和高尚医德造福人民，被人们世代传诵。在当代，随着现代医学的发展，人们对从医者的医德境界提出了更高的要求，加之，我们当前的医德医风状况又确实存在着许多不尽如人意的因素。这一切都决定了医学伦理学这门课程在培养新世纪的医学人才方面具有重要的地位和作用。因此，我由衷地期望广大医学伦理学工作者为把美好的医德带入 21 世纪做出不懈的努力。

一部军队思想道德教育的好教材*

——评《军人思想道德修养》

《军人思想道德修养》（以下简称《修养》）一书，是党的十六大召开后，在解放军总政治部宣传部的组织下，由王联斌、翁世平等全军十余名长期从事军队伦理学教学、研究的专家教授编写，国防大学出版社新近出版的一部思想道德修养教材。本书的编写，力求适应我国社会主义市场经济发展所带来的新变化，较好地总结了改革开放以来我军院校思想品德课教学和部队思想道德建设的实践经验，为我军思想道德教育的进一步理论化、规范化、系统化提供了示范性蓝本，特别是对当代军校学员、青年军人的思想道德修养有着重要的指导意义。通览全书，有以下几个方面的优长。

一是突出了马克思主义在思想道德修养中的指导地位和作用。《修养》在开篇《导论》中即明确指出：革命军人思想道德修养“要以马列主义、毛泽东思想、邓小平理论和‘三个代表’重要思想为指导”，这是全书的宗旨。全书各篇、章中都充分体现了这一思想，特别是在理论和实践的结合上，系统地阐述革命军人思想道德修养的指导思想、意义、原则规范和途径、方法，以及对当代军校学员、青年军人立德成才的基本要求时，突出了邓小平理论和“三个代表”重要思想的指导地位。如在阐述革命军人立德与成才的关系时，联系当代军人军旅生活的

* 本文原载《道德与文明》，2004（2）。

实际，深刻揭示和阐明了“三个代表”重要思想对革命军人思想道德修养的新要求，以及江泽民同志提出的“四个统一”，即“坚持学习科学文化与加强思想修养的统一”、“坚持学习书本知识与投身社会实践的统一”、“坚持实现自身价值与服务祖国人民的统一”、“坚持树立远大理想与进行艰苦奋斗的统一”对革命军人健康成长的理论指导意义和实践价值。再如，在确立革命军人理想人格时，强调坚持以邓小平提出的“四有”新人、“五种革命精神”等理论和要求为指导。

二是从当代军人所肩负的历史责任和使命的时代高度，揭示了思想道德修养的重要意义。纵观人类历史的进程，每一代人有每一代人的历史使命。当代军校学员、青年革命军人，是新世纪的建设者，肩负着重要的历史使命。崇高而神圣的历史责任感、使命感，既是思想道德修养的重要内容，也是催人奋进的内在动力。《修养》从迎接世界新军事变革的挑战、经受和平时期的各种考验和继往开来的历史使命三个方面，言简意赅地阐明了当代革命军人思想道德修养的必要性、重要性和迫切性，阐明了立德在培养新世纪人才战略中的重要地位和作用，揭示了崇高的历史责任和使命对当代革命军人思想道德修养所提出的必然要求，从而把革命军人思想道德修养的自觉性，建立在了对历史使命的科学认识，进而激发强烈的道德责任感的基础之上。这样，修养的他律性在道德情感的催化下，就比较容易进入自律的境界。

三是较为系统地阐释了适应我军新时期治军规律和特点的道德规范体系。思想道德修养是借助道德规范的约束和激励作用实现的。建立一套适应新时期治军规律和特点的道德规范体系，是培养革命军人良好思想道德的核心工程。《修养》一书着力于这方面的建设，层次清晰地展现了以“四有”新人为目标，以全心全意为人民服务为核心，以集体主义为原则，以“忠于党，忠于人民，忠于国家，忠于社会主义”为最高标准，以爱国主义、革命英雄主义、遵纪守法、艰苦奋斗、团结友爱、尊干爱兵、拥政爱民等一系列规范为主要内容的军人道德规范体系，并且围绕主要道德规范要求，提出了一系列具有可操作性的范式、途径和方法。

四是坚持了革命军人精神文明建设上的先进性。江泽民同志指出：“解放军是个大学校，经过这个大学校培养的大批合格的有理想、有道德、有文化、有纪律的军人，将会成为社会主义新道德、新风尚的传播者，有利于国民整体素质的提高。”永葆革命军人的本色，在精神文明建设中发挥先锋模范作用，努力走在全社会的前列，是贯穿全书的一个基本指导思想。在这方面，本书的一个可贵且有创意之处是：在提倡和阐述先进性要求时，注重与广泛性的要求相结合，寓广泛性于先进性建设之中，注意把公民基本道德规范与军人道德规范有机结合起来。例如：在阐述崇高理想时，注重从共同理想入手；在论证陶冶高尚的生活情操时，注重以大众层面上的生活情操为基础循序提升；在提倡“应当”如何做的行为标准时，也提出了防止“失当”的“戒律”，如在处理官兵关系中提出了“严禁打骂体罚战士”等“六禁”和“不辱”、“不谤”、“不贿”、“不怨”、“不嘲”、“不拍”的“六不”要求；在婚恋生活中提出了忌“重色轻德”、“违章恋爱”、“以怨报怨”等“八忌”规范。总之，在坚持思想道德建设高标准的前提下，把先进性与广泛性在道德生活实践的层面上有机地结合起来，使之有倡有戒，倡戒结合，是本书的一个鲜明特色。

五是较好地体现了继承优良传统与发扬时代精神的统一。党的十六大报告提出：“在当代中国，发展先进文化，就是发展面向现代化、面向世界、面向未来的，民族的科学的大众的社会主义文化，以不断丰富人们的精神世界，增强人们的精神力量。”我们进行的先进文化和精神文明建设，是继承发扬优良传统而又充分体现时代精神的统一。《修养》一书较好地贯彻了这一精神，在继承发扬民族优秀文化和革命文化传统方面，既重视具有普遍意义的民族品格的共性，又特别重视具有军事职业个性特色的优良武德传统，尤其是对我军在长期革命战争中形成的优良传统和作风，从思想道德修养的角度给予了概括总结和提升，并着力于开掘和揭示那些能充分体现时代精神的精华。另一方面，在讴歌时代精神和当代英模人物时，多是赋予其民族的品格和我党我军崇高人格的内涵，如从多层面、多视角充分展示伟大的抗洪斗争精神等所蕴涵的民族品格和理想人格。所以，该书显得重传统而不轻今，厚当代而不薄古；既有历史的、知识的厚度，又有时代的、战略的高度。

医学职业道德建设的一部力作*

——评郭照江教授主编的《医学伦理学新编》

看到郭照江教授主编的《医学伦理学新编》一书，我脑海里立即浮现出几年前的一些往事：1997 年 1 月，受有关部门委托，我和几位在京工作的教育界同行专程赴第四军医大学，对该校一项教学成果进行评估鉴定。其间，长期从事医学伦理学教学与研究的郭照江教授曾登门造访，同我谈了许多关于本学科发展和教材建设的想法，给我留下了较深印象。1998 年，他又将《简明医学伦理学》的部分书稿送我审阅，并请我为之作序。在阅读所送书稿的基础上，我为该书写了一篇两千多字的序言。不仅仅是对那本书做出自己的评价，同时也阐发了自己对医学职业道德建设的一些认识。时隔六年，郭照江教授又在人民军医出版社推出了《医学伦理学新编》，我由衷表示祝贺。

《医学伦理学新编》给我的第一印象是封面新颖、印制清晰、装帧精美、分量厚重。在了解全书的思路和框架，翻阅重点章节之后，我更加感到此书理论观点正确，内容丰富，堪称一部既有分量又有特色的医学伦理学著作。

主编在绪论中表达了自己对医学伦理学的深刻理解和系统认识。对基本概念的阐释，采取了科学界定、历史考察、全面分析和具体说明的做法，既有利于授课，也有利于学习；对医学伦理学的核心问题、基本

* 本文原载《医学与哲学》，2005 (7)。

问题、框架体系及社会职能的介绍清晰明了；特别是将医学伦理学的学科特点归纳为“阶级性与人类性的统一、继承性与时代性的统一、科学性与人文性的统一、理论性与实践性的统一和规范性与辐射性的统一”，我感到确有新意。

进一步阅读了本书的有关部分之后，我注意到该书的思想脉络是清楚的、正确的，反映了主编和作者们对相关大政方针及宏观要求的认真学习、深入理解和融会贯通，并能联系实际地加以运用。例如在阐释社会主义医学伦理学的基本特色时，强调了我们党的思想路线、认识路线和指导思想，为研究社会主义医学伦理学指明了方向，并把“以科学的理论为指导、倡导集体主义的价值观、与社会主义市场经济相适应”归结为社会主义医学伦理学的基本特色。注意将《公民道德建设实施纲要》中倡导的“爱岗敬业、诚实守信、办事公道、服务群众、奉献社会”等一般职业道德要求与医疗卫生行业的特殊情况有机地结合起来，科学构建社会主义医德的一般规范。

这本新书有鲜明的时代气息，体现了与时俱进的精神。它密切关注我国医疗卫生改革发展的实际，力求揭示和回答社会主义市场经济条件下医德建设的新情况和新问题；它努力跟踪医学科技的新发展，相当重视讨论生命伦理学的特殊问题和特殊要求；它及时反映我国医疗卫生实践中的新鲜经验，已经把抗击“非典”斗争中涌现的先进典型和崇高精神编入“预防保健道德”一章，我感到出版于 2003 年 7 月的书籍，能做到这一点确实不易。

主编和作者们的学术勇气也是值得称道的，因为书中为人们提供了许多新内容，从而提升了该书的价值，使之兼具学术专著的属性。比如，关于医学道德心理、关于参战与救灾的医德要求、关于医院现代化中的道德问题、关于新世纪医务人员的道德素养等章节，在以往的医学伦理学著作中是难以见到的。而这些问题又正是当代医学伦理学工作者应该加以重视，深入研究和解决的现实课题。

借此机会，我想强调一个问题，这就是当前医疗卫生行业的职业道德状况不容乐观：“红包”、“回扣”等不正之风屡禁不止，医疗腐败客观存在，过度收费和服务质量下降严重污染了“白衣天使”的圣洁形象，医疗事故和医患纠纷时有发生。对此，人民群众反映强烈，党和政府相当重视。2004 年初，国家卫生部已经将“加强卫生行风和职业道德建设”列为全年七项重点工作之一，并一再强调医疗卫生工作必须“把维护人民健康放在首位”。我衷心祝愿我国医学伦理学工作者更加紧密地联系实际，面向社会，加强研究，多做工作，不仅要促进本学科的繁荣发展，而且应该为加强医疗卫生行业的职业道德建设和社会主义精神文明建设，积极做出新的贡献！

三

《中国传统道德》一书简介*

《中国传统道德》一书，已于去年 12 月由中国人民大学出版社出版，并在全国发行。

《中国传统道德》一书，是根据党中央和国家教委关于弘扬中华民族优良道德传统的要求而编写的。早在 1993 年 5 月，李岚清同志就提出要求，请国家教委组织有关这方面的专家学者，为学校编写一套较为全面、系统地反映我国古代优良道德传统的参考教材。1993 年 9 月，编写工作开始启动。李岚清副总理、北京大学张岱年教授担任顾问，朱开轩同志担任编委会主任，罗国杰同志任主编。参与编写工作的中国伦理学史和中国哲学史方面的较有造诣的专家，分别来自中国人民大学、北京大学、清华大学、华东师范大学、黑龙江大学、湖南师范大学、河南省社科院等单位，国家教委社会科学发展研究中心参与了本书的编写和组织工作。

《中国传统道德》一书分为多卷本和简编本。多卷本是根据编者对中国古代传统道德的总体把握而构建的框架体系，即将中国传统道德的丰富内容，分为《规范卷》、《德行卷》、《教育修养卷》、《理论卷》和《名言卷》。

《规范卷》共分为四大部分：1）基本道德规范。编者将中国传统道

* 本文原载《德育信息》，1995（6）。

德在长期历史中有较大影响的规范，概括为十八个基本规范，即公忠、正义、仁爱、中和、孝慈、诚信、宽恕、谦敬、礼让、自强、持节、知耻、明智、勇毅、节制、廉洁、勤俭和爱物；2）职业道德，包括政德、武德、士德、民德、商德、师德、艺德、医德；3）家庭伦理，包括亲子、夫妇、长幼；4）文明礼仪，包括尊老敬贤、待人接物、仪态言谈、庆典婚丧、交友待朋等。

《德行卷》是根据我国历史文献的记载，从中国历代无数道德品质高尚的人物中，选取了近四百个（377个）有影响的著名人物，作为中华民族优良传统美德的代表。本卷按照这些人物的德行的不同情况，归纳为十三篇，即1）勤劳勇敢、厚德载物篇；2）勇于探索、务实求真篇；3）胸怀天下、公忠为国篇；4）民族和睦、四海一家篇；5）酷爱自由、勇于斗争篇；6）励精图治、济世安民篇；7）廉洁奉公、清正严明篇；8）以教兴国、正风敦俗篇；9）家庭和睦、孝慈友恭篇；10）忠于职守、敬业乐业篇；11）以道交友、以友进德篇；12）乐群贵和、尊礼重义篇；13）德量涵养、躬行践履篇。

《教育修养卷》主要选编了中国历史上有关道德教育和道德修养方面的论述，共分为九篇：1）修身与德教；2）施教；3）家教；4）立志；5）为学；6）存养；7）克治；8）力行；9）理想人格与理想境界。

《理论卷》着重于中国传统道德理论的内容，使读者对于中国历史上思想家们有关道德教育、修养的各种理论，有一个全面的了解。分为八个方面：1）德刑论；2）天人论；3）人性论；4）义利论；5）理欲论；6）公私论；7）人生论；8）知行论。

《名言卷》的内容，是对中国古代有关道德的“嘉言”、“箴言”、“格言”、“警语”的总称。本卷收录了自殷周至近代辛亥革命长达三千年间所积累的道德名言近四千条，分别包含在五篇中。这五篇是：1）德治教化篇；2）公私义利篇；3）品德节操篇；4）修身养性篇；5）人生处世篇。

上述五卷的内容，可以相互参考，各卷之间往往有着相互补充、相互发展、相辅相成、相依相应的作用。

由于《中国传统道德》的五卷本内容较多，再加上必要的诠释，使五卷的总字数超过230万字，为了便于使小学高年级以上的学生能在教师指导下参阅，特在这五卷本的基础上，又选编了一个简编本。在选编时，力图使简编本能够达到简明扼要的目的，由于多卷本的《理论卷》对中小学生读起来难度较大，故简编本未加选用。

《中国传统道德》一书在编写过程中，坚持以历史唯物主义为指导，贯彻批判继承、弃糟取精、古为今用、综合创新的方针，力求使读者对中国传统道德有一个正确的认识。多卷本和简编本，都有编者的话，说明了编纂本书的指导思想和目的，每卷都有卷序，每篇前都有导语，每节前又有按语。从编者的话到卷序、导语和按语，实际上都有着帮助读者正确理解所引有关材料的目的。所引古籍文献，上起远古，下至辛亥革命，涉及经、史、子、集、政书、类书共数百种、数千册，每卷之后，都附有该卷所据主要版本书籍目录，以便读者查阅原书，从而作进一步的研究。

由《中国传统道德》出版谈起*

在思想道德建设和爱国主义教育中，弘扬中国古代的优良道德传统，对于培养社会主义的“四有”新人和改善社会风气，有着重要的现实意义。我们编写《中国传统道德》一书也正是基于此。

中华民族有着悠久的历史文化，素以礼仪之邦闻名于世。中国古代传统道德，有着极为丰富的内容，是中华民族思想文化传统的重要组成部分，从一定意义上可以说，中国传统道德是中华民族思想文化传统的核心。但同时也应当看到，中国传统道德是在长期的奴隶社会和封建社会中形成的，有着时代和阶级的烙印。我们今天正在建设的是有中国特色的社会主义，是要在社会主义市场经济的条件下，通过发展生产力而最终达到消灭阶级、消灭剥削并建成共同富裕的社会主义和共产主义的最终目的。弘扬中华民族优良道德传统的根本目的，在于振奋我们的民族精神，增强民族自豪感和民族责任感，提高民族自尊心和民族自信心；在于使社会主义道德有更加丰富的内容和为广大群众所喜闻乐见的形式，从而使集体主义、爱国主义和社会主义真正成为我们思想上的主旋律，从而促进社会主义精神文明的建设，形成有中国特色的价值观和伦理道德规范。

应当指出的是，我们所指的中国古代传统道德，主要是指从先秦到

* 本文原载《人民日报》，1996-05-11。

辛亥革命时期，以儒、墨、道、法等家为内容的所有各家道德传统的总和。当然，由于中国历史的特殊原因，儒家思想在其中占有重要地位，这也是应当注意的。因此，同新儒家不同，对墨、道、法各家的道德传统，我们都一视同仁，弘扬它们当中的优良道德传统。

弘扬中华民族的优良道德传统，必须树立正确的态度。在当前，既要反对把中国传统道德一概视为糟粕的“民族虚无主义”，也要反对不分“糟粕”与“精华”的无批判继承。中国传统道德中，既有着为国家、为民族、为大众的整体主义精神和仁爱思想，又有着维护等级制度、束缚个性和男尊女卑等消极的因素。对于中国传统道德，我们既不能全盘否定，也不能全盘继承。正确的态度是以历史唯物主义为指导，坚持“批判继承、弃糟取精、综合创新和古为今用”的方针。批判继承是一个总的原则，即强调我们的继承，是在历史唯物主义理论的指导下，有批判、有选择、有目的的继承，是以是否符合广大人民群众的利益为原则的继承。

为了加强社会主义精神文明建设和培育“四有”新人，在弘扬中国传统道德的同时，我们应特别注意弘扬中国革命传统道德并使两者很好地结合起来。江泽民同志在为《中国传统道德》一书题词中指出：“弘扬中国古代优良道德传统和革命道德传统，吸收人类一切优秀道德成就，努力创建人类先进的精神文明。”强调了弘扬革命传统道德的重要性。自辛亥革命以来，尤其是从中国共产党成立以来，中华民族的优秀儿女、无数革命先烈，为民族、为革命、为社会主义新中国而前仆后继、勇于献身、无私奉献和全心全意为人民服务的崇高行为，对我们有着极其深刻的教育意义。他们高尚的道德情操，既受到中国古代优良传统道德的熏陶，又高于古代的传统道德，是中国古代传统道德的新的升华，是我们民族道德精神在新时期的最高体现。与此同时，许多革命家、思想家、理论家，根据新的历史时期的新情况，对于中国革命道德的原则、规范等又进行了马克思主义的新概括。因此，在弘扬中国古代优良道德传统的同时，必须强调弘扬中国的革命道德传统，并力求使两者很好地结合起来。

最后，还应当注意，在弘扬古代优良道德传统时，要严肃认真地对待历史文献资料，切忌望文生义、人云亦云，要力求准确理解这些材料，并加以正确地解释，只有这样，我们对古代优良传统的教育，才能收到更好的效果。

《中国革命传统教育读本》前言*

弘扬中国革命传统，尤其是弘扬中国共产党成立以来在革命和建设实践中无数先烈和楷模的优良革命品质，学习他们忠于人民、忠于国家、忠于民族的英勇牺牲和无私奉献精神，学习他们坚信社会主义和共产主义必然胜利的信念，这对于加强我们的民族自尊心和自信心，增强我们民族的凝聚力和向心力，更好地建设有中国特色的社会主义，都有着极其重要的现实意义。

中华民族有着悠久的文化、道德传统，它们不但在历史上发挥过重要的作用，而且在新的历史时期，又不断地诱导、教育和陶冶着新时代的人们，并使这一优良文化、道德传统同当代社会人们的革命实践相结合，形成一种全新的、革命的文化、道德传统。这一革命传统，才是最富有生命力的、活生生的、需要大力弘扬的传统。在中国的民主革命和社会主义革命中，涌现出许多忠于人民、忠于祖国、忠于革命的英雄模范和志士仁人，他们为追求真理、为造福人民而宁死不屈、视死如归的大无畏精神，他们一心想着人民、全心全意为人民服务和毫不利己、专门利人的精神，是中华民族革命传统的生动体现。弘扬中国的革命传统，也就是弘扬体现在他们身上的这些崇高而伟大的革命精神。

在社会主义的初级阶段，在建立和实行社会主义市场经济的条件

* 本文原载《中国革命传统教育读本》，北京，中共中央党校出版社，1996。

下，还需不需要继承以至弘扬中国的革命传统呢？我们认为，不但需要，而且应当大力加以弘扬。商品经济的发展，不可避免地会诱发拜金主义、享乐主义和形形色色的个人主义思想，其最严重的后果，就是可能腐蚀一些人的思想，磨灭一些人的革命意志，销蚀一些人的崇高理想。因此，为了坚持社会主义道路和共产主义信念，为了坚持“共同富裕”的社会主义目的，我们必须特别强调弘扬中国革命传统的重要。

《中国革命传统教育读本》就是根据上述要求而编写的。本书从五四运动至1966年将近五十年来，在民主革命和社会主义革命，特别是自中国共产党成立以来所涌现的大量革命先烈和英雄模范中，选取了近四十位人物及一些英雄群体，向读者作一简要的介绍。他们的思想、品质和行为，体现了中国革命传统道德的各个方面，是中华民族古代优良传统道德在当代人民革命和建设事业中的完满而崇高的升华，是社会主义精神和共产主义精神的新体现。今天，学习中国革命传统，并努力使其化为我们自身行动的力量，对于我们坚持社会道德，更好地建设有中国特色的社会主义，有着极其重要的现实意义。

中国革命传统道德主要都体现在哪些方面呢？

首先，坚信社会主义和共产主义必然胜利，矢志不渝地为共产主义事业奋斗到底，是我国革命传统的一个重要精神。社会主义和共产主义是人类有史以来最先进、最美好的崇高理想和社会制度。在社会主义革命和建设的过程中，我们不可避免地会遇到种种困难和挫折，国内外的阶级敌人，更无时无刻不在处心积虑地同我们进行尖锐的斗争。在革命胜利前，敌人丧心病狂地屠杀革命人民；在革命胜利后，敌人更是费尽心机要推翻我们的政权。目前，国际敌对势力，当他们看到不能用武力来推翻我们的政权后，又采用“分化”和“西化”的和平演变手段，妄图颠覆我们的社会主义国家。今天，全国人民正团结一心，为建设有中国特色的社会主义而努力奋斗，我们应当更加热爱我们的社会主义国家，高度警惕所有企图危害和颠覆社会主义祖国的阴谋，为祖国的富强和繁荣、统一和独立，为中华民族的自尊、自信、自立、自强而努力奋斗。几千年的中国历史令人信服地表明，中华民族有着维护民族独立和尊严的光荣传统。近几十年的民主革命和社会主义革命的历史，更是有力证明了，中国的革命人民，有保卫祖国神圣领土不受侵犯、为巩固和发展社会主义而宁死不屈的光荣传统。学习中国革命传统，就是要学习这种为社会主义和共产主义而奋斗终生的崇高精神。

其次，关心人民，爱护人民，一切从人民的利益出发，全心全意为人民服务，乃至为人民的利益而献出自己宝贵的生命，这是中国革命传统中又一重要的精神。社会主义和共产主义，就是为最大多数人谋利益，为建立一种没有剥削、没有压迫的“共同富裕”的社会而奋斗。革命先烈和英雄模范们，总是把为民解难、为民造福当做自己的神圣职责，总是以人民的痛苦为痛苦，以人民的欢乐为欢乐，心里时时想着群众的幸福，行动处处关心着群众的安危。“死有重于泰山，有轻于鸿毛”，为人民利益而勇于献身，是中国革命传统中应当学习和继承的重要精神。

在革命时期，为了人民的利益，先烈们忠于人民，忠于祖国，把一切献给人民革命事业，写下了可歌可泣的一曲又一曲壮丽凯歌。在社会主义建设时期，英雄模范们又总是为人民的利益和安危，为抢救集体和国家财产而公而忘私、国而忘家、奋不顾身、舍己救人。他们或者像焦裕禄那样，“胸中装着人民，唯独没有自己”；或者像雷锋所说的，要“把有限的生命投入到无限的为人民服务之中去”。他们的这种崇高的“全心全意为人民服务”的精神，在过去的中国革命和建设中，曾发挥了重要的作用。在今后的社会主义现代化建设过程中，更加需要培养我们热爱人民、为人民事业而献身的崇高精神，更加需要发扬“全心全意为人民服务”的精神。

最后，忠于职守、忠于职务的敬业精神和责任意识，对革命、对工作的精益求精和极端负责精神，对事业的执著追求和创业精神，在中国的革命传统中，发挥着特殊的作用。艰苦奋斗、勤劳俭朴、清正廉洁、克己奉公的思想品德和崇高精神，在世界民族之林中已凝聚成为有中华民族特色的一种新时代的新的创业精神。“自己动手，丰衣足食”、“一不怕苦，二不怕死”以及“孟泰精神”、“铁人精神”等革命传统，已成为广大人民群众克服困难、坚忍不拔、再接再厉、不断前进的强大动力。

在中国古代优良传统道德中，历来就强调对工作、对事业、对自己所应尽责任的“敬业”精神和“诚信”思想。“敬”就是认真，就是要负责，就是要专心致志，就是要一丝不苟；“诚”就是要真挚，要诚实，要言行一致，不自欺欺人。这种民族精神在革命和建设的实践中，更发展成为一种新的对革命事业的无限忠诚和坚忍不拔的时代精神。在改革开放和建设社会主义的过程中，尤其需要发扬这种精神。这种精神不但能把我们目前所从事的各项工作做得好上加好，而且还将会形成一种使国家和民族繁荣富强的精神力量，进一步提高中华民族的全民素质，有利于推动我们的事业不断健康地向前发展。

从本书所选取的革命先烈和英雄楷模事迹中，我们进一步认识到，中国的革命传统，是中华民族古代优良文化、道德、传统在现代的继承和发扬，是中国古代优良文化、道德、传统在新时期的新发展。一切古代的文化、道德、传统，只有同革命传统相结合，才能够在新时期发挥积极的作用。我们在弘扬中国古代优良文化、道德、传统时，一定要大力弘扬新时期的革命传统，以推动我们的社会主义革命和建设事业的顺利发展。

要重视儒家德性思想研究*

——《德化的视野》序

葛晨虹同志所撰写的《德化的视野》即将出版，她希望我能为这本书的问世写几句话，谈谈我的一些看法。我想，这对我来说，是一件义不容辞的事。从 1992 年葛晨虹同志来到中国人民大学哲学系攻读伦理学的博士研究生开始，获得博士学位以后又留在中国人民大学伦理学教研室工作，到现在已经有 5 年多的时间了。在这 5 年多的时间里，尽管她要承担作为一个母亲和妻子的义务，而且住房条件又极其困难（到现在，她和丈夫以及 12 岁的女儿仍挤在一间 12 平方米的小房间里），同时，她的社会活动又非常之多，但是，她总是设法去克服种种困难，抓紧时间，刻苦学习，勤奋努力，在学习、教学和科学研究上，取得了可喜的成果。

《德化的视野》一书，是葛晨虹同志的博士学位论文的发展和扩充，因此，也可以说是她最近几年来对儒家德性问题研究的一个总结。有关儒家德性问题，在我国学术界已经发表了不少有关方面的论文和著作，取得了一些新的进展。葛晨虹同志的《德化的视野》一书，是着重从整体上为把握德性思想在儒家思想体系中所占有的极其重要而又十分特殊的地位和作用的。在儒家的德性思想中，究竟是以什么为出发点、以什么为原则、以什么为方法等一系列问题上，葛晨虹博士提出了自己的看

---

* 本文原载《德化的视野——儒家德性思想研究》，北京，同心出版社，1998。

法，从而使人们对儒家的德性思想的认识，有了一个更全面、更深入的理解。尽管这种把握，比较多的是从伦理道德方面考虑的，但这是一个新的视角，我认为，从这样一个视角出发来把握儒家的思想，是符合儒家思想的原有的意义的。

中国的儒家思想，作为一种哲学思想体系来看，它确实包含着宇宙观、认识论、方法论和伦理观等多方面内容的，这是谁都承认的。同时，我们还应当看到，儒家思想的一个重要特点，就是它是以人与人之间的伦理道德关系为出发点的，也可以说它是以强调伦理道德的研究来达到其以协调人际关系为目的的一种思想体系。弄清楚这一点，对我们研究和分析儒家思想有非常重要的意义，因为就是在探讨有关宇宙观和本体论的问题时，在研究天和人之间的关系时，儒家的思想家们也常常是从伦理道德方面加以考虑的。在论述知和行、认识和实践、思想和行为的辩证关系时，则更加突出了伦理道德的重要。我们知道，明代的著名思想家王阳明的一个很重要的命题，就是"知行合一"，他之所以特别强调"知"和"行"的关系是要"合一"的，一个最根本的出发点和目的，就是从伦理道德的要求出发的。由于很多人不能真正理解王阳明的这一思想，所以他多次强调，必须要弄清他的"立言宗旨"，也就是要认识他的思想的出发点和根本目的。为什么要"知行合一"呢？他说："如称某人知孝、某人知悌，必是其人已曾行孝行悌，方可称他知孝知悌，不成只是晓得说些孝悌的话，便可称为知孝知悌？"我们研究儒家思想，也必须要从儒家的思想家们的"立言宗旨"出发，从总体上来理解他们的本来意义，才能真正掌握儒家思想的本质。同样，对于陆象山、王阳明的心学中所说的"心"，也应当充分地注意到他们的"立言宗旨"，在相当多的情况下，他们往往是从人的道德的主体的能动性出发的，是从人们的道德良心出发的，尽管一旦他们越出了伦理道德的界限而谈论到纯粹的宇宙观的问题，他们就必然要陷入主观唯心论的泥坑，但我们对他们所提出的"心"，仍然要注意在不同场合、不同情况下的不同的含义。

《德化的视野》对儒家思想的概括，是在以往的思想家们对历史上许多儒家的代表人物所作的分析和概括的基础上，是在对儒家众多人物的思想的联系上，从儒家思想的长期发生、发展和变化的整体上来加以把握的，因而，它较好地为我们提供了一个儒家德性思想的内在的、有机的逻辑结构。作者着重从人与自然、人与自身和人与社会三个方面，深入地分析了儒家思想在面对现实生活时所必须要解决的重大问题，对我们了解儒家思想，有新的启示。

《德化的视野》一书，力求用马克思主义的历史唯物主义的观点和方法，来分析儒家的思想，给儒家思想以正确和客观的评价。毛泽东同志早在 1940 年 1 月所写的《新民主主义论》中就曾经指出："中国的长期封建社会中，创造了灿烂的古代文化。清理古代文化的发展过程，剔除其封建性的糟粕，吸收其民主性的精华，是发展民族新文化提高民族自信心的必要条件；但是决不能无批判地兼收并蓄。"又说："中国现时的新政治新经济是从古代的旧政治旧经济发展而来，中国现时的新文化也是从古代的旧文化发展而来的，因此，我们必须尊重自己的历史，决不能割断历史。"他还强调，对于中国古代的思想家，从孔夫子到孙中山，我们都应当予以继承和发展。葛晨虹博士在本书中，运用马克思关于古代东方社会的"亚细亚生产方式"的概念，在同西方的"古典的古代"的发展的对比中，结合中国古代的以血缘宗法为特点的社会发展，历史地分析了儒家德性思想的发生、发展及其所产生的必然性，并按照"继承其精华、批判其糟粕"的指导原则，力求在继承的过程中，贯彻批判的精神，达到更好地弘扬中华民族优良文化传统和道德传统的目的。

当然，作者还是一个青年理论工作者，在对中国古代经典的掌握和理解上，在对古代思想家的思想的把握上，还必然会存在着某些不足的地方，因而，书中的有些看法，还需要在今后的学习和研究中不断地加以充实和发展，也希望有关的专家和学者给予关心和帮助。尽管如此，我仍然认为，这是一个青年理论工作者在经过长期的学习与思考之后，所呈现在读者面前的科学研究的成果，对于想了解中国古代儒家文化和儒家德性的人来说，这本书是值得一读的。

论五四以来的中国革命道德*

——《中国革命道德》丛书总序

一、《中国革命道德》丛书的由来

在李岚清副总理的倡议和指导下，教育部（原国家教委）在 1995 年组织编写出版了《中国传统道德》丛书，丛书受到了党和国家领导同志的亲切关怀，江泽民总书记和时任国务院总理的李鹏同志为丛书题了词。在党和国家领导同志题词精神的激励下，教育部（原国家教委）于 1996 年初即组织全国的专家学者，编写《中国革命道德》丛书，以为《中国传统道德》丛书的续编。这两套书在时间上直接相连（以 1919 年五四运动为界），在体例上基本相当（都包括“简编本”和“多卷本”）。从这个意义上说，这两套书实则为一套书，所选资料始于上古，止于当代，浓缩了一部中国优良道德发源、流迁、升华、质变的发生发展史。这两套书，是全国各类学校对学生进行道德教育和开展德育工作的重要的参考教材。《中国传统道德》丛书由时任国家教委主任的朱开轩同志担任编委会主任。朱开轩同志还具体领导启动了续编《中国革命道德》丛书的工程。陈至立同志接任教育部部长工作不久，即亲自担任《中国

* 本文原载《高校理论战线》，2000（1）。

革命道德》丛书的编委会主任，具体指导丛书的编撰工作。

二、中国革命道德的形成与发展

中国革命道德是指中国共产党人、人民军队、一切先进分子和人民群众在中国新民主主义革命和社会主义革命与建设中所形成的优良道德。中国革命道德是马克思主义和中国革命与建设的伟大实践相结合的产物，是马克思主义伦理思想在中国的新发展。中国革命道德是中华民族的优良道德传统在新的历史时期的继承和发展，是中国古代优良传统道德的新的升华和质的飞跃。中国革命道德萌芽于1919年五四运动前后，发端于中国共产党成立以后的蓬蓬勃勃的伟大的工人运动和农民运动，经过土地革命战争、抗日战争、解放战争，以及社会主义革命和建设的长期发展，逐渐形成并不断发扬光大。中国革命道德，以实现社会主义和共产主义的崇高理想为最终目的，以全心全意为人民服务为宗旨和核心，以集体主义为基本原则，高举爱国主义与国际主义相结合的旗帜，形成了无私奉献、顽强拼搏、艰苦奋斗、勤俭节约等革命精神。中国革命道德是中华民族极其宝贵的精神财富，是当代中国时代精神的重要体现。

从毛泽东、邓小平到江泽民，都非常重视继承和发扬革命道德传统，十分强调革命道德传统在我国民主革命、社会主义革命与建设中的重要作用。在革命战争年代，毛泽东同志强调，是否发扬革命传统，是我国民主革命能否取得胜利的重要因素。在社会主义革命与建设时期，毛泽东同志更加重视发扬革命传统。邓小平同志多次强调，要恢复和发扬我们党和人民的革命传统，培养和树立优良的道德风尚，为建设高度发展的社会主义精神文明做出积极的贡献。江泽民同志在最近几年，更是不断地强调弘扬革命传统，特别是革命道德传统的重要意义。他在为《中国传统道德》丛书的题词中写道："弘扬中国古代优良道德传统和革命道德传统，吸取人类一切优秀道德成就，努力创建人类先进的精神文明。"把弘扬革命道德传统同努力创建人类先进的精神文明结合起来，使我们进一步认识到弘扬革命道德传统的重要意义。

中国革命道德，作为一种精神力量，从它形成的时候起，就对中国的革命和建设事业，发挥着极其重要的作用。正如邓小平同志所指出的："为什么我们过去能在非常困难的情况下奋斗出来，战胜千难万险使革命胜利呢？就是因为我们有理想，有马克思主义信念，有共产主义信念。"因此，我们应当继承和弘扬革命传统。20 世纪 50 年代我国的社会主义建设之所以取得举世瞩目的成绩，一个重要原因，就是由于我们继承和弘扬了中国革命道德的传统，广大党员和人民讲理想、讲纪律、讲为人民服务，爱党、爱国家、爱社会主义，这是我们大家所深切体会到的。同样，我们党在 20 世纪 60 年代的困难时期，之所以能够带领全党和全国人民团结奋斗、渡过难关，一个重要原因，也正是由于继承和弘扬了革命道德传统。革命传统，特别是革命道德传统，是我们克服前进道路上一切困难的重要精神支柱，是我们战胜千难万险的重要力量源泉。这是我们在革命和建设的长期实践中所得出的宝贵经验。从一定的意义上，我们完全可以说，中国革命道德传统，是我国社会主义和共产主义事业胜利的重要保证，是我国现代化建设能够沿着正确道路前进的重要精神动力。为了建设一个富强、民主、文明的社会主义国家，为了彻底实现社会主义和共产主义理想，我们一定要在全国人民中，大力弘扬革命传统，特别是革命道德传统，使革命道德在新时期焕发出更加灿烂的光辉。

弘扬中国革命道德要同弘扬中国古代优良道德传统相结合，使中华民族的优良传统道德能够适应时代的要求，为社会主义的道德建设服务。中国优良传统道德是中国革命道德的渊源之一，从一定的意义上说，没有中国优良传统道德的长期发展和丰富内容，就不可能有中国革命道德。中国革命道德是中国优良传统道德的延续和发展，它继承了中国传统道德的精华，摒弃了传统道德的糟粕，它是对中国传统道德的一种质的升华，是超越了中国传统道德的时代局限而形成的一种崭新的道德。弘扬中国优良道德传统和弘扬中国革命道德传统，目的都只有一个，这就是更好地建设我国的社会主义物质文明和精神文明。

三、中国革命道德的核心、原则和奋斗精神

中国革命道德的核心，是全心全意为人民服务。中国革命道德从一

开始就特别强调为群众服务、为大众谋幸福和为人民的利益而献身的极端重要性。“真心实意为群众谋利益”，是一切革命人民和先进分子的自觉要求。1939 年，毛泽东同志就提出了以是否“为人民服务”作为区别革命道德和一切剥削阶级道德的根本分界线。1944 年，他在纪念革命战士张思德时，明确地以“为人民服务”作为对张思德及一切革命者的崇高品质的概括，强调一切革命者都要“想到大多数人民的利益”，都要“彻底地为人民的利益工作”，“一切革命队伍的人，都要互相关心、互相爱护、互相帮助”。此后，毛泽东同志又进一步提出“全心全意为人民服务”的思想，使“为人民服务”的思想有了新的升华。旗帜鲜明地把“全心全意为人民服务”作为革命军队和革命政党的宗旨，作为贯穿革命道德始终的一根红线，是中国共产党在中国革命实践中的一个伟大创造，对中国的革命事业和道德建设，发生了极其重大的推动作用。

正如毛泽东同志所说的：“为什么人的问题，是一个根本的问题，原则的问题。”“这个根本问题不解决，其他许多问题也就不易解决。”只有从人民的利益出发，只有全心全意地为人民服务，才能具有“毫不利己、专门利人”的精神，才能在道德境界上不断升华，才能成为“一个高尚的人，一个纯粹的人，一个有道德的人，一个脱离了低级趣味的人，一个有益于人民的人”。在革命战争时期，无数革命先烈，忠于革命、忠于人民、忠于祖国，把一切都献给了人民的事业，用鲜血和生命谱写了一曲曲壮丽的凯歌。他们为追求真理、造福人民而宁死不屈、视死如归的大无畏精神，一心想着人民、全心全意为人民服务和毫不利己、专门利人的精神，是中国革命道德的生动体现。同样，在社会主义建设时期，广大的党员、干部和人民群众，在各自的工作岗位上大公无私、勇于奉献、全心全意为人民服务，在面临危险的情况下，国而忘家、公而忘私，有的甚至牺牲了自己的生命。正如人们评价焦裕禄同志所说的，“心中装着群众，唯独没有他自己”，也像雷锋同志自己所说的，要“把有限的生命投入到无限的为人民服务之中去”。他们这种崇高的“全心全意为人民服务”的精神，在过去的社会主义的建设事业中，曾发挥了极其重要的作用；在当前和今后社会主义现代化建设事业中，也必将发挥更加重要的作用。弘扬中国革命道德传统，也就是要弘扬体现在这些革命英雄模范人物身上的优秀道德品质。

中国革命道德的原则是集体主义，这是由中国革命道德的“为人民服务”的核心所决定的。从“为人民服务”出发，革命者的所有言论和行动，都应当把人民的利益放在第一位，都应当把党的利益、国家的利益、民族的利益、集体的利益放在第一位。每一个革命者的个人利益，是应当受到尊重和得到保护的。在社会主义革命和建设的整个过程中，从根本上说，革命者的个人利益同革命利益是一致的，因为，他们从事革命活动的目的，就是要为人民的利益、为革命的利益而奋斗，他们总是把自己的个人利益融化于人民的利益和革命的利益之中。同时，也应当看到，在某些情况下，革命者的个人利益也确有同革命利益发生矛盾的情况。在个人利益和革命利益发生矛盾时，革命者应当根据什么原则来处理和解决这种矛盾呢？这就应该如毛泽东同志所说的那样：“以革命利益为第一生命，以个人利益服从革命利益。”如邓小平同志所说的那样：“为了国家和集体的利益，为了人民大众的利益，一切有革命觉悟的先进分子必要时都应当牺牲自己的利益。”正是依靠这种革命利益高于个人利益的集体主义的原则，我们的革命事业才能得以不断蓬勃地向前发展。一切革命者和先进分子，自觉地把革命利益放在首位，以个人利益服从革命利益为自己的神圣职责；革命的集体和领导，始终不渝地从各个方面照顾每个革命成员的个人利益，关心他们的事业成就和个人的全面发展。正是这两个方面的高度结合，才使集体主义的原则在革命道德中能够发挥出强大的精神力量，激发了革命者为集体而献身的斗志，形成了革命队伍前所未有的向心力和凝聚力。

中国人民在长期的革命斗争中，为了推翻帝国主义、封建主义和官僚资本主义三座大山，为了克服在“一穷二白”的大国建设社会主义四个现代化所遇到的困难，为了抵御国内外敌对势力的破坏和封锁，在革命斗争和建设的实践中，形成了一种坚忍不拔、百折不挠、艰苦奋斗、誓死前进的革命奋斗精神。“下定决心，不怕牺牲，排除万难，去争取胜利”，就是这种精神的体现。在1998年伟大的抗洪斗争中，江泽民同志把这种革命精神进一步概括成“万众一心、众志成城、不怕困难、顽强拼搏、坚忍不拔、敢于胜利”的精神。这种革命的奋斗精神，是我们的革命事业和建设事业成功的重要保证，是我们过去、现在和将来战胜前进道路上千难万险的重要精神动力。

四、继承和弘扬中国革命传统道德的现实意义

在建设有中国特色社会主义的新时期，在加强社会主义精神文明建设，特别是在加强道德建设中，大力弘扬中国革命道德传统，有着特别重要的现实意义。

（一）

弘扬中国革命传统道德，有利于加强、巩固社会主义和共产主义的理想与信念。

中国革命道德的根本目标是要实现社会主义和共产主义。列宁指出："为巩固和完成共产主义事业而斗争，就是共产主义道德的基础。"从革命道德的形成、发展和实践的过程中，我们可以清楚地看到，坚持社会主义、共产主义理想和信念的不屈不挠的精神，是革命道德的灵魂。社会主义、共产主义的理想和信念，是建立在对社会发展规律科学认识的基础上，合乎时代进步潮流的理想和信念。无数革命先烈，正是为了实现这样一个崇高的理想，毫不犹豫地献出了自己的生命。"砍头不要紧，只要主义真。杀了夏明翰，还有后来人"（夏明翰语）；"敌人只能砍下我们的头颅，决不能动摇我们的信仰！因为我们信仰的主义，乃是宇宙的真理"（方志敏语）。这些革命先烈之所以能够坚持斗争、无私无畏、宁死不屈、英勇牺牲，就是因为他们有坚定的社会主义、共产主义的理想和信念。社会主义、共产主义的理想和信念，是革命力量的源泉，是革命事业成功的基本保证。不论在任何时候，我们都不能淡化、削弱或丢掉对社会主义、共产主义的理想和信念，否则，革命事业就会遭受挫折，甚至会走上邪路。

在实行社会主义市场经济的新时期，坚持社会主义、共产主义的理想和信念，坚持宣传和提倡共产主义道德，是社会主义道德建设能否取得成功的一个关键问题。在社会主义的初级阶段，我们既要提倡全国人民的共同理想，又要坚持共产主义的崇高理想；既要重视人民群众的物质利益，不断提高和改善人民的物质生活，又要进行理想和信念的教育，充实人民群众的精神生活。正如江泽民同志所说的："物质贫困不

是社会主义，精神空虚也不是社会主义。”在提高人民物质生活水平的过程中，决不能使人们自觉或不自觉地陷入到只知道谋取个人私利的误区之中。一个思想空虚、精神萎靡的人，是难免要被各种邪恶势力牵着鼻子引入邪路的。“人是要有一点精神的”，如果没有精神、理想和信念的支持，一个人的一生，只能庸庸碌碌、无所作为，甚至会造成对国家和社会的危害。思想道德阵地社会主义和共产主义的理想与信念不去占领，资产阶级的及其他腐朽没落的思想就必然乘虚而入。弘扬中国革命道德，有利于树立和培养人民群众的社会主义和共产主义的理想与信念，有利于坚持社会主义道路，有利于建设一个“消灭剥削，消除两极分化，最终达到共同富裕”的美好社会。

（二）

弘扬革命道德，对在全国人民中树立和形成正确的世界观、人生观、价值观与道德观，对培养社会主义有理想、有道德、有文化、有纪律的社会主义新人，具有重大现实意义。

一个革命者，只有牢固地树立了正确的世界观、人生观、价值观和道德观，才能在革命事业的艰难困苦中经受住各种各样的严峻考验，才能正确地对待顺境和逆境而保持革命节操，才能在革命事业处于挫折、低潮时而意志弥坚，才能视国家、民族的利益为最大价值而为其奋斗终生。在中国革命的长期发展中，广大革命者充分认识到只有马克思列宁主义的辩证唯物主义和历史唯物主义的世界观，才是指导革命的科学的世界观；只有全心全意为人民服务的人生观，才是每一个革命者应当奉行的人生观；只有以个人利益与集体利益相结合，而以集体利益高于个人利益为原则的价值观和道德观，才是唯一正确的价值观和道德观。革命人民在艰苦卓绝的伟大斗争中、在革命和建设的考验中，深刻地了解到观察历史发展的正确方法，形成了资本主义必然灭亡、社会主义必然胜利的科学认识，明确了一个革命者应当如何正确对待生死、荣辱、顺逆、得失、苦乐和贫富关系，懂得了集体利益之所以高于个人利益的客观必然性。革命者所形成的这种世界观、人生观、价值观和道德观，对在建立社会主义市场经济条件下提高广大人民群众的思想道德素质，有着不可忽视的重要作用。

在即将来临的21世纪的激烈竞争中，人才素质的竞争，必将成为世界各国间相互竞争的焦点。邓小平同志提出培养“有理想、有道德、有文化、有纪律”的“四有”新人思想，为我国未来的人才培养确立了方向。怎样才能更好地培养“四有”新人呢？改革开放20年来的理论和实践，向我们揭示了这样一个真理：大力继承和弘扬中国革命道德传统，才能真正有利于培养出“四有”新人；反之，要想培养“四有”新人是不可能的。因为，在“四有”中，“有理想”，就是要有社会主义和共产主义的远大理想，要有为实现这一远大理想的坚定信念；“有道德”，就是要有社会主义和共产主义的道德，要能够自觉地为人民服务，奉行集体主义原则；“有纪律”，就是要以革命利益和集体利益为重，严格遵守党纪国法，而且要把维护纪律建立在高度自觉的基础之上。

（三）

弘扬中国革命传统道德，对改善全社会的道德风尚、抵制一切腐朽思想的腐蚀、提高广大人民群众的思想道德素质也有重要的积极作用。改革开放以来，我国在经济建设方面，取得了举世瞩目的成绩，而在社会风气方面，却出现了一些值得注意的情况。正如《中共中央关于加强社会主义精神文明建设若干重要问题的决议》所指出的：“一些领域道德失范，拜金主义、享乐主义、个人主义滋长；封建迷信活动和黄赌毒等丑恶现象沉渣泛起；假冒伪劣、欺诈活动成为社会公害；文化事业受到消极因素的严重冲击，危害青少年身心健康的东西屡禁不止；腐败现象在一些地方蔓延，党风、政风受到很大损害；一部分人国家观念淡薄，对社会主义前途发生困惑和动摇。”当前社会生活中的这些污泥浊水，毒害和污染着我们的精神生活。加强社会主义精神文明建设，特别是加强社会主义的道德建设，一个重要的方面，就是要以革命道德的洪涛巨浪，荡涤这些泛起的思想沉渣，摒弃各种腐朽思想，净化人际关系，从而更有效地改善党风和社会风气，提高全社会的思想道德水平。

弘扬中国革命道德传统，也是对最近十几年来一些人反对提倡共产主义道德、否定中国革命、宣扬文化保守主义思潮的一个有力的回击。一些人把革命精神和共产主义道德都说成是假话、大话和空话，说成是一种过激的思想和行为，少数人甚至把一切革命都说成是坏事，扬言要告别革命、躲避崇高。这是一种消极的、颓废的、没落的思想，它只能削弱革命人民的社会主义和共产主义的理想与信念，腐蚀广大人民群众的斗争意志，破坏有中国特色社会主义的建设事业。对于这种错误的思想，邓小平同志早在1980年就极其深刻地指出：“我们在新民主主义革命时期，就已经坚持用共产主义的思想体系指导整个工作；用共产主义道德约束共产党员和先进分子的言行；提倡和表彰‘全心全意为人民服务’，‘个人服从组织’，‘大公无私’，‘毫不利己、专门利人’，‘一不怕苦、二不怕死’。现在已经进入社会主义时期，有人居然对这些庄严的革命口号进行‘批判’，而这种荒唐的‘批判’不仅没有受到应有的抵制，居然还得到我们队伍中一些人的同情和支持。每一个有党性、有革命性的共产党员，难道能够容忍这种状况继续下去吗?”我们应当结合新的革命与建设的实践，进一步认清在当前弘扬中国革命道德传统和提倡共产主义道德的重要意义。

五、本书编写的有关问题

《中国革命道德》是由教育部组织编写的，教育部部长陈至立为《中国革命道德》编委会主任，罗国杰、沙健孙、朱新均、武兆令为编委会副主任。本书的编写，由罗国杰任总主编、沙健孙任副总主编。教育部高校社会科学发展研究中心承担了全书的日常组织工作。本书分为简编和多卷两种。《中国革命道德》的简编本为一卷本，读者对象主要是青少年学生、工人、农民、干部、军人、职员等。《中国革命道德》的多卷本，则是一套大型的有关中国革命道德的文献，是为全国各级各类学校、宣传教育部门和有关方面进行道德教育和道德建设所编选的参考资料书，可看做是中国革命道德的一个大型的思想库和资料库。编纂这种规模、这种性质的中国革命道德的书，在我国尚属首次，它收录了自五四运动直到1999年，有关中国革命道德的基本理论、重要规范、先进楷模、名言佳句和教育修养等方面的内容，力求能够较全面完整地涵盖中国革命道德各个方面的主要内容。为了阅读的方便，我们将多卷本分为五卷。第一卷为理论卷（上下册），由罗国杰、夏伟东负责；第二卷为德行卷，由沙健孙、陈占安负责；第三卷为规范卷，由罗国杰、王际欣、张琼、乔法容、赵豫林负责；第四卷为名言卷，由龚书铎、耿向东负责；第五卷为教育修养卷，由沙健孙、王福霖、刘可风、江畅负责。各卷之下分章，章下分节，节下分目；每卷前有一卷序，每章前有一导语。

《中国革命道德》的编写，对我们全体工作人员来说，都是一次接受新的深刻的教育的过程。在收集、整理和编选的过程中，革命前辈和先烈们的崇高道德品质和无私无畏的革命精神，他们以自己的实际行动甚至宝贵的生命所谱写的惊天地、泣鬼神、震撼人心、感人泪下的英勇业绩，时时发人自省、促人自警、激人自新、催人奋进。我们正处在一个为社会主义和共产主义理想而奋斗的伟大时代，革命先烈未竟的事业，需要我们去继续完成。毛泽东同志指出："无数革命先烈为了人民的利益牺牲了他们的生命，使我们每个活着的人想起他们就心里难过，难道我们还有什么个人利益不能牺牲，还有什么错误不能抛弃吗?"我们应当拳拳服膺地继承和弘扬中国革命道德传统，为革命和人民的利益，为社会主义和共产主义理想的实现而努力奋斗。

中国传统道德文化研究的拓新之作*

——评王联斌《中华武德通史》

中华武德文化是中国传统道德文化体系的重要组成部分，在民族文化史上占有重要地位，无论过去和现在，对中华民族的精神文化生活的影响都起着不可替代的重要作用。中华武德文化资源十分丰富，但是过去一直没有进行过系统地开发整理和研究。国防大学博士生导师、南京政治学院教授王联斌经过十年的努力，精心撰写了第一部全面系统研究中华武德文化的专著《中华武德通史》（以下简称《通史》），填补了这方面的空白。该书被列为“九五”国家重点图书，近由解放军出版社出版。通览全书，有以下几个显著特点：

第一，着力探讨了中华武德文化的历史定位和现代价值，开掘了传统武德精神的时代内涵。

“探讨中华武德文化的历史定位和现实价值意义”，可以说是《通史》的基本出发点和归宿。《通史》着力阐述一个基本观点，即中华武德文化是比较能够涵盖民族文化精华、反映民族精神本质的一个文明窗口；开发和继承中华武德文化这份珍贵的历史遗产，对于丰富和发展民族文化，激发民族的自豪感，发扬爱国主义精神，促进军队和全社会的精神文明建设，都具有重要的学术价值和现实意义。

从马克思主义的观点来看，武德文化之所以在民族生活中具有重要

---

* 本文原载《道德与文明》，2000（2）。

的历史价值，主要是由于军事职业生活的特殊性、丰富性以及它在社会历史演进过程中的地位和作用所决定的。马克思在讲到军人职业生活对社会生活和历史进程的影响时曾经指出："军队的历史比任何东西都更加清楚地表明，我们对生产力和社会关系之间的联系的看法是正确的。一般说来，军队在经济的发展中起着重要的作用。"马克思还说："军队的历史非常明显地概括了市民社会的全部历史。"① 这就是说，军人职业、军事生活具有普遍的社会品格。《通史》从道德科学的独特视角揭示和展现了马克思的这一历史观，着力揭示中华武德文化的历史个性中所蕴涵的民族精神的本质，从而为读者提供了一条新的认识民族文化特质的有效路径。

我们正在建设有中国特色社会主义文化。继承和发扬中华民族优秀文化遗产，是建设有中国特色社会主义文化的重要内容。在中国，作为民族伦理文化的特殊形式存在和发展的武德文化，始终将自身融入伦理社会的文化大背景中。特殊的武德文化形式包含着民族文化的普遍品格。显而易见，在我们今天所进行的文化系统工程中，应包含对中华传统武德文化的开发和借鉴。《通史》的一个成功之处，就在于它在更高的理性层面上，比较系统地把握和揭示出了中华传统武德文化中值得借鉴的现代价值，如忠贞的民族气节、高尚的爱国主义情操、高度的组织性、纪律性、团结精神、吃苦精神、英雄主义、乐观主义和恪尽职守、爱民保民、居安思危、自强不息、勇于献身、机智果敢，等等，这些精神和品格，"都是中华民族精神文明的结晶，仍值得今天继承和发扬"。

第二，开拓了中国道德哲学研究的新领域，提出了不少富有启发性的新见解。

对中国传统道德哲学的研究，近二十年来有很大发展，一是相继有多部比较系统全面研究伦理思想的史学专著问世，二是研究诸子伦理思想的著作层出不穷。但是，今天看来，在伦理学领域的研究中有一个明显的缺憾，就是忽视了对武德思想和兵家伦理的研究。另一方面，在研究军事文化的史学著作中同样也缺少对武德思想的系统把握。这在一定程度上遮掩了对华夏文明研究的视野。其实，在中国传统道德资源中蕴涵着丰富的武德文化宝藏。研究诸子百家的伦理思想，不能冷落兵家，

① 《马克思恩格斯全集》，中文1版，第29卷，183页，北京，人民出版社，1972。

因为它是百家中的一个大“家”；同时，也不能把原本属于诸子伦理思想体系中的武德内容从其体系中抽去。《通史》的一个可贵的、颇有创造性的尝试，就是把诸子的伦理思想与其本人的武德思想及同时代的兵家伦理、武德实践结合起来进行研究，从而不仅拓宽了中国传统道德哲学和军事文化研究的视野，弥补了中国文化史研究上的一大缺憾，而且也为全面、系统、准确地把握诸子和兵家的伦理思想提供了方法论的借鉴。

从学术上说，《通史》留给读者的一个最为突出的印象，就是提出了一系列富有创建性、启发性的新见解。

一是对人物、著作的基本武德思想的论证评析和提炼概括上很有特色。如管仲“贵人贵德”的军事伦理思想，老子以“守柔”为宏旨的“慈战”观，孔子军事伦理思想的核心是“仁”，《孙子兵法》堪称为一部军事“仁学”，墨子的义战观以“非攻”为核心，吴起国防伦理观的基本内核是“内修文德，外治武备”，以及孙膑“战胜而强立”的军人价值观，《商君书》“以战去战”的战争伦理观，孟子“吊民伐罪”的“仁战”标准，荀子“王霸合一”的安国方略，直至太平天国反帝爱国的民族气节，孙中山对中华武德文化的创新，等等。这些见解都使读者耳目一新。

二是对中华传统武德文化的历史分期和发展轨迹提出了富有创建性的见解。《通史》将中华武德文化发展史划分为五个时期：即远古春秋，是中华武德的起源和武德文化走向成熟、奠基的时期；战国军争和“百家争鸣”，把中华武德文化的发展推向了隆盛时期；秦汉至三国，是中华武德文化在融合中走向统一发展的重要历史时期；唐宋元明时期，中华武德文化经历了一段漫长的衰落之后，又走向了复兴，迎来了民族魂的新生，谱写了中华武德文化史上可歌可泣的新篇章；从清太祖努尔哈赤建“八旗军”至孙中山创建国民革命军，中华武德文化的发展经历了一个由同化、退化到革命的转化过程。《通史》通过对各个历史发展时期的分析，得出了一个全新的、具有规律意义的结论：“中华武德文化在以上五个时期的发展历程中，始终围绕着一个核心（武德之‘仁’）和两条主线（‘义战’、‘人和’）的轨迹辐射和展开的。外以‘义’为上，内以‘和’为贵，武德意义上的‘义’与‘和’，是‘仁’的原则在军事领域的集中体现。”这一概括是富有启发性的，它不仅对中国军事史的研究，而且对整个民族文化史的研究都有借鉴意义。

三是对中国文化史上的一些学术谜底提出了独到见解。试举几例：(1) 关于孔子学说中“仁”与“礼”的关系问题。《通史》通过对所挖掘的新的史料的分析，指出：“在实践中，孔子体验到了他的‘仁’与‘礼’的冲突性。在孔子看来，‘礼’应当为‘仁’服务，应当服从‘仁’的需要。总之，要以‘仁’制‘礼’、以‘礼’辅‘仁’。”(2) 关于孙子“投之亡地然后存，陷之死地然后生”之说。《通史》运用“战场道德环境效应”理论和可靠史料，经过谨慎考证，一反众说。“孙子‘众陷于害’的用兵原则，并非是指对士兵生命不负责任，冒险地把士兵驱往‘死地’，以迫使士兵去拼死。从孙子所述的立意看，所谓‘害’，实质上是一种心境，是相对意义上的一种心理体验。也就是说，它是以士卒心理体验到‘危境’而又不惧其‘危境’为尺度的。正是在这个意义上，孙子强调指出：‘九地之变，屈伸之利，人情之理，不可不察。’变换和利用战场环境，以及进退攻守，一切要看是否符合部队的心理状态，是否有利于士卒精神潜能的释放。”可以说，这段议论是相当精彩的。(3) 关于吴起的人格问题。《通史》针对史学上有所谓“不忠”“不孝”等存异之说，在考证的基础上，通过辩证分析，得出了“不忠之忠”、“不孝之孝”、“不仁之仁”、“不信之信”等富有哲理的结论。诸如宋襄公“仁义”战法之辩难，“向戌弭兵”的是非之争，刘邦、项羽武德人格之得失，宋太祖“黄袍加身”的道德意义，等等，都有不少独到解疑之处。

第三，在研究方法上，作者不满足于对历史只作梳理、归纳和描述，而是运用了历史和逻辑相统一的方法，在“史”与“论”的结合上作了有益的尝试。

《通史》中的各章节，可以说都是按照学术论文的思路写成的，都可以单独成篇。但是，通卷读来，从体系结构、历史逻辑、风格体例等方面来看，《通史》给读者的印象却非“史论文集”，而是一部实实在在的、能够比较完整系统地揭示和反映中华武德文化基本内容、本质特征、发展演变规律及其历史和现实价值等方面的通史性专著。

写史难，写史论更难，写史论性的通史尤难。因为章章节节都要论，论得多了，也就难免要有些重复，甚至空乏无味。但是，《通史》却较好地避免了这些弊端。其成功之处有两个方面：

一是取材严谨。《通史》对入书人物和著作的取舍，是比较审慎、严谨的。该书不仅多以正史为底本，取翔实资料，而且重视所取材料的价值地位和个性特色，即“(1) 在历史上居于重要地位并有较高的价值意义；(2) 有发展、创新之处和鲜明的个性特征；(3) 有可靠史料记载”。由于这种取材方式可以将一些重复或近似的史料滤去，因而也就可以较好地避免了立论上的重复。二是立论精当。《通史》不仅是一部能博采百家之说的论著，而且视角新颖，立论平实、精当，富有哲理。

总的来说，《通史》是一部自成体系，结构严谨，视野广阔，取材丰富，富有创见的拓新之作。确如张岱年先生在为该书所撰序言中所言：“这是对中国军事史、中国文化史研究的一项崭新的贡献。”

弘扬中华传统美德　推进公民道德建设*

——《中华传统美德格言》评介

在长期的历史发展中，中华民族以“崇尚道德”和“礼仪之邦”而著称于世界民族之林。爱国、诚信、厚仁、重义、敬亲、贵和、求新、好学、勤俭、奉公等道德要求，经过数千年的不断陶冶、实践和发展，已经融入中华民族的血脉，成为中华民族精神的一个不可分割的组成部分。中华民族传统美德的一个重要特点，就是极其重视“精神生活”、“道德人格”、“崇高境界”、“理想信念”、“诚实守信”在人的生活中的导向功能，这对于克服市场经济条件下的一些目光短浅、低级庸俗、自私自利、唯利是图等腐朽思想来说，有很强的针对性。对于中华民族的这些传统道德，只要我们能够用马克思主义的历史唯物主义的态度，吸取其精华，批判其糟粕，传承其美德，抛弃其局限，并力求在新的市场经济条件下赋予其新的社会主义的时代精神，就一定能够成为先进文化建设的重要内容，进一步提高广大人民群众的思想道德水平，有利于公民道德建设的发展，有助于“以德治国”的实施。

为了使道德建设更好地深入人心，具有使人民群众喜闻乐见和通俗易懂的形式，还必须运用各种有效手段，对人民群众进行诱导、启迪和教育。特别是对于广大青少年来说，运用格言“言简意赅、朗朗上口”的特点，使他们在青少年这个便于记忆的时期，熟记和背诵这些格言，

* 本文原载《光明日报》，2003-02-24。副标题为本书所加。

就能够更好理解、感受和身体力行这些格言的内容，这不仅对当前提高他们的道德品质，有教育的意义，而且，在长大成人后，对他们更好抵御各种不良影响的腐蚀，也有特别重要的作用。古代的思想家强调，对青少年加强道德教育的一个重要渠道，就是要把必要的基本道德规范和格言，对青少年“讲而习之于幼稚之时”，这样，就可以使他们“习与智长，化与心成”，长大成人以后，对社会的正确的道德要求，也就能够顺其自然、严格要求，也就不再会有格格不入“扞格不胜”的忧虑了。

“传承中华美德，培养民族精神”，是全面建设小康社会，开创中国特色社会主义事业新局面的时代要求，是建设社会主义先进文化的重要方面。《中华传统美德格言》按照传统道德基本内容，把传统美德分为爱国、明智、持节、自强、诚信、知耻、改过、厚仁、贵和、敦亲、重义、尚勇、好学、审势、求新、勤俭、奉公、务实等 18 个部分，比较全面系统地反映了传统美德的各个方面，本着少而精的原则，有针对性地选择了在当今社会仍然具有生命力的格言，分成《少年本》和《成年本》出版，这对于加强青少年的道德教育和陶冶他们的道德品质，进一步推动公民道德建设，加强以德治国，培养民族精神，都具有十分重要的意义。

“孝”与中国传统文化和传统道德*

——《中国孝文化研究》序

肖群忠博士的《中国孝文化研究》一书，即将在台湾出版，作者要我为此书写序，正好有一些关于“孝”的想法，就借此机会，谈一点关于“孝”的意见。

在中华民族的优良传统文化和优良传统道德中，“孝”可以说占有特殊的地位，在强调弘扬中华民族的优良传统文化和优良传统道德的共识中，对“孝”文化的问题，更应当进行深入的研究，力求使其同今天的现实生活紧密结合，并在提高人类的道德水平方面，发挥重要的作用。

在中华民族发展的历史上，“孝”在社会生活中，有着一个曲折的发展过程。一方面，它在一定时期内，有力地维护着中华民族的和谐发展，凝聚着以血缘为纽带的宗法氏族关系，为维系家庭团结和保持社会稳定起着特殊重要的作用；同时，在长期等级制度的社会中，主要是自宋明到五四这段时期，它被统治阶级及其思想家们加以扭曲，把“愚孝”当做道德楷模，把牺牲子女的基本权利作为道德教条，把压抑人性作为“孝”的必然归宿。因此，我们应当采取全面、科学、辩证和分析的态度，对“孝”在中国社会长期发展中的复杂情况，加以提炼、筛选、消化和吸收，采纳其精华，抛弃其糟粕，以达到“古为今用”的目的。

---

* 本文原载《道德与文明》，2003（3）。

什么是“孝”？按照中国古代传统道德的理解，“孝”就是“善事父母”，就是要以善意的思想和行为来对待自己的父母，使他们生前能够过幸福的生活，在他们死后给予很好的安葬。

作子女的为什么要“孝顺”自己的父母？从中国传统道德的要求来看，主要是因为父母对子女有三个方面的“恩情”，作子女的长大成人以后，应当进行报答。应当说，“孝”的根据是“报恩”，这是重视血缘关系和宗族纽带的中国社会所形成的道德要求，是带有东方文化和东方道德传统特点的。

父母对子女都有哪三方面的“恩情”呢？一是生育之情，二是养育之恩，三是教育之泽，这三个方面结合起来，就是中国传统道德和传统文化中强调“孝”的最根本、最主要的原因。

《诗经》上说，父母“生我养我，育我鞠我”。孔子说：“子生三年，然后免于父母之怀。”《孝经》上说：“身体发肤，受之父母，不敢毁伤。”等等，这都是说父母对子女的“生育之情”、“养育之恩”和“教育之泽”。的确，在一般情况下，父母对自己的子女，都要在这三个方面付出辛勤的劳动。当然，对于极少数例外的情形，不在我们讨论之内。

由此可见，中国古代的“孝”，就同中国古代伦理思想中的“报恩”思想紧密地联系在一起。在伦理思想中，一直存在着一种看法，就是不同意把“孝”和其他道德同“报恩”的思想联系起来，甚至把“孝”说成是同“报恩”没有什么联系的。我认为，这种看法是值得商榷的。

由此回想起了一件往事。1990 年，我应邀到韩国参加一次关于“孝和未来社会”的国际学术讨论会，到会的除了东方学者以外，还有西方对“孝”比较关心的一些学者。我发言的题目和内容，都强调了“孝”在当今社会和未来社会的重要意义。一次在和一位华裔西方学者交谈时，他提出，西方一些学者认为，父母生育子女和教育子女，都是他们对社会所应尽的责任和义务，谈不到对子女有什么恩惠，因此，也不认为子女对父母应当尽孝敬和赡养的义务。一个人老了，丧失了劳动能力，社会和国家应当负责他的生活，子女对此不应当承担任何的责任。他说，这也就是东西方文化的一个重大差异，值得我们认真地加以研究。

我想，人到老年以后，在他不能够再为社会做贡献和丧失劳动力的时候，社会和国家应当担负起对他的责任，这当然正确的。社会愈是进步，经济愈是发展，社会对老年人的保障，也必然愈加完善，这是社会发展的必然趋势，是毫无疑义的。但是，如果说生儿育女是每一个公民的义务，并因此认为父母对子女没有任何恩惠，这却是值得商讨的。难道父母的生育，不是一种亲情？父母的养育不是一种恩惠？父母的教育不是一种恩泽？作子女的，难道不应当对这些“恩惠”予以报答？

自古以来，在人们的道德关系中，能不能对受到“恩惠”加以报答，这是判断一个人有无道德和道德高低的一个重要标准。人们在社会生活中，总是要相互发生各种各样的利益关系，除了商品买卖只能进行等价交换以外，在彼此的道德关系中，一个人要想有道德，总是要以或多或少对他人、对社会、对国家做出某些牺牲为前提的。人类社会自古流传下来的社会公德、职业道德、家庭美德，就是调整这些关系的道德要求的规范。父母同子女之间的关系，固然有血缘和亲情的方面，这是应当强调的，同时，不可否认、其中也包含着发自父母的真挚、自愿的牺牲。

一个人有没有道德和道德层次的高低，当然要看许多方面，但是，谁都不能够否认，一个人是否自觉自愿地报答他人对自己的恩惠，是否回报父母、他人、社会、国家在自己成长、发展中的帮助，是衡量、测试和评价一个人有没有道德和道德高尚或卑下的一个重要的标准。中国一句著名的道德格言就是“受恩必报，施惠莫记”。如果说，一个人，连父母对自己的“恩惠”都不能够、不愿意报答，甚至虐待父母，我们又怎么能期望他会报答社会、国家、他人对他的“恩惠”呢？这样的人，又怎么可能是一个有道德的人呢？中国传统道德强调“孝”是道德的根本，是一切道德行为的出发点，应当说是有道理的。

我们还应当看到，在当前市场经济条件下，随着追逐个人利益的发展，西方社会的个人主义、拜金主义和享乐主义的思潮，不断蔓延，等价交换的原则正日益渗透到人与人关系的各个方面，甚至在家庭关系中，也笼罩着金钱的阴云。为了金钱和私利，不但可以“遗弃双亲”，甚至不惜“杀父杀母”，这种情况，难道还不应当引起我们的严重关心吗？

“孝”是中华民族文化和中国传统道德的一个基本的、重要的内容，是道德行为的生长点，在调整人和人之间的道德关系、维护社会的稳定、提高人的道德素质方面，有着特殊的意义。我相信，不论在当前社会和未来社会，不论是对海峡两岸的中国人，还是对东方和世界许多国家及民族，对“孝”文化的正确理解、深入研究和大力弘扬，都有着重要的意义。

《中国孝文化研究》一书，是肖群忠博士在其博士论文的基础上，加以修改而成的。本书从文化伦理的视角，对中华民族的“孝文化”进行了全面的概括、整理、研究和分析，提出了“孝”是中国文化中具有“根源性、原发性、综合性的核心观念和首要文化精神”等一些独创性的见解，对孝文化做了历史反思与当代价值的重估，是一部既有理论意义又有现实意义的力作。此书在台湾的出版，对于进一步弘扬中华民族的文化和优良道德传统、对于加强两岸人民的团结和促进祖国的统一，必将产生有益的影响。

《中国家训史》序言*

重视对幼儿的启蒙教育和养成教育，强调“家训”培育良好家风，为“治国”、“平天下”打好必要的基础，这是中华民族文化传统中的一个重要方面，也是中国道德文化中一份不可多得的珍贵遗产。古人已经认识到，在整个教育过程中，家庭教育处于初始与基础的重要地位，如果能够在一个人的“幼稚之时”，就对其训诫诱导，使其“习与智长，化与心成”，那么，在他们成人之后，就能对应当履行的道德规范，自觉地予以遵守，不会有所谓“扞格不胜”之患。中国古代思想家们之所以重视家庭教育在整个教育中的地位和作用，正是从无数的经验教训中看到了这样一个重要的道德教育规律。父母与子女之间，有着极其亲密的血缘关系，父母对子女的了解与关爱，子女对父母的信任与依赖，贯穿着一种特殊的联系，这就是中国古人所特别强调的“亲情”。在中国古代长期的以血缘为纽带的封建关系中，这种“亲情”关系，更得到了充分的发展。正因为这样，中国古代的“家训”，也就成为独具特色的一种文化传统，其内容之丰富、涉面之广博、影响之深刻，是世界各国文化中所没有的。

在长期的中国历史中，我们也清楚地看到，有相当一部分著名的政治家、军事家、思想家、文学家等，他们之所以能够成为中华民族的

---

* 本文原载《高校理论战线》，2004（1）。

"明君"、"贤相"、"志士仁人"、"爱国英雄"、"世人楷模"，都同他们所受的家庭教育有着密不可分的关系。从我国古代这些著名人士的回忆、自叙和传记中，都可以看到，正是在幼小时候的良好家庭教育和严格的道德养成，使他们形成了一种向往崇高、追求理想的浩然之气，并培育了他们自觉抵御社会腐朽风尚的坚定毅力，使他们在日后的长期社会生活中，始终能够坚持操守、热爱祖国、公而忘私、敬业奉献、坚贞不屈，直到保持晚节。这种自幼就形成的优良品德，能使人迁善远过、日新又新，能使人富贵不淫、贫贱不移、威武不屈。这种情况，虽不易为一般人所察觉，但应当受到伦理学家和道德研究者的重视。

家庭是社会的细胞，随着社会的进步、时代的变化，家庭的作用、组成和功能也必将不断地变化，这是必然的；但是，作为社会的组成细胞——家庭在人类发展的历史长河中所具有的亲情联系和生养、教育子女的功能，仍将得到延续和发展。社会愈发展愈进步，就愈加需要赋予"家庭"这个细胞以新的职能和新的活力。社会在物质文明方面的急速进步，更要求社会的精神文明有相应的提高，而家庭教育和良好家风的形成，是社会精神文明建设的一个极其重要的方面。没有良好的家庭美德，没有对子女的适应时代的素质教育，就不可能有国家的富强和社会的安定。当前西方国家中一些社会问题和道德危机日趋严重，青少年犯罪现象不断增长和社会不稳定因素上升乃至发生危机，其中一个重要的原因，就是忽视家庭教育。

我们是社会主义国家，我国正在从事建设中国特色社会主义的艰巨而伟大的事业，在道德建设上，我们必须坚持以为人民服务为核心，以集体主义为原则，以爱祖国、爱人民、爱劳动、爱科学、爱社会主义为基本要求，在大力提倡社会公德、职业道德的同时．更需要重视尊老爱幼、男女平等、夫妻和睦、勤俭持家、邻里团结的家庭美德，加强和培育"家庭"在新社会中的各个方面的作用，重视对子女的关心和教育。

在建设家庭美德和形成良好家风的过程中，我们要立足于建设社会主义四个现代化的现实，既要吸取人类一切有关家庭教育的优秀成果，更要借鉴和继承中华民族传统道德中的优良的内容（包括"家训"中的"精华"），使我们的家庭美德和家庭教育能够更好地为中华民族的伟大复兴做出应有的贡献。

中国古代的传统道德和"家训"，都是在长期的封建社会中孕育、发展和形成的，不可避免地受到封建社会的严格的等级制度和尊卑观念的制约，受到为维护封建“家庭”和“氏族”延续的思想的局限，受到封建的“尊亲”、“忠君”、轻视妇女等观念的影响，随着封建社会的孕育、发生、发展和走向没落，这种等级尊卑思想和轻视妇女的观念，不断地日渐凸现，突出地表现在所谓“三纲”的至高无上的绝对要求中。汉代以后，特别是宋明以降，随着封建道德的日渐强化，“君为臣纲、父为子纲、夫为妻纲”以及“愚忠愚孝”、“三从四德”等教条，也贯穿于中国家训的各个方面。因此，在我们所看到的这些“家训”中，往往是既有积极方面，又有消极因素；既有精华，又有糟粕。

我们今天所要建立的社会主义先进文化，应当是面向现代化、面向世界、面向未来的，民族的、科学的、大众的社会主义文化，并以不断丰富人们的精神世界、增强人们的精神力量为根本目的。为此，我们在继承“家训”这一古代道德“遗产”时，一定要以马克思主义的基本立场、观点和方法，按照“批判继承、弃糟取精、综合创新、古为今用”的原则，抛弃其糟粕，吸取其精华。批判继承，是一个总的原则，是我们必须坚持的一个指导思想；弃糟取精，是我们在继承时所应当采取的一种分析的态度，也就是要实事求是，具体问题具体分析，在分析中进行鉴别和筛选；综合创新，就是要赋予这些古代的“家训”以新的、适合时代要求的内容和意义，创造性地理解这些“家训”；古为今用，就是要使这些古老的“家训”能够“与时偕行”，能够与新时期家庭教育的实际相衔接，解决当前家庭教育所需要解决的问题。总之，就是要批判地继承，使中国古代的“家训”成为社会主义四个现代化建设过程中道德教育的一个重要内容。

20 世纪 80 年代以来，尤其是近十年来，许多学者在挖掘与批判地继承中华民族“家训”这份遗产方面，做了大量的工作。他们从浩如烟海的历代古籍中，爬梳钩沉，筛选整理，出版了许多资料、评注，发表了不少有价值的论著。徐少锦、陈延斌同志经过多年的广泛搜罗，在吸取已有成果的基础上，提出了不少独到的见解，写成了这本《中国家训史》。此书并不是一般地阐述和摘录有关中国古代家庭教育的思想，而是从家训教化实践的视角，遴选了从先秦到清末几千年中二百多位典型人物，将他们训育子女的理论基础、主要内容、基本原则、具体方法等，进行分类归纳，理出其历史演进线索，揭示其间的内在联系与发展规律。本书对中国传统家训从萌芽、产生、成型、成熟以及由盛至衰过程的清晰勾画，对每个时期家训的特点和重点的提炼论证，对家训中的许多重要概念的历史考察，对家训发展规律的探索，以及认为整个传统家训贯穿着以道德训诫为中心的主线，其根本宗旨是塑造高尚的人格，使子弟成为国之用材，等等，这些都是符合实际的。本书对于传统家训缺陷的分析批判，符合历史唯物主义的基本原理，符合批判继承的原则。

应作者审阅、作序之要求，我以先睹为快的心情，泛览了书稿，受到了不少启发，并由此而联想到一些值得注意的问题，写了以上的一些想法。“依法治国”与“以德治国”相辅相成，已经作为我国的一个重要的治国经验，成为全国人民的共识；道德建设的重要意义，也日益为人们所认同。这是我国道德建设所面临的一个前所未有的大好时机，我们应当紧紧把握住这个重要的机遇，为提高广大人民群众的道德素质，做出应有的贡献。

《中国家训史》的出版，不仅拓宽与加深了中国教育思想史与中国伦理思想史研究的领域，而且对于社会主义精神文明建设，特别是家庭美德建设、公民道德建设，都是有借鉴意义的。

四

爱国主义研究的新成果*

——《中华民族爱国主义通论》** 评介

由于某种机缘，当延边大学潘龙海等同志新著的《中华民族爱国主义通论》（以下简称《通论》）一书尚在校样时，我们就有幸先读到了它。先睹为快，这是令人庆幸的。然而，当我们想把这本书推荐给更多的朋友、更多的读者时，确实并不仅仅是因为我们先睹为快的心绪。这几年人们对爱国主义的研究曾有过很高的热情，也有值得庆贺的研究成果。因此，说实在的，当热心的朋友将这本书介绍来时，我们并未对它寄予什么期望。曾几何时，在这样那样的题目下，不是很有一些东抄西抄、七拼八凑的东西出来么？但是，在我们仅仅看了该书的目录，大体了解了该书的体系构架及所要达到的目的之后，我们就发现，这是经作者自己独立思索、在富于创新意识和责任感的感召下研究出来的东西。当读完全书后，我们进一步确信，这是一本难能可贵的研究爱国主义的新著。

《通论》全书的主题非常明确，这就是要体现这么一个中心思想：中华民族是一个不可分割的整体；整部华夏辉煌灿烂的文明史，就是包括汉民族在内的各个具体民族同呼吸共命运一起创造中华文明的历史；无论是源远流长的历史还是丰富多彩的现实，都一再证明，爱国主义是

---

* 本文原载《吉林社会科学》，1988（1-2），署名罗国杰、夏伟东。

** 《中华民族爱国主义通论》，作者：潘龙海、郎毅怀、田丰，延边，延边大学出版社，1987。

一种把各个具体的民族团结在一起的强大的凝聚力，它对各个单一民族乃至全民族的兴盛与发展，具有命运攸关的重要性。

非常可贵的是，《通论》在围绕这一中心思想来展开论述时，并非因循他人、流于一般，而是另辟蹊径、大胆探索。全书可用新、深、严、勇四个字来概括。

“新”即清新。一个为大家所熟知的题目，如果缺乏清新的气息，是很难打动读者的心的。在一定意义上说，是否具有新意，往往决定了这类图书在读者中将受到的待遇。《通论》在这一点上，可以说是花了力气的。展卷而读，即可见《通论》从“中华民族爱国主义的历史主体”入手，一开始就紧扣整个中华民族与爱国主义的必然联系，强调每个单一民族都理所当然地成为中华民族爱国主义的历史主体。顺着这一思路走下去，作者进一步阐述了中华民族爱国主义的内容结构、社会功能、土壤和源头、历史发展阶段和形式、在当代的实践以及中华民族爱国主义精神的开发等等问题。用作者自己的话来说，就是想通过对中华民族的爱国主义作这种纵向的和横向的论述与比较，从一个新的角度，开拓出爱国主义研究的新路子。应该说，作者这种刻意求新的心态，在《通论》中得到了比较鲜明的反映。作者较为流畅朴实的文字，也给《通论》全书增添了几分清新的气息。

“深”即深刻。《通论》作者在刻意求新的同时，并没有像某些创新理论那样犯有创新有余、深度不足的毛病，而是同时力求理论分析的深刻性。比如，在爱国主义是千百年来人们形成的对自己祖国的感情这个问题上，《通论》围绕“爱”字作文章，具体地抽象概括出骨肉爱、乡土爱、民族爱、祖国爱及世界爱等五个爱国主义感情的层次，对这五个感情层次并不是选择绕开走的“捷径”，而是知难勇进，信心十足地用自己的“中华民族爱国主义的历史主体论”，来尝试解决这种问题。我们且不说他们的这种尝试是否成功，仅仅是他们这种勇于探索的精神，就必定会感动读者。

“严”即严谨。《通论》的作者刻意求新、勇于探索，但他们对自己提出来的新观点所作的分析论证，却又是严肃认真的，绝没有哗众取宠的味道。仅拿他们对我国现存的56个民族的发生发展史的叙述来看，就足见他们是做过大量的原始资料的查阅工作及细致的分析研究工作的。正是得力于作者的这种辛勤劳动，《通论》所提出来的观点能够有较多的史料佐证，因而显得亲切可信。也正是作者的这种较为严谨的阐述风格，使《通论》围绕着爱国主义这个主题，积聚起相当丰富的史料，作了辩证的分析论证，从而不但使人们对爱国主义感情的认识具体化，同时也把人们对这种感情的认识引向更深的层次。

“勇”即勇气。任何一部力求创新的作品，都必须要求作者具有敢于提出与他人见解不同的观点的勇气。在社会科学领域，尤其是在爱国主义这个比较敏感的问题上，这种勇气显得更为可贵。读《通论》时，是可以看得出作者具有这种胆识的。比如，在以往的爱国主义研究中，怎样用爱国主义的眼光来看待中华民族历史上各具体民族之间时常发生的民族冲突，并怎样来看待在这种冲突中产生出来的互相矛盾的民族英雄，如霍去病、岳飞、完颜阿骨打、成吉思汗等，始终是一个十分棘手的问题。因而许多研究爱国主义的人，往往对这种问题畏而却步，采取回避的态度。《通论》的作者对古今中外有关爱国主义资料的广泛涉猎，使得《通论》具有相当的可读性。

当然，《通论》作为一部从不同的角度来研究爱国主义的新作，不可能是十全十美的；作者提出来的某些新见解，或许还会引起人们的讨论。

但是，《通论》的缺点与优点是不可比的，它的成功是不言而喻的。因此，我们愿意把它推荐给读书界的朋友们。

树立社会主义和共产主义的人生价值目标*

——《人生观理论与教育研究》序

改革开放十年来，尤其是通过1989年春夏之交的政治风波给予我们的深刻教训之一，表明了人生价值目标对人的思想行为的极端重要的导向作用。最近几年来，用马克思主义的理论观点来准确阐明这一问题的理论成果，显得薄弱；相反，一些以不同形式、以不同方式否认、诋毁社会主义、共产主义的人生价值目标的观点，却相当流行。这些观点，以所谓价值目标多元化或人生价值选择多样化的相对主义价值观为理论武器，首先是将社会主义和共产主义的人生价值目标从主导地位上拉下来，使之与其他的人生价值目标平起平坐；然后，更进一步指责社会主义和共产主义的人生价值目标的超前性和虚妄性，从而达到歪曲和否定社会主义与共产主义人生价值目标，在全国人民和青年中宣扬和树立资本主义的人生价值目标的最终目的。

一般来说，伦理学上所说的价值，即通常所说的道德价值，主要是指人们对人生的一种道德理解和道德追求的认识和态度，其表现在人们的观念中，就形成为人们的价值观念。价值是一种主观见之于客观的东西，是一种关系的范畴，任何价值都只表明人与外界的一种联系，这种联系是与人的需要及其需要的满足直接联系在一起的。所谓价值对于人的“意义”，其奥秘正在于此。从这一点来说，一切价值都是相对于人

---

* 本文原载《人生观理论与教育研究》，广州，广东高等教育出版社，1990。

而言的，是由人自己设计或者是为人设计的。但是，我们绝不能因此而否认任何能满足人的需要的事物，不论是物质的还是精神的，都有其客观的属性。道德价值除同人的需要及其需要的满足直接相联系之外，本身还具有特点。首先，道德价值是一种精神性的价值，它总是同人的理性意志、精神追求和理想情操联系在一起的，失去了这一点，也就不可能有什么真正的道德价值。其次，道德价值具有一种自觉性，也可以说是一种自觉性的价值，或者说，它是一种具有自律性的价值。道德价值之所以可贵，它之所以被视为崇高，使人们向往和追求，其重要原因之一，就是这种价值是一种自觉和自律的价值，没有自觉和自律，也就没有道德价值。再次，道德价值同时又是一种具有特殊实践性的价值。理性的认知，情感的真挚，信念的坚强，固然同道德价值有重要联系，但更重要的是，任何道德价值，都必然要求能达到知和行的统一。王阳明所说的“知是行的主意，行是知的功夫；知是行之始，行是知之成”，在一定意义上，这就是指道德价值所独有的特点。康德之所以强调实践理性和实践精神，就是因为他洞察到道德价值是一种由理性到实践的价值，是一种通过实际行动以实践自己的理性认识的价值。最后，道德价值还具有应然性，即道德价值一方面源于社会生活，源于实然，但同时又高于实然，它要求从实然的基础上提高、升华，并达到一种崇高的理想。在一段时期内，一些人极力指责社会主义道德和共产主义道德是超现实，是所谓乌托邦等等，除了政治、思想原因外，就是他们根本不了解道德价值所具有的这种应然性。一千年前，范仲淹就提出了“先天下之忧而忧，后天下之乐而乐”的崇高思想，当时和以后的人们，并不感到这种思想是超前的，而在社会主义的中国，一些人却竟然指责“全心全意为人民服务”是超前的，如果不是幼稚和糊涂外，那就只能说是别有用心了。

道德价值的这些特征，决定了尽管它是为人设计或人自己设计的，但它又决不是超越社会的经济、政治关系，超越社会的发展规律的。道德价值可以是多种多样的，但所以有多种多样的道德价值，只是因为有多种多样的现实生活和人们企望追求多种多样的未来生活理想。如果承认在当前的社会上有一个最正确、最科学的人类追求的至善目标，那么，这一至善的价值目标，就是社会主义和共产主义的道德价值目标，就是我们所说的全心全意为人民服务的集体主义的价值目标。

价值目标，是人们对生活的意义、人生的追求所作的一种最深层的价值选择。一个人无论在主观上自觉或不自觉，他在生活中总是有自己的道德追求的。而且，对于一个人所形成的深层的道德追求，他总是要倾注自己的全部的情感、意志和信念，以求实现自己的这个追求。一个人追求的价值目标，由于受着各种不同的教育和影响，可能也完全可以是多种多样的，在不同的历史阶段上，这几乎是每个人的必经之路。但是，在这许多种不同的道德追求或价值追求中，总有一个是占主导地位的、指导其他价值追求的总的价值目标。一个人一生中可以有多次总价值目标的转换，但一个人一生中很难同时追求着代表人生信念根本不同的总价值目标。也就是说，在当前的社会上，一个人在这个时期，可以为资本主义理想而奋斗，也可以在另一个时期转变信念，为共产主义理想而奋斗，但一个人绝不可能终生既为资本主义又为共产主义献身。

人们信奉的价值目标，往往是隐含在人的意识最深层的东西，似乎不容易为人们所明察。但是，由于它对人的心理、情感、意志、信念的影响是巨大的，因此，他对人的行为来说，必然要起到一种方向盘的导向作用，在多种可供选择的情况下，它能帮助人们辨别善恶、确定方向，使人们沿着自己的价值目标所指引的道路前进。而且，一个人所形成的价值目标，不但可以“正己”，而且可以“正人”，即不但可以指导自己的行动，而且可以按照这一价值目标来评价、褒贬他人的言行。

对于一个人来说，当一定的价值目标形成之后，作为一种道德意识，它不但能够自觉地使人的行为根据这一目标去行动，而且能够在发生突然性的紧急情况和需要立刻做出正确的道德反应时，也会迅速调动起人们的思想、情感和意志，帮助人们沿着既定的价值追求方向，坚定不移地作出正确的选择。

从人类社会的发展来看，价值目标的导向可以起到不同的作用。它既可能符合人类社会的发展规律，从而起到推动人类社会发展的进步作用；它也可能是违背社会发展规律，从而起着阻碍人类社会发展的反动作用。资产阶级的个人主义的人生价值观在当年资本主义反对封建主义的斗争中是符合社会发展规律的，因而是进步的；但在今天我国的社会主义社会中，个人主义的人生价值观违背了历史发展规律，已经不具有任何积极意义，只会使人们丧失对国家、对社会的责任感，使整个社会失去凝聚力，瓦解社会主义赖以存在的基础。我们之所以选择了社会主义的集体主义的价值目标，从根本上说，正是由于只有这种价值目标，才能从道德上促进社会主义的建设和发展。1989 年春夏之交的政治风波，已经从反面昭示我们，在社会主义阶段，如果人们在伦理道德的价值观方面背离了集体主义原则，将会对党、国家和民族，产生多么严重的危害。应当认识到，在当前世界上，任何一个国家、一种社会制度的现代化，都绝不会是也不可能仅仅是一种经济上的现代化，都必须有一种与这种制度相适应的价值目标的导向，从而使这一国家或这一制度的现代化，沿着一定的方向发展。那种以为一个国家现代化的经济活动，可以同一定的价值导向截然分离的思想，是十分错误的。现代化的任何追求都必然伴随着一定的人生观和价值观的追求，体现着从事现代化的人们的人生观和价值观的要求。甚至我们可以说，从最终的意义上来看，任何现代化的经济活动，只是为达到一定价值目标的一种手段，正是由于这一原因，我们才特别强调社会主义精神文明建设的作用，因为它不但能够为物质文明建设提供精神动力和智力支持，而且能够保证物质文明的发展方向。忽视精神文明建设，忽视精神文明建设的社会主义性质，就必然会使社会主义的经济建设偏离社会主义的轨道。如果我们寻根究底，再深追一步，精神文明建设自身的性质和方向，又是由什么决定，或者说是由什么保证的？那么，我们就不能不看到，思想道德建设在保证精神文明的性质和方向上的决定作用。我们知道，一般来说，精神文明建设，包括教育科学文化建设和思想道德建设两个方面。没有教育科学文化事业的发展和进步，就不可能有生产力的高度发展，也就不可能有经济的进步。但是，更重要的是，没有思想道德建设，没有社会主义的集体主义的价值导向，整个精神文明也就失去了社会主义的性质和方向。由此可见，思想道德和价值导向对我们坚持社会主义道路有极端重要的意义。那些热衷于渲染将经济活动与伦理价值目标隔离开来的人，实际上并不是不要一切价值目标，而只是不要社会主义、共产主义的价值目标，对于资产阶级的个人主义的价值目标，则往往是极力信奉和推崇的。

社会主义的现代化，最终要以消灭私有制、消灭剥削、消灭人压迫人、实现最大多数人的共同幸福为目的。资本主义的现代化，则是以私有制为基础，允许人剥削人、人压迫人的现象普遍存在，并以少数人的最大幸福为最终归宿。尽管资本主义在发展中随着生产力的发展和物质财富的增加，人们的物质文化生活会不同程度地得到改善，但这种社会的本质决定了最终从中受益最大的只是少数富翁，因而对于广大人民群众来说，这个社会绝对不可能是一个公正的社会。社会主义与资本主义这两种性质根本不同的社会制度，决定了在两种制度上分别产生的集体主义原则与个人主义原则的根本对立；集体主义价值目标与个人主义价值目标的根本对立，本质上是社会主义与资本主义的根本对立在伦理道德领域内的反映。因此，如果在实现社会主义现代化的过程中，让为资本主义制度服务的个人主义、个人本位、个人中心、个人至上、个人神圣的思想成为大多数人的人生价值目标，其结果就必然会使这种社会主义的现代化逐渐丧失其社会主义性质，或者中途夭折，或者误入歧途。

这几年流行起来的人生价值目标多元化的理论，其最终目的却是要一元化，即通过提倡以个人为中心的个人主义人生价值目标将中国导向资本主义。一些人在提倡多元化的相对主义的价值目标时，极力反对把社会主义的集体主义的价值目标作为唯一正确的价值目标，从而宣传所谓合理利己主义的价值观、利己与利他并行的价值观、个人本位的价值观等等。一些人则公开为个人主义正名，提倡个人主义的价值观，并要以个人主义来更新集体主义。从所有这些相对主义的价值观来分析，不难发现，他们的这些价值观念对社会主义的现代化建设是极为有害的。因此，在社会主义现代化的过程中，加强对全国人民和青年的正确的人生价值导向的教育，是一件具有战略意义的重要任务，是我们今后应当特别予以注意的。

今年六月，张孝宜同志以其主编的《人生观理论与教育研究》寄我，要我为该书写一个序言。由于教学科研和行政工作繁忙，我只能利用有限的时间，粗读了这本书的有关章节。本书力求运用马克思主义的观点和方法，从理论和实践的结合上，在总结建国以来人生观理论研究和教育方面的经验教训的基础上，对人生观教育的许多问题，都提出了一些很好的看法。我相信，本书的出版，定会对高等学校人生观教育的学科建设，有所帮助。由于最近一段时期，我对当前我国社会主义建设同人生价值目标的关系，作过一些考虑，借此机会，写了以上一些意见。

雷锋精神与社会主义精神文明*

——《中国雷锋现象》序

由雷锋精神学校主编的雷锋精神教材第六部《中国雷锋现象》一书，即将出版。出版前，曲啸同志来信，嘱我为此书作序，本书的作者陶克同志和王跃生同志，还将付印前的书稿送我阅读，要求我对雷锋精神同社会主义精神文明建设的有关问题，提出自己的意见。

最近几年来，由于教学、科研以及行政工作忙，读书的时间很少。这次，总算利用暑假，读完了这本三十多万字的长篇论著，确实受益匪浅。这本书，把“雷锋精神”作为社会主义新中国的一种社会现象，一方面，从马克思主义的历史唯物主义的基本原理，从意识形态的特殊作用，从弘扬雷锋精神和贬低雷锋精神的现象中，回顾、反思、概括、总结了雷锋精神的发展；另一方面，作者运用新闻、文学与理论相结合的方法，既有生动、形象的描述，又有真实准确、叙事清晰和观点正确的新闻评述，再加上通俗、透彻的理论论证，从而把褒善贬恶、扬善抑恶的斗争，寓于人们喜闻乐见的文学艺术和新闻的叙述之中。本书一改过去“教材”的从概念出发和注意框架体系的传统，使人们在艺术与理论的交融中受到启发，得到教育，从这方面来说，这是本书的一个重大特点，值得向读者推荐。

这里，还需要强调的是．本书对雷锋精神这一社会现象的描述，始

* 本文原载《中国雷锋现象》，北京，中国青年出版社，1992。略有删节。

终都贯串着共产主义思想同一切腐朽的剥削阶级思想的复杂的、尖锐的斗争。正像毛泽东同志所深刻指出的："马克思主义必须在斗争中才能发展，不但过去是这样，现在是这样，将来也必然还是这样。正确的东西总是在同错误的东西作斗争的过程中发展起来的。真的、善的、美的东西总是在同假的、恶的、丑的东西相比较而存在，相斗争而发展的。"雷锋精神可以说自出现之日起，就是在同一切剥削阶级的思想斗争中发展的。二十多年来，一方面是为他人、为国家的无私奉献精神的发扬，另一方面，又总是伴随着一次又一次的贬低、污蔑和否认雷锋精神的种种谬论；一方面是广大人民群众，积极学雷锋，见义勇为、救死扶伤，另一方面，在资本主义的拜金主义、个人主义的腐蚀下，一些人损人利己、坑蒙拐骗、见死不救、腐败堕落现象，又屡有发生。二十多年来，通过这两种现象的不断斗争，经过人们的反复比较和一再鉴别，广大人民群众终于认清了发扬雷锋精神对社会主义精神文明建设的重要意义。从本书对雷锋精神的论述中，我们处处都可以看到，善与恶、崇高与卑鄙、伟大与渺小、献身精神与自私自利的斗争，像一根主线一样，贯串全书。通过这些斗争，极其深刻地教育着广大读者，能够使人们在不知不觉中培养起向善疾恶的情操，抵制各种丑恶思想，形成先人后己、助人为荣和无私奉献的精神。

雷锋精神是我国社会主义时代伦理道德精神的精华，是我国人民进入社会主义社会时代所形成的集体主义精神文明的体现，是中华民族优秀传统道德与共产主义道德的结晶。自从雷锋精神在20世纪60年代的新中国出现以来，它就以极大的感召力影响、教育着一代又一代青年，陶冶着整个中华民族的新的思想品质，推动着我国社会风气的不断好转，成为全国人民进行社会主义革命和社会主义建设的一种强大的精神力量。在改革开放和建设四个现代化的新时期，提倡和发扬雷锋精神，反映了时代现代化的新时期，提倡和发扬雷锋精神，反映了时代的需要和人民的希望。特别在从西方反动势力极力对我国实行"和平演变"和国内资产阶级自由化分子妄图复辟资本主义的情况看，发扬雷锋精神，又有着极其重要的现实意义和长远的历史意义。

需要特别指出的是，雷锋之所以能具有雷锋精神，是党和国家的社会主义教育和共产主义教育的结果，是雷锋刻苦努力学习马列主义、毛泽东思想，并且把这些原则身体力行、付诸实践的结果。雷锋在革命的实践中成长，他认真读毛主席的书，在党和人民的教育下，严格要求自己，自觉地进行批评与自我批评，按照共产主义道德来锤炼自己，使自己沿着共产主义道德的阶梯一步步地向上攀登，从而在思想道德修养上，达到了炉火纯青的高度。雷锋自觉地把党和国家的利益放在第一位，为了党和国家的利益，他甘愿牺牲一切；他关心他人、关心同志，毫不利己、专门利人；他有爱憎分明的阶级立场，能够真正做到“对敌狠，对己和”，正像毛泽东同志在纪念白求恩一文中所说的那样，雷锋“就是一个高尚的人，一个纯粹的人，一个有道德的人，一个脱离了低级趣味的人，一个有益于人民的人”。

总之，在当前社会主义的四个现代化的建设中，在和平演变与反和平演变的斗争中，我们学习雷锋精神，最重要的就是学习他崇高的献身精神，即为人民利益、为国家利益、为集体利益的牺牲精神。雷锋之所以成为雷锋，最主要的、最根本的，就是因为雷锋这种为人民、为国家和为集体的献身精神。因此，学习雷锋就必须同一切自私自利、损人利己的资产阶级的个人主义和一切剥削阶级的腐朽思想作坚决的斗争。

80年代开始，在资产阶级自由化思潮泛滥的时期，一些人从“人的本性都是自私”的利己主义、个人主义思想出发，他们或者说雷锋太崇高，超越了当前的历史阶段，不适应商品生产的需要，从而否定雷锋精神，或者公开地贬低、嘲笑、污蔑雷锋和雷锋精神，说雷锋精神是奴隶主义、工具主义，是驯服工具的奴性思想，是只讲义务、不讲权利的道德观，是一种只讲奉献、不讲索取的虚无主义人生观等等。总之，他们或者把雷锋说成是“道德天尊”，是现实生活中不可能有的神人，因此无法可学；或者说雷锋没有自己的“自我”，不知道“为私”，是一个傻子，是一种驯服工具，不但不值得学，而且还应当摒弃。为什么会如此呢？一个很重要的原因，就是在这些人的头脑里，“私心”、“私利”和“私欲”占据了主要地位。一个深深陷入个人主义思想泥潭的人，是永远也不可能理解和认识雷锋的。

最近几年来，在自由化思潮泛滥时期，一些人以发展商品经济为由，对一心为公、公而忘私的观念，大加鞭挞，千方百计地极力宣传“为私”的合理性。有一种观点认为，既然现在还是社会主义的初级阶段，劳动还是人们谋生的手段，因此，在人和人的利益关系发生矛盾时，人和人之间就只能是等价交换、斤斤计较的关系。这些人，极力宣扬“向钱看”的思想，主张“为个人主义正名”，妄图使资产阶级的个人主义成为社会主义新中国的价值导向。正是在这种思想的影响和腐蚀下，一些人处心积虑地谋求一己的私利，损公肥私、化公为私、公私不分、营私舞弊，不但严重地毒化了社会主义人与人的关系，而且严重地瓦解、破坏着社会主义的公有制经济。

社会主义社会，是一个以公有制经济为主的、为了达到全社会共同富裕的一种崭新的社会。社会主义的公有制的不断发展和完善，必然要求与其相适应的先公后私、大公无私、全心全意为人民服务的一种“公”的思想。社会主义的公有制的经济基础和政治关系，造就了雷锋精神，而雷锋精神又给予我们的社会主义经济基础和政治关系以积极而深刻的影响。雷锋精神是社会主义社会中人与人关系的必然反映，带有鲜明的社会主义公有制经济关系的特征。为了发展和完善社会主义的公有制，就必然大力提倡先公后私、先集体后个人的社会主义思想，反对破坏社会主义公有制的自私自利的思想。最近几年来，那些鼓吹自由化思潮的人之所以制造了种种贬低、否定雷锋精神的谬论，就是要用“自私自利”的思想来腐蚀社会主义，要用“私心”来为“全面实行私有化”的经济、政治目的服务。最近几年的社会实践，已经令人信服地证明，如果我们不能抵制、克服以个人为中心的利己主义、拜金主义和个人主义思想的侵袭，听任各种“人的本性是自私的”、“自私是社会主义发展的动力”等思想来侵蚀广大人民群众的灵魂，我们的社会主义建设就可能会迷失方向，帝国主义对我们的和平演变，就可能得逞。因此，提倡雷锋精神，反对一切形式的自私自利的思想，是我国社会主义经济、政治关系的客观要求，是发展和完善社会主义制度的重要保证。雷锋精神产生于社会主义制度基础之上，社会主义制度又强烈地呼唤着雷锋精神。

这里存在着一个有重大现实意义的理论和实践的问题：发扬雷锋精神与发展社会主义商品经济，究竟是什么关系？正确的认识应当是，正是由于在当前需要发展商品经济，因而，发扬雷锋精神就有着更加突出的现实意义。改革开放以来，在一个相当长的时期内，我们的一些人在思想认识上陷入了一种片面性，即对商品经济对我国经济发展（作为公有制经济的补充）有利的方面，估计过多；而对于由发展商品经济可能带来的消极作用，严重估计不足。这种严重估计不足，又主要表现为两个方面，一个是对与经济领域中的有利因素同时出现的消极作用，估计不足，一个是忽视了商品经济的等价交换原则对社会主义社会的人和人之间的关系所带来的冲击。社会主义的商品经济，确实还保留着作为一般商品经济的固有的特点。在商品经济的发展中，商品生产者是不同物质利益的代表者，是相互独立的不同的经济利益实体，他们都是从自己的利益出发，通过市场竞争，按照等价交换的原则来进行商品交换的。在这里，确实不存在着“公共利益”，因此，推动商品经济生产的动力，只能是也必然是商品生产者自己的利益。特别值得指出的是，大量的个体的商品生产者，他们本身又都是小私有者；而私营企业、外资企业的商品生产者，更是以追求私有者的利益为生产的唯一目的。这种商品经济发展的一个客观逻辑，就是像马克思在《资本论》中所说的，就一定会产生商品拜物教，并由此而产生所谓货币拜物教。这种所谓的货币拜物教（也就是今天人们所说的“一切向钱看”），必将在我们社会生活中，在人与人的关系中，散发出霉烂腐朽的铜臭气息，从而毒化我们的空气，腐蚀我们的灵魂，败坏我们的道德风尚。

我们必须正确地、全面地认识在我国当前条件下的商品经济生产的双重效应，一方面要肯定它带来的物质财富的增加，一方面要预见到它在人和人的关系上所造成的精神污染、所导致的人和人之间的疏远和分离。

正是由于这种原因，从指导思想上应该明确，越是要发展商品经济，就越是要限制它的消极作用，因此，也就越是应当提倡雷锋精神。

雷锋精神的一个重要内容，就是要反对自私自利的腐朽思想，“要做一个有利于人民，有利于国家的人”。他说：“活着只有一个目的，就是做一个对人民有用的人。”又说：“对待同志要像春天般的温暖，对待工作要像夏天一样的火热，对待个人主义要像秋风扫落叶一样，对待敌人要像严冬一样残酷无情。”发扬雷锋精神，就是要发扬这种以集体、人民为重的崇高品德，抵制、消除资产阶级的自私自利、损人利己、金钱至上、个人中心的腐朽思想的影响，把商品经济的消极作用限制到最低限度。只有这样，才能提高我们整个社会的道德风尚，才能够更好地培养“有理想、有道德、有文化、有纪律”的一代新人，保证社会主义改革和开放沿着正确的道路向前发展。

雷锋之所以能在社会主义社会中，在马克思列宁主义和毛泽东思想的哺育下成长为具有崇高思想品德的共产主义新人，从主观方面来说，主要是他在现实的阶级斗争、生产斗争以及日常的工作、学习和生活中，以马列主义、毛泽东思想为指导，对自己严格要求、刻苦锻炼和自觉修养的结果。雷锋的高尚品德，不是天生的，而是后天锤炼、陶冶的结果。雷锋虽然出身于贫苦的阶级，有着劳动人民的感情，但他仍高度自觉地同一切错误的思想作斗争，时时检查自己的思想，从而使自己沿着共产主义道德的阶梯，永不停止地向上攀登。

在自由化思潮泛滥时期，一些人曾以雷锋也有皮夹克和料子裤为借口，妄图把雷锋说成是一个能挣会花、讲究浪费的所谓适应商品经济的青年。事实证明，所谓皮夹克和料子裤的问题，并不能说明别的任何问题，只能说明雷锋对自己严格要求，严于律己，说明雷锋非常重视自己的道德修养和道德锻炼，注意清洗自己身上染上的灰尘。我们从这本《中国雷锋现象》一书中，可以了解到这件事情的梗概。

大约在雷锋到鞍钢工作以后的一段时期，由于雷锋总是穿着农场工作时发的那套工作服，油泥很多，还打着补丁，所以有的同志就说雷锋的衣着太土了，太寒酸，应该买几件好衣料。这样，在同伴的劝说下，雷锋就用自己积存的钱到百货公司买了一件皮夹克、一条料子裤、一双皮鞋。没过多久，八届八中全会发出号召，要勤俭节约，反对浪费。党的中央全会这一号召，对雷锋的教育很大，他非常严肃地检查了自己的思想。从此，他把皮夹克等包好放到箱子里，并在日记中写下："螺丝钉要经常保养和清洗，才不会生锈，人的思想也是这样，要经常检查，才不会出毛病。"并且说："我要不断地加强学习，提高自己的思想觉悟，坚决听党和毛主席的话，经常开展批评与自我批评，随时清除思想上的毛病，在伟大的革命事业中做一个永不生锈的螺丝钉。"雷锋是这样写的，也是这样做的。

发扬雷锋精神，就是要以雷锋为榜样，严格要求自己，经常开展批评和自我批评，清洗自己身上的灰尘，坚决地、持久地同一切非无产阶级思想进行不妥协的斗争。特别是在当前反对和平演变的斗争中，要更加强调这种拒腐防变的能力。内因是变化的根据，外因是变化的条件。不论西方反动势力用多少阴谋手段来腐蚀我们，不论资产阶级自由化分子怎样来诱惑我们，只要我们能像雷锋那样，坚定地信仰共产主义，自觉地抵制金钱至上、自私自利、追求享受和浪费等思想的侵腐，在改革开放中牢固地树立无产阶级的世界观和人生观，并以艰苦创业的精神为社会创造更多的财富，我们就一定能够取得反对和平演变的胜利，并以我们社会主义精神文明的丰硕成果为世界人民所向往。

中国应该为人类做出较大的贡献。

重视小学生的思想品德教育*

——《明理·激情·导行》序

《明理·激情·导行》是徐斌和李丽兰同志合写的一本关于小学思想品德教育方面的文集。这本书是对十几年来我国小学思想品德教育的各个方面的全面的经验总结和理论升华。本书根据党中央和国家教委的有关文件的要求，对于在小学开设思想品德课的目的、任务、地位、作用等做了全面地解释，并结合现行小学思想品德课的教材内容和教学方法等，力求从实际出发，提出了许多建设性的意见。

由于我多年来在高等学校从事伦理学的教学和科学研究工作，关心我国道德建设的有关问题，并接受了有关方面的聘请，担任了人民教育出版社的小学思想品德课的顾问，这几年来，深感如何更好地在小学生中进行思想品德教育，是我们当前值得认真思考的一个问题。从学校教育来说，从小学生开始，抓好思想品德教育，对他们今后能够成为一个有理想、有道德的社会主义事业接班人，有着重要的基础作用。但是，由于种种原因，特别是在追求升学率和分数挂帅的思想指导下，在小学教育中，重智育、轻德育的倾向仍然是我们值得注意的一个问题。智力水平提高了，知识增长了，但是思想品德却没有能够相应的提高。这样，从小学开始，我们就没有能够切实地按照德智体全面发展的要求，培养我们的儿童和少年，对他们以后的发展，也必然会产生不良的影响。

---

* 本文原载《明理·激情·导行》，西安，陕西人民教育出版社，1993。

徐斌、李丽兰同志长期从事小学思想品德课的研究和编写教材的工作，他们把编写教材与科学研究紧密地结合起来，写出了这本有关小学思想品德课的全面的、系统的论文集。我从头到尾读了这部论文集之后，觉得这本书写得很成功，而且从中受到了不少启发。首先，这本书紧紧围绕着党和国家对开设小学思想品德课的要求，力求全面、准确地解释党和国家的有关文件的精神，对这门课的目的、任务、地位、作用、教学内容，都作了详细的说明，使我们能够更好地进行小学思想品德课的建设。第二，这本书密切注意小学思想品德教育在实际工作中的问题，从实际出发，实事求是，分析这些问题产生的原因，并提出相应的解决这些问题的方法。第三，这本书力求用马克思主义关于伦理道德特别是思想品德建设的理论，来分析思想品德教育中各个方面的问题。应当说，作者在这方面是用了功夫的，有创造性的发展的，值得我们认真加以思考，并在今后实践中加以运用和检验，以便使我们的思想品德课的建设，能够有更大的提高。第四，这本书还对小学思想品德课的教学方法以及如何掌握教学要领等，也作了比较深入的探讨，具有相当的可操作性，使我们从中得到启发。第五，这本书的语言朴实，生动流畅，深入浅出，说理明白。总之，这本书对当前进一步改革课程教材教法，进一步开展教研活动，从而提高思想品德课的教学质量，具有建设性的参考价值。当然，这本书也不能就说是尽善尽美的，有许多问题，还有待于更多的从事小学思想品德课教学和研究的同志们继续努力，一方面从实际工作中，总结出更加新鲜、更加成熟、更加行之有效的经验，另一方面，还要使这些经验进一步从理论上加以概括，从而能够更好地指导我们的实际工作。

当前，我国正在建设有中国特色的社会主义社会，如何在新的情况下，加强学校的德育工作，以培养建设有中国特色的社会主义的接班人，关系到中国向何处去的根本问题。改革开放和商品经济的发展，既有积极的效应，也有消极的效应，我们应当全面地看问题，并努力采取行之有效的措施，以发扬改革开放和商品经济的积极效应，努力防止和抵制其消极效应，譬如开拓创新精神、平等竞争观念、权利与义务思想等等，有利于我们对青少年思想素质和道德品质的培养。同时，我们也应当看到，商品经济的发展，等价交换、物质鼓励等经济领域的行为，又容易诱发一些人的自私自利、自我中心、损人利己、损公肥私的思想。正是由于这样一种原因，我们必须提高对这一双重效应的正确认识，提高自觉性，防止盲目性。从整个社会来说，为了建设有中国特色的社会主义，在思想领域里，我们一定要加强爱国主义、集体主义和社会主义的教育，使爱国主义、集体主义和社会主义思想，成为我国社会价值导向的主旋律。同时，我们必须旗帜鲜明地反对封建主义、资本主义腐朽思想对我国人民特别是广大儿童和青少年的腐蚀，反对个人主义、拜金主义、享乐主义的影响。本书作者特别注意到对小学生进行爱国主义和集体主义教育的重要性，又注意到小学生的年龄特点和接受能力，提出了一些切合实际的、寓教育于各种活动之中的、形象的方式，以达到更好地教育儿童的目的。作者把“明理·激情·导行”作为这本书的书名，说明了作者对小学思想品德课的特点的深刻认识，说明了只有通过“明理、激情、导行”，才能使小学的思想品德课达到提高学生道德品质的目的。

从我国目前的实际情况来看，对小学生加强热爱集体、关心他人的教育，对培养他们的思想品德，有着特别重要的意义。在有些家庭中，由于儿童大多数是独生子女，再加上没有注意到这方面的教育，特别是社会上某些不良风气的影响，往往会使一些小学生产生一种以自我为中心的思想。有的儿童只知受爱，不知爱人，只知道满足自己的要求和欲望，这样下去，就容易形成一种自私自利的思想。我们一定要从小学开始，就要教育儿童关心集体、关心他人、关心父母、关心老师、关心同学，并把关心他人、爱护集体作为一种高尚的品德。我们应当认识到，关心集体、爱护集体是爱国主义和社会主义的思想基础，是我们在小学思想品德课中所应当特别注意的。

加强中华民族优良道德传统的教育，是我们学校教育，也是小学思想品德课中所应当特别强调的一个问题。中华民族是一个有着优良道德传统的民族，有许多优良的道德传统，有很多的道德楷模，更有许多能够易于为我国儿童接受的模范事例。“孔融让梨”、“司马光砸缸”、“陆绩怀橘”、“黄香扇枕”等事例，早已在我国脍炙人口，为人们所传颂。至于许多抵御外侮、保卫祖国尊严的民族英雄的光辉事迹，更是我们进行爱国主义的好教材。在建设有中国特色的社会主义中，我们一定要反对一切崇洋媚外的民族虚无主义，注意人格、国格，注意发扬中华民族的优良道德传统，这对我们提高民族自尊心和自信心，也是有重要意义的。

坚持正确的价值导向*

——《中华民族价值导向的选择》序

义利问题是一个对经济、政治、伦理以至整个社会风尚起导向作用的问题。在理论上，“义利之辩”在整个传统思想中贯串了几千年，争论了几千年；不仅如朱熹所说，是“儒者第一义”①，而且在墨家、法家甚至道家思想中，都是一个核心的或者说是基本的问题。“见得思义”、“见利思义”、“义以为上”、“义然后取”和“杀身成仁”、“舍生取义”的精神一直是人们崇尚和追求的。在典章制度上，古人重视道德对于社会管理和政治统治的作用，不少政治家、思想家和朝代还崇尚仁义，主张以道德治国，形成了“居仁由义”的传统。在整个社会生活中，形成了深沉博大的民族精神，涌现出一代代为国为民英勇奋斗直至流血牺牲的民族英雄；甚至在老百姓的日常生活中，都崇尚道德、弘扬仁义，形成了淳朴厚道的民风。这后两方面也都从社会实践中折射着传统义利论的光辉，表现着义利问题的地位和作用。义利问题是极其重要的。

今天，在改革开放和现代化建设中，义利问题仍然是一个大问题。当然，“义”和“利”的内涵都不同于传统社会，但是，义利关系依旧存在，义利问题仍然突出。社会主义市场经济既是一种法治经济，更应

---

* 本文原载《中华民族价值导向的选择》，北京，中国人民大学出版社，1995。

① 《朱子文集》，卷二十四。

当是一种道德经济，即它不但要受社会主义法制的制约，而且应当受社会主义道德的制约。社会主义的集体主义、整体观念和大局意识，个人利益、局部利益要服从国家利益、整体利益的原则，仍然应当是我们国家的价值导向。个人的正当利益应当得到保护，但我们必须要抵制资产阶级拜金主义、个人主义和享乐主义腐朽思想对我们的广大人民群众，特别是对青年的腐蚀。因此，在加强社会主义道德建设，弘扬社会主义、集体主义和爱国主义的同时，有必要对传统义利论进行分析清理、借鉴吸收。特别是在全球经济一体化的背景下，随着改革的深化、开放的扩大和现代化建设的推进，随着社会主义市场经济建设步伐的加快，我们必须坚持自己的民族主体性，优化、强化并坚持我们的价值导向，即需要建立当代中华民族的现代义利论。这不仅是由于，现代化建设是经济、政治、精神文化的全方位的现代化，因而要求有现代化的价值导向与之相适应；也是由于，现代化建设作为一场社会革命，一刻也离不开一定的价值导向的促进和引导。并且归根结底，任何国家和民族进行现代化建设，只不过是为了趋近和实现一定的价值导向。也可以说，一切现代化建设都是实现一定的价值导向的途径和手段。我们中国这样一个历史悠久而幅员辽阔的大国，置身于世界上激烈的经济竞争、汹涌澎湃的科技革命浪潮和尖锐复杂的政治斗争中，要进行现代化建设，正确的价值导向的问题显得更加重要和迫切。基于思想传统和历史背景，顺应时代要求，建立现代义利论，乃是“顺天应人”之举。

在上述这双重意义上，张国钧同志的这部著作具有较高的理论价值和很强的现实意义。本书是作者在博士论文基础上修改而成的。他的博士学位论文经专家审查评议和答辩委员会审查答辩，被认为抓住了思想史上一个极其重要的理论问题和对中国社会主义现代化非常迫切的现实问题，从新的角度，运用新的方法，从多层次、多角度入手，进行了比较系统全面、深入细致的分析和讨论，在许多问题上提出了独到而又精当的观点，达到了较高的学术水平。答辩通过之后，张国钧同志又虚心听取指导老师、论文审查组专家、论文答辩委员会专家的意见，作了严肃认真的修改，使本书的内容更加充实，材料更加丰富，逻辑更加严谨，文风更加简洁而流畅，进一步提高了理论水平，增强了现实意义。

通观全书可以感到，作者通过对义利问题的考察，明确地认识到，义利论不是一般的伦理学说，而是中华民族的价值导向论，是中华民族探索和确立价值导向的历程，进而探讨了义利论对于中华民族确立价值导向、塑造民族精神所起的作用及其具体机制。对中国古代义利论的研究，不是去“颂古非今，不是赞扬任何封建的毒素”，而是要用马克思主义的立场、观点和方法，加以批判地扬弃，吸收其精华，排除其糟粕，并根据时代的要求，赋予其新的意义。正是在这一认识的前提下，作者力求把传统义利论和改革开放现代化建设的实践紧密地联系起来，提出建立中华民族的“现代义利论”的新课题。这样的探讨和论述，在当前的理论背景和现实情况下，是很有意义的。

一部关于道德教育方面的创新著作*

——《道德接受论》评介

《道德接受论》一书是张琼同志主持完成的国家哲学社会科学青年基金项目“道德接受理论问题研究”的最终成果。我作为该项目的鉴定组组长，在结项鉴定时已审阅了初稿。我认为，《道德接受论》是一部有关道德教育方面的创新著作，也可以说是为一门新兴的学科的产生而做的开创性的尝试和努力，它已经取得了值得注意的成果。今天，他们在这本书付印之际，请我为此书作序，我很高兴，并将此书推荐给伦理学界的朋友们。

从道德教育的最终目的及其手段来说，最根本的一点，就是要使教育的要求，能转化为人们的内在品质。在中国传统道德教育中，特别强调修养的功夫，强调教育的方法，强调慎独和践履，都是从这一教育的根本要求出发的。由于时代的关系，他们还不可能建立起相应的、系统的有关这方面的理论。现代西方所提出的接受学的思想，给了人们以新的启示。张琼等同志运用马克思主义的立场、观点和方法，借鉴西方的“接受理论”，从“道德接受主体的接受”这一角度出发，对道德教育进行了创造性的研究，提出了“道德接受”问题，开辟了一个新的研究领域。这对于我国当前的精神文明建设，特别是思想道德建设，有着积极的作用。

---

* 本文原载《道德与文明》，1995（6）。副标题为本书所加。

作者认为，以精神形态和实践形态相统一而存在的道德，无论就其自身特性、内在结构还是存在状态、作用方式来说，都内在地、逻辑地包含着一个中介转化层次，这个中介转化层次就是作者所说的道德接受活动。正是道德接受活动的存在，才使得道德的精神形态与实践形态的相互转化成为可能。据此，作者认为，以道德为研究对象的伦理学也应当包括三个方面：对精神形态的道德的研究、对实践形态的道德的研究、对道德接受活动的研究。作者认为，从我国伦理学研究现状看，对宏观的社会道德规律、原则、范畴、规范等理论形态的道德研究一直是伦理学研究的重心，并已取得了丰硕的成果。在实践形态的道德的研究方面，近年来，伦理学界也取得了长足的进步，许多伦理学工作者在这方面进行了有益的探索，标志着我国道德实践研究已达到一定水平。而相形之下，对道德接受问题则缺乏系统、完整的研究。对于这一问题的提出，伦理学界可能会有不同的看法，但作者敢于提出、善于提出问题的探索精神，是十分可贵的。更为重要的是，作者不仅提出了问题，而且认真研究了问题。全书以“为什么要研究道德接受活动”为现实出发点，以道德接受主体的接受活动为基线。首先，从各种复杂的社会活动中析离出道德接受活动，界定道德接受概念，探索这一活动过程的本质特性。接着，从纵的方面研究了道德接受的发生与发展，从横的方面分析了道德接受活动的结构模式和运行机制。最后，从影响道德接受活动的诸因素分析中，提出道德接受活动的优化方案和优化途径，使道德接受研究的现实出发点与逻辑指归达到了统一，从而构建了一个完整的道德接受的框架体系。这对伦理学的学科建设来说，无疑是有重要意义的。

什么是道德接受？作者认为：“道德接受就是发生在道德领域的特殊的接受活动，是道德接受主体出自于道德需要而对道德文化信息的反映与择取、理解与解释、整合与内化以及外化与践行的求善过程。”显然，要正确揭示这一过程的发展规律、本质特性，关键的问题是要把握和处理好这一过程中所蕴涵的主体需求与社会道德要求之间的关系，这是一个带有根本性的问题。在对这个问题的认识上，我们是有着正反两方面的经验教训的。作者从马克思主义关于人及道德的本质的基本原理出发，坚持接受的主体性与主导性相统一的观点，明确提出研究道德接受的目的，不是为了片面地迎合接受的主体性，而是为了改善和提升接受的主体性，使道德接受这个充分体现着人的主体能动性的活动与社会主义社会主导价值目标的指向相吻合。这就不但避免了可能出现的两种片面性而使道德接受的过程得到较全面的阐释，而且也为社会主义集体主义价值导向的理解和实施提供了更为合理的依据，保持了道德接受活动的正确导向，给人以深刻的启迪。

研究道德接受理论问题，需要有较广博的知识，它涉及伦理学、哲学、教育学、心理学、社会学、美学等，更需要将这些学科方面的知识有机地结合起来。《道德接受论》的出版，表明了作者在这些方面的学识和能力，这是难能可贵的。

总之，《道德接受论》一书，立论正确，结构严谨，不少地方有独特见解，填补了若干学术空白，无论在伦理学科建设上还是在道德教育实践上，都具有重要的意义。但是，由于此项研究带有探索性质，在某些环节上难免尚存薄弱之处，如怎样更好地批判继承传统伦理道德中的有关教育修养的合理的、科学的内容等，希望作者能在今后的研究中加以丰富，为中国伦理学事业的繁荣与发展做出更大的努力。

重视理想信念教育*

——《北京市思想道德建设创新实践丛书》评介

《北京市思想道德建设创新实践丛书》的出版，为新时期做好思想道德建设工作，提供了有益的启示，为不断加强广大人民群众的理想信念，提供了新的经验，我们要不断地探索新情况，提出新方法，把我们的思想道德建设工作做得更好。

在加强和改进思想道德建设工作中，我们要从改革开放和社会主义现代化建设的实际情况出发，要从社会发展变化所出现的新情况、新问题出发，在培育有理想、有道德、有文化、有纪律的新人的工作中，紧紧抓住理想、信念这个核心内容和关键链条，切切实实地把理想、信念的问题重视起来。没有正确的理想和信念，我们就会失去前进的动力，消磨奋斗的激情，遗失前进的方向，甚至最终会走上邪路，陷入泥坑。

我们既要坚持在广大人民群众中树立建设有中国特色的社会主义这一共同理想，又要提倡树立最终为实现“消灭剥削，消除两极分化，最终达到共同富裕”的社会主义和共产主义的远大理想。

对于共产党员和先进分子来说，更应当有与群众不同的要求。党的十五大对共同理想和远大理想的关系作了科学、深刻、准确、辩证的说明。“我们现在的努力是朝着最终实现共产主义的最高纲领前进的，忘记远大目标，不是合格的共产党员；不为实现党在社会主义初级阶段的

* 本文原载《中国职工教育》，2000（9）。副标题为本书所加。

纲领努力奋斗，同样不是合格的共产党员。”只有共产党员树立起远大理想，才能带动广大群众树立共产主义的远大理想。

正如毛泽东同志所说的：“我们共产党人从来不隐瞒自己的政治主张。我们的将来纲领和最高纲领，是要将中国推进到社会主义和共产主义社会去的，这是确定的和毫无疑义的。”

在强化理想、信念教育中，要总结经验，吸取教训，根据情况开拓创新，要使理想信念教育同群众的实际的切身利益、实际需要、精神追求、道德境界、人格提升等等密切联系起来，把理想信念同我们的一切日常工作联系起来，在教育方法上，既要教育、灌输，又要诱导、渗透；既要晓之以理，又要动之以情，持之以恒、锲而不舍。只要我们能从思想上真正重视理想信念教育的重要，我们就一定能使我们的思想道德教育，世界观、人生观和价值观的教育取得新的进展。

《人生宝典》的伦理意蕴*

人生是什么？人究竟为什么活着？人生的意义和价值何在？人生之路应当怎样走才是有意义和有价值的？为什么不同的人会走出不同的人生轨迹？这些问题，像古老的斯芬克司之谜，千百年以来一直困惑着人们，它引起我们无限遐思，促使我们去探索，去追求，由此形成了凝结着人类智慧和思考的伦理文化。高占祥同志所著的《人生宝典》一书，凝结着作者对人生问题思考的理论结晶和切身体会。该书既是一部理论性较强的哲理著作，同时又是一本文风活泼、文字隽永、可读性比较强的伦理学普及读物，是值得一读的好书。

第一，这本书深入挖掘和阐发了传统伦理文化所蕴涵的优良的道德传统。中华民族有着几千年的悠久历史，文化传统源远流长，博大精深。在中华民族漫长的历史发展中，形成了独具特色的伦理文化。它既体现在我们的历史典籍中，也积淀在我们的民族精神、民族性格中，反映了先哲们对社会、对人生的思考和追问。从一定意义上可以说，中国的传统哲学就是道德哲学，就是人生哲学。从先秦到近代，从孔夫子到孙中山，浩如烟海的历史典籍，到处闪耀着先人思考人生的智慧火花和真理颗粒。我们不能割断历史。如何正确对待这笔丰厚的精神遗产，如何使之成为我们建设社会主义新的道德文化的思想资源，在今天仍然具

---

* 本文原载《中国图书评论》，2002（4）。

有重要的意义。我们认为，社会主义道德必须植根于民族的传统道德之中，对待传统伦理文化的正确态度应该是“批判继承、弃糟取精、综合创新、古为今用”。《人生宝典》一书在这方面做了很有价值的工作。它弘扬了由中华民族优良的道德传统生发出来的自强不息精神、爱国主义情怀、完善自我要求和为人处世准则。因此，《人生宝典》一书是关于人生问题的系列论述，是对人生问题的比较全面的探讨。

第二，伦理学中的很多理论问题，本书都有所涉及。义利问题、个人与整体问题、道德修养问题、道德境界问题、道德人格问题、伦理关系问题等等都是伦理学中重要的理论问题。对这样一些理论问题，作者也都做了理论的阐发，如义利观问题，即物质利益和道义之间的关系问题，也就是说，在两者发生矛盾的时候，应该采取什么样的态度，作者提出了“利中见义，义中得利，以利见义，利义共存”（见《见利思义》）的观点；关于个人与整体的关系，即如何处理好“小我”和“大我”、个人与社会的关系，作者提出要把“小我”融入“大我”之中，在为社会做贡献的同时实现自己的人生价值。作者的这些观点，对于在社会主义市场经济中正确处理个人正当利益和社会整体利益的关系，正确处理实现个人价值与奉献社会的关系，对广大社会成员特别是青年一代形成正确的世界观、人生观、价值观都是具有重要启发意义的。

第三，《人生宝典》一书贯穿着人生修养，特别是道德修养这条主线，体现了非常鲜明的修养论的特色。可以说，整部书就是从不同的着眼点，来具体论述什么是人生修养、什么是道德修养、为什么必须进行道德修养、道德修养的途径和方法是什么、道德修养的目标是什么等等问题。作者指出，道德修养作为一种后天习来的思想特性、智力特性和体力特性，可以成为人们能动地认识世界、改造世界的内在力量（见《修身内心》），是一个人不断自我完善的过程。因此，修养过程贯穿人生过程的始终。《人生宝典》一书的每一篇，都是从不同的角度来论述道德修养问题，有的是从个体道德人格的完善和道德境界的提高的角度来论述，有的是从家庭领域、职业领域、社会生活领域的角度来论述。每一篇的题目都可以说是进行道德修养的一条德目。

第四，《人生宝典》一书比较重视对人际关系准则的概括和总结。每个人都生活在社会中，生活在人群中，这是由人的社会性决定的。荀子曾说：“人……力不若牛，走不若马，而牛马为用。何也？曰：人能群，彼不能群也。”说的就是这个意思。生活在社会生活中的人，都必然要和其他的人发生各种各样的关系。如何协调各种关系，如何与其他人相处得更好，如何形成一种合力和向心力，都是我们需要考虑的问题。《人生宝典》从理论和实践两个层面对这一问题进行了阐发。从理论上，作者认为，人是社会化的万物之灵，人区别于自然界其他动物的显著特点是人的社会性，因而社会交往就是连接人类活动的纽带，一个人离开了他人的支持和协助，很难做成什么事情（见《广结善缘》）。从实践的层面上，作者提出了人际交往的一些准则，如“助人为乐”、“成人之美”、“常存善念”、“清慎勤忍”等，这既是一些人际交往的道德规范，同时也是人际交往的艺术。认真地理解和品味《人生宝典》中蕴涵的道理，相信对我们每一个人在社会生活中安身立命、为人处世都很有帮助。

第五，《人生宝典》一书有很强的现实针对意义。在社会主义市场经济建立和发展过程中，人们的道德观念在发生积极变化的同时，商品交换法则侵入到社会政治生活和人们的精神领域，随之而来的一些个人主义、享乐主义和拜金主义的思想在不断地滋生和膨胀，进一步腐蚀人们的灵魂，败坏人们的道德品质，污染社会风气。其结果，必然是影响人际和谐、社会稳定和社会主义市场经济健康发展。正是在这个意义上，《人生宝典》一书可以说是一剂醒世的良药、劝告人向善的箴言。它不是通过刻板的说教和灌输，而是如一位智者在和你娓娓谈心，春风化雨，润物无声，起到鞭笞丑恶、弘扬美善的作用。

言简意赅　通俗易懂*

——《公民道德格言》读后

党中央去年颁布的《公民道德建设实施纲要》，特别提出要“运用多种形式和手段大力宣传基本道德知识、道德规范和必要礼仪，使之家喻户晓、人人皆知”。由广东人民出版社出版的《公民道德格言》，在这方面取得了可喜的成果。

“格言”是经过思想家们总结、提炼和归纳的含有教育和劝诫的话，既语言简练又寓意深刻。由于格言通俗易懂，为群众喜闻乐见，所以易于做到“家喻户晓、人人皆知”。自古以来，在道德教化方面就常常采用格言形式，特别是在对青少年的启蒙教育和养成教育中，格言更成为一种有效载体，如中国古代的《三字经》、《明贤集》中，都有许多格言贯穿其中，著名的《朱柏庐治家格言》，就是全部由格言汇集而成的。这些以“格言”组成的关于道德教育的通俗读物，在我国历史上曾经产生过很大影响。

读罢这本《公民道德格言》，觉得它有三个方面的特点。

首先，它把公民道德的基本要求都尽量用格言的形式加以表达，并把道德格言归纳为“我与自己、我与家庭、我与他人、我与社会、我与自然”五个方面，强调了一切道德规范的实行，都要从“我”、从自身、从个人在社会中的道德责任出发。《纲要》把全体公民的道德准则，概

* 本文原载《求是》，2002（20）。

括为社会公德、职业道德与家庭美德三大部分和十五个规范，同时又在此基础上概括为二十字的基本道德规范。公民道德规范的实施，除了社会、国家、学校等要加强教育外，最重要的就是要从一个公民的“自身”出发，即从“我的道德责任”出发，提高和养成实施道德规范的自觉性。一个人道德觉悟的高低、道德品质的好坏，关键是要看个人在处理各种关系中是否有责任意识、集体观念、爱国情操和奉献精神。

其次，《公民道德格言》选用了中华民族长期积累起来的包含深刻智慧的一些名言、警句，其中有的格言编者还进行了新的提炼和加工。如“艰难困苦，玉汝于成”、“天下兴亡，匹夫有责”等，早已家喻户晓。又如“见贤思齐，闻恶自警”，作为两句格言并列，就很有启发、劝导、教育和鼓励的作用。这两句格言，最早可以追溯到孔子的“见贤思齐焉，见不贤而内自省也”，还可以追溯到荀子《修身》中的“见善，修然必以自存也；见不善，愀然必以自省也”。而编者将这两句深入人心的警句凝缩成“见贤思齐，闻恶自警”两句格言，既能保持原来的深刻意义，又言简意赅，便于记忆。又如“自知则明，自胜则强”两句，是对我国古代著名思想家老子的一句名言的加工，同样体现了通俗易懂的特点，对提高人们的道德水平和思想境界有重要的意义。

最后，编者还从现实生活中，从当代思想家和人民群众在新时代创造的名言与警句中，收集、整理、编辑加工了一些富有时代精神的内容。如用毛泽东同志的诗句“牢骚太盛防肠断，风物长宜放眼量”，劝告人们培养一种开阔的胸襟、远大的眼光、豁达的态度和泰然的心态。面对市场经济的新情况，本书还提出了“以诚待人，以信交友；无诚不合，无信难行”等，都有很强的现实针对性。

总之，该书是用“格言”形式宣传《公民道德建设实施纲要》的一个很好的尝试，是目前一本适宜广大读者阅读的普及公民道德知识的通俗读物。

中国化马克思主义新解读*

——读《“三个代表”思想：领航二十一世纪的中国》

广东教育出版社最近出版的石仲泉同志的新作《“三个代表”思想：领航二十一世纪的中国》，是目前论述“三个代表”重要思想不可多得的一本好书。

我和石仲泉早就有深入的接触，对他的深思、好学、勤奋刻苦、思想敏锐、常常勇于发表一些自己的看法等，我是比较熟悉的，对他的特点是比较了解的。该书符合他长期治学的一贯特点。我读后，感觉它有这样四个突出的特点：

第一，这本书把“三个代表”重要思想，紧紧与党的八十多年的发展结合在一起加以论述。从党的实践方面来讲，我们党走过八十多年的道路，取得了很大的成就，也有很多经验教训。从理论上讲，在将马克思主义基本原理与中国实际相结合过程中，既取得了许多重大的理论成果，也有一些失误。该书以党的八十多年历史经验以及党的理论的不断发展为线索，把“三个代表”重要思想的意义以及科学内容阐述得非常清楚，给人以非常动态的感觉。

第二，毛泽东思想、邓小平理论和江泽民“三个代表”重要思想确实是马克思主义理论体系中的一个不断发展的过程，是一脉相承的，又是不断发展、与时俱进、开拓创新的一个又一个的必然结果。这是该书

* 本文原载《北京日报》，2002-12-09。

给我们的明确启示。“三个代表”重要思想，虽然在毛泽东那里已经有了，但确实没有明确提出来；邓小平的“三个有利于”也基本上包含了同样的思想，但是他也没有明确概括出“三个代表”重要思想。从这个意义上说，“三个代表”重要思想的明确提出，确实体现了马克思主义的不断发展的过程。该书的论述，解决了“三个代表”重要思想与毛泽东思想、邓小平理论的关系问题。

第三，石仲泉的这本书特别考察了“三个代表”重要思想提出的历史过程及其发展。该书不仅有对“三个代表”重要思想提出的历史大背景的叙述，难能可贵的是作者对江泽民提出“三个代表”重要思想的具体情况，深入实地作了历史考察。这是其他著作中很难见到的。

第四，作者确实讲了不少新话。对当前的不少重大理论问题都作了分析，讲了一些自己的看法。这些看法，有些是非常正确的，也有些是需要补充的，还有的可能需要再作修改。但总的来说，这都是作者自己的话，体现了一种敢于独立思考的学风。这种学风目前太难得了，需要大力提倡。

社会主义精神文明建设理论的新发展*

——读《江泽民论有中国特色社会主义（专题摘编）》

在建设社会主义现代化的过程中，在建设物质文明和建设精神文明的关系上，邓小平同志强调了必须两手抓、两手都要硬的思想，强调了培育“有理想、有道德、有文化、有纪律”的“四有”新人的重要，提出了如果风气坏下去，我们就会走到“邪路”上去的危险等，这是对毛泽东同志关于精神文明建设思想的一个重要发展。随着改革开放和市场经济的实施，我们在两个文明建设上又遇到许多新的问题。根据改革开放和市场经济所不断出现的新情况和新矛盾，在《江泽民论有中国特色社会主义（专题摘编）》一书中，继承和发展了邓小平关于精神文明建设的思想，对精神文明同物质文明建设的关系，有针对性地提出了一系列新的论断和新的阐发。它不但在理论上丰富了邓小平理论关于两个文明一起抓、两手都要硬的思想，而且在实践上有效地加强了社会主义精神文明建设，提高了人民的思想道德素质，促进了我国经济建设的发展，保证了我们的四个现代化沿着社会主义的道路健康前进。

第一，“建设社会主义的先进文化就是建设社会主义的精神文明”，把精神文明建设提高到“三个代表”的高度，使精神文明建设同发展先进生产力、同广大劳动人民的利益形成更紧密的联系。《专题摘编》中提出，社会主义精神文明和先进文化的核心，就是“思想道德建设”，

---

* 本文原载《以德治国与公民道德建设》，244～248页，郑州，河南人民出版社，2003。

强调提高全民族的思想道德素质和人的全面发展在先进文化建设和思想道德建设中的重要地位，认为人的全面发展，是“建设社会主义新社会的本质要求”，只有人民的物质生活得到改善、政治民主得以增强、文化生活不断充实和道德素质日益提升，才能更有利于人的巨大潜能的进一步发挥，而人的潜能的充分发挥，又能够更快地推进经济、文化的发展和改善人民的物质文化生活。只有这样，我们的社会主义四个现代化建设，才能走向一个不断发展、不断前进的良性循环的过程。正如江泽民同志所指出的：“社会生产力和经济文化的发展水平是逐步提高、永无止境的历史过程，人的全面发展程度也是逐步提高、永无止境的历史过程。这两个过程应相互结合、相互促进地向前发展。”

第二，我们应当建设一个全面发展的社会，决不能建设一个“畸形的”社会。《专题摘编》把社会主义精神文明同中国特色社会主义的本质联系起来，强调如果没有社会主义的精神文明建设，就不可能建成中国特色社会主义社会。强调指出：只有“两个文明都搞好，才是有中国特色社会主义”，物质文明和精神文明的任何方面的缺少，“社会就是畸形的”。江泽民同志还有针对性地指出，“任何时候都不能以牺牲精神文明为代价换取经济一时的发展”，社会主义的优越性不仅体现在能创造出高度的物质文明，而且表现出能够创造出高度的精神文明。发挥社会主义的优越性决不能够只体现在物质文明方面，一定要使人民的精神生活不断地丰富和发展。

第三，“任何时候都不能以牺牲精神文明为代价换取经济一时的发展”，要把物质文明建设和精神文明建设作为统一的奋斗目标，防止这样那样忽视精神文明建设的倾向。那种认为物质文明发展了，精神文明就可以自然而然地随着发展的思想，是极其有害的。我们既要看到市场经济的积极方面，“同时要看到，市场的缺陷和消极因素也会反映到人们的思想意识和人与人的关系上来，容易诱发拜金主义、享乐主义和极端个人主义”，要把加强精神文明建设同反对一切腐朽思想的斗争结合起来。

第四，为了提高人民的思想道德素质，必须加强对全体人民的三观教育，强调世界观、人生观和价值观在人的思想道德素质中的核心作用，鉴于人生观和价值观问题在新形势下的重要意义，《专题摘编》特别突出了树立正确的人生观和价值观在新时期的重要性。在强调文学、艺术的社会作用时，更注意到它对人民群众的世界观、人生观和价值观的导向力量，认为树立正确的世界观、人生观和价值观是一个革命者的“根本问题”。强调“为人民服务”，强调文艺工作者所肩负的使命就是要“教育人、鼓舞人和鞭策人”。社会科学之所以重要，是因为它的一个重要的功能，就是有利于人们树立正确的世界观、人生观和价值观。

第五，丰富精神生活、增强精神力量，是提高人的素质的一个不可忽视的方面，它同民族和国家的兴旺发达有着密切的关系。改革开放和发展经济，其根本目的是要提高人民的生活水平，使人民能够切实地享受到改革开放所带来的实际利益。同时，还必须使人民的精神生活不断丰富、精神境界不断提高、精神力量不断增强。邓小平同志根据当时的情况，曾经提出“贫穷不是社会主义”，必须大力发展生产力的思想，这对我国的社会主义建设，有着重要的指导意义；随着社会主义市场经济的不断发展，在经济日益增长的同时，在一些人中出现了理想和信念淡薄、精神生活空虚的情况，江泽民同志根据新形势下的新要求，进一步继承和发展了这一思想，提出“贫穷不是社会主义；精神生活空虚，社会风气败坏，也不是社会主义”，也就是说，“物质贫乏不是社会主义，精神空虚也不是社会主义”。一个民族，物质上不能贫困，精神上也不能贫困，只有物质和精神都富有，才能成为一个有强大生命力和凝聚力的民族。我们是历史唯物主义者，我们承认，在社会生活中，经济有着最终的决定的作用，但我们反对庸俗唯物主义，我们承认精神的巨大能动作用。精神的力量是不可低估和轻视的，精神力量能够使“人心凝聚，精神振奋”，能够使一个民族成为“有强大生命力和凝聚力的民族”，中华民族之所以能够“自尊、自信、自立、自强”于世界民族之林，就是同这种精神力量不可分的。伟大的事业需要并将产生伟大的精神，崇高的精神支撑推动着伟大的事业。中华民族长期所形成的传统精神、中国共产党成立以来所形成的革命传统精神，以及改革开放以来所出现的革新精神，构成了新时代的一个具有强大生命力的中华民族精神，大力弘扬这一新的中华民族精神，是我们当前的一项极其重要的任务，它必将大大推动我国社会主义事业更加快速的发展。

第六，在市场经济和现代化建设的过程中，要把弘扬爱国主义、集体主义和社会主义三个主旋律，作为思想道德建设和提高人的素质的一个重要工作。爱国主义是中华民族的优良道德传统，具有强大的感召力和凝聚力，在当代中国，爱国主义和社会主义是统一的，爱国主义最有利于形成新时代的民族精神，应成为文明时代的最强音；集体主义最正确地处理和协调着集体和个人的利益关系，体现了在国家利益高于个人利益的前提下更好地实现个人的价值和尊严，在实现集体利益的同时，使个人的正当利益得到满足；社会主义教育关系着广大人民群众的理想和信念，关系到共同理想和共产主义理想的关系，关系到对科学共产主义的光明前途和坚定的信心。

第七，要把依法治国同以德治国结合起来，在加强依法治国的同时，加强道德教育，充分运用道德的感化力、说服力、劝导力和诱导力，以正确的是非观念、善恶观念、荣辱观念和美丑观念来形成强大的舆论力量，以辅助、补充、加强法律的力量，从根本上提高人的素质，使广大人民群众自觉地遵纪守法。法律可以使人们在违犯法律后受到必要的惩处，而道德主要是从思想上、情感上、观念上和意识上，使人们认识到犯罪是一种可耻的、羞辱的、卑下的思想和行为，在潜移默化中使人们不知不觉地远离犯罪。

第八，在反腐倡廉的问题上，强调要从源头上“预防和治理腐败现象”，即只有从思想道德素质方面树立了正确的世界观、人生观和价值观，明确了人活着的真正意义，才能从根源上解决这一问题。当腐败现象呈现发展蔓延的趋势时，我们需要在治本的同时，更多地采取一些治标的措施。但从根本上来看，我们应当逐步加大治本的措施，即在提高一切党政人员的思想道德素质上狠下功夫。应当看到，只有加强思想政治修养、提高精神境界、锻炼意志品质、坚定理想信念，才能自觉抵制一切腐朽思想的腐蚀。“治标”就是主要运用强制的制裁、法律的惩罚、纪律的约束来保持国家的稳定和政治的廉洁，它虽然是必要的和有效的，但总是不能够从根源上解决问题；“治本”就是从根本上、从源头上、从人的思想深处、从人的道德品质和思想素质上来解决问题，就是把精神文明建设、把思想道德建设提高到更加突出的地位。

总之，我们可以看到，在坚持毛泽东思想、邓小平理论的同时，江泽民同志在新的历史时期，对加强思想道德建设、对精神文明的突出地位、对丰富精神世界和增强精神力量、对人的全面发展等一系列问题，都作了新的论述、新的发展。这些论述，对我国的精神文明建设，对我国社会主义经济、政治、文化的发展，都有着重要的意义。

弘扬时代精神　继承优良传统*

——《中国公民道德读本》简评

中共中央公布的《公民道德建设实施纲要》对公民的道德基本规范，作了简明而扼要的概括，提出了“爱国守法、明礼诚信、团结友善、勤俭自强、敬业奉献”二十字道德规范。这二十字道德规范，不但吸取了中国历史上所有道德的合理内容，而且有着鲜明的时代气息，反映着时代精神的要求。

加强道德建设，已成为时代的需要和广大人民群众的迫切要求，社会主义的市场经济更呼唤着与之相适应的社会主义道德体系来保证和促使它的健康发展。社会主义道德建设不但是社会主义社会先进文化前进方向的主要组成部分，体现着对最广大人民的最大利益的关切，而且是社会主义市场经济的内在机制，没有强有力的道德力量，如同没有强有力的法律支持一样，就不可能顺利实现和发展社会主义的市场经济。

仓道来同志主编的《中国公民道德读本》，由河北人民出版社出版，这本书主要是从中国优良传统道德和革命传统道德中，概括和归纳了在当前仍有生命力的一些基本规范，并赋予了时代的精神，对我们当前加强公民道德建设，有启迪作用。

中国的革命道德规范，是在革命和建设的长期历史中发展起来的，它既是无数革命先烈和志士仁人的革命实践的体现，也是马克思主义经

* 本文原载《中国新闻出版报》，2003-01-14。

典作家和许多思想家们对上述革命实践的梳理、总结和概括。中国的革命道德，是在极端艰苦的环境中锤炼的，是在马克思主义理论的指导下形成的，它对树立革命人民的崇高理想和信念，培养广大人民的思想道德素质，对中国革命的成功和建设的成就，都发生过和正在发生着特别重要的作用。大力弘扬中国的革命道德传统，在实行社会主义市场经济的今天，尤其具有特殊的意义。

中华民族是一个以“礼仪之邦”而著称的“文明古国”，早在西周初期，就提出了道德建设在治国中的极端重要的地位。在中国古代的道德建设中，道德规范的确立和实践，更为所有伦理学家和道德学家们所关注。这些道德规范，经过历代思想家、政治家的梳理，都言简意赅和具有民族特色，为广大老百姓所喜闻乐见。因此，在现代社会中，这些道德规范，有的可以赋予新意并使其转化为新社会的道德规范，有的可以加以借鉴并从中汲取有益的营养。

对于中华民族的道德传统，我们一定要吸取其精华、排除其糟粕，在当前，更要注意赋予其新时代的内容，体现时代精神。中华民族的传统道德，是在几千年的奴隶社会和封建社会中形成的，它既包含有人民的、大众的、科学的、合理的方面，也不可避免地打上了时代的、阶级的烙印。当时的政治、经济制度和人与人之间的道德关系，都和今天不同，我们必须把中国古代道德传统中的优良部分，融入到今天的社会主义的人际关系中，适应于社会主义市场经济条件下的道德要求。只有这样，才能“使公民道德建设既体现优良传统，又反映时代特点，始终充满生机与活力”。

培育和弘扬爱国主义精神*

——《中华圣地》简介

中华民族有着源远流长的爱国主义传统，它是自古至今贯穿在中华民族精神中的一根主线，是中华民族精神的核心。中国共产党诞生以来，更形成了中国特色的革命爱国主义精神，赋予了中华民族爱国主义以新的内容和新的活力。在大力弘扬中华民族精神的今天，弘扬中华民族的爱国主义精神，使之发扬光大，对于全面建设小康社会、开创中国特色社会主义事业的新局面，有着极其重要的意义。

中华民族的爱国主义，不但源远流长，而且博大精深，包含着极为丰富的内容。在历史的长河中，它总是紧随着时代的进步而与时俱进、不断发展。新时代的爱国主义精神，主要体现在以下几个方面。

第一，维护国家的统一、促进祖国的富强、保卫国家的独立和尊严，是新时期爱国主义精神的一个重要方面。为了争取中华民族的生存和发展，为了抵御一切外来敌人的侵略和压迫，为了中华民族的彻底解放，中华民族形成了勇往直前、不怕牺牲、杀身成仁、舍生取义、“先天下之忧而忧，后天下之乐而乐”和“天下兴亡，匹夫有责”的爱国主义精神。中国共产党诞生以后，又赋予这种精神以实现社会主义和共产主义为最终目标的新特点，在同一切国内外反动势力的斗争中，前仆后继、勇往直前、艰苦奋斗、发愤图强，表现了为国家、为民族、为社会

---

* 本文原载《光明日报》，2003-01-23。副标题为本书所加。

主义和共产主义而英勇献身的新爱国主义精神。

第二，维护中华民族的团结，是中华民族爱国主义精神的一个重要方面。中华民族虽历经患难和曲折，却仍然形成了各族人民对祖国、对中华民族的向心力和凝聚力，形成了坚如磐石、亲密无间的爱国主义精神。几千年来，中华各民族总是在相互融合中不断发展，在相互理解中不断吸收，在相互交往中不断学习，愈来愈多地增强了民族之间的团结与和谐。反对民族分裂，是中华民族爱国主义精神的重要体现。

第三，爱中华民族、爱中华人民共和国、爱社会主义，是有机地联系在一起的。只有把三者统一起来的新爱国主义，才是我们时代的最强音，才能成为全面建设小康社会、开创中国特色社会主义事业新局面的强大的精神动力。爱国主义就是要爱社会主义的中国，要使社会主义的中华人民共和国不断强大，使社会主义的事业不断兴旺发达。无数革命先烈的奋斗和牺牲，就是为了实现社会主义和共产主义的伟大事业，就是为了实现全人类的最美好的理想。

中共中央宣传部分两次公布了 202 个全国爱国主义教育示范基地，作为我们进行爱国主义教育的重要教材，受到了各个方面的关注。这 202 个爱国主义教育基地，充分反映了中华民族自古至今几千年来爱国主义的各个方面。近两年来，广大人民群众从对这些基地的参观中，得到了极大的教育，感受到爱国主义的陶冶，增强了他们对中华民族伟大复兴的信心和决心，提高了他们的精神境界和报效祖国的热情。

《中华圣地》，分为“古国神韵”、“御侮求索”、“血沃中华”、“日出东方”四个部分，对中宣部公布的 202 个全国爱国主义教育示范基地作了介绍，反映了中华民族自古至今的爱国主义精神的发展，再现了中华民族爱国主义精神的历史画卷，做了一件有重要意义的事。该书图文并茂，解说言简意赅，是一本爱国主义教育的好教材。阅读本书，能够进一步激发人民群众的爱国之情和报国之志，有利于培育和弘扬社会主义的爱国主义精神。

树立科学的义利观*

——《社会主义义利观——面向21世纪的价值选择》评介

在某些全国性的学术会议和优秀读物评奖会议上，我多次读过黄亮宜同志有关义利问题的论文，这次又得以先睹为快，阅读了他的这本学术著作。我认为该书有利于在人民群众中树立科学的义利观，是值得向读者推荐的。

《社会主义义利观——面向21世纪的价值选择》一书，是一本比较系统、全面地论述有关义利问题的专著。该书以马列主义、毛泽东思想、邓小平理论为指导，充分体现江泽民同志提出的“三个代表”的重要思想，结合世界观、人生观、价值观的教育，从历史、理论和现实三个层面上，对道义与功利、整体利益与个体利益及其相互关系问题的各个方面，进行了较为详细的阐发。

由于作者有较深厚的中国历史知识和传统文化的素养，因此，该书能够对中国历史上“义利之辩”中各派提出的纷繁复杂的观点，进行科学的分析和恰当的评论，并按照“批判其糟粕，吸收其精华”的原则，阐明了传统伦理思想中的不足和在今天仍有价值的合理因素。这对于我们正确地吸取中国古代义利观中的积极成果，赋予其适合时代要求的新的内容，具有重要意义。

党的十四届六中全会所作的《关于加强社会主义精神文明建设若干

---

* 本文原载《文明与宣传》，2003（3）。副标题为本书所加。

重要问题的决议》提出，要在全国人民中“形成把国家和人民利益放在首位而又充分尊重公民个人合法利益的社会主义义利观”。这就是说，我们所提倡的义利观，包括两个相互联系、相辅相成的方面，一个是要把国家和人民利益“放在首位”，一个是要对公民个人合法利益“充分尊重”。本书正是根据这一科学的界定，对义利问题展开了全面的阐述。

作者在理论上的态度是严谨的。该书在涉及有关义利问题的各种不同情况时，都坚持马克思主义的基本原理，依据历史唯物主义的方法，进行唯物而辩证的分析，其中包括对义和利、精神文明和物质文明、个人和集体、效率和公平等关系问题的分析。同时，作者又紧密联系我国社会主义市场经济条件下的新情况和新问题，着重从理论和实践的结合上进行了创造性的研究。作者十分关心和注意我国社会主义现代化建设进程中的重大现实问题，极其关注在国家、人民利益和个人利益方面出现的种种新情况，提出要正确处理权利和义务、竞争和协作、先富和共富、经济效益和社会效益等关系，并强调正确的义利观对于处理这些问题的重要导向作用。

在论述社会主义社会中的价值导向问题时，作者强调了“义利统一”和“先义后利”的结合，这也是很有意义的。作者认为，传统义利观（主要是汉代以后儒家的义利观）所主张的先义后利的价值取向中，含有重义轻利、贵义贱利的偏向，而社会主义的义利观提倡先义后利，反对重义轻利，这是人们准确把握义利关系的一个关键所在。社会主义义利观所主张的道义优先，是指从最广大人民群众的最大利益出发，并建立在义利统一的基础之上。作者强调，在社会主义中，国家、人民利益和个人正当利益，都应当得到充分的重视，忽视其中任何一个方面的利益，都是不利于社会主义的发展和完善的。国家和人民利益，本身就包含着个人的长远利益，只有把国家和人民利益放在首位，才能实现社会主义的共同富裕的目的。作者认为，“义利统一”和“先义后利”相结合的义利观，是由中国共产党和中国人民独创的、富于民族特色和反映时代精神的新型义利观。

作者强调，科学的、社会主义的义利观具有极其重要的功能，它的形成必将有利于我国的经济发展、社会稳定、治国方略的优化、人际关系的和谐等等，特别是在发展社会主义市场经济的复杂环境中社会主义义利观能够为人们提供正确的价值选择，促进全民族综合素质的提高和人的全面发展。因此，这种义利观所体现的导向作用，应当深深介入21世纪中国社会的发展过程。该书不仅重视对义利问题的宏观思考和总体把握，而且特别注意到人们日常生活的层面，并能从实际操作的角度，努力探索正确的价值观念的形成机制。这对于切实地、具体地改进思想政治工作和加强人们的道德修养，更有效地推进公民道德建设，具有重要的现实意义。

导向性·针对性·可读性*

——读《干部群众关心的25个理论问题》

古语说："开卷有益。"这是说一本好书总会给读者带来这样或那样的益处。评价一本书，读者可以见仁见智，但我想一本好书应该具有导向性、针对性和可读性。导向性、针对性和可读性，同样适用于理论读物。也就是说，理论读物一要坚持正确的舆论导向，二要有针对性地解决人们在现实中遇到的种种困惑，三要可读好读。只有把导向性、针对性和可读性紧密地结合起来，理论宣传工作才能摆脱言者谆谆、听者藐藐的被动局面，才能收到实效。中共中央宣传部理论局组织专家撰写，学习出版社出版的《干部群众关心的25个理论问题》是把导向性、针对性和可读性结合起来的一本好书。

所谓导向性，就是要给读者以价值观和舆论方向的引导，它是文章的"灵魂"。对于我们的理论宣传来说，坚持正确的导向，就是要坚持用马列主义、毛泽东思想、邓小平理论和"三个代表"重要思想作指导，用其立场、观点和方法来分析我们所遇到的问题。这是我们必须坚持的立场，否则，我们的事业就会因没有正确理论基础和思想灵魂而迷失方向。同时，必须明确，马克思主义不是僵死不变的教条，而是在实践中不断发展着的理论。因此，只有在日新月异的发展变化中，不断发展马克思主义，勇于探索新的理论问题，使理论能够随着时代的发展而

---

* 本文原载《光明日报》，2003-03-25。

发展。《干部群众关心的25个理论问题》从始至终体现着马克思主义与时俱进的品质，用发展着的马克思主义来解释新时期、新变化所带来的新问题，坚持马克思主义的理论指导、坚持社会主义道路、坚持共同理想和最高理想。如怎样看待马克思主义的命运，这是一个需要深入认识的大问题，也是一个在很多人心目中存有疑虑的问题，本书通过“千年思想家评选”的生动实例，说明马克思主义的强大的生命力，说明马克思主义经历一个半世纪的风霜雨雪的考验，始终充满活力，长盛不衰，从而更好地鼓舞和增强人民群众坚持马克思主义和坚定走社会主义道路的信心。

所谓针对性，就是要“有的放矢”，就是要从广大人民群众在生活中所存在的疑难、困惑的种种问题出发，不回避、不绕开这些难点，而是有说服力地进行解释。只有这样，理论宣传工作才能做到从实际出发和实事求是，才能为群众喜闻乐见。本书中所选择的25个问题，都是一些理论上的热点、难点和人民群众关注的焦点问题。比如在我国的现实生活中，由于种种原因，少部分人成为高收入群体，而与大多数社会成员的收入拉开了差距，出现了贫富不均的情况。究竟如何认识这一现象，如何解决这一问题，如何逐步走向共同富裕，《干部群众关心的25个理论问题》从我国分配制度的变化谈起，进一步阐明了收入差距产生的种种原因，在指出合理差距的积极意义的同时，也强调必须调整那些不合理的差距，并较详细地举出了党和政府正在采取的种种有力措施，以有效地调控人们的收入差距，也就是保护合法收入、取缔非法收入、整顿不合理收入、调节过高收入、保障最低收入。应当说，只有通过这种实事求是的、有说服力的解释，才可能使人民群众较深刻、全面、正确地理解这一问题，有利于发挥他们的积极性。

所谓可读性，就是要通俗易懂、深入浅出、文风清新、生动活泼。有的理论文章之所以令人不可卒读，很重要的一点，就是故作高深，玩弄概念游戏，把本来简单的问题说得复杂，使人不知所云，如同雾里看花。这恰恰暴露了这些文章理论功底的浅薄。深刻的道理大都是朴素的，好的文章大都是平实的。一些大学问家的文章之所以历久弥新，至今令人百读不厌，就是用最简单平实的语言把道理讲明、讲透。因此，我们在进行理论宣传、撰写理论文章时，不能采用说教的方法，而是要和读者进行思想上的交流，有问有答，层层深入。由于理论问题有一定的难度，因此还必须要用一些人民群众所喜闻乐见的事件、实例来加以比喻和表述，使人们能够从形象、生动、透彻的领悟中更清楚地解决认识中的疑难问题，春风化雨，润物无声。

总之，在知识量激增的今天，对于理论工作者来说，如何把导向性、针对性和可读性三者紧密结合起来，为广大读者提供精神食粮的精品，使读者真正开卷有益，如何直接面对人们的思想困惑，并做出明确的回答，已经成为理论宣传的重要任务和理论工作者不可推卸的责任。

“思想道德修养”课教师要身体力行思想道德修养的要求*

——《〈思想道德修养〉教师教学参考用书》序言

《〈思想道德修养〉教师教学参考用书》是根据全国普通高等学校“两课”示范教材《思想道德修养》（本科本）编写的一本供教师用的教学参考书。本书以马克思列宁主义、毛泽东思想、邓小平理论和“三个代表”重要思想为指导，以示范教材的章节体系为次序，以服务教学为目的，对教学中可能出现的诸多问题及其应对的方法，作了比较全面的论述。

全书按照“教学目的和要求”、“学情与社情”、“理论要点阐述”、“教学思路参考”、“教学活动建议”、“典型案例参考”、“教师手记”七部分，把教学的各个环节有机地联系起来，不但丰富了理论问题的各方面的相关内容，而且给予教师进行教学以新的启示，使教师在教学活动中能更加主动、灵活地处理和解决所遇到的问题。

本书广泛吸取了国内和世界其他国家有关思想道德教育的成果，继承了中国古代优良的传统美德，弘扬了中国共产党成立以来所形成的革命传统道德，有选择地采用了国内外现实生活中的道德事例，并加以简单的点评，把道德教育同正确的道德评价结合起来，把“思想道德修

---

* 本文原载《思想理论教育导刊》，2004（2）。系根据作者为《〈思想道德修养〉教师教学参考用书》所作的序言，略有改动。副标题为收入本书时所加。

养”课的教学同对学生的启迪诱导融为一体，以便更好地发挥道德的劝导力和说服力的功能。

作为“思想道德修养”课的教师，在“传道、受业、解惑”的同时，更应当对自己提出一个严格的要求，就是自觉地身体力行“思想道德修养”课中所讲到的一切。

“传道、受业、解惑”，是唐代著名思想家韩愈在《师说》中的话，它已经成为我们所熟知的名言，在今天，仍有重要的现实意义。“传道”，就是要坚持马克思主义的立场、观点和方法，坚持马克思主义的价值导向，坚持社会主义的道路和方向，也就是要传“马克思主义”之道；“受业”，就是要讲解好有关的专业知识；“解惑”，就是要针对学生在学习中的各种疑点和难点，给以有的放矢、深入浅出的回答。在“思想道德修养”课的教学中，这些，仍然是我们必须做到的。

与此同时，作为“思想道德修养”课的教师，还必须身体力行社会主义的道德规范。汉代的著名思想家扬雄在他的《法言》中说：“师者，人之模范也。”提出了教师在道德上的“模范”作用，强调了对教师的道德品质的要求。同时，扬雄又针对当时为师者的实际情况，颇为感慨地说，“模不模，范不范，为不少矣”，对当时的“师者”不能成为学生的“模范”深为遗憾。我们希望，每一个以教师为职业的人，都能够“为人师表”，在道德和学问上成为学生学习的榜样。

一个“思想道德修养”课的教师，其本身就有一个特殊的“品德”要求，这就是，他要求学生做到的，自己必须首先做到，他在课堂上讲授的，必须是自己已经或正在努力做到的，他在自己著作中追求的理想，必须是自己的真正的信念。他口里说的、心里想的和实际做的，应当是表里如一、言行一致。即使我们目前还不能完全做到，我们也应当以实际行动来证明，我们正在尽最大努力，力求达到这些要求。古人说，虽不能至，心向往之，说的就是这种精神和品质。

教师的高尚的道德品质，是一种富有感染的“人格”力量，是我们道德教育能否收到更好成效的一个重要因素。一个“思想道德修养”课教师的“人格”力量，是他所以能取得成功的一个重要的条件和基础。一个道德教育者，不但要言传，更要进行身教，而且，道德教育者的“身教”比“言传”更为重要。“身教重于言传”，“身教高于言传”。一个口是心非、言行不一，说的是社会主义和共产主义道德，而行的是个人主义和自私自利的人，不论有多么好的知识和口才，不论用多么好的教学方法，即使在短期内产生一些效果，从长远来看，都不但不能使学生受到感动，而且还必然使学生产生反感和鄙视。每一个“思想道德修养”课的教师，不但要以自己的知识和才能来“传道、受业、解惑”，更要以自己的“道德品质”来感染和激励学生，对于这个问题，每一个从事道德教育的人，都应当以此自勉。“思想道德修养”课的教师，是一个实实在在的“升华人的精神”、“塑造人的崇高道德品质”的“灵魂工程师”，我们既然选择了这一神圣而崇高的职业，就要努力在道德和学问上成为学生学习的榜样。

一个“思想道德修养”课的教师，要以极端负责的态度，热爱自己的职业、热爱自己的学生。孟轲曾经说过，最使他高兴和愉快的事情之一，就是“得天下英才而教育之”。在社会主义的新中国，能够担任大学生的“思想道德修养”课的教师，是一个十分光荣和崇高的职务。社会主义中国的发展和兴旺，寄托在这些青年的身上。他们的思想品德、价值观念、道德情操和崇高人格，不但对当前的中国，而且对今后世界的发展，都将产生不可估量的影响。他们的思想品德和理想信念，不但关系到“全面建设小康社会，开创中国特色社会主义事业新局面”的发展，而且关系到中国的社会主义道路和社会主义方向能否坚持和发展更为根本的问题。西方的敌对势力，对我“西化”和“分化”的图谋不会改变，其重要手段之一，就是要从“世界观、人生观、价值观”上来对青年人进行渗透。每一个“思想道德修养”课的教师，都要自觉地担负起抵御“西化”、“分化”的责任，使我们的大学生在思想上建立起牢固地抵御西方腐朽思想的“长城”。

由于时间和各种原因，《〈思想道德修养〉教师教学参考用书》还有些不足的地方。如在各个章节内容的安排上，显得不够均衡；一些典型案例的选择和评点上，也有不完全恰当的地方等，这是需要在以后加以改善的。但总的来说，瑕不掩瑜，本书对我们当前的教学工作，是有重要参考价值的。我有幸担任此书的主审之一，以“先睹为快”的心情，读完了本书，并按照作者的要求，写了以上这些话，作为此书的一个小序。

一本凝聚集体智慧的创新之作*

——评《思想道德修养与法律基础》

高校思想政治理论课的第一本新教材，同时也是马克思主义理论研究和建设工程推出的第一本教材——《思想道德修养与法律基础》，终于与全国大学生见面了。作为《思想道德修养与法律基础》教材课题组的首席专家召集人，回顾一年多来的教材编写工作，我由衷地感到这本教材沉甸甸的分量，它是一本体现了中央精神、集中了各方智慧的创新之作。

《思想道德修养与法律基础》教材是完善高校思想政治理论课课程体系和学科建设的一项创新举措。高校思想政治理论课承担着对大学生进行系统的马克思主义理论教育的任务，是大学生思想政治教育的主渠道。“思想道德修养与法律基础”课是高等学校思想政治理论课课程体系的重要组成部分，是一门用马克思主义理论指导大学生成长成才道路的课程。改革开放特别是党的十三届四中全会以来，高校思想政治理论课教育教学取得了很大成绩。由“思想道德修养”课与“法律基础”课为重要组成部分的思想品德课也经过了一个产生、发展和不断完善的过程，并以其独特的性质和功能，为维护、促进高校的改革、发展和稳定，为培养社会主义现代化事业的建设者和接班人，发挥了极为重要的作用。与此同时，新的形势对包括“思想道德修养与法律基础”课在内

* 本书原载《人民日报》，2007-04-13。

的高校思想政治理论课教育教学，提出了新的任务和要求。如何引导大学生正确认识当今世界错综复杂的形势，把握国际局势的发展变化和人类社会的发展趋势；如何引导大学生正确认识国情和社会主义建设的客观规律，增强在中国共产党领导下全面建设小康社会、加快推进社会主义现代化的自觉性和坚定性；如何引导大学生正确认识肩负的历史使命，努力使自己成为德智体美全面发展的中国特色社会主义事业的建设者和接班人，这是摆在我们面前的一个必须认真研究和解决的重大而紧迫的课题。

党的十六大以来，以胡锦涛同志为总书记的党中央，从战略和全局的高度来看待大学生思想政治教育和青年一代的健康成长，作出了一系列关于加强和改进大学生思想政治教育、加强和改进高校思想政治理论课教育教学的重大战略部署。“思想道德修养与法律基础”课作为高等学校思想政治理论课课程体系的重要组成部分，是一门以马克思主义思想政治教育学科为依托的崭新课程，是党中央国务院面对新形势、新情况、新问题，在完善高校思想政治理论课课程体系和学科建设方面所进行的一项创新举措，对于进一步加强和改进大学生思想政治教育具有重大而又深远的意义。

《思想道德修养与法律基础》教材是党中央直接领导、宣传教育部门精心组织、教育战线群策群力、方方面面团结奋战的集体智慧的结晶。编写高质量的教材是提高思想政治理论课教学水平的重要前提，在一定意义上说也是衡量新一轮思想政治理论课改革成功与否的关键因素之一。为进一步加强教材编写的领导和管理，保证教材的科学性、权威性、严肃性，高校思想政治理论课教学大纲和教材编写被纳入马克思主义理论研究和建设工程，并作为重大项目，从全国各地组织有关学科的专家、理论研究人员、教学人员以及实际工作部门同志组成编写队伍。作为马克思主义理论研究和建设工程系列教材的第一批重点建设教材，此次思想政治理论课教材的编写工作规模之大、影响之广、受到的关注之多以及修改审批程序之严都是建国以来前所未有的。从《思想道德修养与法律基础》编写的全部过程来看，无论是教学大纲还是教材，从编写指导思想的确定到逻辑思路、基本内容的设计，都是在中央精神的指导下完成的，不但多次经过权威专家的审读，同时，还广泛吸纳了第一线教师和在校大学生的意见。我深切地体会到，这本教材是中央直接领导、宣传教育部门精心组织、教育战线群策群力、教材大纲和内容反复修改论证并力求精准的一部新教材。

“思想道德修养与法律基础”课是一门以马克思主义思想政治教育学科为依托的崭新课程，《思想道德修养与法律基础》教材是一本根据“基础”课教学体系和教学目的的需要，对教学内容进行了创新性整合和定位的崭新教材。作为大学生进入大学后所学的第一门思想政治理论课，“思想道德修养与法律基础”课的主要教学内容和教学目的，就是从当代大学生面临和关心的实际问题出发，以社会主义荣辱观为统领，以正确的人生观、价值观、道德观和法制观教育为主线，以理想信念教育为核心，以爱国主义教育为重点，紧密联系大学生成长成才过程中的一系列人生课题，通过理论学习和实践体验，培养大学生良好的思想道德素质和法律素质，为逐渐成长为德智体美全面发展的社会主义事业的合格建设者和可靠接班人，打下扎实的思想道德和法律基础。

《思想道德修养与法律基础》教材力求把对大学生进行社会主义思想道德教育和法制教育紧密结合在一起，把增强社会主义法制观念和提高社会主义道德觉悟紧密结合在一起。新版的《思想道德修养与法律基础》不是过去《思想道德修养》和《法律基础》教材的简单合并，而是将两者有机地融为一体，力求把对大学生进行社会主义思想道德教育和法制教育紧紧地结合在一起，把增强社会主义法制观念和提高社会主义道德觉悟紧密结合在一起。因此，在“基础”课教材的编写中，一方面注重继承和借鉴《思想道德修养》和《法律基础》教材编写和教学方面的成功经验，充分吸收了这两门课程以往取得的丰富成果和经验；另一方面根据“基础”课教学体系和教学目的的需要，对教学内容进行了创新性定位和阐释，并综合地运用其他三门思想政治理论课提供的马克思主义理论以及其他多种相关学科的知识，对大学生在人生观、价值观、道德观和法制观方面遇到的理论问题和实际问题作出科学的、有说服力的回答，较好地体现了继承与创新的统一。

《思想道德修养与法律基础》力求把马克思主义的理论指导和解决大学生成长成才过程中遇到的实际问题紧密结合在一起，凸显“问题意识”是本教材最突出的特点也是最大的亮点。从大学生的思想实际出发，发现问题、提出问题、分析问题、解决问题，这是我们“怎样培养人”的一个关键问题。本书从教学大纲的设计、逻辑结构的安排和教学内容的取舍上，坚持理论联系实际的原则，力求贴近实际、贴近生活、贴近学生，遵循了“学马列要精要管用”的原则，围绕大学生成长成才过程中的价值标准（人生观和价值观）和行为规范（法制观和道德观），重点解决当代大学生的理想信念问题、价值取向问题、诚信问题、社会责任感问题、艰苦奋斗问题、团结协作问题和心理健康问题等，引导大学生树立高尚的理想情操和养成良好的道德品质，提高大学生的思想道德素质，增强社会主义法制观念和法律意识，树立体现中华民族优秀传统和时代精神的价值标准和行为规范。可以说，本书的每一章、节、目，甚至每一个段落和每一句话，都蕴涵着大学生中所存在的各种各样需要回答和引导的问题。这些问题，既是从大学生中来，又回到大学生中去，它来自大学生的现实要求，来自大学生所面临的疑难、问题和困惑。针对这些问题，教材都力求从马克思主义的世界观、人生观、价值观的高度，给予科学的、以理服人的、准确的阐释和回答，真正体现“基础”课教育教学的针对性、实效性和吸引力、感染力。

五

重视对毛泽东伦理思想的研究*

——《毛泽东伦理思想研究》序

毛泽东同志在 1957 年 1 月的一次讲话中说："马克思列宁主义也包括无产阶级的革命道德。"像马克思主义创始人一样，毛泽东同志一直十分重视伦理道德问题。早在青年时期，毛泽东同志就认为道德在人类社会中具有"立群道平人己"① 之价值，提出了通过改造伦理学来改造人和改造世界的思想。在后来领导中国革命和建设的实践中，毛泽东同志不但为我们树立了张思德、白求恩、雷锋等光辉的道德榜样，而且，还对伦理学的许多重大问题作了广泛而深刻的论述，形成了一套具有中国共产党人特色的伦理思想体系，极大地丰富和发展了马克思主义的伦理道德学说。

毛泽东伦理思想的核心是全心全意为人民服务，它强调一切从人民群众的根本利益出发，以广大人民群众的利益作为一切言论行动的最高标准。这一伦理思想，无论是在艰苦的革命战争年代，还是在社会主义建设时期，对全国人民都起到了极大的道德教育作用，培养和造就了许许多多雷锋、焦裕禄式的具有高尚的共产主义道德品质的革命战士和英雄模范人物。时至今日，毛泽东伦理思想对于我国的社会生活，对于人们的道德实践活动，仍然具有极其重要的指导意义。对毛泽东伦理思想

---

* 本文原载《毛泽东伦理思想研究》，贵阳，贵州人民出版社，1992。

① 《毛泽东早期文稿》，67 页，长沙，湖南出版社，1990。

加以认真深入研究、阐发和宣传，是摆在我国伦理学工作者面前的一个重要任务。

毛泽东伦理思想强调，为什么人的问题是一个根本的问题，而要彻底解决这一问题，就必须在长期的改造客观世界的斗争（阶级斗争、生产斗争和科学实验）中改造自己的认识能力，改造自己的思想意识和道德品质。我国的社会主义现代化建设事业，不但需要人们具有一定的科学文化知识，而且还必须具有高度的政治觉悟和高尚的共产主义道德品质。就目前来看，在我国的社会生活中，剥削阶级的思想残余仍然存在，它们的价值观、人生观和道德观仍然在影响和毒化着一些人的思想。当前，资本主义国家推行和平演变战略的主要内容和目的，就是要用资产阶级的价值观、道德观来影响和腐蚀人们的思想，从而达到改变中国的社会主义制度，复辟资本主义的目的。国内的资产阶级自由化思潮，也仍然企图借助国际大气候，通过对人们深层次的价值观、道德观的影响，即通过以个人为中心的个人主义思想的传播，通过资产阶级的政治民主观念，来腐蚀人们的思想意识。在这样的形势下，我们更应该大力提倡和宣传共产主义道德，坚持一切言论行动以人民群众的根本利益为最高标准的原则，用社会主义的集体主义，反对资产阶级的自私自利的个人主义，确保我们国家的社会主义的伦理道德价值导向。

毛泽东伦理思想作为一套以全心全意为人民服务为核心的共产主义道德理论，包含有革命的集体主义、爱国主义和国际主义以及毫不利己、专门利人等道德要求在内的丰富内容，是中国共产党人的光辉的道德实践的结晶，也是被实践所证明了的科学的道德理论。因此，今天我们学习和研究毛泽东伦理思想，不但是完整准确地把握毛泽东思想的理论体系，丰富和发展马克思主义伦理学的需要，而且，对于抵制剥削阶级思想的影响，打破西方资本主义国家对我国进行“和平演变”的企图，帮助人们树立科学的价值观、人生观和道德观，培养“有理想、有道德、有文化、有纪律”的社会主义新人，也有非常重要的意义。

杜振吉同志写的这本书，是一部专门研究毛泽东伦理思想的学术性专著。作者在深入学习，掌握大量丰富材料的基础上，比较系统、全面地论述了毛泽东伦理思想的科学体系，对毛泽东伦理思想的来源、产生和发展，以及毛泽东伦理思想发展阶段的划分等问题，提出了自己的见解，并对毛泽东伦理思想的丰富内容进行了全面考察、分析和研究。如对毛泽东同志关于道德的本质和道德遗产批判继承的理论，全心全意为人民服务的理论，集体主义和毫不利己、专门利人等道德原则和规范的理论；关于共产党人的道德品质和革命的人生观理论、革命的人道主义和无产阶级的功利主义理论，以及道德评价、道德教育和道德修养的理论等等，都进行了比较深入细致的分析和阐述，并有自己独到的见解和发挥。我认为，本书对毛泽东伦理思想体系的概括是比较完整的，对毛泽东伦理思想的阐述也是比较系统、全面的。可以说，这是一本既有理论意义又有实践意义的富有开拓性的著作。

目前，毛泽东伦理思想还是一个研究比较薄弱的领域。我相信，该书的出版，对于深入研究毛泽东伦理思想，坚持马克思主义伦理观，促进社会主义精神文明的建设，是会有积极意义的。

理解人生·把握人生·造福人民*

——《毛泽东谈人生》序

《毛泽东谈人生》一书，反映了毛泽东在长期革命实践中所形成的、贯串在他一生活动中对人生的意义、目的和态度的根本理解。阅读这本书，不但可以了解、研究毛泽东如何理解人生、把握人生和创造人生，而且可以使我们受到教育，从而更加自觉地实现人生的价值。

从《毛泽东谈人生》一书中可以看到，毛泽东之所以能够成为一个伟大的人物，确实同他对人生意义的深刻理解，同他力求寻找人生真理并确立自己的人生信念，同他的高尚的道德品质以及正确的人生态度，有着密切的关系。

在谈到毛泽东论人生问题时，应该看到人生观和世界观的关系。一般来说，世界观包含着人生观，人生观是世界观在人生问题上的具体体现。任何一种人生观的形成，总是同一定的世界观的确立密不可分的。因而，对一个人来说，世界观的变化，最终必然会影响以至决定人生观的价值取向。在1920年以前的青少年时期，正像毛泽东自己所说的，那时，他"是一个唯心主义者"，不论从世界观还是人生观上来看，在接受革命思想的同时，又都受到西方的唯心主义的、二元论的以及个人主义价值观念的影响。1920年以后，毛泽东成为一个坚定的马克思主义者，在他的辩证唯物主义的世界观确立的同时，也就形成了他的为人

* 本文原载《毛泽东谈人生》，北京，中国青年出版社，1993。

民服务、为广大工农兵服务、个人利益必须服从整体利益和以革命利益为第一生命的人生价值观。

世界观和人生观都是在一定的历史条件和社会环境的基础上形成的。在阶级社会中，由于不同阶级的地位不同、利益不同、要求不同，从而形成不同的相互对立的世界观和人生观。人生观的最根本的问题，是人生的意义、目的和态度问题，也就是人为什么而活着的问题，或者说是怎样生活才更有意义、才最有价值的问题。人生的意义、目的和价值，也包括人生的理想、人应当如何对待贡献与索取、如何待人处世以及怎样对待“逆境”和“顺境”的问题。同时，任何一种自觉的人生观，都有一个怎样正确对待自己、完善自己和正确对待他人和完善他人的问题。

这里，仅从三个方面，谈谈《毛泽东谈人生》一书给我们的启示。

一、要确立为追求真理而奋斗的志向

在一个人的一生中，能否在青年时期就立定志向，并为之坚持不懈地进行奋斗，对一个人一生事业的成败，有着关键的作用。青年时期的毛泽东，特别强调“立志”的重要。他孜孜不倦地熟读中国的四书五经，如饥似渴地追求当时的新的知识；他不辞劳苦地到民间去作调查；他虚心地寻师访友、到处求教；他虔诚地听取杨昌济等老师的教导。这其中贯串着一个主要的思想，就是要寻找真理，立定志向，从而为这一真理而奋斗终生。毛泽东说：“志者，吾有见夫宇宙之真理，照此以定吾人心之所之谓也。”立志，就是要根据宇宙之真理，并决心为真理而斗争。他反对那种不是为了真理，只是见了前辈在军事、教育上取得了成就，从而产生盲目效法的行为。他认为，这不能称为立志，这只能是“盲从”或“模仿”。所以他说，真正的“立志”，“必先研究哲学、伦理学，以其所得真理，奉以为己身言动之准，立之为前途之鹄，再择其合于此鹄之事。尽力为之，以为到达之方，始谓之有志也。如此之志，方为真志，而非盲从之志”。他又说：“十年未得真理，即十年无志；终身无得，即终身无志。”青年时期的毛泽东，为探索和追求真理，尽了自己最大的努力。

从少年时代开始，毛泽东就有树立远大志向的决心。1910 年，毛泽东的父亲毛顺生决定送他到湘潭一个米店当学徒，但是，毛泽东为了追求更多的新知识，决定不顾父亲的反对而去湘乡县东山高等小学校读书。毛泽东在离家前给父亲毛顺生留下了日本明治维新时期的著名政治家西乡隆盛的一首诗，其中只改了两个字："孩（男）儿立志出乡关，学不成名誓（死）不还；埋骨何须桑梓地，人生无处不青山。"① 这首诗，表达了毛泽东在少年时期就目光远大、志在四方，反映了他在人生道路上对真理的勇于探索和开拓创新的精神，反映了他对把握人生、创造人生的刻意追求。

在 20 世纪初，中国正处在一个内忧外患的时期，正像毛泽东自己说的，他和朋友们的交往谈心、切磋学问，从不涉及生活小事，总是同朋友们"谈论大事"，讨论"人的天性，人类社会，中国，世界，宇宙"等认为应当和值得关心的问题。他深感当时社会风气的委靡不振、因循苟且、积疲积弱、虚伪奢侈等，对社会的改造极为不利，从而提出：现在的国民性惰，虚伪相崇，奴隶性成，思想狭隘，安得国人有大哲学革命家、大伦理革命家，如俄之托尔斯泰其人，以洗涤国民之旧思想，开发其新思想。毛泽东十分欣赏明末清初的著名爱国主义思想家顾炎武的一句话——"天下兴亡，匹夫有责"，把救国救民作为自己理应承担的责任。

1915 年 5 月，日本政府向袁世凯政府发出通牒，要求签订"二十一条"，5 月 9 日，袁世凯接受丧权辱国的"二十一条"，引起了全国人民的愤慨。毛泽东在声讨袁世凯卖国罪行和日本侵华阴谋的《明耻篇》一书的封面上写下了"五月七日，民国奇耻，何以报仇，在我学子"的誓言，反映了毛泽东在追求救国救民、追求宇宙真理上的认识和决心。

正是在毛泽东为救国救民、寻找宇宙真理、为自己确立志向的重要时期，十月革命一声炮响，给中国送来了马克思列宁主义。十月革命帮助了全世界的无产者，也帮助了中国的先进分子用无产阶级的宇宙观作为观察国家命运的工具，重新考虑自己的问题。毛泽东终于找到了他长期以来所上下求索的宇宙真理，并立下了坚定的志向，为这个真理奋斗终身。

---

① 《西文"毛泽东学"研究》，72 页。

从1920年开始，毛泽东在组织工人、反对军阀的同时，更从思想理论上，确立了对马克思主义这一科学真理的信仰。他曾热心搜寻那时能找到的为数不多的用中文写的共产主义书籍。他曾说："我一旦接受了马克思主义是对历史的正确解释以后，我对马克思主义的信仰就没有动摇过。"从那时起直到1976年毛泽东逝世，综观毛泽东的一生，不论环境多么险恶，情况多么复杂，工作多么困难，他始终都坚持自己的信仰，坚持马克思主义的理论，追求完善的、纯洁的社会主义。他无愧于一个坚定的、从不动摇的马克思主义者的称号。

为了承担追求宇宙真理的艰巨任务，毛泽东特别强调健康的身体对于实现自己人生理想的重要。1919年，他在《新青年》上发表了《体育之研究》一文。他认为："德、智皆寄于体，无体是无德、智也。"他说："体者，为知识之载而为道德之寓者也。其载知识也如车，其寓道德也如舍。体者，载知识之车而寓道德之舍也。"只有强健的身体，才能达到"学问道德之进修勇而收效远"的目的。他以历史上的许多事例，结合个人的体验，从各方面论证了健康的身体对于增加认识、调节感情、坚定意志、增强信心、使事业成功的重要作用。毛泽东认为："学有本末，事有终始，知所先后，则近道矣。"只有首先使自己的筋骨强劲、体魄健壮，才算真正懂得了"事有终始，知所先后"的真正意义。

二、坚忍不拔，矢志不移，正确对待人生中的顺境和逆境

人生的志向和理想确立之后，最重要的就是要有一种坚忍不拔、矢志不移的毅力，为实现这一理想作不屈不挠的斗争。人生就是奋斗，而人生目的的实现，更不可能是一帆风顺的，它必然会遇到各种曲折和失败，而"志向"愈是"远大"和"崇高"，就必然会遇到更大的困难和挫折。而且，只有在克服和战胜巨大的困难中，才能够取得更加辉煌的成就。毛泽东认为，对于一个坚强的人来说，愈是在困难面前，才愈能显示出他顽强地与困难作斗争的精神。他说："河出潼关，因有太华抵抗，而水力益增其奔猛。风回三峡，因有巫山为隔，而风力益增其怒

号。”在实现人生理想的过程中，面对一切困难，应当抱着“愚公移山”的态度，坚持下去，不断工作，并且要“下定决心，不怕牺牲，排除万难，去争取胜利”。

在把握人生、创造人生和为实现人生价值的过程中，怎样正确地对待“逆境”，是考验一个人能否在事业上取得成就的一个试金石。一些人虽然也有远大的理想，也有为理想而奋斗的决心，但往往不能正确对待逆境，在逆境中消极颓废，悲观失望，最终走向沉沦。在毛泽东同志的一生中，曾经多次在逆境中处于很困难的情况，多次受到不公正的待遇，一再地感受到逆境对他的考验。他受过多次冤枉和委屈，受到过不适当的处罚和错误的处置，他“被开除过党籍”，撤销过军职，不让他指挥军队，说他搞宗派主义、狭隘经验主义、枪杆子主义等等。但是，他一直都把这些作为一种对自己的锻炼和考验。他说：“对于那些冤枉和委屈，对于那些不适当的处罚和错误的处置（如把自己打成机会主义者、撤销自己的职务、调离自己的岗位等等），可以有两种态度。一种是从此消极，很气愤，不满意；另一种态度把它看做是一种有效的教育，当做一种锻炼。你晓得，这个世界就是这么个世界，要那么完全公道是不可能的，现在不可能，永远也不可能。”毛泽东曾多次论述过他对人生逆境的看法。他希望在我们新社会中，事情能够尽量处理得公正、公平，但是，不管怎样，任何人都有一个正确对待逆境的问题。社会生活是复杂的，人生的过程总是包含着无数复杂的矛盾。一个人有了理想的“志向”和实现这一“志向”的决心，但往往会因各种原因而陷入“逆境”。因此，在这种情况下，最重要的是要能够正确地认识产生“逆境”的原因，冷静地考虑如何在“逆境”中把握机遇、创造条件，坚忍不拔、矢志不移地最终使逆境转变为顺境，使自己的人生理想能够得以实现。毛泽东曾援引司马迁《报任安书》中的一段话来说明，古代许多能够正确对待“逆境”的人，在创造人生价值方面，都取得了惊人的业绩。司马迁说：西伯囚于羑里，从而推演出《周易》这部不朽的巨著；孔子颠沛流离，得不到重用，终以《春秋》传世；屈原屡遭放逐，世传《离骚》之赋；左丘双目失明，竟著《国语》一书；孙膑被处膑刑，仍写出《兵法》名著。其他如吕不韦之著《吕览》，韩非之著《说难》、《孤愤》，以及《诗》三百篇的出现，都是身处“逆境”而发愤所为、顽强拼搏的结果。毛泽东特别强调，在困难的情况下，必须要充满为实现宇宙真理、为实现自己人生目的的信心。他的“红军不怕远征难，万水千山只等闲”的诗句，反映了他在长征途中同困难作斗争的坚定信心。他写的《愚公移山》，反映了要挖掉压在中国人民头上的帝国主义、封建主义这两座大山的勇往直前的精神。

毛泽东认为，不但逆境是对人的考验，如何对待“顺境”，也是事业成败的关键。他强调，在事业发展不断取得胜利时，在顺境中，最重要的是要头脑清醒，谦虚谨慎。他认为在人生道路上，骄傲自满、不求进步的思想，是最有害的。在抗日战争的艰苦年代，在胜利只是初露曙光的时候，他已经考虑到革命胜利后可能会产生的骄傲自满以及由此而可能出现的政治腐败的现象。他认为，中国的无产阶级应当从李自成的“小胜即骄傲、大胜更骄傲、一次又一次吃亏”的失败中吸取教训。当中国的解放战争即将在全国取得胜利的时候，他却发人深省地警告，“因为胜利，党内的骄傲情绪，以功臣自居的情绪，停顿起来不求进步的情绪，贪图享乐不愿再过艰苦生活的情绪，可能生长”，“资产阶级的捧场则可能征服我们队伍中的意志薄弱者”，“夺取全国胜利，这只是万里长征走完了第一步”。他强调指出：“务必使同志们继续地保持谦虚、谨慎、不骄、不躁的作风，务必使同志们继续地保持艰苦奋斗的作风。”他在中国共产党第八次全国代表大会开幕词中说：“虚心使人进步，骄傲使人落后，我们应当永远记住这个真理。”这是毛泽东对“虚心”和“骄傲”在我们事业成败中的作用所作的最富有哲理性的概括。

确实，“顺境”和“逆境”是每一个人为达到人生理想所必然会遇到的现实。现实生活说明，有些人，本来处在发展很顺利的条件下，但却因骄傲自满、自以为是、贪图享受、腐化堕落而身败名裂；有些人，虽然因某些原因而陷入“逆境”，但由于能够正确对待，自觉地与“逆境”斗争，不做“逆境”的奴隶，艰苦奋斗，百折不挠，最终，又总是能够把“逆境”变为“顺境”。“沧海横流，方显出英雄本色”，对于坚忍不拔、矢志不移的有志者来说，“逆境”往往更促人发愤，促人进取。事业的成功、人生价值的实现，又总是同环境的磨难、困苦的考验分不开的。积极的、正确的人生态度，应该是能够正确地对待“顺境”和“逆境”。

三、要努力使自己成为一个高尚的、纯粹的、有道德的、脱离了低级趣味的、有益于人民的人

毛泽东从青年时代起，就特别重视人格修养和道德品质的提高。从传统教育来说，他向往中国的圣人、贤人的理想人格；从西方价值观念的影响看，他强调个人的“自我完善”。结合起来，他强调“尽吾之心、完吾之性”，使自己成为一个有道德的人，在人生追求中具有最为重要的意义。

毛泽东对中国传统伦理道德，一方面坚持批判其“愚忠愚孝”和“鄙视妇女”的“三纲”思想；另一方面对传统伦理道德中的“杀身成仁，舍生取义”、“富贵不能淫，贫贱不能移，威武不能屈”、“先天下之忧而忧，后天下之乐而乐”、“天下兴亡，匹夫有责”的思想，对豪侠英雄、见义勇为、替天行道等，从不同的方面，予以扬弃和继承。他同情劳动人民，痛恨官僚地主，为大多数人谋利益，为广大群众谋幸福，为他人而不惜牺牲个人的一切。马克思主义的理论、广大人民群众的道德实践以及中国优良道德传统，对毛泽东的道德思想的形成，有重要的关系。

毛泽东对伦理学有着特殊的爱好。他说过：“给我印象最深的教员是杨昌济，他是从英国回来的留学生，后来我同他的生活有密切的关系。他教授伦理学，是一个唯心主义者，一个道德高尚的人。他对自己的伦理学有强烈的信仰，努力鼓励学生立志做有益于社会的正大光明的人。我在他的影响下，读了蔡元培翻译的一本伦理学的书。我受到这本书的启发，写了一篇题为《心之力》的文章。那时我是一个唯心主义者，杨昌济老师从他的唯心主义观点出发，高度赞赏我的那篇文章。他给了我一百分。”① 可惜的是，《心之力》这篇文章已经看不到了，但可以推测，这是一篇论证、阐发和强调道德精神对社会有强大推动力的文章。对于蔡元培翻译的德国伦理学家包尔生所写的只有十万字的《伦理学原理》②，毛泽东的批语，就有一万多字。这些批语，成为我们研究

---

① 埃德加·斯诺：《西行漫记》，121～122页。

② 包尔生原书有四个部分，蔡元培只翻译了其中的一部分。

毛泽东早期人生价值观的重要材料。

“全心全意为人民服务”是毛泽东对人生目的最根本的要求。毛泽东是这么说的，也是这么做的。凡是他要求别人做到的，他自己都先做到。对于革命队伍中的道德楷模，他总是发自内心地热情赞扬，号召人民向他们学习。他在祝贺吴玉章六十寿辰时说：“一个人做点好事并不难，难的是一辈子做好事不做坏事。”他在《纪念白求恩》一文中，更明确提出：“我们大家要学习他毫无自私自利之心的精神。从这点出发，就可以变为大有利于人民的人。一个人能力有大小，但只要有这点精神，就是一个高尚的人，一个纯粹的人，一个有道德的人，一个脱离了低级趣味的人，一个有益于人民的人。”毛泽东是一个信念和行动完全一致的人，是中国传统优良道德同共产主义道德高度统一的人。他不但在事业上有伟大的成就，而且把“立言”、“立功”和“立德”融为一体。在长期的革命和建设事业中，他总是把“以革命利益为第一生命，以个人利益服从革命利益”作为最高原则，他总是“关心党和群众比关心个人为重，关心他人比关心自己为重”。为中国革命事业，毛泽东无私地献出了个人的一切。正是在这种“毫无自私自利之心”的崇高思想境界中，他家庭中的六位亲人，包括他的亲弟弟毛泽民、妻子杨开慧、长子毛岸英等，都为革命献出了宝贵的生命。从毛泽东在全国解放后与家乡父老乡亲的通信中，可以看到，他是那样的大公无私、公正清廉，他谆谆教导湖南的桑梓乡亲，要以人民利益为重，不要向国家和人民提出不适当的要求，他还拿出自己的有限工资来资助亲人和乡亲，而不愿由国家负担这些人的生活困难。他非常重视对自己儿女们的教育，坚持要毛岸英到农村锻炼，同意并支持他到朝鲜作战以及在生活困难时期对李讷的严格要求，都说明他以国家民族利益为重的大公无私的品德。

在提高自己的思想意识和道德境界方面，毛泽东特别强调，要自觉地改造自己的思想意识，防止各种非无产阶级思想的侵蚀。毛泽东说：“无产阶级要按照自己的世界观改造世界，资产阶级也要按照自己的世界观改造世界。在这一方面，社会主义和资本主义之间谁胜谁负的问题还没有真正解决。”因此，加强世界观和人生观的改造，以求得我们的进步，就成为每个革命者必须正视的一个问题。他说：“拿我们这些人来说，很多人每年都有一些进步，也就是说每年都在改造。我个人以前就有过各种非马克思主义的思想，马克思主义是后来才接受的。我在书本上学了一些马克思主义，初步地改造了自己的思想，但是主要的还是在长期阶级斗争中改造过来的。而且今后还要继续学习，才能再有一些进步，否则就要落后了。”他提倡严于解剖自己，全面地、辩证地分析自己的优点和缺点，看到自己的“虎气”和“猴气”。他认为：“房子是应该经常打扫的，不打扫就会积满了灰尘；脸是应该经常洗的，不洗也就会灰尘满面。我们同志的思想，我们党的工作，也会沾染灰尘的，也应该打扫和洗涤。”一个道德高尚的“圣人”，既不可能是“生而知之”，更不可能是“不虑而中，不思而得”，他必然是同一切不道德的思想作长期斗争后才能达到的。在《伦理学原理》一书的批语中，毛泽东说：“圣人者，抵抗极大之恶而成者也。”只有自觉地同各种不正确的思想作斗争，才能使自己不断地得到完善。他的这一思想，在革命实践中不断地得到发展，这也是他特别强调在改造客观世界中必须认真改造主观世界的一个重要原因。

毛泽东的一生，是为了共产主义事业和广大人民群众的利益而奋斗的一生，也是在不断完善他人、完善社会中努力完善自身的一生。在长达五十余年的革命生涯中，他既是“立德”、“立言”、“立功”的永远树立在人民心中的不朽“丰碑”，也不可避免地发生过这样那样的缺点和错误。但是，他的错误，终究是一个伟大的无产阶级革命家所犯的错误。毛泽东关于人生的理论和实践，对于他对中国人民以至世界历史所做的巨大贡献有着重要的积极意义。全面地、正确地理解毛泽东有关人生的宝贵思想，对于每一个青年更好地选择人生、把握人生和实现人生的价值，都有着重要的启迪意义。

毛泽东政治伦理思想研究新成果*

——《为政治立“法”：毛泽东政治伦理思想研究》

王秀华、程瑞山合著的《为政治立“法”：毛泽东政治伦理思想研究》（人民出版社出版）通过对毛泽东政治伦理思想的研究，为当代中国政治伦理思想的研究贡献了一份新成果。该书认为，毛泽东作为中国共产党第一代中央领导集体的核心，长期领导新民主主义革命和社会主义建设，奠定了当代中国发展进步的政治前提和制度基础，同时也为党和国家留下了极其宝贵的精神财富。特别值得注意的是，毛泽东深受中国传统文化影响，创造性地继承和运用马克思主义的基本原理于中国实际，突出强调人民的意志、意愿在中国革命中的重要作用，其政治思想与实践具有浓重的伦理色彩。

作者紧紧抓住毛泽东政治思想中的立“法”精神，仔细辨析其中“法”的内容、形式与性质，区别对待传统与现代、中国与西方关于“法”的不同形态，这对于更好地理解毛泽东思想特点、价值关怀，更好地理解中国共产党的革命史、当代史，深入理解当代中国政治文明建设的走向，具有重要的历史和现实意义。同时，作者对于在当代西方影响较大的、以罗尔斯为代表的政治伦理思想和我国古代儒家以孔子为代表的政治伦理思想，进行了适度的比较研究，对我们更好地理解和领会毛泽东的政治伦理思想有一定的启发。

* 本文原载《光明日报》，2008-08-15。

全书以价值—制度—主体为分析框架，选取毛泽东政治伦理思想的主要方面、重大问题，进行专题式深入细致的分析和研究，并在此基础上对其整体性特质进行提炼、概括和总结。通读本书不难发现，作者在这一研究领域进行了可贵的探索，提出了诸多有价值的新观点。比如：对毛泽东集体主义思想的理解，对毛泽东反对个人主义的特殊内涵的认识，对毛泽东关于冲突与和谐、道义与功利等的分析，以及毛泽东与中国传统德治思想的批判、继承关系等。该书还从逻辑和历史两个层面，探讨了毛泽东政治伦理思想的当代价值及其继承和发展的问题。

六

《罗国杰文集》自序*

呈现在读者面前的这本文集，是我近二十年来在教学和科研工作中，断断续续所写成的一些文稿，其中绝大部分是应约为一些报纸和刊物所写的文章，另一部分则是为了适应教学需要而编写的教材的部分章节，此外，还收入了为一些伦理学方面的著作所写的序言。

这些文稿的写作，都是同这二十年来不断发展的现实生活密切相联系的，是同改革开放以来我国的精神文明建设的进程密切相联系的，有很强的时代特点。这本文集，基本上反映了二十年来，我学习和研究伦理学的心得体会，以及对新形势下的道德现象和道德关系进行探索和认识的思维轨迹。全部书稿都是按时间编排的，这样可以帮助读者更清楚地看到作者的认识的发展过程，同时，这实际上也是从一个独特的角度，折射出随着社会主义四个现代化建设和精神文明建设的发展，我国在道德建设方面的发展历程。

二十年来，在道德建设的领域中，不论是从理论上还是从实践上来看，我们所遇到的最主要、最根本、最核心的一个课题，就是在社会主义的商品经济或社会主义的市场经济条件下，如何正确地对待个人利益和集体利益及其相互关系，能否从理论上和实践上正确地处理好这个问题，是新时期道德建设的一个带有关键性的问题。也正是由于这个原

* 《罗国杰文集》，保定，河北大学出版社，2000。

因，在这本文集中，绝大多数的内容，都是围绕着这一题目展开的。正因为这一问题的重要意义，文集中有关方面的论述，有时候似乎有些重复（尽管已经删去了一些重复的内容），但是，由于是从不同角度来阐发的，因此，这些文章还是保留了下来。

改革开放以来，我国确立了以经济建设为中心的基本路线，并从社会主义的计划经济体制逐步地转变成社会主义市场经济的新体制，我们明确地认识到，我国现在还处在社会主义的初级阶段，解放和发展生产力是我们建设社会主义的迫切任务。在这种情况下，在伦理道德和人与人的关系上，给我们提出了两个方面的问题：一个是，如何发挥个人的主动性和积极性，保障个人的正当利益，更好地实现个人的价值和尊严；另一个是，在强调个人利益的同时，如何保障人民的利益和国家的利益不受损害，强调在集体利益高于个人利益的原则下，使个人利益能够同集体利益协调发展。在改革开放前的一段时期内，主要是在1958年以后，特别是在“文化大革命”中，由于受“左”的思潮的影响，在个人与集体的关系上，一度或多或少地忽视甚至否认个人的利益，片面地强调集体的利益，往往把一切个人利益都看成是不应当去追求的。在批判自私自利时，把人们的正当利益也当做“个人主义”来加以批判。抹杀和否认了人们的正当的个人利益，也就必然会压抑和挫伤广大人民建设社会主义的积极性和主动性。正是由于这个原因，在改革开放以后，在思想道德建设上，我们的一个重要任务就是要纠正过去对集体主义的种种片面的解释，纠正忽视个人正当利益的倾向。广大的理论工作者正是在这个问题上开始了有关个人利益的新的探讨，并力求从理论与实际的结合上，给个人利益以科学的、全面的解释，以使人民群众能够更好地为改革开放和社会主义现代化建设事业做贡献。

同时，我们在改革开放和实行社会主义的商品经济和市场经济的新的情况下，也出现了另一种值得注意的情况，这就是，在西方的科学技术和思想文化大量涌入我国的时候，在我国实行商品经济和市场经济的过程中，一些封建主义的和资产阶级的腐朽思想和生活方式也不断滋生蔓延，拜金主义、享乐主义和个人主义的思想也日益泛滥。这些腐朽思想和生活方式所宣扬的一个中心观念，就是认为人的本性都是自私自利的，个人利益是人生最值得追求的东西，从而把社会利益、集体利益和国家利益都说成是一种空洞、虚幻的抽象。他们以重视个人利益为旗帜，提出要“为个人主义正名”，提出在人和人之间要“斤斤计较”，有的竟然公开提出要用“个人主义”原则来代替社会主义道德的集体主义原则。他们既不区分个人的正当利益和不正当利益，更不区分个人利益和集体利益之间的关系，用无限夸大和膨胀了的“个人利益”来混淆视听，以达到否认集体主义的目的。

在本文集中，作者在多篇文章中多次提出这样一个看法，即改革开放以来，我们在道德问题上的争论，始终都是围绕着个人利益和集体利益的关系、围绕着如何科学地阐释集体主义和正确地对待个人利益的问题展开的。在这一问题的讨论中，又必然地、不可避免地要涉及一个根本性的问题，就是在当前的社会主义社会中，我们究竟应当提倡什么样的道德原则，是为“个人主义”“正名”，还是要旗帜鲜明、坚定不移地坚持社会主义的“集体主义”？当然，在提倡“个人主义”和坚持“集体主义”这两种思想中，每一种思想的内部，也必然会有这样那样的不同看法。但是，这种种思想之间的争论和对立，是确实存在的，并影响着我国改革开放以来的道德建设的进程，影响着我国社会主义道德理论和实践的发展。

二十年来，我的大部分论文，都是围绕着这一问题而写作的。在这段漫长的时间内，我不得不放下手头许多正在做的事情，不得不放下我本应及时完成的科研项目，甚至把一些只需校阅一遍就可交给出版社的稿子也搁置起来，从各个方面来讨论这个问题。同时，面对许多不同的意见，为了进行研究和辨析，也不得不对有些意见进行商讨和提出批评。这样做，并非因为我对这个问题有什么特殊的爱好，实在是不得已而为之。这种不得已，就是出自一种对社会主义道德建设的责任心，而这种责任心又是由一种长期形成的理想和信念所支持的。这种理想和信念是我近四十年来从事伦理学的教学和研究的最主要的动力，没有这种理想、信念及其所形成的动力，我是不可能写出这些文章的。

除了有关个人利益和集体利益的关系以外，在文集中，还有一些文章，是我在编写教科书时自己所写的有关部分。这些内容，既属于伦理学的基本理论，也是我力求根据马克思主义的立场、观点和方法并结合我国社会主义市场经济条件下的新情况、新问题和新矛盾，努力探索而形成的一系列的看法和观点。这一系列的看法和观点，同我所写的一些文章结合起来，反映了我四十年来在伦理学领域的探索中所得出的理论认识和研究成果。这些认识，都是经过自己深思后作出的，既不是故步自封的，也不是要赶什么“时髦”而追逐某种潮流的，而是自己的真实的心得和体会。这些认识，在理论上是一贯的，彼此之间是相互联系的，当然，随着时间的推移和现实生活的发展，有些观点和认识，也有不断的发展和完善，但这些变化，都是同自己所坚持的理想、信念和基本理论一致的。一方面应力求在实际的生活中来创造新的理论成果，发展伦理学的理论认识；另一方面又必须坚持马克思主义的科学精神，对理论的创新采取严肃认真的态度。应当承认，新中国成立以后，用马克思主义的观点来考察伦理道德问题并形成系统的理论，是广大伦理学工作者所共同努力的事业，这一事业还有待于人们进一步的拓展。马克思主义伦理学的重要理论，特别是它的关于共产主义道德和社会主义道德的理论，都是同我们的日常行为密切相联系的。对于一个希望为马克思主义伦理学的发展和完善有所贡献的理论工作者来说，一个最基本、最重要的条件，就是要努力做到实际行动和理论认识相一致。

自己在理论上的论述，自己应当力求去实行，自己怎么写的和怎么说的，自己应当力求先做到。那些在自己的行为上不能按照自己所提出的道德原则和道德规范去行动、甚至说的和做的相反的人，又怎么配称为一个马克思主义的伦理学工作者呢？几十年来，我总是努力按照这样的原则来要求自己，我在理论上所坚持的，就是我用以勉励和鞭策自己，并在行动中去努力做到的。正如古人所说“‘高山仰止，景行行止’，虽不能至，心向往之”。道德境界的提升，是一个不断向上攀登的长期过程，只要在这个过程中，坚持不懈，持之以恒，“不以善小而不为，不以恶小而为之”，就有可能达到一种理想的境界。

自 1990 年以后，我国在加强社会主义精神文明建设的过程中，特别是在加强道德建设的过程中，展开了有关如何对待中国传统文化和传统道德的讨论。正如前面已经提到的，由于从 1958 年以后的“左”的思潮和 1986 年以后在我国出现的一股自由化思潮的影响，在对待中国传统文化和传统道德上，出现了这样和那样的片面性错误倾向。在这个问题上，我们迫切需要对过去的片面认识加以纠正，否则，我们在如何对待传统文化和传统道德方面，就不可能继续前进。改革开放的发展和建设适应社会主义市场经济的新文化的要求，加强社会主义精神文明建设和道德建设的需要，也提出了弘扬中华民族的优良传统文化和传统美德的时代要求。正是在这个大的时代要求下，我在主持编写《中国传统道德》（多卷本、简编本和普及本）的前后，写了许多篇有关如何正确对待中国传统文化，特别是如何正确对待中国传统道德的论文。一方面反对否定传统的民族虚无主义，指出了这种虚无主义不论是从教条主义出发还是从全盘西化出发，都是极其错误的；另一方面，又指出了不加分析地全盘继承的观点也是错误的，不论是保守主义还是复古主义，都是同社会的发展相违背的。我在很多文章中反复强调，最重要和最根本的问题就是要用马克思主义的立场、观点和方法，对中国的传统文化和传统道德进行批判地继承，要以建设有中国特色社会主义的新文化和加强社会主义道德建设为根本目的，吸取其有用的精华，抛弃其无用的糟粕。我们之所以要批判各种形式的民族虚无主义思想，强调对中华民族优良文化和传统美德的弘扬继承，绝不是要“复古”和“尊孔”，更不是要走所谓的“儒家资本主义道路”，而是要“古为今用”，赋予传统以新的意义，以便更好地建设社会主义的新文化，加强社会主义的道德建设。我在近年来写的一系列的文章中，提出了这样一个看法，即“正确的态度应当是以历史唯物主义为指导，坚持批判继承、弃糟取精、综合创新、古为今用的方针。‘批判继承’是一个总的原则，即强调继承是在历史唯物主义的理论指导下有批判、有选择、有目的的继承，是以是否符合广大人民群众的利益为原则的继承。‘弃糟取精’是继承文化遗产特别是继承传统道德的一个重要要求，是一种弘扬精华、除弃糟粕的继承，是经过咀嚼、消化的继承。‘综合创新’是强调在吸取中国传统伦理道德时，要进行一种‘综合’和‘创新’的工作。一方面，对中国历史上诸子百家的伦理道德思想，要择各家之精华，加以比较、研究和综合，使之形成一种新的、符合时代需要的思想，并使之成为社会主义、共产主义道德的一个组成部分。另一方面，还要对全人类的道德遗产进行整理、对比和鉴别，并善于吸取其中有益的东西，同中国的传统的伦理道德相结合，以创造出先进的精神文明。‘古为今用’就是为了适应有中国特色的社会主义建设的需要，解决现实生活中的有关伦理道德问题，为我国的经济建设创造良好的道德环境，保证我国的物质文明能够沿着社会主义道路更加健康地向前发展”。我认为，只有采取以上的态度，才有可能较好地解决有关文化和道德的继承问题，才有可能真正达到弘扬中华民族的优良文化和优良道德传统，达到加强社会主义的精神文明和社会主义道德建设的目的。在此还要特别强调提出的是，从社会主义道德建设的要求来看，更重要的是要大力弘扬中国的革命传统道德，发扬无产阶级在社会主义革命和建设过程中所形成的新的道德传统。在这方面，在过去一段时间里，已经做出了可喜的成绩，但同我们道德建设发展的要求来说，还做得不够，还显得不相适应。目前，我和一些同志正在努力从事这一工作，希望能够弥补我们这方面的不足。中国古代的优良传统道德，只有同中国的革命传统道德以及我国当前社会主义现代化事业相结合，才能有生命力，才能对我国当前的精神文明和道德建设发挥积极的作用。

在本文集中，还有一部分关于中国伦理思想史方面的文章，它们之间相互没有什么联系，都是在研究中国伦理思想史的过程中，应约为一些报纸、刊物所写的。文集中还收有一些短文，是在读书和学习时记录下来的心得和体会，报刊的同志们觉得还有用，也就发表了。

这些文章的写作，大多数是在行政工作相当繁忙的情况下写成的，而且都是应各种报纸、期刊和文集的编辑们的约稿，几乎没有一篇是主动投稿的，因此，也可以说，都是属于“奉命”而写作的。但是，尽管稿子是“奉命”而写的，但文章的观点和内容都是自己的真实的认识，是自己的实实在在的观点，并没有任何半点的做作。因此，每每在被编辑们逼着索要稿件时，也有这样和那样的怨言，但等到终于完成了任务之后，总是在内心中深深地感谢他们的这种不厌其烦的催逼，因为，没有他们的这种催逼，这些稿子是不可能写出来的。

在这本文集中，除了我自己所撰写的大部分论文以外，还有一部分是应一些同志的邀请而为他们的著作所写的“序”和介绍。这些书的作者，有的是我在伦理学的教学和研究中长期合作的朋友或同事，有的是多年跟我学习的学生，有的是我的伦理学的同行。我能够得以早日读到他们的专著，本来就是一种幸运，鉴于他们对我的信任和期望，我都尽可能地读了他们的著作，并写出了我对他们的成果的不成熟的看法。同时，我也借此机会，就一些有关的问题，提出我的意见，同伦理学的同行们交换自己的看法，以便得到同志们的批评和指正。还要说明的是，文集中有几篇文章，是和有的同志合写的，我在每篇文章的后面，都作了说明；有些文章，虽然是由我自己署名的，但在文章形成的过程中，曾经得到过许多同志的热情帮助，在这里对先后同我合作的同志，表示深深的感谢。

收集在本文集中的这些文章，只是自己多年来的一些文章的汇集，许多观点和认识也还在不断发展变化的过程之中，肯定包含着许多错误和不准确的地方，我之所以同意出版这本文集，一是多年来自己所写的文章，都分散在各种不同的报纸、刊物和文集中，有时要想查找一下也很困难，把它们集中起来，找起来自然会方便许多；另外是，自己已经是年过“耳顺”之期，借文集而“立此存照”，既可以作为回顾、检查和反省自己的思想发展轨迹的依据，又能够听听同志们的批评意见，以便今后能够进一步得到改进和提高。

《道德教育与价值导向》自序*

这是一本关于伦理学与道德教育的文集，收集了 1980 年以来我所写的有关这方面的一些文章。

伦理学作为一门科学，它同道德教育有没有关系？如果有，它们又是一种什么关系？

伦理学是一门研究道德的科学，它研究道德这一社会现象的发生、发展及其规律，研究人在道德上如何不断发展自己和完善自己，研究道德规范的形成及其社会作用等等。

对伦理学是一门什么样的科学，不论是过去和现在，不同的思想家们，有着不同的认识。在历史上，不论是西方还是中国，规范伦理学曾经占据着重要的地位。公元前 4 世纪，古希腊的著名思想家、伦理学家亚里士多德的《尼各马可伦理学》中认为，伦理学研究的目的，就是要探讨人的德性。他还明确地指出，这种探讨，不是为了求得知识，而是为了使人成为一个善良的、有德性的人。中国古代的思想家们尽管没有写出专门的伦理学著作，但他们也都强调“为学”的目的，不在于背诵经典，而在于“变化气质”，使人成为一个有道德的贤人和圣人。《论语》和《孟子》这样的儒家经典，可以说是中国古代的最重要的伦理学著作，它们的中心思想就是要使人学会做人。

---

* 《道德教育与价值导向》，北京，教育科学出版社，2000。

20世纪以来，在西方出现了所谓“元伦理学”。这一学派，主张只从概念上来分析道德范畴和道德判断的性质和意义，要把伦理学的研究同现实的道德生活割裂开来，这一学派，竭力反对道德的规范作用，反对道德向人们指出应当如何的道德要求。这一学派把道德分析看做是伦理学的唯一的方法论原则，以致使它们的全部研究陷入主观主义、相对主义、怀疑主义和个人主义的泥坑。这一学派，在所谓价值中立的旗帜下，提倡所谓“无立场”的分析和批判，强调伦理学的研究要割断同任何利益关系的联系等等。

在逻辑实证主义思潮的影响下，20世纪六七十年代，在美国的学校中，曾出现了所谓“价值澄清”的运动。这一运动，在“价值中立”的口号下，强调教师只能向学生“客观”地介绍各种各样的价值观，只能让学生自己去选择被自己“澄清”了的价值观。他们认为，教师只能告诉学生“是什么”，而不能告诉学生“应当做什么”。这样，就使学校完全放弃了价值观的教育，放弃了对学生进行善与恶、美与丑、道德与不道德、正义与邪恶的教育。现在，美国的有识之士，正在深入地批判这一运动给美国社会带来的种种恶果。

值得注意的是，逻辑实证主义思想和美国的“价值澄清”的思潮，近几年来，在我国伦理学的研究中，也有着不同程度的反映。特别是随着社会主义市场经济的建立和发展，在价值取向多元化的情况下，在所谓个人“自由”和个人“权利”的要求下，出现了忽视个人的社会义务观念、否认道德规范对个人行为的约束作用的现象。一些人认为，社会的道德规范，特别是社会主义的集体主义原则，将束缚人的自由和个性发展，只有个人主义和个人本位，才是唯一需要提倡的。一些人认为，伦理学的研究，只能向人们叙述或描述“是什么”，而不应当向人们提倡“应当做什么”。一些人只强调个人的价值取向的多元化，而不主张社会的价值导向的一元化。他们把伦理学的研究同我国的社会生活脱离开来。一些人认为，在我们的社会中，只要能够做到不违犯法律规范就可以了，不应当再去提倡什么向雷锋学习。有的人甚至极其荒唐地认为，“每培养一名做好事的人，必然同时培养出几十名捡便宜的人”。说什么“先人后己”、“毫不利己、专门利人”一类的要求“包含着逻辑上的矛盾，不可能成为真正得到实施的处理人际关系的原则”等等。

伦理学作为一门科学，它不同于其他社会科学的一个重要特点就是，它是一门以实践性和导向性为基础的科学。它对社会道德现象（道德活动现象、道德意识现象、道德规范现象）的研究，是不能同人类的社会生活实践相脱离的，是不能同人类升向更高的道德水平相脱离的。为了人类升向更高的道德水平，为了社会的进步和发展，我们必须和应当提倡一定的道德导向，提倡人应当“做什么”的要求。因此，伦理学的研究一定要把培养人的道德素质、提高人的道德自我完善能力、改善社会风气作为自己的主要目的。

问题十分清楚，那些宣扬“价值中立”、“价值澄清”和所谓“无立场”的批判等观点，其实质，仍然是在提倡和宣扬一种不愿说出来的“立场”。一个人在社会中生活，他总是要同利益发生关系，他不可能不食人间烟火，不可能同社会的经济、政治、文化脱离关系，因此，他不可能没有自己的立场，正像一个人拔着自己的头发想要自己离开地面一样，无论他如何用尽力气，最终他仍然不可能离开地面。尽管他们不愿意说出自己的“立场”或者以“无立场”标榜，但他们总是有自己的“立场”的。他们反对向人们、向青年提出“应当做什么”，反对价值导向，其实质就是要使伦理学的教学和研究，放弃和背离对善恶的分辨，否定伦理学在培养人的道德素质、提高人的道德自我完善能力、改善社会风气方面的作用。在当前的社会生活中，我们伦理学的教学和研究，如果不能对青年进行分辨善恶的教育，不反对个人主义、拜金主义和享乐主义，不向广大青年提倡集体主义、社会主义和爱国主义，这样的伦理学，对社会、对国家、对人类，又有什么意义呢?

这本文集所收集的一些文章，就是为了使伦理学的教学和研究能够更好地为社会实践服务，为培养人的道德素质、提高人的道德自我完善能力和改善社会风气服务，同时，也是对近年来上述各种观点和思潮的一个回答。

最后，要说明的是，这里收集的文章，绝大多数都是应报刊编辑之约，针对当时的有关问题而写的，今天看来，有些问题，说的不够全面、不够确切，有些文章因涉及同样内容，又显得重复，这一切都只有请读者原谅了。

《德治新论》代序*

江泽民同志在党的第十六次全国代表大会上作的报告中，将“坚持物质文明和精神文明两手抓，实行依法治国和以德治国相结合”，概括为中国共产党领导人民建设中国特色社会主义必须坚持的十条基本经验之一。这就从理论和实践的新高度，再一次昭示全党和全社会必须充分认识以德治国的重要地位。在当前的形势下，深入认识依法治国与以德治国相辅相成的辩证关系，是全面宣传学习和贯彻落实十六大精神的一个重要方面。

正确理解以德治国的意义，重要的是正确把握法治和德治的相互关系。自从江泽民同志在 2001 年 1 月全国宣传部长会议上明确提出把依法治国和以德治国紧密结合起来的重要思想以来，一些同志在思想上的疑惑，正是主要集中在如何看待法治和德治的关系，并由此引申出如何看待德治和人治的关系等问题上面。一些观点认为法治排斥人治，而德治注重人治，因而提倡德治就会削弱甚至否定法治，最终会退回到人治的老路上去。对于这样一些疑惑问题，应当作出进一步的分析，力求释疑解惑，不然的话，就必然妨碍真正理解依法治国与以德治国相结合的重大意义。

---

* 《德治新论》，北京，研究出版社，2002。原题为“深入认识法治和德治的辩证关系”。

一、如何正确把握法治和德治的关系

改革开放以来，我国的法制建设取得了重大成就。据统计，在二十多年的时间内，由全国人大及其常委会、国务院及各部委、地方人大等制定的法律、法规和行政规章制度已达九千二百余件，我国以宪法为核心的七个法律部门的主干法都已制定出台。可以说，“有法可依，有法必依，执法必严，违法必究”，已成为全国人民的共识。正是由于我国法制建设的这些成就，使得我们党在第十五次全国代表大会上庄严地提出了依法治国、建设社会主义法治国家的基本治国方略和基本目标。这一思想随后还写入了神圣的《中华人民共和国宪法》。

改革开放以来，我国道德建设同样也取得了重要的进步，特别是党的十三届四中全会以来，我们党在克服物质文明建设这一手比较硬，精神文明建设这一手比较软的现象方面，获得了显著的成绩，爱国主义、集体主义、社会主义主旋律在全社会得到强有力的弘扬，思想道德建设成为发展先进文化的中心环节和主要内容，经济社会的协调进步和人的全面发展受到人们的高度重视，《爱国主义教育实施纲要》、《中共中央关于加强社会主义精神文明建设若干重要问题的决议》、《公民道德建设实施纲要》等文件文献，充分反映了全党全社会在总结精神文明建设，包括道德建设的经验教训方面取得的成果，以及在此基础上描绘的战略发展的总体蓝图。

然而，也应当清醒地认识到，相对而言，道德建设的成就仍然未尽如人意，尚未达到全党和全国人民所期望的发展目标。正如《公民道德建设实施纲要》所指出的：“我国公民道德建设方面仍然存在着不少问题。社会的一些领域和一些地方道德失范，是非、善恶、美丑界限混淆，拜金主义、享乐主义、极端个人主义有所滋长，见利忘义、损公肥私行为时有发生，不讲信用、欺骗欺诈成为社会公害，以权谋私、腐化堕落现象严重存在。”尤其值得关注的一个比较突出的问题方面，是这些年在法制建设取得重大成就的同时，执法部门内部也不时发生震惊全国的大案要案，如汕头海关重大走私案、厦门海关重大走私案等等，涉案人员主要是海关、公安部门的中、高级领导干部。这些人违法犯罪的一个共同原因，不是由于无法可依或不懂法、不知法，而是由于在道德上被首先打开了缺口，产生了道德防线上的“管涌”，导致思想道德大堤的崩溃，最终铤而走险，以身试法。他们是明知故犯，执法犯法。

从社会存在的这些道德问题，特别是从执法人员知法犯法、执法犯法大案要案的教训中，可以使我们比较深刻地认识到为什么需要正确认识和把握法律和道德的关系以及法治和德治的关系，为什么一定要把依法治国和以德治国紧密结合起来。法律和道德始终是相辅相成的，没有道德作为基础，法律的威严终究会受到挑战。因此，加强法治，必须同时加强德治，没有德治的支持，法治的效用也会受到极大的削弱。

第一，德治不但不是对法治的否定和削弱，而且是对法治的进一步肯定和强有力的支持。

在一定条件下看，法律规范也是道德规范。法律规范和道德规范发挥的都是行为规范的功能，但各自起作用的手段不一。法律规范主要依靠国家强力机器作后盾而发挥强制的作用，道德规范主要靠社会舆论和人的良心而发挥劝导和教化的作用。一般来说，违犯法律规范，同时就意味着违反道德规范，而违反道德规范，则不一定同时违犯法律规范。从这个意义上说，法律规范可以理解为道德规范的最后防线，社会通常是把一些最基础、最重要的行为规定，用国家强力机器作后盾的法律形式加以规范化，以防止社会成员超越这道最后的防线，破坏社会的基本秩序，损坏大多数人的根本利益。正是法律规范和道德规范的这种特殊的共性与个性兼而有之的关系，使得道德成为法律的基础，也必然使得加强道德建设，同时就意味着加强法制建设；强化德治，同时就意味着强化法治。在一个正常运转的社会中，在正常的法律秩序和道德秩序相辅相成的环境下，没有道德建设加强了而法制建设却削弱了的现象，也没有德治强化了而法治却弱化了的现象。

第二，德治不是超越法治，而是在社会主义法治国家的框架内施行德治。

从法律规范和道德规范各自的特性来看，法律规范是比较确定的，具有严格的内涵，执法部门和执法人员完全可以用刚性的尺度来衡量人们是守法还是违法。因此，依法治国、法治，正是根据法律规范的确定性来治国，用法律规范严格的尺度来管理国家和社会事务。而道德规范则具有较宽泛的伸缩空间，人们对同一道德规范的认识程度会有层次上的差异，因此，很难像法律规范那样，由一个专业的部门（如法院）和专业人员（如法官）来对道德规范的含义作权威性的准确定义，并用刚性的尺度来衡量人们是否遵守了道德规范。比较而言，以德治国，德治，更主要的是强调道德对人们的教育和感化作用，强调通过道德建设，加强社会的主流道德价值的导向，提高全体社会成员的道德素质，从而使社会成员能够正确地看待和协调各种利益关系，自觉地维护社会整体利益，自觉地遵守道德规范，也包括自觉地守法，做一个重德守法的好公民。德治的这种性质，决定了其在社会主义法治国家的框架内，不会也不可能超越法治，而只会成为法治的最有效的辅佐手段，成为完善的社会主义法治不可缺少的重要基础。可以断言，如果没有德治的辅佐，没有德治作为基础，建设社会主义法治国家的目标就难以实现。

第三，德治不是针对法治提出的另一个新的治国方略，而是对依法治国方略在道德上的重要补充，以使人们更加重视道德的作用，更加重视法律和道德相辅相成、不可或缺的关系。

可以说，提出德治和以德治国的思想，是对法治和依法治国方略的更加深刻的理解，是治国理论的前进，是政治上成熟的表现。从中外历史上的治国经验来看，一个社会、一个国家在百废待兴、社会秩序的整顿治理面临严峻挑战的情势下，往往首先采用的是刚性的法治手段，以求令行禁止，稳定大局，使重整社会秩序达到立竿见影的效果。这样的时期，一般尚来不及对社会复杂的利益关系的各个方面作出细致周到的协调安排。但是，一旦社会走上了正轨，要求有大的发展和长期繁荣时，长治久安的问题便会成为社会治理的主要矛盾突出出来。德治常常正是在这样的时期受到政治家和社会大多数成员普遍关注的。只有德法并举，发挥道德和法律调整社会关系各自的特殊优势，才能够使社会关系特别是社会的利益关系相得益彰，为社会的长治久安奠定基础。因此，如果认为谈法治，谈依法治国，就必须排斥德治，排斥以德治国，这样的观点实际上是对治国方略浅层次甚至是片面的认识，是不足取的。法治、依法治国的治国方略，只有包括德治和以德治国的内涵，才是成熟的、完整的和可行的。

二、如何正确看待法治、德治和人治的关系

认为法治排斥人治，而德治注重人治的观点，实际上是简单地将历

史上的德治与人治相提并论，尤其是将儒家的德治简单地等同于人治，这样的立论并不完全符合历史上的情况，甚至不完全符合儒家德治思想的情况，更不符合今天的实际。

第一，儒家的德治思想，主要是孔子和孟子的德治思想，确有轻视法治的一面，但这并不等于孔子、孟子绝对排斥法治，更不等于所有的儒家思想家都排斥法治。

孔子比较轻视法治，认为任用刑罚，只能达到“民免而无耻”的结果。但即便如此，孔子也并未排斥刑的作用，如他讲“宽以济猛，猛以济宽，政是以和”，表明了他对“猛”即刑的绝非一概排斥的认可态度。孟子在讲“王霸之辩”时，既推崇“王道”、德治，也认识到了“霸道”、刑罚的作用。需要我们今天加以重视的是，在儒家思想家中，荀子对法治的看法更加积极，他所持的基本上是“德主刑辅”的态度，主张“明德慎罚”，强调“不教而诛，则刑繁而邪不胜；教而不诛，则奸民不惩”①。荀子的“德主刑辅”思想对后世儒者的影响很大，所谓儒家的治国方略是“阳儒阴法”，基本上讲的就是荀子这样的思路。

第二，儒家的德治理想，是把治国安邦的希望寄托在圣人贤人身上，这既是儒家的德治归结为人治的主要表现，也是儒家意欲从道德上约束帝王国君的一种道德理想的反映。

儒家德治理想的核心是圣人之治，孔子时代，儒家的圣人榜中有尧、舜、禹、文、武、周公等，后世又加入孔子，并把孟子列为“亚圣”。魏晋以后，明确提出了“内圣外王”的主张，儒家圣人之治的主张更加学理化。

把天下治理的希望不是寄托在制度上，而是寄托在少数几个杰出人物身上，这确实是典型的人治模式。但是，对这样的模式，需要结合历史背景进行分析，而不能简单地由此推导出德治必然等于人治的结论。

儒家德治思想的社会历史背景，是剥削阶级的专制制度。在这种专制制度下，“普天之下莫非王土，率土之滨莫非王臣”，君主皇帝是至高至尊、超越一切之上的，政从君出，法由君命，皇帝就是天下根本大法的象征，天下的安危祸福也由此而系于一姓王朝的总代理人身上。孔子和其他儒家思想家看到了这种制度的治理特征，也从历史王朝的兴衰更

---

① 《荀子·富国》。

替中，看到了君主皇帝个人的道德品质对于天下兴亡的直接关系，仁君、明君，如文、武、周公，则兴邦，暴君、昏君，如夏桀、商纣，则丧邦。一人以兴邦，一人以丧邦，这种历史规律折射出来的表面现象，给予儒家极大的警示。儒家提出德治方略，列出尧、舜、禹、文、武、周公作为仁君、明君的楷模，列出夏桀、商纣、秦始皇作为暴君、昏君的典型，其目的，确实包含着对当政者的明喻和劝诫的用意，希望当政者以仁君、明君为榜样，为政以德，厚仁亲民，率先垂范，以实现修身、齐家、治国、平天下的治国理想。

说到底，儒家的德治之所以成为人治，首先是由于它赖以施行的政治制度是剥削阶级的专制制度，专制制度的基本特征就是人治，是君主皇帝的一人之治。虽然中国古代有世界史上最完备、最系统的刑律体系，但皇帝是绝对凌驾于法律之上的，绝对不受任何一条刑律的约束。正是人治的社会政治制度，决定了为统治阶级所采纳的儒家的德治，必然归结为人治的德治。孔子和其他儒家思想家，也只能在人治的专制制度的框架内提出自己的德治方略和道德理想，儒家的德治走向人治或者归结为人治，最根本的是社会制度的原因。

第三，在中国古代专制制度的背景下，不仅儒家的德治归结为人治，就是法家的法治也必然成为人治。

一般意义上会认为法治是排斥人治而注重制度性约束的，但中国古代法家的法治方略，却仍然是与人治相结合的，而且是与暴烈的人治相结合的。法家思想在中国历史上最辉煌的时期，是帮助弱小的秦国变法图强，并最终由秦始皇统一中国，创立中国第一个大一统的封建王朝。秦始皇施行的是法家的法治，可是，他施行的也是最严酷的人治。秦朝制定的《秦律》是空前完备的，它奠定了整个中国封建社会的刑律体系的基础。然而，秦始皇也是绝对凌驾于《秦律》之上的，“朕即天下”，对秦始皇而言决非虚妄。秦王朝在速强之后而速灭，即所谓“二世而亡”，一个重要的原因，就是秦始皇统一中国后，没有及时地调整治国方略，而是一味沿用法家的严刑峻法方略，导致民怨沸腾，民不聊生，阶级矛盾严重激化，最后陈胜、吴广斩木为兵，揭竿而起，天下响应，弹指间不可一世的秦王朝灰飞烟灭。西汉之后儒家的德治思想能够逐渐登上历史舞台，与统治阶级反思秦朝速强速灭的历史教训有紧密关联。

法家的法治思想在秦国与人治相融合，根本的原因也是制度性的，在专制制度下，任何一种治国方略，都必然会深深地打上人治的烙印，这是不以人的意志为转移的。从这个角度看问题，对于儒家德治与人治的关系，就应当从历史条件出发进行实事求是的辩证分析，而不能简单地将德治与人治相提并论。

三、如何认识古今法治和德治的根本区别

江泽民同志在党的十五大报告中对依法治国的性质和内涵作了精辟的阐述，他指出："依法治国，就是广大人民群众在党的领导下，依照宪法和法律规定，通过各种途径和形式管理国家事务，管理经济文化事业，管理社会事务，保证国家各项工作都依法进行，逐步实现社会主义民主的制度化、法律化，使这种制度和法律不因领导人的改变而改变，不因领导人看法和注意力的改变而改变。"这一基本思想随后被《宪法》修正案所采纳，写入了《中华人民共和国宪法》。从我们党和政府对依法治国方略的这些表述来看，今天所强调和施行的法治，是社会主义法治国家框架内的法治，是社会主义民主政治制度的一个有机组成部分。而中国古代法家所倡导的法治，是有法"治"而无法"制"，即不是在法制社会的框架内来施行法治，不是依照宪法和法律行事，不是法律面前人人平等，而是存在着特殊的超越法律之上的人——君王或皇帝，存在着特殊的超越法律之上的群体——统治阶级，既有"朕即天下"，也有"刑不上大夫，礼不下庶人"。这样的"法治"，当然要走向暴政，也当然要排斥强调获取民心的"德治"。同时，古代专制制度下的"法治"，其立法和执法，更不可能以维护人民群众的根本利益为出发点，而是以维护一姓家天下的私利为基本立场的。社会主义法制社会下的法治，目标是代表人民群众的根本利益，是人民行使当家做主权利的民主政治形式，是真正意义上的法律面前人人平等。

今天施行的德治，与古代儒家的德治的重大区别，不仅表现在今天的德治是与法治相辅相成、紧密结合的德治，而不是重德轻法，唯德是用、排斥法治的德治，不仅表现在今天的德治是在社会主义法制社会的框架内施行的德治，而不是圣人之治，从而导致人治的德治，更重要的，今天的德治如同法治一样，都是以最广大人民的根本利益为出发点

和归宿的，是真正厚仁亲善、政通人和的“民治”。中国古代儒家的德治，哲学理论基础是所谓的“民本”思想，孔子的“仁者爱人”，孟子的“民为重，社稷次之，君为轻”等观点，反映的正是这样的思想。但是，这种民为邦本思想的立足点，不是为人民谋利益，而是一种“治道”之术，即一种统治权术。荀子所说的“水亦载舟，水亦覆舟”的思想，代表了儒家对统治者与老百姓关系的一种基本看法。因此，建立在民本思想基础上的儒家的德治，在很大程度上是笼络民心的具体举措，目的是为了更好地统治百姓。历朝历代的统治阶级将儒家的德治方略树为官方正统的治道之术，正是看中了儒家这一套学说对于维护统治的独特作用。攻心为上，是儒家德治的特点，因此，儒家德治的治道之术，也可以说是“心治”，是治心之术。在剥削阶级社会中，这套学说既可以在一定程度上缓和尖锐的阶级矛盾，同时也具有很大的欺骗性，起到麻痹人心的作用，使人们盲目顺从统治阶级的压迫。一旦社会阶级矛盾尖锐到不可调和的时候，统治阶级就撕下假仁假义的面具，对百姓施以残酷的压迫。因此，儒家的德治在中国古代社会从来没有真正施行过。而今天的德治，不但是人民根本利益的体现，而且是人民自己的治理，是人民当家做主人的一种具体形式，是能够真正施行的仁政。因此，今天的德治不是治道之术，不是心治，不是为了笼络民心和归顺人心，而是调整社会关系所必需的手段，是物质文明建设和精神文明建设两手抓、两手都要硬，依法治国和以德治国相辅相成、相得益彰的具体体现。

罗国杰　夏伟东

2002 年 12 月

《以德治国与公民道德建设》自序*

自从人类脱离了动物界并组成社会以后，维护社会存在和发展的最重要的手段，就是人和人之间的种种规范，没有这些规范的制约和调整，人类社会也就不可能继续存在。在原始社会，这种种规范，统称为风俗习惯和道德，随着私有制和阶级的出现，只靠道德规范来维系整个社会的稳定，已经是不可能了，法律也就相应地产生了。

在长达几千年的人类文明史上，道德和法律都一直是保持社会稳定、维护人际关系、保证国家稳定的两种相辅相成、不可或缺的两个方面。从治国的方略来说，“法治”和“德治”、“依法治国”和“以德治国”，始终都是统治阶级手中的两种力量，真可说是古今中外，概莫能外。当然，在不同的历史时期、不同的国家和不同的统治集团，在实际操作中，也有着不同的特点，有的强调“德治”，有的强调“法治”，但是，历史经验证明，如果只是片面地强调其中的一个方面，就必然会带来种种弊端，不但不能长久地保持一个社会、一个阶级的政治稳定，甚至会导致社会的混乱和政权的覆灭。

从统治阶级治理国家的经验来看，中国古代的思想家们早就在十分认真地考虑和反思这一“立国”、“治国”的根本问题。孔子的两段话，最具有概括性。他说：“道之以政，齐之以刑，民免而无耻；道之以德，

* 《以德治国与公民道德建设》，郑州，河南人民出版社，2003。

齐之以礼，有耻且格。”又说：“宽猛相济，政是以和。”“政”和“刑”是强制性的约束，不遵守这种约束，就会受到种种制裁甚至“刑罚”；“德”和“礼”是劝导性的约束，不遵守就会受到舆论的谴责。这两者的区别，就是一个强调“猛”，一个重在“宽”；一个是重视外部的制约，一个是启发内心的自觉。在社会生活中，在各种物质欲望的诱惑下，没有“政”和“刑”的制裁和约束，就无法保持社会的安定；但是，没有道德的提升，没有内心的自觉，人们就会失去相互关怀的感情，就会把人和人之间的关系，变成简单的“利害关系”，就会用各种办法，逃避“政”和“刑”的约束，就会使人们只知道“趋利避害”而不知道伦理情感，只知道法律义务而不知道道德责任等等。在这样的社会中，人们也可能享有高度的物质生活，但往往容易导致精神的贫乏和空虚，社会失去精神的凝聚力和向心力，也就无法把持社会的长期和谐与稳定。

在社会主义社会，在建立和发展社会主义市场经济的过程中，我们既要加强法制建设，实施依法治国，又要加强道德建设，实施以德治国，把依法治国和以德治国紧密地结合起来，把两者放到同等重要的地位，不可有任何的片面性。片面地强调任何一个方面，都会给我们的国家、社会带来严重的危害。

为什么说“法治”和“德治”、“依法治国”和“以德治国”是相辅相成、不可或缺的呢？最根本的原因就是它们各自的作用不同、都有自己的优势和不足，它们都需要相互协调、互为补充，正如鸟之两翼、车之两轮，如果缺少了一个方面，鸟就会跌落在地，车就会倾倒难行。

实施“以德治国”，就是要加强道德教育和道德建设，把道德建设贯穿到人们生活的各个方面。加强公民道德建设，是“以德治国”的一个重要内容。这里的“公民”，包括中华人民共和国的所有“公民”，从最高的领导层到所有的基层群众。作为管理国家的干部、共产党员，更要以身作则，身体力行对所有公民的道德要求。在道德建设中，要紧紧抓住两个方面，一个是领导干部、共产党员和先进分子的模范带头作用，这是道德建设成败的一个关键；二是充分发挥每个公民的从自身做起、从日常的事情做起的重要作用。“上梁不正下梁歪，中梁不正倒下来”，形象而确切地说出了领导干部以身作则的重要，“勿以恶小而为之，勿以善小而不为”、“道德者，行也，而非言也”和“德以行为贵”，就是强调“身体力行”在道德建设中特别突出的意义。

在社会主义市场经济条件下，必须建设与社会主义市场经济相适应的法律体系；同时，我们也必须要建设与社会主义市场经济相适应的道德体系。在依法治国的同时，实施以德治国和公民道德建设，对更好地建立与社会主义市场经济相适应的道德体系，有着补充、完善、促进和发展的不可代替的作用。我们将在实施“以德治国”和公民道德建设中，逐步完成这一体系的建设；同时，我们也将在建立这一体系的过程中，促进以德治国方略和公民道德建设更好地实施。

2000 年以来，对“依法治国”与“以德治国”相结合的重要性的讨论，使我们对道德建设的重要意义，有了更加深刻的认识。2001 年 9 月，中共中央印发了《公民道德建设实施纲要》，要求人们“充分认识新形势下加强公民道德建设的重要性、艰巨性、长期性和紧迫性”，把公民道德建设放在突出地位来抓，促进依法治国与以德治国的紧密结合，推动经济和社会的全面发展。这就更有力地向人们发出了一个明确的信号，“加强道德建设”在今天，特别“重要”和“紧迫”。

社会主义道德建设，是发展先进文化的重要内容。在新的历史条件下，特别是物质文明已经取得“举世瞩目”的成绩，道德必须而且应当有更大的发展和进步。道德关系到道德风尚和社会稳定，关系到人的思想素质和精神面貌，关系到民族精神和理想信念，关系到综合国力。如果只有物质生活的提高而没有精神境界的提升，人们就会陷于庸俗的物质追求而精神空虚，就会失去理想而腐化堕落。这不仅仅是个人的沉沦，而必然导致国家和民族的衰败。社会主义市场经济呼唤道德，市场经济条件下的广大人民群众期盼道德，社会主义市场经济需要社会主义道德来保证它的健康发展。从公民道德建设入手，努力建立与发展社会主义市场经济相适应的社会主义道德体系，对形成追求高尚、激励先进的良好社会风气，保证社会主义市场经济的健康发展，促进整个民族素质的不断提高，全面推进建设中国特色社会主义伟大事业，都将具有十分重要的意义。

本文集中的文章，大都论及“以德治国”和道德建设方面的问题，故以“以德治国与公民道德建设”为本书的书名。

《罗国杰自选集》序言*

为庆祝中国人民大学70华诞，中国人民大学出版社准备出版一套“中国人民大学名家文丛”，我感到这是一件非常有意义的事，对于弘扬中国人民大学优良的学术传统，展示中国人民大学的科研成果，鞭策人大学子提高科研水平，都具有举足轻重的作用。所以作为中国人民大学的一名荣誉教授，我欣然同意配合出版计划，做好自选集的编选工作。

呈现在读者面前的这本自选集，主要是在《罗国杰自选集》（学习出版社，2003年版）的基础上，又从《罗国杰文集》、《以德治国与公民道德建设》这两本书中选出一部分文章，同时又增加了一些2003年以来本人应各报纸、杂志的约稿而写但又没有收入这三本书的学术文章。为了适应本书的出版需要，部分文章做了一些修改或删节。根据出版社的要求，这本自选集所选的文章要具有代表性并且在目前仍有较大的学术价值。对于我来说，这个标准是太高了。收集到本书中的这些文章，应当说，距离这个标准，还有很大的差距。但是，考虑到这些文章都是四十多年来我在从事伦理学教学和研究中，结合我国社会主义精神文明建设，特别是道德建设的重大问题所进行的反思、建议和概括，它同四十多年来我国伦理学学科的发展，有着密切的联系。阅读这些文

---

* 《罗国杰自选集》，北京，中国人民大学出版社，2007。

章，如果能对繁荣伦理学的学术研究、加强社会主义精神文明建设、提高公民的道德素养提供一点有益的理论思考和实践启迪，本人就倍感无比欣慰了。

一

去年的教师节，学校隆重集会，表彰在学校建设、学科发展、人才培养等方面做出突出贡献的老教师，并授予宋涛等33位老同志“荣誉教授”的光荣称号。在中国人民大学历经沧桑、走过风雨，即将迎来70华诞之际，我作为获得“荣誉教授”称号的一名老同志，回忆起母校给予我们的崇高荣誉和长期以来无微不至的关心和照顾，心中倍觉温暖和感激！这是学校领导对我们工作的肯定和奖励，同时更是对我们的鞭策和期待。

回首逝去的岁月，可以清楚地看到，我个人的成长是与中国人民大学的教育，特别是与中国人民大学伦理学学科的建设发展密切相联系的。1946年，我考入解放前的上海同济大学法学院，攻读法律系的行政法专业。毕业后因工作需要，在中共上海虹口区委和市委工作了七年。直到1956年，我才以调干生重新考入有着光辉历史和优良革命传统的中国人民大学，在哲学系本科和研究生班学习。1959年12月，我留校从事伦理学的教学和科研工作，成为中国人民大学的一名教师。我非常庆幸自己找到了最适合自己的人生位置，终于可以做自己最喜欢做的事情了。所以，在以后四十多年的人生历程中，无论遇到多大的困难和挫折，甚至在“文化大革命”期间，伦理学的教学和科研遭到重大冲击和破坏，社会环境非常不利的情况下，我始终没有放弃对马克思主义哲学和伦理学的学习和研究。

1960年，根据学校的需要和安排。由我负责中国人民大学伦理学教研室的筹建工作。依靠教研室同志的共同努力，我们的教研室在伦理学的学科建设和发展上，取得了一定的成绩。在当时可供借鉴的资料很少，以马克思主义为指导的伦理学的教科书一本也没有，唯一可参考的资料是当时苏联和我国有关共产主义教育的文章和小册子。一切都从头开始，要在全新的基础上，建立起一门新的学科，特别是要建立起与以往西方的资产阶级伦理学不同的马克思主义伦理学，的确不是一件容易的事。首先是坚持马克思主义的指导，学习马克思主义的立场、观点和方法，并有针对性地分析新中国成立后所面临的各种伦理道德问题。其次是广泛了解旧的伦理学教材的阶级局限。同时，要构思新的学科的体系结构等等。我们的第一步是潜心攻读了几百万字的马列原著，摘抄、编辑了三十多万字的马克思主义经典作家关于道德的论述。功夫不负有心人，一年以后，我和教研室同志就一起编写出了《马克思主义伦理学教学大纲》和《马克思主义伦理学讲义》，为伦理学的学科建设奠定了一定的基础。1982 年，我和教研室同志一起编写的《马克思主义伦理学》（人民出版社出版），作为新中国第一部伦理学教科书，曾获北京市哲学社会科学优秀成果奖、全国高校优秀教材奖。面对国家和社会给予的各种荣誉，心里更加忐忑不安，只有更加勤奋地努力工作，才能不辜负社会和学校的信任，也才能使自己心安。

“文化大革命”期间，中国人民大学停办，我被调离学校多年，先是参加编辑《新华辞典》词条中的哲学部分，以后又到北京市委的写作组撰写文章，中国人民大学的伦理学学科建设也完全停顿，1978 年中国人民大学复校后，我即要求回到中国人民大学，希望能尽快继续从事伦理学的教学和学科建设工作。原来教研室的同志，已所剩无几，我先后请许启贤、姜法曾回到教研室，请马博宣、宋希仁参加教研室的工作，中国人民大学伦理学教研室又恢复了生机。在大家的共同努力下，短短五年之内，中国人民大学伦理学教研室就建立了博士生、硕士生和本科生三级伦理学专门人才培养体系。同时，为适应现实需要，还举办了几期伦理学教师进修班、伦理学硕士研究生班，接受和培养外来的访问学者，缓解了 20 世纪 70 年代末我国专门从事伦理学教学和研究的人才奇缺的状况。2001 年，建立了教育部设在中国人民大学的伦理学与道德建设研究中心（基地）。现在，中国人民大学伦理学专业的毕业生已经在全国高校、新闻媒体、机关单位等社会各界发挥着重要的骨干作用。鉴于此，中国人民大学的伦理学学科被教育部评为重点学科。

回顾多年来在学术道路上的坎坷经历，面对无数陌生的青年在来信中提出的各种思想问题和专业问题，我只想对还在困惑中徘徊的学子们说：“等待拓荒者的，激流险滩永远多于鲜花和掌声。我们应该时刻准备着别人超越我们，我们也应该时刻准备着自己超越自己。”

二

从1956年作为一名哲学爱好者，考入中国人民大学哲学系以来，直到50年后的今天，在这整整半个世纪的漫长岁月中，我所关注的问题始终没有离开过伦理学。若从微观论域来看，大体可以分为以下四个方面。

（一）关于伦理学的基本理论

在伦理学的基本理论问题上，应在坚持马克思主义基本观点的基础上，结合中国道德实践和理论的具体情况进行研究，这是我所坚持的方法论前提。在马克思主义伦理学理论体系的探索上，我以道德现象为划分起点，并从道德现象中细分出道德活动现象、道德意识现象和道德规范现象。以此为出发点，概括出作为科学的马克思主义伦理学的三方面特点，即马克思主义伦理学是一门理论科学、规范的科学、理论知识和行动准则相统一的科学。从20世纪60年代初编写的《马克思主义伦理学教学大纲》和《马克思主义伦理学讲义》，到80年代的《马克思主义伦理学》、《伦理学教程》和《伦理学》，大体上反映了我对马克思主义伦理学理论体系探索的思想轨迹。尽管在理论体系的探索上花了一些功夫，但在今天看来，还有一些值得商榷的地方。我希望能有机会修订现在仍被高校广泛使用的《伦理学》教材，也希望伦理学界的年轻学者提出自己的意见，以进一步发展、完善马克思主义伦理学理论体系，也更好地满足时代发展的需要。

（二）关于集体主义原则

集体主义理论是马克思主义伦理学最基本的理论之一。鉴于这一道德原则在我国社会主义建设中的重要性，我把研究和写作的相当一部分精力，花在集体主义以及与此必然相关的个人主义的问题上，围绕坚持集体主义原则的问题，发表了十余篇论文。《道德教育与价值导向》（教育科学出版社，2000年版）一书，较为集中地收集了对这一问题的研究论文。近年来，一些人对社会主义的集体主义产生了种种困惑和疑虑，甚至有人主张用个人主义、合理利己主义或人道主义原则来代替集体主义原则。因此。如何正确对待集体主义和个人主义，成为思想道德领域和道德原则上的一个热点问题。对社会生活中出现的种种道德现象给以理论上的回应，对人们的思想困惑进行正确的价值引导，这是一名伦理学工作者义不容辞的责任。我认为，对集体主义的界定，应强调三个方面，即集体利益高于个人利益；在集体利益高于个人利益的原则下，切实保障个人的正当利益，促进个人价值的实现；集体主义强调个人利益与集体利益的辩证统一。同时，集体主义又包括无私奉献、先公后私和公私兼顾这样三个层次。当前，在新自由主义、利己主义、拜金主义、享乐主义、价值澄清等思潮日益腐蚀我国人民尤其是青年人思想的情况下，我们一方面要承认我国社会所出现的价值取向多样化的现象，另一方面又必须有分析和批判种种非马克思主义价值观的理论勇气，旗帜鲜明地坚持社会主义价值导向的一元化。

（三）关于正确对待传统道德

如何传承中华民族的传统美德，弘扬中华民族精神，是思想道德建设中一个既有理论价值又有实践意义的重大问题。因此，潜心研读卷帙浩繁的中国伦理经典，撰写中国伦理思想史方面的学术论文，始终是我几十年来不懈努力的目标。20 世纪末，我主持编写的七卷本《中国传统道德》和六卷本的《中国革命道德》，就是我学习和研究中国传统道德的一个尝试。通过几十年的学习和研究，我初步认为中国传统道德的基本内容可以概括为十个方面，即道德原则同物质利益的关系问题，道德的最高理想问题，人性问题，道德修养的问题，道德品质的形成问题，道德评价的问题，人生的意义或人生的价值问题，道德的必然和自由的关系问题，道德规范问题，德治和法治问题。中国古代传统道德的特点大体上可以概括为六个方面，即重视人伦关系，重视精神境界，重视人本主义精神，重视整体精神，重视道德修养，重视推己及人的道德思维方式。

在大力弘扬我国古代的优良道德传统的同时，还应该大力弘扬中国共产党人、人民军队、一切先进分子和人民群众在中国新民主主义革命和社会主义革命与建设中所形成的优良革命道德传统。关于中国革命传统道德的主要内容，我认为可以这样概括："中国革命道德，以实现社会主义和共产主义的崇高理想为最终目的，以全心全意为人民服务为宗旨和核心，以集体主义为基本原则，高举爱国主义与国际主义相结合的旗帜，形成了无私奉献、顽强拼搏、艰苦奋斗、勤俭节约等革命精神。”我国特有的革命道德传统，在加强社会主义精神文明建设和构建社会主义和谐社会的伟大进程中，仍然可以发挥重要的精神支撑作用。

关于对待中国古代传统道德的正确态度，既不应全盘否定，也不能一律肯定，历史虚无主义和历史复古主义都是不正确的态度。“正确的态度是以历史唯物主义为指导，坚持批判继承、弃糟取精、综合创新和古为今用的方针。”“批判继承”是总原则，“弃糟取精”是一个重要要求，“综合创新”是总结、出新的工作，“古为今用”是主要目的，是为了更好地适应建设中国特色社会主义的需要，是为解决现实中的有关伦理道德问题服务的。

（四）关于建立与社会主义市场经济相适应的思想道德体系

与社会主义市场经济相适应的法律体系已经初步建成，而与社会主义市场经济相适应、与社会主义法律规范相协调的道德体系的建设，是我们面临的一个亟待解决的重要问题。建立与发展社会主义市场经济相适应的道德体系的框架上要有最高的理想、规范上要有层次性、实践上要有可操作性，要研究市场经济的建立与发展给道德提出的新问题、指导思想、价值导向、核心和原则等。另外，还对“以德治国”的理论问题和公民道德建设的问题进行了更为集中细致的思考，对于以德治国的重要意义、法治与德治的相互关系、公民道德建设的主要内容、公平与效率的关系问题等，都提出了一些自己的认识和看法。《以德治国与公民道德建设》（河南人民出版社，2003 年）一书所编选的文章，更为全面地体现了我近几年来对这一问题的学习与研究。

从学习到工作，在中国人民大学的时间，已经整整半个世纪了。中国人民大学优良的革命传统、浓厚的学术底蕴、严谨的学术氛围和同志间的关心友爱，使我从一名普通的哲学爱好者、一名青年学生，成长为中国人民大学的一名教师。我经常思考、反思我个人的成长，回顾我在教学和科研上所做出的工作和成绩，所有这一切，都同中国人民大学哲学系密不可分，同中国人民大学伦理学专业的同志们密不可分。我不断地提醒自己，中国人民大学及哲学系的伦理学专业培养了我，教育了我，没有中国人民大学，没有中国人民大学的伦理学专业，就没有我的今天。我对中国人民大学所做的贡献很少，而中国人民大学对我的关心和照顾，却是很多很多。由此，我在内心中形成一个牢固的信念，作为一名中国人民大学的教师，我理应为中国人民大学的建设和发展尽自己最大的努力。

虽然我过去为学校的发展，尽过自己的一份力量，但与学校给予我的莫大荣誉相比，实在是微不足道，与学校发展的实际需要相比，实在是微乎其微。现在，虽然我离开了教育工作的第一线，但作为中国人民大学的一员，永远都有责任和义务，为了中国人民大学的发展，继续以各种可能的方式做出自己的努力。俗话说：夕阳无限好，人间重晚晴！我将会一如既往地关心中国人民大学的建设和发展，为把中国人民大学建设成为“以人文社会科学为主的世界知名的一流大学”而贡献自己的微薄之力！

谨以此书祝贺中国人民大学 70 华诞！

罗国杰

2007 年 3 月于北京世纪城

下篇

修　养

一　立身做人

从《学记》说“做人”*

在我国古代的道德教育思想中，长期以来，有着对儿童进行道德教育的优良传统，不但在当时的历史条件下起到了积极的作用，就是在今天，仍有很多合理因素值得我们批判地加以继承。

《学记》是我国古代第一部有关教育学的专门著作，它成书于战国时期，距今已有两千多年。《学记》把学校教育分为“小学”和“大学”两个阶段，并把“小学”看成是识别文字、施加道德教育的最重要的阶段。

宋代的著名教育家朱熹，专门编写了一本名称为《小学》的教材。朱熹自己说，这本《小学》，是一本“做人的样子”的书。朱熹认为，只有在幼小时就进行“如何做人”的教育，才能收到预期的效果，否则，长大以后再去教育，就会“作室而无基，成亦难矣”。他从思想品德教育的规律出发，认为“如何做人”的教育，“必使其讲而习之于幼稚之时”，才能使他们“习与智长，化与心成”，这样，他们对长大以后的教育，才不会有“扞格不胜之患”，即不会对社会和国家的教育有抵触、反感和所谓“逆反心理”。

什么是“做人的样子”呢？朱熹说：“古者小学，教人以洒扫应对进退之节，爱亲敬长、隆师亲友之道，皆所以为修身齐家治国平天下之

* 本文原载《人民日报》，1994-04-11。

本。”这就是说，对儿童和青少年进行道德教育的主要内容，应当是热爱劳动、待人接物礼节、孝敬父母、尊敬师长、和睦邻里、善待同学等最基本的要求，从而为将来立身、处世、为国为民的教育打下一个良好的基础，为将来成为一个道德高尚的人创造最基本的条件。

《学记》认为，对儿童和青少年教育，最主要的是要“及时而教”，即要按照儿童和青少年发展年龄和思想情况，分别施教，另一方面又特别要求“不躐等”、“不陵节而施”。这就是说，某些思想教育的内容（如有关政治、经济、社会、文化的深层问题和一些道德教育的原理原则），如果还不能为儿童和青少年所理解和掌握，就不易过早地、超越年龄阶段而对他们进行教育，如操之过急，要求过高，以至“陵节”或“躐等”，反而会失去了对他们进行教育的最好时机。

对于儿童和青少年进行道德教育，还应当特别注意方法。明代的教育家王阳明指出，对于儿童，要能够“顺导其志意，调理其性情，潜消其鄙吝，默化其粗顽，日使之渐于礼义而不苦其难，入于中和而不知其故”。

关于对儿童和青少年思想教育的内容，应当在小学和中学的不同阶段，考虑适合于他们情况的不同内容。如怎样孝敬父母、尊敬老人，怎样尊敬师长、关心同学，怎样礼貌待人、和睦邻里以及怎样关心集体、热爱学校，怎样助人为乐，怎样热爱国家……对于在日常生活中，在待人处事上，在公共场所内，应当有什么样的言谈举止和文明行为，这都是“怎样做人”的基本要求。对于这些基本要求，应当用讲故事等儿童和青少年适宜接受的方法，反复地对他们进行教育，要求他们在日常生活中不断地实践、再实践，从而能够达到“性与习成”和“德与智长”的目的，使他们能够在不知不觉中培养成优良的品德。

在加强儿童和青少年思想道德教育的同时，我们应当呼吁全国思想、文化、伦理战线上工作的所有同志们，思想道德建设战线上的每一个战士，都应当做人类灵魂的工程师。在当前市场经济条件下，在社会上出现拜金主义、享乐主义、极端个人主义思想的情况下，应当以高度的责任心来对待儿童和青少年的教育，为他们的成长创造一个良好的社会氛围。

怎能“在污泥中取乐”*

人在社会中生活，为了生存的需要，每个人都需要得到能够维持生存的物质生活资料；而在商品经济的社会中，这一切都是需要用金钱换取的。金钱作为货币的一般等价物，在当前，任何人如果没有必要的金钱，就不可能维持自身的生存。因此，依靠自己的劳动，获取相应的金钱来维持自己的生存，从而使自己能为社会工作并发挥自己的才能，这是人类社会发展的一个客观事实，是任何人都不可能回避和无法否认的。当前，我国正在建设社会主义的市场经济，一切经济活动，更离不开经济效益。没有经济效益，就不可能有经济的发展和物质财富的增加，也就不可能有人民生活水平的提高。因此，只要是根据正当的劳动而获取的金钱和利益，既符合商品经济的等价交换原则，也符合社会主义的道德要求，它对劳动者个人的物质生活的改善，对推动我国经济的发展，以至对整个社会主义的现代化事业，都是正当的、必要的、有积极意义的。

虽然在当前社会生活中，人们离不开金钱，但在获得金钱时，必须采取正当的手段。这也就是说，对金钱必须“取之有道”。两千多年前的孔子曾经说过：“富与贵，是人之所欲也，不以其道得之，不处也；贫与贱，是人之所恶也，不以其道得之，不去也。”① 这一思想，贯彻

---

* 本文原载《中国青年报》，1994-09-17。

① 《论语·里仁》。

着中国传统道德的一个核心问题，即义与利的关系问题。在义与利的关系上，中国的优良传统道德特别强调要“以义制利”和“先义后利”，对于“利”和“得”，主张要“见利思义”、“见得思义”和“义然后取”。在今天来说，我们可以对这种义利原则赋予新的时代意义，即在当前的社会主义市场经济条件下，我们既要承认金钱、利益在人们社会生活中的作用，又要强调一切金钱和利益的取得，都要以付出自己的劳动为前提，都要符合社会主义社会的法律和道德的要求。同时，我们必须反对种种“见利忘义”、“唯利是图”、“利欲熏心”和“利己损人”的违犯法律和违反道德的行为。

人为了生活、工作和对社会做出贡献，虽然离不开金钱，但人生的目的决不能只为了追求金钱，这一点，是我们在讨论人生与金钱问题时应当特别强调的。马克思和恩格斯对于资产者所奉行的“货币拜物教”，即我们所说的拜金主义的机制，正是从人生目的这一点进行分析的。恩格斯在《英国工人阶级状况》一书中极其深刻地指出：“在资产阶级看来，世界上没有一样东西不是为了金钱而存在的，连他们本身也不例外，因为他们活着就是为了赚钱，除了快快发财，他们不知道还有别的幸福，除了金钱的损失，也不知道还有别的痛苦。在这种贪得无厌和利欲熏心的情况下，人的心灵的任何活动，都不能是清白的。”恩格斯还进一步指出，这种以赚钱作为人生目的的人，必然会把“一切生活关系都以能否赚钱来衡量，凡是不赚钱的都是蠢事，都不切实际，都是幻想”，因而，在他看来，“除现钱交易之外，他不承认人和人之间还有其他任何联系。甚至他和自己的老婆之间的联系百分之九十九也是表现在同样的现钱交易上”。恩格斯对资产阶级拜金主义的这段活灵活现、深入骨髓的描述，精辟地指出，如果把金钱作为人生的目的去追求，把获取尽量多的金钱作为个人生活的唯一目的，那么，他的灵魂就会像被魔鬼牵着鼻子一样，必然会一步一步地走向地狱的深渊。为了捞取金钱，一些人可以出卖良心，出卖朋友，出卖个人的尊严和肉体。在他们看来，人生除了获取金钱以满足自己的贪欲外，再也没有别的要求。对于这样的人，两千多年前的古希腊著名哲学家赫拉克利特曾经形象地说：“如果幸福在于肉体的快乐，那么，就应当说牛找到草料吃的时候是最幸福的。”“猪在污泥中取乐”，因为除此之外，它们再也不知道还有别的追求。作为有理智、有道德的人，又怎么能把自己降低到牲畜的水平呢?

人不同于其他动物，人在社会中，除了要满足物质欲望外，还应当有理想，并以实现某种理想作为自己生活的目的。当然，追求金钱，追求享乐，这也是一种“理想”，只能称做是剥削阶级的腐朽的、庸俗的理想。在社会主义社会中，我们应当具有一种为整个社会的共同富裕并最终实现共产主义的远大理想。崇高、科学、正确的理想一旦成为人们的坚定的信念，就能够成为我们孜孜不倦、艰苦卓绝而为之奋斗的精神力量，只要我们能够树立起为他人做贡献、为社会献身、为共同富裕而奋斗的理想，我们就能够正确地对待“金钱”，能够抵御商品经济条件下的种种“金钱的诱惑”，从而成为一个有理想、有道德、有文化、有纪律的社会主义新人。

与人为善　宽以待人*

在一个人的一生中，总要和他人打交道。如果能有一个良好的人际关系，不但对社会有好处，而且对个人的事业和生活都非常有好处。因此，妥善地处理好和他人的关系，显得十分重要。

与人为善、宽以待人，是和他人友好相处的基础。我们从小就教育孩子，一事当前，要多想想别人，要体贴同学，理解同学，发生矛盾后不要太争强好胜，要宽以待人，不要有忌妒和报复心。小儿子上小学时，被同学们扔的石头打碎了眼镜片。我们一边用小镊子夹出儿子眼皮上的眼镜玻璃碎片，一边开导说，他也不是故意的，就不要告诉他的家长和老师了。这不但使儿子原谅了小伙伴，还深深地感动了小肇事者。他写了封感谢信，包了几块糖果，送到我家的信箱里。两个小孩子和好如初。还有一次，小儿子和邻居家小孩玩耍时，被对方用木棍上的钉子把嘴划了个大口子，在校医院缝了好几针。就连医生都问谁家的小孩干的坏事，应该告诉家长。我们却劝儿子说，大家一起玩，这种事是难免的。

孩子长大之后，和同学、同事相处得都很好。同学间有了困难，能够伸出援助之手，有时还帮助同学解决一些经济上的困难。两个儿子都在人大读的学士、硕士，但从没有因为我在学校是老教师又长期做行政领导工作而产生优越感。

---

* 本文原载《光明日报》，1997-11-30。

严以律己和宽以待人*

在日常生活工作中，我们总是要和朋友、同事相处并发生各种关系，总要不可避免地产生这样或那样的矛盾。在这种情况下，究竟应当采取什么态度？我觉得，在同志之间，还是以“严以律己，宽以待人”为好。

“严以律己，宽以待人”，是中华民族自古以来的优良道德传统，在今天仍然应当加以继承和发扬。孟子曾说过：一个有道德的人，是在与别人的相处中，由于他能够很好地关心别人、尊敬别人，所以，他也就能够得到别人的关心和尊重，这也就是他所说的“爱人者，人恒爱之；敬人者，人恒敬之”。一个人，在社会生活中如果受到了别人非礼的待遇，他首先就要“反躬”自问，检查自己在处理问题时，是不是有什么不妥当的地方。如果自己有不对的地方，就应当坚决改正，如果自己并没有不对的地方，也就不要再去同这种人计较了。

从“严以律己，宽以待人”来说，有三个方面的问题值得我们注意。

一是在日常生活和工作中，当自己和同事、朋友以及有关的人们发生利益关系时，自己应当自觉地关心和照顾他人的利益，一旦发生矛盾，就要主动地替别人多想一些，“宽以待人”，宁愿自己吃一点亏。清

---

* 本文原载《做人与处世》，1998（2）。

代著名的政治家张廷玉父亲张英，是康熙朝极有权势的大臣，当他家人因同邻居争执一道墙的宅基地而要他出面干涉时，他却给家中写了“一纸书来只为墙，让他三尺又何妨？长城万里今犹在，不见当年秦始皇”的四句诗。这四句诗，在后来相传为“宽以待人”的美谈。在当前社会上，一方面，我们应当强调要多劳多得，按劳分配；另一方面，更要提倡和发扬多为他人着想和“宽以待人”的优良传统。著名的清代思想家郑板桥曾经说过“吃亏是福”一句话，如果抛开它的消极意义，从待人处事应该多“让人”一点着想，还是有道理的。

二是在同别人相处时，要力求做到“施恩莫记，受惠必报”，这也是中华民族的一个重要的传统美德。一个人，凡有施惠于他人、给别人以好处的事，就不要记在心上，甚至应当把它忘掉。因为，忘掉了对他人所施的恩惠，才不会老想着别人来报答自己或对别人存着抱怨的情绪。反过来，凡是受到了他人的恩惠，得到了别人的好处，就一定要想尽办法加以报答，甚至要更多地、成倍地加以报偿。

三是在同他人的交往中，时时都要有一种“设身处地”的思想，来理解别人、体贴别人。孔子在谈到“爱人”时曾说：“己所不欲，勿施于人。”“己欲立而立人，己欲达而达人。”提倡在人和人相处时，要拿自己作譬喻，推己及人，从而达到更好地关心别人的目的。当自己有困难或遇到不幸时，总是希望能得到他人的帮助，因而，在别人遇到困难和不幸时，自己就应当主动地去关心他人。一味地责怪他人不关心自己而不知道关心别人的人，是永远也不会处理好人和人之间的相互关系的。

“严以律己，宽以待人”，既是一种待人接物的态度，还是一种高尚的道德品质，它能够化解人和人之间的许多矛盾，增强人和人之间的友好情感，有利于我们所从事的事业的共同发展。同时，一个人如果能够养成“严以律己，宽以待人”的优良品德，就一定可以在同他人的相处中，严格要求自己，宽恕地善待他人，不断提高自己的思想境界，使自己成为一个道德高尚的人。

以廉为宝*

“宝”在中国古代汉语中，原指玉石、玉器，也泛指一切贵重的东西，用在人的思想品德上，则又指一种人生的最高追求，是人生目的的一种体现。中国古代思想家在评价事物、褒贬人物时，常常以其视何物为宝来判断一个人道德品质的高尚或卑鄙。汉代的政治家刘向在他所著的《新序·节士》中说：

> 宋人有得玉者，献诸司城子罕，子罕不受。献玉者曰：“以示玉人，玉人以为宝，故敢献之。”子罕曰：“我以不贪为宝，尔以玉为宝。若与我者，皆丧宝也，不若人有其宝。”故宋国之长者曰：“子罕非无宝也，所宝者异也。”

子罕是春秋时宋国主管建筑的司城之官，故称司城子罕，是一位清廉自持的政治家。当有人将一块经过玉雕师傅认定的真玉献给他时，他不但不肯接受，而且提出了他自己的人生价值观。他说，我认为人生最贵重、最值得追求的是一个人廉洁的高贵品质，而你认为人生最贵重、最值得追求的是珠宝玉器。你如果把这块玉送给我，不但你自己失去了你的珠宝，而且我丧失了廉洁，也就失去了我所最贵重、最有价值的品德。因此，我们俩还是每个人都各自保有自己认为最贵重的东西为好。

---

* 本文原载《大众日报》，1998-04-25。

在社会生活中的人，尽管都极力追求自己所认为的最有价值的“宝”，但不同的人却是“所宝者异”，各自追求着不同的东西。这里所说的献玉者和子罕，就是代表着两种截然相反的人生追求。子罕作为宋国的大夫，在他主持朝政时，关心百姓疾苦，极力救济饥民，把清廉自守作为人生追求的目的，是应当肯定的。

司城子罕所处的时代，离现在已经两千多年了，但他所提出的人在社会生活中究竟应当以什么为“宝”的问题，仍然值得我们深思。在当前社会主义市场经济条件下，人们生活的目的是什么？什么才是我们人生所值得追求的、最有价值的“宝”呢？“金钱”作为物质生活的条件，对每个人来说是需要的，但在物质生活条件基本满足的情况下，还应不应当有更值得我们追求的“理想”和“信念”呢？一个人一旦把“金钱”作为自己最值得追求的“宝”，又怎么能为人民、为国家、为社会主义建设尽力呢？一个处于奴隶社会的官吏，都能够清廉自守、不贪珠宝，对于我们来说，不是更应当廉洁自奉吗？

“爱民”与“乐民”*

江泽民同志在全国扶贫工作会议上曾经指出：“中国古代的政治家就强调‘意莫高于爱民，行莫厚于乐民’。”他要求我们的干部，把关心人民的疾苦作为为人民服务的重要内容。

确实，在中国古代的优良道德传统中，“爱民”和“乐民”占有重要的地位。“治国之道，爱民而已”，这是中国的一条重要古训，受到后世的重视。在先秦，孔子强调“爱人”、“惠民”，墨子强调“利民”，孟子强调“乐民”，并反复论证，统治者只有与民同甘共苦，忧民之忧和乐民之乐，国家才能稳固，社会才能安定。

江泽民同志所引的这句话，出自《晏子春秋》，这是一本记述我国春秋时齐国著名的政治家晏婴事迹的书，其中有：

> 叔向问晏子曰：“意孰为高？行孰为厚？”对曰：“意莫高于爱民，行莫厚于乐民。”
>
> 又问曰：“意孰为下？行孰为贱？”曰：“意莫下于刻民，行莫贱于害民也。”

刘师培所作的《晏子春秋补释》认为，“此节四‘意’字，均‘德’字之讹也。”“德”正字作“悳”，与“意”形近，故讹为“意”。这样看

---

* 本文原载《大众日报》，1998-08-10。

来，晏子对叔向的回答，应当是“德莫高于爱民，行莫厚于乐民”，“德莫下于刻民，行莫贱于害民”，强调了一个从政者最重要的政治责任就是要“爱民”、“乐民”，提出了为官治民的最根本的职业道德就是“爱民”和“利民”。

叔向和晏子的这段对话，本身包含着丰富的内容。

叔向是春秋时晋国最著名的政治家之一，他在子产之后，担任过晋国的宰相，对晋国的政治稳定、生产发展和经济繁荣，都起到了积极的作用。晏子是春秋时齐国一个开明的政治家，他主张省刑薄敛，提倡节俭，关心老百姓的疾苦，并多次向景公提出批评，以利于齐国政治的稳定。所谓“爱民”、“乐民”也就是要与民同乐，休戚与共，从老百姓所处的地位、所遭受的灾难出发，关心他们的疾苦，减轻他们的负担。《晏子春秋》有这样一段话：

> 景公之时，雨雪三日而不霁。公被狐白之裘，坐堂侧陛。晏子入见，立有间，公曰：“怪哉！雨雪三日而天不寒。”晏子对曰：“天不寒乎?”公笑。晏子曰：“婴闻古之贤君饱而知人之饥，温而知人之寒，逸而知人之劳。今君不知也。”公曰：“善，寡人闻命矣。”

《晏子春秋》一书中，包括了晏子对景公的两百次左右的对话和批评，其中绝大多数都是关于统治者为什么要“爱民”、“乐民”和怎样才能达到“爱民”、“乐民”的。

中国传统政治统治和伦理道德中的“民本”思想，是中华民族的优良传统，我们应当赋予新的意义，使这一思想能够更好地为我国的社会主义建设服务。

见贤思齐，见不贤而内自省*

“见贤思齐，见不贤而内自省”是《论语·里仁》中孔子的话。意思是说，看到道德高尚的人，就应当向他学习，并力求达到与他相等的水平；看到不道德的人，就应当省察自己有无类似的情况，引以为戒。《荀子·修身》篇中也有“见善，修然必以自存也；见不善，愀然必以自省也”，意思是看到好人好事，就应当自觉地进行省察，看看自己有没有这些好的品质，并把这些好人好事保存在自己心中；看到坏人坏事，就应当以忧惧的心情来反省和检查自己，有没有类似的过错。这都是说的在日常人与人交往和社会生活中，应当以社会生活中的人和事为鉴，抵制坏的思想的影响，培养自己良好的道德品质。

同时，我们也要强调，在人和人的相处中，每个人都应当提高这种道德上的“知善知恶”的能力，发挥人和人之间在道德品质上的相互影响作用，更有效地促进人们的思想道德素质的提高。《世说新语·德行》篇中，曾谈到周子居同黄叔度之间的轶事，在这方面很有启迪意义：

周子居常云：“吾时月不见黄叔度，则鄙吝之心已复生矣。”

黄叔度是当时被人们公认的一个有高尚思想品德的人，他出身微贱，是个兽医的儿子，当时被称为“颜子复生”，认为他具有孔子的最

---

* 本文原载《大众日报》，1999-01-09。

有道德的学生颜回的品质。周子居当时已有很高的地位和名声，他每与黄叔度交往，总是以他的高尚品格为榜样，不断地检查反省自己，所以他常常说，一段时间我没有见到黄叔度，我的贪心、鄙下的思想，竟又重新萌生，这是多么值得忧虑和警惕的啊！

黄叔度不仅自己是一位具有高尚道德的贤人，而且他能够积极地影响别人、诱导别人，人们在同他的接触中，能够感受到他以身作则、身体力行、言传身教的模范品质，使人们肃然起敬，从而联系自身的言行，对照检查，找出自己思想品德的差距，加以纠正。人们在和黄叔度的交往中还能感受到，经常和黄叔度在一起相处，就能在道德上不断提高，人格上日趋完善，否则贪鄙悭吝之心就会复生，道德上也就会退步了。

我们在对黄叔度的道德品质表示崇敬的同时，对周子居的自我批评和严格要求自己的精神，更应当加以肯定。他确实能够做到"见贤思齐，见不贤而内自省"，能够以贤者为榜样，对照检查自己的言行，诚心诚意地向贤者学习。正因为他具有这种难能可贵的品质，所以他才时常激励自己、告诫自己和警醒自己，切勿因不见黄叔度而放松了对自己的错误思想的警惕。周子居的这种品德，同当时那些虽也同道德高尚的人在一起相处，却视而不见、无动于衷，甚至还要指责那些道德高尚的人为不识时务、故作清高的人相比，不可同日而语。

在当前社会主义社会中，每个人也都处在各种人际关系中。值得注意的是，一些人在相互交往中，往往是"群居终日，言不及义"，他们不是以社会主义的道德相互激励，更不是以自己的高尚品德来影响别人，而是以私利相染、以金钱相诱，使自己的"自私自利"、"个人主义"、"享乐主义"和"拜金主义"的思想不断萌生而自得其乐。对于有些人来说，即使能和一些道德高尚的人相处，他们总是深感同这些人在一起，格格不入，不但不愿意向这些人学习，而且他们以后也不愿再和这些人相处，因为只有这样，他们贪鄙的自私自利之心才不致受到良心的谴责，才能够自由地、放任地发展。这种情况发展下去，又怎么能够在人际交往中提高人们的道德素质呢？

我希望，在我们社会主义社会内，在人和人的相处中，多一些像黄叔度和周子居这样的人。

二　与青年谈人生

略论“人的价值”问题*

近几年，我们实行了对外开放的政策，在引进外国的先进技术和管理知识的同时，西方资产阶级的有害思潮也随之而来，其中值得注意的就是，“人的价值”的观念。西方资产阶级为了发展资本主义，谋取最大利润，在经济上鼓吹一种消费主义，宣扬人活着就是为了享受，说什么满足个人的私欲，就是人生最大的目的和幸福。它们所说的“人的价值”，实际上是以金钱和财富的多寡为标准的。因此，用马克思主义的观点对“人的价值”问题予以剖析，对于消除外来的错误影响，保证青年一代的健康成长，具有重要意义。

一

什么是“人的价值”呢？

一般来说，“人的价值”的问题包含着两方面的意义。一方面是，人生活在世界上，怎样才算最有意义，或者说怎样才算最值得。从这方面来说，人的价值问题就是一个人生观的问题。另一方面是，在社会生活中，人们在评价人的思想、品德、行为时，究竟以什么为标准。从这

---

* 本文原载《中国青年报》，1982-04-03。

个意义上看，“人的价值”问题又是一个判断人在社会中是否值得尊敬的标准问题。这两个方面既是相互区别又是相互联系的，人怎样生活才算有意义，才算是“值得”，总是和一定社会、一定阶级的评价标准密切相关的。在阶级社会中，各个阶级对人生意义的看法，总是与它们所认为高尚的评价标准相一致的。

二

从历史上看，人们在进入阶级社会以后，才逐渐形成了对人生意义的认识和个人价值观念及其评价标准。

在奴隶社会和封建社会中，获得和保持高贵的等级爵位，是剥削阶级认为最有意义的生活，也是它们对人们是否值得尊敬的评价标准。因此，人的价值是按照人们在奴隶或封建社会中所处的等级地位决定的。整个奴隶社会和封建社会的人们的相互关系，好像一座分成许多层次的金字塔，而他们的价值完全决定于他们在这个金字塔中的地位和层次。因此，人生的目的主要是谋取更高的等级，而这种带有特权性的等级制度，本身就可以使他具有充足的财富。从这方面来看，等级就是财富，或者说由等级带来的特权，就是财富。谁有权，也就有钱。

文艺复兴运动以来的思想家们，极力反对不合理的封建等级制度，强调平等和个人自由，强调个人的尊严、个人的人格，正式提出了所谓个人的价值的问题。这种价值理论是以个人主义（或利己主义）为核心，以个性的自由发展为目的的，它是在资产阶级自由竞争的经济关系中产生的，又是为资产阶级的自由竞争服务的。当然，资产阶级自觉地发现了个人，强调了个性发展，提出了个人主义和利己主义的理论，它的矛头是指向封建制度和宗教神学的，因此，应该看到它在历史上的进步意义。但是，在资本主义社会内，所谓人的个性的自由、和谐和全面的发展，所谓人的尊严和价值，都是离不开金钱和财富的。人们发现，“财产”和“金钱”成了社会的最高价值，成了衡量或评价人的高低贵贱的砝码，因而也就成了许多人所追求的唯一目的。恩格斯在深入地考察了英国社会中人的价值问题以后说，在资产阶级社会里，“金钱确定人的价值：这个人值一万英镑，就是说，他拥有这样一笔钱。谁有钱，谁就‘值得尊敬’，就属于‘上等人’，就‘有势力’，而且在他那个圈子里在各方面都是领头的”。正是由于这种原因，像在封建社会中一些人极力追求等级一样，在资本主义社会中，人们拼命地为获取金钱或黄金而斗争。正像莎士比亚所说的，在资本主义社会中，金钱具有强大的、万能的、魔术般的力量，它可以使一个丑陋的人成为“最美丽”的人，可以使一个流氓变成一个“道德高尚”的人。因此金钱万能，谁占有大量的金钱，谁就会受到尊敬。什么个人的思想自由、个人的尊严、个人的个性解放等等，统统都以人们所具备的财产为转移。

有些青年同志认为，在资本主义社会中，每个人都是同样受到尊重的，每个人都可以发挥自己的才能，并且能够“自己设计自己”。这是一种误解。英国哲学家休谟毫不隐讳地承认，在资本主义社会，谁有财富和权力，谁就受尊敬；谁贫穷，谁就应受鄙视。“没有东西比一个人的权力和财富更容易使我们对他尊敬；也没有东西比他的贫贱更容易引起我们对他的鄙视”。

三

马克思主义究竟应该怎样理解人的价值？对于无产阶级来说，人生的意义、目的究竟是什么？这些问题，只能从社会主义社会的现实的经济关系中、从人和人的关系中来了解。

无产阶级革命的胜利，建立了新的以生产资料公有制为基础的生产关系，人和人之间新型关系的形成，以及马克思主义的意识形态，为社会主义社会新的价值观的建立创造了客观基础和主观条件。在这种新型的关系中，无产阶级对人生意义的了解、对人们进行评价的标准，既不在于某个人所占据的地位的高低，更不在于他所拥有的金钱的多少，而在于对人民的利益和社会的进步事业所做的贡献，在于为社会主义、共产主义所进行的创造性的劳动，在于他为共产主义奋斗的伟大目标和为人民服务的献身精神，或者说，在于一个人所具有的共产主义的道德品质。人生的最重要的意义，就是为人民服务、为共产主义事业奋斗，而评价人的价值的标准就在于他为社会主义所进行的创造性劳动和牺牲精神。正是在这个意义上，我们说，一个人的价值，就是他的生活目标和他的社会实践的统一，是他对社会和人民的利益理解和奋斗的体现。

人的价值究竟是什么？怎样认识和评价人生的意义？这是多少代人都在探索、研究和争论的一个问题。很显然，这不但是一个理论问题，而且也是人们在生活实践中不断体会、理解和认识着的一个问题。人生的意义，是吃、喝、玩、乐，获得金钱和个人荣誉，还是为了一个崇高的目标，即为广大人民群众谋利益？这个问题，是由每个人的一生的实践活动来回答的。德国伟大的哲学家黑格尔说得好，主体等于它的一连串行为，如果这些行为是一连串无价值的作品，那么行为的主体即这个人，就是无价值的；反之，这个人就是有一定价值的。生活在社会主义社会的新中国的青年们，让我们用自己的实际行动来回答人生的价值问题吧！

点燃青年心中的理想之火*

党的十二大提出共产主义思想是社会主义精神文明的核心问题，我觉得提得非常好，在思想教育工作中应该坚持共产主义旗帜。建设社会主义精神文明，说来说去，就是要用共产主义思想贯穿它的始终。

我们现在所讲的共产主义思想，大体可以包括三个方面，一是马克思主义的科学理论（包括它的三个组成部分）；二是共产主义的理论和信念；三是共产主义的道德。

我认为加强共产主义理想教育尤为重要。有的青年说“我没有什么理想”。其实，没有这个理想，就会有别的理想；不信共产主义，就要信其他主义。资产阶级思想家们曾把对理想的追求归结为如下四个方面：金钱、荣誉、权势以及感官快乐。他们认为，人们总是追求其中的一个方面，或者是几个方面都有。如果你不要共产主义理想，实际上，就自觉不自觉地去追求别的理想。这一点，我们要向青年反复讲清楚。

其次，不能因为有些青年认为共产主义理想是空想，我们就不敢宣传它。恩格斯曾批评过那种认为抱着崇高的理想就是一种唯心主义的庸人观点。关键看这个理想是不是从现实中来的，是不是客观社会发展的必然结果，能不能成为明天的现实。恩格斯毕生为共产主义理想而奋斗，他明确地意识到，这个理想就是明天的现实，是从今天的现实中发

* 本文原载《中国青年报》，1982-10-07。

展来的。因此，我们应当主要向青年讲清，为什么我们的社会一定要发展到共产主义社会。

理想的问题也是和社会一些现实问题紧密相联的。有的青年对共产主义感到渺茫，一方面是不了解共产主义首先是一个运动，另一方面是由于他们认为未来的完满的社会制度的实现是渺茫的，有一些人的思想症结正在于此。所以会这样，确有其许多原因。如有的青年觉得搞了三十多年的社会主义建设，我的工资才有三四十元，什么共产主义社会，哪辈子能实现？这是他对社会主义建设的道路的曲折、困难和可能遭受的挫折，认识还很不够。所以，应当从这方面做工作。有的青年看到党风还没有根本好转，社会风气还不好，他就问，像现在这种情况，什么时候能实现共产主义？这就要告诉他们，党中央已下定决心，要在五年内争取实现党风和社会风气根本好转。我们党是坚强的，我们正满怀信心同党内一切不健康现象作斗争，并相信一定能够胜利。马克思说得好，理论的目的是要说服人，理论之所以能够说服人，最重要的是抓住事物的根本。我觉得这个道理是很中肯的。现在我们做宣传教育工作的同志，就是要抓住青年问题的根本，并加以认真的研究分析，才能取得宣传教育的更好效果。

此外，在加强理想教育的同时，共产主义的道德教育也是很重要的。应当加强集体主义、共产主义的劳动态度和主人翁精神、爱国主义和国际主义等等方面的教育，这对于树立青年革命理想都是很重要的。

激励青年奋发向上的动力*

最近几个月来，《中国青年报》开展的“‘人生支柱’应该是什么”的讨论，引起了广大青年的热烈反响。正如很多青年同志所指出的，所谓“人生支柱”，也就是人的生活目的和前进的动力问题。人生究竟应该追求什么样的目的？这是我们新时代青年所关心的。现在根据我自己的体会和认识，谈谈对这个问题的一些想法，希望和青年同志们在讨论中共同提高，其中错误的地方，希望得到青年同志们的批评和指正。

人在社会中生活，总要有一个动力

确实，在社会生活中的人，不论自觉与否，总会有一个目的，从而形成一种动力，推动一个人循着自己选择的道路向前发展。当然，人们对自己生活目的所作的不同选择，必然要受着客观环境（社会制度、家庭情况等）的制约。人只能是他们生存的社会环境的产物。但是，人们在自己所处的环境中，有一定的能动作用，他虽为历史必然性所支配，超越不出历史舞台的限制，但他的能动作用却可以使他在必然性的范围之内，大有作为。正因为如此，人生目的或人生支柱的问题，历来都是

---

* 本文原载《中国青年报》，1983-01-01。

人们所非常关心的问题。

从表面上看来，人们的生活总是纷纭复杂，似乎不可能也不存在着统一的目的或动力。例如，在旧社会，有的人争名，有的人争利，有的人想升官，有的人想发财。在今天，有的人想成为一个科学家，有的人想当作家，有的人想当劳动模范，有的人也想争个人的名利等等。但是，我们只要再进一步分析，就可以看到，在这些各不相同的目的之后，总会有一个总目的。这也就是说，在激发人们前进的各种不同的动力之后，还必然会有一个总动力。对社会生活中的人们来说，对这个总目的或总动力的自觉意识，往往有很大差别。有的是隐藏在内心深处的，有的是在言行中直接表现出来的，有的是时隐时现的，有的是贯彻始终的，有的是清晰明白的，有的是模模糊糊的。但是，不管怎样，这个总目的或总动力总是要对人的行为选择起着定向作用，对一个人的生活有着重要的意义。有的青年同志提出，人生的支柱，可以各种各样，不应该有一个统一的回答。对于这一点，要作进一步的分析。如果就具体的人生目的来说，这当然是对的。但是，就各种目的背后的总目的或总动力来说，不同的时代、不同的阶级，依据自己的需要却总是要求有一个统一的生活目的。而且，任何一种具体的目的，必然要和一种人生的总目的相联系。例如，青年们想使自己成为文学家、科学家、硕士、博士等等，不但不应该指责，而且应当鼓励。但是，我们所应当强调的是，在这些目的之后的总目的或总动力，不能只是为了自己的“名利”，而应该是为了社会、国家和人民的利益。毛泽东同志说：“为什么人的问题，是一个根本的问题，原则的问题。”这不仅适用于文艺工作，同样，对人生目的来说，也是有重要指导意义的。

追求名利是私有制社会形成的人生支柱

“人的本性是自私的”、“人人都是为了名和利”，这是私有制社会中长期以来所形成的、源远流长的人生目的。我们知道，在几千年的私有制社会中，一切生产资料和生活资料，都是私人所有的，同时，在占统治地位的政治思想、意识形态和法律中，一个重要内容就是维护私有财产的神圣不可侵犯。正像恩格斯所指出的，人的价值、荣誉和道德品质，也都是以他们所拥有的私有财产多少来决定的，“金钱确定人的价值：这个人值一万英镑，就是说，他拥有这样一笔钱。谁有钱，谁就‘值得尊敬’，就属于‘上等人’，就‘有势力’，而且在他那个圈子里在各方面都是领头的”。

这就是说，谁的私有财产越大，谁就越高贵。这一点，甚至连最著名的资产阶级思想家们，也都是直言不讳的。孟德斯鸠认为，一个人所以受到尊敬，是因为他有好的品质，但是他却主张，品质应该包括两个方面，即财富和个人品德；休谟公然主张，“没有东西比一个人的权力和财富更容易使我们对他尊敬；也没有东西比他的贫贱更容易引起我们对他的鄙视”。正是由于这一最根本的原因，在私有制基础上的人们，在人生支柱问题上，总是要把个人名利作为推动自己前进的动力。在资产阶级看来，“自私是和人性不可分离的”①，“个人利益是人们行为价值的唯一而且普遍的鉴定者”②。正如斯宾诺莎所指出的，在资产阶级社会中，不少人都认为“荣誉、财富获得愈多，则我们的愉快愈大，因而我们想要增加荣誉、财富的念头也就愈强烈”。这里所说的“荣誉”、“财富”，就是资产阶级所说的个人的名、利。

资产阶级认为，人都是为名利而生存的，这好像二加二等于四，是一个不容怀疑的真理。如果要求证明，在他们看来，只要提出“观察你周围的每一个人”这一经验事实，就可以使他们所说的真理清晰、明白起来。他们不知道，人的自私的本性，是和私有制的财产关系相伴随的，把追求个人的名利当做人生的目的，也是在这种经济关系的基础上所形成的观念和意识，并且是要随着这种关系的改变而改变的。而且，就是在私有制的社会里，虽然不少人都把个人名利当做自己的人生目的和生活支柱，但是，也应该看到，不论在奴隶社会、封建社会还是资本主义社会，都有一些人不仅仅局限于个人的名利，而是为本阶级的“荣誉”和“利益”而奋斗，做到了“杀身成仁、舍生取义”，为民族做出了牺牲。另外，也还有不少科学工作者，有着较高的精神境界，他们在自己的事业中，能够超出个人名利的圈子，为社会、为人类进步做出了牺牲。对岳飞、文天祥这样的民族英雄，又怎么能说他们都只是为了个

---

① 休谟：《人性论》，北京，商务印书馆，1980。

② 北京大学哲学系外国哲学史教研室编译：《十八世纪法国哲学》，北京，商务印书馆，1963。

人的名利？对哥白尼、布鲁诺这样为了人类进步而置自己生命于不顾的科学家，又怎么能说他们的人生支柱只是个人的名和利呢？生活在资本主义社会的著名科学家爱因斯坦，把自己的一生献给科学，他的信条是“人只有献身于社会，才能找出那短暂而有风险的生命的意义”，认为“一个人的真正价值首先决定于在什么程度上和什么意义上从自我解放出来”。

在社会主义社会中，追求个人名利会阻碍社会前进

从一定意义上来看，追求个人的名利，在私有制社会内，能对社会进步起某种程度的积极作用，正像恩格斯所说：“自从阶级对立产生以来，正是人的恶劣的情欲——贪欲和权势欲成了历史发展的杠杆，关于这方面，例如封建制度的和资产阶级的历史就是一个独一无二的持续不断的证明。”又说，“卑劣的贪欲是文明时代从它存在的第一日起直至今日的动力”。自私之所以会成为社会发展的动力，是由于从原始的公有社会过渡到生产资料私有的社会，是人类历史的一个进步，而在私有制向上发展的时代，以自私为基础的对个人名利的追逐，有利于私有制的发展，因而在历史发展中有一定的积极作用。但是，社会主义社会是建立在生产资料公有制经济基础上的一种崭新的社会制度，在这种经济基础上建立起来的政治制度，是无产阶级的或全体劳动人民的民主政治。这种经济制度和政治制度的一个根本特点，就是要求全社会的成员为保护、巩固和发展公有制而服务。因此，把个人名利作为人生的目的，不但不可能对社会起推动的作用，而且会阻碍社会的前进。有的青年认为，正是由于人们追求个人的名利，他才能奋发向上，能为社会做出贡献。这种看法是不正确的。

当然，对于名利也还应该作具体分析。如果说把“名”理解为集体的、祖国的荣誉，并为追求这种荣誉而奋斗，这正是我们所要提倡的。如果把“利”看做是人民的、国家的利益，那么，为这种利益而献身，也是和社会主义的利益一致的。从社会主义社会来说，往往要给那些对社会做出贡献的人以应有的荣誉；一个新中国的青年，也应该珍惜自己的荣誉，但是，我们的生活目的，却不能是追求个人的荣誉。同样，现

在实行按劳分配的原则，多劳多得，是正当的个人利益。从国家、社会和集体来看，应该很好地照顾每个人的正当的个人利益，以便更好地发挥人们的积极性，但这绝不是说，我们的生活目的就是为了个人的名利。

今天，我们生活在社会主义的新中国，社会主义的利益、人民的利益高于一切。青年们要在革命和建设中有所作为，就应该自觉地把人民的整体利益放在最高的地位。如果把个人名利作为人生的支柱，就必然会在各个方面同集体格格不入，即使在某种情况下也可以做出一些“成绩”，但是这种从个人名利出发的思想和行为，迟早必然会暴露出它对社会主义的危害。这次讨论所提供的有些材料，更进一步说明，一个青年，如果只是把追求名利当做人生的支柱，听任资产阶级名利思想的腐蚀，就必然会“用卑鄙的手段去争夺名利，去猎取功名”，这又怎么会对社会起推动作用呢？如果再仔细地观察一下社会的现实，我们就可以看到，不正是在追求“利”（金钱）的名义下，各种形式的经济犯罪活动不断滋长吗？同样，不正是在追求所谓“名”的影响下，一些人投机取巧、弄虚作假，从而换取个人荣誉而危害集体吗？正像有些青年所指出的，只要一陷入名利的泥坑，就必然会走向“只要能成名，手段是无所谓的”，就会堕落到罪恶的深渊。马克思还在青年时候，即当他准备选择走向社会的道路时，他就很清楚地认识到了这一点。在《青年在选择职业时的考虑》一文中，他说：“伟大的东西总是围以辉煌的光彩，辉煌的光彩就会激起虚荣心，而虚荣心又很容易引起激动或我们心目中的激动；谁要是为名利的恶魔所诱惑，他就不能保持理智，就会依照不可抗拒的力量所指引给他的方向扑去。”马克思的这段话，在今天还是很有现实意义的。

共产主义理想才是新中国青年前进的精神动力

我们生长在社会主义的新中国，正从事着社会主义现代化的伟大建设，并为共产主义社会的完全实现而努力。实现共产主义社会，这是人类历史上空前艰苦的事业。一个新中国的青年，应该自觉地认识到历史所赋予我们的这一艰巨而伟大的使命，认识到历史的必然和我们自己所应作的选择。确实，在当前的社会上，有一些人还受着旧思想的影响，把个人的名利当做自己的人生支柱，并且孜孜以求，为个人的名利而奔走，但他们的所作所为，必然是和今天的经济基础、社会制度、意识形态以及人和人之间的关系相矛盾的。在社会主义社会中，尽管人们的一切行动都同个人的、小集体的或某一阶层的利益相联系，但是，无产阶级的、全社会的整体利益，应该成为我们每个人行动的出发点和归宿。每一个人的具体的生活目的，可以彼此不同，往往和不同的具体利益相联系，但社会主义社会的集体利益，即建立在公有制基础上并符合历史发展要求的公共利益，应该是我们追求的共同目的。依据马克思主义的理论，人的本质是社会关系的总和，人的本性也必然会随着社会关系，特别是经济的变化而变化。在私有制的经济关系中，形成了人的自私的本性，随着公有制经济关系的萌芽、形成和发展，人们必然会而且已经形成了为社会、为集体的新的品性，正如马克思所说的："整个历史也无非是人类本性的不断改变而已。"但是，我们还应看到，诸如"自私是人的本性"、"人活着就是为了自己的名利"等思想，在今天的社会上还有一定的影响。这一方面是由于在一段很长的历史时期内，资产阶级的思想家们曾经极力宣传这一类思想，另一方面，由于意识落后于存在，很多人虽然已经生活在新的经济关系中，却往往背着沉重的旧包袱，不能适应新的发展。何况，公有制的经济关系虽然已经建立，但还不很完善，还正在发展，新的共产主义的思想并不可能自发形成，还必须要经过不断教育和先进分子的自觉努力。对每一个新中国的青年来说，一定要认识到历史发展的方向，认识到追求个人名利的思想是私有制的产物，它不符合社会主义的经济关系，必然同无产阶级的集体主义相对立。那些一味追求个人名利的人，必然会逃避对集体、对社会履行自己应尽的义务。有的青年还信奉所谓"利己而不损人"的信条，其实，利己和损人从一开始就是相伴而来的孪生子。在今天的社会中，如果一个人只追逐个人名利，而不是为了集体的事业，那他就必然会以不同的形式、不同的程度损害他人乃至集体的利益。

为了建设社会主义，我们一定要使自己成为"有理想、有道德、有文化、守纪律"的一代新人。毛泽东同志说过："人是要有一点精神的。"作为一个革命青年，更应该具有为崇高的共产主义事业而献身的精神。一个人如果只是为着追求个人的名利，会有什么意义呢？难道人的一生就是为了物质财富和生活享受吗？如果是仅仅从个人的生理本能、物质欲望和感官快乐出发去谋取个人的名利，这和其他动物又有什么不同呢？两千多年前的古希腊哲学家曾经说过："猪在污泥中取乐。"并以此来讽刺那些没有道德、没有理想的庸人。资产阶级从满足自己的私欲出发，醉心于追求自己的名利，但是，即使获取了大量的财产和"荣誉"，满足了自己的卑劣的私欲，又有什么意义呢？无产阶级认为，人活在这个世界上，只有为集体、为他人、为社会主义事业贡献自己的一切，才是最值得、最有意义的。马克思说得好："如果我们选择了最能为人类福利而劳动的职业，我们就不会为它的重负所压倒，因为这是为全人类所做的牺牲；那时我们感到的将不是一点点自私而可怜的欢乐，我们的幸福将属于千万人，我们的事业并不显赫一时，但将永远存在。"现实生活已经一再说明，只有这种远大的理想，才能使人奋发图强，并经得起各种艰难曲折的考验而不会消极悲观，不会失望动摇。优秀大学生张华是我们这一代青年的榜样，他之所以能够在关键时刻临危不惧，最根本的一点，就是因为他有着一个崇高的共产主义理想，他自觉地认识到，人活着不应该只为个人的名利，而应该为着人民。"我活着就要为人民解除痛苦，这是我最大的幸福。"知识分子的优秀代表蒋筑英，为祖国的四个现代化勤奋工作，不图名利，他的信条同样是，"人活着不能只是为了自己过好生活，要负社会责任"。我们新中国的青年，正处在形成、树立和巩固自己人生目的的关键时期，我们一定要警惕资本主义腐朽思想和其他剥削阶级思想的影响，自觉地树立起共产主义的崇高理想，并把它作为我们的生活目的和人生支柱，担负起新时期所赋予我们青年的光荣而又艰巨的任务。

青年应树立正确的人生观*

十年来中国改革开放和建设社会主义现代化的历程表明，这场深刻的社会主义自我完善和自我发展，对于广大人民来说，乃是又一次探索和反思怎样更好地坚持社会主义道路、坚定社会主义价值导向的过程。广大人民群众，特别是青年人，都从中领悟到许多关于正确与错误、善与恶、美与丑的人生哲理。从人生观和价值观的方面来看，如果说人们以往尚未明确地意识到中国现在进行的这场深刻的变革本身，就包含着各种人生观和价值观的矛盾与冲突，那么在今天，在我们感受到成功的喜悦并进而反省失误的根源时，就能够深切地体会到人生观和价值观对中国的改革开放事业的成败具有重要的导向作用。现在已经没有谁还能够说，中国的改革开放、建设社会主义现代化的事业，仅仅是一场纯粹经济技术上的活动。经济活动本身就包含着人生价值目标的追求，或者说，经济活动本身不过是达到人生价值目标的最重要的手段之一，这应该成为我们改革开放十年中得出的最重要的人生哲理之一。

这些年来，中国人民，尤其是青年一代，对改革开放事业投注了巨大的热情，重要的原因之一，是由于他们对人生价值的思索与追求。社会的急剧变革，既可能导致社会结构的变革和价值观念的变革，也会在一定程度上影响人们去重新认识人生的意义和目的。青年人对有关人生

---

* 本文原载《光明日报》，1989-12-22。

的许多问题的反思，其本身就包含了积极的意义，表明了他们对国家、对社会、对未来的一种责任感。青年的命运，总是同国家的富强和未来发展联系在一起的。对于每一个青年来说，只有确认了国家和社会的利益与发展目标，才能够确认自己的人生意义和人生目标。一方面是“天下兴亡，匹夫有责”，每个青年都有自己对国家、对社会应尽的责任。另一方面是，只有国家有了前途，有了希望，青年的健康成长与全面发展才有可能，其理想、抱负、价值目标的实现才有现实的基础。国家的希望就是青年的希望，同样，青年的希望也就是国家的希望。

正是由于青年与国家的兴衰存在着如此密切、直接的联系，才更显出对青年一代进行正确的人生价值导向教育的重要意义。青年人，尤其是大学生，从年龄结构和人生发展过程来看，正处于人生最关键的十字路口。他们精力充沛，求知欲和上进心强，而且急于为自己构思未来的发展蓝图，因而他们必然会积极地去认识人生、设计人生、追求人生，期望自己能有一个充实、幸福、完美的人生旅途。在这个意义上说，青年人，尤其是大学生，面临着一生中最重要的人生观和价值观的选择，实际上也就是人生道路的选择。

青年人，尤其是大学生，涉世未深，既对未来充满憧憬，执著追求，又对复杂的社会生活缺乏必要的亲身体验和足够的心理准备。他们纯真热情，思想活跃，很少保守，容易认同新生事物，但他们中的一些人由于还缺乏正确的人生观、价值观和基本理论修养，在复杂的事物面前，也容易是非不明、善恶不辨。正是由于青年人在思想上、观念上、行动上都有着很强的可塑性，因此，正确的人生价值导向，对青年一代树立正确的人生观和价值观，就有着特别重要的意义。路固然要靠青年一代自己去走，青年一代成熟到一定程度之后固然也无须别人指手画脚再去教他们怎样走路，但在青年一代刚刚举步意欲踏上崎岖坎坷的社会之路时，却无论如何少不了社会上业已成熟的一代对他们的扶助与引导。用社会学家的语言来说，人一生之中有两次“断奶”期：第一次是“自然断奶”，即从靠母体营养为生转为靠自然和社会提供的食物为生；第二次是“家庭断奶”，即从儿童时期的家居生活转向青年和成年时期的社会生活。与此相适应，人一生中也有两次“学步”时期：第一次是学“自然之步”，即学走自然的路；第二次是学“社会之步”，即学走社会的路。无论我们怎样来比喻青年人的这种可塑性和转变过程，其实都只是为了揭示一个道理：对青年人进行健康的人世生活的价值导向教育是完全必要的，既有必要让青年人了解应当怎样走人生之路，更有必要让青年人懂得为什么要走某一条人生之路。任何对青年一代的人生选择和人生追求持自然放任主义的观点，实践证明都是十分有害的。在当前我国的社会主义社会中，不是社会主义的人生价值导向去引导青年，就必然是资产阶级的人生价值导向去影响青年。在这块阵地上，是绝不可能出现真空地带的。

从人生观和价值观方面来总结经验教训，这几年我们的失误之一，就是放松了对广大青年，特别是对大学生的人生价值的正确导向，其结果便是在一部分青年人中资产阶级的人生观和价值观乘虚而入，从而严重地影响了社会主义的人生观和价值观的建立，一些青年人，包括一些青年学生，也往往由于受到资产阶级人生观和价值观的导向而误将资本主义社会当做人生的理想目标来追求。前不久在中国发生的那场极其严重的政治风波，集中表现了这些年来资产阶级自由化泛滥并毒害青年所造成的严重后果，集中表现了这些年来资产阶级人生观和价值观对青年的错误导向所造成的严重后果。不可否认，广大青年对中国的改革开放事业十分热忱并寄予极大的希望，也不可否认广大青年对中国前一段时期出现的种种社会不公或社会腐败现象的愤慨是出于公道的、认真的、严肃的和富于社会责任感的，但是，正是由于一些青年人没有能够树立起马克思主义的世界观和人生观，因而使得他们不能真正认识中国社会和中国国情，不能真正理解社会主义事业的长期性和艰苦性，从而不能真正找到解决中国问题的钥匙。也正是由于这一原因，一些青年人不能抵制资产阶级个人主义的人生价值观的影响，甚至做出一些损害社会主义事业、损害国家和人民利益的事情。这个深刻的教训，是值得一些青年人包括一些大学生认真汲取的。这也从反面说明，在人生的实践中，坚持正确的人生价值目标，对一个有志于报效祖国、实现个人崇高的人生理想的青年来说，是极为重要的。

当今国际、国内政治、经济形势的复杂局面，对于每一个中国人，尤其是对于广大的青年人，也是一次重大的人生观和价值观的考验。帝国主义凭借其强大的经济实力，在全世界加紧了对社会主义国家的和平演变战略，妄图在短时期内，通过一场“没有硝烟的战争”，对社会主义国家“不战而胜”。这一国际大气候对国内小气候的影响就是，一些坚持资产阶级自由化思想的人，确实想利用国际资本主义的力量，在中国一举推翻社会主义制度，建立资本主义制度。因此，无论是在国外还是在国内，资本主义与社会主义的斗争，和平演变与反和平演变的斗争，颠覆与反颠覆的斗争，都必定是严重的和长期的。从历史发展的总规律来看，社会主义终将战胜资本主义，这是不以谁的意志为转移的。但是，就目前来看，就世界某一局部地区或某一国家来看，社会主义与资本主义谁胜谁负的问题并没有真正解决，因此，社会主义国家如果丧失警惕，就完全有可能和平演变到资本主义制度上去。社会主义国家要想在这场“没有硝烟的战争”中取得胜利，除了加速社会主义的自我完善、自我发展的进程之外，一个重要的方面，就是对人们，尤其是对青年一代进行坚持一贯的社会主义的人生价值导向，使他们始终能够从深层的历史发展规律上，认识到社会主义优越于资本主义的历史必然性，从而哪怕是在最困难的时期，也能够保持坚定地追求社会主义人生价值目标的信念。强调这一点，对于刚刚经历了一场社会主义向何处去的政治大动荡之后的中国而言，就显得更为必要。

个人的价值取向应与社会主义社会的发展方向相一致*

最近几年来，在怎样认识实践中的社会主义时，经常碰到的一个问题就是，人们的价值取向对社会主义的发展，究竟是一种什么样的关系？一些人在提倡所谓价值目标多元化和人生价值选择多样化的错误观点的同时，认为在当前的社会主义初级阶段中，应当提倡多种价值观念，企图否定社会主义的人生价值目标，并最终树立起资本主义的价值目标。

一般来说，所谓人生的价值，指的是人们对生活的目的、意义、活动的认识、评价和追求。人们对某一种人生价值的理解、认同和选择，就叫做人们的价值取向。人们都知道，价值是一种主观见之于客观的东西，是一种关系范畴。任何价值都只表明人与外界的一种联系，这种联系与人的需要及其需要的满足直接联系起来。所谓价值对于人的“意义”，其奥秘就在于此。从这一点来说，一切价值都是相对于人而言的，在一定程度上，价值总是为人设计或人自己设计的。一切人生价值，都不可能超越现实的经济关系和政治关系。从表面上看，人生价值可以而且往往是表现为多种多样的，但从社会的经济关系和政治关系来说，在我国现阶段，只有社会主义的人生价值取向才是唯一值得追求的。

正是在这个意义上，我们认为，人的价值取向，是人们对生活的意

---

* 本文原载《教学与研究》，1990 (2)。

义、人生的目的所作的一种最深层的价值选择。一个人无论在主观上自觉或不自觉、明确或不明确，他在生活中总是有自己的追求的，并为之倾注自己的情感、意志和信念，以求实现自己的这种追求。一个人追求的价值目标，可能也完全可以是多种多样的，但是，在多种多样的追求中，总有一个起主导作用的、指导其他价值追求的总的价值取向。一个人一生中甚至会出现不同的总的价值取向的转换，但不可能同时追求着体现不同社会利益、彼此对立的价值取向。这也就是说，在当前社会中，一个人或者是选择资本主义的价值目标并为资本主义的理想而奋斗，或者是选择社会主义的价值目标并为社会主义而奋斗，决不能既为资本主义又为社会主义而奋斗。

去年春夏之交的那场政治风波，使我们很多人都深刻地认识到，我国社会主义现代化的事业，并不纯粹是一场经济技术上的活动，而且是一场涉及政治、经济、思想文化各个领域的斗争，其中包括两种不同价值观的斗争。社会主义四个现代化的事业本身，就体现着社会主义社会成员人生价值目标的追求。我们甚至可以说，为实现社会主义现代化而进行的经济活动，只不过是达到价值目标的重要手段而已。我们的全部经济建设活动以及它的最终目标，都是有明确的质的规定性的，即必须体现社会主义的性质，是有利于社会主义社会及其成员的全面发展的。

从整个社会的价值取向来看，任何价值取向都有其出现的政治、经济的客观原因，它并不是某些人主观意志的产物。社会主义社会是以公有制为基础的社会，社会主义制度能够促进生产力的更大发展，并在人和人之间建立一种同志式的平等关系，从而使整个社会的物质文明和精神文明得到协调的发展。与此相适应，社会主义的经济基础和政治制度，必然要求一种为社会献身、为人民服务的崇高的人生价值取向，并要求这种价值取向作为一种精神动力而更好地促进社会主义的完善和发展。资本主义社会的以个人为中心的个人主义价值取向，曾对资本主义社会发生过重要的推动作用。但是，它对社会主义来说，则是格格不入的。社会主义社会的实践证明，资产阶级的个人主义，是直接为维护资本主义的个人财产私有制服务的，它与我们的以公有制为基础的社会主义是根本对立的。

我国正处于社会主义的初级阶段，我国的社会主义还有待于进一步完善和发展。从价值取向上来看，我们应当认识到，为了使我们的社会主义能够更快地向前发展，就必须使全国人民都能牢固地树立起一种为社会献身、为人民服务的价值取向。如果说，在一个社会主义国家里，由于国际资本主义的“和平演变”和意识形态的“渗透”，一些人接受了资产阶级的影响，选择了个人主义（个人的民主、个人的自由等等）的价值导向，其结果，必将会使这些人向往资产阶级的民主、自由和追求资本主义的社会理想，从而对社会主义社会形成严重的危害。在一定情况下，这种追求资产阶级的价值取向，很可能导致已经建立的社会主义最终倒退到资本主义社会中去。当前国际资本主义对社会主义社会的和平演变，正是通过价值观念的渗透，从而达到其颠覆社会主义国家的目的。这种情况，应该引起我们的高度警惕。

价值取向为什么会有这样重要的作用呢?

我们知道，价值取向，往往是隐含在人的意识最深层的东西，它常常不为人们所明晰地察觉，但它对人的心理、情感、意志和信念的影响，却是非常巨大的。从一定意义上，我们可以说，价值取向对人的行为来讲，起到的是一种“方向盘”的作用。它在大多数情况下，会帮助人们在有关善恶、是非、真假的判断中，确定方向，作出选择。在一定的价值取向形成之后，这种价值取向就能够使人自觉地依据它的标准去行动，即使在发生突发性的紧急情况时，也能毫不动摇地沿着这一方向前进。在去年春夏之交的这场政治风波中，在五六月间情况急剧变化的情况下，很多人之所以能够坚定地站在马克思主义的立场上来对待此次事件，这不能不说是同他们长期以来已经形成的社会主义的价值取向有着重要的关系。因此，我们应当强调的不仅是要自觉地确立起价值取向，而且必须突出地强调每个人，尤其是青年，确立起社会主义的，或者说是有利于社会主义事业的价值取向。在这个问题上，不能笼统含糊。

从人类社会的发展来看，不同的价值取向，对人类社会的发展产生着不同的作用。它可能是符合人类社会发展规律的，因而能够推动人类社会的发展；它也可能是违背社会发展规律的，从而阻碍人类社会的发展。我们之所以选择了社会主义的为社会献身、为人民服务的价值取向，也正是因为只有这种价值取向才能推动社会的进步。

社会主义的现代化，最终要以消灭私有制、消灭剥削、实现最大多数人的共同幸福为目的，因此，在人民群众中提倡和树立社会主义的价值导向，就有着重要的意义。

为民族、国家、社会献身是当代青年的必然选择*

艰苦奋斗精神是我们党的传统，也是我们中华民族的伦理道德、文化传统的一个很重要的内容。今天我们建设有中国特色的社会主义当然应该切实加强艰苦奋斗精神的思想教育，这对我们国家来讲意义是很深远的。但是为什么我们的青年最近这几年来对艰苦奋斗精神产生了怀疑，我想大致有三个原因。第一，改革开放以来，商品经济发展，人民生活水平提高，要求我们青年有适当的消费，这对我们国家来说也是正常的。在这个大背景下，如何正确理解艰苦奋斗，就必须根据新的情况加以解释。艰苦奋斗作为一种价值导向，一种思想要求，从来都是一定历史条件下和一定政治经济环境下的产物。所以今天不能一讲艰苦奋斗就认为是，要求我们的青年，在今天还要像在过去的环境下所做的那样，去艰苦奋斗。那时的艰苦奋斗是那个历史时期、那个历史条件的要求，但是它们的精神应该是一致的，所以我们今天仍然要坚持艰苦奋斗。我们在理解、解释艰苦奋斗，进行教育时也应该注意到这个问题。第二，我们国家最近几年来确实受到西方享乐主义思潮的影响，这也是需要加以注意的。西方的享乐主义不是引导我国人民在艰苦奋斗情况下，在适当消费情况下，让我们的国家走向富强，而是一种腐朽没落的观点。尽管这种观念并不能在广大人民群众中间得到认同，但它确实在

* 本文原载《中国青年报》，1992-03-30。

一定时期里影响很大。所以我们应该充分估计和认识最近十几年来西方享乐主义思潮和拜金主义对我们的影响。第三，我们国家现在确实存在着分配不公的情况，有的勤劳而不能致富，有的致富却不是通过勤劳的手段等情况，因此会引导青年思想产生模糊认识。我想在宣传艰苦奋斗和时代精神时要考虑这几个问题。

讲到时代精神，也应当从中国长期以来的文化传统、历史传统、伦理传统讲起，因为当今的时代，是中国历史发展中的一个新的起点，既有创新，又有批判继承。艰苦奋斗是中华民族自强不息，能够自立于世界民族之林，成为一个统一国家的重要精神支柱。只要我们对中华民族的历史文化与传统道德有比较深的了解，就可以看到这一点。从历史上看，时代精神并不是表现在上层人士、士大夫中间，真正的时代精神总是体现在劳动人民当中。之所以说艰苦奋斗是时代精神的一个很重要的内容，实际上是说在中国的劳动人民中间始终保持着这种艰苦奋斗的精神。我们应该看到，真正的艰苦奋斗精神仍然是广大的工人、农民、劳动知识分子中间所保持的为民族、为国家、为社会献身的精神。在一定时期，可能会出现许多诸如奢侈、浪费等不良现象，但我们不能因此而否定中华民族的艰苦奋斗的传统。魏晋时期，社会上出现过一阵享乐主义浪潮，也曾经腐化了相当一部分人，但是这种生长在士大夫中间的思想并没有很深的根基。西方思潮的影响使一些人产生困惑，但这并不能动摇存在于广大劳动人民中间的这种艰苦奋斗精神，我们的着眼点不能仅仅局限在知识分子中间。我们应该教育青年看到广大的工人、农民在社会主义建设中间所葆有的中华民族的这种精神，如此，我们就能把艰苦奋斗和时代精神很好地结合起来。

中华民族要建设有中国特色的社会主义，确实离不开艰苦奋斗精神。只要我们正确地对艰苦奋斗作出有时代特点的解释，在今天的历史环境中，要求我们的青年保持这种精神，我想是可以做到的。艰苦奋斗作为一种伦理道德传统来讲，它应该是一种很高尚的道德追求，就是要为我们的整体利益、我们的社会利益、我们的子孙后代，为整个人类的发展去考虑这样一个问题，不是为道德而道德，为艰苦奋斗而艰苦奋斗，我们需要的是为社会主义、为我们民族的富强、为建设有中国特色的社会主义而艰苦奋斗。

三　青少年教育

积极正确引导校园文化的发展*

社会主义校园文化，是社会主义新文化的一个重要方面，是学校建设的不可缺少的组成部分。建设校园文化不仅可以丰富、活跃学生的课外生活，培养良好的校园气氛，而且有助于陶冶高尚的道德情操，有利于教育和培养“有理想、有道德、有文化、有纪律”的、为社会主义而献身的一代新人。因此，校园文化建设应当成为当前学校思想政治工作的重要任务之一。

校园文化，作为一种意识形态，作为学校的一种群体意识，在当前的中国必然要受到整个社会文化思潮的影响，必然存在着两种思想的斗争。因此，在校园文化的建设中，必须注意正确的价值导向，反对和抵制种种错误的思想影响。从校园文化这个侧面来反思去年春夏之交的政治风波，应当承认，在相当长的一段时间，一些人正是利用我们的校园文化的各种阵地，如各种学术社团、各种文化沙龙及其他种种形式，散布种种错误思想，从而在不同程度上为政治风波作了思想准备和舆论准备。

最近几年来，资产阶级自由化思潮的泛滥和国际反动势力对我国的渗透与和平演变在高等院校中最主要的影响之一，就是用资产阶级的政治观念和价值观念来诱惑我国的青年。一些人利用校园文化的一些阵

---

* 本文原载《中国教育报》，1990-08-21。

地，极力鼓吹“人都是自私的”，“要为个人主义正名”，反对个人利益服从集体利益，强调要把个人和集体摆在天平的两端，彼此平起平坐；鼓吹个人就是目的，社会只是达到个人目的的手段，提出所谓“个人本位”、“个人神圣”等等。一些青年学生，正是在“个人中心”的思想影响下，一心想着发展个人的前途，实现个人的价值，从而在思想深处产生了对社会主义的怀疑、动摇甚至不满。许多所谓的“精英”，都是信奉以自我为中心的价值理论的。因此，怎样对待个人同集体、个人同国家的关系，怎样看待个人利益同整体利益的关系，怎样看待个人主义的和集体主义的价值观念，确实已成为我们培养“四有”新人的一个重要问题。

从以上的情况来看，我们在发展校园文化中，一定要注意加强对青年学生的集体主义的价值观的导向，而强调要加强校园文化的价值导向的重要作用，主要是要认识到校园文化的独特效应，寓思想政治工作于校园文化之中，寓政治教育于学校各种课外文化娱乐活动之中，从而通过潜移默化、陶冶诱导，以达到“防患于未然”、“起教于微眇”，使广大青年学生在一种精神的愉悦和满足中受到教育，在活跃上进、积极乐观的情绪中得到正确的引导。因此，对于校园文化的种种活动方式，在加强正确价值导向的前提下，从指导思想上来说，应当大力提倡、大力发展，并尽可能地从物质上、思想上给予指导帮助。在正确的引导下，校园文化愈是丰富多彩，文化娱乐活动和各种学术活动开展得愈是广泛、深入，就愈有利于形成学校的良好群体意识，愈有利于提高学生的道德情操。

在各种形式的校园文化中，要注意培养学生对集体（班集体、各文学艺术团体以及年级、学校的集体）的纪律观念和集体的荣誉观念，培养学生热爱集体、热爱学校、热爱祖国、热爱社会主义的观念。在校园文化中要引导学生抵制资产阶级的“个人中心”、自私自利、损人利己和拜金主义思想，对社会上流行的种种不同导向，要根据学校的特殊情况，进行正确选择，以有利于培养有社会主义觉悟的人才。对社会文化中的正确导向，如学英雄人物、爱国主义教育等要积极响应，对西方一切不利于社会主义的价值观念和腐朽意识及黄色文化，应当坚决抵制，使校园文化既受社会主义的制约，又能相对独立地朝着正确方向发展。

当前，正是大力发展校园文化的大好时机，在正确的价值导向下，应当积极开展校园文化建设，鼓励广大学生充分发挥他们在校园文化建设中的主动性和创造性，从而使我们的学校能够成为既有明确的政治方向和严格的校规校纪，又有生动活泼、心情愉快的思想氛围的培养社会主义“四有”人才的坚强阵地。

加强对少年儿童自控能力的培养*

自控能力在教育学和心理学上属于非智力因素或非智力心理品质的一个重要方面。在现实生活中，不少事例说明，许多人的事业成就，往往主要的不是由于他们的智力超常，而更重要的是由于他们有着优良的非智力因素。我们知道，所谓非智力因素，除自控能力外，还包括理想、信念、情感、意志、兴趣、性格等心理要素，它们是人的一个内在的、多功能的动力系统。如果这个动力系统是健全的、完善的，那么，它就可以产生不断的内在力量，促使智力得以充分发挥，并提高活动的积极性、稳定性和持续性。反之，这个动力系统如果是病态的、不健全的、有障碍的，诸如没有远大的理想和抱负，茫然无追求，害怕困难，缺乏攀登高峰的勇气，缺乏争取胜利的信心和毅力，心理素质不良，便会使一个人的智力难以正常发挥，人格也得不到健全发展。因此，我们认为培养少年儿童的非智力心理品质，尤其是培养自控能力，是促使少年儿童在德智体诸方面得以全面发展的重要课题。

自控能力是人的一种自觉的能动力量，主要是指在改造客观世界中控制主体自身的一种特殊的能动性。自控能力不能理解为消极的自我约束，它是一种内在的心理功能，使人自觉地进行自我调控，积极地支配自身，排除干扰，使主观恰当地协调于客观，并采取合理的行为方式去

* 本文原载《父母必读》，1992（3）。

追求良好的行为效果。在日常生活中，我们可以看到两种情况：一是任性而行，不努力控制自己的行为；二是虽然主观上想控制自己的行为，甚至下过多次决心，但在行动上仍不能控制自己的行为。人的情感、欲望和兴趣这些非智力因素是人的行为动机和毅力的重要因素，但这些因素又带有自发性。情感如不经过自控机制的加工处理，任性而动，任情而为，就会出现一种非理性的行为，必将偏离正确的轨道，很难收到预期的效果。这说明自控能力具有一种特殊的功能，它能调动其他非智力因素的积极的方面，消解它们的消极的方面，使一个人按着理性的要求去行动，从而克服各种放任、散漫、无恒心、无决心的情况。因此，我们也可以说，自控能力在这个非智力因素的动力系统中，起着一种枢纽的作用，从一定意义上，可以说它是这个动力系统的调节器和保险阀。自控能力，能够保证人的活动经常处于良性运行的轨道上，从而可以积极、持久、稳定、有序地实现一个又一个的目标。

缺乏自控能力在少年儿童身上是常见的现象，诸如思想不集中；做事虎头蛇尾，不能始终如一；或想到了，但做不到；或所谓“只有五分钟热度”，凡此等等，都是孩子在成长过程中未经足够的训练，尚不成熟的表现，也是难免的弱点。对此，每个父母都要有足够的认识，但是也不必为此过分着急。因为一般儿童的通病，也正是我们施教的依据。只要从他们的实际出发，不放过每一个时机，严加训练，持之以恒，自控能力就一定能逐步增强起来。例如早起、锻炼、按时做作业、有节制地花钱等等，都要明之以理，培养自觉，使孩子们能立下志愿，加强自控，注意训练，养成习惯，从而在习惯中形成优良的品质。我们都会承认，绝大多数孩子都有一颗上进的心，但在这个同一的起跑线上起跑以后，在前进的过程中，却渐渐地拉开了距离。究其原因，我们会发现一个事实，即随着孩子们年龄的增长而出现的分化，在很大程度上关系于孩子们在自控能力的培养与发展上所存在的差异。不少孩子稚嫩的心中不乏雄心壮志，但如果不着力于自控能力的培养和发展，不是坚忍不拔地把自己的志愿付诸脚踏实地地刻苦学习，经不起主客观各种因素的干扰和引诱，结果，或半途而废，或望洋兴叹，久而久之，便会积淀成一种思想上的巨人、行动上的矮子这类畸形的品格，待到长大成人，必将成为生活中的懦夫与懒汉，在人生的道路上很难有所成就。因此，我们说，自控能力的培养，必须从小开始，终身用力，特别要在行动上下真功夫。认识到应该做的，就要排除一切干扰，一定做到、做好，本着不达目的誓不罢休的精神，持之以恒地在事事上磨炼，养成习惯。一个人若能从小到大，在各年龄段具备相应的自控能力，他就可以一辈子受用无穷，事业成就就有了坚实的柱石。

培养少年儿童的自控能力，我们认为应该注意以下几个方面。首先，要注意年龄特点。自控能力是随着认识和实践的发展而发展的，它具有鲜明的年龄特点，不能以成人的要求去要求孩子，学前儿童与小学生不同，小学生与中学生不同，小学生中低、中、高年级的学生也都各有特点。培养自控能力，必须根据少年儿童不同年龄阶段的不同认识能力、不同认识水平和不同的实践经验循序渐进。对学前儿童的培养，主要是在行为上，着力于行为习惯的培养；对小学生则要注意在观念上打基础，并引导他们化知识为内在的信念和意志，懂得以观念统率行为。其次，要注意少年儿童的个性特点，即施教者必须从教育对象的实际出发。父母教育子女切忌高高在上或对立、顶牛。人的个性是千差万别的，无论是同胞兄弟姊妹，甚至是孪生子女，都各有各的特点，即使在同一个人身上，他的心绪和所思所忆，也因时间、地点、环境、年龄而各异。从孩子的实际出发，就要全面地了解和把握孩子的各个方面，从而审慎地选择有利的教育时机，运用恰当的方式，实现自己的教育意图。在教育实践的过程中，还要细心观察，根据实际情况的发展变化，不断调节自己的教育手段，力求取得较好的效果。第三，要使被动的教育逐步转化为自我教育。人的一生中，接受学校教育的时间是极其短暂的，家庭教育比之学校教育则为时较长，教育机会亦更为经常。但所有这些，都属于外在的条件。我们说，高明的老师不仅教人学会，更重要的是教人会学，尤其是培养自控能力，不把被动的教育转化为自我教育，是达不到预期效果的。一个孩子能够进行自我教育，这是教育过程中的质的飞跃。但这个飞跃并非一次性的，它有一个从低到高的不断发展的过程。自我教育可谓素质培养不可或缺的自动化机制。因此，我们认为激发自我教育的情志，是培养自控能力的又一个重要课题。

另外，还要指出的是，自控能力等非智力因素的培养与思想道德教育是密不可分的。我国当代伟大的人民教育家陶行知先生有两句名言："千教万教，教人求真。""千学万学，学做真人。"可以说，这是行知先生教育思想的核心，这里指明了教与学的宗旨。"真"与"真人"两者包括了真、善、美三个方面的完善与统一。一个真正的人应该是执著地追求真、善、美从而达到人格完善的人。也就是毛泽东同志所说的，像白求恩那样的，具有毫不利己、专门利人的精神，对工作极端的负责任，对同志、对人民极端的热忱，对技术精益求精的高尚的人，纯粹的人，有道德的人，脱离了低级趣味的人，有益于人民的人。当然，在现实生活中，道德水平是有层次和阶梯的。我们提倡高标准的追求，同时也注意脚下的层次和阶梯，主张循序渐进，而不是一蹴而就。

关于青少年犯罪问题的道德思考*

青少年犯罪问题，是当前世界各国所面临的一个重大社会问题，是法学家、社会学家、伦理学家和心理学家都十分关注的一个问题。一般来说，刑事犯罪是社会各种消极因素的综合反映。对刑事犯罪的治理，也总是要从社会的综合方面去探索原因、分析情况，从而提供对策，以有助于这一问题的正确解决。随着现代化科学技术的发展，从世界各国来看，不少国家青少年犯罪率都呈现出逐步增长的趋势，这种增长趋势不仅危及各个国家的社会治安，而且影响到国家人口素质的下降，影响到国家未来发展，正因为这种原因，世界各国都极为关注这一问题。

中国是一个社会主义国家，是一个以公有制经济为主体，以反对两极分化和追求共同富裕为目的的国家。在正常情况下，如果能够抓好社会主义的精神文明建设，坚持正确的社会主义的集体主义价值导向，不忽视商品经济的消极效应，注意对青少年的法律、道德教育，应当说，青少年的犯罪现象是可以控制在一定范围之内的。但是，由于在思想教育上的种种失误，由于商品经济发展所诱发的种种消极影响，主要是拜金主义、享乐主义和个人主义对青年的腐蚀，由于在价值导向上的缺乏一贯性，由于对刑事犯罪的打击不够有力，由于在舆论宣传上的种种混乱，由于社会主义道德教育和优良传统道德教育的不足，造成了近几年

---

* 本文原载《青少年犯罪与道德问题论文集》，北京，中国人民大学出版社，1993。

我国青少年犯罪的增长趋势。

据有关方面统计，我国五六十年代，青少年犯罪率较低，而近几年来，在全部犯罪人数中则呈现不断增长的走向。1991 年，我国青少年犯罪人数在青少年总人数中所占的比例为千分之三，比五六十年代增长了 10 倍；当前 25 岁以下青少年犯罪人数占目前我国所有犯罪的 70%左右。尤其值得注意的是，青少年犯罪呈现出低龄化、女性犯罪率上升、疯狂性与残酷性增强等特点。过去青少年犯罪，小偷小摸占 80%～90%，现在只占 60%左右，而卖淫、贩毒、吸毒、抢劫等犯罪比 80 年代增加了 10 倍。为什么会出现这种情况？它的根本原因是什么？它是不可避免的，还是可以避免而未能避免？是应该付出的代价，还是本来可以防止的？只有更清醒地认识这些问题，才能更好地解决这一问题。

一、青少年犯罪与社会腐朽思想道德的腐蚀与影响

探索青少年犯罪问题，首先应当考察社会的原因。改革开放和发展商品经济以来，我国在经济方面取得了举世瞩目的成就。但思想教育方面，一度存在着严重的失误。这种失误，从立的方面来说，主要表现为没有旗帜鲜明地强调爱国主义、社会主义和集体主义的教育，没有使爱国主义、社会主义和集体主义成为我们意识形态领域思想教育的主旋律；从破的方面来看，没有理直气壮地抵制和批判那些随着竞争机制、优胜劣汰而诱发的拜金主义、个人主义和享乐主义三大污秽浊流。正是由于这种立的方面和破的方面的双重失误，再加上某些具体政策机制误导，在客观上，对青少年犯罪产生了不良的影响。在社会主义社会中，本来就是要不断提高广大人民群众的物质生活水平，使人民逐步富裕起来，但是，脱离我国当前经济发展的水平，宣扬高消费，鼓吹享乐主义，有意无意地提倡奢侈挥霍，却是极为有害的。承认正当的个人利益，在各种工作中贯彻多劳多得，实行一定的物质鼓励，这都是符合社会主义的分配原则的。但是，片面地鼓吹“利己”的动力，宣扬个人中心，一切以个人的利益为转移，把个人利益置于集体、国家和社会利益之上的个人中心主义，除了引导人们走向自私自利、损人利己和损公肥私的泥潭，以致走上违法犯罪道路之外，是没有别的可能的。人们都知

道，在当前我国的社会中，甚至在今后很长的时期内，货币的作用是不可缺少的。但是，我们决不能“一切向钱看”，不能把金钱当做主宰一切的神灵那样去崇拜，更不能把追求金钱看做是人生的最终价值目标，不能让“金钱就是一切，一切为了金钱”成为我们实际的价值导向。拜金主义、享乐主义和极端个人主义三者相互作用、合而为一，就会成为引诱青少年和腐蚀青少年、使他们道德败坏并最终走上犯罪道路的一种魔性的力量。一个青少年，一旦受到这种魔性力量的驱使，就会被金钱迷住眼睛，就会身不由己地沿着一种危险的道路向下滑去。人们在探讨少数青少年犯罪的原因时发现，在犯罪者的诸多动机中，最主要的原因就是由享乐而导致的对金钱的追求。

现实生活中为追求享乐和金钱而犯罪的事例，真使人们触目惊心。内蒙古自治区一个公司的 23 岁业务员宋某某，1988 年高中毕业后曾调换过几个工作，甚至“留职停薪”当卖羊肉串的个体户，但都因为挣钱太少而作罢。最后铤而走险，于 1993 年 2 月 27 日，趁本单位女会计不备，将其勒死，劫走公款 11.4 万元逃离现场。他携款逃到郑州市的当日，就迫不及待地住豪华饭店，买宝石戒指，三天就挥霍 8 700 多元，在被判死刑执行枪决前，他对自己作案动机用白纸黑字这样供认：“杀人主要是想抢钱。”经办此案的一位法官说：“宋某某案件结束了，但它留给人们的教训却是很多的，其中重要的一条就是千万警惕拜金主义的腐蚀作用。”① 高中毕业因未考取大学在家补习功课的女青年珊某，经不起享乐主义和拜金主义的引诱，终于走上了卖淫的道路。“上至 60 岁的老头，下至 18 岁的青年，只要有钱她就解带，不到三个月的时间她背着父母在自己的寝室、老板的住处、旅馆先后与 18 个嫖客进行了卖淫活动，并将卖身的钱全部存入银行。当她因卖淫活动而被捕后，在审讯过程中，警官问她：‘你小小年纪干这种事，知不知道在犯罪?’她却这样回答：‘我是心甘情愿的，我觉得现在这年头一个人没有知识并不可怜，但没有钱才是可怜虫……’”② 确实，追求享乐必然迷恋金钱，一个人的灵魂一旦由金钱的魔鬼引路，必然会走进万恶的地狱。正是在这种“向钱看”的社会氛围下，一个青年投书《中国青年报》说：“我今年已 24 岁，在一个中型企业干了六年电工，可至今每月才挣 180 块

① 详见《人民日报》，1993-05-30。

② 详见《中国教育报》，1993-07-29。

钱……我想钱都想疯了，真恨不得去偷去抢！”上述这些情况，尽管在青少年中只是少数，但它反映了青少年犯罪的一个很重要的原因，即当前社会上的拜金主义、享乐主义和极端个人主义的影响。

二、家庭、学校对青少年教育中的重智力、轻德育的影响

从社会主义现代化建设事业的发展来看，归根到底，人的素质的提高，有着特别重要的作用。一般来说，人的素质的提高，既包括技术能力的增长，也包括着思想道德素质的提高。从一定意义上来看，思想道德有着更为重要的意义，也正是从这点出发，我们提倡要培养“有理想、有道德、有文化、有纪律”的一代新人，强调理想、道德、文化和纪律的重要。思想道德只有从“娃娃抓起”，才能够更好地发挥作用。中国宋明时期著名哲学家、教育家朱熹就特别强调对人们的思想道德教育，“必使其讲而习之于幼稚之时，欲其习与智长，化与心成，而无扞格不胜之患”。他还亲自编著了一本他称之为“做人的样子”的《小学》，以便从儿童开始，就使他们懂得和了解如何能够根据社会的道德要求来约束和规范自己的行为。中国历史传统教育中，都特别重视对幼儿的道德启蒙教育，除了有大量专门进行道德教育的实物外，就是以识字为主要目的的蒙学读物，如《三字经》等，也都力求贯彻有关道德教育的内容，教导儿童“为人子，方少时，亲师友，司礼仪。香九龄，能温习，孝于亲，所当执。融四岁，能让梨，弟于长，宜先知”等等，以进行思想道德教育。这种从幼儿开始，就注意进行思想道德教育的传统，对儿童成长后的思想和行为，起着重要的规范作用，古人所谓“自幼施教”、“习与智长，化与心成”这些做法，对于防止青少年犯罪、提高青少年道德水平是有益的。

从我们的中小学教育以至我们的高等教育来看，在一段时期内，同样存在着只重视智力教育而不重视非智力教育的情形。一些学校单纯地追求升学率的高低，片面地追求考试分数的多少，而不关心学生的思想道德水平，不教给学生如何做人的道理。在小学六年这样一个对思想道德有着十分重要意义的时期，最近十几年来，在有些小学中，虽然也有思想品德课，但较多地流于形式，或者用讲授语文来取代思想品德课。

再加上中学考试科目中思想品德课不作为一门课程，这就更加使这门课形同虚设；即使能够讲授思想品德课，也只是停留在书本上，没有同学生们的日常行为相联系。在这种情况下，我们又怎么能够指望我们的儿童长大以后能成为一个有理想、有道德、有纪律的新人呢？

值得注意的是，随着现代化建设事业的发展，我国需要大力培养各种经济技术人才，一些人便从急功近利的思想出发，在对人才的培养上，只重视智力、技能的提高，而不注意思想道德品质的培养。一些家长，只知道要求孩子在学校能拿高分、能得双百等，而忽视甚至根本不注意孩子的思想品德。在不少独生子女的家庭中，更是以孩子为中心，使有些孩子从小就形成只知有自己、不知有别人的畸形心理。一些小孩子，从小就认为自己的要求高于一切，为所欲为，家长必须言听计从，对其所提出的要求，都要无条件地给予满足，养成了他们好逸恶劳、贪图享受和自私自利的思想，这不但不利于他们今后的成长和发展，也成为一些儿童和青少年犯罪的一个重要原因。河南省辉县市 14 岁的苏某为索钱绑架杀害了一个 8 岁男孩，就同家长对孩子的溺爱有重要原因。苏某自幼花钱随便，向家长要钱，父母也不多过问，“零花钱五至百元不等，直至发展到偷拿其父的钱，一次竟达 200 元，至案发累计3 000余元。在吃喝玩乐、挥霍一空而不能拿到更多的钱时，为了想法子弄钱，最终想到了百万富翁的儿子被绑架的故事和电视剧中的绑架镜头，走上了绑票杀人的犯罪歧途”①。当然，苏某最终堕落为杀人犯，同社会的舆论、传媒影响也有很重要的关系，但是，家庭教育这一方面，却不能不说是一个重要的环节。我们的一些做父母的家长，由于过于溺爱，由于只注意望子成龙，往往很少考虑到子女的道德品质。深圳大学学生杀人案的主犯之一陈某之所以堕落为杀人犯，就和家庭的宠爱有关。“独子陈某，父母特别娇宠，钱给得多，对其百依百顺。高中时陈某就经常逃课，到外面玩，家长就一次次通过关系开来病假条，老师明知是假的，去找家长，家长却信誓旦旦说是真的，弄得学校没有办法。上大学后，陈某所在班的老师曾就其问题五次家访，但未引起家长警醒，没能及时配合教育。”由于在学校读书时期的青少年和家庭还保持着密切联系，还未完全涉足社会，家庭的教育尤其有着不可忽视的作

---

① 详见《中国教育报》，1993-07-29。

用。家长与子女有亲缘关系，生活上朝夕相处，共同生活，同父母有着利害相关、千丝万缕的联系。因而，对于仍未独立谋生的青少年来说，父母对他们仍肩负着重要的思想道德教育责任。但是，有的家长却不闻不问，这种情况，是值得为父母者们深深思考的。

三、黄色书刊、影视等对青少年犯罪的影响

从青少年犯罪的社会原因来看，书报刊物、各种影视及舆论宣传中的价值导向特别是伦理道德的价值导向的正确与否，是一个不可忽视的问题。青少年时期，他们都处在身心发育的时期。一般来说，生理上不断发展变化而至于成熟，思想单纯而且幼稚，善于模仿，追求新奇，渴望获得新的知识，因而最容易受到各方面的影响。中国先秦时的著名思想家墨翟在其所著的《所染》篇中说："染于苍则苍，染于黄则黄，所入者变，其色亦变，五入必而已，则为五色矣，故染不可不慎也。"他进而指出，对于一个国家和一个人来说，也和染丝的情况相同。这种见解，有合理的因素。因此，家庭、学校，特别是在现代社会生活中具有广泛作用的书刊和影视，犹如一个大染缸，对青年的思想、行为，有着可以"红"、可以"黄"、可以"青"、可以"蓝"的重要作用，确实是应该特别慎重的。在社会主义社会中，一切书刊、影视和舆论宣传，都是人民的精神食粮，都有着培育人民道德素质的崇高任务。那种片面地强调文学、艺术、戏剧、诗歌以及电视、电影的文化娱乐作用而忽视甚至否认其道德教育作用的理论，甚至说什么，只要不违犯国家法律和宪法，就可以任其存在和流行的思想，只能是一种糊涂认识，是同建设有中国特色的社会主义的根本利益矛盾的。这种思想导向上的错误，必将会造成对青少年思想道德的不良影响。更严重的是，在"一切向钱看"的影响下，在某些地方，黄色书刊、淫秽录像以及某些迎合低级趣味的文学艺术作品和电影电视，不惜以妓女、凶手、赌棍、强盗、暴发户为主题，以"裸体女人"为招牌，内容荒诞，情节离奇，以达到在市场上畅销而捞取大量金钱的最后目的。这些黄色刊物出版者，不论其主观动机如何，实际上是用各种手段，引诱青少年犯罪。这几年，"扫黄"虽然接连不断，但效果未能尽如人意，似乎有愈来愈向内地扩散和愈演愈

烈的趋势。这种情况，应当说是引诱青少年犯罪的一个不容忽视的原因，再不引起高度重视，贻误必将更大。从一些罪犯的供认中，可以看到这种影响的严重程度。河南省辉县市 15 岁的李某，夜入乡中心校一女生宿舍，对 13 名 13 岁至 16 岁的女学生进行抢劫、强奸，最重要的原因，就是阅读黄色书刊的结果。李某从小就看黄色书籍，看到描写受害妇女在被欺辱后顾及脸面而不愿告发和不敢告发的情节，因而实施犯罪时，专把对象放在年幼、反抗能力差的女学生身上。此外，由黄色电影、录像、小说等所诱发的青少年犯罪的事例，屡见不鲜，在青少年犯罪中占有相当大的比重。制黄、贩黄的一些人，可能只是为了要赚钱，但其后果则无异于用毒品来害人，更严重点说，甚至是用一种无形的刀子来杀人。我们有些地方的有关领导人，以极为短视的“经济效益”为借口，还要采取什么对黄色东西的“保护主义”，放任这些黄色东西到处流行，或睁着一只眼闭着一只眼，视而不见，听而不闻。更值得我们警惕的是，少数地方的执法部门的工作人员，在“金钱”的腐蚀下，同制黄、贩黄的犯罪分子相互勾结，沆瀣一气，狼狈为奸，执法犯法，使这些地方的淫秽书刊录像不断泛滥，腐蚀着广大青少年学生。在当前，我们应当清醒地认识到，在社会主义市场经济条件下，在发展商品经济的现实生活中，在精神产品的商品属性日益凸现出来的时候，确实存在着一个到底是用社会主义思想还是用腐朽的资产阶级思想来教育我们的青少年的问题。我们决不能讳言这样一个事实，这里存在着争夺青少年的斗争。我们所提倡的解放思想，主要是指从妨碍改革开放、妨碍发展社会主义生产力的旧观念中解放出来，创造出有中国特色的社会主义精神文明，决不是听任、放纵那些有害的精神鸦片来毒害我们的青少年，更不是像有些人所认为的那样，要从坚持四项基本原则中“解放出来”，从社会主义所应当遵循的道德规范中“解放出来”。在这个问题上，我们不能有丝毫的动摇。

四、在加强“法治”的同时，更要注意进行“德治”

对于一个社会来说，维护社会的秩序和安定，究竟是靠法律制裁，还是靠道德教化，在中国的政治、法律、伦理思想史上，有过长期的争论，形成所谓法家重视“法治”而儒家重视“德教”的两种不同看法。早在两千多年前，孔子就说：“道之以政，齐之以刑，民免而无耻；道之以德，齐之以礼，有耻且格。”认为刑罚虽然可以使人免去犯罪，但不能使人们有犯罪的羞耻之心；而道德教化则能够使人们知道犯罪的可耻而自觉地服从道德规范的约束。孔子还说：“听讼，吾犹人也，必也使无讼乎？”认为从“听讼”来说，他和别人没有大的差别，而他和别人的不同，就在于能注意对人进行道德教化，从而最终可以达到使人们不再因犯罪而诉讼的结果。战国时期的法家商鞅，极力批评儒家的德教理论，认为一个国君治理国家，只能用奖励耕战和严刑峻法，而决不能靠道德说教，强调“去奸之本莫深于严法”。韩非继承商鞅的思想，进一步提出了“人性自私”的理论，认为只有加强法律，运用赏罚，才能达到维持社会秩序的目的。秦国以法家理论为指导，强调严刑峻法和奖励耕战，最终灭亡六国而建立了一个专制大帝国。但是，这一帝国在秦始皇死后旋即覆灭，即所谓“坟草未生而宗庙为墟”，意思是说：秦始皇的坟上还没有长出草来，他所建立的王朝，就已经灭亡了。汉王朝建立后，特别重视总结秦亡之教训，终于认识到，在如何打破旧的封建秩序时，“法治”有特别重要的作用，这是秦王朝所以兴旺以至能灭亡六国而建立统一帝国的重要原因；但是，在取得全国统一后，在如何稳定和巩固社会新秩序以维护国家的安定团结时，在进行刑法惩罚的同时，更应当强调“仁义”的道德教化，这是秦王朝之所以很快灭亡的教训。贾谊认为，秦王朝在全国统一后，由于没有看到夺取政权与巩固政权这两种不同的形势，在需要巩固政权时，却糊里糊涂地不懂得道德教化的作用，所以最终导致了灭亡。贾谊还专门写了一篇《过秦论》来总结秦王朝招致灭亡的过失。他说：“然秦以区区之地，致千乘之势，序八州而朝同列，百有余年矣。然后以六合为家，崤函为宫，一夫作难而七庙隳，身死人手，为天下笑者，何也？仁义不施而攻守之势异也。”这一总结，有着合理的因素。儒家并不主张废除刑罚，而是强调道德教化有着更为重要的意义。贾谊更进一步阐发了有关法治和德治的异同，强调道德教化的重要。他在给汉文帝的上书中说：“凡人之智，能见已然，不能见将然。夫礼者禁于将然之前，而法者禁于已然之后，是故法之所用易见，而礼之所为难知也。”他极其深刻地指出，道德教化的可贵，在于它能够使人们“绝恶于未萌，而起教于微眇，使民日迁善远罪而不自知也”，指出道德教化有一种潜移默化的能力，从而可以在细微隐蔽中诱导人们在不知不觉中远离犯罪而向往道德，达到“见善则迁、畏罪而离”的目的。汉以后的儒家，在批判法家只重刑罚、不重道德的同时，也吸取了法家的思想，从而使汉以后的封建阶级得以进一步完善自己的德治理论。儒法两家在德治、法治问题上的许多见解，虽然都是为着剥削阶级的统治，但是，从批判地继承来看，许多提法，针对今天现实，仍有启发和借鉴的意义。

为了维护社会主义社会的安定团结的形势，我们决不能轻视法制建设的作用，决不可忽视刑罚对犯罪的威慑力量。特别是在当前还存在着剥削阶级残余及外部敌人潜入国内进行破坏的情况下，应该强调法律的惩治作用。同时，我们应当一手抓法制建设，一手抓道德建设，在法制建设的同时，大力加强社会主义道德的教育。事实证明，只强调法制而忽视道德教育的作用，是极端有害的。人类社会的发展特别是中国历史关于法治和德治理论的宝贵经验，都已经证明，伦理道德作为一种精神力量，能够使人们具有高尚的品德，能够加强人们的相互关心，使人们更好地关心整体利益，从而多行善事而远离犯罪。从当前的情况来看，由于我国经济落后，必须以经济建设为中心，大力发展我国的生产力。但是，我们必须反对一些人的急功近利、急于求成、只重视经济发展而认为道德建设可有可无的错误思想。经济建设和道德建设，正如一个车子的两个轮子一样，只能同时并重而不能一“轻”一“重”，否则，不但车子不能快速前进，甚至会有颠覆的危险。至于谈到“德治”和“法治”的问题，更不能像贾谊所说的那样，只能见已然而不能见未然，看不到道德教育的深远而巨大的作用。从反面教训来看，社会治安的种种问题，不正是同我们忽视道德教育有着重要的关系吗？尤其值得注意的是，在当前由于法制不够健全、法律的漏洞很多（这当然要尽快进一步完善法制）、人民的文化道德素质又不高的情况下，更需要从提高人们的道德着手，那种目光短浅、只见已然的思想，应当说是十分有害的。一个社会的道德水平，总是同它的经济、政治、文化等各方面相联系的，我们是历史唯物主义者，不能像道德万能论和泛道德主义者那样，无限夸大道德的作用。但是，我们也不能不看到，社会主义道德作为一种精神力量，作为精神文明的核心部分，在维护社会主义社会秩序、巩固安定团结方面，有着不可低估的特殊作用。完全可以肯定，加强对青少年的道德教育，对于减少、预防青少年的犯罪，能够起到根本上的“防患于未然”的作用。

在加强青少年的社会主义道德教育中，还应当特别提到加强中华民族优良的传统道德教育的问题。中华民族是以文明古国、礼仪之邦而闻名于世的。中国古代的“仁者爱人”的早期人道主义思想，中国长期以来所形成的以整体利益为重的思想，在对待国家、民族上的爱国主义思想，在待人处事上历来所奉行的孝顺父母、“己所不欲，勿施于人”、“己欲立而立人，己欲达而达人”的思想，在个人修养上所提倡的“严以律己，宽以待人”、“三人行必有我师”、“见善如不及，见不善如探汤”、“人之过也如日月之蚀，其过也，人皆见之，更也，人皆仰之”等等思想，如能予以批判地继承，对于培养教育青少年和提高他们的道德品质，都能够产生积极的作用。现在，一些西方的明智的思想家们，已经认识到西方社会目前面临的挑战不是物质上的而是精神上的，而且目光正转向东方特别是中华民族的优良传统道德。在这种情况下，我们又为什么不注意中华民族的优良传统道德呢？我们一定要大力反对民族虚无主义思想，加强中华民族优良传统道德的教育。

青少年犯罪的问题，是一个牵涉到家庭、学校和社会各个方面的问题，又是同法律、道德等有直接关系的问题。从中国的历史来看，法学家们考虑较多的是法律制裁问题，而伦理学家们考虑较多的则是道德教化的问题。今天，愈来愈多的法学家都认识到，对青少年犯罪问题，不能单靠刑罚，而必须要进行综合治理，其中一个重要的方面，就是对青少年的道德教育；同时，愈来愈多的伦理学家们，也已经认识到，如果没有严格的法治，没有必要的刑罚，只靠道德教化，是不可能达到维持社会秩序的目的的。我们主张在实行法治时还要加强道德教化，但绝不可忽视法治的重要性。在对待青少年犯罪的问题上，我们一定要吸取历史上“法治”和“德治”的合理因素，在他们未犯罪之前，大力加强道德教育，培养他们的良好道德品质，使他们认识到犯罪的可耻而远离犯罪，达到从根本上预防犯罪的目的；对于那些已经犯罪的人，就必须强调刑罚的作用，严惩那些违法犯罪分子，而同时也还要给以遵守法律和遵守道德规范的教育。“德治”和“法治”的紧密结合，刑罚惩治和道德教化相辅相成，从而达到我们预期的目的。

本文只是从道德教育的方面，提出了有关对青少年犯罪问题的一些看法。

为提高民族思想道德素质而努力*

为了实现我国社会主义现代化的宏伟大业，为了建成有中国特色的社会主义社会，为了使我国能够成为强大文明的国家而自立于世界民族之林，大力加强基础教育，具有深远的战略意义和重大的现实意义。中小学教育，对于提高全民素质，培养各级各类人才来说是一项基础工程。一个民族的素质的高低，必然要直接影响到整个民族的经济、政治、文化的发展，从而制约着整个国家的进步。国际国内的事实都强有力地说明，不重视基础教育，不注重培养广大群众和劳动人民的素质，一个国家也就不可能兴旺发达。

在提高全民素质、培养各级各类人才的基础教育中，思想道德素质的教育更应当引起我们特别的重视。我们是社会主义国家，我们正在为建设有中国特色的社会主义而努力奋斗。我们需要大力培养能适应经济发展需要的各种经济技术人才，同时，又必须要求他们具有社会主义的思想道德品质，要求他们具有能够为社会主义而无私奉献的精神。我们要培养“有理想、有道德、有文化、有纪律”的“四有”新人，就必须重视德、智、体全面发展，而不能只重智育而忽略其他方向。

值得注意的是，在加强基础教育、提高全民素质的时候，有一些地

---

* 本文原载《教与学》，1993 年创刊号。

方仍然存在着忽视中小学生的思想品德教育的情况。一些人片面地为追求升学率而强调语文、数学及一些与经济技术有关的课程的重要，把思想品德、中国历史和国情教育看做可有可无的课程。据了解，一些规模相对较小的学校，往往用语文等课来代替思想品德课；不少中学，没有固定的德育教学计划，缺乏完整的德育工作思路。再加上我们教育制度中的某些缺点，如把德育课只当做纯粹知识学习而不注重联系个人的思想和行为，从而造成学生的书本知识同个人行为的脱节。正是由于这些原因，对少数学校来说，思想品德课可以说形同虚设，很少能达到预期的效果。因此，大力加强和提高对中小学德育工作意义的认识，纠正不重视甚至忽视中小学德育工作的种种情况，对于提高全民素质这一战略问题来说，有着不可忽视的重要意义。

在中小学思想品德课教育中，如何改进我们的教材，改善我们的教学方法，以便使我们的思想品德课能够收到更大的效果，是我们在基础教育中更好培养人的思想品德素质的关键问题之一。弘扬爱国主义、社会主义、集体主义思想，并把其贯彻到我们中小学的德育教学工作中去，是我们今后德育教学中需要认真解决的一项长期的任务。社会主义、集体主义和爱国主义，都是从现实生活中总结出来的科学真理，不但有很强的吸引力，也都同我们的现实生活有着密切的、息息相关的联系。我们应当力求结合中国改革开放的环境，面向中小学生的生活、学习的实际，否则，我们的思想品德教育，就不能收到预期的效果。在改革开放和发展商品经济的大背景下，中小学生必然要受到家庭、社会各方面的影响，不可避免地会遇到很多使他们感到新奇、不理解以至困惑的问题，从而影响到他们的思想和行为。因此，我们的教材要力求从生活实际出发，从中小学生在学习、生活中遇到的待人处事、文明礼貌、思想品德方面的问题出发，从如何对待父母、对待同学、对待老师以及如何对待金钱、对待奉献、对待享受、对待艰苦朴素等方面来加以启发，加以教育。要注意引导讨论，使中小学生从讨论中认识到哪些是应该做的，哪些是不应该做的。为此，我希望能够对我们的中小学德育教材，尽可能地不断地加以完善，以适应形势发展的需要。

在大力加强中小学的德育教学的工作中，我希望注意加强中华民族优良道德传统的教育。中华民族有五千多年的光辉历史和灿烂文化，长期以来，一直是以礼仪之邦、文明古国而屹立于世界民族之林。我们反对民族的虚无主义，主张大力发扬中华民族的优秀文化传统，尤其是中华民族的优良道德传统。我们所主张的继承，是用马克思主义的思想，对中国传统伦理道德进行批判地继承，不是“全盘复古”，而是要批判传统道德的“三纲”等糟粕，继承传统道德的精华。中国优秀的道德传统，包括着极其丰富的内容。例如，为国家、为社会、为民族的爱国主义精神，“夙夜为公”、“以公灭私”、“国而忘家，公而忘私”、“先天下之忧而忧，后天下之乐而乐”以及“天下兴亡，匹夫有责”、“先义后利”、“义以为上”，主张要“见得思义”、“见利思义”和反对“见利忘义”、“唯利是图”的思想，都是我们今天应当继承的；又如推崇“仁爱”原则，强调人际和谐，主张在人与人的相处中，应当设身处地为他人着想，“己所不欲，勿施于人”，这对我们协调人际关系，加强人和人之间的团结协作，也是有积极意义的；中国优良传统道德中重视人伦价值，强调“父义、母慈、兄友、弟恭、子孝”的道德义务，对维护和改善人际关系，仍有不可忽视的重要作用；其他如追求精神境界，向往理想人格，重视修养践履，强调道德上完善自身的重要等，对提高人们的道德素质来说，都是不可缺少的重要环节。在中小学的德育工作特别是思想品德课教学中，如何增加有关中国优良道德传统的教育，是我们应当认真研究的一个问题。在小学中，最好能够根据小学生生理、心理、智力发展的水平，逐步增加传统道德中有关孝敬父母、尊敬师长、兄弟友爱、邻里和睦、勤奋好学、讲究礼貌、廉洁正直、宽恕待人、自强不息、发愤图强、热爱祖国、热爱人民等典型事例，使他们从五千年的中国历史中，吸取优秀的道德文化传统，激发起他们学习先进人物的思想，自觉地培养自己的思想道德品质。在中学中，最好能进一步结合中国历史的发展，特别是结合近百年史和本省本乡的德育资源，把思想品德教育同省情、国情结合起来，适当进行有关集体主义、社会主义和爱国主义的思想理论教育。

总之，我国中小学的德育工作，特别是思想品德课的内容是非常广泛的。我这里只是想说明，在过去一段时期内，我们在思想品德课的教育中，由于各种原因，存在着不足之处，今后应当大力改变这种情况。在中小学思想品德课中加强中华民族优良道德传统教育，在当前形势下，有利于抵制拜金主义、享乐主义和极端个人主义的泛滥，有利于克服当前社会上许多不文明、不礼貌、不道德行为的蔓延，有利于建设有中国特色的社会主义的精神文明，有利于培养“四有”新人。对这一问题的重要意义，我们应当提高认识，应当从幼儿园、小学到中学，根据他们的不同水平，编写适用的教材，长期地、系统地、不间断地抓下去。

应切实改变重智轻德的思想*

未成年人的思想道德建设，关系到中华民族伟大复兴是否后继有人，关系到中国特色社会主义道路能否坚持，关系到广大人民群众的强烈愿望能否得到满足，关系到我国素质教育的要求能否实现，是摆在我们面前的一项十分重要而迫切的任务。

我国现有 18 岁以下的未成年人 3.67 亿。未成年人处于正在成长的可塑性最强的一段时期，既是最易接受正确教育而养成良好道德品质的时期，又是最易受到不良影响而被腐蚀和扭曲的时期。“一张白纸”，既可画最新最美的图画，也可染上肮脏的颜色。一个人在 18 岁之前所塑造的道德素质，对其一生的成长，有着重要的影响。如果此时没有打下良好的基础，成年以后的道德教育必将更加困难。“道德素质”和“精神境界”是一个人长大成人后立身处世的根本，有了一定的道德素质，就能自觉遵守社会的法律法规，就能有利于社会道德风尚的改善，有利于社会的稳定。

从当前学校的思想品德教育来说，首先，要充分认识《中共中央国务院关于进一步加强和改进未成年人思想道德建设的若干意见》的重要意义，提高认识，在指导思想上重视德育的地位，切实改变重智轻德的思想。只有从思想上提高了认识，才能在行动上采取有效的措施，逐步解决目前所存在的一些问题。

---

* 本文原载《人民日报》，2004-04-08。

根据报载，有些学校在智育第一的思想指导下，为了保证学生的智育成绩，德育课不得不经常给智育课让课时；为保证教学任务，不得不向德育课要课时。课时已经十分有限的德育课，经常成了自习课或照书念一念其中的故事。而且德育课往往被安排在周末班会的时间，学生们等着回家，是教学效果最差的一个时段。

有的学校只重视分数，数学、语文成绩好的学生就得到各种表扬，就会成为“好孩子”，到处受欢迎，他们自己也认为已经是全面发展了。他们对劳动不认真也不积极，对同学往往容易有自满和骄傲情绪，他们争胜的心很强，助人为乐的精神往往不够，他们每遇到事情，多想到自己要出头，而较少想到班集体。这一切，就是“一些学习好的孩子更自私”的主要原因。而德性好的学生则很少受到表扬，他们常常因考试成绩稍差而受到歧视。他们对同学往往平易近人，没有骄横的习气，劳动往往比较积极、认真，对班级集体的事，肯耽误一些时间去做。德育课的成绩很难量化，往往只凭老师的一纸评语。更值得注意的是，学生品德的好坏，在升学中得不到任何反映。

如果我们的学校各级领导和教师，都能在认识上真正重视德育，像上面所说的问题，是有希望得到解决的。

其次，在课程设置上，希望更加贴近未成年人的生活实际，遵循未成年人发展的不同阶段，循序渐进，力求把学习知识和培养遵守道德规范的习惯结合起来，要找出有效的切入口或生长点（如关心同学、爱护学校、孝敬父母、重视集体等等），启发学生的主动性，着力培育他们的品性和习惯。

第三，就是要努力创造一个好的思想品德教育的氛围，使整个学校的各个方面，都有浓厚的德育气氛。要把学校的管理、评价、奖惩等所有活动，都同把德育放在首位的思想结合起来，成为上述一切工作的坚定的导向。

第四，我们还要特别强调，在未成年人的思想品德教育中，教师的职业道德，教师的以身作则和教书育人，有着特殊的作用。韩愈说：“师者，所以传道受业解惑也。”而扬雄更说：“师者，人之模范也。”并且尖锐地指出：“模不模，范不范”，何以为人师？在家庭，父母是孩子的道德榜样，在学校，老师是学生的道德标准，因此，提高教育的道德素质，是我们面临的一个重要问题。

未成年人思想道德建设是一个系统工程*

胡锦涛同志在全国加强和改进未成年人思想道德建设工作会议上的讲话中强调："进一步加强和改进未成年人思想道德建设，是中央从推进新世纪新阶段党和国家事业发展、实现党和国家长治久安出发作出的一项重大决策，对于确保我国在激烈的国际竞争中始终立于不败之地，确保实现全面建设小康社会、进而实现现代化的宏伟目标，确保中国特色社会主义事业兴旺发达、后继有人，确保实现中华民族的伟大复兴，具有重大而深远的战略意义。"这深刻阐明了新形势下加强和改进未成年人思想道德建设的重要性和紧迫性，是我们做好这项工作的根本指针。

未成年人是指未满18周岁的公民。0到18岁是人由自然人向社会人过渡的主要时期，是学习、掌握社会规范，实现自身社会化的基本阶段。从道德发展的角度看，也是个体道德意识、道德情感等萌生、发展的重要时期。古人云："人在少年，神情未定。"由于未成年人处于成长发展过程之中而尚未定型，因而易于"熏渍陶染"，可塑性极强。如果在18岁以前养成了良好的道德行为习惯，以后便会终身受益；如果未成年时没有打下良好的基础，成年以后的道德教育必将事倍功半。

在经济全球化和人才竞争日益激烈的情况下，一些在科技和经济发

---

* 本文原载《光明日报》，2004-05-18。

展上占优势的西方国家通过各种渠道，对我国未成年人进行思想文化渗透，试图以其价值观、人生观及生活方式影响我们的未成年人。特别是随着信息化的发展和互联网的普及，这种影响以科技为载体，渗透到我国未成年人生活的方方面面，其后果不容忽视。与此同时，在一些领域出现了道德失范的问题，这给未成年人的成长带来了不可忽视的负面影响。例如，有些成年人价值观发生扭曲，拜金主义、享乐主义、极端个人主义思想有所滋长，从而影响了一些未成年人陷入对物质主义的追求，使之失去了正确的理想信念。随着我国社会对未成年人成才的迫切要求，家庭教育也出现了一些值得注意的误区。比如，重智育轻德育、重学习成绩轻思想品德、重物质生活轻精神生活等，造成了未成年人知识增长和品德提高之间的严重失衡，一些人只知道学习知识，不知道如何做人。有的家长甚至认为，孩子小偷小摸是小事，学习成绩不好才是大事。古人强调对青少年的教育要“习与智长，化与心成”，就是说要使青少年在智力增长的同时，道德水平和道德品质也能得到相应的提高。这是中华民族教育思想的优良传统，我们应当加以继承和弘扬。

需要强调的是，我国当前的社会风尚和道德氛围，还有种种不尽如人意的地方。追求金钱、追求享受、自私自利、急功近利的思想在社会上以各种方式、通过各种渠道腐蚀着未成年人。成人和家长，本来应该是未成年人思想和行为的榜样，可是，未成年人所看到的一些现实和有的传播媒体所宣传的事例，并不都是值得学习的榜样。因此，未成年人的思想道德建设面临挑战，家庭、学校和社会都应该担负起各自的责任，充分发挥各自优势，形成思想道德教育的综合系统，共同推动未成年人的思想道德建设。

在整个教育过程中，家庭教育处于初始与基础地位。家长是未成年人的第一任老师，家庭承担着未成年人道德示范和启蒙的重任。在家庭中，父母是孩子的道德榜样。父母的言谈举止、道德观念和行为对子女具有引导、示范作用。父母与子女朝夕相伴，对子女的身心、人格等个性化情况最为清楚，教育也最具有针对性和即时性。以血缘为基础的亲情关系更增加了道德教育的情感色彩，既能晓之以理，也能动之以情，进而导之以行。特别是父母可以从生活的细节入手，从小培养孩子的道德习惯，在生活中潜移默化地影响子女，这是学校教育和社会教育所无法比拟的。然而，重智轻德的思想使许多家长忽视了子女道德人格的培养，从而使不少孩子错失了人格陶冶的最佳时期。家长应切实改变重智轻德的思想，树立做人是为学之本，思想道德素质是提高人的精神境界的基础，是一个人长大成人后立身处世的根本，有了一定的思想道德素质，才能自觉地遵守社会的法律规范，才能将自己掌握的知识技能服务于人民，服务于社会，做一个对社会有用的人。因此，要加强对成年人的思想道德教育，引导家长以良好的思想道德修养为子女做出表率。

学校是对未成年人进行思想道德教育的主渠道，要把德育工作摆在素质教育的首要位置，坚持以人为本，从未成年人的实际生活出发，根据未成年人的身心发展特点，循序渐进地实施道德教育。学校道德教育要从未成年人的心理特点出发，把掌握道德知识和进行道德实践紧密地结合起来。要多用鲜活通俗的语言，多用生动典型的事例，多用喜闻乐见的形式，多用疏导的方法、参与的方法、讨论的方法，在传授知识的同时，设计一些生动活泼、吸引力强的实践活动，寓道德教育于生活实践之中，把道德学习与道德行为融为一体，坚持“学”与“行”相统一的原则，引导未成年人在学习道德知识的同时，自觉地把道德知识转化为道德行为，使未成年人在各种道德实践活动中，提高抵御不良影响的能力，增长向善行善的心志。

要启发学生自觉地进行思想道德学习，发挥学生道德实践的主动性，把自主的道德修养和道德养成作为道德教育是否成功的一个重要标志。要安排有意义的道德实践活动，使学生在参与中体验道德养成的重要性。马克思说：“道德的基础是人类精神的自律。”一切道德规范要真正转化为人的行为和品质，最关键的就是要培育出人对践履道德的自觉精神，就是要发扬人的道德主动性。我们过去强调道德教育和道德教化，这是必要的，但如果缺少道德自觉和道德实践，就不可能达到提高未成年人道德品质的目的。因此，未成年人道德教育的着力点应放在促进未成年人的自我教育、自我实践上，而教师应成为道德教育的引导者和启发者。

要强调教师的率先垂范作用。古人云：“师者，人之模范也。”教师不仅是知识的传播者，还应成为学生道德学习上的楷模。如果“模不模，范不范”，何以为人师？值得注意的是，有的教师往往只重视自己知识和业务能力的增长，而忽视自己道德品质的提高，对未成年人的成长造成了不良的影响。殊不知，身教重于言教，提高教师自身的道德素质，时时处处作为未成年人为人处世的榜样，是我们每一位教师的应尽职责。在家庭中，父母是孩子的道德榜样；在学校里，老师是学生的道德表率；在社会上，公民大众也应自觉承担起未成年人道德示范的任务。未成年人常常把成年人作为行为的参照群体，对他们的思想、行为加以认同并积极模仿。然而，在社会生活中，并不是所有的成年人都是值得未成年学习的榜样。

在中学生的写作练习中有这样一幅图画：在一个十字路口，一群人因为红灯而停在了路口，在绿灯尚未亮起时，人们便迫不及待地冲了出去，只有一个背着书包的孩子仍停留在原地静静地等候。这时，冲出去的大人们回头看到了这个傻站着的孩子，纷纷说："这孩子真傻，怎么不急着回家。"练习要求以"榜样"为题，做一篇看图说话。照理说，成人应该是孩子们学习的榜样，处处率先垂范，可在这幅图画中，孩子却以自己的表现给大人们上了生动的一课。

在生活中，像图画上的场景时有发生，成年人不仅不能给未成年人做出行为上的表率，还常常漠视他们良好的道德表现，未成年人的道德行为有时不仅得不到成年人的鼓励和表扬，还可能遭到打击和责怪。这在很大程度上影响了未成年人的道德热情和行为的积极性。当未成年人发现自己的所见所闻与所学不尽相同，或截然相反时，他们就会打破自己通过学校教育树立起来的道德信念，进而怀疑学校道德教育的真实性。

其实，从整个社会范围而言，每个成年人都具有教育者的责任，人人都应该意识到自己的行为对未成年人的教育意义，从而注意自身的一言一行、一举一动，从小处着眼，从细节做起，就能有利于社会道德风尚的改善，有利于促进未成年人从道德之知到道德之行的转变，成为一个知行合一的人。

良好的社会风尚和道德氛围，对未成年人的道德成长，有着不可忽视的作用。大众传媒中的消极内容，对未成年人的思想道德和日常行为产生着直接和间接的影响。每一个从事大众传媒工作的人，都要增强自己的责任意识，认识到对未成年人所负的道德责任。每一次宣传和报道、每一个专栏和节目，都应当力求有利于丰富人类的精神生活，都应当尽量有利于提高未成年人的思想道德素质，要把提高人的思想水平、道德情操和精神素质作为思想道德建设的根本。

总之，对未成年人的道德教育必须综合利用家庭、学校、社会等各种教育资源，只有坚持教育贴近实际、贴近生活、贴近未成年人，树立人人都成为未成年人道德榜样的思想，未成年人的成长环境才能得到净化，未成年人思想道德建设的社会氛围才能得到改善。

四　人生价值观

怎么认识“个人主义”*

全国解放后，我国从50年代开始，在政治思想和学术领域，曾多次对个人主义思想的危害进行过批判。但是，最近几年又出现了一种“为个人主义正名”的主张。这种主张认为，对个人主义的观念应该加以更新，使之与我国改革时期的观念更新配套。因此，究竟怎样认识个人主义，对我们来说，是一个需要弄清楚的问题。

为什么有的同志要为个人主义正名？他们的理由是，个人主义并不能归结为“自私自利”和“损人利己”，因为个人主义总是和个人事业、个人价值、个人观念……相联系的。他们认为，既然上述这些个人的东西都不能否定，因此，个人主义也不应该否定，也就是说，如果否定了个人主义，也就否定了个人的积极性，否定了个人的活力。对这种意见究竟应当怎样看待呢？

从历史上看，个人主义的思想，最早是西方资产阶级在反对封建压迫时所提出的一种意识形态、道德原则和行为规范，也可以说是一种有关人生价值的理论。这种理论强调以人的本性为根据，从天赋人权出发，认为人生来就是自由的，不应该受到他人、整体或社会的制约。17世纪的英国著名思想家霍布斯，从利己主义的伦理学出发，认为自私是人的本性，特别强调个人的自身发展的重要性。17世纪末，英国的另

* 本文原载《支部生活》，1987（4）。

一个著名思想家洛克，则更明确地提出了人的权利都是上天赋予的，是不应当被侵犯的。18 世纪以后，著名的英国经济学家亚当·斯密，根据资本主义自由竞争的发展和需要，特别强调个人的意志和个人的自由。此后，著名的英国思想家边沁，进一步提出了功利主义的伦理观，认为人的行为所依照的最根本的准则就是趋乐避苦，因此，一个人追求幸福和快乐的意志，应该受到尊重和得到满足。这些思想，归结起来，都可以说是反映了资产阶级长期在封建压抑下所提出的重视个人利益、强调个人自由、主张自我支配、宣扬个人价值的观念和理论。但是，个人主义这个名词的出现却是比较晚的。最早提出个人主义这一概念的，是 19 世纪的法国政治评论家托克维尔。马克思曾经说过，这个人是一个曾被当时的庸人们奉为神明的人物。

托克维尔是怎么理解个人主义一词的呢？他毫不隐讳个人主义的利己主义本质，并明确宣称：个人主义的主要内容，就是要使每一个人只关心自己、家庭和朋友的小圈子的利益，也就是一种温和的利己主义。托克维尔以后，个人主义在西方就正式成为一种以个人为中心的价值理论。这一理论，强调个人的发展，认为每一个人都是一个目的，任何人都不应为别人而牺牲自己的利益，更不应成为别人幸福的手段。这一理论，不顾社会和整体的需要，强调每一个人都应有最大限度的自由和责任去选择自己的目标和达到这一目标的手段。这种理论，还主张反对权威和对个人的各种各样的支配，反对政府对个人生活的管理和干预。个人主义作为一种经济理论，它强调个人的私有财产制度，认为每一个人，只要不违背资本主义的法律，都有权享有最大限度的机会去获取、管理和使用自己的财产。这就是说，通过剥削别人的剩余价值，直至成为一个大资本家，都是个人应享有的权利。

资产阶级思想家们所一再宣扬的个人主义，由于片面地强调个性自由，反对政府、社会、国家对个人的管理，反对个人必须服从整体的思想，到 19 世纪末，就逐渐受到资本主义国家中许多思想家的抵制，影响也越来越小。特别是由于资本主义大规模的生产和社会组织的出现，资产阶级的思想家们就力图用“互助合作”和“合理利己”的观念来代替个人主义。但是，十月革命以后，主要是由于社会主义的集体主义的出现和传播，个人主义的理论在资本主义国家内又流行起来，在 50 年代以前，资产阶级思想家在反对社会主义的制度和理论时，主要矛头是攻击马克思主义的无产阶级专政，认为这种专政是残酷斗争、无情打击，是一种暴力。但是，随着形势的发展，这种宣传已不能收到明显的效果。50年代以后，资产阶级的思想家就开始攻击无产阶级的集体主义，认为强调集体主义就是抹杀个性，就是限制个人自由。正是由于这一原因，强调个人尊严和个性解放的“个人主义”又重新成为一种时髦的口号，成为西方思想家们最近几十年来用以反对集体主义、强调个人自由的流行观念。

我国50年代至60年代，对个人主义在社会主义社会中的消极作用，曾进行过多次分析批判，但总的来说还比较简单，虽然对个人主义在政治上、思想上的危害分析得比较透彻，但没有能够从历史发展、思想渊源和理论核心上进行充分说理和论证；此外，在分析批判个人主义时，有的文章还不恰当地否定了个人尊严、个人价值、个人自由和个人的正当利益，在理论上和实践上，都产生了一些不好的后果。

近几年来，随着我国对外开放和对内搞活经济的政策的实施，如何最大限度地发挥人们的主动性和创造性，就成为全党和全国广大人民群众十分关心的一个问题。正是在这一时代背景下，最近几年来个人主义的思想又被一些人以各种不同的方式提出来，其目的是要给个人主义一个合法地位，使一些人可以公开地宣扬个人主义，追求个人主义。

为什么我们必须彻底抛弃个人主义，并用集体主义来代替个人主义呢？

从理论上来分析，个人主义是同社会主义社会的公有制经济、政治、道德等背道而驰的，是行不通的。从出发点来说，个人主义是一切从个人出发，强调人们最重要的是关心自己、家庭和朋友的小圈子的利益，是利己主义的；从最终的目的和归宿来说，个人主义把个性解放、个性自由作为人生的唯一追求目标，否认并且反对在必要的情况下，为了整体的利益而必须牺牲自己的利益。尽管某些宣传个人主义的人，想在观念更新的名义下，力图把个人主义同“自私自利”和“损人利己”区分开来，认为个人主义只是要在不损人的情况下利己，要在不妨害他人个性发展的情况下发展自己，但是这在现实的社会生活中是不可能的。如果一个人的出发点和最终目的都是为了自己，那么，当他的利益和发展同他人、社会、国家的利益矛盾时，他是不可能有别的选择的。因此，我们必须用马克思主义的集体主义来反对个人主义，提倡集体利益高于个人利益，提倡集体和国家的发展高于个人的发展。

当然，我们必须强调，对集体主义的认识，对个人服从集体利益的理解，应当是全面的而不是片面的、辩证的而不是形而上学的。集体主义在强调集体利益高于个人利益的原则下，不但不否认个人的正当利益，相反特别注意发挥每个人的聪明才智，尊重每个人的个人尊严，承认每个人的个人自由，关心每个人的正当利益。

警惕拜金主义的侵蚀*

市场经济，既有积极效应，又有消极效应。只有全面地认识了市场经济在我国所产生的积极效应和消极效应，我们才能充分发挥其积极效应，防止并缩小其消极效应，使我们的改革开放和经济建设沿着正确的道路更加健康地向前发展。我们党所以强调物质文明和精神文明建设都要抓、两手都要硬，正是建立在对这种双重效应的清醒认识基础之上的。

市场经济的积极效应是多方面的。我国经济的发展和物质财富的增加，人民生活的改善，可以说是取得了举世瞩目的成就。改革开放和市场经济的发展，必然要使人们从那些妨碍改革开放、妨碍发展社会主义生产力的旧体制、旧观念中解放出来，从而促使适应时代需要的新观念的产生。正当的个人利益观念的形成与确立，已成为我们发展社会主义市场经济的一种重要杠杆。效益观念、创新观念、竞争观念，在给人们的经济生活注入新的活力的同时，也不断改变和提高着人们的素质。平等观念、权利义务观念的觉醒，使人们的思想道德也有了新的变化。从对商业的认识看，长期以来所存在的"轻商"、"贱商"，把"经商"看成低人一等的情况，也发生了根本的转变。总之，实行改革开放和发展市场经济，对精神文明建设也产生了许多积极的影响。

---

* 本文原载《明镜》，1993 (5)。

与此同时，我们还应当清醒地看到，除了上述的积极影响外，它又诱使一些人唯利是图，把追求金钱当做重要的目的，成为“金钱至上”的拜金主义俘虏。

拜金主义，马克思在《资本论》中称之为“货币拜物教”，它是随着欧洲资本主义商品生产所发展起来的一种资产阶级的思想观念。货币是商品的一般等价物，具有在市场上换取任何商品的特性。一个人只要有足够的金钱，就可以在市场买到任何想要的商品。人们对金钱的欲望，就像宗教信徒崇拜宗教偶像那样。恩格斯在《英国工人阶级状况》一书中，对这种资产阶级的拜金主义有过一段深刻的论述。他说：“在资产阶级看来，世界上没有一样东西不是为了金钱而存在的，连他们本身也不例外，因为他们活着就是为了赚钱，除了快快发财，他们不知道还有别的幸福，除了金钱的损失，也不知道还有别的痛苦。在这种贪得无厌和利欲熏心的情况下，人的心灵的任何活动都不可能是清白的。”“一切生活关系都以能否赚钱来衡量，凡是不赚钱的都是蠢事，都不切实际，都是幻想。”“除现钱交易外，他不承认人和人之间还有其他任何联系。甚至他和自己的老婆之间的联系百分之九十九也是表现在同样的‘现钱交易’上。”① 恩格斯还进一步揭露了由金钱所造成的善恶是非的颠倒，揭露了资本主义社会中因追求金钱所造成的对人的扭曲，以及由此引起的种种严重的社会问题。拜金主义思想又总是享乐主义的孪生兄弟，对人的灵魂有着极大的腐蚀作用，遭到历来进步思想家们的唾弃。

值得注意的是，改革开放以来随着市场经济的发展，金钱至上的拜金主义的思想，披着所谓“经济效益”、“赢利”、“创收”的外衣，打着解放思想、更新观念的旗帜，愈来愈严重地腐蚀着人们的思想。有的人公开宣传“低头向钱看，抬头向前看，只有向钱看，才能向前看”的金钱至上的思想，有的人甚至宣扬在市场经济条件下，“一切不向钱看的行为也是不道德的”。有的人要“为钱正名”，甚至有的人还要为“钱迷心窍”正名，说什么“如果没有个体户们的钱迷心窍，哪来城市商业零售业的繁荣？如果没有乡镇企业的钱迷心窍，哪来乡镇企业的蓬勃发展？”一时间，“金钱至上”、“没有钱是万万不能的”、“有钱能使鬼推磨”和“有钱能使官推磨”的思想，像瘟疫一样不断传染开来。这种情

① 《马克思恩格斯全集》，中文1版，第2卷，564、565页，北京，人民出版社，1957。

况，应当引起我们的高度警惕。

对于一个人来说，一旦受到拜金主义的腐蚀而信奉金钱至上的人生观，就会把金钱当做人生唯一的目的去追求。一个人的灵魂一旦由金钱支配，就必然会像由魔鬼引路一样，一步步走进万恶的地狱和陷入犯罪的深渊。为了捞取金钱，可以不顾民族、国家和社会的利益，可以出卖良心、荣誉、尊严，甚至出卖肉体，可以不顾国家法律以权谋私、钱权交易、贪污受贿、贪赃枉法，成为国家和民族的罪人。一个在思想上受到了拜金主义思想腐蚀的人，就会形成一种为追求金钱而无法填满的贪婪欲壑，使自己的灵魂越来越变得肮脏丑恶，为了追求“金钱”而不惜冒着上绞刑架的风险。内蒙古自治区驰誉实业有限公司扬州经销处业务员，趁本单位女会计不备，将其勒死，抢走公款 11.4 万元，在自己的作案动机上，明白地写着“杀人主要是想抢钱”。他携款逃到郑州市当天，就迫不及待地住豪华饭店，买宝石戒指，三天就挥霍 8 700 多元。经办此案的一个法官对记者说：教训很多，最重要的一条就是千万警惕拜金主义的腐蚀作用。深圳工程咨询公司副总经理兼广州公司经理曾利华索贿受贿 700 多万元的严重犯罪行为，不同样是“被金钱所诱惑、被金钱所害”，是受了拜金主义腐蚀的结果吗？最近几年来，成了拜金主义的俘虏而违法犯罪的人数不断增多，情况日趋严重，不是很值得我们认真思考吗？

对于整个社会来说，如果对于拜金主义的泛滥不进行有效制止，使一些人把追逐金钱当成生活的目的，形成一种无形的价值导向，就会使人们的私欲膨胀，道德水平下降，违法犯罪案件增多，社会秩序混乱，严重影响着经济发展和政治稳定。如果任其发展下去，不能及时地予以纠正，就会阻碍和破坏我们的改革开放与现代化建设，就会葬送我们的社会主义事业。对于这一点，我们一定要有一个清醒的认识，采取措施，抵制拜金主义对人们思想的侵蚀。

在文明社区建设中培养人们的价值观*

在文明社区建设中，既要政府重视、社会共建，更应该强调社区内广大群众的积极参与，强调广大群众的自我管理和自我教育。文明社区建设活动包括许多的方面和内容，有着极为复杂的工作，但是，就其根本要求来说，就是要通过各种具体的活动，使社区的成员都能够树立起关心他人、关心邻里、关心社区的为人民服务的思想，从而能够使社区的所有成员都能够生活在一种安全、团结、和谐、愉快的环境之中。因此，生活在社区的每一个成员，都应当认识到关心他人、关心社区建设在整个精神文明建设和思想道德建设中的重要作用。一个人怎样才能提高自己的道德素质呢？从根本上来说，就是要培养自己对他人、对社会、对国家的献身精神。道德就是一种服务，就是一种献身，就是一种牺牲精神。一个人是否有道德，就是要看他在人和人的相处中，是否能随时随地地想到别人的利益，关心别人的幸福。一个有道德的人之所以能够受到人们的尊敬，得到群众的赞扬，受到国家和社会的褒奖，归根到底，就是他能够为他人、为社区、为整体、为国家利益而做贡献。著名的德国思想家康德曾经说过，道德之所以有如此崇高和美好的声誉，就因为它总是伴随着巨大的牺牲。因此，在文明社区建设中，应大力提倡、发扬、鼓励和褒奖这种关心他人、关心邻里、关心社区的公益活动

---

* 本文原载《光明日报》，1996-10-18。

和献身精神，使每个人都能够在创建社区活动中提高自己的道德觉悟，自觉地发扬这种精神。文明社区建设中的许多活动，如果能够从道德建设上、从为人民服务的人生观和价值观上加以引导，就会赋予这一活动以强有力的生命，使这一活动与思想道德建设和培养“四有”新人工作，更加紧密地结合起来。

树立科学的义利观*

科学的、正确的“义利”观，对于建设社会主义的先进文化、建立与社会主义市场经济相适应的社会主义道德体系，具有重要的意义。

“义”就是指正义、道义、应当，它总是和一定社会的道德要求有着密切联系。引申而言之，“义”又体现为整个国家的整体利益，体现为整个社会和集体的利益，体现为一种为民族、为国家、为社会和为集体的献身精神。我们常说“义无反顾”、“义不容辞”、“舍生取义”、“义愤填膺”等，就是这个意思。

“利”就是指物质利益，特别是指个人的正当的、合法的利益。但在大多数场合下，也泛指一切个人所追求的利益。

从一定的意义上，我们也可以说，“义利”问题也就是一个整体利益同个人利益、公共利益同私人利益、多数人的利益同少数人的利益的关系问题。正由于此，“义利”问题，就成为每一个社会思想家、政治家和广大人民所关心的问题。在中国历史上，曾经有过长期的“义利之辩”，就是为了要辩明和找出在“义利”关系上的正确答案。

在社会主义现代化建设的过程中，在社会主义市场经济的条件下，我们所面临的一个最重要的问题，就是个人利益和国家利益的关系问题，说到底，就是一个“义”和“利”的问题，也就是我们所说的“义

---

* 本文原载《以德治国与公民道德建设》，230～232页，郑州，河南人民出版社，2003。

利观”的问题。

党的十四届六中全会所作的关于建设社会主义精神文明若干重要问题的决议中提出，要在全国人民中“形成把国家和人民利益放在首位而又充分尊重公民个人合法利益的社会主义义利观”，这就是说，我们的“义利观”，包括两个相互联系、相辅相成的统一体：一个是要把国家和人民利益放在“首位”，一个是要对“公民个人合法利益”充分“尊重”。

我们可以从以下三个方面来认识和理解这一“义利观”的内容和本质。

一、义利统一

“义”和“利”尽管体现着不同的内容和要求，两者之间也可能出现差异和矛盾，但在社会主义社会中，从根本上来说，两者是辩证统一的。社会主义所强调的“义”，其本身就包含着广大人民群众的最大利益，也间接地体现着每一个社会主义公民的长远利益。当然，在社会主义社会中，每个公民又都有其个人的合法利益，这种个人的合法利益，又是同国家利益、集体利益紧密联系在一起的，只要这种合法利益是通过诚实劳动和遵纪守法而取得的，都应当受到法律的保护和社会的尊重。在社会主义国家中，“国强”和“民富”是统一的，国家利益、集体利益的发展，同时也为个人的合法利益创造了坚实的基础。为社会、为国家、为他人的献身精神，既反映了个人道德素质的提高，同样也体现着个人引以为荣的国家的道德升华。

二、以义导利

在这里，“义”，就是国家利益和集体利益，就是我们所强调的“道义”，相对于“公民个人合法利益”来说，它居于“首位”，有一种指导和导向的作用。我们是社会主义国家，正如邓小平同志所指出的：“社会主义的本质就是解放生产力，发展生产力，消灭剥削，消除两极分化，最终达到共同富裕。”因此，“公平”、“公正”和“应当”，最重要的就是最大多数人的利益，这也就是“三个代表”的最根本的要求。在中国传统的义利之辩的长期争论中，汉代以后，特别是在宋代，儒家在强调“见利思义”、“义以为上”的价值取向中，含有重利贱义、贵义轻利的倾向，这是我们在继承传统伦理思想时所应当特别注意的。社会主义国家的义利观，应当是在义利统一的基础上的先义后利，重义而不轻利，贵义而不贱利。从一定的意义上，我们也可以说，在义利观上，我们是主张义利并重的，但是，我们同样强调，我们是“以义导利”和“先利后义”的。

在社会主义市场经济条件下，“以义导利”，就是说在追求公民个人合法利益时，要以国家利益和集体利益为导向，任何个人利益的取得，都不能损害国家利益和集体利益。

三、义利相成

“义”和“利”不但是相互统一的，而且是相辅相成的。

在“以义导利”的原则下，我们还应当提倡“以利促义”，从各个方面给那些重视国家利益和人民利益的公民以必要的个人利益，包括精神鼓励和物质鼓励，使“重义”的人不吃亏。对那些因“奉献社会”、“见义勇为”而身心健康和经济利益受到损失的人，国家和社会更应当给予应有的补偿。“利益”作为一种力量，不但能够驱动经济的发展、驱动人们从事自私自利的行为，同样，我们也可以运用“利益”作为一种力量来“驱动”和促进人的道德行为。

五　精神生活与道德品质

自觉培养共产主义道德品质*

在实现社会主义现代化的过程中，提高我们的共产主义觉悟，培养共产主义的道德品质，有着十分重要的意义。

共产主义道德的根本原则，就是集体主义。我们不论从事什么工作，都要以革命的集体利益作为最高的原则，把个人的一切同集体利益联系起来，把我们的工作、劳动和学习同伟大的共产主义理想联系起来。一般来说，道德是调整人和人之间、个人和集体之间的行为规范的总和。我们每一个人，可以说每时每刻都要和其他人、都要和集体发生关系，总是要出现个人利益同其他人的利益、同集体利益的矛盾。怎样来培养我们的共产主义道德品质呢？其中很重要的一点，就是要随时随地考虑、分析自己的言行，究竟是有利于集体，还是不利于集体？究竟是个人利益服从了集体利益，还是损害了集体利益？一个人要有道德，就必须在个人和整体的关系中，在个人和周围其他人的关系中，牺牲个人的某些利益来维护整体的利益。所以说，道德总是或多或少以自我牺牲为前提的。培养共产主义道德品质，我们必须记住这一点。

共产主义道德的原则、规范等，确实是不容易一下子达到的。但是，我们无论如何也要拳拳服膺，力求逐步做到。我们决不能把共产主义道德的要求，看成是大话、空话，而要把它看成是我们自己行为的准

* 本文原载《人大周报》，1981-03-18。

则。如果认识到这一点，我们就会严格要求自己，经常地检查我们的行为，提高我们在对他人、对社会关系中的自觉性。只有这样，我们才能从少到多、从勉强到愉快地牺牲自己的一定利益，来照顾别人和社会的利益，从而形成一心为集体、一心为人民的共产主义道德品质。

马克思在《青年在选择职业时的考虑》中曾说：“如果我们选择了最能为人类福利而劳动的职业，我们就不会为它的重负所压倒，因为这是为全人类所做的牺牲，那时我们感到的将不是一点自私而可怜的欢乐，我们的幸福将属于千万人。”尽管这段话是马克思青年时期说的，但是，直到今天，这一思想还值得我们很好地领会。

共产主义道德与精神文明*

我国正在进行的社会主义四个现代化建设，以及目前经济体制的改革，不但使我国的生产力得到蓬勃的发展，而且正在对我国人民的精神面貌、道德品质发生着积极的影响。大家知道，没有高度的社会主义物质文明，就没有高度的社会主义精神文明；但这并不是说，社会主义的物质文明建设起来之后就会自然而然地出现高度的社会主义精神文明。高度的社会主义物质文明和精神文明，并不是在任何情况下都能够始终如一地同步向前发展的。我们只有不断加强包括共产主义道德在内的共产主义思想教育，才能使我们在社会主义物质文明的基础上，建设起高度的社会主义精神文明。共产主义思想是社会主义精神文明区别于资本主义精神文明的本质特征，它规定着社会主义精神文明的方向和性质。

共产主义思想包含着许多方面的内容，其中主要有马克思主义的科学理论、共产主义的理想以及共产主义的道德教育、人生价值目标的选择等等。这些内容无一不是要引导人们坚定共产主义信念，为社会主义"四化"建设贡献力量。那么，在实际生活中，应该怎样去做，才能符合共产主义思想的要求呢？这就涉及到个人利益与集体利益的关系问题。这是共产主义道德的核心问题。共产主义道德的基本原则是集体主义原则，它强调个人的、局部的、暂时的利益，应该服从整体的、全局

* 本文原载《光明日报》，1986-04-07。

的、长远的利益，当个人利益与整体利益发生矛盾的时候，应该有一种牺牲精神。只有这样，才能使一个集体形成一种向心力，并且发展成为一种强有力的凝聚力，从而达到为社会主义服务的目的。同时，共产主义道德的集体主义原则还注重个人正当的利益要求。在经济改革中，正当的个人利益，或人们对个人物质利益的关心，对社会主义建设有着很重要的作用。共产主义道德不仅是要调解人与人之间的这种关系，而且要使个人的自由、个性、尊严在有利于集体的原则下得到更好的发展。集体主义强调集体利益高于个人利益，但它绝不会抹杀个人利益、抹杀个性和个人的创造性。坚持共产主义道德原则，我们就可以培养和造就出大批的“四有”新人，就可以建设成高度的社会主义精神文明。

树立高度的责任意识*

迈向21世纪，我们面临着种种挑战和竞争，其中最重要、最根本的是人才的竞争。能不能提高和健全我国的国民素质，这必将是我们能否在21世纪取得各种胜利和民族能否兴旺发达的关键。

在人才素质方面，提高全民的责任意识，强化对他人、对集体、对企业、对国家的责任观念，树立忠于职守、忠于事业、忠于承诺、忠于人民、忠于国家的高度责任感，具有特别重要的意义。培养一个人对事业的高度的责任心和对自己应尽义务的极端负责态度，对于我们正在进行的有中国特色的社会主义建设，以至整个中华民族的兴衰存亡，都有不可忽视的重要意义。

改革开放以来，在我们的舆论宣传中，较多地讲到个人的利益、个人的权利、个人的价值、个人的自由等等，使人们在这方面有了新的认识。为了扩大改革开放和建设有中国特色的社会主义，为了使个人能够得到全面的发展，为了使我们的经济发展有一种强有力的动力，这种强调有其积极的意义。

同时，我们还应当认识到，权利总是和义务相对的，个人的价值又总是同他对社会所尽义务的程度相联系的。在我们注意个人的权利、利益和价值时，更应该强调“责任”和“义务”的重要。没有责任和义

* 本文原载《人民日报》(海外版)，1995-02-23。

务，不能够尽自己最大的力量去完成自己所应尽的责任和义务，其结果，不但个人利益、权利和尊严不能实现，而且必然使整个民族、整个国家也不能得到应有的权利和尊严。

一个人在社会中生活，必然要同各种不同的人发生不同的关系，从而处在不同的地位，担负着不同的角色，承担着不同的责任。在考察和评价一个民族的素质和一个国家的国民素质时，我们往往会看到，对所承担的义务的认真履行的程度，对所应尽的责任的认真态度，往往是判断这个国家或民族的素质高低的重要依据。每一个人都能自觉地、积极地、严格地去完成自己对他人、对集体、对社会、对国家的责任，整个社会的各项事业就会蓬勃向上地发展，各种工作都会有机、有序地顺利前进，人和人之间的关系也必然更加团结和谐。

相反，如果人们只是去追求个人的私欲，向往金钱财富，斤斤计较于个人利益的多少，尽情地去追求享受和享乐而忽略自己对社会、国家的责任，从而对于自己应尽的义务敷衍塞责，马虎应付，玩忽职守，消极怠工，那么，整个社会、整个国家的各项工作，就会因此而紊乱、涣散、凋敝以至衰败，这个民族就不可能兴旺发展，整个国家也就不可能得到振兴。这种对他人、对事业、对国家缺乏责任感的情况，更是同现代化对人的素质的要求不相适应的。对于一个人来说，他的高度责任感，是他高尚人格的一个重要内容；对于一个国家来说，国民素质中的高度责任意识，必然是这个国家的国格的重要方面。提高我们的国格，就要提高全民的责任观念。

从历史上来看，中华民族有着“忠于职守”、“克己奉公”、“严肃认真”、“庄诚肃敬”的优良道德传统。“尽己之为忠”，把自己最大的力量奉献出来，履行自己在社会中所应当尽的责任。曾子“吾日三省”的一个重要内容，就是“为人谋”必须要忠，孔子说：“居处恭，执事敬，与人忠。”强调独居要不懈不怠，办事要严肃认真，对人要尽心尽力。《礼记·学记》中就提出要敬业乐群，把对自己所从事的职业的高度责任心，作为人们的一个重要道德要求。

“敬”和“诚”在中国传统道德中，主要是强调一个人在对他人、对社会所承担的义务和责任中，在个人的立身处世中所应具备的极端负责的态度，也是一个能够使自己达到高尚道德境界的重要手段。“敬”就是认真，就是专心，就是要集中自己精力而不懈怠，就是一丝不苟地去做自己应当做的事。“诚”就是全神贯注，就是全心全意，就是“无妄”，就是不要有虚假，不要自欺欺人，要言行一致，对人、对事、对自己的义务，都应当有一种真挚精神。

在建设有中国特色的社会主义的伟大事业中，在继承和弘扬我们民族的忠于职守的敬业精神的同时，更需要一种新时代的高度责任感。

为了振兴中华，为了建设有中国特色的强大的社会主义国家，为了提高我们的国民素质以迎接21世纪的挑战，我们更应当强调对国家、对民族的责任心。

毛泽东同志在谈到革命者所应具有的素质时，特别强调大公无私、积极努力、克己奉公、埋头苦干的精神。认为白求恩同志的毫不利己、专门利人的精神，就是他对“技术的精益求精”，“对工作的极端的负责任，对同志对人民的极端热忱”。只要我们能够注意加强对全国人民的责任意识、素质的培养，我们的国民素质就一定能够不断提高，我们的社会主义建设事业就一定能蓬勃地向前发展，我们的民族必将成为大有希望的民族。

社会主义与精神生活*

社会主义和共产主义是人类理想的最美好的社会，正如邓小平同志所指出的，社会主义的本质就是解放生产力和发展生产力，消灭剥削，消除两极分化，达到全社会共同富裕的目的。邓小平同志又说，我们不但要建设高度的社会主义的物质文明，还需要建设高度的社会主义的精神文明，而建设社会主义精神文明的根本目的，就是要培养有理想、有道德、有文化、有纪律的社会主义新人。

改革开放以来，我们在物质文明建设和精神文明建设两个方面，都取得了极其重大的成就，这是我们每个人都能体会到的。但是，比较起来，我们还应当看到，精神文明建设，特别是在人的精神生活方面，还存在着令人值得忧虑的现象，这就是在物质生活水平不断提高的同时，一些人的精神生活却出现了严重的问题。在物质生活的家园中，生长着繁茂的稻麦和果树，而在一些人的精神家园中，却一片荒芜。这里，不但杂草丛生，甚至一些毒草也混迹其间，污染了人们的精神生活，其危害是不可忽视的。

物质生活充实而精神生活空虚，对于这一问题，应当引起我们的严重注意。

由于缺乏精神力量的支持，一些人在物质生活上富裕了之后，就无

---

* 本文原载《中华英才》，1999 年总第 209 期。作者略有删节。

所作为，模糊了人生的远大理想和生活的真正意义。由于他们把生活富裕看做是人生的唯一目的，因而只知道追求生活的享乐，贪图安逸，不求上进，有的甚至盗窃、贪污，腐化堕落；又有一些人为了追逐名利和权位，不择手段，把个人的私利和自己的小家庭的利益，视为人生追求的唯一目的。在我国社会上，黄、毒、赌的不断蔓延发展而不能得到有效的禁止，正是和一些人在物质生活上已经富裕起来，而精神生活仍然十分空虚有着密切的关系。一些地方甚至赌博成风，以赌为业，不务生产，影响工业和农业生产的发展，产生许多不应有的纠纷。一些地方封建迷信盛行，求神拜佛的现象不断发生，一些所谓巫医、巫婆，更是乘机谋财害命，为非作歹。

在一段时期内，经济建设的严重任务压得我们喘不过气来，我们简直可以说是不遑顾及或者说是无暇顾及我们的精神家园。现在，我们总算有可能喘口气了，在加强经济建设的同时，必须着力耕耘耕耘我们的精神家园了。对于这个问题，我们应当有一个清醒的认识，应当不失时机地做好这方面的工作。

我们正在建设有中国特色的社会主义，我们不但要使全国人民在物质生活上越来越加富裕，而且也要使他们的精神生活越来越健康和充实。资本主义社会是非常重视生产力的发展和物质生活的改善的，但是，它们却不能用崇高的理想和信念来充实人们的精神生活；社会主义和资本主义相比，它的优越性之一，就是它既能够使广大人民在物质生活上富裕起来，更能够使人们在精神生活上充实起来。

早在1995年9月，江泽民同志就提出要把精神文明建设提到更加突出的地位，之后他又进一步提出："物质贫困不是社会主义，精神空虚也不是社会主义。"1998年11月，江泽民同志在访问日本期间，再次强调"财富再多，没有道德也是不行的"，以动员全国人民，提高认识，搞好我们的精神文明建设。一切有志于建设社会主义的仁人志士，一定要认清时代赋予我们的神圣责任和历史机遇，共同努力，在建设好我们的物质家园的同时，把我们的精神家园建设得更加美好。

崇尚英雄、向往崇高是时代的要求*

在社会主义精神文明建设中，更好地发挥英雄模范的典范作用，推动全国人民学习先进，发扬为人民、为集体、为国家的献身精神，是社会主义改革开放的需要，是国家兴旺发达的需要，是时代精神的需要。

新中国成立以来的实践说明，大力宣传和推广在革命和建设中所涌现出来的先进集体和先进人物，能够更好地在全社会形成崇尚先进、学习先进的良好风气，能够提高广大人民群众的思想素质和道德素质，有利于社会风气的改善。

新中国成立以来，学习先进人物在社会上所产生的影响，是极其重大的。50年代的“铁人”精神及其艰苦创业、战天斗地的气概，对我国人民的精神面貌，带来了前所未有的巨大变化；60年代焦裕禄的忠于人民、忠于社会主义的精神，对我们克服困难、战胜灾害起了不可估量的作用；人们都还铭记在心的雷锋精神，他的一心为人民、一心为集体、一心为革命的全心全意为人民服务的言论和行动，直到今天，对我国社会风气的改善和人民思想觉悟的提高，仍然产生着重要的影响。在去年的抗洪救灾中，以李向群为代表的无数英雄所表现出的万众一心、众志成城、不怕困难、顽强拼搏、坚忍不拔、敢于胜利的抗洪精神，更

* 本文作于1999年，原载《罗国杰文集》，1243～1246页，保定，河北大学出版社，2000。

是改革开放以来我国人民精神风貌的崇高体现，是社会主义道德的升华，是我国当前战胜一切艰难困苦、不断走向胜利的精神支柱。

为什么这些英雄人物能在人民群众中产生如此巨大的社会效应？最重要的一点就是，他们都有着高尚的人生追求，希望把自己的一生献给最壮丽而美好的事业；他们都有高尚的道德情操，有一种为人民、为国家、为集体的献身精神，能够随时关心人民的利益和国家的利益，并时刻准备着为集体和人民的利益而做出必要的牺牲。他们的言行，体现着中华民族优良道德传统的新的升华，体现着革命道德的进一步发扬和光大，体现着社会主义精神的新的发展。

在社会主义市场经济条件下，提倡向英雄模范和先进人物学习，有利于抵制一切腐朽思想，特别是个人主义、拜金主义和享乐主义对我国人民的侵袭，有利于提高人们的思想境界和道德情操。大力开展和提倡向英雄模范和先进人物学习，对净化社会风气，改善人际关系，提高道德素质，更好地培养“四有”新人，都有十分重要的意义。

人们常说，榜样的力量是无穷的。榜样为什么能够产生无穷的力量？因为榜样就是一面旗帜，榜样就是一种鼓舞人们上进的动力。一个崇高的形象，能够启发人们的良知，促使人们自我反省，给人以上进的勇气，产生催人奋发的激情。它既能在理性上给人以向善的认识，又能在情感上给人以强烈的感染，它能引导人们自觉地追求崇高的人生，实现道德的升华。榜样又是一种强有力的净化剂，它能通过分析、对比、参照和思考，提高人们鉴别善恶和评价是非的能力，净化人们的灵魂，使人们在先进人物的纯洁高尚的行为中得到陶冶，在潜移默化中得到灵魂的升华。

在当前的社会中，也还有一些人，对学习英雄模范和先进人物存在着种种疑虑。有的人认为，市场经济条件下，人人都追求自己的利益，提倡向先进人物学习，不会有什么实际的效果；有的人把提倡向先进人物学习，看做是超越了当前的历史阶段；有的人只强调道德的群众性而反对道德的先进性；有的人从自己的自私自利的思想境界和人生观出发，认为这些英雄人物都是人为地制造出来的，是现实中并不存在的。因此，他们只强调要人们遵守最低的伦理道德的准则。更有甚者，有的人把提倡社会主义道德的最高要求，看做是什么“左”的行为，有的人竟然公开主张要远离革命、躲避崇高，不但自甘堕落，而且还要用一些极端腐朽、极端自私的思想和行为来腐蚀和影响人民群众。这些与社会发展和进步的不和谐的噪音是十分错误的。我们可以肯定地说，一个人，如果自觉或不自觉地陷在自私自利的泥潭中而不能自拔，他不但不可能在道德上有所提高，而且就根本不可能理解和认识向先进人物学习的意义。在提倡向英雄模范和先进人物学习的过程中，我们一定要注意提高人们的思想境界，启发人们的道德要求，从而使英雄模范和先进人物的精神能发挥更大的作用。

道德要求不是道德的实然描述，而是道德的应然提倡，离开了对道德理想境界的追求，也就等于否认了道德本身。市场经济条件下，在某种程度的道德无序的情况下，提倡人们要遵守起码的道德准则是有意义的，但这只是道德的最低要求，不能因此而放弃对道德理想的提倡。在法制尚不健全的社会，强调遵守法律是重要的，但不能因此而认为，人们只要遵守法律，也就是遵守道德了，这就混淆了法律和道德的本质区别。不管主观想法如何，其结果，必然走向否认道德的能动作用，不利于社会的进步。

社会在发展，时代在进步。随着经济的发展，我国人民的精神面貌也正在发生着巨大的变化。在物质生活水平日益提高的同时，广大人民群众更加要求思想道德和精神文明的提高。我们的伟大时代和我们正在从事的伟大事业，都要求有高尚的思想境界和道德情操。社会主义的英雄模范和先进人物是在群众中涌现出来的，崇尚英雄和向往崇高，是人民群众的自觉要求。坚持不懈地开展向英雄模范和先进人物学习，是我们应当长期进行的一项重要工作。

提高道德素质　增强精神力量*

在建设有中国特色社会主义的道路上实现中华民族的伟大复兴，既需要发展先进生产力，又需要发展先进文化，提高人们的思想素质和道德水平，提升人们的精神境界，增强人们的精神力量。两者相互促进、相辅相成，都是实现和维护最广大人民的根本利益所不可缺少的。发展先进文化的重要内容和中心环节是加强社会主义思想道德建设，而社会主义思想道德建设的主要目的就是提高广大人民群众的思想道德素质，促进人的全面发展。正如江泽民同志在“五·三一”重要讲话中指出的，我们必须在发展社会主义经济、政治的同时，加强社会主义精神文明建设，大力发展面向现代化、面向世界、面向未来的，民族的、科学的、大众的社会主义文化，不断丰富人们的精神世界，不断增强人们的精神力量。要把培育和弘扬民族精神作为文化建设的一个极为重要的任务，使广大人民在建设有中国特色社会主义的征途上，始终保持奋发有为、昂扬向上的精神状态。

越是发展经济，越要加强思想道德建设；越是实行社会主义市场经济，越要重视精神文明建设，这是我们在建设有中国特色社会主义中应该始终遵循的一个基本原则。我们既要看到市场经济的积极方面，充分发挥市场经济的作用，努力促进社会生产力的发展，同时也要看到市场

---

* 本文原载《人民日报》，2002-09-19。

的缺陷和消极因素会反映到人们的思想意识以及人与人之间的关系上来，造成一些人理想信念淡漠和精神生活空虚。因此，随着社会主义市场经济的发展，我们不但不应当削弱思想道德建设，相反，“必须把社会主义精神文明建设提到更加突出的地位”，坚持把物质文明建设和精神文明建设作为统一的奋斗目标，在加强物质文明建设的同时加强精神文明建设，防止和克服这样或那样忽视思想道德建设的倾向。

共产党人是辩证唯物主义者，既重视物质生产在社会发展中的最终决定作用，也充分肯定精神力量和思想道德在改造客观世界中的能动作用。高尚的道德来自正确的世界观、人生观和价值观。毛泽东同志曾指出：“人是要有一点精神的，无产阶级的革命精神就是由这里头出来的。”他强调要充分发挥人的主观能动作用，认为物质可以变成精神，精神可以变成物质。邓小平同志把革命精神看成是我们战胜千难万险的根本原因。他指出，改革开放的目的，一方面是要提高人民的生活水平，同时还必须使人民的精神生活不断丰富、精神境界不断提高、精神力量不断增强。江泽民同志根据新形势下出现的新情况，提出“物质贫乏不是社会主义，精神空虚也不是社会主义”。一个民族，物质上不能贫困，精神上也不能贫困，只有物质和精神都富有，才能成为一个具有强大生命力和凝聚力的民族。

精神力量和思想道德的能动作用，是决不可以低估和小视的。在特定的情况下，精神和道德能够变成一种“至大至刚”、“无坚不摧”的浩然之气，成为战胜一切艰难困苦、克服一切危险处境的重要精神动力，它能够使人心凝聚、精神振奋，能够使一个民族成为具有强大生命力和凝聚力的民族，使一个国家成为昂扬向上、团结奋进的国家。伟大的事业需要并产生伟大的精神，伟大的精神支撑和推动着伟大的事业。中华民族之所以能够“自尊、自信、自立、自强”于世界民族之林，之所以能够不断发展和繁荣，是同这种精神力量、道德力量紧密联系在一起的。传统的民族精神，对中华民族的形成、发展和繁荣发挥过不可代替的作用；中国共产党成立以来形成的井冈山精神、延安精神、铁人精神、雷锋精神、焦裕禄精神、“两弹一星”精神、“九八”抗洪精神等等，在中国革命、建设和改革中的巨大作用更是人所共知的，没有这些精神，就不可能有社会主义革命和建设的巨大成就。这些精神都是需要在社会主义思想道德建设中发扬光大的。

在《公民道德建设实施纲要》印发一周年和迎接党的十六大召开之际，我们更要自觉地把培育和弘扬民族精神作为文化建设的一个极为重要的任务，通过加强社会主义精神文明建设，大力发展先进文化，不断丰富人们的精神世界，不断增强人们的精神力量，培育一代又一代有理想、有道德、有文化、有纪律的社会主义公民。

论奉献精神*

一、什么是“奉献精神”？什么是“无私奉献”？

发扬“奉献精神”，对提高全民族素质、弘扬民族精神和时代精神，形成良好的社会道德风尚，促进物质文明与精神文明协调发展，具有十分重要的意义。在市场经济条件下，在实行按劳分配的同时，尤其要提倡社会主义的“奉献精神”。

主观上有利己的动机，客观上为社会做了好事，算不算是奉献？

一般来说，“奉献”是主观动机和客观效果的统一，是思想和行为的统一。奉献既要有善良的“动机”，又要有实际的行动和相应的效果，这种统一是通过主体一连串实践活动来体现的。抱着利己的动机，采用以“付出”来换取个人或小团体利益的行为，不属于奉献。如果一个企业家以“捞取”一个“中国青年五四奖章”为先决条件，否则就不肯“捐助”，这种利己动机驱动下的捐款，不能算得上“奉献”。我们的社会不应当也不可能授予他这样的奖章，因为他不符合这个奖章所具备的条件。

---

* 本文原载《以德治国与公民道德建设》，257～263页，郑州，河南人民出版社，2003。

“奉献”作为一种精神，不能只停留在“思想”或“动机”上，任何“动机”是否善良，只有通过实践的检验，才能得到证明。任何人的“奉献”和“奉献精神”，都不能只是“口头”上的，它必须有一连串的行动来体现。“奉献精神”应当以自己的社会效果（有物质的、精神的）来衡量其价值，这是对的；但是，动机不好的所谓“效果”，是不应当赋予“奉献”的“美名”的。一个有奉献精神的人，即使他的行为没有取得预期的效果（如冒死下水救人，但未能救活），他的奉献精神仍然是崇高的。奉献精神对社会的积极效应，既有现实的物质方面的价值，更有精神方面的价值，忽视任何一个方面，都是不妥当的。

“奉献”是一种真诚的、自愿的对他人、对社会、对国家的一种崇高的责任意识，体现着一种高尚的思想道德境界。奉献就是一种责任，一种精神，一种境界，一种爱心，一种追求。

奉献精神的发扬，能够使国家的凝聚力不断加强，使社会的风气得到净化，使民族的精神得以弘扬。奉献精神能使人和人之间的关系得以和谐，能够使个人的灵魂和人格得到升华。

“奉献”与中华民族的“民族精神”、与社会主义的集体主义精神，有着更加紧密的联系。“奉献”是中华民族精神在新时代的升华，是社会主义精神的一个重要组成部分。在中华民族的伦理文化中，“热爱祖国”、“热爱人民”、“助人为乐”和“乐于奉献”的精神，像一条红线一样，贯穿在生生不息的历史过程之中。这种奉献精神是我们民族最可宝贵的精神财富。

奉献精神同党的为人民服务宗旨一脉相承。“三个代表”重要思想要求共产党人必须代表最广大人民的根本利益，全心全意为人民服务，也就是要求共产党员要有为社会、为国家和为人民的奉献精神。

奉献精神同社会主义道德的集体主义原则，有着内在的联系，它是社会主义道德集体主义原则的重要组成部分。集体主义要求人们以集体利益为重、要求个人利益服从集体利益，其中就蕴涵着对社会、对国家、对他人的“奉献”精神。

什么是“无私奉献”?

无私奉献精神，是把国家和人民利益放在首位，全心全意为满足社会需要而贡献自己的力量。

“无私奉献”，是奉献精神的最高层次。它以对人民、国家和社会主义的无限忠诚、以“全心全意为人民服务”的高尚思想道德、以“毫不利己、专门利人”的精神境界，为社会、为国家、为他人“鞠躬尽瘁、死而后已”。白求恩、张思德、雷锋、焦裕禄、周恩来等先进楷模，他们用宝贵的生命谱写了一曲又一曲“无私奉献”的凯歌，用实际的行动体现了“无私奉献”的崇高人格，用真诚的爱心，显示了“无私奉献”的对人民的无微不至的关怀。

在1998年的抗洪抢险和今年的抗击“非典”等斗争中，都涌现出了许多英雄模范，他们所表现出的精神，使我们对“无私奉献”有了更深刻的理解。“无私奉献”，不同于一般的“奉献”，它超越于一切“功利”、舍弃了个人的利益、不计较任何报酬，把保障国家利益、维护社会安定、谋取他人幸福作为自己的人生目的，这种“无私奉献”精神，能够“杀身成仁、舍生取义”，能够“见义勇为”，乐于牺牲自己的个人利益以换取社会和整体的利益。“无私奉献”精神，总是同“自我牺牲”、“个人付出”和“义务劳动”联系在一起的，没有或多或少的个人利益的“牺牲”和“付出”，也就谈不上“无私奉献”的精神。

二、“奉献精神”是不是有不同的层次？

奉献精神是有层次的。大体来说，可以分为三个层次：“无私奉献”是这一精神的最高层次；“尽职尽责”、“忠于职守”是它的第二个层次；助人为乐、力所能及地为他人、为社会做一些好事，是它的第三个层次。

“奉献”的最高层次就是上面所说的“无私奉献”。这里特别要强调的是，这种“无私奉献”，不但是一种精神，而且是一种“人格”，是一种“境界”，是一种人类发展和进步的强大动力。这种奉献，虽然因人、因时不同，虽然可以有大小、多少之分，但它们的价值是同样崇高的。从古到今，无数思想家、科学家和普通劳动者之所以能创造出一个个的奇迹，都是同这种力量分不开的。“无私奉献”作为一种“境界”，尽管在“奉献”中，一个人作出了自我牺牲，但他却能在对他人的“献身”中使自己得到满足，在使他人幸福中，得到自身精神的升华。他愈是对社会“付出”，他的人格就愈加充实。“无私奉献”既可以在轰轰烈烈的紧要时刻、在生死攸关的关键时刻体现出来，它也能够在日常生活的细小事情中、在极端负责的职业生活中凸显出来。一个人，只要能够把有限的生命，全部投入到为人民服务的事业中去，就可以做到“无私奉献”。

“尽职尽责”、“忠于职守”是奉献精神的第二个层次，是社会主义道德基本规范的重要要求。在日常工作中，奉献精神更多地体现在“爱岗敬业”、“忠于职守”、“认真负责”的精神中。本来，一个人在自己的工作中，就应当兢兢业业，把自己的本职工作做好，这也是应尽的义务。但作为“奉献精神”，一个人还必须对自己的工作有一种“极端的负责任”的意识，有一种高度的责任感。特别是当工作中遇到了困难、出现了危险，甚至可能危及个人的安全的时候，一个人更应当从“忠于职守”的要求出发，力求在困难和逆境中，做好自己的本职工作。

确实，一般来说，“尽职尽责”、“爱岗敬业”不能算是“奉献”，因为，“拿了工资，就要把本职工作干好，就要完成任务”。我们同时还要看到，“对工作的极端负责任”，对“岗位”的极端热爱，已经突破了“一般的”尽职尽责的范围，超越了“按劳分配”的界限，升华了“完成任务”的局限，是在尽职尽责的基础上的更高层次的“责任意识”，是我们大多数人经过努力可以做到的。在特殊情况下，我们需要自我献身，甚至牺牲生命来无私奉献；在更多的情况下，我们需要“对工作的极端负责任”和“高度的责任意识”来为社会作奉献。“高度的责任意识”对我们民族的复兴、国家的富强、经济的发展、道德的提升和突发事件的应对，都有着非常重要的意义。正是在这一意义上，我们把它看做奉献精神的第二个层次。

“助人为乐”、“志愿行动”、“爱心活动”等，都属于奉献精神的一个基本的层次。中国有句古话说“勿以恶小而为之，勿以善小而不为”，这就是说，要在日常生活中多做有利于他人、有利于社会和国家的事情，尽管这些事都属于小事，但是，“积善成德”这种小事，也是一种对他人、对国家、对社会的“奉献精神”。一个人，在自己的工作中诚实劳动，还不能说就是“奉献”，只有把自己的“诚实劳动”同“助人为乐”、“志愿行动”等有利于他人和社会的事结合在一起，才能说是一种奉献精神。

在弘扬和提倡奉献精神的同时，我们必须要考虑到把先进性要求与广泛性要求结合起来。既要弘扬“无私奉献”的高尚精神，树立榜样，鼓励先进；同时又要从当前我国人民的实际生活和道德水平出发，使广大人民群众的思想觉悟和道德水平能够循序渐进。在大力提倡“无私奉献”的同时，积极鼓励一切“助人为乐”、“服务群众”、“志愿行动”等各种活动，引导人们不断提升自己“奉献”的层次，以达到逐渐上升到更高层次的目的。

三、“无私奉献”和“按劳分配”是什么关系？

“无私奉献”和“按劳分配”是两个不同领域的范畴。“无私奉献”不是否认按劳分配，恰恰相反，它既是在按劳分配的基础上，又是“超越按劳分配”而形成的一种崇高精神。“无私奉献”不是否定个人的正当利益，而是在为社会和他人作贡献时，不以获得报酬为前提，“不计报酬”的多少和有无。“不计报酬”和“不要报酬”，意义是不同的。

“无私”与“无酬”也是两个不同的概念。道德高尚的人可以做到不带任何自私自利之心地为社会、为他人和为国家献身，但无法做到任何工作都不要报酬。在社会主义社会中劳动仍然是一种谋生的手段。事实证明，贯彻按劳分配原则，使劳动贡献大的人能得到相应的较高报酬，同发扬无私奉献精神，是相辅相成的，它们之间还有着相互促进的作用。

在讨论到对“无私奉献者”的“报酬”和“报偿”时，我们还必须要区分两个不同方面的问题。一个方面是，从“无私奉献者”个人来说，他的“无私奉献”是“不以有无报酬”和“报酬多少”为前提的，他在为维护人民利益需要作出牺牲时，能够自觉地牺牲个人利益，甚至自己的生命；另一方面，从社会、集体、国家来说，则应当使“无私奉献者”得到相应的“经济的”、“精神的”和“道德的”报偿，不但要在物质生活上给予应有的关心和照顾，而且要在人格上、精神上给予他们以相应的荣誉。社会愈是能及时、充分、全面地提供这种“关心”、“照顾”和“报偿”，则“无私奉献者”就愈能更好地发挥他们的“无私奉献精神”。

四、提倡“奉献精神”，开展“青年志愿者”活动，是不是会培养“自私自利”、“占小便宜”的思想？这样做的结果，是不是会为“懒人、自私”服务？

在广泛开展奉献活动中，的确有极少数“自私”的人，会从他人的“奉献”活动中，捞取到一些“小的便宜”，社会上开展的某些“献爱心活动”，也可能影响到如理发、家电修理、自行车补胎等服务领域的个体劳动者的经营。但是，我们更应当全面地看到，这种奉献精神所带来的人的素质的提高、社会风气的转变、人际关系的和谐等，其正面的、积极的社会效益，同这些小的负面影响相比，可以说是微不足道的。正像不能“因噎废食”一样，不能因这极少数“自私”的人而否认奉献精神的重要。何况，奉献精神的发扬光大，必将进一步提高这些“自私”者的思想觉悟，使这些人在奉献精神的陶冶和教育下，改变自己“占小便宜”的思想，转过来自觉地投入到为他人服务的行列中。我们应当力求使“服务群众”的“活动”，不断地加以完善，使它真正能够为那些确实困难的人提供及时的帮助。

个体劳动者依靠自己的诚实劳动来获得报酬，也应当在自己力所能及的范围内，为社会、为他人作出应有的贡献。对于社会上的“志愿者活动”，应当抱着积极支持的态度，而不应以影响“个人收入”的“私心”来看待这种奉献精神对国家、对社会的伟大意义。何况，人的素质提高了，道德风尚改善了，也是我们经济发展的一个重要的动力，随着经济的发展，个体劳动者的诚实劳动，也必将在这种发展中不断发展。

对共产党员来说，奉献应该是必需的。为了保持共产党员的先进性，应当随时随地尽自己的最大努力，在各种不同的岗位上，为他人、为社会、为国家作出自己的“奉献”。党的十六大把“三个代表”重要思想同马克思列宁主义、毛泽东思想和邓小平理论一道，确立为党必须长期坚持的指导思想。“三个代表”重要思想，归根结底来说，就是为了满足人民群众日益增长的物质文化生活需要，不断实现广大人民的根本利益。发扬奉献精神，就是要为广大人民群众的利益而献身，就是实践“三个代表”的实际行动，是一切共产党员义不容辞的责任。

五、要形成一种有利于发扬“奉献”的机制

为了更好地发扬奉献精神，为了形成整个社会“人人奉献”的社会风气，我们还必须建立相应的机制。虽然，奉献精神不断地在社会上出现，无私奉献的先进榜样总是在鼓舞着人们，但是，如果没有社会和国家对奉献精神的支持、鼓励和报偿，奉献精神就不可能发扬光大。为此，社会应当建立一整套完善的机制，包括物质奖励的经济报偿，以便更好地营造一个有利于奉献的社会环境和舆论氛围。社会要大力提倡、鼓励、称赞体现时代要求的奉献精神，特别是那些“无私奉献”的先进典型，要把思想引导与利益调节、精神鼓励与物质奖励统一起来，要满腔热情地考虑“无私奉献”者在各个方面需要解决的问题。一方面，提倡“无私奉献”者要为国家、为人民、为他人作出“牺牲”，要不怕吃亏；另一方面，一定要避免“英雄流血又流泪”和“好人总是吃亏”的结局。只有这样，奉献精神才能在社会上形成风尚，才能不断发展，长盛不衰。

“物质贫困不是社会主义，精神空虚也不是社会主义”，市场经济的建立和完善，不断地呼唤奉献精神。在物质生活日益提高的基础上，我们应当特别注意“丰富人们的精神生活，增强人们的精神力量”，弘扬奉献精神，促进人的素质的提高，促进我国现代化建设事业的发展。

六　爱国主义

爱国主义是推动历史前进的巨大精神力量*

爱国主义是动员和鼓舞中国人民团结奋斗的一面旗帜，是推动我国历史前进的巨大力量。在中华民族的传统精神和道德中，最重要的、贯串始终的，就是一种重民族、重国家的整体主义精神，从一定意义上说，也就是一种爱国主义精神。

中华民族的爱国主义传统有长达几千年的历史，而且不断地得到发展和丰富。尤其值得我们弘扬的是，我们的民族有一种坚强不屈、不怕困难、不畏挫折，在外敌侵略、压迫和欺侮的时候，总是要挺直腰杆，勇于献身，抗击侵略，保卫我们国家和民族的尊严，表现出一种崇高的浩然正气。

对于中华民族的爱国主义传统，我们必须用马克思主义加以分析，剔除其中某些封建性的糟粕。但是，我们决不能因此而否定弘扬中华民族优良的传统精神的重要时代意义。只要我们能赋予优良爱国主义传统以新的时代意义，就一定能对我们的现实生活产生强大的精神力量。

特别应当提到的是，在建立和发展社会主义市场经济的过程中，由于种种原因，可能会诱发某些人的个人主义、享乐主义和拜金主义滋

---

* 本文原载《北京日报》，1994-10-11。

生。因此，弘扬爱国主义，弘扬中华民族的传统的爱国主义精神，对当前的种种消极现象，有较强的针对性。中华民族的优良的爱国主义传统是增强民族凝聚力，反对个人主义、享乐主义、拜金主义，从而更好地培养“四有”新人的强大思想武器。

爱国主义和责任意识*

中华民族在长期发展中，形成了自己特有的爱国主义思想。这一思想包含着相辅相成的两个方面：一方面是家庭、社会和国家对个人成长的关心，另一方面是个人所形成的对家庭、社会和国家的强烈的责任意识。在中华民族形成、巩固和进步的过程中，这种责任意识，不但增强了中华民族的凝聚力和向心力，而且成为保卫民族独立、捍卫民族尊严、促进民族和国家富强的重要力量。特别是每当外敌入侵、国家安全和人民幸福遇到危难时，这种报效国家、报效民族的强烈意识，更成为仁人志士们“杀身成仁”、“舍生取义”、“前仆后继”、“虽死不辞”的力量源泉。“鞠躬尽瘁，死而后已”、“先天下之忧而忧，后天下之乐而乐”、“天下兴亡，匹夫有责”，就是这种责任意识的强烈表现。

“责任意识”在中华民族发展的历史过程中，已经凝聚为民族精神的一个重要部分，成为中华民族爱国主义的一个富有生命力的生长点。“施惠莫记，受恩必报”，是中国优良传统的一个重要准则，也是对个人的道德品质进行评价的一个重要标准。一个人在受到家庭、他人、社会、国家的教育培养而成人后，是不是把报答父母、报效社会和报效国家作为一种神圣的责任，并不断自觉地强化自己所应当履行的这种责任意识，是衡量一个人的道德和人格是否高尚的试金石。中国传统道德强

---

* 本文原载《人民日报》，1995-03-15；1998年1月17日《光明日报》重新修订刊载。

调“投桃报李”、“感恩报德”、“孝顺父母”、“忠于国家”，也都是从这种“责任意识”出发的。

改革开放以来，我国在财力极为有限的情况下，一方面大力发展生产力，一方面又极为关心人们的物质生活和精神生活的提高，并在教育和培养人才方面，做了很大的努力。我们的青少年一代，之所以能够在文化、技术、思想、道德方面不断得到提高，在各项事业中取得不同程度的进步和发展，对前途充满信心，这一切都是同国家的教育和关怀分不开的。国家的兴旺发达同每个人的发展息息相关，个人对国家的责任意识是国家强盛和个人发展的重要环节。

因此，在对广大青少年进行爱国主义教育时，除了要大力加强祖国的大好河山、悠久的历史文化、优越的社会主义制度等教育，还应当进行个人对国家的“责任意识”的教育，从各个方面，阐明个人对国家所应尽的“责任”和“义务”，从而深化个人对国家的“深厚感情”，陶冶个人对国家的献身精神。我们之所以说，爱国主义是对国家的一种崇高感情，就是因为这种感情是建立在对国家的“责任意识”的基础上的。强化人民对国家的“责任意识”，这是我们当前进行爱国主义教育应当特别注意的一个问题。

为了更快地发展我国的生产力，更迅速地促进经济进步和使每个人都能得到全面的发展，这些年来国家特别强调每个人的个人利益、个人价值和个人权利等，这种强调有其积极的意义。同时我们还应当认识到，在社会、集体和国家大力关心个人利益和权利的同时，每个人更应当想到自己对集体、对社会、对国家所应尽的责任和义务。权利总是和义务相联系的，随时随地都能想到自己对社会、对国家所应尽的义务，是社会主义政治觉悟和道德觉悟的表现。一个人的觉悟越高，就必然会表现出对国家的更为强烈的义务感和责任意识。

广大人民群众对国家的责任意识的强弱，直接关系到国家的兴衰。如果每一个人只是去关心和追求个人的利益，斤斤计较个人得失，把社会和国家对自己的培养和教育之恩德置之脑后，甚至把个人对国家、对社会的应尽责任，当做是对个人发展的桎梏和约束，不思报效国家，只想个人享受，完全不顾自己对社会、对国家的责任，哪里还可能有爱国主义的精神和报效祖国的思想？这样，整个国家和民族就会像“一盘散沙”，国家也就不可能发展，中华民族就更不会得到振兴和腾飞。

应该加强民族尊严教育*

对民族尊严的教育应该提到一个更高的层次上来。我个人认为，在建设有中国特色社会主义的同时，我们应该清醒地认识到，一些西方敌对势力时刻梦想着怎样破坏和颠覆我们的有中国特色的社会主义，这种险恶居心日益明显。

中国是五千年的文明古国，有悠久的文化传统和强烈的民族尊严。但近代以来百余年中国受尽欺辱，我们的民族利益和民族自尊曾严重地受到损害，日本帝国主义侵占过大半个中国，他们还豢养了一大批汉奸。改革开放以来，许多殖民文化思想在那些民族自尊心不强、拜金主义严重的人那里找到了滋生的市场。而在国外，如日本右翼势力反复叫嚣要否认历史，背后确实有一种卷土重来的野心，这些国内国外的坏的倾向、坏的隐患，就是我们当前一个很大的危险。

近年来崇洋媚外的思潮在一些地方还很严重，我们有些影片是一味以辱己媚洋来讨赏，影响极坏。今天，我们确实应该大力弘扬爱国主义，维护民族尊严，对那些殖民文化、崇洋媚外、追求金钱而不顾民族利益、民族尊严的举动，应该严厉抨击。一个民族如果忧患意识淡薄，对拜金主义、享乐主义和极端个人主义缺乏警惕，这将是非常危险的。忘记被侵略的历史，就等于背叛了国家的利益。

---

* 本文原载《国防报》，1996-06-21。

现在有些思想倾向上的问题很严重，有人就提出：太平天国走革命的路走错了；曾国藩镇压太平天国走改良的路是对的；孙中山搞革命也错了，搞出军阀混战；甚至有人说中国早在鸦片战争时就应该亡于英国，如不进行反侵略战争，中国说不定今天早就变成另一个日本了。我认为：西方文化不是人类的救世主，它有好的东西，但也有糟粕，它当不了救世主。今天许多人沉迷于西方文化之中，为什么那么多店铺起一个个又难听又难懂的外国名字？有个个体户告诉我：起中国名字就没人来买你的东西，他们觉得日本、美国的东西更好卖。从某种角度上讲，这就是殖民文化的土壤，我们应该加强民族尊严教育，从讲政治的高度看待这个问题。在改革开放和大力发展经济的同时，切实抵制西方文化的不良影响，弘扬民族精神和社会主义思想道德。

爱国主义精神大发扬*

在同百年不遇的特大洪水的斗争中，中国人民所表现出来的这种伟大的、崇高的精神，是中华民族的优良传统和社会主义革命精神的高度结合，是中华民族精神的生动体现。

中华民族的精神，是千百年来中华民族在历史上所形成并经过近百年来革命人民在争取解放和建设新社会的斗争中所发展起来的一种伟大精神。在社会主义建设的新时期，大力弘扬和培育这一精神，对于振兴中华、实现"四化"，有着特别重要的现实意义。

这次抗洪抢险的斗争是对我国综合国力的一次严重考验，我们之所以能取得这次抗洪抢险斗争的伟大胜利，除了党和国家的正确领导、比较雄厚的物质基础以及全国人民的团结外，中华民族精神的巨大力量是不可低估的。在同滔滔洪水的搏斗中，不论是前方的解放军战士、共产党员和广大人民群众所表现出来的前赴后继、不怕牺牲的精神，还是后方人民所做出的无私奉献、慷慨捐助，都表明了这种精神在夺取这次胜利中的巨大作用。

这种精神，主要体现在哪些方面呢？

首先，这是一种崇高的集体主义的精神，是把人民利益、国家利益放在首位的精神。特别是在人民利益和国家利益受到威胁和处于危险的

* 本文原载《北京日报》，1998-09-07。

时候，每一个个人，都能够为国家利益和人民利益尽自己的最大的努力，来保护人民生命财产的安全和国家的利益，在紧急的关头和必要的时候，甚至不惜牺牲个人的生命。在这次抗洪救灾抢险的过程中，解放军战士、共产党员和先进分子所表现出来的英勇顽强、义无反顾、全心全意为人民服务的精神，就是这一精神的最好体现。正像抗洪英雄、空军某高炮团指导员高建成在牺牲前所说的："即使我们牺牲，也要保护大家安全。"他是这样说的，也是这样做的。

其次，这是一种伟大的爱国主义的精神。中国民族正处在一个历史的转折时期，是一个正在振兴和腾飞的时期。每一个解放军战士、共产党员和广大的有觉悟的中国人民都十分清楚地意识到自己的崇高的责任。"天下兴亡，匹夫有责"、"先天下之忧而忧，后天下之乐而乐"，国家的兴衰存亡，同个人的生死荣辱有着不可分割的关系。这种伟大的爱国主义的精神，同中华民族的整体主义精神密切联系。正是由于有了这种精神，中华民族才能在几千年的历史时期内，始终保持自己的多民族团结，保持我国的多民族国家的统一，使我国能够在漫长的历史时期内，屹立于世界民族之林。

最后，这是一种新型的社会主义和共产主义的精神，是一种不计报酬、全心全意为人民服务的精神，是一种超越利害、超越生死、毫不利己专门利人的精神。在面临生死考验的时刻，一个人只要有了这种精神，就必然能够把生存的希望让给别人，把死亡的危险留给自己，就必然能够舍生忘死、义无反顾，从而达到一种崇高无私的精神境界，凝聚为一种"至大至刚"的精神力量。正是有了这种力量，才能够战胜许多难以想象的困难，并用血肉之躯阻挡住百年不遇的洪水恶浪，创造出一个又一个"惊天动地"的人间奇迹。

这次抗洪抢险斗争中所表现出来的这种崇高而伟大的精神是怎么形成的，如何更好地爱护、培养和弘扬这种精神，是我们在今天所应当认真考虑和反思的。

我们应当明确地看到，在社会的价值导向上，加强社会主义、集体主义和爱国主义的教育，认真提倡社会主义和共产主义的道德，坚持不懈地反对个人主义、享乐主义和拜金主义，是我们必须长期坚持的指导思想。建国几十年来，特别是改革开放以来，正是由于我们坚持了这一指导思想，并在长期的实践中进行教育、培养和锻炼，并经过千锤百炼才形成的。同时，每一个人的自觉修养、刻苦锻炼，也有着重要的作用。我们一定要把社会的教育和个人的努力更好地结合起来，保持和培育中华民族的这一伟大精神，使它更加发扬光大。

爱国主义精神是一切事业长盛不衰的强大动力*

国家哲学社会科学基金重点项目《国球长盛考》是一项理论与实际紧密结合、反映我国乒乓球队50年辉煌成就的一篇重要的成果总结，值得推荐。

中国乒乓球队，自成立到今天，50年来，长盛不衰，拼搏不息，犹如一颗灿烂光耀的明珠，为举世所瞩目，其中所蕴涵的财富，需要我们认真地深思和总结。永不停息的创新精神、艰苦卓绝的刻苦训练、高瞻远瞩的战略眼光、顾全大局的团队精神和德艺双馨的领导核心等等，都是重要的方面，我这里仅就爱国主义精神方面，谈一些认识。

在《国球长盛考》中，我深深地感到，一种热爱社会主义国家的崇高情感，一种为集体荣誉而敬业奉献、不断创新的伟大精神，一种报效祖国的团结协作的高尚情操，等等，是这一“长盛”的重要原因。

爱国主义作为一种强大的精神力量，是社会主义社会三个主旋律的首要方面，是我们社会主义时代的最强音。爱国主义是一种情感，是人的各种感情中最崇高、最宏大、最持久而又最深沉的一种情感。爱国主义又包含着一种个人对祖国的培养、教育、关心、爱护的真挚而深情的报答。在提倡丰富人民的精神世界、增强人民的精神力量的今天，推行《公民道德建设实施纲要》，弘扬爱国主义精神，有着尤为突出的意义。

---

* 本文原载《以德治国与公民道德建设》，159～161页，郑州，河南人民出版社，2003。

50 年来，中国乒乓球队正是紧紧抓住了这一关键环节，从各个方面来启发引导、潜移默化、联系实际、以理服人地进行爱国主义的教育，从而使爱国主义的思想和感情深入人心，这是值得我们肯定的。

我国有着悠久的历史和光辉灿烂的文化，有着幅员辽阔的国土以及富饶的资源等等，这都是我们进行爱国主义教育的极好资源。祖国对个人成长所起到的巨大和根本性的作用，祖国的繁荣昌盛同个人的密切关联，报答祖国的恩德是一个人道德高尚的体现等等，是我们进行爱国主义教育的重要环节。中国乒乓球队也正是密切地注意到这一关键环节，有的放矢、细雨润物，把爱国主义渗透到日常的思想工作中，产生了好的效果，这也是值得肯定的。

确实，对一个乒乓球的运动员来说，从幼儿园到小学，从业余体校到省队、国家队，包括整个的教育、培训、服装、伙食、场地、陪练、器材等等，国家和集体要付出无数心血，这是每一个运动员都亲身体会得到的。在我们的运动员成长的过程中，这种帮助、关心和爱护，除了物质方面以外，更为重要的是思想道德的提高和精神境界的提升。每一个运动员的成长过程中，都免不了要遇到困难、失败、打击和挫折，而这所有的困难、挫折和失败，又都是在同志和领导、在集体和团队的努力下克服的。在我国运动员的集体中，一个优秀运动员的出现，还往往是同许多运动员的陪练相伴随的，甚至一些极为优秀的选手，为了集体的成功，都能够甘当人梯，为集体献身。这些也都是我们所熟悉和理解的。我们是社会主义国家，有正确的世界观、人生观和价值观作为导向，有同志间相互帮助、相互关心、相互爱护的优良作风，有重视思想政治工作的革命传统，这些都是我们的特殊优势。正如邓小平同志所说的："从延安到新中国，除了靠正确的政治方向以外，不是靠这些宝贵的革命精神吸引了全国人民和国外友好人士吗？没有这种精神文明，没有共产主义思想，没有共产主义道德，怎么能建设社会主义？"他还特别强调，"理想"、"信念"等精神力量，"无论过去、现在和将来，都是我们的真正优势"。中国乒乓球队之所以长盛不衰，就是因为他们很好地发挥了这一"优势"。

当然，每一个优秀运动员的成绩的取得，都是和个人的艰苦努力分不开的，但谁都不能否认，没有社会主义的集体和国家的大力支持，这种成绩的取得，肯定是不可能的。

中国乒乓球队的“星光”为何这般灿烂？加强对运动员的社会主义的爱国主义教育，激发运动员的爱国主义思想，启发他们把真挚的报国之情，转化为一种“至大至刚”的强大力量，这是一条重要的经验。只有充分发挥社会主义的爱国主义精神，才能使运动员在精神上气度宏伟，在技术上精益求精，在队员间精诚团结，在战略上高瞻远瞩，在比赛中英勇拼搏，败不馁、胜不骄，从而使我国的乒乓球运动与时俱进、长盛不衰。

七　精神文明

两个文明要一起抓*

《中国青年报》举办的专题调查报告征文活动，对我国当前进行的社会主义精神文明建设，无疑将是一个推动。

征文从各个方面，反映了社会主义精神文明建设中的新情况、新问题、新气象和新经验，给人们以很多重要的启示。尽管征文涉及到的问题很多，但是，最重要的一点，就是物质文明和精神文明必须一起抓，只有把两个文明的建设紧密地结合起来，才能使我们的“四化”建设沿着正确的方向前进。很显然，片面地强调物质文明的建设，轻视精神文明建设，或者认为可以先进行物质文明建设后，再来进行精神文明的建设，甚至认为只要物质文明上去了，精神文明就可以自然而然上去的论点，已经为实践证明是有害的。

金钱或个人的物质利益虽然可以在一定限度内调动起人们的积极性，但是在社会主义社会中，没有共产主义的远大理想，没有为人民服务的精神，没有关心他人、爱护集体的觉悟，要想把我们的事业搞好，要想有好的社会风气，这是根本不可能的。“一切向钱看”的拜金主义瘟疫，只能腐蚀人们的灵魂，影响社会的风尚，甚至造成青少年的堕落、犯罪，将会使人们迷失方向，甚至有可能使我们的整个事业偏离马克思主义的指导，偏离社会主义的道路。而在改革中出现的精神文明的

* 本文原载《中国青年报》，1986-01-02。

先进单位之所以能收到较好的成效，最根本的原因就是，他们强调了共产主义理想、信念的教育，提高了人们全心全意为人民服务的自觉性。北京宣武区青少年综合包户服务活动的调查、武汉客运段37/38次车队建设“文明列车”的经验、山东省沂源县凉泉村之所以能成为长期的“文明村”等，就是很好的说明。征文中的许多篇，在这方面给了我们很好的启示，它们能引人深思，发人深省。物质文明的发展，不能解决自身的方向问题，它可以是资本主义的，也可以是社会主义的。只有以共产主义为核心的社会主义精神文明的建设，才能引导我们的事业在社会主义道路上顺利前进。

从征文的许多新情况、新问题和新经验中，还可以看到，物质文明建设和精神文明建设、经济生产领域和思想道德领域这两个方面，它们之间有着错综复杂的联系。这种联系是如此地相互制约、相互渗透和相互影响，以致我们在很多情况下还不能够深刻地认识到它们之间的规律。但是，许多专题调查报告，已经从不同的方面找出了这些契机（我们今后还应该用更多的力气，来探索这两个文明之间的有机的联系），这对我们今后加强这方面的工作，是极为有益的。

《中国青年报》的同志们要我参加这次征文活动的评奖，使我有机会读到了许多优秀的征文，受到了很多教育。在此，特向报社的同志和征文的作者们表示感谢。

精神文明建设中价值导向的作用*

“改革开放与社会的道德价值导向”，是一个极其重要的研讨课题，伦理学界的同志们能就这一问题取得共识，是有重要意义的。思想道德建设，是社会主义精神文明的灵魂，它规定了整个精神文明的性质和方向。在当今的情况下，国际形势风云变幻，国内外敌对势力相互配合，极力要对中国进行和平演变，妄图把中国社会主义引向邪路，中国的社会主义方向问题，成了最值得注意的一个问题。我们之所以强调思想道德建设的重要性，强调思想道德建设是精神文明建设的灵魂，也正是从道路、方向的意义上讲的。“灵魂”这个词，许多年来已经不怎么提了，现在重新提出来，更使人们感到有“提神”的作用；灵魂，是主宰，是统帅，是起决定作用的，对于一个人来说，没有了灵魂，不是成了行尸走肉，不知道会走到什么地方去了吗?

从思想道德建设的重要性，更可以看到社会主义道德价值导向的地位和作用。从一定意义上，我们可以说，社会主义的价值导向，在思想道德建设中，占据着核心的地位。当然，在这里，社会主义的价值导向的内涵是多方面的，不只是伦理道德的价值导向。为什么这么多年来，我们许多同志总是强调社会主义的集体主义，反对形形色色的个人主义，也正是因为牵涉到我们的灵魂是沿着正确的道路前进，还是被魔鬼

---

* 本文原载《精神文明》，1991 (4)。

攫去并引向地狱的大是大非问题。

我们必须坚定不移地以经济建设为中心，大力发展社会生产力，但是我们必须反对最近几年所出现的庸俗的生产力论，这种理论从一种庸俗的、急功近利的、小市民的狭隘眼光来看待一切，从而否定精神文明建设，否定思想道德建设，否定社会主义集体主义价值导向的意义。因此，在强调精神文明建设的同时，必须要强调精神文明建设中价值导向的地位和作用。

最近，对精神文明建设的重视程度是增加了，但是，要真正使这一手“硬”起来，恐怕还要做许多工作。我们要识别和挫败国内外敌对势力和平演变的图谋，就必须要提高全国人民的觉悟，从而在思想上筑起抵御和平演变的“钢铁长城”。在建筑这一新的“钢铁长城”时，社会主义社会的价值导向、马克思主义的理论、共产主义的信念就是它的钢筋铁骨，有了这些，这一“长城”才是坚实的。

“两个文明一起抓”的重大意义*

在缅怀邓小平同志的丰功伟绩和理论贡献时，我们深切地感到，这一理论博大精深，包含着极为丰富的内容。我着重从个人的教学和研究工作出发，谈谈邓小平关于“物质文明和精神文明都搞好，才是有中国特色的社会主义”的论述，对马克思主义、毛泽东思想所作的创造性发展及其重要的理论意义和现实意义。

“物质文明和精神文明都搞好，才是有中国特色的社会主义。”邓小平把社会主义精神文明提高到有中国特色社会主义的本质属性的高度，为全党和全国人民指明，在以经济建设为中心、大力进行物质文明建设的同时，特别是在改革开放的条件下，决不能忽视精神文明建设。他预见到改革开放、市场经济的积极作用及其可能带来的风险，提出了克服这些风险的办法，从而使我们能沿着社会主义道路健康地向前发展。他明确指出：“我们现在搞两个文明建设，一是物质文明，一是精神文明。实行开放政策必然会带来一些坏的东西，影响我们的人民。要说有风险，这是最大的风险。”他还进一步指出，不加强精神文明建设，物质文明也要受破坏，走弯路，尽管物质文明建设的成绩喜人，但风气如果坏下去，经济搞成功又有什么意义？会在另一方面变质，反过来影响整个经济变质，发展下去会形成贪污、盗窃、贿赂横行的世界。由此，他

---

* 本文原载《北京日报》，1997-03-17。

一而再、再而三地强调要提高对精神文明建设重要性的认识和培养“有理想、有道德、有文化、有纪律”的“四有”新人的极端重要性的认识。邓小平同志关于精神文明建设的一系列重要思想，由于他高瞻远瞩，有科学预见，而且实事求是，分析深刻，把握准确，在理论上有重大的创造性，在实践上对现实生活有极其重要的指导意义。党的十四届六中全会关于精神文明建设若干重要问题的决议，正是依据了邓小平同志关于物质文明和精神文明都要搞好，才是有中国特色的社会主义的一系列论述所做出的重要决定。今天，我们怀念邓小平同志，就应当更坚定地以邓小平建设有中国特色社会主义理论为指导，紧密团结在以江泽民同志为核心的党中央周围，把我国的社会主义大业，不断地推向前进。

重视道德的精神动力作用实现社会全面进步*

江泽民在《在纪念党的十一届三中全会召开二十周年大会上的讲话》中再一次强调指出："社会主义社会作为人类历史上崭新的社会形态，是以经济建设为中心的全面发展、全面进步的社会。经济、政治、文化协调发展，两个文明都搞好，才是有中国特色社会主义。"如果只重视物质文明的建设而不重视或忽视精神文明，特别是思想道德建设的重要，我们的物质文明建设就没有动力，经济发展的目标就不可能实现，也就不可能达到建成有中国特色社会主义的目的。

什么是我们的物质文明建设的"动力"？这是一个需要我们重新认识的问题。在我国实行社会主义市场经济以来，人们大都重视物质利益的作用，认识到物质利益是发展生产的"动力"，但是却忽视了精神文明，特别是思想道德的极其重要的"动力"作用，从而使人们陷入了一个"误区"。从一定的意义上来说，精神文明，特别是思想道德，是一种更为重要、更加根本的动力，是保证我国的现代化建设能够沿着社会主义道路健康发展的不可须臾缺少的动力。

这里需要特别强调的是，精神文明，特别是思想道德，作为一种"动力"看来，它是同人们的世界观、人生观和价值观相联系的具有方向性的"动力"。这是同西方资本主义社会中的精神文明和思想道德的

* 本文原载《高校理论战线》，1999（1）。

“动力”有着本质的不同的。我们的精神文明，特别是思想道德，都是社会主义的，都是同激励、教育、引导和推动广大人民群众走社会主义道路有着直接关系的。我们的精神文明是以马克思列宁主义、毛泽东思想和邓小平理论为指导的精神文明，我们的社会主义道德是以为人民服务为核心，以集体主义为原则，以爱祖国、爱人民、爱劳动、爱科学、爱社会主义为基本要求的道德。这一“动力”的产生，不仅仅是从物质利益的满足得到的，而是建立在一种科学的世界观、人生观和价值观的牢固基础之上的，是保证我国沿着社会主义道路向前发展的精神动力。正是在这一意义上，我们才强调只有两个文明都搞好，才是有中国特色的社会主义，如果没有了精神文明建设这一具体方向性的“动力”，我们建设的社会，也就不可能是有中国特色的社会主义了。

物质利益和物质鼓励，对于经济的发展，虽然也有一种“动力”的作用，但是，一般来说，这一“动力”，是同人们的世界观、人生观和价值观没有必然的联系的，是同个人的经济利益直接挂钩所产生的一种“动力”，因此，也可以说，它是一种没有方向的“动力”，是可以走向社会主义，也可以走向非社会主义方向的“动力”。当然，在我国以公有制为主体、多种所有制共同发展的基本经济制度和人民民主专政条件下，在社会主义的精神文明的影响和制约下，这种由物质刺激和物质鼓励所形成的“动力”，在大多数情况下，也会有利于社会主义的发展。在建设四个现代化的长期过程中，在社会主义初级阶段的历史时期内，我们一定要看到物质利益和物质鼓励在推动社会发展中的重要“动力”作用，看不到它的作用，我们就不能更好地发展我国的生产力。同时，我们也要清醒地认识到，仅仅依靠这样一种“动力”，不但是远远不够的，而且还有可能使我们的四个现代化建设误入歧途。

江泽民同志在 1997 年 1 月指出：“物质贫乏不是社会主义，精神空虚也不是社会主义。”指出了精神境界和精神动力在建设社会主义社会中的重要作用。在这次纪念十一届三中全会二十周年大会上的讲话中又说：“平均主义不是社会主义，两极分化也不是社会主义。”进一步强调了坚持社会主义就必须坚持共同富裕，而要想实现消灭剥削、消除两极分化和实现共同富裕的社会主义的最终目的，又必须重视精神动力的作用，因为，只靠物质鼓励和物质刺激的“动力”，我们是不可能消灭剥削、消除两极分化和达到共同富裕的目的的。加强社会主义和共产主义的道德建设，更好地发挥社会主义精神文明，特别是思想道德的“精神动力”的作用，是我们坚持社会主义道路、坚持社会主义社会全面发展的一个重要问题，应当引起我们的高度重视。

八　道德建设

主旋律的核心思想*

当前，值得我们认真研究和思考的一个问题是：在社会主义市场经济条件下，在强调等价交换、按劳分配，提倡竞争和重视物质利益的情况下，还要不要坚持“为人民服务”这一思想呢？坦率地说，现在有些人确实受到拜金主义、极端个人主义和享乐主义的影响，自觉不自觉地不再相信和实行“为人民服务”，而是要“为人民币服务”了。还有一些人明里或暗里相信“人都是自私的”、“人不为己，天诛地灭”。还有人在刊物上公开发表“金钱就是万能的”和“向钱看”的主张，认为“天下熙熙，皆为利来；天下攘攘，皆为利往”，把“为人民服务”同建立社会主义市场经济体制对立起来，从而成为当前在舆论氛围和价值导向上一种令人忧虑的情况。因此，重新认识“为人民服务”在今天的意义，是十分有针对性的。

今天，只要我们坚持四项基本原则，我们就必须坚持“为人民服务”的思想。如果在思想道德建设上，在价值导向上，放松了对“为人民服务”思想的弘扬，就有把人们导入邪路的危险。“为人民服务”是我国应当提倡的主旋律的核心思想，是我们反对极端个人主义、拜金主义和享乐主义的强大思想武器。

商品经济发展和实行社会主义市场经济，对我国的思想道德的影

---

* 本文原载《医德信息》，1994（8）。

响，既有积极的正面效应，也有消极的负面效应，这一点，已经越来越为更多的人们所认识。所谓商品经济的消极效应，最值得我们注意的就是它可能诱发个人主义、自私自利、享乐主义和拜金主义。对商品经济、市场经济的积极效应，我们应当尽量使其得到充分的发展；对它的消极效应，应当高瞻远瞩地进行预防、抵制和把这种可能或已经产生的消极效应，缩小到最低限度。在当前，“一手硬”和“一手软”的现象之所以不能够很好克服，主要原因，是在一些人的头脑里，只看到商品经济对发展生产力的促进作用，而看不到对社会主义的思想道德建设带来积极作用的同时所带来的严重的消极作用。

为人民服务思想的弘扬和宣传，对于防止、抵制商品经济的消极作用来说是一个强大的思想武器。我们不能笼统地主张，我们要完全适应商品经济的发展来“重建”我们的道德。我们不能把“为人民服务”也当做是计划经济下的产物，看做是与市场经济相抵触的、相违背的、陈旧过时的道德标准，看做是在今天不能为人们所接受的假、大、空的道德要求。我们仍然要把“为人民服务”作为我们的价值导向，教育人民和青年。对于市场经济条件下的种种道德问题，要用马克思主义的立场、观点、方法进行分析，我们只能去适应商品经济对社会主义的积极效应的方面，坚决抵制并克服由商品经济所引起的背离社会主义道德的种种消极现象和负面影响。

把为人民服务思想贯彻到服务工作中*

创建全国社区服务示范城区，是一项利在当前、功在长远的重要活动。它不仅能够解决群众生活中的许多困难和问题，密切人和人之间的关系，而且，还能够促进“在全社会形成团结互助、平等友爱、共同前进的人际关系”，这种人际关系，是我国社会主义精神文明建设的一个根本的目的。

在创建全国社区服务示范城区的活动中，我们要把“为人民服务”的思想，从始至终地贯彻到一切活动中去，只有这样，我们的创建活动，才能成为广大群众的真正自觉的活动，才能获得强大的生命力。

“为人民服务”作为社会主义道德的核心和要求，主要是指，要一切从人民的利益出发，随时随地关心着群众的要求，急群众所急，想群众所想，济困扶危，排忧解难，尽一个人的力所能及，为人民群众服务。“为人民服务”可以是完全无偿的，可以是多劳少得，即低偿的，也可以是有偿的。在社会主义市场经济条件下，无私奉献、不讲报酬的思想和行为，是为人民服务思想的崇高体现，是我们应当认真加以提倡的。在现在各地的社区服务中，正像我们在南京市玄武区的社区服务中所看到的，由社区志愿者所组成的各种志愿者服务活动，大多都是无偿或者低偿的。他们的思想和行为，已经成为群众的榜样，对社区服务的

---

* 本文原载《光明日报》，1998-11-04。

发展起到了很好的作用。

同样，也应当承认，从为群众服务、为他人着想的思想出发，依靠诚实劳动而获取必要劳动报酬的行为，同样也是为人民服务思想的体现，也是我们在今天应当加以推广和提倡的。实践证明，在现实的情况下，一个人为人民服务的形式，在大多数的时候，都是要获取一定的劳动报酬的，是有偿服务的。获取必要的劳动报酬，满足一定的物质生活条件的需要，是一个人能够从事生活和工作的条件。还应当指出的是，一个人在社区服务活动中道德水平和思想觉悟的高低，并不取决于他的服务是有偿还是无偿，而是取决于他的出发点和他的行为的实际效果。

公民道德建设是“以德治国”的重要内容*

社会主义道德建设，是社会主义精神文明建设的重要内容，是坚持先进文化前进方向的内在要求。《公民道德建设实施纲要》的公布和实行，对我国现阶段的精神文明建设和道德建设，是一项重大举措。

《纲要》把道德建设提高到实现“三个代表”的战略高度。这对形成追求高尚、激励先进的良好社会风气，保证社会主义市场经济的健康发展，促进整个民族思想道德素质的不断提高，全面推进有中国特色的社会主义的伟大事业，具有十分重要的意义。

《纲要》把公民道德建设提高到“以德治国”的重要内容的高度。应当看到，“刑罚”和“德教”有着互不相同而又不可代替的重要作用。“刑罚”重在对人们在犯罪后的惩罚，以发挥它的警示作用；而道德重在教育和劝导人们，提高人们的道德自觉，以避免人们犯罪。实施公民道德建设，就是加强对所有中国公民的道德教育和道德要求。

《纲要》强调公民道德建设是建立社会主义道德体系的重要环节。在社会主义市场经济的条件下，为了实施“依法治国”，必须建立和加强社会主义社会的法律体系；同样，为了实施“以德治国”，我们还必须建立与社会主义市场经济相适应的社会主义的道德体系。从群众的道德实践方面来说，究竟从什么环节入手？这是一个重要的问题。现在，《公民道德建设实施纲要》的实施，为我们找到了一个切入点和突破口。

---

* 本文原载《光明日报》，2001-10-31。

对《纲要》重要意义的认识*

社会主义道德建设，是社会主义精神文明建设的重要内容，是发展先进文化的内在要求。中共中央关于《公民道德建设实施纲要》的公布和实行，是我国现阶段的精神文明建设和道德建设的一项重大举措，《纲要》是新中国成立以来由中共中央所颁发的第一个专门关于道德建设的纲领性文件，而且也是中国历史上第一个关于全体国民或全体公民道德建设的文件。它不但在道德实践上有所突破，而且在道德理论上也有许多创新。它的公布和实施，必将对我国的精神文明建设和道德建设起到前所未有的重要作用。现在，从四个方面，谈谈对它的重要意义的认识。

（一）把道德建设提高到实现“三个代表”的战略高度。《纲要》把加强社会主义的道德建设提高到贯彻落实江泽民同志“七一”讲话和“三个代表”的战略高度来认识，更加突出了公民道德建设在当前的重要意义。江泽民同志提出的“三个代表”中的“代表中国先进文化前进方向”，主要指社会主义的精神文明建设，而思想道德建设，就是“先进文化前进方向”的主要内容和中心环节。《纲要》充分体现了先进文化前进方向的要求，是实践先进文化前进方向的重要举措，体现了中国最广大人民的根本利益。它的实施，对形成追求高尚、激励先进的良好

---

* 本文原载《高校理论战线》，2001（11）。

社会风气，保证社会主义市场经济的健康发展，促进整个民族思想道德素质的不断提高，全面推进有中国特色的社会主义的伟大事业，具有十分重要的意义。

（二）把公民道德建设提高到以德治国的重要内容的高度。正如江泽民同志所指出的："我们在建设有中国特色社会主义，发展社会主义市场经济的过程中，要坚持不懈地加强社会主义法制建设，依法治国，同时也要坚持不懈地加强社会主义道德建设，以德治国。对一个国家的治理来说，法治与德治，从来都是相辅相成、相互促进的。二者缺一不可，也不可偏废。"应当看到"刑罚"和"德教"有着互不相同而又不可代替的重要作用。"刑罚"重在对人们犯罪后的惩罚，发挥它的警示作用；而道德重在教育和劝导人们的思想，提高人们的道德自觉，启迪人们的良心，避免人们犯罪。实施公民道德建设，就是加强对所有中华人民共和国公民的道德教育和道德要求。《纲要》的公布和实行，必将有利于以德治国的更好实施，促进全民思想道德素质的提高。

（三）强调公民道德建设是建立社会主义道德体系的重要环节。在社会主义市场经济的条件下，为了实施"依法治国"，必须建立和加强社会主义社会的法律体系，以保障"法治"建设的顺利实行；同样，为了实施"以德治国"，我们还必须建立与社会主义市场经济相适应的社会主义的道德体系。加强社会主义道德体系的建设，是一个系统工程，从群众的道德实践方面来说，究竟从什么环节入手？这是一个重要的问题。《纲要》的实施，为我们找到了一个切入点和突破口。正像中共中央就贯彻执行《纲要》所发出的通知中指出的，"在新的历史条件下，从公民道德入手，继承中华民族几千年形成的传统美德，发扬党领导人民在长期革命斗争与建设实践中形成的优良传统道德，借鉴世界各国道德建设的成功经验和先进文明成果"，对于制定和完善社会主义的道德体系，是一个最好的途径。

（四）《纲要》在实践上的突破和理论上的创新。《公民道德建设实施纲要》是十四届六中全会决议中关于道德建设内容的补充、丰富和发展。从实践上来说，十四届六中全会决议在确定社会主义道德的核心、原则和基本要求的同时，对三大社会道德领域（社会公德、职业道德和家庭美德）的每一个领域，确定了五个道德规范，构成了60字的15个道德规范体系，这就是：社会公德的具体规范是文明礼貌、助人为乐、爱护公物、保护环境和遵纪守法；职业道德的具体规范是爱岗敬业、诚实守信、办事公道、服务群众和奉献社会；家庭美德的具体规范是尊老爱幼、男女平等、夫妻和睦、勤俭持家和邻里团结。经过充分的讨论和广泛征求意见，《纲要》提出了20字的道德规范，就是“爱国守法、明礼诚信、团结友善、勤俭自强、敬业奉献”。这20字道德规范更能实现家喻户晓，成为人们行动的准则。从理论方面来看，《纲要》中关于社会主义道德在社会生活中作用和意义、公民道德建设与以德治国的关系、公民道德建设的指导思想和方针原则、对道德核心和原则的全面而深入的解释、营造公民道德建设的社会氛围、道德建设的法律保障和政策支持等问题的论述，不但在实践上有直接现实的指导作用，而且在理论上都能够结合社会主义市场经济的新情况、新矛盾有新的阐发，对我国今后道德理论的建设，也有重要的指导意义。

公民道德重在建设*

社会主义道德建设是社会主义精神文明建设的重要内容，是发展先进文化的内在要求。中共中央印发的《公民道德建设实施纲要》是对党的十四届六中全会《决议》中关于道德建设内容的补充、丰富和发展，在道德理论上有所创新，在道德实践和道德规范上有重要突破。从理论上看，《纲要》主要是对社会主义市场经济条件下所出现的新问题作了有针对性的回答，有利于新的人际关系的协调；从道德实践上看，《纲要》对道德基本规范作了高度的概括，对道德的法律保障和政策支持的重要意义有新的论述，对舆论氛围在道德建设中的重大作用也作了新的阐发。这对于我们进一步发展社会主义的道德理论，实践社会主义道德规范，提高全体公民的道德素质，都有十分重要的意义。

我们知道，“刑罚”和“德教”有着互不相同而又不可代替的重要作用。“刑罚”重在对人们在犯罪后的惩罚，以发挥它的警示作用；而道德重在教育和劝导人们的思想，提高人们的道德自觉，以避免人们犯罪。道德建设重在劝导和教育，以启迪人们的良心，提高人们的素质，从根本上消除犯罪的根源。实施公民道德建设，就是加强对所有中华人民共和国公民的道德教育和道德要求。一切共产党员、先进分子、普通老百姓和所有从事各种不同职业的人，甚至是青少年，都属于公民的范

---

* 本文原载《光明日报》，2001-12-04。

围之内。《纲要》的公布和实行，必将促进全民思想道德素质的提高，有利于以德治国更好地实施。

《纲要》在指导思想上，对公民道德的核心和原则，作了全面的、多层次的、适应社会主义市场经济人际关系的新的解释。《纲要》既强调了“为人民服务”作为公民道德建设的核心，是社会主义道德区别于和优越于其他社会形态道德的显著标志，又强调“它不仅是对共产党员和领导干部的要求。每个公民不论社会分工如何、能力大小，都能够在本职岗位，通过不同形式做到为人民服务”。这就是说，“为人民服务”这一公民道德核心，包括多层次的内涵，无私奉献是为人民服务，先公后私是为人民服务，顾全大局是为人民服务，在自己的工作岗位上尽职尽责是为人民服务，遵纪守法、诚实劳动也是为人民服务。《纲要》对“为人民服务”所作的这一全面的、科学的、多层次的解释，充分反映了社会主义道德的先进性和群众性相统一的要求，对深入开展群众性的道德实践活动，有重要的指导意义。

《纲要》还提出了道德建设中一些相互关联的原则，如坚持社会主义道德建设与社会主义市场经济相适应、坚持继承优良传统与弘扬时代精神相结合、尊重个人合法权益与承担社会责任相统一、注重效率与维护社会公平相协调等等，在理论上都有新的突破。如关于公平和效率的问题，《纲要》提出了“在全社会形成注重效率、维护公平的价值观念”，强调要“把效率与公平结合起来，使每个公民既有平等参与机会又能充分发挥自身潜力，促进经济发展，保持社会稳定”。这一新的概括，既强调了“注重效率”在经济生活中的重要作用，也强调了“维护公平”在社会主义道德中的特殊意义，它对今后我国道德建设的发展，对全社会的共同富裕，对改善广大人民群众的生活水平和进一步调整人与人之间的关系，都有重要的指导意义。

《纲要》梳理了从古到今的道德规范的发生、发展和演变，继承了中国古代传统美德，提出了“爱国守法、明礼诚信、团结友善、勤俭自强、敬业奉献”20 字基本道德规范。《纲要》提出的新的“20 字基本道德规范”，是在十四届六中全会《决议》所提出的道德规范基础上的进一步的概括。十四届六中全会《决议》在确定社会主义道德的核心、原则和基本要求的同时，对三大社会道德领域（社会公德、职业道德和家庭美德）的每一个领域，确定了五个道德规范，构成了 60 字的 15 个道德规范体系，即社会公德的五个具体规范“文明礼貌、助人为乐、爱护公物、保护环境和遵纪守法”；职业道德的五个具体规范“爱岗敬业、诚实守信、办事公道、服务群众和奉献社会”；家庭美德的五个具体规范“尊老爱幼、男女平等、夫妻和睦、勤俭持家和邻里团结”。《纲要》提出的 20 字的道德规范，概括了上述道德生活的所有领域，适用于各种不同的社会群体，它更加言简意赅、通俗易懂、简单明了、容易记忆，更能为群众所喜闻乐见，便于家喻户晓，是每一个公民都应当遵守的基本道德准则。这 20 字的基本道德规范，不但继承吸收了古今中外一切优秀的道德成果，而且体现了社会主义新时期人际关系的客观要求，反映了道德规范发展变化的必然，弘扬了中华民族的时代精神，它的广泛宣传和实行，对提高所有公民的道德素质和形成追求高尚、激励良好社会风气来说，必将产生积极的影响。

为人民服务*

——社会主义道德建设的核心

为人民服务是社会主义道德建设的核心，是社会主义道德建设的出发点和落脚点，社会主义道德建设的一切活动，都要以最大多数人民的根本利益为最终目的。

为人民服务作为道德建设的核心，是社会主义道德区别和优越于其他社会形态道德的显著标志。在我们国家，为人民服务不仅是对共产党员和领导干部的要求，也是对广大群众的要求。每个公民不论职位高低、能力大小，都能够在不同岗位、不同层次，通过不同形式做到为人民服务。在新的形势下，必须继续大张旗鼓地倡导为人民服务的道德观，把为人民服务的思想融会贯通在各种具体道德规范之中。要引导人们正确处理个人与社会、竞争与协作、先富与后富、经济效益与社会效益等关系，提倡尊重人、理解人、关心人，为人民、为社会多做好事，反对拜金主义、享乐主义和个人主义，形成展示社会主义制度优越性、促进市场经济健康发展的良好道德风尚。

为人民服务是我们党的宗旨，是共产党人和一切先进分子的人生观和价值观，也是应当大力提倡的高尚道德。把为人民服务确立为社会主义道德建设的核心，是对马克思主义道德理论在新时期的一个新发展。

为人民的利益而工作，为人民的利益而献身，为人民的利益而英勇

* 本文原载《党建杂志》，2002（2）。

奋斗，是毛泽东同志一贯倡导的，也是中国共产党在长期革命斗争中所形成的一个根本的思想。在社会主义的现阶段，强调人民的利益，是同强调社会主义的利益相一致的，为人民服务的思想，是同社会主义的基本政治制度和经济制度密切相联系的。在改革开放的新时期，邓小平同志再一次强调为人民服务的重要意义，强调要把人民满意不满意、高兴不高兴、赞成不赞成作为检验我们一切工作的标准，把“我是人民的儿子”作为他对人民的信仰和尊重。由此可见，社会主义道德建设提出以为人民服务为核心，是有其深刻含义和丰富内容的。江泽民同志在庆祝建党 80 周年大会上的讲话中指出：“人民群众的整体利益总是由各方面的具体利益构成的。我们所有的政策措施和工作，都应该正确反映并有利于妥善处理各种利益关系，都应认真考虑和兼顾不同阶层、不同方面群众的利益。但是，最重要的是必须首先考虑并满足最大多数人的利益要求，这始终关系党的执政的全局，关系国家经济政治文化发展的全局，关系全国各族人民的团结和社会安定的全局。最大多数人的利益是最紧要和最具有决定性的因素。这是马克思主义的基本观点，各级领导机关和领导干部必须充分认识和认真实践。”因此，在贯彻和实践为人民服务这一社会主义道德的核心时，应当特别考虑为全国最大多数人的“利益要求”贡献自己的力量。

道德建设与身体力行*

道德的根本属性就是践行。离开了践行，不可能有任何真正的道德。《周易》说："是故，履，德之基也。"强调修德的核心就是要践履"礼"的要求，把能否践行当时的道德规范"礼"作为道德的基础。荀子说："口能言之，身能行之，国宝也。""口言善，身行恶，国妖也。"国妖者，就是我们所说的"两面派"、"伪君子"，这种人口言善而身行恶，所以是危害国家的妖孽。陆象山认为，基，始也，德自行而进也，不行，则德何由而积？宋代学者刘安世说："为学唯在力行。"古人说："说得一丈，不如行得一尺；说得一尺，不如行得一寸，故以行为贵。"明代王阳明更明确提出"知行合一"的命题，认为道德的唯一价值就在于"行"。他说：称某人行孝、某人知悌，必是其人已曾行孝行悌，方可称他知孝知悌，不成只是晓得些孝悌的话，便可称为知孝知悌？

道德建设中的"行"，就是要"反身实践"和"身体力行"。只有"体诸身、见诸行"，充之为品德，凝之为人格，才能使道德成为提升个人道德境界和改善社会风气的一种巨大精神力量。如果只是空言道德的重要，"入乎耳，出乎口"，"上口不上身"，"入耳不入心"，不论怎样广泛宣传和阐发精微，结果都必然是于事无补，不能达到提高人的道德觉悟和改善社会风气的目的。

---

* 本文原载《人民日报》，2007-06-22。

我国的道德建设和社会风尚，从总体上来看，是在曲折中不断向前发展的。一方面，党和政府一贯提倡的“为人民服务”、“献身社会”的价值导向和以“八荣八耻”为主要内容的社会主义荣辱观，正在和已经成为我国道德建设的主流，引领着我国的社会风尚；另一方面，也要清醒地看到，趋利弃义、唯利是图的价值取向也在一部分人中弥漫，给我国的道德风尚带来不容忽视的负面影响。一些人的实际行为与道德要求相违背、与社会的道德理论和道德实践相脱离以及“说”与“做”相脱节等等，已经成为我国道德领域中值得注意的重要问题。

道德上的“反身实践”和“身体力行”，要从每一个人做起。只有人人都从我做起，从身边的事情做起，才能使道德建设落到实处。与此同时，道德建设的领导者、提倡者和教育者的模范带头作用，具有更加重要的意义。

孔子曾经说过，“君子之德风，小人之德草。草上之风，必偃”。扬弃其时代的局限，这句话在今天仍有其合理的因素。从社会道德风尚的变化来看，领导者、提倡者和教育者的道德，像风一样引导着社会的道德动向：老百姓的道德，就好像地上的草一样，总是跟随着领导者、提倡者和教育者的道德行为而改变着自己的道德追求。由此可见，在社会主义道德建设中，领导者、提倡者和教育者如果能“以身作则”、“诚敬笃行”，真正践行以“八荣八耻”为主要内容的社会主义荣辱观，那就一定能在社会上刮起阵阵强而有力的道德之风，全社会的道德风尚也会向好的方向发展。在加强道德建设中，我们一方面寄希望于人民群众的道德实践，另一方面更寄希望于道德建设的领导者、提倡者和教育者能够在身体力行上为人民群众作出表率。

建设与市场经济相适应的社会主义道德体系*

发展社会主义市场经济有利于解放和发展社会主义社会的生产力，增强社会主义国家的综合国力，提高人民的生活水平；有利于增强人们的自立意识、竞争意识、效率意识、民主法制意识和开拓创新意识等，调动人们的积极性和创造性，推动社会的道德进步。但也要看到，市场自身的弱点和消极方面，如趋利性、自发性等反映到道德生活中来，反映到人与人的关系上，易于诱发拜金主义、享乐主义、极端个人主义等各种有悖于社会主义道德的行为和现象。今年是中央印发《公民道德建设实施纲要》十周年，实践证明，建立和发展与社会主义市场经济相适应的社会主义道德体系，可以提高广大人民群众的道德素质，使人们自觉地扶正祛邪、扬善抑恶，从而有利于形成追求高尚、激励先进的良好社会风气，保证社会主义市场经济的健康发展。

建立和发展与社会主义市场经济相适应的道德体系，就要结合新挑战，进行理论创新，要毫不动摇地坚持社会主义核心价值体系在道德领域中的指导地位，用社会主义核心价值体系来整合和引领多种多样的道德思想。要通过建设与社会主义市场经济相适应的道德体系来倡导积极的、支持有益的、改造落后的、抵制腐朽的思想和行为，引导人民群众树立正确的人生观和价值观，自觉地把个人的追求融入到全体人民的共

---

* 本文原载《思想政治工作研究》，2012（1）。

同追求之中，把个人奋斗融入到实现中华民族伟大复兴的奋斗之中，把个人的利益融入到为全面建设小康社会、开创中国特色社会主义建设新局面的社会利益和国家利益之中。

建立和发展与社会主义市场经济相适应的道德体系，要正确处理好各种复杂的矛盾关系，具体而言是：尊重个人合法权利和公民承担社会责任的关系、注重效率与维护社会公平的关系、个人价值与社会价值的关系、道德的先进性与广泛性的关系、价值导向一元化与价值取向多样性的关系、吸收人类优良道德成果与承接中华民族传统美德的关系、竞争与协作的关系、个人自由与遵纪守法的关系、道德权利与道德义务的关系、道德教育与社会管理的关系、经济效益与社会效益的关系、义与利的关系等。也就是说，要根据社会主义市场经济条件下的新情况、新问题、新矛盾，创造性地解决这些问题，使社会主义道德体系的建立和发展有利于化解这些矛盾，协调各方面的利益关系。

总之，我认为建设与社会主义市场经济相适应的社会主义道德体系是一项提高全民族素质的长期而艰巨的基础性工程。它的实施，必将对弘扬中华民族精神和时代精神、形成良好的社会道德风尚、促进社会和谐、全面推进建设中国特色社会主义伟大事业产生极其重要的作用。

九　传统美德

发扬优良道德传统*

《北京晚报》开辟《美丑是非大家评说》一栏，采取群众讨论的方式，评论我们日常生活中的美丑问题，这是很好的。我也来谈一点看法。

有的同志认为，男女青年在公共场所拥抱接吻是一种思想开化、行为时髦的进步表现，是个人的自由，这种看法值得商榷。

首先，这种表达爱情的方式，和我们民族的优秀道德传统不合。我们民族在爱情、婚姻和家庭道德上，封建糟粕确实不少，如“父母之命，媒妁之言”、“三从四德”、“男尊女卑”等，这些都是应该坚决摈弃的。但在爱情关系上，我们中华民族有着独特的、优良的民族传统，这就是纯朴、真挚、含蓄、细腻和节制。我们不欣赏那些轻浮、虚伪、放荡、任性和粗暴的表达爱情的方式。在建设社会主义精神文明时，我们尤其要注意发扬这些优良的道德传统。

其次，随着资本主义的腐朽没落和资产阶级的精神空虚，出现了寻求强烈刺激的“自由化”和“性解放”等行为放荡、举止轻浮、方式低级庸俗等现象，使西方社会受到了严重的精神污染。我们有些青年男女并不了解，即使在西方，公开场合的接吻，大多数都是按照他们自己的民族习惯而表达感情、礼貌的一种比较严肃的方式。至于少数放荡、任

* 本文原载《北京晚报》，1983-10-21。

性的行为，在社会上一般人看来也是不足取的。对于青年男女来说，炽热的感情表露，在个别情况下虽说是难于避免的，但在公共场所一定要有所节制，必须反对那种“寻求强烈刺激”的不严肃的行为。

最后，人在社会中生活，一举一动，都会对各方面产生不同的影响，即使是私生活也是一样。爱情生活中的举止，往往是判断人的整个教养的试金石。每个人的行为，都要力求有益社会的进步，有利于人与人关系的融洽，给别人以良好的印象，使社会风气能够健康地向前发展。希望青年们能更自觉地发扬我们民族在爱情生活中的优良道德传统。

发扬见义勇为的传统美德*

徐洪刚不畏强暴、见义勇为的英雄壮举和詹本方等同志积极救护子弟兵的事迹，体现了我党我军的革命传统和中华民族的优良传统美德的完满结合，是我们时代精神的升华。在当前社会主义精神文明建设中，我们要很好地学习和宣传徐洪刚等人的事迹，弘扬正气，弘扬社会主义社会的主旋律，在全社会形成良好的道德风尚。

为什么说徐洪刚见义勇为的先进群体的事迹，体现了我党我军的革命传统与中华民族优良传统美德的完满结合呢?

在我党我军的革命传统中，最根本、最重要的一条，就是要全心全意为人民服务。在我国的革命历史上，无数革命先烈和英雄模范，都是为了捍卫人民大众的利益、保卫人民的生命财产而英勇奋斗，不屈不挠，无私无畏，直到献出宝贵的生命。正像毛泽东同志所说的，“全心全意地为人民服务，一刻也不脱离群众；一切从人民的利益出发”，是我们的出发点。徐洪刚同志在参加部队前就受着革命传统的熏陶，他所在的部队，又是具有光荣传统、素有“铁军”之称的红军师，在这一革命大熔炉里，在严格要求和严格训练中，他自觉接受教育，有意识地磨炼自己，先后成为部队的训练标兵、学雷锋标兵和硬骨头战士。他继承和发扬了我党我军的为人民利益不怕牺牲、勇敢战斗、连续作战、奋不

* 本文原载《北京日报》，1994-03-31。

顾身、一往无前的大无畏精神，立志“甘洒热血为人民”，把人民的利益、国家的利益、社会主义和共产主义的需要看做是自己的责任。这里应当特别强调指出的是，我党我军的革命传统，不但不同我们民族的传统美德矛盾，而且它正是弘扬了我们传统美德的结果，是对传统美德的继承、发扬和光大。正是由于继承了中华民族的传统美德，我们的革命传统才更加为我国广大群众所喜闻乐见，更富有我们的风格，才更名副其实地成为有中国特色的革命传统。大力弘扬这种精神，在今天有着特别重要的现实意义。

徐洪刚的英雄行为及群众救护子弟兵的事迹，也是中华民族优良道德传统的体现。我们中华民族是有几千年文化传统的民族，素以文明古国和礼仪之邦自立、自强于世界民族之林。在中华民族的优良道德传统中，一直贯串着一种为国家、为民族、为人民的整体主义思想。一心为公，先公后私，“先天下之忧而忧，后天下之乐而乐”，在人民群众和国家利益受到危难之时，总是见义勇为、义无反顾，直至“杀身成仁”、“舍生取义”，显示了为民族、为国家和为人民群众的安全和幸福而勇于献身的高尚品德。这种“见义勇为”、“舍生取义”、为国为民的献身精神，真可以说已经深入人心，化为中华民族的血肉，凝为中华民族的筋骨，成为中华民族的脊梁，聚为中华民族的灵魂。中华民族的这一优良传统，只有同我们的革命传统相结合，才能在社会主义的今天，有更加强大的生命力。

几千年来，中华民族的传统美德，陶冶铸造了我们伟大的民族精神，形成了强大的向心力和凝聚力。从徐洪刚同歹徒斗争和他被救护的过程中汽车司机、乘车旅客、税务干部、医护人员、公安干警以及广大群众的崇高行为中，更可以清楚地看到英雄爱人民、人民爱英雄、设身处地为他人着想、助人为乐、患难相助的传统民族美德和民族精神。在中华民族的传统道德中，确实存在着像“君为臣纲，父为子纲，夫为妇纲”的封建糟粕。但是，只要我们能用无产阶级的立场、观点和方法，按照“弘扬精华、除弃糟粕”的指导思想，吸取中华民族道德传统中具有时代意义的内容，在今天，仍然有积极的意义。中华民族的优良传统美德，在当前对我们有重要意义的，有哪些呢？如公而忘私、舍家为国、忧国忧民、威武不屈、见利思义、助人为乐、艰苦朴素、奋发图强、清正廉明、诚信无欺、忠于职守、敬业乐群、救困扶危、尊老爱幼等等，都是广大群众所熟悉、千百年来一直在人民中传诵的优良传统美德。把我党我军革命传统同这些美德结合起来，就必然会形成更富有民族特色的社会主义伦理道德和精神文明。

当前，我国正处在改革开放、发展市场经济的新时期。应当看到市场经济既给我们带来了某些观念的更新，促进了经济的发展，同时，不可讳言，也诱发和带来了一些消极影响，如拜金主义、极端个人主义和享乐主义正在不断地腐蚀着人们的思想，使我们社会的道德风尚、社会秩序和人际关系，出现了许多令人们担忧的消极现象。发扬我党我军的革命传统和中华民族的优良美德，并把两者很好地结合起来，尤其有着不可忽视的、重要的现实意义，它必将成为抵制各种错误思想，建立良好的社会道德风尚，更好地培育“四有”新人的一种强大力量。它不但是社会主义市场经济能够顺利进行的重要保证，也是加强社会主义精神文明建设，提高全民族的文化道德素质，并保证我国的改革开放沿着社会主义道路向前发展的重要保证。

全局意识　整体精神*

——谈中华民族伦理思想核心

中华民族有几千年灿烂的文化伦理传统，素以礼仪之邦和尚义重德而著称于世。中华民族的传统道德，主要是以儒墨道法各家为主要内容的传统道德，包含着丰富博大的思想，如推崇仁爱原则、重视人伦价值、追求精神境界、提倡修养践履等具有重要意义的道德传统。而作为上述这些传统美德的核心，就是中华民族伦理道德传统中的全局意识和整体精神。这一精神是中华民族所以具有强大的向心力和凝聚力的保证，也是中华民族在历史上所以能够长期存在、发展和不断壮大的精神力量。

中华民族在历史上是以血缘为纽带、以家族为本位而建立起来的国家，因而修身、齐家和治国，就成为伦理道德的三个层次。国家的利益高于家庭和个人的利益。个人的修身和道德的要求，也以“孝敬父母”和“忠于国家”为最根本的要求。在孝和忠发生冲突时，必须要移孝作忠。为了对国家尽忠，即使对父母招来“杀身之祸”，也应当忍受这种不幸而报效国家。东汉时的赵苞，在敌人以其母为人质，要求他降敌时，他却宁愿捍卫国家利益而使母亲为敌人所害。历史上类似这样的情况，还可以举出许多。中国社会虽以家为本位，而又把国作为放大了的家，从根本上说，在道德上强调的是一种全局意识和整体精神。因此，

---

* 本文原载《人民日报》(海外版)，1995-07-29。

“公忠”成为中国传统道德规范中最重要的规范。《诗经》中就提出了“夙夜在公”的思想。自古以来，中国传统首先就提倡“国而忘家，公而忘私”和“以公灭私”的为国家、为整体而献身的精神。为了民族整体和国家的利益，一个有道德的人，应当有“杀身成仁”、“舍生取义”、“尽忠报国”、“先公后私”的精神，而这一精神，经过长期的不断深化，积淀并孕育着中华民族特有的为整体、为社会、为民族、为国家的爱国主义思想。

在中华民族传统道德中，极其重视“公”、“私”之间的关系。“公”一般都指民族、整体和国家的利益，而“私”在通常情况下是指个人利益，有时是指不正当的个人私利。韩非认为：“自环谓之私，背私谓之公，公私之相背也，乃苍颉固已知之矣。”中国传统道德认为，评价一个人有没有道德和道德境界的高低，最根本的是要看他怎样对待公、私之间的关系。凡是能够“以公灭私”、“以公胜私”、“先公后私”以至“大公无私”的，就是有道德的；凡是“先私后公”、“以私灭公”以至“损公肥私”的，就只能是没有道德的。所以朱熹认为，一个人有道德或者没有道德，首先就是要辨明“公”、“私”之间的关系①，只有使“公”即国家、民族和整体利益高于个人利益，才能成为一个有道德的人。

中华民族传统道德的这种全局意识和整体精神，成为人们为国家繁荣富强、兴旺发达而顽强奋斗的一种强大力量，尤其是在民族和国家受到危害时，更表现为不畏强暴、坚贞不屈的勇于献身精神。文天祥、戚继光、史可法、林则徐等在历史上是永远值得纪念的爱国主义志士，他们之所以能义无反顾地保卫民族生存和国家独立，都是同这种大局意识和整体精神分不开的。

应该看到，中国传统道德形成于以血缘为纽带、以宗族为本位的社会，长时期以来，是为封建王朝服务的。今天，我们应当以马克思主义的立场、观点和方法，批判其封建性的糟粕，并赋予其新的意义，这对于弘扬社会主义的爱国主义、集体主义，都将会起到积极的作用。

① 朱熹：“君子小人，所为不同，如阴阳昼夜，每每相反，然究其所以分，则在公私之际，毫厘之差耳。”

弘扬中国古代优良道德传统的几个问题*

在弘扬中国古代优良道德传统的认识上，我认为，有四个问题，值得我们注意。

一、弘扬中国古代优良道德传统的根本目的。弘扬中国古代优良道德传统的根本目的在于使社会主义道德具有民族特色的、丰富多彩的内涵，从而形成适应社会主义四个现代化需要的伦理思想、价值观念和道德规范，从而增强中华民族的自尊心和自信心，有利于弘扬爱国主义、集体主义和社会主义的主旋律，有利于中国的改革开放和现代化建设能够沿着社会主义道路顺利、健康地向前发展。

二、弘扬中国古代优良道德的指导思想。中国古代道德传统，内容丰富，源远流长，是中国思想文化传统的重要组成部分。同时也应当看到，中国传统道德是在长期的奴隶社会和封建社会中形成的，有着时代的、阶级的烙印，既有精华，又有糟粕。对于中国传统道德，既不能全盘继承，也不能全盘否定。正确的态度是以马克思主义为指导，坚持“批判继承、弃糟取精、综合创新、古为今用”的态度，从而为我国的四个现代化建设创造良好的道德环境。

三、弘扬中国古代优良道德传统的同时，应注意弘扬中国革命道德传统。中国古代优良道德传统，是我们的宝贵遗产，应当大力弘扬，同

* 本文原载《求是》，1996（10）。

时，弘扬中国革命道德传统，以革命先驱、仁人志士和道德楷模的事迹来教育广大人民和群众，对于从事社会主义建设的广大工人、农民和革命知识分子，则有更为重要的意义。江泽民同志强调："弘扬中国古代优良道德传统和革命道德传统，吸取人类一切优秀道德成就，努力创建人类先进的精神文明。"强调了弘扬革命道德传统对当前道德建设的重要意义。对此，我们应认真理解和掌握。

四、弘扬中国古代优良道德传统，同强调儒学的"新儒家"的区别问题，也是当前值得注意的问题。一般来说，"新儒家"是指本世纪20年代后期在中国形成的以弘扬和恢复儒家学说为目的的学派。当前，这一学派在中国香港、台湾地区以至美国、新加坡等国家，都有程度不同的影响。改革开放以来，这一学派的思想在同国内学者的相互交流中，在我国社会上，也有一定的影响。长期以来，这一学派一直致力于中国传统儒学的研究，取得了一定的成绩。他们反对"台独"、主张中国统一的思想，也是积极的。但是他们只强调要"复兴儒学"，力图利用儒学创造现代的科学和民主等，这与我们存在着原则的分歧。对于这一点，我们应当有清醒的认识。同时，还应该清楚，由于历史的种种原因，儒家思想在中国传统文化中占有重要地位，但是，我们今天所说的传统道德，包括儒、墨、道、法等各家道德传统，并不只限于儒家一家。

中华民族传统伦理文化的未来价值取向*

在人类面向即将到来的21世纪时，中华民族的文化在未来的世界文化的碰撞与交融中究竟会发生何种影响，这是很多人都非常关心的一个问题。

中华民族的文化传统，带有一种民族的、独特的、重伦理价值取向的特色。因此，从一定意义上可以说，中国传统文化是一种重伦理价值取向的文化，是一种以扬善抑恶为核心，以真善美相统一，以道德教化为目的的伦理型文化。

以追求真善美相统一的中华民族的文化，包括着极为丰富的内涵。仅就精神文化而言，它包含着汉族及55个少数民族所创造的诸如哲学、文学、教育、历史、音乐、美术、法律、道德……成为构建中国文化的主要方面。尽管随着历史的发展，中国文化都打上了不同阶级和时代的烙印，但强调文化中的德性精神，强调德智统一、以德统智，以及寓德育于一切文化之中的思想，一直是几千年来中华民族文化不同于其他民族文化的一个重要特点。综观几千年中华民族文化发展的历史，考察中华民族文化中所包含的各个重要方面，研究和分析中华民族的社会心理，可以清楚地看到，颂扬真善美、贬抑假恶丑，特别是褒善贬恶、为善去恶、求善厌恶、向善背恶，已经成为中华民族的文学、艺术、道

---

* 本文原载《21世纪中国战略大策划》，北京，红旗出版社，1996。

德、历史、哲学、教育、宗教等领域的中心或重心。正是从这种情况出发，我们可以说，中华民族的传统文化，是一种有着强烈的重德求善的伦理价值取向的文化。关于中西方文化的不同，也有人以德性文化与智性文化加以区别；但中国文化重德而不轻智，因而我们应当说，中国文化是一种德智统一、以德统智的重伦理价值取向的文化。

中华民族的文学，是人类历史上最悠久、最辉煌璀璨的文学之一，其中深刻地体现了真善美相统一的思想。文学在很长的历史时期内，一直被视为一种“载道”的手段。尽管由于时代的局限，这种伦理价值导向，往往受着封建伦理原则的影响，但其中所表现的善恶美丑的斗争、为民献身的呼声，以及追求崇高、贬歪除邪、向往正义、反对压迫的精神，则是值得我们肯定的。中华民族的文学，在长期历史的发展中，还具有着对广大人民群众进行道德教化的功能，这种寓道德教育于生动、形象的文学之中，对于提高民族素质、改善社会风气、增强民族凝聚力等等，发生着潜移默化的作用。

中国的传统教育认为，“为学”的目的，首先是要学做人。孔子说：“古之学者为己，今之学者为人。”就是说的这个意思。学习就是要教人以德行与智慧，首先是要学做一个有道德的人，因此，“陶冶性情”、“变化气质”，并最终达到提高自己的道德品质，是教育的重要的目的。为学次序是“入则孝，出则悌，谨而信，泛爱众，而亲仁，行有余力，则以学文”。中国传统教育，强调“明经修行”，既要熟读经典，又要修养德性，把道德教育同身体力行紧密结合起来，并把个人的道德修养看做是提高整个国民素质、化民成俗、形成良好社会风气的重要条件。中国古代教育的这种重视德育的传统，直到今天以至即将到来的21世纪，都有借鉴意义。

中国传统的史学，作为中国文化的一个重要方面，在其极为丰富的内容中，始终都是把“寓褒贬、别善恶”作为一种基本的要求，主张把道德评价作为叙述历史事件和判断历史是非的一个重要准则。从《春秋》开始的所谓“《春秋》笔法”，就把“惩恶扬善”作为极为重要的原则贯彻到一切历史事件和人物的叙述与评价中，以鉴戒历史的得失，服从于正确的道德选择。因此，史学家的秉笔直书、大胆褒贬，就成为“良史”的最崇高的史德。尽管在中国长期的封建社会中，史学家们在褒贬善恶中，总是要受到封建社会的三纲五常的道德原则及其规范的影响，但他们所形成的这种强调伦理的价值取向和他们的不避强权、秉笔直书的精神，却成为中国史学的一种值得我们继承和发扬的优良传统。

在中国的民族文化中，音乐和艺术诸形式，更有着寓教于音乐的传统。“乐者，通伦理者也”，这是两千多年前《礼记·乐记》中对音乐和艺术的伦理功能的概括。在中国古代文化中，总是把“乐”同“礼”即同社会的道德规范联系起来，强调音乐对社会稳定、人际和谐的重要意义。《乐记》中说：“乐者为同，礼者为异，同则相亲，异则相敬。”并且认为“乐者天地之和，礼者天地之序”，正是因为音乐能够使人和睦共处，所以它能够使道德规范的“礼”得以实行。古人认为音乐“可以善民心”，而且“其感人深”，能够“移风易俗”等等。这一切都说明，音乐及其相关的艺术形式，在中国古代文化中，都是同对各阶层人的道德教化有着极为密切的关系的。

即使在商业文化中，中国传统思想中的“货真价实”、“童叟无欺”、勤劳致富、诚实守信、见得思义、见利思义、以义制利、以义导利、“信誉第一”、“和气生财”等等，都使人感受到很浓厚的伦理气息。

总之，我们可以说，中国文化的各个方面，无一不重视道德教化的作用，无一不强调伦理价值取向的重要。

当然，作为中国文化的广义概念，其内涵、外延都很大，包括着更为广泛的内容，就是从社会意识形态和精神创造这一文化的核心部分而言，也还包含着各种复杂的情况，需要我们去分析。但是，就总体来说，我认为，追求真善美相统一，重伦理价值取向，应当看做是我国传统文化的一种优秀文化传统。

至于中国的传统哲学，则更具有独特的特点，即以道德伦理为中心，把本体论、认识论、伦理学和知识论融为一体，可以说这是不同于西方的伦理型哲学。中国哲学特别强调人的道德主体能动性的发挥和人生精神境界的追求，成为协调人际关系、改善社会风尚、增强民族凝聚力的一种精神力量。应当肯定，说中国哲学是伦理型的，这是中国哲学的一种优点。中国的优秀伦理道德传统不仅源远流长，丰富多彩，而且从公元 2 世纪开始，就传入一些邻国和其他国家，发生着深远的影响，中华民族的优秀伦理道德传统，对东方、对全人类的发展，都有重要的意义。

中华民族文化的这种伦理价值取向，在长期的历史时期中，已经形成一种特殊的思维方式和思想情感，积淀为一种独特的民族心理和民族精神，这就是以广大人民群众的幸福和整个中华民族的利益作为最大的善，把为中华民族的兴旺发达而“杀身成仁”、“舍生取义”作为人生的最高追求。“天下兴亡，匹夫有责”、“先天下之忧而忧，后天下之乐而乐”、自强不息、以天下为己任，就是这种价值追求的体现。“太上有立德，其次有立功，其次有立言，虽久不废，此之谓三不朽”，把“立德”看做是实现人生价值的最高体现。中华民族文化传统的这种精神，已经成为一种强大的生命力和凝聚力，这对我们民族的生存和发展，从过去到现在，都发生着积极的作用。华人文化的这一追求伦理价值的取向，在中国面向 21 世纪的发展中，必将发挥更大的作用。

在继承和弘扬中华民族的文化传统时，我们还应当强调，对于中华民族的文化传统，要采取分析的态度，即要取其精华，去其糟粕，古为今用，推陈出新，使中华民族的优良文化传统能够同时代的要求结合，成为社会主义新文化的一个组成部分。在强调中华民族文化的伦理道德价值导向时，要能够批判其为封建等级制度服务的消极方面，弘扬其为人民群众幸福着想，为国家、民族、整体利益而献身的精神，使其有利于我们弘扬社会主义的主旋律，有利于更好地形成我们民族的向心力和凝聚力，并为提高我们民族的伦理道德素质，更好地形成共产主义的人生观、价值观、世界观和道德观等方面，发挥积极的作用。

当前，在世界范围内，对伦理道德的价值导向，已成为思想家们越来越关注的问题，在发达国家与高度的物质文明相伴随，人们普遍感到的是伦理价值的失落，金钱崇拜和追求享乐成了一种永远无法满足的魔性的欲望，成为一些人的人生目的。在发展中国家，随着西方发达国家的先进技术的引进，西方的种种腐朽的人生观和价值观也正在不断地日趋泛滥，成为这些国家中最为严重的精神公害。为此，大力弘扬中华民族的优良文化传统，特别是弘扬中华民族文化的重伦理价值导向的传统，有利于克服由利己主义、个人主义所产生的种种腐败现象，有利于各个国家的人民道德素质的提高。

在面向 21 世纪的新时期，必将是一个东西方文化相互比较、相互吸收和相互交融的新时期。在这一时期中，机遇和竞争并存。中华民族的文化也正面临着更加兴旺、更加发达的新时机。大力弘扬中华民族的优良文化，特别是弘扬中华民族文化中的伦理价值取向的精神，从建设有中国特色的社会主义的要求出发，努力创造更加具有时代特色和民族特色的文化，必将对中国的社会主义文化的进一步发展起到积极的作用；而且，中华民族的文化在同世界各民族文化的竞争、交融、互补中，在综合创新的思想指导下，它还必将会对进一步创造出人类的进步文化，对发展全人类的精神文明，做出重要的贡献。

论中国古代儒家思想的德才观*

对于“德”和“才”的关系，宋代的司马光，在他所撰写的《资治通鉴》中，曾有多次的论述，强调“德”的重要。司马光认为，一个国家的统治者，在用人问题上，必须弄清楚“德”与“才”的相互关系，才能够正确地使用人才，保持一个国家的稳定和兴旺。

司马光说：“夫才与德异，而世俗莫之能辨，通谓之贤，此其所以失人也。”因此，他认为区别德与才的关系，就成了用人的首要问题。“才”和“德”有什么不同呢？“夫聪察强毅之谓才，正直中和之谓德。”这也就是说，“才”就是指那些有很强的聪明智慧，有明晰判断事物的能力，有为达目的而不屈不挠的毅力等等；而“德”则是指具有“公正”、“直朴”、“中道”、“平和”的品质。正是由于此，司马光认为：“才者，德之资也；德者，才之帅也。”强调：“是故才德全尽谓之圣人，才德兼亡谓之愚人；德胜才谓之君子，才胜德谓之小人。”

“才”是“德”赖以发挥作用的凭借，“德”是“才”在发挥作用中的统帅。所以，司马光把“德”和“才”的关系分为四种，也就是四个等级。最高的等级是“圣人”，即德才兼备的人；第二个等级是“君子”，即能以德胜才的人；第三个等级是“愚人”，即既无德又无才的

---

* 本文原载《大众日报》，1998-03-28。

人；第四个等级是“小人”，即其才能胜过了他的道德的人。在司马光看来，一个既无德又无才的人，也要比那些以“才”胜“德”的“小人”要好一些。在用人问题上，司马光认为：“凡取人之术，苟不得圣人君子而与之，与其得小人，不若得愚人。”这也就是说，如果没有“圣人”、“君子”可用时，宁愿用那些“才德兼亡之愚人”，也不要用那些“才胜德”的“小人”。

司马光认为，在用人问题上，一般人都非常喜欢有才能的人，而往往疏忽道德品质的重要，他说：“夫德者人之所严，而才者人之所爱；爱者易亲，严者易疏，是以察者多蔽于才而遗于德。”因而，“自古以来，国之乱臣，家之败子”，都是因为有“才有余而德不足”的才胜德的“小人”，所以才最终导致了许多家族和国家的颠覆，这种教训是后人所应当吸取的。

“才者，德之资也；德者，才之帅也”的思想，是对德才关系的一种深邃的见解，对中国古代的政治统治，有着重要的影响，其中对于“君子”、“小人”的看法，仍然受着儒家等级制的影响，但从伦理道德层次上看，这一思想包含着合理的因素。

为什么司马光反对任用那些“才胜德”的小人呢？他说：

> 君子挟才以为善，小人挟才以为恶。挟才以为善者，善无不至矣；挟才以为恶者，恶亦无不至矣。愚者虽欲为不善，智不能周，力不能胜，譬如乳狗搏人，人得而制之。小人智足以遂其奸，勇足以决其暴，是虎而翼者也，其为害岂不多哉！

司马光的这段议论，是他从中国历史上许多事件的分析中所得出的看法，既是经验的总结，又是规律的概括。他一再向统治者发出警告：正确的德才观，能够使一个社会政治稳定和经济发展，而错误的德才观，往往因用人不当而造成重大的失误，甚至会导致家破国亡的悲剧。

明代的思想家王阳明，在“德才”关系上继承并发展了儒家“重德”的思想，阐发了“德者，才之帅也”的思想。王阳明认为，如果没有“德”的统帅，或者说，如果“才”胜了“德”，那么，聪明才智愈高，他所带来的恶果必然愈大。因此，他认为，“才”固然重要，但必须使其受“德”的统帅。王阳明指出，如果不注意在道德上成圣成贤，而只孜孜于自己才智的增长，其结果，就必然是“知识愈广而人欲愈滋，才力愈多而天理愈蔽”，差之毫厘，谬之千里，其结果，必然会成为才胜德的无道德的小人。

宋明道学家们一方面发展了儒家关于德才的辩证思想，另一方面，又走向了忽视“才”的作用的片面思想，这是需要我们加以分析的。

十　杂谈

同政法工作者谈学哲学*

哲学是人类在长期社会实践中所形成的对世界的总的看法，是研究自然界、社会和人类思维的最一般规律的学科。哲学作为一种世界观和方法论，对社会生活中人们的思想、言论、工作、学习、处事、待人等等，都有着极其重要的指导作用。马克思主义哲学是辩证唯物主义和历史唯物主义，是无产阶级认识世界和改造世界的强大武器。为了做好政法工作，用马克思主义哲学理论来武装我们的头脑，就有着十分重要的意义。

从历史资料来看，在我国古代，“哲”就是智慧的意思。我国最早的一部字典《尔雅》，就确切注明：“哲，智也。”认为“哲”就是知识和智慧。在历史典籍中，总是把那些“既圣且贤”的所谓贤智之人，称为哲人。哲学作为一门学科，起源于古代希腊，“哲学”一词，在古希腊，原是由“爱”（philo）和“智慧”（sophia）两个字组成的，也就是说，早在古希腊，人们就是把哲学作为一种“爱智慧”的学科看待的。马克思曾经说过：“任何真正的哲学都是自己时代精神的精华。”这也就是说，无产阶级的辩证唯物主义和历史唯物主义是我们时代的真正智慧的结晶。

古希腊著名哲学家柏拉图，特别强调哲学对于管理国家的重要。他

---

* 本文原载《法律学习》，1984（1）。

在《理想国》中说："除非哲学家变成了我们国家中的国王，或者我们叫做国王或统治者的那些人能够用严肃认真的态度去研究哲学，使得哲学和政治这两件事情能够结合起来……否则我们的国家就永远不会得到安宁，全人类也不会免于灾难。"在柏拉图看来，在他的"理想国"中最理想的事情，就是由懂得哲学的人来治理这个国家，这个理想国的国王应是哲学家，或者最有智慧的哲学家应成为理想国的国王。当然，柏拉图的《理想国》是奴隶主阶级的意志的体现，是为奴隶主的统治服务的。但是他提出要使从事政府工作的人都具有丰富的哲学知识，使有智慧的人来治理国家，从一定意义上看，包含有合理的因素。

我国广大政法工作者，担负着维护和巩固无产阶级专政的重要任务，在我国政治生活中有着特殊的作用。因此，尤其需要掌握正确的世界观和方法论，去开创我国政法工作的新局面。现在，我仅从四个方面来谈谈学好哲学的重要。

一、学好马克思主义哲学，可以使我们更深刻地理解党所制定的路线、方针、政策，从而能够提高我们执行这些路线、方针、政策的自觉性，减少以至避免在执行政策当中的盲目性。党的一切路线、方针和政策，包括政法工作在内，都是从实际斗争中总结和概括出来，并用来指导我们的实际工作的。从我们党的历史来看，某些方针、政策之所以没有收到好的效果，就是因为它们违背了辩证唯物主义的世界观和方法论，违背了毛泽东同志所倡导的"实事求是"、"一切从实际出发"和"理论联系实际"的基本原理，违背了对立统一、不同性质的矛盾应不同对待等唯物辩证的观点和方法。我们党在经过长期的革命实践和各种成功、挫折的经验教训之后，之所以能够在各方面出现了前所未有的新局面，其重要原因之一，就是因为我们的路线、方针、政策，是比较符合客观实际的，是建立在对客观规律的比较正确的认识基础之上的。党的政法工作的路线、方针和政策，有它的基本精神和要求，在各个不同时期，随着形势的变化和发展，还会有不同的重点。我们学好马克思主义哲学，就能够很好地掌握辩证唯物主义和历史唯物主义的立场、观点和方法，就能够根据实际情况和社会生活中发生的不断变化，正确地贯彻政法工作的路线、方针和政策。

二、学好马克思主义哲学一个重要的目的，就是要坚持唯物论，坚持实事求是，坚持为真理献身的精神。实事求是是毛泽东哲学思想的精髓。邓小平同志说，实事求是是无产阶级世界观的基础。这是我们在学习哲学中必须反复领会的。我们的一切工作都表明，只要我们能坚持实事求是、一切从实际出发，我们就可以避免各种主观臆断、脱离实际的错误，就能够取得预想的成功。如果只是从想象出发，就必然会受到挫折，甚至会给我们的事业带来失败、造成损失。哲学上所谓的物质第一性、意识第二性，对我们的工作来说，也就是要实事求是。当然，要能够贯彻实事求是的精神，并不是一件容易的事情。由于客观事物发展和变化的情况极其复杂，人们对事物的认识往往又受到客观条件和主观条件的限制，因此，在认识事物的过程中就会遇到很多困难。正由于这种原因，主观和客观不一致、思想和实际不符合的事是常有的，所以学好马克思主义哲学就成为一件十分重要的事。政法工作中往往会遇到更为纷乱、复杂的事情，坚持唯物论，坚持一切从实际出发，更是我们从事政法工作的同志们必须遵守的一个重要原则。实事求是、坚持唯物论，也就是要坚持真理、坚持原则斗争，这对我们从事政法工作的人来说也是特别重要的。哲学之所以被称为一门“爱智慧”的学问，主要是因为它探求的是真理。学习马克思主义哲学，不但可以使我们了解到什么是真善美，什么是假恶丑，而且还要使我们自己成为为消除假恶丑、发扬真善美而斗争的战士。政法干部为了维护宪法尊严，加强社会主义法制，保护广大人民群众的正当利益，可能会受到旧势力的阻挠。学习马克思主义哲学将给我们以坚持原则和坚持真理的勇气，使我们在同坏人坏事的斗争中获得力量。

三、学好马克思主义哲学，可以使我们掌握辩证的、科学的思维方法。这一点，对我们从事政法工作的同志来说，尤其有着特殊的重要的意义。事物的现象和本质有时是不一致的，假象往往会欺骗我们。例如在审讯工作中，经常碰到犯罪分子制造假象、胡乱编供、抵赖罪行、隐瞒犯罪事实和动机等，这样，就需要坚持用辩证唯物主义的观点去仔细地观察、分析和处理这些问题。

马克思主义的哲学是唯物主义和辩证法的统一，是我们认识世界、改造世界的唯一正确的方法。它的主要目的是探索宏观世界的规律，透过纷纭复杂的现象，揭示事物的奥秘。它强调事物之间的普遍联系和相互制约，并从外部联系到内部联系，从非本质的联系深入到本质联系。它把对立统一规律看做是整个唯物辩证法学说中的基本规律，认为每一事物的发展过程中都存在着自始至终的矛盾运动，强调事物之所以能够不断地向前发展，主要是由于对立面的同一和斗争。我们认识、观察和解决一切问题，都要善于掌握每一事物中的矛盾的不同方面，把握事物发展过程中矛盾双方的不断变化，寻找解决矛盾的正确方法。马克思主义哲学还特别强调，矛盾有性质的不同，因此，为了更好地解决事物的矛盾，强调对不同性质的矛盾必须用不同的方法去解决。在社会生活中，最重要的是要区分人民内部矛盾和敌我矛盾。不论是人民内部矛盾或敌我矛盾，在解决矛盾的过程中，都要善于了解、掌握、分析矛盾的特殊性，寻找解决方法的多种可能性。对具体情况具体分析，寻找出解决具体问题的正确方法，就是马克思主义哲学的活的灵魂。

四、学好马克思主义哲学，对形成正确的人生观，培养自己成为一个具有高尚共产主义道德的政法工作者来说，也有重要意义。哲学是关于世界观的学问，是人们对整个世界的根本观点和看法。人生观是讨论人生目的和人生意义的，它和人的世界观有密切的关系。一般来说，世界观是人生观的基础，直接影响人们对人生的看法，影响人们对生活道路的选择，支配着人们的人生观。为了正确地树立人生观，就必须认真地学习辩证唯物主义和历史唯物主义世界观，认清社会的发展规律，确立自身的正确的学习、工作和生活的目的。

建设社会主义的高度的物质文明和精神文明，必须加强共产主义思想的学习，清除一切精神污染，树立正确的人生观。这就要求我们树立共产主义的远大理想，能以身作则地按照共产主义道德来要求自己，培养大公无私、全心全意为人民服务的精神。在当前社会主义社会，虽然个人的正当利益同集体利益在基本上是一致的，但是，还往往存在着这样或那样的矛盾。剥削阶级的思想意识、各种各样的资产阶级理论、形形色色的利己主义、“一切向钱看”的思想，还以不同的形式腐蚀着人们的思想。特别值得注意的是，广大政法工作干部还要经常同社会上的种种丑恶现象打交道，同坏人坏事作斗争，因此，应该特别提高警惕，严格要求自己，保持自己作为一个政法工作者的纯洁性。

政法战线的广大工作者，担负着维护和建设社会主义法制的光荣职责，对维护我国宪法的尊严，对加强共产主义法制、巩固无产阶级专政，有着极其重要的关系。为了提高自己的业务水平和思想水平，适应新的历史时期的需要，学好哲学是有重要意义的。当然，要学好哲学是不很容易的，更不是短时期所能做到的，我们不但要从书本中学，还要在实践中学，要在学中用，并在用中学。哲学虽然是世界观的理论体系，但它的所有原理、原则都是从社会生活和自然界的现象中概括出来的，因此，只要我们用心学习，是一定可以学好的。

伦理学领域的新转机*

从去年春夏之交发生的那场严重的政治风波至今，我们已经度过了极不寻常的一年。从伦理学领域来看，这一年来的变化，无疑是巨大的。用一句话来概括就是：正本清源、明辨是非，在批判和建设中，伦理学事业初步走上了健康发展的轨道，出现了多年未有的新转机。

最近几年来，伦理学领域中发生的问题，也是相当严重的。由于国际国内大小气候的影响，伦理学界中的极少数人接受了资产阶级自由化思潮的影响，并在这种思想基础上，散布了许多严重危害我国社会主义道德的错误观点。这些错误观点，同哲学、社会科学的错误理论一起，成为这几年我们国家许多腐败、堕落现象的思想根源。伦理学领域内的种种错误理论，归根到底，可以说是在个人同社会、个人同集体的关系上，宣扬个人本位和个人主义，全盘否定社会本位和社会主义的集体主义。此外，在传统文化伦理与现代化的关系问题上，一些人宣扬民族虚无主义和全盘西化论，贬斥中华民族的优良传统道德，否认勤劳俭朴、诚实守信、艰苦奋斗、勇敢自强等中华民族的美德，甚至贬斥中华民族的可歌可泣的爱国主义传统。这些错误理论对我国社会风尚和全国道德水平的影响，是十分有害的。

值得庆幸的是，半年多来，伦理学领域中发生了重要的变化。逆流

* 本文原载《光明日报》，1990-04-14。

被断然中止，宣扬个人主义、金钱万能和卖国主义的思想，受到了有力的批判，一些似是而非的错误观点，正在受到清理和驳斥，在社会生活中为广大人民群众所深恶痛绝的道德堕落现象，也正在为人们所清除。整个社会风气，呈现出明显的日益好转的趋势。

在正本清源、批判种种错误观点的同时，在道德的理论建设上，半年多来主要解决了以下几个问题。

第一，关于个人与社会集体的相互关系。理论工作者在这一问题上所取得的共识有：1. 必须坚持集体主义的道德原则，反对个人主义的价值导向。2. 集体主义在本质上是与社会主义相适应的，个人主义是同资本主义相适应的，因此，是坚持个人主义还是坚持集体主义，归根到底，总是同坚持社会主义还是坚持资本主义的问题相联系的。3. 必须准确、全面地理解社会主义集体主义，辩证地把握个人同集体的关系，把社会集体利益与个人正当利益有机地结合起来，在集体利益高于个人利益的原则下，使个人的活力得到更好的发挥。

第二，关于金钱与道德的关系。前几年曾经一度泛滥的“一切向钱看”的拜金主义思想，已经和正在受到有力的抵制。人们正在认真地反省这股恶潮这几年对我国社会造成的难以弥补的巨大危害。很多人都进一步认识到在发展社会主义商品经济的同时必须要加强道德教育，认识到社会主义道德和共产主义道德在保证改革开放的正确方向上的不可忽视的作用。今年在全国兴起的学习雷锋的热潮，充分说明人们已重新认识到雷锋精神的时代价值，说明全社会正力图把雷锋精神作为改革开放、建设“四化”的新时期的道德理想人格。

第三，关于传统道德文化问题。半年多来，人们有力地批判了那种全盘否定中华民族传统道德的民族虚无主义，强调了发挥中华民族的“自强不息”、“勤劳勇敢”、“天下兴亡，匹夫有责”等优良传统的重要作用。人们已经认识到，必须将社会主义现代化事业与民族自信心、自尊心联系起来，只有热爱祖国的优良文化传统，才能更好地发扬社会主义的爱国主义精神。

当然，伦理道德领域所出现的这种新转机，还只是刚刚开始。要在理论上正本清源，还有非常艰巨的任务，还需要在今后作长期的、艰苦的努力。可以预料，伦理道德和价值导向上的新转机，必将进一步地抵制歪风邪气，更有力地促进我国改革开放和“四化”建设的发展。

一份值得珍惜的答卷*

熊熊燃烧的亚运圣火，不仅照亮了亚运盛会的主会场，而且在11亿中国人民的心中点燃了一股热浪滚滚的民族心火。体育健儿们的拼搏精神和优异成绩鼓舞感奋了亿万中华儿女，中华民族以强健的英姿和巨大的凝聚力向全世界昭示了自己值得自豪的品格和气魄。

或许，面对着这桩桩件件感人肺腑的事实，面对着这时时处处动人心弦的场面，许许多多的人们才能够将思绪的层面向深推进，才能够省悟出某些在平和的日子里难以得出的真理。

亚运盛会取得巨大成功，这对中国人民来说意义是多方面的，而且任何一方面的意义都值得人们大书特书。但是我认为，在精神文明方面的意义，在中国人民的精神风貌上的意义，尤其值得人们去发掘、去反思。

亚运盛会的成功，一方面是运动员、教练员奋力拼搏的结果，一方面也是包括体育人员在内的广大中国人民展现优良的精神风貌的结果。中国人民寄希望于亚运盛会，从运筹帷幄到决胜沙场，其间有多少可歌可泣的社会主义、爱国主义、集体主义的动人故事！其间又是怎样一次次地展示出中国人民自强不息、艰苦奋斗、团结合作、奋发有为的信念与凝聚力！奋力于亚运场馆的施工大军，搏击于赛场内外的国家队，无

* 本文原载《人民日报》，1990-10-11。

私奉献的全国人民，以第一东道主身份迎候海外嘉宾的北京人……如果靠“一切向钱看”，如果靠“斤斤计较、两两计较”，如果靠“以个人为中心”，如果靠“人都是自私的”，他们能够造就今天这种为海内外交口称誉的奇迹吗？

亚运盛会所反映出来的中华民族的精神道德风貌，是值得我们每一个中华儿女骄傲的，全国人民向亚洲人民、向世界人民交了一份自豪的精神文明的答卷。这是来之不易的。前些年我国精神文明建设出现的某种滑坡现象，损害的恰是维系中华的民族心魂，其严重后果，时至今日，仍令善良的人们痛心疾首。正是为了记取这一沉痛的教训，我们才应当格外珍视这次亚运盛会给中华民族的精神风貌擂响的催征鼓声。

国运昌，体育乃昌。而所谓国运，既包括国家的物质实力，更包括国家的精神实力。以巨人身姿屹立在世界东方的中华民族，应当是一个有强健心魄的民族。这是亚运会给我们的最重要的启示之一。

“实事求是”*

——中国人民大学校训

“实事求是”，经过中国人民大学全体师生员工的讨论和学校的研究决定，已经确定为中国人民大学的校训。如今，当人们走进中国人民大学的大门，就可以看到耸立在校门口的汉白玉巨石上，醒目地镌刻着四个大字：“实事求是。”

为什么要把“实事求是”作为中国人民大学的校训呢？

中国人民大学是一所以人文社会科学为主的综合性大学，是国家教委直属的重点大学之一。她的基本任务是按照社会主义现代化的要求，为国家培养德智体全面发展的马克思主义理论人才、经济管理人才和文史政法人才。中国人民大学具有光荣的历史和革命的传统。她的前身是抗日战争和解放战争时期解放区的陕北公学、华北联合大学、北方大学和华北大学。在长达半个世纪的发展中，中国人民大学始终坚持毛泽东所提倡的“实事求是”的思想，遵循社会主义的办学方针，强调马克思列宁主义和毛泽东思想的指导，大力发扬理论联系实际的优良作风，逐步形成了对“实事求是”思想的全面、深刻理解，并把“实事求是”当做学校全部工作的指导思想。早在1937年，毛泽东同志为以成仿吾为校长的陕北公学成立与开学的题词时就曾指出：“要造就一大批人，这些人是革命的先锋队。这些人具有政治远见。这些人充满着斗争精神和

---

* 本文原载《中国人民大学广州地区校友会会刊》，1992（6）。

牺牲精神。这些人是胸怀坦白的，忠诚的，积极的，与正直的。这些人不谋私利，唯一的为着民族与社会的解放。这些人不怕困难，在困难面前总是坚定的，勇敢向前的。这些人不是狂妄分子，也不是风头主义者，而是脚踏实地富于实际精神的人们。中国要有一大群这样的先锋分子，中国革命的任务就能够顺利地解决。”正是在毛泽东同志这一题词的指导下，政治远见、牺牲精神、坦白忠诚、积极正直、脚踏实地和富于实际的精神，成为广大师生员工所努力奉行的准则，指导着学校的教学工作，为培养革命和建设人才，发挥了重要的作用。

在华北大学时期（1948 年至 1949 年），吴玉章校长曾提出把“忠诚、团结、朴实、虚心”作为华北大学的校训。1950 年中国人民大学成立时，确立了学校要贯彻为工农兵服务的目的和教学与实际相联系的方针。1987 年，袁宝华校长在建校五十周年校庆时，曾经提出“理论联系实际、实事求是、勇于开拓、民主团结、艰苦奋斗”是我校长期以来所形成的光荣传统和优良学风。由此可见，从陕北公学到人民大学，无论从我校优良的革命传统来说，还是从长期所形成的校风、学风来说，“实事求是”都是其中最重要的原则和核心。因此，把“实事求是”明确规定为中国人民大学的校训，既有长期的历史渊源，又有重要的现实意义。

“实事求是”是毛泽东思想的根本出发点，是马克思主义的精髓。因此，坚持马克思主义和毛泽东思想，最重要的就是坚持“实事求是”的思想。正是在“实事求是”的思想指导下，我国取得了社会主义革命的胜利；也正是在“实事求是”的思想指导下，我国又取得了改革开放的巨大成就。中国革命和建设的历史经验说明，什么时候遵循“实事求是”的原则，我们的革命和建设就能够而且必然会取得进步，什么时候离开或背离了“实事求是”的原则，中国的革命和建设就必然会受到挫折。同样，我们高等学校的发展、提高、进步和完善，也总是同是否遵循“实事求是”的原则有着重要的关系。从陕北公学到中国人民大学五十多年的历史，同样证明了“实事求是”这一毛泽东思想的核心对我校教学、科研和学校的健康发展所起的特别重要的作用。

毛泽东同志对“实事求是”作过精辟的阐述。他说：“‘实事’就是客观存在着的一切事物，‘是’就是客观事物的内部联系，即规律性，‘求’就是我们去研究，我们要从国内外、省内外、县内外、区内外的实际情况出发，从其中引出其固有的而不是臆造的规律性，即找出周围事变的内部联系，作为我们行动的向导。”坚持和发展毛泽东思想，最主要的就是要坚持和发展毛泽东同志所倡导的“实事求是”的思想，“实事求是”既包括着科学地、正确地认识世界和把握世界，也包括对客观世界的能动的改造；既包括着认识规律和掌握规律，也包括积极探索和开拓创新。在改革开放的新的条件下，认真研究和掌握当前国际国内的一切重要的“客观存在着的事物的联系”，从中引出建设有中国特色的社会主义的固有的而不是臆造的规律性，以此作为我们改革开放的指导，充分动员广大人民群众的能动作用，对我们今天来说，有着尤其重要的意义。

中国人民大学始终不渝地把坚持和发展马克思主义作为学校教学和科研的主要任务。在改革开放日益发展的今天，在面对不断出现的新情况、新问题的情况下，为了坚持和发展马克思主义，更需要特别学习和掌握毛泽东同志的实事求是的思想。马克思主义从来就是创造性的，这种创造性必须是理论联系实际，一切从实际出发；必须是正确地认识事物，反对一切不从实际出发的教条主义和主观主义的。在各种纷纭复杂的现实问题面前，我们既要有政治上的坚定性，又要有发展马克思主义的理论勇气。对于马克思主义的基本原理，对于经过实践检验已经证明是正确的东西，我们就要以大无畏的理论勇气，加以坚持，毫不动摇；对于马克思主义经典的一些确已不适应现实情况的词句和个别观点，决不能够抱着不放，而是要根据新的实际加以发展，使其具有新的生命力。把“实事求是”作为人民大学的校训，对于我们在改革开放的新形势下，更好地使我们的教学和科研同不断发展的新的实际相结合，面向社会，解放思想，更新观念，深化教学改革，从而更好地为建设有中国特色的社会主义培养德智体全面发展的人才，有重要意义。

“实事求是”，即是要从实际出发，以马克思主义的立场、观点、方法来求得事物的规律性，因此，就必须不唯上、不唯书，只唯实。在教学和科学研究中，要强调实践对发现真理、检验真理和发展真理的重要意义，不赶时髦，不揣摩来头，认认真真、扎扎实实地使教学和科研能够同日新月异地变化着的客观现实相结合，认真地研究和探索当前改革开放中出现的新事物、新规律，使我们的教学和科研工作，能够在“实事求是”的思想指导下，取得更大的成绩。

“实事求是”，对于教学和科学研究来说，必须贯彻“百花齐放，百家争鸣”的方针。面对社会主义“四化”建设中的各种新问题，要鼓励教学和科研人员，从实际出发，认真研究新情况，勇于探索新问题，开展学术争鸣，使我们的教学和科研工作，能够更好地得以提高。当然，我们所有的教学、科研和一切工作人员，都必须自觉坚持四项基本原则，努力提高自己的马克思主义理论修养，不断增强自己识别和抵制错误思潮的能力。

邓小平同志在最近南方谈话中指出：“‘实事求是’是马克思主义的精髓。”将“实事求是”作为中国人民大学的校训，对我校更好地坚持和发展马克思主义，真正坚持“一个中心，两个基本点”的党的路线，培养德智体全面发展的各种专门人才，有重大意义，它将使中国人民大学在建设有中国特色的社会主义这一伟大事业中，发挥更大的作用。愿中国人民大学的全体师生员工和中国人民大学已经毕业的国内外校友，以此共勉。

“尊重知识，尊重人才”是促进社会主义现代化的重要指导思想*

“尊重知识，尊重人才”是邓小平同志在 1977 年 5 月提出的一个重要思想。20 年来，在这一思想的指导下，我国广大人民不断加深了对科学知识在社会主义四个现代化建设中的作用的认识，提高了对知识分子，对脑力劳动者在改革开放和建设有中国特色社会主义中的重要性的认识，形成了一种前所未有的“尊重知识，尊重人才”的空气。

“尊重知识，尊重人才”这一思想，是邓小平建设有中国特色社会主义理论的一个重要组成部分，是中国社会主义现代化通往成功之路的一个极其重要的指导思想。20 年来，我们正是在各个方面注意贯彻了这一思想，才很好地发展了我国的科学技术和文化教育，使我们在同发达国家的竞争中，改变了过去“被动”、“挨打”的局面，为中华腾飞，为我国经济的进一步发展创造了坚实的基础。20 年来的实践证明，“尊重知识，尊重人才”这一思想，已经对我国的工业现代化、农业现代化、科学技术现代化和国防现代化的发展，起到了不可估量的推动作用。

今天，我们学习邓小平“尊重知识，尊重人才”的思想，就是要自觉地以这一思想为武器，大力提高全党和全国人民对“尊重知识，尊重

---

* 本文作于 1997 年，原载《罗国杰文集》，下卷，831～837 页，保定，河北大学出版社，2000。

人才”的重要意义的认识。邓小平所提出的“尊重知识，尊重人才”的思想，是同他所提出的“科学技术是第一生产力”的论断有着密切关系的。没有知识，没有人才，就不可能有我们的科学技术的发展，也就不可能有生产力的发展和经济的繁荣，不可能有广大人民群众生活水平的提高，不可能建成有中国特色的社会主义。由此可见，“尊重知识，尊重人才”，绝不是一般的权宜之计，而是指导中国整个现代化事业的一个极其重要的思想，对中国现代化的发展有着深远的意义。我们一定要从“科学技术是第一生产力”的高度，进一步认识“尊重知识，尊重人才”对当今经济发展、社会变革和建设有中国特色社会主义的指导意义，提高我们的认识，改进我们的工作。

在“尊重知识，尊重人才”方面，尽管我们已经作了很大的努力，取得了显著的成绩，但是，由于我国的经济发展水平还不高，知识分子的工作条件和生活水平还有待于进一步提高。应当看到，一部分知识分子的工资待遇仍然偏低，某些科学技术人员、医务人员、科学和科研人员的工作条件，有待于进一步改善。一些地区的民办教师和中小学教师，仍然不能按时领取到他们应得的工资，生活待遇和工作条件仍然很差。正像邓小平同志20年前所指出的，如果这些知识分子的“很多时间用于料理生活，晚上找个安静地方读书都办不到”，这又怎么能算是“尊重知识，尊重人才”呢？中小学教师担负着“从小抓起”以培养我国高素质人才的任务，我们应当给以特别的关心和照顾。还要指出的是，在我国高等学校和一些科研单位内，还存在着一部分优秀的青年教师和一部分对国家有重要贡献的老专家的工作条件不够理想的问题。例如，在我国的高等学校中，一些中青年“尖子人才”，尽管在教学和科研上已经取得了显著成绩，急需他们继续深造和做出贡献，但往往因为还没有能够“让他们专心致志地做研究工作”的条件，他们最后不得不离开这些单位。同时，我们也还看到，一些已经取得了重大学术成就的老专家、老教授，在他们的晚年，亟待整理他们一生的教学和科研成果的时候，往往还得不到必要的关怀，以至不能取得更大的成果。因此，我们希望党和政府以及各级行政领导，都能认真地来关心这方面的问题。

邓小平同志在20年前指出：“一定要在党内造成一种空气：尊重知识，尊重人才。要反对不尊重知识分子的错误思想。”今天，我们重温这一思想，进一步认识这一思想的重要意义，就要面对现实，从各方面克服我们在“尊重知识，尊重人才”方面所存在的问题，从而更有利于推动我国四个现代化建设事业的发展，有利于有中国特色社会主义的建设更加迅速地前进。

关于人文奥运的一点思考*

北京申办2008年奥运会的成功，为我国的经济发展和社会进步创造了前所未有的新契机。由于高举“人文奥运”的旗帜，我国的精神文明建设和思想道德建设，也将使我国人民的精神风貌和社会风气发生前所未有的重大变化。未来的北京，不仅天更蓝、水更清、地更绿、空气更洁净，而且更为可喜的是，北京的道德风尚也将更良好、精神面貌也更振奋、人际关系更友善、社会秩序显得更有序，人文精神在北京乃至全国都得到了新的发扬。

人文精神，是人和人之间的一种互相关心、互相爱护和互相帮助的精神，是尊重人的价值、崇尚人的人格和重视人的尊严的精神，是弘扬人的道德品质、提升人的道德情操和展现人的道德境界的精神，是人们重视环境保护、注意生态平衡和强调持续发展的精神，同时，也是崇尚科学、尊重科学和发展科学的精神。

人文精神的发扬，既能使我们有一个绿地成荫、空气清新和没有污染的优美环境，而且必然能够在全社会形成一种团结互助、平等友爱和共同前进的新型的人际关系。

人文精神的中心环节和主要内容，也可以说是一种崇高的道德精神。道德精神，就是要爱人、敬业、诚信、互助、公正、勤劳、尊老、

---

* 本文原载《光明日报》，2001-08-02。

奉献和保护环境等。崇高的道德精神的发扬，也就是人文精神的发扬。从这一意义上来看，人文奥运，也可以说是一种道德奥运。

我们完全相信并且可以看到，2008 年的奥运，将成为一次中华民族优良道德传统大发扬的新奥运，将成为一次社会主义道德在各个方面充分体现的新奥运，也将成为每一个中国人向全世界展现自己道德风貌的新奥运。

首先，爱国主义精神，必将得到空前的发扬，热爱祖国、热爱社会主义事业、热爱国家的荣誉，必将成为每一个北京人和每一个中国人的行动信念，在任何时候和任何情况下，都会把祖国的荣誉贯穿于自己行为的全过程。人人都以发扬爱国主义精神、提高民族自尊心和自信心、报效祖国为最大光荣，以损害祖国利益、损害民族尊严为最大耻辱。中国人民将以自己的行动向世界各国运动员和旅游者显现出对祖国无比深厚的情感。

其次，对社会主义道德要求的自觉遵守，已成为每一个公民的内心的执著要求。任何人都抱着对他人、对社会、对国家、对集体的高度的责任意识，把道德人格看做高于一切的品格。在一切公共场所和公共交往的地方，文明礼貌、助人为乐、爱护公物、保护环境、遵纪守法为主要内容的社会公德不仅极大地受到重视，而且互助互爱和公德意识蔚然成风。不论是在机场、车站、街道，还是在运动场馆、展览馆地、文化景点等，到处都可以看到社会公德在各方面的体现。自觉奉献的志愿者以熟练的外语和诚挚的态度，为人们提供帮助。任何不良的现象，都将得到舆论的监督；任何人的困难，都会得到及时和热情的帮助。每一个中国人，都以高度的责任心来对待自己的工作，以爱岗敬业、诚实守信、办事公道、服务群众、奉献社会为主要内容的职业道德在全社会得到了进一步的发扬光大，职业责任和职业意识的强化，使每一个人对自己所承担的任务、工作和责任，都严格要求，一丝不苟、尽善尽美地加以完成。职业责任意识的形成，给中华民族的伟大复兴带来了新的力量。一切国际友人和来客，都将以新的目光，来审视中国人民的高度责任心。作为社会的细胞的家庭，也达到了可喜的和谐，为社会的稳定创造了坚固的基础。以尊老爱幼、男女平等、夫妻和睦、勤俭持家、邻里团结为主要内容的家庭美德，营造了家庭、社区和社会的良好道德风尚。尊老敬长，成为风尚；青少年的保护和教育，受到重视。夫妻相爱，家庭和睦，勤俭成风，邻里友好，使整个社会都好像处于一个温暖的大家庭之中。

最后，个人的道德修养更加自觉。从我做起、从日常生活中的每一件事情做起，按照高标准的道德来要求自己。对于社会上所发生的事物，都更加清楚和明确地区分是非、善恶、美丑、荣辱，崇尚真、善、美，贬抑假、恶、丑。诚实守信，是每个人生活中必须遵守的信条。货真价实、童叟无欺，相待以诚、相交以信，一切弄虚作假和坑蒙拐骗的行为，不但要受到法律的严惩，而且也必然要遭到舆论的谴责。尊重人、理解人、关心人，为他人为社会多做好事将成为时尚，拜金主义、享乐主义和个人主义，将受到强有力的抵制。一切腐朽、落后的东西，都将遭到人们的唾弃，见义勇为必将成为广大人民的自觉要求。清洁、宽广的街道上，再也没有随地吐痰的现象，而且，遗忘和丢失的东西，都能及时找到。在社会生活的各个方面，都将展示社会主义制度的优越性，都将体现出中华民族的良好道德风尚。

随着我国经济的进一步发展和国力的更加强大，随着我国政治的民主和文化的进步，中国人的道德，在新奥运的推动和激励下，必将发生重大的变化，出现一个前所未有的新境界。一个生活在北京的人，将感到一种难以用语言形容的幸福；一个进入北京的国际友人，将会感受到新北京的新风貌，将生活在一个温暖如春的环境和宾至如归的家庭之中。

当然，在道德建设方面，我们还将面临着许多严峻的挑战，真善美只有在同假恶丑的斗争中，先进的道德只有在同腐朽的道德的斗争中，才能发展，才能与时俱进。同时，我们有着充满希望的明天，只要我们锲而不舍、坚持不懈地努力奋斗，我们就有可能使这充满希望的明天成为现实。

在推进高校哲学社会科学创新中坚持和发展马克思主义*

高等学校是我国哲学社会科学研究的主力军。大力提高高校哲学社会科学创新能力和研究质量，其根本要求就是要在推进高校哲学社会科学研究中毫不动摇地坚持马克思主义，用发展着的马克思主义指导新的实践。

第一，要进一步深入研究马克思主义基本原理，真正掌握马克思主义的立场、观点和方法。马克思主义是我们立党立国的根本指导思想，是社会主义意识形态的旗帜和灵魂。增强哲学社会科学创新能力，提高哲学社会科学研究质量，要毫不动摇地坚持和深入研究马克思主义基本原理，同时结合新的实际不断丰富和发展马克思主义。当前，在哲学社会科学的创新和建设实践中，一个很重要的任务就是要立足当代中国的实践，既要破除对马克思主义的教条式理解，澄清附加在马克思主义名下的错误观点，又要对马克思主义基本原理作出准确而又符合时代要求的新阐发。

第二，要用发展着的马克思主义指导新的实践。作为一个开放的理论体系，100 多年来马克思主义始终与时代同行、与实践同步。我们党自诞生之日起，就把马克思主义确立为自己的指导思想，坚持马克思主义基本原理同中国具体实践相结合，形成了毛泽东思想、邓小平理论和

---

* 本文原载《光明时报》，2006-01-16。

“三个代表”重要思想三大理论成果，提出了科学发展观等一系列重大战略思想，指导中国革命、建设和改革取得了举世瞩目的伟大成就。党的历史表明，坚持马克思主义，并在实践中不断丰富和发展马克思主义，是我们党和国家事业不断取得胜利的根本保证。大力提高高校哲学社会科学创新能力和研究质量，既要坚持马克思主义，也不能抱残守缺、思想僵化，而是要与时俱进、开拓创新，用发展着的马克思主义指导高校哲学社会科学研究和创新的实践。只有这样，才能切实提高哲学社会科学的创新能力和研究质量，才能生动而具体地坚持和发展马克思主义，不断赋予马克思主义新的活力。

第三，注重研究重大现实问题，是提高高校哲学社会科学创新能力和科研质量的必然要求。理论联系实际是哲学社会科学创新的根本途径。我国改革发展正处于关键阶段，新情况、新问题层出不穷，一系列新的实践课题需要我们给予研究和回答，一系列新的实践经验需要我们进行提炼和概括，一系列干部群众关心的热点、难点问题需要我们解疑释惑。我们一定要把研究回答重大现实问题作为主攻方向，充分发挥理论指导实际工作、回答时代课题的作用。研究回答重大现实问题，必须坚持解放思想、实事求是、与时俱进。要把理论研究同指导实际工作结合起来，使理论成果更好地服务于现实重大问题的解决。

理论研究要克服不良学风*

面对新形势、新情况、新问题，理论研究在继承和发扬优良传统的基础上，必须在学风上进行创新和改进，特别要增强时代感，加强针对性，大力发扬马克思主义学风。

马克思主义的基本原理是必须坚持的。任何动摇马克思主义的指导地位，在指导思想上搞多元化，都是极端错误的。同时，我们还必须强调，马克思主义的理论不是教条，而是行动指南，它不是停滞不前的，而是与时俱进的，它的出发点和落脚点，就是要解决我们所面临的重大的实际问题。马克思主义是发展的理论，它不但批判地吸取了历史上的优秀文化成果，而且要批判地吸取当代的一切优秀文化成果，并根据现实生活的发展，不断地开拓、创新。与时俱进是马克思主义的本质特征。

在我们的理论研究中，本本主义是应当克服的一种不良学风。现实中，把马克思主义当作教条，照抄、照搬马克思主义词句的现象，仍然存在。有的人考虑问题的出发点不是当前已经发展了的新情况和新问题，而是经典作家的“本本”。这样，就不可能解决我们所面临的现实问题。另外，一些人不顾我国的国情，照抄、照搬西方的“洋教条”。这种只信“洋教条”的本本主义，也是十分有害的。马克思主义从来都

* 本文原载《光明日报》，2012-01-29。

不是书斋里的学问，它必须紧密结合现实的需要，努力回答实践中的重大问题，并力求在理论上有所创新、有所前进、有所发展。

在加强学风建设中，我们还必须克服形形色色的主观臆断的作风。在当前，主观臆断的作风大体上有两种表现形式：一种是不做调查研究，不了解客观情况，只凭主观臆断来解决现实生活中的问题。这种情况，正如毛泽东同志所说的，犹如“盲人骑瞎马、夜半临深池”，其结果必然要迷失方向、坠入深渊。当前，随着改革开放的深入和社会主义市场经济的发展，我们面对着前所未有的新情况和新问题，这是我们考虑一切问题的前提和出发点。但是，有的同志却不愿对这些新的情况和问题做深入细致地调查研究，其结果只能是一事无成。另一种是套用马克思主义经典作家的话来进行自己的主观解释，把自己的主观意见强加给经典作家。在中国古代，曾经有所谓“六经注我、我注六经”之说，学者们以经书和古代经典作家的话为标准，不论什么问题，都要先引用经书或经典作家的话来作根据。其实，他们不是要阐明经典作家的原意，而是要用经典作家的话来论证自己的观点，以达到宣扬自己理论的目的。在这种学风的指导下，经典作家的话，往往成为一种招牌或者装饰，成为主观主义学风的牺牲品。我们必须完整、准确、全面地理解经典作家的观点，决不能以自己的主观臆断来歪曲经典作家的理论。

十一　回忆、演讲与访谈

三十年的回顾与展望*

——在中国人民大学哲学系建系三十周年庆祝会暨“哲学的现状与发展”讨论会开幕式上的讲话（摘要）

1986年8月，是中国人民大学哲学系正式成立三十周年。如果追溯到1951年我校马列主义研究班的哲学班（即哲学系的前身），那就是三十五周年。三十多年来，人大哲学系已经培养了3 098名学生。其中研究生（包括硕士生和博士生）、研究生班和进修班的学生约一千人，本科生（包括人大一分校的哲学系毕业的同学）约两千人。这些毕业生，大多分配在党的理论宣传部门、党校、社会科学研究机构以及高等学校，从事哲学和政治理论的教学和科研工作，不少人写出了各自学科领域内有较高水平的专著、教材和有重要影响的学术论文，取得了突出成绩，有的成为哲学中某一分支学科的学术带头人，被晋升或破格晋升为教授、副教授。不少系友还兼做哲学系或政治理论系科的领导工作，如吉林大学哲学系、南开大学哲学系、南京大学哲学系、辽宁大学哲学系、山东大学哲学系、兰州大学哲学系、杭州大学哲学系、江西大学哲学系、安徽大学哲学系、内蒙古大学哲学系、湖北大学政治系、陕西师范大学政教系等的系主任，都是我系毕业的同学。这些情况，从一个侧面反映着人大哲学系在我国哲学界的重要作用。

经过三十年的时间，人民大学哲学系在中宣部、国家教委和学校的

* 本文原载《青年哲学论坛》，1986（3）。

领导下，在各方面的支持下，已发展成为学科比较齐全的全国重点哲学系之一。对应于国务院学位委员会所设哲学硕士、博士授予权的十个分支学科，我系共有十个教研室（或研究室），它们是：马克思主义哲学原理、马克思主义哲学史（原著）、中国哲学史、外国哲学史、逻辑、自然辩证法、伦理学、美学、现代外国哲学和宗教学。这十个学科中，我校已有九个有硕士学位授予权，有六个博士学位授予点：马克思主义哲学原理、马克思主义哲学史（设在我校马列发展史研究所）、中国哲学史、外国哲学史、自然辩证法和伦理学。根据人民大学的方针，哲学系将多层次地培养学生，即以本科为基础，以研究生为重点，并努力注意培养好高层次的博士生。现在全系共有学生 259 人，其中本科生 126 名，研究生 117 人，博士生 16 人。加上暑假后入学的本科生、研究生和博士生，在系学生将达 340 人。我系现有教职工 100 多人，三十年来先后在系里任教和工作过的同志共有 300 多人。

我们这次会议的中心议题是我国哲学界的现状与发展问题。把对这个具有紧迫意义的问题的学术讨论同庆祝人大哲学系建系三十周年结合在一起，还有一特殊的意义，就是要在分析我国马克思主义哲学的现状和发展的同时，也认真地总结和分析一下我们哲学系的情况，看看我们三十年来在坚持和发展马克思主义哲学方面，取得了哪些成绩，还有哪些不足，以及今后应该怎样更好地努力。

不必讳言，哲学系在过去三十年中，在学习和宣传马克思主义基本理论、为社会主义事业服务方面，是有成绩、有贡献的。同时我们系所形成的自己的风格和特点，在大家心目中的形象也是鲜明的。我认为，在这种风格和这些特点中最根本、最重要的一点，就是强调每一个马克思主义理论工作者都应该具有坚定的马克思主义立场和严谨、求实的科学态度。熟悉马克思主义，坚持马克思主义，把自己的命运同马克思主义理论的命运紧密地联系在一起，已经在这三十年的曲折历程中，成为我们这个集体的传统特征。对此我们有理由感到光荣。

但是，我们也应清醒地看到：过去所做出的成绩和形成的风格与特色，在新的历史条件下，更有发展和改进的必要。十一届三中全会以来的理论上拨乱反正和全面社会改革，要求马克思主义哲学有一个新的发展。在这种形势下，我们系的工作、全国哲学界的工作，都同马克思主义哲学本身一起，经受着历史的新的考验。时代赋予我们的崇高使命和历史责任，是要在坚持马克思主义基本原则的同时，为在新形势下发展马克思主义做出新的努力和贡献。

马克思主义的辩证法告诉我们：一切事物，只有运动才有生命，只有发展才能生存。这对于马克思主义来说，也是适用的。在现实生活中，我们学习、宣传、捍卫和坚持马克思主义的基本理论，同随着实践的进步而不断丰富、充实、检验和发展马克思主义的具体结论这两者之间，在不同条件下是可以有所侧重的。但是，任何时候我们都不应把坚持和发展割裂开来、对立起来。不能把坚持和发展看做是互不相干甚至彼此排斥的。要坚持就要发展，不发展就不能坚持。如果说，在过去的许多年里，我们党在哲学理论上所做的一切，总的来说，是在曲折与反复中解决一个如何完整准确地理解和贯彻马克思主义的基本理论的问题。如果说，这主要是一个坚持的问题的话，那么，在这个坚持的过程中，就已经包含着发展，即结合我们中国的具体实际，在新的条件下创造性地发展了马克思主义。那么，在今天，在坚持马克思主义的同时，努力用当代世界的先进成果和我国改革实践的新经验来检验、充实和发展马克思主义，甚至改变它的个别结论，也正是为了在新形势下增强理论的活力和更充分地发挥马克思主义的威力。也就是说，这种发展，也就是最好的坚持。把坚持马克思主义当做教条主义，无视中国和世界实际斗争所产生的新情况、新问题，是错误的；同样，认为马克思主义已经过时，把发展马克思主义当做可以否认马克思主义基本理论的指导作用，更是错误的。总之，合乎辩证法的“坚持”与“发展”是统一的，我们所要努力追求的，正是这样的坚持和发展。

近年来，理论界、教育界和从事实际工作的许多同志，在探讨如何发展马克思主义哲学的同时，也以各种方式对人大哲学系的建设问题，表示了极大的关心和期待。来自各方面的评论、意见、建议和督促，体现了大家对人大哲学系的信任和关注，使我们更加感到了自己的责任和义务。可以向大家汇报的是，这几年中，我们在人大哲学系工作的同志并没有停顿、等待和观望，而是在尽力使我们的工作跟上时代前进的步伐。几年来，我们力求在新形势面前既不僵化保守，又不急躁轻率，而是扎扎实实地探索哲学体系改造和教学改革的途径。同时，我们也正在尽最大的努力，加快对知识结构和人才结构更新的工作；抓紧一些新学科和新课题的研究和建设；以老一代知名学者为首，对几个分支学科中的一些重大理论问题组织力量、协作攻关；由我系主编的各分支学科的一批新的教材和专著即将陆续问世；在此期间，我系的一批中青年人才和硕士、博士研究生迅速成长，开始成为科研和教学上的新生力量。在这次职称评定中，一批我系自己培养并留系工作的研究生被评为副教授，他们的年龄，都只有四十岁左右。

哲学系的工作，虽有一定成绩，也确有许多方面不能适应当前形势发展的要求。如何使我们培养的学生具有更强的应变能力、创造能力，更好适应现代化建设的需要；如何更多更好地开出高质量、多信息、内容丰富的新课程；如何提高我系的管理工作、教师培养与提高工作等等，都需认真研究和总结。有些学科，我们目前尚有某种优势，但如何保持和发展它们，就是一个非常值得重视的问题。有不少学科，我们还处在中间状态，如何发展这些学科，也是一个重要的问题。还有一些新建而又亟待发展的学科，更需集思广益，尽快取得突破性的发展。正是出于这些要求，我不仅代表哲学系的全体师生对参加这次会议的各位领导、各位来宾和各位系友，以及一直关心着人大哲学系的所有同志表示衷心的欢迎和感谢，也希望你们一如既往，对人大哲学系的现状和未来提出宝贵的意见和建议，促进人大哲学系的进一步发展。谢谢大家！

坚持马克思主义的科学性和革命性统一的原则*

——在马克思主义理论课教师研讨班和进修班开学典礼上的讲话（摘要）

我校受国家教委委托举办的马克思主义理论课教师研讨班和进修班今天开学了。我代表学校向来自全国各高等院校的马克思主义理论课教师们表示热烈的欢迎，对给予我们大力支持的上级领导表示衷心的感谢！

在高等院校普遍开设马克思主义理论课程，对大学生进行系统的马克思主义理论教育，是我国社会主义高等教育的重要标志和重要任务，是我们办学指导思想的重要组成部分。改革开放十多年来，高校的马克思主义理论课教学，在党的方针政策指引下，从课程体系、课程设置到教学内容、教学方法、教师队伍建设等都取得了不少的成绩和进展。广大马克思主义理论教育工作者，为此付出了辛勤的劳动。

但是，发展的道路是曲折的。近几年，由于教育方面的失误，思想政治工作被削弱，资产阶级自由化思潮一度泛滥，一些怀疑、动摇和否定马克思主义的谬论，以各种时髦招牌，招摇过市，严重腐蚀和毒害了广大青年，干扰和破坏了高等学校的马克思主义理论课教学。去年春夏之交发生的政治风波，使人们痛切地认识到，在高等学校，必须切切实实地加强和改进马克思主义理论教育，始终不渝地坚持马克思主义理论

* 本文原载《中国人民大学校刊》，1990-04-15。

阵地，旗帜鲜明地反对资产阶级自由化，这是关系到我们能否坚持社会主义办学方向，能否培养出社会主义事业合格接班人的大问题，值得高度重视。

党的十三届四中全会以后，以江泽民同志为核心的党中央，坚持四项基本原则，坚持改革开放，大力加强社会主义精神文明建设，反复强调要全面贯彻党的教育方针，坚持把德育放在首位，从而为加强高等学校的马克思主义理论教育创造了极为有利的条件。同时，我们也必须清楚地看到，资产阶级自由化思潮泛滥在大学生中造成的思想混乱和影响远未清除；国际敌对势力对我国进行渗透和颠覆的“和平演变”阴谋还在继续，在思想、教育、文化领域争夺青年一代的斗争并未止息，复杂多变的国际环境对马克思主义提出的新问题和新挑战层出不穷。因此，高校马克思主义理论教育所面临的形势是严峻的，任务是艰巨的。我们身为马克思主义理论课教师，在这方面应当冷静地、实事求是地面对现实，以强烈的紧迫感和高度的责任心来对待我们肩负的重任。

为了加强和改进高校的马克思主义理论教育，在师资队伍建设、教材和资料建设、教学体系、教学内容和教学方法的改革等方面，需要采取一系列实际有效的具体措施。其中，认真做好现有教师的进修和提高工作，加速培养一批政治素质和业务素质都比较好、富有朝气和战斗力的师资队伍，是首要和关键的问题。我们这期教师研讨班和进修班，正是适应当前形势的需要而举办的。

为了办好这期研讨班和进修班，我提出几点意见，供大家参考。

第一，坚持马克思主义理论科学性和革命性相统一的根本原则，充分发扬马克思主义在反对资产阶级自由化斗争中的科学的、批判的精神。马克思主义是科学的世界观和方法论，它是在同形形色色的错误思潮的斗争中，在批判地吸收人类优秀文化成果的基础上产生和发展的。马克思主义从其产生的那一天起，就激起一切剥削制度的维护者的仇恨，受到剥削阶级及其代言人的曲解、咒骂和攻击，而马克思主义正是在同各种敌对思想的斗争中不断得到发展的。科学的批判精神，是马克思主义的一个本质特征，它使马克思主义成为永远保持生机勃勃的、富有战斗性和创造性的理论体系。我们在学习过程中，应当紧紧掌握马克思主义的这一本质特征，运用马克思主义的立场、观点和方法，去批判各种错误思潮和理论。特别是在改革开放的新形势下，西方思潮大量涌进来，鱼龙混杂，即使是一些有科学价值的论著，也往往精华和糟粕交织在一起，必须认真进行分析和批判，否则，就等于解除了自己的思想武装。当然，这种分析批判不是简单的、教条式的，而应该是实事求是、充分说理、有说服力的、同时，对某些有价值的资料和观点，也要从实际出发，从我国国情出发，加以吸收和借鉴。

第二，认真贯彻理论联系实际的方针，我国社会主义现代化建设的新实践，国际共产主义运动的新变化，现代资本主义发展的新趋势，世界科学技术革命的新进展，一方面证实了马克思主义基本理论的科学性和正确性，另一方面又对马克思主义提出了许多新的问题和挑战，要求马克思主义者去认真地研究新情况，回答新问题，迎接新挑战，在实践的基础上不断丰富和发展马克思主义。资产阶级自由化的鼓吹者往往利用这些新的变化来大做文章，在经济上宣扬私有制，否定社会主义公有制；在政治上宣扬多党制，否定共产党的领导和社会主义民主制度；在思想文化、道德领域宣扬唯心主义、无政府主义、虚无主义和个人主义，反对马克思主义，等等。我们决不可以书生气十足，任凭理论阵地被一个个地污染和毒化，而应当以高度的理论勇气和实事求是的科学态度去研究和回答现实提出的问题，使马克思主义理论课堂，真正成为培养青年树立科学共产主义世界观，坚持四项基本原则，反对资产阶级自由化的重要阵地。

第三，研究和总结马克思主义理论课改革的经验，尤其是要总结马克思主义理论教育同加强大学生思想政治工作相结合的经验。马克思主义理论课的改革，正在深入地开展，有许多问题需要研究和总结。改革的目的，是为了加强这方面课程的建设，为了使大学生更好地学习和掌握马克思主义理论，树立科学共产主义世界观和人生观。为此，马克思主义理论课教学决不能局限于基本知识的传授和基本原理的解说，而要寓思想政治教育于系统的理论教育之中，将系统的理论教育同引导学生不断改造主观世界，树立科学的、革命的人生观结合起来，有针对性地解决学生在思想上存在的问题，提高学生运用马克思主义分析问题和解决问题的能力，以及自觉地辨别和抵御各种错误思潮的能力。在座的各位学员都来自教学第一线，对于高校马克思主义理论教育的现状、存在的问题、学生们的要求等，都有切身的了解和体会，希望大家认真总结，互相交流，取长补短，共同提高。

第四，努力贯彻“百花齐放，百家争鸣”的方针。这是一个马克思主义的方针。我们在学习理论，联系实际，研究、探讨问题的过程中，存在不同的学术观点是很自然的。在坚持四项基本原则的基础上，我们提倡“百花齐放，百家争鸣”，坚持真理，修正错误。只有这样，才能更好地坚持和发展马克思主义，促进理论的繁荣。

中国人民大学过去在马克思主义理论课的教学和研究方面做了一些工作，今后我们还要在教委的领导下，继续为加强高校马克思主义理论课的建设尽我们的责任。大家这次来我校学习、进修和研讨，对于提高我校的马克思主义理论课教学和科研水平是一个有力的推动。希望同志们对我们的教学工作多提意见和建议，帮助我们改进工作，提高教学质量。像这样的教师研讨班和进修班，我们今后还要长期地办下去，在国家教委的领导和帮助下，努力使我校这块培训马克思主义理论课教师的基地，不断得到加强和发展。

东方伦理与21世纪*

——在中、韩、日“东方伦理与21世纪国际学术讨论会”上的开幕词

尊敬的韩国国民伦理学会会长赵南国教授、尊敬的韩国国民伦理学会顾问宋在云教授、尊敬的广神清教授，各位专家、学者，女士们、先生们：

中、韩、日“东方伦理与21世纪国际学术讨论会”现在开会。我代表中国伦理学会、徐州市社会科学联合会和徐州市伦理学会向参加这次会议的女士、先生和各位专家、学者表示热烈的欢迎和诚挚的感谢，并预祝这次国际学术讨论会取得圆满成功！

徐州是中国的历史文化名城之一，有四千年悠久的历史。它是中国古代两汉文化保存最多的地方，在这美好的金秋时节，各位代表，特别是韩国和日本的客人，从远道来到徐州参加这一会议，这对我们研究和讨论“东方伦理与21世纪”这一题目，更有着特别重要的意义。

现在，距离21世纪的到来，只有两年多的时间了，在即将步入21世纪的这一重要的时期，文化问题已经成为全世界人们所共同关注的一个重大的问题。西方有的学者预言，在未来世界各国之间的激烈竞争中，最主要的竞争就是不同文化之间的竞争。一般来说，世界的文化，可分成所谓基督教文化、佛教文化、伊斯兰教文化和以儒家文化为代表

---

* 本文为1997年10月作者在徐州市召开的“东方伦理与21世纪国际学术讨论会”上的发言。

或受儒家文化影响的文化。我们知道，佛教文化、伊斯兰教文化和儒家文化，都可以说是属于东方文化。在所谓的东方文化中，由中国、韩国和日本这三国所形成的以儒家为中心的文化，在长达几千年的历史时期内，曾经对世界文化发生过十分深远的影响。正由于此，讨论东方文化同21世纪的关系问题，我们就不能不把着重点放到中国、韩国和日本所共同关心的儒家文化方面上来。

文化问题，包括着非常广泛的内容，不但有狭义的文化，而且有广义的文化，因此也就有所谓精神文化（思想文化）和物质文化的不同等等。尽管如此，谁也不否认，从一般的意义上来看，我们所说的文化，主要指的是精神文化或思想文化。一个特别值得注意的问题是，东方文化就其主要内容来说，它可以说就是一种伦理文化，或者说是一种以伦理为中心的文化。由此可见，我们研究东方文化同21世纪的关系的问题，实际上，也就是研究东方伦理与21世纪的关系的问题。在对东方伦理的研究中，着重对中国、韩国和日本三国所共同关心的儒家伦理的研究，它的意义当然也就十分重大了。

一般来说，伦理思想是思想文化的核心，在思想文化中占据着十分重要的地位，在整个人类的发展中，起着非常重要的作用。东方伦理包含着十分丰富的内容。中国古代的儒家伦理思想，作为东方伦理思想的一个重要组成部分，大体来说，其主要精神有“仁者爱人”的人本思想，有以和为贵的和谐原则，有先社会后个人的整体精神，有重视个人在人伦关系中的责任意识，有崇高理想的道德人格追求，有强调道德修养和道德践履的传统，有“天人合一”的生态观念，以及对“天下为公”的人类“大同世界”的真挚的向往等等。东方伦理思想和儒家伦理思想都是在历史的长河中不断发展的，我们一定要以历史主义的方法，对它们采取批判分析的态度，抛弃其中的糟粕，吸取其中的精华，使它们在即将到来的21世纪的精神文明建设中，发挥应有的作用。古代精神的形成，对整个人类的思想道德素质的提高，对全社会的良好风气的建设，以及对全人类的文化的发展，都产生着不可忽视的重要作用。中国、韩国和日本的伦理学的专家、教授和学者们，共同讨论有关“东方伦理与21世纪”这一主题，这不仅对于伦理道德思想的建设和发展是有价值的，而且对未来的文化建设也是有着非常重要的现实意义的。

1995年11月在中国江苏江宁县召开的“首届中韩伦理与当代学术讨论会”，以及去年8月在汉城召开的“儒佛道三教和韩中日近现代伦理思想国际学术会议”，都开得很好，我相信这次会议一定会开得更好。

谢谢大家！

构筑起预防腐败的思想道德长堤*

曾经主持编写了《马克思主义伦理学》、《伦理学》，以及多卷本的《中国传统道德》和《中国革命道德》等大型丛书；曾经不遗余力地为精神文明建设和廉政建设建言献策；曾经应邀赴中南海为中央领导讲授中国儒家思想。77 岁的他即便退休了也没有停止思想跋涉——

嘉宾：罗国杰（中国伦理学会名誉会长）

主持人：王乐乐

内容提示

伦理是调节个人与他人、个人与社会、个人与自然关系的柔性手段，它诉诸人们的“良心”，从而使人们在内心深处形成道德行为的内在动因

在反腐倡廉中，要加强教育，启迪激励自觉，使人们在内心中认识到清正廉洁的重要，牢固树立起正确的荣辱观念，增强追求崇高人格的信念

老一辈无产阶级革命家讲得最多的就是自我改造，强调活到

* 本文原载《中国纪检监察报》，2005-03-12。原标题为“罗国杰：构筑起预防腐败的思想道德长堤”。

老，学到老，改造到老。现在，一些人只注意强调改造客观世界而忽视了改造主观世界的重要，这是一个教训

改变不良社会风气，全国人民都有责任，但领导干部负有更重要的责任

政府在廉政建设和改善社会风气方面，要“以身作则”和“取信于民”

考核一个领导干部的政绩，不仅要看经济发展的情况，也要看领导干部本人的道德情况，以及他所管辖地方的道德状况

主持人：您曾经连续两届担任中国伦理学会会长，现在还担任名誉会长，可以说一直都在我国伦理学园地中耕耘。请您用简明的语言告诉我们什么是伦理。伦理和道德是一回事吗？

罗国杰：简单地说，伦理和道德都是指调节社会秩序和人际关系的规范、准则。在日常生活中，对伦理和道德，人们一般不做严格区分，它们都是关于调节社会与个人行为的理论、原则和规范体系。从学科的准确性来说，这两者是有所区别的，两者既有相同也各有侧重，伦理更强调人和人之间的道德关系，理论体系，更强调客观性、社会性，侧重社会秩序规范；道德则更含有个体性，更多地用于个人，指个体的心性修养、人的品质、行为等。从伦理学的学科发展来说，逐步使这两个概念，能明确地加以区分，是有好处的。

主持人：对一般人而言，伦理在家庭关系中的作用是显而易见的，那么伦理在社会关系中起什么样的作用呢？

罗国杰：作为调节社会关系的规范，伦理在社会生活中具有重要作用。不同于法律，伦理是人们在长期的共同生活中逐渐积累形成的要求。伦理是调节个人与他人、个人与社会、个人与自然关系的柔性手段，它起作用的方式不是依靠强制性手段，而是诉诸人们的“良心”，诉诸人们内在的道德信念，它通过启迪人们的道德觉悟、激励人们的道德情感、强化人们的道德意志、增强人们的荣辱观念，培养和形成古人所说的“羞耻之心”，从而使人们在内心深处形成道德行为的内在动因。

主持人：您是国内较早研究马克思主义伦理学的学者，请简要给我们介绍一下伦理学的缘起和马克思主义伦理学的核心。

罗国杰：在西方，从亚里士多德留下了三本伦理学著作开始，就正式形成了伦理学。在我们国家，尽管儒学中的重要或核心内容是伦理道

德，但作为一门学科却是19世纪以后的事。中国的“伦理学”一词，严格说起来是日本人先用的，我国启蒙学者如严复等采纳了日本人的做法，把西方的ethics译为“伦理学”，开始了在我国流传。马克思主义伦理学与旧的传统伦理学有着本质的区别，作为一门科学，马克思主义伦理学是一门理论科学、一门规范科学、一门理论知识和行动准则相统一的科学，马克思主义伦理学以各式各样的道德现象为研究对象。马克思主义伦理学强调社会主义道德建设以为人民服务为核心，以集体主义为原则，强调集体利益高于个人利益；个人、集体、国家利益相结合；在集体利益高于个人利益的原则下，切实保障个人的正当利益，大力发挥个人的能动作用。

主持人：道德较为鲜明的特性是其阶级性还是其普遍性？今天，我们建设公民道德有什么重大意义？应该向什么方向努力？

罗国杰：马克思主义伦理学既承认道德规范的普遍性，同时也强调在阶级社会中，不同的阶级有不同的道德。在建设社会主义的长期过程中，加强社会主义道德建设，有着极为重要的现实意义。2001年，党中央颁布《公民道德建设实施纲要》，说明党和国家对这个问题的高度重视。今天，我们建设公民道德，既要强调为人民服务、集体主义原则要求的先进性，又要强调道德建设的群众性、普遍性，《纲要》中所强调的20字方针，就为我们提供了切实可行的行为规范。

主持人：请问马克思主义关于道德教育的思想是怎样的？它对于在全社会开展反腐倡廉教育，增强全社会的反腐倡廉意识，形成以廉为荣、以贪为耻的良好社会风尚有什么重大意义？

罗国杰：马克思主义关于道德教育的思想，一是强调必须对人进行教育；二是同时强调人的自我教育。社会主义道德要求，既反映了人们的现实关系状况，又提出了高于现实关系的更高层次的阶梯，提出了“应当”的目标。道德教育就是要让人们明白，什么是应该做的，什么是不应该做的。道德教育应该教育公民主动关心别人，帮助别人，多为国家着想。自我教育就是自我改造，自觉地改造自己的主观世界。毛泽东、周恩来等老一辈无产阶级革命家讲得最多的就是自我改造，强调活到老，学到老，改造到老。现在，人们只注意强调改造客观世界而忽视了改造主观世界的重要，这是一个教训。我们看到，一些贪官在被查处以后，寻找腐败根源时，往往第一条会说是因为对自己要求不严、放弃了思想改造。加强自我教育，就是要强调自我改造的自觉性。在反腐倡廉中，一是要加强监督、教育，形成强大的社会舆论和压力，使人们不敢腐败；一是要启迪激励自觉，使人们在内心中认识到清正廉洁的重要，牢固树立起正确的荣辱观念，增强追求崇高人格的信念。只要能按照这两条原则去开展反腐倡廉教育，就一定能够在全社会形成一种以廉为荣、以贪为耻的良好社会风尚。

主持人：曾几何时，社会上出现了这样一种怪异现象，就是把某一个地方的人类型化，并戴上一顶道德有问题的帽子，而且大有众口铄金的意味。您如何看待这一现象？

罗国杰：你提到的这种现象，实际是因为舆论的误导而产生的。在改革开放的过程中，一些地方或者一些人出现了这样那样的问题，都应当以历史唯物主义的观点，实事求是地进行分析，不应当以形而上学的偏见，进行随心所欲的编造。一段时期，个别媒体为了吸引读者眼球，大有语不惊人死不休的架势，对一些正常现象大肆渲染或炒作，这是媒体的一种不正之风，是在社会发展过程中的一种不健康现象。随着市场经济的发展、城乡交流的增加，必将促使更多的农民兄弟进城务工。在这一过程中，城市的道德状况出现了某些问题，其原因是非常复杂的，不能简单地认为就是某一地方的民工进城才导致的结果。

主持人：您曾经写文章说，党政领导干部的道德水平、道德修养和道德境界，不但是进行廉政建设的一个重要方面，也是社会风气能否改善的关键所在，为什么？

罗国杰：现在，社会道德风气确实出现了一些值得人们注意的问题，急功近利，为了追求金钱而不择手段，已经成为一些人的行为准则。“利益驱动”已经成为一些人活动的唯一原动力。只要能获得更多更大的利益，就可以不顾党纪国法。这在党内和干部队伍中都有反映，败坏了社会风气。要改变这种状况，当然全国人民都有责任，但国家领导干部，负有更重要的责任。孔子说“君子之德风，小人之德草。草上之风，必偃”，古人说“上梁不正下梁歪，中梁不正倒下来”，又说“政者，正也，子帅以正，孰敢不正”等等，强调的就是为政者，也就是我们所说的领导干部的道德示范和引导作用。上有好之，下必甚焉。上面喜欢什么，下面肯定比你还要过头。你如果喜欢廉洁，提倡艰苦朴素，那么老百姓肯定就会往这些方面努力，这种引导示范作用是无形的。

主持人：那么在廉政建设和改善社会风气的过程中，政府该如何呢？

罗国杰：政府在廉政建设和改善社会风气方面，除了加强监督和教育外，要“以身作则”和“取信于民”。古语说“民无信不立”，一个政府如果得不到人民的信任，它就无法立住脚跟。比如，政绩中的浮夸之风，特别是一些形象工程、数字工程，对社会风气和老百姓的生活是非常有害的。而一些政府或部门这样做后，反而能得到表扬，这个部门的“一把手”就可以提拔，但政府的信誉没有了，老百姓的支持和拥护就减少了。因此，政府要从人民的利益出发，关心人民，爱护人民，代表最广大人民的根本利益，这就是贯彻“三个代表”重要思想的根本要求。

主持人：以前，考核一个干部的政绩主要看GDP数字。现在讲科学发展观，考核一个干部的政绩注重看绿色GDP数字。您提出还要把领导干部能否在道德上以身作则，作为考核的重点之一，我归纳为看“道德GDP”。您是怎么想的呢？

罗国杰：能否归纳为“道德GDP”这可以再商量，但道德指标在考核干部中是不能缺少的。经济建设是中心，很重要；但精神文明建设和道德建设决不能忽视。但在实际工作中，人们往往只是重视经济发展，而忘掉了精神文明建设的重要。长此以往，经济发展了，但精神文明没有得到很大的提高，这不能不引起我们的注意。发展是第一要务，所以发展经济这个担子再重，我们也不能放。但是，我们挑起发展经济这个担子的同时，切不可放下精神文明这个担子，因为物质文明和精神文明是相辅相成的。干部考核标准是影响干部工作的一个指挥棒，一定要扭转那种只看经济发展数字的错误倾向，同时也要把干部的道德水平放在考核的重要方面。考核一个领导干部的政绩，不仅要看经济发展的情况，也要看领导干部本人的道德情况，以及他所管辖的地方的道德状况。领导干部要德才兼备，要具有社会主义、共产主义的理想信念，这才是我们社会主义国家需要的好干部。

主持人：对于克服腐败问题，道德、制度和法律，哪个收效更明显？在建立健全与社会主义市场经济体制相适应的教育、制度、监督并重的惩治和预防腐败体系的进程中，道德究竟能发挥什么样的作用？

罗国杰：法律是阻止人们违法的，它的作用更多的是防害于已然。

一个人触犯了法律，受到法律的惩处，立刻就感觉到了法律的威力，但法律不是万能的，再完备的法律也不可能解决人的内心信念问题，不能有效地培养人们的荣辱观念。道德是鼓励人们向善的，是培育人的“羞耻之心”的，它能使人们在不知不觉中向良避恶、近善远罪，能达防患于未然的目的，但道德也不是万能的，它毕竟是柔性的，在制裁力上及不上法律的严厉与有效。所以，我们还是应当按照党中央在十五大报告中提出的说法，把依法治国和以德治国结合起来。在建立健全与社会主义市场经济体制相适应的教育、制度、监督并重的惩治和预防腐败体系的进程中，要把道德教育作为基础性的工作来抓。

主持人：算起来，除了在上海有过几年党务工作经历，您人生中的大部分时间和精力都倾注在教书育人和做学问上了。您这样的选择是出于主动还是被动？在人生选择上，对我们这些后辈，您有什么好的忠告吗？

罗国杰：说起来，我们曾经还是同行。我在同济大学学的法律，学习期间，参加了地下党。上海解放后，我先是在虹口区委工作，紧接着就到了上海市纪律检查委员会工作。在工作中，我对哲学产生了浓厚的兴趣，就向组织提出要来中国人民大学哲学系学习。从此，我的人生又开始了新的起点。关于人生选择，我认为把握两条就可以了：一是要考虑社会、国家和人民的需要；二是要按照自己的兴趣爱好和可能来选择自己的工作。

主持人：您曾主持编写了《马克思主义伦理学》、《伦理学》以及多卷本的《中国传统道德》和《中国革命道德》等大型丛书，您不遗余力地为我国的精神文明建设建言献策，您还应邀赴中南海为中央领导讲授中国儒家思想，可以说您一直都在我国伦理学园地中耕耘，探询道德的真谛。

罗国杰：从1960年我在中国人民大学哲学系建立伦理学教研室开始，近半个世纪的时间，我都在研究道德问题。我们这一代人肩负着一个使命，就是要在经济发展的同时，让人民的精神文明水平得到大幅度的提高，并且造就千千万万的具有高尚社会主义道德的人才。为了实现这个愿望，我们仍然需要继续努力。

主持人：您今年77岁高寿了，可谓桃李满天下，著作等身齐。关于读书学习、做人、做学问，您有什么要提醒我们的吗？

罗国杰：一定要把学习和做人统一起来。学习与做人不能两张皮，最关键的是要用学来的知识理论指导自己做人做事的实践，像古人所说的，“见贤思齐，见不贤而内自省”。我的看法是不能只把伦理学当做知识来学，而要去做，要学行统一。

主持人：谢谢罗老的教诲，衷心祝愿您身体健康，学术之树四季常青！

罗国杰：读书学习之余，我也练习书法。我常写两句话：“有德容乃大，无私心自安。”我们共勉吧。

（本文在整理过程中得到了中国人民大学哲学系 2002 级博士生吴俊的帮助，特此致谢。）

学生·教师·系主任*

时光荏苒，中国人民大学哲学系成立已经整整 50 年了。作为人大哲学系第一届的本科生，我始终对母系和老师们怀有一种深深的感激之情，感谢老师们对我的谆谆教诲，使我增长了知识和智慧；作为中国人民大学哲学系的一名教师，我非常感激哲学系为我提供了一个崭新的人生平台，庆幸自己找到了最适合自己的人生位置，终于可以做既适应党和国家的需要又符合自己志愿和兴趣的教学和科研工作。1983 年到 1985 年，我曾任人大哲学系系主任，作为一名行政工作人员，我非常感激广大教职工和学生们的信任，珍惜大家同甘共苦一起走过的艰辛岁月。从人大哲学系第一届的本科生，到人大哲学系的一名教师；从人大哲学系的一任系主任，再到哲学系的一名离休职工，我在人大哲学系的学习和工作，虽然在不停地变化着，但整整 50 年，我始终没有离开过她，始终是她的一员，始终同她同呼吸、共命运，我对她真切深厚的情感是始终不变的，而且愈久弥深。

1956 年，在“向科学进军”热潮的推动下，人民大学哲学系成立了。解放前在同济大学法律系毕业后，又在上海工作了七年的我，深深地认识到哲学的重要，怀着对马克思主义哲学的无限热爱之情，作为调干生考入人大哲学系，重读本科和研究生班。1959 年 12 月，我留校从事伦理学的教学和科研工作。1960 年，根据学校的需要和安排，由我负责哲学系伦理学教研室的筹建工作。在教研室同志的共同努力下，教研室在伦理学的学科建设和发展上，取得了一定的成绩。在当时，可供

* 本文原载《光明日报》，2006－11－13。

借鉴的研究资料很少，以马克思主义为指导的伦理学的教科书一本也没有，可供参考的书只有当时苏联的有关材料、我国共产主义道德教育的文章和小册子。在这样的条件下，要建立起一门新的学科，特别是要建立起与以往西方的资产阶级伦理学不同的马克思主义伦理学，的确不是一件容易的事。教研室的同志们一起潜心攻读了几百万字的马列原著，摘抄、编辑了三十多万字的马克思主义经典作家关于道德的论述。“功夫不负有心人”，一年以后，我和教研室的同志们一起编写出了《马克思主义伦理学教学大纲》和《马克思主义伦理学讲义》，为伦理学的学科建设奠定了一定的基础。1982 年，我和教研室的同志们一起编写的《马克思主义伦理学》，作为新中国第一本伦理学教科书由人民出版社出版，获得北京市哲学社会科学优秀成果奖、全国高校优秀教材奖。面对国家和社会给予的各种荣誉，我们心里更加忐忑不安，只有更加勤奋地工作，才能不辜负社会和学校的信任，也才能使自己心安。

“文化大革命”期间，人大停办，我被调离学校多年。1978 年人大复校后，我即要求回人大哲学系，希望能尽快继续从事伦理学的教学和学科建设工作。原来教研室的同志已所剩无几，我先后请许启贤、姜法增回到教研室，请马博宣、宋希仁参加教研室的工作，伦理学教研室又恢复了生机。在大家的共同努力下，短短五年之内，伦理学教研室就建立了博士生、硕士生和本科生三级伦理学专门人才培养体系，缓解了上世纪 70 年代末我国专门从事伦理学教学和研究的人才奇缺的状况。

1983 年至 1985 年，根据学校的需要和安排，由我担任人大哲学系的系主任，杨彦钧、刘大椿同志担任副主任。我们齐心协力，团结哲学系的广大教职工，为哲学系的学科建设、教学科研等工作殚精竭虑，为繁荣哲学、促进社会主义精神文明建设尽了一份力。

经过努力，马克思主义哲学、中国哲学先后通过国务院学位委员会审批，成为当时高校中率先拥有硕士、博士学位授予权的单位之一，曾经遭到破坏的人大哲学系重又焕发了生机和活力。

1985 年后，我离开哲学系系主任的岗位，担任人民大学副校长。但我作为哲学系伦理学教研室的一名教师，始终没有离开自己热爱的岗位。“夕阳无限好”，现在虽然离休了，但我仍然一如既往地关心中国人民大学哲学系的建设和发展，在研究生培养、科学研究、学科建设等方面尽自己的微薄之力。(作者系中国人民大学哲学院教授)

罗国杰文集 第六卷

罗国杰生平自述

中国人民大学出版社
·北京·

写在前面的话

2008年，我已达80高龄，真是“光阴似箭，日月如梭”，弹指一挥，已经进入了“耄耋之年”，真是去日苦多，悔已无益。念及半个世纪以来为新中国伦理学发展所作的不懈追求，思虑万千，深感遗憾，总觉努力不够，成效极少，但从某种意义上看，也有一些值得回忆的情节，对一些愿意了解这些情节的人，可能多少还有一些参考价值。经过再三考虑，决定撰写一本自传性的《罗国杰生平自述》，把自己平凡一生的所作所为记载下来，以备对过去的行为和思想进行反思和省查。当时，随心所想，信手写来，可长就长，想短就短，有简有繁，无一定格，在几年的时间里，断断续续，共写成9万多字的书稿。从2010年2月底开始，几次大病之后，身体情况稍有好转，我决定集中精力和时间把这一《罗国杰生平自述》写完。前后用了3个多月，把原来只有9万多字的书稿增加到32万字，基本上完成了《罗国杰生平自述》初稿的撰写。

目　录

一、学生时代和在上海工作的七年

（一）我的家乡

1928年1月3日，我出生在河南省南阳专区内乡县的罗岗村。这一天，是农历丁卯年的腊月十一日，从属相来说，我是属兔的。

南阳处于中国南北的分界线上，历史悠久、物产丰富。南阳地貌状如大碗，因称宛，位处河南省西南部，北连汝洛，南襟荆襄，西通武关，东连江淮，自古为四方交通要冲，历来是兵家必争之地。南阳以南为南方，以北为北方。世人习惯性地称南阳以南为长江水系，以北为黄河水系，以东为淮河水系。南阳处于几面环山的盆地，常年风调雨顺，不像北方那么冷，也没有南方那么热；在一般情况下，既没有洪涝灾害，也不会缺水干旱，是中原一个适宜居住的地区。

当年，《诗经》描绘过这里的楚地风雅，李白吟咏过这里的汉时繁华，“清歌遏流云，艳舞有余闲；遨游盛宛洛，冠盖随风还”。这一切，无不彰显出南阳作为楚汉文化的发祥地，具有无可替代的标志意义。早在五六十万年前，南召（南阳所属的一个县）猿人就生活于此。春秋战国时，这里是全国著名的冶铁中心，是全国八大都会之一。秦始皇统一天下，分全国为36郡，南阳郡为其一。西汉时，南阳由于水陆交通发达，农业发达，成为南船北马、生意兴隆的全国五大都市之一。西汉末年，刘秀起兵南阳，夺取天下，建立东汉，其28位大将多来自南阳，定都洛阳，南阳为陪都，因在洛阳之南，有“南都”、“帝乡”之称。作为帝乡的南阳成为当时全国第二大城市，郡城周长36里，其规模比

1990年的南阳还大。唐宋以后，南阳才逐渐衰落。李白曾在南阳留下了很多诗篇，如“此地多英豪，邈然不可攀”。

南阳自古人才辈出，先秦楚国名相百里奚，吴国名相范蠡，东汉科学家张衡，医圣张仲景，汉光武帝刘秀，蜀国大将黄忠、魏延、邓艾等，唐朝诗人岑参，哲学家冯友兰，军事家彭雪枫，五笔字型发明人王永民，著名作家姚雪垠，原国家经委主任袁宝华等都出自南阳。

我出生的内乡县，位于河南省西南部的南阳专区，是八百里伏牛山的门户，扼秦楚交通之要塞。内乡县的县域，在春秋时为楚国所属，秦时始置郦县，内乡县的县名始于隋初。内乡县有着悠久的历史和灿烂的文化。当前，它有着全国著名的“一山、一衙”。“一山”是国家级自然保护区“宝天曼”，它被誉为“天然物种宝库”，不仅有2 900多种珍稀濒危植物和华南虎、金钱豹、金雕等许多国家重点保护动物，而且它的自然景观也堪称鬼斧神工，雄奇瑰丽。内乡县的大部地区为伏牛山的大小山脉所覆盖，只有东南部的地势比较平坦，但也只是一些高高低低的小丘陵，我出生的罗岗村就处于有着宝天曼自然保护区的内乡县。“一衙”就是目前被称为神州大地绝无仅有的历史标本的“内乡县衙”，它是全国唯一保存完好的清代县级衙署，是国家级重点文物保护单位。

（二）我的家庭

我出生于一个中小地主家庭。父亲叫罗凤鸣，字介福，他曾经到开封读书，大约是职业专科一类的学校，之后就回到家中闲居。再之后，曾到我家所在的杨集镇的镇政府任师爷，大体相当于文书、秘书之类的职务。后来，又跟随一个地方民团的团长吴定远，仍是负责文书、秘书之类的工作。1940年以后，因为在政界没有更多的发展前途，就从事经商，主要是开设油行，但也没有赚到什么钱，相反，总是亏本，直到他1948年死去，是年44岁。父亲在我家的大门上，按照他的名字（罗介福）刻写了一副对联，上联是“介一不取真君子”，下联是“福五临门大丈夫”，反映了一个商人既想赚钱又想得到好名声的心理。由于经商赚不到钱，我家的经济收入主要还是靠地租。全家共有山坡土地约120亩，按当地的情况，可以说是中等地主，年收租小麦20担左右（每担约 400 斤）。我能读书，和家庭比较好的经济条件是有密切关系的。如果没有地租的收入，家中就不可能有供我上中学和大学的费用。

据说在我祖父以前，我家是相当穷苦的，整个家庭以务农为业，家中生计是十分艰难的。我的曾祖父曾经到一个商店当雇工，作为一个雇工，他诚实勤劳，认真负责，因此得到了雇主的赏识。这个雇主没有儿子，死后将其大部分财产给了我的曾祖父，因此，我的家庭从此富裕了起来。我的祖父因有了大量的家产，成了我县著名的卢翰林的女婿。我清楚地记得，大约在高中时期，我在卢翰林家住过大半年，还看到卢翰林家中的清代穿戴的衣服和靴子，看到整柜子的供印刷用的模板，上面刻满了文章。当时，卢翰林早已死去，只有他的弟媳（我叫舅奶）和几个儿子还活着。

我的母亲叫彭德修，家住在离罗岗村只有约 10 里的彭岗村（属镇平县）。外祖父彭品三，曾任镇平县卢医庙镇的镇长，应属地主家庭，在地方上有一定的势力。母亲受中国传统道德的影响较深，为人正直，是一个贤妻良母式的妇女，她总是教人宽容待人，体恤别人，体谅别人的困难，并尽力帮助别人。和邻居、乡亲、族人的相处中，她所奉行的一个重要原则就是“要替别人着想，要让别人过得去”。因此，在大家分东西的时候，自己总是少分一点；在有失误的地方，自己总要多承担一些责任；在事情成功的时候，要多看到别人的功劳。她的这些品质，或者说她的这些为人之道，对我长大后的性格和品德有一定程度的影响。令人惋惜和遗憾的是，我常年离开家乡从事革命工作，再加上 20 世纪 60 年代后的“左”的思想的影响，我未能给予我的母亲应有的关怀。从这一点说，我虽然忠于我的事业和信念，但却未能尽到作为儿子应尽的责任。

（三）小学阶段——内乡县杨集镇高级小学

我的童年和少年时期（1928—1940），正是我国军阀混战的动乱时代。当时的内乡县（包括整个豫西地区）有一些由豪强和地主组成的大大小小的势力集团，这些集团控制着大大小小的地盘。在农村，更是兵荒马乱、民不聊生、盗匪横行、社会动荡。为了安全，大约在我 5 岁的时候，我们家就搬到离罗岗村 10 多里的小镇杨集镇居住，因为那里相对来说是比较安全的。我是在“杨集镇高级小学”读小学的。这个新式小学的校长叫杨定宇，他是一个曾经到省会开封读书的青年，课程是全新的，男女兼收。我只有 5 岁的时候就跟随姐姐进了这所学校开始读一年级，是当时一年级最小的学生。

在小学期间，前四年我只知道到处玩耍，不知道用功读书。最喜爱的是捉蝈蝈和斗蟋蟀。在炎热的夏天，我总喜欢到家乡的一些山沟里和草丛间去捉蝈蝈，尽管满山的藤条密密缠绕，再加上杂草和灌木丛林，并且有酸枣树的刺经常刺伤人的皮肤，但我还是毫无畏惧地在其中奔走，以能够捉到更多的蝈蝈而快乐，并由此练就了一手捉蝈蝈的好技巧。20 世纪六七十年代的“文化大革命”中，我已经是 40 多岁的人了，偕同妻子静贤和儿子罗毅到香山的树林中捉蝈蝈时，仍然能以熟练的技巧编织蝈蝈笼子，并把捉到的蝈蝈装进笼子，乐此不疲。

到了小学四年级的时候，我又迷上了捉蟋蟀和斗蟋蟀的玩耍。首先是要学会捉蟋蟀，往往在晚饭后，带着手电，顺着蟋蟀鸣叫的方向，轻轻地走近蟋蟀，看准了蟋蟀藏身的地方，迅速出手，将蟋蟀捉住。为此，要准备许多大小不同的罐子，里面放上蟋蟀喜欢吃的食物。我还挑选勇敢的蟋蟀，让它们相互斗争。如果迷上了这种事情，就很难在功课上下功夫了。

还有一件值得一提的事，就是我从小学四年级开始，虽然认识的字还不多，但已经开始大量阅读武侠小说。当时所能看到的就是《彭公案》、《施公案》、《包公案》、《三侠五义》、《七侠五义》等。在大量阅读武侠小说之后，我又迷上了《三国演义》、《水浒传》、《西游记》和《红楼梦》等。这些小说中的“路见不平、拔刀相助”、“哥们儿义气”和“扶困济危”的思想，对我小小的心灵有一定的熏陶。我长大以后，经常是见到不平的事，就要出来干涉、劝解和调停。1989 年年初，在蓟门桥商场内，两人相争，一人拿着尖刀刺向对方，当时，旁边的人都在围观，而我却冒着危险上前将两人隔开，最终使他们平静下来。过后，周围的一些人就好意劝我，认为在这样的情形下前去劝解，对自己实在太危险。但是，在以后一些相同的情形，我仍然按照我的处事原则，对这种现象加以劝解和调停。

在小学四年级的期末，一件不幸的事情终于发生了，这就是我因为贪图玩耍和迷于武侠小说，几门功课考试不及格，学校给了留级的处分。在当时，“留级”是一件很没面子的事，只有成绩极差的学生，才被给予留级处分。儿子留级，家长也因此没面子，父母为此十分生气。在很长的一段时间，父母对我的态度发生了明显的变化。原来我们姐弟三人，我是唯一的男孩，所以最受宠爱，一切吃的、穿的和用的，都是优先照顾的，但是，自从受到了留级处分后，我不但失去了原先所有的优先照顾，而且经常受到父母的冷落和批评。

父母对我教育的核心和最重要的内容就是要我通过读书、升学、从政而替父母争光，以达到所谓光宗耀祖、升官发财、出人头地的目的。而我的留级给父母带来的确实是极大的失望。在整个家庭中，父亲和母亲从早到晚、日日夜夜连续不断地劝导、批评、怨恨和斥责，在我的脑海中注入了一个极为深刻的观念，这就是只有把书读好，只有在学校的考试中取得优异成绩，才能得到父母的欢喜，才能保持自己在家庭中的特殊地位，才能满足父母的心愿。

这次留级，一方面在精神上给了我一个极大的刺激；另一方面也给了我一个极大的鞭策。一个原来只知道玩耍的小孩，从家长的对待中认识到功课不好和留级所受到的待遇。从此，我领悟到学习的重要，体会到成绩不好所必然受到的惩罚。这可以说是一个从未有过的“转折”，这个大的转折使我发生了一个新的转变，从此开始，我决心放弃对蝈蝈和蟋蟀的迷恋，专心于功课的复习。

一个人在一生中难免要经受这样那样的挫折，这些挫折可以使人由此一蹶不振，灰心丧气，也可以使人由此振作起来，痛改前非。这中间的一个关键因素就是要有高度的自觉精神。从小学五年级开始，由于留级所受的刺激，我成了班上最用功的学生，尽管这一年因父亲到远离家乡的新野工作，我和母亲也随着东奔西走，生活处于一种极不安定的情境中，但是我的学习并没有因此受到大的影响。到五年级结束的时候，离毕业还有一年的时间，我就投考当时准备迁移到内乡县夏馆镇的开封初中，当时只考到“备取生”而没有被录取，但是对毕业之后考取开封初中的正取生，我已经是信心十足了。

（四）中学阶段——河南省开封初级中学和开封高级中学

1939年初，因日本帝国主义对中国发动的侵略战争，因国民党的“攘外必先安内”的错误政策和国民党的腐败，以及国民党军队的节节败退，河南省的大部分地区被日军占领。1939年夏天，河南省在开封的大学和主要中学开始向河南省西南部的山区迁移。由于我家所在的内乡县位于伏牛山山区，是个日本人很难到达的地方，因此，当时开封的几所较好的学校，如开封初级中学（简称“开封初中”）、开封高级中学（简称“开封高中”）和开封女子师范学校，就都迁入了内乡县的夏馆镇。这一年冬天，我正好小学毕业，听说原来在开封的中学搬到了离家较近的夏馆镇，就准备报考开封初中。也正是由于这样的原因，我在这里度过了我中学的六年生活（其中有大半年是离开这里逃难到陕西的流浪生活）。

1940年春，我12岁，以优异的成绩考入了当时著名的开封初中，开始了我的三年初中生活。开封初中是当时河南最好的初中之一，有着高水平的教师，如当时讲授代数的武老师、讲授英语的白老师、讲授历史的毛建宇老师等。这所学校还有优异的教学经验和优良的学风，毕业生的升学率是很高的，同学们学习都十分用功。

进入初中后，我努力学习、刻苦用功、热情待人，和同学相处得很好。当时学校同学都参加所谓的“童子军”，一个学校编为一个童子军团，一个年级编为一个大队（营），一个班级编为一个中队（排）。到了二年级，我被选为这个年级的童子军的大队长，三年级开始，我又被选为全校童子军团的总队长，成为全校同学中的佼佼者。每天早晨，我领着全体同学做早操；每个星期一的早晨担任纪念周的主持人。

值得一提的是，开封初中的旁边就是当时的开封高中，这两所学校相距很近。当时的开封高中，是河南省中共地下党领导的一个进步势力很强的学校，有党支部组织和领导的许许多多的社团以及由这些社团制作的壁报。由于这些社团都是中共地下党领导的，所以这些壁报的内容都很进步，除了有关社会科学的一些基本知识外，多数内容是反映主张抗日、反对内战的。我们一些初中的同学常到高中的校园里阅读当时各种各样的壁报，这提高了我们对当时形势的认识。这些认识对我们以后的思想倾向有着重要影响。

夏馆镇处于伏牛山中，是当今宝天曼国家自然保护区的一部分，是一个风景秀丽的小盆地，是在层峦起伏的重山之中的一个约有两百户人家的小镇。这里的民风极其淳朴，过去同外界的交往较少，百姓们对新来的教师和学生都抱着既好奇又热情的心态。我家住的罗岗村，离夏馆镇有 120 里。每年的寒假和暑假，我都要步行 120 里，翻过许多大山，才能到达目的地。如果步行一天到学校，就十分疲劳，第二天两腿就僵直得不能走路。因此，上学或放学，经常是步行两天，就是这样，等到学校，也已经是筋疲力尽了。差不多六年的时间，我都是这样的。这对我是一个很好的锻炼，直到现在，我能经常行走而不太感到疲劳，和中学时期的锻炼是很有关系的。我从小就喜欢爬山，小时候，在离家只有 5 里路的地方有一个被称作“土谷山”的小山，我经常利用寒暑假的时间到山上捉蝈蝈。这次来到了我从未见过的大山，更诱发了我爬山的浓厚兴趣。这六年中，几乎每个星期日，我都进行爬山活动。我的学习是认真的，而且成绩在班级名列前茅，在同学中也有一定的威信和影响。三年间，开始的时候我担任所在班级的干部（童子军的中队长），二年级以后就担任全年级的干部（童子军的大队长），后来到三年级的时候就担任全学校的干部（童子军的总队长）。全校当时共有 900 多学生，编为 1 个童子军团，下设 3 个大队，每个年级为 1 个大队，每个班级为 1 个中队。在学校，我喜欢主持正义，常常打抱不平，在同学中有相当高的威信，在我的周围聚集了一批正直而又用功的同学。在初中即将毕业的时候，发生了一件意想不到的事。当时正在进行毕业考试，学校的一些规定限制了同学们的一些正当利益，同学们就群起反对。当时的学校领导说这是我在后面鼓动的，并传出话来要开除我。同学们知道后极力反对，最后校方妥协了，这一件事才算了结。在我 1955 年写的传记性材料中，有这样一段话：1940 年考入开封初中后，即在那里整整读了 3 年书，在这 3 年中……在校很用功，主持正义，在班中很有威信，被同学选为班长，曾和班中靠拢学校当局的学生闹意见，临近毕业考的时候，反动的学校当局借口我不服从校规而要开除我，结果，因同学反对，未成。

1943年春季，我仍然以较优的成绩考入了开封高级中学。河南省开封高级中学系清末河南省大学堂和开封府中学堂沿革而来的，始建于1902年春。1913年河南省高等学堂（1903年，河南省大学堂更名为河南省高等学堂）和开封府中学堂分别更名为河南省立第一中学和河南省立第二中学，1933年两校又分别更名为河南省立开封高级中学和河南省立开封初级中学。新中国成立后，1952年，两校合并为河南大学附属高级中学。1985年春，恢复河南省开封高级中学校名。到今天，河南省开封高级中学已经是一所具有百年历史的著名高中，为祖国培养了大批宝贵的人才。

开封高中，不仅因历史悠久而负有盛名，更以其光荣的革命传统而为人赞誉。1929年，伟大的爱国运动一爆发，她便闻风响应；五卅惨案发生后，学校就立即汇入这一反帝运动的洪流；1935年，在民族危亡的紧要时刻，她率先组织了震动全国的开封"一二·九"卧轨斗争；1947年4月，她发起了古城的反饥饿、反内战、反迫害的斗争。开封高中当时在全国都是升学率较高的学校，有十分严谨的学风，学生有认真学习、思想进步、刻苦努力、生活朴素的传统，大多数教师都是河南教育界的名师。从考入大学的比例来看，开封高中在全国是名列前茅的。

开封高中在中共地下党的领导下，成为当时大后方一个少有的革命和进步的摇篮。与此同时，国民党也在学校纠合了一些反动和帮派分子，与进步学生作对。1943年1月1日，借着庆祝元旦，国民党在开封高中进行了一次大逮捕，当时共抓去共产党员和进步学生60余人，整个学校陷入了沉寂。

我是1943年2月入学的，学校校长王云青是一个主张"兼收并蓄"的国民党党员，对当时国民党的大逮捕无能为力，而教务长李子平则积极为反动的国民党效劳，因此，他在学校加强对学生的思想控制，企图把开封高中的进步力量彻底打垮。我们作为一年级的新生，对学校压制学生深感不满，我和班上正直的同学常常与班上靠拢学校当局的学生对立。正由于对学校压制学生的种种措施不满，所以我成了学校的"捣乱分子"。1944年寒假，学校发给我的通知书中说，我因为操行列为"丙"等而受到留校察看的处分。当时，学校把学生的操行分为"甲"、"乙"、"丙"、

“丁”4个等级，如果操行是“丁”等，就要受到退学的处分，学校给我“丙”等，尽管没有勒令我退学，但“留校察看”对一个学生来说，已经是够严重的了。今天看来，我在开封高中读书这一段时间，与反动学校当局和反动学生是有过斗争的，但这斗争带着自发的性质。当时，班上有一部分三青团的学生，他们欺压同学，横行霸道，我们对他们的斗争很激烈，因为这些人完全是反动教务长李子平的“走狗”，所以我们称之为“校狗”；班上也有一些进步的学生，如肖怀全、张治国、李鉴、崔万顺、韩国楹等，他们有些是原来学校社会科学读书社的进步同学，都是勤奋努力、用功爱读书的学生，因此受到学校的歧视和压制。其他几个同学和我同样，操行成绩都是“丙”，都受到了反动学校当局留校察看的严重处分。

1945年3月，新学期刚刚开学，日寇就大举进攻河南南阳等地，战火日益迫近内乡县夏馆镇，开封高中不得不再次西迁。这是一次极为仓促的大逃难，根本来不及做任何准备。一夜之间，全校500名左右的师生，背上极为简单的行李，沿着崎岖难行的山路，前后大约15天，从河南内乡县的夏馆镇，沿着伏牛山一条峡谷中的崎岖山路，经军马河、米坪镇、朱阳关、五里川、大河面等进入陕西的洛南县，由洛南县向北，过石龙、黄龙庙等地，翻过大小秦岭，爬上秦岭之巅。从秦岭而下，最后到达了陕西华阴县。

这是一次极为艰苦的逃难。我作为一个17岁的中学生，背着20斤左右的行李（被褥、衣物和书籍等），随着大伙儿逃亡。当时的目的地就是西安，学校告诉我们，只要到了西安，找到国民党的教育部门，就会有人安排我们重新读书。想去西安的一个重要原因是，有大量的河南商人在那里经商，有一定的经济实力，学校希望，如果实在没有办法，也许河南在西安从事各种商业活动的同乡会伸出援助之手。就这样，全校几百人向西安出发了。

我们同班的几个同学走在一起，没有钱，只好乞讨，一路上，向路旁的村民解释、乞求，说明我们因日寇入侵而不得不向内地逃亡，希望他们能施舍我们一点吃的。讨到了，就吃一顿；讨不到，就只好饿着肚子。走在前面的同学，讨到的可能多一些，后面的，就只能少一些了。一行几百人的流亡学生，沿着同一条山路乞讨，这对那些本来就贫穷的农民来说，真是一个沉重的负担。但是，令我难忘和怀念的是，居住在深山沟里的善良的农民，他们把学生看作民族的希望，对学生有发自内心的同情和关爱，对日寇的侵略十分痛恨，所以，尽管他们自己也处在水深火热之中，但仍然对这些流亡学生给予尽可能的帮助，甚至把他们自己仅有的口粮拿出来给这些逃难的学生。经过饥饿、痛苦和颠沛，我们终于到了可以通往西安的火车站，即陕西的华阴县县城。

这是我生平第一次看到真实的铁轨和火车，想到自己马上能乘火车，特别兴奋。当晚我们就坐在货车的车厢中，许多人拥挤在一起，经过一夜的震荡，第二天黎明到达了西安，住在西安河南同乡会的大院子里。教务长李子平给每个同学发了一个“袁大头”，大约两天后，同学们又坐火车向西到宝鸡，住在宝鸡河南同乡会办的中州小学，停了好几天，经过多方面的交涉，最后我们被安置在离宝鸡约 20 里的广福村和大韩村，大多数同学被分配到老乡的家中。我和几个知己的同学樊文海、李鉴（又名李生廉）等，住在广福村的一个大庙。从此开始，直到抗日战争胜利后的 8 月底，整整半年的时间，我在这个庙宇中度过了自己的流亡学生的生活。

宝鸡一带的高原，是一种特有的地理现象，它是水流和气流对地形进行切割侵蚀而形成的残丘，当人们从谷中向高原上攀爬时，两侧都是陡峭的崖壁，但是，等攀爬到顶点，则出现了一个一望无际的平原，广福村就在这个相当大的平原之上。

这一段时间的生活是极其艰苦的，每天每人只有一斤的玉米面粉，其他就什么也没有了。同学们自己找些野菜充饥，做菜只能用水煮。每天把这仅有的一斤玉米面粉分作三份煮粥，作为一日的三餐。刚刚吃时还好，几天之后，嘴上就起泡和脱皮，并且相当疼痛，实在吃不下去，就用咸菜搭配。洗脸盆就是烧饭用的锅，从四面八方捡来的木柴就是烧饭用的燃料，几块石头把洗脸盆架起来，就可以烧饭；最困难的是水，高原上的井都很深，在三四丈以上，每次打水，都要先借来井绳和吊桶，两人扶着辘轳，两个吊桶一上一下，才能慢慢地把水打上来，再挑到庙宇里。

烧饭用的木柴是很难买到的，因为我们没有买柴的钱，而没有柴，就没办法做饭。那怎么办？只好到老乡那里去“拿”。记得有一次，听说老乡要到我们住的庙来检查，看我们是否“拿”了他们的木柴，我们十分紧张，把所有从老乡那里“拿”来的木柴藏在床下和被子中，才躲过了老乡的检查。

1945 年 2 月—9 月这半年多的时间，我真正尝到了人生的艰难困苦，经受了一般人难以忍受的磨难。这段经历，为我以后克服种种困难打下了一个较好的基础。这样的磨难都经历过了，后来的一切也都不是什么难关了。

在逃难的近 10 个月内，和我经常在一起生活并且住在广福村那个庙里的同学是樊文海和李鉴，由于我和李鉴是同班同学，又朝夕相处，所以两人就成了最好的朋友。我们不但生活在一起，而且经常交流思想，交换对人生的看法，真可说是亲密无间的好友。之后，我们之间的感情愈来愈深，高中毕业后又在一起补习功课，他曾多次到我家居住，直到 1946 年 6 月，因为要分别投考大学才分开。这一段可贵而又难得的真挚友谊，给我留下了永远难忘的记忆。

1945 年日本投降，我们终于取得了战争的胜利，我们专门跑到宝鸡去看了当地的报纸，证实日本的确是投降了，整个中国都在狂欢之中。樊文海决定留下，等在那里申请纺织厂一个职员的职位；9 月初，我和李鉴从广福村到了宝鸡，先乘火车到西安，第二天转乘汽车到河南内乡的灌涨铺后，于一个晚上 9 时抵达罗岗村。

1945 年 10 月，开封高中在夏馆镇重新开学，我们是毕业班，没上几天课，就结业考试了。

回到夏馆镇后，同学们对教务长李子平的种种恶行已经达到不能容忍的地步。最主要的是，他贪污了从当时国民党的河南省教育厅和许多部门领来的发给学校的津贴，再加上他对学生的压制，所以同学们对他十分痛恨。回到夏馆镇后，当时进步的学生在毕业考试后团结起来，包围了学校的反动教务长李子平，批驳了当时跟随反动教务长李子平的学生。李子平一怒之下，威胁要停发我们这些进步学生的毕业文凭，但由于多数教师反对，再加上学期即将结束，李子平被迫答应给所有的同学发毕业证书，才算结束了这件事。

1939 年 2 月—1945 年 10 月的中学 6 年，我大部分时间是在夏馆镇度过的。这里位于风景秀丽的国家自然保护区宝天曼的区域之内（今天的宝天曼，已经成为一个全国知名的游览胜地）。当时，每逢星期日，我和几位同学就背上书包，装上几个馒头，到那风景秀丽、流水潺潺、古树参天、众鸟争鸣的原始森林中“旅游”了。有时候，一个星期日，我就可以采摘整整一大书包的山楂和各种野果。有时候，我们从崎岖的小道进入宝天曼的深山密林之中，在密林中长时间跋涉而不见天日，脚下踏着厚厚的、软绵绵的常年堆积的树叶，犹如踏在地毯上。

一次，我在“旅游”中迷了路，认错了方向，结果南辕北辙，愈走愈远，走进了一个大的山沟。最后，终于看到了一条小河，我就顺河而下，看到一个由茅草建成的小屋，进去一看，是一个土法造纸的小作坊，一位老者正在工作。这一情景，使我增长了不少知识，知道了怎样把竹子砍成细条，如何利用水力来用一个木槌把竹子打碎，然后把这些打碎的竹子放入一个大的池子并使之腐烂，腐烂后的竹子就变成了纸浆，再用网子把这些纸浆铺开，经过种种工序，最后造出了我们所用的纸张。

在宝天曼的风景区中，最值得参观的就是所谓的五龙潭。我和几位同学多次利用星期日整天的时间到五龙潭游览。这是由五个自上而下的水潭形成的。我们沿着山路，先到最下面的第五潭，然后依次上行，逐步攀爬，最后终于到达第一潭。这第一潭的水，不但十分清澈，而且非常沁凉，上面是从山顶直泻而下的泉水，下面是在池中畅游的鱼虾，真是非常优美的自然景色。

（五）进入同济大学

1946 年年初—6 月，主要是补习功课，准备报考大学。我先同高中同班同学李生廉一起到开封找到了开封高中，要求旁听高三的有关课程。但是，校方认为我们是已经毕业的学生，故而无法为我们安排住宿。这样我们就只好回到了内乡，托人疏通，到刚刚成立的内乡中学的高三旁听。我和李生廉借住在离学校较近的一个亲戚卢翰林家。卢翰林是我祖母的父亲，他早已去世。我们住在他家的一间屋中，里面放着几个大的柜子，其中存放着当时穿的靴子（现在只能在京剧舞台上才能看到）和许多的文章雕版，字迹清晰，所刻的内容大概是卢翰林的文章。

可惜当时我们正忙着补习功课，没有兴趣研究这些老古董。

1. 备考

1946 年 6 月，我动身去上海投考大学，这是家庭的要求，也是我个人的志愿。家庭的希望是光宗耀祖，个人的想法是出人头地。1946 年 6 月 30 日，我乘火车抵达上海，投奔我的高中同学马灵先，当时他已早一年在重庆考入上海交通大学。我和马灵先既是高中同学，又是换过金兰谱的结拜弟兄，有了这层关系，他早先已经表示可以为我在交通大学找到一个暂时住宿的地方，那里可以在食堂吃饭。

住宿在交通大学那几个月的生活，是极其艰难困苦的。因为是假期，所以我就住在一个教室里。没有席子，就找来一些废弃的报纸铺在地上，第二天起来，把报纸卷起来，等晚上再用。身边带的钱很少，每天只能吃咸菜、馒头和稀饭，一边忙着补习功课，一边忙着报名和考试。当时，高等学校是自行招生，每个人根据自己的水平，可以分别报考几所大学的有关专业。当时，只有国立大学是公费，不但不需要交纳学费，而且还有助学金供给，而所有的私立学校都要收取较高的费用，从内地来的学生，一般来说，要担负这笔学费，是比较困难的。为此，我选择了三所国立学校：上海交通大学、浙江大学和同济大学。前两所学校报的都是工科，而同济大学则报的法学院的法律系。同济大学法律系是刚刚设立的一个系，招生的人数多。我报同济大学法律系，主要是为了保底，希望至少能够进入一所国立大学读书。否则，就可能漂泊街头，流落异乡，生活无着，其后果将不堪设想。

2. 就读于同济大学法学院

同济大学创建于 1907 年，早期为德国医生在上海创办的德文医学堂，取名“同济”，意蕴“同舟共济”。1912 年增设工学堂，1923 年被批准改名为大学，1927 年正式定为国立同济大学。抗日战争期间曾迁至内地，经浙、赣、滇，最后进入四川的李庄，1946 年回迁上海并发展为以拥有理、工、医、文、法五大学院而著称海内外的综合性大学。1952 年院系调整后，同济大学成为国内土木建筑领域最大、专业最全的理工科大学。1978 年经中央批准恢复对德交流，同济大学即由以土木工程为主的理工科大学向以理工为主的多科性大学转变，由国内普通高校向作为中外文化交流“窗口”之一的国际性大学转变，从而迅速恢复和发展成为一所以工为主、理工结合，经、管、文、法各具特色的多科性大学。2000年4月与上海铁道大学合并，组建成新的同济大学。目前，同济大学是一所拥有理、工、医、文、法、哲、经济、管理、教育9大学科门类的综合性大学。

同济大学法学院于1945年在李庄增设。办法学院的缘由，一是当时的国民政府急需法律人才；二是19世纪以后，德国在法律（如法理和立法）方面比较发达。当时中国大学一般是介绍英、美、法及日本的法学，缺乏专门介绍德国法学的学校。教育部曾命令校长徐诵明于1945年秋创办文法学院，但因当时办文法学院的条件不具备，于是先筹办法学院。法学院第一届招收两班学生，一班是由本校各院系已有德文基础的学生转入法学院一年级而组成的，共有53人；另一班为新招收的高中毕业生60余人，先入德文补习班学习德文，一年后再进入法学院一年级。法学院于1945年12月正式开课，学制四年。因招收的学生不多，所以法学院就设在李庄东岳庙内的玉皇楼。1946年，同济大学法学院第二届招生100人，我是其中之一。

在长期的办学中，同济大学形成了“严谨、求实、团结、创新”的校风和“同舟共济”的校训。1946年10月底，我进入这所学校后，一个最深切的感受就是她严谨、求实、团结、纯朴的学风。教师和同学一点也没有当时上海的奢华之气，除了少数几个女同学，几乎看不到豪华的衣着。老师们的讲授都是极其认真的，同学们也都努力学习。我如饥似渴地阅读有关法律方面的书，空余的时间，对历史产生了兴趣。1947年6月，翦伯赞的《中国史纲》（第二卷秦汉史）在上海出版，我认真地读了几遍，对中国的历史产生了浓厚的兴趣。

1985年，此书由北京大学出版社再版，我怀着特殊的心情购买了此书，并写下了如下的话：

> 1947年秋，读书于上海同济大学，在投身反饥饿、反迫害、争民主、争自由的学运之中，与好友杨峻岳君各购得此书一本，空余时间，每每阅读讨论此书，深感翦老此书，理论新颖，资料丰富，观点

鲜明，文字生动，加深了对中国社会的认识，增强了革命觉悟。此后，我加入了地下党的组织，为民主革命尽了自己的一点力量。今日看到此书重版，又看到原版封面，38 年前事，又历历在目。时光荏苒，年近 60，可惜学术上至今仍未甚建树，应加紧努力，补上空过了的时间。1985 年 3 月 16 日于北京。

与此同时，我开始大量阅读当时三联书店翻译出版的书籍，如米丁著的《辩证唯物论》和《历史唯物论》，还有在莫斯科出版而专门在中国发行的中译本《列宁文集》等，由于翻译多是直译，长的句子太多，所以我对这些书中的许多文意不甚了解，但它们使我初步懂得了辩证法和唯物论的大体内容，从而对马克思主义的哲学有了初步的认识。因国民党的大逮捕，我把这些进步的书籍藏在钱实甫教授的家中，可惜，在国民党进行搜查的恐怖气氛下，这些书都被烧毁了，这是我在新中国成立后想取回这些书时钱师母告诉我的。

（六）沈崇事件对我的影响

进入同济大学法学院，我开始了大学生活。从这时起，直到新中国成立的三年多时间里，我在这个有着优良革命传统的高等学校度过了我一生中最重要的一段时间。在这里，我接受了马克思主义的教育，参加了如火如荼的学生运动，从一个具有爱国热情的青年学生成为一名共产党员。这段时间我所受的教育决定了我一生的道路和方向，是我终生难以忘记的。

在开封高中念书的三年，我只是一个热爱读书、有正义感的青年，虽然看不惯当时社会和学校的一些不良现象，但是并没有从根本上认识到国民党政府的腐败，报考大学的目的仍然是光宗耀祖、出人头地，以谋个人的出路。

进入同济大学后，我本来是希望认真学好业务，将来成为一个著名的法学家，在法学领域作出自己的贡献，但是一个突发事件改变了我的想法，提高了我的认识，并使我走上了革命的道路。

1946 年 12 月，北京发生了美国士兵强奸北京大学生沈崇的事件。消息传出，群情激愤，而国民党政府却以“有污友邦”为名，压制舆论和群众情绪，为此爆发了上海学生的示威和游行。同济大学各个学院的墙壁上张贴了许多大字报，详细揭露了这件事情的真相从及国民党的软弱态度，从而更加激起广大青年学生的义愤。学校大字报揭露的事实使我感到，作为一名中国的大学生，应当针对这件事情表达自己对帝国主义的强烈义愤。在进步同学的组织和领导下，我和广大同学一起，高举标语和旗帜，高呼“美国兵滚出去”的口号，参加了我有生以来的第一次大游行。

一个从内地来到上海的青年，第一次看到那么多的青年高举正义的旗帜，高呼“美国兵滚出去”的口号，这使我深受教育，提高了我的政治觉悟。在这次游行中，我们一路高呼口号，散发传单，这使我进一步认识到国民党的腐败和它在帝国主义面前的屈膝投降。之后，在“反饥饿、反内战、反迫害”的游行示威中，特别是在同济大学所发起的劝募寒衣和救饥救寒运动中，我进一步认识到，只有推翻这个腐朽的政权，中国才有出路。在党的教育下，我已经成为一名参加学生运动的积极分子。1947年初，我和法学院的昌学禹、赵仁宝、杨峻岳、吴紫梅、池予荣等组织了一个求真读书会，在法学院教室旁边贴出了醒目的壁报《求真》，积极宣传进步思想。

（七）参加“一·二九”运动

1947年寒冷的12月，在这个“富人的天堂、穷人的地狱”的上海，大批穷苦人民，衣食无着，挣扎在死亡线上。据当时报纸报道，到12月中旬，已有400多（这是个被官方大大缩小了的数字）人在街头因冻饿而死。为了救助这些苦难的人们，在中共地下党的领导下，同济大学首先成立了“同济劝募寒衣委员会”，散发《告社会人士书》，并立即组织了几十个劝募小组，展开了广泛深入的劝募和发放活动。接着，上海其他高等学校相继成立了劝募寒衣和救饥救寒的组织，并将劝募到的财物分发给难民。这一工作，使我进一步认识到国民党的腐败和劳动人民的痛苦，提高了我的觉悟。

同济大学的学生运动开展得很多。1948年1月，同济大学的学生自治会进行改选，反动的学校当局却以教育部所谓的《学生自治会章程》来压制和限制这次选举。从表面上看，这只是同济大学一所学校的事，其实质是，国民党要以它的《学生自治会章程》来压制当时蒋管区的学生运动。也正是由于这个原因，这个斗争有着牵涉全局的重要意义。在这次学生自治会改选的斗争中，反动的学校当局竟然以不遵守所谓的《学生自治会章程》为借口，不但不承认由广大同学民主选举的学生自治会，而且还用开除学生的措施来压制学生运动，这终于引发了广大同学的愤慨，在不得已的情况下，同济大学的广大同学决定到南京向反动的国民党政府请愿，时间定在1948年1月29日。

1月28日之前，我们就做好了一切准备工作。按照计划，我担任文法学院游行队伍的纠察，事先已发给每位纠察一个用布做成的白底红字的袖章，以便能够更好地维护游行队伍的秩序。文法学院的游行队伍要在29日8点以前到西郊工学院集合，然后一起从那里出发，准备到上海北站乘火车去南京请愿。

1月29日一早，5点多钟的时候，我起来后走到文法学院的门口一看，不禁大吃一惊，正对着门口，停放着几辆国民党政府的“飞行堡垒”，这是一种用来镇压学生运动的警车。“飞行堡垒”内坐着头戴铜盔的士兵，机关枪的枪口正对着文法学院的大门，反动政府自以为这样就可以阻挡学生的游行了。此后，很多同学相继来到大门口，对反动政府的这种威胁非常愤怒。看起来硬来是不行了，我们必须智取。

同济大学原来的文法学院就在北四川路路底的虹口公园的前面，同当时的复兴中学连在一起，它的西北面有一个很长的篱笆墙。一个好主意很快就想出来了，大批同学先涌向前门，造成一个要从前门冲出去的假象，这个时候，国民党的“飞行堡垒”就急速地开到了前门，几乎所有警察都聚集在前门门口，严阵以待，防止同学们从大门出去。正在警察集中精力看守前门的时候，校园后面的几个同学就开始动手，在后面的篱笆墙上打开一个小门，从这个门走出去，是可以通往工学院的甜爱路。就这样，同学们顺着甜爱路往北，沿着农村的田间小道，躲过反动军警的视线，整个游行队伍神速地向工学院的方向奔去。

反动派既是凶狠的又是愚蠢的，等到“飞行堡垒”内的军警发觉时，队伍几乎已经全都离开了文法学院而远去了。不到一个小时，我们就加入了工学院的全校游行队伍。游行队伍沿着当时的其美路一字排开，等待出发，但是已被国民党的骑兵挡住去路。

反动当局以谈判为借口，拖延时间，谈判地点就在同济大学工学院门口的康陇酒家。经过很长一段时间，警备司令宣铁吾首先来到，同学代表要求学校收回开除同学的成命，承认已由同学选举产生的学生自治会等，但他什么问题也不能决定，只是说要等市长吴国珍来才能谈判。

其实，这是他们预先商定的“拖延政策”，尽量把时间向后拖延，以达到让学生不可能到南京请愿的目的。之后，吴国珍来了，又以各种手段和借口拖延时间。这期间，我始终以纠察的身份维持秩序。吴国珍一会儿说，既然学校已经正式公布把学生开除了，那么就不可能收回；一会儿又说，只要学生不去南京请愿，回到校内，许多问题都是可以商量的，等等。

总之，千方百计地用各种手法，一拖再拖，一直拖延到下午 3 时左右。同学们的耐心是有限的，从早上 7 时多出来，到下午 3 时，尽管中间吃了一点面包，但是气愤、激动、疲劳和饥饿等，使同学们认清了反动当局的手法，队伍开始出现了要不顾一切冲向火车站、向南京政府请愿的呼声。

最后，吴国珍到游行队伍的前面劝说学生，没有成功；接着，游行队伍前面的学生与军警发生了冲突。之后，就发生了反动军警用马队、大刀、步枪镇压青年学生的事件，几十名学生受重伤，30 多人在混乱中失踪。接着，军警把所有学生逼进校园，并立即包围了同济大学。当天夜间 10 时，军警冲进大礼堂（当时，学生正在里面开会），对学生实施了空前的大逮捕，共有 200 多名学生被捕。

（八）加入上海地下党组织

1. 加入党的外围组织

1948 年“一·二九”运动之后，由于反动派的镇压，大量学生受到学校的处罚。据不完全统计，除杜受伯、何长城被开除外，还有几十名学生（法学院的昌学禹、吴紫梅等）受到退学处分、32 名同学受到严重警告处分，我就是其中之一。所有被校方开除和勒令退学的学生，只能流落街头，他们不仅衣食无着，而且随时都有被捕坐牢甚至丧失生命的危险。地下党一方面设法接济他们的生活，一方面在征得他们同意的情况下，秘密地送他们到解放区。当时，从上海撤退到解放区共有三条路线：一是到苏北，一是到皖南，一是到浙东。大批积极分子撤走了，学校陷入学生运动的低潮。

此时，校内的反动学生大肆活动，学校的民主思潮转入隐蔽状态。之后，我因腰部风湿疼痛严重发作而住进了当时同济大学的附属医院中美医院。在医院住了几个月，医生只是用大量的阿司匹林来止痛，从而造成了两个极为严重的副作用，一个是慢性胃炎，一个是对阿司匹林一类的药物过敏。腰部疼痛并没有完全治愈，因为交不起医药费，只好出院。尽管疾病缠身，许多活动我都不能参加，但我仍然同杨峻岳一起做了我所能做的工作。

大约是这年 5 月，由于国民党在解放战争中节节失利，反动派的气焰有所下降，广大同学反对内战的情绪逐步上升。法学院地下党的党员冯立文在法学院组织地下党的外围组织，以图恢复整个法学院同学的积极性。1948 年 4 月初，这个外围组织约定在连云山庄公墓开一个秘密会议，并通知我参加。当时，我因病住在医院，未能参加这个地下党外围组织的成立会，杨峻岳回来告诉我，这个外围组织的成员有：杨峻岳、吴紫梅、杞居富、胡昌荣和我（以后又吸收了李天源、吴重远、池予荣等人）。从此，我就成为这个地下党外围组织的成员。

1948 年 9 月—10 月，在解放战争的有利形势下，学校的沉闷气氛有了可喜的转变，一些社团开始活跃起来。经过介绍，文学院的万孝信同志同我认识。后来我知道，这是他特意安排的，他当时是同济大学文法学院地下党的负责人，他要同我认识，是希望我这个地下党的外围成员能够早日入党，以便法学院的学生运动能够更快地开展起来。

万孝信是同济大学建党的负责人之一，是我的入党介绍人。他对学校的情况非常熟悉，经常给我讲述全国发展的形势，并从多方面启发我对党的认识。他教育我认识当时的政治形势，让我参与当时由他主持编辑的进步报刊《同济人》的印刷和发行工作。当时，我并不知道在同济大学还有共产党的地下组织，更想不到他竟然就是一名共产党的地下党员。在当时，我只知道他是文学院学生运动的积极分子，他和我交往的目的就是共同把同济大学文学院和法学院的学生运动联合起来，以便能够相互配合。

在我们不断的接触中，他对我进行了多方面的启发和教育，丰富了我对发动同学参加学生运动的方法和经验，也使我逐渐认识到他可能是一个同当时上海地下党有联系的人。

2. 入党前的长谈

1948年12月左右，万孝信约我长谈。他从当时国民党在全国战场上的失败，谈到国民党的腐败，谈到只有推翻这么一个反动的政权，中国才能得到真正的和平与民主，才能得到真正的自由。

谈话进行到更加深入的过程，他又启发我愿不愿意和共产党员接触。我立即表示，愿意和他们接触，以便提高自己的认识。他向我透露了一个信息，就是他认识在北京的共产党员，如果我愿意参加共产党，他可以帮助联系。在我提出愿意参加共产党之后，他就要求我写一份要求入党的申请书，把自己的家庭、经历、对共产党的认识、要求参加共产党的原因及参加共产党后的志愿等都详详细细地写清楚，他特别叮嘱我，写这份申请书，一定要老老实实，不能有任何不实的地方。他说，他可以把这份申请书转交给有关方面，等候结果。直到这个时候，我虽然已经了解万孝信是和共产党有联系的，但我仍然不知道万孝信就是共产党的地下党员。万孝信这样做，是当时地下党的条件造成的。

同万孝信谈话后的第二天，我就认真地思考了他提出的那些问题，并且写好了自己的入党申请书。第三天的早晨，万孝信还没起床，我就走进了他的宿舍，把写好的申请书交给他，抱着极端兴奋和惴惴不安的心情等候万孝信的答复。

3. 成为中国共产党的党员

大约等了两个星期，一天下午，万孝信郑重地告诉我，我的申请书已经被批准，我已经成为一名中国共产党的党员了。他接着告诉我，在下个星期的某一天，将有一位女同志同我联系，正式接上党的组织关系。

在等候接上党组织关系的一个星期内，我处在极度的兴奋和快乐之中。参加地下党是我的一个长期而迫切的愿望。在相当长的一段时间，我总是认为，只有到解放区才能找到共产党和申请参加共产党，连做梦也没想到，在上海，在同济大学就有共产党员，并且在国民党的严密统治下，竟有共产党的组织，而我竟然有机会参加我长久希望参加的共产党，成为一名共产党员。

一个星期后，我终于接上了共产党员的组织关系，同我联系的女同志是同济大学理学院的胡昌璧老师。事先约定，我们见面时，要像很熟的朋友那样谈话，因此，我们沿着马路交谈，俨然一对非常亲密的朋友。后来知道，胡昌璧老师是当时同济大学的党总支书记，她同我的第一次谈话，主要是对一个新党员所必须进行的“气节教育”，就是在白色统治之下，作为一名共产党的地下党员对各种事变所应当采取的态度。

对地下党新党员的“气节教育”包括许多方面，其中最重要的就是坚贞不屈，特别是在被敌人逮捕的情况下，不能背叛组织，不能承认自己是共产党员，更不能向敌人说出自己的“上线”和“下线”，在敌人的任何酷刑之下，都不能有任何的动摇。在白色恐怖下，要随时准备为党的利益而牺牲。同时，党员和党员之间不能有相互的、横的关系。在参加校内外的各种活动中，尽管大家都知道彼此是学生运动的积极分子，但不能询问别人是或者不是共产党员。就是由于某种原因知道某人是共产党员，也不能讨论有关党内的情况等。由于胡昌璧同志是理学院的教师，理学院在郊外，联系很不方便，所以胡昌璧同志在对我进行了“气节教育”之后，就告诉我，以后有另一位负责法学院的同志领导我的工作，并约定下个星期六的晚饭前，在法学院红楼下的一个停汽车的地方同我见面。

4. 秘见“老蒋”(乔石)

未到约定的时间，我早早来到了红楼的楼下，接着，一位身材中等、比我年龄稍长的同志也来到了，在我答对了约定的暗语后，他就开始给我布置工作。从他的谈话中可以感到，他对同济大学、对同济大学法学院的情况了如指掌，十分熟悉。当时是 1949 年 2 月，全国的形势急剧地转变，国民党的垮台指日可待，他告诉我当时的任务就是尽可能地团结同学，壮大积极分子队伍，为迎接上海的解放做准备。他从当时法学院的具体情况出发，特别提出争取广大中间群众的重要。他自我介绍说，他的名字叫“老蒋”，以后就称他“老蒋”好了。

后来我才知道，他的真名叫蒋志彤，是当时同济大学党总支的领导人，也就是新中国成立后曾任中共中央政治局常委、全国人民代表大会委员长的乔石。这是我同乔石的第一次见面，他给我的印象就是，这是一个非常精明的、富有经验的、熟悉情况的地下工作者。他观察问题敏锐而深刻，他分析问题全面而周到，从表面上看，他既有极为平静的心态，又保持着对周围情况的高度警惕。

在乔石的帮助下，我开始以更多的形式和方法，更自觉地和同学接触，把法学院原有的积极分子团结起来，启发他们成立社团，相互配合，在很短的时间内，法学院的一些社团就重新活跃起来。我和当时的积极分子池予荣组织成立了一个巨轮读书社，办了一个壁报《巨轮》；李庸鲁、李运刚等办了一个壁报《自由风》；吴郑元等组织了一个“青蛙合唱团”，把一些喜欢唱歌的同学组织在一起。这些社团的主要活动都是宣传反内战、争和平的，团结同学开展反美反蒋的斗争。

1949 年春天，同济大学举行学生自治会的改选，这是一次进步力量和保守力量的总较量，因为谁获得了学生自治会的领导权，谁就能够掌握和运用这个合法的组织实现自己的政治目的。同济大学的学生自治会本来是有着十分进步的传统的，曾经在同济大学的“一·二九”运动中发挥了积极作用，后来，只是由于国民党的镇压，才被迫停止了活动。这次学生自治会的改选，无论进步的一方还是反动的一方，都把它当作一次自己力量的试金石。

同济大学的党总支在这次学生自治会的改选中发挥了极大的作用，首先是支持和鼓励全校各系各班尽量把政治上进步的同学选入候选人的名单，等到全校自治会候选人的名单组合在一起后，又多次研究哪些人可以当选，哪些人是绝对不能当选的。在选举的前一天晚上，我从党总支带回来了最后的名单，其中有宋锡恒、夏正行、昌学禹等，并将这个名单通知给所有的地下党员和积极分子，力求保证所有进步同学都能当选。由于地下党的统一组织和所有积极分子的努力，在这次学生自治会的选举中，我们大获全胜。

（九）国民党政府的大逮捕

1948 年“一·二九”运动之后，同济大学的学生运动虽受到了一定的影响，但随着解放战争的胜利和形势的发展，经过各方面的努力，学校的学生运动又日趋活跃起来。特别是淮海战役、辽沈战役和平津战役，更促使学生运动发生了重大的变化。1949 年 2 月—3 月，同济大学在地下党的领导下，发动同学，进行新的学生自治会的改选工作，这是一个教育群众、发动群众和组织群众的过程。1949 年 3 月，法学院成立党支部（共有党员八人，即邱刚泽、胡昌荣、杞居富、杨峻岳、吴紫梅、吴郑元、李天源和我），由我任支部书记。同时，同济大学成立新的党总支，胡昌璧任总支书记，陈泰顺、冯泽和我等任总支委员，上级领导是乔石。在这期间，同济大学经过新的学生自治会的改选（理事几乎全都是地下党员和积极分子），极大地发展了民主力量，进一步壮大了积极分子的队伍，各种社团如雨后春笋，新社会即将到来的曙光鼓舞着青年学生。

1. 风声渐紧

1949 年 4 月 20 日解放军大举渡江之后，形势突然急转直下。同济大学地下党的组织，在发展力量的同时，正忙于准备应变，组织同学保卫学校，文法学院还根据上级的指示，组织部分地下党员和积极分子调查本地区国民党军警机关驻地及力量配备情况。同时，国民党撤退前要在上海进行大逮捕的风声也越来越紧了。

当时，我作为总支委员和法学院的支部书记，负责联系文法学院的工作。4 月 23 日，我到同济大学理学院参加地下党的总支委员会（参加会议的有胡昌璧、冯泽、陈泰顺、章道立、过仲珏等）。本来，上海地下党之间都是单线联系的，就是一个支部的党员与党员之间彼此也不发生横的关系，这时却可能是因为邻近解放、事情比较紧急，所以经常召开这样的会议。

在这次会上，乔石同志传达上级的意见，说据可靠的消息，国民党最近要对上海的进步学生进行大逮捕，散会后要立刻回去通知所有党员和可靠的积极分子，晚上不要住在学校，防备国民党在夜间进行逮捕。根据过去几次大逮捕的情况，考虑到反动派大规模的行动不可能在白天，大家商定，如果晚上没有发生逮捕，第二天的白天，党员和积极分子仍然可回到学校继续工作。

当时正是渡江战役之后，南京已经解放，群众情绪极其高涨，经上级研究，学校地下党主要进行两项重要工作：一是进行应变活动，即组织全校教职工保护学校的图书、仪器和各种设备，免受破坏；二是在党员和积极分子中组织人民保安队和人民宣传队，保安队主要是到社会上去，保护和保卫一些重要地区和部门，防止在国民党撤退后发生混乱。为了做好人民保安队的工作，我们的党员和积极分子曾秘密地进行了长期的调查研究，摸清了我们所属地区的一些国民党的机关、军警驻地的情况。宣传队准备在解放军一入城后，便上街向群众进行广泛宣传。

4 月 23 日的总支委员会之后，我们都迅速通知了所有应通知的人，当晚，绝大部分的党员和积极分子都离开了学校，纷纷住到自己的亲戚、同乡、同学家。那天晚上，我同法学院的地下党员杨峻岳住在他叔叔家，他叔叔是一个国民党的警察，是一个同情学生运动的人。但是，23 日夜晚却没有发生大逮捕。

24 日上午，总支委员会又在理学院召开，大家共同分析了当时的形势。在我军渡江和解放南京后，上海可以说是势在必得。国民党从上海撤退以前，进行一次大规模的逮捕和迫害是必不可免的，至于进行逮捕的日期，可能会错前错后。乔石认为，我们地下党关于敌人要进行逮捕的情报是可靠的，我们不能麻痹松懈，之后几天，要继续通知所有党员和积极分子离开学校。我们回去以后，继续传达了上级的意见，可是，24 日夜晚仍旧没有发生大逮捕。25 日早上，我们照例又都回到了学校，继续进行应变和人民保安队的工作。到底怎么回事？为什么仍旧没有进行逮捕？当时，同济大学的地下党已有 100 多名党员，再加上积极分子，这个数目已经很可观了。接连两个夜晚，党员和很多积极分子离开学校，引起了同学们的一些疑虑。

2. 疯狂大逮捕

25 日，没有召开总支委员会，大多数的党员和积极分子在当晚也都离开了学校。晚上 8 时左右，我在学校的教学楼里遇见了文学院的地下党员王敏，我问他，这么晚了，为什么还不离开学校？他说，每天早出晚归，影响工作，当时准备应变和组织人民保安队的事又很忙，所以他当晚不准备离开学校。我根据地下党总支委员会的意见劝他（我知道他是文学院的地下党员，但我和他没有横的关系），为了安全起见，希望他晚上还是不要在学校住宿为好。他当时主要是从工作出发，认为每天晚上出去太耽误工作，而且还影响群众的情绪，所以他愿意留下来。也正是这天凌晨

1点以后，国民党在全市进行了逃离上海前的最后一次大逮捕，这也就是所谓的“四二六大逮捕”。

当天晚上，我到法学院的各个宿舍走了一遍，看到所有地下党员和积极分子都已经离开学校，就比较放心了。之后，我回到宿舍，十分镇静地看了一会儿报纸，然后用热水瓶中的水洗脚。我正从容不迫地洗脚时，忽然听见马路上国民党的警车发出连续不断的、刺耳的尖叫声，这说明无数的警车在行动。同一宿舍的同学王丙申对我半似玩笑半似认真地说：“罗国杰！你还不快走，你听听，警车又要抓人了。”王丙申是一个中间群众，他从我的日常言行中已经预感到，在国民党即将逃离上海而进行大逮捕的时候，我恐怕是在劫难逃了，所以出于好意，才急切地提醒我。当时同宿舍还有其他同学，为了不引起怀疑，我听了以后，只是笑了笑。然后，从容地倒了洗脚水，若无其事地走出了宿舍。我急忙从宿舍走上红楼的顶层，在那里可以看到对面国民党的上海警备司令部的大门。一排排的警备车已经停放在警备司令部的周围，看上去是整装待发了。我明确地意识到，国民党的大逮捕肯定要在当晚动手。我快步走出文法学院的大门，直奔地下党员杨峻岳的叔父杨建盛家，因为在当时，那可能是唯一安全的地方。

3. 暂避地下党员杨峻岳的叔叔杨建盛家

为什么说杨建盛家是一个比较安全的地方呢？杨建盛是国民党上海市常熟公安局的一个经济警察（便衣警察），有着特殊的身份。他的妻子顾美云是从苏北逃难到上海的，他们在上海虹口区的一个弄堂里盖了一幢小楼，楼下是他们夫妇的卧室和客厅，楼上的两间没人住。我和杨峻岳就经常到那里做一些不能在学校做的事。在国民党即将垮台的时期，杨建盛出于将来给自己找出路的动机，对我们到他家住宿等抱着一种欢迎的态度。他虽然不知道我们当时都是共产党员，但他可以肯定我们是进步学生，猜测到我们可能和共产党的地下组织有关系。

后来，在临近解放的时候，大约是1949年5月底的一天，当时上海常熟区已经解放，杨建盛从常熟区跑回到虹口区的家中告诉我，他从常熟区公安局带回了两支手枪，要把这两支手枪交给我，表示立功。听到这个消息，我感到很突然，立即与当时的领导乔石联系，问他如何办？乔石说，不要接受他的手枪，应劝说他把那两支手枪交给常熟公安局解放军的代表，作为他立功的表现。杨建盛这样做了，也受到了好评。后来，我还给他写了证明材料，证明在新中国成立前，他的确掩护过进步学生。新中国成立后，他很快加入了共产主义青年团，可惜，他受旧社会的影响太深，后来因贪污而被判处了有期徒刑到安徽劳改。

1949年4月25日深夜，国民党的反动特务和军警相配合，在上海市进行了一次大逮捕。据说，他们所持的文件上写着，他们已经证明同济大学有“刘必长等190多个通共匪”的学生，并按照这一名单，逐个到学生宿舍逮捕。他们到我所住的宿舍，点名要逮捕我、杨峻岳和昌学禹等，由于我们都已经不在学校，所以他们只能一无所得。由于党组织对这次反动派的大逮捕早已得到信息，所以在这次大逮捕中，我们党的地下党基本上没有受到大的损失。在同济大学，特务们所掌握的190多人的黑名单中，当晚只抓到了30多人；在这30多人中，只有我当晚在教学楼里遇到的文学院的王敏1人是地下党员，其他大多是党的外围积极分子。

4月26日一早，我和杨峻岳离开杨建盛家回到法学院附近时，等在那里的同学就急急忙忙地告诉我们，昨天深夜，反动政府的军警到宿舍，拿着他们掌握的黑名单，叫着我们几个人的名字要逮捕我们。据说，同济大学共有190多人上了黑名单，反动军警在全校严密搜查，结果逮捕了30多人。这一情况说明，上海地下党对敌人行动的了解是十分准确的，我们的情报工作是可靠的，在关键时刻有力地保护了我们的有生力量。

（十）迎接解放

4月26日大逮捕后，反动的特务军警不时在学校出现，大批党员和积极分子都被迫离开了学校，一方面利用各种关系，隐蔽在上海的居民家中，或者暂时租赁一些简陋的民房居住；一方面更加积极地投入迎接解放的斗争。鉴于大逮捕后的情况，我和杨峻岳决定不再住在杨建盛家，杨峻岳另外租了房子，我由法学院的地下党员吴郑元联系，住进了他父亲吴觉农的茶叶仓库的一间房子里。吴觉农是上海的一位著名茶叶专家、民主人士，经营茶叶生意，在同济大学法学院附近有一间茶叶仓库，那里既安全，又便于同各方联系。

4月26日大逮捕之后，尽管许多地下党员和积极分子都上了反动派的黑名单，但他们都不顾个人安危，积极工作。一方面，我要向上级汇报并听取指示；另一方面，我和法学院的地下党员之间几乎每天都保持着密切联系，研究和讨论工作。当时，郊区已经戒严，军警密布，不能通行。一次，已经是晚上9点钟了，有一个紧急情况，要我设法通知在同济大学附中的负责人李忠诚。这个时候，要到同济大学附中是有很大危险的，反动派的军警到处都是，在路上随时会遭到反动军警的查问。地下党员杨峻岳临危不惧，冒着生命危险，穿过敌人的重重检查，完成了党交给的任务。

自从总支书记胡昌璧将我的组织关系转给乔石之后，我就同乔石直接联系，直到上海解放，整个法学院的工作都是由乔石直接同我联系和领导的。当时，从中学方面转过来了一位党员郭凤明，再加上法学院的党员邱刚泽，我们三人编为一个党小组，定期在郭凤明家召开小组会。乔石同志每次来主持会议，总是仔细分析情况，研究工作方法。上海解放后，根据组织安排，同济大学的总支书记胡昌璧调到北四川路区工作，总支书记由我担任。令我印象极为深刻的是，在上海解放后的一天，乔石来到同济大学检查工作，当时我刚担任同济大学党组织的负责人，许多事情使我焦急万分，他来后，我就把许许多多的问题向他汇报，请他拿出解决的办法。当时，乔石并没有提出任何一个问题的解决办法，只是说要请我到法学院附近的一个小饭馆吃饭。吃饭时，他反复向我讲了一个问题。他说，作为一个学校党组织的负责人，对每天遇到的问题，应当自己动脑筋思考解决办法，不能等着上级来解决所有的问题。他联系着很多很多的学校，如果每个学校党组织的负责人对遇到的问题都来问他如何解决，那会是一种什么样的情况呢？与他的这一席谈话，对我的启发很大，增强了我独立解决问题的意识。

在4月26日反动派的大逮捕到5月27日上海解放的这一个多月的时间里，我们一方面要防备反动派的搜捕，不断地变换我们住的地方（我在吴觉农的茶叶仓库住了几天，之后又租住了一间民房）；一方面又要积极从事各种繁忙的工作，特别是人民保安队的工作。因大逮捕而暂时中断的地下党的联系迅速恢复了，总支委员会几经周折，终于在南市的一个居民住宅里又开始工作。为了开展工作，几乎每隔一天就要召开一次总支委员会，大家分析情况，研究对策。乔石每次都亲自主持会议。

在 1949 年新中国成立前的一段时间，我的经济是极其困难的，没有任何收入。在没有办法的情况下，只好到学校较近的虬江路的旧货市场上，把仅有的大衣、裤子等卖掉，以换取有限的现金，但每日三餐仍旧难以为继。从法学院的北四川路路底到南市有 20 里，我连乘无轨电车的钱也没有，只好步行，紧赶慢赶也要两个小时。每次开会，时间是 8 点，我总是 5 点多就起来，买两个大饼吃，然后徒步行走，直到南市，还没走到开会的地方，肚子就又饿了。但是，即将解放的欢乐，为革命而献身的决心，给我以极大的力量，使我始终保持着旺盛的精力。乔石已经察觉到我的困难，很关心地对我说："你的生活很困难吧！我这里有组织上的一点钱，就先给你一个银元，暂时维持一下生活吧！"当时，国民党政府所发行的纸币可以说已经是"一钱不值"，在那个生活无着的时期，我的确需要这个银元，但我很清楚地知道，组织上的这点钱是在不得已时才能用的，我宁愿忍饥挨饿，也不能用这个钱，所以我坚持不要。为了填饱肚皮，我每天只好以两个大饼勉强充饥，就这样，终于坚持到了上海解放。

当时，反动派已在全市戒严，还要在覆灭前进行最后的挣扎。但是，党员和积极分子毫不畏惧，都是在非常困难的情况下，冒着生命危险，奔走于所分配的地区，了解情况，准备应变。

1949 年 5 月 27 日，上海解放了。乔石在上海戏剧学院主持召开了同济大学原来地下党总支所有党员的第一次会议，决定总支书记胡昌璧调到北四川路区共青团区团工委工作，由我担任同济大学党总支书记（之后，同济大学医学院划归他区，同济大学的党员不到 100 人，就把总支改为同济大学党支部）。我担任支部书记只有两个月，到了 7 月 20 日，上海市委党校第一期开学，我就被调去学习了。

（十一）担任中共同济大学党总支书记

新中国成立前，我作为一名地下党员，并不知道整个同济大学一共有多少地下党员。后来，做了同济大学法学院的支部书记，才知道经过"一·二九"运动，相当一部分的党员离开了上海，当时法学院包括我在内，一共只有 8 名党员，这就是邱刚泽、杞居富、胡昌荣、杨峻岳、吴郑元、吴紫梅、李天源和我。

1949 年 3 月，我参加了同济大学的总支委员会。当时上级代表是乔石，总支书记是胡昌璧，他们都是我原来就认识的。自从万孝信介绍我入党之后，他先把我介绍给了胡昌璧，同胡昌璧联系了一段时间之后，因工作关系，我就同乔石直接联系。

为什么乔石要同我直接联系？因为法学院在上海市区的北四川路路底，胡昌璧所在的理学院则在郊区的思平路，如果乔石对法学院的许多意见找胡昌璧传达，就可能耽误时间，所以乔石就同我直接联系了。同乔石的第一次见面，是在北四川路路底法学院红楼下停放的一辆大卡车内。在约定的时间，他准时来到，先了解情况，然后布置工作。他是我入党后接触的第一位地下党的上级领导，他给我的印象是精明、能干，分析问题深入，并能给出解决问题的办法。

参加当时地下党总支委员会的，除了乔石、胡昌璧和我，还有工学院的冯泽、陈泰顺和理学院的章道立等，后来新生院的过仲珏也参加了总支委员会。

1949 年 5 月底，上海解放，同济大学地下党总支改为支部，由我担任支部书记。上海刚刚解放的工作是十分繁忙的，一方面要维护学校的稳定，尽量设法恢复学校原有的秩序；另一方面要向党政机关输送人才；同时，要着手建立党的组织。支部成立后的第一件事就是进行党员登记，我们都特别兴奋，尽管党还没有公开，但我们终于填写了党员登记表。

当时，北京的各种培训青年干部的学校来上海招生，如青年团的培训班等，还有南下的部队和政工部门等，都要求各个学校的党支部推荐优秀的学生。作为支部书记的我，几乎忙得不可开交，因为支部的推荐对这些同学到单位后的使用有很重要的影响，所以我们每推荐一名同学，都非常慎重，要进行充分的调查。

正当我忙得不可开交的时候，1949 年 7 月初，组织决定调我到上海市委党校学习，这样，我就匆匆忙忙按组织的规定把工作移交给冯泽，然后就到上海市委党校学习了。

（十二）在中共上海市委党校学习

上海解放后，各方面都急需干部，而原来地下党的党员，由于当时条件的限制，没有受过必要的马克思主义和毛泽东思想的教育，所以难以适应公开后党的工作。为此，中共上海市委决定建立“中共上海市委党校”，大力培训党的干部。当时，上海市委党校的校长是陈毅，副校长是刘晓，教育处长是周原冰。党校第一期学员基本上都是中共上海地下党的工厂、学校、企业等基层的支部书记。第一期学员共分 8 个支部，我分在第六支部，同组的学员有光华大学的支部书记高淑珍、上海法学院的支部书记蔡祖康、东吴大学的支部书记孙廷珍、上海音乐学院的支部书记焦杰等，由我任组长。第一期党校共学习约 3 个月，我 1949 年 7 月进上海市委党校学习，9 月底毕业。

在党校的 3 个月，我第一次比较系统地接触了马克思主义和毛泽东思想。当时上的是大课，讲课的老师都是当时上海的党政领导。第一次讲课的是陈毅，他既是解放后上海市的市长，又是新建立的上海市委党校的校长。另外，还有刘晓，当时是副校长；马飞海，是组织处长；周原冰，是教育处长。当时，周原冰讲课的时间最长，讲课的内容也最多。

我尽管从高中时期就接触进步思想，但对马克思列宁主义的书籍接触极少，除了在国民党统治的地下时期曾秘密阅读过油印的《新民主主义论》外，没有读过更多的内容。大学二年级时，从当时的生活书店买来米丁著的《辩证唯物论》并认真阅读，但由于翻译得比较难懂，所以我对许多问题的理解是似是而非的。

在这 3 个月内，我如饥似渴地阅读当时从解放区带来的马克思、列宁和毛泽东的著作，从当时解放区出版的《干部必读》中知道了许多马列著作的书名，从老师的讲课中懂得了立场、观点和方法等，这对我之后更为系统地学习马克思列宁主义有重要的意义。在党校学习的另一个收获就是，更加深刻地理解了强调理论必须联系实际的重要意义，懂得了只有同实际联系起来并能解决实际问题，理论才是有用的。

（十三）到虹口区委宣传部工作

我在上海市委党校学习期满的时候，正好遇到新中国成立这样一件大事。1949年9月21日—30日，中国人民政治协商会议在北京怀仁堂隆重召开，会议通过了《中国人民政治协商会议共同纲领》，决定了中华人民共和国的国旗、国歌，并一致选举毛泽东为中华人民共和国中央人民政府主席。1949年10月1日下午3时，30万北京军民聚集天安门广场，隆重举行"开国大典"，毛泽东同志宣读了《中华人民共和国中央人民政府成立公告》，向全世界宣告"中华人民共和国成立"的伟大历史事件。正像毛泽东所指出的，"它将表明：占人类总数四分之一的中国人从此站立起来了"（《毛泽东著作选读》下，691页，北京，人民出版社，1986）我们能够战胜"强大的内外反动派，为什么不能在胜利以后建设一个繁荣昌盛的国家呢"（同上书，692页），毛泽东强调，"随着经济建设的高潮的到来，不可避免地将要出现一个文化建设的高潮。中国人被人认为不文明的时代已经过去了，我们将以一个具有高度文化的民族出现于世界"（同上）。他自信自豪地说："让那些内外反动派在我们面前发抖罢，让他们去说我们这也不行那也不行罢，中国人民的不屈不挠的努力必将稳步地达到自己的目的。"（同上书，693页）我们这些长期处在国民党反动统治下的地下党员对新中国的成立，倍感亲切。国民党的反动统治一去不复返了，我们将尽力建设一个新的世界。这种发自内心的欣喜，是任何语言都难以表达的。

大约是1949年9月22日，我从当时的上海市委党校毕业了。从上海市委党校领到分配到中共上海市委虹口区委宣传部工作的介绍信后，我就急急忙忙地到虹口区委报到，开始从事党的宣传教育工作。

当时，上海市委的各个区委刚刚建立，整个虹口区委只有十几个人。据我的记忆，当时的区委书记是张勉、组织部长是钱希均（她是毛泽东弟弟毛泽民的妻子）、宣传部长是吴康（他是新中国成立前上海地下党领导学校的学委的委员）等。

当时，虹口区委宣传部除吴康部长以外，只有两个干事，一个是朱鸿兴，原来是国立暨南大学地下党的支部书记，一个是我（后来又来了梁世明和罗伟)。办公室是 2 楼到 3 楼中间的一个极小的亭子间，面积大约 8 平方米。整个办公室只有一张较小的办公桌和一个公文柜，吴康坐在办公桌的正面，我和朱鸿兴坐在这张办公桌的两头，连伸腿的空间也没有。

宣传部的工作是极为忙碌的，当时上海解放不久，广大群众和原来各政府机关的工作人员对共产党的态度是既热情而又有许多疑虑，对党的各项政策很不了解。我们的一个主要任务就是对党的性质、任务以及党在当时的各项政策等进行宣传和解释，并以崭新的作风来改造原有的国民党机关。在宣传中，我紧密结合国际、国内形势，特别是结合解放战争的节节胜利，揭露国民党的腐败，说明共产党、八路军的简朴清正。

从 1949 年 9 月到虹口区委工作，到 1953 年夏天离开，我差不多在这里工作了 4 年。最初是做宣传干事，并且联系区一级机关支部的工作（区政府机关、区公安局、区税务局等)，之后就担任区一级机关的总支书记，之后又担任区委纪律检查委员会办公室副主任。

在这段时间内，担任过虹口区区委书记的有张勉、吴康，担任过虹口区区委组织部长的有钱希均、马进等，其他成员有陈丽华、黄千晖、高淑珍、梁世明、朱妙娟、张静贤、梅正棣等。

在这四年，工作是极其繁忙的。一方面是领导的信任和重用；另一方面个人也感觉自己的能力能够得到发挥，心情十分舒畅。但是，繁忙的工作并没有使我放弃对马克思主义的学习，所有的晚上和星期日的时间，几乎全部用来学习当时的各种报纸和马克思主义的书籍。毛泽东同志的文章，只要报纸登载了，就不断地朗诵，我记得特别清楚的就是当时反复背诵的刚刚发表的几篇毛泽东的著述:《论人民民主专政》、《六评白皮书》等。

这四年，是我入党后参加组织生活的新的四年，其中最值得怀念的就是严格的组织生活。每周党的小组会上，我们都要进行批评和自我批评，对自己的思想、言行等在同志们面前进行自我解剖，这样的组织生活对我的思想改造产生了重大的影响。我自己是有自知之明的。我出身于一个地主家庭，深受剥削阶级思想的影响，又是一个小资产阶级的知识分子，在学生运动中形成了一种个人英雄主义的思想，名利的观念总是缠绕着自己。因此，每次组织生活，我都要对自己进行深刻的批评。当时的区委成员基本上由两部分人组成，一部分是解放区来的工农干部和地下党的工农出身的青年党员，在当时的同志看来，这部分人是不需要改造的；另一部分是出身剥削阶级的地下党的知识分子，这一部分人正是每次党的小组会要批评的对象。

几乎每次党的小组会，我对自己的个人主义错误、对思想上的患得患失、对工作中的名利观念都要作详细而深刻的剖析。我对自己的这种自我批评，几乎走到了另一个极端。为了改正“个人英雄主义”和“夸夸其谈”的缺点，我甚至常常把自己讲话有条理当成一种爱表现的缺点，因而在发言检讨时，常常有意把逻辑搞乱，把次序颠倒，从而避免显得“夸夸其谈”。经过这一段严格的组织生活，我形成了一个认识：在当时的社会，特别是在长期私有制社会的私有观念的影响下，人的思想每天都要沾染来自各方面的污染，因此，对自己的改造是长期的，“活到老，学到老，改造到老”应当是永远要记住的。

（十四）参与镇压反革命运动

从 1950 年 12 月起，我国在全国范围内开展了一次轰轰烈烈的镇压反革命的运动。当时的形势是严峻的。新中国刚刚成立，再加上抗美援朝战争的爆发，国内的一些反革命分子认为有机可乘，蠢蠢欲动。他们组织行动，阴谋暗杀国家领导人，计划要在当年 10 月 1 日国庆节炮击天安门等。1950 年 3 月，中共中央颁布了《关于镇压反革命活动的指示》，10 月 10 日，中共中央再次发出《关于镇压反革命活动的指示》，要求纠正镇压反革命运动中的“宽大无边”的偏向，全面贯彻“镇压与宽大相结合”的政策。从这年 12 月起，全国各地陆续展开了对反革命分子的清查。1951 年 2 月 21 日，中央人民政府颁发了《中华人民共和国惩治反革命条例》，为当时的镇压反革命运动提供了法律依据和量刑标准，推动了这一运动的顺利开展。当时的要求是，“提高警惕，不放过一个坏人；掌握政策，不冤枉一个好人”等。我所在的上海虹口区经过细致的调查，在 1951 年 4 月展开了肃清一切反革命分子的斗争。

1951 年 4 月 26 日，根据组织安排，我到当时的上海警备司令部报到，参加全上海市的镇压反革命运动。这真是一个巧合的日子，因为两年前的这一天，正是国民党的大量军车和军警人员在这里集中，前往各个学校逮捕地下党员和进步人士，而我是同济大学的一名地下党员，因国民党的大逮捕而被迫离开学校。而今天，却是革命者的军警和进步人士逮捕那些曾经疯狂镇压进步势力的反动分子。我按照约定的时间到达了事先确定的地方，事先需要准备的工作都已经做好，我的任务是带领1个分队（包括4名警察）到一个单位逮捕4个有反动行为的人。工作进行得十分顺利，因为有这个单位群众的积极配合，除1人当时回到上海的家中外，其余3人都被逮捕。那个回家的人在第二天就到公安局自首了。这次的行动，对打击当时国民党的反动气焰，起到了重大的作用，进一步稳定了当时上海的形势，对新中国的巩固和发展起着重要的作用。

（十五）参加“三反”、“五反”运动

1951年开始，我国进行了“三反”和“五反”运动。这年9月，东北地区在增产节约运动中发现干部的贪污现象比较严重，这引起了毛泽东和党中央的重视。12月1日，中央作出《中共中央关于实行精兵简政、增产节约、反对贪污、反对浪费、反对官僚主义的决定》。随着“三反”斗争的深入，发现党政军民内部的贪污分子多同社会上的不法资产阶级分子相互勾结，不少资本家唯利是图，采取“打进去、拉出来”的方法，大肆腐蚀干部，行贿收买，其主要表现有五个方面：行贿、偷税漏税、盗骗国家财产、偷工减料、盗窃国家情报。这就是所谓的“五毒”。

“三反”运动（反贪污、反浪费、反官僚主义）是我入党之后参加的第一次运动。我们认真、仔细、严肃地检查这三方面的问题。我自己检查了在办公中的浪费和“公私不分”的现象，如自己写信用了公家的信纸（公家的信封没有用过）和墨水等。为此，自己专门买了信纸和墨水。这次运动对我最大的教育就是对公家的一切财物都要爱护，这不但是纪律问题，也是道德品质问题。是否占有国家和集体财物，是判断一个人的思想道德是否高尚的一个重要评价标准，企图占公家便宜的思想是可耻的。公家的财物是神圣不可侵犯的，这一原则的树立是如此牢固，直到今天，我仍然信守着这条原则。

“三反”运动刚刚结束，紧接着就开始了“五反”运动。如果“三反”

运动我仅仅是一个参加者的话，那么“五反”运动时，我就已经是一个工作队的队长了。

上海的“五反”运动，是中央派薄一波到上海领导的。从上海比较大的资本家中选择了74户作为重点，组成74个工作队，其中虹口区的“震旦灭火机厂”被确定为74户中的一户，组织任命我为这个厂的“五反”工作队队长。在当时，这是一个很重要的担子，由我这样一个年纪很轻的青年来承担，是很少见的。为了工作的方便，组织专门给工作队的队长配了一辆吉普车。由于震旦灭火机厂及其分厂分布在上海的几个区，因此，我就利用给我配了吉普车这个条件，几乎每天到总厂及各分厂了解情况。

“五反”运动是一个需要充分发动群众的运动，只要群众真正地被发动起来，资本家的所有违法行为就一定能够被迅速地揭发出来。由于在地下党时期有过长期发动群众的经验，我经常到厂里召开各种各样的会议，认真听取广大工人、职员的意见，这使我进一步体会到群众是真正的英雄，他们能给我们的工作提出很好的建议。只要工作上遇到困难，我就到群众中调查，和他们商量，这些看起来的困难也都顺利解决了。经过近两个星期的清查，震旦灭火机厂的资本家的问题得到了落实，按照政策，定为“基本守法户”。在这期间，我多次听到薄一波的讲话，主要是对上海“五反”运动的形势的分析、对工作的部署、对政策的把握等。每次听了他对形势的分析和工作的部署，都感觉到他实事求是和辩证分析的能力，认为他是一个很懂辩证法的人。

在“五反”运动中，揭露王康年的严重违法行为，对人们的教育很深。王康年是上海私营大康药方的经理，在“五反”运动中，广大店员揭发他是一个“五毒”俱全的不法资本家。为了达到盗窃国家财产的目的，他采取各种手段，拉拢腐蚀干部，还专门设立了一个拉拢腐蚀干部的机构——“外勤部”，用请客、吃饭、送礼、陪跳舞、游览、照相以至色情等手段把各地的国家干部、卫生部门和军队的采购人员拉下水。据王康年供认，他曾向25个机关的65名干部行过贿，他在骗取国家的货款之后，以质量低劣的商品抵充合格的商品发给采购单位。尤其恶劣的是，他以卑鄙的手段腐蚀中国人民志愿军的采购人员，在收取了中国人民志愿军的巨额货款后，不采办前线急需的消炎粉、青霉素片等药品，而把仓库中积压的冷热水袋、玻璃片等10多种冷背商品装箱发运给志愿军。王康年的行为引起了人们的极大愤慨（1952年2月4日，上海市公安局逮捕了王康年，人民法院依法判处王康年死刑）。王康年事件使我们受到了极大的教育，认识到资本家的追逐利润的本性对人民和国家的危害。

（十六）一个意想不到的事件

在虹口区委工作的时期，大约是1953年年初，区委要召开第二次党的代表会议，原是前一年第一次党的代表会议的代表的我，却未被选为这次会议的代表。从当时的工作需要来看，我是应当作为代表的。什么原因？我自己也不知道。

一天晚饭后，办公室的电话响了，当时办公室只有我一人，我就接了电话。电话是市委打来的，电话中问：是虹口区委吗？我说：是。电话中说：请找一位同志谈谈有关检举罗国杰参加三青团的问题。我听后大吃一惊，赶紧说：好，马上找。这样，我就找组织部的人来接听这个电话了。这个电话虽然简单，但使我解开了心中的疑惑，有人检举我参加三青团，组织已经怀疑我了。这样，对自己不能参加党的第二次代表会议，也就坦然了。我被检举参加三青团，这在当时应当说是一件很严重的事。三青团是一个反动组织，我如果参加了而又没有向组织交代，就是对党不忠实，但由于我从来没有参加三青团，那就等着组织进行调查吧。

正好在这个时候，又发生了一件我意想不到的事：我突然被告知，我要被调到市委纪律检查委员会的办公室工作。我既然有“历史问题”，怎么会被调到上级机关呢？

到市委纪律检查委员会办公室工作之后，我才知道了比较详细的情况。市纪委的检查处处长邹一凡同志告诉我，市纪委认为我的文字水平和理论功底都还可以，由于市纪委办公室需要一个撰写文件的秘书，就要求把我从虹口区的纪委调到市纪委，当市纪委要调我时，区委当时的回答是“有历史问题尚未查清”。但是，邹一凡的答复是，如果有历史问题，那就由他们来调查，并要求我先调到市纪委工作。这在当时是一个几乎很难理解的措施，因为一个有历史问题的基层干部是不应当被调到上级领导机构工作的。但是，我却例外地从区委调到了市委纪律检查委员会，并担任办公室的秘书。原因大概有两条：一是市纪委急需这方面的人员；二是领导认为我能够担负这样一个任务。

（十七）从虹口区委到上海市纪律检查委员会

在这三年中，发生了一件重要的事情，这就是 1955 年 1 月在全国开展的批判胡风的运动，由此在机关内部进行了一场肃清一切暗藏反革命分子的运动。

1. 胡风事件与我的“历史包袱”

胡风，原名张光人，湖北蕲春人，著名文艺理论家、诗人。新中国成立前致力于左翼文艺运动；新中国成立后任中国作家协会理事、中国文联全国委员会委员等。1954 年 7 月，胡风向中央政治局送交了一份 30 万言的《关于解放以来的文艺实践情况的报告》，就文艺问题陈述了自己的意见。1955 年 1 月 20 日，中宣部向中央提出了报告，认为胡风的文艺思想是彻头彻尾的资产阶级唯心论，是反党反人民的，要求对胡风的文艺思想进行公开的批判。中央批准了这个报告，并认为这是无产阶级和资产阶级斗争的一个重要方面。同年 5 月 13 日、24 日和 6 月 10 日，《人民日报》分 3 批刊登了经摘编整理的胡风与一些友人的 169 封来往书信，定名为《关于胡风反革命集团的一些材料》，随后又将这些材料汇编成册，毛泽东亲自为它写了“序言”和 20 多条按语，断言胡风等人是一个暗藏在革命阵营的反革命派别，是一个地下的独立王国，是以推翻中华人民共和国和恢复帝国主义和国民党的统治为任务的。1955 年 5 月 18 日，人大常委会通过了逮捕胡风等 92 人的决定，受此案牵连而被隔离审查的有 62 人，全国各部门被审查的嫌疑者有 2 100 余人。正是在这样的背景下，我国在全国党政机关，特别是在文化、艺术、教育等部门开展了肃清胡风反革命集团的运动。1965 年，胡风被判处有期徒刑 14 年，1970 年“文化大革命”期间，又加刑为无期徒刑。1980 年 9 月 29 日，中共中央批转了公安部、最高人民检察院、最高人民法院党组《关于“胡风反革命集团”案件的复查报告》，指出“胡风反革命集团”是一起错案，决定为胡风及所有受此案牵连的人平反。

1955年5月，中共中央发出《关于全党必须更加提高警惕性，加强同反革命分子和各种犯罪分子进行斗争的指示》，7月1日，又发出了《关于展开斗争肃清暗藏的反革命分子的指示》，并在全国3 000多万工薪人员中分4批进行肃反斗争。毛泽东提出的原则和政策是："提高警惕，肃清一切特务分子；防止偏差，不冤枉一个好人。"当时的上海市委机关也进行了认真的肃反斗争，对一切有历史问题的人，都要查清他们的政治历史问题。这里，要特别提到一件令我感到吃惊的事，就是我个人的问题。

我到市纪委工作，是背着一个沉重的"历史包袱"的，这就是在虹口区委工作时，有人检举我中学时参加过国民党的三青团。到1955年，我在市纪委工作已经两年，我的历史问题调查的结果究竟怎样？这次肃反斗争，就是要查清机关内部人员的历史，纯洁机关队伍，我似乎必定要受到严格的审查，这肯定是"在劫难逃"了。

市纪委肃反动员会召开的那一天，我怀着忐忑不安的心情准备接受审查。邹一凡处长的动员报告，先讲这次运动的意义、重要性、政策等，他说，凡是有历史问题的要老实交代，没有问题的也不要有顾虑等。接着，就提到我的名字，他说，罗国杰同志调来时，有人检举他参加过三青团，经过认真调查，并无此事，他的历史是清白的。紧接着就宣布，市纪委决定成立一个领导肃反运动的领导小组，我也是这个小组的成员。这的的确确出乎我的意料，不但我的历史问题得到了澄清，而且我还受到组织的信任，成了领导小组的成员。几年来背在身上的"包袱"终于放下来了，更感到党的实事求是思想的可贵。

2. 在上海市委纪律检查委员会的工作

从1953年夏天到1956年9月，近3年的时间，我在上海市委纪律检查委员会工作。在这段时间，一是努力完成自己应当做的工作，尽职尽责，得到了领导的肯定；二是如饥似渴地阅读了大量马克思主义的经典著作，以及大量的中央文件和政治理论文章，培养了从事理论工作特别是研究哲学的兴趣；三是亲自看到和处理了许许多多党员的错误，提高了自己遵守党的纪律的自觉性。

全国胜利之后，正像毛泽东在党的七届二中全会上所说的，我们的一些同志曾经在拿枪的敌人面前打了胜仗，但在和平环境却经不起资产阶级的腐蚀，犯了各种各样的错误，其中最主要的、使我印象最深刻的，可以归纳为四个方面：一是贪污腐化，一是要名要利，三是男女关系，四是阶级界限不清。不少从解放区来的干部，在过去的抗日战争和解放战争中，为革命、为国家建立过赫赫战功，但是在资产阶级的腐蚀下，却经不起金钱、名誉、女人和权位的诱惑，做了违法乱纪的事情。这些事情，既使我这个入党不久的青年感到吃惊、惋惜和遗憾，又使我受到触动、提醒和告诫。1952 年的刘青山、张子善事件，对当时的所有共产党员都是一个极为深刻的教育。

这一段的工作和生活经历给了我极为深刻的教育，使我得到了刻骨铭心的认识。这就是，一个党员，加入共产党之后，就必须严格要求自己，保持自己共产党员的纯洁性。这一认识极大地增强了我的党性，对我以后能够在这些问题上不犯错误并始终严格要求自己，起到了打防疫针的作用。在这段工作期间，白天的空余时间较多，我尽量阅读中共中央的有关文件，了解全国的违纪情况，并从中学习中共中央对许多问题的处理意见。党员的违纪案件给了我很大的教育，很多党员都因犯了错误而身败名裂，其中有许多典型的事例，使我引以为戒。

我在市纪委的工作主要是撰写给上海市委和中纪委的报告。市纪委每个月要向市委和中纪委写一个书面报告。为此，市纪委要求每个区纪委每月向市纪委写一个报告。我先把每月区纪委的报告仔细阅读一遍，然后摘录其中的重要内容，归纳分类，找出其中有重要意义特别是带有普遍性和规律性的问题，作为撰写报告的材料，然后进一步加工，就可以作为提交领导审查的初稿。之后，根据领导的意见改定。开始做这一工作时，比较生疏，时间长了，框架已定，也就驾轻就熟了。肃反运动之后，由于当时的办公室主任李権有历史问题需要审查，就停止了他的工作，故而实际上我成了办公室的负责人，直到我离开市纪委。

在市纪委工作时，每天晚饭后都成了业余时间，改变了在区委时日夜不分的忙乱状态，使我有时间阅读毛泽东和马克思主义的经典著作。长期希望读书的愿望得到了满足。除了毛泽东的《新民主主义论》、《中国革命与中国共产党》、《论联合政府》外，还重点学习了《反杜林论》、《怎么办?》、《进一步退两步》等经典著作。经过学习，我更深刻地体会到理论的重要性，认识到理论特别是哲学对实际工作的指导作用，这诱发了我重新学习的念头。我还结合当时对胡适的批判，比较详细地阅读了有关实用主义的书籍，培养了对哲学、对理论的浓厚兴趣。

3. 决定报考大学

1956年年初，我在中央和教育部的文件中看到，当年高中毕业生的人数不能满足高校招生的需要，要从机关干部中动员一部分青年参加高考，以提高大学生的水平。知道这个信息后，我一下子就下了决心，决定向组织申请，重新报考大学，再认真多学习几年哲学。这是我参加革命工作后的第一次也是最后一次自己对工作所做的选择。这个选择不仅改变了我所从事的公务员的职业，而且决定了我今后50年的职业，即从事哲学、伦理学的教学和研究工作。

当然，这样的选择，是对各种情况进行认真考虑后的慎重选择，不是随意的。1956年，我已经是党的机关的16级干部（当时属于县团级干部），薪金有100多元，住宿在市委机关的大院，在机关工作中年轻有为、认真负责，领导非常认可，有很好的发展前途。如果重新报考大学，变成一名普通大学生，工资（助学金）只有40多元，十几个学生挤在一个大的房间里，学习毕业后，又能有什么好的出路呢？几乎所有熟悉的同志和朋友都劝我，认为我的工作基础和各个方面的关系都在上海，已经接近30岁的人，再去学习，只能得不偿失。

的确，这些情况都值得我认真考虑。我所有要好的同志和关系都在上海，新中国成立前后，特别是这7年的行政工作，已经取得了同志们的信任和领导的肯定。再加上当时刚刚实行的工资改革，我的收入比过去增加了几倍，从40多元增加到100多元，这些收入可以使我的生活过得更舒适、更美好。

1949年参加工作时，我的工资是供给制，这种制度的实质是，必要的衣、食、住等由公家供给，个人没有工资，是一种义务工资制。大约从1949年到1953年，我的待遇是，每年有一套单衣、一套棉衣和一件棉大衣外，每月只有2元多的津贴。1953年实行第一次工资改革后，单衣、棉衣、棉大衣等没有了，每月的津贴上升到40多元。1956年第二次工资改革后，我的工资就上升到100多元了。100多元的工资，在当时的确是一笔不小的数目。而我放弃这个待遇去读书，那就只能享受助学金的待遇了。但我考虑的主要问题是充实自己，认为放弃了一些金钱，换来的是宝贵的时间，有了这些时间，就可以读更多的书，就可以使自己获得更大的乐趣，就可以使自己在理论研究领域得到更多的自由。

我向当时纪委的领导邹一凡同志汇报，并请求他批准我的要求。邹一凡同志劝我，他诚挚地希望我继续留在市纪委工作，他告诉我一个两全其美的方法，他说："不要去考大学了，如果想学习，想读书，想充实自己，这也是好事情，过几年，在工作允许的情况下，我们送你到复旦大学当教师好了。"而我的想法却不同，不但想到大学学习，而且希望有尽可能长的时间来认认真真地多读一些马列主义的经典，以提高自己的理论基础。邹一凡同志是开明的，最后，他不但同意了我的要求，而且还给了我充足的补习功课的时间。

我做出重新报考大学的决定，还有更深层次的原因，这就是差不多7年的党务工作，使我感到，"从政"对我来说不太合适，我的家庭出身不好，从政没有太大的前途；我喜欢读书，但却不善于做组织工作，不适合和不愿意做领导工作。我深感自己的理论知识过于缺乏，希望能够有尽可能多的时间，更快地获得坚实的理论根底。

4. 值得我永远怀念的人

从我们的生活经历来看，一个人在一生中总会遭到一些逆境，而身处逆境时，又往往会遇到一些能够而且愿意帮助我们的好人，这些人使我们的人生更加美满，值得我们永远怀念。在我的一生中，我遇到过三次这样的事情，邹一凡就是我所遇到的第一个我应当怀念的人。

邹一凡同志对我的关怀，可以说是无微不至，令我终生难忘。他在明知我有尚未调查清楚的"历史问题"的情况下，把我调到市纪委；在肃反中，他对我的了解和信任更使我感动；在我要求报考大学时，他又给予了支持，终于使我实现了自己的志愿。这使我体会到，一个人在人生道路上总会得到一些人的帮助、同情和关怀，我们要永远铭记这些帮助、同情和关怀过我们的人，并且也要力求把这种别人对自己的关怀再施加给我们所遇到的人。从此，我常常想到邹一凡对我的照顾，也常常想到我应当回报社会，应当在他人处于逆境的时候尽力帮助他们。以后，在我的生活经历中，我同样多次帮助过一些处于逆境的同志。

中国优秀传统道德的一个重要问题就是关于"受恩和施惠"的问题。在生活中，一个人经常有受到别人给予"恩惠"即所谓"受恩"的时候，有时也有能力给予他人一定的帮助即所谓"施惠"。因此，如何对待"受恩"和"施惠"，就成为检验一个人的道德品质和道德境界的重要标准。中国优秀传统道德原则是"受恩不忘，施惠不记"。得到别人的"恩惠"，应当永远记在心中，并且在日后尽可能地给予回报；给予别人的"恩惠"，应当很快忘掉，不要老是记着自己对别人的好处，常常想着别人予以报答。但是，在当前社会，一些缺少道德的人的想法却常常"反其道而行之"，受了别人的"恩惠"，很快就忘得一干二净，从来没有考虑如何报答别人；相反，在给予了别人照顾或施惠于他人时，常常记在心中，抱怨别人没有及时给予自己以相应的报答。中国优秀传统道德说，"行善望报，并非真善"，"受惠不报，忘恩负义"，这些道德格言，在今天仍然有教育意义。

从上海解放到 1956 年的长达 7 年多的时间中，我一直在党的机关做宣传教育和纪律检查工作。这段工作经历，对我影响最大的有两个方面：一是在实际工作中，我明白了哲学的重要，对哲学产生了浓厚的兴趣；二是从不少党员犯错误的教训中，我认识到思想改造和道德品质修养对一个人的重要意义，对一个人来说，"活到老，学到老，改造到老"应该成为一生永远不忘的座右铭。

二、初到中国人民大学的十年

（一）走进中国人民大学

我走进中国人民大学，是有一定的偶然性的。上海市纪委的领导同意我报考大学后，我就到当时设在上海的大学招生办事处报名。当时，全国的大学是统一招生的，由一个统一的招生办事处组织实施。当我兴致勃勃地前去报名时，万万没有想到的是，办事处的人员看了我填写的表格，不同意我报考大学。什么原因呢？他们的解释是，1946—1949 年，我已经在同济大学法律系读了 3 年大学，他们说，新中国承认旧大学的学历。又说，培养一个大学生，国家是要用许多教育经费的，我再读大学，国家还要花钱培养，这不是浪费国家的资金么？我告诉他们，新中国成立前在同济大学读的是法律系，现在报考的是哲学系，这为什么不可以呢？虽然我再三解释，但他们仍然不同意我重新报考大学。就这样，报考大学的希望竟然一下子成了泡影。

既然不同意报考大学，那只有继续在市纪委工作了。过了几天，市委机关的同志告诉我，尽管全国的大学是统一招生的，但是有一个例外，这就是中国人民大学在上海是单独招生的，也设有招生办事处，可以到那里问问，看能否报考。我抱着一线希望来到中国人民大学在上海的招生办事处。

当我把情况比较详细地介绍之后，办事处的人哈哈大笑，他惊奇地说："还有不允许报名的？我们这里欢迎你来报名。我们是马列主义的学校，在旧大学读过书的人更应当到这里重新学习，改造思想，学习马克思主义，学习毛泽东思想。你既然已经先读了法律，现在再读哲学，不是很好吗?”这样，我很兴奋地在中国人民大学的招生办事处报了名。经过两个月的准备，比较满意地完成了考试任务。1956 年 8 月，我接到中国人民大学的录取通知书，9 月初，到北京的海运仓人大哲学系所在地报到，成为人民大学哲学系的学生。

人民大学哲学系是在原来马列主义理论教研室的基础上建立的一个系。1956 年共招收生 200 人（有郑杭生、靳辉明、方克立等），其中调干生只有 10 人（卢之超、俞长彬、钱学敏等），绝大部分是应届的高中毕业生。哲学系的学制是 5 年，所修的课程较多，对我来说，无疑是一个重新学习的良机。我计划沉下心来，用 5 年的时间，使自己成为一个有哲学基础知识的人。但是，事情的发展大大出乎意料。1959 年 9 月，我按照系领导的要求，从本科转入当时的研究生班学习，1959 年 12 月，我按照系领导的安排，先到人民大学的学生科办理退学手续，然后到人民大学的人事处报到，成了人民大学哲学系的一名教员。从 1956 年 9 月到 1959 年 12 月这近 3 年中，除了反右运动、“大跃进”、下放到北京郊区的前沙涧进行长达 1 年时间的锻炼外，我大约只读了两年的书，就重新参加工作，这和我原来期望能读几年书的想法实在相差太大了。

进入人民大学哲学系后，所遇到的第一个问题就是读书和担任社会工作的矛盾。原来，我入学前，哲学系的领导就从我的履历表中了解到我的情况。当时，哲学系刚刚开办，第一期又招收了这么多的学生，如何更好地组织、管理和照顾这些学生，是一个重要问题。经过研究，学校事先商定，由我来担任哲学系的党总支委员，并任团总支书记，由卢之超任学生会主席，在党总支领导下负责学生工作。

（二）1957 年的反右派斗争

1957 年春天，全国开展了“双百”方针的讨论，“百花齐放，百家争鸣”和“正确处理人民内部矛盾”成为当时社会舆论的主题。1957 年 4 月 27 日，中共中央发出了《中央关于整风和党政主要干部参加劳动的指示》，通过报纸和广播，共产党要求党外人士向党提意见的呼声愈来愈高。5 月 4 日，中共中央又发出了《中央关于请党外人士帮助党整风的指示》。

《人民日报》、《光明日报》等报纸，接连登载各有关部门召开的座谈会上一些民主人士的发言，在各方鼓励、支持和动员下，发言的内容愈来愈尖锐。由于长期以来，社会主义的民主没有得到很好发扬，民主人士和广大群众的意见被激发出来之后，有的就比较尖锐，很多人都说共产党和群众之间有墙，说党脱离群众，官僚主义，等等。这些意见，总的来说，是有利于党的整风的，其中带有偏激的看法，只是少数。从总的情况来说，全国的整风和“鸣放”，大体上也是如此。人民大学的情况有些特殊，由于当时以胡锡奎为书记的人民大学党委存在比较严重的官僚主义作风，群众的意见本来就很大，正是在这种气氛下，广大师生员工，都在党中央的号召下，踊跃地从各个方面对学校的工作提出了一些尖锐的批评。

人民大学哲学系的 200 名学生，绝大多数是 18～20 岁的青年，有的还未满 18 周岁。除调干生 10 人外（即曾经在机关工作过的干部），这 100 多名青年，富有朝气，积极上进，敢于大胆提出各种批评意见。除了针对当时社会上的一些现象所提出的有关政治、经济、文化和法制方面的意见以外，还对人民大学和哲学系的特殊问题，张贴了许多言辞尖锐的大字报。

1. 林希翎的报告及其影响

在人民大学的整风“反右”中，林希翎是一个有特殊影响的人。她是人民大学法律系的调干生，因为她是学法律的，又在机关工作过一段时期，所以她对当时党政机关的许多官僚主义问题提出了比较严苛和尖锐的批评。5 月中旬的一个下午，林希翎在海运仓的一个大教室作报告。她先从国家应当实行法治谈起，认为我们的国家，只有党的领导说了才算数，法律和法治是空的；由此，谈到我们国家的人民代表大会是没有权力的，只有共产党的领导才有最后的决定权等；她认为共产党已经是一个有新的等级的政党，说在共产党的机关内，各种干部都是有等级的，不同级别的干部使用的东西是不同的，是分级别的，如科员坐的是木板椅子，科长坐的是皮椅子，而更高级的干部坐的则是皮沙发等，甚至连使用的字纸篓也是不同的，等等。

林希翎讲的内容，有些反映了我们国家当时政治生活的现实情况，如缺少法治和官大于法等；有些关于干部等级的情形，也确实反映了当时我们党政机关内部的某些状况，其中也确有一些否认党的领导的言论。她报告内容的相当一部分是机关中习以为常的现象，但她作报告时所带有的反对党的、鼓动性的语气，对当时年轻的大学生产生了很大的煽动效果，以至于一些青年学生认为共产党已经腐化，从而对学校的领导产生了很大的反感。

除了林希翎的讲演之外，人民大学还发生了所谓的“葛佩琦”的突出事件。在对党提意见的整风会上，葛佩琦曾说，如果共产党变了质，站到人民的反面，他也反对共产党等，这句话经过《人民大学周报》的报道，成了葛佩琦要杀共产党的严重反党言论。接着，再经过《人民日报》的登载，以至于形成了全国各个报刊对葛佩琦的讨伐。

从后来发表的毛泽东的文章看来，直到 1957 年 5 月 14 日，毛泽东仍然认为这些意见对党的整风是必要的。《解放日报》于 1957 年 5 月 10 日邀请了 22 位中、小学教师举行座谈会，请他们谈谈工作中遇到的问题；5 月 12 日该报第二版以“大胆揭露矛盾，帮助党内整风”为题整版刊登了这次座谈会的摘要。毛泽东在 5 月 14 日看了这版报道后，作了如下的批语：“少奇、恩来、陈云、小平、彭真同志阅。这一整版值得过细一看，不整风党就会毁了”，又说：“请你们注意看上海《解放日报》，南京《新华日报》，上海《文汇报》，《北京日报》，《光明日报》，集中看人民内部矛盾和我党整风消息，这是天下第一大事。”

2. 事情正在起变化

5 月 15 日，毛泽东根据全国各个刊物对共产党所提出的“意见”，经过他的分析，他的思想发生了一个重大的转变。他写了《事情正在起变化》这样一篇文章，在分析了整风中所提意见的各种人的情况后，提出了右派言论的问题。他说：“最近这个时期，在民主党派中和高等学校中，右派表现得最坚决最猖狂。他们以为中间派是他们的人，不会跟共产党走了，其实是做梦。中间派中有一些人是动摇的，是可左可右的，现在在右派猖狂进攻的声势下，不想说话，他们要等一下。现在右派的进攻还没有达到顶点，他们正在兴高采烈。党内党外的右派都不懂辩证法：物极必反。我们还要让他们猖狂一个时期，让他们走到顶点。他们越猖狂，对于我们越有利。人们说：怕钓鱼，或者说：诱敌深入，聚而歼之。现在大批的鱼自己浮到水面上来了，并不要钓。这种鱼不是普通的鱼，大概是鲨鱼吧，具有利牙，欢喜吃人。人们吃的鱼翅，就是这种鱼的浮游工具。”

又说：“右派的企图，先争局部，后争全部。先争新闻界、教育界、文艺界、科技界的领导权。他们知道，共产党在这些方面不如他们，情况也正是如此。他们是‘国宝’，是惹不得的。过去的‘三反’、肃反、思想改造，岂有此理！太岁头上动土！”

又说：“人们说钓大鱼，我们说锄毒草，事情一样，说法不同。有反共情绪的右派分子为了达到他们的企图，他们不顾一切，想要在中国这块土地上刮起一阵害禾稼、毁房屋的七级以上的台风。他们越做得不合理，就会越快地把他们抛到过去假装合作、假装接受共产党领导的反面，让人民认识他们不过是一小撮反共反人民的牛鬼蛇神而已。”

当时，在对外宣传上，还是说要“大鸣大放”，而对内部来说，已经是“引蛇出洞”了。直到6月8日《人民日报》发表了《这是为什么》的社论，提出要反击右派对党的进攻，我和许多人一样，都处在“不知所措”的状态，不知道究竟应当怎样做。当时，人民大学党委也在“大力整风”和号召“大鸣大放”，教职员工和广大学生都按照中央的要求积极地给党提出批评意见。哲学系的同学大多是青年学生，“鸣放”的热情更高。除了对学校党委提出许多意见外，也涉及系里的一些问题。

一个是所谓的“余文生问题”（一个名叫余文生的同学，因思想问题而出现病态，一些同学就因此怪罪党组织没有及时做好他的思想工作）；一个是“并系问题”（一些同学提出，人民大学哲学系的著名教授少，要求把人民大学哲学系并入北京大学哲学系）。此外，一些同学还提出了“改造团总支”的要求，认为我“年龄太大，老气横秋”，不适合做团总支书记等。他们对当时的党员干部也提出了很多意见，卢之超是学生会主席，更是首当其冲。当时的党委书记胡锡奎，在开始的一段时间，对“大鸣大放”抱着一种消极的态度，怕引火烧身，怕群众揭露学校教学和科研中的许多问题，实际上是采取了一种拖延的措施。因此，我和卢之超等学生干部就成为广大同学的众矢之的，他们认为我们贯彻学校党委的意图，是“大鸣大放”政策的绊脚石。（后来，胡锡奎了解了《事情正在起变化》

之后，他才积极起来，要同学们“大鸣大放”，以达到所谓“引蛇出洞”的目的。）正由于此，广大的教师和同学对胡锡奎压制批评和对整风的消极态度十分不满。

3. 向北京市委反映情况

这年5月底或6月初，鉴于同学们对学校的不满，我和卢之超认为有必要到北京市委反映一下学校的情况。接见我们的是当时的市委宣传部副部长张大中，他在听取了我们的意见之后，就问我们：“给党提的意见中，有正确的，也有不正确的，你们如何看？对这些错误的意见，要不要批评？”卢之超的回答是：我们应当抱着“有则改之，无则加勉”的态度。

当时，我已经意识到，张大中的看法和我们是有差别的。所以，我接着补充说，即使有些意见是错误的，也可以运动过后再分析。张大中听了后，只是笑笑说：“好吧，你们回去吧，我可以把你们的意见反映给人民大学的党委。”就这样，我们回到了学校，自己也感到，这次到市委反映情况并没有引起市委的重视。

等到反右派斗争快要结束的时候，哲学系的总支副书记纪宇有一次问我，是不是曾经到市委反映过人民大学的问题。我告诉她，我和卢之超的确到北京市委反映过学校和胡锡奎压制“鸣放”的情况，要求市委改变和纠正学校的错误做法。她非常关心而严肃地告诉我说，后来，市委把这一情况反馈到哲学系，要哲学系反映给人民大学党委，但哲学系没有向学校党委汇报这一情况，如果党委知道我们去反映党委的情况，问题就严重了。

的确，当时人民大学的党委如果知道我和卢之超到市委去告学校的状，我们就有可能受到批判甚至成为“右派”。这里，我再一次感到在个人需要保护的时候，得到了来自纪宇等同志的保护。如果我和卢之超当时真的被划成右派，我和卢之超以后的道路可能和今天的情况就大不一样了。当时是“左”的思想十分盛行的时期，知识分子，包括教师、大学生、科技人员等，许许多多的人都因为对党的整风提了意见而成为“右派”。本来是一场克服党的缺点和错误、提高党的威信的运动，后来竟然成为一场激烈的、扩大化的政治斗争，许多人被错误地划为“右派”，伤害了许多正直的知识分子，这是值得引以为训的。“文化大革命”中，哲学系的造反派在斗争我时，给我戴的三顶帽子（地主阶级的孝子贤孙、资产阶级自由化分子、漏网大右派）之一，就说我是一个漏网的“大右派”。“文化大革命”后，我听说纪宇的处境不好，住在建国门外的一个小区里，我特地去看望了她，表示了对她的感谢。

（三）留校任教

1959 年 12 月，我留校从事哲学的教学和科研工作，正式成为一名高等学校的哲学教师。这在我的经历中，是一个新的开始。

1. 进入哲学系的第一件工作

进入哲学系的第一件工作，就是参加当时哲学系正在进行的编写《辩证唯物主义与历史唯物主义》教材的工作。编写组的负责同志是肖前、徐琳和庄福龄，参加编写的有李秀林、陈先达、卢之超、萧明和我等。分给我的任务是历史唯物主义部分中的两章。这个稿子写成后，曾作为校内用书，内部发行。在编写教材的同时，由乐燕平等负责，编写了一本《毛泽东论哲学》的大型资料书。这个教材还没有完成，我就因工作的需要而担任筹建人民大学哲学系伦理学教研室的任务。筹建马克思主义伦理学教研室，对我来说，是一项全新的、使我感到兴奋的工作。当我知道伦理学是一门关于道德的科学后，我预感到这将成为我今后长时期的学习、探索、追求和研究的一个方向。早在 20 世纪 50 年代做党的纪律检查工作的时期，我就深感许多党员之所以违反党纪，就是因为他们缺乏必要的、起码的道德自觉。

2. 筹建伦理学教研室

1960 年 2 月，中国人民大学伦理学教研室成立。根据学校的任命，我担任伦理学教研室的副主任，负责筹建这个教研室的工作。

有的同志问我是怎样从事伦理学的教学与研究工作的，原因只有一个，那就是组织的分配。我们这一代人的工作分配和专业选择，大多数是由组织根据工作需要分配而定的。我愉快地接受了这种分配，一方面是由于我在革命队伍中养成的组织性和纪律性；另一方面是由于我发自内心地认识到这一工作的重要性。

为什么中国人民大学要在 1960 年成立伦理学教研室呢？这要从新中

国成立后我国对伦理学的认识说起。

十月革命以后，苏联的社会主义教育家认为，伦理学是一门伪科学，是宣传资产阶级道德的科学，因此，就在高等学校和国家的科学研究机构中取消了伦理学的教学和科学研究。正因为如此，在长达 40 多年的时间里，苏联的高等学校只讲授和研究共产主义道德，而不讲授和研究伦理学。直到 1959 年，苏联的思想家认识到伦理学是一门研究道德的科学，资产阶级有它们的伦理学，无产阶级也可以有自己的伦理学，并且建议立即恢复对伦理学的研究。1959 年，莫斯科大学成立了苏联的第一个伦理学教研室，开始用马克思主义的观点来研究伦理学。

当时，中国人民大学是以莫斯科大学作为榜样的。莫斯科大学成立伦理学教研室的消息传到了中国，当时担任人民大学党委书记的胡锡奎就开始积极筹备。1960 年 2 月，中国人民大学伦理学教研室正式成立。在很短的时间内，先后从法律系、国政系和哲学系一共调入了 8 名青年教师（许启贤、郑文林、姜法增、李光耀、周立升、倪君祐、邵廷召和我），除我以外，其他人的年龄都在 30 岁以下，组成了一个非常年轻的教研室。

在新中国的各个学科建设中，伦理学的教学和研究是从头开始的。从学校的教学来说，最急迫和最重要的是要编写一本新中国大学所使用的教材。新中国成立前出版的教材和西方的教材，是无法应用的。苏联方面，由于在长时期内把伦理学当作一门伪科学，因此，除了施什金撰写的《论共产主义道德》外，并没有可参考的伦理学方面的教材。为此，我们决定先从马克思主义的经典著作中找根据，以西方的教材作参考，编写大纲，在广泛征求意见后，最后编写成教材。

（四）初建伦理学教研室时的教学与研究

1. 编写《马克思主义经典作家论道德》

教研室成立后的第一个重要任务就是学习经典作家有关伦理道德的理论。教研室的全体教师分工阅读马克思主义的经典著作，摘出其中有关伦理道德的段落，汇编成一本《马克思主义经典作家论道德》，这是一个重新学习的过程，是有的放矢、结合实用的学习过程。

北京大学哲学系知道人民大学成立了伦理学教研室，就派张文儒等同志到我们教研室一起学习和研究。我们花了半年多的时间，查阅了当时已出版的所有马克思、恩格斯、列宁、斯大林和毛泽东的有关著作，编辑了近百万字的语录。

这一工作，使我们基本了解了马克思主义有关道德的理论。掌握了用马克思主义的立场、观点和方法来观察社会的伦理道德现象，对我们以后的教学和研究有重要的指导作用。可惜，它没有来得及出版，就在“文化大革命”中遗失了。但是，《马克思主义经典作家论道德》的编写，对我们这些刚刚开始学习和探索伦理学的青年来说，是一个重要的基础。根据我的记忆，它的基本内容大体包括这样一些重要的方面：伦理道德和社会意识形态的关系、对过去道德遗产的批判与继承、道德的原则和规范、共产主义道德是历史上旧道德的革命变革、道德的教育和修养等，对经典作家这些问题的论述，为我们编写新的《马克思主义伦理学教学大纲》打下了良好的基础。

2. 编写新中国第一部《马克思主义伦理学讲义》

1961 年，哲学系为当时的本科生开设“马克思主义伦理学”的新课。我们就组织全教研室的同志集体编写讲义，由我和教研室的同志共同为同学讲授。

经过近一年的努力，《马克思主义伦理学讲义》终于全部完成了。这个讲义包括十二章（一、马克思主义伦理学的对象；二、道德是社会意识形态；三、道德同文艺的关系；四、西方伦理思想简介；五、中国伦理思想简介；六、关于道德的批判和继承；七、马克思主义伦理学的建立与发展；八、共产主义道德的形成发展及其原则；九、共产主义道德范畴；十、道德评价；十一、现代资产阶级伦理思想批判；十二、道德教育和道德修养），再加上有关中外伦理思想史的两篇附录，共 20 多万字。为了满足教学的需要，1961 年 10 月，这本讲义油印出版，并发给听课的学生作为教材。幸好打印发给学生作为教材来用，不然这部讲义就难以保留下来。现在，我手中仍然有这样一本 20 世纪 60 年代初用马克思主义的观点、立场和方法撰写的《马克思主义伦理学讲义》。这本讲义，虽然比较粗糙和简单，水平也不高，但从新中国马克思主义伦理学的建立和发展来看，仍然有着重要的历史意义。它应该是我国以“马克思主义伦理学”为题的第一部讲义。

（五）1962 年《马克思主义伦理学》简编本的编写

在教研室集体编写的 20 多万字的《马克思主义伦理学讲义》的基础上，为了给当时的美学班讲课，我结合自己的思考，并在许启贤同志的协助下，撰写了一本简明的、6 万多字的《马克思主义伦理学》。与《马克思主义伦理学讲义》相比，这部书稿已经是一本有内容、有体系、有分析的《马克思主义伦理学》了，它比较简明扼要地论述了马克思主义伦理学的一些根本问题。在一定的意义上，6 万多字的《马克思主义伦理学》可以说是新中国伦理学初创时期较为系统地阐述马克思主义伦理学的理论体系的第一本著作。

1963 年，这本《马克思主义伦理学》的油印本曾经作为授课时的讲义，发给了当时哲学系美学班的所有同学，幸而得以保存了下来。直到如今，我仍然保留着这本 40 多年前撰写的《马克思主义伦理学》。它包括五章：一、马克思主义伦理学的对象；二、马克思主义伦理学的建立和发展；三、共产主义道德的形成发展及其基本原则；四、道德评价；五、道德教育和道德修养。这本《马克思主义伦理学》今天已经很难见到了，把它重新加以出版，具有一定的保存价值。从 1961 年到现在，我的东西遗失了不少。但是，直到今天，我仍然珍惜地保留着已经发黄了的《马克思主义伦理学讲义》和《马克思主义伦理学》。

前一段时间，在讨论我们“文化大革命”后编写的《马克思主义伦理学》教科书的体系时，有些人说，我们的这一体系来源于苏联 20 世纪 60 年代出版的施什金编写的《马克思主义伦理学原理》。他们不知道，施什金的《马克思主义伦理学原理》在苏联出版以前，我们的《马克思主义伦理学讲义》就已经出版了。细心的读者，只要对照一下两本书的章节目录，就会明白它们之间的差异。我们的体系是我们自己经过研究之后形成的，是中国化的马克思主义伦理学的创新，这是一个历史事实。实事求是，是我们一切工作的出发点。

在人民大学哲学系开设了“马克思主义伦理学”之后的近两年的时间

里，两轮讲授“马克思主义伦理学”课程之后，在教研室同志们的讲课基础上，结合我个人在教学和研究中的心得，我独立编写了一本准备讲课用的《马克思主义伦理学》讲稿，共 30 万字。这是在集体编写了讲义、大纲之后的用心之作。在近两年的时间里，我几乎用去了所有的业余时间，为了使这个讲稿有较好的质量，常常工作到深夜 12 点之后。

（六）《马克思主义伦理学教学大纲》的编写

为了更好地进行教材建设，编写出一本有体系、有质量的马克思主义伦理学的教材，经过多方考虑，认为首先需要编写一个有理论体系的教学大纲。因为，只有编写出一个较好的教学大纲，才能使教材体现时代的特点和理论的创新。当然，编写一本有理论体系的马克思主义伦理学的教学大纲，是一项开创性的工作，存在许多困难和问题，因为我们没有任何可以借鉴的马克思主义伦理学的材料。西方的东西是资产阶级的，在当时看来，是不应有任何继承和吸收的。苏联虽然已经编写了许多有关共产主义道德的著作，但当时还没有编写出任何有关马克思主义伦理学的教学大纲，我们自己只有从头做起。经过多次讨论和反复修改，我们终于编写出了我们自己的《马克思主义伦理学教学大纲》初稿。

1962 年 6 月 12 日，中国人民大学第九次科学讨论会的伦理学分组会专门讨论了这个大纲。当时的许多知名学者如北京大学的冯友兰，中国社会科学院的贺麟、李奇，中国人民大学的王方铭等出席了会议。在肯定这个《教学大纲》在我国伦理学的教学与研究中的重要作用的同时，也提出了许多进一步完善这个《教学大纲》的宝贵意见。这个马克思主义伦理学的《教学大纲》，同年在中国人民大学的刊物《教学与研究》的第四期和第五期上全文发表。由于《教学与研究》当时在全国的地位，这个《教学大纲》在我国的理论界和高校产生了重大影响。

1962 年的《人民大学周报》在报道中国人民大学第九次科学讨论会时，对伦理学分组会讨论这个《教学大纲》的情况作了详细报道。这篇报道较为全面地反映了关于《教学大纲》的讨论情况，现在，我把这篇报道全文转录如下：

6月12日，在中国人民大学第九次科学讨论会哲学系伦理学分组会上，讨论了《马克思主义伦理学教学大纲》。这次讨论会引起了校外人士的兴趣。参加会议的除这个学校哲学系的部分研究人员和教师以外，还有中国社会科学院哲学研究所的贺麟、李奇，北京大学哲学系的冯友兰、周辅成等。

会议开始后，首先由该系伦理学教研室副主任罗国杰对《大纲》的内容作了简要的介绍，他说明《马克思主义伦理学教学大纲》是适应哲学系高年级学生专题课的需要，由伦理学教研室的全体教师在学习和教学实践的基础上草拟的。内容包括10讲：什么是马克思主义伦理学?；道德的本质及其社会作用；马克思主义以前的道德思想；马克思主义伦理学的建立和发展；人生观与道德理想；共产主义道德规范；共产主义道德范畴；道德评价；道德教育与道德修养；现代资产阶级伦理思想批判。接着，大家对《大纲》的内容、结构和当前伦理学的一些问题，展开了讨论。

伦理学的对象　《大纲》指出，“马克思主义伦理学是关于道德及其规律的科学”。对此，冯友兰认为，善应该是伦理学研究的对象，就像美是美学研究的对象一样。善和恶的关系问题，是伦理学的基本问题，是伦理学的出发点。他认为，马克思主义伦理学研究的问题，和过去伦理学研究的问题是相同的，只是解决这些问题的方法不同。贺麟认为，伦理学的中心问题，是善恶问题，我们可以从马克思主义的观点出发来解决这些问题。马克思主义伦理学所研究的问题，有些和旧伦理学研究的问题相同，但是，有些又根本不同。例如爱国主义、国际主义、个人和集体的关系等，就是不同的。李奇认为，《大纲》中“道德是调整人们之间以及个人和社会之间关系的行为规范的总和”的提法，不能理解为仅仅包括道德标准和道德的基本原则，同时，它也包括善的问题。如果这样来理解伦理学是关于道德的科学的话，那么也就解决了什么是善的问题。

道德的标准问题　冯友兰认为，在道德善恶标准上，阶级性是非常明显的。但是，只从这方面说，恐怕不能解决伦理科学的问题。除阶级性以外，似乎还要有一个标准。有人说，无产阶级的善是真善，因为它是和大多数人的利益相符合的；资产阶级的善是虚假的，因为它是和少数人的利益相符合的。这里，多数、少数就是一个标准。这个标准，就是伦理学所要探讨的问题。周辅成认为，阶级标准是大善大恶问题，这是伦理学首先要解决的问题。生活上的小善小恶，要服从大善大恶。李奇认为，道德的阶级性是客观的，不是人们主观臆造的，它本身就是一个客观标准。客观标准和阶级标准是统一的。

人生观问题　《大纲》第五讲是“人生观与道德理想”。周辅成认为，人生观这个词是否可以不提。如果要提的话，最好把范围加以限定。要和尼采、叔本华的反动的人生哲学划清界限。李奇认为，人生观和世界观是不可分的。要批判资产阶级把人生观夸大的反动观点。我们讲人生观是把它作为唯物史观讲的。应该从人是社会关系的总和入手，说明人的本质。王方铭认为，人生观可以不讲，但是应该讲“人”，讲“人性”，对这个问题给以马克思主义的解释。石峻认为，人性问题是很重要的问题。应该指出关于人性的各种见解的历史背景及阶级根源；同时，也要把人性、个性、党性的关系阐述清楚。

共产主义道德范畴　在《大纲》第七讲“共产主义道德范畴”中，提出了“善与恶”、“义务”、“良心”、“荣誉”、“幸福”几个范畴。冯友兰认为，把善作为伦理学的范畴，是简单了一些。因为善和恶的问题是伦理学的基本问题。周辅成认为，“义务”之前，应增加“公道及正义”这个范畴。王方铭认为在范畴中应该谈“正义”，另外，“忠诚”、“坦白”、“崇高”、“伟大”是否也应该说一说？

《大纲》的结构问题　关于《大纲》中10讲的逻辑顺序，大多数人认为是不错的。认为《大纲》贯串着毛泽东思想，反映了马克思主义的理论和我国的实际情况。但是，关于《大纲》的一些具体问题，大家提出了一些意见。如把伦理思想史分为两讲，有人认为太多，应合为一讲；但是也有人认为材料太多，还是可以分为两讲。关于第五讲“人生观与道德理想”及第八讲“道德评价”，周辅成认为应该合为一讲。因为理想、标准和评价是不可分的。他还认为，合并以后，可以放在第二讲的后面。因为在讲了道德的本质及其社会作用以后，应该解决内外和主客观的关系问题。关于第十讲“现代资产阶级伦理思想批判”，有人认为单独抽出来讲，可能会重复；有人认为单独列为一讲，就能比较集中地、系统地批判资产阶级伦理思想，当然要尽可能避免同前面重复。

此外，会上还讨论了动机和效果、道德教育、道德遗产的批判和继承，以及《大纲》在实际教学中的应用等问题。最后，北京市哲学会会长方华同志提出，今后哲学会准备举办一些有关伦理学的讲座，以推动伦理学的研究。

（七）参加周扬主持的关于人道主义的编写组

1962—1963年，中国共产党同苏联共产党开展了一次理论上的大论战。中国共产党发表了著名的“九评”，批判苏共中央的修正主义观点。大约是1963年3月，我突然收到一个到中宣部开会的通知，内容是讨论如何看待人道主义。

我按时到了开会地点。会议由当时中宣部的负责人周扬亲自主持，参加的人有王若水、邢贲思、汝信等人。周扬讲了开会的大意是要求对人道主义的问题进行讨论和研究，主要是想听听大家的意见。接着，就是大家发言。由于我在前一段时间曾经和教研室的郑文林同志合作撰写了一篇关于人道主义的文章，在准备编写伦理学教材的时候也读了一些资产阶级人道主义的参考资料，所以对这个问题有一些初步的看法。因为是临时发言，所以我就把自己的大致想法讲了讲，自己觉得讲得不够深刻。开完会后，也没把这件事放在心上。

我一点也没有想到，过了几天，中宣部就通知我到当时的十八所报到，让我参加由周扬同志组织的一个批判人道主义的编写组。后来，我才知道，上次会议是周扬专门为批判人道主义而挑选编写人员的一次会议。周扬要编写的书，主要是批判苏联修正主义的“社会主义人道主义”的。协助周扬编写的人有王若水、邢贲思、汝信和我等，具体负责组织工作的是当时中宣部理论局的洪禹。周扬只是在重要的时候才来参加讨论，如提纲的确定、各章的重点和一些重大理论问题的认识等，有短暂的时间，他也在那里住几天，在一年多的时间里，周扬主持过3～4次会议。我分到的一章是批判“苏修”关于人道主义在道德问题上的修正主义观点，为此，我撰写了约 2 万字的稿子。

（八）中苏大论战及其以后的理论战线

1963 年 9 月 6 日，《人民日报》编辑部和《红旗》杂志编辑部，陆续发表了九评苏共中央 7 月 14 日公开信的文章。苏共中央在莫斯科会谈结束后，在其报刊上发表大量文章。中苏双方进行了一场关于国际共产主义运动的大论战，论战持续到 1964 年 7 月。中苏关系更加恶化。

这九篇文章是：《苏共领导同我们分歧的由来和发展——评苏共中央的公开信》（1963 年 9 月 6 日）；《关于斯大林问题——二评苏共中央公开信》（1963 年 9 月 13 日）；《南斯拉夫是社会主义国家吗？——三评苏共中央公开信》（1963 年 9 月 26 日）；《新殖民主义的辩护士——四评苏共中央公开信》（1963 年 10 月 22 日）；《在战争与和平问题上的两条路线——五评苏共中央公开信》（1963 年 11 月 19 日）；《两种根本对立的和平共处政策——六评苏共中央公开信》（1963 年 12 月 12 日）；《苏共领导是当代最大的分裂主义者——七评苏共中央公开信》（1964 年 2 月 4 日）；《无产阶级革命和赫鲁晓夫修正主义——八评苏共中央公开信》（1964 年 3 月 31 日）；《关于赫鲁晓夫的假共产主义及其在世界历史上的教训——九评苏共中央公开信》（1964 年 7 月 14 日）。当时的整个中国，真是“山雨欲来风满楼”，出现了一种空前反对修正主义的气氛。

当我正在编写《马克思主义伦理学》讲稿的 1964 年 6 月 27 日，毛泽东针对周扬所领导的各种文学艺术团体和协会的工作情况，在《对中宣部关于全国文联和各协会整风情况的报告》上作出了一个重要的批示：“这些协会和它们所掌握的刊物的大多数（据说有少数几个好的），15 年来，基本上（不是一切人）不执行党的政策，做官当老爷，不去接近工农兵，不去反映社会主义的革命和建设，最近几年，竟然跌到了修正主义的边缘。如不认真改造，势必在将来的某一天，变成像匈牙利裴多菲俱乐部那样的团体。”毛泽东的这个批语，无疑是给周扬的当头一棒。全国文联及其各个协会都是周扬领导的，它们这些年来，“基本上不执行党的政策”，“竟然跌到了修正主义的边缘”，这一批示，可以说是这些年来毛泽东对周扬工作的最严厉的批评。

周扬是一个善于观察政治风向的人，几十年来，他密切观察毛泽东的思想倾向，先后主持了对丁玲、胡风、冯雪峰等人的批判，在众多文艺界领导人的相互争斗中，长期得到毛泽东的信任。这一次毛泽东的批评，使他预感到灾祸可能将要降临到自己的头上。

1964 年 7 月中旬，在毛泽东批示后的半个月，周扬就以“进一步开展学术批判”为名，布置了一个大批判的计划。在哲学界，要批判杨献珍的“合二而一”；在经济学方面，要批判孙冶方；在文艺界，要批判钱谷融；在历史领域，要批判吴晗，还要批判支持吴晗的中国人民大学姜法增的剥削阶级道德继承论。对于“人道主义”和“道德继承”这些理论上比较敏感的问题，在他的内心是有“保留”的，但是在公开的言辞中，他却采取彻底否定的态度。在当时“左”的思想占统治的形势下，他掩盖自己真实的思想，极力表示自己“左”的态度。到了“文化大革命”后，他“一翻旧态”，在我看来，倒是他真实思想的袒露。

（九）卷入一场大批判的风暴

为什么要批判姜法增呢？当时，学术界正在批判吴晗的道德继承论。为什么要批判吴晗呢？

1962 年北京市委的刊物《前线》，于当年的第 10 期、第 12 期发表了吴晗的《说道德》和《再说道德》两篇文章（这两篇文章是用“吴南星”这个笔名发表的），提出了封建道德应当批判地予以继承的观点。1963 年 9 月 15 日，《光明日报》发表了许启贤的《关于道德的阶级性与继承性的一些问题》，对吴晗的有些提法提出了不同的看法。由此，展开了一场持续长久的、关于道德的阶级性与继承性的讨论。

实际上，周扬领导的中宣部正在酝酿对吴晗的道德继承论的批判。许启贤事先并不知道要对吴晗进行批判的内部计划，但他的文章正好适应了当时形势的需要，成了这场大批判的滥觞。人们可以感到，一场大批判的风暴即将来临。

在这里，简单地对吴晗（1909—1969）作一些必要的介绍。他是一位著名的历史学家，早年为胡适所赏识，对明史有专长，1946 年任民主同盟北平市主任委员。新中国成立后，曾任北京市副市长，撰写过许多进步的历史专论。1957年3月，加入中国共产党。1960年后，他同邓拓、廖沫沙三人以“吴南星”为笔名，在当时的《前线》杂志上开辟了一个《三家村札记》的专栏，三人轮流执笔，发表了一些杂文，以歌颂光明、匡正时弊。1965年他的代表作《朱元璋传》第四次修改稿出版。1965年11月，姚文元发表了《评新编历史剧〈海瑞罢官〉》，指责吴晗撰写的历史剧《海瑞罢官》是反党反社会主义的一株“大毒草”。接着，《三家村札记》也受到批判。随后，吴晗被捕入狱，1969年10月被迫害致死，1978年十一届三中全会后，得到平反昭雪。

这次对吴晗的批判，虽然是由我们伦理学教研室的许启贤开始的，但教研室的姜法增对批判吴晗持不同意见。他认为吴晗的提法是有合理因素的，封建阶级的道德是应当批判地加以继承的，不应该否认道德的继承性。虽然他也看到，当时的趋势是要对吴晗进行批判，但他仍然直抒己见，专门撰写了长篇文章给《光明日报》替吴晗辩护，《光明日报》在头版的显著位置予以登载，成为当时理论界的一个敢于“顶风”的青年。吴晗的文章，究竟提出了什么观点呢？吴晗在《说道德》中说：

> 现在，社会变了，地主阶级的统治一去不复返了。它们的道德论也随之而失去时代的意义和作用了。这是不容怀疑的。
>
> 问题是，封建社会的道德论的某些部分，有没有值得今人吸收的地方？
>
> 我以为是有的。
>
> 例如忠，过去要忠于君主，今天呢，难道不应该忠于国家，忠于人民，忠于社会主义建设事业！
>
> 又如孝，对父母要好，父母年老了，丧失劳动力了，子女难道不应该照顾？
>
> 至于诚实、勤劳、勇敢、刻苦努力、雄心壮志这些美德，难道不都可以移用在今天？
>
> 不只是封建道德，就是资产阶级的道德，精打细算，多方赚钱，难道不应该成为社会主义经营管理企业的一条重要原则，当然，本质

改变了，资产阶级靠剥削工人，为自己个人赚钱，社会主义的企业经营管理则在工人的自觉努力下，为国家、为人民增加财富，改变一穷二白的面貌。

由此看来，道德是阶级的道德，道德是随着阶级统治的改变而改变的。但是，也还有另一面，那就是无论封建道德还是资产阶级道德，无产阶级都可以吸取其中某些部分，使之起本质的变化，从而为无产阶级的政治、生产服务。

这场对吴晗的批判，最后由《哲学研究》编辑部汇集成《关于道德问题的讨论文集》。其内容主要是将讨论双方的关于传统道德，特别是封建统治阶级的道德能否继承问题的文章，加以汇集，这反映了当时对传统道德的认识水平及其局限性。此书的编者把当时否定道德继承的观点作为一方，列在此书的前面；把主张封建道德可以继承的一方，作为一种反面意见，列在此书的后面。此书对更深入地了解那个时代的情况，有一定的参考作用。此书由生活·读书·新知三联书店于 1965 年出版。

当我听到了洪禹传达中宣部的部署，要在全国点名批判姜法增之后，思想上产生了很大的波动。为什么突然要开展这场大批判？为什么要批判姜法增这样的青年学者？是不是应该了解一下其中的情况？抱着这样的想法，当晚（这是一个星期五，本来是到星期六才放假的）我就回到了中国人民大学，找到了姜法增，询问有关情况。

据姜法增说，在《光明日报》发表了他支持吴晗封建道德可以继承的文章之后，紧接着，主持《哲学研究》的吴传启就派人向他约稿，要他把关于封建道德可以继承的论点写得更加充分、更加明确，《哲学研究》可以发表，以引起讨论。姜法增还说，他已经按照《哲学研究》编辑部的要求，将自己的文章修改了两次（第一次修改后，没有达到要求，又根据《哲学研究》编辑部的要求，进行了第二次修改），现在已经排版，一两天即将刊出等。很显然，这是一个预先设定的计划，甚至说是一个陷阱，要把姜法增当作一个靶子，在全国展开批判，并企图以此改变周扬的形象，表示他在意识形态方面的工作比文联方面的要好一些，从而挽救周扬面临的前所未有的危机。

要不要向姜法增揭示这件事情的内幕？要不要告诉他这是一个事先设定的计划？我在这个问题上，陷入极端矛盾的两难选择。最后，我决定还是要提醒他，最好不要发表这篇文章，要把它从《哲学研究》上撤下来。我只是告诉他，现在正是批判封建道德继承论的时候，《哲学研究》要发他这篇文章，可能是要把他作为靶子，对他的观点进行批判，其后果很难预料，建议立即给《哲学研究》编辑部打电话，把这篇稿子撤回。他表示同意我的意见，马上同《哲学研究》编辑部联系。

第二天是星期六，我照样到十八所上班，一天都在思考这个问题应当如何处理。如果《哲学研究》编辑部不同意撤回这篇文章，后果将会怎样？当晚，我回到中国人民大学的东风楼后，就找来姜法增，询问有关情况。他告诉我，先天晚上就同《哲学研究》编辑部联系了，无论怎样说，对方都不同意撤稿，对方还说，版都已经排好，两天后“目录”就要见报等。在这种情况下，我就告诉了姜法增实际的情况，告诉他中宣部已经内定要对他进行批判，他《光明日报》的文章已经提供了许多可供批判的观点，如果再在《哲学研究》上发表同类文章，就可能引起更大的麻烦。究竟应当怎么办？他自己也拿不定主意。最后，我反复告诉他，当晚我同他谈的中宣部内部要批判他的计划，千万要保密，在任何情况下都不能说是我透露了上述情况。他肯定地答应了我的要求。

事后才知道，姜法增当天晚上向《哲学研究》编辑部表示，坚决要撤回他的文章，并和编辑部的人员吵翻了脸，他表示，文章是他写的，他不愿意发表，任何人不能强迫。最后，《哲学研究》只好撤掉了这篇文章，为了表示不满，这一期的《哲学研究》空了近 20 页，这是《哲学研究》历史上所没有的。

星期一我到十八所上班，大约 9 点钟，天下着大雨，《哲学研究》编辑部的吴传启匆匆来到十八所找洪禹，正好被我撞见。我当时就感到，吴传启的到来肯定和姜法增的问题有关。他们完全有理由推测，姜法增是由于得到了中宣部内部的计划而坚决要求撤掉自己的文章，这个通风报信的人，不可能是别人，只能是我。

这之后，就是对我的询问和追查，并且通过哲学系的总支书记余进来对我询问。他们问我，星期五听到了中宣部的消息后，是不是立即回家给姜法增通风报信了，要不然，为什么当天姜法增就向《哲学研究》编辑部提出撤稿？我否认了他们的这个推断。因为星期五晚上我只是提醒姜法增不要在《哲学研究》上发表这篇文章（实际上，到了星期六晚上，我才把中宣部的计划告诉姜法增）。但是，姜法增在各方的一再追问下，终于承认了我向他通风报信的经过，这样，我就面临十分被动的局面。

（十）周扬及其代理人给我拟定的错误

事情调查以后，紧接着就是处理了。我已经不能再在中宣部工作，在回中国人民大学前，洪禹（当时中宣部的理论局局长，我们编写组的负责人）和我简单地谈了一次话。他当时告诉我，我的主要错误就是向姜法增通风报信。他认为这是一个极其严重的问题，因为把“中央”的学术批判计划泄漏给被批判的对象，无疑是一种“内奸”行为。因此，要我回到人民大学好好检查自己的错误。洪禹的那种强词夺理、以势压人的神态，给了我深刻的印象。从《建国以来毛泽东文稿》中，我们可以看到，早在延安时期，就是这个“洪禹”曾因受到“左”的批判而写信给毛主席，希望毛主席给他纠正，而30年后，他却拾起“左”的做法，对一个同志进行更加严厉的批判，真有“置之死地而后已”的心态。之后我得知，除了要我检查“通风报信”的问题之外，又增加了几条错误：如想抢在周扬之前发表关于人道主义的文章；拒绝承担任务；在借调期间自己给《红旗》撰写文章；利用在那里的工作时间，大量看外文书籍等。这些所谓的“错误”，都是捕风捉影、子虚乌有的东西，真是“欲加之罪，何患无辞”。对于这几个问题，也需要在这里作一些澄清。

1. 所谓抢在周扬之前发表关于人道主义的文章

周扬的编写组是1963年4月组成的。前半年先编写资料，到1963年12月，才初步形成了一个提纲。在这个编写组成立半年多之前，即1962年9月，北京市哲学会就要我写一篇批判人道主义的文章，我根据当时的研究，撰写了一篇反对人道主义的论文，准备在1963年年初的北京市哲学年会上宣读。这篇论文，由我们教研室的青年教师郑文林同我合作，在我来到周扬的编写组之前就已经写好，后经北京市哲学会打印出来。这篇稿子，在我不知道的情况下，被《新建设》拿去，在《新建设》编辑部压了半年，由《新建设》编辑部出清样后，送中宣部审查。这个时候，编写组的提纲刚刚写出。

尽管如此，洪禹还是一口咬定，我的文章是抄袭了编写组的提纲而写成的。我怎么能在编写组的提纲还未写出之前的半年多就抄袭它的内容呢？只要问一问当时北京市哲学会和《新建设》编辑部，这件事情的真相自然就清楚了。洪禹问我，既然我的文章是一年以前写成的，为什么和编写组的提纲“大同小异”？我只好回答说“这是不谋而合”了，这个回答也使洪禹大为不满。至此，洪禹仍不肯罢休，他又提出了另一个根据，他说：“你的文章虽然早已写好，但后来参加了周扬召集的一个座谈会，在那次会上，周扬发了言，你根据周扬的发言对自己的文章进行了修改，这就是抄袭了周扬的观点。”事实又是怎样呢？

实际情况是，那次座谈会上，周扬主要是选择参与编写的人员。因此，参加会议的王若水、邢贲思、汝信和我等，都作了较长的发言，而周扬只是在大家发言后作了一个极其简单的发言，我之所以能参加编写组，就是因为在这次会上作了一个长篇发言。我怎么能够想到，亲自参加这次会议的洪禹竟然如此不顾事实，这真是有些匪夷所思了。当《新建设》编辑部人员把我的文章印出清样时，我并不知道。当他们把清样交给我，要我进行修改时，我已经在周扬的编写组了，考虑此文如果发表，必将引起误会，就以没有时间修改而加以拒绝，所以根本不存在抢先发表人道主义文章的问题。而洪禹却由此断定，说我“只说‘没有时间修改’，这就包含着，如果有时间，还是要修改发表的”，这样，仍然有抢先发表的错误。

2. 关于拒绝承担任务的问题

在1963年年底，编写组经过半年多的准备，确定了编写的章节。全书共分5章，预计每章3万字左右。我担任其中的一章（批判人道主义的幸福论，阐明马克思主义的幸福观）。当大家正写到一半时，洪禹突然提出，说全稿写成后的总字数将近20万，怕周扬没有时间一下子看这么多的字，因此，要每人先写一个5千字的提纲，送周扬审阅后再写全文。我当时认为，文章已经写了一半，再停下来写提纲，等周扬看了提纲后再写文章，必然会影响进度。因此，我在会上提出，不要把当前的写作停下来写提纲，还是一口气把文章写好，免得影响进度。由于许多同志都认为这样比较好，最后就定下来不写提纲。这本是会议上的正常讨论，也是对工作安排提出的合理意见，我万万没有想到，这竟然成为我的一大错误。

3. 在编写书稿期间，“不务正业”，看了许多外文和伦理学方面的书籍

为了编写批判人道主义的小册子，编写组借来了多年来美国人道主义（Humanitarianism）方面的杂志和书籍，并分配我翻阅和编选，以了解西方关于这一问题的研究情况。在这段时间，我的确在阅读这些外文资料上花了很多时间，但这都是为了写作的需要，怎么能说是“不务正业”？

4. 在编写工作中，“利用工作时间，私自向外投稿”

1963年国庆节前，《红旗》杂志约我参加有关批判道德继承问题的讨论会。会前，我利用国庆节的假期，写了一个简单的发言稿，并在会上发了言。散会后的第二天上午，这个稿子就被《哲学研究》编辑部人员要走并且打印了出来，送到中宣部审查。当洪禹看到这个稿子后，就主观臆断地认为，这个稿子犯了“利用工作时间，私自向外投稿”的错误。

我如此详细地叙述这件事情，主要是想说明当时的周扬、洪禹是如何对待知识分子的。

（十一）中国人民大学哲学系副主任的任命及被撤销的经过

我在中宣部的情况，学校的领导并不知道。1963年，郭影秋来到中国人民大学任副校长，协助吴玉章工作。为了更好地开展各系的工作，他提拔了一些干部。这样，他经过了解，把我任命为哲学系的副主任。当时，我只有35岁，在那个十分讲究“资历”的年代，如此年轻的系副主任可以说是很少的。但是，刚刚任命，就受到中宣部理论局洪禹的极力反对。洪禹通过各种渠道，向学校施加压力，要学校对我严肃处理。

在这种情况下，郭影秋自己也陷入了两难选择。如何处理我这个他经过考察后任命但上级领导要求严肃处理的干部？是他在干部考察中出了错误，还是其中另有“隐情”？出于对干部的爱护，他决定以智慧而巧妙的方法解决这个“棘手”的问题。他的这一处理方式，让我亲身体验到了他

对年轻干部的爱护和他的领导艺术。为了给中宣部和洪禹一个交代，他没有遵从洪禹的要求对我进行撤职的“指令”，而是在任命我做系副主任大约 10 天后，又取消了对我的任命。他的任命是经过《人民大学周报》公布的，但取消我哲学系副主任的职务却从来没有公布。“免去职务”，不算处分，在历史档案上也没有受处分的记载。按照干部任免的规定，我的任命还需要经北京市委备案后才算生效。郭影秋以没有向北京市委备案为由，取消了这一任命，这样，他既应付了中宣部和洪禹要对我进行严肃处理的要求，又尽最大可能地保护了我这样一个年轻的干部。此后，我就按照组织的要求，接连到湖南湘潭的和平公社、北京苏家坨公社参加当时的“社会主义教育运动”，也就是人们所说的“四清运动”了。在近两年的“四清运动”中，郭影秋对我这个“犯错误”的干部又进行了各方面的保护。在北京郊区的“四清运动”中，郭影秋任团长，而我是在他直接领导下的一个大队（前沙涧大队）的工作队队长（其余工作队的队长都是正系主任和总支书记），而哲学系的总支书记余进却被任命为我的副手。郭影秋更直接关心我所在大队的工作，让我撰写这个大队的工作总结，并逐字逐句进行修改，从而使我在工作中得到了很好的锻炼。时过境迁，20 年后，即 1985 年夏天，我被任命为中国人民大学的副校长，当时，郭影秋病在医院，我特地到医院看望他，他看到我后，非常高兴，向我了解学校近来的情况，并嘱咐我多进行调查研究，做好学校的工作。虽然两个人都没有涉及 20 年前我在中宣部的事情，但在会心微笑中达成了共识。这件事情已经过去近 50 年了，但在我的记忆中，总是不能忘却，郭影秋可以说是在我遇到“不幸”时对我爱护、关心和对我进行保护的第三个人。

（十二）深入基层锻炼和接受教育

毛泽东开展一次全国规模的“社会主义教育运动”，是有着极其复杂的国内外原因的。中苏的论战，说明了国际修正主义的威胁；资产阶级思想的泛滥，特别是农村政权的官僚阶层的产生，表明国内问题的严重性也不容忽视。因此，中央决定把大批的机关干部和知识分子派往农村来领导这一运动。当时，毛泽东可能没有预料到，这次“社会主义教育运动”，对参与其中的知识分子来说，也是接受一次有益教育的机会。

因为我所犯的“错误”，我接连两年投入这一运动，我对这一点的感受更加深刻。

1965年9月，我按照组织的分配，到湖南湘潭县和平公社石马大队参加四清工作。学校领导让我担任石马大队工作组的组长，负责领导整个大队的四清工作。这件事也出乎我的意料，因为当时我是被免职的一般干部，除我以外，所有大队的工作组组长都是系的领导干部。这个安排，当然是郭影秋决定的，这说明郭影秋对干部的爱护和他实事求是的态度。一方面，他迫于当时中宣部理论局局长洪禹的压力，不得不免去我哲学系副主任的职务；另一方面，他在使用干部上，仍然注意和照顾干部的情绪，并给予应有的信任。

石马大队位于长沙至湘潭的公路旁边，这里距毛泽东的家乡韶山很近。我到达这里的第一天，最大的感受就是，这里群众的生活竟是如此穷苦。当时，我住在一个老贫农家，他的家真可以说是家徒四壁，除了床和锅灶以外，几乎是空无一物。为了积肥，这个老农民每天晚上总是要把一个木制的大尿桶放在我的床头边，要我晚上撒尿，第二天起床后，他就把尿桶提出去，作为积肥的材料。尿桶的臊味常常使我整夜难以入睡，但是我体会到老农的积肥要求，就忍着那难闻的臊味，勉强入睡。过了一段时间，才习惯那尿骚的气味。一日三餐，主要是山芋，间或有大米可吃，几乎没有蔬菜。

四清工作队的任务是检查农村干部的“四不清”，重点是检查干部的经济收支和财务账目。从我所在的湘潭石马大队来说，按照今天的标准，干部的情况应当说还是比较好的。农民的生活那么穷苦，连吃饭和穿衣都不能维持，农村的干部又能有多少“四不清”呢？我作为工作组组长，除按照上级的要求，做好对干部的“清查”外，就尽量和贫下中农同吃、同住、同劳动。对确有困难的农民，我尽可能地在经济上给予帮助。我小时候学过养蚕，我就教他们采桑养蚕。经过参加劳动，我进一步体会到劳动的艰苦，如插秧，整天弯着腰，对缺少锻炼的知识分子来说，这的确是一种难以承受的艰辛。1964年7月，我们顺利地完成了任务，从湖南湘潭回到了学校。

因为我是一个被中宣部认为犯了严重错误的干部，尽管其他同志到农村锻炼一年就够了，但是，我是例外。大约休息了两个月，按照组织的决定，我又到北京郊区苏家坨公社参加“四清运动”。这次四清工作团的领导是郭影秋，我是其中一个大队（前沙涧大队）的队长，除我以外，各队队长也仍旧都是系一级的领导。

在这段时间，我住在一个贫苦的农民王全学家。他上有年迈的父母，下有 5 个幼小的儿女，其中最大的刚上初中，最小的刚会走路。全家 9 口人，只靠他夫妻劳动所得以维持生活。他的妻子又在病中，他只好尽力多干活，以便多分到一点粮食以维持全家的生活。这些情况使我真正了解了贫下中农中最底层的情况，同时也引起了我的一些思考。为什么新中国已经成立 16 年了，而农民的生活却仍然如此穷困？住在贫农王全学家，我十分同情他家的处境。为了给他妻子治病，我先后借给他 300 元，并尽可能地在思想上给予他安慰和帮助。也正是出于这种原因，我和他们夫妻成了要好的朋友。

在前沙涧“四清”的这段时间，在工作的空闲，我同样尽可能地参加劳动。在工作队的共同努力下，整个“四清工作”按照上级的要求顺利地完成了。郭影秋专门让我撰写了一个前沙涧的工作总结，并要我送给他修改，这是他希望能更了解我的一种方法。他亲自找我去，认真地修改了这份总结的许多地方。

三、“文化大革命”中的经历

（一）“山雨欲来风满楼”的“文化大革命”前夕

1965 年 11 月 10 日，上海《文汇报》发表了姚文元的《评新编历史剧〈海瑞罢官〉》，对吴晗进行了公开的点名批判。其实，吴晗撰写《海瑞罢官》，原是受了毛泽东的影响。一次，毛泽东看湘剧《生死牌》，看到了其中出现的海瑞形象，提出要学习海瑞“刚正不阿、直言敢谏”的精神，并提出要找几个历史学家研究一下。后来，胡乔木把这个意见传达给吴晗，并建议他写关于海瑞的文章。吴晗欣然应命。不久，即在《人民日报》上先后发表《海瑞骂皇帝》、《论海瑞》等文章。1960 年底，他又应北京剧团之约，写成新编历史剧《海瑞罢官》，1961 年，该剧在北京首次演出。

从 1962 年起，康生、江青多次向毛泽东说，《海瑞罢官》有问题，它与庐山会议和彭德怀有关，应进行批判。1965 年年初，江青到上海与张春桥共同策划，由姚文元在秘密状态下撰写批判《海瑞罢官》的文章。姚文元在文章中捕风捉影地把“退田”、“平冤狱”同 1961 年的“单干风”、“翻案风”联系起来，把《海瑞罢官》说成一株反党反社会主义的“大毒草”。文章写成后，立即送江青审阅，并得到了毛泽东的支持。此文在《文汇报》发表后，引起了大量的不同意见。在江青的操纵下，张春桥、姚文元利用《文汇报》进行了“引蛇出洞”的大辩论。

1965 年 11 月 30 日，《人民日报》被迫转载了《文汇报》上发表的姚文元的文章，并连续发表了戚本禹、关锋的批判文章。之后，这一批判扩大到整个史学领域，成为"文化大革命"的序幕。1965 年 12 月 21 日，毛泽东在杭州对陈伯达说："《海瑞罢官》的要害问题是罢官。嘉靖皇帝罢了海瑞的官，1959 年我们罢了彭德怀的官，彭德怀也是海瑞。"

《二月提纲》的全称是《中央文化革命五人小组关于当前学术讨论的汇报提纲》。会议就批判吴晗《海瑞罢官》的情况和问题进行了讨论。《二月提纲》正是这个会议会后向中央的汇报提纲。这个《二月提纲》原是要对当时学术讨论的"左"的倾向作出一个适当的限制，并指出讨论要实事求是，在真理面前，人人平等，要以理服人，不要像学阀那样武断和以势压人，要提倡坚持真理，随时修正错误，要有破有立，要准许和欢迎犯错误的人和学术观点反动的人自己改正错误，对他们采取严肃和与人为善的态度，不要"和稀泥"，不要"标准革命"，对在报纸上点名批判，要慎重等。

2 月 5 日，刘少奇主持中央政治局在京常委会，会议讨论通过了《二月提纲》。2 月 8 日，彭真、陆定一、许立群、田家英等去武汉向毛泽东汇报。2 月 12 日，中央同意并转发了这个《二月提纲》。3 月，毛泽东谈话明确表示，《二月提纲》是"不分是非的"，指摘中宣部、彭真、北京市委包庇坏人。之后，张春桥、陈伯达等向毛泽东和中央提出，《二月提纲》是彭真背着领导小组成员康生和其他人，按照自己的意见制造出来的，是反党反社会主义的，是反以毛泽东为首的党中央的，是资产阶级思想在党内的反映，是修正主义纲领。5 月 16 日，中央政治局扩大会议通过了由陈伯达起草、经毛泽东多次修改的通知，批判和取消了《二月提纲》。

《部队文艺工作座谈会纪要》的产生，是当时意识形态领域中又一个十分重大的事件。1966 年 2 月 2 日—20 日，江青在上海召集"部队文艺工作座谈会"，并由江青、陈伯达、张春桥等整理成文，形成了所谓的《部队文艺工作座谈会纪要》。这个《纪要》认为，新中国成立以后，文艺界"被一条与毛主席思想对立的反党反社会主义的黑线专了我们的政，这条黑线就是资产阶级文艺思想、现代修正主义的文艺思想和所谓三十年代文艺思想的结合"。《纪要》提出了一条极左的文艺路线，打着为工农兵服务的旗号，排除和否定了正确的文艺路线。

1966 年 4 月 10 日，《部队文艺工作座谈会纪要》作为中央文件批转全国贯彻执行。这一《纪要》认为，文艺界的著名作家和理论家都是“资产阶级教育培养”出来的，“不是经不起敌人的迫害叛变了”，就是“经不起资产阶级思想腐蚀烂掉了”，需要重新组织理论队伍。此后，这些著名的作家、文学家等，在“文化大革命”开始后，相继被打成“黑帮”、“叛徒”、“特务”、“走资派”等，一些人被迫害致死。

(二)《五一六通知》和红卫兵的兴起

1966年5月16日，中共中央政治局扩大会议讨论通过了《中国共产党中央委员会通知》，简称《五一六通知》。

1966年3月，毛泽东批判《二月提纲》后，陈伯达起草了《中共中央委员会通知》的初稿，经毛泽东多次修改后并经中共中央政治局扩大会议讨论通过。《五一六通知》列举了《二月提纲》的“十条罪状”，并逐条加以反驳。《五一六通知》指出，“混进党里、政府里、军队里和各种文化界的代表人物”是一批反革命的修正主义分子，一旦时机成熟，他们就要夺取政权，由无产阶级专政变为资产阶级专政，他们同我们的斗争是生死斗争，“赫鲁晓夫那样的人物，他们现在正睡在我们的身旁”。《五一六通知》的发表，标志着“文化大革命”的正式开始。

在这里有必要先说一下《全国第一张马列主义的大字报》出笼的情况及其在“红卫兵”兴起后的作用。1966年5月下旬，由康生授意，北京大学的聂元梓等人写了一张针对北京大学党委的大字报。这张大字报声称要打破修正主义的种种控制和一切阴谋诡计，坚决、彻底、干净、全部地消灭一切“牛鬼蛇神”，消灭一切赫鲁晓夫式的反革命修正主义分子。大字报张贴后，遭到了该校大多数师生的反对。

康生暗中将这张大字报抄送给在杭州的毛泽东，经毛泽东批准，6月1日晚，中央人民广播电台全文广播了大字报，第二天又在全国各报纸公开发表。《人民日报》发表了《欢呼北大的一张大字报》的评论员文章，断言北大是“反党反社会主义的顽固堡垒”，说北大的党组织是“假共产党”、“修正主义的党”，号召群众起来打倒“黑帮”、“黑组织”，并把它彻底摧毁。从此，全国出现了把斗争矛头指向各级党组织的浪潮。

“红卫兵”的组织，全称是“保卫红色政权的卫兵”，这是“文化大革命”中兴起的造反派组织。1966 年 5 月 29 日，首先在清华大学附属中学的少数人中成立。7 月 28 日，他们写信给毛泽东，并寄去《论无产阶级革命造反精神万岁》和《再论无产阶级革命造反精神万岁》两张大字报。8 月 1 日，毛泽东在给清华附中红卫兵的信中说，“你们的行动说明对反动派造反有理，我向你们表示热烈的支持”。清华附中红卫兵随即将此信公之于众。由于这封信得到了毛泽东的支持，因此全国很快就兴起了红卫兵的运动。这些红卫兵以造反为唯一的任务和目的。

1966 年 8 月 5 日，毛泽东在《北京日报》第一版的报角上写了一段话，在这段话的誊清稿上，毛泽东改动了几个字，并加标题“炮打司令部——我的一张大字报”。其中写道：

> 全国第一张马列主义的大字报和人民日报评论员的评论，写得何等好啊！请同志们重读这张大字报和这个评论。可是在五十多天里，从中央到地方的某些领导同志，却反其道而行之，站在反动的资产阶级立场上，实行资产阶级专政，将无产阶级轰轰烈烈的文化大革命运动打下去，颠倒是非，混淆黑白，围剿革命派，压制不同意见，实行白色恐怖，自以为得意，长资产阶级的威风，灭无产阶级的志气，又何其毒也！联系到一九六二年的右倾和一九六四年的形“左”而实右的错误倾向，岂不是可以发人深省吗？

大字报不点名地批判了刘少奇，明确提出，党中央有一个资产阶级司令部。8 月 7 日，这张大字报发给出席八届十一中全会的同志。8 月 17 日，大字报又作为中央文件下发，传达到县团级。从此全国广为传抄张贴。八届十一中全会的最后阶段，也转为对刘少奇的批判。

1966 年 8 月 8 日，中共八届十一中全会公布了《关于无产阶级文化大革命的决定》，内容分为 16 个部分，故又称《十六条》。文件充分肯定了正在开展的无产阶级“文化大革命”，指出这场运动是一场触及人们灵魂的大革命，是我国社会主义革命发展的一个更深入、更广阔的新阶段。这场运动的目的是斗垮“走资本主义道路的当权派”，批判“资产阶级的反动学术权威”，批判资产阶级和一切剥削阶级的意识形态，重点是批判党内的“走资派”，提出“群众的革命大方向始终是正确的”，强调群众“自己教育自己，自己解放自己”，要求群众充分运用大字报、大辩论这些形式，进行“大鸣大放”，揭露一切“牛鬼蛇神”。并确定“文化革命”小组、“文化革命”委员会为“文化革命”的权力机构。从此，“文化大革命”在我国全面展开。

（三）中国人民大学的红卫兵及其两大派别

1966年6月，在清华大学红卫兵和北京大学聂元梓的大字报的影响下，中国人民大学的红卫兵组织纷纷建立起来。首先是许多战斗队的成立，都自称为革命造反派，戴着红袖章，并不断地进行联合。经过一段时间的酝酿，人民大学的红卫兵分为“三红”和“新人大”两大派别。红卫兵的主要任务就是斗争校内“走资本主义道路的当权派”。红卫兵组织成立后，首先是要进行造反，要打倒学校的一切不合理的旧现象，要打倒学校当时的领导，也就是学校走“资本主义道路的当权派”。一些教员和干部，也力图成为当时红卫兵的成员或幕后支持者。当时，三年级的学生陈桂英等来找我，希望我帮助他们出主意来进行活动。我当时的自我认识是，我是一个干部，是一个受批判的对象，是没有资格领导红卫兵这样的造反派组织的。

一天晚上，我们看到大字报，全校要开展斗争学校当权派和学术权威的大会，抱着看热闹的心态，我去参加了这个大会。这次批斗大会是人民大学红卫兵显示自己力量的大会。在会上，把人民大学的党政领导和所谓的学术权威都拉出来加以批斗。其中著名的如崔耀先、王南、肖前等，逼迫他们低头弯腰，要他们承认自己是“黑帮”或“反动学术权威”等。几乎所有的人都被迫承认自己是“黑帮”或“反动学术权威”，只有王南坚持不承认自己是“反动学术权威”。

这次大会散会的时候，已经是晚上9点多了，哲学系的红卫兵又通知我们去参加哲学系召集的会议，我们很多人都不知道这是什么会。这次会议是早有预谋的一次斗争会。当时，只要组织会议的红卫兵提名谁是“走资派”或“反动学术权威”，谁就被叫出来，让站在一张桌子上，并给戴上一顶高帽子。

当天晚上被叫上去的人很多，如张懋泽、许启贤和我等，我和许启贤并排站在一张桌子上，都被戴上了一顶用报纸折成的高帽子。戴上这顶高帽子后，许启贤还主动向红卫兵提出，这顶高帽子太小，戴不稳，要求给换一顶比较合适的。批斗之后，也就散会了，我在回家的路上把这顶高帽子扔了。

第二天，张懋泽见了我就问我先天晚上戴的高帽子是否扔了。我告诉他，在回家的路上就扔了。他说，先天晚上他回家后，坐在楼下的石台上想了很久，怕红卫兵第二天问起高帽子，所以没敢把它扔掉，就把它折叠好保存起来了。

这次哲学系对“走资派”和“反动学术权威”的批斗，因为是在夜间，红卫兵觉得不够满意，因而，就有了第二次的批斗会。

这一次是哲学系一些教师参与组织的，他们把斗争的矛头指向了一部分与自己有矛盾的人，或者自己希望打击的人。这次经过精心准备的批斗会，是在当时图书馆的一间大教室召开的。这次斗争的范围更加扩大，包括一些辅导员、青年教师等。我也是在劫难逃，又被叫到台上，被再一次戴上了高帽子。更令人难以置信的是，因为红卫兵准备的高帽子有限，临时把教室中的字纸篓、痰盂也当作高帽子戴到一些教师的头上。

这样做还没有满足红卫兵和一些幕后操纵这次批斗会的人的卑鄙心理，他们又开始了所谓的“黑帮”大游行。这次大游行的特点是，所有的“黑帮”排成两排，每个“黑帮”的身旁都有红卫兵看守，监督这个“黑帮”；在游行中，只能弯腰低头，必须弯到与地面成45度角，而且不允许抬头，因此，这些被迫游街示众的人只能看到地面，听着押送他们的红卫兵的指令，跟着前面的人走。我们在被示众而走了很久之后，才允许解散回家，这时候我才抬起头来，看到了我们所在的地方。我们从校门口的灰楼出发，走了半天，才走到学校的西门口。

两次游街示众之后，就是强迫劳动，主要是扫厕所之类。由于当时被确定的“黑帮”太多，也就是打击面太宽，再加上红卫兵都忙着斗争更大的“黑帮”，而且学校的两大派组织都在争取发展和壮大自己的力量，吸收更多的人到自己的组织来，所以劳动了几天之后，这种体罚式的劳动就被取消了。校内这场所谓对“黑帮”的斗争，由于红卫兵这一“革命组织”的出现并分成了“造反派”和“保守派”，对干部的“揪斗”就更加严重了。掌握了“文化大革命”领导权的林彪、康生等人，更是“随心所欲”，利用红卫兵的造反精神来打倒他们想打倒的人。人民大学的红卫兵也不甘落后，对人民大学的领导干部实行了残酷无情的斗争。郭影秋是当时人民大学的主要领导，他受吴老（吴玉章同志）的委托，主持学校工作，他是一个正直磊落、极为优秀的知识分子。他后来所述的《往事漫忆》真实地记载了他和人民大学一些干部被斗争的经过，这些情况从一个侧面反映了这一时期的真实情况。下面，我摘取了《往事漫忆》中的三段话，作为了解当时情况的参考。

> 康生7月27日在北师大的群众大会上诬陷我“完全知道”“二月兵变”之后，第二天夜晚我被人大的“造反派”揪回学校时即遭到拳打脚踢，随后又被拉到批斗大会上，低头弯腰，做“喷气式”连续批斗长达4个小时之久。被批斗完之后，又被拉到一间学生宿舍，手脚都被捆绑起来，完全像一个罪犯囚徒。从此便开始了无休无止的残酷斗争与无情打击，所受的蹂躏折磨，真可谓九死一生。
>
> 特别是1967年3月，“中央文革小组”的成员戚本禹蹿到人民大学，在群众大会上宣布“人民大学的敌人是孙泱、郭影秋、胡锡奎”。而康生又在一次群众会上，信誓旦旦地说“郭影秋是叛徒，现在已有确凿的证据”。我一下子成了“铁定的”叛徒、特务、托派、国民党、假党员、走资派和全校2号敌人。随之而来的是更残酷的斗争和打击。我被关押在造反派总部的地下室，完全失去人身自由，批判斗争不分白天黑夜，随时审问。他们有时还大搞疲劳战术，连续十几个小时质问斗争，甚至还煞有介事地举办“审判法庭”，弄一些假证据强迫你承认，甚至扬言，“你不承认，也可以宣判，可以开除你的党籍”。
>
> 在连续几年的批判、斗争、关押的过程中，我经常遭受殴打。有时开质问会时，“造反派”坐在对面桌子旁，上面与你谈话，下面不时地用皮鞋踢你的腿，直踢得腿上流血。其中打得最厉害的一次是批斗学校的几个主要领导，包括我、孙泱、胡锡奎、李培之等。批斗会后，把我们拉到会场旁边的一个小屋子里，一群打手，疯狂地扑向我们每个人，大打出手，我听到孙泱同志被打得“唉”了一声，便倒了

> 下去，过了十几天他就死了。打李培之也很厉害，她是王若飞同志的夫人，一个老年妇女，一伙人把她打倒了再拉起来，拉起来再打倒，如此折腾了几次，实在惨不忍睹。打我时，专打肋骨和后脊骨，一下子把我打得眼冒金星，昏靠在墙上，突然，又来一拳，打在太阳穴上，当时就昏迷了。令我奇怪的是，这些打手都很有打人的经验，似乎是专门雇来的职业打手。如此毒打之后，又拉出来游斗。那次我被打得无法走路，游斗中在地下躺了半天，醒来还认不清东西南北，找不到自己住的房子。（《往事漫忆》，267～272 页，北京，中国人民大学出版社，2009）

学校两大造反派都争着立功，谁揪出的“叛徒”、“特务”多，谁就受重视。正由于此，这些所谓学校的基层干部也就不再被造反派注意了。这些基层干部，一部分转化成两派组织中的参谋或主要成员，一部分不愿卷入这种斗争的干部，就成为游离于派别组织之外的“中间派”或“逍遥派”了。对于我，没有别的选择，只有成为一个力求远离这种“斗争”的“逍遥派”了。

在这段时间，有什么事可做呢？读点书吧，这就是我当时的选择。读什么书呢？经过考虑，我选择了读《鲁迅全集》。通读《鲁迅全集》是我早就有的一个愿望，只是因为过去工作比较忙，没有安排出一定的时间，这次总算是有了这么一个难得的机会来满足自己的夙愿。

我把《鲁迅全集》十卷都找出来，从第一卷开始，一篇一篇地认真阅读，并从中摘录有关伦理道德、人生观、价值观的语录。每一条语录分别抄写在一张稿纸上，经过近两个月，摘录了大约 4 万字的《鲁迅论道德》语录。令人高兴的是，这厚厚的一本手抄稿《鲁迅论道德》语录，虽然几经搬迁，却幸运地被保存了下来，成为一本难得的稿子，将来有时间，它或者能够出版，和读者见面。

（四）携妻带子一百天“大逃难”

人民大学红卫兵的两大派，为了争夺权力和得到上级的信任，彼此都说自己是真正的造反派，大家都争相造反，大搞所谓“除四旧”和“抓特务”等“革命行动”，两大派之间的斗争日益激烈，在校内争夺地盘。

一天中午，一个造反派同学突然通知我们，说我们所住的林园1楼已经被他所属的一派占领，进出整个林园1楼的几个门洞都已经被封死，只是在最西边的墙上开了一个只能弯着腰进出的小门，要我们家立刻从这里搬出去。在万般无奈的情况下，我只好临时搬到隔壁林园8楼的胡仁之家。转眼间，两派的矛盾已经发展到相互武斗的地步。我在胡仁之家的楼上看到，一派的同学拿着长矛向对方的一个同学刺去，把对方刺倒在地后，就将这个同学带走。

我们家必须立刻离开学校。首先是请求已经封了门的造反派让我们把自行车从已经封闭的楼中取出来，得到允许后，我从新开辟的墙洞中钻进去取出了自行车，然后就和妻子张静贤、小儿罗毅离开了人民大学。

到什么地方去？临时想到静贤的崇明亲戚施庆云家暂住一宿，她家就在三里河附近。第二天，想起了新中国成立后在上海虹口区委一起工作的费祖望和洪淑珍夫妇，他们住在中共中央组织部的宿舍，可能有住的地方，也比较安全，一家三人就决定投奔他们。幸好，他们那里楼顶的阳台上有一间小房子，容我们勉强住下。

费祖望和洪淑珍一家共5口人，只有两间筒子楼，除了他们两人外，还有两个女儿和母亲，再加上我们一家3人，吃饭的地方都困难。为了减少家中吃饭的拥挤，每天上午10时左右，我们一家就说要到大街上去看看，离开费祖望家，到西单的大街上游逛，中午就在巷子里的一个小店吃饭。出来时带的钱不多，只好俭省着吃一点东西，大多是叫两个小菜，如花生米、猪头肉等比较便宜的菜肴，并用啤酒充饥。为了填饱肚子，经常是每顿要喝两升的啤酒，整整8大杯，喝到最后，啤酒几乎到了喉咙口才算是完成了每天的午饭。

后来临时又换过两个地方，经过长期的流浪，终于离开了费祖望家。竟然在费祖望家整整住了100天。在这些天，对学校的情况只能从一些传闻中了解。校内两大派相互武斗，愈演愈烈，两大派都成立了“战斗队”，其中有队员、队长和政委。据说在一次武斗中，“新人大”一派的学生竟然被刺死了4人。造反派“看管”“黑帮”的过程中，也死了一些被造反派称为“黑帮”的教师，如著名的法学教授、原哲学系主任何思敬，原人民大学副校长孙泱，哲学系教师石雷等。

（五）被批斗

在学校内部两大派的斗争发展到几乎无法收拾的时候，中央采取了派工宣队和军宣队进驻学校的方法，企图以此来控制这种极端混乱的局面。我和静贤也因此回到了离别100天的林园1楼。

当时所谓的“工宣队”，原是些在工厂工作的工人，工厂停产了，他们没有更多的事做，就派他们到高等学校来阻止两派的斗争。他们有的连中学都没读过，文化水平很低，对高等学校更是极为陌生，几乎是“一无所知”，但他们进入高等学校的任务却是领导高等学校的“文化大革命”，进行高等学校的“斗批改”。

所谓“斗批改”，就是斗争走资本主义道路的当权派，批判资产阶级的学术思想，对旧的教育进行改造。显而易见，工宣队是无法承担这个任务的。他们的工作水平很低，对当时斗争发展的形势糊里糊涂。他们入校后，只是偏听偏信，随意斗争和批判一些教师，把《毛泽东选集》和后来林彪编撰的《毛主席语录》以外的书籍都看成封资修的旧思想，禁止阅读。有的工人，不懂装懂，装出一副领导的面孔，真是令人哭笑不得。因为两大派都要保护自己的干部，所以他们只有选择那些没有卷入两大派之中的一些中间教师，即所谓“逍遥派”进行斗争了。在这种情况下，我就成了他们选择的对象。

接着，就是所谓的“大批判”。首先是批刘少奇的“修正主义”和他撰写的“黑修养”等；接着就是对学校教师进行学术、思想上的“大批判”。当时给我定的罪名是三顶高帽子：反革命修正主义分子、地主阶级的孝子贤孙、漏网大右派。为什么是“反革命修正主义分子”？因为撰写过主张剥削阶级道德可以继承的文章。为什么是“地主阶级的孝子贤孙”？因为我的家庭出身是地主。为什么是“漏网大右派”？因为在反右派斗争中对整风提出过意见。

批判我的大字报不但贴满了教学楼的西墙，而且又在旁边的广场上搭建了许多席棚，详细地历数了我的罪行。这些大字报，真可以说是极端地歪曲事实、造谣诬蔑、无中生有、谎话连篇。这些大字报说我隐瞒历史，在中学时参加了国民党直接掌握的三青团，说我在反右派中攻击党、攻击社会主义等。从这些大字报，我已经清楚地知道，这些所谓的造反派是偷偷摸摸地看了我的全部档案的，他们甚至连在新中国成立前因避免国民党的大逮捕而住在国民党警察家的情况都加以利用，并把这件我自己在档案中详细对党组织交代过的事，大加渲染，歪曲真相，混淆是非。他们正是用这些非法的、违反组织原则的手段，来达到他们不可告人的目的。

斗争我的一次大会是在教学楼东侧的大教室举行的，斗争会由哲学系的工宣队组织，参加的人是哲学系造反派的积极分子，这些人的面孔和言辞、他们的语言和态度、他们那些颠倒是非的谎言、他们恶毒的人身攻击，对我的思想、精神和人格都是极大的侮辱。一个入党近 20 年的党员，一个忠心耿耿、忠实于党、忠诚于革命事业、坚信马克思主义的人，竟然被污蔑为“反革命”、“叛徒”、“右派”等，我抑制不住自己的感情，我流泪了，几乎是失声痛哭。在国民党统治的黑暗时代，在斗争激烈的年月，我从来没有这样难过的心情。这时候，我才认识到，知识分子的人格是不可侮辱的。

这个所谓的“大批判”，并不仅仅是批判思想，同时还包括对那些受批判的人的政治审查，希望从中挖掘出“叛徒”、“特务”和暗藏的“反革命分子”。当时，我被隔离到学校东风楼的一间房子内，工宣队和造反派厉声厉色地要我交代我的历史问题。工宣队和哲学系造反派向我提出的问题主要是新中国成立前在上海地下党时期同反动警察杨建盛的关系，如我同杨建盛是怎样认识的？在他家住了多长时间？他和我发生过什么联系？为什么他将两支手枪交给我？这两支手枪我是如何处理的？等等。从他们所提出的问题，我已经知道工宣队和造反派的目的就是要我承认在地下党时期同国民党警察有过联系，可能是一个背叛共产党的“叛徒”。

我在新中国成立前的所作所为是十分清楚的，和杨建盛的关系也是清楚的，那都是为了党的工作。在他们多次追问和诱导下，我始终坚持实事求是的原则，把这段历史说得清清楚楚，以至在长达两周的禁闭中，工宣队和造反派一无所获，不得不放我回家，解除对我的禁闭审查，也就是解除了对我的变相“关押”。他们这样做，也有外部的原因，当时在上海，正在审查地下党的活动，造反派把上海地下党的组织和党员都看作叛徒，所以北京造反派的行动也就是对上海造反派活动的配合。

在“大批判”的同时，对那些受批判的对象还经常进行所谓的“抄家”，也就是突如其来地敲开你家的大门，然后进行翻箱倒柜的搜查，如果搜出所谓的“反动书籍”，就要被戴上“妄想复辟”的高帽子，从而受到更加严厉的批判。自 1960 年中国人民大学成立伦理学教研室并由我主持以来，到 1963 年这段时间，为了学习伦理学的知识，我曾经无数次到北京琉璃厂的中国书店寻找过去出版的各种伦理学书籍，其中也有不少书籍，在那时认为是反动的，如蒋介石、张东荪、周作人等人的著作，本来就是当作反面文章参考的，但当时连参考和阅读都是不允许的。在那段时间，我对宋明理学中的心学一派的书籍有着特别的兴趣，尤其对《王阳明全集》，不但经常阅读，而且作了许许多多的批语，对王阳明的思想作了较多的肯定。为了对付造反派的“抄家”和“搜查”，只得忍痛把这些书籍撕毁和烧掉。一本经过我详加批注的《王阳明全集》，就这样被销毁了。

（六）遭受突然袭击

在“大批判”后期，为了掌握更多“大批判”的材料，造反派对我来了一次极为突然的袭击。一天晚上 10 点钟左右，两个哲学系我认识的青年教师敲开我家的大门，声色俱厉地提出两个要求：一个是要我把一些他们所要的书籍拿出来供他们审查；一个是要把我那几年讲课的讲稿拿出来供造反派“大批判”之用。这两个几年来彼此都非常熟悉的人，一下子判若两人，以不容犹豫的口吻要我立即执行他们的“命令”，我不得不把他们索要的书籍和我写成的《马克思主义伦理学》交给了他们。几本他们索要的书籍并不可惜，最令我惋惜的就是从 1963 年到 1964 年为本科生开设课程所编写的教材，30 万字的《马克思主义伦理学》。

为了给学生讲课，我在差不多一年半的时间里，几乎是每天晚上要从吃过饭写到凌晨 1 点。这本《马克思主义伦理学》凝结着我对伦理学原理比较深入的思考。它是一本由我独立编写的、较有体系的、有关伦理学原理的讲稿，也可以说是最早的一本伦理学专著。它是我差不多费了一年半的心血写在稿纸上的厚厚的一本讲稿。可惜这本讲稿从此“一去不复返”

了。在造反派把这本讲稿作为批判的材料用过之后，曾经有许多次，我想问问当时从家中“抄走”此讲稿的造反派，想把它要回来。但如果这样做，就有可能被看作想“反攻倒算”，日子久了，这本讲稿也就石沉大海了。

（七）“大批判”的年代究竟能做些什么？

在那种天天进行所谓“大批判”的年代，在很多时候，总是要连续不断地召开各种官样的批判大会，这种会议往往是学习所谓的“最高指示”、“首长讲话”和宣讲“文化大革命”的大好形势等。这种会议真可以说是空洞无物、浪费时间。怎样使这些时间不白白地浪费？经过多次考虑，我决定用这些时间来学习中医的针灸理论和实践。

为什么要学习针灸？一方面，自己身体不好，想以此治疗自己的疾病，特别是长期以来久治不愈的慢性胃炎；另一方面，也想借此学习一门技艺，以作为自己的本领。再加上中国古代的知识分子就有懂得医学的传统，所以我就学起针灸来。

时间是有的，因为当时的气氛是，一切过去所谓的知识都是无用的，只有毛主席语录最重要，只有毛主席的著作才是最有用的，也只有学习毛主席语录才是最合法和最必要的。为了更好地学习针灸的知识，我就把有关针灸的知识抄写在一个小本子上，这个小本子的封面上写着两行大字，就是“大海航行靠舵手，干革命靠的是毛泽东思想”，让人们认为这是一本有关毛主席语录的书，随时把它装在口袋，适应当时的氛围。

最初是从书本上学习、掌握和背诵有关针灸的一些基本知识，如针法、穴位、经络、治疗等。特别是人身12条经络的各个穴位，都仔细地抄写并反复背诵；经过一段时间，就想在自己身体上的有关穴位试验。于是，我就到商店买来针灸的器械，如酒精、针灸夹和各种长短尺寸的针。经过反复琢磨，就在自己身体上最容易的几个常用穴位试着扎起来。当然，最方便的穴位就是合谷和足三里。

在自学针灸的过程中，要敢于在自己身上扎针，这是一个必须早日解决的问题。其实，在自己身上扎针，犹如受到蚊虫叮咬，只要忍受一两秒钟的疼痛，当针穿过皮肤后，就不痛了。而且，自己给自己扎针，随时都能体会进针的深度和疼痛的程度，比医生在自己身上扎针更安全。进针后的针感，有经验的医生尽管从你的表情可以看到一些，但只有自己才能更清楚地知道行针和得气的情况。要细心地学习书本上的针灸知识，仔细地对照实践中的体会，这样，水平就能较快地提高。

当时，最早记住的口诀就是所谓的“针灸四要穴”，即“肚腹三里留，腰背委中求，心胸取内关，面口合谷收”，因此，首先就在这四个穴位练习。足三里是一个保健穴位，可以准确地找到而比较容易行针。多次行针后，已经能够感到它的效果，就是行针后，自我感觉胃部舒服，胃部的消化好转。特别明显的是，行针后，腹部就加快蠕动，而且还咕噜咕噜地发出响声；每次行针足三里后，不但实践了从书本上获得的针灸知识，而且亲自证明了针灸对身体的好处。

与此同时，我还设法对一些经济困难的人进行治疗。在我所住楼的后面平房，有一位工人，四肢行动困难，经过王俊义的介绍，我就替他针灸。我仔细听了他的情况，就按照书本上的知识，选取穴位，进行针灸，由于我在自己身上做过试验，所以胆子比较大，经过几次治疗，他的情况确有好转，他高兴，我也增强了信心。就这样，我不断地从书本中的学习到自身的实践再从自身的实践到书本中的学习。

在学习针灸的同时，我也开始学习气功，可惜总是练练停停，没有很好地坚持，所以效果并不好。在锻炼身体的整个过程中，如果能够把气功、针灸、按摩和太极拳四者结合起来，相辅相成，可能会对身体的健康有更大的益处。等到天气转暖之后，还应当把过去学过的 32 式太极剑恢复起来，使动和静能更好地相互配合。

我写过一篇讨论气功的文章，是根据自己的体会写成的。气功有三种功效：一是可以锻炼身体，使人气血畅通，心情舒畅；二是可以增强智力，使人头脑清楚，思维敏捷；三是可以修养道德，使人心理平衡，境界提升。

的确，只要能坚持、正确地进行气功练习，就必然会得到以上三种效果，这是我自己的切身体会。当然，要把气功练好，并不容易。首先是安下心来，平心静气，摆脱一切杂念。

（八）到江西余江县五七干校劳动锻炼

1969年10月，以中苏边境的局势紧张、防止苏联对我国突然袭击为由，趁毛泽东不在北京，林彪发出了所谓的“一号令”，一方面要军队进入一级战备状态；另一方面要北京实行“战备疏散”，要求在北京的一些中央机关及学校疏散到中小城市及农村的偏远地区。当时住在北京的一些中央领导同志，如刘少奇、朱德、陈云、邓小平、陶铸、王震、罗瑞卿等也都被疏散到农村或五七干校。

1969年10月26日，中共中央发出《关于高等院校下放的通知》，中国人民大学决定下放到江西农村。

这次下放，不是短期的，而是要做长期准备的下放劳动，要把家都搬到农村，要把所有的东西都搬到农村，全家人一起下放，把住房交还学校。尽管广大教职员工的思想准备不足，但这是一个不可违抗的命令，必须立即执行。人民大学于仓促之间，选定了江西余江县刘家站的一个荒山坡作为五七干校的地址，并立即动员全体教职员工紧急疏散。

这年11月，人民大学的第一批下放人员开始动身到余江县刘家站的干校新址，静贤也要随着去江西。因此，我们就忙着整理东西。

在这次搬家过程中，最难处理的就是多年来我购买的大量藏书。我一生的一个爱好就是读书。读大学的时候，购买了许多法律书籍，新中国成立后，认为这些法律书籍都属于资产阶级书籍，就都扔掉了。1949—1956年在机关工作期间，又买了一些有关理论的书。考入人民大学后，重新做大学生，那些书都留在原处，后来也都遗失了。到人民大学读书后，特别是1961年从事伦理学的教学工作以来，我购买了大量的有关哲学原理、中西哲学史和伦理学的书籍，包括我在琉璃厂的中国书店所选购的相当多的有关伦理道德的古籍版本。“文化大革命”开始后，受“破四旧”和砸烂“封资修”的影响，曾经有过几次大的“毁书”风潮，但我却一直保存着我绝大部分的书籍。

一次，我在院子里遇见哲学系的一位老教师舒天巩，这是一位从解放区华北大学过来的老同志，他有许多从解放区带来的有关马克思主义哲学的书籍。当时一个比较普遍的认识就是，知识分子都是些宣传“封资修”

的人，都是些修正主义分子等，在这种大背景下，高校老师都悲观地认为今后这些书都没用了，因此，都争先恐后地把书籍卖掉。当时，舒天巩也正在卖书，我问他，都还留些什么书？他说，除了“四本红宝书”，什么书都不要了，其余的书全都卖了。我听了之后，深觉惋惜。什么是“四本红宝书”？现在的青年可能不太知道，这就是“文化大革命”前出版的四卷本的《毛泽东选集》。在一些人看来，除了“四本红宝书”，其他所有的书都应当卖掉。

当时的校园内，收买旧货、旧书的人很多，从早到晚，一车一车的书籍，从校园中拉出去后就被送进了造纸厂，变为纸浆，然后把用这些纸浆造出来的红红绿绿的纸张卖给这些当初卖书的人们，他们用来撰写当时所谓“大批判”用的大字报。

值得一提的是，在当时卖书高潮中，在收旧书的车子旁边，总会看到一位老人，这就是哲学系的石峻教授。他干什么？在人家都卖旧书的时候，他不但不卖自己的书籍，相反，他总是要在这些旧书中寻找他认为对自己有用的书籍，然后买回来，或者用自己无用的报纸、杂志换回这些他所需要的书籍。他这种特立独行的行为，给了我极深的印象。石峻教授是一位研究中国哲学史的老专家，他对中国古代的经典著作有着特殊的感情。据说，在他临终时，在已经不能用嘴说话的情况下，他让身边的人拿出纸和笔，写下了两个字的“遗嘱”，这两个字就是“保书”。

当时的校园内，几乎所有墙壁上都贴满了各个红卫兵组织的各个战斗队的“大批判”的大字报，而且不断更换内容，不断刷新，其中既有揪出“大叛徒”、“大汉奸”的大字报，又有最新的所谓“首长讲话”等。当时，学校已经停课了，大家无事可做，一个重要任务就是到各个重要的地方看“大字报”。我曾到当时的中宣部看过大字报。那一天，中宣部的造反派正在斗争当时中宣部的副部长许立群，先让许立群站在二楼的阳台上，然后几个造反派分别批判他的“修正主义观点”和“阎王殿”对群众的迫害等。至于北京大学和清华大学等高等学校，更是我们经常去看大字报的地方。

因为要立刻下放到江西余江县的五七干校，所以必须把我和静贤的这些书籍处理好。要不要卖掉这些书？这时，我不免怀念我和静贤这些年为买书所付出的心血。当时的经济条件较好，差不多每个月至少要到琉璃厂的中国书店买一次书，每月买书的钱加起来总要用去几十元甚至近百元。每每买到一本心爱的书，总是非常高兴，这种愉悦真是一种难忘的享受。可是，现在，我应当怎样对待这些书呢?

经过再三考虑，我决定把所有杂志，主要是这些年我订阅的《哲学研究》、《红旗》、《新建设》和《前线》，再加上一些英文、俄文和德文的有关书籍以及认为今后确实不会用到的书卖掉，把其余的书装箱运往江西余江县刘家站。当时收购旧书的价格是 6 分钱 1 斤，装了两满三轮车，共 170 多斤，得款 100 多元。剩下共塞满 28 个纸箱，连同日用杂物两箱，总共 30 箱运往江西余江县锦江镇，这是干校家属宿舍所在地。给我和静贤分配的住房很小，我就把这 28 箱书籍存放在哲学系一位教师住所的楼上，由于我们都在工地劳动，其中一箱被人盗走。之所以没有丢失更多的箱子，主要是偷盗者偷走一箱之后，知道其中都是些对他无用的东西，所以其余的箱子才得以保存。经过检查，我才发现，这箱被偷走的书主要是我专门收集的新中国成立前出版的伦理学著作，如杜威的《道德学》等。

1969 年 12 月，在所谓“一号令”的决定下，静贤先到江西余江县劳动锻炼，接着我带着儿子罗毅到余江干校参加劳动。1969 年 12 月 23 日，我携罗毅从北京出发到江西的锦江，临行前，最重要的一件事就是带罗毅到天安门照一张合影，作为纪念，因为不知道哪一天才能回到北京。我到锦江后，静贤也从工地来到锦江，一家人在异地相聚，安置了新的住房，在锦江停留了 10 日，我和静贤于 1970 年 1 月 5 日抵达刘家站人民大学的五七干校。

（九）干校第一次劳动考验和神奇的针灸疗效

到刘家站的当天，我就被通知第二天要参加劳动。到五七干校的目的就是接受锻炼，劳动更是最重要的课程，也是对知识分子的考验。

不幸的是，我到刘家站的当天，天气太冷，又住在一个破庙里，我被冻得感冒发烧了。自己量了体温，大吃一惊，已达 39℃，怎么办呢？请假是不行的，领导一定会认为我是逃避劳动。唯一的方法就是给自己针灸。

从吃过晚饭后 7 点钟开始，我同时在多个穴位行针，如风池、合谷、足三里、曲池、内关、后溪等，然后就三阴交、内庭、太冲、阴陵泉等，大约过了一个小时，我再量一量体温，已经降到 38.5℃；继续再针灸一个小时，体温下降到 38℃；到此，我感到舒服多了，信心也更增强了；又继续针灸一个小时后，体温就降到 37℃了。我感到身体已经复原了，就把所有的针拔出来，非常放松地睡觉了。

第二天，尽管下着大雪，我还是按时起来，并参加了一整天的劳动，这次感冒也就这样好了。这件事使我清楚地认识到，针灸在关键时刻是能够发挥特殊作用的。

到江西余江劳动一段时间后，一起参加劳动的秦钦瑞同志，突然因劳动扭伤而行动困难，站立和行走都十分不便。我知道后，就给他针灸治疗，说也奇怪，在我用针扎他的阴陵泉等穴位后，他一下子感觉好了，不但能够行走，而且几乎恢复到以前的状态，他十分高兴，我也进一步体会到针灸的作用。

1972 年 4 月，从江西回到北京后，因为身体条件比较好，对针灸的学习和实践少了一些，但还是经常用针灸治疗自己的感冒。

1985 年以后，我的工作太忙，开始做哲学系的主任，以后又做学校的副校长，身体一下子变得很弱，不但经常感冒，而且常常发烧。那几年，几乎是感冒不断，常常戴着一个口罩，而且往往是一次感冒还没好，第二次感冒又来了，甚至每日都在感冒之中。那时唯一的治疗方法就是针灸合谷、风池和足三里等穴位。虽然不能从根本上解决感冒问题，但每次针灸都能使感冒得到缓解和较快恢复。这段时间，即使在外地开会，我也总是带上针灸的器械，就是在北京开会，我也必然带上针灸夹，以备急需，这已经成了我的习惯。

针灸对我脑血栓的治疗也起了重要作用。2000 年 10 月底，我在石家庄参加全国伦理学会，因接连开会和临时遇到一些令人头疼的问题，几个晚上没有得到很好的休息。10 月 27 日回到北京后，第二天早上 6 点钟，我感到右手麻木，出现了明显的脑血栓征兆。由于校医院到 8 点钟才挂号看病，我就先在家中针灸。根据石学敏主编的《当代针灸治疗学》，我针灸了内关、三阴交、风池等穴位，症状得到了缓解。到校医院看了以后，医生断定我得了脑血栓，就给我转到北医三院治疗。虽然从我右手麻木的情况可以判断我得的是脑血栓，但 CT 竟然显示不出来，又因没有床位，只好在家等了三天。我对阿司匹林过敏，虽然也采取了一些措施，但到 31 日才住进西苑医院得到治疗。这次病尽管因为没有病床而延误了三天，但最后并未留下大的后遗症，这应当说与及时针灸有一定的关系。

针灸中的许多口诀都是多少年来的经验总结："三里内庭穴，曲池合谷接，委中配承山，太冲昆仑穴，环跳与阳陵，通里并列缺。""三里内庭穴，肚腹中妙诀；曲池与合谷，头面病可撤；腰背痛相连，委中昆仑穴；胸项如有病，后溪并列缺；环跳与阳陵，膝前兼腋胁；可补即留久，当泻即疏泄；三百六十穴，不出十要穴。""公孙偏与内关合，列缺能消照海疴；临泣外关分主客，后溪申脉正相合。"

针灸治病的道理很明白，就是它能够疏通人体的气血和经络。中医治病的理论是，不通则痛，通则不痛，也就是说，一切疾病都与人体的气血和经络是否通顺有着密切的关系。经络壅滞，气血不和，脏腑失调，阴阳失衡，就必然会出现各种疾病。这就是说，气血和经络什么地方不通了，影响或妨碍了某一局部或器官，那里就会发生病变，只要使那里的气血和经络打通了，那里的气血和经络运行正常了，疾病也就痊愈了。而针灸最特殊、最直接、最有效、最迅速的功效，就是疏通人的气血和经络。经常的情况是，只要针进入足三里，你就会立刻感到腹内有一股力量促使你的肠胃缓缓运转，腹内的气慢慢就顺了，很快就会打嗝，人也就舒服了。同样，还有几个穴位是比较敏感的，如内庭、太冲、风池、合谷、曲池等；另外，颊车有治疗牙痛的特殊功效，真可以说是立竿见影。

由于季节的关系，特别是在冬天，气候干燥，人容易上火，在这种情况下，不但要使气血经络通畅，而且要及时清除内热。针灸有清热去湿的功能。根据我自己长期针灸的体会，针内庭、太冲有明显的清热作用（内庭是足阳明胃经的要穴，能清理胃热；太冲是足厥阴肝经的要穴，对清理肝脏的积热有一定的作用），如果配以合谷、风池，使其上下通畅，其清热、祛风的作用就更加明显。

根据李时珍在《本草纲目》中的观点，他认为，很多人的病都是肠、胃、心、肺、肝、脾、肾等内郁积的虚火所致，因此，清除人体内的虚邪之火是保持健康的一个重要方法。因此，只要一发现自己有虚邪之火的苗头，我就及时用针灸来清除。

“文化大革命”中自学的针灸技术，对我的身体发挥了比较好的保健作用，产生了较为显著的效果，这也可以说是一种特殊收获。

（十）住进“水晶宫”中打红石

1970 年 1 月 5 日—1972 年 3 月，两年多的时间，我住进了干校工地的“水晶宫”，成为工地打石排的一名“战士”。所谓“水晶宫”，原是一个又深又宽的打石坑，我们在上边搭建了房梁、油毡和瓦片，就成了一间大房子。在“水晶宫”中，一共放了近 100 张单人床，有 160 名“五七战士”住在其中。因为我是带着罗毅去干校劳动的，但根据干校的规定，两人只能有一张床，这样，我就和罗毅睡在一张单人床上。后来，在锦江，干校和当地小学联系，人民大学的学龄儿童可以在锦江上学，罗毅才到那里的小学读书。

打石排的劳动的的确确是一种重体力劳动。分配我参加打石排，这当然是为了改造我的思想，对此我是能够理解的。因此，我始终抱着积极的态度，力求在劳动中改造自己的“资产阶级思想”。

在江西余江县，建筑住房主要用红色的石头，这种石头遍布当地山坡。一般的方法是，先清理出一个大的打石场，然后在石场中划分若干个 8 尺方的桌面，先打沟、打井，最后把整个桌面打起来，分成用来盖房的石块。打石头的铁锤重 7 斤，据可靠统计，每人每天大约要抡起这 7 斤重的锤子 1 万多次。和我同在一个打石排的有陆迅、杨惠莲、陈俊欧等。由于初次从事这样的重体力劳动，每晚睡觉后，我都感到手指僵硬疼痛，合不拢，不能拿任何东西，早晨吃饭连筷子也捏不紧。由于腰经常弯着，更是经常隐痛，每次站起来都要费很大的力气。

每天除了“打红石、炼红心”，还要干一些建筑校舍所必需的扛水泥、扛木头等重活。在这些劳动中，我奋不顾身，承担了许多不能想象的重体力劳动，如一次扛两袋水泥、扛三根杉木杆子等。从那时的日记来看，我从没叫过苦、叫过累，倒是常常抱怨自己体力弱，肩膀经不起担子压等。我当时是发自内心地要通过艰苦的劳动来改造自己的思想，对下放农村，一点也没有怀疑这是林彪集团的阴谋。我当时的一篇日记反映了我当时的思想状况：

> 抬石头是打石场上的一种重活，也可以说是最重的活了。一般来说，毛石都在100斤以上，有时，石头起的厚，也有200多斤重的。自从元月份来到打石排以后，对于抬石头的问题，我是有过思想斗争的。开始，大家都说我身体不好，不让我抬，我也就安于大家的照顾。心想自己的胃下垂确实很严重，不要说抬一个上午的石头，就是走一个上午的路，胃就会感到下垂得很厉害，更不要说抬那么大的石头了。三块、两块还可以，如果抬一个上午，当然会吃不消了。到底石头有多重？我想试试看，如果自己可以抬，自己还是想抬一下的。有一次休息以后，反正只有一个多小时了，我自告奋勇和同志们一起抬了一个多小时石头。我深深感到，抬石头这个活，确实是个重活。抬起来，不但直不起腰，肩膀如刀割一样痛，牙齿咬得很紧，脖子也缩着，更重要的是立脚不稳，每走一步，都感到摇摇晃晃的。这以后，常常引起我的思想斗争。我的肩膀为什么这样娇？为什么很多同志都能抬而我不能抬？是立足于锻炼还是立足于照顾自己的身体？是立足于改造，还是得过且过，怕苦怕累？

另外一篇是1970年10月1日关于“大休”的日记。五七干校的“战士”在工地劳动，而宿舍却安置在离工地40里的锦江，由于平日劳动是按照军事编制行动和住宿的，所以每月就有一次大休（4天），使家属得以团聚。这4天的时间，究竟如何安排？从1970年10月1日的一篇日记中可以看到：

> 这次大休，虽然仍过得很不理想，但比较过去，确实有了很大的改变，没有排队买鱼，省了不少时间；和老乡段大娘谈了两次，听了她在旧社会所受的苦，受到了教育。和小罗毅办了学习班，鼓励他进步，指出他的缺点，给他讲了革命故事；把书箱子打开，找出了从北京带来的毛主席的著作，特别是几篇哲学著作；更重要的是抽出了大

约一天的时间，学习了毛主席的《矛盾论》和《人的正确思想是从哪里来的》。本来想要写一些学习毛主席著作的体会，写一些斗私批修的心得。

1970 年 10 月，从北京传来了人民大学停办的消息。工地上人民大学的教师和职员都感到极其震惊。学校被解散后，我们人民大学的这些员工何去何从？1970 年 10 月 25 日的日记中写到：

> 人大停办了，这对我们每一个在人大生活的人，都是一个很大的考验。这也是每个人思想活动最多的时候，我一定要经受考验，一切服从组织的决定，一切听从党的安排，无论什么地方，无论工作多么艰苦，只要党一声召唤，我就立刻前去，决不犹豫。

从这几篇保留下来的日记所反映的情况，可以看出自己的思想认识和对下放劳动的态度。

在“水晶宫”的两年，我还从事过一段时间的制造水泥瓦的工作，这也是一种重体力劳动，主要是先把水泥和沙子按照一定比例加水拌匀，然后放入制瓦机，用力挤压，使其形成瓦片，然后取出，将其晾干，以供盖房所需。为了满足干校建筑的急需，专门成立了一个制瓦厂，这个制瓦厂又叫制瓦排，我虽然是制瓦排的排长，但每天都要跟班劳动，这种每天都要站着劳动的疲劳使我的胃下垂变得更加严重，但我始终坚持，直到我调回北京。

（十一）清查“五一六反革命集团”和陈秋梅的自杀

1970 年 3 月 27 日，中共中央发出了《关于清查“五一六”反革命阴谋集团的通知》。所谓“五一六反革命集团”，是指 1967 年 8 月在北京天安门广场张贴攻击周恩来的标语的“首都五一六红卫兵团”。在 1967 年 9 月，毛泽东决定打击“五一六反革命集团”。1970 年 4 月以后，在全国展开了一场清查参加“首都五一六红卫兵团”人员的斗争。

干校也不例外。主持学校工作的军宣队也在人民大学的五七干校动员群众揭发所谓的“五一六分子”。一些人在清查中承认自己是“五一六分子”，一些人被隔离交代。工地上接连召开大会，斗争“五一六分子”，还让一些坦白交代的人现身说法等，整个干校陷入空前紧张的气氛之中。由于这次清查“五一六反革命集团”的斗争是针对当时“首都五一六红卫兵团”的，我们这些在“文化大革命”中没有参加任何造反派的“走资派”也就不再成为斗争的对象，相对来说，心理上的压力也就小多了。

这里，有一件事，我久久不能忘却，这就是同住在“水晶宫”的陈秋梅的死亡。在清查所谓“五一六分子”的斗争中，他是一个被清查的对象，军宣队怀疑他是一个“五一六分子”。经过批判斗争，他经受不住这种精神压力，在一天晚上，用刮胡刀割开了自己喉部的动脉血管，但因没有割断喉部血管的重要部位，自杀未遂。第二天他的自杀被发现后，军宣队派人把他送往鹰潭的医院进行了包扎，当天下午，他就又回到了“水晶宫”。

当时，这种自杀行为，舆论都认为是一种自绝于人民的行为，因此，当晚又在“水晶宫”对陈秋梅开了一次批判会。会议的内容主要是分析这种自杀行为是对组织审查的一种抗拒，一些人发言激烈（其中××系一位姓张的最为积极），说他用假自杀来对抗这次运动等。批判会结束后，为了防范他再一次自杀，当晚派了打石排的另一成员杨宪邦专门守候在他床边，以免他再一次自杀。

可是，第二天早上，发现他一动也不动地躺在床上，等到要叫醒他的时候，才发觉他已经真的自杀死去。据杨宪邦回忆，他一直坐在陈秋梅床边看书，并且守候着他，只是在后半夜，他似乎听到哼了几声，但并未发现其他情况。

一个在运动中采取自杀行为的人，在自杀后，有关方面虽然送他到医院进行了包扎，但并没有做有效的思想工作。更让人不可理解的是，还要对他进行所谓“假自杀”的批判，终于造成了他的“真自杀”，这种情况也是令人反思的。

江西干校的一个特殊条件是，所有人员都实行军事编制，按照团、营、排、连、班进行建制。在平日劳动期间，男女按照性别分开住宿，就是夫妻也分别住在各自的连营所在地，只有在每月 4 天的短暂“大休”期间才能会面。也正是由于这一原因，陈秋梅的爱人，在陈秋梅被审查和被斗争期间，我没有见她到“水晶宫”来过，她也无法安慰陈秋梅，更好地做陈秋梅的思想工作。

与此同时，在江西干校两年多的时间里，除了铁华、康兰是因游泳被淹死外，有不少同事是因为政治运动而非正常死亡的。打石排的刘淑尘在一个夜晚突然上吊死了，根据他生前所写的材料，他主动交代了他的许多反党反社会主义、反毛泽东的思想和其他一些错误思想。其实，他是因运动的压力而患了抑郁症，在一段时间内，他自称身体有病而请假，不参加劳动而睡觉，然后就是写交代材料，最后就是上吊自杀。木工班的工人杨文贵，因为自己有一些历史问题而把自己的头撞到正在剧烈转动的电锯上而自杀。中国人民大学著名的老教授项冲，吊死在自己的住房内。同住在“水晶宫”的吴均，是打石排劳动最积极的教师，受到审查后患了急性肝炎而死。

（十二）回到北京参与编撰《新华词典》

1971 年 9 月，在中国大地上发生了著名的“九一三”林彪反革命叛逃事件。9 月 18 日，中共中央先向党内高级干部传达，从 10 月 1 日起，在党内逐级传达，引起了极大的震动。1972 年起，周恩来主持中央工作，开始大力扭转林彪时期的种种极左措施，教育战线接着出现了一连串的重大改变，大量下放到农村的教师开始被调回各个部门，从事一些被终止了多年的教学和研究工作。

1971 年，周恩来总理指示要编一部词典。1972 年春节过后，我接到了人民大学干校军宣队的通知，要我回北京，担任周恩来总理提出的编写《新华词典》的任务。

说起来也令人不可理解，新中国成立已经 20 多年，但还没有编写出一本适应社会主义社会的新的词典。既然编写词典的工作是周总理亲自提出来的，自然受到教育部门的重视，为此，很快就确定了主编和编选人员。我因被提名为《新华词典》哲学部分的编选人员，就在当年 3 月携只有 9 岁的儿子罗毅，从江西干校回到北京，承担这项重要而又光荣的任务。

回到北京后，经医院检查，罗毅因身体有病需要住院治疗，为此，静贤也跟着回到了北京。经过联系，罗毅住进了协和医院，差不多两个月的时间，才健康地回到了家里，至此，我们全家总算恢复了原来的家庭生活。

1972年5月，我正式参加《新华词典》的编纂工作，主要负责所有哲学词条的初稿，其中涉及哲学原理、中西哲学史、逻辑学、伦理学、美学和自然辩证法等内容。关于中国哲学史部分，我曾多次向张岱年先生请教，受益匪浅。当时，还在“文化大革命”中，张岱年先生还没有出来工作，门庭冷落，少有人来往，他的学者风范和认真负责的态度给我留下了极其深刻的印象。

（十三）成为“洪广思”的一员

1973年，中国开展了一场广泛的所谓“批林批孔”运动，这场运动持续了差不多3年，直到“文化大革命”结束，才真正结束。

为什么要“批林批孔”呢？“九一三”事件后，全国开展了对林彪反党集团的批判，在清理林彪的遗物时，发现他藏有许多孔孟言论的卡片，又在床头挂有“克己复礼”的横幅。于是，认定林彪和孔子一样，是要复辟的。1973年3月，在中央工作会议期间，毛泽东第一次提出，在批判林彪的同时，要批判孔子的思想。同年7月，他又说，林彪与国民党一样，都是“尊孔反法”的。同年9月23日，毛泽东在接见外宾时又说：他赞成秦始皇，不赞成孔夫子。1974年1月18日，毛泽东批示同意转发江青组织编写的《林彪与孔孟之道》（材料之一），随之，在全国范围内开展了大规模的“批林批孔”运动。毛泽东批准发动这场运动的目的之一就是，想进一步肯定“文化大革命”的理论与实践，防止出现所谓的“修正主义”。

为了更加广泛地开展这场运动，江青首先组织了所谓“两校”（梁效）大批判组，作为自己的笔杆子，写出长篇文章，在《人民日报》、《光明日报》和《红旗》上发表；接着，康生又在中共中央党校把一些教师组织起来，以“唐晓文”作为笔名，发表“批林批孔”的文章。与此同时，吴德作为北京市市委书记，也不甘落后，在北京市高校的教师中组织了一个“洪广思”的所谓大批判写作组，按照当时的要求撰写文章。

北京市大批判写作组最早集中在香山白松亭下的一个名叫“弘光寺”

的旧寺庙。这是一座建筑华丽的寺庙，据说，新中国成立后经过修缮，曾经作为彭真的住处。在“文化大革命”中，这里一直空着。因此，写作组就以此为办公的地方，写作组的命名也取“弘光寺”的谐音，称为“洪广思”。

1973—1977 年，整整 4 年的时间，我都在这个写作组工作。这个写作组由当时的北京市委宣传部领导，张铁夫、李文海更多地关心这个写作组的工作。我是这个组理论小组的负责人，其中的成员有：刘永清、石松、石仲泉、李茂楼、曹作兰等。其他还有文艺组，主要成员有：田丁、康式昭、阎焕东、漆绪邦、何燕平等。我们的工作主要是根据领导的布置和《红旗》的要求，撰写“大批判”的文章。早期主要是撰写“批林批孔”的文章，后期主要是撰写有关“批邓”的内容。

在“批林批孔”中，为了更加深入地批判林彪复辟的思想根源，批判孔丘成为当时的一个重要方面。全国著名的哲学家都被卷入“批林批孔”的大潮。1973 年秋天，冯友兰撰写了几篇批判孔丘的文章，以后又撰写了《论孔丘》一书，对孔丘作了全面、深入的批判；赵纪彬也进一步撰述了他过去一直坚持的对孔丘的批判；杨荣国也撰写了《孔子——顽固地维护奴隶制的思想家》（1973 年 8 月，《人民日报》）等多篇批判孔丘的专论；冯天瑜也开始批判孔丘，并撰写了《孔丘教育思想批判》。“两校”大批判组发表了多篇全盘否定孔丘的文章。作为北京市委写作组的“洪广思”，其主要任务之一就是批判孔丘。“洪广思”专门撰写了《孔丘反动的一生》，在北京市的干部中宣讲林彪如何继承孔丘的复辟思想，要把中国倒退到封建专制的社会中去。差不多有一年多的时间，我集中阅读了有关孔子生平和研究《论语》的书籍，积累了大量有关先秦哲学思想的资料，这对我进一步学习和理解这个时期的哲学思想打下了比较坚实的基础。

在“批林批孔”的同时，又进行了所谓“评法批儒”的工作，在全国组织了几乎所有哲学和中国哲学史的教学和科研人员组成注释小组，对法家和儒家的著作进行注释，作为学习的材料。整个中国哲学史都以“儒”、“法”划界，凡属于儒家一派的，都必然是保守的、落后的，而所有被划归法家一派的，其思想必然是落后的、反动的等。商鞅、荀况、韩非、李斯、贾谊、晁错、桑弘羊等是法家，就是王充、曹操、诸葛亮、王夫之、章太炎等，也都是法家。为了达到政治目的，甚至把武则天、吕雉等也说成法家。

为了推动“评法批儒”斗争，江青等还专门召开了全国性的理论讨论会，并在人民大会堂接见了这次理论讨论会的成员，以达到他们的政治目的。

在长达 4 年的时间里，我要从西郊人民大学的林园骑自行车到北京市委的大楼上班，每天早上出发，以最快的速度，也需要一个半小时才能到达办公室，晚上同样需要一个半小时才能从办公室回到家，每天长达 3 小时的骑自行车上班，对我的身体起到了一定的锻炼作用。

1976 年 9 月，毛泽东逝世后，党中央果断粉碎了“四人帮”，各个“大批判”的写作班子也都没有存在的必要了，到 1977 年 9 月，中国人民大学经批准恢复，我回到了学校。

（十四）为地下党员杨峻岳平反的电报

杨峻岳是我在同济大学（1946—1949）时的同学，后来经我介绍，参加了中共地下党的组织。杨峻岳性格直率，办事认真，对人热情，思想进步，在学校读书期间，我和他相处甚好。特别是在上海解放前夕，在斗争极其尖锐和形势极为紧张的情况下，他不仅积极从事当时党分配的各项任务，而且在国民党戒严和封锁上海的危险时期，曾冒着生命危险，为当时同济大学的党组织传送给党员的信息。新中国成立后，我从同济大学调到党的区委和上海市委工作，他留在同济大学任教。在 1950 年的肃反运动中，他被开除党籍，这是一个应该而且必须纠正的冤假错案。

1978 年，全国开始进行“文化大革命”中所有冤假错案的甄别工作。这年 7 月，我突然接到来自上海朱邦馨（杨峻岳的妻子）的来信，得知杨峻岳已去世，她还告诉我，同济大学有关方面在给他撰写悼词时，仍然以过去给他所作的结论为依据，因此她要求我帮助杨峻岳澄清事实，以改正过去同济大学党委依据种种不实之词所作的结论。

我接到朱邦馨的来信后，立即回忆起杨峻岳过去的种种表现，对肃反运动中被冤屈的情节，很感痛心和遗憾。我唯一能做的，就是如实反映当时的事实真相，并针对当时对干部处理的“左”的情况，提出了应当纠正的必要性。

1955年，我国发生了胡风事件，由此在机关内部展开了一次清理阶级队伍的运动。也正在这个时候，杨峻岳在生活上出现了错误，这个错误就是他同原来同济大学的一位女同学有不轨行为，动手抚摸和搂抱了人家，但并没有严重超越正常的界限。由此引起了对他的批判和处理。当时的情况是极端扩大化的，新旧账一起算，给他定了三大罪过：一是隐瞒家庭出身，二是生活腐化，三是包庇坏人。在无限上纲之后，就开除了他的党籍。以后，他被降级使用，从一个马克思主义教师调至一个系做行政工作。以后，历次运动，他都成为批判的对象，后来患了肝病，于1977年去世。

接到朱邦馨的来信，得知杨峻岳去世后，我立即给她发了一份亲笔传真。传真的电文是：

> 邦馨：获悉峻岳不幸逝世特向您表示沉痛哀悼，并致以亲切慰问。峻岳自46年入同济到解放，表现一直很好。47年他积极参加进步社团求真读书会的活动，热情学习和宣传革命思想，在反美、反蒋，特别是在“五二〇”事件、“一·二九”运动和迎接上海解放的斗争中，积极肯干，从不动摇。在同济大学地下党所组织的多次游行示威中，作为积极分子，他总是勇敢向前，毫不退缩，表现很好。在两次学生自治会的选举斗争中，他大力地为地下党所拟定的候选人竞选，勇敢地驳斥反动学生的造谣。49年初他参加地下党后，觉悟迅速提高，立场更加坚定。4月下旬，在反动派对上海地下党进行大逮捕的前夕，杨峻岳虽已被列入国民党进行逮捕的黑名单，但他仍不顾个人安危，深夜从北四川路路底到江湾同济大学附中和高职为地下党传送信息，此后，他被迫流亡街头（有时隐蔽在亲属家），冒着很大危险，和分散在上海各地的法学院同学联系，为组织人民保安队做了大量的工作。峻岳同志要求进步迫切，对同志诚恳热情，这一切虽已过去30年，犹历历在目，使我至今不忘。来京后，我总是经常怀念

他，一别30年，未能和他再见一面，造成不可挽回的遗憾。

北京西郊中国人民大学林园8楼38号罗国杰

这个长达200多字的电文发出后，我又给同济大学党委专门写了一份关于杨峻岳的共计3 000字的材料，并给翁智远（同济大学的地下党员，时任同济大学副校长）写了一封长信，以澄清过去在处理杨峻岳的问题时所加给他的无限上纲和不实之词。

（十五）对我的审查结论的纠正和补充

1979年，关于“文化大革命”中对干部的错误批判，全国都积极进行复查、甄别和审查结论的工作。中国人民大学党委也根据上级的要求，对曾遭受批判的同志进行审查。经过一段时间的外调，发现原来给许多干部戴的帽子都是无中生有、无限上纲的，也就逐渐得到了比较正确的结论。

大约是1979年3月，人民大学哲学系审查干部专案组向我提出了一个对我的审查结论。

罗国杰同志的审查结论

罗国杰，男，1928年生，河南内乡人，家庭出身：地主，本人成分：学生。1949年入党，中国人民大学哲学系讲师。“文化大革命”运动中，有人在交代中说，罗国杰同志1948年到1949年在上海同济大学读书时，参加过“中流读书会”和“基督教团契”和“CC”组织。在1948年同济大学“一·二九”运动中，“写过悔过书”，在1949年4月26日国民党反动派在上海大逮捕时曾被捕等。经调查，这些问题均予否定。罗国杰同志政治历史清楚。根本没有参加反动党团和反动活动。

中国人民大学哲学系党总支委员会

1979年3月3日

看了这份所谓的“审查结论”之后，我才恍然大悟，原来我竟然有这么多的问题需要审查。这又从哪里产生的呢？“中流读书会”是同济大学法学院的一个由少数反动学生组织的读书会，我同它的活动始终是对立的，它怎么会同我联系在一起呢？所谓的“基督教团契”，虽然是一个中间性的社团，但同我们地下党始终互不来往，没有任何联系。至于所谓“CC”组织，是国民党的特务机构，它在学校专门打击进步同学，破坏所有学校的进步活动，是我们的斗争对象，它和我又会有什么关系呢？在同济大学的整个时期，我的活动都是积极和进步的，为什么会受到这样的诬陷呢？我当时才意识到，在“文化大革命”时期，那些造反派给我戴上了诸如“地主阶级的孝子贤孙”、“漏网大右派”、“资产阶级修正主义分子”的帽子，并几次把我留在东风楼检查，都是因为他们认为我有这么多的问题。

我看了这份所谓的“审查结论”后，对当时负责的同志提出了这样一个问题：“你们既然经过了调查，对我在同济大学的活动和表现，是怎样看待的？在调查中，当事人又是如何评价我的？”当时党总支的调查人员不得不承认说：“所有的调查人都认为你在同济大学的表现是进步的，是同当时学校中的反动势力作坚决斗争的。”听到这句话后，我就提出，既然如此，在我的“审查结论”中，就应当有必要把我的进步表现写出来，这才是我们党实事求是的态度。党总支的调查人员说，所有的“审查结论”都是这样写的。

这时候，我的脑海中突然闪现出在审查我的过程中那些造反派的胁迫、威吓和傲慢的态度，我觉得自己受到的诬陷和对我人格的侮辱，是不能用“经调查，这些问题均予否定。罗国杰同志政治历史清楚。根本没有参加反动党团和反动活动”这样短短的几句话就交代过去的。

因此，我说，如果不加上我在大学时期的进步表现，我就不能在这个“审查结论”上签字。那样的话，就只有请北京市委再来做我的“审查结论”。最后，专案组的成员不得不接受我的建议，将“审查结论”予以修改，修改后的审查结论是：

罗国杰同志的审查结论

罗国杰，男，1928年生，河南内乡人，家庭出身：地主，本人成分：学生。1949年入党，中国人民大学哲学系讲师。（“文化大革命”运动中，有人在交代中说，罗国杰同志1948年到1949年在上海同济大学读书时，参加过“中流读书会”和“基督教团契”和“CC”组织。在1948年同济大学“一·二九”运动中，“写过悔过书”，在1949年4月26日国民党反动派在上海大逮捕时曾被捕等。经调查，）**罗国杰同志解放前在上海同济大学读书期间思想进步，于1949年2月参加地下党，上海解放前，任中共同济大学总支委员，负责文法学院党组织的工作，**（政治历史是清楚的）根本没有参加任何反动党团和反动活动。上述（这些）问题均予否定。

中国人民大学哲学系党总支委员会

1979年3月3日

对于这个“审查结论”，其中括号中的内容是经我提议后删去的，黑体字的内容是新增加的，我终于签了“同意”这两个字，总算结束了这次关于“审查结论”的争论。

罗国杰同志的审查结论

罗国杰，男，1928年生，河南内乡人，家庭出身：地主，本人成分：学生。1949年入党，中国人民大学哲学系讲师。罗国杰同志解放前在上海同济大学读书期间思想进步，于1949年2月参加地下党，上海解放前，任中共同济大学总支委员，负责文法学院党组织的工作，根本没有参加任何反动党团和反动活动。

中国人民大学哲学系党总支委员会

1979年3月3日

四、学术研究的春天

（一）编写《马克思主义伦理学》教科书

1963年以后，在“左”的思想的影响下，教学已不能正常进行，学术批判的风越刮越盛。1964年，我因被指在“剥削阶级道德可以批判继承”的大讨论中犯了“错误”，而被取消了哲学系副主任的职务，到农村参加了两年的“四清运动”。同时，伦理学教研室也被取消了。然后就是“文化大革命”。直到1977年，我个人以及中国人民大学伦理学教研室才恢复了伦理学的教学和研究工作。

1977年9月，中国人民大学复校后，我回到了学校的哲学系。我回到学校的唯一目的，就是要恢复伦理学教研室。原来教研室的成员，除我以外，仍然在哲学系的只有姜法增一位同志。我首先从北京市委请回了原来在教研室工作的许启贤同志，然后，同马博宣、宋希仁同志商量，希望他们能到伦理学教研室和我一起工作，并得到了他们的同意。伦理学教研室就这样恢复了，我们五个人，重新开始了伦理学的教学和研究工作。

十一届三中全会以后，百废待兴，高等学校恢复了招生，教材的编写成了最急需完成的工作。编写一本全国通用的《马克思主义伦理学》教科书，已经成为伦理学学科建设的紧迫需要。1978年6月，当时的教育部在武汉召开了全国综合性大学文科教材工作座谈会，确定全国高校伦理学教材的编写中应有一本《马克思主义伦理学》。由于在“文化大革命”前的1962年，中国人民大学就在全国首先建立了伦理学教研室并编写了

《马克思主义伦理学教学大纲》，因此会议决定，高等学校的《马克思主义伦理学》教材由人民大学哲学系的伦理学教研室编写，在下达这一任务的同时，还为编写此书拨出了大约 10 000 元的经费，并要求尽早把这本教材编写出来。

1978 年，人民大学伦理学教研室刚刚恢复，原来大多数的教师都离开了人民大学，伦理学教研室的人员只有我、许启贤、姜法增、马博宣、宋希仁和研究生王伟，大家共同讨论提纲，由我拟定全书的章节并确定各章的撰写成员。尽管本书是在参照教研室 1962 年编写的《马克思主义伦理学教学大纲》的基础上编写的，但是编写的整个过程都是一个吸收、创新、探讨和建立体系的过程。

1978 年 9 月，在学校和哲学系的领导和组织下，编写工作开始。尽管在“文化大革命”前有一定的基础，但经过十几年的停顿，几乎可以说是从头开始。

我们参照原来的大纲，经过反复研究和讨论，拟定了新教科书的编写体例和章节。在编写中，我们仍然是从阅读经典著作和大量中外有关伦理学的参考文献开始，从国内伦理道德的实际问题出发，构建起一本具有我国特色的教材。

为了完成这一光荣而又重要的任务，教研室的同志们（1979 年，研究生王伟同志也同教研室的五位同志一起，参加了教科书的编写工作），齐心协力、夜以继日地工作。我们用了一年多的时间，终于完成了编写工作。《马克思主义伦理学》（上下册），于 1980 年年底由中国人民大学出版社内部出版，经过试用之后，1982 年由人民出版社正式出版。

这本教材，成为十一届三中全会后我国高校通用的伦理学教科书，先后获得了中国人民大学、北京市和国家教委的奖励。作为新中国第一本正式出版的伦理学教科书，曾获北京市哲学社会科学优秀成果奖、全国高校优秀教材奖。面对国家和社会给予的各种荣誉，我忐忑不安，只有更加勤奋工作，才能不辜负社会和学校的信任，也才能使自己心安。

与此同时，在编写《马克思主义伦理学》教材的过程中，根据此书的框架体系和章节内容，还编写了《马克思主义伦理学教学大纲》，供各高校在马克思主义伦理学的教学中参考。

1986年12月，我被国家科委批准为国家级有突出贡献的中青年科学、技术、管理专家，并颁发了由国家人事部印制的红皮证书。这是一个很高的荣誉，我想，这一荣誉的取得主要是由于我主编的《马克思主义伦理学》在全国哲学社会科学领域产生了较好的影响，这是教研室同志共同努力的结果。

学校接到国家人事部的通知，内容如下：

> 哲学系罗国杰、经济学研究所胡乃武、苏联东欧研究所周新成被国家科委批准为国家级有突出贡献的中青年科学、技术、管理专家。

（二）全国伦理学会的成立

1979年夏季，国家在山东济南召开了一次社会科学的规划会议，在伦理学这一学科组，参加会议的有李奇、周原冰、周辅成、刘启林和我等。这次会议的主题是讨论伦理学今后的发展，大家议定了四件比较紧迫的事：一是要编写教材；二是要加强伦理学研究；三是要培养伦理学人才；四是要尽快成立一个全国性的伦理学会。李奇同志主动提出，由她来推动成立全国性的伦理学会的工作，得到了大家的一致赞同。会议商定，由中国社科院领导，我们几个人做发起人，于1980年夏季在无锡召开第一次全国伦理学讨论会，并在这次会议上成立全国伦理学会。

1980年，在无锡召开的第一次全国伦理学讨论会开得很成功。社科院的领导和一些专家出席了会议。这次会议选举了全国伦理学会理事会的理事，推举了伦理学会会长、副会长。李奇任会长，周原冰、周辅成和我任副会长，刘启林任秘书长。伦理学会的章程规定，每四年改选一次。

1984年，在四川召开全国伦理学会，进行改选。事前我和李奇、刘启林等商量，希望仍然由李奇担任会长。当时，李奇和我是编写《中国大百科全书·哲学卷·伦理学分卷》的主编和副主编，由于《中国大百科全书》要在烟台统稿，所以最后决定李奇到四川主持全国的伦理学会，我到烟台参加《中国大百科全书》的修改工作。我也没有料到，在会议的选举中，一部分青年伦理学工作者希望伦理学会的领导能够年轻化，这使选举的结果出现了变化，结果由我担任全国伦理学会的会长，由刘启林、魏英敏、许启贤任副会长，陈瑛任秘书长。此后，连续四次改选，都由我继任会长。1984—2004 年，我担任全国伦理学会会长整整 20 年。2004 年改选，我任荣誉会长，陈瑛任会长。

在担任全国伦理学会会长的 20 年中，我力求使中国伦理学会成为一个坚持马克思主义理论导向的学术团体，并全力引导中国伦理学会成为一个理论与实践紧密结合的学术团体，提倡伦理学研究要同当前中国的现实问题紧密联系，要紧紧地把学术研究和现实生活有机地结合在一起。中国伦理学会决定每两年召开一次全国性的理论讨论会，在每一次的讨论会上，我都认真负责地按照当时我国社会的变化、市场经济带来的新问题，作一个既有学术导向又提出思想道德方面所发生的种种问题和伦理学工作者应注意的问题的报告，希望能够引导伦理学界的同仁沿着正确的道路向前发展。在我担任中国伦理学会会长的 20 年中所举行的 10 次理论讨论会后，都出版了会议的论文集，从这些论文集中我的发言和参加者的论文，也可以看出中国伦理学会在理论和实践方面所坚持的原则。当时，也出现过一种值得注意的情况，就是在个人主义、金钱至上和享乐主义思想泛滥的情形下，一些人曾多次向我提出要求，希望中国伦理学会为企业评奖、为企业颁发奖状以此得到企业的赞助等，他们认为，这样，中国伦理学会就可以有更多的资金、有更广阔的活动平台等。但是，我们始终坚持中国伦理学会的正确导向，使中国伦理学会在这长达 20 年的时间内，为中国特色社会主义和党的建设作出自己应有的贡献。我们积极参加了国家和党的建设的各项重要工作，先后同中宣部、共青团等单位联合发起了“五讲、四美、三热爱”活动。在公民道德建设的过程中，我们不仅参与了《公民道德建设》的起草，并且同中宣部等单位联合确定把每年的 9 月 20 日定为“公民道德建设宣传日”等。中国伦理学会还同韩国、日本和中国台湾等地的伦理学机构建立了学术交流关系，并进行了学术讨论，扩大了中国伦理学会的影响。

（三）开办全国性伦理学学习班

由于新中国从一开始就认为伦理学是一门伪科学，再加上“文化大革命”期间对文化的摧残，所以伦理学学科的人才是极少的。因此，开办全国性的伦理学学习班，把愿意从事伦理学研究的人集中起来进行短期培养，就成为伦理学学科建设的又一重要任务。特别值得注意的是，高校恢复正常并开始讲授“伦理学”课程以后，国家急需伦理学的教学人才，就显得更加突出。1980 年夏天，在无锡召开的第一次全国伦理学讨论会上，许多同志提出了要求人民大学办伦理学学习班的意见。

在无锡会议期间，我开始考虑大家的这一意见。从当时的情况来说，这件事情的确是一件有长远意义的事，应当抓紧去做。从人民大学伦理学教研室的力量来说，尽管存在许多困难，但相对来说，经过努力，还是可以完成这个重要而又光荣的任务的。决心一下，我就进行紧张的筹备工作。首先是向有关高校发出通知，看看有多少人报名，如果报名的人太少，这个班也就无法开办了。但是，出乎意料，报名相当踊跃，初步统计，已经有 30 多人。这样，开办伦理学学习班的事很快就得到了学校的同意。

1981 年上半年，我们开办了人民大学第一期伦理学学习班。参加这期伦理学学习班的有唐凯麟、陈楚佳、许广明、王福霖、唐能赋等。他们中的许多人，后来都成了伦理学战线上有成就的学者。

什么人来担任讲课的教师？“伦理学原理”由我来讲授，这一点，我是有信心的，我曾在人民大学哲学系本科班、美学班讲授过这门课程，而且编写过伦理学教材的大纲，组织撰写过繁简两种伦理学讲义，对马克思主义伦理学已经有比较全面的把握。另外，对“西方伦理思想史”这门课，我也有一定的研究和兴趣，当时正在大量阅读西方哲学和伦理学的名著，我很愿意承担这门课的讲授。对“中国伦理思想史”这门课，我们请了北京大学的朱伯崑教授（后来，朱伯崑教授将他的讲稿《中国先秦伦理思想史》出版）和姜法增共同担任。就这样，这个班顺利开班了。其他兄弟院校的教师，如北京大学、首都师范大学的教师也来学习班听课。由于在全国这个伦理学学习班是第一期，所以同学们曾经开玩笑说，这个班就是“黄埔一期”。

在办班的过程中，一方面，作为教师，我要承担“伦理学原理”和“西方伦理思想史”两门主要的课程；另一方面，我又要负责这个班的组织、领导和生活安排等工作，实际上就是这个班的班主任。比如，从广东中山大学来的同学经受不了北方气候的寒冷，我就要给他送去毛毯等。这是一个新兴的、融洽的、团结的集体，大家抱着一个共同的信念走到一起，每个人都意识到所担负的责任，这就是要为新中国的伦理学事业贡献自己的力量。因此，在这期学习班上，大家都抱着重新学习的态度，相互切磋、相互启发，提高了我们对伦理学许多问题的认识，增强了在我国开展伦理学教学和研究的信心。

第一期伦理学学习班结束后，反响比较好，接着我们又办了第二期。在招生通知发出后，要求学习的人比第一期多了一倍还多，这第二期就分为两个班。

为了培养更多伦理学的教学和科研人才，使他们有较高的学历，我们在人民大学还开办了两期伦理学硕士研究生班，这两期研究生班中的绝大多数同学都获得了硕士学位。

为了培养更多伦理学的教学和科研人才，我们又同沈阳市委党校合作开办了沈阳班，如陈勇、张国春、王莹、王淑芹、肖群中、高力等都是沈阳班的学生。研究生班的这些学生，有一些还攻读了博士学位，成了我国伦理学的骨干。

（四）从讲师到博士生导师

1. 从讲师到副教授整整 18 个年头

由于我是从行政工作转到教学工作的，所以教学的职称问题就出现了一些特殊情况。1959 年当我转为人民大学教师时，一直没有确定教学的职称。1962 年，学校给我定了“讲师”，才算有了正式的职称。1962 年以后，直到 1980 年，就再也没有评定过教学的职称，我在讲师的岗位上整整有 18 个年头。

在这 18 年，我从没想过个人的职称问题。在新中国成立后的一段时间里，我曾经对职称还存在一些误解，认为教授都是高级知识分子，他们中的大多数都是些资产阶级的知识分子，对于我们革命者来说，有没有什么教授头衔，是无所谓的。1980 年，高等学校恢复了职称评定工作。人们对职称的看法和过去不同了，但那时候，还不像后来这样重视职称。

1980年，学校恢复职称评定后，我被评为副教授。当时，在高等学校中具有副教授职称的人还是很少的。记得1980年冬天，我到昆明参加一次全国的思想道德教育的理论讨论会，参加会议的有160人左右，只有我一个人是副教授。当会议的主持人知道参加会议的人中有副教授后，立刻调换了我的住房，从标准间换到套间。

2. “文化大革命”后第一批教授

1982年，学校开始“文化大革命”后第一次评定教授。我在教研室的会议上一再向教研室的同志们提出，不要提名我作为候选人，因为近20年没有评定职称，许多教师都希望能够评上教授。经过多次酝酿，哲学系和学校还是把我作为第一批教授的候选人进行投票。这次教授的评定工作进行得比较顺利，初步酝酿后再经过学校学术委员会的评定和表决，就正式通过了。我从讲师到副教授，经过了18个年头；而从副教授到教授，只有两年。这种情况，在今天看来，似乎是不可理解的，但事情的经过就是这样的。

3. 成为全国第一个伦理学博士生导师

建设伦理学的硕士点和博士点，为培养高层次的伦理学人才而努力，是我们当时奋斗的一大目标。

1981年，经过教研室同志的共同努力，在教材建设和培养人才方面取得一定成绩后，在各方的大力支持下，我们伦理学教研室获得了硕士学位的授予权，建立了硕士点，是当时我国最早具有硕士学位授予权的四个单位（中国社会科学院、北京大学、中国人民大学、北京师范大学）之一。

随着我国教育事业的发展，根据精神文明建设和道德理论研究的需要，在高等学校培养伦理学的博士研究生已成为一个迫在眉睫的任务。

1984年，中国人民大学伦理学教研室全国第一个获得了博士学位授予权，而我也因此成为我国第一个伦理学博士生导师。同时，中国人民大学伦理学还成了国家教委最早的一个重点学科。由于教研室具有了硕士学位和博士学位的授予权，所以我们在培养人才方面就能够做更多的工作。

（五）一系列伦理学专业著作的编写和出版

1.《中国大百科全书·哲学卷·伦理学分卷》的编写

1977—1984年，整整8年，几乎所有的时间我都是在编写《中国大百科全书·哲学卷·伦理学分卷》中度过的。中央要编写一部《中国大百科全书》，这是中国学术界的一项重要任务。当时的要求是，《中国大百科全书》的每一个词目都要由我国当时学术界最适宜、最有研究的学者来撰写。伦理学作为一个分支学科，设有《伦理学分卷》，分卷的主编是李奇，我担任常务副主编，实际上是协助李奇担任整个分卷的组织、编写和审稿工作。"伦理学"词目由我撰写，"道德"词目由李奇撰写，"中国伦理思想"词目由朱贻庭撰写，"西方伦理思想"词目由宋希仁撰写，"共产主义道德"词目由刘启林撰写等。在讨论、研究、审定这部《中国大百科全书》的"伦理学"词目的3年时间内，我认真阅读了大量有关伦理学的著作，仔细思考了对这些问题的各种不同提法和观点，这使我对伦理学有了比较全面的把握。我所撰写的"伦理学"这一词目，虽然只有14 000多字，但它却是我用了3年的时间写成的，这一词目阐述了我对伦理学的对象和方法、中国伦理思想史、西方伦理思想史以及道德原则、规范和范畴等有关伦理学的所有重要问题的认识，它可以说是经过反复推敲、再三琢磨、字斟句酌的论述。它也可以说是我20世纪80年代对伦理学认识的一个总的提纲，是我伦理思想形成的最早的基础，它为我以后的伦理学研究工作打下了重要基础。这一"伦理学"词目后来被收入由黄楠森主编的《哲学大词典》，并被其他许多词典转载。

2.《伦理学名词解释》的编写

在编写了《马克思主义伦理学教学大纲》、《马克思主义伦理学》，并开办了多期伦理学学习班和研究生班之后，人民出版社于1984年向我约稿，要我为广大读者编写一本《伦理学名词解释》。考虑到当时广大青年和一些学校教学的需要，我答应了人民出版社的要求，组织教研室的力量进行编写。整个编写工作共用了两年的时间，参加编写的人员有：罗国杰、许启贤、宋希仁、马博宣、余进、王伟、林建初、戴扬毅等，人民出版社的田士章等也参加了部分词目的编选工作。这部《伦理学名词解释》

共收入词目 540 个，分为 3 个部分：（1）伦理学原理；（2）中国伦理学史；（3）外国伦理学史。在当时，这本《伦理学名词解释》也就是一部最初学习伦理学的词典，它对伦理学的基本知识作了深入浅出的解释，是一部比较好的伦理学入门书。它的出版，对推动我国当时伦理学的学习和研究起了一定的辅助作用。

3.《伦理学教程》的编写

《马克思主义伦理学》一书出版后，在多年的教学实践中遇到了许多新的问题，同时，鉴于《马克思主义伦理学》的字数较多而可供选择的伦理学教科书又较少，为了教学的需要，我们应中国人民大学出版社的邀请，编写一本字数较少而又简明扼要的教材。因此，就在原来《马克思主义伦理学》的基础上，编写出普通高等学校使用的《伦理学教程》，以作为各个高等学校教学使用的教材。

这本书的"导言"和"社会主义人道主义"两章，是由我撰写的。在"导言"中，我进一步论述了伦理学这样一门科学的性质、对象和任务，特别是论证了伦理学必须和当前的现实生活相结合的重要意义；并针对当时理论界一些同志偏重于理论概括而忽视道德原则的阐述，在道德原则的阐述中又未能突出地强调道德原则、规范和社会现实生活要紧密相结合的倾向，提出伦理学的理论只有同现实生活紧密结合，才能对社会、对人的道德品质发生有益的作用。如果不能把伦理学的研究同提高人的道德素质相结合，不能将伦理学的教学同增强人的道德人格相联系，把伦理学仅仅局限于理论、概念上的解释，伦理学就将成为一门空洞无用的道德说教。

本书为什么要加上"社会主义人道主义"一章呢？这主要是由于原来撰写的《马克思主义伦理学》和有关教材对西方人道主义思想未进行比较全面的论述，对西方人道主义思想产生和发展初期的进步作用和合理内容未作全面的分析，对社会主义人道主义的论述不够全面。特别是随着我国对外开放和市场经济的发展，对社会主义人道主义有着进一步阐述的必要。因此，根据当时我国理论界对人道主义的新认识，我根据自己的体会和理解，阐发了社会主义人道主义在社会主义社会中的重要作用，提出了西方人道主义不能作为一种立场、观点和方法来看待和认识社会现象的所有问题，不能作为世界观来指导人们的人生价值观，应当用社会主义人道主义来指导我们的思想和行为。尽管这种观点在以后受到了一些人的批判，但直到今天，我仍然认为这种观点是正确的。由我撰写的“社会主义人道主义”一章，也可以被看作我对人道主义的一个新认识。

本书的其他各章，都是由马博宣同志根据我原来主编的《马克思主义伦理学》（人民出版社出版）的基本内容，并结合几年来的教学实践经验而改写的。所以，在一定的意义上，可以说这本书是《马克思主义伦理学》的简明本。

本书发行后，在一些普通高等学校受到了重视，并被选为伦理学的教材。此书发行10多年来，已经印制14次共28万册，可见它的影响。

4.“外国伦理学名著译丛”的出版

为了更好地了解西方著名伦理思想家的思想，以便对西方伦理思想加以辨析，从20世纪初期开始，伦理学界的一些同行和有志于研究和学习伦理学的同志就多次向我提出，能否组织力量，尽快把西方的一些著名伦理学家的重要的、有代表性的专著翻译出来。在新中国成立以前，西方一些著名思想家的伦理学著作，如康德的《实践理性批判》、黑格尔的《法哲学原理》、密尔的《功利主义》等，虽然都有过中译本，可惜的是，这些书在今天已经很难在书店买到，而它们的译文又都是用的文言文，今天的读者已经很难准确地领会这些著作的原意了。但是，在当时的情况下，要找到一个愿意出版这样一套丛书的出版社和一批既有较好的外语水平又有较高伦理学专业素质的译者，并不是一件容易的事。

一个有利的条件是，原来中国人民大学伦理学教研室的教师郑文林同志，正担任中国社会科学出版社的总编辑，同他商量之后，他对出版西方伦理学的名著非常支持，愿意尽力帮助。一部分英语较好的研究生和青年学者也对这件事情非常热衷，热心支持。这样，翻译出版“外国伦理学名著译丛”一事很快就有了眉目。

1986年4月，这套丛书终于开始陆续出版。我们在这套“外国伦理学名著译丛”的“序言”中，对出版这套译丛的考虑有过一个简明的叙述。其中说：

出版一套伦理学译文丛书，我们素有此愿，但碍于各种原因，却一直未能实现。这几年一些同志已经努力译出了一些外国伦理学专著，但毕竟力量分散，也难见系统。现在承中国社会科学出版社的大力支持，这套丛书得以陆续出版，这是一件值得拍手称庆的好事。中国历来号称文明古国，礼仪之邦，伦理思想一向发达，特别是值此加强社会主义精神文明建设的时期，伦理学更有勃兴之势，为了迎接和促进伦理学的发展和繁荣，当然，最重要的是研究我国当前社会主义的道德现象，按照党和人民的要求，探讨建设社会主义精神文明，提高全社会的道德水平和人们精神境界的规律和方法，这是我们的主要着力点。但是，也有必要整理我国历史上遗留下来的丰富的道德文化遗产，有必要借鉴外国的从古典到当代的各种独特的伦理思想成果，这是我们不能忽视的两翼。这一套伦理学译文丛书，我们力求选入已成定论的古典名著和有较大影响的当代专著，包括较好的伦理学史和教科书；在翻译上，则力求做到文从字顺，不走原意。我们不仅希望伦理学专业的同志，也希望其他研究领域的同志来参加这一工作。本着贵精勿滥的原则，准备一年出两三本，积数年之功，想必会做出较大的成绩。国外的伦理思想所产生的社会历史条件，所处理的道德问题和依凭的价值观念，跟我国目前的情况均有不同，所以，一番批判改造和消化吸收的功夫，自然是不可少的。相信我们的读者，一定能以马克思主义的立场、观点和方法，带着中国的问题去阅读这些书，并从中得到正反两方面的启发借鉴，这也正是我们出这套丛书的希望所寄。

经过近20年的努力，在许多同志的积极参与下，这套丛书已经先后出版了十几本，如罗尔斯的《正义论》、包尔生的《伦理学体系》、西季威克的《伦理学方法》、汤姆·L·彼彻姆的《哲学的伦理学》、麦金太尔的《德性之后》、马可·奥勒留的《沉思录》、费希特的《伦理学体系》、霍尔姆斯·罗尔斯顿的《环境伦理学》、约瑟夫的《境遇伦理学》等。这些外国伦理学名著的翻译出版，对改革开放后我国伦理学的教学和科学研究，对当代西方伦理思想的认识和了解，都发挥了有力的推动作用。其中《正义论》的译本，在香港和台湾都加以重印出版。

值得一提的是包尔生的《伦理学体系》一书。1908 年，蔡元培先生曾将此书的第二篇译出，以《伦理学原理》为名由当时的商务印书馆出版。杨昌济先生在湖南省第一师范任教时，就曾以此书为该校伦理学的教材，毛泽东作为当时的在校学生，曾在这本约 10 万字的教科书上作了 10 000 多字的批语。毛泽东后来看到这些早年读《伦理学原理》所作的批语时说："我们当时学的尽是一派唯心论，偶然看到像这本书上的唯物论的说法，虽然还不够纯粹，还是心物二元论的哲学，已经感到很深的趣味，得了很大的启示，真使我心向往之了。"由此可见，这些译著对我国伦理学研究具有非常重大的意义。

5.《道德百科全书》的翻译和出版

为了更好地了解西方伦理学研究的情况和对一些重大伦理问题的看法，我们从西方许多伦理学的词典和百科全书中找到了一本"美国哲学文库丛书"中的《道德百科全书》，其篇幅大小和内容都比较适合伦理学初学者的需要。

这本《道德百科全书》，由美国著名哲学家弗吉利亚斯·弗姆（Vergilius Ferm）组织全美国 60 余位哲学家、伦理学家、社会学家、人类学家等共同编撰而成。全书采取百科全书的题材，由 78 篇主要的论文组成，称为"正文目录"，就是这本辞书主要词目的目录，同时，还附有数以百计的参考词目，把与主要词目相关的人物、理论、学派、观点、概念，以至社会的风俗习惯、宗教信仰等都予以介绍和说明，从而使读者在阅读和使用这本《道德百科全书》的时候感到十分方便。如在主要词目中有一个"中国道德"总词目，其中包括有关中国的道德学家、各个学派、各种概念、名词和术语以及儒、墨、道、法的重要人物和重要思想等参考词目。这本书真可说是内容充实、资料丰富，不但对伦理学初学者有较大帮助，就是对伦理学的教学和科研工作者也有重要的参考价值。

为此，我们商定由当时我的几位研究生将它翻译出来。前后经过了近两年的翻译、修改，最后由湖南人民出版社出版，它对推动我国伦理学研究具有重要意义。可惜这本书出版后，没有得到适当宣传，发行并不广泛，只印制了 8 000 册，直到今天，我仍然认为此书有重版的价值。

6.《西方伦理思想史》教材的编写

在给学习班讲授西方伦理思想史的时候，我们没有教材，只好自己动手编写讲稿，由于这个讲稿只是一个简单提纲，同学们要求把它印出来，以便学习。和宋希仁同志商定，以此稿作参考，由他来执笔，重新撰写一本《西方伦理思想史》，作为两人合作的专著。这本书，经过宋希仁同志的努力，最后终于写成了一部约 75 万字的专著（上下册）。

这部《西方伦理思想史》共分 17 章，上起古希腊的伦理思想，比较详细地考察了古希腊的政治、经济和社会的情况，把古希腊伦理思想的起源同当时的社会问题紧密地结合在一起，下至德国古典伦理学，以费尔巴哈的伦理思想作为全书的结束。本书的主要特点就是，它一改过去一些有关西方伦理思想的历史唯心的论述，力求用马克思主义历史唯物主义的立场、观点和方法，对西方伦理思想进行全新的分析。该书的上下册分别于 1985 年 1 月和 1988 年 6 月由中国人民大学出版社出版。在出版后的相当长的一段时间内，它是全国伦理学界唯一一部《西方伦理思想史》教材，和《马克思主义伦理学》一样，在伦理学的教学中具有填补空白的重要意义。在当时，对高等学校西方伦理思想史的讲授，起到了一定的作用。新中国成立后，关于西方伦理思想史的系统著作还没有出版，研究和学习西方伦理思想的同志主要是从周辅成先生编辑的《西方伦理学名著选辑》中查找这方面的资料。

（六）对当时道德问题的认识

1988 年，为了纪念改革开放十周年，由中宣部、中央党校和国家教委等部门联合发起召开一次全国范围的纪念会议，要求理论战线的同志撰写有关反映改革开放十年来各方面巨大变化的理论文章。

我选择的题目是“当前有关道德问题的几点思考”，这篇论文经过会议组织的评选委员会的评选，获得了纪念党的十一届三中全会十周年理论讨论会优秀论文奖，并获颁证书。此文最早登载于《理论纵横（哲学篇）》（河北人民出版社，1988），之后为许多报纸和刊物转载。在这篇文章中，我提出了改革开放以来，我国在社会生活和道德风尚方面所出现的问题，提出了在意识形态和伦理学理论方面应当注意的问题。这篇文章的内容基本上反映了我在20世纪80年代对我国伦理道德中许多问题的认识，其中还提出了对解决这些伦理道德问题的意见，是一篇反映我早期伦理思想的重要论文。

论文认为：十年改革在伦理道德领域引起的最深刻、最重大和人们最关心的问题，莫过于整体与个人关系的问题。在这个问题上表现出来的实践对立和理论分歧，对中国伦理道德产生的冲击是如此巨大，以至于由此产生的后果恐怕将影响中国伦理道德在未来的发展趋势，影响中国伦理道德的直接价值目标，并有可能影响中国改革在未来的发展方向，影响中国的现代化。

论文强调：十年改革反馈给我们的一个深刻的结论便是，并不存在单纯经济形态的国家现代化，任何国家的经济现代化，既必须依赖一定的价值目标（包括道德价值目标）的导向，更必须包含着或伴随着一定的价值目标的追求。甚至可以说，一定的经济现代化，往往只是一定的价值目标在经济实力上的体现；或者，这种经济的现代化，不过是达到设定的价值目标的一种最重要的手段。

论文提出：在改革开放的情况下，最重要的就是要重新解释整体与个人关系的性质及其含义，摆正二者之间的关系，把个人从整体的约束中解脱出来，树立个人的个性、尊严、价值，等等，以适应经济的迅速发展对个人活力的迫切需求。由此发端的对整体与个人的关系问题的讨论，在十年改革的全过程中，在某种情况下已经演化为一场极其复杂的道德原则之间的争论，即集体主义原则与个人主义或利己主义原则之间的争论。这两种不同的道德原则，都力图使自己成为国家现代化建设的价值导向目标，使自己成为最基本的国民道德，而且都认为，唯有自己才能成为国家道德发展的必由之路。

论文进一步提出：新中国成立以后，我们党一直倡导的集体主义道德原则本质上不同于封建主义的整体主义，两者混同起来，在理论上是不能成立的，在实践中更是极其有害的。我们不应把由于“左”的思想影响等原因而强加给集体主义的某些解释，看作集体主义，也不应把因“左”的思想影响等原因而否认的某些属于集体主义的内容，看作与集体主义不相容的。

社会主义集体主义原则所指的“集体”究竟是什么样的集体？集体主义原则中最关键的问题就是，集体必须是马克思、恩格斯所说的那种“真实的集体”，而不是马克思、恩格斯所痛斥的那种“虚妄的集体”。判断集体是否真实的最可靠的办法，莫过于看这个集体是否真正像它所宣称的那样为最大多数人谋利益，而不是仅为少数人谋利益。就此而论，强调集体主义原则中集体的真实性问题，已经超出了一般的理论问题，而是直接与我们所指的集体的实际言行密切相关的现实问题，成为直接与集体主义原则的可信赖程度密切相关的现实。因而，怎样使我们的集体具有更多的真实成分、抛弃更多的虚妄成分，将是使集体主义原则取信于民的关键。

应该注意的是，集体主义原则究竟应该怎样确立个人（包括个人的个性、尊严、价值、权利以及个人的奋斗、自我实现、自我设计，等等）的地位。以往我们在解释集体主义原则时，无论我们怎样试图从理论上讲清个人与整体的辩证关系，但实践的结果却总是以个人受到过多的、不必要的压抑而告终。因此，今天，我们在反思集体主义原则时，或者在坚持集体主义原则时，应该在突出集体、整体的同时，强调个人活力的地位，从一个全新的高度认识个人活力与集体活力的辩证关系，认识个人活力与改革成功与否的辩证关系，从而彻底纠正以往对个人的作用和地位所作的不正确理解。改革十年的实践证明，重视个人的正当利益，维护个人的尊严、价值、权利等，对激发人们为改革开放、为四化献身的开拓创新精神，对国家和民族的振兴，都起到了积极的作用。个人意识的觉醒，确实成为当今道德发展的一个显著标志，成为改革和四化建设不可或缺的精神财富。

论文针对当时一些人片面强调所谓的“生产力标准”问题，提出了一个“道德评价的标准”，认为：如果我们仅能在改革中创造出资本主义那样的物质财富，而且是以牺牲我们的道德为代价的，那么我们就不能说我们的改革是成功的，是社会主义性质的。把生产力标准作为衡量一切的最终标准，就道德领域而言，无非是把一切善恶的最终尺度归结为生产力尺度，即凡是有利于生产力发展的，就是善的，反之，则是恶的。从历史唯物主义的总原则来说，把道德善恶与否的标准最终归结为生产力标准，这无疑是正确的。然而，即使在历史唯物主义领域，善恶尺度与生产力尺度的关系问题也始终是一个十分棘手的问题，它就像社会进步与道德进步的关系一样，不是一句简单的结论或一个简单的公式可以解决的问题，而是一个需要从多方面分析、论证和对具体问题具体评价的极其复杂的问题。因此，当我们在道德领域内重申生产力标准时，我们一定要考虑这种复杂情况，具体问题具体分析。

目前最严重的问题，莫过于把生产力标准庸俗化、片面化，把它理解为一种急功近利、唯利是图的短期行为标准。这种倾向有可能使许多人自觉不自觉地以此为自己不负责任的行为辩护，而且可能成为在一定程度上、一定范围内不能对之进行批评的借口。这种情况对改革事业造成的危害，是不可忽视的。因此，当我们强调道德领域内的生产力标准时，必须强调全面理解生产力标准的含义，尤其要避免把生产力标准理解为一时的经济效益标准、金钱标准，等等。从生产力的发展来说，物质财富的增加、经济效益的提高，固然是生产力标准的重要方面。但同时我们还应当看到，在强调生产力标准时，我们绝对不能忽视生产力自身的发展和完善。如果我们能够及早注意到，在增加物质财富、提高经济效益时，能够使生产力自身愈来愈有活力，那么我们的四化建设将是后劲充足和潜力无穷的。那么，怎样来认识和理解生产力自身的发展和完善呢？

首先，从生产力中人的因素来看，生产力标准最重要的含义是强调人的劳动生产能力和积极性。正是在这个意义上，马克思说最伟大的生产力是劳动者本身。因此，所谓发展生产力，首先是发展人本身这种生产力，所谓生产力标准，首先是人本身的劳动能力和积极性的标准。生产力标准通过人的因素的这种具体化，使得道德的地位一下子突出起来，甚至使道德因素也被包含在生产力标准之中。这就是说，如果承认马克思所说的人是最伟大的生产力的观点，那么就必须把与人的劳动能力和积极性相关的因素都看作促进生产力发展的直接因素，诸如劳动者的文化文明素养、道德水平、为劳动献身的忘我精神，等等。那种仅仅把劳动者当作被动的劳动力的观点，必将严重挫伤劳动者的劳动热情及首创精神。实践表明，怎样在利益引导的同时也对劳动者实施劳动道德观的引导，将涉及产生完全不同的生产效率的大问题。一些发达国家愈来愈重视对劳动者“主人翁”意识的培养，其实正是看到了人是有血、有肉、有灵魂的生物，而不是只受低级欲望驱动的动物。从这个意义来说，怎样在改革过程中优化人的素质、优化人际关系，减少人与人之间的消极摩擦，避免使人们信奉“金钱万能”的资产阶级格言，避免使人们对社会、对他人、对生活、对未来丧失信任和希望，将直接关系改革的成败。在当前，值得注意的是，在被庸俗化了的“生产力标准”的影响下，人在生产力中的地位和作用似乎被淡忘了。这种淡忘的直接后果是，人的教育被淡忘了，淡忘了对人的智力教育，更淡忘了对人的德性教育。这又怎能达到生产力自身的发展和完善呢?

论文认为当时一些人所宣扬的“唯生产力标准”的后果是，它必然要在污染环境方面付出巨大代价，而这个代价也是需要在以后加倍偿还的。他们只重视怎样在最短的时间内获得最大的经济效益，哪怕破坏一切生态环境、耗尽一切不可再生能源。这几年在某些人的这种短期行为观念的诱使下，我们的环境、我们的资源所遭受的危害，是令每一个有责任心的人痛心疾首的。可以毫不夸张地说，有些村庄、工厂、矿山，等等，它们用拼环境、拼资源而创造的所谓“经济效益”，其实远远比不上它们所糟蹋的环境和资源的价值。资本主义国家在发展初期，曾经付出过惨重的环境和资源代价，但这些国家一旦猛省过来，就立即采取果断措施保护环境和资源，而且把这两项参数作为衡量经济效益的重要指标。

这篇论文，对改革开放10年来在伦理道德上出现的种种问题，几乎都作了回答。对社会经济发展与道德的关系，论文批评了当时流行的“代价论”，分析了必要的代价是应当付出的，而可以避免的代价是应当尽量避免的。20多年后，再来阅读这篇论文，又有一种心情浮上心头。尽管这篇论文中的一些提法，在今天看来，由于时代的局限，不够完善，但其中大多数的认识，如果能及时加以改进，我国人民的道德水平和社会的道德风尚必然呈现新的面貌。

（七）新形势、新情况和《伦理学》一书的出版

从1982年我主编的《马克思主义伦理学》一书的出版到1988年这六年间，我国经济生活、政治生活、社会生活和道德生活的各个方面，都发生了巨大的变化，同时也面临一些新的情况和问题。

从道德生活来看，一方面，过去长期的封建社会旧道德这个“因袭的重担”，仍然影响和制约着一些人的思想和行为，使我们在道德生活上的进步步履维艰。封建社会的道德遗毒仍然在我们的生活中散发着腐烂的臭味，影响和阻碍着社会道德的进步。因此，反对封建社会的等级制度和等级思想（家族关系、愚忠愚孝、论资排辈等），在我们党的建设中依然有重要意义。

另一方面，我国自从1978年实行改革开放之后，积极同世界各国进行政治、经济和文化的交流，与此同时，资产阶级的价值取向和人生目的，尤其是资产阶级的个人主义和利己主义，也被一些人当作新思想，在我国社会中广泛传播和宣扬，对我国的道德生活产生了十分严重的腐蚀作用。尤其值得注意的是，资产阶级的“金钱至上”、“拜金主义”和“一切向钱看”的思想，在我国社会中愈加发展，一些人只顾追求个人的私利，只知道追求个人的最大利益，甚至不惜损害国家和人民的利益。

更加需要指出的是，当时整个意识形态方面也出现了如何看待资产阶级的“自由”、“民主”和个人的“个性发展”的问题。一股资产阶级自由化的“西风”，弥漫在中国的思想领域。有人认为，生活的意义就是金钱和享受，就是谋取个人利益。至于所谓崇高的理想，高尚的道德，对他人、对社会、对国家的奉献精神，什么人的价值、人的尊严等，这一切都是骗人的。有的人加入共产党，并不是为了党和人民的利益，而是为了得到个人的发展，为了自己升官发财。就是在国家干部中，有的人也是先当个科员，然后就想着不断地往上爬，当上了科员就想当科长，当上了科长就想当处长，当上了处长就想当司长，当上了司长就想当一个副部级领导，当然，其中的一些人还有更大的欲望，就是希望能升到更高的位置，但他们心中却完全没有公仆意识。在复杂的社会思潮和社会现象面前，一

些人站在马克思主义的立场，坚决反对和抵制这种种与社会主义思想道德相对立的资产阶级思想道德，一些人则迷惑动摇，对这些思想的泛滥不知所措。因此，如何坚持马克思主义的立场、观点和方法，对社会道德现象作出正确的解释，对我们应该坚持什么样的道德作出充分的论证，已经成为当时伦理学所面对的一个不能回避的问题。

《伦理学》一书就是针对这个中国社会意识形态的大背景而撰写的。这本书除了对伦理学的对象、原则、理论和方法作进一步阐述以外，重点强调了社会主义集体主义在当时社会上的重要作用，阐明了在社会主义中个人主义思潮泛滥的危害，辩证地处理了个人利益和集体利益的关系，使马克思主义伦理学的理论和原则更加适应当时社会道德风尚的要求，为加强社会主义精神文明建设提出了伦理道德的有力支撑。这本书于 1989 年由人民出版社出版。

（八）开展科学教学和科学研究，伦理学基地的建立（教育部人文社会科学百所重点研究基地）

在教研室同志的共同努力下，我们教研室在伦理学学科建设和发展上取得了一定的成绩。1978 年 9 月到 1984 年短短五年多的时间，中国人民大学伦理学教研室就建立了博士生、硕士生和本科生三级伦理学人才培养体系，缓解了 20 世纪 70 年代末我国从事伦理学教学和研究的人才奇缺的状况。

随着伦理学硕士研究生和博士研究生学位点的建立，加强学科研究和教材建设就更加重要。教研室除开设硕士和博士研究生的专业课和专业基础课外，又先后开设了“人生哲学”、“应用伦理学”等选修课及许多专题课。

1987 年，在教研室同志的努力下，成立了伦理学研究所，同社会和企业加强了联系。1996 年，以伦理学教研室为基础，成立了中国人民大学道德科学研究院，为进一步同国内外的学术交流创造了更好的条件。1996 年，伦理学研究所同日本建立了联系，使研究所的同志有机会到日本访问。1997 年，道德科学研究院和国家教委高校社会科学发展研究中心（简称“社科中心”）同英国的威尔士大学联合召开了国际学术讨论会，扩大了道德科学研究院在国内外的影响。从1989年到现在，教研室的同志先后出国到苏联、德国、日本进行学术访问，还多次到台湾参加有关海峡两岸的学术讨论会。

1999年12月，在中国人民大学伦理学研究所和道德科学研究院的基础上组建了“中国人民大学伦理学与道德建设研究中心”。在2000年9月，中国人民大学伦理学学科终于更上一层楼，“中国人民大学伦理学与道德建设研究中心”通过教育部组织的严格评审，被确定为“教育部人文社会科学百所重点研究基地”。

教育部为什么要建立“人文社会科学百所重点研究基地”呢？最重要的原因是要加强对人文社会科学的管理和领导，为此，就要在全国所有高等学校中选择一些在二级学科上有显著成绩的单位，提出一定的条件，如要有水平较高的学术带头人，要有突出的学术成果，要有充足的专业图书资料，要有200平方米建筑面积的阅览室、图书室、办公室等。这个基地是由教育部和学校共同领导的，它的重要任务就是要在本学科的教学、科研和理论领域能够在全国起指导作用。人民大学哲学系如果能达到教育部提出的要求，被圈定为伦理学基地，就必然会大大增强自己在全国伦理学领域的地位，也必然会对全国伦理学学科的发展起到更大的作用。人民大学伦理学教研室的同志齐心协力，共同奋斗，经过近一年的努力，在教学、科研、图书、设备等各个方面创造了教育部要求的所有条件，先后通过各个方面的认真检查，最终通过专家和教育行政部门的验收，达到了教育部规定的要求，成为全国首先批准的、唯一的伦理学基地，并命名为“中国人民大学伦理学与道德建设研究中心”。

（九）担任哲学系系主任工作的一段回忆

1986年，中国人民大学哲学系迎来了自己的30岁生日。作为一名学生，我曾在这里如饥似渴地学习；作为一名教师，我曾在这里教育莘莘学子；作为系主任，我曾在这里和大家一起共谋哲学系的发展大计。从相见、相识、相知到相守，我的成长和人大哲学系是分不开的。尤其是担任系主任的那段岁月，更是见证了哲学系成长的点点滴滴。

1966年开始的“文化大革命”，给中国人民大学带来了深重的灾难。

大批干部、教师遭到批斗，各级党政组织陷于瘫痪，全部教学、科研工作被迫停止。1970 年 10 月，北京市革命委员会通知中国人民大学停办。中国共产党亲手创办的、具有 30 多年光辉历史和优良革命传统的中国人民大学就这样被解散了。中国人民大学的教师被分配到北京其他高校任教，哲学系的教师被分配到北京大学、北京师范大学等高校。直到 1977 年 9 月恢复中国人民大学之后，哲学系才重新回到了人民大学。

1956 年，中国人民大学哲学系建立时，第一任系主任是在解放区就已经闻名的法学家何思敬教授。之后接替他的是吴江，而 1983 年哲学系的系主任是由校党委书记张腾霄兼任的（方华是副主任）。为了加强哲学系的建设，经过多次研究，1983 年任命我做哲学系的系主任。

我当时正从事伦理学教学与研究，并希望在这一门学科上有所作为，对从事行政工作没有心理准备，也不愿意从事行政工作。当时，谢韬担任中国人民大学党委书记和常务副校长，对全校的中层干部进行调整。1983 年 6 月 30 日，谢韬约我谈话，他告诉我，中国人民大学党委讨论决定，由我任哲学系的系主任。我当即提出，我不适合担任这一工作，一是我当前的科研任务很重，实在没有能力担任比较繁重的行政工作；二是我的年龄太大，已经 57 岁，精力也差，不允许再做行政工作。谢韬立刻回答我说："这是党委的决定，没有讨论的余地，我们也了解到，你是不愿意做的，更不会'自告奋勇'来承担这一工作。但是我们也相信，在党委做出了决定以后，你一定会服从，并且认真把工作做好。"并征求我的意见，可否由杨彦钧和刘大椿做副主任协助我工作，如果同意，党委准备在 7 月 6 日召开哲学系的大会宣布。校党委和同志们的信任不容我再推辞，我只好接下这一艰巨的任务。

经过商讨，我们三人决定齐心协力，团结哲学系的广大教职工，为哲学系的学科建设、教学科研等工作贡献自己的力量。在大家的共同努力下，曾经遭到破坏的人大哲学系又重新焕发了生机和活力。

当时，人民大学哲学系面临的首要任务是，在新的形势和要求下，在经过长期停办的情况下，尽快加强学科建设、编写教材以及充实教学和科研人员。我们着力在学科建设、教材编写和人员充实这三个方面做了一些工作。

当时，国家教委已经开始设立培养人才的一系列制度，大力建设培养人才的硕士点和博士点，评聘硕士生导师和博士生导师。因此，如何使中国人民大学哲学系尽早得到社会的承认和设立更多的硕士点和博士点，我们做了多方面的工作。当时，所有哲学学科硕士点和博士点以及博士生导师，都是由国务院设立的哲学学科评议组讨论决定的。在当时的国务院哲学学科评议组中，我和肖前同志先后被任命为其中的成员和召集人。在20世纪80年代，我连续担任国务院哲学学科评议组的第二届成员，第三、四、五届的召集人。在大家的共同努力下，中国人民大学哲学系在几年时间内取得了极其显著的成绩。肖前、石峻、苗力田、黄顺基、罗国杰、陈先达等成为哲学系最早的一批博士生导师。马克思主义哲学、中国哲学史、西方哲学史是国务院第一批批准设立的博士点，而伦理学更是全国唯一被批准的博士点。正是在这个基础上，中国人民大学哲学系获得了最早一批的哲学一级学科的博士学位授予权，所有二级学科都获得了招收博士生的资格。在这里还需要特别指出，为了使中国人民大学哲学系成为更加全面发展的哲学系，我们还特别呈请国家教委批准，在中国人民大学哲学系增设了全国唯一的伦理学专业，从本科开始，就可以招收伦理学专业的学生。与此同时，逻辑学、美学和自然辩证法等专业，也都充实了新的力量，从而使人民大学哲学系重新站在全国哲学系的前列。

为恢复人民大学哲学系在编写教材方面的领先地位，在加强教材建设的过程中，一方面，我们修改原有的教材，使其适应新形势的需要；另一方面，组织各个二级学科的教师编写新的教材。肖前、李秀林、汪永祥、李淮春等主编的《辩证唯物主义》和《历史唯物主义》，成为当时全国各个高等学校普遍采用的标准课本，发挥着引导全国哲学学科发展的重要作用，发行总数达100多万册；罗国杰等主编的《马克思主义伦理学》、《伦理学教程》，苗力田等编写的《西方哲学史》，石峻、杨宪邦等编写的《中国哲学史》，周述岐等编写的一系列科技哲学教材和方华等编写的逻辑学教材，陆续出版，被全国大多数高等院校采用为教材。如果说20世纪60年代哲学系成立后的10年，为人民大学哲学系的发展、壮大时期，那么20世纪80—90年代，就可以说是哲学系建立以来的第二个迅速发展和再度辉煌的时期。中国人民大学哲学系已经被公认为全国主要的四个哲学系（中国人民大学哲学系、北京大学哲学系、武汉大学哲学系、复旦大学哲学系）之一。

为了加强哲学系的教学和科研力量，必须大力招聘各个二级学科的优秀人才，其中美学、马克思主义哲学、逻辑学、宗教学等学科，都通过各种渠道，吸收了一批熟悉业务、忠诚教育和德才兼备的新教师，这些教师对后来哲学系的发展发挥了重要作用。在培养学科带头人的问题上，还有一件值得特别提出的事，就是第四批博士生导师的申报和批准。自从 20 世纪 80 年代我国恢复博士生导师的评定以来，所有前三批的博士生导师都是由教育部确立的哲学学科评议组讨论通过的。1983 年教育部决定，1984 年以后的博士生导师将不再由教育部评定，而是由各个有资格的学校自己评定。为此，我们就积极争取、多方努力，终于在 1983 年申报了一批年轻的教师作为第四批也即最后一批由教育部批准的博士生导师，如方立天、郑杭生、张立文等，他们都是我校的优秀青年教师，成为我校在这些学科中卓有成效的学术带头人。

在配备教学科研力量方面，我们对我系美学学科的恢复和重建做了更多的努力。历经“文化大革命”的灾难，当时的美学教研室只有马奇和司有仑两人，几乎连教研室也不存在。为了重振和恢复人民大学美学教研室在全国的重要影响，这期间，除 1982 年将王旭晓留系外，1984 年从北京大学哲学系引进了张法，1985 年年初又从我校语文系调回了原是哲学系美学教研室的丁子霖，又从语文系调进了袁济喜、蒋培坤和成复旺等人，这样，才算为我系美学学科的发展打下了基础。

当时哲学系的发展状况，从庆祝建系三十周年的盛况可见一斑。在 1986 年 8 月，由哲学系主持，召开了一次在全国有重大影响的、为庆祝中国人民大学哲学系建系三十周年的理论讨论会。当时，我是学校主管教学和科研的副校长，同时也是哲学系的系主任。早在这年的 4 月中旬，哲学系的许多教师就向我提出要召开庆祝大会，并成立了张腾霄、马奇、余进、罗国杰、杨彦钧、刘大椿、董永俊等人参加的筹备会，商讨和准备有关事宜。经过四个多月的工作，终于在这年的 8 月 5 日—8 日，召开了为庆祝建系三十周年而举行的“哲学的现状与发展”学术讨论会。会上，就哲学与改革、马克思主义哲学的发展与教训、中国哲学传统与我国社会主义精神文明建设、现代西方的挑战与马克思主义哲学的态度、发展社会主义商品经济与共产主义道德教育等一系列问题，进行了热烈的讨论。这次大会，是一次讨论深入、交流广泛、意义重大、影响深远的大会。出席会议的有中共中央书记处书记邓力群、中国社会科学院院长胡绳、中宣部部长朱厚泽等，我校的领导黄达、力康泰、张腾霄、谢韬，以及来自全国各地100多个单位的哲学教师、科研人员和理论宣传工作者，共500多人。在这个“500人理论讨论会”上，中央领导和理论界的专家，对人民大学哲学系30年来的成绩，作了充分的肯定和赞扬，使人民大学哲学系在全国高等学校中的地位得到了进一步提高。这个“500人理论讨论会”对哲学系是一次有重大意义的大会。（参见《中国人民大学纪事》上卷，353页，北京，中国人民大学出版社，2007。）大会由我致开幕词，我在开幕词中概述了哲学系的历史发展和当时的现状。现在重温这段旧事，我仍旧为哲学系的发展感到自豪。下面是当时的开幕词，补充在这里，权作一个历史的记录。

三十年的回顾与展望

——在中国人民大学哲学系建系卅周年庆祝会暨“哲学的现状与发展”讨论会开幕式上的讲话（摘要）

1986年8月，中国人民大学哲学系正式成立三十周年。如果追溯到1951年我校马列主义研究班的哲学班（即哲学系的前身），那就是三十五周年。三十多年来，人大哲学系已经培养了3 098名学生。其中研究生（包括硕士生和博士生）、研究生班和学习班的学生约1 000人，本科生（包括人大一分校的哲学毕业同学）约2 000人。这些毕业生，大多被分配到党的理论宣传部门、党校、社会科学研究机构以及高等学校，从事哲学和政治理论的教学和科研工作，不少人写出了各自学科领域内有较高水平的专著、教材和有重要影响的学术论文，取得了突出的成绩，有的成为哲学中某一分支学科的学术带头人，被晋升或破格晋升为教授、副教授。不少系友还兼做哲学系或政治理论系科的领导工作。如吉林大学哲学系、南开大学哲学系、南京大学哲学系、辽宁大学哲学系、山东大学哲学系、兰州大学哲学系、杭州大学哲学系、江西大学哲学系、安徽大学哲学系、内蒙古大学哲学系、湖北大学政治系、陕西师范大学政教系等的系主任，都是我系毕业的同学。这些情况，从一个侧面反映着人大哲学系在我国哲学界的重要地位。

经过30年，人民大学哲学系在中宣部、国家教委和学校的领导下，在各方面的支持下，已发展成为学科比较齐全的全国重点哲学系之一。对应于国务院学位委员会所设哲学硕士、博士授予权的十个分支学科，我系共有十个教研室（或研究室），它们是：马克思主义哲学原理、马克思主义哲学史（原著）、中国哲学史、外国哲学史、逻辑学、自然辩证法、伦理学、美学、现代外国哲学和宗教学。这十个学科中，我系已有九个硕士学位授予点，有六个博士学位授予点。六个博士学位授予点分别是：马克思主义哲学原理、马克思主义哲学史（设我校马列发展史研究所）、中国哲学史、外国哲学史、自然辩证法和伦理学。根据人民大学的方针，哲学系将多层次地培养学生，即以本科为基础，以研究生为重点，并努力注意培养好高层次的博士生。现在全系共有学生259人，其中本科生126人，研究生117人，博士生16人。加上暑假后入学的本科生、研究生和博士生，在系学生将达340人。我系现有教职工100多人，30年来先后在系里任教和工作过的同志共有300多人。

我们这次会议的中心议题是我国哲学的现状与发展问题。把对这个具有紧迫意义的问题的学术讨论同庆祝人大哲学系建系三十周年结合在一起，还有一特殊的意义，就是要在分析我国马克思主义哲学的现状与发展的同时，也认真地总结和分析一下我们哲学系的情况，看看我们30年来在坚持和发展马克思主义哲学方面，取得了哪些成绩，还有哪些不足，以及今后应该怎样更好地努力。

不必讳言，哲学系在过去30年中，在学习和宣传马克思主义基本理论、为社会主义事业服务方面，是有成绩、有贡献的。同时，我们系所形成的风格和特点以及在大家心目中的形象也是鲜明的。我认为，在这种风格和这些特点中最根本、最重要的一点就是，强调每一个马克思主义理论工作者都应该具有坚定的马克思主义立场和严谨、求实的科学态度。熟悉马克思主义、坚持马克思主义，把自己的命运同马克思主义理论的命运紧密地联系在一起，已经在这30年的曲折历程中，成为我们这个集体的传统特征。对此，我们有理由感到光荣。

但是，我们也应清醒地看到：过去所作出的成绩和形成的风格与特色，在新的历史条件下，更有发展和改进的必要。十一届三中全会以来的理论上的拨乱反正和全面的社会改革，要求马克思主义哲学有一个新的发展。在这种形势下，我们系的工作、全国哲学界的工作，都同马克思主义哲学本身一起，经受着历史的新考验。时代赋予我们的崇高使命和历史责任是，在坚持马克思主义基本原则的同时，为新形势下发展马克思主义作出新的努力和贡献。

马克思主义的辩证法告诉我们：一切事物，只有运动才有生命，只有发展才能生存。这对于马克思主义来说，也是适用的。在现实生活中，我们学习、宣传、捍卫和坚持马克思主义的基本理论，同时随着实践的进步而不断丰富、充实、检验和发展马克思主义的具体结论，这两者在不同条件下是可以有所侧重的。但是，任何时候我们都不应把坚持和发展割裂开来、对立起来。不能把坚持和发展看做互不相干甚至彼此排斥的。要坚持就要发展，不发展就不能坚持。如果说，在过去的许多年里，我们党在哲学理论上所做的一切，总的来说，是在曲折与反复中解决一个如何完整准确地理解和贯彻马克思主义的基本理论的问题，如果说，这主要是一个坚持的问题的话，那么，在这个坚持的过程中，就已经包含着发展，即结合我们中国的具体实际，在新的条件下创造性地发展马克思主义。那么，在今天，在坚持马克思主义的同时，努力用当代世界的先进成果和我国改革实践的新经验来检验、充实和发展马克思主义，甚至改变它的个别结论，也正是为了在新形势下增强理论的活力和更充分地发挥马克思主义的威力。也就是说，这种发展，就是最好的坚持。把坚持马克思主义当做教条主义，无视中国和世界实际斗争所产生的新情况、新问题，是错误的；同样，认为马克思主义已经过时，把发展马克思主义当做可以否认马克思主义基本理论的指导作用，更是错误的。总之，合乎辩证法的“坚持”与“发展”是统一的，我们所要努力追求的，正是这样的坚持与发展。

近年来，理论界、教育界和从事实际工作的许多同志，在探讨如何发展马克思主义哲学的同时，也以各种方式对人大哲学系的建设，表示了极大的关心和期待。来自各方面的评论、意见、建议和督促，体现了大家对人大哲学系的信任和关注，使我们更加感到了自己的责任和义务。可以向大家汇报的是，这几年中，我们在人大哲学系工作的同志并没有停顿、等待和观望，而是在尽力使我们的工作跟上时代前进的步伐。几年来，我们力求在新形势面前既不僵化保守，又不急躁轻率，而是扎扎实实地探索哲学体系改造和教学改革的途径。同时，我们也正在尽最大的努力，加快对知识结构和人才结构的更新；抓紧一些新学科和新课题的研究和建设；以老一代知名学者为首，对几个分支学科中的一些重大理论问题，组织力量，协作攻关；由我系主编的各分支学科的一批新教材和专著即将陆续问世；在此期间，我系的一批中青年人才、硕士研究生、博士研究生迅速成长，开始成为科研和教学的新生力量。在这次职称评定中，一批我系自己培养并留系工作的研究生被评为副教授，他们的年龄都在 40 岁左右。

哲学系的工作，虽有一定的成绩，但也确有许多方面不能适应当前形势发展的要求。如何使我们培养的学生具有更强的应变能力、创造能力，更好地适应现代化建设的需要；如何更多更好地开出高质量、多信息、内容丰富的新课程；如何提高我系的管理工作；如何培养教师等，都需要认真研究和总结。有些学科，我们目前尚有某种优势，但如何保持和发展它们，就是一个非常值得重视的问题。有不少学科，我们还处在中间状态，如何发展这些学科，也是一个重要的问题。还有一些新建而又亟待发展的学科，更需集思广益，尽快取得突破性的发展。正是出于这些要求，我不仅代表哲学系的全体师生对参加这次会议的各位领导、各位来宾和各位系友，以及一直关心人大哲学系的所有同志表示衷心的欢迎和感谢，也希望你们一如既往，对人大哲学系的现状和未来提出宝贵的意见和建议，促进人大哲学系的进一步发展。

中国人民大学哲学系从 1956 年创建到 1986 年这 30 年间，经过了兴盛、发展的辉煌时期，也遭遇了停办和挫折的极端困难时期，最后又再一次出现了新的机遇，走向了一个更新的高潮，它正以一个高水平的哲学系屹立于我国高校教学和科研的前沿，正在为我国哲学的发展做出自己的贡献。

(十) 1985 年开始的副校长工作

1985 年 9 月 6 日和 9 月 7 日，我先后被任命为中国人民大学的副校长和党组成员，在以后长达 10 年的工作中，我参与了中国人民大学的管理工作，先后分工主管过研究生院、教学、科研、人事、财务和外事等部门的工作。同时，担任过一届中国人民大学学位委员会的主任，学术委员会的主任、吴玉章奖金基金委员会的常务副主任、中国人民大学职称评定委员会的主任、《中国人民大学学报》编委会的主任。同时，我还兼任中国人民大学出版社的社长和中国人民大学马克思主义理论领导小组的组长等。马克思主义理论领导小组是袁宝华担任校长后特别强调要建立的，成立它的目的是要加强马克思主义的理论导向，参与国家在意识形态方面的导向，应当说，在 20 世纪 80—90 年代我国思想理论战线的讨论中，人民大学的绝大多数理论工作者都曾发挥了重要作用。在这 10 年，我尽我自己的能力，为人民大学的教学、理论建设和学科建设做了一些力所能及的工作。

我之所以接受副校长的职务，主要和袁宝华同志的邀请有关。正像我担任系主任一样，我当时对副校长的职务也有很多顾虑，最主要的是承担了一些国家的社会科学课题，这些课题都是需要花费很多精力去完成的。我没有想到，袁宝华很能理解我的情况，他明确表示，在一个星期的 7 天中，我可以有两天在家中做自己的科研工作，只需要在办公室工作 5 天，就这样，我愉快地接受了这一任务。

1. 我的欣慰

在 10 年任期内，我尽力完成学校分配我主管的各项工作，尽到了我应尽的责任。在我所做的众多行政工作中，我所做的几件和学术理论研究相关的工作是我至今仍旧颇感欣慰的。

第一，在教学和科研工作中始终强调坚持正确的理论导向。在相当长的一段时间内，加强人民大学的理论建设是一项重要的任务。1985—1990 年长达 5 年的时间内，在我国的思想战线和理论领域，可以说是一个很不平静的时期，是所谓资产阶级自由化思想蔓延的时期。在伦理道德方面，什么“人的本性是自私的”、“一切向钱看”、“利己主义”、“合理利己主义”、“服从集体利益就是奴隶主义”、“无私奉献就会造成懒汉”等思想，被当作正确的导向不断蔓延。一些人以追求西方的“民主”、“自由”为旨归，有意或无意地放任一些鼓吹西方价值观的理论，从而对我国社会，特别是对广大的青年学生，起到了极不好的影响作用。人民大学的马克思主义理论领导小组曾多次召开会议，以克服在教材建设和科学研究中的错误导向。

第二，着手创办了《中国人民大学学报》。20 世纪 80 年代，全国各个主要的大学都有自己的学报，而当时的中国人民大学却仍然没有自己的学报。一个重要的原因就是，人民大学受教育部的委托，主办了对全国高等学校的政治思想教育起指导作用的《教学与研究》。但是，对中国人民大学这样一所全国著名的高等学校来说，是应当而且必须有一个自己的学报的。我经过多方努力，并同有关方面协商，终于成立了《中国人民大学学报》的编委会，由我任编委会主任，从 1986 年起，人民大学有了自己的学报。

第三，为了更好地开展人民大学的学术研究，我同人民大学出版社的同志协商，筹备出版了“人民大学丛书”，把人民大学一些在国内著名的学者的代表著作，经过由教授组织的编辑委员会审定后加以出版。这套丛书代表了人民大学的学术水平，提升了人民大学以及人民大学出版社的品牌。

第四，为了提升中青年学者的科研能力和扩大他们在社会上和学术界的影响，我积极筹备出版一套人民大学的“博士文库”，择优出版人民大学博士生的论文。由于这些书的出版需要一大笔经费，我反复同人民大学出版社、研究生院和科研处商议，由它们几家分别出资，终于使“人民大学博士文库”得以出版。20 世纪 80 年代毕业的许多优秀博士的论文，经过“中国人民大学博士文库”的编委会审定后得以入选文库。仅就伦理学来说，如夏伟东、姚新中、焦国成、何怀宏等博士的论文，作为“中国人民大学博士文库”系列出版后，在社会上得到了很好的反响。当年“博士文库”的作者如今有相当一部分已经成为国内相关领域的知名学者，他们入选“博士文库”的著作正是他们的成名作。

第五，筹建马克思主义发展史研究所。在马克思主义公共课的教学方面，人民大学没有设立公共课教研室，更没有马克思主义学院来统一规划、组织和领导公共政治理论课。为此，我同许征帆多次商量，征得学校同意后，向教委写了请示报告，最终成立了我校的马克思主义发展史研究所，第一任所长由许征帆担任。后来，这个研究所逐渐发展成现在的马克思主义学院。

第六，主持吴玉章奖金的第一次评奖。1985—1990 年，我担任了我校吴玉章奖金基金委员会的常务副会长，具体组织了第一届吴玉章奖金的评奖工作。与此同时，我还具体组织了吴玉章的学术讲座，先后邀请了如钱学森、赵复三等著名学者作学术报告。

2. 我的遗憾：行政与教学难以兼顾

事实证明，兼顾行政与教学，在理论上是可以成立的，但实际上实在是难以做到的，更是难以做好的。当我在行政工作的岗位上忙忙碌碌的时候，有时想到在教学和科研上的落后，就深深感到不安；每当我拿出一些时间准备教学和指导研究生时，往往又怕因此而影响了那些迫在眉睫、急需处理的行政工作。在十几年的行政工作中，我经常处在这样的矛盾之中。另外，过多的社会工作，也影响了我想要从事的教学和科研工作。1984 年以后，我担任了全国伦理学会的会长，还被邀兼任了社会上不少学术团体的职务，这些社会活动给我的学术研究带来了一些影响。

正是由于上述原因，在学术研究上，一些早就应该完成的国家项目和教委的科学研究项目，未能及时完成；很多已经考虑成熟了的思想和学术观点，也未能写成专著；甚至一些已经写成的文章，都未能加以修改和投送报刊。

3. 向国家教委提出希望集中精力完成专业任务

1990 年，当时教委人事司的李志军同志到中国人民大学来考察干部，认为我在中国人民大学副校长的职位上已经差不多 6 年，希望我能继续在学校领导岗位上工作，并征求我的意见，希望我再担任学校党的工作。我向教委说明了我的想法，希望能在教学和科研上再做一些工作。

伦理学是我热爱的专业，这些年来，它几乎成了我生命中不可或缺的东西，已经深入血液，我宁愿丢掉一切，却不愿丢掉这门我热爱的专业。经过再三考虑，我觉得自己在业务上要做的事情太多，这些年来，不但许多应当及早完成的国家社科项目没有能够完成，而且专业知识和水平也同当前形势的要求相差甚远。我向教委的同志详细陈述了我目前主编的如《比较伦理学》、《管理伦理学》等书稿都已经初步定稿，只需我认真修改就能出版，但却未能完成；又如为中宣部学习出版社撰写的《干部应当学伦理学》的干部教材，只完成了一大半，如此等等。

我也知道，教委要我担任工作，是领导对我的关心，要让我的级别有所提高，以便有可能享受更好的待遇，而这正是一些干部所希望的，可是我实在是不愿意中断我多年来爱好、追求的学术生涯，希望领导能够体谅我的心情。在我一再恳求和说明以后，李志军同志答应请示领导（当时的教委主任是朱开轩），后来就答复我，教委同意我的要求，希望我把应当完成的科研项目做好。这样，我总算有一些时间去尽力做好自己的专业工作。在当时许多人都愿意从政和担任行政领导职务的情况下，我再三提出不愿意从政，这是较少的。

也可能正是由于这样的原因，当我 2000 年突然患脑血栓住到西苑医院的上午，在我躺在病床上只有两个小时，朱开轩同志就到医院看望，并且前后 3 次到医院嘱咐院长和主治医生要用心治疗，我的病情能如此好转，可能与朱开轩同志的探望和关照分不开。

当我 1995 年从行政工作岗位退下来的时候，又深深感到，我已经是年近古稀、接近 70 岁的老人了。当时，唯一的愿望就是能够有一个较好的身体，尽量减少一些社会工作，使我有可能完成我所希望完成的学术研究，以尽到我对伦理学事业应尽的责任。

（十一）陪同袁宝华校长访问莱比锡大学

1986 年上半年，德国莱比锡卡尔·马克思大学的校长邀请中国人民大学校长袁宝华到该校访问，并商讨两校相互交流的问题。访问的日期预定在 1986 年的 11 月底到 12 月初。经过半年多的准备，代表团于 11 月 28 日动身，于 11 月 30 日到达莱比锡大学。

莱比锡大学（University of Leipzig）位于德国萨克森州的莱比锡，创立于 1409 年，是欧洲最古老的大学之一，也是现今德国管辖区历史第二悠久的大学，仅次于海德堡大学（成立于 1386 年）。莱比锡大学共有 14

个学院、100多个研究所、172个学科。1953—1991年，莱比锡大学曾名为“莱比锡卡尔·马克思大学”。

自创建以来，经历了近600年不间断的教学与科研，当时的莱比锡大学有众多研究所，注册学生10 000人，是莱比锡最大的大学，萨克森州第二大的大学。莱比锡大学的著名校友有莱布尼兹、歌德、历史学家兰克等。1879年，德国生理学家威廉·冯特任莱比锡大学哲学教授时建立了第一个心理实验室，标志着现代心理学的开端。医学专业是莱比锡大学最知名的专业。所有教室都限制在容纳20人以内。各个教研室和研究所的办公室都有计算机。在当时，对我们来说，这一切都是极为先进的。教师的待遇很高，我们参观了两位教授的家庭，他们房子的面积都在200平方米左右，都有较大的客厅。

这次代表团一行共4人，除袁宝华校长外，还有我、李忠尚和外事处处长刘幼勤。我的主要任务是向莱比锡大学介绍中国人民大学的详细情况，以便在双方合作的会谈中能够使德方更好地认识和了解中国人民大学在国内的地位、所设的专业以及今后合作的项目。为了能够使德方更好地了解中国人民大学，我对中国人民大学的总体情况、各系所的设置、在国内有重要影响的专业及其研究成果、著名专家等方面作了认真而详细的准备。

我们代表团一行于当地时间11月29日到达莱比锡大学，当天就与莱比锡大学的校长进行了会谈。第一次会谈是在一个大的会议室进行的。在袁宝华校长第一次讲话结束后，会议室内突然响起了咚、咚、咚的响声，我听到这种声音，感到很惊奇，仔细一看，是德方参加会议的成员在连续不断地用双脚顿地、用双手拍打桌子。原来，这是德国对客人表示欢迎的一种特殊礼仪，他们欢迎的方式不是鼓掌而是顿地和拍打桌子，而且顿地和拍打桌子的声音愈响，说明欢迎的热情愈高。

第二天就是莱比锡市市长和地区负责人的宴请。在宴请时，我特别注意到，所有参加宴席的人都鸦雀无声，不但很少说话，就是偶尔交谈，声音也极低，就是吃饭和喝汤，也都听不出声音。可是，我自己在喝汤时却发出了声音，显得很不合礼仪，这使我认识到，在一些高级的宴席上，必须注意应有的礼仪。

之后，我们参观了莱比锡大学的各个系所，比较详细地了解了对方的教学和科研情况。当时的德国还是一个社会主义国家，这里又是马克思的故乡，因此，马克思主义的传播和研究是该校一个突出的特点。正是由于这种原因，我们特别到该校的思想政治理论各系所了解有关情况。

从总的印象来看，莱比锡大学的政治理论教育重视理论与实践的结合，各系所开设的课程大体上和我们的差不多，不过其更加强调马克思主义必须同实践相结合。莱比锡大学的学生经常要到社会的各个部门、各个企业和有关单位进行调查研究和实习。

由于德国人口总数多年不能增加，所以德国政府采取了对妇女特别照顾的政策。每个生小孩的妇女都可以有一年的假期，每生一个小孩可分配到一间房子。国家对一切母亲（包括未婚的妇女），都予以承认。大多数离婚的家庭，房子、家具都判给女方，国家对幼儿园还加以特别的照顾。他们说，过去是为争夺妇女的权利而斗争，再过几年，他们就要为争夺男子的权利而斗争了。

从意识形态方面来看，当时的“东德”面临极其复杂的形势。一方面是社会主义的思想和马克思主义的价值导向，另一方面是资本主义思想的影响。人们每天既能看到社会主义的东西，又能看到资本主义的东西包括“西德”的电视。资产阶级思想的影响是逐渐蔓延发展的，如青年男女的婚姻观就出现了明显的变化。据有关方面统计，相当多数的青年只同居而不结婚，而且，在结婚的人中，大约有四分之一的人会在短时间内离婚。

11 月 2 日上午，我们参观了希特勒时期建造的集中营，看到了当时法西斯的残暴。德国人说，这里有一个最伟大的人道主义者，又有一个法西斯的集中营。解说员详细地讲解了法西斯的野蛮、残忍，介绍了当时焚烧囚人的火炉和那高大的烟囱，表示了对法西斯的痛恨。这一点，德国人和日本人的表现截然不同，二战后，德国政府和它们的领导人，在所有的场合，都不隐瞒希特勒法西斯的暴行并且表示忏悔，表示德国在二战中是一个给许多国家带来灾难的国家。相反，日本政府总是不愿意承认日本在二战中的侵略罪行，就是承认，也是羞羞答答的，直到现在，大战犯冈村宁次的牌位还被日本政府摆放在靖国神社。这种截然不同的态度，形成了鲜明的对比。

11 月 2 日下午，我们参观了德国著名诗人歌德的故居。这是一个比较现代化的住宅。德国人对歌德十分崇拜，到那里参观的人很多，讲解员给我们介绍了许多歌德生前的事迹。

我们在德国期间，莱比锡大学提供了相当高级的食宿，还为我们提供了两辆德国的高级奔驰轿车。这两辆轿车是具有特殊待遇的，它们在任何地方都可以停车，随时都可以转弯。因为袁宝华当时还任我们国家的经委副主任，是副总理一级的干部，所以享受了德国的这种高级待遇。我们外出参观和访问，因为有了这样特殊的轿车，行程更加快捷和方便。

五、对外交往与两岸学术交流

（一）访问苏联的一些情况

自从参加革命并成为一名中国共产党的党员以后，我对苏联就抱着一种十分向往的心情，希望有一天能够到这个“十月革命的圣地”进行访问。终于在 1989 年 9 月 11 日—26 日，我有了到苏联进行为期半个月的访问的机会。

早在 1988 年 11 月，我就接到苏联社科院哲学所所长别索洛夫的邀请函，要我到莫斯科大学进行访问和讲学。来函说：

尊敬的罗国杰教授：

我社科院哲学所特邀请您来苏联作为期两周的访问。在您访苏期间，将向您介绍苏联哲学工作者现在伦理学方面的近期研究状况，并可以就您所感兴趣的问题展开讨论。您的访问时间最好安排在 3 月下旬，届时我所将召开社会主义国家哲学工作者的国际学术会议，会上将讨论哲学社会科学的重大问题。您在苏联逗留期间的费用将由我方负责。

顺致敬意。

苏联社科院哲学所所长、哲学科学博士、教授别索洛夫

对苏联社科院哲学所所长别索洛夫的邀请，我们经过多次商谈，终于确定我将在 1989 年 3 月下旬访问苏联，可是因为我国当时的“学潮”和动乱，这次访问未能成行。

在这之后，苏共中央社会科学院哲学教研室（它同苏联社科院哲学所

是两个不同的单位）也发来邀请函，邀请我到该院进行访问。经过商定，我于 1989 年 9 月 11 日—26 日到苏联进行长达半个月的访问。这次访问，原本是一次哲学和伦理学方面的理论研讨会，但是，因为我国在此前不久发生了一次震惊中外的“六四”事件，因此，在进行学术交流的同时，向苏联方面介绍这次事件的整个过程和政府平息这次动乱的相关情况，回答和解释他们的疑虑，就成了这次访问的一个重要内容。

1. *在苏共中央社会科学院*

这次应邀到苏联访问，是我个人（不是随团）的第一次出国访问。我的英语和俄语水平都不足以同他人进行交流，其中的困难是可想而知的。不过，苏联方面已经在邀请函中一再说明，只要到了莫斯科机场，他们就派专门的翻译陪同，一切交流都没有问题。

飞机到达莫斯科机场后，我已经听到用中文广播：“欢迎中国人民大学的副校长罗国杰同志来苏联访问”，并说明他们将到飞机上接我。我刚刚走出舱门，就看到有两个人在等待，一位领导和一位翻译。领导是苏共中央社会科学院的副院长波波夫，做翻译的同志名字叫萨沙·罗马诺夫，是莫斯科大学汉语系三年级的学生，能够说不太流利的汉语。由于他们有特别的证件，所以我们非常顺利地拿到了行李。出了飞机场，就是列宁格勒大街，然后是高尔基大街，最后到达我的住地“十月饭店”。

由于苏共中央社会科学院的领导希望该院和中国人民大学建立学术交流关系，所以这次交流活动实际上都是由苏共中央社会科学院的雅诺夫斯基院长和波波夫副院长接待的。波波夫副院长亲自到机场接送。除进行了 6 次学术交流外，我还同雅诺夫斯基院长和波波夫副院长进行了 3 次会谈，研究和讨论了中国人民大学同苏共中央社会科学院建立学术交流的初步意见。

1989 年 9 月 12 日，苏共中央社会科学院院长雅诺夫斯基向我介绍了苏共中央社会科学院的情况。苏共中央社会科学院原来就是苏共中央的高级党校，是为全苏联培养党的高级干部的学校，同时有 11 个社会主义国家的学者在这里进修，其中包括一些较长和较短时期的进修班。全校有 18 个教研室和 6 个研究所，可以容纳在校学生 1 300 人。在学术上，这也是一所在国内外有重要影响的学校，各个社会主义国家的学者来这里访问交流比较多。在中国，除了同中国人民大学建立学术交流关系外，苏联中共社会科学院还准备同北京大学建立关系。

当天下午，我同该校哲学教研室伦理学小组的负责人科瓦索夫座谈，并由他介绍有关伦理学的研究和教学情况。他们正在研究的问题有：共产党员的道德、政治和道德的关系、社会主义道德在当前改革条件下的作用、当时苏联社会的道德状况等。他们着重研究共产党员在人民群众中的道德威信，尤其是领导人的道德权威。他们深深地感到，群众对共产党员，特别是对领导人道德权威的要求愈来愈高，而目前却呈现愈来愈下降的趋势，这是应当特别注意的。

雅诺夫斯基认为，戈尔巴乔夫正在提倡他的新思维和进行改革开放，更加值得注意的是，在当时的社会和意识形态方面出现了什么都可以批评、什么都可以提倡的倾向。在大力提倡行动多元论和戈尔巴乔夫“新思维”的支持和鼓励下，一个好端端的社会主义社会竟然变得什么思想都可以宣扬，什么事都可以做。他说，当时的社会舆论正在大力提倡民主，但是，什么是民主？有些人正在极力提倡“反思”过去和更新观念，但是，如果丢掉了社会主义和共产主义的理想，又会更新到什么地方？

总之，当时的苏联是人和人之间的矛盾增多、政治导向迷茫、社会秩序混乱、生活水平下降，家庭不和与离婚的现象也愈来愈多。雅诺夫斯基认为，思想家、理论界本来应当作一些正确的引导，但当时的理论界却分为各个阶层，有各种不同的说法，这更造成了思想上的混乱。在一些人看来，一切都是西方的好，一些人甚至公开否认自己过去多年撰写的著作，并把这些著作看成教条，认为应当彻底否定。

1989 年 9 月 13 日，我继续同波波夫会谈。他认为，在当时苏联的改革中出现了一种值得注意的倾向，如在他们的学校，一些过去按照历史唯物主义原理编写的伦理学字典被指摘为“胡说八道”，要重新按照西方的观点来编写等。这些观点有修正主义的，有过于激烈的，有的还觉得改革太慢了，应该更快一些等，一些人竟然提出要对列宁重新评价等。

听了他们的这些谈话，我感到十分痛心，我所向往的苏联竟然已经走到了这样的境地。我默然无语，不知所措。难道一个建成了70多年的社会主义国家，一下子就能“土崩瓦解”？事情的发展是，在我访问苏联大约两年后，即1991年8月，叶利钦下令宣布苏共为非法组织，并限制其在俄罗斯境内的活动。1991年12月25日，苏联最高苏维埃主席团主席戈尔巴乔夫宣布辞职，苏联正式解体。

9月13日下午，我参观了列宁格勒广场，看了广场上的许多雕像，还走进了列宁格勒最大的百货商店。总的说来，列宁格勒的物价是比较便宜的。如苹果1公斤1卢布、鸡蛋10个1.3卢布、黄油1公斤3.5卢布等。但是，货物好像并不充足，许多地方买东西都要排队。晚上，我还参观了苏联的马戏院，也就是苏联的杂技院。

1989年9月14日上午，我在苏共中央社会科学院作了一场学术报告，谈了我对坚持马克思主义和伦理学学科建设与发展的看法。我的学术报告刚刚完毕，参加的学者就开始询问有关中国“六四”事件的情况，接连不断地提出各种问题。我根据自己了解的实际情况，向他们一一作了比较详细的说明。

我特别强调，这次事件从“学潮”到动乱，是有很深的背景的，这是西方资产阶级妄图颠覆社会主义中国的势力同国内一小部分资产阶级自由化分子相结合的结果。在整个过程中，西方的舆论大肆造谣，极力煽动，企图扩大事态，这个大的背景是我们认识这次事件的关键。

从报告会的情况来看，我的感受是，大多数中年以上的参加者都很同意我讲的内容和观点，他们对马克思主义和社会主义都有比较坚定的信心。不少的学者说，中国政府以坚定的态度平息这次动乱是正确的，否则，社会主义政权就不可能保持。许多学者更直接地说，中国政府在这次事件中是不是过于软弱？早就应当采取措施，不应让这些人在天安门聚集，破坏社会主义的法制。还有一位学者明确地说，中国的情况值得苏联注意，在苏联，如果听任这种反对社会主义的思潮发展下去，很可能会发展成中国那样的动乱。

在这次约200人参加的座谈会上，也有两个人公开提出了不同的看法。有一个人说，在天安门广场，有十几万人聚集在那里，西方的报纸报道说有几十万人，这么多人参加的行动，能说他们都是动乱分子？这样讲，是不是打击面太宽了？一位学者说，从“学潮”发展到动乱，政府难道没有责任？把广大人民群众要求民主和反对政府腐败都说成动乱，这样合适吗？在我对这次事件的发展作了仔细的说明后，他们也都表示，中国政府的行动是迫不得已的，是可以理解的。

2. 参观苏联著名人士墓葬

1989 年 9 月 15 日上午，我参观了苏联著名人士的墓地。这个墓地有点像中国北京的万国公墓，除了党和国家领导人的墓葬以外，还有许多科学家的墓葬，如莫斯科大学校长的墓葬等。

其中引人注目的就是赫鲁晓夫的墓葬，那里竖立着一个赫鲁晓夫的大雕像，据说这个雕像的设计师曾受过赫鲁晓夫的迫害。雕像的一半是白色、一半是黑色，寓意赫鲁晓夫功过参半。同行的苏联同志都建议我在赫鲁晓夫的雕像前照个相，我没有答应，因为这个苏联的修正主义分子和共产主义的叛徒在我的印象中是令人憎恶的。之后，还看到了许多苏联科学家和革命烈士的墓葬。

苏联哲学家尤金的墓葬引起了我的兴趣：一位静静沉思的老人，手中捧着一本书，正在认真地阅读。尤金曾编纂过一部《哲学词典》，这本书是用马克思主义的观点写成的。新中国成立后，我国曾翻译了这部词典，我们经常阅读，可以说是我们的哲学启蒙读物之一。但是，同行的苏联同志却说，尤金是教条主义者，思想僵化。

这个墓地大约有 1 000 个墓葬，许多墓葬的前面都放有鲜花，一部分是前来参观的人对其仰慕的人的献礼，一部分是政府出资，定期要管理员在这些墓前放上鲜花。

3. 参观列宁工作和生活过的地方

1989 年 9 月 15 日下午，经过苏方的联系，我终于有机会参观了克里姆林宫里列宁工作的办公室。克里姆林宫是莫斯科古老建筑的中心。在过去，列宁的办公室不对外开放，所以就是许多苏联人也没有参观过。自从开辟为展览馆后，先后有 100 多万的世界无产阶级革命家和苏联人参观过这个地方。

当我们走到克里姆林宫的门口时，本来是每个人都要检验证件的，外国人更要检验护照。但是，在知道我是从中国来的苏共中央的客人之后，他们就告诉我们已经联系好了，因此就不再需要看我的护照。

我们从克里姆林宫正门旁边的一个门进入院内，首先看到的就是当年的政府大楼，即所谓“人民委员会的办公楼”。又经过一段很长很长的路，到达一个入口，进去后，是一段大约 50 米长的走廊，这个走廊的两边摆满了书柜和藏书，走廊的尽头是列宁的办公室。

列宁办公室的东西都按照原样摆放着，右面是文件夹，左面是两部电话。另外，有一个英国人送他的雕塑，是一个小猴子拿着一个人的头骨在仔细观察，这个猴子坐在一块大石头上的一本书中，这本书正是达尔文的《进化论》。办公室内还有几个大的书柜，里面放着列宁经常看的书。隔壁是一个大会议室，是列宁经常召集会议的地方，这里还保存着列宁当年坐过的藤椅。

接着，讲解员为我们播放了录像，我们就听到了列宁活着时的许多讲话。列宁的讲话，总是那么激动、那么热情奔放。在列宁办公室的隔壁，还有一个丰富的藏书室，据说一共有 10 000 册藏书。在大量的藏书中，有一本克鲁泡特金的《伦理学》，这本书到底是克鲁泡特金著的，还是克鲁泡特金翻译的亚里士多德的《伦理学》，就不得而知了。

据讲解员说，列宁一生最喜欢读书，一有空闲，他就读书，他读书的速度极快，有时候简直像在翻书，他能很快地从书中找到他所需要的资料。他不但能看懂许多国家的书籍，而且能讲许多国家的语言。在第二国际大会上发言，为了让当时所有国家的代表都能听懂，他有时用法文、有时用英文、有时用意大利文，听的人都很受感染。列宁在他办公室的最后一天是 1922 年 12 月 12 日，墙上的挂钟正显示着这一时间。我们还参观了列宁的卧室、克鲁普斯卡娅的卧室等，都是相当简单和朴素的。

1989 年 9 月 16 日，我到高尔克村参观，这是到苏联的人都希望去的地方，这里是列宁长期休养的地方，又称列宁故居。高尔克村是一个离莫斯科约 50 公里的山村，19 世纪初期沙皇时代时是一个名叫比及诺夫将军的私人别墅，后经过多次转卖，成为莫斯科市政长官的别墅。10 月革命后收归国有，列宁晚年一直住在这里。这是一座幽静的别墅，有广阔的园地和树林，有较为豪华的楼房。列宁住的楼上的一个房间是他的办公室，办公室的桌上放着一本费尔巴哈的《宗教的本质》，办公室的外边有一个会客室和一个图书室，这个图书室约藏有 3 000 册图书。

在这些藏书中，有一本书被翻译成中文，就是《集体主义哲学稿》，同行的苏共中央社会科学院的同志首先发现了这本书。从这本书的名字可以看出，在十月革命后，“集体主义”曾经成为一种哲学，这一点是值得我们研究和分析的。马克思主义作为一种哲学体系，到底应当是一种什么样的哲学？现在，有人认为应当是一种实践唯物主义的哲学或者一种实践哲学，也有人认为应当是一种人的哲学，还有人认为应当是一种实践的人的哲学。从列宁藏书中的《集体主义哲学稿》来看，也可以说马克思主义哲学是一种集体主义哲学。集体主义哲学是一种世界观、价值观和人生观，它强调集体利益高于个人利益，强调集体利益和个人利益的辩证关系，强调人生的目的就是要为集体利益而乐于奉献，强调人生的真谛和价值就在于为社会、为集体、为国家谋利益，强调集体利益同个人利益的关系是人和人的一种最基本、最普遍、最重要的关系。集体主义既是一种世界观，也是一种方法论，它是社会主义道德的核心和立足点，是同社会主义紧密联系的一种新的哲学。

4. 在列宁格勒

1989 年 9 月 18 日清晨，我到列宁格勒进行访问和参观。列宁格勒是俄国沙皇时期的首都，原来的名字叫圣彼得堡，十月革命后改名为列宁格勒（苏联解体后又改名为圣彼得堡）。在这里，首先参观的是斯莫尔尼宫。这里是十月革命时苏联领导人列宁指挥革命的地方。二层是个很大的会议厅，大厅的正面挂着一幅列宁的像，列宁在这里宣布十月革命成功和无产阶级正式掌握政权。

斯莫尔尼宫原来是一所妇女学校，在十月革命前夕，工人阶级在这里集中力量，准备攻打冬宫。当时，这里是列宁格勒市政府的办公室，列宁的办公室分为里外间，外面的一间是他秘书的用房，里面的一间是列宁的办公室。在列宁的办公桌上，除了一些杂志和手稿外，还放了一张世界地图。

在列宁格勒的参观，最令人难忘的是皮斯卡廖夫公墓。在公墓的旁边是一个展览馆，展览的内容主要是有关列宁格勒保卫战和这个公墓的详细情况。1941—1944 年，德国法西斯军队整整围困列宁格勒 900 天。在这 900 天，德军用飞机、坦克和大炮对列宁格勒进行了惨无人道的狂轰滥炸，并且断绝了一切运往列宁格勒的粮食和供给。据统计，在这三年，仅仅饿死的就有 60 多万人。在最困难的日子里，有一天饿死 5 000 多人，有一天饿死 6 000 多人，最严重的一天饿死 10 000 多人。这些人都被埋葬在一个极大的广场之中，一共有 7 排，每排有 30 多个大墓，每一个大墓就像一座高楼，在所有这些墓碑最前面，有一个最大的墓碑，说明人民永远不会忘记这些在卫国战争中牺牲的人。

当时，工人每天只有 250 克粮食，其余的人每天只有 125 克粮食。仅在皮斯卡廖夫一个墓地，就埋葬着阵亡将士和死难市民 47 万多人，阵亡将士的墓碑前有红旗，死难市民的墓碑前有“镰刀和斧头”。当时，列宁格勒有一个小女孩，名叫塔尼娅，她正在读小学，她的日记中记载着她的父亲、母亲、叔叔、兄弟、姐妹死亡的年月日，最后写着：“塔尼娅一家全死了，只剩下塔尼娅一个人了。”1944 年 1 月 27 日，经过 900 天的围困，伟大的苏联人民终于击破了德国法西斯的围困。击败德军后，塔尼娅被送往东方救治，但由于身体过分虚弱，最后也死了。

1989 年 9 月 19 日上午，我参观了彼得宫，这是彼得大帝为了夏天避暑而修建的宫殿。下午，参观了 Pazpuz 村，这是列宁为躲避克伦斯基政府的逮捕而住过的地方。这里离列宁格勒很远，大约有 50 公里。1917 年二月革命之后，俄国两个政权并存。7 月 4 日，克伦斯基镇压了游行队伍，7 月 6 日晚，他宣布要逮捕布尔什维克，说他们是德国的间谍。第一次世界大战后，人民希望和平，不愿意战争，而克伦斯基政府仍要参战。7 月 9 日—10 日，列宁由一个老工人引导，坐火车来到 Pazpuz 村后，又坐船到了这个特别僻静的树林里搭建了一个可以栖身的小草棚。这个草棚经常重新搭建，以供来人参观。在这个草棚的旁边建筑了一个展览馆，陈列了列宁当年在这个草棚中工作时用过的物品。人们都知道，列宁的著作《国家与革命》就是在这个草棚中写成的。从列宁住的小草棚有一条很长的林荫道，直通海边。

1989 年 9 月 20 日上午，我访问了苏共列宁格勒党校。先同几位校长座谈，然后，我对哲学教研室的同志作了一场有关伦理学的学术报告，并进行了讨论。列宁格勒党校的校长对我的访问感到很高兴，他说，他已经有 5 年没有同中国朋友见面了。学术报告进行了整整一场上午，他们关心和提出的问题不完全是学术问题，而更多的是关于中国的“六四”以及平息动乱的情况。我对他们提出的问题，一一作了比较详细的解释。他们都表示，中国的改革开放很及时，苏联应当学习，对那些想要推翻社会主义的人，应当采取严厉的措施，否则，社会主义的政权就不能存在了。

5. 访问莫斯科大学的伦理学教研室

我这次到苏联的一个目的就是访问莫斯科大学的伦理学教研室，并且希望能同苏联的著名伦理学家季塔连科会面，商谈和交流有关伦理学的问题。经过约定，我按时到了莫斯科大学的伦理学教研室。

季塔连科是当时苏联最有声望的伦理学家，他邀集苏联的一些著名学者所编撰的《马克思主义伦理学》，是一本较好的大学伦理学教科书。1959 年以前，苏联只有施什金撰写的《论共产主义道德》作为大学的教材；1959 年以后，施什金把他的这本《论共产主义道德》改写为一本《马克思主义伦理学》，但是这本书没有什么体系，也没有概括伦理学的主要内容。20 世纪 70 年代末期，季塔连科组织一些苏联专家，撰写出一本供苏联高等和中等学校使用的教科书，1980 年，这本书出版了修订本。我看到这本俄文版的书以后，就立即组织人民大学的有关同志，很快将这本《马克思主义伦理学》翻译了出来，以供我国的伦理学教学和科研人员参考，在此后的差不多 20 年间，季塔连科成为我国伦理学工作者熟悉的苏联专家。

季塔连科的《马克思主义伦理学》建立了一个比较完整的体系，对马克思主义伦理学的对象、任务、道德教育、道德的历史性和阶级性以及道德原则等，都有深入的阐明。他在教科书中，专门设了两章来分析资产阶级道德的问题：现代资产阶级伦理学批判；道德反共产主义（意即资产阶级道德）批判。在道德原则上，他突破了施什金的两个原则（集体主义和社会主义人道主义），提出了五个道德原则的新见解。他提出的五个道德原则是：共产主义思想和社会主义集体主义；共产主义人道主义；认真的劳动态度及其对社会的创造性完善的意义；爱国主义和国际主义；共产主义道德对自然的态度。他这五个原则中的四个原则，是苏联伦理学界已经承认的，而他的“共产主义道德对自然的态度”，却是吸收了西方伦理学的发展而提出的新的原则，为我国的伦理学研究提供了新的思路。

在伦理学的发展和党的建设上，季塔连科是一位坚定的马克思主义者，他坚持社会主义的集体主义，反对资产阶级的个人主义。他对当时苏联社会的道德状况感到不满和忧虑。

季塔连科的态度是非常友好的，他的办公室内悬挂着中国人送他的条幅。我和他交换了有关伦理学各方面问题的看法。当我把从中国带去的、由他主编的《马克思主义伦理学》的中译本交给他的时候，他知道中国的伦理学工作者已经认同了这本书，十分高兴。他立即把这本书放在他的书柜中，并且把书竖起来，把书的封面显露在外边，给以突出的地位，表示他兴奋的情绪。

除了进行各种预先约定的讲演和座谈以外，我还进行了许多参观。在莫斯科，我参观了红场、列宁的遗体、两个大的教堂、克里姆林宫的大门、无名英雄广场等。给我印象最深刻的就是莫斯科的国家博物馆，它极为丰富的收藏和讲解员的耐心给我留下了美好的记忆。

在访问苏联期间，我与陪同我的翻译萨沙的几次谈话，使我更加深入地了解了当时苏联人民和知识分子的思想动向。萨沙是莫斯科大学汉语系三年级的学生，他不是党员，对共产党和苏联的社会状况有很多自己的看法。

一天，他告诉我，据莫斯科电视台的报道，当时每天大约有 100 人公开宣布退党，苏联的社会主义已经受到很多人的批评。他说，为什么说资本主义不好？为什么西方社会的生活水平比我们社会主义的高？他说，这个社会是不公正的，他明年即将毕业，尽管苏联当时十分需要懂汉语的人才，但他因为不是党员，又没有关系，所以就找不到工作。

我问他，为什么不入党？他说，他不能为找到一份工作就入党，他有他自己的信仰。他认为，西方的社会要比当时的苏联好。他说，在苏联，像我这个年纪的一代人，因为经过卫国战争，所以不会走资本主义的道路，但是他觉得，从长远来看，苏联的出路就只有资本主义。

他说，这也是苏联两代人的矛盾。那些五六十岁的老年人，尽管想坚持社会主义，但是坚持得了吗？前几天，他帮助一个中国的青年艺术家做翻译，这位艺术家对他说，中国只要等邓小平一死，所有重大的事情，如“六四”、反对资产阶级自由化、反对精神污染、四五运动等，都要翻案。他说，再过 15 到 20 年，50 岁以上的人都死了，当时的青年人都掌了权，谁知道他们往哪里走？青年人有着他们所处的时代，他们在 20 多岁时，世界观和信仰都已经形成了，即使在强大的教育下，表面上可以适应当时的要求，可是，他们心里想的，谁又知道？谁又能防止“六四”这样的事件不会发生？

6. 中国人民大学同苏共中央社会科学院学术交流的协议

苏共中央社会科学院的院长雅诺夫斯基和副院长波波夫先后同我三次商谈，最后商定了双方建立学术交流的协议，由雅诺夫斯基和我分别在协议上签字，等我回到北京，再由袁宝华校长签字后即可正式生效。

协议的内容，主要包括三个方面：(1) 联合举行有关社会科学理论方面重要问题的讨论，从 20 世纪 90 年代开始，第一次可以先组织“社会主义有关经济改革”和“当代马克思主义”两个讨论会。“社会主义有关经济改革”讨论会，1990 年先在莫斯科召开，邀请中国人民大学 5～7 人参加；1991 年在北京召开，邀请苏共中央社科院 5～7 人参加。“当代马克思主义”讨论会，1990 年先在北京召开，邀请苏共中央社科院 3～5 人参加；1991 年在莫斯科召开，邀请中国人民大学 3～5 人参加。(2) 进行学者相互访问，中国人民大学同苏共中央社科院之间每年可以互派 5 个月人次的相互访问。(3) 双方将交换培养硕士生和博士生。苏共中央社科院的院长雅诺夫斯基表示，他希望这个协议能够尽早生效。

当时，我们双方都没有预料到，1991 年，共产主义的叛徒戈尔巴乔夫公然宣布解散苏联共产党，颠覆了社会主义制度，使这个革命成功后经过 70 年建设的强大的苏维埃社会主义共和国联邦轰然倒塌，我们和苏共中央社科院签订的协定自然也就付之东流了。

(二) 组织翻译《西方伦理学简史》

在访问苏联期间，我曾问季塔连科以及其他几位苏联的伦理学家：最近 10 年来，在苏联出版的伦理学书籍中，有哪些是最好的？我回国以后，有哪些书需要翻译成中文介绍给中国的伦理学工作者？他们共同的回答就是，古谢伊诺夫和伊尔利特茨合著的《西方伦理学简史》是一本公认的、写得很好的书，如果想翻译的话，这本书是可以翻译的。

为此，我从苏联回国后，就立即找到我校俄语教研室的刘献州同志，请他设法组织力量，尽快把这本书翻译成中文。刘献州同志是一位对工作极其负责的教师，他很快就组织了力量，在比较短的时间内完成了翻译工作。在中国人民大学出版社同志的大力协助下，1992 年 9 月，这本《西方伦理学简史》就同读者见面了。本书的原名是《伦理学简史》，由于其中论述的都是西方伦理思想家的思想，所以在译成中文后，改名为《西方伦理学简史》。

从全书的内容来看，作者对马克思主义经典作家的著作是十分熟悉的，同时，我们也可以看出，作者外语的造诣也是相当熟练的。在这本书中，作者明确指出“本书作者把马克思主义的道德观作为自己的指导方针”，他们运用历史唯物主义的观点，论述、分析、评价了西方诸多伦理学家的思想，同西方人所写的伦理思想史有着原则上的区别。作者认为，伦理学的基本问题是应有的东西和现实的东西之间的关系及其矛盾发展，并以此为线索，对伦理思想史上的主要思想家的伦理思想进行了论述和分析。作者引用了丰富而翔实的材料，对西方伦理思想上的各个学派进行了梳理，并进行了新的概括。

作者强调，道德作为一种意识形态是必然而且一定要为政治服务的；作者坚持，在伦理思想上存在唯物主义和唯心主义的不同。在论述道德本质的问题时，作者认为道德发展的尺度不是别的，而是“社会关系中的‘人性’和‘人道’”，只有当“人性”、“人道”在人际关系中表现为最高的价值时，人们之间的关系才具有了道德意义。在社会关系上对人的重视程度的高低，能够反映出这个社会对道德重视的程度。在这个意义上看，道德是一切社会关系层面中的一个特殊层面。社会的道德意识不仅能够表现社会所达到的真实的人道程度，而且也能够歪曲和伪造社会的道德程度。作者把马克思主义以前的伦理思想分为三个时期，并分别对这三个时期的伦理思想派别及重要的伦理思想家作了较为详细的论述，这对我们研究西方的伦理思想有重要的参考作用。

(三)参加日本“阳光文明国际会议”

1988年11月，我收到日本汤浅泰雄的来信，邀请我出席在日本召开的一次国际学术讨论会。这次会议是由日本的第二届阳光文明国际会议执行委员会筹备召开的。会议的时间定于1989年10月28日，同时被邀请的有中国人民大学的方立天和山东大学的刘大均。

1. 邀请

汤浅泰雄是日本著名的人体科学家和伦理学家，在中国有一定的知名度。他为什么要邀请我们呢？方立天在佛学研究上取得了较显著的成绩，而刘大均则是对《易经》有专门钻研的青年学者，据说他自幼跟随祖父学习和背诵《易经》，成为能背诵《易经》的极少数学者，至于我，主要是在伦理学研究方面取得了一点成绩。汤浅泰雄还专门给我发了一封邀请信。信的译文如下：

> 罗国杰先生：突然致函，敬请原谅。根据随函寄上的要旨及计划，规定于1989年10月28日—11月1日的5日间，在岐阜县高山市召开创造人类未来的“第二届阳光文明国际会议”。在预定计划之际，我不料被定为执行委员会的成员。敬希您能参加这次会议，并作有意义的发言。虽时间尚有不及一年，您尚有种种预定计划，但如能拨冗出席，则实属幸甚！
>
> 详情请看随函寄上的要旨书，现在补充说明数点如下：(1)交通费（国外来宾包括来往机票）、会议期间的住宿（国外来宾包括会议前后一晚的住宿）以及用膳等，由主办单位负担。(2)如蒙讲演，请准备约20分钟的讲话。作为参考，虽定有四个小题目，但请不必拘泥于此范围，可联系这些题目而选定自己的选题。(3)会议结束后，拟编印记录汇编，因而为了充实讲稿内容，您可添加润色。(4)因此，如能预知您预定的讲题，则实属幸甚，但如您不拟演讲，为了会议的进展，则望您亦能作简单的评论或发言等。(5)收到您的回信后，对参加者将以委员会委员长之名，发出邀请信。仅补充说明如上。虽属冒昧之至，但为使会议能盛大举行，并有助于未来人类的共

存和发展，敬希您能拨冗参加，则幸莫甚焉！

汤浅泰雄

1988年11月23日

经过近一年和日方的来往通信，我们三人最终办完了一切有关事项，开始了我们的日本之行，国家教委决定这个访问日本的代表团由我任团长。1989年10月27日上午，我们从北京乘飞机出发，大约经过4个小时的飞行，于下午5时左右到达日本东京。按照会议的通知，我们到日本的当晚住在东京的皇家花园饭店，在飞机到达后，由日方接待。

2. 赴会

到达东京机场后，我们三人就在机场等候前来接待我们的人，可是，等了很久，始终等不到前来接我们的人。我们三人都不会讲英语，更不会日语，正在发愁的时候，我们看到了一个在机场等待迎接来客的中国人。我们前去询问，并告诉他我们的情况，不知他能否给我们联系和帮助。事情真是凑巧，正好他要接的人没有来，他看了我的名片，知道我们是到此参加会议的中国知识分子。他就答应由他送我们到会议的住宿地点。这位先生叫王殿清，他是日本国际交流会的。

这位王殿清先生受到西方和日本媒体关于“六四”事件的歪曲报道的影响，对中国“六四”事件所造成的后果深为担忧。他对祖国抱着极大的希望，但他的认识却是西方反映的翻版。他认为，中国政府无论如何也不应该对学生采取开枪和镇压的手段，这种做法是不顾世界民主的潮流，历史最后总会弄清这个问题的。

经过两个小时，我们到达了日本皇家花园饭店，这位中国友人才离开我们回去。这样，我们终于到预定的宾馆住下。皇家花园饭店是日本的一个高级豪华宾馆，同西方国家的宾馆比起来，一切设施和服务，可说是有过之而无不及。

日方知道我们语言不通的情况，所以事先为我们配了一位女翻译。她的日文名字叫山元，原来是台湾人，在日本学习，嫁给了一个日本人，我们就称她为山元小姐。整个会议期间，这位女翻译始终陪着我们，使我们这次日本之行得以顺利进行。

1989年10月28日上午，我们从东京出发，乘新干线，转名古屋，然后抵达开会的地点高山市。高山市是日本的一个风景名胜区，日本的许多国际会议都在这里召开。在前往高山市的路上，我们看到了日本工业和农业的高度发展，看到了铁路沿线的优美风景，看到了晴朗的天空。我们感觉到，这里的污染很少，文明程度较高。可以看出，战败后的日本得到了较快的恢复。到高山市后，我们立即赶往会场，参加会议的开幕式，这是一个极其烦琐的、许多人作应酬讲话的会议。这个开幕式一直进行到晚上8时30分。

3. 我的发言与会议讨论

1989年10月29日正式开会，整个会议分成三个小组，我和方立天被分在“人与社会”这一组。我发言的题目是“未来社会与人的道德价值追求”(The Future Society and the Seeking for Moral Value)，在这个题目下，我主要论述了随着人类社会的发展，在物质文明发展的同时，人类必须提高自己的道德水平和价值观念。尽管总的来说，随着人类社会的发展，道德必然要不断进步，但是这种道德进步往往是曲折的，有时候也出现倒退的情形。因此，物质文明越是发展，越是要提高人的思想道德水平。在未来的社会，人们的价值追求对人类未来的发展将会起到更大的作用。

在我发言之后，一位英国学者进行评论，他认为我的发言很正确，提出了一个我们当时应当注意的问题。同时，他也对我的发言作了补充。他认为，在未来社会的道德价值追求中，人与自然的关系、人对自然的态度，也是人的道德品质的一个重要方面。环境污染已经对人类造成了严重威胁，这是我们应当及早预防的。我当场对这一提问作了回应，我指出，我所说的人类的道德价值追求本身就包含“人与自然的关系”。很长时期以来，人们常常把道德关系只看作人与人之间的关系，其实这种看法是不全面的、不正确的。在今后的道德建设中，必定要把人对自然的态度看作人类道德价值的一个重要内容。我们的文章是用英文、日文和中文三种文字印出来的。在我回应之后，日方学者又进行了评论，他认为发言的内容很好，给了我较大的安慰。

在我之后的发言人的发言题目是“人与自然的关系”，由方立天教授进行提问。他以自己在中国哲学方面的深厚造诣，说明中国哲学中丰富的、深邃的“天人合一”和“天人和谐”思想的伟大意义，得到了与会者的好评。

接着，另一位应邀到会的学者发言，他发言的题目是“科学技术的发展对人类的发展究竟是有利还是有害”。其实，这是科学哲学和伦理学方面的一个难点。几位提问的学者，从许多方面提出了问题，如：科学技术是中立的，还是非中立的？对人类的进步，是有益的还是无益的？发言者对这些问题虽然进行了几次回答，但仍然不能令提问者的满意。在这个时候，有人提议，请中国人民大学的罗教授来回答这个问题吧。我当即站起来，对这个复杂而难以说清楚的问题进行了较全面的回答。我认为，科学技术是由人发明的、由人掌握的，而不同的人有着不同的价值观，因此，人的觉悟、人的道德素质、人的价值追求，关系到科学技术对人类发展的作用，它既可能为人类造福，又可能危害人类的生存和发展，只有不断提高人的道德水平，才可能使科学技术造福人类。这个发言得到了会议参加者的好评。

1989 年 10 月 30 日晚，会议的主办方宴请所有参会者，并要求我代表出席会议的人员讲话。我的讲话简明扼要，照顾到了各个方面，相当得体。同行的方立天和刘大均都很高兴，因为在这种场合的发言体现了会议组织者对中国的尊重。

1989 年 11 月 1 日上午举行大会。主席总结先天会议的情况。他特别强调，面对人类社会的种种问题，人们必须摆脱个人主义的束缚，人类发展的问题不是人类以外的问题，而是人的心灵的问题，只有人的心灵得到改善，人类的发展才有希望。

4. 崇真教以及我对宗教的新认识

当晚，日本的崇真教宴请所有参加会议的人员。“阳光”是崇真教的教义。据说，在 30 年前，崇真教的教主因受神的启示，创立了这样一个宗教。该宗教认为，人类正处在因科学技术发展而造成的一种灾难之中。因此，人类必须消灭这样的灾难。我们来参加的这次“阳光文明国际会议”就是由这个宗教资助的。这一点，是我们到日本之后才知道的。崇真教在日本有 100 多万教徒，有极强的经济实力，在这次宴请之前，该宗教还召开了有 7 000 多来自日本全国各地的教徒参加的、在其教堂举行的报告会。

我们的宴会就是在这个教堂举行的。这个豪华、高大的教堂，似乎超过了我在美国、苏联、英国等国见过的所有教堂。鲜艳的地毯、美丽的金鱼、豪华的陈设，使教徒如处天国。全国来自四面八方的教徒聚精会神地听取主席对这次国际讨论会的介绍。接着就是宴会。教主是一位妇女，她非常热情地同我们照了相。大家尽情地歌唱，祝福未来的社会更加美好。

由此，我联想到，我们马克思主义者应当正视现代社会中的宗教信仰问题，宗教界举行的宗教活动，有许多不但无害，而且甚至有益于社会的安定团结。一个有着宗教信仰的人，总比一个没有信仰或失去了信仰的人的思想好。宗教可以使人在信仰的支持下、在神的监督下，为社会和人类做一些有益的事，而一个没有信仰的人则只能糊里糊涂地生活。社会主义者和共产主义者应当全面认识宗教的作用，做好同宗教的联盟，反对社会上的种种不良现象。

晚上宴请后，一位马来西亚的华侨到我的房间同我交谈。他是一位崇真教教徒，在马来西亚行医。他向我宣传了许多崇真教的理论，认为崇真教是当时社会上最好的宗教。他说，他可以把真正的“阳光”通过教主传入别人的头脑，就像做气功的外气一样。他希望为我做一次试验。他先是自己运气，然后就用他的手掌轻轻地在我的头部运转，我立刻感到一股热乎乎的暖流进入了我的大脑。

我从交谈中得知，他是一位爱国的华侨，对中国发生的“六四”事件，有比较正确的认识。他认为，学生的大多数是爱国的，是要反对腐败和争取政治民主的，但是发展到后来，却被少数人利用了，以至提出了反对政府、打倒政府的错误口号，政府只是在不得已的情况下才采取了令人痛心的镇压和平定动乱的办法。但是，这是中国的内政，外国人没有权利加以干涉。他们华侨在国外常常为一些西方国家诬蔑中国而感到难过。我向他详细地介绍了“六四”事件的真相，增进了他对这一事件的认识。看来，马来西亚、新加坡、泰国、缅甸等国家并不像西方国家那样对待中国的事情。

5. *在日本的其他活动*

1989年11月3日，应汤浅泰雄先生的要求，我们参加了他们举行的“人体功能科学会筹备会议”。所谓人体功能科学会，就是中国的气功学会，这是第一次在日本成立，是由汤浅泰雄先生主持的。日本的一些学者、科学家、医生等从各个方面论证人体有特殊的功能。同行的刘大均教授在会上作了“易与气功的关系”的发言。晚上，还是宴会，汤浅泰雄先生要我发言祝贺，会后，又到一家饭店吃了一顿芋面。

会议结束后，会议主办方安排了自费参观3天，汤浅泰雄先生早就知道我们不可能有那么多的日元，因此安排他的一个在《每日新闻》工作的学生近藤先生负责照顾和陪同我们参观，一切费用都由他承担。同行的方立天教授还希望在这里多停留两天，近藤先生也特别加以照顾。

1989年11月4日，我们到筑波大学参观。高桥先生热情地接待了我们，同我们进行了近4个小时的座谈。在座谈中，高桥的一位从中国台湾来的博士说，他在中国台湾和日本都读到了我的许多伦理学的著作和文章。高桥先生接着说：“您在《道德与文明》杂志上发表的社会主义道德的四个层次的论文，我们筑波大学还专门组织了讨论，由我主持，会后，大家认为您的这篇文章写得很好。”我听了以后，很有感触，日本学者经常注意我们中国学者的文章，还组织学生讨论中国学者的文章，而我们却很少注意国外学者的著作和文章。

接着，高桥先生亲自开车，陪同我们参观了筑波大学的校园和现代化的图书馆。图书馆是高桥任该校副校长时筹建的。馆中有丰富的藏书，有宽敞的阅览室，有舒适的座椅，借书手续极为简便，此外，还有防止将书带出去的先进设备。为了让我们看到这种情况，高桥先生让他的一个学生把一本书带在身上，走出图书馆的大门时，铃声突然响起，工作人员立即进行查看，大家知道这是一个试验后，就笑了起来。

中午，高桥先生请吃饭（吃的是特意为我们做的中国饭菜），并讨论了一些有关伦理学的问题。高桥先生认为，日本伦理学的研究比较注重实际问题，但对道德和伦理学的重大理论问题却研究得不够。

1989年11月4日晚上，《每日新闻》的近藤先生在银座千庇屋宴请我们。这是一次较为豪华的宴请。其中的菜肴是很好的，就是各种水果，如梨、哈密瓜和柿子等，也都是从各国进口的，特别新鲜。

1989年11月5日，日本此次会议的负责人金藤仁志又专门在东京的银座宴请我们。菜肴是极其丰盛的，还邀请了上智大学东洋宗教研究所所长门胁加吉教授参加。在席上，加吉先生对中国把基督教分为爱国的和不合法的表示遗憾，他认为，爱国的都是倾向政府的，不倾向政府而倾向教皇、忠于教皇和忠于罗马教廷的就被认为是不合法的，受到压迫，这是不公平的。方立天教授耐心地向他解释了这个问题。

在日本这一周的访问，除了参加会议并作了发言之外，我们还进行了游览和参观。我们所遇到的学者，大多数表示对中国有很好的感情，他们都很热情。特别是汤浅泰雄先生，对我的照顾是无微不至的。他是一位年近古稀的老人，对中国文化有很深的了解，他虽然不会讲中文，但他可以写出很多中国汉字，在他和我的交流中，他可以把他要说的话全部用汉字写出来，因此，我们之间的交流非常融洽。

在日本，的确有一股敌视中国的右翼势力，这是不容否认的。同时，我们在日本期间，也深刻地感到日本的一些高级知识分子中又确有一些促进中国友好的人士，他们以真挚的感情和友好的心情来接待中国学者，他们希望在今后的日子里能够尽量做一些促进中日友好的事。尽管少数日本军国主义分子始终怀有侵略中国的野心，但是日本的广大人民对中国仍然是友好的，对于这一点，我们应当有所区分并予以区别对待。

我回到北京后，近滕仁志给我写了一封热情的信。其中说：

罗国杰副校长：

您好！去年11月参加高山市阳光国际会议后，匆忙之间，又到筑波大学以及应邀参加人体功能科学会筹备会议等各项文化交流活动，本人非常钦佩先生热诚的工作精神，在急促的时间之中，又承蒙先生光临参加东京银座的聚餐会，实在光荣之至。当晚，上智大学加吉教授也特地赶来同各位教授、各位先生叙谈，交换学术方面的所见所感，在日中文化交流的过程中，这具有很深的意义。今后如果有机会前来日本，请事先采取联络，鄙人等愿竭诚服务，请不吝赐教为感。来函或电传请按下面地址邮寄。

国际研究交流机构　近滕仁志

1990年8月8日

（四）参加韩国“孝与未来社会国际学术讨论会”

1990年，应韩国社会科学院许昌武教授的邀请，我到韩国参加了

"孝与未来社会国际学术讨论会"。

到会的大多数学者，都是韩国、日本、新加坡和中国台湾的学者。除了东方学者以外，还有西方对"孝"比较关心的学者。对于中国传统道德中"孝"所占据的地位和作用，我已经形成自己的观点，因此，就想趁此机会，把自己的这些看法在这次国际会议上发表。组织和负责联系此次会议的韩国教授许昌武的汉语水平很高，说得很流畅，我们联系起来比较方便，经过几次传真，参会的相关事宜就顺利地得到了解决。

许昌武是韩国著名的儒学研究专家，也是一个"孝"的身体力行者。他对我说，中国儒家的传统道德在韩国有很大的影响。当时，韩国全国正在各个省评选"模范孝顺"家庭，等各省评选结束后再评选全国的"模范孝顺"家庭。然后，对这些家庭进行奖励，这种做法对推动和发扬"孝道"有重要的作用。许昌武对我说，我比他大 20 岁，根据十三经中《礼记》的要求，对比自己年长 20 岁的人，应该当作"父辈"来尊敬，因此，他对我就应该像对待自己的父亲一样。

他的这些话，使我立刻回忆起中国古代《礼记》中的一段话："年长以倍，则父事之。十年以长，则兄事之。五年以长，则肩随之。群居五人，则长者必异席（席以四人为节，因宜有所尊）。""凡人之所以为人者，礼义也。"（《冠义》第四十三）这里的意思，如果加以准确地概括，应当是尊老敬长，它包含对年长者的尊敬。我们现在许多青年，虽然知道尊老，但却不知道敬长，而韩国却仍然保留着这种美德。

的确，许昌武教授不但是这样说的，而且是这样做的，我在韩国的一周时间内，他随时随地都尽力地在各个方面照顾我。除了会议组织的参观之外，他还特地带我参观了他的书房和办公室，品尝了他夫人亲自做的家宴，使我对韩国教授的工作、生活和居住的条件有了更多的了解。许昌武的书房很大，大约有 60 平方米，许许多多的书架上摆放着大量的韩文和中文的书籍，从这些藏书就可以看出他是一位对汉学有深入研究的学者。

古人说"礼失求诸野"，意思是说，"礼"本来是天子和诸侯国中的贵族所奉行的，但是这些"礼"却在乡野得到了传播。一旦在天子和诸侯的国内失去了"礼"的尊严，那就只有到乡野去寻找了。现在，我们是不是需要到中国的邻国去寻找中国古代传统的"礼"呢？

我发言的题目和内容，都强调了“孝”对当今社会和未来社会的重要意义。我认为，如果说儒家思想的核心是“仁”的话，那么就应当承认，“孝”是儒家伦理道德的出发点和最重要的基础。我详细分析了儒家之“孝”的多方面、多层次、多视角的意义。注重“孝”的思想，可以说是中国伦理思想与西方伦理思想的一个重要差异，也可以说是“儒家文化圈”同其他文化圈的一个重要不同之处。西方文化或者说西方政治思想理念，在应该不应该孝顺父母的问题上和东方是有着重大差别的。

一次在和一位西方华裔学者交谈时，他提出，西方政治、文化、伦理道德观念都认为，父母生育子女和教育子女，是他们对社会应尽的责任和义务，谈不到对子女有什么恩惠，因此，也不认为子女对父母应当尽孝和对父母负有赡养的义务。一个人老了，丧失了劳动能力，社会和国家应当负责他的生活，国家应当尽力给老年人以养老保险，因为他们在年轻的时候曾经为社会和国家工作并且缴了应该交纳的税金。所以，即便老年人的生活发生困难，子女对此也不应当承担任何责任。他的这番谈话，使我对东西文化的差异有了进一步的了解。

新儒家学者如杜维明和成中英等，对儒家伦理思想有较深入的研究，他们特别强调“孝”在人类社会中的极其重要的作用。新儒家学者力求把儒家思想，特别是儒家伦理思想，用来解决今天社会的种种问题，他们要“返本开新”，要使儒家思想现代化，他们的这种意图应当说是好的；但是，他们的目的却是要实现儒家的资本主义，也就是说，他们所说的儒家思想的现代化，是要为建立一个更好的资本主义社会服务的。因此，他们对儒家思想的态度不是批判地继承，而是要全盘地、无批判地丰富和发展。

杜维明教授是国际著名的新儒家的代表，我对他的印象较好。他知道我是中国伦理学会的会长，我的观点是马克思主义的观点，我历来强调，我们主张继承中国古代的传统道德，但同新儒家的思想是有原则性区别的。但是，杜维明对我的态度却十分友好，他一有机会就陪我聊天，在我同西方和韩国的教授交谈时，他总是主动地为我翻译，向我解释和说明有关情况，有时候还主动和我讨论有关我国道德建设的许多问题，他的谦虚、热情和友好的态度，给我留下了深刻的记忆。

成中英也是在国际和国内有一定声望的新儒家，在这次会议上，和我有过一次思想交流，主题是对儒家思想在今天是不是应当有分析地对待。我的看法是，对儒家的有些思想，在今天的社会中，应当有所分析。成中英认为，对儒家思想，就是在今天，也只有发展和现代化的问题，没有什么可以批评的。我问他，如孔子的“父为子隐，子为父隐”的说法，是否已经不适应现代社会？他说，孔子的这句话是“叶公语孔子曰：‘吾党有直躬者，其父攘羊，而子证之’，孔子曰：‘吾党之直躬者异于是，父为子隐，子为父隐，直在其中矣’”，这里所内含的意义是好的，就是说，这件事不能诉诸官府，不能诉诸法律，最好是私下和解，因为这样的事情，只要诉诸法律，就会给双方带来许多不必要的纠纷。成中英的看法，可以代表新儒家对儒家经典的态度。

在会议期间，许昌武教授多次陪我参观韩国名胜古迹，向我介绍这些名胜古迹的情况，说明韩国这些名胜古迹的命名为什么都是写的中文，韩国年长一些的人都熟悉中文等，韩国著名儒学大家的专著都是用中文撰写的。

许昌武教授还特别让我体会一下韩国的生活，特地带我到韩国的浴室，在那宽敞的浴室内，有大的热水池和温水池，有桑拿，有专门用小石子铺的路，可以在上面行走，还有良好的搓背师傅，使你可以有一个很好的享受。他说，韩国的知识分子，往往既不在家中也不在机关而是到浴室洗浴。他和他的妻子，在我临行前一定要陪我逛街，热情地给我选择西服等，这些友好的接待给我留下了难忘的印象。

（五）同苏联伦理学教授季塔连科的交往

季塔连科是20世纪70—90年代苏联的著名伦理学专家。他长期担任莫斯科大学伦理学教研室主任，编写过大量的伦理学专著和教材。他组织了当时苏联主要伦理学专家，主持编写了苏联的第一本伦理学教科书《马克思主义伦理学》，他在苏联伦理学界享有很高的威望，是苏联研究伦理学的最著名的伦理学家。1980年，我看到他主编的《马克思主义伦理学》的修订版时，就立即找到我校俄语教研室的教师黄其才同志，请他负责把此书译为中文，由我负责联系中国人民大学出版社出版，以供我国学者参考。为了提高质量，在此书的翻译过程中，我又主动邀请了钟宇人同志对其中的一些问题进行审定，我为此书写了“译者的话”。

1989年9月，我应苏联中央社会科学院的邀请到苏联访问，并约定到莫斯科大学同季塔连科会见，交流有关伦理学方面的情况。当我走进莫斯科大学伦理学教研室的接待室的时候，季塔连科已经在那里等候了。在交谈中，两人都深感对许多伦理学的问题有着广泛的共识。我对他主编的《马克思主义伦理学》一书给予了肯定，告诉他，我已经组织中国人民大学教研室的同志将此书译为中文，并将我从中国带来的中译本《马克思主义伦理学》送给他，当他看到他的著作有了中译本的时候，特别高兴。与此同时，我还把我主编的《伦理学》送给了他。临别时，他送了我他撰写的有关伦理学的几本书籍，除俄文外，还有用英文撰写的批判资产阶级个人主义的专著。

1990年夏季，当时，我任中国人民大学的副校长，并主管学校的外事工作。为了扩大学校的对外交流，准备邀请一些外国专家学者到中国人民大学访问，以进行学术交流。借此机会，我提出了邀请季塔连科到中国人民大学访问的建议。接着，以我的名义，向季塔连科发出了邀请。后来，季塔连科就顺利地来到了中国人民大学。

1989年9月，当我在苏联访问时，尽管改革和公开化的锣鼓已经逼人，但那时的苏联还是一个社会主义国家。而1992年，当季塔连科来到中国的时候，苏联和东欧发生剧变，共产党已经被解散，马克思主义已经成为批判的对象，资产阶级的思想，正像洪水猛兽一样，在俄罗斯的大地上泛滥和肆虐。许多原来的共产党员纷纷退出了共产党，他们从拥护马克思主义一下子转到积极地抨击马克思主义。当时，俄罗斯的知识界可以分为三种情况：积极批判马克思主义和社会主义，以达到洗刷自己的目的；沉默不语，困惑不解；坚持马克思主义。季塔连科本人属于第三种，他仍然坚持原来的马克思主义立场、观点和方法。

在我同他的会见中，他对中国仍然坚持社会主义和马克思主义感到极为高兴，他痛恨马林科夫和叶利钦等人葬送了社会主义和背叛了马克思主义。他对有些人为了个人的名利，为了取得当权的信任和取得更高的地位，不惜出卖灵魂和原则极为鄙视，对一些人的出尔反尔极为愤慨。

在我接待他的一个星期中，他同我长谈了两次。他说，他长期任莫斯科大学伦理学教研室主任，在苏联的伦理学界，他是大家都承认的伦理学专业的工作者。他编写了不少有关伦理学的书籍，承担了苏联的国家教科书《马克思主义伦理学》的主编工作。当时，他仍然坚持马克思主义的基本观点，仍然坚持道德原则应当是社会主义的集体主义，仍然坚持反对个人主义。但是，当时的情况已经发生了极大的变化，许多人已经不再相信社会主义，当然也就不再相信集体主义了，在当时，个人主义和利己主义已经成为许多人追求的价值导向和人生目的。一个对社会主义丧失了信心的人，就不可能再坚持社会主义的集体主义，没有了社会主义的立场、观点和方法，也就不可能再认可集体主义。他说，他的书在当时的俄罗斯已经不符合时代的要求了。苏联解体后，他本人和他的书成了批判的对象，而批判他和他的书的人中，最激烈、最尖锐的几乎都是他的学生，即原来在莫斯科大学读伦理学的人。由于他的学生几乎分配在俄罗斯各地，所以这种批判就显得更加突出。他不仅对当时俄罗斯的社会十分失望，而且对他过去教了那么多的学生而感到遗憾。

与季塔连科的谈话引起了我深深的思考。如果中国的改革开放没有很好地坚持社会主义道路、坚持四项基本原则，在苏联出现的情况是否也会在中国发生？如果那样的话，我所主张的集体主义道德原则和反对资产阶级个人主义的观点，是否同样会受到批判？而批判我的人，是不是大多数也会是我的学生？对于这一点，我倒不足为怪，一些人在一种形势下会抱着一种观点；而在另一种形势下，就会根据自己的需要改变自己的观点。这种情况，应当是意料之中的吧！同时，我又坚信，毛泽东等老一辈革命家创立的社会主义事业，大多数坚持马克思主义的知识分子和劳动人民的觉悟，中国特色社会主义制度，是有强大生命力的，它们作为一种强大的支柱，必将使中国沿着社会主义的道路不断前进。

季塔连科多次对我邀请他来华访问，表示诚挚的感谢。这两次畅谈给我留下的印象是十分深刻和难以忘记的，有些话促使我设想了一些可能的情境，对我自己在同样的境况下如何正确对待，也进行了一些设想。他出于诚意，不顾千里迢迢，特地从俄罗斯给我带来了三样礼物：一个是铁制的列宁像，这是他特意从莫斯科带来的，它的重量大约有5公斤；一个是铁制的文具盒；一个是玉制的床头台灯。

当时，苏联已经解体，由于所谓的“休克疗法”和新自由主义的经济政策，俄罗斯的经济正处于一个极端困难的时期。俄罗斯的卢布已经大大贬值，尽管我们的邀请有一定的生活费，但我还是送给他1 000元，让他在中国买一些喜欢的东西。本来我想自己陪他到商店看看，可惜没有时间而未能成行。

季塔连科回到莫斯科大学之后，就积极地设法建立莫斯科大学哲学系伦理学教研室同中国人民大学哲学系伦理学教研室的合作关系。他回到莫斯科后的两个月，我就收到了他的来信，信中说：

敬爱的罗国杰教授：

我想告诉您中国人民大学与莫斯科大学之间的直接学术合作协议签订的准备工作已经取得了良好的结果。莫斯科大学哲学系将承担贵校专家在莫斯科逗留期间的经费和苏联专家去北京的路费，莫斯科大学出版社和《哲学》杂志准备出版中国伦理学的文章。以下建议，已经取得莫斯科大学校长的赞同：(1) 关于直接合作的协议；(2) 合作的工作计划。先将协议和计划寄给您，您可根据中国人民大学的特殊需要，对协议和工作计划作任何修改。您一定要把经过您补充的并经贵校签署的文本转寄给莫斯科大学帕宁A.B（经费主管人）和有权拨款的副校长特罗平B.И，尽快地签署这个协议，协议签署后即可生效。我希望这个过程尽可能地快。为避免文件丢失，可将贵校签署后的一项协议（译成中文或英文），通过来莫斯科的专家亲自交给我。

从这封来信，可以看到季塔连科对中国人民大学和莫斯科大学在伦理学的学术理论方面进行交流的积极诚挚的态度。

关于我们之间在伦理学方面的交谈，季塔连科给予了积极评价。他在来信中说：

亲爱的罗国杰同志：

您热情的接待，您对伦理学合作问题的明智态度以及对伦理学研究前景的深远思考，至今还留在我的记忆中。不久前我在哲学系作了一个报告，这个报告，是专讲您在人民大学的发言，莫大的专家都十分称赞并非常感兴趣地接受了您的思想和您对问题的分析，祝您全家幸福！身体健康！取得更大成绩！

亚历山大·季塔连科

东欧剧变，苏联解体，社会主义在苏联已经消亡，而且俄罗斯的政治经济形势在一段时间内急剧动荡，因此，这个协议就无法履行了。季塔连科从中国回去后不久，就在自己的寓所突然去世。我经过多方打听，才得知是因为酒醉后在家中晕倒而无人知道。我想，他思想的苦闷、情绪的忧郁、内心的矛盾等，都可能是使他死亡的重要原因。

季塔连科虽然去世了，但他留给我的许多事情，特别是他和我讲的许多知心话，值得仔细思考。

（六）邀请斯卡尔任斯卡娅来中国访问

新中国成立后，中国人民大学建立的初期，曾邀请一批苏联的哲学专家到中国人民大学来讲授马克思主义哲学。其中有一位女专家叫斯卡尔任斯卡娅，给当时的马克思主义研究生班讲述一门课程，这门课程就是“马克思主义伦理学”。我在人民大学的资料室找到了这份打印的讲稿。这就说明，早在1952年，人民大学就已经开始了“马克思主义伦理学”的讲授。为此，我和有关同志商量，准备邀请斯卡尔任斯卡娅来中国人民大学进行一次访问。

1991年10月，经过各方面的协商，我向俄罗斯的斯卡尔任斯卡娅发出了邀请函，邀请她到中国人民大学进行为期一周的访问，在访问期间，自到中国之日起直到她离开中国人民大学，这段时间内所有的费用都由中国人民大学承担。对斯卡尔任斯卡娅的邀请，一方面是对她40年前在中国人民大学讲授伦理学的感谢；另一方面也是希望了解一下苏联解体后俄罗斯的意识形态和理论界的情况。在发出对斯卡尔任斯卡娅的邀请函后，很快就收到了她的回信，她对中国人民大学能够邀请她感到非常高兴，并对此邀请表示十分感谢。

1991年底，斯卡尔任斯卡娅办好了一切手续，终于来到了她40年前作为专家讲授“马克思主义伦理学”的中国人民大学，住在中国人民大学的专家楼。除了迎接和送别两次晤谈外，我还专门到专家楼同她进行了两次较长的谈心，在这两次交谈中，她不时地流露出一个老共产党员对苏联社会主义的怀念和对共产主义的向往，愤怒地谴责了当时苏联解体后资本主义的复辟。

斯卡尔任斯卡娅是一位坚强的女性，她青年时期是一位医务工作者。1940年，希特勒对苏联发动了突然袭击，在伟大的卫国战争中，她作为医务工作者，毅然参加了保卫祖国的战争。战争结束后，她又继续进学校读书，成为一位年轻的马克思主义者。1952年底，作为专家来到中国人民大学，讲授“马克思主义伦理学”，在一定意义上可以说，她是中国人民大学甚至新中国最早讲授这门课程的教师。

在同我的谈话中，她讲到了苏联社会主义解体后，许多曾经赞成、拥护和宣传马克思主义的人，立刻转变了立场，抛弃了马克思主义，一转身就成了资产阶级和资本主义的辩护士。这种转变，简直出乎人们的意料。整个社会的政治、经济和意识形态的情况，都很糟糕。社会主义和马克思主义成了一些人批判的对象，社会主义的道德教育被认为是不符合人的个性发展的绳索，是斯大林专制制度的产物。戈尔巴乔夫所谓的“新思维”导致了苏联的政治、经济和社会的混乱，导致了信仰的缺失。人们不但不再信仰共产主义和社会主义，而且不少人又成为东正教的信徒。原本在十月革命后已经几乎失去了影响的宗教，又开始成为一些人的新追求。集体主义已经成为被批判的道德原则，利己主义和个人主义已经成为一些人公开追求的价值目标。社会主义道德已经成为人们讽刺和嘲笑的对象。在斯卡尔任斯卡娅看来，一切都是乱糟糟的，她深深地感到失去了她一生所奉行的理想和信念，内心十分痛苦。她为中国仍然坚持社会主义的制度和道路，仍然奉行马克思主义而感到欣慰，她虽然年纪已经很大了，但仍然希望有一天社会主义能够重新在俄罗斯出现。

斯卡尔任斯卡娅的介绍使我深感生活在社会主义社会的幸福，为我国至今仍然坚持社会主义制度和坚持马克思主义的指导地位而高兴。我也一再鼓励斯卡尔任斯卡娅要有信心，社会主义最终能够而且一定能够获得胜利。

在同斯卡尔任斯卡娅的交谈中，她诚恳地邀请我和我的老伴到俄罗斯去看看。她说，她有一座非常宽敞的住宅，又有充裕的时间，她可以天天陪着我们，莫斯科的许多主要名胜和值得纪念的地方都可以仔细看看。至于我们两人来往的旅费，她可以负担。我当时就向她明确表示，如果我们到莫斯科旅行，来往的旅费一定由我们自己负担，我们的经济条件是完全允许的。

在访问结束时，我和静贤到人民大学的专家楼送她，在专家楼的一层大厅等候轿车时，斯卡尔任斯卡娅突然向我和静贤提出了一个问题，就是："在我即将离开您们的时候，我能吻一下罗教授么?"当翻译还没有把这句话翻出来的时候，她就突然抱住了我的头颈，亲吻起来。在大厅一起送行的同志，都为她的这种真挚、热烈的情感所感动。

斯卡尔任斯卡娅回到俄罗斯了，但她留给我的却是一些永远不会忘掉的问题。为什么一座社会主义大厦会突然轰隆一声地倒塌？资产阶级和资本主义的势力，为什么能如此轻易地把一个社会主义大国掀倒？在资本主义复辟之后，为什么那些曾经长期是共产党员的人，一下子能来个 180 度的大转变？

斯卡尔任斯卡娅回到莫斯科之后，就积极地联系邀请我们前去访问的事。回去后不久，她就办妥了邀请我们去访问的一切手续，给我们发来了邀请函，并且反复说明，要我们很快准备，因为这个访问邀请函的有效期只有一年，如果错过了时间，就需要重新申请。当时我的工作很多，一时实在无法前往，还没有来得及给她回信，就于 1992 年 4 月 27 日接到了她的第二封信。信中说：

> 尊敬的罗国杰同志：借此机会，请中国同志给您带去此信。信封上有用中文写的地址。我相信此信您一定能收到。我希望得到您的答复，即请您告诉我，您是否想来莫斯科？您的沉默使我犹疑。对您的邀请函虽然已经准备好，但有效期却写了一年，即从收到之日起只有一年。可我还没有收到您的回信，只要得到您的确认，我将立刻发出邀请。我希望您了解我们这里发生的事情，但我又不想详细地写什么，免得吓倒您。我们的情况很糟糕。如果您能来，我

将非常高兴。为使您满意并能回忆当年的莫斯科，我将做我能做的甚至不能做的一切。现在，我有很多空闲的时间，因为我将退出研究院，我决不能在我用毕生精力撰写社会主义优越性和捍卫共产主义之后，再去写资本主义优越性和资产阶级的思想。事情就是这样！请尽快回信。

祝您身体健康，工作取得更大成就！

您的瓦连金娜（斯卡尔任斯卡娅）

1992 年 4 月 3 日于莫斯科

注：您的文章，《真理报》准备发表，但该报已被查封。

斯卡尔任斯卡娅的这封热情洋溢的来信，直到今天，我仍然保存着，作为一个纪念。从她的这封信，可以看到一个老布尔什维克对社会主义和共产主义的坚定信念，可以看到她对马克思主义的热情向往。

可惜，我因为工作和各种原因，这次预定的莫斯科之行未能进行，我给斯卡尔任斯卡娅写了一封感谢的回信，不知道她是否收到。此后，我曾多次请我校赴莫斯科的同志带信给斯卡尔任斯卡娅，询问她的情况，都没有得到她确实的信息。不久，一位从莫斯科回来的同志告诉我，斯卡尔任斯卡娅已经去世了。听到这个噩耗，我非常吃惊。前两年身体还很健康，为什么一下子就去世了？我想，一个重要的原因就是社会主义制度和共产主义理想的覆灭对她精神上的打击。

2002 年 3 月，我收到我校在俄罗斯留学的葛纪娥的一封信，其中写道：

瓦连金娜的儿子安德列赠给您的这本书，是他专为纪念他的母亲而写的。他已经着手将这本书译成中文。我离开莫斯科时，他只是表达了他对您的感激之情以及他对来中国看一看的渴望。他没有很具体地讲到底做什么以及何时来中国。待他的计划具体时，我可能从俄罗斯再给您写信来。

祝您万事如意！

葛纪娥

2002 年 3 月 30 日

此后很长一段时间，没有接到葛纪娥同志的来信。大约是 2004 年的一天，我校外事处忽然告诉我，俄罗斯社科院的安德列来到中国，希望能同我会面，因为我当时正在病中，没有能够会面，但我总算知道了瓦连金娜的儿子安德列已经是俄罗斯社科院的研究人员，非常欣慰。不知道他所写的纪念他妈妈的书，是否已经译成中文。但是，我手头仍保存着这本书的俄文原版和葛纪娥给我写的信。

（七）对台湾的学术访问

1993 年，我国大陆哲学界应台湾辅仁大学的邀请，组织了一个以高校哲学教师为主的代表团，前往台湾与台湾学者进行学术交流。而我则想趁此机会了解一下台湾伦理学学科的发展现状及其对中国传统道德的态度，以便在主编《中国传统道德》时作参考。

这次学术会议的名称是“中国哲学在中国历史的回顾与发展”（两岸学术会议一）。代表团共有 13 人，都是我国高等学校的著名学者，如北京大学的叶朗、楼宇烈、陈来、杨辛，社会科学院的方克立，中国人民大学的方立天、石峻、刘大椿、乔长路、金戈（中国人民大学外事处处长）和我，吉林大学的陈谨昆，黑龙江大学的吕绍刚。根据国家教委的安排，这个学术访问团由我任团长。自从改革开放以来，台湾尚未接待大陆这样“高级”的学术访问团，而由一个著名大学的副校长带队，更是首次。

代表团于 1993 年 6 月 15 日抵达深圳，6 月 16 日从上午 7 时到 12 时历时 5 个小时，总算办完了到香港的手续。到达香港之后，又急急忙忙地到中华旅行社办理到台湾的签证。然后，旅行社的同志又带领我们到几个商店购物，一些同志买了一些金饰，据说这些金饰的价钱比北京便宜。当晚我们住进华上酒店。香港高楼林立，一片繁荣景象，可惜它当时还属英国管辖，我们期盼它早日回归祖国。

我们于 6 月 17 日清晨离开香港，到台北时已经是中午 12 时了。辅仁大学副校长兼文学院院长到机场迎接。我们住在位于圆山饭店山下的“青年活动中心”（这里的原名叫“中华民国青年反共救国中心”）。晚上，看了台湾的电视，给我的初步印象是，内容比较贴近群众的生活。反共的内容也有，但比较多的是对大陆一些事情的客观报道。

1993年6月18日晨，我同刘大椿、方克立一同来到圆山饭店的广场，并在那里照了相。会议的地点定在花莲。6月18日下午我们抵达花莲，住在“花莲报禄救灵中心”，这是一个天主教培养与训练教会人员的地方，“救灵”就是培养、教育、救助人的灵魂。花莲靠台湾东边的海边，是一个风景优美的地方。

1. 学术会议

1993年6月19日上午，这次学术会议正式开始。前一天晚上，主持会议的人告诉我，在开幕式上，希望我能代表大陆学者发言，恭敬不如从命，我接受了会议的安排。会议开始，先由花莲教区主教钱志纯和辅仁大学校长李振英致欢迎词，接着由我代表大陆学者致辞，之后会议正式开始。

（1）李振英谈儒家的道与超越性问题

第一个发言的就是李振英，他是辅仁大学的校长，又是一个天主教的主教，是台湾的“士林哲学”家，一个有神论者，他发言的题目是“由儒家的‘道’看超越性的问题”。他认为，“人本身就实事讲，能自主、自足，存在于神之外，有其内在性；但就理由讲，人缺乏足够的理由指正自身的实现，需要绝对原因完成它，或强调他必须分享超越者的存有才能实现。如此说，人与神又有从属的内在关系，神是超越的，却又是内在于万物的。此一内在性不取精神的超越特性，且神为万物存在的绝对条件。自认识论方面来看，超越者或神的绝对知识是人能认知真理的最后基础。但神的知识并不抹杀有限认知的独立特性”。他还认为，“道”既有横向的超越性，又有纵向的超越性等。

李振英认为，中国从周秦一贯，诗书中所说的“道”、上帝和天，扮演着如下几种角色：启示者、审判者、统治者、造生者和戴行者。上帝不仅有超越的神性和位格，而且和人类有非常密切的关系。他认为，在孔子的思想中，宗教信仰有不可忽视的地位。如：“祭如在”，“祭神如神在”，“子曰：吾不与祭，如不祭”，“颜渊死，子曰：‘噫！天丧予！天丧予！’”，“获罪于天，无所祷也!”，“子疾病，子路请祷。子曰：‘有诸?’子路对曰：‘有之。诔曰：祷尔于上下神祇……子曰：‘丘祷之久矣’”。总之，在“士林哲学”看来，孔子是一个不容置疑的、地地道道的有神论者。

（2）我对中国传统伦理思想的基本特点的看法

我发言的题目是“中国传统伦理思想的基本特点”，在这篇论文中，我概括了中国传统伦理思想的五个基本特点，这是我长期以来学习和研究中国伦理思想的体会，也是我对自己所进行的中国伦理思想之研究的全面总结。这五个基本特点是：

第一，强调为民族、为整体、为国家的整体主义精神。

整体主义精神，是中华民族优良道德传统的核心。自古以来，中华民族就形成了“夙夜在公”、“以公灭私”的特有的民族精神。中国社会在很长时期内是一个以血缘为纽带、以家族为本位的社会，在伦理道德上则一直提倡“国而忘家，公而忘私”，强调个人利益和家族利益应当服从国家和民族的利益。为了国家和民族，一个有道德的人应当“杀身成仁”、“舍生取义”、“尽忠保国”、“先公后私”、“一心为公”，这些已成为人们所尊奉的崇高的道德品质。

正是在这种为国家、为民族的整体主义精神的影响下，诸葛亮提倡“鞠躬尽瘁，死而后已”，范仲淹提出“先天下之忧而忧，后天下之乐而乐”，顾炎武强调“天下兴亡，匹夫有责”。林则徐“苟利国家生死以，岂因祸福避趋之”的诗句，显示了他为国家、为民族而不顾个人安危的高尚品德。中华民族的这种为国家、为民族的整体主义精神，是中华民族的一种强大的凝聚力，是中国自古以来的爱国主义思想的基石。在中华民族的长期历史中，涌现出了无数为保卫民族利益而英勇斗争的爱国志士，他们不畏强暴、勇于献身、前仆后继、坚贞不屈，直到献出宝贵的生命。他们如此，可以说，无一不是这种整体主义精神的体现。

应当指出，中国古代的整体主义，总是为封建制度服务的，必须加以批判的改造，使其为社会主义、为人民大众的利益服务。在当前改革开放的条件下，坚持和发展中华民族的整体主义精神，发扬中华民族的爱国主义精神，有着特别重要的现实意义。

整体利益、国家利益、社会利益与个人利益，既有统一的方面，也有矛盾的方面。在中国古代社会，又往往被称为“义”与“利”的关系。一般来说，“义”指公利，指社会、民族和封建国家的利益，而“利”在较多的情况下，是指个人的、私人的利益。在中国传统伦理思想史上，曾进行过长时期的关于如何对待“义”与“利”的争论。孔子强调“义然后取”、“见利思义”、“见得思义”，颜元主张“正其义而谋其利，明其道而计其功”，主张既要重视“利”，更要重视“义”。

从总的思想倾向来看，儒家更重视“先义后利”，反对“见利忘义”、“唯利是图”。现在是社会主义时期，封建社会“义”和“利”的内涵早已一去不复返了，但新的“义”、“利”关系仍然存在，“先义后利”、“见利思义”的“义然后取”的思想，对反对“见利忘义”、“唯利是图”的思想，仍有现实的针对性。

第二，推崇仁爱原则，强调“推己及人”与人际和谐。

儒家创始人孔丘最早提出“仁”就是“爱人”的思想，把“爱人”作为道德的根本要求。“仁者爱人”，可以说是中国古代最早的人道主义思想，即把所有的人都看成一个类，因而主张人对自己的同类要有一种怜悯、同情和爱护之心。人应当从自己的感受出发，去关心自己的同类。“己所不欲，勿施于人”、“己欲立而立人，己欲达而达人”，这就是人们在处理个人同他人关系时所依据的原则。

孟子继承孔子的“仁者爱人”思想，进一步提出人的“良知”问题。他认为，人之所以异于禽兽就在于人有道德，就在于人有禽兽所没有的对其他人的同情、怜悯、关心和慈爱之心。

正是从这种仁爱原则出发，在人和人的关系上，中国传统伦理思想强调“人和”、“和谐”、“以和为贵”、“和气生财”，所谓“天时不如地利，地利不如人和”、“人心齐，泰山移”等，就是这一思想的反映。为了保持人际关系的和谐，中国传统伦理思想又特别强调“待人以宽，责己以严”、“助人为乐”、“舍己救人”等道德要求，以调节人和人的关系。

中国传统伦理思想中的“仁爱”思想，在不同的历史时期不断地得到发展，尽管其中包含巩固封建统治阶级利益和维护封建统治秩序的内容，但在中华民族的长期发展中，对协调人际关系、维护社会稳定，它也产生了重要的作用。

第三，重视人伦关系，提倡人伦价值。

在一定意义上，我们可以说，中国文化是一种伦理型文化，而在中国传统文化中，重视伦理价值更成为一个重要的特点。在以家族为本位的古代社会，中国传统道德最重视“父义、母慈、兄友、弟悌、子孝”五种人伦关系，并使其成为人人遵守的道德要求。

孔子又进一步突出了君臣关系，提出“君使臣以礼，臣事君以忠”的原则。孟子概括了封建社会中最重要的五种人伦关系，即“父子有亲、君臣有义、夫妇有别、长幼有序、朋友有信”，用以维护和改善当时社会中人与人之间的各种关系。

在五伦关系中，中国传统道德尤其重视父母与子女之间的人伦关系。“父子有亲”进一步解释为“父慈子孝”，把“孝”看成一切道德的根本。如果一个人在家能够善事父母，那么他就能够正确地对待他人和社会，就能够对人有信，对国家尽忠。中国传统道德强调，对父母不仅应当赡养，而且应当敬重，“至于犬马，皆能有养，不敬，何以别乎?”如果一个人连生育、教育他的父母都不能敬爱，又怎能爱祖国、爱人民呢?

在中国传统的人伦关系中，汉朝时所提出的“君为臣纲、父为子纲、夫为妻纲”的要求，抹杀了臣、子、妻的独立人格，是为当时的等级制度服务的，是一种封建糟粕，今天应当摒弃。但从总体上看，中国重视人伦关系和人伦价值的传统道德，如能进行正确的分析，发展其合理因素，在今天仍然有着协调各种人伦关系的积极意义。

中国传统道德对人伦关系的重视，在历史发展中，有过一个演变的过程。孔子、孟子一方面强调孝顺父母的重要，另一方面认为，父母有了错误，可以提出“谏诤”，但应当注意态度。孔子主张“以道事君，不可则止”，这就是说，如果国君不能听取正确的意见，就可以离君而去。孟子认为，君臣之间互相都应当履行自己的责任。他说：“君之视臣如手足，则臣视君如心腹；君之视臣如犬马，则臣视君如国人；君之视臣如土芥，则臣视君如寇仇”，认为臣对君不应当绝对服从。但是，宋明儒家把五伦关系中的“三纲”片面地加以扭曲，以至走向愚忠愚孝，这是错误的。对于这种复杂情况，我们应当加以分析，加以辨别。

第四，追求精神境界，追求高尚的道德理想人格。

中国传统伦理思想，尤重为学的目的，首先就是改变人的气质，培养人的品德，即学习怎样做人。在专业知识与思想品德的关系上，强调“先器识而后文艺”，也就是说，要首重道德品质，次重文艺技艺，认为要想做一个在专业知识上有所成就的人，首先应当在道德上提高自己。

中国传统道德对这种高尚道德境界的追求，总是同一种“自强不息”、“刚健有力”的人生哲学相联系，总是同“发愤忘食”、“乐以忘忧”和“知其不可为而为之”的人生态度共同发展。正是从这种追求高尚的精神境界出发，中国传统道德重视独立人格的精神力量，“三军可夺帅也，匹夫不可夺志也”。一个人在一生的活动中，不论遇到什么情况，不论遇到什么危害，都要“不降其志，不辱其身”，都要有一种“富贵不能淫，贫贱不能移，威武不能屈”的大丈夫品格，对于外在的一切压力，应当不屈不挠，努力保持一个人不受屈辱的、独立的、高尚的人格。这是一种人格尊严的自觉，是我们民族赖以存在的脊梁骨，它对维护中华民族的发展有着特别重要的作用，是我们应该继承和发扬的重要优良传统。

孔子说“志士仁人，无求生以害仁，有杀身以成仁”，孟子说“天下有道，以道殉身；天下无道，以身殉道”，“生我所欲也，义我所欲也，二者不可得兼，舍生而取义者也”，表现出一种追求崇高精神境界和理想人格的、坚韧不拔的意志和精神。正是有了这种追求，一个有道德的人才能够“一箪食，一瓢饮”而不改其乐，始终保持追求高尚人格的乐观主义精神。

从追求高尚的道德理想人格出发，中华民族传统道德特别强调要从儿童起，就注意对他们进行思想品德教育，“必使其讲而习之于幼稚之时”，欲其“习与知长，化与心成”，诚意、正心、躬行、践履，以达到所谓“成圣”、“成贤”的目的。管仲说：“一年之季，莫如树谷；十年之计，莫如树木；终身之计，莫如树人。一树一获者，谷也；一树十获者，木也；一树百获者，人也。”这就是所谓“十年树木，百年树人”的重视道德品质的传统教育思想。正是由于注意了从幼小童稚时就对人们进行必要的道德原则、道德规范和各种礼仪的教育，力求使他们自幼就习熟这些原则和规范，所以就可以使他们在长大以后，不会对这些规范礼仪产生“格”、“抵牾”的逆反心理，就能够收到教育所希望达到的效果。

第五，强调修养践履，注重道德理论与道德实践、道德认识与道德行为的统一。

树立崇高的道德理想，即树立君子、贤人、圣人的理想人格后，更重要的是奋发志气、养心修身、切磋践履、变化气质，以达到这一思想。

首先，中国传统伦理思想特别强调“为仁由己”的道德主体的能动精神。孔子说，“我欲仁，斯仁至矣”，“有能一日用其力于仁矣？我未见力不足者”。在讨论能否成为道德高尚的圣人时，孟子反对自暴自弃，认为“人皆可以为尧舜”。荀子强调社会教育和个人的自觉，认为“涂之人可以为禹”，强调一个人只要立志向善，就一定可以成为一个道德高尚的人。

其次，中国传统伦理思想尤重“知”与“行”的统一。一个人仅仅懂得了应当怎样做人，还不算有道德，只有身体力行了道德规范，才算真有道德。王阳明强调“知行合一”，认为“称某人知孝，某人知弟（悌），必是其人已经所孝所弟（悌）”，如果只是说些应当孝、悌的话而“不肯着实躬行”，就不可能称为知孝、知悌。为了达到“知”与“行”的统一，必须加强道德主体对自身的“省察克治”的功夫。“吾日三省吾身”、“三人行必有吾师”、“见贤思齐，见不贤而内自省”、“业精于勤荒于嬉，行成于思毁于随”、“兼听则明，偏听则暗”、“非我而当者，吾师也”、“谄谀我者，吾贼也”、“君子之过也，如日月之食焉。过也，人皆见之，更也，人皆仰之”。这些流传很广、脍炙人口的格言，都同道德的修养践履有着密切关系。

在道德修养中，中国传统道德强调“良心”在择善去恶中的作用，认为“慎独”是提高道德水平的关键。独处之境，无人监督，是道德修养的重要之时。一个没有道德的人，在幽独无人监督的情况下，就会无所不做，并在人前掩盖其不道德的行为；而一个有道德的人，则正是以此为自己行善的机会，尽力做有道德的事。道德就其本质的意义来看，应当是人们自觉的行为，即自律的行为。只有凭借人们的道德觉悟，凭借人们的“良心”自律，道德对人们的规范才会真正成为不受外界制约的自愿行为，道德的社会作用才能充分发挥出来。因此，在道德教育和道德修养中强调“慎独”的思想，是正确的。

在我发言后，台湾学者提出了两个问题：其一，中国传统伦理思想这五个基本特点，它们形而上学的“本体”是什么？是人本？是物本？是神本？他们认为，以什么为本的问题，是形而上学的根本问题，必须在这三种“本体”中选择一种；如果是“物本”，那么就会产生只追求物质利益的后果。辅仁大学校长李振英甚至说出“台湾的一些人讲究大吃大喝，他们比大陆的人还要唯物主义”等无知和可笑的言论。其二，中国传统伦理思想的这五个基本特点，是否有主次、从属之分？我对这两个问题一一作了回答。我认为，中国传统伦理思想的五个基本特点不是以物为本，更不是以神为本，而是“以民为本”，在今天，也可以说是“以人为本”，孔子就明确提出“仁者爱人”、“己欲立而立人，己欲达而达人”、“己所不欲，勿施于人”、“唯仁者能好人，能恶人”等。中国传统伦理思想的这五个基本特点，是否有主次、从属之分？我认为，这五个基本特点，并不是同级和并列的，其中确实有不同的层次。应当看到，为民族、为整体、为国家的整体主义精神，是中华民族优良道德传统的核心，位于这五个基本特点之首；“爱人”是中国传统道德的基本要求，也是中国传统道德中最重要的内容；重视伦理价值和人与人之间的各种伦理关系，是中国传统道德中具有民族特性的一个重要特点；追求精神境界，追求高尚的道德理想人格，可以说是向往在道德上的完人（圣人），是最高的人生价值追求。尽管这个“圣人”的境界，对一般人来说是不容易达到的，但每一个人都应当时时处处地以此为最高目的，这就是要“为天地立心，为生民立命，为往圣继绝学，为万世开太平”，“虽不能至，心向往之”，这种永不停止、不懈奋斗的道德追求，正是中国传统道德的奋斗精神；道德修养是一个人能否具有崇高道德的关键，也是中国传统道德的一个带有实践性的重大特点。一个社会的道德规范无论怎样完备，一个人的道德知识无论怎样广博，如果不付诸实践，就不算有道德，只有身体力行了道德规范，才算真有道德。

（3）围绕龚鹏程的发言的斗争

1993 年 6 月 20 日下午，由台湾“大陆委员会”文教处处长龚鹏程发言。他从反共、反社会主义制度出发，撰写了一篇反华、反共和污蔑毛泽东的长篇文章。按照当时两岸交流的谅解，彼此都不发表不利于友好的言论。大陆所有代表的发言都是谈的学术问题，都是有利于今后学术交流的。我和几位看了这篇发言稿的学者，都感到非常不满。台湾的“大陆委员会”是反华的，它的“文教处处长”的发言带有一种挑衅的意味，我们应当对此表示意见。

龚鹏程发言的题目是“背离孔子的国度——梁漱溟的中国”。这篇论文从表面上看，是通过梁漱溟的表现来说明中国背叛了孔子，因为梁漱溟晚年（在“文化大革命”期间）撰写了一篇赞扬中国共产党的文章，他咒骂梁漱溟没有气节。

此文先引胡秋原为梁漱溟《中国民族自救运动之最后觉悟》所撰写的“序”，大骂共产党，“民国以来，肯对国家根本用心，从而提出主张如梁漱溟者实在不多”，“中共政权成功了，要他承认过去思想错误。40年代末，他写了《两年来我有哪些转变》一文，一面敷衍共产党的批判，一面婉转地说，中共政权是外国侵略、斯大林与中共利用中国之乱，不惜杀人流血，人工制造出来的；而这人工革命政权就是以暴力压迫农民的政权，这不是中国问题的真解决。于是，中共便大作批判，说他狂妄，思想没有真正搞通。他乃……凛然拒绝共产党之威逼，中共怀恨在心，便只有由毛某自己出面威胁了”。之后，龚又说：“这部书（指梁漱溟在‘文化大革命’中所写的《中国——理性之国》）当时梁氏不愿发表，盖有自知之明”，“他甚为推崇延安时期整党、整风、学风、文风，亦颇称道三反、五反及1957年的反右大整风”，“进而居然推崇洗脑、思想改造与斗争整肃，于今视之，亦不免令人疑其是否尚有肝肺”。“换言之，梁漱溟不愧为一思想家，此书的问题意识极为清楚，所问者，亦为马克思主义理论与实践出现矛盾的大问题（即马克思主义认为革命应在发达的资本主义国家出现，但何以能在一个落后的中国出现），他敏锐地抓住了这个问题，然后运用他惯常主张的‘精神文明论’植入其中，强调人心的作用，强调精神力量的巨大，强调在历史发展中主观努力的重要性，发展出一套‘人心与人身’的新的‘心物合一论’而注重于人心的自觉。故从理论意义说，此乃马克思主义的儒家化，亦为历史唯物主义偏重历史发展客观规律及经济决定论的扭转，是要回归人文精神，再立礼乐之教的根基，但是这套理论落实于具体社会情境，都是对中共标榜马列而实事上又违反马列的历史窘状提出的有力辩护。”

龚鹏程还提出了所谓的“拿破仑现象”，即拿破仑在未掌握政权之前，力图拉拢知识分子，知识分子帮助拿破仑，终于使他掌握了政权。“可是他们万万没有料到，思想家借新宪法建立起来的精密的政治机构体系，很快就变成了独裁的工具。……他竟至公然说：‘有 12 个或 15 个玄学家像害虫一样环绕着我，应当把他们扔进水塘。’又称这些思想家为一帮蠢货，他们从内心深处要求出版和言论自由，并相信舆论万能。”紧接着，龚鹏程就针对毛泽东，他说：“这种拿破仑现象，所在多有，毛泽东与知识分子的关系，亦不妨视为其中之一例”，接着就列举了一系列毛泽东如何利用和打击知识分子的事例。

龚鹏程还提到了爱德华·希尔斯（Edward Shils）所写的一本《传统论》，分析一个社会的实质性传统之所以能长期受到人们的重视和依恋，并对人的行为具有强大之道德规范作用，是因为传统本身便具有一种神圣的希里斯玛（Charisma）的特质。“马克斯·韦伯曾借用这个字来说明具有奇特魅力的领袖人物之超凡精神特质，这些神圣奇魅的人物包括先知、巫师、立法者、群众领袖等，他们都拥有异于常人的个人气质禀赋，能长期吸引其众徒”，“所以，凡传统都有一套神话和仪式，以唤起或激发信奉者的敬畏之情”，“唯有如此，人们才会为传统的伦理、规范、制度、法律、象征符号而献身，坚决捍卫之，一旦传统的伦理、规范丧失了它的希里斯玛之后，传统虽然可能还存在，但其规范力和感召力却消失了。此时，社会中一部分人会另寻希里斯玛事物作为奉受之对象，可是，大部分人会感到无所适从，因为整个社会行为丧失了共同的规范和道德理想，处于失范（Anomie）的状态”。“由这个原理来看，毛泽东的意识形态统治之具希里斯玛特质，实甚明显”，“可是，为什么在中共肆意摧破传统、践踏传统之际，梁氏却无一言？为什么在中共对不肯认同新传统之知识分子进行思想改造与整肃时，梁氏却大为称赞其道行？”“但梁氏一生是以圣贤自期的儒者，也曾目为中国文化‘择善固执’、‘守死善道’的象征。却因对传统认识不清，导致以势定理，为中共压迫知识分子灵魂的政策拥彗先驱，实在令人唏嘘。”这就是龚鹏程提交之论文的主要内容。

这篇反共、反毛泽东和恶毒攻击社会主义制度的文章，是完全违背这次会议的友好学术交流的原则的，我们不得不表示我们的态度。当晚，我们就告诉第二天会议的主持人，龚鹏程的发言是错误的，如果第二天龚鹏程发言，我们将表示反对。我作为访问团的负责人，就和大家商量，如果龚鹏程发言，我们可以退席，也可以仅留少数人参加。

1993年6月20日下午，龚鹏程发言，大陆的大部分学者没有参加，只去了两三个人。散会后，龚鹏程给会议的主持人黎建球写了一张条子，说他的人格受了侮辱，要找我谈判。我答应当天晚饭后，我、方克立、叶朗同黎建球和龚鹏程在会议室见面。我当即指出，他的发言反共、反毛泽东。他不承认，说他人格受了侮辱。我向他解释，不去听他的讲演，不是不理他，而是避免同他争论。我讲了大陆召开两岸学术会议的情况，不但没有反对国民党和台湾"政府"的话，而且还尽量照顾台湾同胞的感情，而他在这个会上的发言显然是不正确的。最后，我们还是不欢而散。

我之所以对龚鹏程的发言采取如此态度，这样做可能会给会议的组织者造成某些困难，甚至可能影响个人在两岸交流中的发展，但这主要是为了维护党和马克思主义的尊严，个人的得失是应当不计的。

晚上，辅仁大学校长李振英和黎建球在花莲的大酒店请我和金戈吃饭，我又对他们提出，龚鹏程的发言是不利于两岸学术交流的，黎建球再一次表示道歉。他说龚鹏程的发言，他事前来不及看，如果看了，是不会印发的，希望我们谅解，以后不会有影响两岸交流的事情出现。黎建球还说，龚鹏程的论文将不被收入这次会议的论文集。他说，龚鹏程是一个搞政治的人，自高自大，8月1日以后，就不在"大陆委员会"做事了，要被分配到较远的地方，家属也不能去，够他受的，今后不会对我们有什么影响等。

宴请的同时，商定了中国人民大学同辅仁大学进行学术交流的初步意见，定期在台湾和北京召开学术会议，交换图书资料，交换教授相互访问，1994年在北京中国人民大学举行第一次学术会议等。

（4）其他发言和会议的主要观点

1993年6月21日，会议继续进行。石峻教授作关于佛学的发言，一位台湾学者提了一个很不友好的问题。他问：不知道佛学的书石峻教授读过哪些？石峻教授的论点似曾相识，是自己的创建，还是从别人那里借鉴来的？石峻教授回答得很好，他说：大部分有关魏晋玄学的书，他都读过；汤用彤是他的老师，他的观点是承继自己老师的研究，但发言有自己的创新。

下午，金戈发言，一位台湾学者提出了一个很不友好的问题。他说，目前台湾翻印大陆的一本小说，其中讲一个人的父母是忠实的共产党员，并有坚定的共产主义信仰，但在“文化大革命”中受到了严重的摧残，这个人后来离开了中国，在美国做生意，再也不相信共产主义了，他问，这是普遍的？还是个别的？金戈当即回答这是个别的。

会议上讨论的论文较多，举其要者有：

关于刘宗周的“意”，应当如何理解？发言者认为刘宗周是明末最重要的哲学家。“意”不是心中已发生的念头，“念”是已发，“意”是未发，“心”是盛贮“意”和“念”的虚体。“意”不是现实的活动，而是一种形而上的“潜存”。刘宗周一生对阳明学说有过三次变化，“始疑之，中信之，终而辩难不遗余力”。因此，他认为王阳明的“四句教”应加以修改：“无善无恶心之体（无善无恶心之意），有善有恶意之动（有善有恶念之发），知善知恶是良知（知善知恶是良知），为善去恶是格物（为善去恶是格物）”，刘宗周提出“意”，并特别对“意”作了深入的解释，这是同他重视道德品质和道德修养有重要关系的。刘宗周是一位身体力行的道学家，他更致力于人的“成圣”、“成贤”的切切实实的功夫。他所写的《人谱类记》，对明代以后的中国知识分子和士大夫等有较大影响，不少人将此书置诸案头，身体力行，从而在道德上提高自己。

关于罗光的“生命哲学”。罗光是辅仁大学的著名哲学家（据说，台湾有四大哲学流派，即方东美、唐君毅、牟宗三、罗光）。论文的作者认为，整个中国传统哲学和西方哲学都是以生命哲学为主的。当代中国哲学史在论述当代中国哲学时，常以新儒家作为当代中国哲学的主要系统。而熊十力及其弟子，尤以唐君毅先生、牟宗三先生为主（余英时教授在论钱穆与新儒家之文中有深入的剖析）。但是，以著作的向度来看，则方东美教授、唐君毅教授、钱穆教授、徐复观教授、罗光教授，堪称当代中国哲学的代表人物。而以哲学思想的著作而言，则方、唐、牟、罗为四个主要的系统。方先生受尼采、伯格森及英美的新实在论与怀疑论的影响较深，唐先生则受黑格尔的影响较多，牟先生则受康德的影响为多，罗先生则属于“士林哲学”。牟宗三认为中国哲学“从它那个通孔所发展出来的主要课题是生命，就是我们所说的生命的学问，安顿我们的生命”。在台湾，基督教有广泛的影响，罗光的生命哲学以宣扬神学为主要目的，在台湾也有一定的影响，罗光的九卷本巨著《中国哲学史》是重要的哲学参考书。

方立天论文的题目是“佛道的人生观及其现代意义”。他认为，人生价值的意义是多方面的：第一是生命价值；第二是人类价值；第三是人格价值；第四是理想价值。他认为，佛道两家所探讨的主要对象都是人，都对人生价值的一系列问题作了独特的阐述，两家思想的核心都是人生价值观。

《荀子的人学》。作者大量引用荀子的言论，其主要目的在于说明，“人之所以为人者，非特以二足而无毛也，以其有辨也”，也就是说，人之所以为人，不是因为别的，而是因为有了“道德”。作者认为，荀子把人分为三等：一等是途人，二等是君子，即“积文学，正身行，能属于礼义”者，三等是圣人，其他并没有什么新意。

此外，在会议进行中，大多数是念讲稿，因为论文已发给参加会议的人，我就没有更多的记录。

1993年6月22日，会议闭幕，由李振英主持，双方各推荐一位学者作总结性发言，我方推荐方克立教授作了学术总结，强调了李校长所讲的“学术归学术，政治归政治”，保证了这次会议的顺利召开。李振英讲话说，两岸交流是民心，而政府总是拖后腿，暗示了对龚鹏程的批评。事有巧合，当天台湾的报纸登载台湾“大陆委员会”免去了龚鹏程的职务，而龚鹏程却因“大陆委员会”免去他的职务，在报纸上对“大陆委员会”的领导大肆攻击。

2. 会后的活动

6月23日—30日，辅仁大学方面组织了在台湾各地的旅游。6月底的台湾，炎热难当，我们乘坐有空调的大轿车，从花莲出发，环绕台湾周游了一整圈。

23日，先到花莲的垦丁公园。这是一个很大的国家公园，有点类似自然保护区，管理得有条有理，游人都相当文明。垦丁公园管理处处长施梦雄向我们介绍了这个国家公园建设的详细情况。他说，建设这个公园的主要目的是要向台湾人民灌输一种环保意识。他们要广泛宣传，50年前，这里的空气如何新鲜，树木如何茂盛，多种动物如何在大自然中生存；现在，工业发展了，经济增长了，人们的生活水平提高了，环境却被污染了，因此加强环保，降低污水、污物的排放，已经是迫在眉睫、刻不容缓的事情了。我们来台湾后，看台湾的电视，几乎每天都有关于垃圾分类、减少污染和遵守有关保护环境的道德等内容。

6 月 24 日—25 日，我们到了高雄，住在高雄市青年活动中心，两天都是参观。26 日开始，向台北方向进发，直到晚上 10 时，才回到日月潭的青年活动中心。

27 日，整个代表团休息。我们人民大学的几位同志，由方立天教授联系，去佛教圣地圆光佛学研究所参观，由惠空法师接待，她极为热情。惠空法师是圆光佛学研究所的教务长、慈善佛学院的院长，她领着我们先到慈航纪念堂参观了慈航大师的“金身”，又到她所办的佛学院请我们吃饭。在慈航纪念堂，纪念堂的负责人送我们每人一件衬衣，惠空请吃饭时，又送每人一块手表。

（1）惠空法师说法

27 日上午，由惠空法师安排，先到慈航纪念堂参观并听取对慈航大师生前经历的介绍，同时听惠空法师说法。据说，慈航大师生前笃信佛学，晚年坐缸，5 年后开缸，而肉身不坏，成为“金身”，现在供人们参观。惠空法师说法的内容大致如下：

她说，“禅”就是“调心”、“控心”、“养心”，从而把握住自己的心；“坐禅”的功夫，有深，有浅，“调心”的功能也有不同。“心”有各种不同的层次，有内，有外，有高，有低，功夫的深浅使调心可由外而内，由低到高，由浅到深。她又说，佛教认为，现实世界是虚幻的，好像一个人做了一个梦，在梦中，有哭，有笑，有痛，有悲，可以打人，也可以被人打，被打了也感到痛苦，很伤心，其情境完全如醒来时一样。可是，一旦真的醒来，方才知道那一切都是梦中之事，仅仅是一种幻觉。人生也是一场大梦，等到梦醒之后，才会知道，原来这一切不过是一场空，原来这些曾经被认为真实的东西都是虚幻的，“大梦归来一场空，大梦醒来始知空”，忙忙碌碌，如在未醒之梦中。佛教主张一种人我同体、人类同体的思想。如打在自己身上，自己感到疼痛；打在自己父母身上，自己的心灵也会感到疼痛，这就是人我同体的原因，如果能扩而充之，对所有人的疼痛都能产生一种同情、怜悯之情，犹如身受，这就是人类同体，这就会有人人相爱之心了。

惠空法师的说法内容，是我早已听说过的。以前多次听说过佛家的说法，但没有深入地加以体会。这一次，惠空法师认真严肃的态度、坚定而诚挚的信念和毫不动摇的信仰，使我沉思了良久。在《庄子》一书中，有“庄周梦蝶”的寓言。其中说：“昔者庄周梦为蝴蝶，栩栩然蝴蝶也，自喻适志与！不知周也。俄然觉，则蘧蘧然周也。不知周之梦为蝴蝶与？蝴蝶之梦为周与？周与蝴蝶，则必有分矣。此之谓物化。”我对《庄子》的这一段话，原来的认识就是一种唯心主义的、虚无主义的、人生如梦的观念，是一种把主观的虚幻看作和现实完全等同的相对主义而已。但是，这次惠空法师的说法却使我体会到，宗教作为一种特殊的人生观，对世界的一切有着自己的认识，这是非宗教信徒的人们所不能理解的。

台湾是一个宗教盛行的地方，据说有佛寺 2 000 多座，有道观及各种其他庙宇 6 000～8 000 座，有天主教的教堂 1 000 多个。最近 30 多年，很多人经商发了财，他们富裕之后，就希望神灵能够保佑他们的幸福，所以信教的人很多。

（2）同星云法师会面

在这段旅游的过程中，一件重要的事情就是到台湾高雄市佛光山的佛光山寺会见著名的佛教大师星云法师。

星云法师是世界闻名的法师，在国际上很受推崇。他撰写的两本《星云法语》，既深刻地阐明了比较深奥的佛学理论，又通俗地解释了世俗所遇到的种种问题。因为我们是大陆的哲学代表团，所以星云法师对我们的访问特别重视。他在百忙之中会见并宴请了全体代表，同大家亲切地进行会谈，请有关人员带领我们参观了佛光山寺的一些重要部分，并同代表团的所有成员一起在大雄宝殿的前面照了合影。

佛光山是一个风景秀丽、树木成荫的好地方。我们参观了佛学院，看到了那些真挚入迷的年轻女弟子在精心地研读佛经，出世超俗，忘却尘缘，似乎真正进入了另一种境界。

佛教有自己特有的人生理念和佛性修养，它的人生理念和修养功夫，为中国古代的宋明心学家所赏识。所谓“引释入儒”，就其主要内容来说，儒家对佛教思想最容易接受的部分就是它的修养功夫。明代王阳明的一句名言是“除山中贼易，除心中贼难”，这句话可能就是从佛教的修养功夫来的，而明代以后的佛教大师，如当代的星云法师，就常引用这句话来说明佛教的修养理论。中国古代的心学家对佛学有浓厚的兴趣，这与佛学注重人们的道德修养有关，正如星云法师在他的《星云法语》中所说的，“人类需要有道德的规范，佛教就讲道德情操；人类需要人格的升华，佛教就重视人格升华；人类重视生脱死、灭除烦恼，佛教就有许多生死解脱的方便法门”。

3. 送别

1993 年 6 月 28 日上午，我们应邀到台湾大学哲学系参加座谈会。先是校长接见，后到哲学系座谈，我们代表团的成员都发了言，我也简单地讲了希望今后能加强联系的意见。

6 月 29 日，我们到辅仁大学开会。这是一次送别的会议，辅仁大学的老校长罗光也参加了，并讲了较长的话，充分肯定了这次大陆学者访问的成功；我讲了一些感谢辅仁大学热情招待的话。

下午，代表团全体成员参观了台湾的“故宫博物院”，院长亲自接见后，派专人带领我们比较详细地观看了博物院的重要内容。参观台湾“故宫博物院”的一个最大感受就是，这些极其珍贵的文物都是 1949 年蒋介石从南京运来的。这些北京故宫博物院的珍品，抗日战争时，由北京运到重庆，抗战胜利后运到南京，最后又运到台湾，我们希望这些极其宝贵的文物能够及早回到北京故宫博物院。

这次到台湾的访问，另一个重要的收获就是会见了台湾“中华伦理教育学会”的有关负责人，并初步商定，台湾的“中华伦理教育学会”和大陆的中国伦理学会建立相互的交往关系，待我回到北京同中国伦理学会的有关负责人研究后，建立定期由两岸分别主持召开伦理学理论讨论会的机制。这次商谈，最终建立了两岸伦理学学术交流的广阔平台，成为一个两岸伦理学学术交流的经常性渠道。

1993 年 6 月 30 日，上午 8 时由台湾机场起飞，11 时到香港转机，下午 3 时抵达北京，结束了长达半个月之久的台湾访问。

(八) 招收伦理学第一个外国博士生

1991 年年底，有一个学习计算机工程学的美国华裔博士和我联系。

他的中文名字叫翁诚光，英文名字叫 Cary C. K. ，Weng。他在做计算机工程的工作中，对社会的道德风尚和道德教育产生了兴趣，并由此产生了攻读伦理学博士的愿望。

据他自己说，他长期在美国，但美国没有伦理学博士，只有哲学和伦理学系，或者是宗教伦理学系。经过多方了解，他终于打听到中国的中国人民大学哲学系内有伦理学专业，并且培养伦理学博士生。这样，他就千里迢迢地回到中国，希望能够在人民大学攻读伦理学博士学位。他和我同岁，1946—1949 年我在同济大学读法律系的时候，他在上海的圣约翰大学经济系，后来就到美国深造。他虽然长期从事计算机工程的工作，但对中国的传统文化和传统道德有较强的兴趣，因而在年近 70 岁的高龄，决心放弃长期从事的计算机工程，学习伦理学。

翁诚光原是上海圣约翰大学的学生，在新中国成立前到美国留学，尽管他从事的是计算机应用工作，但他对中国文化和中国传统道德的这种追求使我们感动，因此我就同学校研究生院商量，允许他参加特殊的入学考试，录取了他作为我国第一个伦理学的外国留学生博士。他因为长期生活、工作在美国，英文水平很好，但中文相对较差。在这三年学习期间，我们大力提高他的中文写作水平。最后，他比较顺利地撰写了一篇《信息与伦理》的博士论文。他在论文中，分析了在日益发达的信息社会，伦理道德问题已经成为社会生活中的一个应当引起人们高度注意的问题。他的这篇论文可能是中国博士论文中最早涉及这一问题的论文，可惜这篇论文没有及时出版，在当时未能产生较大影响。

从翁诚光的家庭来看，他是光绪帝老师翁同龢的后代，因此，他在苏州继承了翁家的一栋房产。自博士论文完成后，翁诚光就积极从事中西文化交流工作，他以苏州的翁家房产和美国的房产为地址，开办了一个“东西方伦理交融中心”(Center for East West Ethics Convergence)，在美国和中国之间广泛地开展东西方伦理道德的交流活动。这个中心和中国人民大学、中国社会科学院、北京师范大学、东南大学、湖南师范大学等有着广泛的联系。

六、从学术研究到建言献策

（一）两部教材和两部大型工具书

1. 主编《人生的理论与实践》

1993年以前，在我国的高等学校开设的思想道德教育的课程有："大学生思想修养"、"人生的理论与实践"、"共产主义人生观"和"人生哲理"等。

1989年6月之后，国家教委深感加强高等学校思想道德教育的重要，开始了思想道德教育教材的正式编写工作。当时，朱新均同志决定，由我来主持编写一本新的思想道德教育的教材《人生的理论与实践》，以适应当时教学的急需。

这年9月，我们共同邀请了宋希仁、魏英敏、夏伟东、姚新中和詹万生等，在清华大学的招待所进行编写。先由我拟定编写的要求和各章的内容，然后分工撰写。国家教委思想政治司为此书写的"编者的话"中说："为了引导和帮助广大青年学生抵制资产阶级的人生观和价值观，反对个人主义和拜金主义，树立社会主义集体主义和全心全意为人民服务的人生观，立志成为又红又专的社会主义接班人，国家教委要求在高等学校开展树立正确的人生观的专题教育。"这部原本仅仅作为试验用的教材，在一些高等院校的试用中反响较好，得到许多高校的认同。

2. 主编《思想道德修养》（1～4版）

1993年，国家教委思想政治司根据教委的意见，要对当时的大学生思想道德修养课进行改革。如何改革？改革后的课程应当叫什么名字？经过我的提议并通过大家的讨论，最后经当时的教委批准，决定把原来的大学生思想道德修养的多门课程合并为一门课程，定名为“思想道德修养”。当时的教委决定：“这门课程的任务是以马克思主义、毛泽东思想和建设有中国特色的社会主义理论为指导，综合运用多学科知识，以及青年学生成长的规律，教育和引导大学生加强自身修养，努力坚定正确的政治方向，树立正确的人生观，培养良好的道德品质，做一名合格的社会主义大学生。”同时，国家教委思想政治司要求我担任此书的主编，共同商定了参加编写的人员名单，由我拟定了概述的大纲和章节目录，从而开始了新的思想道德修养课教材的编写。

我原来的专业是伦理学，这些年来的教学和科学研究的主要方面也在伦理学领域。然而，由于我对大学生思想道德教育的重视，参与了《思想道德修养》教材的编写工作之后，我就同这一工作发生了长达 10 年的密切关系，从而同大学生的思想道德教育结下了不解之缘。

随着时间的流逝，《思想道德修养》教材需要不断地根据变化的社会现实和大学生的思想实际加以补充、完善和修订。1993 年 8 月，出版了第一版；1995 年，出版了第二版；1998 年，出版了第三版；2003 年，出版了第四版。之后，中央广播电视大学也邀请我担任主编，为广播电视大学编写一本《思想道德修养教程》教材；按照国家教委的要求，我还担任了专科学校《思想道德修养》教材的主编等。这些教材的编写和每一次的修订，都需要花去相当多的时间。我作为主编，对这些教材的质量负有义不容辞的责任，因此，我必须认真地考虑编写和修订的要求，拟定撰写的提纲，最后还必须通读全书，进行把关。特别值得指出的是，《思想道德修养》教材第四版的修订，正值“非典”流行的紧张时期，但是我和陈勇、刘书林等仍然坚持把这一书稿及时地审读交稿，在全书交稿后，刘书林还专门给我发了电子邮件，对我的责任心表示感动和赞赏。

在长达 10 年的编写《思想道德修养》这一教材的过程中，我对大学生的思想道德修养必须同伦理学的学习结合起来的认识愈来愈明确。在撰写的内容中，除了对大学生必须进行的入学教育的部分外，我力求把“人生的价值”、“人生的目的”、“社会主义道德原则和规范”、“道德修养和道德教育”等伦理学的内容，结合不同时期大学生的思想状况，深入浅出地写入这本《思想道德修养》教材。10 多年的教学实践证明，在大学学习伦理学专业的学生比学习政治理论专业的学生，更能简明深入地运用这本书中的理论来阐明许多问题。

我特别注意到一个问题，即对大学生的思想道德教育，要把着力点放在提高和养成个人的道德品质上，以求通过这门课程的学习达到提高思想道德素质的目的。因此，在所有四次印制的教材中，这一章都是由我撰写的。在一定的意义上，也可以说，这本为大学生编撰的政治理论教材，是对大学生进行伦理学教育的一个补充教材。

3. 组织伦理学工作者编写《中国伦理学百科全书》

新中国成立以来，直到 20 世纪 90 年代，我国伦理学和思想道德的研究得到了很大的发展。在各种伦理学教材和专著如雨后春笋般地出版的同时，不仅在校学习的高等学校学生要求学习和掌握有关伦理学的基本知识，而且广大群众，在学习社会主义的道德原则和道德规范时，也要求有可供参考的书籍。一些同志提出，最好能组织伦理学工作者编写一本《中国伦理学百科全书》，以满足高等学校学生和广大群众的需要。

随着时代的进步，编写一本由中国人自己撰写的、有中国特色的《中国伦理学百科全书》已经成为研究和发展伦理学的一个重要任务。为了满足我国伦理学发展的需要，为了满足我国伦理学工作者教学和科研的需要，我深感有必要编写有一部我们自己的《中国伦理学百科全书》。1991—1993 年，我差不多用了 3 年的时间，组织全国伦理学的力量，编纂了一部大型的《中国伦理学百科全书》。这部百科全书由我担任总主编，宋希仁担任常务副总主编，陈瑛、许启贤、甘葆露、魏英敏、赵仁光、陈劳志和吉林人民出版社的有关同志任副总主编。这部大型的百科全书，一共分为 11 卷，全书共 450 万字。

第一卷《伦理学原理卷》，主编：罗国杰；副主编：马博宣、夏伟东。第二卷《中国伦理思想史卷》，主编：陈瑛、焦国成。第三卷《马克思主义伦理思想史卷》，主编：许启贤；副主编：宋惠昌。第四卷《东方伦理思想史卷》，主编：宋希仁。第五卷《西方伦理思想史卷》，主编：宋希仁；副主编：戴扬毅、李肃东。第六卷《现代西方伦理学卷》，主编：石毓彬；副主编：廖申白、何怀宏、余涌。第七卷《职业伦理学卷》，主编：

魏英敏。第八卷《应用伦理学卷》，主编：王伟；副主编：戴扬毅、姚新中。第九卷《婚姻家庭伦理学卷》，主编：王伟；副主编：潘绥铭。第十卷《德育伦理学卷》，主编：甘葆露；副主编：李春秋、陈昇。第十一卷《宗教伦理学卷》，主编：于本源；副主编：索爱群、郭锡民。

这部十一卷本的《中国伦理学百科全书》，不但是新中国成立以来的唯一一部，而且也是世界上少有的一部伦理学百科全书。这部《中国伦理学百科全书》，理论、内容、体例等各个方面，都集中了全国伦理学工作者的智慧和精力。这部《中国伦理学百科全书》不仅对我国年轻一代的伦理学工作者学习和研究伦理学起到了重要的参考作用，而且对社会各个方面查阅伦理学各个分支学科的知识也有很大的帮助。这部《中国伦理学百科全书》，不但在全国许多重要的图书馆可以查阅，而且已经列入清华同方的 CNKI 数字图书馆，供广大读者阅读和下载。

在这里应当特别提出的是，我尽管对全书作了审定并担任了《伦理学原理卷》的主编，但此书最后的统稿，宋希仁教授付出了辛勤的劳动，这是应当加以说明的。

4. 组织编写《人道主义思想论库》

20 世纪 80 年代后期，我国曾经在全国范围内进行了一次关于人道主义的大讨论。此次讨论后，学术界对人道主义有了更浓厚的兴趣。究竟应当怎样认识和理解人道主义？怎样评价西方资产阶级人道主义？社会主义人道主义与西方资产阶级人道主义的区别在什么地方？作为世界观的人道主义和作为道德原则的人道主义，应当怎样理解？尽管关于人道主义我国学术界有过长期的争论，但直到今天，学术界对人道主义的认识和看法还很不一致，许多问题都需要进一步讨论和研究。因此，如果能够集中力量，编写一部有关人道主义的论库，对这一问题的研究将会有一定的帮助。我的学生林建初在华夏出版社工作，在他的热情关注下，最终完成了编写《人道主义思想论库》的工作。

这部 300 多万字的《人道主义思想论库》，邀请了 30 多位伦理学学科的同志，共用了两年的时间，于 1993 年 8 月问世。此书分为 5 个部分，即马克思主义部分、苏联东欧部分、西方部分、中国部分、东方部分。此书取材广泛，资料翔实，为广大伦理学和人道主义的研究者提供了必要的资料。

我作为主编，为此书撰写了一篇“序”。在这篇“序”中，我简要地谈了自己对人道主义的认识。“人道主义在人类发展的历史长河中，曾经有过多种形态，每种形态都有历史的根源，都有其现实的合理性，都是历史的产物”，“人道主义思想在古代中国和古代希腊，都有过萌芽的、早期的形态”，如中国古代孔子的“仁者爱人”和“己所不欲，勿施于人”的思想，就是中国古代人道主义思想的萌芽。“但是，一般来说，人道主义思想是从文艺复兴时期起在欧洲兴起的一种资产阶级思想体系和意识形态，它既是一种伦理原则和道德规范，又是特定的世界观和历史观，就其历史作用而论，作为一种唯心的历史观，由于它试图用普遍的仁爱来认识、分析、观察和解决社会的一切问题，因而不能正确地解释历史，不能正确地说明历史发展的客观规律”，但是，客观地说，“作为一种伦理原则和道德规范，作为一种价值观念，它在反对封建专制和教会统治的斗争中，在长期的历史时期内一直发挥着积极的作用”。

在这篇“序”中，我充分肯定了人道主义不但在历史上具有进步作用，而且还特别强调“作为一种伦理原则和道德规范，资产阶级人道主义在当前的许多情况下对社会进步仍然能产生积极作用”。正因如此，我们必须采取分析的态度，取其在今天能够发挥积极作用的方面，抛弃其有局限性的地方。

在当前的社会主义社会，我们应当提倡和实行的是社会主义人道主义，这是应当明确和肯定的，但是，我们同样应当认识到，社会主义人道主义同西方资产阶级人道主义又有着相互继承和相互吸收的关系。社会主义人道主义，绝不可能是离开人类文明大道而凭空出现的一种偏狭学说，它不是一种割断历史、同人类长期追求的人道思想相脱离的道德原则和伦理思想，应当说，它是对以往人道主义思想的继承和发展。

同时，我们也必须强调，社会主义人道主义，从实质上说，是从社会主义的人和人的实际的道德关系中形成的道德原则和道德规范。“社会主义人道主义是以广大工农群众、是以最大多数人的利益为出发点的，目的是要使最大多数人、最终使全人类得到解放”，它的目的是消灭剥削，消灭压迫，消除两极分化，最终达到共同富裕。所以，“社会主义人道主义作为一种伦理道德原则是比资产阶级人道主义更加广泛、更加真诚、更加有效、更加为人民群众所接受、更加有生命力的新型的人道主义”。

同时，我们也要注意到，社会主义人道主义是从社会主义的公有制和意识形态中生长出来的，它是马克思主义的一个重要组成部分，“发扬社会主义人道主义，是和谐社会主义人际关系的迫切需要，并有利于社会主义建设事业的发展”。“由于封建主义思想的长期存在，由于资产阶级腐朽思想的长期影响，再加上长时期经济落后和文化落后所带来的愚昧，在目前我国现实生活中，仍然不同程度地存在着种种反人道现象”，因而，在今天大力发扬社会主义人道主义，对于克服当前社会上所存在的冷漠、自私和互不关心等现象，必然会有帮助。

（二）《中国传统道德》的编写

改革开放以后，在加强社会主义精神文明建设中，如何弘扬中华民族的传统文化和优良道德，已经成为摆在我们面前的一个重要问题。毛泽东说过：“我们这个民族有数千年的历史，有它的特点，有它的许多珍贵品。对于这些，我们还是小学生。今天的中国是历史的中国的一个发展；我们是马克思主义的历史主义者，我们不应当割断历史。从孔夫子到孙中山，我们应当给以总结，承继这一份珍贵的遗产。”江泽民在庆祝中国共产党成立 70 周年大会上的讲话中强调，“中华民族是有悠久历史和优秀文化的伟大民族。我们的文化建设不能割断历史。对民族传统文化要取其精华、弃其糟粕，并结合时代的特点加以发展，推陈出新，使它不断发扬光大”。从全国来看，弘扬中华民族的传统文化和优良道德，已经是新时代的迫切要求。

1993 年 5 月，国家教委通知我到中南海李岚清同志的办公室参加一个会议，主要是讨论关于编写中国传统道德方面的书籍的问题。按照约定的时间，我和社科中心的武兆令等同志，在教委一位同志的陪同下，到了李岚清同志的办公室。

李岚清同志提出，中央领导同志认为，如何弘扬中华民族的优良道德，是当前精神文明建设的一个重要问题。因此，希望能编写出一套有关中国传统道德的汇编。他提出，这个中国传统道德的汇编，既是一个资料库，又是一本关于中国传统道德的百科全书，他要求组织对这一问题最有研究的专家，集中力量，在较短的时间内完成这项中央交给的任务。此书确定由李岚清、张岱年任顾问，由当时的教委主任朱开轩任编委会主任，由我任主编。

从中南海回来后，我们体会，这一任务关系到我国精神文明建设和中华民族精神的弘扬，牵涉爱国主义精神的培育，任务很重，意义深远。教委社科中心的武兆令等同志对此书的编写极为重视，在组织、领导和协调方面做了大量的工作。

教委由社科中心负责组织力量，我们初步商定的原则是，参加这项工作的人既要有哲学史的基础，又要有伦理学的理论功底，拟定的人员有：唐凯麟、朱贻庭、钱逊、许抗生、陈瑛、宋希仁、夏伟东、焦国成等。经过一段时间的筹备，1993年9月，整个编写工作正式开始。《中国传统道德》的编写，从始至终，都是以历史唯物主义为指导思想，对中国传统道德进行重新学习、认识、归纳、分析和概括的过程。

拟定提纲的工作，牵涉对中国传统道德的深层次的把握和认识。首先是分卷，大家商定分为5卷：《规范卷》、《理论卷》、《教育修养卷》、《名言卷》、《德行卷》。各卷的章节也涉及对中国传统道德的理解和概括。

《规范卷》包括四大部分：第一部分是基本道德规范，作者把中国古代的道德规范概括为18个基本规范；第二部分是职业道德规范，作者把古代的职业道德分为政德、武德、士德、民德、商德、师德、艺德和医德；第三部分是家庭伦理规范，包括亲子、夫妇、长幼；第四部分是文明礼仪规范，包括尊老敬贤、待人接物、仪态言谈、庆典婚丧、交友待朋。

《理论卷》着重于对中国传统道德理论的概括和阐释，把中国传统道德理论归纳为8个专题：①德刑论；②天人论；③人性论；④义利论；⑤理欲论；⑥公私论；⑦人生论；⑧知行论。

《教育修养卷》主要选编了中国历史上有关道德教育和道德修养方面的论述，分为9篇：①修身与德教；②施教；③家教；④立志；⑤为学；⑥存养；⑦克治；⑧力行；⑨理想人格与理想境界。

《名言卷》主要是把中国古代一些思想家关于道德的嘉言、箴言、格言、警语等分类汇总，分为5篇：①德治教化；②公私义利；③品德节操；④修身养性；⑤人生处世。

《德行卷》根据我国历史文物的记载，从中国历代无数道德高尚的人物中选取了377位有影响的人物，作为中华民族优秀道德典范的代表，并按照这些人物的不同情况，分为13篇：①勤劳勇敢、厚德载物；②勇于探索、务实求真；③胸怀天下、公忠为国；④民族和睦、四海一家；⑤酷爱自由、勇于斗争；⑥励精图治、济世安民；⑦廉洁奉公、清正严明；⑧以教兴国、正风敦俗；⑨家庭和睦、孝慈友恭；⑩忠于职守、敬业乐业；⑪以道交友、以友进德；⑫乐群贵和、尊礼重义；⑬德量涵养、躬行践履。

在此书的编写过程中，我经常考虑的一个问题就是，在新的形势下，我们该如何对待中国传统道德，因此，一篇《编者的话》就成为我反复思考的重心。这篇《编者的话》写出初稿之后，广泛征求各方的意见，数易其稿，反复斟酌，可以说这是我多年来最用心写作的一篇文章。这篇《编者的话》提出了中国传统道德的主要内容，阐明了对待中国传统道德的正确态度，分析了中国传统道德的特点，论述了弘扬中国传统道德在今天的现实意义等。

书稿完成后，李岚清为此书撰写了“序”，江泽民、李鹏为此书题了词。江泽民的题词是“弘扬中国古代优良道德传统和革命道德传统，吸取人类一切优秀道德成就，努力创造人类先进精神文明”。在邀请江泽民题词之前，先要求我们提出一个供参考的意见。当时，我在起草这个题词时，已经感到，在弘扬中国优良传统道德时，需要提倡和加强对中国革命道德的继承，就特地拟定了一条“弘扬中国古代优良道德传统和革命道德传统，吸取人类一切优秀道德成就，努力创造人类先进精神文明”，后来，江泽民果然采纳了这一条。李鹏的题词是“弘扬精华，除弃糟粕，广征博引，治学严谨，以教兴国，精神文明”。

由于五卷本《中国传统道德》的字数较多，再加上必要的诠释，总字数共230多万。为了便于广大干部和中学以上文化程度的人阅读，特在此五卷本的基础上选编了一个简编本。这个简编本仍然有34万字，对于一般的读者，也有些长，之后，我们又编写了一个普及本。

（三）《中国革命道德》的编写

《中国传统道德》出版后，在国家领导题词精神的激励下，1996 年，国家教委又开始组织《中国革命道德》的编写工作。《中国革命道德》的编写始终是在国家教委社科中心的组织下进行的。

《中国革命道德》，在时间上与《中国传统道德》相衔接，即以 1919 年五四运动为界，在内容上，也按照《中国传统道德》的体例，分为 5 卷：《规范卷》、《理论卷》、《教育修养卷》、《名言卷》、《德行卷》。各卷的章节，则根据中国革命道德的内容进行了科学的概括。

本书由当时的国家教委主任陈至立任编委会主任，罗国杰、沙健孙、朱新均、武兆令为副主任；本书的编写，由罗国杰任总主编、沙健孙任副总主编，国家教委社科中心负责编写的日常组织工作。

《规范卷》的主编是罗国杰、王际欣，副主编是张琼、乔法容、赵豫林。本卷共分为 10 章：①忠于共产主义事业；②爱国主义；③全心全意为人民服务；④坚持集体主义原则；⑤实事求是，坚持真理；⑥艰苦奋斗，勤俭创业；⑦热爱科学；⑧热爱劳动，忠于职守；⑨树立社会主义新风，建立新型人际关系；⑩修身律己，保持节操。

《理论卷》（上下卷）的主编是罗国杰，副主编是夏伟东。本卷共分为 10 章：①革命道德的本质与形成；②革命道德在革命与建设事业中的作用；③革命道德的宗旨；④革命道德的原则；⑤高举爱国主义旗帜；⑥革命奋斗精神；⑦革命人道主义；⑧革命人生观；⑨革命道德的评价与选择；⑩革命道德的理想与实践。

《教育修养卷》的主编是沙健孙、王福霖，副主编是刘可风、江畅。本卷共分为 10 章：①实践为源，革命为本；②学以养德，提高素质；③环境育人，潜移默化；④扬善祛恶，惩前毖后；⑤以身作则，正己教人；⑥胸怀大志，脚踏实地；⑦经受磨炼，砥砺意志；⑧自省自警，防微杜渐；⑨陶冶情操，锻炼品质；⑩不懈追求，升华境界。

《名言卷》的主编是龚书铎，副主编是耿向东。本卷共分为 8 章：①共产主义的理想是我们的精神支柱；②忠于民族，孝于国家；③全心全意为人民服务；④实事求是是我们的根本立场；⑤个人利益应服从民族和人民的利益；⑥务必使同志们继续地保持艰苦奋斗的作风；⑦遵循新型的人际关系准则；⑧要在革命的实践中修养和锻炼。

《德行卷》的主编是沙健孙、陈占安。本卷主要介绍了中国革命道德楷模之高尚品德的典型事迹，反映了中国革命道德规范的践行和修养。本卷按照内容分为8章28节，选取了近300个真实故事，对于所选人物的事迹，都严肃、认真地进行了核实，这些先进人物的事迹，对我们来说，有着重要的教育意义。

中国革命道德是中国社会主义道德的核心，是对几千年来中国优良传统道德的继承和发展，它对中国的革命事业起到过极其重要的作用。在社会主义市场经济条件下，在追求最大利益的驱动下，要不要弘扬在革命斗争中形成和发展的革命道德，要不要发扬奉献精神，是否还有必要坚持艰苦奋斗的作风，已经成为一个必须正确对待的问题。本书对中国革命道德的形成和发展，对革命道德的核心和原则，对革命道德的主要内容，对突出的革命英雄的事迹等，作了专门的论述。此书的编写，夏伟东同志付出了大量的心血，他勇于牺牲的奉献精神使此书得以及时出版。

此书由中共中央党校出版社于1999年底出版。为了宣传《中国革命道德》的出版，中共中央党校出版社召开了此书的出版发行会。照理，作为本书编委会主任的陈至立是应当出席的，遗憾的是她因故没有出席。《中国革命道德》一书的启动工作，是前教委主任朱开轩主持的，由他担任此书编委会主任；后来，朱开轩任期已满，改由陈至立任教委主任，据说社科中心曾经上报请示，编委会主任是仍由朱开轩担任还是改为陈至立担任，得到的批示是由陈至立担任。

（四）在中南海讲述“中国古代儒家思想与政治统治”

大约是在1996年4月，我接到国家教委社科中心的电话，告诉我，江泽民同志想请一些同志讲述有关历史方面的专题，初步确定有9个题目，其中一个题目是“中国古代儒家思想与政治统治”，有关方面已经商定由我担任这一题目的讲课人，并要我进行准备。当时提出的要求是，先写出8 000字左右的讲稿，交给江泽民同志阅读；然后，到中南海讲授，整个讲授的时间为一个上午，何时讲课，另行通知。

事后我才知道，这次讲课，一共有 9 个题目，都是江泽民自己拟定的，拟定后，请教委各选定两人，最后由他圈定一人进行准备。这 9 个题目是：①略论英美法三次资产阶级革命（首都师范大学齐世荣讲授）；②中国近代以来的社会变革（北京师范大学龚书铎讲授）；③近代以来中美苏日关系的特点（北京大学张弘毅讲授）；④中国近代灾荒与社会稳定（中国人民大学李文海讲授）；⑤中国民族边疆史研究（中国人民大学戴逸讲授）；⑥世界古代帝国和文化兴衰（天津师范大学庞卓恒讲授）；⑦文艺复兴及其与资本主义发展的关系（首都师范大学齐世荣讲授）；⑧中国古代国家的历史特征（北京大学张传玺讲授）；⑨中国古代儒家思想与政治统治（中国人民大学罗国杰讲授）。

1. 到中南海讲课

接到通知后，我就开始准备。首先是考虑，拟定这样一个题目，领导同志希望从中了解什么内容？根据当时的形势，关于这个题目，需要讲些什么内容？根据长期以来的思考，我认为在我国加强道德教育，实施以德治国，重视对干部选拔的“德才兼备”标准，是一个有针对性的重要问题。依法治国是必要的，但中国古代的儒家传统，在政治上所实行的就是以德治国。我想好这个重点之后，就从各个方面论述儒家的德治思想在中国政治统治中产生的积极作用，正确地阐述了对儒家德治思想所产生的种种误解。这个 8 000 字的讲稿，在讲课的前几天，由王沪宁取走。按照预先的商定，讲课前江泽民先看讲稿，讲课时不按照讲稿讲，而是在讲稿的基础上发挥，由听讲者提问。

1996 年 6 月 15 日，接到王沪宁来电，说讲课时间定在 6 月 17 日上午 9 时，16 日上午他来取讲稿。

我 17 日上午 8 时从人民大学出发，8 时 40 分到中南海西大门，王沪宁已经在门口等候，他先带我到滕文生的办公室稍微休息了一会儿，然后就一同到江泽民办公室旁边的小会议室（它和江泽民办公室相通）。9 时，江泽民来，他热情地握手并表示欢迎后即要求开始讲课。我依照提纲，抓住中心，旁征博引，从《论语》、《孟子》、《史记》、《汉书》，再到《尚书》、《国语》、《左传》，从商鞅、荀子、韩非，再到董仲舒、陆贾、贾谊，从秦之所以能统一六国，到二世而亡的教训等，都作了比较详细的说明。从9时到11时45分，在近3个小时中，江泽民除了起来从暖瓶中倒了两次水外，始终不停地记笔记和提问题。这一情况是出乎我的意料的。我在学校上课几十年，还没有见过学生如此不停地记笔记的。

在讲课中，他不停地提问，我详细地解答了他的所有问题。

他询问《尚书》、《国语》、《左传》这些书的主要内容及其区别；他对孟子提出的“五伦”关系也有自己的看法，他认为，君臣关系没有了，但上下级的关系仍然存在。

对于男女有别，他认为不应该全部否定，对从政的人来说，绝不能让老婆参与政事，否则必然要出问题，这是被历史上无数事实所证明了的，就是在今天，我们也不要回避这一点，要明确地讲清楚。

他对宋明理学内部二程、朱熹及陆象山、王阳明之间的分歧的本质很感兴趣，因此，我较详细地作了分析。

他询问了十三经的发展演变，特别是《礼记》的情况。他对孔子提出的“道之以政，齐之以刑，民免而无耻；道之以德，齐之以礼，有耻且格”的治国方略很感兴趣，并认为这句话讲得非常好。他询问：秦在统一六国前，用的是法家思想，使国家强盛，为什么仍然是法家思想而统一后却很快灭亡了？我进一步介绍了陆贾和贾谊的“仁义不施，攻守之势异也”的德治思想，把贾谊的《过秦论》和《治安策》的思想简要地加以说明。

他对孟轲的“王何必曰利，唯有仁义而已矣”和“五亩之宅，树之以桑”的利民、惠民思想，十分赞赏。

他对中国传统道德中的孝非常看重，对当前一些不孝顺父母的情况深感忧虑，认为要加大对孝的教育。

在谈到儒家强调精神境界时，他认为，一个人就是应当有一种崇高的境界，对“君子之德风，小人之德草。草上之风，必偃”很赞同。

在谈到儒家维护等级制度时，他说，封建的尊卑等级是应当废除的，但是对长辈的尊敬仍然是必要的，如先年他到上海交通大学去，对他过去的老师仍然是十分尊敬的；另外，儒家也讲平等，如韩愈就强调弟子不必不如师等。

我在讲课时，曾讲到荀子提出“民水君舟”的思想，江泽民提问：过去不是说这句话是魏徵对唐太宗说的吗？我向他说明，这句话的原始出处是《荀子·王制》，原话是："传曰：'君者，舟也；庶人者，水也。水则载舟，水则覆舟。'此之谓也。故人君者，欲安，则莫若平政爱民矣；欲荣，则莫若隆礼敬士矣；欲立功名，则莫若尚贤使能矣。"由此可见，荀子也是根据古书所说的，根据梁启雄的注释，他认为《左传·哀公十一年》曾引述孔子的话"鸟则择木，木岂能择鸟"（《史记·孔子世家》作"鸟能择木，木岂能择鸟"）。

在谈到我曾到韩国参加"孝与未来社会国际讨论会"时，他问："孝的英文是什么？"我告诉他，孝的英文是 piety，他立即请旁边的同志拿来《英汉大词典》查一查，果然就是 piety，他就说"这个字过去没有念过"。

在谈到我们弘扬中华民族的传统美德，应注意同新儒家的思想和理论划清界限时，他也认为应当这样，他说："我们应当理直气壮地同新儒家划清界限，弘扬中华民族的传统美德绝不是新儒家的专利品，大家都用各自的观点来弘扬，我们要坚持马克思主义的观点来对待中国的传统，这样就更能把握住中国传统的精华。"

谈到儒家的"义以为上"、"先利后义"、"义然后取"等思想在今天市场经济条件下，如果能批判地吸收，对反对和克服享乐主义、拜金主义和个人主义是有一定好处的。在讲到集体主义时，我着重阐述了在市场经济条件下坚持集体主义的重要意义等，他表示赞同。

整个讲课进行得很顺利，一转眼，已经从 9 时讲到了 11 时 3 刻，按照我预先的计划，最后要留出一定的时间，听听他的意见。所以，我就立即打住，请江泽民谈谈他的看法。

2. 江泽民同志的讲话

以下是江泽民同志讲话的内容：

今天的课讲得很好，我们学到了很多知识。最后，我谈几点意见。

我们国家当前建设有中国特色的社会主义的方针、道路，都已经确定，我们要坚持我们党的这条路线。目前，我们还要看到，西方某些大国，在苏联解体、东欧剧变以后，它们朝朝暮暮、随时随地所想的，就是要把中国这样一个社会主义国家消灭掉，它们是决不甘心看到一个社会主义的中国强大起来的，这一点我们一定要清醒。对于这种情况，我们必须不断地同它们斗争。美国是资本主义世界的强国，我们现在也是一个强国。我们同西方的斗争，也应当是两手。我同西方的政治家多次谈到，现在的世界是丰富多彩的，是由许多模式构成的，中国是一个有着悠久文化的文明古国（当然，世界上也还有其他文明古国，如埃及，我去过那里，也有六千年文明历史)，现在正在建设有中国特色的社会主义，谁要想用西方那一套人权、自由、平等、博爱等价值观念来改变我们这样一个国家，我们是坚决不允许的。

世界各国的制度、文化是多种多样的，对世界的发展都有过贡献。

对于中国古代的传统文化，对儒家的孔孟之道，我们一定要正确对待，就是要继承其中的精华，剔除其中的糟粕，那些不适宜于当前情况的，当然不能用，对于好的方面我们一定要发扬。儒家强调等级制度和尊卑关系是不对的，但强调尊师是正确的。我对我的老师就非常尊敬，去年我见了交通大学我的老师，他过去教了我数学，现在已经九十多岁了，我见了他还是毕恭毕敬的，这就是中国人的为人之道。我们应当认识到，继承中国古代的优良传统道德同坚持有中国特色的社会主义并不是矛盾的，而是可以统一的。我也常常想，我们搞市场经济，也提倡竞争，但我们所提倡的竞争是同资本主义市场经济条件下的竞争不同的，这一点我们应当加以区别。在现实社会中，市场经济已有三种形式，西方一些国家搞的是所谓自由主义市场经济，而德国的科尔说他搞的是社会市场经济，不是自由主义市场经济，而我们实行的是社会主义市场经济，是同那两种市场经济不同的。现在有些人，见利忘义，见小利而忘大义，我们绝不能把个人利益强调到高于一切的地位，甚至置国家利益、民族利益于不顾，有些人在国外倒卖枪支，甚至把洋垃圾弄到中国来，这都不符合中国人民的利益。在我们国家，也确实有一些卖国的人，他们不顾民族利益，不顾国家利益，专门谋自己的私利。

我们要认真研究，中国传统思想中有哪些好东西，从而为今天的现实服务。毛泽东同志、刘少奇同志，都强调过传统思想中有优秀的东西。孔子提倡均富，讲大同世界，孟子提出了他自己的理想社会，要使老百姓都能有恒产。孟子提出的目标，对我们现在的广大人民来讲，要达到也不容易（“五亩之宅，树墙下以桑，匹妇蚕之，则老者足以衣帛矣……百亩之田，匹夫耕之，八口之家足以无饥矣”），这可能是因为当时的人口少，因而孟子才提出他那个要求。对中国和西方政治文化发展的历史，也要作一些比较研究。西方到 17、18 世纪，提出了自由、平等、博爱思想，但在以前的中世纪，是神权统治，从文化来看，在那一段时间，它的文化要比中国落后得多。对于西方现代文化，特别是它们的价值观念，我们应当很好地加以研究，要弄清楚哪些是我们还可以借鉴的，哪些是必须批判的，要加强对人民的教育，特别是加强对青少年的教育，譬如家庭伦理道德方面，西方认为子女成人后，父母就不管了，子女也没有奉养父母的义务，这种情况就和我们的情况不合。布什、尼克松的子女，到了 18 岁，他们做父母的可以不管，但他们的地位对他们的子女仍然是有影响的。美国是个年轻的国家，英国和法国是有长期历史传统的，它们的贵族也是一个小圈子。我在法国参加会议时，法国人还为我介绍，说某某人是贵族等。任何历史现象，都是不容易一下子消失的。对于青年，我们一定要加强教育，绝不能说西方什么都是好的。我们应当用我们好的东西教育人民。在我们社会主义国家绝不能宣传个人主义，我们是个社会主义大国，有 12 亿人口，如果宣传个人主义，我们的国家就没有前途。

中国儒家讲爱人，讲惠民、利民、富民，这一思想可以同西方后来的自由、平等、博爱作一些比较，这样对我们更好地了解中西文化遗产可能会有些帮助。

现代新儒家，以弘扬儒家思想来发展资本主义，这当然是我们不能同意的。我们要明确地同新儒家划清界限，但我们不是反对儒家，不能因此而忽视了我们必须用马克思主义来弘扬中国优良道德传统的重要任务。我们要对中国古代的儒家思想加以批判地继承，使其能

为建设有中国特色的社会主义服务。（1996 年 6 月 17 日上午江泽民同志谈）

3．讲课结束以后

讲话结束后，江泽民同滕文生、王沪宁走进江泽民的办公室，简单交换了意见，江泽民又走出他的办公室同我握手告别说，请我把电话留下，他们有问题好直接找我，一时答不出来也没有关系，可以帮他们查查。现在请滕文生陪我吃饭，他就回家去了。

陪吃饭的人都是参加听课的，有：滕文生（政研室主任）、王沪宁（政研室副主任）、贾廷安（江泽民办公室主任）。吃饭就在一层的食堂。吃饭时，王沪宁还说“总书记说，你讲得很好，表扬了你”。在讲课中，我还提到了张居正及其为皇帝讲课所撰写的《四书集注直讲》，江泽民提出想借阅此书，后来，王沪宁先后两次来我家，一次是借书，一次是还书。

1996 年 12 月 28 日，中共中央办公厅又专门发了“中共中央办公厅关于引发《中外历史的九篇文稿》的按语”，这个按语说：

> 今年夏季，江泽民同志先后邀请八位教授就有关中国历史和世界历史的一些专题进行讲述，并共同加以研究。江泽民同志一再强调，为了顺利推进我国的改革开放和社会主义现代化建设，领导干部一定要加强学习，大家工作都很繁忙，但要挤出时间来学。首先要坚持不懈地学习马列主义、毛泽东思想和邓小平建设有中国特色社会主义理论，同时，要努力学习社会主义市场经济知识、科技知识、法律常识、历史知识和其他知识。各级领导干部特别是高级干部，无论从事经济工作还是从事其他工作，都要注意学习中国历史和世界历史，特别是中国近代史、现代史和我们党的历史。重视历史经验的研究，时常披览前踪，有利于鉴往开来，有利于提高认识和把握社会发展规律的能力，提高领导建设有中国特色的社会主义事业的水平。为了有助于大家更好地学习历史，根据江泽民同志的指示，现将八位教授讲述中外历史的九篇文稿印发如下。这些文章，都是他们个人研究的成果和看法，可供大家在学习研究中参考。

中央文件中所印发的这九篇文稿，都是原来交给江泽民的原稿。每篇大约有1万字。后来，教育部社科中心又会同中共中央党校出版社，要求各位专家将每篇原稿补充为3万字左右，并以《中外历史问题八人谈》出版（此书后来荣获中宣部“五个一工程奖”）。我讲述的“中国古代儒家思想与政治统治”也被收入这本书。

此次到中南海讲课后，最早是《中国人民大学校报》作了报道，接着国内的一些报纸和杂志陆续作了采访，此后，就是香港报纸的宣传，把这次讲课同江泽民提出的“以德治国”思想联系起来。正是这样的原因，我后来撰写了多篇有关依法治国、以德治国的论文，最后集结为我的专著《以德治国与道德建设》。

（五）在中宣部会议上对几个重要提法的建议

1996年，中央决定召开十四届六中全会，讨论社会主义精神文明建设的一些重要问题。中央在这个时候讨论社会主义精神文明建设问题，是有着迫切的时代要求和重大的现实意义的。

1978年改革开放到1996年，已经有18个年头。在这18年，中国在经济上已经从过去的计划经济逐步转向社会主义市场经济，中国社会正经历着一场前所未有的变化，不但社会生产力有了极大发展，人民的生活水平也得到了显著提高。由于在国际范围内日益扩大交往的需要，在政治和思想道德方面的“转轨”和“转型”的呼声也越来越高。

在道德建设方面，报刊上接连不断地发表关于道德建设原则的讨论文章，其主要内容和主要倾向就是，以我国实行市场经济为理由，认为集体主义原则已经不能适应市场经济的需要，妨碍和影响了个人积极性的发挥，因此，只有个人主义思想和理论才是市场经济的道德原则。可以概括地说，改革开放以来，在意识形态领域，特别是在道德原则方面，如果说有两种思想或两种思潮在相互争执的话，那就应当说，这两种思想或两种思潮就是坚持集体主义和确立个人主义原则之间的争执。

一所著名大学政治系的博士生专门撰写了一篇长文，论述在市场经济条件下，只有个人主义才能适应改革开放的要求。一位著名的国家社科方面的领导人，在安徽一个学术会议上，大谈集体主义的局限性，宣扬在市场经济条件下个人主义的正当性。更有甚者，一些原来从事经济学研究的人，从经济学的角度，公开宣称人的本性是自私的，个人主义是合理的，并且以一种极不严肃的态度丑化、诋毁和歪曲集体主义，以达到其所谓“转轨”、“转型”的目的。

是坚持集体主义，还是放弃集体主义？是反对个人主义，还是提倡个人主义？这就是当时摆在意识形态领域和道德建设方面的不容回避的问题。正是由于这样的原因，在1996年夏季中宣部召集的有关讨论精神文明建设的会议上，我作了一个“对几个重要提法的建议”的发言，这个发言，后来登载在1996年5月16日的《光明日报》上：

(1) 关于社会主义精神文明建设的地位、作用问题。

在过去中央的文件中，对精神文明建设的地位与作用，较多地是提“智力支持”和“思想动力”，建议强调精神文明对物质文明建设沿着社会主义道路健康发展起着重要的保证作用，突出社会主义精神文明建设的方向作用。

(2) 思想道德建设在精神文明建设中占有特殊的地位。

思想建设，主要指马克思主义、列宁主义、毛泽东思想和邓小平建设有中国特色社会主义理论的建设。道德建设，主要指以集体主义为基本原则的社会主义基本道德规范、社会公德、职业道德和家庭伦理道德等的建设。它不但规定着精神文明的性质，而且是精神文明建设的核心。因此，应明确提出思想道德建设是精神文明建设的核心。

(3) 关于弘扬中华民族优秀的思想文化传统的问题。

考虑到在弘扬文化传统中所出现的问题，有必要强调马克思主义的优良作风和革命道德传统，努力提高全民族的思想道德素质；强调的目的在于使社会主义道德具有更加丰富的内涵，并形成适应现代社会发展、有中国特色的价值观念和伦理道德规范。

(4) 关于弘扬主旋律的集体主义问题。

集体主义是同社会主义本质特征相联系的一种价值导向，在社会主义社会的意识形态中占有重要的地位。在我们社会主义市场经济建立的过程中，人们对集体主义提出了一些问题，反映了在新的条件下，怎么正确理解、阐发、界定集体主义的新问题。对集体主义的界定，应强调三个思想：集体利益高于个人利益；个人、集体、国家利益相结合；在集体利益高于个人利益的原则下，切实保障个人的正当利益，大力发挥个人的能动作用。集体主义分为三个层次：一是无私奉献，即全心全意为人民服务；二是先公后私；三是顾全大局，热爱祖国，遵纪守法，诚实劳动，遵守社会主义社会起码的公共生活规则、市民公约、社会公德、职业道德和家庭伦理道德。

(5) 在市场经济条件下，在思想道德建设上如何对待“个人主义”也是我们所面临的一个问题。

个人主义是同资本主义社会制度相联系的一种价值观念，同社会主义的集体主义原则是根本对立的。提到“反对个人主义”时，有三种提法：一是反对个人主义；二是反对形形色色的个人主义；三是反对极端个人主义。为了更加明确，建议用邓小平同志所说的“反对形形色色的个人主义”来代替“反对极端个人主义”的提法。

(六) 在中南海向中央提出坚持集体主义的重要性

1996年9月10日，我接到中央办公厅的通知，要我12日到那里去阅读十四届六中全会将发布的文件，和我同时接到通知的还有李文海。12日上午，我们按时到了中南海之后才知道，为了保密，这次的中央文件只能在那里阅读一天到两天，然后回家准备，过几天，再来提意见。本来向专家征求意见，是可以把文件发给大家的，但由于十四大时，江泽民的报告在十四大开会前夕被香港的报纸抢先发表了，所以这次对文件采取了严格保密的措施。

在一个会议室，给我们每个人都发了一份文件。文件的名称是《中共中央关于加强社会主义精神文明建设若干重要问题的决议》。对我来说，最为关心的就是社会主义精神文明建设中道德建设的部分。其中最引起我注意的就是“社会主义道德建设要以为人民服务为核心，以爱祖国、爱人民、爱劳动、爱科学、爱社会主义为基本要求，大力提倡社会公德、职业道德、家庭美德，在全社会形成平等友爱、团结互助、共同前进的人际关系”这一段话。文件中提出了道德建设的核心是“为人民服务”，这是可以理解的，但是，为什么这里竟然没有提到集体主义的道德原则？如果作为中共中央的决议，一经发表，必将引起严重的后果。人们肯定会认为，在市场经济条件下，我们已经放弃了集体主义原则，那也就是承认了个人主义原则。如果我们仍然要坚持社会主义，而我们却又放弃了集体主义，这不是背道而驰吗？

在反复考虑了这个问题之后，我决定要力求改变这个提法，要把“坚持集体主义原则”作为这次提意见的唯一重点。我用心地背诵了这段话的原文，并且思考着如何来提意见以使自己的意见能被接受。应当说，这是有很大困难的。听说这个稿子从起草到我们看到稿子已经一年多了，参加起草的都是国内的一些著名专家，这个稿子还征求过全国各地领导和学者的意见，而且再过几天，十四届六中全会就要召开，这几乎可以说已经是一个定稿了，再提出意见，恐怕也“为时已晚”。

1996 年 9 月 15 日，我和李文海按时到达中南海指定的会议室，参加有关十四届六中全会文件的座谈会。这个会议由胡锦涛主持，参加的领导和文件的起草人有丁关根、温家宝、曾庆红、王维澄、郑必坚、邵华泽、胡光宝、白克明、刘奇葆、何毅亭、王霞林等。每人的发言只有 15 分钟，会议从 9 时到 12 时，整整开了 3 个小时，会议的开始和最后，胡锦涛都讲了话，开始主要是说，请大家畅所欲言；最后是说，提的意见很好，有的意见可以吸收，有的意见到《决定》通过后，可以在实施中考虑。

后来，十四届六中全会的文件《中共中央关于加强社会主义精神文明建设若干重要问题的决议》中的这一段话，接受了我的建议，改为“社会主义道德建设要以为人民服务为核心，以集体主义为原则，以爱祖国、爱人民、爱劳动、爱科学、爱社会主义为基本要求，大力提倡社会公德、职业道德、家庭美德，在全社会形成平等友爱、团结互助、共同前进的人际关系”。在十四届六中全会的过程中，丁关根在几次报告中都一再说明，《决议》中的“以集体主义为原则”这句话是接受了人民大学教授罗国杰的意见后增加上去的。这次发言的稿子，后来以“以为人民服务为核心以集体主义为原则”为名收入《罗国杰文集》，现在抄录在下面，作为纪念。

在1996年9月15日中央召开的有关会议上谈集体主义问题的发言

《中共中央关于加强社会主义精神文明建设若干重要问题的决议(讨论稿)》写得很好。其中有关社会主义道德建设的部分，提出了“社会主义道德建设要以为人民服务为核心，以爱祖国、爱人民、爱劳动、爱科学、爱社会主义为基本要求，开展社会公德、职业道德、家庭美德教育，在全社会形成团结互助、平等友爱、共同前进的人际关系”的提法，也很有新意，特别是把为人民服务作为社会主义道德建设的核心，这必将对我国今后的道德建设产生重大的作用。我只想提一个补充的意见，就是希望能够在“以为人民服务为核心”的后面加上“以集体主义为原则”这样一个意思，以便使这一文件能够更完整、更全面地体现我们在社会主义道德建设方面的思想和要求。我的理由，大体上可以概括为以下四个方面：

一、从道德本身来看，一个社会的道德要包括人们在处理个人和社会的各个方面的关系，它既要有核心，也要有原则。西方在文艺复兴以后，资产阶级所建立的道德，就是以人道主义为核心、以个人主义为原则的。我们在贯彻为人民服务这一核心的过程中，必然会遇到这样或那样的问题，特别是有关个人利益和集体利益的种种矛盾，有些情况还非常复杂，在这种情况下，我们究竟根据什么原则来处理这些复杂的矛盾呢？从社会主义道德的为人民服务的核心出发，从社会主义道德的本质要求来看，它的原则就是社会主义的集体主义原则。正是从这一原因出发，我觉得，如果能够在“以为人民服务为核心”之后，加上“以集体主义为原则”这样一个意思，就可以使这一文件更加全面和完整地体现社会主义道德建设的要求。在现有的文件上，加上“以集体主义为原则”之后，我们就可以看到，我们的社会主义道德体系是非常完整的，即：一个核心（为人民服务）、一个原则（集体主义）、五个道德规范的基本要求（爱祖国、爱人民、爱劳动、爱科学、爱社会主义）和开展道德教育的三个领域（社会公德、职业道德、家庭美德）。

二、从弘扬社会主义的主旋律来看，在道德建设上，强调集体主义原则，也有非常重要的意义。江泽民同志最近几年来不断地强调要在全社会弘扬爱国主义、集体主义和社会主义三个主旋律，这一思想对我国的思想建设和道德建设，有着十分重要的意义。现在的这一讨论稿中，对弘扬“爱国主义”的重要意义，有一部分专门加以论述，这是非常好的。对于弘扬社会主义，也在许多地方给予了相当充分的阐发，而对于怎样更好地弘扬社会主义的集体主义原则，我觉得少了一点。集体主义既是社会主义社会的一个普遍适用的价值导向，又是社会主义道德的基本原则，如果能够在这里加上“以集体主义为原则”，就可以更好地体现江泽民同志多次强调的“弘扬三个主旋律”的精神和要求。

三、从我国实现社会主义四个现代化建设的实际需要出发，强调集体主义，尤其有着十分重要的意义。社会主义的集体主义原则，是我们的社会主义道路和方向所要求的。集体主义原则，提倡在社会主义建设中，一方面要发挥个人的积极作用，同时强调个人要以集体利益和国家利益为重，强调在个人利益与集体利益发生矛盾时，个人利益要服从集体利益和国家利益。毛泽东同志在中国革命和建设的实践中多次强调了个人服从集体、局部服从全局、地方服从中央、眼前利益服从长远利益的重要，并进一步论证了集体利益和个人利益的辩证关系。邓小平同志从建设有中国特色社会主义的实践出发，强调“在社会主义社会中，国家、集体和个人利益在根本上是一致的，如果有矛盾，个人利益要服从国家利益，目前利益要服从长远利益，或者叫作小局服从大局，小道理服从大道理。我们提倡和实行这些原则，绝不是说可以不注意个人利益，不注意局部利益，不注意暂时利益，而是因为在社会主义制度之下，归根到底，个人利益和集体利益是统一的，局部利益和整体利益是统一的。我们必须按照统筹兼顾的原则来调节各种利益的相互关系。如果相反，违反集体利益而追求个人利益，违反整体利益而追求局部利益，违反长远利益而追求暂时利益，那么，结果势必两头都要受损失”。由此可见，社会主义的集体主义原则，作为整个社会的价值导向和道德基本原则，是同社会主义的制度和广大人民的整体利益相一致的，是同社会主义的本质相联系的。社会主义的集体主义原则，绝不会妨碍个人积极性的发挥。我们是一个有着12亿人口的大国，加强集体主义的教育不但对保证我国的社会主义的道路是必要的，而且，对于更好地形成民族的凝聚力和向心力，更有效地加强我们的综合国力，都有很重要的意义。

四、新中国成立以来，在道德建设上，我们一直把集体主义原则看作我们社会主义的道德原则。在道德理论上，我们一贯坚持集体主义，并以这一理论来反对形形色色的个人主义，反对资产阶级的腐朽思想和生活方式对我们的侵蚀。西方在实行“西化”中，一个重要的方面，就是要用个人主义的价值观来取代我们的集体主义的价值观。最近几年来，我国社会上也出现了一些要用个人主义来代替集体主义的观点，这值得我们注意。为了在理论上保持一贯，为了防止在理论上产生某种混乱，我觉得在关于加强精神文明建设的文件中，明确地写上“以集体主义为原则”，不但有重要的现实意义，而且有很重要的理论意义。总的来说，这个文件，确实是一个很好的文件。在思想道德建设这一部分，如果能够加上“以集体主义为原则”这句话，我认为，就更加圆满了。

（七）担任北京市人民代表大会代表15年的一些体会

自1983年起，连续三届，我被推选为北京市人民代表大会第八、九、十届会议的代表，每届5年，前后15年，我履行了作为一名人民代表大会代表的职责。这15年中，每年年初都要举行北京市人民代表大会全体会议，讨论有关北京市的重大问题，其内容主要是市长的报告、市人大常委会主任的报告以及北京市高级人民法院和检察院的报告等。在这15年任人大代表期间，我有以下几点认识和体会。

首先，我认为，人民代表大会不仅仅是一个审查、通过有关全市重大问题报告的机构，也不仅仅是表扬政府工作的地方，它更应当是一个对政府工作的缺点提出批评的地方。每年的政府工作报告提供给代表讨论时，会议的领导总是要求代表对这一报告要“充分肯定”、“高度评价”、“十分满意”和“完全赞同”。在这种思想指导下，一些代表就只说好的，不提出或很少提出对政府报告的批评。《北京日报》在报道代表的发言中，总是挑选那些“调子”最高的发言加以发表，引导所有代表向着这个方向努力。因此，每当市长向大会作了工作报告之后，在代表进行讨论的过程中，一些代表就争着发言，极力表彰政府工作报告的“十分正确”和自己的“完全拥护”，因为这些表扬政府的发言最容易在《北京日报》上登载，还有可能在北京电视台播放。因此，对政府工作的缺点和问题的批评就很少能够听到了。我们是社会主义国家，共产党是领导全国的政党，我们的成绩是应当而且必须肯定的，但同时，我们更需要的是听取各方面的批评，如果我们不能发扬民主，只愿意听表扬的话，我们的政权又怎么能够长期巩固呢？

其次，必须要谈领导人的思想倾向。人民代表大会，应当是听取人民群众呼声、征求各种意见的一个最好的场所。但是，我们领导的思想却不是这样。北京市人民代表大会每次会议之前，都要先召开一次“党员大会”，北京市的领导总是要在大会上提出对党员的要求。总的来说，就是告诉代表，在会议上，群众可能会提出哪些问题，群众对哪些问题最有意见，党的领导人就介绍这些问题的“实际情况”，要求我们的代表向群众作出解释，消除群众的意见，以保证会议能够顺利开好。会议的主持人总是强调，对于代表的发言，要注意引导，力求使他们的发言能够符合政府的意愿。对于对政府的批评，则不愿意鼓励和表扬。至于一些比较尖锐的批评意见，不但《简报》不予登载，而且会受到大家的另眼相看。如关于政府官员的腐败问题，关于如何发扬民主的问题等，历来都是群众最关心的问题，但我们的传播机构都不能从党的长远利益出发加以关注，这是一个非常值得注意的问题。在代表大会上，最后要进行的就是对几个报告（政府工作报告、法院的报告、检察院的报告等）的表决。每次都是，请赞成的举手，请反对的举手，请弃权的举手；然后，宣布一致通过。这种情况，到后来有了改变。在一次表决时，在问有没有人反对的时候，一个人举起手来，另一次则是在问是否有人弃权时，有一人举手，这样，就不是“全票通过”而是“多数通过”了。这个举手的人正好坐在我的前排，她的名字叫“吴青”（据说是冰心的女儿），她因此成了大会的焦点“人物”。可惜，跟随她的人不多，这种情况多了，大家就习以为常了。为什么会出现这种情况？因为代表都没有全面、仔细地了解报告的内容，又不愿成为众人瞩目的对象，所以就随着大众在“赞成的”声音中举手表示“赞成”了。

再次，每五年一届的人民代表大会的第一次会议，一个重要的议程就是选举全国人民代表大会的代表。按照形成的惯例，每次选举都是由中共和其他各民主党派联合提名，代表进行投票选举。每次选举要从北京市的近 1 000 名代表中推选出 60 几名全国的人大代表。实际上，对这些被推选的代表的经历、贡献、事迹等，虽然有简单介绍，但这些介绍过于简单，代表只能知道这些候选人的姓名、性别、年龄、职业等，根本无法知道他们的事迹和品德。因此，正如群众中所流传的口头禅“人大代表就是举手投票的”。后来，终于有了进步，就是把原来的全国人大代表的候选人，空出 3 个名额，由市人大代表竞争。那么，由各民主党派提名的 61 人，实际上已经经过中共的批准，自然也就必须推选了。空出来的 3 个名额，是让大家民主选举的。听到有 3 个名额可以民主选举，一些代表就积极起来，他们希望能从这 3 个名额中得到 1 个。一些人就到其他区的代表团来竞选。有的说候选人中缺少法律专业的，有的说候选人中应有专家教授等。最后，中国人民大学的戴逸终于被列入候选人的名单。不幸的是，候选人选票上的名字是按照姓氏笔画排列的，戴逸“戴”字的笔画太多，只能排在最后，而且选举又是差额的，所以他就理所当然地被“差”掉了。

最后，充分发扬民主，大力提高广大人民群众对国家大事和社会上的重大问题的关心和参与程度，尽可能地调动群众的积极性，让人民更好地监督政府的工作，是社会主义制度优越性的一种体现。如果失去了广大人民群众的监督，政府的执政者就必然会走向专横独断、任人唯亲、政治腐败、道德败坏。应当说，我们的国家太缺少监督了，本来职责是监督政府的人民代表大会，竟然也成了一个一味颂扬、拍手鼓掌、不加批评、只说好话的场所，这样发展下去，又怎能得到广大人民群众的拥护和信任？在人大代表的提案中，也确有一些中肯的、重要的内容和诉求，但比较起来，我认为多多少少回避了一些重要的问题。批评和自我批评，特别是群众的监督，这是共产党能够战胜敌人、取得胜利的三大法宝之一，我们如果扔掉了这样一个法宝，国家和党的前途又将如何？

在社会主义社会，发扬民主，已经成为一个非常重要而现实的问题，我认为，发扬党代会和人代会的民主，是引导整个社会、国家和集体走向民主的一个重要环节，应当引起我们的高度重视。

（八）《道德建设论》获“五个一工程奖”

1996年，湖南人民出版社的同志来到北京，邀约我主编一本能反映我国实行市场经济以来的道德生活和伦理学理论方面的变化的专著，以适应加强社会主义精神文明建设的需要。他们提出的想法是我当时经常想到的一个问题，因此，我答应了他们。出版社的同志提出，他们希望这本书能够获得全国的“五个一工程奖”。

《道德建设论》一书，由我和焦国成、葛晨虹等共同编写，我撰写了导论“社会主义市场经济与道德建设”和第一章“社会主义道德建设的核心”。在当时的社会上和学术界，存在一种比较流行的观点，就是在社会主义初级阶段，在市场经济条件下，只有个人主义才是可以行得通的道德原则。为什么中国在市场经济条件下不能实行个人主义？为什么在西方资本主义市场经济的长期发展中，个人主义不但成为唯一的价值取向，而且还大大地推动了它的生产力的发展？这一连串的问题，是摆在我国学者面前需要及时回答的问题。在我撰写的这两部分，我力求把建立社会主义市场经济以来，人们思想道德方面发生的重大变化和出现的主要问题，以及由此而波及社会道德风尚方面所出现的消极现象和负面影响，联系到伦理学理论领域所出现的各种理论以及对这些理论的正确看法，作出自己的回答。我所撰写的两章，总共40 000多字，是我这几年来对这些问题的总的小结。此书出版后经过有关方面的评定，达到了湖南人民出版社的预期，获得了中宣部的“五个一工程奖”。

“五个一工程奖”，是由中共中央宣传部组织的精神文明建设“五个一工程”评选活动所产生的奖项。“五个一工程”评选活动自1992年起每年进行一次，后改为每两年进行一次，评选上两个年度各省、自治区、直辖市和中央部分部委，以及解放军总政治部等单位组织生产、推荐申报的精神产品中五个方面的精品佳作。这五个方面是：一部好的戏剧作品，一部好的电视剧（片）作品，一部好的电影作品，一部好的图书（限社会科学方面），一篇好的理论文章（限社会科学方面）。并对组织生产这些精神产品成绩突出的省、自治区、直辖市党委宣传部和部队有关部门，授予组织工作奖。对获奖单位与入选作品，颁发获奖证书与奖金。1995 年起，将一首好歌和一部好的广播剧列入评选范围，“五个一工程奖”的名称不变。因此，我们撰写的《道德建设论》能够评上这一奖项，被认为是全国近两年内在这一方面比较好的著作，应当说是十分不容易的。

七、人生七十古来稀

（一）70岁老人还能否掌握计算机的运用？

1997年，我已经是70岁的老人了，计算机的技术开始在我国高等学校的一些青年教师中逐渐地得到运用。记得我1989年在美国时，看到当时的留学生家中有计算机，并且我还多次看到了计算机在学术研究和文字写作方面为人类所作出的贡献，当时就想，如果有机会让我掌握计算机技术，那该有多好。现在，可以说，这个机会来了，只要我愿意学习，我想我是可以而且能够学会的。

学会计算机，并不是一件容易的事。如果只想学到一些简单的文字处理功能，在计算机上写些文章，那当然比较简单；但是，如果想比较熟悉地运用计算机来处理日常的各种事务，那就不能说容易了。特别是对我这样一个70岁的老人，要想学会计算机，还是比较困难的，是要下一番苦功夫的。

1997年6月16日，我同罗立、李茂森一起，在中关村的一个商店买回了一台386的计算机。这台机器的价值，包括音响在内，一共12 000元，后来又买了一台佳能的激光打印机，价值2 300元，总投资为14 300元。

6月20日前后，我开始学习计算机。没有人教，如何办？我先是到海淀买了几本学习计算机的入门书，然后，按照书上所说的进行操作。听李茂森说，新发行的自然码6.0版比较好用，我请李茂森同志用380元买了回来。装上以后，果然比较好用，也增加了我进一步学好计算机的信心。

1997 年暑假，天气非常热，每天的气温常常在 30℃以上，有时还要到 35℃，房间又没装空调，真有点受不了，但是我仍然坚持每天学习两至三小时。大约两个星期，我已经能够在计算机上写文章了。从 7 月 10 日起，大约每天能写文章约 1 000 字，两三天就可以写出一篇约3 000 字的短文，这样就大大增加了我学习计算机的兴趣，学习的动力也就更加高涨了。

1997 年，小儿子罗立正在香港实习，他常常从香港打来长途电话。香港长途电话的费用很高，如果家中的计算机能够很快地上网，就可以在计算机上发电子邮件，不但节省费用，而且信息的传递还非常迅速。

1997 年 7 月 10 日上午 9 点，我和李茂森一同到市区中经网的网站办理入网手续，大约 11 点到家，经过李茂森的安装，不到 12 点，我们就给罗立发出了第一封电子邮件。哈！哈！我们成功了！

尽管八、九两个月是北京最热的月份，但是我学习计算机的积极性始终没有受到影响，一直坚持，每天总是学习两三个小时。一个暑假，前前后后，一共写了十几篇短文。由于是盲打，基本上不看键盘，一边输入，一边思考，所以并不影响我做文章的思路。

从学习计算机不半年的时间，用计算机来写文章的进度，每小时大约可达 1 000 字，最快的时候，每小时能够写出 2 000 字。一个 70 岁的老人，在半年的时间内，终于掌握了计算机技术，主要就是能够坚持、有信心。

（二）第二次赴台访问

1997 年 12 月，应台湾“中华伦理教育学会”的邀请，我带领中国伦理学会访问团再次访问了台湾，在台湾台北市同台湾学者讨论了关于伦理学研究的一系列重要问题。这次会议的筹备，台湾方面是由“中华伦理教育学会”和台湾师范大学联合主办的，会议地点在台湾师范大学。

1997 年 12 月 14 日，由我率领的中国伦理学会访问团乘飞机从北京出发，当天下午 4 时到达深圳。我的学生韩望喜在机场接待。他毕业后就到深圳工作，多年不见，他对我们一行特别热情。这是两岸伦理学者的第一次学术交流，代表团成员都是大陆高校伦理学方面的教授和中国社会科学院的研究员，总共有17人：陈瑛、许启贤、魏英敏、唐凯麟、甘葆露、乔法容、樊和平等。晚上由韩望喜宴请代表团的全体成员，并由他安排了全团成员住在深圳人才交流大厦。12月15日上午，我们从深圳到香港，然后办理从香港到台湾的手续，我的学生陈思迪一直陪伴着我们。台湾伦理学者十分热情，他们在机场排队举着“欢迎大陆伦理学者来台湾”的横幅相迎，使这次访问有了一个好的开头。当晚，台湾“中华伦理教育学会”的会长巴信诚教授宴请，气氛非常融洽。

1. 讨论

1997年12月16日上午，整个代表团休息，下午举行了隆重的开幕式。开幕式由巴信诚教授主持。国民党“总统”李登辉派了代表邱创焕致辞并讲话。他大讲了一套“道统”，似乎今天的国民党才继承了中国古代的“道统”。我在开幕式上的讲话除了论述中华民族的文化博大精深、源远流长、内容丰富、影响久远，在世界文明中占有重要地位外，还临时增加了讲话的内容，认为今天的社会和国家所需要的是一种为国家、为民族的思想，也就是“为人民服务”的思想。晚上，台湾的海基会宴请，气氛比较友好。

1997年12月17日，整天都是大会讨论。我发言的题目是“论儒家的德治思想”，这是我当时长期考虑的一个在理论和实践上都十分重要的问题。我们讲继承中华民族的优良道德传统，对我国现实生活中的问题来说，究竟应当注重哪些道德传统？在《儒家思想和中国的政治统治》一文中，我对此已经给出了一个初步答案，这就是儒家的德治思想。这一次来台湾进行学术交流，我决定借此机会，对这一问题作详细的发挥。

在这一总题目之下，分为4个部分：第一部分，儒家德治思想的形成与发展；第二部分，“德治”并不是不要刑罚；第三部分，“德治”并不等于“人治”；第四部分，既要“法治”，也要“德治”。在这个发言中，我批评了那些片面强调“法治”而忽视“德治”的思想的危害，强调了没有人的思想觉悟和道德水平的提高，愈是强调“法治”，违法犯罪现象愈是无法减少，并提出，人的道德水平是维护社会稳定的根本，是人们能守法的基础，没有了这个守法的基础，一切“法治”都只能是一句空话。

晚上，台湾“大陆委员会”宴请代表团一行。在席间，王中平教授提出，希望“大陆委员会”方面谈谈对两岸和谈前景的看法。“大陆委员会”的副主任、国民党《中央日报》的总编辑在发言中大谈所谓李登辉的观点。他说，从当时来看，和谈的障碍在大陆，大陆极力同美国搞好关系，其目的很明显，一是不要美国卖给台湾武器，二是缩小台湾在国际上的影响。接着，他作了一个“形象”的比喻。他说，台湾好像一个女人，而大陆则好像一个男人，这个男人想同这个女人好，但是却经常对她拳打脚踢，是一个流氓，那个女人又有什么办法呢？一是离开他，一是找一个彪形大汉做后台，让他来把这个流氓打一顿。

显然，他的发言是带有挑衅和侮辱的发言，因此，我立刻驳斥了他的发言。我说，两岸和谈的障碍并不在大陆，因为大陆对两岸的和谈始终抱着积极的态度。台湾不是一个女人，大陆更不是一个追求她的男人，台湾和大陆是兄弟同胞的关系，把台湾比作一个受欺负的女人，有失台湾的尊严，把大陆比作一个流氓，更是荒唐。这个国民党《中央日报》的总编辑不得不当场承认他的发言是错误的。

宴席间，还发生了两件颇有意思的事。一位台湾学者问我在大学学的什么专业，我告诉他是法律；他就问我是否还记得“六法全书”都是哪六法，我当即告诉他，六法是：《民法》、《刑法》、《民事诉讼法》、《刑事诉讼法》、《行政法》和《海洋法》。接着，我就问他是否知道为什么是这“六法”，他无言以对。

之后，《中央日报》的总编辑又问我：“您穿的是中山装还是列宁装？”我告诉他，这是“中山装”。所谓“中山装”是孙中山在就任大总统时专门请人做的服装，它是4个口袋，而且都有带盖，而列宁装只有3个口袋等。作为国民党《中央日报》的总编辑，竟然不认识“中山装”，也实在不好意思，他赶紧解释说，台湾现在都穿西服，而且认为我们大陆来的人穿的一定是列宁装。我告诉他，直到今天，在大陆许多重要的会议上，人们穿的都是西装和中山装。这次关于服装的对话，反映了一些台湾人的成见。

1997年12月19日下午，继续讨论，大陆学者和台湾学者在相互交流中能彼此照顾，发言的内容也能为双方所接受，其中有个别台湾学者的发言还有一些对大陆的政治情况的不正确看法，这主要是由于过去交流太少。

1997年12月17日，台湾“中华伦理教育学会”的会长巴信诚教授宴请代表团的全体代表。巴成信教授是台湾的名门、富豪，在加拿大、中国大陆等国家和地区经营较大的企业，在教育界有相当的影响，台湾“中华伦理教育学会”由他担任会长，对台湾的伦理教育很有帮助。代表团在台湾的几天，他都特别热情地予以款待，并多次宴请，力求加强两岸之间的友好关系。因此，几乎所有“中华伦理教育学会”的负责人都是主张两岸统一的“统派”积极分子。他们都希望中国能够早日统一，他们极力反对李登辉出卖台湾的种种言行。这次两岸的学术交流，建立了两岸伦理学学术之间的友好联系。

2. 陈立夫的宴请

1997年12月17日，台湾“中华伦理教育学会”的名誉会长陈立夫宴请全体代表。这位国民党的元老，这时已经98岁，现代年轻人已经不大知道，这个陈立夫就是国民党时期的“四大家族”之一。20世纪40年代，他曾任国民党的多个部长，主管过文化教育。1949年国民党败退台湾后，陈立夫就从事学术和教书的工作，专门钻研儒家的经典著作，他撰写了在台湾学术界较有影响的两本书，一本是《四书道贯》，一本是《人理学》。

《四书道贯》一书，取“孔孟之道”的“一以贯之”的思想，将《论语》、《孟子》、《大学》、《中庸》四书的内容分为8个门类，即按照格物、至知、诚意、正心、修身、齐家、治国、平天下8个条目，把四书中的有关内容列入其中，这是一本很便于使用的书。由于陈立夫对中西方文化都有较深的研究，所以他的论述常常用中西对比的方法，使中国的学者更容易理解四书的内容。此书由程思远作序，1991年在大陆由中国友谊出版公司出版。

陈立夫的《人理学》一书，是他在台湾一些大学博士班的讲稿，后经整理成书，其内容主要是论述中国传统文化与伦理道德，在一定意义上，也可以说是一本伦理学专著。全书经整理后分为11章，即：①导论；

②人与天及神之关系；③人性；④人伦与道德；⑤人欲与人情；⑥人心；⑦人格；⑧人生之责任与意义；⑨成己；⑩成物；⑪结论。陈立夫这两本书是以历史唯心主义和儒家思想写成的，现在只能作为两种资料书籍加以参考。

陈立夫的宴请，是一次比较盛大的宴会，台湾"中华伦理教育学会"的会长巴信诚教授亲自主持，最后，陈立夫这位 98 岁的老人还讲了话，除欢迎大陆伦理学界代表来台访问外，他表示拥护两岸统一，但是应当实行"三民主义"，而不能实行共产党的"共产主义"等。

3. 参观

1997 年 12 月 20 日上午，我们参观台湾的"故宫博物院"。对我来说，这是第二次，但我还是愿意再仔细看看这些来自大陆的瑰宝。秦孝一院长亲自接待了代表团的全体成员，还亲自为我佩戴上一枚代表"故宫博物院"的"院徽"。台湾的"故宫博物院"坐落在一个山清水秀的风景区，来来往往的人很多，尽管它的顶端竖立着一面"中华民国"的国旗，但我们走出"故宫博物院"的大门后，还是在它的大门口照了相。

1997 年 12 月 21 日开始，台湾的道教崇德文教基金会为我们安排了一次具有特色的旅游活动。当晚，我们住在南投县埔里的崇德文教基金会的会堂。

道教是我国的主要宗教之一，为东汉时期的张道陵所立，最初叫五斗米教或天师道。南北朝时，宗教的形式逐渐完备，奉老子为教祖，尊称太上老君，以《老子》、《正一经》和《太平洞极经》为主要经典，奉玉皇大帝为最高神，要人脱离现实，炼丹成仙。

台湾的道教，主要是以明代王重阳所建立的以供奉道、释、儒相结合的全真道为宗，主张儒、释、道三教合一。不过，台湾的全真道在原来的儒、释、道的基础上，又增加了基督教和伊斯兰教，因此，他们所供奉的神是更加多元的，共有儒、释、道、基、伊（他们尊奉安拉为唯一的神，穆罕默德是安拉的使者），在其供奉的大殿，一共供奉着 5 座大的神像：孔子、释迦牟尼、老子、耶稣和安拉，而老子位于正中间。当然，其主要信奉的还是道教的神灵。道教在台湾有相当大的影响，由于它是中国本土的宗教，所以更能得到群众的信仰。再加上它特殊的包容性，也就拥有了更多的信徒，崇德文教基金会有比较雄厚的资本，对大陆教育方面的代表团给予了特别热情的接待。

晚上，崇德文教基金会还举行了隆重的欢迎会，赠送了代表团成员礼品。在我们住宿的会堂的旁边，有几幢大楼，是崇德文教基金会所办的福利事业的一部分，让经济有困难的人来此疗养院休养。在这个院子里，我向一个在此疗养的人询问这里的情况，他说，经过申请，都可以到这里来疗养，这里的条件较好，食宿由教堂供给，每期 3 个月，还可以延长，他对这一慈善事业表示满意。

道教在台湾的发展有一个过程。1949 年，新中国成立后，由于道教的仪式中有相当多封建迷信的成分，故而被视为一种邪教而遭到禁止。20 世纪 50 年代，我在上海虹口区工作，还主办过道教如何危害社会的展览。后来，道教无法在大陆活动，就来到台湾，正值台湾经济发展和宗教信仰大盛的时期，逐渐得到了发展，现在已经成为台湾民间一种重要宗教。

12 月 21 日上午，从台北到台湾著名的风景地日月潭，下午到日月潭参观，这里的风景的确迷人，我们同行的人都买了一些小礼品。晚上，住在埔里。22 日上午，从埔里出发至高雄，下午参观了高雄的“中钢”和“中船”，晚上住在高雄的皇统宾馆。12 月 23 日下午，我们参观了高雄的自然博物馆，之后，由高雄返回台北。

4. 他乡遇故知

1997 年 12 月 20 日晚上，我的高中同学周清波宴请我和代表团的部分成员。这次到台湾的一个目的，就是和我高中的一个老同学会面。我在开封高中读书时，有 7 个同学（同一个小学毕业）交往较深，成为至交，按照当时的风气，大家就成为结义兄弟。周清波就是我的结义兄弟之一。

高中毕业后，我们都到上海考学，我考入了同济大学的法律系，他考入了国民党的政治学院。那个政治学院是专门培养国民党军官的，之后，他就进入了当时的军界，成了一名国民党的军官。上次来台湾，因为时间仓促，再加上他已经改名为周涛，所以没有找到，这次终于联系上了，他盛情宴请我和代表团中的河南同乡，同去的有：王春峰、乔法容、陈瑛、杨炳安等。在台湾的一些河南籍知名人士也来作陪。

12 月 23 日我由高雄返回台北后，周清波已经在我的住处等候，我同他一起去吃了日本料理。在这个小吃店，我们详细地谈了离别后这几十年间两人各自的情况。

他告诉我，1949 年新中国成立前夕，他所在的国民党部队住在云南，当时国民党节节败退，解放军在他们后面追赶，他们日夜不停地奔逃，一直逃到海边，终于登上了去台湾的船只，总算没有成为解放军的俘虏。后来，他在台湾军队中不断提升，成了“少将”，又担任过“李登辉政府”的反贪局局长，当时已经退下来经商，经济情况也较好。谈到海峡两岸的形势，他对国民党的前途是悲观的，他说，台湾本土人的“台独”思想比较严重，将来难免会发生战争。因此，他正在联系到大陆的老家（河南）经营商业，这样，即使将来有一天发生了战争，也比住在台湾安全。

从他的谈话中，我体会到，台湾商人来大陆经商除了利用大陆的廉价劳动力以获取更多的利润外，一个深层目的是为了将来的安全。这一思想，仅仅是他一个人的，还是更多台商在内心深处都有这种思想，就不得而知了。临别前，清波还特地送我一个厚重的金戒指，并在上面刻了我的名字。

5. 在香港

1997 年 12 月 24 日，上午 9 时由台北乘飞机，10 时 30 分抵达香港，我的伦理学学习班的学生陈思迪已经在机场等候。由于代表团的许多教授希望能在香港逗留两天，一方面可以游览，另一方面还可以买一些东西。因此，由思迪联系在香港的一位黎老先生，由他接待两天。黎老先生住在香港的一个山坡上，一座相当大的院落，有几幢小的楼房，经济上很富裕，兼做一些中药生意，生活很悠闲。为了我们 10 多个人到他家住宿，他临时购买了许多新的被子等床上用品，花费了他不少，我有些不安。12 月 25 日上午，由思迪陪同，我与樊和平由香港到达深圳，然后乘出租车（148 元另加 20 元过路费）到机场，买到下午 3 时到北京的飞机票，当晚 8 时回到北京，结束了第二次台湾之行。

（三）第二届海峡两岸伦理学学术讨论会

自从 1997 年 2 月到台湾参加第一届海峡两岸伦理学学术讨论会后，

中国伦理学会就积极筹备在广东举行第二届海峡两岸伦理学学术讨论会。这次会议，主要委托广东筹办，商定于1998年12月在广东珠海召开。

1998年12月6日上午9时，我从北京出发，乘飞机到广州，李萍和章海山等同志在机场迎接，然后我们一起乘汽车先到肇庆。我们先要在那里讨论有关《人生观的理论与教育研究》教材的一些问题，路上共走了近4个小时，到达住的地方已经是晚上8时了。

7日和8日，用了整整两天的时间，讨论了由张孝宜、李萍等编写的《人生观的理论与教育研究》教材，这是国家教委为思想政治专业的本科生和研究生编写的一套教材中的一种。这次讨论的气氛比较好，大家都能畅所欲言。我向大家介绍了当时道德理论方面许多不同的观点，分析了这些观点产生的背景，并表示了我对这些观点的看法，明确地批评了一些错误的观点。

9日上午，我们一起到了鼎湖。这是一个风景非常优美的地方，空气极其新鲜，可以说是一个很好的疗养身体的地方。下午，乘汽车到珠海，经过3个多小时到达宾馆。台湾“中华伦理教育学会”的巴信诚会长、席瑜副会长等都已经来到，我和他们一起吃了晚饭，之后就到房间休息了。

10日上午，第二届海峡两岸伦理学学术讨论会开幕，我作了开幕的报告。开幕式以后直到11日，两天是大会发言。两天的发言，使我深深地感到，在意识形态领域，思想的混乱已经到了非常严重的地步。

相对来说，台湾学者的发言都比较严谨，他们讨论的主要是伦理学理论和实践上的问题，他们特别强调要继承中华民族的优良道德传统，强调要改善社会的道德风尚等，观点都是我们所能接受的。

中国大陆同志的发言情形就不同了。一位教授在发言中说，对儒家的思想要全方位继承，什么是“全方位”？就是要全盘继承、全盘吸收，这也就是说，不要区分精华与糟粕，不要分析与批判，尤其不能让人接受的就是，他还特别强调和论证了儒家的“三纲”也可以继承。一位青年学者则说西方的公正理论如何好，他认为在当时最重要的就是要强调“公正”的重要，这是一切原则中最重要的原则。他还大讲他最早提出了道德权利的思想，才在中国展开了有关权利的讨论和导致人们对权利的重视。他认为，在当时的中国，最重要的就是要提倡“权利”，不但在法律上要明确“权利和义务”的思想，在伦理道德上也要强调“权利和义务”对等的思想。还有的同志认为，美国的民主比中国的民主好，因为美国有很好的监督机制等。大陆同志的这些发言，可以说是我国当时社会思想多元化的一种反映。

12 日，会议组织参观。由于一个月来，我已经两次来广州开会，许多事情都没有来得及做，所以决定不去参观，12 日上午乘飞机回京。这次海峡两岸伦理学学术讨论会留给我最深刻的记忆就是以上三位大陆同志的发言。

（四）第一届中英学术讨论会（北京）

1998 年，我们在北京举行了第一届中英学术讨论会。在这次讨论会上，我宣读了《中国传统文化与二十一世纪人才培养》的学术论文。

什么是“传统”？我认为“传统就是已经过去了的事物，是长期以来积淀在社会生活和人们的心理，并在今天的现实中仍然发挥着影响和作用的一种现象。传统可以是物质的，也可以是精神的，而文化传统则更多是指同精神、思想、文化道德有关的传统”。在整个人类的各种传统中，文化传统对人才培养和人才成长来说，有着特别重要的意义。

直到今天，关于“文化传统的核心”是什么，学者中间还存在各种不同的意见。我个人认为“文化传统的核心，从一定的意义上，可以说是人们对善的追求。这一追求，是贯串一切哲学的、政治的、经济的、法律的、文学的、艺术的、宗教的等各种思想的一根主线，即向往美好、贬斥丑恶，对人类幸福的渴求和对高尚道德品质的向往。因此，我觉得，我们在讨论传统文化时，着重探讨它同人才培养的关系，更是非常重要而且有意义的”。

那么，中国传统文化的特点又是什么呢？我强调，我是以如下三个方面为前提谈论中国传统文化的基本特点的：第一，它是中国的，这是从它同其他国家的文化相比较的意义上来说的；第二，这里所说的传统文化，主要是指 1840 年以前中国古代的文化传统；第三，这里所说的中国传统文化的特点，只能是一些基本的特点，只能是个人的一点初步的认识。

什么是中国传统文化的特点？我认为，中国传统文化的第一个特点就是重伦理性。在一定意义上，中国传统文化是一种伦理型文化。在一定意义上来说，可以把中国传统文化叫作“崇德”型文化。在整个中国传统文化中，伦理思想的确占有很重要的地位。其次，中国传统文化是不是不重视“智慧”呢？不。我认为，中国传统文化的第二个基本特点就是强调理智和智慧的重要，强调真理的追求和辩证的思考，有着浓厚的思辨传统。中国先秦的儒、墨、道、法几个著名学派都十分重视理智和智慧，强调人们对真理的认识的重要意义。最后，我强调，中国传统文化的第三个特点就是它有着独特的审美意识和人文精神。中国传统文化在文学、艺术等各个方面创造了辉煌的成就，是全人类文化中最重要、最灿烂的瑰宝之一。

在这篇论文中，我简要地概括了中国传统文化的特点，批评了西方国家的一些学者对中国文化的误解。长时期以来，许多进行中西文化比较研究的学者都认为中国文化是“重德”的而西方文化则是“重智”的，应当把这种认识改变过来。至于文化的核心到底是什么，我认为是“道德”，是“扬善抑恶”的斗争。社会文化的核心，不仅体现在经典著作中，而且体现在大量的文学艺术中。中国古代的《诗经》和历代的文学著作，都可以说从不同的侧面和视角反映着社会文化的核心。同时，我们还应当认识到，在对中国青年进行思想道德教育时，应当加强中国传统文化的教育。

（五）第二届中英学术讨论会（伦敦）

1999 年 9 月 12 日—20 日，我们到英国参加了第二届中英学术讨论会。这一周过得紧张而且愉快，达到了预定目的。上一次到英国，主要是为了做留学生的工作，承担着教委所给予的重要任务，因而没有多余的时间参观。这一次完全不同，这一次是同英国伦理学界的学者和教授就共同关心的伦理道德问题交流意见和看法。代表团的成员有：田心铭、葛晨虹、焦国成、李茂森和李兰芬等。这次会议是经过长期准备的，我们都撰写了交流的论文。我论文的题目是“中国企业的社会伦理责任”。

1. 我的论文和我们的交流

为什么我要选择这样一个主题到英国进行学术交流呢？因为这个主

题在我脑海中已经有长期的思考了。我原来想讲的内容是一个人的社会伦理责任问题，由于这次会议主要是讨论经济方面的伦理道德问题，与会的英国学者大多是经济方面的专家，因此，我发言的题目就改成“中国企业的社会伦理责任”。在我国进行改革开放的新形势下，在社会的经济活动和所有一切活动中，我感到最重要的是要树立一种“责任意识”。如果人人都想着享受权利而忽视自己应尽的义务（责任），整个社会就会陷入一种不可思议的情境。

在伦理学的理论和实践上，我主张一种重视义务的观念。我认为，一个有道德的行为，或者说，一个有道德的人的行为，是不以享受权利为前提的。这个观点，曾经受到一个教师的批评（商榷），他说在道德行为中，不但要强调道德义务，而且应当强调道德权利，否则，人们就不会履行自己的道德义务等。这位教师，或者是误解了我的思想，或者是把法律上的义务和权利的学说同道德上的思想相提并论了。

我认为，具有“责任意识”应当是一种“道德品质”或“道德素质”。过去，中国传统道德中有“五常”（仁、义、礼、智、信），今天，应当强调“责”的意识，提倡“六常”。这个“责”，包括对国家、对社会、对集体、对家庭、对父母等所应履行的责任。在所有责任中，尤其应当强调公民对国家、对社会应尽的责任。一个国家的公民有了强烈的公民“义务”和公民“责任”的意识，这个国家就一定会兴旺发达，就一定能朝气蓬勃地发展；否则，如果人人没有强烈的“责任”意识，整个社会就会松松垮垮、疲疲沓沓、得过且过、敷衍塞责，这个国家和民族就必将日趋没落、自毁前途，这不但是一个科学真理，而且是一个被历史证实了的事实。

由此，我记起了一件往事。1995年，我应《人民日报》海外版的要求，撰写了《树立高度的责任意识》一文，之后，我收到了一封美国的来信（16年前从美国写给我的这封信，直到现在，我仍然保存着）：

尊敬的罗教授：

您好！您发表在《人民日报》海外版上的《树立高度的责任意识》的文章，写得真好，我读了好几遍。诚实和敬业是做人和做事的根本，可惜长时期没人强调这些。我是一个在美国学习的中国留学生，来美数年，比较中美的发展，深感先生所提的“敬”和“诚”，实为国家民族发展的第一重要。现国内卖假货，参加亚运会的有人用兴奋剂，回想到“大跃进”时有人报亩产万斤……总这么干，国家民族没希望。希望先生多著书，多写文章宣传。

祝您身体健康，一切顺利！

巧琦

1995年3月27日

1999年9月18日，我在中英学术讨论会上发言，我的发言是由姚新中翻译的，他流畅的英语使我的论文更能为英国学者所听懂。在我发言后的讨论中，两位英国学者都认为，在当时的社会，强调企业的社会伦理道德责任是十分重要的。一位学者更明确指出，在当时的英国青年中，有一种片面强调享受权利而忽视应尽义务的现象，他认为这种现象对社会、对国家都是极为有害的。这些青年只知道向社会、向国家、向集体索要权利，把个人权利当作自己追求的唯一的东西，而对工作却是马马虎虎、敷衍应付、得过且过，丝毫没有责任心。这种人，实际上是社会的寄生虫，我们应当设法改变和纠正这种现象。

他的发言给了我新的启示。像“自由”、“权利”等在西方曾经盛极一时的口号，我们的一些留学生学了这些东西之后，把它们无条件地用到中国的现实生活中；可是，他们不知道，这些在西方资本主义国家曾经盛极一时的口号，现在西方已经在分析和批判了。不分时间和地点，套用那些时髦的口号，不但无益于社会，而且将有害于社会。当然，在要求企业履行它们所应当履行的伦理责任的同时，也应当对那些履行了伦理责任的企业给予相应的鼓励和报偿，给予它们应当享受的道德权利。

一次参加柏克教授的午餐，他说起他自己的学习情况。他说，他的老师曾经告诉他，要永远保持一种对新事物的热情，要有一份对新事物坚持不懈的追求精神。为了做到这一点，最好的方法就是不断地学习外语。他的老师说，每当晚上要睡觉了，可能已经感到十分疲劳，那么就打开窗户，让新鲜空气进来，呼吸了新鲜空气之后，精神就会振作起来，拿起外语书，就可以再学习两个小时。柏克教授说，他就是按照这个办法，学了很多种语言。可惜，当他准备学习中文的时候，他病了，主要是眼睛不能看东西了，所以，尽管他学了德文、法文、西班牙文、阿拉伯文以及梵文等，但是他不会中文。

他说的话，应当是可信的。从他的话中，我们可以体会到对一个学者来说，旺盛的求知欲是特别重要的。

2. 参观剑桥大学和马克思墓

1999 年 9 月 17 日，我再一次参观了英国著名的剑桥大学。这次主要是参观剑桥大学的学术馆，其中有许多学者的雕塑，那些欧洲文艺复兴时期的著名学者都有着各自风格的塑像。我站在那里凝思很久，最后在著名哲学家、伟大的唯物主义思想家培根的雕像前照了一张相，作为纪念。

在英国，我们还参观了一些重要的名胜。上次到英国，已经瞻仰了马克思的墓碑和雕像，但是没有找到马克思最初埋葬的地方。这次前来，我们几乎询问了遇到的所有游客，特别是赵艳霞到处打听，终于从一个英国人那里知道了马克思最初埋葬的地方，按照他所指的方向找到了原来埋葬马克思的墓地。这个墓地处在许许多多的墓地中，占地非常狭小，大约只有 1 平方米，没有坟堆，只是上面盖着一块石板，上面写着“卡尔·马克思的墓地”。我们大家都很高兴，每个人都在马克思的墓地旁照了一张相，留作纪念。

3. 关于英国的民主和自由

伦敦的鸽子广场，是举世闻名的。它就是英国首都伦敦著名的旅游景点——特拉法加广场，这里被英国人视为伦敦的心脏，因成群的鸽子长期在此栖居，故而又被称为鸽子广场。葛晨虹同志希望我们能到那里去看看。当我们到达这个宽阔的广场时，从天空到平地，到处都是成群的鸽子。许许多多的儿童，在大人的带领下同鸽子嬉戏，附近有专卖鸽子饲料的，孩子们都拿着买来的饲料引诱鸽子到自己身边，这些鸽子不但不害怕，而且站在孩子们的手上和臂上，争着享用这些美味佳肴，呈现出一片人和动物的和谐景象。这种景象，也是资本主义国家经过几百年发展所带来的文明，是应当加以肯定的。现在的发展中国家，在提高人民群众的文化和文明水平这一点上，还有许多工作要做，没有相应的文化和精神文明的提高，是不可能建成社会主义社会的。

游览海德公园。海德公园占地160万平方公尺，是伦敦最知名的公园。公园里有著名的演讲角（Speaker's Corner），演讲角是一个较大的可以公开发表自己观点的地方，据说来这里的人可以自由地发表意见，可以骂总统，骂政府官员和任何人，是体现资本主义国家的“自由”和“民主”的一个标志。我到那里的时候，约是早晨7时，公园的游人还较少，只看到一群人围着一个人，在听他演讲，这个人站在一个长方形的木箱上，大约和我们装肥皂用的木箱差不多。他在声嘶力竭地叫喊着，但听的人却东张西望，不感兴趣，大约不到20分钟，听的人几乎都散去了。这个演讲的人，也就拿起他站立的木箱，完成了他“民主”且“自由”的演讲。经过仔细观察，总算懂得了资本主义社会的“自由”和“民主”的一个侧面。当然，资本主义国家的“民主”，主要体现在它政治制度的各个方面。

在英国伦敦大街的马路上行走时，经常可以看到一些人举着小旗、喊着口号游行。他们或者是为了提高待遇，或者是为了反对政府的某些政策和举措，或者是要求环保等。他们的这种游行都是事先申请过的，有多少人，按照什么路线，从什么时间起到什么时间止等都有备案。这就是西方国家的“民主”和“自由”的一种表现，也可以说是一种点缀。这种游行，不但每次出门都可以看到，而且往往一次能看到许多起这样那样的游行。路边的行人，对这种游行似乎已经司空见惯，连听都不愿意听他们喊的是什么内容。

（六）我的几部著作

1.《罗国杰文集》

大约是1998年春天，河北大学出版社的邹卫和刁毅同志到人民大学来找我，提出他们出版社希望能出版我的文集。他们说，他们出版社那几年来，从经济效益来看，有一定的收入，但从学术上来看，出版社会上著名学者的著作还比较少。他们希望加强这方面的工作。他们看到我的文集还没有出版，就征求我的意见，问我是否同意由他们出版社出版我的文集。

这些年来，我主要从事教材的编写工作，前后已经编写了几本伦理学教材，如《马克思主义伦理学》、《伦理学》、《中国伦理学百科全书》、《伦理学教程》、《西方伦理思想史》等。这些书，我或者是主编，或者是合编的撰写人。此外，近20年来，我断断续续写了不少文章，但这些文章都散见在各种报纸杂志上，没有集成一个集子。我虽然自知不是一个对伦理学有专门研究的学者，但我还是答应了他们的要求。双方商定，由我先汇总已经发表的文章，按照年月加以排列，然后交给出版社，由出版社进行出版的各项事宜。

《罗国杰文集》的汇总工作，得到了我的学术助手刘余莉、王易的帮助，特别是王易，前后差不多用了两年的时间，花费了她大量的精力，才基本完成。除了“文化大革命”以前撰写的文章没有收入以外，这20年在报刊上发表的文章大约有140万字，这是出乎我最初的意料的。为了反映这段时间从事伦理学研究的大体情况，除删去了部分论文之外，我的绝大部分论文都被收入了这本《罗国杰文集》。此《文集》按照我在报纸、杂志上所发文章的先后，以年代为顺序，按年归并，把1982—1989年公开发表的文章都收了进去。原来认为已经收集得比较齐全，后来发现，仍有不少文章没有被收入。

此书于2000年8月出版。此书的前面有6张照片：一张是我的近影，一张是我访问英国时在马克思墓前的照片，一张是我陪同张岱年先生到郑州参加宋学讨论会时同张先生参观包公祠的合照，一张是我1997年到台湾参加第一届海峡两岸伦理学学术讨论会上的照片，一张是我1999年11月18日在上海宝钢的照片，一张是我和静贤的合照。

实事求是地说，这本书只能是一个伦理学工作者在长达20年的时间中对伦理学的理论和我国现实问题所作探索的一个文集，对许多理论问题并没有进行深入研究，这应当说是这本书的一个缺点。一个很重要的原因就是，我很少或者说几乎没有主动向报社和期刊社投过任何稿件，所写的这些文章都是报社和期刊社的约稿。由于这些约稿大多是当时形势所需要的，所以和实际结合的多，深入的理论研究较少，不能不说，这种情况下的论述，虽然有紧密联系现实的优点，但存在理论探索不够深入的不足。

2003 年，中华人民共和国教育部举行“第三届中国高校人文社会科学研究优秀成果”的评奖活动。经过哲学专家的评定，《罗国杰文集》获得了“哲学一等奖”，除了奖金外，还颁发了“第三届中国高校人文社会科学研究优秀成果”奖的证书。

2.《道德教育与价值导向》

从 20 世纪 90 年代到 21 世纪初，在意识形态和思想道德领域，一个突出的问题就是，改革开放以后，随着利益主体多样化的出现，社会主义社会的道德导向问题成了一个引起人们争论的问题。一些人提出，既然社会上的利益主体已经出现了多样化的趋势，那么不同利益主体的人自然应当有不同的价值取向。因此，社会的价值导向是不是也应当是多元的?

与此同时，还有一些同志认为，市场经济本身就是一种要求价值取向和价值导向多元化的经济，为了促进市场经济的发展，为了调动人们追求最大利润的积极性，它的价值取向和价值导向应当是多元的。因此，不应当再用集体主义价值观作为市场经济条件下的价值导向来限制个体经营者的积极性，而应当用个人主义价值观作为价值导向，等等。

这种基于市场经济条件下的新情况、新问题而产生的伦理学理论方面的新问题，应当及时地、有针对性地给予回答。也正是由于这样的原因，我将《罗国杰文集》中有关这方面的论述加以集中，作为中国人民大学的“伦理学与品德教育文丛”中的一种，交给教育科学出版社于 2000 年出版，作为对当时这一问题的回应。

《道德教育与价值导向》一书，实际上可以说是《罗国杰文集》的一个简编本，全书 30 多万字，把过去的许多比较重要的文章都收集了进去。我为此书撰写了“自序”。

3.《伦理学与道德教育》

这是一本关于伦理学与道德教育的文集，收集了 1980 年以来我所写的有关这方面的一些文章。伦理学作为一门科学，它同道德教育有没有关系？如果有，它们又是一种什么关系？伦理学是一门研究道德的科学，它研究道德这一社会现象的发生、发展及规律，研究人在道德上如何不断地发展和完善自己，研究道德规范的形成及社会作用，等等。关于伦理学是一门什么样的科学，不论过去还是现在，不同的思想家都有着不同的认识。在历史上，不论西方还是中国，规范伦理学都曾占据着重要的地位。古希腊的著名思想家、伦理学家亚里士多德在公元前 4 世纪的《尼各马可伦理学》中认为，伦理学研究的目的就是探讨人的德性。他还明确提出，这种探讨不是为了求得知识，而是为了使人成为一个善良的、有德性的人。中国古代的思想家尽管没有写出专门的伦理学著作，但他们也都强调，“为学”的目的不在于背诵经典，而在于“变化气质”，使人成为一个有道德的贤人和圣人。《论语》和《孟子》这样的儒家经典，可以说是中国古代最重要的伦理学著作，它们的中心思想就是要使人们学会做人。

20 世纪以来，西方出现了所谓的元伦理学。这一学派主张只从概念上分析道德范畴和道德判断的性质和意义，要把伦理学的研究同现实的道德生活割裂开来。这一学派极力反对道德的规范作用，反对道德向人们指出应当如何的道德要求。这一学派把逻辑分析看作伦理学唯一的方法论原则，以至于这一学派的全部研究陷入了主观主义、相对主义、怀疑主义和个人主义的泥坑。这一学派，在所谓价值中立的旗帜下，提倡所谓“无立场”的分析和批判，强调伦理学研究要割断同任何利益关系的联系，等等。

在逻辑实证主义思潮的影响下，20 世纪的六七十年代，在美国的学校曾出现了所谓的“价值澄清”运动。这一运动，在“价值中立”的旗帜下，强调教师只能向学生“客观”地介绍各种各样的价值观，只能让学生自己选择被自己“澄清”了的价值观。这一运动的提倡者认为，教师只能告诉学生“是什么”，而不能告诉学生“应当做什么”。这就使学校完全放弃了价值观的教育，放弃了对学生进行善与恶、美与丑、道德与不道德、正义与邪恶的教育。现在，美国的有识之士正在深入批判这一运动给美国社会带来的种种恶果。

值得注意的是，近几年来，逻辑实证主义思想和美国的“价值澄清”思潮，在我国伦理学研究中有着不同程度的反映。特别是随着社会主义市场经济的建立和发展，在价值取向多元化的情况下，在所谓个人“自由”和个人“权利”的要求下，出现了忽视个人的社会义务的观念，否认道德规范对个人行为的约束作用。

一些人认为，社会的道德规范，特别是社会主义的集体主义原则，会束缚人的自由和个性发展，只有个人主义和个人本位才是需要提倡的。一些人认为，伦理学研究只能向人们叙述或描述“是什么”，而不应当向人们提倡“应当做什么”，也就是说，他们只强调价值取向的多元化，而不主张价值导向的一元化。他们把伦理学研究同我国的社会生活脱离开来。一些人认为，在我们的社会中不应当提倡向雷锋等先进人物学习，只要能够做到不违犯法律规范就可以了。有的人甚至极其荒唐地认为，“每培养出一名做好事的人，必然同时培养出几十名捡便宜的人”，说什么“先人后己”、“毫不利己，专门利人”一类的要求包含逻辑上的矛盾，不可能成为真正得以实施的处理人际关系的原则，等等。

我个人认为，伦理学作为一门科学，它不同于其他社会科学的一个重要特点就是，它是一门以实践性和导向性为基础的科学。它对社会道德现象（道德活动现象、道德意识现象、道德规范现象）的研究，是不可能同人们的社会生活实践相脱离的，是不能同人类升向更高的道德水平相脱离的。为了人类升向更高的道德水平，为了社会的进步和发展，我们必须和应当提倡一定的道德导向，提倡人“应当做什么”。因此，伦理学研究要把培养人的道德素质、提高人的道德自我完善能力、改善社会风气作为自己的主要目的。

问题十分清楚，宣扬“价值中立”、“价值澄清”和所谓“无立场”的批判等观点，其实质仍然是在提倡和宣扬一种不愿说出来的“立场”。一个人在社会中生活，总要同利益发生关系，他不可能不食人间烟火，不可能同社会的经济、政治、文化脱离关系，因此，他不可能没有自己的立场，正像一个人拔着自己的头发想要使自己离开地面一样，无论他如何用力，最终他还是不可能离开地面。尽管他们不愿意说出自己的“立场”或者以“无立场”标榜，但他们总是有他们的“立场”的。他们反对向人们、向青年提出“应当做什么”，反对价值导向，其实质就是要使伦理学的教学和研究放弃和背离对善恶的分辨，否定伦理学在培养人的道德素质、提高人的道德自我完善能力和改善社会风气等方面的作用。

在当前的社会生活中，我们伦理学的教学和研究，如果不能对青年进行分辨善恶的教育，不反对个人主义、拜金主义和享乐主义，不向广大青年提倡集体主义、社会主义和爱国主义，这样的伦理学，对社会、对国家、对人类，又有什么意义呢？

这本书所收集的一些文章，就是为了使伦理学的教学和研究能够更好地为社会实践服务，为培养人的道德素质、提高人的道德自我完善能力和改善社会风气服务。

4.《树立正确的世界观、人生观、价值观》与《理想信念与“三观”建设》

2000年，改革开放已经经历了20多年，我国经济的发展已经取得了举世公认的成绩，我们的国家成为了世界上一个兴旺发达、欣欣向荣的新国家。在经济上取得巨大成绩的同时，在思想道德上、在理想信念上以及在世界观、人生观和价值观方面，却没有得到相应的、同步的发展。

在市场经济条件下，追求利润，追求最大的效益，成为积极发展的主要动力。一些人把“追求更多的金钱”、“个人的幸福”和“生活的享乐”作为自己的最高目的。一些人因此认为，原来所强调的“社会主义和共产主义”的理想，只是“一种不切实际的空想”。在所谓“解放思想”的浪潮中，一些人更认为，过去强调的“为人民服务”、“大公无私”、“雷锋精神”和“毫不利己，专门利人”等，已经过时了，在市场经济条件下，应该用“利己主义”、“合理利己主义”、“个人主义”等来取代“集体主义”。一些人更提出了所谓“放飞理想”的口号，要把那些不能适应市场经济的“理想”放飞出去，加以抛弃。十分清楚，他们所要“放飞的理想”，不是别的，就是我们一向坚持的社会主义和共产主义的理想。更值得注意的是，一些曾长期信仰共产主义并为之奋斗的共产党员，也认为共产主义社会不是正确的、能够实现的、科学的“理想”，认为资产阶级的“民主社会主义”才是我们应当学习和追求的、实际可行的“理想”。与此同时，一些人对马克思主义的信念也动摇和淡化了，把马克思主义的科学真理看作一种“教条”和一种“套语”，认为马克思主义在今天已经不能正确地解释社会主义市场经济的各种新现象，更不能有力地说明资本主义社会所出现的种种发展和改良。实用主义的“有用就是真理”的鼓噪，喧嚣尘上，对马克思主义进行猛烈的冲击。在这种情况下，“社会主义和共产主义的理想”同“马克思主义的信念”成了我国意识形态中的一个突出的问题。追求共产主义远大理想与坚定马克思主义的信念是辩证统一的。

理想和信念是两个相互联系、相辅相成、相互影响、相互制约的统一体。理想是人生追求的最高目的，信念是实现目的的强大动力；理想是信念的根据和前提，信念则是理想实现的重要保障。对一个人来说，理想和信念是他心灵世界的核心。因此，有无理想和信念，有什么性质的理想和信念，成为区分高尚充实的人生与庸俗空虚的人生的一道分水岭。追求远大的理想和崇高的信念，是一个有道德的人所必须具备的重要素质。即便说我们在经济建设上取得了前所未有的、极其重大的进步，但我们如果弱化了和动摇了社会主义和共产主义的理想，模糊了和失去了马克思主义的信念，就必然会陷入一种不能自拔的“泥潭”。正是出于对这种状况的忧虑，我先后在《人民日报》发表了关于加强“世界观、人生观和价值观”的长篇论文，并主持编写了两本关于这方面的读物，一本是由中国人民大学出版社出版的《树立正确的世界观、人生观、价值观》，一本是由中央党校出版社出版的《理想信念与“三观”建设》。这两本关于加强“理想”、“信念”和“三观”建设的书籍，反映了我对社会主义市场经济条件下这方面问题的看法。在这两本书中，我都撰写了较长的“导言”，指出了在市场经济中坚持社会主义、共产主义的崇高理想和马克思主义的特殊意义，明确指出了西方资产阶级企图用它们的资产阶级世界观、价值观和人生观来改变我们的价值观，其目的就是要最终改变我国的社会主义性质，这是我们要特别提高警惕的。

5. 第一部《罗国杰自选集》

2003年年初，中宣部学习出版社要出一套“学习理论文库·理论家自选集”，并给我发来约稿函，希望我能够赐稿以支持这一出版计划。这一自选集，要求以马列主义、毛泽东思想、邓小平理论和“三个代表”重要思想为指导，内容侧重对改革发展稳定和党的建设等重大问题的阐述和探讨，每部自选集在35万字以内，选文为十一届三中全会以来的重要作品，篇目由作者自选。

经过慎重考虑，尽管时间和精力都比较紧，但我还是答应了他们的请求，同意他们所提出的要求，争取在 2003 年 3 月 1 日以前把这一自选集编好。据我所知，这个“学习理论文库·理论家自选集”的撰稿人名是由中宣部理论局拟定的，然后由中宣部领导的出版社负责组织。这第一批的 10 位作者为：龚育之、苏醒、刘国光、吴树青、侯树栋、邢贲思、邵华泽、王梦奎、金冲及和罗国杰。把我的名字列入这第一批理论家的名单，真是让我有点诚惶诚恐。

这本《罗国杰自选集》的编辑工作，主要是由我的博士生兼学术助手吴俊协助完成的。编写《罗国杰自选集》，是先将《罗国杰文集》出版之后发表的文章整理成一本 1999—2003 年的《罗国杰文集》的续集，然后从其中选出一部分，同《罗国杰文集》中选出的部分文章合并起来，作为《罗国杰自选集》。

关于《罗国杰自选集》的出版，还有一件值得一提的事。在此书的编辑过程中，负责此书的责任编辑对集体主义的道德原则持有不同的意见。由于比较熟悉本书的基本内容，他就专门撰写了一篇批评书中所提倡的集体主义原则的文章，并在一个公开的刊物上发表。由此可见，在当时的社会，究竟是坚持集体主义还是提倡个人主义，是一个需要认真研究的问题。

6.《以德治国与公民道德建设》

2000—2003 年，全国的理论界展开了一次广泛的、关于依法治国和以德治国的讨论。这次讨论是从江泽民的讲话开始的。

早在 1996 年，在中南海给江泽民讲述“中国古代儒家思想与政治统治”的时候，我就向他讲述了在中国长期封建社会的统治中，一直存在治国方针的不同，在儒、墨、道、法四家中，儒家“以德治国”的思想，在巩固、治理国家中长期占据统治地位。我比较详细地介绍了儒家“以德治国”思想的具体内容，进一步阐述了孔子的“道之以政，齐之以刑，民免而无耻；道之以德，齐之以礼，有耻且格”和“为政以德，譬如北辰，居其所而众星共之”的思想，并分析论述了道德教育、道德感化、道德诱导和道德养成在提高人的道德品质中的重要作用等，比较了德治和法治对维护社会之稳定的不同作用，论述了把法治和德治结合起来的重要意义。

在2001年年初召开的全国宣传部部长会议上，江泽民提出应当把法治和德治、把依法治国和以德治国结合起来。之后，党的第十六次全国代表大会再一次要把依法治国和以德治国结合起来。从此，报纸杂志在充分肯定加强法治的同时加强德治的重要性之外，还展开了相关问题的讨论，其中包括：什么是法治？什么是德治？“以德治国”会不会妨碍“依法治国”的实施？中国古代的“德治”是不是“人治”？

正是在社会上集中讨论“以德治国”的前后，我国的一些传媒相继报道了我在中南海对江泽民讲述“中国古代儒家思想与政治统治”。香港的一些传媒更进一步说，江泽民所提出的“德治与法治相结合”的思想，与我在中南海讲述的儒家重视德治思想有关。

按照当时的情况，社会上对“依法治国”和“以德治国”进行了深入的、广泛的讨论，这对我们进一步认识二者的关系有着很多方面的启迪。从总的方面来看，大体上可分为两种意见。一种意见认为，我国当时实施的主要是“依法治国”，中国当时最重要的任务是建立一个法治国家，如果提出“依法治国”与“以德治国”相结合，就可能影响以至阻碍“依法治国”的实施；另外，中国长期以来的“德治”实际上是一种“人治”，而这种“人治”的弊端，正是我们要认真加以克服的。另一种观点认为，从加强道德教育的重要性及紧迫性来看，正确地认识和理解中国“德治”的积极意义，对于提高我国人民的道德水平和改善社会的风尚，具有非常重要的意义。

从国家治国理政的总方略来说，要不要把“依法治国”与“以德治国”并提？我国的“依法治国”是有确切的含义的，那么“以德治国”能不能作为治国方略的一部分？

这次讨论差不多进行了两年，各方面的意见都得到了比较充分的阐发。也有人在香港的一些刊物上发表文章，反对“依法治国与以德治国相结合”的提法，认为强调道德教育是可以的，但提“以德治国”是不对的。有些人还直接写信到党中央，对“依法治国与以德治国相结合”提出不同意见，认为这将不利于我国民主的发扬和法治的实施等。

从以后的中央文件和中央领导的讲话来看，这次讨论的结果是，停止了“依法治国与以德治国相结合”的提法，更加强调我国是实施“依法治国”的法治国家。

我对“依法治国与以德治国相结合”的提法是赞成的。我认为，把“依法治国与以德治国相结合”作为我们国家的治国方略，将有利于我国广大人民道德水平的提高。在这两年多的时间里，结合加强公民道德建设的问题，我为《人民日报》、《光明日报》以及其他一些刊物撰写了相当数量的文章，从各个方面阐明我的观点，尽管这些观点最终没有被接受，但这些文章所阐述的理论和实践意义仍然具有重要的意义。

2003年，中国人民大学伦理学与道德建设研究中心要出版一套丛书，我就把有关这方面的论述加以收集，汇编在一起，定名为《以德治国与公民道德建设》加以出版。我个人认为，其中的许多论述可在今后的发展中由历史来检验。

（七）参与编写“马工程”《思想道德修养与法律基础》

2005年，中共中央为加强马克思主义理论建设，实施了马克思主义理论研究和建设工程（简称“马工程”）。这是一个庞大的理论建设工程。它的一个重要方面就是要对当时的大学文科教材，特别是与意识形态比较密切的教材，组织力量，进行编写。其中首先要进行编写的就是全国各个大学通用的四门政治理论教材：《马克思主义基本原理概论》、《毛泽东思想、邓小平理论和“三个代表”重要思想概论》、《中国近现代史纲要》和《思想道德修养与法律基础》。

对我来说，要不要参加《思想道德修养与法律基础》教材编写的申报，在当时有过犹豫，主要是年龄已经大了，深恐力不从心。最后，在基地同志的积极要求下，决定申报。经过多层评选，教育部最后确定由罗国杰、唐凯麟、夏伟东、陈秉公、周叶中、吴潜涛等为首席专家，组成专家组，编写组主要成员还有：陈大文、武东生、王易、王小锡、陈勇、李培超、卢黎歌、罗映光、赵君华、黄文艺、郑永廷等。

在中宣部、教育部的领导下，《思想道德修养与法律基础》（以下简称《基础》）教材编写组根据中央审定的编写提纲，经过两年多的努力，终于完成了教材的编写工作。

2005年9月底，教材编写提纲经中央审定后，教材编写组又多次对提纲进行修改，然后分工撰写，到年底进行了多次讨论，12月底形成了教材初稿。2006年1月至3月初，编写组专门请夏伟东同志负责，对撰写的初稿进行了一次大的修改。此后编写组部分专家对教材初稿进行了两次集中统稿，将修改后的有关部分书稿分别送郑科扬、逄先知、滕文生、金冲及、刘国光等同志征求意见。再经过多次修改，于3月22日形成了送审稿。

《基础》教材（送审修改稿）是在上述工作的基础上形成的。它经过了十多次大的修改，是编写组全体成员团结奋战、集体攻关的成果，也是方方面面智慧的结晶。

编写中着重把握两个要求：第一，全面准确地把握和落实中共中央关于开设本课程的基本要求。根据中宣部、教育部有关文件规定，“思想道德修养与法律基础”课主要进行社会主义道德教育和法制教育，帮助大学生增强社会主义法制观念，提高思想道德素质，解决成长成才过程中遇到的实际问题。按照这一要求，教材以大学生成长成才所遇到的基本问题为切入点，以大学生的人生观、价值观、道德观、法制观教育为主线，以帮助大学生成长为德、智、体、美全面发展的中国特色社会主义事业的合格建设者和可靠接班人为目标。

第二，体现“思想道德修养与法律基础”课自身的特性。“思想道德修养与法律基础”课具有很强的综合性和应用性，本教材（送审修改稿）综合运用马克思主义理论以及其他相关学科的知识，同时也充分注重思想政治理论课四门课程之间相互联系、相互协调、相辅相成的关系，突出本课程对大学生在人生观、价值观、道德观和法制观教育方面的独特功能，有针对性地对大学生在这些方面遇到的理论问题和实际问题做出科学的、有说服力的回答和阐释，旨在养成和培育大学生的优秀思想品德；“思想道德修养与法律基础”课还具有很强的规范性和实践性，本教材（送审修改稿）注重理论与实践的结合、知与行的统一，在传授思想道德知识和法律知识的同时，更重视和强调知识、规范向行为实践的转化，化知识为德性，化德性为实践。

本教材的主要特点有：第一，坚持科学性、准确性与针对性的统一。本教材（送审修改稿）在注重理论的科学性、准确性的基础上，力求贴近实际、贴近生活、贴近学生，有针对性地回答大学生在成长成才过程中遇到的实际问题。第二，坚持继承与创新的统一。本教材（送审修改稿）在编写上，一方面注重继承和借鉴“98 方案”中“思想道德修养”和“法律基础”课教材编写的成功经验，充分吸收了这两门课程教材建设的已有成果；另一方面注重本课程体系和教学目的的要求，充分吸纳相关学科领域的最新研究成果，对教材内容进行了科学定位和新的阐释，体现了继承与创新的统一。第三，坚持思想性与生动性的统一。本教材（送审修改稿）既注重内容的思想性，也注意体现呈现方式的生动性，较好地体现了说理性与可读性的统一。第四，科学地把握教材体系与教学体系的关系。本教材（送审修改稿）既注重体现教材体系的系统性及其特点，又为教师的课堂教学留下了必要的空间，使讲课教师能够根据不同学校、不同学科的特点，结合大学生的实际有针对性地进行教学。

在编写过程中，3 月 4 日，胡锦涛同志发表了关于牢固树立社会主义荣辱观的重要讲话，之后，编写组根据中宣部、教育部党组的有关要求，努力推动社会主义荣辱观进《基础》教材工作。在“绪论”的开篇论述了社会主义荣辱观的内容、精神实质和重要意义，强调了社会主义荣辱观在本教材中的指导意义；在正文中分别阐释了“八个光荣、八个耻辱”的内容及其要求；在“结束语”中概括地表述为“社会主义荣辱观是人生观、价值观、道德观和法制观的生动体现，是引导大学生成人成才的行动指南”，强调社会主义荣辱观是对社会主义“四有”新人的新要求，也是本课程的归宿和总结。这样，社会主义荣辱观就全面有机地融入本教材之中，使教材更加凸显了思想性、现实性和针对性。

2006 年以后，因为我突然遭受车祸，只能部分参加教材的编写工作，后来，这一工作主要由唐凯麟和吴潜涛负责。

在编写《思想道德修养与法律基础》的过程中，一个重要问题就是关于马克思主义理论“创新”的正确理解问题。我个人的认识是，这本教材，既要“创新”，又要同一切非马克思主义和反马克思主义的思想划清界限。

这些年来，在意识形态领域，在价值取向的问题上提出了“创新”的口号，对于马克思主义的理论来说，尤其是在伦理学领域，一些学者从西方引进了“普世价值”这一概念，并把它当作一种“创新”思想。

在社会科学领域，尤其是在伦理学的规范和原则问题上，这些年来，对“创新”的认识出现了一种值得注意的现象。这就是把新中国成立以来所形成的许多社会主义的、正确的东西，说成传统的、过时的、不能适应市场经济的东西；由此进而把西方几百年前的一些资产阶级的、陈旧的、为资本主义市场经济服务的功利主义的、个人主义的、实用主义的道德原则和道德规范，改头换面，重新拿出来，冒充为一种新的道德原则和道德规范。

对新中国成立以来形成的符合社会主义的、正确的道德原则和道德规范，固然需要根据我国社会的经济、政治、文化等发展的实际情况加以完善和发展，把过去形成的那些基本正确的道德原则和道德规范中的不适应现实情况的部分予以改正和充实；但是，我们绝不能用西方资产阶级的、已经陈旧了的东西，来取代以至否定符合社会主义的道德原则和道德规范。毋庸讳言，对于西方资产阶级上升时期的进步的、合理的部分，我们应当通过“古为今用”和“洋为中用”的方法，弃其糟粕，取其精华，使我们的道德原则和道德规范能够更好地适应社会主义市场经济的需要，促进中国特色社会主义道德建设的发展。

在现实社会中，有没有“一般的”、“永恒的”、“全人类的”所谓“普世价值”？这不是一个新问题。从意识形态发展的历史来看，关于这一问题的争论已经有几百年了。所谓“一般的”、“永恒的”、“全人类的”这些范畴，只不过是资产阶级的思想家为了掩盖资产阶级的政治、经济、社会的阶级本质所使用的一种手法。恩格斯在《反杜林论》中，对杜林所贩卖的这种历史唯心主义进行过深刻的批判。在《反杜林论》中，恩格斯剖析了杜林所宣扬的“永恒道德”的实质，这对我们今天认识一些人所提倡的“普世价值”有重要意义。

在历史和道德领域，不存在永恒真理，一切道德和价值都是历史的、具体的和变化的。尽管也有一些少得可怜的人类共同的道德，如“勿偷盗”等，但全人类的、适用于一切时代和一切地点的“永恒道德”和“普世价值”是不存在的。

更值得注意的是，当时一些人提倡“普世价值”，是同否认道德是社会意识形态和宣扬实用主义、功利主义和个人主义有密切关系的。

（八）评为中国人民大学荣誉教授并被授予“金牌”

2006年的教师节，中国人民大学迎来了70周年校庆。学校隆重集会，表彰在学校建设、学科发展、人才培养等方面做出突出贡献的老教师，并授予宋涛等33位老同志“荣誉教授”的光荣称号，我也有幸在这33位荣誉教授之中。同时，还授予每位荣誉教授一个“金牌”，因此，有些教师就称这些荣誉教授为“金牌教授”。在颁发荣誉教授证书和“金牌”的大会上，学校要求我代表所有荣誉教授发言。我在发言中说：

> 在中国人民大学历经沧桑、走过风雨，即将迎来70华诞之际，我作为获得“荣誉教授”称号的一名老同志，回忆起母校给予我们的崇高荣誉和长期以来给予我们的无微不至的关心和照顾，心中倍觉温暖，充满感激！这是学校领导对我们工作的肯定和奖励，同时更是对我们的鞭策和期待。
>
> 回首逝去的岁月，可以清楚地看到，我个人的成长是与中国人民大学的教育，特别是与中国人民大学伦理学学科的建设发展密切相联的。1946年，我考入新中国成立前的上海同济大学法学院，攻读法律系的行政法专业。毕业后因工作需要，在中共上海虹口区委和市委工作了7年。直到1956年，我才以调干生的身份重新考入有着光辉历史和优良革命传统的中国人民大学，在哲学系重读本科和研究生班。1959年12月，我留校成为中国人民大学哲学系的一名教师。我非常庆幸找到了最适合自己的人生位置，可以做自己最喜欢做的事情。所以，在以后40多年的人生历程中，无论遇到多大的困难和挫折，甚至在“文化大革命”期间，伦理学的教学和科研遭到重大冲击和破坏，社会环境非常不利的情况下，我始终没有放弃对马克思主义

哲学和伦理学的学习和研究。

1960年，根据学校的需要和安排，由我负责中国人民大学伦理学教研室的筹建工作。依靠教研室同志的共同努力，我们的教研室在伦理学的学科建设和发展上取得了一定的成绩。在当时可供借鉴的资料很少，以马克思主义为指导的伦理学教科书一本也没有，唯一可参考的资料是当时苏联和我国有关共产主义教育的文章和小册子。一切都从头开始，要在全新的基础上建立起一门新的学科，特别是要建立起与以往西方的资产阶级伦理学不同的马克思主义伦理学，的确不是一件容易的事。首先是坚持马克思主义的指导，学习马克思主义的立场、观点和方法，并有针对性地分析新中国成立后所面临的各种伦理道德问题。其次是广泛了解旧的伦理学教材的阶级局限。同时，要构思新的学科的体系结构等。我们的第一步是潜心攻读了几百万字的马列原著，摘抄、编辑了30多万字的马克思主义经典作家关于道德的论述。“功夫不负有心人”，不久后，我和教研室的同志就一起编写出了《马克思主义伦理学讲义》和《马克思主义伦理学教学大纲》，为伦理学的学科建设奠定了一定的基础。1982年，我和教研室的同志一起编写的《马克思主义伦理学》（人民出版社出版），作为新中国第一部伦理学教科书，曾获北京市哲学社会科学优秀成果奖、全国高校优秀教材奖。面对国家和社会给予的各种荣誉，心里忐忑不安，只有更加勤奋工作，才能不辜负社会和学校的信任，才能使自己心安。

“文化大革命”期间，中国人民大学遭到停办，我被调离学校多年，先是参加编辑《新华辞典》词条中的哲学部分，以后又到北京市委的写作组撰写文章，人民大学的伦理学学科建设也完全停顿。中国人民大学复校后，我即要求回到人民大学，希望能尽快继续从事伦理学的教学和学科建设工作。原来教研室的同志已所剩无几，我先后请许启贤、姜法增回到教研室，请马博宣、宋希仁参加教研室的工作，中国人民大学伦理学教研室又恢复了生机。在大家的共同努力下，短短5年多的时间，中国人民大学伦理学教研室就建立了博士生、硕士生和本科生三级伦理学专门人才培养体系。同时，为适应现实需要，还开办了几期伦理学学习班，伦理学硕士研究生班，接受和培养外来的访问学者，缓解了20世纪70年代末我国专门从事伦理学教学和研究的人才奇缺的状况。2001年，建立了教育部设在人民大学的伦理学与道德建设研究中心（基地）。现在，人大伦理学专业的毕业生已经在全国高校、新闻媒体、机关单位等社会各界发挥着骨干作用。鉴于此，中国人民大学的伦理学学科被国家教育部评为重点学科。

回顾多年来在学术道路上的坎坷经历，面对无数陌生的青年在来信中提出的各种思想问题和专业问题，我只想对还在困惑中徘徊的学子们说："等待拓荒者的，激流险滩永远多于鲜花和掌声。我们应该时刻准备着别人超越我们，我们也应该时刻准备着自己超越自己。"

（九）第二部《罗国杰自选集》

在人民大学评定了一批一级岗位的教授（荣誉教授）之后，又决定由人民大学出版社出版一套"中国人民大学荣誉教授自选集"（后正式定名为"中国人民大学名家文丛"），让每位荣誉教授选出一部自选集，就是在这样的背景下，我又出了第二部《罗国杰自选集》。

与学习出版社所出的《罗国杰自选集》相比，这部书虽然采用了同样的书名，但内容却有许多不同的地方。一是这两部《罗国杰自选集》出版的时间不同，因而它们所涵盖的内容也大有不同，前一部《罗国杰自选集》只有30多万字，而后一部《罗国杰自选集》字数已经增加到近50万。这就是说，后一部《罗国杰自选集》收入了前一部中所没有的许多新的东西。二是前一部《罗国杰自选集》还没有能够按照严格的逻辑体系和理论思考来编辑，而后一部《罗国杰自选集》则更加明确地体现了我研究伦理学的思路。

第二部《罗国杰自选集》主要是我的博士生兼学术助手姚郁卉完成的。我为这部《罗国杰自选集》撰写了一个"序言"：

呈现在读者面前的这本《自选集》，主要是在《罗国杰自选集》（学习出版社，2003）的基础上，又从《罗国杰文集》、《以德治国与公民道德建设》这两本书中选出一部分文章，同时又增加了一些2003年以来本人应各个报纸、杂志的约稿而写但又没有被收入这三本书的学术文章。根据出版社的要求，这本《自选集》所选的文章要具有代表性并且在目前仍有较大的学术价值。对于我来说，这个标准是太高了。收入本书的这些文章，应当说，距离这个标准还有很大的差距。但是，考虑到这些文章都是40年来作者在从事伦理学教学和研究中，结合我国社会主义精神文明建设，特别是道德建设的重大问题所进行的反思、建议和概括，它同40年来我国伦理学学科的发展有着密切的联系。阅读这些文章，如果能为繁荣伦理学的学术研究、加强社会主义精神文明建设、提高公民的道德素养提供一点有益的理论思考和实践启迪，本人就倍感欣慰了。

（十）完成特别委托项目“建设社会主义思想道德体系”

2000年开始，中央提出，要建立与社会主义市场经济相适应、与社会主义法律规范相协调、与中华民族传统美德相承接的社会主义思想道德体系，以加强社会主义精神文明建设，提高广大人民群众的思想道德水平。为此，国家社会科学规划办办公室的同志，根据领导的意见，特地到林园4楼24号拜访我，提出有这样一个委托项目，希望我能接受。这个项目的名称就是“建设与社会主义市场经济相适应的社会主义思想道德体系”，总的经费为20万。设立这个项目的目的，主要是为中央领导同志提供有关建立社会主义思想道德体系的参考意见，包括社会主义思想道德体系的内容、要求，包括如何与社会主义市场经济相适应，如何与社会主义法律规范相协调、如何与中华民族传统美德相承接等。它的成果不要求撰写大部头的专著，而是要求撰写每篇大约5 000字的报告，整个项目，大约需要提供10个子报告（每个5 000字）和一个总报告（约10 000字）。经过仔细考虑，我接受了这个委托项目，并争取能尽量达到这个项目所提出的要求。

当时，我对全国精神文明建设的形势有一些自己的看法，我认为有许多问题值得我们好好研究和解决。建立社会主义思想道德体系的问题虽然提出来了，但如何才能尽快地完成这一极其重要而又艰巨的任务，是一个很重要的问题。我认为，这个问题之所以成为一个问题，一个很重要的原因就是，精神文明建设特别是道德建设缺少一个全国性的、有权威的、对当前道德的现实能透彻把握的机构。我甚至想直接向中央建议，在全国人大常委会或党中央下建立一个道德体系建设委员会，以统筹领导全国的道德建设。

我产生这个想法，主要是由道德建设的现实状况引发的。道德建设与法制建设相比，之所以落后和没有显著的成效，其主要原因之一就是，它没有一个像人大常委会的法律委员会那样的委员会。因此，道德建设在改革开放以来，只是领导讲的多，而实际贯彻的却相对较少。而我们党的宣传部门，由于没有掌握提升与任免干部的权力，也就无法监督各级干部对道德建设执行的情况。据我个人的亲身感受，在我参与起草《公民道德建设实施纲要》的三年多的时间里，起草工作只是由中宣部的宣教局负责组织领导，整个工作同上级领导的联系显得不够紧密。

所以，我承担了这个项目，希望通过这个项目，可以把我们对道德建设的意见尽量反映给中央领导。在这个项目的第一个子报告中，我们就提出希望建立全国性的道德建设机构，以加强对道德建设的领导。据说，这个子报告还得到了丁关根的肯定，至于是怎么肯定的，始终没有告诉我们。

我因为身体状况和杂事太多，这个项目的主要工作是由夏伟东负责的。夏伟东花了相当的精力，组织了万俊人、章海山等人参与，夏伟东自己也撰写了相当多的子报告。当时，《公民道德建设实施纲要》（以下简称《纲要》）由中央印发，因此，结合《纲要》的贯彻，我们完成了一些可供中央领导参考的子报告。后来，由于种种原因，少数预定的子报告和总报告未及时完成，只好请求延期。这个项目是国家的重大委托项目，是早就应该按期完成的。但是，由于各种原因，这个项目只完成了一半，迟迟未能结项。

2006 年暑期过后，国家社科规划办催促这个项目，我个人也觉得实在不应当再拖延下去，当时夏伟东已经到《求是》任副总编辑，他繁忙的工作重担使他实在无法继续做好剩下的工作，未完成的工作只有由我来完成了。2007 年，虽然我刚刚进行了大的脑溢血手术，而且心悸、胸闷的现象也比较严重，但是我仍然坚持抱病来做这个项目。我用了几个月的时间，组织了杜邦云、王淑芹、田文莉和姚郁卉共同把这个项目完成，并上报到社科规划办结项。现在社会上和中央领导人的讲话和中央文件中，已经很少再提建设社会主义思想道德体系的问题，因此，我认为，这个项目的成果及其出版，必将对推动我国的道德建设和改善我国的道德风尚与社会风气发生一定的作用。这个委托项目的结项，对我来说，算是完成了一项应当做的工作，内心感到了一种安慰。

承担这个项目的初期，项目的成果曾经得到当时中央主管宣传工作的领导的肯定，并认为是当时社会科学规划项目中完成得比较好的课题。这个项目的10多个子报告是由夏伟东、万俊人、李萍、杜邦云、王淑芹等同志完成的，最后的总报告是由杜邦云协助我写成的。总的说来，这个项目说明了道德建设的重要，贯彻了“依法治国”与“以德治国”相结合的思想，是我们对社会主义市场经济条件下建设社会主义思想道德体系的一个总的思考。现在将这个项目的“成果简介”记载在下面：

项目最终成果简介

一、该项目研究的目的和意义

随着改革开放的深入发展和社会主义市场经济体制的逐步建立，与社会主义市场经济相适应的思想道德观念如竞争意识、效率意识等，也逐步深入人心。但是，由于市场自身的弱点和改革开放过程中消极因素的影响，在社会道德特别是市场经济道德方面还存在不少问题。一些领域和地方是非、善恶、美丑界限混淆，拜金主义、享乐主义和极端个人主义盛行，有些生活领域，制假贩假、不讲信用、欺诈行骗等现象不断发生。这些消极现象腐蚀人们的灵魂，污染社会风气，阻碍了社会主义市场经济的健康发展。这就要求我们紧密结合人们的思想实际，有的放矢，建立和发展新的、与社会主义市场经济相适应的社会主义思想道德体系，这也正是本课题研究的目的。

建设与社会主义市场经济相适应的社会主义思想道德体系是提高全民族素质的一项基础性工程，也是道德建设的一个伟大任务。它对弘扬民族精神和时代精神，形成良好的道德风尚，保障市场经济的社会主义方向，保证市场经济的健康运行，促进社会协调发展，全面推进建设中国特色的社会主义伟大事业，都具有十分重要的意义。

二、研究成果的主要内容和重要观点或对策建议

“建设与社会主义市场经济相适应的社会主义思想道德体系”这一课题，主要根据我国经济、政治和文化生活所发生的新变化、新情况和新问题，展开创造性的分析和研究，提出建设与社会主义市场经济相适应的社会主义思想道德体系的有关方面的专题报告。研究分3个阶段进行，最终研究成果包括18个子报告和1个总报告。

第一阶段，为深入领会党中央提出的“法治”和“德治”相结合的思想以及“以德治国”的治国方略，课题组完成了两个子报告：“德治”和“法治”应当相辅相成；关于“以德治国”的理论思考。这两个子报告论述了中国古代的“德治”思想、当代“德治”的含义、如何实行“德治”和“法治”的相互结合、“以德治国”的现实意义等，并提出了评估干部道德素质、在各级人大常委会设立专门的道德委员会等的对策和建议。

第二阶段，为贯彻落实《公民道德建设实施纲要》，课题组完成了13个子报告。这些子报告又可分为5类。

第一类，关于中国传统道德与中国革命道德。子报告“中国传统道德规范的发生与演变”详细阐述了从尧舜时期到中华民国时期，“仁”、“义”、“礼”、“智”、“信”、“忠”、“孝”、“廉”、“耻”、“勇”等中国传统道德规范的演变线索及其现实启示。子报告“中国革命传统道德规范体系及基本要求概论”论述了五四运动以来，以中国共产党人为代表的仁人志士所创造并身体力行的坚持社会主义与共产主义的理想信念、为人民服务、集体主义、爱国主义、热爱科学、热爱劳动、革命英雄主义、革命人道主义以及建立新型职业道德、社会公德和家庭美德等革命道德规范及基本要求。全面了解和正确认识中国传统道德与中国革命道德是我们建设与社会主义市场经济相适应的社会主义思想道德体系的基础和起点。

第二类，关于西方伦理思想。子报告“西方伦理思想的演变和主要特点”论述了古希腊罗马奴隶制社会、中世纪封建社会和资本主义社会伦理思想的演变历程和特点，分析了资本主义条件下的伦理思想

体系在实践中和在理论上解决的主要问题。子报告“西方‘现代性’道德价值观念体系之建立”论述了西方“现代性”道德价值观念形成和发展的历程、文化特征、可鉴之处、经验教训等。对于西方伦理思想，一方面，我们要借鉴其合理之处，另一方面，又要剖析其腐朽成分，防止它成为西方敌对势力分化我们的思想工具。

第三类，经济领域的道德规范体系研究。社会主义市场经济的发展，需要我们在经济领域建立与之相适应的道德规范体系。该报告阐述了道德在完善社会主义市场经济运行机制中的作用：完善生产与动力机制；完善经营与竞争机制；完善分配与消费机制；完善资源配置与经济可持续发展机制等。该报告还论述了与社会主义市场经济相适应的若干道德规范：义利统一的社会主义经济道德观；重视效率，维护公平；质量第一，消费者至上；诚实劳动，合法致富；诚实守信；以人为本，保障劳动者的正当权益；反对不正当竞争；反对奢侈浪费，提倡文明健康的消费观；保护生态与树立可持续发展观等。

第四类，两个重要的调研报告。第一个，道德规范体系内化机制研究。道德要发挥作用，需要转化为个人内心的道德信念，即道德内化。本报告在调研的基础上分析了道德内化的特点、主体心理因素以及道德内化机制的基本方面，并提出了要切实重视学校道德教育、网络道德教育，加强社会媒体管理的决策建议。第二个，关于价值观问题的调研报告。本课题组成员就价值观的若干问题，先后在上海、南京和北京进行了调研。调研结果表明，真正产生重大分歧的，不是对价值观定义的表述，而是对价值观内涵的认识和界定。报告阐释了正确认识和界定价值和价值观的方法，分析了当前价值观的状况，论述了研究价值观需要把握的原则、社会主义初级阶段价值观的层次性以及我们应该提倡什么样的价值观等。

第五类，对公民基本道德规范的理解。这几个子报告系统、深入地论述了爱国守法、明礼诚信、团结友善、勤俭自强、敬业奉献五种基本道德规范的基本特征、深刻内涵、相互关系、重要地位、现实意义以及与中国传统道德和中国革命道德的渊源等。对公民基本道德规范的研究，可以为贯彻《公民道德建设实施纲要》提供理论支持，也有助于社会主义思想道德体系的建立和完善。

第三阶段，为了建设与市场经济相适应的社会主义思想道德体系，作为重点和创新点，完成了3个子报告。第一个，社会主义思想道德体系要与社会主义法律规范相协调。该报告论述了在立法、执法、施法、法律评价和完善四个阶段，道德如何指引、参与、支持和完善法律，道德如何与法律相协调，以及在认识、协调方面应该注意哪些问题等。该报告还提出了如何协调道德与法律的关系等一系列建议。第二个，社会主义思想道德体系要与中华民族传统美德相承接。该报告论述了在建设社会主义思想道德体系过程中承接中华民族传统美德的重要性和必要性，归纳了作为中国优良传统道德和中国革命道德的传统美德的重要内容，探讨了如何承接的问题以及承接中应该遵循的原则。第三个，建立社会主义思想道德体系要积极吸收人类优秀道德文化成果。该报告论述了在经济全球化条件下，处理好民族道德文化和世界道德文化的关系的重要性以及对待其他民族道德文化的态度、原则、方法，提出了政府要出台相应的文化政策、建立相应的监督机制等建议。

在子报告的基础上，我们结合当前和谐社会构建中如何加强道德建设的实际，形成了具有总结性、纲领性作用的“建立和发展与社会主义市场经济相适应的社会主义思想道德体系”的总报告。总报告阐述了社会主义思想道德体系建设的重要性和必要性、指导思想和方针原则、思想道德建设的核心和原则，探讨了公平和效率的关系、社会主义道德的层次性，强调了社会主义思想道德体系要与社会主义法律规范相协调、与中华民族传统美德相承接，要积极吸收人类优秀的文化成果的问题。

三、成果的学术价值、应用价值以及社会影响和效益

该项目的研究成果从学术价值来看，可以为社会主义市场经济条件下的道德建设提供调研依据和理论支撑，也有利于社会主义伦理学在新的历史条件下的进一步发展。从应用价值来看，可以为国家主管精神文明建设和思想道德建设的领导同志提供决策咨询，有助于对社会主义道德建设方面的重大问题作出正确的决策。从社会影响和效益来看，

它的实施有助于改善社会风气，构建和谐社会，建设和谐文化。

项目批准号：00@ZH012

项目名称：建设与社会主义市场经济相适应的社会主义思想道德体系

（十一）保持共产党员先进性教育个人小结

2006年，在中国共产党内开展了一次“保持共产党员先进性教育”，并要求在教育结束后，每个党员都写一个小结。许多年来，我深感党内的批评与自我批评太少，特别是党的各级领导干部很少作自我批评，这是一个值得严重注意的情况。自我批评是党组织和党员进行自我监督的最重要的环节，如果放松了这一环节，我们党就会变得越来越容易腐败。我自己利用这一时机，作了一次自我的解析。以下是我的“保持共产党员先进性教育个人小结”的全文：

保持共产党员先进性教育，是关系到中国共产党的执政地位和中国能否坚持走社会主义道路的重要问题。我们党从成立到今天，已经80多年了，在这80多年中，党经历了无数次的考验和锻炼，终于领导中国人民推翻了三座大山，建立了中华人民共和国，目前正在为实现振兴中华、实现小康社会、为开创社会主义现代化的新局面而努力奋斗。

当前，发展经济、提高人民生活水平的任务还很重，要做的还很多，我们党之所以要进行保持共产党员先进性教育，应当说，这是非常有针对性的。在建立社会主义市场经济的条件下，我国的经济实力极大增强，人民生活水平迅速提高，但个人利益不断凸显，相互之间的竞争日趋激烈，急功近利的思想成为一些人的价值观，享乐主义、拜金主义和极端个人主义的思想也不断发展，这些腐朽的思想也侵蚀着我们一些共产党员的思想。作为执政党，如何保持自身的先进性，如何抵御和防止各种腐朽思想的侵蚀，就成为当前党的建设上一个十分突出的问题。

从全国来看，党外有各民主党派的监督，从党内来看，有各级纪律检查委员会的监督，就社会来说，还有广大人民群众的监督，这些对于广大共产党员来说，都有一定的监督作用。但这一切，还是远远不够的，要保持共产党员的先进性，保持共产党员思想上的纯洁，一个重要的方面，就是共产党员要有自身的觉悟，要加强自身的党性修养。

联系到自己，在保持共产党员先进性教育的活动中，应当怎样来要求自己呢？

从1949年入党以来，已经55年多了，现在已78岁，进入老年了，已成为一名离休的教师了。但是，自己仍然担负着比较繁重的教学和科学研究的任务，除带4名博士生、1名博士后流动站人员外，还承担着几项教育部和国家社科的重大项目。这也就是说，本来已经到了退居二线的时期，可是还必须要继续把这些艰巨的任务尽力完成。

在这种情况下，思想上就常常出现矛盾，一方面，任务需要自己去完成；另一方面，体力和精力都有些不支，常常为背上这些任务而着急。自从离休以后，到现在已经一年多了，这种矛盾的心情，可以说有增无减，在身体不好的情况下，往往会放松对自己的要求，听之任之。自己常常这样来安慰自己，年纪老了，已经离休了，自己对教研室、对基地，甚至对中国伦理学的发展，已经没有那么多的责任了，已经没有必要再为这些事操心了，等等。也正是在年纪逐渐增长和离休的过程中，放松了一个共产党员对自己的要求。

离休了，从一定的意义上，可以说是离开了原来的工作岗位，离开了原来长期从事的伦理学专业，从一个在职、在岗的教师，一个享受年5万元津贴的教授，转变成为一个不在岗的离休人员，一个不再享受教授津贴的、靠离退休金生活的教师，一个不再属于编制内的教师。特别是从在岗到不在岗的转变，地位的转化、岗位的变动、津贴的取消以及种种由此而来的变化，都不可避免地在思想上留下了一些暂时的遗憾，从某种意义上说，还有着心态上的不适应和不平衡。

这种心态上的不适应和不平衡，反映了个人思想上的患得患失，也说明了在党性修养上还需要锻炼和加强。对自己来说，当时，还担负着几个重大的国家项目，担任着教育部社会科学委员会的副主任等兼职，一下子离休了，总觉得正在进行的项目和任职要受到影响，心态上觉得不适。

孔子说："君子有三戒：少之时，血气未定，戒之在色；及其壮也，血气方刚，戒之在斗；及其老也，血气既衰，戒之在得。"为什么老年人要"戒之在得"呢？仔细分析，其中包含非常深刻的意义，这是一般青年人所难以体会的。人到了老年以后，精力既然一天不如一天了，就必然要从原来的岗位上退下来，不但原来所得的东西不能再得到了，而且，早年已经得到的东西也必然要随着丢掉。原来的职务和工作，要由新的人来担任；原来的地位和享受，也要转交给别人；原来的许许多多的荣誉和称号，也将转移和消失。因此，老年人不应当再多想要得到东西，而是对已经得到的东西，要毅然决然地放弃，要主动地抛弃过去所得的东西，自觉地摆脱得和失的干扰，要"以得为时，以失为顺"，真正达到"安时而处顺，哀乐不能入"的修养境界。

经过一段思想上的自我分析和自我批评，自己从思想上愉快地接受了这离休的现实，开始了新的生活。一方面，继续做好目前教研室和基地需要我做的工作；另一方面，逐步改变自己的计划，重新考虑今后的安排。一年多来，应做的工作，没有耽误，心情和身体都比较愉快。

作为一个入党多年的共产党员，我感受很深的一点就是，我们党这些年来，对批评与自我批评的武器，重视不如以前了，这对党的健康发展是有害的。现在，一些党员，为了获得政绩，为了追求个人的名利，总是把自我表扬随时记在心中、挂在嘴上，而对自己的缺点和错误，则往往加以回避。毛泽东同志说，有无认真的批评和自我批评，是我们党区别于其他政党的显著标志之一，而丢掉了"认真的批评与自我批评"，就等于丢掉了共产党员的先进性。因此，我认为，在共产党员先进性教育活动中，应当拿起这个武器，首先对自己的缺点进行反省。

回顾新中国成立初期，我在上海虹口区委和上海市委工作的7年，批评和自我批评在党的小组生活中发挥着重要的作用，几乎每次党的小组会，大家都要根据工作中的问题进行思想上的检查和反省，总是要进行必要的批评和自我批评，如果哪次会议上，对自己的缺点没有进行自我批评，就觉得对自己放松了要求。每次党的小组会都能结合每个人自身的问题进行有针对性的批评，这对增强个人的党性修养很有好处。出身于小资产阶级的知识分子，总是有着不同程度的个人英雄主义，在许多事情上，总是或多或少地产生一些个人利益同集体利益相矛盾的情况，经过多次的批评与自我批评，并在党组织的帮助下，就能够及时得到改正。从个人的思想发展来看，我感觉到，在这 7 年的时间内，思想的进步也最大，理想、信念和价值观、人生观的进步也最显著。

现在，我和静贤都已进入老年，在很好度过晚年的岁月中，仍要注意保持共产党员的先进性，要按照一个离休的老共产党员的要求，继续在伦理学的教学和科研上，尽自己的努力，完成力所能及的工作。

（十二）完成国家社科规划项目“中国伦理思想史”

2008 年年初，经过多年的坚持不懈，由我主编的《中国伦理思想史》一书，终于在我的“耄耋之年”由中国人民大学出版社出版了。这本书，从编写到出版整整有 20 个年头。

这本书原是 20 世纪 80 年代由我承担的一个国家社科规划项目，本应早日完成。但是，自 1983 年我担任中国人民大学哲学系的系主任特别是 1985 年我担任中国人民大学副校长以后，由于行政工作繁多，我只能断断续续地利用有限的时间来从事这一国家项目的撰写。还要指出的是，在这 20 年的时间中，我又受国家教委的委托，担任了《思想道德修养》教材的主编，并且前后 4 次再版，花去了大量的时间和精力，以至这本早应面世的《中国伦理思想史》一直未能出版。在此期间，参与编写的不少同志都曾多次向我表示，希望我能早日将此书出版，但我未能如期完成这部书的审稿工作，自己感到非常遗憾。因此，2005 年离休以后，我首先想到的就是尽自己最大的努力，让这本凝聚着许多同志心血的书稿早日问世。

这是一部大部头的书籍，原稿有150多万字，最后定稿的字数仍有140万，其工作量之大，可想而知。我的博士生赵清文同志，不辞劳苦，对此书进行了多次的校对、删节和补充。我在病中又审阅了全部书稿，人民大学出版社的杨宗元同志也给予了许多帮助，终于使这本前后写了20年的稿子得以出版，这不能不说是一件很幸运的事。

我自幼对中国传统道德和传统伦理思想就有着特殊的爱好。在同济大学读书时，就特别爱读翦伯赞的《中国先秦史大纲》，对中国历史上一些著名的思想家、政治家、道德家等的生平和传记，总是牢记在心，作为自己学习的榜样，同时也喜欢阅读一些关于中国古代历史的通俗的小册子。

1956年进入中国人民大学后，特别是从事伦理学的教学工作后，对我来说，是获得了一个认真学习中国伦理思想的好机会。就是在“文化大革命”时期，我参加了当时北京市委的大批判写作组，在那个“批林批孔”的长达两年的时间中，我虽然奉命撰写批判孔丘的文章，但实际上，我的的确确对《论语》、《史记》、《左传》中有关孔子的事迹、生平和思想，作了十分深入的研究。这是我系统学习中国伦理思想的一个重要时期。

1985—1990年，大约有5年之久，这个时期，主要是因为承担了主编《中国伦理思想史》的任务，工作和业余的大部分时间都用来学习中国古代先秦两汉的哲学家、伦理学家的著作。这一段的学习，使我进一步地认识、了解和领悟了中国古代这些思想家深邃的伦理学思想，使我得出了一个自己的结论，这就是，中国古代哲学家都有着极其丰富的伦理思想，对伦理学都有着特殊的兴趣和爱好，而中国古代伦理学家也都非常善于哲学思考，即便讨论许多“形而下”的伦理道德问题，他们也都没有停止在这些所谓“形而下”的具体问题上，而是极力从本体论上探讨这些问题的根源性问题。这种现象，可以说是中国哲学的特点，也可以说是中国哲学和伦理学同西方哲学和伦理学的一个重要区别。

1993—1996年，这近3年的时间，我又有了一个学习中国传统伦理思想的好机会。这段时间，由于我接受了编写《中国传统道德》的任务，不得不放弃手头应做的许多重要任务，包括所承担的国家社科项目，集中主要力量，吸纳了几乎全国从事中国伦理思想史和传统道德的同志，集中在中国人民大学，集思广益，共同撰写了五卷本的《中国传统道德》。如果说，80年代我对中国传统伦理思想学习的重点，主要是先秦和两汉伦理思想家的伦理思想，那么90年代我对中国传统伦理思想的学习，则主要着重于中国传统道德规范以及如何继承和弘扬中国的优良道德传统。这后一阶段的学习，使我对坚持正确的思想导向，全面地观察、把握和运用这些思想，科学地、有分析地、正确地认识、理解和把握这些思想，为更好地建设我国社会主义道德建设和社会主义精神文明建设贡献自己的力量，有了更迫切的要求。

对中国传统伦理思想的研究、认识和升华，就我自己的体验来说，大体上可以分为逐步上升的四个阶段。

第一阶段是为了构建国家项目《中国伦理思想史》一书的体系框架，我广泛地阅读了从先秦到明清的中国哲学思想和伦理思想，对中国古代的儒、墨、道、法的思想有了初步的认识。在这一阶段，最大的收获就是了解了中国传统伦理思想的极其丰富的内涵，使我对中国传统伦理思想产生了极大的兴趣。

为了撰写此书的先秦、两汉部分，我比较深入地阅读了大量的孔子、老子、墨子、孟子、庄子、子思等人的著作。对中国古代思想家的这些著作，在初期，还只能说是从字面上了解它们的内容，也只能说是一知半解，对许多思想家的伦理思想中所蕴含的深奥意义，既没有从人生意义和价值蕴含的层次来认识，更缺少哲学的形而上的领悟；就是对一些形而下的、经验的认识，也都缺少自身的体验。因此，也可以说，对中国传统伦理思想的深奥的理论和玄妙的体验，是在以后的学习中逐步体会的。这个体会和领悟在以后的几十年间一步一步地加深。到2008年，我已经走过了80年的人生路程，对许多问题似乎有了一些悟性。希望今后能在继续学习中不断得到提高，以求能在不间断的学习中升华自己的人生境界。

在第一阶段，我对儒、墨的思想，特别是孔子、墨子、孟子、荀子的思想，接受较多，感受到其中积极的人生态度和重视道德的思想，这些思想对一个人的成长和正确道德观的形成可以给予一定的引导，应当加以继承和发扬。对于孔子的“爱人”思想，尤其是他的“己所不欲，勿施于人”、“己欲立而立人，己欲达而达人”、“恭、宽、信、敏、惠。恭则不侮，宽则得众，信则人任焉，敏则有功，惠则足以使人”、“克己复礼为仁”以及“非礼勿视，非礼勿听，非礼勿言，非礼勿动”和“我不欲人之加诸我也，吾亦欲无加诸人”等思想有着比较深的感悟。尽管这些思想不可避免地打着时代的等级制度的烙印，但是，不可否认，其中的确有一种超越时代的、普遍的、永恒的价值。特别是孔子的“能近取譬，可谓仁之方也已”，使我进一步领悟到其中的“方法论的重要意义”，也就是说，设身处地，以自己作比喻来考虑如何对待他人，这应当成为我们待人的根本方法，是实现一个人人生价值的根本方法。

此外，对墨子的“兼爱”思想，我也有了深刻的理解。墨子有针对性地批评了孔子过分重视“爱亲”所造成的社会不和谐的弊端，他认为，人们并非完全不懂得“爱”的重要，但是人们只知道爱自己的亲人、爱自己的家庭、爱自己的国家，而不知道爱别人及别人的家庭和国家，也就是不知道“兼相爱”，这才造成了彼此的兼并和争夺。墨子认为，只要人和人之间能够“兼相爱”，人间的一切争夺也就都解决了。也可以说，在这一阶段，我是一个儒墨思想的崇拜者。

后来，我学习中国传统伦理思想的过程逐步进入了第二阶段。在这一阶段，我觉得宋明理学家的思想及其所追求的理想境界使自己深受启发，他们不论在本体论上还是在伦理思想上，都更加鲜明地探讨了伦理道德中的许多新问题。在一定的意义上，宋明理学家开辟了一个伦理思想研究的新境界。

在宋明理学的思想家中，我最喜欢的是陆象山和王阳明。他们继承并发挥了孟子的“恻隐之心”思想，在伦理研究上独树一帜，抓住了伦理思想的核心和最为根本的问题。在陆象山和王阳明看来，“心”的作用是至高无上和神圣无比的，他们关于“本心”、“良知”和“先立乎其大”的富有独创性的道德理论，对我的道德修养理论也有重要的影响。“心”、“本心”，也就是伦理道德中的“良心”。而这个“心”和“本心”，正是一个人的道德教育、道德修养、道德人格和道德境界的最核心的因素。

陆象山和王阳明的这一思想，不但不能为当时的另一些理学家所理解，而且更受到新中国成立后的一些马克思主义学者的批评。他们不能认识陆象山和王阳明所说的“心”的实质，就对这一重视“心”的思想加以批评。王阳明“知行合一”的原本旨意是提倡伦理思想和道德行为之间的一致，反对道德理论脱离个人行为。而一些学者却说“知，是一个认识的问题；行，是一个实践的问题”，提出“知行合一”就是“混淆了认识和实践的关系”等。当然，不可否认，当陆象山和王阳明谈到“本体论”的时候，他们的基本观点是唯心主义的，但是在道德领域，他们的“心”和“本心”却往往是指人们的“良心”，而对“良心”的理解，是绝对不能简单地把它看作唯心主义的。为此，我专门撰写了《陆象山伦理思想新探》和《王阳明伦理思想新探》，明确地纠正学术界的这一错误看法。

此外，理学家程明道对境界的新体验，尽管它只能是儒家理想主义的希望，但对我仍有很大的启迪作用。程明道的著名诗句：“年来无事不从容，睡觉东窗日已红。万物静观皆自得，四时佳兴与人同。道通天地有形外，思入风云变态中。富贵不淫贫贱乐，男儿到此自豪雄”，更成为宋明以后儒家的至理名言。

到了中年以后，也可以说是进入了学习中国传统伦理思想的第三阶段。在这段时间里，我对老子的“无为而治”、“无为而无不为”和他反复论述的善恶、美丑、上下、祸福、有无、得失、成败等相互转化的思想，有了前所未有的体会和新的领悟。

老子的“自卑”、“自贱”、“自下”等思想，不但是一种哲学理论，更是在社会生活中处身理世的一种自我保护和自我发展的人生态度。在人和人的关系中，老子认为，最重要的就是要“柔弱”、“曲枉”、“不争”、“无私”，要能够“知其白，守其黑”、“知其荣，守其辱”，宁愿经常处于卑贱曲柔的地位，以便保持自己的“常德”。老子把这种柔弱不争的处事态度，比作江海和流水。他认为，为人处世，只要具有水的性能，就算有最高尚的品德了。他说：“上善若水。水善利万物而不争，处众人之所恶，故几于道。居善地，心善渊，与善仁，言善信，正善治，事善能，动善时。夫唯不争，故无尤。”“天下莫柔弱于水，而攻坚强者莫之能胜，其无以易之。”“江海所以能为百谷王者，以其善下之，故能为百谷王。”《庄子·天下》说老子的哲学是守“雌”、守“辱”，所取的是“虚”、是“后”，《吕氏春秋·不二篇》说“老聃贵柔”，《荀子·天论》说“老子有见于诎，无见于信”，这些都是说，老子的处世哲学就是消极退让，强调柔和。

关于“名”与“身”的关系，老子说：“名与身孰亲？身与货孰多？得与失孰病？是故甚爱必大费，多藏必厚亡。知足不辱，知止不殆，可以长久。”这句话，应当说，确实包含了深刻的辩证法和部分真理，作为一种人生哲学，是对人生发展的一种经验总结。

在这一阶段，我对庄子的“超脱名利”、“听其自然”、“随遇而安”和“抛弃得失”的思想，也有了新的体认。人生的目的是什么？什么样的生活是最有意义的生活？庄子针对当时社会中很多人追求名利、孜孜为私的现象，提出人生最有意义的生活就是看穿一切功名利禄，看穿生死，使自己过一种无求、无私、无知、无欲的生活，过一种不受任何限制、精神上绝对自由的生活。如庄子的“得者，时也；失者，顺也；安时而处顺，哀乐不能入也”的思想，对于日常生活中的得失，提出了一种“自然而然”的对待方式，有利于人们在“得到”和“失去”时达到一种“心理平衡”和“精神胜利”。对庄子“至人之用心若镜，不将不迎，应而不藏，故能胜物而不伤”等思想的认识，也进到了一个新的境界。

到了老年，可以说进入了学习中国传统伦理思想的第四个阶段。这个阶段的主要特点就是，在研究中国传统伦理思想中，对佛家思想有了较大的兴趣；同时，力求融会贯通中国古代所有思想家的伦理思想，分析其中的局限性，抛弃其中的糟粕，承继其中的精华，结合社会主义当前时代的需要，加以吸收、转化，使之为我所用。

这本《中国伦理思想史》，从最初准备编写到最后统稿、定稿和出版发行，整整 20 年。在这 20 年的时间内，在不断学习和探索的过程中，我对中国传统伦理思想有了较深入的理解。我已经从第一阶段的“崇儒墨”、第二阶段的“重理学”和第三阶段的“尚道家”的局限中完全摆脱出来，对待中国古代的儒、墨、道、法的思想，既能看到它们所具有的重要意义，也能认识到其中的不足和局限。

儒家思想中的等级观念和尊尊卑卑的思想，墨家兼爱思想的空想成分，道家思想中的消极遁世思想，法家思想中的重法制思想，都应当加以咀嚼和消化，然后再予以吸收和转化。正像毛泽东同志所说的：

中国的长期封建社会中，创造了灿烂的古代文化。清理古代文化的发展过程，剔除其封建性的糟粕，吸收其民主性的精华，是发展民族新文化提高民族自信心的必要条件；但是决不能无批评地兼收并蓄。必须将古代封建统治阶级的一切腐朽的东西和古代优秀的人民文化即多少带有民主性和革命性的东西区别开来。中国现时的新政治新经济是从古代的旧政治旧经济发展而来的，中国现时的新文化也是从古代的旧文化发展而来，因此，我们必须尊重自己的历史，决不能割断历史。但是这种尊重，是给历史以一定的科学的地位，是尊重历史的辩证法的发展，而不是颂古非今，不是赞扬任何封建的毒素。对于人民群众和青年学生，主要地不是要引导他们向后看，而是要引导他们向前看。

经过20年的对中国传统伦理思想的学习，我才对毛泽东同志的这段话有了真正的领会和认识。我们重视和加强社会主义新伦理道德的建设，在当前社会是极为必要的，那种只重视法治而忽视德治的片面性的思想倾向，是必须加以克服和改善的。我们必须尊重自己的历史，要把那些含有人民性和民主性的精华好好地发掘出来，为今天所用；同时，我们也绝不能颂古非今，绝不能有意无意地赞扬任何封建毒素，绝不能引导人们向后看，而是要化古转新，引导人们向着未来更加美好的社会主义新道德而奋斗。

经过20年之后，在我主持编写的《中国伦理思想史》终于出版的时候，我为这本书的出版，撰写了一个简单的“后记”：

组织编写这部《中国伦理思想史》始于20年前，它是国家社会科学“六五”规划的项目。当时已经完成了绝大部分初稿，参加这个项目的作者和有关同志为之付出了辛勤的劳动。

以马克思主义的思想观点和方法来研究中国伦理思想史，在当时还处于起步阶段，研究成果还不多见。初稿完成以后，参加编写的作者都认为应当立论严谨，希望能进一步修改提高，以达精益求精的程度。作为项目主持人的我，又因教学、科研和行政工作的繁忙而没有足够的时间在短期内完成这样一个巨大的工程，而且接二连三地被迫承担起当时更为急迫的其他任务。随着时间的流逝，学术界对中国伦理思想史的研究在不断进展，因此书稿的作者们也就在不断地丰富充实着自己的成果。

近年来，我不再担负众多的行政性、事务性工作，能够有时间和精力完成这个项目，终于将这部《中国伦理思想史》呈现于读者面前。尽管在这20多年中，本书总是在不断地修改、补充，以体现学术研究的最新成果，但它的基本框架仍然大体保留了20年前的原貌。好在它是一本论述我国伦理思想的历史的专著，作为一本学习中国伦理思想史的参考用书，还是有一定意义的。

本书以历史发展为经，在时限上上溯先秦，下迄新中国成立前期。内容涵盖中国伦理思想的发端，封建伦理思想的奠基与形成、系统化及其统治地位的确立，封建伦理思想的演变、深化与成熟，封建伦理思想的衰落以及早期启蒙主义伦理思想的兴起，资产阶级伦理思想的形成与发展，以至马克思主义伦理思想在中国的传播与发展。本书对中国伦理思想的发展线索、演变过程和理论体系等，都作了比较系统和详细的论述，据我们所知，在迄今以历史为线索研究中国伦理思想史的著作中，本书是一部涵盖时间较长、内容较为丰富的学术专著。

本书以重要著作、重要思想家和重要的理论观点为纬，全面呈现中国伦理思想史的风貌。力求用马克思主义的立场、观点和方法来分析中国伦理思想的发生、发展和历史影响，把思想家的伦理思想置于政治、社会、经济发展的背景下加以把握。力求在尽量全面掌握第一手资料的基础上，作准确深入的分析，把资料的运用同观点的分析紧密结合起来。

按照最初的分工：先秦和两汉部分由我负责执笔；魏晋南北朝部分由傅云龙负责；北宋至明代中叶部分由李书有负责；明代中叶至鸦片战争部分由唐凯麟负责；近代部分由宋惠昌负责；现代部分由王伟负责。后来李书有因其他任务繁忙，只撰写了部分初稿。因此，这一部分中的一些章节，是在李书有撰写的部分初稿的基础上，由我、焦国成和王文东修改、补充而成的。

本书现在各章的撰写人是：罗国杰（导言，第一编第二章，第二编，第三编第一章第一、四、五节和第二、三、四章，第五编第三章），焦国成（第一编第一、三章，第五编第一章第三节、第二章），李书有（第五编第一章第一、二节，第四章第一、二节），王文东（第三编第一章第二、三节，第五编第四章第三节），傅云龙（第四编），唐凯麟（第六编），宋惠昌（第七编），王伟（第八编）。

鉴于参加本书编写的作者都是在中国伦理思想史方面有较高造诣的专家学者，我在校阅和审稿时，基本保持了原作者的观点和写作风格，为了体例的大体一致，对一些章节作了文字上的修改、删节和补充。

我的两位博士生王文东和赵清文，在近两年的时间内，花了大量的时间和精力，协助我校阅此书，王文东还补写了部分章节，赵清文对部分章节作了文字上的加工，详细校对了书中的注释，充实了书中的内容，他们认真负责的精神和不辞劳苦的态度，给我留下了深刻的印象。

最后，感谢北京市社会科学出版基金对本书的出版所给予的资助，同时也感谢中国人民大学出版社的杨宗元、邹莉、郭晓明、符爱霞、田淑香同志，他们作为此书的责任编辑，为此书付出了许多辛勤劳动。

罗国杰

2007 年 11 月 26 日于海淀世纪城远大园

（十三）担任教育部社会科学委员会副主任委员

为了加强对高等学校社会科学的领导，更好地繁荣和发展社会科学，推进科研管理的科学化，教育部成立了教育部社会科学委员会。在成立这个委员会之前，它的名字是教育部社会科学咨询委员会，后来才改名为教育部社会科学委员会。在成立之初，由黄达担任主任委员，由吴树青、张岂之和我等任副主任委员。2008 年，委员会进行了新的改选，按照年龄，我的年龄已经超过 80 岁，可以不再担任此职，但按照教育部的规定，仍可以继续担任副主任的职务。2008 年，又颁发给我一个新的任命书，继续担任此副主任。

这些年来，由于我在社会科学方面参与了教育部社科司的许多工作，先后担任了教育部政治理论课领导小组的副组长、思想道德修养课的组长等。在工作方面，最多的就是参加社科司的有关教材的组织、设计和编写工作，如高等学校《思想道德修养》教材，从第一版到第四版，我为此书付出了很多的劳动和心血。

差不多有 10 年的时间，除了承担教育部社科司的工作外，我还承担了相当多的中宣部教育局和理论局的工作，如《社会主义公民道德建设实施纲要》的制定和讨论，撰写宣传读本中的相关章节等。这些活动，相当多地影响了我自己在学校内所承担的课程和所承担的全国和北京市的社会科学方面的一些项目。这些项目，后今只要有可能，我还将继续尽力把这些多年前应当完成的任务逐步完成。目前，手头上正在继续完成剩余的一些项目和自己长期以来想要撰写的一些科研项目。

（十四）对伦理学的教学、研究和探索历程的回顾

从 1956 年作为一名哲学爱好者考入中国人民大学哲学系到今天，在这半个多世纪的漫长岁月中，我关注的问题始终没有离开哲学和伦理学，从 1961 年从事伦理学教学开始，对伦理学方面的问题就特别关心。若从注意力的重点来看，大体可以分为以下五个方面。

1. 关于伦理学的基本理论

在伦理学的基本理论问题上，应在坚持马克思主义基本观点的基础上，结合中国道德实践和理论的具体情况进行研究，这是我所坚持的方法论前提。在马克思主义伦理学理论体系的探索上，我以道德现象为划分起点，并从道德现象中细分出道德活动现象、道德意识现象和道德规范现象。以此为出发点，概括出作为科学的马克思主义伦理学的三方面特点，即马克思主义伦理学是一门理论科学、规范科学、理论知识和行动准则相统一的科学。从 20 世纪 60 年代初编写的《马克思主义伦理学讲义》和《马克思主义伦理学教学大纲》，到 80 年代的《马克思主义伦理学》、《伦

理学教程》和《伦理学》，大体上反映了我对马克思主义伦理学理论体系探索的思想轨迹。尽管在理论体系的探索上花了一些功夫，但今天看来，还有一些值得商榷的地方。我希望能有机会修订现在仍被高校广泛使用的《伦理学》教材，也希望伦理学界的年轻学者提出自己的意见，以进一步发展与完善马克思主义伦理学理论体系，以更好地满足时代发展的需要。

2. 关于集体主义原则

集体主义理论是马克思主义伦理学中最基本的理论之一。鉴于这一道德原则在我国社会主义建设中的重要性，我把研究和写作的相当一部分精力，花在集体主义以及与此必然相关的个人主义问题上，围绕坚持集体主义原则的问题，发表了十余篇论文。《道德教育与价值导向》（教育科学出版社，2000）一书，较为集中地收集了有关这一问题的研究论文。近年来，一些人对社会主义的集体主义原则产生了种种困惑和疑虑，甚至有人主张用个人主义、合理利己主义或人道主义原则来代替集体主义原则。因此，如何正确对待集体主义和个人主义，就成为思想道德领域和道德原则上的一个热点问题。对社会生活中出现的种种道德现象给以理论上的回应，对人们的思想困惑进行正确的价值引导，这是一名伦理学工作者义不容辞的责任。

我认为，对集体主义的界定，应强调三个方面：集体利益高于个人利益；在集体利益高于个人利益的原则下，切实保障个人的正当利益，促进个人价值的实现；强调个人利益与集体利益的辩证统一。同时，集体主义又包括无私奉献、先公后私、顾全大局和公私兼顾这样三个层次。

当前，在新自由主义、利己主义、拜金主义、享乐主义、价值澄清等思想日益腐蚀我国人民尤其是青年人思想的情况下，我们一方面要承认我国社会所出现的价值取向多样化的现象，另一方面又必须具有分析和批判种种非马克思主义价值观的理论勇气，旗帜鲜明地坚持社会主义价值导向的一元化。

3. 关于正确对待传统道德

如何传承中华民族的传统美德，弘扬中华民族精神，是思想道德建设中一个既有理论价值又有实践意义的重大问题。因此，潜心研读卷帙浩繁的中国伦理经典，撰写中国伦理思想史方面的学术论文，始终是我几十年来不懈努力的目标。20 世纪末，我主持编写的五卷本《中国传统道德》和五卷本《中国革命道德》，就是我学习和研究中国传统道德的一次尝试。

通过几十年的学习和研究，我初步认为中国传统道德的基本内容可以概括为十个方面，即道德原则同物质利益的关系问题、道德的最高理想问题、人性问题、道德修养问题、道德品质的形成问题、道德评价问题、人生的意义或人生的价值问题、道德的必然和自由的关系问题、道德规范问题、德治和法治问题。中国传统道德的特点大体上可以概括为六个方面，即重视人伦关系、重视精神境界、重视人本主义精神、重视整体精神、重视道德修养、重视推己及人的道德思维方式。

在大力弘扬我国优良道德传统的同时，还应该大力弘扬中国共产党人、人民军队、一切先进分子和人民群众在中国新民主主义革命和社会主义革命与建设中所形成的优良革命道德传统。关于中国革命道德的主要内容，我认为可以这样概括："中国革命道德，以实现社会主义和共产主义的崇高理想为最终目的，以全心全意为人民服务为宗旨和核心，以集体主义为基本原则，高举爱国主义与国际主义相结合的旗帜，形成了无私奉献、顽强拼搏、艰苦奋斗、勤俭节约等革命精神。"我国特有的革命道德传统，在加强社会主义精神文明建设和构建社会主义和谐社会的伟大进程中，仍然可以发挥重要的精神支撑作用。

对待中国传统道德，既不应全盘否定，也不能一律肯定，历史虚无主义和历史复古主义都是不正确的态度。"正确的态度是以历史唯物主义为指导，坚持批判继承、弃糟取精、综合创新和古为今用的方针。""批判继承"是总原则，"弃糟取精"是重要要求，"综合创新"是总结出新道德，"古为今用"是主要目的，是为了更好地适应建设中国特色社会主义的需要，是为解决现实中的伦理道德问题服务的。

4. 关于建设与社会主义市场经济相适应的社会主义思想道德体系

与社会主义市场经济相适应、与社会主义法律规范相协调、与中华民族传统美德相承接的社会主义思想道德体系的建设，是我们面临的一个亟待解决的重要问题。建立和发展与社会主义市场经济相适应的思想道德体系的框架要有最高的理想，规范上要有层次性，实践上要有可操作性，同时还要研究市场经济的建立与发展给道德提出的新问题，以及在新时期，思想道德体系的指导思想、价值导向、核心和原则等。

另外，还对“以德治国”的理论问题和公民道德建设的问题进行了更为集中细致的思考，对于“以德治国”的重要意义、“法治”与“德治”的相互关系、公民道德建设的主要内容、公平与效率的关系问题等，都提出了自己的一些认识和看法。《以德治国与公民道德建设》（河南人民出版社，2003）一书所编选的文章，更为全面地体现了我近几年来对这一问题的学习与研究。

5. 关于国内和国际上伦理学的发展趋势

在当今时代，世界各国的文化交流日益发展，由于社会制度的不同和对立，各种价值观念的碰撞、交流、融合和冲突也表现得形式多样和手段各异。西方国家姿态强势，一贯认为它们的价值观是最优越的，总是设法把它们的价值观强加给别的国家。价值观问题是伦理学研究领域中的主要问题，尽管伦理学的学说、体系、原则和理论众说纷纭，但从根本上来说，只有社会主义价值观和资本主义价值观两大类。西方伦理学著作，除了少部分著作带有社会主义的倾向外，大量伦理学著作都是在宣传西方价值观的优越，把这种价值观抬高到至高无上的地位，一些政治家更是公开、明确地提出，要通过各种手段，把价值观作为一种“软实力”和“文化力”来推行，作为他们进行所谓“颜色革命”的武器，这是我们应当特别警惕的。在国内，主要是在市场经济条件下，坚持“为人民服务”和“集体主义”的价值观还是主张“个人主义”和“利己主义”的价值观？我们应当清醒地认识到，伦理学中的价值观是同社会主义和资本主义这两种根本不同的社会制度联系在一起的。

以上五个方面的问题，就是我时时关心的重大问题，也是伦理学领域的重大问题。

（十五）我的伦理思想的初步概括

仔细回想一下，我的伦理思想的形成，大约是在 1962 年编写《马克思主义伦理学讲义》和《马克思主义伦理学教学大纲》的进程中，也是在给学生讲课和撰写讲稿的过程中形成的。从我的伦理思想形成的理论根源来看，我的伦理思想大体上受三个方面的影响。

1. 我的思想来源

首先，在阅读马克思主义经典著作的时候，对马克思和恩格斯的意识形态的观念，对恩格斯关于道德的理论，对列宁阐述的共产主义和社会主义的伦理思想，都极为赞赏，认为他们所论述的一系列关于道德的深刻的真知灼见，是建立一个道德学说和道德体系最重要的依据。恩格斯在《反杜林论》说："善恶观念从一个民族到另一个民族、从一个时代到另一个时代变更得这样厉害，以致它们常常是互相直接矛盾的"（《马克思恩格斯选集》，2 版，第 3 卷，433～434 页，北京，人民出版社，1995），从人类长期发展的历史来看，"过去、现在和将来就提供了三大类（封建阶级道德、资产阶级道德、无产阶级道德）同时和并列地起作用的道德论"（同上书，434 页，括号内容系作者所加）。"那么我们由此只能得出这样的结论：人们自觉地或不自觉地，归根到底总是从他们阶级地位所依据的实际关系中——从他们进行生产和交换的经济关系中，获得自己的伦理观念"（同上）。又说："我们拒绝想把任何道德教条当作永恒的、终极的、从此不变的伦理规律强加给我们的一切无理要求，这种要求的借口是，道德世界也有凌驾于历史和民族差别之上的不变的原则。相反地，我们断定，一切以往的道德论归根到底都是当时的社会经济状况的产物。而社会直到现在是在阶级对立中运动的，所以道德始终是阶级的道德；它或者为统治阶级的统治和利益辩护，或者当被压迫阶级变得足够强大时，代表被压迫者对这个统治的反抗和他们的未来利益。没有人怀疑，在这里，在道德方面也和人类知识的所有其他部门一样，总的说是有过进步的。但是我们还没有越出阶级道德。只有在不仅消灭了阶级对立，而且在实际生活中也忘却了这种对立的社会发展阶段上，超越阶级对立和超越对这种对立的回忆、真正人的道德才成为可能。"（同上书，435 页）恩格斯的这些理论，成了我以后伦理思考的重要基础。列宁有关道德的几篇讲话，如《青年团的任务》、《伟大的创举》、《关于星期六义务劳动》等，毛泽东撰写的有关伦理道德的文章，如《为人民服务》、《纪念白求恩》、《为徐特立 60 岁生日写的贺信》、《吴玉章寿辰祝词》等，使我进一步认识到道德的历史形成过程、道德的崇高性以及道德对革命和建设事业的重要性。这些著述对我伦理思想的形成起了极其重要的指导作用。

其次，在我伦理思想形成的过程中，不容否认，中国古代丰富的伦理思想对我有着特别重要的影响。我从小就喜欢中国古代的历史，更喜欢阅读古代经典作家的名著。到了大学以后，更热衷于儒家的伦理道德思想。在相当长的时间内，我只是认为其中为人处世的许多原则很有道理，特别是其中的许多道德戒律、道德格言和道德要求，都能给人们以有益的启发。当时接触比较多的是儒家的“元典”，因而对孔子、孟子和宋明理学的思想有着更深的领悟。儒家的德性理论，儒家的“求圣”、“求贤”的人生理想和人生目的，以及儒家的“仁者爱人”、“己所不欲，勿施于人”、“为政以德”、“道之以政，齐之以刑，民免而无耻；道之以德，齐之以礼，有耻且格”和“以德治国”的思想，对我也有重要的影响。孟子的“恻隐之心”、“重义轻利”的思想，我也觉得讲出了一个社会的道德评价标准。在开始，主要是从儒家的“强调道德”和“重视修养”来理解儒家思想，后来，我逐渐认识到，儒家思想家和中国古代大多数思想家是从各个不同角度、不同方面和用不同方法来研究和阐述人类社会中的德性问题的。而儒家思想，在整个中国传统道德的所有方面都贯彻着一种“德性主义”思想。因此，儒家思想的核心和基点就是它所反复阐明和强调的“德性主义”。在进一步的研究和思考中，我对儒家的哲学思想、内容广阔的伦理原则和丰富的辩证思维，有了较深刻的把握。因此，在建立新的伦理学体系和框架时，我用马克思主义的立场、观点和方法，抛弃其中的糟粕，吸取其中的精华，使我们的伦理学能够更加具有中国特色和中国气派。

最后，西方古代和近代的伦理思想，对我伦理思想的形成也有着重要的启迪。1960 年开始从事伦理学的研究以后，我就大量学习和研究新中国成立前旧中国的伦理学教材和西方伦理思想家的著作。对我影响较大的几个思想家就是亚里士多德、费尔巴哈、康德和黑格尔等，他们的基本著作如亚里士多德的《政治学》和《尼各马可伦理学》、康德的《实践理性批判》和《道德形而上学基础》、黑格尔的《法哲学原理》、斯宾诺莎的《伦理学》等对我的影响都很大。虽然也读过一些功利主义者的著作，如边沁的《道德立法原理》、费尔巴哈的《幸福论》和密尔的《功利主义》

等，但对我影响最大的仍然是那些理性主义思想家中的德性主义者的深邃理论和崇高境界。康德的伦理思想，以其对“善良意志”的规定最具有吸引力，康德认为，人的“善良意志”是无条件的，而财富、荣誉、健康等是有条件的。“善良意志”是道德行为的动力。“善良意志”在一定的主观限制和阻碍之下表示出来就是义务。一个人自然地保持生命，不算尽了义务，而在灾祸和绝望之中仍然努力保持生命，才算尽了义务。义务必须要尊重道德规律并按照道德规律行事。道德规律存在的条件是“善良意志”，义务观念包含“善良意志”，出于义务心的行为才具有道德意义。强调达到道德规律的实现，要采取“命令”的形式，即带有责任的强制性。人除了有理性，还有经验生活的成分，不能不被外界的“幸福”所引诱而违背了义务，因而道德必须是自律的，人自己要决心行善，不为他物所引诱。道德必须以动机为准，而不顾及功利的效果。人凭意志自身颁布律令而行为，因而是自由的。认为由这样的有理性者共同按照道德规律行事所组成的社会就是目的王国。康德在他的《实践理性批判》中更进一步说明，作为有理性的人，不受外力影响而按照自己的意志办事，就必然是遵守道德规律的。一个有理性的人的道德行为必须是自律的而不是他律的，必须从义务出发，有善良动机，而从不考虑行为后果。康德提出三条道德律令：第一，个人行为的标准必须可以成为普遍规律，即一个人自己认为是有根据的，一切有理性的存在者也必须认为是有根据的；第二，人的行为必须把人当作目的，而不把人当作工具；第三，每个有理性的人的意志都是颁布普遍规律的意志。在由这样的人组成的社会，每个人按照他自己的意志和目的而行动，并又符合人的普遍道德规律，则人就有了意志自由、个性自由与个性解放。在康德之后，黑格尔的伦理思想对我也有重要影响。黑格尔明确认为：“我的整个人格、我的普遍的意志自由、伦理和宗教”，“是不可转让的”。黑格尔认为，道德是法的一种，一种具有特殊规定的内心的法，亦即自由意志的法，自由意志在内心中实现就是道德。人们只对自己有意志的和故意的行为负责。道德主体的行为不可能都是盲目的，由他的意志所引起的事件，他应该负责；他的意志必须考虑社会的后果，因此就引起了动机和效果的问题。黑格尔批判了康德的动机论，强调动机与效果的统一，他说，“人就是他的一连串的行为构成的”，“主体就等于它的一连串的行为。如果这些行为是一连串无价值的作品，那么他的意志的主观性也同样是无价值的；反之，如果他的一连串的行为是具有实体性质的，那么个人的内部意志也是具有实体性质的”。又说：“单纯的志向的桂冠，就等于从不发绿的枯叶”、“伟大人物曾志其所行，亦曾行其所志”。康德和黑格尔对人的德性的发扬，对人的理性的敬仰，对道德命令的尊崇，使我在自觉和不自觉中孕育着我的伦理学思想。

2. 我的“新德性论”思想的形成

如果说，在伦理思想发展的历史上有所谓德性论和功利论的区别与对立的话，在我仔细阅读了西方伦理思想家的著作之后，我认为，与功利论思想相比较而言，德性论思想具有对提升人的道德素质和道德人格更有意义的内容。我认为，伦理学绝不是一门纯理论的学科，而是一门强调实践的学科，在各种学科之中，伦理学是对人的道德品质和思想素质的塑造最为重要的学科。伦理学的功能，绝不在于使人们获得关于伦理学理论体系的知识和讲授伦理学的能力，而在于它的形成、教育、塑造和升华人的道德人格的力量。在这一总的要求下，我们可以说，伦理学有两个方面的任务：一是培育和决定人生目的是什么，即关涉一个人的“人生观”或者“人生意义”这一重要问题；二是实现和达到人生目的之方式和手段，即探讨和追求达到“圣人”和“贤人”境界的途径。从一定的意义上看，“圣人”和“贤人”只是“未能实现的崇高目标”，而“所以实现的途径”才是更加重要的关键。中国传统伦理思想之所以重视道德修养，是同它的德性论紧紧联系在一起的。总之一句话，我们可以说，伦理学就是一门关于人的德性形成的理论和实践的学科。从实践上看，伦理学产生的目的，最根本的就是要在生活实践中实现“人之所以为人”的要求；从理论上来说，就是要把这种现实的要求提高到理论上来，并进一步指导实践。我们对青年学生、国家公务人员和人民群众进行思想教育的所有具体学科，都只能作为辅助的学科与伦理学相联系，而伦理学则是所有思想教育学科的基础和归宿。评价一个人行为本身之价值的主要根据，不是别的，而是也只能是一个人的“有道德的动机及其所产生的有道德的效果”。为什么我们说，判断一个人行为的善与恶的主要根据，是他的“有道德的动机”及其所产生的“有道德的效果”呢？因为只有人们的社会实践和行为的过程及结果，才能从各个方面告诉我们，经过人们的社会实践检验之后，这一行为是善的或恶的。在判断人的行为的善恶时，不能像康德那样，认为“道德本身即有价值”、“只要有善良动机”而不问效果和“为道德而道德”，这当然是不全面的。我认为，一个道德行为能被称为“道德行为”，必须是不以享受某种道德权利为前提的。如果说一个人在从事道德行为的时候，就考虑着自己在实施这一道德行为后所能够得到的“道德权利”，那么就不能说这是一种真正的、纯粹的道德行为。什么是“道德权利”呢？一般来说，是指行为者在道德行为之后所应该得到的报偿，如果道德行为的本身并没有造成个人生命与财产的任何损失，那么这种行为所应该得到的“道德权利”就只应当是集体、社会和国家所给予的精神上和物质上的褒奖和鼓励，而个人则不应当有特别的要求。另外一种情况也是现实生活中常常出现的，就是在实施一个道德行为的过程中，行为者自身受到了轻重不同的伤害和损失，有的甚至因此造成身体的残废和生命的丧失。对于这种不幸事件，一方面，本人有权要求相关方面给予适当的报偿，另一方面，集体、社会、国家和各种慈善机构应当主动地、及时地给予行为者本人及其亲属必要的救助。一个援救溺水的人，如果之前就要求获得某种经济的、精神的报偿，那么即便把溺水的人从水中救出，也不能被称为一个真正有道德的人。古人云：“善欲人见，并非真善。”我们可以说：“善欲人报，并非真善。”

3. “新德性主义”的主要特点

我个人的体会和认识是，马克思主义的“新德性主义”的主要特点共有以下 6 个方面：

（1）马克思主义的新德性主义的最主要的特点就是，它具有为人类理想社会——社会主义和共产主义而献身的精神。任何社会和任何国家，任何集体和任何民族，在长期的历史发展中，都有长远的生活目的。我们主张的新德性主义以社会主义和共产主义的共同富裕为生活目的，只有为这个最高理想而不懈奋斗的品德才符合新德性主义的要求。马克思、恩格斯认为，共产主义道德在逐步消除旧道德的基础上将成为社会的主要协调力量和真正的全人类道德。社会主义和共产主义道德始终关注人的发展和完善，关注人际关系的协调与和谐，体现着真正的“人的世界和人的关系”。

社会主义和共产主义道德重视公平和正义，崇尚社会的和谐与平等。在没有压迫、没有剥削、没有强权、没有暴力的共产主义社会，共产主义道德自然成了协调社会生活的重要手段，而社会主义和共产主义事业的前进和发展，又给共产主义道德的更为完备、更加充实提供了广阔的天地。我们可以想象，在未来美好的共产主义社会，法律将逐渐软化和弱化它在解决社会矛盾中的作用，而共产主义道德将在调解人和人之间的关系和提升人的素质上发挥前所未有的作用。

（2）马克思主义的新德性主义，强调和重视社会中的每个人都应抱有崇高的道德理想，都应具有达到这种崇高道德理想的追求。新德性主义重视和提倡高尚的道德人格，并且认为，只要有坚定的信念和毅力，这种道德人格的养成就不仅是可能的，而且是必然的。在中国长期的奴隶社会和封建社会中，这种崇高的道德理想就是所谓“仁人”、“仁者”、“贤人”和“圣人”的品格，在今天，就是我们所说的“毫不利己，专门利人”的精神，就是“无私奉献”、“大公无私”的品格。一些人常常以这些要求太高、一般人难以做到为借口，否认崇高道德理想的重要，甚至把这种最高理想看成一种理想主义的狂想。这种认识近视而狭隘，是一种片面的、有害的观点。正像古人所说的，对于高尚的道德理想，既要看到它的崇高和不可能轻易达到的一面，又要看到它经过努力终究可以达到的一面。宋代著名的思想家张载说，一个人要有“为天下立心，为生民立命，为往圣继绝学，为万世开太平”的伟大而崇高的人生目标。他认为，尽管这个目标是不可能一蹴而就和轻易达到的，但我们每一个人都应当有一种“虽不能至，心向往之”的意向和渴望，都要有一种“努力攀登，永不停止，不达目的，决不放弃”的决心和信心。只有如此，我们的人生才有意义，我们的人格才能在自我修养中不断完善。

（3）马克思主义的新德性主义，具有先进的社会主义人道主义要求。它继承和扬弃了中国古代“仁者爱人”的早期人道主义思想，吸收了西方人道主义的合理内核，贯彻了社会主义核心价值体系的导向，把人民群众的福祉、自由、幸福和权利提高到新的高度，把“以人为本”作为一切思想、认识、工作和追求的唯一出发点和根本目的。从伦理思想上来看，社会主义人道主义已经成为判断一切事物是否善和恶的一个重要依据。新德性主义所主张的人道主义和旧的人道主义有着重要区别。它认为，旧的人道主义所主张的对全人类的、普遍的、永恒的爱，在现实生活中是不可能存在和实现的。“人们自觉地或不自觉地，归根到底总是从他们阶级地位所依据的实际关系中——从他们进行生产和交换的经济关系中，获得自己的伦理观念”，因此，“道德归根到底都是当时的社会经济状况的产物”，同时，我们也要看到，在人类长期的发展史中，确实存在一些最基本的、简单的“人类公共的生活规则”，这些“人类公共的生活规则”在今天的社会也是存在的。“普世伦理”从根源上说，原是西方宗教伦理的产物，它所提倡的“爱人”等思想也包含“人类公共的生活规则”的“普世”理念。但是，当前西方所说的“普世伦理”，在多数情况下，已经沦为西方推行其价值观的手段和工具，有些人甚至把西方的自由、民主，说成超阶级、超国家、超民族的“普世价值”，以此来诋毁和反对社会主义的政治制度，这是我们应当坚决反对的。

（4）马克思主义的新德性主义，在道德行为的动机和效果的关系上，主张动机和效果的辩证统一，认为功利主义的思想或者说功利论的思想，容易引导人的行为向着“追求功利”的目的，向着“追求最大利益”的方向倾斜，归根到底，是无益于人的道德素质和道德品格的塑造和形成的。道德是完善人生的一种手段，人的行为的效果应当被作为评价善恶的重要根据。但是，判断一个行为的善恶，必须把一个人的行为动机放在首位。

“只看效果，不问动机”的观点是极为有害的。如果只顾客观效果而不问动机，就不可避免地会把那些效果虽好而动机不好的“歪打正着”的行为，当作有道德的行为。例如，一些人把那些在动机上抱着自私自利、损人利己的目的而产生了所谓“好的效果”的行为，看作有道德的行为。至于为了公共利益、为了集体利益、为了国家利益而未能达到好的效果的行为，我们不应该也不能把它看作恶的行为。在社会生活中，有好的动机而未能达到好的效果的情况，是经常发生的，这种情况本身说明，事物发展往往有难以预料的情况，应当从这些抱着好的动机而未能达到好的效果的行为中总结经验，吸取教训，尽量克服和弥补已经出现的“坏的效果”，使好的动机在今后达到“好的效果”。

我们是不是对功利主义采取完全否定的态度？不。在一定意义上，我们承认功利主义的合理内容。不论做任何事情，都要求获得一定的效益，从这方面来说，我们是革命的功利主义者，我们的一切行为都是为了达到革命和建设所要求的功效。我们所要求的目的，绝不停留在人的善良动机上，而在于对国家、对社会、对民族的公共利益。在一定意义上，我们可以把对人的善恶判断和对事的成败判断区别开来，对人的判断，主要关系到意向、意图和动机，它的标准是良心和义务；而对一件事情的判断，则主要看行为的效果，它的标准是行为的效果是否达到。在研究伦理学的开始，我就是一个动机和效果的辩证统一论者，是一个倾向德性论和义务论的德性主义者。也可以说，我是一个马克思主义的新德性论者。从历史的渊源来说，自从我接受了马克思主义之后，我对道德的理解就是反对资产阶级的功利主义，而倾向德性主义的。在接触西方伦理思想之初，我对康德义务论的内容十分赞赏，我也认为康德的动机论抓住了人的道德行为的本质，掌握了善恶的关键。我执着地认为，一切“歪打正着”的行为，尽管它们也可能产生所谓“好的效果”，但它们只能是“歪”的行为，这种“歪”的行为，无论从什么视角和方面，都不能被说成“有道德的”。

（5）马克思主义的新德性主义，极端注意人的道德修养，提倡修身、慎独，把个人的自我完善看作道德行为的重要方面。道德的他律，对当前社会中的人来说，是必要的；但是，从根本上来说，一个人道德品质的提高和道德人格的升华，需要一个人有道德自律的觉悟和实践。没有道德的自律，没有个人良心的醒悟，没有对道德之崇高和神圣的发自内心的诚挚追求，要想提升个人的道德品质和道德人格，是不可能的。康德在《实践理性批判》一书的结论中说：“有两样东西，我们愈经常、愈持久地加以思索，它们就愈使心灵充满始终新鲜、不断增长的景仰和敬畏：在我之上的星空和居我心中的道德法则。我无须寻求它们或仅仅推测它们，仿佛它们隐藏在黑暗之中或在视野之外逾界的领域；我看见它们在我面前，把它们直接与我实存的意识连接起来。”

（6）马克思主义的新德性主义，重视一个人对他人、对集体、对国家、对民族所应负的道德责任。在某种意义上，“道德责任”也就是“道德义务”。在这里，我们有必要对“权利和义务”作一些界定，就是要分清它们在法律和道德上的区别。从法律来看，我们必须承认权利和义务是对等的，没有无义务的权利，也没有无权利的义务。然而，我们不能像理解法律义务一样来理解道德义务。一个人在社会生活中，必然和必须要遵守一定的道德规范和道德原则，否则，他就不可能在这个社会生活。新德性主义特别强调一个人对待“道德义务”的态度。道德是人类在社会生活中形成的、相互约束和自我约束的“规定”，人们只有认真地遵守这些“相互约束”和“自我约束”的“规定”，人类社会才能向着进步的方向发展。道德义务要求我们忠于祖国，要求我们诚实守信，要求我们爱人如己，要求我们尊老爱幼，等等。道德本身所包含的一个重要元素就是“义务”（责任），没有“义务”，也就没有道德。一个人、一个集体、一个国家、一个民族，其道德风尚和道德品质的高低，一个主要的指标就是履行道德义务的自觉性程度。在道德权利和道德义务方面，我重视道德权利，但更重视道德义务。我认为，任何一个人的道德义务，都不能也不应当以追求和享有道德权利为前提，如果一个人在履行道德义务时，是以追求道德权利为前提的，那么他的行为就不可能也不应当配享“有道德的行为”的美名。另外，从社会、集体和国家的立场来看，应当认真地、切实地对那些履行了道德义务的人，给予应有的、精神的和物质的道德权利，在必要的时候，还应当对他们在履行道德义务时所遭到的精神的、身体的、经济的损失给予相应的补偿。列宁十分重视义务劳动，强调必须把权利与义务统一起来，谁不尽义务，谁就不应当享有权利。

总之，马克思主义的新德性主义伦理学，是一种全新的伦理思想，这种伦理思想，既区别于原来旧德性主义的伦理思想，更不同于过去旧功利主义的伦理思想。在这里，我们有必要对传统的功利主义作一些分析。马克思、恩格斯揭示了功利主义的理论实质，指出功利意识乃至功利理论的产生源于资本主义社会的一个简单的经济事实：一切关系仅仅服从于一种抽象的金钱盘剥关系。

马克思、恩格斯对边沁的功利主义进行了许多论述，认为它表明了“社会的一切现存关系和经济基础之间的联系”，但也作了深刻的批判，指出边沁理论建立在抽象人性基础上，忽视了人的多样性、历史性和社会性。针对边沁将个人利益作为社会利益的基础，恩格斯尖锐地指出，边沁“把一切都颠倒了”。

八、业余爱好和晚年感想

（一）离休后的考虑

2004 年 2 月 23 日，哲学系的领导来电说，学校决定让年满 75 岁的老教授离退休，并说，根据哲学系的有关规定，既然已经离休，从 2004 年起，我就不再招收博士生。焦国成同志告诉我，为了帮助我处理一些事情，今后可以从其他老师招的研究生中分配给我一个研究生做我的助手，以帮助我做些必要的事情。

从当时的岗位退下来，是我早就考虑过的事。只是为了更好地发展一些在社会上有影响的专业，学校领导才决定，一些年纪虽大但学科发展仍然需要的老教师，只要他们的身体条件允许，就希望他们继续工作。现在，既然学校已经作出这样的决定，就说明这些老教师可以正式退下来了。当冯俊副校长代表学校要来家中征求我的意见时，我当即表示，我服从学校的统一考虑，对纪宝成校长等作出的这个决定没有意见，并婉言谢绝了他到我家来说明情况的要求。对我来说，如果能退下来，好好地调整一下我已经 76 周岁的身体，真有林则徐所说的“力微任重久神疲，再竭衰庸定不支”的感觉。

当然，唯一遗憾的是，我当时还兼任许多社会职务，如教育部社科委员会的副主任、政治思想教学指导委员会的副主任、思想品德教学指导委员会的主任等，在中央极端重视的“马克思主义理论研究和建设工程”中，我是“思想道德修养与法律基础”课的首席专家兼召集人，虽然身体为疾病所困扰，但我仍在努力完成；同时，我所承担的“建设与社会主义市场经济相适应的社会主义思想道德体系”国家委托项目，当时还在进行中，还有许多项目需要我继续工作。另外，在我长期的教学和科研中，有几个课题还只是半成品，如果就此停顿下来，岂不是半途而废吗？不能，我应当而且必须继续完成我应当做的所有工作，退下来以后，我仍然要为学校、为50年奋斗的学科、为国家作出应有的和力所能及的努力。人到老年，在个人需要方面，应当知足，不应有其他的追求；但在对社会、国家和学校的贡献方面，仍应当具有“苟利国家生死以，岂因祸福避趋之”的雄心壮志，愈到老年，就愈要坚定自己的意志和信念，要抱着“老骥伏枥，志在千里；烈士暮年，壮心不已”的心态来度过自己的老年。

经过反复的考虑，终于明确了尽管已经离休，但仍要以高度的责任意识，坚持不懈，把应做的事情做好。这些应做的事情，大体上有两个方面：一是我在学术上所应完成的专著和论文；一是中国人民大学和全国伦理学学科的发展。

2004年5月，我总算正式办完了离休手续。这就是说，一个新的生活开始了，与此同时，我总算有机会和时间，对过去长达50年的伦理学的学习、教学和科研作一个必要的小结，以便从中得到教训和启示，从而有利于晚年生活。从个人来说，在几十年的教学和科研中，我对伦理学产生了一种难以表达的感情，这种感情，已经成为一种时时刻刻挂在心头、似乎永远难以忘怀的情结。

回顾和反思自己这几十年来的工作，往往有一种莫名的遗憾，总觉得自己在伦理学学科建树方面成就有限，许多早就可以完成的工作应当在离休以前完成。特别感到不足的是，在长期伦理学的教学、研究和探索中，对学科中的许多难点、重点和学术争论中的重大问题，自己已经有许多新的观点、看法和理论，并且写成了不少短文和笔记，并且准备编写一本《新编伦理学》，使这些新的观点、看法和理论能够得到深入的、详细的、逻辑的发挥，但却未能完成。因此，往往有一种自责的情绪，责怪自己未能克服前进道路上许许多多本来可以克服的困难，荒废了许许多多极为宝贵的时间。

但是，回顾这50年，我又总是随着伦理学这一学科的前进而有所长进，而且，不容否认，新中国的伦理学学科取得了令人兴奋的成就，尤其是人才辈出，理论繁荣，适应中国特色社会主义的新的伦理学更是日益发展。这些年来，在我的思想和情感中，逐渐发生了一个我自己认为非常重要的变化。在过去的一段时间，我总是自觉或不自觉地从中国人民大学伦理学的发展与进步的视角来观察问题。后来，我自觉地改变了这个视角，转而从整个国家伦理学的发展与进步的视角来观察问题，这样，观察问题的眼界和视野就更为宽广而且远大了。不论哪一所学校、不论哪一个地方，只要伦理学学科和思想道德教育有了发展，我都会由衷地感到高兴。有感于此，写了几句歪诗，作为对今后生活的指导：

辛苦弹指一挥间，转眼已临耄耋年；
离休正是关爱厚，养老最宜心情宽；
悠悠往事如浮云，回顾一生也心安；
个人作用终有限，集体才是兴旺源；
来者必会更有成，视野定要放眼宽；
花开满山丛中笑，轻轻松松度余年。

当然，离休生活也有另一方面，这就是自己必须要面对一个新的境遇。原来享有的东西，现在是愈来愈少甚至完全没有了。因此，应当对这一问题，有一个正确的认识和平静的心态。赵朴初先生的一首诗，可以作为一个离休者的生活指南：

日出东海落西山，愁也一天，喜也一天；遇事不钻牛角尖，人也舒坦，心也舒坦；每月领取养老钱，多也喜欢，少也喜欢；少荤多素日三餐，粗也香甜，细也香甜；新旧衣服不挑拣，好也御寒，赖也御寒；常与知己聊聊天，古也谈谈，今也谈谈；内孙外孙同样看，儿也喜欢，女也喜欢；全家老少互慰勉，贫也相安，富也相安；早晚操劳勤锻炼，忙也乐观，闲也乐观；心宽体健养天年，不是神仙，胜似神仙。

对一个老年人来说，既然离休这一新的生活阶段已经开始了，整个的工作、职位、责任等都已随着这一新的生活阶段的开始而发生了从未有的转变，那么整个人的情绪、心理、思想等也要随之转变。如何完成这种转变呢？我的体会是，最重要的是看破“得”和“失”。孔子认为：“君子有三戒：少之时，血气未定，戒之在色；及其壮也，血气方刚，戒之在斗；

及其老也，血气既衰，戒之在得。”一个人在少年时期，应警惕“女色”的诱惑；在壮年时期，应警惕“好斗”的匹夫之勇；而到了老年，就必须警惕因“得”而出现的种种问题。对于离退休的老年人来说，忘掉个人得失，对尽可能地发挥余热、保持心理平衡和身体健康，都有重要的意义。这里的“得”，不仅是“贪得”和“贪欲”，而且包括贫贱、富贵、祸福、荣誉、职称和各种各样的头衔等。老年人“血气既衰”，不但不能有“贪得”的思想，而且，对已经得到的东西，也要有一个不断地予以放弃的思想准备。那些身外之物，及时地让渡给别人，是时代发展的必然，是社会进步的要求，是事物发展的不可违背的规律。

在生活待遇和社会活动中，更要自重、自觉地放下心来，安于离退休生活，主动适应这种新变化，彻底超脱一切得失的干扰，愉快乐观，使自己的晚年生活能够更有意义，更有所作为。人到老年，必须对得失有一个透彻的认识。那些过去已经得到东西，如荣誉、地位、职称、头衔、利益和社会承认等，现在都要准备丢掉，准备让给别人，以便使新的人才更快成长。庄子对得失所达到的境界，可以说是他人生哲学的一个最好、最高的概括，他说：“得者，时也；失者，顺也；安时而处顺，哀乐不能入也。”这就是说，不但要看透得失，而且要看破得失，对老年人来说，这显得尤其重要。

（二）我对专业书籍的收藏及其感想

对专业书籍的爱好和收藏，几乎是所有理论研究人员的一种普遍爱好。对学校的教师来说，最主要的原因是从事专业教学和科研的需要；尤其是在图书馆寻找和查阅资料有困难的情况下，就更有必要购买必要的专业书籍了。

我对伦理学专业书籍的购买和收藏，是与我从事伦理学的教学和科研工作同时开始的。1960 年年初，自组织上确定我担任中国人民大学哲学系伦理学教研室负责人并带领一帮青年人进行伦理学的开拓性工作以来，我就从各个方面购买一切涉及这一学科的书籍和资料。我当时每月工资是 140 元左右，其中的一半都花在买书上。除了经常到海淀的中国书店购买一些书籍外，大约每两周就要去琉璃厂的几个出售中国古籍的书店 1 次，每次要用去 70～80 元买书，买的书太多，一个人拿不动，就请静贤陪着一起拿，有时让我当时的博士生何怀宏帮我拿回这些买到的书籍，每次辗转乘公共汽车来回，往返总是一个下午。当时购买的专业书有 3 种类型：

（1）新出版的书籍。50 年来，购买和他人赠送的这类书籍大约有 20 000 册，我所收藏的有关伦理学的专业书中，有少部分是在当前图书馆查找不到的。当北京市的有关方面参观了我的藏书后，深感极为丰富，授予我第一届“北京市藏书状元”的称号。

（2）从旧书摊购买新中国成立前出版的伦理学方面的书籍。实际上，这也就是在旧书摊“淘宝”，这是一件很有兴趣和很有意义的事情，有时能从这些“淘宝”活动中得到意想不到的收获。

（3）线装古籍书。对于线装古籍书，我本来没有收藏的意图，只是由于阅读和参考的需要而购买。当时，图书馆不容易借到这些线装古籍书，也没有重新出版，故而在急需阅读这些书的情况下，就只好到琉璃厂寻找，也正是在这种思想的指导下，先后两个时期（一是 20 世纪 60 年代，一是 20 世纪 80 年代），陆续购买了相当多的线装古籍书。这些线装古籍书，在今天看来是十分难得的藏书。年代最早的是两本明版书，一本是李卓吾标点的明代末年出版的《世说新语》，另一本是《孔丛子》。这些书，今天很难在书店看到，其中一些可以称得上真正的善本。

20 世纪 60 年代，我在海淀的中国书店看到书架上有两套木刻版的《王文成公全书》（每套共 38 卷）。此《王文成公全书》是由他的学生徐爱等编纂的。此书前有徐阶所作的序，和“隆庆二年十月十七日”的日期。本书于隆庆六年（1572 年），由谢廷杰刻本，刊行于世，距今 400 多年。此《王文成公全书》每套的价格为 300 元。出于对线装古籍书的爱好，我想这种难得的古籍，如果落到一般人手中，就不可能发挥它的作用，因此，我花了 600 元，将这两套《王文成公全书》全部买回来，至今仍然保存在我的藏书中。

除了两套明版书，我还购买了较多的清代如顺治、康熙、雍正、乾隆等时期的线装木板书。1990 年，我在海淀的中国书店购得清代顺治年间出版的《孝经注》，是顺治十三年（1656 年）的刻本，距今 350 多年，在今天，可以算不易多得的善本。

1990年，我从海淀的中国书店购得康熙五十八年（1779年）版的《张子全书》一套，此书的雕版距今230多年。这是一部印刷比较精美的善本书，从书中可以看到，它经过了许多藏书家的收藏，并盖有众多藏书家的藏书印章。此书首页的序后有“康熙五十八年冬至月高安后学朱轼序”。在今天，我们出版的所有有关张载的全集和文集，大多是以此书为参照的。中年以后，我也喜欢张载的哲学和伦理学思想，有时候，读着这230多年前印刷出版的伦理思想家的文集，往往升起对中华民族源远流长、深邃简奥的哲学和伦理学思想的倍加珍惜之情，读起来也更有兴趣。

20世纪80年代，我在海淀的中国书店购得清代王懋竑著的《朱子年谱》一套4本。此书的刊刻时间为乾隆壬申年（1752年），距今250多年。60年代，我在北京琉璃厂的中国书店购得任丘王霖苍著的《朱子通鉴纲目注义》。此书由金陵胜玉堂梓行，乾隆三十七年（1767年）初刻，四十一年（1771年）重刻，距今240多年，刻工精良，可称为善本书。另外，还购得了康熙十六年（1677年）版的《四书集注直解说约》，这是一本张居正所作的《四书集注直解》和顾士麟所作的《四书说约》的合订本。《四书集注直解》是张居正给万历皇帝讲授《四书集注》时的讲稿。

20世纪60年代，我在北京琉璃厂的中国书店购得清代木刻版《孙奇逢集》一套5册。此书为康熙十四年（1675年）雕版，距今330多年，亦可谓善本矣。第一册为《年谱》，有方苞撰写的序言（称此书刻板，距孙奇逢逝世39年）；第二册为《年谱》；第三册为《游谱》；第四册为《答问》；第五册为《孝友堂家规》。《年谱》中有康熙八年（1669年）孙奇逢86岁时撰写的“自赞”曰：“问尔为谁？曰岁寒氏。岁既云寒，尔何为尔？曰幼读书，妄意青紫。长知立身，颇爱廉耻。虽困公车，屡蒙荐起。骨脆胆薄，不慕荣仕。衣厌文绣，食甘糠秕。隐不在山，逸不在水，隐于举人，七十年矣。绕膝多男，及门有士，老而学《易》，欲探厥旨。聊以卒岁，如斯而已。”

20世纪60年代，我在北京琉璃厂的中国书店购得高愈纂注的《小学纂注》1本，这书刊刻于清代康熙三十六年（1697年），距今330多年，堪称值得保存的善本书。后来，又在琉璃厂的中国书店购得雍正九年

(1731 年)雕版的张百行所著的《小学集解》一函 4 册,距今约 280 年,同时,还购得乾隆三十九年(1774 年)雕版印刷的《乡党图考》、乾隆五十九年(1794 年)重版的木刻本《呻吟语》,等等。

此外,也购买了一些康熙以后的线装古籍书,这些线装古籍书虽然有一定的阅读价值,但在今天看来,没有什么收藏价值。但是,有两本书是值得一提的。

第一本书是 20 世纪 60 年代,我在北京琉璃厂的中国书店购得的影印版《宋刊南华真经》一函 5 册。全套原版《南华真经》,在国内已经见不到,这套《宋刊南华真经》的 1～6 卷是南宋的刻板,7～10 卷是北宋的刻板,两个版本的各半部分正好组成了一套完整的《南华真经》,故书名仍定为《宋刊南华真经》。此书为郭象注本,是由上海涵芬楼作为"续古逸丛书之二"影印的。尽管是一个影印的本子,但其印刷、纸型、尺寸、大小等,均按照宋版书的原样,使我们今天能够看到宋版书的原貌。中国古代书籍发展到宋代,可以说达到一个巅峰,宋版书中的许多书,雕版、纸张、印刷都是十分精美的,这些书主要流行于官府和知识分子中,所以极其讲究。

第二本书是在北京琉璃厂的中国书店购得的马叙伦所撰的《庄子义证》一套。书前有马叙伦作的自序,商务印书馆民国十九年出版。在此书的扉页上有一段藏书者黄裳的题记:"丁亥(1947 年)秋十月余得世得堂本庄子,又三日,乃得妻丈此本与商务,馆中人言,此本亦仅存三孤本矣。注南华者当推此书为最胜,当可得庄生真面。天寒晴日,时难正殷,闭门索居,研读旧文,盖亦百忧中之一愉也。十月十三日黄裳(印记)。"马叙伦(1985—1970),辛亥革命后,思想进步,历任上海劳动大学校长、清华大学和北京大学教授、北洋军阀政府和国民党政府教育部次长,抗日反蒋,1946 年发起组织中国民主促进会,新中国成立后,曾任教育部和高教部部长,全国政协副主席和民盟中央副主席等。书内有《为庄子义证成率题绝句》:"胜义无疑第一禅,几人曾解笑前贤。开宗不了逍遥字,空读南华三十篇。"收藏此书的人黄裳,是一位学识渊博而又富有情趣的人,在戏剧、新闻、出版领域均有建树,与梅兰芳、盖叫天、巴金、吴晗等文化名人相交甚笃,著有《锦帆集》、《旧戏新谈》、《妆台杂记》、《过去的足迹》、《珠还记幸》、《金陵五记》等。此外，前些年，唐凯麟同志送我一本今人仿制古代竹简的《老子》，虽然是一本仿制古代的简策，但读起来又是一种心情。

中国现代社会最早命名为“伦理学”的伦理学书籍，到底是哪一本？由于“伦理学”一词是清代末年才在中国出现的，所以过去总认为刘师培所写的《伦理学》是最早的一本。后来，我在中国书店发现和刘师培的《伦理学》同时出版的还有一个四川人写的《伦理学讲义》。《伦理学讲义》是“陪都”书铭味三纂辑，未注明系何年何月所印。从书的名称分析，此书的印刷时间在19世纪末到20世纪初（此书未提到刘师培的《伦理学》教科书）。作者究竟是什么人，也不得而知。“陪都”，指的什么？“书铭味三”，又指的是什么？全书一套共8册（240元），第一册为《孝父母、敬长上》，第二册为《待人（上）之一》，第三册为《待人（上）之二》，第四册为《待人（下）之一》，第五册为《待人（下）之二》，第六册为《教子孙（上）》，第七册为《教子孙（下）》，第八册为《和兄弟、型妻妾》。此书不但时间早，而且内容十分充实，其观点就是以儒家思想为纲，以宣传“三纲五常”和“忠孝节义”为主要线索。这本书可能是现代中国的第一本以“伦理学讲义”命名的书籍。

对通过购买、收集、“淘宝”等方法得到的一些特别珍贵的书籍，特别是一些线装古籍书，每每有了空闲，我就拿出来阅读。一边翻看，一边品尝，对书中所论述的问题，往往会产生更加深刻和更加新颖的理解，这真可以说是一种享受和乐趣。

这些藏书的命运到底如何？学者一般都喜欢收藏与自己所研究的专业相关的书籍，一般都收藏了一定数量的专业书籍，特别是有些爱好收藏专业书籍的学者，他们的藏书，有时候比图书馆的这类藏书还要齐备。他们生前使用这些书籍，为教学和科研作出了重要贡献，他们去世后，这些专业书籍的命运又将如何？这里，我不免想起了石峻教授。

石峻教授几十年来，从事中国哲学研究，是一位学识渊博、品德高尚而又诲人不倦的学者。他一生酷爱读书和藏书，可能是中国人民大学收藏哲学和哲学史方面书籍最多的人。他临终前几个月，我还常见他坐着轮椅到校内的书店买书。在他从事中国哲学教学和研究的60多年里，他最大的爱好就是跑到书店选购他喜爱的书籍。20世纪60—70年代，我曾多次陪他到琉璃厂的中国书店购买他所需要的图书。

他对书籍的热爱，我是早就知道的。在撰写有关中国伦理学史的著作的过程中，我曾多次向他询问和请教关于中国哲学史上的一些学派和思想家的问题。每当需要参看一些著作时，他总是把与我所询问的问题和需要参考的书籍相关的内容极其耐心地、极其详尽地抄写下来交给我，从来不愿把自己珍爱的书借给别人。

据钟宇人教授说，石峻教授临终时最挂念的就是他的书，他希望在他死后能保住他的书（他临终前已不能说话，仍用手写了"保书"两个字）。石峻教授虽然提出了"保书"这个问题，但究竟如何保？可能是石峻教授病重时来不及将他准备如何"保书"的计划写出来，也可能是他直到临死都没有想出一个好的"保书"办法。但是，石峻教授的想法是明确的，他一生辛辛苦苦所集到的这些书，在生前，他是非常爱惜的，在死后，他希望能够继续发挥它们的作用，不要失散。

一次，我和许征帆同志聊天，他很认真地向我提出一个问题，这就是："将来我们去见马克思的时候，我们的这些书，究竟怎么办？"据我了解，许征帆也是一位喜欢藏书的学者，在社会科学方面，在马克思主义研究方面，他有较多的藏书，所以他十分关心收藏的这些书将来的命运。

一些爱书和藏书较多的人，可能都在思考这样一个问题：死后这些书到底如何处理？子女都不从事自己的专业，传给他们，书籍的命运就可想而知了。就是子女愿意"保书"，现在住房条件又这么紧张，能在家中把这些书保存长久吗？捐出去！捐给谁？人家能保证这些书不分散、不被卖、不丢失吗？能保证这些书在培养专业人才方面起到积极作用吗？如果好心好意地把书捐了出去，人家又随便处理了，分散了，甚至卖掉了，自己总是不忍。这个问题，应当引起有关方面的注意，一些著名的学者去世了，他们的藏书究竟怎样处理？如果听任这些书分散了、丢失了，那当然是十分可惜的。如何才能使这些书发挥更大的作用？

一个可行的办法就是，由学校专门开辟一个藏书室，如"石峻藏书室"，也可以叫"石峻中国哲学藏书室"，把他的书都保存在那里，以供中国哲学史专业的教师和学生阅读，与此同时，学校方面可向其家属提供一定数量的金钱补偿。我想，只有这样，才算达到了石峻教授所希望的“保书”目的。当然，这一切，如果没有死者的遗嘱，就必须在家属的同意下才能实行。这应当是一个比较理想的办法，希望有关方面考虑这样一个建议。

（三）我的书法和对砚台的收藏

我对书法并没有特别的爱好，只是由于时代和条件的关系，有时也间断练习写字。我从读小学到高中毕业，在这长达13年的时间内，语文、历史、地理、物理、化学等课程，直到数学、英语，都是用毛笔写字，只是到了高中一年级才使用蘸水钢笔来书写英语。因此，经过十几年毛笔字的锻炼，写起来自然就比较熟练。中学时，练习过一段时间的欧阳询的“欧字”，到后来看到王羲之的字帖，就喜欢王羲之的《兰亭序》和唐人摹帖。在唐人摹帖中，我最喜欢的是褚遂良的临摹本。与冯承素和虞世南两人相比较，他模仿的王羲之的字十分逼真，可惜我用的功夫不够，写得不好，这是比较遗憾的。中年以后，有的同学要我题写一些类似座右铭的话，我就以摹写和效法王羲之的字来应对。正是在这段学写书法的时期，我对砚台产生了需要和一定的兴趣。

自古以来，中国的一些知识分子就有收藏文房四宝之一砚台的爱好。我收藏砚台，只是出于练习书法的需要。自己购买和其他同志赠送的砚台，已经积下了20块左右，其中有不少是比较难得的名砚。

我所收藏的砚台有：

（1）中型端砚。这是一方从“老坑”开采的优质砚台，是我得到的真正的上好端砚。

（2）端溪名砚。20世纪80年代，我到广州开会，专门到端溪一游，在端溪买到一方石质细砚。

（3）端溪砚。20世纪80年代，从广州购得，此砚台雕有长龙一条，刻工精美。

（4）小型歙砚。1985年，我到黄山参加中国伦理学会的讨论会，托人购得的一方歙砚。

（5）江西罗文砚。

（6）小型带盖砚。

（7）大型苴却砚。这是2006年罗映光同志送我的砚台，是品位较高并由著名雕刻家罗敬如的儿子精心雕刻。值得注意的是，此砚台的背后雕有“罗氏三兄弟”的钤记，由罗敬如先生的儿子（罗春明、罗润先、罗伟光）制作；罗氏三兄弟世称罗氏三杰，分别为中文副教授、哲学副教授和四川省工艺美术大师。此砚台由罗氏三兄弟制作，罗映光购得，并赠予我。因此，此砚台的制作者、购买者和受赠者，都是罗姓，可谓一个很好的巧合。

（8）巨型中国黄石砚。黄石砚是中国名砚之一，产于我的故乡南阳方城县。时堂弟国钦正在方城县外贸局工作，他趁女儿、女婿来京旅游之际，背来此砚。此砚共重10公斤，是收藏砚台中最重的一方砚台。

（9）“双龙双眼”端溪名砚。这是一台由端溪名厂制作的、价值很高的端溪名砚。此砚台的雕刻艺术极高，制工精良。砚池为半圆形，有双龙对称，每条龙的头部都有一颗椭圆形的、碧蓝的石膘作为龙的眼睛，带着碧蓝眼睛的双龙，相互对视，好像正在谈心，看起来有一种愉悦和谐的景象，它既体现了中国古代龙的文化传统，又反映出一种新时期的和谐气氛。

（10）中国歙砚。

（11）澄泥砚。

（12）江西文港四宝堂小砚。

（13）洛阳新安澄泥砚。

（14）云梦山巨型石砚。

（15）中国洮砚。

（16）天坛砚。

（17）中型中国黄石砚。

（18）黄河澄泥砚。

（19）“福禄寿墨宝”澄泥砚。

（20）“墨海飘香”洮砚。

（21）“千年神龟”易砚，等等。

我所收藏的这些砚台，我对它们中的几个作了一些简单的介绍，由于我对它们并没有特殊的爱好，除了用来练习写字以外，我很少有功夫去欣赏它们。

（四）晚年同疾病的斗争

大约从2000年（72岁）起，在近10年的时间内，我是在同5次严重疾病的斗争中走过来的。第一次是2000年突发的脑血栓；第二次是2006年严重的车祸；第三次是持续不断的严重的房颤；第四次是因脑出血而做了开颅手术；第五次是因突发长时间的心脏停跳，经抢救后安装了心脏起搏器。这五次重大的伤害几乎使我离开了人世，但最终我还是从这些患难中走了过来。在这里，不妨把这些情况作一些较详细的记载，便于吸取教训。

1. 突发脑血栓

2000年10月27日早上，突然感到手指麻木，我就意识到可能是脑血栓，立即进行有关穴位的针灸，然后到校医院就诊，转北医三院诊断，确定是脑血栓。但北医三院没有病床，开了处方，让我回学校打点滴，等候床位。后来中医研究院的邢哲斌大夫帮忙，终于在2000年10月31日上午，由静贤陪同，住进了西苑医院。

住到西苑医院的当天下午，朱开轩同志来看望我，医院王院长、病区陈主任、主管大夫辛莉等陪同，朱开轩同志希望医院能尽力治疗。朱开轩同志的到来增加了医院对我的病的重视。

但不幸的是，2000年11月17日静贤也因为日夜在医院陪同而病倒，不得不住进了第六医院。两个人同时住在不同的医院，这可是从未有过的特别困难，我的心情很不平静，晚上睡不好，中午也烦躁，只好用安眠药来入睡。我不断地鼓励自己，越是困难的时候，越要克服情绪的影响，要愉快、乐观、向上。在困难的时候，要看到成绩，要看到光明。

这次脑血栓，开始时病情是十分严重的，左腿不能走路，左手臂好像是挂在身上似的，完全失去了感觉。经过两个半月的输液、针灸、汤药和理疗，特别是我坚持不懈地进行康复锻炼，总算基本上能够写字和行走。从住院的第一天起，我就锻炼写字，恢复手指的功能，用筷子把黄豆从一个盘中夹到另一个盘中，有时候练得手腕酸疼、手指麻木，但我仍然继续进行这种艰苦的康复锻炼。在住院两个星期之后，为了锻炼计算机的运用，我就请李茂森同志把家中的台式电脑搬到了医院，正好《人民日报》的编辑卫成同志约我撰写一篇关于“依法治国与以德治国”的文章，我就趁此机会进行写作了。这篇在医院病房撰写的文章，最终在《人民日报》以“依法治国与以德治国必须相辅相成”为标题发表。在西苑医院的这段时间，我切身体会到，保持平静、乐观的心情，积极地进行康复锻炼，是最有利于疾病的恢复的。2001 年 1 月 15 日，我从医院回到家中，住院近 80 天。

在我和静贤生病期间，伟东和喻匀两人为我们的病十分操心，来回奔波，不但用去了他们的宝贵时间，也使他们付出了宝贵的精力。在我出院之后，静贤的病一直不好，伟东和喻匀常来家中嘘寒问暖，帮助处理杂事，这真是永远难忘的情谊。这期间，我因为一度病情加重而感到许多事情需要交代，并于 2001 年 2 月 4 日将一些心中记挂着的事告诉伟东。还应当提到的是，朱开轩同志 3 次到医院探望，使我得到了医生们的更好的照顾，这是很难得的。

2. 意外来临的车祸

2006 年 1 月 26 日星期四下午 2 时，我本来要到社科联参加常委会，却在住宅小区的院内被汽车轧伤。当时，我在花园的草地上站着，等待学校的汽车来世纪城接我到北京市社科联参加常委会，眼睛一直朝向小区的大门口，脑袋里想着《思想道德修养与法律基础》的稿子的修改中所遇到的一些问题。年关来临，小区楼前的路上挤满了来往的车辆。一辆轿车突然倒车，并冲到草地上把我撞倒，接着轿车的轮胎从我的膝关节和踝关节上轧过。当时，由静贤陪同，肇事车主将我急送北医三院，透视后，没有骨折，旋即回家卧床。在前往医院的路上，我打电话给吴付来，接着，冯俊、吴潜涛、吴付来、肖群中等都到医院，诊断后陪送到家。

到晚上 8 时，整个小腿，从上到下，肿胀得像水桶一样，十分疼痛，这是由淤血造成的水肿和血肿而引起的。27 日，整夜都疼痛难忍。医生所开的活血止痛胶囊，要等两天以后再服用，因汽车轮子轧得太重，皮肤已经经受不起膏药的粘连，所以膏药也不能贴。为了减少膝关节的严重血肿，差不多半个月的时间，吴付来的爱人俞亚兰天天来家中给我热敷和按摩。大约经过一个月的时间，通过积极治疗，特别是坚持天天在浴缸中用热水洗烫，每日都擦抹药膏，在相当疼痛的情况下锻炼走路，最终能够站起来行走。一辆两吨重的轿车从腿上轧过，竟然没有骨折，没有留下严重的后遗症，不能不说这是一件幸运的事情。

这次车祸对我身体的伤害是严重的。肇事者是一个公司的党委书记，他不会开车，执照是从他家乡弄到的，像他这样的驾驶技术，肇事是不可避免的。这次大腿和踝骨被汽车轧伤之所以能够有较好的恢复，主要是因为对疾病的治愈抱着强烈的渴求，始终充满信心和希望，在最困难的时候从来没有产生灰心丧气的情绪。

3. 持续不断的突发性心脏房颤

突发性心脏房颤的出现开始了心脏病对我长久的折磨。2006 年 6 月 5 日上午到校医院检查身体，医生说我有心动过速（每分钟 100 多跳）和房颤，脉搏时快时慢、时断时续、高低起伏、杂乱相间，心跳频率与脉搏失常，随时都有生命危险。大夫给我开了到北医三院的转诊单。6 日上午，北医三院谭秀娟大夫确诊为心律过速性心房颤抖，应当立即住院治疗。7 日上午 9 时，我住进了北医三院。先年体检时，心脏还是正常的，不到一年，为什么会突然出现房颤呢？仔细思考，这主要同车祸后的治疗有重大关系。车祸发生之后，我几乎每天都在浴盆中用热水洗澡和烫腿，因为水的温度较高，满身大汗之后，被汽车轧伤的大腿虽然得到了缓解，但是在太热的浴盆中时间过久，引起了心脏发闷和心悸，从而造成心动过速和房颤的严重后果。一位著名的保健医生说过，许多疾病的出现都是由于无知，我的情况就是这样。医生为了治疗房颤，使用了较多的普罗帕酮等，而过多地使用这些药物就造成了心脏持续的、逐渐加长的停跳，出现了经常突然摔倒在地的严重后果。每次摔倒之后，都要做脑部的 CT 透视，看看是否造成了脑部出血。

在医院住了两个星期，房颤并没有得到根本好转。医生认为，这需要长期治疗，建议我回家服药。出院后，谭秀娟大夫提议服用普罗帕酮等药来纠正房颤，我由于不懂心脏病的常识，同意了她的治疗方案。服用普罗帕酮这种药物，虽然可以减缓心率过速，但会引起心脏的早搏和停跳，这样的结果就是因心脏停跳而突然摔倒在地。

4. 因脑出血而做了开颅手术

2007年6月25日，我同静贤在颐和园散步，突然晕倒在地，幸亏抱住静贤，站立起来在旁边的石头上休息了一会儿，才勉强走到小南门乘车回到家中。更为严重的是，2007年7月27日中午，出现了严重的头晕，像天旋地转一样，持续了3～4个小时。28日凌晨3时起床小便，因为头晕而突然摔倒在卫生间，头上跌了一个大包。因为29日晚上我要主持召开吴玉章奖金哲学组的会议（我是会议的召集人，聘请到的成员有汝信、黄楠森、田心铭、夏伟东等），我坚持主持会议而未到医院检查。

2007年8月2日上午，摔倒后的第五天，静贤同我一起到西苑医院看急诊，医生做了CT，发现因没有及时检查而形成的脑部淤血已达70毫升，随时都有生命危险，要求立刻住院。经西苑医院神经内科的医生的反复检查，又做了一次CTH和两次核磁共振，认为急需手术，鉴于西苑医院的条件，建议转院。2007年8月6日下午，吴潜涛约同戴宜武医生来到西苑医院，戴宜武医生认为应该立刻转到他所在的北京军区总院进行手术。所谓手术，就是开颅，在头上切开一个口子，将脑颅中的所有淤血取出来。这个手术，在今天虽然不算一个大手术，但也有一定的危险。2007年8月7日下午，动脑手术时，在手术台上，我的内心出乎意外的平静。当时，念念不忘的有两件事：一是吴玉章评奖的事，我是哲学组的负责人，我希望不要影响了工作，所以我就向来医院看我的冯俊副校长谈了请他注意把这件事做好；二是我的学生兼学术助手姚郁卉的工作单位没有落实，我就找她来谈了她应如何落实工作单位的问题等。手术前，一位妇女先来给我剃光了头，接着我就被送上了手术台。两位麻醉师早已等候在那里，他们告诉我说，要先打一针麻醉药，10秒钟后，我就什么也不知道了。什么时候醒来的，我也不大清楚。后来听说手术进行了约两个小时，手术做完大约是晚上8时。接着，就被送进了监护室，过了两个小时才醒了过来。

整夜都在似睡非睡的状态中，伟东的一个研究生张霄陪同，我感到思想很乱，直到第二日下午，我从监护室回到病房才完全清醒了过来。据医生告诉我，手术从脑内取出了一个比核桃还要大的血包。为了清洗脑手术后脑中遗留的淤血，就用引流的方法，一方面向脑中输入蒸馏水，一方面把这些清洗的污水由另一个管子从脑中引出，这样在大脑中不断地进行着清洗的工作。主管医生戴宜武，为了安全，为了把残余的血清理干净，坚持要进行两个星期的引流。在近两个星期的引流治疗时期，晚上睡觉后，我就进入了一种特别的境界。我觉得自己不知不觉地站到了一座高山的顶端，下面是一片汪洋大海，只看到海浪翻腾，一浪比一浪高，这些海浪冲击着我的双脚，并且愈来愈大、愈来愈高，甚至快要冲到我的膝盖，渐渐地、一次又一次地猛烈地冲洗着我的大脑。这是一次真正的“洗脑”。我一边望着大海的浪涛，一边回忆生活中的许多问题。我回忆这些年来许许多多的人和事，仔细思考着自己在处理这些事件中的正确和错误。思想一下子上升到了一个新的高度，忽然觉得悟到了这些没有认识清楚的问题的真谛。一个比较清晰的认识逐渐在我脑中形成。这就是心胸开阔、宽恕待人。我进一步体会到，“对己严，对人宽”应当是体现一个人思想境界的重要品质。在人和人相处的许多问题中，它能够化解许多矛盾和误解。

我一下子觉得脑子清醒了过来，有如释重负的感觉。在人和人的相处中，缺少对他人的理解，缺少对他人的同情，缺少所谓的“能近取譬”的精神，是协调人和人关系的重要障碍。在人和人的关系中，宽容的确是一种极端重要的品质。从自己一生经历的大大小小的事情来考虑，尽管在处理与同志的关系上总是要求自己尽量宽容别人，但今天看来，有些事情仍然过于要求别人了。

人总是有缺点的，一个人是不是宽容，就是看在别人有缺点或者以错误的态度对待自己时，自己是不是能够不计较他的缺点而宽恕他的错误。有时候，往往因为强调对方的缺点或错误而不能宽容他人。从一时、一地来看，他人的缺点或错误是明显的，但是从长远来看，他人的缺点或错误只是暂时的偶然现象，他本人到后来也可能后悔。如果因为他这一偶然的、临时的缺点或错误而不能原谅和宽恕，就会在以后的相处中失掉很好的同志和朋友。

经过一段时间的治疗，脑手术的创伤基本恢复。本来可望及早出院，值得提出的一个重要教训就是，在病情有了好转之后，本来应当更细心、用心、专心地治疗而不要麻痹大意。但是，我没有吸取过去的教训，在病情日渐好转后，经常到病房的楼下散步。一天晚饭后，姚郁卉、杜邦云、吴潜涛和王淑芹相继来探视，坐在医院楼下的凳子上同他们谈话过久，受了风寒而感冒高烧，在高烧持续近一周后，就转成了严重的胸膜炎。手术后的并发症胸膜炎的预后情况是不好的。在大量输液的同时，医生提出要加强营养，要输入血蛋白，但医院没有这种用人的血液制成的血蛋白，市场上也很难买到。后来，经过多方的奔跑，才弄到了一些血蛋白，我的学生陈平还通过关系，从香港转深圳买回了相当多的血蛋白，经过一段时间的精心治疗，胸膜炎终于治愈。

5. 因突发长时间的心脏停跳而安装起搏器

在北京军区总院进行脑手术治疗（前后住了两个多月）后，本来认为，既然已经清除脑中的淤血，那么身体就会慢慢恢复。但实际情况并非如此。出院后，头部眩晕的情况依然出现。2008 年 6 月 2 日，我就是因为头部眩晕得厉害而住进了西苑医院，当时马晓昌大夫认为这是早年脑血栓后的微小血管的局部堵塞等所致，应住院检查治疗，杜邦云在医院陪住，前后共 10 天，点滴了 3 种活血化瘀的针剂，还做了各种常规检查，医生的最后诊断是老年型心脑血管硬化，认为这种病是一种不可逆转的老年型病变，只能用服药的办法使其缓慢发展。2009 年 1 月 8 日，我又突然摔倒在地，由于不知道脑部是否出血，9 日到西苑医院做 CT 检查，发现脑部又有淤血，2009 年 1 月 9 日晚，第二次住进了北京军区总院，当晚就输液消除淤血。由于春节临近，我只好暂时回家，春节后（正月初九），再次住进了北京军区总院。又住了整整 17 天，2009 年 2 月 19 日从北京军区总院回到家。这几年，为什么总是头晕而摔倒？这么多次的摔倒，是什么原因造成的？差不多 3 年来，医生都诊断说是由早年脑血栓引起的脑血管堵塞造成的。

2009 年 3 月上旬，心悸和胸闷都比较严重，我决定到西苑医院住院。3 月 12 日，由静贤、罗立陪同，住进西苑医院高干病房。当晚，心脏病再一次发作，接连吃了3次硝酸甘油，没有什么效果，医生采用输液的办法，整夜抢救，并监护病情的发展。大约到了第二天早上8时，我才稍微清醒了一点。经过整夜的抢救和治疗，终于发现很长一段时间之所以晕倒、心悸、胸闷等，并不是因为心脑血管的硬化，而是因为心脏停跳的时间过长。据医生观察和监护的情况，心脏停跳的现象不但频繁而且时间长久，最长的停跳竟达15秒。到了这时，我才如梦初醒。只有安装起搏器一个办法了。第二天一早，我被送进心脏救助中心，安装起搏器。安装了起搏器之后，本来认为找到了真正的病因，身体的情况会很快好转。没有想到，半年之后，2009年10月7日午睡中，又感觉胸闷。当天下午4时到西苑医院，医生诊断出现了严重的快速房颤，应及时住院，经过近两周的点滴，才大体上恢复了正常。

6. 对待疾病的正确态度和体会

经历了5次大病，到最后，身体终于得到了一定程度的恢复，真可以说是“不幸中之大幸”。我比较详细地记载这几年不断生病和住院的情况，是希望自己能够从中吸取必要的教训，今后能够提高保健意识，树立对疾病的正确态度，坚持与疾病做斗争。在同衰老做斗争的过程中，最重要的就是要有积极的态度、乐观的心情。总的来说，身体在积极的锻炼和对症的治疗中缓慢地、逐渐地、曲折地有所好转。

人到老年，随着年岁的增长，身体的各个部分必然不断地衰老，这是一个不可逆转的自然规律。关键的问题是，一个老年人应该如何看待这种不断衰老的过程，并以何种人生态度和精神状态来对待这种变化。对我来说，20世纪90年代末，我就进入了老年期，由于长时期高负荷的教学、科研和行政工作，不知道身体健康的重要性，没有认识到“健康是从事工作的基础”，不懂得“只有健康的人，才能度过更有价值的人生”，因此，到了老年，就成了一个多病的老人。因此，这些年来，我几乎是在同各种疾病的斗争中生活的。

我的态度是积极的、实事求是的，坚持治疗和锻炼，并且力争在晚年尽可能地为社会、为伦理学专业、为人民群众道德面貌的提高和道德人格的升华作出应有的贡献。总结起来，这10年中的5次“大病”，是一次比一次严重，但是，我10年如一日地坚持同这些疾病做斗争，并不断提高自己的认识，力求使身体能够适应不断变化的生活状况。

首先，一个人从青年时期就应当注意健康的重要，特别是在紧张繁忙的工作中，更应当学习和懂得保持身体健康的知识。一般来说，青年人容易在精力旺盛的时候透支自己的精力，造成各种疾病，到了体弱多病的老年，已经悔之晚矣。

其次，对于已经造成的疾患，要有一种治愈和恢复的信心，要相信人的身体存在一种自我修补的能力。长期以来，一种错误的认识深入到一些人的头脑中，这一认识认为，人就是一架机器，使用久了，自然就会磨损，这是一种不可逆转的必然趋势和不可抗拒的自然规律，这种认识是完全错误的。机器磨损之后，是没有自我修复和自我恢复的能力的，而人却不同，人有一种潜在的、能动的、生生不息的自我修复能力。

（五）我的人生理想和追求

1. 坚信马克思主义并力求以它来指导自己的言行和理论研究

在几十年的战斗、学习、感悟和工作的锻炼中，我树立了一种坚定的信仰和理想，这就是马克思主义的信仰和社会主义、共产主义的理想。从20世纪40年代加入中国共产党以来，已经有60多年，在这漫长的岁月内，我的信仰越来越坚定，越来越自信。我为这个理论和理想奋斗了60多年，尽管国际和国内的局势一再变化，但我的信仰从未动摇。我坚定地相信并向往，人类社会不管遇到多么大的曲折和倒退，最终是不断向前发展和进步的。

马克思关于选择职业的一段话，对我的学术生涯有着重要的指导意义。马克思说："如果我们选择了最能为人类福利而劳动的职业，那么，重担就不能把我们压倒，因为这是为大家而献身；那时我们所感到的就不是可怜的、有限的、自私的乐趣，我们的幸福将属于千百万人，我们的事业将默默地、但是将永恒发挥作用地存在下去，而面对我们的骨灰，高尚的人们将洒下热泪。"另外，他对科学的一种执着的、坚韧不拔的精神，是我从事科学研究的不竭动力。他说："在科学上面是没有平坦的大路可走的，只有那在崎岖小路的攀登上不畏劳苦的人，才有希望达到光辉的顶点。”

这些年来，看到一些曾经相信马克思主义、社会主义和共产主义的“共产党员”，放弃和背叛了自己曾经信仰的马克思主义、社会主义和共产主义，甚至以宣传资产阶级社会民主主义和西方的“议会民主”为己任，我既感触万千，又极为痛心。在实行社会主义市场经济的条件下，在西方“民主”和社会民主主义的“民主、自由”以及一些福利国家的富裕生活的影响下，有些人沉迷于资本主义的泥潭，这是一个值得重视的问题。我们应当清醒地认识到，资产阶级时时刻刻都想用“和平演变”、“颜色革命”、“文化渗透”和“价值转换”等手段，达到它们颠覆社会主义制度的目的，我们必须有长期斗争的准备，争取马克思主义、社会主义和共产主义的最后胜利。

2. 我坚信集体主义是社会主义道德的一个重要原则

在市场经济条件下，要不要坚持社会主义的集体主义原则，我认为是应当而且必须坚持的。为此，我曾受到一些人的批评和指摘。我撰写过多篇文章，对我所坚持的社会主义的集体主义原则进行了详细的阐明，这里就不再重复了。

在道德品质和道德人格的修养中，我特别重视理论与实践的结合，重视“知”和“行”的统一。“心中想的，口中说的”，应当而且必须同“行中做的”相一致。什么是人生？人生就是为了一个理想而奋斗，人生的意义就是在追求这个理想的过程中，对社会、对国家、对他人作出尽可能多的贡献，对社会、对国家和对他人的贡献愈大，人生的意义就愈大。一个有高尚、正确、进步的人生观的人，就应当这样。一个人能够为社会、为国家、为他人作贡献，是愉快的，是幸福的。不论在什么情况下，只要尽力做到这一点，其他问题就迎刃而解了。

当前，现实社会中存在一个严重的现象，就是道德认识与道德实践相脱节，嘴上说的同实际做的相背离。一些人天天讲“为人民服务”和“以人为本”，而实际做的却是“为自己谋私利”和“以钱为本”；有的人天天讲“集体主义”和“大公无私”，而实际做的却是“个人主义”和“自私自利”，如此等等，不一而足。这种是非观念模糊、善恶意识颠倒的情况，造成一些人虽“知善知恶”、“满口仁义”，但行动上却不能“行善去恶”、

“为善嫉恶”。社会中道德方面的“知”与“行”的脱节，是一个亟待克服的现象。清代思想家颜元曾说，“心中想，口中说，纸上作，不从身上习过，皆无用也”，这句话在今天也是有现实意义的。

对于当前社会上的这种歪风邪气，我常常提醒自己，我是一个伦理学和思想道德建设的教学和科研工作者，我应当而且必须身体力行自己信仰和提倡的道德原则、道德规范。尽管有些时候和有些情况下还不能很好地做到这一点，但是我给自己规定的必须坚守的原则就是“虽不能至，心向往之”，要不断努力，使自己不断地接近这个理想的目标。

3. 我的处事态度是“尽力而为”和“听其自然”

我经常回顾和检讨自己的行为和思想，并从中反省和体认自己的人生目的和对人生意义的理解。回顾几十年的经历，我把自己的人生态度归结为八个字，这就是“尽力而为”和“听其自然”。“尽力而为”，体现着一种积极的人生态度，其核心和真谛就是对自己应尽的社会义务和承担的各种责任，要竭尽全力、认真负责和保质保量地完成。这就是说，无论做什么事情，都要具有一种极端认真的责任意识，要一丝不苟、善始善终、尽心尽力、坚持不懈地把事情做好。粗枝大叶、马马虎虎、得过且过、凑凑合合的思想和态度是最要不得的。树立强烈的责任意识，是一个人能够不断进步和一个国家能够兴旺发达的重要条件。

所谓“听其自然”，就是对“积极努力”和“尽力而为”的结果，要有一种平静、恬淡的心态，从中吸取教训。现实生活中的某些事情，尽管你已经尽了最大努力，但是它的结果却往往是不能完全预料的。因此，要抱着“胜不骄，败不馁”的态度，用辩证法的方法来看待和认识所出现的结果。成功了，要看到这些成功的得来并不是自己个人的力量所能达到的，如果没有社会各个方面的帮助和关心，成功是不可能的，因此，事业愈是成功，愈是要谦虚谨慎。否则，就会妄自尊大、骄傲自满，陷入落后以至失败的结局。失败了，倒霉了，陷入困境了，要抱着一种平静、安详的心态来对待。接受现实的失败和正确地对待逆境，用一种积极的态度来反思其中的原因，从而为未来的成功积蓄力量。

4. 我最喜欢的格言及其对我的人生的影响

陶行知先生有“每日四问”。第一问：我的身体有没有进步？第二问：我的学问有没有进步？第三问：我的工作有没有进步？第四问：我的道德有没有进步？它督促我不断进步，是我最喜欢的格言之一。

这“每日四问”，包括了一个人的身体、学习、工作和道德四个重要方面。

一个人在社会中生活，首先要问：“我的身体有没有进步？”健康的身体是从事革命和建设的本钱，没有身体的健康，就没有一切，这句话只有到了老年而疾病缠身时，才能体会深刻。费尔巴哈有两句名言，一句是“健康就是幸福”，一句是“只有失去了健康的人，才知道健康的可贵”，这两句话值得我们好好体会。

其次要问：“我的学问有没有进步？”陶行知先生是一位教育家，他把一个人知识的增加和学问的进步看作事业有成和道德升华的关键。他强调，要在生活中学习，要在实践中运用，他把自己原来的名字“陶知行”改为“陶行知”，就是强调“行”的重要意义。

再次要问：“我的工作有没有进步？”工作是一个人对社会贡献大小的标志，勤奋工作，这是社会的要求。

最后要问：“我的道德有没有进步？”这一条既是对一个人品德和人格的要求，也是对前三条的总结。一个人的思想品德和道德人格，是一个人立身行事的基础，只有养成高尚的道德品格，才能承担社会赋予自己的责任，才能为国家、为民族、为集体作出贡献。

“每日四问”是一个警钟，是一面镜子，是一种鼓励，也是一种督促，它使人自强，使人自信，使人自责。我把它作为我的人生格言，并以此来反省自己每天的言行。在现代社会，我们每天都要从社会的各个方面接收许多不同的思想，因此，“活到老，学到老，改造到老”，严格要求自己的言行，是十分必要的。

明代思想家李颙提出的“悔过自新”的格言，对人生修养也有很重要的意义。他说：“古今名儒倡导救世者非一：或以‘主敬穷理’标宗，或以‘先立乎其大’标宗，或以‘心之精神为圣’标宗，或以‘自然’标宗，或以‘复性’标宗，或以‘致良知’标宗，或以‘随处体认’标宗，或以‘正修’标宗，或以‘知止’标宗，或以‘明德’标宗。虽各家宗旨不同，要之总不出‘悔过自新’四字。”（《二曲集·悔过自新说》）

李颙的这段话，蕴含着对人生意义的深刻体认。对老年人来说，尤其要及时“悔过自新”，这既能使自己保持心态平衡，又能使自己鼓起勇气继续战斗。“悔过”，意味着对自我认识的不断深化，意味着对过去所做事情的反省和检查，意味着一个人胸怀的不断扩展。“悔过”就必然能够更快地“自新”。

我国古代道家名著《亢仓子》中就提出了“君子检身，常若有过”这句名言。人的缺点，主要靠自己省悟。他人很少当面指出自己的缺点：贤者会因宽容而原宥，小人会因谄媚而溢美，亲人会因怜惜而包容，朋友会因感情而照顾。人的缺点主要靠自知和自悟。一个人只有具有“君子检身，常若有过”的警惕，才能完善自我人格，提升道德水平。

“深念门前树，能令鸟泊栖。来者无心唤，去者不慕归。人心若似树，与道不相违。”这是一首值得细细体味的诗文，其中包含富有深意的人生哲理。

“淡泊人生，淡泊名利”，正确地对待得失和顺逆，这是一个人在生活中应当具有的心态。

汉代著名思想家张衡说：“不患位之不尊，而患德之不崇；不耻禄之不伙，而耻知之不博”，给我们指明了在价值选择上的是非标准。

在科学研究与事业追求上，一个人的自我修养有特别重要的意义。黑格尔的三段话也是我常常念诵的重要格言，并且以这三段话来勉励和督促自己。其一是：“追求真理的勇气，相信精神的力量，乃是哲学研究的第一条件”；其二是：“精神的伟大和力量是不可以低估和小视的。那隐蔽着的宇宙本质自身，并没有力量足以抵抗求知的勇气。对于勇毅的求知者，它只能揭开它的秘密，将它的财富和奥妙公开给他，让他享受”；其三是：“一个人在特定的环境，如欲有所成就，他必须专注于一事，而不可分散他的精力于多方面。”

5. 在待人处事上，我的原则是“严以责己，宽以待人”

首先，要正确认识和体悟“严以责己，宽以待人”的重要意义。

过去，我的同学、同事、朋友、学生在和我的相处中，可能不同程度地遇到过这样那样的不尽如人意的事情，因此就会有这样那样的使人感到不满意的地方，对此，我都尽量持着“对己严，对人宽”的态度，予以谅解。一个人是不是宽容，就是看在别人有缺点或以错误的态度对待自己时，自己是不是能够不计较他的缺点而宽恕他的错误。而且，对因各种原因而对自己有意见的人，要更关心，更照顾，只要以诚相待，时间久了，自然能够得到谅解，这就是“路遥知马力，日久见人心”。特别要指出的是，在一个集体中，“严以责己，宽以待人”是保持集体事业兴旺发达的关键。在社会生活中，集体成员的不团结必然会造成集体的没落和衰败。

在人和人的相处中，有时候，往往因为强调对方的错误或缺点而不能宽容他人。从一时、一地来看，他人的错误或缺点是明显的，但是从长远来看，他的缺点或错误只是暂时的偶然现象，他本人到后来也可能会意识到自己的失误。如果因为他偶然的、临时的错误或缺点而不能原谅和宽恕，就会在以后的相处中失掉很好的同志和朋友。

其次，在“严以责己”和“宽以待人”上，还有一个正确对待“荣誉”、“面子”、“威信”和“权力”的问题，只有看淡、看透了这些问题，才能在处理人和人的关系中得到超脱。孔子认为名利富贵，对个人犹如浮云；王阳明在面临生死的危难时刻，是“险夷原不滞胸中，何异浮云过太空！夜静海涛三百里，月明飞锡下天风”，郭沫若特别欣赏这首诗。冯友兰先生生前十分欣赏程明道的一首诗，就是：“年来无事不从容，睡觉东窗日已红。万物静观皆自得，四时佳兴与人同。道通天地有形外，思入风云变态中。富贵不淫贫贱乐，男儿到此自豪雄。”

陶渊明有著名诗句：“结庐在人境，而无车马喧。问君何能尔？心远地自偏。采菊东篱下，悠然见南山。山气日夕佳，飞鸟相与还。此中有真意，欲辨已忘言。”怎么理解“心远”呢？就是要从内心深处远离“名”、“利”、“富”、“贵”，拒绝一切外间诱惑，摒弃所有患得患失的心情，恬淡清虚，心情平静。

郑板桥“难得糊涂”、“吃亏是福”的思想，体现了他对“糊涂”和“吃亏”的富有辩证的思考。在特定情况下，仍有重要的心理平衡作用。

“吃亏是福”这一思想，同我们当今一些人所说的“傻子”有共同的地方，“傻子”、“吃亏”就是把为他人献身当作一件有价值的事，这也可以说是“福”吧！

爱因斯坦说：“我每天上百次地提醒自己：我的精神生活和物质生活都依靠别人（包括活着的人和死去的人）的劳动，我必须尽力以同样的分量来报偿我领受了的和至今还在领受着的东西。我强烈地向往俭朴的生活，并且常为发觉自己占有了同胞们过多的劳动而难以忍受。”在80多年的人生历程中，我更感到这段话所包含的深刻意义。如果不是那么多的人在各个方面给予我帮助，我是难以取得任何成绩的。

最后，在“名利”和“荣誉”上，特别要低调对待和处理与自己有关的问题。在某种情况下，自己的“名利”和“荣誉”往往会受到“损失”，看起来，这对自己是“坏事”，但是这种“坏事”往往又可能变成“好事”。老子在《道德经》中说“祸兮，福之所倚；福兮，祸之所伏”，意思是说，“祸”中隐藏着“福”的因素，而“福”中又包含着“祸”的因素。顾炎武说：“自今以往，当思中材而涉末流之戒，处钝守拙……务令声名渐减，物缘渐疏，庶几免于今之世矣。”（《文集》卷四《与次耕书》）顾炎武的晚年，特别强调“处钝守拙”四个字。他有感于当时社会上追逐名利的时代风气和他所处的地位，不得不“处钝守拙”，保持自己的学术品格。老子说：“名与身孰亲？身与货孰多？得与失孰病？是故甚爱必大费，多藏必厚亡。知足不辱，知止不殆，可以长久。”这段话包含了深刻的辩证法思想。我自己力求以此为鉴，慎处自己的晚年。

近10年来，不断有同事、朋友和学生提出，要设立一个“罗国杰伦理奖学金”，以鼓励在伦理学的教学和科研方面有贡献的学者。但我认为，要发展伦理学事业，在今天有许多更重要的事情要做，故而对此都予以谢绝。2008年，正逢我80岁生日，同志们提出要趁机开一个有关集体主义的讨论会，我也婉言谢绝了，因为这样的讨论会实际上是要“肯定”我的伦理学教学和科研，是要说“好话”的。2010年是我从事伦理学工作的50周年，同志们又提出是否以此为由开一个伦理学讨论会，既纪念了我从事伦理学工作的50周年，又可以对伦理学的进一步发展起到推动作用，我因同样的顾虑而再一次婉言谢绝了。

九、莫道桑榆晚，为霞尚满天

（一）我的态度

离退休是人生新阶段的开始，我常常从古代一些著名思想家的著述中体会和选择对待晚年的正确态度。古代诗人怀念、抒发自己情感的诗句，对我很有启发。有的表示了对老年的无奈和叹息，有的表现了自得其乐的意境，有的提出了老年应当发奋图强的思想，有的表达了对待老年的乐观、积极与豁达，有的袒露了对国家统一和民族复兴的关注。其中，有五首诗较有代表性，值得人们特别是老年朋友吟诵和体味。

第一首诗是白居易（772—846，字乐天）晚年赠刘禹锡的《咏老赠梦得》："与君俱老也，自问老何如？眼涩夜先卧，头慵朝未梳。有时扶杖出，尽日闭门居。懒照新磨镜，休看小字书。情于故人重，迹共少年疏。唯是闲谈兴，相逢尚有余。"这首诗反映出白居易到老年后，因体力、精力衰退而产生的悲伤情绪和常有的怀旧情感，它展示给人们的是一种对老年的消极无奈。

第二首诗是晚唐诗人李商隐（813—858，字义山）的《乐游原》："向晚意不适，驱车登古原。夕阳无限好，只是近黄昏。"这首诗怀念过去的时光，既有消极的情感，也有积极的思想，一方面感叹自己已经年老，另一方面又希望自己能够利用晚年有限的时间，尽量使自己的事业有所发展。

第三首诗是曹操（155—220，字孟德）撰写的《龟虽寿》："神龟虽寿，犹有竟时；腾蛇乘雾，终为土灰。老骥伏枥，志在千里；烈士暮年，壮心不已。盈缩之期，不但在天；养怡之福，可保永年。幸甚至哉，歌以咏志。”此诗可以说是一篇有关“生死观”的哲学诗篇。诗中认为，生死是自然的必然现象，是不依人的意志为转移的，死亡是任何人都不可能逃脱的。因此，一个人要正确地对待生死问题。人到老年，不但不应消极悲观，更要有一种“壮心不已”和“志在千里”的坚强意志。同时强调，一个人寿命的长短，并不完全是“上天”安排和命中注定的。人应当注意“养怡”，只要自己修养得当，就能够延长寿命，就是到了晚年，仍可以有所作为。《龟虽寿》不但是一首脍炙人口的诗篇，而且是一篇富有辩证思想和深刻人生哲理的论文，仔细吟诵，细心体会，对老年人的思想和精神有重要的启迪作用。

第四首诗是刘禹锡（772—842，字梦得）的《酬乐天咏老见示》：“人谁不顾老，老去有谁怜！身瘦带频减，发稀冠自偏。废书缘惜眼，多灸为随年。经事还谙事，阅人如阅川。细思皆幸矣，下此便翛然。莫道桑榆晚，为霞尚满天。”刘禹锡是唐代的著名改革家，在革新政治的活动失败后，遭到贬斥，久经风雨，累遭打击，到了晚年，对社会的政治和人生都有十分深刻的认识，并有着自己独到的体验。这首诗，针对白居易《咏老赠梦得》中所流露的消极思想，提出了积极、乐观、向上的思想，表达了一个老年人特有的人生阅历和精神境界。

此诗的前六句，展现了老年人精力和体力日渐下降后的一种不可避免的心情，因此，不是期望别人对自己的怜惜，而是要及时采取一些应对方法，以保持自己的健康。诗中的后六句，意义深长，体现了他洞察各种人际关系和社会变化的智慧。

“经事还谙事，阅人如阅川”，是说经历和遭遇的事多了，就能对社会上的事有更深入的了解；相处和见过的人多了，就能对所见的人有更透彻的认识。这句话的深层意思是，人到了老年，能冷静、深邃地观察所遇到的事和人，能透过这些事和人的表面现象看到其中的本质。也正是由于这种原因，老年人能够达观地对待一切所闻所见，能够顺其自然地不使这些事影响自己的情绪。“阅人如阅川”，是说阅历人生，犹如大川积水，愈来愈多，人到了老年，能够从长期、丰富的阅历中体会出人生的真谛。

“细思皆幸矣，下此便翛然”，是说以知足思想回顾自己的一生，就感到一种幸福和怡悦，心情就自然而然地愉快多了。最后两句“莫道桑榆晚，为霞尚满天”，以积极向上、奋发有为、愉快乐观、充满信心的感情看待人的老年，不要说太阳已经快要西落了，它放射的霞光还满照着天空。

第五首诗是伟大的爱国诗人陆游（1125—1210，字务观）的《示儿》：“死去元知万事空，但悲不见九州同。王师北定中原日，家祭无忘告乃翁。”这首诗虽不是怀念老年的诗，但却是在老年写的。写这首诗的时候，陆游已经85岁，之后不久，他就离开了人世。他虽然活到耄耋之年，但他所挂念的不是个人的安危，而是祖国的统一和民族的复兴。他超然对待自己的晚年，忘却个人和家庭，在临死前如同“遗嘱”的《示儿》中，表露了他崇高的爱国主义情感，这是值得我们活着的每一个老年人学习的。

人都有老年，这是一个自然规律，是任何人必然要面临的问题。但怎样对待“老”这个问题，就关乎世界观、人生观和价值观了。一个马克思主义者，应当以积极的态度来对待年老的问题，这是我们应当采取的态度。

（二）2010年后我的工作计划

在连续几场大病之后，特别是2008年之后，因为脑手术和心脏起搏器的安装，我不可能过多地参加各种学术活动，健康状况已经不允许我从事更多的工作。按照古人的说法，八十至九十，进入耄耋之年。“老夫耄矣”，我已经到了古人认为应当完全休息的年龄了。“耄耋之年”应当如何度过，这是摆在自己面前的一个必须面对和正视的问题。更多地注意身体健康的同时，我仍然尽力做一些过去应该完成但因各种原因而未能及时完成的工作，每想到尚有许多工作需要继续进行，内心就感到十分不安。

1. 关于《传统伦理与现代社会》

由我主编的《中国伦理思想史》出版后，我就产生了一个想法，就是把其中我所撰写的近30万字的先秦两汉部分和其他我所撰写的有关中国伦理思想和中国传统道德的系列文章单独出版，作为我近50年来学习和研究中国伦理思想和中国传统道德的心得和体会的记载。这部书稿已经于

2010 年 7 月 11 日编写完，书名定为《传统伦理与现代社会》(全书共 400 127 字)，将由中国人民大学出版社出版。

2. 《伦理学探索之路：罗国杰自选集》的编撰

2009 年 5 月，北京市社会科学界联合会的同志向我约稿，说为了集中反映首都社会科学界自 20 世纪 80 年代以来在学科建设上作出的重大贡献，展示首都社会科学的成果，进一步促进首都社会科学理论的繁荣和发展，加强社会科学的传承、宣传和普及，他们决定编辑出版“北京社科名家文库”，并邀请我作为这个文库的一名作者。

这本新的自选集最终定名为《伦理学探索之路：罗国杰自选集》，32 万字，于 2010 年 12 月交给首都师范大学出版社，已于 2011 年 5 月出版。

3. 《罗国杰生平自述》的撰写

“光阴似箭，日月如梭”，弹指一挥，从 1928 年到 2008 年，我已经 80 岁了。真是去日苦多，悔已无益，念及一生为伦理道德发展所作的不懈追求，深觉有加以记述的必要。尽管生活和工作都可说是平淡无奇，但从某种意义来看，有一些情节，对愿意了解这些情节的人，可能多少还有一些参考价值。断断续续，到 2010 年 7 月，总算把《罗国杰生平自述》初稿 (32 万字) 写完。此后，又用了一年的时间，比较仔细地修改了一遍，基本上完成了《罗国杰生平自述》初稿的撰写。此书将在以后的时间中，不断地斟酌、修改和增删，使其质量能够得到提高。

4. 《新编伦理学》的撰写

1989 年由人民出版社出版的、由我主编的《伦理学》，到现在已经 20 多年了，在这 20 多年中，我国社会已经发生和正在发生着日新月异的变化。社会主义市场经济的实施和发展，使我们的道德生活出现了前所未有的新情况和新问题，并要求我们对这些新情况和新问题给予针对性的回答。学术界的同仁和出版社的同志曾多次向我提出，希望能尽早撰写出一本适应现实生活的《新编伦理学》，以满足读者的需要。我个人也认为，经过 20 多年，原来伦理学对有关问题的认识和看法，有许多地方已经不能适应时代的变化，因此，及时根据新情况和新问题，伦理学作出新的理论概括，把适应时代需要的伦理学提供给广大读者，这既是对读者负责，也是伦理学学科发展的需要。在过去一段时间内，我曾多次准备动手来做这件事。

遗憾的是，一方面，由于长期的行政工作，忙于具体事务而无法抽出身来；另一方面，由于当时党和国家的需要，一些更为急迫任务的承担接连不断，因此，撰写一本新的《伦理学》的工作，就一直被耽误了下来。现在，总算有了可以撰写一本新的《伦理学》的时间了。值得聊以自慰的是，在这20多年中，我曾经从不同的方面，撰写了许多篇有关伦理思想和道德建设的文稿，对当前伦理道德的一些重大问题，也在有关的报纸和刊物上提出了自己的认识。另外，在过去的20多年中，一些关心此书的读者曾对其中的一些理论观点提出了批评和商榷，其中有些问题，我已经撰写专文作了答复，另外一些批评，也准备趁修订此书的机会，阐明自己的看法。总之，此书的修订，可以说是作者这20多年来对有关伦理道德问题的一个学习、思考的总结。这个稿子已经写成初稿32万字，并且几经修改，因为没有时间和精力，仍在我的计算机中等待充实、完善和深化。我已经多次考虑，在《罗国杰生平自述》的初稿完成后，从2011年7月开始，把修订、完善《新编伦理学》作为今后工作的一个重要任务。《新编伦理学》应当说是我学习、探索、教学和研究伦理学50年的一个总结，不论对我个人还是对学科的充实，都是一件重要的事情。

5.《干部应当学伦理学》的编写

目前，我国已经进入建设社会主义现代化的新时期。新时期的一个重要问题就是，必须把提高领导水平和道德素质作为各级领导班子建设的重要内容抓紧抓好，这对建设高素质的领导班子，对以改革创新精神全面推进社会主义建设的伟大工程，都具有重大意义。道德建设已成为当前人们关注的一个热点问题。人们见面时，在谈论许多不同问题的同时，都不免要涉及伦理道德问题，一些人感叹当前道德的“滑坡”，一些人为某些领域的“诚信危机”而担忧。更加值得注意的是，改革开放以来，由于各种原因，一些干部的贪污腐化、假公济私、化公为私等，已经成为我国政治生活中一个值得高度重视的问题，政治廉洁已经成为广大人民群众的迫切呼声。在一定的意义上可以说，能否克服当前党政干部的腐败，已经成为共产党和社会主义制度能否存在和发展的“生死攸关”的重大问题。正是在这种大的背景下，学习出版社的同志希望我能编写一本适合广大干部阅读的、能提高干部道德素质的、既密切联系实际又具有一定理论的通俗读物。

这一要求正好和我多年所忧虑、常思考的一个问题相吻合，因此，我答应了学习出版社的要求，开始撰写这样一本从伦理道德上增强道德品质的修养、克服政治腐败的专著。

这本书已经写了16万字，只要有机会和时间，我仍将尽力把它完成。在这本书中，我明确地提出，一个社会、一个国家，如果出现了政治腐败而又不能及时治理，那么这个社会和这个国家就必将衰败甚至灭亡。我认为，当前中国英明的、目光远大的政治家们，应当认识和考虑到这个问题的严重性和重要性。

6.《中国传统道德新论》的编写

1996年，我应邀到中南海讲述"中国古代儒家思想与政治统治"的专题。中国传统道德，特别是儒家传统道德，与中国古代的政治统治究竟有什么关系？为什么现在要提出这样一个问题来进行研究？通过对古代许多政治家、思想家关于道德与政治关系之思想的研究，我认识到，道德教育和道德教化，在中国历代的政治统治中，有着特殊的作用。由此引发我一个新的思考，在实行社会主义"依法治国"的同时，要不要提出"以德治国"？在实行社会主义"法治"的同时，要不要实行"德治"？接着，我主持编写了《中国传统道德》(五卷本)，在这长达三年的时间内，我对中国传统伦理思想和传统道德进行了一次较系统的学习，深感如何正确地对待中国传统道德，如何使中国传统道德能适应今天现实生活的需要并赋予它们以新的意义，是需要进一步加以阐明的问题。在改革开放后的一段时间内，为了建设社会主义法治国家，我们在积极宣传社会主义"法治"的同时，对中国古代的"德治"采取了全盘否定的态度，把"德治"和"人治"等同起来，否认了"德治"在治理国家中的重要作用。直到现在，还有人对中国古代的"德治"抱有许多误解，认为"德治"是与"法治"对立的，他们认为，既然我们实行的是"依法治国"，那就不应当提出与"以德治国"相结合的问题。因此，如何正确对待中国古代的"德治"，是我们必须面对的一个既有理论意义又有现实意义的重要问题。

7. 继续编撰并完成《道德原则研究》

道德原则问题，是伦理学基本理论中的一个重要问题。在当前社会主义市场经济条件下，在道德原则上正展开着各种争论。从历史上看，奴隶社会有其特有的道德原则，封建社会也有其自身的道德原则。在社会主义社会，究竟应当实行什么样的道德原则，这是党的建设中必须认真解决的一个问题。

在伦理学的教学和科研中，道德原则问题始终是一个众说纷纭的问题，如何正确地确定社会主义社会的道德原则，既是一个理论上的重要问题，也是一个教学中所面临的必须回答和解决的问题。今后，在可能的情况下，应当继续对这一问题进行认真、系统的研究，以利于伦理学的发展。

1990 年夏季，我为哲学系伦理学专业的研究生开设了一门专业课。课程的名称定为“道德原则研究”，共讲授一个学期。我之所以选择这样一个题目，是因为自 1987 年以来，在西方伦理思想家的大量著作被翻译出版以后，特别是随着我国市场经济的发展，集体主义究竟还能不能继续成为我国社会的道德原则，变得众说纷纭。一些人以我国已经实行市场经济为理由，提出应当以个人主义的道德原则来代替集体主义的道德原则。给研究生开设“道德原则研究”课程，就是针对当时的这种情况。

我采用历史考察和中西对比的方法，力求使这次讲授能收到较好的效果。第一章首先讲明研究道德原则的意义。第二章就进一步从历史的发展和变化，并结合当时的社会背景和社会的政治情况，对中国奴隶社会和封建社会的道德原则、道德规范的发展和变化作了综合概述。在讲清楚了中国奴隶社会和封建社会的道德原则、道德规范的演变和发展之后，第三章就进一步深入考察和论述了西方奴隶社会、封建社会及资本主义社会道德原则、道德规范的发展和变化。通过对西方社会道德原则的考察和分析，第四章重点地对西方个人主义原则的产生、发展及演变作了详细论述，使学生更深入地认识西方个人主义的实质及其在社会主义社会中的消极作用。最后第五章，从实践和理论的高度，论证在我国的社会主义社会中，道德建设的原则只能是集体主义而不能是个人主义等。这个对研究生讲课的讲稿，写成后共有 6 万多字，中间有过一次删减和补充，文字比较通顺，今后，在撰写《新编伦理学》和其他有关道德的一些论述中，结合近几年的社会实践，经过修改就可以出版。要尽早把这一工作完成。

8.《研究生阅读书目》的修改补充和完善

自1983年招收博士生，根据教学要求，我就开始为在读的博士生选定阅读书目。但是，当时的知识和理论水平欠缺，不能适应为博士生提供一个较好书目的要求。当时的书目，只能按照通常的做法，提出一个简要的目录，至于这些书籍的主要内容以及对研究和学习伦理学有什么重要意义，对一个研究伦理学原理的博士生来说，应着重读哪些部分，都未能涉及。在一定的意义上说，这个目录并不能切实有效地指导研究生的学习，因而，也就流于形式了。这个最早选定的博士生阅读书目，20多年来虽不断有所增删和改进，但其基本框架和大体内容仍然保持了原来的面貌。为了更好地指导伦理学原理方向的博士生的学习，我重新撰写了一个阅读书目。

一是为了培养博士生的马克思主义的理论素养，力求使他们能够掌握马克思主义的立场、观点和方法，从而能够正确地观察、分析阅读中遇见的种种疑难问题，学会认识和理解现实生活中所遇到的现象。现在有一些研究生，只读专业书籍，不读或较少阅读马克思主义经典，这是需要注意的。

二是重点介绍伦理学原理专业的书籍，说明这些书的主要内容，并提出应当重点学习其中的哪些部分。目前一些研究生阅读的范围较窄，基础知识欠缺，需要更广泛的基础知识。

三是对所介绍的书籍，作了简要的分析和评价，指出这些书籍中有哪些是应当认真领会的，哪些是要注意鉴别的，哪些是要在阅读中加以分析、批判的。在分析一个思想家的伦理思想时，要考虑作者所处的时代、所针对的问题及所阐述的理论内容等，力求实事求是地、辩证地看问题，全面而恰当地评价思想家的理论，不要有任何片面性。

这个目录，是供伦理学专业之伦理学原理方向的博士生阅读的，中国伦理学、西方伦理学等其他方向的博士生，可根据各自研究方向的不同，增加相应的中国伦理学和西方伦理学方面的著作。这个书目上的书籍，既是供博士生学习用的，也是作者在指导博士生时需要继续深入学习和研究的。就现有选定的书目数量来说，还需要不断地加以增删，特别是现代西方伦理思想部分。大约还要经过一段时间，才能使其更加趋于完善。

这个书目中一部分书籍的介绍，参考了《伦理学大辞典》（朱贻庭主编，上海辞书出版社，2002）和《伦理百科辞典》（徐少锦、温克勤主编，中国广播电视出版社，1995）的条目，这是要加以说明的。此书目中的少数中国伦理思想方面的书，因学习的必要，自20世纪60年代以来，我曾经在中国书店购有木刻版，也顺便用蓝色字体加以注明，想了解中国古书情况的人，可从中了解一些这方面的情况。

这个《研究生阅读书目》，是为了加强对研究生学习的指导，现在已经基本完成，共14万字。只需要加以必要的补充和修订，就可以作为内部材料发给研究生使用。

9.“社会主义和谐社会核心价值体系研究”项目的完成

由于我这几年还招收伦理学的博士生，在2011年，哲学系伦理学与道德建设研究中心分配给我一个基地的重大项目“社会主义和谐社会核心价值体系研究”，这是一个有重大现实意义的课题，做好这个课题，在理论建设、社会生活和加强道德教育等方面都有重要的意义。我接受了这个任务，邀请了先后跟从我学习的杨宗元、姚郁卉、吴俊、杜邦云、赵清文、吴瑾菁等共同来完成这个项目。这个项目计划在2013年年底以前完成。

10.《论道德品质修养》的补充和完稿

《论道德品质修养》一书，本来是应一个杂志的要求，在这个杂志上开辟一个专栏，每期一篇，通过中国传统道德来选定题目，以加强人们的道德修养。这个专栏写了一部分，未能完稿，其中有些已在刊物上发表，有些还没有撰写，将来如有时间，应及时补齐。

其实，中国传统道德中可以作为个人道德修养的题目是很多的，我所选择的这20个题目，只是其中的一部分。这部书稿，写了5万字后，就停了下来。今后，希望能够在原有的基础上加以增补，使其成为对人们的道德修养有所帮助的读物。

11.《中国伦理思想简论》的增补和出版

这本《中国伦理思想简论》，是我在中国人民大学对伦理学专业研究生的讲稿。1983年以来，我开始给研究生讲授“中国伦理思想史”课程，并不断地修改这一稿子，虽然我三易其稿，并形成了这么一个体系，但终因各种原因而未能完成。

原书的体系结构有自己的特点，我改变了以时代和人物为线索的传统写法，从中国伦理思想史上筛选了 16 个（义利论、人性论、理欲论、仁礼论、良知论、知行论、公私论、群己论、德刑论、志功论、孝忠论、祸福论、生死论、得失论、境界论和修养论）重要的问题，并根据每一个问题在历史上的产生、发展和完善的过程，对其作全面的、概括性的论述，并对每一个问题加以具体评析，从而找出这一问题对我们研究伦理学的意义。

本书所论述的 16 个专题，有其自身的逻辑结构，而且这 16 个专题自身也是一个比较完整的体系。例如，义利论是伦理学的基本问题，所以放在第一章首先加以论述。人性论是伦理学的前提，放在第二章。理欲论主要探讨道德的起源，放在第三章。这几章都是关于伦理学的比较重要的理论问题，又有一定的先后关系。此外，从第四章到第十一章，即仁礼论、良知论、知行论、公私论、群己论、德刑论、志功论、孝忠论，主要是探讨伦理学的原则、规范、范畴，探讨个人与社会、个人与整体的关系，处于伦理学的核心地位。最后，从第十二章到第十六章，即祸福论、生死论、得失论、境界论和修养论，都是关于人生态度、人生目的和道德修养的问题，放在全书的最后。这个体系，既是本书的一个逻辑体系，实际上也是许多中国伦理思想家在阐发他们思想时的一个大致的框架体系。

这一书稿，已写了“导言”和仁礼论、义利论、人性论、理欲论、良知论、知行论、公私论、群己论、德刑论、志功论、孝忠论等部分专题（共约 12 万字），今后应争取时间，把这一专著中的其他部分完成，使其成为一本有关中国伦理思想的、比较简明扼要的专著。

（三）尚未完成和需要出版、修订的书稿

1.《马克思主义价值观》一书的修改和出版

2005 年，“马工程”在启动四门政治理论课教材编写的同时，也启动了《马克思主义哲学》教材的编写。“马工程”的领导决定此书的编写由袁贵仁作为首席专家兼召集人，我有幸成为编写组的主要成员之一。在一

次的编写会上，袁贵仁同志提出，为了把《马克思主义哲学》编好，可考虑先按照书中的一些主要问题，编写有关资料，从而为编书做好必要的准备。在当时确定的题目中，袁贵仁同志认为，“价值观”的问题可以作为一个专题进行研究，并提出由我负责组织力量，并拨款 3 万元。我接到这个任务后，就组织了当时的博士研究生吴瑾菁、赵清文、姚郁卉和博士后任俊华等开始编写。这次稿件经过酝酿提纲、确定目录和正式撰写，前后共用了两年的时间，终于写成《马克思主义价值观》（送审稿，147 779 字），于 2006 年 1 月 23 日以电子邮件的方式发给杨耕送审。此电子邮件的内容为：“杨耕同志：现将《马克思主义价值观》稿件发给您，请转有关同志审阅并提出修改意见。罗国杰。”从 2006 年 1 月到今天，这本 14 万多字的《马克思主义价值观》（送审稿）仍然静静地存放在我计算机的文档中，不知道何年何月能够出版，当然，如果这本《马克思主义价值观》在今天有机会出版，还必须补充有关“社会主义核心价值体系”的内容。

在研究伦理学的过程中，不可避免地要涉及价值观和人生观的问题。20 世纪 90 年代，我曾在《人民日报》等报纸发表了关于世界观、人生观和价值观的文章。1996 年，我又主编了《树立正确的世界观、人生观、价值观——新时期共产党员党性修养读本》一书（中国人民大学出版社）。在一定的意义上可以说，马克思主义价值观是马克思主义理论体系中的一个极为重要的组成部分，正确的价值观是确立人生方向、树立目标理想、指导实践活动不可缺少的原则和准则。因此，马克思主义价值观的研究具有重要的理论意义和现实意义。研究马克思主义价值观，首先要从价值、价值观及其相关概念的科学理解和正确认识开始。因此，对价值观的问题，从哲学原理和伦理学的关系方面，进行一次比较系统的研究，对我今后从事伦理学的探索是有特殊意义的。因此，我愉快地接受了这一任务。

本书的第一章，论述了“价值与价值观”的区别和联系，这一问题是当前研究和讨论价值观方面的一个众说纷纭的问题，我们在这一问题上采取了比较客观的态度，综合了当前学者的各种看法，加以概括；第二章，对中西价值观的历史进行了考察；第三章，对马克思主义价值观的理论内涵作了界定，比较详细地论述和区分了马克思主义价值观与真理观、历史观的关系，重点论述了马克思主义价值观的价值取向与价值导向，揭示了马克思主义的价值目标、价值评价和价值选择；第四章，马克思主义价值观的构成，分别就马克思主义政治价值观、马克思主义经济价值观、马克思主义文化价值观、马克思主义自然价值观四个方面，作了详细的分析。整本书，大多采取哲学和伦理学的关系的角度，从有利于提高广大人民群众的思想道德水平和正确的价值观选择出发，不同于一般论述价值观的著作，有自己的特色。

党的十六届六中全会审议通过的《中共中央关于构建社会主义和谐社会若干重大问题的决定》提出了建设社会主义核心价值体系的战略任务。社会主义核心价值体系包括四个方面：一是马克思主义指导思想，这是我们党立党立国的根本方针，是社会主义意识形态的灵魂；二是中国特色社会主义共同理想，这是实现中华民族伟大复兴的必由之路，是全国人民团结奋斗的强大动力；三是以爱国主义为核心的民族精神和以改革创新为核心的时代精神，这是中华民族生生不息、薪火相传的精神支撑，是当代中国人民不断创造崭新业绩的力量源泉；四是以“八荣八耻”为主要内容的社会主义荣辱观，这是中华民族传统美德、优秀革命道德与时代精神的完美结合，是市场经济条件下判断行为得失、确定价值取向、做出道德选择的基本原则。社会主义核心价值体系是社会主义制度的内在精神和生命之魂，是建设和谐文化的根本。社会主义核心价值体系中的社会主义荣辱观为我们划清了社会主义道德建设的是非界限，为社会主义道德建设确立了标杆。建设社会主义道德体系，我们要自觉地将社会主义核心价值体系的内容融入其中。因此，《马克思主义价值观》一书的出版，应当根据这一思想进行修改和补充，以使其能够更加适应我国社会主义社会的健康发展。

这本书已经有早期写成的近 15 万字的稿子，目前已经商定，由赵清文同志负责，根据新的要求，重新修改，然后交出版社出版。

2.《管理伦理学》的修改和出版

20 世纪 80 年代后期，在众多新兴企业不断发展和壮大的形势下，如何加强对企业的管理，成为当时社会和企业急待研究和解决的突出问题。正是在这种情况下，许启贤同志向我提出，应当组织一些在校的研究生共同撰写一本《管理伦理学》。同几位研究生商量后，大家都表示愿意从事这一工作。经过一段时间的准备，我们就开始了《管理伦理学》的写作。

全书主体结构如下：第一章研究了管理伦理学的对象、任务和方法；第二章考察了管理伦理思想的历史，其中对中国和西方有关管理伦理思想的发展作了扼要的论述；第三章研究了管理伦理与社会主义现代化的关系；第四章概述了伦理管理的特征；第五章指出了伦理管理的价值导向；第六章提出了管理者的伦理管理的特殊意义；第七章专门从个人角度，强调了个人在组织中的自我管理；第八章强调了企业管理与企业文化；第九章分析了管理伦理中的几对关系；第十章论述了职业道德与伦理管理和管理伦理的关系；最后一章论述了管理伦理学与社会主义精神文明建设的关系。

这是一本已经完全撰写完毕的应用伦理学的教材，由于没有及时修改和审定，故而未能出版。本书的内容，同当前社会上的一些《管理伦理学》相比较，有自身的特点，不过今天如果想要出版问世，还应当补充更多的新内容。

3.《伦理学教学指导纲要》的出版

这是20世纪80年代，根据教育部社科司的要求组织全国伦理学的一些同志，由我主持集体编写的一本教材。这本教材集中了当时全国著名的伦理学专家，前后用了大约3年的时间，经过多次集中审稿而编写成的。之后，通过了黄楠森、周原冰和陈先达等组成的鉴定小组的鉴定。然而在即将付梓出版的时候，因为形势的变化，教育部高教司考虑到各方面的认识尚待进一步研究，就暂停出版。今天看来，作为一个历史性的资料，可以出版，有助于了解当时的情况。

4. 1961年《马克思主义伦理学讲义》的出版

这是1961年，由我主持人民大学伦理学教研室（我是伦理学教研室的负责人）时，教研室的同志集体编写的一本最早的马克思主义伦理学的教材。1961年，人民大学哲学系开始给本科学开设“马克思主义伦理学”课程，原书是教师为了授课而写的讲义，此讲义为油印稿，并发给了当时听课的学生。这个讲义，现在可能很难找到了，我手上的一本讲义是我在讲课中保留下来的，在今天，予以出版，作为一本“历史文献”，也是有价值的。

5. 1962年《马克思主义伦理学》的出版

这是1962年，我为当时人民大学哲学系的美学班讲课时所撰写的讲稿，这个讲稿是在许启贤的协助下写成的。这个讲稿只有6万多字，比较简明扼要地论述了马克思主义伦理学的一些根本问题，这本《马克思主义伦理学》讲稿在当时也是以油印稿发给听课的美学班的所有同学的，不过，在今天它已经很难见到了，把它加以出版，也有一定的价值。

6. 1962年《马克思主义伦理学教学大纲》的出版

从1961年开始，人民大学伦理学教研室先后对本科伦理班和美学班讲授"马克思主义伦理学"，同时着手编写《马克思主义伦理学教学大纲》。我们拟定大纲的章节目录，把应当包含的内容都尽量涵盖其中，从而为编写一部《马克思主义伦理学》做了充分的准备。

1962年6月12日，中国人民大学隆重地举行了第九次科学讨论会，并专门设立了伦理学分组讨论会，其中的一个重要内容就是讨论我们所拟定的《马克思主义伦理学教学大纲》。这个讨论引起了校外人士的兴趣，参加讨论会的除本校哲学系和研究所的人员以外，还有中国社会科学院哲学研究所的贺麟、李奇，北京大学哲学系的冯友兰、周辅成等。这个《教学大纲》在人民大学的科学讨论会后，分两次在中国人民大学的《教学与研究》上发表。这个《教学大纲》是新中国成立以来，我国的第一个以马克思主义为指导而编写的伦理学的教学大纲，现在已经很难看到了，因此，将它出版，可以更好地理解和认识新中国伦理学的发展脉络。1980年，当中国人民大学编写出《马克思主义伦理学》教科书后，又再一次拟定了一个《马克思主义伦理学教学大纲》，这两个大纲可以一并印制，以备参考。

7.《比较伦理学》的修订出版

从1986年开始，为了更好地了解中国和西方伦理思想的差别，也为了使中国的伦理学工作者更加深入地理解西方伦理思想，我当时认为，编写一本关于中国和西方伦理思想的比较教材，对我国伦理学的教学和研究有重要的作用。

确定了这个计划之后，我就向社科规划办申请了一个"比较伦理学"

的项目。在撰写这本《比较伦理学》的时候，我很清楚地认识到，这是一项相当困难的任务。在国内，可供参考的只有新中国成立前黄建中先生撰写的一本《比较伦理学》，但是这本书是用文言文撰写的，其中许多西方伦理学家的译名与我们今天的译名不同。我们的外语水平有限，读起原著来，也比较吃力。因此，要完成这本《比较伦理学》的写作，应当说是很困难的。当时正在攻读博士学位的研究生叶篷、竹立家、韩望喜等都比较积极，也可能是由于年富力强，再加上初生牛犊不怕虎，大家通力合作，结合个人准备撰写的博士论文，一边学习，一边研究，集思广益，相互启发，终于在不到两年的时间内，撰写了一本45万多字的《比较伦理学》。

我早期的硕士研究生林建初同志，当时任华夏出版社的总编辑，在他的大力协助下，这本书很快就排出了清样，并进行了一校，本来这本书已经可以出版了，但我心中总是不够踏实。我自己再一次审阅了这45万多字的稿子，并请当时还未离开学校的竹立家同学再次修改校阅，打出清样，然后由华夏出版社排出正式的校样并审阅通读。这本书的电子版已经完全做好，随时可以付印，我也曾几次想把这本书出版，但总是想如能有一定的时间，再仔细审阅、修改、补充和润色一次，才更加放心。后来，由于各项工作太忙，原来的博士生都已经分配到各地，也就没有及时地修改和审定，因此未能出版。就这样，这本早就应该出版的《比较伦理学》，竟然搁置了20多年。

从20世纪80年代到现在，我国仍然没有一本《比较伦理学》出版，因此，在各项需要完成的任务中，除《新编伦理学》外，这本《比较伦理学》应当更加提前地予以考虑。不过今天如果要想出版问世，还应当补充更多的新内容。

8.《西方伦理思想小史》的出版

20世纪80年代以来，我一直想编写一本简明的《西方伦理思想小史》。20世纪80年代，为了新中国伦理学学科的发展，中国人民大学伦理学教研室开办了伦理学学习班，我在这个学习班上讲授“西方伦理思想史”课程，前后共撰写了大约8万字的讲稿。这个讲稿，后来经过宋希仁同志的增加、补充和修改，以《西方伦理思想史》（上下卷）出版。

而我所写的这个大约8万字的稿子，原来准备自己撰写一本《西方伦理思想小史》，后来因为没有时间，未能做成。但是，由于我对西方伦理思想很有兴趣，特别是对苏格拉底、亚里士多德、柏拉图、康德、黑格尔、费尔巴哈、边沁、密尔、杜威、亚当·斯密和空想社会主义者的伦理思想更为关注，所以撰写了一些有关这些思想家之伦理思想的书稿，但也都搁置在书架上。

在当前社会主义市场经济条件下，我阅读过一些现代学者撰写的有关西方伦理思想史的著作后，深感其中不少专著，对西方伦理思想的介绍存在一种倾向，即对西方思想家的思想，只作介绍而没有分析，只作客观的陈述而没有评论，以至于形成对西方伦理思想全盘接受的情况，这在意识形态上造成了一些混乱。一些青年学生，在学习和接受了这些教材后，不能认清这些西方思想家之伦理观所反映的价值观的核心，不能从意识形态的高度认清这些伦理思想之价值观的本质。

为此，如果有机会和精力，我仍愿意撰写一本《西方伦理思想小史》一类的小书，结合我国的经济生活和道德生活，对西方伦理思想继续进行研究和探索，运用历史唯物主义的立场、观点和方法，对西方伦理思想作出马克思主义的分析，这是一件很有意义、很有现实针对性的事。

后　记

这本记述自己生平的传记，到今天总算写出了初稿。此前，我的学生杨宗元和姚郁卉阅读过这个稿子，她们提出了许多很好的意见，从而使这本《罗国杰生平自述》能够避免和减少一些不妥当的地方。此稿原来有32万字，此次修改共删去了3万字，又新增了4万字，基本上保持了原来的篇幅。

需要说明的是，这本《罗国杰生平自述》主要是对个人经历中与学术思想相关的部分展开记述，由于个人的经历不可避免地同国家的政治生活紧密相联，因而，一些国家和社会生活中的政治情况和重大事件，也就必然地要加以叙述和记载了，其中有些认识和看法可能有偏颇之处，有些地方可能有些累赘，但总的来说，它是一位一生从事理论工作和伦理学学习、研究和探索的学者一生的真实记述，对一些初学伦理学的青年，可能还有一定的参考价值。

罗国杰

2011年8月12日于北京世纪城

图书在版编目（CIP）数据

罗国杰文集/罗国杰著．—北京：中国人民大学出版社，2016.3
ISBN 978-7-300-22196-0

Ⅰ.①罗…　Ⅱ.①罗…　Ⅲ.①伦理学-文集②道德建设-文集③杂文集-中国-当代④罗国杰-自传　Ⅳ.①B82-53②I267.1③K825.1

中国版本图书馆 CIP 数据核字（2015）第 282006 号

罗国杰文集
Luoguojie Wenji

出版发行	中国人民大学出版社		
社　　址	北京中关村大街 31 号	**邮政编码**	100080
电　　话	010－62511242（总编室）		010－62511770（质管部）
	010－82501766（邮购部）		010－62514148（门市部）
	010－62515195（发行公司）		010－62515275（盗版举报）
网　　址	http://www.crup.com.cn		
	http://www.ttrnet.com（人大教研网）		
经　　销	新华书店		
印　　刷	涿州市星河印刷有限公司		
规　　格	160 mm×235 mm　16 开本	**版　　次**	2016 年 3 月第 1 版
印　　张	173 插页 19	**印　　次**	2016 年 3 月第 1 次印刷
字　　数	2 616 000	**定　　价**	598.00 元（全六卷）